建筑施工工程师手册

（第四版）

江正荣　朱国梁　编著

中国建筑工业出版社

图书在版编目（CIP）数据

建筑施工工程师手册/江正荣，朱国梁编著．—4 版．
北京：中国建筑工业出版社，2016.12
ISBN 978-7-112-20050-4

Ⅰ．①建…　Ⅱ．①江…②朱…　Ⅲ．①建筑工程-工程施工-技术手册　Ⅳ．①TU7-62

中国版本图书馆 CIP 数据核字（2016）第 260480 号

近年来建筑业飞速发展，新的建筑材料、新的建筑结构设计、新的施工工艺和机具设备以及新的施工技术和管理方法不断涌现，日新月异，为满足广大工程技术人员新形势下的迫切需求，我们对第三版进行了全面的修订，删去过时、陈旧的内容 132 项（节），增加补充了一批新技术、创新、实用的新内容 202 项（节），新修订的第四版在深度和广度上有了很大的扩展。

修订后的内容共有 26 章，其中包括：施工准备；土石方与爆破；基坑（槽）支护与降排水；地基加固与处理；桩基与基础；砌体与墙体；模板；钢筋；混凝土与大体积混凝土；特种工程结构物；预应力混凝土；钢结构；建筑结构吊装；防水；建筑防腐蚀；建筑地面；门窗；隔墙；吊顶；幕墙；建筑保温隔热；建筑装饰装修；脚手架；季节性施工；既有建筑的鉴定与评估、托换、加固、纠偏技术；施工项目管理。

本书的特点是按照国家最新制定或修订的设计、施工等规范、规程、各类标准编写而成。具有简明扼要、全面系统、新颖、实用性强的特点，便于读者查找、阅读和实际应用，解决施工现场的疑难问题，是工程师、工长等技术管理人员必备的工具书。

本书可供城市、村镇建筑企业工程技术人员、管理人员使用，也可供大专院校土建专业师生参考。

*　*　*

责任编辑：余永祯
责任校对：王宇枢　刘梦然

建筑施工工程师手册
（第四版）
江正荣　朱国梁　编著
*
中国建筑工业出版社出版、发行（北京海淀三里河路 9 号）
各地新华书店、建筑书店经销
霸州市顺浩图文科技发展有限公司制版
北京圣夫亚美印刷有限公司印刷
*
开本：787×1092 毫米　1/16　印张：76　字数：1892 千字
2017 年 4 月第四版　2017 年 4 月第十八次印刷
定价：**168.00** 元
ISBN 978-7-112-20050-4
（29335）

第四版前言

《建筑施工工程师手册》自1992年问世以来，2002年出版了第二版，2009年出版了第三版，先后印刷17次，总印数达7.71万册。长期以来，作为建筑施工人员的常备工具书，受到建筑界广大读者的青睐和关爱，对促进建筑施工技术进步、建筑工业的发展，起到一定的推动作用。

近七年来，建筑业在落实科学发展观和深化改革的指引下，推陈创新，使建筑业得到蓬勃发展，新的建筑材料、建筑结构设计、新的施工工艺和机具设备以及新的施工技术和管理方法，日新月异。与此同时，国家对建筑材料、结构设计、施工质量控制验收标准、规范、规程进行了全面修订、更新，并颁布施行，因而使得本手册的内容已不能适应建筑市场发展和满足广大读者的迫切需要，有必要进行一次较全面的修订、补充、更新、完善，以推动新世纪建筑业的技术进步、创新和发展。

本手册第四版是在第三版基础上，着重对内容进行较全面的调整与修订，主要有以下几个方面：

1. 对第三版中一些不常用、陈旧、过时，或可有可无的分部分项施工工艺和管理方法均予以删除，如删去现代化管理技术和安全技术两章，其他各章删去的有：电渗井点降水、渗井井点降水、挡土板桩支护计算、粉煤灰地基、重锤夯实地基、螺旋钻压浆灌注桩、空斗砖墙、砖烟囱施工技术、钢筋冷拉、钢筋锥螺纹套筒连接、独脚和回转式桅杆吊装、刚性屋面防水、屋面和地下防水补漏方法、木和竹脚手架、建筑物增层和位移技术等，对篇幅做了较大的精简和压缩。全册共删去132项（节）。对内容相近似、重复的项目，则予以合并，以精简篇幅。

2. 增加补充一批近年技术创新，具有较普遍推广意义的实用新技术、施工新工艺方法、新施工管理方法等方面的内容。如新增建筑保温隔热和施工项目管理两章；其他各章新增加的有：土石方爆破施工、土钉墙支护计算、载体夯扩灌注桩、长螺旋干作业钻孔灌注桩、夹心保温复合砖墙、高空大梁和转换层大截面梁支模、现浇胶合板支模、模板早拆模技术、钢筋滚轧直螺纹连接、辐射沉淀池施工、复合防水屋面施工、塑料板防水、木纹清水混凝土施工、悬吊（挂）式脚手架、隐框及半隐框玻璃幕墙、现有建筑的鉴定与评估等，在各章中均有增加或补充，全册新增共202项（节）。

3. 根据国家新修订或制定的各项设计规范和施工质量验收规范、规程、各类标准，对使用旧规范、规程、标准的各章节均进行相应的修订、完善或重新改写。使手册修订内容紧密结合现行的相关规范、规程和标准要求，确保工程施工安全和质量。

4. 对常用具有典型普遍意义的施工分部分项工程施工工艺方法仍予以保留，或做适当修改、补充和精简。

5. 第四版在深度、广度和范围等方面均有所扩大。在内容选择上力求做到适用面广、实用性强、工艺先进、措施可靠；编写方式做到简明扼要，理论与实践相结合，并富启发性，使内容配套、全面、完整、系统，更加充实，使其能满足各施工单位、各层次人员的需要。

6. 全册体例、写法保持不变，均采用表格化，并附适当附图，使四版仍保持原“简明扼要、全面系统、新颖、实用”的特点，以便于读者查找、阅读、理解和实际应用。

修订后的第四版内容包括26章，即：施工准备、土石方与爆破、基坑（槽）支护与降排水、地基加固与处理、桩基与基础、砌体与墙体、模板、钢筋、混凝土与大体积混凝土、特种工程结构物、预应力混凝土、钢结构、建筑结构吊装、防水、建筑防腐蚀、建筑地面、门窗、隔墙、吊顶、幕墙、建筑保温隔热、建筑装饰装修、脚手架、季节性施工、既有建筑的鉴定与评估、加固、纠偏、施工项目管理等方面。基本涵盖了建筑施工的各个领域，在每章（或节）中，根据施工的需要重点论述基本原理、工艺方法、操作要点、使用材料和施工机具设备要求，以及保证施工的安全技术措施等，并附一些常用计算方法、公式和典型计算实例，以便于读者理解，实际参考应用和满足施工需要。

建筑施工是一门复杂的、多学科、专业繁多、综合性强、涉及面广博的科学技术。从表面看难度不大，但要真正理解、掌握，遇到施工问题能应付自如、很快地解决，就很不容易了，因它需要应用许多专业学科知识，具有丰富的实践经验，才能达到融会贯通，处理恰当。限于篇幅，本手册只能有选择地重点介绍建筑施工中各个方面遇到的较典型、先进、成熟，具有普遍推广意义的施工工艺和管理方法，保证质量、安全技术措施，以便施工中，根据具体情况、条件加以选择应用。读者遇到有关施工中需解决的问题，查阅本手册，基本可以顺利得到解决。

本手册修订参考了许多专家、作者的论著和文献，谨向他们表示衷心的感谢和诚挚的敬意。由于作者的学识、技术和经验水平有限，在手册中可能还有不少问题和可商榷之处，恳切祈望使用本手册的专家和读者多提宝贵意见，给予指教，帮助不断改进、充实、提高、完善。借本手册第四版问世之际，谨向关注爱护本手册的新老读者和出版社的编辑和有关工作人员表示诚挚、衷心的感谢和敬意。

本手册第四版修订分工是：第1章至第13章由江正荣、樊青楠、程江、王燕妮、李永涛、江薇薇、张光辉、程道广、樊兆阳等执笔，由江正荣统稿；第14章至26章由朱国梁、顾雪龙执笔，由朱国梁统稿。

江正荣
朱国梁 谨识
2016年2月

第三版前言

建筑施工工程师手册第二版问世以来，又已六度春秋，第二版先后印刷 13 次，累计印数达 6.9 万余册，受到建筑界广大读者的欢迎和关爱，谨表示由衷的感谢和诚挚的敬意。

进入新世纪以来，我国落实科学发展观、建设创新型国家，迈入一个新阶段。建筑业推陈出新，发展迅速，开发、创新了一大批新技术、新工艺、新材料、新机具和新的现代化管理方法，应用于实际工程中，使建筑业步入了一个快速、蓬勃发展新时期。特别是加入 WTO 后，为适应与国际接轨的需要，国家对建筑设计和施工验收规范进行了全面修订和制定，并颁布实施。在此新形势下，原第二版中一些章节内容，特别是按旧规范编写的部分，已显得过时或陈旧。为此，有必要进行一次全面的修订、补充和更新，将建筑工程上近年创新的建筑实用新技术和现代化管理经验反映进去，以满足建筑科学和施工技术飞速发展的迫切需要，推动建筑业科技进步、提高和发展。

这次修订按照建筑工程施工质量统一标准中所列的分部工程，将一些陈旧、过时、不常用或可有可无的章节删去，如删去爆破和木结构两章；对质量通病及防治一章，国内已有专著[8]出版，第三版也全部加以删除。其余各章删去的主要有：砂桩、砂井法、岩石地基的利用与处理；爆扩成孔灌注桩、干作业成孔灌注桩；砌筑砖材、石材、砌块；地脚螺栓与预埋件的埋设、电阻点焊；蛭石混凝土、流态混凝土、裹砂混凝土、水池施工；钢结构成品防腐；人字桅杆、悬臂式桅杆构造与性能、桅杆吊装计算、履带式起重机、轮胎式起重机、塔式起重机等的稳定性验算；氯丁胶乳沥青、SBS 弹性沥青防水胶、防水冷胶料等屋面防水、喷涂防水；硫磺类防腐蚀工程；陶瓷锦砖面层、水泥方格砖、混凝土板块面层、硬纤维板面层；桥式脚手架、木脚手架和扣件式钢管脚手架计算、常用工具式里脚手架、平台架、钢木脚手板、安全网架设、钢脚手架的防电、避电措施；土方保温防冻法、土方冻结深度及防冻保温材料厚度计算、冻土开挖方法、冬期挖土、填土施工要点、混凝土成熟度法推算早期强度计算、暖棚法、蒸汽套法、内部通汽法、蒸汽热模法、电气加热法、远红外线加热法、工频感应模板加热法等的热工计算；爆破工程安全技术；木结构加固；全面质量管理的数据分析法、存贮理论以及附录等，共删去三章计 137 节。

对原每章中的计算部分，保留了施工中常用的较典型的计算方法，其余不常用的计算均删去，读者需用时，或需其他计算内容，请参见本手册的姐妹篇《建筑施工计算手册》[3]，均可得到解决。

手册中增加补充了一些近年开发创新、有发展前途的，并且应用日广的新施工项目，主要有：现场临时供气计算、基坑与沟槽土方量计算、大型深基坑土方量开挖方法、填方基底处理；深基坑支护类型、方案的选择、型钢桩横挡板支护、排桩内支撑支护、挡土灌注桩与水泥土桩组合支护、地下连续墙支护、水泥土墙支护、喷锚支护、逆作拱墙支护；渗水井点降水；粉煤灰地基、强夯置换地基、注浆地基、袋装砂井堆载预压地基、塑料排水带堆载预压地基、高压喷射注浆桩地基、灰土挤密桩地基、夯实水泥土桩地基、水泥粉煤灰碎石桩地基、砂石桩地基、柱锤冲扩地基、碱液注浆地基；机械静力压桩、锚杆静力压桩；先张预应力管桩；大体积混凝土基础施工技术、逆作施工技术；粉煤灰砂浆配合比计算、烧结多孔砖墙、配筋砖砌体、轻骨料混凝土、小型空心砌块墙、粉煤灰砌块墙；永久性模板、滑框倒模、爬升模板；冷轧扭钢筋代换、钢筋挤压套筒连接、锥螺纹套筒连接、直螺纹套筒连接；大体积混凝土、泵送混凝土工艺方法、掺粉煤灰混凝土配合比计算、钢屑混凝土、不发火混凝土、碾压混凝土；电视塔施工；特种混凝土结构预应力施工；钢结构栓钉连接、普通螺栓连接及计算；钢结构成品装运、大跨度钢结构门或钢架安装、冷弯薄壁型钢轻钢结构制作和安装、钢结构涂装；拱板屋盖吊装方法；屋面工程防水等级和设防要求、卷材和胶粘剂的质量指标、卷材防水屋面各层构造要求、防水涂料和胎体增强材料的质量指标、地下工程防水等级和设防要求、金属板防水层防水、渗排水层防水；聚合物水泥砂浆防腐蚀工程施工；料石面层、活动地板面层、实木复合地板面层、中密度（强化）复合地板面层、竹地板面层；钢木大门、钢门窗、铝合金门窗、涂锌钢板门窗、厚玻璃门、自动门、卷帘门以及门窗玻璃的安装；增强石膏条板、石膏空心砌块、加气混凝土板、泰柏板、玻璃砖等隔墙；轻钢龙骨吊顶、铝合金饰面板吊顶、石膏板吊顶以及其他罩面板吊顶等的安装；点支承玻璃幕墙、石材幕墙安装；抹灰的一般要求、铝合金饰面板安装、墙面碎拼大理石、花岗石铺贴、人造革、锦缎软包墙面施工、美术刷浆；碗扣式钢管脚手架、悬吊（挂）式脚手架、插口式脚手架；混凝土受冻类型和机理、综合蓄热法养护；现场安全管理、基坑工程安全技术；碳纤维片材加固混凝土结构、建筑物增层技术、建筑物移位技术；流水施工法参数、施工期的确定、施工排序优化以及其他等计125节。

对保留的具有普遍、典型意义的章节，根据新颁布的工程质量验收规范均做适当删节或补充。有的章做了适当调整，新增的有基坑工程、地基处理、门窗、吊顶等四章，以及改写了桩基、防水、防腐蚀、脚手架等章，在内容和范围上较第三版有所扩大，使全书更为充实、丰富、新颖、全面、完整。

本手册均按照国家最新颁布的2002系列设计和施工验收规范，以及新的材料标准，技术规程等进行修订，使本手册第三版的内容紧密结合相应规范和现场施工实际，使之满足新规范的要求，并可作为实施新规范、标准、规程的补充。

本手册修订编写过程中，参考了大量国内专家和作者的文献和专著，谨向他们表示衷心的感谢和敬意。在修订中作者虽尽了最大努力，但由于知识和水平有限，在册子中可能还存在不少缺点、问题和可商榷之处，热诚期望使用本手册的广大读者和专家，多提宝贵意见和建议，给予校正，帮助提高、完善。

参加本手册修订编写工作的还有（以姓氏笔画为序）：朱庆、江茜、江薇薇、任中秦、张光晓、李花、李长春、赵树成、孟燕、肖颖、秦翀、谈军、张光辉、程道广、樊兆阳等同志，全书由江正荣统稿。

江正荣
2008年3月

第二版前言

《建筑施工工程师手册》1992年出版以来，已经九载，曾先后重印八次，累计印数达6万多册，受到建筑界广大读者的欢迎和认可，不少读者对本手册提出了许多宝贵的建设性意见，在此谨表示衷心的感谢和诚挚的敬意。20世纪90年代以来，建筑技术发展方兴未艾，新的施工技术、新工艺、新材料、新机具设备和新的技术管理经验层出不穷；特别是在地基与基础、墙体、钢筋混凝土、预应力混凝土、防水、装修等方面发展迅速，使建筑施工技术有了很大的进步和创新；同时为适应新形势，国家对设计规范、施工验收规范、规程以及各种技术标准等进行了全面修订和制定，并陆续颁布执行。在此情况下，原手册有些资料显得已经陈旧或过时，有必要进行一次较全面的修订、补充和更新，将近年来建筑施工中出现的、应用日益广泛的、有发展前途的实用新技术、新工艺、新材料、新机具设备以及快速施工和现代化管理经验、成果反映进去，以适应新世纪建筑施工科学技术迅速发展的需要。

新修订的版本内容包括22个方面，即：施工准备、土方、爆破、支护与降水、地基与基础、墙体、混凝土与钢筋混凝土、特种工程结构物、预应力混凝土、木结构、钢结构、吊装、防水与防腐、地面与楼面、隔断与幕墙、装饰、脚手架、冬期施工、质量通病与防治、安全技术、建筑物托换、加固与纠偏、现代化管理技术等，基本覆盖了建筑工程施工的各个应用领域。其内容重点介绍使用材料的性能、要求、配制方法；施工基本理论、工艺方法的选择及施工要点；施工组织方法；施工机具型号、性能及选用；质量要求与检验，质量通病与防治以及安全技术措施等，并附大量实用图表和一些常用简单施工计算方法、公式和典型计算实例。原第一版中常用计算数据使用较少，已删去，应用时可参阅拙作《建筑施工计算》一书中附录一、二；另常用建筑材料性能及应用和常用施工机械技术性能两章亦删去，少部分与各章有关内容，分别列入到各章中去，以便于查阅；在内容和范围上比第一版有所扩大，增加了基坑支护与降水、特种工程构筑物，隔断与幕墙三章及防水、装饰、脚手架、建筑物托换、纠偏与加固、现代化管理等方面内容，使手册具有全面、系统、完整、实用、新颖、简明扼要的特点。

本手册按法定计量单位、通用符号、基本术语和国家新修订或制订的设计规范、工程施工及验收规范、质量检验评定标准编写。

在现代化建设中，建筑施工是一项复杂、庞大的系统工程，又是一门专业繁多、综合性强、涉及面广的科学技术，涉及的方面和内容相当广博，需要从事现场施工的工程师们广泛、综合地运用现代化科学手段，对施工各个方面，特别是施工技术，进行有效的管理和控制，实现施工技术科学化，按科学方法、规律组织施工，以期最充分发挥施工技术的主导作用。然而，从事现场施工的工程师们担负着繁重而复杂的施工任务，日理万机无暇去博览群书。作者直接从事施工技术和管理四十载，深知现场施工的复杂性和现场施工工程师的艰难，了解他们处理技术问题和对各种实用技术资料的迫切需求；现作者在第一版的基础上，将修订更新的第二版本诚挚地献给战斗在工程建设第一线辛勤劳苦的工程师们，希望能为他们提供一点方便和帮助，以便在工作中能确保工程质量、进度和效益，并促进技术进步。虽作者为此作了很大努力，但由于学识和水平有限，可能还存在不少这样或那样的问题，热诚祈望专家和广大读者继续给予爱护和关注，提出宝贵意见，不吝指正，以期不断创新、提高和完善。

参加本书编写工作的还有邵菁、朱庆、任中秦、曹主宇、李长春、付焕亮、蔡荣义、李红然、江微微、汪飓、江茜、张光辉、程道广、樊兆阳等同志，全书由江正荣统稿；还有罗慧芬和江微微同志分别承担了大部分书稿抄写和部分描绘图工作，谨致谢忱。

江正荣　谨识

2002年3月

第一版前言

在现代化建设中，建筑施工是一项复杂的系统工程，包括从施工准备、施工组织调配、方案制定、施工技术到质量的控制和处理等等方面，需要广泛、综合地运用现代科学手段，对施工各个方面进行有效的控制和管理。作为现场直接从事指导建筑施工的工程师们，在完成工程建设任务和促进施工技术进步方面，肩负重任，工作十分繁重，在施工中，常需要迅速处理现场施工中遇到的各方面问题，特别是施工技术和技术管理以及质量的控制，十分迫切需要各方面的技术资料作为参考，以便迅速用科学定量和实用简便的方法及时地进行判断和处理，以充分发挥先进的施工技术和现代化管理科学在建筑施工中的指导作用，以确保工程质量和施工顺利进行，并收到最优的技术和经济效益。

本手册的编写，就在于满足现场建筑施工工程师们（也包括其他各级技术人员和施工人员）的需要，为他们提供一本简明、实用、内容丰富、资料翔实的工具书，便于及时查找急需解决的技术问题，以利工作开展，并促进施工技术、管理的提高，推动施工技术进步和适应当前建筑施工科学迅速发展的需要。

编写本手册旨在贯彻执行国家新修订的设计、施工技术标准、规范、规程基础上，针对工程师必须掌握的基本知识，充分总结我国多年来成熟的建筑施工经验，特别是近年来出现的实用的新建筑技术成果和日益广泛采用的行之有效的新技术、新材料、新工艺、新机具。在内容上，尽量有选择地推荐现场实用、简便、使用机具少、能耗低、并能保证和提高工程质量的典型施工方法。全册共有五方面的内容：即施工准备工作；建筑施工技术（包括土方、爆破、地基与基础、砖混结构、钢筋混凝土、预应力混凝土、木结构、钢结构、吊装、防水、防腐蚀、地面与楼面、装饰、脚手架、冬期施工等）；施工质量防治与处理（包括质量通病防治、结构加固等）；现代施工管理与安全技术；施工常用技术资料（包括施工常用计算数据、常用建筑材料性能与应用、常用施工机械性能等），另在篇末附有工程常用定额资料及计量换算资料。

本手册在编写上力求适用性强，内容系统、配套、完整，基本概念清楚，并富有启发性，除介绍基本原理、工艺方法、操作要点、质量要求和保证质量措施等外，并附一些常用计算方法、公式和典型计算实例，使读者可参照应用，举一反三。在编写格式上，采取全部表格化，并附必要的附图，使之通俗易懂，简明扼要，一目了然，便于迅速查阅。

本手册按法定计量单位、通用符号、基本术语、新颁布设计规范、工程施工及验收规范编写。

建筑施工学科是一门专业复杂、综合性强、涉及面广的学科，与其他专业学科互相渗透，施工对象经常变化，施工技术日新月异，很难以用较短篇幅加以全面概括，编写本手册是一种新的尝试。作者直接从事施工技术和管理工作近四十载，深知现场施工的复杂性和现场施工工程师工作的繁重与艰难，了解他们处理技术问题和对各种技术资料的迫切需要，为给现场施工的工程师提供一点方便，作者不揣简陋写成此册，献给战斗在施工第一线的工程师们。在编写时参考了大量近年出版的施工书籍、杂志，有些内容是作者多年来从事施工的成熟经验总结和科研成果。作者深感编写此手册责任十分重大，工作中应该审慎严肃，虽然个人作了很大努力，但由于学识水平有限，难免还有不少缺陷、遗漏和可商榷修正之处，热忱恳切祈望专家和广大读者提出宝贵意见，给予指正，以便不断得到充实完善。

江正荣

1992年10月

目　　录

1 施 工 准 备

1.1 施工技术准备

1.1.1 技术准备

技术准备工作要点　　表 1-1

项次	项目	技术准备工作要点
1	搜集技术资料	调查研究，搜集施工需要的各项技术资料，包括施工场地地形、地质、水文、气象等自然条件和现场周围可利用房屋、交通运输、供水、供电、供热、通信等条件以及现场地下、地上障碍物状况等资料；认真查阅基础工程的技术档案资料。搜集工程需用的图集、规范、标准、法规；摸清地方建材生产企业情况、地方资源，材料供应能力及运输道路、工具等条件，为施工方案的制订提供可靠资料和依据
2	学习、熟悉和审查、汇审图纸	(1)组织学习、熟悉施工图纸，充分理解设计意图，掌握施工图纸内容；认真做好图纸自审，审查施工图纸资料是否完整和齐全，是否符合国家有关工程设计和施工的方针和政策，施工图纸本身及其各组成部分之间有无矛盾和错误；图纸与说明书是否一致，技术要求是否明确 (2)摸清设计内容及技术条件、分批出图时间；搞清设计规模、结构情况、使用材料要求和特点(结构、类型、工程量、质量要求等)。对工业项目要了解清楚生产工艺流程及生产单位的要求；各个建筑构件配套投产的先后次序和相互关系，掌握设备数量及其到达现场日期 (3)熟悉地质、水文等勘察资料，搞清地基处理与基础设计、建筑物与地下构筑物、管线等之间的关系 (4)踏勘施工现场，了解设计总平面布置与周围环境的关系，检查总图与现场周围情况是否符合 (5)汇审图纸，由设计和施工部门各专业人员参加，核对土建与各专业图纸相互间有无矛盾和错误，明确土建与各专业工序的施工配合关系，确定建设期限，包括分批分期建设和投产的要求 (6)汇审要做好图纸汇审记录，由建筑、设计和施工部门共同汇签后，作为施工图纸的补充和依据
3	进行技术交底	(1)为使施工人员熟悉工程，了解设计意图，掌握施工方法和技术要求，避免施工中发生差错，施工前应向参加施工的职工进行层层技术交底 (2)技术交底内容应结合具体分部分项工程对关键部位的施工难点、质量要求、操作要点、安全技术措施等进行详细阐述。要将工程概况、结构形式、特点、设计图纸要求、施工方案、质量标准、技术措施及特殊部位的施工要点、注意事项做详细的技术交底，做到严格按设计施工图、规范和施工方案施工 (3)技术交底应全面、细致、明确、具体指导施工。 必要时，辅以书面交底，并办理签认手续
4	编制施工组织设计	建筑工程施工组织设计(或施工方案)是规划和指导建筑工程投标、签订施工合同、施工准备以及施工全过程的全面性的技术、经济和管理文件。这是一项极为重要的技术准备工作。关系到施工的总体部署、施工进度、施工方法、施工机械设备的选择、劳力组织安排、新技术的应用、现场总平面的布置等重大问题的确定，对优质、高效、低耗完成工程建设具有重大意义，拟建工程应根据工程规模、结构特点、类型和建设单位要求、具体情况，编制指导该施工全过程的施工组织设计和各分部分项施工方案，具体编制内容方法参见 1.1.2 节
5	编制施工预算	按照施工图纸要求计算的工程量和施工单位编制的施工组织设计制定的施工方案，技术措施，以及国家颁发的工程预算定额和有关费用定额，由施工单位编制详细的施工图预算，作为备料、供料、编制各项计划的依据，充分反映出工程施工所需的各种费用、材料和劳动力需用数量，以便指导施工，确保材料优质及时供应，使劳动力合理调配，施工进度合理化

续表

项次	项目	技术准备工作要点
6	设置测量控制网	做好全现场测量控制网的设置，根据设计图给定的国家永久性控制坐标和水准基点，按建筑物设计总平面图要求，编制测量放线方案，建立坐标控制点和水准控制点。对工程坐标、标高点进行复制、复核，并引测到现场；在场区内设置永久性控制坐标桩和水准基点桩；建立工程测量控制网，作为场区内所有建筑物定位工程轴线、标高控制的依据，并做好定位桩、轴线桩和基准高程点的保护
7	规划技术组织	(1)按工程施工要求，组织配套的技术力量，配齐建设项目施工需要的各专业技术人员、管理人员和技术工人 (2)制定完整的技术岗位责任制和技术、安全、质量网络，建立技术责任制和质量检验制度 (3)对工程采用的新结构、新材料、新技术和特殊施工工艺，组织专门技术力量进行研究、试制和试验 (4)认真做好工人上岗前的技术培训工作

1.1.2　施工组织设计编制

施工组织设计划分、编制的基本原则和内容及注意事项　　表 1-2

项次	项目	编制方法要点
1	施工组织设计划分	施工组织设计按编制对象的不同，划分为建设项目施工组织总设计、单位工程施工组织设计和施工方案（或称分部、分项工程施工设计），通常泛称的施工组织设计主要指单位工程施工组织设计，它是具体指导施工的文件。一般投资在 1000 万元以上、建筑面积 3000m^2 以上的单层工业厂房、较大型公共建筑，地下构筑物以及 7 层和 7 层以上的民用住宅建筑以及新结构，新工艺项目，均应编制施工组织设计，一般性工业与民用建筑、七层以下的民用住宅楼以及零星项目，则编制施工方案
2	编制基本原则	(1)符合施工合同或招标文件中有关工程进度、质量、安全、环境保护、造价等方面的要求 (2)积极开发、使用新技术和新工艺，推广应用新材料和新设备 (3)坚持科学的施工程序和合理的施工顺序，采用流水施工和网络计划等方法，科学配置资源，合理布置现场，采取季节性施工措施，实现均衡施工，达到合理的经济技术指标 (4)采取技术和管理措施，推广建筑节能和绿色施工 (5)与质量、环境和职业健康安全三个管理体系有效结合 (6)科学地安排冬期和雨期施工项目，保证全年施工的均衡性和连续性 (7)充分挖掘发挥现有机械设备潜力，扩大机械化施工程度，不断改善劳动组织，提高劳动生产率。从实际出发，做好人力、物力的综合平衡，组织均衡施工 (8)合理安置临时设施工程，尽量利用现场原有和附近及拟建的房屋设施，以减少各种暂设工程，节省费用 (9)尽量利用当地或附近资源，合理安排运输、装卸和储存作业，减少物资运输量，避免二次倒运；科学地规划施工平面，节约施工用地，不占或少占农田 (10)实施目标管理与施工项目管理相结合，贯彻技术规程；严格认真进行质量控制；遵循现行的各项安全技术规程、劳动保护条例和防火有关规定，确保工程质量和安全施工，做好文明施工
3	编制基本内容	1. 施工组织设计的内容： 施工组织设计应包括编制依据、工程概况、施工部署、施工进度计划、施工准备与资源配置计划、主要施工方法、施工现场平面布置及主要施工管理计划等基本内容 2. 单位工程施工组织设计的内容： (1)工程概况 1)工程概况应包括工程主要情况、各专业设计简介和工程施工条件等 2)工程主要情况应包括下列内容：工程名称、性质和地理位置；工程的建设、勘察、设计、监理和总承包等相关单位的情况；工程承包范围和分包工程范围；施工合同、招标文件或总承包单位对工程施工的重点要求；其他应说明的情况

续表

项次	项目	编制方法要点
3	编制基本内容	3)各专业设计简介应包括下列内容：建筑设计简介应依据建设单位提供的建筑设计文件进行描述，包括建筑规模、建筑功能、建筑特点、建筑耐火、防水及节能要求等，并应简单描述工程的主要装修做法；结构设计简介应依据建设单位提供的结构设计文件进行描述，包括结构形式、地基基础形式、结构安全等级、抗震设防类别、主要结构构件类型及要求等；机电及设备安装专业设计简介应依据建设单位提供的各相关专业设计文件进行描述，包括给水、排水及采暖系统、通风与空调系统、电气系统、智能化系统、电梯等各个专业系统的做法要求 4)工程施工条件：项目建设地点气象状况；项目施工区域地形和工程水文地质状况；项目施工区域地上、地下管线及相邻的地上、地下建(构)筑物情况；与项目施工有关的道路、河流等状况；当地建筑材料、设备供应和交通运输等服务能力状况；当地供电、供水、供热和通信能力状况；其他与施工有关的主要因素。 (2)施工部署 1)工程施工目标应根据施工合同、招标文件以及本单位对工程管理目标的要求确定，包括进度、质量、安全、环境和成本等目标。各项目标应满足施工组织总设计中确定的总体目标 2)施工部署中的进度安排和空间组织应符合下列规定：工程主要施工内容及其进度安排应明确说明，施工顺序应符合工序逻辑关系；施工流水段应结合工程具体情况分阶段进行划分：单位工程施工阶段的划分一般包括地基基础、主体结构、装修装饰和机电设备安装三个阶段。 3)对于工程施工的重点和难点应进行分析，包括组织管理和施工技术两个方面 4)明确工程管理的组织机构形式，并宜采用框图的形式表示，并确定项目经理部的工作岗位设置及其职责划分 5)对于工程施工中开发和使用的新技术、新工艺应做出部署，对新材料和新设备的使用应提出技术及管理要求 6)对主要分包工程施工单位的选择要求及管理方式应进行简要说明 (3)施工进度计划 1)单位工程施工进度计划应按照施工部署的安排进行编制 2)施工进度计划可采用网络图或横道图表示，并附必要说明；对于工程规模较大或较复杂的工程，宜采用网络图表示 (4)施工准备与资源配置计划 1)施工准备应包括技术准备、现场准备和资金准备等。技术准备应包括施工所需技术资料的准备、施工方案编制计划、试验检验及设备调试工作计划、样板制作计划等：主要分部(分项)工程和专项工程在施工前应单独编制施工方案，施工方案可根据工程进展情况，分阶段编制完成；对需要编制的主要施工方案应制定编制计划；试验检验及设备调试工作计划应根据现行规范、标准中的有关要求及工程规模、进度等实际情况制定；样板制作计划应根据施工合同或招标文件的要求并结合工程特点制定。现场准备应根据现场施工条件和工程实际需要，准备现场生产、生活等临时设施。资金准备应根据施工进度计划编制资金使用计划 2)资源配置计划应包括劳动力配置计划和物资配置计划等。劳动力配置计划应包括下列内容：确定各施工阶段用工量；根据施工进度计划确定各施工阶段劳动力配置计划。物资配置计划应包括下列内容：主要工程材料和设备的配置计划应根据施工进度计划确定，包括各施工阶段所需主要工程材料、设备的种类和数量；工程施工主要周转材料和施工机具的配置计划应根据施工部署和施工进度计划确定，包括各施工阶段所需主要周转材料、施工机具的种类和数量 (5)主要施工方案 1)单位工程应按照《建筑工程施工质量验收统一标准》GB 50300 中分部、分项工程的划分原则，对主要分部、分项工程制定施工方案 2)对脚手架工程、起重吊装工程、临时用水用电工程、季节性施工等专项工程所采用的施工方案应进行必要的验算和说明 (6)施工现场平面布置 1)施工现场平面布置图应按有关规定并结合施工组织总设计，按不同施工阶段分别绘制

续表

项次	项目	编制方法要点
3	编制基本内容	2)施工现场平面布置图应包括下列内容：工程施工场地状况；拟建建(构)筑物的位置、轮廓尺寸、层数等；工程施工现场的加工设施、存贮设施、办公和生活用房等的位置和面积；布置在工程施工现场的垂直运输设施、供电设施、供水供热设施、排水排污设施和临时施工道路等；施工现场必备的安全、消防、保卫和环境保护等设施；相邻的地上、地下既有建(构)筑物及相关环境 3. 施工方案编制内容： (1)工程概况(同上)；(2)施工安排；(3)施工进度计划；(4)施工准备与资源配置计划；(5)施工方法及工艺要求
4	编制注意事项	(1)编制时，要深入现场，做好调查研究，掌握第一性资料，使组织设计切实可行 (2)内容当简则简，该详细则详细，不要过于求全，以能满足施工需要为度 (3)编制要从实际出发，因地因工程制宜，要根据具体情况灵活运用，不受条框约束，发挥创造性，切忌不结合实际，粗制滥造流于形式 (4)进行施工部署，确定施工顺序，必须按基建程序办事，应做好各项施工准备，方可开工。工程施工一般应遵守"先地下后地上"、"先土建，后安装"、"先主体，后围护"、"先深基，后浅基"、"先结构，后装修"的顺序 (5)编制应在充分研究工程的客观情况和施工特点的基础上，科学合理地组织安排建筑工程施工，使之在一定时间和空间内实现有组织、有计划、有节奏地施工。在确定施工方法(方案)时，宜进行多方案比较，使之优化，并核算经济效益，以选用最合理的方案 (6)现场内外原有自然排水系统应予疏通，低洼地段应设集水、排水设施，并尽可能利用正式工程排水设施和管网

1.2　施工现场准备

1.2.1　现场四通一平

施工现场四通一平准备工作要点　　表 1-3

项次	项目	准备工作要点
1	现场临时道路	(1)修筑临时道路，包括现场内和现场至正式运输干线的道路。主干线宜结合永久性道路和布置修筑，施工期间仅修筑路基和垫层，铺简易泥结碎石面层，竣工后再修正式路面。路宽宜按双车道不小于6m，最大纵向坡度不大于6%，最小转弯半径不小于15m (2)道路布置要考虑一线多用，有循环回转余地，尽可能重车下坡行驶。通向仓库区的道路要有消防通道，以防发生火灾 (3)道路通过沟渠应设桥涵，与铁路、管道、通信线路、电缆相交应设平交道和安全标志
2	临时供水	(1)现场临时供水，包括施工用水和生活用水，宜分开设置独立供水系统，尽可能先建成永久性给水系统的构筑物，利用永久性给水线路，以节省临时设施费用。在方便施工和生活情况下，应尽量缩短管线 (2)施工用水宜设置循环网路，以保管路意外损坏时，能继续供水 (3)现场临时供水量计算见表 1-13
3	临时供电	(1)现场临时供电，包括动力用电和照明用电，应按施工高峰时的最大用电量设计，架设线路建临时变电站或变压间，向供电部门申报用电量，有条件尽可能先修建正式工程的供电线路，为施工服务 (2)施工动力用电，一般宜沿主体工程布置干线，并宜循环设置，以防施工时突然断电，其他工程用电再从主干线接临时支线路 (3)在不能保证供电量情况下，应备临时发电设备，建临时发电间、变电站，位置尽可能设在施工用电的中部，以缩短供电线路 (4)现场临时供电计算见表 1-26

续表

项次	项目	准备工作要点
4	现场通信	现场应设置方便的通信网络，与市内电话沟通或设置独立的有线或无线电话，以便内部与外界的联系配合，特别是便于火灾的报警。大型工程现场应配备电信、电视、计算机，成为三网并设的信息化工地。在各施工点安装电话、高音喇叭等通信指挥设施
5	场地平整与防洪、排水	(1)施工现场应按建筑设计总平面图确定的范围和粗平标高进行平整，并做好挖填土方的平衡 (2)清除地表影响工程质量的软土、腐殖土、垃圾、草皮等，对不宜作土料或地基土的稻田淤泥，应分别情况采取挖除或设排水沟疏干、抛填片石、砂、砾等方法进行妥善处理 (3)拆除或搬迁工程和施工范围内的障碍物，如地面上旧有建筑物、构筑物、电杆、电线、管线、树木；地下基础、沟渠、管道、电缆、坟墓、防空洞等，可利用的建筑物应充分利用，以节省临时设施费用，对需保护的建筑物、构筑物，应设保护装置 (4)在现场周围地段应修设临时或永久性防洪沟或挡水堤；山坡地段在较高处(离坡脚 5～10m)设置防洪沟或截水沟，以拦截现场外和坡面雨水排入施工区域内 (5)道路主干道两侧应设排水沟，宜尽可能利用工程永久性排水管网，为施工服务；支道可在两侧挖小排水沟，沟底坡度一般为 2%～8%，以排除现场范围内施工用水和雨水 (6)现场内外原有自然排水系统应予疏通，低洼地段应设集水、排水设施，并尽可能利用正式工程排水设施和管网

1.2.2　现场临时设施

现场施工临时设施工程修建工作要点　　**表 1-4**

项次	项目	修建工作要点
1	施工临时设施分类	施工临时设施分大型临时设施(简称大临)和小型临时设施(简称小临)两类： 大型临时设施包括：(1)职工单身宿舍、食堂、厨房、浴室、医务室、俱乐部、图书室等现场临时生活文化福利设施；(2)工区、施工队、工地及附属企业的现场临时办公室；(3)料具库、成品、半成品库和施工机械设备库等；(4)临时铁路专用线、轻便铁路、塔吊、行走轨道和路基、临时道路、场区围挡、围墙等；(5)现场混凝土构件预制厂、混凝土搅拌站、钢筋加工厂、木工加工厂以及配合单位的附属加工厂等临时性建筑物、构筑物；(6)施工用的临时给水、排水、供电、供热管线及所需的水泵、变压器和锅炉等临时设施 小型临时设施包括：(1)队、组工具库、维修棚、烘炉棚、休息棚、茶炉棚、吸烟室、厕所、岗亭、搬道房、警卫室、卷扬机棚、储菜棚等；(2)灰池、蓄水池、行人道、移动的水、电线支线及设备、现场内分片围挡或木板围墙等；(3)配电室、土建试验室
2	修建原则	(1)应严格遵照施工平面图的布置和要求及施工设施需要量计划搭设，避开在续建工程上设置，做到统筹安排，合理搭设 (2)应适应生产需要，使用方便，不占工程位置，并留出生产用地和交通道路 (3)位置应避开防洪、滑坡、泥石流等不稳定地段，以及取土、弃土场地 (4)充分利用山地、荒地和劣地或缓建空地，不占或少占农田 (5)尽量靠近已有交通线路或即将修建的正式或临时交通线路 (6)尽量利用现场或附近原有建筑物和拟建的正式工程和设施 (7)设施经济实用，结构简易，因地制宜，利用旧料和地方材料，使用标准化装配式结构，使其可拆迁重复使用 (8)遵循各项安全技术规定和安全防火有关规定。现场应设置足够数量的消火栓
3	修建指标	临时设施工程修建面积根据工地需用职工人数、施工生产规模、材料设备需用量情况和施工需要等而定。现场一般临时行政生活福利设施、加工厂、作业棚、机械设备停放场地等需用面积计算参考指标见表 1-5～表 1-8；现场材料储备量及仓库需要面积计算及有关计算数据参考指标见表 1-9、表 1-10

续表

项次	项目	修建工作要点
4	安全防护要求	(1)防火防爆:炸药库、油料库、木材加工场及料堆场等应远离烘炉房、锅炉房、食堂等有火源的临时设施,并应设一定宽度的防火通道,准备足够的消防器材 (2)防风:在高坡、风口上修建临时设施,应考虑风力作用,做好临设屋面与地面的锚固,防止被大风卷起 (3)防震:地震区的临建,应考虑防震措施,屋面与墙面应加强锚固,设置必要的拉结条 (4)防雨:水泥库、木构件库、五金库等,应避免设在低洼处,屋面应有一定的防水功能,地面应设防潮层,防止材料雨淋或受潮 (5)防触电:临建动力照明线路应做好与建筑物的绝缘;室内严禁采用裸线;对高耸水塔及钢结构仓库等设施应设置避雷装置 (6)防冻:寒冷地区的预制厂、搅拌站等临时设施,应有防寒保温措施,防止水管容器冻裂,混凝土受冻

行政生活福利临时设施建筑面积参考指标　　表 1-5

临时房屋名称	参考指标(m^2/人)	临时房屋名称	参考指标(m^2/人)
办公室	3.0～4.0	理发室	0.01～0.03
宿舍:单层通铺	2.5～3.0	俱乐部	0.1
双人床	2.0～2.5	小卖部	0.03
单人床	3.5～4.0	招待所	0.06
家属宿舍	16～25m^2/户	托儿所	0.03～0.06
食堂	0.5～8	子弟小学	0.06～0.08
食堂兼礼堂	0.6～0.9	厕所	0.02～0.07
医务室	0.05～0.07	工人休息室	0.15
浴室	0.07～0.1	开水房	10～40m^2

注：1. 办公室按干部人数计算；开水房按工地计算；其余均按高峰年平均职工人数计算；但宿舍应扣除不在工地住宿人数。

2. 如条件允许，参考指标可根据具体情况适当放宽。

临时生产房屋需用面积参考　　表 1-6

名　称	单位	面积(m^2)	名　称	单位	面积(m^2)
汽车或拖拉机库	m^2/辆	20～25	钻机房	m^2/台	4
混凝土或灰浆搅拌棚	m^2/台	10～18	木工作业棚	m^2/人	2
空压机房（移动式）	m^2/台	18～30	钢筋作业棚	m^2/人	3
空压机房（固定式）	m^2/台	9～15	烘炉房	m^2	30～40
立式锅炉房	m^2/台	5～10	焊工房	m^2	20～40
发电机房	m^2/台	10～20	电工房	m^2	15
水泵房	m^2/台	3～8	白铁工房	m^2	20
通风机房	m^2/台	5	油漆工房	m^2	20
充电机房	m^2/台	8	机钳工修理房	m^2	20
电锯房（1 台小圆锯）	m^2	40	汽车修理棚	m^2	80
电锯房（1 台大圆锯）	m^2	80	汽车保养棚	m^2	40
卷扬机棚	m^2/台	6～12	机料库及油库	m^2	80

临时加工厂需用面积参考指标　　表 1-7

<table>
<tr><th rowspan="2">加工厂名称</th><th colspan="2">年产量</th><th rowspan="2">单位产量需用
建筑面积</th><th rowspan="2">占地总面积
(m²)</th><th rowspan="2">备　注</th></tr>
<tr><th>单位</th><th>数量</th></tr>
<tr><td>混凝土搅拌站</td><td>m³</td><td>3200～6400</td><td>0.022～0.020(m²/m³)</td><td>按砂、石堆场考虑</td><td>400L 搅拌机 2～4 台</td></tr>
<tr><td>临时性混凝土预制厂</td><td>m³</td><td>1000～3000
5000</td><td>0.25～0.15(m²/m³)
0.125</td><td>2000～4000
＜6000</td><td>生产屋面板、梁、柱、板等，配有蒸养设备</td></tr>
<tr><td>半永久性混凝土预制厂</td><td>m³</td><td>3000
5000
10000</td><td>0.6
0.4(m²/m³)
0.3</td><td>9000～12000
12000～15000
15000～20000</td><td>生产大中型构件，配有各种设施</td></tr>
<tr><td>木材加工厂</td><td>m³</td><td>15000
24000
30000</td><td>0.0244
0.0199(m²/m³)
0.0181</td><td>1800～3600
2200～4800
3000～5500</td><td>进行原木、木方加工</td></tr>
<tr><td>综合木工加工厂</td><td>m³</td><td>200～500
1000
2000</td><td>0.3～0.25
0.20(m²/m³)
0.15</td><td>100～200
300
420</td><td>加工门窗、模板、地板、屋架等</td></tr>
<tr><td>粗木加工厂</td><td>m³</td><td>5000～10000
15000
20000</td><td>0.12～0.10
0.09(m²/m³)
0.08</td><td>1350～2500
3750
4800</td><td>加工木屋架、模板及支撑、木方等</td></tr>
<tr><td>细木加工厂</td><td>万 m²</td><td>5～10
15</td><td>0.014～0.0114
0.0106(m²/万 m²)</td><td>7000～10000
14300</td><td>加工木门窗、地板等</td></tr>
<tr><td>钢筋加工厂</td><td>t</td><td>200～500
1000～2000</td><td>0.35～0.25
0.20～0.15(m²/t)</td><td>280～750
400～900</td><td>钢筋下料、加工、成型、焊接</td></tr>
<tr><td colspan="3">现场钢筋调直场地
拉直场
卷扬机棚</td><td colspan="2">所需场地(长×宽)(m²)
(70～80)×(3～4)
15～20</td><td>3～5t 电动卷扬机 1 台均包括材料及成品堆放</td></tr>
<tr><td colspan="3">钢筋对焊场地
对焊场地
对焊棚</td><td colspan="2">所需场地(长×宽)(m²)
(30～40)×(3～4)
15～24</td><td>包括材料及成品堆放，寒冷地区应适当增加</td></tr>
<tr><td colspan="3">钢筋冷加工场地
冷拔、冷轧机
剪断机
弯曲机</td><td colspan="2">所需场地(m²/台)
40～50
30～50
50～70</td><td>钢筋拉拔、冷轧、剪切、弯曲等</td></tr>
<tr><td colspan="3">金属结构加工场地
(包括一般铁件)</td><td colspan="2">年产 500～1000t 为 10～8m²/t
年产 2000～3000t 为 6～5m²/t</td><td>按一批加工数量计算</td></tr>
<tr><td colspan="3">石灰消化：
贮灰池
淋灰池
淋灰槽</td><td colspan="2">所需场地(长×宽)(m²)
5×3＝15
4×3＝12
3×2＝6</td><td>每 2 个贮灰池配 1 套淋灰池和淋灰槽，每 600kg 石灰可消化 1m³ 石灰膏</td></tr>
<tr><td colspan="3">沥青锅场地</td><td colspan="2">20～24m²</td><td>台班产量 1～1.5t/台</td></tr>
</table>

现场机运站、机修间、停放场地需用面积参考指标　表 1-8

施工机械名称	需用场地(m^2/台)	存放方式	检修间需用建筑面积
一、起重、土方机械类			
塔式起重机	200～300	露天	10～20 台设 1 个检修台位、约 200m^2(每增加 20 台增设 1 个检修台位,增 150m^2)
履带式起重机	100～125	露天	
履带式正铲或反铲、拖式铲运机、	75～100	露天	
轮胎式起重机		露天	
推土机、拖拉机、压路机	25～35	露天	
汽车式起重机	20～30		
二、运输机械类			
汽车(室内)	20～30	一般情况下室内不小于 10%	每 20 台设 1 个检修台位约 170m^2(每增加 20 台增设 1 个检修台位,增 160m^2)
汽车(室外)	40～60		
平板拖车	100～150		
三、其他机械类			
搅拌机、卷扬机、电焊机、电动机、水泵、空压机、油泵、少先吊等	4～6	一般情况下室内占 30%,露天占 70%	每 50 台设 1 个检修台位约 50m^2(每增加 50 台增设 1 个检修台位,增 50m^2)

注：1. 露天或室内视气候条件而定，寒冷地区应适当增加室内存放。
2. 所需场地包括道路、通道和回转场地。

1.2.3 现场材料储备量、仓库及堆场面积计算

仓库材料储备量与需要面积计算　表 1-9

项　目	计算公式	符号意义
现场材料总储备量	全现场(建筑群)的材料储备,一般按年季组织储备,按下式计算: $q_1=K_1Q_1$　(1-1)	q_1—材料总储备量; K_1—储备系数。对型钢、木材、砂石和用量小、不经常使用的材料取 0.3～0.4;对水泥、砖、瓦、块石、石灰、管材、暖气片、玻璃、油漆、卷材、沥青取 0.6～0.3;特殊条件下,宜根据具体情况确定; Q_1—该项材料最高年、季需用量; q_2—单位工程材料储备量; n—储备天数、按表 1-10 取用; Q_2—计划期内需用的材料数量; K_2—材料消耗量不均衡系数(日最大消耗量/平均消耗量); T—需用该项材料的施工天数,并不大于 n; A—仓库面积(m^2); P—每 1m^2 仓库面积上材料储存量,见表 1-10; q—材料储备量。用于全现场时为 q_1,用于单位工程时为 q_2; K_3—仓库面积利用系数,见表 1-10
单位工程材料储备量	单位工程的材料储备量应保证工程连续施工的需要,同时应与全现场的材料储备综合考虑,其储备量按下式计算: $q_2=\frac{n \cdot Q_2}{T}K_2$　(1-2)	
仓库需要的面积	一般按材料储备期由下式计算: $A=\frac{q}{PK_3}$　(1-3)	

仓库及堆场面积计算数据参考指标　表 1-10

材料名称	单位	储备天数 n(d)	每平方米储存量 P	堆置高度(m)	仓库面积利用系数 K_3	仓库类型保管方法
槽钢、工字钢	t	40～50	0.8～0.9	0.5	0.32～0.54	露天、堆垛
扁钢、角钢	t	40～50	1.2～1.8	1.2	0.45	露天、堆垛
钢筋(直筋)	t	40～50	1.8～2.4	1.2	0.11	露天、堆垛

续表

材料名称	单位	储备天数 n(d)	每平方米储存量 P	堆置高度 (m)	仓库面积利用系数 K_3	仓库类型保管方法
钢筋(盘筋)	t	40～50	0.8～1.2	1.0	0.11	棚或库约占20%
钢管 ϕ200 以上	t	40～50	0.5～0.6	1.2	0.11	露天、堆垛
钢管 ϕ200 以下	t	40～50	0.7～1.0	2.0	0.11	露天、堆垛
薄中厚钢板	t	40～50	4.0～4.5	1.0	0.57	仓库或棚、堆垛
五金	t	20～30	1.0	2.2	0.35～0.40	仓库、料架
钢丝绳	t	40～50	0.7	1.0	0.11	仓库、堆垛
电线、电缆	t	40～50	0.3	2.0	0.35～0.40	仓库或棚、堆垛
木材、原木	m^3	40～50	0.8～0.9	2.0	0.40～0.50	露天、堆垛
成材	m^3	30～40	0.7	3.0	0.40～0.50	露天、堆垛
胶合板	张	20～30	200～300	1.5	0.40～0.50	仓库、堆垛
木门窗	m^2	3～7	30	2.0	0.40～0.50	仓库或棚、堆垛
水泥	t	30～40	1.3～1.5	1.5	0.45～0.60	仓库、堆垛
砂、石子	m^3	10～30	1.2	1.5	—	露天、堆放
块石	m^3	10～30	1.0	1.2	—	露天、堆垛
普通砖	千块	10～30	0.5	1.5	—	露天、堆垛
玻璃	箱	20～30	6～10	0.8	0.45～0.60	仓库、堆垛
卷材	卷	20～30	15～24	2.0	0.35～0.45	仓库、堆垛
沥青	t	20～30	0.8	1.2	0.50～0.60	露天、堆垛
水电及卫生设备	t	20～30	0.35	1	0.32～0.54	库、棚各约占1/4
多种劳保用品	件	—	250	2	0.40～0.50	仓库、料架

现场材料、构件堆场面积计算 **表 1-11**

项　目	计算公式	符号意义
现场材料堆放面积	材料露天堆场面积计算与仓库面积计算大体相同，亦可按式(1-3)进行，有关数据亦可按表1-10取用	F—钢结构构件堆放场地总面积(m^2)； Q_{max}—构件的月最大储存量(t)，根据构件进场时间和数量按月计算储存量，取最大值； α—经验用地指标(m^2/t)，一般为7～8m^2/t，叠堆构件时取7m^2/t，不叠堆构件时取8m^2/t； K_4—综合系数，K_4=1.0～1.3，按辅助用地情况取用； Q—同时堆放的钢结构构件重力(kN)； K_5—考虑装卸等因素的面积计算系数，一般为1.1～1.2； q_0—包括通道在内的每平方米堆放场地面积上的平均单位负荷(kN/m^2)，按表1-12取用。根据不同钢结构构件的重量 Q_1、Q_2……Q_n，($Q_1+Q_2+\cdots\cdots+Q_n=Q$)和不同钢结构构件在每平方米堆放场地面积上的单位负荷 q_1、q_2……q_n 按式(1-6)计算
钢结构构件堆放面积	钢结构构件堆场面积，可按以下经验公式计算： $F=Q_{max}\cdot\alpha\cdot K_4$ (1-4) 亦可根据场地允许的单位负荷按下式进行估算： $F=\dfrac{Q}{q_0}\cdot K_5$ (1-5) 其中 $q_0=\dfrac{Q_1q_1+Q_2q_2+\cdots\cdots+Q_nq_n}{Q_1+Q_2+\cdots\cdots+Q_n}$ (1-6)	

钢结构构件堆放场地的单位负荷 **表 1-12**

类　别	钢结构构件及堆放方式	计入通道的单位负荷(kN/m^2)
钢柱	5t以内的轻型实体柱	6.00
	15t以内的中型格构柱	3.25
	15t以上重型柱	6.50

续表

类　别	钢结构构件及堆放方式	计入通道的单位负荷(kN/m^2)
钢吊车梁	10t以内的(竖放) 10t以上的(竖放)	5.00 10.00
钢桁架	3t以内的(竖放) 3t以内的(平放) 3t以上的(竖放) 3t以上的(平放)	1.00 0.60 1.30 0.70
其他构件	檩条、构架、连接杆件(实体) 格构式檩条等 池罐钢板 池罐节段	5.00 1.70 10.00 3.00

1.2.4　现场临时供水及供水系统计算

一、临时供水计算

现场临时供水计算　　表1-13

项　目	计算公式	符号意义
工程用水	施工工程用水量,可按下式计算: $q_1=K_1\sum\frac{Q_1N_1}{T_1t}\cdot\frac{K_2}{8\times3600}$　(1-7)	q_1—施工工程用水量(L/s); K_1—未预计的施工用水系数,取1.05～1.15; Q_1—年(季)计划完成的工程量; N_1—施工用水定额,见表1-14; K_2—现场施工用水不均衡系数,见表1-16; T_1—年(季)度有效作业日(d); t—每天工作班数(班); q_2—机械用水量(L/s); Q_2—同一种机械台数(台); N_2—施工机械台班用水定额,见表1-15; K_3—施工机械用水不均衡系数,见表1-16; q_3—施工现场生活用水量(L/s); P_1—施工现场高峰昼夜人数; N_3—施工现场生活用水定额,见表1-17; K_4—施工现场生活用水不均衡系数,见表1-16; q_4—生活区生活用水量(L/s); P_2—生活区居住人数; q_5—消防用水量(L/s),按表1-18选用; N_4—生活区昼夜全部生活用水定额,见表1-17; K_5—生活区生活用水不均衡系数,见表1-16; Q—施工现场总用水量(L/s); K_6—管网漏水的损失系数,一般取1.1; d—配水管直径(m);对缝焊接钢管及热轧无缝钢管规格、尺寸见表1-22和表1-23; π—圆周率,取3.14; v—管网中水流速度(m/s),临时水管经济流速范围参见表1-19,一般生活及施工用水取1.5m/s,消防用水取2.5m/s
机械用水	施工机械用水量,可按下式计算: $q_2=K_1\sum Q_2N_2\frac{K_3}{8\times3600}$　(1-8)	
现场生活用水	施工现场生活用水,可按下式计算: $q_3=\frac{P_1\cdot N_3\cdot K_4}{t\times8\times3600}$　(1-9)	
生活区生活用水	生活区生活用水,可按下式计算: $q_4=\frac{P_2\cdot N_4\cdot K_5}{24\times3600}$　(1-10)	
消防用水	消防用水量q_5,可根据消防范围及发生次数按表1-18取用	
施工现场总用水量	施工现场总用水量,可按以下公式计算: (1)当$(q_1+q_2+q_3+q_4)\leqslant q_5$时,则 $Q=q_5+\frac{1}{2}(q_1+q_2+q_3+q_4)$　(1-11) (2)当$(q_1+q_2+q_3+q_4)>q_5$时,则 $Q=q_1+q_2+q_3+q_4$　(1-12) (3)当现场面积小于5ha,且$(q_1+q_2+q_3+q_4)<q_5$时,则 $Q=q_5\cdot K_6$　(1-13)	
供水管径	现场临时供水网路使用管径,可按下式计算: $d=\sqrt{\frac{4Q}{\pi\cdot v\cdot1000}}$　(1-14) 为减少计算工作,在确定管段流量q和流速范围后,管径亦可从表1-20、表1-21查得	

施工用水量（N_1）定额 表 1-14

用水名称	单位	耗水量（L）	用水名称	单位	耗水量（L）
浇筑混凝土全部用水	m^3	1700～2400	抹灰工程全部用水	m^2	30
搅拌混凝土	m^3	250	砌耐火砖砌体全部用水	m^3	100～150
混凝土自然养护	m^3	200～400	浇砖	千块	200～250
混凝土蒸汽养护	m^3	500～700	抹灰（不包括调制砂浆）	m^2	2～6
模板浇水湿润	m^2	10～15	楼地面抹砂浆	m^2	190
搅拌机清洗	台班	600	搅拌砂浆	m^3	300
人工冲洗石子	m^3	1000	石灰消化	t	3000
机械冲洗石子	m^3	600	上水管道工程	m	98
砌砖工程全部用水	m^3	150～250	下水管道工程	m	1130
砌石工程全部用水	m^3	50～80	工业管道工程	m	35

施工机械用水量（N_2）定额 表 1-15

机械名称	单位	耗水量（L）	机械名称	单位	耗水量（L）
内燃挖土机	m^3·台班	200～300	拖拉机	台·昼夜	200～300
内燃起重机	t·台班	15～18	汽车	台·昼夜	400～700
蒸汽起重机	t·台班	300～400	锅炉	t·h	1050
蒸汽打桩机	t·台班	1000～1200	点焊机 50 型	台·h	150～200
内燃压路机	t·台班	12～15	点焊机 75 型	台·h	250～300
蒸汽压路机	t·台班	100～150	对焊机、冷拔机	台·h	300
蒸汽机车	台·昼夜	10000～20000	凿岩机	台·min	8～12
内燃机动力装置	马力·台班	120～300	木工场	台·班	20～25
空压机	（m^3/min）台班	40～80	锻工房	炉·台班	40～50

施工用水不均衡系数 表 1-16

系数号	用水名称	系数
K_2	现场施工用水	1.50
	附属生产企业用水	1.25
K_3	施工机械、运输机械	2.00
	动力设备	1.05～1.10
K_4	施工现场生活用水	1.30～1.50
K_5	生活区生活用水	2.00～2.50

生活用水量（N_3、N_4）定额 表 1-17

用水名称	单位	耗水量	用水名称	单位	耗水量
盥洗、饮用	L/人	25～40	学校	L/(学生·日)	10～30
食堂	L/人	10～15	幼儿园、托儿所	L/(幼儿·日)	70～100
淋浴带大池	L/人	50～60	医院	L/(病床·日)	100～150
洗衣房	L/kg 干衣	40～60	施工现场生活用水 N_3	L/人	20～60
理发室	L/(人·次)	10～25	生活区全部生活用水 N	L/人	80～120

注：淋浴入浴人数按出勤人数 30%计。

消防用水量 q_5　　表 1-18

用水名称		火灾同时发生次数	单位	用水量
居住区消防用水	5000人以内 10000人以内 25000人以内	一 次 二 次 二 次	L/s L/s L/s	10 10～15 15～20
现场消防用水	施工现场在25ha内 每增加25ha	二 次	L/s	10～15 5

临时水管经济流速参考表　　表 1-19

管径(mm)	流速(m/s)	
	正常时间	消防时间
d<100	0.5～1.2	—
d=100～300	1.0～1.5	2.5～3.0
d>300	1.5～2.5	2.5～3.0

给水铸铁管计算表　　表 1-20

流量(L/s)	管径(mm)									
	75		100		150		200		250	
	i	v	i	v	i	v	i	v	i	v
2	7.98	0.46	1.94	0.26						
4	28.4	0.93	6.69	0.52						
6	61.5	1.39	14.0	0.73	1.87	0.34				
8	109.0	1.86	23.9	1.04	3.14	0.46	0.765	0.26		
10	171.0	2.33	36.5	1.30	4.69	0.57	1.13	0.32		
12	246.0	2.76	52.6	1.56	6.55	0.69	1.58	0.39	0.529	0.25
14			71.6	1.82	8.71	0.80	2.08	0.45	0.695	0.29
16			93.5	2.08	11.1	0.92	2.64	0.51	0.886	0.33
18			118.0	2.34	13.9	1.03	3.28	0.58	1.09	0.37
20			146.0	2.60	16.9	1.15	3.97	0.64	1.32	0.41
22			177.0	2.86	20.2	1.26	4.73	0.71	1.57	0.45
24					24.1	1.38	5.56	0.77	1.83	0.49
26					28.3	1.49	6.64	0.84	2.12	0.53
28					32.8	1.61	7.38	0.90	2.42	0.57
30					37.7	1.72	8.4	0.96	2.75	0.62
32					42.8	1.84	9.46	1.03	3.09	0.66
34					84.4	1.95	10.6	1.09	3.45	0.70
36					54.2	2.06	11.8	1.16	3.83	0.74
38					60.4	2.18	13.0	1.22	4.23	0.78

注：v—流速（m/s）；i—压力损失（mm/m）。

给水钢管计算表　　表 1-21

流量(L/s)	管径(mm)									
	25		40		50		70		80	
	i	v	i	v	i	v	i	v	i	v
0.4	74.8	0.75	8.96	0.32						
0.6	159	1.13	18.4	0.48						

续表

流量 (L/s)	管径(mm)									
	25		40		50		70		80	
	i	v	i	v	i	v	i	v	i	v
0.8	279	1.51	31.4	0.64						
1.0	437	1.88	47.3	0.80	12.9	0.47	3.76	0.28	1.61	0.20
1.2	629	2.26	66.3	0.95	18	0.56	5.18	0.34	2.27	0.24
1.4	856	2.64	88.4	1.11	23.7	0.66	6.83	0.40	2.97	0.28
1.6	1118	3.01	114	1.27	30.4	0.75	8.7	0.45	3.76	0.32
1.8			144	1.43	37.8	0.85	10.7	0.51	4.66	0.36
2.0			178	1.59	46	0.94	13	0.57	5.62	0.40
3.0			400	2.39	99.8	1.41	27.4	0.85	11.7	0.60
4.0					177	1.88	46.8	1.13	19.8	0.81
5.0					277	2.35	72.3	1.42	30	1.01
6.0					399	2.82	104	1.70	42.1	1.21

注：v—流速（m/s）；i—压力损失（mm/m）。

对缝焊接钢管（水、煤气管）规格、尺寸表 **表 1-22**

公称直径 DN (mm)	外径 D (mm)	普通节(mm)				加厚节(mm)			
		壁厚	内径 d	计算内径 d_0	重量 (kg/m)	壁厚	内径 d	计算内径 d_0	重量 (kg/m)
15	21.25	2.75	15.75	14.75	1.25	3.25	14.75	13.75	1.44
20	26.75	2.75	21.25	20.25	1.63	3.50	19.75	18.75	2.01
25	33.50	3.25	27.00	26.00	2.42	4.00	25.50	24.50	2.91
32	42.25	3.25	35.75	34.75	3.13	4.00	34.25	33.25	3.77
40	48.00	3.50	41.00	40.00	3.84	4.25	39.50	38.50	4.58
50	60.00	3.50	53.00	52.00	4.88	4.50	51.00	50.00	6.16
70	75.50	3.75	68.00	67.00	6.64	4.50	66.50	65.50	7.88
80	88.50	4.00	80.50	79.50	8.34	4.75	79.00	78.00	9.81
100	114.00	4.00	106.00	105.00	10.85	5.00	104.00	103.00	13.44
125	140.00	4.50	131.00	130.00	15.04	5.50	129.00	128.00	18.24
150	165.00	4.50	156.00	155.00	17.81	5.50	154.00	153.00	21.63

注：1. 对缝焊接钢管分不镀锌（黑管）和镀锌钢管；有带螺纹和不带螺纹的。
2. 镀锌钢管比不镀锌钢管重 3%～6%。
3. 钢管长度，无螺纹的黑管为 4～12m，带螺纹的黑管和镀锌钢管为 4～9m。
4. 钢管应能承受 2.0MPa 的水压试验（加厚钢管应能承受 3MPa）。

热轧无缝钢管规格、尺寸表 **表 1-23**

外径 (mm)	壁厚(mm)									
	2.5	2.8	3.0	3.5	4.0	4.5	5.0	5.5	6.0	7.0
	钢管理论重量(kg/m)									
32	1.82	2.02	2.15	2.46	2.76	3.05	3.33	3.59	3.85	4.32
38	2.19	2.43	2.59	2.98	3.35	3.72	4.07	4.41	4.74	5.35
42	2.44	2.70	2.89	3.35	3.75	4.16	4.56	4.95	5.33	6.04
50	2.93	3.25	3.48	4.01	4.54	5.05	5.55	6.04	6.51	7.42
60			4.22	4.88	5.52	6.16	6.78	7.39	7.99	9.15
73			5.18	6.00	6.81	7.60	8.38	9.16	9.91	11.39
83				6.86	7.79	8.71	9.62	10.51	11.39	13.12

续表

外径(mm)	壁厚(mm)									
	2.5	2.8	3.0	3.5	4.0	4.5	5.0	5.5	6.0	7.0
	钢管理论重量(kg/m)									
102				8.50	9.67	10.82	11.96	13.09	14.21	16.40
114					10.85	12.15	13.44	14.72	15.98	18.47
127					12.13	13.59	15.04	16.48	17.90	20.72
133					12.73	14.26	15.78	17.29	18.79	21.75
140						15.04	16.65	18.24	19.83	22.96
152						16.37	18.13	19.87	21.60	25.03
159						17.15	18.99	20.82	22.64	26.24

二、临时供水系统计算

临时供水系统计算　　表 1-24

项目	计算公式	符号意义
水泵扬程	1. 将水送至水塔时的扬程： $H_{泵}=(Z_{塔}-Z_{泵})+H_{塔}+a+\Sigma h'+h_{吸}$　(1-15) 2. 将水直接送到用户时的扬程： $H_{泵}=(Z_{户}-Z_{泵})+H_{户}+\Sigma h+h_{吸}$　(1-16)	$H_{泵}$—水泵所需的扬程(m)； $Z_{塔}$—水泵处的地面标高(m)； $Z_{泵}$—水泵轴中线的标高(m)； $H_{塔}$—水塔高度(m)； a—水塔的水箱高度(m)； $\Sigma h'$—从泵站到水塔间的水头损失(m)； $h_{吸}$—水泵的吸水高度(m)； $Z_{户}$—供水对象(即用户)最不利处的标高(m)； $H_{户}$—供水对象最不利处必须的自由水头，一般为 6～10m； Σh—供水网路中的水头损失(m)； h—水头损失(m)； h_1—沿程水头损失(m)； h_2—局部水头损失(m)； i—单位管长水头损失，根据流量与管径从表 1-20、表 1-21直接查得； L—计算管段长度(m)
水塔高度	$H_{塔}=(Z_{户}-Z_{塔})+H_{户}+\Sigma h'$ (1-17)	
水头损失	$h=h_1+h_2$ $=(1.15\sim1.20)h_1$ $=(1.15\sim1.20)iL$　(1-18)	

【例 1-1】 某多层住宅群工程采用全现浇大模板施工，试计算现场的总用水量和需用的管径。为简化计算，以日用水量最大的浇筑混凝土工程计算，按计划每班浇筑混凝土 90m³，现场施工工人共 350 人，居住人数 385 人，施工场地面积 10 万 m²。

【解】 (1) 施工工程用水量计算

查表 1-14，N_1 取 2000L/m³；取 $K_1=1.05$；查表 1-16，K_2 取 1.5。代入公式得：

$$q_1=\frac{K_1\sum Q_1N_1\cdot K_2}{8\times3600}=\frac{1.05\times90\times2000\times1.5}{8\times3600}=9.84\text{L/s}$$

(2) 施工现场生活用水量计算

查表 1-17，N_3 取 40L/人，查表 1-16，K_4 取 1.4，t 取 2。代入公式得：

$$q_3=\frac{P_1N_3K_4}{t\times8\times3600}=\frac{350\times40\times1.4}{2\times8\times3600}=0.34\text{L/s}$$

(3) 生活区生活用水量计算

查表 1-17，N_4 取 100L/人，查表 1-16，K_5 取 2.0，代入公式得：

$$q_4=\frac{P_2N_4K_5}{24\times3600}=\frac{385\times100\times2.0}{24\times3600}=0.89\text{L/s}$$

（4）消防用水量计算

本工程施工场地为 10 万 m^2，合 10ha，小于 25ha，故取 10L/s。

（5）总用水量 Q 计算

$$q_1+q_3+q_4=9.84+0.34+0.89=11.07\text{L/s}>q_5=10\text{L/s}$$

所以：$Q=q_1+q_3+q_4=11.07\text{L/s}$

（6）管径计算

v 取 1.5m/s，供水管径由公式得：

$$d=\sqrt{\frac{4Q}{\pi\cdot v\cdot1000}}=\sqrt{\frac{4\times11.07}{3.14\times1.5\times1000}}=0.097\text{m}\quad 取\ 100\text{mm}$$

【例 1-2】 某工业厂房工地，给水方案的管平面布置如图 1-1a 所示。距厂区 1500m 处有一取水口，标高为±0.00，厂区内设一个 150t 高位水池来调节生产、生活及消防用水（图 1-1b）。根据地形条件初步确定水池池底标高为 40m 左右，各用水点最大用水时的流量、地面标高和所需的自由水头见表 1-25。管材为给水铸铁管。试计算各管段的流量和管径，校核高位水池的池底标高能否满足各用水点在最大用水时的压力要求，选择水泵型号。

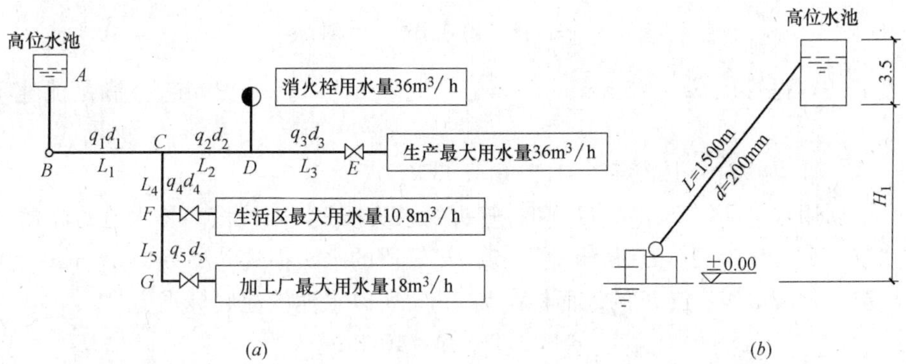

图 1-1 供水管线布置与供水系统

（a）供水管线布置；（b）供水系统

各用水点的最大用水流量、地面标高和所需自由水头　　表 1-25

节点号	流量(m³/h)	地面标高(m)	所需自由水头 $H_{自}$(m)	与上节点间的管段长度(m)
A	—	—	—	—
B	—	5.0	—	50
C	—	5.0	—	450
D	36	5.5	20	50
E	36	6.0	20	200
F	10.8	5.0	10	200
G	18	6.0	10	100

【解】（1）先求出各管段在最大用水时的流量 q_1 管径 d 及水头损失 h。

A—B—C 段　　$q_1=\dfrac{36+36+10.8+18}{3600}=0.028\text{m}^3/\text{s}=28\text{L/s}$

查表 1-20，得管径 $d_1=200\text{mm}$（$i_1=7.38\text{mm/m}$）$v_1=0.9\text{m/s}$，

$$h_1=1.2i_1L_1=1.2\times7.38\times10^{-3}\times500=4.43\text{m}$$

C—D 段　　$q_2=\dfrac{36+36}{3600}=0.02\text{m}^3/\text{s}=20\text{L/s}$

查表 1-20，得管径 $d_2=150\text{mm}$（$i_2=16.9\text{mm/m}$，$v_2=1.15\text{m/s}$，满足流速范围规定要求）。

$$h_2=1.2i_2L_2=1.2\times16.9\times10^{-3}\times50=1.01\text{m}$$

D—E 段　　$q_3=\dfrac{36}{3600}=0.01\text{m}^3/\text{s}=10\text{L/s}$

查表 1-20，得管径 $d_3=100\text{mm}$（$i_3=36.5\text{mm/m}$，$v_3=1.30\text{m/s}$，满足流速范围规定要求）。

$$h_3=1.2i_3L_3=1.2\times36.5\times10^{-3}\times200=8.76\text{m}$$

C—F 段　　$q_4=\dfrac{10.8+18}{3600}=0.008\text{m}^3/\text{s}=8\text{L/s}$

查表 1-20，得管径 $d_4=100\text{mm}$（$i_4=23.9\text{mm/m}$，$v_4=1.04\text{m/s}$，满足流速范围规定要求）。

$$h_4=1.2i_4L_4=1.2\times23.9\times10^{-3}\times200=5.74\text{m}$$

F—G 段　　$q_5=\dfrac{18}{3600}=0.005\text{m}^3/\text{s}=5\text{L/s}$

查表 1-20，得管径 $d_5=75\text{mm}$（$i_5=44.95\text{mm/m}$），$v_5=1.16\text{m/s}$，满足流速范围规定要求）。

$$h_5=1.2i_5L_5=1.2\times44.95\times10^{-3}\times100=5.39\text{m}$$

（2）根据用水点所需要水头 $H_{自}$ 和各管头的水头损失 h，校核高位水池的标高。

已知节点 E，$H_{自}=20\text{m}$，从水池至节点 E 管段的水头损失 $\sum h=h_1+h_2+h_3=4.43+1.01+8.76=14.2\text{m}$，节点 E 的地面标高为 6m，所以水池的池底标高应为：

$$6+14.2+20=40.2\text{m}$$

已知节点 D，$H_{自}=20\text{m}$，地面标高为 5.5m，从水池至节点 D 管段的水头损失 $\sum h=4.43+1.01=5.44\text{m}$，所以水池的池底标高应为：

$$5.5+5.44+20=30.94\text{m}$$

已知节点 G，$H_{自}=10\text{m}$，地面标高为 6m，从水池至节点 G 管段的水头损失 $\sum h=h_1+h_4+h_5=4.43+5.74+5.39=15.56\text{m}$，所以水池的池底标高应为：

$$6+15.55+10=31.56\text{m}$$

已知节点 F，$H_{自}=10\text{m}$，地面标高为 5.0m，从水池至节点 F 管段的水头损失 $\sum h=h_1+h_4=4.43+5.74=10.17\text{m}$，所以水池的池底标高应为：

$$5+10.17+10=25.17\text{m}$$

根据以上计算，高位水池的池底标高应定为 40.2m。

（3）水泵选择：

取水口至高位水池管道总长 $L=1500$m，管道直径 $d=200$mm，流量 $q=28$L/s，根据流量和管径查表 1-18，得 $i=7.38$mm/m，所以总水头损失 $h=1.2\times7.38\times10^{-3}\times1500=13.28$m。

总扬程　　$H=H_1+h=(40.2+3.5)+13.28=56.98$m（式中 3.5m 为水池最高水位的水深，取水标高为±0.00mm），选用水泵型号为 4BA—6A。

1.2.5 现场临时供电及配电计算

一、临时用电计算

现场临时用电计算　　表 1-26

项目	计算公式	符号意义
现场用电量	建筑现场临时供电，包括施工及照明用电两部分其用量按下式计算： $P_{计}=1.1(K_1\sum P_c+K_2\sum P_a+K_3\sum P_b)$　(1-19) 一般建筑现场多采用一班制，少数采用两班制，因此综合考虑施工用电约占总用电量的 90%，室内外照明用电约占 10%，则上式可简化为： $P_{计}=1.1(K_1\sum P_c+0.1P_{计})$ $=1.25K_1\sum P_c$　(1-20)	$P_{计}$—计算用电量(kW)； 1.1—用电不均衡系数； $\sum P_c$—全部施工用电设备额定用量(见表 1-27)之和； $\sum P_a$—室内照明设备额定用电量之和(见表 1-28)； $\sum P_b$—室外照明设备额定用电量之和(见表 1-29)
变压器用量	当现场附近有 10kW 或 6kW 高压电源，可设变压器至 380/220V，有效供电半径一般在 500m 内，大型现场可在几处设变压器(变电所)，需要变压器容量可按下式计算： $P_{变}=\dfrac{1.05P_{计}}{\cos\varphi}=1.4P_{计}$　(1-21) 求得 $P_{变}$ 值，可查表 1-30 选择变压器型号和额定容量	K_1—全部施工用电设备同时使用系数，总台数在 10 台以内时，$K_1=0.75$；10～30 台时，$K_1=0.7$；30 台以上时，$K_1=0.6$； K_2—室内照明设备同时使用系数，取 $K_2=0.8$； K_3—室外照明设备同时使用系数，取 $K_3=1.0$； $P_{变}$—变压器容量(kVA)；(见表 1-30)； 1.05—功率损失系数； $\cos\varphi$—用电设备功率因数，一般建筑现场取 0.75

施工机具电动机额定用量参考表　　表 1-27

机具名称	额定功率（kW）	机具名称	额定功率（kW）
单斗挖掘机 W_1-50（100）	55（100）	塔式起重机 QTF80（广西）	99.5
单斗挖掘机 W-4	250	塔式起重机 QJ_4-10A（北京）	119
推土机 T_1-100	100	塔式起重机 88HC（德国）	42
蛙式夯土机 HW-20～60	1.5～2.8	塔式起重机 FO/23B（法国）	61
振动夯土机 HZ-330A	4	1～1.5t 单筒卷扬机	7.5～11.0
振动沉桩机（北京 580 型）	45	3～5t 慢速卷扬机	7.5～11.0
振动沉桩机 CH20 型	55	500L 混凝土搅拌机	7.3
振动沉桩机 CZ-800 型	90	325～400L 混凝土搅拌机	5.5～11.0
螺旋钻孔机	22～30	800L 混凝土搅拌机	17
冲击式钻孔机	20～30	J_4-375 强制式混凝土搅拌机	10
潜水式钻机	22	J_4-1500 强制式混凝土搅拌机	55
深层搅拌桩机 SJB-1	60	200～325L 砂浆搅拌机	1.2～6.0
塔式起重机 QT80A（北京）	55.5	混凝土输送泵 HB-15	32.2

续表

机具名称	额定功率（kW）	机具名称	额定功率（kW）
塔式起重机ZT120（上海）	70.5	灰浆泵（1～6m^3/h）	1.2～6.0
插入式振动器	1.1～2.2	地面磨光机	0.4
平板式振动器	0.5～2.2	木工圆锯机	3.0～4.5
外附振动器	0.5～2.2	普通木工带锯机	20～47.5
钢筋切断机GJ-40	7	单面木工压刨床	8～10.1
钢筋调直机GJ_4-14/4	9	木工平刨床	2.8～4.0
钢筋弯曲机GJ_7-40	2.8	单头直榫开榫机	1.5
交流电弧焊机	21kVA	泥浆泵（红星-30）	30
直流电弧焊机	10	泥浆泵（红星-75）	60
单盘水磨石机	2.2	100m高扬程水泵	20
双盘水磨石机	3		

室内照明用电参考定额　　表1-28

项　目	定额容量（W/m^2）	项　目	定额容量（W/m^2）
混凝土及灰浆搅拌站	5	锅炉房	3
钢筋室外加工	10	仓库及棚仓库	2
钢筋室内加工	8	办公楼、试验室	6
木材加工锯木及细木作	5～7	浴室、盥洗室、厕所	3
木材加工模板	8	理发室	10
混凝土预制构件厂	6	宿舍	3
金属结构及机电修配	12	食堂或俱乐部	5
空气压缩机及泵房	7	诊疗所	6
卫生技术管道加工厂	8	托儿所	9
设备安装加工厂	8	招待所	5
发电站及变电所	10	学校	6
汽车库或机车库	5	其他文化福利	3

室外照明用电参考定额　　表1-29

项　目	定额容量（W/m^2）	项　目	定额容量（W/m^2）
人工挖土工程	0.8	卸车场	1.0
机械挖土工程	1.0	设备堆放，砂石、木材、钢筋、半成品堆放	0.8
混凝土浇灌工程	1.0		
砖石工程	1.2	车辆行人主要干道	2000W/km
打桩工程	0.6	车辆行人非主要干道	1000W/km
安装及铆焊工程	2.0	夜间运料（夜间不运料）	0.8（0.5）
警卫照明	1000W/km		

常用电力变压器性能表　　表1-30

型　号	额定容量(kVA)	额定电压(kV)		损耗(W)		总重(kg)
		高压	低压	空·载	短路	
SL_7-30/10	30	6;6.3;10	0.4	150	800	317
SL_7-50/10	50	6;6.3;10	0.4	190	1150	480
SL_7-80/10	80	6;6.3;10	0.4	270	1650	590
SL_7-100/10	100	6;6.3;10	0.4	320	2000	685
SL_7-200/10	200	6;6.3;10	0.4	540	3400	1070
SL_7-250/10	250	6;6.3;10	0.4	640	4000	1235
SL_7-400/10	400	6;6.3;10	0.4	920	5800	1790
SL_7-500/10	500	6;6.3;10	0.4	1080	6900	2050

续表

型　号	额定容量(kVA)	额定电压(kV)		损耗(W)		总重(kg)
		高压	低压	空·载	短路	
SL_7-50/35	50	35	0.4	265	1250	830
SL_7-100/35	100	35	0.4	370	2250	1090
SL_7-160/35	160	35	0.4	470	3150	1465
SL_7-200/35	200	35	0.4	550	3700	1695
SL_7-400/35	400	35	0.4	920	6400	2510
SL_7-500/35	500	35	0.4	1080	7700	2810
SL_7-630/35	630	35	0.4	1300	9200	3225
SZL_7-200/10	200	10	0.4	540	3400	1260
SZL_7-400/10	400	10	0.4	920	5800	1975
SZL_7-500/10	500	10	0.4	1080	6900	2200
S_6-10/10	10	11	0.433	60	270	245
S_6-50/10	50	11	0.433	175	870	540
S_6-100/10	100	6～10	0.4	300	1470	740
S_6-200/10	200	6～11	0.4	500	2500	1240
S_6-400/10	400	6～10	0.4	870	4200	1750
S_6-500/10	500	6～10.5	0.4	1030	4950	2330
S_6-630/10	630	6～10	0.4	1250	5800	3080

二、配电导线截面计算

配电导线截面计算　　表 1-31

项　目	计算公式	符号意义
按导线允许电流选择导线截面	$I_{线}=\frac{1000P}{1.73U_{线}\cos\varphi}$ 将$U_{线}$=380V，$\cos\varphi$=0.75代入上式可简化为： $I_{线}=\frac{1000P}{1.73\times380\times0.75}=2P$　(1-22) 即表示1kW耗电量等于2A电流 建筑现场常用配电导线规格及允许电流，按表1-32初选，使导线中通过的电流控制在允许范围内	$I_{线}$—线路工作电流值(A)； P—供电设备总用电量(kVA)； $U_{线}$—线路工作电压值(V)，三相四线制低压时为380V； $\cos\varphi$—电动机的平均功率因数，一般施工现场取0.75； S—导线截面(mm^2)； ΣP—各段线路负荷计算功率(kW)； L—各段线路长度(m)； C—材料内部系数，三相四线制铜线为77；铝线为46.3；其他查表1-34； ε—导线电压降(%)，照明允许电压降2.5%～5%；电动机电压降不超过±5%；对现场临时网路取7%； M—负荷矩(kW·m)
按导线电压降选择导线截面	$S=\frac{\sum P\cdot L}{C\cdot\varepsilon}=\frac{\sum M}{C\cdot\varepsilon}$　(1-23)	
按导线机械强度选择截面	当线路上电杆间距为25～40m时，其允许的导线最小截面，可按表1-33查用 所选导线截面应同时满足以上三个条件，以其最大导线截面作为最后确定值	

常用配电导线持续允许电流表 (A)　　表 1-32

导线标称截面(mm^2)	裸线		橡皮或塑料绝缘线(单芯)			
	TJ型(铜线)	LJ型(铝线)	BX型(铜芯橡皮线)	BLX型(铝芯橡皮线)	BV型(铜芯塑料线)	BLV型(铝芯塑料线)
2.5	—	—	35	27	32	25
4	—	—	45	35	42	32

续表

导线标称截面（mm^2）	裸线		橡皮或塑料绝缘线（单芯）			
	TJ型（铜线）	LJ型（铝线）	BX型（铜芯橡皮线）	BLX型（铝芯橡皮线）	BV型（铜芯塑料线）	BLV型（铝芯塑料线）
6	—	—	58	45	55	42
10	—	—	85	65	75	59
16	130	105	110	85	105	80
25	180	135	145	110	138	105
35	220	170	180	138	170	130
50	270	215	230	175	215	165
70	340	265	285	220	265	205
95	415	325	345	265	325	250
120	485	375	400	310	375	285
150	570	440	470	360	430	325
185	645	500	540	420	490	380
240	770	610	660	510	—	—

导线按机械强度所允许的最小截面　　表 1-33

导线用途	导线最小截面(mm)	
	铜线	铝线
照明装置用导线：户内用（或户外用）	0.5(1.0)	2.5
双芯软电线：用于电灯（或移动式生活用电设备）	0.35(0.5)	—
多芯软电线或软电缆：用于移动式生产用电设备	1.0	—
绝缘导线：用于固定架设在户内绝缘支持件上，其间距为：2m以下	1.0	2.5
6m（或25m）以下	2.5(4)	4(10)
裸导线：户内用（或户外用）	2.5(6)	4(16)
绝缘导线：穿在管内（或木槽板内）	1.0	2.5
绝缘导线：户外沿墙敷设（户外其他方式）	2.5(4)	4(10)

注：根据市场供应情况，可采用小于 2.5mm^2 的铝芯导线。

材料内部系数　　表 1-34

线路额定电压（V）	线路系统及电流种类	系数 C 值	
		铜线	铝线
380/220	三相四线	77.0	46.3
380/220	二相三线	34.0	20.5
220	单相或直流	12.8	7.75
110		3.2	1.9
36		0.34	0.21
24		0.153	0.092
12		0.038	0.023

【例 1-3】 某工业厂房工地，高压电源为 10kV，临时供电线路布置、设备用量如图 1-2，共有设备 20 台，取 $K_1=0.7$，施工采取单班制作业，部分因工序连续需要采取两班制作业，试计算确定：(1) 用电量；(2) 需要变压器型号、规格；(3) 导线截面选择。

【解】 计算用量取 75%，敷设动力、照明 380V/220V 三相五线制混合型架空线路，按枝状线路布置架设。

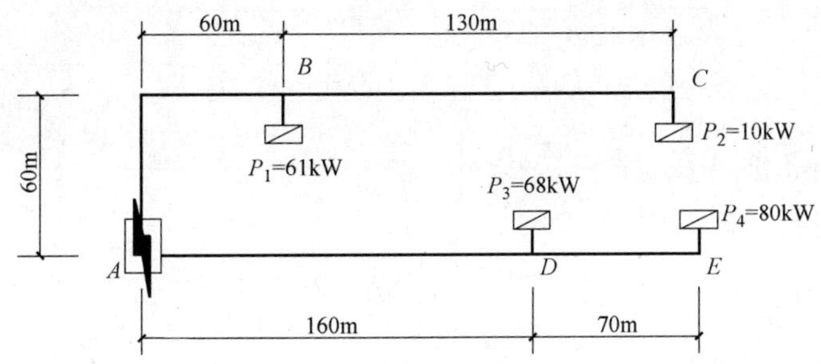

图 1-2 供电线路布置简图

（1）计算施工用电量 由公式：

$$P_{计}=1.24K_1\Sigma P_C=1.24\times0.7\times(6+10+80+68)=142.4\text{kW}$$

（2）计算变压器容量和选择型号 由公式：

$$P_{变}=1.4P_{计}=1.4\times142.4=199.4\text{kVA}$$

当地高压供电 10kV，查表 1-30 知，型号为 SL_7-200/10，变压器额定容量 200＞199.4kVA，可满足要求。

（3）确定配电导线截面 为安全起见，选用 BX 型橡皮绝缘铜导线，按两路分别进行计算。

1 路导线（A、B、C）截面的选择：

1）按导线的允许电流选择：该路的工作电流为：

$$I_{线}=\frac{K\sum\ (P_1+P_2)\times1000}{1.73\cdot U_{线}\cdot\cos\varphi}=\frac{0.75\times(6+10)\times1000}{1.73\times380\times0.75}=24.3\text{A}$$

由表 1-32，选用 2.5mm² 的橡皮绝缘铜线。

2）按允许电压降选择：为了简化计算，把全部负荷集中在 1 路的末端来考虑。已知由变压器总配电盘 A 到 C 端的线路长度为 $L=250$m；允许相对电压损失 $\varepsilon=7\%$，且 $C=77$，导线截面为：

$$S=\frac{\sum M}{C\cdot\varepsilon}\%=\frac{0.75\times(6+10)\times250}{77\times7\%}\%=5.6\text{mm}^2\quad 取\ 6\text{mm}^2$$

3）按机械强度选择：由表 1-33 中得知，橡皮绝缘铜线架空敷设时，其截面不得小于 4mm²。

最后，为了同时满足上述三者要求，1 路导线的截面应选用 BX（5×6）。

2 路导线（A、D、E）截面的选择：

1）按导线允许电流选择：该线路工作电流为：

$$I_{线}=\frac{K\sum(P_3+P_4)\times1000}{1.73\cdot U_{线}\cdot\cos\varphi}=\frac{0.75\times(68+80)\times1000}{1.73\times380\times0.75}=224.9\text{A}$$

由表 1-32，选用 50mm² 的橡皮绝缘铜线。

2）按导线允许电压降校核：该线路电压降电公式：

$$\varepsilon_{AE}=\frac{\sum M}{C\cdot S}\%=\frac{M_{AD}+M_{DE}}{C\cdot S}\%$$

$$=\frac{0.75\times[(68+80)\times160+80\times70]}{77\times50}\%=5.7\%<7\%$$

线路 AD 段导线截面为：

$$S_{AD}=\frac{M}{C\cdot[\varepsilon]}=\frac{M_{AD}+M_{DE}}{C\cdot[\varepsilon]}$$

$$=\frac{0.75\times[(68+80)\times160+80\times70]}{77\times7}=40.7\text{mm}^2$$

仍选用 50mm^2 即可。

线路 AD 段电压降为：

$$\varepsilon_{AD}=\frac{M_{AD}}{C\cdot S_{AD}}\%=\frac{0.75\times(68+80)\times160}{77\times50}\%=4.6\%$$

线路 DE 段电压降应大于：

$$\varepsilon_{DE}=7.0\%-4.6\%=2.4\%$$

线路 DE 段导线截面为：

$$S_{DE}=\frac{M_{DE}}{C\cdot\varepsilon_{DE}}=\frac{0.75\times80\times70}{77\times2.4}=22.7\text{mm}^2$$

选用 DE 段导线截面为 25mm^2。

3）将所选用的导线按允许电流校核：

$$I_{DE}=2\times0.75\times80=120\text{A}$$

查表 1-32，当选用 BX 型截面为 25mm^2 时，持续允许电流为 145A＞120A，可以满足温升要求。

1.3　物资及机具准备

1.3.1　物资及机具准备

物资及机具准备工作要点　　表 1-35

项次	项目	准备工作要点
1	准备工作程序	(1)编制各种物资、机具需要量计划 (2)签订物资、机具供应合同 (3)确定物资、机具运输方案和计划 (4)组织物资、机具按计划进场和保管
2	建筑材料	(1)根据材料需用量计划准备好工程材料。国控材料及统配物资应及早办理计划指标申请；地方材料要进行货源落实，办理计购或直接组织生产。按供应计划落实运输条件和工具，分期分批合理组织运输进场，按规定地点和方式储存或堆放 (2)合理采购材料，综合利用资源，尽可能就地取材，利用当地或附近地方材料，减少运输，节省费用 (3)作好场内外的运输组织工作，合理和适当集中设置仓库和布置材料堆场位置，以方便使用和管理，减少二次搬运 (4)组织进场材料的核对、检查、验收（规格、质量、数量），特种材料应按规定复验，无合格证的材料，经材质鉴定合格方可使用
3	构(配)件和制品加工	(1)根据施工预算和进度计划所提供的构(配)件制作及铁件加工要求，委托加工订货或组织生产，按施工进度要求分期分批组织进场 (2)钢筋、铁件、钢结构构件、非标准设备按进度要求组织下料加工或委托加工 (3)构件成品、半成品出厂必须有合格证，按规定地点和要求堆放 (4)现场附近如有与施工配套的地方混凝土构件厂、木构件厂、金属结构加工厂，应尽量采取外委托加工订货，以减少准备和临时设施数量

续表

项次	项目	准备工作要点
4	建筑施工机具	(1)根据施工组织设计及进度计划的要求,分期分批组织施工机械设备和工具(如土方机械、吊装机械、提升卷扬机、混凝土搅拌设备、木材、钢筋加工设备以及模板、脚手杆、安全网……)进场按规定地点和方式存放按进度要求合理使用,充分发挥效率 (2)本单位缺少的机具,应与有关单位签订租赁合同或订购合同,按期供货 (3)进场机械设备应配套,按总平面布置图要求入库或就位(架设),并进行维护保养检查和试运转,使保持完好状态。对操作及维修人员进行必要的技术培训。对工人操作需用的工具亦应有所储备
5	生产设备	(1)由施工单位负责外委托加工的生产设备,应按编制的技术和进度要求组织订货或加工 (2)按生产工艺流程及工艺布置图组织运输、进场,进行检查、验收、存放或入库保管
6	进行有关试验、试制	(1)建筑材料进场后,应进行各项材料的试验、检验 (2)机具进场后,应进行全面检查、试运转,测定有关参数和性能数据 (3)对于新技术项目,应拟定相应试制和试验计划,并应在开工前实施

1.3.2 施工机械及运输工具需用量计算

一、施工机械需用量的综合计算

施工机械需用量的综合计算　　表 1-36

项目	计算公式	符号意义
施工机械需用量	施工机械需用量可按以下综合公式计算: $N=\frac{QK}{T\cdot P\cdot m\cdot \varphi}$　(1-24)	N—施工机械需用数量(台); Q—工作量,以实物计算单位计算; K—施工不均衡系数,见表 1-37; T—工作台班日数(d),即有效作业天数; P—机械台班产量定额,参见表 1-40、表 1-41; m—每天工作班数(班); φ—机械工作系数(包括完好率和利用率等),见表 1-38、表 1-39; C—各种加工机械需用数量(台); K_1—加工机械使用的不均衡系数,一般取 1.2～1.7
加工机械需用量	各加工厂主要机械需用量可按以下公式计算: $C=\frac{QK_1}{T\cdot P\cdot m}$　(1-25)	

施工不均衡系数　　表 1-37

序号	项目名称	年度 K	季度 K	序号	项目名称	年度 K	季度 K
1	土方、混凝土	1.5～1.8	1.2～1.4	5	机电设备安装	1.2～1.3	1.1～1.2
2	砌砖、钢筋、模板	1.5～1.6	1.2～1.3	6	电气、卫生、管道	1.3～1.4	1.1～1.2
3	吊装、屋面	1.3～1.4	1.1～1.2	7	公路运输	1.2～1.5	1.1～1.2
4	地坪、道路	1.5～1.6	1.1～1.2	8	铁路运输	1.5～2.0	1.3～1.5

工作机械系数 φ 值　　表 1-38

序号	机械设备名称	系数 φ
1	≥6t/m² 各式起重机、≥1m³ 斗容量挖土机、≥5t 压路机、≥500L 的混凝土搅拌机	0.6～0.7
2	<1m³ 斗容量挖土机、多斗挖土机、≥0.75m³ 斗容量铲运机、<500L 混凝土及砂浆搅拌机、<6t/m 各式起重机、<5t 压路机、各式移动式空压机、卷扬机、各式汽车	0.5～0.6
3	<15t 以下压路机、打桩机、木工机床、移动式皮带运输机、各式水泵	0.4～0.5
4	绞车桅杆式起重机、砂浆泵、电焊机、电动工具、振动器、其他小型机械	0.3～0.4

常用主要机械完好率、利用率（%） **表 1-39**

机械名称	完好率（%）	利用率（%）	机械名称	完好率（%）	利用率（%）
单斗挖土机	80～95	55～75	自卸汽车	75～95	65～80
推土机	75～90	55～70	拖车车组	75～95	55～75
铲运机	70～95	50～75	拖拉机	75～95	50～70
压路机	75～95	50～65	装载机	75～95	60～90
履带式起重机	80～95	55～70	机动翻斗车	80～95	70～85
轮胎式起重机	85～95	60～80	混凝土搅拌机	80～95	60～80
汽车式起重机	80～95	60～80	空压机	75～90	50～65
塔式起重机	85～95	60～75	打桩机	80～95	70～85
卷扬机	85～95	60～75	综合	80～95	60～75
载重汽车	80～90	65～80			

常用土方及钢筋混凝土机械台班产量 **表 1-40**

序号	机械名称	型号	主要性能	理论生产率		常用台班产量	
				单位	数量	单位	数量
1	履带挖土机	W_1-50	斗容量 0.5m³，最大挖深 5.56m	m³/h	120	m³	250～350
	履带挖土机	W_1-100	斗容量 1.0m³，最大挖深 6.5m	m³/h	180	m³	350～550
	履带挖土机	W_2-100	斗容量 1.0m³，最大挖深 5.0m	m³/h	240	m³	400～600
2	拖式铲运机	C_6-2.5	斗容量 2.5m³，铲土深 15cm			m³	100～150
	拖式铲运机	C_5-6	斗容量 6m³，铲土深 15cm	m³/h	22～28	m³	250～350
	拖式铲运机	C_4-7	斗容量 7m³，铲土深 30cm			m³	250～350
3	推土机	T_1-100	90hP，切土深 18cm	m³/h	45	m³	300～500
	推土机	T_2-100	90hP，切土深 65cm	m³/h	75～80	m³	300～500
	推土机	T_2-120	120hP，切土深 30cm	m³/h	80	m³	400～600
4	蛙式夯土机	HW-20	夯板面积 0.045m²	m³/班	100		
	蛙式夯土机	HW-60	夯板面积 0.078m²	m³/班	200		
	内燃夯土机	HN-60	夯板面积 0.083m²	m³/班	64		
5	混凝土搅拌机	J_1-250	装料容量 0.25m³	m³/h	3～5	m³	15～25
	混凝土搅拌机	J_1-400	装料容量 0.40m³	m³/h	6～12	m³	25～50
	混凝土搅拌机	J_4-1500	装料容量 1.5m³	m³/h	30		
6	混凝土输送泵	2H0.5	最大水平运距 250m，垂直 40m	m³/h	6～8		
	混凝土输送泵	HB8 型	最大运距水平 200m，垂直 30m	m³/h	8		
7	钢筋切断机	GJ5～40	加工范围 $\phi6$～$\phi40$			t	12～20
	钢筋弯曲机	WJ40-1	加工范围 $\phi6$～$\phi40$			t	4～8
8	钢筋点焊机	DN-75	焊件厚 8～10mm	点/h	3000	网片	600～800
	钢筋对焊机	UN-75	最大焊件截面 600mm²	次/h	75	根	60～80
	钢筋对焊机	UN_1-100	最大焊件截面 1000mm²	次/h	20～30	根	30～40
	钢筋电弧焊机		加工范围 $\phi8$～$\phi40$			m	10～20

起重机械台班产量 **表 1-41**

机械名称	工作内容	常用台班产量	
		单位	数量
履带式起重机	构件综合吊装，按每吨起重能力计	t	5～10
轮胎式起重机	构件综合吊装，按每吨起重能力计	t	7～14
汽车式起重机	构件综合吊装，按每吨起重能力计	t	8～18
塔式起重机	构件综合吊装	吊次	80～120
少先式起重机	构件吊装	t	15～20

续表

机械名称	工作内容	常用台班产量	
		单位	数量
履带式、轮胎式或塔式起重机	钢柱安装，柱重 2～10t	根	25～35
	钢柱安装，柱重 11～20t	根	8～20
	钢柱安装，柱重 21～30t	根	3～8
	钢屋架安装于钢柱上：9～18m 跨	榀	10～15
	24～36m 跨	榀	6～10
	钢屋架安装于钢筋混凝土柱上：9～18m 跨	榀	15～20
	24～36m 跨	榀	10～15
	钢吊车梁安装于钢柱上：梁重 6t 以下	根	20～30
	梁重 8～15t	根	10～18
	钢吊车梁安装于钢筋混凝土柱上：梁重 6t 以下	根	25～35
	梁重 8～15t	根	12～25
	钢筋混凝土柱安装：单层厂房，柱重 10t 以下	根	18～24
	柱重 11～20t	根	10～16
	柱重 21～30t	根	4～8
	钢筋混凝土柱安装，多层厂房，柱重 2～6t	根	10～16
	钢筋混凝土屋架安装：12～18m 跨	榀	10～16
	24～30m 跨	榀	6～10
	钢筋混凝土基础梁安装，梁重 6t 以下	根	60～80
	钢筋混凝土吊车梁、连系梁、过梁安装：	根	40～50
	梁重 4t 以下		
	梁重 4～8t	根	30～40
	梁重 8t 以上	根	20～30
	钢筋混凝土托架安装：托架重 9t 以下	榀	20～26
	托架重 9t 以上	榀	14～18
	大型屋面板安装：板重 1.5t 以下	块	90～126
	板重 1.5t 以上	块	60～90

二、运输工具需用量及汽车台班产量计算

运输工具需用量及汽车台班产量计算　　表 1-42

项目	计算公式	符号意义
运输工具需用量	运输工具需用量按下式计算： $C=\dfrac{Q \cdot K_1}{T_1 \cdot P \cdot m \cdot K_2}$ (1-26)	C—各种运输工具需用台数； Q—最大年度(季度)货运量(t)； K_1—运输工作量不均衡系数，见表 1-43； T_1—全年(季)施工天数(d)； P—台班生产率(t/台班)； m—每天工作班制，一般按一班计； K_2—运输工具使用不均衡系数，见表 1-43；
汽车台班产量	汽车台班产量按下式计算： $P=\dfrac{T_2}{t+\dfrac{2L}{v}} \cdot Q_1 \cdot K_3 \cdot K_4$ (1-27)	

续表

项　目	计算公式	符号意义
货物运输量	日货物运输量按下式计算： $$q=\frac{\sum Q_i \cdot L}{T_3} \cdot K_5 \quad (1\text{-}28)$$	T_2—台班工作时间(h)； K_3—时间利用系数，一般采用 0.9； K_4—汽车吨位利用系数，见表 1-44； q—日货运量(t·km/d)； Q_1—汽车载重量(t)，见表 1-45； t—货物装卸时间(h)； L—运输距离(km)； v—汽车的计算运行速度(km/h)，见表 1-46 和表 1-47； Q_i—整个单位工程的各类材料用量(t)； T_3—货物所需运输天数(d)； K_5—运输工作不均衡系数，铁路运输采用 1.5，汽车运输采用 1.2

运输机械不均衡系数 K_1 和 K_2 值　　表 1-43

名称	K_1	名称	K_1	名称	K_2	名称	K_2
汽车	1.2	火车	1.5	马车	0.50	1～2.5t 汽车	0.60～0.65
马车	1.3	拖拉机	1.1	拖拉机	0.65	3～5t 汽车	0.70～0.80

汽车吨位利用系数 K_4 数值表　　表 1-44

材料名称	汽车吨位利用系数		
	载重量 2t 以内	2.5～4t	5～8t
土和散粒材料、金属、混凝土、钢筋混凝土制品、原木和锯材小件砌墙材料、块石和毛石	1.00	1.00	1.00
块状和碎末状矽藻土	1.00	0.90	0.80
卫生工程设备	1.00	0.85	0.75
稻草板	0.95	0.80	0.70
芦草、芦苇板	0.85	0.75	0.65
木门窗、各种型式的水泵、块状浮石和浮石砂	0.80	0.65	0.55
抹灰板条	0.65	0.55	0.45
软木板、夹层棉麻毡	0.55	0.45	0.40

各种货物装载量参考表　　表 1-45

货物名称	单位重		计算单位	载重汽车			翻斗汽车				
				汽车吨位(t)							
	单位	重量		3.0	4.0	7.5	3.5	5.0	6.5	8.0	10.0
砂、卵石	kg/m³	1650	m³	1.8	2.4	4.5	2.1	3.6	3.9	4.4	5.9
烧结普通砖	kg/块	2.6	块	1150	1500	2800	1300	1900	2500	3050	3800
泥土	kg/m³	1650	m³	1.8	2.4	4.5	2.1	3.6	3.9	4.4	5.9
水泥	kg/袋	50	袋	60	80	150	70	100	130	160	200
块状生石灰	kg/m³	1000	m³	3.0	4.0	5.9	2.5	3.6	4.6	4.4	5.9
粉煤	kg/m³	1350	m³	2.2	2.9	5.5	2.5	3.6	4.6	4.4	5.9
块煤	kg/m³	1650	m³	1.8	2.4	4.5	2.1	3.6	3.9	4.4	5.9
煤渣	kg/m³	800	m³	3.7	4.7	5.9	2.5	3.6	4.6	4.4	5.9
耐火砖	kg/m³	3.7	块	800	1050	2000	900	1300	1750	2150	2700

注：水泥每立方米重量为 1000～1600kg，常采用 1300kg 左右。

汽车的计算速度表（km/h） 表 1-46

道路位置	道路等级	载重量(t)					
		汽车或自卸车			带拖车的汽车		
		2 以下	2.5～4	5～7	2 以下	2.5～4	5～7
在城市和建筑工地以外	Ⅰ	32	28	26	24	20	16
	Ⅱ	30	26	24	21	18	15
	Ⅲ	24	20	16	18	16	14
在城市和建筑工地以内	Ⅰ～Ⅱ	20	19	17	18	17	15
	Ⅲ	18	16	14	16	14	12
	Ⅳ	16	13	12	14	11	10
	Ⅴ	13	11	—	—	—	—

平板拖车汽车牵引速度（km/h） 表 1-47

道路等级	拖车吨位（t）			车速系数（%）	道路等级	拖车吨位（t）			车速系数（%）
	10	15	20			10	15	20	
Ⅰ	15.0	13.0	11.0	100	Ⅲ	10.5	9.4	8.0	72
Ⅱ	13.0	11.0	9.5	81	Ⅳ	9.0	7.3	6.5	60

1.4 劳动组织准备

劳动组织准备工作要点 表 1-48

项次	项目	准备工作要点
1	建立机构、组建队组、健全制度、进行入场教育	(1)建立施工项目领导机构。根据工程规模，结构特点和复杂程度，确定施工项目领导机构的名额和人选；遵循合理分工与密切协作、因事设职与因职选人的原则，建立有施工经验、高效的指挥机构 (2)组建精干的工作队组。根据采用的施工组织方式，确定合理的劳动组织，建立相应的专业或混合工作队组，配齐工种。在劳务队伍的选择上，选用施工经验丰富的优秀施工队伍，各工种人员均应按所需等级考核要求考试上岗 (3)集结施工力量，组织劳动力进场。按照开工日期和劳动力需要量计划，组织有效劳动力准备进场，保证劳动力能及时、有序按计划上岗 (4)安排好职工生活，并进行安全、防火和文明施工、遵纪守法等教育，按培训计划，进行各项教育和各专业技术培训 (5)建立健全项目部、质量、安全、文明施工等施工管理制度及各级管理人员岗位责任制度 (6)做好职工入场教育。为落实施工计划和技术责任制，应按管理系统逐级进行交底，内容包括：工程施工进度计划和月、旬作业计划；各项安全技术措施、降低成本措施；质量标准和验收规范要求；以及设计变更和技术核定等；同时健全各项规章制度
2	专业分包或劳务分包，签订合同	(1)确定总分包单位拟对外委托工程项目(或特殊工程)。通过经济效益分析，适合专业分包或劳务分包的专业工程，如大型土石方、结构安装和设备安装工程及有关劳务，应尽早做好专业分包或劳务分包安排 (2)采用招标或委托方式，同相应承担单位签订专业分包合同或劳务分包合同，以保证合同实施

2 土石方与爆破

2.1 土石方的基本分类及性质

2.1.1 土石的基本分类

2.1.1.1 黏性土、粉土

一、黏性土

黏性土按塑性指数 I_P 分类 **表 2-1**

黏性土的分类名称	黏土	粉质黏土
塑性指数 I_P	$I_P>17$	$10<I_P\leqslant17$

注：塑性指数由相应 76g 圆锥体沉入土样中深度为 10mm 时测定的液限计算而得。

黏性土的状态按液性指数 I_L 分类 **表 2-2**

塑性状态	坚硬	硬塑	可塑	软塑	流塑
液性指数 I_L	$I_L\leqslant0$	$0<I_L\leqslant0.25$	$0.25<I_L\leqslant0.75$	$0.75<I_L\leqslant1$	$I_L>1$

注：当用静力触探探头阻力或标准贯入试验锤击数判定黏性土的状态时，可根据当地经验确定。

二、粉土

粉土为介于砂土与黏性土之间、塑性指数 $I_P\leqslant10$ 且粒径大于 0.075mm 的颗粒含量不超过全重 50％的土。粉土（少黏性土）又分黏质粉土（粉粒＞0.05mm 不到 50％，$I_P<10$)、砂质粉土（粉粒＞0.05mm 占 50％以上，$I_P<10$)。

2.1.1.2 砂土、碎石土

一、砂土

砂土分类表 **表 2-3**

项　次	土的名称	颗粒级配
1	砾砂	粒径大于 2mm 的颗粒占全重 25％～50％
2	粗砂	粒径大于 0.5mm 的颗粒超过全重 50％
3	中砂	粒径大于 0.25mm 的颗粒超过全重 50％
4	细砂	粒径大于 0.074mm 的颗粒超过全重 85％
5	粉砂	粒径大于 0.074mm 的颗粒不超过全重 50％

注：同表 2-6。

砂土的密实度 **表 2-4**

松　散	稍　密	中　密	密　实
$N\leqslant10$	$10<N\leqslant15$	$10<N\leqslant30$	$N>30$

按标准贯入度试验判定砂土的密实度 **表 2-5**

密实度	密　实	中　密	稍　松
锤击数 $N_{63.5}$	50～30	29～10	9～5

二、碎石土

碎石土分类 表 2-6

土的名称	颗粒形状	颗粒级
漂石 块石	圆形及亚圆形为主 棱角形为主	粒径大于 200mm 的颗粒超过全重 50%
卵石 碎石	圆形及亚圆形为主 棱角形为主	粒径大于 20mm 的颗粒超过全重 50%
圆砾 角砾	圆形及亚圆形为主 棱角形为主	粒径大于 2mm 的颗粒超过全重 50%

注：分类时应根据粗组含量由大到小以最先符合者确定。

碎石土的密实度 表 2-7

重型圆锥动力触探锤击数 $N_{63.5}$	密实度	重型圆锥动力触探锤击数 $N_{63.5}$	密实度
$N_{63.5} \leqslant 5$	松散	$10 < N_{63.5} \leqslant 20$	中密
$5 < N_{63.5} \leqslant 10$	稍密	$N_{63.5} > 20$	密实

注：1. 本表适用于平均粒径小于等于 50mm 且最大粒径不超过 100mm 的卵石、碎石、圆砾、角砾。对于平均粒径大于 50mm 或最大粒径大于 100mm 的碎石土，可按表 2-18 鉴别其密实度。

2. 表内 $N_{63.5}$ 为经综合修正后的平均值。

2.1.1.3 岩石

岩石坚硬程度的定性划分 表 2-8

类别		饱和单轴抗压强度标准值 f_{rk}(MPa)	定性鉴定	代表性岩石
硬质岩	坚硬岩	$f_{rk} > 60$	锤击声清脆，有回弹，震手，难击碎； 基本无吸水反应	未风化～微风化的花岗岩、闪长岩、辉绿岩、玄武岩、安山岩、片麻岩、石英岩、硅质砾岩、石英砂岩、硅质灰岩等
	较硬岩	$60 \geqslant f_{rk} > 30$	锤击声较清脆，有轻微回弹，稍震手，较难击碎； 有轻微吸水反应	1. 微风化的坚硬岩； 2. 未风化～微风化的大理石、板岩、石灰岩、钙质砂岩等
软质岩	较软岩	$30 \geqslant f_{rk} > 15$	锤击声不清脆，无回弹，较易击碎； 指甲可刻出印痕	1. 中风化的坚硬岩和较硬岩； 2. 未风化～微风化的凝灰岩、千枚岩、砂质泥岩、泥灰岩等
	软岩	$15 \geqslant f_{rk} > 5$	锤击声哑，无回弹，有凹痕，易击碎； 浸水后，可捏成团	1. 强风化的坚硬岩和较硬岩； 2. 中风化的较软岩； 3. 未风化～微风化的泥质砂岩、泥岩等
极软岩		$f_{rk} \leqslant 5$	锤击声哑，无回弹，有较深凹痕，手可捏碎； 浸水后，可捏成团	1. 风化的软岩； 2. 全风化的各种岩石； 3. 各种半成岩

岩体完整程度的划分 表 2-9

类别	完整性指数	结构面组数	控制性结构面平均间距(m)	代表性结构类型
完整	>0.75	1～2	>1.0	整状结构
较完整	0.75～0.55	2～3	0.4～1.0	块状结构
较破碎	0.55～0.35	>3	0.2～0.4	镶嵌状结构
破碎	0.35～0.15	>3	<0.2	碎裂状结构
极破碎	<0.15	无序	—	散体状结构

注：完整性指数为岩体纵波波速与岩块纵波波速之比的平方。选定岩体、岩块测定波速时应有代表性。

岩石风化程度划分表　　表 2-10

项次	风化程度	现场鉴别特征
1	未风化	岩体新鲜,无风化迹象,颗粒间牢固联结,岩体呈完整整体
2	微风化	岩质新鲜,表面稍有风化迹象,岩体完整性好
3	中等风化	(1)结构和构造层清晰,组织结构部分破坏 (2)岩体被节理、裂隙分割成块状(20～25cm),裂隙中填充少量风化物,锤击声脆,且不易击碎 (3)用镐难挖掘,采用岩心钻才可钻进
4	强风化	(1)结构和构造层理不甚清晰,矿物成分已显著变化,组织结构已大部分破坏 (2)岩体被节理、裂隙分割成碎石块(2～20cm),碎石用手可以折断 (3)用镐可以挖掘,手摇钻不易钻进
5	全风化	(1)组织结构已基本或大部分破坏,但尚可辨认 (2)有微弱的残余结构强度 (3)用镐挖,易挖掘,干钻可钻进
6	残积土	(1)组织结构全部破坏 (2)矿物成分除石英外已全部或大部分改变,并且已风化成土状 (3)锹镐易挖掘,干钻易钻进,具有可塑性

2.1.1.4　人工填土

人工填土的分类　　表 2-11

土的名称	组成和成因	分布范围
素填土	由碎石土、砂土、粉土、黏性土等一种或数种组成的土	常见于山区和丘陵地带的建设中,或工矿区、及一些古老城市的改建、扩建中
杂填土	含有建筑垃圾、工业废料、生活垃圾等杂物的填土	多见于一些古老城市和工矿区
冲填土	由水力冲填泥砂形成的填土	常见于沿海一带及江河两侧

注:素填土经分层压实者统称为压实填土。

2.1.1.5　特殊土

土的有机质含量分类　　表 2-12

分类名称	有机质含量 W_u(%)	现场鉴别特征	说明
有机质土	$5\% \leqslant W_u \leqslant 10\%$	灰、黑色,有光泽,味臭,除腐殖质外尚含有少量未完全分解的动植物体,浸水后水面出现气泡,干燥后体积收缩	(1)如现场能鉴别有机质土或有地区经验时,可不做有机质含量测定 (2)当 $w>w_L$,$1.0\leqslant e<1.5$ 时称淤泥质土 (3)当 $w>w_L$,$e\geqslant 1.5$ 时称淤泥
泥炭质土	$10\%<W_u\leqslant 60\%$	深灰或黑色,有腥臭味,能看到未完全分解的植物结构,浸水体胀,易崩解,有植物残渣浮于水中,干缩现象明显	根据地区特点和需要可按 W_u 细分为: 弱泥炭质土($10\%<W_u\leqslant 25\%$); 中泥炭质土($25\%<W_u\leqslant 40\%$); 强泥炭质土($40\%<W_u\leqslant 60\%$)
泥　炭	$W_u>60\%$	除有泥炭质土特征外,结构松散,土质很轻,暗无光泽,干缩现象极为明显	

注:有机质含量 W_u 按灼失量试验确定。无机土,$W_u<5\%$。

湿陷性黄土地基的湿陷等级 表 2-13

总湿陷量 Δ_s(cm) \ 计算自重湿陷量 Δ_{zs}(cm) \ 湿陷类型	非自重湿陷性场地	自重湿陷性场地	
	$\Delta_{zs}\leqslant7$	$7<\Delta_{zs}\leqslant35$	$\Delta_{zs}>35$
$\Delta_s<30$ $30<\Delta_s<60$ $\Delta_s>60$	Ⅰ(轻微) Ⅱ(中等) —	Ⅱ(中等) Ⅱ或Ⅲ Ⅲ(严重)	— Ⅲ(严重) Ⅳ(很严重)

注：1. 当总湿陷量 $30cm<\Delta_{zs}<50cm$，计算自重湿陷量 $7cm<\Delta_{zs}<30cm$ 时，可判为Ⅱ级。
2. 当总湿陷量 $\Delta_{zs}>50cm$，计算自重湿陷量 $\Delta_{zs}>30cm$ 时，可判为Ⅲ级。

膨胀土的膨胀潜势分类 表 2-14

自由膨胀率(%)	$40\leqslant\delta_{ef}<65$	$65\leqslant\delta_{ef}<90$	$\delta_{ef}\geqslant90$
膨胀潜势	弱	中	强

注：自由膨胀率 $\delta_{ef}=\dfrac{v_w-v_0}{v_0}$。

式中 v_w——土样在水中膨胀稳定后的体积（mL）；

v_0——土样原有体积（mL）。

膨胀土地基的胀缩等级 表 2-15

地基分级变形量 S_c(mm)	$15\leqslant S_c<35$	$35\leqslant S_c<70$	$S_c\geqslant70$
级别	Ⅰ	Ⅱ	Ⅲ

注：1. 破坏程度：Ⅰ级属轻微；Ⅱ级属中等；Ⅲ级属严重情况。
2. 计算胀缩变形时，膨胀率的压力取 50kPa。

盐渍土按含盐程度分类 表 2-16

盐渍土名称	土层的平均含盐量(重量%)			可用性
	氯盐渍土及亚氯盐渍土	硫酸盐渍土及亚硫酸盐渍土	碱性盐渍土	
弱盐渍土	0.5～1.0	0.3～0.5	—	可用
中盐渍土	1～5	0.5～2①	0.5～1②	可用
强盐渍土	5～8	2～5①	1～2②	可用但应采取措施
过盐渍土	>8	>5	>2	不可用

① 其中硫酸盐含量不超过 2%方可用。
② 其中易溶碳酸盐含量不超过 0.5%方可用。

2.1.2 土石的基本性质

2.1.2.1 土的基本物理性质指标

土的基本物理性质指标 表 2-17

指标名称	符号	单位	物理意义	表达式
密度	ρ	t/m^3	单位体积土的质量，又称质量密度	$\rho=\dfrac{m}{V}$
相对密度	d_s		土粒单位体积的质量与4℃时蒸馏水的密度之比	$d_s=\dfrac{m_s}{V_s\rho_w}$
干密度	ρ_d	t/m^3	土的单位体积内颗粒的质量	$\rho_d=\dfrac{m_s}{V}$

续表

指标名称	符号	单位	物理意义	表达式
含水量	w	%	土中水的质量与颗粒质量之比	$w=\frac{m_w}{m_s}\times100$
饱和密度	ρ_{sat}	t/m³	土中孔隙完全被水充满时土的密度	$\rho_{sat}=\frac{m_s+V_v\cdot\rho_w}{V}$
孔隙比	e		土中孔隙体积与土粒体积之比	$e=\frac{V_v}{V_s}$
孔隙率	n	%	土中孔隙体积与土的总体积之比	$n=\frac{V_v}{V}\times100$
饱和率	S_r		土中水的体积与孔隙体积之比	$S_r=\frac{V_w}{V_v}$
表中符号	m—土的总质量($m=m_s+m_w$)； m_s—土的固体颗粒的质量； m_w—土中水的质量； m_a—土中气体的质量，$m_a\approx0$； V—土的总体积($V=V_s+V_w+V_a$)； V_s—土中固体颗粒的体积； V_w—土中水所占的体积； V_a—土中空气所占的体积； V_v—土中空隙体积($V=V_a+V_w$)			

2.1.2.2　岩石的基本物理性质指标

岩石的基本物理性质指标　　**表 2-18**

指标名称	符号	单位	物理意义	备注
密度	ρ	t/m³	岩石的颗粒质量与所占体积之比	常见岩石密度在 1400～3000kg/m³之间
孔隙率	n	%	岩土中孔隙体积(气相液相所占体积)与岩土的总体积之比，又称孔隙度	常见岩石的孔隙率在 0.1%～30%之间
岩石波阻抗			岩石波阻抗为岩石纵波速度(c)与岩石密度(ρ)的乘积	爆破要求炸药波阻抗与岩石波阻抗相匹配
岩石风化程度			岩石在地质内力和处力作用下发生破坏疏松的程度	岩石的风化程度划分及鉴别特征见表 2-10

2.1.2.3　土的力学性质指标

土的力学性质指标　　**表 2-19**

土的力学性质名称	通用符号	单位	物理意义	计算公式	
				基本公式	通过 1～3 个已知值
压缩系数	a	MPa⁻¹	压力为 0.1～0.2MPa 作用下的压缩系数	$1000\times\frac{e_1-e_2}{p_2-p_1}$	由试验求得
压缩模量	E_s	MPa	压力为 0.1～0.2MPa 时土的压缩模量	$\frac{1-e_0}{a}$	由试验求得
压实系数	λ_c		土的干密度与土在最优含水量时的最优干密度之比	$\frac{\rho_d}{\rho_{dmax}}$	由试验求得
抗剪强度	τ	MPa	土在外力作用下抵抗剪切滑动的极限强度	$p\text{tg}\varphi+c$	由试验求得

续表

土的力学性质名称	通用符号	单位	物理意义	计算公式	
				基本公式	通过1～3个已知值
变形模量	E_0	MPa	为现场原位荷载试验测定计算而得的变形模量	$\frac{\omega}{1000}(1-\nu^2)\times\frac{p_{cr}b}{s_1}$ 或 $E_c=\beta E_s$	由荷载试验或计算求得

注：1. p_1、p_2——团结压力（kPa）；　e_1、e_2——压力分别为 p_1、p_2 时的孔隙比；
e_0——土的天然孔隙比；　p——土所承受的垂直压力（MPa）；
φ——土的内摩擦角（°）；　c——土的黏聚力（MPa）。

2. $a_{1-2}<0.1\text{MPa}^{-1}$ 时属于低压缩性土；$0.1\text{MPa}^{-1}\leqslant a_{1-2}\,\text{MPa}^{-1}<0.5\text{MPa}^{-1}$ 时属于中压缩性土；$a_{1-2}\geqslant 0.5\text{MPa}^{-1}$ 时属于高压缩性土。

3. $E_s=2\sim4$ 时属于高压缩性土；$E_s=4.1\sim7.5$ 时属于中高压缩性土；$E_s=7.6\sim11.0$ 时属于中压缩性土；$E_s=11.0\sim15.0$ 时属于中低压缩性土；$E_s>1.50$ 时属于低压缩性土。

4. ω——沉降量系数，刚性正方形荷载板 $\omega=0.88$；刚性圆形荷载板 $\omega=0.79$；
ν——地基土的泊松比，可按表 2-20 采用；
p_{cr}——p-s 曲线直线段终点所对应的应力（kPa）；
s_1——与直线段终点所对应的沉降量（mm）；
b——承压板宽度或直径（mm）；
β——与土的泊松比 ν 有关的系数，$\beta=\frac{2\nu^2}{1-\nu^2}$，亦可由表 2-20 查得；

5. E_0 如符合下列条件之一时，可认为地基土的压缩性变化是很小的：
（1）当 $E_{min}\geqslant 20\text{MPa}$ 时；
（2）当 $20>E_{min}\geqslant 15\text{MPa}$ 和 $1.8\leqslant\frac{E_{max}}{E_{min}}\leqslant 2.5$ 时；
（3）当 $15>E_{min}\geqslant 7.5\text{MPa}$ 和 $1.3\leqslant\frac{E_{max}}{E_{min}}\leqslant 1.6$ 时。

6. E_{max} 和 E_{min}——分别为建筑场地范围内的最大变形模量和最小变形模量。

土的泊松比 ν 与系数 β 参考值　　**表 2-20**

项次	土的种类与状态		ν	β
1	碎石土		0.15～0.20	0.95～0.90
2	砂土		0.20～0.25	0.90～0.83
3	粉土		0.25	0.83
4	粉质黏土	坚硬状态	0.25	0.83
		可塑状态	0.30	0.74
		软塑及流塑状态	0.35	0.62
5	黏土	坚硬状态	0.25	0.83
		可塑状态	0.35	0.62
		软塑及流塑状态	0.42	0.39

土的变形模量 E_0（MPa）　　**表 2-21**

土的种类	E_0		土的种类	E_0	
砾石及卵石	65～54			密实的	中密的
碎石	65～29		干的粉土	16.0	12.5
砂石	42～14		湿的粉土	12.5	9.0
	密实的	中密的	饱和的粉土	9.0	5.0
				坚硬	塑性状态
粗砂、砾砂	48.0	36.0	粉土	59～16	16～4
中砂	42.0	31.0	粉质黏土	39～16	16～4
干的细砂	36.0	25.0			
湿的及饱和的细砂	31.0	19.0	淤泥	3	
干的粉砂	21.0	17.5	泥炭	2～4	
湿的粉砂	17.5	14.0	处于流动状态的黏性土、粉土	3	
饱和的粉砂	14.0	9.0			

注：土的变形模量 E_0 与压缩模量 E_s 的关系可按弹性理论得出，即：$E_0=\beta E_s$，β 可由表 1-20 查得。

2.1.2.4　岩石的力学性质指标

岩石的主要力学性质　表 2-22

名称		定　义
变形特性	弹性	岩石受力后发生变形，当外力解除后恢复原状的性能
	塑性	当岩石所受外力解除后，岩石没能恢复原状而留有一定残余变形的性能
	脆性	在外力作用下，不经显著的残余变形就发生破坏的性能
强度特征	单轴抗压强度	岩石试件在单轴压力下发生破坏时的极限强度
	单轴抗拉强度	岩石试件在单轴拉力下发生破坏时的极限强度
	抗剪强度 τ	岩石抵抗剪切破坏的最大能力 用发生剪断时剪切面上的极限应力表示，它与对试件施加的压应力 σ、岩石的内聚力 c 和内摩擦角 φ 有关，即 $\tau=\sigma\tan\varphi+c$
弹性模量 E		岩石在弹性变形范围内，应力与应变之比
泊松比 μ		岩石试件单向受压时，横向应变与竖向应变之比

2.1.2.5　黏性土、砂土的性质指标

黏性土的可塑性指标　表 2-23

指标名称	符号	单位	物理意义	表达式	附注
塑限	ω_P	%	土由固态变到塑性状态时的分界含水量		由试验直接测定（通常用“搓条法”进行测定）
液限	ω_L	%	土由塑性状态变到流动状态时的分界含水量		由试验直接测定（通常用锤式液限仪来测定）
塑性指数	I_P		液限与塑限之差	$I_P=w_L-w_P$	由计算求得，是进行黏土分类的重要指标
液性指数	I_L		土的天然含水量与塑限之差对塑性指数之比	$I_L=\dfrac{w-w_P}{I_P}$	由计算求得，是判别黏性土软硬程度的指标
含水比	α_w		土的天然含水量与液限的比值	$\alpha_W=\dfrac{w}{w_L}$	由计算求得

注：塑限现场简易测定方法：在土中逐渐加水，至能用手在毛玻璃板上搓成土条，当土条搓到直径 3mm 时，恰好断裂，此时土条的含水量即为塑限。

砂土的密实度指标　表 2-24

指标名称	符号	单位	物理意义	试验方法	取土要求
最大干密度	ρ_{dmax}	g/cm^3	土的最紧密状态下的干质量	击实法	扰动土
最小干密度	ρ_{dmin}	g/cm^3	土的最松散状态下的干质量	注入法、量筒法	扰动土

2.1.3　土的工程分类及性质

2.1.3.1　土的工程分类

土的工程分类　表 2-25

土的分类	土的级别	土的名称	坚实系数（f）	密度（kg/m^3）	开挖方法及工具
一类土（松软土）	Ⅰ	砂土；粉土；冲积砂土层；疏松的种植土；淤泥（泥炭）	0.5～0.6	600～1500	用锹、锄头挖掘，少许用脚蹬
二类土（普通土）	Ⅱ	粉质黏土；潮湿的黄土；夹有碎石、卵石的砂；粉土混卵（碎）石；种植土；填土	0.6～0.8	1100～1600	用锹、锄头挖掘，少许用镐翻松

续表

土的分类	土的级别	土的名称	坚实系数（f）	密度（kg/m^3）	开挖方法及工具
三类土（坚土）	Ⅲ	软及中等密实黏土；重粉质黏土；砾石土；干黄土、含有碎石卵石的黄土、粉质黏土；压实的填土	0.8～1.0	1750～1900	主要用镐，少许用锹、锄头挖掘，部分用撬棍
四类土（砂砾坚土）	Ⅳ	坚硬密实的黏性土或黄土；含碎石、卵石的中等密实的黏性土或黄土；粗卵石；天然级配砂石；软泥灰岩	1.0～1.5	1900	整个先用镐、撬棍，后用锹挖掘，部分用楔子及大锤
五类土（软石）	Ⅴ～Ⅵ	硬质黏土；中密的页岩、泥灰岩、白垩土；胶结不紧的砾岩；软石灰岩及贝壳石灰岩	1.5～4.0	1100～2700	用镐或撬棍、大锤挖掘，部分使用爆破方法
六类土（次坚石）	Ⅶ～Ⅸ	泥岩；砂岩；砾岩；坚实的页岩、泥灰岩；密实的石灰岩；风化花岗岩、片麻岩及正常岩	4.0～10.0	2200～2900	用爆破方法开挖，部分用风镐
七类土（坚石）	Ⅹ～ⅩⅢ	大理岩；辉绿岩；玢岩；粗、中粒花岗岩；坚实的白云岩、砂岩、砾岩、片麻岩、石灰岩；微风化安山岩、玄武岩	10.0～18.0	2500～3100	用爆破方法开挖
八类土（特坚石）	ⅩⅣ～ⅩⅥ	安山岩；玄武岩；花岗片麻岩；坚实的细粒花岗岩、闪长岩、石英岩、辉长岩、辉绿岩、玢岩、角闪岩	18.0～25.0以上	2700～3300	用爆破方法开挖

注：1. 土的级别为相当于一般16级土石分类级别。
2. 坚实系数 f 为相当于普氏岩石强度系数。

2.1.3.2 土的工程性质

一、土的可松性与压缩性

各种土的可松性参考数值　　表2-26

土的类别	体积增加百分比（%）		可松性系数	
	最初	最终	K_p	K'_p
一类（种植土除外）	8～17	1～2.5	1.08～1.17	1.01～1.03
一类（植物性土、泥炭）	20～30	3～4	1.20～1.30	1.03～1.04
二类	14～28	1.5～5	1.14～1.28	1.02～1.05
三类	24～30	4～7	1.24～1.30	1.04～1.07
四类（泥灰岩、蛋白石除外）	26～32	6～9	1.26～1.32	1.06～1.09
四类（泥灰岩、蛋白石）	33～37	11～15	1.33～1.37	1.11～1.15
五～七类	30～45	10～20	1.30～1.45	1.10～1.20
八类	45～50	20～30	1.45～1.50	1.20～1.30

注：1. 最初体积增加百分比$=\frac{V_2-V_1}{V_1}\times100\%$；最后体积增加百分比$=\frac{V_3-V_1}{V_1}\times100\%$；

K_p——为最初可松性系数，$K_p=\frac{V_2}{V_1}$；K'_p——为最终可松性系数，$K'_p=\frac{V_3}{V_1}$；

V_1——开挖前土的自然体积；V_2——开挖后土的松散体积；V_3——运至填方处压实后之体积。

2. 在土方工程中，K_p 是用于计算挖方装运车辆及挖土机械的重要参数；K'_p是计算填方时所需挖土工程的重要参数。

土的压缩率参考数值 表 2-27

土的类别	土的名称	土的压缩率 P(%)	每 $1m^3$ 松散土压实后的体积(m^3)
一～二类土	种植土	20	0.80
	一般土	10	0.90
	砂土	5	0.95
三类土	天然湿度黄土	12～17	0.85
	一般土	5	0.95
	干燥坚实黄土	5～7	0.94

注：1. 在土方工程中，取土回填或移挖作填，松土经运输、填压以后，均会压缩，土的压缩性程度一般以压缩率表示。

2. 土的压缩率 $P=[(\rho-\rho_d)/\rho_d]\times100\%$

式中 ρ_d——原状土的干质量密度（g/cm^3）；

ρ——压实后土的干质量密度（g/cm^3）。

二、土的休止角

土的休止角 表 2-28

土的名称	干的		湿润的		潮湿的	
	度数	高度与底宽比	度数	高度与底宽比	度数	高度与底宽比
砾石	40	1∶1.25	40	1∶1.25	35	1∶1.50
卵石	35	1∶1.50	45	1∶1.00	25	1∶2.75
粗砂	30	1∶1.75	35	1∶1.50	27	1∶2.00
中砂	28	1∶2.00	35	1∶1.50	25	1∶2.25
细砂	25	1∶2.25	30	1∶1.75	20	1∶2.75
重黏土	45	1∶1.00	35	1∶1.50	15	1∶3.75
粉质黏土、轻黏土	50	1∶1.75	40	1∶1.25	30	1∶1.75
粉土	40	1∶1.25	30	1∶1.75	20	1∶2.75
腐殖土	40	1∶1.25	35	1∶1.50	25	1∶2.25
填方的土	35	1∶1.50	45	1∶1.00	27	1∶2.00

2.1.4 岩土的现场鉴别方法

2.1.4.1 碎石土、砂土的现场鉴别方法

碎石土、砂土现场鉴别方法 表 2-29

类别	土的名称	观察颗粒粗细	干燥时的状态及强度	湿润时用手拍击状态	粘着程度
碎石土	卵(碎)石	一半以上的颗粒超过 20mm	颗粒完全分散	表面无变化	无粘着感觉
	圆(角)砾	一半以上的颗粒超过 2mm(小高粱粒大小)	颗粒完全分散	表面无变化	无粘着感觉
砂土	砾砂	约有 1/4 以上的颗粒超过 2mm(小高粱粒大小)	颗粒完全分散	表面无变化	无粘着感觉
	粗砂	约有一半以上的颗粒超过 0.5mm(细小米粒大小)	颗粒完全分散，但有个别胶结一起	表面无变化	无粘着感觉
	中砂	约有一半以上的颗粒超过 0.25mm(白菜籽粒大小)	颗粒基本分散，局部胶结但一碰即散	表面偶有水印	无粘着感觉
	细砂	大部分颗粒与粗豆米粉(>0.1mm)近似	颗粒大部分分散，少量胶结，部分稍加碰撞，即散	表面有水印(翻浆)	偶有轻微粘着感觉
	粉砂	大部分颗粒与大小米粉近似	颗粒少部分分散，大部分胶结，稍加压力可分散	表面有显著翻浆现象	有轻微粘着感觉

注：在观察颗粒粗细进行分类时，应将鉴别的土样从表中颗粒最粗类别逐级查对，当首先符合某一类的条件时，即按该类土定名。

碎石土密实度现场鉴别方法 表 2-30

密实度	骨架颗粒含量和排列	可挖性	可钻性
密实	骨架颗粒含量大于总重的70%，呈交错排列，连续接触	锹镐挖掘困难，用撬棍方能松动，井壁一般较稳定	钻进极困难，冲击钻探时，钻杆、吊锤跳动剧烈，孔壁较稳定
中密	骨架颗粒含量等于总重的60%～70%，呈交错排列，大部分接触	锹镐可挖掘，井壁有掉块现象，从井壁取出大颗粒处，能保持颗粒凹面形状	钻进较困难，冲击钻探时，钻杆、吊锤跳动不剧烈，孔壁有坍塌现象
稍密	骨架颗粒含量等于总重的55%～60%，排列混乱，大部分不接触	锹可以挖掘，井壁易坍塌，从井壁取出大颗粒后，砂土立即坍落	钻进较容易，冲击钻探时，钻杆稍有跳动，孔壁易坍塌
松散	骨架颗粒含量小于总重的55%，排列十分混乱，绝大部分不接触	锹易挖掘，井壁极易坍塌	钻进很容易，冲击钻探时，钻杆无跳动，孔壁极易坍塌

注：1. 骨架颗粒系指与表 2-4 相对应粒径的颗粒。
2. 碎石土的密实度应按表列各项要求综合确定。

2.1.4.2 黏性土、粉土的现场鉴别方法

黏性土、粉土的现场鉴别方法 表 2-31

土的名称	湿润时用刀切	湿土用手捻摸时的感觉	土的状态		湿土捻条情况
			干土	湿土	
黏土	切面光滑、有粘刀阻力	有滑腻感，感觉不到有砂粒，水分较大，很粘手	土块坚硬，用锤才能打碎	易粘着物体，干燥后不易剥去	塑性大，能搓成直径小于0.5mm的长条(长度不短于手掌)，手持一端不易断裂
粉质黏土	稍有光滑面，切面平整	稍有滑腻感，有粘滞感，感觉到有少量砂粘	土块用力可压碎	能粘着物体，干燥后较易剥去	有塑性，能搓成直径为2～3mm的土条
粉土	无光滑面，切面稍粗糙	有轻微粘滞感或无粘滞感，感觉到有砂粒较多，粗糙	土块用手捏或抛扔时易碎	不易粘着物体，干燥后一碰就掉	塑性小，能搓成直径为2～3mm的短条
砂土	无光滑面，切面粗糙	无粘滞感，感觉到全是砂粒，粗糙	松散	不能粘着物体	无塑性，不能搓成土条

人工填土、淤泥、黄土、泥炭的现场鉴别方法 表 2-32

土的名称	观察颜色	夹杂物质	形状(构造)	浸入水中的现象	湿土搓条情况	干燥后强度
人工填土	无固定颜色	砖瓦碎块、垃圾、炉灰等	夹杂物显露于外，构造无规律	大部分变为稀软淤泥，其余部分为碎瓦、炉渣在水中单独出现	一般能搓成3mm土条，但易断，遇有杂质甚多时即不能搓条	干燥后部分杂质脱落，故无定形，稍微施加压力即行破碎
淤泥	灰黑色有臭味	池沼中有半腐朽的细小动植物遗体，如草根、小螺壳等	夹杂物经仔细观察可以发觉，构造常呈层状，但有时不明显	外观无显著变化，在水面出现气泡	一般淤泥质土接近于粉土，故能搓成3mm土条(长至少3cm)，容易断裂	干燥后体积显著收缩，强度不大，锤击时呈粉末状，用手指能捻碎
黄土	黄褐两色的混合色	有白色粉末出现在纹理之中	夹杂物质常清晰显见，构造上有垂直大孔(肉眼可见)	即行崩散而分成散的颗粒集团，在水面上出现很多白色液体	搓条情况与正常的粉质黏土类似	一般黄土相当于粉质黏土，干燥后的强度很高，手指不易捻碎

续表

土的名称	观察颜色	夹杂物质	形状(构造)	浸入水中的现象	湿土搓条情况	干燥后强度
泥炭(腐殖土)	深灰或黑色	有半腐朽的动植物遗体,其含量超过60%	夹杂物有时可见,构造无规律	极易崩碎,变为稀软淤泥,其余部分为植物根、动物残体渣滓悬浮于水中	一般能搓成1～3mm土条,但残渣甚多时,仅能搓成3mm以上土条	干燥后大量收缩,部分杂质脱落,故有时无定形

黏性土和粉土的稠度鉴别方法　　表 2-33

项次	稠度状态	现场鉴别特征
1	坚硬	人工小钻钻探时很费力,几乎钻不进去,钻头取出的土样用手捏不动,加力不能使土变形,只能碎裂
2	硬塑	人工小钻钻探时较费力,钻头取出的土样用手指捏时,要用较大的力才略有变形并即碎散
3	可塑	钻头取出的土样,手指用力不大就能按入土中,土可捏成各种形状
4	软塑	可以把土捏成各种形状,手指按人土中毫不费力,钻头取出的土样还能成形
5	流塑	钻进很容易,钻头不易取出土样,取出的土已不能成形,放在手中也不易成块

黏性土的潮湿程度鉴别方法　　表 2-34

项次	土的潮湿程度	现场鉴别方法
1	稍湿的	经过扰动的土小易捏成团,易碎成粉末,放在手中不湿手,但感觉凉,而且感觉是湿土
2	很湿的	经过扰动的土能捏成各种形状;放在手中会湿手,在土面上滴水能慢慢渗入土中
3	饱和的	滴水不能渗入土中,可以看出孔隙中的水发亮

2.2　土石方施工

2.2.1　土石方施工准备

土石方工程施工准备工作要点　　表 2-35

项次	项目	准备工作要点
1	查勘施工现场	摸清工程场地情况,搜集施工需要的各项资料,包括施工场地地形、地貌、地质、水文、河流、气象、运输道路、邻近建(构)筑物、地下基础、管线、电缆基坑、防空洞、地面施工范围内的障碍物和堆积物状况,供水、供电、通信情况,防洪排水系统等,以便为制订土方开挖施工方案和绘制施工总平面图,提供可靠数据和资料
2	熟悉和审查图纸并交底	熟悉、理解施工图纸,检查图纸和资料是否齐全,核对平面尺寸和基坑底标高,掌握设计内容及各项技术要求,了解工程规模、结构形式、特点、工程量和质量要求;熟悉土层地质、水文勘查资料;审查设计地基处理,搞清地下构筑物、基础平面与周边地下设施管线的关系;研究好开挖程序明确各专业工序间的配合关系、施工工期要求;并向参加施工的人员层层进行技术交底
3	编制施工方案	研究制定现场场地整平、基坑开挖施工方案;绘制施工总平面布置图和基坑土方开挖图,确定开挖路线、顺序、范围、底板标高、边坡坡度、排水沟、集水井位置,及挖出的土方堆放地点;提出需用施工机具、劳力、推广新技术计划;深基坑开挖还应提出支护、边坡保护和降水方案

续表

项次	项目	准备工作要点
4	清除障碍物	提出清除(拆迁)现场障碍物方案。将施工区域内所有障碍物,如高压电线,电杆,塔架,地上和地下管道、电缆、坟墓、枯井、防空洞、树木、沟渠以及旧有房屋、基础等进行拆除或进行搬迁、改建、改线;对附近原有建筑物、电杆、塔架等采取有效防护措施;可利用的建筑物应充分利用;场地上的树木对不碍或少碍施工的应尽量保留或迁移
5	整平场地	按设计或施工要求范围和标高整平场地,将土方弃到规定弃土区;凡在施工区域内,影响工程质量的软弱土层、淤泥、腐殖土、大卵石、孤石、垃圾、树根、草皮以及不宜作填土和回填土料的稻田淤泥,应区别情况采取全部挖除或设排水沟疏干、抛填块石、砂砾等方法进行妥善处理,以免影响地基承载力
6	进行地下墓探	在黄土地区或有古墓地区,应在工程基础部位,按设计要求位置、深度和数量用洛阳铲进行探查,发现古墓、地下坑穴、土洞、地道(地窖)、废井以及其他空虚体等应对地基进行处理,方法参见"4.2局部特殊地基处理"一节;对古墓应报文物管理部门处理
7	设置排水设施	在施工区域内设置临时性或永久性排水沟,将地面积水排走或排到低洼处,再设水泵排走;或疏通原有排水泄洪系统。主排水沟最好设在施工区域的边缘或道路两旁,其截面和纵向坡度应按施工期内最大流量确定。一般排水沟的横截面不小于0.5m×0.5m,纵向坡度一般不小于3‰,平坦地区不小于2‰,使场地不积水;山坡地区,在离边坡上沿5～6m处,设置截水沟、排洪沟,阻止坡顶雨水流入开挖基坑区域内,或在需要的地段修筑挡水土坝阻水。地下水位高的深基坑应在开挖前一周将地下水位降至要求深度
8	做好测量控制	编制施测计划,准备测量仪器工具;设置区域测量控制网,包括基线和水平基准点,要求避开建筑物,构筑物及机械操作和土方运输线路;做好轴线桩的测量和校核,进行土方工程的定位放线测量工作 场地整平应设方格网,在各方格点上做控制桩,并有保护标志,并测出各标桩处的自然地形标高作为计算挖填土方量和施工控制的依据
9	修建临时设施	根据土方工程规模、工期长短、施工力量安排等修建简易临时性生产和生活设施(如工具及材料库、油库、机具库、修理棚、休息棚、茶炉棚等),同时敷设现场供水、供电、供压缩空气(开挖石方用)管线路,并进行试水、试电、试气
10	修筑临时道路	修筑施工场地内机械运行的道路;主要临时运输道路宜结合永久性道路的布置修筑。行车路面宽度不应小于6m,最大纵向坡度不大于6%,最小转弯半径不大于15m;路基底层可铺砌20～30cm厚的块石或卵(砾)石层,铺简易泥结石面层,两侧作排水沟。道路与铁路电信线路、电缆线路以及各种管线相交应按有关安全技术规定设置平交道和安全标志
11	准备机具、物资	准备好施工机具,做好设备调配,对进场挖土、运输车辆及各种辅助设备进行维修检查、试运转,并运至使用地点就位;准备好施工用料及工程用料,按施工平面图要求堆放
12	进行施工组织	组织并配备土方工程施工所需各专业技术人员、管理人员和技术工人;组织安排好作业班次;制定较完整的技术岗位责任制和技术、质量、安全、管理网络;建立技术责任制和质量保证体系;对拟采用的土方工程新机具、新工艺、新技术组织力量进行研制和试验

2.2.2 场地开挖

场地开挖要求与方法 **表 2-36**

项次	项目	开挖要求与方法要点
1	挖方边坡	(1)挖方边坡应根据土的种类、物理力学性质(湿度、密度、内摩擦角、黏聚力)、地质、水文条件、工程本身要求(永久性或临时性)等而定。对永久性挖方边坡坡度应按设计要求放坡,如设计无规定

续表

项次	项目	开挖要求与方法要点
1	挖方边坡	时，可按表2-37采用。对使用时间较长的临时性挖方边坡，在山坡整体稳定情况下，如地质条件良好、土质较均匀、高度在10m以内的可按表2-38采用，在挖超过10m的高边坡土方或经过不同类别的土（岩）层时，土方边坡可根据各层土质及土所受的压力作成折线形或台阶形 (2)对缺乏黏性的砂性土挖方边坡坡度，一般取相当于该类土的休止角 (3)对易于风化的岩石进行挖方时，其边坡坡度可按表2-39采用。在开挖好后，应对坡脚、坡面采取喷浆、抹面、嵌补、植被等保护措施，并做好排水，避免坡内积水
2	开挖要求与方法	(1)场地与边坡开挖应采取沿等高线自上而下、分层、分段依次而行。在边坡上采取多台阶同时进行开挖时，上台阶比下台阶开挖进深不少于30m，避免先挖坡脚，导致坡体失稳 (2)边坡台阶开挖，应随时作成一定坡势，以利泄水。边坡下部设有护脚墙及排水沟时，应在边坡修完后，立即处理台阶的反向排水坡和进行护脚墙和排水沟砌筑，以保证坡面不被冲刷和在影响边坡稳定的范围内积水，否则应采取临时排水措施 (3)挖方边坡上部堆土时，上部边缘至土堆坡脚的距离，当土质干燥密实时，不得小于3m；当土质松软时，不得小于5m。挖方下侧弃土时，应将弃土堆表面整平低于挖方场地标高并向外倾斜，或在弃土堆与挖方场地之间设置排水沟，防止地面水流入挖方场地 (4)场地周围地面应进行防水、排水处理，严防雨水等地面水浸入场地周边土体 (5)场地开挖完成后，应及时清底、验收、减少暴露时间，防止暴晒和雨水浸刷破坏基土的原状结构

永久性土工构筑物挖方的边坡坡度　　表2-37

项次	挖土性质	边坡坡度
1	在天然湿度、层理均匀、不易膨胀的黏土、粉质黏土和砂土（不包括细砂、粉砂）内挖方，深度不超过3m	1∶1.00～1.25
2	土质同上，深度为3～12m	1∶1.25～1∶1.50
3	干燥地区内土质结构未经破坏的干燥黄土及类黄土，深度不超过12m	1∶0.10～1∶1.25
4	在碎石土和泥灰岩土的挖方，深度不超过12m，根据土的性质、层理特性和挖方深度确定	1∶0.50～1∶1.50
5	在风化岩内的挖方，根据岩石性质、风化程度，层理特性和挖方深度确定	1∶0.20～1∶1.50
6	在微风化岩石内的挖方，岩石无裂缝且无倾向挖方坡脚的岩层	1∶0.10
7	在未风化的完整岩石内的挖方	直立的

使用时间较长的临时性挖方土质边坡坡度允许值　　表2-38

土的类别		允许边坡值（高宽比）	
		坡高在5m以内	坡高在5～10m
砂土（不含细砂、粉砂）		1∶1.15～1∶1.00	1∶1.00～1∶1.5
黏性土	坚硬	1∶0.75～1∶1.00	1∶1.00～1∶1.25
	硬塑	1∶1.00～1∶1.25	1∶1.25～1∶1.5
碎石土	密实	1∶0.35～1∶0.50	1∶0.50～1∶0.75
	中密	1∶0.50～1∶0.75	1∶0.75～1∶1.00
	稍密	1∶0.75～1∶1.00	1∶1.00～1∶1.25

注：1. 使用时间较长的临时性挖方是指使用时间超过一年的临时工程、临时道路等的挖方。
2. 应考虑地区性水文气象等条件，结合具体情况使用。混合土可参照表中相近的土执行。
3. 表中碎石土的充填物为坚硬或硬塑状态的黏性土、粉土；对于砂土或充填物为砂土的碎石土，其边坡坡度容许值均按自然休止角确定。

岩石边坡容许坡度值 表 2-39

岩石类土	风化程度	容许坡度值(高宽比)	
		坡高在 8m 以内	坡高 8～15m
硬质岩石	微风化 中等风化 强风化	1：0.10～1：0.20 1：0.20～1：0.35 1：0.35～1：0.50	1：0.20～1：0.35 1：0.35～1：0.50 1：0.50～1：0.75
软质岩石	微风化 中等风化 强风化	1：0.35～1：0.50 1：0.50～1：0.75 1：0.75～1：1.00	1：0.50～1：0.75 1：0.75～1：1.00 1：1.00～1：1.25

注：岩层层面或主要节理面的倾斜方向与边坡的开挖面的倾斜方向一致，且两者走向的夹角小于 45°时，边坡的容许坡度值另行设计。

2.2.3 场地平整土石方量计算

2.2.3.1 场地平整平均高度计算

场地整平高度的计算 表 2-40

项目	计算方法及公式	符号意义
场地整平计算高度	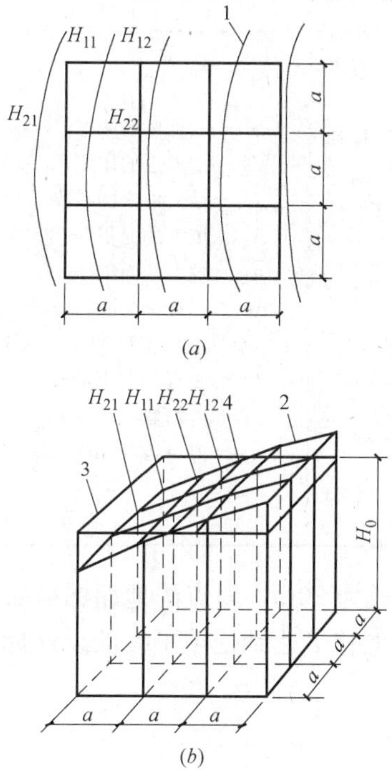 (a) 图中标注：H_{11}、H_{12}、H_{21}、H_{22}、1、a (b) 图中标注：H_{21} H_{11} H_{22} H_{12} 4、2、3、H_0、a 场地设计标高计算简图 (a)地形图上划分方格；(b)设计标高示意图	a—方格网边长(m)； N—方格数(个)； H_{11}、……H_{22}—任一方格的四个角点的标高(m)； H_1—1 个方格共有的角点标高(m)； H_2—2 个方格共有的角点标高(m)； H_3—3 个方格共有的角点标高(m)； H_4—4 个方格共有的角点标高(m)； 1—等高线； 2—自然地坪； 3—设计标高平面； 4—零线

续表

项目	计算方法及公式	符 号 意 义
场计 地算 整高 平度	场地整平常要求场地内的土方在整平前和整平后相等，达到挖填土方量平衡。如图所示，设达到挖填平衡的场地设计标高为H_0，根据挖填平衡条件，H_0值可由下式求得： $H_0\cdot N\cdot a_2=\sum_{1}^{N}\left(a^2\frac{H_{11}+H_{12}+H_{21}+H_{22}}{4}\right)$ 则　$H_0=\frac{\sum_{1}^{N}(H_{11}+H_{12}+H_{21}+H_{22})}{4N}$　(2-1) 式(2-1)可改写成下列形式： $H_0=\frac{(\sum H_1+2\sum H_2+3\sum H_3+4\sum H_4)}{4N}$　(2-2)	
考度 虑后 排的 水高 坡度	由计算的H_0为理论数值(即场地表面将处于同一个水平面)，可作施工粗略确定场地整平标高用。实际场地有排水坡度，如场地面积较大，有2‰以上排水坡度，尚应考虑坡度对设计标高的影响，则场地内任一点实际施工时所采用的设计标高H_n可由下式求得： 单向排水时　$H_n=H_0+l_i$　(2-3) 双向排水时　$H_n=H_0\pm l_x i_x\pm l_y i_y$　(2-4)	l—该点至H_0的距离(m)； i—x方向或y方向的排水坡度； i_x、i_y—别为x方向和y方向的排水度(不小于2‰)； ±—该点比H_0高则取"+"号，反之取"−"号
计高 算的 设调 计整 标值	初步设计标高是一个理论值，还应根据实际情况考虑以下因素的影响而进行调整 (1)由于土具有可松性，即自然状态下的土经开挖后，体积因松散而增加，以后虽经回填压实仍不能恢复成原体积，一般情况下土有多余，应提高设计标高，其设计标高调整值可按下式计算： $\Delta h_1=\frac{V_{挖}(K_2-1)}{A_{填}+A_{挖}\cdot K_2}$　(2-5) (2)由于设计标高以上的各种填方工程用土量而影响设计标高的降低；或者由于设计标高以下的各种挖方工程挖土量而影响设计标高的提高。设计标高相应的增减调整值可按下式计算： $\Delta h_2=\frac{\sum Q(+,-)}{Na^2}$　(2-6)	Δh_1—设计标高调整值(m)； $V_{挖}$—挖方土的体积(m^3)； K_2—最后可松性系数； $A_{填}$—填方的面积(m^2)； $A_{挖}$—挖方的面积(m^2)； Δh_2—设计标高的相应增减调整值(m)； Q—挖方工程的挖土量取"−"值，填方工程的用土量取"+"值(m^3)； N—方格数(个)； a—方格边长(m)

【例 2-1】 某工业厂房场地整平的方格网边长为20m，角点的地面标高如图2-1所示，地面排水坡度$i_x=3‰$，$i_y=2‰$，试计算确定场地整平达到挖填平衡的设计标高（H_0）和考虑排水坡后的设计标高（H_n）。

【解】 由图2-1知方格数　$N=7$

1个方格共有的角点标高：

$$\sum H_1=28.1+29.8+29.9+29.4+27.2=144.4\text{m}$$

2个方格共有的角点标高：

$$\sum H_2=28.5+29.2+29.5+28.3+27.6+27.7=170.8\text{m}$$

3个方格共有的角点标高：

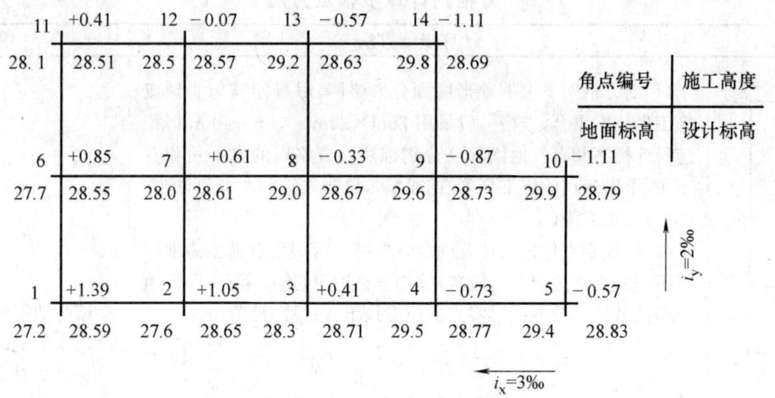

图 2-1 场地方格网及地面标高

注：挖方为"－"；填方为"＋"

$$\sum H_3 = 29.6\text{m}$$

4 个方格共有的角点标高：

$$\sum H_4 = 28.0 + 29.0 = 57.0\text{m}$$

将上述各值代入式（2-2）得：

$$\begin{aligned} H_0 &= (\sum H_1 + 2\sum H_2 + 3\sum H_3 + 4\sum H_4)/4N \\ &= (144.4 + 2\times170.8 + 3\times29.6 + 4\times57.0)/4\times7 \\ &= 28.67\text{m} \end{aligned}$$

以场地中心角点 8 为 H_0，则其余各点设计标高，考虑排水坡度的影响，由式（2-3）、式（2-4）计算得：

$$H_1 = H_0 - 40\times3‰ + 20\times2‰ = 28.67 - 0.12 + 0.04 = 28.59\text{m}$$
$$H_2 = H_1 + 20\times3‰ = 28.59 + 0.06 = 28.65\text{m}$$
$$H_3 = H_2 + 20\times3‰ = 28.65 + 0.06 = 28.71\text{m}$$
$$H_4 = H_3 + 20\times3‰ = 28.71 + 0.06 = 28.77\text{m}$$
$$H_5 = H_4 + 20\times3‰ = 28.77 + 0.06 = 28.83\text{m}$$
$$H_6 = H_0 - 40\times3‰ \pm 0 = 28.67 - 0.12 = 28.55\text{m}$$
$$H_7 = H_6 + 20\times3‰ = 28.55 + 0.06 = 28.61\text{m}$$
$$H_8 = H_7 + 20\times3‰ = 28.61 + 0.06 = 28.67\text{m}$$
$$H_9 = H_8 + 20\times3‰ = 28.67 + 0.06 = 28.73\text{m}$$
$$H_{10} = H_9 + 20\times3‰ = 28.73 + 0.06 = 28.79\text{m}$$
$$H_{11} = H_0 - 40\times3‰ - 20\times2‰ = 28.67 - 0.12 - 0.04 = 28.51\text{m}$$
$$H_{12} = H_{11} + 20\times3‰ = 28.51 + 0.06 = 28.57\text{m}$$
$$H_{13} = H_{12} + 20\times3‰ = 28.57 + 0.06 = 28.63\text{m}$$
$$H_{14} = H_{13} + 20\times3‰ = 28.63 + 0.06 = 28.69\text{m}$$

将调整后的场地设计标高注于图 2-1 右下角上，其与自然地面标高之差，即为施工需挖或填土方高度（见图 2-1 角点右上角）。

2.2.3.2 场地平整土石方量计算

一、土石方方格网计算法

方格网计算步骤及方法 　　表 2-41

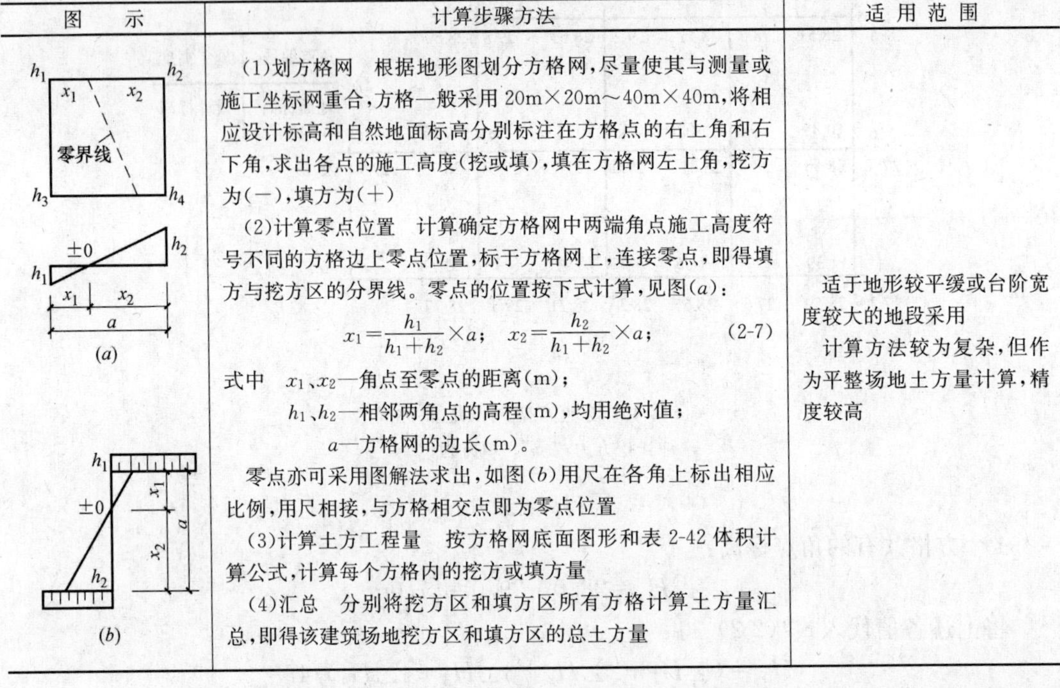

图示	计算步骤方法	适用范围
(a) (b)	(1)划方格网　根据地形图划分方格网，尽量使其与测量或施工坐标网重合，方格一般采用 20m×20m～40m×40m，将相应设计标高和自然地面标高分别标注在方格点的右上角和右下角，求出各点的施工高度(挖或填)，填在方格网左上角，挖方为(－)，填方为(＋) (2)计算零点位置　计算确定方格网中两端角点施工高度符号不同的方格边上零点位置，标于方格网上，连接零点，即得填方与挖方区的分界线。零点的位置按下式计算，见图(a)： $x_1=\frac{h_1}{h_1+h_2}\times a$；　$x_2=\frac{h_2}{h_1+h_2}\times a$；　(2-7) 式中　x_1、x_2—角点至零点的距离(m)； h_1、h_2—相邻两角点的高程(m)，均用绝对值； a—方格网的边长(m)。 零点亦可采用图解法求出，如图(b)用尺在各角上标出相应比例，用尺相接，与方格相交点即为零点位置 (3)计算土方工程量　按方格网底面图形和表 2-42 体积计算公式，计算每个方格内的挖方或填方量 (4)汇总　分别将挖方区和填方区所有方格计算土方量汇总，即得该建筑场地挖方区和填方区的总土方量	适于地形较平缓或台阶宽度较大的地段采用 计算方法较为复杂，但作为平整场地土方量计算，精度较高

常用方格网计算公式 　　表 2-42

项目	图示	计算公式
一点填方或挖方(三角形)		$V=\frac{1}{2}bc\frac{\sum h}{3}=\frac{bch_3}{6}$　(2-8) 当 $b=c=a$ 时，$V=\frac{a^2h_3}{6}$
二点填方或挖方(梯形)		$V_+=\frac{b+c}{2}a\frac{\sum h}{4}=\frac{a}{8}(b+c)(h_1+h_3)$　(2-9) $V_-=\frac{d+e}{2}a\frac{\sum h}{4}=\frac{a}{8}(d+e)(h_2+h_4)$　(2-10)
三点填方或挖方(五角形)		$V=\left(a^2-\frac{bc}{2}\right)\frac{\sum h}{5}$ $=\left(a^2-\frac{bc}{2}\right)\frac{h_1+h_2+h_4}{5}$　(2-11)

续表

项　目	图　示	计算公式
四点填方或挖方(正方形)	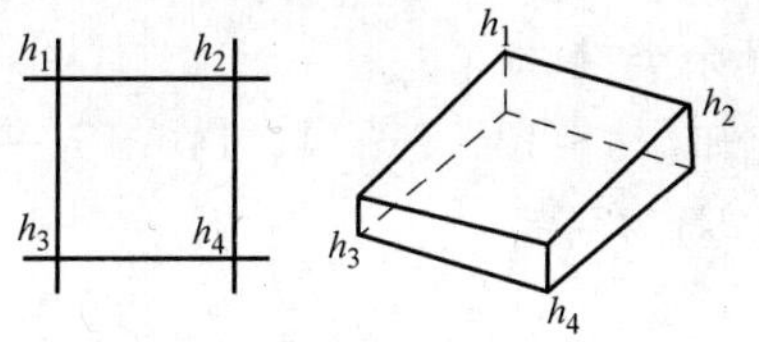	$V=\frac{a^2}{4}\sum h=\frac{a^2}{4}(h_1+h_2+h_3+h_4)$　(2-12)

注：1. 　a—方格网的边长（m）；

b、c—零点到一角的边长（m）；

h_1、h_2、h_3、h_4—方格网四角点的施工高程（m），用绝对值代入；

Σh—填方或挖方施工高程的总和（m），用绝对值代入；

V—挖方或填方体积（m^3）。

2. 本表公式是按各计算图形底面积乘以平均施工高程而得出的。

【例 2-2】 某工程场地方格网的一部分如图 2-2（a）所示，方格边长为 20m×20m，试计算挖填土方总量。

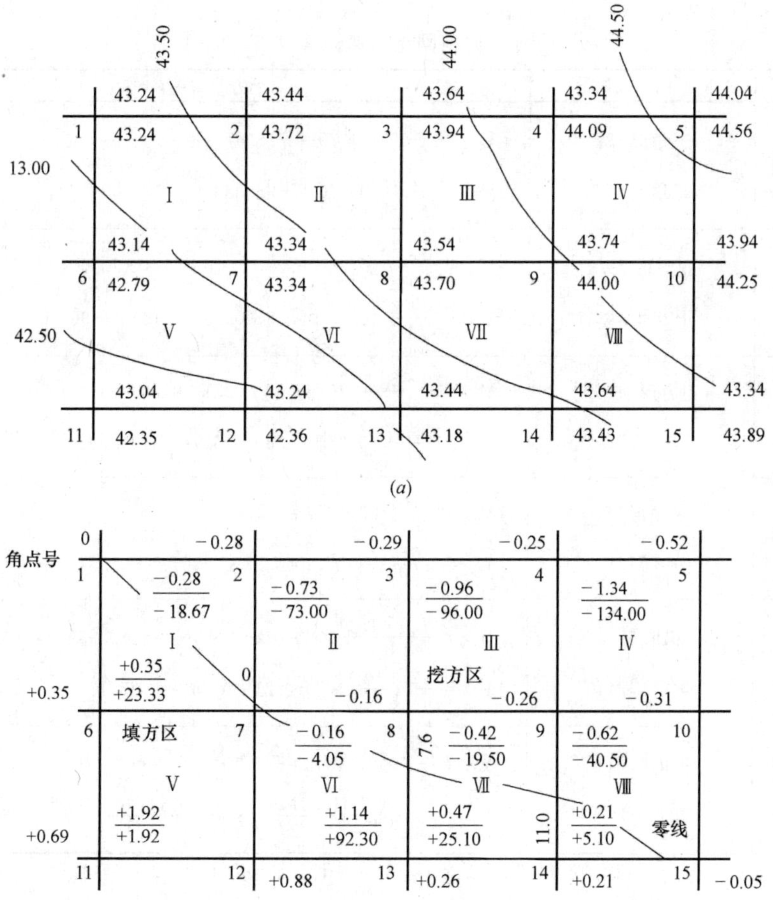

(*b*)

图 2-2　方格网计算土石方图例

（a）方格角点标高、方格编号、角点编号图；（b）零线、角点填挖高、土方工程量图

注：（a）、（b）图在实际工作中为 1 张图；为清楚和说明问题，特分别绘制。

【解】 (1) 划分方格网：根据图 2-2 (a) 方格各点的自然地面标高和设计地面标高，计算方格各点的施工高度，列于图 2-2 (b) 中，例如角点 5 的施工高度＝－44.56＋44.04＝－0.52m，即该点挖土 0.52m，其余类推。

(2) 计算零点位置：从图 2-2 (b) 中知，8～13、9～14、14～15 三条方格边两端的施工高度符号不同，表明在此方格边上有零点存在。

由表 2-41 公式　$b=\dfrac{ah_1}{h_1+h_2}$求得如下：

$$8\sim13\text{ 线}\quad b=\frac{20\times0.16}{0.16+0.26}=7.6\text{m}$$

$$9\sim14\text{ 线}\quad b=\frac{20\times0.26}{0.26+0.21}=11.0\text{m}$$

$$14\sim15\text{ 线}\quad b=\frac{20\times0.21}{0.05+0.21}=16.2\text{m}$$

将各零点标于图上，并将零点线连接起来。

(3) 计算土方量：如表 2-43。

方格网土方量计算　　表 2-43

方格序号	底面图形及编号	土方量计算(m^3)
Ⅰ	三角形 127	$V_-=\frac{0.28}{6}\times20\times20=-18.67$
	三角形 167	$V_+=\frac{0.35}{6}\times20\times20=+23.33$
Ⅱ	正方形 2378	$V_-=\frac{20\times20}{4}(0.28+0.29+0.16+0)=-73.00$
Ⅲ	正方形 3489	$V_-=\frac{20\times20}{4}(0.29+0.25+0.26+0.16)=-96.00$
Ⅳ	正方形 45910	$V_-=\frac{20\times20}{4}(0.25+0.52+0.31+0.26)=-134.00$
Ⅴ	正方形 671112	$V_+=\frac{20\times20}{4}(0.35+0.88+0.69)=+192.00$
Ⅵ	三角形 780	$V_-=\frac{0.16}{6}(7.6\times20)=-4.05$
	梯形 712130	$V_+=\frac{(20+12.4)}{8}\times20(0.88+0.26)=+92.34$
Ⅶ	梯形 8900	$V_-=\frac{(7.6+1.1)}{8}\times20(0.26+0.16)=-19.53$
	梯形 013140	$V_+=\frac{(12.4+9)}{8}\times20(0.21+0.26)=+25.15$
Ⅷ	三角形 0140	$V_+=\frac{0.21}{6}\times9\times16.2=+5.10$
	三角形 0910150	$V_-=\left(20+20-\frac{16.2\times9}{2}\right)\times\left(\frac{0.26+0.31+0.05}{5}\right)=-40.56$

注：土方数量的符号“－”表示挖方，“＋”表示填方，本表计算结果列于图 2-2 (b) 中。

(4) 土方量汇总：

全部挖方量：$\Sigma V_-=18.67+73.0+96.0+134.0+4.05+19.53+40.56=385.81\text{m}^3$

全部填方量：$\Sigma V_+=23.33+192.0+92.34+25.15+5.1=337.92\text{m}^3$

二、土方横截面计算法

横截面计算步骤及方法 **表 2-44**

图 示	计算步骤方法	适 用 范 围
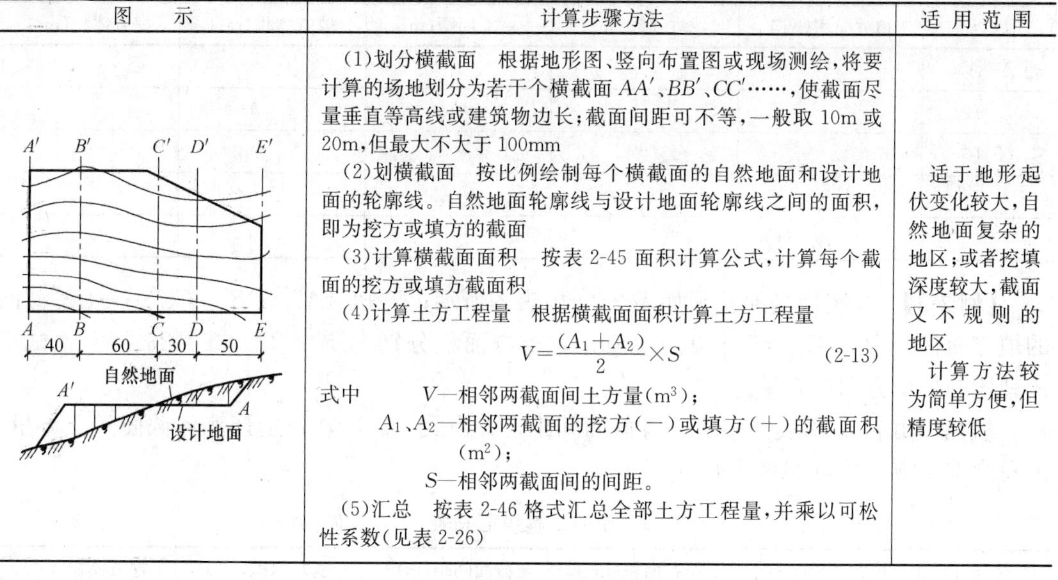	(1)划分横截面　根据地形图、竖向布置图或现场测绘，将要计算的场地划分为若干个横截面 AA'、BB'、CC'……，使截面尽量垂直等高线或建筑物边长；截面间距可不等，一般取 10m 或 20m，但最大不大于 100mm (2)划横截面　按比例绘制每个横截面的自然地面和设计地面的轮廓线。自然地面轮廓线与设计地面轮廓线之间的面积，即为挖方或填方的截面 (3)计算横截面面积　按表 2-45 面积计算公式，计算每个截面的挖方或填方截面积 (4)计算土方工程量　根据横截面面积计算土方工程量 $$V=\frac{(A_1+A_2)}{2}\times S \quad (2\text{-}13)$$ 式中　V—相邻两截面间土方量(m^3)； A_1、A_2—相邻两截面的挖方(－)或填方(＋)的截面积(m^2)； S—相邻两截面间的间距。 (5)汇总　按表 2-46 格式汇总全部土方工程量，并乘以可松性系数(见表 2-26)	适于地形起伏变化较大，自然地面复杂的地区；或者挖填深度较大，截面又不规则的地区 计算方法较为简单方便，但精度较低

常用横截面计算公式 **表 2-45**

项次	图 示	面积计算公式
1		$F=h(b+nh)$　(2-14)
2		$F=h\left[b+\frac{h(m+n)}{2}\right]$　(2-15)
3		$F=b\cdot\frac{h_1+h_2}{2}+nh_1h_2$　(2-16)
4		$F=h_1\cdot\frac{a_1+a_2}{2}+h_2\cdot\frac{a_2+a_3}{2}+h_3\cdot\frac{a_3+a_4}{2}+h_4\cdot\frac{a_4+a_5}{2}$　(2-17)
5		$F=\frac{a}{2}(h_0+2h+h_n)$　(2-18) $h=h_1+h_2+h_3+h_4+h_5+h_6$

土方量汇总表　　表 2-46

截　面	填方面积(m^2)	挖方面积(m^2)	截面间距(m)	填方体积(m^3)	挖方体积(m^3)
$A—A'$					
$B—B'$					
$C—C'$					
合　计					

【例 2-3】 丘陵地场地整平如表 2-44 中表图所示，已知 AA'、BB'、CC'……EE'截面的填方面积分别为 47、45、20、5、0m^2，挖方面积分别为 15、22、38、20、16m^2 试求该地段的总填方和挖方量。

【解】 由表 2-44 表图中所注各截面间距，并由式（2-13）分别计算各截面间土方量。汇总全部土方工程量如表 2-47。

土方工程量汇总表　　表 2-47

截　面	填方面积(m^2)	挖方面积(m^2)	截面间距(m)	填方体积(m^3)	挖方体积(m^3)
$A—A'$	47	15	40	1840	740
$B—B'$	45	22	60	1950	1800
$C—C'$	20	38	30	375	870
$D—D'$	5	20	50	125	900
$E—E'$	0	16			
合　计			180	4290	4310

2.2.3.3　场地边坡土方量计算

一、边坡土方图解计算法

边坡土方图解计算法步骤及方法　　表 2-48

项目	计算步骤及方法	适用范围
划分图形	图解计算法系根据地形图和边坡竖向布置图或现场测绘图，将要计算的边坡划分多个两种近似的几何形体，如下图所示，一种为三角棱体（如体积①～③、⑤～⑪）；另一种为三角棱柱体（如体积④） （见下图：场地边坡计算简图）	适于场地整平、修筑路基、路堑等采用 计算方法直观、简便、快速，相对也较准确

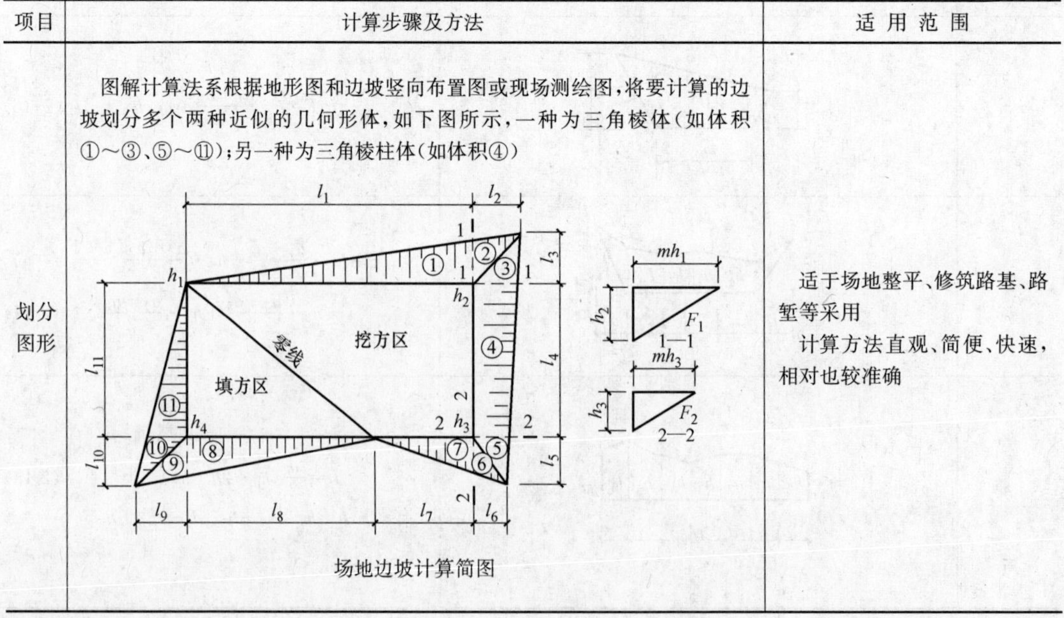

场地边坡计算简图

续表

项目	计算步骤及方法	适用范围
计算体积	根据场地四角挖填方高度和设计边坡坡度，计算边坡四角点处的挖填方宽度；然后再按照场地算出的四角点处挖填方宽度，用作图法得出边坡的平面尺寸，再后应用表 2-49 的几何公式分别对边坡三角棱体和柱体进行土方量计算	
汇总	将计算的各块边坡三角棱体体积和三角棱柱体体积进行汇总，即得场地挖(一)、填(＋)土方量	

常用边坡三角棱体、棱柱体计算公式　　表 2-49

项目	计算方法及公式	符号意义
边坡三角棱体体积	边坡三角棱体体积 V 可按下式计算（例如表 2-48 图中的①） $$V_1=\frac{1}{3}F_1 l_1 \quad (2\text{-}19)$$ 其中　$F_1=\frac{h_2(mh_2)}{2}=\frac{mh_2^2}{2}$ V_2、V_3、V_5～V_{11}计算方法同上 边坡三角棱柱体体积 V_4 可按下式计算（例如表 2-32图中的④） $$V_4=\frac{F_1+F_2}{2}\cdot l_4 \quad (2\text{-}20)$$ 当两端横截面面积相差很大时，则 $$V_4=\frac{l_4}{6}(F_1+4F_0+F_2) \quad (2\text{-}21)$$ F_1、F_2、F_0 计算方法同上	V_1、V_2、V_3、V_5～V_{11}—边坡①、②、③、⑤～⑪三角棱体体积(m^3)； l_1—边坡①的边长(m)； F_1—边坡①的端面积(m^2)； h_2—角点的挖土高度(m)； m—边坡的坡度系数； V_4—边坡④三角棱柱体体积(m^3)； l_4—边坡④的长度(m)； F_1、F_2、F_0—边坡④两端及中部的横截面面积(m^2)

【例 2-4】 场地整平工程，长 80m，宽 60m，土质为粉质黏土，取挖方区边坡坡度为 1∶1.25，填方边坡坡度为 1∶1.5，已知平面图挖填方分界线尺寸及角点标高如图2-3所示，试求边坡挖、填土方量。

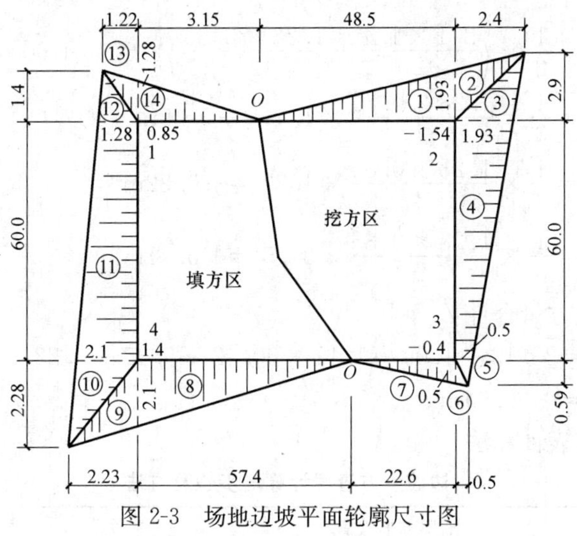

图 2-3　场地边坡平面轮廓尺寸图

【解】 先求边坡角点 1～4 的挖、填方宽度：

角点 1 填方宽度　　0.85×1.50＝1.28m

角点 2 挖方宽度　　1.54×1.25＝1.93m

角点 3 挖方宽度　　　　　　　　$0.40\times1.25=0.50$m

角点 4 填方宽度　　　　　　　　$1.40\times1.50=2.10$m

按照场地四个控制角点的边坡坡度，利用作图法可得出边坡平面尺寸（如图 2-3 所示），边坡土方工程量，可划分为三角棱体和三角棱柱体两种类型，按表 2-49 公式计算如下：

1. 挖方区边坡土方量：

$$V_1=-\frac{1}{3}\times\frac{1.93\times1.54}{2}\times48.5=-24.03\text{m}^3$$

$$V_2=-\frac{1}{3}\times\frac{1.93\times1.54}{2}\times2.4=-1.19\text{m}^3$$

$$V_3=-\frac{1}{3}\times\frac{1.93\times1.54}{2}\times2.9=-1.44\text{m}^3$$

$$V_4=-\frac{1}{2}\left(\frac{1.93\times1.54}{2}+\frac{0.4\times0.5}{2}\right)\times60=-47.58\text{m}^3$$

$$V_5=-\frac{1}{3}\times\frac{0.5\times0.4}{2}\times0.59=-0.02\text{m}^3$$

$$V_6=-\frac{1}{3}\times\frac{0.5\times0.4}{2}\times0.5=-0.02\text{m}^3$$

$$V_7=-\frac{1}{3}\times\frac{0.5\times0.4}{2}\times22.6=-0.75\text{m}^3$$

挖方区边坡的土方量合计：

$$V_{挖}=-(24.03+1.19+1.44+47.58+0.02+0.02+0.75)=-75.03\text{m}^3$$

2. 填方区边坡的土方量：

$$V_8=\frac{1}{3}\times\frac{2.1\times1.4}{2}\times57.4=+28.13\text{m}^3$$

$$V_9=\frac{1}{3}\times\frac{2.1\times1.4}{2}\times2.23=+1.09\text{m}^3$$

$$V_{10}=\frac{1}{3}\times\frac{2.1\times1.4}{2}\times2.28=+1.12\text{m}^3$$

$$V_{11}=\frac{1}{2}\times\left(\frac{2.1\times1.4}{2}+\frac{1.28\times0.85}{2}\right)\times60=+60.42\text{m}^3$$

$$V_{12}=\frac{1}{3}\times\frac{1.28\times0.85}{2}\times1.4=+0.25\text{m}^3$$

$$V_{13}=\frac{1}{3}\times\frac{1.28\times0.85}{2}\times1.22=+0.22\text{m}^3$$

$$V_{14}=\frac{1}{3}\times\frac{1.28\times0.85}{2}\times31.5=+5.71\text{m}^3$$

填方区边坡的土方量合计：

$$V_{填}=28.13+1.09+1.12+60.42+0.25+0.22+5.71=+96.94\text{m}^3$$

二、边坡土方查表计算法

边坡土方查表计算法步骤及方法　　　　表 2-50

项目	计算步骤及方法	适用范围
截面划分	根据地形图、竖向布置图、设计边坡坡度，绘制边坡地段平面图、截面图，截面图的间距取 10m 或 20m，最大不超过 50m。在边坡地段平面图上的边坡起点的左上角，分别填上自然地面和设计地面的高度及两者标高的差值，挖方为(－)，填方为(＋)，同时填上原自然地形坡度 $i(=\text{tg}\alpha)$ 和设计边坡坡度值 $m(=\text{tg}\varphi)$	

续表

<table>
<tr><th>项目</th><th>计算步骤及方法</th><th>适用范围</th></tr>
<tr><td>计算横截面面积</td><td>如下图所示，挖方或填方截面面积 $A(m^2)$ 及边坡的水平距离 $D(m)$ 按下式计算： 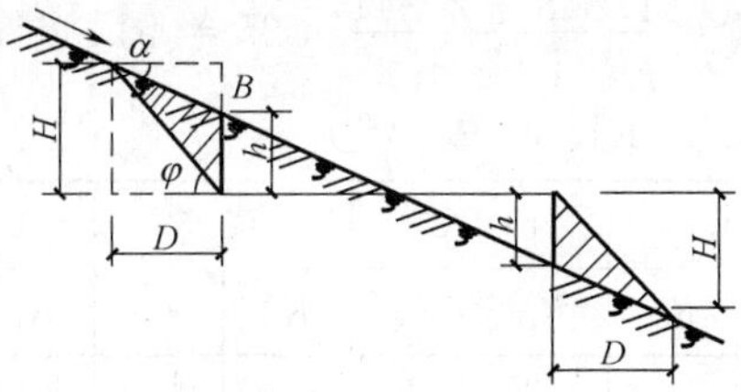

台阶式边坡计算简图
$$A=\frac{h^2}{2(m-i)};\quad D=\frac{H}{m-i} \qquad (2\text{-}22)$$
式中 h—边坡的施工标高(m)；
m—边坡的坡度值，即 $m=\text{tg}\varphi=\frac{H}{D}$；
i—自然地形坡度，即 $i=\text{tg}\alpha=\frac{H-h}{D}$；
D—边坡的水平距离(m)；
H—边坡的高度(m)
上两式设 $K_V=\frac{1}{2(m-i)}$；$K_D=\frac{1}{m-i}$；
则得 $A=K_Vh^2$；$D=K_Dh \qquad (2\text{-}23)$
当自然地形为0～50%，常用边坡坡度的 K_V、K_D 值可查表2-51求得</td><td rowspan="3">适于场地平整、修筑路基、路堑等采用
计算方法简便、快速，能满足精度要求</td></tr>
<tr><td>计算土方量</td><td>边坡土方工程量根据截面面积按下式计算：
$$V=\frac{A_1+A_2}{2}\cdot S \qquad (2\text{-}24)$$
式中 V—相邻两边坡截面间的土方工程量(m^3)；
A_1、A_2—相邻两边坡截面的挖方(－)或填方(＋)的截面面积(m^2)；
S—相邻两边坡截面的间距(m)</td></tr>
<tr><td>汇总</td><td>列表汇总边坡全部土方量，方法同“2.2.3.2节二、土方横截面计算法”(略)</td></tr>
</table>

【例 2-5】 场地挖方边坡平面如图2-4，边坡坡度值为1∶0.75，1—1、2—2截面处施工标高分别为2.1m、2.3m，$i=0.15$，试计算该段边坡土方工程量。

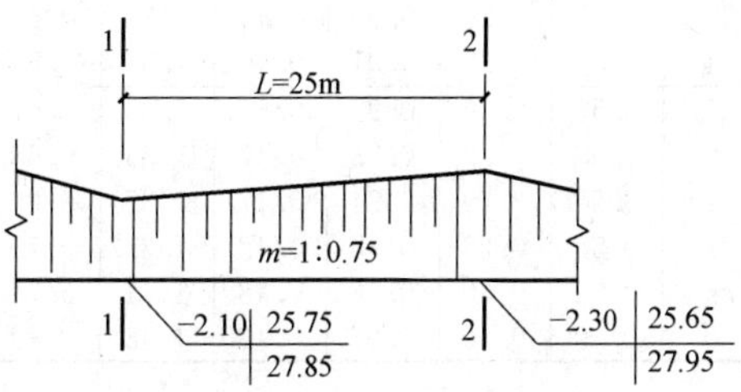

图 2-4 边坡地段平面图

【解】 已知 $m=\frac{1}{0.75}=1.33$

$$D_1=\frac{h}{m-i}=\frac{2.1}{1.33-0.15}=1.779\text{m}$$

$$D_2=\frac{2.3}{1.33-0.15}=1.949\text{m}$$

$$A_1=\frac{h^2}{2(m-i)}=\frac{2.1^2}{2(1.33-0.15)}=1.868\text{m}^2$$

$$A_2=\frac{2.3^2}{2(1.33-0.15)}=2.241\text{m}^2$$

或查表2-51，$K_D=0.84$；$K_V=0.42$

$$D_1=K_D\cdot h=0.84\times2.1=1.764\text{m}$$

$$D_2=0.84\times2.3=1.932\text{m}$$

$$A_1 = K_V \cdot h^2 = 0.42 \times 2.1^2 = 1.852\text{m}^2$$

$$A_2 = 0.42 \times 2.3^2 = 2.222\text{m}^2$$

该段边坡土方工程量由式（2-24）得：

$$V = \frac{A_1 + A_2}{2} \cdot S = \frac{1.868 + 2.241}{2} \times 25 = 51.36\text{m}^3$$

K_D、K_V 值　　　　表 2-51

m	1∶0.5		1∶0.75		1∶1.0		1∶1.25		1∶1.50		1∶1.75		1∶2.0	
i(%)	K_D	K_V	K_D	K_V	K_D	K_V	K_D	K_V	K_D	K_V	K_D	K_V	K_D	K_V
0	0.50	0.25	0.75	0.38	1.00	0.50	1.25	0.63	1.50	0.75	1.75	0.88	2.00	1.00
1	0.50	0.25	0.75	0.38	1.01	0.51	1.26	0.63	1.52	0.76	1.79	0.90	2.04	1.02
2	0.51	0.26	0.76	0.38	1.02	0.51	1.28	0.64	1.55	0.78	1.82	0.91	2.08	1.04
3	0.51	0.26	0.77	0.39	1.03	0.52	1.30	0.65	1.57	0.79	1.85	0.93	2.13	1.07
4	0.51	0.26	0.77	0.39	1.04	0.52	1.32	0.66	1.60	0.80	1.89	0.95	2.17	1.09
5	0.51	0.26	0.78	0.39	1.05	0.53	1.33	0.67	1.62	0.81	1.92	0.96	2.22	1.11
6	0.52	0.26	0.78	0.39	1.06	0.53	1.35	0.68	1.65	0.83	1.96	0.98	2.27	1.14
7	0.52	0.26	0.79	0.40	1.07	0.54	1.37	0.69	1.68	0.84	2.00	1.00	2.33	1.17
8	0.52	0.26	0.80	0.40	1.09	0.55	1.39	0.70	1.71	0.86	2.04	1.02	2.38	1.19
9	0.52	0.26	0.80	0.40	1.10	0.55	1.41	0.71	1.74	0.87	2.08	1.04	2.44	1.22
10	0.53	0.27	0.81	0.41	1.11	0.56	1.43	0.72	1.77	0.89	2.13	1.06	2.50	1.25
11	0.53	0.27	0.82	0.41	1.12	0.56	1.45	0.73	1.80	0.90	2.17	1.08	2.56	1.28
12	0.53	0.27	0.82	0.41	1.14	0.57	1.47	0.74	1.83	0.92	2.22	1.11	2.63	1.32
13	0.54	0.27	0.83	0.42	1.15	0.58	1.49	0.75	1.87	0.94	2.27	1.14	2.70	1.35
14	0.54	0.27	0.84	0.42	1.16	0.58	1.51	0.76	1.90	0.95	2.33	1.17	2.78	1.39
15	0.54	0.27	0.84	0.42	1.18	0.59	1.54	0.77	1.94	0.97	2.38	1.19	2.86	1.43
16	0.54	0.27	0.85	0.43	1.19	0.60	1.56	0.78	1.98	0.99	2.44	1.22	2.94	1.47
17	0.55	0.28	0.86	0.43	1.20	0.60	1.59	0.80	2.02	1.01	2.50	1.25	3.03	1.51
18	0.55	0.28	0.87	0.44	1.22	0.61	1.61	0.81	2.06	1.03	2.56	1.28	3.13	1.56
19	0.55	0.28	0.87	0.44	1.24	0.62	1.64	0.82	2.10	1.05	2.63	1.32	3.23	1.61
20	0.56	0.28	0.88	0.44	1.25	0.63	1.66	0.83	2.15	1.08	2.70	1.35	3.33	1.67
21	0.56	0.28	0.89	0.45	1.27	0.64	1.70	0.85	2.20	1.10	2.78	1.39	3.45	1.73
22	0.56	0.28	0.90	0.45	1.28	0.64	1.72	0.86	2.24	1.12	2.86	1.43	3.57	1.78
23	0.57	0.29	0.90	0.45	1.30	0.65	1.76	0.88	2.30	1.15	2.94	1.47	3.70	1.85
24	0.57	0.29	0.91	0.46	1.32	0.66	1.78	0.89	2.35	1.18	3.03	1.52	3.85	1.93
25	0.57	0.29	0.92	0.46	1.33	0.67	1.82	0.91	2.40	1.20	3.13	1.57	4.00	2.00
26	0.58	0.29	0.93	0.47	1.35	0.68	1.85	0.93	2.46	1.23	3.23	1.62	4.17	2.09
27	0.58	0.29	0.94	0.47	1.37	0.69	1.88	0.94	2.52	1.26	3.33	1.67	4.35	2.18
28	0.58	0.29	0.95	0.48	1.39	0.70	1.92	0.96	2.59	1.30	3.45	1.73	4.55	2.28
29	0.59	0.30	0.96	0.48	1.41	0.71	1.96	0.98	2.65	1.33	3.57	1.79	4.76	2.38
30	0.59	0.30	0.97	0.49	1.43	0.72	2.00	1.00	2.72	1.36	3.70	1.85	5.0	2.50

2.2.3.4　场地土石方的平衡与调配计算

土方平衡调配原则、计算步骤及方法　　　　表 2-52

项次	项目	计算步骤及方法
1	平衡调配原则	(1)挖方与填方基本达到平衡，减少重复倒运 (2)挖(填)方量与运距的乘积之和尽可能为最小，即总土方运输量或运输费用最小 (3)好土应用于回填密实度和抗渗要求较高的地区或部位 (4)土方分区调配应与全场调配相协调，避免只顾局部平衡，任意挖填，而破坏整体全局平衡 (5)调配应与地下构筑物的施工相结合，地下设施的挖土应留土后填 (6)选择恰当的调配方向、运输路线，避免对流和乱流现象，同时便利机具调配、机械化作业

续表

项次	项目	计算步骤及方法
2	划分调配区	系在平面图上先划出挖填区的分界线，并在挖方区和填方区适当划出若干调配区，确定调配区的大小和位置
3	计算土方量	用方格网法计算各调配区的土方工程量，并将其标注在图上，供策划、调配之用
4	求出每对调配区之间的平均运距	计算每对调配区之间的平均运距，即挖方区土方重心至填方区土方重心的距离，取场地或方格网中的纵横两边为坐标轴，以一角作坐标原点，按下式求出各挖方或填方调配区重心坐标 X_0 及 Y_0： $$X_0=\frac{\sum(X_iV_i)}{\sum V_i};\quad Y_0=\frac{\sum(Y_iV_i)}{\sum V_i} \qquad (2\text{-}25)$$ 式中 X_i、Y_i——i 块方格的重心坐标； V_i——i 块方格的土方体积 填挖方调配区间的平均运距 L_0 为： $$L_0=(X_{0T}-X_{0W})^2+(Y_{0T}-Y_{0W})^2 \qquad (2\text{-}26)$$ 式中 X_{0T}、Y_{0T}——填方区的重心坐标； X_{0W}、Y_{0W}——挖方区的重心坐标 亦可用作图法近似求出形心位置代替重心坐标。重心求出后标于图上，用比例尺量出每对调配区的平均运输距离。一一计算 L_0 值，并列于土方平衡与运距表内（表 2-53）
5	确定土方最优调配方案	一般用线性规划中的表上作图法来求解。使总土方运输量 $$W=\sum_{i=1}^{m}\cdot\sum_{i=1}^{n}L_{ij}\cdot X_{ij} \qquad (2\text{-}27)$$ 为最小值，即为最优调配方案 式中 L_{ij}——各调配区之间的平均运距（m）； X_{ij}——各调配区的土方量（m^3）
6	绘制土方调配图	根据表上作图法得出的调配方案，在场地土方地形图上，标出调配方向、土方数量及运距（平均运距再加施工机械前进、倒退和转弯必需的最短长度）

土方平衡与运距表 **表 2-53**

挖方区＼填方区	B_1	B_2	……	B_j	……	B_n	挖方量（m^3）
A_1	L_{11} X_{11}	L_{12} X_{12}	……	L_{1j} X_{1j}	……	L_{1n} X_{1n}	a_1
A_2	L_{21} X_{21}	L_{22} X_{22}	……	L_{2j} X_{2j}	……	L_{2n} X_{2n}	a_2
⋮	……	……	……	……	……	……	⋮
A_i	L_{i1} X_{i1}	L_{i2} X_{i2}	……	L_{ij} X_{ij}	……	L_{in} X_{in}	a_i
⋮	……	……	……	……	……	……	⋮
A_m	L_{m1} X_{m1}	L_{m2} X_{m2}	……	L_{mj} X_{mj}	……	L_{mn} X_{mn}	a_m
填方量（m^3）	b_1	b_2	……	b_j	……	b_n	$\sum_{i=1}^{m}a_i=\sum_{i=1}^{n}b_j$

注：L_{11}、L_{12}、L_{13}……挖填方之间的平均运距。
X_{11}、X_{12}、X_{13}……调配土方量。

【例 2-6】 矩形广场各调配区的土方量和相互之间的平均运距如图 2-5 所示，试求最优土方调配方案和土方总运输量及总的平均运距。

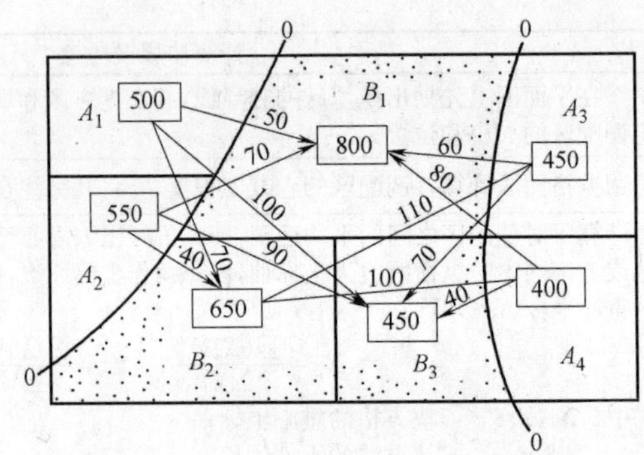

图 2-5　各调配区的土方量和平均运距

【解】（1）先将图 2-5 中的数值标注在填、挖方平衡及运距表（表 2-54）。

填、挖方平衡及运距表　　　　**表 2-54**

挖方区 \ 填方区	B_1	B_2	B_3	挖方量(m³)
A_1	50	70	100	500
A_2	70	40	90	550
A_3	60	110	70	450
A_4	80	100	40	400
填方量(m³)	800	650	450	1900 \ 1900

（2）采用"最小元素法"编初始调配方案，即根据对应于最小的 L_{ij}（平均运距）取尽可能最大的 X_{ij} 值的原则进行调配。首先在运距表内的小方格中找一个 L_{ij} 最小数值，如表中 $L_{22}=L_{43}=40$，任取其中一个，如 L_{43}，于是先确定 X_{43} 的值，使其尽可能的大，即 $X_{43}=\max$（400、550）＝400，由于 A_4 挖方区的土方全部调到 B_3 填方区，所以 $X_{41}=X_{42}=0$，将 400 填入表 2-55 中 X_{43} 格内，加一个括号，同时在 X_{41}、X_{42} 格内打个"×"号，然后在没有"（　）"、"×"的方格内重复上面步骤，依次地确定其余 X_{ij} 数值，最后得出初始调配方案（表 2-55）。

土方初始调配方案　　　　**表 2-55**

挖方区 \ 填方区	B_1		B_2		B_3		挖方量(m³)
A_1	(500)	50	×	70	×	100	500
A_2	×	70	(550)	40	×	90	550
A_3	(300)	60	(100)	110	(50)	70	450
A_4	×	80	×	100	400	40	550
填方量(m³)	800		650		450		1900 \ 1900

(3) 在表 2-55 基础上，再进行调配、调整，用“乘数法”比较不同调配方案的总运输量，取其最小者，求得最优调配方案（表 2-56）。

土方最优调配方案 **表 2-56**

挖方区 \ 填方区	B_1		B_2		B_3		挖方量(m^3)
A_1	400	50	100	70		100	500
A_2		70	550	40		90	550
A_3	400	60		110	50	70	450
A_4		80		100	400	40	400
填方量(m^3)	800		650		450		1900 / 1900

该土方最优调配方案的土方总运输量为：

$$W = 400 \times 5 + 100 \times 70 + 550 \times 40 + 400 \times 60 + 50 \times 70 + 400 \times 40 = 74500(m^3 - m)$$

其总的平均运距为：

$$L_0 = \frac{W}{V} = \frac{74500}{1900} = 39.21m$$

最后将表 2-56 中的土方调配数值绘成土方调配图，如图 2-6。

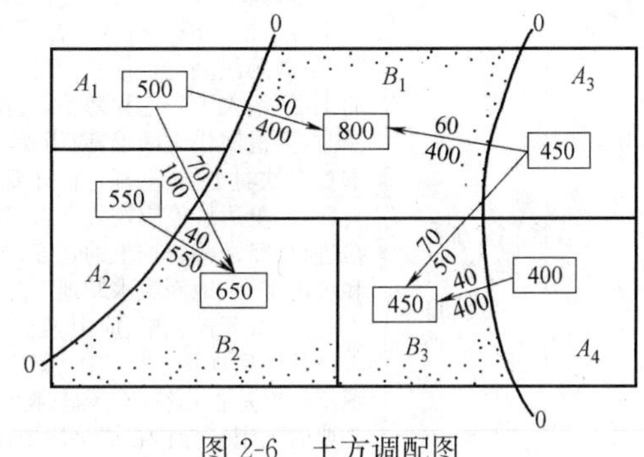

图 2-6 土方调配图

注：土方量(m^3)/运距(m)

2.2.4 基坑与沟槽的开挖

基坑与沟槽开挖方法 **表 2-57**

项次	项目	开挖方法要点
1	挖方边坡	(1)当土质为天然湿度、构造均匀、水文地质条件良好(即不会发生坍滑、移动、松散或不均匀下沉)，且无地下水时，开挖基坑也可不必放坡，采取直立开挖不加支护，但挖方深度应按表 2-58 的规定，基坑长度应稍大于基础长度。如超过表 2-58 规定的深度，应根据土质和施工具体情况进行放坡，以保证不坍方。其临时性挖方的边坡值可按表 2-59 采用。放坡后基坑上口宽度由基坑底面宽度及边坡坡度来决定，坑底宽度每边应比基础宽出 15～30cm，以便施工操作 (2)基坑(沟槽)，开挖，应先进行测量定位，抄平放线，定出开挖长度和宽度，按放线分块(段)分层挖土。根据土质和水文情况，采取在四侧或两侧直立开挖或放坡开挖，以保证施工操作安全
2	支护(撑)方法	当开挖基坑(槽)的土体含水量大而不稳定，或基坑较深，或受到周围场地限制而需用较陡的边坡或直立开挖而土质较差时，应采用临时性支撑加固，基坑、槽每边的宽度应比基础宽 15～20cm，以便于设置支撑加固结构。挖土时，土壁要求平直，挖好一层，支一层支撑，挡土板要紧贴土面，并用小木桩或横撑木顶住挡板。开挖宽度较大的基坑，当在局部地段无法放坡，或下部土方受到基坑尺寸限制不能放较大坡度时，应在下部坡脚采取加固措施，如采用短桩与横隔板支撑或砌砖、毛石或用编织袋、草袋装土堆砌临时矮挡土墙保护坡脚
3	开挖程序	基坑开挖程序一般是：测量放线→切线分层开挖→排降水→修坡→整平→留足预留土层等。相邻基坑开挖时，应遵循先深后浅或同时进行的施工程序。挖土应自上而下水平分段分层进行，每层 0.3m 左右，边挖边检查坑底宽度及坡度，不够时及时修整，每 3m 左右修一次坡，至设计标高，再统一进行一次修坡清底，检查坑底宽和标高，要求坑底凹凸不超过 2.0cm

续表

项次	项目	开挖方法要点
4	开挖要求和方法	(1)基坑开挖应尽量防止对地基土的扰动。当用人工挖土，基坑挖好后不能立即进行下道工序时，应预留 15～30cm 一层土不挖，待下道工序开始再挖至设计标高。采用机械开挖基坑时，为避免破坏基底土，应在基底标高以上预留一层由人工挖掘修整。使用铲运机、推土机时，保留土层厚度为 15～20cm，使用正铲、反铲或拉铲挖土时为20～30cm (2)在地下水位以下挖土，应在基坑(槽)四侧或两侧挖好临时排水沟和集水井，或采用井点降水，将水位降低至坑、槽底以下 500mm，以利挖方进行。降水工作应持续到基础(包括地下水位下回填土)施工完成 (3)雨季施工时，基坑槽应分段开挖，挖好一段浇筑一段垫层，并在基槽两侧围以土堤或挖排水沟，以防地面雨水流入基坑槽，同时应经常检查边坡和支撑情况，以防止坑壁受水浸泡造成塌方 (4)基坑开挖时，应对平面控制桩、水准点、基坑平面位置、水平标高、边坡坡度等经常复测检查 (5)基坑挖完后应进行验槽，做好记录，如发现地基土质与地质勘探报告、设计要求不符时，应与有关人员研究及时处理
5	挖方质量控制与检验	(1)检验内容主要为检查挖土的标高、截面尺寸、放坡和排水 土方开挖一般应按从上往下分层分段依次进行，随时做成一定的坡势，如用机械挖土，深5m 以内的浅基坑，可一次开挖。在接近设计坑底标高或边坡边界时应预留 200～300mm 厚的土层，用人工开挖和修整，边挖边修坡，以保证不扰动土和标高符合设计要求。遇标高超深时，不得用松土回填，应用砂、碎石或低强度等级混凝土填压(夯)实到设计标高；当地基局部存在软弱土层，不符合设计要求时，应与勘察、设计、建设部门共同提出方案进行处理 (2)挖土边坡值应按表 2-37、表 2-38 确定。截面尺寸应按龙门板上标出的中心轴线和边线进行，经常检查挖土的宽度，检查可用经纬仪或挂线吊线坠进行。同时挖土必须做好地表和坑内排水、地面截水和地下降水，地下水位应保持低于开挖面 500mm 以下 (3)基坑开挖完毕，应由施工单位、设计单位、监理单位或建设单位、质量监督部门等有关人员共同到现场进行检查、鉴定验槽，核对地质资料，检查地基土与工程地质勘查报告、设计图纸要求是否相符，有无破坏原状土结构或发生较大的扰动现象。一般用表面检查验槽法，必要时采用钎探检查或洛阳铲探检查，经检查合格，填写基坑(槽)隐蔽工程验收记录，及时办理交接手续 (4)关于特殊地基与特殊土地基处理和异常地基处理方法，参见 4.2～4.4 节 (5)土石方开挖工程质量检验标准见表 2-60(a)、表 2-60(b)

基坑（槽）和管沟不加支撑时的容许深度　　**表 2-58**

项次	土 的 种 类	容许深度(m)
1	稍密的杂填土、素填土、碎石类土、砂土	1.00
2	密实的碎石类土(充填物为黏土)	1.25
3	可塑状的黏性土	1.50
4	硬塑状的黏性土	2.00

临时性挖方边坡坡度值　　**表 2-59**

土 的 类 别		边坡坡度
砂土	不包括细砂、粉砂	1∶1.25～1∶1.50
一般性黏土	坚硬	1∶0.75～1∶1.00
	硬塑	1∶1.00～1∶1.25
碎石类土	密实、中密	1∶0.50～1∶1.00
	稍密	1∶1.00～1∶1.50

注：1. 有成熟施工经验，可不受本表限制。设计有要求时，应符合设计标准。
2. 如采用降水或其他加固措施，也不受本表限制。
3. 开挖深度对软土不超过 4m，对硬土不超过 8m。

土方开挖工程质量检验标准 **表 2-60(*a*)**

项	序	项目	允许偏差或允许值(mm)					检验方法
			柱基、基坑、基槽	挖方场地平整		管沟	地(路)面基层	
				人工	机械			
主控项目	1	标高	−50	±30	±50	−50	−50	水准仪
	2	长度、宽度(由设计中心线向两边量)	+200 −50	+300 −100	+500 −100	+100	—	经纬仪、用钢尺量
	3	边坡	设计要求					观察用坡度尺检查
一般项目	1	表面平整度	20	20	50	20	20	用 2m 靠尺和楔形塞尺检查
	2	基底土性	设计要求					观察或土样分析

石方开挖工程质量检验标准 **表 2-60(*b*)**

类别	序号	检查项目		质量标准	单位	检验方法及器具
主控项目	1	底基岩土质		必须符合设计要求	—	观察检查及检查试验记录
	2	边坡坡度偏差		应符合设计要求,不允许偏陡,稳定无松石	—	用坡度尺检查
一般项目	1	顶面标高偏差	基坑、基槽、管沟	−200	mm	水准仪检查
			场地平整	+100 −300		
	2	几何尺寸偏差	基坑、基槽、管沟	+200	mm	从定位中心线至纵横边拉线和尺量
			场地平整	+400 −100		

2.2.5 基坑与沟槽土石方量计算

基坑与沟槽土石方量计算公式 **表 2-61**

项次	项目	图示	体积计算公式
1	基坑土石方量	四面放坡基坑 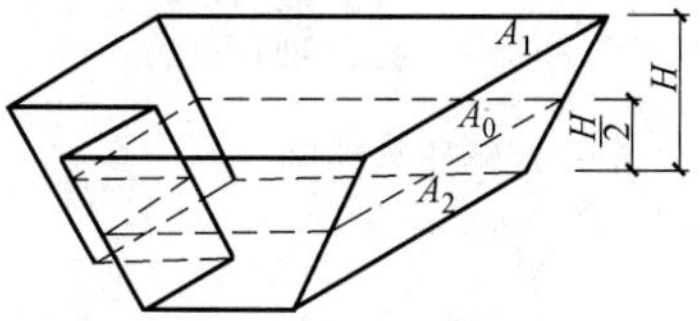 A_1、A_0、A_2、H、$\frac{H}{2}$	$V=\frac{1}{6}H(A_1+4A_0+A_2)$ (2-28) 式中 V——四面放坡基坑土石方量(体积)(m^3); H——基坑深度(m); A_1、A_2——基坑上、下底面积(m^2); A_0——基坑中截面$\left(\frac{1}{2}H处\right)$面积($m^2$)
		圆形放坡基坑 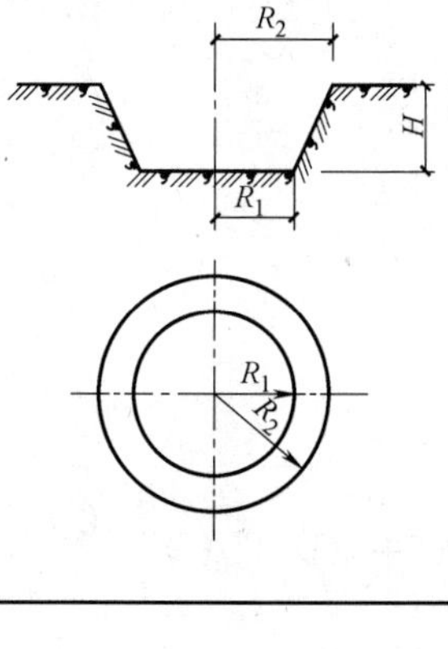 R_2、H、R_1	$V=\frac{1}{3}\pi H(R_1^2+R_1R_2+R_2^2)$ (2-29) 式中 V——圆形放坡基坑土石方量(体积)(m^3); R_1、R_2——圆形基坑上、下底半径(m); π——3.14; H——基坑深度(m)

续表

项次	项目	图　示	体积计算公式
2	沟槽土石方量	该段内沟槽横截面形状、尺寸不变时	$V=H(B+mH)L$　(2-30) 式中　V——两边放坡沟槽该段土石方量(体积)(m^3)； H——沟槽深度(m)； B——沟槽宽度(m)； L——该段沟槽长度(m)； m——坡度系数，$m=\frac{C}{H}$，当$m=0$，则表示沟槽垂直开挖不放坡； C——沟槽边坡底宽(m)
		该段内沟槽截面形状、尺寸变化时	$V_i=\frac{1}{6}L_i(A_{i1}+4A_{0i}+A_{i2})$　(2-31) 式中　V_i——该段沟槽土石方量(体积)(m^3)； L_i——该段沟槽长度(m)； A_{i1}、A_{i2}——该段沟槽两端横截面面积(m^2)。 A_{0i}——该段沟槽中截面($\frac{1}{2}L_i$处)面积(m^2)

【例 2-7】 大型柱基基坑尺寸如图 2-7 所示，试求该基坑开挖土方量。

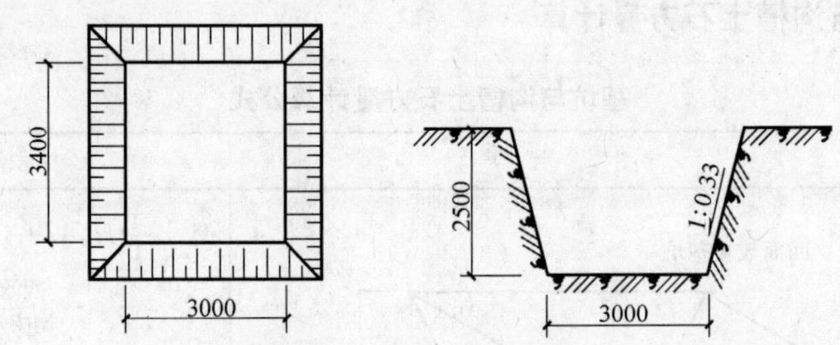

图 2-7　基坑土方量计算简图

【解】 由题意知：

坑口面积　$A_1=(a+2mH)(b+2mH)$

$=(3+2\times0.33\times2.5)(3.4+2\times0.33\times2.5)$

$=23.48m^2$

坑底面积　$A_2=a\times b=3.0\times3.4$

$=10.2m^2$

中间截面积　$A_{0i}=\frac{1}{4}(\sqrt{23.48}+\sqrt{10.2})^2$

$=16.16m^2$

由式 (2-28) 得：

$$V=\frac{H}{6}(A_1+4A_0+A_2)$$

$$= \frac{2.5}{6}(23.48 + 4 \times 16.16 + 10.2)$$
$$= 40.97\text{m}^3$$

或用以下计算公式

$$V = (a + mH)(b + mH)H + \frac{1}{3}m^2H^3$$
$$= (3 + 0.33 \times 2.5)(3.4 + 0.33 \times 2.5) \times 2.5 + \frac{1}{3} \times 0.33^2 \times 2.5^3$$
$$= 40.97\text{m}^3$$

故知，基坑开挖土方量为 40.97m^3。

【例 2-8】 商住楼条形基础沟槽，已知其底宽 1.1m，深 2.2m，坡度系数为 0.33，沟槽全长 54m，试求该沟槽土方开挖量。

【解】 由题意和式（2-30）得：

$$V = H(B + mH)L$$
$$= 2.2 \times (1.1 + 0.33 \times 2.2) \times 54 = 216.93\text{m}^3$$

故知，沟槽开挖土方量为 216.93m^3。

2.2.6 土方机械化开挖

2.2.6.1 土方机械的性能及选用

土方机械选用原则与方法 表 2-62

项次	项目	选用要求与方法要求
1	选用原则	(1)土方机械化开挖应根据基础形式、工程规模(开挖截面、范围大小、工程量)、开挖深度、地质条件、地下水情况、土方运距、现场和机具设备条件、工期要求以及土方机械的特点等合理选择挖土机械，以充分发挥机械效率，节省机械费用，加速工程进度 (2)土方机械化施工常用机械有：挖掘机(包括正铲、反铲、拉铲、抓铲等)、铲运机、推土机、装载机等。选用时，应考虑机械类型、特性、需配辅助机械、作业特点以及适用范围等。一般常用土方机械的选择可参考表 2-63
2	选用方法	对深度不大的大面积基坑开挖，宜采用推土机或装载机推土、装土，用自卸汽车运土；对长度和宽度均较大的大面积土方一次开挖，可用铲运机铲土、运土、卸土、堆筑作业；对面积较大、较深的基坑多采用 0.5m^3 或 1.0m^3 斗容量的液压正铲挖掘机，上层土方也可用铲运机或推土机进行；如操作面狭窄，且有地下水，土体湿度大，可采用液压反铲挖掘机挖土，自卸汽车运土；在地下水中挖土，可用拉铲，效率较高；对地下水位较深，采取不排水时，亦可分层用不同机械开挖，先用正铲挖掘机挖地下水位以上土方，再用拉铲或反铲挖地下水位以下土方，用自卸汽车将土方运出(图 2-8)

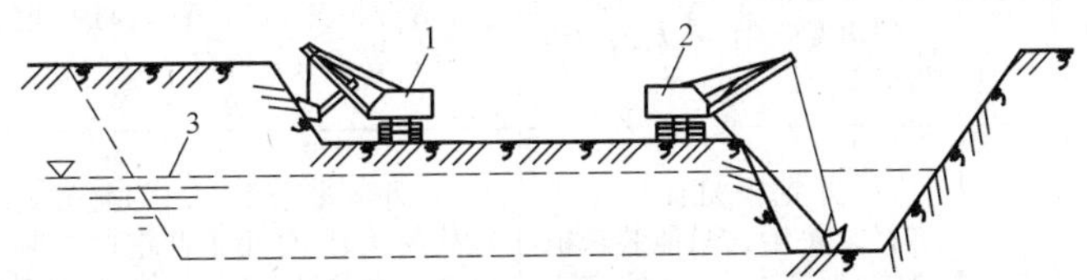

图 2-8 正铲与拉铲或反铲配合开挖基坑

1—正铲挖土机挖土；2—拉铲（或反铲）挖土机拉（或挖）土；3—地下水位线

常用土方机械的性能及选用　表 2-63

名称、特性	作业特点	适用范围	辅助机械
推土机 操作灵活，运转方便，需工作面小，可挖土、运土，易于转移，行驶速度快，应用广泛	(1)推平；(2)运距100m内的堆土（效率最高为60m)；(3)开挖浅基坑；(4)推送松散的硬土、岩石；(5)回填、压实；(6)配合铲运机助铲；(7)牵引；(8)下坡坡度最大35°，横坡最大为10°，几台同时作业前后距离应大于8m	(1)推一～四类土；(2)找平表面，场地平整；(3)短距离移挖作填，回填基坑（槽）、管沟并压实；(4)开挖深不大于1.5m的基坑(槽)；(5)堆筑高1.5m内的路基、堤坝；(6)拖羊足碾；(7)配合挖土机从事集中土方、清理场地、修路开道等	土方挖后运出需配备装土、运土设备 推挖三～四类土，应用松土机预先翻松
铲运机 操作简单灵活，不受地形限制，不需特设道路，准备工作简单，能独立工作，不需其他机械配合能完成铲土、运土、卸土、填筑、压实等工序，行驶速度快，易于转移，需用劳力少，动力少，生产效率高	(1)大面积整平；(2)开挖大型基坑、沟渠；(3)运距800～1500m内的挖运土(效率最高为200～350m)；(4)填筑路基、堤坝；(5)回填压实土方；(6)坡度控制在20°以内	(1)开挖含水率27%以下的一～四类土；(2)大面积场地平整压实；(3)运距800m内的挖运土方；(4)开挖大型基坑(槽)、管沟、填筑路基等。但不适于砾石层、冻土地带及沼泽地区使用	开挖坚土时需用推土机助铲，开挖三、四类土宜先用松土机预先翻松20～40cm；自行式铲运机用轮胎行使，适合于长距离，但开挖亦须用助铲
正铲挖掘机 装车轻便灵活，回转速度快，移位方便，能挖掘坚硬土层，易控制开挖尺寸，工作效率高	(1)开挖停机面以上土方；(2)工作面应在1.5m以上，开挖合理高度见表2-64；(3)开挖高度超过挖土机挖掘高度时，可采取分层开挖；(4)装车外运	(1)开挖含水量不大于27%的一～四类土和经爆破后的岩石和冻土碎块；(2)大型场地整平土方；(3)工作面狭小且较深的大型管沟和基槽、路堑；(4)独立基坑；(5)边坡开挖	土方外运应配备自卸汽车，工作面应有推土机配合平土、集中土方进行联合作业
反铲挖掘机 操作灵活，挖土、卸土均在地面作业不用开运输道 常用反铲挖掘机技术性能	(1)开挖地面以下深度不大土方；(2)最大挖土深度4～6m，经济合理深度为1.5～3m；(3)可装车和两边甩土、堆放；(4)较大较深基坑可用多层接力挖土	(1)开挖含水量大的一～三类的砂土或黏土；(2)管沟和基槽；(3)独立基坑；(4)边坡开挖	土方外运应配备自卸汽车，工作面应有推土机配合堆到附近堆放
拉铲挖掘机 可挖深坑，挖掘半径及卸载半径大，操纵灵活性较差	(1)开挖停机面以下土方；(2)可装车和甩土；(3)开挖截面误差较大；(4)可将土甩在基坑(槽)两边较远处堆放	(1)挖掘一～三类土，开挖较深较大的基坑（槽)、管沟；(2)大量外借土方；(3)填筑路基、堤坝；(4)挖掘河床；(5)不排水挖取水中泥土	土方外运需配备自卸汽车、配备推土机创造施工条件
抓铲挖掘机 钢绳牵拉灵活性较差，工效不高，不能挖掘坚硬土	(1)开挖直井或沉井土方；(2)装车或甩土；(3)排水不良也能开挖；(4)吊杆倾斜角度应在45°以上，距边坡应不小于2m	(1)土质比较松软，施工面较狭窄的深基坑、基槽；(2)水中挖取土，清理河床；(3)桥基、桩孔挖土；(4)装卸散装材料	土方外运时，按运距配备自卸汽车
装载机 操作灵活，回转移位方便，快速，可装卸土方和散料，行驶速度快	(1)开挖停机面以上土方；(2)轮胎式只能装松散土方，履带式可装较实土方；(3)松散材料装车；(4)吊运重物，用于铺设管道	(1)外运多余土方；(2)履带式改换挖斗时，可用于开挖；(3)装卸土方和散料；(4)松软土的表面剥离；(5)地面平整和场地清理等工作；(6)回填土；(7)拔除树根	土方外运需配备自卸汽车，作业面需经常用推土机平整并推松土方

正铲开挖高度参考数值（m） **表 2-64**

土的类别	铲斗容量(m³)			
	0.5	1.0	1.5	2.0
一～二类	1.5	2.0	2.5	3.0
三类	2.0	2.5	3.0	3.5
四类	2.5	3.0	3.5	4.0

2.2.6.2 常用土方机械作业方法

一、推土机推土

推土机推土方法 **表 2-65**

名称	推土方法及优缺点	适用范围
下坡推土法 	在斜坡上，推土机顺下坡方向切土与堆运，借机械向下的重力作用切土，增大切土深度和运土数量，可提高生产率30%～40%，但坡度不宜超过15°，避免后退时爬坡困难。无自然坡度时，亦可分段堆土，形成下坡送土条件。下坡堆土有时与其他堆土法结合使用	适于半挖半填地区推土丘、回填沟、渠时使用
槽形挖土法 	推土机重复多次在一条作业线上切土和推土，使地面逐渐形成一条浅槽，再反复在沟槽中进行推土，以减少土从铲刀两侧漏散，可增加10%～30%的堆土量。槽的深度以1m左右为宜，槽与槽之间的土坑宽约50cm，当推出多条槽后，再从后面将土推入槽内，然后运出	适于运距较远，土层较厚时使用
并列推土法 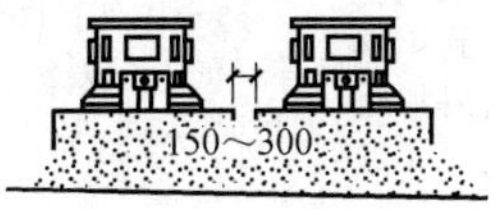	用2～3台推土机并列作业，以减少土体漏失量。铲刀相距15～30cm，一般采用两机并列推土，可增大推土量15%～30%，三机并列可增大推土量30%～40%，但平均运距不宜超过50～75m，亦不宜小于20m	适于大面积场地平整及运送土用
分堆集中，一次推送法 	在硬质土中，切土深度不大，将土先积聚在一个或数个中间点，然后再整批推送到卸土区，使铲刀前保持满载。堆积距离不宜大于30m，推土高度以2m内为宜。本法可使铲刀的推送数量增大，有效地缩短运输时间，能提高生产效率15%左右	适于运送距离较远、而土质又比较坚硬，或长距离分段送土时采用
斜角推土法 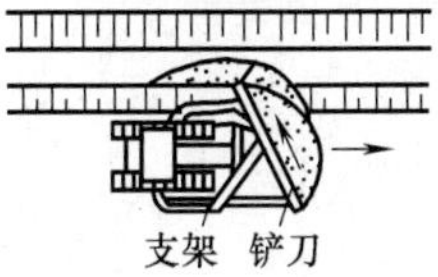	将铲刀斜装在支架上或水平位置，并与前进方向成一倾斜角度（松土为60°，坚实土为45°）进行推土。本法可减少机械来回行驶，提高效率，但推土阻力较大，需较大功率的推土机	适于管沟推土回填、垂直方向无倒车余地或在坡脚及山坡下推土用
之字斜角推土法 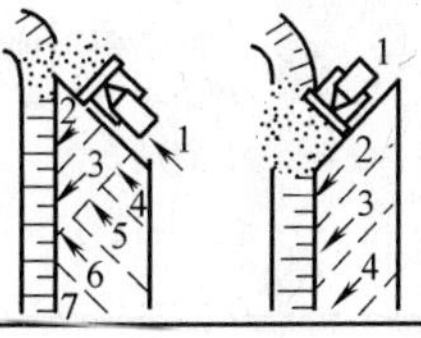	推土机与回填的管沟或洼地边缘成“之”字或一定角度推土。本法可减少平均负荷距离和改善推集中土的条件，并可使推土机转角减少一半，可提高台班生产率，但需较宽运行场地	适于回填基坑、槽、管沟时采用

二、铲运机铲运土

铲运机作业路线运行方法　　**表 2-66**

名　称	作业运行方法	适用范围
椭圆运行路线 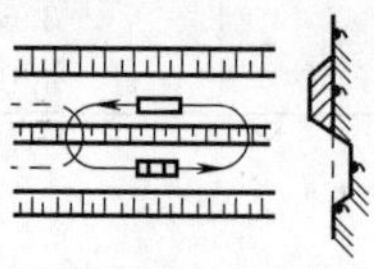	从挖方到填方按椭圆形路线回转。作业时应常调换方向行驶，以避免机械行驶部分的单侧磨损	适于长 100m 内，填土高 1.5m 内的路堤、路堑及基坑开挖、场地平整等工程采用
环形运行路线 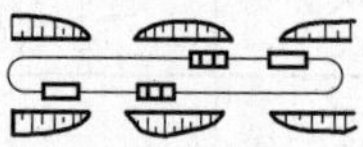	从挖方到填方均按封闭的环形路线回转。当挖土和填土交替，而刚好填土区在挖土区的两端时，则可采用大环形路线，其优点是一个循环能完成多次铲土和卸土，减少铲运机的转弯次数，提高生产效率。本法亦应常调换方向行驶，以避免机械行驶部分的单侧磨损	适于工作面很短（50～100m）和填方不高（0.1～1.5m）的路堤、路堑、基坑以及场地平整等工程采用
“8”字形运行线 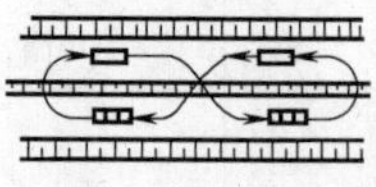	装土运土和卸土时按“8”字形运行，一个循环完成两次挖土和卸土作业。装土和卸土沿直线开行时进行，转弯时刚好把土装完或倾卸完毕，但两条路线间的夹角 α 应小于 60°。本法可减少转弯次数和空车行驶距离，提高生产率，同时一个循环中两次转弯方向不同，可避免机械行驶部分单侧磨损	适于开挖管沟、沟边卸土或取土坑较长（300～500m）的侧向取土，填筑路基以及场地平整等工程采用
连续式运行路线 	铲运机在同一直线段连续地进行铲土和卸土作业。本法可消除跑空车现象，减少转弯次数，提高生产效率，同时还可使整个填方面积得到均匀压实	适于大面积场地整平填方和挖方轮次交替出现的地段采用
锯齿形运行路线 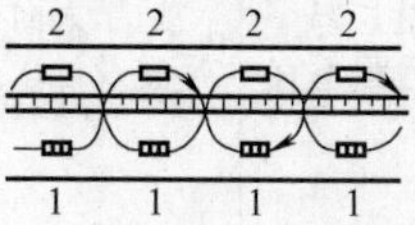	铲运机从挖土地段到卸土地段，以及从卸土地段到挖土地段都是顺转弯，铲土和卸土交错地进行，直到工作段的末端才转 180°弯，然后再按相反方向作锯齿形运行。本法调头转弯次数相对减少，同时运行方向经常改变使机械磨损减轻	适于工作地段很长（500m 以上）的路堤、堤坝修筑时采用
螺旋形运行路线 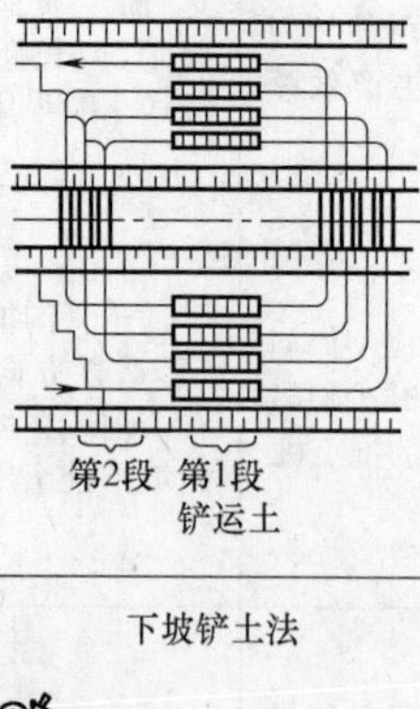 第2段　第1段 铲运土	铲运机成螺旋形运行，每一循环装卸土两次。本法可提高工效和压实质量	适于填筑很宽的堤坝或开挖很宽的基坑、路堑
下坡铲土法 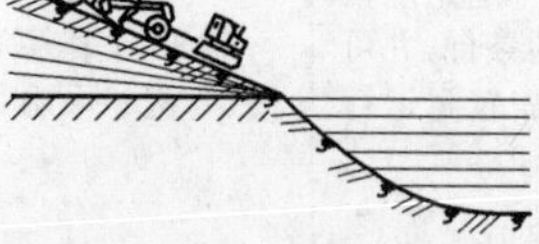	铲运机顺地势（坡度一般 3°～9°）下坡铲土，借机械往下运行重量产生的附加牵引力来增加切土深度和充盈数量，可提高生产率 25%左右，最大坡度不应超过 20°，铲土厚度以 20cm 为宜，平坦地形可将取土地段的一端先铲低，保持一定坡度向后延伸，创造下坡铲土条件，一般保持铲满铲斗的工作距离为 15～20cm。在大坡度上应放低铲斗，低速前进	适于斜坡地形大面积场地平整或推土回填沟渠用

续表

名称	作业运行方法	适用范围
跨铲法 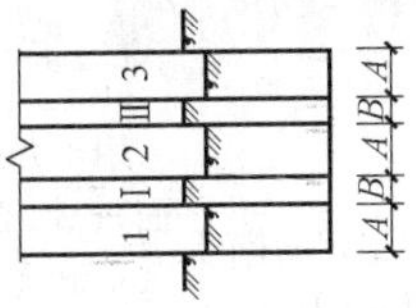	在较坚硬的地段挖土时，采取预留土埂间隔铲土。土埂两边沟槽深度以不大于0.3m、宽度在1.6m以内为宜。本法铲土埂时增加了两个自由面，阻力减小，可缩短铲土时间和减少向外撒土，比一般方法可提高效率	适于较坚硬的土、铲土回填或场地平整
交错铲土法 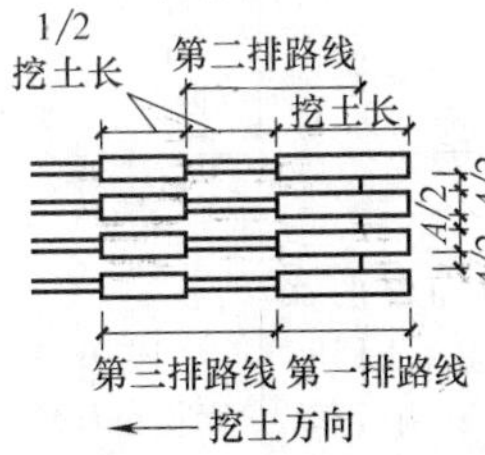	铲运机开始铲土的宽度取大一些，随着铲土阻力增加，适当减小铲土宽度，使铲运机能很快装满土。当铲第一排时，互相之间相隔铲斗一半宽度，铲第二排土则退离第一排挖土长度的一半位置，与第一排所挖各条交错开，以下所挖各排均与第二排相同	适于一般比较坚硬的土的场地平整
助铲法 	在坚硬的土体中，自行铲运机再另配一台推土机在铲运机的后拖杆上进行顶推，协助铲土，可缩短每次铲土时间，装满铲斗，可提高生产率30%左右，推土机在助铲的空余时间，可作松土和零星的平整工作。助铲法取土场宽不宜小于20m，长度不宜小于40m，采用一台推土机配合3～4台铲运机助铲时，铲运机的半周程距离不应小于250m，几台铲运机要适当安排铲土次序和运行路线，互相交叉进行流水作业，以发挥推土机效率	适于地势平坦、土质坚硬、宽度大、长度长的大型场地平整工程采用
双联铲运法 	铲运机运土时所需牵引力较小，当下坡铲土时，可将两个铲斗前后串在一起，形成一起一落依次铲土、装土（称双联单铲）。当地面较平坦时，采取将两个铲斗串成同时起落，同时进行铲土，又同时起斗运行（称为双联双铲），前者可提高工效20%～30%，后者可提高工效约60%	适于较松软的土，进行大面积场地平整及筑堤时采用
填土地段逐次卸土碾压法 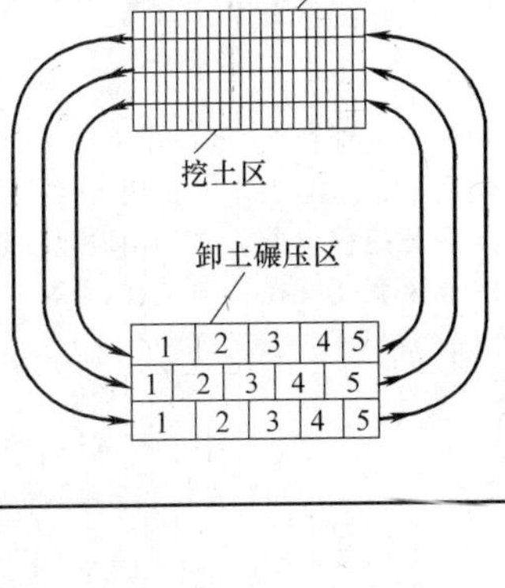	系利用铲运机一个循环完成挖土、运土、卸土回填和压实等作业。铲运机的移动均匀分布于填筑层的表面，逐次卸土碾压。本法一个循环可完成全部作业，节省、调换压实工具和工序，提高生产效率	适用于运距较长的大面积挖填场地平整及填方工程

三、正铲挖掘机挖土

正铲挖掘机的开挖方法　　表 2-67

名　称	开挖方法及优缺点	适用范围
正向开挖，侧向装土法	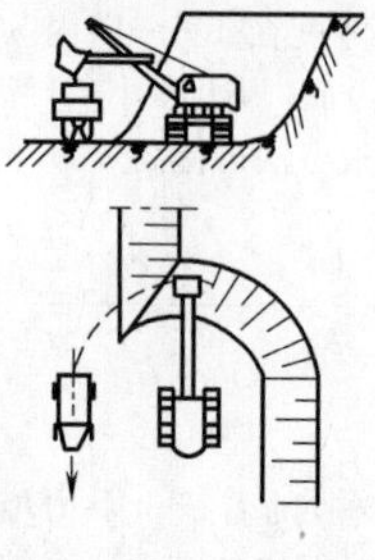 正铲向前进方向挖土，汽车位于正铲的侧向装车。本法铲臂卸土回转角度最小（＜90°），装车方便，循环时间短，生产效率高	用于开挖工作面较大，深度不大的边坡、基坑（槽）、沟渠和路堑等，为最常用的开挖方法
正向开挖，后方装土法	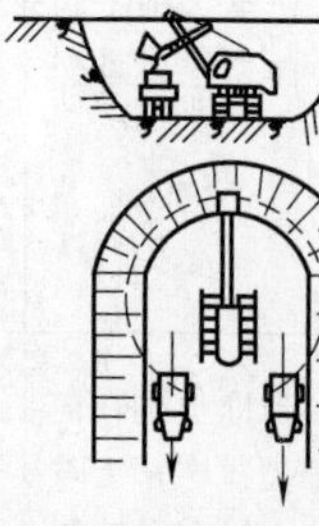 正铲向前进方向挖土，汽车停在正铲的后面。本法开挖工作面较大，但铲臂卸土回转角度较大（在 180°左右），且汽车要侧行车，增加工作循环时间，生产效率降低（回转角度 180°，效率约降低 23%，回转角度 130°约降低 13%）	用于开挖工作面狭小且较深的基坑（槽）、管沟和路堑等
分层开挖法 Ⅰ Ⅱ Ⅲ (a) Ⅰ Ⅱ Ⅲ (b) 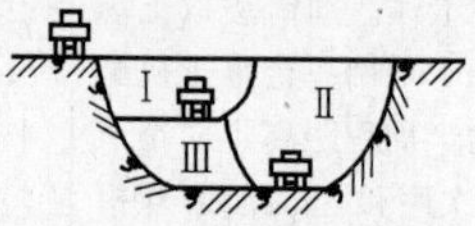 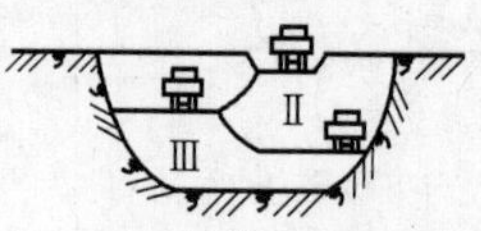	将开挖面按机械的合理高度分为多层开挖（图示 *a*），当开挖面高度不能成为一次挖掘深度的整数倍时，则可在挖方的边缘或中部先开挖一条浅槽作为第一次挖土运输线路（图示 *b*）然后再逐次开挖直至基坑底部	用于开挖大型基坑或沟渠，工作面高度大于机械挖掘的合理高度时采用
多层挖土法	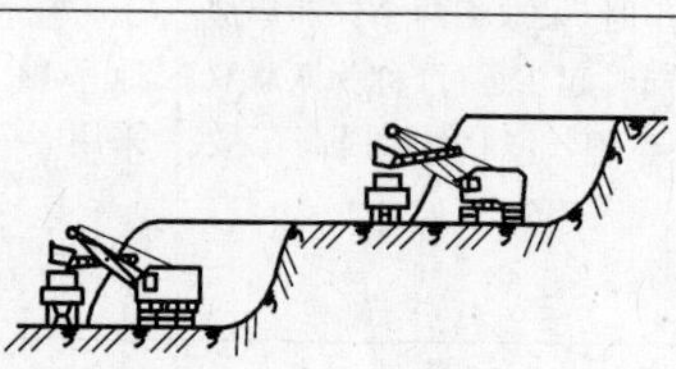 将开挖面按机械的合理开挖高度，分为多层同时开挖，以加快开挖速度，土方可以分层运出，亦可分层递送，至最上层（或下层）用汽车运去，但两台挖土机沿前进方向，上层应先开挖保持 30～50cm 距离	适于开挖高边坡或大型基坑
中心开挖法	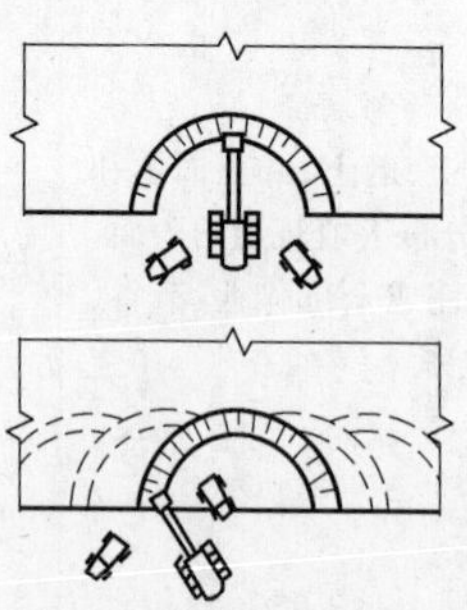 正铲先在挖土区的中心开挖，当向前挖至回转角度超过 90°时，则转向两侧开挖，运土汽车按八字形停放装土。本法开挖移位方便，回转角度小（＜90°）。挖土区宽度宜在 40m 以上，以便于汽车靠近正铲装车	适用于开挖较宽的山坡地段或基坑、沟渠等

续表

名　　称	开挖方法及优缺点	适用范围
上下轮换开挖法 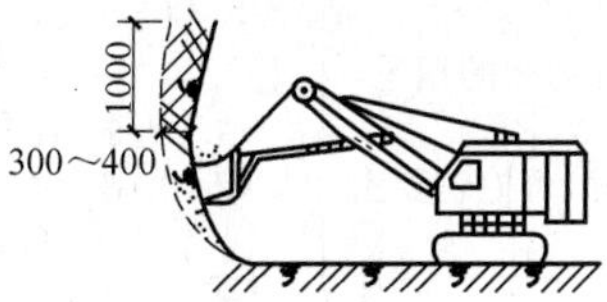	先将土层上部1m以下土挖深30～40cm，然后再挖土层上部1m厚的土，如此上下轮换开挖。本法挖土阻力小，易装满铲斗，卸土容易	适于土层较高，土质不太硬，铲斗挖掘距离很短时使用
顺铲开挖法 	铲斗从一侧向另一侧一斗挨一斗地顺序开挖，使每次挖土增加一个自由面，阻力减小，易于挖掘。也可依据土质的坚硬程度使每次只挖2～3个斗牙位置的土	适于土质坚硬，挖土时不易装满铲斗，而且装土时间长时采用
间隔开挖法 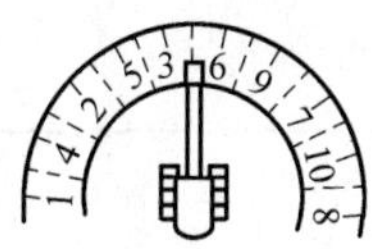	即在扇形工作面上第一铲与第二铲之间保留一定距离，使铲斗接触土体的摩擦面减少，两侧受力均匀，铲土速度加快，容易装满铲斗，生产效率提高	适于开挖土质不太硬、较宽的边坡或基坑、沟渠等

四、反铲挖掘机挖土

反铲挖掘机开挖方法　　**表2-68**

名　　称	作业方法及优缺点	适用范围
沟端开挖法 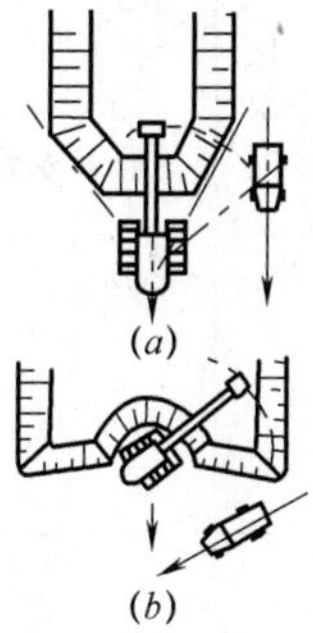	反铲停于沟端，后退挖土，同时往沟一侧弃土或装汽车运走（见左图*a*）。挖掘宽度可不受机械最大挖掘半径限制，臂杆回转半径仅45°～90°，同时可挖到最大深度。对较宽基坑可采用图示*b*方法，其最大一次挖掘宽度为反铲有效挖掘半径的两倍，但汽车须停在机身后面装土，生产效率降低。或采用几次沟端开挖法完成作业	适于一次成沟后退挖土，挖出土方随即运走时采用，或就地取土填筑路基或修筑堤坝等
沟侧开挖法 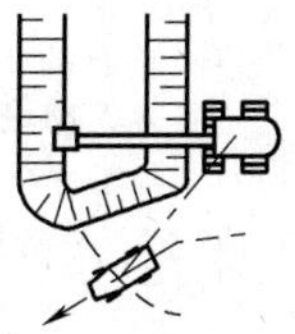	反铲停于沟侧沿沟边开挖，汽车停在机旁装土或往沟一侧卸土。本法铲臂回转角度小，能将土弃于距沟边较远的地方，但挖土宽度比挖掘半径小，边坡不好控制，同时机身靠沟边停放，稳定性较差	用于横挖土体和需将土方甩到离沟边较远的距离时使用

续表

名　　称	作业方法及优缺点	适用范围
沟角开挖法 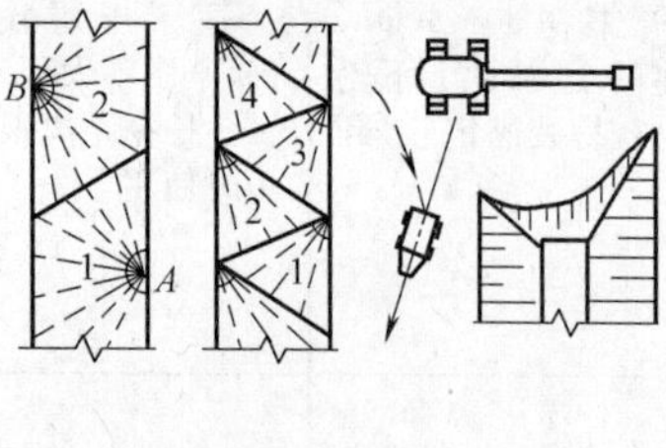	反铲位于沟前端的边角上，随着沟槽的掘进，机身沿着沟边往后作"之"字形移动。臂杆回转角度平均在45°左右，机身稳定性好，可挖较硬土体，并能挖出一定的坡度	适于开挖土质硬，宽度较小的槽（坑）
多层接力开挖法 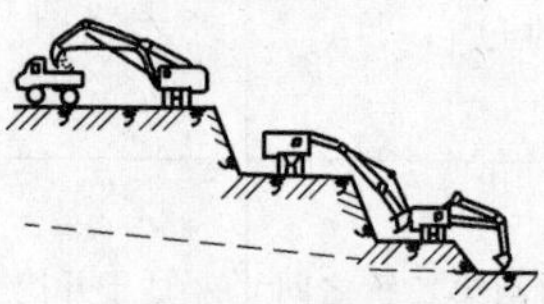	用两台或多台挖土机设在不同作业高度上同时挖土，边挖土，边向上传递到上层，由地表挖土机连挖土带装车。上部可用大型反铲，中、下层用大型或小型反铲，以便挖土和装车，均衡连续作业，一般两层挖土可挖深10m，三层可挖深15m左右。本法开挖较深基坑，可一次开挖到设计标高，一次完成，可避免汽车在坑下装运作业，提高生产效率，且不必设专用垫道	适于开挖土质较好、深10m以上的大型基坑、沟槽和渠道

五、拉铲挖掘机挖土

拉铲挖掘机开挖方法　　表2-69

名　　称	作业方法及优缺点	适用范围
沟端开挖法 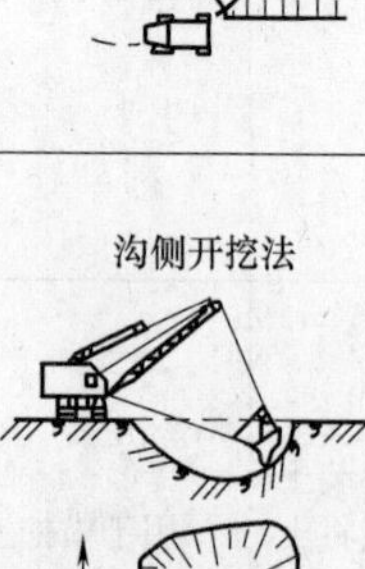	拉铲停在沟端，倒退着沿沟纵向开挖。开挖宽度可以达到机械挖土半径的两倍，能两面出土，汽车停放在一侧或两侧，装车角度小，坡度较易控制，并能开挖较陡的坡	适于就地取土、填筑路基及修筑堤坝等
沟侧开挖法	拉铲停在沟侧沿沟横向开挖，沿沟边与沟平行移动，如沟槽较宽，可在沟槽的两侧开挖。本法开挖宽度和深度均较小，一次开挖宽度约等于挖土半径，且开挖边坡不易控制	适于开挖土方就地堆放的基坑、槽以及填筑路堤等工程

续表

名　称	作业方法及优缺点	适用范围
三角开挖法 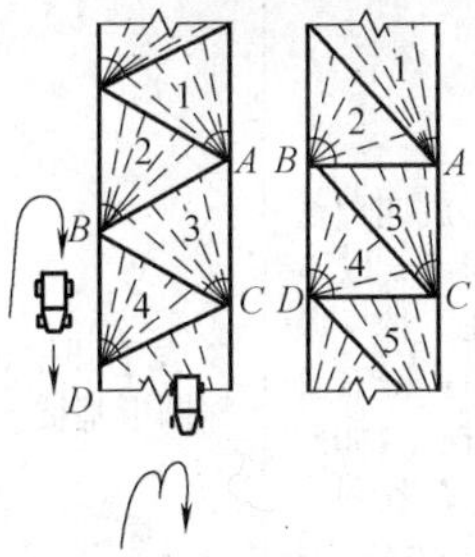 A、B、C…拉铲停放位置 1、2、3…开挖顺序	拉铲按“之”字形移位，与开挖沟槽的边缘成45°角左右。本法拉铲的回转角度小，生产率高，而且边坡开挖整齐	适于开挖宽度在8m左右的沟槽
分段拉土法 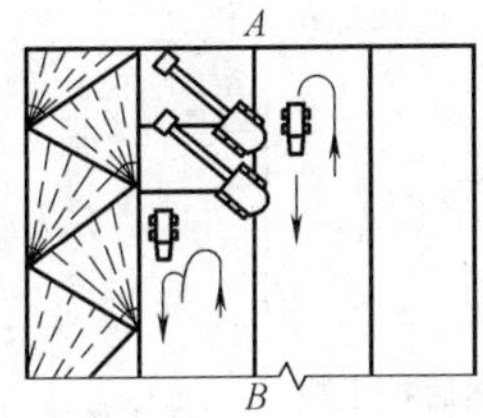	在第一段采取三角挖土，第二段机身沿AB线移动进行分段挖土。如沟底（或坑底）土质较硬，地下水位较低时，应使汽车停在沟下装土，铲斗装土后稍微提起即可装车，能缩短铲斗起落时间，又能减小臂杆的回转角度	适于开挖宽度大的基坑、槽、沟渠工程
层层拉土法 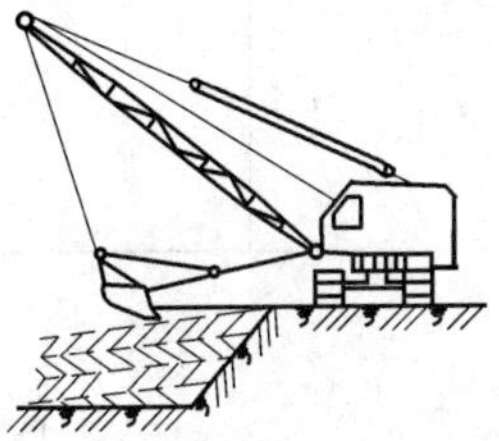	拉铲从左到右，或从右到左顺序逐层挖土，直至全深。本法可以挖得平整，拉铲斗的时间可以缩短。当土装满铲斗后，可以从任何高度提起铲斗，运送土时的提升高度可减少到最低限度，但落斗时要注意将拉斗钢绳与落斗钢绳一起放松，使铲斗垂直下落	适于开挖较深的基坑，特别是圆形或方形基坑
顺序挖土法 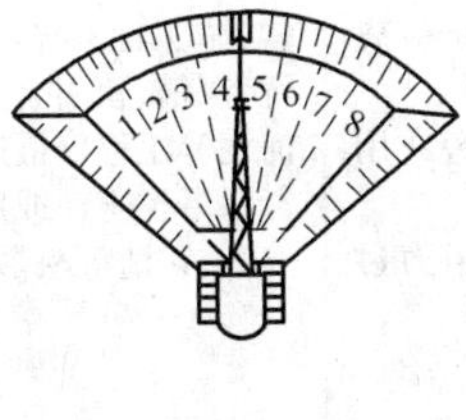	挖土时先挖两边，保持两边低，中间高的地形，然后顺序向中间挖土。本法挖土只两边遇到阻力，较省力，边坡可以挖得整齐，铲斗不会发生翻滚现象	适于开挖土质较硬的基坑

续表

名称	作业方法及优缺点	适用范围
转圈挖土法 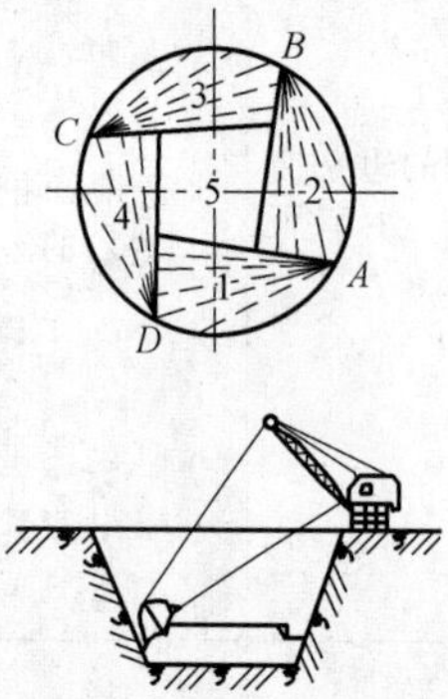	挖铲在边线外顺圆周转圈挖土，形成四周低中间高，可防止铲斗翻滚。当挖到 5m 以下时，则需配合人工在坑内沿坑周边往下挖一条宽 50cm，深 40～50cm 的槽，然后进行开挖，直至槽底，接着再人工挖槽，再用拉铲挖土，如此循环作业至设计标高为止。本法可有效利用机械挖土，发挥机械效率	适于开挖较大、较深圆形基坑
扇形挖土法 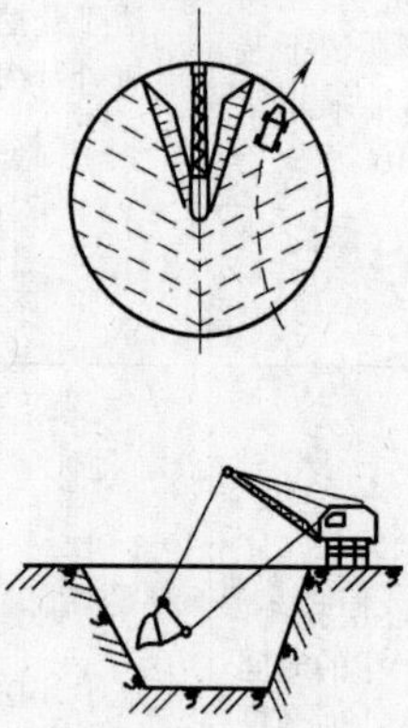	拉铲先在一端挖成一个锐角形，然后挖土机沿直线按扇形后退，挖土直至完成。本法挖土机移动次数少，汽车在一个部位循环，道路少，装车高度小	适于挖直径和深度不大的圆形基坑或沟渠

六、抓铲挖掘机抓土

抓铲挖掘机的挖土方法　　表 2-70

图示	抓土方法要点	适用范围
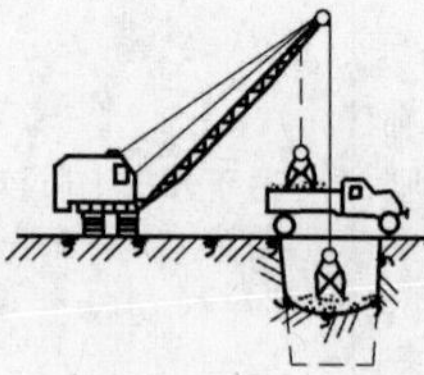	(1)抓铲挖土特点是“直上直下，自重切土”，对小型基坑，抓铲立于一侧抓土 (2)对较宽的基坑，则在两侧或四侧抓土，抓铲应离基坑边一定距离 (3)土方可装自卸汽车运走，或堆弃在基坑旁或用推土机推运到远处堆放 (4)挖淤泥时，抓斗易被淤泥吸住，应避免用力过猛，以防翻车。抓铲施工，一般均需加配重	适于开挖土质比较松软、施工面狭窄而深的基坑、深槽、沉井挖土，清理河泥等工程。最适宜于进行水下挖土。或用于装卸碎石、矿渣等松散材料

七、装载机铲装土

装载机铲装土方法 表 2-71

图　示	铲装土方法要点	适用范围
	(1)装载机工作过程与铲运机和轮胎式推土机基本相同,亦有铲装、转运、卸料、返回等四道操作工序 (2)对大面积浅基坑,可分层铲土,先积集在一个或数个中间点,然后再装车运出;堆土高度以 3m 以内为宜 (3)对高度不大的挖方,可采取上下轮换开挖,先将土层下部 1m 以下土铲 30～40cm 厚,然后再铲土层上部 1m 厚的土,上下轮换开挖 (4)土方可装在自卸汽车运走或堆弃在基础旁或直接堆至远处堆放	适于松软土层的表层剥离、浅基坑开挖、地面整平和场地清理,以及装卸土方和砂、石子等散粒材料;亦可用于土方的回填、预压实。但不适于在淤泥质黏土层铲、装土等作业使用

2.2.6.3 大型深基坑土方机械化开挖方法

大型基坑土方机械化开挖方法 表 2-72

项次	项目	土方机械化开挖方法要点
1	放坡挖土法	系在基坑四周不设支护,采取适当放坡挖土,深度超过 4m 时,宜在边坡处设置多级平台分层开挖,每级平台宽度不宜小于 1.5m,挖土宜用反铲挖土机分层分块进行,分层厚度不宜超过 2.5m。每一分块设一台反铲,层间留设 1∶6 坡道,使反铲能下坑开挖,并便于运输土方(图 2-9)。挖至坑底应保留 200～300mm 厚基土,用人工清理整平,防止扰动
2	分层挖土法	系将基坑按深度分为多层进行逐层开挖(图 2-10)。分层厚度,软土地基应控制在 2m 以内;硬质土可控制在 5m 以内为宜。开挖顺序可从基坑的某一边向另一边平行开挖,或从基坑两头对称开挖,或从基坑中间向两边平行对称开挖,也可交替分层开挖,可根据工作面和土质情况决定。运土可采取设坡道或不设坡道两种方式。设坡道土的坡度视土质、挖土深度和运输设备情况而定,一般为 1∶8～1∶10,坡道两侧要采取挡土或加固措施。不设坡道,一般设钢平台或栈桥作为运输土方通道
3	分段挖土法	系将基坑分成几段或几块分别进行开挖。分段与分块的大小、位置和开挖顺序,根据开挖场地、工作面条件、地下室平面与深浅和施工工期而定。分块开挖,即开挖一块浇筑一块混凝土垫层或基础,必要时可在已封底的坑底与围护结构之间加设斜撑,以增强支护的稳定性
4	分段分层挖土法	系将设置支护的大面积深基坑分段分层进行开挖。先用正铲挖土机由一端向另一端全面开挖一层,厚度 5.0～6.0m,采取正面开挖侧向装土。用自卸汽车运出后,再分 2～3 段用反铲机开挖。先挖一段,再转向另两段开挖下部 2～3 层土方。装土汽车进入和装土后运出基坑,分别在基坑一端或两侧设两条斜坡道(图 2-11),开挖至基坑底后,坡道用反铲随挖随后退将坡道土方全部挖除运出
5	岔式挖土法	系先分层开挖基坑中间部分的土方,基坑周边一定范围内的土暂不开挖(图 2-12*a*),可视土质情况按 1∶1～1∶1.25 放坡,使之形成对四周围护结构的被动土反压力区,以增强围护结构的稳定性,待中间部分的混凝土垫层、基础或地下室结构施工完成之后,再用水平支撑或斜撑对四周围护结构进行支撑,并突击开挖周边支护结构内部分被动土区的土,每挖一层支一层水平横顶撑,直至坑底,最后浇筑该部分结构(图 2-12*b*)。本法优点是对于支护挡墙受力有利,时间效应小,但大量土方不能直接外运,需集中提升后装车外运
6	中心岛式挖土法	系先开挖基坑周边土方,在中间留土墩作为支点搭设栈桥,挖土机可利用栈桥下到基坑挖土,运土的汽车亦可利用栈桥进入基坑运土,可有效加快挖土和运土的速度(图 2-13)。土墩留土高度、边坡的坡度、挖土分层与高差应经仔细研究确定。挖土也分层开挖,一般先全面挖去一层,然后中间部分留置土墩,周圈部分分层开挖。挖土多用反铲挖土机,如基坑深度很大,则采用向上逐级传递方式进行土方装车外运。整个土方开挖顺序应遵循开槽支撑,先撑后挖,分层开挖,防止超挖的原则进行

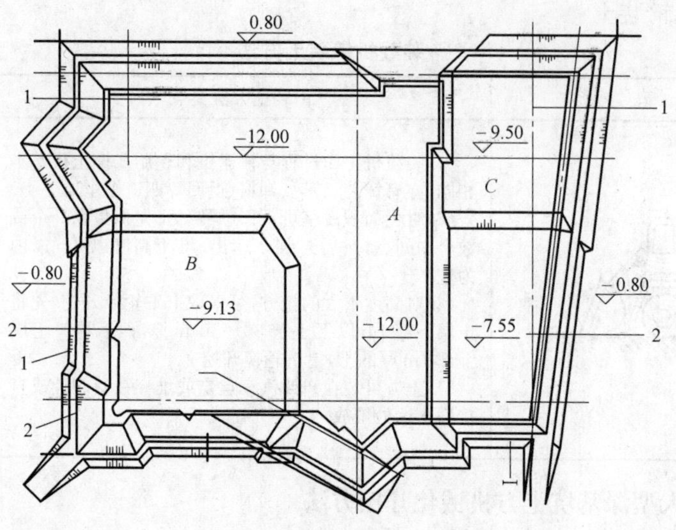

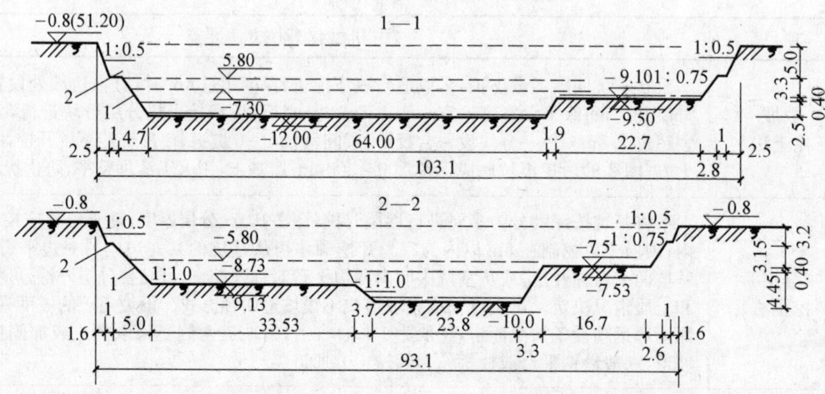

图 2-9　放坡开挖示意图

1—放坡；2—平台；A、B、C—分块

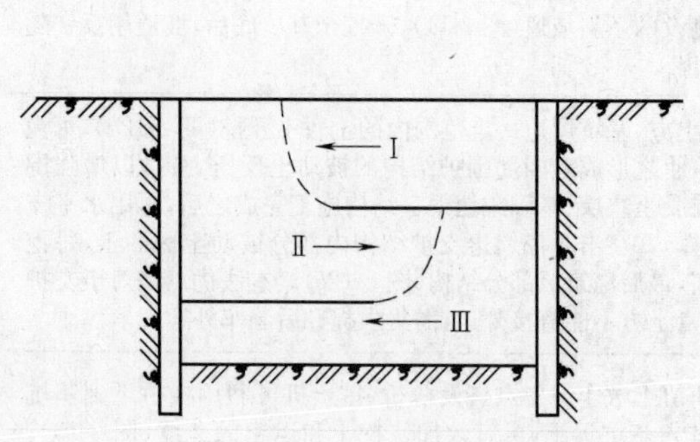

图 2-10　分层开挖示意图

Ⅰ、Ⅱ、Ⅲ—开挖次序

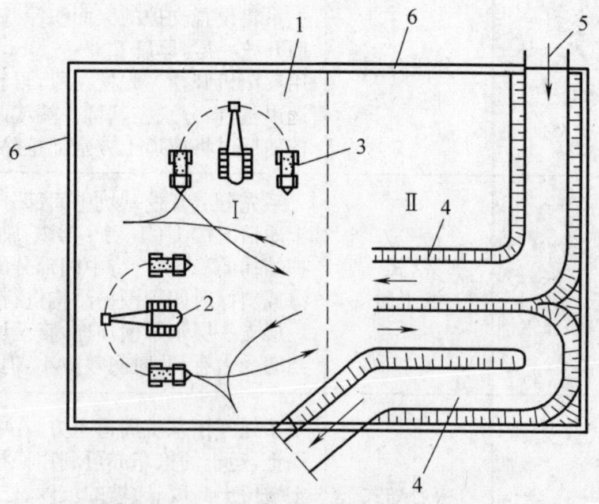

图 2-11　分段分层开挖示意图

1—大面积深基坑；2—挖土机；3—运土自卸汽车；4—运输斜坡道；5—运输路线；6—挡土灌注桩支护

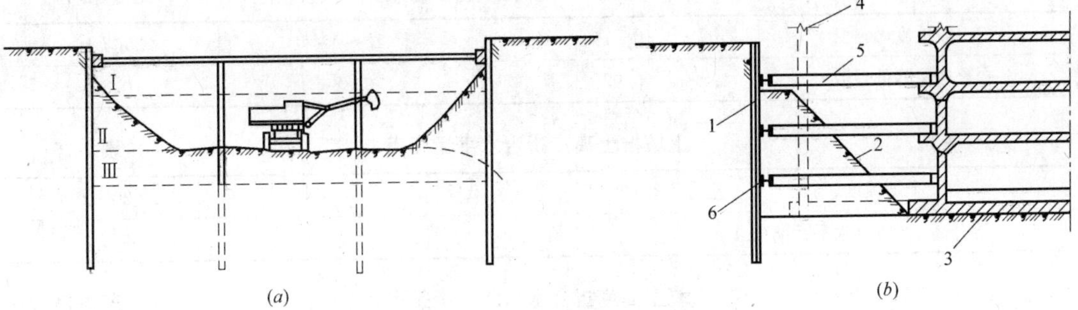

图 2-12 盆式开挖示意图

(a) 盆式挖土；(b) 盆式开挖内支撑示意图

1—钢板桩或混凝土灌注桩；2—后挖土方；3—选施工地下结构；4—后施工地下结构物；5—钢水平支撑；6—钢横撑

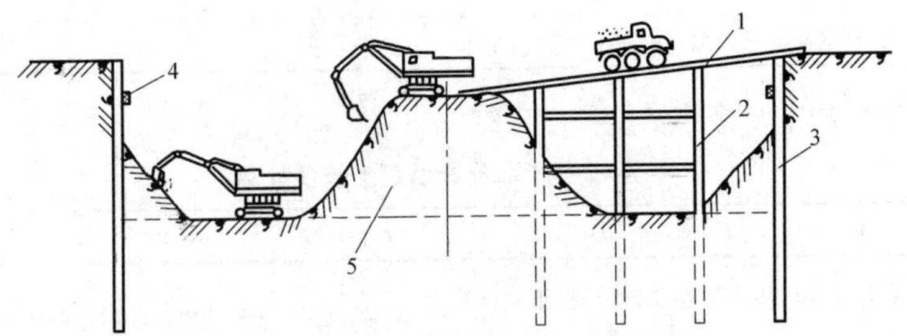

图 2-13 中心岛（墩）式挖土示意图

1—栈桥；2—支架或利用工程桩；3—围护墙；4—腰梁；5—土墩

2.2.6.4 土石方机械生产率计算

一、推土机的生产率计算

推土机的生产率 **表 2-73**

项 目	计 算 公 式	符 号 意 义
小时生产率	推土机小时生产率 Q_h(m^3/h)按下式计算： $$Q_h=\frac{3600q}{T_v\cdot K_p} \quad (2\text{-}32)$$ 或 $$Q_h=\frac{1800H^2b}{T_v\cdot K_p\cdot \text{tg}\,\varphi} \quad (2\text{-}33)$$ 锹刀 锹刀高 H φ土的自然坡角 $H/\text{tg}\varphi$ 铲刀堆土坡角	q—推土机每一循环所完成的堆土量(m^3)； T_v—从推土到将土送至填土地点的每一循环延续时间(s)； K_p—土的可松性系数，见表 2-24； H—铲刀高度(m)； b—铲刀宽度(m)； φ—土堆自然坡角(°)； K_B—工作时间利用系数，一般在 0.72～0.75
台班生产率	推土机台班生产率 Q_d(m^3/台班)按下式计算： $$Q_d=8Q_hK_B \quad (2\text{-}34)$$	
影响生产率数据	推土机作业由于上坡堆土或填土高度、宽度增大而降低台班生产率的有关数据分别见表 2-74～表2-77	

上坡推土降低台班产量参考表　　**表 2-74**

上坡坡度(%)	10～15	15～25	25 以上
台班产量降低系数	0.92	0.88	0.80

上坡推土高度折合水平运距表　　**表 2-75**

上坡坡度(%)	6～10	10～20	20～25
每升高 1m 折合水平距离(m)	4.0	7.0	9.0

填土高度折合水平距离运距表　　**表 2-76**

填土高度(m)	1.0	2.0	3.0	4.0
折合水平距离(m)	6.0	10.0	16.0	24.0

填土高度、宽度降低台班产量定额参考表　　**表 2-77**

填土高度、宽度	高度 2m 以上、宽度 2～5m
台班定额降低系数	0.90

二、铲运机生产率及最小铲土长度计算

铲运机生产率及最小铲土长度计算　　**表 2-78**

项目	计算公式	符号意义
铲运机生产率	(1)铲运机小时生产率 Q_h(m^3/h)按下式计算： $Q_h=\dfrac{3600q\cdot K_c}{T_c\cdot K_p}$　(2-35) (2)铲运机台班产量 Q_d(m^3/台班)按下式计算： $Q_d=8\cdot Q_h\cdot K_b$　(2-36) 铲运机作业生产率与上坡和填筑路堤的高度有关，其影响系数参见表 2-79 及表 2-80	q—铲运机铲斗容量(m^3)； K_c—铲斗装土的充盈系数，砂土取 0.75，其他土取 0.85～1.0，最高的达到 1.3； T_c—从挖土开始至卸土完毕，循环延续的时间(s)； K_p—土的可松性系数见表 2-26； K_b—时间利用系数，一般为 0.65～0.75； L_G—铲运机组长度(m)； L_D—从铲运机刀片到土斗尾部的距离(m)； L_C—铲土长度(m)； K—土斗前形成的土堆体积与斗容量的比值(表 2-81)； K_1—土斗利用系数，其值与土的可松性系数及土斗装土充盈程度有关(表 2-81)； C—平均铲土深度(m)，见表 2-81； b—铲土宽度(m)，即铲运机的刀片宽度
铲运机直线铲土最小铲土长度	铲运机在运行路线上铲土区需要的最小直线铲土长度 L_{min}(m)可根据经验或按下式计算： [图：L_C、L_D、L_G、L_{min} 示意] $L_{min}=L_G-L_D+L_C$　(2-37) 其中　$L_C=\dfrac{q(1+K)K_1}{b\cdot C}$	

铲运机上坡运土增加台班系数　　**表 2-79**

上坡坡度(%)	5	10	15
增加系数	1.05	1.08	1.14

填筑路堤降低台班产量系数　　**表 2-80**

填土高度(m)	路面宽度(m)	降低台班产量系数
5 以上	5 以内	0.95

铲运机施工计算参数 表 2-81

土的类别	土密度 (g/cm^3)	平均铲土深度 C(m)	土斗容量利用系数 K_1	土斗前土堆体积与土斗容量的比值 K
松软土	1.60	0.15	1.26	0.27
中等密实土	1.70	0.06	1.17	0.10
密实土	1.80	0.03	0.95	0.05

三、挖掘机生产率及机具数量计算

挖掘机生产率及机具数量计算 表 2-82

项目	计算公式	符号意义
挖掘机生产率	(1)单斗挖掘机纯工作小时生产率 Q_h(m^3/h)按下式计算： $$Q_h = 60q \cdot n \cdot K \quad (2\text{-}38)$$ 其中 $n=\dfrac{60}{T_p}$ (2)单斗挖掘机台班生产率 Q_d(m^3/台班)按下式计算： $$Q_d=8Q_hK_b \quad (2\text{-}39)$$	q—土斗容量(m^3)； n—每分钟挖土次数(次)； T_p—挖掘机每次循环延续时间(s)； K—系数，一般为 0.60～0.67； K_b—工作时间利用系数；向汽车装土时，K_b 为 0.68～0.72；在侧向推土时，K_b 为 0.78～0.88；挖爆破后的岩石时，K_b 为 0.60
挖掘机需用数量	挖掘机需用数量 N_1(台)根据土方量和工期要求按下式计算： $$N_1=\frac{Q}{Q_d}\cdot\frac{1}{T\cdot C\cdot K_1} \quad (2\text{-}40)$$	Q—土方量(m^3)； T—工期(d)； C—每天工作班数(台班)； K_1—时间利用系数，一般为 0.80～0.85； Q_1—自卸汽车生产率(m^3/台班)
运土汽车配备数量	运土汽车数量应保证挖土机连续工作，需用自卸汽车台数 N_2(台)按下式计算： $$N_2=\frac{Q}{Q_1} \quad (2\text{-}41)$$	

2.2.6.5 机械开挖土石方施工要点及注意事项

机械开挖土方施工要点及注意事项 表 2-83

项次	项目	开挖施工要点及注意事项
1	绘制开挖图	土方开挖应绘制土方开挖图(图 2-14)，确定开挖路线、顺序、范围、基底标高、边坡坡度、排水沟和集水井位置以及挖出的土方堆放地点等。绘制土方开挖图应尽可能使机械多挖，减少机械超挖和人工挖方
2	开挖顺序方法	(1)大面积基础群基坑底标高不一，机械开挖顺序一般采取先整片挖至一平均标高，然后再挖个别较深部位。当一次开挖深度超过挖土机最大挖掘高度(5m 以上)时，宜分 2～3 层开挖，并修筑 10%～15%坡道，以便挖土及运输车辆进出 (2)基坑边角部位，机械开挖不到之处，应用少量人工配合清坡，将松土清至机械作业半径范围内，再用机械掏取运走。人工清土所占比例一般为 1.5%～4%，修坡以厘米作限制误差。大基坑宜另配 1 台推土机清土、送土、运土 (3)机械开挖应由深而浅，基底及边坡应预留一层 200～300mm 厚土层用人工清底、修坡、找平，以保证基底标高和边坡坡度正确，避免超挖和土层遭受扰动 (4)机械开挖施工时，应保护井点、支撑等不受碰撞或损坏，同时应对平面控制桩、水准基点、基坑平面位置、水平标高、边坡坡度等定期进行复测检查 (5)做好机械的表面清洁和运输道路的清理工作
3	运输道路设置	挖掘机、运土汽车进出基坑的运输道路，应尽量利用基础一侧或两侧相邻的基础(以后需开挖的)部位，使它互相贯通作为车道，或利用提前挖除土方后的地下设施部位作为相邻的几个基坑开挖地下运输通道，以减少挖土量

续表

项次	项目	开挖施工要点及注意事项
4	雨、冬期施工	(1)雨期开挖土方，工作面不宜过大，应逐段分期完成。如为软土地基，进入基坑行走需铺垫钢板或铺路基箱垫道。或铺设渣土或砂石等进行硬化。坑面、坑底排水系统应保持良好；汛期应有防洪措施，防止雨水浸入基坑 (2)冬期开挖基坑，如挖完土隔一段时间施工基础，需预留适当厚度的松土，以防基土遭受冻结
5	爆破施工	当基坑开挖局部遇露头岩石，应先采用控制爆破方法，将基岩松动、爆破成碎块，其块度应小于铲斗宽的2/3，再用挖土机挖出，可避免破坏邻近基础和地基；对大面积较深的基坑，宜采用打竖井的方法进行松爆，使一次基本达到要求深度。此项工作一般在工程平整场地时预先完成。在基坑内爆破，宜采用打眼放炮的方法，采用多炮眼，少装药，分层松动爆破，分层清渣，每层厚1.2m左右
6	施工注意事项	(1)基坑土方开挖顺序、方法，必须与设计工况一致，并遵循“开槽支撑，先撑后挖，分层开挖，严禁超挖”的原则 (2)挖土方式影响支护结构的荷载，要尽可能采取对称，均衡开挖，使基坑受力均匀，减少变形。要坚持采用分层、分区、均衡、对称的方式进行挖土 (3)深基坑土体开挖后，由于地基卸载，土体中压力减少，土的弹性效应，会使基坑底面产生一定的回弹变形(隆起)，将会加大建筑物的后期沉降。施工中应注意防止深基坑挖土后土体回弹变形过大，采取措施设法减少土体中有效应力的变化，减少暴露时间，并防止地基土浸水，保持井点正常进行。当基坑挖至设计标高后，应尽快浇筑垫层和底板 (4)基坑开挖要紧密配合支护结构施工，进行分层挖土，及时加设支撑(土锚)，采取先支撑后挖土，即先挖槽加设支撑(土锚)，然后按规定的层厚挖土，以减少支护的变形和沉降 (5)支护结构设计采用盆式挖土时，应先挖去基坑中心部位的土，周边留有足够厚度的土，以平衡支护结构外侧产生的土压力，待中间部位挖土结束，浇筑完底板，并加设支撑后，再挖除支护结构内侧的土。采用盆式挖土时，底板可分块浇筑，地下室结构浇筑后有时尚需换撑以拆除斜撑，换撑时支撑要支承在地下室结构外墙上，支承部位要牢固并经过验算 (6)基坑内设有群桩的工程，在打桩完毕后开挖基坑，应制订合理的施工顺序和技术措施，防止桩产生位移和倾斜。一般在群桩打设后宜停留一段时间，并用井点降水设施预先降低地下水位，待土中由于打桩积聚的应力有所释放，孔隙水压力有所降低，被打桩扰动的土体重新固结后，再开挖基坑土方。再土方的开挖宜均匀、分层，尽量减少开挖时的侧向土压力差，以防止桩产生位移和倾斜，从而确保桩位正确和边坡稳定 (7)土方开挖过程中，应定期对基坑周边环境进行巡视，随时检查基坑位移(土体裂缝)、倾斜、土体及周边道路沉陷或隆起、地下水涌出、管线开裂、不明气体冒出和基坑防护栏杆的安全性等。如出现位移超过预警值、地表裂缝或沉陷等情况时，应及时报告有关方面。出现塌方险情等征兆时，应立即停止作业，组织撤离危险区域，并立即与有关方面进行研究处理

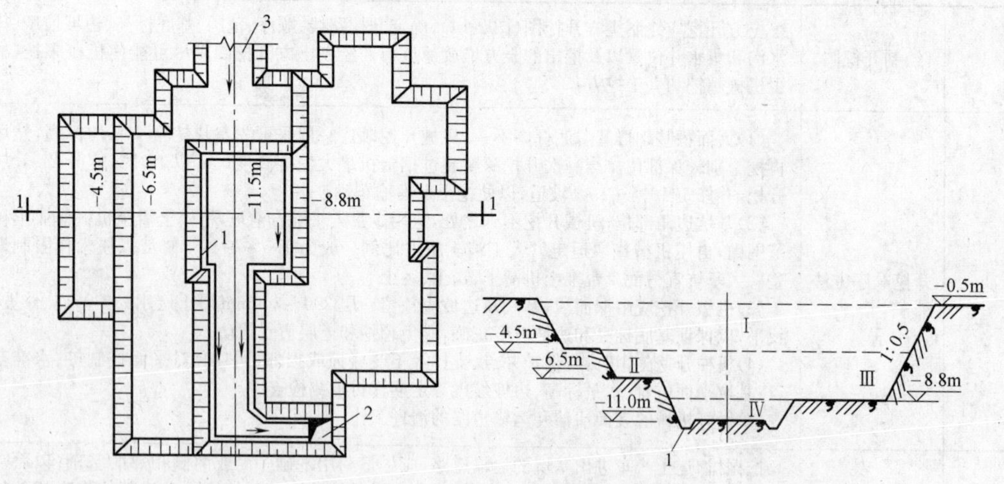

图2-14　土方开挖图

2.2.7 土石方回填与压实

2.2.7.1 填方的一般技术要求

填方土料选用与基底处理　表 2-84

项次	项目	技术要求
1	土石料选用	(1)一般碎石类土、砂土和爆破石渣，可用作表层以下的填料，其最大粒径不得超过每层铺垫厚度的 2/3(当用振动碾时，不得超过 3/4) (2)含水量符合压实要求的黏性土，可用作各层填料 (3)碎块草皮和有机质含量大于 8%的土，仅用于无压实要求的填方 (4)淤泥和淤泥质土，一般不能用作填料 (5)含盐量符合表 2-16 规定的盐渍土，一般可以用作填料，但土中不得含有盐晶、盐块或含盐植物的根茎
2	含水量控制	(1)填方土料含水量的大小，直接影响到碾压(或夯实)遍数和碾压(或夯实)质量，在碾压前应预试验，以得到符合密实度要求条件下的最优含水量和最少碾压遍数 (2)当填料为黏性土或排水不良的砂土时，其最优含水量与相应的最大干密度，应用击实试验测定 (3)土料含水量一般以手握成团，落地开花为宜。当土料含水量过大，应采取翻松晾干、风干、换土回填、掺入干土或其他吸水性材料等措施；如土料过干，则应预先洒水湿润，增加压实遍数或使用大功率压实机械等措施 (4)当填料为碎石类土(充填物为砂土)时，碾压前应充分洒水湿透，以提高压实效果
3	密实度要求	填方的密实度要求和质量指标通常以压实系数 λ_c 表示，压实系数为土的控制(实际)干土密度 ρ_d 与最大干土密度 ρ_{dmax} 的比值。最大干土密度 ρ_{dmax} 是当最优含水量时，通过标准的击实方法确定的。密实度要求一般由设计根据工程结构性质、使用要求以及土的性质确定，如未作规定，可参考表 1-85 数值
4	基底处理	(1)场地回填应先清除基底上垃圾、草皮、树根、排除坑穴中积水、淤泥和杂物，验收基底标高；并应采取措施，防止地表滞水流入填方区，浸泡地基，造成基土下陷 (2)当填方基底为耕植土或松土时，应将基底充分夯实和碾压密实 (3)当填方位于水田、沟渠、池塘或含水量很大的松软土地段，应根据具体情况采取排水疏干，或将淤泥全部挖出换土、抛填片石、填砂砾石、翻松、掺石灰等措施进行处理 (4)当填土场地地面陡于 1/5 时，应先将斜坡挖成阶梯形，阶高 0.2～0.3m，阶宽大于 1m，然后分层填土，以利结合和防止滑动
5	填方边坡规定	(1)填方的边坡坡度应根据填方厚度、填料性质和重要性在设计中加以规定，当设计无规定时，可按表 1-86 采用 (2)对使用时间较长的临时性填方(如使用时间超过一年的临时道路、临时工程的填方)边坡坡度，当填方高度小于 10m 时。可采用 1∶1.5；超过 10m，可做成折线形，上部采用 1∶1.5，下部采用1∶1.75

压实填土的质量控制　表 2-85

项次	结构类型	填土部位	压实系数 λ_c	控制含水量(%)
1	砌体承重结构和框架结构	在地基主要受力层范围内	≥0.97	$\omega_{op}\pm2$
		在地基主要受力层范围以下	≥0.95	
2	排架结构	在地基主要受力层范围内	≥0.96	
		在地基主要受力层范围以下	≥0.94	

注：1. 压实系数 λ_c 为压实填土的控制干密度 ρ_d 与最大干密度 ρ_{dmax} 的比值，ω_{op} 为最优含水量。
2. 地坪垫层以下及基础底面标高以上的压实填土，压实系数不应小于 0.94。

压实填土的边坡坡度允许值　表 2-86

项次	填土类型	边坡坡度允许值(高宽比)		压实系数(λ_c)
		坡高在 8m 以内	坡高为 8～15m	
1	碎石、卵石	1∶1.50～1∶1.25	1∶1.75～1∶1.50	0.94～0.97
2	砂夹石(碎石、卵石占全重 30%～50%)	1∶1.50～1∶1.25	1∶1.75～1∶1.50	
3	土夹石(碎石、卵石占全重 30%～50%)	1∶1.50～1∶1.25	1∶2.00～1∶1.50	
4	粉质黏土,黏粒含量 $\rho_c \geqslant 10\%$的粉土	1∶1.75～1∶1.50	1∶2.25～1∶1.75	

注:当压实填土厚度大于 20m 时,可设计成台阶进行压实填土的施工。

2.2.7.2　填方压实机具的选用

填方压实机具的选用　表 2-87

项目	适用范围	优缺点
推土机	(1)推一～四类土;运距 60m 以内的堆土回填 (2)短距离移挖作填、回填基坑(槽)管沟并压实 (3)堆筑高 1.5m 内的路基、堤坝	操作灵活,运转方便,需工作面小,行驶速度快,易于转移,可挖土带运土、填土压实;但推三、四类土需用松土机预先翻松,压实效果较压路机等差,只适用于大面积场地整平压实
铲运机	(1)运距 800～1500m 以内的大面积场地整平,挖土带运输回填、压实(效率最高为 200～350m) (2)填筑路基、堤坝,但不适于砾石层、冻土地带及沼泽地带使用 (3)开挖上方的含水率应在 27%以下,行驶坡度控制在 20°以内	操作简单灵活,准备工作少,能独立完成铲土、运土、卸土、填筑、压实等工作,行驶速度快,易于转移,生产效率高;但开挖兼回填需用推土机助铲,开挖三、四类土,需用松土机预先翻松
自卸汽车	(1)运距 1500m 以内的运土、卸土带行驶压实 (2)密实度要求不高的场地整平压实 (3)弃土造地填方	利用运输过程中的行驶压实,较简单、方便、经济实用;但压实效果较差,只能用于无密实度要求的场合
平(光)碾压路机	(1)爆破石渣、碎石类土、杂填土或粉质黏土的碾压 (2)大型场地整平、填筑道路、堤坝的碾压 (3)常用压路机的技术性能见表 2-88、表 2-89	操作方便,速度转快,转移灵活,质量易于控制;但碾轮与土的接触面积大,单位压力较小,碾压上层密实度大于下层;适于压实薄层填土
平板振捣器	(1)小面积黏性土薄层回填土的振实 (2)较大面积砂性土的回填振实 (3)薄层砂卵石、碎石垫层的振实	为现场常备振捣混凝土用机具,操作简单轻便;但振实深度有限,最适用于薄层砂性土的振实
小型打夯机	(1)小型打夯机包括蛙式打夯机、振动夯实机、内燃打夯机等,其技术性能见表 2-90,小型打夯工具包括人工铁夯、木夯、石夯及混凝土夯等 (2)黏性较低的土(如砂土、粉土等)小面积或工作面较窄的回填夯实 (3)配合光碾压路机,对边缘或边角碾压不到之处的夯实	体积小,重量轻,构造简单,机动灵活,操作方便,易于转移、夯击能量大,能耗、费用较低。但劳动强度较大,夯实工效转低

常用静作用压路机技术性能与规格　表 2-88

项目	型号				
	两轮压路机 2Y6/8	两轮压路机 2Y8/10	三轮压路机 3Y10/12	三轮压路机 3Y12/15	三轮压路机 3Y15/18
重量(t)不加载	6	8	10	12	15
加载后	8	10	12	15	18
压轮直径(mm)前轮	1020	1020	1020	1120	1170
后轮	1320	1320	1500	1750	1800

续表

项　　目	型　　号				
	两轮压路机 2Y6/8	两轮压路机 2Y8/10	三轮压路机 3Y10/12	三轮压路机 3Y12/15	三轮压路机 3Y15/18
压轮宽度(mm)	1270	1270	530×2	530×2	530×2
单位压力(kN/cm) 前轮:不加载 加载后 后轮:不加载 加载后	 0.192 0.259 0.290 0.385	 0.259 0.393 0.385 0.481	 0.332 0.445 0.632 0.724	 0.346 0.470 0.801 0.930	 0.402 0.481 0.503 0.115
行走速度(km/h) 最小转弯半径(m) 爬坡能力(%) 牵引功率(kW) 转速(r/min)	2～4 6.2～6.5 14 29.4 1500	2～4 6.2～6.5 14 29.4 1500	1.6～5.4 7.3 20 29.4 1500	2.2～7.5 7.5 20 58.9 1500	2.3～7.7 7.5 20 73.6 1500
外形尺寸(mm) 长×宽×高	4440×1610× 2620	4440×1610× 2620	4920×2260× 2115	5275×2260× 2115	5300×2260× 2140

注：制造单位洛阳建筑机械厂、邯郸建筑机械厂。

常用振动压路机技术性能与规格　　表 2-89

项　　目	型　　号					
	YZS0.6B 手扶式	YZ2	YZJ7	YZ10P	YZJ14 拖式	YZ0.5C
重量(t) 振动轮直径(mm) 振动轮宽度(mm) 振动频率(Hz) 激振力(kN)	0.75 405 600 48 12	2.0 750 895 50 19	6.53 1220 1680 30 19	10.8 1524 2100 28/32 197/137	13.0 1800 2000 30 290	0.5 580 710 75 12.5
单位线压力(N/cm) 静线压力 动线压力 总线压力	 62.5 100 162.5	 134 212 346	 — — —	 257 938/652 1195/909	 650 1450 2100	 — — —
行走速度(km/h) 牵引功率(kW) 转速(r/min) 最小转弯半径(m) 爬坡能力(%)	2.5 3.7 2200 2.2 40	2.43～5.77 13.2 2000 5.0 20	9.7 50 2200 5.13 —	4.4～22.6 73.5 1500/2150 5.2 30	— 73.5 1500 — —	0.5 3.7 2600 — 20
外形尺寸(mm) (长×宽×高)	2400×790× 1060	2635×1063× 1630	4750×1850× 2290	5370×2356× 2410	5535×2490× 1975	1820×840× 1200
制造厂	洛阳建筑机械厂	邯郸建筑机械厂	三明重型机械厂	洛阳建筑机械厂	洛阳建筑机械厂	北京建筑工程机械厂

蛙式打夯机、振动夯实机、内燃打夯机技术性能与规格　　表 2-90

项　　目	型　　号				
	蛙式打夯机 HW-70	蛙式打夯机 HW-201	振动夯实机 HZ-280	振动夯实机 HZ-400	内燃打夯机 ZH_7-120
夯板面积(cm^2) 夯击次数(次/min)	— 140～165	450 140～150	2800 1100～1200(Hz)	2800 1100～1200(Hz)	550 60～70

续表

项　目	型　号				
	蛙式打夯机 HW-70	蛙式打夯机 HW-201	振动夯实机 HZ-280	振动夯实机 HZ-400	内燃打夯机 ZH_7-120
行走速度(m/min)	—	8	10～16	10～16	—
夯头起落高度(min)	—	145	300(影响深度)	300(影响深度)	300～500
生产率(m^3/h)	5～10	12.5	33.6	336(m^2/min)	18～27
外形尺寸(长×宽×高)(mm)	1180×450×905	1006×500×900	1300×560×700	1205×566×889	434×265×1180
重量(kg)	140	125	400	400	120

2.2.7.3　填方方法

人工和机械填方方法　　**表 2-91**

项次	项　目		填方方法要点
1	人工填土方法		(1)用于推车送土，以人工用铁锹、耙、锄等工具进行填土 (2)由场地最低部分开始，由一端向另一端由下而上分层铺填。每层虚铺厚度，用人工木夯实时，砂质土不大于 30cm，黏性土为 20cm；用打夯机械夯实时不大于 30cm (3)深浅坑(槽)相连时，应先填深坑(槽)，相平后与浅坑全面分层填夯。如分段填筑，交接处填成阶梯形、墙基及管道回填，在两侧用细土同时回填，夯实 (4)人工夯填土，用 60～80kg 的木夯，由 4～8 人拉绳，二人扶夯，举高不小于 0.5m，一夯压半夯，按次序进行 (5)大面积人工回填用打夯机夯实，两机平行时，其间距不得小于 3m，在同一夯行路线上，前后间距不得小于 10m
2	机械填土方法	推土机填土	(1)填土应由下而上分层铺填，每层虚铺厚度不宜大于 30cm。大坡度堆填土，不得居高临下不分层次，一次堆填 (2)推土机运土回填，可采取分堆集中，一次运送方法，分段距离约为 10～15m，以减少运土漏失量 (3)土方推至填方部位时，应提起一次铲刀，成堆卸土，并向前行驶 0.5～1.0m，利用推土机后退时，将土刮平 (4)用推土机来回行驶进行碾压，履带应重叠一半 (5)填土程序宜采用纵向铺填顺序，从挖土区段至填土区段，以 40～60m 距离为宜
		铲运机填土	(1)铲运机铺土，铺填土区段，长度不宜小于 20m，宽度不宜小于 8m (2)铺土应分层进行，每次铺土厚度不大于 30～50cm，每层铺土后，利用空车返回时将地表面刮平 (3)填土程序一般尽量采取横向或纵向分层卸土，以利行驶时初步压实
		自卸汽车填土	(1)自卸汽车为成堆卸土，须配以推土机推开摊平 (2)每层的铺土厚度不大于 30～50cm (3)填土可利用汽车行驶作部分压实工作 (4)汽车不能在虚土上行驶，卸土推平和压实工作须采取分段交叉进行

2.2.7.4　填方施工压（夯）实方法要点

填方施工压（夯）实方法要点　　**表 2-92**

项次	项目	填方施工压(夯)实方法要点
1	一般要求	(1)填方应尽量采用同类土填筑，并宜控制土的含水率在最优含水量范围内(表 2-93、表 2-94)。当采用不同的土填筑时，应按土类有规则地分层铺填，将透水性大的土层置于透水性较小的土层之下，不得混杂使用，以利水分排除和基土稳定，并避免在填方内形成水囊和产生滑动现象 (2)填方每层填土厚度根据所使用的压实机具的性能而定，一般应进行现场碾压试验确定，或参考表 2-95

续表

项次	项目	填方施工压(夯)实方法要点
1	一般要求	(3)填方应从最低处开始，由下向上整个宽度水平分层铺填碾压(或夯实)。填土层下淤泥杂物应清除干净，如为耕土或松土时，应先夯实，然后全面填筑 (4)在地形起伏之处，应做好接槎，修筑1：2阶梯形边坡，每台阶高可取50cm，宽100cm。分段填筑时，每层接缝处应做成大于1：1.5的斜坡，碾迹重叠0.5～1.0m，上下层错缝距离不应小于1.0m。接缝部位不得在基础、墙角、柱墩等重要部位 (5)填土应预留一定的下沉高度，以备在行车、堆重或干湿交替等自然因素作用下，土体逐渐沉落密实。当土方用机械分层夯实时，其预留下沉高度(以填方高度的百分数计)：对砂土为1.5%；对粉质黏土为3.0%～3.5%
2	人工夯实	(1)人力打夯前应将填土初步整平，打夯要按一定方向进行，一夯压半夯，夯夯相接，行行相连，两遍纵横交叉，分层夯打。夯实基槽及地坪时，行夯路线应由四边开始，然后再夯向中间 (2)用柴油打夯机蛙式打夯机等小型机具夯实时，一般填土厚度不宜大于25cm，打夯之前对填土应初步平整，打夯机依次夯打，均匀分布，不留间隙 (3)基坑(槽)回填应在相对两侧或四周同时进行回填与夯实 (4)回填管沟时，应用人工先在管子周围填土夯实，并应从管道两边同时进行，直至管顶0.5m以上。在不损坏管道情况下，方可采用机械填土回填和压实
3	机械压实	(1)填土在碾压机械碾压之前，宜先用轻型推土机、拖拉机推平，低速行驶预压4～5遍，使其表面平实，采用振动平碾压实爆破石渣或碎石类土，应先用静压而后振压 (2)碾压机械压实填方时应控制行驶速度：一般平碾、振动碾不超过2km/h；并要控制压实遍数 (3)用压路机进行填方碾压，应采用“薄填、慢驶、多次”的方法，填土厚度不应超过25～30cm；碾压方向应从两边逐渐压向中间，碾轮每次重叠宽度约15～25cm，边角、坡度压实不到之处，应辅以人力夯或小型夯实机具夯实。压实密实度除另有规定外，应压至轮子下沉量不超过1～2cm为度，每碾压一层完后，应用人工或机械(推土机)将表面拉毛，以利接合 (4)用铲运机及运土工具进行压实，铲运机及运土工具的移动须均匀分布于填筑层的表面，逐次卸土碾压(表2-66、表图12)
4	压实排水要求	(1)填土区如有地下水或滞水时，应在四周设置排水沟和集水井，将水位降低 (2)已填好的土如遭水浸，应把稀泥铲除后，方能进行下道工序 (3)填土区应保持一定横坡，或中间稍高，两边稍低，以利排水。当天填土，应在当天压实
5	填石压(夯)实	(1)填石的基底处理用回填土，填石应分层填筑，分层压实。逐层填筑时，应安排好石料运输路线，水平分层，先低后高、先两侧后中央卸料，大型推土机摊平。不平处人工用细石块、石屑找平 (2)填石石料强度不应小于15MPa；石料最大粒径不宜超过层厚度的2/3。 (3)分段填筑时每层接缝处应作成大于1：1.5的斜坡，碾迹重叠0.5～1.0m，上下层错缝距离不应小于1m。接缝部位不得在基础、墙角、柱墩等重要部位 (4)应将不同岩性的填料分层或分段填筑。 (5)石方压实应使用重型振动压路机进行碾压；先静压，后振压。 (6)碾压时，控制行驶速度，一般振动碾不超过2km/h；碾压机械与基础或管道保持一定距离 (7)用压路机进行石质填方压实，分层松铺厚度不宜大于0.5m；碾压时，直线段先两侧后中间，压实路线应纵向互相平行，反复碾压，曲线段，则由内侧向外侧进行
6	填方质量控制与检验	(1)回填施工过程中应检查排水措施，每层填筑厚度、含水量控制和压实程序 (2)对有密实度要求的填方，在夯实或压实之后，要对每层回填土的质量进行检验。一般采用环刀法(或灌砂法)取样测定土的干密度，求出土的密实度，或用小型轻便触探仪直接通过锤击数来检验干密度和密实度，符合设计要求后，才能填筑上层 (3)基坑和室内填土，每层按100～500m^2取样一组；场地平整填方，每层按400～900m^2取样一组；基坑和管沟回填，每20～50m^2取样一组，但每层均不少于一组，取样部位在每层压实后的下半部。用灌砂法取样应为每层压实后的全部深度 (4)填土压实后的干密度，应有90%以上符合设计要求；其余10%的最低值与设计值之差，不得大于0.08g/cm^3，且不应集中。填土石工程质量检验评定标准见表2-96

土的最大干密度及土料需补充水量计算　　表 2-93

项目	计算公式	符号意义
最大干密度	压实填土的最大干密度 ρ_{dmax} (g/cm³)，是当最优含水量时，通过标准的击实方法确定的，当无试验资料时，可按下式计算： $$\rho_{dmax}=\eta\frac{\rho_w d_s}{1+0.01w_{0p}d_s} \quad (2\text{-}42)$$ 无试验时亦可参考表 2-94 取用	η—填土压实的经验系数，对于黏土取 0.95，粉质黏土取 0.96，粉土取 0.97； ρ_w—水的密度(g/cm³)； d_s—土的颗粒相对密度，一般取黏土 2.74～2.76，粉质黏土 2.72～2.73，粉土 2.70～2.71，砂土 2.65～2.69；或由试验得出
土料需补充水量	填土土料的含水量应控制在最优含水量范围内，如土料过干，应洒水润湿，每立方米铺好的土内需要补充的水量 V(L/m³)可按下式计算： $$V=\frac{\rho}{1+w}(w_{0p}-w) \quad (2\text{-}43)$$	w_{0p}—土的最优含水量(%)(以小数计)，可按当地经验或取 $w_{0p}=w_p+2$(w_p—土的塑限)，或参考表 2-94 取用； ρ—碾压前土的密度(kg/m³)； w—土的天然含水量(%)(以小数计)

土的最优含水量和最大干密度参考表　　表 2-94

项次	土的种类	变动范围		项次	土的种类	变动范围	
		最优含水量 %(重量比)	最大干密度 (g/cm³)			最优含水量 %(重量比)	最大干密度 (g/cm³)
1	砂土	8～12	1.80～1.88	3	粉质黏土	12～15	1.85～1.95
2	黏土	19～23	1.58～1.70	4	粉土	16～22	1.61～1.80

注：1. 表中土的最大密度应以现场实际达到的数字为准。
2. 一般性的回填可不做此项测定。

填方分层铺土厚度和压实遍数　　表 2-95

压实机具	分层铺土厚度(mm)	每层压实遍数(遍)
平碾(8～12t)	250～300	6～8
振动压实机	250～350	3～4
柴油(蛙式)打夯机	200～250	3～4
推土机	200～300	6～8
拖拉机	200～300	8～16
振动压路机	120～150	10
人工打夯	不大于 200	3～4

注：人工打夯时，土块粒径不应大于 5cm。

填土石工程质量检验评定标准 (mm)　　表 2-96

项	序	检验项目	允许偏差或允许值					检查方法
			桩基、基坑、基槽	场地平整		管沟	地(路)面基础层	
				人工	机械			
主控项目	1	标高	−50	±30	±50	−50	−50	水准仪
	2	分层压实系数	设计要求					按规定方法
一般项目	1	回填土料	设计要求					取样检查或直观鉴别
	2	分层厚度及含水量	设计要求					水准仪及抽样检查
	3	表面平整度	20	20	30	20	20	用靠尺或水准仪

2.2.8 土石方施工安全技术

土石方施工安全技术 表 2-97

项次	项目	安全技术要求
1	基坑开挖与回填	(1)挖土石方不得在危岩、孤石的下边或贴近未加固的危险建筑物的下面进行。 (2)基坑开挖时，两人操作间距应大于2.5m。多台机械开挖，挖土机间距应大于10m。在挖土机工作范围内，不许进行其他作业。开挖应由上而下，逐层进行，严禁先挖坡脚或逆坡挖土 (3)基坑开挖严格按要求放坡。随时注意边坡的变动情况，发现有裂纹或部分坍塌现象，及时进行支撑，并注意支撑的稳固和边坡的变化。不放坡开挖时，应通过计算设置临时支护 (4)机械多台阶同时开挖，应验算边坡的稳定，挖土机离边坡应有一定的安全距离，以防塌方 (5)在有支撑的基坑槽中使用机械挖土时，应防止碰坏支撑。在坑槽边使用机械挖土时，应计算支撑强度，必要时应加强支撑。 (6)机械挖土禁止无关人员进入场地内。挖掘机工作半径范围内不得站人或进行其他作业。卸土应待整机停稳后进行，不得将铲斗从运输汽车驾驶室顶部越过 (7)基坑(槽)和管沟回填时，下方不得有人，检查打夯机的电器线路，防止漏电、触电。 (8)基坑槽回填土时，支护拆除应按回填顺序从下而上逐步拆除，不得全部拆除后再回填，以防边坡失稳，更换支撑时，应先装新的，再拆除旧的
2	运输要求	(1)严禁超载运输土石方，运输过程中应进行覆盖，严格控制车速，不超速、不超重，确保安全生产 (2)施工现场运输道路要布置有序，避免运输混杂、交叉，影响安全及进度 (3)土石方运输装卸要有专人指挥倒车
3	土坡保护	(1)基坑槽边堆放工程或施工用料，应距坑槽边沿1m以上的距离 (2)重物距土坡的安全距离：汽车不小于3m；马车不小于2m；起重机不小于4m；土方堆放不小于2m，堆土高度不超过1.5m (3)当基坑较深或晾槽时间很长时，为防止边坡失水松散或地面水冲刷、浸润影响边坡稳定，应采用薄膜或抹砂浆覆盖，或砌石、水泥编织袋装土堆压，或挂铁丝网、抹水泥砂浆等方法保护 (4)做好坡脚和坡顶排水措施，以拦阻地表面水冲刷坡面和地下水冲刷坡脚造成边坡失稳坍塌

2.3 爆破施工

2.3.1 爆破材料及仪表

2.3.1.1 炸药种类及性能

硝铵炸药的品种和主要性能 表 2-98

组成和性能		1号露天硝铵炸药	2号露天硝铵炸药	3号露天硝铵炸药	2号抗水露天硝铵炸药	1号岩石硝铵炸药	2号岩石硝铵炸药
组成(%)	硝酸铵	82	86	88	86	82	85
	梯恩梯	10	5	3	5	14	11
	木粉	8	9	9	8.2	4	4
	沥青	—	—	—	0.4	—	—
	石蜡	—	—	—	0.4	—	—
水分(%)不大于		0.5	0.5	0.5	0.7	0.3	0.3
密度(g/cm³)		0.85～1.1	0.85～1.1	0.85～1.1	0.8～0.9	0.95～1.1	0.95～1.1
性能	猛度(mm)不小于	11	8	5	8	13	12
	爆力(mL)	300	250	230	250	350	320
	殉爆距离(cm)						
	浸水前不小于	4	3	2	3	6	5
	浸水后不小于	—	—	—	2	—	—
	爆速(m/s)	3600	3525	3455	3525	—	3600

续表

组成和性能	1号露天硝铵炸药	2号露天硝铵炸药	3号露天硝铵炸药	2号抗水露天硝铵炸药	1号岩石硝铵炸药	2号岩石硝铵炸药
主要特性	(1)淡黄、黄褐或灰色粉末、粉粒;(2)爆破点280～320℃,长时间加热缓慢燃烧,离火即熄灭;(3)易溶于水,吸水性强,含水量应小于1.5%,超过3%拒爆;吸湿后硬化、固结,拒爆或不能充分爆炸;(4)敏感迟钝,较安全;(5)腐蚀铜、铝、铁;(6)爆炸后产生大量有毒气体					
使用范围	露天松动爆破,禁止用于井下爆破作业			爆破中硬以下岩石		
包装	一般装成直径120或140mm,重2～8kg的药包,也有成袋散装的量			一般药卷直径有32、35、38mm三种,药量有100、150、200g三种,每箱净重24kg		
有效使用期	四个月			六个月		

注：1. 硝铵炸药又称铵梯炸药。
2. 爆力，指炸药爆炸破坏一定量介质（岩石或土）体积的能力，亦即炸药对介质的破坏威力。
3. 猛度，指炸药破坏一定量岩石或土，使之成为细块的能力，亦即炸药的猛烈程度。
4. 殉爆距离，指一个药卷的炸药爆炸后，引起邻近另一个药卷爆炸的能力。
5. 浸水条件：水深1m，时间1h

铵油、铵松蜡炸药品种和主要性能　　表 2-99

组成和性能		1号铵油炸药	2号铵油炸药	3号铵油炸药	1号铵松蜡炸药	2号铵松蜡炸药
组成(%)	硝酸铵	92	92	94.5	91	91
	柴油	4	1.8	5.5	—	1.5
	木粉	4	6.2	—	6.5	5
	松香	—	—	—	1.7	1.7
	石蜡	—	—	—	0.8	0.8
水分(%)不大于		0.25	0.30	0.80	0.25	0.25
密度(g/cm^3)		0.9～1.0	0.8～0.9	0.9～1.0	0.9～1.0	0.9～1.0
性能	殉爆距离(cm)不小于 浸水前	5	—	—	5	5
	浸水后	—	—	—	4	2
	猛度(mm)不小于	12	钢管18	钢管18	12	12
	爆力(mL)不小于	300	250	250	300	310
	爆速(m/s)不低于	3300	钢管3800	钢管3800	3300	3300
保证期内	殉爆(cm)不小于	2	—	—	3	3
	水分(%)不大于	0.5	1.5	1.5	0.6	0.6
爆药保证期(d)		雨期7 一般15	一般15	一般15	一般180	一般120
使用范围		1～3号铵油炸药适用于露天爆破 1～2号铵松蜡炸药适用于有水和潮湿的爆破工程				

注：1. 使用2号和3号铵油炸药，应以10%以下的2号岩石硝铵炸药或1号铵油炸药和铵松蜡炸药等为起爆药。
2. 1号铵油炸药用于中硬以下岩石爆破时，允许殉爆距离不小于3cm，猛度不小于9mm。

几种铵梯炸药的组分和性能表　　表 2-100

组分和性能	1号露天铵梯炸药	2号露天铵梯炸药	3号露天铵梯炸药	2号抗水露天铵梯炸药	2号岩石铵梯炸药	2号抗水岩石铵梯炸药
硝酸铵(%)	80～84.0	84.0～88.0	86.0～90.0	84.0～88.0	83.5～86.5	83.5～86.5
梯恩梯(%)	9.0～11.0	4.0～6.0	2.5～3.5	4.0～6.0	10.0～12.0	10.5～11.5
木粉(%)	7.0～9.0	8.0～10.0	8.0～10.0	7.2～9.2	3.5～4.5	2.7～3.7
抗水剂(%)	—	—	—	0.6～1.0		0.6～1.0
水分(%)	≤0.5	≤0.5	≤0.5	≤0.5	≤0.3	≤0.3
密度(g·cm^{-3})	0.85～1.1	0.85～1.10	0.85～1.1	0.85～1.10	0.95～1.10	0.95～1.10

续表

组分和性能	1号露天铵梯炸药	2号露天铵梯炸药	3号露天铵梯炸药	2号抗水露天铵梯炸药	2号岩石铵梯炸药	2号抗水岩石铵梯炸药
殉爆距离(cm)	≥4	≥3	≥2	≥3	≥5	≥5
作功能力(mL)	≥278	>228	>208	>228	>298	>298
猛度(mm)	≥11	≥8	≥5	≥8	≥12	≥12
爆速($m \cdot s^{-1}$)		2100		2100	3200	3200
有效期(月)	4	4	4	4	6	6

2.3.1.2 起爆材料及性能

雷管的分类、构造及使用注意事项 表 2-101

名称	构造、规格	构造简图	使用及注意事项
秒延期电雷管即(瞬发电雷管)	构造是管壳开口一段,设一点火装置,如右图(*a*),当通电后,脚线端部电阻丝发热,使发火剂点燃,引起正起爆药爆炸,接着整个雷管爆炸。其规格分1～10号,通常使用的为6号,8号,其规格及主要性能见表2-102	(*a*)	(1)雷管使用前,应作外观检查,并作导电检查,测量电阻,同一网路中各电雷管之间的电阻差应不超过0.25Ω,检验时,雷管应放置在挡板后面,距工作人员5cm以外的地方 (2)雷电管脚线如为纱包线,只能用于干燥地点爆破,如为绝缘线,可用于潮湿地点爆破 (3)在制作起爆体时,电雷管的脚线要防止与地面摩擦,要轻拿轻放。雷雨天应禁止使用电雷管
毫秒延期电雷管(秒迟发电雷管、毫秒迟发电雷管)	构造与即发电雷管基本相同,只另在点火装置与正起爆药之间加有一段延期药芯(缓燃剂)如右图(*b*),来延长雷管爆炸时间。延长时间的多少,由缓燃剂的长短来决定。迟发电雷管又分秒迟发电雷管和毫秒迟发电雷管两种。前者按起爆延迟时间分为4、6、8、10及12s;后者按起爆时间分为5、10、15及30段等。两种雷管规格和性能及各段延时见表2-103	(*b*) 1—管壳;2—连结点;3—连结线;4—正起爆药;5—副起爆药;6—聚能窝槽;7—脚线;8—电阻丝;9—硫磺;10—防潮剂;11—引燃药球;12—点火药;13—导火索;14—延期药芯	

即发电雷管的规格及主要性能 表 2-102

项目		紫铜雷管		铝铁雷		纸雷管
		6号	8号	6号	8号	8号
规格(直径×长)(mm)		6.6×35	6.6×40	6.6×35	6.6×40	7.8×45
脚线长度(mm)		750～1200	1000～1600	1500	2000	2500
性能	电阻(Ω)	0.85～1.2	0.90～1.25	0.95～1.35	1.05～1.45	1.15～1.55
	齐发性	发串联齐爆(通以1.2A电流)				
	安全电流	0.05A(康铜桥丝);0.02A(镍铬桥丝)				
	发火电流	0.5～1.5A				
检验方法		外观检查:金属壳雷管表面有绿色斑点和裂缝、皱痕或起爆药浮出;纸壳雷管表面有松裂,管底起爆药有碎裂以及脚线有扯断者,均不能使用 导电检查:用小型电阻表检查电阻,同一线路中,雷管电阻差≯0.2Ω 震动试验:震动5min不允许爆破,结构损坏,断电、短路 铅板炸孔:5min厚的铅板(6号用4mm厚),炸穿孔径不小于雷管外径				
适用范围		用于一切爆破工程起爆炸药、导爆索、导爆管,但在有瓦斯及矿尘爆炸危险的坑道工程不宜使用				
包装		内包装纸盒,每盒100发;外包装木箱,每箱10盒1000发				
有效保证期		二年				

秒延期电雷管的规格及主要性能　　表 2-103（*a*）

延期时间(s)	4	6	8	10	12
导火线长度(mm)	26.0～26.5	39.0～39.5	52.0～52.5	65.5～66.0	77.5～78.0
管体长度(mm)	63	76	90	102	114
管壳段数(段)	1或2	1或2	2	2	2
性能	除有延期时间的要求外，其他性能与即发电雷管相同，串联试验时，不要求齐爆，但要求全爆				
适用范围	用于没有沼气、爆炸气体及矿尘较多的坑道和各种爆破工程，特别适于几个雷管先后爆炸时使用，如炮孔法分层爆破				

注：迟发秒电雷管的号码，管壳分段，检验方法、包装、保证期与即发电雷管相同。

毫秒延期电雷管的规格及主要性能　　表 2-103（*b*）

项目		铝镁雷管	铁雷管	纸雷管
		8号	8号	8号
段数		1～30	1～15	1～5
脚线长度(mm)		3000	2000	2000
性能	电阻(Ω)	1.6～2.0	1.5～3.5	4.0～6.0
	齐发性	20发(铝镁管为30发)串联齐爆通以1.5A电流应瞬时全爆		
	安全电流	0.10A直流电流通5min不爆炸		
	发火电流	0.7～1.0A		
检验方法		导电检查：用不大于0.05A的直流电检查雷管是否导通，不导通的，不能使用 铅板炸孔：5mm厚的铅板，炸穿孔径不小于雷管外径		
适用范围		适用于大面积爆破作业，成组或单发起爆各种猛性药包；不能用于沼气爆炸的作业面		
包装		金属管包装每盒50发，外包装木箱，每箱500发；纸管每盒100发，外包装木箱，每箱1000发		
有效保证期		二年		

注：雷管段数延时（ms）见表3-104。

毫秒延期雷管延时参照表　　表 2-104

段别		1	2	3	4	5	6	7	8	9	10
延时(ms)	15段	≯13	25	50	75	110	150	200	250	310	380
	30段	5	25	45	65	85	105	125	145	165	185
段别		11	12	13	14	15	16	17	18	19	20
延时(ms)	15段	460	550	650	760	880	—	—	—	—	—
	30段	205	225	250	275	300	330	360	395	430	470
段别		21	22	23	24	25	26	27	28	29	30
延时(ms)	30段	510	550	590	630	670	710	750	800	850	900

注：5段、10段与本表15段中1～5段及1～10段中的延时数相同。

导爆索的技术指标、质量要求及检验方法　　表 2-105

构造	技术指标	质量要求	适用范围
芯药用强度大、爆速高的烈性黑索金作为药芯，以棉线、纸条为包缠物，并涂以防潮剂，表面涂以红色。索头涂有防潮剂	外径：4.8～6.2mm 爆速：不低于6500m/s 抗拉强度：不小于3kN 点燃：用火焰点燃时不爆燃、不起爆 起爆性能：2m长的导爆索能完全起爆一个200g的压装梯恩梯药块 导爆性能：用8号雷管起爆时，能完全起爆	(1)外观无破损、折伤，无油脂、油污和药粉撒出、松皮、中空现象。扭曲时不折断，炸药不散落 (2)两端密封的导爆索在0.5m的水中浸24h，仍然导爆可靠 (3)在－28℃～＋50℃内，不失起爆性能 (4)在温度不超过40℃、通风干燥条件下，保证期为2年	用于一般爆破作业中直接起爆2号岩石炸药；用于深孔爆破和大量爆破药室的引爆；可用于几个药室同时准确起爆，药包不用雷管。但不宜用于一般炮孔法爆破和有瓦斯、矿尘爆炸危险的作业中

注：每卷长50±0.5m，内包装每卷用塑料袋包装；外包装用木箱，每箱长500m。

导爆管的技术指标及质量要求 表 2-106

构造	技术指标	质量要求	适用范围
导爆管是一种半透明的具有一定强度、韧性、耐温、不透火的塑料软管起爆材料。在塑料软管内壁涂薄薄一层胶状高能混合炸药(主药为黑索金或奥克托金),涂药量为16±1.6mg/m。具有抗火、抗电、抗冲击、抗水以及导爆安全等特性	外径:$3.0^{+0.1}_{-0.2}$mm 内径:1.4±0.1mm 爆速:1650～1950±50m/s 抗拉力:25℃时 不低于70N;50℃时 不低于50N;-40℃时 不低于100N 耐静电性能:在30kV,30PF,极距10cm条件下,1min不起爆 耐温性:50±5℃,-40±5℃时起爆,传爆可靠	(1)表面有损伤(孔洞、裂口等)或管内有杂物者不得使用 (2)传爆雷管在连接块中,能同时起爆8根塑料导爆管 (3)在火焰作用下,不起爆 (4)在80m深水处,经48h后,起爆正常 (5)卡斯特落锤10kg,150cm落高的冲击作用下,不起爆	用于无瓦斯、矿尘的露天、井下、深水、杂散电流大和一次起爆多数炮孔的微差爆破作业中,或上述条件下的瞬发爆破或秒延期爆破

2.3.1.3 导爆仪表

导爆仪表主要有起爆器、小型欧姆计、伏特计、安培计、万能表、爆破电桥等,常用专用起爆器的性能与规格见表2-107。

专用起爆器的性能与规格 表 2-107

型号	起爆能力(发)	输出峰值(V)	最大外电阻(Ω)	充电时间(s)	冲击电流持续时间(ms)	电源	质量(kg)	外形尺寸(mm)长×宽×高	生产厂家
MFB-50/100	50/100	960	170	<6	3～6	1号电池3节		135×92×75	抚顺煤炭研究所
NFJ-100	100	900	320	<12	3～6	1号电池4节	3	180×105×165	营口市无线电二厂
J20F-300-B	100/200	900	300	7～20	<6		1.25	148×82×115	营口市无线电二厂
MFB-200	200	1800	620	<6				165×105×102	抚顺煤炭研究所
QLDF-1000-C	300/1000	500/600	400/800	15/40		1号电池8节	5	230×140×190	营口市无线电二厂
GM-2000	最大4000 抗杂雷管480	2000		<80		8V(XQ-1蓄电池)	8	360×165×184	湘西矿山电子仪表厂
GNDF-4000	铜4000 铁2000	3600	600	10～30	50	蓄电池或干电池12V	11	385×195×360	营口市无线电二厂

2.3.2 爆破基本原理及药包分类

2.3.2.1 爆破基本原理及爆破漏斗

爆破基本原理及爆破漏斗类型 表 2-108

项次	项目	形式及类型
1	爆破基本原理	埋在具有一个临空面内的炸药引爆后,使周围介质受到各种不同程度的破坏,在其影响范围内形成压缩圈、抛掷圈、破坏圈(松动圈)和震动圈(图2-15*a*);当抛掷半径R达到或超过临空面时,土石被炸成碎块并抛撒在其周围地面上,形成一个倒立圆锥体形的爆破坑,通称爆破漏斗(图2-15*b*),其特征通常以最小抵抗线W、爆破漏斗半径r、最大可见深度h和爆破作用半径R几个参数来表达

续表

项次	项目	形式及类型
2	爆破漏斗	爆破漏斗的形状多种多样，随着岩土性质、炸药的品种性能和药包大小以及药包埋置深度等的不同而变化，其大小和抛掷岩石碎块的多少，以爆破作用指数(n)来表示 $$爆破作用指数(n)\frac{漏斗半径(r)}{最小抵抗线(W)} \quad (2\text{-}44)$$ 一般用n来区分不同爆破漏斗，划分不同爆破类型，当$n=1$，称为标准抛掷爆破漏斗(图2-16*a*)；当$0.75<n<1$，称为减弱抛掷漏斗(图2-16*b*)；当$n>1$时，称为加强抛掷爆破漏斗(图2-16*c*)；当$n\leqslant0.75$时，称为松动爆破漏斗(图2-16*d*)；当$n\leqslant0.2$时，称为裸露爆破漏斗。n也是计算药包量、决定漏斗大小和药包距离的重要参数

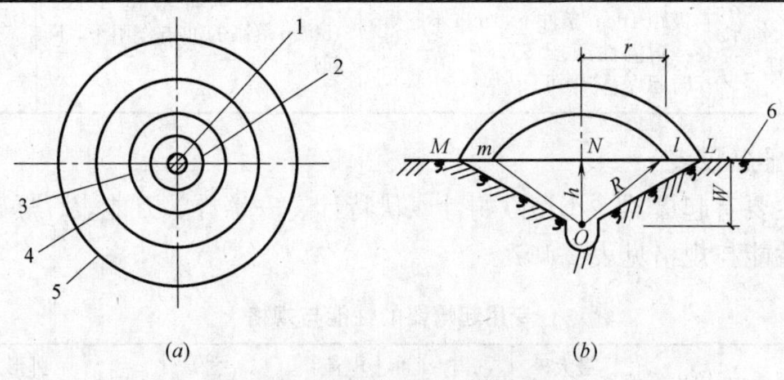

图2-15　爆破作用圈及爆破漏斗

(*a*) 爆破作用圈；(*b*) 爆破漏斗

1—药包；2—压缩圈；3—抛掷圈；4—破坏圈（松动圈）；5—震动圈；6—临空面

W—最小抵抗线；r—爆破漏斗半径；R—爆破作用半径；h—最大可见深度

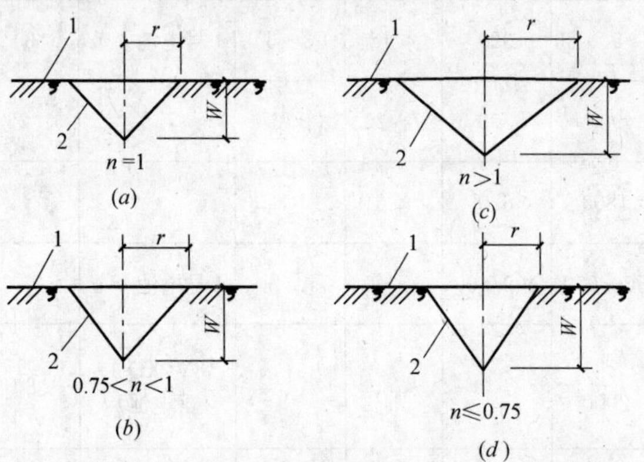

图2-16　爆破漏斗类型

(*a*) 标准抛掷爆破漏斗；(*b*) 减弱抛掷爆破漏斗；(*c*) 加强抛掷爆破漏斗；(*d*) 松动爆破漏斗

1—临空面；2—漏斗

W—最小抵抗线；r—漏斗半径

2.3.2.2　药包分类及使用

药包的分类及使用　　**表2-109**

分类	名称	药包形状及放置部位	效果及使用
按形状分类	集中药包	形状为球形，高度不超过直径4倍的圆柱形或长边不超过短边4倍的直角六面体	爆破效率高，省炸药和减少钻孔工作量，但破碎岩石块度不够均匀。多用于大量和抛掷爆破
	延长药包	形状为球形，高度超过直径4倍的圆柱形或长边超过短边4倍的直角六面体	在土右中可均匀分布炸药，破碎岩石块度较均匀。一般用于松动或破碎的炮孔爆破

续表

分类	名称	药包形状及放置部位	效果及使用
按爆破作用分类	裸露药包	药包放在被爆破体表面或裂隙部位或浅穴内	爆破作用仅使岩石破碎或飞移。减少钻孔工作量(图 2-17*a*)
	抛掷药包	药包放在被爆破体的内部,爆破时,在土石表面形成漏斗形的破坏坑 当 $n=1$ 为标准抛掷爆破药包; 当 $n<1$,为减弱抛掷爆破药包;当 $n>1$ 为加强抛掷爆破药包	爆破后,被炸碎的岩石突破临空面部分或全部抛撒在其周围,地面上形成一抛掷漏斗(图 2-17*b*) $n=1$、$n<1$、$n>1$ 三种基本类型的抛掷爆破漏斗见图 2-17(*a*)、(*b*)、(*c*)
	松动药包	药包放在被爆破体内部。爆破与抛掷药包相同。当 $r=W$(即 $n=1$),为标准破碎药包,即爆破作用使破碎部分成为直角倒正圆锥体	破坏作用只从内部破坏到临空面,并不产生抛掷运动,仅在临空面有一定的松动和突起(图 2-17*c*)或较小的位移即 $n=0\sim0.75$
	内部作用药包	药包在被爆破体内部。爆破与减弱抛掷药包相同。如破坏范围刚好达到临空面时,称最大内部作用药包	破坏作用仅限于被爆破体内部的压缩而不显露到被爆破体表面(临空面)上,如图 2-17*d*。一般用于扩大药室

注:1. 药包是指放置在被爆破体内部或表面,准备进行爆破的一定数量的炸药。
2. 被爆破体与空气或水接触的面叫做临空面(又叫自由面)。
3. n 为爆破作用指数,W 为最小抵抗线。

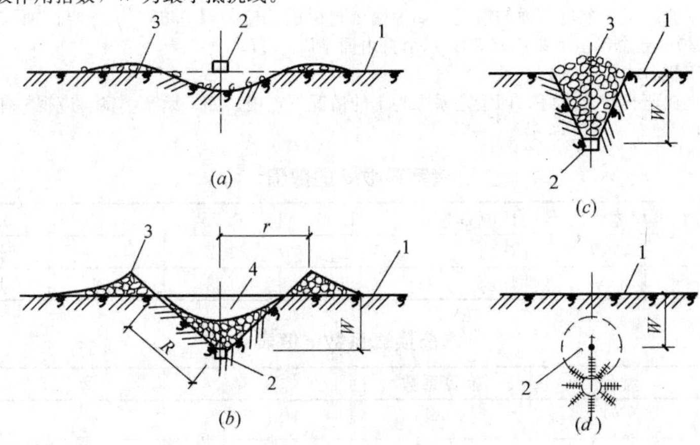

图 2-17 药包爆破作用分类

(*a*)裸露药包;(*b*)抛掷药包;(*c*)松动药包;(*d*)内部作用药包

1—临空面;2—药包;3—堆石;4—爆破漏斗

W—最小抵抗线;R—爆破作用半径;r—爆破漏斗半径

2.3.3 爆破药包量计算

爆破药包用药量计算公式 **表 2-110**

药包名称	计算公式	符号意义
标准抛掷爆破药包	$Q=eq\cdot W^3$ (2-45)	Q—药包重量(kg); q—爆破岩土单位体积炸药消耗量系数(kg/m³);与岩石的性质及炸药种类有关,见表 2-111; e—与炸药性质有关的换算系数,见表 2-113 W—药包的最小抵抗线(m); n—爆破作用指数,不应超过 1.25~1.5; θ—山坡与水平面的交角(°); $\sqrt{\frac{W}{25}}$—重力修正系数
加强松动爆破及抛掷爆破药包	当 $W<25$m 时 $Q=(0.4+0.6n^3)eqW^3$ (2-46*a*) $W>25$m 时 $Q=(0.4+0.6n^3)eqW^3\cdot\sqrt{\frac{W}{25}}$ (2-46*b*) 对斜坡地面 $Q=(0.4+0.6n^3)eqW^3\cdot\sqrt{\frac{W\cos\theta}{25}}$ (2-47) 当 $W\cos\theta<25$m 时 Q 不进行修正	

续表

药包名称	计算公式	符号意义
松动爆破药包	一般计算公式： $Q=0.33eqW^3$ (2-48) 对斜坡地形或阶梯式地形 $Q=0.36eqW^3$ (2-49)	Q—药包重量(kg)； q—爆破岩土单位体积炸药消耗量系数(kg/m³)；与岩石的性质及炸药种类有关，见表2-111； e—与炸药性质有关的换算系数，见表2-113 W—药包的最小抵抗线(m)； n—爆破作用指数，不应超过1.25～1.5； θ—山坡与水平面的交角(°)； $\sqrt{\frac{W}{25}}$—重力修正系数
内部作用爆破药包	$Q=0.2eqW^3$ (2-50)	

炸药单位消耗量 q 值 表 2-111

土的类别	一	二	三	四	五	六	七	八
q(kg/m³)	0.5～1.0	0.6～1.1	0.9～1.3	1.2～1.5	1.4～1.65	1.6～1.85	1.8～2.6	2.1～3.25

注：1. 本表以2号岩石硝铵炸药为准，当用其他炸药时，须乘以换算系数 e 值。
2. 表中所列 q 值是指一个自由面的情况。如为两个自由面，应乘以0.83；三个自由面乘以0.67；四个自由面乘以0.50；五个自由面乘以0.33；六个自由面乘以0.17。
3. 表中土的工程分类见表2-25。
4. 表中 q 值是在药孔堵塞良好，即堵塞系数为1的情况下定出。如果堵塞不良，应视具体情况乘以堵塞系数 d，见表2-112。

堵塞系数 d 的数值 表 2-112

实际堵塞长度 B' 与计算堵塞长度 B 的比值 B'/B		1.00	0.75	0.50	0.25	0
对土体	烈性炸药	1.0	1.2	1.4	1.7	2.0
对岩石和混凝土	烈性炸药	1.0	1.2	1.4	1.7	2.0

炸药换算系数 e 值表 表 2-113

炸药名称	型号	换算系数	炸药名称	型号	换算系数
岩石硝铵	1号	0.9	铵油炸药		1.14～1.36
岩石硝铵	2号	1.0	混合胶质炸药	普通	1.0
露天硝铵	2号、3号	1.14	梯恩梯		1.05～1.14

【例 2-9】 在坚实的泥岩上开一个1.8m，直径35mm炮孔，采用2号岩石硝铵炸药（装药密度为0.9g/cm³）进行松动爆破，要求岩石不抛掷，求所需炸药重量。

【解】 由表2-25岩石分类表中查得坚实的泥岩为六类土，参考表2-111取 $q=1.75\text{kg/m}^3$，采用2号岩石炸药，$e=1$，炮孔装药长度 l 一般为炮孔深度 L 的1/3～1/2，现假定药包长度 $l=2L/3=2\times180/3=120\text{cm}$，则堵塞物长 $L=1.8-1.2=0.6\text{m}$，$W=1.8-0.6=1.2$，由式（2-48）得：

$$Q=0.33eqW^3=0.33\times1\times1.75\times1.20^3=0.997\text{kg}$$

0.997kg药包长为115cm与假定不符，现重新假定药包长度为118cm，则 $W=1.8-0.59=1.21\text{m}$，则 $Q=0.33eqW^3=0.33\times1\times1.75\times1.21^3=1.023\text{kg}$

118cm长药包重为 $\frac{\pi\times3.5^2}{4}\times118\times0.9=1.021\text{kg}$，与计算基本相符，堵塞长度有62cm，可以满足要求，故所需药量定为1.023kg。

【例 2-10】 在坚实的砾岩台阶下2.1m处设置一集中药包，要求爆破作用指数为1.1，有两个自由面，采用2号岩石硝铵炸药，求堵塞 $d=1.2$ 时的药包重量。

【解】 由表2-25查得密实的砾岩为七类土，参考表2-111取 $q=2.2\text{kg/m}^3$，有两个自由面应乘以 0.83 系数，同时已知 $W=2.1$，$n=1.1$，$e=1$，$d=1.2$，由式（2-46a）得

$$Q=(0.4+0.6n^3)eqW^3\times0.83\times1.2$$
$$=(0.4+0.6\times1.1^3)\times1\times2.2\times2.1^3\times0.83\times1.2$$
$$=24.32\text{kg}$$

2.3.4 起爆方法

2.3.4.1 常用起爆方法

起爆方法、技术要点、注意事项及适用范围　　表 2-114

名　　称	起爆方法、技术要点	注 意 事 项	优缺点及适用范围
电力起爆法(是通过电雷管中的点火装置先使雷管内的起爆药爆炸，然后使药包爆炸。所用材料有电雷管、电线、电源和检查仪表等)	组成电爆网路多用直径 1.13～1.37mm 的胶皮绝缘线或塑料绝缘线；电雷管与电线的联结方式：有串联法、并联法、串并联法、并串联法等，其联结方法形式及适用条件见表 2-115。对大型或重要的爆破工程，宜用复式网路 检查仪表有小型欧姆计、伏特计、安培计、万能表及爆破电桥等 电源通常利用放炮器、干电池、蓄电池、移动式发电装置、照明电力线路或动力电力线路等	(1)电雷管使用前，应检查其电阻，根据不同电阻值选配分组；在同一串联网路中，应用同厂、同批、同型号的电雷管，各电雷管(脚线长 2m)之间的电阻差值不应超过 0.25Ω(铜脚线)和 0.3Ω(铁脚线) (2)使用电力线路作起爆电源，应使用有闸刀开关装置。电源与雷管要分开放置。起爆前应检测电爆网路的电阻和绝缘，防止接头与地面接触，造成短路，如电阻值与计算值相差 10%以上应查明原因，消除故障后方可起爆 (3)遇有暴风雨或闪电打雷时，禁止进行装药，安装电雷管和联结电线等操作，同时应迅速将雷管的脚线电源线的两端分别绝缘	优点：可同时起爆多个药包；可间隔、延期起爆，安全可靠 缺点：操作较复杂；准备工作量较大；需较多电线，需一定检查仪表和电源设备 适于大、中型重要的爆破工程
导爆索起爆法(是在药室外的一段导爆索绑扎一个 8 号雷管，或用电热，依靠导爆索本身直接起爆，而不在药包内安设雷管。使用材料主要有导爆索及点燃导爆索的雷管等)	导爆索的联结方式有串联法、分段并联法、并簇联法等，其联结方法及形式及使用要点见表 2-115	(1)导爆索不得有折伤、受潮、包皮破裂、过粗或过细等缺陷； (2)同一爆破网路上，应使用同厂、同牌号的导爆索。网路敷设后，应避免暴晒，气温 30℃以上时，应用纸或土遮盖。导爆索在接触铵油炸药部位，应用防油材料保护，以防药芯浸油； (3)起爆导爆索网路应使用两个雷管。在同一个网路上如有两组导爆索时，应同时起爆	优点：导爆速度高，可同时起爆多个药包，提高爆破效果；连接形式简单，无复杂的操作技术；雷管消耗量少，装药和堵塞时不怕雷电作用，比较安全可靠；发生瞎炮事故，易于处理 缺点：导爆索，价格较高；不能在群药包中进行顺序间隔、延期爆破；不能用仪表来检查爆破线路的好坏 适于瞬时起爆多个药包的炮孔，深孔或洞室爆破。不适用于有瓦斯和矿尘爆炸危险的地方
导爆管起爆法(是利用导爆管传爆起爆药的能量，引爆雷管，然后使药包爆炸。主要器材有导爆管、雷管和起爆器)	导爆管网的敷设与电力起爆基本相似，可采用串联、并联、簇联等方式；大型爆破应采用复式网路 起爆导爆管，可用起爆枪直接激发导爆管和简易激发器，或用普通雷管绑扎在成束导管上(或采用塑料多通道连接插头)，雷管起爆，激发导爆管同时传爆。导爆管引爆炸药时，是依靠普通雷管，即导爆管与起爆药包的雷管连接起来，并依靠连接插头(由内径 3.1±0.05mm 透明塑料制成二通、三通、四通、五通、六通等种)，使之成为导爆单元。导爆管联结形式与导爆索大体相近，不过导爆管系统连接一般采用多通道连接插头(连接块)	(1)导爆管靠空气冲击波传爆，不能使用表面损伤或管内有杂物的导爆管 (2)敷设网路不能将导爆管拉细、对折或打结 (3)用雷管激发或传爆导爆管网路时，导爆管应绑扎在雷管的周围，并用 3～5 层聚丙烯包扎带或棉胶带绑扎牢实，导爆管端头距雷管不得小于 10cm，并应与相邻网路之间保持一定距离	优点：导爆速度高，可同时起爆多个药包；作业简便、安全；抗杂散电流，起爆可靠；原材料方便，成本低；运输方便，效率高 缺点：导爆管连接系统和网路设计较复杂，不适于孔外微差爆破采用 适于露天、井下、深水、杂散电流大和一次起爆多个药包的微差爆破作业中，进行瞬发或秒延期爆破

2.3.4.2　电爆网络联结方法

电爆网路联结方法、形式及适用条件　　表 2-115

名称联结方法	联结形式	优缺点及适用条件
串联法 （将电雷管的脚线一个接一个地连在一起，并将两端的两根脚线接至主线通向电源）	电源 G 主线 联结线 脚线 药室 电雷管	优点：线路简单，计算和检查线路较易，导线消耗较少，需准爆电流小 缺点：整个网路可靠性较差，如一个雷管发生故障或敏感度有差别时，易发生拒爆现象 适用于爆破数量不多、炮孔分散并相距较远，电源、电流不大的小规模爆破 可用放炮器、干电池、蓄电池作起爆电源
并联法 （将所有雷管的两根脚线分别接至两根主线上，或将所有雷管的其中一根脚线集合在一起，然后接在一根主线上，把另一根脚线也集合在一起，接在另一根主线上）	电源 G 主线 联结线 脚线 电雷管 药室	优点：各雷管的电流互不干扰，不易发生拒爆现象，当一个雷管有故障，不影响整个起爆 缺点：导线电流消耗大，需较大截面主线，联结较复杂，检查不便；若分支线电阻相差较大时，可能产生不同时爆炸或拒爆 适用于炮孔集中，电源容量较大及起爆少量雷管时应用 各分支线路的电阻最好基本相同
串并联法 （将所有雷管分成几组，同一组的电雷管串联在一起，然后组与组之间再并联在一起）	电源 G 联结线 主线 脚线 电雷管 药室	优点：需要的电流容量比并联小；同组中的电流互不干扰，药室中使用成对的雷管，可增加起爆的可靠性 缺点：线路计算和敷设复杂，导线消耗量大 适用于每次爆破的炮孔、药包组很多，且距离较远或全部并联电流不足时，或采取分层迟发布置药室时使用 各分支线路的电阻必须平衡或基本接近
并串联法 （将所有雷管分成几组，同一组的电雷管并联在一起，然后组与组之间串联在一起）	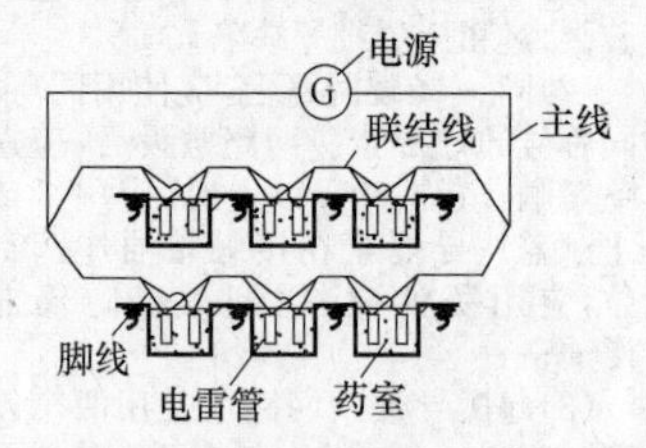	优点：可采用较小的电容量和较低的电压，可靠性比串联强 缺点：线路计算和敷设较复杂，有一个雷管拒爆时，仍将切断一个分组的线路 适用于一次起爆多个药包，且药室距离很长时，或每个药室设两个以上的电雷管而又要求进行迟发起爆时，或无足够的电源电压时使用 各分支线路电阻应注意平衡或基本接近

2.3.4.3　导爆线路联结方法

导爆线路的联结类型及方法　　表 2-116

名称、联结方式	联 结 图 形	优缺点及应用
串联法 （在每个药包之间直接用导爆索联结起来）	雷管 ≥400 导爆方向 导爆主线 100～150 药室	联结方便，线路简单，接头少。但联结可靠性差，在整个线路中，如有一个药包拒爆时，将影响到后面所有药包拒爆 工程上较少采用
分段并联法 （将联结每个药包的每段导爆索线与另外一根导爆索主线联结起来）	200～300 导爆主线 >90° 100～150 导爆支线 药室	各药包爆破互不干扰，一个药包拒爆，不影响整个起爆，对准确起爆有可靠保证，导爆索消耗量少。但联结较复杂，检查不便，如联结不好，个别会产生拒爆 在爆破工程应用很广

续表

名称、联结方式	联结图形	优缺点及应用
并簇联法 （将联结每个药包的每段导爆索联成一捆，然后与另一根导爆索主线联结起来）	药室 100～150 雷管 导爆主线 导爆支线 起爆束	联结简单，可靠性较串联大。但导爆索消耗量大，不够经济 在洞室工程药包集中时应用
使用要点及注意事项	(1)导爆索常用搭接法，搭接长度为20～30cm，最小不少于15cm，应用细麻线或胶布线扎牢（图2-18*a*、*b*）。主线与主线连接时，支线的端头必须朝着主线爆炸方向；其间的夹角应大于90°，不得采用爆炸相反方向（图2-18*c*、*d*、*e*），以免发生拒爆 (2)导爆索网路应避免交叉敷设，必须时应用厚度不小于15cm的衬垫物隔开，导爆索平行敷设的间距应大于20cm，在药包内（或起爆体内）导爆索的一端应卷绕成起爆束，以增加起爆能力 (3)不允许导爆索网路中绕成环状或丝扣，以防止导爆索破损或折断	

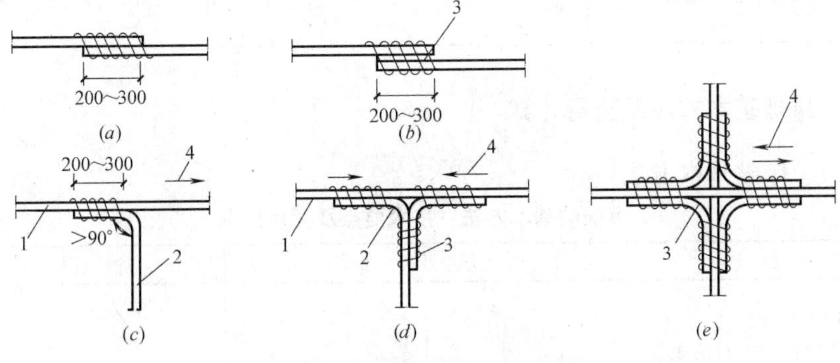

图2-18 导爆索的联结

(*a*) 导爆索搭接；(*b*) 短导爆索的搭接；(*c*) 主线与支线的联结；(*d*) 加短导爆索的三角搭接；(*e*) 导爆索菱形联结
1—导爆索主线；2—导爆索支线；3—附加短导爆索；4—导爆方向

2.3.5 成孔机具和方法

成孔机具和方法 **表2-117**

分项	名称	成孔机具	操作方法要点	适用范围及注意事项
人工打孔	锤击法	钎头长度根据需打孔深采用不同长度，分组长度一般为0.6～0.8、1～1.5、2～2.5、3m，短钢钎用宽刃口，长钢钎用窄刃口，以保证孔壁圆直不卡钎 单人打孔用1.5kg铁锤，双人用3.0kg铁锤，清渣用铁制掏勺	由单人、双人或三人操作。单人打孔，一手扶钎，一手抡锤；双人或三人打孔，一人扶钎，一或二人打锤。打锤要稳、准，落锤要直。每打一锤，提钎一次，并转动30°～40°角，使孔圆顺，每打一段时间，应用掏勺掏出石粉石渣；打湿孔；每打70～80锤掏一次渣，并加水使粉渣成浆糊状，使之易于掏出	适于工作量不大、机具不足或施工现场狭窄及炮孔深度不大的情况下使用。注意事项： (1)打锤人应站在掌钎人的侧面，脚要立稳，严禁打对面锤 (2)开始打锤及中途换钢钎，应先轻打一、二十锤，使钢钎温度稍升高后再猛打，避免钎头脆裂 (3)必须按炮孔布置位置、方向及深度进行打孔，打到要求深度后，要将孔内石粉杂质掏挖干净，用稻草或塞子将孔口塞好，避免泥块等掺入，严禁在已爆破后的残孔中继续钻孔 (4)操作场地的障碍物及冰雪应清除干净 (5)应经常对工具进行检查，不合要求的，及时更换

续表

分项	名称	成孔机具	操作方法要点	适用范围及注意事项
机械钻孔	钻眼法	主要机具有凿岩机和风镐(带风管)。凿岩机有手持风动、内燃及电动三种，以风动较普遍 钻钎用直径 22～25mm 合金工具钢中空六角钢，钢钎长度随打入深度而不同，如打 4m 深炮孔，钢钎分组长度为 0.8、1.6、2.4、3.2、4.0m 五种。钻头有一字形、十字形和梅花形 供风用 6～10m^3 移动式柴油空气压缩机或电动空气压缩机，风压 0.5MPa；湿法凿孔水压为 0.2～0.3MPa	由一人操作，双手持凿岩机对正位置，使钻钎与钻孔中心在一条直线上。钻时应先小开风门，待钻入岩石，能控制方向，方开大风门。气量和风压应符合凿岩机要求，对坚硬及较破碎岩石，压力可小些，否则应大些。每钻入一定深度应稍提起空转，开动风门吹出粉尘以防卡钎。开始应用短钎，每打 50cm 左右换一长钻钎，操作要扶稳，喷水吹风要勤，至要求深度时，要把孔内的石粉冲净，孔眼吹干	适于工作量大，具有机具、场地大条件及各种炮孔深度情况下使用 注意事项： (1)对机具进行详细检查、试转，不合要求者应修理或更换。操作中有不正常声响或振动时，应停机检查分析，及时排除故障，方准继续作业 (2)换钻钎、检查风动凿岩机及加油时，应先关闭风门或风管，然后工作，并应防止碰动风门。在机械运转过程中，禁止用身体支承风钻的转动部分 (3)如发现堵孔现象，应立即开动风门，全力提起钻钎并反顺时针转动钻钎或稍灌水，或敲击至能自由上下运行为止 (4)工作时必须带好风镜、口罩和安全帽

2.3.6　爆破基本方法及药量计算

2.3.6.1　爆破基本方法

爆破的基本方法、技术要点及适用范围　　表 2-118

名　称	爆破方法及技术要点	优缺点及适用范围
裸露爆破法(表面爆破法) 系将药包直接置于岩石的表面进行爆破 导火索　覆盖物　药包　大块石 雷管　导火索　药包 集中爆力穴	药包放在块石或孤石的中部凹槽或裂隙部位。体积大于 1m^3 的块石，药包可分数处放置，或在块石上打浅孔或浅穴破碎。为提高爆破效果，表面药包底部可做成集中爆力穴；药包上护以草皮或湿泥土砂子，其厚度应大于药包高度；或以粉状炸药敷 30～40cm 厚。以利电雷管或导爆索起爆	优点：不需钻孔设备，准备工作少，操作简单迅速 缺点：炸药消耗量大(比炮孔多 3～5 倍)；破碎岩石飞散较远 用于地面上大块石、大孤石的二次破碎及树根、水下岩石与改建工程的爆破
炮孔法(浅孔爆破法) 在岩石上钻直径 25～50mm，深 0.5～5m 的圆柱形炮孔，装延长药包进行爆破 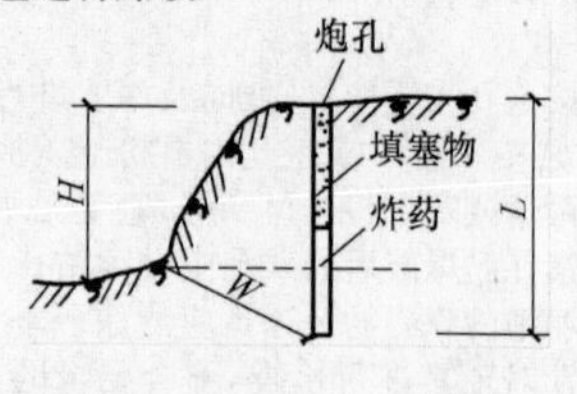 	炮孔直径通常用 35、42、45、50mm 几种。为使有较多临空面，常按阶梯形爆破，使炮孔方向尽量与临空面平行或成 30°～45°角；炮孔深度 L：对坚硬岩石 $L=(1.1\sim1.5)H$；对中硬岩石，$L=H$；对松软岩石，$L=(0.85\sim0.95)H$，(H—爆破层厚度)。最小抵抗线 $W=(0.6\sim0.8)H$；炮孔间距 $a=(1.4\sim2.0)W$(火雷管起爆时)，或 $a=(0.8\sim2.0)W$(电力起爆时) 炮孔布置一般为交错梅花形，依次逐排起爆。爆孔排距 $b=(0.8\sim1.2)W$；同时起爆多个炮孔应采用电力起爆或导爆索起爆	优点：不需复杂钻孔设备；施工操作简单，容易掌握；炸药消耗量少；飞石距离较近，岩石破碎均匀，便于控制开挖面的形状和尺寸，可在各种复杂条件下施工，在爆破作业中被广泛采用 缺点：爆破量较小，效率低，钻孔工作量大 用于各种地形和施工现场比较狭窄的工作面上作业，如基坑、管沟、渠道、隧洞爆破或用于平整边坡、开采岩石、松动冻土以及改建工程拆除控制爆破

续表

名　称	爆破方法及技术要点	优缺点及适用范围
深孔法 将药包放在直径75～270mm，深5～30m的圆柱形深孔中爆破	宜先将地面爆成倾角大于55°阶梯形，作垂直、水平或倾斜的炮孔。钻孔用轻中型露天潜孔钻。钻孔深度L等于阶梯高加眼跟h，$h=(0.1～0.15)H$；$a=(0.8～1.2)W$；$b=(0.7～1.0)W$装药采用分段或连续。爆破时，边排先起爆，后排依次起爆	优点：单位岩石体积的钻孔量少；耗药量少，生产效率高，一次爆落石方量多，操作机械化，可减轻劳动强度 缺点：爆的岩石不够均匀，有10%～25%的大块石需二次破碎，钻孔设备复杂，费用较高 用于料场、深基坑的松爆、场地整平以及高阶梯中型爆破各种岩石
药壶法（葫芦炮、坛子炮） 在普通浅孔或深孔炮孔底先放入少量的炸药，经过一次至数次爆破扩大成近似圆球形的药壶（图2-19），然后装入一定数量的炸药进行爆破 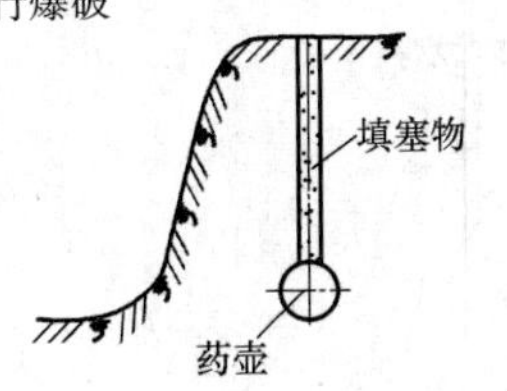	爆破前，地形宜先造成较多的临空面，最好是立崖和台阶。一般取$W=(0.5～0.8)H$；$a=(0.8～1.2)W$；$b=(0.8～2.0)W$；堵塞长度为炮孔深的0.5～0.9倍 各种岩石中扩大药壶所需的次数及用药量见表2-119。每次爆扩药壶后，须间隔20～30min。扩大药壶用小木柄铁勺掏渣或用风管通入压缩空气吹出。当土质为黏土时，可以压缩，不需出渣。药壶法一般宜与炮孔法配合使用，以提高爆破效果（图2-20），药壶测量见图2-21 一般宜用电力起爆，并应敷设两套爆破线路	优点：减少钻孔工作量，可多装药，炮孔较深时将延长药包变为集中药包，大大提高爆破效果 缺点：扩大药壶时间较长，操作较复杂，破碎的岩石块度不够均匀，对坚硬岩石，扩大药壶较困难，不能使用 属集中药包的中等爆破，适用于露天爆破阶梯高度3～8m的软岩石和中等坚硬岩层；坚硬或节理发育的岩层不宜采用
小洞室法（竖井法、蛇穴法） 在岩石内部开挖导洞（横洞或竖井）和药室进行爆破 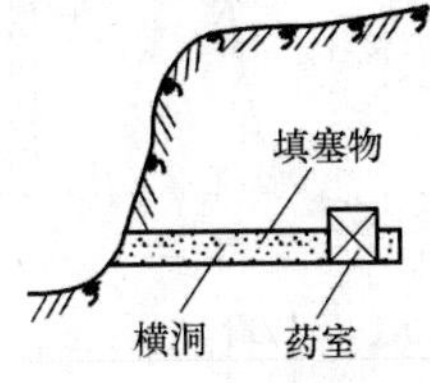	导洞截面一般为1×1.5m（横洞）或1×1.2m或直径1.2m（竖井）。设单药室或双药室（图2-22）。横洞截面小于0.6×0.6m时称蛇穴。药室应选择在最小抵抗线W、比较大的地方或整体岩层内，并离边坡1.5m左右。横洞长度一般为5～7m，其间距为洞深的1.2～1.5倍。竖井深度一般为$(0.9～1.0)\times H$，a及$b=(0.6～0.8)H$，药室应在离底0.3～0.7m处，再开挖浅横洞装集中药包。蛇穴底部即为药室。导洞及药室用人力或机械打炮孔爆破方法进行，横洞用轻轨小平板车出渣；竖井用卷扬机、绞车或桅杆吊罗筐出渣。横洞堵塞长度不应小于洞高的3倍，堵塞材料用碎石和黏土（或砂）的混合物，靠近药室处宜用黏土或砂土堵塞密实	优点：操作简单，爆破效果比炮孔法高，节约劳力，出渣容易（对横洞而言），凿孔工作量少，技术要求不高，同时不受炸药品种限制，可用黑火药 缺点：开洞工作量大，较费时；排水、堵洞较困难，速度慢，比药壶法费工稍多，工效稍低 适用于六类以上的较大量的坚硬石方爆破 竖井适于场地整平、基坑开挖松动爆破；蛇穴适于阶梯高不超过6m的软质岩石或有夹层的岩石松爆

注：L、H、W、a、b符号意义均同炮孔法。

药壶扩大次数及用药量（kg） **表2-119**

土的类别	扩大次数（次）						
	1	2	3	4	5	6	7
一～四类（Ⅴ级以下）	0.1～0.2	0.2	—	—	—	—	—
五类（Ⅴ～Ⅵ级）	0.2	0.2	0.3	—	—	—	—
六类（Ⅶ～Ⅷ级）	0.1	0.2	0.4	0.6	—	—	—
六～七类（Ⅸ～Ⅹ级）	0.1	0.2	0.4	0.6	0.8	0.9	1.0

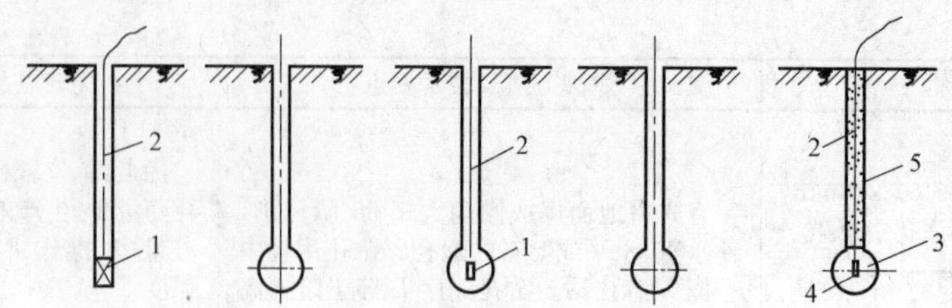

图 2-19　药壶形成过程

1—小药包；2—导火索；3—炸药；4—雷管；5—填塞物

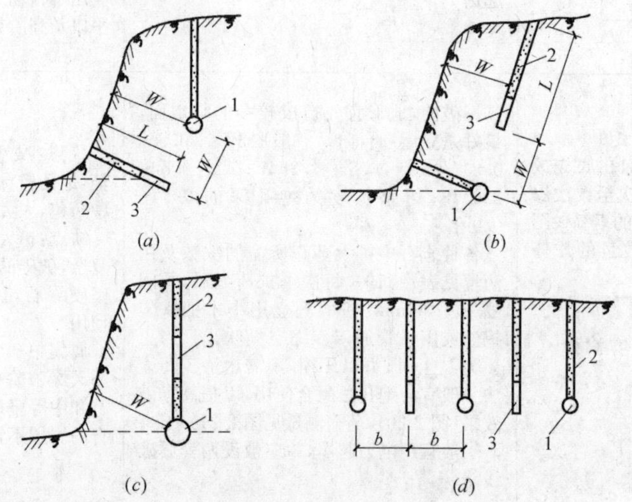

图 2-20　药壶法与炮孔法配合使用

(a)、(b) 药壶与炮孔混合布置；(c) 药壶与深孔药包配合布置；(d) 药壶排炮

1—药壶；2—炮孔；3—炸药

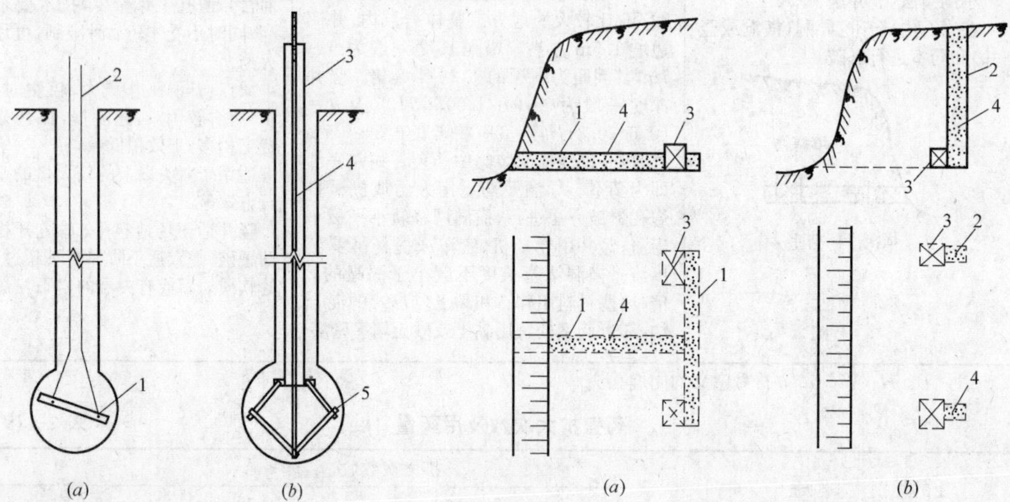

图 2-21　药壶容积测量示意

(a) 木棍测量；(b) 测孔器测量

1—木棍；2—细绳；3—ϕ25mm 钢管；

4—ϕ16mm 钢筋；5—铰

图 2-22　小洞室法双药室布置

(a) 横洞；(b) 竖井

1—横洞；2—竖井；

3—药室；4—堵塞物

2.3.6.2 爆破药量计算

常用爆破方法用药量计算 表 2-120 (*a*)

名称	装药量计算	符号意义
炮孔法	多排布置炮孔时,每一炮孔药量为: $Q=e\cdot q\cdot a\cdot b\cdot L$ (2-51) 采用松动爆破时: $Q=0.33e\cdot q\cdot a\cdot b\cdot L$ (2-52) 实际施工,炮孔较多不一一计算,根据经验,每孔装药量取孔深的 1/3~1/2 左右	Q—每一炮孔所需药包重量(kg); e—炸药换算系数,见表 2-113; q—岩石单位体积炸药消耗系数,见表 2-111; W—最小抵抗线(m); a—炮孔间距(m); b—炮孔排距(m); D—炮孔直径(m); L—炮孔深度(m); Δ—装药密度(kg/m^3)一般为 900kg/m^3; τ—装药长度系数,当阶梯高度 H 小于 10m 时,$\tau=0.6$;H 为 10~15m 时,$\tau=0.5$;H 大于 15m 时,$\tau=0.4$; m—炮孔密度系数,一般为 0.8~1.2; H—阶梯高度(m); P—炸扩系数,四~五类岩石为 10~25;五~六类岩石为 5~10;六~八类岩石为 1~5
深孔法	每一炮孔药量为: $Q=0.33e\cdot q\cdot W\cdot a\cdot H$ (2-53) 式中 W 参照下式计算: $W=\sqrt{\dfrac{0.785D^2\cdot L\cdot\Delta\cdot\tau}{e\cdot q\cdot m\cdot H}}$	
药壶法	每一孔药量为: $Q=0.22e\cdot q\cdot W^3$ (2-54) 炸扩药壶用的装药量 Q_1 按下式计算: $Q_1=\dfrac{1}{P}0.33e\cdot q\cdot W^3$ (2-55)	

炮孔深度与不同临空面及炮孔直径的关系 表 2-120 (*b*)

炮孔直径(mm)	最大炮孔深度(m)	
	两个临空面(如阶梯地形)	一个临空面(如水平地面)
32~35	2.5	1.5~2.0
35~40	3.5	2.0~2.5
40~45	4.0	2.3~2.6
50	5.0	3.0~3.5

岩石松动爆破每 100m^3 所需消耗的材料参考表 表 2-121

项目	人工打眼			机械钻眼		
	软次坚石	坚石	特坚石	软次坚石	坚石	特坚石
	$f=1.5\sim10$	$f=10\sim18$	$f=18\sim25$ 以上	$f=1.5\sim10$	$f=10\sim18$	$f=18\sim25$ 以上
硝铵炸药(2 号岩石)(kg)	33.3	40.1	48.9	33.3	40.1	48.9
电雷管(8 号纸壳)(个)	49.0	58.8	75.6	49.0	58.8	75.6
胶质母线(m)	40.4	40.4	40.4	40.4	40.4	40.4
钢钎(ϕ22)(kg)	3.25	4.9	6.5	—	—	—
六角空心钢(22~25)(kg)	—	—	—	2.7	4.4	5.4
合金钻头(一字)(个)	—	—	—	2.3	3.6	4.4
高压胶皮风管(m)(ϕ25.4×18×6)	—	—	—	0.3	0.4	0.6
高压胶皮水管(m)(ϕ19×18×6)	—	—	—	0.3	0.4	0.6

注:1. 炮孔深度与不同临孔面及炮孔直径的关系见表 2-120 (*b*)。
2. 岩石松动爆破每 100m^3 所需消耗的材料参看见表 2-121。

2.3.7　场地常用爆破方法

2.3.7.1　边线控制爆破

边线控制爆破方法　　表 2-122

名称及布孔简图	爆破方法及操作要点	优缺点及适用范围
密孔法(防震孔法) 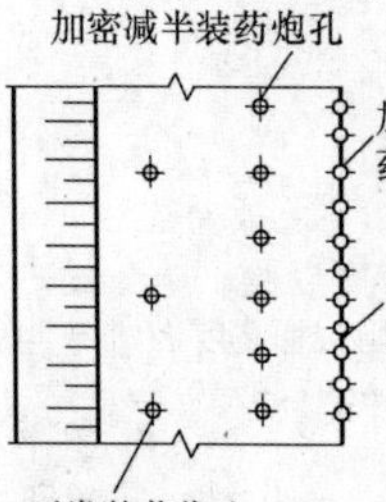 加密减半装药炮孔 加密不装药炮孔 设计开挖边线 正常装药炮孔	是沿设计开挖线钻一排(或两排)直径50～80mm的密孔，孔距为孔径的2～4倍，孔内不装药，紧靠密孔的第二排孔为减弱炮孔，孔距为正常装药炮孔间距的50%～75%，装药量减少50%左右，其余为正常炮孔 爆破次序为正常炮孔先爆，减弱炮孔依次起爆	优点：可在密孔部位造成一个薄弱面，可减轻对外开挖部分围岩或建筑物的破坏作用，同时可控制开挖轮廓 缺点：钻孔较多，施工速度较慢，费用较高 适于在均质的层面破碎带和接合面很少的岩层中，不适用于层面破碎带发育或接合面多的岩石中以及混凝土基础部分拆除
护层法(缓冲爆破法、光面爆破法) 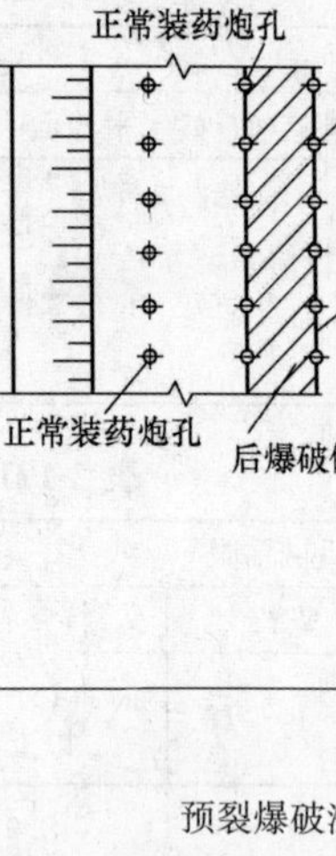 正常装药炮孔 小直径药卷间断装药(为正常孔的50%炮孔) 设计开挖边线 正常装药炮孔 后爆破保护层	是沿设计开挖线钻一排孔，孔距比密孔法稍大，孔中装小直径延长药卷(用低猛度炸药)，沿全部孔深间断绑在细线、导火索上。当采用硝铵炸药时，药卷长200mm，直径为32mm，间距30～60mm，每个药卷放雷管，底部药卷的药量为上部的2～3倍。药卷宜紧靠开挖区的孔壁一边放置，使与孔壁间留有径向空隙，用以减弱爆破振动和冲击波。孔口要全部堵塞。抵抗线取大于孔距的2倍。其余为正常装药炮孔。边线各炮孔应使用同一秒量的雷管并同时起爆，但边线药卷是在正常装药的主炮孔爆破后起爆，其作用是在正常炮孔和设计开挖线之间预留有一道保护层，使岩面平整	优点：钻孔较少，可基本避免超挖、欠挖现象，其他同密孔法 缺点：爆破操作较复杂费工 适用范围同密孔法
预裂爆破法 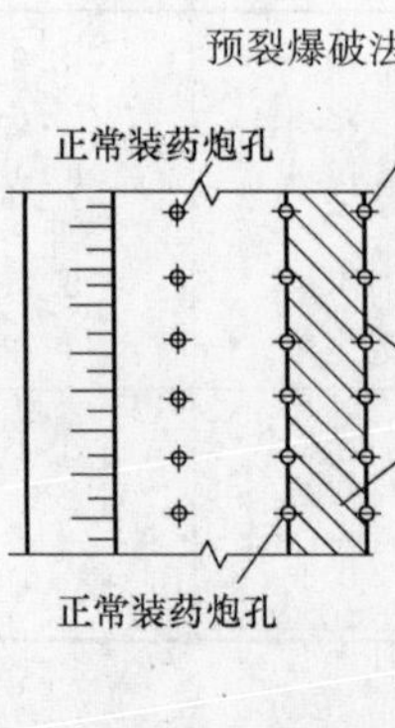 正常装药炮孔 小直径药卷间断装药(为正常孔的50%)炮孔 设计开挖边线 先起爆预裂区 正常装药炮孔	是沿设计开挖线钻一排预裂炮孔，深度较主炮孔稍深，装药与堵塞与护层法相同，不同的是预裂炮孔在紧靠边线主炮孔爆破前先起爆，其时差：对坚硬岩石不少于50～80ms；中等坚硬岩石不少于80～150ms；松软岩石不少于150～200ms。其作用是沿设计开挖线预先爆开一条缝，以控制对围岩产生破坏性影响。炮孔间距一般为直径的8～12倍，靠近预裂炮孔的间距，排距和装药量应较其他主炮孔适当减少。爆破时，各孔都装药并同时引爆	优点：钻孔量少，一次起爆，可在主要开挖区爆破后形成一个平整的岩面，基本避免超挖、欠挖现象 缺点：操作技术要求较高 适于岩石边坡的爆破及建筑、构筑物的拆除

2.3.7.2 定向控制爆破

定向控制爆破原理、技术要点、药量计算及适用范围 表 2-123

爆破原理	技术要点	药量计算	优缺点及适用范围
定向爆破是在一定的条件下，使爆裂的岩石朝预定方向集中抛掷、堆积。它是应用在药包底部做成集中穴，起聚能作用的原理，在爆破部位人为的在最小抵抗线方向，用辅药包开创一个定向坑，从而使主药包爆破抛掷物朝预定方向集中，使爆碴分布对称于最小抵抗线的水平投影，在最小抵抗线方向抛掷最远(亦称最小抵抗线原理)，以达到定向抛掷的目的	在需定向抛掷部位，设主、辅两个药包，辅助药包在主药包起爆前 2～3s 先爆，使之形成一个相当"定向坑"作用的爆破漏斗，然后紧接着爆破主药包，如地形有自然的凹面，则可不用辅药包，直接放主药包起爆。主药包的最小抵抗线应垂直于凹面，指向凹面的曲率中心（又称定向中心）。按此布置药包，爆落的岩土就会向着定向中心抛掷，并且堆积体的重心在定向中心附近。图 2-23 为定向，爆破堆石填沟或筑堤及开梯形截面沟道的药包布置情形，先爆辅药包，使形成定向坑，紧接着引爆主药包，使爆破物向一侧(或两侧)抛掷	定向爆破为加强抛掷爆破，其药量按下式计算：当 $W<25$m 时 $Q=(0.4+0.6n^3)qW^3$ 当 $W>25$m 时 $Q=(0.4+0.3n^3)qW^3\sqrt{\frac{W}{25}}$ (2-56) 在山坡上爆破时要加一山坡系数： $Q=(0.4+0.6n^3)qW^3\ \sqrt{\cos\theta}$ $Q=(0.4+0.6n^3)qW^3\sqrt{\frac{W\cos\theta}{25}}$ (2-57) θ 为山坡与水平面的交角，应小于 90°；爆破指数 n 值的选用与地面坡度有关，抛掷率为 60%时： 当 θ 为 20°～30°时，n 值取 1.5～1.75；θ 为 30°～45°时，n 值取 1.25～1.50；θ 为 45°～70°时，n 值取 1.0～1.25；θ 为 70°以上时，n 值为 0.75～1.0 公式符号意义同表 2-110 有关符号	优点：节约炸药，可定向抛掷，可堆石筑坝，减少运输 缺点：操作技术较为复杂适用于堆石成坝，或抛向一侧低洼处回填，或形成一定断面的基坑、地沟、渠道。不适用于室内作拆除控制爆破工程

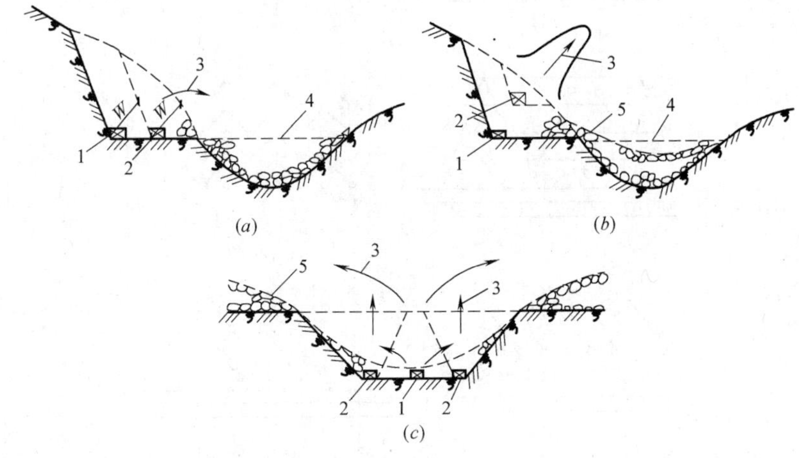

图 2-23 定向控制爆破

(a) 填沟；(b) 筑坝；(c) 开渠道、地沟

1—主药包；2—辅助药包；3—抛掷方向；4—回填或筑坝线；5—爆破堆积体

2.3.7.3　微差控制爆破

微差爆破原理、方法、计算及注意事项　　表 2-124

爆破原理	爆破方法及计算	注意事项	优缺点及适用范围
微差爆破是一种应用特制的毫秒延期雷管，以毫秒级时差顺序起爆各个（组）药包的爆破技术。其基本原理是把普通齐发爆破的总炸药能量，分割为多数较小的能量，采取合理的装药结构、最佳的微差间隔时间和起爆顺序，为每个药包创造多面临空条件，将齐发大量药包产生的地震波，变成一长串小幅值的地震波，同时各药包产生的地震波相互干涉，从而降低地震效应，把爆破振动控制在给定的水平之下	爆破布孔和起爆顺序有成排顺序式、排内间隔式（又称V形式）、对角式、波浪式、径向式等（图 2-24），或由它组合变换成的其他形式，其中以对角式效果最好，成排顺序时最差。采用对角式时，应使实际孔距与抵抗线比大于 2.5 以上，对软石可为 6～8；相同段爆破孔数根据现场情况和一次起爆的允许炸药量而定 装药结构一般采用空气间隔装药（图 2-25），或孔底留空气柱的方式，所留空气间隔的长度通常为药柱长度的 20%～35%左右。间隔装药可用导爆索或电雷管齐发或孔内微着引爆，后者能更有效降震 爆破采用毫秒、延迟雷管，国产 30 段延迟 900ms 雷管延时见表 2-104 最佳微差间隔时间 t（ms）可用以下经验公式： $t=(3\sim6)W$　　(2-58) 式中　W—最小抵抗线（m）； 3～6—由岩石特性决定的系数，刚性大的岩石取小值 微差间隔时间一般应等于岩石震动周期的一半	（1）注意合理选择起爆间隔延时，相邻两炮孔爆破时间间隔宜控制在 20～30ms，不宜过大或过小； （2）要确保一炮响后不造成下一炮拒爆，并防止一炮响后，造成飞石、岩体移动等情况，导致网路破坏； （3）爆破网路宜采取可靠的导爆索与继爆管相结合的爆破网路，每孔至少一根导爆索，确保完全起爆； （4）非电爆管网路要设复线，孔内线脚要设有保护措施，避免装填时把线脚拉断； （5）爆破网路的联结工作，要严格遵守安全操作规程。导爆索、导爆管、网路联结要注意搭接长度、拐弯角度、接头方向，并捆扎牢固，不得松动	优点：能有效地控制爆破冲击波、震动、噪音和飞石；操作简单、安全、迅速，可近人爆破而不造成伤害；破碎程度好，可提高爆破效率和技术经济效益 缺点：网路设计较为复杂；需特殊的毫秒延期雷管及导爆材料 适用于开挖岩石地基、挖掘沟渠、拆除建筑物和基础以及用于工程量与爆破面积较大，对截面形状、规格、减震、飞石、边坡后冲有严格要求的控制爆破工程

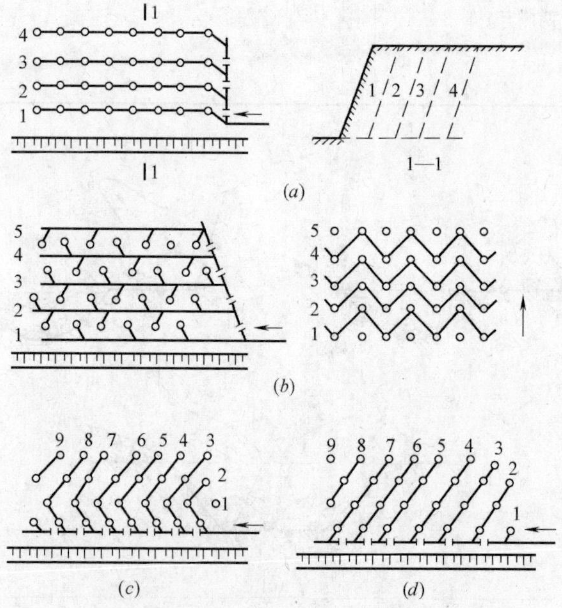

图 2-24　微差控制爆破起爆形式、顺序

（a）成排顺序式（排间微差）；（b）排内间隔式（V形式）；

（c）波浪式；（d）对角式

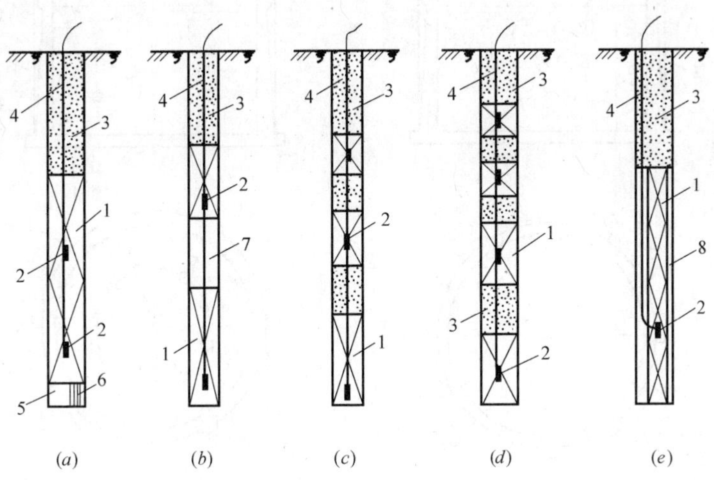

图 2-25 间隔装药结构

(a) 单层空底装药结构；(b) 双层空气间层装药结构；(c) 三层装药结构；(d) 四层装药结构；(e) 切割爆破不耦合装药结构

1—药包；2—雷管；3—填塞物；4—电线、导爆索或导爆管；5—孔底空气柱；6—空心竹管或圆柱体；7—间隔空气柱；8—空气间层

2.3.7.4 水压控制爆破

水压控制爆破原理、特点、药包布置、计算及注意事项 **表 2-125**

爆破原理、特点	药包布置	装药量计算	注意事项及适用范围
水压控制爆破是在封闭、半封闭或开口的中空容器构筑物中、进行全部或大部分灌水，然后起爆悬挂于水中一定位置、深度的药包，充分利用水的不可压缩性，传递爆破荷载，达到均匀破碎四周壁体的效果 具有安全简便、经济、工效高(比钻孔爆破高10倍)、费用低(可节约90%～95%)，可控制飞石、粉尘，破碎均匀等特点	药包布置，对均匀圆筒形或长方形(长宽比 $a/b\leqslant1.2$)的罐体，多采用中心药包(图 2-26a)，若罐体高度 $H\leqslant 3R_W$ 时，可设置上下层中心群药包 长方形罐体的长宽比 $a/b>1.5$ 时，可设置分群药包。药包入水深度 H_0 与布药距离 R_W 之比应为 $H_0\approx(0.7\sim1.0)R_W$，药包与罐底之距离 $H_1=(0.35\sim0.50)R_W$，水深应充满整个罐体。群药包(图 2-26b)、主药包间距 $a=(1.0\sim1.5)R_W$，如罐体外壁设有加强柱，应在加强柱根部另设辅助药包	水压控制爆破装药量经验公式为： $Q=KdR_W^2$ (2-59) 式中 Q—药包总重量(kg)； d—结构物壁厚(m)； R_W—内直径或内短边长(m)； K—与容积结构特性、爆破方式、配筋情况、材质等有关系数，一般取0.5～2.5，直径<10m、壁厚<0.2m时常取0.5～1.25	(1)罐体中孔洞应用砌砖或钢板焊补封闭，以提高爆破效果 (2)药包应有防水措施，宜用瓶子密封防水 (3)爆破地面上容积结构，周围应设排水设施 (4)爆破壁面上应用轻型覆盖物(如荆笆等)覆盖，以缓冲碎块、抛掷 适用于封闭、半封闭或开口的水池、罐体、地下室、碉堡、钢铁容器等容积结构的破碎拆除

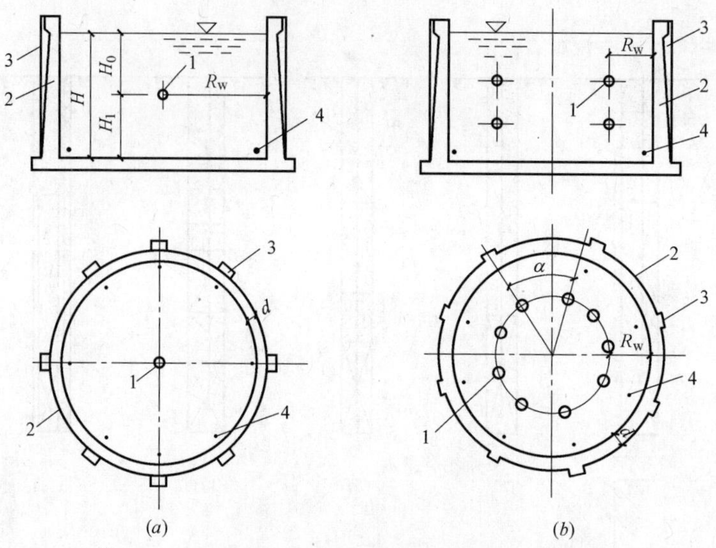

图 2-26　水压控制爆破布药方式

(a) 中心药包布置方式；(b) 群药包布置方式

1—药包；2—罐壁；3—加强柱；4—辅助药包

2.3.8　结构与构筑物控制爆破方法

2.3.8.1　基础控制爆破

基础（底板）控制爆破方法及技术要点　　表 2-126

名称	布孔简图	爆破方法及技术要点
基础整体爆破	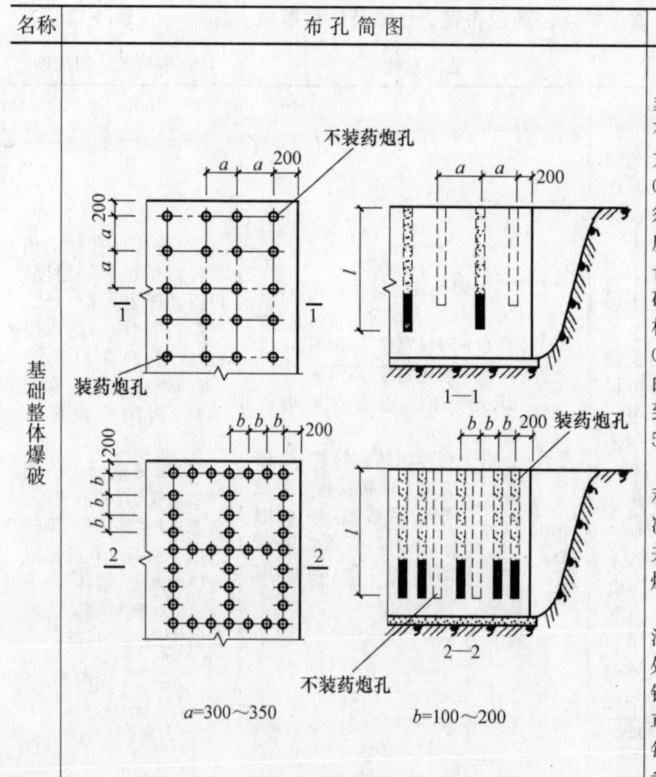	是将整个基础一次或分层全部爆破。爆破多采用炮孔法。炮孔直径为 28～40mm。垂直布孔时，其深度一次不得超过 1.5m，深度过大，应分层爆破，炮孔深度应等于每层厚度的 0.8～0.9 倍，孔底应在同一水平面上，距基底须预留厚度 0.1～0.4m。当水平布置炮孔时，应有 0.2～0.4m 厚的保护层。设计的抵抗线长度应等于炮孔深度的 0.4～0.8 倍（根据基础强度和钢筋密度而定）。炮孔之间的距离，根据基础尺寸及破碎尺寸而定，一般为 0.2～0.5m，或 1.0～1.3 倍抵抗线长度，排与排之间的距离取等于抵抗线长度。为减少振动和达到龟裂，采用间隔装药，每个炮孔内装药量约 50～100g，每个药孔中心必须在同一水平面上 对大体积混凝土基础（底板）的爆破，可充分利用多个装药共同作用，采取一次齐爆。如一次齐爆药量超过允许值时，可采用分段起爆。并注意使设计起爆顺序应逐次增大临空面，先爆周边，后爆内部 爆破前应在基础周围挖一宽 0.6～0.8m 的沟，创造出自由面，将爆破区和非爆破区交接处的钢筋或金属管路四周的混凝土凿去，并将钢筋、管线路全部切断。在基础上部及四侧用草袋装砂土掩盖，四周用木挡板加以防护。爆每 $1m^3$ 基础所需用炸药、人工及材料用量，可参见表 2-127

续表

名称	布孔简图	爆破方法及技术要点
基础切割式爆破	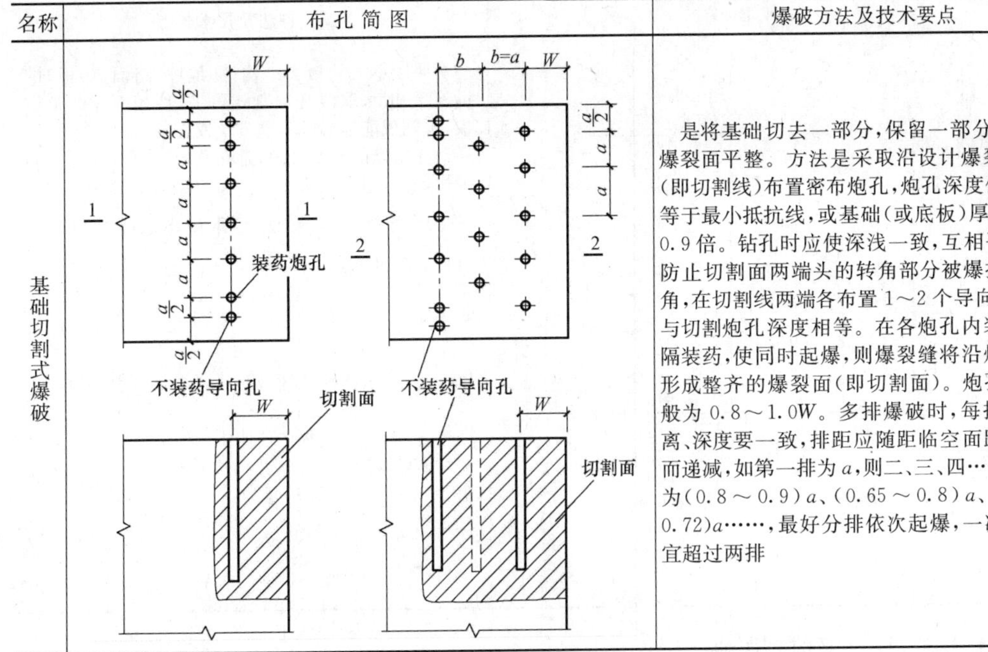	是将基础切去一部分，保留一部分，并要求爆裂面平整。方法是采取沿设计爆裂面顶线(即切割线)布置密布炮孔，炮孔深度使大于或等于最小抵抗线，或基础(或底板)厚的0.8～0.9倍。钻孔时应使深浅一致，互相平行。为防止切割面两端头的转角部分被爆损形成缺角，在切割线两端各布置1～2个导向孔，深度与切割炮孔深度相等。在各炮孔内装药或间隔装药，使同时起爆，则爆裂缝将沿炮孔连线形成整齐的爆裂面(即切割面)。炮孔间距一般为0.8～1.0W。多排爆破时，每排炮孔距离、深度要一致，排距应随距临空面距离增大而递减，如第一排为a，则二、三、四……排分别为(0.8～0.9)a、(0.65～0.8)a、(0.52～0.72)a……，最好分排依次起爆，一次起爆不宜超过两排

龟裂爆破每立方米基础所耗用的材料、人工表 **表 2-127**

类别	硝铵炸药单位消耗量(kg)	雷管(个)	导火索(m)	风钻钢(kg)	人工(工日)
砖砌基础	0.20～0.45	3～4	3～4	0.25～0.35	2.0
石砌基础	0.40～0.55	3～4	3～5	0.30～0.40	2.5
混凝土基础	0.50～0.65	4～5	4～6	0.40～0.50	3.0
钢筋混凝土基础	0.60～0.70	5～6	5～7	0.50～0.60	4.0

注：砖砌基础采用石灰砂浆砌筑，如用水泥砂浆砌筑，则按石砌基础采用。

2.3.8.2 梁板控制爆破

梁、板控制爆破方法及技术要点 **表 2-128**

名称	布孔简图	爆破方法及技术要点
梁爆破	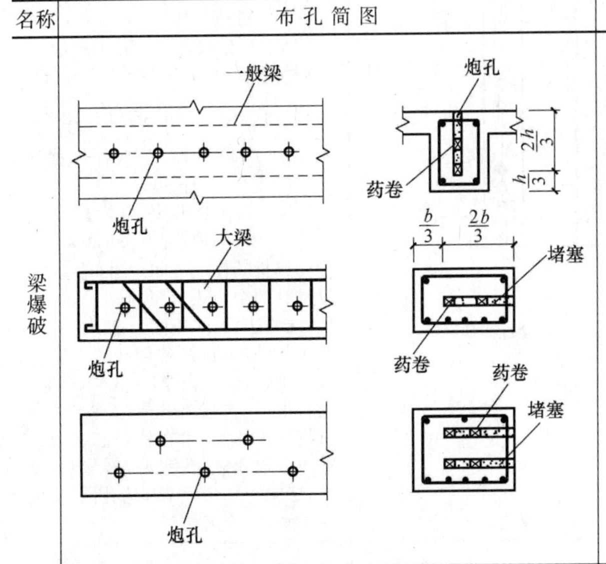	梁一般为单孔，沿梁高方向布孔，孔深l为梁高的2/3。对高度大，弯起钢筋多的梁可采用水平布孔，梁高在50cm以内采用一排，否则应设两排呈三角形布置；使用一排炮孔时，应布置在偏于底部主筋部位，炮孔间距取(1.0～1.25)W，深度取0.6～0.7倍梁厚度。装药采用不耦合装药，堵塞长度约20cm；梁高(宽)大于60cm时，一般采用双药包不耦合装药，保证爆破后，梁体中、下、左、右各部混凝土破碎。梁、柱结合部位必须布孔 如爆破只将梁切断，一般在梁切断部位表面钻孔爆破，如梁宽度大，设计单排孔，孔距$a=5\phi$(ϕ—孔径)，两侧邻孔抵抗线$W\geqslant a$。 单排装药量 $Q=K_1\phi\sqrt{a}\cdot H$ (2-60) 式中 K_1—6～7 如梁截面很窄，不宜设单排孔，则可设双差孔，孔距$a=5\phi$，双差孔均距梁中心轴2cm，以保证两侧爆破效果 配筋较密的大梁考虑装药的方便(每个孔一个药卷)，可在梁侧面打多排水平炮孔

续表

名称	布孔简图	爆破方法及技术要点
板爆破	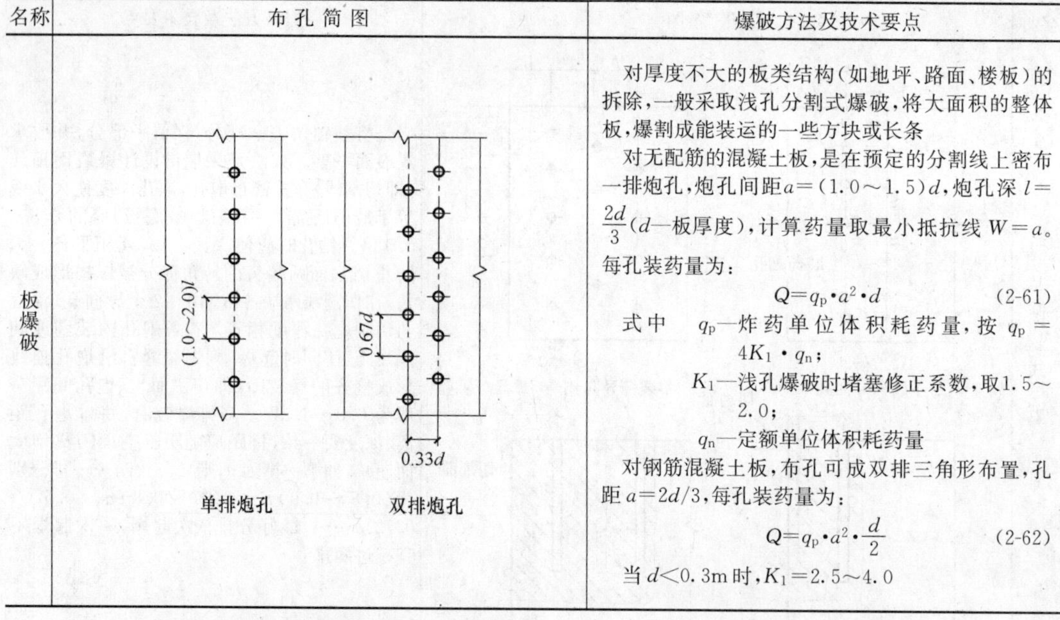	对厚度不大的板类结构(如地坪、路面、楼板)的拆除,一般采取浅孔分割式爆破,将大面积的整体板,爆割成能装运的一些方块或长条 对无配筋的混凝土板,是在预定的分割线上密布一排炮孔,炮孔间距$a=(1.0\sim1.5)d$,炮孔深$l=\frac{2d}{3}$(d—板厚度),计算药量取最小抵抗线$W=a$。每孔装药量为: $Q=q_p \cdot a^2 \cdot d$　(2-61) 式中　q_p—炸药单位体积耗药量,按$q_p=4K_1 \cdot q_n$; K_1—浅孔爆破时堵塞修正系数,取1.5～2.0; q_n—定额单位体积耗药量 对钢筋混凝土板,布孔可成双排三角形布置,孔距$a=2d/3$,每孔装药量为: $Q=q_p \cdot a^2 \cdot \frac{d}{2}$　(2-62) 当$d<0.3$m时,$K_1=2.5\sim4.0$

2.3.8.3　柱、墙控制爆破

柱、墙控制爆破方法及技术要点　　表 2-129

名称	布孔简图	爆破方法及技术要点
柱爆破	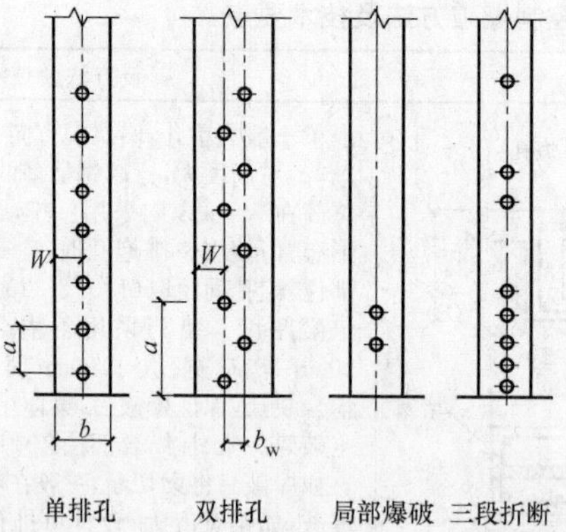 W　a　b　b_w 单排孔　双排孔　局部爆破　三段折断	对具有四个自由面的排架(或内框架)结构中间柱,如柱体$\sqrt{A}<0.6$m时(A—柱体截面积),使用单排孔,炮孔布置在柱中央,避开钢筋成直线配置,孔深为$2d/3$(d—柱厚);孔距$a=\left(\frac{2}{3}\sim\frac{3}{4}\right)d$;如柱体$\sqrt{A}>0.6$m时,布置双排孔;孔距$a\approx b$($b$—柱宽),排距$b_w=10$cm,或0.75～1.0倍孔深。单孔装药量: 单排孔　$Q=q_n \cdot b^2 \cdot d$　(2-63) 双排孔　$Q=q_n \cdot b^2 \cdot \frac{d}{2}$　(2-64) 式中　d—柱厚度,取柱体截面的长边; q_n—单位体积炸药消耗量,按表2-130采用 局部折断柱子可如左图布置。对只具有两个自由面的排架(或外框架)结构边柱,除按四个自由面在外侧布孔外,另在柱两侧砖墙上亦布置两排孔,使之先爆,在柱两侧创造出自由面,再接着起爆边柱。如只需将柱子炸倒,可在柱根部设单排或双排炮孔,炮孔深为$b/2$,炮孔距离,竖向为0.75～1.0倍孔深,横向为1.0～1.5倍孔深

续表

名称	布孔简图	爆破方法及技术要点
墙爆破	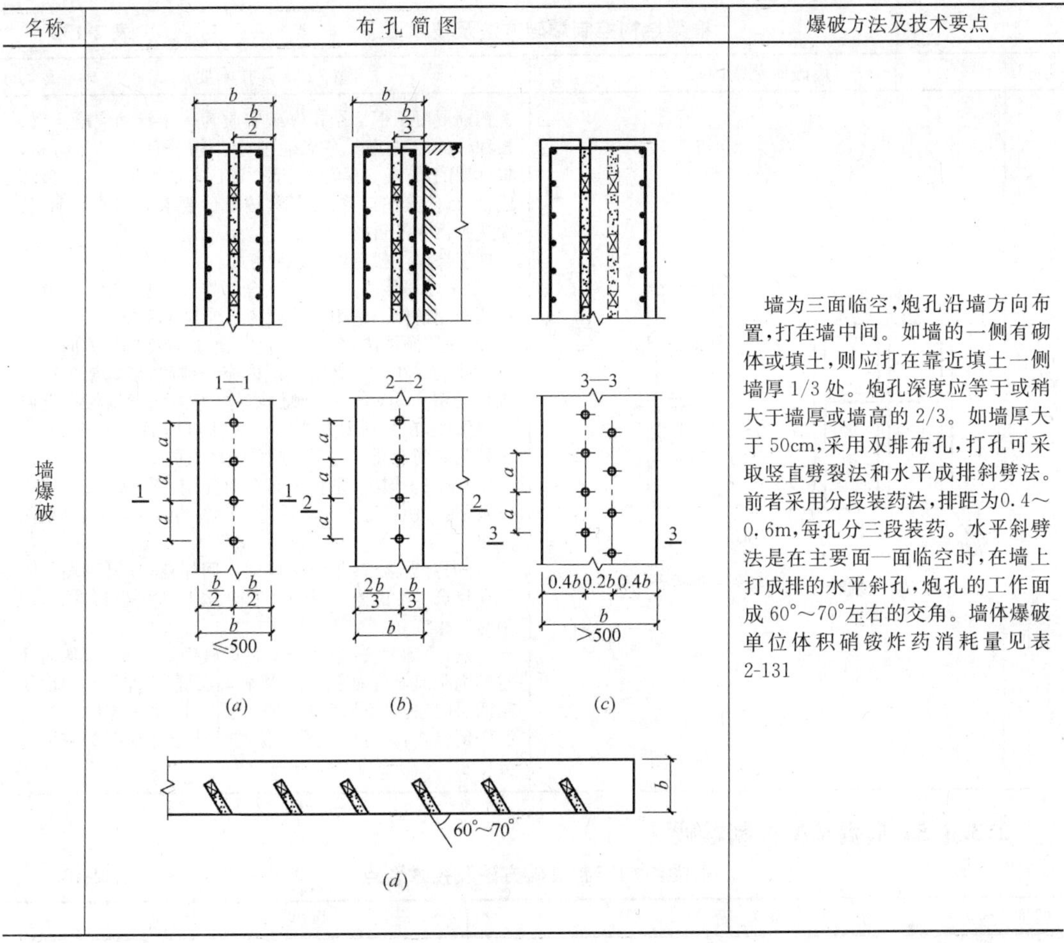	墙为三面临空，炮孔沿墙方向布置，打在墙中间。如墙的一侧有砌体或填土，则应打在靠近填土一侧墙厚1/3处。炮孔深度应等于或稍大于墙厚或墙高的2/3。如墙厚大于50cm，采用双排布孔，打孔可采取竖直劈裂法和水平成排斜劈法。前者采用分段装药法，排距为0.4～0.6m，每孔分三段装药。水平斜劈法是在主要面一面临空时，在墙上打成排的水平斜孔，炮孔的工作面成60°～70°左右的交角。墙体爆破单位体积硝铵炸药消耗量见表2-131

钢筋混凝土柱体爆破单位体积炸药消耗量　　表 2-130

项次	含筋率 ρ(%)	单位体积炸药消耗量 q_n(kg/m^3)
1	0.8	0.43～0.45
2	1.0	0.48～0.49
3	3.0	0.84
4	5.0	1.00～1.13
5	10.0	1.74

建筑物墙体爆破单位体积硝铵炸药消耗量表　　表 2-131

墙厚(m)	孔深(m)	混凝土墙体(kg/m^3)	钢筋混凝土墙体(kg/m^3)	水泥砂浆墙体(kg/m^3)
0.45	0.30	2.40	2.60	2.20
0.50	0.40	2.16	2.34	1.98
0.60	0.45	1.80	1.95	1.65
0.70	0.50	1.56	1.69	1.42
0.80	0.55	1.20	1.30	1.10
0.90	0.60	1.08	1.17	0.99

2.3.8.4　框架结构控制爆破

框架结构控制爆破方法及技术要点　　表 2-132

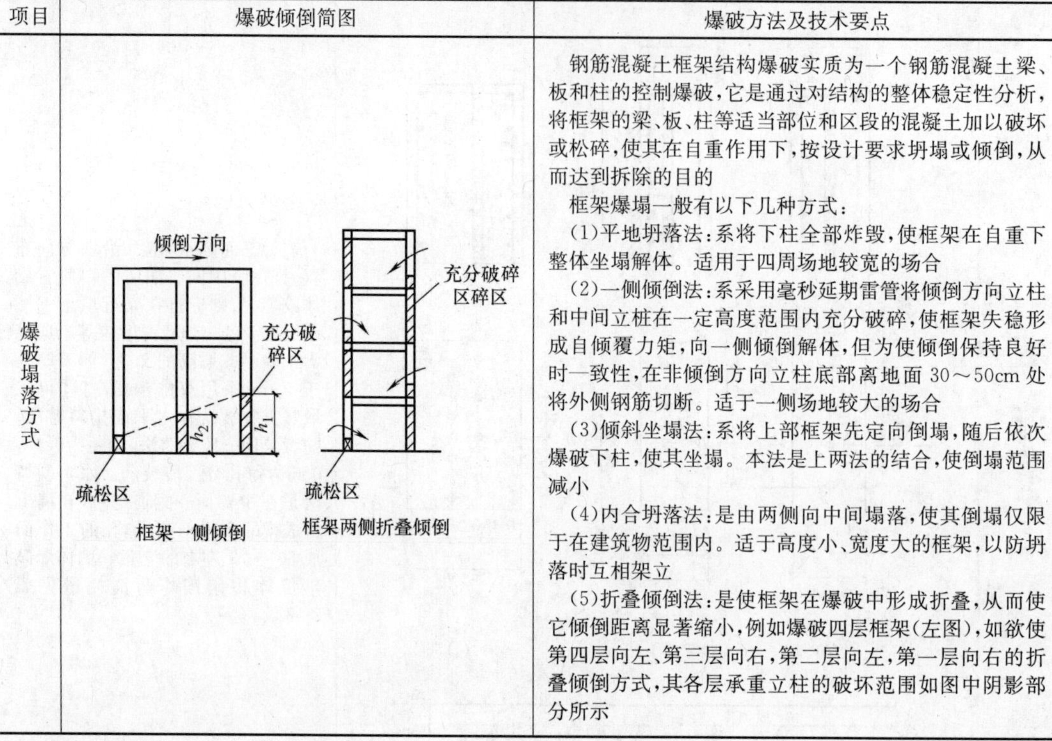

项目	爆破倾倒简图	爆破方法及技术要点
爆破塌落方式	倾倒方向；充分破碎区；h_2；h_1；疏松区；框架一侧倾倒 充分破碎区碎区；疏松区；框架两侧折叠倾倒	钢筋混凝土框架结构爆破实质为一个钢筋混凝土梁、板和柱的控制爆破，它是通过对结构的整体稳定性分析，将框架的梁、板、柱等适当部位和区段的混凝土加以破坏或松碎，使其在自重作用下，按设计要求坍塌或倾倒，从而达到拆除的目的 框架爆塌一般有以下几种方式： (1)平地坍落法：系将下柱全部炸毁，使框架在自重下整体坐塌解体。适用于四周场地较宽的场合 (2)一侧倾倒法：系采用毫秒延期雷管将倾倒方向立柱和中间立桩在一定高度范围内充分破碎，使框架失稳形成自倾覆力矩，向一侧倾倒解体，但为使倾倒保持良好时一致性，在非倾倒方向立柱底部离地面 30～50cm 处将外侧钢筋切断。适于一侧场地较大的场合 (3)倾斜坐塌法：系将上部框架先定向倒塌，随后依次爆破下柱，使其坐塌。本法是上两法的结合，使倒塌范围减小 (4)内合坍落法：是由两侧向中间塌落，使其倒塌仅限于在建筑物范围内。适于高度小、宽度大的框架，以防坍落时互相架立 (5)折叠倾倒法：是使框架在爆破中形成折叠，从而使它倾倒距离显著缩小，例如爆破四层框架(左图)，如欲使第四层向左、第三层向右，第二层向左，第一层向右的折叠倾倒方式，其各层承重立柱的破坏范围如图中阴影部分所示

2.3.8.5　砖混结构控制爆破

砖混结构控制爆破方法及技术要点　　表 2-133

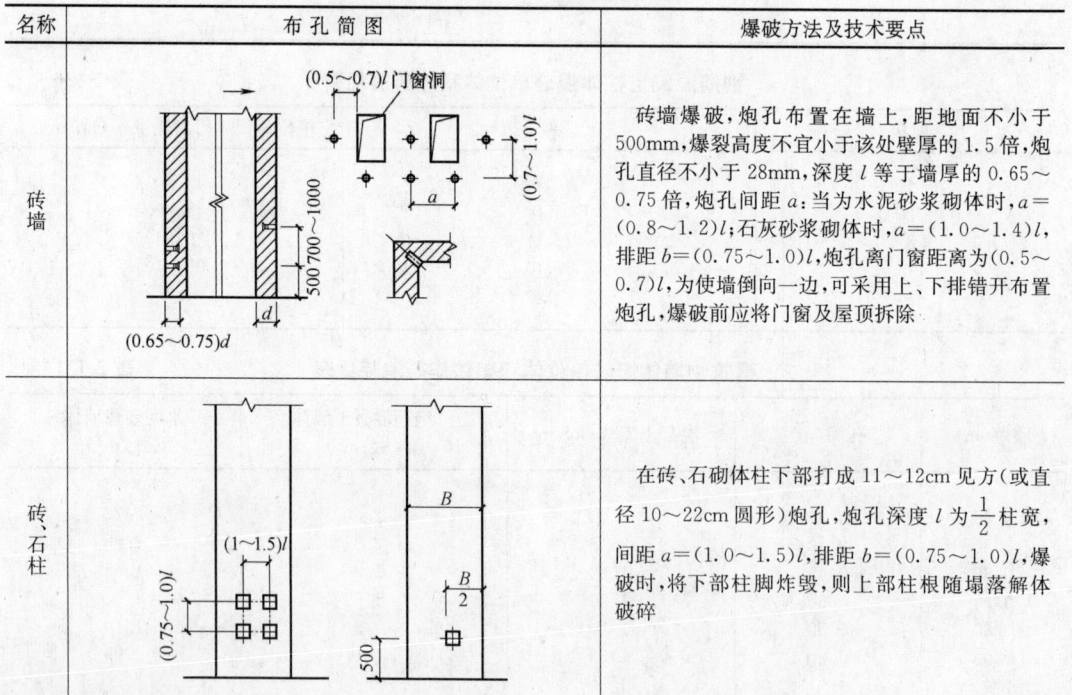

名称	布孔简图	爆破方法及技术要点
砖墙	(0.5～0.7)l 门窗洞；(0.7～1.0)l；a；500 700～1000；d；(0.65～0.75)d	砖墙爆破，炮孔布置在墙上，距地面不小于 500mm，爆裂高度不宜小于该处壁厚的 1.5 倍，炮孔直径不小于 28mm，深度 l 等于墙厚的 0.65～0.75 倍，炮孔间距 a：当为水泥砂浆砌体时，$a=(0.8\sim1.2)l$；石灰砂浆砌体时，$a=(1.0\sim1.4)l$，排距 $b=(0.75\sim1.0)l$，炮孔离门窗距离为(0.5～0.7)l，为使墙倒向一边，可采用上、下排错开布置炮孔，爆破前应将门窗及屋顶拆除
砖、石柱	(1～1.5)l；(0.75～1.0)l；B；$\frac{B}{2}$；500	在砖、石砌体柱下部打成 11～12cm 见方(或直径 10～22cm 圆形)炮孔，炮孔深度 l 为 $\frac{1}{2}$ 柱宽，间距 $a=(1.0\sim1.5)l$，排距 $b=(0.75\sim1.0)l$，爆破时，将下部柱脚炸毁，则上部柱根随塌落解体破碎

续表

名称	布孔简图	爆破方法及技术要点
整体砖混结构	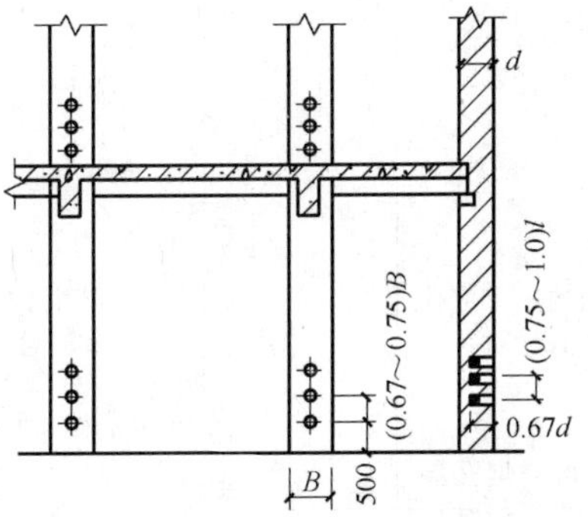 d (0.67～0.75)B (0.75～1.0)l 0.67d B 500	一般采用微量装药定向爆破，将整个结构多数支点或全部支点均衡地充分摧毁，利用结构自重使房屋按预定方向定向倒塌，或原地平行倒塌。布孔着重在一层及地下室的承重柱和墙部位，使其折断倒塌，利用塌落瞬时巨大冲击动能劈裂上部结构，完成上部大量梁、板、柱的折断。对外墙一般先将门窗、屋顶拆除；只需对底层门窗间砖墙施爆，在倒塌方向的外墙设4～5排炮孔，使其能炸出1m以上的爆槽，以确保定向倒塌；如外墙过厚，则在对面的外墙上加设二排炮孔，以爆出高0.3m以上的爆槽，使之易切断倒塌。炮孔深度为墙厚的2/3，孔距0.5～1.0倍墙厚，炮孔排距$b=(0.75～1.0)l$，炮孔与门窗的距离等于$(0.5～0.7)d$。楼梯应爆破切断与其连接的梁、柱和墙。有内支承墙、钢筋混凝土柱、梁时，应先行起爆。对外墙应将房屋四角及门框先炸毁，装药量按松动爆破公式（表2-110）计算，一般将药量分散配置，每孔装药量不宜太多，采用毫秒延期或秒延期电雷管，一次送电，实现迟发分段、分层（多段倾斜）爆破，减少同次起爆总药量，达到缩小倒塌范围，减少震动的目的

2.3.8.6 烟囱（水塔）控制爆破

烟囱控制爆破方法及技术要求　　表2-134

名称	布孔简图	爆破方法及技术要点
钢筋混凝土烟囱	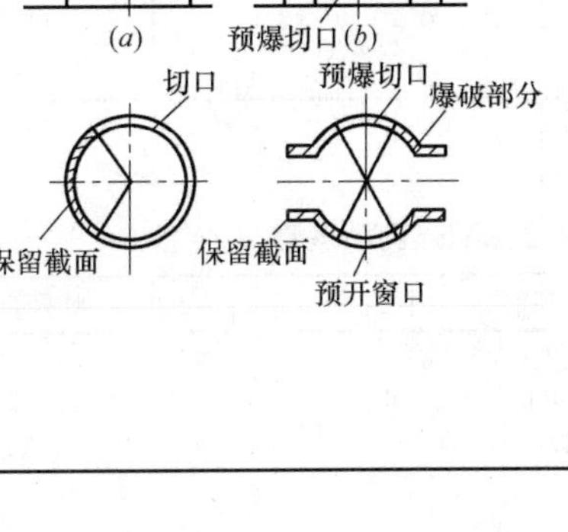 倾倒方向 切口 炮孔 (a) 预爆切口(b) 切口 预爆切口 爆破部分 保留截面 保留截面 预开窗口	钢筋混凝土烟囱（水塔），一般多采用定向倾倒爆破，它是在烟囱倾倒方向根部打炮孔，炮孔沿烟囱筒体圆周规定的范围内设置，呈梯形布置，高度1.7m左右，使爆破后形成一梯形与三角形组合的切口，见左图(a)，或梯形切口，并将烟囱倾倒背面部分立筋切断。施爆时分两段进行，首先即发起爆，形成三角初始切口，第二段延发起爆形成梯形切口，一旦爆破形成切口后，其预留段的抗压和抗剪强度低于轴向压力和切向推力，整个烟囱将下落并定向倾倒 如烟囱根部直径较大，或有两个烟道口，亦可两侧各先预开一个梯形或楔形窗口，预爆后烟囱仅靠四块板体支撑见左图(b)，每块板体宽不少于1.5m。爆破时，先在倾倒方向前侧两个板块上布孔，孔距200～300mm，总体施爆时，爆破倾倒方向两块板体，则烟囱将向一侧倾翻90°倒塌。由于开了窗口，应对预爆后烟囱作强度验算（用板块失稳公式换算）。计算时除考虑烟囱自重外，还应考虑最不利方向上最大风力（按0.5kPa计）作用以及不爆破块体的失稳程度，保证爆前安全，爆后失稳

2.3.8.7 控制爆破用药量计算

控制爆破用药量计算　表 2-135

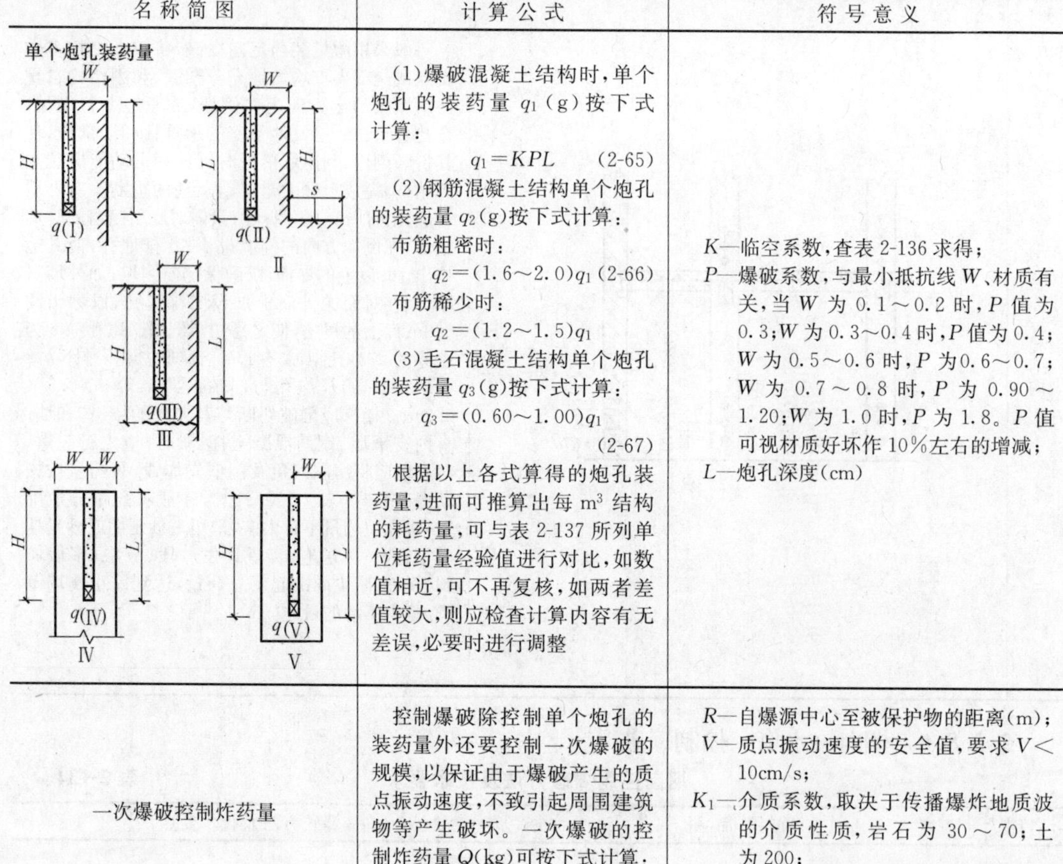

名称简图	计算公式	符号意义
单个炮孔装药量 （简图 Ⅰ、Ⅱ、Ⅲ、Ⅳ、Ⅴ）	(1)爆破混凝土结构时，单个炮孔的装药量 q_1(g)按下式计算： $q_1=KPL$ (2-65) (2)钢筋混凝土结构单个炮孔的装药量 q_2(g)按下式计算： 布筋粗密时： $q_2=(1.6\sim2.0)q_1$ (2-66) 布筋稀少时： $q_2=(1.2\sim1.5)q_1$ (3)毛石混凝土结构单个炮孔的装药量 q_3(g)按下式计算： $q_3=(0.60\sim1.00)q_1$ (2-67) 根据以上各式算得的炮孔装药量，进而可推算出每 m^3 结构的耗药量，可与表 2-137 所列单位耗药量经验值进行对比，如数值相近，可不再复核，如两者差值较大，则应检查计算内容有无差误，必要时进行调整	K—临空系数，查表 2-136 求得； P—爆破系数，与最小抵抗线 W、材质有关，当 W 为 0.1～0.2 时，P 值为 0.3；W 为 0.3～0.4 时，P 值为 0.4；W 为 0.5～0.6 时，P 为 0.6～0.7；W 为 0.7～0.8 时，P 为 0.90～1.20；W 为 1.0 时，P 为 1.8。P 值可视材质好坏作 10%左右的增减； L—炮孔深度(cm)
一次爆破控制炸药量	控制爆破除控制单个炮孔的装药量外还要控制一次爆破的规模，以保证由于爆破产生的质点振动速度，不致引起周围建筑物等产生破坏。一次爆破的控制炸药量 Q(kg)可按下式计算： $Q=R^3\left(\frac{V}{K_1}\right)^{3/\alpha}$ (2-68)	R—自爆源中心至被保护物的距离(m)； V—质点振动速度的安全值，要求 $V<$ 10cm/s； K_1—介质系数，取决于传播爆炸地质波的介质性质，岩石为 30～70；土为 200； α—衰减系数，与传播距离有关，近距离为 2.0，较远距离心 1.5

临空系数 *K* 值　表 2-136

临空面(个)	爆体类型		
	Ⅰ、Ⅱ、Ⅲ	Ⅳ	Ⅴ
1	1.10～1.20	—	—
2	1.00	—	1.15～1.20
3	0.85～0.90	1.00	1.05～1.10
4	0.70～0.80	0.85～0.90	1.00
5	—	0.70～0.80	0.85～0.90
6	—	—	0.60～0.75

注：1. 第Ⅳ类型指单排布孔。
2. 爆体类型Ⅰ、Ⅱ、Ⅲ、Ⅳ、Ⅴ简图见表 2-135。

各种结构控制爆破单位体积炸药消耗量　表 2-137

结构名称	结构材质、布筋、密实情况	炸药消耗量(g/m^3)
混凝土结构	材质较差(无空洞)	110～150
	材质较好：单排切割式爆破	170～180
	非切割式爆破	160～220

续表

结构名称	结构材质、布筋、密实情况	炸药消耗量(g/m³)
钢筋混凝土结构	布筋粗且密 布筋稀少或梁柱等多面临空的小截面构件	350～400 270～340
毛石混凝土结构	较密实 有空隙	170～210 120～160

2.3.9 爆破施工安全技术

爆破安全技术和注意事项 **表 2-138**

项次	分项	爆破安全技术和注意事项
1	爆破材料贮存、管理与运输	(1)爆破作业必须做到安全生产，操作中要加强安全技术交底和检查，认真贯彻执行爆破安全规程及有关安全规定和制度 (2)爆破材料应贮存在干燥、通风良好、相对湿度不大于65%的仓库内，库内温度应保持在18～30℃；库房应有避雷装置，接地电阻不大于10Ω；库内应有消防设施 (3)爆破材料仓库与民房、铁、公路、工厂等应有一定的安全距离（表2-139）炸药与雷管（导爆索）须分开贮存，两库房的安全距离不应小于表2-140规定；同一库房内不同性质、批号的炸药应分开存放，严防虫、鼠等啃咬 (4)炸药与雷管成箱（盒）堆放要平稳、整齐，成箱炸药放在木板上，堆摆高度不得超过1.7m，宽不超过2m，堆与堆之间应不小于1.3m的通道；堆放时，不准抛掷、拖拉、推送、敲打、碰撞；不得在仓库内开炸药箱 (5)爆破材料的装卸均应轻拿轻放，不得受到摩擦、震动、撞击、抛掷或转倒，堆放时要摆放平稳，不得散装、改装或倒放 (6)炸药、雷管、导爆索与导爆管，硝铵炸药均不得在同一车辆、车厢内装运；运输爆破材料的车应遮盖雨布、捆牢
2	爆破作业安全	(1)装填炸药应按照设计规定的炸药品种、数量、位置进行，装药要分次装入，用竹棍轻轻压实，不得用铁棒或用力压入炮孔内，不得用铁棒在药包上钻孔；安设雷管或导爆索，必须用木或竹棒进行；当孔深较大时，药包要用绳子吊下，或用木制炮棍护送，不允许直接往孔内丢药包 (2)起爆药卷（雷管）应设置在装药全长的1/3～1/2位置上（从炮孔口算起），雷管应置于装药中心，聚能穴应指向孔底；导爆索只许用锋利刀一次切割好 (3)遇有暴风雨或闪电打雷时，应禁止装药、安设电雷管和联结电线等操作 (4)在潮湿条件下进行爆破，药包及导火索表面应涂防潮剂加以保护，以防潮失效 (5)爆破孔洞的堵塞应保证要求的堵塞长度，充填密实不漏气；填充直孔可用干细砂土、砂子、黏土或水泥等惰性材料；最好用1：2～3(黏土：粗砂)的泥砂混合物，含水量2%，分层轻轻压实，不得用力挤压；水平炮孔和斜孔，宜用2：1土砂混合物，作成直径比炮孔小5～8mm，长100～150mm的圆柱形炮泥棒（或泥蛋）填塞密实；直井、平洞可在药包处铺水泥袋纸，用干砂或土砂填塞到距药室至少3m处，余下用砂袋或细石渣回填至井口（或洞口）；堵塞长度应大于最小抵抗线长度的10%～15%；在堵塞时，应注意勿捣坏导爆索和雷管的线脚 (6)爆破时，现场人员应撤到安全区域并有专人警戒，以防爆破飞石、爆破地震、冲击波以及爆破毒气对人身造成伤害，各种爆破方法最小安全距离见表2-141 (7)采用群炮爆破时，采取分散各爆破点、不同时起爆破各药包，如用迟发雷管起爆，使微差间隔时间在2s以上，以减弱或部分消除地震波对建筑物的影响 (8)采用分段爆破，减少一次爆破的炸药量；选用较小的爆破指数 n，必要时采用低猛度炸药和降低装药的集中度来进行爆破
3	瞎炮的处理	(1)瞎炮系由于炮孔外的电线电阻、导火索或电爆网（线）路不合要求而造成，经检查可燃性和导电解性能完好，经纠正后，可以重新接线起爆 (2)当炮孔不深（在50cm以内）时，可用裸露爆破法炸毁；当炮孔较深时，可用木制或竹制工具，小心地将炮孔上部的堵塞物掏出；如系硝铵类炸药，可用低压水浸泡并冲洗出整个药包，或以压缩空气和水混合物把炸药冲出来，将拒爆的雷管销毁，或将上部炸药掏出部分后，再重新装入起爆药包起爆 (3)距炮孔近旁60cm处（用人工打孔30cm以上）钻（打）与原炮孔平行的新炮孔，再重新装药起爆，将原瞎炮销毁；钻平行炮孔时，应将瞎炮的堵塞物掏出，插入一木炮棍作为钻孔的导向标志 (4)处理瞎炮时，严禁把带有雷管的药包从炮孔内拉出来或者拉动电雷管上的导火索或雷管脚线，把电雷管从药包内拔出来，或掏动药包内的雷管

爆破材料仓库的安全距离（m）　　　　表 2-139

项　目	炸药库容量(t)				
	0.25	0.50	2.00	8.00	16.00
距有爆炸性的工厂	200	250	300	400	500
距民房、工厂、集镇、车站	200	250	300	400	450
距铁路线	50	100	150	200	250
距公路干线	40	60	80	100	120

雷管仓库与炸药仓库间的安全距离　　　　表 2-140

仓库内的雷管数目(个)	到炸药仓库的安全距离(m)	仓库内的雷管数目(个)	到炸药仓库的安全距离(m)	仓库内的雷管数目(个)	到炸药仓库的安全距离(m)
1000	2.0	30000	10.0	200000	27.0
5000	4.5	50000	13.5	300000	33.0
10000	6.0	75000	16.5	400000	38.0
15000	7.5	100000	19.0	500000	43.0
20000	8.5	150000	24.0		

注：1. 雷管仓库到炸药仓库的安全距离 R（m）亦可按式 $R=0.06\sqrt{n}$计算，n 为贮存雷管数目。
　　2. 如条件许可时，一般安全距离不小于 25m。

露天爆破人员的安全距离　　　　表 2-141

爆破种类及爆破方法	最小安全距离(m)	爆破种类及爆破方法	最小安全距离(m)
1. 露天爆破		(1)边线控制爆破	200
(1)裸露爆破法、二次爆破	400	(2)拆除控制爆破	100
(2)炮孔法、炮孔药壶法	200	(3)基础龟裂爆破	50
(3)深孔法、深孔药壶法	300	4. 扩大炮孔药壶	50
(4)药壶法	200	5. 深孔扩大药壶	100
(5)小洞室法、蛇穴法	400	6. 挖底工程	
(6)直井法、平洞法	300	(1)爆破非硬质土	100
2. 定向爆破	300	(2)爆破硬质土	200
3. 控制爆破		7. 拔树根	200

3 基坑（槽）支护与降排水

3.1 浅基坑（槽）支护

3.1.1 浅基坑、槽、沟支撑（护）方法

一般沟槽的支撑方法 表 3-1

支撑方式	简图	支撑方式及适用条件
间断式水平支撑	木楔 横撑 水平挡土板	两侧挡土板水平放置，用工具式或木横撑借木楔顶紧，挖一层土，支顶一层 适于能保持立壁的干土或天然湿度的黏土类土，地下水很少，深度在 2m 以内
断续式水平支撑	立楞木 横撑 水平挡土板 木楔	挡土板水平放置，中间留出间隔，并在两侧同时对称立竖楞木，再用工具式或木横撑上下顶紧 适于能保持直立壁的干土或天然湿度的黏土类土，地下水很少，深度在 3m 以内
连续式水平支撑	立楞木 横撑 水平挡土板 木楔	挡土板水平连续放置，不留间隙，然后两侧同时对称立竖楞木，上下各顶一根撑木，端头加木楔顶紧 适用于较松散的干土或天然湿度的黏土类土，地下水很少，深度为 3～5m
连续或间断式垂直支撑	木楔 横撑 垂直挡土板 横楞木	挡土板垂直放置，连续或留适当间隙，然后每侧上下各水平顶一根楞木，再用横撑顶紧 适于土质较松散或湿度很高的土，地下水较少，深度不限

续表

支撑方式	简图	支撑方式及适用条件
水平垂直混合支撑	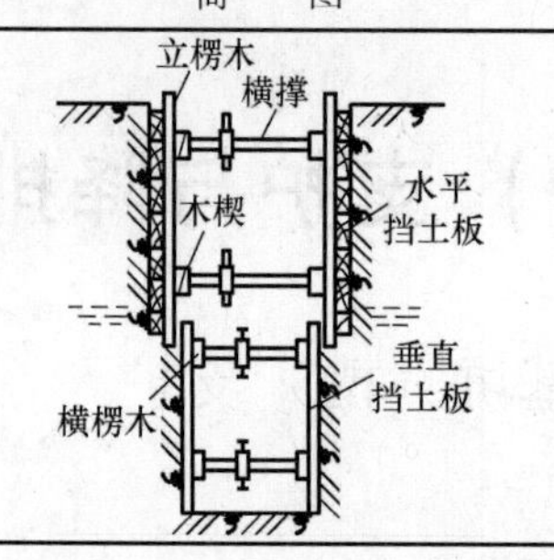	沟槽上部设连续或水平支撑，下部设连续或垂直支撑 适于沟槽深度较大，下部有含水土层情况

一般浅基坑的支撑方法　　**表 3-2**

支撑方式	简图	支撑方法及适用条件
斜柱支撑		水平挡土板钉在柱桩内侧，柱桩外侧用斜撑支顶，斜撑底端支在木桩上，在挡土板内侧回填土 适于开挖较大型、深度不大的基坑或使用机械挖土
锚拉支撑		水平挡土板支在柱桩的内侧，柱桩一端打入土中，另一端用拉杆与锚桩拉紧，在挡土板内侧回填土 适于开挖较大型、深度不大的基坑或使用机械挖土、而不能安设横撑时使用
短柱横隔支撑		打入小短木桩，部分打入土中，部分露出地面，钉上水平挡土板，在背面填土捣实 适于开挖宽度大的基坑，当部分地段下部放坡不够时使用
临时挡土墙支撑		沿坡脚用砖、石叠砌或用草袋装土砂堆砌，使坡脚保持稳定 适于开挖宽度大的基坑，当部分地段下部放坡不够时使用
型钢桩与横挡板结合支撑		在基坑周围预先打入钢轨工字钢或 H 型钢桩，间距 1～1.5m，然后边挖方边将 3～8cm 厚的挡土板塞进钢桩之间挡土，并在横向挡板与型钢桩之间打上楔子，使横板与土体紧密接触 适于地下水较低、深度不很大的一般黏性或砂性土层中应用
叠袋式挡墙支护		系采用编织袋或草袋装碎石（或土）、砂砾石堆砌成重力式挡墙作为基坑的支护。墙底宽为 1500～2000mm、顶宽为 500～1200mm，顶部适当放坡并卸土 1.0～1.5m，表面抹砂浆保护。施工采取分段开挖分段堆叠，挖土与围护墙同时进行 适用于土质较好、面积大、开挖深度在 6m 以内的基坑支护

3.1.2 浅基坑、槽、沟支撑的计算

一、连续水平板式支撑的计算

连续水平板式支撑的计算 **表 3-3**

项目	计算方法及公式	符 号 意 义
主动土压力强度	计算简图如图1所示。水平挡土板与梁的作用相同，承受土的水平压力的作用，设土与挡土板墙间的摩擦力不计，则深度 h 处的主动土压力强度为： $$p_a = \gamma h\,\mathrm{tg}^2\left(45^\circ - \frac{\varphi}{2}\right) \quad (3\text{-}1)$$ 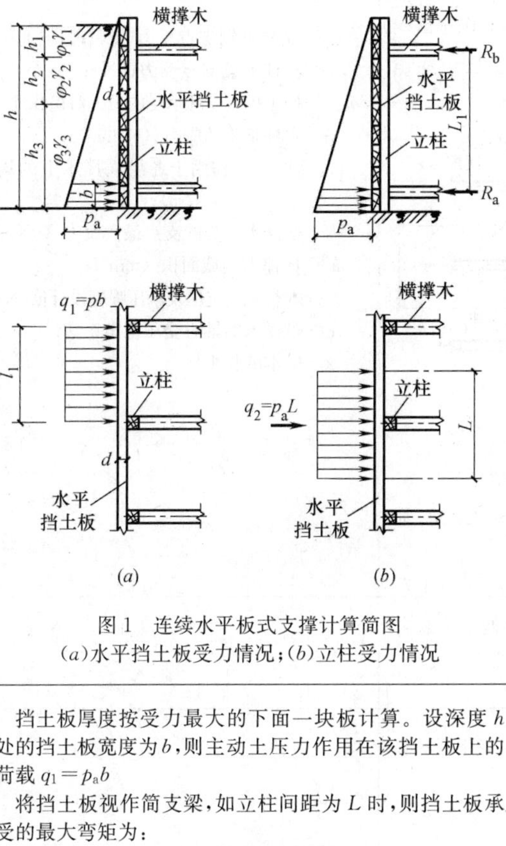 图1 连续水平板式支撑计算简图 (a)水平挡土板受力情况；(b)立柱受力情况	p_a—深度 h 处的主动土压力强度(kN/m²)； γ—坑壁土的平均重度(kN/m³)； $$\gamma = \frac{\gamma_1 h_1 + \gamma_2 h_2 + \gamma_3 h_3}{h_1 + h_2 + h_3}$$ h—基坑(槽)深度(m)； φ—坑壁土的平均内摩擦角(°)； $$\varphi = \frac{\varphi_1 h_1 + \varphi_2 h_2 + \varphi_3 h_3}{h_1 + h_2 + h_3}$$ f_m—木材的抗弯强度设计值(N/mm²)； b—深度 h 处的挡土板宽度(m)； L—立柱间距(m)； q_1—主动土压力作用在深度 h 处挡土板上的荷载(kN/m)； W—木挡板的截面抵抗矩(cm³)； d—挡土板厚度(cm)； L_1—上下横撑的间距(m)； q_2—主动土压力作用立柱下端支点处的荷载(kN/m)
挡土板计算	挡土板厚度按受力最大的下面一块板计算。设深度 h 处的挡土板宽度为 b，则主动土压力作用在该挡土板上的荷载 $q_1 = p_a b$ 将挡土板视作简支梁，如立柱间距为 L 时，则挡土板承受的最大弯矩为： $$M_{\max} = \frac{q_1 L^2}{8} = \frac{p_a b L^2}{8} \quad (3\text{-}2)$$ 所需木挡板的截面抵抗矩 W 为： $$W = \frac{M_{\max}}{f_m} \quad (3\text{-}3)$$ 需用木挡板的厚度 d 为： $$d = \sqrt{\frac{6W}{b}} \quad (3\text{-}4)$$	
立柱计算	立柱为承受三角形荷载的连续梁，亦按多跨简支梁计算，并按控制跨设计其尺寸。当坑(槽)壁设二道横撑木，见图1(b)，其上下横撑间距为 L_1，及立柱间距为 L 时，则下端支点处主动土压力的荷载为：$q_2 = p_a L$	

续表

项目	计算方法及公式	符 号 意 义
立柱计算	立柱承受三角形荷载作用，下端支点反力为：$R_a=\frac{q_2L_1}{3}$； 上端支点反力为：$R_b=\frac{q_2L_1}{6}$ 由此可求得最大弯矩所在截面与上端支点的距离为：$x=0.578L_1$ 最大弯矩为：　$M_{max}=0.0642q_2L_1^2$　(3-5) 最大应力为：　$\sigma=\frac{M_{max}}{W}\leqslant f_m$　(3-6) 当坑（槽）壁设多层横撑木，见图 2(*a*)，可将各跨间梯形分布荷载简化为均布荷载 q_i（等于其平均值），如图中虚线所示，然后取其控制跨度求其最大弯矩：$M_{max}=\frac{q_3L_3^2}{8}$，可同上法决定立柱尺寸 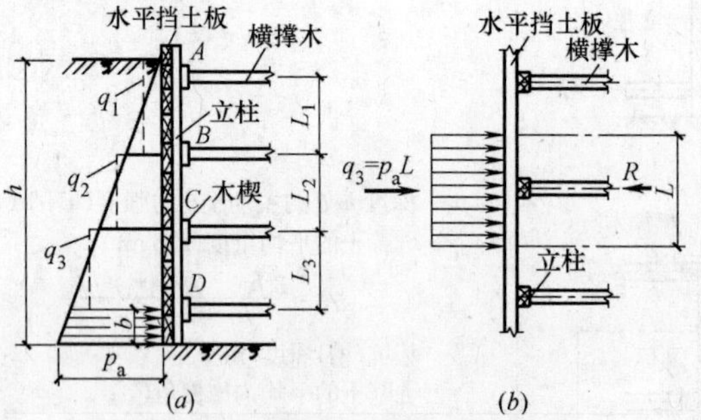 图 2　多层横撑的立柱计算简图 (*a*)多层横撑支撑情况；(*b*)立柱受力情况 支点反力可按承受相邻两跨度上各半跨的荷载计算，如图 2(*b*)，中间支点的反力为： $R=\frac{q_3L_3+q_2L_2}{2}$　(3-7) *A*、*D* 两支点的外侧无支点，故计算的立柱两端的悬臂部分的荷载亦应分别由上下两个支点承受	R_a—立柱下端支点反力(kN)； R_b—立柱上端支点反力(kN)； M_{max}—挡土板或立柱承受的最大弯矩(kN·m)； σ—立柱承受的应力（N/mm²）； q_1、q_2、q_3—作用于各层横撑木上的均布荷载（kN/m）； R—横撑木承受的支点最大反力（kN）； A_c—横撑木的截面积（mm²）； f_c—木材顺纹抗压及承压强度设计值(N/mm²)； φ—横撑木的轴心受压稳定系数； λ—横木的长细比
横撑木计算	横撑木为承受支点反力的中心受压杆件，可按下式计算需用截面积： $A_c=\frac{R}{\varphi f_c}$　(3-8) φ 值可按下式计算： 树种强度等级为 TC17、TC15 及 TB20： 当 $\lambda\leqslant75$ 时　$\varphi=\frac{1}{1+\left(\frac{\lambda^2}{80}\right)^2}$　(3-9*a*) 当 $\lambda>75$ 时　$\varphi=\frac{3000}{\lambda^2}$　(3-9*b*) 树种强度等级为 TC13、TC11、TB17 及 TB15： 当 $\lambda\leqslant91$ 时　$\varphi=\frac{1}{1+\left(\frac{\lambda}{65}\right)^2}$　(3-10*a*) 当 $\lambda>91$ 时　$\varphi=\frac{2800}{\lambda^2}$　(3-10*b*)	

二、连续垂直板式支撑的计算

基坑（槽）管沟连续垂直板式支撑的计算 **表 3-4**

<table>
<tr><th>项目</th><th>计算方法及公式</th><th>符号意义</th></tr>
<tr><td>横撑等距（不等弯矩）布置</td><td>计算简图如图 1 所示，横撑木的间距均相等，垂直挡土板与梁的作用相同，承受土的水平压力，可取最下一跨最大的板进行计算，计算方法与连续水平板式支撑的立柱相同。承受梯形分布荷载的作用，可简化为均布荷载，等于其平均值，求最大弯矩 $M=\frac{q_4h_1^2}{8}$，即可决定垂直挡土板尺寸
图 1　连续垂直板式等跨支撑计算简图
横垫木的计算及荷载与连续水平板式支撑的水平挡土板相同
横撑木的作用力为横垫木的支点反力，其截面计算亦与连续水平板式支撑木计算相同(略)</td><td>q_1、q_2、q_3、q_4—分别为作用在由上而下水平横撑木间的荷载(kN/m)；
h_1—等跨横撑木的间距(m)；即 $h_1=h_2=h_3=h_4$；
h—基坑(槽)、管沟的深度(m)；
M—垂直挡土板承受的最大弯矩(kN·m)</td></tr>
<tr><td>横撑不等距（等弯矩）布置</td><td>计算简图如图 2 所示，横垫木和横撑木的间距为不等距支设，随基坑(槽、管沟)深度而变化，土压力增大而加密，使各跨间承受的弯矩相等
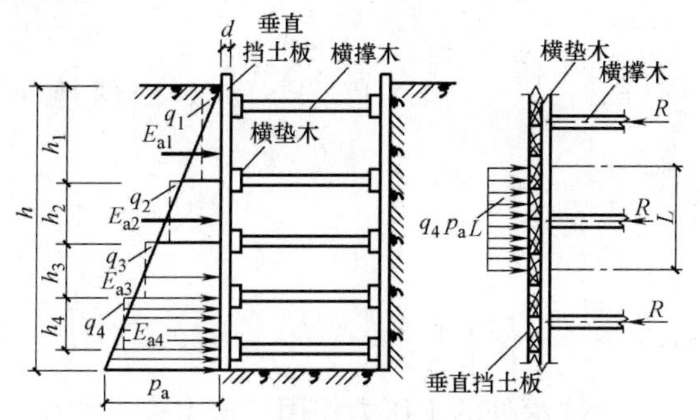

图 2　连续垂直板式不等距计算简图
设土压力 E_{a1} 平均分布在高度 h_1 上，并假定垂直挡土板各跨均为简支，则 h_1 跨单位长度的弯矩为：
$$M_1=\frac{E_{a1}h_1}{8}=\frac{d^2}{6}\cdot f_m$$
将 $E_{a1}=\frac{1}{2}\gamma h_1^2\mathrm{tg}^2\left(45^\circ-\frac{\varphi}{2}\right)$ 代入上式得：
$$\frac{1}{16}\gamma h_1^3\cdot\mathrm{tg}^2\left(45^\circ-\frac{\varphi}{2}\right)=\frac{d^2}{6}\cdot f_m$$
$$h_1^3=\frac{2.67d^2\cdot f_m}{\gamma\mathrm{tg}^2\left(45^\circ-\frac{\varphi}{2}\right)} \quad (3\text{-}11)$$
将 f_m、γ 值代入(4-11)式得：
$$h_1=0.53\sqrt[3]{\frac{d^2}{\mathrm{tg}^2\left(45^\circ-\frac{\varphi}{2}\right)}} \quad (3\text{-}12)$$</td><td>E_{a1}、E_{a2}、E_{a3}、E_{a4}—分别为平均分布在 h_1、h_2、h_3、h_4 高度上的土压力(kN/m)；
h_1、h_2、h_3、h_4—分别为由上至下水平横撑木的间距（m）；
M_1、M_2、M_3、M_4—分别为 h_1、h_2、h_3、h_4 跨单位长度的弯矩(kN·m)；
h—基坑（槽）管沟的深度（m）；
d—垂直挡土板的厚度（cm）；
f_m—木材的抗弯强度设计值，考虑受力不匀因素，取 $f_m=10\text{N/mm}^2$；
γ—土的平均重度，取 18kN/m^3；
φ—土的内摩擦角（°）</td></tr>
</table>

续表

项目	计算方法及公式	符号意义
横撑不等距（等弯矩）布置	其余横垫木(横撑木)间距,可按等弯矩条件进行计算: $\frac{E_{a1}h_1}{8}=\frac{E_{a2}h_2}{8}=\frac{E_{a3}h_3}{8}=\cdots\cdots=\frac{E_{an}h_n}{8}$ 将 E_{a1}、E_{a2}、E_{a3}、……E_{an}代入得: $h_1\cdot h_1^2=h_2[(h_1+h_2)^2-h_1^2]$ $=h_3[(h_1+h_2+h_3)^2-(h_1+h_2)^2]$ …… $=h_n\left[\left(\sum_1^n h\right)^2-\left(\sum_1^{n-1} h\right)^2\right]$ 解之得:　$h_2=0.62h$; $h_3=0.52h_1$;　$h_4=0.46h_1$; $h_5=0.42h_1$;　$h_6=0.39h_1$　(3-13) 如已知垂直挡土板厚度,即可由式(3-12)、式(3-13)求得横撑木的间距 一般垂直挡土板厚度为50～80mm。横撑木视土压力的大小和基坑(槽、管沟)的宽、深采用100mm×100mm～160mm×160mm方木或直径80～150mm圆木	

【例3-1】 管道沟槽深2m，上层1m为填土，重度$\gamma_1=17\text{kN/m}^3$，内摩擦角$\varphi_1=22°$，1m以下为褐黄色黏土，重度$\gamma_2=18.4\text{kN/m}^3$，内摩擦角$\varphi_2=23°$。采用连续水平板式支撑，试选用木支撑截面。木材为杉木，木材抗弯强度设计值$f_m=10\text{N/mm}^2$，木材顺纹抗压强度设计值$f_c=10\text{N/mm}^2$。

【解】 土的重度平均值　$\gamma=\frac{17\times1+18.4\times1}{2}=17.7\text{kN/m}^3$；内摩擦角平均值$\varphi=\frac{22°\times1+23°\times1}{2}=22.5°$

在沟底2m深处土的水平压力p_a：

$$p_a=\gamma h\,\text{tg}^2\left(45°-\frac{\varphi}{2}\right)=17.7\times2\times\text{tg}^2\left(45°-\frac{22.5°}{2}\right)=15.8\text{kN/m}^2$$

水平挡土板选用75mm×200mm，在2m深处的土压力作用于该木板上的荷载q_1：

$$q_1=p_a\cdot b=15.8\times0.2=3.16\text{kN/m}$$

木板的截面抵抗矩：$W=\frac{20\times7.5^2}{6}=187.5\text{cm}^3$，抗弯强度设计值：$f_m=10\text{N/mm}^2$，所能承受的最大弯矩为：

$$M_{max}=187.5\times10^{-6}\times10\times10^6=1875\text{N}\cdot\text{m}$$

立柱间距L按式（3-2）求出

$$L=\sqrt{\frac{8M_{max}}{q_1}}=\sqrt{\frac{8\times1875}{3.16\times10^3}}=2.18\text{m}\quad 取2\text{m}$$

立柱下支点处主动土压力荷载q_2：

$$q_2=p_aL=15.8\times2=31.6\text{kN/m}$$

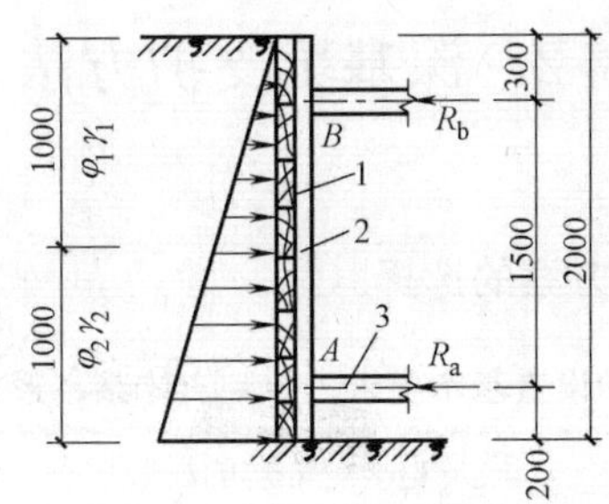

图 3-1 连续水平板式支撑布置尺寸
1—水平挡土板；2—立柱；3—横撑木

立柱选用截面为15cm×15cm方木，截面抵抗矩$W=\frac{15^3}{6}=562.5\text{cm}^3$，方木$f_m=10\text{N/mm}^2$，则立柱所能承受的弯矩$M_{max}=562.5\times10^{-6}\times10\times10^6=5625\text{N}\cdot\text{m}$。由此可求得横撑木间距$L_1=\sqrt{\frac{M_{max}}{0.0642q_2}}=\sqrt{\frac{5625}{0.0642\times31.6\times10^3}}=1.67\text{m}$。为便于支撑，取1.5m，上端悬臂0.3m，下端悬臂0.2m，如图3-1所示。

立柱在三角形荷载作用下，下端支点反力$R_a=\frac{q_2L_1}{3}=\frac{31.6\times1.5}{3}=15.8\text{kN}$，上端支点反力$R_b=\frac{q_2L_1}{6}=\frac{31.6\times1.5}{6}=7.9\text{kN}$

横撑木按中心受压构件计算。横撑木$f_c=10\text{N/mm}^2$，横撑木实际长度$L=L_0=2.5\text{m}$，初步选定截面为10cm×10cm方木支撑，其长细比$\lambda=\frac{L_a}{i}=\frac{2.5}{0.29\times0.10}=86.2<91$

所以
$$\varphi=\frac{1}{1+\left(\frac{\lambda}{65}\right)^2}=\frac{1}{1+\left(\frac{86.2}{65}\right)^2}=0.36$$

横撑木轴心压力设计值N为：

$N=\varphi A_0f_c=0.36\times100\times100\times10=36000\text{N}=36\text{kN}>15.8\text{kN}$ 可选用10cm×10cm木支撑。

【例3-2】 已知基坑槽深为5.0m，土的重度为18kN/m^3，内摩擦角$\varphi=30°$，采用50mm厚木垂直挡土板，试求横撑木（横垫木）的间距。

【解】 基坑槽深5.0m，考虑用四层横撑木及横垫木。由式（3-12）可求得最上层横垫（撑）木的间距为：

$$h_1=0.53\sqrt[3]{\frac{5.0^2}{\text{tg}^2\left(45°-\frac{30°}{2}\right)}}=2.24\text{m}$$

由式（3-13）可算得下两层横垫木及横撑木的间距为：

$$h_2=0.62h_1=0.62\times2.24=1.39\text{m}$$

$$h_3=0.52h_1=0.52\times2.24=1.16\text{m}$$

3.2 深基坑支护方法

3.2.1 深基坑支护类型、方案的选择

深基坑支护设置基本要求、原则、体系、形式及选用　　表 3-5

项次	项目	支护方法要点
1	支护设置基本要求	(1)确保基坑围护体系能起到挡土作用，基坑四周边坡保持稳定 (2)确保基坑四周相邻的建(构)筑物、地下管线、道路等的安全，在基坑土方开挖及地下工程施工期间，不因土体的变形、沉陷、坍塌或位移而受到危害 (3)在有地下水的地区，通过排水、降水、截水等措施，确保基坑工程施工在地下水位以上进行 (4)基坑支护设计与施工应综合考虑工程地质与水文地质条件、基础类型、基坑开挖深度、降排水条件、周边环境对基坑侧壁位移的要求、基坑周边荷载、施工季节、支护结构使用期限等因素，做到因工程、因地、因时制宜，合理设计、精心施工，严格监控 (5)基坑支护结构设计应根据对基坑周边环境及地下结构施工的影响程度按表 3-6 选用相应的侧壁安全等级及重要性系数。对基坑分级和基坑变形的监控值应符合表 3-7 的规定
2	支护设置原则	(1)要求技术先进，结构简单，因地制宜，就地取材 (2)尽可能与工程永久性挡土结构相结合，作为结构的组成部分，或材料能够部分回收重复使用 (3)受力可靠，能确保基坑边坡稳定不给邻近已有建(构)筑物、道路及地下设施带来危害 (4)保护环境，保证施工期间安全；经济上合理
3	支护结构体系	支护结构的体系很多，工程上常用的典型的支护体系按其工作机理和围护墙的形式有下列所示几种： 支护结构体系 　水泥土挡墙式 　　深层搅拌水泥土桩墙 　　高压喷射注浆桩墙 　　粉体喷射注浆桩墙 　排桩与板墙式 　　排桩式 　　　钻孔灌注桩 　　　挖孔灌注桩 　　　钢管桩、预制钢筋混凝土桩 　　板桩式 　　　型钢横挡板 　　　钢板桩 　　　钢筋混凝土板桩 　　板墙式 　　　现浇地下连续墙 　　　预制装配式地下连续墙 　　组合式 　　　钻孔灌注桩与水泥土桩组合 　　　加筋水泥土围护墙 　边坡稳定式 　　土钉墙 　　喷锚支护 　逆作拱墙式
4	支护结构形式及选用	(1)支护结构的种类繁多，国内常用的几种支护结构形式的选用，参见表 3-8 可供参考 (2)以上表列支护方案的选择应根据基坑周边环境、土层结构、工程地质、水文情况、基坑形状、开挖深度、施工拟采用的挖方、排水方法、施工作业设备条件、安全等级和工期要求以及技术经济效果等因素加以综合全面地考虑而定。可以选择应用其中一种，亦可以 2～3 种支护结合使用，特别应注意的是选择透水性支护还是止水性支护。对于地下水位较高地区，因降水而有可能导致固结沉降的软弱地基、细砂层或黏土层组成的软弱的互层地基以及含水层丰富的砂砾地层，宜优先选用止水性支护，其他可采用透水性支护 (3)由以上可知，深基坑支护，虽为一种施工临时性辅助结构物，但对保证工程顺利进行和邻近地基和已有建(构)筑物的安全影响极大。支护结构并不是越大、越厚，埋置越深、越牢靠越好；而是要弄清楚所拟选用支护的支护方法、优缺点和注意的问题，施工前进行多方案技术、经济比较，选择一个最优支护方案，加以实施，做到技术上先进可行，经济上适用、合理，使用上安全可靠，同时还应做到因地、因工程制宜，就地取材，保护环境，节约资源，施工简便、快速，保证质量，工程万无一失，以确保基础施工任务的顺利完成

基坑侧壁安全等级及重要性系数 表 3-6

安全等级	破坏后果	γ_0
一级	支护结构破坏、土体失稳或过大变形对基坑周边环境及地下结构施工影响很严重	1.10
二级	支护结构破坏、土体失稳或过大变形对基坑周边环境及地下结构施工影响一般	1.00
三级	支护结构破坏、土体失稳或过大变形对基坑周边环境及地下结构施工影响不严重	0.90

基坑分级和基坑变形的监控值（cm） 表 3-7

基坑类别	围护结构墙顶位移监控值	围护结构墙体最大位移监控值	地面最大沉降监控值
一级基坑	3	5	3
二级基坑	6	8	6
三级基坑	8	10	10

注：1. 符合下列情况之一，为一级基坑：
(1) 重要工程或支护结构做主体结构的一部分；
(2) 开挖深度大于 10m；
(3) 与邻近建筑物，重要设施的距离在开挖深度以内的基坑；
(4) 基坑范围内有历史文物、近代优秀建筑、重要管线等需严加保护的基坑。
2. 三级基坑为开挖深度小于 7m，且周围环境无特别要求时的基坑。
3. 除一级和三级外的基坑属二级基坑。
4. 当周围已有的设施有特殊要求时，尚应符合这些要求。

常用支护结构形式的选择 表 3-8

类型、名称	支护形式特点	适用条件
挡土灌注排桩或地下连续墙	挡土灌注排桩系以现场灌注桩，按队列式布置组成的支护结构；地下连续墙系用机械施工方法成槽浇灌钢筋混凝土形成的地下墙体 特点：刚度大，抗弯强度高，变形小，适应性强，需工作场地不大，振动小，噪声低，但排桩墙不能止水；连续墙施工需较多机具设备	(1)适于基坑侧壁安全等级一、二、三级 (2)悬臂式结构在软土场地中不宜大于 5m (3)当地下水位高于基坑底面时，宜采用降水、排桩与水泥土桩组合截水帷幕或采用地下连续墙 (4)用于逆作法施工 (5)变形较大坑边可选用双排桩
排桩土层锚杆支护	系在稳定土层钻孔，用水泥浆或水泥砂浆将钢筋与土体粘结在一起拉结排桩挡土 特点：能与土体结合承受很大拉力，变形小，适应性强，不用大型机械，需工作场地小，省钢材，费用低	(1)适于基坑侧壁安全等级一、二、三级 (2)适用于难以采用支撑的大面积深基坑 (3)不宜用于地下水大、含有化学腐蚀物的土层和松散软弱土层
排桩内支撑支护	系在排桩内侧设置钢或钢筋混凝土水平支撑，用以支挡基坑侧壁进行挡土 特点：受力合理，易于控制变形，安全可靠，但需大量支撑材料，基坑内施工不便	(1)适于基坑侧壁安全等级一、二、三级 (2)适用于各种不易设置锚杆的较松软土层及软土地基 (3)当地下水位高于基坑底面时，宜采用降水措施或采用止水结构
水泥土墙支护	系由水泥土桩相互搭接形成的格栅状、壁状等形式的连续重力式挡土止水墙体 特点：具有挡土、截水双重功能，施工机具设备相对较简单，成墙速度快，使用材料单一，造价较低	(1)基坑侧壁安全等级宜为二、三级 (2)水泥土墙施工范围内地基承载力不宜大于 150kPa (3)基坑深度不宜大于 6m (4)基坑周围具备水泥土墙的施工宽度
土钉墙或喷锚支护	系用土钉或预应力锚杆加固的基坑侧壁土体与喷射钢筋混凝土护面组成的支护结构 特点：结构简单，承载力较高，可阻水，变形小，安全可靠，适应性强，施工机具简单，施工灵活，污染小，噪声低，对周边环境影响小，支护费用低	(1)基坑侧壁安全等级宜为二、三级非软土场地 (2)土钉墙基坑深度不宜大于 12m；喷锚支护适于无流砂、含水量不高、不是淤泥等流塑土层的基坑，开挖深度不大于 18m (3)当地下水位高于基坑底面时，应采取降水或截水措施

续表

类型、名称	支护形式特点	适 用 条 件
逆作拱墙支护	系在平面上将支护墙体或排桩作成闭合拱形支护结构 特点：结构主要承受压应力，可充分发挥材料特性，结构截面小，底部不用嵌固，可减小埋深，受力安全可靠，变形小，外形简单，施工方便、快速，质量易保证，费用低等	(1)基坑侧壁安全等组宜为二、三级 (2)淤泥和淤泥质土场地不宜采用 (3)基坑平面尺寸近似方形或圆形，基坑施工场地适合拱圈布置；拱墙轴线的矢跨比不宜小于1/8 (4)基坑深度不宜大于12m (5)地下水位高于基坑底面时，应采取降水或截水措施
钢板桩	采用特制的型钢板桩，借机械打入地下，构成一道连续的板墙作为挡土截水围护结构 特点：强度高，刚度大，整体性好，锁口紧密，水密性强，能适应各种平面形状的土体；打设方便，施工快速，可回收使用；但需大量钢材，一次性投资较高	(1)基坑侧壁安全等级二、三级 (2)基坑深度不宜大于10m (3)当地下水位高于基坑底面时，应采用降水或截水措施
放坡开挖	对土质较好，地下水位低，场地开阔的基坑采取按规范允许坡度放坡开挖，或仅在坡脚叠袋护脚，坡面作适当保护 特点：不用支撑支护，需采用人工修坡，加强边坡稳定监测，土方量大，需外运	(1)基坑侧壁安全等级宜为三级 (2)基坑周围场地应满足放坡条件，土质较好 (3)可独立或与上述其他结构结合使用 (4)当地下水位高于坡脚时，应采取降水措施

3.2.2　挡土灌注桩支护

挡土灌注桩支护设置　　**表3-9**

项次	项目	支护方法要点
1	构造形式	(1)系在开挖基坑周围，用钻机钻孔，下钢筋笼，现场灌注混凝土成桩，形成桩排作挡土支护。桩的排列形式有间隔式、双排式和连接式等(图3-2)。间隔式系每隔一定距离设置一桩，成排设置，在顶部设连系梁连成整体共同工作。双排桩系将桩前后或成梅花形，按两排布置，桩顶也设有连系梁使成门式刚架，以提高抗弯刚度，减小位移。连续式系一桩连一桩形成一道排桩连续墙，在顶部也设有连系梁连成整体共同工作 (2)灌注桩间距、桩径、桩长、埋置深度，根据基坑开挖深度、土质、地下水位高低以及所承受的土压力由计算确定。挡土桩间距一般1～2m，桩直径由0.5～1.1m，埋深为基坑深的0.5～1.0倍。桩配筋根据侧向荷载由计算而定，一般主筋直径由14～32mm，当为构造配筋，每桩不少于8根，箍筋采用ϕ8mm，间距为100～200mm
2	施工方法	灌注桩一般在基坑开挖前施工，成孔方法有机械和人工开挖两种，后者用于桩径不少于0.8m的情况，两种方式的桩成孔、成桩工艺方法分别见5.1.4.2节和5.1.4.9节
3	优缺点及应用	(1)本法具有桩刚度较大，抗弯强度高，变形相对较小，安全感好，设备简单，施工方便，需要工作场地不大，噪声低，振动小，费用较低等优点。但前两种支护止水性差，这种支护桩不能回收利用 (2)适用于黏性土、开挖面积较大、较深(大于6m)的基坑以及不允许邻近建筑物有较大下沉、位移时采用。一般土质较好可用于悬臂7～10m的情况，若在顶部设拉杆，中部设锚杆可用于3～4层地下室开挖的支护

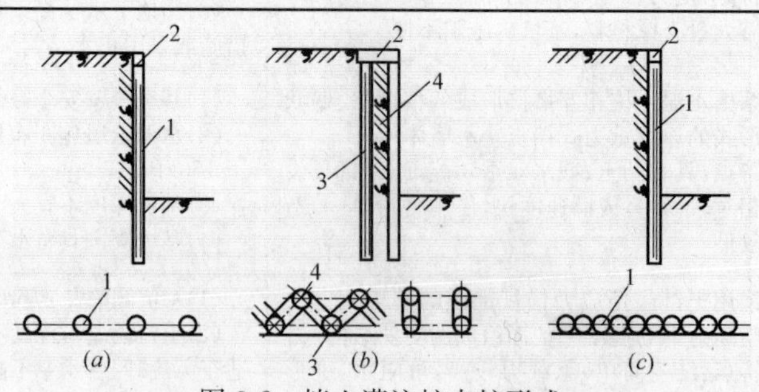

图3-2　挡土灌注桩支护形式

(a) 间隔式；(b) 双排式；(c) 连续式

1—挡土灌注桩；2—连续梁（圈梁）；3—前排桩；4—后排桩

3.2.3 排桩土层锚杆支护

排桩土层锚杆支护设置 表 3-10

项次	项目	支护方法要点
1	形式分类及构造	(1)系在排桩支护的基础上，沿开挖基坑或边坡，每隔 2～5m 设置一层向下稍微倾斜的土层锚杆，以增强排桩支护抵抗土压力的能力，同时可减少排桩的数量和截面积；常用排桩土层锚杆支护的形式如图 3-3 所示 (2)土层锚杆，又称土锚杆，是在深开挖的基坑立壁(挡土灌注桩或地下连续墙)的土层钻孔(或掏孔)至要求深度，或再扩大孔的端部形成柱状或球状扩大头，在孔内放入钢筋、钢管或钢丝束、钢绞线，灌入水泥浆或化学浆液，使与土层结合成为抗拉(拔)力强的锚杆。在锚杆的端部通过横撑(钢横梁)借螺母联结或再张拉施加预应力将灌注排桩(或地下连续墙，下同)受到的侧压力，通过拉杆传给远离灌注排桩的稳定土层，以达到控制基坑支护的变形，保持基坑土体和坑外建筑物稳定的目的 (3)土层锚杆的种类形式较多，有一般灌浆锚杆、扩孔灌浆锚杆、压力灌浆锚杆、预应力锚杆、重复灌浆锚杆、二次高压灌浆锚杆等多种。扩孔灌浆锚杆主要是利用扩孔部分的侧压力来抵抗拉拔力，而压力灌浆锚杆主要利用锚杆周边的摩擦阻力来抵抗拉拔力。按使用又分永久性和临时性两类。 土层锚杆的构造为：由锚头、拉杆和锚固体三部分组成(图 3-4*a*)，以主动滑动面为界分为锚固段与非锚固段(图 3-4*b*)。拉杆与锚固体的粘着部分为锚杆的锚固长度，其余为自由长度，其四周无摩阻力，仅起传递拉力的作用 (4)锚头由台座、承压垫板和紧固器等组成，通过钢横梁及支架将来自挡土灌注桩的力牢固地传给拉杆。台座用钢板或 C35 混凝土做成，应有足够的强度。临时性锚杆如用型钢垫座，两型钢间隙应≤100mm；钢筋混凝土垫座锚孔应≤120mm；承压板用 20～40mm 厚钢板，紧固器当拉杆为粗钢筋一般在端部焊螺丝端杆，用螺母作紧固器，必要时也可用焊接的方法，如拉杆用钢绞线等，则用锚具作为紧固器 (5)拉杆可用钢筋、钢管、钢丝束或钢绞线。以前两种使用较多，后者用于承载力很高的情况。钢拉杆有单杆和多杆之分，单杆多用直径 ϕ26mm 和 ϕ32mm 螺纹钢筋，近年发展采用 ϕ25mm，45SiMnV 高强度钢筋；多杆锚杆采用 2～4 根 ϕ16mm 钢筋。锚杆的结构如图 3-5a。锚固体由水泥浆在压力下灌浆成形 (6)锚杆的尺寸、埋置深度应保证不使锚杆引起地面隆起和地面不出现地基的剪切破坏，最上层锚杆一般需覆土厚度不小于 4～5m；锚杆的层数应通过计算确定，一般上下层间距 2.0～5.0m，水平间距 1.5～4.5m，或控制在锚固体直径的 10 倍；锚杆的倾角不宜小于 12.5°，一般宜与水平成15°～25°倾斜角，且不应大于 45°；锚杆的长度应使锚固体置于滑动土体外的好土层内，通常长度为15～25m，其中锚杆自由段长度不宜小于 5m，并应超过潜在滑裂面 1.5m；锚固段长度一般为 5～7m，有效锚固长度不宜小于 4m，在饱和软黏土中锚杆固定段长度以 20m 左右合适。锚杆钻孔直径一般为 90～30mm；用地质钻也可达 146mm；用风动凿岩机钻孔最大直径为 50mm 左右
2	施工工艺方法	(1)排桩土层锚杆支护施工一般先将排桩施工完成，开挖基坑时每挖一层土，至土层锚杆标高，随设置一层土层锚杆，逐层向下设置，直至完成 (2)土层锚杆的施工程序为(水作业钻进法)：土方开挖→测量、放线定位→钻机就位→接钻杆→校正孔位→调整角度→打开水源→钻孔→提出内钻杆→冲洗→钻至设计深度→反复提内钻杆→插钢筋(或安钢绞线)→压力灌浆→养护→裸露主筋防锈→上横梁(或预应力锚件)→焊锚具→张拉(仅用于预应力锚杆)→锚头(锚具)锁定 土层锚杆干作业施工程序与水作业钻进法基本相同，只是钻孔中不用水冲洗泥渣成孔，而是干法使土体顺螺杆排出孔外成孔 (3)土层锚杆的成孔机具设备，使用较多的有螺旋式钻孔机、气动冲击式钻孔机和旋转冲击式钻孔机、履带全行走全液压万能钻孔机，也可采用改装的普通地质钻机成孔，即用一轻便斜钻架代替原来的垂直钻架常用改装土层锚杆钻机。使用的钻具是在钻杆前端安装 ϕ127mm 套管，在它的前端四周镶合金片的环形钻头，并设置导向架，每钻进一节套管再接长一节，直至预计深度，套管可以拔出或作为拉杆留在孔内，可适用于各种土层。常用国产及进口钻机技术性能见表 3-11。在黄土地区，也可采用洛阳铲形成锚杆孔穴，孔径 70～80mm，钻出的孔洞用空气压缩机、风管冲洗孔穴，将孔内孔壁松土清除干净 (4)成孔工艺有水作业钻进法和干作业钻进法两种，以前者应用较多。施工时在钻杆外设有套管，钻出的泥渣用水冲刷出孔，至水流不浑浊为止。本法把成孔中的钻进、出渣、清孔等工序一次完成，可防止塌孔，不留残土。适用于各种软硬土层和有地下水情况，但现场积水较多。干作业法是先用螺旋钻成孔，清除废土，钻出的孔洞用空压机风管冲洗孔穴。本法操作方便，场地无积水，工效高。适用于黏土、粉质黏土、砂土等地层和地下水位低的情况，特别宜冬期作业。成孔可采用多台钻机平行作业，以加快进度

续表

项次	项目	支护方法要点
2	施工工艺方法	(5)拉杆应由专人制作，下料长度应为自由段、锚固段及外露长度之和，外露长度须满足锚固及张拉作业要求。锚杆接长采用对焊或帮条焊，要求顺直。钻完后尽快安设，以防塌孔。拉杆使用前，要除锈和除油污。孔口附近拉杆钢筋应先涂一层防锈漆，并用两层沥青玻璃布包扎做好防锈层。成孔后即将通长钢拉杆插入孔内，在拉杆表面设置定位器(图 3-5*b*)，间距在锚固段为 2m 左右，在非锚固段为 4～5m。插入拉杆时应将灌浆管与拉杆绑在一起同时插入孔内，放至距孔底保持 50cm。如钻孔时使用套管，则在插入钢筋拉杆后将套管拔出。为保证非锚固段拉杆可以自由伸长，可在锚固段与非锚固段之间设置堵浆器，或在非锚固段处不灌水泥浆，而填以干砂、碎石或低强度等级混凝土；或在每根拉杆的自由部分套一根空心塑料管；或在锚杆的全长度均灌水泥浆，但在非锚固段的拉杆上涂以润滑油脂以保证在该段自由变形和保证锚杆的承载能力不降低。在灌浆前将钻管口封闭，接上浆管，即可进行注浆，浇注锚固体 (6)锚杆灌浆材料多用水泥浆，采用普通水泥，水灰比 0.40～0.45，为防止泌水、干缩，可掺加 0.3%的木质素磺酸钙。灌浆也可采用水泥砂浆，灰砂比为 1∶1～0.5(重量比)，水灰比为 0.4～0.5，砂用中砂，并过筛，砂浆强度等级不宜低于 100MPa。如需早强，可掺入水泥用量 0.3%的食盐和 0.03%的三乙醇胺。水泥浆的抗压强度应大于 25MPa，可用时间应为 30～60min，塑流动时间应在 22s 以下，每孔灌浆应在 4min 内结束。灌浆方法分一次灌浆法和二次灌浆法两种。前者是用压浆泵将水泥浆经胶管压入拉杆管内，再由拉杆端注入锚孔，管端保持离底 150mm。灌注压力为 0.4MPa 左右。随着水泥浆灌入，逐步将灌浆管向外拔出至孔口。待浆液回流至孔口时，用水泥袋纸等捣入孔内，再用湿黏土封堵孔口，并严密捣实，再以 0.4～0.6MPa 的压力进行补灌，稳压数分钟即告完成。后法是先灌注锚固段，在灌注的水泥浆具备一定强度后，对锚固段进行张拉，然后再灌注非锚固段，可以低强度等级水泥浆不加压力进行灌注 锚杆最后锚定值(预加力值)应根据地层条件及支护结构变形要求确定，宜取为锚杆轴向受拉承载力设计值的 0.50～0.65 倍 (7)质量要求　主要检验现场施工的锚杆的承载力是否达到设计要求，并对锚杆施加一定的预应力。加荷多采用穿心千斤顶在原位进行。加荷方式对临时锚杆，依次为设计荷载的 0.25、0.50、0.75、1.00 和 1.20 倍(对永久性锚杆加到 1.5 倍)，然后卸载至某一截值(由设计定)，接着将锚头的螺母紧固。每次加荷后要测量锚头的变位值，并与性能试验的结果对照，如果锚杆的总变位量不超过性能试验的总变位量，即认为该锚杆合格，否则为不合格，其承载能力要降低或采取补救措施
3	优点及使用	(1)采用排桩土层锚杆支护的优点是：能与土体结合在一起承受很大的拉力，以保持支护的稳定，可用高强钢材，并可施加预应力，可有效控制邻近建筑物的变形量；同时可简化支护结构，适应性强，所需钻孔孔径小，施工不用大型机械和较大场地，经济效益显著，可节省大量钢材和劳力，特别是为基坑内施工提供了良好空间，有利于机械化挖土作业，加快工程进度 (2)适用于难以采用支撑的大面积深基坑、各种土层的坑壁支护，在国内得到广泛采用。但不适于在地下水较大或含有化学腐蚀物的土层或在松散、软弱的土层内使用

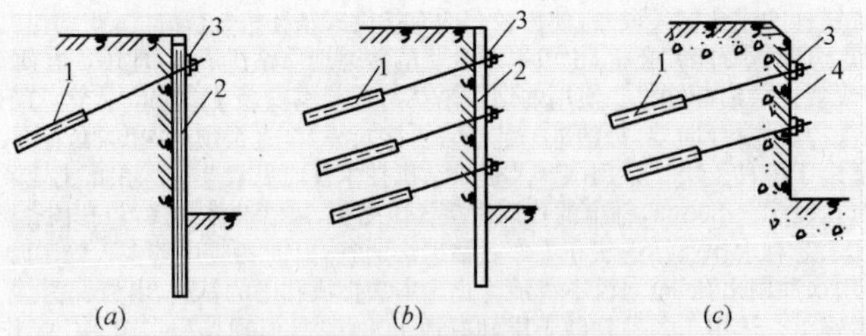

图 3-3　土层锚杆支护形式

(*a*) 单锚支护；(*b*) 多锚支护；(*c*) 破碎岩土支护

1—锚固体；2—挡土灌注桩；3—紧固器（螺母）；4—岩土

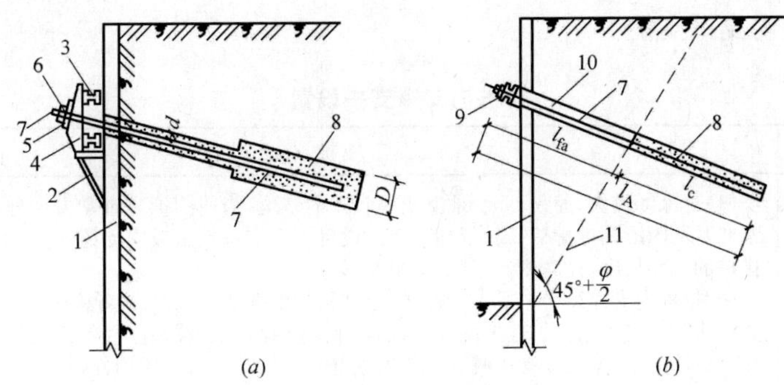

图 3-4 土层锚杆构造及长度的划分

(a) 土层锚杆构造；(b) 土层锚杆长度的划分

1—挡土灌注桩（支护）；2—支架；3—横梁；4—台座；5—承压垫板；6—紧固器（螺母）；7—拉杆；8—锚固体；9—锚杆头部；10—锚孔；11—主动土压力裂面；

l_{fa}—非锚固段长度；l_c—锚固段长度；l_A—锚杆长度

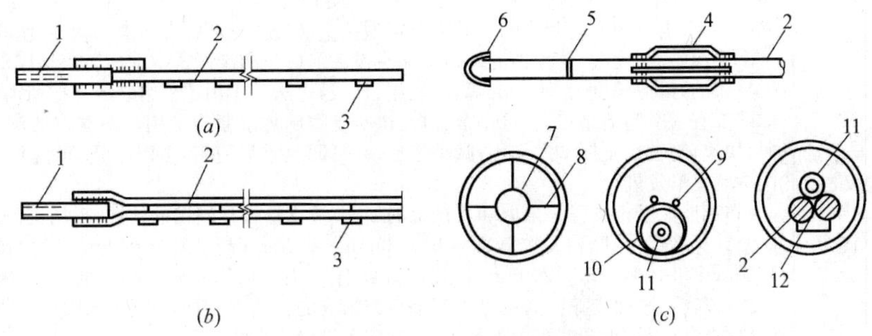

图 3-5 锚杆构造、定位器和定位方法

(a) 单筋锚杆；(b) 双筋锚杆；(c) 定位器和定位方法

1—螺杆；2—钢筋拉杆；3—定位板；4—支承滑条；5—半圆环；6—挡土板；7—ϕ38mm 钢管内穿 ϕ32 锚拉杆；8—35mm×3mm 钢带；9—2Φ32 钢筋；10—ϕ65mm 钢管，l=60mm@1.0～1.2m；

11—灌浆胶管或钢管；12—支架

常用国产、进口钻机技术性能 **表 3-11**

项　目	MZⅡ型	德 HB101	德 HB105	日 RPD—65LC	日 RPD—65HC
钻孔直径（mm）	160	64～127	由锚固要求而定	101～137	60～80
钻孔深（m）	30	—	—	10～60	0～150
扭矩（N·m）	3.860/3020	950	6000	4000	1000
冲击次数（次/min）		1800	1800	1350	2000
转速（r/min）	63/129	0～140	0～55	—	—
最大给进力（kN）		25	25	40	40
钻臂总长（mm）		6250	6250	2600	2600
发动机功率（kW）	25/40	74	74	50	50
机重（t）	1.2	8.3	8.3	6.8	6.6
外型尺寸（长×宽×高）（m×m×m）	—	6.61×2.3×2.2	6.61×2.3×2.2	5.7×2.1×2.25	5.7×2.1×2.33

注：MZⅡ型为北京市机械施工公司生产的电动双速长螺栓步履式钻机；HB101、HB105 型由德国克虏伯（krupp）公司生产；RPD—65LC、RPD—65HC 型由日本矿研株式会社生产。

3.2.4　排桩内支撑支护

排桩内支撑支护设置　　表 3-12

项次	项目	支护方法要点
1	形式、组成及结构构造	(1)对深度较大，面积不大、地基土质较差的基坑，为使围护排桩受力合理和受力后变形小，常在基坑内沿围护排桩(墙，下同)，竖向设置一定支承点组成内支撑式基坑支护体系，以减少排桩的无支长度，提高侧向刚度，减小变形 (2)排桩内支撑结构体系，一般由挡土结构和支撑结构组成，二者构成一个整体，共同抵挡外力的作用。支撑结构一般由围檩(横挡)、水平支撑、八字撑和立柱等组成(图 3-6)。围檩固定在排桩墙上，将排桩承受的侧压力传给纵、横支撑；支撑为受压构件，长度超过一定限度时，稳定性降低，一般再在中间加设立柱，以承受支撑自重和施工荷载。立柱下端插入工程桩内，当其下无工程桩时再在其下设置专用灌注桩。这样每道支撑形成一个平面支承系统，平面支护桩所传来的水平力 (3)内支撑材料一般有钢支撑和钢筋混凝土两类，钢支撑常用者有钢管和型钢，前者多采用直径 609mm、580mm、406mm 钢管，壁厚有 10mm、12mm、14mm 等；后者多用 H 型钢，常用规格(mm)有 200×200×8×12(高×宽×腹板厚×上下翼板厚)、250×250×9×14、300×300×10×15、350×350×12×19、400×400×13×21、594×302×14×12 等，以适应不同的承载力。在纵横向水平支撑交叉部位，可用上下叠交固定(图 3-7)，只纵横向支撑不在一个平面内，整体刚度要差，也可用专门制作的“十”字形定型接头，以便连接纵、横向支撑构件，使纵横支撑处于一个平面内、刚度大，受力性能好。在端头设活络接头和琵琶式斜撑。所用支撑也可作成定型工具式的，每节长度为 3m、6m 等，以便组合。通过法兰盘用螺栓组装成支撑所需长度，每根支撑端部有一节为活络接头，可调节长短，供对支撑施加顶紧力之用。钢支撑的优点是：装卸方便、快速，能较快发挥支撑作用，减小变形，并可回收重复使用，可以租赁，可施加顶紧力，控制围护墙变形发展 (4)钢筋混凝土支撑是采取随着挖土的加深，按支撑设计规定的位置，现场支模浇筑支撑，截面经计算确定，围檩和支撑截面常用 600mm×800mm(高×宽)、800m×1000mm、800mm×1200mm 和 1000mm×1200mm，配筋由计算确定，对平面尺寸较大的基坑，在支撑交叉点处设支柱，以支承平面支撑。立柱可用四个角钢组成的格构式钢柱，钢管或型钢，立柱插入工程灌注桩内深度不小于 2m，当无工程桩时，则应另设专用灌注桩。 钢筋混凝土支撑的优点是：形状可多样化，可根据基坑平面形状，浇筑成最优化的布置形式，承载力高，整体性好，刚度大，变形小，使用安全可靠，有利于保护邻近建筑物和环境。但现浇费工费时，拆除困难，不能重复利用 (5)内支撑体系的平面布置形式，随基坑的平面形状、尺寸、开挖深度、周围环境保护要求、地下结构的布置、土方开挖顺序和方法等而定，一般常用形式有角撑式、对撑式、框架式、边框架式以及环梁与边框架、角撑与对撑组合等形式(图 3-8)，也可二种或三种形式混合使用，可因地、因工程制宜地选用最合适的支撑形式 (6)支撑在竖向的布置主要由基坑深度、围护排桩墙种类、挖土方式、地下结构各层楼面和底板的位置等确定。支撑的层数由排桩墙的刚度和受力情况而定，以使不产生过大的弯矩和变形为合适。设置的标高要避开地下结构楼板的位置，一般宜布置在楼面上下不小于 600mm，以便于支模浇筑地下结构的换撑。支撑竖向间距：采用人工挖土不宜小于 3m，采用机械挖土，不宜小于 4m
2	施工工艺方法	(1)支护结构施工基坑开挖应按“分层开挖，先撑后挖”的原则进行 (2)内支护体系施工顺序为：挡土灌注桩(或其他排桩)施工→水泥土抗渗桩施工→锁口连系梁施工→开挖第一层土方→安装第一道钢管支撑→开挖第二层土方→安装第二道钢管支撑。如此循环作业直至基坑底部土方开挖完成。内支撑安装顺序为：焊围檩、托架→安装围檩→安装横向水平支撑→安装纵向水平支撑→安装立柱并与纵、横水平支撑固定→在围檩与排桩间的空隙处用 C20 混凝土填充 (3)为使支撑受力均匀，在挖土前宜先给支撑施加预应力。预应力可加到设计应力的50%～60%。方法是用千斤顶在围檩与支撑的交接处加压，在缝隙处塞进钢楔锚固，然后撤去千斤顶 (4)当采用钢筋混凝土支撑，如构件长度较长，支撑系统宜分段浇筑，待混凝土完成主要收缩后再浇筑封闭，或再在混凝土中掺 UEA 微膨胀剂 (5)在支模浇筑地下结构时，拆除上一道支撑前应先换撑。换撑位置可设在下部已浇筑完并达到一定强度的结构上。应先设置换撑，再拆除上层支撑，以保证受力可靠、安全 (6)在施工阶段应对支护结构的位移、沉降和侧向变形进行观测，并跟踪观测，发现问题及时进行加强处理

续表

项次	项目	支护方法要点
3	优点及使用	(1)排桩内支撑支护的优点是:受力合理,安全可靠,易于控制围护排桩墙的变形;但内支撑的设置给基坑内挖土和地下室结构的施工带来不便,需要通过不断换撑来加以克服 (2)适用于各种不易设置锚杆的松软土层及软土地基支护

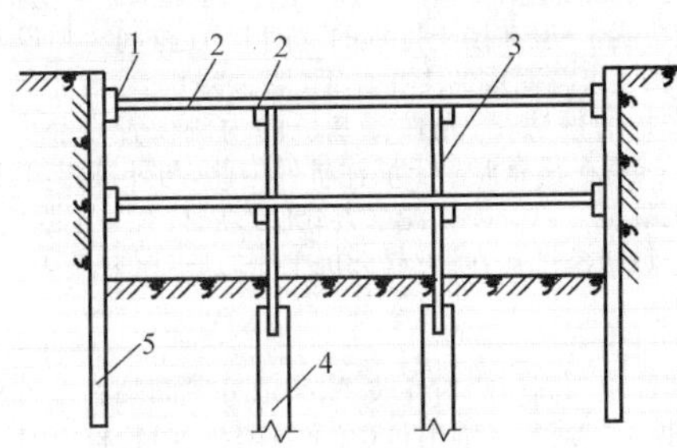

图 3-6　内支撑结构构造

1—围檩；2—纵、横向水平支撑；3—立柱；4—工程桩或专设桩；5—围护排桩（或墙）

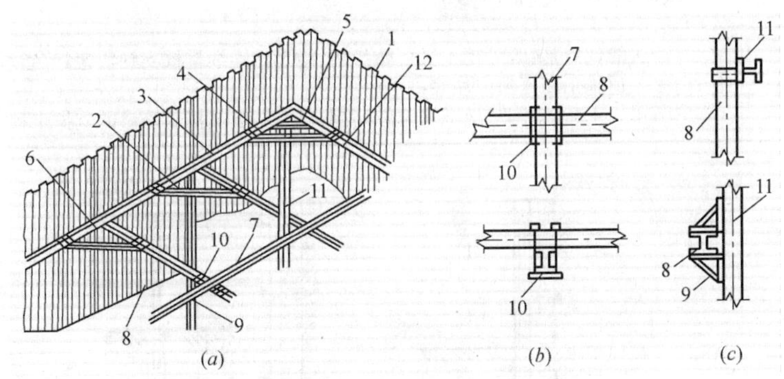

图 3-7　型钢内支撑构造

(a) 透视图；(b) 纵横支撑连接；(c) 支撑与立柱连接

1—钢板式排桩；2—型钢围檩；3—连接板；4—斜撑连接件；5—角撑；6—斜撑；7—横向支撑；8—纵向支撑；9—三角托架；10—交叉部紧固件；11—立柱；12—角部连接件

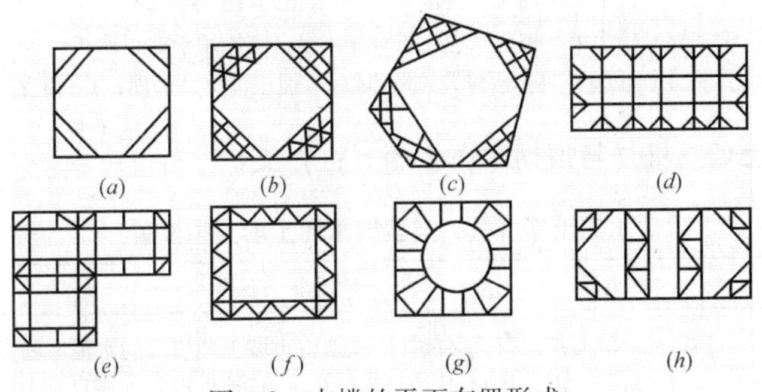

图 3-8　支撑的平面布置形式

(a)、(b)、(c) 角撑；(d) 对撑；(e) 框架式；(f) 边框架式；(g) 环梁与边框架；(h) 角撑与对撑组合式

3.2.5　挡土灌注桩与水泥土桩组合支护

挡土灌注桩与水泥土桩组合支护设置　表 3-13

项次	项目	支护方法要点
1	组成及构造	(1)挡土灌注桩支护，一般采取每隔一定距离设置，缺乏阻水、抗渗功能，在地下水较大的基坑应用，会造成桩间土大量流失，桩背土体被掏空，影响支护土体的稳定。为了提高挡土灌注桩的抗渗透功能，一般在挡土排桩的基础上，在桩间再加设水泥土桩，以形成一种挡土灌注桩与水泥土桩相互组合而成的支护体系(图 3-9*a*) (2)组合支护的做法是：先在深基坑的内侧设置直径 0.6～1.0m 的混凝土灌注桩，间距 1.2～1.5m；然后在紧靠混凝土灌注桩的内侧，与外桩相切设置直径 0.8～1.5m 的高压喷射注浆桩(又称旋喷桩)，以旋喷水泥浆方式使形成具有一定强度的水泥土桩与混凝土灌注桩紧密结合，组成一道防渗帷幕，既可起抵抗土压力、水压力作用，又起挡水抗渗透作用，使基坑开挖处于无水状态
2	施工工艺方法	(1)挡土灌注桩与高压喷射注浆桩，采取分段间隔施工。当缺乏高压喷射注浆机具设备时，也可用深层搅拌桩或粉体喷射桩(又称粉喷桩、喷粉桩)代替换用，效果是相同的，但机具设备和施工较旋喷桩简单 (2)有关深层搅拌桩、粉喷桩的施工工艺、方法及技术要求分别见第 4.1.9 节和第 4.1.11 节 (3)当基坑为淤泥质土层，除采用挡土灌注桩与水泥土桩组合支护外，还有可能在基坑底部产生管涌、涌泥现象时，此时也可在基坑底部以下用高压喷射注浆桩局部或全部封闭(图 3-9*b*)，有利于支护结构的稳定，加固后能有效减少作用于支护结构上的主动土压力，防止边坡坍塌、渗水和管涌等现象发生
3	优点及使用	(1)本法的优点是：既可挡土又可防渗透，施工比连续排桩支护快速，节省水泥、钢材，造价较低；但多一道施工高压喷射注浆桩工序 (2)适用于土质条件差、地下水位较高、要求既挡土又挡水防渗的支护工程

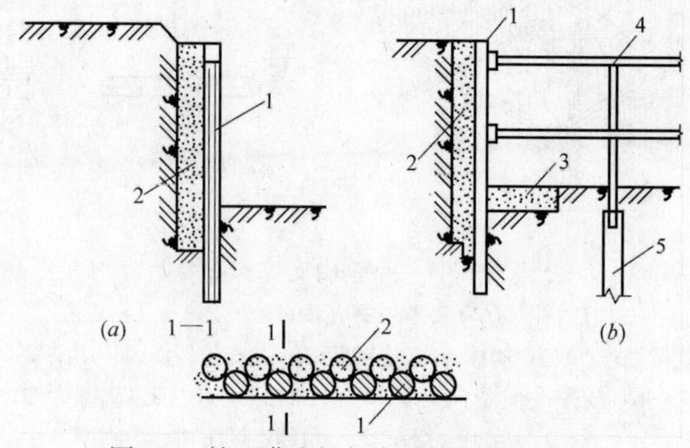

图 3-9　挡土灌注桩与水泥土桩组合支护

(*a*) 挡土灌注桩与水泥土桩；(*b*) 组合支护用于软土地基

1—挡土灌注桩；2—水泥土搅拌桩挡水帷幕；3—坑底水泥土搅拌桩加固；4—内支撑；5—工程桩

3.2.6　水泥土墙（桩）与型钢水泥土墙（桩）支护

水泥土墙（桩）与型钢水泥土墙支护设置　表 3-14

项次	项目	支护方法要点
1	组成及构造	(1)水泥土墙支护是以深层搅拌机就地将边坡土和压入的水泥浆强力搅拌形式连续搭接的水泥土柱桩挡墙(图 3-10*a*)，使边坡保持稳定，这种桩墙是依靠自重和刚度进行挡土和保护坑壁，一般不设支撑，或特殊情况下局部加设支撑，具有良好的抗渗透性能(渗透系数≤10^{-7}cm/s)，能止水防渗，起到挡土防渗双重作用

续表

项次	项目	支护方法要点
1	组成及构造	(2)水泥土墙支护的截面多采用连续式和格栅形，当采用格栅形水泥土的置换率(即水泥土面积 A_n 与水泥挡土结构面积 A 的比值)对于淤泥不宜小于 0.8，淤泥质土不宜小于 0.7，一般黏性土及砂土不宜小于 0.6，格栅长宽比不宜大于 2。水泥土桩与桩之间的搭接宽度，考虑截水作用不宜小于 150mm，不考虑截水作用不宜小于 100mm (3)墙体宽度 B 和插入深度 D，根据基坑深度、土质情况及其物理、力学性能、周围环境、地面荷载等计算确定。在软土地区当基坑开挖深度 $h \leqslant 5$m，可按经验取 $B=(0.6 \sim 0.8)h_0$，尺寸以 500mm 进位，$D=(0.8 \sim 1.2)h_0$。基坑深度控制在 7m 以内，过深则不经济，插入深度前后排可稍不一致 (4)水泥土加固体强度随水泥掺入比而异，一般掺入比取 12%～14%，采用强度等级 32.5 的普通硅酸盐水泥，为改善水泥土的性能和提高早期强度，可掺加木钙、三乙醇胺、氯化钙、硫酸钠等，水泥土加固体的强度，以 30d 的无侧限抗压强度标准值 q_n 不应低于 0.8MPa。为了提高水泥土墙的刚性，也有的在水泥土搅拌桩内插入 H 型钢(图 3-10*b*)，使之成为既能承受侧压力又能抗渗两种功能的支护结构围护墙，可用于较深(8～10m)的基坑支护，水泥掺入比为 20%
2	施工工艺方法	(1)水泥土墙施工机具应优先选用喷浆型双轴深层搅拌机械，无深层搅拌机设备时亦可采用高压喷射注浆桩(又称旋喷桩)或粉体喷射桩(又称粉喷桩)代替，有关深层搅拌桩和粉喷桩的施工工艺方法分别见 4.1.9 节和 4.1.11 节 (2)深层搅拌机械就位时应对中，最大偏差不得大于 20mm，并且调平机械的垂直度，偏差不得大于 1%桩长。深层搅拌单桩的施工应采用搅拌头上下各二次的搅拌工艺。喷浆时的提升(或下沉)速度不宜大于 0.5m/min。输入水泥浆的水灰比不宜大于 0.5，泵送压力宜大于 0.3MPa，泵送流量应恒定 (3)水泥土墙应采取切割搭接法施工，应在前桩水泥土尚未固化时进行后序搭接桩施工。相邻桩的搭接长度不宜小于 200mm。相邻桩喷浆工艺的施工时间间隔不宜大于 10h。施工开始和结束的头尾搭接处，应采取加强措施，消除搭接勾缝 (4)深层搅拌水泥土墙施工前，应进行成桩工艺及水泥掺入量或水泥浆的配合比试验，以确定相应的水泥掺入比或水泥浆水灰比，浆喷深层搅拌的水泥掺入量宜为被加固土重度的 15%～18%；粉喷深层搅拌的水泥掺入量宜为被加固土重度的 13%～16% (5)采用高压喷射注浆桩，施工前应通过试喷试验，确定不同土层旋喷固结体的最小直径、高压喷射施工技术参数等。高压喷射注浆水泥水灰比宜为 1.0～1.5 (6)高压喷射注浆应按试喷确定的技术参数施工，切割搭接宽度：对旋喷固结体不宜小于 150mm；摆喷固结体不宜小于 150mm；定喷固结体不宜小于 200mm (7)深层搅拌桩和高压喷射注浆桩，当设置插筋或 H 型钢时，桩身插筋应在桩顶搅拌或旋喷完成后及时进行，插入长度和露出长度等均应按计算和构造要求确定，H 型钢靠自重下插至设计标高 (8)深层搅拌桩和高压喷射桩水泥土墙的桩位偏差不应大于 50mm，垂直度偏差不宜大于 0.5% (9)水泥土挡墙应有 28d 以上的龄期，达到设计强度要求时，方能进行基坑开挖 (10)水泥土墙的质量检验　水泥土桩应在施工后一周内进行开挖检查或采用钻孔取芯等手段检查成桩质量，若不符合设计要求应及时调整施工工艺；水泥土墙应在设计开挖龄期采用钻芯法检测墙身完整性，钻芯数量不宜少于总桩数的 2%，且不少于 5 根；并应根据设计要求取样进行单轴抗压强度试验
3	插入及拔除型钢工艺	(1)插入型钢：水泥搅拌桩施工完毕后，吊机应立即就位，准备吊放型钢。型钢插入宜在搅拌桩施工结束后 30min 内进行。型钢插入应采用牢固的定位导向架，先固定插入型钢的平面位置，然后起吊型钢，将型钢底部中心对正桩位中心并沿定位导向架徐徐垂直插入水泥土搅拌桩体内。必要时可采用经纬仪校核型钢插入时的垂直度，型钢插入到位后用悬挂物件控制型钢顶标高。型钢插入宜依靠自重插入，也可借助带有液压钳的振动锤等辅助手段下沉到位，严禁采用多次重复起吊型钢并松钩下落的插入方法。型钢下插至设计深度后，用槽钢穿过吊筋将其搁置在定位型钢上，待水泥土搅拌桩硬化后，将吊筋及沟槽定位型钢撤除 (2)型钢拔除：主体地下结构施工完毕，结构外墙与围护墙间回填密实后方可拔除型钢，应采用专用夹具及千斤顶，以圈梁为反力梁，配以吊车起拔型钢。型钢拔除后的空隙应及时充填密实
4	优点及使用	(1)水泥土墙支护的优点是：具有挡土挡水双重功能，坑内无支撑，便于机械化挖土作业；施工机具相对较简单，成桩速度快；使用材料单一，节省三材，造价较低。但这种重力式支护相对位移较大，不适宜用于深基坑。当基坑长度大时，要采取中间加墩、起拱等措施，以控制产生过大位移 (2)适用于淤泥、淤泥质土、黏土、粉质黏土、粉土、具有薄夹砂层的土、素填土等地基承载力特征值不大于 150kPa 的土层，作为基坑截水及较浅基坑(不大于 6m)的支护工程

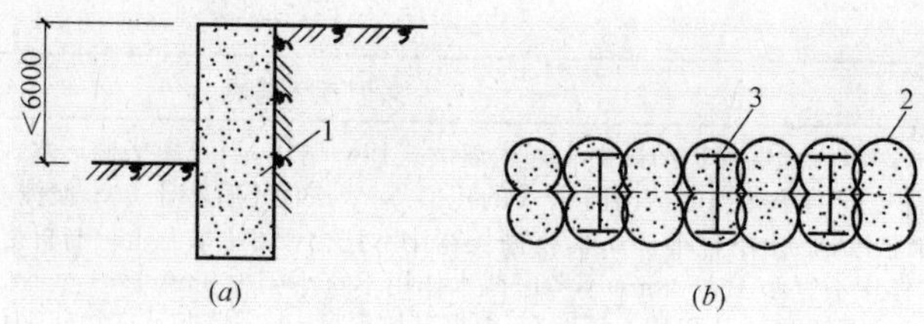

图 3-10　水泥土墙支护

（a）水泥土墙；（b）劲性水泥土搅拌桩

1—水泥土墙；2—水泥土搅拌桩；3—H 型钢

3.2.7　地下连续墙支护

地下连续墙支护设置　**表 3-15**

项次	项目	支护方法要点
1	形式与施工方法	(1)地下连续墙支护的形式较多，常用的有悬臂式、与土层锚杆组合式、内支撑式、逆作法式等(图 3-11)。采用前一种是先建造混凝土或钢筋混凝土地下连续墙，达到强度后，在墙间用机械(或人工，下同)挖土直至要求深度。采用与土层锚杆结合式、内支撑式是在机械挖土至设置土层锚杆、内支撑部位，用锚杆钻机在要求位置钻孔，放入锚杆、进行灌浆，待达到强度，装上锚杆横梁或锚头垫座；内支撑式则装上内支撑，然后继续下挖至要求深度，如设 2～3 层锚杆(或支内支撑)则每挖一层装一层，直至要求深度。采用逆作法施工是在地下连续墙支护达到强度后，先在地面挖土，用土模浇筑顶层梁、板、柱，待到一定强度后，每下挖一层把下一层梁、板、柱浇筑完成，以此作为地下连续墙的水平框架支撑，如此循环作业，直到地下室的底层全部挖完土 (2)地下连续墙支护插入基坑底的深度由计算确定，一般为基坑深的 0.3～0.8 倍，地下连续墙的厚度有 400mm、600mm、800mm、1000mm 等几种，使用较多的为前两种厚度 (3)有关地下连续墙支护的施工设备和工艺方法参见“5.3.1 地下连续墙施工”一节
2	优点及使用	地下连续墙，是作深基坑支护和建造地下构筑物的一项新型、可靠的支护结构，具有墙刚度大，强度高，可挡土、承重、截水抗渗和耐久性好、变形小等优点。可在狭窄场地条件下施工，对周围建筑地基无扰动，振动小，噪声低，施工安全，可用于建造高层建筑的深基础、地下室、逆作法施工支护、围护结构，最适于开挖较大、较深(>10m)、地下水较高的大型基坑，周围有高层建筑、马路，不允许有较大变形，采用机械挖方要求有较大空间，不允许内部设置支撑的情况。但这种地下连续墙支护施工机具较为复杂，一次性投资较高

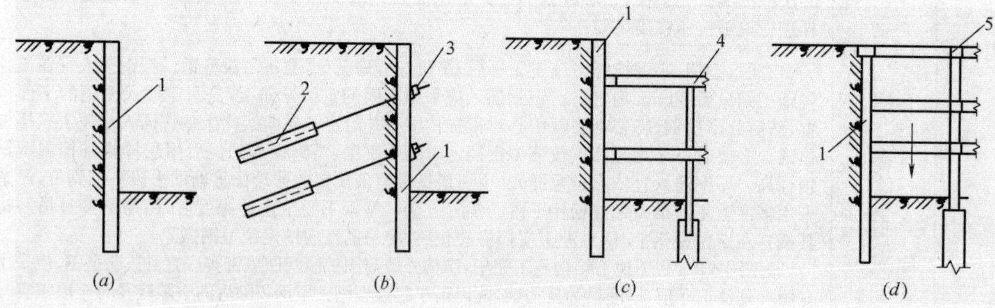

图 3-11　地下连续墙支护形式

（a）悬臂式地下连续墙支护；（b）地下连续墙与土层锚杆组合支护；

（c）内支撑式支护；（d）逆作法施工支护

1—地下连续墙；2—土层锚杆；3—锚头垫座；4—型钢内支撑；5—地下室梁、板、柱

3.2.8 土钉墙支护

土钉墙支护设置 表 3-16

项次	项目	支护方法要点
1	组成及构造	(1)土钉墙支护,系在开挖边坡表面铺钢筋网喷射细石混凝土,并每隔一定距离埋设土钉,使与边坡土体形成复合体,共同工作,从而有效提高边坡稳定的能力,增强土体破坏的延性,变土体荷载为支护结构的一部分,它与上述被动起挡土作用的围护墙不同,而是对土体起到嵌固作用,对土坡进行加固,增加边坡支护锚固力,使基坑开挖后保持稳定 (2)土钉墙支护由密集的土钉群、被加固的原位土体、喷射混凝土面层等组成。其构造做法如图 3-12,墙面的坡度不宜大于 1:0.1;一般为 70°～90°土钉必须和面层有效连接,应设置承压板或加强钢筋与土钉螺栓连接或钢筋焊接连接;土钉钢筋宜采用 HPB300、HRB335 钢筋,钢筋直径宜为 16～32mm,土钉长度宜为开挖深度的 0.5～1.2 倍,土钉墙支护土钉间距宜为 1～2m,呈矩形或梅花形布置,与水平夹角宜为 5°～20°。钻孔直径宜为 70～120mm;注浆材料宜采用水泥浆或水泥砂浆,其强度等级不宜低于 M20;喷射混凝土面层宜配置钢筋网,钢筋直径宜为 6～10mm,间距宜为 150～300mm;面层中坡面上下段钢筋搭接长度应大于 300mm;喷射混凝土强度等级不宜低于 C20,面层厚度不宜小于 80mm。在土钉墙的顶部,应采用砂浆或混凝土护面。在坡顶和坡脚应设排水设施,坡面上可根据具体情况设置泄水孔
2	施工工艺方法	(1)土钉墙的施工顺序为:按设计要求自上而下分段、分层开挖工作面→修整坡面(平整度允许偏差±20mm)→埋设喷射混凝土厚度控制标志→喷射第一层混凝土→钻孔、安设土钉→注浆、安设连接件→绑扎钢筋网,喷射第二层混凝土→设置坡顶、坡面和坡脚的排水系统。如土质较好,也可采取如下顺序:开挖工作面、修坡→绑扎钢筋网→成孔→安设土钉→注浆→安设连接件→喷射混凝土面层 (2)基坑开挖应按设计要求分层分段开挖,分层开挖高度由设计要求土钉的竖向距离确定,超挖不低于土钉向下 0.5m;分层开挖长度也宜分段进行,分段长度按土体可能维持不塌的自稳时间和施工流程相互衔接情况而定,一般可取 10～20m (3)钻孔方法与土层锚杆基本相同,可用螺栓钻、冲击钻、地质钻机和工程钻机,当土质较好,孔深度不大,也可用洛阳铲成孔。成孔的尺寸允许偏差为:孔深±50mm;孔径±2mm;孔距±100mm;成孔倾斜角±5%,钢筋保护层厚度:≥25mm (4)喷射混凝土面层,喷射混凝土的强度等级不宜低于 C20,水泥用强度级别 32.5,石子粒径不大于 15mm,水泥与砂石的重量比宜为 1:4～1:4.5,砂率宜为 45%～55%,水灰比为 0.40～0.45。喷射作业应分段进行,同一分段内喷射顺序应自下而上,一次喷射厚度不宜小于 40mm;喷射混凝土时,喷头与管喷面应保持垂直,距离宜为 0.6～1.0m。喷射表面应平整,呈湿润光泽,无干斑、流淌现象。喷射混凝土终凝 2h 后,应喷水养护,养护时间宜为 3～7h (5)喷射混凝土面层中的钢筋网,应在喷射第一层混凝土后铺设,钢筋保护层厚度不宜小于 20mm;采用双层钢筋网时,第二层钢筋网应在第一层钢筋网被混凝土覆盖后铺设。每层钢筋网之间搭接长度应不小于 300mm。钢筋网用插入土中的钢筋固定,与土钉应连接牢固 (6)土钉注浆,材料宜选用水泥浆或水泥砂浆,水泥砂浆的水灰比宜为 0.5,水泥砂浆配合比宜为 1:1～1:2(重量比),水灰比宜为 0.38～0.45。水泥浆、水泥砂浆应拌合均匀,随拌随用,一次拌合的水泥浆、水泥砂浆应在初凝前用完 (7)注浆作业前应将孔内残留或松动的杂土清除干净;注浆开始或中途停止超过 30min 时,应用水或稀水泥浆润滑注浆泵及其管路;注浆时,注浆管应插至距孔底 250～500mm 处,孔口部位宜设置止浆塞及排气管。土钉钢筋插入孔内应设定位支架,间距 2.5m,以保证土钉位于孔的中央 (8)土钉墙支护的质量检测:土钉采用抗拉试验检测承载力,同一条件下,试验数量不宜少于钉总数的 1%,且不少于 3 根;土钉桩拉力平均值应大于设计要求,且抗拔力最小值应不小于设计要求抗拔力的 0.9 倍,墙面喷射混凝土厚度应采用钻孔检测,钻孔数宜为每 100m^2 墙面积一组,每组不应少于 3 点
3	优点及使用	(1)土钉墙支护为一种边坡稳定式支护结构,具有结构和施工机具简单,可以阻水,施工灵活方便、快速,节省钢材,费用较低廉、对邻近建筑物影响小等优点 (2)适用于淤泥、淤泥质土、黏土、粉质黏土、粉土等地基,地下水位较低,基坑开挖深度在 15m 以内时采用

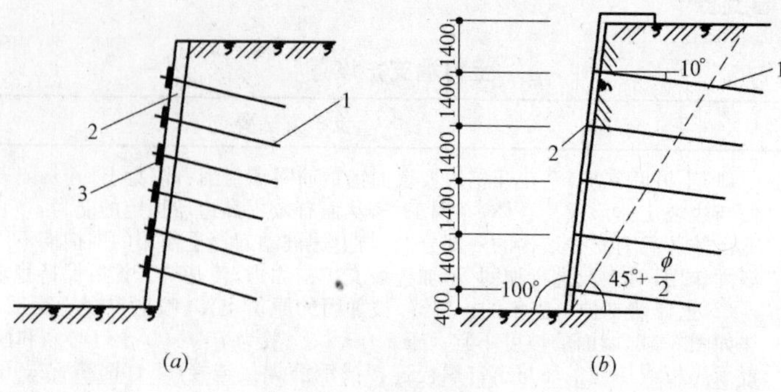

图 3-12　土钉墙支护构造

（a）土钉墙支护构造；（b）土钉墙布置实例

1—土钉；2—喷射混凝土面层；3—垫板；φ—土体内摩擦角（°）

3.2.9　喷锚支护

喷锚支护设置　　**表 3-17**

<table>
<tr><th>项次</th><th>项目</th><th>支护方法要点</th></tr>
<tr><td>1</td><td>组成及构造</td><td>(1)喷锚支护，又称喷锚网支护，其形式与土钉墙支护类似，也是在开挖边表面铺钢筋网，喷射混凝土面层，并在其上成孔，但不是埋设土钉，而是预应力锚杆，借助锚杆与周围土体间的粘聚力，使具有更大的锚固力与边坡土体共同工作，组成稳固的复合体，对边坡起维护作用，使边坡土体获得稳定
(2)喷锚支护构造如图 3-13(a)所示。由预应力锚杆、钢筋网、喷射混凝土面层和被加固土体等组成。墙面可作成直立壁或 1∶0.1 的坡度，锚杆应与面层连接，应设置锚板加强钢筋与锚杆连接。锚杆宜用锚索或钢筋，钢筋直径为 16～32mm，锚杆需要长度根据边坡土体稳定情况由计算确定，间距一般为 2.0～2.5m，钻孔直径宜为 80～150mm。注浆材料同土钉墙支护。喷射混凝土面层厚度：对一般土层为 100~200mm；对风化岩不小于 60mm；混凝土等级不低于 C20，钢筋网一般不宜小于 ϕ6@200mm×200mm 的网眼。在面层的上部应向上翻过边坡顶 1.0～1.5m，以形成护坡顶。向下伸至基坑底以下不小于 2.0m，以形成护脚。在坡顶和坡脚应做好防水。当土钉墙的基坑侧壁存在软弱夹层，侧压力较大时，可在土钉墙支护中局部采用预应力锚杆代替土钉，组成土钉墙与喷锚网复合支护(图 3-13b)，增加护壁的稳定</td></tr>
<tr><td>2</td><td>施工工艺方法</td><td>(1)喷锚支护施工顺序，根据边坡土层的稳定情况而有所不同。对稳定土层为：开挖基坑、修坡→成孔→挂钢筋网→安放锚杆→压力注浆→焊锚头→喷射混凝土→养护→预应力张拉、锚定→开挖下层。对基本稳定和不稳定土层为：开挖基坑、修坡→喷砂浆(仅用于不稳定土层)→挂钢筋网→第一次喷射混凝土→成孔→安设锚杆→压力注浆→焊锚头→二次喷射混凝土→养护→预应力张拉、锚定→开挖下层
(2)基坑应按设计要求分层分段进行开挖施工。作业面分层一次开挖高度宜为 0.5～2.0m，并应满足下式要求。分段长度应视土质情况、工期要求等确定。一般宜为 5.0～15.0m；工期紧的工程，可采取多段跳槽开挖，以扩大施工面，加快进度
$$h_0 \leqslant \frac{2c}{\gamma \mathrm{tg}\left(45^\circ + \frac{\varphi}{2}\right)} \quad (3\text{-}14)$$
式中　h_0——分层一次开挖高度(m)；γ——土体的密度(kN/m^3)；
c——土体的粘聚力(kN/m^2)；φ——土体内摩擦角(°)
(3)采用机械开挖时，应预留 0.3～0.4m，辅以人工挖除，修整坡面，尽量减少边坡超挖和扰动边坡土体，并应使边坡表面平整(平整度允许偏差±20mm)，坡角符合设计要求。开挖下一层边坡土方的时间，应待前层锚杆孔内锚固体强度达到设计的 70%以上，且不宜少于 3d。边坡开挖后应在 12h 内完成支护作业</td></tr>
</table>

续表

项次	项目	支护方法要点
2	施工工艺方法	(4)成孔方法与土层锚杆相同，一般用锚杆钻机造孔，钻头直径用100mm和150mm。土质较好，也可采用洛阳铲成孔。锚杆钻孔应垂直基坑周边，按设计倾角和孔深进行。当钻孔遇到障碍物时，允许改变钻孔方向；当土层为软土时，允许加大倾角，将锚杆插入有利的土层中；当钻孔深度不能满足时也可终孔，但应在该孔的左、右或下方按锚杆抗拔力等同的原则进行补强 (5)钻孔结束后，应将孔内松土、泥浆等清除干净，方可送入锚杆。当锚杆抗拔力不能满足设计要求时，可用高压空气吹孔或加大锚固体孔径，或加长锚固段长度。钻孔过程中，如发现土质与设计不符，要及时调整锚杆长度 (6)编扎钢筋网应按图纸要求，保证钢筋网眼和直径均符合要求。钢筋接头宜用焊接，由于编网是随开挖分层进行，因此，上下层的竖向钢筋需用点焊焊接接头，以保证钢筋网的整体性，有利于传力。搭接长度为一个网格边长 (7)锚杆分两种：普通螺纹钢筋和钢绞线束。制作应按设计要求进行，保证其直径和长度，同时按需要设置一定数量的定位对中支架。每隔2m设一个，下方设一船形铁皮，以防锚杆陷入松软泥土中。对于长度大于20m的钢绞线束锚索，制作时应在钢绞线束内增设ϕ16～ϕ25mm的钢筋，以提高线刚度，保证安放时能顺利进入孔内。对两种锚杆均要控制好其自由端长度，一般自由端长度以伸达土体破裂面1m为宜。自由端一般可采用塑料薄膜包裹，以保证注浆材料不至对其产生约束。装锚杆时，应把注浆管、锚杆和止浆布袋绑扎后一起放入孔内，锚杆底部距孔底0.1～0.2m，锚杆端头预留出坡面长0.15m，预应力锚杆止浆袋位置设在滑动面，普通锚杆(钉)止浆袋位置设在离坡壁孔口0.5m处，以防止压力注浆时边壁孔口坍塌 (8)注浆要严格控制配料比(一般采用1：0.45水泥浆)，并根据需要，在浆液拌制中添加高效减水剂、早强剂，以确保浆液的流动性和提高早期强度，使锚杆早日进入工作状态。注浆宜采取先注底部，采取高速低压，当浆液从底部充满至孔口时，还需进行多次加压，压力为0.3～0.6MPa，一般不少于4次，以保证浆液充满孔壁，使锚杆具有较高的抗拔力 (9)锚杆头是保证锚杆与竖向、水平加强钢筋(暗梁)和钢筋连接共同工作的关键部位，相互位置应正确，其由里向外铺设顺序是：钢筋网→竖向加强筋→水平加强筋→锚杆锁定筋，不应混淆。锚杆穿入锚头处四周应满焊，同时应保证钢筋网纵横各有二根钢筋与锚头点焊连接 (10)喷射混凝土应按设计配料比施喷。混凝土的粗骨料最大粒径不宜大于15mm，水灰比不宜大于0.45，通过外加减水剂和速凝剂来调节所需坍落度和早强时间。操作时喷射混凝土的喷头距作业面的射距宜为0.8～1.5m之间，并应尽量垂直作业面进行喷射，喷射顺序应从底部逐步向上部喷射。当采用两次施喷时，第一次喷射厚度以不完全覆盖钢筋为度，以便第二次施喷时有部分钢筋与第二次喷射混凝土连接，第二次施喷的时间是在加强钢筋与锚杆头焊接完成后进行 (11)喷锚结构施工应在排除基坑内积水的情况下进行，以避免土体处于饱和状态，造成塌方 (12)喷锚支护的质量检测　喷射混凝土抗压强度试验，每500m^{2}面层取试块一组，每组试块不应少于3个，对于小于500m^{2}的独立工程，取样不少于1组；喷射混凝土厚度检查，其平均值不应小于设计厚度的80%，且不小于50mm；现场施工监测内容包括支护整体位移测量，临近基坑的地表、地物的变形、开裂状态的观察等。基坑边坡支护位移允许值：对滑移面内有重要建(构)筑物时为$H_i/300$；对基坑周边15m以外有主要建(构)筑物为$H_i/150$(H_i——基坑的开挖深度)。有条件时还宜对支护的工作状态作全面监测，如用应变仪测量锚杆的应力，以及支护后的土层压力测量等，做到及时反馈信息
3	优点及使用	(1)喷锚支护具有结构简单，承载力高，安全可靠，可用于多种土层，适应性强，施工机具简单，施工灵活，污染小，噪声低，对邻近建筑物影响小；可与土方开挖同步进行，不占绝对工期；不需要打桩，支护费用低等优点 (2)适用于土质不均匀、稳定土层、地下水位较低、埋置较深、基坑开挖深度在18m以内时采用；对硬塑土层，可适当放宽；对风化泥岩、页岩，开挖深度可不受限制。但不适用于有流砂土层或淤泥质土层采用

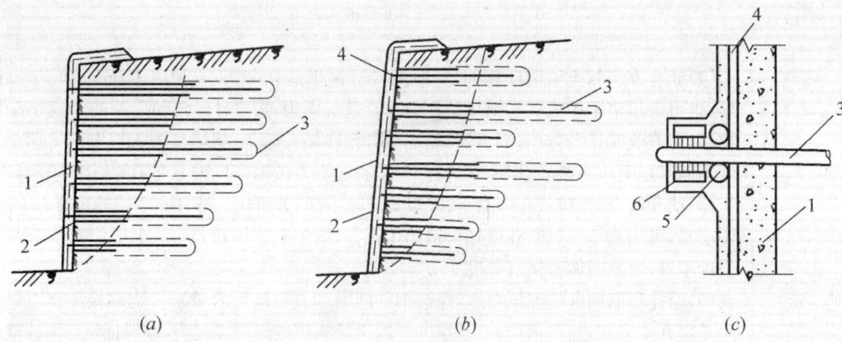

图 3-13　喷锚支护

(a) 喷锚支护结构；(b) 锚杆头与钢筋网和加强筋的连接；(c) 锚杆头放大图
1—喷射混凝土面层；2—锚杆；3—锚杆头；4—钢筋网层；
5—加强筋；6—锁定筋二条与锚杆双面焊接

3.2.10　钢板（型钢）桩支护

钢板（型钢）桩支护设置　　表 3-18

项次	项目	支护方法要点
1	形式、组成及构造	(1)钢板桩支护，系用一种特制的型钢板桩，借打桩机沉入地下构成一道连续的板墙，作为深基坑开挖的临时挡土、挡水围护结构 (2)钢板桩支护常用形式有悬臂式、锚拉式、支撑式等(图 3-14) (3)钢板桩简易的形式为槽钢、工字钢等型钢，采用正反扣组成，由于抗弯、防渗能力较弱，且生产定尺为 6～8m，一般只用于较浅(h≤4m)的基坑。正规的钢板桩为热轧锁口钢板桩，形式有 U 形、Z 形、一字形、H 形和组合型等，其中以 U 形应用最多，可用于 5～10m 深的基坑，国产的钢板桩有鞍Ⅳ型和包Ⅳ型拉森式(U)钢板桩，如表 3-19 所示。拉森型钢板桩长度一般为 12m，根据需要可以焊接接长，接长应先对焊，再焊加强板，最后调直。钢板桩运到现场后，应进行检查、分类、编号。钢板桩立面应平直，以一块长约 1.5～2m，而锁口合乎标准的同型板桩通过检查，凡锁口不合，应进行修正合格后再用
2	施工工艺方法	(1)打设钢板桩的施工机械，一般以采用三支点导杆式履带打桩机较为合适。桩锤应根据板桩打入阻力进行选择。锤重一般约为钢板桩重量的两倍。桩锤常用的有落锤、蒸汽锤、柴油锤和振动锤等，桩锤选择还应考虑锤体外形尺寸，其宽度不大于组合打入块数的宽度之和。一般以采用履带式打桩架配柴油桩锤或静力压桩机较合适 (2)钢板桩的打设准备，桩于打入前应将桩尖处的凹槽底口封闭，避免泥土挤入，锁口应涂以黄油或其他油脂，用于永久性工程的桩表面应涂红丹和防锈漆。对于永久失修、锁口变形、锈蚀严重的钢板桩，应整修矫正。弯曲变形的桩，可用油压千斤顶顶压或火烘等方法进行矫正 (3)打桩方式一般有表 3-20 所示几种。为保持钢板桩垂直打入和打入后钢板桩墙面平直，应先支设围檩支架，围檩支架由围檩和围檩桩组成。其形式：在平面上有单面和双面之分，高度上有单层、双层和多层。第一层围檩的安装高度约在地面上 50cm。双面围檩之间的净距以比两块板桩的组合宽度大 8～10mm 为宜。围檩支架有钢质(H 钢、I 字钢、槽钢等)和木质，但都需十分牢固，围檩支架每次安装的长度，视具体情况而定，应考虑周转使用，以提高利用率 (4)由于板桩墙构造的需要，常要配备改变打桩轴线方向的特殊形状的钢板桩，在矩形墙中为 90°的转角桩。一般是将工程所使用的钢板桩从背面中线处切断，再根据所选择的截面进行焊接或铆接组合而成，或采用转角桩

续表

项次	项目	支护方法要点
2	施工工艺方法	(5)钢板桩打设时，先用吊车将板桩吊至插桩点进行插桩，插桩时锁口对准，每插入一块即套上桩帽，上端加硬木垫，轻轻锤击。为保证桩的垂直度，应用两台经纬仪加以控制。为防止锁口中心线平面位移，可在打桩行进方向的钢板桩锁口处设卡板，不让板桩位移，同时在围檩上预先算出每块板桩的位置，以便随时检查纠正，待板桩打至预定深度后，立即用钢筋或钢板与围檩支架焊接固定 (6)钢板桩打入时如出现倾斜和锁口接合部位有空隙，到最后封闭合龙时有偏差，一般用异形桩(上宽下窄或宽度大于或小于标准宽度的板桩)来纠正。当加工困难时也可用轴线修正法进行而不用异形桩
3	优点及使用	钢板桩支护由于它具有很高的强度、刚度和锁口功能，结合紧密，水密性好，施工简便快速，能适应多种平面形状式和土质，可减少基坑开挖土方量，有利于施工机械化作业和排水，可以回收反复使用等优点，因而在一定条件下，用于地下深基础工程作为坑壁支护、防水围堰等会取得较好的技术和经济效益。这种支护存在问题是：需用大量特制钢材，一次性投资较高，一般以采取租赁方式租用，用后拔出归还较为经济适用
4	质量控制与检验	按《建筑地基基础工程施工质量验收规范》(GB 50202—2002)7 基坑工程中"7.5 钢或混凝土支撑系统"有关规定进行质量控制与检验。以上其余各节均按 7.1～7.6 节有关规定进行

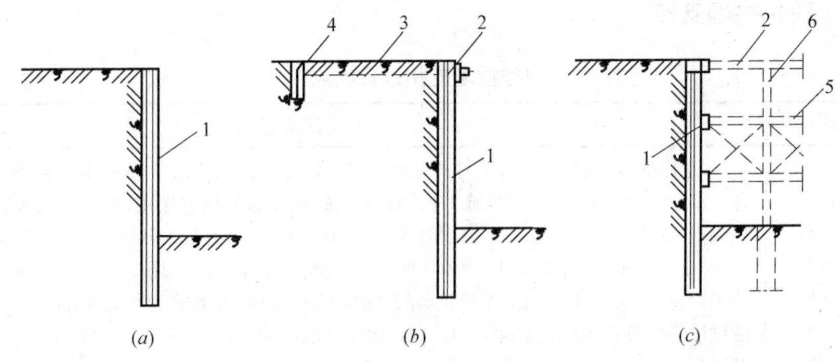

图 3-14　钢板桩支护形式

(a) 悬臂式；(b) 锚拉式；(c) 支撑式

1—钢板桩；2—钢横梁；3—拉杆；4—锚桩；5—钢支撑；6—钢柱

国产拉森式（U 形）钢板桩　　**表 3-19**

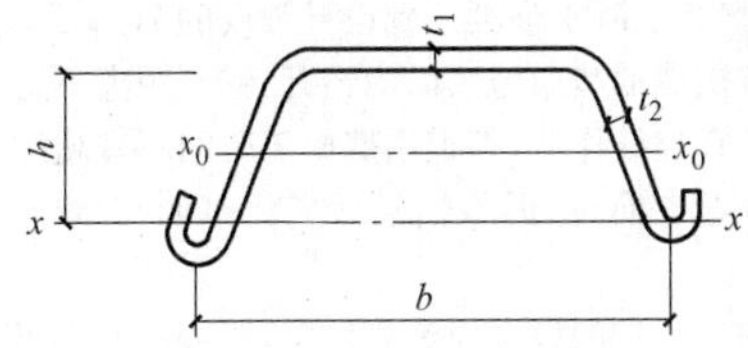

型号	尺寸(mm)				截面积 A 单根 (cm²)	重量(kg/m)		惯性矩		截面抵抗矩	
	宽度 b	高度 h	腹板 t_1	翼缘 t_2		单根	每米宽	单根 (cm⁴)	每米宽 (cm⁴/m)	单根 (cm³)	每米宽 (cm³/m)
鞍Ⅳ型	400	180	15.5	10.5	99.14	77.73	103.33	4.025	31.963	343	2043
鞍Ⅳ型(新)	400	180	15.5	10.5	98.70	76.94	192.58	3.970	31.950	336	2043
包Ⅳ型	500	185	16.0	10.0	115.13	90.80	181.60	5.955	45.655	424.8	2410

钢板桩打设方式选择　表 3-20

名称、适用场合	方法要点	优缺点
单桩打入法 （适于板桩长 10m 左右，工程要求不高的场合）	以一块或两块钢板桩为一组，从一角开始逐块（组）插打，待打到设计标高后，再插打第二块或第三块，直至工程结束	优点：施工简便，可选用较低的插桩设备 缺点：单块打入易向一边倾斜，误差积累不易纠正
双层围檩打桩法 （适于精度要求高、数量不大的场合）	在地面上一定高度处离轴线一定距离，先筑起双层围檩架，而后将板桩依次在围檩中全部插好，待四角封闭合龙后，再逐渐按阶梯状将板桩逐块打至设计标高	优点：能保证板桩墙的平面尺寸、垂直度和平整度 缺点：工序多，施工复杂，施工速度慢，封闭合龙时需异形桩
屏风法 （适于长度较大、要求质量高、封闭性好的场合）	用单层围檩，每 10～20 块钢板桩组成一个施工段，插入土中一定深度形成较短的屏风墙，对每一施工段，先将其两端 1～2 块钢板桩打入，严格控制其垂直度，用电焊固定在围檩上，然后对中间的板桩再按顺序分 1/2 或 1/3 板桩高度打入。为降低屏风墙高度，可采取每次插入后，将板桩打入一定深度	优点：能防止板桩过大的倾斜和扭转；能减少打入的累计倾斜误差，可实现封闭合龙，不影响邻近钢板桩施工 缺点：插桩的自立高度大，要采取措施保证墙的稳定和操作安全；要使用高度大的插桩和打桩架

3.2.11　逆作拱墙支护

逆作拱墙支护设置要点　表 3-21

项次	项目	支护方法要点
1	组成及构造	(1)逆作拱墙支护，系在有条件的基坑工程，将支护墙在平面上作成圆形闭合拱墙、椭圆形闭合拱墙或组合拱墙（将局部作成两铰拱），使支护墙受力起拱的作用，可有效改善受力状态，发挥混凝土的材料特性，减小支护截面，提高支护刚度，同时为基坑开挖提供较大空间 (2)拱墙截面形式有图 3-15 所示几种，拱墙的截面宜为 Z 字形（图 3-15*a*），拱壁的上、下端宜加肋梁；当基坑较深，且一道 Z 字形拱墙的支护高度不够时，可由数道拱墙叠合组成（图 3-15*b*），或沿拱墙高度设置数道肋梁（图 3-15*c*），以增加拱墙结构的刚度，其竖向间距不宜大于 2.5m，当基坑边坡地较窄时，亦可不加肋梁（图 3-15*d*），但应加厚拱壁 (3)圆形拱墙壁厚不应小于 400mm，其他拱墙壁厚不应小于 500mm，混凝土强度等级不宜小于 C25，拱墙水平方向应配连通通长双向配筋，总配筋率不应小于 0.7%
2	施工工艺方法	(1)拱墙结构施工应采取自上而下分道、分段逆作施工，在水平方向的分段长度不应超过 12m，通过软弱土层或砂层时，分段长度不宜超过 8m (2)拱墙在垂直方向应分道施工，每道施工的高度视土层的直立高度而定，不宜超过 2.5m；待上道拱墙合拢且混凝土强度达到设计强度的 70%后，才可进行下道拱墙施工 (3)上下两道拱墙的竖向施工缝应错开，错开距离不宜小于 2m (4)拱墙施工宜连续作业，每道拱墙施工时间不宜超过 36h (5)当采用外壁支模时，拆除模板后应将拱墙与坑壁之间的空隙填满并夯实，使拱墙受力均匀 (6)基坑内的积水坑的设置应远离坑壁，距离不应小于 3m，基坑顶部亦应设排水沟或挡水堤 (7)质量检验　拱曲线沿曲率半径方向的误差不得超过 40mm；对逆作拱墙施工质量有怀疑时，宜采用钻芯法进行检测，检测数量为 100m^2 墙面为 1 组，每组不应少于 3 点
3	优点及使用	(1)逆作拱墙支护的优点是：结构主要承受压应力，可充分发挥混凝土的材料特性，减小结构截面，同时底部不用嵌固，可减少埋深，节省支护材料，再结构受力安全可靠，变形小，外形简单，施工方便、快速，质量易于保证，费用较低。存在问题是：支护结构不嵌入基坑底以下，防水性能差，不能将支护作为基坑或地下室防水体系使用 (2)适用于基坑面积、深度不大（≤12m），平面为圆形、方形或接近方形的基坑作支护用

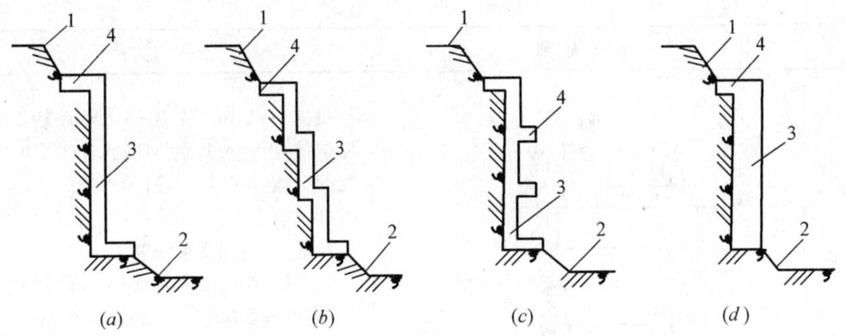

图 3-15 拱墙截面构造示意

1—地面；2—基坑底；3—拱墙；4—肋梁

3.2.12 圆形深基坑支护

圆形深基坑支护方法 表 3-22

名称	支护简图	支护方法及适用条件
钢筋笼支护	钢圈 吊绳 垫板 钢筋笼	应用短钢筋笼悬挂在孔口作圆形基坑的支护，笼与土壁间插木板支垫 适于天然湿度的较松软黏土类土，作直径不大的圆形结构挖孔桩支护，深 3～6m
钢筋或钢筋骨架支护	2000～4500 600～1000 钢筋(型钢)箍或钢筋骨架 板皮 ϕ12吊筋	每挖 0.6～1.0m，用 2 根直径 25～32mm 钢筋或钢筋骨架作顶箍，接头用螺栓连接，顶箍之间用吊筋连接，靠土一面插木护板作撑板 适于天然湿度的黏土类土、地下水很少，做圆形结构支护，深度 6～8m
混凝土或钢筋混凝土支护	80～150 80～150 1500～4500 混凝土护壁 1000～1200 混凝土浇灌口 立筋ϕ6～8@200～250 ϕ6～8@180～200	每挖 1m，支模板，绑钢筋，浇一节混凝土护壁，再挖深 1m，拆上节模板，支下节，浇下节混凝土，循环作业直至要求深度。主筋用搭接或焊接，浇灌斜口用砂浆堵塞 适于天然湿度的黏土砂土类土中，地下水较少，地面荷载较大，深度 6～30m 的圆形结构护壁或直径 1.5m 以上人工挖孔桩护壁用

续表

名称	支护简图	支护方法及适用条件
砖砌或抹砂浆支护	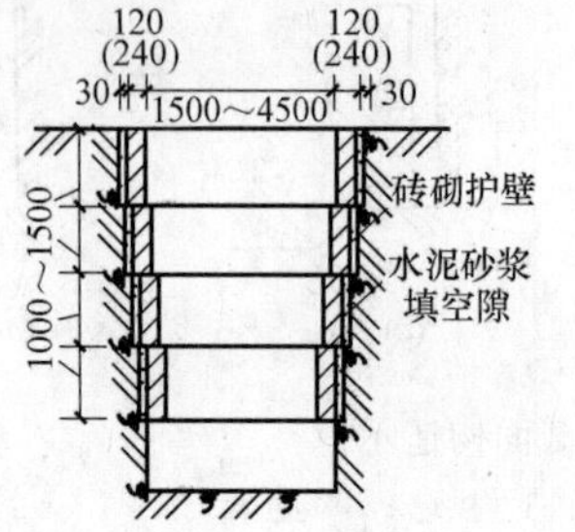 120 (240) 120 (240) 30 1500～4500 30 1000～1500 砖砌护壁 水泥砂浆填空隙	每挖1～1.5m深，用M10水泥砂浆砌半砖或一砖厚护壁，用3cm厚的M10水泥砂浆填实于砖与土壁之间空隙，每挖好一段，即砌筑一段，要求灰缝饱满，挖（砌）第二段时，比第一段的孔径缩小60mm，以下逐段进行，直到要求深度 对土质较好，直径不大，停留时间较短的圆形基坑，亦可采取抹20～25mm厚水泥砂浆护壁。为防止脱落，在壁上插适当锚筋相连 适于一般老填土、粉质黏土、黏土中，地下水较小的圆形结构，或直径1.5～2.0m，深30m以内人工挖孔桩护壁（一般用半砖厚）
局部砖砌支护	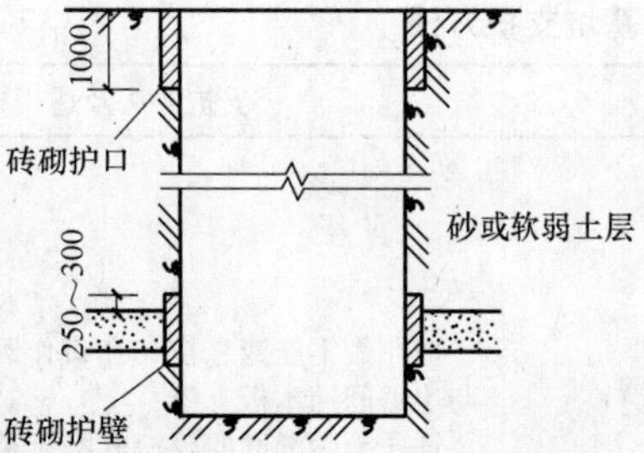 1000 砖砌护口 砂或软弱土层 250～300 砖砌护壁	上部1m高，用M10砂浆砌半砖或1/4砖护口，下部如土质较好，不砌护壁；如局部遇软弱土或粉细砂层，则仅在该层用M10砂浆砌半砖或1/4砖厚护壁，并高出土层交界各250～300mm 适于无地下水、土质较好、直径1.0～1.5m、深15m以内人工挖孔桩护壁

3.2.13 基坑边坡保护

基坑边坡保护护面措施方法 **表3-23**

项次	项目	护面措施方法
1	薄膜或砂浆覆盖法	用草袋或编织袋装土压住或用砖压住；或在边坡上抹水泥砂浆2～2.5cm厚保护。为防止薄膜脱落，在上部及底部均应搭盖不少于80cm，同时在土中插适当锚筋连接，在坡脚设排水沟（图3-16*a*）
2	挂网或挂网抹面法	对基础施工期短，土质较差的临时性基坑边坡，可在垂直坡面楔入直径10～12mm，长40～60cm插筋，纵横间距1m，上铺20号铁丝网，上下用草袋或聚丙烯扁丝编织袋装土或砂压住，或再在铁丝网上抹2.5～3.5cm厚的M5水泥砂浆（配合比为水泥：白灰膏：砂子＝1：1：1.5）。在坡顶坡脚设排水沟（图3～16*b*）
3	喷射混凝土或混凝土护面法	对邻近有建筑物的深基坑边坡，可在坡面垂直楔入直径10～12mm、长40～50cm插筋，纵横间距1m，上铺20号铁丝网，在表面喷射40～60mm厚的C15细石混凝土直到坡顶和坡脚；也可不铺铁丝网，而坡面铺ϕ4～6mm@250～300mm钢筋网片，浇筑50～60mm厚的细石混凝土，表面抹光（图3-16*c*）
4	土袋或砌石压坡法	对深度在5m以内的临时基坑边坡，在边坡下部用草袋或聚丙烯扁丝编织袋装土堆砌或砌石压住坡脚。边坡高3m以内可采用单排顶砌法，5m以内，水位较高，用二排顶砌或一排一顶构筑法，保持坡脚稳定。在坡顶设挡水土堤或排水沟，防止冲刷坡面，在底部作排水沟，防止冲坏坡脚（图3-16*d*）

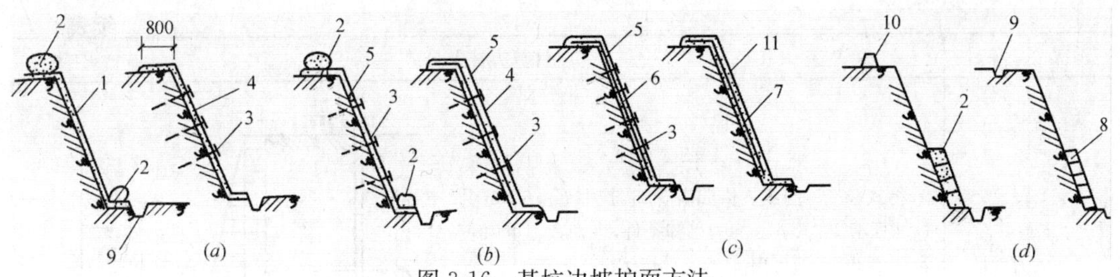

图 3-16　基坑边坡护面方法

(a) 薄膜或砂浆覆盖；(b) 挂网或挂网抹面；(c) 喷射混凝土或混凝土护面；(d) 土袋或砌石压坡

1—塑料薄膜；2—草袋或编织袋装土；3—插筋 ϕ10～12mm；4—抹 M5 水泥砂浆；
5—20 号铁丝网；6—C15 喷射混凝土；7—C15 细石混凝土；8—M5 砂浆砌石；
9—排水沟；10—土堤；11—ϕ4～6mm 钢筋网片，纵横间距 250～300mm

3.3　深基坑支护计算

3.3.1　挡土灌注桩支护计算

挡土灌注桩支护的类型与计算　　**表 3-24**

项次	项目	计算方法及公式
1	支护的类型	深基坑开挖，为防止邻近建(构)筑物出现裂缝或倾斜，保证正常使用和安全，常采取不放坡垂直开挖基坑土方，采用挡土钢筋混凝土灌注桩支护。它具有刚度大、位移小，施工简便，振动、噪声低，费用较省等优点 挡土灌注桩的计算常采用计算与图表相结合的方法，亦可采用近似计算法（另参见“3.3.2 土层锚杆支护计算”一节） 挡土灌注桩支护常用的有三种类型，即(1)桩顶部加设锚杆拉结或支撑；(2)桩为悬臂式，顶部无拉结；(3)在桩上部适当部位设 1～3 道土层锚杆拉结
2	挡土灌注桩顶部设锚杆拉结	如图 1 所示顶设有锚杆拉结，设土为非黏性土，并设墙背与填土间摩擦角 $\delta=0$，取长度计算单位为 1m，则作用在桩上的力有： $$E_{a1}=\frac{\gamma(h+x)^2}{2}\mathrm{tg}^2\left(45°-\frac{\varphi}{2}\right)=\frac{\gamma(h+x)^2}{2}K_a$$ $$E_{a2}=p(h+x)\mathrm{tg}^2\left(45°-\frac{\varphi}{2}\right)=p(h+x)K_a$$ $$E_p=\frac{\gamma x^2}{2}\mathrm{tg}^2\left(45°+\frac{\varphi}{2}\right)=\frac{\gamma x^2}{2}K_p$$ 式中　γ——土的重度(kN/m^3)； φ——土的内摩擦角(°)； K_a——主动土压力系数； K_p——被动土压力系数； E_a——主动土压力(kN)； E_p——被动土压力(kN) 因桩顶部设锚杆(或支撑)，A 点为铰接，B 点设为弹性嵌固，亦为铰接，A 及 B 点均不发生位移，可按简支计算，取 $\sum M_A=0$ 则　$$E_{a1}\cdot\frac{2(h+x)}{3}+E_{a2}\cdot\frac{(h+x)}{2}=E_p\left(H+\frac{2}{3}x\right)\quad(3\text{-}15)$$ 将 E_{a1}、E_{a2} 及 E_p 值代入得： $$\gamma K_a(h+x)^3+\frac{pK_a(h+x)^2}{2}-\frac{\gamma K_p x^2\left(h+\frac{2}{3}x\right)}{2}=0\quad(3\text{-}16)$$ 设 $\omega=\frac{x}{h}$，$\lambda=\frac{pK_a}{h\gamma K_a}=\frac{p}{\gamma h}$ 代入式(4-15)得： $$\frac{\gamma K_a(h+\omega h)^3}{3}+\frac{pK_a(h+\omega h)^2}{2}-\frac{\gamma K_p\omega^2h^2\left(h+\frac{2\omega h}{3}\right)}{2}=0$$ 将上式 ω 括出，并将 $pK_a=\lambda\gamma hK_a$ 代人，简化后得： $$\frac{K_a}{K_p}=\frac{(1.5+\omega)\omega^2}{(1+\omega)^2(1+\omega+1.5\lambda)}\quad(3\text{-}17)$$ 当 $p=0$ 时，即地面无荷载，$\lambda=0$，得： 图 1　桩顶部设有锚杆拉结计算简图

续表

<table>
<tr><th>项次</th><th>项目</th><th>计算方法及公式</th></tr>
<tr><td>2</td><td>挡土灌注桩顶部设锚杆拉结</td><td>

$$\frac{K_a}{K_p}=\frac{(1.5+\omega)\omega^2}{(1+\omega)^3} \tag{3-18}$$

将式(3-17)制成表格如表 3-25，其中 K_a、K_p 可由 φ 计算求得，又 p、γ 均为已知条件，未知数 ω 可由表 3-25 查得，x 值可由 $x=\omega h$ 算得

求锚杆拉力 T_A，如上图，取 $\sum M_B=0$，即可得最大弯矩应在剪力为零处。如图 2，设距 A 点距离 y 处剪力为零，即 $\sum Q_y=0$，则

$$\frac{y^2}{2}\gamma K_a+pK_a y-T_a=0$$

解之得：

$$y=\frac{-pK_a+\sqrt{(pK_a)^2+2\gamma K_a T_A}}{\gamma K_a} \tag{3-19}$$

最大弯矩

$$M_{max}=-\frac{\gamma K_a y^3}{6}-\frac{pK_a y^2}{2}+T_A y \tag{3-20}$$ 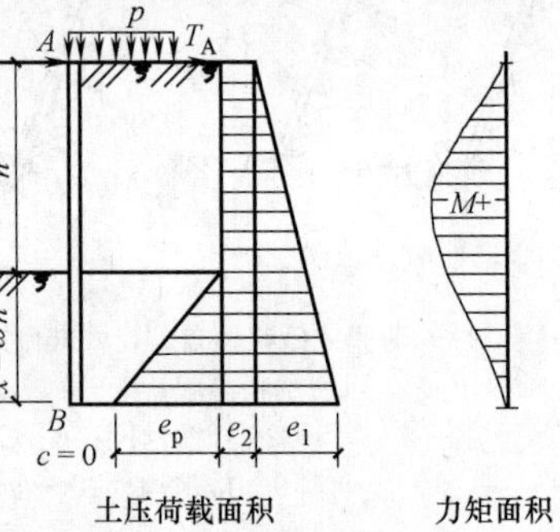

图 2　桩顶锚拉杆计算简图

</td></tr>
<tr><td>3</td><td>挡土灌注桩为悬臂，顶部无拉结</td><td>

在地下固定的桩，图 3(*a*)可视为刚性悬臂的静定结构。地下为弹性嵌固的桩；如图 3(*b*)所示，桩顶部无水平拉杆，桩底为弹性嵌固，桩在主动土压力推动下，将绕桩底部反转点 D 向左转动，与此同时，在桩脚将产生一种向右转动的力，使桩保持垂直位置，这种阻止转动的力，一是从 M 到 D 向右的被动土压力；一是从 D 到 B 向左的被动土压力，它的大小等于被动土压力与主动土压力之差

布氏(H. Blum)研究认为，上述力系可以用图 4(*a*)代替，即将原来桩反弯点下面，这部分阻力重心处用一个单力 p 代替，它围绕桩下端 B 点能满足 $\sum M=0$ 及 $\sum H=0$ 的条件。由于土的阻力是向桩脚方向逐渐增加，在取 $\sum M=0$ 时，桩会得到一个较小的插入深度，布氏建议按此图形算出桩插入深度 x 后，再将它增加 20%，即为选定的插入深度，其具体计算如图 4(*b*)所示 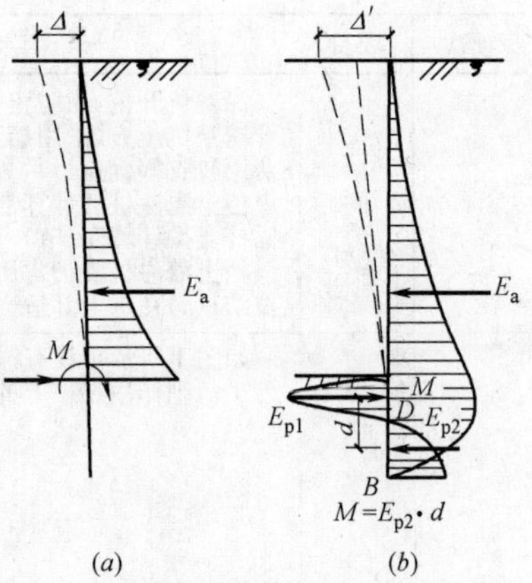

图 3　固定及简支的桩弯曲及位移图
(*a*)固定；(*b*)弹性固定 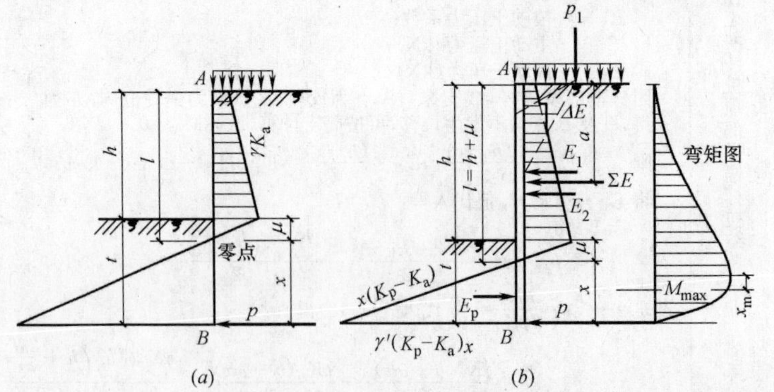

图 4　布氏假定代替图及悬臂桩计算简图
(*a*)布氏假定代替图；(*b*)弹性嵌固悬臂桩荷载与弯矩计算简图

</td></tr>
</table>

续表

<table>
<tr><th>项次</th><th>项目</th><th>计算方法及公式</th></tr>
<tr><td>3</td><td>挡土灌注桩为悬臂，顶部无拉结</td><td>

图中$\sum E$是各种主动土压力之和。E_p是被动土压力的一部分，而其反力的另一部分被假定的p代替。取$\sum M_B=0$，则得：

$$\sum E(c+x-a)-\frac{x^3(K_p-K_a)\gamma'}{6}=0 \quad (3\text{-}21)$$

式中 γ'——换算后的土重度，当为均布荷载，可折土柱高$h'=\frac{p}{\gamma}$，

则 $$\gamma'=\gamma\frac{h+h'}{h}$$

将式(3-21)整理后得：

$$x^3-\frac{6\sum E}{(K_p-K_a)\gamma'}\cdot x-\frac{6\sum E(c-a)}{(K_p-K_a)\gamma'}=0$$

上式令 $\omega=\frac{x}{h+\mu}=\frac{x}{l}$；$K_r=(K_p-K_a)\gamma'$

(K_r——土的综合压力系数)，代入式(3-21)得：

$$\omega^3=\frac{6\sum E(1+\omega)}{K_r l^2}-\frac{6\sum E_a}{K_r l^3} \quad (3\text{-}22)$$

再令 $m=\frac{6\sum E}{K_r l^2}$；$n=\frac{6\sum E_a}{K_r l^3}$代入式(3-22)得：

$$\omega^3=m(1+\omega)-n \quad (3\text{-}23)$$

m、n与荷载、桩长有关，布氏作一曲线如图5，由图可查得ω，由$x=\omega l$可求得x值

μ值可由下式计算：

$$\mu=\frac{e_A}{\gamma(K_p-K_a)} \quad (3\text{-}24)$$

桩需插入深度为： $t=\mu+1.2x$ (3-25) 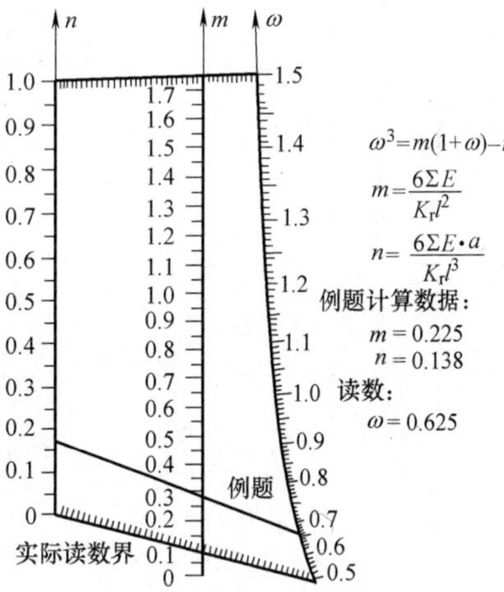

$\omega^3=m(1+\omega)-n$

$m=\frac{6\Sigma E}{K_r l^2}$

$n=\frac{6\Sigma E\cdot a}{K_r l^3}$

例题计算数据：

$m=0.225$

$n=0.138$

读数：

$\omega=0.625$

图5 布氏(H. Blum)理论曲线

最大弯矩在桩剪力为零处，即$\sum Q=0$，得：

$$\sum E=\frac{x_m^2(K_p-K_a)}{2}\cdot\gamma'$$

$$x_m=\sqrt{\frac{2\sum E}{(K_p-K_a)\gamma'}}$$

$$M_{max}=\sum E(l+x_m-a)-\frac{(K_p-K_a)\gamma' x_m^3}{6} \quad (3\text{-}26)$$

</td></tr>
<tr><td>4</td><td>桩上部土层锚杆</td><td>挡土灌注桩上部设置土层锚杆的计算见“3、3、2 土层锚杆支护计算”一节</td></tr>
<tr><td>5</td><td>挡土灌注桩的锚桩埋设深度</td><td>

锚杆拉结区域应设在稳定区域内，并做锚桩(或锚板、锚梁)，拉结区划分如图6(a)所示，Ⅰ、Ⅱ区处在滑楔之内是不稳定的。Ⅲ区接近滑块是半稳定的，Ⅳ区是全稳定的。锚桩埋设深度可按图6(b)计算

取$\sum H=0$，则 $$T_A+\frac{t^2\gamma}{2}K_a-\frac{t^2\gamma}{2}K_p\cdot\frac{1}{K}=0$$

化简后得： $$t=\sqrt{\frac{2T_A}{\gamma\left(\frac{K_p}{K}-K_a\right)}} \quad (3\text{-}27)$$

</td></tr>
</table>

续表

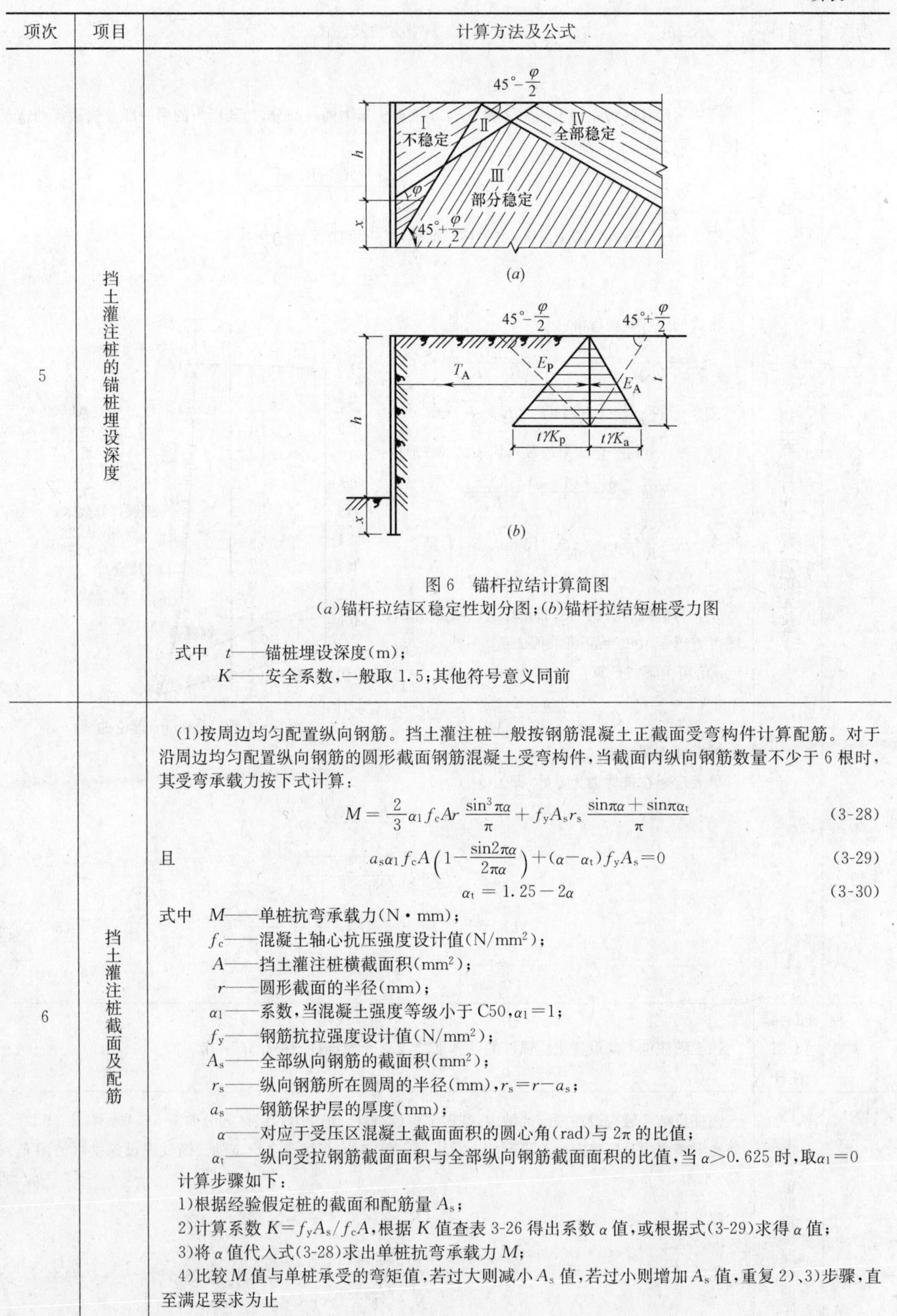

项次	项目	计算方法及公式
5	挡土灌注桩的锚桩埋设深度	图6　锚杆拉结计算简图 (*a*)锚杆拉结区稳定性划分图；(*b*)锚杆拉结短桩受力图 式中　t——锚桩埋设深度(m)； K——安全系数，一般取1.5；其他符号意义同前
6	挡土灌注桩截面及配筋	(1)按周边均匀配置纵向钢筋。挡土灌注桩一般按钢筋混凝土正截面受弯构件计算配筋。对于沿周边均匀配置纵向钢筋的圆形截面钢筋混凝土受弯构件，当截面内纵向钢筋数量不少于6根时，其受弯承载力按下式计算： $M=\frac{2}{3}\alpha_1 f_c A r\frac{\sin^3\pi\alpha}{\pi}+f_y A_s r_s\frac{\sin\pi\alpha+\sin\pi\alpha_t}{\pi}$　(3-28) 且　$a_s\alpha_1 f_c A\left(1-\frac{\sin2\pi\alpha}{2\pi\alpha}\right)+(\alpha-\alpha_t)f_y A_s=0$　(3-29) $\alpha_t=1.25-2\alpha$　(3-30) 式中　M——单桩抗弯承载力(N·mm)； f_c——混凝土轴心抗压强度设计值(N/mm²)； A——挡土灌注桩横截面积(mm²)； r——圆形截面的半径(mm)； α_1——系数，当混凝土强度等级小于C50，$\alpha_1=1$； f_y——钢筋抗拉强度设计值(N/mm²)； A_s——全部纵向钢筋的截面积(mm²)； r_s——纵向钢筋所在圆周的半径(mm)，$r_s=r-a_s$； a_s——钢筋保护层的厚度(mm)； α——对应于受压区混凝土截面面积的圆心角(rad)与2π的比值； α_t——纵向受拉钢筋截面面积与全部纵向钢筋截面面积的比值，当$\alpha>0.625$时，取$\alpha_1=0$ 计算步骤如下： 1)根据经验假定桩的截面和配筋量A_s； 2)计算系数$K=f_yA_s/f_cA$，根据K值查表3-26得出系数α值，或根据式(3-29)求得α值； 3)将α值代入式(3-28)求出单桩抗弯承载力M； 4)比较M值与单桩承受的弯矩值，若过大则减小A_s值，若过小则增加A_s值，重复2)、3)步骤，直至满足要求为止

续表

<table>
<tr><th>项次</th><th>项目</th><th>计算方法及公式</th></tr>
<tr><td>6</td><td>挡土灌注桩截面及配筋</td><td>

(2)按等效矩形截面配置纵向钢筋。按1)计算的前提是按周边圆均匀配筋，其中有40%的钢筋不受拉。为节省配筋，也可改用圆截面等效矩形截面的方法计算配筋。即将圆截面按等效刚度原则换算成等效矩形截面，设桩的直径为D，等效矩形截面边长分别为b和h，则由圆形截面和矩形截面的惯性矩相等(图7) 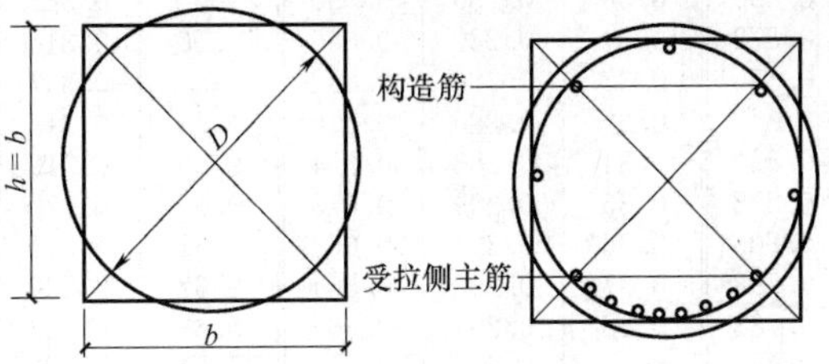

图7　等效矩形截面配筋

1—受拉侧主筋　2—构造筋

按等刚度，令

$$\frac{\pi D^4}{64}=\frac{bh^3}{12} \tag{3-31}$$

再令$h=b$，则

$$h=b=0.87D \tag{3-32}$$

计算出正方形的边长b后，按$b\times b$的正方形截面进行配筋，按钢筋混凝土梁的截面进行计算，便可求出受拉侧主筋的截面积

另外，还可以采用以下公式计算纵向钢筋采用单边配筋时桩截面的受弯承载力M_c：

$$M_c = A_s f_y(y_1 + y_2) \tag{3-33}$$

其中

$$y_1=\frac{r\sin^3\pi\alpha}{1.5\alpha-0.75\sin2\alpha} \tag{3-34}$$

$$y_2 = \frac{2\sqrt{2}r_s}{\pi} \tag{3-35}$$

式中符号意义同前。

应该注意的是，采用等效矩形截面配筋的挡土灌注桩，成孔后吊放钢筋笼，受力钢筋应安放在桩的受拉一侧，防止钢筋笼错位或扭转，并在混凝土浇筑前做好隐蔽工程检查，以避免钢筋笼方向不对而造成灌注桩受力时破坏

(3)桩的构造配筋　挡土灌注桩的最小配筋率为0.42%；主筋保护层厚度不应小于50mm。箍筋宜采用ϕ6～8mm螺旋筋，间距一般为200～300mm，每隔1500～2000mm应布置一根直径不小于12mm的焊接加强箍筋，以增强钢筋笼的整体刚度，以利于钢筋笼吊放和浇筑混凝土时不变形

</td></tr>
</table>

上部拉结下部简支桩计算系数　表3-25

ω	K_a/K_p							
	$\lambda=0$	$\lambda=0.25$	$\lambda=0.50$	$\lambda=0.75$	$\lambda=1.00$	$\lambda=1.50$	$\lambda=2.00$	$\lambda=3.00$
0	0	0	0	0	0	0	0	0
0.1	0.01202	0.00896	0.00715	0.00594	0.00509	0.00395	0.00323	0.00236
0.2	0.03935	0.02998	0.02422	0.02031	0.01749	0.01369	0.01143	0.00828
0.3	0.07330	0.05723	0.04676	0.03953	0.03423	0.02700	0.02229	0.01653
0.4	0.11078	0.08738	0.07214	0.06142	0.05348	0.04249	0.03525	0.02629
0.5	0.14814	0.11851	0.09876	0.08465	0.07407	0.05926	0.04938	0.03704
0.6	0.18507	0.14952	0.12566	0.10837	0.09526	0.07670	0.06420	0.04841
0.7	0.21941	0.17976	0.15224	0.13203	0.11656	0.09443	0.07936	0.06162
0.8	0.25240	0.20888	0.17816	0.15522	0.13767	0.11218	0.09465	0.07211
0.9	0.28327	0.23658	0.20310	0.17792	0.15830	0.12976	0.10984	0.08410
1.0	0.31250	0.26315	0.22545	0.20000	0.17857	0.14706	0.12500	0.09615
1.1	0.33873	0.28740	0.24259	0.22056	0.19759	0.16400	0.13947	0.10778
1.2	0.36513	0.31196	0.27230	0.24159	0.21710	0.18052	0.15448	0.11989
1.3	0.38883	0.33552	0.29427	0.26205	0.23619	0.19660	0.16934	0.13498
1.4	0.41116	0.35560	0.31326	0.27994	0.25302	0.21222	0.18274	0.14301
1.5	0.43200	0.37565	0.33230	0.29790	0.27000	0.22737	0.19636	0.15428

α值表　　　　表 3-26

K	α	α1	K	α	α1	K	α	α1	K	α	α1
0.01	0.113	1.204	0.26	0.272	0.706	0.51	0.311	0.628	0.76	0.332	0.586
0.02	0.139	0.972	0.27	0.274	0.702	0.52	0.312	0.626	0.77	0.333	0.584
0.03	0.156	0.938	0.28	0.276	0.698	0.53	0.313	0.624	0.78	0.334	0.582
0.04	0.169	0.912	0.29	0.278	0.694	0.54	0.314	0.622	0.79	0.334	0.580
0.05	0.180	0.890	0.30	0.280	0.690	0.55	0.315	0.620	0.80	0.335	0.578
0.06	0.189	0.872	0.31	0.282	0.686	0.56	0.316	0.618	0.81	0.336	0.578
0.07	0.197	0.856	0.32	0.284	0.682	0.57	0.317	0.616	0.82	0.336	0.576
0.08	0.204	0.842	0.33	0.286	0.678	0.58	0.318	0.614	0.83	0.337	0.576
0.09	0.210	0.830	0.34	0.288	0.674	0.59	0.319	0.612	0.84	0.337	0.574
0.10	0.216	0.818	0.35	0.289	0.672	0.60	0.320	0.610	0.85	0.338	0.572
0.11	0.222	0.806	0.36	0.291	0.668	0.61	0.321	0.608	0.86	0.339	0.572
0.12	0.226	0.798	0.37	0.293	0.664	0.62	0.322	0.606	0.87	0.339	0.570
0.13	0.231	0.788	0.38	0.294	0.662	0.63	0.323	0.604	0.88	0.340	0.570
0.14	0.235	0.780	0.39	0.296	0.658	0.64	0.323	0.604	0.89	0.340	0.568
0.15	0.239	0.772	0.40	0.297	0.656	0.65	0.324	0.602	0.90	0.341	0.568
0.16	0.243	0.764	0.41	0.298	0.654	0.66	0.325	0.600	0.91	0.341	0.566
0.17	0.247	0.756	0.42	0.300	0.650	0.67	0.326	0.598	0.92	0.342	0.566
0.18	0.250	0.750	0.43	0.301	0.648	0.68	0.327	0.596	0.93	0.342	0.566
0.19	0.253	0.744	0.44	0.303	0.644	0.69	0.327	0.596	0.94	0.343	0.564
0.20	0.256	0.738	0.45	0.304	0.642	0.70	0.328	0.594	0.95	0.343	0.564
0.21	0.259	0.732	0.46	0.305	0.640	0.71	0.329	0.592	0.96	0.344	0.562
0.22	0.262	0.726	0.47	0.306	0.638	0.72	0.330	0.590	0.97	0.344	0.562
0.23	0.264	0.722	0.48	0.307	0.636	0.73	0.330	0.590	0.98	0.345	0.560
0.24	0.267	0.716	0.49	0.309	0.632	0.74	0.331	0.588	0.99	0.345	0.560
0.25	0.269	0.712	0.50	0.310	0.630	0.75	0.332	0.586	1.00	0.346	0.558

【例 3-3】 高层建筑箱形基础深 9m，周围有建筑物及道路，不能放坡开挖基坑，采用顶部有拉结灌注桩支护。地面部分地区要行走履带式起重机，土的平均内摩擦角 $\varphi=30°$，平均重度 $\gamma=18\text{kN/m}^3$，无地下水（图 3-17），求灌注桩需埋设深度、顶部锚杆拉力 T_A、桩最大弯矩 M_{max}。

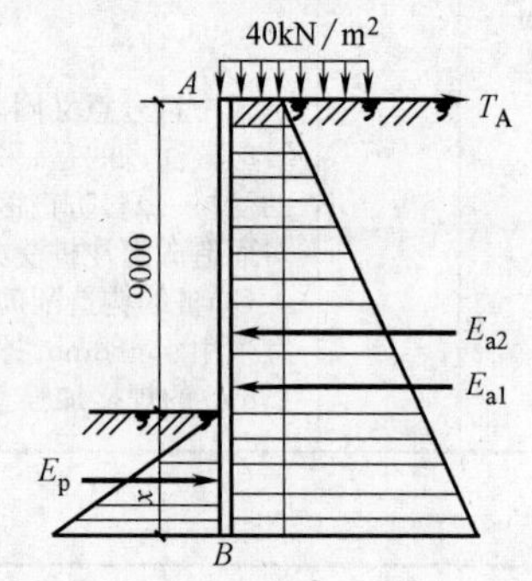

图 3-17　灌注桩支护计算简图

【解】（1）计算桩深度　根据 $\varphi=30°$，求出：

$$K_a=\text{tg}^2\left(45°-\frac{30°}{2}\right)=0.33$$

$$K_p=\text{tg}^2\left(45°+\frac{30°}{2}\right)=3.00$$

则　$$\frac{K_a}{K_p}=0.11$$

地面荷载：履带式起重机在桩边 1.5～3.5m 时，可按 40kN/m^2 计算，可求出：

$$\lambda=\frac{p}{\gamma h}=\frac{40}{18\times9}=0.25$$

查表 3-25 得：$\omega=0.473$

则得　$x=\omega h=0.473\times9=4.25\text{m}$

钻孔桩深为：　$9+4.25=13.25\text{m}$

（2）计算拉力 T_A

$$E_{a1}=\frac{1}{2}\times18\times13.25^2\times0.33=521.4\text{kN}$$

$$E_{a2}=40\times 13.25\times 0.33=174.9\text{kN}$$

$$E_p=\frac{18\times 4.25^2\times 3}{2}=487.6\text{kN}$$

取$\sum M_B=0$ $13.25T_A=521.4\times\frac{13.25}{3}+174.9\times\frac{13.25}{2}-487.6\times\frac{4.25}{3}$

∴ $T_A=209.1\text{kN}$

$$\sum H=0 \quad E_{a1}+E_{a2}-T_A-E_p=0$$

$$521.4+174.9-209.1-487.6=0\text{（黏聚力 }c=0\text{）}$$

（3）求最大弯矩　剪力为零处，由式（3-19）得：

$$y=\frac{-pK_a+\sqrt{(pK_a)^2+2\gamma K_A T_A}}{\gamma K_a}$$

$$=\frac{-40\times 0.33+\sqrt{(40\times 0.33)^2+2\times 18\times 0.33\times 209.1}}{18\times 0.33}=6.5\text{m（距桩顶）}$$

由式（3-20）得：

$$M_{max}=209.1\times 6.5-\frac{18\times 0.33\times 6.5^3}{6}-\frac{40\times 0.33\times 6.5^2}{2}=808.42\text{kN}\cdot\text{m}$$

【例 3-4】 深基坑工程开挖深度为 8m，其一侧为马路，不能设拉结桩，桩下土质为砂砾层，土的内摩擦角 $\varphi=35°$，重角 $\gamma=18\text{kN/m}^3$，$\alpha=0$，$\beta=0$，$\delta=0$，无地下水，采用钻孔灌注桩支护，求桩需埋置深度和最大弯矩。

【解】（1）桩深计算　因马路走汽车，按轻路面荷载计算，折成 $p=5\text{kN/m}^2$，如图 3-18 所示。

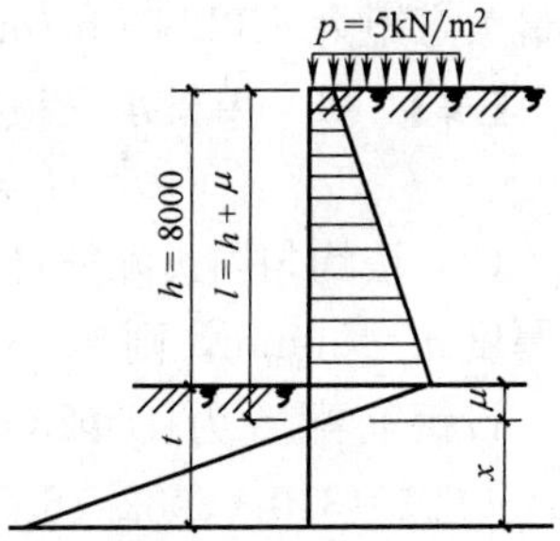

$$\gamma=18\text{kN/m}^3\text{，则}\quad h'=\frac{p}{\gamma}=\frac{5}{18}=0.28\text{m}$$

$$\gamma'=\gamma\cdot\frac{h+h'}{h}=18\times\frac{8+0.28}{8}=18.63\text{kN/m}^3$$

$$K_a=\text{tg}^2\left(45°-\frac{\varphi}{2}\right)=\text{tg}^2\left(45°-\frac{35°}{2}\right)=0.27$$

$$K_p=\text{tg}^2\left(45°+\frac{\varphi}{2}\right)=\text{tg}^2\left(45°+\frac{35°}{2}\right)=3.70$$

$$\mu=\frac{e_a}{(K_p-K_a)\ \gamma}=\frac{8\times 18\times 0.27+5\times 0.27}{(3.7-0.27)\ \times 18}=0.65$$

图 3-18 计算简图

$$l=h+\mu=8+0.65=8.65\text{m}$$

$$\sum E=8.65\times\frac{8\times 18}{2}\times 0.27+5\times 8\times 0.27=178.96\text{kN/m}$$

$$a=\frac{2}{3}h=\frac{2}{3}\times 8=5.33\text{m}$$

$$K_r=(K_p-K_a)\gamma'=(3.70-0.27)\times 18.63=63.9$$

$$m=\frac{6\sum E}{K_r l^2}=\frac{6\times 178.96}{63.9\times 8.65^2}=0.225$$

$$n=\frac{6\sum E\cdot a}{K_r l^3}=\frac{6\times 178.95\times 5.33}{63.9\times 8.65^3}=0.138$$

由 m、n 值查表 3-24 中图 5 查得 $\omega=0.625$

则 $$x=\omega l=0.625\times8.65=5.41\text{m}$$

$$t=\mu+1.2x=0.65+1.2\times5.41=7.14\text{m}$$

故　桩需入土深 7.1m。

钻孔灌注桩应深入土内　　8+7.1=15.1m

(2) 最大弯矩计算

$$x_m=\sqrt{\frac{2\sum E}{(K_p-K_a)\ \gamma}}=\sqrt{\frac{2\times178.96}{(3.70-0.27)\times18.63}}=2.37\text{m}$$

$$M_{max}=\sum E(l+x_m-a)-\frac{(K_p-K_a)\gamma' x_m^3}{6}$$

$$=178.96(8.65+2.37-5.33)-\frac{(3.70-0.27)\times18.63\times2.37^3}{6}=876.5\text{kN}\cdot\text{m}$$

【例 3-5】 应用例题 3-3 求得的 $T_A=209.1$kN 值，试求锚桩需埋置深度和锚接点位置。

【解】 由例题 3-3 知：$K_a=0.33$，$K_p=3.0$，$\gamma=18\text{kN/m}^3$，由式（3-27）得：

$$t=\sqrt{\frac{2\times209.1}{18\left(\frac{3.0}{1.5}-0.33\right)}}=3.7\text{m}$$

故知，锚桩埋设深度为 3.7m。锚杆拉结作用点距地面距离为 $\frac{2}{3}t=\frac{2}{3}\times3.7=2.5$m 处锚桩需埋设在距灌注桩 $\frac{9}{\text{tg}30^\circ}=15.6$m 以外的稳定区域内。

【例 3-6】 某深基工程采用 $\phi600$ 灌注桩作为支护墙，桩中心距 750mm，经计算支护墙最大弯矩为 620kN·m/m，试求桩配筋。

【解】（1）单桩承受最大弯矩

$$M=620\text{kN}\cdot\text{m/m}\times0.75\text{m}=465\text{kN}\cdot\text{m}$$

（2）按均匀周边配筋计算　取灌注桩采用 C30，$f_c=16.5$MPa，$f_y=310$MPa，保护层厚度 $a_s=50$mm，则 $r_s=r-a_s=300-50=250$mm

设钢筋配置为 16Φ23mm，$A_s=6082$mm，而 $A=\pi r^2=2.83\times10^5\text{mm}^2$，有：$K=f_yA_s/f_cA=310\times6082/16.5\times2.83\times10^5=0.404$

查表 3-26 得：$\alpha=0.2974$；$\alpha_t=0.6552$

代入式（3-28）得：

$$M=\frac{2}{3}f_cr^3\sin^3\pi\alpha+f_yA_sr_s\frac{\sin\pi\alpha+\sin\pi\alpha_t}{\pi}$$

$$=\frac{2}{3}\times16.5\times300^3\sin^3(0.2974\pi)$$

$$+310\times250\times6082\times\frac{\sin(0.2974\pi)+\sin(0.6552\pi)}{\pi}$$

$$=2.39\times10^8+2.53\times10^8=4.92\times10^8(\text{N}\cdot\text{mm})$$

$$=492\text{kN}\cdot\text{m}>465\text{kN}\cdot\text{m}$$

故知，按 16Φ22mm 配筋可以满足要求。

（3）按等效矩形截面配置纵向钢筋计算　设钢筋配置为 8Φ22mm，$A_s=3041\text{mm}^2$

有：$K=f_yA_s/f_cA=3041\times310/16.5\times\pi\times300^2=0.202$

查表 得 $\alpha=0.2566$，代入式（3-33）得：

$$M=A_sf_y(y_1+y_2)=A_sf_y\left(\frac{r\sin^3\alpha}{1.5\alpha-0.75\sin2\alpha}+\frac{2\sqrt{2}r_s}{\pi}\right)$$

$$=3041\times310\left(\frac{300\times\sin^3(0.2566)}{1.5\times0.2566-0.75\sin(2\times0.2566)}+\frac{2\sqrt{2}\times250}{\pi}\right)$$

$$=4.89\times10^8\text{N}\cdot\text{mm}$$

$$=489\text{kN}\cdot\text{m}>465\text{kN}\cdot\text{m}$$

故知，按 8Φ22mm 进行单边纵向配筋可以满足要求。

由计算知，采用等效矩形截面纵向配筋，可以比周边均匀配筋节省主筋 50%左右，但是还需在非受拉侧配置适当构造钢筋，因此，总纵向钢筋配筋量可节省大约30%～40%。

【例 3-7】 已知挡土灌注桩承受最大弯矩 $M_{max}=635\times10^6\text{N}\cdot\text{mm}$，桩直径采用 ϕ800mm，$A=502400\text{mm}^2$，混凝土采用 C25，$f_c=13.5\text{N/mm}^2$，钢筋采用 $f_y=290\text{N/mm}^2$，受压区混凝土截面积圆心角为 240°，试求桩需用钢筋截面积。

【解】 已知 $\alpha=\frac{240}{2\pi}=0.6667$，得 $\alpha_t=0$，由式（3-28）得：

$$635\times10^6=\frac{2}{3}\times13.5\times502400\times400\times\frac{\sin^3120°}{3.14}+290\times A_S\times350\times\frac{\sin120°}{3.14}$$

解之得 $A_S=9320.5\text{mm}^2$

选用 Φ20mm，$A_S=314\text{mm}^2$

则 $n>\frac{9320.5}{314}\approx29.7$ 根 用 Φ20mm 钢筋 30 根。

3.3.2 土层锚杆支护计算

一、土层锚杆承载力（抗拔力）计算

土层锚杆的承载力（抗拔力）计算 表 3-27

项 目	计算公式	符号意义
锚杆的承载力（抗拔力） 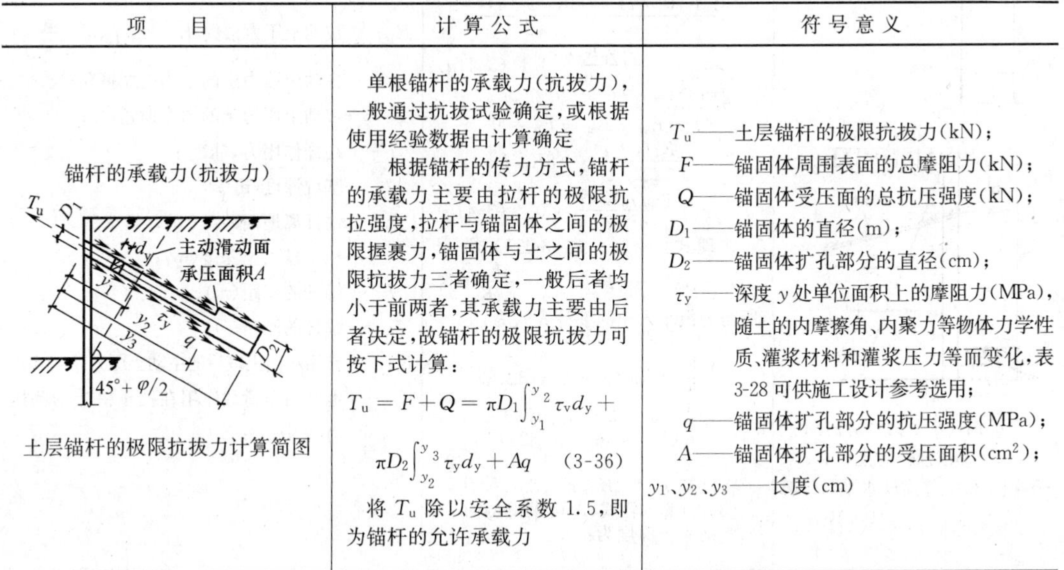 土层锚杆的极限抗拔力计算简图	单根锚杆的承载力（抗拔力），一般通过抗拔试验确定，或根据使用经验数据由计算确定 根据锚杆的传力方式，锚杆的承载力主要由拉杆的极限抗拉强度，拉杆与锚固体之间的极限握裹力，锚固体与土之间的极限抗拔力三者确定，一般后者均小于前两者，其承载力主要由后者决定，故锚杆的极限抗拔力可按下式计算： $T_u=F+Q=\pi D_1\int_{y_1}^{y_2}\tau_v d_y+\pi D_2\int_{y_2}^{y_3}\tau_y d_y+Aq$ （3-36） 将 T_u 除以安全系数 1.5，即为锚杆的允许承载力	T_u——土层锚杆的极限抗拔力（kN）； F——锚固体周围表面的总摩阻力（kN）； Q——锚固体受压面的总抗压强度（kN）； D_1——锚固体的直径（m）； D_2——锚固体扩孔部分的直径（cm）； τ_y——深度 y 处单位面积上的摩阻力（MPa），随土的内摩擦角、内聚力等物体力学性质、灌浆材料和灌浆压力等而变化，表 3-28 可供施工设计参考选用； q——锚固体扩孔部分的抗压强度（MPa）； A——锚固体扩孔部分的受压面积（cm²）； y_1、y_2、y_3——长度（cm）

续表

项　　目	计算公式	符号意义
锚杆的抗剪强度	锚杆在土层的抗剪强度 τ_y 也可用下式进行估算： $\tau_y=\sigma_y \mathrm{tg}\varphi+c\cdot\cos^2\varphi$ 对一般灌浆锚杆抗剪强度 τ_y 值可用下式计算： $\tau_y=\sigma\mathrm{tg}\varphi+c$　(3-37) 或　$\tau_y=K_0\gamma h\mathrm{tg}\varphi+c$　(3-38)	σ_y——锚杆锚固部分土的上部荷载； φ——土的内摩擦角(°)； c——土的黏聚力(MPa)； σ——孔壁周边法向应力(MPa)； K_0——土压系数，砂土取 $K_0=1$，黏土取 $K_0=0.5$； γ——土的重度(kN/m³)； h——锚杆覆盖的土层厚度(m)
锚杆的有效锚固长度	根据土层的抗剪强度 τ，可按下式估算有效锚固长度 L_e： $L_e=\dfrac{T_c}{\pi\cdot D\cdot\tau}$　(3-39)	T_c——锚杆设计拉力(kN)； D——锚杆钻孔直径(m)； τ——锚固段周边的抗剪强度(kPa)

各种岩土层的抗剪强度 τ_y 值　　**表 3-28**

项　次	锚固体部位的岩、土层种类	抗剪强度 τ_y 值(MPa)
1	薄层灰岩夹页岩	0.40～0.60
2	细砂岩、粉砂质泥岩	0.20～0.40
3	风化砂页岩、炭质页岩、粉砂质泥岩	0.15～0.20
4	粉砂土	0.06～0.13
5	软黏土	0.02～0.03

二、土层锚杆水平力计算

土层锚杆水平力计算　　**表 3-29**

项　　目	计算公式	符号意义
挡土桩的埋入深度 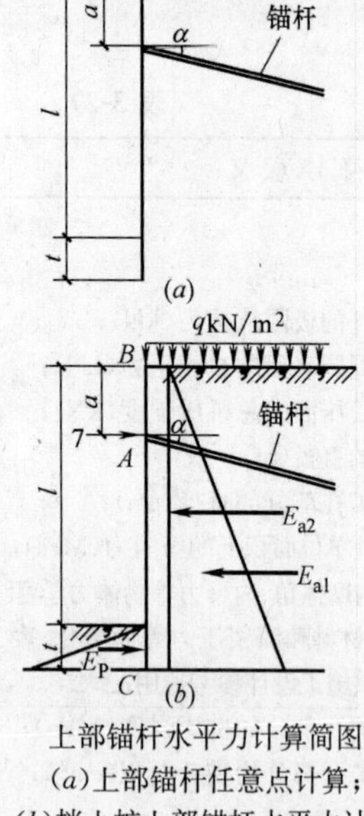 上部锚杆水平力计算简图 (a)上部锚杆任意点计算； (b)挡土桩上部锚杆水平力计算	如图(a)，挡土桩承受桩后主动土压力 E_a，桩前被动土压力 E_p 和锚杆支承力 T 的作用，如欲使挡土桩保持稳定，则必须使作用在桩上的 E_a、E_p、T 保持平衡，在 c 点取力矩，使 $\sum M_c=0$ 得： $T(l+t-a)=E_{a1}\left(\dfrac{l+t}{3}\right)+E_{a2}\left(\dfrac{l+t}{2}\right)-E_p\dfrac{t}{3}$　(3-40) $T(l+t-a)=\dfrac{\gamma_a K_a(l+t)^3}{6}+\dfrac{8K_a(l+t)^2}{2}-\dfrac{\gamma_p K_p t^3}{6}$　(3-41a) 再取 $\sum x=0$ 得： $T-E_{a1}-E_{a2}+E_p=0$ $T-\dfrac{\gamma_a K_a(l+t)^2}{2}-8K_a(l+t)+\dfrac{\gamma_p K_p t^2}{2}=0$　(3-41b) 整理式(3-41a)、式(3-41b)，并令 $\omega=\dfrac{t}{l}$、$\psi=\dfrac{a}{l}$、$K=\dfrac{e_2}{e_1}=\dfrac{qK_a}{\gamma_a lK_a}$，得所需的最小入土深度计算式为： $\dfrac{\gamma_a K_a}{\gamma_p K_p}=\omega^2(3+2\omega-3\psi)\div[(1+\omega)^2(2+2\omega-3\psi)+3K(1+\omega)(1+\omega-2\psi)]$　(3-42) 将已知 γ_a、γ_p、K_a、K_p、l、a、K 代入式(3-42)解方程式，即可求得 ω 值 则入土深度为： $t=\omega l$　(3-43)	q——地面均布荷载(kN/m²)； γ_a——主动土压力土的平均重度(kN/m³)； γ_p——被动土压力土的重度(kN/m³)； K_a——主动土压力系数，$K_a=\mathrm{tg}^2\left(45°-\dfrac{\varphi_a}{2}\right)$； K_p——被动土压力系数，$K_p=\mathrm{tg}^2\left(45°+\dfrac{\varphi_p}{2}\right)$； φ_a——主动土压力土的平均内摩擦角(°)； φ_p——被动土压力土的内摩擦角(°)； T——锚杆作用力，(kN)； l——基坑深度(m)； a——锚杆离地面距离(m)； t——挡土桩入土深度(m)； b——锚杆的间距(m)； α——锚杆的倾角(°)； E_{a1}——作用在挡土桩后的主动土压力(kN/m)； E_{a2}——地面均布荷载作用在挡土桩上的侧压力(kN/m)；

续表

项　　目	计 算 公 式	符 号 意 义
锚杆所需水平力	在求得 t 后，锚杆水平力可由式(3-40)按下式计算： $$T=\frac{2(l+t)E_{a1}+3(l+t)E_{a2}-2tE_p}{6(l+t-a)} \quad (3\text{-}44)$$ 设锚杆间距为 b，则水平力为： $$T_b=b\cdot T \quad (3\text{-}45)$$ 锚杆拔力为： $$T_u=\frac{T_b}{\cos\alpha} \quad (3\text{-}46)$$	E_p——作用于桩前的被动土压力(kN/m)； T_b——锚杆所需的水平力(kN)； T_u——锚杆拔力(kN)

三、土层锚杆稳定性验算

土层锚杆稳定性验算 **表 3-30**

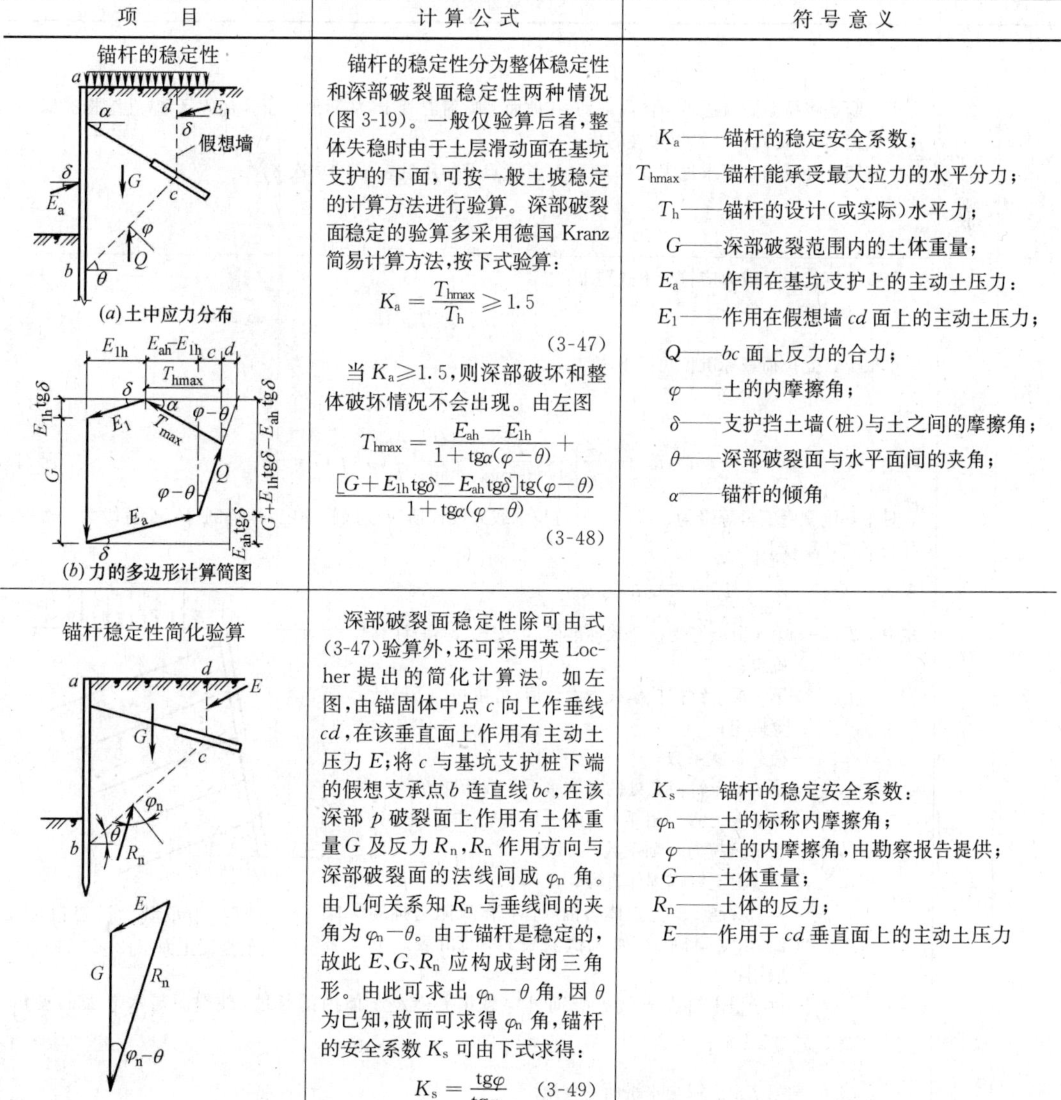

项　　目	计 算 公 式	符 号 意 义
锚杆的稳定性 (a)土中应力分布 (b)力的多边形计算简图	锚杆的稳定性分为整体稳定性和深部破裂面稳定性两种情况(图 3-19)。一般仅验算后者，整体失稳时由于土层滑动面在基坑支护的下面，可按一般土坡稳定的计算方法进行验算。深部破裂面稳定的验算多采用德国 Kranz 简易计算方法，按下式验算： $$K_a=\frac{T_{hmax}}{T_h}\geqslant 1.5 \quad (3\text{-}47)$$ 当 $K_a\geqslant 1.5$，则深部破坏和整体破坏情况不会出现。由左图 $$T_{hmax}=\frac{E_{ah}-E_{1h}}{1+\mathrm{tg}\alpha(\varphi-\theta)}+\frac{[G+E_{1h}\mathrm{tg}\delta-E_{ah}\mathrm{tg}\delta]\mathrm{tg}(\varphi-\theta)}{1+\mathrm{tg}\alpha(\varphi-\theta)} \quad (3\text{-}48)$$	K_a——锚杆的稳定安全系数； T_{hmax}——锚杆能承受最大拉力的水平分力； T_h——锚杆的设计(或实际)水平力； G——深部破裂范围内的土体重量； E_a——作用在基坑支护上的主动土压力； E_1——作用在假想墙 cd 面上的主动土压力； Q——bc 面上反力的合力； φ——土的内摩擦角； δ——支护挡土墙(桩)与土之间的摩擦角； θ——深部破裂面与水平面间的夹角； α——锚杆的倾角
锚杆稳定性简化验算	深部破裂面稳定性除可由式(3-47)验算外，还可采用英 Locher 提出的简化计算法。如左图，由锚固体中点 c 向上作垂线 cd，在该垂直面上作用有主动土压力 E；将 c 与基坑支护桩下端的假想支承点 b 连直线 bc，在该深部 p 破裂面上作用有土体重量 G 及反力 R_n，R_n 作用方向与深部破裂面的法线间成 φ_n 角。由几何关系知 R_n 与垂线间的夹角为 $\varphi_n-\theta$。由于锚杆是稳定的，故此 E、G、R_n 应构成封闭三角形。由此可求出 $\varphi_n-\theta$ 角，因 θ 为已知，故而可求得 φ_n 角，锚杆的安全系数 K_s 可由下式求得： $$K_s=\frac{\mathrm{tg}\varphi}{\mathrm{tg}\varphi_n} \quad (3\text{-}49)$$	K_s——锚杆的稳定安全系数； φ_n——土的标称内摩擦角； φ——土的内摩擦角，由勘察报告提供； G——土体重量； R_n——土体的反力； E——作用于 cd 垂直面上的主动土压力

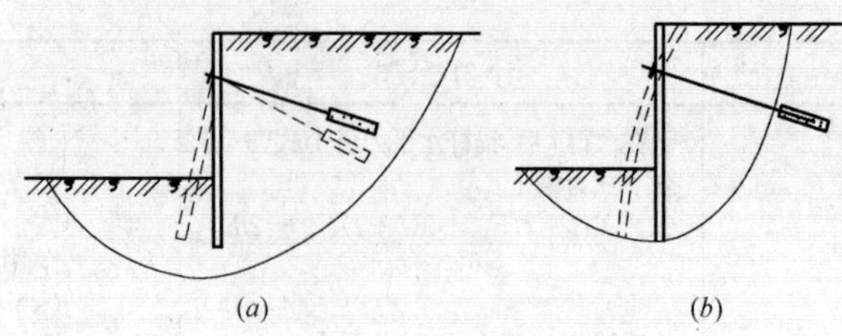

图 3-19　土层锚杆失稳情形
(a) 整体失稳；(b) 深部破裂而破坏

3.3.3　土钉墙支护计算

土钉墙支护计算　　表 3-31

项次	项目	计算方法及公式
1	支护设计及构造要求	土钉墙是将拉筋插入边坡土体内部，并在坡面上喷射混凝土，从而形成土体加固区带，其结构类似于重力式挡墙，以提高整个基坑边坡的稳定 土钉墙设计及构造要求见表 3-16 项次 1，其优点及使用见表 3-16 项次 3
2	土钉承载力	单根土钉抗拉承载力应符合下式要求： $$1.25\gamma_0 T_{jk} \leqslant T_{uj} \quad (3\text{-}50)$$ 单根土钉受拉荷载标准值可按下式计算： $$T_{jk}=\xi e_{ajk} S_{Xj} \cdot S_{Zj} / \cos\alpha_j \quad (3\text{-}51)$$ 其中 $$\xi=\tan\frac{\beta-\varphi_k}{2}\left[\frac{1}{\tan\frac{\beta+\varphi_k}{2}}-\frac{1}{\tan\beta}\right]\Bigg/\tan^2\left(45°-\frac{\varphi}{2}\right) \quad (3\text{-}52)$$ 对于基坑侧壁安全等级为二级的土钉抗拉承载力设计值应按试验确定，基坑侧壁安全等级为三级时可按下式计算(图 1)： $$T_{uj}=\frac{1}{\gamma_s}\pi d_{nj}\sum q_{sik} l_i \quad (3\text{-}53)$$ 式中　T_{jk}——第 j 根土钉受拉荷载标准值，可按式(3-50)计算确定； T_{uj}——第 j 根土钉抗拉承载力设计值，可按式(3-51)计算确定； ξ——荷载折减系数； e_{ajk}——第 j 个土钉位置处的基坑水平荷载标准值； S_{Xj}、S_{Zj}——第 j 根土钉与相邻土钉的平均水平、垂直间距； γ_s——土钉抗拉力分项系数，取 1.3； d_{nj}——第 j 根土钉锚固体直径； q_{sik}——土钉穿越 i 层土土体与锚固体极限摩阻力标准值，由试验确定；如无试验资料，可由表 3-32 取用； l_i——第 j 根土钉在直线破裂面外穿越第 i 稳定土体内的长度，破裂面与水平面的夹角为$\frac{\beta+\varphi_k}{2}$； α_j——第 j 根土钉与水平面的夹角。 图 1　土钉抗拉承载力计算简图 1—喷射混凝土面层；2—土钉

续表

<table>
<tr><th>项次</th><th>项目</th><th>计算方法及公式</th></tr>
<tr><td>3</td><td>土钉墙整体稳体性验算</td><td>土钉墙应根据施工期间不同开挖深度及基坑底面以下可能滑动面采用圆弧滑动简单条分法(图 2)，按下式进行整体稳定性验算：
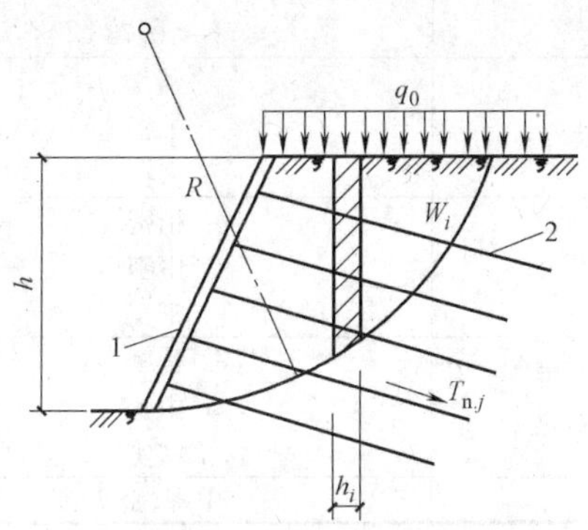

图 2 土钉墙整体稳定性验算简图
1—喷射混凝土面层；2—土钉
$$\sum_{i=1}^{n} c_{ik}L_i s+s\sum_{i=1}^{n}(w_i+q_0b_i)\cos\theta_i\tan\varphi_{ik}+\sum_{j=1}^{m}T_{nj}\times\left[\cos(\alpha_j+\theta_j)+\frac{1}{2}\sin(\alpha_j+\theta_j)\tan\varphi_{ik}\right]-s\gamma_k\gamma_0\sum_{i=1}^{n}(w_i+q_0b_i)\sin\theta_i\geqslant 0 \quad (3\text{-}54)$$
式中 n——滑动体分条数；
m——滑动体内土钉数；
γ_k——整体滑动分项系数，可取 1.3；
γ_0——基坑侧壁重要性系数；
w_i——第 i 分条土重，滑裂面位于黏性土或粉土中时，按上覆土层的饱和土重度计算；滑裂面位于砂土或碎石类土中时，按上覆土层的浮重度计算；
b_i——第 i 分条宽度；
c_{ik}——第 i 分条滑裂面处土体固结不排水(块)剪黏聚力标准值；
φ_{ik}——第 i 分条滑裂面处土体固结不排水(块)剪内摩擦角标准值；
θ_i——第 i 分条滑裂面处中点切线与水平面夹角；
α_j——土钉与水平面之间的夹角；
L_i——第 i 分条滑裂面处弧长；
s——计算滑动体单元厚度；
T_{nj}——第 j 根土钉在圆弧滑裂面外锚固体与土体的极限抗拉力，可按式(3-53)确定。
单根土钉在圆弧滑裂面外锚固体与土体的极限抗拉力可按下式确定：
$$T_{nj}=\pi d_{nj}\sum q_{sik}\cdot l_{ni} \quad (3\text{-}55)$$
式中 l_{nj}——第 j 根土钉在圆弧滑裂面外穿越第 i 层稳定土体内的长度；
其他符号意义同前</td></tr>
</table>

土钉锚固体与土体极限摩阻力标准值 **表 3-32**

土的名称	土的状态	q_{sik}(kPa)
填土	—	16～20
淤泥	—	10～16
淤泥质土	—	16～20
黏性土	$I_L>1$	18～30
	$0.75<I_L\leqslant 1$	30～40
	$0.50<I_L\leqslant 0.75$	40～53
	$0.25<I_L\leqslant 0.50$	53～65
	$0.0<I_L\leqslant 0.25$	65～73
	$I_L\leqslant 0.0$	73～80

续表

土的名称	土的状态	q_{sik}(kPa)
粉土	$e>0.90$	20～40
	$0.75<e\leqslant0.90$	40～60
	$e<0.75$	60～90
粉细砂	稍密	20～40
	中密	40～60
	密实	60～80
中砂	稍密	40～60
	中密	60～70
	密实	70～90
粗砂	稍密	60～90
	中密	90～120
	密实	120～150
砾砂	中密、密实	130～160

注：表中数据为低压或无压注浆值，高压注浆时对中粗砾砂可适当提高。

3.4　基坑（槽）排降水

3.4.1　明沟排水

常用明沟排水方法　　**表 3-33**

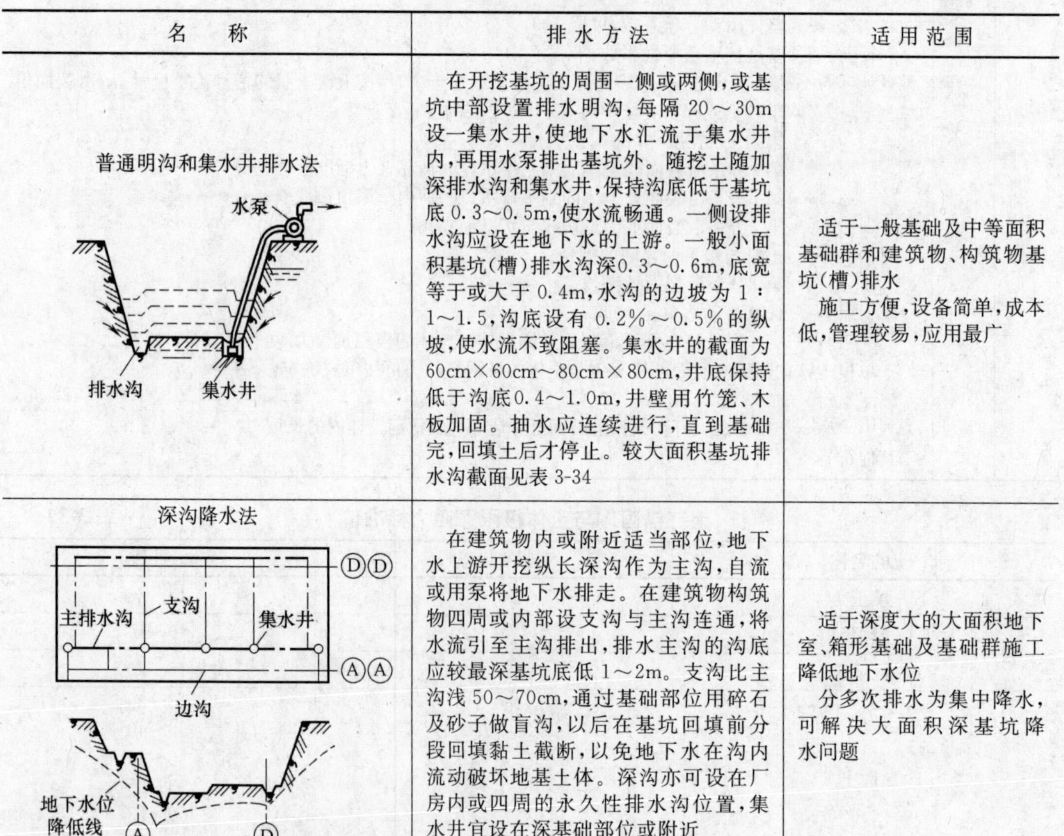

名　称	排水方法	适用范围
普通明沟和集水井排水法	在开挖基坑的周围一侧或两侧，或基坑中部设置排水明沟，每隔20～30m设一集水井，使地下水汇流于集水井内，再用水泵排出基坑外。随挖土随加深排水沟和集水井，保持沟底低于基坑底0.3～0.5m，使水流畅通。一侧设排水沟应设在地下水的上游。一般小面积基坑(槽)排水沟深0.3～0.6m，底宽等于或大于0.4m，水沟的边坡为1：1～1.5，沟底设有0.2%～0.5%的纵坡，使水流不致阻塞。集水井的截面为60cm×60cm～80cm×80cm，井底保持低于沟底0.4～1.0m，井壁用竹笼、木板加固。抽水应连续进行，直到基础完，回填土后才停止。较大面积基坑排水沟截面见表3-34	适于一般基础及中等面积基础群和建筑物、构筑物基坑(槽)排水 施工方便，设备简单，成本低，管理较易，应用最广
深沟降水法	在建筑物内或附近适当部位，地下水上游开挖纵长深沟作为主沟，自流或用泵将地下水排走。在建筑物构筑物四周或内部设支沟与主沟连通，将水流引至主沟排出，排水主沟的沟底应较最深基坑底低1～2m。支沟比主沟浅50～70cm，通过基础部位用碎石及砂子做盲沟，以后在基坑回填前分段回填黏土截断，以免地下水在沟内流动破坏地基土体。深沟亦可设在厂房内或四周的永久性排水沟位置，集水井宜设在深基础部位或附近	适于深度大的大面积地下室、箱形基础及基础群施工降低地下水位 分多次排水为集中降水，可解决大面积深基坑降水问题

续表

名称	排水方法	适用范围
分层明沟排水法	在基坑(槽)边坡上设置2～3层明沟及相应集水坑，分层阻截上部土体中的地下水。排水沟和集水井设置方法及尺寸，基本与“普通明沟和集水井排水法”相同，应注意防止上层排水沟地下水流向下层排水沟冲坏边坡造成塌方	适于基坑深度较大，地下水位较高以及多层土中上部有透水性较强的土 可避免上层地下水冲刷土的边坡造成塌方，减少边坡高度和水泵扬程，但挖土面积增大，土方量增加
综合降水法	在深沟集水的基础上，再辅以分层明沟排水，或在上部设置轻型井点分层截水等方法同时使用，以达到综合排除大量地下水的作用	适于土质不均，基坑较深，涌水量较大的大面积基坑排水 排水效果较好，但费用较高
利用工程集水、排水设施降水法 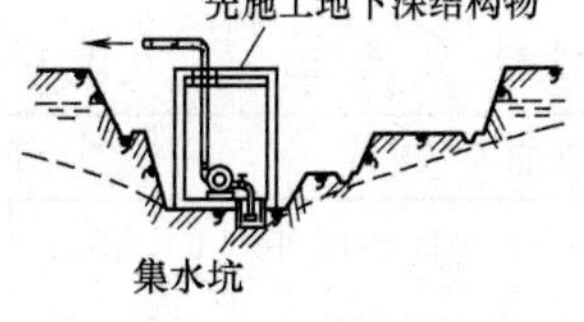	选择厂房内深基础先施工，作为工程施工排水的总集水设施，或先施工建筑物周围或内部的正式渗排水工程或下水道工程，利用其作为排水设施，在基坑(槽)一侧或两侧设排水明沟或渗水盲沟，将水流引入渗排水系统或下水道排走	适于较深大型地下设施(如基础、地下室、油库等)等工程的基础群及柱基排水 本法利用永久性设施降水，省去大量挖沟工程和排水设施，费用最省

基坑（槽）排水沟常用截面表 表 3-34

图示	基坑面积（m^2）	截面符号	粉质黏土			黏土		
			地下水位以下的深度（m）					
			4	4～8	8～12	4	4～8	8～12
	5000 以下	a	0.5	0.7	0.9	0.4	0.5	0.6
		b	0.5	0.7	0.9	0.4	0.5	0.6
		c	0.3	0.3	0.3	0.2	0.3	0.3
	5000～10000	a	0.8	1.0	1.2	0.5	0.7	0.9
		b	0.8	1.0	1.2	0.5	0.7	0.9
		c	0.3	0.4	0.4	0.3	0.3	0.3
	10000 以上	a	1.0	1.2	1.5	0.6	0.8	1.0
		b	1.0	1.5	1.5	0.6	0.8	1.0
		c	0.4	0.4	0.5	0.3	0.3	0.4

3.4.2 轻型井点降水

轻型井点降水方法 **表 3-35**

井点设备	方法要点	适用范围
由井点管、连接管、集水总管及抽水设备等组成(图 3-20*a*、*b*) 井点管：用直径 38～55mm 钢管，长 5～7m，下端装滤管，构造如图 3-20*c*，长 0.9～1.7m，井点管上端用弯管接头与总管相连； 连接管：用直径 38～55mm 的胶皮管、塑料透明管或钢管，每个管上宜装设阀门，以便检修井点； 集水总管：用直径 75～127mm 的钢管分节连接，每节长 4m，每隔 0.8～1.6m 设一个连接井点管的接头； 抽水设备：真空泵型井点由真空泵一台、离心泵二台(一台备用)和气水分离器一台组成一套抽水机组(图 3-21)，其技术性能见表 3-36、表 3-37，国内有定型产品供应 射流泵型轻型井点较简单，只需二台离心泵与射流器、循环水箱等(图 3-22)，射流泵技术性能见表 3-37、表 3-38。各种轻型井点配用功率、井点根数和需用总管长度见表 3-39	(1)井点布置：根据基坑平面形状与大小、土质和地下水的流向、降低水位深度等而定。当基坑(槽)宽度小于 6m，降水深不超过 5m 时，可采用单排井点，布置在地下水上游一侧(图 3-23)；当基坑(槽)宽度大于 6m 或土质不良，渗透系数较大时，宜采用双排井点，布置在基坑(槽)的两侧；当基坑面积较大时，宜采用环形井点(图 3-24)，挖土运输设备出入道可不封闭。井点管距坑壁不应小于 1.0～1.5m，间距一般为 0.8～1.6m，入土深度应达储水层，且比基坑底深 0.9～1.2m，集水总管标高宜尽量接近地下水位线，并沿抽水水流方向有 0.25%～0.50%的上仰坡度，一套抽水设备的总管长度一般不大于 100～120m。当一级轻型井点不能满足降水深度要求时，可采用明沟排水与井点相结合将总管安装在原地下水位线以下或采用二级轻型井点(图 3-25)以增加降水深度 (2)井点管埋设：可采用射水法，冲孔或钻孔法或套管法(表 3-40)。井点管埋设后，要接通总管与抽水设备进行试抽水，检查有无漏水，漏气，淤塞等情况，出水是否正常，如有异常情况应及时检修 (3)井点管使用：井点运行后要连续抽水，一般要抽水 2～5d 后，水位漏斗基本稳定。正常出水规律为“先大后小，先混后清”，否则要进行检查，找出原因，及时纠正。地下构筑物竣工并进行回填后，方可拆除井点系统。拔出井点管可借助于倒链、杠杆或起重机，所留孔洞下部用砂，上部 1～2m 用黏土填实	适于渗透系数为 0.5～50m/d 的土以及土层中含有大量的细砂和粉砂的土或用明沟排水易引起流砂塌方的情况下使用 具有排水效果好，可防止流砂现象发生，提高边坡稳定等特点

真空泵型轻型井点系统设备规格与技术性能 **表 3-36**

名　称	数量	规格技术性能
往复式真空泵	1台	V_5 型（W_6 型）或 V_6 型；生产率 4.4m^3/min；真空度 100kPa，电动机功率 5.5kW，转速 1450r/min
离心式水泵	2台	B型或BA型，生产率 20m^3/h；扬程 25m，抽吸真空高度 7m，吸口直径 50mm，电动机功率 2.8kW，转速 2900r/min
水泵机组配件	1套	井点管 100 根；集水总管直径 75～100mm，每节长 1.6～4.0m，每套 29 节；总管上节管间距 0.8m，接头弯管 100 根；冲射管用冲管 1 根；机组外形尺寸 2600mm×1300mm×1600mm，机组重 1500kg

注：地下水位降低深度 5.5～6.0m。

井点抽水设备技术性能表 **表 3-37**

项　目	V_5 型真空泵井点	S—1 型射流泵井点
降水深度（m）	6.0	6.0
井点管：口径×长度（mm）	50×6000	50×6000
根数（根）	70	75
集水总管：口径×长度（mm）	125×100000	100×100000
集水总管上接管间距（mm）	0.8	0.8
真空度（kPa）	<99.8	<99.8
配套电机设备	V_5 型真空泵一台 B型或BA型离心泵一台	3LV—9 型离心泵二台
额定功率（kW）	11.5	15.0
主机外形尺寸（长×宽×高）（mm）	2400×1400×2000	2300×1000×1350
重　量（kg）	1800	800

射流泵技术性能与规格 **表 3-38**

项　目	型　号			
	QJD—45	QJD—60	QJD—90	JS—45
抽吸深度(m)	9.6	9.6	9.6	10.26
排水量(m^3/h)	45.0	60.0	90.0	45.0
工作水压力(MPa)	20.25	≥0.25	≥0.25	>0.25
电机功率(kW)	7.5	7.5	7.5	7.5
外形尺寸(mm)(长×宽×高)	1500×1010×850	2227×600×850	1900×1680×1030	1450×960×760

各种轻型井点配用功率、井点根数和总管长度参考表 **表 3-39**

轻型井点类别	配用功率(kW)	井点根数(根)	总管长度(m)
干式真空泵轻型井点	18.5～22.0	80～100	96～120
射流泵轻型井点	7.5	30～50	40～60
隔膜泵轻型井点	3.0	50	60

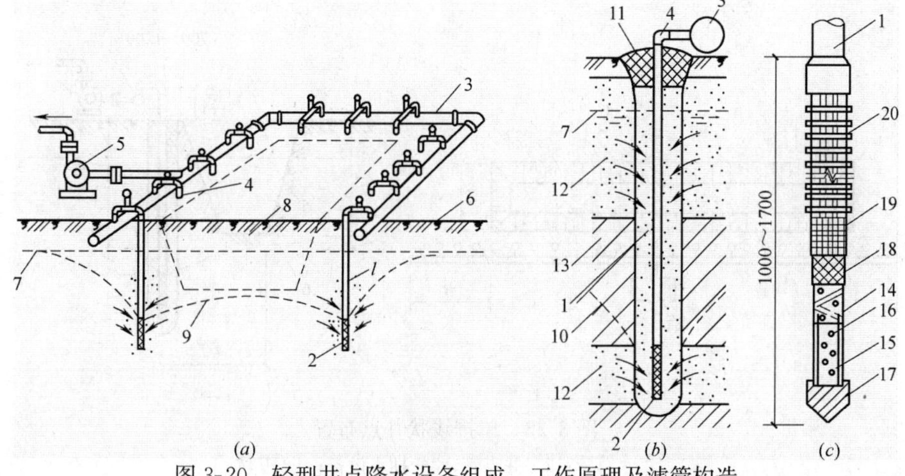

图 3-20　轻型井点降水设备组成、工作原理及滤管构造

(a) 降水设备组成；(b) 工作原理；(c) 过滤管构造

1—井点管；2—过滤管；3—集水总管；4—连接弯管；5—真空泵、水泵；6—地面；7—原地下水位线；8—基坑；9—降低后地下水位线；10—砂井；11—黏土夯实封孔；12—砂层；13—黏土层；14—缠绕粗铁丝；15—钢管；16—进水孔眼；17—铸铁头；18—细滤网；19—粗滤网；20—粗铁丝保护网

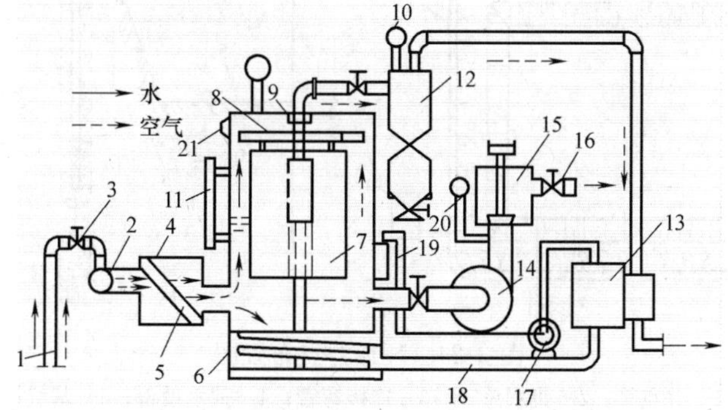

图 3-21　真空泵轻型井点抽水设备工作简图

1—井点管；2—弯连管；3—总管；4—过滤箱；5—过滤网；6—水气分离器；7—浮筒；8—挡水布；9—阀门；10—真空表；11—水位计；12—副水气分离器；13—真空泵；14—离心泵；15—压力箱；16—出水管；17—冷却泵；18—冷却水管；19—冷却水箱；20—压力表；21—真空调节阀

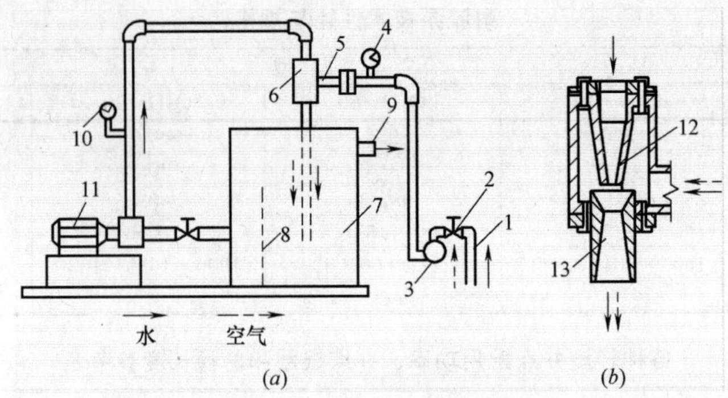

图 3-22　射流泵轻型井点抽水设备工作简图

（a）工作简图；（b）射流器剖面图

1—井点管；2—弯连管；3—总管；4—真空表；5—进水管；6—射流器；7—循环水管；8—隔板；9—泄水口；10—压力表；11—离心泵；12—喷嘴；13—喉管

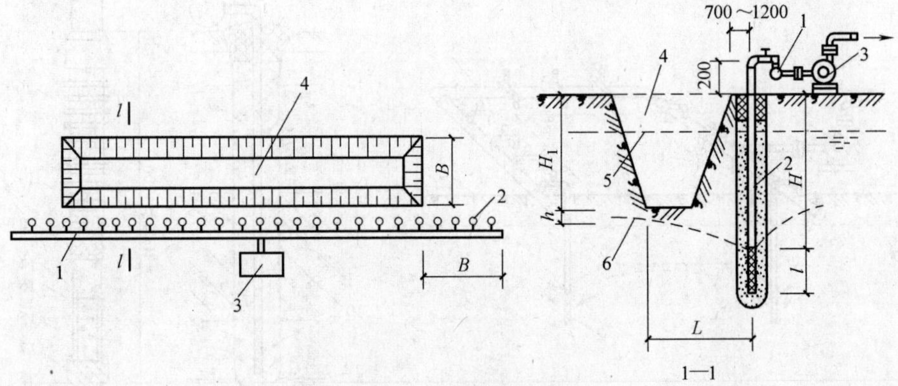

图 3-23　单排线状井点布置

1—集水总管；2—井点管；3—抽水设备；4—基坑；5—原地下水位线；6—降低后地下水位线

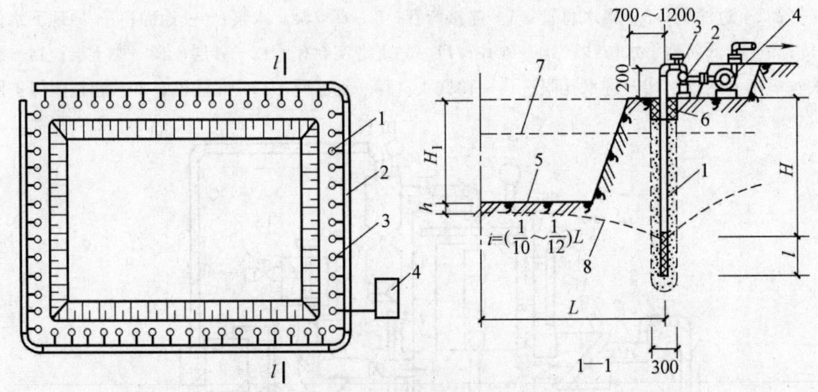

图 3-24　环形井点布置图

1—井点管；2—集水总管；3—连接弯管；4—抽水设备；5—基坑；6—黏土封孔；7—原地下水位线；8—降低后地下水位线

H—井点降水深度；H_1—井点管埋设面至基坑底面的距离；h—降低后地下水位至基坑底面的安全距离，一般取 0.5～1.0m；L—井点管中心至基坑中心的水平距离；l—过滤管长度

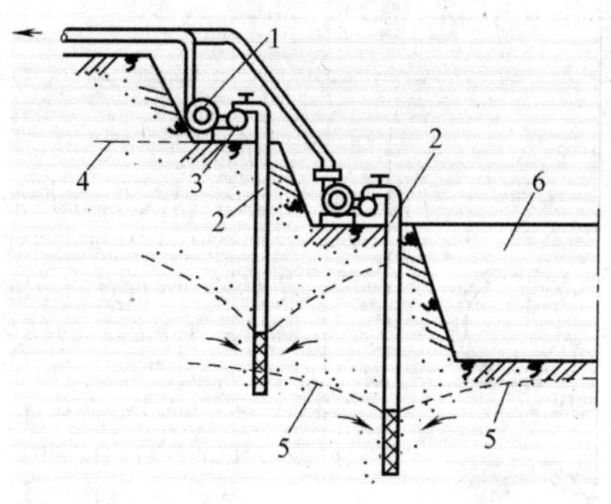

图 3-25 二级轻型井点降水

1—水泵；2—井点管；3—集水总管；4—原地下水位线；
5—降低后地下水位线；6—基坑

常用井点管成孔方法 表 3-40

名称	图示	成孔方法
水冲法	冲水管 胶皮管 钢支架 高压水泵 冲嘴	冲管采用直径 50～70mm 冲水钢管（或套管式高压水冲枪），其下端装有圆锥形冲嘴，在冲嘴的圆锥面上钻多个小孔，并焊有 3～5 个三角形立翼以辅助搅动土体，便于下沉。冲孔用三木搭或起重机将冲管吊起，插入挖好的小坑内，另一端用胶皮管与高压水泵连接，开动水泵，高压水（0.6～1.2MPa）便向冲嘴喷出，冲成圆孔。为加快冲孔速度，可在冲管两旁加装两根空气管，通入压缩空气。冲孔时冲管应垂直插入土中，并作上下左右摆动，加剧土的松动，冲孔直径一般为 30cm 左右，不宜过大或过小，冲孔深比井点设计深大 50cm 左右。井孔冲成后，随即拔出冲管，插入井点管，井点管与孔壁之间应立即用粗砂灌实，距地面 0.5～1.0m 深度内，用黏土填塞密实，以防止漏气。向井点管周围填砂时，管内水位上升即认为埋管合格
套管法	ϕ150～200 套管 井点管	将直径 150～200mm 的套管，用水冲法或振动水冲法沉至要求深度后，先在孔底填一层粗砂砾，再将井点管居中插入，在套管与井点管之间分层填入粗砂，逐步拔出套管，以防止孔壁坍塌

续表

名称	图　示	成孔方法
套管水冲法	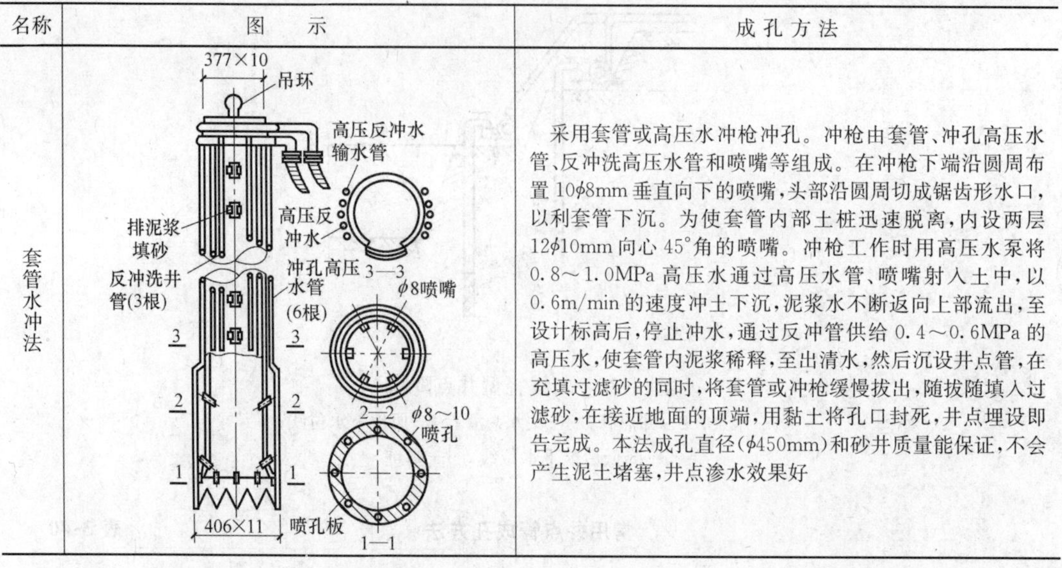	采用套管或高压水冲枪冲孔。冲枪由套管、冲孔高压水管、反冲洗高压水管和喷嘴等组成。在冲枪下端沿圆周布置10φ8mm垂直向下的喷嘴，头部沿圆周切成锯齿形水口，以利套管下沉。为使套管内部土桩迅速脱离，内设两层12φ10mm向心45°角的喷嘴。冲枪工作时用高压水泵将0.8～1.0MPa高压水通过高压水管、喷嘴射入土中，以0.6m/min的速度冲土下沉，泥浆水不断返向上部流出，至设计标高后，停止冲水，通过反冲管供给0.4～0.6MPa的高压水，使套管内泥浆稀释，至出清水，然后沉设井点管，在充填过滤砂的同时，将套管或冲枪缓慢拔出，随拔随填入过滤砂，在接近地面的顶端，用黏土将孔口封死，井点埋设即告完成。本法成孔直径(φ450mm)和砂井质量能保证，不会产生泥土堵塞，井点渗水效果好

3.4.3　喷射井点降水

喷射井点降水方法　　表3-41

井点设备	方法要点	适用范围
分喷水井点和喷气井点两种。由喷射井管、高压水泵(或空气压缩机)和管路系统组成(图*a*)。喷射井管分外管内管两部分，内管下端装有喷射器(图*b*)与滤管相接。水泵一般采用流量为50～80m³/h的多级高压水泵，每套约能带动20～30根井管 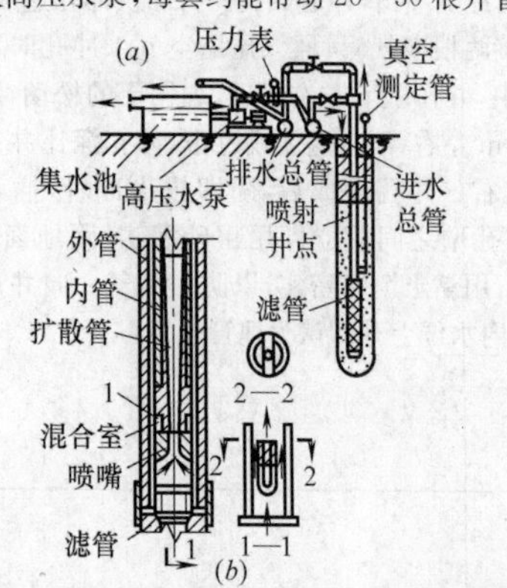	(1)管路布置(图3-26)：当基坑宽度不大于6m，可采用单排线型布置，基坑面积较大时，宜用环形布置。井点间距一般为2～3m，冲孔直径为400～600mm，深度应比滤管底深1m以上； (2)井点管埋设及使用：井点管埋设宜用套管冲轮冲孔。下井管时，水泵应先开始运转，以便每下好一根井管，立即与总管接通(不接回水管)后及时进行单根试抽排泥，并测定真空度，待井管出水变清后为止，地面测定真空度不宜小于93.3kPa。全部井点管沉设完毕后，再接通回水总管，全面试抽，然后使工作水循环，进行正式工作。各套进水总管均应用阀门隔开，各套回水管应分开。为防止喷射器损坏，安装前应对喷射井点管逐根冲洗，开泵压力要小些(小于0.3MPa)，以后再逐步开足。如发现井点管周围有翻砂、冒水现象，应立即关闭井管检修。工作水应保持清洁，试抽2d后，应更换清水，此后视水质污浊程度定期更换清水，以减轻对喷嘴及水泵叶轮的磨损	适于基坑开挖较深、降水深大于6m、土渗透系数为5～50m/d的砂土或渗透系数0.1～3m/d的粉砂、淤泥质土中使用，降水深度可达8～20m

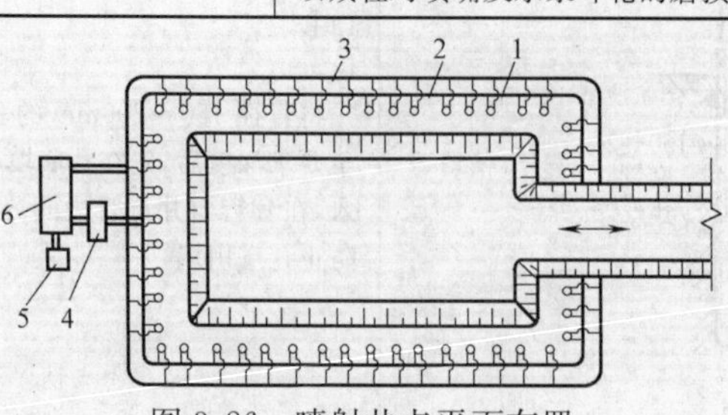

图3-26　喷射井点平面布置

1—喷射井点；2—进水总管；3—排水总管；4—高压水泵；5—低压水泵；6—集水井（坑）

3.4.4 管井井点降水

管井井点降水方法 表 3-42

井点设备	方法要点	适用范围
由滤水井管、吸水管和抽水机械等组成。滤水井管过滤部分用钢筋焊接骨架外包滤网，长 2～3m；井管部分用钢管、竹木、混凝土或塑料管；吸水管用胶皮管或钢管，插入滤水井管内，其底端应沉到管井抽吸时的最低水位以下，并装逆止阀，上端装设带法兰盘的短钢管一节；水泵采用 50～100mm 潜水泵或离心泵 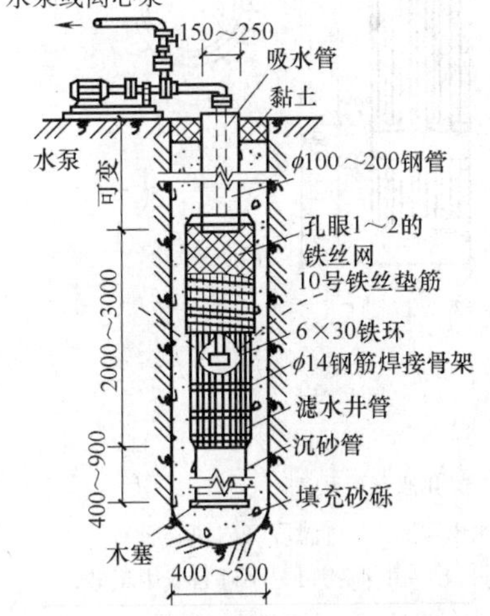	(1)管井的布置：沿基坑外围四周呈环形或沿基坑（或沟槽）两侧或单侧呈直线形布置，井中心距基坑（槽）边缘的距离：当用冲击钻时为 0.5～1.5m；当用套管法时不小于 3m。管井埋设最大深度为 10m，间距 10～50m，降水深度 3～5m。通常每个滤水井管单独用一台水泵。当水泵排水量大于单孔滤水井涌水量数倍时，可另设集水总管，将相邻的相应数量的吸水管连成一体，共用一台水泵 (2)管井的埋设与使用：管井埋设可采用泥浆护壁钻孔法，钻孔直径比管井外径大 200mm 以上。井管下沉前应清孔，并保持滤网畅通，然后下管，用圆木堵住管口。与土壁间用 3～15mm 砾石填充作为过滤层，地面下 0.5m 以内用黏土填充夯实。抽水过程中应经常对抽水机械的电动机、传动轴、电流、电压等进行检查，并对井内水位下降和流量进行观测和记录。井管使用完毕，用人字桅杆借助钢丝绳倒链等将井管拔出，滤水管洗净后再用，所留孔洞用砂砾填充夯实	适于渗透系数 20～200m/d，地下水丰富的土层、砂层，或用明沟排水法易造成土粒大量流失，引起边坡塌方，及用轻型井点难以满足要求的情况下使用。 具有排水量大，降水深（3～5m），排水效果好，设备较简单，可代替多组轻型井点作用等特点

3.4.5 深井井点降水

深井井点降水方法 表 3-43

井点系统主要设备	降水方法要点	适用范围
深井井点由深井井管和水泵组成（图3-27*a*、*b*）。深井井管由滤水管、吸水管和沉砂管三部分组成。用钢管、塑料管或混凝土管制成，管径一般为 300～357mm，内径宜大于水泵外径；滤水管部分在管口开孔或抽条，管壁上焊 ϕ6mm 钢筋，外部螺栓筋缠绕 12 号铁丝，间距 1mm，用锡焊点焊牢（图3-27*c*），或外包 10 孔/cm^2 镀锌铁丝网两层和 41 孔/cm^2 镀锌铁丝网两层（或尼龙网），吸水管和沉砂管均为实管。水泵用 QY－25 型或 QB40－25 型潜水电泵或 QJ50－52 型浸油式潜水电泵，每井设 1 台并带吸水铸铁管或胶管	(1)深井布置：沿工程基坑周围离边坡上缘 0.5～1.5m 布置，间距 10～30m，井深比基坑底深 6～8m (2)施工程序：井点测量、定位→做井口、按护筒→钻机就位、钻孔→清孔→回填井底砂垫层→吊放井管→回填管壁与孔壁间的过滤层→洗井→井管内下设水泵→安装抽水控制电路→试抽水→降水井正常工作→降水完毕后拔井管→封井 (3)埋设及使用：深井成孔方法可采用冲击钻孔、回转钻孔、潜水电钻钻孔或水冲法成孔，用泥浆护壁，孔口设置护筒。孔径应较井管直径大 250～350mm，深度应考虑可能沉积的高度适当加深。井管沉放前应清孔。井管安放应垂直，过滤部分应放在含水层范围内。井管与土壁间填充粒径大于滤网孔径的砂滤料，井内安放水泵前清洗滤井，冲除沉渣，安设潜水电泵，用绳吊入滤水层部位，并安放平稳。电缆等应有可靠绝缘，并配置保护开关控制，安设完毕应进行试抽水，满足要求始转入正常工作。深井使用完毕，用吊车或三木搭借助捯链、钢丝绳扣将井管口套紧徐徐拔出，滤水管拔出洗净后再用。所留孔洞用砂砾填充捣实	适用于渗透系数大（50～250m/d）、涌水量大、降水较深的砂类土、粉土或用其他井点不易解决的深层大面积降水，降水深度可达 50m，还可作为取水工程使用 具有排水量大、降水深，可代替多组管井井点作用，井点数量少、排水效果好，成井和排水设备简单，操作、维护、管理容易，现场文明，费用低等优点，在高层建筑深基坑中降水应用最为普遍。但井点成孔较严格，技术要求较高

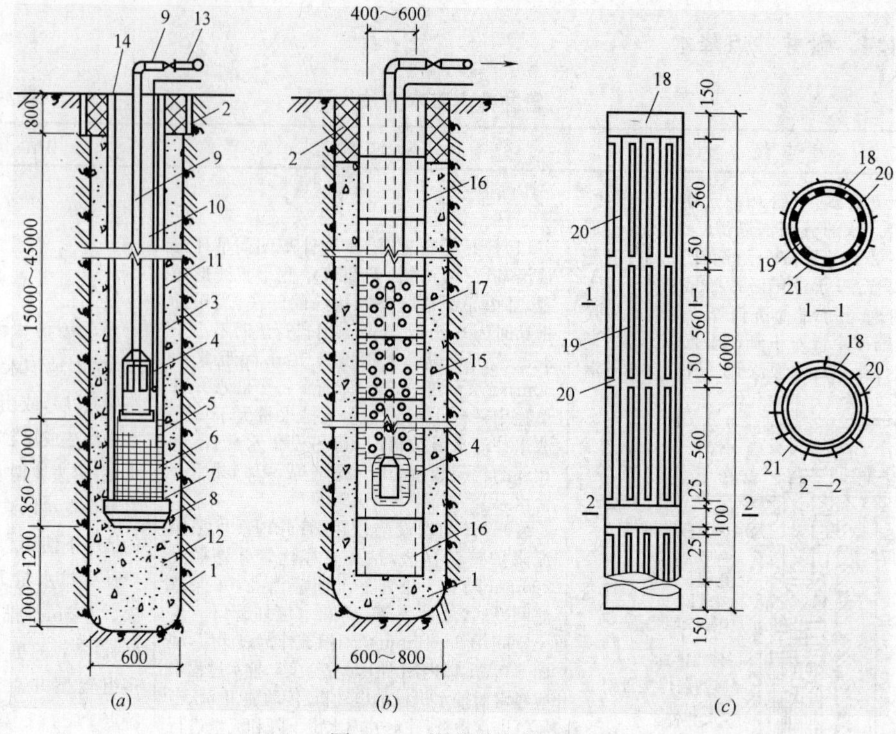

图 3-27　深井井点构造

（a）钢管深井井点；（b）混凝土管深井井点；（c）深井滤水管构造

1—井孔；2—井口（黏土封口）；3—ϕ300～375mm 井管；4—潜水电泵；5—过滤段（内填碎石）；6—滤网；7—导向段；8—开孔底板（下铺滤网）；9—ϕ50mm 出水管；10—电缆；11—小砾石或中粗砂；12—中粗砂；13—ϕ50～75mm 出水总管；14—20mm 厚钢板井盖；15—小砾石；16—沉砂管（混凝土实管）；17—混凝土过滤管；18—钢管；19—抽条后孔；20—ϕ6mm 垫筋；21—缠绕 12 号铁丝与钢筋锡焊焊牢

3.4.6　井点回灌技术

井点回灌方法　　表 3-44

回灌基本原理	回灌方法技术要点	适用范围
在软土中进行井点降水，为防止由于地下水位下降，土体产生压密，造成附近建筑物产生不均匀下降和开裂，常在井点与建筑物之间设置一道回灌井点（图 3-28a），在井点降水的同时，通过回灌井点向土层中补充足够的水量，使降水井点的影响半径不超过回灌井点的范围，从而在井点和建筑物之间形成一道隔水帷幕，阻止回灌井点外侧的建筑物下的地下水流失，使地下水位保持不变，土层压力仍维持原平衡状态，可有效地防止建筑物下沉和开裂	(1)回灌井点系统的工作方式和抽水井点系统相反，将水灌入井点后，水向井点周围土层渗透，在土层中形成一个与抽水井点相反的倒向的降落漏斗（图 3-28b），回灌水量亦可按照水井理论进行计算 (2)回灌井点构造与埋设方法与抽水井点相同，只是井管滤管部分宜从地下水位以上 0.5m 处开始一直到井管底部 (3)回灌井点与抽水井点之间应保持一定距离，其埋设深度应根据透水层的深度来决定。回灌水量应根据地下水位的变化及时调节，保持抽灌平衡。一般在附近设置必须数量的沉降观测点及水位观测井，定时观测并做好记录，以便及时调整灌抽水量。回灌水箱高度可根据回灌水量设置，一般采用将水箱架高办法来提高回灌水压力，靠水位差重力自流灌入土中。回灌水宜采用清水。回灌井点须在降水井点启动前或在降水的同时向土中灌水，且不得中断，当其中一方因故停止工作时，另一方也应停止工作，恢复工作亦应同时进行	适用于在软土层中开挖基坑降水，要求不影响附近建筑物、构筑物下沉、出现裂缝或不影响附近设备生产的情况下采用 具有设备和操作简单，使用效果好，费用低，可保证建筑物、构筑物使用安全，生产正常进行等优点；但需配两套井点系统设备、管理较为复杂

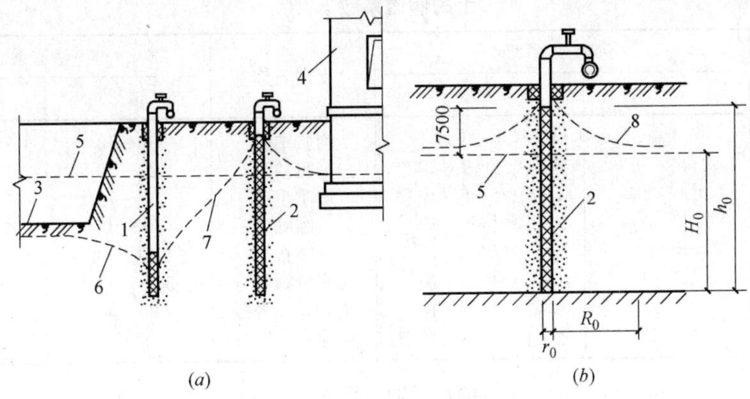

图 3-28 回灌井点设置与回降井点水位

(a) 回灌井点设置；(b) 回降井点水位

1—降水井点；2—回灌井点；3—基坑；4—原有建筑物；5—原地下水位线；

6—降低后水位线；7—降灌井点间水位线；8—回灌后水位线

r_0—回灌井点的计算半径（m）；R_0—灌水半径（m）；h_0—动水位高度（m）；H_0—静水位高度（m）

3.5 基坑（槽）排降水计算

3.5.1 明沟排水计算

明沟排水涌水量及水泵功率计算　　表 3-45

名称	计算公式	符号意义
明沟涌水量	地下水渗入基坑的涌水量 $Q(m^3/d)$，与土的种类、渗透系数、水头大小、坑底面积等有关。为从四周坑壁与坑底涌入的水量之和，一般可按下式计算： $$Q=\frac{1.366KS(2H-S)}{\lg R-\lg r_0}+\frac{6.28KSr_0}{1.57+\frac{r_0}{m_0}\left(1+1.185\lg\frac{R}{4m_0}\right)} \quad (3\text{-}56)$$ 涌水量亦可通过抽水试验或实践经验来确定。在选择水泵考虑水泵流量时，因最初涌水量较稳定涌水量大，按上式计算得出的涌水量应增加 10%～20%	K——土的渗透系数(m/d)查表 3-46； S——抽水时坑内水位下降值(m)； H——抽水前坑底以上的水位高度(m)； R——抽水影响半径(m)，可按表 3-47 选用； r_0——假想半径(m)，矩形基坑按其长、短边的比值不大于 10，可视为一个圆形大井，其假想半径可按下式估算 $$r_0=\eta\frac{a+b}{4}$$ a、b——矩形基坑的边长； η——系数，由表 3-48 查得； m_0——从坑底到下卧不透水层的距离(m)；
水泵所需功率	水泵所需功率 N(kW)按下式计算： $$N=\frac{K_1QH}{75\eta_1\eta_2} \quad (3\text{-}57)$$ 求得 N 即可选择水泵类型。需用水泵(容量)亦可通过试验求得，在一般的集水井，设置口径 50～200mm 水泵即可。水泵类型的选择：当涌水量 $Q<20m^3/h$，可用膜式或手摇水泵、潜水电泵；当 $Q>60m^3/h$，用离心式水泵，膜式水泵可排除泥浆水。 常用离心式水泵、潜水电泵和泥浆泵性能见表3-49～表 3-51	H——扬水高度(包括管路中的各种阻力所造成的水头损失)(m)； K_1——安全系数一般取 2； η_1——水泵效率，一般取 0.4～0.5； η_2——动力机械效率，取 0.75～0.85

土的渗透系数 K 值　　表 3-46

土的名称	渗透系数 K		土的名称	渗透系数	
	m/d	cm/s		m/d	cm/s
黏土	<0.005	$<6\times10^{-6}$	均质中砂	35～50	$4\times10^{-2}\sim6\times10^{-2}$
粉质黏土	0.005～0.1	$6\times10^{-6}\sim1\times10^{-4}$	粗砂	20～50	$2\times10^{-2}\sim6\times10^{-2}$
粉土	0.1～0.5	$1\times10^{-4}\sim6\times10^{-4}$	均质粗砂	60～75	$7\times10^{-2}\sim3\times10^{-2}$
黄土	0.25～0.5	$3\times10^{-4}\sim6\times10^{-4}$	圆砾	50～100	$6\times10^{-2}\sim1\times10^{-1}$
粉砂	0.5～1.0	$6\times10^{-4}\sim1\times10^{-3}$	卵石	100～500	$1\times10^{-1}\sim6\times10^{-1}$
细砂	1.0～5	$1\times10^{-3}\sim6\times10^{-3}$	无充填物卵石	500～1000	$6\times10^{-1}\sim1\times10$
中砂	5～20	$6\times10^{-3}\sim2\times10^{-2}$	稍有裂隙岩石	20～60	$2\times10^{-2}\sim7\times10^{-2}$
含黏土的中砂	20～25	$2\times10^{-2}\sim3\times10^{-2}$	裂隙多的岩石	760	$>7\times10^{-2}$

抽水影响半径 R 值　　表 3-47

土的种类	极细砂	细砂	中砂	粗砂	极粗砂	小砾石	中砾石	大砾石
粒径(mm)	0.05～0.1	0.1～0.25	0.25～0.5	0.5～1.0	1.0～2.0	2.0～3.0	3.0～5.0	5.0～10.0
所占重量(%)	<70	>70	>50	>50	>50	—	—	—
R(m)	25～50	50～100	100～200	200～400	400～500	500～600	600～1500	1500～3000

系数 η 值　　表 3-48

b/a	0	0.2	0.40	0.60	0.80	1.00
η	1.00	1.12	1.14	1.16	1.18	1.18

BA 型离心水泵主要技术性能　　表 3-49

水泵型号	流量(m^3/h)	扬程(m)	吸程(m)	电机功率(kW)	外形尺寸(mm)(长×宽×高)	重量(kg)
2BA－6	20.0	38.0	7.2	4.0	524×337×295	35
3BA－6	60.0	50.0	5.6	17.0	714×368×410	116
3BA－9	45.0	32.6	5.0	7.5	623×350×310	60
4BA－6	115.0	81.0	5.5	55.0	730×430×440	138
4BA－8	109.0	47.6	3.8	30.0	722×402×425	116
4BA－12	90.0	34.6	5.8	17.0	725×387×400	108
6BA－8	170.0	32.5	5.9	30.0	759×528×480	166
6BA－12	160.0	20.1	7.9	17.0	747×490×450	146
6BA－18	162.0	12.5	5.5	10.0	748×470×420	134
4BA－18	90.0	20.0	5.0	10.0	631×365×310	65
4BA－25	79.0	14.8	5.0	5.5	571×301×295	44
8BA－25	270.0	12.7	5.0	17.0	779×512×480	143

泥浆泵主要技术性能　　表 3-50

泥浆泵型号	流量(m^3/h)	扬程(m)	电机功率(kW)	泵口径(mm)		外形尺寸(m)(长×宽×高)	重量(kg)
				吸入口	出口		
3PN	108	21	22	125	75	0.76×0.59×0.52	450
3PNL	108	21	22	160	90	1.27×5.1×1.63	300
4PN	100	50	75	75	150	1.49×0.84×1.085	1000
$2\frac{1}{2}$NWL	25～45	5.8～3.6	1.5	70	60	1.247(长)	61.5
3NWL	55～95	9.8～7.9	3	90	70	1.677(长)	63
BW600/30	(600)	300	38	102	64	2.106×1.051×1.36	1450
BW200/30	(200)	300	13	75	45	1.79×0.695×0.865	578
BW200/40	(200)	400	18	89	38	1.67×0.89×1.6	680

潜水泵主要性能 **表 3-51**

型号	流量(m^3/h)	扬程(m)	电机功率(kW)	转速(r/min)	电流(A)	电压(V)
QY－3.5	100	3.5	2.2	2800	6.5	380
QY－7	65	7	2.2	2800	6.5	380
QY－15	25	15	2.2	2800	6.5	380
QY－25	15	25	2.2	2800	6.5	380
JQB－$1\frac{1}{2}$－6	10～22.5	28～20	2.2	2800	5.7	380
JQB－2－10	15～32.5	21～12	2.2	2800	5.7	380
JQB－4－31	50～90	8.2～4.7	2.2	2800	5.7	380
JQB－5－69	80～120	5.1～3.1	2.2	2800	5.7	380
1.5JQB2－10	18	14	1.5	—	—	380

注：JQB－$1\frac{1}{2}$－6、JQB－5－69，1.5JQB2－10 重量分别为 55、45、43kg。

3.5.2 轻型井点降水计算

轻型井点涌水量及需用井点管数量、间距计算 **表 3-52**

<table>
<tr><th>项 目</th><th>计算公式</th><th>符号意义</th></tr>
<tr><td>单井井点涌水量</td><td>单井井点涌水量 q(m^3/d)，常按无压完整井，按下式计算：
$q=1.366K\frac{(2H-S)S}{\lg R-\lg r}$ (3-58)</td><td rowspan="5">K—土的渗透系数（m/d），参见表 3-46；
H—含水层厚度（m）；
S—水位降低值 m）；
R—抽水影响半径（m），由现场抽水试验确定。亦可用下式计算：
$R=1.95S\sqrt{HK}$；
r—井点的半径（m）；
x_0—基坑的假想半径（m），当矩形基坑长宽比小于 5 时，可化成圆形井按下式计算：
$x_0=\sqrt{F/\pi}$；
F—基坑井点管所包围的平面面积（m^2）；
π—圆周率，取 3.1416；
η—井点管的根数；
m—考虑堵塞等因素的井点备用系数，一般取 $m=1.1$；
q— 单根井点管的出水量(m^3/d)；
d—滤管直径（m）；
l—滤管长度（m）；
L—矩形井点系统的长度（m）；
B—矩形井点系统的宽度（m）；
h—滤管外壁处或坑底任意点的动水位高度，对完整井算至井底；
x_1、x_2、$x_3\cdots x_n$—所核算的滤管外壁或坑底任意点至各井点管的水平距离（m）</td></tr>
<tr><td>基坑涌水量(即环形井点系统涌水量)</td><td>基坑涌水量 Q(m^3/d)常按无压完整井群井，按下式计算：
$Q=1.366K\frac{(2H-S)S}{\lg R-\lg r_0}$ (3-59)</td></tr>
<tr><td>井点管数量</td><td>井点管需要根数 n，可按下式计算：
$n=m\times\frac{Q}{q}$ (3-60)
其中 $q=65\pi dl\sqrt[3]{K}$ (3-61)</td></tr>
<tr><td>井点管间距</td><td>井点管的间距（平均值）D(m)可按下式计算：
$D=\frac{2(L+B)}{n}$ (3-62)
求出的 D 应大于 $15d$，并应符合总管接头的间距（一般为 80、120、160cm）要求</td></tr>
<tr><td>水位降低数值校核</td><td>井点数量与间距确定后，应按下式校核所采用的布置方式是否能将地下水位降低到规定标高，即 h 是否不小于规定的数值：
$h=\sqrt{H^2-\frac{Q}{1.366K}\left[\lg R-\frac{1}{n}\lg(x_1、x_2\cdots x_n)\right]}$ (3-63)</td></tr>
</table>

【例 3-8】某商住楼工程地下室基坑平面尺寸如图 3-29，基坑底宽 10m，长 19m，深 4.1m，挖土边坡为 1∶0.5。地下水深为 0.6m，根据地质勘查资料，该处地下 0.7m 为杂填土，此层下面有 6.6m 的细砂层，土的渗透系数 $K=5\text{m/d}$，再往下为不透水的黏土层，现采用轻型井点设备进行人工降低地下水位，机械开挖土方，试对该轻型井点系统进行设计计算。

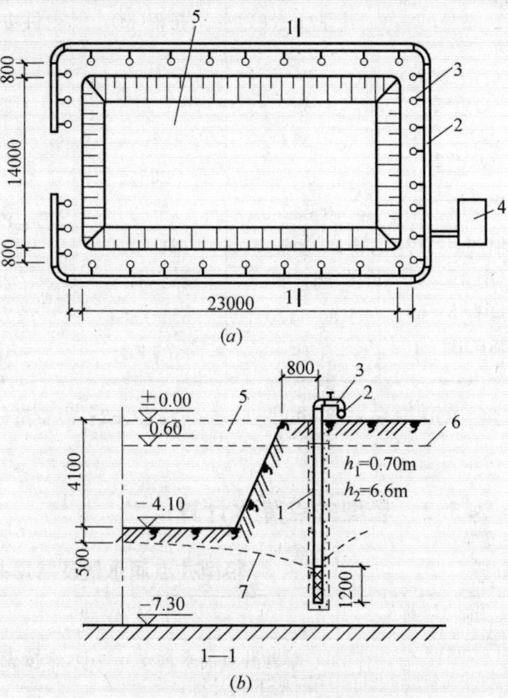

图 3-29　轻型井点布置计算实例

（a）井点管平面布置；（b）高程布置

1—井点管；2—集水总管；3—弯连管；4—抽水设备；5—基坑；6—原地下水位线；7—降低后地下水位线

【解】（1）井点系统布置

该基坑顶部平面尺寸 14m×23m，布置环状井点，井点管离边坡 0.8m，要求降水深度 $S=4.10-0.6+0.50=4.0\text{m}$，故用一级轻型井点系统即可满足要求，总管和井点布置在同一水平面上。

由井点系统布置处至下面一层不透水黏土层的深度为 0.7＋6.6＝7.3m，设井点管长度为 7.2m（井管长 6m，滤管长 1.2m），故滤管底距离不透水黏土层只差 0.1m，可按无压完整井进行设计和计算。

（2）基坑总涌水量计算

含水层厚度：　$H=7.3-0.6=6.7\text{m}$

降水深度：　$S=4.1-0.6+0.5=4.0\text{m}$

基坑假想半径：由于该基坑长宽比不大于 5，所以可化简为一个假想半径为 x_0 的圆井进行计算：

$$x_0=\sqrt{\frac{A}{\pi}}=\sqrt{\frac{(14+0.8\times2)(23+0.8\times2)}{3.14}}=11\text{m}$$

抽水影响半径：

$$R_0=1.95S\sqrt{HK}=1.95\times4\sqrt{6.7\times5}=45.1\text{m}$$

基坑总涌水量按式（3-59）计算得：

$$Q=1.366K\frac{(2H-S)S}{\lg R-\lg x_0}=1.366\times5\times\frac{(2\times6.7-4)\times4}{\lg45.1-\lg11}=419\text{m}^3/\text{d}$$

（3）计算井点管数量和间距

单井出水量：

$$q=65\pi dl\cdot\sqrt[3]{K}=65\times3.14\times0.05\times1.2\times\sqrt[3]{5}=20.9\text{m}^3/\text{d}$$

需井点管数量：$n=1.1\dfrac{Q}{q}=1.1\times\dfrac{419}{20.9}=22$ 根

在基坑四角处井点管应加密，如考虑每个角加 2 根管，则采用的井点管数量为：22＋

8=30 根。井点管间距平均为：

$$D=\frac{2(24.6+15.6)}{30-1}=2.77\text{m} \qquad 取 2.4\text{m}$$

布置时，为使机械挖土有开行路线，宜布置成端部开口（即留 3 根井点管距离），因此，实际需要井点管数量为：

$$n=\frac{2(24.6+15.6)}{2.4}-2=31.5 根 \qquad 取 32 根$$

（4）校核水位降低数

由式（3-63）得：

$$h=\sqrt{H^2-\frac{Q}{1.366K}(\lg R-\lg x_0)}=\sqrt{6.7^2-\frac{419}{1.366\times5}(\lg45.1-\lg11)}=2.7\text{m}$$

实际可降低水位： $S=H-S=6.7-2.7=4.0\text{m}$

故知，与需要降低水位数值 4.0m 相符，故布置可行。

3.5.3 深井（管井）井点降水计算

深井（管井）井点降水计算 **表 3-53**

项目	计算方法及公式	符号意义
井点系统总涌水量	深井(管井)井点计算,包括井点系统总涌水量,进水过滤器需要的长度、群井抽水单个深井过滤器长度、群井总涌水量等 深井井点涌水量的计算与轻型井点计算基本相同,根据井底是否达到不透水层,亦分为完整井与非完整井 对无压完整井深井井点涌水量按下式计算： $Q=1.366K\frac{(2H-S)S}{\lg R-\lg x_0}$ (3-64) 对无压非完整井深井井点涌水量按下式计算： $Q=1.366K\frac{(2H_a-S)S}{\lg R-\lg x_0}$ (3-65)	Q—深井(管井)系统总涌水量(m^3/d)； K—土的渗透系数(m/d)； H—含水层厚度(m)； S—水位降低值(m)； x_0—按无压完整井计算基坑的假想半径,计算同轻型井点； H_a—无压非完整井含水层有效带深度(m),系经验数据,与 s'、l 值有关,当 $\frac{s'}{s'+l}$ 为 0.2,H_a 为 $1.3(s'+l)$； $\frac{s'}{s'+l}$ 为 0.3,H_a 为 $1.5(s'+l)$； $\frac{s'}{s'+l}$ 为 0.5,H_a 为 $1.7(s'+l)$； $\frac{s'}{s'+l}$ 为 0.8,H_a 为 $1.85(s'+l)$； s'—地下水位线至井点过滤管上端的距离(m)； l—过滤管长度(m)； R—抽水影响半径,计算同轻型井点； r—深井(管井)井点半径(m)； H_0—抽水影响半径为 R 的一点水位(m)； n—深井(管井)数(个)； S_1—井点群重心处水位降低数值(m)； x_1、x_2、…x_n—各井点至井点群重心的距离
进水量	深井单位长度进水量 q 可按下式计算： $q=2\pi rl\frac{\sqrt{K}}{15}$ (3-66)	
过滤器总长度	深井进水过滤器部分需要的总长度 L 为： $L=\frac{Q}{q}$ (3-67)	
单个井过滤器长度	群井抽水单个深井(管井)过滤器进水部分长度可按下式计算： $h_0=\sqrt{H_0^2-\frac{Q}{\pi Kn}\cdot\ln\frac{x_0}{nr}}$ (3-68)	
群井涌水量	多个相互之间距离在影响半径范围内的深井井点,同时抽水时的总涌水量可按下式计算： $Q=1.366K\frac{(2H-S_1)S_1}{\lg R-\frac{1}{n}(\lg x_1、x_2\cdots x_n)}$ (3-69)	

【例 3-9】 某写字楼工程平面为 L 形，尺寸如图 3-30，该地基土层为粉土，已知渗透系数 $K=1.3\text{m/d}$（$=0.000015\text{m/s}$）；影响半径 $R=13\text{m}$，含水层厚为 13.8m，其下为淤泥质粉质黏土类黏土，为不透水层。要求建筑物中心的最低水位降低值 $S=6\text{m}$，取深井井点半径 $r=0.35\text{m}$，试计算建筑物范围内所规定的水位降低时的总涌水量和需设置的深井井点数量及井的布置距离。

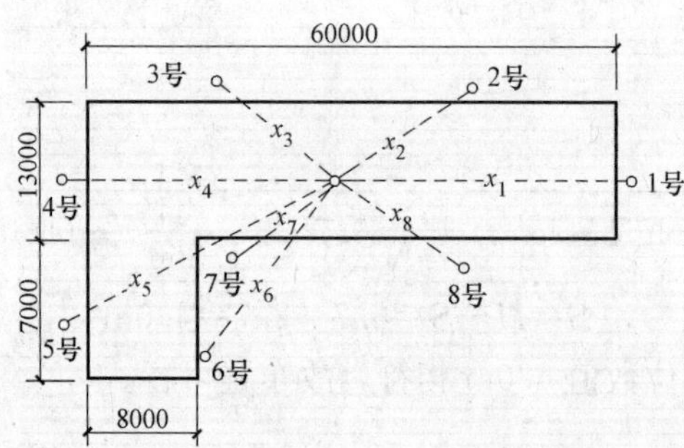

图 3-30　写字楼工程平面尺寸及降水井点布置简图

【解】 根据平面计算假想半径 x_0 为：

$$x_0=\sqrt{\frac{A}{\pi}}=\sqrt{\frac{60\times13+7\times8}{3.14}}\approx17\text{m}$$

降水系统的总涌水量，可采用潜水完整井计算，R 用抽水影响半径 $R_0=13+17=30\text{m}$，由式（3-64）得：

$$Q=1.366K\frac{(2H-S)S}{\lg R-\lg x_0}=1.366\times1.3\frac{(2\times13.8-6)\times6}{\lg30-\lg17}=932.9\text{m}^3/\text{d}=0.0108\text{m}^3/\text{s}$$

深井过滤器进水部分每米井的单位进水量由式（3-66）得：

$$q=2\pi rl\frac{\sqrt{K}}{15}=2\times3.14\times0.35\times1\times\frac{\sqrt{0.000015}}{15}=0.00057\text{m}^3/\text{s}$$

深井过滤器进水部分需要的总长度为：

$$L=\frac{Q}{q}=\frac{0.0108}{0.00057}=18.95\text{m}\approx19\text{m}$$

按式（3-68）假定深井数进行试算确定深井井点数量，当井数为 8 个时，$h=\sqrt{7.8^2-\frac{932.9}{3.14\times1.3\times8}\ln\frac{17}{8\times0.35}}$；计算得 $h_0=3.0\text{m}$，该数值符合 $nh_0=(8\times3=24)\geqslant\frac{Q}{q}$（$=19\text{m}$）条件，井的深度钻孔打到不透水层，取 16m。

深井井点的布置要考虑工程的平面尺寸，经多次试排后，确定的 8 个深井井点距建筑物中心的距离如下（图 3-30）

$x_1=30\text{m}$，$\lg x_1=1.477$；$x_5=34\text{m}$，$\lg x_5=1.532$；

$x_2=10\text{m}$，$\lg x_2=1.000$；$x_6=30\text{m}$，$\lg x_6=1.477$；

$x_3=10\text{m}$，$\lg x_3=1.000$；$x_7=10\text{m}$，$\lg x_7=1.000$；

$x_4=30\text{m}$，$\lg x_4=1.477$；$x_8=10\text{m}$，$\lg x_8=1.000$；

$$\therefore\ \lg x_1、x_2\cdots\cdots x_8=1.477+1.000+1.000+1.477+1.532+1.477+1.000+1.000=9.963$$

再根据式（3-69）计算总涌水量：

$$Q = 1.366K\frac{(2H-S)S}{\lg 30-\frac{1}{n}(\lg x_1、x_2\cdots\cdots x_8)} = 1.366\times 1.3\frac{(2\times 13.8-6)\times 6}{\lg 30-\frac{1}{8}(9.963)}$$

$$= 992\mathrm{m^3/d}\approx 0.0114\mathrm{m^3/s}$$

按图 3-30 布置计算的总涌水量与前式计算的总涌水量相近，故知总涌水量、深井井点数和布置距离满足本工程降水的要求。

4 地基加固与处理

4.1 地基加固

4.1.1 灰土地基

灰土地基施工要点与质量检验 **表 4-1**

材料要求、配合比	施工要点与质量检验	适用范围
土料:采用就地挖出的含有机质不大的黏性土,不得用表面耕植土、冻土或夹有冻块的土;土料应过筛,粒径不得大于15mm;石灰:用块灰,使用前1～2天消解并过筛,粒径不应大于5mm,不得夹有未熟化的生石灰块和含有过量水分 灰土常用体积配合比为:2∶8或3∶7(石灰∶土)其28d强度可达1.0MPa左右	(1)施工前应验槽,清除松土、积水、淤泥晾干,并将槽底夯两遍;槽帮钉标桩(钎)拉线,以控制下灰厚度 (2)灰土应拌合均匀,颜色一致,含水量以手紧握土料成团,两指轻捏能碎为宜。如土料水分过多或不足时,可晾干或洒水润湿,如有球团应打碎 (3)铺灰土应分段分层进行,并夯实,每层铺灰土厚度参照表4-2采用。夯打或辗压遍数,根据设计要求的干密度由试验确定,一般不少于4遍 (4)灰土分段施工时,不得在墙角、柱基及承重窗间墙下接缝。当灰土地基高度不同时,应做成阶梯形,每台阶宽不少于50cm。上下两层灰土接缝应相互错开0.5m,并做成直槎 (5)入槽灰土不得隔日夯打,夯实3d内不得浸泡。夯打完后,应及时进行下一工序,以防日晒雨淋,遇雨应将松软灰土除去并补填夯实 (6)灰土质量检查应逐层用环刀取样测定干密度,按设计规定或不小于表4-3规定。夯打坚实之灰土声音清脆	适于深2m内的黏性土地基加固,并可兼作辅助防水层,但不宜用于地下水位以下的地基加固 具有一定水稳性和抗渗性,施工简单,取材方便,费用较低等特点

灰土最大虚铺厚度 **表 4-2**

项次	夯实机具种类	重量(kg)	厚度(mm)	备　注
1	小木夯	5～10	150～200	人力送夯,落高400～500mm,
2	石夯木夯	40～80	200～250	一夯压半夯
3	轻型夯实机械	—	200～250	蛙式打夯机、柴油打夯机
4	压路机	6～10t(机重)	200～300	双轮压路机

灰土质量标准 **表 4-3**

项　　次	土料种类	灰土最小干密度(g/cm³)
1	黏土	1.55～1.60
2	粉质黏土	1.50～1.55
3	粉土	1.45～1.50

4.1.2 砂、砂石及碎石地基

砂、砂石及碎石垫层施工方法 表 4-4

组成、材料及构造要求	施工方法要点	适用范围
砂垫层、砂石垫层及碎石垫层系分别用砂、砂石混合物及碎石碾(夯)压实加固地基 材料要求：砂、石宜用颗粒级配良好、质地坚硬的中砂、粗砂、砾砂、卵石或碎石、石屑，也可用细砂，但宜掺加一定数量的卵石或碎石。砂砾中石子粒径应在 50mm 以下，其含量应在 50%以内；碎石粒径宜为 5～40mm，砂、石子中均不得含有草根、垃圾等杂物，含泥量应小于 5%，兼作排水垫层时，含泥量不得超过 3% 构造要求：砂、砂石和碎石垫层的厚度，根据作用在垫层底面处的土重应力与附加应力之和来确定，应不大于软弱土层的承载力特征值，并考虑土层范围内的水文地质条件等，一般为 0.5～2.5m，大于 2.5m 则不够经济；垫层的顶宽应较基础底面每边大于 0.4～0.5m，底宽可和它的顶宽相同，也可和基础底宽相同；大面积垫层常按自然倾斜角控制(图 4-1)；采用碎石(或卵石)作垫层时，在基底及四周应作一层 300mm 厚中砂或粗砂砂框(图 4-2*a*、*b*)，以防在压力作用下，表层软土发生局部破坏；如两个相邻基础，一个用天然地基，另一个用碎石(或卵石)垫层时，应作成斜坡过渡(图 4-2*c*)。当软弱土层厚度不同时，垫层应做成阶梯形，如图 4-2*d*，但两垫层的厚度高差不得大于 1m，同时阶梯须符合 $b>2h$ 的要求	(1)垫层铺设前应验槽，清除基底浮土、淤泥、杂物，两侧应设一定坡度 (2)垫层深度不同时应按先深后浅的顺序施工，土面应挖成踏步或斜坡搭接。分层铺设时，接头应作成阶梯形搭接，每层错开 0.5～1.0m，并注意充分捣实 (3)人工级配的砂石，应先将砂石拌和均匀后，再铺垫层夯压实 (4)垫层应分层铺设，分层夯压密实，每层铺设厚度，砂石最优含水量控制及施工机具、方法的选用参见表 4-5。振压要做到交叉重叠，防止漏振、漏压；夯实、碾压遍数、振实时间应通过试验确定 (5)当地下水位较高或在饱和的软弱地基上铺设垫层时，应采取排水或降低地下水位措施，使地下水位降低到基层 500mm 以下；当采用水撼法或插振法施工时，应采取措施有控制地注水和排水 (6)砂垫层每层夯(振)实后的密实度应达到中密标准，即孔隙比不应小于 0.65，干密度不应小于 1.55～1.60t/m³。测定方法为采用容积不小于 200cm³ 的环刀取样，如为砂石垫层，则在砂石垫层中设纯砂检验点，在同样条件下用环刀取样鉴定。现场简易测定方法是将直径 20mm、长 1250mm 的平头钢筋举离砂面 700mm 自由下落，插入深度不大于根据该砂的控制干密度测定的深度为合格 (7)碎石垫层可用短钢管(下设垫板)或钢盒预埋于垫层中，碾压后取出烘干，测定其干密度为 2.1t/m³ 左右或压实系数>0.93 为合格	适于处理厚 2.5m 以内软弱透水性强的黏性土地基，但不宜用于加固湿陷性黄土地基及渗透系数极小的黏性土地基 砂垫层、砂石垫层和碎石垫层加固软弱地基，可使基础及上部荷载对地基的压力扩散开，降低对地基的压应力，减少地基变形，提高基础下地基强度，同时可起排水作用，加速下部土层的沉降和固结

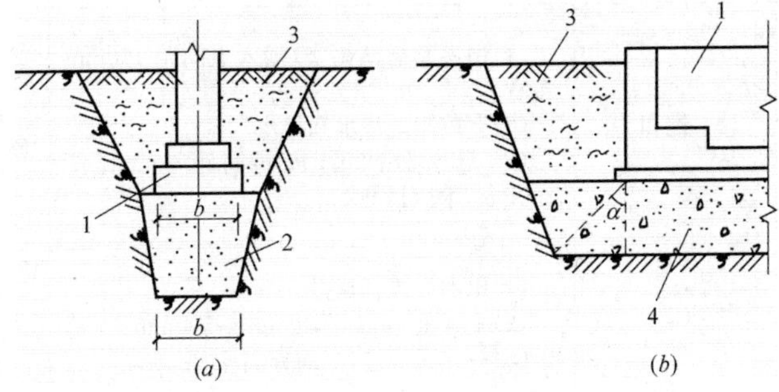

图 4-1 砂或砂石地基

1—基础；2—砂地基；3—回填土；4—砂或砂石地基

b—基础宽度 *α*—砂或砂石、碎石垫层的自然倾斜角（休止角）

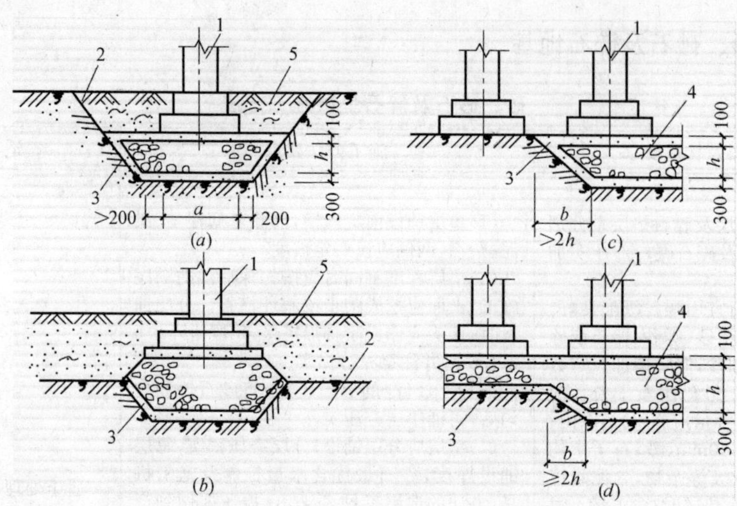

图 4-2　碎石地基形式、构造

(a)、(b) 碎石地基；(c)、(d) 阶梯形碎石地基

1—基础；2—原土层；3—砂框；4—碎石地基；5—回填土

a—基础宽度；b—阶梯宽度；h—碎石地基厚度

砂垫层和砂石垫层铺设厚度及施工最优含水量　　**表 4-5**

捣实方法	每层铺设厚度(mm)	施工时最优含水量(%)	施工要点	备　注
平振法	200～250	15～20	(1)用平板式振捣器往复振捣，往复次数以简易测定密实度合格为准 (2)振捣器移动时，每行应搭接三分之一，以防振动面积不搭接	不宜使用于细砂或含泥量较大的砂铺筑砂垫层
插振法	振捣器插入深度	饱和	(1)用插入式振捣器 (2)插入间距可根据机械振捣大小决定 (3)不用插至下卧黏性土层 (4)插入振捣完毕所留的孔洞，应用砂填实 (5)应有控制地注水和排水	不宜使用于细砂或含泥量较大砂铺筑砂垫层
水撼法	250	饱和	(1)用钢叉摇撼捣实，插入点间距 100mm 左右 (2)有控制地注水和排水 (3)钢叉分四齿，齿的间距 30mm，长 300mm，木柄长 900mm	湿陷性黄土、膨胀土、细砂地基上不得使用
夯实法	150～200	8～12	(1)用木夯或机械夯 (2)木夯重 40kg，落距 400～500mm (3)一夯压半夯，全面夯实	适用于砂石垫层
碾压法	150～350	8～12	6～10t 压路机往复碾压；碾压次数以达到要求密实度为准，一般不少于 4 遍，用振动压实机械，振动 3～5min	适用于大面积的砂石垫层，不宜用于地下水位以下的砂垫层

4.1.3 强夯地基及参数的选用计算

强夯法加固地基原理及施工方法 表 4-6

加固原理机具	施工方法要点与质量检验	适用范围
利用起重机械吊起大吨位夯锤(一般不小于 8t),起重到很高(6～30m)处自由落下,给地基以强大冲击能量的夯击,使土中出现冲击波和很大应力,迫使土体孔隙压缩,排除孔隙中的气和水,使土粒重新排列,迅速固结,从而提高地基强度降低其压缩性。强夯法施工机具设备参见表 4-7	(1)施工前场地应进行地质勘探,通过现场试验确定强夯施工技术参数(试夯区尺寸不小于20m×20m)或参照表 4-8 (2)强夯前应平整场地,周围做好排水沟,按夯点布置测量放线确定夯位。地下水位较高应在表面铺 0.5～2.0m 中(粗)砂或砂石垫层,以防设备下陷和便于消散强夯产生的孔隙水压,或采取降低地下水位后再强夯 (3)强夯应分段进行,顺序从边缘夯向中央(图 4-3)。对厂房柱基亦可一排一排夯,吊车直线行驶,从一边向另一边进行,每夯完一遍,用推土机整平场地,放线定位,即可接着进行下一遍夯击 (4)夯击时,落锤应保持平稳,夯位应准确,夯击坑内积水应及时排除。坑底土含水量过大时,可铺砂石后再进行夯击。离建筑物小于 10m 时,应挖防震沟 (5)夯击前后应对地基土进行原位测试,包括室内土分析试验、野外标准贯入、静力(轻便)触探、旁压仪(或野外荷载试验),测定有关数据,以确定地基的影响深度。检查点数,每个建筑物的地基不少于 3 处,检测深度和位置按设计要求确定,同时现场测定每遍夯击点后的地基平均变形值,以检验强夯效果	适于加固软弱土、碎石土、砂土、黏性土、湿陷性黄土、高填土及杂填土等地基,也可用于防止粉土及粉砂的液化,对于淤泥与饱和软黏土,如采取一定措施也可以采用。但当强夯所产生的振动对周围建筑物设备有一定影响时,不得采用,必需时,应采取防震措施 强夯施工设备简单,适用土质范围广,加固效果好(一般地基强度可提高 2～5 倍,压缩性可降低 2～10 倍,加固影响深度可达 6～10m);工效高,施工速度快(一台设备每月可加固 5000～10000m^2 地基);节约原材料,节省投资,与预制桩基相比,可节省投资50%～75%,与砂桩相比,可节省投资 40%～50%

强夯法施工机具、设备的选择 表 4-7

项次	项　目	构造方法与技术要求
1	夯锤	一般是用钢板作外壳,内部焊接骨架后灌筑混凝土(图 4-4),或用钢板制作成装配式的(图 4-5),夯锤底面有圆形或方形,圆形不易旋转,定位方便,重合性好,采用较多;锤底尺寸取决于表层土质,对于砂质土和碎石类土为 3～4m^2,对于黏性土或淤泥质土不宜小于 6m^2,锤重一般为 8、10、12、16、25t,夯锤中宜设 1～8 个上下贯通的排气孔,以利空气排出和减少坑底的吸力
2	起重机械	多使用 15、20、25、30、50t 履带式起重机(带摩擦离合器);亦可采用三角架或龙门架作起重设备,当履带式起重机起重能力不足时,亦可采取加钢辅助桅杆的方法,以加大起重能力(图 4-6、图 4-7) 起重机的起重能力:当直接用钢丝绳悬吊夯锤时,应大于夯锤的 3～4 倍;当采用自动脱钩装置,起重能力取大于 1.5 倍的锤重
3	脱钩装置	要求有足够强度,使用灵活,脱钩快速安全,常用自动脱钩器,由吊环、耳板、锁环、吊钩等组成(图 4-8)。拉绳一端固定在锁柄上,另一端穿过转向滑轮,固定在臂杆底部横轴上,当夯锤起吊到要求高度,开钩绳随即拉开锁柄,脱钩装置开启夯锤使脱钩下落,同时可控制每次夯击落距一致
4	锚系设备	用于防止起重机臂杆在夯锤突然卸重时,发生后倾和减小臂杆的振动,用 T_1-100 型推土机 1 台,作地锚,设在起重机的前方,在起重机臂杆顶部与推土机之间用两根钢丝绳连系锚碇

强夯施工技术参数的选择　　表 4-8

项次	项目	施工技术参数
1	夯锤重力和落距	夯锤重力 M(kN)与落距 h 是影响夯击能和加固深度的重要因素 锤重一般不宜小于 8t，常用的为 8、11、13、15、17、18、25t 落距一般不小于 6m，多采用 8、10、11、13、15、17、18、20、25、30m 等几种
2	夯击点布置及间距	夯击点布置对大面积地基、一般采用梅花形或正方形网格排列(图 4-9)；对条形基础夯点可成行布置；对工业厂房独立柱基础，可按柱网设置单夯点 夯击点间距取夯锤直径的 3 倍，一般为 5～15m，一般第一遍夯点的间距宜大，以便夯击能向深部传递
3	夯击遍数与击数	一般为 2～5 遍，前 2～3 遍为“间夯”，最后一遍以低能量(为前几遍能量的 1/4～1/5)进行“满夯”(即锤印彼此搭接)，以加固前几遍夯点之间的黏土和被振松的表土层，每夯击点的夯击数，以使土体竖向压缩量最大面侧向移动最小或最后两击沉降量之差小于试夯确定的数值为准，一般软土控制瞬时沉降量为 5～8cm，废渣填石地基控制的最后两击下沉量之差为 2～4cm。每夯击点之夯击数一般为 3～10 击，开始两遍夯击数宜多些，随后各遍击数逐渐减小、最后一遍只夯 1～2 击
4	两遍之间的间隔时间	通常待土层内超孔隙水压力大部分消散，地基稳定后再夯下一遍，一般时间间隔 1～4 周。对黏土或冲积土常为 3 周，若无地下水或地下水位在 5m 以下，含水量较少的碎石类填土或透水性强的砂性土，可采取间隔 1～2d 或采用连续夯击，而不需要间歇
5	强夯加固范围	对于重要工程应比设计地基长(L)、宽(B)各大出一个加固深度(H)，即$(L+H)\times(B+H)$；对于一般建筑物，在离地基轴线以外 3m 布置一圈夯击点即可
6	加固地基影响深度	加固影响深度 H(m)与强夯工艺有密切关系，一般按梅那氏(法)公式估算： $$H=K\cdot\sqrt{\frac{M\cdot h}{10}} \quad (4\text{-}1)$$ 式中　M—夯锤重力(kN)； h—落距(m)； K—修正经验系数，饱和软土为 0.45～0.50；饱和砂土为 0.5～0.6；填土为 0.6～0.8；黄土为 0.4～0.5；一般黏性土为 0.5；砂性土为 0.7
7	夯击能级(能量)和平均夯击能	每一击的夯击能级(又称能量，下同)，$E=Mh$，一般取 1000～6000kJ，夯击能的总和除以施工面积称为平均夯击能，平均夯击能不宜过大或过小，一般对砂质土可取 500～1000kJ/m^2，对于黏性土可取 1500～3000kJ/m^2 强夯能级选择的关键是第一遍单击能量的选用。第一遍强夯采用的夯击能量，一般按下式计算： $$E=Mh=10\left(\frac{H}{K}\right)^2 \quad (4\text{-}2)$$ 式中　M——夯锤重力(kN)； h——夯锤落距(m)； H——强夯加固土层的要求深度(m)； K——修正系数，一般黏性土取 0.5，对砂性土取 0.7，对黄土取 0.35～0.5。 第二遍夯击能量再根据前一遍强夯实际有效加固深度，再决定后一遍强夯应采用的能强，一般第二遍再取剩余加固深度(扣除夯坑平均深度)H'和修正系数 K'计算，即 $10(H'/K')^2$，能级应逐遍减少。确定能级后，即可选定锤重和落距。但落距的绝对值一般不应小于锤重的绝对值

续表

项次	项目	施工技术参数
8	夯锤重量	夯锤重量与所加固土层的深度和落距有关，当地基加固深度和落距确定后，锤重可按下式计算： $$M=\frac{10}{h}\left(\frac{H}{K}\right)^{2} \quad (4\text{-}3)$$ 根据自由落体冲量公式，锤重与落距还有以下关系： $$F=M\sqrt{2gh} \quad (4\text{-}4)$$ 式中 F——夯锤落地冲量(kN·m/s)； g——重力加速度(m/s^2)； 其他符号意义均同前。 由式(4-4)知，在冲量一定的条件下，增大锤重比增大落距效果更好，但还应考虑运输转移，吊车起重能力等因素，以取得最优的施工效益为准。一般夯锤重量可取 8～25t，落距为 8～30m 为宜

16	13	10	7	4	1
17	14	11	8	5	2
18	15	12	9	6	3
18′	15′	12′	9′	6′	3′
17	14′	11′	8′	5′	2′
16′	13′	10′	7′	4′	1′

图 4-3 强夯顺序

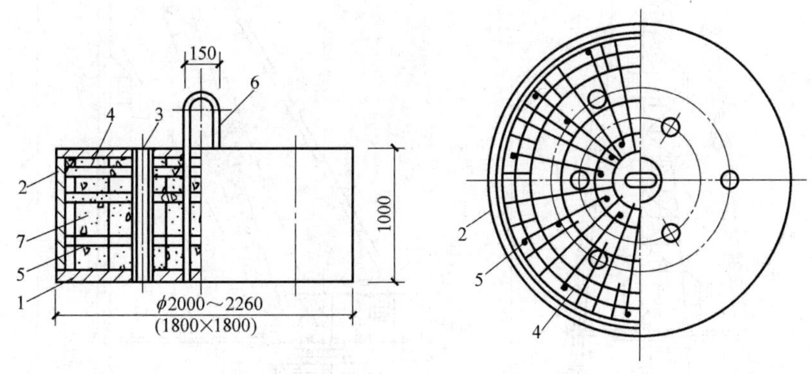

图 4-4 混凝土夯锤（圆柱形重 12t，方形重 8t）

1—钢底板（厚 30mm）；2—钢外壳（厚 18mm）；3—6×ϕ159mm 钢管；4—水平钢筋网片中 ϕ16@200mm；5—骨架 ϕ14@400mm；6—ϕ50mm 吊环；7—C30 混凝土

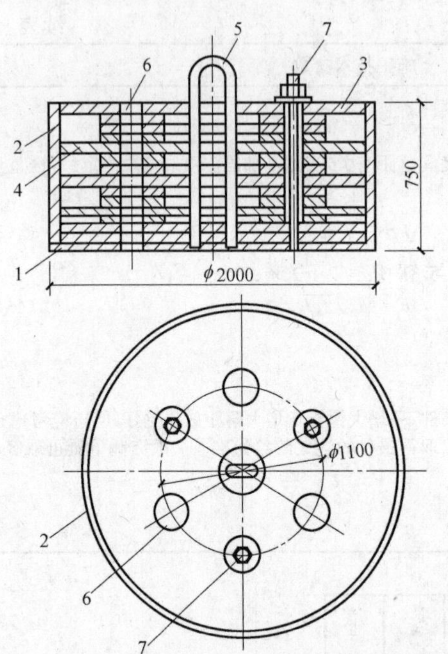

图 4-5 装配式钢夯锤（可组合成 6、8、10、12t）

1—50mm 厚底盘；2—15mm 厚钢外壳；3—30mm 厚顶板；4—中间块（厚 50mm 钢板）；5—ϕ50mm 吊环；6—ϕ20mm 排气孔；7—M48mm 螺栓

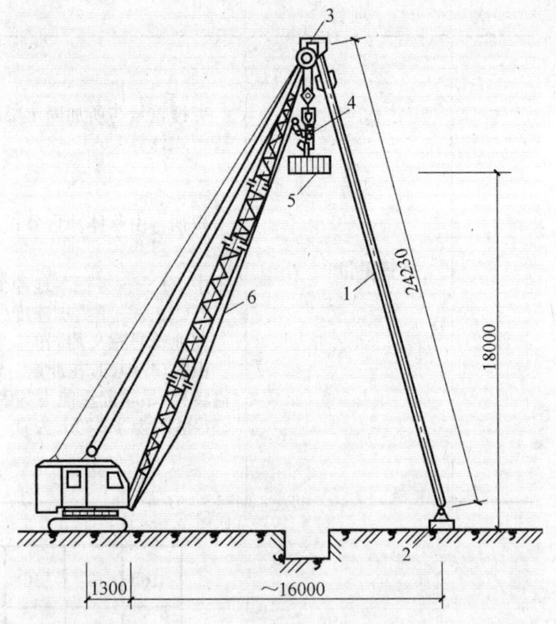

图 4-6 15t 履带式起重机加辅助桅杆

1—钢管辅助桅杆；2—底座；3—弯脖接头；4—自动脱钩器；5—12t 夯锤；6—拉绳

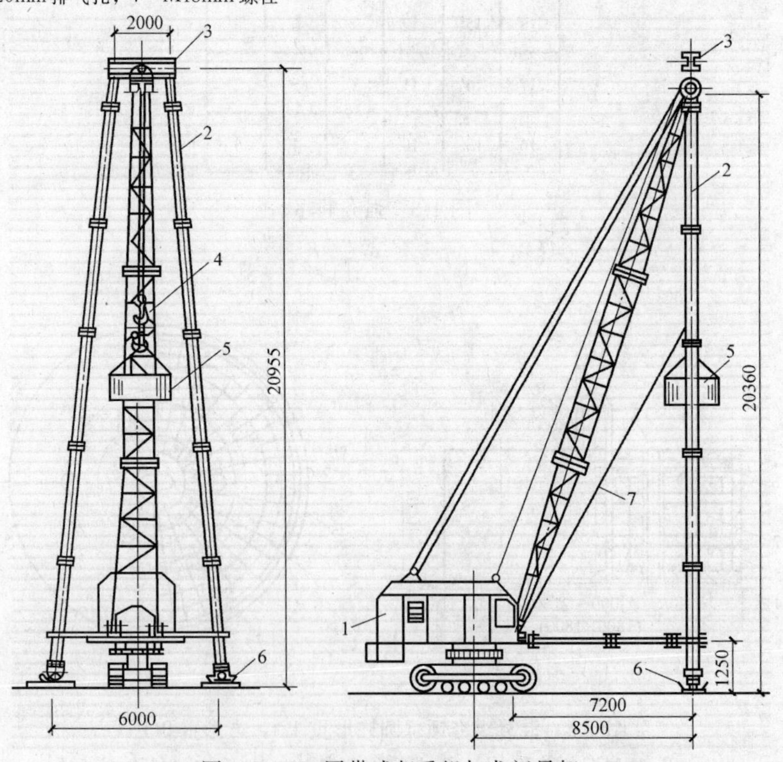

图 4-7 15t 履带式起重机加龙门吊架

1—15t 履带式起重机；2—钢管或型钢龙门架；3—型钢横梁；4—自动脱钩器；5—夯锤；6—底座；7—拉绳

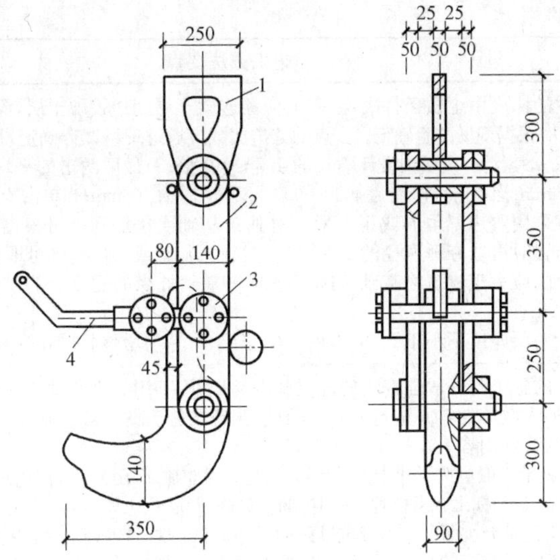

图 4-8 自动脱钩器

1—吊环；2—耳环；3—锁环轴辊；4—拉绳

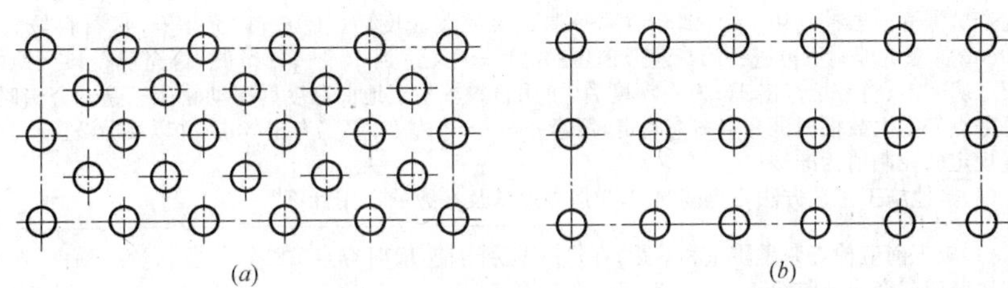

图 4-9 夯点布置

(a) 梅花形布置；(b) 方形布置

4.1.4 强夯置换地基

强夯置换地基施工方法 **表 4-9**

项次	项目	施工方法要点
1	机理、特点及使用	(1)强夯置换法是利用强夯方法将基土挤密或排开，将块石、碎石、砂砾或其他较坚硬的散体材料(如矿渣)，采用多次填入和夯击，最终形成密实的柱状砂石墩，并与它周围混有砂石的墩间土组成复合地基 (2)强夯置换法是利用强夯排开软土，夯入砂石等散体材料，形成散体料墩，与墩间土形成复合地基(图 4-10a)。由于砂石等散体材料墩的加筋作用，地基应力向墩体集中，墩体分担了大部分基底传下来的荷载；同时，由于砂石材料墩的存在也使得土体中由强夯引起的超孔隙水压力得以迅速消散，使土体得到加固，土体抗剪强度不断提高，增强了对墩体的约束，从而使复合地基的承载力大幅度提高。这一方法既具有散体材料墩的加筋、挤密、置换、排水特征，又具有强夯加固动力固结效应，因而可大幅度提高地基承载力，减小地基变形 (3)适用于高饱和度的粉土与软塑～流塑的黏性土等地基对变形控制要求不严的工程
2	材料、机具设备要求	(1)墩体材料可采用级配良好的块石、碎石、砂砾、矿渣、建筑垃圾等坚硬粗颗粒材料，粒径大于 300mm 的颗粒含量不宜超过全重的 30% (2)施工机具设备与强夯法相同。只是强夯置换法的强夯锤重量宜取 10～40t，锤底静接地压力值可取 100～200kPa

续表

项次	项目	施工方法要点
3	施工技术参数	(1)强夯置换墩的深度由土质条件决定，一般应穿透软土层到达较硬土层，深度不宜超过 7m (2)单击夯击能应根据现场试验确定。夯点的夯击次数应通过现场试夯确定，且应满足：1)墩应穿透软弱土层且达到设计墩长；2)累计夯沉量为设计墩长的 1.5～2.0 倍；3)最后两击的平均夯沉量：当单击夯击能小于 400kN·m 时为 50mm；当单击夯击能为 4000～6000kN·m 时为 100mm；当单击能大于 6000kN·m 时为 200mm (3)墩位布置宜采用等边三角形或正方形。对独立基础或条形基础可根据基础形状与宽度相应布置。墩间距：当满堂布置时可取夯锤直径的 2～3 倍。对独立基础或条形基础可取夯锤直径的 1.5～2.0 倍 (4)强夯处理范围应大于建筑物基础范围每边超出基础外缘的宽度宜为基底下设计处理深度的1/2至2/3，并不宜小于 3m (5)墩顶应铺设一层厚度不小于 500mm 的压实垫层，材料与墩体相同，粒径不宜大于 100mm
4	施工工艺方法	(1)强夯置换法的施工与一般强夯法的施工基本类似，施工用的机具设备、操作步骤也基本相同，只是在夯击过程中不断加入散体材料并进行夯实。因此，强夯法施工的一般法则在强夯置换法中同样适用，只是添加了属置换法的特殊内容 (2)强夯置换法施工一般可按下列步骤进行：1)清理并平整施工场地，当表土松软时可铺设一层厚度为 0.5～2.0m 的砂石施工垫层；2)标出夯点位置，并测量场地标高；3)起重机就位，夯锤置于夯点位置；4)测量夯前锤顶标高；5)夯击并逐击记录夯坑深度。当夯坑过深而发生起锤困难时停夯，向坑内填料直至与坑顶平，记录填料数量，如此重复直至满足规定的夯击次数及控制标准完成一个墩体的夯击。当夯点周围软土挤出影响施工时，可随时清理并在夯点周围铺垫碎石，继续施工；6)按由内而外，隔行跳打原则完成全部夯点的施工；7)推平场地，用低能量满夯，将场地表层松土夯实，并测量夯后场地高程；8)铺设垫层，并分层碾压密实 (3)夯孔的施打宜采用隔孔分序跳打的方式如图 4-10*b* 所示，以圆柱形夯锤按夯点布置和顺序夯击。每遍夯坑深度一般控制在 1.5～2.0m，第一遍夯至控制深度后，在夯坑内充填石料，石料最大粒径应小于 30cm；将夯坑填满后再进行第二遍夯击，在夯坑深度又达到 1.5～2.0m 时，再充填石料至地面，然后进行第三遍夯击；将夯坑夯击 1m 左右深度后，再用石料填平至地面高度后振动碾压三遍。夯击时，第一、二遍每夯点夯击次数根据试夯资料来确定，每遍夯 3～6 击左右，第二夯击 3 击，并以最后 2 击平均夯沉量不超过规定的控制值为准 (4)其他施工工艺方法要点同“4.1.3 强夯地基及参数的选用计算”一节
5	质量控制	(1)施工前应检查夯锤质量和落距；在每一遍夯击前，应对夯点放线进行复核，夯完后检查夯坑位置，发现偏差或漏夯应及时纠正 (2)按设计要求检查每个夯点的夯击次数和每击的夯沉量及置换深度 (3)施工过程中检查各项参数、测试数据和施工记录，不符合设计要求时应补夯或采取其他有效措施。并应采用超重型或重型圆锥动力触探检查置换墩着底情况 (4)强夯置换后的地基竣工验收时，承载力检验除应采用单墩载荷试验检验外，尚应采用动力触探等有效手段查明置换墩着底情况及承载力与密度随深度的变化，对饱和粉土地基允许采用单墩复合地基载荷试验代替单墩载荷试验 (5)强夯置换处理后地基竣工承载力检验应在地基施工结束后间隔 28d 方可进行 (6)竣工验收承载力检验(载荷试验)和置换墩着底情况检验数量均不应少于墩点数的 1%，且不应少于 3 点 (7)强夯置换地基质量检验标准同强夯法加固地基质量检验标准

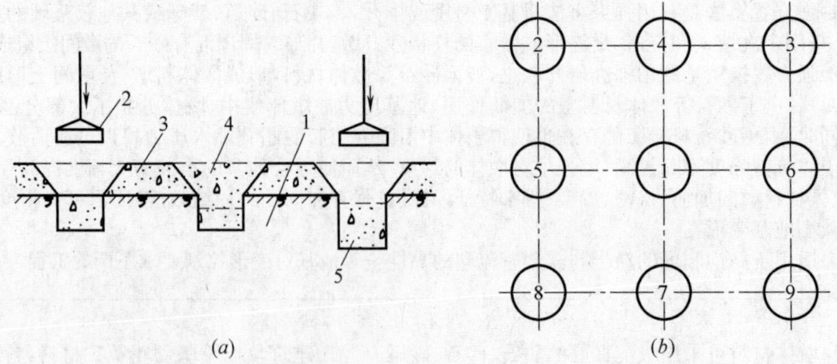

图 4-10　强夯置换碎石墩和置换点布置与施工顺序

(*a*) 强夯置换碎石墩；(*b*) 置换点布置与施工顺序

1—高压缩性软土地基；2—落锤；3—堆料；4—填料；5—碎石墩

4.1.5 注浆加固地基

注浆地基施工方法 表 4-10

项次	项目	施工方法要点
1	特点及使用	(1)水泥注浆地基是将水泥浆,通过压浆泵、灌浆管均匀地注入岩土体中,以填充、渗透和挤密等方式,驱走岩石裂隙中或土颗粒间的水分和气体,并填充其位置,硬化后将岩土胶结成一个整体,从而使地基得到加固,可防止或减少渗透和不均匀沉降 (2)水泥注浆法的特点是:能与岩土体结合形成强度大、压缩性低、渗透性小、稳定性良好的结石体;同时取材容易,配方简单,操作易于掌握;无环境污染,价格便宜等 (3)适用于软黏土、粉土新近沉积黏性土、砂土提高强度的加固和渗透系数大于 10^{-2}cm/s 的土层的止水加固以及已建工程局部松软地基的加固
2	机具、材料要求及配合比	(1)灌浆设备主要用压浆泵,多用泥浆泵或砂浆泵代替。常用于灌浆的有BW－250/50型、TBW－200/40 型、TBW－250/40 型、NSB－100/30 型泥浆泵以及 100/15(C－232)型砂浆泵等。配套机具有搅拌机、灌浆管、阀门、压力表等,此外,还有钻孔机等机具设备 (2)注浆材料:水泥用 42.5 级普通硅酸盐水泥;在特殊条件下亦可使用矿渣水泥、火山灰质水泥或抗硫酸盐水泥,要求新鲜无结块;水用一般饮用淡水,不得用含硫酸盐大于 0.1%、氯化钠大于 0.5%以及含过量糖、悬浮物质,碱类的水 (3)灌浆一般用净水泥浆,水灰比变化范围为 0.6～2.0,常用水灰比为 8∶1～1∶1;要求快凝时,可在水中掺入水泥用量 1%～2%的氯钙或采用快硬水泥;如要求缓凝时,可掺加水泥用量 0.1%～0.5%的木质素磺酸钙;亦可掺加其他外加剂以调节水泥浆性能。在裂隙或孔隙较大、可灌性好的地层,可在浆液中掺入适量细砂或粉煤灰,比例为 1∶0.5～1∶3,以节约水泥,使更好的充填,并可减少收缩。对不以提高固结强度为主的松散土层,亦可掺加细粉质黏土配成水泥黏土浆,灰泥比为 1∶3～8(水泥∶土,体积比),可提高浆液的稳定性,防止沉淀和析水,使充填更加密实
3	施工工艺方法	(1)水泥注浆的工艺流程为:钻孔→下注浆管、套管→填砂→拔套管→封口→边注浆边拔注浆管→封孔 (2)注浆前,应通过试验确定灌浆段长度、灌浆孔距、灌浆压力等有关技术参数;灌浆段长度在一般地质条件下,多控制在 5～6m;在土质严重松散、裂隙发育、渗透性强的情况下,宜为 2～4m;灌浆孔距一般不宜大于 2.0m,单孔加固的直径范围可按 1～2m 考虑;孔深视土层加固深度而定;灌浆压力一般为0.3～0.6MPa (3)灌浆时,先在加固地基中按规定位置用钻机或手钻钻孔至要求深度,孔径一般为 55～100mm,并探测地质情况,然后在孔内插入 ϕ38～50mm 的注浆射管,管底部 1.0～1.5m 管壁上钻有注浆孔,在射管之外设有套管,在射管与套管之间用砂填塞。地基表面空隙用 1∶3 水泥砂浆或黏土、麻丝填塞,而后拔出套管,用压浆泵将水泥浆压入射管而透入土层孔隙中,水泥浆应连续一次压入不得中断。灌浆先从稀浆开始,逐渐加浓。灌浆次序一般把射管一次沉入整个深度后,自下而上分段连续进行,分段拔管直至孔口为止。灌浆宜间歇进行,第 1 组孔灌浆结束后,再灌第 2 组、第 3 组,直至全部灌完 (4)灌浆完后,拔出灌浆管,留孔用 1∶2 水泥砂浆或细砂砾石填塞密实;亦可用原浆压浆堵口。 (5)注浆充填率应根据加固土要求达到的强度指标、加固深度、注浆流量、土体的孔隙率和渗透系数等因素确定。饱和软黏土的一次注浆充填率,不宜大于 0.15～0.17 (6)注浆加固土的强度具有较大的离散性,加固土的质量检验宜用静力。触探法,检测点数应满足有关规范要求
4	质量控制	(1)施工前应检查有关技术文件(注浆点位置、浆液配比、注浆施工技术参数、检测要求等),对有关浆液组成材料的性能及注浆设备也应进行检查 (2)施工中应经常抽查浆液的配比及主要性能指标、注浆的顺序、注浆过程中的压力控制等 (3)施工结束后应检查注浆体强度、承载力等。检查孔数总量的 2%～5%,不合格率大于或等于 20%时,应进行第 2 次注浆。检验应在 15d(对砂土、黄土)或 60d(对黏土)进行 (4)水泥注浆地基的质量检验标准应符合规范 GB 50202 表 4.7.4 的规定

4.1.6　预压地基

4.1.6.1　砂井堆载预压地基

砂井堆载预压地基施工方法　　表 4-11

项次	项目	施工方法要点
1	原理、特点及使用	(1)砂井堆载预压地基系在软弱地基中用钢管打孔，灌砂设置砂井作为竖向排水通道，并在砂井顶部设置砂垫层作为水平排水通道，在砂垫层上压载以增加土中附加应力，使土体中孔隙水较快地通过砂井和砂垫层排出(图 4-11)，从而加速土体固结，使地基得到加固 (2)砂井堆载预压的特点是：可加速饱和软黏土的排水固结，使沉降及早完成和稳定(下沉速度可加快 2.0～2.5 倍)，同时可大大提高地基的抗剪强度和承载力，防止基土滑动破坏；而且施工机具、方法简单，就地取材，不用三材，可缩短施工期限，降低造价 (3)砂井堆载预压地基适用于透水低的饱和软弱黏性土加固；用于机场跑道、油罐、冷藏库、水池、水工结构、道路、路堤、堤坝、码头、岸坡等工程的软弱地基处理
2	构造和布置	(1)砂井直径和间距　砂井常用直径为 300～600mm；间距一般按经验由井径比 $n=d_e/d_w=6\sim10$ 确定(d_e 为每个砂井的有效影响范围的直径；d_w 为砂井直径)，常用井距为砂井直径的 6～9 倍，一般不应小于 1.5m (2)砂井长度　从沉降考虑，砂井长度应穿过主要的压缩层。砂井长度一般为 10～20m (3)砂井布置和范围　砂井常按等边三角形和正方形布置。假设每个砂井的有效影响面积为圆面积，如砂井距为 l，则等效圆(有效影响范围)的直径 d_e 与 l 的关系如下： 等边三角形排列时　　$d_e=1.05l$ 正方形排列时　　$d_e=1.13l$ 砂井的布置范围可由基础的轮廓线向外增大约 2～4m
3	工艺操作方法	(1)采用锤击法沉桩管，管内砂子可用吊锤击实，或用空气压缩机向管内通气(气压为 0.4～0.5MPa)压实 (2)打砂井顺序应从外围或两侧向中间进行，如砂井间距较大可逐排进行。打砂井后基坑表层会产生松动隆起，应进行夯实 (3)灌砂井时对砂的含水量应加以控制，对含饱和水的土层，砂可采用饱和状态；对非饱和土和杂填土，或能形成直立孔的土层，含水量可采用 7%～9% (4)砂垫层的铺设同"4.1.2 砂、砂石及碎石地基"一节
4	质量控制	(1)施工前应检查施工监测措施、沉降、孔隙水压力等原始数据，排水设施，砂井(包括袋装砂井)等位置。堆载施工应检查堆载高度、沉降速率 (2)施工结束后应检查地基土的十字板剪切强度、标贯或静压力触探值及要求达到的其他物理力学性能，重要建筑物地基应做承载力检验 (3)砂井堆载预压地基质量标准应符合规范 GB 50202 表 4.8.4 的规定

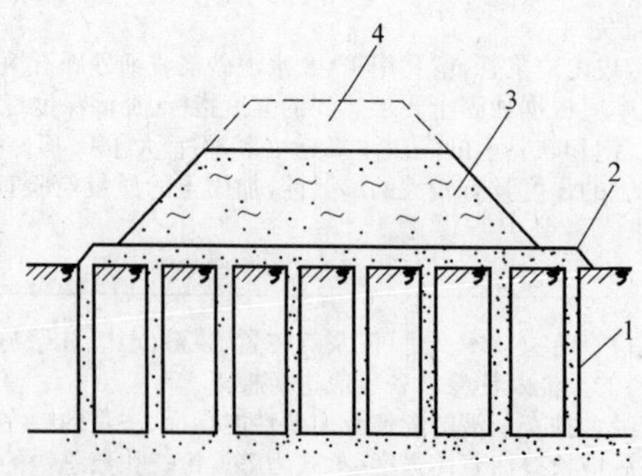

图 4-11　典型的砂井堆载预压地基剖面

1—砂井；2—砂垫层；3—永久性填土；4—临时超载填土

4.1.6.2 袋装砂井堆载预压地基

袋装砂井堆载预压地基施工方法 表 4-12

项次	项目	施工方法要点
1	原理、特点及使用	(1)袋装砂井堆载预压地基系在地基中打入钢管,用透水性大和抗拉强度高的编织布袋装砂插入管内(或后灌砂捣实),拔出钢管,砂袋留在孔中形成袋装砂井,以代替普通砂井,其他构造、布置及堆载预压均同砂井堆载预压,从而使软弱地基得到压密加固 (2)袋装砂井堆载预压地基的特点是:能保证砂井的连续性,不易混入泥砂,或使透水性减弱;打设砂井设备实现了轻型化,比较适宜于在软弱地基上施工;采用小截面砂井,用砂量大为减少;施工速度快,每班能完成 70 根以上;工程造价低,每 $1m^2$ 地基的袋装砂井费用仅为普通砂井的 50%左右。 (3)适用范围同砂井堆载预压地基
2	构造和布置	(1)袋装砂井的直径一般采用 7~12cm,间距 1.5~2.0m,井径比 15~25 (2)袋装砂井长度,应较砂井孔长度长 50cm,使能放入井孔内后可露出地面,以使能埋入排水砂垫层中 (3)砂井可按三角形或正方形布置,由于袋装砂井直径小、间距小,因此加固同样土所需打设袋装砂井的根数较普通砂井为多,如直径 70mm 袋装砂井按 1.2m 正方形布置,则每 $1.44m^2$ 需打设 1 根;而直径 400mm 的普通砂井,按 1.6m 正方形布置,每 $2.56m^2$ 需打设 1 根,前者打设的根数为后者的 1.8 倍
3	机具、材料要求	(1)袋装砂井打设机械多采用 EHZ－8 型袋装砂井打设机,一次能打设两根砂井,其技术性能见表 4-13;亦可采用各种导管式打设机械,有履带臂架式、步履臂架式、轨道门架式、吊机导架式等打设机械,其技术性能如表 4-14。所用打设钢管的内径宜略大于砂井直径,以减小施工过程中对地基的扰动 (2)袋装砂井的装砂袋,应具有良好的透水、透气性,一定的耐腐蚀、抗老化性能,装砂不易漏失,并有足够的抗拉强度,能承受袋内装砂自重和弯曲所产生的拉力。一般多采用聚丙烯编织布或玻璃丝纤维布、黄麻片、再生布等。砂井用砂,宜用中、细砂,含泥量不大于 3%
4	施工工艺程序	(1)袋装砂井施工工艺是:先用振动、锤击或静压方式将井管沉入地下,然后向井管中放入预先装好砂料的圆柱形砂袋,最后拔起井管将砂袋充填在孔中形成砂井。亦可先将管沉入土中放入袋子(下部装少量砂或吊重),然后依靠振动锤的振动灌满砂,最后拔出套管 (2)袋装砂井的施工程序是:定位、整理桩尖(活瓣桩尖或预制混凝土桩尖)→沉入导管、将砂袋放入导管→往管内灌水(减少砂袋与管壁的摩擦力)、拔管
5	注意事项和质量控制	(1)定位要准确,砂井要有较好的垂直度,以确保排水距离与理论计算一致 (2)袋中装砂宜用风干砂,不宜用湿砂,以避免干燥体积缩小,导致袋装砂井缩短与排水垫层不搭接等质量事故 (3)确定袋装砂井施工长度时,应考虑袋内砂体积减小、袋装砂井在井内的弯曲、超深以及伸入水平排水层的长度要求等,防止袋装砂全部沉入孔内,造成顶部与排水垫层不连接而影响排水效果 (4)聚丙烯编织袋,在施工时应避免太阳暴晒老化。砂袋入口处的导管口应装设滚轮,下放砂袋要仔细,防止砂袋破损漏砂 (5)施工中要经常检查桩尖与导管口的密封情况,避免管内进泥过多,造成井阻,影响加固深度 (6)质量控制同砂井堆载预压地基

EHZ-8 型袋装砂井打设机主要技术性能 表 4-13

项次	项 目		性 能
1	起重机型号		W501
2	直接接地压力	(kPa)	94
3	间接接地压力	(kPa)	30
4	振动锤激振力	(kN)	86
5	激振频率	(r/min)	960

续表

项次	项目		性能
6	外形尺寸	(cm)	长 640×宽 285×高 1850
7	每次打设根数	(根)	2
8	最大打设深度	(m)	12.0
9	打设砂井间距	(cm)	120、140、160、180、200
10	成孔直径	(cm)	12.5
11	置入砂袋直径	(cm)	7.0
12	施工效率(根/台班)		66～80
13	适用土质		淤泥、粉质黏土、黏土、砂土、回填土

注：需铺设 50cm 厚砂垫层。

各种常用打设机械性能表 **表 4-14**

打设机械型号	行进方式	打设动力	整机重(t)	接地面积(m^2)	接地压力(kN/m^2)	打设深度(m)	打设效率(m/台班)
	宽履带	振动锤	34.5	35.0	10	20	1500
SSD20 型	步履	振动锤	15.0	3.0	50	10～15	1000
IJB－16	门架轨道	振动锤	18.0	8.0	23	10～15	1000
	履带吊机	振动锤	—	—	＞100	12	1000

4.1.6.3 塑料排水带堆载预压地基

塑料排水带堆载预压地基施工方法 **表 4-15**

项次	项目	施工方法要点
1	原理、特点及使用	(1)塑料排水带堆载预压地基，是将带状塑料排水带用插板机将其插入软弱土层中，组成垂直和水平排水体系，然后在地基表面堆载预压，土层中孔隙水沿塑料带的沟槽上升溢出地面，从而加速软弱地基的沉降过程，使地基得到加密和加固(图 4-12) (2)塑料排水带堆载预压地基的特点是：板带单孔过水面积大，排水畅通；排水带质量轻，强度高，耐久性好，其排水沟槽截面不易因受土压力作用而压缩变形；施工用机械埋设，效率高，运输省，管理简单；特别用于大面积超软弱地基土上进行机械化施工，可缩短地基加固周期；加固效果与袋装砂井相同，承载力可提高 70％～100％，经 100d，固结度可达到 80％；加固费用比袋装砂井节省 10％；适用范围同砂井堆载预压地基
2	材料要求	(1)塑料排水带由芯带和滤膜组成。芯带是由聚丙烯和聚乙烯塑料加工而成两面有间隔沟槽的带体，土层中的固结渗流水通过滤膜渗入到沟槽内，并通过沟槽从排水垫层中排出。排水带的厚度和性能应符合表 4-16 和表 4-17 的要求 (2)塑料排水带的排水性能主要取决于截面周长，而很少受其截面积的影响。塑料排水带设计时，把塑料排水带换算成相当直径的砂井，根据两种排水体与周围土接触面积相等的原理，换算直径 d_p。可按下式计算：$$d_p=\frac{2(b+\delta)}{\pi} \quad (4\text{-}5)$$式中 b——塑料排水带宽度(mm)； δ——塑料排水带厚度(mm)
3	机具设备	(1)主要设备为插带机，基本上可与袋装砂井打设机共用，只需将圆形导管改为矩形导管。插带机构造如图 4-13 所示，每次可同时插设塑料排水带两根，其技术性能见表 4-18 (2)插板亦可采用国内常用打设机械，其振动打设工艺、锤击振动力大小，可根据每次打设根数、导管截面大小、入土长度及地基均匀长度确定。对一般均匀软黏土地基，振动锤激振力可参见表 4-19 选用

续表

项次	项目	施工方法要点
4	施工工艺方法及注意事项	(1)打设塑料排水带的导管有圆形和矩形两种，其管靴也各异，一般采用桩尖与导管分离设置。桩尖常用形式如图 4-14 所示三种 (2)塑料排水带打设程序是:定位→将塑料排水带通过导管从管下端穿出→将塑料带与桩尖连接贴紧管下端并对准桩位→打设桩管插入塑料排水带→拔管、剪断塑料排水带。工艺流程如图 4-15 (3)塑料排水带在施工过程中应注意以下几点: 1)塑料带滤水膜在转盘和打设过程中应避免损坏，防止淤泥进入带芯堵塞输水孔 2)塑料带与桩尖锚碇要牢固，防止拔管时脱离，将塑料带拔出。打设时应严格控制间距和深度，如塑料带拔起超过 2m 以上，应进行补打 3)桩尖平端与导管下端要连接紧密，防止错缝，以免在打设过程中淤泥进入导管，增加对塑料带的阻力，或将塑料带拔出 4)塑料带接长时，为减小带与导管的阻力，应采用在滤水膜内平搭接的连接方法，搭接长度应在 20mm 以上，以保证输水畅通和有足够的搭接强度
5	质量控制	(1)施工前应检查施工监测措施、沉降、孔隙水压力等原始数据、排水措施、塑料排水带的位置等。塑料排水带必须符合表 4-17 质量要求 (2)堆载施工应检查堆载高度、沉降速度 (3)施工结束后应检查地基土的十字板剪切强度，标贯或静力触探值及要求达到的其他物理力学性能，重要建筑物应做承载力检验 (4)塑料排水带堆载预压地基质量标准同砂井堆载预压地基

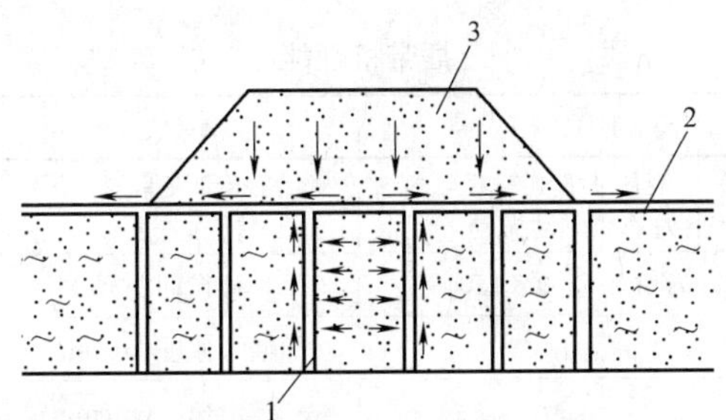

图 4-12　塑料排水带堆载预压地基
1—塑料排水带；2—土工织物；3—堆载

不同型号塑料排水带的厚度(mm)　　**表 4-16**

型　号	A	B	C	D
厚度	＞3.5	＞4.0	＞4.5	＞6

塑料排水带的性能　　**表 4-17**

项　目		单位	A 型	B 型	C 型	条件
纵向通水量		cm^3/s	≥15	≥25	≥40	侧压力
滤膜渗透系数		cm/s	$\geq 5\times 10^{-4}$			试件在水中浸泡 24h
滤膜等效孔径		μm	＜75			以 D_{98} 计，D 为孔径
复合体抗拉强度(干态)		kN/10cm	≥1.0	≥1.3	≥1.5	延伸率 10%时
滤膜抗拉强度	干态	N/cm	≥15	≥25	≥30	延伸率 10%时
	湿态		≥10	≥20	≥25	延伸率 15%时，试件在水中浸泡 24h
滤膜重度		N/m^2	—	0.8	—	

注：A 型排水带适用于插入深度小于 15m；B 型排水带适用于插入深度小于 25m；C 型排水带适用于插入深度小于 35m。

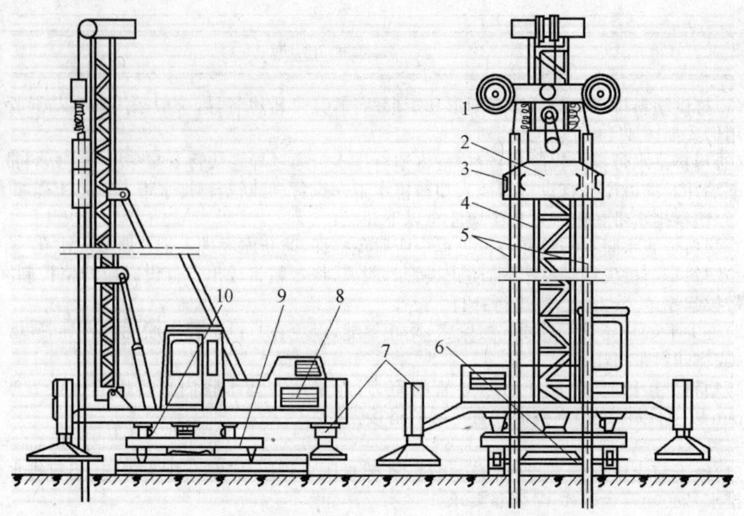

图 4-13　IJB-16 型步履式插带机

1—塑料带及其卷盘；2—振动锤；3—卡盘；4—导架；5—套杆；6—履靴；7—液压支腿；8—动力设备；9—转盘；10—四转轮

插带机性能　　**表 4-18**

类　　型	IJB-16 型	频率(次/min)	670
工作方式	液压步履式行走， 电力液压驱动振动下沉	液压卡夹紧力(kN) 插板深度(m)	160 10
外形尺寸(mm)	7600×5300×15000	插设间距(m)	1.3、1.6
总重量(t)	15	插入速度(m/min)	11
接地压力(kPa)	50	拔出速度(m/min)	8
振动锤功率(kW)	30	效率(根/h)	18 左右
激振力(kN)	80、160		

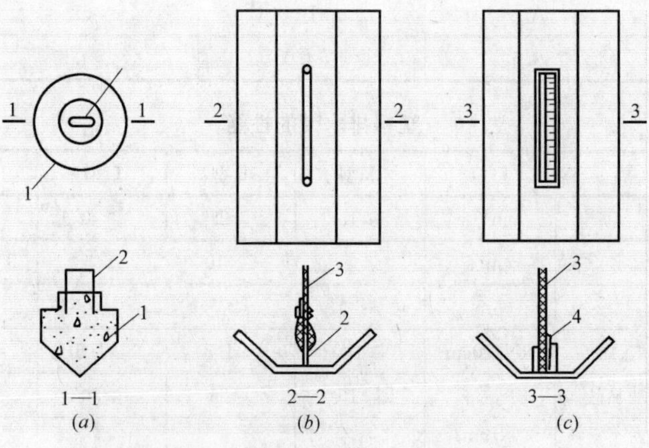

图 4-14　塑料排水带用桩尖形式

(*a*) 混凝土圆形桩尖；(*b*) 倒梯形桩尖；(*c*) 楔形固定桩尖

1—混凝土桩尖；2—塑料带固定架；3—塑料排水带；4—塑料楔

振动锤激振力参考值 表 4-19

长度(m)	导管直径(cm)	振动锤激振力(kN)	
		单管	双管
>10	130～146	40	80
10～20	130～146	80	120～160
>20	—	120	160～220

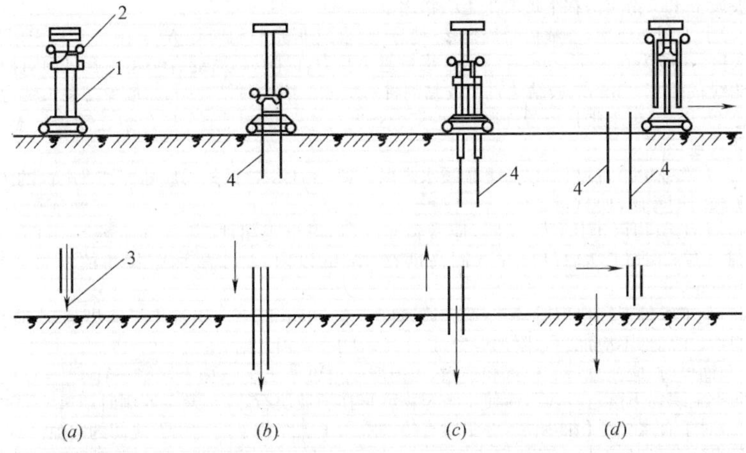

图 4-15 塑料排水带插带工艺流程

(a) 准备；(b) 插设；(c) 上拔；(d) 切断移动

1—套杆；2—塑料带卷筒；3—钢靴；4—塑料排水带

4.1.7 土工合成材料地基

土工合成材料地基施工方法 表 4-20

项次	项目	施工方法要点
1	原理、特点及使用	(1)土工合成材料地基又称土工织物地基，系在软弱地基中或边坡上埋设土工织物作为加筋，使形成弹性复合土体，以提高承载力，减少沉降，增加地基的稳定性 (2)土工织物特点是：柔软，重量轻，整体性好，施工方便，抗拉强度高，各向强度一致，耐磨、耐腐蚀性和抗微生物侵蚀性好和有一定的耐久性(可使用 40 年以上)等，埋设在土中能起到排水、过滤、消除土体中孔隙水压，加速土体固结，提高土体强度，同时可起到阻挡、分隔两种土料，避免混杂；土工织物有较高的抗拉强度和延伸率，能加固保护地基，提高地基抗压、抗拉、抗剪、抗弯强度，降低地基的沉降，控制不均匀沉降；与砂井相比，不用施工机具、设备，施工简便，节约大量砂、石材料，工程质量可靠，降低造价 1/3 左右 (3)适用于公路、铁路路基作加强层，防止路基翻浆下沉；作挡土墙的加固；河道与海港岸坡的防冲；水库、渠道的防渗以及土石坝、灰坝、尾矿坝与闸基的反滤层和排水层，可取代砂石级配良好的反滤层，达到节约投资，缩短工期，保证安全使用的目的
2	材料要求及布设	(1)土工织物一般采用聚酯纤维(涤纶)、聚丙纤维(腈纶)和聚丙烯纤维(丙纶)等高分子化合物(聚合物)经加工后合成。一般由无纺织成的，系将聚合物原料投入经过熔融、挤压、喷出纺丝，直接平铺成网，然后用黏合剂黏合(化学方法或湿法)、热压黏合(物理方法或手法)或针刺结合(机械方法)等方法将网联结成布，宽度由 0.98～18m 不等，长度 50m，亦可按要求的规格向工厂订购，其抗拉强度不小于 50kN/m (2)土工织物根据使用要求的不同而埋设在不同部位，图 4-16 为几种埋设方式

续表

项次	项目	施工方法要点
3	操作方法及注意事项	(1)铺设土工织物前,应将基土表面压实,修整平顺均匀,清除杂物、草根,表面凹凸不平处可铺一层砂找平 (2)铺设应从一端向另一端进行,端部应先铺填,中间后铺填,端部必须精心铺设锚固,铺设松紧应适度,防止绷拉过紧或褶皱,保持完整性。在斜坡上施工应保持一定的松紧度,在护岸工程坡面上铺设时,上坡段土工织物应搭在下坡段土工织物之上 (3)土工织物连接,一般可采用搭接、缝合、胶合或U形钉钉合等方法(图4-17);采用搭接时应有足够的长度,一般为0.3～1.0m,在搭接处尽量避免受力,以防移动;缝合采用缝合机面对面缝合,用尼龙或涤纶线,针距7～8mm;胶结法是用胶黏剂将两块土工织物胶结在一起,最少搭接长度为100mm,胶合后应停2h以上,以增强接缝处强度,此种接合强度与原强度相等;用U形钉连接是每隔1.0m用一U形钉插入连接 (4)一次铺设不宜过长,以免下雨顺水难以处理,土工织物铺好后应随即铺设上面的砂石材料或土料,避免长时间曝晒,使材料劣化 (5)土工织物用于作反滤层时,应做到连续,不得出现扭曲、折皱和重叠。土工织物上抛石时,应先铺一层30cm厚卵石层,并限制高度在1.5m以内,对于重而带棱角的石料,抛掷高度应不大于50cm (6)土工织物上铺垫层时,第一层铺垫厚度应在50cm以下。用推土机铺垫时,应防止刮土板损坏土工织物,在局部不应加过重附加应力,当土工织物受到损坏时,应立即修补 (7)铺设时,应注意端头位置和锚固,在护坡坡顶可使土工织物末端绕在管子上,埋设于坡顶沟槽中,以防土工织物下落;在堤坝,应使土工织物终止在护坡块石之内,避免冲刷时加速坡脚冲塌 (8)对于有水位变化的斜坡,施工时直接堆置于土工织物上的大块石之间的空隙,应填塞或设垫层,以避免水位下降时,上坡中的饱和水因来不及渗出形成显著水位差,引起织物鼓胀而造成损坏
4	质量控制	(1)施工前应对土工合成材料的物理性能(单位面积的质量、厚度、密度)、强度延伸率以及土、砂石料等进行检验。土工合成材料以100m² 为一批,每批抽查5% (2)施工过程中应检查清基、回填料铺设厚度及平整度、土工合成材料的铺设方向、接缝搭接长度或缝接状况、土工合成材料与结构的连接状况等 (3)施工结束后,应进行承载力检验 (4)土工合成材料(土工织物)地基质量检验标准应符合规范GB 50202表4.4.4的规定

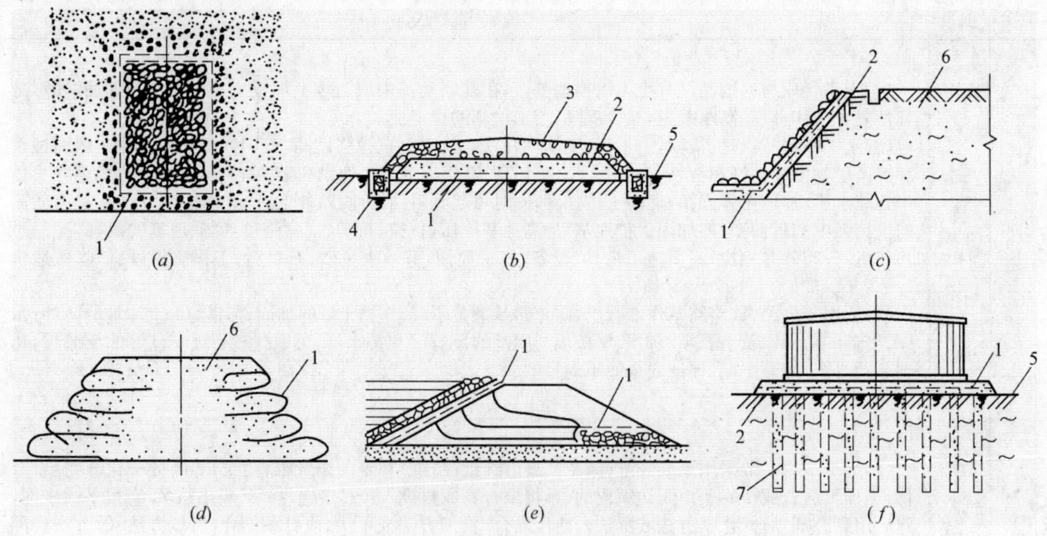

图4-16　土工合成材料加固的应用

(a) 排水；(b) 稳定土基；(c) 稳定边坡或护坡；(d) 加固路堤；(e) 土坝反滤；(f) 加速地基沉降

1—土工织物；2—砂垫；3—道碴；4—渗水盲沟；5—软土层；6—填土或填料夯实；7—砂井

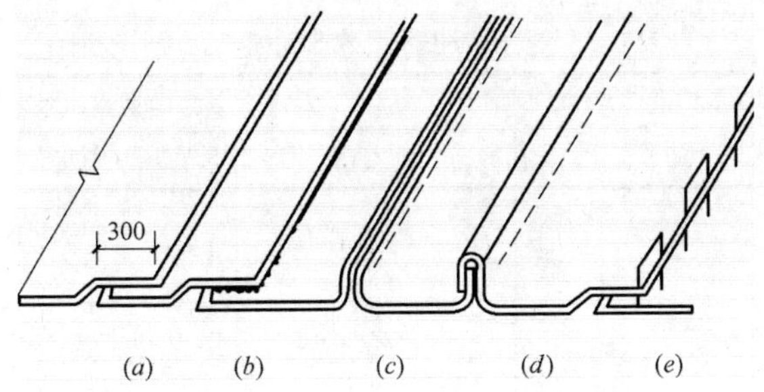

图 4-17 土工织物连接方法

(a) 搭接；(b) 胶合；(c)、(d) 缝合；(e) 钉接

4.1.8 振冲碎石桩复合地基

振冲法加固地基机具、材料要求及施工方法 表 4-21

机具、材料要求	施工方法要点及检验方法	适用范围
利用振冲器水冲成孔，填以砂石骨料，借振冲器的水平及垂直振动，振密填料，形成碎石桩体(亦称碎石桩法)与原地基构成复合地基，提高地基承载力。主要设备： 振冲器：其规格性能见表 4-22；起重机：8～15t履带式起重机或自制起重机具；水泵：要求流量 20～30m³/h，水压 0.6～0.8MPa； 控制设备：包括控制电流操作台，150A 以上电流表，500V 电压表等，以及供水管道，加料设备(吊斗或翻斗车) 骨料采用坚硬、不受侵蚀影响的砾石、碎石、卵石、粗砂或矿渣等，粒径 20～50mm 较合适，含泥量宜大于 5%，不得含杂质土块 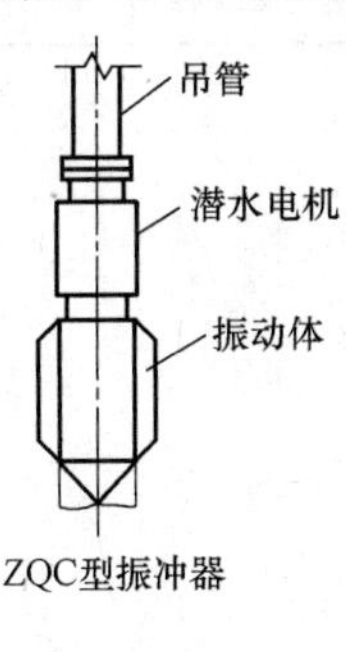 ZQC型振冲器 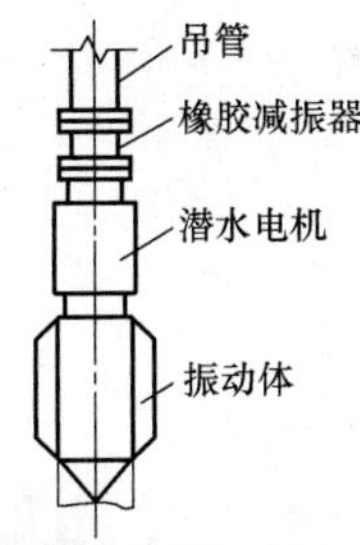 装有减振装置的振冲器	(1)施工前应先进行振冲试验，以确定成孔施工合适的水压、水量、成孔速度及填料方法，达到土体密实度时的密实电流值和留振时间等 (2)振冲施工工艺如图 4-18，先按图定位，然后将振冲器对准孔点，以1～2m/min速度徐徐沉入土中，每沉入 0.5～1.0m，在该段高度悬留振冲 5～10s 进行扩孔，待孔内泥浆溢出时再继续沉入，使形成 0.8～1.2m 的孔洞，当下沉达到设计深度时，留振并减少射水压力(一般保持 0.1MPa)，以便排除泥浆进行清孔。亦可将振冲器以 1～2m/min的均速沉至设计深度以上 30～50cm，然后以 3～5m/min 的均速提出孔口，再用同法沉至孔底，如此反复 1～2 次，达到扩孔的目的 (3)成孔后应立即往孔内加料，把振冲器沉入孔内的填料中进行振密，至密实电流值达到规定值为止。如此提出振冲器、加料、沉入振冲器振密，反复进行直至桩顶，每次加料高度为 0.5～0.8m。在砂性土中制桩时，亦可采用边振边加料的方法 (4)在振密过程中，宜小水量补给喷水，以降低孔内泥浆密度，有利于填料下沉，便于振捣密实 (5)振冲造孔顺序方法，可按表 4-23 选用 (6)质量检验：每根桩的填料总量和密实度(包括桩顶)必须符合设计要求或施工规范规定，一般每米桩体直径达到 0.8m 以上所需碎石量为 0.6～0.7m³；桩顶中心位移不得大于 100mm(按桩数 5%抽查)；待桩完半月(砂土)或一月(黏性土)后，方可进行载荷试验，用标准贯入静力触探及土工试验等方法来检验桩的承载力，以不小于设计要求的数值为合格	适于加固松散砂土地基；对黏性土和人工填土地基，经试验证明加固有效时，方可使用；对于粗砂土地基可利用振冲器的振动和水冲过程，使砂土结构重新排列挤密，而不必另加砂石填料(称振冲挤密法) 振冲法可节省三材，施工简单，加固期短，可因地制宜，就地取材，用碎石砂子、卵石、矿渣等填料，费用低廉，是一种快速、经济加固地基的方法

振冲器技术性能　　表 4-22

类别		型号		
		ZCQ13	ZCQ30	ZCQ55
潜水电机	功率(kW)	13	30	55
	转速(r/min)	1450	1450	1450
	额定电流(A)	25.5	60	100
振动机体	振动频率(r/min)	1450	1450	1450
	不平衡部分重量(kg)	31	66	104
	偏心距(cm)	5.2	5.7	8.2
	动力矩(N·cm)	1461	3775	8345
	振动力(N)	34321	88254	196120
	振幅(自由振动时)(mm)	2.0	4.2	5.0
	加速度(自由振动时)(g)	4.5	9.9	11.0
振动体直径(mm)		274	351	450
长度(mm)		2000	2150	2359
总重量(kg)		780	940	1800

注：本表系无锡市江阴振冲器厂提供资料。g 为重力加速度。

振冲造孔方法的选择　　表 4-23

造孔方法	步骤	优缺点
排孔法	由一端开始，依次逐步造孔到另一端结束	易于施工，且不易漏掉孔位，但当孔位较密时，后打的桩易发生倾斜和位移
跳打法	同一排孔采取隔一孔造一孔	先后造孔影响小；易保证桩的垂直度，但要防止漏掉孔位，并应注意桩位准确
围幕法	先造外围 2～3 圈（排）孔，然后造内圈（排）。采用隔圈（排）造一圈（排）或依次向中心区造孔	可防止桩向较一侧偏位，能减少振冲能量的扩散，振密效果好，可节约桩数 10%～15%，大面积施工常采用此法，但施工时应注意防止漏掉孔位和保证其位置准确

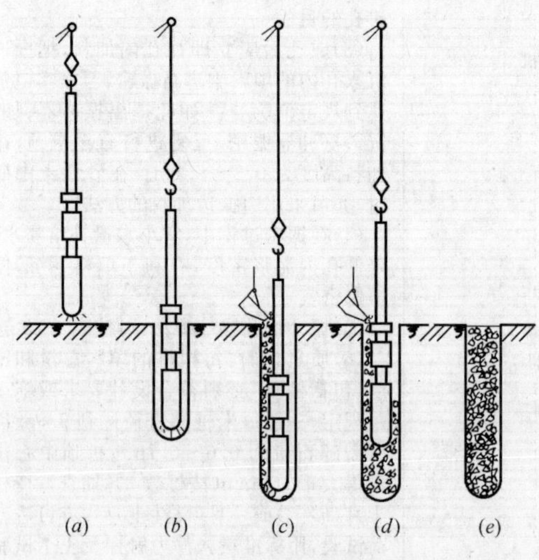

图 4-18　振冲碎石桩成桩工艺流程

(*a*) 振冲器定位；(*b*) 振冲下沉；(*c*) 振冲至设计标高并下料；(*d*) 边振边下料、边上提；(*e*) 成桩

4.1.9 水泥土（深层）搅拌桩复合地基

水泥土（深层）搅拌桩地基施工方法 表 4-24

项次	项目	施工方法要点
1	原理、特点及使用	(1)水泥土深层搅拌加固地基是利用水泥(石灰)等材料作为固化剂,通过深层搅拌机,在地基深部,就地将软土和固化剂(浆体或粉体)强制拌合,利用固化剂和软土发生一系列物理-化学反应,使凝结成具有整体性、水稳性和较高强度的水泥加固体,与天然地基形成复合地基 (2)深层搅拌加固地基具有加固过程中无振动、无噪声,对环境无污染,按建筑要求可采用柱状、壁状和块状等加固形式,对土体无侧向挤压,对邻近建筑物影响很小,以及可提高地基强度(当水泥掺量为8%和10%时,加固体强度分别为 0.24N/mm² 和 0.65N/mm²,而天然地基强度仅 0.006N/mm²),同时施工期较短,造价较低,效益较显著等特点 (3)适于加固较深、较厚的饱和黏土和软黏土、沼泽地带的泥炭土、粉质黏土和淤泥质土等。多用于墙下条形基础、大面积堆料厂房地基、深基础开挖时,防止坑壁及边坡塌滑、坑底隆起,以及作地下防渗墙等工程上
2	机具及材料要求	(1)机具设备包括深层搅拌机、水泥制配系统、起重机、导向设备及提升速度控制设备等。深层搅拌机有中心管喷浆方式的 SJB-1 型搅拌机和叶片喷浆方式的 GZB-600 型搅拌机两类:SJB-1 型深层搅拌是双搅拌轴中心管输浆的水泥搅拌专用机械,制成的桩外形呈"8"字形(纵向最大处 1.3m,横向最大处 0.8m),其外形和构造如图 4-19(*a*)所示,其技术性能见表 4-25,其配套设备见图4-20,主要有:灰浆搅拌机共两台各 200L,轮流供料,集料斗(容积 0.4m³);HB6-3 型灰浆泵、电气控制柜等 GZB-600 型深层搅拌机是利用进口钻机改装的单搅拌轴、叶片喷浆方式的搅拌机,其外形和构造如图 4-19(*b*)所示,其技术性能见表 4-26,其配套设备见图 4-21,主要有 PMZ-15 型灰浆计量配料装置。由灰浆搅拌机两台(容积各为 500L)、集料斗(容积 0.18m³)、灰浆泵组成以及电磁流量计等 (2)深层法加固软土的水泥用量一般为加固体重的 7%～15%,每加固 1m³ 土体掺入水泥约 110～160kg;如用水泥砂浆作固化剂,其配合比为 1:1～2(水泥:砂),为增强流动性,可掺入水泥重量的 0.2%～0.25%的木质素磺酸钙,1%的硫酸钠和 2%的石膏,水灰比 0.43～0.50,水泥砂浆稠度为11～14cm
3	操作工艺方法及注意事项	(1)深层搅拌法的施工工艺流程如图 4-22。施工程序是:深层搅拌机定位→预搅下沉→制配水泥浆→提升喷浆搅拌→重复上、下搅拌→清洗→移至下一根桩位,重复以上工序 (2)施工时,先将深层搅拌机用钢丝绳吊挂在起重机上,用输浆胶管将贮料罐砂浆泵同深层搅拌机接通,开动电机,搅拌机叶片相向而转,借设备自重,以 0.38～0.75m/min 速度沉至要求的加固深度,再以 0.3～0.5m/min 的均匀速度提起搅拌机,与此同时开动砂浆泵,将砂浆从搅拌机中心管不断压入土中,由搅拌叶片将水泥浆与深层处的软土搅拌,边搅拌边喷浆直至提至地面(近地面开挖部分可不喷浆,以便于挖土),即完成一次搅拌过程。用同法再一次重复搅拌下沉和重复搅拌喷浆上升,即完成一根柱状加固体,外形呈"8"字形,一根接一根搭接即成壁状加固体,相接宽度应大于 100mm,几个壁状加固体连成一片,即成块体 (3)施工中要控制搅拌机的提升速度,使连续匀速,以控制注浆量,保证搅拌均匀 (4)每天加固完毕,应用水清洗贮料罐、砂浆泵、深层搅拌机及相应管道,以备再用
4	质量控制	(1)施工前应检查水泥及外加剂的质量、桩位、搅拌机工作性能、各种计量设备(水泥流量计及其他计量装置)完好程度 (2)施工中应检查机头提升速度、水泥浆或水泥注入量、搅拌桩的长度及标高 (3)施工结束后应检查桩体强度、桩体直径及地基承载力 (4)进行强度检验时,对承重水泥土搅拌桩应取 90d 后的试件;对支护水泥土搅拌桩应取 28d 后的试件,试件可钻孔取芯,或采用其他规定方法取样 (5)对不合格的桩应根据其位置和数量等具体情况,分别采取补桩或加强邻桩等措施 (6)水泥土(深层)搅拌桩地基质量检验标准应符合规范 GB 50202 表 4.11.5 的规定

SJB-1 型深层搅拌机技术性能　　表 4-25

项目	性能	规格	项目	性能	规格
搅拌机	搅拌轴数量(根)	2	固化剂制备系统	灰浆拌制机台数×容量(L)	2×200
	搅拌叶片外径(mm)	700～800		灰浆泵输送量(m^3/h)	3
	搅拌轴转数(r/min)	46		灰浆泵工作压力(kPa)	1500
	电机功率(kW)	2×30		集料斗容量(m^3)	0.4
起吊设备	提升力(N)	大于 9.8×10^3	技术指标	一次加固面积(m^2)	0.71×0.88
	提升高度(m)	大于 14		最大加固深度(m)	10
	提升速度(m/min)	0.2～1.0		效率(m/台班)	40
	接地压力(kPa)	60		总重(不包括吊车)(t)	4.5

GZB-600 型深层搅拌机技术性能　　表 4-26

项目	性能	规格	项目	性能	规格
搅拌机	搅拌轴数量(根)	1	固化剂制备系统	灰浆拌制机台数×容量(L)	2×500
	搅拌叶片外径(mm)	600		泵输送量(L/min)	281
	搅拌轴转数(r/min)	50		工作压力(kPa)	1400
	电机功率(kW×台数)	30×2		集料斗容量(L)	180
起吊设备	提升力(kN)	150	技术指标	一次加固面积(m^2)	0.283
	提升速度(m/min)	0.6～1.0		最大加固深度(m)	10～15
	提升高度(m)	14		加固效率(m/台·班)	60
	接地压力(kPa)	60		总重(t)(不包括起吊设备)	12

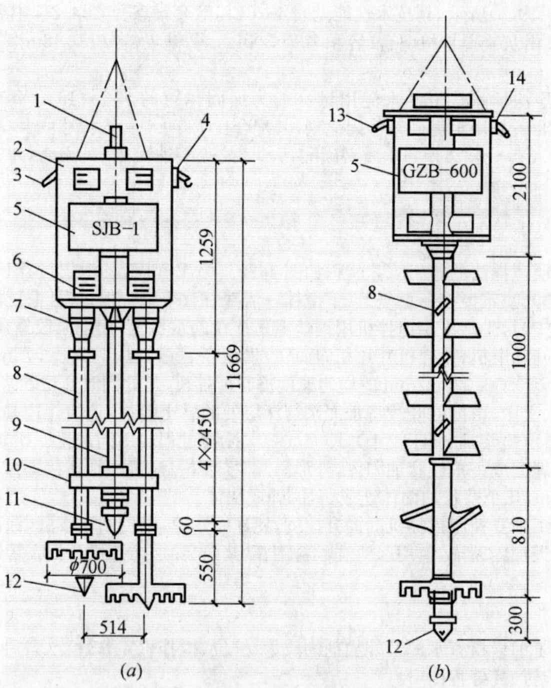

图 4-19　深层搅拌机外形和构造

(*a*) SJB-1 型深层搅拌机；(*b*) GZB-600 型深层搅拌机

1—输浆管；2—外壳；3—出水口；4—进水口；5—电动机；6—导向滑块；7—减速器；8—搅拌轴；9—中心管；10—横向系板；11—球形阀；12—搅拌头；13—电缆接头；14—进浆口

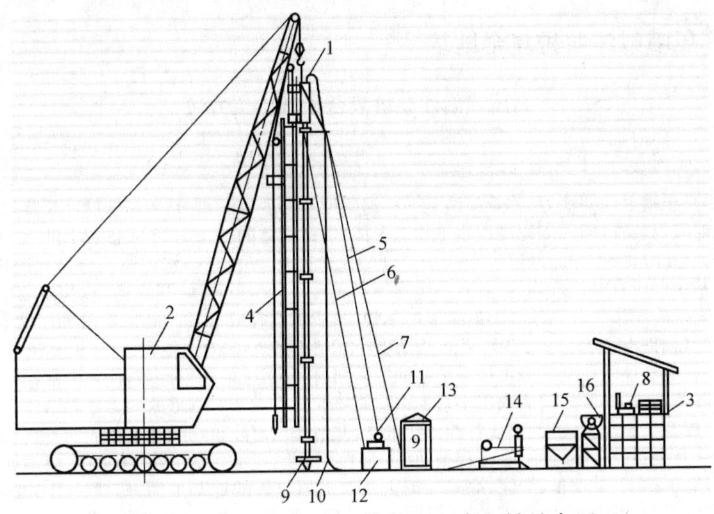

图 4-20 SJB-1 型深层搅拌机配套机械及布置

1—深层搅拌机；2—履带式起重机；3—工作平台；4—导向架；5—进水管；6—回水管；7—电缆；8—磅秤；9—搅拌头；10—输浆压力胶管；11—冷却泵；12—贮水池；13—电气控制柜；14—灰浆泵；15—集料斗；16—灰浆搅拌机

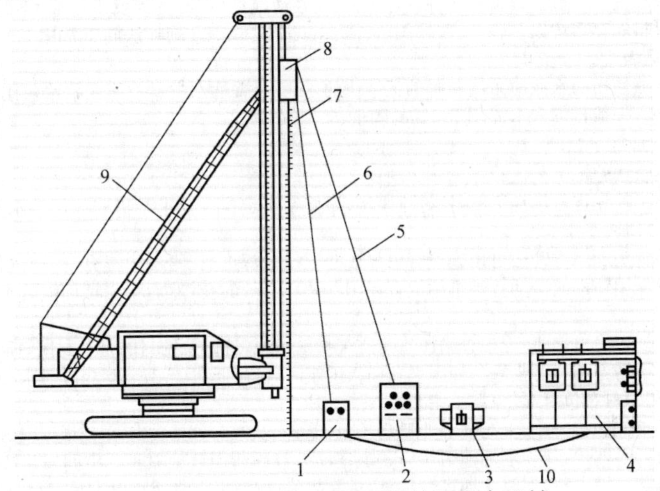

图 4-21 GZB-600 型深层搅拌机配套机械

1—流量计；2—控制柜；3—低压变压器；4—PMZ-15 泵送装置；5—电缆；6—输浆胶管；7—搅拌轴；8—搅拌机；9—打桩机；10—管道

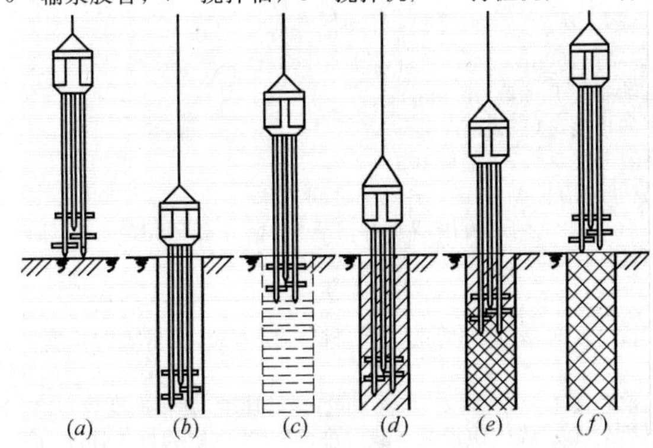

图 4-22 水泥土（深层）搅拌桩工艺流程

(*a*) 定位下沉；(*b*) 沉入到设计深度；(*c*) 喷浆搅拌提升；(*d*) 原位重复搅拌下沉；(*e*) 重复搅拌提升；(*f*) 加固成桩

4.1.10　高压喷射注浆桩复合地基

高压喷射注浆桩复合地基施工方法　表 4-27

项次	项目	施工方法要点
1	原理、特点及使用	(1)高压喷射注浆法，又称旋喷法是一种深层地基处理方法，它是用高压脉冲泵将水泥浆液，通过钻杆下端的喷射装置，向四周以高速水平喷入土体，借助液体的冲击力切削土层，同时钻杆一面以一定的速度(20r/min)旋转，一面低速(15～30cm/min)徐徐提升，使土体与水泥浆充分搅拌混合，胶结硬化后，即在地基中形成直径比较均匀、具有一定强度(0.5～8.0N/mm²)的圆柱体(称为旋喷桩)，从而使地基得到加固。旋喷法又分为单独喷射浆液的单管法(成桩直径 0.3～0.8m)，浆液和压缩空气同时喷射的二重管法(成桩直径 1.0m 左右)，浆液、压缩空气和水同时喷射的三重管法(成桩直径 1.0～2.0m)三种 (2)旋喷法加固地基具有可提高地基的抗剪强度，改善土的变形性质，使在上部结构荷载的作用下，不产生破坏和较大沉降；它能利用小直径钻孔旋喷成比孔大 8～10 倍的大直径固结体；可用于任何软弱土层，可控制加固范围，可旋喷成各种形状桩体，并适于已有建筑物的地基加固而不扰动附近土体等特点，同时具有设备较简单轻便、噪声和振动小、施工速度快、机械化程度高、用途广、成本低等优点 (3)适于砂土、黏性土、淤泥、湿陷性黄土及人工填土等的地基加固；旋喷桩用作帷幕，形成地下连续墙，可以阻截地下水和防止流砂，还可用于深基础开挖，防止基坑隆起或减轻支撑的水平压力等，同时可用于基础的补强和处理建筑物的不均匀沉降等
2	机具及材料要求	(1)旋喷法主要机具设备包括：高压泵、钻机、浆液搅拌器等；辅助设备包括：操纵控制系统、高压管路系统、材料储存系统以及各种管材、阀门、接头、安全设施等。旋喷法施工常用主要机具设备和规格、技术性能见表 4-28 (2)旋喷使用的水泥应采用新鲜的无结块的 42.5 级普通水泥。一般泥浆水灰比为 1∶1～1.5∶1，为消除离析，一般再加入水泥用量 3%的陶土、0.9‰的碱
3	工艺操作方法及注意事项	(1)旋喷法施工工艺流程如图 4-23 所示 (2)施工前先进行场地平整，挖好排浆沟，做好钻机定位。要求钻机安放保持水平，钻杆保持垂直，其倾斜度不得大于 1.5% (3)单管法和二重管法可用旋喷管射水成孔至设计深度后，再一边提升，一边进行旋喷。三重管法施工，须预先用钻机或振动打桩机钻成直径 100～200mm 的孔，然后将三重旋喷管插入孔内，由下而上进行旋喷 (4)在插入旋喷管前，先检查高压水与空气喷射情况，各部位密封圈是否封闭，插入后先做高压水射水试验，合格后方可喷射浆液。如因塌孔插入困难时，可用低压(0.1～2N/mm²)水冲孔喷下，但须把高压水喷嘴用塑料布包裹，以免泥土堵塞 (5)喷嘴直径、提升速度、旋喷速度、喷射压力、排量等旋喷参数见表 4-29，或根据现场试验确定 (6)喷射时，应达到预定的喷射压力、喷浆量后，再逐渐提升旋喷管。中间发生故障时，应停止提升和旋喷，以防桩体中断，同时立即进行检查，排除故障；如发现有浆液喷射不足，影响桩体的设计直径时，应进行复核 (7)桩喷浆量 Q(L/根)可按下式计算： $$Q=\frac{H}{v}q(1+\beta) \qquad (4\text{-}6)$$ 式中　H——旋喷长度(m)； v——旋喷管提升速度(m/min)； q——泵的排浆量(L/min)； β——浆液损失系数，一般取 0.1～0.2 旋喷过程中冒浆量应控制在 10%～25%之间 (8)喷到标高后，提出旋喷管，用清水冲洗管路，防止凝固堵塞。相邻两桩施工间隔时间应不小于 48h，间距亦不得小于 4～6m
4	质量控制	(1)施工前应检查水泥、外加剂等的质量，桩位，压力表，流量表的精度和灵敏度，高压喷射设备的性能等 (2)施工中应检查施工参数(压力、水泥浆量、提升速度、旋转速度等)及施工程序 (3)施工结束后 28d，对施工质量及承载力进行检验，内容为桩体强度、承载力、平均直径、桩体中心位置、桩体均匀性等 (4)高压喷射注浆地基质量检验标准符合规范 50202 表 4.10.4 的规定

旋喷施工常用主要机具、设备参考表　　表 4-28

设备名称		规格性能	用途
单管法	高压泥浆泵	(1)SNC－H300 型黄河牌压浆车 (2)ACF－700 型压浆车,柱塞式,带压力流量仪表	旋喷注浆
	钻机	(1)无锡 30 型钻机 (2)XJ100 型振动钻机	钻孔旋喷用
	旋喷管	单管,42mm 地质钻杆,喷嘴直径 3.2～4.0mm	注浆成桩
	高压胶管	工作压力 31N/mm²、9N/mm²,内径 19mm	高压水泥浆用
三重管法	高压泵	(1)3W-TB$_4$ 高压柱塞泵,带压力流量仪表 (2)SNC-H300 型黄河牌压浆泵 (3)ACF-700 型压浆车	高压水助喷
	泥浆泵	(1)BW250/50 型,压力 3～5N/mm²,排量 150～250L/min (2)200/40 型,压力 4N/mm²,排量 120～200L/min (3)ACF-700 型压浆车	旋喷注浆
	空压机	压力 0.55～0.70N/mm²,排量 6～9m³/min	旋喷用气
	钻机	(1)无锡 30 型钻机 (2)XJ100 型振动钻机	旋喷成孔用
	旋喷管	三重管,泥浆压力 2N/mm²、水压 20N/mm²、气压 0.5N/mm²	水、气、浆成桩
	高压胶管	工作压力 31N/mm²、9N/mm²,内径 19mm	高压水泥浆用
	其他	搅拌管,各种压力、流量仪表等	控制压力流量用

注：1. 钻机的转速和提升速度，根据需要应附设调速装置，或增设慢速卷扬机。
　　2. 二重管法选用高压泥浆泵、空压机和高压胶管等可参照上列规格选用。

旋喷施工主要机具和参数　　表 4-29

项次	项目				单管法	二重管法	三重管法
1	参数	喷嘴孔径 喷嘴个数 旋转速度 提升速度		(mm) (个) (r/min) (mm/min)	ϕ2～3 2 20 200～250	ϕ2～3 1～2 10 100	ϕ2～3 1～2 5～15 50～150
2	机具性能	高压泵	压力 流量	(N/mm²) (L/min)	20～40 60～120	20～40 60～120	20～40 60～120
		空压机	压力 流量	(N/mm²) (L/min)	— —	0.7 1～3	0.7 1～3
		泥浆泵	压力 流量	(N/mm²) (L/min)	— —	— —	3～5 100～150
3	浆液配比：水：水泥：陶土：碱				(1～1.5)：1：0.03：0.0009		

注：高压泵喷射的（单管法、二重管法）是浆液或（三重管法）水。

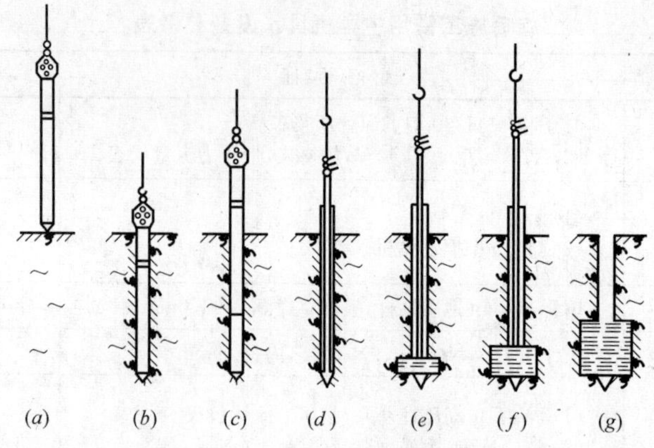

图 4-23　旋喷法工艺流程

(a) 振动打桩机就位；(b) 桩管打入土中；(c) 拔起一段套管；(d) 拆除地面上套管，插入旋喷管；(e) 旋喷；(f) 自动提升旋喷管；(g) 拔出旋喷管与套管

4.1.11　粉体喷射注浆桩复合地基

粉体喷射注浆桩复合地基施工方法　　表 4-30

原理、机具及材料要求	施工方法要点及检验方法	适用范围
喷粉桩又称粉体喷射桩，系用喷粉桩机成孔，运用粉体喷射搅拌法(喷粉法)原理，用压缩空气将粉体(水泥或石灰粉)以雾状喷入加固地基的土体中，并借钻头的叶片旋转，加以搅拌使其充分混合，形成水泥(石灰)土桩体，与原地基构成复合地基，从而提高地基承载力 主要机具设备包括：喷粉桩机、水泥罐、贮灰罐及喷粉系统、空气压缩机等，其技术性能要求见表 4-31 喷粉使用的粉体固化剂宜用强度等级 42.5 普通水泥，要求新鲜无结块，入罐最小粒度不超过 5mm，不含杂质；石灰用磨细生石灰，最大粒径应小于 0.2mm，质量纯净无杂质，石灰中氧化钙和氧化镁的总和应不少于 85%，其中氧化钙的含量应不低于 80%	(1)喷粉桩机具设备布置及施工工艺如图 4-24 (2)施工前，应进行场地整平，桩位放线，组装架立喷粉桩机，检查主机各部的连接、喷粉系统各部分安装试调情况及灰罐、管路的密封连接情况，做好必要的调整和紧固工作 (3)成桩时，先用喷粉桩机在桩位钻孔，至设计要求深度后，将钻头以 1.0～1.2m/min 速度边旋转边提升，同时也通过喷粉系统将水泥(或石灰粉)通过钻杆端喷嘴定时定量向搅动的土体喷粉，使土体和水泥(或石灰)进行充分搅拌混合 (4)桩体喷粉要求一气呵成，不得中断，每根桩宜装一次灰，喷粉压力控制在 0.5～0.8N/mm^2 (5)单位桩长喷粉量随桩体强度要求而定，一般为 45～70kg/m。喷粉一般按先中轴、后边轴，先里排、后外排的次序进行 (6)当钻头提升到高于地面约 150mm，喷粉系统停止向孔内喷射水泥(或石灰粉)，桩体即告完成 (7)质量检验：将桩体挖出，量测直径应符合设计规定；桩身应连续均匀，桩位偏差在 0.2D(D—桩径)以内，垂直度偏差小于 1.5%，用实物冲击有坚实感。随机对开挖的桩体切取试样进行 28d 立方强度、无侧限强度和压缩试验，应满足设计强度和压缩模量要求；用静载或动测法测定复合地基的承载力，应满足设计对地基承载力的要求	适于工业与民用建筑软土地基基础、公路、铁路路基的加固处理以及进行边坡加固和地下工程支护、防渗墙等工程应用 具有加固改良地基，提高地基承载力(2～3 倍)和水稳性，减少沉降量(1/3～2/3)，加快沉降速率；不需向地基中注入附加水分；喷粉采用密封装置，对环境无污染；施工无振动、噪声，对周围环境无不良影响；可根据不同土性及设计要求，合理选择加固料种类和配方等特点。同时具有施工机具设备较简单，无需高压设备，安全可靠，施工操作简便，劳动强度低，成桩效率高(每台喷粉桩机为 50 根/d)。可就地取材，费用较低(每 1m 约 30 元左右)等优点

喷粉桩施工主要机具设备 表 4-31

名 称	规 格 性 能	用 途
喷粉桩机	PH－5 型,加固深度≤15m,成桩直径≤ϕ600mm,提升速度 0.57～1.70m/min,液压步履,电机功率 37kW	钻孔喷粉
贮灰罐	容量 1.3m^3,带灰罐架,旋转供料器,电子计量系统	贮存成桩粉料和喷粉
空气压缩机	XK0.6～010 型,工作压力 1.0N/mm^2,排量 1.6m^3/min,电机功率 13kW	喷料用气

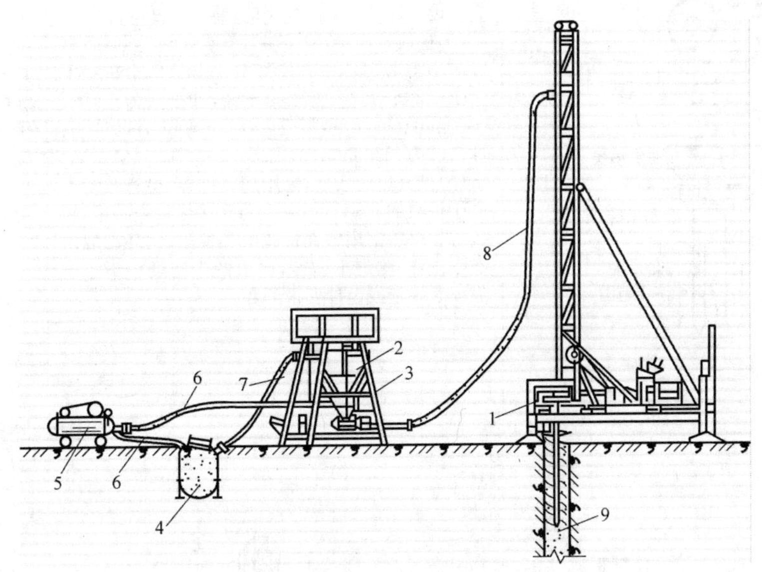

图 4-24 粉喷桩机具设备及施工工艺

1—粉喷桩机；2—贮灰罐；3—灰罐架；4—水泥罐；5—空气压缩机；6—进气管；7—进灰管；8—喷粉管；9—粉喷桩体

4.1.12 灰土挤密桩复合地基

灰土挤密桩复合地基施工方法 表 4-32

构造要求	施工方法要点与质量检验	适 用 范 围
灰土挤密桩是将钢管打入土中,将管拔出后,在桩孔中回填 2∶8 或 3∶7 灰土夯筑而成。灰土材料及配制工艺要求同灰土地基。 桩身直径一般为 300～450mm,深度 4～10m,平面布置多按等边三角形排列,桩距(D)一般取 2.5～3.0 倍直径,排距 0.866D,地基挤密面积应每边超出基础宽 0.2 倍;桩顶一般设 0.5～0.8m 厚灰土垫层	(1)施工前应在现场进行成孔、夯填工艺和挤密效果试验,以确定分层填料厚度、夯击次数和夯实后干密度等要求 (2)桩的成孔方法,可选用沉管法、爆扩法、冲击法或洛阳铲成孔法等,一般多采用 0.6 或 1.8t 柴油打桩机将与桩同直径钢管打入土中,拔管成孔。桩管顶设桩帽,下端作成锥形约成 60°角,桩尖可以上下活动(图 4-25a),以减少拔管阻力,避免坍孔 (3)桩施工顺序应先外排后里排,同排内应间隔 1～2 孔,以免因振动挤压造成相邻孔缩孔或坍孔。成孔后应清底夯实、夯平,并立即夯填灰土	适于处理地下水位以上的新填土、杂填土、湿陷性黄土以及含水率较大的软弱地基

续表

构造要求	施工方法要点与质量检验	适用范围
桩有效挤密范围 灰土桩 D 60° 0.866D 0.866D 0.2b 灰土垫层 灰土桩 桩有效挤密范围 D	(4)桩孔应分层回填夯实，每次回填厚度为350～400mm。人工夯实用重25kg带长柄的混凝土锤；机械夯实用简易夯实机(图4-25*b*)，一般落锤高不小于2m，每层夯击不少于10锤。桩顶高出设计标高15cm，挖土时，将高出部分铲除 (5)桩成孔质量，应按桩数5%抽查。成孔垂直度应小于1.5%，中心位移不大于50mm，桩径不大于－20mm，(沉管法为±50，冲击法为＋100、－50mm)，桩深度：沉管法为－100mm(爆扩法、冲击法为－300mm) (6)桩夯填的质量，采用随机抽样，检查数量不少于桩数的2%，同时每台班至少应抽查一根，检查方法可用洛阳铲在桩孔中心挖土，用环刀取出夯击土样，测定干密度，测出的干密度应不小于表4-3规定或设计要求的数值	处理后，持力层范围内土变形减少，承载力可提高1～2.5倍，并可消除填土及湿陷性黄土的湿陷性，同时施工及机具简单，可节省大量挖方，可降低造价

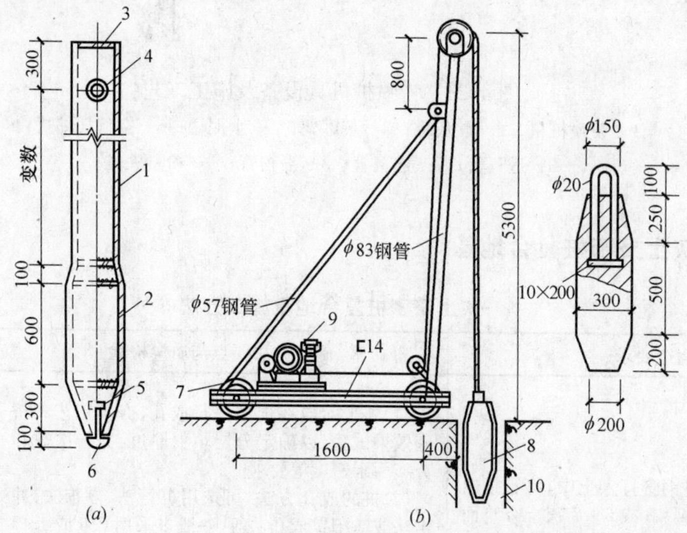

图4-25　桩管构造和灰土桩夯实机

(*a*) 桩管构造；(*b*) 灰土桩夯实机

1—ϕ275mm无缝钢管；2—ϕ300×10 (mm) 无缝钢管；

3—10mm厚封头板（设ϕ30mm排气孔）；

4—ϕ45mm管焊于桩管内穿M40螺栓；5—重块；6—活动桩尖；

7—机架；8—铸钢夯锤，重450kg；9—1.0t卷扬机；10—桩孔

4.1.13 夯实水泥土桩复合地基

夯实水泥土桩复合地基施工方法 表 4-33

项次	项目	施工方法要点
1	组成、特点及使用	(1)夯实水泥土桩地基系用洛阳铲或小型成孔机成孔,在孔中分层填入水泥与土混合料经夯实成桩,与桩间土共同组成复合地基 (2)其特点是:具有提高地基承载力(50%～100%),降低压缩性,材料易于解决,施工机具设备简单,施工方便,工效高,地基处理费用低等 (3)适于加固地下水位以上、天然含水量12%～23%、厚度10m以内的新填土、杂填土、湿陷性黄土以及含水率较大的软弱土地基
2	构造和布置	(1)桩孔直径根据设计要求、成孔方法及经济效果等情况而定,一般选用300～500mm;桩长根据土质情况、处理地基的深度和成孔工具设备等因素确定,一般为3～10m,桩端进入持力层应不小于1～2倍桩径 (2)桩多采用条形(单排或双排)或满堂布置,桩体间距0.75～1.0m,排距0.65～1.0m,在桩顶铺设150～200mm厚3:7灰土褥垫层
3	机具及材料要求	(1)成孔机具用洛阳铲或小型钻机;夯实机具用偏心轮夹杆或夯实机。采用桩径330mm时,夯锤重量不小于60kg,锤径不大于270mm,落距大于700mm (2)水泥用强度等级42.5的普通硅酸盐水泥,要求新鲜无结块;土料应用不含垃圾杂物,有机质含量不大于8%的基坑挖出的黏性土,破碎并过20mm孔筛。水泥土拌合物配合比为:1:7(体积比)
4	施工工艺方法	(1)施工前应在现场进行成孔、夯填工艺和挤密效果试验,以确定分层填料厚度、夯击次数和夯实后桩体干密度要求 (2)施工工艺流程为:场地平整→测量放线→基坑开挖→布置桩位→第一批桩梅花形成孔→水泥、土料拌合→填料并夯实→剩余桩成孔→水泥、土料拌合→填料并夯实→养护→检测→铺设灰土褥垫层 (3)严格按设计顺序定位、放线、布置桩孔,并记录布桩的根数,以防遗漏 (4)采用人工洛阳铲或螺栓钻机成孔时,按梅花形布置进行并及时成桩,以避免大面积成孔后再成桩,由于夯机自重和夯锤的冲击或地表水灌入而造成塌孔 (5)回填拌合料配合比应用量斗计量准确,并拌合均匀;含水量控制应以手握成团,落地开花为宜 (6)向孔内填料前,先夯实孔底虚土,采用二夯一填的连续成桩工艺。每根桩要求一气呵成,不得中断,防止出现松填或漏填现象。桩身密实度要求成桩1h后,击数不小于30击,用轻便触探检查"检定击数" (7)其他施工工艺要点及注意事项同灰土挤密桩地基有关部分
5	质量控制	(1)水泥及夯实用土料的质量应符合设计要求 (2)施工中应检查孔位、孔深、孔径,水泥和土的配合比、混合料含水量等 (3)施工结束应对桩体质量及复合地基承载力做检验,褥垫层应检查其夯填度 (4)夯实水泥土桩的质量检验标准应符合规范50202表4.14.4的规定

4.1.14 水泥粉煤灰碎石桩复合地基

水泥粉煤灰碎石桩复合地基施工方法 表 4-34

项次	项目	施工方法要点
1	组成、特点及使用	(1)水泥粉煤灰碎石桩(Cement Fly-ash Gravel Pile)简称CFG桩,是近年发展起来的处理软弱地基的一种新方法。它是在碎石桩的基础上掺入适量石屑、粉煤灰和少量水泥,加水拌合后制成具有一定强度的桩体。其骨料仍为碎石,用掺入石屑来改善颗粒级配;掺入粉煤灰来改善混合料的和易性,并利用其活性减少水泥用量;掺入少量水泥使具一定粘结强度。它是一种低强度混凝土桩,可充分利用桩间土的承载力,共同作用,并可传递荷载到深层地基中去,具有较好的技术性能和经济效果 (2)CFG桩的特点是:改变桩长、桩径、桩距等设计参数,可使承载力在较大范围内调整;有较高的承载力,承载力提高幅度在250%～300%,对软土地基承载力提高更大;沉降量小,变形稳定快;工艺性好,灌注方便,易于控制施工质量;可节约大量水泥、钢材,利用工业废料,消耗大量粉煤灰,降低工程费用,与预制钢筋混凝土桩加固相比,可节省投资30%～40% (3)适用于多层和高层建筑地基,如砂土、粉土,松散填土、粉质黏土、黏土、淤泥质土等的处理

续表

项次	项目	施工方法要点
2	构造要求	(1)桩径　根据振动沉桩机的管径大小而定，一般为350～400mm (2)桩距　根据土质、布桩形式、场地情况，可按表4-35选用 (3)桩长　根据需挤密加固深度而定，一般为6～12m
3	机具设备	CFG桩成孔、灌注一般采用振动式沉管打桩机架，配DZJ90型变矩式振动锤，主要技术参数为：电动机功率：90kW；激振力：0～747kN；质量：6700kg。亦可采用履带式起重机、走管式或轨道式打桩机，配有挺杆、桩管。桩管外径分ϕ325和ϕ377mm两种。此外配备混凝土搅拌机及电动气焊设备及手推车、吊斗等机具
4	材料要求及配合比	(1)碎石用粒径20～50mm，松散密度1.39t/m³，杂质含量小于5%；石屑用粒径2.5～10mm，松散密度1.47t/m³，杂质含量小于5% (2)水泥用强度等级42.5普通硅酸盐水泥，不得使用过期或受潮结块的水泥 (3)混合料配合比根据拟加固场地的土质情况及加固后要求达到的承载力而定。水泥、粉煤灰、碎石混合料的配合比相当于抗压强度为C1.2～C7的低强度等级混凝土，密度大于2.0t/m³。掺加最佳石屑率(石屑量与碎石和石屑总重量之比)约为25%左右情况下，当$\frac{W}{C}$(水与水泥用量之比)为1.01～1.47，$\frac{F}{C}$(粉煤灰与水泥重量之比)为1.02～1.65，混凝土抗压强度约为8.8～1.42MPa
5	施工工艺方法	(1)CFG桩施工工艺如图4-26 (2)桩施工程序为：桩机就位→沉管至设计深度→停振下料→振动捣实后拔管→留振10s→振动拔管、复打。应考虑隔排隔桩跳打，新打桩与已打桩间隔时间不应少于7d (3)桩机就位须平整、稳固，沉管与地面保持垂直，垂直度偏差不大于1%；如带预制混凝土桩尖，需埋入地面以下300mm (4)在沉管过程中用料斗在空中向桩管内投料，待沉管至设计标高后须尽快投料，直至混合料与钢管上部投料口齐平。混合料应按设计配合比配制，投入搅拌机加水拌合，搅拌时间不少于2min，加水量由混合料坍落度控制，一般坍落度为30～50mm；成桩后桩顶浮浆厚度一般不超过200mm (5)当混合料加至钢管投料口齐平后，沉管在原地留振10s左右，即可边振动边拔管，拔管速度控制在1.2～1.5m/min左右，每提升1.5～2.0m，留振20s。桩管拔出地面确认成桩符合设计要求后，用粒状材料或黏土封顶 (6)桩体经7d达到一定强度后，始可进行基槽开挖；如桩顶离地面在1.5m以内，宜用人工开挖；如大于1.5m，下部700mm亦宜用人工开挖，以避免损坏桩头部分。为使桩与桩间土更好地共同工作，在基础下宜铺一层150～300mm厚的碎石或灰土垫层
6	质量控制	(1)施工前应对水泥、粉煤灰、砂及碎石等原材料进行检验 (2)施工中应检查桩身混合料的配合比、坍落度、提拔杆速度(或提套管速度)、成孔深度、混合料灌入量等 (3)施工结束后应对桩顶标高、桩位、桩体强度及完整性、复合地基承载力以及褥垫层的质量做检查 (4)水泥粉煤灰碎石桩复合地基的质量检验标准应符合规范GB 50202表4.13.4的规定

桩距选用表　　**表4-35**

土质 / 桩距 / 布桩形式	挤密性好的土，如砂土、粉土、松散填土等	可挤密性土，如粉质黏土、非饱和黏土等	不可挤密性土，如饱和黏土、淤泥质土等
单、双排布桩的条基	(3～5)d	(3.5～5)d	(4～5)d
含9根以下的独立基础	(3～6)d	(3.5～6)d	(4～6)d
满堂布桩	(4～6)d	(4～6)d	(4.5～7)d

注：d——桩径，以成桩后桩的实际桩径为准。

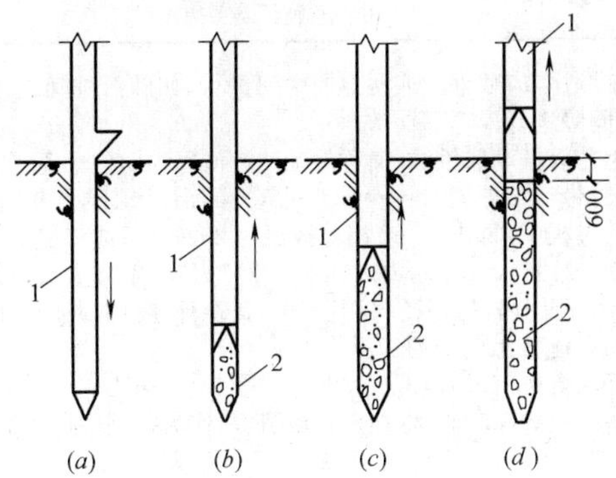

图 4-26 水泥粉煤灰碎石桩工艺流程

(a) 打入管桩；(b)、(c) 灌水泥粉煤灰碎石、振动拔管；(d) 成桩

1—桩管；2—水泥粉煤灰碎石桩

4.1.15 砂石桩复合地基

砂石桩复合地基施工方法 **表 4-36**

项次	项目	施工方法要点
1	组成、特点及使用	(1)砂桩和砂石桩统称砂石桩，是指用振动、冲击或水冲等方式在软弱地基中成孔后，再将砂或砂卵石(或砾石、碎石)挤压入土孔中，形成大直径的砂或砂卵石(碎石)所构成的密实桩体，它是处理软弱地基的一种常用方法 (2)砂石桩特点是：方法简单、技术经济效果显著；对于松砂地基，可通过挤压、振动等作用，使地基达到密实，从而增加地基承载力，降低孔隙比，减少建筑物沉降，提高砂基抵抗震动液化的能力；用于处理软黏土地基，可起到置换和排水砂井的作用，加速土的固结，形成置换桩与固结后软黏土的复合地基，显著地提高地基抗剪强度；同时这种桩采用常规施工机具，操作工艺简单，可节省水泥、钢材，就地使用廉价地方材料，施工速度快，工程成本低等 (3)适用于挤密松散砂土、素填土和杂填土等地基，对建在饱和黏性土地基上主要不以变形控制的工程，也可采用砂石桩做置换处理
2	构造和布置	(1)桩的直径　根据土质类别、成孔机具设备条件和工程情况等而定，一般为 30cm，最大 50～80cm，对饱和黏性土地基宜选用较大的直径 (2)桩的长度　当地基中的松散土层厚度不大时，可穿透整个松散土层；当厚度较大时，应根据建筑物地基的允许变形值和不小于最危险滑动面的深度来确定；对于液化砂层，桩长应穿透可液化层 (3)桩的布置和桩距　桩的平面布置宜采用等边三角形或正方形。桩距应通过现场试验确定，但不宜大于砂石桩直径的 4 倍 (4)处理宽度　挤密地基的宽度应超出基础的宽度，每边放宽不应少于 1～3 排；砂石桩用于防止砂层液化时，每边放宽不宜小于处理深度的 1/2，并且不应小于 5m。当可液化层上覆盖有厚度大于 3m 的非液化层时，每边放宽不宜小于液化层厚度的 1/2，并且不应小于 3m (5)垫层　在砂石桩顶面应铺设 30～50cm 厚的砂或砂砾石(碎石)垫层，满布于基底并予以压实，以起扩散应力和排水作用
3	机具材料要求	(1)振动沉管打桩机或锤击沉管打桩机，其型号及技术性能参见 5.1.1.3 一节。配套机具有桩管、吊斗、1t 机动翻斗车等 (2)桩填料用天然级配的中砂、粗砂、砾砂、圆砾、角砾、卵石或碎石等，含泥量不大于 5%，并且不宜含有大于 50mm 的颗粒

续表

项次	项目	施工方法要点
4	施工工艺方法	(1)砂石桩的施工顺序,应从外围或两侧向中间进行,如砂石桩间距较大,亦可逐排进行,以挤密为主的砂石桩同一排应间隔进行 (2)砂石桩成桩工艺有振动成桩法(简称振动法)和锤击成桩法(简称锤击法)两种,以前法使用较多,系采用振动沉桩机将带活瓣桩尖的与砂石桩同直径的钢管沉下,往桩管内灌砂后,边振动边缓慢拔出桩管;或在振动拔管的过程中,每拔 0.5m 高停拔振动 20～30s;或将桩管压下然后再拔,以便将落入桩孔内的砂压实,并可使桩径扩大。振动力以 30～70kN 为宜,不应太大,以防过分扰动土体。拔管速度应控制在 1～1.5m/min 范围内,打直径 500～700mm 砂石桩通常采用大吨位 KM2－1200 型振动沉桩机施工(图 4-27),砂石桩施工工艺如图 4-28 (3)施工前应进行成桩挤密试验,桩数宜为 7～9 根。振动法应根据沉管和挤密情况以确定填砂石量、提升高度和速度、挤压次数和时间、电机工作电流等,作为控制质量的标准,以保证挤密均匀和桩身的连续性 (4)灌砂石时含水量应加控制,对饱和土层,砂石可采用饱和状态,对非饱和土或杂填土,或能形成直立的桩孔壁的土层,含水量可采用 7%～9% (5)砂石桩应控制填砂石量。砂桩的灌砂量通常按桩孔的体积和砂在中密状态时的干密度计算(一般取 2 倍桩管入土体积)。砂石桩实际灌砂石量(不包括水重),不得少于设计值的 95%。如发现砂石量不够或砂石桩中断等情况,可在原位进行复打灌砂石
5	质量控制	(1)施工前应检查砂、砂石料的含泥量及有机质含量、样桩的位置等 (2)施工中检查每根砂石桩、砂桩的桩位、灌砂石、砂量、标高垂直度等 (3)施工结束后,检查被加固地基的挤密效果和荷载试验。桩身及桩与桩之间土的挤密质量,可采用标准贯入、静力触探或动力触探等方法检测,以不小于设计要求的数值为合格。桩间土质量的检测位置应在等边三角形或正方形的中心 (4)砂石桩、砂桩地基的质量检验标准应符合规范 50202 表 4.15.4 的规定

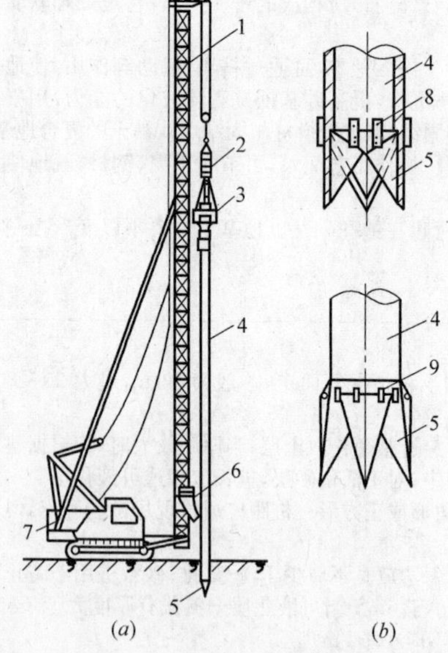

图 4-27　振动打桩机打砂石桩

(a) 振动打桩机沉桩；(b) 活瓣桩靴

1—机架；2—减振器；3—振动器；4—钢套管；5—活瓣桩尖；6—装砂石下料斗；7—机座；8—活门开启限位装置；9—锁轴

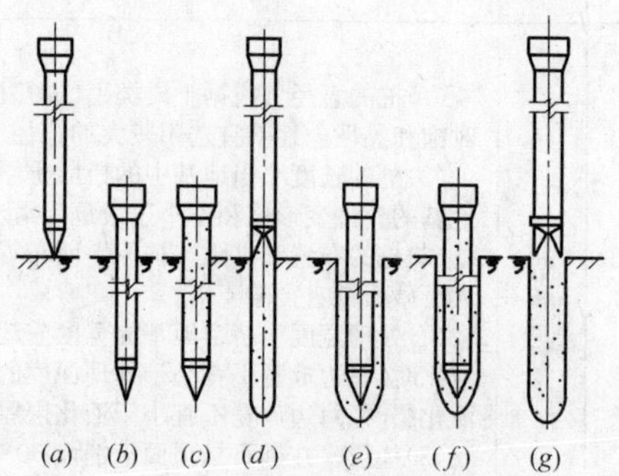

图 4-28　砂石桩施工工艺

(a) 桩架就位，桩尖插在标桩上；(b) 打设到设计标高；(c) 灌注砂石；(d) 拔起桩管，活瓣桩尖张开，砂留在桩孔内；(e) 将桩管再次打到设计标高；(f) 灌注砂石；(g) 拔起桩管完成扩大砂石桩

4.1.16 柱锤冲扩桩复合地基

柱锤冲扩桩复合地基施工方法要点 表 4-37

项次	项目	施工方法要点
1	原理、特点及使用	(1)柱锤冲扩法系反复将柱状重锤提到高处使其自由落下冲击成孔，然后分层填料夯实形成扩大桩体，与桩间土组成复合地基的地基处理方法 (2)柱锤冲扩桩法是利用柱锤反复冲扩排开软弱土成孔，夯填入碎砖三合土、级配砂石、矿渣、灰土或水泥混合土等材料，采用分层填入和夯击，使地基得到加固，主要有四点作用：1)成孔及成桩过程中对原土的动力挤密作用；2)对原土的动力固结作用；3)冲扩桩充填置换作用(包括桩身及扩入桩间土的骨料)；4)生石灰的水化和胶凝作用(化学置换)。从而使复合地基的强度大幅度提高，并获得稳定 (3)适用于处理杂填土、粉土、黏性土、素填土和黄土等地基，对地下水位以下饱和松软土层，应通过现场试验确定其适用性。地基处理深度不宜超过 6m，复合地基承载力特征值不宜超过 160kPa
2	施工机具设备	(1)柱锤用钢材制作或用钢板为外壳内部浇筑混凝土制成，也可用钢管为外壳内部浇铸铁制成。为适应不同工程的要求，钢制柱锤可制成装配式的，由组合块和锤顶两部分组成，使用时用螺栓连成整体，调整组合块数(一般 0.5t/块)，即可按工程需要组合成不同重量和长度的柱锤。锤型选择应按土质软硬、处理深度及成桩直径经试成桩后加以确定，柱锤长度不宜小于处理深度，表 4-38 可供参考 (2)升降柱锤的起重设备可选用 10～30t 自行杆式起重机或步履式夯扩桩机，采用自动脱钩装置，起重能力一般不应小于锤重量的 3～5 倍
3	施工技术参数	(1)处理范围应大于基底面积。对一般地基，在基础外缘应扩大 1～2 排桩，并不应小于基底下处理土层厚度的 1/2。对可液化地基应适当加大处理宽度 (2)桩位布置可采用正方形、矩形、三角形布置。常用桩距为 1.5～2.5m，或取桩径的 2～3 倍。 (3)桩径可取 500～800mm。桩孔内填料量应通过现场试验确定 (4)地基处理深度可根据工程地质情况及设计要求确定，对相对硬层埋藏较浅的土层，应深达相对硬土层；当相对硬层埋藏较深时，应按下卧层地基承载力及建筑物地基的变形允许值确定 (5)在桩顶部应铺设 200～300mm 厚的夯填砂石垫层 (6)桩体材料可采用以拆房为主组成的碎砖三合土，以降低工程造价；有条件时也可以采用级配砂石、矿渣、灰土、水泥混合土等。当采用碎砖三合土时，其配合比(体积比)可采用生石灰∶碎砖∶黏性土为 1∶2∶4。石灰宜采用块状生石灰，CaO 含量(质量分数)应在 80%以上；碎砖粒径不宜大于 120mm，以 60mm 左右最佳；土料不应含有机杂质
4	施工工艺方法	(1)柱锤冲扩桩法施工程序为：清理平整施工场地，布置桩位→施工机具就位，使柱锤对准桩位→柱锤冲孔→成桩→施工机具移位，重复以上工序进行下根桩施工，直至全部桩施工完成→开挖基槽→铺设垫层并夯实 (2)柱锤冲孔根据土质及地下水情况可分别采用以下三种成孔方式： 1)冲击成孔：将柱锤提升一定高度，自动脱钩下落冲击土层，如此反复冲击，接近设计成孔深度时，可在孔内填少量粗骨料继续冲击，直到孔底被夯密实。本法为最基本的成孔工艺，条件是冲孔时孔内无明水、孔壁直立、不塌孔、不缩颈 2)填料冲击成孔：成孔时出现缩颈或塌孔时，可分次填入碎砖和生石灰块，边冲击边将填料挤入孔壁及孔底，当孔底接近设计成孔深度时，夯入部分碎砖挤密桩端土 3)复打成孔：当坍孔严重难以成孔时，可提锤反复冲击至设计孔深，然后分次填入碎砖和生石灰块，待孔内生石灰吸水膨胀，桩间土性质有所改善后，再进行二次冲击复打成孔 当采用上述方法仍难以成孔时，也可以采用套管成孔，即用柱锤边冲孔边将套管压入土中，直至桩底设计标高 (3)填料时用标准料斗或运料车将拌合好的填料分层填入桩孔夯实。当采用套管成孔时，边分层填料夯实，边将套管拔出。锤的重量、锤长、落距、分层填料量、分层夯填度、夯击次数、总填料量等应根据试验或按当地经验确定。填料充盈系数一般不宜小于 1.5。如密实度达不到设计要求，应空夯夯实。每个桩孔应夯填至桩顶设计标高以上至少 0.5m，当不能满足上述要求时，应进行夯实或采用局部换填处理。其上部桩孔宜用原槽土夯封。施工中应做好记录，并对发现的问题及时处理 (4)成孔及填料夯实的施工顺序宜间隔进行，以防发生地面隆起、表层桩和桩间土出现松动，降低地基处理效果
5	质量控制	(1)施工前应检查柱锤质量和落距，并对桩位放线进行复核，成孔后检查桩位、桩径，发现偏差应及时纠正。桩位偏差不宜大于 1/2 桩径，桩径负偏差不宜大于 100mm，桩数应满足设计要求 (2)施工过程中应随时检查施工记录及现场施工情况，并对照预定的施工工艺标准，对每根桩进行质量评定。对质量有怀疑的工程桩，应用重型动触探进行自检

续表

项次	项目	施工方法要点
5		(3)冲扩桩施工结束后7～14d内，可对桩身及桩间土进行抽样检验，可采用重型动力触探进行，并对处理后桩身质量及复合地基承载力作出评价。检查点数可按冲扩桩总数的2%计。每一单体工程桩身及桩间土总检查点数均不应少于6点 (4)柱锤冲扩桩地基竣工验收时，承载力检验应采用复合地基载荷试验 (5)检验数量为总桩数的0.5%，且每一单位工程不应少于3点。载荷试验应在成桩14d后进行 (6)基槽开挖后，应检查桩位、桩径、桩数、桩顶密实度及槽底土质情况。如发现漏桩、桩位偏差过大、桩头及槽底土质松软等质量问题，应及时采取补救措施

常用柱锤规格、形状　　表4-38

序号	直径(mm)	长度(m)	重量(t)	锤底形状
1	325	2～6	1.0～4.0	凹形底
2	377	2～6	1.5～5.0	凹形底
3	500	2～6	3.0～9.0	凹形底

注：1. 封顶或拍底时，可采用重量2～10t的扁平重锤进行。
2. 本表为沧州市机械施工有限公司的产品。

4.1.17 硅化地基与碱液注浆地基

一、硅化地基

硅化地基施工方法　　表4-39

项次	项目	施工方法要点
1	原理、特点及使用	(1)土的硅化加固法有：压力单液硅化法、压力双液硅化法、电动双液硅化法和加气硅化法 压力单液硅化法，是将水玻璃溶液用泵或压缩空气加压通过注液管压入土中；压力双液硅化法，是将水玻璃与氯化钙溶液轮流压入土中；电动双液硅化法，是在压力双液硅化的基础上，设置电极，通入直流电进行，以扩大溶液的分布半径；加气硅化法是先在土中注入二氧化碳气体，预先使土体活化，然后将水玻璃压入土中，由于水玻璃溶液吸收二氧化碳形成自真空作用，使得水玻璃溶液能够均匀的渗透到土的微孔中，使大部分孔隙被硅胶充填，从而使土的加固效果更为显著 (2)硅化及加气硅化设备工艺简单，机动灵活，易于掌握，可有效地提高地基强度。用单液硅化的黄土，可消除湿陷性，降低压缩性，抗压强度可达0.6～1.0N/mm²；用双液硅化的砂土，抗压强度可达1～5N/mm²；用加气硅化比用普通单液硅化法加固黄土的强度高1～2倍，可有效控制附加下沉，加固土的体积增大1倍，水稳定性增大1～2倍，水玻璃用量可减少20%～40%，成本降低30%左右 (3)土的硅化加固适用范围见表4-40，但不适用于已被沥青、油脂和石油化合物所浸透的土以及地下水pH值大于9.0的土
2	机具材料要求	(1)硅化注浆用的主要机具设备有振动打拔管机(或振动钻或三角架穿心锤)、注浆花管、压力胶管、ϕ42连接钢管、齿轮泵或手摇泵、浆液搅拌机、捯链三角架、贮液罐等 (2)注浆材料：水玻璃，模数宜为2.5～3.3，不溶于水的杂质含量不得超过2%，颜色为透明或稍带混浊；氯化钙溶液，pH值不得小于5.5～6.0，每1L溶液中杂质不得超过60g，悬浮颗粒不得超过1%； 硅化所用化学溶液的浓度，可参见表4-40规定的密度值采用；二氧化碳采用工业用二氧化碳(压缩瓶装)
3	工艺操作方法及注意事项	(1)施工前应预先在现场进行试验，确定各项参数 (2)施工时，注液管用内径20～50mm、壁厚5mm的带管尖的有孔管，泵和压缩空气以0.2～0.6N/mm²的压力，将溶液以1～5L/min的速度压入土中。注液管间距为1.73R，行距1.5R(图4-29)，R为每根注液管的加固半径，其值按表4-41取用，砂类土每层加固厚度为注液管有孔部分的长度加0.5R，其他可按试验确定 (3)硅化加固土层以上，应保留1～1.5m的不加固土层，以防冒浆 (4)施工程序对均质土层，应按加固层自上而下进行，如土的渗透系数随深度增大，则应自下而上进行。采用压力或电动双液硅化法，溶液灌注程序为：当地下水流速v小于1m/d时，应先自上而下的灌注水玻璃，然后再自下而上的灌注氯化钙；当v为1～3m/d时，轮流将水玻璃与氯化钙溶液注入；当v

续表

项次	项目	施工方法要点
3	工艺操作方法及注意事项	大于 3m/d 时，应将水玻璃与氯化钙溶液同时注入，灌注间隔时间应符合表 4-42 规定。灌注次序：采用单液硅化时，溶液应逐排灌注；采用双液硅化时，溶液应先灌注单数排，然后压灌双数排。不同土类灌注速度见表 4-43 (5)注浆溶液的总用量 Q(L)可按下式确定： $$Q = KVn \cdot 1000$$ 式中 V——硅化土的体积(m^3)； n——土的孔隙率； K——经验系数：对淤泥、黏性土、细砂，$K=0.3\sim0.5$；中砂、粗砂，$K=0.5\sim0.7$；砾砂，$K=0.7\sim1.0$；湿陷性黄土，$K=0.5\sim0.8$ 采用双液硅化时，两种溶液用量应相等 (6)灌注管成孔用振动打拔管机、振动钻或三角架穿心锤，锤重 25～30kg。电极可用 $\phi22$ 钢筋，用打入法或先钻孔 2～3m，再打入 (7)电动双液硅化是把注浆管作阳极，铁棒作阴极，将水玻璃和氯化钙溶液先后由阳极压入土中，通电后孔隙水由阳极流向阴极，化学溶液也随之渗流分布于土的孔隙中，硬化生成硅胶。要求电压梯度为 0.5～0.75V/cm。不加固土层的注液管应绝缘；注液与通电应连续进行 (8)加气硅化工艺与压力单液硅化法基本相同，只在注液前先通过注浆管加气，然后注浆，再加一次气即告完成 (9)硅化完毕，用桩架或三角架借卷扬机或捯链拔管，留下的孔洞，用 1∶5 水泥砂浆或土填塞
4	质量控制	(1)硅化地基的检测，砂土和黄土应在施工完 15d 以后，黏性土应在 60d 后进行 (2)砂土硅化后的强度，应取试块做无侧限抗压试验，其值不得低于设计强度的 90%；黏性土硅化后，应按加固前、后沉降观测变化或使用触探(或标贯)测定加固前后的阻力的变化，以确定加固强度和加固范围 (3)用比电阻法测加固体的分布范围 (4)硅化注浆地基的质量检验标准同 4.1.5 注浆地基及表 4-10 质量控制中有关规定

硅化的适用范围及化学溶液的浓度 表 4-40

硅化方法	土的种类	土的渗透系数(m/d)	溶液的密度(t=18℃)	
			水玻璃 (模数 2.5～3.3)	氯化钙
电动双液硅化	各种土	≤0.1	1.13～1.21	1.07～1.11
压力双液硅化	砂类土和黏性土	0.1～10 10～20 20～30	1.35～1.38 1.38～1.41 1.41～1.44	1.26～1.28
无压或压力单液硅化	湿陷性黄土	0.1～2	1.13～1.25	—
加气硅化	湿陷性黄土、 饱和黄土、砂类土、 黏性土和素填土	0.1～2	1.09～1.21	—

土的压力硅化加固半径 表 4-41

项次	土的类型及加固方法	土的渗透系数(m/d)	土的加固半径(m)
1	砂土压力双液硅化法	2～10 10～20 20～50 50～80	0.3～0.4 0.4～0.6 0.6～0.8 0.8～1.0
2	湿陷性黄土压力单液硅化法	0.1～0.3 0.3～0.5 0.5～1.0 1.0～2.0	0.3～0.4 0.4～0.6 0.6～0.9 0.9～1.0

续表

项次	土的类型及加固方法	土的渗透系数(m/d)	土的加固半径(m)
3	砂类土	<1 1～5 10～20 20～80	1～2 2～5 2～3 3～5
4	湿陷性黄土	0.1～0.5 0.5～2.0	2～3 3～5

向注液管中灌注水玻璃和氯化钙溶液的间隔时间　表 4-42

地下水流速(m/d)	0.0	0.5	1.0	1.5	3.0
最大间隔时间(h)	24	6	4	2	1

注：当加固土的厚度大于 5m，且地下水流速小于 1m/d，为避免超过上述间隔时间，可将加固的整体沿竖向分成几段进行。

土的渗透系数和灌注速度　表 4-43

土的名称	土的渗透系数(m/d)	溶液灌注速度(L/min)
砂类土	<1 1～5 10～20 20～80	1～2 2～5 2～3 3～5
湿陷性黄土	0.1～0.5 0.5～2.0	2～3 3～5

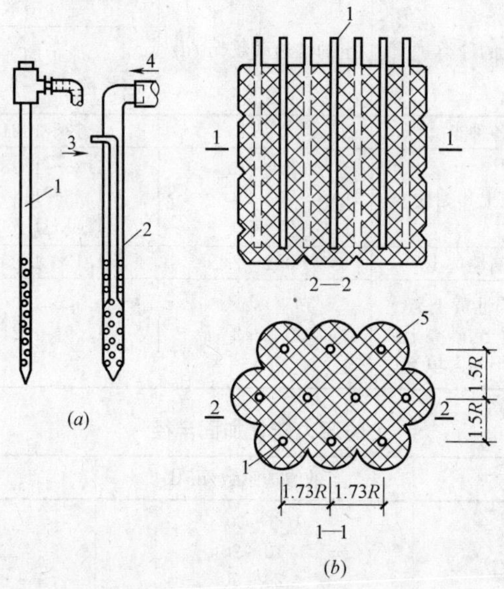

图 4-29　压力硅化注浆管的排列及构造

(*a*) 注浆管构造；(*b*) 注浆管的排列与分层加固

1—单液注浆管；2—双液注浆管；3—第一种溶液；4—第二种溶液；5—硅化加固区

二、碱液注浆地基

碱液注浆地基施工方法 表 4-44

项次	项目	施工方法要点
1	原理、特点及使用	(1)碱液注浆加固地基，是将一定浓度、温度的碱液借自重灌入黄土中，与土中二氧化硅及二氧化铝、氧化钙、氧化镁等可溶性及交换性碱土金属阳离子发生置换反应，逐步在土粒外壳形成一层主要成分为钠硅酸盐及铝硅酸盐的胶膜，牢固地胶结着土颗粒，从而提高土的强度，使土体得到加固 (2)碱液加固地基，根据不同成分的土，可分别采用单液（NaOH 溶液）或双液（NaOH 溶液和 $CaCl_2$ 溶液）。一般对于钙、镁离子饱和的黏性土，多用单液加固，对于钙镁离子含量较少的土，可采用双液法，即在灌完碱液后，再灌入氯化钙溶液，从而生成加固土所需要的氢氧化钙与水硬性的胶结物(nSiO · $x$$H_2O$)，与土颗粒起到一定的胶结作用 (3)碱液加固特点是：可有效地提高地基强度(可达 0.5MPa，相当天然土的 2～5 倍)，同时可大大消除或完全消除湿陷性，降低压缩性，提高水稳性，而且使用施工设备简单，操作容易，材料易得，费用较低(仅为硅化法的三分之一) (4)适用于湿陷性黄土地基；对于黏性土、素填土、地下水位以上的黄土地基，经试验有效时也可应用，但长期受酸性污水浸蚀的地基不宜采用
2	机具设备及材料要求	(1)碱液加固机具设备包括：贮浆桶、注液管、输浆胶管及阀门，以及加热设备等 (2)碱液加固所用 NaOH 溶液可用浓度大于 30%或固体烧碱加水配制；对于 NaOH 含量大于 50g/L的工业废碱液和用土碱及石灰烧煮的土烧碱液，经试验对加固有效时亦可使用。配制好的碱液中，其不溶性杂质含量不宜超过 1g/L，Na_2CO_3 含量不应超过 NaOH 的 5% $CaCl_2$ 溶液要求杂质含量不超过 1g/L，而悬浮颗粒不得超过 1%，pH 值不得小于 5.5～6.0
3	施工操作工艺方法	(1)碱液注浆加固装置及工艺如图 4-30 所示 (2)加固前，应在原位进行单孔注浆试验，以确定单孔加固半径、溶液灌注速度、温度及注浆量等技术参数 (3)注浆孔一般可用洛阳铲或螺旋钻、麻花钻成孔，或用带锥形头的钢管打入土中然后拔出成孔，直径一般为 60～100mm。先在孔中填粒径 20～40mm 石子，至注浆管下端标高，然后插入直径 20mm 镀锌铁皮制注浆管，下部沿管长每 20cm 钻 3～4 个直径 34mm 孔眼 (4)当注浆孔深度(石子填充部分)小于 3m 时，注浆管底部以上 30cm 周围应用粒径 2～5mm 小石子填充；大于 3m 时高度应适当加大，以上用 2∶8 灰土填充夯实直到地表为止。当加固深大于 5m，可以采用分层灌注，以保证加固的均匀性 (5)加固时，灌注孔应分期分批间隔打设和灌注，同一批打设的灌注孔的间距为 2～3m，每个孔必须灌注完全部溶液后，才可打设相邻的灌注孔 (6)碱液加固多采用不加压的自渗方式灌注，溶液宜采取加热(温度 90～100℃)和保温措施。灌注顺序为： 1)单液法　先灌注浓度较大(100%～130%)的 NaOH 溶液，接着灌注较稀(50%)的 NaOH 溶液，灌注应连续进行不应中断 2)双液法　按单液法灌完 NaOH 溶液后，间隔 4h 至 1d 再灌注 $CaCl_2$ 溶液。$CaCl_2$ 溶液同样先浓(100%～130%)后稀(50%)。为加快渗透硬化，灌注完后，可在灌注孔中通入 1～1.5 大气压的蒸汽加温约 1h 当碱液的加入量为干土重的 2%～3%时，土体即可得到很好的加固。单液加固时，每 $1m^3$ 土体需 NaOH 为 40～50kg。双液加固时，NaOH、$CaCl_2$ 各需 30～40kg (7)加固时，用蒸汽保温可使碱液与地基土层作用得快而充分，即在 70～100kPa 的压力下通蒸汽 1～3h，如需灌 $CaCl_2$ 溶液，在通汽后随即灌注。应注意的是，对自重湿陷性显著的黄土而言，需要挤密成孔方法，并且注浆和注汽要交叉进行，使地基尽快获得加固强度，以消除灌浆过程中所产生的附加沉陷 (8)加固已湿陷基础，灌浆孔设在基础两侧或周边各布置一排。如要求将加固体连成一体，孔距可取 0.7～0.8m。单孔的有效加固半径 R 可达 0.4m，有效加固厚度为孔长加 0.5R。不要求加固体连接成片时，如固体可视作桩体，孔距为 1.2～1.5m，加固土柱体强度可按 300～400kPa 使用

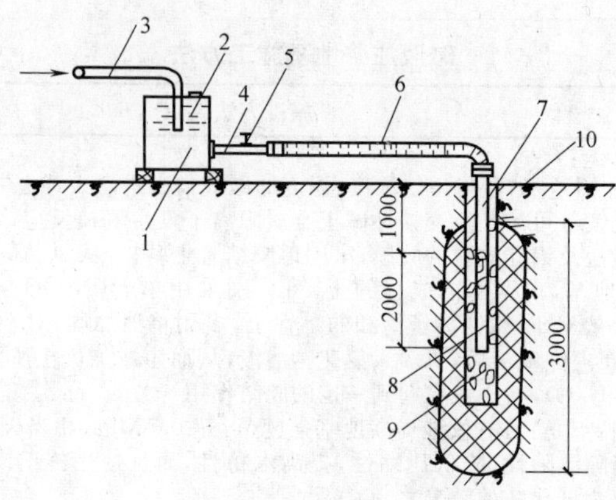

图 4-30　碱液注浆加固装置

1—注浆桶（可用汽油桶代用）；2—碱液；3—蒸汽管；4—ϕ20mm 钢管；5—阀门；6—ϕ25mm 胶皮管；7—ϕ20mm 注浆钢管；8—注浆孔；9—小石子；10—黏土夯实封孔

4.2　局部特殊地基处理

4.2.1　松土坑、古墓、坑穴

松土坑、古墓、坑穴处理方法　　表 4-45

松土坑情况	处理简图	处理方法
松土坑在基槽中范围较小时	1—1　2:8灰土	将坑中松软土挖除，使坑底及四壁均见天然土为止，回填与天然土压缩性相近的材料。当天然土为砂土时，用砂或级配砂石回填；当天然土为较密实的黏性土，用3∶7灰土分层回填夯实；天然土为中密可塑的黏性土或新近沉积黏性土，可用1∶9或2∶8灰土分层回填夯实，每层厚度不大于20cm
松土坑在基槽中范围较大，且超过基槽边沿时	软弱土　2:8灰土　2—2　h_1　l_1	因条件限制，槽壁挖不到天然土层时，则应将该范围内的基槽适当加宽，加宽部分的宽度可按下述条件确定：当用砂土或砂石回填时，基槽每边均应按 l_1 ∶ h_1＝1∶1坡度放宽；用1∶9或2∶8灰土回填时，基槽每边应按 b ∶ h＝0.5∶1坡度放宽；用3∶7灰土回填时，如坑的长度≤2m，基槽可不放宽，但灰土与槽壁接触处应夯实
松土坑较深，且大于槽宽或1.5m时	B　B或1500　4Φ8～12　60　4Φ8～12　60	按以上要求处理挖到老土，槽底处理完毕后，还应适当考虑加强上部结构的强度，方法是在灰土基础上1～2皮砖处（或混凝土基础内）、防潮层下1～2皮砖处及首层顶板处，加配4Φ8～12钢筋跨过该松土坑两端各1m，以防产生过大的局部不均匀沉降

续表

松土坑情况	处理简图	处理方法
松土坑地下水位较高时		当地下水位较高，坑内无法夯实时，可将坑(槽)中软弱的松土挖去后，再用砂土、砂石或混凝土代替灰土回填
基础下有古墓地下坑穴	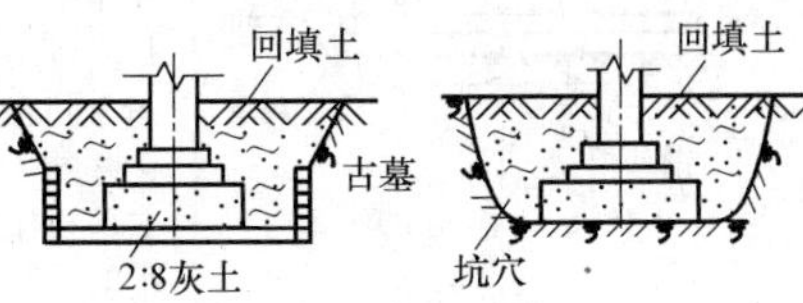 回填土 古墓 2:8灰土 回填土 坑穴	(1)将墓穴中松土杂物挖出，分层回填好土或3∶7灰土夯实，使干密度达到规定要求 (2)如古墓中有文物应及时报主管部门或当地政府处理 (3)如填充土已恢复原状结构的可不处理

4.2.2 砖井、土井、废矿井

砖井、土井、废矿井的处理方法　　表 4-46

井的部位	处理简图	处理方法
砖井、土井在室外，距基础边缘5m以内	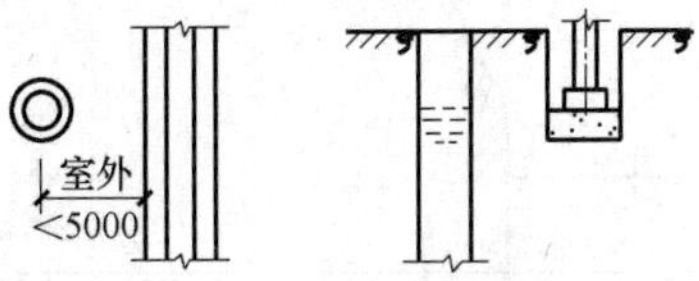 室外 <5000	先用素土分层夯实，回填到室外地坪以下1.5m处，将井壁四周砖圈拆除或松软部分挖去，然后用素土分层回填并夯实
砖井、土井在室内基础附近	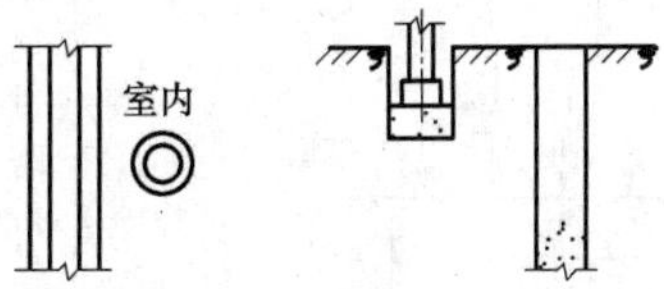 室内	将水位降低到最低可能限度，用中、粗砂及块石、卵石或碎砖等回填到地下水位以上50cm。砖井应将四周砖圈拆至坑(槽)底以下1m或更深些，然后再用素土分层回填并夯实
砖井、土井在基础下或条形基础3B或柱基2B范围内	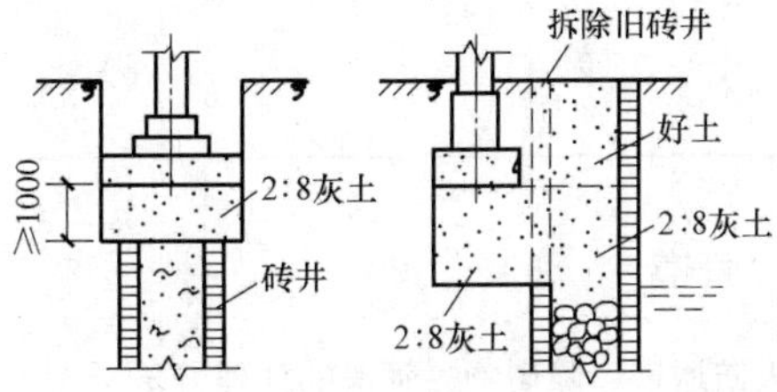 ≥1000 2:8灰土 砖井 拆除旧砖井 好土 2:8灰土 2:8灰土	先用素土分层回填夯实，至基础底下2m处，将井壁四周松软部分挖去，有砖井圈时，将井圈拆至槽底以下1～1.5m。当井内有水，应用中、粗砂及块石、卵石或碎砖回填至水位以上50cm，然后再按上述方法处理；当井内已填有土，但不密实，且挖除困难时，可在部分拆除后的砖石井圈上加钢筋混凝土盖封口，上面用素土或2∶8灰土分层回填、夯实至槽底
砖井、土井在房屋转角处，且基础部分或全部压在井上	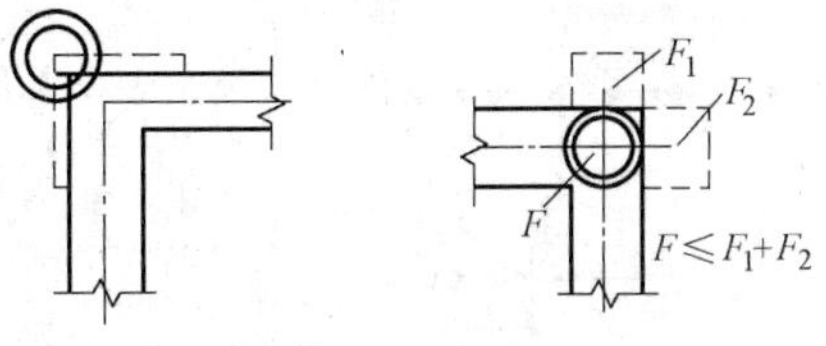 F_1 F_2 F $F \leqslant F_1+F_2$	除用以上办法回填处理外，还应对基础加固处理。当基础压在井上部分较少，可采用从基础中挑钢筋混凝土梁的办法处理。当基础压在井上部分较多，用挑梁的方法较困难或不经济时，则可将基础沿墙长方向向外延长出去，使延长部分落在天然土上，落在天然土上基础总面积应等于或稍大于井圈范围内原有基础的面积，并在墙内配筋或用钢筋混凝土梁来加强

续表

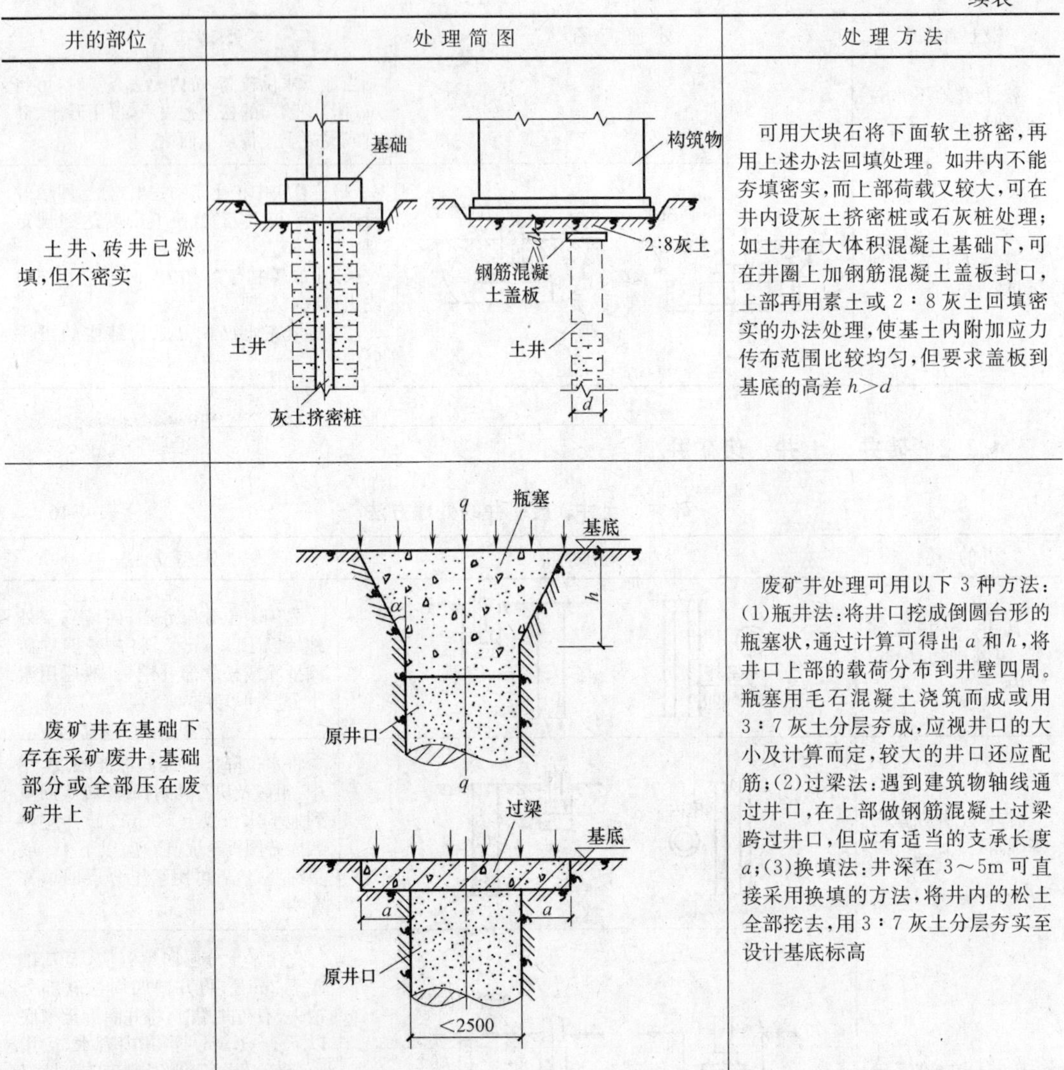

井的部位	处理简图	处理方法
土井、砖井已淤填，但不密实		可用大块石将下面软土挤密，再用上述办法回填处理。如井内不能夯填密实，而上部荷载又较大，可在井内设灰土挤密桩或石灰桩处理；如土井在大体积混凝土基础下，可在井圈上加钢筋混凝土盖板封口，上部再用素土或 2∶8 灰土回填密实的办法处理，使基土内附加应力传布范围比较均匀，但要求盖板到基底的高差 $h>d$
废矿井在基础下存在采矿废井，基础部分或全部压在废矿井上		废矿井处理可用以下 3 种方法：(1)瓶井法：将井口挖成倒圆台形的瓶塞状，通过计算可得出 α 和 h，将井口上部的载荷分布到井壁四周。瓶塞用毛石混凝土浇筑而成或用 3∶7 灰土分层夯成，应视井口的大小及计算而定，较大的井口还应配筋；(2)过梁法：遇到建筑物轴线通过井口，在上部做钢筋混凝土过梁跨过井口，但应有适当的支承长度 a；(3)换填法：井深在 3～5m 可直接采用换填的方法，将井内的松土全部挖去，用 3∶7 灰土分层夯实至设计基底标高

4.2.3　人防通道、障碍物、管道

地下人防通道、障碍物、管道的处理方法　　　　表 4-47

地基情况	处理简图	处理方法
基础附近下部有人防通道或基础深于邻近建筑物基础	人防通道　h　l　新基础　原基础　ΔH　l	(1)当基础下有人防通道横跨时，除人防通道的上部非夯实土层应分层夯实外，还应对基础采取相应的跨越措施，如钢筋混凝土地梁、托底加固等。当人防通道与基础方向平行时（左图），$h/l \leqslant 1$ 时，一般可不作处理；当 $h/l>1$ 时，则应将基础落深，直至满足 $h/l \leqslant 1$ 的要求 (2)当所挖的基槽（坑）深于邻近建筑物基础时，为了使邻近建筑物基础不受影响，一般应满足下列条件：$\Delta H/l \leqslant 0.5 \sim 1$

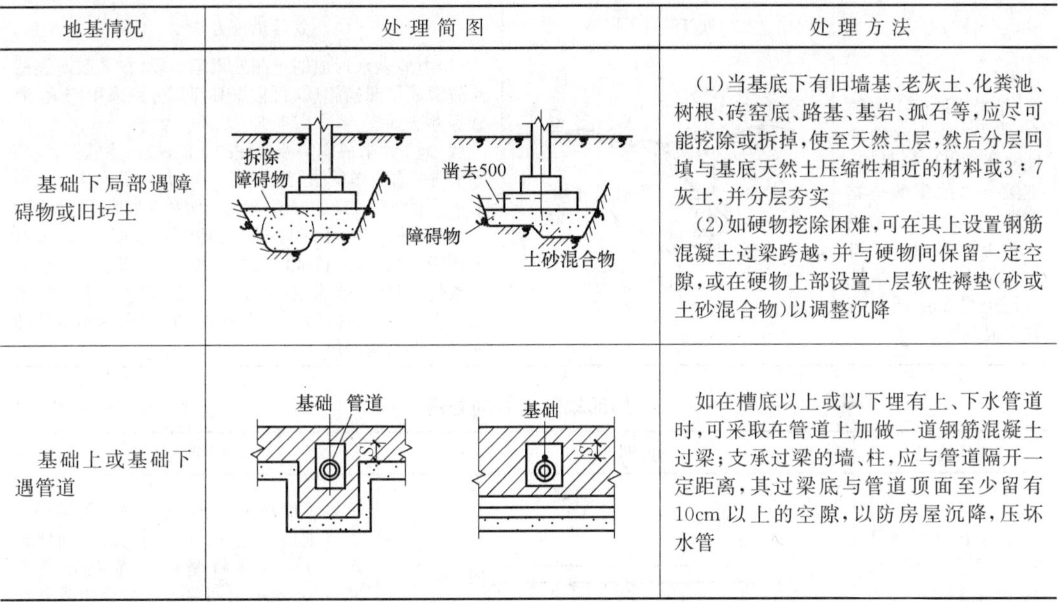

续表

地基情况	处理简图	处理方法
基础下局部遇障碍物或旧圬土	拆除障碍物；凿去500；障碍物；土砂混合物	(1)当基底下有旧墙基、老灰土、化粪池、树根、砖窑底、路基、基岩、孤石等，应尽可能挖除或拆掉，使至天然土层，然后分层回填与基底天然土压缩性相近的材料或3∶7灰土，并分层夯实 (2)如硬物挖除困难，可在其上设置钢筋混凝土过梁跨越，并与硬物间保留一定空隙，或在硬物上部设置一层软性褥垫(砂或土砂混合物)以调整沉降
基础上或基础下遇管道	基础 管道；S；基础；S	如在槽底以上或以下埋有上、下水管道时，可采取在管道上加做一道钢筋混凝土过梁；支承过梁的墙、柱，应与管道隔开一定距离，其过梁底与管道顶面至少留有10cm以上的空隙，以防房屋沉降，压坏水管

4.2.4 溶洞、土洞、软硬地基

溶洞、土洞地基处理　　表4-48

名称、形成	处理简图	处理措施方法
溶洞 (由可溶性石灰岩、泥灰岩、白云岩、大理岩、硫酸盐类岩层或氯盐类岩层长期受雨水、含碳酸的地下水溶蚀作用以及地表水通过裂隙进入内部流动等原因形成。常出现在斜坡断层附近，背斜层的顶部)	凿去基岩；砌石拱；块石灌浆；溶岩 (*a*) 原土；凿去基岩；跨洞梁；溶洞；溶岩 (*b*) 砌石柱；块石灌浆；溶岩 (*c*)	(1)对裸露地面，强度低的溶洞，可挖除洞内的软弱填充物，用块石、碎石、砾石、灰土或毛石混凝土分层填实；对埋藏较浅，顶板破碎的溶洞，应清除覆土，爆开顶板，挖除充填软土，分层填碎石、土石混合物等 (2)当洞体强度较高，洞顶岩体较好，可采取用料石或预制混凝土块砌拱(简图*a*)，外用素混凝土灌实；或砌石柱、浇灌注桩墩或沉井处理；其附近小洞用浆砌块石找平等方法处理 (3)对个别跨度不大，洞壁坚固、完整的裂隙状深溶洞，可在顶部作钢筋混凝土梁板跨越，将结构置于梁板上(简图*b*)，或采取调整柱距的办法避开溶洞 (4)埋藏较深、较大、顶板较厚的溶洞，可钻孔向洞内灌水泥砂浆或低强度等级混凝土填塞；如能进入洞内亦可用石砌柱支承 (5)洞顶无流动水、洞深5m左右，且无连续贯通溶道的溶洞，可在洞内埋压浆管，填块石、碎石至洞顶，再用压力灌浆方法压注M5水泥砂浆将石间缝隙填实 (6)有流动水的，岩石较破碎的深溶洞，挖除沉积物后用浆砌石柱作基础，周围填块石灌浆填充，柱顶用梁、板支承上部结构，地下水用排水洞、渗水井、排水管等排除或改道(简图*c*)

续表

名称、形成	处理简图	处理措施方法
土洞 （是岩溶地区上覆的黏土层经地表水的冲蚀或地下水潜蚀作用，把黏土里的碳酸盐类溶解，将黏性弱的细颗粒带走而形成。多出现在岩溶地区可溶性岩层上黏土层或碎石黏土混合层中）	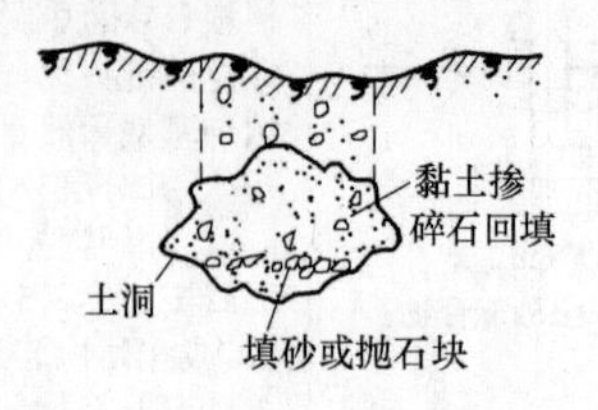	（1）由地表水形成的土洞或塌陷地段，在采取地表截流防渗或堵漏措施后，再根据其埋深分别采用挖填、灌砂等办法处理 （2）地下水形成塌陷及浅埋的土洞，应清除软泥，底填砂子或抛石块作反滤层，面层用黏土加碎石夯实。对地下水采取截流改道的办法，阻止土洞和地表塌陷的发展 （3）深埋土洞，可打洞用砂砾或细石混凝土填灌；对重要建筑物，可用桩或沉井穿过覆土层，将上部建筑物荷载传至基岩；或采用梁板跨越土洞，以支承上部建筑物，但应注意洞体的承载力和稳定性；或采取结构处理加强上部结构刚度

局部软硬地基的处理　　表 4-49

地基情况	处理简图	处理措施方法
基础下局部遇基岩、旧墙基、大孤石、老灰土或圬工构筑物	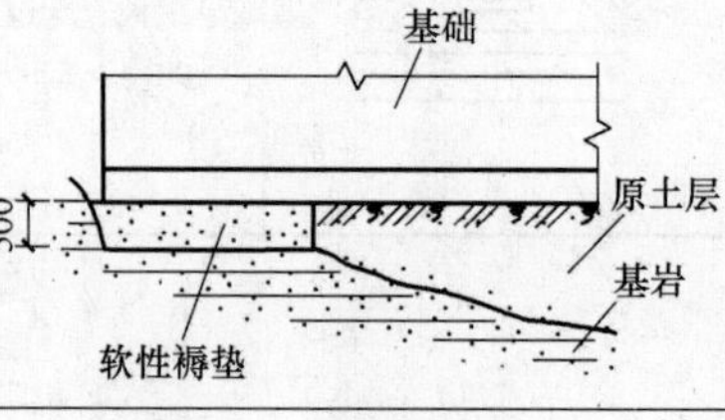 基础 500 原土层 基岩 软性褥垫	尽可能挖去，以防建筑物由于局部落于坚硬地基上，造成不均匀沉降而使建筑物开裂；或将坚硬地基部分凿去30～50cm深，再回填土砂混合物或砂作软性褥垫，使软硬部分可起到调整地基变形作用，避免裂缝
基础一部分落于基岩或硬土层上，一部分落于软弱土层上	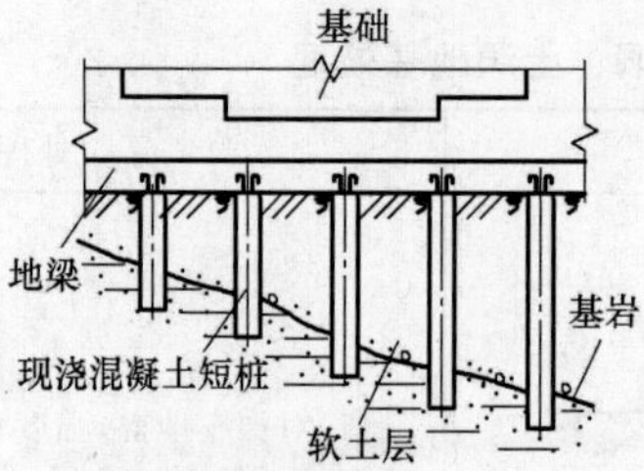 基础 地梁 现浇混凝土短桩 软土层 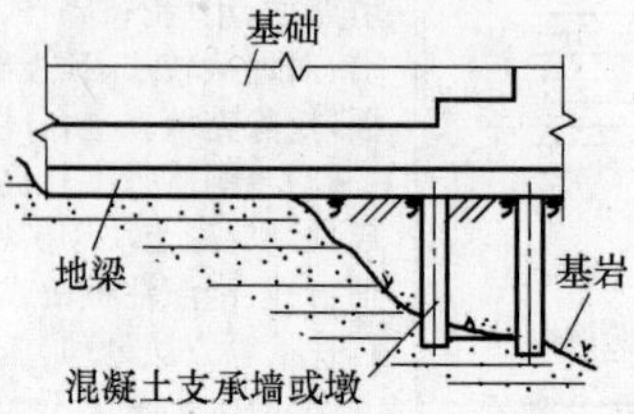 基岩 基础 地梁 基岩 混凝土支承墙或墩	在软土层上采用现场钻孔灌注桩至基岩；或在软土部位作混凝土或砌块石支承墙（或支墩）至基岩；或将基础以下基岩凿去 30～50cm 深，填以中粗砂或土砂混合物作软性褥垫，使之能调整岩土交界部位地基的相对变形，避免应力集中出现裂缝；或采取加强基础和上部结构的刚度，来克服软硬地基的不均匀变形
基础落于厚度不一的软土层上，下部有倾斜较大的岩层	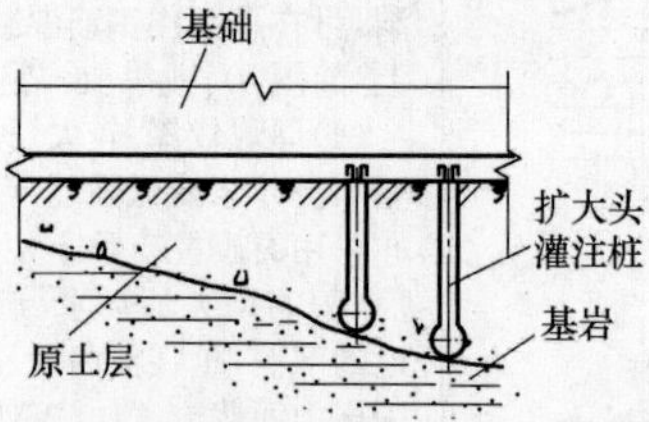 基础 扩大头 灌注桩 基岩 原土层 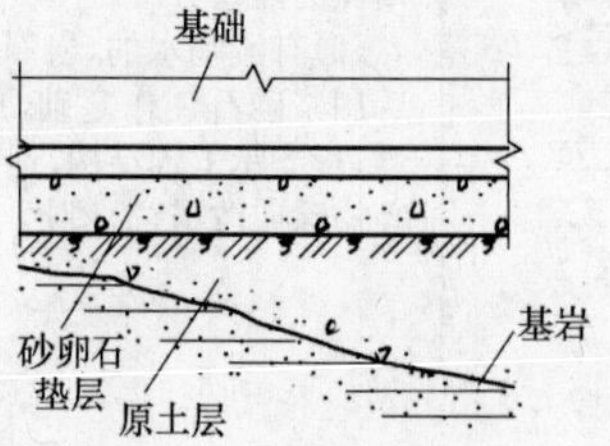 基础 砂卵石 垫层 原土层 基岩	有软土层采用现场钻孔钢筋混凝土短桩直至基岩；或在基础底板下作砂石垫层处理，使应力扩散，减低地基变形

续表

地基情况	处理简图	处理措施方法
基础一部分落于原土层上，一部分落于回填土地基上	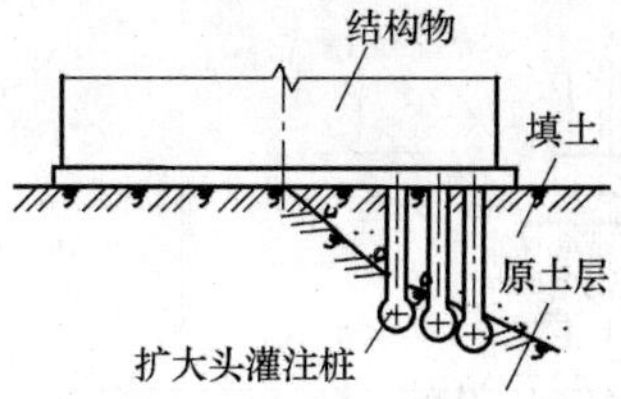	在填土部位用现场钻孔灌注桩或钻孔爆扩桩直至原土层，使该部位上部荷载直接传至原土层，以避免地基的不均匀沉陷

4.2.5 石芽、石林、溶沟、溶槽

石芽、石林地基处理 **表 4-50**

名称、形成	处理简图	处理措施方法
石芽（石笋）石林 在埋藏石灰岩、硫酸盐类岩石地区，地表岩体受地表水的长期溶蚀作用而形成，中间多被黏土填充。地表露出顶端尖，下部粗的锥形岩体称“石芽”，又称“石笋”，石芽林立的称“石林”	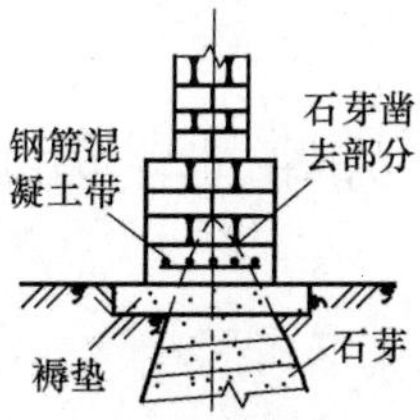 (*a*) 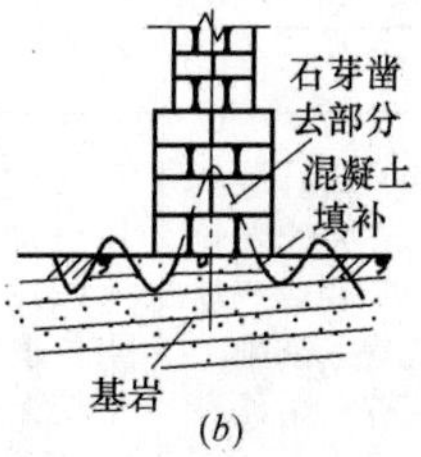 (*b*) 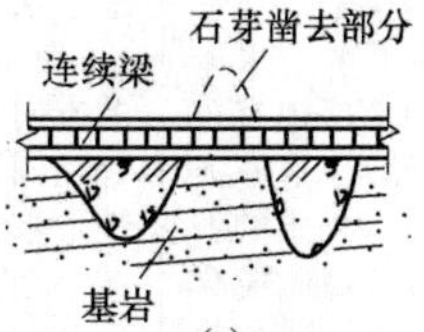 (*c*)	基岩局部存在石芽，可将露出石尖凿至基底下50～60cm，填以可压缩性炉渣、砂子或干土作褥垫（简图*a*），如局部露头，可凿去部分石芽（简图*b*）；石芽较密，中间为坚实原土，可不处理；如为软土，可挖去用碎石或土碎石混合物回填夯实；基础落在土层上，仅局部下卧层有石芽，可不处理；石芽密布均匀的，可在其上设梁、板以支承上部结构

溶沟、溶槽地基处理 **表 4-51**

名称、形成	处理简图	处理措施方法
溶沟、溶槽 碳酸盐类岩石、硫酸盐类岩石表面或浅层，长期受地表雨水和含碳酸的地下水溶蚀作用，或非可溶岩石受大气的侵蚀、剥蚀作用，在岩面或浅层形成深浅、宽狭不一的锯齿状溶沟或溶槽	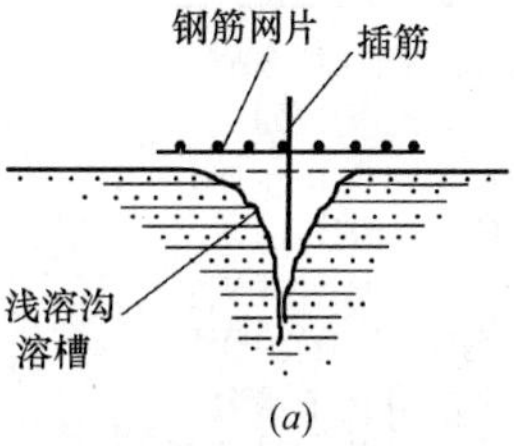 (*a*)	（1）当基岩表面为锯齿形，槽深小于350mm时，只需将风化的岩石凿去，将基础直接放在岩面上；若深度大于350mm时，可在沟上部加双层钢筋网片加强。基底有面积不大的溶沟或单独基础下部有溶沟、溶槽时，可将填充物挖去2～3m，填碎石或浇筑填充混凝土；对基岩表面呈沟槽状，深度不大的，清除表面松散层后，可在上面加一层钢筋网片加强，随基础一块浇筑混凝土，（简图*a*），如为倾斜面，应将沟、槽倾斜面凿成1∶1～1∶2（高∶宽）台阶

续表

名称、形成	处理简图	处理措施方法
	填充混凝土 基岩 填碎石 深溶沟 溶槽 (*b*)	(2)如溶沟、溶槽内存在裂隙,可将裂隙凿深 800mm 以上,当宽度不超过 100mm 时,可将泥土掏出,上加双层钢筋网片;若基础一侧出现裂隙,且支承面小于基础底面的 80%时,需扩大底面积;如溶沟、槽位于单独基础的中部或边缘时,可将沟、槽内填充物挖去 2m 深,填 50～60mm 粒径碎石 20～30mm 厚夯入下部黏性土中,再用 C10 毛石混凝土填灌至基础底面一平(简图 *b*)

4.3　局部异常地基处理

4.3.1　流砂、橡皮土

流砂地基处理措施方法　　**表 4-52**

现象	形成原因、条件	处理措施方法
当基坑(槽)开挖深于地下水位 0.5m 以下,采用坑内抽水时,坑(槽)底下面的土产生流动状态随地下水一起涌进坑内,边挖、边冒,无法挖深的现象称为"流砂"	当坑外水位高于坑内抽水后的水位,坑外水压向坑内流动的动水压等于或大于颗粒的浸水密度,使土粒悬浮失去稳定变成流动状态,随水从坑底或两侧涌入坑内。如施工时采取强挖,抽水越深,动水压就越大,流砂就越严重 易产生流砂的条件是:(1)地下水动水压力的水力坡度较大、流速大;(2)土层中有较厚(>250mm)的粉砂土;(3)土的含水率大于 30%以上或空隙率大于 43%;(4)土的颗粒组成中,黏土粒含量小于 10%,粉砂粒含量大于 75%;(5)砂土的渗透系数很小,排水性能很差;(6)砂土中含有较多的片状矿物,如云母、绿泥石等	(1)主要是"减小或平衡动水压力"或"使动水压力向下",使坑底土粒稳定,不受水压干扰。 (2)常用处理措施方法有:1)安排在全年最低水位季节施工,使基坑内动水压减小;2)采取水下挖土(不抽水或少抽水),使坑内水压与坑外地下水压相平衡或缩小水头差;3)采用井点降水,使水位降至基坑底 0.5m 以下,使动水压力的方向朝下,坑底土面保持无水状态;4)沿基坑外围四周打板桩,深入坑底下面一定深度,增加地下水从坑外流入坑内的渗流路线和渗水量,减小动水压力;5)往坑底抛大石块,增加土的压重和减小动水压力,同时组织快速施工;6)当基坑面积较小也可采取在四周设钢板护筒,随着挖土不断加深,直到穿过流砂层

橡皮土地基的处理　　**表 4-53**

现象	形成原因	处理方法
当地基为黏性土且含水量很大,趋于饱和时,夯(拍)打后,地基土变成踩上去有一种颤动感觉的土,称为"橡皮土"	在含水量很大的黏土、粉质黏土、淤泥质土、腐殖土等原状土上进行夯(压)实或回填土,或采用这类土进行回填土工程时,由于原状土被扰动,颗粒之间的毛细孔遭到破坏,水分不易渗透和散发,当气温较高时,对其进行夯击或碾压,特别是用光面碾(夯锤)滚压(或夯实),表面形成硬壳,更加阻止了水分的渗透和散发,形成软塑状的橡皮土。埋藏深的土,水分散发慢,往往长时间不易消失	(1)暂停一段时间施工,避免再直接夯(拍)打使"橡皮土"含水量逐渐降低;或将土层翻起进行晾槽 (2)如地基已成"橡皮土",可采取在上面铺一层碎石或碎砖后进行夯击,将表土层挤紧 (3)橡皮土较严重,可将土层翻起并粉碎均匀,掺加石灰粉以吸收水分水化,同时改变原土结构成为灰土,使之具有一定强度和水稳性

续表

现象	形成原因	处理方法
		(4)当为荷载大的房屋地基,采取打石桩,将毛石(块度为 20～30cm)依次打入土中,或垂直打入 M10 机砖,纵距 26cm,横距 30cm,直至打不下去为止,最后在上面满铺厚 50mm 的碎石后再夯实 (5)采取换土,挖去"橡皮土"重新填好土或级配砂石夯实

4.3.2 滑坡

滑坡地基处理措施方法 表 4-54

现象	产生原因	处理措施方法
边坡的土、岩体,由于本身存在滑坡内在因素,在外界因素诱发下,土岩体因重力作用,沿一定的软弱结构面(或软弱带)整体向下滑动的现象	(1)边坡坡度不够,倾角过大,土体因雨水或地下水浸入,剪切应力增加,内聚力减弱,使土体失稳而滑动 (2)开堑挖方,不合理的切割坡脚;或坡脚被地表、地下水掏空;或斜坡地段下部被冲沟所切,地表、地下水浸入坡体;或开坡放炮坡脚松动等原因,使坡体坡度加大,破坏了土(岩)体的内力平衡,使上部土(岩)体失去稳定而滑动 (3)斜坡土(岩)体本身存有倾向相近,层理发达破碎严重的裂隙,或内部夹有易滑动的软弱带,如软泥、黏土质岩层,受水浸后滑动或塌落 (4)土层下有倾斜度较大的岩层,或软弱土夹层;或土层下的岩层虽近于水平,但距边坡过近,边坡倾度过大,在堆土或堆置材料、建筑物荷重和地表水作用下,增加了土体的负担,降低了土与土、土体与岩面之间的抗剪强度而引起滑坡或塌方 (5)在坡体上不适当的堆土或填土,设置建筑物;或土工构筑物(如路堤、土坝)设置在尚未稳定的古(老)滑坡上,或易滑动的坡积土层上,填方或建筑物增荷后,重心改变,在外力(堆载震动、地震等)和地表地下水作用下,坡体失去平衡或触发古(老)滑坡复活,而产生滑坡	(1)做好泄洪系统,在滑坡范围外设置多道环形截水沟,以拦截附近的地表水;在滑坡区域内,修设或疏通原排水系统,疏导地表地下水,阻止渗入滑体内。主排水沟宜与滑坡滑动方向一致,支排水沟与滑坡方向成 30°～45°斜交,防止冲刷坡脚 (2)处理好滑坡区域附近的生活及生产用水,防止浸入滑坡地段 (3)如因地下水活动有可能形成山坡浅层滑坡时,可设置支撑盲沟、渗水沟,排除地下水。盲沟应布置在平行于滑坡滑动方向有地下水露头处。做好植被工程 (4)保持边坡有足够的坡度,避免随意切割坡脚。土体尽量削成较平缓的坡度,或做成台阶形,使中间有 1～2 个平台,以增加稳定(图 4-31*a*)。土质不同时,视情况刷成 2～3 种坡度(图 4-31*b*)。在坡脚处有弃土条件时,将土石方填至坡脚,使其起反压作用(图 4-32)。筑挡土堆或修筑台地,避免在滑坡地段切去坡脚或深挖方。如整平场地必须切割坡脚,且不设挡土墙时,应按切割深度,将坡脚随原自然坡度由上而下削坡,逐渐挖至要求的坡脚深度(图 4-33) (5)尽量避免在坡脚处取土,在坡肩上设置弃土或建筑物。在斜坡地段挖方时,应遵守由上而下分层的开挖程序。在斜坡上填方时,应遵守由下往上分层填压的施工程序,避免在斜坡上集中弃土。同时避免对滑坡体的各种震动作用 (6)发现滑坡裂缝,及时填平、夯实;沟渠开裂漏水,及时修复 (7)倾斜表层下有裂隙滑动面的,在基础下设置混凝土锚桩(墩)办法(图 4-34)。土层下有倾斜岩层,将基础设置在基岩上用锚栓锚固或作成阶梯形(图 4-35*a*、*b*)或采用灌注桩基减轻土体负担 (8)对已滑坡工程,稳定后采取设置混凝土锚固排桩、挡土墙、抗滑明洞、抗滑锚杆或混凝土墩与挡土墙相结合的方法加固坡脚(如图 4-36～图 4-39),并在下段作截水沟、排水沟,陡坝部分采取去上减重,保持适当坡度

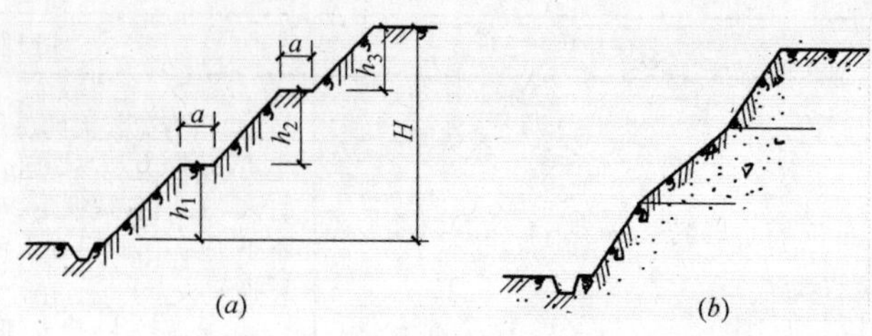

图 4-31　边坡处理

(a) 作台阶式边坡；(b) 不同土层留设不同坡度 (a=1500～2000mm)

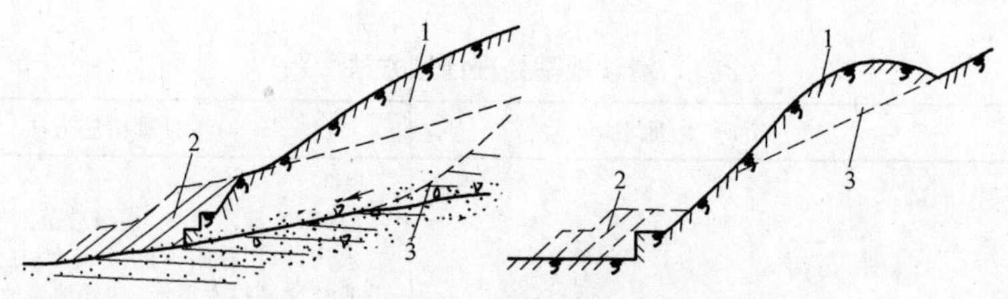

图 4-32　削去陡坡加固坡脚

1—应削去的土坡；2—填筑挡土堆；3—滑动面

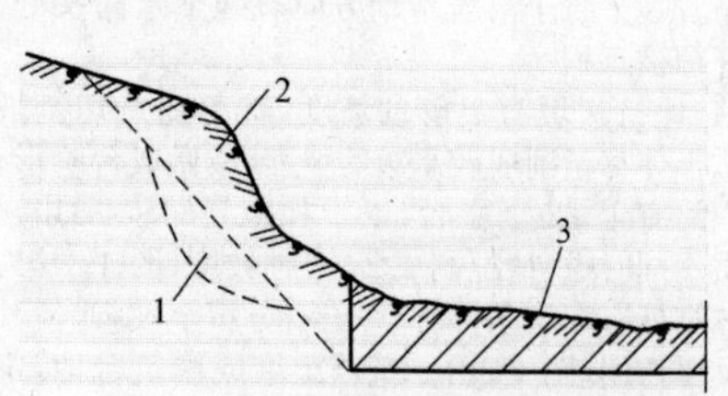

图 4-33　切割坡脚措施

1—滑动面；2—应削去不稳定部分；

3—实际挖去部分

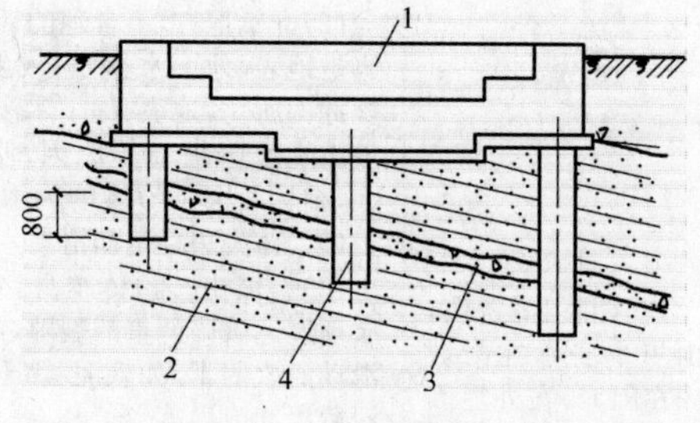

图 4-34　用锚桩、锚墩处理基岩裂隙滑坡

1—设备基础；2—基岩；3—裂隙；

4—C10 毛石混凝土锚桩或锚墩，直径 600～1000mm

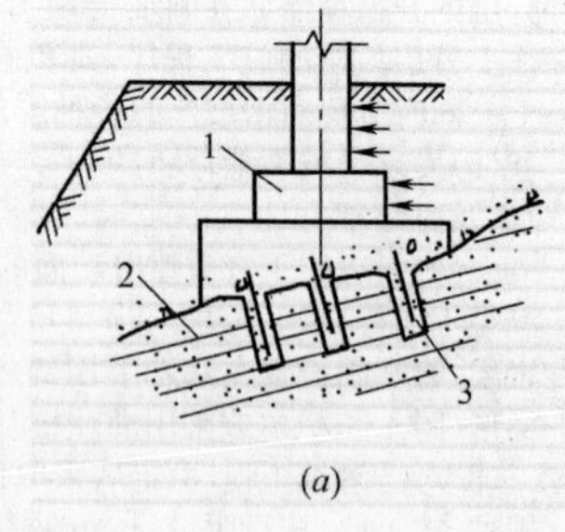

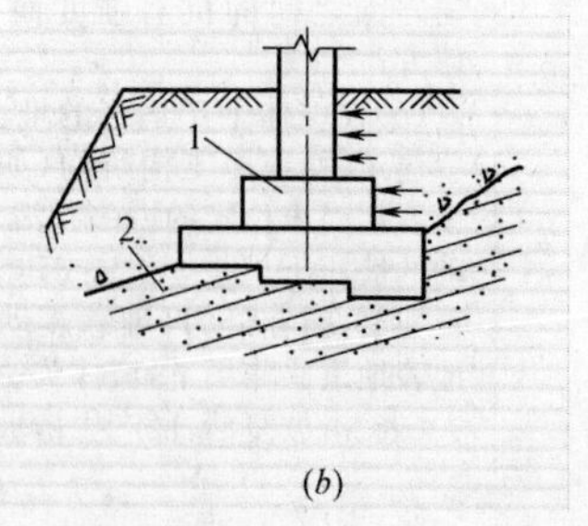

图 4-35　用锚栓（杆）和设台阶防止基础滑动

(a) 锚栓（杆）锚固；(b) 台阶嵌固

1—柱基；2—基岩；3—钢筋锚栓（杆）

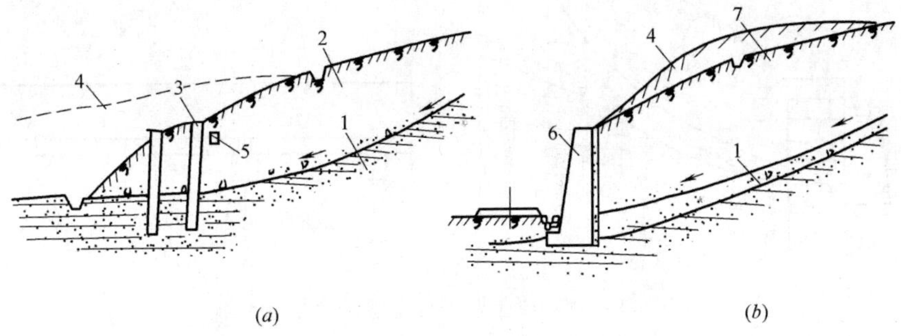

图 4-36 用锚固桩和挡土墙与卸荷结合整治滑坡

(*a*) 用钢筋混凝土锚固桩（抗滑桩）整治滑坡；

(*b*) 用挡土墙与卸荷结合整治滑坡

1—基岩滑坡面；2—滑动土体；3—钢筋混凝土锚固排桩；4—原地面线；5—排水盲沟；6—钢筋混凝土或块石挡土墙；7—卸去土体

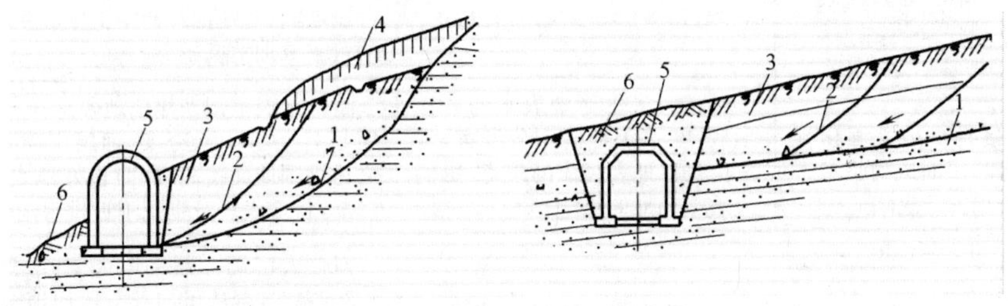

图 4-37 用钢筋混凝土明洞（涵洞）和恢复土体平衡整治滑坡

1—岩体滑坡面；2—土体滑动面；3—滑动土体；4—卸去土体；5—混凝土或钢筋混凝土明洞（涵洞）；6—恢复土体

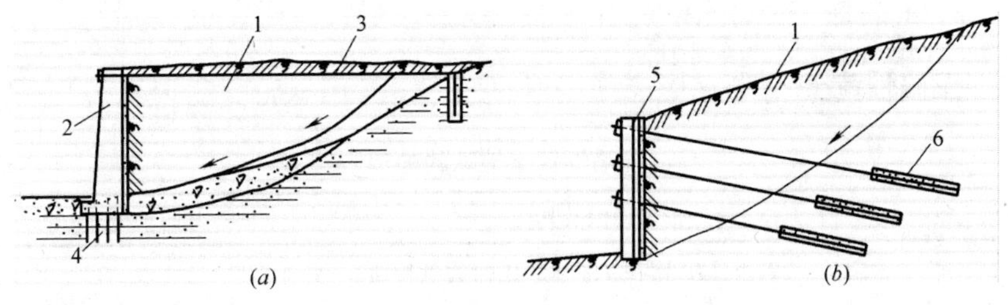

图 4-38 用挡土墙（挡土板、柱）与岩石（土层）锚杆结合整治滑坡

(*a*) 挡土墙与岩石锚杆结合整治滑坡；(*b*) 挡土板、柱与土层锚杆结合整治滑坡

1—滑动土体；2—挡土墙；3—岩石（土层）锚杆；4——锚桩；5—挡土板、柱；6—土层锚杆

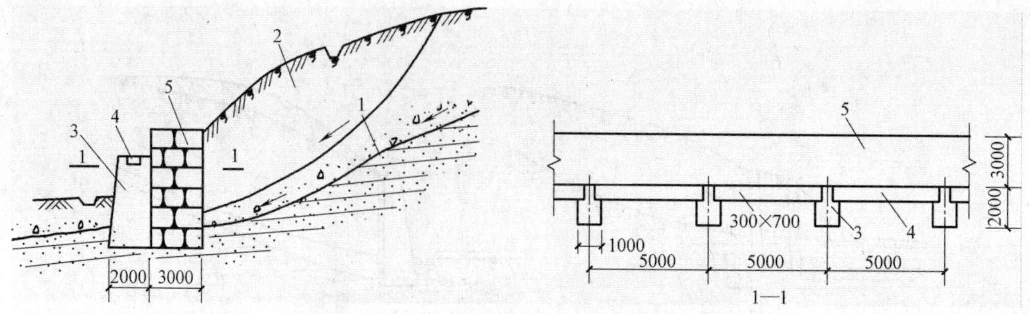

图 4-39　用混凝土墩与挡土墙结合整治滑坡

1—基岩滑坡面；2—滑动土体；3—混凝土墩；4—钢筋混凝土横梁；5—块石挡土墙

4.3.3　冲沟、落水洞、窑洞

冲沟、落水洞、窑洞（土洞）的处理　　**表 4-55**

名称、现象	形成原因	处理方法
冲沟 在黄土冲积阶地上或坡面出现大量纵横交错的沟道，使表面凸凹不平	多由于暴雨冲刷剥蚀坡面形成，在黄土地区常大量出现，有的深达 5～6m，表层土松散	对边坡上不深的冲沟，可用好土或三七灰土逐层回填夯实，或用浆砌块石填砌至坡面一平，并在坡顶作排水沟及反水坡，以阻截地表雨水冲刷坡面，对地面冲沟用土分层夯填，承载力低的可采取加宽基础
落水洞 在黄土地区地面或坡面出现落水暗道，有的表面成喇叭口下陷，造成边坡塌方或塌陷	落水洞多由于地表水的冲蚀形成，在黄土地区十分发育，常成为排泄地表径流的暗道，影响边坡或场地的稳定	将落水洞上部及塌陷地段挖开，清除松软土，用好土分层填土、夯实，面层用黏土夯填，并使之比周围地面略高，同时作好地表水的截流防渗漏，将地表径流引到附近排水沟中，不使下渗
窑洞（土洞） 在山坡地段常在下部或中部出现各种大小不等的已搬迁废弃的窑洞或土洞	有的为人力开挖形成，作为生活居住的窑洞，有的是年久失修废弃，形成的深埋窑洞或土洞	对住人窑洞一般采取人工分层回填至离顶 1.8m 左右，再从里向外分段回填至洞口 2m 处夯至洞顶，洞顶不好回填部分用块石堆砌填实；对废弃窑洞，多埋设在地下，在摸清部位后，用好土进行分层回填夯实处理。已伸入到基础下的窑洞、土洞，可采用爆扩桩跨越窑洞、土洞处理

4.4　特殊土地基处理

4.4.1　湿陷性黄土

湿陷性黄土地基的处理　　**表 4-56**

现　　象	形成原因及其特征	防治处理方法
天然黄土在覆土的自重应力作用下，或在自重应力和附加应力共同作用下，受水浸湿后土的结构迅速破坏而发生显著附加下沉的现象	黄土是在干旱条件下形成的黄色粉质土，并含有大量的碳酸盐类，在天然状态下，具有肉眼可见的大孔隙，并有竖向节理。天然含水量的黄土，如未受水浸湿，一般强度较高，压缩性较小，但在受水浸湿后，由于充填在土颗粒之间的可溶盐类物质遇水溶解，使土的结构迅速破坏，强度迅速降低，并发生显著的附加下沉	（1）选用适应不均匀沉降的结构和基础类型（如框架结构和墩式基础）；散水坡宜用混凝土，宽度不小于 1.5m （2）加强建筑物的整体刚度，如控制长高比在 3 以内，设置沉降缝，增设横墙、钢筋混凝土圈梁等

续表

现 象	形成原因及其特征	防治处理方法
湿陷性黄土由于水浸湿常会使建筑物出现不均匀沉降，引起边坡滑动，且这种破坏具有突发性，工程上难以预料其下沉部位	湿陷性黄土具有以下特征：(1)在天然状态下，具有肉眼可见的大孔隙，孔隙比一般大于1，天然剖面呈竖直节理；(2)在干燥时呈淡黄色，稍湿时呈黄色，湿润时呈褐黄色；(3)土中含有石英、高岭土成分，含盐量大于0.3%；(4)透水性较强，土样浸入水中后，很快崩解，同时有气泡冒出水面；(5)土在干燥状态下，有较高的强度和较小的压缩性，但遇水后，土的结构迅速破坏，发生显著的附加下沉，产生严重湿陷	(3)将基础下的湿陷性土层全部或部分挖除，用灰土夯实换填 (4)对湿陷性土层用重锤夯实法或强夯法处理。前法能消除1.0～2.0m厚土层的湿陷性；后法可消除3～6m深土层的湿陷性 (5)采用灰土挤密桩，消除桩深度范围内黄土的湿陷性，深度一般为5～10m (6)采用爆扩桩、灌注桩或预制桩将上部荷载传至非湿陷性土层上；爆扩桩长度一般不大于8m，扩大头直径1m左右 (7)采用硅化或碱液加固地基，方法是先在加固部位钻孔，将一定浓度的硅酸钠(或碱液)通过压力(或自重)灌入土中，与黄土进行化学反应生成钠、铝、钙复合物，使土粒胶结，增加土体强度 (8)做好总体的平面和竖向设计及防洪措施，保证场地排水畅通，保持水管与建筑物有足够的距离，防止管网渗漏水，做好屋面、地面防水、排水措施 (9)合理安排施工程序，先施工地下工程，后施工地上工程；敷设管道时，先施工防洪、排水管道并保证其畅通；临时防洪沟、洗料场等应距建筑物外墙不小于12m，严防地面水流入基坑或基槽内 (10)基础施工完应用素土在基础周围分层回填夯实，其压实系数不得小于0.9；屋面施工完毕应及时安装天沟、水落管和雨水管道等，将雨水引至室外排水系统

4.4.2 软土

软土地基的处理 **表 4-57**

现象	形成原因及其特征	防治处理方法
软土为一种高压缩性黏性土，这种土含水量大，透水性小，承载力低，呈软塑一流塑状态，分布我国东南沿海地区、沿江和湖泊地区	软土是在静水或缓慢流水环境中沉积的，经生物化学作用形成的、天然含水量大的、承载力低的软塑到流塑状态的饱和黏性土，包括淤泥、淤泥质土、泥炭、泥炭质土等 软土具有以下特征： (1)天然含水量高，一般大于液限 ω_L(40%～90%)；(2)天然孔隙比 e 一般大于1.0或等于1.0；当 e 大于1.5时称为淤泥；e 小于1.5而大于1.0时称为淤泥质土；(3)压缩性高，压缩系数 a_{1-2} 大于0.5MPa^{-1}；(4)强度低，不排水抗剪强度小于30kPa，长期强度更低；(5)渗透系数小，$K=1\times10^{-6}\sim1\times10^{-8}$cm/s；(6)黏度系数低，$\eta=10^9\sim10^{12}$Pa·s	(1)建筑设计力求体型简单，荷载均匀。过长或体型复杂的建筑，应设置必要的沉降缝或在中间用连接框架隔开 (2)选用轻型结构；采用浅基础，利用软土上部硬壳层作持力层 (3)选用筏形或箱形基础，提高基础刚度，减小基底附加压力，减小不均匀沉降；采用架空地面，减少回填土重量 (4)增强建筑物整体刚度，控制建筑物的长高比小于2.5；合理布置纵横墙，加强基础刚度，墙上设置多道圈梁等

续表

现象	形成原因及其特征	防治处理方法
建造在软土地基上的建筑物易产生较大的沉降和不均匀沉降，沉降速度快，且沉降稳定性往往需要很长时间，因此在软土地基上建造建（构）筑物必须采取有效技术措施，慎重对待	软土的工程性质：(1)触变性：在未破坏时，具固态特征，一经扰动或破坏，即转变为稀释流动状态；(2)高压缩性：压缩系数大，造成建筑物沉降量大；(3)低透水性：可认为是不透水的，排水固结时间长，使建筑物的沉降延续时间长，常在数年至10年以上；(4)流变性：在一定剪应力作用下，土发生缓慢长期变形	(5)采用置换及拌入法，用砂、碎石等材料置换地基中部分软弱土体，或在软土中掺入水泥、石灰等形成加固体，提高地基承载力，常用方法有振冲置换法、石灰桩法、深层搅拌法、高压喷浆法等 (6)对大面积软土地基，采用砂井堆载预压、真空预压等措施，以加速地基排水固结 (7)对各部分差异较大的建筑物，采取合理安排施工顺序，先施工高度大、重量重的部分，使在施工期间先完成部分沉降，后施工高度低和重量轻的部分 (8)对仓库建筑物或油罐、水池等构筑物，适当控制活荷载的施加速度，使软土逐步固结，地基强度逐步增长，以适应荷载增长的要求，同时可借以降低总沉降量，防止土的侧向挤出，避免建筑物产生局部破坏或倾斜

4.4.3　膨胀土

膨胀土地基的处理　　**表 4-58**

现　象	形 成 原 因	防治处理方法
膨胀土为一种高塑性黏土，强度一般较高，具有吸水膨胀，失水收缩和反复胀缩变形，浸水强度衰减，干缩裂隙发育等特性，性质不稳定，常使建筑物产生不均匀的竖向或水平的胀缩变形，造成位移、开裂、倾斜、甚至破坏，而且往往成群出现，尤以低层平房严重，危害性较大。裂缝特征有外墙垂直裂缝，端部斜向裂缝和窗台下水平裂缝；内、外山墙对称或不对称的倒八字形裂缝等；地坪则出现纵向长条和网格状的裂缝。一般于建筑物完工后半年到五年出现	主要膨胀土成分中含有较多的亲水性强的蒙脱石（微晶高岭土）、伊利石（水云母）、硫化铁和蛭石等膨胀性物质，土的细颗粒含量较高，具有明显的湿胀干缩效应。遇水时，土体即膨胀隆起（一般自由膨胀率在40%以上），产生很大的上举力，使房屋上升（可高达10cm），失水时，土体即收缩下沉，由于这种体积膨胀收缩的反复可逆运动和建筑物各部挖方深度、上部荷载以及地基土浸湿、脱水的差异，因而使建筑物产生不均匀升、降运动而造成出现裂缝、位移、倾斜甚至倒塌	(1)提前整平场地，使经雨水预湿，减少挖填方湿度过大的差别，使含水量得到新的平衡，大部分膨胀力得到释放 (2)尽量保持原自然边坡、场地的稳定条件，避免大挖大填。基础适当埋深或用墩式基础、桩基础，以增加基础附加荷载，减小膨胀土层厚度，但成孔时切忌向孔内灌水，成孔后，宜当天浇筑混凝土 (3)临坡建筑，不宜在坡脚挖土施工，避免改变坡体平衡，使建筑物产生水平膨胀位移 (4)采取换土处理，将膨胀土层部分或全部挖去，用灰土、土石混合物或砂砾回填夯实，或用人工垫层，如砂、砂砾作缓冲层，厚度不小于90cm (5)在建筑物周围作好地表渗、排水沟等。散水坡适当加宽（可做成1.2～1.5m），其下做砂或炉渣垫层，并设隔水层。室内下水道设防漏、防湿措施，使地基土尽量保持原有天然湿度和天然结构 (6)加强结构刚度，如设置地箍、地梁，在两端和内外墙连接处设置水平钢筋加强联结等 (7)做好保湿防水措施，加强施工用水管理，做好现场施工临时排水，避免基坑（槽）浸泡和建筑物附近积水。基坑（槽）挖好，及时分段快速施工完成，及时回填覆盖夯实，减少基坑（槽）暴露时间，避免暴晒处理方法：对已被胀缩裂缝的建筑物应迅速修复，断沟漏水，堵住局部渗漏，加宽排水坡，做渗排水沟，以加快稳定。对裂缝进行修补加固，如加柱墩，抽砖加扒钉、配筋，压、喷浆，拆除部分砖墙重新砌筑等。在墙外加砌砖垛和加拉杆，使内外墙连成整体，防止墙体局部倾斜

4.4.4 盐渍土

盐渍土地基的处理 表 4-59

现　　象	形成原因	防治处理方法
土层中含有石膏、芒硝、岩盐(硫酸盐或氯化物)等易溶盐，其含量大于 0.5%，自然环境具有溶陷、盐胀等特性的土称为盐渍土 盐渍土在干燥时，盐类呈结晶状态，地基具有较高的强度，但当遇水后易崩解，出现土体失稳、强度降低，压缩性增大等情况，造成建筑物不均匀沉陷、裂缝、倾斜，甚至破坏 由于盐渍土浸水后不仅强度降低，而且伴随着土结构破坏，产生较大的溶陷变形，其变形速度一般较黄土湿陷变形快，所以危害更大。另外盐分渗入与其接触的基础或墙体，会在结晶过程中将材料鼓胀或腐蚀破坏	盐渍土遇水溶陷的主要原因有：(1)砂土、黏土为主的盐渍土，有的结构疏松，具有大孔隙结构特征，其孔隙直径可达 40～50μ，构成孔隙的土颗粒直径一般小于孔隙直径，当浸水后，胶结土颗粒的盐类被溶解，土颗粒落入孔隙中导致土层溶陷；(2)天然状态下较紧密的结构的盐渍土，土中的盐主要是硫酸盐和氯盐，而硫酸盐又主要是芒硝($Na_2SO_4 \cdot 10H_2O$)，这种土在自然条件下紧密，主要原因是芒硝结晶时产生体积膨胀，一旦遇水后，土体积缩小，导致土体产生溶陷变形；(3)砂土为主的盐渍土，它是由较小或很小的土颗粒由盐胶结而成的集粒，遇水后，盐类被溶解，导致集粒体积缩小或解体，还原成很多细小土粒，填充孔隙，因而产生土体溶陷。在有渗流条件下，盐和细土粒均被带走，造成严重的潜蚀变形；(4)土中含碳酸盐类时，液化使土松散，会破坏地基的稳定性	(1)做好场地竖向设计，避免大气降水、工业及生活用水、施工用水浸入地基，而造成建筑材料的腐蚀及盐胀 (2)室外散水坡适当加宽，一般不小于 1.5m，下部做灰土垫层，防止水渗入地基造成溶陷；绿化带与建筑物距离应加大，严格控制绿化用水 (3)对基础采取防腐措施，如采用耐腐蚀建筑材料建造，或在基础外部做防腐处理等 (4)将基础埋置于盐渍土层以下，或隔断有害毛细水的上升；或铺设隔绝层、隔离层，以防止盐分向上运移 (5)采用换填法、重锤夯实法或强夯法处理浅部土层；对厚度不大或渗透性较好的盐渍土，可采用浸水预溶，浸水坑的平面尺寸，每边应超过拟建房屋边缘不小于 2.5m (6)对土层厚、溶陷性高的盐沼地，采用桩基、灰土墩、混凝土墩，埋置深度应大于临界深度 (7)做好现场排水、防洪等，防止施工用水、雨水流入地基或基础周围；各种用水点应离基础 10m 以上 (8)合理安排施工程序，先施工埋置深、荷载大的基础，并及时回填好土料，夯实填土；管道敷设，先施工排水管道，并保证其畅通，防止管道漏水

5 桩基与基础

5.1 桩基施工技术

5.1.1 混凝土预制桩施工

5.1.1.1 桩的制作、起吊、运输及堆放

钢筋混凝土预制桩的制作、起吊、运输及堆放　　表 5-1

项次	项目	施工方法要点
1	制作程序	现场布置→场地处理、整平→场地地坪混凝土→支模→绑扎钢筋、安设吊环→浇筑混凝土→养护至30%强度拆模，再支上层模板，涂刷隔离剂→重叠生产浇筑第二层混凝土→养护至70%强度起吊→100%强度运输、堆放
2	桩的制作	现场预制采用工具或木模或钢模板，支在坚实平整场地上，用间隔重叠法生产。桩头部分使用钢模堵头板，并与两侧模板相互垂直。桩与桩间用油毡、水泥袋纸或废机油、滑石粉隔离剂隔开。邻桩与上层桩的混凝土浇筑须待邻桩或下层桩的混凝土达到设计强度的30%以后进行，重叠层数一般不宜超过四层。 混凝土空心管桩采用成套钢管模胎，在工厂用离心法制成。桩钢筋应严格保证位置正确，桩尖应对准纵轴线，纵向钢筋顶部保护层不应过厚，钢筋网格的距离应正确，以防锤击时打碎桩头，同时桩顶平面与桩纵轴线倾斜不应大于3mm。桩混凝土强度等级不低于C30；粗骨料用5～40mm碎石或细卵石；用机械拌制混凝土，坍落度不大于6cm。桩混凝土浇灌应由桩头向桩尖方向或由两头向中间连续灌筑，不得中断，并用振捣器捣实，接桩的接头处要平整，使上下桩能互相贴合对准。浇灌完毕应护盖洒水养护不少于7d；如蒸汽养护，在蒸养后，尚应适当自然养护30d方可使用
3	桩的起吊	当桩的混凝土达到设计强度的70%后方可起吊，吊点应系于设计规定之处，如无吊环，可按图5-1所示位置起吊，以防断裂，在吊索与桩间应加衬垫，起吊应平稳提升，避免撞击和震动
4	桩的运输	桩运输时应达到设计强度标准值的100%，长桩运输可采用平板拖车、平台挂车或汽车后挂小炮车运输；短桩运输亦可采用载重汽车，现场运距较近，亦可采用轻轨平板车运输。装载时，桩支承应按设计吊钩位置或接近设计吊钩位置叠放，并垫实、支撑或绑扎牢固，以防运输中晃动或滑动；长桩采用挂车或炮车运输时，桩下宜设活动支座，行车应平稳并掌握好行驶速度防止任何碰撞和冲击
5	桩的堆放	堆放场地应平整、坚实、排水良好；桩应按规格、桩号分层叠置，支承点应设在吊点或近旁处，上下垫木应在同一直线上，并支承平稳；堆放层数不宜超过4层，运到打桩位置堆放应布置在打桩架附设的起重吊钩、工作半径范围内，并考虑到起吊方向，避免转向

5.1.1.2 打（沉）桩设备的选用

桩锤适用范围参考表　　表 5-2

桩锤种类	适用范围	优缺点
落　锤 （用人力或卷扬机拉起桩锤，然后自由下落，利用锤重夯击桩顶使桩入土）	（1）适于打板桩及细长尺寸的混凝土桩、型钢桩 （2）在一般土层及黏土、含有砾石的土层均可使用	构造简单，使用方便，冲击力大，能随意调整落距；但锤击速度慢（每分钟约6～20次），效率较低

续表

桩锤种类	适用范围	优缺点
柴油桩锤 （利用燃油爆炸，推动活塞，引起锤头跳动夯击桩顶）	（1）最适于打钢板桩、型钢桩 （2）在软弱地基打20m以下的混凝土桩	附有桩架、动力等设备，不需要外部能源，机架轻、移动便利，打桩快，燃料消耗少；但桩架高度低，遇硬土或软土不宜使用
振动桩锤 （利用偏心轮引起激振，通过刚性联结的桩帽传到桩上）	（1）适于打钢板桩、钢管桩、长度在15m以内的打入式灌注桩 （2）适于粉质黏土、松散砂土、黄土和软土，不宜用于岩石、砾石和密实的黏性土地基	沉桩速度快，适应性强，施工操作简易安全，能打各种桩并能帮助卷扬机拔桩；但不适于打斜桩
射水沉桩 （利用水压力冲刷桩尖处土层，再配以锤击沉桩）	（1）常与锤击法联合使用，适于打大截面混凝土和空心管桩 （2）可用于多种土层，而以砂土、砂砾土或其他坚硬的土层最适宜 （3）不能用于粗卵石、极坚硬的黏土层或厚度超过0.5m的泥炭层	能用于坚硬土层，打桩效率高，桩不易损坏；但设备较多，当附近有建筑物时，水流易使建筑物沉陷；不能用于打斜桩
静力压桩 （系采用液压静力压桩机或利用桩架自重及附属设备的重量，通过卷扬机的牵引传至桩顶，将桩逐节压入土中）	（1）适于软土地基及打桩振动影响邻近建筑物或设备的情况 （2）可压截面60cm×60cm以下的钢筋混凝土和直径60cm以下的空心管桩	压桩无振动，对周围无干扰；不需打桩设备；桩配筋简单，短桩可接，便于运输，节约钢材；但不能适应多种土的情况，如用桩架压桩，需要搭架设备，自重大，运输安装不便

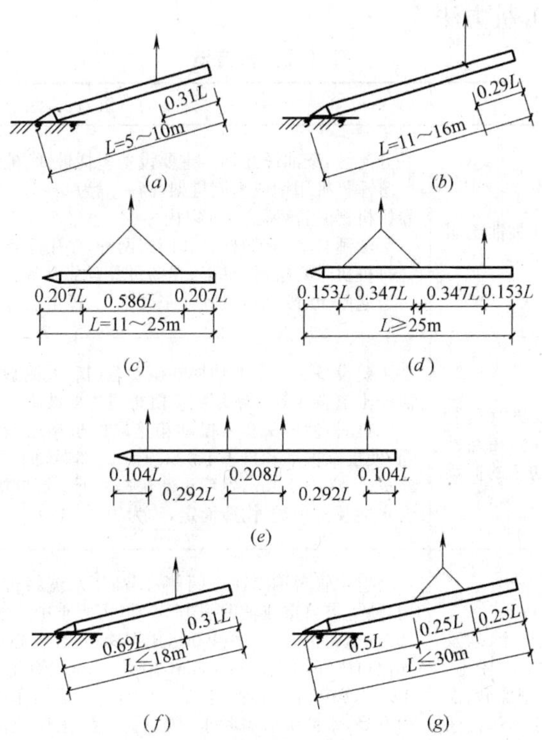

图5-1 预制桩吊点位置

(*a*)、(*b*) 一点吊法；(*c*) 两点吊法；(*d*) 三点吊法；(*e*) 四点吊法；(*f*) 预应力管桩一点吊法；(*g*) 预应力管桩两点吊法

锤重选择表　　表 5-3

锤型			柴油锤(t)					
			2.0	2.5	3.5	4.5	6.0	7.2
锤的动力性能		冲击部分重(t)	2.0	2.5	3.5	4.5	6.0	7.2
		总重(t)	4.5	6.5	7.2	9.6	15.0	18.0
		冲击力(kN)	2000	2000～2500	2500～4000	4000～5000	5000～7000	7000～10000
		常用冲程(m)	1.8～2.3	1.8～2.3	1.8～2.3	1.8～2.3	1.8～2.3	1.8～2.3
适用的桩规格		预制方桩、预应力管桩的边长或直径(cm)	25～35	35～40	40～45	45～50	50～55	55～60
		钢管桩直径(cm)	ϕ40	ϕ40	ϕ40	ϕ60	ϕ90	ϕ90～100
持力层	黏性土粉土	一般进入深度(m)	1～2	1.5～2.5	2～3	2.5～3.5	3～4	3～5
		静力触探比贯入阻力 p_s 平均值(MPa)	3	4	5	>5	>5	>5
持力层	砂土	一般进入深度(m)	0.5～1	0.5～1.5	1～2	1.5～2.5	2～3	2.5～3.5
		标准贯入击数 N(未修正)	15～25	20～30	30～40	40～45	45～50	50
锤的常用控制贯入度(cm/10 击)			—	2～3	—	3～5	4～8	—
设计单桩极限承载力(kN)			400～1200	800～1600	2500～4000	3000～5000	5000～7000	7000～10000

注：本表仅供选锤用。适用于 20～60m 长预制钢筋混凝土桩及 40～60m 长钢管桩，且桩尖进入硬土层有一定深度。

5.1.1.3　打（沉）桩方法

打（沉）桩方法　　表 5-4

项次	项目范围	打(沉)桩方法
1	锤击法打桩 (适于软塑或可塑的黏性土层中沉桩)	分落锤、柴油锤几种。主要设备包括桩锤、桩架、动力设备等 落锤打桩用钢或木制桩架,高一般为 6～15m,用 0.5～2.0t 的铸铁锤,用卷扬机提升,落锤高 1m 以内 柴油锤打桩,有导杆式和筒式两种,多用后者,其技术性能见表 5-5。 打桩机带有桩锤、桩架、卷扬机等全部设备 当遇砂土、砂砾石或其他坚硬土层,锤击法打不穿时,常辅以射水法
2	振动法沉桩 (适用于沉、拔钢板桩及钢管桩,在砂土中效率最高,在黏性土中较差,需用较大功率的振动器)	主要设备为一个大功率的振动器(箱)及附属加压装置和起吊机械设备、混凝土上料斗等。常用振动沉桩机主要技术性能见表 5-6、表 5-7。 沉桩时,使桩头套入振动箱连同的桩帽或液压夹桩器内夹紧,开动振动箱,使桩在振动和自重下沉入土中。如遇硬土下沉过慢,可加压下沉或将桩略提高 0.6～1.0m,然后重新快速冲下。沉桩机需要激振力根据土的性质、含水性及桩种类、构造而定,约为 100～400kN
3	射水法(水冲法)沉桩 (适用于淤泥、淤泥质土、软及中等密实黏土、粉质黏土、粉土、松散的砂、水饱和砂、密实砂、混有砾石的砂,特别适于与锤击法振动法配合使用。不能用于粗卵石、极坚硬的黏土层或厚度较大的泥炭层)	将射水管对称附在桩两侧,用高压水流将桩尖附近的土冲开,以减少阻力,使桩借自重或辅助锤击(松动)沉入土中。射水管内径 38～63mm,最大 100mm,每节长 4.5～6.0m,用螺栓缩接,空心桩射水管设在中间。射水喷嘴出口内径约 12.7～38mm,最大 75mm,侧孔与管壁成 30°～45°。射水管上端用 ϕ100mm 软管连于水泵上,管子用滑车组吊起使之能顺桩身上下自由升降,水冲法所需射水管数目直径、水压及消耗水量等可参考表 5-8 选用。水冲沉桩可采取先冲孔后插桩,或一面射水一面锤击或振动,或射水、锤击交替进行等方式。射水管应处于桩尖下 0.3～0.4m,水冲压力一般为 0.5～1.6MPa,桩尖沉至最后 1～1.5m,应停止射水,拔出射水管用锤击或震动打至设计标高

续表

项次	项目范围	打(沉)桩方法
4	插(钻、打)桩法沉桩 (适于软土地基打入大量密集预制桩；对附近 30～40m 范围内会造成土体大量隆起和水平位移，危害邻近的地下管道、地面交通和建筑物的安全情况下使用；对坚硬土层难以打入时，亦可采用)	主要设备采用三点支撑式柴油打桩机，应具有可水平旋转的互相垂直的双向龙门导轨，在一侧配挂筒式柴油桩锤，另一侧配挂长螺杆螺旋钻机(性能见表 5-9)，使其在钻孔后不用移动桩机，即可迅速插桩施打 沉桩时，桩机就位后，先将钻机转至桩架正前方对准桩位，开动桩机徐徐钻进，同时经由出土斗排土外运。钻时要保持钻杆不停地旋转，以防卡钻。钻至预定标高后，即可清孔提钻，然后再将打桩机水平旋转，使桩机导轨定位，吊桩插于孔中施打。一般钻孔深为 8～10m，其余长度用打桩机打入，钻孔后应在半小时内插桩施打，避免塌孔
5	静力压桩法沉桩适用于软土、淤泥质土，沉设截面小于 60cm×60cm 以下的钢筋混凝土桩或空心桩；或打桩振动会影响邻近建筑物正常使用或设备安全的情况下使用。其中机械式静力压桩机体积庞大、笨重，操作较复杂，压桩速度较慢，工效低，运输、安装、移动不便。液压式静力压桩机用液压操纵，自动化程度高，结构紧凑，行走方便、施压部位在桩的侧面，送桩定位方便，快速，压桩效率高，劳动强度低，移动方便、迅速，是一种新型静力压桩方式	静力压桩法沉桩设备有机械式和液压式两种： 机械式系利用钢压桩架及附属设备重量、配重，通过卷扬机的牵引，由钢丝绳滑轮及扁担将整个压桩架重量传至桩顶，将桩逐节压入土中，压桩架一般高 16～20m，静压力 400～800kN。长桩须制成 2～4 节，每节长6～7m，桩尖一节可达 8～9m，然后分节压入，接头用硫磺砂浆锚接成整体。压桩时，由卷扬机牵引使压桩架就位，吊首节桩至压桩位置，桩顶由桩架固定，下端由滑轮夹持，开动卷扬机，将桩压入土中，至露出地面 2m 左右，再将第二节桩接上，继续压入，反复操作至全部桩段压入土中； 液压式系采用液压式静力压桩机进行，该机由压拔机构、行走机构及起吊机构三部分组成(图 5-4)；压拔机构是压桩机的主体，当桩被送入该机构后便被夹紧并压入(或拔出)土中；行走机构可自行移动，进行纵、横向运动，并能小角度旋转，以适应自找桩位和纠偏的需要；起吊机构可作 360°回转吊装、送桩。静力压桩机的静压力由 2000～6500kN，主要技术性能见表 5-10、表 5-11。压桩时，先用起吊机构将桩吊入到压桩机主机压桩部位后，用液压夹桩器将桩头夹紧，开动压桩油缸，利用伸长之力将桩压入土中，接着回程再吊上第二节桩，用硫磺胶泥接桩后，继续压入，反复操作，至全部桩段压入土中，再开动行走机构，移至下一桩位压桩

筒式柴油打桩锤规格与技术性能 **表 5-5**

项目	D8-22	D16-32	D25-32/33	D30-32/33	D36-32/33
上活塞重(kg)	800	1600	2500	3000	3600
每次打击能量(kN·m)	23.9～12.7	53.4～25.5	78.9～39.9	94.7～47.9	113.7～55.4
打击次数(次)	38～52	36～52	37～52	37～52	37～53
桩最大规格(t)	2.5	5.0	7.0	8.0	10.0
油耗(L/h)	4.0	5.5	8.0	10.0	11.5
外形尺寸(m)高×外径	4.7×0.35	4.7×0.44	5.26×0.56	5.26～0.56	5.28×0.66
重量(t)	1.95	3.25	5.33～5.60	5.83～6.11	7.8～8.19

注：上海工程机械厂生产。

振动沉拔桩锤规格与技术性能 **表 5-6**

项目	DZ60 型(DZ90)	DZ60A 型(DZ90A)	VX-40 型(VX-80)	DZ30Y 型(DZ60Y)	DZJ37Y 型(DZJ60Y)
静偏心力矩(N·m)	360(500)	360(460)	130(360)	170(300)	300(450)
偏心轴转速(r/min)	1100(1100)	1100(1050)	900～1500	980(1000)	870(870)
激振力(kN)	486(677)	486(570)	252(553)	180(350)	250(380)
空载振幅(mm)	9.4(9.0)	9.8(10.3)	4.0(5.5)	8.4(10.1)	10.4(12.2)
电动机功率(kW)	60(90)	60(90)	30(75)	30(55)	45(60)
允许加压力(kN)	—	—	—	100(120)	80(100)
允许拔桩力(kN)	250(300)	200(240)	—	100(120)	120(180)

续表

项　目	DZ60 型 (DZ90)	DZ60A 型 (DZ90A)	VX-40 型 (VX-80)	DZ30Y 型 (DZ60Y)	DZJ37Y 型 (DZJ60Y)
外形尺寸(m) (长×宽×高)	1.37×1.27×2.34 (1.52×1.36 ×2.68)	1.37×1.27×2.5 (1.33×1.36 ×2.64)	2.08×1.3×0.98 (2.48×1.55 ×1.21)	1.33×1.01×1.77 (1.42×1.04 ×2.05)	1.4×1.1×2.4 (1.5×1.2 ×2.5)
重量(t)	4.49(5.86)	3.3	4(7.4)	3.1(3.95)	3.8(4.3)

注：DZ60（90）、DZ60（90）A 型锤，采用 DJB60 型桩架，由甘肃兰州建筑通用机械总厂生产；VX-40（80）型锤为兰州建筑机械厂生产；DZ30（60）Y 型锤，用 DZ20（25）J 型桩架，为浙江瑞安市振中机械厂生产。

DJ 型打桩架规格与技术性能　　**表 5-7**

项　目	DJ20J 型	DJ25J 型	DJB25 型	DJB60 型
沉桩最大深度(m)	20	25	20	26
沉桩最大直径(m)	400	500	500	600
最大加压力(kN)	100	160	—	—
最大拔桩力(kN)	200	300	250	350
配用振动锤最大功率(kW)	40	60		
立柱允许前倾最大角度(°)	10	10	5	9
立柱允许后倾最大角度(°)	5	5	5	3
主卷扬机最大牵引力(kN)	30	50	—	—
主卷扬机功率(kW)	11	17	—	—
外形尺寸(长×宽×高)(m)	9.6×10×25	10×10×30	9.8×7.0×24.5	13.5×6.1×35
重量(不包括锤)(t)	17.5	20	30	60

注：DJ20J、DJ25J 型为浙江振中机械厂生产；DJB25、DJB60 型为甘肃兰州建筑通用机械总厂生产。

各种土层中水冲法沉桩的有关参数　　**表 5-8**

土的种类	入土深度(m)	喷嘴处需要压力(MPa)	射水管数量、直径(mm)		额定用水量(L/min)		水泵水压(MPa)
			桩径≤300mm	桩径400～600mm	桩径≤300mm	桩径400～600mm	
淤泥、淤泥质黏土、软黏土、松散砂、水饱和砂	<8 8～16 16～24	0.4～0.6 0.6～1.0 0.8～1.5	2ϕ37 2ϕ50 —	2ϕ50 2ϕ50 2ϕ63	400～700 900～1200 —	700～1000 900～1400 1600～2000	1.1 1.75 1.75
密实砂、混有砾石的砂，中等密实黏土	<8 8～20	0.8～1.5 1.2～2.0	2ϕ50 2ϕ63	2ϕ50 2ϕ63	900～1200 1800～2500	1000～1700 1800～2500	2.4 2.46

螺旋钻孔机规格与技术性能　　**表 5-9**

项　目	LZ 型长螺旋钻	长螺旋钻	BZ-1 型短螺旋钻	ZKL400(ZKL600)钻孔机	ZK-2250 钻孔机	BQZ 型步履式钻孔机
钻孔最大直径(mm)	300、600	400、500	300～800	400(600)	350	400
钻孔最大深度(m)	15	12、10、8	8、11、8	12～16	3	8
钻杆长度(m)	—	15.5	—	22	11	9
钻头转速(r/min)	63～116	116、81、63	45	80	100	85
钻进速度(m/min)	1.0	—	3.1	—	0.5～1.0	1
电机功率(kW)	40	30	40	30～55	22	22
外形尺寸(m)	—	8.50(长)	—	—	6.16(长)	8×4
(长×宽×高)	—	22.27(高)	—	—	8.67(高)	×12.5

YZY 系列液压静力压桩机主要技术参数 表 5-10

参数 \ 型号		YZY200	YZY280	YZY400	YZY500	YZY600	YZY650
最大压入力(kN) 边桩距离(m)		2000 3.9	2800 3.5	4000 3.5	5000 4.5	6000 4.2	6500 4.2
接地压强 (长船/短船)(MPa)		0.08/0.09	0.094/0.120	0.097/0.125	0.090/0.137	0.100/0.136	0.108/0.147
适用桩截面	方桩最小(m×m)	0.35×0.35	0.35×0.35	0.35×0.35	0.40×0.40	0.35×0.35	0.35×0.35
	方桩最大(m×m)	0.50×0.50	0.50×0.50	0.50×0.50	0.60×0.60	0.50×0.50	0.50×0.50
	圆桩最大直径(m)	0.50	0.50	0.60	0.60	0.50	0.50
配电功率(kW)		96	112	112	132	132	132
工作吊机	起重力矩(kN·m) 用桩长度(m)	460 13	460 13	480 13	720 13	720 13	720 13
整机质量	自重(t) 配重(t)	80 130	90 210	130 290	150 350	158 462	165 505
拖运尺寸(宽×高)/(m×m)		3.38×4.20	3.38×4.30	3.39×4.40	3.38×4.40	3.38×4.40	3.38×4.40

注：YZY 系列液压静力压桩机由武汉市建筑工程机械厂生产。

ZYJ 系列液压静力压桩机主要技术参数 表 5-11

参数 \ 型号		ZYJ240	ZYJ320	ZYJ420	ZYJ500	ZYJ600	ZYJ680
额定压桩力(kN)		2400	3200	4200	5000	6000	6800
压桩速度(m/min)	高速 低速	2.76 0.90	2.76 1.00	2.80 0.95	2.20 0.75	1.80 0.65	1.80 0.60
一次压桩行程(m)		2.0	2.0	2.0	2.0	1.8	1.8
适用桩截面	方桩最小(m×m) 方桩最大(m×m) 圆桩最大直径(m)	0.30×0.30 0.50×0.50 0.50	0.35×0.35 0.50×0.50 0.50	0.40×0.40 0.55×0.55 0.55	0.40×0.40 0.55×0.55 0.55	0.40×0.40 0.60×0.60 0.60	0.40×0.40 0.60×0.60 0.60
边桩距离(mm)		600	600	650	650	680	680
角桩距离(mm)		920	935	1000	1000	1100	1100
功率(kW)	压桩 起重	44 30	60 37	74 37	74 37	74 37	74 37
主要尺寸(m)	工作长 工作宽 运输高	11.0 6.63 2.92	12.0 6.90 2.94	13.0 7.10 2.94	13.0 7.20 2.94	13.8 7.60 3.02	13.8 7.70 3.02
总质量(t)		245	325	425	500	602	680

注：1. 起吊重量均为 12t；变幅力矩均为 60tf·m。

2. ZYJ 系列液压静力压桩机由长沙三和工程机械制造有限公司生产。

5.1.1.4　预制桩打沉桩工艺方法

钢筋混凝土预制桩打（沉）桩方法　　表 5-12

项次	项目	施工方法要点
1	吊定桩位	打桩前，按设计要求进行桩定位放线，确定桩位，每根桩中心钉一小桩，并设置±0.00 标志。桩的吊立定位，一般利用桩架附设的起重吊钩借桩机上卷扬机吊桩就位，或配 1 台履带式起重机送桩就位，并用桩架上夹具或落下桩锤借桩帽固定位置
2	打(沉)桩顺序	根据土质情况，桩基平面尺寸、密集成度、深度、桩机移动方便等决定打桩顺序，图 5-2 为几种打桩顺序和土体挤密情况。当基坑不大时，打桩应从中间开始分头向两边或周边进行。当基坑较大时，应将基坑分为数段，而后在各段范围内分别进行。打桩避免自外向内或从周边向中间进行，以避免中间土体被挤密、桩难打入，或虽勉强打入，但使邻桩侧移或上冒。对基础标高不一的桩，宜先深后浅，对不同规格的桩，宜先大后小，先长后短，以使土层挤密均匀，以避免位移偏斜。在粉质黏土及黏土地区，应避免按着一个方向进行，使土向一边挤压，造成入土深度不一，土体挤实程度不均，导致不均匀沉降。若桩距大于或等于 4 倍桩直径，则与打桩顺序无关
3	打(沉)桩方法	有锤击法、振动法及静力压桩法等，以锤击法应用最普遍 打桩时，应用导板夹具或桩箍将桩嵌固在桩架两导柱中，桩位置及垂直度经校正后，始可将锤连同桩帽压在桩顶，开始沉桩。桩顶不平，应用厚纸板垫平或用环氧树脂砂浆补抹平整 开始沉桩应起锤轻压，并轻击数锤，观察桩身、桩架、桩锤等垂直一致，始可转入正常 打桩应用适合桩头尺寸之桩帽和弹性垫层，以缓和打桩时的冲击，桩帽用钢板制成，并用硬木或绳垫承托，桩帽与桩接触表面须平整，与桩身应在同一直线上，以免沉桩产生偏移。桩锤本身带帽者，则只在桩顶护以绳垫或木块 桩须深送入土时，应用钢制送桩，放于桩头上，锤击送桩将桩送入 振动沉桩与锤击沉桩法基本相同，是用振动箱代替桩锤，使桩头套入振动箱连固桩帽或液压夹桩器夹紧，便可照锤击法，启动振动箱进行沉桩至设计要求深度
4	接桩方法	预制钢筋混凝土长桩受运输条件和桩架高度限制，一般常分成数节，分节打入，常用接头形式如图 5-3，采用硫磺胶泥接桩其施工配合比及物理力学性能见表 5-13，方法是将熔化的硫磺胶泥注满锚筋孔内并溢出桩面，然后迅速将上段桩对准落下，胶泥冷硬按表 5-14 停歇后，即可继续施打，比前 4 种接头快速
5	质量控制	桩至接近设计深度，应进行观测，一般以设计要求最后 3 次 10 锤的平均贯入度或入土标高为控制，如桩尖土为硬塑和坚硬的黏性土、碎石土、中密状态以上的砂类土或风化岩层时，以贯入度控制为主。桩尖设计标高或桩尖进入持力层作为参考；如桩尖土为其他较软土层时，以标高控制为主，贯入度作为参考 振动法沉桩是以振动箱代替桩锤，其质量控制是以最后 3 次振动(加压)，每次 10min 或 5min，测出每分钟的平均贯入度，以不大于设计规定的数值为合格，而摩擦桩则以沉到设计要求的深度为合格
6	拔桩方法	需拔桩时，长桩可用拔桩机，一般桩可用人字架、卷扬机或用钢丝绳捆紧，借横梁用 2 台千斤顶抬起。采用汽锤打桩，可直接用蒸汽锤拔桩，将汽锤倒连在桩上，当锤的动程向上，桩受到一个向上的力，即可将桩拔出

硫磺胶泥的配合比及物理力学性能　　表 5-13

配合比(重量比)							物理力学性能							
硫磺	水泥	石墨粉	粉砂	石英砂	聚硫胶	聚硫甲胶	密度(kg/m³)	吸水率(%)	弹性模量(MPa)	抗拉强度(MPa)	抗压强度(MPa)	抗折强度(MPa)	握裹强度(MPa) 与螺纹钢筋	握裹强度(MPa) 与螺纹孔混凝土
44	11	—	40	—	1	—	2280～2320	0.12～0.24	5×10^4	4	40	10	11	4
60	—	5	—	34.3	—	0.7								

注：1. 热变性：在 60℃以下不影响强度；热稳定性：92%。
2. 疲劳强度：取疲劳应力 0.38 经 200 万次损失 20%。

硫磺胶泥灌注后需停歇的时间 表 5-14

桩截面(mm)	不同气温下的停歇时间(min)				
	0～10℃	11～20℃	21～30℃	31～40℃	41～50℃
400×400	6	8	10	13	17
450×450	10	12	14	17	21
500×500	13	15	18	21	24

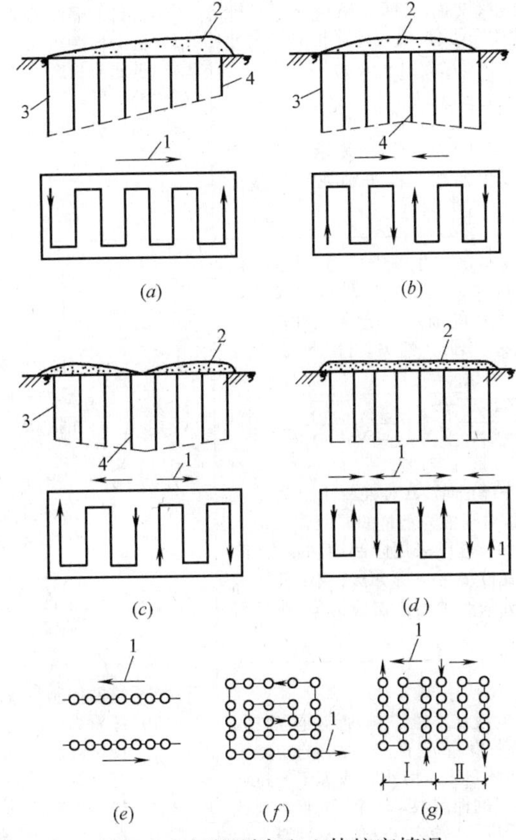

图 5-2 打桩顺序和土体挤密情况

(*a*) 逐排单向打设；(*b*) 两侧向中心打设；(*c*) 中部向两侧打设；(*d*) 分段相对打设；(*e*) 逐排打设；(*f*) 自中部向两边打设；(*g*) 分段打设

1—打设方向；2—土壤挤密情况；3—沉降小；4—沉降量大

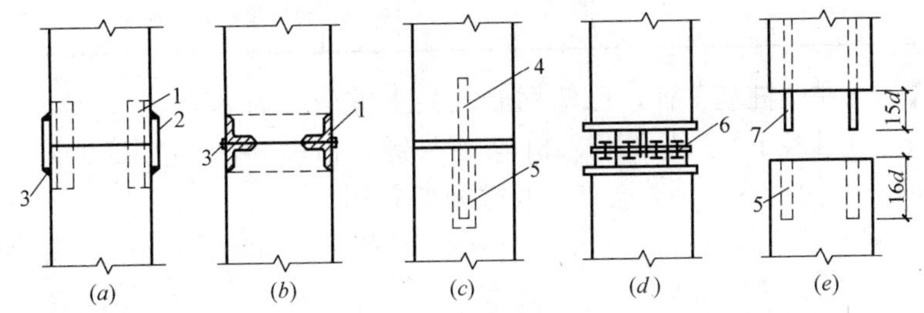

图 5-3 桩的接头形式

(*a*)、(*b*) 焊接接合；(*c*) 管式接合；(*d*) 管桩螺栓接合；(*e*) 硫磺砂浆锚筋接合

1—角钢与主筋焊接；2—钢板；3—焊缝；4—预埋钢管；5—浆锚孔；6—预埋法兰；7—预埋锚筋

5.1.1.5　打（沉）桩施工控制计算

打（沉）桩施工控制计算　表 5-15

项目	计算方法及公式	符号意义
打桩的屈曲荷载	打桩时，桩锤打击的冲击荷载，有时会使桩产生长柱屈曲或打入时使桩头部分局部产生屈曲，或由于地上部分桩的荷载而引起长柱屈曲 验算时，由于冲击荷载和荷载重量所产生的长柱屈曲，当长细比（即桩屈曲长度（l_0）/桩长最小回转半径（i））超过 100 时，可采用以下欧拉公式计算桩的最大允许屈曲荷载： $$p_{cr}=\pi^2\cdot\frac{EI}{L_0^2} \quad (5\text{-}1)$$ 如果 p_{cr} 大于桩锤击产生的冲击荷载，表示桩不会产生屈曲破坏，否则，应该更换较小的桩锤或将桩截面加大	p_{cr}—打桩时，桩的最大允许屈曲荷载（kN）； E—桩材的弹性模量（kN/m^2）； I—桩的惯性矩（m^4）； L_0—桩屈曲长度（m），一般取从桩头到假设固定点的长度； π—圆周率，取 3.14
打桩的锤击压应力	打桩过程中，由于桩材内部产生锤击应力，桩的头部会压屈、压碎。它对木桩和钢筋混凝土桩的危害性很大。桩材内部锤击应力大小的推算，一般采用冲击波动方程式的方法，能给出接近实际的应力，可按下式计算： $$\sigma_p=\frac{\alpha\cdot\sqrt{2eE\gamma_pH}}{\left[1+\frac{A_c}{A_H}\sqrt{\frac{E_c\cdot\gamma_c}{E_H\cdot\gamma_H}}\right]\left[1+\frac{A}{A_c}\sqrt{\frac{E\gamma_p}{E_c\cdot\gamma_c}}\right]} \quad (5\text{-}2)$$ 如果 σ_p 大于桩的允许锤击应力（对混凝土桩为桩材的轴心抗压强度设计值，对钢桩为钢材的屈服强度值），在锤击能量相同的条件下，可以采用限制锤的重量、降低锤的下落高度，或改变桩垫材料等办法；或不使用大于桩截面的锤，以控制桩头产生的锤击应力值，避免桩头破碎，桩身裂断	σ_p—桩的锤击压应力（kN/m^2）； A_H、A_c、A—分别为锤、桩垫、桩的净截面面积（m^2）； E_H、E_c、E—分别为锤、桩垫、桩的纵向弹性模量；一般钢筋混凝土桩，$E=2.1\times10^7 kN/m^2$；钢筋 $E=2.1\times10^8 kN/m^2$；木桩 $E=1.0\times10^7 kN/m^2$，或按实测值； γ_H、γ_c、γ_p—分别为锤、桩垫、桩的重度（kN/m^3）； H—落锤高度（m）； α—锤型系数；自由落锤，$\alpha=1$；柴油锤，$\alpha=\sqrt{2}$； e—锤击效率系数；自由落锤，$e=0.6$；柴油锤，$e=0.8$
打桩的贯入度	打预制钢筋混凝土桩的设计质量控制，通常是以贯入度和设计标高两个指标来检验。打桩贯入度的检验一般是以桩最后 10 击的平均贯入度应小于或等于通过荷载试验（或设计规定）确定的控制数量，当无试验资料或设计无规定时，控制贯入度可以按以下格尔塞万诺夫动力公式计算： $$S=\frac{nAQH}{mp(mp+nA)}\cdot\frac{Q+0.2q}{Q+q} \quad (5\text{-}3)$$ 如已作静荷载试验，应该以桩的极限荷载 P_k（kN）代替式（5-3）中的 mp 值计算	S—桩的控制贯入度（mm）； Q—锤重力（N）； H—锤击高度（mm）； q—桩及桩帽重力（N）； A—桩的横截面（mm^2）； p—桩的安全（或设计）承载力（N）； m—安全系数：对永久工程，$m=2$；对临时工程，$m=1.5$； n—与桩材料及桩垫有关的系数，钢筋混凝土桩用麻垫时，$n=1$；钢筋混凝土桩用橡木垫时，$n=1.5$；木桩加桩垫时，$n=0.8$；木桩不加垫时，$n=1$

【例 5-1】 商住楼桩基工程，已知钢筋混凝土桩截面为 35cm×35cm，桩长 12m，弹性模量为 $2.1\times10^7 kN/m^2$，现采用 2.5t 柴油桩锤，最大冲击力为 2000kN，试验算打桩时，在桩锤冲击力作用下，是否会产生长柱屈曲破坏。

【解】 设桩的下端固定于土中 5m，上端与桩帽连接为半自由状态，桩屈曲计算长度取 $l_0=1.5l=1.5(12-5)=10.5m$

桩最小回转半径　$i=0.289h=0.289\times35$

桩的长细比　$\lambda=\frac{l_0}{i}=\frac{1050}{0.289\times35}=103.5>100$

桩的屈曲荷载由式（5-1）得：

$$p_{cr} = \pi^2 \frac{EI}{l^2} = \frac{3.14^2 \times 2.1 \times 10^7 \times \frac{1}{12} \times 0.35^4}{10.5}$$

$$\doteq 2348\text{kN} > 2000\text{kN}$$

故知，桩在锤冲击荷载作用下不会产生屈曲破坏。

【例 5-2】 桩基工程打钢筋混凝土桩，已知桩净截面 $A=0.35\text{m}\times0.35\text{m}$，长 12m，$E=2.1\times10^7\text{kN/m}^2$，桩的重度 $\gamma_p=36.75\text{kN/m}^3$，桩允许锤击应力为 7500kN/m^2；现选用 2.5t 柴油桩锤，锤截面 $A_H=0.36\text{m}\times0.36\text{m}$，$E_H=2.1\times10^8\text{kN/m}^2$，锤重度 $\gamma_H=25\text{kN/m}^3$，落锤高度 $H=0.5\text{m}$，桩垫截面 $A_c=0.4\text{m}\times0.4\text{m}$，$E_c=1.0\times10^7\text{kN/m}^2$，重度 $\gamma_c=1.0\text{kN/m}^3$，取 $\alpha=\sqrt{2}$，$e=0.8$，试验算打桩是否安全。

【解】 桩冲击应力由式（5-2）得：

$$\sigma_p = \frac{\alpha\sqrt{2eE\gamma_p H}}{\left[1+\frac{A_c}{A_H}\sqrt{\frac{E_c\gamma_c}{E_H\gamma_H}}\right]\left[1+\frac{A}{A_c}\sqrt{\frac{E\gamma_p}{E_c\gamma_c}}\right]}$$

$$= \frac{\sqrt{2}\times\sqrt{2\times0.8\times2.1\times10^7\times36.75\times0.5}}{\left[1+\frac{0.40\times0.40}{0.36\times0.36}\cdot\sqrt{\frac{1.0\times10^7\times1.0}{2.1\times10^8\times25}}\right]\left[1+\frac{0.35\times0.35}{0.40\times0.40}\cdot\sqrt{\frac{2.1\times10^7\times36.75}{1.0\times10^7\times1.0}}\right]}$$

$$= 4315\text{kN/m}^2 < 7500\text{kN/m}^2$$

故知，打桩安全。

【例 5-3】 采用重力为 18kN 的柴油打桩机进行打桩，落锤高 $H=1000\text{mm}$，钢筋混凝土桩长为 10m，截面 $A=350\times350=122500\text{mm}^2$，桩重力 29000N，桩帽用麻垫，$n=1$，桩帽重力 1200N，地基土质为硬塑粉质黏土，桩的设计承载力为 145kN，求打桩时的控制贯入度。

【解】 打桩控制贯入度由式（5-3）得：

$$S = \frac{nAQH}{mp(mp+nA)}\cdot\frac{Q+0.2q}{Q+q}$$

$$= \frac{1.0\times122500\times18000\times1000}{2\times145000(2\times145000+1.0\times1225000)}\times\frac{18000+0.2(29000+1200)}{18000+(29000+1200)}$$

$$= 18.4\times0.5 = 9.2\text{mm} \quad 取\ 10\text{mm}$$

故知，打桩时的控制贯入度为 10mm。

5.1.2 静力压桩施工

5.1.2.1 机械静力压桩

机械静力压桩机具设备及施工工艺方法 **表 5-16**

项次	项目	施工方法要点
1	成桩方式、特点及应用	(1)静压法沉桩是通过静力压桩机的压桩机构，以压桩机自重和桩机上的配重作反力而将混凝土预制桩分节压入地基土层中成桩 (2)静压法沉桩的特点是：桩机全部采用液压装置驱动，自动化程度高，纵横移动方便，运转灵活；桩定位准确，可提高桩基施工质量；施工无噪声、无振动、无污染；沉桩采用全液压夹持桩身向下施加压力，可避免锤击应力打碎桩头，桩截面可以减小，混凝土强度等级可降低 1～2 级，配筋比锤击法可省 40%，成桩效率高，速度快，比锤击法可缩短工期 1/3；压桩力能自动记录，可预估和验证单桩承载力；施工安全可靠。但存在压桩设备较笨重；挤土效应仍然存在等问题

续表

项次	项目	施工方法要点
1	成桩方式、特点及应用	(3)适用于软土、填土及一般黏性土层中应用，特别适合于居民稠密的地区沉桩，但不宜用于地下有较多孤石、障碍物或有4m以上硬夹层的情况
2	压桩机具设备	静力压桩机分机械式和液压式两种。前者系用桩架、卷扬机、加压钢丝绳、滑轮组和活动压梁等部件组成，施压部分在桩的顶面，施加静压力约为600～1200kN，设备高大笨重，行走移动不便，压桩速度较慢，但装配费用较低；后者由压拔装置、行走机构及起吊装置等组成(图5-4)，采用液压操作，自动化程度高，结构紧凑，行走方便快速，施压部分不在桩顶面，而在桩身侧面，是当前国内采用较广泛的一种新压桩机械。常用的有YZY系列和ZYJ系列液压静力压桩机，其型号和主要技术参数见表5-10和表5-11。此外尚应配备10～15t履带或轮胎式起重机1台作为运输、卸桩、送桩之用
3	压桩工艺方法	(1)静压预制桩的施工，一般都采取分段压入，逐段接长的方法。其施工程序为：测量定位→压桩机就位→吊桩插桩→桩身对中调直→静压沉桩→接桩→再静压沉桩→送桩→终止压桩→切割桩头。静压预制桩施工前的准备工作，桩的制作、起吊、运输、堆放、施工流水、测量放线、定位等均同锤击法打(沉)预制桩。压桩的工艺程序如图5-5所示 (2)压桩时，桩机就位系利用行走装置完成，它是由横向行走、纵向行走和回转机构组成。把船体当作铺设的轨道，通过横向和纵向油缸的伸程和回程使桩机实现步履式的横向和纵向行走。当横向两油缸一只伸程，另一只回程可使桩机实现小角度回转，这样可使桩机达到要求的位置 (3)静压预制桩每节长度一般在13m以内，插桩时先用起重机吊运，再利用桩机上自身设置的工作吊机将混凝土预制桩吊入夹持器中，夹持油缸将桩从桩侧面夹紧，即可开动压桩油缸，先将桩压入土中1m左右后停止，调正桩在两个方向的垂直度后，压桩油缸继续伸程把桩压入土中，伸长完后，夹持油缸回程松夹，压桩油缸回程，重复上述动作，可实现连续压桩操作，直至把桩压入预定深度土层中。在压桩过程中要认真记录桩入土深度和压力表读数的关系，以判断桩的质量及承载力。当压力表读数突然上升或下降时，要停机对照地质资料进行分析，判断是否遇到障碍物或产生断桩现象等 (4)压桩应连续进行，如需接桩，可压至桩顶离地面0.8～1.0m，用硫磺胶泥、砂浆锚接，一般在下部桩留ϕ50mm锚孔，上部桩顶伸出锚筋，长15～20d，硫磺胶泥、砂浆接桩材料和锚接方法同锤击法，但接桩时避免桩端停在砂土层上，以免再压桩时阻力增大压入困难。再用硫磺胶泥接桩间歇不宜过长(正常气温下为10～18min)；接桩面应保持干净，浇筑时间不超过2min；上下桩中心线应对齐，偏差不大于10mm；节点矢高不得大于1‰桩长 (5)当压力表数值达到预先规定值，便可停止压桩。如桩顶接近地面，而压桩力尚未达到规定值，可以送桩。如桩顶高出地面一段距离，而压桩力已达到规定值时，则要截桩，以便压桩机移位 (6)压桩应控制好终止条件，一般可按以下进行控制： 1)对于摩擦桩，按设计桩长进行控制。但在施工前应先按设计桩长试压几根桩，待停置24h后，用与桩的设计极限承载力相等的终压力进行复压，如果桩在复压时几乎不动，即可以此进行控制 2)对于端承摩擦桩或摩擦端承桩，按终压力值进行控制： ① 对于桩长大于21m的端承摩擦桩，终压力值一般取桩的设计极限承载力。当桩周土为黏性土，且灵敏度较高时，终压力可按设计极限承载力的0.8～0.9倍取值 ② 当桩长小于21m而大于14m时，终压力按设计极限承载力的1.1～1.4倍取值；或桩的设计极限承载力取终压力的0.7～0.9倍 ③ 当桩长小于14m时，终压力按设计极限承载力的1.4～1.6倍取值，或设计极限承载力取终压力值的0.6～0.7倍，其中对于小于8m的超短桩，按0.6倍取值 3)超载压桩时，一般不宜采用满载连续复压法，但在必要时可以进行复压，复压的次数不宜超过2次，且每次稳压时间不宜超过10s
4	质量控制与检验	(1)施工前应对成品桩做外观及内在质量检验。接桩用半成品硫磺胶泥应有出厂质保证明或送有关部门检验。硫磺胶泥半成品每100kg做一组试件(3块)，做强度试验 (2)压桩过程中应检查压力、桩垂直度、接桩间歇时间，桩的连接质量及压入深度 (3)施工结束后，应做桩的承载力及桩体质量检验 (4)静力压桩质量检验标准见验收规范GB 50202表5.2.5

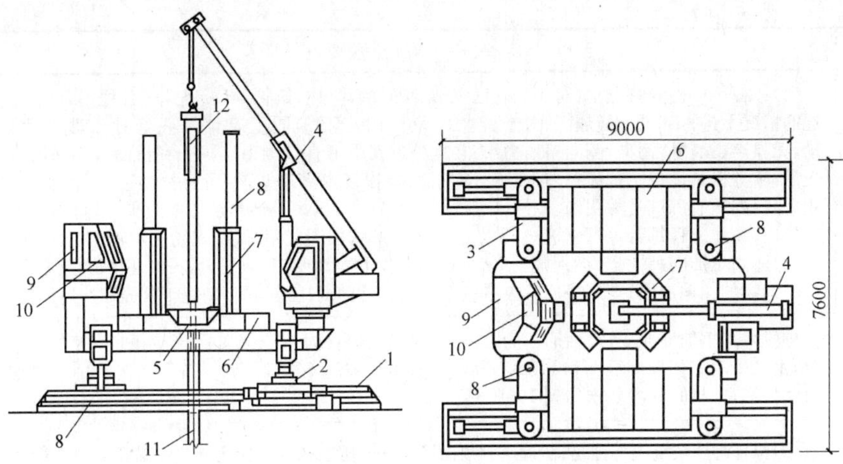

图 5-4 全液压式静力压桩机压桩

1—长船行走机构；2—短船行走及回转机构；3—支腿式底盘结构；4—压桩起重机；5—夹持与压拔装置；6—配重铁块；7—导向架；8—液压系统；9—电控系统；10—操纵室；11—已压入下节桩；12—吊入上节桩

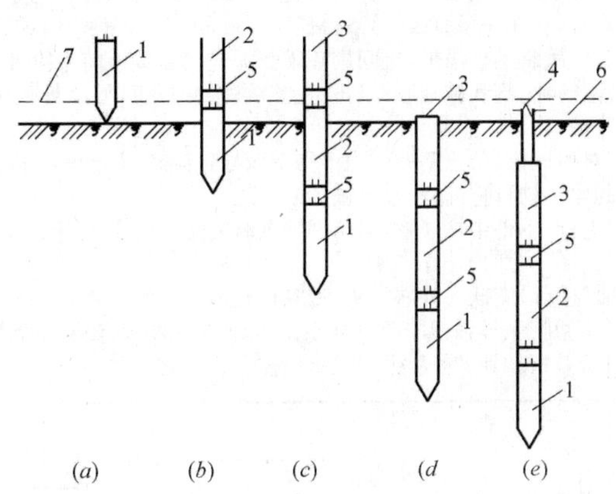

图 5-5 压桩工艺程序示意图

(*a*) 准备压第一段桩；(*b*) 接第二段桩；(*c*) 接第三段桩；(*d*) 整根桩压平至地面；(*e*) 采用送桩压桩完毕

1—第一段压桩；2—第二段压桩；3—第三段压桩；4—送桩；5—桩接头处；6—地面线；7—压桩架操作平台线

5.1.2.2 锚杆静力压桩

锚杆静力压桩机具设备及施工工艺方法 **表 5-17**

项次	项目	施工方法要点
1	原理、性能、特点及应用	(1)锚杆静压法沉桩，系利用建(构)筑物的自重作为压载，先在基础上开凿出压桩孔和锚杆孔，然后埋设锚杆或在新建(构)筑物基础上预留压桩孔预埋钢锚杆，借锚杆反力，通过反力架，用液压压桩机将钢筋混凝土预制短桩逐段压入基础中开凿或预留的桩孔内，当压桩力 P_p 达到 $1.5P_a$(p_a—桩的设计承载力)和满足设计桩长时，便可认为满足设计要求，再将桩与基础连接在一起，卸去液压压桩机后，该桩便能立即承受上部荷载，从而可减少地基土的压力，及时阻止建(构)筑物继续产生不均匀沉降 (2)锚杆静压装置如图 5-6 所示；锚杆静力压桩时的力系平衡见图 5-7 (3)锚杆的形式，新浇基础一般采用预埋爪式锚杆螺栓；在旧有基础上，采用先凿孔，后埋设带镦粗头的直杆螺栓；后埋式锚杆与混凝土基础的粘结一般采用环氧树脂或硫磺胶泥、砂浆，经固化或冷却后，能承受压桩时很大的抗拔力；锚杆埋深为(8～10)d(d—锚杆直径)，端部镦粗或加焊钢筋箍，也可采用螺栓锚杆

续表

项次	项目	施工方法要点
		(4)锚杆静压桩的特点是：对于加固已沉裂、倾斜的建(构)筑物，可以迅速得到稳定，可在不停产、不搬迁的情况下进行基础托换加固；对于新建工程可与上部建筑同步施工；不占绝对工期；加固过程中无振动、无噪声、无环境污染，侧向挤压力小；在压桩过程中可直接测得压桩力和桩的入土深度，可保证桩基质量；施工机具设备结构简单、轻便、移动灵活，操作技术易于掌握，可自行制造，可在狭小空间场地应用；锚杆静压法沉桩受力明确、简便，单桩承载力高(约 250～300kN)，加固效果显著；不用大型机具，施工快速(新建工程每台班可压桩 60～80 延长米)，节省加固费用，做到现场文明施工 (5)适用于加固黏性土、淤泥质土、人工填土、黄土等地基，特别适用于建筑物加层；已沉裂、倾斜建(构)筑物的纠偏加固；老厂房技术改造柱基及设备基础的托换加固；新建工程先建房后压桩的工程
2	桩段制作	桩段采用钢筋混凝土，截面形状为方形，桩的截面边长为 180～300mm，桩段长一般由 1.0～3.0m 不等，钢筋采用 HPB300 级钢和 HRB335 级钢，混凝土强度不小于 C30。桩制作多采用无底模板间隔、重叠法生产，压桩时强度要求达到 100%
3	压桩工艺方法	(1)锚杆静压法沉桩程序是：清理基础顶面覆土→凿压桩孔和锚杆孔→埋设锚杆螺栓→安装反力架→吊桩段就位、进行压桩施工→接桩→压到设计深度和要求压桩力→封桩、将桩与基础连接→拆除压桩设备 (2)开凿压桩孔可采用风镐或钻机成孔，压桩孔凿成上小下大截头锥形体，以利于基础承受冲剪；凿锚杆孔可采用风钻或钻机成孔，孔径为 ϕ42mm，深度为 10～12 倍锚杆直径，并清理干净，使干燥 (3)埋设锚杆应与基础配筋扎在一起，可采用环氧胶泥(砂浆)粘结，环氧胶泥(砂浆)可加热(40℃左右)或冷作业，硫磺砂浆要求热作业，填灌密实，使混凝土与混凝土粘结在一起，采取自然养护 16h 以上 (4)反力架安装应牢固，不能松动，并保持垂直；桩吊入压桩孔后，亦要保持垂直。压桩时，要使千斤顶与桩段轴线保持垂直，并在一条直线上，不得偏压 (5)每沉完一节桩，吊装上一段桩，桩间用硫磺胶泥连接。接桩前应检查插筋长度和插筋孔深度，接桩时应围好套箍，填塞缝隙，倒入硫磺胶泥，再将上节桩慢慢放下，接缝处要求浆液饱满，待硫磺胶泥冷却结硬后才可开始压桩 (6)压桩施工应对称进行，防止基础受力不平衡而导致倾斜；几台压桩机同时作业时，总压桩力不得大于该节点基础上的建筑物自重，防止基础被抬起 (7)压桩应连续进行，不得中途停顿，以防因间歇时间过长使压桩力骤增，造成桩压不下去或把桩头压碎等质量事故 (8)封桩必须认真进行，应砍去外露桩头，清除桩孔内的泥水杂物，清洗孔壁，焊好交叉钢筋，湿润混凝土连接面，浇筑 C30 微膨胀早强混凝土并加以捣实，使桩与桩基承台结合成整体，湿养护 7d 以上 (9)质量控制同 5.1.2.1 节机械静力压桩质量控制

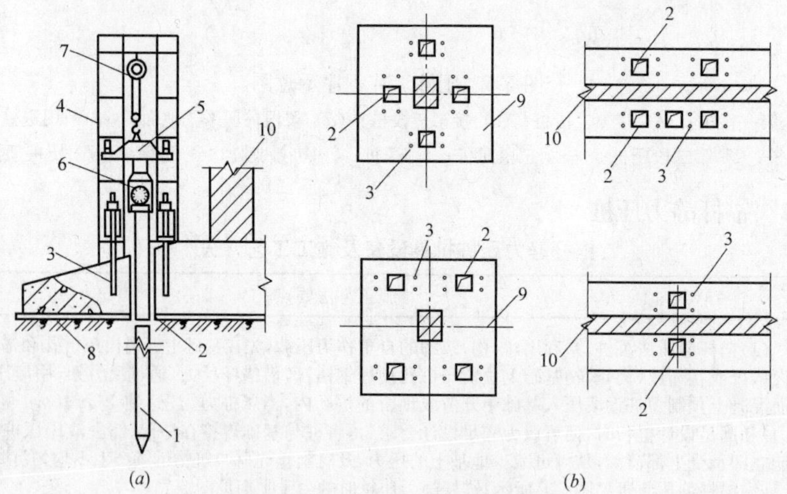

图 5-6　锚杆静压法沉桩装置

(a) 静压桩装置；(b) 压桩孔与锚杆孔位

1—桩；2—压桩孔；3—锚杆；4—钢结构及反力架；5—活动横梁；6—液压千斤顶；7—电动葫芦；8—基础；9—柱基；10—砖墙

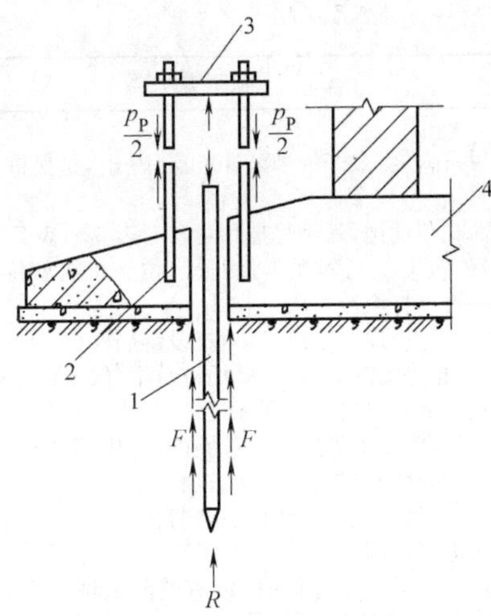

图 5-7 锚杆静压法沉桩时力系平衡简图

1—柱；2—锚杆；3—反力架；4—基础

R—桩尖阻力；F—桩侧阻力

5.1.3 预应力管桩施工

先张预应力管桩制作、规格、应用及打（沉）桩工艺方法　　表 5-18

项次	项目	施工方法要点
1	桩制作、规格及应用	(1)先张预应力管桩，简称管桩，系采用先张法预应力工艺和离心成型法，制成的一种空心圆柱体细长混凝土预制构件。主要由圆筒形桩身、端头板和钢套箍等组成如图 5-8 所示 (2)管桩按桩身混凝土强度等级分为预应力混凝土管桩(代号 PC 桩)和预应力高强混凝土管桩(代号 PHC 桩)，前者强度等级不低于 C60；后者不低于 C80。 (3)管桩规格按外径分为 300mm、400mm、500mm、550mm、600mm、800mm 和 1000mm 等，壁厚由 60～130mm。每节长一般不超过 15m，常用节长 8～12m，有时也生产长达 25～30m 的管桩 (4)预应力管桩具有单桩承载力高，桩端承载力可比原状土提高 80%～100%；设计选用范围广，单载承载力可从 600kN 到 4500kN，既适用于多层建筑，也可用于 50 层以下的高层建筑；桩运输吊装方便，接桩快速；桩长度不受施工机械的限制，可任意接长；桩身耐打，穿透力强，抗裂性好，可穿透 5～6m 厚的密实砂夹层；造价低廉，其单位承载力价格仅为钢桩的 1/3～2/3，并节省钢材。但也存在打桩时振动、噪声和挤土量大等问题 (5)适用于各类工程地质条件为黏性土、粉土、砂土、碎石类土层以及持力层为强风化岩层、密实的砂层(或卵石层)等土层应用，但不适用于石灰岩、含孤石和障碍物多、有坚硬夹层的岩土层中应用
2	打(沉)桩工艺方法	(1)预应力管桩沉桩方法较多，目前国内主要采用锤击法，多采用锤击能量大、工效高的筒式柴油锤沉桩。但这种锤工作时振动和噪声大，有的采用大吨位静压预应力管桩施工工艺，采用 4000～6800kN 静力压桩机，可压 ϕ500、ϕ550mm 的管桩到设计持力层；亦有的采用预钻孔后植桩的施工工艺，先用长螺旋钻机引孔，然后用打(压)桩机将管桩打(压)到设计持力层 (2)预应力管桩常用打(沉)桩工艺流程如图 5-9 所示 (3)管桩施工应根据桩的密集程度与周围建(构)筑物的关系，合理确定打桩顺序。一般当桩较密集且距周围建(构)筑物较远，施工场地较开阔时，宜从中间向四周对称施打；若桩较密集、场地狭长、两端距建(构)筑物较远时，宜从中间向两端对称施打；若桩较密集且一侧靠近建(构)筑物时，宜从毗邻建(构)筑物的一侧开始向另一方向施打。若建(构)筑物外围设有支护桩，宜先打设工程桩，再后打设外围支护桩。根据桩的入土深度，宜先打设深桩，后打设浅桩；根据管桩的规格，宜先大后小。先长后短；根据高层建筑塔楼(高层)与裙房(低层)的关系，宜先高后低 (4)管桩施打应合理选择桩锤，桩锤选用一般应满足以下要求： 1)能保证桩的承载力满足设计要求。能顺利或基本顺利地将桩下沉到设计深度 2)打桩的破碎率能控制在 1%左右，最多不超过 3%

续表

项次	项目	施工方法要点
		3)满足设计要求的最后贯入度，最好为20～40mm/10击，每根桩的总锤击数宜在1500击以内，最多不超过2000～2500击 管桩施打一般多采用筒式柴油锤，其型号选用可参考表5-5、表5-19 (5)预应力管桩打(沉)桩施工工艺程序为：测量定位→桩机就位→底桩就位、对中和调直→锤击沉桩→接桩→再锤击→再接桩→打至持力层→收锤 (6)打桩前应通过轴线控制点，逐个定出桩位，打设钢筋标桩，并用白灰在标桩附近地面上画上一个圆心与标桩重合、直径与管桩相等的圆圈，以方便插桩对中，保持桩位正确 (7)底桩就位前，应在桩身上划出单位长度标记，以便观察桩的入土深度及记录每米沉桩击数。吊桩就位一般用单点吊将管桩吊直，使桩尖插在白灰圈内，桩头部插入锤下面的桩帽套内就位，并对中和调直，使桩身、桩帽和桩锤三者的中心线重合保持桩身垂直，其垂直度偏差不得大于0.5%。桩垂直度观测包括打桩架导杆的垂直度，可用两台经纬仪在离打桩架15m以外成正交方向进行观测，也可在正交方向上设置两根吊锤垂线进行观测校正 (8)锤击沉桩宜采取低锤轻击或重锤低打，以有效降低锤击应力，同时特别注意保持底桩垂直，在锤击沉桩的全过程中都应使桩锤，桩帽和桩身的中心线重合，防止桩受到偏心锤打，以免桩受弯受扭 (9)桩的接头多采用在桩端头埋设端头板，四周用一圈坡口进行电焊连接。当底桩桩头(顶)露出地面0.5～1.0m时，即应暂停锤击，进行管桩接长。方法是先将接头上的泥土、铁锈用钢丝刷刷净、再在底桩桩头上扣上一个特制的接桩夹具(导向箍)，将待接的上节桩吊入夹具内就位，调直后，先用电焊在剖口圆周上均匀对称点焊4～6点，待上、下节桩固定后卸去夹具，再正式由两名焊工对称、分层、均匀、连续的施焊，一般焊接层数不少于2层，焊缝应饱满连续，待焊缝自然冷却8～10min，始可继续锤击沉桩 (10)在较厚的黏土、粉质黏土层中施打多节管桩，每根桩宜连续施打，一次完成，以避免间歇时间过长，造成再次打入困难，而需增加许多锤击数，甚至打不下而先将桩头打坏 (11)当桩尖(靴)被打入设计持力层一定深度，符合设计确定的停锤条件时，即可收锤停打，终止锤击的控制条件，通常以达到的桩端持力层、最后贯入度或最后1m深桩桩锤击数为主要控制指标。桩端持力层作为定性控制；最后贯入度或最后1m沉桩锤击数作为定量控制，均通过试桩或设计确定。一般停止锤击的控制原则是：桩端(指桩的全截面)位于一般土层时，以控制桩端设标高为主贯入度可作参考；桩端达到坚硬、硬塑的黏性土、中密以上粉土、砂土、碎石类土、风化岩时，以贯入度控制为主，桩端标高可作参考。当贯入度已达到而桩端标高未达到时，应继续锤击3阵，按每阵10击的贯入度不大于设计规定的数值加以确认，必要时施工控制贯入度应通过试验与有关单位会商确定 (12)为将管桩打到设计标高，需要采用送桩器，送桩器用钢板制作，长4～6m设计送桩器的原则是：打入阻力不能太大，容易拔出，能将冲击力有效地传到桩上，并能重复使用
3	质量控制	(1)施工前应检查进入现场的成品桩，接桩用电焊条等产品质量 (2)施工过程中应检查桩的贯入情况、桩顶完整状况、电焊接桩质量、桩体垂直度、电焊后的停歇时间。重要工程应对电焊接头作10%的焊缝探伤检查 (3)施工结束后应作荷载试验，以检验设计承载力，同时应作桩体质量检验。载荷试验及桩体质量检验数量要求同5.1.1混凝土预制桩施工 (4)先张法预应力管桩的质量检验如验收规范GB 50202表5.3.4所示。成品桩均在工厂生产，随产品出厂有质量保证资料，一般在现场仅对外形进行检验

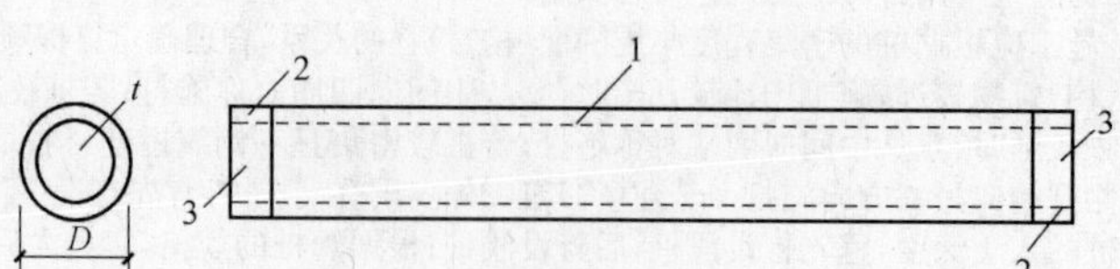

图5-8　预应力管桩示意

1—桩身；2—钢套箍；3—端头板

D—外径；t—壁厚

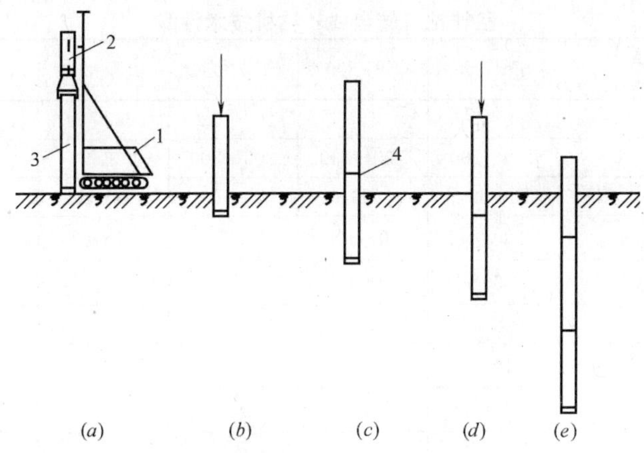

图 5-9 预应力管桩施工工艺流程
(a) 测量放样，桩机和桩就位对中调直；(b) 锤击下沉；(c) 电焊接桩；
(d) 再锤击、再接桩、再锤击；(e) 收锤、测贯入度
1—打桩机；2—打桩锤；3—桩；4—接桩

选择筒式柴油打桩锤参考表 表 5-19

柴油锤型号	25 型	32 型～36 型	40 型～50 型	60 型～62 型	70 型～72 型	80 型
适用管桩规格	ϕ300 ϕ400	ϕ300 ϕ400	ϕ400 ϕ500	ϕ500 ϕ550 ϕ600	ϕ550 ϕ600	ϕ600 ϕ800

5.1.4 混凝土灌注桩施工

5.1.4.1 回转钻成孔灌注桩

回转钻成孔灌注桩机具设备及施工工艺方法 表 5-20

项次	项目	施工方法要点
1	成桩方式、特点及应用	(1)回转钻成孔灌注桩，又称正反循环成孔灌注桩，是用一般地质钻机在泥浆护壁条件下，慢速钻进，通过泥浆排渣成孔，灌注混凝土成桩，为国内最为常用和应用范围较广的成桩方法 (2)其特点是：可利用地质部门常规地质钻机，可用于各种地质条件，各种大小孔径(300～2000mm)和深度(40～100m)，护壁效果好，成孔质量可靠；施工无噪声，无震动，无挤压；机具设备简单，操作方便，费用较低，但成孔速度慢，效率低，用水量大，泥浆排放量大，污染环境，扩孔率较难控制 (3)适用于高层建筑中、地下水位较高的软、硬土层，如淤泥、黏性土、砂土、软质岩等土层应用
2	机具设备	主要机具设备为回转钻机，多用转盘式，常用型号及技术性能见表 5-21。钻架多用龙门式(高 6～9m)，钻头常用三翼或四翼式钻头、配套机具有钻杆、卷扬机、泥浆泵(或离心或水泵)、空气压缩机(6～9m^3/h)、测量仪器以及混凝土配制、钢筋加工系统设备等
3	成桩工艺方法	(1)钻机就位前，先平整场地，铺好枕木并用水平尺校正，在桩位埋设 6～8mm 厚钢板护筒，内径比孔口大 100～200mm，埋深 1.0～1.5m，同时挖好水源坑、排泥槽、泥浆池等 (2)成孔一般多用正循环工艺，孔深大于 30m 端承桩，宜用反循环工艺成孔。钻进时如土质情况良好，可采取清水钻进，或加入红黏土或膨润土泥浆护壁，泥浆密度为1.3t/m^3 (3)钻进时应根据土层情况加压，开始应轻压力、慢转速，逐步转入正常，一般土层按钻具自重钢绳加压，不超过 10kN；基岩中钻进为 15～25kN；钻机转速：对合金钻头为 180r/min；钢粒钻头为 100r/min (4)钻进程序，根据场地、桩距和进度情况，可采用单机跳打法(隔一打一或隔二打一)、单机双打(一台机在二个机座上轮流对打)、双机双打(两台钻机在两个机座上轮流按对角线对打)等 (5)桩孔钻完，应用空气压缩机洗井，可将 30mm 左右石块排出，直至井内沉渣厚度小于 50mm(对端承桩)或 150mm(对摩擦桩)。清孔后泥浆密度不大于 1.2t/m^3 (6)清孔后吊放钢筋笼，进行隐蔽工程验收，合格后浇筑水下混凝土。钢筋安装与导管法水中灌注混凝土方法参见表 5-22

回转钻（转盘式）钻机技术性能　　表 5-21

性能 \ 钻机型号			SPC-150	SPJ-300	SPC-300Q	红星-300	SPC-600R	SPC-600
钻孔直径(mm)			350～500	500	200～330	560～400	190～600	350～650
钻孔深度(m)			100～200	200～300	200～300	300	600	600
钻杆直径(mm)			60～114	89	73～60	89～114	—	—
转盘	转速(r/min)	正转	32.6～166	40～128	25～195	21～83	25～120	32～153
		反转	30	40～128	24	—	190～52	38～180
	最大扭矩(kN・m)		4.9	—	6.73	—	11.23	—
卷扬机	主卷扬	最大提升力(kN)	19.6	29.4	19.6	—	44.1	34
		提升速度(m/s)	0.6～2.8	0.65～2.08	1.3	19.6	—	—
	副卷扬	最大提升力(kN)	19.6	19.6	9.8	0.368～1.46	19.6	19.6
		提升速度(m/s)	0.22～1.4	0.46～1.44	—	4.9	—	0.5～2.39
泵			3/4C-AH 泥渣泵	BW850	BW600/30	—	BW600/300/R	BW-1200
钻架(高/荷载)(m/kN)			8.5/78.5	10.5/23.5	10.5	9.4	15/245	18/352.8
生产单位				上海探矿机械厂	天津探矿机械厂	郑州勘察机械厂	天津探矿机械厂	上海探矿机械厂

回转钻（冲击钻、潜水钻）成孔灌注桩钢筋笼安装与导管法水中灌注混凝土方法　　表 5-22

项次	项目	机具、材料、技术要求及施工方法要点
1	钢筋笼安装	钢筋笼主筋不宜少于 6ϕ10～ϕ16mm，长度不小于桩孔长的 1/3～1/2；箍筋直径宜为 ϕ6～ϕ10mm，间距 200～300mm，保护层厚 4～5cm，在骨架外侧绑扎水泥垫块控制。骨架在地面平卧一次绑好，直径 1m 以上桩的钢筋骨架，箍筋与主筋应间隔点焊防止变形。吊放钢筋笼可用起重机或三木塔借卷扬机进行，应注意勿碰孔壁，并防止塌孔或将泥土杂物带入孔内；如钢筋笼长在 8m 以上，可分段绑扎、吊放，并宜用钢管加强骨架刚度；需要焊接时，可先将下段钢筋笼借钢管临时搁在孔口，再吊上第二段进行搭接或帮条焊接，逐段焊接，逐段下放。吊入后应校正轴线位置、垂直度，勿使弯曲变形。钢筋笼定位后，应在 4h 内浇筑混凝土
2	导管法需用机具设备	泥浆护壁灌注桩混凝土的浇筑均在稀泥浆水中进行，为使泥浆不与混凝土混合，污染混凝土，降低强度，一般应采用导管法水中灌注混凝土，需用机具设备为： (1)导管：采用直径 150～300mm 卷焊钢管，壁厚 2～3mm，每节长 2.0～2.5m，并配 1～2 节长 1.0～1.5m 短管，由管端粗丝扣、法兰螺栓或卡扣连接，接头处用橡胶垫圈密封防水 (2)混凝土浇灌架：用型钢制成，用于支承悬吊导管、吊挂钢筋笼，上部放置混凝土下料斗，其容量应能贮存首批混凝土，在一侧附有混凝土卸料斗，用于临时贮存混凝土翻斗车运来的混凝土，并随即卸入导管浇筑或直接倒入混凝土料斗中，用吊车吊起到导管下灰斗直接进行浇灌(图 5-10*a*) (3)150kN 履带式起重机或 100kN 汽车式起重机 1 台，用于吊放拆卸导管，浇灌混凝土
3	混凝土要求	混凝土强度等级应比设计提高 0.5MPa，石子宜用卵石，最大粒径不大于导管内径的 1/6，且不大于 40mm，使用碎石粒径宜为 0.5～20mm。砂用中砂，水灰比在 0.6 以下，单位水泥用量不大于360kg/m^3，并宜用强度等级 32.5 或 42.5 普通或矿渣水泥，含砂率宜为 40%～45%，坍落度为 18～20cm，扩散度宜为 34～38cm。混凝土初凝时间宜为 3～4h。远距离运输，一般在混凝土中掺木钙减水剂或 UNF 早强型减水剂(掺量为水泥用量的 3‰～5‰)
4	水中灌注混凝土方法	(1)导管与钢筋应保持 100mm 距离。导管使用前应试拼装，以水压力 0.6～1.0MPa 进行试压。开始浇筑水下混凝土时，管底至孔底的距离宜为 300～500mm，并使导管一次埋入混凝土面以下 0.8m 以上 (2)浇灌时先灌入首批混凝土，其数量要经计算(表 5-23)，使其有一定冲击量，能把泥浆从导管中排出。开导管方法采用混凝土塞(图 5-10*b*)，塞预先用 8 号铁丝悬吊在混凝土漏斗下口，当混凝土装满漏斗后，剪断铁丝，混凝土即下落到孔底，排开泥浆，并使导管和塞子埋入混凝土中一定深度。浇灌应连续进行，随浇随拔管，中途停歇时间，一般不超过 15min，在整个浇灌过程中，导管在混凝土中埋深应有 1.5～4m，但不宜大于 6m，利用导管内混凝土的超压力使混凝土的浇灌面逐渐上升，上升速度不应低于 2m/h，直至高于设计标高 300～500mm。在浇灌将近结束时，应在孔内注入适量清水，使槽内泥浆稀释排出槽外，并使管内混凝土柱有一定高度(一般 2m 以上)以保证泥浆全部排出

续表

项次	项目	机具、材料、技术要求及施工方法要点
5	质量控制	本节及以下各节的灌注桩均按《建筑地基基础工程施工质量验收规范》(GB 50202)"5.6 混凝土灌注桩"一节中的有关规定和质量检验标准进行质量控制、检验与验收

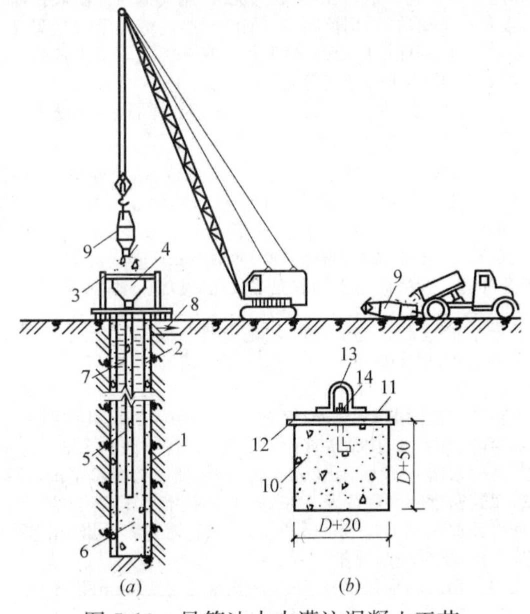

图 5-10 导管法水中灌注混凝土工艺

(a) 混凝土浇筑机具设备及工艺；(b) 预制混凝土塞

1—桩孔；2—钢筋笼；3—混凝土浇筑台架；4—下灰斗；5—混凝土导管；6—混凝土；7—桩孔内泥浆水；8—排浆沟；9—卸料槽；10—混凝土塞；11—4mm 厚钢板；12—4mm 厚橡皮垫；13—ϕ6mm 钢筋环；14—ϕ8mm 螺栓；D—导管内径

导管法水中浇灌混凝土计算 **表 5-23**

简 图	计 算 公 式	符 号 意 义
(a) (b)	开导管首批混凝土量 $V(m^3)$ 按下式计算(图 a)： $V=h_c\times\frac{\pi d^2}{4}+H_c\cdot A$ (5-4) 其中 $H_c=H_D+H_B$ $h_c=\frac{H_W\cdot\gamma_W}{\gamma_c}$ 灌注最后阶段导管内混凝土柱要求的高度 H_c(m)按下式计算(图 b)： $H_0=\frac{P+H_W\cdot\gamma_W}{\gamma_c}$ (5-5) $H_A=h_c=H_W$	d—导管直径(m)； H_c—首批混凝土要求浇灌深度(m)； H_D—管底至桩孔底的高度，取 0.4～0.5m； H_B—导管的埋置深度，一般取 0.8～1.5m； A—灌注桩的横截面积(m^2)； h_c—槽内混凝土达到 H_c 时，导管内混凝土柱与导管外水压平衡所需高度(m)； H_W—预计混凝土顶面至桩孔液面的高差(m)； γ_W—桩孔内泥浆的重度，取 12kN/m^3； γ_c—混凝土拌合物重度，取 24kN/m^3； P—超压力，一般不宜小于 80kN/m^2； H_A—漏斗顶高出水(或泥浆)面高度(m)，$H_A=H_0-H_W$

5.1.4.2　冲击成孔灌注桩

冲击成孔灌注桩机具设备及施工工艺方法　　表 5-24

项次	项目	施工方法要点
1	成桩方式、特点及应用	(1)冲击钻成孔灌注桩系用冲击式钻机或卷扬机悬吊冲击钻头(又称冲锤)上下往复冲击,将岩土破碎成孔,部分碎渣和泥浆挤入孔壁中,大部分成为泥渣,用淘渣筒掏出成孔,然后再灌注混凝土成桩 (2)其特点是:设备构造简单,适用范围广,操作方便,所成孔壁较坚实、稳定、坍孔少,不受施工场地限制,无噪声和振动影响等,因此被广泛地采用,但存在掏泥渣较费工费时,成孔速度较慢、泥渣污染环境、孔底泥渣难以掏尽,桩承载力不够稳定等问题 (3)适用于黄土、黏性土、粉质黏土有孤石的砂砾石层、漂石层、坚硬土层中使用
2	机具设备	(1)主要设备为 CZ-22、CZ-30 型冲击钻机,也可用简易的冲击钻机,它由简易钻架、冲锤、转向装置、护筒、掏渣筒以及 3～5t 双筒卷扬机(带离合器)等组成,其型号技术性能见表5-25 (2)所用钻具按形状分:有一字形、工字形、圆形和十字形等多种,以十字形应用最广。钻头和钻机用钢丝绳连接,钻头重 1.0～1.6t,钻头直径 600～1500mm。转向装置是一个活动的吊环,它与主控钢丝绳的吊环联结提升冲锤。掏渣筒用于掏取泥浆及孔底沉渣,用钢板制成
3	成桩工艺方法	(1)冲击钻成孔灌注桩施工工艺程序是:场地平整→桩位放线,开挖浆池、浆沟→护筒埋设→钻机就位,孔位校正→冲击造孔,泥浆循环,清除废浆、泥渣,清孔换浆→终孔验收→下钢筋笼和钢导管→灌注水下混凝土→成桩养护 (2)成孔时应先在孔口设圆形 6～8mm 钢板护筒或砌砖护圈,其作用是保护孔口,定位导向,维护泥浆面,防止塌方。护筒(圈)内径应比钻头直径大 200mm,深一般为 1.2～1.5m。然后使冲孔机就位,冲击钻应对准护筒中心,要求偏差不大于±20mm,开始低锤(小冲程)密击,锤高 0.4～0.6m,并及时加块石与黏土泥浆护壁,泥浆密度和冲程按表 5-26 选用,使孔壁挤压密实,直至孔深达护筒下 3～4m 后,才加快速度,加大冲程将锤提高至 1.5～2.0m 以上,转入正常连续冲击,在造孔时要及时将孔内残渣排出孔外,以免孔内残渣太多,出现埋钻现象 (3)冲击钻成孔冲击钻头的重量,一般按其冲孔直径每 100mm 取 100～140kg 为宜,一般正常悬距可取 0.5～0.8m;冲击行程一般为 0.78～1.5m,冲击频率为 40～48 次/min 为宜 (4)冲孔时应随时测定和控制泥浆密度。同时每冲击 1～2m 应排渣一次,并定时补浆,直至设计深度 (5)在钻进过程中每 1～2m 要检查一次成孔的垂直度情况。如发现偏斜应立即停止钻进,采取措施进行纠偏。对于变层处和易于发生偏斜的部位,应采用低锤轻击、间断冲击的办法穿过,以保持孔形良好 (6)在冲击钻进阶段应注意始终保持孔内水位高过护筒底口 0.5m 以上,以免水位升降波动造成对护筒底口处的冲刷,同时孔内水位高度应大于地下水位 1m 以上 (7)成孔后,应用测绳下挂 0.5kg 重铁砣测量检查孔深,核对无误后,进行清孔。可使用底部带活门的钢抽渣筒,反复掏渣,将孔底淤泥、沉渣清除干净。密度大的泥浆借助水泵用清水置换使密度控制在 1.15～1.25 之间 (8)清孔后应立即放入钢筋笼,并固定在孔口钢护筒上,使在浇灌混凝土过程中不向上浮起,也不下沉。钢筋笼下完并检查无误后应立即浇筑混凝土,间隔时间不应超过 4h,以防泥浆沉淀和塌孔。混凝土浇筑采用导管法在水中灌注,要求同回转钻成孔灌注桩

冲击式钻机规格与技术性能　　表 5-25

项目 \ 型号		CZ-30 型	CZ-22 型	CZ-20 型	YKC-31 型	YKC-30 型	YKC-22 型	YKC-20 型
钻孔深度(m)		500	300	300	500	500	300	300
钻孔直径(mm)		763	559	508	400	400	559	508
动力机功率(kW)		40	22	20	60	40	20	20
卷扬	卷筒个数(个)	3	3	2	2	3	3	2
	起重力(kN)	30、20	20、15	20、13	55、25	30、20	13～20	10～15
	提升速度(m/s)	1.24～1.56	1.18～1.47	0.52～0.65	—	1.24～1.56	1.18～1.45	0.52～0.65
冲击次数(次/min)		40～50	40～50	40～50	29～31	40～50	40～50	40～50
冲程(m)		1.0	0.35～1.0	1.0	0.6～1.0	0.5～1.0	0.35～1.0	0.45～1.0
钻具最大重量(t)		13	7.4	6.2	—	11.2	6.9	6.3

续表

项目＼型号	CZ-30型	CZ-22型	CZ-20型	YKC-31型	YKC-30型	YKC-22型	YKC-20型
生产单位	洛阳矿山机械厂		洛阳、太原矿山机械厂	洛阳矿山机械厂		洛阳、太原矿山机械厂	北京探矿机械厂

注：YKC型为简易钻机。

各类土层中的冲程和泥浆密度选用表 表5-26

项次	项　目	冲程(m)	泥浆密度(t/m³)	备　注
1	在护筒中及护筒脚下3m以内	0.9～1.1	1.1～1.3	土层不好时宜提高泥浆密度，必要时加入小片石和黏土块
2	黏土	1～2	清水	或用稀泥浆，经常清理钻头上泥块
3	砂土	1～2	1.3～1.5	抛黏土块，勤冲勤掏渣，防塌孔
4	砂卵石	2～3	1.3～1.5	加大冲击能量，勤掏渣
5	风化岩	1～4	1.2～1.4	如岩层表面不平或倾斜，应抛入20～30cm厚块石使之略平，然后低锤快击使其成一紧密平台，再进行正常冲击，同时加大冲击能量，勤掏渣
6	塌孔回填重新成孔	1	1.3～1.5	反复冲击，加黏土块及片石

5.1.4.3 潜水钻成孔灌注桩

潜水钻成孔灌注桩机具设备及施工工艺方法 表5-27

项次	项目	施工方法要点
1	成桩方式、特点及应用	(1)潜水电钻成孔灌注桩系利用潜水电钻机构中的密封的电动机，变速机构、直接带动钻头在泥浆中旋转削土，同时用泥浆泵压送高压泥浆(或用水泵压送清水)，使从钻头底端射出，与切碎的土颗粒混合，以正循环方式不断由孔底向孔口溢出，将泥渣排出，或用砂石泵或空气吸泥机用反循环方式排除泥渣，如此连续钻进，直至形成需要深度的桩孔，浇筑混凝土成桩 (2)其特点是：钻机设备体积较小，重量轻，移动灵活，维修方便，可钻深孔，成孔精度和效率高，质量好，扩孔率低，成孔率100%，钻进速度快；施工无噪声、无振动；操作简便，劳动强度低，但设备较复杂，费用较高 (3)适用于地下水位较高的软硬土层，如淤泥、淤泥质土、黏土、粉质黏土、砂土、砂夹卵石及风化页岩层等，但不得用于漂石层
2	机具设备	潜水钻机由潜水电动机、齿轮减速器、钻杆、钻头、密封装置，绝缘橡皮电缆与配套机具设备，如机架、卷扬机、泥浆制备系统设备、砂石泵等组成。钻孔直径由450～3000mm，常用KQ，GZQ系列潜水电钻的型号及技术性能见表5-28
3	成桩工艺方法	(1)潜水电钻成孔灌注桩施工工艺如图5-11 (2)钻孔应用泥浆护壁，在砂土或较好的夹砂层中，泥浆密度应控制在1.1～1.3t/m³之间；在穿过砂夹卵石层或容易塌孔的土层中应控制在1.3～1.5t/m³，在黏土和粉质黏土中成孔时，可注入清水，以原土造浆护壁，排渣时泥浆密度控制在1.1～1.2t/m³ (3)钻孔前，孔口应埋设钢板护筒，用以固定桩位，防止孔口坍塌。护筒内径应比钻头直径大200mm；埋入土中深度：在砂土中不宜小于1.5m；在黏土中不宜小于1.0m。上口高出地面30～40cm或高出地下水位1.5m以上，使保持孔内泥浆面高出地下水位1.0m以上 (4)钻进时，先将电钻吊入护筒内，然后启动砂石泵，使电钻空转，待泥浆输入钻孔后，开始钻进 (5)钻进速度应根据土质情况、孔径、孔深和供水、供浆量的大小确定，在淤泥和淤泥质黏土中不宜大于1m/min，在较硬的土层中，以钻机无跳动、电机不超荷为准。钻进中应根据钻速、进尺情况及时放松电缆线及进浆胶管，并使电缆、胶管和钻杆下放速度同步进行 (6)起动、下钻及钻进时须有专人收、放电缆和进浆胶管。钻进时，电流值不得超过规定数值。应设有过载保护装置，使能在钻进阻力过大时能自动切断电流 (7)钻孔达到设计深度后，应立即进行清孔放置钢筋笼；清孔可用循环换浆法，即让钻头继续在原位旋转，继续注水，用清水换浆，使泥浆密度控制在1.1t/m³左右；当孔壁土质较差时，则宜用泥浆循环清孔，使泥浆密度控制在1.15～1.25t/m³，清孔过程中，必须及时补给足够的泥浆，并保持浆面稳定；如孔壁土质较好，不易塌孔时，则可用空气吸泥机清孔 (8)水中导管法浇筑混凝土同5.1.4.2一节

潜水钻机的规格、型号及技术性能　　表 5-28

性能指标		钻机型号						
		KQ-800	GZQ-800	KQ-1250A	GZQ-1250A	KQ-1500	GZQ-1500	KQ-2000
钻孔深度(m)		80	50	80	50	80	50	80
钻孔直径(mm)		450～800	800	450～1250	1250	800～1500	1500	800～2000
主轴转速(r/min)		200	200	45	45	38.5	38.5	21.3
最大扭矩(kN·m)		1.90	1.07	4.60	4.76	6.87	5.57	13.72
潜水电动机功率/kW		22	22	22	22	37	22	44
潜水电机转速(r/min)		960	960	960	960	960	960	960
钻进速度(m/min)		0.3～1.0	0.3～1.0	0.3～1.0	0.16～0.20	0.06 0.16	0.02	0.03～0.10
整机外形尺寸	长度(mm)	4306	4300	5600	5350	6850	5300	7500
	宽度(mm)	3260	2230	3100	2220	3200	3000	4000
	高度(mm)	7020	6450	8742	8742	10500	8350	11000
主机质量(t)		0.55	0.55	0.70	0.70	1.00	1.00	1.90
整机质量(t)		7.28	4.60	10.46	7.50	15.43	15.40	20.18

注：GZQ 型由河北新河钻机厂生产。

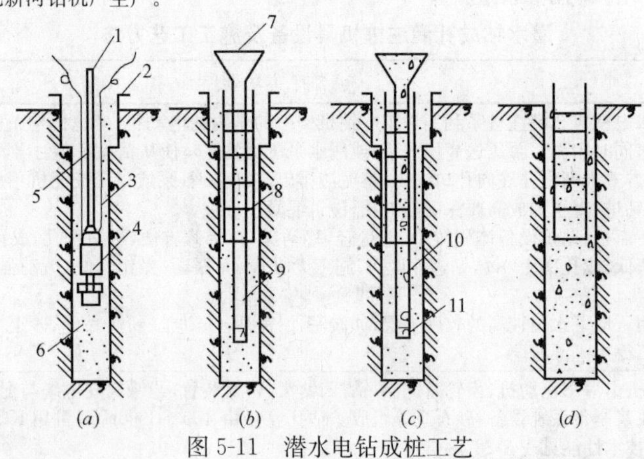

图 5-11　潜水电钻成桩工艺

(a) 潜水电钻水下成孔；(b) 下钢筋笼、导管；(c) 浇筑水下混凝土；(d) 成桩

1—钻杆（或吊挂绳）；2—护筒；3—电缆；4—潜水电钻；5—输水胶管；6—泥浆；7—钢筋骨架；8—导管；9—料斗；10—混凝土；11—隔水栓

5.1.4.4　挤扩多分支承力盘与多支盘灌注桩

挤扩多分支承力盘与多支盘灌注桩机具设备及施工工艺方法　　表 5-29

项次	项目	施工方法要点
1	组成、特点及应用	(1)挤扩多分支承力盘灌注桩是在普通灌注桩基础上,按承载力要求和工程地质条件的不同,在桩身不同部位设置分支和承力盘,或仅设置承力盘而成(图 5-12*a*、*b*)。这种桩由主桩、分支、承力盘和在它周围被挤扩密实的固结料组成,类似树根系 (2)桩特点是:单桩承载力高,为普通混凝土灌注桩的 2～3 倍;在同等承载力情况下桩长仅为普通灌注桩柱的 1/2～1/3,可省 30%左右材料;施工快速,成本低,可缩短工期 30%;提高地基强度,适应性强,不受地下水位限制,可在多种土层成桩;施工机械化程度高,低噪声,劳动强度低,工效高,操作维修方便。但施工需多一套专用分支成型机具设备,多一道挤扩工序 (3)适用于一般多层和高层建筑物作桩基:可在黏性土、粉土、含少量姜结石的砂土及软土等多种土层应用

续表

项次	项目	施工方法要点
2	挤扩原理及机具设备	(1)挤扩多分支承力盘灌注桩或挤扩多承力盘桩(以下简称多支盘桩),是利用支盘成型器(图 5-12c)在桩孔的某一位置进行挤压,使周围的土体变得密实,灌注混凝土后形成承力分支或盘,增大支承面积,从而提高桩的竖向承载力和抗拔力 (2)支盘成形装置由接长管、液压缸、支盘成型器(机)、液压胶管和液压站等五个部分组成,由液压站提供动力,由支盘成型器实施支盘的成型 (3)支盘器工作原理是:当给定工作压力 p 时,液压缸活塞 2 向下伸出,带压头 3 压迫上弓臂 4 和下弓臂 5 挤扩孔壁,直至达到设计要求的最大行程。当液压缸反向供油时,活塞杆 2 回缩,拖动上弓臂 4 和下弓臂 5 恢复到原位,这样,即完成一个分支的挤扩过程,通过旋转接长管将主机旋转相应的角度,多次重复上述挤扩过程,可在设定的位置上挤扩出分支或承力盘腔体,支盘桩施工需用机具设备见表 5-30 外,其他与普通混凝土灌注桩基本相同
3	成桩工艺方法	(1)多支盘桩施工工艺程序为:桩定位放线→挖桩坑、设钢板护筒→钻孔机就位→钻孔至设计深度→钻机移位至下→桩位钻孔→第一次清孔→将支盘成型器吊入已钻孔内→在设计位置压分支、承力盘→下钢筋笼→下导管→二次清孔→水下灌注混凝土→清理桩头→拆除导管、护筒 (2)成孔可采用干作业或泥浆护壁,一般多采用后者成孔,采用 GZQ 型潜水钻机或 SY－120 型钻井机。对软黏土地基可采用自成泥浆护壁;对砂土地基宜采用红黏土泥浆护壁,泥浆密度为 1.3t/m³。施工期间护筒内的泥浆面应高出地下水位 1.0m 以上,在受水位涨落影响时,泥浆面应高出最高水位 1.0m 以上。成孔工艺方法同一般潜水电钻和回转钻 (3)当成孔达到要求深度后,将钻机移至下一桩位继续钻进。清孔后用吊车将支盘成型器吊起,对准桩孔中心徐徐放入孔内,由上而下,按多支盘桩设计要求深度在分支或成盘位置(图 5-13),通过高压油泵加压使支盘成型器下端弓压或挤扩臂向外舒张成伞状,对局部孔壁的土体实施挤压形成分支(图 5-14),挤扩完毕后,收回挤扩臂,再转动一个角度重复前面的动作,在同一个分支标高处,挤扩两次(转动 90℃)即形成十字分支,挤扩三次(每次转动 60°)即形成岔分支,挤扩 8 次(每次转动 22.5°)即形成一个类似竹节状的承力支盘,每完成一组对称分支,或一个承力盘,即可将支盘成型器自上而下的下落至下一组分支或成盘部位继续压分支或承力盘,一般每压一根三盘 18 分支桩约需 30～40min (4)压分支成盘时要控制油压,对一般黏性土应控制在 6～7MPa,对密实粉土、砂土为 15～17MPa,对坚硬密实砂土为 20～25MPa (5)每一承力盘挤扩完后,在不收回挤扩臂情况下,应将成型器转动二周扫平渣土,以使扩盘均匀、对称 (6)分支、成盘完成后,将支盘成型器吊出,即可将稀泥浆注入孔内置换浓泥浆至密度为 1.1～1.15t/m³ 为止。浇筑混凝土前孔底 500mm 以内的泥浆密度应小于 1.25t/m³,含砂率≤8%,黏度 28s;沉渣厚度小于 100mm (7)清孔后应在 0.5h 内进行下道工序。吊入钢筋笼,借短钢管吊挂在孔口上、下导管,安浇灌架,用起重机吊混凝土料斗进行水下混凝土浇筑,采用坍落度为 16～18cm 的 C20(或 C25)混凝土,设钢管三木搭,利用卷扬机吊导管不断上下翻插窜动使达到密实,特别是在浇注至扩盘部位时,应集中多次冲捣上下窜动反插,使扩盘处混凝土密实。灌注方法与普通混凝土灌注桩导管法水中灌注混凝土相同
4	施工注意事项	(1)分支、盘位应选定较好的持力层。施工中如地质变化,持力层深度不能满足设计要求,为提高承载力,应根据具体情况适当加深 0.5～1.5m,或在桩上增加 2～4 个分支(或 1～2 个承力盘),以保证达到要求的承载力 (2)由于分支成盘,对土层要施加很大侧压力,当桩距小于 3.5d(d—主桩直径)时,钻机应采取相隔跳打,即间隔钻孔,以免造成塌孔,影响桩身质量 (3)桩的分支未配钢筋,靠混凝土的剪力传递压力,因此该处的混凝土要保证密实,除控制混凝土配合比外,还应控制坍落度和用导管翻插捣固密实 (4)每一支盘应通过孔口刻度圈按规定转角及次序认真挤扩。转动支盘成型器可用短钢管插入成型器上部连接管孔内旋转即可。每次要测量泥浆面下降值,机体上升值和油压值,以判断支盘成型效果挤扩盘过程中,应不断补充泥浆,尤其是在支盘成形器上提过程中
5	质量控制	(1)灌注桩用的原材料质量和混凝土强度必须符合施工规范的规定和设计要求 (2)成孔深度,分支及承力盘位置必须符合设计要求,沉渣厚度不得大于 100mm (3)钢筋笼制作应对钢筋规格、焊条规格、品种、焊口规格、焊缝长度、焊缝外观及质量、主筋和箍筋的制作偏差等进行检查 (4)桩的位置偏移不得大于 $d/6$(d—桩直径),且不大于 100mm,垂直度偏差不得大于 $L/100$(L—桩长) (5)桩应取总数 1%,且不少于 3 根做静载试验,取桩总数的 10%～15%做动力测试,检验桩体竖向承载力;用应力反射法对桩体质量进行检验,不得有缩颈、夹层、混凝土不密实等缺陷

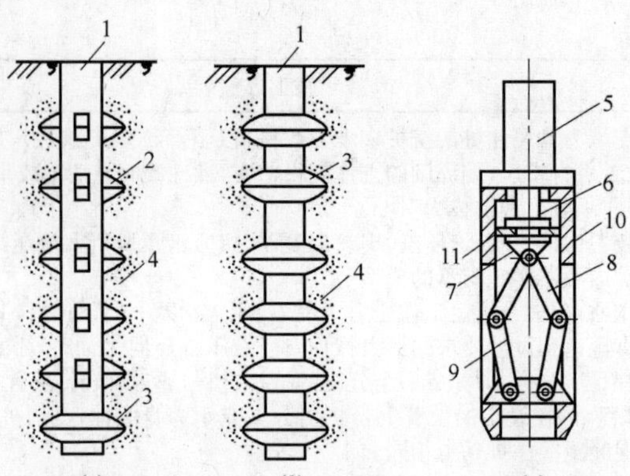

图 5-12 挤扩多分支承力盘、多支盘灌注桩及支盘成形器结构构造

(a) 挤扩多分支承力盘桩；(b) 挤扩多支盘桩；(c) 液压挤扩支盘成形器结构构造

1—主桩；2—分支；3—承力盘；4—压实（挤密）土料；5—液压缸；6—活塞杆；7—压头；8—上弓臂；9—下弓臂；10—机身；11—导向块

多分支承力盘灌注桩需用机具设备 **表 5-30**

名　称	规格、性能	数量	备　注
KQ 型潜水钻机	1250A 型，带钻架	1 台	钻孔用
钻井机	SY-120 型	1 台	钻孔用
分支器(架)	ϕ300～750mm，每节长，L=2m，全长 14m	1 套	分支成盘用
油压箱	A_1Y－HA20B 型，压力 31.5MPa	1 台	分支加压用
离心泵	流量 1.08m^3/h，扬程 21m	2 台	泥浆输送用
轮胎吊	起重量 12t	1 台	吊分支器用
三木塔、浇灌架	ϕ100mm 钢管制，高 5～6m	1 套	吊挂料斗导管
卷扬机	JJK-1 型，1t	1 台	起落料斗导管
混凝土受料斗	钢制	1 个	卸混凝土
混凝土导管	ϕ200～300mm，每节长 2m	1 套	下混凝土
机动翻斗车	JS-1B 型，1t	2 台	运送混凝土
混凝土搅拌车	J，400A 型，400L	1 台	拌制混凝土

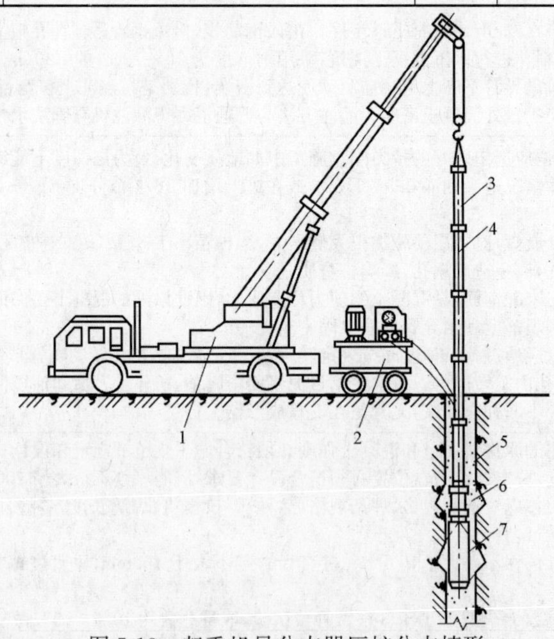

图 5-13 起重机吊分支器压桩分支情形

1—120kN 轮胎式起重机；2—电动液压泵；3—分支器；4—插孔；5—桩孔；6—已压分支；7—压分支

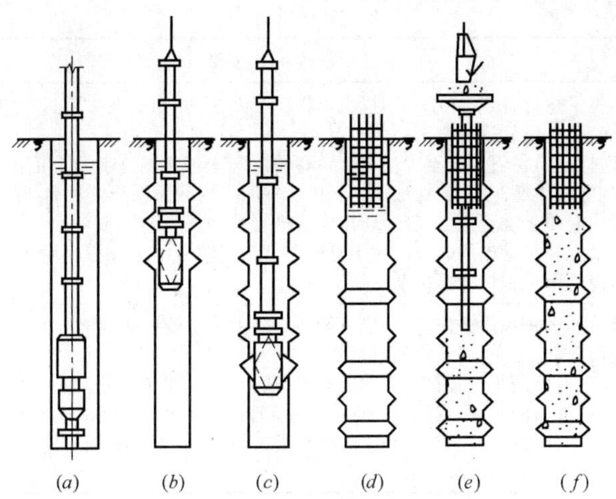

图 5-14 多分支承力盘灌注桩成桩工艺

(a) 钻孔；(b) 分支；(c) 成盘；(d) 放钢筋笼；

(e) 浇筑混凝土；(f) 成桩

5.1.4.5 振动与锤击沉管灌注桩

振动与锤击沉管灌注桩机具设备、材料及施工工艺方法　　表 5-31

名称	项目	施工方法要点
振动沉管灌注桩	成桩方式、特点及应用	(1)振动沉管灌注桩系用振动沉桩机将带有活瓣式桩尖或钢筋混凝土桩预制桩靴的桩管(上部开有加料口)，利用振动锤产生的垂直定向振动和锤、桩管自重，对桩管进行加压，使桩管沉入土中，然后边向桩管内灌注混凝土，边振动拔出桩管，使混凝土留在土中而成桩 (2)工艺特点是：能适应复杂地层，能用小桩管打出大截面桩(一般单打法的桩截面比桩管扩大 30%；复打法可扩大 80%；反插法可扩大 50%左右)，使有较高的承载力；有套管护壁，可防止塌孔、缩孔、断桩，桩质量可靠；对附近建筑物的振动影响以及噪声对环境的干扰都比常规打桩机小；能沉能拔，施工速度快，效率高，操作简便、安全，同时费用比较低，比预制桩可降低工程造价 30%左右。但由于振动会使土体受到扰动，会大大降低地基强度，因此，当为软黏土或淤泥及淤泥质土时，土体至少需养护 30d，砂层或硬土层需养护 15d，才能恢复地基强度 (3)适于在一般黏性土、淤泥、淤泥质土、粉土、湿陷性黄土、稍密及松散的砂土及填土中使用，但在坚硬砂土、碎石土及有硬夹层的土层中，因易损坏桩尖，不宜采用
	机具设备及材料	(1)主要机具设备包括：DZ60 或 DZ90 型振动锤，DJB25 型步履式桩架、卷扬机、加压装置、桩管、桩尖或钢筋混凝土预制桩靴等。桩管直径为 220～370mm，长 10～28m。常用振动沉拔桩锤的技术性能见表 5-6。配套机具设备有：下料斗、1t 机动翻斗车、L－400 型混凝土搅拌机、钢筋加工机械、32kVA(交流电焊机)、氧割装置等 (2)混凝土材料：混凝土强度等级不低于 C20。水泥用强度等级 42.5 普通水泥；碎石或卵石粒径不大于 40mm，含泥量小于 1%；砂用中、粗砂，含泥量小于 5%，混凝土坍落度为 8～10cm
	成桩工艺方法	(1)振动沉管灌注桩成桩工艺如图 5-15。成桩过程为： 1)桩机就位：将桩管对准桩位中心，桩尖活瓣合拢，放松卷扬机钢丝绳，利用振动机及桩管自重，把桩尖压入土中 2)沉管：开动振动箱，使桩管在强迫振动下，沉入土中 3)上料：桩管沉到设计标高后，停止振动，用上料斗将混凝土灌入桩管内，混凝土一般应灌满桩管或略高于地面 4)拔管：开始拔管时，先启动振动箱片刻，再开动卷扬机拔桩管，边振边拔，桩管内的混凝土被振实而留在土中成桩，拔管速度应控制在 1.2～1.5m/min (2)拔管方法根据承载力的不同要求，可分别采用以下方法： 1)单打法：即一次拔管。拔管时，先振动 5～10s，再开始拔桩管，应边振边拔，每提升 0.5m 停拔，振 5～10s后再拔管 0.5m，再振 5～10s，如此反复进行直至地面 2)复打法：在同一桩孔内进行两次单打，或根据需要进行局部复打

续表

<table>
<tr><th>名称</th><th>项目</th><th>施工方法要点</th></tr>
<tr><td>振动沉管灌注桩</td><td>成桩工艺方法</td><td>3)反插法：桩管每提升0.5～1.0m，再把桩管下沉0.3～0.5m，在拔管过程中分段添加混凝土面始终不低于地表面，如此反复进行直至地面
(3)在拔管过程中，桩管内应至少保持2m高的混凝土或不低于地面，可用吊铊探测，不足时及时补灌。每根桩的混凝土灌注量，应保证达到制成后桩的平均截面积与桩管端部截面积的比值不小于1.1
(4)当桩管内混凝土浇至钢筋笼底部时，应从桩管内插入钢筋笼或短筋，继续浇筑混凝土。当混凝土灌至桩顶，混凝土在桩管内的高度应大于桩孔深度。同时混凝土浇灌高度应超过桩顶设计标高0.5m，凿去浮浆后，应确保桩顶设计标高及混凝土质量</td></tr>
<tr><td rowspan="3">锤击沉管灌注桩</td><td>成桩方式特点及应用</td><td>(1)锤击沉管灌注桩系用锤击打桩机，将带活瓣桩尖或设置钢筋混凝土预制桩尖(靴)的钢管锤击沉入土中，然后边灌注混凝土边用卷扬机拔桩管。
(2)工艺特点是：可用小桩管打较大截面桩，承载力大；可避免塌孔，瓶颈、断桩，移位、脱空等缺陷；可采用普通锤击打桩机施工，机具设备和操作简便，沉桩速度快。但桩机较笨重，劳动强度较大。
(3)适于黏性土、淤泥、淤泥质土，稍密的砂土及杂填土层中使用，但不能用于密实的中粗砂、砂砾石、漂石层中使用</td></tr>
<tr><td>机具设备及材料</td><td>(1)主要设备为一般锤击打桩机如落锤、柴油锤、蒸汽锤等，由桩架、桩锤、卷扬机、桩管等组成，桩管直径为270～370mm，长8～15m。常用锤击式打桩机型号及技术性能见表5-7、表5-8。落锤重由2.0～3.2t。配套机具有下料斗、1t机动翻斗车、混凝土搅拌机等
(2)混凝土材料要求：骨料粒径不大于30mm、坍落度一般为5～7cm，其余均同振动沉管灌注桩</td></tr>
<tr><td>成桩工艺方法</td><td>(1)锤击沉管灌注桩成桩工艺如图5-16所示
(2)锤击成桩过程为：
1)桩机就位：就位后吊起桩管，对准预先埋好的钢筋混凝土预制桩尖，放置麻绳垫于桩管与桩尖连接处，以作缓冲层和防地下水进入，然后缓慢放下桩管，套入桩尖，压入土中
2)沉管：上端装上桩帽；先用低锤轻击，观察无偏移，才正常施打，直至符合设计要求深度；如沉管过程中桩尖损坏，应及时拔出桩管，用土或砂填实后另安桩尖重新沉管
3)上料：检查管内无泥浆或水时，即可灌注混凝土，混凝土应灌满桩管
4)拔管：拔管速度应均匀，对一般土可控制在不大于1m/min；淤泥和淤泥质土不大于0.8m/min。整个拔管过程中应保持连续低锤密击，锤击次数不少于70次/min。第一次拔管高度不宜过高，应控制在能容纳第二次需要灌入的混凝土数为限，以后始终保持使管内混凝土量略高于地面
5)放入钢筋笼：继续灌注混凝土及拔管，直至全管拔完为止
(3)锤击沉管成桩宜按桩基施工顺序依次退打，桩中心距在4倍桩管外径以内或小于2m时均应跳打，中间空出的桩，须待邻桩混凝土达到设计强度的50%以后，方可施打
(4)为扩大桩径，提高承载力或补救缺陷，可采用复打法。但复打时必须在第一次灌注的混凝土初凝前进行，同时桩管外表面上的污泥和桩孔周围地面上的浮土及时清除干净，并以一次扩大为宜。当作为补救措施时，常采用半复打法或局部复打法</td></tr>
</table>

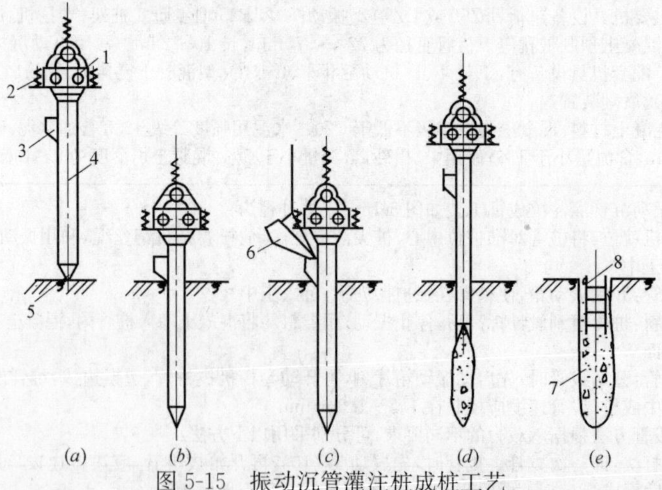

图5-15　振动沉管灌注桩成桩工艺

(a) 桩机就位；(b) 沉管；(c) 上料；(d) 拔出桩管；(e) 在桩顶部混凝土内插入短钢筋并灌满混凝土
1—振动锤；2—加压减振弹簧；3—加料口；4—桩管；5—活瓣桩尖；6—上料斗；7—混凝土桩；8—短钢筋骨架

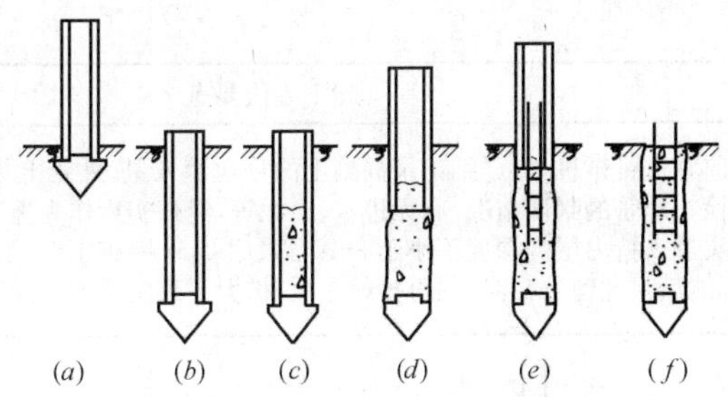

图 5-16 锤击沉管灌注桩成桩工艺

(*a*) 就位；(*b*) 锤击沉桩；(*c*) 开始灌注混凝土；(*d*) 边锤击、边拔管，并继续灌注混凝土；(*e*) 下钢筋笼、并继续灌注混凝土；(*f*) 成桩

5.1.4.6 套管夯扩灌注桩

套管夯扩灌注桩、机具设备及施工工艺方法 表 5-32

项次	项目	施工方法要点
1	成桩方式、特点及应用	(1)套管夯扩灌注桩又称夯扩桩，是在桩管内增加了一根与外桩管长度基本相同的内夯管，以代替钢筋混凝土预制桩靴，与外管同步打入设计深度，并作为传力杆将桩锤击力传至桩端夯扩成大头形桩 (2)夯扩桩成型的特点是：增大了桩端支承面积和地基的密实度，同时利用内管和桩锤的自重将外管内的现浇桩身混凝土压密成型，使水泥浆压入桩侧土体并挤密桩侧的土，使桩的承载力大幅度提高，同时设备简单，上马快，操作方便，可消除一般灌注桩易出现缩颈、裂缝、混凝土不密实、回淤等弊病，保证工程质量；而且技术可靠，工艺合理，经济实用，单桩承载力可达 1100kN，工程造价比一般混凝土灌注桩基降低 30%～40% (3)适用于一般黏性土、淤泥、淤泥质土、黄土、硬黏性土；亦可用于有地下水的情况；可在 20 层以下的高层建筑基础中应用
2	机具设备	沉管机械采用锤击式沉桩机或 1.8t 导杆式柴油打桩机、静力压桩机，并配有 2 台 2t 慢速卷扬机，用于拔管。桩管由外管(套管)和内管(夯管)组成。外管直径为 325mm(或 377mm)无缝钢管；内管直径为 219mm，壁厚 10mm，长比外管短 100mm，内夯管底端可采用闭口平底或闭口锥底
3	成桩工艺方法	(1)夯扩桩的施工工艺程序是(图 5-17)： 1)按基础平面图测放出各桩的中心位置，并用套板和撒石灰标出桩位 2)机架就位，在桩位垫一层 150～200mm 厚与灌注桩同强度等级的干硬性混凝土，放下桩管，紧压在其上面，以防回淤 3)将外桩管和内套管套叠同步打入设计深度 4)拔出内夯管并在外桩管内灌入第一批混凝土，高度为 H，混凝土量一般为 0.1～0.3m^3 5)将内夯管放回外桩管中压在混凝土面上，并将外桩管拔起 h 高度($h<H$)，一般为 0.6～1.0m 6)用桩锤通过内夯管将外桩管中灌入的混凝土挤出外管 7)将内外管再同时打至设计要求的深度(h 深处)，迫使其内混凝土向下部和四周基土挤压，形成扩大的端部，完成一次夯扩。或根据设计要求，可重复以上施工程序进行二次夯扩 8)拔出内夯管在外管内灌第二批混凝土，一次性浇筑桩身所需的高度 9)再插入内夯管紧压管内的混凝土，边压边徐徐拔起外桩管，直至拔出地面。以上 H、h、c 等参数要通过试验确定，作为施工中的控制依据 (2)端夯扩沉管灌注桩亦可应用以下两种方法形成 1)沉管由桩管和内击锤组成，沉管在振动力及机械自重作用下，到达设计位置后，灌入混凝土，用内击锤夯击管内混凝土使其形成扩大头 2)采用单管，用振动加压将其沉到设计要求的深度，往管内灌入一定高度的扩底混凝土后向上提管，此时桩尖活瓣张开，混凝土进入孔底，由于桩尖受自重和外侧阻力关闭，再将桩管加压振动复打，迫使扩底混凝土向下部和四周挤压，形成扩大头 (3)如有地下水或渗水，沉管过程、外管封底可采用干硬性混凝土或无水混凝土，经夯实形成阻水、阻泥管塞，其高度一般为 100mm (4)桩的长度较大或需配置钢筋笼时，桩身混凝土宜分段浇筑；拔管时，内夯管和桩锤应施压于外管中的混凝土顶面，边压边拔

续表

项次	项目	施工方法要点
3	成桩工艺方法	(5)工程施工前宜进行试桩，应详细记录混凝土的分次灌入量、外管上拔高度、内管夯击次数、双管同步沉入深度，并检查外管的封底情况，有无进水、涌泥等，经核实后作为施工控制的依据 (6)桩端扩大头进入持力层的深度不小于3m；当采用2.5t锤施工时，要保证每根桩的夯扩锤击数不少于50锤，当不能满足此锤击数时，须再投料一次，扩大头采用干硬性混凝土，坍落度应在1～3cm左右

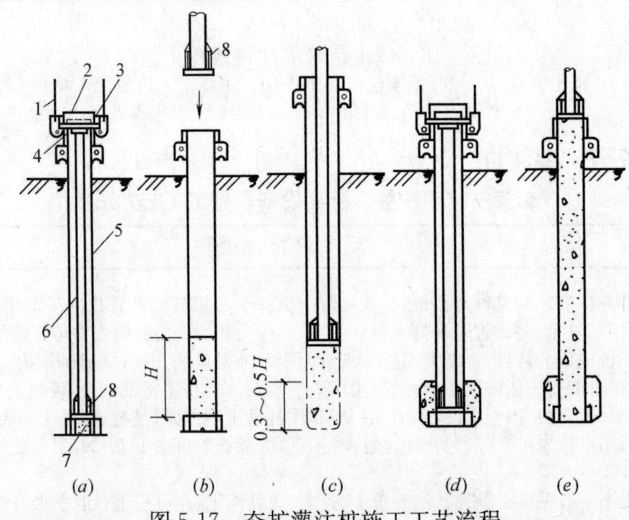

图 5-17　夯扩灌注桩施工工艺流程

(a) 内外管同步夯入土中；(b) 提升内夯管、除去防淤套管，浇筑第一批混凝土；
(c) 插入内夯管，提升外管；(d) 夯扩；(e) 提升内夯管，浇筑第二批混凝土，放下内夯管加压，拔起外管
1—钢丝绳；2—原有桩帽；3—特制桩帽；4—防淤套管；5—外管；6—内夯管；7—干混凝土；8—夯头 ϕ290×10

5.1.4.7　载体夯扩灌注桩

载体夯扩灌注桩机具设备及施工工艺方法　　表 5-33

项次	项目	施工要点
1	成桩方法、特点及应用	(1)载体夯扩灌注桩，是用重锤夯击成孔或长螺旋成孔，向孔底填料，然后用柱锤对桩端土体和填料进行夯击，并以三击贯入度作为控制指标。满足设计要求后. 填入干硬性混凝土夯实形成载体，再放入钢筋笼，浇筑混凝土形成载体桩 (2)桩的特点是：桩由载体与混凝土桩身构成。载体则由干硬性混凝土、夯实填充料和挤密土体三部分构成(图 5-19*a*)施工时通过填料夯实，再填充干硬性混凝土，使桩端直径为2～3m、深度为3～5m范围内的土体都得到有效挤密，且可消纳建筑垃圾；承载力高(比同等桩长和桩径的桩承载力高3～5倍)，变形小；同时操作简单，质量易于控制 (3)适于一般黏性土、淤泥、淤泥质土、黄土及硬黏性土层中应用
2	机具设备	施工设备用液压步履式夯扩桩机，如图 5-18。主要部件包括：①由中空竖杆及支承斜杆等组成的框架；②5t快速主卷扬机，用于提升和下放重锤；③3t副卷扬机，用于反压和提升护筒；④护筒，主要起导向和护壁作用，通常采用 ϕ327～600mm 的无缝钢管，其长度视设计桩长而定
3	施工工艺方法	(1)载体夯扩灌注桩施工工艺流程如图 5-19*b* 所示 (2)施工工艺程序方法为：ⓐ在桩位处挖直径等于桩身直径、深度约为500mm的桩位圆柱孔，移桩机就位；ⓑ提升夯锤后快速下放，使夯锤出护筒，入土一定深度；ⓒ用副卷扬机钢丝绳对护筒施加压力，使护筒底面与锤底齐平；ⓓ重复ⓑ与ⓒ的步骤，将护筒沿垂线沉入到设计要求深度；ⓔ提起夯锤，通过护筒投料孔向孔底分次投入填充料，并进行大能量夯击；ⓕ填充料被夯实后，在不再填料情况下连续夯击3次并测出三击贯入度，如三击贯入度不能满足设计要求，应重复ⓔ和ⓕ的工序，直至三击贯入度满足设计要求为止；ⓖ通过护筒投料孔再向孔内分次投入设计需要的干硬性混凝土，并进行夯击；ⓗ放(吊)入钢筋笼，要求垂直，保护层正确；ⓘ浇筑桩身混凝土，并振密实

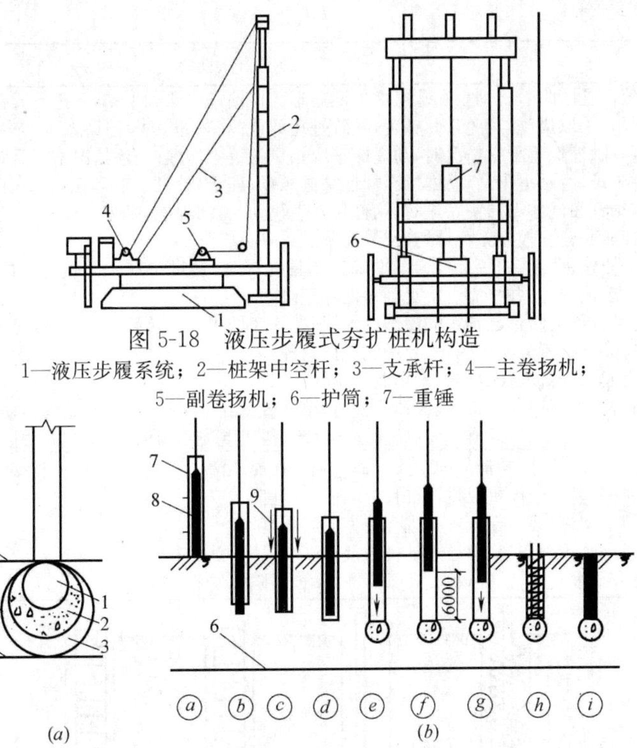

图 5-18 液压步履式夯扩桩机构造

1—液压步履系统；2—桩架中空杆；3—支承杆；4—主卷扬机；
5—副卷扬机；6—护筒；7—重锤

图 5-19 载体夯扩灌注桩成形工艺

（a）载体桩剖面；（b）载体夯扩灌注桩成形工艺：ⓐ就位；ⓑ锤击沉护筒；
ⓒ、ⓓ加压；ⓔ、ⓕ夯击填充料；ⓖ夯击干硬性混凝土；ⓗ放钢筋笼；ⓘ浇筑桩身混凝土成桩

1—干硬性混凝土；2—填充料；3—挤密土体；4—软弱土层；
5—被加固土层；6—持力土层；7—护筒；8—细长锤；9—加压

5.1.4.8 长螺旋干作业钻孔灌注桩

长螺旋干作业钻孔灌注桩机具设备、材料及施工工艺方法 表 5-34

项次	项目	施工方法要点
1	组成、特点及使用	（1）长螺旋干作业（下同）钻孔灌注桩，系列用长螺旋钻土的电动机带动钻杆转动，使钻头螺旋叶片旋转削土，土块随着螺旋叶片上升排出孔外，至设计要求深度后进行孔底清土，方法是在原深处空转清底（或采用掏土器清孔），然后停止回转，提钻卸土，吊放钢筋笼，灌注混凝土成桩 （2）本法特点是：设备简单，操作方便，易保证孔形完整，精度较好，劳动强度低，工效较高，降低施工成本等 （3）适用于无地下水的黏性土、粉土、填土、中等密实的砂土、风化岩使用
2	机具设备及材料要求	（1）主要设备为长螺旋钻孔机，常用型号有 LZ 型长螺旋钻、ZKL400（600）钻孔机、BQZ（KLB）型钻孔机，钻孔直径 300～600mm、钻孔深度 8～16m，钻进速度 1～3m/min，电机功率 30～55kW 以及清孔器等 （2）混凝土采用和易性、泌水性较好的预拌混凝土，水泥强度等级为 42.5 级普通硅酸盐水泥，初凝时间不少于 6h，混凝土坍落度宜为 180～220mm；骨料粒径采用不大于 30mm 的坚硬碎石；砂采用中砂；粉煤灰宜选用Ⅰ级或Ⅱ级，细度分别不大于 15%和 20%。外加剂宜选用液体速凝剂。主筋及加强筋不宜低于 HRB335 级，箍筋可选用 HPB300 级
3	成桩工艺方法	（1）螺旋钻孔机成桩工艺流程如图 5-20 所示 （2）钻孔机就位：现场放线、抄平后，移动长螺旋钻机至钻孔桩位置，完成钻孔机就位。钻孔机就位时，必须保持平稳，确保施工中不发生倾斜、位移。使用双向吊锤球校正调整钻杆垂直度，必要时可使用经纬仪校正钻杆垂直度 （3）钻进：调直机架挺杆，对好桩位（用对位圈），开动机器钻进、出土。螺旋钻进应根据地层情况，合理选择和调整钻进参数，并可通过电流表来控制进尺速度，电流值增大，说明孔内阻力增大，应降低钻进速度。开始钻进及穿过软硬土层交界处，应保持钻杆垂直，控制速度缓慢进尺，以免扩大孔径。钻进遇含有砖头瓦块卵石较多的土层，或含水量较大的软塑黏土层时，应控制钻杆跳动与机架摇晃，以免引起孔径

续表

项次	项目	施工方法要点
3	成桩工艺方法	扩大，致使孔壁附着扰动土和孔底增加回落土。当钻进中遇到卡钻，不进尺或钻进缓慢时，应停机检查，找出原因，采取措施，避免盲目钻进，导致桩孔严重倾斜、跨孔甚至卡钻、折断钻具等恶性事故。遇孔内渗水、跨孔、缩颈等异常情况时，须立即采取相应的技术措施；上述情况不严重时，可调整钻进参数，投入适量黏土球，经常上下活动钻具等，保证钻进顺畅；冻土层、硬土层施工，宜采用高转速，小进尺，恒钻压钻进。钻杆在砂卵石层中钻进时，钻杆易发生跳动、晃动现象，影响成孔的垂直度，该过程必须用经纬仪严密监测，并建立控制系统，做到及时控制成孔垂直度 (4)停止钻进，读钻孔深度：为了准确控制钻孔深度，钻进中应观测挺杆上的深度控制标尺或钻杆长度，当钻至设计孔深时，需再次观测并做好记录 (5)孔底土清理：钻到预定的深度后，必须在孔底处进行空转清土，然后停止转动。孔底的虚土厚度超过质量标准时，要分析原因，采取措施进行处理 (6)提起钻杆：提起钻杆时，不得曲转钻杆 (7)复核桩位，移动钻机：经成孔检查后，填好桩钻孔施工记录，并将钻机移动到下一桩位 (8)下放钢筋笼、放混凝土溜筒、灌注混凝土、拔出混凝土溜筒等，工艺方法按常规方法进行
4	质量控制	检查成孔质量：用测深绳(坠)或手提灯测量孔深及虚土厚度，成孔的控制深度应符合下列要求： (1)摩擦型桩：摩擦桩以设计桩长控制成孔深度 (2)端承型桩：必须保证桩孔进入持力层的深度 (3)端承摩擦桩：必须保证设计桩长及桩端进入持力层深度 检查成孔垂直度、桩径，检查孔壁有无胀缩、塌陷等现象

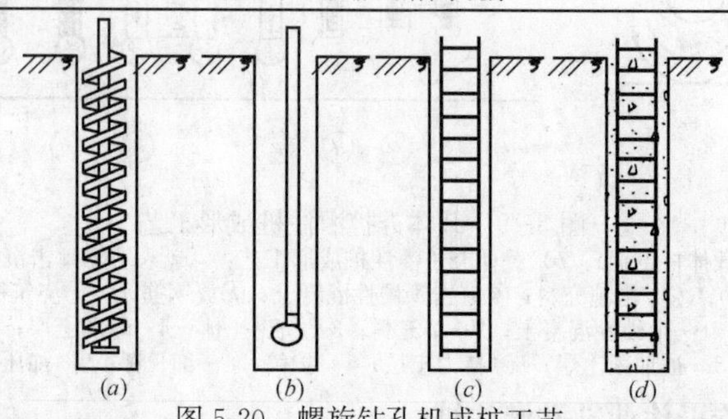

图 5-20 螺旋钻孔机成桩工艺

(*a*) 螺旋钻机成孔；(*b*) 空转或用掏土器清孔；(*c*) 投入钢筋笼；(*d*) 浇筑混凝土

5.1.4.9 人工挖孔和挖孔扩底灌注桩

人工挖孔和挖孔扩底灌注桩机具设备、材料及施工工艺方法　　表 5-35

项次	项目	施工方法要点
1	成桩方式、特点及应用	(1)挖孔灌注桩系用人工挖土成孔，灌注混凝土成桩；挖孔扩底灌注桩，系在挖孔灌注桩的底部，扩大桩底尺寸而成 (2)挖孔和挖孔扩底灌注桩的特点是：单桩承载力高，沉降量小，可一柱一桩，不需承台，不需凿桩头，可作支承，抗滑、锚拉、支护挡土等用；可直接检查桩孔尺寸和持力土层情况，桩质量可靠；施工机具设备和工艺简单；施工无震动，无噪声，无环境污染；可多桩同时进行，施工速度快，节省设备费用，降低工程造价。但存在成孔劳动强度较大，单桩施工速度较慢、安全性较差等问题 (3)适用于桩直径 800mm 以上、无地下水或地下水较少的黏土、粉质黏土、含少量砂、砂卵石、姜结石的黏土层采用，深一般 20～30m。可用于高层建筑、公用建筑、水工结构作支承、抗滑，挡土、锚拉桩之用。对有流砂、地下水位较高、涌水量大的冲积地带及近代沉积的含水量高的淤泥、淤泥质土层不宜采用
2	构造要求	挖孔桩直径(d)一般为 800～2000mm，最大直径可达 3500mm；埋置深度(桩长)一般在 20m 左右，最深可达 40m。当要求增大承载力、底部扩大时，扩底直径一般为 1.3～3.0d，最大可达 4.5d，扩底直径大小按$\frac{d_1-d}{2}$：$h=1:4$，$h_1 \geqslant \frac{d_1-d}{4}$进行控制(图 5-21*a*、*b*)。一般采用一柱一桩，如采用一柱两桩时，两桩中心距应不小于 3d，两桩扩大头净距不小于 1m，在不同一标高时，应不小于 0.5m(图 5-21*c*、*d*)。桩底宜挖成锅底形，锅底中心比四周低 200mm，根据试验，它比平底桩可提高承载力 20%以上。桩底应支承在可靠的持力层上。支承桩大多采用构造配筋，配筋率以 0.4%为宜，配筋长度一般为 1/2 桩长且不小于 10m；用于作抗滑、锚固、挡土桩的配筋，按全长或 2/3 桩长配置，由计算确定。箍筋采用不小于 ϕ8@200mm。当钢筋笼长度超过 4m 时，可每隔 2.0m 设一道 ϕ16～20mm 焊接加强筋。钢筋笼长超过 10m 需分段拼接，拼接处应用焊接。桩混凝土强度等级不应低于 C20

续表

项次	项目	施工方法要点
3	机具设备及材料	(1)提升机具设备包括：1t卷扬机配三木搭或1t以上单轨电动葫芦配提升金属架与轨道、活底吊桶。挖孔工具包括：短柄铁锹、镐、锤、钎。水平运输机具包括：双轮手推车或1t机动翻斗车。混凝土浇筑机具包括：混凝土搅拌系统设备，振捣器、插钎、串筒等。当水下浇筑混凝土尚应配金属导管、吊斗、混凝土储料斗、提升装置(卷扬机或起重机等)、浇灌架、测锤以及钢筋笼吊放机械等。其他机具设备包括：钢筋加工机具、支护模板、支撑、电焊机、吊挂式软爬梯；36V低压变压器，井内外照明设施；桩孔深超过20m，另配鼓风机、输风管；有地下水应配潜水泵及软管等 (2)混凝土护壁和桩材料要求同钻孔灌注桩
4	成桩工艺方法	(1)挖孔灌注桩的施工程序是：场地整平→放线、定桩位→挖第一节桩孔土方→支模浇筑第一节混凝土护壁→在护壁上二次投测标高及桩位十字轴线→安装活动井盖、垂直运输架、起重卷扬机或电动葫芦、活底吊土桶、排水、通风、照明设施等→第二节桩身挖土→清理桩孔四壁，校核桩孔垂直度和直径→拆上节模板，支第二节模板，浇筑第二节混凝土护壁→重复第二节挖土、支模、浇筑混凝土护壁工序，循环作业直至设计深度→进行扩底(当需扩底时)→清理虚土、排除积水，检查尺寸和持力层→吊放钢筋笼就位→浇筑桩身混凝土 (2)为防止塌孔和保证操作安全，直径1.2m以上桩孔多设混凝土支护(护壁)，每节高0.9～1.0m，厚8～15cm，或加配适量ϕ6～9mm钢筋，混凝土用C20或C25；直径1.2m以下桩孔，井口砌1/4砖或1/2砖护圈高1.2m，下部遇不良土体用半砖护砌 (3)护壁施工采用一节组合式钢模板拼装而成，拆上节支下节，循环周转使用，模板用U形卡连接，上下设两个半圆组成的钢圈顶紧，不另设支撑，混凝土用吊桶运输人工浇筑，上部留100mm高作浇灌口，拆模后用混凝土堵塞，混凝土强度达1MPa即可拆模 (4)挖孔用人工自上而下逐层用镐、锹进行，遇坚硬土层，用锤、钎破碎，挖土次序为先挖中间部分，后挖周边，允许尺寸误差30mm；扩底部分采取先挖桩身圆柱体，再按扩底尺寸从上到下削土修成扩底形。为防止扩底时扩大头处的土方坍塌，宜采取间隔挖土措施，留4～6个土肋条作为支撑，待浇筑混凝土前再挖除。弃土装入活底吊桶内。垂直运输，在孔口安支架、工字轨道、电葫芦或搭三木搭，用1～2t慢速卷扬机提升(图5-22)，吊至地面后，用机动翻斗车或手推车运出 (5)桩中心线控制是在第一节混凝土护壁上设十字控制点，每一节设横杆吊大线锤作中心线，用水平尺杆找圆周 (6)桩挖孔时，如遇地下水，少量渗水可在桩孔内挖小集水坑，随挖土随用吊桶，将泥水一起吊出；大量渗水可在桩孔内先挖较深集水井，设小型潜水泵将地下水排出桩孔外，随挖土随加深集水井；涌水量很大时，可将一桩超前开挖，使附近地下水汇集于此桩孔内，用1～2台潜水泵将地下水抽出，使起到深井降水作用，将附近桩孔地下水位降低 (7)直径1.2m内的桩钢筋笼制作，同一般灌注桩方法，对直径和长度大的钢筋笼，一般在主筋内侧每隔2.5m加设一道直径25～30mm的加强箍，每隔一箍在箍内设一井字加强支撑，与主筋焊接牢固组成骨架，为便于吊运，一般分为二节制作，钢筋笼的主筋为通长钢筋，其接头采用对焊，主筋与箍筋间隔点焊固定，控制平整度误差不大于50mm，钢筋笼四侧主筋上每隔5m设置耳环，控制保护层为70mm，钢筋笼外形尺寸比孔小11～12cm。钢筋笼就位用小型吊运机具或履带式起重机进行，上下节主筋采用帮条双面焊接，整个钢筋笼用槽钢悬挂在井壁上借自重保持垂直度正确 (8)混凝土用粒径小于50mm石子、水泥用强度等级42.5普通或矿渣水泥，坍落度4～8cm，用机械拌制。混凝土用翻斗汽车、机动车或手推车向桩孔灌筑，下料采用串筒或溜管；如地下水大，应采用混凝土导管水中浇注混凝土工艺。混凝土要垂直灌入桩孔内，并连续分层浇筑，每层厚不超过1.0m。用卷扬机吊导管上下翻插使达到密实。在桩上部有钢筋部位应用振捣器振捣密实

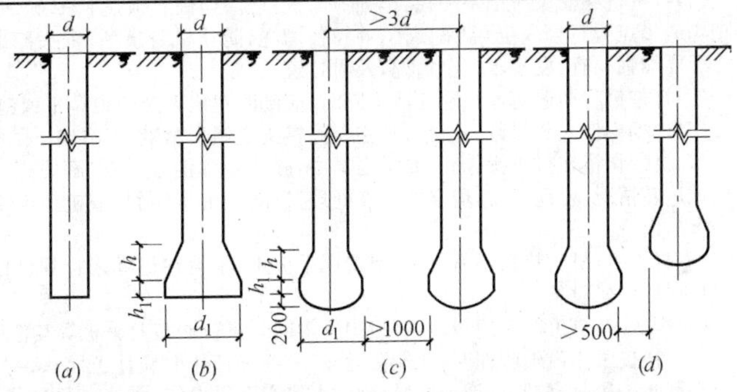

图5-21 人工挖孔和挖孔扩底灌注桩截面形式

(a) 圆柱形；(b) 扩底桩；(c) 扩底桩群布置；(d) 扩底高低桩间距

d—挖孔桩直径；d_1—桩扩底直径；h_1—扩底底部高度；h—扩底倾斜部分高度

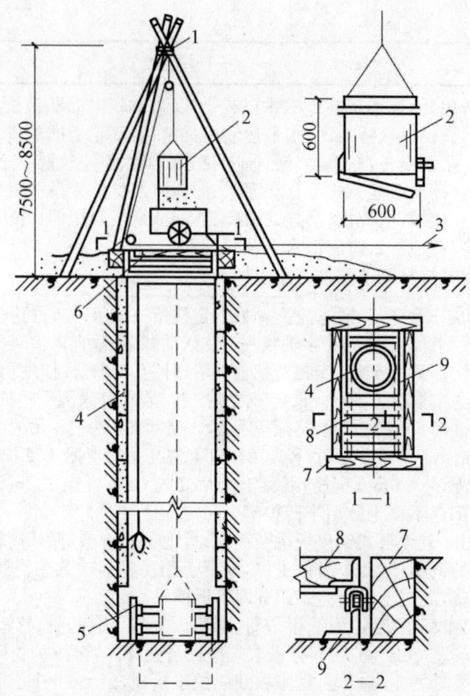

图 5-22 人工挖孔桩成孔工艺

1—三木搭；2—吊土筒（桶）；3—接卷扬机；4—混凝土护壁；5—定型组合钢模板；6—活动安全盖板；7—枕木；8—活动井盖；9—角钢轨道

5.1.5 桩基工程安全技术

桩基工程安全技术 表 5-36

项次	项目	安全技术要点
1	钢筋混凝土预制桩	(1)打(沉,下同)桩前,应对邻近施工范围内的原有建筑物、地下管线等进行检查,对有影响的工程,应采取有效的加固防护措施或隔振措施,施工时加强观测,以确保施工安全 (2)打桩机行走道路必须平整、坚实,必要时铺设道碴,经压路机碾压密实。场地四周应挖排水沟,以利排水,保证移动桩机时的安全 (3)打桩前应先全面检查打桩机械各部件及润滑情况,钢丝绳是否完好,发现有问题应及时处理;检查后要进行试运转,严禁带病作业。打桩机械设备应由专人操作,并经常检查机架部分有无脱焊和螺栓松动,注意机械的运转情况,以保证机械正常安全使用 (4)打桩机架安设应铺垫平稳、牢固。吊桩就位时,桩必须达到100%强度,吊桩距离不得大于4m,吊点应符合规定,起吊要慢,并拉住溜绳,防止桩身折断,桩头冲击桩架,撞坏桩身。吊立后要加强检查,发现不安全情况,及时处理 (5)打桩过程中遇有地面隆起或下陷时,应随时对机架及轨道调平或垫平,以防桩机倾倒 (6)现场操作人员要戴安全帽,高空检修桩机要佩安全带,不得向下乱丢物件 (7)机械司机在打桩操作时,要精力集中,服从指挥信号,不得随便离开岗位,并应经常注意机械运转情况,发现异常,应立即检查处理,以防止桩机倾斜,或桩锤不工作时,突然下落等安全事故出现 (8)打桩时,桩头垫料不得偏斜,严禁用手拨正;不得在桩锤未打到桩顶就起锤或过早刹车,以免损坏桩机设备 (9)作业时,桩机回转应缓慢,行走中不得同时进行回转及吊桩等其他动作 (10)接桩采用硫磺胶泥时,硫磺在运输、贮存和使用时应注意防火。熬制胶泥时,操作人员应穿戴防护用品,熬制场地应通风良好,人应在上风操作,严禁水溅入锅内。胶泥浇筑后,上节桩应缓慢放下,防止胶泥飞溅伤人 (11)夜间施工,必须有足够的照明设施;雷雨天、大风、大雾天应停止打桩作业

续表

项次	项目	安全技术要点
2	冲击钻(回转钻、螺旋钻)成孔灌注桩	(1)布桩靠近建(构)筑物时,应采取有效的防震安全措施,以避免冲击(钻)成孔时,震坏邻近建(构)筑物,造成裂缝、倾斜、甚至倒塌事故 (2)冲击锤(钻)成孔机械操作时应安放平稳,防止冲孔时突然倾倒或冲锤突然下落,造成人员伤亡和设备损坏 (3)采用泥浆护壁成孔,应根据设备情况、地质条件和孔内情况变化,认真控制泥浆密度、孔内水头高度、护筒埋设深度、钻机垂直度、钻进和提钻速度等,以防塌孔造成机具塌陷 (4)冲击锤(钻)操作时,距落锤6m范围内不得有人员走动或进行其他作业,非工作人员不准进入施工区域内 (5)冲(钻)孔灌注桩在已成孔尚未灌注混凝土前,应用盖板封严,以免掉土或发生人身安全事故 (6)所有成孔设备、电路要架空设置,不得使用不防水的电线或绝缘层有损伤的电线。电闸箱和电动机要有接地装置,加盖防雨罩;电路接头要安全可靠,开关要有保险装置 (7)恶劣气候冲(钻)孔机应停止作业,休息或作业结束时,应切断操作箱上的总开关,并将离电源最近的配电盘上的开关切断 (8)混凝土灌注时,装、卸导管人员必须戴安全帽,其上方不得进行其他作业,导管提升后继续浇筑混凝土前,必须检查其是否垫稳或拴牢,防止脱落掉下
3	套管成孔灌注桩	(1)锤击打桩机和振动沉桩和操作人员应了解桩机的性能、构造,并熟悉操作保养方法和安全注意事项,方能操作 (2)打(沉)桩现场,禁止无关人员进入现场,打沉管应有专人指挥 (3)操作人员应戴安全帽,在桩架上装拆检查、维修机件进行高空作业时,必须系安全带 (4)桩机行走时,应先清理地面上的障碍物和挪动电缆。挪动电缆应戴绝缘手套,注意防止电缆磨损漏电。施工现场电线、电缆应按规定架空,严禁拖地和乱拉乱搭 (5)振动锤的电器箱和电动机必须接地,在沉桩前应检查一次外部各紧固螺栓、螺母、销子是否松动。多机作业用电必须分闸,严禁一闸多机和一闸多用 (6)振动沉管时,若用收紧钢丝绳加压,应根据桩管沉入度,随时调整离合器,防止抬起桩架,发生事故。锤击沉管时,严禁用手扶正桩尖垫料。不得在桩锤未打到管顶就起锤或过早刹车 (7)施工过程中如遇大风,应将桩管插入地下嵌固,以确保桩机安全 (8)其他同冲击(钻)成孔桩
4	人工挖孔灌注桩	(1)挖孔桩开挖,开口应设置高出地面200mm左右的护板,防止地面石块或杂物踢入井内。操作无关人员不得靠近井口,运土机械操作人员不得离开工作岗位,上下井携带物品必须装入工具袋,防止弯腰掉入井内伤人。施工中应经常检查提土索具及吊钩防脱装置 (2)在孔口应设水平移动式活动安全盖板,当土吊桶提升到离地面约1.8m,推活动盖板关闭孔口,手推车推至盖板上卸土后,再开盖板,下吊桶装土,以防土块、操作人员掉入孔内伤人。采用电葫芦提升吊桶,桩孔四周应设安全栏杆 (3)直径较大(1.2m以上)桩孔开挖,井口应设护筒,下部应设护壁,挖一节随即浇一节混凝土护壁,以防坍孔或孔壁掉下,保证操作安全 (4)吊桶装土,不应太满,以免在提升时掉落伤人,同时每挖完一节应清理桩孔顶部周围松动土方、石块,防止落下伤人 (5)人员上下可利用吊桶、吊篮,但要配备滑车、粗绳或悬挂软绳梯,供停电时人员上下应急使用 (6)在10m深以下作业,应在井下设100W防水带罩灯泡照明,并用36V安全电压,井内一切设备必须接零接地,绝缘良好。20m以下作业时,采取向井内通风,供给氧气,以防有害气体中毒 (7)井口作业人员应挂安全带,井下作业戴安全帽和绝缘手套,穿绝缘胶鞋;提土时井下设安全区防掉土或石块伤人在井内必须设有可靠的上下安全联系信号装置 (8)孔内挖出的土方应随时运走;临时堆放应远离孔口不少于5m,以减少对孔壁的侧压力 (9)加强对孔壁土层涌水情况的观察,如发现流砂、大量涌水等异常情况,应及时采取处理措施 (10)向井内吊放钢筋等材料及施工工具时,必须绑紧系牢,防止溜脱发生坠落事故 (11)桩孔挖好后,如不能及时浇筑混凝土,或中途停止挖孔时,孔口应予覆盖。井内抽水管线、通风管、电线等,必须妥加整理,并临时固定在护壁上,以防吊桶或吊篮上下时挂住拉断或撞断,引起事故 (12)施工用电开关必须集中于井口,并应装设漏电保安器,防止漏电而发生触电事故

5.2　大体积混凝土基础施工技术

5.2.1　大体积筏形基础施工

大体积筏形基础组成、应用、构造要求及施工工艺方法　　表 5-37

项　次	项　目	施工方法要点
1	组成、特点及应用	(1)筏形基础又称筏板、筏片基础(简称筏基),系由底板、梁等整体组成。筏形基础又分为平板式和梁板式两类,在外形和构造上像倒置的钢筋混凝土无梁楼盖和肋形楼盖。而梁板式又有两种形式,一种是梁在板的底下埋入土内;一种是梁在板的上面,如图 5-23 所示 (2)平板式基础一般用于载荷不大,柱网较均匀且间距较小的情况;梁板式基础用于载荷较大的情况。这种基础整体性好,抗弯刚度大,可充分利用地基承载力,调整上部结构的不均匀沉降 (3)适用于土质软弱不均匀而上部荷载又较大的情况,在多层和高层建筑中被广泛采用
2	构造要求	(1)筏形基础布置应大致对称,尽量使整个基底的形心与上部结构的荷载合力点相重合,以减少基础所受的偏心力矩。筏形基础的混凝土强度等级不应低于 C30;当有防水要求时,抗渗等级不低于 P6 (2)筏板厚度应根据抗冲切要求确定,不得小于 200mm,一般取 200～400mm,但平板式基础有时厚度可达 1.0m 以上。梁板式基础梁截面按计算确定,高出(或低于)底板顶(底)面一般不小于 300mm,梁宽不小于 250mm。筏板悬挑墙外的长度,从轴线起算横向不宜大于 1500mm,纵向不宜大于 1000mm,边端厚度不小于 200mm (3)筏板配筋由计算确定,按双向配筋。钢筋宜用 HRB335 钢筋。板厚小于 300mm,构造要求可配置单层钢筋;板厚大于或等于 300mm 时,应配置双层钢筋。受力钢筋直径不宜小于 12mm,间距为 100～200mm;分布钢筋直径一般不宜小于 8～10mm,间距 200～300mm。钢筋保护层厚度不宜小于 35mm (4)当高层建筑筏形(或箱形)基础下天然地基承载力或沉降变形不能满足要求时,可在筏形(或箱形)基础下加设各种桩(预制桩、钢管桩、灌注桩、大直径扩底桩等)组合成桩筏(或桩箱)复合基础。桩顶嵌入筏基(或箱基)底板内的长度,对于大直径桩不宜小于 100mm;对于中、小直径桩不宜小于 50mm。桩的纵向钢筋锚入筏基(或箱基)底板内的长度不宜小于 $35d$(d 为钢筋直径);对于抗拔桩基不应少于 $45d$
3	施工工艺方法	(1)基坑开挖,如有地下水,应采用人工降低地下水位至基坑底 50cm 以下部位,保持在无水的情况下进行土方开挖和基础结构施工 (2)基坑土方开挖应注意保持基坑底土的原状结构,如采用机械开挖时,基坑底面以上 20～40cm 厚的土层,应采用人工清除,避免超挖或破坏基土。如局部有软弱土层或超挖,应进行换填,采用与地基土压缩性相近的材料进行分层回填并夯实。基坑开挖应连续进行 (3)筏板基础施工,可采用以下两种方法之一施工: 1)先在垫层上绑扎底板梁的钢筋和上部柱插筋,先浇筑底板混凝土,待达到 25%以上强度后,再在底板上支梁侧模板,浇筑完梁部分混凝土 2)采取底板和梁钢筋、模板一次同时支好,梁侧模板用混凝土支墩或钢支脚支承并固定牢固,混凝土一次连续浇筑完成 (4)当梁板式筏形基础的梁在底板下部时,通常采取梁板同时浇筑混凝土,梁的侧模板是无法拆除的,一般梁侧模采取在垫层上两侧砌半砖代替钢(或木)侧模与垫层形成一个砖壳子模(图 5-24) (5)当筏板基础长度很长(40m 以上)时,应考虑在中部适当部位留设贯通后浇带,以避免出现温度收缩裂缝和便于进行施工分段流水作业;对超厚的筏形基础,应考虑采取降低水泥水化热和浇筑入模温度措施,以避免出现过大温度收缩应力,导致基础底板裂缝。作法参见箱形基础施工要点有关部分内容 (6)基础浇筑完毕,表面应覆盖和洒水养护,不少于 7d 必要时应采取保温养护措施,并防止浸泡地基 (7)在基础底板上埋设好沉降观测点,定期进行观测、分析,做好记录

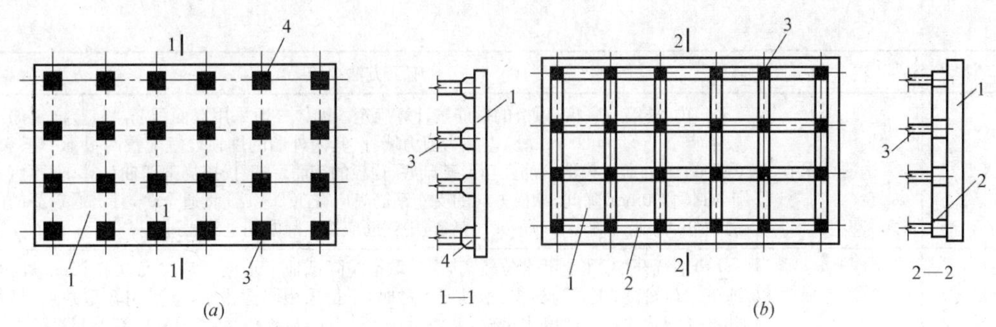

图 5-23 筏形基础形式
(a) 平板式；(b) 梁板式
1—底板；2—梁；3—柱；4—支墩

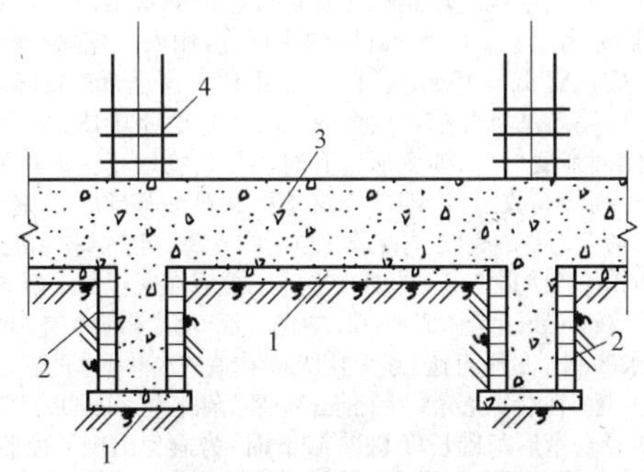

图 5-24 梁板式筏形基础砖侧模板
1—垫层；2—砖侧模板；3—底板；4—柱钢筋

5.2.2 大体积箱形基础施工

大体积箱形基础组成、应用、构造要求及施工工艺方法 **表 5-38**

项次	项 目	施工方法要点
1	组成、特点及应用	(1)箱形基础主要是由钢筋混凝土底板、顶板、侧墙及一定数量纵横墙构成的封闭箱体如图 5-25 所示，它是多层和高层建筑广泛采用的一种基础形式，以承受上部结构荷载，并把它传给地基，国内大多数都在箱基的内隔墙开门洞作为地下室使用 (2)这种基础整体性和刚度好，可承受上层结构较大的荷载，调整不均匀沉降的能力和抗震能力较强，可消除因地基变形使建筑物开裂的可能性 (3)适用于在比较软弱或不均匀地基上兴建带有地下室的高层、超高层建筑，对于不均匀沉降有要求的基础。在软弱地基上建造超高层建筑，有时常采用带有桩基的箱形基础组成桩箱复合基础来满足变形和稳定性要求
2	构造要求	(1)箱形基础布置应尽可能对称，尽量使底平面形心能与上部结构竖向静荷载重心重合，偏心距不宜大于 0.1ρ(ρ 为基础底面的抵抗距与基础底面积的比值)。箱形基础的混凝土强度等级不应低于 C20，抗渗等级不应低于 P6 (2)箱形基础外墙沿建筑物四周布置，内墙根据上部结构柱网和剪力墙纵横均匀布置，为保证整体刚度，平均每平方米基础面积上墙体长度不得小于 40cm，或墙体水平截面积不小于基础面积的 1/10，其中纵墙配置不得小于墙体总配置量的 3/5。基础埋深应满足抗倾覆稳定性要求，一般最小埋深 3～5m，在地震区埋深不宜小于建筑物总高度的 1/10。箱形基础高度一般取建筑物高度的 1/8～1/12，不宜小于基础长度的 1/18，且不应小于 3m。墙体的厚度：外墙一般为 250～400mm；内墙一般为 200～300mm (3)箱形基础的底板、顶板的厚度应满足柱或墙冲切验算要求，一般不宜小于 200mm。底板厚度一般不宜小于 300mm

续表

项次	项　目	施工方法要点
2	构造要求	(4)内、外墙及底板、顶板的钢筋按计算确定。墙体一般采用双面配筋，横、竖向钢筋一般不宜小于 ϕ10@200mm；除上部为剪力墙外，其内外墙的墙顶处宜配置两根不小于 ϕ14@200mm 的通长构造钢筋。箱形基础底、顶板的钢筋，一般仅按局部弯曲计算，但不宜小于 ϕ14@200mm，除此，纵横方向的支座钢筋尚应有 1/2～1/3 贯通全跨，且贯通钢筋的配筋率分别不应小于 0.15%、0.10%；跨中钢筋应按实际配筋全部通过
3	施工工艺方法	(1)基坑开挖，如地下水位较高，应采取措施降低地下水位至基坑底以下 50cm 处，当地下水位较高，土质为粉土、粉砂或细砂时，不得采用明沟排水，宜采用轻型井点，喷射井点或深井井点方法降水措施，并应设置水位升降观测孔，井点设置应有专门设计 (2)基坑开挖应验算边坡稳定性，当地基为软弱土或基坑邻近有建(构)筑物时，应有临时支护措施，如设钢筋混凝土钻孔灌注桩，桩顶浇筑混凝土连续梁连成整体，支护离箱形基础应不少于 1.2m，上部应避免堆载、卸土 (3)开挖基坑应注意保持基坑底土的原状结构。当采用机械开挖基坑时，在基坑底面设计标高以上 20～40cm 厚的土层，应用人工挖除并清理，如不能立即进行下道工序施工，应预留 10～15cm 厚土层，在下道工序进行前挖除，以防止地基土被扰动 (4)箱形基坑开挖深度大，挖土卸载后，土中压力减小，土的弹性效应有时会使基坑面土体回弹变形(回弹变形量有时占建筑物地基变形量的 50%以上)，基坑开挖到设计基底标高经验收后，应随即浇筑垫层和箱形基础底板，防止地基土被破坏 (5)箱形基础底板，内外墙和顶板的支模、钢筋绑扎和混凝土浇筑，可采取分块进行，其施工缝的留设可如图 5-26，外墙水平施工缝应在底板面上部 300～500mm 范围内和无梁顶板下部 30～50mm 处，并应做成企口形式(图 5-27)，有严格防水要求时，应在企口中部设镀锌钢板(或塑料)止水带，外墙的垂直施工缝宜用凹缝，内墙的水平和垂直施工缝多采用平缝，内墙与外墙之间可留垂直缝。在继续浇筑混凝土前必须清除杂物，将表面冲洗干净，注意接浆质量，然后浇筑混凝土 (6)当箱形基础长度超过 40m 时，为避免出现温度收缩裂缝或减轻浇筑强度，宜在中部设置贯通后浇缝带(图 5-28)，缝带宽不宜小于 800mm，并从两侧混凝土内伸出贯通主筋，主筋按原设计连续安装而不切断，经 2～4 周，再在预留的中间缝带用高一强度等级的半干硬性混凝土或微膨胀混凝土(掺水泥用量 12%～14%的 UEA 膨胀剂)浇筑密实，使连成整体并加强养护。当有管道穿过箱形基础外墙时，应加焊止水片防渗漏 (7)钢筋绑扎应注意形状和位置准确，接头部位用闪光接触对焊或套管压接，严格控制接头位置及数量，混凝土浇筑前须经验收 外部模板宜采用大块模板组装，内壁用定型模板；墙间应采用直径 12mm 穿墙对拉螺栓控制墙体截面尺寸，埋设件位置应准确固定 (8)底板混凝土浇筑，一般应在底板钢筋和墙壁钢筋全部绑扎完毕、柱子插筋就位后进行，可沿长方向分 2～3 个区，由一端向另一端分层推进，分层均匀下料。当底面积大或底板呈正方形，宜分段分组浇筑；当底板厚度小于 50cm，可不分层，采用斜面赶浆法浇筑(图 5-29*a*)，表面及时整平；当底板厚度等于或大于 50cm，宜水平分层或斜面分层(图 5-29*b*)浇筑；每层厚 25～30cm，分层用插入式或平板式振捣器捣固密实，同时应注意各区、组搭接处的振捣，防止漏振，每层应在水泥初凝时间内浇筑完成，以保证混凝土的整体性和强度，提高抗裂性 (9)墙体浇筑应在墙全部钢筋绑扎完，包括顶板插筋、预埋铁件、各种穿墙管道敷设完毕、模板尺寸正确、支撑牢固安全，经检查无误后进行。一般先浇外墙，后浇内墙，或内外墙同时浇筑，分支流向轴线前进，各组兼顾横墙左右宽度各半范围 外墙浇筑可采取分层分段循环浇筑法(图 5-30*a*)。一般分 3～4 个小组，绕周长循环转圈进行，周而复始，直至外墙体浇筑完成。当周边较长，工程量较大，亦可采取分层分段一次浇筑法(图 5-30*b*)，即由 2～6 个浇筑小组从一点开始，混凝土分层浇筑，每两组相对应向后延伸浇筑，直至周边闭合。箱形基础顶板(带梁)混凝土浇筑方法与基础底板浇筑基本相同(略) (10)对特厚、超长的钢筋混凝土箱形基础底板的施工，应采取有效的技术措施，来预防出现温度收缩裂缝，保证基础混凝土工程质量，常用大体积混凝土裂缝控制技术措施参见 9.6.1 一节 (11)箱形基础混凝土浇筑完后，要加强覆盖，浇水养护；冬期要保温，防止温差过大出现裂缝，以保证结构使用和防水性能 (12)箱形基础施工完毕后，应防止长期暴露，要及时回填基坑土方。回填时要在相对的两侧或四侧同时均匀地进行，分层夯实；停止降水时，应验算箱形基础的抗浮稳定性；地下水对基础的浮力，一般不考虑折减，抗浮稳定系数宜不小于 1.20，如不能满足时，必须采取有效措施，防止基础上浮或倾斜，一般地下室施工完成后，始可停止降水

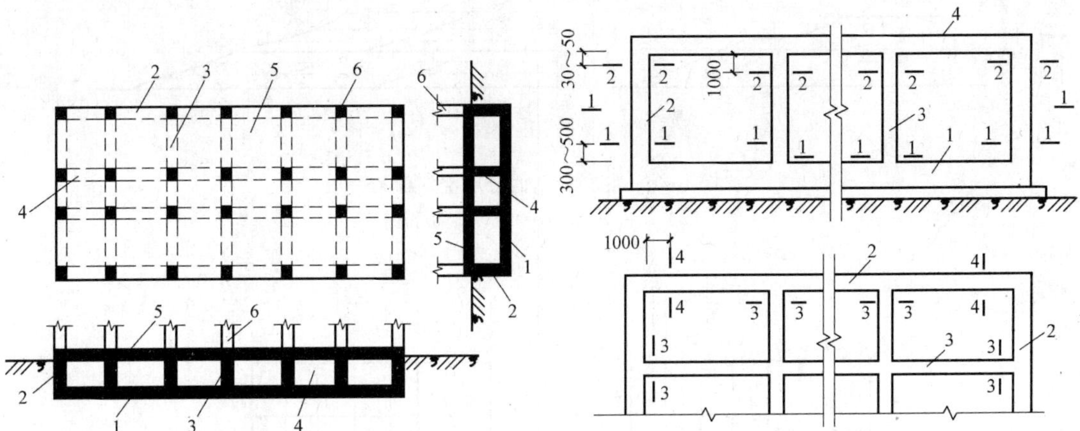

图 5-25　箱形基础形式

1—底板；2—外墙；3—内纵墙；4—内横墙；5—顶板；6—柱

图 5-26　箱形基础施工缝位置留设

1—底板；2—外墙；3—内隔墙；4—顶板

1—1、2—2……施工缝位置

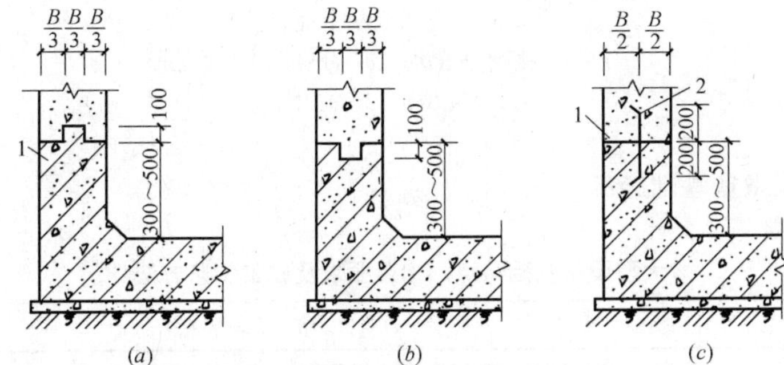

图 5-27　外墙水平施工缝形式

(a)、(b) 企口施工缝；(c) 钢板止水片施工缝

1—施工缝；2—3～4mm 厚镀锌钢板止水片

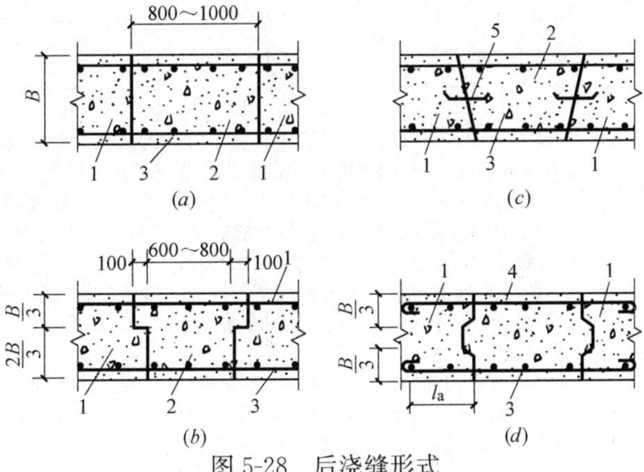

图 5-28　后浇缝形式

(a) 平直缝；(b) 阶梯缝；(c) 楔形缝；(d) 企口缝

1—先浇混凝土；2—后浇混凝土；3—主筋；4—附加钢筋 ϕ14～16mm@250mm；5—3mm 厚、450mm 宽金属止水带

B—底板或外墙厚度；l_a—钢筋最小锚固长度

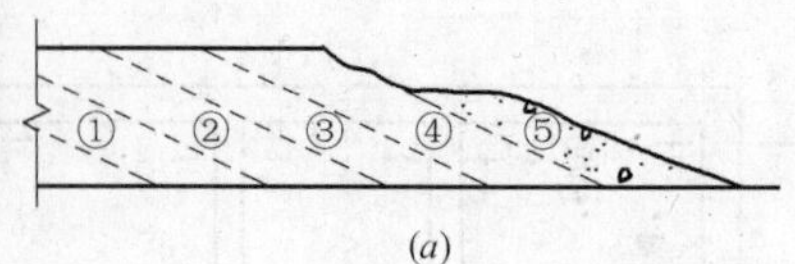

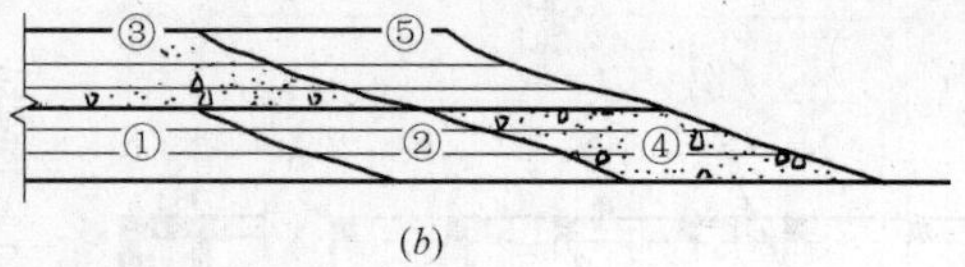

图 5-29　混凝土斜面分层浇筑流程

(a) 斜面分层；(b) 分段斜面分层

①、②、③……浇筑次序

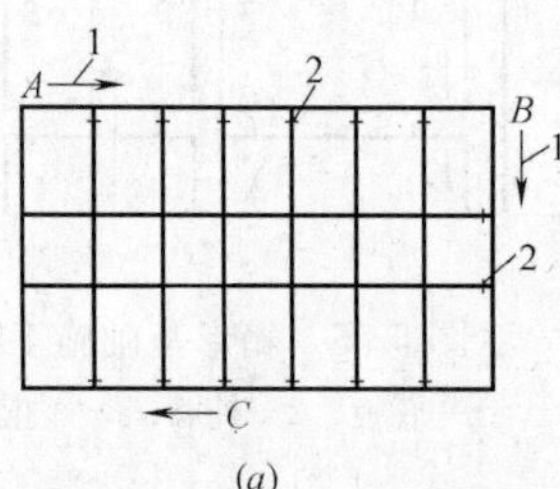

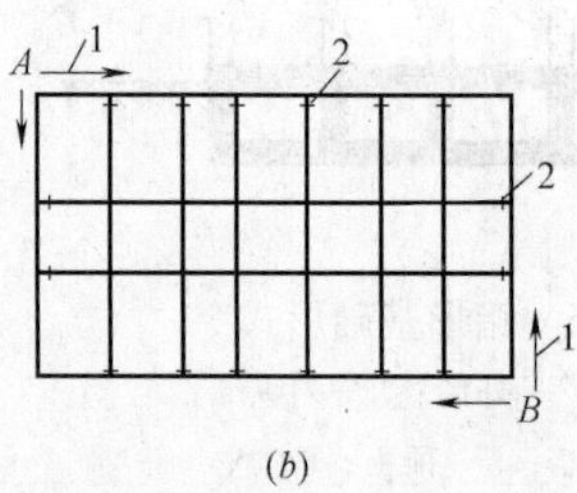

图 5-30　外墙混凝土浇筑法

(a) 分层分段循环浇筑法；(b) 分层分段一次浇筑法

1—浇筑方向；2—施工缝

5.2.3　大型设备基础施工

大型设备基础特点、构造要求及施工工艺方法　　表 5-39

项次	项　目	施工方法要点
1	结构特点	大型设备基础是工业建筑施工主导工程之一，由于它具有结构造型和技术复杂，尺寸和工程量庞大，内部设有大量的各种管沟、孔洞，埋设件种类数量众多，螺栓固定精度要求高，混凝土质量要求严，建设周期长和投资比重大等特点，在施工中占有很重要的地位。它的混凝土量常占整个工程总量的60％左右，投资占土建总投资的40％左右，工期占土建总工期的60％～70％。因此，采取严密有效的技术组织措施，保证优质、高速、高效的建成，对建成整个工程具有重要意义
2	构造要求	(1)大型设备基础的构造、形式和尺寸随选用机械设备的形式、构造和大小以及生产工艺要求而异。基础的埋深则常随生产设备工艺及地脚螺栓埋深而定，一般为1.0～6.0m，个别部位深达10m以上。由于生产设备工艺的需要，设备基础内常设有大量给水、排水、电缆、通风、蒸汽、润滑等系统的管道和生产工艺上需要的各种大小截面沟道孔洞，纵横交错，上下重叠，把基础分成多层多块，构成大量的块体和孔道。在基础上常悬空埋有大量各种类型长短粗细不一的地脚螺栓，用于固定机械设备底座，螺栓直径由ϕ20～ϕ140mm不等，使基础表面和底板标高不一，高低悬殊，常达数十种之多，造型极为复杂 (2)设备基础配筋多根据荷载计算确定，如计算不需配筋，应设置构造钢筋。底板设置ϕ14～ϕ18@200mm双向钢筋网；顶面设置ϕ14～ϕ20@200mm双向钢筋网；对受冲击大的基础以及机座下局部承压较大的部位，应于顶面配置Φ12@100mm钢筋网两层，墙侧面一般设置ϕ12～ϕ16@200mm钢筋网 (3)基础的混凝土强度等级用C15～C20；在有地下水的基础，采用强度等级为C20～C25、抗渗等级P8防水混凝土；混凝土垫层采用C10；设备二次灌浆厚采用C20～C25细石混凝土；厚度小于50mm时，采用1∶2水泥砂浆

续表

项次	项 目	施工方法要点
3	施工工艺方法	(1)大型设备基础施工，必须安排好施工程序，一般施工工艺程序是：设置测量控制网、基准点→基础放线定位→人工降低地下水位(当有地下水时)→开挖基础土方→浇筑混凝土垫层和造型混凝土→安装部分基础外模板→安装基础底板钢筋→安装地脚螺栓固定架，并吊装地脚螺栓→安装剩余外模板→安装四侧立壁钢筋→埋设水、电、风、气、润滑管道→安装内部模板、沟道模板和预埋件及剩余的电缆、水管等→调整、校正、固定地脚螺栓→安装基础顶面钢筋及其余模板→浇筑基础混凝土→保湿、保温养护、拆模→做外部防水层、回填土 (2)设备基础体型复杂，体积较大，模板宜采用组合定型钢模板制成大块模板每块面积 8～20m^2，用吊车或天车(封闭施工时)吊入基坑进行大模板拼装，对个别特殊部位用定型模板采取现场支设。对基础内设置的截面尺寸在 1.8m×0.8m 以内的各种沟道及孔洞，可采用"□"形整体预制混凝土沟道、孔洞模板，每节长 0.8～1.6m，壁厚 50mm，并适当配筋，用吊车或天车吊入基坑内设置的钢或混凝土支架上进行组装，混凝土浇筑后模板不用拆除，可节省模板和支拆模工作 (3)设备基础的钢筋按其用途分为主筋、构造配筋和局部加强筋三种，其中以构造配筋最多，以钢筋网及空间骨架形式分布在设备基础的底板、顶部及墙侧面。底板及墙侧面钢筋可焊接制成大块钢筋网片，用吊车或天车吊入基坑内安装，顶部及局部加强筋，因形状复杂，可配好钢筋，整捆吊入基坑内，采取现场绑扎安装 (4)设备基础中大量地脚螺栓的埋设，可根据螺栓的大小、重量和使用要求，采用一次埋入法、预留孔法、钻孔锚固等法。一般直径 56mm 以上死螺栓及活螺栓，为保证良好的粘结强度，多采用一次埋入法，采用钢或木或混凝土固定架进行固定，常用固定方法如图 5-31～图 5-34 所示；对直径 56mm 以下的螺栓，可采用预留孔法，安装基础模板的同时，安装预留螺栓塞体，在浇筑混凝土终凝后拔出，形成螺栓孔洞，以后再安装螺栓，用掺 UEA 微膨胀的细石混凝土灌入孔内使密实固定，常用塞体的构造和固定方法见图 5-35，对直径 64mm 以内的地脚螺栓，如基础造型简单，埋设深度不大，亦可采用后钻孔锚固法，钻孔可采用电动钻机或风动凿岩机，常用胶粘剂有环氧树脂砂浆和聚酯树脂砂浆两种，其配合比见表 5-40，对抗拔力要求不高的地脚螺栓，亦可采用微膨胀水泥砂浆灌浆锚固 (5)设备基础浇灌的混凝土运输浇灌方法可根据工程量大小，机具设备条件、工期要求等进行选择，常用的有以下几种： 1)搭设满堂脚手架，用手推车运输浇灌； 2)用起重机吊振动吊斗浇灌； 3)用天车吊振动吊斗浇灌； 4)用多台皮带输送机联合浇灌； 5)用移动式或固定式栈桥浇灌； 6)用 1t 机动翻斗车运输、浇灌； 7)用泵车配混凝土搅拌车运输、浇灌； 8)用固定式混凝土输送泵运输、浇灌 其中使用较多的是 1)、2)、6)、7)等几种 (6)大型设备基础平立面尺寸大，为大体积混凝土，一般要求一次连续浇筑完成。对大型设备基础，在混凝土浇筑时，应采取有效的防裂技术措施，并进行必要的混凝土裂缝控制的施工计算，以控制裂缝出现，常用防裂技术措施见 9.6.1 一节；有关裂缝控制的施工计算参见 9.6.2 一节 (7)混凝土的浇灌一般采取一次连续浇筑完成，浇灌方式可采取全面分层、分段分层或斜面分层连续浇筑完成(图 5-36)不留施工缝，分层厚度 20～30cm。分段分层多采取踏步式分层推进，推进长度由浇灌能力而定，一般为 1.5～2.5m。斜面分层浇灌每层厚 30～35cm，坡度一般取 1∶6～1∶7，但不陡于 1∶3。浇灌顺序宜从低处开始，沿长边方向自一端向另一端推进，亦可采取中间向两边推进，保持混凝土沿基础全高均匀上升。浇筑时，要在下一层混凝土初凝之前浇筑上一层混凝土，并将表面泌水及时排出。对地脚螺栓、预留螺栓孔、预埋管道等的浇灌，四周混凝土应均匀上升，同时避免碰撞，造成位移或歪斜 (8)大型设备基础，如因突然性停水、停电、混凝土搅拌设备发生故障、运输道路堵塞等原因必须留设施工缝时，施工缝的留设必须符合以下规定： 1)受动力作用的设备基础互不相依的设备与机组之间、输送辊道与主基础之间，可留垂直施工缝，但与地脚螺栓的距离不得少于 250mm，并不得小于 5 倍螺栓直径，伸入相邻块钢筋必须留出

续表

项次	项　目	施工方法要点
3	施工工艺方法	2)在地脚螺栓底部以下150～200mm处，或能包住螺栓 $l/3$ 或 $3l/4$(l—地脚螺栓埋入深度)以上部位，或基础底板与上部块体或沟槽交界处，可留水平施工缝 3)标高不同的两个水平施工缝，其高低结合处，应留成台阶形，台阶的高宽比不得大于1 (9)混凝土浇筑完毕应进行保湿和保温养护。前者采取表面洒水养护，使水泥充分得到水化，使强度正常增长；后者系对混凝土表面用草袋或保温材料进行护盖，防止混凝土温度过快散失，使缓慢降温，并通过测温，控制基础内外温差在25℃以内，降温速度1.5℃/d以内，提高混凝土的早期抗拉强度，防止基础混凝土出现有害的深进或贯穿性的温度收缩裂缝，确保基础混凝土质量，为此，要在设备基础上沿中心线呈L形布置测温点，点与点距离不大于4m，在高度方向，点与点距离一般以0.5～1.0m为宜，并定期进行测温，做好测温记录和分析，发现问题及时进行处理 (10)设备基础拆模后的尺寸允许偏差和检验方法应符合验收规范(GB 50204)中表8.3.2-2的规定

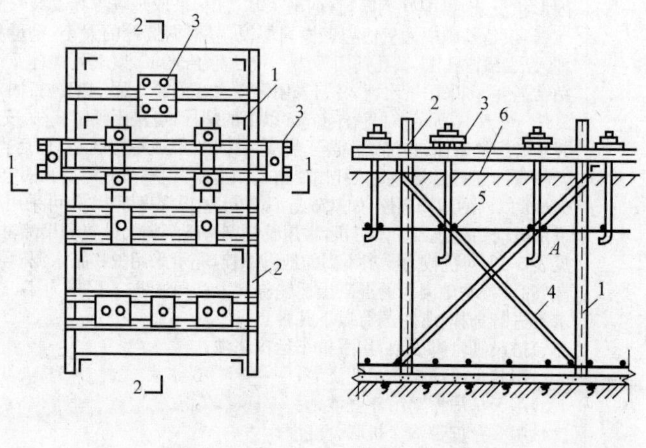

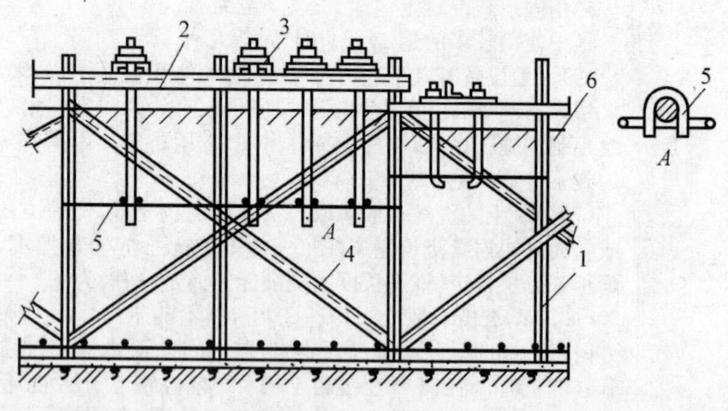

图5-31　钢固定架固定地脚螺栓

1—角钢或槽钢立柱；2—角钢横梁；3—螺栓固定框；4—钢筋或角钢拉杆；5—钢筋拉结条；6—设备基础上表面

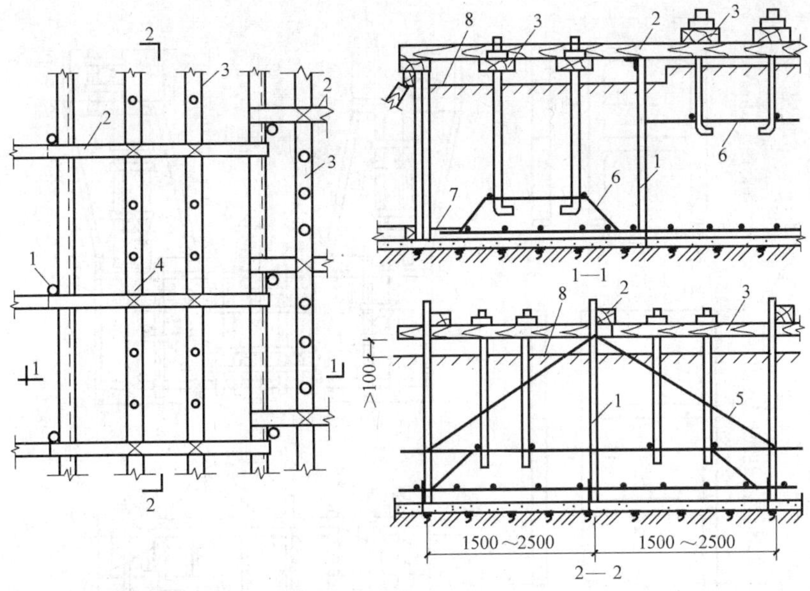

图 5-32　钢木混合固定架固定地脚螺栓

1—ϕ25mm 钢筋或∟50×6mm 立柱；2—100mm×100mm 木横梁；3—木螺栓固定框；4—8 号铁丝绑扎；5—钢筋拉杆；6—ϕ12mm 钢筋拉结条；7—短筋；8—设备基础上表面

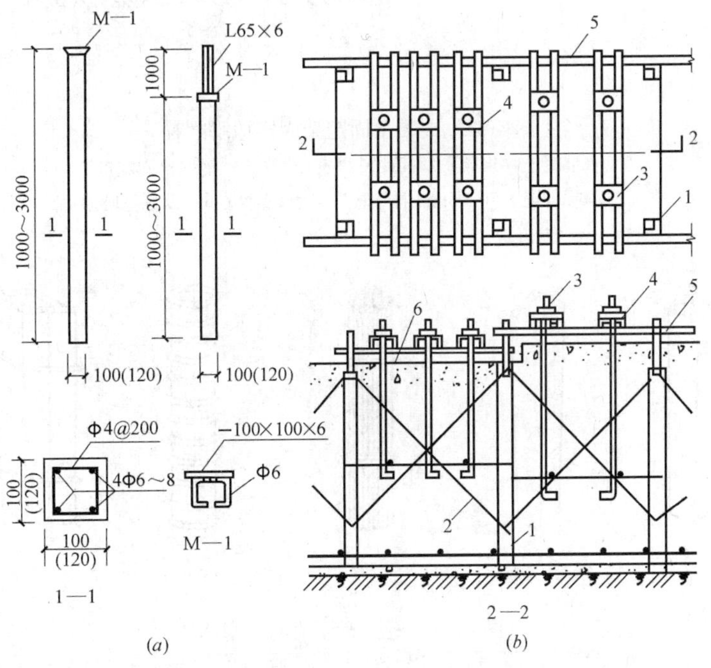

图 5-33　混凝土立柱固定地脚螺栓

(*a*) 混凝土立柱构造；(*b*) 用混凝土立柱固定地脚螺栓

1—混凝土立柱；2—钢筋拉条；3—地脚螺栓；4—角钢横梁；5—地脚螺栓固定框；6—设备基础上表面

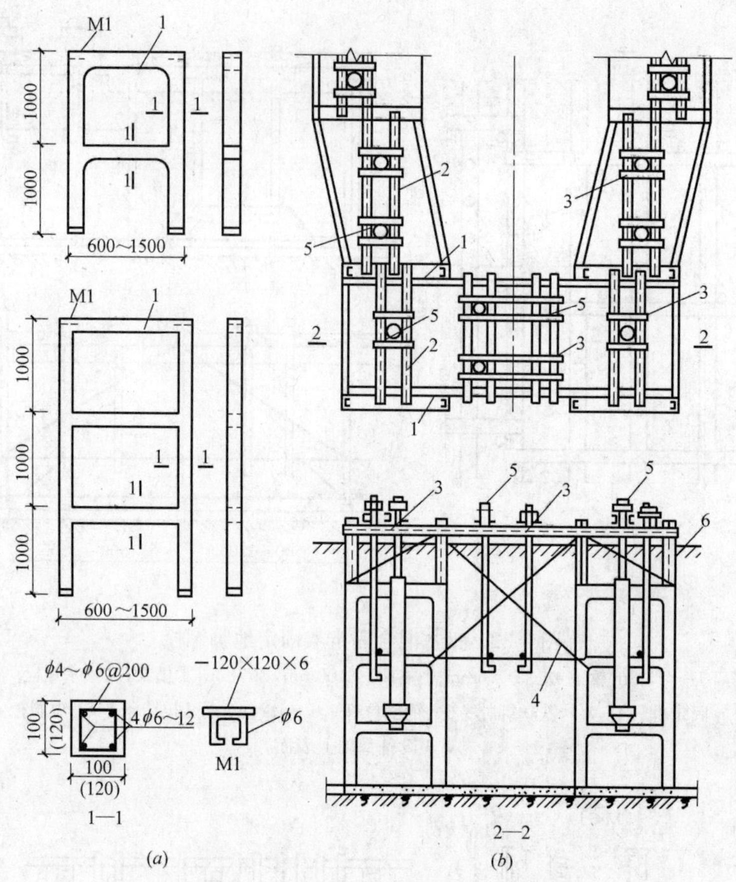

图 5-34　混凝土固定架固定地脚螺栓

1—混凝土梯形架；2—[100 槽钢横梁；3—钢螺栓固定框；4—ϕ16mm 或∠50×5mm 拉条；5—地脚螺栓；6—设备基础表面

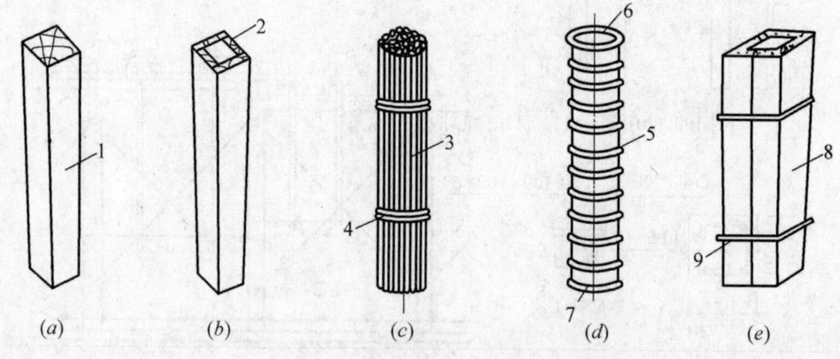

图 5-35　地脚螺栓预留孔塞体

(a) 木方；(b) 木盒；(c) 细竹竿；(d) 波纹管；(e) 预制混凝土盒

1—外包塑料薄膜捆扎成束；2—木盒板；3—竹杆；4、9—铁丝捆扎；5—0.4～1.0mm 厚波形螺栓套管；6—上盖；7—下盖；8—预制厚 40～50mm 混凝土螺栓盒，内配 6ϕ4mm 及 12 号铁丝@200mm

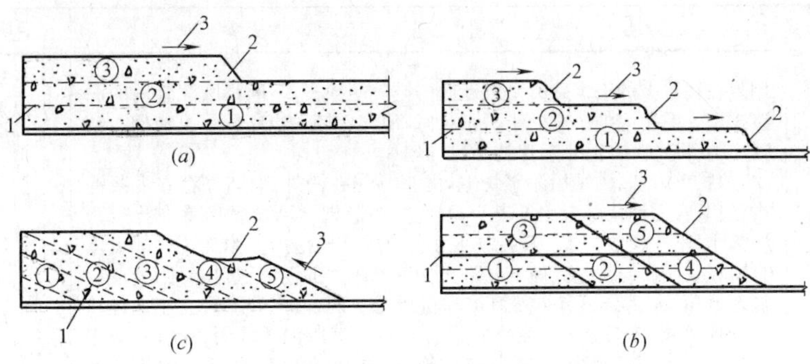

图 5-36 设备基础混凝土浇筑方式

(a) 全面分层；(b) 分段分层；(c) 斜面分层

1—分层线；2—新浇灌的混凝土；3—浇灌方向

①、②、③……浇筑顺序

树脂砂浆材料和配合比（重量比） 表 5-40

砂浆名称	材料名称	型号、规格	用量(%)
环氧树脂砂浆	环氧树脂 邻苯二甲酸二丁酯 乙二胺 中砂	6011 号(E—44) 工业用 无水,含胺 98 以上 粒径(自然级配)0.25～0.5mm	100 11～20 8～10 200～250
聚酯树脂砂浆	不饱和聚酯树脂 过氧化环已铜糊 二甲基苯胺液 砂	3201 号 N 型 D 型 粒径 0.25～1.0mm	100 4 2～3 250

注：环氧树脂砂浆抗拉强度为 15～20MPa；抗压强度为 70～90MPa；抗压弹性模量为 (0.7～1.5)×10^4MPa；密度为 1.7～1.8t/m^3；可耐 75℃。聚酯树脂砂浆握裹力大于混凝土对螺栓的 2 倍，可耐 100℃高温。

5.3 深基础施工技术

5.3.1 地下连续墙结构施工

地下连续墙施工机具、工艺及方法 表 5-41

机具、工艺	施工方法要点	适用范围、优缺点
地下连续墙是在地面上用一种挖槽机械，沿着深开挖工程的周边轴线，在泥浆护壁条件下开挖一条狭长端圆的深槽，在槽内放置钢筋骨架，然	(1)导墙施工：导墙形式如图 5-40 沿地下连续墙纵面轴线位置设置，导墙净距比成槽机大 3～4cm，要求位置正确，两侧回填密实 (2)槽段的划分：一般采用 2～3 个掘削单元组成一个槽段，掘削顺序多采用图 5-41 做法，可防止第二掘削段向已掘槽段一面倾斜，形成上大下小的槽形 (3)挖槽：多头钻采用钢丝绳悬吊到成槽部位，旋转切削土体成槽，常用施工工艺如图 5-42 掘削的泥土混在泥浆中以反循环方式排出槽外，一次下钻形成有效长 1.6～2.0m 的长端圆形掘削深槽，排泥采	适用在黏性土、砂土、黄土、冲填土以及粒径 50mm 以下的砂砾层等土层中施工。用于建造建筑物的地下室、地下商场、停车场、地下油库、挡土墙、高层建筑的深基础、竖井

续表

机具、工艺	施工方法要点	适用范围、优缺点
后用导管法在水中灌注混凝土以置换泥浆，构成一个单元槽段，如此逐段进行，以一定接头方式，在地下构成一道连续的钢筋混凝土墙壁，作为截水、防渗、承重、挡土结构。施工主要机具设备：包括多头钻成槽机（抓斗或冲击钻）、泥浆制配及处理机具和混凝土浇灌机具等，主要机具设备规格性能及常用多头钻机的技术性能见表 5-42 和表 5-43。缺乏设备时，亦可购置潜水电钻在现场组装，如 DZ-800×4 型（图 5-37）为一种自制长导板简易多头钻构造。地下连续墙常用多头钻施工，其施工工艺见图 5-38、图 5-39。	用附在钻机上的潜水砂石泵或地面的空气压缩机，不断将吸泥管内的泥浆排出。下钻应使吊索处于紧张状态，使其保持适当钻压垂直成槽。钻速应与排渣能力相适应，保持钻速均匀 （4）护壁方法：常采用泥浆护壁，泥浆预先在槽外制作，储存在泥浆池内备用，常用泥浆配合比见表 5-44，泥浆控制指标见表 5-45 在黏土或粉质黏土（塑性指数大于 10）层中亦可利用成槽机挖掘土体旋转切削土体自造泥浆或仅掺少量火碱或膨润土护壁。排出的泥渣，过振动筛分离后循环使用，泥浆分离有自然沉淀和机械分离两种，泥浆循环有正循环和反循环两种（图 5-43）。多头钻成槽，砂石泵潜入泥浆前用正循环，潜入后用反循环。挖槽宜按顺序连续施钻，成槽垂直度要求小于 $H/200$（H—槽深） （5）清孔：成槽达到要求深度后，放入导管压入清水，不断将孔底泥浆稀释，自流或吸入排出，至泥浆密度在 1.1～1.2 以下为止 （6）钢筋笼的加工：一般在地面平卧组装，钢箍与通长主筋点焊定位，要求平整度偏差在 5cm 内，对较宽尺寸的钢筋笼应增加直径 25mm 的水平筋和剪刀拉条组成桁架（图 5-44a），同时在主筋上每隔 150mm 两面对称设置定位耳环，保持主筋保护层厚度不小于 7～8cm （7）钢筋笼吊放：对长度小于 15m 的钢筋笼，可用吊车整体吊放，先六点水平吊起，再升起钢筋笼上口的钢扁担将钢筋笼吊直（图 5-44b）；对超过 15m 的钢筋笼，须分两段吊放，在槽口上加帮条焊接，放到设计标高后，用横担搁在导墙上，进行混凝土浇灌 （8）安接头管：槽段接头有图 5-45 所示等形式，使用最多的为半圆形接头，混凝土浇灌前在槽接缝一端安圆形接头管（图 5-45g），管外径等于槽段宽，待混凝土浇灌后逐渐拔出接头管，即在端部形成月牙形接头面（图 5-46） （9）混凝土浇灌：采用导管法在水中灌注混凝土，工艺方法与泥浆护壁灌注桩方法相同（略），槽段长 5m 以下采用单根导管，槽段长 5m 以上用 2 根导管，管间距不大于 3m，导管距槽端部不宜大于 1.5m （10）拔接头管：接头管上拔方法通常采用 2 台 50（或 75、100）t，冲程 100cm 以上的液压千斤顶顶升装置（图 5-47）：或用吊车、卷扬机吊拔	邻近建筑物基础的支护以及水工结构的堤坝、防渗墙、护岸、码头、船坞、地下铁道或临时围堰支护工程等，特别适用于作挡土、防渗结构，在冲击钻配合下，亦可用于硬土层或局部软质岩石层，但不能用于较高承压水头的夹细粉砂地层 具有墙体刚度大，强度高，截水、抗渗、耐久性好，施工对周围地基无扰动与原建筑最小距离可达 0.2m 左右，可用于逆作法施工，缩短工期，施工节省土方，不用排除地下水，施工机械比程度高，劳动强度低，挖掘效率高，施工震动小，无噪声，在地面作业，施工操作安全，施工质量精度高，能适用于多种土层等一系列优点。但需要较多的施工机具设备，施工工艺较复杂

地下连续墙施工主要机具设备　　**表 5-42**

项目	名　称	规　格	单位	数量	用　途
成槽机具设备	多头钻机	SF60～80 或组合多头钻机	台	1	挖槽用
	多头钻机架	钢组合件	件	1	吊多头钻机用
	卷扬机	3t 或 5t 慢速	台	1	提升钻机头用
	卷扬机	0.5t 或 1t	台	1	吊胶皮管装拆钻机用
	电动机	4kW	台	2	钻机架行走动力
	螺栓千斤顶	15t	台	4	机架就位、转向顶升用
泥浆制备及处理机具设备	旋流器机架	钢组合件	件	1	制备泥浆用
	泥浆搅拌机	0.8m³、8kW	台	1	搅拌泥浆用
	软轴搅拌器	2.2kW	台	1	泥渣处理分离
	振动筛	5.5kW	台	1	与旋流器配套和吸泥用
	灰渣泵	4PH、40kW	台	2	供浆用
	砂泵	$2\frac{1}{2}''$PS，22kW	台	1	输送泥浆用
	泥浆泵	SLN-33，2kW	台	1	吸泥引水用
	真空泵	SZ-4，1.5kW	台	1	多头钻吸泥用
	空压机	10m³/min，75kW	台	1	

续表

项目	名称	规格	单位	数量	用途
混凝土浇灌机具设备	混凝土浇灌架 卷扬机 混凝土料斗 混凝土导管（带受料斗）	钢组合件 1t 或 2t 1.05m³ 直径 200～300mm	台 台 个 套	1 1 2 1	 升降混凝土漏斗及导管 装运混凝土 浇灌水下混凝土
接头管及其顶升提拔设备	接头管 接头管顶升架 油压千斤顶 高压油泵 吊车	直径 580mm 钢组合件 50t 或 100t LYB-44，2.2kW 1004 型	套 套 台 台 台	2 1 2 2 1	混凝土接头用 顶升接头管用 与顶升架配套 与油压千斤顶配套 吊放接头管和钢筋笼、混凝土浇灌架、料斗

注：采用自成泥浆护壁工艺时，不需泥浆制备及处理机具设备，只需污水泵一台作排泥浆用。

多头挖槽机规格与技术性能 **表 5-43**

项目	多头挖槽机 SF60-80 型	地下连续墙钻机 ZLQ 型	长导板多头挖槽机 CZJ8160-4 型	多头探槽机 DZ-800×4 型	多头挖槽机 BWN-5580 型
成槽宽度(mm)	600/800	500/800	600	800	550/800
一次挖掘长度(mm)	2600/2800	1000/2500	1900	2600	2470/2720
有效长度(mm)	2000	1000/1700	1300	1800	1920
高度(mm)	4300	1600	7000	5200	4525/4555
钻头个数(个)	5	2～5	4	4	5
钻头转速(r/min)	30/50	45/200	200	38.5	35
电动机功率(kW)	(18.5/20)×2	22	22×4	22×4	15×2
吸浆排渣管直径(mm)	150	120	114	150	150
最大工作深度(m)	50～60	50	50	35	50
机头重量(t)	9.7～10.2	0.6/1.5	7.0	10.5	10.0
研制单位	上海基础公司	清河机械厂	冶金部十八冶金建设公司	中国有色第六冶金建设公司	日、托尼钻孔公司

注：BWN-5580 型挖槽机成槽宽度以 50mm 进级。

护壁泥浆参考配合比（以重量%计） **表 5-44**

土质	膨润土	酸性陶土	纯黏土	CMC	纯碱	分散剂	水	备注
黏土	6～8	—	—	0～0.02	—	0～0.5	100	
砂	6～8	—	—	0～0.05	—	0～0.5	100	
砂砾	8～12	—	—	0.05～0.1	—	0～0.5	100	掺防漏剂
软土	—	8～10	—	0.05	4	—	100	上海基础公司用
粉质黏土	6～8	—	—	—	0.5～0.7	—	100	
粉质黏土	1.65	—	8～20	—	0.3	—	100	半自成泥浆
粉质黏土	—	—	12	0.15	0.3	—	100	半自成泥浆

注：1. CMC（即钠羧甲基纤维）配成 1.5%的溶液使用。

2. 分散剂常用的有碳酸钠或三（聚）磷酸钠。

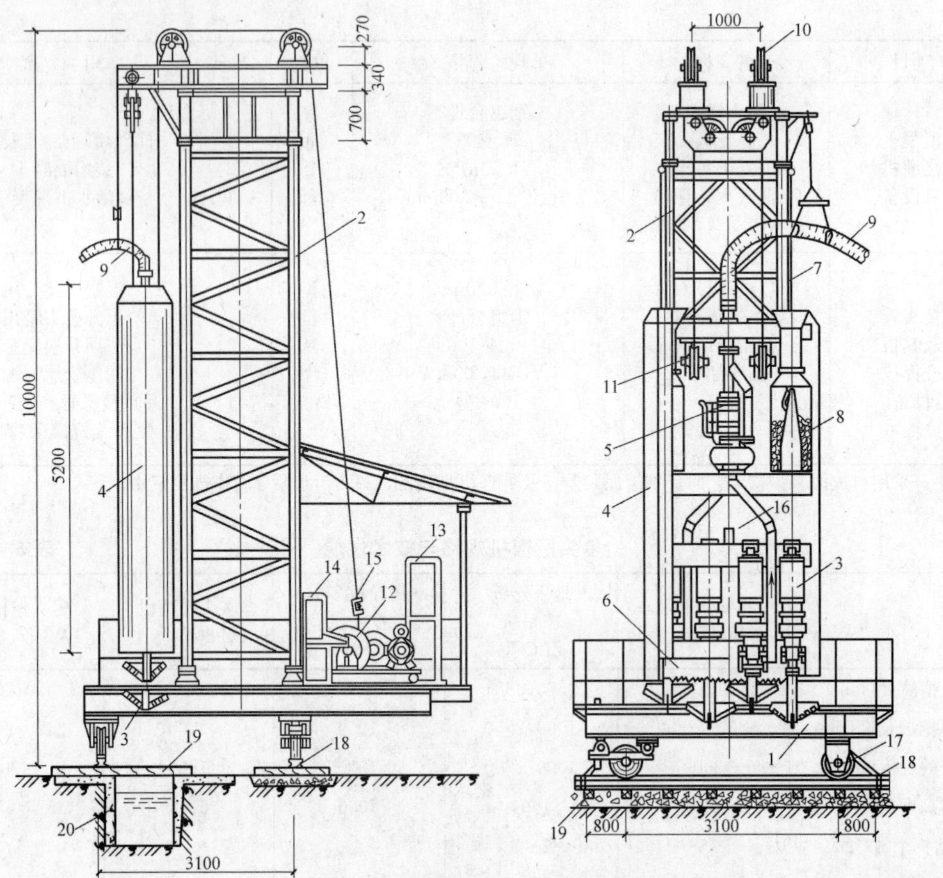

图 5-37　地下连续墙简易多头钻成槽机

1—底座；2—钢管机架；3—潜水电钻（GZQ—1250A 型）；4—长导板箱架；5—潜水砂石泵；6—侧刀或铲刀；7—电缆；8—电缆收集筐；9—排泥管；10—机头提升滑轮系统；11—吊滑轮；12—卷扬机；13—配电盘；14—操作台；15—电子秤；16—垂直检测仪；17—行走轮；18—导轨；19—枕木；20—导墙

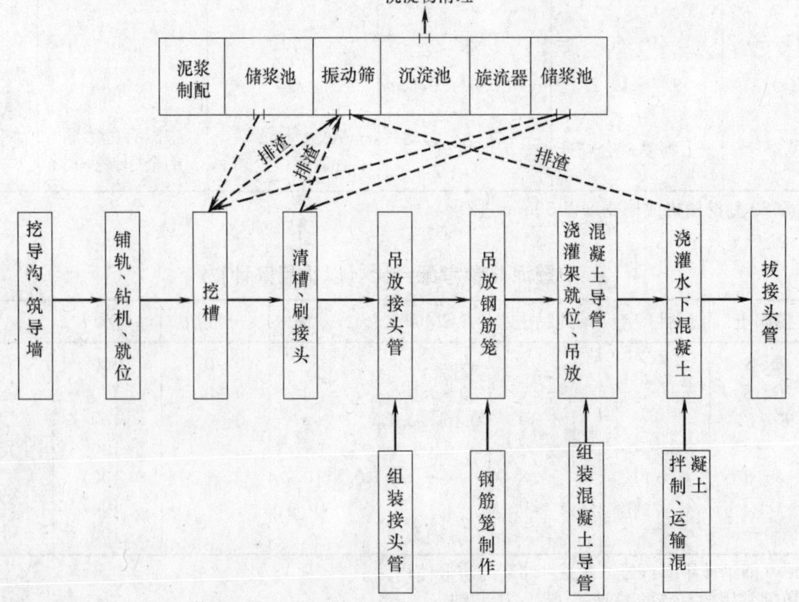

图 5-38　多头钻施工及泥浆循环工艺

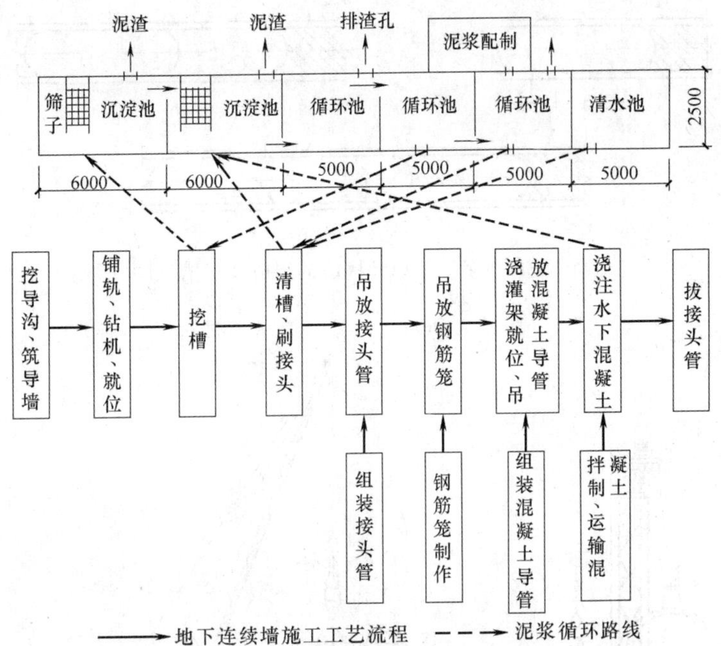

图 5-39 多头钻半自成泥浆成槽循环工艺

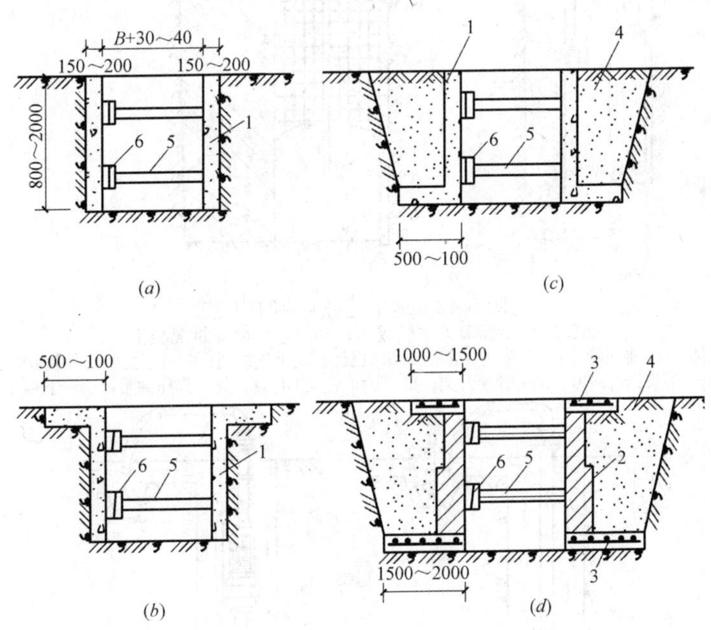

图 5-40 导墙形式

(*a*) 导沟内现浇导墙（表土较好）；(*b*) ⅂形导墙（表土较差）；(*c*) L 形导墙；(*d*) 砖砌导墙

1—C10 混凝土导墙，或内配 ϕ12@200mm 钢筋；2—M5 砂浆砌砖、厚 37 或 49cm；3—C15 钢筋混凝土板；4—回填土夯实；5—木横撑@1.5～2.0m；6—木楔或垫板；

B—地下连续墙钻机宽

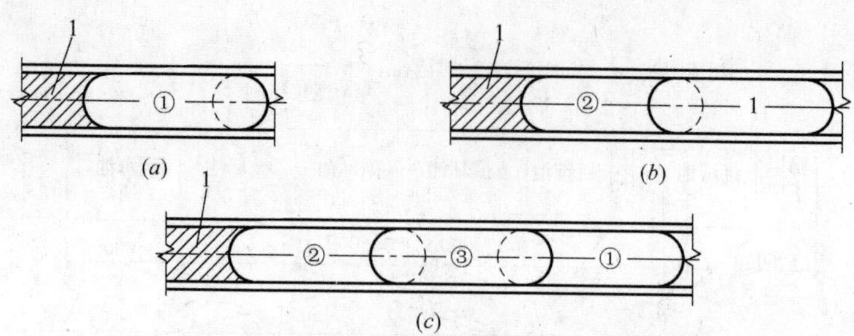

图 5-41　多头钻单元槽段的组成及挖槽顺序

(a) 一段式；(b) 二段式；(c) 三段式

1—已完槽段；①、②、③—掘削顺序

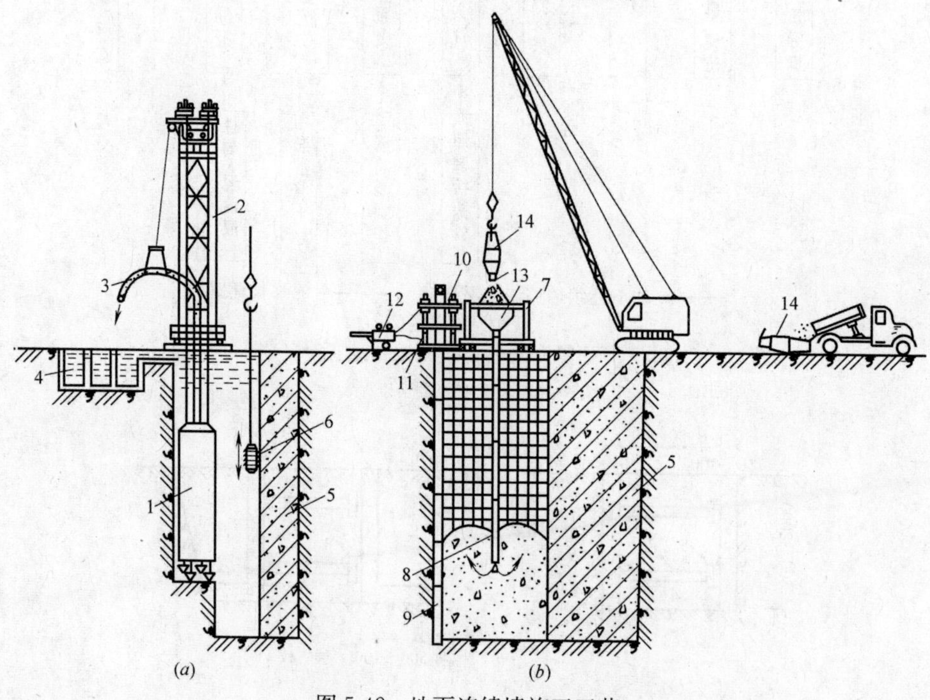

图 5-42　地下连续墙施工工艺

(a) 长导板多头钻机成槽；(b) 连续墙浇筑混凝土

1—多头钻机；2—机架；3—排泥管；4—泥浆池（砖砌）；5—已浇灌地下连续墙；6—接合面清泥用钢丝刷；7—混凝土浇灌架；8—混凝土导管；9—接头钢管；10—接头管顶升架；11—100t 液压千斤顶；12—高压油泵；13—下料斗；14—混凝土吊斗

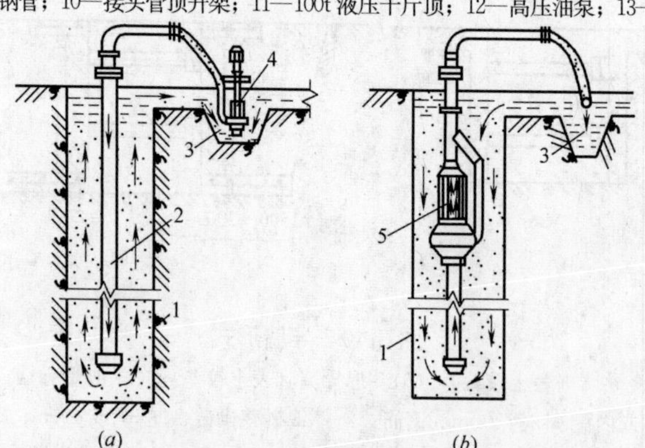

图 5-43　泥浆循环方式

(a) 正循环；(b) 泵举反循环排泥渣

1—槽孔；2—导管；3—沉淀池；4—泥浆泵；5—潜水砂石泵

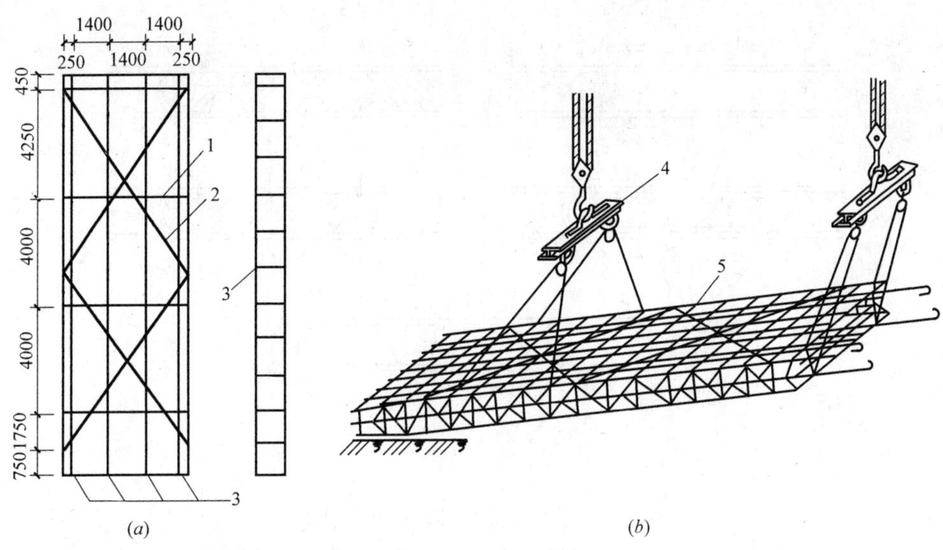

图 5-44 钢筋笼加固与起吊

（a）钢筋笼加固；（b）钢筋笼起吊

1—水平加固钢筋；2—剪刀加固钢筋；3—纵向加强桁架；4—铁扁担；5—钢筋笼

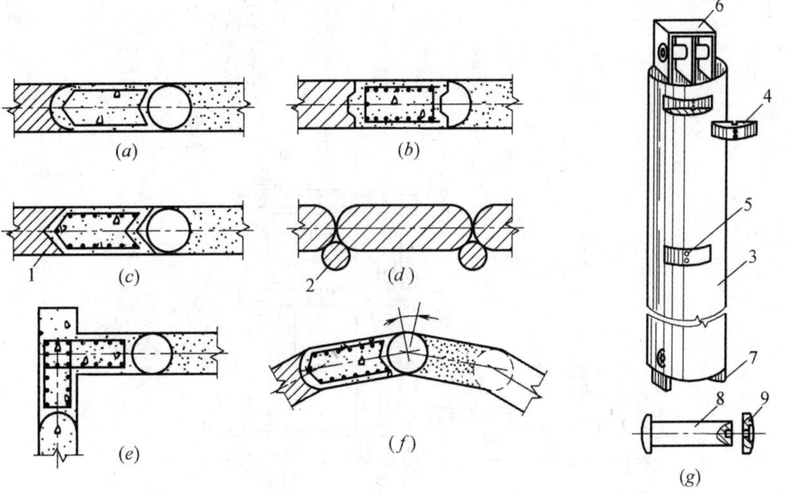

图 5-45 地下连续墙接头形式及接头管构造

（a）半圆形；（b）凸榫形；（c）V 形；（d）对接旁加侧榫；

（e）墙转角接头；（f）圆形构筑物接头；（g）接头管构造

1—V 形隔板；2—二次钻孔灌注混凝土；3—ϕ600mm 或 ϕ800mm 钢管体；4—月牙形垫块；

5—沉头螺栓；6—上阳插头；7—下阴插头；8—接头管接长插销；9—销盖

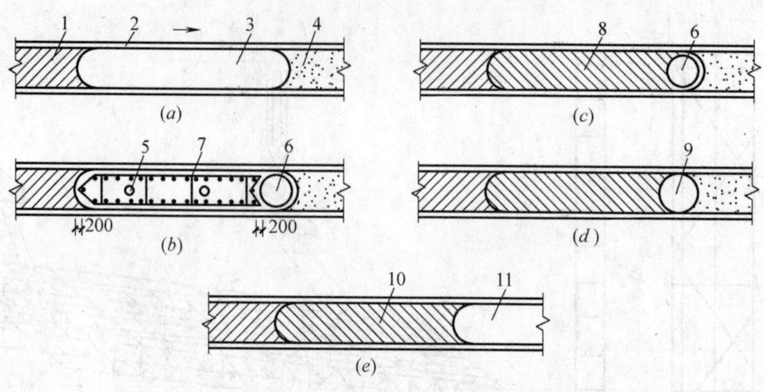

图 5-46　圆形接头管连接施工工艺程序

(a) 挖出单元槽段；(b) 先吊放接头管，再吊放钢筋笼；(c) 浇筑槽段混凝土；

(d) 拔出接头管；(e) 形成半圆接头，继续掘削下一槽段

1—已完槽段；2—导墙；3—已挖好槽段，内充满泥浆；4—未开挖槽段；5—混凝土导管；

6—接头管；7—钢筋笼；8—混凝土；9—拔管后形成的圆孔；10—已完槽段；11—继续开挖槽段

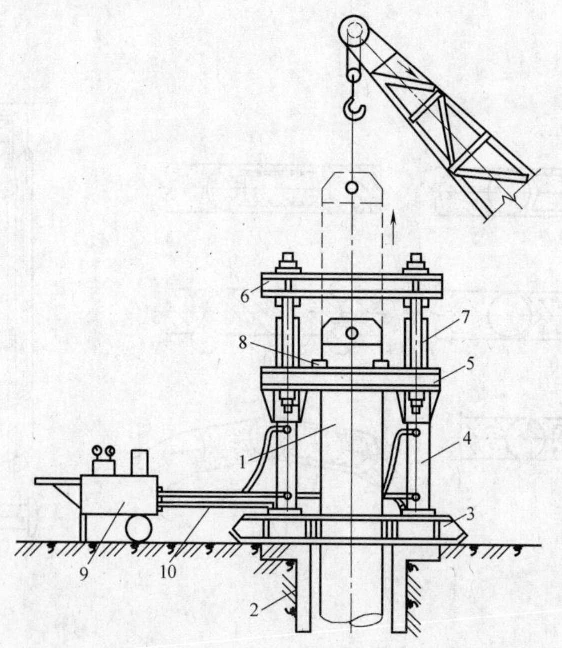

图 5-47　接头管顶拔装置及施工工艺

1—接头管；2—导墙；3—顶升架底座；4—75t 液压千斤顶；5—下托盘；

6—上托盘；7—拉杆螺栓；8—承力横梁；9—电动油泵；10—高压油管

泥浆的性能技术指标 表 5-45

项次	项　目	性能指标		检验方法
		一般土层	软土层	
1	密度(g/cm^3)	1.04～1.25	1.05～1.25	泥浆密度计
2	黏度(s)	18～22	18～25	500mL/700mL 漏斗法
3	含砂率(%)	＜4～8	＜4	含砂仪
4	胶体率(%)	≥95	＞98	100mL 量杯法
5	失水量(mL/30min)	＜30	＜30	失水量仪
6	泥皮厚度(mm/30min)	1.5～3.0	1.0～3.0	失水量仪
7	静切力1min(mg/cm^2)	10～25	20～30	静切力测量仪
	10min	—	50～100	
8	稳定性(g/cm^2)	＜0.05	≤0.02	500mL 量筒或稳定计
9	pH 值	＜10	7～9	pH 试纸

5.3.2 大型地下结构逆作法与半逆作法施工

逆作法施工特点、应用、结构形式、连接构造及施工工艺方法 表 5-46

项次	项目	施工方法要点
1	原理特点及应用	(1)逆作法是指多层地下室结构施工,系以地面为起点,先建地下室四周的外墙和框架的中间支承柱,然后由上而下逐层建造梁板(或框架),利用它作水平(框架)支撑系统,支挡地下室外侧墙土压力,进行下部各层地下工程的结构和建筑施工;与此同时按常规方法自地面向上进行上部建筑结构的施工(图 5-48)。由于地下室工程系采取逆向自上而下逐层开挖,逐层浇筑楼板直至基底,故称逆作法施工 (2)逆作法施工的优点是:1)利用永久性地下连续墙(或排桩)、楼板作施工阶段挡土、挡水支护结构,边开挖边支撑,刚度大,可保证邻近建筑物和地下管网的安全;2)可利用土模施工地下室板、梁、柱,可节省大量模板、支撑和脚手材料;3)大大减少土方开挖量,节省支护结构费用;4)可在狭窄场地施工,不影响建筑物正常使用;5)在同一建筑中,可使地下和地上建筑结构同时进行平行流水、立体交叉作业,有效地缩短施工期限 1/3;6)施工不受雨、冬期影响,施工安全可靠,可降低施工成本。但本法存在施工较为复杂,作业条件较差,工效较低等问题 (3)适用于建造高层建筑多层地下室,地下铁道、车站、停车场、商场等工程。可用于黏性土、砂质土以及砂砾石层施工
2	逆作结构形式及连接构造	(1)逆作法施工的首要条件是需先施工好地下室四周挡土墙、支承柱和基础,以承受地下室外侧土层和地下水的侧压力与各楼层的自重和施工荷载。垂直挡土墙一般多采用地下连续墙或现场灌注连续挡土排桩、钢筋混凝土灌注桩、型钢排桩,其中应用最多的为地下连续墙,其施工工艺方法参见 5.3.1 一节。中间支承柱、基础常用的有钻孔灌注桩、人工挖孔灌注桩、就地打入式混凝土预制桩(作正式柱用)及 H 形钢柱等 (2)地下连续墙(桩)顶部圈梁与上部立柱杯口的结构钢筋系在地下连续墙(或桩,下同)顶部预留插筋,在连续墙施工完成后,凿出预留钢筋,与圈梁或杯口竖向钢筋焊成一体(图 5-49*a*)。地下连续墙与每层地下室梁、板、内隔墙连接采取在连续墙上预埋插筋或接驳器(锥螺纹或直螺纹)或铁件,用发泡胶和夹板密封,以便以后凿(撬)开扳直、焊接连接(图 5-49*b*、*c*、*d*),埋设位置必须准确;中间支承柱与梁、板的连接可设预埋插筋或预埋铁件,有的无梁楼板则在相应楼层位置设柱帽连接。地下连续墙与内部梁、板的连接,也可采用钻孔预埋插筋的方法
3	施工程序	逆作法施工程序是:(1)先构筑建筑物周边的地下连续墙(或柱)和中间的支承柱(或支承桩);(2)在相当±0.00 标高部位构筑地下连续墙(或桩)顶部圈梁及柱杯口、腰圈梁和地下室顶部梁、板以及与其中间柱连接的柱帽部分,并利用它作为地下连续墙顶部的支承结构;(3)在顶板下开始挖土,直至第二层楼板处,然后浇筑第二层梁、板;另一方面,同时进行地上第一、二层及以上的柱、梁、板等建筑安装工程。这样,地下挖出一层,浇筑一层梁板,上部相应完成 1～2 层建筑工程,地上、地下同时平行交叉地进行施工作业,直到最下层地下室土方开挖完成后,浇筑底板、分隔墙完毕,结束地下结构工程,上部结构也相应完成了部分楼层,待地上、地下进行装饰和水、电装修时,同时进行上部楼层的浇筑

续表

项次	项目	施工方法要点
4	施工工艺方法	(1)地下室顶板及以下各层梁板施工,多采用土模,方法是先挖土至楼板底标高下100mm,整平夯实后抹20mm厚水泥砂浆,表面刷废机油滑石粉(1∶1)隔离剂1～2度,即成楼板底模。在砂浆找平层上放线,按梁、柱位置挖出梁的土模,或另支梁模(图5-50) (2)在柱与梁连接处,做下一层柱帽倒锥圆台形土模。绑扎楼板钢筋,在与连续墙接合部位与连续墙(或桩)凿出的预埋连接钢筋(螺栓接头或预埋铁件)焊接连接。同时预埋与下层柱连接插筋,并用塑料薄膜包扎,插入砂内,以便以后与下层外包柱筋连接。为便于浇筑下层柱混凝土,在柱帽内预埋ϕ100mm PVC塑料管3～4根作浇灌孔(图5-51) (3)地下室土方开挖采取预留部分楼板后浇混凝土,作为施工设备、构件、模板、钢筋、脚手材料吊入、混凝土浇灌、土方运出以及人员进出的通道(窗洞);留洞应上下垂直贯通 (4)土方开挖,一般是用人工开挖出空间,再用小型推土机将土方推向预留孔洞方向集中,然后再用起重机在地面用抓斗将土方运至地面,卸入翻斗汽车运出,或直接用小型反铲挖土机挖土,装入土斗内,再用垂直运输设备吊出装车外运。但应注意先挖中部土方,后挖地下室两侧土方 (5)分隔墙支模、浇筑时,由于自重压力对地基产生沉降,在每道隔墙下宜做宽3m、高30～50cm的砂垫层,并振实,上铺枕木支隔墙模板(图5-52*a*)。墙身底部立筋应伸出底面,插入砂垫层中,长度为10～25*d*(*d*—插筋直径),以利与下层墙钢筋焊接。分隔墙楼板(底板)浇筑完成后,向上浇筑混凝土,要与上部墙、梁结合紧密,可用扩大顶模,做成一侧或两侧喇叭形牛腿,浇筑混凝土至梁底或墙顶后、再凿平 (6)在柱、墙上下段新老混凝土结合面,宜采取二次振捣措施,以提高混凝土密实度,防止施工缝处出现裂缝。为使下部后浇筑的柱混凝土与上部已浇混凝土间的顶紧接牢,也可采取先浇下部后浇柱,在顶部预留500mm垂直后浇缝,待浇筑7*d*后再支模用微膨胀混凝土浇筑后浇缝(图5-52*b*)
5	半逆作法施工	采用逆作法施工,挖土在每层楼板下进行,操作空间较窄,效率较低,如连续墙和桩柱的强度和刚度能满足一定高度悬臂要求或以平衡土体能保持连续墙的稳定,也可采用半逆作法施工,其基本作法有以下两种方式: (1)先构筑周围连续墙或挡土桩,然后用大开挖方式挖一、二层土方,再施工中间柱桩,施工第二、三层梁板,二、三层以下采用逆作法施工,二层以上仍按照常规方法由下而上施工(图5-53*a*) (2)先构筑周围连续墙和中间的支承柱,然后用大开挖方式先挖中间部分一、二层土方,保留四周边缘土体作平衡土体,以及首层边缘梁、板,最后以逆作法方式挖除四周边缘保留土体,施工边缘的梁板及底板(图5-53*b*、*c*) 本法可简化工序,缩短工期,降低施工费用,但对四周地下连续墙或护坡柱(又称桩墙合一),应按中间有水平支点时的情况进行核算,同时应注意其嵌固深度必须深于底板标高,以免当最低一层土方挖空时,桩根外露发生位移

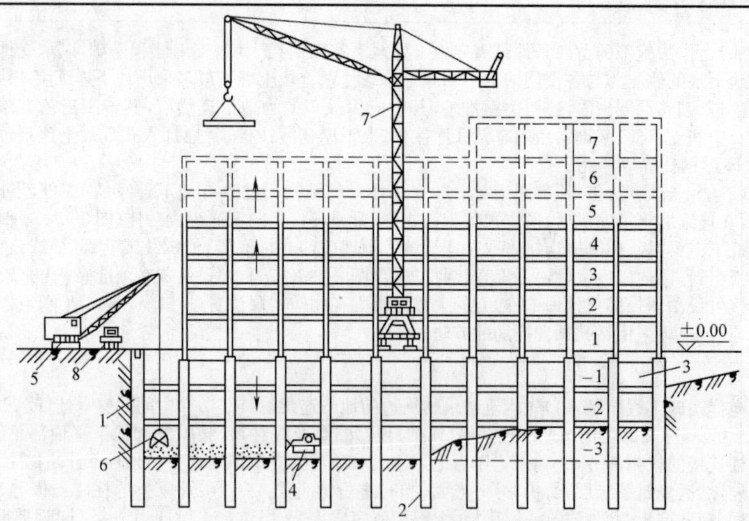

图5-48　逆作法施工工艺方法

1—地下连续墙；2—中间支柱（钻孔灌注桩）；3—地下室；4—小型推土机；5—抓斗挖土机；6—抓斗；7—塔式起重机；8—装运土自卸车

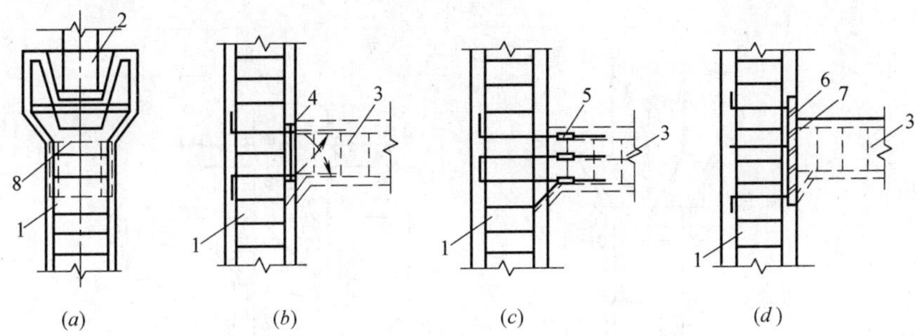

图 5-49 地下连续墙与柱、梁的连接

（a）与柱的连接；（b）、（c）、（d）与梁的连接

1—地下连续墙；2—杯口圈梁；3—梁；4—预埋钢筋扳直，浇筑时夹板密封；5—螺栓接头；6—预埋铁件；7—焊接；8—箍筋

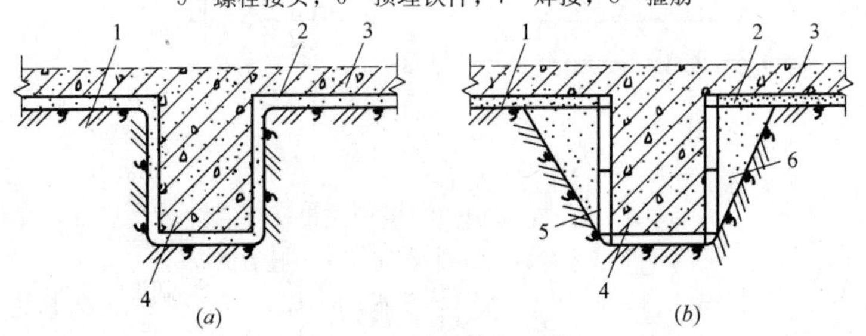

图 5-50 梁、楼板土模

（a）土模；（b）钢模与土模结合支模

1—原土；2—抹水泥砂浆，刷隔离剂；3—楼板；4—梁；5—组合式钢模板；6—填土夯实

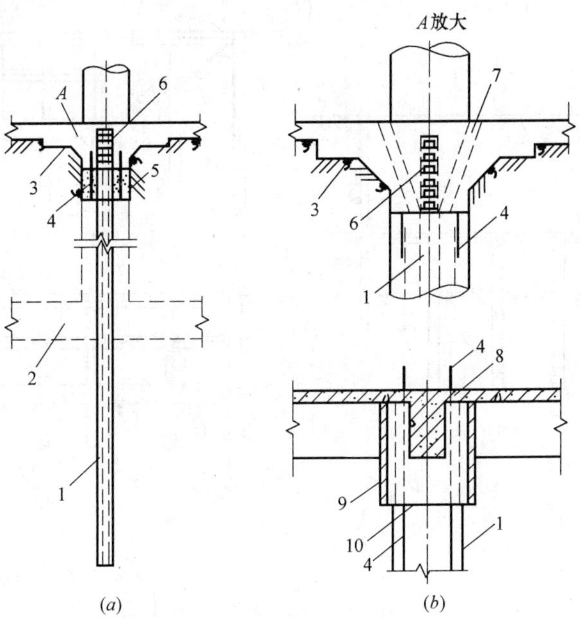

图 5-51 底层柱头土模、浇灌方式

（a）设柱帽；（b）不设柱帽

1—H 型钢临时支柱；2—底板；3—柱帽土模；4—柱连接钢筋；5—填砂；6—临时支柱顶部焊槽钢锚固件；7—预埋 ϕ100mm PVC 混凝土浇灌口；8—预留浇灌孔；9—柱头模板；10—施工缝

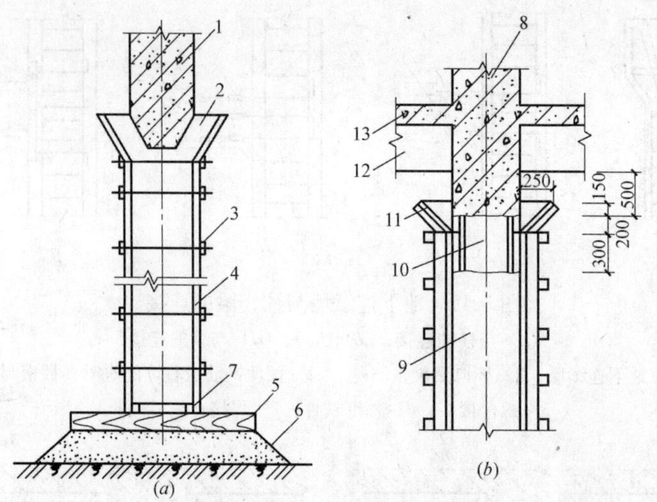

图 5-52　地下室墙板浇筑模板支设及柱后浇带

(a) 地下室墙板浇筑模板支设；(b) 柱后浇带

1—上层墙；2—混凝土浇灌口；3—螺栓；4—模板；5—枕木；6—砂垫层；7—插筋木条

8—上层柱；9—下层柱；10—柱子后浇缝；11—混凝土浇灌口；12—主梁；13—板

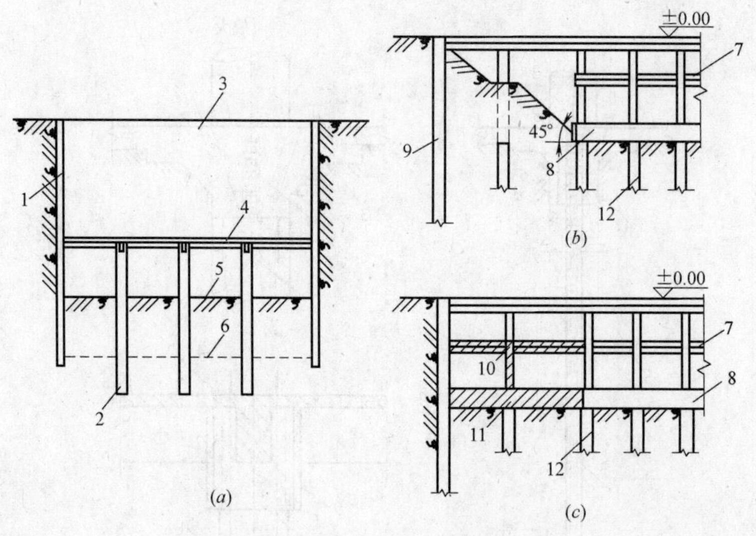

图 5-53　半逆作法施工示意图

(a) 半逆作 2 层以下部分；(b) 顺作中央部分；(c) 逆作周边部分

1—地下连续墙或护坡桩；2—桩柱；3—按常规挖方基坑；4—地下室三层顶板；

5—逆作第二次挖方标高；6—逆作底板挖方标高；7—顺作柱、梁、板；

8—顺作底板；9—保留平衡土体；10—逆作柱、梁、板；11—逆作底板；12—柱桩

5.3.3 大型沉井施工

沉井施工机具、工艺及施工方法 表 5-47

机具、工艺程序	施工方法要点	适用范围、优缺点
沉井是在地面或地坑上，先制作开口钢筋混凝土筒身，达到100%强度后，在井筒内分层挖土、运土，随着井内土面逐渐降低，沉井筒身借自重克服与土壁之间的摩阻力，不断下沉而就位的一种深基或地下工程施工工艺 施工主要设备：沉井制作机具设备包括：模板、钢筋加工常规机具设备、混凝土搅拌机、自卸汽车、机动翻斗车、手推车、插入式振动器等；沉井下沉机具设备包括：15t履带式起重机或QT6～15型塔式起重机、出土钢吊斗等；排水机具包括：离心式水泵或潜水电泵 沉井制作工艺程序为：平整场地→测量放线→开挖基坑（一般3～4m深）→夯实基底→找平、井壁放线、验线→铺砂垫层和垫木或砌刃脚砖座或挖刃脚土膜→安设刃脚铁件、绑钢筋→支刃脚、井身模板→浇筑混凝土→养护、拆模→外围槽灌砂→抽出垫木或拆砖座	(1)沉井制作：有一次制作和多节制作、地面制作和基坑中制作等方式。如沉井高度不大，宜采取一次制作下沉方案，以减少接高工序；如沉井高度和重量很大，宜采取在基坑中分节制作，每节高度以6～8m为宜，其中首节自重应能克服下沉土体的摩阻力，应进行验算。在软弱地基上制作沉井，应采用砂、砂砾石或碎石垫层，用打夯机夯实使之密实，垫层厚度根据计算确定，一般为0.5～2.0m，应满足应力扩散的要求。沉井制作时，下部刃脚的支设，可视沉井重量、施工荷载和地基承载力情况，采用垫架法、半垫架法、砖垫座或土胎模（图5-54）；较大较重的沉井，在软弱地基上制作，多采用前两种。沉井支模绑扎钢筋和浇筑混凝土同常规方法。大型沉井应达到设计混凝土强度的100%，小型沉井达到70%始可拆模。刃脚部分抽除其下的垫木应分区、分组、依次、对称、同步地进行，最后由4～8榀定位垫架或垫木支承。抽除方法是：将垫木底部的土挖去一部分，利用卷扬机或绞磨将相应垫木抽出，每次限抽1根，应在刃脚下部用砂砾石填实，内外侧填筑成适当高度的小砂土堤。如有内隔墙，应在支承排架拆除后，用草袋装砂回填。采取分节制作，可在前一节下沉接近地面0.5m时，继续加高井筒 (2)沉井下沉：有排水下沉和不排水下沉两种方式。采用排水下沉法，系在沉井内设泵排水，沿井壁挖排水沟、集水井，用泵将地下水排出井外，边挖土边排水下沉，随着加深集水井。挖土采用人工或风动工具，对直径或长边16m以上的沉井，可在井内用0.25～0.6m^{3}反铲挖土机挖土。挖土方法一般是采用碗形挖土自重破土方式；先挖井中间，逐渐向四周，每层挖土厚0.4～0.5m，沿刃脚周围保留0.8～1.5m宽土堤，然后再按每人负责2～3m一段向刃脚方向逐层、全面、对称、均匀地削薄土层，当土垅经不住刃脚的挤压时，使在自重作用下均匀垂直破土下沉（图5-55*a*）；对有流砂情况发生或遇软土层时，亦可采取从刃脚挖起，下沉后再挖中间（图5-55*b*）的顺序；挖出土方装在土斗内运出，当土垅挖至刃脚沉井仍不下沉，可采取分段、对称地向刃脚下掏空或继续从中间向下进行下层破土 采用不排水下沉法施工，挖土多用高压水枪（压力2.5～3.0MPa）将土层破碎，稀释成泥浆，然后用水力吸泥机（或空气吸泥机）将泥浆排出井外，井内的水位应始终保持高出井外水位1～2m。也可用起重机吊抓斗进行挖土。作业时，一般先抓或冲井底中央部分的土形成锅底形，然后再均匀冲或抓刃脚边部，使沉井靠自重挤土下沉；在密实土层中，刃脚土体不易向中央坍落，则应配以射水管冲土 (3)当首节沉井下沉到设计深度后，即应停止挖土下沉，并进行井壁接长，继续下沉。当沉井下沉到刃脚接近设计标高约500mm时，应放慢井中取土速度，当距设计标高0.1m时，应停止井内挖土和抽水，使其靠自重下沉至设计标高。在正常情况下，再经2～3d下沉稳定后，或经观测在8h内累计下沉不大于10mm时，即可进行井底土形整理，开始封底 (4)沉井下沉控制：标高控制一般在沉井外壁周围弹水平线，垂直度一般井筒内按四或八等分标出垂直轴线，各吊线坠一个，对准下部标板来控制（图5-56）。对位置、垂直度和标高（下沉值）每班要测量二次，接近设计标高时，每2h测量一次，做好记录，随时掌握分析观测数据。如有倾斜线坠偏离垂线50mm或标高差在100mm，应立即纠正，挖土过程中可通过调整挖土标高或挖土量进行纠偏	适用于工业建筑的深坑（料坑、料车坑、铁皮坑、井或炉、翻车机室）地下室、水泵房、设备深基础、深柱基、桥墩、码头等工程；并可在松软不稳定含水土层，人工填土、黏性土、砂土、砂卵石等地基中应用。一般讲，在施工场地复杂，邻近有铁路、房屋、地下构筑物等障碍，加固、拆迁有困难，或大开口挖土施工会影响周围邻近建（构）筑物安全时，应用最为经济、合理 沉井结构和沉井施工的特点是：沉井结构截面尺寸和刚度大，承载力高，抗渗、耐久性好，内部空间可资利用，可用于很大深度地下工程的施工，深度可达50m；施工不需复杂的机具设备，在排水和不排水情况下，均能施工；可用于各种复

续表

机具、工艺程序	施工方法要点	适用范围、优缺点
沉井下沉工艺程序为：下沉准备工作→设置垂直运输机械、排水泵、挖排水沟、集水井→沉井内挖土下沉→观测、纠偏→沉至设计标高、核对标高→降水→设集水井、基底整形、铺设封底垫层→底板防水→绑底板钢筋、隐检→浇筑底板混凝土→施工沉井内隔墙、梁、板、顶板、上部建筑及辅助设施→回填土→机电设备、管道、动力、照明线路安装→试调、土建收尾。如仅作沉井基础，则无后道工艺程序	(5)沉井封底：有排水封底和不排水封底两种方式。前者系将井底水抽干进行封底，混凝土浇筑，一般多采用；后者系采用导管法在水中浇筑封底混凝土。排水封底是将新老混凝土接触面冲刷干净或凿毛，并将井底修整成锅底形，由刃脚向中心挖放射形排水沟，填以卵石形成滤水暗沟，在中部设2～3个集水井与暗沟连通，使井底地下水汇集于集水井中用潜水电泵排出(图5-57)，保持水位低于基底面0.5m以下。封底一般铺一层150～500mm卵石或碎石层，再在其上浇一层混凝土垫层，达到50%强度后，在垫层上铺卷材防水层、绑钢筋，两端伸入刃脚或凹槽内，浇筑底板混凝土 (6)混凝土养护期间应继续抽水，待混凝土强度达到70%后，将集水井中水逐个抽干，在套管内迅速用干硬性混凝土进行堵塞捣实，盖上法兰盘，用螺栓拧紧或四周焊接封闭，上部用混凝土填实抹平。不排水封底方法是：将井底浮泥用导管以泥浆置换，清除干净，新老混凝土接触面用水针冲刷净，并抛毛石，铺碎石垫层。封底水下混凝土采用多组导管灌注，同常规方法。混凝土养护7～14d后，方可从沉井内抽水，检查封底情况，进行检漏补修，按排水封底方法施工上部底板 (7)质量控制按《建筑地基基础工程施工质量验收规范》(GB 50202)"7基坑工程"中"7.7沉井与沉箱"一节中的沉井施工有关规定和质量检验标准进行质量控制与检验	杂地形、地质和场地狭窄条件下施工，对邻近建筑物、构筑物影响较小； 当沉井尺寸较大，在制作和下沉时，均能使用机械化施工；比大开口挖土施工，可大大减少挖、运、回填土方量，可加快施工速度，降低施工费用等 沉井施工法存在问题是：施工工序较多，施工工艺较为复杂，技术要求高，质量控制要求严

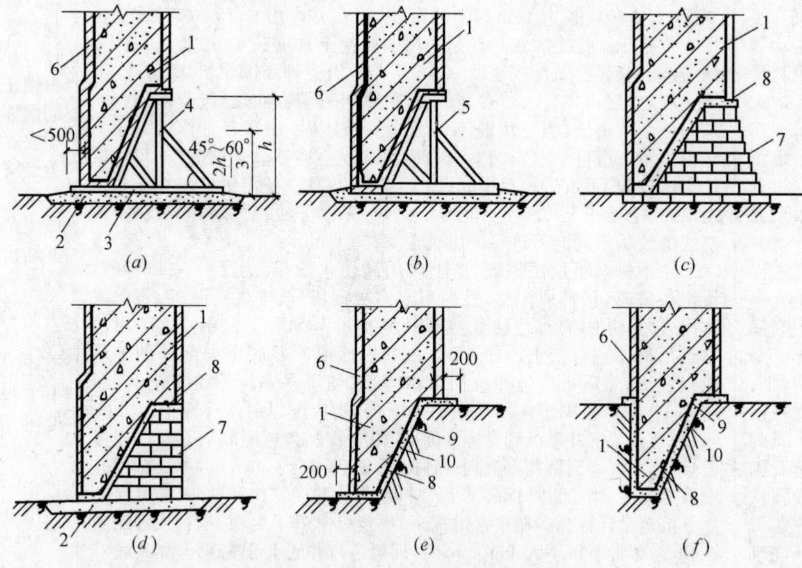

图5-54　沉井、双脚支设

(a) 垫架施工；(b) 半垫架施工；(c)、(d) 刃脚砖垫座；(e) 半土胎模；(f) 土胎模

1—刃脚；2—砂垫层；3—枕木；4—垫架；5—半垫架；6—模板；7—砌砖；

8—1：3水泥砂浆抹面，上铺油毡纸或塑料薄膜一层；9—土胎膜；10—刷隔离剂

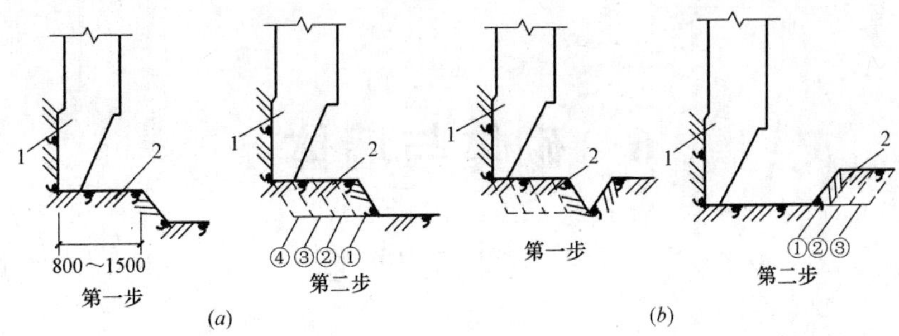

图 5-55　沉井下沉挖土方法

1—沉井刃脚；2—土堤（垅）；①、②、③、④……—刷坡次序

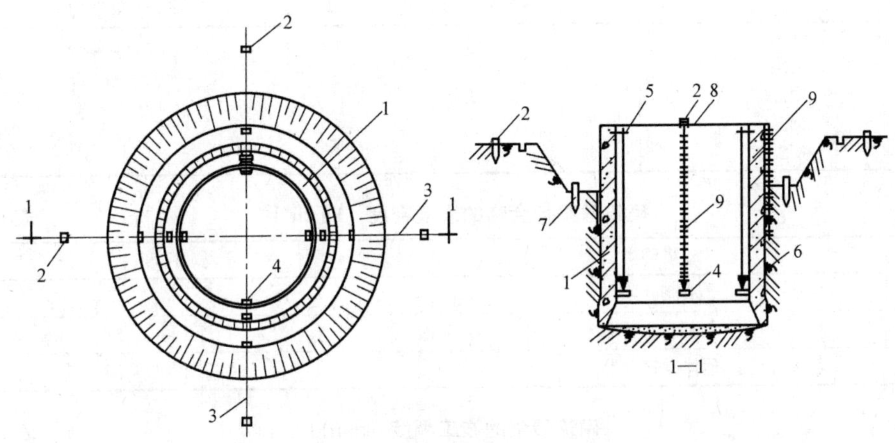

图 5-56　沉井下沉测量控制方法

1—沉井；2—中心线控制点；3—沉井中心线；4—钢标板；5—铁件；
6—线锤；7—下沉控制点；8—沉降观测点；9—壁外下沉标尺

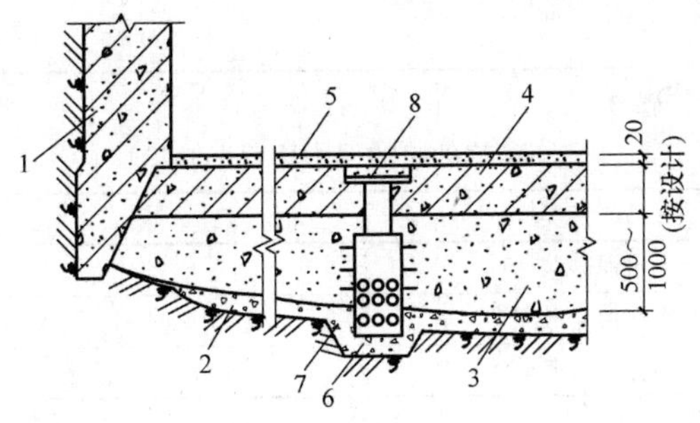

图 5-57　沉井封底构造

1—沉井；2—15～75mm 粒径卵石盲沟；3—封底混凝土；4—底板；
5—抹防水水泥砂浆层；6—ϕ600～800mm 带孔钢板或无砂混凝土管；7—集水井；8—法兰盘盖

6 砌体与墙体

6.1 砌筑砂浆

6.1.1 砂浆性能指标

常用砌筑砂浆强度等级　　表 6-1

项次	强度等级	龄期 28d 抗压强度(MPa)	
		各组平均值≥	最小一组平均值≥
1	M15	15	11.25
2	M10	10	7.50
3	M7.5	7.5	5.63
4	M5.0	5.0	3.75
5	M2.5	2.5	1.88

砌筑砂浆拌合物的表观密度（kg/m^3）　　表 6-2

项次	砂浆种类	表观密度
1	水泥砂浆	≥1900
2	水泥混合砂浆	≥1800
3	预拌砌筑砂浆	≥1800

砌筑砂浆的施工稠度（mm）　　表 6-3

项次	砌体种类	施工稠度
1	烧结普通砖砌体、蒸压、粉煤灰砖砌体	70～90
2	混凝土砖砌体、普通混凝土小型空心砌块砌体、蒸压灰砂砖砌体	50～70
3	烧结多孔砖砌体、烧结空心砖砌体、轻骨料混凝土小型空心砌块砌体、蒸压加气混凝土砌块砌体①	60～80
4	石砌体	30～50

① 最好用加气混凝土砌块专用砖浆。

砌筑砂浆的保水率（%）　　表 6-4

项次	砂浆种类	保水率
1	水泥砂浆	≥80
2	水泥混合砂浆	≥84
3	预拌砌筑砂浆	≥88

砌筑砂浆的抗冻性　　表 6-5

项次	使用条件	抗冻指标	质量损失率(%)	强度损失率(%)
1	夏热冬暖地区	F15	≤5	≤25
2	夏热冬冷地区	F25		

续表

项次	使用条件	抗冻指标	质量损失率(%)	强度损失率(%)
3	寒冷地区	F35	≤5	≤25
4	严寒地区	50		

砌筑砂浆的材料用量（kg/m³） 表 6-6

项次	砂浆种类	材料用量
1	水泥砂浆	≥200
2	水泥混合砂浆	≥350
3	预拌砌筑砂浆	≥200

注：1. 水泥砂浆中的材料用量是指水泥用量。
2. 水泥混合砂浆中的材料用量是指水泥和石灰膏、电石膏的材料总量。
3. 预拌砌筑砂浆中的材料用量是指胶凝材料用量，包括水泥和替代水泥的粉煤灰等活性矿物掺合料。

6.1.2 砂浆配合比计算

6.1.2.1 水泥砂浆、混合砂浆配合比计算

水泥砂浆、水泥混合砂浆配合比的确定，应按表 6-7 步骤和方法进行计算。

水泥砂浆、水泥混合砂浆配合比计算步骤和方法 表 6-7

项次	项目	计算步骤、方法及公式
1	计算砂浆试配强度 $f_{m,0}$	砂浆的试配强度，可按下式确定： $$f_{m,0}=kf_2 \quad (6\text{-}1)$$ $$\sigma=\sqrt{\frac{\sum_{i=1}^{n}f_{m,i}^2-N\mu_{fm}^2}{n-1}} \quad (6\text{-}2)$$ 式中 $f_{m,0}$——砂浆的试配强度，精确至 0.1(MPa)； f_2——砂浆强度等级值(MPa)精确至 0.1 MPa； k——系数，按表 6-8 取值； σ——砂浆现场强度标准差，精确至 0.1(MPa)； $f_{m,i}$——统计周期内同一品种砂浆第 i 组试件的强度(MPa)； μ_{fm}——统计周期内同一品种砂浆 N 组试件强度的平均值(MPa)； n——统计周期内同一品种砂浆试件的总组数，$n\geqslant 25$。 当不具有近期统计资料时，其砂浆现场强度标准差 σ 可按表 6-8 取用
2	计算每立方米砂浆中的水泥用量 Q_c	每立方米砂浆中的水泥用量，可按下式计算： $$Q_c=\frac{1000(f_{m,0}-\beta)}{\alpha f_{ce}} \quad (6\text{-}3)$$ 式中 Q_c——每立方米砂浆的水泥用量(kg/m³)； $f_{m,0}$——砂浆的试配强度(MPa)； f_{ce}——水泥的实测强度，精确至 0.1(MPa)。 当无法取得水泥的实测强度值时，可按下式计算： $$f_{ce}=\gamma_c f_{ce,k} \quad (6\text{-}4)$$ 式中 $f_{ce,k}$——水泥强度等级值(MPa)； γ_c——水泥强度等级的富余系数，该值应按实际统计资料确定。无统计资料时 γ_c 取 1.0； α、β——砂浆的特征系数，其中 $\alpha=3.03$，$\beta=-15.09$(各地区也可用本地区试验资料确定 α、β 值，统计用的试验组数不得少于 30 组)。 当计算出水泥砂浆中的水泥用量不足 200kg/m³ 时，应按 200kg/m³ 采用

续表

项次	项目	计算步骤、方法及公式
3	按水泥用量 Q_c 计算掺加料用量 Q_D	水泥混合砂浆的掺加料用量可按下式计算： $$Q_D = Q_A - Q_C \quad (6\text{-}5)$$ 式中 Q_D——每立方米砂浆的掺加料用量（kg/m^3）； Q_C——每立方米砂浆的水泥用量（kg/m^3）； Q_A——每立方米砂浆中胶结料（水泥）和掺加料的总量（kg/m^3）；一般为 $350kg/m^3$。 石灰膏不同稠度时，其换算系数可按表 6-9 进行换算
4	确定砂用量 Q_S	每立方米砂浆中的砂子用量 Q_S（kg/m^3）应以干燥状态（含水率小于 0.5%）的堆积密度值作为计算值
5	按砂浆的稠度选用用水量 Q_W	每立方米砂浆中的用水量 Q_w（kg/m^3）可根据经验选用 230～310kg/m^3 或按表 6-10 选用
6	进行砂浆试配、调整与确定	试配时应采用现场实际使用的材料；搅拌方法应与施工时使用的方法相同。 按计算配合比进行试拌，测定其拌合物的稠度和分层度，若不能满足要求，则应调整用水量或掺加料，直到符合要求为止。然后确定为试配时的砂浆基准配合比。 试配时至少应采用三个不同的配合比，其中一个为按以上试样得出的基准配合比，另外两个配合比的水泥用量按基准配合比分别增加及减少 10%，在保证稠度、分层度合格的条件下，可将用水量或掺加料用量做相应调整。 三个不同的配合比，经调整后，应按国家现行标准《建筑砂浆基本性能试验方法》的规定制作试件，测定砂浆强度等级；并选定符合强度要求且水泥用量较少的配合比。 砂浆配合比确定后，当材料有变更时，其配合比必须重新通过试验确定。 水泥砂浆材料用量可按表 6-11 选用；常用砌筑砂浆的参考配合比见表 6-12

砂浆强度标准差 σ 及 k 值 **表 6-8**

施工水平 \ 强度等级	强度标度差 σ(MPa)							k
	M5	M7.8	M10	M15	M20	M25	M30	
优良	1.00	1.50	2.00	3.00	4.00	5.00	6.00	1.15
一般	1.25	1.88	2.50	3.75	5.00	6.25	7.50	1.20
较差	1.50	2.25	3.00	4.50	6.00	7.50	9.00	1.25

石灰膏不同稠度时的换算系数 **表 6-9**

石灰膏稠度(mm)	120	110	100	90	80	70	60	50	40	30
换算系数	1.00	0.99	0.97	0.95	0.93	0.92	0.90	0.88	0.87	0.86

每立方米砂浆中用水量选用值 **表 6-10**

砂浆品种	混合砂浆	水泥砂浆
用水量(kg/m^3)	260～300	270～330

注：1. 混合砂浆中的用水量，不包括石灰膏或电石膏中的水；
2. 当采用细砂或粗砂时，用水量分别取上限或下限；
3. 稠度小于 70mm 时，用水量可小于下限；
4. 施工现场气候炎热或干燥季节；可酌量增加用水量。
5. 试配强度应按（表 6-7）中式（6-1）计算。

每立方米水泥砂浆材料用量（kg/m^3）　表 6-11

强度等级	水泥	砂	用水量
M5	200～230	砂的堆积密度值	270～330
M7.5	230～260		
M10	260～290		
M15	290～330		
M20	340～400		
M25	360～410		
M30	430～480		

注：1. M15 及 M15 以下强度等级水泥砂浆，水泥强度等级为 32.5 级；M15 以上强度等级水泥砂浆，水泥强度等级为 42.5 级；根据施工水平合理选择水泥用量；

2. 同表 6-10 中注 2～5 项。

常用砌筑砂浆配合比参考表　表 6-12

砂浆强度等级	重量配合比			材料用量（kg/m^3）			外加剂掺量（%）
	水泥	石灰膏	砂子	水泥	石灰膏	砂子	
M5.0	1	0.52～0.58	8.53～7.63	170～190	90～110	1430～1450	1～2
M7.5	1	0.33～0.39	6.9～6.3	210～230	70～90	1430～1450	1
M10.0	1	0.15～0.22	5.6～5.2	260～280	40～60	1430～1450	0

注：石灰膏稠度为 12cm；机械拌合。

【例 6-1】 用 32.5 级矿渣硅酸盐水泥，含水率为 2%的中砂，堆积密度为 1480kg/m^3，掺用石灰膏，稠度为 105mm，施工水平为一般，试配制砌筑砖墙，柱用 M7.5 等级水泥石灰砂浆，稠度要求 70～100mm。

【解】（1）计算试配强度 $f_{m,0}$

已知 f_2＝7.5MPa，由表 6-8 得 σ＝1.88MPa，k＝1.2

由式（6-1）得：　$f_{m,0}=kf_2=1.2\times7.5=9.0\text{MPa}$

（2）计算水泥用量 Q_C

按式（6-4）　$f_{ce}=32.5\text{MPa}$

由式（6-3）　$$Q_c=\frac{1000\ (f_{m,0}-\beta)}{\alpha\cdot f_{ce}}$$

$$=\frac{1000\ (9.0+15.09)}{3.03\times32.5}=244.5\text{kg/m}^3\ \text{用}\ 245\text{kg/m}^3$$

（3）计算石灰用量 Q_D

取　$Q_A=300\text{kg/m}^3$　　则　$Q_D=Q_A-Q_C=350-245=105\text{kg/m}^3$

石灰膏稠度 105 换算成 120mm 查表 6-9 得：　$105\times0.98=103\text{kg/m}^3$

（4）计算用砂量 Q_S

根据砂子堆积密度和含水量计算砂用量为：　$Q_S=1480(1+0.02)=1510\text{kg/m}^3$

（5）选择用水量 Q_W

根据表 6-10 选择试配用水量 $Q_W=300\text{kg/m}^3$

（6）确定配合比

由以上计算得出砂浆试配时各材料的用量比例为：

水泥：石灰膏：砂：水＝245：103：1510：300

＝1：0.24：6.16：1.22

6.1.2.2　粉煤灰砂浆配合比计算

粉煤灰水泥砂浆、粉煤灰水泥混合砂浆配合比的确定，应按表 6-13 步骤和方法进行计算。

粉煤灰水泥砂浆、粉煤灰水泥混合砂浆配合比计算步骤和方法　表 6-13

项次	项目	计算步骤、方法及公式
1	计算砂浆试配强度 $f_{m,0}$	砂浆的试配强度，可按下式确定： $f_{m,0}=k\cdot f_2$　(6-6) 其中　$\sigma=\sqrt{\dfrac{\sum_{i=1}^{n}f_{m,i}^{2}-n\mu_{fm}^{2}}{n-1}}$　(6-7) 符号意义均同"6.1.2.1，水泥砂浆、混合砂浆配合比计算"
2	计算水泥用量 Q_C	每立方米砂浆中的水泥用量，可按下式计算： $Q_C=\dfrac{1000(f_{m,0}-\beta)}{\alpha f_{ce}}$　(6-8) 当无法取得水泥的实测强度值时，f_{ce}可按下式计算： $f_{ce}=\gamma_c\cdot f_{ce,k}$　(6-9) 以上符号意义均同"6.1.2.1，水泥砂浆、混合砂浆配合比计算"。 当计算出水泥砂浆中的水泥用量不足 200kg/m³ 时，应按 200kg/m³ 采用
3	计算石灰用量 Q_D	按求出的水泥用量由下式计算石灰用量： $Q_D=Q_A-Q_C$　(6-10) 式中　Q_D——每立方米不掺粉煤灰砂浆中的石灰膏用量（kg/m³）； Q_A——每立方米砂浆中胶结料和掺加石灰膏的重量（kg/m³）；一般可为 350kg/m³； Q_C——每立方米砂浆中的水泥用量（kg/m³）
4	选择水泥取代率，计算粉煤灰砂浆的水泥用量 Q_{C0}	每立方米粉煤灰砂浆的水泥用量，可按下式计算： $Q_{C0}=Q_C(1-\beta_{m1})$　(6-11) 式中　Q_{C0}——每立方米粉煤灰砂浆的水泥用量（kg/m³）； β_{m1}——水泥取代率（%）； Q_C——每立方米不掺粉煤灰砂浆的水泥用量（kg/m³）
5	选择石灰取代率，计算粉煤灰砂浆的石灰膏用量 Q_{D0}	每立方米粉煤灰砂浆的石灰膏用量，按下式计算： $Q_{D0}=Q_D(1-\beta_{m2})$　(6-12) 式中　Q_{D0}——每立方米粉煤灰砂浆的石灰膏用量（kg/m³）； β_{m2}——石灰膏取代率（%）； Q_D——每立方米不掺粉煤灰砂浆的石灰膏用量（kg/m³）
6	选择粉煤灰超量系数；计算砂浆中的粉煤灰用量 Q_{f0}	每立方米粉煤灰砂浆中的粉煤灰用量，按下式计算： $Q_{f0}=\delta_m[(Q_C-Q_{C0})+(Q_D-Q_{D0})]$　(6-13) 式中　Q_{f0}——每立方米粉煤灰砂浆的粉煤灰用量（kg/m³）； δ_m——粉煤灰超量系数； 其他符号意义同前

续表

项次	项目	计算步骤、方法及公式
7	计算砂用量 Q_{S0}	计算水泥、粉煤灰、石灰膏和砂的绝对体积，求出粉煤灰超出水泥部分的体积，并扣除同体积的砂用量，则得每立方米粉煤灰砂浆中的砂用量按下式计算： $$Q_{S0}=Q_S-\left(\frac{Q_{C0}}{\rho_C}+\frac{Q_{f0}}{\rho_f}+\frac{Q_{D0}}{\rho_D}-\frac{Q_C}{\rho_C}-\frac{Q_D}{\rho_D}\right)\rho_S \quad (6\text{-}14)$$ 式中 Q_{S0}——每立方米粉煤灰砂浆的砂用量（kg/m³）； Q_S——每立方米砂浆的砂用量（kg/m³）； ρ_C——水泥相对密度； ρ_f——粉煤灰相对密度； ρ_D——石灰膏相对密度； ρ_S——砂相对密度 其他符号意义同前
8	确定用水量 Q_W	通过试拌，按粉煤灰砂浆稠度确定用水量
9	试配与调整配合比	试配与调整方法同"6.1.2.1 水泥砂浆、混合砂浆配合比计算"。 砂浆中粉煤灰取代水泥率及超量系数见表 6-14。 砂浆中粉煤灰取代石灰膏率可通过试验确定，但最大不宜超过 50% 水泥粉煤灰砂浆材料用量可按表 6-15 选用

砂浆中粉煤灰取代水泥率及超量系数　　表 6-14

砂浆品种		砂浆强度等级				
		M1	M2.5	M5	M7.5	M10
水泥石灰砂浆	β_m(%)	15～40			10～25	
	δ_m	1.2～1.7			1.1～1.5	
水泥砂浆	β_m(%)	—	25～40	20～30	15～25	10～20
	δ_m	—	1.3～2.0		1.2～1.7	

注：表中 β_m 为粉煤灰取代水泥率；δ_m 为粉煤灰超量系数。

每立方米水泥粉煤灰砂浆材料用量（kg/m³）　　表 6-15

强度等级	水泥和粉煤灰总量	粉煤灰	砂	用水量
M5	210～240	粉煤灰掺量可占胶凝材料总量的15%～25%	砂的堆积密度值	270～330
M7.5	240～270			
M10	270～300			
M15	300～330			

注：1. 表中水泥强度等级为 32.5 级；
2. 同表 6-10 中注 2 项。

【例 6-2】 住宅楼工程需配制砖墙抹灰用 M5 粉煤灰水泥石灰砂浆，采用 32.5 级矿渣硅酸盐水泥，含水率 2%的中砂，$Q_S=1500\text{kg/m}^3$，粉煤灰取代率 $\beta_{m1}=10\%$，取代石灰膏率 $\beta_{m2}=45\%$，取粉煤灰超量系数 $\delta_m=1.6$，石灰膏稠度 120mm，施工水平一般。试求每立方米砂浆中的水、石灰膏、粉煤灰及砂用量。

【解】 （1）计算试配强度

已知 $f_2=5.0\text{MPa}$，由表 6-8 得 $\alpha=1.25\text{MPa}$；$k=1.2$

由式（6-6）得：　　$f_{m,0}=kf_2=1.2\times5.0=6.0\text{MPa}$

（2）计算水泥用量 Q_C

已知　$\alpha=3.03$；$\beta=-15.09$；又 $f_{ce}=32.5\text{MPa}$

由式（6-8）得　$Q_c=\dfrac{1000(6.0+15.09)}{3.05\times32.5}=212.8\text{kg}$　用 213kg

（3）计算石灰膏用量 Q_D

取 $Q_A=350\text{kg/m}^3$　由式（6-10）得：　$Q_D=350-213=137\text{kg/m}^3$

（4）计算粉煤灰砂浆水泥用量 Q_{C0}

由式（6-11）得：$Q_{C0}=Q_C(1-\beta_{m1})=213(1-0.10)=192\text{kg/m}^3$

（5）计算粉煤灰砂浆石灰膏用量 Q_{D0}

由式（6-12）得：$Q_{D0}=Q_D(1-\beta_{m2})=137(1-0.45)=75\text{kg/m}^3$

（6）计算粉煤灰砂浆的粉煤灰用量 Q_{fo}

由式（6-13）得

$$\begin{aligned}Q_{f0}&=\delta_m[(Q_C-Q_{C0})+(Q_D-Q_{D0})]\\&=1.6[(213-192)+(137-75)]=133\text{kg/m}^3\end{aligned}$$

（7）计算粉煤灰砂浆中的砂用量 Q_{So}

取 $\rho_C=3.1$，$\rho_f=2.2$，$\rho_D=2.9$，$\rho_S=2.62$，$Q_S=1500\text{kg/m}^3$，由式（6-14）得：

$$\begin{aligned}Q_{S0}&=Q_S-\left(\frac{Q_{C0}}{\rho_C}+\frac{Q_{f0}}{\rho_f}+\frac{Q_{D0}}{\rho_D}-\frac{Q_C}{\rho_C}-\frac{Q_D}{\rho_D}\right)\rho_S\\&=1500-\left(\frac{192}{3.1}+\frac{133}{2.2}+\frac{75}{2.9}-\frac{213}{3.1}-\frac{137}{2.9}\right)\times2.62=1415\text{kg/m}^3\end{aligned}$$

（8）确定用水量 Q_W

根据表 6-10 选择试配用水量为 280kg/m^3。

（9）试配与调整配合比

由以上得出每立方米粉煤灰砂浆材料用量为：

水泥∶石灰膏∶粉煤灰∶砂∶水＝192∶75∶133∶1415∶280

＝1∶0.40∶0.69∶7.37∶1.46

通过试配，假定符合要求，故不需调整。

6.1.3　砂浆参考配合比及强度增长关系

砂浆配合比参考表　　表 6-16

名称	强度等级	配合比	材料用量/(kg/m³)		
		水泥∶砂	水泥		砂
水泥砂浆	M2.5	1∶7.25	200		1450
	M5.0	1∶6.84	212		1450
	M7.5	1∶6.33	229		1450
	M10.0	1∶5.35	271		1450
	M15.0	1∶4.39	330		1450
		水泥∶石灰膏∶砂	水泥	石灰膏	砂
水泥石灰砂浆	M2.5	1∶0.99∶8.7	166	164	1450
	M5.0	1∶0.71∶7.51	193	137	1450
	M7.5	1∶0.58∶6.9	209	121	1450
	M10.0	1∶0.34∶5.89	246	84	1450
	M15.0	1∶0.17∶4.83	300	50	1450

续表

名称	强度等级	配合比	材料用量/(kg/m³)		
		水泥：粉煤灰：砂	水泥	粉煤灰	砂
水泥粉煤灰砂浆	M5.0	1：1.5：10.02	145	217	1450
	M7.5	1：1.1：7.29	199	219	1450
	M10.0	1：0.8：5.62	258	206	1450

注：表中选用的水泥为32.5级；石灰膏稠度为120mm，机械拌合。

常用石灰砂浆、石灰黏土砂浆配合比　　表 6-17

项次	种　类	配合比(重量比)	f_{28}(MPa)
1	石灰砂浆	石灰膏：砂=1：0.5～0.6 石灰粉：砂=1：0.6	0.4 0.4
2	石灰黏土砂浆	石灰膏：黏土：砂=1：0.3：4～6 石灰粉：黏土：砂=1：0.3：5～7	0.4
3	黏土砂浆	黏土：砂=1：0.3～0.4	0.2～0.4

用42.5级普通硅酸盐水泥拌制的砂浆强度与温度的关系　　表 6-18

龄期(d)	不同温度下的砂浆强度百分率(以在20℃时养护28d的强度为100%)							
	1℃	5℃	10℃	15℃	20℃	25℃	30℃	35℃
1	4	6	8	11	15	19	23	25
3	18	25	30	36	43	48	54	60
7	38	46	54	62	69	73	78	82
10	46	55	64	71	78	84	88	92
14	50	61	71	78	85	90	94	98
21	55	67	76	85	93	96	102	104
28	59	71	81	92	100	104	—	—

用32.5级矿渣硅酸盐水泥拌制的砂浆强度增长关系　　表 6-19

龄期(d)	不同温度下的砂浆强度百分率(以在20℃时养护28d的强度为100%)							
	1℃	5℃	10℃	15℃	20℃	25℃	30℃	35℃
1	3	4	5	6	8	11	15	18
3	8	10	13	19	30	40	47	52
7	19	25	33	45	59	64	69	74
10	26	34	44	57	69	75	81	88
14	32	43	54	66	79	87	93	98
21	39	48	60	74	90	96	100	102
28	44	53	65	83	100	104	—	—

用42.5级矿渣硅酸盐水泥拌制的砂浆强度与温度的关系　　表 6-20

龄期(d)	不同温度下的砂浆强度百分率(以在20℃时养护28d的强度为100%)							
	1℃	5℃	10℃	15℃	20℃	25℃	30℃	35℃
1	3	4	6	8	11	15	19	22
3	12	18	24	31	39	45	50	56
7	28	37	45	54	61	68	73	77
10	39	47	54	63	72	77	82	86
14	46	55	62	72	82	87	91	95
21	51	61	70	82	92	96	100	104
28	55	66	75	89	100	104	—	—

硬化期不同砂浆与28d强度相对之强度　表6-21

砂浆种类	砂浆的相对强度					
	3d	7d	14d	28d	60d	90d
水泥砂浆、水泥石灰砂浆，水泥黏土砂浆	0.25	0.50	0.75	1.00	1.20	1.30

注：本表砂浆硬化温度为+15～25℃，当温度低于+15℃时，砂浆之计算强度应乘以表以下系数而减小：1～4℃时为0.6；5～9℃为0.5；10～14℃时为0.9。

6.1.4　砂浆拌制与使用

砂浆拌制与使用方法要点　表6-22

项次	项目	施工方法要点
1	砂浆拌制	(1)配制砌筑砂浆时，各组分材料应采用质量计量，水泥及各种外加剂配料的允许偏差为±2%；砂、粉煤灰、石灰膏等配料的允许偏差为±5% (2)砌筑砂浆应采用机械搅拌，搅拌时间自投料完起算应符合下列规定： 1)水泥砂浆和水泥混合砂浆不得少于120s 2)水泥粉煤灰砂浆和掺用外加剂的砂浆不得少于180s 3)掺增塑剂的砂浆，其搅拌方式、搅拌时间应符合现行行业标准《砌筑砂浆增塑剂》(JC/T 164)的有关规定 4)干混砂浆及加气混凝土砌块专用砂浆宜按掺用外加剂的砂浆确定搅拌时间或按产品说明书采用
2	砂浆使用	(1)砂浆拌成后和使用时，均应盛入储灰器中，如砂浆出现泌水现象，应在砌筑前再次拌合 (2)现场拌制的砂浆应随拌随用，拌制的砂浆应在3h内使用完毕；当施工期间最高气温超过30℃时，应在2h内使用完毕。尤其不得使用过夜砂浆。预拌砂浆及蒸压加气混凝土砌块专用砂浆的使用时间应按照厂方提供的说明书确定 (3)砌体结构工程使用的湿拌砂浆，除直接使用外必须储存在不吸水的专用容器内，并根据气候条件采取遮阳、保温、防雨雪等措施，砂浆在储存过程中严禁随意加水

6.2　砖　砌　体

6.2.1　砖基础

砖基础构造、组砌形式和砌筑方法　表6-23

项次	项目	施工方法要点
1	构造与组砌形式	(1)砖基础的下部为大放脚、上部为基础墙。大放脚有等高或和间隔式。等高式大放脚是每砌两皮砖，两边各收进1/4砖长(60mm)；间隔式大放脚是每砌两皮砖及一皮砖，轮流两边各收进1/4砖长(60mm)，最下面应为两皮砖(图6-1) (2)砖基础大放脚一般采用一顺一丁砌筑形式，即一皮顺砖与一皮丁砖相间，上下皮垂直灰缝相互错开60mm (3)砖基础的转角处、交接处，为错缝需要应加砌配砖(3/4砖、半砖或1/4砖)。常用底宽为2砖半等高式砖基础大放脚转角处分皮砌法如图6-2所示 (4)砖基础的水平灰缝厚度和垂直灰缝宽度宜为10mm。水平灰缝的砂浆饱满度不得小于80%
2	砌筑工艺方法	(1)砖基础组砌方法。一般采用满丁满条排砖法；砌筑时应里外咬槎或留踏步槎，上下错缝。宜采用“三一”砌砖方法，即一铲灰、一块砖、一挤揉；严禁水冲灌缝 (2)砖基础底标高不同时，应从低处砌起，并应由高处向低处搭砌。当设计无要求时，搭砌长度L不应小于砖基础底的高差H，搭接长度范围内下层基础应扩大砌筑(图6-3) (3)砖基础的转角处和交接处应同时砌筑，当不能同时砌筑时，应留置斜槎 (4)基础墙的防潮层，当设计无具体要求，宜用1∶2水泥砂浆加适量防水剂铺设，其厚度宜为20mm。防潮层位置宜在室内地面标高以下一皮砖处

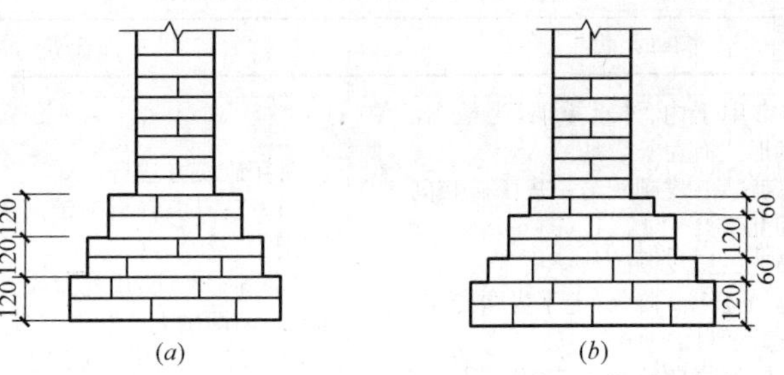

图 6-1 砖基础大放脚形式

(a) 等高式；(b) 间隔式

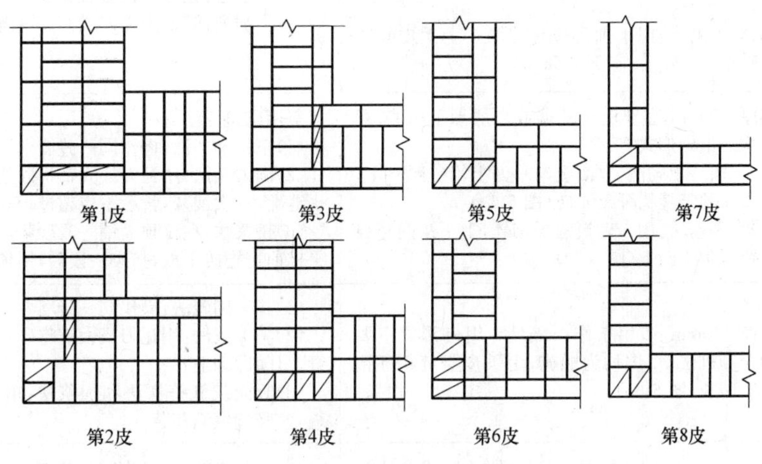

图 6-2 大放脚转角处分皮砌法

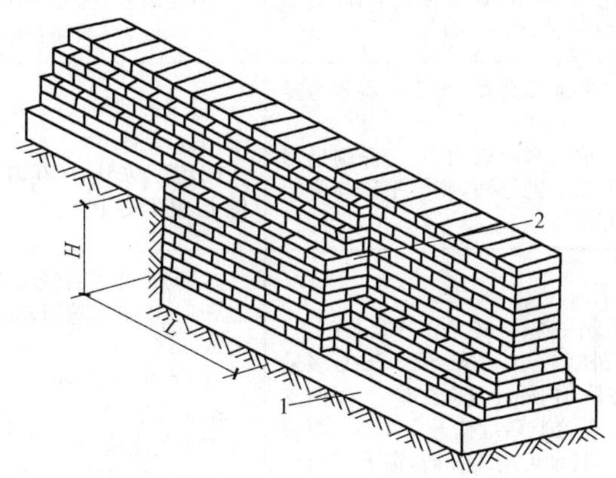

图 6-3 条形基础基底标高不同时的搭砌示意图

1—混凝土垫层；2—基础扩大部分

6.2.2 实心砖墙

实心砖墙包括烧结普通砖、烧结多孔砖、蒸压灰砂砖、粉煤灰砖等砌筑的墙体，其组砌形式与砌筑方法要点见表 6-24。

实心砖墙组砌形式和砌筑方法　　表 6-24

名称	组砌形式	砌筑方法要点
一砖墙	墙厚240mm,常用于内、外承重墙,为最广泛使用的砖墙。组砌形式有: (1)一顺一丁砌法:一皮顺砖与一皮丁砖相间,上下皮间的竖缝相互错开1/4砖长(图6-4*a*) (2)三顺一丁砌法:三皮顺砖与一皮丁砖相间,上下皮顺砖间竖缝错开1/2砖长,上下皮顺砖与丁砖间竖缝错开1/4砖长(图6-4*b*) (3)梅花丁砌法:每皮顺砖与丁砖相间,上皮丁砖中坐于下皮顺砖,上下皮间竖缝相互错开1/4砖长(图6-4*c*) (4)三七缝砌法:每皮转角都设七分头丁砖(图6-4*d*) (5)全丁砌法:用于圆形砌体砌筑。上下皮间竖缝相互错开1/4砖长(图6-5*a*、*b*)	常用砌筑方法有: (1)三一砌砖法:一铲灰、一块砖,一挤揉,随时将砂浆刮去 (2)满刀灰法:用瓦刀或大铲将砂浆刮满在砖面和头缝上,随即砌上 (3)挤浆法:用灰勺、大铲或铺灰器在墙顶面铺一段砂浆,然后双手(或单手)拿砖将砖挤在砂浆中,平推前进把砖放平。下齐边,上齐线,挤砌一段后,用稀浆灌缝,动作要快,以防砂浆干硬 (4)灌浆法:在每皮砖顶面上铺完一层砂浆,随即砌砖,然后满灌稀浆,用瓦刀或大铲填满砖缝
一砖半墙	墙厚370mm,主要用于外墙或高层承重内墙、圆形结构。组砌形式有: (1)一顺一丁砌法:立面上与平面上均一顺一丁,上下皮间的竖缝错开1/4砖(图6-6*a*) (2)全丁砌法:用于砌筑圆形砌体,上下皮间竖缝相互错开1/4砖长(图6-5*c*)	常用砌筑方法有: (1)三一砌砖法:操作同一砖墙 (2)满刀灰法:用瓦刀或大铲将砂浆刮满在砖面上和头缝上,一次铺灰,长度不应超过500mm,随即砌上 (3)挤浆法:在墙顶面铺一段砂浆,将砖挤在砂浆中,平推前进把砖平放,挤砌一段后,用稀浆灌缝
半砖墙	墙厚120mm,多用于作内隔墙。组砌形式主要采用全顺砌法;每皮均为顺砌,上下皮竖缝相互错开1/2砖长(图6-6*b*)	(1)三一砌砖法:操作同一砖墙 (2)满刀灰法:用瓦刀或大铲将砂浆刮满在砖面和头缝上,随即砌上 (3)竖向灰缝挤揉法和加浆法:用挤揉或加浆打头缝,使竖缝填满灰浆
3/4砖墙	墙厚180mm,用于三层以下内外砖墙或工业建筑围护墙,组砌形式主要采用两平一侧砌法。立面上为两皮顺砖与一皮侧砖相间,顺砖为平砌,上下皮竖缝相互错开1/4砖长(图6-7*a*)	(1)三一砌砖法:操作同一砖墙 (2)满刀灰法:操作同半砖墙 (3)竖向灰缝挤揉和加浆法:操作同半砖墙 (4)承重3/4砖墙在楼板下应砌两皮240mm厚墙顶砌
$1\frac{1}{4}$砖墙	墙厚300mm,用于作承重外墙,由于组砌较为复杂,应用较少。 组砌形式,平砌部位为两顺或两丁砖,侧砌仍为一顺砖,而在其上第二个砌结面,则将平砖与侧砖的位置相互交换(图6-7*b*)	(1)三一砌砖法:一铲灰、一块砖、一挤柔,随时将砂浆刮去,刮净 (2)满刀灰法:用瓦刀或大铲将砂浆刮满在砖面和头缝上,随即砌上
烟囱筒身和内衬半砖至三砖筒壁	砖烟囱筒身厚度有一砖、一砖半、二砖、二砖半、三砖等种。由于其外径较小(一般小于7m),多采用顶砌(图6-8);上下与内外砖缝应交错,上下两皮辐射砖缝错开1/4砖,环状砖缝错开1/2砖。筒身为一砖时应用整砖,其余可用1/2砖,但上下层与整砖交替砌筑。内衬厚度有半砖和一砖两种。内衬砌筑,一般与筒身同时进行,亦可在筒身完成后进行,半砖内衬用顺砌法,互相咬槎1/2砖,一砖厚用丁砌或丁顺分层砌法,互相咬槎1/4砖	(1)砌筑可用刮浆法或挤浆法,不宜采用灌浆法,每砌3～5皮砖应随即勾缝,内壁灰缝要刮平,外壁勾平缝或凹缝 (2)水平灰缝应为8～10mm,垂直灰缝厚为10～12mm,垂直缝里口不小于5mm,外口不大于15mm,砂浆饱满度应达到95%以上 (3)内衬应逐层砌筑,不得用齿形或阶梯形接缝,内表面要平整。筒身与内衬之间的空隙不得落入砂浆或砖屑,当填隔热材料,每4～5皮砖应填塞一次并轻轻捣实,每隔2～2.5m砌一皮减荷带。每隔10皮砖在水平距离1m左右排出一砖与筒壁相顶,砖与筒壁之间留1cm的温度缝,上下两层顶砖应错开

注:1. 二砖墙有一顺一丁、三顺一丁等,组砌形式与一砖半墙基本相同。圆形构筑物二砖墙砌法见图6-5(*d*)。
2. 砖砌体(包括烧结普通砖、烧结多孔砖、混凝土多孔砖、混凝土实心砖、蒸压灰砂砖、蒸压粉煤灰砖等砌体)的质量,按《砌体结构工程施工质量验收规范》(GB 50203—2011)"5 砖砌体工程"一节中的有关规定进行质量控制与检验。

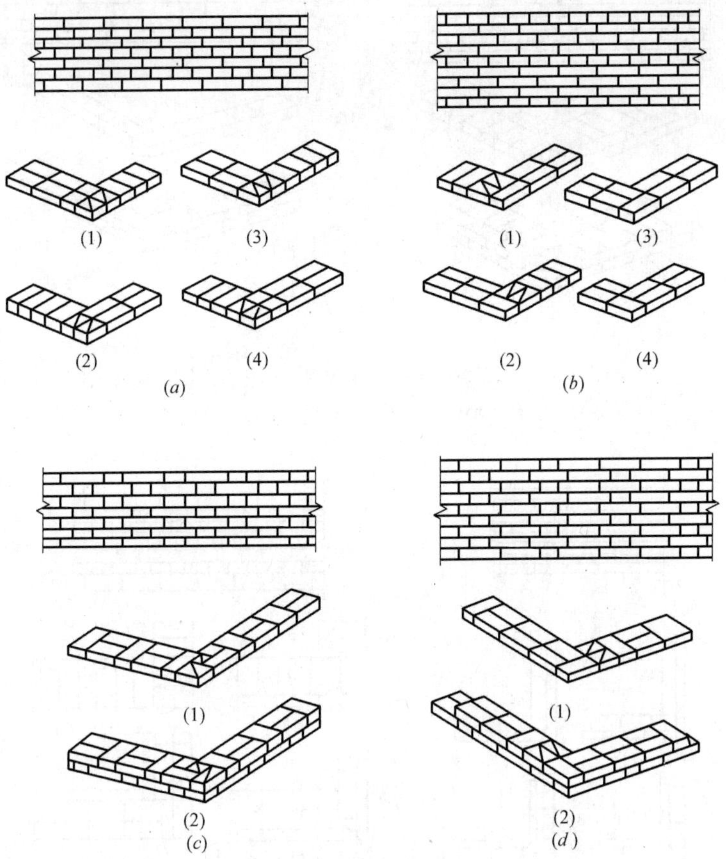

图 6-4 一砖组砌形式

(a) 一顺一丁砌法；(b) 三顺一丁砌法

(c) 梅花丁砌法；(d) 三七缝砌法

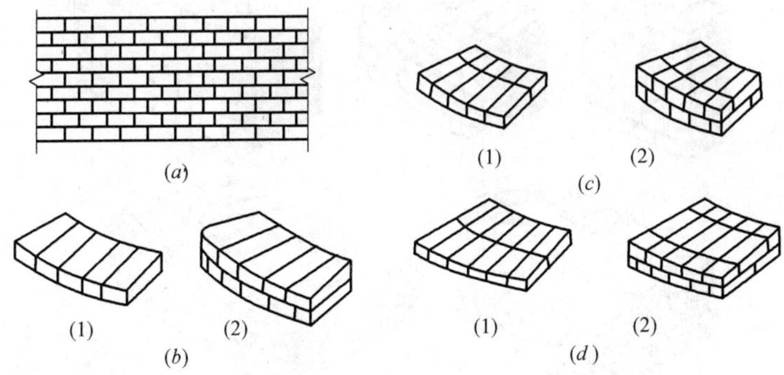

图 6-5 圆形构筑物顶砌法

(a) 立面图；(b) 一砖墙排法；(c) 一砖半墙排法；(d) 二砖墙排法

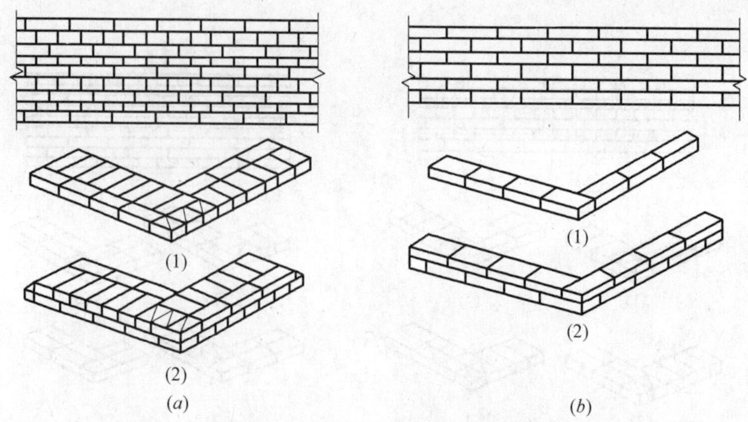

图 6-6　一砖半墙一顺一丁砌法与半砖墙组砌形式

（a）一砖半墙一顺一丁砌法；（b）半砖墙组砌形式

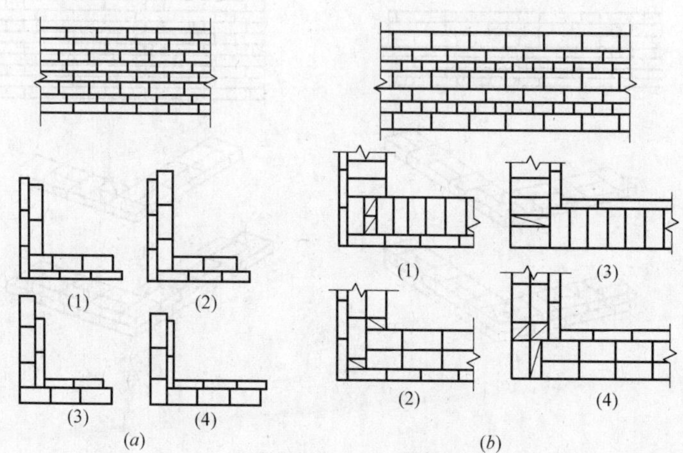

图 6-7　3/4 砖墙与 $1\frac{1}{4}$砖墙组砌形式

（a）3/4 砖墙；（b）$1\frac{1}{4}$砖墙组砌形式

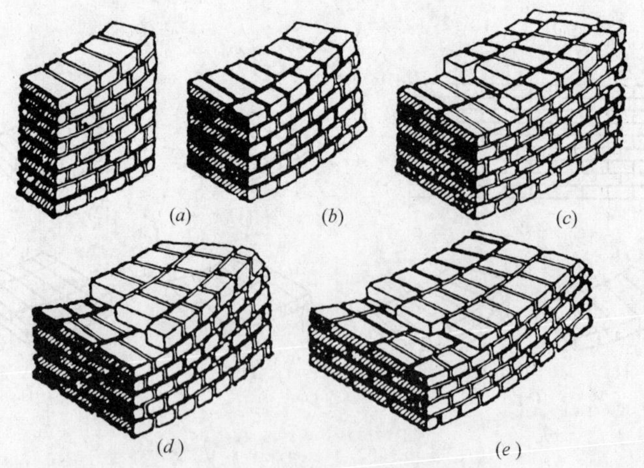

图 6-8　烟囱筒身砖层排列

（a）一砖；（b）一砖半；（c）二砖；（d）二砖半；（e）三砖

6.2.3 砖墙留槎、砖过梁

砖墙留槎方法　表 6-25

名　称	图　示	留槎方法和适用范围
斜槎	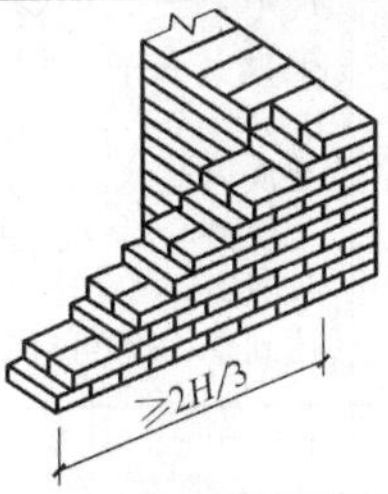 H ≥2H/3	交接处砌成斜槎(踏步式),斜槎水平投影长度应大于高度的 2/3 用于砖墙转角处和交接处
直槎	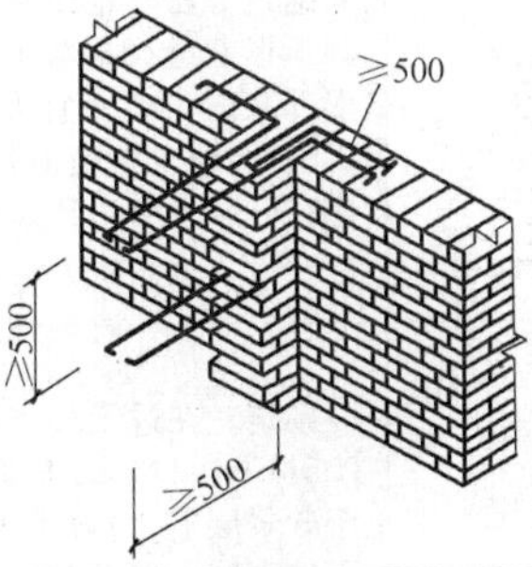 ≥500 ≥500 ≥500	砌成阳槎,并加设拉结钢筋,其数量为每 1/2 砖墙厚放置 1 根,半砖墙为 2 根,直径 ϕ4 或 ϕ6mm,间距沿墙高不大于 500mm,每边埋入长度从接槎处算起不小于 500mm,末端设 90°弯钩 用于砖墙交接处,不得用于砖墙转角处及抗震设防地区
隔墙与墙接槎	≥500 500 ϕ6 ≥500	在墙中引出阳槎,于灰中预埋拉结钢筋,其构造同直槎,每道不少于 2ϕ4 或 2ϕ6mm 用于墙与不承重的隔墙交接处
承重墙丁字接头处接槎	≥500 ≥500 H H/3	在接槎处下部约 1/3 接槎高度处砌成斜槎,上部留成直槎,并加设拉结钢筋 用于纵横墙,均为承重墙交接处
墙与构造柱接头处接槎	钢筋 ≥300 60 马牙槎	沿墙高每 50cm 设置 2ϕ6mm 水平拉结钢筋,每边伸入墙内不少于 1m。当设计烈度为 8 度、9 度时,砖墙应砌成马牙槎,每一马牙槎高度不宜超过 30cm 用于墙与构造柱接头处

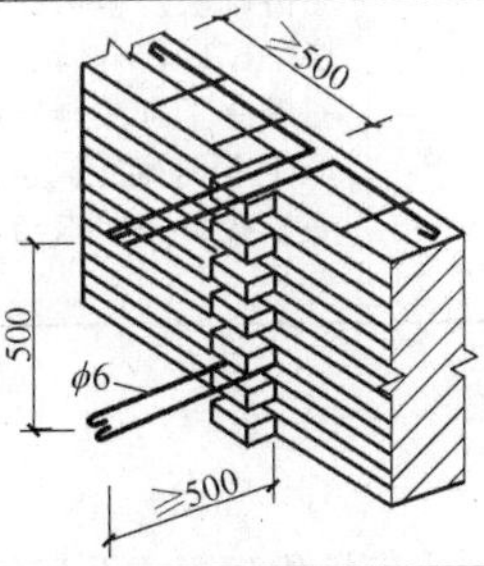

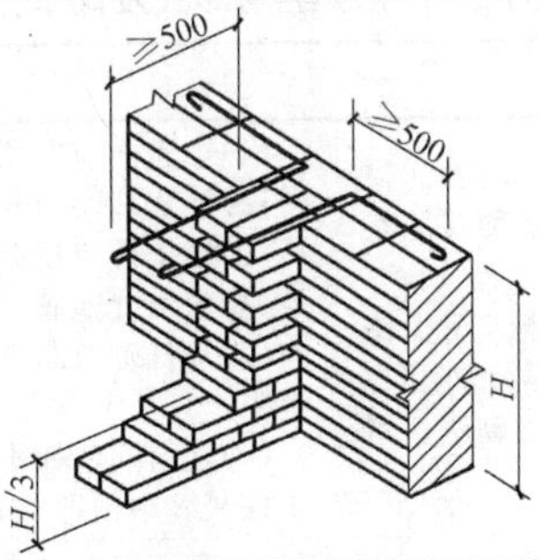

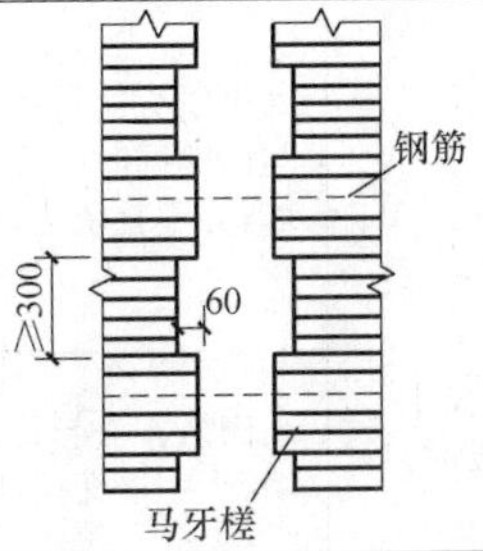

砖过梁组砌形式与施工　表 6-26

名　称	组砌形式	砌筑方法要点
平拱式过梁（平拱、平碹）（多用于跨度小于 1m 的门窗洞口上）	用整砖侧砌而成，拱厚度一般等于墙厚，高度为一砖或一砖半，拱脚部分伸入墙内 2～3cm，并在拱底有 1%的起拱 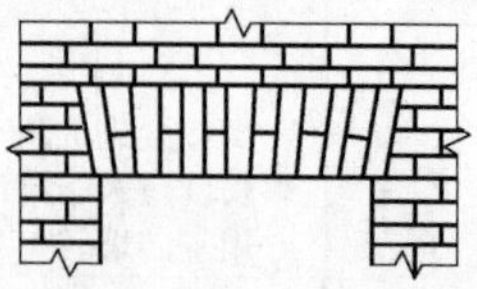	用 MU7.5 以上的砖，不低于 M5 砂浆砌筑。墙砌到门、窗口上平时，在两边留出 2～3cm 错台，拱脚两边砌成 1/4～1/6 的斜度，在拱底支模板，宽度与墙同厚，并在模板上先铺一层 M5 水泥砂浆，中间 2cm 左右，两端 0.5cm 左右，作为拱的起拱。在底模侧面划出砖的块数及灰缝宽度，砖应为单数，从两边向中央对称砌筑，正中一块挤紧，灰缝成楔形，下部灰缝宽不宜小于 5mm，上部灰缝宽，240 砖拱为 15mm：370 砖拱为 20mm，砂浆强度达到 50%方可拆底模
弧拱式过梁（弧拱、拱碹）（用于跨度 1～3m 的门窗洞口上）	组砌形式与平拱基本相同，只是外形呈圆弧形 	砌筑方法与平拱基本相同，模板应根据设计要求做成圆弧形灰缝砌成放射状，下部灰缝宽度不宜小于 5mm，上部灰缝宽度不宜大于 25mm，也可用加工好的楔形砖砌筑，此时灰缝宽应控制在 8～10mm 之间，过梁底模板应在砂浆强度达到 50%以上方可拆模
钢筋砖过梁（平砌式过梁）（用于跨度不大于 2m 的门窗洞口上）	由砖平砌而成，底部配置 ϕ6～8mm 钢筋，每半砖放 1 根，但不少于 3 根，两端伸入墙内 240mm，弯成向上方钩 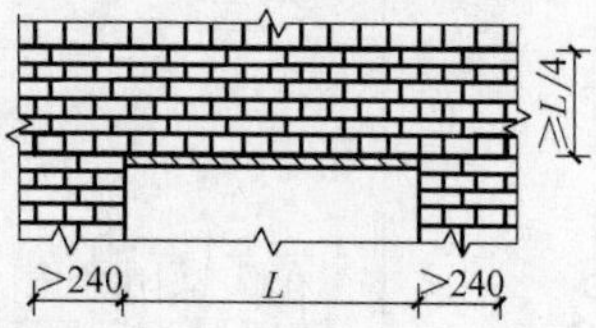 ≥L/4 ≥240　L　≥240	砌筑时在过梁底支设模板，中间起拱，拱高为跨度的 0.5/100～1/100，上铺 2～3cm 厚 M10 砂浆层，将钢筋置于砂浆层上，均匀摆开，接着逐层平砌砖块，最下一皮用丁砖砌层。也可在模板上先砌一皮丁砖层，再放钢筋，逐层平砌砖，钢筋弯钩要向上钩住砖块，在过梁范围内应用一顺一丁砌法与砖墙同时砌筑，砂浆强度提高一级，并不低于 M5，砌筑高度应不少于 6 皮砖或跨度的 1/4，过梁底模板拆除要求与平拱式过梁相同

6.2.4　砖柱、砖垛

砖柱、砖垛、丁字、十字墙组砌形式及砌筑方法　表 6-27

名称	组砌尺寸、形式方法	砌筑方法要点
砖柱	砖、柱组砌尺寸有：240×240、360×360、490×490、360×490、490×620（mm）等种，各种砖柱组砌形式见图 6-9。 砖柱立面，以一顺一丁为主，上下竖缝至少错开 1/4 砖长，柱心无通缝，少打砖，并尽量利用 1/4 砖，不得采用先砌四周后填心的包心砌法。对称清水柱子砖层排列应对称	（1）柱表面应选用边角整齐、颜色均匀、规格一致的砖；砖柱灰缝要与砖墙相同 （2）成排柱应拉通线砌筑，使皮数、位置正确，高低一致；要求灰缝饱满，不得用水冲浆灌缝 （3）每日砌筑高度不得超过 1.8m；砖柱上不得留脚手眼 （4）柱与隔墙如不同时砌筑，可与柱中引出阳槎，置于柱灰缝中预埋 ϕ6mm 钢筋拉条，每道不少于 2 根
砖垛	常用砖垛有一砖墙附 240×360、240×490（mm）砖垛；一砖半墙附 240×360、360×490（mm）砖垛。其组砌形式见图 6-10。 组砌时应使砖垛与墙身逐皮搭接，搭接长度不少于 1/2 砖长，亦可根据错缝需要，加砌 3/4 砖或半砖	砌筑方法与砖墙、砖柱相同，但还应注意；砖垛必须与砖墙同时砌筑，不得先砌墙，后砌垛，或先砌垛，后砌墙，亦不宜留槎，以免降低砖垛承载力
丁字墙、十字墙	常用有 240mm 砖墙、370mm 砖墙丁字及十字交接墙，其组砌形式见图 6-11*a*～*d*。组砌时，应使丁字及十字交接墙逐皮搭接	砌筑方法与砖柱，附墙砖垛相同。但还应注意丁字墙、十字墙交接部位必须同时砌筑，不得留槎

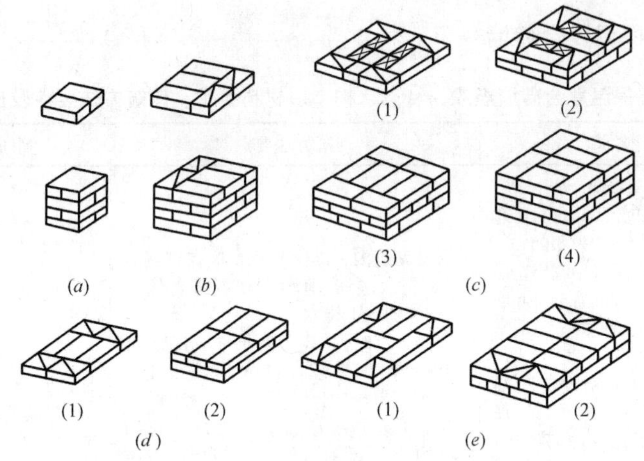

图 6-9 砖柱组砌形式

（a）240mm×240mm 砖柱；（b）360mm×360mm 砖柱；（c）490mm×490mm 砖柱；（d）360mm×490mm 砖柱；（e）490mm×620mm 砖柱

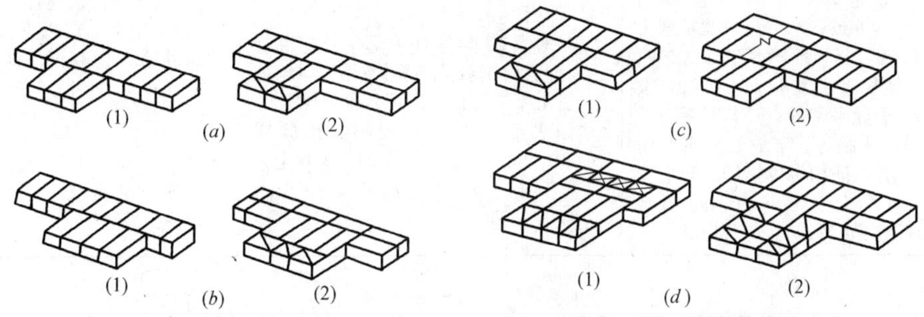

图 6-10 附墙砖垛排砖方式

（a）一砖墙附 240mm×360mm 砖垛；（b）一砖墙附 240mm×490mm 砖垛；（c）一砖半墙附 240mm×360mm 砖垛；（d）一砖半墙附 360mm×490mm 砖垛

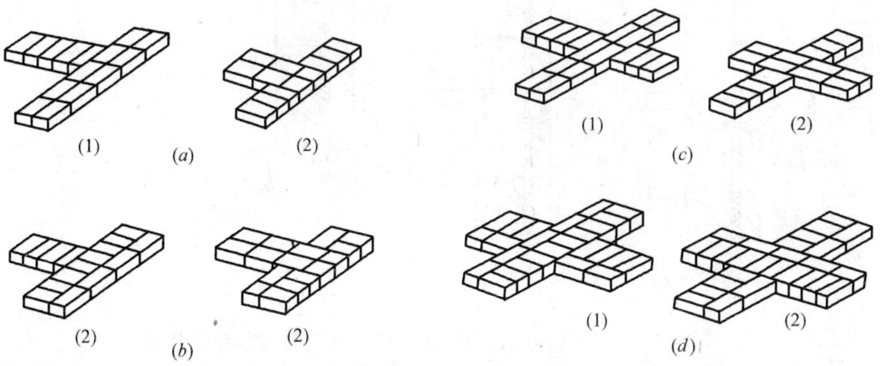

图 6-11 丁字墙与十字墙交接排砖法

（a）一砖丁字墙排法；（b）一砖丁字半墙排法；（c）一砖十字墙排法；（d）一砖半十字墙排法

6.2.5 夹心保温复合砖墙

夹心保温复合砖墙组成、特点、构造、材料要求、砌筑方法要点及应用　表 6-28

构造及材料要求	砌筑方法要点	组成、特点及应用
(1)墙体内叶墙厚为 240mm，外叶墙厚为 90mm(对烧结多孔砖)或 115mm(对普通烧结砖)，内外叶墙间采用尺寸为 310mm×50mm 环形拉结件沿墙面呈方形或梅花形排列，纵横向间距均为 500mm，在内外叶墙上的搭接长度不应小于叶墙厚的 2/3(通常为 210mm 和 60mm) (2)楼面处内、外、叶墙均设置圈梁(图 6-12*a*)，构造柱设置如图 6-12*b*，每隔 500mm 设一个 U 形拉结件，其与内叶墙连接处应留马牙槎，所有拉结件均应居中埋设在灰缝砂浆层中，砂浆应饱满密实 (3)墙体材料用烧结多孔砖、煤矸石多孔砖或烧结普通砖，规格和材质应，符合标准要求；保温板采用挤塑式聚苯乙烯板（简称 XPS 板），规格多用 1800mm×500mm×35mm，表观密度为 40～45kg/m³，热导率不大于 0.029W/(m·K)，体积吸水率小于 1.5%，要求规格整齐，表面平整，厚薄均匀，无明显裂缝、空鼓、孔眼等。堆放处应采取防火、防晒、防潮、防雨淋等措施。环形拉结件用 8 号铁丝或 4～6mm 钢筋，并采取热镀锌防腐处理。	(1)砌筑内、外叶墙砖材，应在砌筑前 1d 前浇水湿润，避免在现场或直接往已砌好的墙上浇水 (2)砌筑时，先砌外叶墙 3～4 皮，再砌内叶墙 2～3 皮，然后将保温板插入中间，待砌到与保温板齐平后(500mm)，按要求设置水平环形拉结件；构造柱 U 形拉结件应与环形拉结件错开放置，其末端弯钩应朝外，并控制好混凝土保护层厚度，以防止损坏保温板 (3)外叶墙采用全顺砌法，内叶墙采用一顺一丁、梅花丁或三顺一丁砌法，灰缝应用砂浆仔细填实，以保证保温层封闭严密 (4)对圈梁、构造柱等部位外露混凝土表面宜涂刷养护剂养护；墙面空调挂架、管道支架等位置应埋入预制件 (5)夹心墙的质量控制与检验同“6.2.2 实心砖墙”一节中的有关规定	(1)夹心砖墙又称夹心保温砖墙，为一种新型墙体。它由外叶墙(非承重墙)和内叶墙(承重墙)与中间隔层保温板共同组成。在两道竖向平行砌体之间用水平环形拉结件连成整体 (2)其特点是：墙体保温性能优良，整体性好，构造简单，无需防火构造，保温层密闭，不易损坏，经久耐用，墙体与保温层可同时完成，施工简便快捷，造价低廉等 (3)适用于 7 层以下民用住宅建筑外墙承重、保温墙体使用

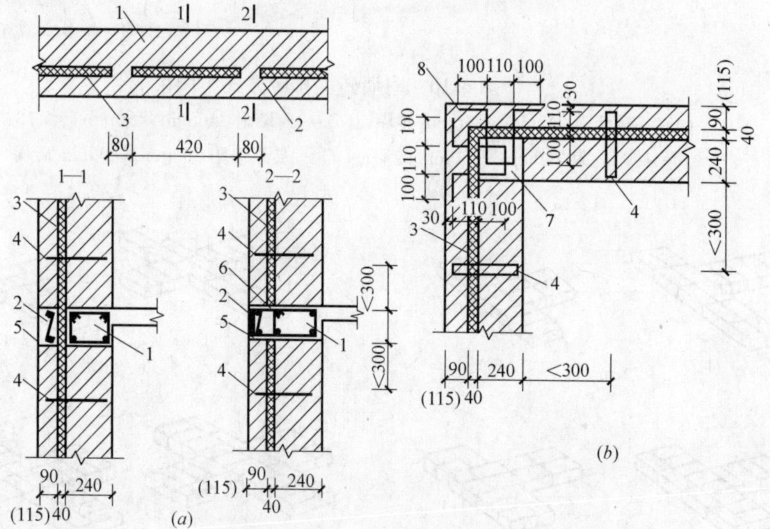

图 6-12　夹心砖墙内、外叶墙圈梁、构造柱及拉结件构造

(*a*) 内外叶墙圈梁配筋及拉结件；(*b*) 构造柱及 U 形拉结件

1—内叶墙圈梁，配筋 4ϕ10mm，ϕ6@200mm；2—外叶墙圈梁，配筋 2ϕ8mm，ϕ6@300mm；3—保温材料（XPS 板）；4—环形拉结件；5—加设二层油毡；外封油膏；6—外叶墙圈梁，局部加 2-ϕ10mm 箍筋；7—构造柱，240mm×240mm；8—构造柱 U 形拉结件，沿层高间距 400mm

6.2.6 烧结多孔砖墙

烧结多孔砖墙组砌形式和施工方法 表 6-29

项次	项目	施工方法要点
1	规格、特点及使用	(1)烧结多孔砖墙厚有 115mm、180mm、190mm、240mm、370mm 等 (2)这种墙体具有砖块大，自重轻、可减轻墙体重量，保温隔热性能好，组砌简便，砌筑工效高等特点 (3)适用于民用建筑内外墙及工业建筑围护墙使用
2	组砌形式	(1)KM1 型承重多孔砖一般采用整砖顺(平)砌，其抓孔平行于墙面，上下皮竖缝错开 1/2 砖长(图 6-13*a*)，也可采用顺砖与半砖相间的梅花丁砌筑形式(图 6-13*b*)，上下皮竖缝错开 1/4 砖长 (2)KP1 型承重烧结多孔砖可砌成一砖或一砖半，一般采用一顺一丁或梅花丁两种砌筑形式。一顺一丁是一皮顺砖与一皮丁砖相间砌筑，上下皮竖缝相互错开 1/4 砖长；梅花丁是每皮中顺砖与丁砖相隔，丁砖坐中于顺砖，上下皮竖缝错开 1/4 砖长，如图 6-14 所示 (3)KP2 型承重烧结多孔砖采用全顺或全丁砌筑形式
3	砌筑工艺方法	(1)砌筑时应试摆，砖的孔洞应垂直于受压面 (2)砌筑宜采用三一砌砖法，竖缝宜采用刮浆法。非地震区也可采用铺浆法，铺浆长度不得超过 750mm；当施工时气温高于 30℃时，铺浆长度不得超过 500mm (3)砌体应上下错缝、内外搭砌，宜采用一顺一丁或梅花丁的砌筑形式。砌体灰缝应横平竖直，水平缝和竖向缝的宽度宜为 10mm，但不应小于 8mm，也不应大于 12mm (4)水平灰缝的砂浆饱满度不得小于 80%；竖缝要刮浆，宜采用加浆填灌，不得出现透明缝，严禁用水冲浆灌缝 (5)多孔砖的转角处和交接处应同时砌筑，不能同时砌筑又必须留置的临时间断处应砌成斜槎。对 KM1 型多孔砖斜槎长度应不小于斜槎高度 *h*；对于 KP1 型、KP2 型多孔砖斜槎长度应不小于斜槎高度的 2/3。砌体接槎时，必须将接槎处的表面清理干净，浇水湿润并填实砂浆，保持灰缝平直 (6)烧结多孔砖墙中，不足整块多孔砖部位，应用烧结普通砖来补砌，不得用砍断的多孔砖填补 (7)烧结多孔砖的底部三皮及门口两侧一砖范围及外墙勒脚部分应用烧结普通砖砌筑。当墙较高，宜在墙中加砌一皮烧结普通砖带或设 2～3 根 ϕ8mm 钢筋拉结条 (8)烧结多孔砖墙每天砌筑高度不应超过 1.8m，雨天应不超过 1.2m

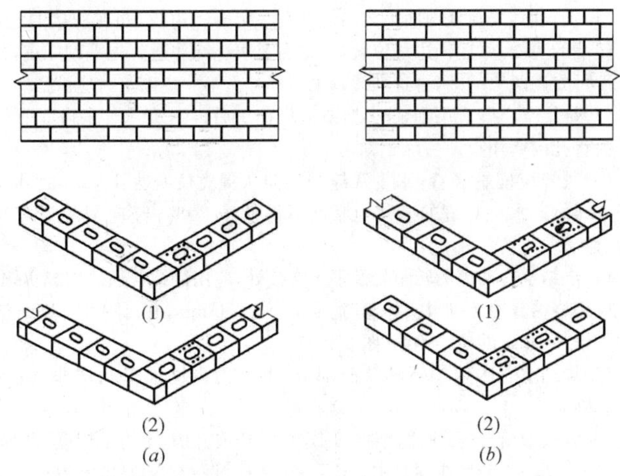

图 6-13 KM1 型烧结多孔砖墙组砌形式

(*a*) 整砖顺砌；(*b*) 梅花丁砌法

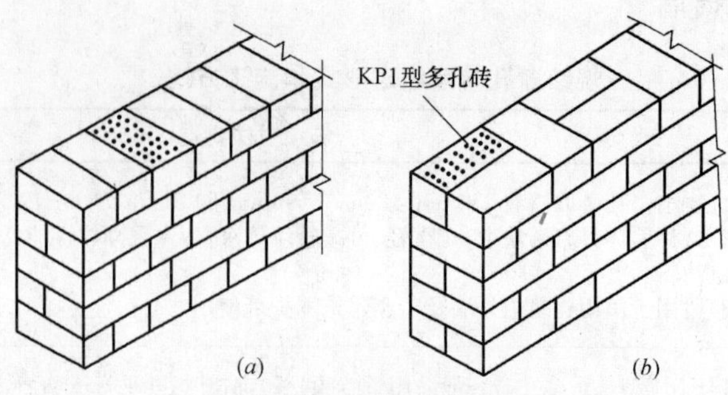

图 6-14　KP1 型烧结多孔砖砌筑形式

(a) 一顺一丁砌法；(b) 梅花丁砌法

6.2.7　烧结空心砖墙

烧结空心砖墙组砌形式和施工方法　　表 6-30

项次	项目	施工方法要点
1	规格、特点及使用	(1)烧结空心砖墙厚有 140mm、180mm、190mm 等，长度有 240mm、290mm，高度有 90mm、115mm (2)这种墙体具有砖规格多，块大，重量相对较轻，可减轻墙体重量，改善保温性能；组砌简单，操作方便，提高工效，造价较低等特点 (3)适用于民用建筑的内墙及仓库建筑的围护墙使用
2	组砌形式	(1)烧结空心砖采用水泥混合砂浆砌筑，砂浆强度等级不应低于 M2.5。砖一般侧立砌筑，孔洞呈水平方向，特殊情况下，孔洞也可呈垂直方向 (2)烧结空心砖墙的厚度等于烧结空心砖的高度，采用全顺侧砌，上下皮竖向灰缝相互错开长度不应小于烧结空心砖长的 1/3(图 6-15*a*)
3	砌筑工艺方法	(1)砌筑前，先在楼地面上放出烧结空心砖墙的边线，并在相接的承重墙上同时放出烧结空心砖墙的边线，然后依边线位置，在楼面上用烧结普通砖先平砌三皮，再后按边线逐皮砌筑，一道墙可先砌两头的砖，再拉准线砌中间部分。第一皮砌筑时应试摆 (2)烧结空心砖宜用刮浆法，竖缝应先挂灰后再砌筑。当孔洞呈垂直方向时，摊铺砂浆应用套筒将孔洞堵住 (3)灰缝应横平竖直，水平灰缝和竖向灰缝宽度宜为 10mm，但不应小于 8mm，也不应大于 12mm。水平灰缝的砂浆饱满度不得低于 80%；竖向灰缝砂浆应饱满，不得出现透明缝、瞎缝 (4)烧结空心砖墙的转角处及丁字交接处，应用烧结普通砖砌成实体。门窗洞口两侧及窗台也应用烧结普通砖砌成实体，其宽度不小于 240mm，并每隔 2 皮烧结空心砖高度，在水平灰缝中加设 2ϕ6mm 的拉结钢筋(图 6-15*b*) (5)烧结空心砖墙中不够整砖部分，可用无齿锯加工制作非整块砖，不得用砍凿方法将砖打断 (6)管线槽留置时，可采用弹线固定后凿槽或开槽，不得采用砍砖预留槽 (7)烧结空心砖墙应同时砌起，不得留斜槎，每天砌筑高度不得超过 1.8m (8)烧结空心砖墙中不得留脚手眼

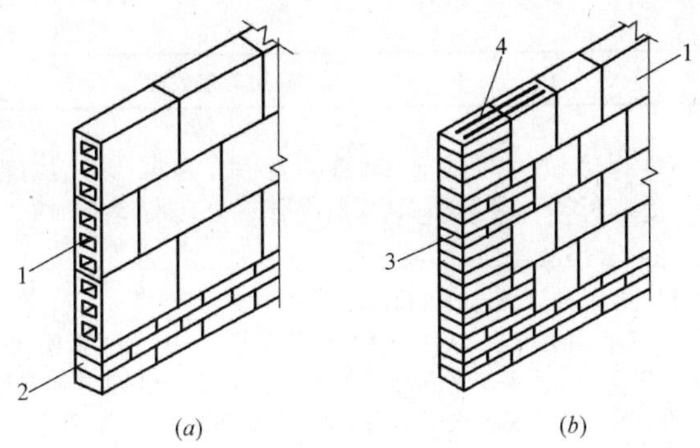

图 6-15 烧结空心砖组砌形式

(a) 烧结空心砖墙；(b) 洞口边砌法

1—烧结空心砖；2—烧结普通砖；3—洞口边烧结普通砖；4—ϕ6mm 钢筋

6.2.8 配筋砖砌体

配筋砖砌体构造要求和施工方法 **表 6-31**

项次	项目	施工方法要点
1	特点及分类	(1)在砌体中配置钢筋与钢筋混凝土组合构成配筋砌体结构，是提高砌体结构承载力和改善结构变形性能，扩大砌体结构工程应用范围的有效途径。常用的配筋砌体有网状配筋砖砌体和组合砖砌体两类 (2)网状配筋砖砌体是指在水平灰缝内配置一定数量和规格的钢筋网片的砖砌体 (3)组合配筋砖砌体是由砖砌体和钢筋混凝土面层或钢筋砂浆面层组成
2	网状配筋砖砌体构造	(1)网状配筋砖砌体构造如图 6-16 所示 (2)网状配筋砖柱是用烧结普通砖与砂浆砌成，钢筋网片铺设在水平灰缝中。所用的砖不应低于 MU10，砂浆不应低于 M5。钢筋数量应按设计要求确定 (3)钢筋网片有方格网和连弯网两种形式。方格网是用 ϕ3～ϕ4mm、间距为 30～120mm 的 HPB300 钢筋或低碳冷拔钢丝点焊制成。连弯网是将一根 ϕ6mm 或 ϕ8mm 钢筋，间距为 30～120mm 连弯成格栅形，可分为纵向连弯网和横向连弯网 (4)钢筋网沿砌体高度方向的间距，不应大于 5 皮砖，且不应大于 400mm。当采用连弯网时，网的钢筋方向应互相垂直，沿砖柱高度交错设置，钢筋网的间距是指同一方向网的间距 (5)钢筋网设置在水平灰缝中，灰缝厚度应保证钢筋上下至少有 2mm 厚的砂浆
3	组合配筋砖砌体构造	(1)有组合配筋砖柱、组合砖壁柱及组合砖墙等形式如图 6-17 所示 (2)面层混凝土强度等级宜采用 C20；面层水泥砂浆强度等级不宜低于 M10；砌筑砂浆的强度等级不宜低于 M7.5 (3)竖向受力钢筋宜采用 HPB300 级钢筋；对于混凝土面层亦可采用 HRB335 级钢筋。竖向受力钢筋的直径，不应小于 8mm，钢筋的净距，不应小于 30mm (4)箍筋的直径不宜小于 4mm 及 0.2 倍的受压钢筋直径，并不宜大于 6mm。箍筋的间距不应大于 20 倍受压钢筋直径及 500mm，并不应小于 120mm (5)竖向受力钢筋的混凝土保护层厚度，不应小于表 6-32 中的规定。竖向受力钢筋距砖砌体表面的距离不应小于 5mm (6)砂浆面层的厚度，可采用 30～45mm。当面层厚度大于 45mm 时，其面层宜采用混凝土 (7)当组合配筋砖柱、砖壁柱一侧的竖向受力钢筋多于 4 根时，应设置附加箍筋或拉结钢筋，其直径间距同箍筋 (8)对于组合墙等，应采用穿通墙体的拉结钢筋作为箍筋，同时应设置水平分布钢筋。水平分布钢筋的竖向间距及拉结钢筋的水平间距均不应大于 500mm，拉结筋两端应设弯钩

续表

项次	项目	施工方法要点
3	组合配筋砖砌体构造	(9)组合配筋砖砌体的顶部及底部，以及牛腿部位必须设置钢筋混凝土垫块。竖向受力钢筋伸入垫块的长度必须满足锚固要求，即不应小于30d。垫块的厚度一般为200～400mm
4	网状配筋砖砌体砌筑方法	(1)钢筋的品种、规格、数量和性能必须符合设计要求 (2)钢筋在运输、堆放和使用过程中，应防止被泥土、油污污染，影响钢筋与砂浆的粘结 (3)设置在砌体水平灰缝内的钢筋，应放在砂浆层中间，水平灰缝厚度不宜超过15mm。当配置钢筋时，钢筋直径应大于6mm；当设置钢筋网片时，灰缝厚度应大于钢筋网片厚度4mm。砌体外露面砂浆保护层的厚度不应小于15mm (4)伸入砌体内的锚拉钢筋，从接缝处算起，不得少于500mm (5)网状配筋砌体的钢筋网，宜采用焊接网片。当采用连弯钢筋网时，放置时应注意保持网片的平整网片放置后，应将砂浆摊平整再砌块材
5	组合配筋砖砌体砌筑方法	(1)先按常规砌筑砖砌体，在砌筑同时，按规定的间距，在砌体的水平灰缝内放置箍筋或拉结钢筋。箍筋或拉结钢筋应埋于砂浆层中，使其砂浆保护层厚度不小于2mm，两端伸出砖砌体外的长度相一致 (2)受力钢筋按规定间距竖立，与箍筋或拉结钢筋绑牢。组合砖墙中的水平分布钢筋按规定间距与受力钢筋绑牢 (3)面层施工前，应清除面层底部的杂物，并浇水湿润砖砌体表面(指面层与砖砌体的接触面) (4)砂浆面层施工不用支模板，只需从下而上分层涂抹即可，一般应分两层涂抹，第一次主要是刮底，使受力钢筋与砖砌体有一定的保护层；第二次主要是抹面，使面层表面平整 (5)混凝土面层施工时应支设模板，每次支设高度宜为500～600mm。在此段高度内，混凝土应分层浇筑，用插入式振动器或插钎捣实混凝土。待混凝土强度达到设计强度的30%以上才能拆除模板

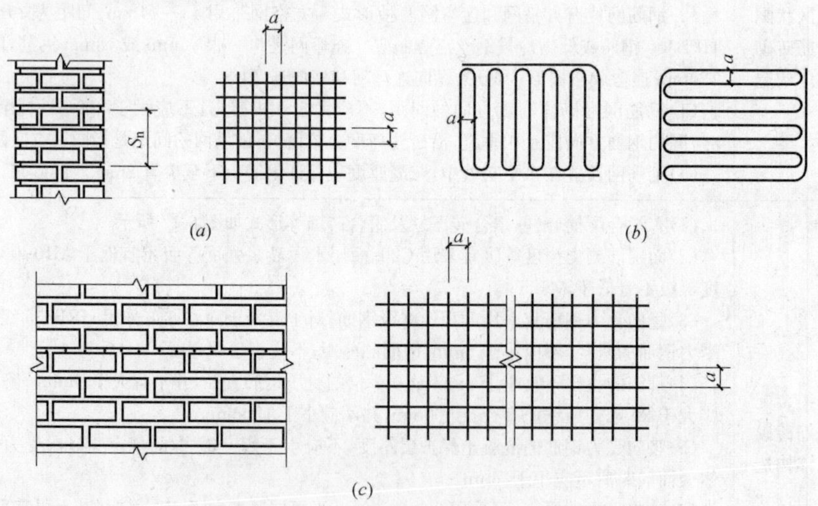

图6-16　网状配筋砖砌体构造

(a) 用方格网配筋的砖柱；(b) 连弯钢筋网片；(c) 用方格网配筋的砖墙

a—网格尺寸；S_n—钢筋网的竖向间距

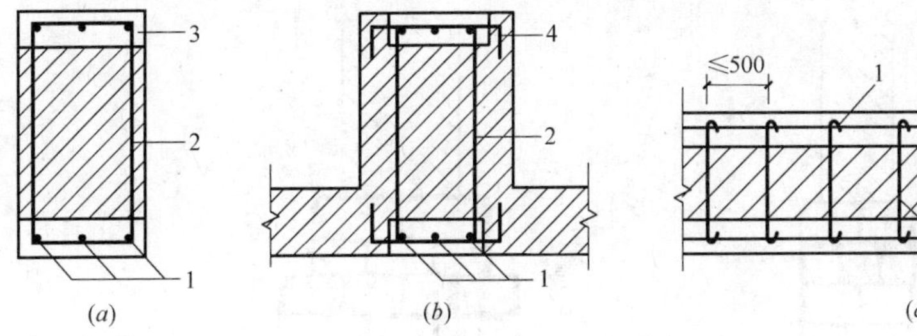

图 6-17 组合配筋砖砌体

(a) 组合砖柱；(b) 组合壁柱；(c) 组合砖墙

1—纵向受力钢筋；2—箍筋；3—混凝土或砂浆层；4—拉结构筋；5—水平分布筋

竖向受力钢筋混凝土保护层最小厚度（mm） **表 6-32**

环境条件 构件类别	室内正常环境	露天或室内潮湿环境
墙	15	25
柱	25	35

注：当面层为水泥砂浆时，对于柱，保护层厚度可减小 5mm。

6.3 石 砌 体

6.3.1 毛石基础

毛石基础构造、组砌形式和砌筑方法 **表 6-33**

项次	项目	施工方法要点
1	构造与砌筑形式	(1)毛石基础是乱毛石或平毛石与水泥混合砂浆或水泥砂浆砌成的基础形式，可作墙下条形刚性基础，也可作柱下独立基础 (2)毛石基础截面形式有矩形和阶梯形。基础顶面宽度应比基础墙厚度每边宽出 100mm，基础底面宽度由计算确定 (3)矩形基础如图 6-18*a* 所示。阶梯形基础如图 6-18*b* 所示。阶梯形基础每阶高度不宜小于 300mm，每阶挑出宽度不大于 200mn，至少砌两皮毛石。上阶梯的石块应至少压住下级阶梯的 1/2，相邻阶梯的毛石应相互错缝砌筑
2	砌筑工艺方法	(1)砌毛石基础应双面拉准线。第一皮按所放的基础边线砌筑，以上各皮按拉准线砌筑 (2)砌第一皮毛石时，应选用有较大平面的石块，先在基坑铺设砂浆 30～50mm 厚，再将毛石的大面朝下，安放平稳牢固 (3)从砌第二皮毛石起，应分皮卧砌，并应上下错缝、内外搭砌，不得采用先砌外面石块后中间填心的砌筑方法，石块间较大的空隙应先填塞砂浆后用碎石嵌实，不得采用先摆碎石块后塞砂浆或干填碎石块的方法。毛石基础最上一皮、转角处、交接处和洞口处均应选用较大的平毛石砌筑 (4)灰缝厚度宜为 20～30mm，砂浆应饱满，石块间不得有相互接触现象 (5)毛石基础的每皮毛石内每隔 2m 左右设置一块拉结石。拉结石宽度；如基础宽度等于或小于 400mm，拉结石宽度应与基础宽度相等；如基础宽度大于 400mm，可用两块拉结石内外搭接，搭接长度不应小于 150mm，且其中一块长度不应小于基础宽度的 2/3 (6)阶梯形毛石基础，上阶的石块应至少压砌下阶石块的 1/2，相邻阶梯毛石应相互错缝搭接 (7)有高低台的毛石基础，应从低处砌起，并由高台向低台搭接；搭接长度不小于基础高度 (8)毛石基础转角处和交接处应同时砌起，如不能同时砌起又必须留槎时，应留成斜槎，斜槎长度不小于斜槎高度，斜槎面上毛石不应找平，继续砌时应将斜槎面清理干净，浇水润湿。毛石基础每天可砌高度为 1.2m

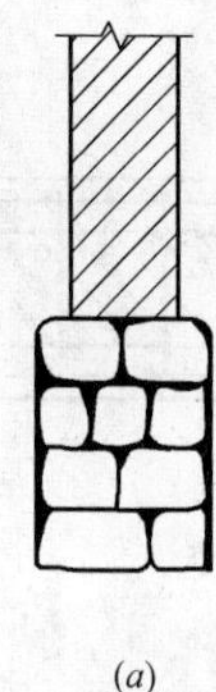

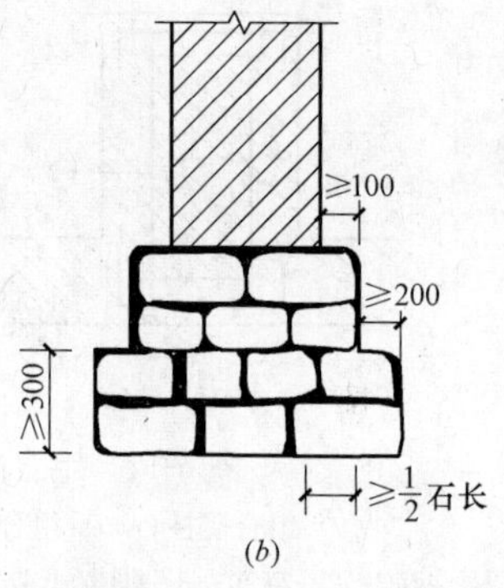

(a)　(b)

图 6-18　毛石基础构造

(a) 矩形；(b) 阶梯形

6.3.2　毛石墙体

毛石墙组砌形式和施工方法　表 6-34

项次	项目	施工方法要点
1	组成及使用	(1)毛石墙是用平毛石或乱毛石与水泥混合砂浆或水泥砂浆砌成的灰缝不规则墙体，当墙面外观要求整齐时其外皮石材可适当加工。毛石墙的转角可用料石或平毛石砌筑。毛石墙的厚度一般为350～500mm (2)适用于一般建筑外墙或内墙，但不宜用于有地震地区
2	组砌形式	通常采用交错组砌法，按石料形状，挂双线分皮卧砌。第一层石块大面向下，平整的一面朝下，上下石块相互错缝，内外搭接，摆铺稳定。分皮叠砌，每皮高度约 30～40cm，每皮丁石，上下层间的拉结石位置应错开(图 6-19)。中间隔 2m 左右应砌与墙同宽或 3/4 墙度的拉结丁石，一般每 0.7m² 墙面至少设置一块
3	砌筑工艺方法	(1)砌筑前应立好皮数杆，组砌时双面挂线；第一皮按墙边线砌筑，以上各皮按准线砌筑 (2)先砌角石，再砌面石，最后填砌腹石，石块必须大面朝下放稳，大石块下不得用小石支垫 (3)砌石采用铺浆法，灰缝厚度一般为 20～30mm，铺浆厚度约 40～60mm，较大空隙应用碎石嵌合于砂浆中，不允许先摆碎石块后塞砂浆或干填碎石块的做法。砂浆必须饱满，叠砌面的砂浆饱满度应大于 80% (4)毛石墙应分皮卧砌，每皮高度约 300～400mm，各皮石块间利用自然形状，经敲打修整使其能与先砌石块基本吻合、搭砌紧密，上下错缝，内外搭砌，不得采用外面侧立石块，中间填心的砌筑方法；墙中应防止出现过桥式、填心式、对合式、铲口式、斧刀式、劈合式、马槽式、分层式等错误砌石方法、形式(图 6-20) (5)墙转角处、丁字接头处和洞口处，均应先用直角形和较大平毛石纵横搭砌，上下皮咬槎 (6)毛石墙面必须设置拉结石，拉结石应均匀分布，相互错开，一般每 0.7m² 墙面至少设置一块，且同皮内的中距不大于 2m。拉结石长度：墙厚等于或小于 400mm，应与墙厚度相等；墙厚度大于 400mm，可用两块拉结石内外搭接，搭接长度不小于 150mm，且其中一块长度不小于墙厚的 2/3 (7)每天砌筑高度不宜超过 1.2m；临时间断处接槎时，应将不牢的石块及砂浆清除干净，用水冲洗干净后再铺砂浆砌筑 (8)每层楼最上一皮，应选用较大的石块砌筑，顶面应用 1∶3 水泥砂浆全面找平，以达到顶面平整

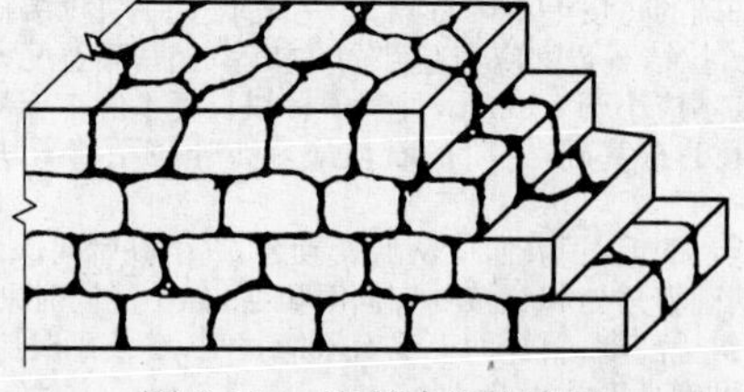

图 6-19　毛石墙组砌方法

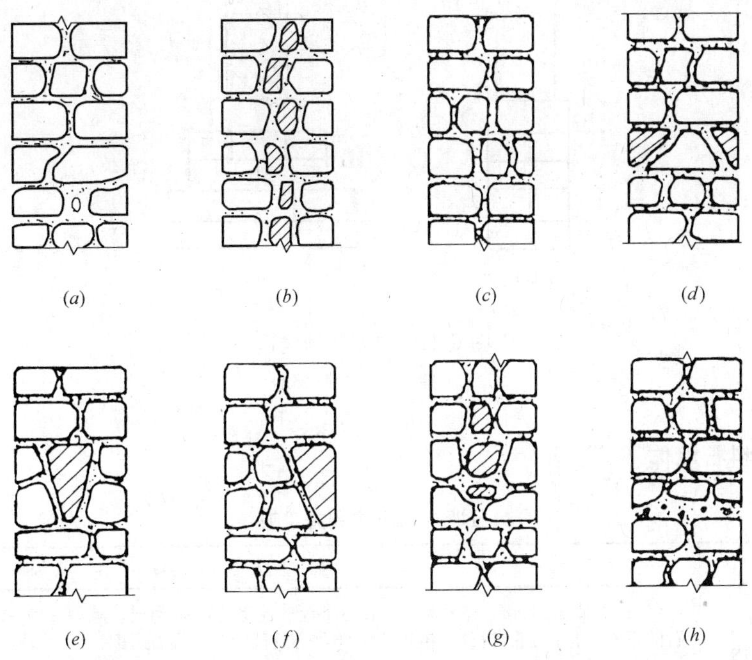

图 6-20 错误的砌石形式

(*a*) 过桥式；(*b*) 填心式；(*c*) 对合式；(*d*) 铲口式；

(*e*) 斧刀式；(*f*) 劈合式；(*g*) 马槽式；(*h*) 分层式

6.3.3 料石基础

料石基础构造、组砌形式和砌筑方法 **表 6-35**

项次	项目	施工方法要点
1	构造与组砌形式	(1)料石基础是用毛料石或粗料石与水泥混合砂浆或水泥砂浆组砌成的刚性基础 (2)料石基础可分为墙下条形基础(图 6-21*a*)和柱下独立基础。按截面形式可分为矩形、阶梯形基础。阶梯形基础每阶挑出宽度不大于 200mm，每阶为一皮或两皮料石，如图 6-21*b* 所示 (3)料石基础的砌筑形式主要有丁顺叠砌和丁顺组砌两种。丁顺叠砌形式是指一皮顺石与一皮丁石相隔叠放砌筑，上下皮竖缝相互错开 1/2 石宽。一般应先丁后顺。丁顺组砌形式是指同皮内 1～3 块顺石与一块丁石相隔交替砌筑。丁石长度为基础厚度，顺石厚度一般为基础厚度的 1/3。丁石中距不大于 2m，上皮丁石应坐中于下皮顺石上，上下皮竖向灰缝相互错开至少 1/2 石宽
2	砌筑工艺方法	(1)砌筑料石基础应双面拉准线，第一皮按所放的基础边线砌筑，以上各皮按准线砌筑。可先砌转角处和交接处，后砌中间部分 (2)料石基础的第一皮应丁砌，在基底坐浆。阶梯形基础的上阶料石应至少压砌下阶料石的 1/3 宽度 (3)料石基础灰缝厚度不宜大于 20mm。砌筑时砂浆铺设厚度应略高于规定灰缝厚度，一般高出厚度为 6～8mm (4)料石基础的转角处和交接处应同时砌起，如不能同时砌起应留置斜槎 (5)料石基础每天砌筑高度应不大于 1.2m (6)其他要求同毛石基础

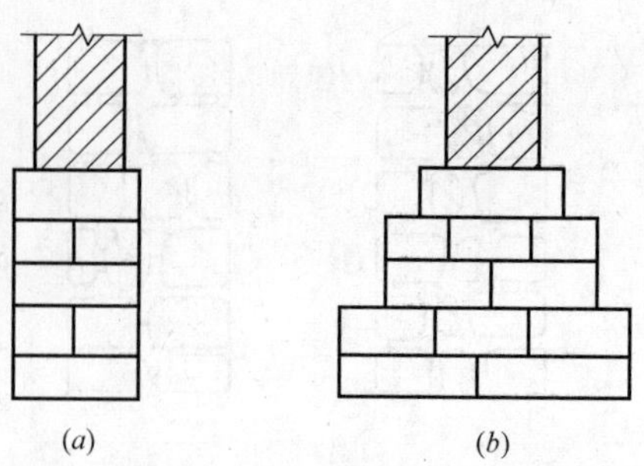

图 6-21　料石基础构造

(*a*) 矩形；(*b*) 阶梯形

6.3.4　料石墙体

料石墙组砌形式和施工方法　　表 6-36

项次	项目	施工方法要点
1	组成及使用	(1)料石墙是用料石(条石)与水泥混合砂浆或水泥砂浆砌成。墙厚 200～300mm。由于料石的不同,可分为毛料石墙、粗料石墙、半细料石墙和细料石墙四种 (2)料石墙多用于装饰要求高的承重外墙
2	组砌形式	(1)全顺砌法　料石上下皮错缝搭砌,搭砌长度宜为料石长的 1/2,而不得小于该料石长的 1/3。双轨条石顺砌,上下左右竖缝均应错开,交错搭接的长度应大于 10cm,每砌二皮后,应顺砌一皮丁砌层(图 6-22*a*) (2)丁顺叠砌法　一皮顺石与一皮丁砌石相间砌成,上下皮顺石与丁石间竖缝相互错开 1/2 石宽,一般不小于 10cm,角石不小于 15cm(图 6-22*b*) (3)丁顺组砌法　同皮内每 1～3 块顺石与一块丁石相间砌成,上皮丁石坐中于下皮顺石,上下皮竖缝相互错开至少 1/2 石宽,丁石中距不超过 2m(图 6-22*c*)
3	砌筑工艺方法	(1)砌料石墙应立皮数杆,双面拉准线(除全顺砌筑形式外),第一皮可按所放墙边线砌筑,以上各皮均按准线砌筑,可先砌转角和交接处,后砌中间部分 (2)料石墙的第一皮及每个楼层的最上一皮应丁砌 (3)一般采用铺浆法砌筑,灰缝厚度按石料表面平整程度而定,细料石不宜大于 5mm,半细料石不宜大于 10mm,粗料石和毛料石砌体不宜大于 20mm。铺浆应加厚,细料石、半细料石加厚 3～5mm,粗料石、毛料石加厚 6～8mm,边缘不铺浆,竖缝应填满砂浆,石料压下,缝隙灰浆饱满,使灰缝厚度符合规定 (4)料石砌体应上下错缝搭砌,砌体厚度等于或大于两块料石宽度时,如同皮内全部采用顺砌,每砌两皮后,应砌一皮丁砌层;如同皮内采用丁顺组砌,丁砌石应交错设置,其中心距不应大于 2m (5)当在厚薄不同的两种条石砌筑双轨条石墙时,下一皮为内薄外厚,则上一皮应为内厚外薄,上下皮石料应内外交错 (6)转角处和交接处应同时砌筑,不能同时砌筑时应砌成斜槎 (7)料石墙每天砌筑高度不宜超过 1.2m (8)料石清水墙中不得留脚手眼

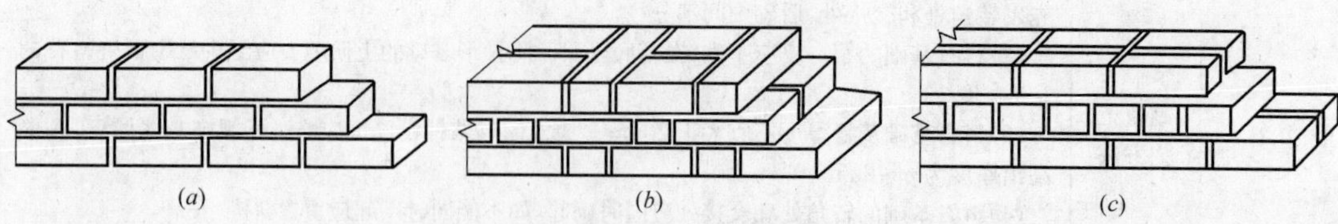

图 6-22　料石墙组砌形式

(*a*) 全顺砌法；(*b*) 丁顺叠砌法；(*c*) 丁顺组砌法

6.4 小型砌块砌体

6.4.1 混凝土小型空心砌块墙

混凝土小型空心砌块墙规格类型和施工方法 表 6-37

项次	项目	施工方法要点
1	制成特点及使用	(1)混凝土小型空心砌块条以水泥、砂、石子为原料,加水搅拌振动加压或冲压成型和养护制成 (2)混凝土小型空心砌块墙与普通砖墙比较,具有适应性强,能满足使用用要求,块大、体轻、高强,组砌方便,提高工效,加速工程进度,施工成本低廉等特点 (3)适用于一般 6 层以下民用房屋及工业建筑仓库、围墙等
2	规格组砌形式	(1)承重混凝土小型空心砌块主规格为 390mm×190mm×190mm,墙厚等于砌块的宽度。辅助规格长度有:290mm、190mm、90mm,最大壁(肋)厚度为 30(25)mm,非承重砌块宽度为 90～190mm (2)砌块立面砌筑形式只有全顺一种,即各皮砌块均为顺砌,上下皮竖缝应互相错开 1/2 砌块长,且上下皮及砌块孔洞相互对准,呈对孔错缝搭砌(图 6-23)
3	砌筑工艺方法	(1)砌块砌筑前,应按砌块高度和灰缝厚度计算皮数,立好皮数杆,间距不大于 15mm (2)砌时应尽量采用主规格,底面朝上砌筑,从转角或定位处开始向一侧进行,内外墙同时砌筑,纵横墙交错搭接。要求对孔错缝搭砌,个别不能对孔时,允许错孔砌筑,但搭接长度不应小于 90mm,如不能做到时,应在灰缝中设拉结钢筋或钢筋网片。拉结筋可用 2ϕ6mm 的钢筋;钢筋网片可用 ϕ4mm 的钢筋焊接而成,拉结钢筋或钢筋网片的长度不应小于 700mm。但竖向通缝不得超过两皮小型砌块 (3)砌体灰缝应横平竖直,水平和竖直灰缝的宽度宜为 10mm,但不小于 8mn,也不应大于 12mm。水平灰缝按净截面计的砂浆饱满度不应低于 90%;竖向灰缝应采用加浆方法,使其饱满,严禁用水冲浆灌缝,不得出现瞎缝、透明缝。竖缝的砂浆饱满度不应低于 80%。铺砌时的一次铺灰长度不宜超过 2 块主规格块体的长度 (4)空心砌块墙的转角处,应隔皮纵、横墙砌块相互搭砌,即隔皮纵、横砌块端面露头 (5)空心砌块墙的丁字交接处,应隔皮使横墙砌块端面露头。当该处无芯柱时,应在纵横交接处砌两块一孔半的辅助规格砌块,隔皮砌在横墙露头砌块下,其半孔应位于中间(图 6-24*a*)。当该处有芯柱时,应在纵墙上交接处砌三孔大规格砌块,砌块的中间孔正对横墙露头砌块靠外的孔洞(图 6-24*b*) (6)空心砌块墙的十字交接处,当该处无芯柱时,在交接处应砌一孔半砌块,隔皮相互垂直相交,其半孔应在中间。当该处有芯柱时,在交接处应砌三孔砌块,隔皮互相垂直相交,中间孔相互对正。移动空心砌块要重新铺浆砌筑 (7)空心砌块墙的转角处和纵横墙交接处应同时砌筑,如不能同时砌筑,则应留置斜槎,斜槎水平投影长度不应小于斜槎高度的 2/3(图 6-25*a*) (8)在非抗震设防地区,除外墙转角处,空心砌块墙的临时间断处可从墙面伸出 200mm 砌成直槎,并每隔三皮砌块高在水平灰缝设 2 根直径 6mm 的拉结筋;拉结筋埋入长度,从留槎处算起,每边均不应小于 600mm(图 6-25*b*) (9)预制梁、板安装应坐浆垫平。墙上预留孔洞、管道、沟槽和预埋件,应在砌筑时预留或预埋,不得在砌好的墙体上打凿 (10)底层室内地面以下的砌体,楼板支承处如无圈梁时,板下一皮砌块、次梁支承处等部位,空心砌块应用混凝土填实。对五、六层房屋,应在四大角及外墙转角处用 C20 细石混凝土填实三个孔洞以构成芯柱。混凝土坍落度应不小于 5cm,每浇灌 40～50cm 高度应捣实一次 (11)每砌完一楼层后,应校核墙体的轴线尺寸和标高,允许偏差可在楼面上予以纠正

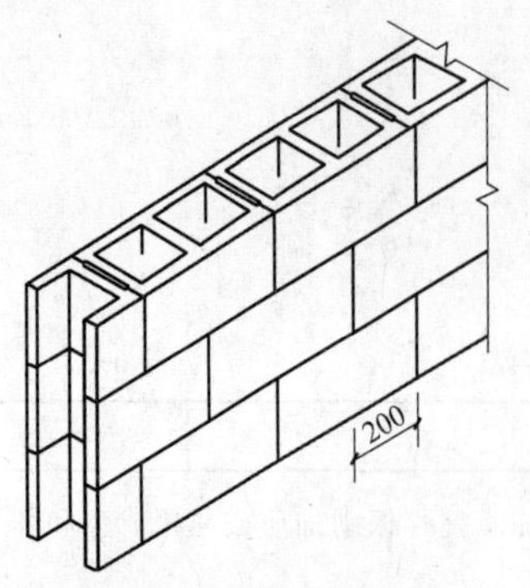

图 6-23　混凝土小型空心砌块墙组砌形式

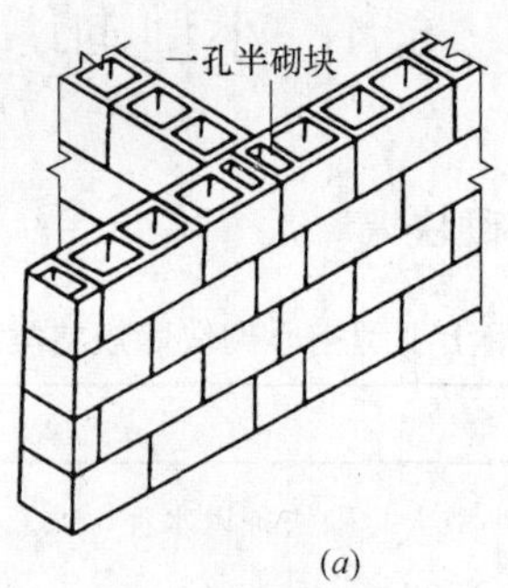

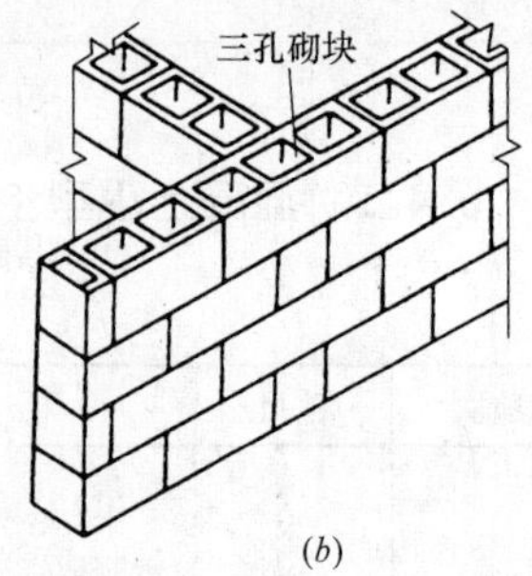

图 6-24　混凝土小型空心砌块墙丁字交接处砌法

(a) 无芯柱时；(b) 有芯柱时

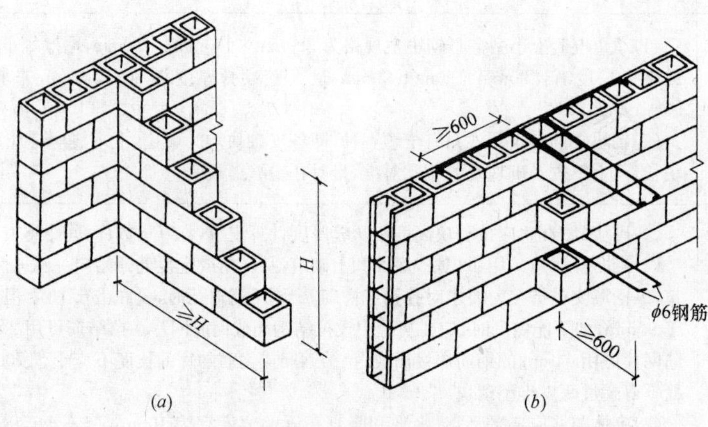

图 6-25　混凝土小型空心砌块墙接槎

(a) 斜槎留置；(b) 直槎留置

6.4.2　轻骨料混凝土小型空心砌块墙

轻骨料混凝土小型空心砌块规格类型和施工方法　表 6-38

项次	项目	施工方法要点
1	制成特点及使用	(1)轻骨料混凝土小型空心砌块是以煤矸石、煤渣、浮石或陶粒为粗骨料，水泥为胶结料，加或不加细骨料，按一定配合比加水搅拌，经浇筑、振动成型、养护而成的混凝土空心砌块，简称轻骨料混凝土小砌块。孔洞的排数有单排孔，双排孔、三排孔、四排孔等四类 (2)轻骨料混凝土小型空心砌块墙，具有墙体质量轻，强度高，保温隔热性能优良，抗震性能好等特点，同时施工简便、快速，成本较低 (3)适用于工业与民用建筑作围护墙、隔墙等
2	组砌形式	轻骨料混凝土空心砌块的主规格为 390mm×190mm×190mm，常用全顺砌筑形式，墙厚等于砌块宽度。上下皮竖向灰缝相互错开 1/2 砌块长，并不应小于 90mm，如不能保证时，应在水平灰缝中设置 2 根直径 6mm 的拉结钢筋或直径 4mm 的钢筋网片如图 6-26 所示。竖向通缝不应大于 2 皮
3	砌筑工艺方法	(1)对轻骨料混凝土空心砌块，宜提前 2d 以上适当浇水湿润。严禁雨天施工，砌块表面有浮水时亦不得进行砌筑 (2)砌块砌筑时应保证有 28d 以上的龄期 (3)砌筑前应根据砌块皮数制作皮数杆，并在墙体转角处及交接处竖立，皮数杆间距不得大于 15m

续表

项次	项目	施工方法要点
3	砌筑工艺方法	(4)砌筑时应遵守"反砌"规定,即使砌块底面向上砌筑。上下皮应对孔错缝搭砌 (5)砌体灰缝应为8～12mm。水平灰缝应平直,砂浆应饱满,按净面积计算的砂浆饱满度不应低于80%。竖向灰缝应采用加浆方法,使砂浆饱满,严禁用水冲浆灌缝,不得出现瞎缝、透明缝,其砂浆饱满度亦不宜低于80% (6)需要移动已砌好砌块或对被碰撞的砌块进行修整时,应清除原有砂浆后,再重新铺浆砌筑 (7)墙体转角处及交接处应同时砌筑,如不能同时砌完时,留槎的方法及要求同混凝土小型空心砌块墙中的有关规定 (8)在砌筑砂浆终凝前后的时间,应将灰缝刮平 (9)轻骨料混凝土小型空心砌块墙的每天砌筑高度不得超过1.4m或一步脚手架高度内 (10)轻骨料混凝土小型空心砌块墙的质量要求及允许偏差和检验方法同"6.4.1 混凝土小型空心砌块墙"

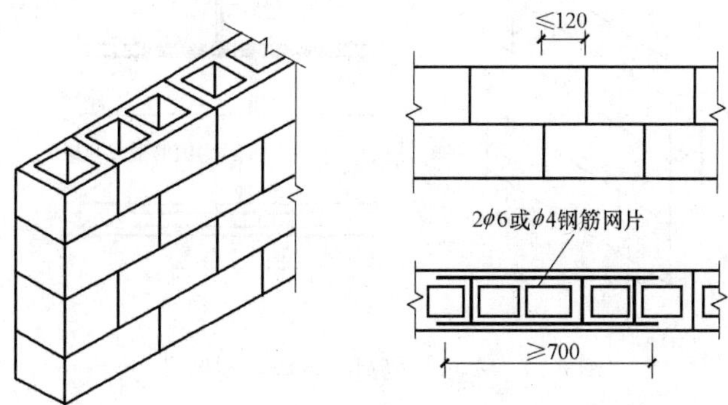

图 6-26 轻骨料混凝土小型空心砌块墙砌筑形式

6.4.3 蒸压加气混凝土砌块墙

蒸压加气混凝土砌块墙组砌形式和施工方法 **表 6-39**

项次	项目	施工方法要点
1	制成特点及使用	(1)蒸压加气混凝土砌块是以水泥、矿渣、砂、石灰等为主要原料加入发气剂,经搅拌成型、蒸压养护而成的实心砌块。强度级别分A1.0、A2.0、A2.5、A3.5、A5.0、A7.5、A10.0七个级别 (2)蒸压加气混凝土砌块墙具有可减轻墙体重量,提高工效,同时具有隔声、抗震等特性 (3)适用于工业与民用建筑作围护墙、填充墙、隔墙。用干密度(500±50)kg/m^{3}砌块用于横墙承重时不超过3层(10m);用干密度(700±50)kg/m^{3}砌块用于横墙承重不超过5层(16m)
2	组砌形式	蒸压加气混凝土砌块主规格的长度为600mm,宽度和高度有多种。墙厚一般等于砌块宽度,其立面砌筑形式只有全顺式一种。上下皮竖缝相互错开不小于砌块长度的1/3,如不能满足时,在水平灰缝中设置2根ϕ6的钢筋或ϕ4钢筋网片,钢筋长度不少于700mm(图6-27)
3	砌筑工艺方法	(1)砌筑前,按砌块每皮高度和灰缝厚度制作皮数杆,竖立于墙的两端,杆间拉准线。在砌筑部位放出墙身边线 (2)砌块砌筑时,应在砌结面适量浇水。在砌块墙底部应用烧结普通砖或烧结多孔砖砌筑,其高度不应小于300mm (3)灰缝应横平竖直,砂浆饱满。水平灰缝厚度不得大于15mm。竖向灰缝宽度不大于20mm,宜在墙内外两面用夹板夹住后灌缝;在严寒地区,应采用具有保温性能的专用砌筑砂浆,并采用灰缝小于等于3mm的密缝精确砌块。 (4)砌块墙的转角处,应隔皮纵横墙砌块相互搭砌。砌块墙在丁字交接处,应使横墙砌块隔皮端面露头

续表

项次	项目	施工方法要点
3	砌筑工艺方法房	(5)砌块砌筑接近上层梁、板底时，应留一定空隙，待墙砌完并至少间隔7d后，再用烧结普通砖斜砌挤紧，砖斜度为60°左右，砂浆应饱满 (6)墙体洞口上部应放置2ϕ6mm钢筋，伸过洞口两边长度每边不小于500mm (7)砌块墙与承重墙或柱交接处，应在承重墙或柱的水平灰缝内预埋拉结钢筋，沿墙或柱竖向每1m左右设一道，每道为2ϕ6mm的钢筋(带弯钩)，伸出墙或柱面长度不小于700mm，在砌筑砌块时，将此拉结钢筋伸出部分，埋置于砌块墙的水平灰缝中 (8)加气混凝土砌块墙上不得留脚手眼。锯砌块应使用专门工具，不得用斧或瓦刀任意砍劈 (9)砌筑厕房、卫生间时，底层高15cm应用实心砖或细石混凝土砌筑 (10)加气混凝土砌块墙，每天砌筑高度不宜超过1.8mm

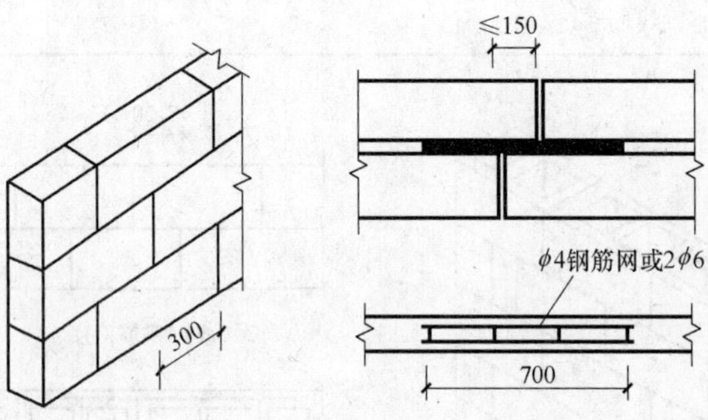

图6-27　蒸压加气混凝土墙组砌形式

6.4.4　粉煤灰砌块墙

粉煤灰砌块墙组砌形式和施工方法　　表6-40

项次	项目	施工方法要点
1	制成特点及使用	(1)粉煤灰砌块是以粉煤灰、石灰、石膏和煤渣、硬矿渣等骨料为原料，按照一定比例加水搅拌、振动成型、再经蒸压养护而制成的密实砌块 (2)粉煤灰砌块墙具有可大量利用工业废料，保温隔热、抗震性能好，节省砌块砌筑和抹灰砂浆，提高工效，缩短工期，降低工程造价等特点 (3)适用于工业与民用建筑作围护墙、隔墙、框架结构的填充墙等。但不宜用于具有酸性介质侵蚀的建筑部位或经常处于高温影响下的建筑物
2	组砌形式	粉煤灰砌块的主规格长度为880mm，宽度有380mm、430mm两种。墙厚等于砌块宽度，其立面砌筑形式只有全顺一种，即每皮砌块均为顺砌，上下竖缝相互错开砌块长度的1/3以上，并不小于150mm；如不能满足要求时，在水平灰缝中应设置2ϕ6钢筋或ϕ4钢筋网片加强，加强筋长度不小于700mm(图6-28)
3	砌筑工艺方法	(1)粉煤灰砌块自生产之日算起，应放置30d以后，方可用于砌筑 (2)严禁使用干的粉煤灰砌块上墙，一般应提前2d浇水，砌块含水率宜为8%～12%；不得随砌随浇 (3)砌筑用砂浆应用水泥混合砂浆。灰缝应横平竖直，砂浆饱满。水平灰缝厚度不得大于15mm，竖向灰缝宜用内外临时夹板灌缝，在灌浆槽中的灌浆高度应不小于砌块高度，个别竖缝宽度大于30mm时，应用细石混凝土灌缝 (4)粉煤灰砌块墙的转角处，应隔皮纵、横墙砌块相互搭砌，隔皮纵、横墙砌块端面露头。在T字交接处，隔皮使横墙砌块端面露头。凡露头砌块应用粉煤灰砂浆将其填补抹平，如图6-29所示 (5)粉煤灰砌块墙与烧结普通砖承重墙或柱交接处，应沿墙高1m左右设置3ϕ4mm的拉结钢筋，要求深入砌块墙内长度不小于700mm

续表

项次	项目	施工方法要点
3	砌筑工艺方法	(6)粉煤灰砌块墙与半砖厚烧结普通砖墙交接处，应沿墙高 800mm 左右设置 ϕ4mm 钢筋网片，其形状依据两种墙交接情况而定。置于半砖墙水平灰缝中的钢筋为 2 根，伸入长度不小于 360mm；置于砌块墙水平灰缝中的钢筋为 3 根，伸入长度不小于 360mm (7)墙体洞口上部应放置 2ϕ6mm 钢筋，伸过洞口两边长度不小于 500mm (8)洞口两侧的粉煤灰砌块应锯掉灌浆槽。锯割砌块应用专用手锯，不得用斧或瓦刀任意砍劈 (9)粉煤灰砌块墙上不得留脚手眼。砌块墙每天砌筑高度不应超过 1.5m 或一步脚手架高度 (10)构造柱间距不大于 8m，墙与柱之间应沿墙高每皮水平灰缝中加设 2ϕ6mm 连接筋，钢筋伸入墙中不少于 1m。构造柱应与墙连接 (11)砌块墙体宜作内外抹灰。在粉刷前，应对墙面上的孔洞和缺损砌块进行修补填实；墙面应清扫干净；并用水泥砂浆拉毛，或刷界面剂，以利粘结。通常内墙面用白灰砂浆和纸筋灰罩面；外墙用混合砂浆，墙裙和踢脚板为水泥砂浆粉刷

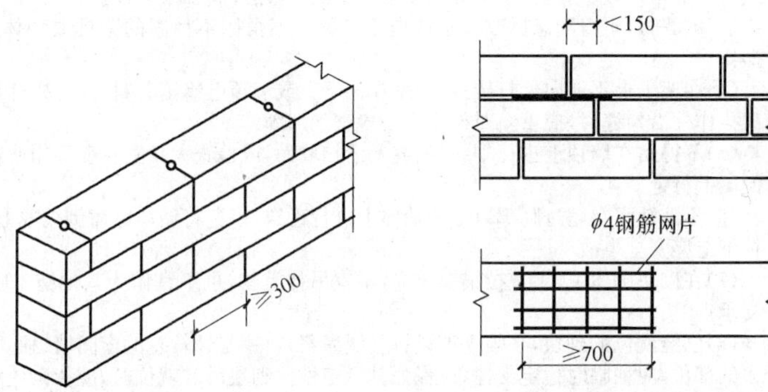

图 6-28 粉煤灰砌块墙组砌形式

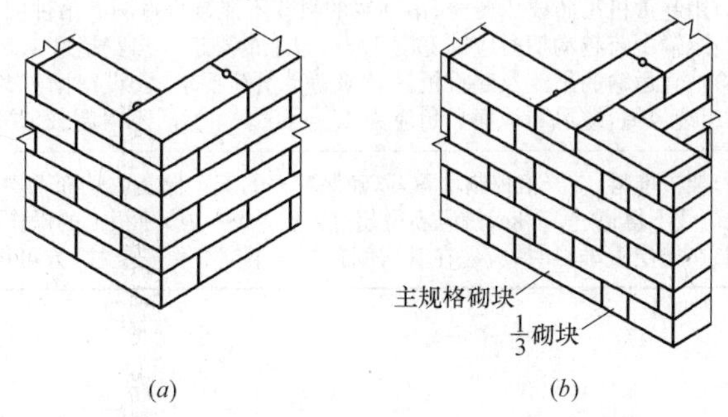

图 6-29 粉煤灰砌块墙转角处及交接处砌法

(a) 转角处；(b) 交接处

6.5 砌体工程安全技术

砌体工程安全技术 表 6-41

项次	项目	安全技术要点
1	一般要求	(1)在操作之前必须检查操作环境是否符合安全要求，道路是否畅通，机具是否完好牢固，安全设施和防护用品是否齐全，经检查符合要求后才可施工。对施工人员经常进行安全技术教育和安全技术检查 (2)砌筑人员进入现场应戴安全帽，高层建筑墙体及烟囱等高空作业人员，应经体格检查，患有高血压病、心脏病、癫痫病及其他不适合高空作业的疾病患者，不得从事高处作业 (3)同一垂直面内上下交叉作业时，必须设防护隔离层(如挂棚布、竹笆或绳网)，防止物体坠落伤人 (4)现场或楼层上的坑、洞应设置护身栏杆或防护盖板 (5)使用机械要专人管理，专人操作，机械必须经常检修维护
2	砌筑安全	(1)基础砌筑时应检查基坑、槽帮土质边坡变化，如有裂缝、滑移等情况，应及时加固；堆放砖、石、材料应离开坑边 2m 以上，深基坑上下应设梯子或坡道，不得踩踏砌体或支撑上下 (2)墙身砌体高度超过地坪 1.2m 以上时，应搭设脚手架。在一层以上或高度超过 4m 时，必须有上下马道，采用里脚手架必须支搭安全网；采用外脚手架应设护身栏和挡脚板 (3)砌墙时，不得随意拆改架子或白搭飞跳。不得用不稳固的工具或物体在脚手板上垫高操作 (4)在架子上不能向外打砖；不得站在架子上或墙顶上修凿石料；护身栏杆不得坐人；利用原架子作外沿勾缝时，应重新对架子进行检查和加固 (5)不得站在墙顶上进行划线、括缝及清扫墙面，或检查大角垂直度等作业，也不得在刚砌好的墙上行走 (6)不准勉强在超过胸部以上的墙体上进行砌筑，以免将墙体碰撞倒塌或上砖石材料时失手掉下造盛安全事故 (7)在砌块砌体上，不宜拉锚缆风绳，不宜吊挂重物，也不宜作为其他施工临时设施、支撑的支承点 (8)已经就位的砌块，必须立即进行竖缝灌浆，对稳定性较差的窗间墙、独立柱和挑出墙面较多的部位，应加临时稳定支撑，以保证其稳定性。砌块吊装就位时，应待砌块放稳后，方可放开夹具 (9)砌好的山墙应及时搁支联系杆(如檩条等)，或设支撑保持稳定，以防风吹倒塌 (10)雨、雪、冰冻天施工，架子上应有防滑措施，并在施工前清扫冰霜、积雪后，才能上架操作。五级以上大风应停止作业
3	运输安全	(1)砖石运输车辆前后距离，平道上不小于 2m，坡道上不小于 10m。脚手架上运输，脚手板要钉牢固装砖时要先取高处后取低处，防止垛倒伤人 (2)用起重机吊砖要用砖笼；吊砂浆的料斗不能装得过满。吊件回转范围内不得有人停留 (3)运输中跨越沟槽时应铺宽度 1.5m 以上的马道。沟宽超过 1.5m 时，必须搭设马道 (4)垂直运输的吊笼及起重机具必须满足负荷要求，安设牢固。井架和门架每 10～15m 应设一组缆风绳，缆风与地面夹角应为 45°～60°。吊运时不得超载，并须经常检查
4	堆料安全	(1)架子堆料，应严格控制堆重，以确保较大的安全储备。均布荷载堆重不得超过 300kg/m^2，集中荷载不得超过 150kg；侧码不得超过三层，同一块脚手板上的操作人员不得超过 2 人 (2)在楼层上堆料时，应先在其房间预制板下支好保安支柱，方可堆料

7 模 板

7.1 模板种类和构造

7.1.1 整体式结构模板

现浇整体式结构模板组成、用料及配板要求 **表 7-1**

项次	项　目	方法要点
1	模板组成、用料尺寸及使用	(1)整体式结构模板，又称组合式模板，现浇结构模板。系用木板、组合钢模板、胶合板或薄钢板做底模或侧模；木方或钢楞做立档或横档；中方、钢管、型钢、钢卡具做支撑系统拼装（装钉）而成 (2)整体式结构木模板用料规格参见表 7-2～表 7-5，组合钢模板规格及连接工具参见表 7-6～表 7-7 (3)适用于建筑工程各种现浇整体式结构，如基础、柱、墙、梁、雨篷、肋形楼板、楼梯以及屋盖等的模板
2	配板要求及制作安装注意事项	(1)用于模板和支撑系统的木材，不得使用扭曲十分严重和脆性木材，腐朽和虫蛀的部分应剔除或截去；木材不宜过干或过湿，宜用半干木材，含水率以 18%～25%为宜；含水量高的木材应适当风干后使用，以免引起过大的收缩翘曲或裂缝 (2)模板所用的截面尺寸需根据各部位不同受力情况选择，对浇筑高度大的结构模板应进行强度验算 (3)配板时应注意节约材料，避免大材小用，考虑周转使用和以后的适当改制使用以及模板拼装结合的需要，适当加长或缩短某一部分长度 (4)拼制模板时，板边要找平刨直，接缝严密不使其漏浆，模板接头应错开；主梁与次梁、梁与柱交接处应做好安装的连接缺口，并标出中心线 (5)与混凝土相接触的木模板宽度不宜大于 200mm，工具式木模板宽度不宜大于 150mm (6)对外形复杂的结构构件模板配制应采用计算尺寸或采取放大样的方法，用足尺绘出结构构体的实样，经复核无误后，再行配制 (7)配制标准化定型模板时，每块模板所用的横档或框材的截面厚度应尽可能一致，以利安装，方便、快速 (8)模板配制好以后，不同部位的模板要进行编号，注明部位分别堆放，安装前靠混凝土一面的表面应刷隔离剂

基础模板用料尺寸 **表 7-2**

基础高度（mm）	木档间距（mm）（侧板厚 25mm）	木档截面（mm）	木档钉法
300	600～700	50×50	平摆
400	500～600	50×50	平摆
500	500～600	50×75	平摆
600	400～500	50×75	平摆
700	400～500	50×75	立摆

注：本表为振动器捣固，如用人工捣固，木档截面相同，间距可适当增大。

墙模板用料尺寸　表 7-3

墙厚(mm)	侧板厚(mm)	立档(mm)		横档(mm)		拼装方法
		间距	截面	间距	截面	
200 以下	50 25	900～1000 500	80×80 50×100	900～1000 1000	50×100 100×100	两侧板间用 8～10 号铁丝或 ϕ10～12mm 螺栓加固(纵横间距不大于 1m,交错排列)
200 以上	50 25	900×1000 500	80×80 50×100	900×1000 700	50×100 100×100	

注：1. 50 厚侧板指定型模板装钉的墙板；25 厚侧板指木板拼装成的墙板。
2. 同表 7-2 注。

柱、梁模板用料规格　表 7-4

柱厚度或梁高(mm)	柱横档间距(mm)(侧板厚度 25、底板厚度 50)	柱横挡截面(mm)	梁侧板(mm)(厚度不小于 25)		梁底板(mm)(厚度 40～50)		梁夹木截面(mm)
			木档间距	木档截面	木档间距	木档截面	
300	450	50×50	550	50×50	550	50×50	50×50
400	450	50×50	500	50×50	500	50×50	50×50
500	400	50×75	500	50×75	500	50×50	50×50
600	400	50×75	450	50×75	450	50×50	50×80
700	400	50×100	450	50×75	450	50×50	50×80
800	400	50×100	450	50×75	450	50×50	50×80
1000	—	—	400	50×75	400	50×50	50×80
1200	—	—	400	50×75	400	50×50	50×80

肋形楼板、平台板模板用料尺寸　表 7-5

平台板净跨(mm)	底楞截面(mm)		托板截面(mm)		附　注
	平台板厚度(mm)				
	60～80	80～120	60～80	80～120	
1600	50×100	50×100	50×100	50×100	(1)模板厚度 25mm,如用定型模板,拼制宽度分 500 与 700mm 两种,长度分 500、1000、1500、2000mm 四种；(2)底楞间距一律采用 500mm；(3)横档木截面为 50mm×140mm,间距为 1200～1500mm,支柱截面为 100mm×100mm 或 ϕ80～120mm 圆木
1800	50×100	50×100	50×120	50×120	
2000	50×120	50×120	50×120	50×120	
2200	50×120	50×120	50×140	50×140	
2400	50×140	50×140	50×140	50×140	

7.1.2 工具式模板

7.1.2.1 组合钢模板

组合钢模板的种类、构造及规格　表 7-6

名　称	构 造 简 图	说明及规格
平面模板	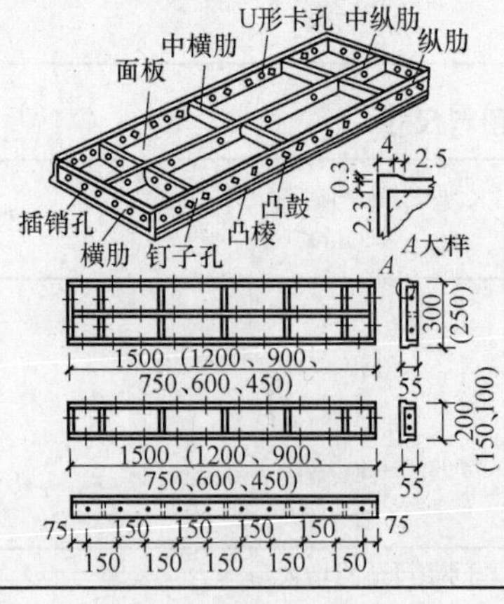 U形卡孔 中纵肋 纵肋 中横肋 面板 插销孔 横肋 钉子孔 凸鼓 凸棱 A大样 A 4 2.5 0.3 2.3 300 (250) 1500 (1200、900、750、600、450) 55 200 (150,100) 1500 (1200、900、750、600、450) 55 75 150 150 150 150 75 150 150 150 150 150	用 2.3 或 2.5mm 厚的钢板冷轧冲压整体成型,肋高 55mm,中间点焊 2.8mm 厚中纵肋、横肋而成。在边肋上设有 U 形卡连接孔,端部上设有 L 形插销孔,孔径为 13.8mm,孔距 150mm,使纵(竖)横向均能拼接。各种平面模板,可以根据需要拼装成宽度模数以 50mm,长度以 150mm 进级的各种尺寸的模板,如将模板横竖混合拼装,则可组成长宽各以 50mm 为模数的各种尺寸平面模板。模板规格有:宽 300、250、200、150、100mm,长度 1500、1200、900、600、450mm,肋高均为 55mm,代号 P,如 P3009,表示规格为 300×900,P1512 表示规格为 150×1200(以下均同)

续表

名 称	构造简图	说明及规格
转角模板及倒棱模板、梁腋模板	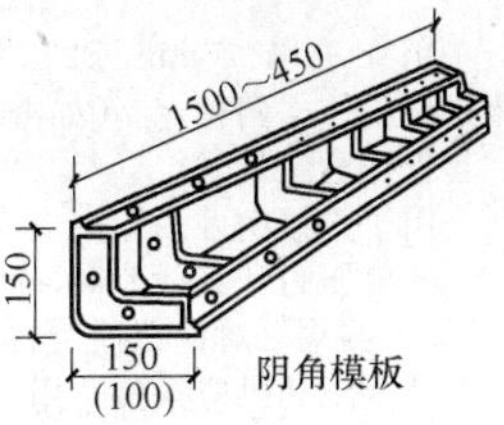 1500~450 150 150 (100) 阴角模板 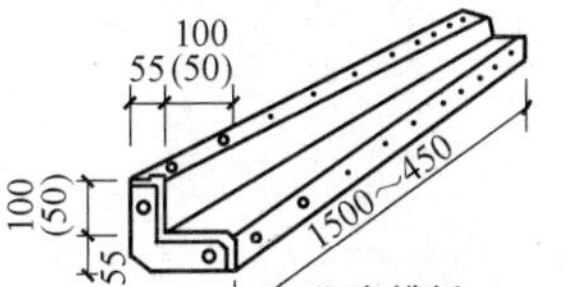 100 55(50) 100 (50) 55 1500~450 阳角模板 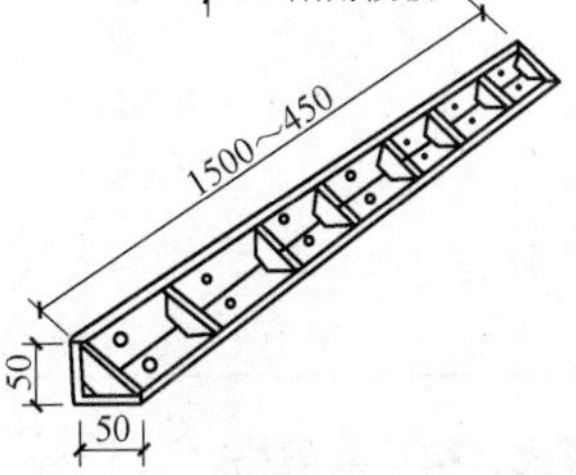 1500~450 50 50	与平面模板配套使用的模板，它能与平面模板任意连接，分阴角模板、阳角模板、连接角模三种。阴角模板规格有：宽度 150×150、100×150(mm)，长度 1500、1200、900、600、450(mm)，肋高 55mm，代号 E；阳角模板规格有：宽度 100×100、50×50(mm)，长度和肋高同阴角模板，代号 Y；连接角模板规格有：宽 50×50(mm)，长度与肋高亦同阴角模板，代号 J 与平面模板配套使用的倒棱模板，用于柱、梁、墙体等倒棱部位，分角棱模板和圆棱模板两种。角棱模板规格有：宽度 17、45mm，长度 1500、1200、900、750、600、450mm，肋高 55mm，代号 JL；圆棱模板规格有：宽度 R20、R35mm，长度肋高同角棱模板，代号 YL 与平面模板配套使用的梁腋膜板，用于暗梁、明渠、沉箱和各种结构的梁腋部位。规格有宽度 50×150、50×100(mm)、长度 1500、1200、900、750、600、450mm，肋高 55mm，代号 IJ

组合钢模板连接件形式及构造 表 7-7

名称	构造简图	要求及用途
U形卡	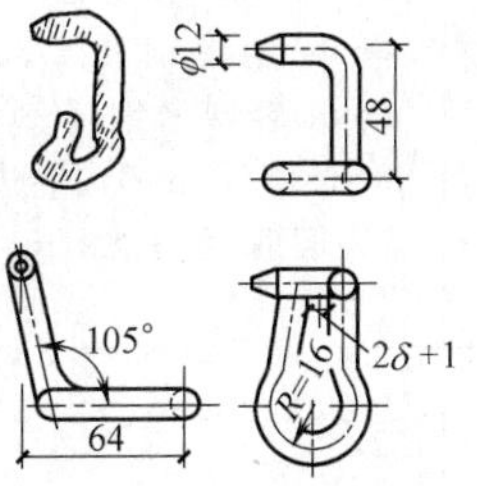 ϕ12 48 105° 64 $R=16$ $2\delta+1$	用 ϕ12mm，30 号钢圆钢制作。缺乏 30 号钢时，亦可用 Q235 钢代用，单件重 0.2kg 是钢模板纵、横向自由拼接的主要连接件，可将相邻钢模板夹紧，以保证接缝严密，共同工作，不错位。安装距离一般不大于 300mm，即每隔一孔长插一个
L形插销	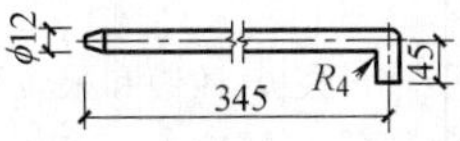 ϕ12 345 R_4 45	用 ϕ12mm，Q235 钢圆钢制作，单件重 0.35kg 用于插入钢模板端部横肋的插销孔内，增强钢模板纵向连接的刚度，保证接头处板面平整，相邻板共同受力
钩头螺栓	 205(按需要) 80 M12 35	用 ϕ12mm，Q235 圆钢制作，单件重 0.2kg 用于钢模板与内外钢楞之间的连接固定，使之形成整体。安装间距一般不大于 600mm，长度应与采用的钢楞尺寸相适应
紧固螺栓	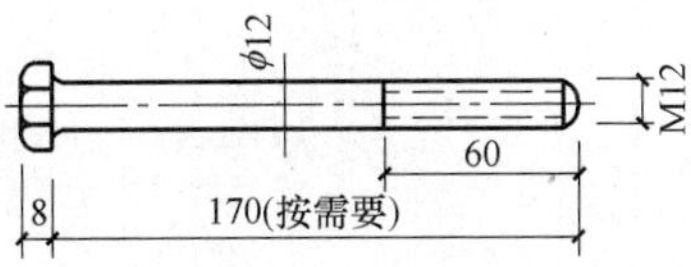 ϕ12 M12 60 8 170(按需要)	用 ϕ12mm，Q235 钢圆钢制作，单件重 0.18kg 用于紧固内外钢楞，增强组合钢模板的整体刚度。长度应与采用的钢楞尺寸相适应

续表

名称	构造简图	要求及用途
对拉螺栓	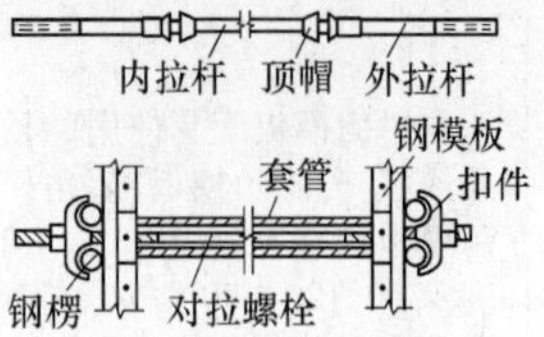 内拉杆 顶帽 外拉杆 钢模板 套管 扣件 钢楞 对拉螺栓	用ϕ12、14、16mm，Q235钢圆钢制成。分为组合式与整体式两种，后者如需拆除，应加塑料或混凝土套管作成工具式 用于连接内外两组模板，保持间距准确，承受混凝土的侧压力和其他荷载，确保模板刚度和强度，不变形、不漏浆。对拉螺栓装置的种类和规格尺寸应按设计要求和供应条件选用
板条式拉杆	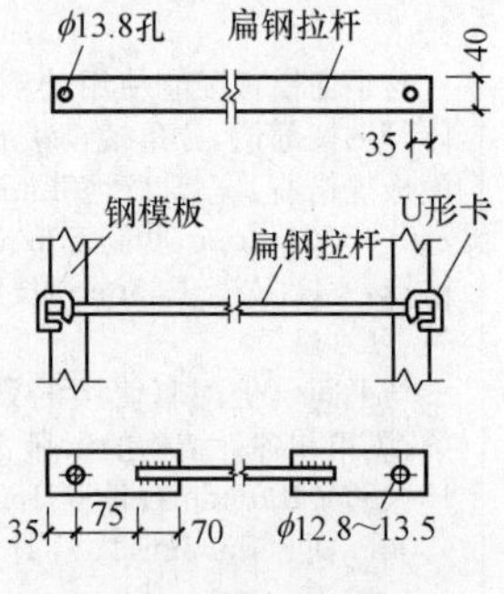 ϕ13.8孔 扁钢拉杆 40 35 钢模板 扁钢拉杆 U形卡 35 75 70 ϕ12.8～13.5	用1.5～2.0mm厚，Q235扁钢作拉杆，扁钢两端各开直径13.8mm孔，两孔距离与内外钢模板的连接孔距相适应，安装时嵌入相邻模板板缝中，用U形卡或弯脚螺栓插入孔内与模板一起固定

组合钢模板支承工具形式、构造及规格 表7-8

名称	构造简图	要求及规格
支撑钢楞	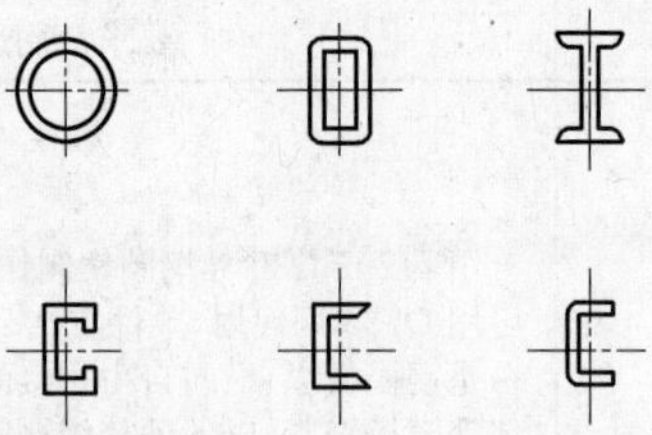	用Q235钢钢管、钢板制成。常用规格有：ϕ48×3.5mm圆钢管；□80×40×3、□100×50×3(mm)矩形钢管；⊏80×40×3，⊏100×50×3(mm)轻型槽钢；□80×40×15×3、□100×50×20×3(mm)内卷边槽钢；⊏80×40×5(mm)普通槽钢，冷弯槽钢长度5～10m
型钢柱箍	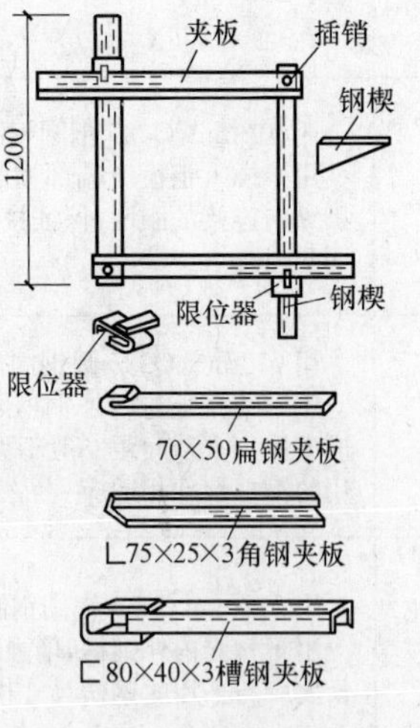 夹板 插销 钢楔 1200 限位器 钢楔 限位器 70×50扁钢夹板 ∟75×25×3角钢夹板 ⊏80×40×3槽钢夹板	由夹板、插销和限位器组成。夹板用—70×5扁钢；∟75×25×3或∟80×35×3角钢；或⊏80×40×3及⊏100×50×3×5.3冷弯槽钢，或⊏80×43×5.0、⊏100×48×5.3mm槽钢制作。特点是结构简单，拆装方便 扁钢和角钢柱箍适用于柱宽小于700mm的柱子；槽钢柱箍适用于较大截面的柱子

续表

名称	构造简图	要求及规格
钢管柱箍	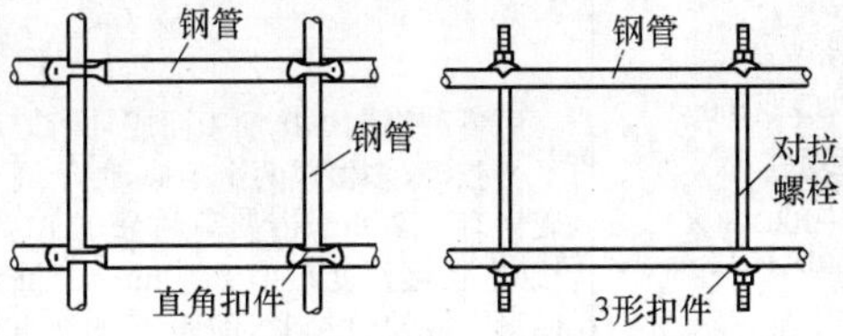	由夹板、对拉螺栓、3型扣件(或十字扣件)等组成。夹板用$\phi48\times3.5$或$\phi51\times3.5$mm钢管,用单根或双根,可利用工地短钢管脚手杆 适用于组合钢模板组装的大、中型截面的柱子
型钢梁卡具	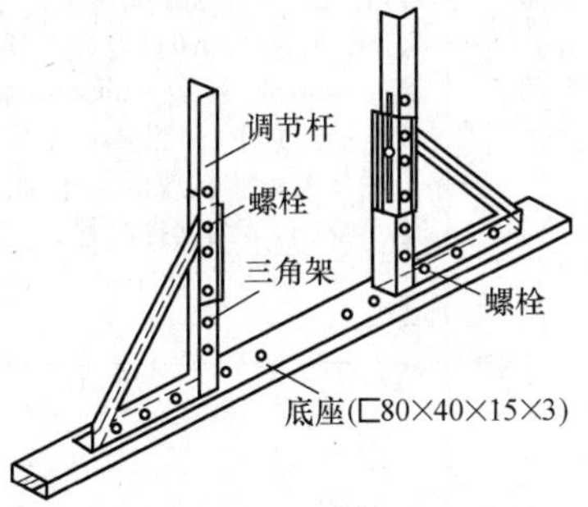	三角架用角钢,底座用角钢或槽钢加工制成。梁卡具的高度和宽度可以调节,用螺栓加以固定 适用于截面为700mm×600mm以内的梁
钢管梁卡具	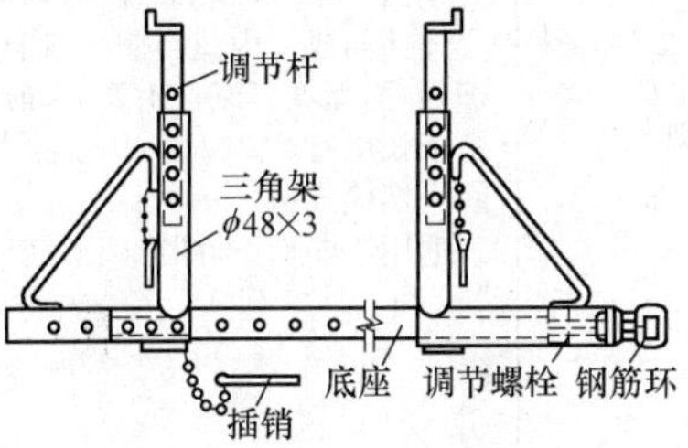	三角架和底座均用钢管加工制成。卡具的高度和宽度均能调节,用插销加以固定 适用于截面为700mm×500mm以内的梁
钢管支柱	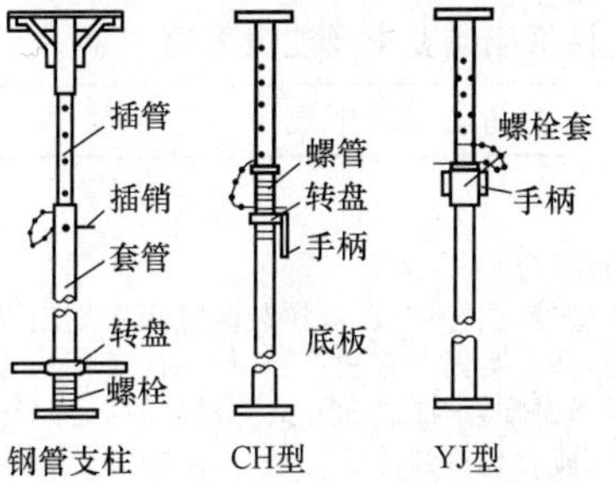	系用$\phi60\times2.5$、$\phi48\times2.5$mm两种规格钢管承插构成。沿钢管孔眼(间距模数为100mm)以一对销子插入固定。上、下两钢管的承插搭接长度不小于30cm,柱帽用角钢或钢板,下部焊底板。CH型下管上端焊有螺栓管和滑盘,转动滑盘可以微升微降使其顶紧;YJ型下管上端设有螺栓套,螺纹不外露,可防止碰坏和污物粘结。 适用作梁、板、阳台、挑檐等水平模板的垂直支撑
斜撑	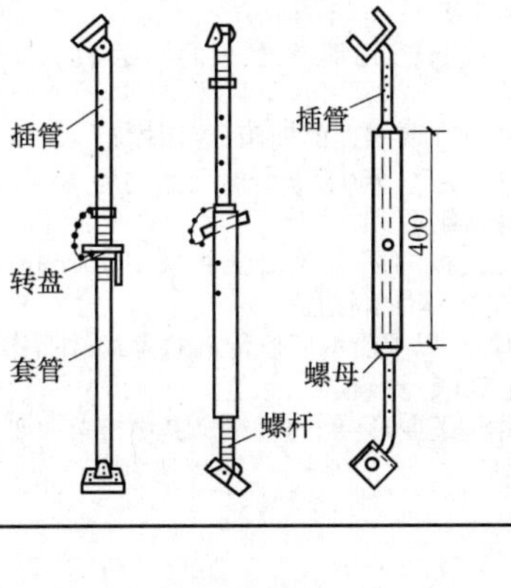	其材料和构造与钢管支柱基本相同,只两端分别设活动卡座,以便与墙或梁钢楞等连接并卡牢 用于支撑柱、墙、梁等构件模板,使之保持稳定

续表

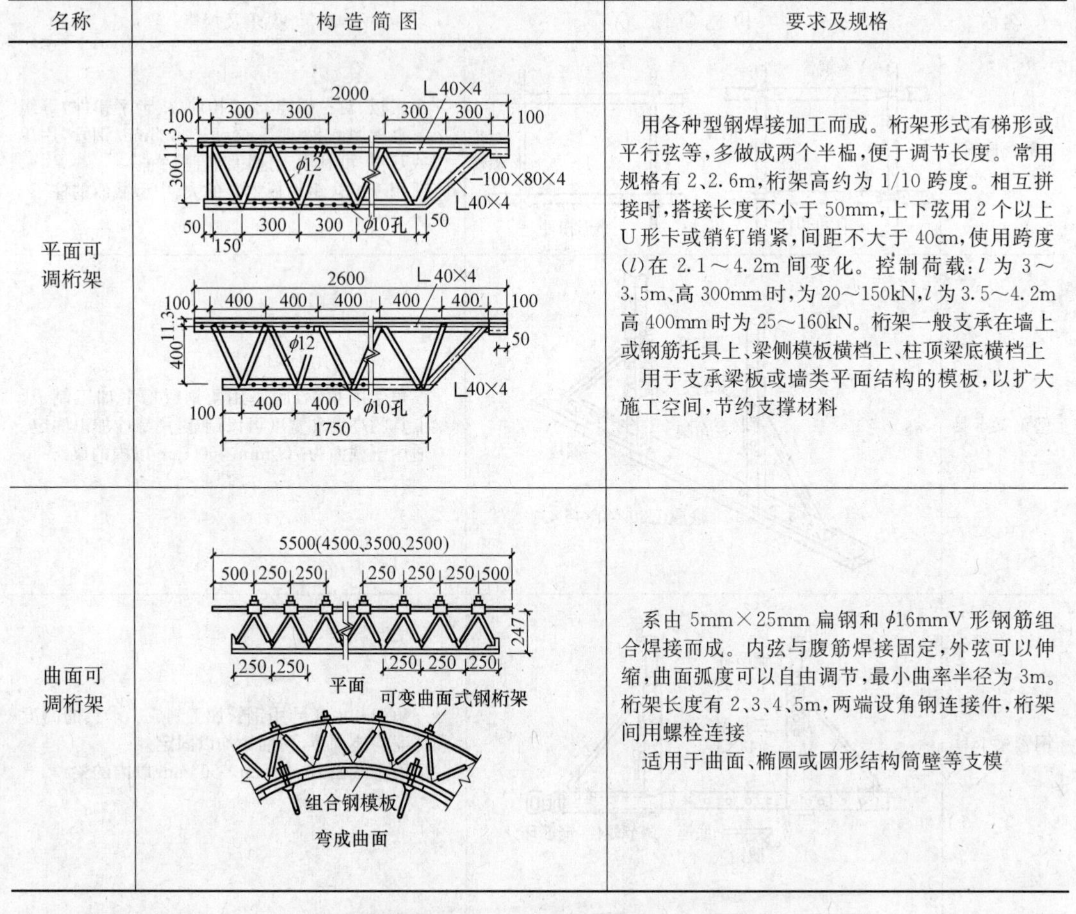

名称	构造简图	要求及规格
平面可调桁架		用各种型钢焊接加工而成。桁架形式有梯形或平行弦等，多做成两个半榀，便于调节长度。常用规格有2、2.6m，桁架高约为1/10跨度。相互拼接时，搭接长度不小于50mm，上下弦用2个以上U形卡或销钉销紧，间距不大于40cm，使用跨度(l)在2.1～4.2m间变化。控制荷载：l为3～3.5m、高300mm时，为20～150kN，l为3.5～4.2m高400mm时为25～160kN。桁架一般支承在墙上或钢筋托具上、梁侧模板横档上、柱顶梁底横档上 用于支承梁板或墙类平面结构的模板，以扩大施工空间，节约支撑材料
曲面可调桁架		系由5mm×25mm扁钢和ϕ16mmV形钢筋组合焊接而成。内弦与腹筋焊接固定，外弦可以伸缩，曲面弧度可以自由调节，最小曲率半径为3m。桁架长度有2、3、4、5m，两端设角钢连接件，桁架间用螺栓连接 适用于曲面、椭圆或圆形结构筒壁等支模

组合钢模板配板设计、模板组装要求及注意事项　　表7-9

项次	项目	方法要点
1	配板设计要求	(1)应认真进行模板配板，优化模板组合。 配板应绘制配板图，标明钢模板的型号、位置和数量；拼装大模板应划出界线。对于特殊部位应注明；预埋件的位置应用虚线标出，并标明固定方法 (2)配板应先用几种主规格模板纵横拼配，配成以50mm为模数的平面，个别不足尺寸部位，则用同厚度木模板拼齐。模板拼接接头应互相错开 (3)尽可能使用P3015或P3012钢模板为主模板，以300模数为主，以150模数为辅，以减少模板规格和拼接，方便备料，便利装拆模板 (4)钢模板横放或立放，应以钢模板的长度沿墙及梁、板的长度方向、柱子的高度方向排列，以利于钢楞或桁架支承合理布置 (5)墙面模板布置宜优先采用横拼。穿墙螺栓的间距，墙面横距一律为750mm；墙、柱纵距按不等距布置，自下而上分别为750、450、450、750、750mm，而后均为1050mm。不能满足要求时，可将首道750mm间距改为450mm，其他不变 (6)所有墙与墙、墙与楼板、梁与楼板的阴角部位全部采用150mm×150mm或150mm×100mm的阴角模连接，以提高模板的整体性和刚度 (7)内钢楞配置方向应与钢模板垂直，以承受钢模板传来的荷载；外钢楞承受内钢楞传来的荷载，其间距和对拉螺栓、扣件的布置应由计算确定 (8)模板结构的刚度在组合荷载作用下变形应小于2mm，其中桁架的变形应不大于跨度的1%

续表

项次	项目	方法要点
2	模板组装要求及注意事项	(1)模板组装前,应检查标高轴线,在底板上弹出模板内侧位置线。底板凸凹不平处,用1∶3水泥砂浆找平,回填土地面应夯实,支柱下应加设垫板,以防下沉 (2)模板应自下而上顺序组装,每块模板要求位置正确,板面平整,连接件上紧,模板间应拼缝严密,必要时应用腻子嵌缝(或夹马粪纸,或用干稠度漆贴水泥袋纸),防止漏浆 (3)梁、板、阳台、楼梯底部应设置足够的支柱,上下层楼面支柱应在同一竖向中心线上,每排支柱间应用拉条或剪刀撑互相连系,斜撑的角度不宜小于60°,柱模板亦应用木斜撑或剪刀撑与相邻柱拉结,以保证整个楼层柱、梁、板等模板成为一个稳定单元 (4)同一拼缝上的U形卡应避免同一方向设置,以防钢模板整体变形 (5)模板支设应与钢筋、配管、混凝土浇筑等工序密切配合,为便于下道工序操作,应留出必要的检查口、清扫口、捣固孔等

7.1.2.2 组合钢、木混合和特种定型模板

组合钢、木混合和特种定型模板的种类、构造及规格 表7-10

名称	简图	构造规格
钢框胶合板模板	复膜木胶合板 钢框 明框型 暗框型	钢框同组合钢模板,板面用12mm厚覆膜胶合板或高强胶合板。钢框结构有明框、暗框两种,明框的框边与板面齐平,暗框的边框位于板面之下。规格(mm)有:宽150、200、250、300;长度900、1200、1500、1800、2100、2400,同时有配套角模;厚度55mm,连接孔径为13mm,孔距150mm。它与组合钢模板相比用钢量减少45%,重量减轻30%,可加工成较大面积的模板,拼缝和连接件相应减少;装拆方便,效率高,但刚度和耐久性稍差
钢框竹胶合板模板	竹胶合板 钢框	是以竹胶合板为面板的钢框覆面模板。竹胶合板是以竹篾纵横交错编织,用酚醛胶或尿醛胶作胶粘剂热压而成。边框采用2.5~3.5mm厚板材,中间肋板用3mm厚钢板折成L形,竹胶面板厚9mm,用螺栓固定在框上连成整体,模板规格有300×1200、450×1200、600×1200、400×900(mm)等。它比钢模降低用钢39%~47%,降低成本20%~30%,其强度、刚度和硬度比木材高,吸水率低,不易变形,耐磨、耐冲击,使用寿命长,能多次周转使用,重量轻,加工方便,适用性强
钢框木模板	L40×4 7070 7070 70707070 70 −25×3 d4.5沉头木螺丝 L40×4 椭圆孔	用L40mm×4mm角钢或冷压2.5mm厚薄板作边框,刨光木板或胶合板做面板,借扁钢压条用沉头螺栓固定在边框上,边框上连接孔同组合钢模板,规格有500mm×1000mm、300mm×900mm、450mm×900mm等。可利用废、短木料,制作方便,但重量较大;适用于作基础、墙、梁模板
木框混合模板	竹片、刨花板等 钉子 50 60 700~800	就地取材采用竹片、秫秸、铁皮、刨花板、菱苦土板或纤维板等代替木板,装钉在木框边框上作成定型模板使用。规格及拼装方式同木定型模板

续表

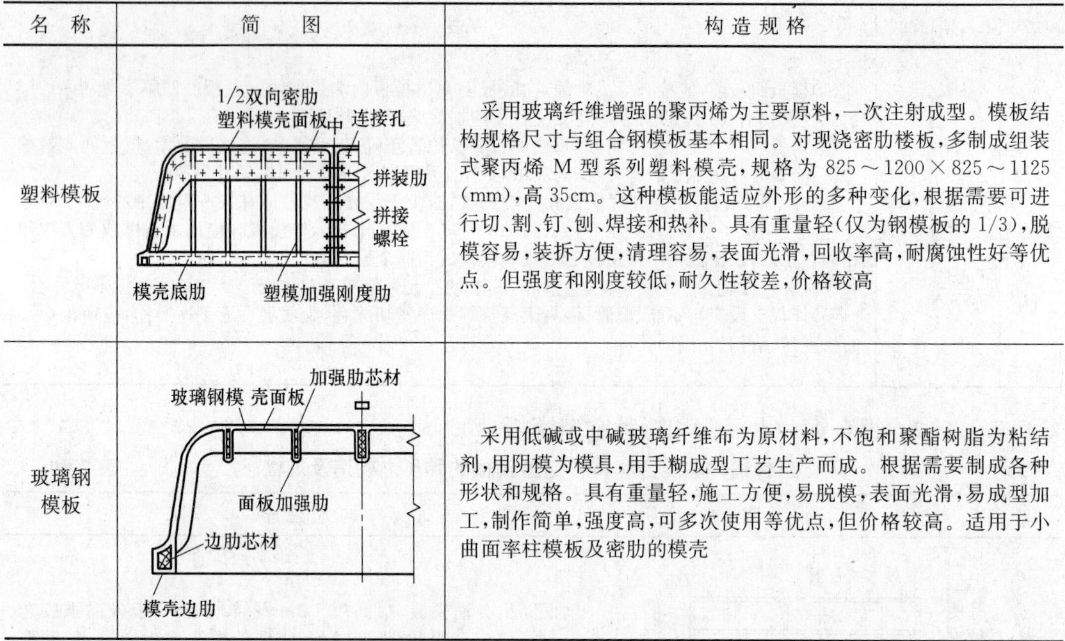

名　称	简　图	构 造 规 格
塑料模板	1/2双向密肋 塑料模壳面板 连接孔 拼装肋 拼接螺栓 模壳底肋 塑模加强刚度肋	采用玻璃纤维增强的聚丙烯为主要原料，一次注射成型。模板结构规格尺寸与组合钢模板基本相同。对现浇密肋楼板，多制成组装式聚丙烯 M 型系列塑料模壳，规格为 825～1200×825～1125(mm)，高 35cm。这种模板能适应外形的多种变化，根据需要可进行切、割、钉、刨、焊接和热补。具有重量轻(仅为钢模板的 1/3)，脱模容易，装拆方便，清理容易，表面光滑，回收率高，耐腐蚀性好等优点。但强度和刚度较低，耐久性较差，价格较高
玻璃钢模板	加强肋芯材 玻璃钢模 壳面板 面板加强肋 边肋芯材 模壳边肋	采用低碱或中碱玻璃纤维布为原材料，不饱和聚酯树脂为粘结剂，用阴模为模具，用手糊成型工艺生产而成。根据需要制成各种形状和规格。具有重量轻，施工方便，易脱模，表面光滑，易成型加工，制作简单，强度高，可多次使用等优点，但价格较高。适用于小曲面率柱模板及密肋的模壳

7.1.2.3　永久性模板

永久性模板的种类、形式、构造及规格　　表 7-11

项目	种类、形式、构造及规格	特点及使用
地下混凝土模板	采用 C15 低流动性细石混凝土适当配筋制成(图 7-1)，板厚 20～30mm，内双向配 8 号铁丝或 ϕ3～4mm 冷拔低碳钢丝，间距 100～150mm。模板边缘每边留 ϕ15mm 连接孔，以便安装时穿铁丝连接；或在边部加 40mm×50mm 小肋，以增强板面刚度，采用穿插销连接。常用规格：长 1000～1250mm、宽 500～750mm。采用无底模板或翻转式模板制作，强度达到 70%以上即可使用	模板制作、安装简单、快速，可大量节约模板木材，降低施工成本，但尺寸精度和表面质量较差，重量较大。 一般用于地下结构的外模板，浇筑后不拆除，作为结构物的一部分
混凝土薄板模板	品种有预应力混凝土、双钢筋混凝土和冷轧扭钢筋混凝土等；预应力混凝土薄板模板还有单向单层、单向双层、双向单层、无侧向伸出钢筋的单向单层配筋等形式，其构造见图 7-2；常用规格尺寸见表 7-12。薄板表面一般宜做抗剪构造处理，在板上表面加工成粗糙划毛的表面或用辊筒压成凹坑或增设折线形、波纹形抗剪钢筋。薄板混凝土采用 C30 或 C40；预应力筋采用 ϕ5mm 高强刻痕钢丝或中强低碳钢丝，一般配置在薄板截面 1/3～2/5 高度范围内。当板厚小于 60mm 时，配置一层，间距 5mm；板厚大于 60mm 时可配置双层，层间间距 20～30mm，上下层对正。双钢筋的纵筋宜采用 ϕ8mm 热轧低碳 HPB300 钢筋，经冷拔成 ϕ5A 级冷拔低碳钢丝，横筋用 ϕ4 或 ϕ3.5B 级冷拔低碳钢丝。冷轧扭钢筋用 ϕ6.5～8mm 配置在板厚 1/2 位置；当叠合后楼板厚度 $h \leq$ 150mm 时，主筋间距不应大于 2000mm；$h >$ 15mm 时，不应大于 1.5h，且每米板宽不少于 3 根。薄板在工厂台座上生产、出池、放张和起吊时的混凝土强度不得低于设计强度标准值的 80%	薄板模板在施工期间起永久性模板作用，可简化楼板模板支拆模工艺，减少支拆模工作量和劳动强度，节省大量模板材料和支拆模费用，加快施工进度。 适用于作现浇混凝土楼板的模板，可与楼板现浇混凝土叠合组成共同受力构件

续表

项目	种类、形式、构造及规格	特点及使用
压型钢板模板	压型钢板模板，是采用镀锌或经防腐处理的 0.75～1.6mm 厚的 Q235 薄钢板经冷轧而成具有梯波形截面的槽形钢板，作为现浇混凝土楼板的底模板，其常用规格尺寸见表 7-13，一般市场有成品供应。其与混凝土楼板的组合如图 7-3 所示。一般在板面需要做成抗剪连接构造，常用形式有：(1)截面做成有楔形肋的纵向波槽；(2)在板肋的两内侧和上、下表面成压痕、开小洞或冲成不闭合的孔眼；(3)在板肋的上表面焊接与肋相垂直的横向钢筋。此外，在端头均要设置锚固栓钉；在楼板周边做封沿处理(图 7-4)。非组合式压型钢板，则可不做抗剪连接构造	压型钢板模板在设计上与混凝土楼板组成叠合板共同受力；在施工期间起永久性模板作用，可避免漏浆，并减少支模拆模，节省大量模板材料和支拆模工作量，减轻支拆模劳动强度；压型钢板市场有成品供应，不用制作模板，有利加快施工进度。 压型钢板模板多用于多层和高层钢结构工程的混凝土楼板作底模板，亦可用于作混凝土结构的楼板模板

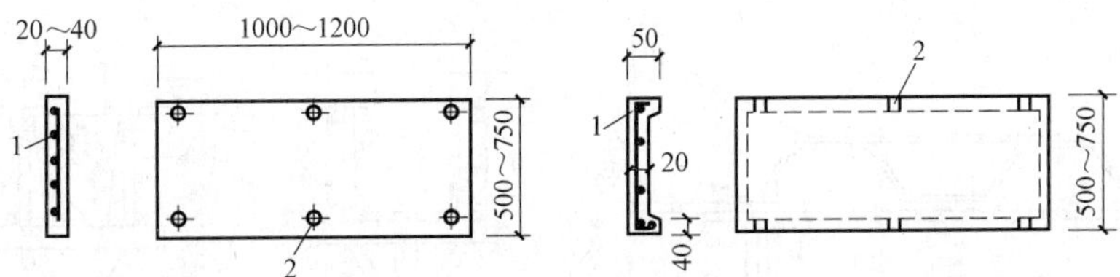

图 7-1 地下混凝土模板

1—配筋 ϕ4@100～150mm 双向；2—ϕ15mm 孔

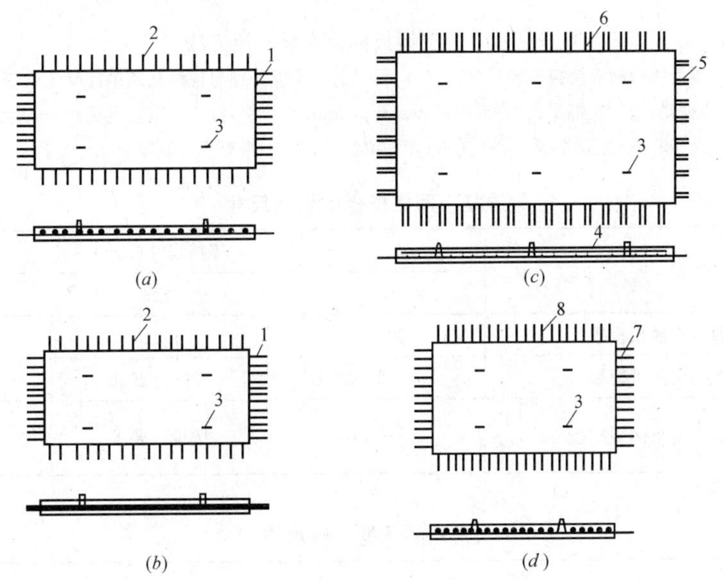

图 7-2 混凝土薄板模板

(*a*) 单向单层配筋预应力混凝土薄板；(*b*) 单向双层配筋预应力混凝土薄板；

(*c*) 双钢筋混凝土薄板；(*d*) 冷轧扭钢筋混凝土薄板

1—预应力筋；2—分布钢筋；3—ϕ8mm 吊环；4—双钢筋纵筋；

5—双钢筋横筋；6—双钢筋构造网片；7—纵向冷轧扭钢筋；8—横向冷轧扭钢筋

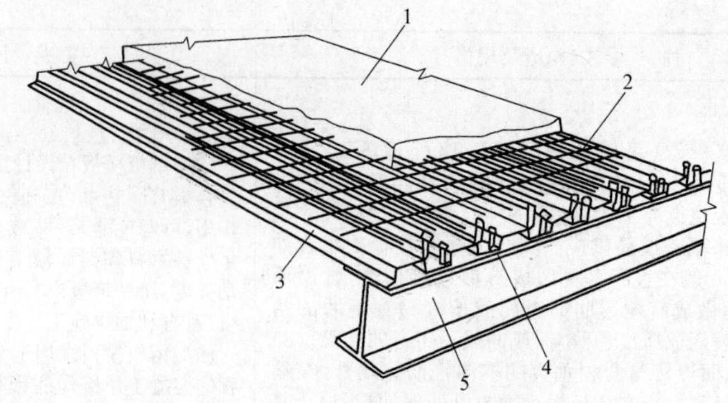

图 7-3 压型钢板模板组合楼板构造

1—现浇混凝土楼板；2—钢筋；3—压型钢板模板；4—用栓钉与钢梁焊接；5—钢梁

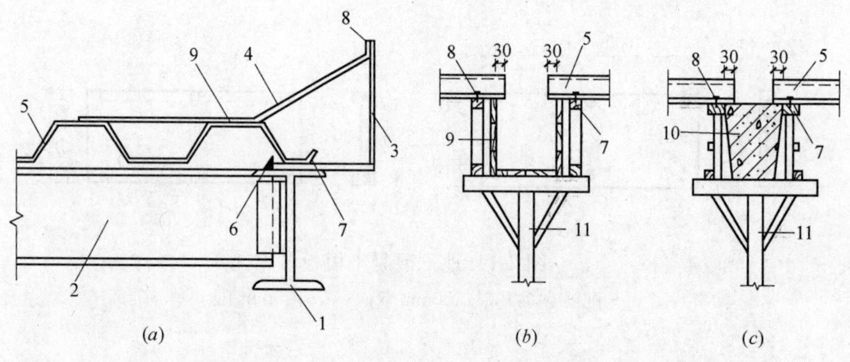

图 7-4 压型钢板模板安装支模方法

(*a*) 楼板周边封沿模板安装；(*b*)、(*c*) 压型钢板模板分别与现浇和预制混凝土梁搭接

1—主钢梁；2—次钢梁；3—封沿模板；4—ϕ6mm 拉结钢筋；5—压型钢板；6—焊点；7—模板与托木钉固；8—托木；9—梁侧模；10—混凝土预制梁；11—支撑

混凝土薄板模板的规格尺寸 **表 7-12**

模板品种	规格尺寸(mm)		
	厚度	宽度	跨度
预应力混凝土薄板模板	60～80	1200、1500	2700～7800
双钢筋混凝土薄板模板	65	1500～3900	4000～7200
冷轧扭钢筋混凝土薄板模板	$\frac{L}{100}+10$	按设计要求	4000～6000

注：L 为模板跨度。

常用的压型钢板规格 **表 7-13**

型号	截面简图	板厚(mm)	单位重量	
			(kg/m)	(kg/m^2)
M 型 270×50	50; 40 100 80 50; 270	1.2 1.6	3.8 5.06	14.0 18.7

续表

型号	截面简图	板厚(mm)	单位重量(kg/m)	单位重量(kg/m²)
N型 640×51	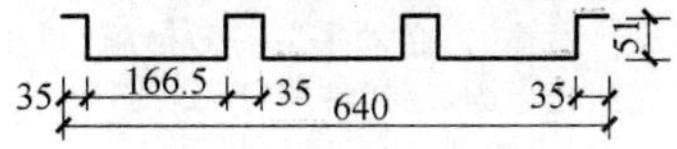 35, 166.5, 35, 640, 35, 51	0.9 0.7	6.71 4.75	10.5 7.4
V型 620×110	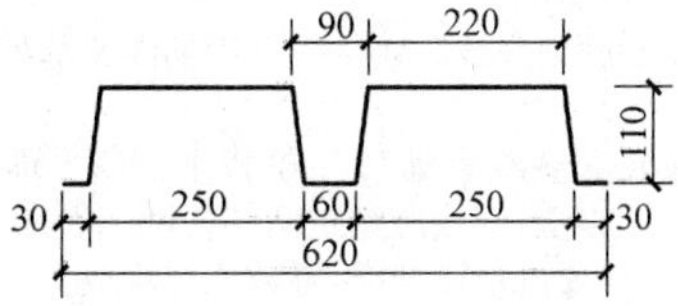 90, 220, 110, 30, 250, 60, 250, 30, 620	0.75 1.0	6.3 8.3	10.2 13.4
V型 670×43	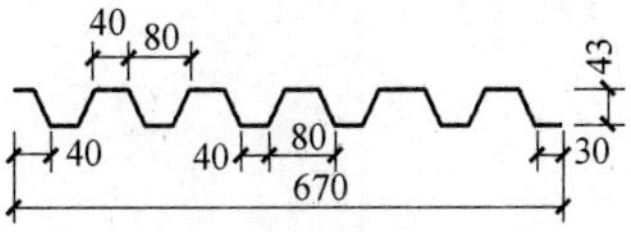 40, 80, 43, 40, 40, 80, 30, 670	0.8	7.2	10.7
V型 600×60	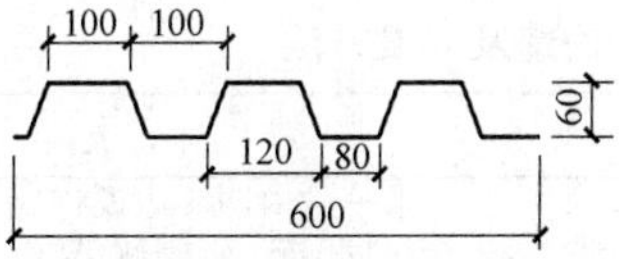 100, 100, 60, 120, 80, 600	1.2 1.6	8.77 11.6	14.6 19.3
U型 600×75	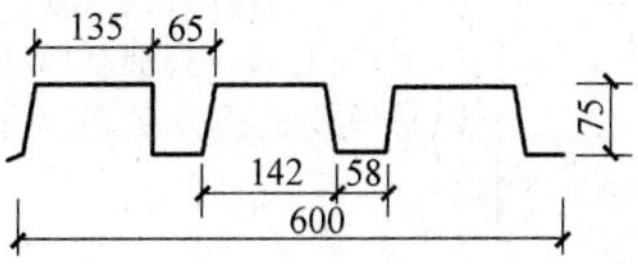 135, 65, 75, 142, 58, 600	1.2 1.6	9.88 13.0	16.5 21.7
U型 690×75	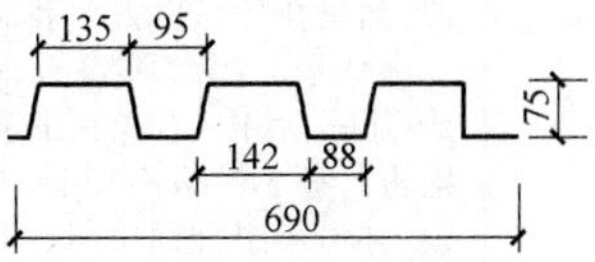 135, 95, 75, 142, 88, 690	1.2 1.6	10.8 14.2	15.7 20.6
W型 300×120	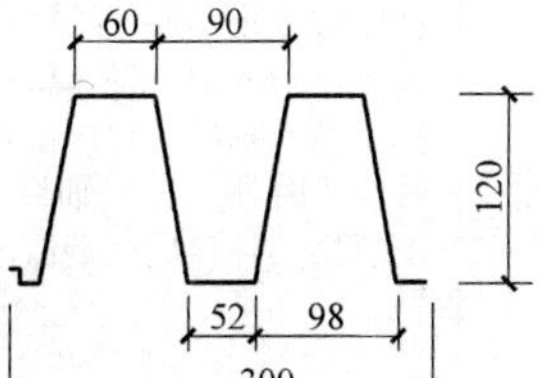 60, 90, 120, 52, 98, 300	1.6 2.3 3.2	9.39 13.5 18.8	31.3 45.1 62.7

7.1.3　模板的运输、维修和保管

模板的运输、维修和保管方法要点　表 7-14

项次	项目	方法要点
1	模板的运输	(1)不同规格的钢模板不得混装、混运。运输时,必须采取有效措施,防止模板滑动、倾倒。长途运输时,应采用简易集装箱,支承件应捆扎牢固,连接件应分类装箱 (2)预组装模板运输时,应分隔垫实,支捆牢固,防止松动变形 (3)装卸模板和配件应轻装轻卸,严禁抛掷,并应防止碰撞损坏。严禁用钢模板作其他非模板用途
2	模板的维修和保管	(1)模板和配件拆除后,应及时清除粘结的灰浆,对变形和损坏模板和配件,宜采用机械整形和清理 (2)维修质量不合格的模板及配件不得使用 (3)对暂不使用的钢模板,板面应涂刷脱模剂或防锈油。背面油漆脱落处,应补刷防锈漆,焊缝开裂时应补焊,并按规格分类堆放 (4)钢模板宜存放在室内或棚内,板底支垫离地面 100mm 以上。露天堆放,地面应平整坚实,有排水措施,模板底支垫离地面 200mm 以上,两点距模板两端长度不大于模板长度的 1/6 (5)入库的配件,小件要装箱入袋,大件要按规格分类,整数成垛堆放

7.2　支模方法

7.2.1　现浇整体式结构支模方法

7.2.1.1　基础模板支模

基础模板形式、构造及支设方法　表 7-15

名称	构造简图	支设方法
阶梯形柱基础模板	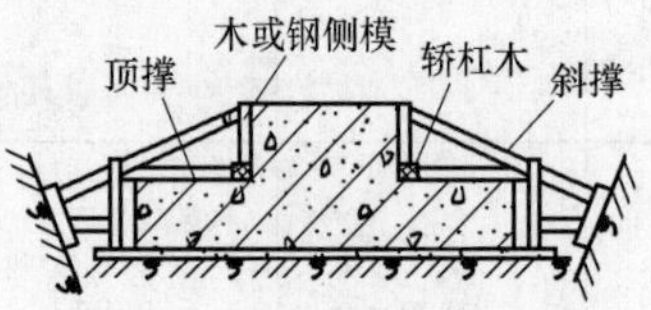	第一阶由四块边模拼成,其一对侧板与基础边尺寸相同,另一对侧板比基础边尺寸长 150～200mm,在两端加钉木档,用以拼装固定另一对模板,并用斜撑撑牢、固定。尺寸较大时,四角加钉斜拉杆。在模板上口钉轿杠木,将第二阶模板置于轿杠上,安装时应找准基础轴线及标高,上、下阶中心线互相对准,在安装第二阶模板前应绑好钢筋
杯形柱基础模板	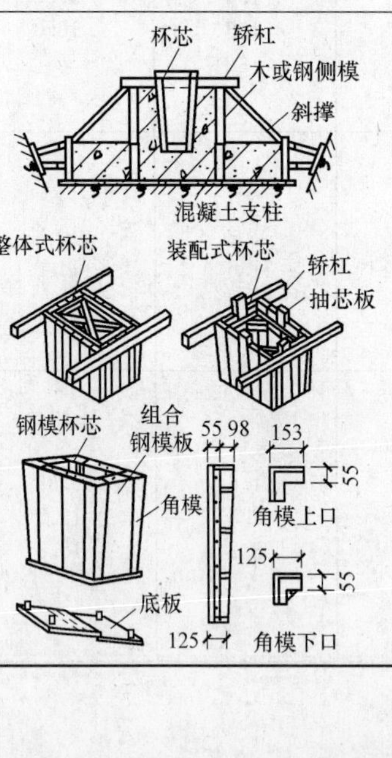	杯形柱基础模板的构造与阶梯形柱基础模板相似,只是在杯口位置要装设杯芯模。 由柱基下部台阶模板、杯颈模板和杯芯模板组成,第一阶和杯颈模板的支模方法同阶梯形柱基础模板。杯芯模板有整体式和装配式两种,可用木模,亦可用组合钢模与异形角模拼成。杯芯模板借轿杠支承在杯颈模板上口中心固定,混凝土灌筑后,在初凝后终凝前取出。杯芯模的上口宽度应比柱脚宽度大 100～150mm,下口宽度应比柱脚宽度大 40～60mm,杯芯模的高度(轿杠底到下口)应比柱子插入基础杯口中的深度大 20～30mm,以便安装柱子时校正柱列轴线及调整柱底标高。为便于浇筑捣实柱口底处混凝土,杯芯模一般不装底板

续表

名称	构造简图	支设方法
长颈杯形柱基础模板	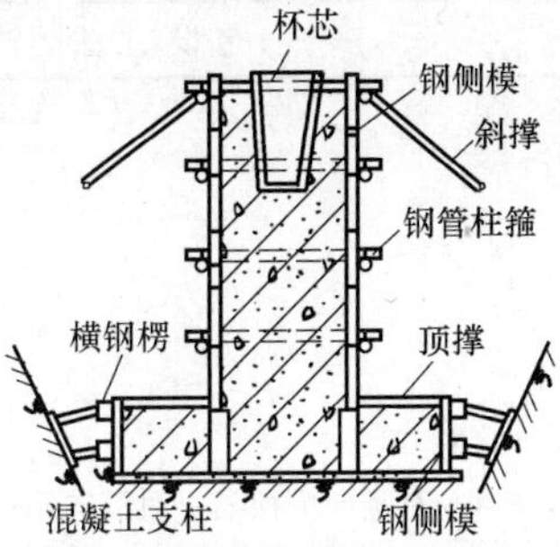	长颈杯形柱基模板的模板构造和支模方法与杯形基础模板相同，但对长颈部分的模板应用钢管柱箍或夹木借螺栓夹紧以防胀模。当颈部较高时，模板底部应用混凝土支柱或铁脚支承，以防下沉；颈部很高的模板上部应设斜撑撑牢固，以保持模板稳定，防止变形
条形基础模板	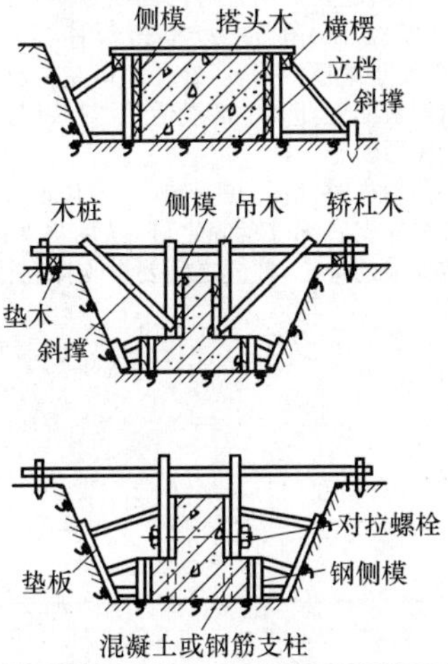	矩形截面条形基础模板，由两侧的木或组合钢模板组成，支设时应拉通线，将侧板校正后，用斜撑支牢，间距 600～800mm，上口加钉搭头木拉固 带地梁条形基础，如土质较好，下台阶利用原土切削成形，不再支模；如土质较差，则下台阶则按矩形截面方法支模，上部地梁采用吊模方法支模。模板由侧模、轿杠、斜撑、吊木等组成。轿杠设在侧板上口用斜撑、吊木将侧板吊起加以固定；如基础上阶高度较大，可在侧模底部加设混凝土或钢筋支柱支承 对长度很长、截面一致，上阶较高的条形基础，底部矩形截面可先支模浇筑完成，上阶可采用拉模方法，参见 7.3.6 水平拉模板施工工艺方法要点
梁板式筏形基础梁模板	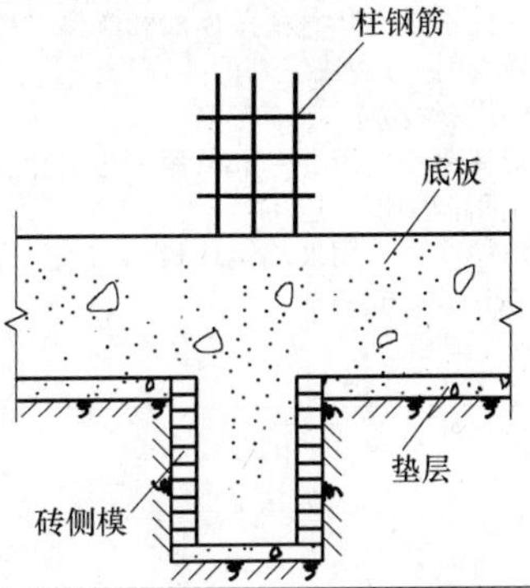	当梁板或筏形基础的梁在底板下部时，通常采取梁板同时浇筑混凝土，梁的侧模板是无法拆除的，一般梁侧模采取在垫层上两侧砌半砖代替钢（木）侧模与垫层形成一个砖壳子模，混凝土筏形基础浇筑后不拆除
梁板式筏形基础模板	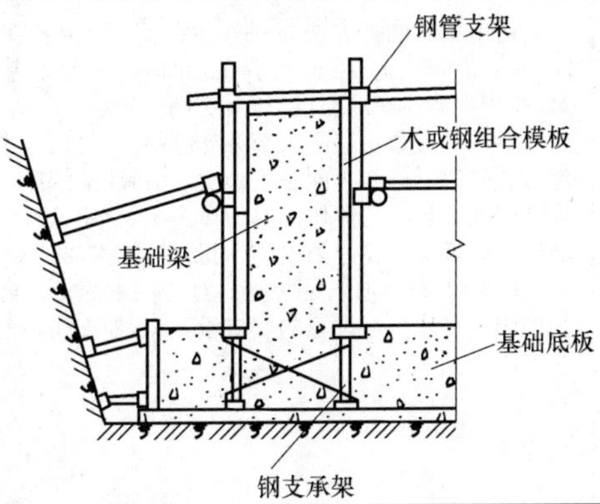	当梁板式筏形基础的梁在底板上部时，亦多采取梁板同时浇筑混凝土，梁侧模板在垫层上设钢支承架支承，并设剪刀撑使其稳定；钢（木）侧模采用钢管脚手支架支撑保持稳定，连接点采用扣件连接固定使形成整体支撑系统

7.2.1.2　柱、墙模板支模

柱、墙模板形式、构造及支设方法　　　　表 7-16

名称	构造简图	支设方法
矩形、方形柱模板	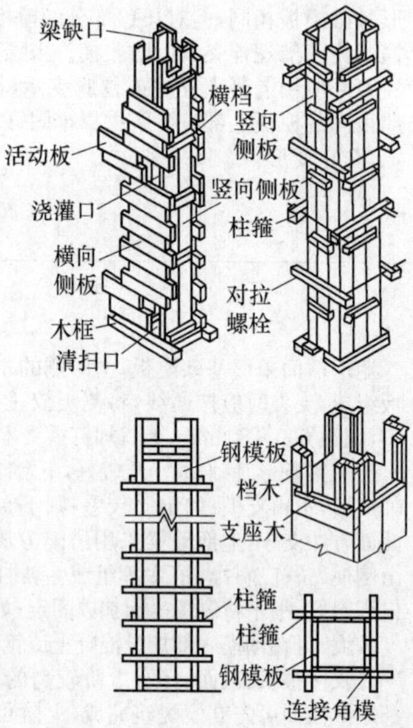 梁缺口 横档 竖向侧板 活动板 竖向侧板 浇灌口 柱箍 横向侧板 对拉螺栓 木框 清扫口 钢模板 档木 支座木 柱箍 柱箍 钢模板 连接角模	矩形柱由一对竖向侧板与一对横向侧板组成，横向侧板两端伸出，便于拆除。方形柱可由四面竖向侧板拼成。一般拼合后竖立，在模板外每隔 50～100cm 设柱箍。柱顶与梁交接处留缺口，以便与梁模板接合，并在缺口左右及底部加钉衬口档木在横向侧板的底部和中部设活动清扫口与混凝土浇灌口，完成两道工序后钉牢 安装柱模板时，应先在基础面（或楼面）上弹柱轴线及边线。按照边线先把底部方盘固定好，然后再对准边线安装柱模板，为保持柱模的稳定，柱模之间要设支撑互相拉结固定
圆形柱模板	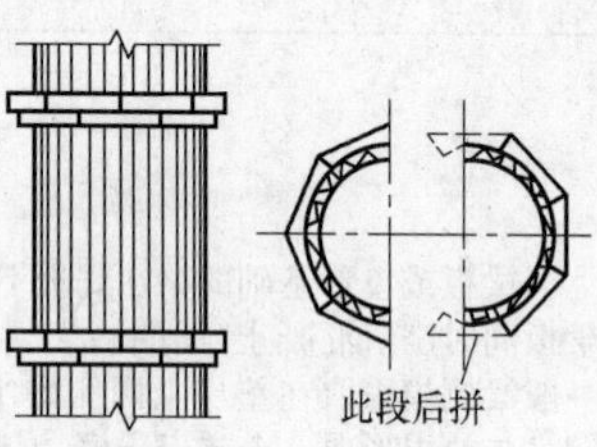 此段后拼	圆形柱木模用竖直狭条模板和圆弧横档做成两个半片组成，直径较大时，可做成三～四片，模外每隔 50～100cm 加二股以上 10 号铁丝箍筋 圆形柱钢模板用 2～3mm 厚钢板加角钢圆弧档组成，两片拼接缝用角钢加螺栓连接 圆形柱亦可采用玻璃钢作模板，边框用角钢穿螺栓固定，每隔 100cm 设一道柱箍
墙模板斜撑支模法	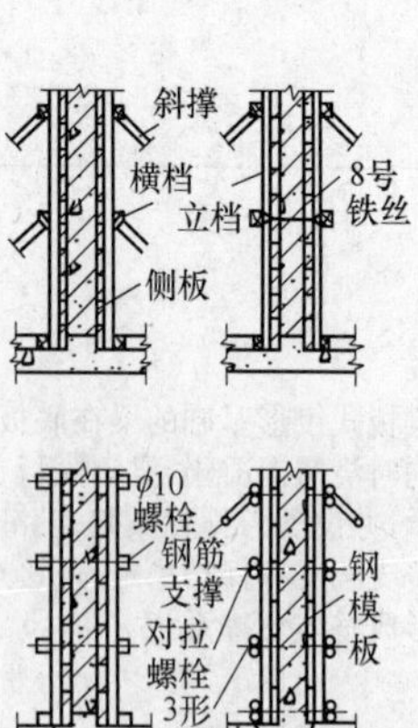 斜撑 横档 立档 8号铁丝 侧板 φ10螺栓 钢筋支撑 对拉螺栓 3形扣件 钢模板	墙体施工有两种方法，一是先施工墙基底板，在离底板 10～20cm 墙上留设施工缝，再施工上部墙；一是墙基与墙同时灌筑，前法当墙体在地面以下时，支模可先沿上阶放置水平垫木，然后将外侧板紧贴墙凸出部分支起吊直，再用水平撑与斜撑固定，钢筋绑扎好后，再同法安装另一面侧板，用斜撑支牢，两侧板之间加设长度与墙体同厚的撑头木，再用铁丝对拉拧紧。如墙体在地面以上，为避免使用过多斜撑，采取下部用 φ8～12mm 对拉螺栓固定，侧板上口钉搭头木固定。后法系将全部侧模固定在底板上设置的钢支承上，其他支模与前法相同

续表

名称	构造简图	支设方法
墙模板桁架或排架支模法	墙模板 支撑 桁架 钢筋套 木楔 桁架 平台板 立档 墙模板侧板 排架 对拉螺栓 水平夹木 垫板	当墙体较高、支撑较困难时,可用桁架支模或排架支模法。桁架支模方法系在墙两侧设竖向桁架作立楞,两端用螺栓或钢筋套拉紧,对厚壁墙可利用墙内主筋焊成桁架与模板螺栓连接,以承受混凝土侧向荷载,而不用支设斜撑,只在顶部设搭头木和少量斜支撑,使模板保持竖向稳定。排架支模系在墙一侧搭设侧向刚度大的排架,支模时,先在排架立柱下放置垫木,以排架为依托,先立一面侧板,找正并固定,绑完墙钢筋后,再立另一面侧板。亦可按墙体高度分层支设,灌筑完一层,再支设一层模板,直到完成
墙模板大模板支模法	ϕ22 大模板 对拉螺栓 [80×40×15 ×3横钢楞 [100×50 ×2×3 纵钢楞 ϕ16预埋拉筋	当墙体很长、截面一致,可根据伸缩缝长度将墙体划分为若干段,制作工具式模板,模板高等于墙高,长等于分段长,面板采用组合钢模板用U形卡、L形插销、钩头螺栓等固定在纵横向钢楞上,外侧设操作台,模板上下口设对拉螺栓固定,当一伸缩缝段混凝土浇筑完毕,用吊车吊到上节或吊出移到下一段安装,钢筋采取事先绑好。橡胶伸缩缝带采取一次埋好并用钢筋夹牢,以保持位置正确

7.2.1.3 梁、圈梁模板支模

梁模板形式、构造及支设方法 表 7-17

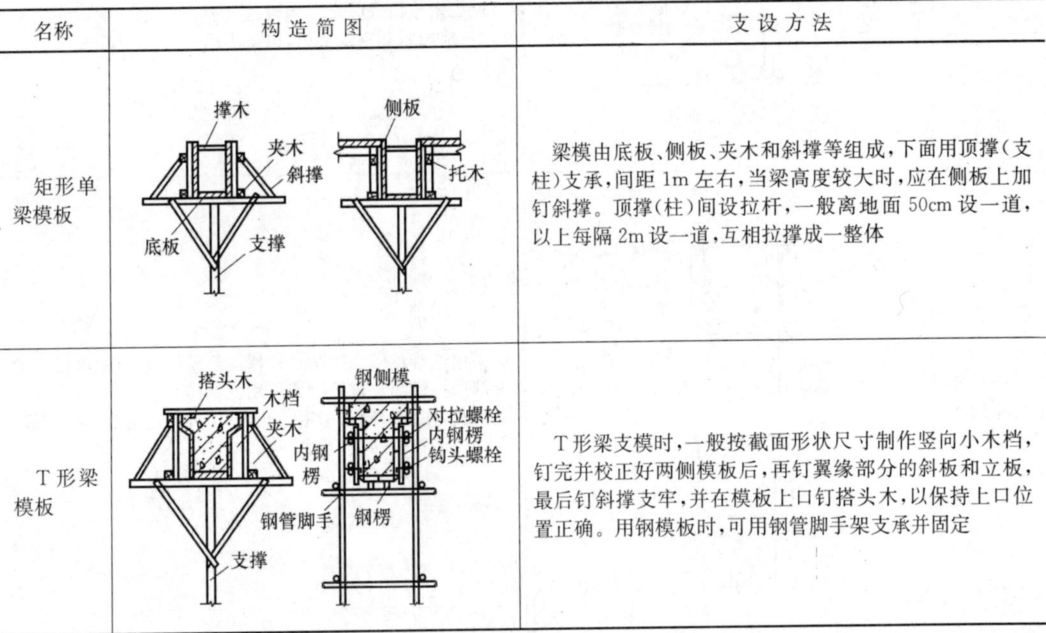

名称	构造简图	支设方法
矩形单梁模板		梁模由底板、侧板、夹木和斜撑等组成,下面用顶撑(支柱)支承,间距1m左右,当梁高度较大时,应在侧板上加钉斜撑。顶撑(柱)间设拉杆,一般离地面50cm设一道,以上每隔2m设一道,互相拉撑成一整体
T形梁模板		T形梁支模时,一般按截面形状尺寸制作竖向小木档,钉完并校正好两侧模板后,再钉翼缘部分的斜板和立板,最后钉斜撑支牢,并在模板上口钉搭头木,以保持上口位置正确。用钢模板时,可用钢管脚手架支承并固定

续表

名称	构造简图	支设方法
主次梁模板	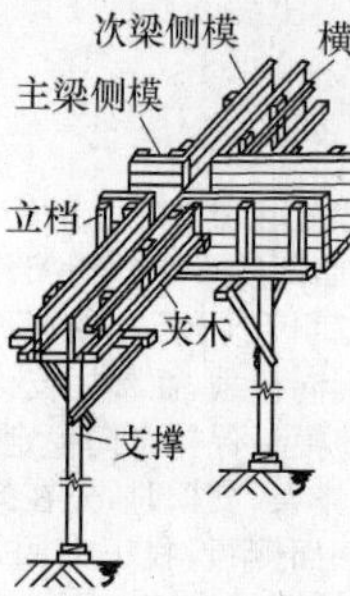 次梁侧模 横档 主梁侧模 立档 夹木 支撑	主次梁同时支模时，一般先支好主梁模板，经轴线标高检查校正无误后，加以固定，在主梁上留出安装次梁的缺口，尺寸与次梁截面相同，缺口底部加钉衬口档木，以便与次梁模板相接，主梁次梁的支设和支撑方法均同矩形单梁支模方法。对跨度大于4m的梁模板应有跨度1/1000～3/1000的起拱
深梁与高梁模板	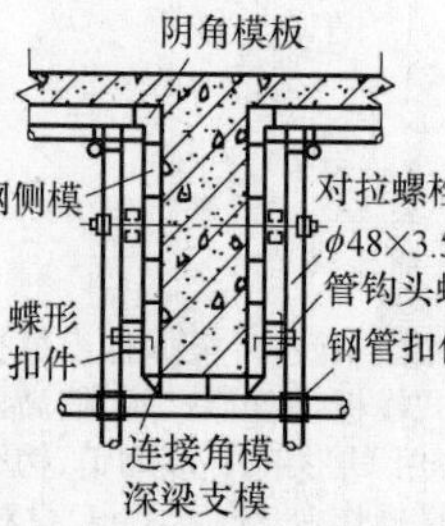 阴角模板 钢侧模 对拉螺栓 ϕ48×3.5钢管钩头螺栓 蝶形扣件 钢管扣件 连接角模 深梁支模	当梁深在700mm以上时，由于混凝土侧压力大，仅在侧板外支设横档、斜撑不易撑牢，一般采取在中部用铁丝穿过横档对拉或用对拉螺栓将两侧模板拉紧，以防胀模，其他同一般梁支模方法。为便于深梁绑扎钢筋，可先装一面侧板，钢筋绑好后再装另一面侧板。拉铁丝或对拉螺栓在钢筋入模后安装
圈梁扁担支模	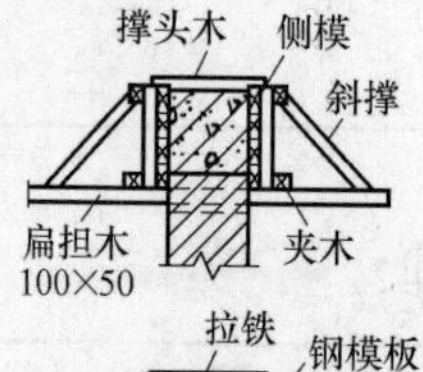 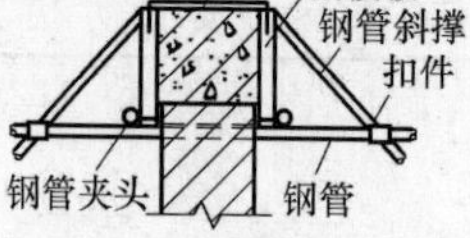 撑头木 侧模 斜撑 扁担木 100×50 夹木 拉铁 钢模板 钢管斜撑 扣件 钢管夹头 钢管	系在圈梁底面下一皮砖处，每隔0.75～1.0m留一顶砖洞口，穿100mm×50mm底楞或钢管作扁担，在其上紧靠砖墙两侧支侧模，用夹木或钢管夹头和斜撑支牢，侧板上口设撑木或拉铁固定。当混凝土达到一定强度拆除模板后，将扁担木和钢管抽出，以备再用
圈梁钢模拉结法	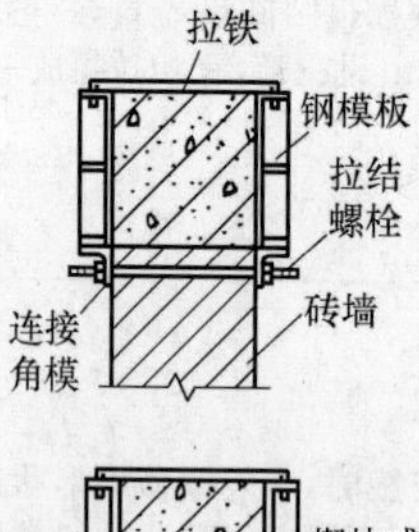 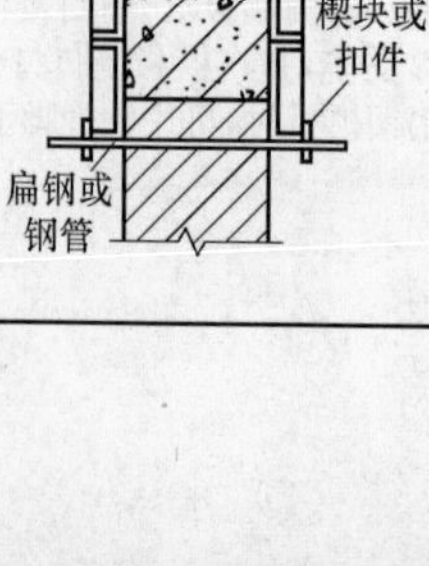 拉铁 钢模板 拉结螺栓 砖墙 连接角模 楔块或扣件 扁钢或钢管	采用连接角模和拉结螺栓作梁侧模的底座，梁侧模板的上部用拉铁固定位置。或采用扁钢作底座，在扁钢上开数个长孔，用楔块插入扁钢长孔内，用以固定梁侧模板下部，上部亦用拉铁固定

7.2.1.4 高空大梁和转换层大截面梁模板支模

高空大梁和转换层大截面梁形式、构造及支设方法 表 7-18

名称		支设方法要点
高空大梁模板	高架悬空支模法	高架悬空支模法，系在已完混凝土柱顶部设钢牛腿和钢吊环作桁架支座，在相邻两柱中间设钢木混合桁架或钢桁架，在桁架上支设大梁木或组合式钢模板，大梁和模板荷载均通过桁架、钢牛腿和吊环传递至混凝土柱承受，而免去在大梁模板下设置大量高模板支承排架，其支承模板构造如图 7-5 所示
	柱顶装钢托或角钢承托法	柱顶预留孔装钢支承件空间支模是在现浇混凝土柱上部预留螺栓孔，待柱混凝土强度达到 75%后，穿入螺栓，装上工具式钢支承件，拧紧螺母，在其上设两榀工具式钢桁架支承梁模板，梁和模板全部荷载通过桁架、工具式钢支承件传递至柱承受，其支承模板构造如图 7-6*a*、*b* 所示
	柱上设斜撑支模法	柱上设斜撑支模法系在现浇混凝土柱顶和中部预埋螺栓，装钢或木承托，设木或钢斜撑支承梁底模纵木楞，通过顶部支托和斜撑将梁和模板荷载传递至柱承受，其支承模板构造如图 7-7 所示。对边跨增加 ϕ12mm 下弦拉杆，中间跨可以不设
转换层大截面梁模板	密集式钢管脚手排架支模法	密集式钢管脚手排架支模法，根据梁高和荷载情况，在梁模底部设密集式钢管脚手排架支模，并以双扣件受力的方式进行搭设。梁高大于 2.5m，竖杆间距 450mm×300mm（纵向×横向，下同）；梁高 1.0～2.5mm，竖杆间距 450mm×500mm，横杆步距均为 1.2m，梁排架的横杆均与板的横杆连接以增强稳定性；现浇板支撑架竖杆按 1.2m×1.2m 设置，步距 1.2m，每 2 步架高应设一道剪刀撑加强。大梁模板多采用组合式钢模板或木胶合板支设，其支承模板结构构造如图 7-8*a* 所示
	钢桁架支模法	钢桁架支模法，系在已完柱或剪力墙上设预埋件，装钢牛腿，在其上安装工具式钢桁架，上铺木搁栅，铺装梁底和侧模板（图 7-8*b*），梁模板和全部施工荷载由桁架传递至柱或墙承受。钢桁架下部仅设一般扣件式钢管脚手架，作为装、拆桁架和梁模板操作平台之用。模板采用木或组合式钢模板，按常规方法支设
	叠合浇筑支模法	叠合浇筑支模法，大梁按叠合梁施工原理，分二次浇筑混凝土。第一次浇筑厚度为梁高的 1/4，一般取 0.6～0.9m，待混凝土强度达到 90%（混凝土采用"双掺技术"约 5～7d），再浇筑梁上层混凝土形成叠合梁，利用第一次浇筑形成的梁和原支撑体系共同承受第二次浇筑的混凝土和施工荷载，以充分发挥结构自身的承载力。梁钢筋应在第一层梁混凝土浇筑前全部完成。梁第一层混凝土表面应均匀铺撒一层洁净的粒径 3～6cm 碎石，使一半埋入混凝土中，以保证梁上下层混凝土的良好结合。梁模板支架采用一般扣件式钢管脚手架，立杆间距 0.5m×0.5m，下铺 2.5cm 木板支承，立杆顶端设横杆，其与立杆的连接用双扣件，以增大抗滑移能力。在横杆上铺 100mm×100mm 木搁栅，间距 400mm，按常规方法支梁的木或组合式钢模板底模板和侧模。在梁施工期间，首层和二层的梁板支撑均不拆除

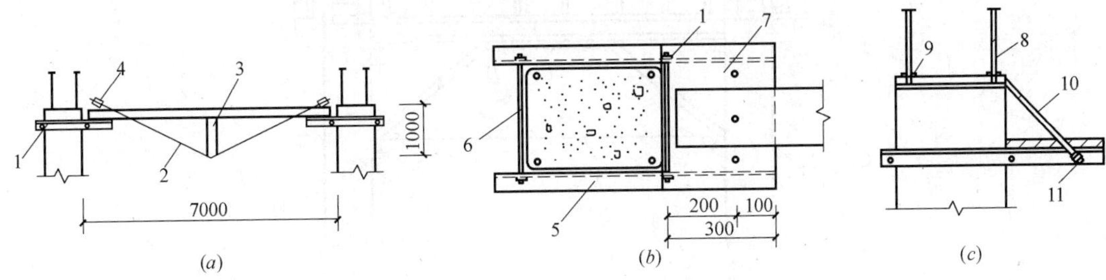

图 7-5 高架悬空支模构造

(*a*) 支模桁架；(*b*) 钢牛腿；(*c*) U 形螺栓吊环

1—钢牛腿；2—桁架 ϕ16mm 钢筋下弦；3—桁架 200mm×200mm 方木上弦；4—双帽；5—角钢∟50mm×5mm；6—ϕ14mm 螺栓；7—10mm 钢板；8—柱伸出钢筋；9—焊缝；10—吊环；11—双帽

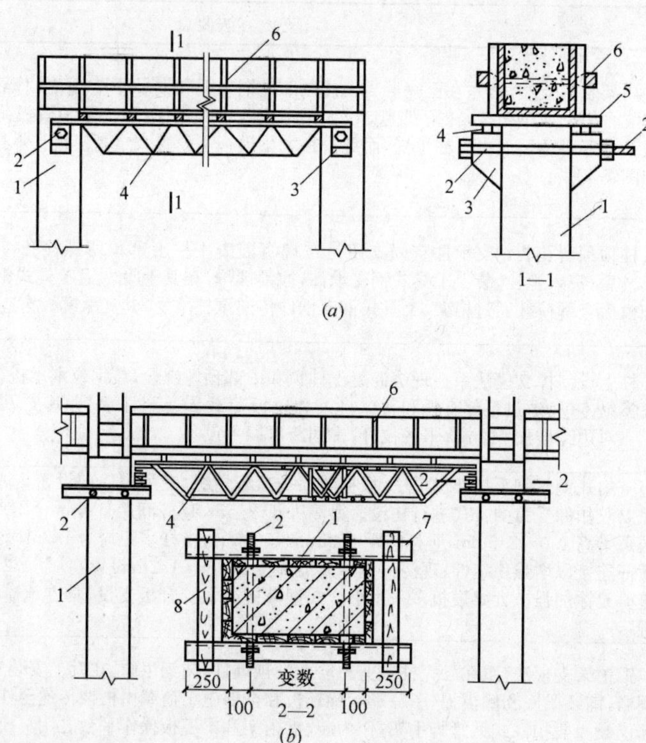

图 7-6 大梁悬空支模构造

(a) 柱顶装钢托；(b) 柱顶装角钢承托

1—已完混凝土柱；2—螺栓；3—钢托；4—钢木或钢桁架；

5—横方木；6—大梁模板；7—角钢承托；8—垫木

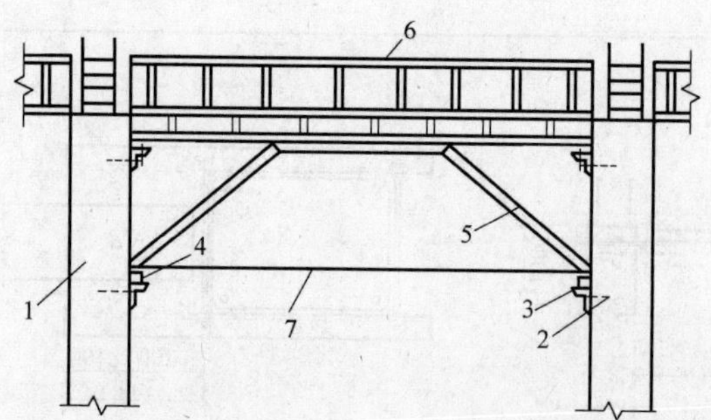

图 7-7 柱上设斜撑悬空支梁模构造

1—已完混凝土柱；2—预埋螺栓；3—角钢承托；4—垫木；

5—木或钢斜撑；6—大梁模板；7—ϕ12mm 钢拉杆

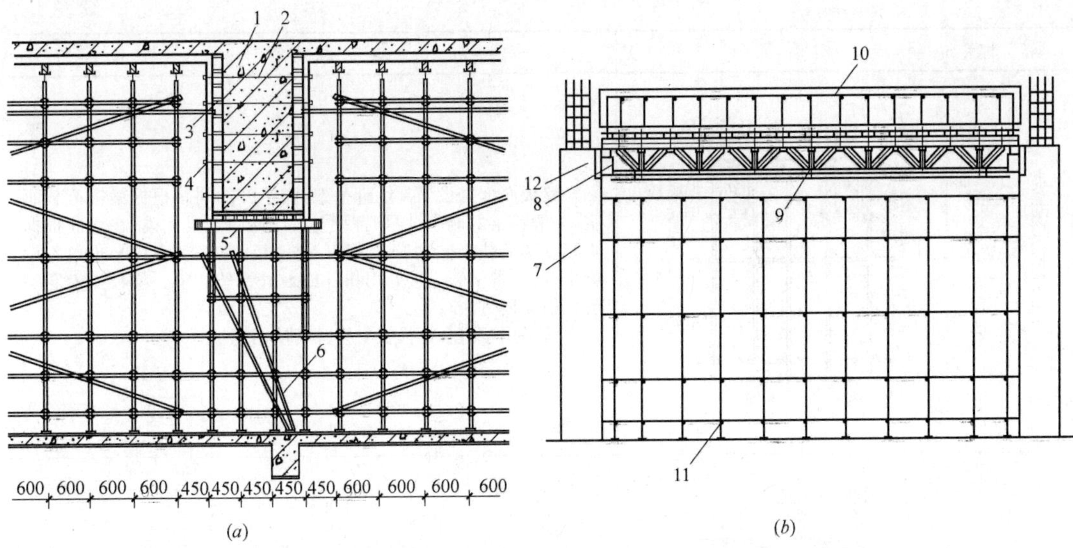

图 7-8 转换层大截面梁支模法

(a) 密集式钢管脚手排架支模法；(b) 钢桁架支模法

1—1000mm×2600mm 转换层大梁；2—ϕ12mm 对拉螺栓；3—50mm×100mm 方木@250mm；4—ϕ48mm 双钢管；5—50mm×100mm 方木搁栅；6—ϕ48mm 钢管加固斜撑；7—已完钢筋混凝土大柱；8—钢牛腿；9—型钢桁架；10—转换层大梁模板；11—扣件式钢管脚手架操作平台；12—预埋铁件

7.2.1.5 楼板模板支模

楼板模板形式、构造及支设方法　　表 7-19

名称		构造简图	支设方法
肋形楼板模板	支撑支模法	梁侧模　搁栅　楼板底模 牵杠　托木 顶撑　牵杠撑	主次梁支模方法同表 7-17 主次梁模板。板模板安装时，先在次梁模板的外侧弹水平线，其标高为楼板板底标高减去模板厚和搁栅高度，再按墨线钉托木，并在侧板木档上钉竖向小木方顶住托木，然后放置搁栅，再在底部用牵杠撑支牢。铺设板模板从一侧向另一侧密铺，在两端及接头处用钉钉牢，其他部位少钉，以便拆模
肋形楼板模板	桁架支模法	侧模　1　底模 托木　1　钢桁架　夹木 排架　钢桁架 搁栅　托木　夹木 支柱　钢桁架　墙 柱模　1—1	在梁底及板面下部采用工具式桁架支承上部模板以代替顶撑，在梁两端设双支柱支撑或排架，将桁架置于其上，如柱子先浇灌，亦可在柱上预埋型钢，上放托木支承梁桁架。支设时，应根据梁板荷载选定桁架型号和确定间距，支承板桁架上要设小方木，并用铁丝绑牢。两端支承处要加木楔，在调整好标高后钉牢。桁架之间设拉结条，使其稳定

续表

名称		构造简图	支设方法
肋形楼板模板	钢管脚手支模法	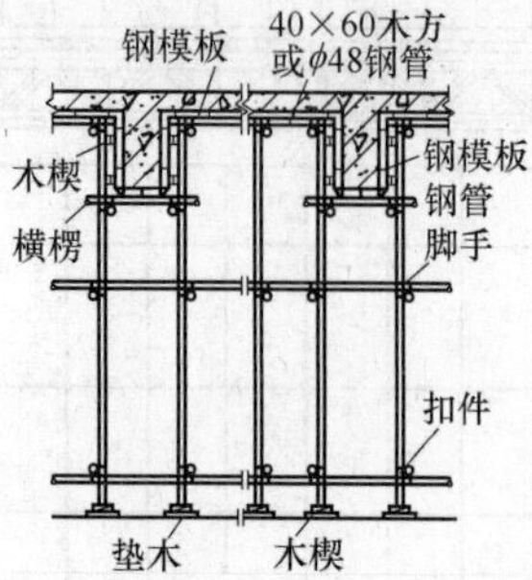	在梁板底部搭设满堂红脚手架，脚手杆的间距根据梁板荷载而定，一般在梁两侧应设两根脚手杆，以便固定梁侧模，在梁间根据板跨度和荷载情况设1～2根脚手杆（板跨在2m以内），也可不设脚手杆，立管横管交接处用扣件或8号铁丝扎牢。梁板支模同一般梁板支模方法 本法多用于组合钢模板支模配套使用
无梁楼板模板	支撑支模法	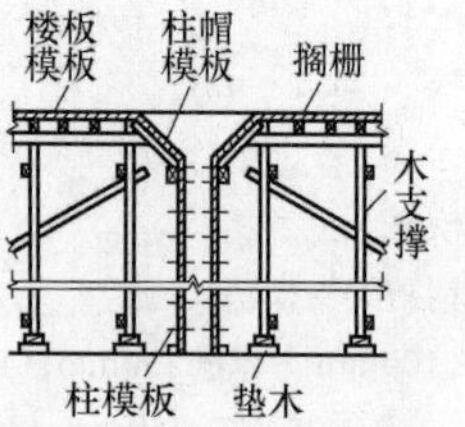	由柱帽模板和楼板模板组成。楼板模板的支设与肋形梁板模板相同。柱帽为截锥体（方形或圆形），制作应按1∶1大样放线制作成两半、四半或整体。安装时，柱帽模板的下口与柱模上口牢固相接，柱帽模板的上口与楼板模板镶平接牢
	钢管脚手支模法	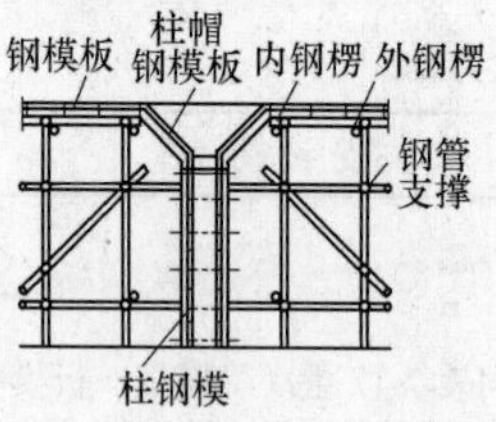	当采用组合钢模板时，多用钢管作模板的支撑体系，按建筑柱网设置满堂钢管排撑作支柱，顶部用ϕ48mm钢管作钢楞，以支承楼板钢模板，间距按设计荷载和楼层高而定，一般为0.75～1.50m，钢管交接处用扣件或8号铁丝扎牢，板模板直接铺设在横管上，钢模间用U形扣件连接。柱帽模板按实样作成工具式整体斗模，采用4块3mm厚梯形钢板组成，每块钢板均用∟50×5与钢板焊接，板间用螺栓连接，组成上口和下口要求的尺寸，柱帽斗模下口与柱上口、柱帽上口与钢平模紧密相接。钢管支撑底部垫木板用木楔找平，以便拆模

7.2.1.6 雨篷、挑檐和楼梯模板支模

雨篷、挑檐和楼梯模板形式、构造及支设方法 表7-20

名称		构造简图	支设方法
雨篷（雨罩）模板	支撑支模法	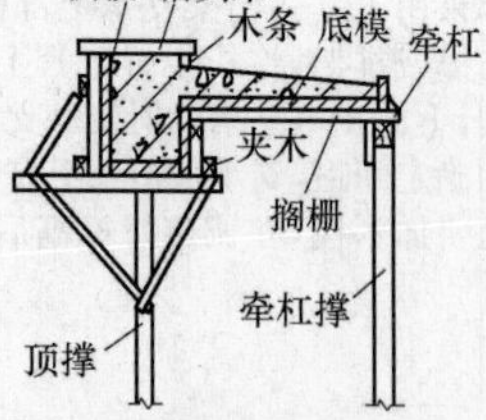	支模时，先安过梁模板，支好顶撑，再按设计标高铺钉过梁底板，装设侧板，钉夹木、斜撑、搭头木固定侧板。在雨篷一面侧板外侧钉托木，一端支牵杠撑，上铺雨篷搁栅和底板，再钉雨篷侧板即成

续表

名称		构造简图	支设方法
挑檐模板	斜撑支模法	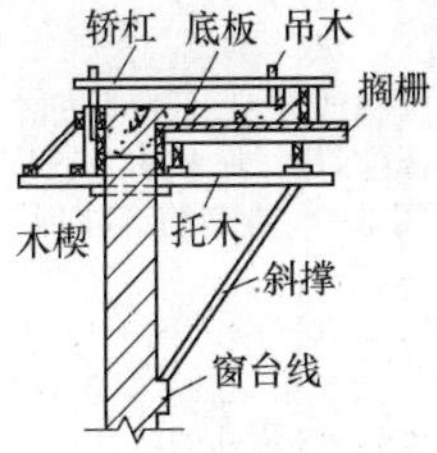 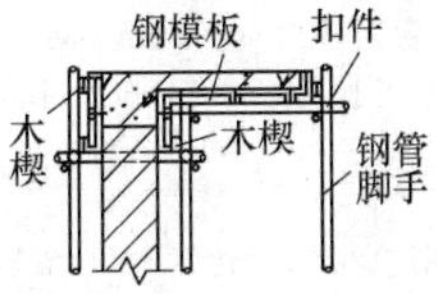 轿杠 底板 吊木 搁栅 木楔 托木 斜撑 窗台线 钢模板 扣件 木楔 木楔 钢管脚手	在挑檐梁下一皮砖处，每隔1m留一砖孔洞，穿托木，下侧用斜撑支顶，在其上按常规钉挑檐梁侧板、挑檐板底板、侧板及滴水条，用轿杠及吊木连接固定。采用组合钢模板时，在挑檐梁两侧及挑檐板外侧支钢管脚手杆，以直接支承梁、板侧模和板底模，并用木楔固定
楼梯模板		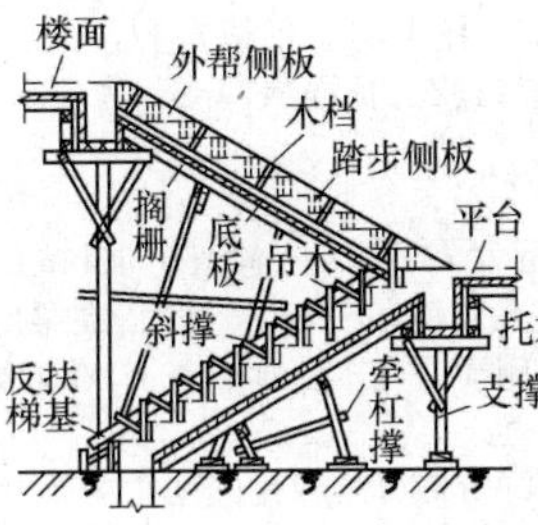 楼面 外帮侧板 木档 踏步侧板 搁栅 底板 吊木 平台 托木 斜撑 反扶梯基 牵杠撑 支撑	模板支设前，先根据层高放大样，一般先支基础和平台梁模板，再装楼梯斜梁或楼梯底模板、外帮侧板。在外帮侧板内侧弹出楼梯底板厚度线，用样板划出踏步侧板的档木，再钉侧板。如楼梯宽度大，则应沿踏步中间上面设反扶梯基，加钉1～2道吊木加固

7.2.2 现浇胶合板支模方法

现浇胶合板模板组成、特点、规格、配制、支模方法及使用 **表7-21**

项次	项目	支模方法要点
1	组成、特点及使用	(1)混凝土模板用的胶合板有木胶合板和竹胶合板两种。木胶合板是一种单板(薄木片)按相邻层木纹方向互相垂直胶合而成的板材。竹胶合板是一组竹片铺设成的单板互相垂直组坯胶合而成的板材。两者用作模板的面板均经涂酚醛树脂薄膜处理 (2)木胶合板模板具有：材质轻、性能好，板幅大、板缝少，表面平整光滑，容易脱模，承载能力大、耐磨性强、能多次重复使用，易于加工和操作，保证工程质量，且运输、堆放、使用和管理方便等特点。竹胶合板模板除以上特点，还具有资源丰富，使用性能好，周转次数高(低、中档15～50次)，价格较低等特点 (3)适用于多层、高层建筑作墙体、楼板、框架梁、柱等各种结构模板，特别是作可拆卸式大模板用于各种大面积结构场合
2	材料规格性能及配制	(1)木胶合板常用规格(厚度×宽度×长度，单位：mm)有：12×915×1830、15×1220×1830、18×915×2135、18×1220×2440等，常用厚度为12mm(或18mm)；其主要技术性能：静曲强度设计值：顺纹19(或13)N/mm²；横纹17N/mm²；静曲弹性模量：顺纹3150(或2800)N/mm²。竹胶合板常用规格(厚度×宽度，单位：mm)有：1830×915、2000×1000、2135×915、2440×1220、3000×1500等，常用厚度12～21mm；其主要技术性能：静曲强度设计值：板长向46N/mm²；板宽向30N/mm²；静曲弹性模量：板长向6000N/mm²；板宽向4400N/mm² (2)木(竹、下同)胶合板模板按设计图纸要求，支模结构(墙、楼板、梁、柱等)每段模板尺寸直接配制模板，或采用放大样的方法配制模板，标准模板为整张，不做任何加工，施工时按其位置。部位可随意使用；边角模板尺寸不符模数要求时，用标准模板锯割。配制好的模板在板反面编号并注明规格，分别堆放、保管。支撑系统可选用钢管，也可采用木支撑

续表

项次	项目	支模方法要点
3	胶合板模板支设工艺方法	胶合板模板多采用散支、散拆的方法安装 (1)墙模板支设 1)对墙模板，胶合板宜竖向使用。安装时先将整张模板放在墙下部，非标准小块模板放在墙板的上部。安装应根据边线先立一侧模板，用支撑临时撑住，用线坠校正垂直度，然后再固定围箍。大块模板组装，上、下竖缝要错开。先立两端，后立中间部分，待钢筋绑扎后，接着再同法支设另一侧模板 2)纵横墙模板接头采取一侧模板压在另一侧模板上，用钉钉牢。模板长边与长边接头时，钉在1/2厚度的方木上。钉子长度应为胶合板厚度的1.5～2.5倍，每块胶合板与方木楞相叠处，至少应钉2个钉子。胶合板和木楞安装时，先安装内墙模板，后装外墙的外模板。内外墙模板就位后，在模板上钻ϕ14mm孔，竖向孔距为800mm，上下端为300～400mm，横向孔距均为800mm，模板围箍为双根直径48mm×3.5mm钢管，用ϕ12mm对拉螺栓和3形扣件固定，螺栓外套硬塑料管，以利对拉螺栓取出后周转使用(图7-9*a*) (2)楼板模板支设 1)采用脚手钢管搭设排架铺设楼板模板。方法是用直径48mm×3.5mm脚手钢管作立杆，纵横间距900mm，上、中、下设3道纵横水平拉杆，与墙板的围箍用管卡固定，保持模板排架的稳定 2)楼板胶合板模板安装时，先在次梁模板的两侧板外侧弹水平线，其标高为楼板底标高减去胶合板模板厚度及搁栅高度，然后按水平线钉上托木，托木与水平线对齐，再在其上铺50mm×100mm搁栅木，间距450～500mm，最后在搁栅上铺钉胶合板面板即成。为便于拆模，只在模板端部或接头处钉牢，中间尽量少钉 (3)框架梁模板支设 1)框架梁底模配制时，宽比梁的宽度大出300mm左右，梁两侧各留出150mm，梁底板下顺梁平铺两根50mm×100mm木楞。模板安装时，先安梁底模，安装梁侧模时，在梁底模上面顺向梁的两侧钉18mm×100mm木胶合板条，然后将梁的侧模钉在木胶合板条上，在梁侧模的上侧再加钉侧支撑板，以增强梁模刚度(图7-9*b*) 2)框架梁支撑用ϕ48mm×3.5mm钢管，每根梁设两排支撑，两排的间距为800mm。支撑间距为900mm，从上到下设3道水平拉杆，并与两侧楼板支撑拉杆连成一体，以保持稳定 (4)柱模板支设 框架柱截面一般为矩形，配制模板时，每个截面配制4块胶合板，其中2块的宽度与柱宽度相等，另2块为柱子的宽度加两块胶合板的厚度，2块模板钉在2块窄模板上，在每块模板外侧设2根50mm×100mm竖向立楞，在立楞的外侧设围箍卡具，间距为800mm，围箍用直径ϕ48mm×3.5mm脚手钢管和扣件固定(图7-9*c*)
4	使用注意事项	(1)胶合板应选购经过板面处理的，以利增加耐火性 (2)配制模板时，宜整张直接使用，以减少锯割，避免造成浪费。使用前必须涂刷脱模剂 (3)胶合板模板的拆除应采用合理的程序：对墙与楼板模板，应先拆墙模板，后拆楼板模板。墙模板拆除时，应先拆外墙的外模板，再拆外墙的内模和内墙模板，最后拆楼板模板。对梁模板应先拆除楼板部分的支撑及模板，后拆除梁部分支撑及模板，以防止损坏 (4)模板拆除时，严禁抛掷，以免损伤板面处理层。脱模后应立即清洗板面浮浆，根据规格分别堆放保管，或从窗洞口运出，倒运至上一个楼层使用

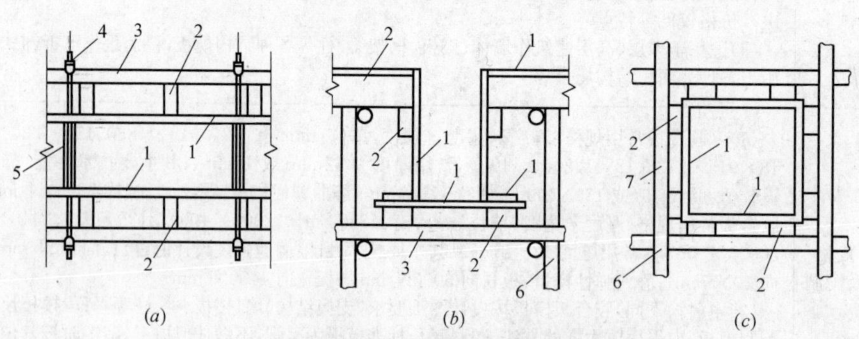

图7-9 墙、梁、柱胶合板模板支模

(*a*) 墙模板；(*b*) 梁模板；(*c*) 柱模板

1—木(竹)胶合板；2—方木楞；3—钢管；4—螺栓；5—硬塑料管；6—钢管立管；7—钢管围箍

7.2.3 现场预制构件支模方法

7.2.3.1 常用预制构件支模

常用预制构件模板形式、构造及支设方法 表 7-22

名称	构造简图	支设方法及适用场合
地下式土胎模	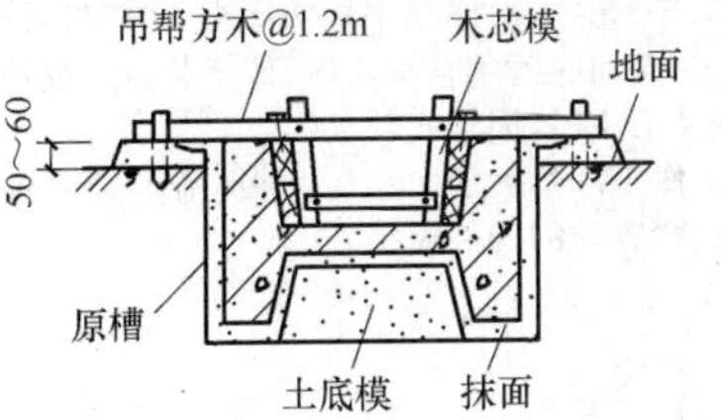 吊帮方木@1.2m 木芯模 地面 50～60 原槽 土底模 抹面	用土胎作底模，土壁作侧模。成型方法有两种：当土质较差，采取放线、挖槽、支木胎后四周培土夯实成型；当土质较好时，则按构件放线形状、尺寸开挖，原槽抹面成型。内表面常用抹面材料及配合比见表 7-23，抹灰表面再刷隔离剂或铺塑料薄膜 适于生产体积大、外形较简单的梁、柱构件
地上式土胎模	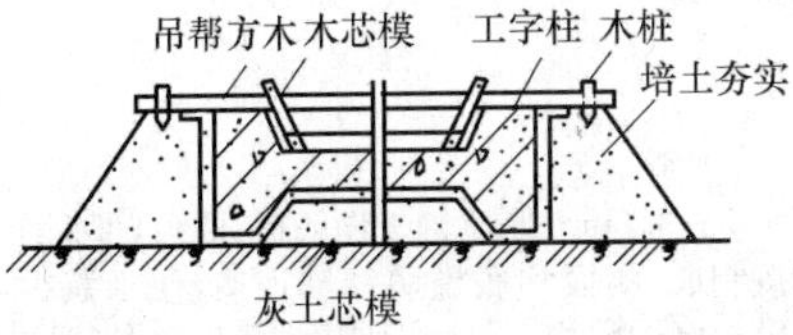 吊帮方木 木芯模 工字柱 木桩 培土夯实 灰土芯模	用土胎作底模，侧模则有木胎培土夯实成型和采用工具式侧模板两种形式。前者是按构件平面尺寸放线，将模底铲平，然后支木胎夯筑土模。夯筑土料宜用粉质黏土，靠胎模应用过筛细土。内表面拆胎后，进行抹灰，抹面材料同上；后者是先将地面局部夯实，按构件尺寸分层铺土、夯实、找平、弹线，沿周边切土，表面抹 20mm 厚白灰黏土砂浆或1：1：4水泥粘土砂子混合砂浆，侧模紧贴土芯模安装，下部铺统长横楞用螺栓或斜撑固定，定型侧模用卡具卡紧 适于制作外形比较复杂和表面积较大的构件，如工字形柱、双肢柱、薄腹梁、鱼腹式吊车梁及屋架等
半地下式土胎模	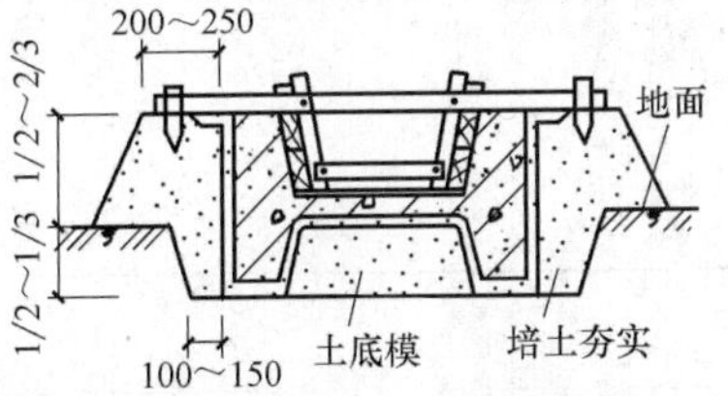 200～250 1/2～2/3 地面 1/2～1/3 100～150 土底模 培土夯实	系将构件埋入地下 1/2～1/3，成型方法下部同地下式土胎模，上部同地上式土胎模，须先支胎，并作到挖、填土基本平衡 适于制作外形较简单的柱、梁构件
砖（土坯）胎模	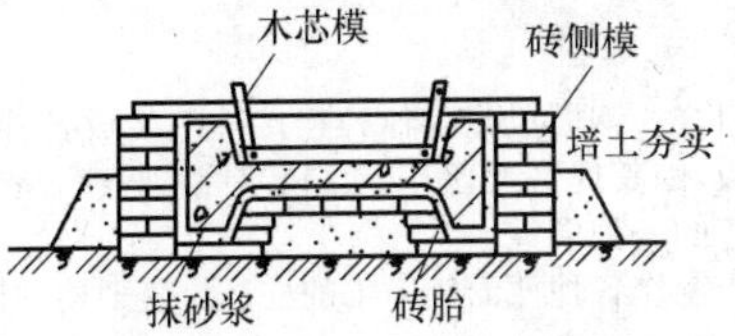 木芯模 砖侧模 培土夯实 抹砂浆 砖胎	用夯实土铺砖作底模或芯模，砌黏土砖作侧模，外面适当培土，内表罩抹面材料，表面刷隔离剂，砌砖宜用 M2.5 以下砂浆，以便拆除。无砖时，亦可用土坯代替黏土砖，做法与砖胎模相同 适于做生产量大的定型构件（如肋形板）的底模或做现场预制构件（如柱、梁的底模或侧模）
混凝土（石）胎模	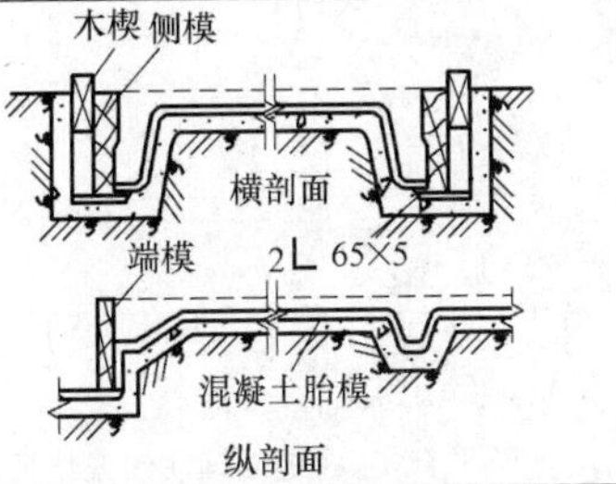 木楔 侧模 横剖面 端模 2∟65×5 混凝土胎模 纵剖面	用混凝土按构件外形灌筑成型，表面原浆压光，转角抹成光滑圆角，便于脱模。亦可用砌石，上表面抹水泥砂浆，以节省混凝土和便于拆除 适于做生产数量大的大型屋面板、墙板、槽瓦等的底胎
混合胎模	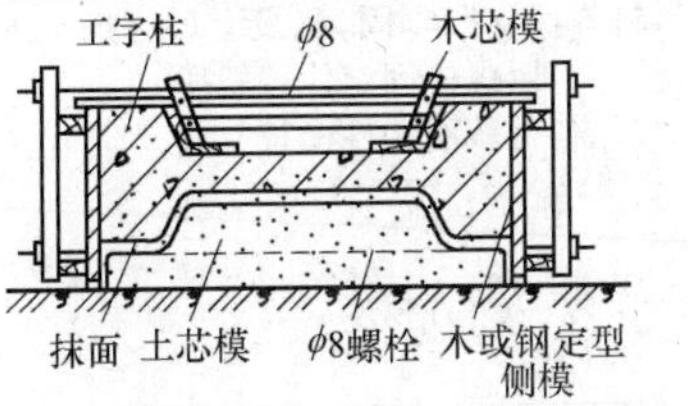 工字柱 $\phi 8$ 木芯模 抹面 土芯模 $\phi 8$螺栓 木或钢定型侧模	用土、砖成型，上部抹面作底模或芯模，用工具式木或钢模作侧模或上部芯模 适用于现场制作梁、柱、屋架、托架等构件。方法简便，应用最广

续表

名称	构造简图	支设方法及适用场合
工具式钢胎模（一）	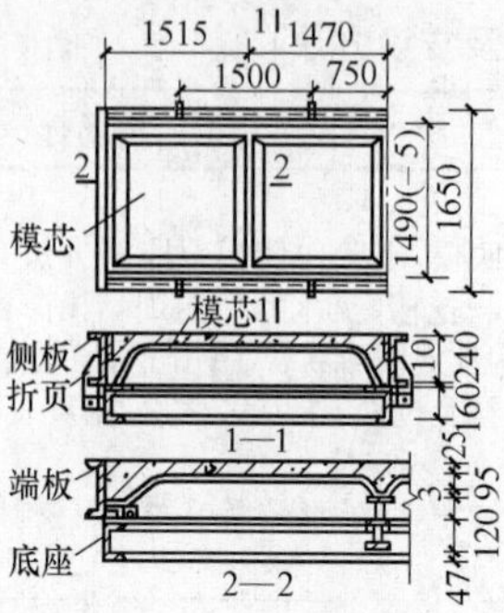 1515　11　1470　1500　750　2　2　模芯　1490(-5)　1650　模芯11　侧板折页　10　160240　1—1　端板　25　3　底座　120 95　47　2—2	用1.5～3.0mm厚薄钢板作面板，型钢作骨架和侧模焊接制成，侧模和底模用合页连接，便于装拆。模板刚度好，坚固耐用，易于脱模，周转次数高 适于作生产量大的大型屋面板，吊车梁模板，特别适用于作蒸汽窑养护的构件模板
工具式钢胎模（二）	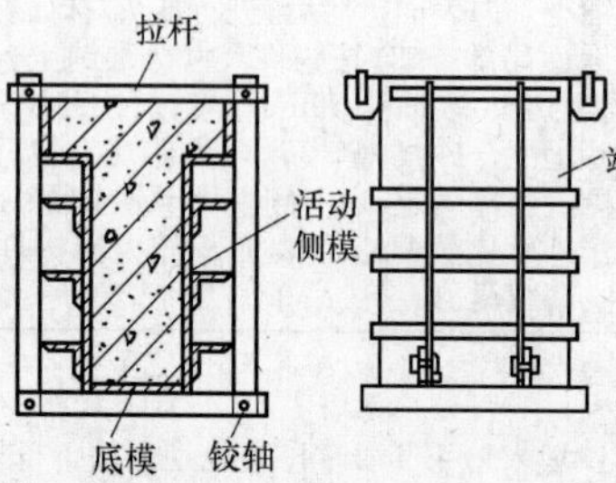 拉杆　活动侧模　端模　底模　铰轴	用1.5～3.0mm厚薄钢板作底板、侧板，型钢作骨架、加劲肋焊接制成，侧模和底模用铰轴连接，便于装拆，上部设拉杆。模板坚固耐用、强度高、刚度大、变形小，不漏浆，尺寸准确，脱模容易，周转次数高 适于制作生产量大的吊车梁，圆孔板的横模和蒸汽窑养护的构体模板
组合式钢胎模	 拉铁　扣件　钩头螺栓　横连杆　组合钢模板　钢管纵连杆　砖带	用组合式钢模板配以各种连接件组装成各种形式预制构件模板，因其规格配套齐全、组装灵活、快速、装拆方便，是应用最广的一种模板 适于制作各种截面较简单的柱、梁、屋架构件模板
木胎模	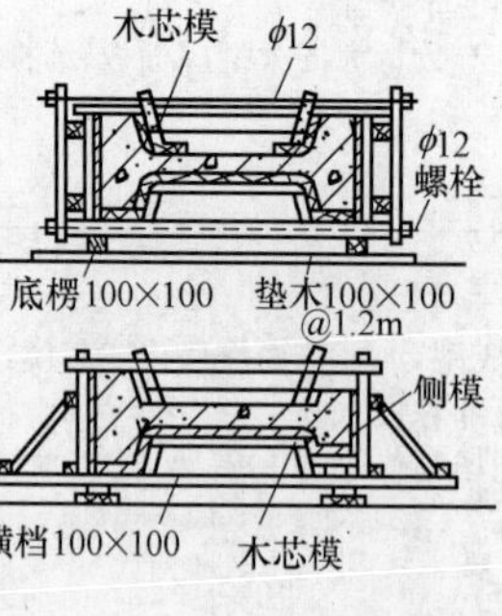 木芯模　ϕ12　ϕ12螺栓　底楞100×100　垫木100×100 @1.2m　侧模　横档100×100　木芯模	先将场地整平夯实，在地面铺底楞或垫板，在其上铺底板，上侧板，钉斜撑支撑牢固，侧板上口钉搭头木。对截面宽度大的构件亦可用螺栓固定代替斜撑 适于制作各种截面构件模板

胎模抹面材料及配合比参考表 表 7-23

名称	配合比及使用方法	适 用 场 合
净土浆	原土过筛加水调成糊状,抹面	土模作找平层
砂泥浆	砂∶黏土=1∶3～4,拌和后加水调至糊状,抹面	土模面层找平
柴泥浆	泥土浆加熟草筋拌和,或用锯末∶黄泥=1∶3～4	土模及砖模找平
水泥石灰浆	水泥∶石灰膏=1∶0.5～1,泥浆找平后罩面,边刮边抹,厚3～5mm	含砂量较大的土模面层
水泥黏土浆	水泥∶黏土=1∶2,制成稠灰浆抹面,厚3mm左右	土模棱角
水泥黏土砂浆	水泥∶黏土∶砂=1∶3∶8～10(或1∶1∶4),抹面后,表面撒一层干水泥,压光	土模、砖模面层
石灰砂浆	石灰膏∶中细砂=1∶3～5,调成灰浆抹面	较黏、湿的土模及砖模
石灰黏土砂浆	石灰∶黏土∶砂=1∶3∶2,制成适当稠度抹面,厚3～5mm	原槽土模
水泥砂浆	水泥∶砂=1∶3,制成适当稠度抹面压光	土模边角、砖模及混凝土胎模抹面

7.2.3.2 预制构件快速支模和脱模

常用预制构件模板、快速支模、脱模工艺方法 表 7-24

名称	构 造 简 图	工艺方法及适用场合
无底模板法	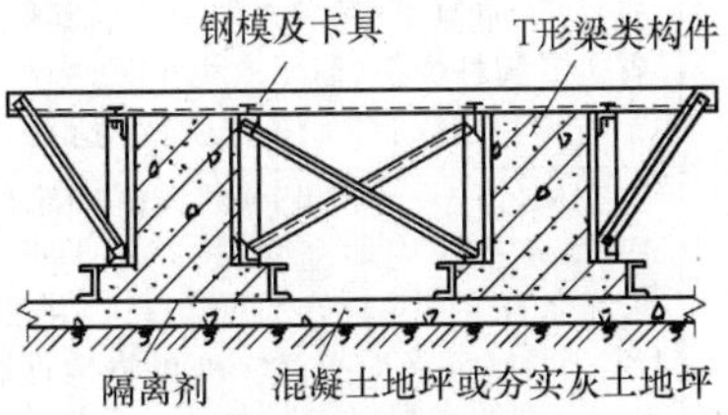 钢模及卡具 T形梁类构件 隔离剂 混凝土地坪或夯实灰土地坪	对底面积平整的构件,利用地坪或夯实灰土作底模,在两侧支工具式侧模板,浇灌混凝土构件,可省去底模工料 适于表面积大、高度不大的大型屋面板、槽形板以及柱、梁类构件
连续浇灌法	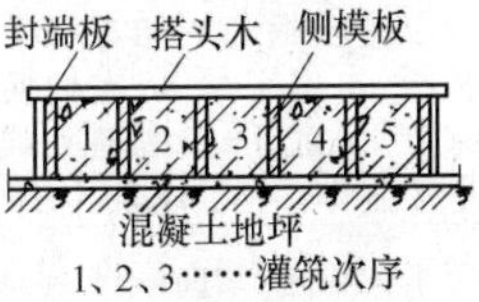 封端板 搭头木 侧模板 1 2 3 4 5 混凝土地坪 1、2、3……灌筑次序	以混凝土地坪作底模,按构件的宽度支侧模,利用相邻构件一面作侧模,只支一面侧模连续预制构件 适于制作两侧外形平整的构件
组合支模法	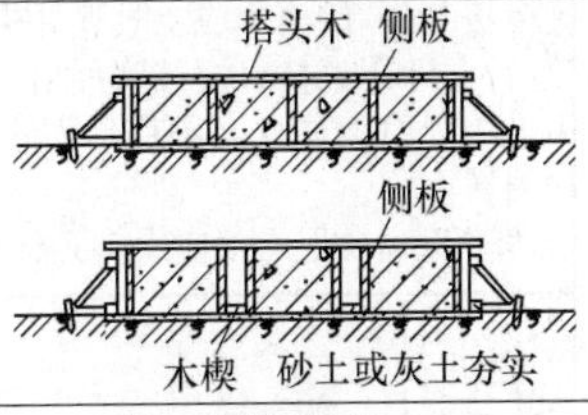 搭头木 侧板 侧板 木楔 砂土或灰土夯实	在混凝土平台上密支模板,使相邻构件共用一块模板,或使各构件相互靠近,模板与模板之间仅用木楔隔离,以此互相支撑,可省去大量支撑材料 适于制作梁、板类构件
间隔浇灌法	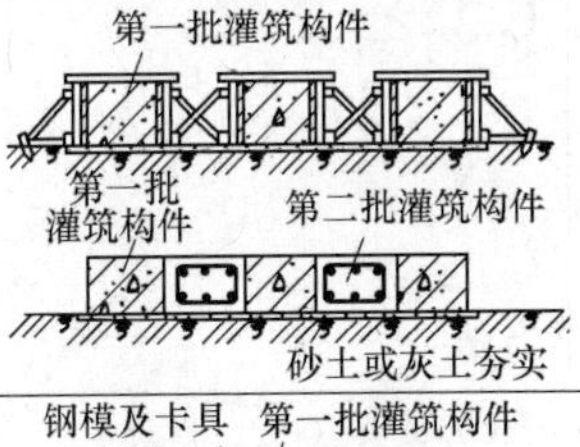 第一批灌筑构件 第一批灌筑构件 第二批灌筑构件 砂土或灰土夯实	对外形简单、截面对称的构件,采取先间隔支模浇灌,间隔宽度即为构件宽度,拆模后在两构件中间不支模(仅支端模)浇灌中间构件,可省去二次支模 适用于地梁、檩条、边梁、桩等构件
倒置浇灌法	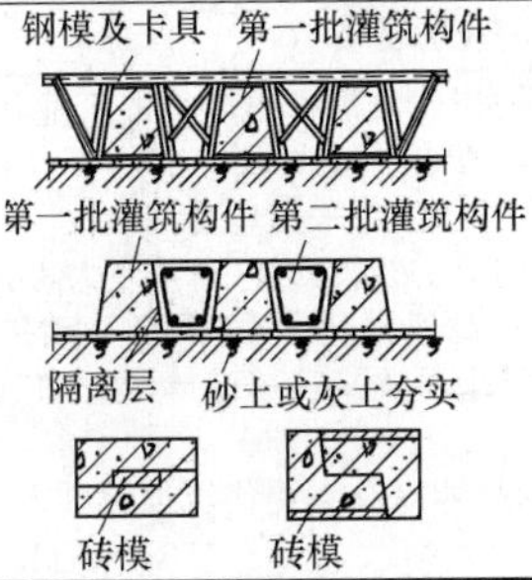 钢模及卡具 第一批灌筑构件 第一批灌筑构件 第二批灌筑构件 隔离层 砂土或灰土夯实 砖模 砖模	对梯形、丁字形、三角形等异形构件,可利用其倒置互补的几何图形,将构件翻转90°或180°排列,使其间距恰好等于构件尺寸,可利用其作为次一批相同构件的混凝土模盘,制作构件。当构件外形尺寸不完全吻合时,则用衬木或砖模来补足,本法可省去全部或部分支模 适于制作檩条、地梁、肋条、过梁圈梁等构件

续表

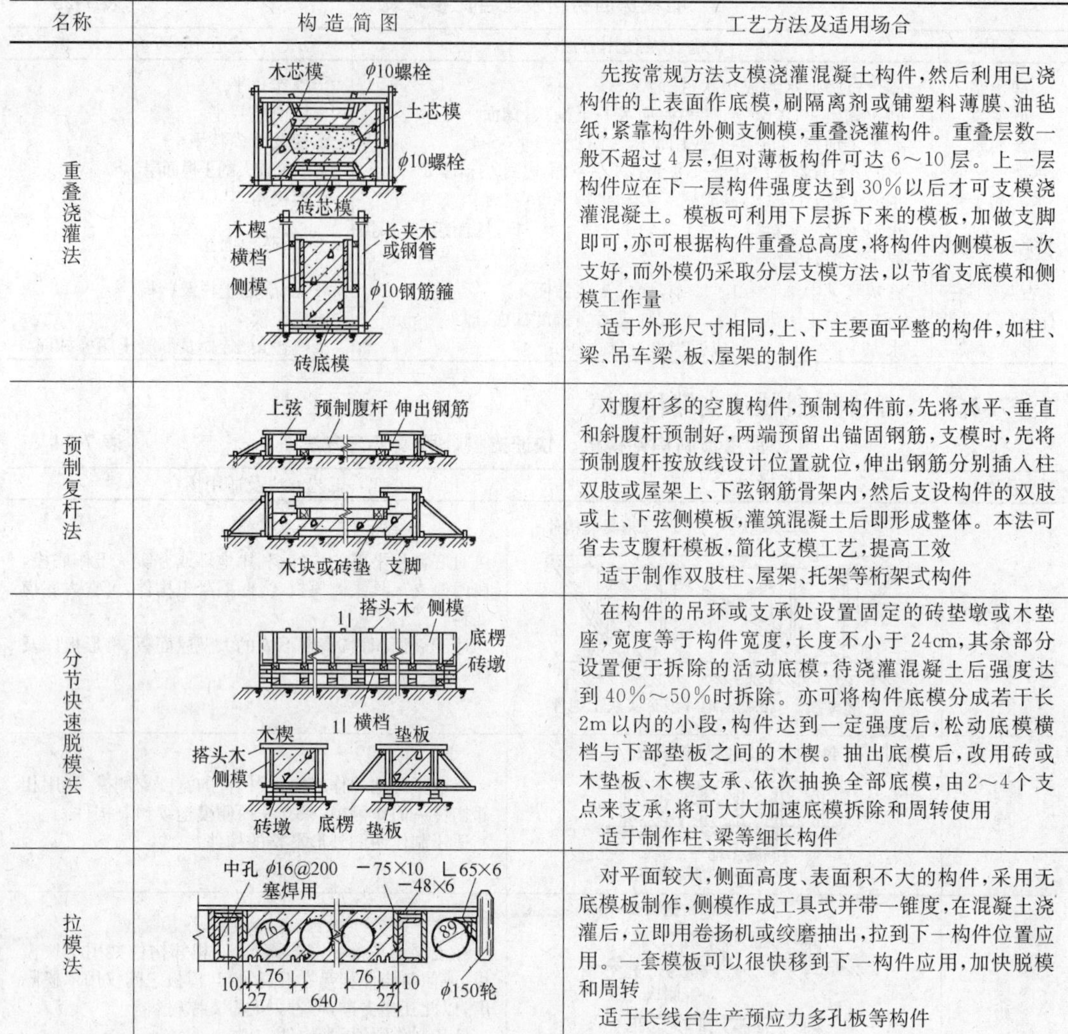

名称	构造简图	工艺方法及适用场合
重叠浇灌法	木芯模；ϕ10螺栓；土芯模；ϕ10螺栓；砖芯模；木楔；横档；侧模；长夹木或钢管；ϕ10钢筋箍；砖底模	先按常规方法支模浇灌混凝土构件，然后利用已浇构件的上表面作底模，刷隔离剂或铺塑料薄膜、油毡纸，紧靠构件外侧支侧模，重叠浇灌构件。重叠层数一般不超过4层，但对薄板构件可达6～10层。上一层构件应在下一层构件强度达到30%以后才可支模浇灌混凝土。模板可利用下层拆下来的模板，加做支脚即可，亦可根据构件重叠总高度，将构件内侧模板一次支好，而外模仍采取分层支模方法，以节省支底模和侧模工作量 适于外形尺寸相同，上、下主要面平整的构件，如柱、梁、吊车梁、板、屋架的制作
预制复杆法	上弦；预制腹杆；伸出钢筋；木块或砖垫；支脚	对腹杆多的空腹构件，预制构件前，先将水平、垂直和斜腹杆预制好，两端预留出锚固钢筋，支模时，先将预制腹杆按放线设计位置就位，伸出钢筋分别插入柱双肢或屋架上、下弦钢筋骨架内，然后支设构件的双肢或上、下弦侧模板，灌筑混凝土后即形成整体。本法可省去支腹杆模板，简化支模工艺，提高工效 适于制作双肢柱、屋架、托架等桁架式构件
分节快速脱模法	搭头木；侧模；底楞；砖墩；横档；木楔；垫板；搭头木；侧模；砖墩；底楞；垫板	在构件的吊环或支承处设置固定的砖垫墩或木垫座，宽度等于构件宽度，长度不小于24cm，其余部分设置便于拆除的活动底模，待浇灌混凝土后强度达到40%～50%时拆除。亦可将构件底模分成若干长2m以内的小段，构件达到一定强度后，松动底模横档与下部垫板之间的木楔。抽出底模后，改用砖或木垫板、木楔支承，依次抽换全部底模，由2～4个支点来支承，将可大大加速底模拆除和周转使用 适于制作柱、梁等细长构件
拉模法	中孔 ϕ16@200 塞焊用；−75×10；−48×6；∟65×6；76；89；10；76；76；10；27；640；27；ϕ150轮	对平面较大，侧面高度、表面积不大的构件，采用无底模板制作，侧模作成工具式并带一锥度，在混凝土浇灌后，立即用卷扬机或绞磨抽出，拉到下一构件位置应用。一套模板可以很快移到下一构件应用，加快脱模和周转 适于长线台生产预应力多孔板等构件

7.3　特种模板施工工艺方法

7.3.1　大模板

大模板施工工艺方法　　表 7-25

项次	项　目	施工方法要点
1	组成、特点及使用	(1)大模板施工是一种用大块工具式模板现浇混凝土墙体的工业化施工方法。大模板是由面板、加劲肋、竖楞、支撑桁架稳定机构及附件组成(图7-10)，其尺寸与墙面积大体相同或为它的模数。面板材料多采用钢板、胶合板，亦可采用玻璃钢面板 (2)大模板施工特点是：模板尺寸大，构造拼装较为复杂；重量大，需用起重机械吊装；可充分发挥现浇和预制吊装两种工艺优点，提高机械化程度，降低劳动强度，节省劳力，缩短工期；施工现场便于管理，施工方便；从设计上可提高房屋整体刚度和抗震、抗风性能；墙体较薄，提高使用面积 (3)适用于浇筑多层、高层建筑房屋的墙体以及工业建筑上长度大的大块墙体(如水池墙壁、挡土墙等)

续表

项次	项 目	施工方法要点
2	组装施工工艺方法	(1)施工方法一般有两种类型：一种是在建筑内外墙均用大模板现浇混凝土，一块墙面用一块大模板(面积约 15～20m²)，而楼板、隔墙板、楼梯平台、楼梯段、阳台等均采用预制吊装；另一种是内纵、横墙采用大模板现浇混凝土；而外墙板、隔墙板、楼板等均采用预制吊装(简称"一模三板") (2)大模板组合有平模、大角模、小角模三种方式。平模组合是一块墙面采用一块平模，纵横墙分别施工；大角模组合是房间的墙角的内模由四块大角模组成，自成一个封闭体系；对于长方形房间则四角采用大角模板后，不足部分配以小平模组合的方式；小角模组合基本上是以平模为主，转角处采用∟100mm×10mm 的小角模 (3)内墙一对大模板的连接如图 7-10，外墙大模板的连接可采用紧挂在内模板上的方法或安装在脚手架上，用穿墙螺栓与内模拉紧(图 7-11*a*)，外墙的阳角大模板连接如图 7-11*b* (4)大模板施工一般将建筑物划分为 2～4 个施工段或采取两栋楼房同时施工，每栋楼房每层作为一个施工段，各施工段的工程量大体相等，并使模板在各个施工段能够充分周转，减少模板配置的数量 (5)配合大模板施工，钢筋亦应按施工段划分顺序依次绑扎，一般先横墙，后纵墙，绑扎主筋时，应根据模板上放的墙身立直，水平钢筋的间距一般为 200mm，标高抄平在垂直钢筋上按划线绑扎
3	施工、操作注意事项	(1)大模板组装前应弹好楼层墙身线、门口线、模板位置标高线；安完预埋管线，浇好导墙混凝土；模板面要涂刷隔离剂 (2)每个单元的安装顺序为：先安内墙模板，后安外墙模板；先安横墙模板，后安纵墙模板；先正号，后反号，不得混淆 (3)纵横内墙应连续一次浇筑完成，待混凝土强度达到 1.2N/mm² 后，将连接螺栓卸开，拆模，用塔式起重机吊至下一段安装。有关混凝土浇筑按常规方法参见表 9-37 (4)模板就位后，应立即调整螺栓千斤顶，使其垂直平稳后，再安设穿墙连接螺栓和固定安装零件，最后应对整个墙模板进行一次尺寸和垂直度检查，其允许垂直偏差为±1mm；标高偏差为±2mm；轴线偏差为±2mm (5)大模板水平度的校正在每次浇筑墙体混凝土后，墙顶按墙顶测量标高随做塌饼并予以找平。楼板吊装后，楼面立模位置应以砂浆找平，垂直度的校正用 2.5m 长的靠尺，上挂线锤进行检查，如有偏差，用螺栓千斤顶进行校正，或用撬杠拨动校正

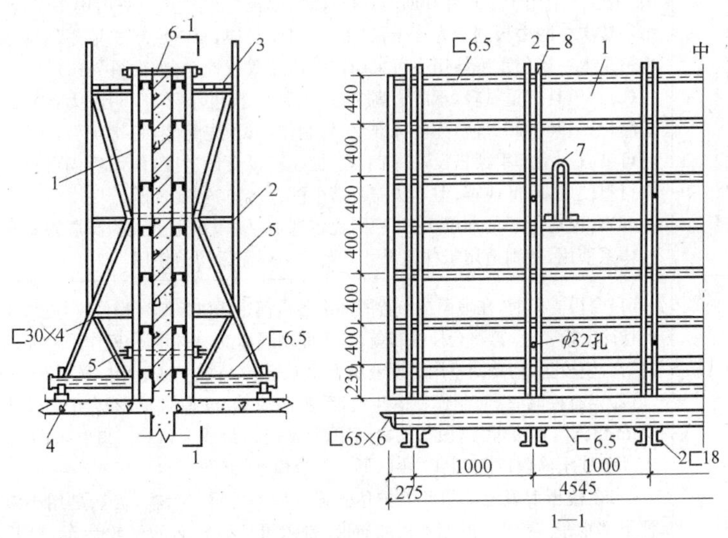

图 7-10 大模板构造

1—大模板；2—钢支撑桁架；3—操作台；4—调整器；5—活络支撑管；6—混凝土内墙；7—ϕ16mm 钢吊环

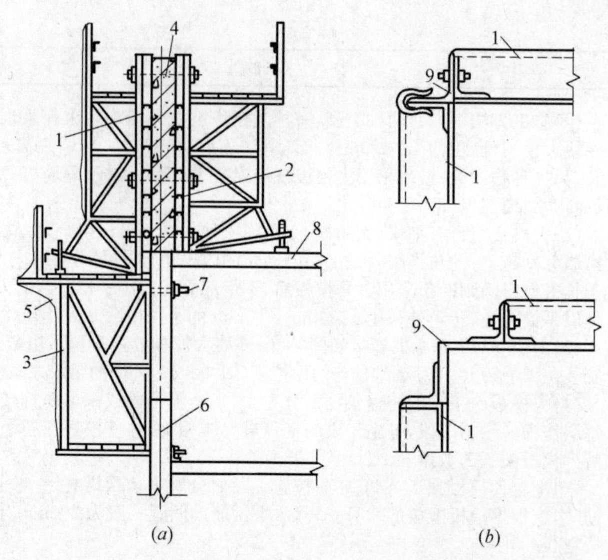

图 7-11　外承式外模及外墙阳角模板构造

(a) 外承式外模构造；(b) 外墙阳角模板连接

1—外墙外模；2—外墙内模；3—附墙脚手架；4—穿墙螺栓；5—安全网；
6—现浇外墙；7—穿墙卡具；8—楼板；9—外角模

7.3.2　台（飞）模板

台（飞）模板施工工艺方法　　**表 7-26**

项次	项　目	施工方法要点
1	组成、构造、特点及使用	(1)台模又称飞模，是一种预拼装整体式模板。它由组合钢模板组成一定尺寸的大面积平面模板，再与 ϕ48mm 钢管支撑架组合成一个整体(图 7-12)。模板之间用 U 形卡和 L 形插销、钢管支架用十字扣件和回转扣件连接，模板与钢管支架间用钩头螺栓连接。使用时，将每一楼层柱网楼板划分为若干张"台子"组成台模，每一台模采取现场整体安装，整体拆除，再吊至上一楼层重复使用亦可采用定型产品双肢管柱台模(图 7-13) (2)台模具有重量轻，承载力高(可达 11kPa，挠度小于 $l/750$，l 为台模最大尺寸)，支模工艺简化，组装拆卸方便，配件标准化，易制作，可预先组装，一次配板，可层层使用等特点；同时可节省大量脚手架搭设，提高工效，加速模板支设进度，使用后仍可作为定型模板和脚手架材料使用，降低成本；但本法需有塔吊配合运输、安装台模 (3)台模适用于标准层次多，柱网比较规则，层高变化不大的高层建筑和板柱及剪力墙结构体系使用，特别适用于柱帽尺寸一致的多层无梁楼盖使用
2	模板支设工艺方法	(1)台模支模前，在地面按布置图弹出各台模边线以控制台模位置，先绑扎柱钢筋，将组装好的柱筒子模套上，再将台模吊装就位，表面刷隔离剂，并利用台模作平台浇筑柱子混凝土，然后进行台模校正，标高调整用小型液压千斤顶配合，每根立柱下用一砖墩和木楔垫起，以防下沉 (2)当有柱帽时，应制作整体斗模，系用四块 3mm 厚梯形钢板组成，每块钢板均用∟50×5mm 角钢与钢板焊接，板与板之间用螺栓连接，组成上口和下口要求的尺寸，安装斗模下口支承于柱子筒模口上，上口用 U 形卡与台模连接(图 7-14) (3)在楼板混凝土浇筑并养护达到强度后即可拆除台模，方法是用小液压千斤顶顶住台模下部水平连接管，拆除木楔和砖墩，推入可任意转向的四轮台车，松开千斤顶使台模落于台车上，即可推运至模板外侧搭设的平台上，用塔吊吊至上层楼面上就位，重复上述工序使用，直至全部楼层施工完成；台模脱模及转移情况见图 7-15

续表

项次	项 目	施工方法要点
3	使用注意事项	(1)台模平面设计尺寸要适应柱网开间尺寸,减少镶补工作量,尽量选用统一高度(比层高低 300～500mm) (2)台模面板配板尽量采用标准件,规格要少;大小、重量要适应平面移动和塔吊吊装刚度,荷载满足要求 (3)台模表面要求平整;模板间的连接及钢管支架本身及台面之间的连接均应用 U 形卡与扣件一正一倒对卡连接牢固,使其有一定的强度和刚度,可重复使用 (4)柱(墙)、楼板施工应分别组织流水施工,按一定程序作业,使其有条不紊,有节奏地进行 (5)台模起吊应检查支架、模板有无松动,台面上有无散落物体,起吊点受力是否均匀,以免发生高空脱落打击事故

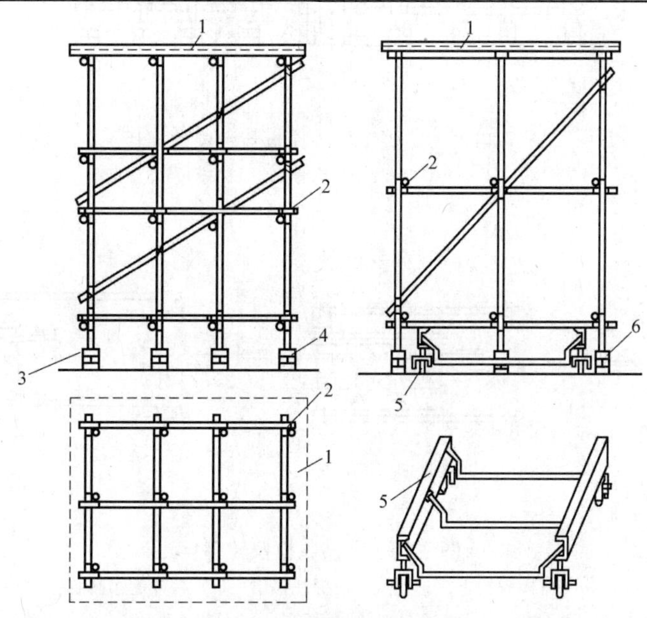

图 7-12 台模板构造

1—组合钢模板台面；2—钢管支架；3—砖墩或钢套筒；4—木楔；5—四轮台车；6—拆除的砖墩

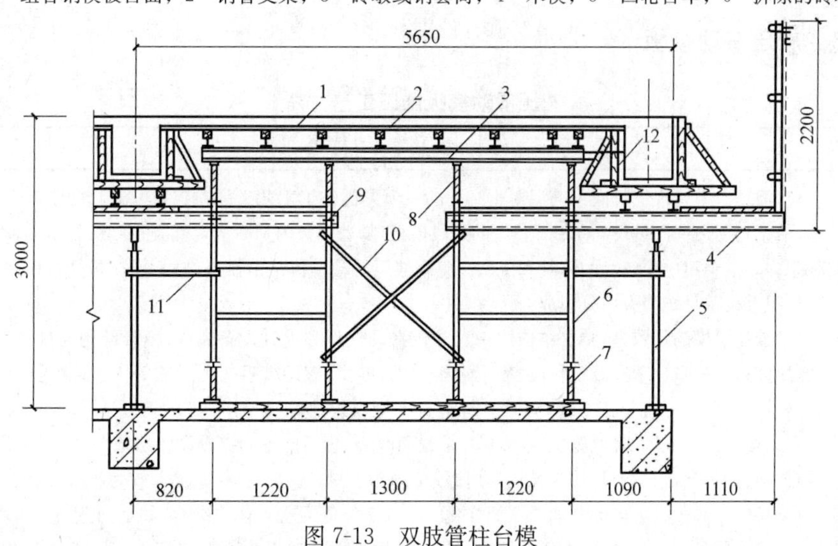

图 7-13 双肢管柱台模

1—胶合板；2—J400 铝合金梁；3—Ⅰ16 纵梁；4—Ⅰ16 挑梁；5—单腿支柱；6—双肢管柱；7—底部调节支腿；8—顶部调节螺栓；9—U 形螺栓；10—纵向剪刀撑；11—拉杆；12—梁组合钢模

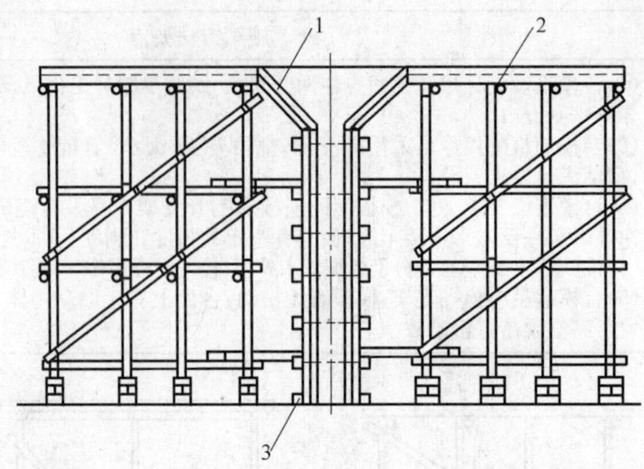

图 7-14 无梁楼盖柱帽模板与台模的连接

1—柱帽模板；2—台模；3—柱模板

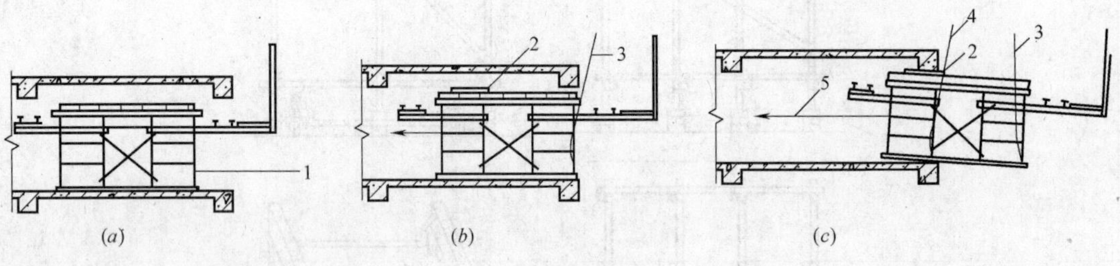

图 7-15 台模脱模及转移

(a) 台模脱模下沉；(b) 台模绑扎移出；(c) 台模起吊转移

1—台模；2—木板；3—前吊索；4—后吊索；5—安全绳

7.3.3 液压滑动模板

液压滑动模板施工工艺方法 表 7-27

项次	项目	施工方法要点
1	组成特点及应用	(1)液压滑模是现浇竖向钢筋混凝土结构的一项先进施工工艺。是在建(构)筑物的基础上，按照平面图，沿结构周边一次装设高 1.2m 左右的一段模板，随着模板内不断浇筑混凝土和绑扎钢筋，不断提升模板来完成整个建(构)筑物的浇筑和成型。整个液压滑动模板是由模板结构系统(包括操作平台系统)和液压提升设备系统两大部分组成 (2)液压滑模的特点是：整个结构用一套液压滑动模板和提升设备完成；模板结构与操作平台一次组装，用多台小型千斤顶提升；滑升过程不用再支模、拆模、搭设脚手架和运输等工作；混凝土保持连续浇筑，施工速度快，可避免施工缝；同时具有节省大量模板、脚手架材料(70%以上)、节省劳动力(30%～50%)、减轻劳动强度、降低施工成本，施工安全等优点；但需一整套提升设备系统，一次性投资大；同时支承杆需耗用一定数量钢材(约为结构总用钢量的 18%～21%)，操作技术要求较为严格 (3)适用于高度较大的等截面及截面变化不大的钢筋混凝土整体式结构，如烟囱、贮仓、水塔、油罐、竖井、沉井等特种工程构筑物；对于截面变化较大的构筑物，如水塔、电视塔、筒体、多层框架结构、大截面独立柱群以及高层建筑墙、板结构等亦可应用

续表

项次	项目	施工方法要点
2	模板结构系统构造	(1)模板结构系统的构造和布置如图 7-16 所示 (2)模板:采用一节工具式钢或木定型模板,沿结构物截面周界围组而成。通过螺栓悬挂在围圈上;模板高一般为 1.2m,外模比内模应高 200mm,模板宽 100～500mm,下口保持 6～10mm 的锥度。烟囱及筒仓用的模板,包括固定模板、活动模板和单面或双面收分模板(图 7-17)。框架结构模板包括收分模板、标准定型模板、转角模板及堵头插板等(图 7-18) (3)围圈:为支撑模板的横带,沿结构物截面周长设置,上下各一道,间距 500～750mm,固定在提升架立柱上,钢围圈用∟60×5、∟65×5、∟75×6(mm),⊏8 或⊏10 等制成;木围圈用2～3 片 40×200 或 50×200(mm)木方组成。烟囱用围圈应有弧度,并由固定围圈和活动围圈组成,组装见图 7-19(*a*),当围圈跨度大于 3m 或其上有较大荷载时,可制成桁架式(图 7-19*b*) (4)提升架:系由立柱横梁和围圈托板等组成。由钢或木制成,节点用螺栓连接,常用形式如图 7-20;相邻提升架间距一般为 1.5～2.5m (5)操作平台:由桁架、梁、铺板等组成,支承在提升架或围圈上,用型钢或木方制成外侧平台固定在提升架或围圈上,宽 0.8m,平台铺 40mm 厚木板与模上口齐平 (6)吊架:由钢筋链子或扁钢制成悬挂在操作平台上,每隔 1.2m 一个,上铺木板,外设安全围栏及绳网
3	液压提升设备系统	(1)液压千斤顶:是滑模系统的提升工具,常用型号有 HQ-3 型和 GYD-35 型;卡头有滚珠式和楔块式两种,后者可用螺纹钢筋作支承杆 (2)支承杆:一般用直径 25mm 的 HPB235 圆钢筋,经冷拉调直,其延伸率控制在 2%～3%以内,长度为 4～6m;为使接头不超过 25%,第一节支承杆用四种不同长度;支承杆接头有丝扣或插杆、榫接及焊接式三种(图 7-21),丝扣式使用方便可靠,每根支承杆承载力一般取 15kN 左右 (3)输油管路:包括油管、接头、阀门、油液等。油管一般采用高压橡胶管,主油管亦可用无缝钢管。油管接头宜用滚压式接头,各部件使用前应单体试压;油液一般冬期用 10 号,夏期用 20 号、30 号机械油,黏度为 $7\sim33\times10^{-3}$Pa·s;恩氏黏度为 1.86～4.59°E (4)液压控制装置:包括低压表、细滤油器、电磁换向阀、减压阀、溢流阀、油箱、回油阀、分油器、针形阀、单级齿轮泵,高压表、粗滤油网及电机等
4	工艺操作方法及质量控制	(1)滑动模板及提升设备组装次序一般为:提升架→围圈→绑钢筋→模板→操作平台大梁(或桁架)、小梁→三角架→铺平台板及安全栏杆→千斤顶→液压控制装置及管路→支承杆→内外吊架及各部位安全网。组装质量要求见表 7-28 (2)混凝土初次浇灌高度一般为 60～70cm,分 2～3 层进行浇筑,测得最下层混凝土贯入阻力值达到 0.5～3.5N/mm^2(相当立方体抗压强度为 0.05～0.25N/mm^2)时,一般养护 3～5h,即可初次提升3～5 个千斤顶行程,并对模板和液压系统进行一次检查,一切正常后即继续浇灌,每灌 10～20cm,再提升3～5 个行程,直至混凝土距模板上口 10cm 时,即转入正常滑升。继续绑扎钢筋,浇筑混凝土,开动千斤顶,提升模板,如此昼夜循环操作连续作业,至结构完成为止,平均每昼夜滑升 2.4～7.2m (3)每次浇筑混凝土应分段、分层、交圈均匀进行,分层厚度为 20～30cm,每次浇灌至模板上口以下 10cm 为止 (4)滑升速度应与混凝土凝固程度相适应,同时使支承杆不发生失稳,一般当出模的混凝土贯入阻力值达到 0.5～3.5N/mm^2,或手模有硬的感觉,手指按出深度 1mm 左右印子时,即可滑升,滑升速度一般为 20～50cm/h,最大可达 60cm/h (5)在模板滑升中,各工序间要紧密配合。因故停滑时,应采取停滑措施,混凝土应浇筑至同一标高,每隔 0.5～1.0h 至少提升一个行程,以防模板与混凝土粘结,导致再行滑升时出现裂缝;再滑时,接缝应作施工缝处理 (6)滑升时标高的控制,一般是在支承杆上每隔 1m 测设一次标高,并依次测各千斤顶高差,控制高差最大不得大于 40mm,相邻两个提升架的千斤顶高差不得大于 20mm;变截面结构,每滑升 1m 高度,应即进行一次中心线找正,每滑升一个浇筑层进行一次模板收分;模板找中心采用吊线锤或采用激光导向仪找准 (7)施工中出现支承杆弯曲可按图 9-22 方法处理

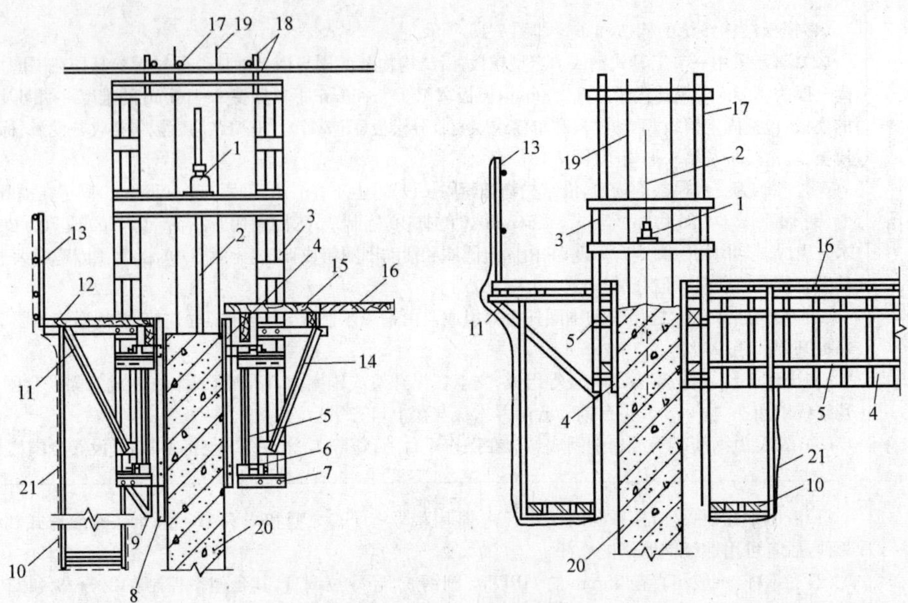

图 7-16 液压滑动模板装置构造

1—液压千斤顶；2—支承杆；3—提升架；4—滑动模（围）板；5—围圈；6—连接挂钩；7—围圈托板；8—接长外模板；9—附加角钢围圈；10—吊脚手；11—外挑架；12—外平台；13—护栏；14—内挑架；15—固定平台；16—活动平台；17—钢筋支架；18—水平钢管拉杆；19—竖向钢筋；20—混凝土墙体或筒壁；21—安全网

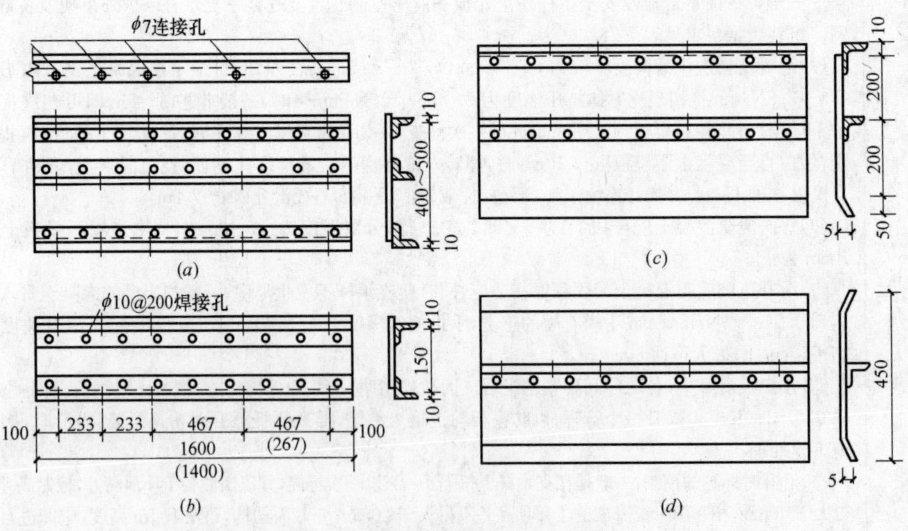

图 7-17 烟囱及筒仓结构的模板构造

(*a*) 固定模板；(*b*) 活动模板；(*c*) 单侧收分模板；(*d*) 双侧收分模板

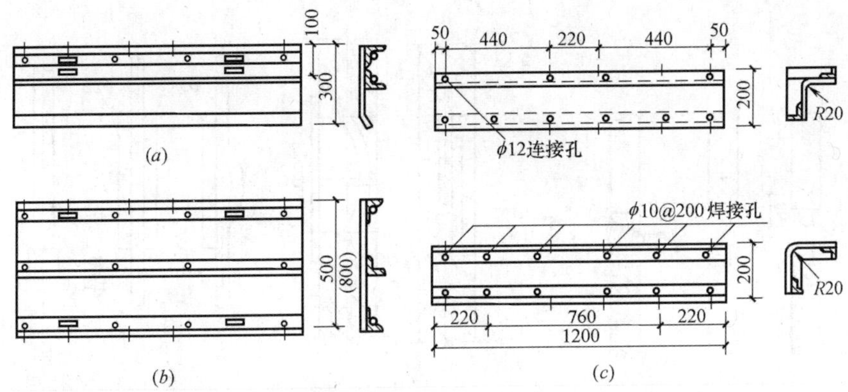

图 7-18 框架、民用建筑及方形贮仓结构模板构造

(a) 收分模板；(b) 定型模板；(c) 整体转角模板

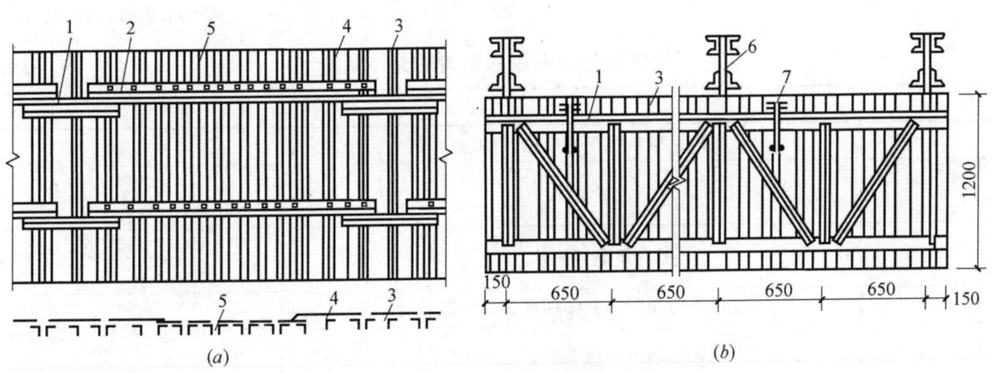

图 7-19 围圈组装

(a) 模板、围圈组装；(b) 桁架式围圈

1—固定围圈；2—活动围圈；3—固定模板；4—收分模板；5—活动模板；6—提升架；7—平台桁架

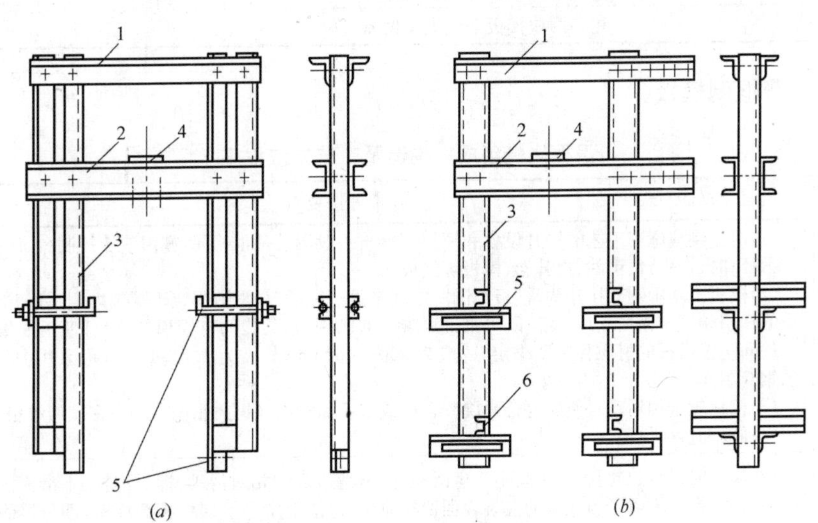

图 7-20 提升架立面构造形式

(a) 一般开形提升架；(b) 变截面工程用开形提升架

1—上横梁；2—下横梁；3—立柱；4—千斤顶座；5—围圈支托；6—调整支架

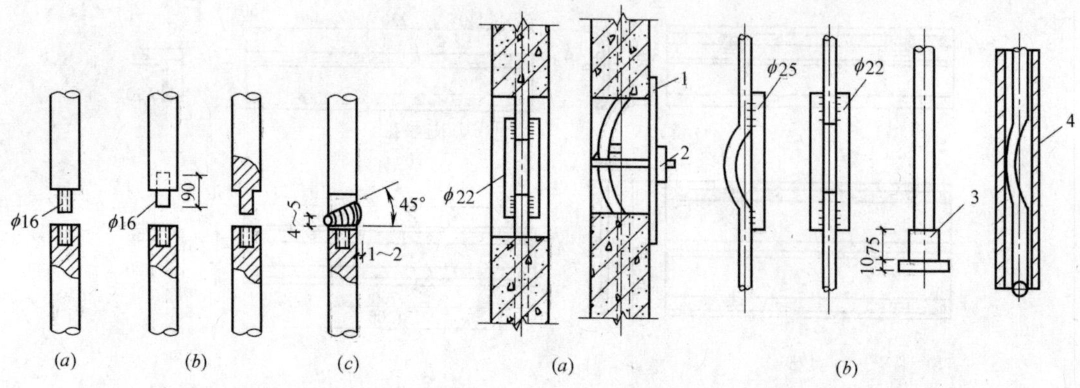

图 7-21　支承杆的连接

(a) 丝扣连接；(b) 榫接；(c) 焊接

图 7-22　支承杆弯曲处理

(a) 混凝土内部的处理；(b) 混凝土上部的处理

1—垫板；2—φ20mm 钩头螺栓；3—φ20mm 钢靴；4—钢套管

竖向液压滑升模板装置的允许偏差　　表 7-28

项 次	内 容		允许偏差 (mm)
1	模板结构轴线与相应结构轴线位置		3
2	围圈位置偏差	水平方向	3
		垂直方向	3
3	提升架垂直偏差	平面内	3
		平面外	2
4	安放千斤顶的提升架横梁相对标高偏差		5
5	考虑倾斜度后模板尺寸的偏差	上口	−1
		下口	+2
6	千斤顶安装位置偏差	提升架平面内	5
		提升架平面外	5
7	圆模直径、方模边长的偏差		5
8	相邻两块模板平面平整偏差		2

7.3.4 滑框倒模板

滑框倒模组成、构造及工艺方法程序　　表 7-29

项次	项目	施工方法要点
1	组成与构造	(1)滑框倒模施工工艺的提升设备和模板装置与一般滑模基本相同，亦由液压控制台、油路、千斤顶及支承杆和操作平台、围圈、提升架、模板等组成 (2)模板不与围圈直接挂钩，模板与围圈之间增设竖向滑道，滑道固定于围圈内侧，可随围圈滑升。滑道的作用相当于模板支承系统，既可抵抗混凝土的侧压力，又能约束模板位移，且便于模板的安装。滑道的间距按模板的材质和厚度决定，一般为 300～400mm；长度为 1.0～1.5m，可采用内径 25～40mm 的钢管制作 (3)模板应选用活动轻便的复合面层胶合板或双面加涂玻璃钢树脂面层的中密度纤维板，以利于向滑道内插放和拆模倒模
2	工艺方法程序	(1)施工时，模板与混凝土之间不产生滑动，而与滑道之间相对滑动，即只滑框，不滑模。当滑道随围圈滑升时，模板附着于新浇筑的混凝表面留在原位，待滑道滑升一层模板高度后，即可拆除最下一层模板，清理后，倒至上层使用(图 7-23)。模板的高度与混凝土的浇筑层厚度相同，一般为 500mm 左右，可配置 3～4 层。模板的宽度，在插放方便的前提下，尽可能加大，以减少竖向接缝 (2)滑框倒模的施工程序为：绑一步横向钢筋→安装上一层模板→浇筑一层混凝土→提升一层模板高度→拆除脱出的下层模板，清理后，倒至上层使用→如此循环进行，层层上升，直至要求高度

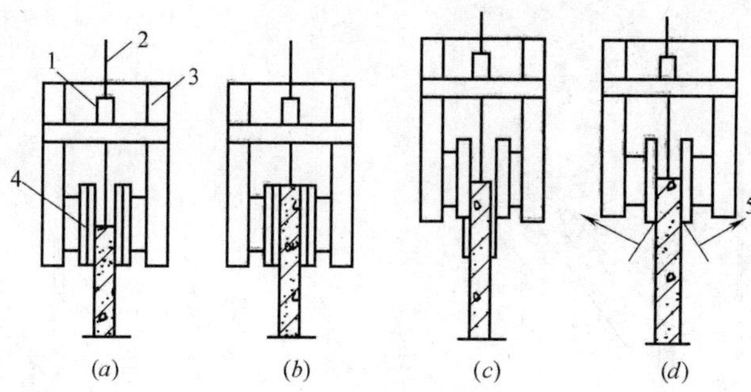

图 7-23 滑框倒模工艺程序
(a) 插板；(b) 浇筑混凝土；(c) 提升；(d) 拆倒模板
1—千斤顶；2—支承杆；3—提升架；4—滑道；5—向上倒模

7.3.5 爬升模板

爬升模板组成、施工装置、工艺方法及注意事项　　表 7-30

项次	项目	施工要点
1	组成、构造、特点及使用	(1)爬升模板，简称爬模，是采用附着装置支承在建(构)筑物结构上，以液压油缸或千斤顶为爬升动力，以导轨或支承杆为爬升轨道，将爬模装置逐层向上爬升，反复循环作业，直至结构施工完成的施工工艺。它由大模板系统、架体与平台系统、液压爬升装置、电气控制系统四部分组成 (2)爬升模板的特点是：模板的提升可不用塔式起重机吊运，自身可以借助爬架逐层提升；模板上楼支设后，不需拆卸再落地存放，可以逐层提升，直至结构施工完毕，不占用施工场地；由于模板的装拆处于相对固定状态，因此操作方便；此外，它装有操作脚手架，施工安全可靠；不用搭设外脚手架；再由于模板是逐层分块安装，垂直度和平整度易于调整和控制，可避免施工误差的积累；也不会出现墙面被拉裂现象 (3)适用于浇筑多层，高层建筑房屋的墙体及桥墩、塔柱、筒仓、柱形结构等工程，特别适合于在较狭窄的场地上建造多层和高层建筑的墙体工程
2	施工装置系统及工艺方法	(1)爬升模板施工工艺有多种形式，常用的有：导轨式液压爬模(顶升或提升)工艺、模板与爬架互爬工艺、液压钢平台爬升(顶升或提升)工艺等，以前一种使用最广，后两种已很少使用(从略) (2)液压爬升模板施工装置组成、构造及工艺方法分为：采用油缸和架体的爬模装置工艺方法和采用千斤顶和提升架的爬模装置工艺方法两种，如图 7-24 和图 7-25 所示 (3)采用油缸和架体的爬模装置施工工艺程序为：浇筑混凝土→混凝土养护→绑扎上层钢筋→安装门窗洞口模板→预埋承载螺栓套管或锥形承载接头→检查验收→脱模→安装挂钩连接座→导轨爬升、架体爬升→合模、紧固对拉螺栓→继续循环施工 (4)采用千斤顶和提升架的爬模装置施工工艺程序为：浇筑混凝土→混凝土养护→脱模→绑扎上层钢筋→爬升、绑扎剩余上层钢筋→安装门窗洞口模板→预埋锥形承载接头→检查验收→台模、紧固对拉螺栓→水平结构施工→继续循环施工 (5)爬升模板的安装顺序应为底座、立柱、爬升设备、大模板、模板外侧吊脚手
3	施工注意事项	(1)爬升模板系统(包括大模板、爬升架体、爬模装置、脚手架、附件等)，应按施工组织设计及有关图纸验收，合格后方可使用。同时检查工程结构上预埋螺栓孔的直径和位置是否符合图纸要求。有偏差时应在纠正后方可安装爬升模板 (2)模板爬升前，要仔细检查爬升设备，在确认符合要求后方可正式爬升。爬升时要稳起、稳落和平稳就位，防止大幅度摆动和碰撞。每个单元的爬升，应在一个工作班内完成，不宜中途交接班；爬升完毕应及时固定。每层大模板应按位置线安装就位，并注意标高，层层调整 (3)爬升时，所有穿墙螺栓孔都应安装螺栓，都必须以 50～60N·m 力矩紧固。穿墙螺栓受力处的混凝土强度应在 $10N/mm^2$ 以上。每爬升一次应全面检查一次，以保证螺栓与建筑结构的紧固 (4)大模板爬升时，新浇混凝土强度不应低于 $1.2N/mm^2$ (5)爬模基本点是：爬升时分块进行，爬升完毕固定后又连成整体。因此在爬升前必须拆除全部相互间的连接件，使爬升时各单元能独立爬升。爬升完毕应及时安装好连接件，保证爬升模板固定后的整体性 (6)拆除爬升模板应有拆除方案，一般拆除顺序是：先拆爬升设备，再拆大模板，最后拆除爬升支架。拆除时要设置警戒区，要设专人统一指挥、专人监护，严禁交叉作业，拆下的物件，要及时清理、运走、整修和保养，以便重复利用。遇六级以上大风，一般应停止爬升作业

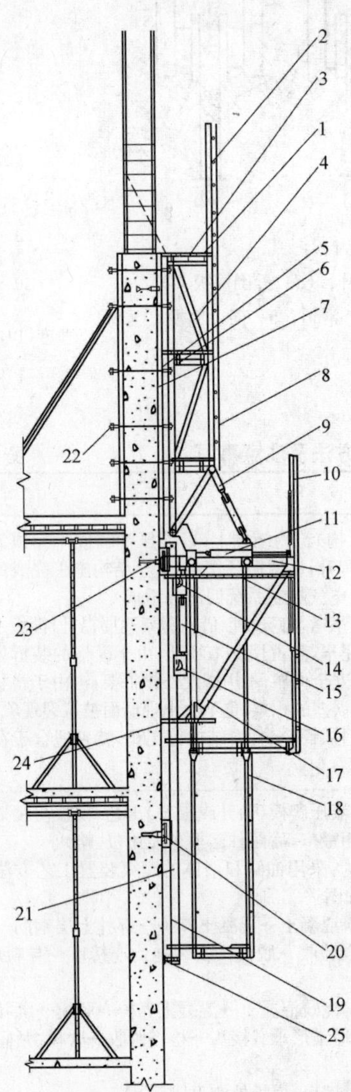

图 7-24 油缸和架体的爬模装置组成、构造与工艺方法示意图

1—上操作平台；2—护栏；3—纵向连系梁；4—上架体；5—模板背楞；6—横梁；7—模板面板；8—安全网；9—可调斜撑；10—护栏；11—水平油缸；12—平移滑道；13—下操作平台；14—上防坠爬升器；15—油缸；16—下防坠爬升器；17—下架体；18—吊架；19—吊平台；20—挂钩连接座；21—导轨；22—对拉螺栓；23—锥形承载接头（或承载螺栓）；24—架体防倾调节支腿；25—导轨调节支腿

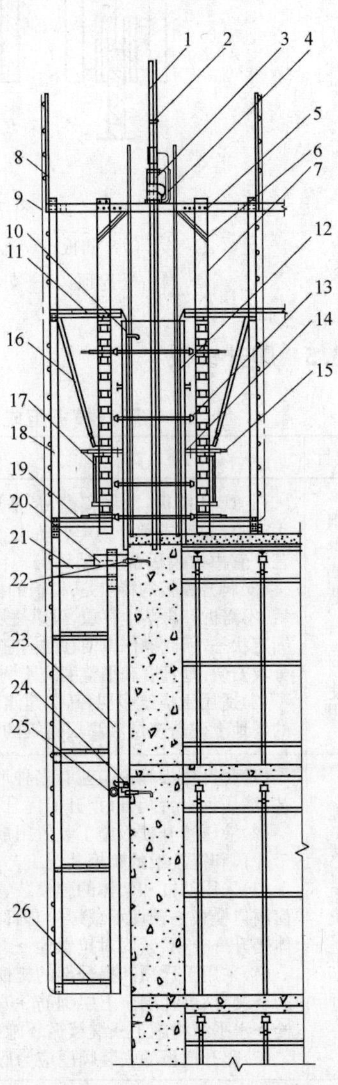

图 7-25 千斤顶和提升架的爬升装置组成、构造与工艺方法示意图

1—支承杆；2—限位卡；3—升降千斤顶；4—主油管；5—横梁；6—斜撑；7—提升架立柱；8—栏杆；9—安全网；10—定位预埋件；11—上操作平台；12—大模板；13—对拉螺栓；14—模板背楞；15—活动支腿；16—外架斜撑；17—围圈；18—外架立柱；19—下操作平台；20—挂钩可调支座；21—外架梁；22—挂钩连接座；23—导向杆；24—防坠挂钩；25—导向滑轮；26—吊平台

7.3.6 水平拉模和移动模板

水平拉（滑动）模模板和移动模板构造及施工方法　　表 7-31

项次	项目	施工方法要点
水平拉(滑动)模模板	组成、特点及使用	(1)水平拉(滑动,下同)模模板,系采用一节整体式模板,用支架固定,不断在模板内浇筑混凝土、绑扎钢筋,模板不断沿结构作水平滑动,逐步完成整个结构的混凝土浇筑工作 (2)拉模板施工的特点是:模板尺寸大,一次组装成型,模板结构作成可左右微动,以便于脱模,模板向前移动采用卷扬机或电动小车牵引施工。具有模板用量少,省去多次组装、拆模工序,操作简单,劳动强度低,工效高,现场文明,进度快,节约大量模板材料,降低施工成本等优点 (3)适用于长度和截面尺寸较大,形状简单、对称的结构,如挡土墙、管沟、排水沟、电缆沟、渠道、轨道基础等
	结构形式构造	(1)水平拉模板长度根据墙壁高度、施工工艺、材料性能以及工期要求等确定。一般单侧立壁水平拉模板,通常由 7～8 榀型钢制成的门型钢桁架平行连续组成 7m 左右长的骨架,顶部设操作平台,在骨架的内侧立柱上安装组合钢模板,用反正丝扣和法兰螺栓调节,后部比前部宽 30mm 的锥度,以减少摩阻力,骨架通过下部行走轮,用两台液压千斤顶(锁在钢轨的卡块上),或用卷扬机或电动小车推动或拉动(图 7-26) (2)当为双侧立壁,系用七榀门型钢桁架组成长 6m 的整体式模板,构造做法同单侧立壁模板,要求位置和尺寸准确,整个模架用两台设在前进方向后面的 5t 慢速卷扬机(或绞磨)和滑轮组牵引(图 7-27)
	施工工艺	(1)拉模施工应先浇筑完底板,再在底板上组装拉模板、浇筑立壁。混凝土采取沿纵向由下向斜上方作阶梯形(成 45°坡度)分层浇筑,用插入式振捣器捣实,使其接槎良好,每层厚 250～300mm,浇筑完一段待顶部混凝土还呈现塑性,用手按有印痕时,紧接着拉(推)动拉模板水平向前滑动 200mm (2)拉模后,顶面至少应保持有 1m 长的混凝土,顶面混凝土达 2m 长时,可向前滑动 1m,如此循环作业,直至完成 (3)拉模亦可采取一边浇筑混凝土,一边作慢速滑行,每班完成长度 5～6m
	操作要点及注意事项	(1)钢筋加工尺寸及绑扎位置要正确,并设卡具固定,避免摆动和变形 (2)严格控制模板纵向中心线,应设线锤观测,如偏差超过 10mm 应予调整 (3)严格控制混凝土坍落度(一般为 2～4cm),过大或气温低,要适当延长滑模时间或减少滑模长度 (4)拉模宜每小时进行一次,强度低,可少拉,防止混凝土与模板粘结,将立壁拉裂。停止浇筑混凝土后,一般要使模板拉动三次,至顶部混凝土在模板内约剩 60cm,始可停止拉动 (5)遇意外情况停止浇筑混凝土时,每隔 15～20min 牵引模板,拉动 5～10cm;如停歇时间过长,要松动丝杠、模板,再滑时要重新调整模板。浇筑前,接缝处应先浇一层砂浆或减半石子混凝土 (6)伸缩缝处木丝板应固定,其宽度应比立壁小 2～4cm,浇筑混凝土时,木丝板两侧要同时下料、振捣,混凝土在模板内仍按斜面进行浇捣 (7)模板内侧应经常清理粘着的残渣,加刷隔离剂 (8)混凝土出模后如出现麻面、裂缝要及时压光,或用同强度等级砂浆修补。混凝土要及时覆盖,2h 后开始洒水养护
水平移动模板	组成特点及使用	(1)水平移动式模板系将模板做成可移动的工具式模板,混凝土浇筑达到一定强度后,将模板松开沿水平方向做周期性的移动,至结构全部完成 (2)施工特点是一套模板可完成整个结构,可节省大量模板材料,模板采用机械移动,节省人工,加快进度,模板刚度大,分段浇筑,易于保证混凝土质量,同时可降低施工费用 (3)适于施工长度较大的、截面对称的整体式钢筋混凝土结构,如沟道、地道,隧道
	模板构造	(1)内模板用型钢或方木做成立楞,用螺栓连接,以便于装卸,在两侧及顶部设置槽钢横梁,内模板借木楔固定在型钢内构架悬臂上,松动木楔,可使顶部模板提升或降落,两侧模板左右可移动 100～150mm 范围,以便于支模或脱模,转角设活动的楔口板条,构架制成 6～9m 长度,下部设滚轮,底部设轻轨,使可做纵向移动(图 7-28) (2)外模板固定在角钢或槽钢上,亦可用组合钢模板与横竖向槽钢楞借 U 形卡、钩头螺栓、对拉螺栓、碟形扣件等连成整体,下部用底板上预埋螺栓固定,上部用对拉螺栓固定
	操作工艺方法	(1)模板安装前,先将底板施工完成,底部两侧预埋螺栓,底板上铺设轨道,模板支设处用砂浆找平、放线 (2)模板先安装内模架和内模板,然后绑扎钢筋,安装外模板(或外模板和外模架),上下用螺栓固定,并安装端头模板 (3)混凝土浇筑采取两侧同时下料,待混凝土达到自立强度后松开螺栓,将外模脱开,内模可旋转螺栓起重器,使模板与混凝土脱离,借安放在结构物一端的卷扬机或绞磨牵引,使整个模架沿轨道移至下一工段,清理表面,刷隔离剂后使用,外模则用吊车移动位置和安装

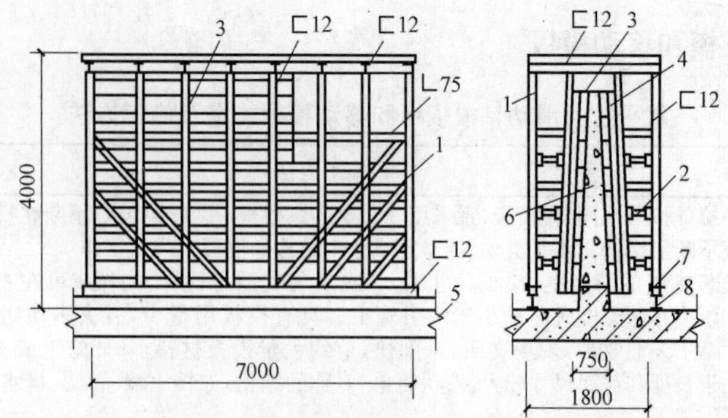

图 7-26　单侧水平拉（滑动）模板构造

1—型钢骨架；2—T 形反正丝杆；3—外模板；4—内模板；
5—已浇筑混凝土底板；6—新浇混凝土墙壁；7—滑轮；8—轻轨

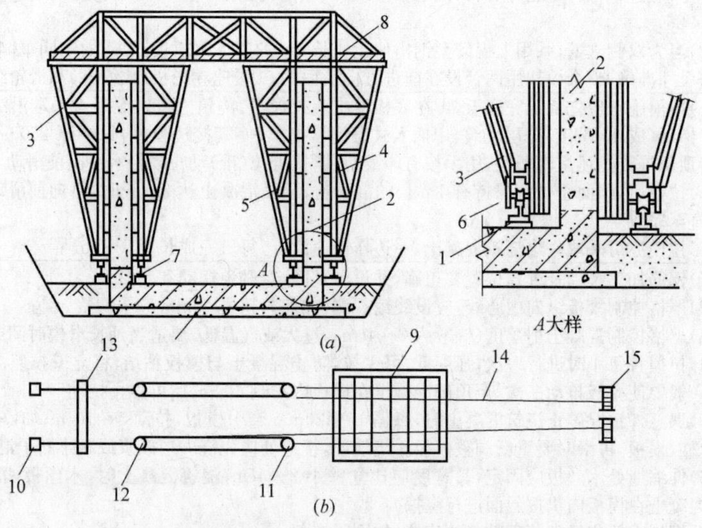

图 7-27　双侧水平拉（滑动）模板构造及牵引系统

(a) 双侧水平滑动模板结构；(b) 卷扬机牵引系统

1—已浇筑结构底板；2—新浇混凝土墙壁；3—型钢骨架；4—内模板；5—外模板；6—行走轮；7—轻轨；8—操作台；9—整体式水平滑动模板；10—地锚；11—动滑轮；12—定滑轮；13—横担；14—钢丝绳；15—卷扬机

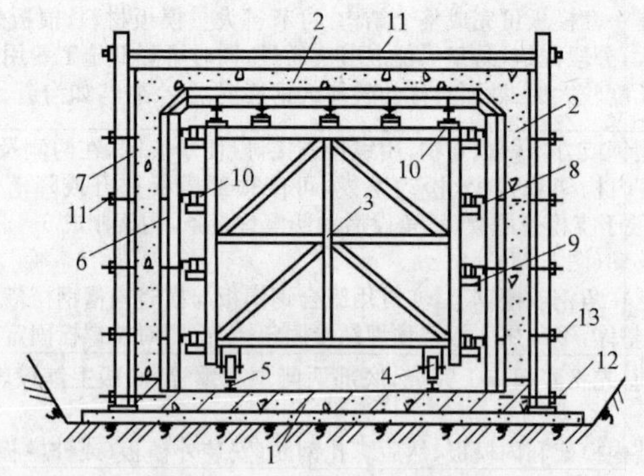

图 7-28　水平移动式模板构造

1—已浇筑结构底板；2—新浇筑混凝土立壁、顶板；3—型钢内构架；4—行走轮；5—轻轨；6—内模板；7—外模板；8—槽钢横梁；9—构架悬臂；10—木楔；11—拉紧螺栓；12—预埋拉紧螺栓；13—钩头螺栓

7.3.7 隧道模板

隧道模组成、构造及施工工艺方法要点 **表 7-32**

项次	项目	施工要点
1	组成与构造	(1)隧道模是一种用于现场同时浇筑墙体和楼板的大型空间模板体系,它是大模板与台模的组合。隧道模分为全隧道模和半隧道模两种。全隧道模的基本单元是一个完整的隧道模板;半隧道模则是由若干个单元角模组成,然后用两个半隧道模对拼而成为一个完整的隧道模板,在使用上较全隧道模轻便、灵活,移动方便、快速,对起重设备的要求不高,因此使用最为广泛;最适用于施工标准设计的高层住宅建筑 (2)半隧道模的基本构件为单元角模,它是由横墙模板、顶板模板、斜支撑、垂直支撑等组成(图 7-29*a*)。半隧道模是由若干个单元角模组拼而成。施工时,一般是按进深尺寸组成一个半隧道模做整体吊装,其长度视起重设备能力而定。用两个开间相同的半隧道模板,可以组拼成一个符合需要的全隧道模(图 7-29*b*) (3)半隧道模由钢胶合模板制作墙模板与不到 1/2 楼板宽的楼板组合拼接成“Γ”形整体模板,即组合式半隧道模。墙所受侧压力较大,可选用 18mm 厚的覆膜胶合板,楼板模板可选用 15mm 厚的胶合板,有条件时,亦可采用冷轧薄钢板。半隧道模采取整装整拆;在墙模底下设置 2～4 个千斤顶,就位调整时升起千斤顶,拆模时降下千斤顶。为便于水平方向就位,在模板长度方向沿墙模设置 2 个轮子,在模板宽度方向设置 1 个轮子,3 个轮子位置对称于模板长度的中心线,以保证行走平稳 (4)两个半隧道模的连接可在“Γ”形模端设连接螺栓或在拼缝间设中间模板。中间模板的宽度为 300、600、900mm。设中间模板的好处是:既可调节开间尺寸,减少半隧道模的型号,又可在中间模板下用可调支柱撑住,拆模时,中间模板带保留,两侧半隧道模降落拆除,使楼板的拆模跨度减少一半,使半隧道模能够做到提早拆模,加速模板周转
2	施工工艺方法	(1)半隧道模与全隧道模的施工工艺流程大致相同,其流程为:施工放线→导墙支模、浇筑混凝土、拆模→绑扎墙体钢筋→安装走道芯模、门窗及各种预留孔洞模框→隧道模吊装就位、校正、紧固连接件和支承件等→绑扎楼板钢筋→浇筑墙、板混凝土→养护(同时做上一层的导墙)→脱模、吊运至下一个支模位置。半隧道模的吊运方法,可采用单点、两点、多点吊装法或鸭嘴形吊装法 (2)用隧道模施工,应先在楼板上弹线,支模、浇筑墙下部距楼地面约 100mm 高范围内的一段混凝土导墙,要控制好其几何尺寸、中心线标高、门洞尺寸等,保证混凝土浇筑质量;拆模后,用水平仪将楼层标高线投测在导墙两侧并弹线,作为安装隧道模时控制标高的依据 (3)隧道模的组装,应在平整场地上进行。先立墙模板,装上行走机构,然后吊装楼板模板,架设临时垂直支撑,用螺栓临时将墙模和楼板模两端连接,最后安装垂直和水平模板的斜撑,调平楼板模板,拧紧全部连接螺栓,模板组装即告完成 (4)模板安装应在墙钢筋绑扎后,按顺序逐个房间进行。在将隧道模吊装就位后,先放置于方垫木上,再调整底座千斤顶,使墙模离开方垫木,模板下口与导墙的水平标高线齐平,用木楔楔紧,调紧水平支撑杆和斜撑杆等。相邻两房间的隧道模安装后,即可用穿墙对拉螺栓将两墙模拉结紧固在一起。全套隧道模安装完毕后,应对模板间的几何尺寸、模板的垂直和水平偏差等进行一次详细检查并校正 (5)墙板混凝土浇筑,应按先墙后板顺序进行。浇筑墙体混凝土时,先浇走道墙,后浇横墙;先浇中部墙,后浇边缘墙;并注意分组对称进行。在浇筑墙体混凝土时,可穿插进行楼面上的预埋电线管以及绑扎板面负弯矩钢筋等作业,在浇完墙体混凝土后,即可接着浇筑楼板混凝土,并按先浇筑走道后房间,先中部后边缘的次序进行 (6)隧道模的拆模时间由楼板混凝土实际强度控制。当板跨为 2～8m 时,应达到设计强度的 75%;当板跨度小于 2m 时.应达到设计强度的 50%,方可拆模。拆模顺序可按照先走道后房间,先外模后内模以及混凝土先浇筑的模板先拆,后浇筑的后拆的原则进行。拆模方法为:先松开所有对拉螺栓和不需保留的垂直支撑,松动底座千斤顶,取去木垫块,使隧道模借自重脱模,降落在混凝土楼地面上 (7)全隧道模脱模后,用人工撬动墙模下的滚轮,将隧道模滑移出房间,临时放置在提升外承式脚手平台上,直接用塔吊吊运至新的支模位置。在吊运中为保持模板平衡,两副吊装钢丝绳上各装 1 个 1t 的手拉葫芦,用以调节吊绳的长短。半隧道模则多在移出房间时,采用图 7-29(*c*)所示几种方法直接用塔吊吊运至新的支模位置

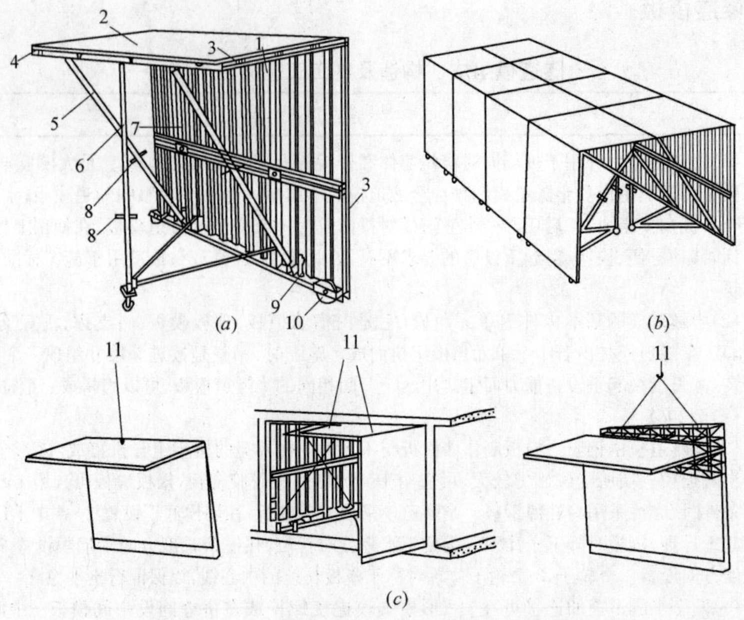

图 7-29 半隧道模与隧道模构造及吊运

(a) 半隧道模单元角模构造；(b) 两个半隧道模拼成的全隧道模；(c) 半隧道模吊运方法

1—横墙板；2—顶板模板；3—定位块；4—连接螺栓；5—斜支撑；6—垂直支撑；7—穿墙螺栓；8—旋转把手；9—千斤顶；10—滚轮；11—钢丝绳

7.4 模板隔离剂种类及使用

常用模板隔离剂配合比、配制及使用　　表 7-33

类别	材料及重量配合比	配制和使用方法	优缺点及使用
水质类隔离剂	皂脚：水=1∶5～7	用温水稀释皂脚，搅匀使用，涂刷二遍，每遍隔 0.5～1h	使用方便，易脱模，价廉，冬雨季不能使用，适于木模、混凝土台座台面、土砖模使用
	皂脚：滑石粉：水=1∶2∶5	将皂脚加热水稀释后，加滑石粉拌均匀，刷涂二遍	使用方便，便于涂刷，易脱模，价廉；冬雨季不能使用 适于各种模板及胎模使用
	洗衣粉：滑石粉=1∶5	按比例用适量温水搅至浆状使用	优点同上，但雨季不能使用，适于钢模各种胎模使用
	石灰膏或麻刀灰	配成适当稠度，抹 1～2mm 于模胎或构件表面	便于操作，易脱模，成本低；但耐水性差 适于土模、重叠制作构件隔离层使用
	108 建筑胶：滑石粉：水=1∶1∶1	将建筑胶与水调均，再将滑石粉加入调均，涂刷 1～2 遍	材料易得，操作方便，易于脱模 适于钢模板使用

续表

类别	材料及重量配合比	配制和使用方法	优缺点及使用
油质类隔离剂	机油：滑石粉：汽油=100：15：10	在容器中按配比搅拌均匀，涂刷1～2遍	便于涂刷易脱模 适于混凝土胎模使用
	松香：肥皂：废机油(柴油)：水=15：12：100：800	将松香、肥皂加入柴油中溶解，加水搅拌均匀即可使用	便于涂刷，易脱模，干后下雨仍有效 适于钢、木模、混凝土台面使用
	废机油(机油)：柴油=1：1～4	将较稠废机油掺柴油稀释搅均，涂刷1～2遍	隔离较稳定，可利用部分废料，易沾污钢筋和构件表面 适于钢、木模、各种胎模使用
	废机油（重柴油）：肥皂=1：1～2	将废机油（或重柴油）和肥皂水混合搅匀，刷1～2遍	涂刷方便，构件较清洁，颜色近灰白 适于各种固定胎模使用
	废机油：水泥（滑石粉）：水=1：1.4（1.2）：0.4	将三种组分拌和至乳状，刷1～2遍	材料易得，便于涂刷，表面光滑；但钢筋和构件较易沾油 适于各种固定胎模使用
石蜡类隔离剂	石蜡	将石蜡均匀涂模板面，用喷灯溶化，干布均匀涂擦，再均匀喷烤至渗入木质内	易脱模，板面光滑，但成本较高，蒸汽养护时不能使用 适于木定型模板使用
	石蜡：煤油=1：2	将石蜡与煤油溶化，涂刷模板表面	便于涂刷，易脱模，板面光滑；只是成本稍高，蒸汽养护时不能使用 适于钢模板、混凝土台座使用
	石蜡：柴油：滑石粉=1：3：4	将石蜡与2份柴油混合用水浴加热溶化，再加入剩余柴油搅拌均，最后加入滑石粉拌匀，涂刷1～2遍	易脱模，板面光滑；但成本略高，蒸汽养护时不能使用 适于木、钢模板、混凝土台座使用
乳剂类隔离剂	乳化机油：水=1：5	在容器中按配比混合搅匀，涂刷1～2遍	有商品供应，使用方便，易脱模 适于木模使用
	Tm型乳化油：水=1：10～20	将矿物油的混合物加热，皂化后加入稳定剂、缓蚀剂而成	有商品供应，使用方便，易脱模 适于木模、胎模使用
	石蜡：汽油=3：7	将石蜡熔化，稍凉后掺加汽油，徐徐搅拌即成。用时加温水稀释，以利涂刷	使用方便，易脱模，但成本较高，蒸汽养护不能使用 适于木、钢、混凝土胎模使用

注：对表面装饰要求高的混凝土，不宜使用油质类隔离剂。

7.5 模板拆除和早拆模技术

7.5.1 拆模强度要求

现浇结构底模拆模时所需混凝土强度　　表7-34

项次	结构类型	结构跨度(m)	按设计的混凝土强度标准值的百分率计(%)
1	板	≤2 >2,≤8 >8	≥50 ≥75 ≥100
2	梁、拱、壳	≤8 >8	≥75 ≥100
3	悬臂构件	—	≥100

注：1. 本表指底模拆除应达到的强度，侧模在混凝土强度能保证其表面及棱角不因拆除模板而损坏，即可拆除。
2. “设计的混凝土强度标准值”系指与设计混凝土强度等级相应的混凝土立方体抗压强度标准值。
3. 对后张法预应力混凝土结构构件，侧模宜在预应力张拉前拆除；底模支架的拆除应按施工技术方案执行，当无具体要求时，不应在结构构件建立预应力前拆除。
4. 后浇带模板的拆除和支顶应按施工技术方案执行。

预制构件拆模时所需的混凝土强度　　表 7-35

项次	预制构件的类别	按设计的混凝土强度标准值的百分率计（%）	
		拆侧模板	拆底模板
1	普通梁、跨度在 4m 及 4m 以内及分节脱模	25	50
2	普通薄腹梁、吊车梁、T 形梁、T 形梁、柱、跨度在 4m 以上	40	75
3	先张法预应力屋架、屋面板、吊车梁等	50	建立预应力后
4	先张法各类预应力薄板重叠浇筑	25	建立预应力后
5	后张法预应力块体竖立浇筑	40	75
6	后张法预应力块体平卧重叠浇筑	25	75

拆除承重模板达到要求百分率需要期限表　　表 7-36

水泥品种	水泥强度等级	混凝土达到设计强度标准值的百分率	硬化时昼夜的平均温度(℃)					
			5	10	15	20	25	30
			模板拆除时间(d)					
普通水泥 硅酸盐水泥、普通水泥	42.5 42.5～52.5	50%	12 9	8 6	7 5.5	6 4.5	5 4	4 3
矿渣水泥及火山灰质水泥	32.5 42.5	50%	21 15	13 10	9 8	7 6	6 5	5 4
普通水泥 硅酸盐水泥、普通水泥	42.5 42.5～52.5	75%	28 20	20 14	14 11	10 8	9 7	8 6
矿渣水泥及火山灰质水泥	32.5 42.5	75%	32 30	25 20	17 15	14 13	12 12	10 10
普通水泥 硅酸盐水泥、普通水泥	42.5 42.5～52.5	100%	45 40	40 35	33 30	28 28	22 20	18 16
矿渣水泥及火山灰质水泥	32.5 42.5～52.5	100%	60 55	50 45	40 37	28 28	25 23	21 19

注：1. 本表系指在 20±3℃的温度下经过 28d 硬化后达到强度等级的混凝土。
2. 本表数据是采用原水泥国家标准所得的经验数据。

7.5.2　拆除方法及注意事项

模板拆除施工注意事项　　表 7-37

项次	项目	施工方法要点
1	拆除程序	(1)模板拆除一般是先支的后拆，后支的先拆；先拆非承重部位，后拆承重部位，并作到不损伤构件或模板 (2)肋形楼盖应先拆除柱模板，再拆楼板底模、梁侧模板，最后拆梁底模板。拆除跨度较大的梁下支柱时，应先从跨中开始分别拆向两端。侧立模的拆除应按自上而下的原则进行 (3)工具式支模的梁，板模板的拆除，应先拆卡具、顺纹方木、侧板，再松动木楔，使支柱、桁架等平稳下降，逐段抽出底模板和横档木，最后取下桁架、支柱、托具 (4)多层楼板模板支柱的拆除：当上层模板正在浇筑混凝土时，下一层楼板的支柱不得拆除，再下一层楼板支柱，仅可拆除一部分。跨度 4m 及 4m 以上的梁，均应保留支柱，其间距不得大于 3m；其余再下一层楼的模板支柱，当楼板混凝土达到设计强度时，始可全部拆除
2	操作方法及注意事项	(1)拆除模板不得站在正拆除模板的正下方，或正拆除的模板或支架上 (2)模板拆除要注意讲究技巧，不得硬撬或用力过猛，不应对楼层形成冲击荷载，防止损坏结构和模板 (3)拆下的模板和支架，不得乱丢乱扔，高空脱模要轻轻吊放。木模板要及时起钉、修理，按规格分类堆放。钢模板要及时清除粘结的灰渣；修理、校正变形和损坏的模板及配件，板面应刷隔离剂，背面补涂脱落的防锈漆，整齐堆放；不用的模板和支架应及时清运 (4)已拆除的结构，应在混凝土达到设计强度等级后才允许承受全部计算荷载 (5)预制构件芯模抽出时，应保证不得有向上下、左右偏移和较大的振动，造成孔壁损伤、裂缝或混凝土坍陷、疏松 (6)构件脱模应注意使各部受力均匀不损伤构件边角或造成裂缝

7.5.3 模板早拆模技术

早拆模支模原理、构造、施工工艺及使用 表 7-38

项次	项目	施工要点
1	原理、优点及使用	(1)早拆模是指楼板混凝土强度达到设计强度等级的50%以上时，将小跨度(≤2.0m)支撑范围内的模板和水平支承梁及相应部分杆件先期拆除，而小跨度范围内的垂直支柱(撑，下同)，则通过支柱上柱头的顶板继续支撑楼板，待楼板混凝土达到拆模强度后再拆除(图7-30)，此工艺也称作早拆模板晚拆支柱工艺 (2)本法具有在常温下，混凝土浇筑3～4d后，即可先拆除支承模板，后拆除支柱，而不必待楼板混凝土强度等级达到75%以上，因而可大大加快模板的周转，模板用量可节省约1/3，支柱用量可节省1/2，支模综合用工可节省1/2，模板费用比常规方法可节省50%，同时便于施工管理等特点 (3)适于高层、超高层建筑现浇混凝土楼板模板工程使用
2	柱头类型、构造	早拆模的关键是采用早拆柱头，将柱头直接支承模板机构与直接顶着楼板的柱头顶板在构造上分开，以达到早拆模板后拆支柱的目的。其常用构造形式有支承锁板式、组装式和螺旋式(图7-31、图7-32)等，其共同点是均设有顶板，用于支承混凝土楼板，设有托梁可以升降，用来支承主梁(龙骨，下同)或模板。当楼板混凝土达到设计强度的50%时，将梁托下降，使主梁和模板随之下降，即可进行拆除
3	施工工艺	(1)根据模板设计，先在地面或楼板上弹出支柱位置线；依次装上支柱，调整好高度，安上早拆柱头，并用水平撑和连接件将支柱临时固定 (2)依次装上主梁、模板块，并调整好模板水平度，最后装好支柱间的斜撑，并将连接件逐个锁紧，直至完成整个面积。经检查验收后，即可绑扎钢筋、浇筑楼板混凝土 (3)待楼板混凝土强度达到设计强度的50%，将支柱早拆柱头的梁托降下，使主梁和模板下落，逐块卸下模板块和主梁，拆除水平支撑和斜撑 (4)待楼板混凝土达到规范要求拆模强度后，最后再拆除支柱，即告完成

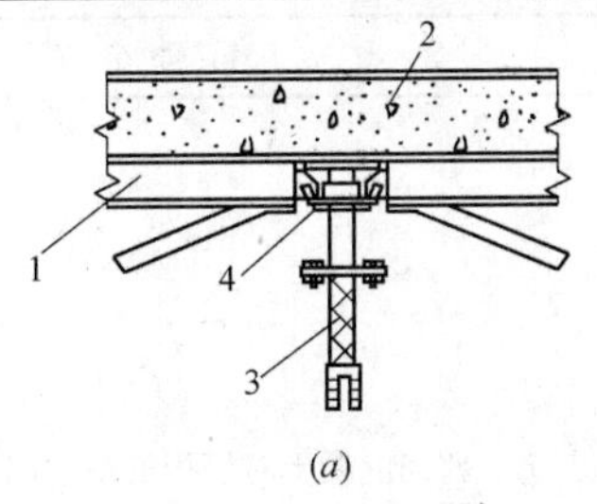

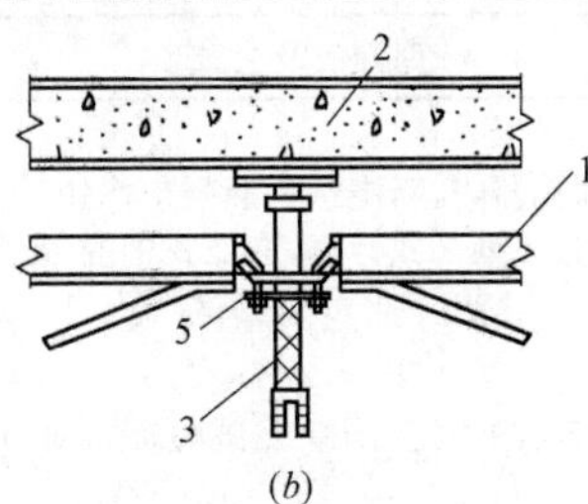

图7-30 早拆模板示意图

(*a*) 支模；(*b*) 拆模

1—主梁（龙骨）；2—现浇混凝土楼板；3—支柱；4—柱头板在升起位置；5—柱头板在落下位置

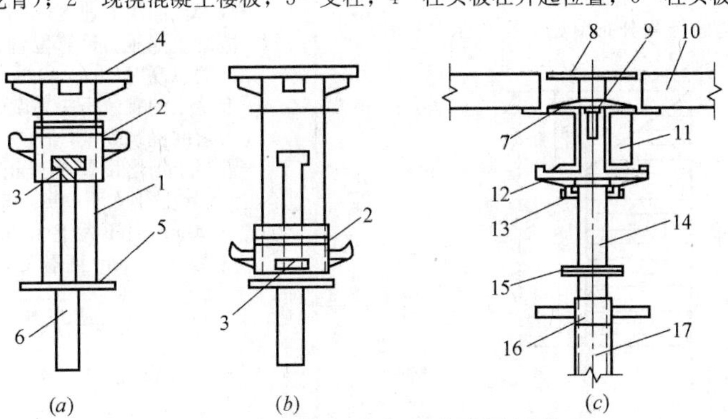

图7-31 支承销板式与组装式早拆柱头

(*a*)、(*b*) 支承销板式早拆柱头升降头支模后使用状态与升降头中的销板和梁托降落状态；(*c*) 组装式早拆柱头构造

1—矩形管；2—梁托；3—支承销板；4—顶板；5—底板；6—管状体；7—板托架；8—柱头板；9—高度调节插销；10—55、72或75系列模板；11—ϕ48mm钢管或8、10号型钢或40mm×80mm、50mm×100mm方木；12—梁柱架；13—高度调节插销；14—立柱；15—连拉件；16—高度调节丝杆；17—插卡形支撑体系或可调支撑体系

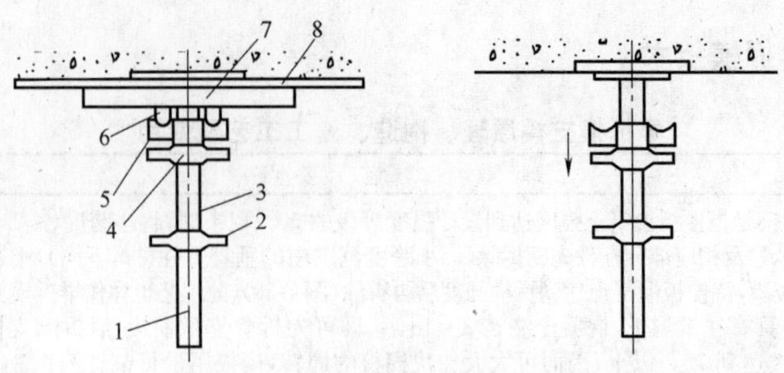

图 7-32　螺旋式早拆柱头

1—可调钢支柱；2—调节螺母；3—螺栓管；4—翼托螺母；5—翼托；6—梁托；7—钢楞；8—胶合板模板

7.6　模板结构简易计算

7.6.1　新浇混凝土对模板侧压力计算

新浇混凝土对模板侧压力的计算　　表 7-39

<table>
<tr><th>项目</th><th>计算方法及公式</th><th>符号意义</th></tr>
<tr><td>对模板最大侧压力</td><td>采用内部振捣器时，新浇筑的混凝土作用于模板的最大侧压力，可按下列二式计算，取二式中的较小值：
$$F = 0.28\gamma_c t_0 \beta V^{\frac{1}{2}} \quad (7\text{-}1)$$
$$F = \gamma_c H \quad (7\text{-}2)$$
其中　t_0 按实测确定，当缺乏试验资料时，可采用下式计算：
$$t_0 = \frac{200}{T+15}$$</td><td rowspan="2">F—新浇混凝土对模板的最大侧压力（kN/m^2）；
γ_c—混凝土的重力密度（kN/m^3）；
t_0—新浇混凝土的初凝时间（h）；
T—混凝土的温度（℃）；
V—混凝土的浇灌速度（m/h）；
H—混凝土侧压力计算位置处至新浇筑混凝土顶面的总高度（m）；
h—混凝土的有效压头高度（m）；即侧压力达到最大值的浇筑高度（m）
β—混凝土坍落度影响修正系数，当坍落度大于 50mm 且不大于 90mm 时，取 0.85；坍落度大于 90mm 且不大于 130mm 时，β 取 0.9，坍落度大于 130mm 且不大于 180mm 时，β 取 1.0</td></tr>
<tr><td>有效压头高度</td><td>混凝土侧压力的计算分布图如下图所示。有效压头高度按下式计算：
h
H
F
混凝土侧压力计算分布图形
$$h = \frac{F}{\gamma_c} \quad (7\text{-}3)$$</td></tr>
</table>

【例 7-1】　挡土墙高 3.0m，采用泵送混凝土浇筑，混凝土坍落度为 70mm，γ_c = 24kN/m^3，混凝土浇筑速度为－1.8m/h，入模温度为 10℃，试求作用于模板的最大侧压

力及有效压头高度。

【解】 取 $\beta=0.85$

作用于模板的最大侧压力由式（7-1）、式（7-2）得：

$$F=0.28\gamma_c t_0 \beta V^{\frac{1}{2}}=0.28\times 24\times\frac{200}{20+15}\times 0.85\times 1.8^{\frac{1}{2}}$$
$$=43.76\text{kN/m}^2$$
$$F=24H=24\times 3.0=72\text{kN/m}^2$$

按取最小值，故混凝土作用于模板的最大侧压力为 43.76kN/m^2

有效压头高度为： $h=\frac{F}{\gamma_c}=\frac{43.76}{24}=1.82\text{m}$

7.6.2 现浇混凝土结构的模板简易计算

7.6.2.1 梁模板简易计算

梁模板简易计算 表 7-40

项目	计算方法及公式	符号意义
木模底模	梁木模板底模一般支承在顶撑或楞木上，顶撑或楞木间距1.0m左右。底板可按连续梁计算，底板上所受荷载按均布荷载考虑，则底板按强度和刚度需要的厚度按下式计算： 梁侧模　立挡　顶撑　梁底模 梁木模底模 按强度要求： $M=\frac{1}{10}q_1 l^2=[f_m]\cdot\frac{1}{6}bh^2$ $h=\frac{l}{4.65}\cdot\sqrt{\frac{q_1}{b}}$ (7-4) 按刚度要求： $w=\frac{ql^4}{150EI}=[w]=\frac{l}{400}$ $h=\frac{l}{6.67}\cdot\sqrt[3]{\frac{q_1}{b}}$ (7-5) h 取二式中的较大值	M—计算最大弯矩(N·mm)； q_1—作用在梁木模底板上的均布荷载(N/mm)； l—计算跨距，对底板为顶撑或楞木间距(mm)； $[f_m]$—木材抗弯强度设计值，采用松木模板取13N/mm²； b—梁木模底板宽度(mm)； h—梁木模需要的底板厚度(mm)； E—木材的弹性模量，取 9.5×10^3N/mm²； I—梁木模底板的截面惯性矩(mm⁴)； w—梁木模的挠度(mm)； $[w]$—梁木模的容许挠度值(mm)，取 $l/400$；
木模侧板	梁木模侧板受到新浇混凝土侧压力的作用，侧压力计算见表7-39，同时还受到倾倒混凝土时产生的水平荷载作用，一般取水平荷载标准值为 2kN/m^2 梁侧模支承在竖向立档上，其支承条件由立档的间距所决定，一般按三～四跨连续梁计算，可用梁木模底板同样计算方法，按强度和刚度要求确定其需要的侧板厚度	

续表

项目	计算方法及公式	符号意义
木模木顶撑	木顶撑(立柱)主要承受梁底板或楞木传来竖向荷载的作用,一般按两端铰接的轴心受压杆件进行计算。当顶撑中部无拉条,其计算长度 $l_0=l$;当顶撑中间两个方向设水平拉条时,计算长度 $l_0=\frac{l}{2}$。木顶撑间距一般取 1.0m 左右,顶撑立柱截面为 100mm×100mm;顶撑头截面为 50mm×100mm,顶撑承受两根顶撑之间的梁荷载,按下式进行强度稳定性验算: 按强度要求: $\frac{N}{A_n}\leqslant f_c$ (7－6a) $N=12A_n$ (7－6b) 按稳定性要求: $\frac{N}{\varphi A_0}\leqslant f_c$ (7－7a) $N=12A_n\varphi$ (7－7b) 根据经验,顶撑截面尺寸的选定,一般以稳定性来控制	N—轴向压力,即两根顶撑之间承受的荷载(N); A_n—木顶撑的净截面面积(mm^2); f_c—木材顺纹抗压强度设计值,松木取12N/mm^2; A_0—木顶撑截面的计算面积(mm^2),当木材无缺口时,$A_0=A$; A—木顶撑的毛截面面积(mm^2); φ—轴心受压构件稳定系数,根据木顶撑木的长细比 λ 求得,$\lambda=l_0/i$,由 λ 可按《木结构设计规范》(GB 50005)第 5.1.4 条,公式计算得 φ 值; l_0—受压杆件的计算长度(mm); i—构件截面的回转半径(mm),对于方木,$i=\frac{b}{\sqrt{2}}$;对于圆木,$i=\frac{d}{4}$; b—方形截面的短边(mm); d—圆形截面的直径(mm)
组合钢模底模	梁模采用组合钢模板时,多用钢管脚手支模,由梁模,小楞、大楞和立柱组成。梁底模受均布线荷载作用,按简支梁计算,按强度和刚度的要求,允许的跨度按下式计算: 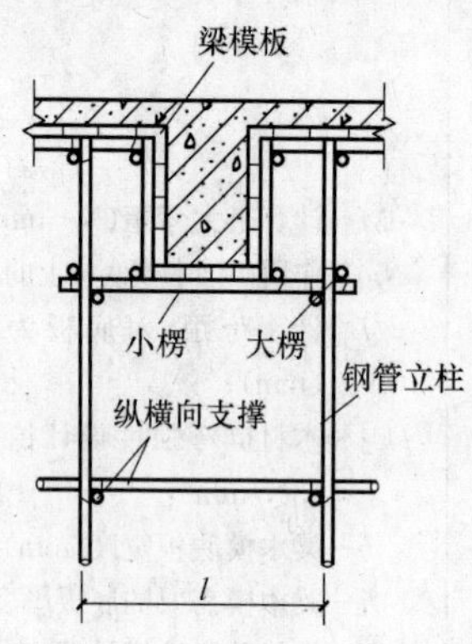 梁组合钢模板底模板 按强度要求: $M=\frac{1}{8}q_1l^2[f]$ $l=\sqrt{\frac{8M}{q_1}}=\sqrt{\frac{8[\sigma]W}{q_1}}=\sqrt{\frac{8\times215W}{q_1}}$ $l=41.5\sqrt{\frac{W}{q_1}}$ (7-8) 按刚度要求: $w=\frac{5q_1l^4}{384EI}\leqslant[w]=\frac{l}{400}$ $l=34.3\cdot\sqrt[3]{\frac{I}{q_1}}$ (7-9)	M—计算最大弯矩(N·mm); q_1—作用在梁底模上的均布荷载(N/mm); l—计算跨距;对底板为顶撑立柱纵向间距(mm); $[f]$—钢材抗拉、抗压、抗弯强度设计值,Q235钢取 215N/mm^2; W—组合钢模底模的截面抵抗矩(mm^3); $[w]$—梁底模的允许挠度(mm),取 $l/400$; E—钢材的弹性模量,取 2.1×10^5N/mm^2; I—组合钢模板底模的截面惯性矩(mm^4);

续表

<table>
<tr><th>项目</th><th>计算方法及公式</th><th>符号意义</th></tr>
<tr><td>组合钢模钢管小楞</td><td>钢管小楞间距一般取 30、40、50、60cm 四种。小楞按简支梁计算。在计算刚度时，梁作用在小楞上的荷载，可简化为一个集中荷载，按强度和刚度要求，允许的跨度按下式计算：
按强度要求：
$$M=\frac{1}{8}Pl\left(2-\frac{b}{l}\right)$$
$$l=860\frac{W}{P}+\frac{b}{2} \qquad (7\text{-}10)$$
按刚度要求：
$$w=\frac{Pl^3}{48EI}=\frac{l}{400}$$
$$l=158.7\sqrt{\frac{I}{P}} \qquad (7\text{-}11)$$</td><td rowspan="3">P—作用在小楞上的集中荷载（N）；
l—计算跨距，对小楞为钢管立柱横向间距，对大楞为钢管立柱纵向间距（mm）；
b—梁的宽度（mm）；
W—钢管截面抵抗矩；
$W=\frac{\pi}{32}\left(\frac{d^4-d_1^4}{d}\right)$，$\phi48\times3.5$mm 钢管，$W=5.08\times10^3\text{mm}^3$；
I—钢管截面惯性矩，$I=\frac{\pi}{64}(d^4-d_1^4)$，$\phi48\times3.5$mm 钢管，$I=12.18\times10^4\text{mm}^4$；
d—钢管外径（mm）；
d_1—钢管内径（mm）；
q_2—小楞作用在大楞上的均布荷载（N/mm）；
N—钢管立柱的容许荷载（N）；
φ_1—钢构件轴心受压稳定系数，查《钢结构设计规范》（GB 50017）附录 C 附表 C－1 求得；
A_1—钢管净截面面积（mm^2），$\phi48\times3.5$mm 钢管，$A_1=489\text{mm}^2$；
D—钢管直径</td></tr>
<tr><td>组合钢模板大楞</td><td>大楞多用 $\phi48\times3.5$mm 钢管，按连续梁计算，承受小楞传来的集中荷载，为简化计算，转换为均布荷载，精度可以满足要求，大楞按强度和刚度要求允许跨度可按下式计算：
按强度要求：
$$M=\frac{1}{10}q_2l^2=[f]W$$
$$l=3305\sqrt{\frac{1}{q_2}} \qquad (7\text{-}12)$$
按刚度要求：
$$w=\frac{q_2l^4}{150EI}=\frac{1}{400}$$
$$l=2124.7\cdot\sqrt[3]{\frac{I}{q_2}} \qquad (7\text{-}13)$$</td></tr>
<tr><td>钢管立柱</td><td>钢管立柱多用 $\phi48\times3.5$mm 钢管，其连接有对接和搭接两种，前者的偏心假定为 $1D$，即为 48mm，后者的偏心假定为 $2D$，即 96mm。立柱一般由稳定性控制按下式计算：
$$N=\varphi_1A_1[f] \qquad (7\text{-}14a)$$
$$N=105135\varphi_1 \qquad (7\text{-}14b)$$</td></tr>
</table>

7.6.2.2　柱模板简易计算

柱模板简易计算　**表 7-41**

项目	计算方法及公式	符号意义
柱箍间距、截面及拉紧螺栓	柱模板由四侧竖向模板和柱箍组成。模板承受荷载与梁侧模相同。柱箍为模板的支撑和支承，其间距 S 由柱侧模板刚度来控制。按两跨连续梁计算，其挠度按下式计算，并满足以下条件： $w=\frac{k_f qS^2}{100E_t I}\leqslant[w]=\frac{S}{400}$ 整理得：　$S=\sqrt[3]{\frac{E_t I}{4k_f q}}$　(7-15) 柱箍的截面选择如下图所示，对于长边，假定设置钢拉杆，则按悬臂简支梁计算；不设钢拉杆，则按简支梁计算： 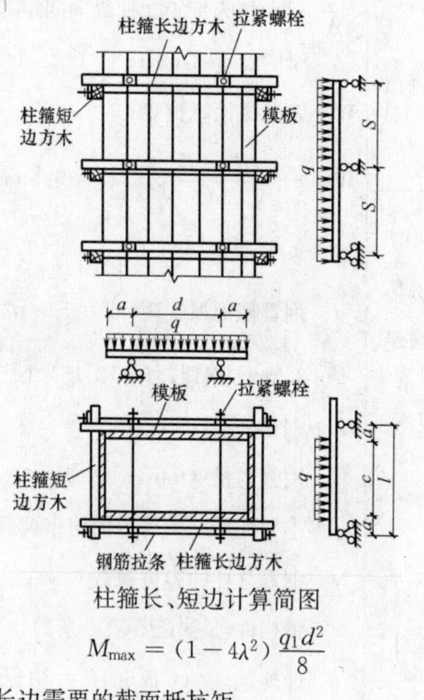 柱箍长、短边计算简图 $M_{max}=(1-4\lambda^2)\frac{q_1 d^2}{8}$ 柱箍长边需要的截面抵抗矩： $W_1=\frac{M_{max}}{f_m}=(d^2-4a^2)\frac{q_1}{104}$　(7-16) 对于短边按简支梁计算，其最大弯矩按下式计算： $M_{max}=(2-\eta)\frac{q_2 cl}{8}$ 柱箍短边需要的截面抵抗矩： $W_2=\frac{M_{max}}{f_m}=(2l-c)\frac{q_2 c}{104}$　(7-17) 柱箍多采用单根方木借矩形钢箍加楔块夹紧，或用两根方木中间用螺栓夹紧。螺栓受到的拉力 N，等于柱箍处的反力。拉紧螺栓的拉力 N 和需要的截面积按下式计算： $N=\frac{1}{2}q_3 l_1$ $A_0=\frac{N}{f_t^b}=\frac{q_3 l_1}{170}$　(7-18)	S—柱箍的间距(mm)； w—柱箍的挠度(mm)； $[w]$—柱模的允许挠度(mm)； E_t—木材的弹性模量，取 $E_t=9.5\times10^3\text{N/mm}^2$； I—柱模板截面的惯性矩，$I=\frac{bh^2}{12}$(mm^4)； b—柱模板宽度(mm)； h—柱模板厚度(mm)； k_f—系数，两跨连续梁，$k_f=0.521$； q—侧压力线荷载(N/mm)，如模板每块拼板宽度为 100mm，则 $q=0.1F$； F—柱模受到的混凝土侧压力(N)； M_{max}—柱箍长、短边最大弯矩(N·mm)； d—长边跨中长度(mm)； λ—悬臂部分长度 a 与跨中长度 d 的比值，即 $\lambda=\frac{a}{d}$； q_1—作用于长边上的线荷载(N/mm)； q_2—作用于短边上的线荷载(N/mm)； c—短边线荷载分布长度(mm)； l—短边计算长度(mm)； η—c 与 l 的比值，即 $\eta=\frac{c}{l}$； W_1、W_2—柱箍长、短边截面抵抗矩(mm^3)； f_m—木材抗弯强度设计值，取 13N/mm^2； q_3—作用于柱箍上的线荷载(N/mm)； l_1—柱箍的计算长度(mm)； A_0—螺栓需要的截面面积(mm^2)； f_t^b—螺栓抗拉强度设计值，采用 Q235 钢，$f=170\text{N/mm}^2$； M—柱模板承受的弯矩(N·m)； q_1、q_2—分别为柱模板所承受的设计和标准线荷载(N/mm)； E—木材的弹性模量，取 $9.5\times10^3\text{N/mm}^2$

续表

项目	计算方法及公式	符号意义
柱模板截面尺寸	模板按简支梁考虑，模板承受的弯矩 M 需要的厚度按下式计算： $M=\frac{1}{8}qS^2=f_m\cdot\frac{1}{6}bh^2$ 整理得：$h=\frac{S}{4.2}\sqrt{\frac{q_1}{b}}$ (7-19) 按挠度需要的厚度按下式计算： $w_A=\frac{5q_2S^4}{384EI}\leqslant[w]=\frac{S}{400}$ 整理得：$h=\frac{S}{5.3}\cdot\sqrt[3]{\frac{q_2}{b}}$ (7-20)	

7.6.2.3 墙模板简易计算

墙模板简易计算 **表 7-42**

项目	计算方法及公式	符号意义
墙侧模板	墙侧模板受到新浇混凝土侧压力的作用，侧压力计算见表 7-39；同时还受到倾倒混凝土时产生的水平荷载作用，一般取水平荷载标准值为 $2kN/m^2$ 或 $4kN/m^2$ 当墙采用木模板时，支承在内楞上，一般按三跨连续梁计算，按强度和刚度要求，允许跨度（间距）按下式计算： 按强度要求： $M=\frac{1}{10}q_1l^2=[f_m]\cdot\frac{1}{6}bh^2$ $l=147.1h\cdot\sqrt{\frac{1}{q_1}}$ (7-21) 按刚度要求： $w=\frac{q_1l^4}{150EI}=[w]=\frac{l}{400}$ $l=66.7h\cdot\sqrt[3]{\frac{I}{q_1}}$ (7-22) 当墙侧模板采用组合钢模板时，板长为 1200mm 或 1500mm，端头用 U 形卡连接，板的跨度不宜大于板长，一般取 600～1000mm，可不进行计算	M—墙侧模板计算最大弯矩（N·mm）； q_1—作用在侧模板上的侧压力（N/mm）； l—侧模板计算跨度（mm）； b—侧模板宽度（mm），取 1000mm； h—侧模板厚度（mm）； $[f_m]$—木材抗弯强度设计值，取 $13N/mm^2$； w—侧模板的挠度（mm）； $[w]$—侧模板允许挠度，取 $l/400$； E—弹性模量，木材取 $9.5\times10^3N/mm^2$；钢材取 $2.1\times10^5N/mm^2$； I—侧模板截面惯性矩 $I=\frac{bh}{12}(mm^4)$
内外木楞式钢楞	内楞承受墙侧模板作用的荷载，按多跨连续梁计算，其允许跨度（间距）按下式计算： （1）当采用木内楞时： 按强度要求： $M=\frac{1}{10}q_2l^2=[f_m]W$ $l=11.4\sqrt{\frac{W}{q_2}}$ (7-23)	

续表

<table>
<tr><th>项目</th><th>计算方法及公式</th><th>符号意义</th></tr>
<tr><td></td><td>按刚度要求：
$$w=\frac{q_2l^4}{150EI}=[w]=\frac{l}{400}$$
$$l=15.3\sqrt[3]{\frac{I}{q_2}} \quad (7\text{-}24)$$
(2)当采用钢内楞时：
按强度要求：
$$M=\frac{1}{10}q_2l^2=[f]W$$
$$l=46.4\sqrt{\frac{W}{q_2}} \quad (7\text{-}25)$$
按刚度要求：
$$w=\frac{q_2l^4}{150EI}=[w]=\frac{l}{400}$$
$$l=42.86\sqrt[3]{\frac{I}{q_2}} \quad (7\text{-}26)$$
外钢楞的作用主要是加强各部分的连接及模板的整体刚度，不是一种受力构件，可不进行计算</td><td>M—内楞计算最大弯矩(N·mm)；
q_2—作用在内楞上的荷载(N/mm)；
l—内楞计算距跨(mm)；
W—内楞截面抵抗矩(mm^3)；
$[f_m]$—木材抗弯强度设计值，取13N/mm²；
w—内楞的挠度(mm)；
$[w]$—内楞的允许挠度，取$l/400$；
I—内楞的截面惯性矩(mm^4)；
$[f]$—钢材抗拉、抗压、抗弯强度设计值，采用Q235钢，取215N/mm²</td></tr>
<tr><td>对拉螺栓</td><td>对拉螺栓一般设在内外钢楞相交处，直接承受内、外钢楞传来的集中荷载，其允许拉力按下式计算：
$$N=A_j[f] \quad (7\text{-}27a)$$
或
$$N=215A_j \quad (7\text{-}27b)$$</td><td>N—对拉螺栓允许拉力(N)；
A_j—对拉螺栓净截面积(mm^2)；
$[f]$—钢材抗拉强度设计值，取215N/mm²</td></tr>
</table>

8 钢　　筋

8.1 钢筋代换

8.1.1 钢筋代换的基本原则与要求

钢筋代换的基本原则与要求　　表 8-1

项次	项目	方法要点
1	基本原则	(1)在施工中,已确认工地不可能供应设计图要求的钢筋品种和规格时,才允许根据库存条件进行钢筋代换 (2)代换前,应充分了解设计意图、构件特征和代换钢筋性能,严格遵守国家现行设计规范和施工验收规范及有关技术规定 (3)代换后,仍能满足各类极限状态的有关计算要求,以及必要的配筋构造规定(如受力钢筋和箍筋的最小直径、间距、根数、锚固长度、配筋百分率,以及混凝土保护层厚度等);在一般情况下,代换钢筋还必须满足截面对称的要求 (4)对抗裂性要求高的构件(如吊车梁,薄腹梁、屋架下弦等),不宜用 HPB300 级光面钢筋代换 HRB335、HRB400、RRB400 级变形钢筋以免裂缝开展过宽,降低抗裂度 (5)梁内纵向受力钢筋与弯起钢筋应分别进行代换,以保证正截面与斜截面强度 (6)偏心受压构件或偏心受拉构件(如框架柱,承受吊车荷载的柱、屋架上弦等)钢筋代换时,应按受力方面(受压或受拉)分别代换,不得取整个截面配筋量计算 (7)吊车梁等承受反复荷载作用的构件,必要时,应在钢筋代换后进行疲劳验算 (8)当构件受裂缝宽度控制时,代换后应进行裂缝宽度验算。如代换后裂缝宽度有一定增大(但不超过允许的最大裂缝宽度,被认为代换有效),还应对构件作挠度验算 (9)当构件受裂缝宽度控制时,如以小直径钢筋代换大直径钢筋,强度等级低的钢筋代替强度等级高的钢筋,则可不作裂缝宽度验算 (10)对有抗震要求的框架,不宜以强度等级较高的钢筋代换原设计中的钢筋;当必须代换时,应按钢筋受拉承载力设计值相等的原则进行代换,并应满足正常使用极限状态和抗震构造措施要求
2	基本要求	(1)同一截面内配置不同种类和直径的钢筋代换时,每根钢筋拉力差不宜过大(同品种钢筋直径差一般不大于 5mm),以免构件受力不匀 (2)钢筋代换应避免出现大材小用,优材劣用,或不符合专料专用等现象。钢筋代换后,其用量不宜大于原设计用量的 5%,如判断原设计有一定潜力,也可以略微降低,但也不应低于原设计用量的 2% (3)进行钢筋代换的效果,除应考虑代换后仍能满足结构各项技术性能要求之外,同时还要保证用料的经济性和加工操作的方便 (4)重要结构和预应力混凝土钢筋的代换应征得设计单位同意 (5)预制品的吊环,必须采用未经冷拉的 HPB300 钢筋制作,严禁以其他钢筋代用 (6)重要结构和预应力混凝土钢筋代换应征得设计单位同意

8.1.2 钢筋代换强度标准值与设计值

普通钢筋的屈服强度标准值 f_{yk}、极限强度标准值 f_{stk} 应按表 8-2 采用；预应力钢丝、钢绞线和预应力螺纹钢筋的屈服强度标准值 f_{pyk}、极限强度标准值 f_{ptk} 应按表 8-3 采用。

普通钢筋强度标准值（N/mm²）　　表 8-2

牌号	符号	公称直径 d(mm)	屈服强度标准值 f_{yk}	极限强度标准值 f_{stk}
HPB300	Φ	6～22	300	420

续表

牌号	符号	公称直径 d(mm)	屈服强度标准值 f_{yk}	极限强度标准值 f_{stk}
HRB335 HRBF335	Φ $Φ^{F}$	6～50	335	455
HRB400 HRBF400 RRB400	Φ $Φ^{F}$ $Φ^{R}$	6～50	400	540
HRB500 HRBF500	Φ $Φ^{F}$	6～50	500	630

预应力筋强度标准值（N/mm²） **表 8-3**

种类		符号	公称直径 d(mm)	屈服强度标准值 f_{pyk}	极限强度标准值 f_{ptk}
中强度预应力钢丝	光面 螺旋肋	$Φ^{PM}$ $Φ^{HM}$	5、7、9	620	800
				780	970
				980	1270
预应力螺纹钢筋	螺纹	$Φ^{T}$	18、25、32、40、50	785	980
				930	1080
				1080	1230
消除应力钢丝	光面 螺旋肋	$Φ^{P}$ $Φ^{H}$	5	—	1570
				—	1860
			7	—	1570
			9	—	1470
				—	1570
钢绞线	1×3 （三股）	$Φ^{S}$	8.6、10.8、12.9	—	1570
				—	1860
				—	1960
	1×7 （七股）		9.5、12.7、15.2、17.8	—	1720
				—	1860
				—	1960
			21.6	—	1860

注：极限强度标准值为 1960N/mm² 的钢绞线作后张预应力配筋时，应有可靠的工程经验。

普通钢筋的抗拉强度设计值 f_y、抗压强度设计值 f'_y 应按表 8-4 采用；预应力筋的抗拉强度设计值 f_{py}、抗压强度设计值 f'_{py} 应按表 8-5 采用。

普通钢筋强度设计值（N/mm²） **表 8-4**

牌号	抗拉强度设计值 f_y	抗压强度设计值 f'_y
HPB300	270	270
HRB335、HRBF335	300	300
HRB400、HRBF400、RRB400	360	360
HRB500、HRBF500	435	410

预应力筋强度设计值（N/mm²） **表 8-5**

种类	极限强度标准值 f_{ptk}	抗拉强度设计值 f_{py}	抗压强度设计值 f'_{py}
中强度预应力钢丝	800	510	410
	970	650	
	1270	810	
消除应力钢丝	1470	1040	410
	1570	1110	
	1860	1320	
钢绞线	1570	1110	390
	1720	1220	
	1860	1320	
	1960	1390	
预应力螺纹钢筋	980	650	410
	1080	770	
	1230	900	

8.1.3 钢筋代换基本计算

钢筋代换基本计算 **表 8-6**

<table>
<tr><th colspan="2">项　目</th><th>计算方法及公式</th></tr>
<tr><td rowspan="3">钢筋代换基本方法</td><td>等强度代换</td><td>当结构构件按强度控制时，可按强度相等的方法进行代换，即代换后钢筋的“钢筋抗力”不小于施工图纸上原设计配筋的“钢筋抗力”，即
$$f_{y1}A_{s1} \leqslant f_{y2}A_{s2} \quad (8\text{-}1)$$
或 $$n_1 f_{y1} d_1^2 \leqslant n_2 f_{y2} d_2^2 \quad (8\text{-}2)$$
多种规格时： $$\sum n_1 f_{y1} d_1^2 \leqslant \sum n_2 f_{y2} d_2^2 \quad (8\text{-}3)$$
当原设计钢筋与拟代换的钢筋直径相同时：
$$n_1 f_{y1} \leqslant n_2 f_{y2} \quad (8\text{-}4)$$
当原设计钢筋与拟代换的钢筋级别相同时（即 $f_{y1}=f_{y2}$）：
$$n_1 d_1^2 \leqslant n_2 d_2^2 \quad (8\text{-}5)$$
几种常用钢筋按等强度计算的截面积换算见表 8-7，钢筋代换时不用计算，从该表可迅速查得结果</td></tr>
<tr><td>等面积代换</td><td>当构件按最小配筋率配筋时，钢筋可按面积相等的方法按下式进行代换：
$$A_{s1}=A_{s2} \quad (8\text{-}6)$$
或 $$n_1 d_1^2 = n_2 d_2^2 \quad (8\text{-}7)$$</td></tr>
<tr><td>等弯矩代换</td><td>钢筋代换时，如若钢筋直径加大或根数增多，需要增加排数，从而会使构件截面的有效净高度 h_0 相应减小，截面强度降低，不能满足原设计抗弯强度要求，此时应对代换后的截面强度进行复核，如不能满足要求，应稍加配筋，予以弥补，使其与原设计抗弯强度相当。对常用矩形截面的受弯构件，可按以下要求复核截面强度
由钢筋混凝土结构计算知，矩形截面所能承受的设计弯矩 M_u 为：
$$M_u = f_y A_s \left(h_0 - \frac{f_y A_s}{2 f_c b}\right) \quad (8\text{-}8)$$
则钢筋代换后应满足下式要求：
$$f_{y2} A_{s2} \left(h_{02} - \frac{f_{y2} A_{s2}}{2 f_c b}\right) \geqslant f_{y1} A_{s1} \left(h_{01} - \frac{f_{y1} A_{s1}}{2 f_c b}\right) \quad (8\text{-}9)$$</td></tr>
<tr><td>钢筋代换基本验算</td><td>抗裂度、挠度验算</td><td>当结构构件按裂缝宽度或挠度控制时（如水池、水塔、贮液罐、承受水压的地下室墙、烟囱、贮仓或重型吊车梁及屋架、托架的受拉杆件等），其钢筋代换，如用同品种粗钢筋等强度代换细钢筋，或用光圆钢筋代换变形钢筋，应按《混凝土结构设计规范》(GB—50010)按代换后的配筋重新验算裂缝宽度是否满足要求；如代换后钢筋的总截面面积减小，应同时验算裂缝宽度和挠度。
其计算方法和公式分别见《混凝土结构设计规范》(GB—50010)第 8 章 8.1 和 8.2 二节</td></tr>
</table>

续表

项目		计算方法及公式
钢筋代换基本验算	抗剪承载力验算	含有弯起钢筋的构件，如下图所示当钢筋代换后，使截面 1—1、2—2 和 3—3 的纵向受力钢筋均符合与原设计等强度的要求，但弯起钢筋的钢筋抗力即有所降低时，宜以适当增强箍筋的方法补强。 弯起钢筋影响斜截面抗剪承载力(强度)的降低值 $$V_j=0.8(f_{y1}A_{sb1}-f_{y2}A_{sb2})\sin\alpha_s \quad (8\text{-}10a)$$ 代换箍筋量按下式计算： $$\frac{f_{yv2}A_{sv2}}{S_2}\geqslant\frac{f_{yv1}A_{sv1}}{S_1}+\frac{2V_j}{3h_0} \quad (8\text{-}10b)$$
计算公式符号意义		f_{y1}、A_{s1}、n_1、d_1—分别为原设计钢筋的抗拉强度设计值(N/mm²)、计算截面面积(mm²)、根数、直径(mm)； f_{y2}、A_{s2}、n_2、d_2—分别为拟代换钢筋的抗拉强度设计值(N/mm²)、计算截面面积(mm)、根数、直径(mm)； $f_{y1}\times A_{s1}$、$f_{y2}\times A_{s2}$—分别为原设计钢筋和拟代换钢筋的钢筋抗力(N)； h_{01}、h_{02}—分别为原设计钢筋和拟代换钢筋合力点至构件截面受压边缘的距离(mm)； f_c—混凝土的抗压强度设计值；对 C20 混凝土为 9.6N/mm²，C25 混凝土为 11.9N/mm²，C30 混凝土为 14.3N/mm²； b—构件截面宽度(mm)； A_{sb1}、A_{sb2}—分别为同一弯起平面内原设计钢筋和拟代换钢筋截面面积(mm²)； α_s—斜截面上弯起钢筋与构件纵向轴线的夹角(°)； f_{yv1}、f_{yv2}—分别为原设计和拟代换箍筋的抗拉强度设计值(N/mm²)； A_{sv1}、A_{sv2}—分别为原设计和拟代换单肢箍筋的截面面积(mm²)； S_1、S_2—分别为原设计和拟代换箍筋沿构件长度方向上的间距(mm)； h_0—构件截面的有效高度(mm)

钢筋按等强计算的截面面积换算表　　表 8-7

直径(mm)	在下列钢筋根数时钢筋按等强的截面面积(cm²)												重量(kg/m)	直径(mm)
	1			2			3			4				
	HPB300	HRB335	HRB400	HPB300	HRB335	HRB400	HPB300	HRB335	HRB400	HPB300	HRB335	HRB400		
	Φ	Φ	Φ	Φ	Φ	Φ	Φ	Φ	Φ	Φ	Φ	Φ		
	270	300	360	270	300	360	270	300	360	270	300	360		
	1.000	1.111	1.333	1.000	1.111	1.333	1.000	1.111	1.333	1.000	1.111	1.333		
8	0.503	0.559	0.670	1.005	1.117	1.340	1.508	1.675	2.010	2.011	2.234	2.681	0.395	8
9	0.636	0.707	0.848	1.272	1.413	1.696	1.909	2.121	2.545	2.545	2.827	3.392	0.499	9
10	0.785	0.872	1.046	1.571	1.745	2.094	2.356	2.618	3.141	3.142	3.491	4.188	0.617	10
12	1.131	1.257	1.508	2.262	2.513	3.015	3.393	3.770	4.523	4.524	5.026	6.030	0.888	12
14	1.539	1.710	2.051	3.079	3.421	4.104	4.618	5.131	6.156	6.158	6.842	8.209	1.208	14
16	2.011	2.234	2.681	4.021	4.467	5.360	6.032	6.702	8.041	8.042	8.935	10.720	1.578	16
18	2.545	2.827	3.392	5.089	5.654	6.784	7.634	8.481	10.176	10.179	11.309	13.569	1.998	18
20	3.142	3.491	4.188	6.283	6.980	8.375	9.425	10.471	12.564	12.566	13961	16.750	2.466	20
22	3.801	4.223	5.067	7.603	8.447	10.135	11.404	12.670	15.202	15.205	16.893	20.268	2.984	22
25	4.909	5.454	6.544	9.817	10.907	13.086	14.726	16.361	19.630	19.635	21.814	26.173	3.853	25
28	6.153	6.836	8.202	12.315	13.682	16.416	18.473	20.524	24.625	24.630	27.364	32.832	4.834	28
32	8.043	8.936	10.721	16.085	17.870	21.441	24.127	26.805	32.161	32.170	35.741	42.883	6.313	32
36	10.179	11.309	13.569	20.385	22.627	27.173	30.536	33.925	40.704	40.715	45.234	54.273	7.990	36
40	12.561	13.955	16.744	25.133	27.923	33.502	37.699	41.884	50.253	50.265	55.844	67.00	9.865	40
直径(mm)	5			6			7			8			重量(kg/m)	直径(mm)
	Φ	Φ	Φ	Φ	Φ	Φ	Φ	Φ	Φ	Φ	Φ	Φ		
8	2.513	2.792	3.350	3.016	3.348	4.020	3.519	3.910	4.691	4.021	4.467	5.360	0.395	8
9	3.181	3.534	4.240	3.817	4.241	5.088	4.453	4.947	5.936	5.089	5.654	6.784	0.499	9
10	3.927	4.363	5.235	4.712	5.235	6.281	5.498	6.108	7.329	6.283	6.980	8.375	0.617	10
12	5.655	6.283	7.538	6.786	7.539	10.049	7.917	8.796	10.553	9.048	10.052	12.061	0.888	12
14	7.697	8.551	10.260	9.236	10.261	12.312	10.776	11.972	14.364	12.315	13.682	16.416	1.208	14

续表

直径(mm)	5			6			7			8			重量(kg/m)	直径(mm)
	Φ	Φ̲	Φ̳	Φ	Φ̲	Φ̳	Φ	Φ̲	Φ̳	Φ	Φ̲	Φ̳		
16	10.053	11.169	13.401	12.064	13.403	16.081	14.074	15.636	18.761	16.085	17.870	21.441	1.578	16
18	12.723	14.135	16.960	15.268	16.963	20.352	17.813	19.790	23.745	20.358	22.618	27.137	1.998	18
20	15.708	17.452	20.939	18.850	20.942	25.130	21.991	24.432	29.314	25.133	27.923	33.502	2.466	20
22	19.007	21.117	25.336	22.808	25.340	30.403	26.609	29.563	35.470	30.411	33.787	40.538	2.984	22
25	24.544	27.268	32.717	29.452	32.721	39.260	34.361	38.145	45.803	39.270	43.629	52.347	3.853	25
28	30.788	34.205	41.040	36.945	41.046	49.248	43.103	47.887	57.456	49.260	54.728	65.664	4.834	28
32	40.212	44.676	53.630	48.255	53.611	64.324	56.297	62.546	75.044	64.340	71.482	85.765	6.313	32
36	50.894	56.543	67.842	61.073	67.852	81.410	71.251	79.160	94.978	81.430	90.469	108.546	7.990	36
40	62.830	69.804	83.752	75.398	83.767	100.506	87.965	97.729	117.257	100.531	111.690	134.008	9.865	40

注：表中换算系数：HRB335/HPB300＝300/270＝1.111；HRB400/HPB300＝360/270＝1.333；RRB400/HPB300＝360/270＝1.333。

【例 8-1】 矩形梁原设计采用 HRB335 级钢筋 3Φ̲16mm，现拟用 HPB300 级钢筋代换，试计算代换钢筋面积、直径和根数。

【解】 由式（8-1）

$$A_{s2}=A_{s1}\cdot\frac{f_y}{f_{y2}}=3\times201\times\frac{300}{270}=670\text{mm}$$

选用 2Φ18 和 1Φ16mm 钢筋代换

$$A_{s2}=2\times254+2\times201=710\text{mm}>670\text{mm}^2$$

或查表 8-7，已知 3Φ̲16mm，从 3 根 HRB335 栏中查得 $A_{s1}=6.702\text{cm}^2$，再在相应的 HPB300 级钢筋栏中查得相当等强度面积为 $A_{s2}=5.089+2.011=7.10\text{cm}^2>6.70\text{cm}^2$，故知，可用 2Φ18 和 1Φ16mm 钢筋代换。

【例 8-2】 矩形梁的截面如图 8-1（*a*）所示，混凝土为 C30，原设计主筋为 4Φ̳22mm，现拟以Φ̲22mm 钢筋代换，求所需钢筋的根数。

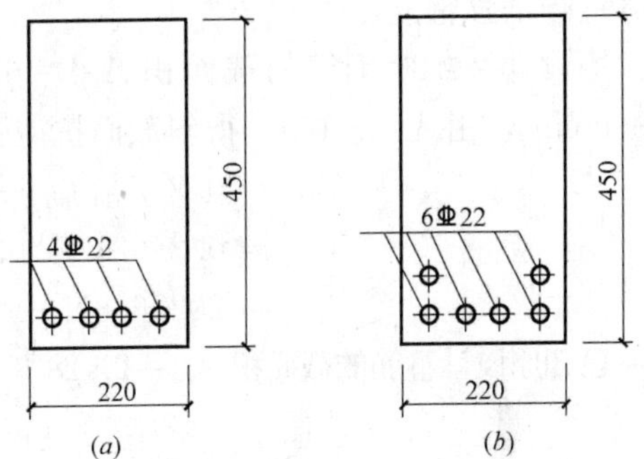

图 8-1 矩形梁的钢筋代换
（*a*）原设计钢筋布置；（*b*）代换后钢筋布置

【解】 原设计主筋 4Φ̳22 的 $A_{s1}=1520.4\text{mm}^2$，相当Φ̲22 等强度截面面积 $A_{s2}=\frac{360\times1520.4}{300}=1824.5\text{mm}^2$，需用Φ̲22 钢筋 4.8 根，现用 5Φ̲22 代换，$A_{s2}=1900.5\text{mm}^2$。由于代换后钢筋根数增加，须复核钢筋间净距 t。

$$t=\frac{220-2\times35-5\times22}{4}=15<25\text{mm}$$

因此，需将钢筋排成两排，则

$$a_g=\frac{3\times36+2\times83}{5}=54.8\approx55\text{mm}$$

$$h_{02}=450-55=395\text{mm}$$

由计算知，代用后钢筋截面虽比原设计增加，但有效高度 h_0 减小，因此，需复核梁截面强度

$$A_{s1}f_{y1}\left(h_{01}-\frac{A_{s1}f_{y1}}{2f_cb}\right)=1520.4\times360\left(414-\frac{1520.4\times300}{2\times14.3\times220}\right)$$

$$=178971000\text{N}\cdot\text{mm}\approx179\text{kN}\cdot\text{m}$$

$$A_{s2}f_{y2}\left(h_{02}-\frac{A_{s2}f_{y2}}{2f_cb}\right)=1900.5\times300\left(395-\frac{1900.5\times300}{2\times14.3\times220}\right)$$
$$=173545000\text{N}\cdot\text{mm}\approx173.5\text{kN}\cdot\text{m}$$

由计算知，梁截面强度降低3%，必须再增加钢筋，改用6⌀22，$A'_{s2}=2280.6\text{mm}^2$，$h'_{02}=39.5\text{cm}$（下排4根，上排2根），见图8-1（$b$），则：

$$A'_{s2}f_{y2}\left(h'_{02}-\frac{A'_{s2}f_{y2}}{2f_cb}\right)=2280.6\times300\left(395-\frac{2280.6\times300}{2\times14.3\times220}\right)$$
$$=195855000\text{N}\cdot\text{mm}\approx196\text{kN}\cdot\text{m}>179\text{kN}\cdot\text{m}$$

故知，可满足受弯强度要求。

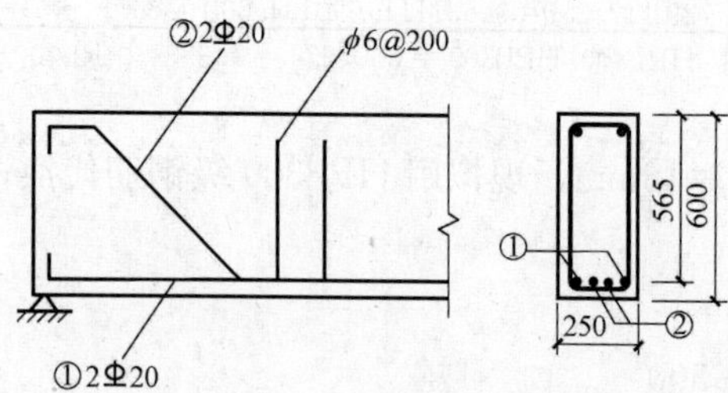

图8-2　矩形梁截面及配筋

【例8-3】矩形梁截面宽250mm、高600mm（图8-2），原设计纵向配筋为4⌀20mm，箍筋为ϕ6@200mm，现①号筋拟用2⌀22nm钢筋代换，②号筋拟用2⌀18mm钢筋代换，试验算其受剪承载力（强度）。

【解】　用2⌀22代换原⌀20伸入支座的钢筋，所具有的钢筋等强面积大于原设计，故可满足要求；而②号筋用⌀18钢筋代换，其等强面积值小于原设计2⌀20的等强面积，应验算并适当增强箍筋。

原设计2⌀20钢筋的截面积$A_{sb1}=628.4\text{mm}^2$，拟代换2⌀18钢筋的截面积$A_{sb2}=508.9\text{mm}^2$，由式（8-10a）得斜截面抗剪强度降低值V_j为：

$$V_j=0.8(A_{sb1}f_{y1}-A_{sb2}f_{y2})\sin\alpha$$
$$=0.8(628.4\times300-508.9\times300)\sin45°$$
$$=20276.8\text{N}$$

已知原设计箍筋的截面积$A_{yv1}=2\times28.3=56.6\text{mm}^2$，将其代入式（8-10$b$）得代换箍筋量为：

$$\frac{A_{sv2}f_{yv2}}{S_2}=\frac{A_{sv1}f_{yv1}}{S_1}+\frac{2V_j}{3h_0}=\frac{56.6\times270}{200}+\frac{2\times20276.8}{3\times565}=100.3\text{N/mm}$$

如仍采用双肢ϕ6mm箍筋，则

$$S=\frac{56.6\times270}{100.3}=152.4\text{mm},\text{用}150\text{mm}$$

故知，代换后为满足原设计受剪强度要求，应在弯起钢筋的部位将原箍筋的间距由200mm加密为150mm。

8.2　钢筋现场存放、保护与保管

钢筋现场存放、保护与保管要点　　**表8-8**

项次	项目	方法要点
1	钢筋现场存放、保护	(1)施工现场的钢筋原材料及半成品存放及加工场地应采用混凝土硬化，且排水效果良好。对非硬化的地面，钢筋原材料及半成品应架空放置 (2)钢筋在运输和存放时，不得损坏包装和标志，并应按牌号、规格、炉批分别堆放整齐，避免锈蚀或油污 (3)钢筋存放时，应挂牌标识钢筋的级别、品种、状态，加工好的半成品还应标识出使用的部位

续表

项次	项目	方法要点
1	钢筋现场存放、保护	(4)钢筋轻微的浮锈可以在除锈后使用。但锈蚀严重的钢筋，应在除锈后，根据锈蚀情况，降规格使用。钢筋存放及加工过程中，不得污染 (5)冷加工钢筋应及时使用，不能及时使用的应做好防潮和防腐保护 (6)当钢筋在加工过程中出现脆裂、裂纹、剥皮等现象，或施工过程中出现焊接性能不良或力学性能显著不正常等现象时，应停止使用该批钢筋，并重新对该批钢筋的质量进行检测、鉴定
2	钢筋的保管	(1)钢筋运进施工现场后，必须严格按批分不同等级、牌号、直径、长度分别挂牌堆放，并注明数量，不得混淆 (2)钢筋应尽量堆入仓库或料棚内，在条件不具备时，应选择地垫较高、土质坚实、较为平坦的露天场地堆放，在仓库或场地周围挖排水沟，以利泄水。堆放时钢筋下面要填以垫木，离地不宜少于200mm，也可用钢筋堆放架堆放，以防钢筋锈蚀和污染 (3)钢筋成品要分工程名称和构件名称，按号码顺序堆放，同一项工程与同一构件的钢筋要放在一起，按号挂牌排列，牌上注明构件名称、部位、钢筋型式、尺寸、钢号、直径、根数，不得将几项工程的钢筋叠放在一起 (4)钢筋堆放应防止与酸、盐、油等类物品存放在一起，同时堆放地点不要和产生有害气体的车间靠近，以免污染和腐蚀钢筋

8.3 钢筋下料和配料

8.3.1 钢筋构造的一般规定

钢筋构造的一般规定 **表 8-9**

项次	项目	构造规定要求
1	钢筋的保护层	(1)混凝土结构的最小保护层厚度取决于构件的耐久性和受力钢筋粘结锚固性能的要求。构件中普通钢筋及预应力筋的混凝土保护层厚度应满足下列要求：1)构件中受力钢筋的保护层厚度不应小于钢筋的公称直径 d；2)设计使用年限为50年的混凝土结构，最外层钢筋的保护层厚度应符合表8-10的规定；设计使用年限为100年的混凝土结构，最外层钢筋的保护层厚度不应小于表8-10中数值的1.4倍 (2)当有充分依据并采取下列措施时，可适当减小混凝土保护层的厚度；1)构件表面有可靠的防护层；2)采用工厂化生产的预制构件；3)在混凝土中掺加阻锈剂或采用阴极保护处理防锈措施；4)当对地下室墙体采取可靠的建筑防水做法或防护措施时，与土层接触一侧钢筋的保护层厚度可适当减少，但不应小于25mm (3)当梁、柱、墙中纵向受力钢筋的保护层厚度大于50mm时，宜对保护层采取有效的构造措施。当在保护层内配置防裂、防剥落的钢筋网片时，网片钢筋的保护层厚度不应小于25mm
2	钢筋的锚固	(1)当计算中充分利用钢筋的抗拉强度时，受拉钢筋的锚固应符合下列要求： 1)基本锚固长度应按下式计算： 普通钢筋 $$l_{ab}=\alpha\frac{f_y}{f_t}d \quad (8\text{-}11)$$ 预应力筋 $$l_{ab}=\alpha\frac{f_{py}}{f_t}d \quad (8\text{-}12)$$ 式中 l_{ab}——受拉钢筋的基本锚固长度； f_y、f_{py}——普通钢筋、预应力筋的抗拉强度设计值； f_t——混凝土轴心抗拉强度设计值，当混凝土强度等级高于C60时，按C60取值； d——锚固钢筋的直径； α——锚固钢筋的外形系数，对光圆钢筋取0.16；对带肋钢筋取0.14；螺旋肋钢丝取0.13；3股钢绞线取0.16；7股钢绞线取0.17。 2)受拉钢筋的锚固长度应根据锚固条件按下式计算，或按表8-12数值取用，且不应小于200mm； $$l_a=\zeta_a l_{ab} \quad (8\text{-}13)$$

续表

项次	项目	构造规定要求
2	钢筋的锚固	式中 l_a——受拉钢筋的锚固长度； ζ_a——锚固长度修正系数，当多于一项时，可按连乘计算，但不应小于 0.6；对预应力筋，可取 1.0。 (2)纵向受拉普通钢筋的锚固长度修正系数 ζ_a 应按下列规定取用：1)当带肋钢筋的公称直径大于 25mm 时，取 1.10；2)环氧树脂涂层带肋钢筋取 1.25；3)施工过程中易受扰动的钢筋取 1.10；4)当纵向受力钢筋的实际配筋面积大于其设计计算面积时，修正系数取设计计算面积与实际配筋面积的比值，但对有抗震设防要求及直接承受动力荷载的结构构件，不应考虑此项修正；5)锚固钢筋的保护层厚度为 $3d$ 时修正系数可取 0.80，保护层厚度为 $5d$ 时修正系数可取 0.70，中间按内插取值，此处 d 为锚固钢筋的直径 (3)当纵向受拉普通钢筋末端采用弯钩或机械锚固措施时，包括弯钩或锚固端头在内的锚固长度(投影长度)可取为基本锚固长度 l_{ab} 的 60%。弯钩和机械锚固的形式(图 8-3)和技术要求应符合表 8-13 的规定 (4)当锚固钢筋的保护层厚度不大于 $5d$ 时，锚固长度范围内应配置纵向构造钢筋，其直径不应小于 $d/4$；对梁、柱、斜撑等构件间距不应大于 $5d$，对板、墙等平面构件间距不应大于 $10d$，且均不应大于 100mm，此处 d 为锚固钢筋的直径 (5)混凝土结构中的纵向受压钢筋，当计算中充分利用其抗压强度时，锚固长度不应小于相应受拉锚固长度的 70%。受压钢筋不应采用末端弯钩和一侧贴焊锚筋的锚固措施 (6)承受动力荷载的预制构件，应将纵向受力普通钢筋末端焊接在钢板或角钢上，钢板或角钢应可靠地锚固在混凝土中。钢板或角钢的尺寸应按计算确定，其厚度不宜小于 10mm。其他构件中受力普通钢筋的末端也可通过焊接钢板或型钢实现锚固
3	钢筋的连接(绑扎与机械连接、焊接接头)	(1)钢筋连接可采用绑扎搭接、机械连接或焊接。机械连接接头及焊接接头的类型及质量应符合国家现行有关标准的规定 (2)混凝土结构中受力钢筋的连接接头宜设置在受力较小处。在同一根受力钢筋上宜少设接头。在结构的重要构件和关键传力部位，纵向受力钢筋不宜设置连接接头 (3)轴心受拉及小偏心受拉杆件的纵向受力钢筋不得采用绑扎搭接；其他构件中的钢筋采用绑扎搭接时，受拉钢筋直径不宜大于 25mm，受压钢筋直径不宜大于 28mm (4)同一构件中相邻受力钢筋的绑扎搭接接头宜互相错开。钢筋绑扎搭接接头连接区段的长度为 1.3 倍搭接长度，凡搭接接头中点位于该连接区段长度内的搭接接头均属于同一连接区段(图 8-4)。同一连接区段内纵向受力钢筋搭接接头面积百分率为该区段内有搭接接头的纵向受力钢筋与全部纵向受力钢筋截面面积的比值。当直径不同的钢筋搭接时，按直径较小的钢筋计算 (5)位于同一连接区段内的受拉钢筋搭接接头面积百分率：对梁类、板类及墙类构件，不宜不于 25%；对柱类构件，不宜大于 50%。当工程中确有必要增大受拉钢筋搭接接头面积百分率时，对梁类构件，不宜大于 50%；对板、墙、柱及预制构件的拼接处，可根据实际情况放宽。纵向受力钢筋绑扎搭接接头的最小搭接长度应符合表 8-14 的规定 (6)并筋采用绑扎搭接连接时，应按每根单筋错开搭接的方式连接。接头面积百分率应按同一连接区段内所有的单根钢筋计算。并筋中钢筋的搭接长度应按单筋分别计算 (7)纵向受拉钢筋绑扎搭接接头的搭接长度，应根据位于同一连接区段内的钢筋搭接接头面积百分率按下列公式计算，且不应小于 300mm $$l_l=\zeta_l l_a$$ 式中 l_l——纵向受拉钢筋的搭接长度； ζ_l——纵向受拉钢筋搭接长度修正系数，对纵向搭接钢筋接头面积百分率(%)为≤25 时取 1.2；为 50 时取 1.4；为 100 时取 1.6；当为中间值时，修正系数可按内插取值 (8)构件中的纵向受压钢筋当采用搭接连接时，其受压搭接长度不应小于本规范第 8.4.4 条纵向受拉钢筋搭接长度的 70%，且不应小于 200mm (9)在梁、柱类构件的纵向受力钢筋搭接长度范围内的横向构造钢筋应符合项次 2 中(1)条的要求；当受压钢筋直径大于 25mm 时，尚应在搭接接头两个端面外 100mm 的范围内各设置两道箍筋 (10)纵向受力钢筋的机械连接接头宜相互错开。钢筋机械连接区段的长度为 $35d$，d 为连接钢筋的较小直径。凡接头中点位于该连接区段长度内的机械连接接头均属于同一连接区段

续表

项次	项目	构造规定要求
3	钢筋的连接(绑扎与机械连接、焊接接头)	(11)位于同一连接区段内的纵向受拉钢筋接头面积百分率不宜大于50%;但对板、墙、柱及预制构件的拼接处,可根据实际情况放宽。纵向受压钢筋的接头百分率可不受限制 (12)机械连接套筒的保护层厚度宜满足有关钢筋最小保护层厚度的规定。机械连接套筒的横向净间距不宜小于25mm;套筒处箍筋的间距仍应满足相应的构造要求 (13)直接承受动力荷载结构构件中的机械连接接头,除应满足设计要求的抗疲劳性能外,位于同一连接区段内的纵向受力钢筋接头面积百分率不应大于50% (14)细晶粒热轧带肋钢筋以及直径大于28mm的带肋钢筋,其焊接应经试验确定;余热处理钢筋不宜焊接 (15)纵向受力钢筋的焊接接头应相互错开。钢筋焊接接头连接区段的长度为35d且不小于500mm,d为连接钢筋的较小直径,凡接头中点位于该连接区段长度内的焊接接头均属于同一连接区段 (16)纵向受拉钢筋的接头面积百分率不宜大于50%,但对预制构件的拼接处,可根据实际情况放宽。纵向受压钢筋的接头百分率可不受限制 (17)需进行疲劳验算的构件,其纵向受拉钢筋不得采用绑扎搭接接头,也不宜采用焊接接头,除端部锚固外不得在钢筋上焊有附件 (18)当直接承受吊车荷载的钢筋混凝土吊车梁、屋面梁及屋架下弦的纵向受拉钢筋采用焊接接头时,应符合下列规定: 1)应采用闪光接触对焊,并去掉接头的毛刺及卷边; 2)同一连接区段内纵向受拉钢筋焊接接头面积百分率不应大于25%,焊接接头连接区段的长度应取为45d,d为纵向受力钢筋的较大直径
4	最小配筋率	(1)钢筋混凝土结构构件中纵向受力钢筋的配筋百分率不应小于表8-15规定的数值 (2)对卧置于地基土的混凝土板,板中受拉钢筋的最小配筋率可适当降低,但不应小于0.15%

混凝土保护层的最小厚度 c (mm) **表 8-10**

环境类别	板、墙、壳	梁、柱、杆
一	15	20
二 a	20	25
二 b	25	35
三 a	30	40
三 b	40	50

注:1. 混凝土强度等级不大于C25时,表中保护层厚度数值应增加5mm;
2. 钢筋混凝土基础宜设置混凝土垫层,基础中钢筋的混凝土保护层厚度应从垫层顶面算起,且不应小于40mm。
3. 混凝土结构的环境类别见表8-11。

混凝土结构的环境类别 **表 8-11**

环境类别		环境条件
一		室内正常环境
二	*a*	室内潮湿环境;非严寒和非寒冷地区的露天环境、与无侵蚀性的水或土直接接触的环境
	b	严寒和寒冷地区的露天环境、与无侵蚀性的水或土直接接触的环境
三		使用除冰盐的环境;严寒和寒冷地区冬季水位变动的环境;滨海室外环境
四		海水环境
五		受人为或自然的侵蚀性物质影响的环境

受拉钢筋的最小锚固长度 l_a（mm） **表 8-12**

混凝土强度	钢筋直径	HPB235	HPB300	HRB335	HRB400	HRB500
C20	$d \leqslant 25$	$31d$	$39d$	$38d$	—	—
	$d > 25$	$31d$	$39d$	$42d$	—	—
C25	$d \leqslant 25$	$27d$	$34d$	$33d$	$40d$	$48d$
	$d > 25$	$27d$	$34d$	$37d$	$44d$	$53d$
C30	$d \leqslant 25$	$24d$	$30d$	$29d$	$33d$	$43d$
	$d > 25$	$24d$	$30d$	$33d$	$39d$	$47d$
C35	$d \leqslant 25$	$22d$	$28d$	$27d$	$33d$	$39d$
	$d > 25$	$22d$	$28d$	$30d$	$36d$	$43d$
C40	$d \leqslant 25$	$20d$	$25d$	$25d$	$29d$	$36d$
	$d > 25$	$20d$	$25d$	$28d$	$33d$	$40d$
C45	$d \leqslant 25$	$19d$	$24d$	$23d$	$28d$	$34d$
	$d > 25$	$19d$	$24d$	$26d$	$31d$	$38d$
C50	$d \leqslant 25$	$18d$	$23d$	$22d$	$27d$	$32d$
	$d > 25$	$18d$	$23d$	$25d$	$30d$	$36d$
C55	$d \leqslant 25$	$18d$	$22d$	$21d$	$26d$	$31d$
	$d > 25$	$18d$	$22d$	$24d$	$29d$	$35d$
≥C60	$d \leqslant 25$	$17d$	$21d$	$21d$	$25d$	$30d$
	$d > 25$	$17d$	$21d$	$23d$	$28d$	$33d$

注：1. 当光圆钢筋受拉时，其末端应做180°弯钩，弯后平直段长度不应小于$3d$，当为受压时，可不做弯钩；d为锚固钢筋的直径。

2. 混凝土结构中的纵向受压钢筋，当计算中充分利用其抗压强度时，锚固长度不应小于相应受拉锚固长度的70%；

3. 当符合下列条件时，本表的锚固长度应进行修正。

(1) 当钢筋在混凝土施工过程中易受扰动（如滑模施工）时，其锚固长度应乘以修正系数1.10；

(2) 当纵向受力钢筋的实际配筋面积大于其设计计算面积时，其锚固长度修正系数取设计计算面积与实际配筋面积的比值，但对有抗震设防要求及直接承受动力荷载的结构构件，不应考虑此项修正；

(3) 锚固钢筋的保护层为$3d$时修正系数可取0.80，保护层厚度为$5d$时修正系数可取0.70，中间按内插取值，此处d为锚固钢筋的直径；

(4) 当纵向受拉普通钢筋末端采用弯钩或机械锚固措施时，锚固长度修正系数取0.60。

4. 当锚固钢筋的保护层厚度不大于$5d$时，锚固长度范围内应配置横向构造配筋，其直径不应小于$d/4$；对梁、柱、斜撑等构件构造钢筋间距不应大于$5d$，对板、墙等平面构件构造钢筋间距不应大于$10d$，且均不大于100mm，此处d为锚固钢筋的直径。

5. 承受动力荷载的预制构件，应将纵向受力钢筋末端焊接在钢板或角钢上，钢板或角钢应可靠地锚固在混凝土中。钢板或角钢的尺寸应按计算确定，其厚度不宜小于10mm。

钢筋弯钩和机械锚固的形式和技术要求 **表 8-13**

项次	锚固形式	技术要求
1	90°弯钩	末端90°弯钩，弯钩内径$4d$，弯后直段长度$12d$
2	135°弯钩	末端135°弯钩，弯钩内径$4d$，弯后直段长度$5d$
3	一侧贴焊锚筋	末端一侧贴焊长$5d$同直径钢筋
4	两侧贴焊锚筋	末端两侧贴焊长$3d$同直径钢筋
5	焊端锚板	末端与厚度d的锚板穿孔塞焊
6	焊栓锚头	末端旋入螺栓锚头

注：1. 焊接和螺纹长度应满足承载力要求；

2. 螺栓锚头和焊接锚板的承压净面积不应小于锚固钢筋截面积的4倍。

3. 螺栓锚头的规格应符合相关标准的要求；

4. 螺栓锚头和焊接锚板的钢筋净间距不宜小于$4d$，否则应考虑群锚效应的不利影响；

5. 截面角部的弯钩和一侧贴焊锚筋的布筋方向宜向截面内侧偏置。

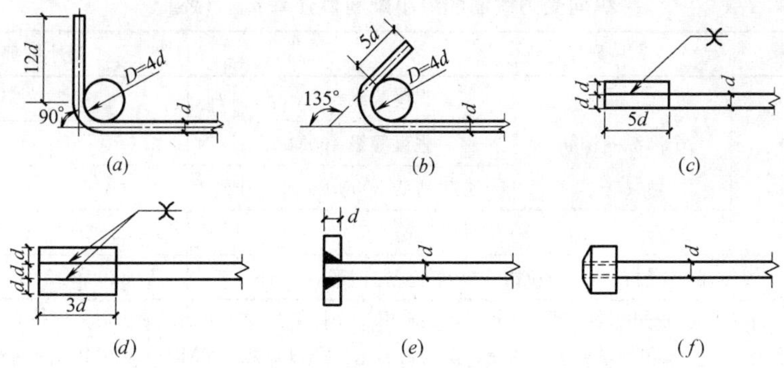

图 8-3 钢筋机械锚固的形式及构造要求

(a) 90°弯钩；(b) 135°弯钩；(c) 一侧贴焊锚筋；

(d) 两侧贴焊锚筋；(e) 穿孔塞焊锚板；(f) 螺栓锚头

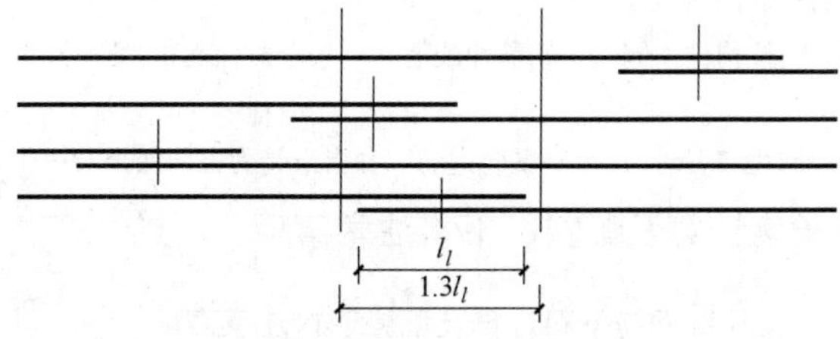

图 8-4 同一连接区段内纵向受拉钢筋的绑扎搭接接头

注：图中所示同一连接区段内的搭接接头钢筋为两根，

当钢筋直径相同时，钢筋搭接接头面积百分率为 50％。

纵向受拉钢筋的最小搭接长度 **表 8-14**

钢筋类型		混凝土强度等级								
		C20	C25	C30	C35	C40	C45	C50	C55	≥C60
光圆钢筋	300 级	48*d*	41*d*	37*d*	34*d*	31*d*	29*d*	28*d*	—	—
带肋钢筋	335 级	46*d*	40*d*	36*d*	33*d*	30*d*	29*d*	27*d*	26*d*	25*d*
	400 级	—	48*d*	43*d*	39*d*	36*d*	34*d*	33*d*	31*d*	30*d*
	500 级	—	58*d*	52*d*	47*d*	43*d*	41*d*	39*d*	38*d*	36*d*

注：1. *d* 为搭接钢筋直径。两根直径不同钢筋的搭接长度，以较细钢筋的直径计算。

2. 当纵向受拉钢筋搭接接头面积百分率为 50％时，其最小搭接长度应按表 7-24 中的数值乘以系数 1.15 取用；当接头面积百分率为 100％时，应按表 7-24 中的数值乘以系数 1.35 取用；当接头面积百分率为 25％～100％的其他中间值时，修正系数可按内插取值。

3. 纵向受拉钢筋的最小搭接长度，可按下列规定进行修正。但在任何情况下，受拉钢筋的搭接长度不应小于 300mm；

(1) 当带肋钢筋的直径大于 25mm 时，其最小搭接长度应按相应数值乘以系数 1.1 取用；

(2) 环氧树脂涂层的带肋钢筋，其最小搭接长度应按相应数值乘以系数 1.25 取用；

(3) 当施工过程中受力钢筋易受扰动时，其最小搭接长度应按相应数值乘以系数 1.1 取用；

(4) 末端采用弯钩或机械锚固措施的带肋钢筋，其最小搭接长度可按相应数值乘以系数 0.6 取用；

(5) 当带肋钢筋的混凝土保护层厚度为搭接钢筋直径的 3 倍，且配有箍筋时，其最小搭接长度可按相应数值乘以系数 0.8 取用；当带肋钢筋的混凝土保护层厚度为搭接钢筋直径的 5 倍，且配有箍筋时，其最小搭接长度可按相应数值乘以系数 0.7 取用；当带肋钢筋的混凝土保护层厚度大于搭接钢筋直径 3 倍且小于 5 倍，且配有箍筋时，修正系数可按内插取值；

(6) 有抗震要求的受力钢筋的最小搭接长度，一、二级抗震等级应按相应数值乘以系数 1.15 采用；三级抗震等级应按相应数值乘以系数 1.05 采用。

4. 纵向受压钢筋绑扎搭接时，其最小搭接长度应根据本表确定相应数值后，乘以系数 0.7 取用。在任何情况下，受压钢筋的搭接长度不应小于 200mm。

纵向受力钢筋的最小配筋百分率 $\rho_{\min}$（%）　　**表 8-15**

受力类型			最小配筋百分率
受压构件	全部纵向钢筋	强度等级 500MPa	0.50
		强度等级 400MPa	0.55
		强度等级 300MPa、335MPa	0.60
	一侧纵向钢筋		0.20
受弯构件、偏心受拉、轴心受拉构件一侧的受拉钢筋			0.20 和 $45f_t/f_y$ 中的较大值

注：1. 受压构件全部纵向钢筋最小配筋百分率，当采用 C60 以上强度等级的混凝土时，应按表中规定增加 0.10；
2. 板类受弯构件（不包括悬臂板）的受拉钢筋，当采用强度等级 400MPa、500MPa 的钢筋时，其最小配筋百分率应允许采用 0.15 和 $45f_t/f_y$ 中的较大值；
3. 偏心受拉构件中的受压钢筋，应按受压构件一侧纵向钢筋考虑；
4. 受压构件的全部纵向钢筋和一侧纵向钢筋的配筋率以及轴心受拉构件和小偏心受拉构件一侧受拉钢筋的配筋率均应按构件的全截面面积计算；
5. 受弯构件、大偏心受拉构件一侧受拉钢筋的配筋率应按全截面面积扣除受压翼缘面积 $(b'_f-b)h'_f$ 后的截面面积计算；
6. 当钢筋沿构件截面周边布置时，"一侧纵向钢筋"系指沿受力方向两个对边中一边布置的纵向钢筋。

8.3.2　钢筋下料长度计算及配料、下料注意事项

钢筋下料计算及配料下料注意事项　　**表 8-16**

项目	名称	计算方法公式及要点
钢筋下料长度基本计算	弯钩增加长度	钢筋弯钩有半圆弯钩，直弯钩和斜弯构三种形式，如下图所示： 图 1　钢筋弯钩形式 (a)半圆(180°)弯钩；(b)直(90°)弯钩；(c)斜(135°)弯钩 各种弯钩增加长度 l_z 按下式计算： 半圆弯钩　$l_z=1.071D+0.571d+l_p$　(8-14) 直弯钩　$l_z=0.285D-0.215d+l_p$　(8-15) 斜弯钩　$l_z=0.678D+0.178d+l_p$　(8-16) 式中　D——圆弧弯曲直径，对 HPB 300 级钢筋取 $2.5d$；HRB 335 级钢筋取 $4d$；HRB 400、RRB 400 级钢筋取 $5d$； d——钢筋直径； l_p——弯钩的平直部分长度。 采用 HPB 300 级钢筋，按圆弧弯曲直径为 $2.5d$，$l_p=3d$ 考虑，半圆弯钩增加长度应为 $6.25d$；直弯钩 l_p 按 $5d$ 考虑，增加长度应为 $5.5d$；斜弯钩 l_p 按 $10d$ 考虑，增加长度为 $12d$。三种弯钩形式各种规格钢筋弯钩增加长度可参见表 8-17

续表

项目	名称	计算方法公式及要点
钢筋下料长度基本计算	弯起钢筋斜长	梁类构件常配置弯起钢筋，弯起角度为 30°、45°和 60°几种，弯起钢筋的斜长系数如下图 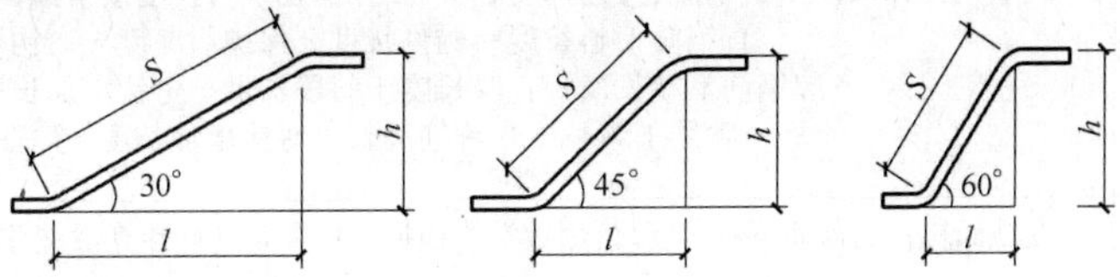 **斜边长度** S=2.0h　　S=1.414h　　S=1.155h **底边长度** l=1.732h　　l=1.000h　　l=0.577h **增加长度** $S-l$=0.268h　　$S-l$=0.414h　　$S-l$=0.578h 图 2　弯起钢筋斜长计算简图
		钢筋弯曲时，内皮缩短，外皮延长，只中心线尺寸不变，故下料长度即中心线尺寸。一般钢筋成型后量度尺寸都是沿直线量外包尺寸；同时弯曲处又成圆弧，因此弯曲钢筋的量度尺寸大于下料尺寸，两者之间的差值称为“弯曲调整值”，即在下料时，下料长度应等于量度尺寸减去弯曲调整值
	弯曲调整值	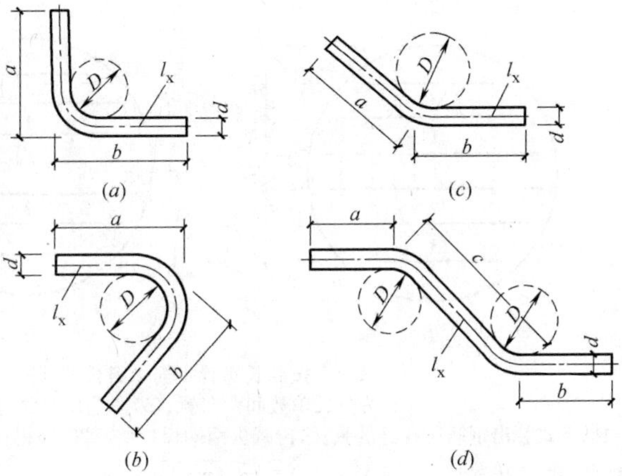 图 3　钢筋弯曲调整值计算简图 (*a*)钢筋弯折 90°；(*b*)钢筋弯折 135°；(*c*)钢筋一次弯折 30°、45°、60°； (*d*)钢筋弯曲 30°、45°、60° a、b—量度尺寸；l_x—下料长度 不同级别钢筋弯折 90°和 135°时，见上图(*a*)、(*b*)的弯曲调整值参见表 8-18。对一次弯折钢筋，见图(*c*)和弯起钢筋，见图(*d*)的弯曲直径 D 不应小于钢筋直径 d 的 5 倍，其弯折角度为 30°、45°、60°的弯曲调整值参见表 8-18
	箍筋弯钩增加长度	箍筋的末端应作弯钩，用 HPB 300 级钢筋或冷拔低碳钢丝制作的箍筋，其弯钩的弯曲直径应大于受力钢筋直径，且不小于箍筋直径的 2.5 倍；弯钩平直部分的长度，对一般结构，不宜小于箍筋直径的 5 倍，对有抗震要求的结构，不应小于箍筋的 10 倍。 弯钩形式，可按下图 *a*、*b* 加工，对有抗震要求和受扭的结构，可按下图(*c*)加工： 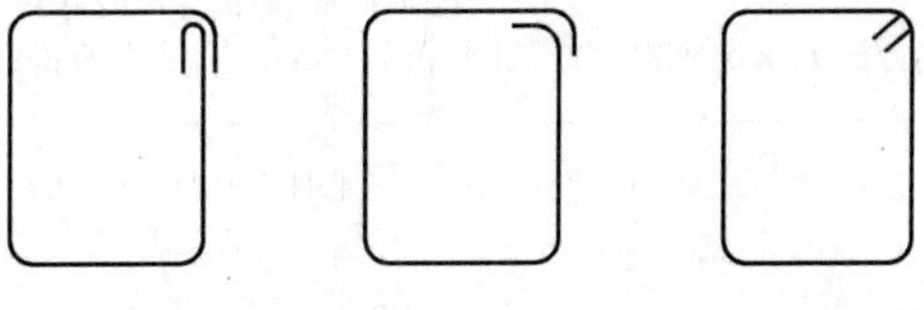 (*a*)　(*b*)　(*c*) 图 4　箍筋弯钩示意图 (*a*)90°/180°；(*b*)90°/90°；(*c*)135°/135° 常用规格钢筋箍筋弯钩长度增加长度可参见表 8-19

续表

项目	名称	计算方法公式及要点
钢筋下料长度基本计算	下料长度	一般构件钢筋多由直钢筋、弯起钢筋和箍筋组成，其下料长度按下式计算： 直钢筋下料长度＝构件长度－保护层厚度＋弯钩增加长度　(8-17) 弯起钢筋下料长度＝直段长度＋斜段长度＋弯钩增加长度－弯钩调整值　(8-18) 箍筋下料长度＝箍筋周长＋弯钩增加长度±弯曲调整值　(8-19)
特殊形状钢筋下料长度计算	变截面构件箍筋下料长度	变截面构件的箍筋下料长度，可用数学法根据比例关系进行计算，每根钢筋的长短差Δ按下式计算： $\Delta=\frac{h_d-h_c}{n-1}$　(8-20) 其中　$n=\frac{s}{a}+1$ 式中　n——箍筋个数； s——最高箍筋与最低箍筋之间的总距离； a——箍筋间距； h_d、h_c——分别为箍筋最大和最小高度 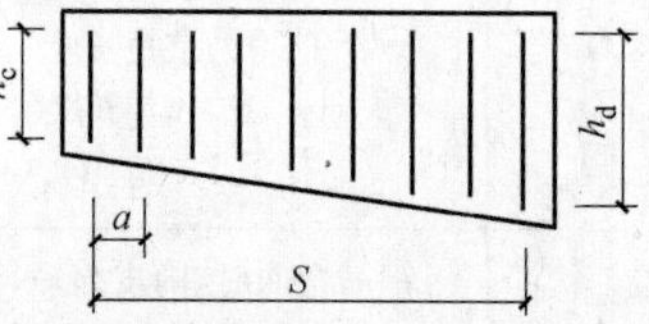 图5　变截面构件箍筋下料长度计算简图
	圆形构件下料长度	(1)按弦长布置(见下图) 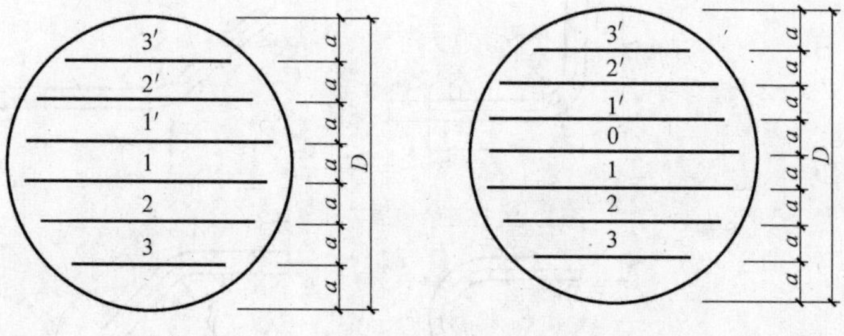 (*a*)　(*b*) 图6　按弦长布置钢筋下料长度计算简图 (*a*)按弦长单数间距布置；(*b*)按弦长双数间距布置 先根据下式算出钢筋所在处的弦长，再减去两端保护层厚度，即得钢筋下料长度： 当配筋间距为单数时：　$l_i=a\sqrt{(n+1)^2-(2i-1)^2}$　(8-21) 当配筋间距为双数时：　$l_i=a\sqrt{(n+1)^2-(2i)^2}$　(8-22) 式中　l_i——第i根(从圆心向两边数)钢筋所在的弦长，i为序数号； n——钢筋根数，$n=\frac{D}{a}-1$ (2)按圆周布置(见下图) 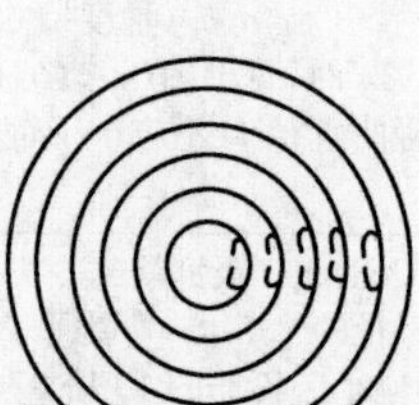 图7　按圆周布置下料长度计算简图 一般按比例方法先求出每根钢筋的圆直径，再乘以圆周率所得的圆周长，即为圆形钢筋下料长度
	圆形切块下料长度	确定钢筋所在位置的弦与圆心间的距离(弦心距)，圆形切块的弦长K，即可按下式计算： $K=\sqrt{D^2-4C^2}$　(8-23) 或　$K=2\sqrt{R^2-C^2}$　(8-24) 式中　D——圆形切块的直径； C——弦心距，即圆心至弦长的垂线长； R——圆形切块的半径

续表

<table>
<tr><th>项目</th><th>名称</th><th>计算方法公式及要点</th></tr>
<tr><td rowspan="2">特殊形状钢筋下料长度计算</td><td>螺旋箍筋下料长度</td><td>在圆柱形构件中，螺旋箍筋沿圆周表面缠绕，每米钢筋骨架长的螺旋箍筋长度可按下式计算（见下图）
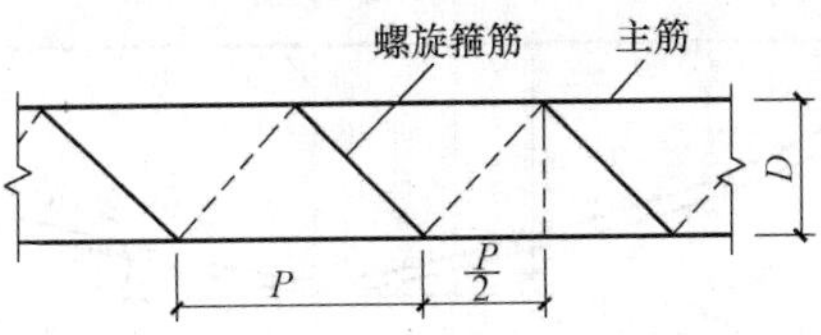

图 8 螺栓箍筋下料长度计算简图
$$l=\frac{2000\pi a}{p}\left[1-\frac{e^2}{4}-\frac{3}{64}(e^2)^2\right] \quad (8\text{-}25)$$
其中 $a=\frac{\sqrt{p^2+4D^2}}{4}$； $e^2=\frac{4a^2-D^2}{4a^2}$
亦可按以下简化式计算：
$$l=\frac{1000}{p}\sqrt{(\pi D)^2+p^2}+\frac{\pi d}{2} \quad (8\text{-}26)$$
式中 l——每 1m 钢筋骨架长的螺旋箍筋长度；
π——圆周率，取 3.1416；
p——螺距；
D——螺旋线的缠绕直径；亦可采用箍筋中心距，即主筋外皮距离加上箍筋直径；
d——螺栓箍筋的直径。
螺旋箍筋的长度亦可根据勾股弦定理按下式计算（见下图）：
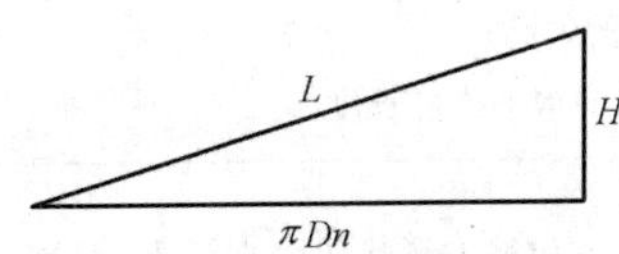

图 9 螺旋箍筋计算简图
$$L=\sqrt{H^2+(\pi Dn)^2} \quad (8\text{-}27)$$
式中 L——螺旋箍筋的长度；
H——螺旋线起点到终点的垂直高度；
n——螺旋线的缠绕圈数；
其他符号意义同上</td></tr>
<tr><td>曲线构件钢筋下料长度</td><td>曲线构件中的走向和形状是以“曲线方程”确定的，钢筋下料长度分别按以下计算：
(1)曲线钢筋长度：根据曲线方程 $y=f(n)$，沿水平方向分段，每段长度 $l=x_i-x_{i-1}$（一般取 0.3～0.5m 为一段），求已知 x 值时的相应 y 值，然后用勾股弦定理计算每段斜长，再叠加即得曲线钢筋长度（近似值）L（见下图）：
$$L=2\sum_{i=1}^{n}\sqrt{(y_i-y_{i-1})^2+l^2} \quad (8\text{-}28)$$
式中 x_i，y_i——曲线钢筋上任一点在 x、y 轴上的投影距离；
l——水平方向每段长度
(2)箍筋高度：根据曲线方程，以箍筋间距确定的 x_i 值，求得 y_i 值，然后计算该处的梁高 $h_i=H-y_i$，再扣去上下层混凝土保护层，即得箍筋高度</td></tr>
</table>

续表

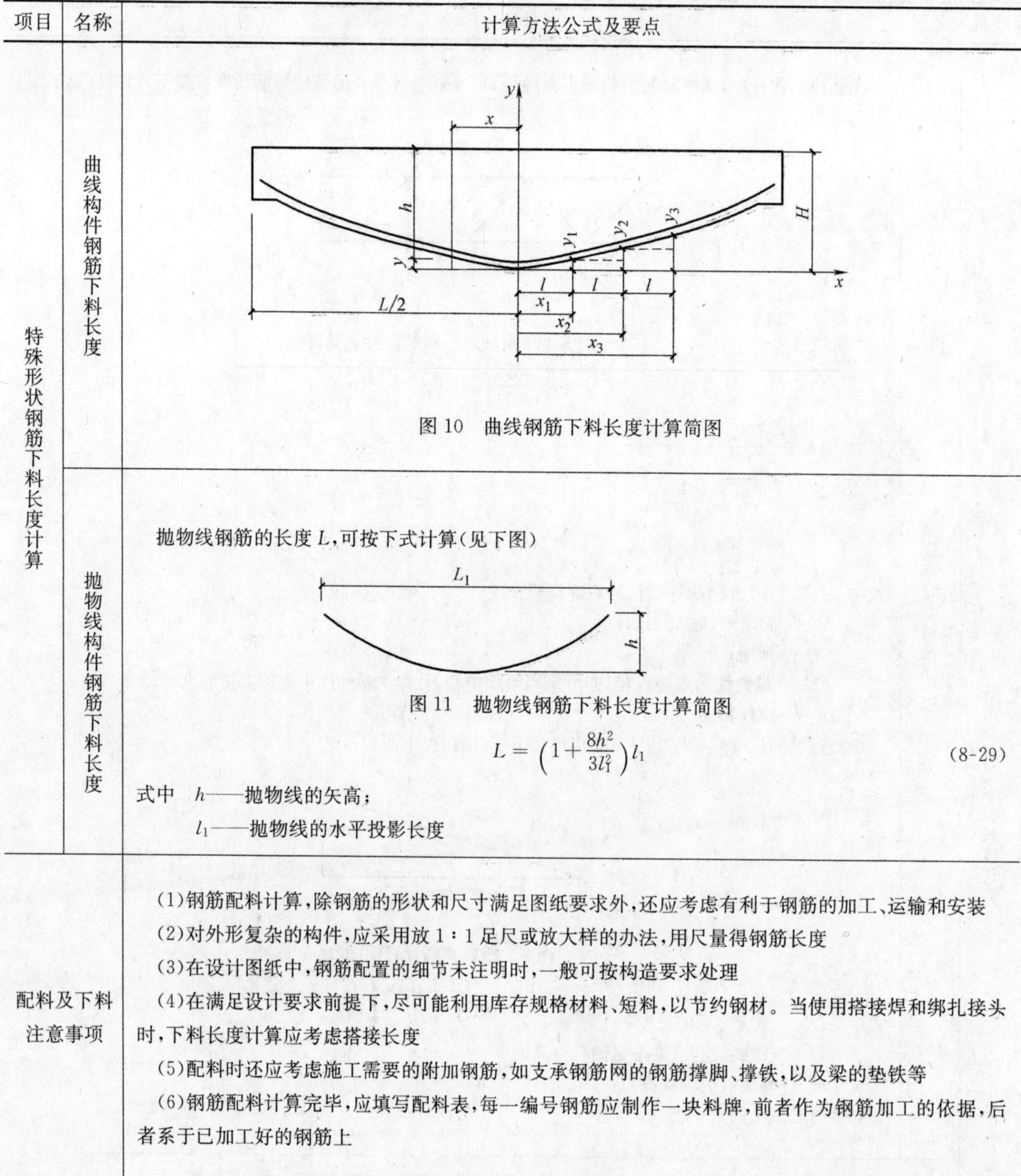

项目	名称	计算方法公式及要点
特殊形状钢筋下料长度计算	曲线构件钢筋下料长度	图 10　曲线钢筋下料长度计算简图
	抛物线构件钢筋下料长度	抛物线钢筋的长度 L，可按下式计算（见下图） 图 11　抛物线钢筋下料长度计算简图 $$L=\left(1+\frac{8h^2}{3l_1^2}\right)l_1 \quad (8\text{-}29)$$ 式中　h——抛物线的矢高； l_1——抛物线的水平投影长度
配料及下料注意事项		（1）钢筋配料计算，除钢筋的形状和尺寸满足图纸要求外，还应考虑有利于钢筋的加工、运输和安装 （2）对外形复杂的构件，应采用放 1∶1 足尺或放大样的办法，用尺量得钢筋长度 （3）在设计图纸中，钢筋配置的细节未注明时，一般可按构造要求处理 （4）在满足设计要求前提下，尽可能利用库存规格材料、短料，以节约钢材。当使用搭接焊和绑扎接头时，下料长度计算应考虑搭接长度 （5）配料时还应考虑施工需要的附加钢筋，如支承钢筋网的钢筋撑脚、撑铁，以及梁的垫铁等 （6）钢筋配料计算完毕，应填写配料表，每一编号钢筋应制作一块料牌，前者作为钢筋加工的依据，后者系于已加工好的钢筋上

各种规格钢筋弯钩增加长度参考表　　**表 8-17**

钢筋直径 d(mm)	半圆弯钩 (mm)		半圆弯钩(mm)（不带平直部分）		直弯钩 (mm)		斜弯钩 (mm)	
	1 个钩长	2 个钩长	1 个钩长	2 个钩长	1 个钩长	2 个钩长	1 个钩长	2 个钩长
6	40	75	20	40	35	70	75	150
8	50	100	25	50	45	90	95	190
9	60	115	30	60	50	100	110	220

续表

钢筋直径 d(mm)	半圆弯钩(mm)		半圆弯钩(mm)(不带平直部分)		直弯钩(mm)		斜弯钩(mm)	
	1个钩长	2个钩长	1个钩长	2个钩长	1个钩长	2个钩长	1个钩长	2个钩长
10	65	125	35	70	55	110	120	240
12	75	150	40	80	65	130	145	290
14	90	175	45	90	75	150	170	340
16	100	200	50	100	—	—	—	—
18	115	225	60	120				
20	125	250	65	130				
22	140	275	70	140				
25	160	315	80	160				
28	175	350	85	190				
32	200	400	105	210				
36	225	450	115	230				

注:1. 半圆弯钩计算长度为 $6.25d$;半圆弯钩不带平直部分为 $3.25d$;直弯钩计算长度为 $5.5d$;斜弯钩计算长度为 $12d$。

2. 半圆弯钩取 $l_p=3d$;直弯钩 $I_p=5d$;斜弯钩 $l_P=10d$;直弯钩在楼板中使用时,其长度取决于楼板厚度。

3. 本表为 HPB300 级钢筋,弯曲直径为 $2.5d$,取尾数为 5 或 0 的弯钩增加长度。

钢筋弯曲调整值(mm) **表 8-18**

直径(mm) \ 调整值 \ 角度	30°	45°	60°	90°	135°
	$0.35d_0$	$0.5d_0$	$0.85d_0$	$2d_0$	$2.5d_0$
6	—	—	—	12	15
8	—	—	—	16	20
10	3.5	5.0	8.5	20	25
12	4.0	6.0	10.0	24	30
14	5.0	7.0	12.0	28	35
16	5.5	8.0	13.5	32	40
18	6.5	9.0	15.5	36	45
20	7.0	10.0	17.0	40	50
22	8.0	11.0	19.0	44	55
25	9.0	12.5	21.5	50	62.5
28	10.0	14.0	24.0	56	70
32	11.0	16.0	27.0	64	80
32	12.5	18.0	30.5	72	90

注:d_0 为弯曲钢筋直径,表中角度是指钢筋弯曲后与水平线的夹角。

箍筋弯钩长度增加值参考表 **表 8-19**

钢筋直径 d(mm)	一般结构箍筋两个弯钩增加长度		抗震结构两个弯钩增加长度($28d$)
	两个弯钩均为 90°($14d$)	一个弯钩 90°另一个弯钩 180°($17d$)	
≤5	70	85	135
6	84	102	162
8	112	136	216
10	140	170	270
12	168	204	324

注:箍筋一般用内皮尺寸标示,每边加上 $2d$,即成为外皮尺寸,表中已计入。

8.4 钢筋加工工艺方法

钢筋的加工工艺方法与机具设备　表 8-20

项次	项目	施工工艺方法及设备使用要点
1	钢筋的除锈	(1)钢筋表面上的油渍、漆污和锤击能剥落的浮皮、铁锈应清除干净，带有颗粒状或片状老锈的钢筋不得使用 (2)除锈方法：对大量的钢筋，可通过钢筋冷拉或钢筋调直机调直过程中完成；少量的钢筋除锈可采用电动除锈机或喷砂方法；钢筋局部除锈可采取人工用钢丝刷或砂轮等方法进行。亦可将钢筋通过砂箱往返搓动除锈 (3)电动除锈机多自制，圆盘钢丝刷有成品供应(也可用废钢丝绳头拆开编成)直径 20～30cm、厚 5～15cm，转速 1000r/min，电动机功率为 1.0～1.5kW (4)如除锈后钢筋表面有严重的麻坑、斑点等已伤蚀截面时，应降级使用或剔除不用，带有蜂窝状锈迹的钢丝不得使用
2	钢筋的调直	(1)对局部曲折、弯曲或成盘的钢筋应加以调直 (2)钢筋的调直普遍使用慢速卷扬机拉直和用调直机调直，常用钢筋调直机型号及技术性能见表 8-21。在缺乏调直设备时，粗钢筋可采用弯曲机、平直锤或用卡盘、扳手、锤击矫直；细钢筋可用绞磨拉直或用导轮、蛇形管调直装置来调直(图 8-5) (3)采用钢筋调直机调直冷拔低碳钢丝和细钢筋时，要根据钢筋的直径选用调直模和传送辊，并要恰当掌握调直模的偏移量和压辊的压紧程度 (4)用卷扬机拉直钢筋时，应注意控制冷拉率：HPB 300 级钢筋不宜大于 4%；HRB 335、HRB 400～RRB 400 级钢筋及不准采用冷拉钢筋的结构，不宜大于 1%；用调直机调直钢丝和用锤击法平直粗钢筋时，表面伤痕不应使截面积减少 5%以上 (5)调直后的钢筋应平直，无局部曲折；冷拔低碳钢丝表面不得有明显擦伤。应当注意：冷拔低碳钢丝经调直机调直后，其抗压强度一般要降低 10%～15%，使用前要加强检查，按调直后的抗拉强度选用 (6)已调直的钢筋应按级别、直径、长短、根数分扎成若干小扎，分区整齐地堆放
3	钢筋的切断	(1)钢筋成型前，应根据配料表要求长度截断，一般用钢筋切断机进行。切断机分机械式切断和液压式切断两种。前者为固定式，能切断 ϕ40mm 钢筋；后者为移动式，便于现场滚动使用，能切断 ϕ32mm 以下钢筋。常用两种钢筋切断机的技术性能见表 8-22、表 8-23 和表 8-24。在缺乏设备时，可用断丝钳(剪断钢丝)，人工剋子(切断 ϕ6～32mm 钢筋)和手动液压切断器(切断不大于 ϕ16mm 钢筋)；对 ϕ40mm 以上钢筋可用氧乙炔焰割断 (2)有条件时，可采用数控钢筋调直切断机，用光电测长系统和光电计数装置，准确控制断料长度，并自动计数。断料精度高(偏差仅约 1～2mm)，并实现了钢丝调直切断自动化 (3)钢筋切断应合理统筹配料，将相同规格钢筋根据不同长短搭配，统筹排料；一般先断长料，后断短料，以减少接头、短头和损耗。避免用短尺量长料，以防止产生累积误差；应在工作台上标出尺寸刻度并设置控制断料尺寸用的挡板。切断过程中，如发现劈裂、缩头或严重的弯头等必须切除 (4)向切断机送料时应将钢筋摆直，避免弯成弧形，操作者应将钢筋握紧，并应在冲动刀片向后退时送进钢筋，切断长 300mm 以下钢筋时，应将钢筋套在钢管内送料，防止发生人身或设备安全事故 (5)操作中，如发现钢筋硬度异常，过硬或过软，与钢筋级别不相称时，应考虑对该批钢筋进一步检验；热处理预应力钢筋切料时，只允许用切断机或氧乙炔割断，不得用电弧切割 (6)切断后的钢筋断口不得有马蹄形或起弯等现象；钢筋长度偏差不应小于±10mm
4	钢筋的弯曲、成型	(1)钢筋的弯曲成型是钢筋加工中的一道主要工序，宜用弯曲机进行，常用弯曲机、弯箍机型号及技术性能见表 8-25、表 8-26。在缺乏设备或进行少量钢筋加工时，可用手工弯曲成型。系在成型台上用手摇扳手，每次弯 4～8 根 ϕ10mm 以下细钢筋，或用卡盘和扳手，可弯曲 ϕ12～32mm 粗钢筋，当弯曲直径 ϕ28mm 以下钢筋时，可用两个扳柱加不同厚度钢套；钢筋扳手口直径应比钢筋大 2mm (2)钢筋弯曲时应将各弯曲点位置划出，划线工作宜从钢筋中线开始向两边进行，两边不对称的钢筋可从一端开始划线，划线尺寸应根据不同的弯曲角度和钢筋直径扣除钢筋弯曲调整值，其扣法是从相邻两段长度中各扣一半 (3)划线应在工作台上进行，如无划线台而直接以尺度量进行划线时，应使用长度适当的木尺，不宜用短尺(木折尺)接量，以防发生差错 (4)钢筋在弯曲机上成型时，心轴直径应为钢筋直径的 2.5 倍，成型轴宜加偏心轴套，以适应不同直径的钢筋弯曲需要

续表

项次	项目	施工工艺方法及设备使用要点
4	钢筋的弯曲、成型	(5)弯曲成型应注意:对 HRB335、HRB400、HRB500 钢筋,不能过量弯曲再回弯,以免弯曲点处发生裂纹 (6)第一根钢筋弯曲成型后应与配料表进行复核,符合要求后再成批加工;对于复杂的弯曲钢筋,如预制柱牛腿、屋架节点等宜先弯 1 根,经过试组装后,方可成批弯制。钢筋弯曲均应在常温下进行,不允许将钢筋加热后弯曲 (7)曲线形钢筋成型可在原钢筋弯曲机的工作盘中央,加装一个推进钢筋用的十字架和钢套,另在工作盘四个孔内插上顶弯钢筋用的短轴和成型钢套和中央钢套相切,在插座板上加工挡轴圆套(图 8-6*a*),插座板上挡轴钢套尺寸可根据钢筋曲线形状选用 (8)螺旋形钢筋成型,小直径可用手摇滚筒成型,较粗(ϕ16~30mm)钢筋可在钢筋弯曲机的工作盘上安设一个型钢制成的加工圆盘(图 8-6*b*),圆盘外直径相当于需加工螺旋筋(或圆箍筋)的内径,插孔相当于弯曲机扳柱间距,使用时将钢筋一端固定,即可按一段钢筋弯曲加工方法弯成所需螺旋形钢筋 (9)成型后的钢筋要求形状正确,平面上无凹曲、翘曲不平现象,弯曲点处无裂缝,对 HPB 300 级及 HRB 335 级以上的钢筋不能弯过头再弯过来。钢筋弯曲成型后的允许偏差为:全长±10mm;弯起钢筋起弯点位移 20mm;弯起钢筋的起弯点高度±5mm,箍筋边长±5mm

钢筋调直机技术性能 表 8-21

机械型号	钢筋直径(mm)	调直速度(m/min)	断料长度(mm)	电机功率(kW)	外形尺寸(mm)长×宽×高	机重(kg)
GT 3/8	3~8	40、65	300~6500	9.25	1854×741×1400	1280
GT 4/10	4~14	30、54	300~8000	5.5	1700×800×1365	1200
GT 6/12	6~12	36、54、72	300~6500	12.6	1770×535×1457	1230

注:表中所列的钢筋调直机断料长度误差均≤3mm。

钢筋调直切断机主要技术性能 表 8-22

<table>
<tr><th colspan="2" rowspan="2">参 数 名 称</th><th colspan="4">型 号</th></tr>
<tr><th>GT1.6/4</th><th>GT3/8</th><th>GT6/12</th><th>GTS3/8</th></tr>
<tr><td colspan="2">调直切断钢筋直径(mm)</td><td>1.6~4</td><td>3~8</td><td>6~12</td><td>3~8</td></tr>
<tr><td colspan="2">钢筋抗拉强度(MPa)</td><td>650</td><td>650</td><td>650</td><td>650</td></tr>
<tr><td colspan="2">切断长度(mm)</td><td>300~3000</td><td>300~6500</td><td>300~6500</td><td>300~6500</td></tr>
<tr><td colspan="2">切断长度误差(mm/m)</td><td>≤3</td><td>≤3</td><td>≤3</td><td>≤3</td></tr>
<tr><td colspan="2">牵引速度(m/min)</td><td>40</td><td>40、65</td><td>36、54、72</td><td>30</td></tr>
<tr><td colspan="2">调直筒转速(r/min)</td><td>2900</td><td>2900</td><td>2800</td><td>1430</td></tr>
<tr><td colspan="2">送料、牵引辊直径(mm)</td><td>80</td><td>90</td><td>102</td><td></td></tr>
<tr><td rowspan="3">电机型号</td><td>调直</td><td>Y100L-2</td><td rowspan="2">Y132M-4</td><td>Y132S-2</td><td rowspan="2">J02-31-4</td></tr>
<tr><td>牵引</td><td rowspan="2">Y100L-6</td><td>Y112M-4</td></tr>
<tr><td>切断</td><td>Y90S-6</td><td>Y90S-4</td><td>J02-31-4</td></tr>
<tr><td rowspan="3">功率</td><td>调直(kW)</td><td>3</td><td rowspan="2">7.5</td><td>7.5</td><td rowspan="2">2.2</td></tr>
<tr><td>牵引(kW)</td><td rowspan="2">1.5</td><td>4</td></tr>
<tr><td>切断(kW)</td><td>0.75</td><td>1.1</td><td>2.2</td></tr>
<tr><td rowspan="3">外形尺寸</td><td>长(mm)</td><td>3410</td><td>1854</td><td>1770</td><td></td></tr>
<tr><td>宽(mm)</td><td>730</td><td>741</td><td>535</td><td></td></tr>
<tr><td>高(mm)</td><td>1375</td><td>1400</td><td>1457</td><td></td></tr>
<tr><td colspan="2">整机质量(kg)</td><td>1000</td><td>1280</td><td>1263</td><td></td></tr>
</table>

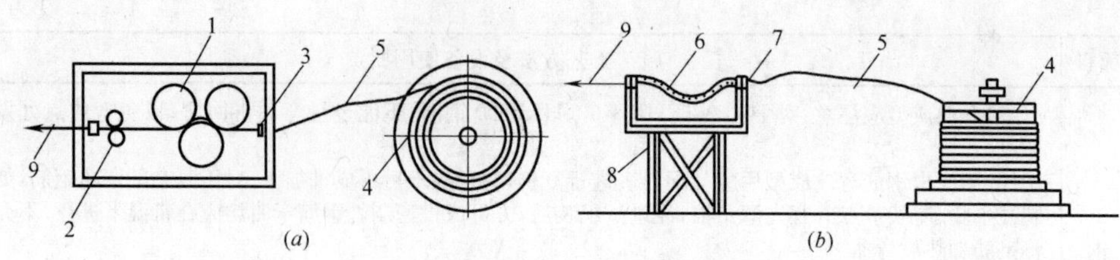

图 8-5　导轮和蛇形管调直装置

(a) 导轮调直装置；(b) 蛇形管调直装置

1—辊轮；2—导轮；3—旧拔丝模；4—盘条架；5—细钢筋或钢丝线；6—蛇形管；7—旧滚珠轴承；8—支架；9—人力牵引

机械式钢筋切断机主要技术性能　　**表 8-23**

参数名称	型号				
	GQL40	GQ40	GQ40A	GQ40B	GQ50
切断钢筋直径(mm)	6～40	6～40	6～40	6～40	6～50
切断次数(次/min)	38	40	40	40	30
电动机型号	Y100L2-4	Y100L-2	Y100L-2	Y100L-2	Y132S-4
功率(kW)	3	3	3	3	5.5
转速(r/min)	1420	2880	2880	2880	1450
外形尺寸　长(mm)	685	1150	1395	1200	1600
宽(mm)	575	430	556	490	695
高(mm)	984	750	780	570	915
整机质量(kg)	650	600	720	450	950
传动原理及特点	偏心轴	开式、插销离合器曲柄	凸轮、滑键离合器	全封闭曲柄连杆转键离合器	曲柄连杆传动半开式

液压传动及手持式钢筋切断机主要技术性能　　**表 8-24**

参数名称		形式与型号			
		电动	手动	手持	
		DYJ-32	SYJ-16	GQ-12	GQ-20
切断钢筋直径 d(mm)		8～32	16	6～12	6～20
工作总压力(kN)		320	80	100	150
活塞直径 d(mm)		95	36		
最大行程(mm)		28	30		
液压泵柱塞直径 d(mm)		12	8		
单位工作压力(MPa)		45.5	79	34	34
液压泵输油率(L/min)		4.5			
压杆长度(mm)			438		
压杆作用力(N)			220		
贮油量(kg)			35		
电动机	型号	Y型		单相串激	单相串激
	功率(kW)	3		0.567	0.570
	转数(r/min)	1440			
外形尺寸	长(mm)	889	680	367	420
	宽(mm)	396		110	218
	高(mm)	398		185	130
总重(kg)		145	6.5	7.5	14

钢筋弯曲机主要技术性能 表 8-25

参数名称		GW32	GW32A	GW40	GW40A	GW50
弯曲钢筋直径 d(mm)		6～32	6～32	6～40	6～40	25～50
钢筋抗拉强度(MPa)		450	450	450	450	450
弯曲速度(r/min)		10/20	8.8/16.7	5	9	2.5
工作盘直径 d(mm)		360		350	350	320
电动机	型号	YEJ100L1-4	柴油机、	Y100L2-4	YEJ100L2-4	Y112M-4
	功率(kW)	2.2	电动机	3	3	4
	转速(r/min)	1420	4	1420	1420	1420
外形尺寸	长(mm)	875	1220	870	1050	1450
	宽(mm)	615	1010	760	760	800
	高(mm)	945	865	710	828	760
整机质量(kg)		340	755	400	450	580
结构原理及特点		齿轮传动，角度控制半自动双速	全齿轮传动，半自动化双速	蜗轮蜗杆传动单速	齿轮传动，角度控制半自动单速	蜗轮蜗杆传动，角度控制半自动单速

钢筋弯箍机主要技术性能 表 8-26

项目		SGWK8B	GJG4/10	GJG4/12	LGW60Z
弯曲钢筋直径 d(mm)		4～8	4～10	4～12	4～10
钢筋抗拉强度(MPa)		450	450	450	450
工作盘转速(r/min)		18	30	18	22
电动机	型号	Y112M-6	Y100L1-4	YA100-4	
	功率(kW)	2.2	2.2	2.2	3
	转速(r/min)	1420	1430	1420	
外形尺寸	长(mm)	1560	910	1280	2000
	宽(mm)	650	710	810	950
	高(mm)	1550	860	790	950

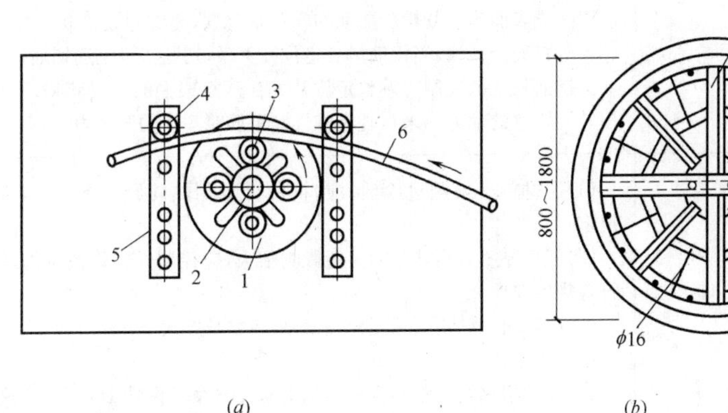

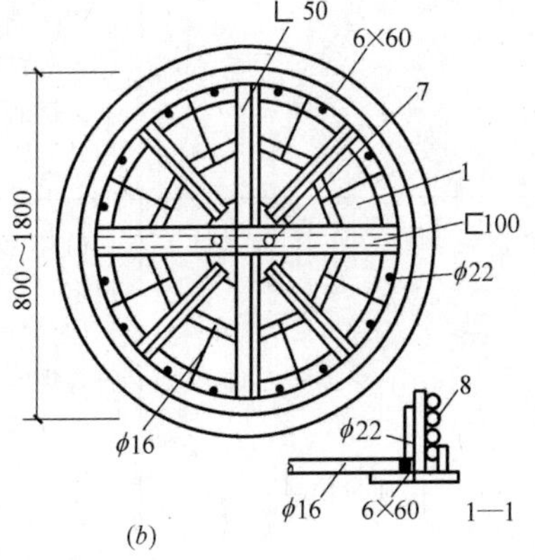

图 8-6 曲线形钢筋成型装置

(a) 曲线成型工作简图；(b) 大直径螺旋箍筋加工圆盘

1—工作盘；2—十字撑及圆套；3—桩柱及圆套；4—挡轴圆套；5—插座板；6—钢筋；7—扳柱插孔，间距 250mm；8—螺旋钢筋

8.5　钢筋冷轧扭加工工艺方法

钢筋冷轧扭原理、装置、加工工艺方法　　表 8-27

项次	项目	冷轧扭施工要点
1	制成、原理及规格性能	(1)钢筋冷轧扭是用低碳钢热轧圆盘条，通过专用钢筋冷轧扭机，在常温下调直、冷轧并冷扭一次轧制成型，其具有规定截面形状和节距的连续螺旋状钢筋 (2)由于冷轧扭钢筋具有连续不断的螺旋曲面，使钢筋与混凝土间产生较强的机械咬合力和法向应力，提高了二者的粘结力。当构件承受荷载时，钢筋与混凝土互相制约，可增加共同工作的能力，改善构件弹塑性阶段性能，提高构件的强度和刚度，使钢筋强度得到充分发挥 (3)冷轧扭钢筋按其截面形状分为矩形截面(Ⅰ型)和菱形截面(Ⅱ型)两种类型。其轧扁厚度、节距、公称截面面积和理论重量及力学性能分别见表8-28*a*、*b*、*c*
2	优点及应用	(1)冷轧扭钢筋加工工艺简单，设备可靠，集冷拉、冷轧、冷扭于一身，能大幅度提高钢筋的强度与混凝土之间的握裹力。使用时，末端不需弯钩。冷轧扭钢筋的设计强度为460N/mm^2，为 HPB 300 级钢筋的 1.92 倍，用它代替 HPB 300 钢筋，可节约钢材 42.6%，扣除其他因素，可节约 35%左右，如按等规格代用，亦可节约 20%以上，具有明显的技术经济效果。冷轧扭钢筋混凝土构件的生产不需要预加应力，因此投资少，适于中、小型构件生产。 (2)适于做圆孔板(最大跨度 4.5m，厚 120、180mm)、双向叠合楼板(最大跨度 6m×5.4m，长×宽、下同)、加气混凝土复合大楼板(跨度 4.8m×3.4m，厚 145mm)预制薄板以及现浇大楼板(最大跨度 5.1m、厚 110～130mm)、圈梁等
3	机具设备及加工工艺程序	(1)加工设备主要采用 GQZ 10A 型钢筋冷轧扭机，由放盘架、调直箱、轧机、扭转装置、切断机、落料架、冷却系统及控制系统等组成，其技术性能如表 8-28*d* 所列；其加工工艺平面布置如图 8-7 所示 (2)加工工艺程序为：圆盘钢筋从放盘架上引出后，经调直箱调直并清除氧化铁皮，再经轧机将圆钢筋轧扁；在轧辊推动下，强迫钢筋通过扭转装置，从而形成表面为连续螺旋曲面的麻花状钢筋，再穿过切断机的圆切刀刀孔进入落料架的料槽，当钢筋触到定位开关后，切断机将钢筋切断落到落料架上。钢筋长度的控制可调整定位开关在落料架上的位置获得。钢筋调直、扭转及输送的动力均来自轧辊在轧制钢筋时产生的摩擦力
4	质量控制	(1)原材料必须经过检验，应符合《低碳钢热轧原盘条》(GB/T 701)的规定 (2)轧扁厚度对钢筋力学性能影响很大，应控制在允许范围内，螺距亦应符合规定要求 (3)冷轧扭钢筋定尺长度允许偏差：单根长度大于 8m 时为±15mm；单根长度不大于 8m 时为±10mm (4)冷轧扭钢筋表面不应有影响钢筋力学性能的裂纹、折叠、结疤、机械损伤或其他影响使用的缺陷 (5)轧制品的检验应按《冷轧扭钢筋应用技术规程》有关规定进行，严格检验成品，把好质量关 (6)成品钢筋不宜露天堆放，以防止锈蚀；储存期不应过长，宜尽可能做到随轧制随使用

冷轧扭钢筋轧扁厚度和节距 表 8-28*a*

类型	标志直径 d(mm)	轧扁厚度 t(mm) 不小于	节距 l_1(mm) 不大于
Ⅰ型	6.5	3.7	75
	8	4.2	95
	10	5.3	110
	12	6.2	150
	14	8.0	170
Ⅱ型	12	8.0	145

冷轧扭钢筋公称截面面积和理论重量 表 8-28*b*

类型	标志直径 d(mm)	公称截面面积 A_s(mm^2)	理论重量(kg/m)
Ⅰ型	6.5	29.5	0.232
	8	45.3	0.356
	10	68.3	0.536
	12	93.3	0.733
	14	132.7	1.042
Ⅱ型	12	97.8	0.768

冷轧扭钢筋力学性能 表 8-28*c*

抗拉强度 σ_b(N/mm^2)	伸长率 δ_{10}(%)	冷弯 180°$D=3d$
≥580	>14.5	受弯曲部位表面不得产生裂纹

注：1. D 为弯芯直径；d 为冷轧扭钢筋标志直径。

2. δ_{10}为标距为 10 倍标志直径的试样拉断伸长率。

钢筋冷轧扭机技术性能 表 8-28*d*

加工钢筋范围(mm)	轧扁厚度及螺距值	钢筋切断长度(m)	冷轧扭线速度(m/min)	轧制电机型号及功率(kW)	切断机型号及功率(kW)	冷却电泵型号及功率(kW)	外形尺寸(m)	总重量(t)
ϕ6.5～ϕ10	连续可调，可满足不同钢筋规格工艺要求	0.5～6.5	24	Y180M-4 18.5	Y1325-6 3.0	JCB-22 2.0	13.0×2.4×1.3	3.0

注：台班产量：ϕ^z6.5 为 2t；ϕ^z8.3 为 3t；ϕ^z10 为 4.3t。

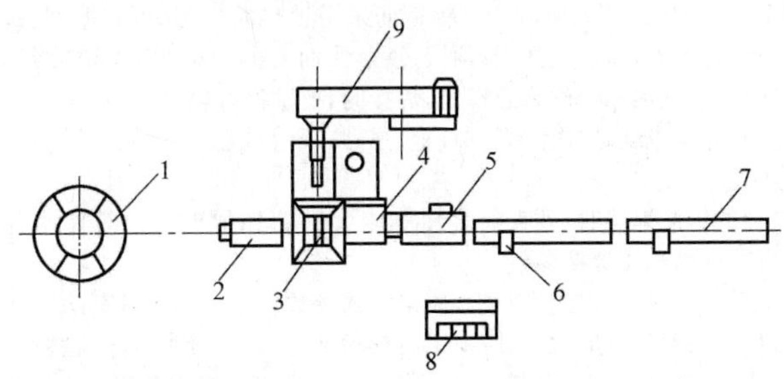

图 8-7 钢筋冷轧扭机工艺平面

1—放盘架；2—调直箱；3—轧机；4—扭转装置；5—切断机；6—落料架；7—冷却系统；8—控制系统；9—传动系统

8.6　钢筋焊接连接工艺方法

8.6.1　钢筋闪光对焊

钢筋闪光对焊原理、机具设备、工艺及操作要点　表 8-29

项次	项目	施工方法要点
1	原理、优点及应用	(1)钢筋闪光对焊系将两钢筋安放成对接形式，利用强大电流通过钢筋端头而产生的电阻热，使钢筋端部熔化，产生强烈飞溅，形成闪光，迅速施加顶锻力，使两根钢筋焊成一体 (2)对焊分电阻焊和闪光焊。由于闪光焊接触面积小，接触点电流密度大，热量集中，热影响区小，接头质量好，钢筋两端面不需磨平，可简化操作，提高工效；又因采用了预热方法，可在较小的对焊机上焊接较大直径的钢筋；特别是可用于焊接各种品种钢筋的接头，是钢筋接头焊接中操作工艺简单、效率高、施工速度快、质量好、成本低的一种优良焊接方法，因此使用较普遍 (3)适用于焊接直径 10～40mm 的热轧光圆及带肋钢筋，直径 10～25mm 的余热处理钢筋
2	机具设备及工艺参数	(1)对焊机具设备最常用的为 UN 系列对焊机，其主要技术性能见表 8-30 (2)根据钢筋品种、直径和所用焊机功率大小不同可分为连接闪光焊、预热闪光焊、闪光-预热-闪光焊三种工艺。对可焊性差的钢筋，焊后尚应通电处理，以消除热影响区内的淬硬组织。其工艺过程及适用范围见表 8-31 (3)为获得良好的对焊接头，应选择恰当的焊接参数，包括闪光留量、闪光速度、顶锻留量、顶锻速度、顶锻压力、调伸长度及变压器等级等。采用预热闪光焊时，还需增加预热留量 (4)闪光留量应使闪光结束时，钢筋端部能均匀加热，并达到足够的温度，一般取值 8～10mm；闪光速度开始时近于零，而后约 1mm/s，终止时约 1.5～2mm/s (5)顶锻留量应使顶锻结束时，接头整个截面获得紧密接触，并有适当的塑性变形，一般宜取 4～6.5mm；顶锻速度，开始 0.1s 应将钢筋压缩 2～3mm，而后断电并以 6mm/s 的速度继续顶锻至结束；顶锻压力应足以将全部的熔化金属从接头内挤出，不宜过大或过小，过大焊口会产生裂缝；过小焊口不紧密，易夹渣。调伸长度应使接头区域获得均匀加热，并不产生旁弯，一般取值：HPB 300 级钢筋为 $0.75d$～$1.25d$（d—钢筋直径），HRB 335、HRB 400、RRB 400 级钢筋为 $1.0d$～$1.5d$，直径小的钢筋取较大值；变压器级次对钢筋级别高或直径大的，其级次要高。连续闪光焊钢筋上限直径见表 8-32
3	操作要点及注意事项	(1)焊接前应检查焊机各部件和接地情况，调整变压器级次，开放冷却水，合上电闸，才可开始工作 (2)钢筋端头应顺直，在端部 15cm 范围内的铁锈、油污等应清除干净，避免因接触不良而打火烧伤钢筋表面。端头处如有弯曲，应进行调直或切除。两钢筋应处在同一轴线上，其最大偏差不得超过 0.5mm (3)对 HRB 335、HRB 400、RRB 400 级钢筋采用预热闪光焊时，应做到一次闪光，闪平为准；预热充分，频率要高；二次闪光，短、稳、强烈；顶锻过程，快而有力。对 HRB 500 级钢筋，为避免在焊缝和热影响区产生氧化缺陷、过热和淬硬脆裂现象，焊接时，要掌握好温度、焊接参数，操作要做到一次闪光，闪平为准，预热适中，频率中低；二次闪光，短、稳、强烈；顶锻过程，快而用力得当。对 45 硅锰钒钢筋，尚需焊后进行通电热处理 (4)不同直径的钢筋焊接时，其直径之比不能大于 1.5；同时应注意使两者在焊接过程中加热均匀。焊接时按大直径钢筋选择焊接参数 (5)负温（不低于－20℃）下闪光对焊，应采用弱参数。焊接场地应有防风、防雨措施，使室内保持 0℃以上温度，焊后接头部位不应骤冷，应采用石棉粉保温，避免接头冷淬、脆裂 (6)对焊完毕，应稍停 3～5s，待接头处颜色由白红色变为黑红色后，才能松开夹具，平稳取出钢筋，以防焊区弯曲变形；同时要趁热将焊缝的毛刺打掉 (7)当调换焊工或更换钢筋级别和直径时，应按规定制作对焊试样（不少于 2 个）做冷弯试验，合格后才能成批焊

续表

项次	项目	施工方法要点
4	质量要求与检验	(1)外观检查:在同一台班内,由同一焊工完成的300个同牌号、同直径钢筋对焊接头应作为一批。每批抽查10%,且不得少于10个;当同一台班内焊接的接头数量较少,可在一周内累计计算;仍不足300个接头,应按一批计算 外观检查:接头处不得有横向裂纹;与电极接触处的钢筋表面不得有明显烧伤;接头处的弯折角不得大于3°;接头处的轴线偏移,不得大于钢筋直径的0.1倍,且不得大于2mm (2)强度检验:按同一焊接参数完成的300个同类型接头作为一批,应从每批接头中随机切取6个试件,3个做拉伸试验,3个做弯曲试验。对焊接头的抗拉强度均不得小于该牌号钢筋规定的抗拉强度;RRB 400级钢筋接头的抗拉强度均不得小于570MPa;应至少有2个试件断于焊缝之外,并呈延性断裂。弯曲试验时,弯心直径和弯曲角应符合表8-33的规定,当弯至90°,至少有2个试件不得发生破断

常用对焊机技术性能 **表 8-30**

项目	焊机型号			
	UN_1-75	UN_1-100	UN_2-150	$UN_{17}-150-1$
额定容量(kVA)	75	100	150	150
初级电压(V)	220/380	380	380	380
次级电压调节范围(V)	3.52～7.94	4.5～7.6	4.05～8.1	3.8～7.6
次级电压调节级数	8	8	15	15
额定持续率(%)	20	20	20	50
钳口夹紧力(kN)	20	40	100	160
最大顶锻力(kN)	30	40	65	80
钳口最大距离(mm)	80	80	100	90
动钳口最大行程(mm)	80	50	27	80
连续闪光焊时钢筋最大直径(mm)	12～16	16～20	20～25	20～25
预热闪光焊时钢筋最大直径(mm)	32～36	40	40	40
生产率(次/h)	75	20～30	80	120
外形尺寸:长×宽×高(mm)	1520×550×1080	1800×550×1150	2140×1360×1380	2300×1100×1820
焊机重量(kg)	445	465	2500	1900

钢筋闪光对焊工艺过程及适用范围 **表 8-31**

工艺名称	工艺及适用条件	操作方法
连续闪光焊	连续闪光顶锻 适用于直径18mm以下的HPB300、HRB 335、HRB 400级钢筋	(1)先闭合一次电路,使两钢筋端面轻微接触,促使钢筋间隙中产生闪光,接着徐徐移动钢筋,使两钢筋端面仍保持轻微接触,形成连续闪光过程。 (2)当闪光达到规定程度后(烧平端面,闪掉杂质,热至熔化),即以适当压力迅速进行顶锻挤压
预热闪光焊	预热、连续闪光顶锻 适于直径20mm以上的HPB300、HRB335、HRB 400级钢筋	(1)在连续闪光前增加一次预热过程,以扩大焊接热影响区。 (2)闪光与顶锻过程同连续闪光焊
闪光一预热一闪光焊	一次闪光、预热 二次闪光、顶锻 适用于直径20mm以上的HPB 300、HRB 335、HRB 400级钢筋及HRB 500级钢筋	(1)一次闪光:将钢筋端面闪平 (2)预热:使两钢筋端面交替地轻微接触和分开,使其间隙发生断续闪光来实现预热,或使两钢筋端面一直紧密接触用脉冲电流或交替紧密接触与分开,产生电阻热(不闪光)来实现预锻 (3)二次闪光与顶锻过程同连续闪光焊

续表

工艺名称	工艺及适用条件	操作方法
电热处理	闪光-预热-闪光，通电热处理，适用于 HRB 500 级钢筋	(1)焊毕松开夹具，放大钳口距，再夹紧钢筋 (2)焊后停歇 30～60s，待接头温度降至暗黑色时，采取低频脉冲通电加热(频率 0.5～1.5 次/s，通电时间 5～7s) (3)当加热至 550～600℃呈暗红色或橘红色时，通电结束松开夹具

连续闪光焊钢筋上限直径　　表 8-32

钢筋类别	焊机容量(kVA)			
	160(150)	100	80(75)	40
	钢筋直径(mm)			
HPB 300	20	20	16	10
HRB 335	22	18	14	10
HRB 400、RRB 400	20	16	12	10

钢筋闪光对接接头弯曲试验指标　　表 8-33

钢筋级别	弯心直径(mm)	弯曲角(°)	钢筋级别	弯心直径(mm)	弯曲角(°)
HPB 300	$2d$	90	HRB 400、RRB 400	$5d$	90
HRB 335	$4d$	90	HRB 500	$7d$	90

注：1. 直径大于 25mm 的钢筋对焊接头，做弯曲试验时，弯心直径应增加 $1d$。
2. d 为钢筋直径。

8.6.2 钢筋气压焊

钢筋气压焊工艺及操作要点　　表 8-34

项次	项目	施工方法要点
1	原理及应用	(1)气压焊是用氧乙炔火焰作为热源，对钢筋接头端部进行加热，使之达到塑性(固熔)状态后，通过卡具给钢筋的接合面施加一顶锻压力，使之焊合形成牢固的对焊接头。这种焊接的机理是在还原性气体的保护下，发生塑性流变后，相互紧密地接触，促使端面金属晶体相互扩散渗透，使其再结晶、再排列，形成牢固的连接 (2)钢筋气压焊具有设备简单轻便，操作方便灵活，能用于各种位置焊接，工效高，投资少，质量可靠，节约钢材，节省电能，经济效益显著(可降低成本 60%～70%)等优点；但对焊工要求严，焊前对钢筋端面处理要求高 (3)适于高层框架结构和烟囱、筒仓等高耸结构物的竖向钢筋现场焊接，直径(d)可达16～32mm
2	机具设备	主要设备为 TJA-Ⅱ型(或 WY20－40 型、YH－32 型)气压式钢筋焊接机(包括多嘴环管焊炬、焊接卡具、加压器)、氧乙炔供气设备(氧气瓶、乙炔瓶)、无齿锯、角向磨光机等
3	焊接工艺及参数	(1)工艺流程为：钢筋配料、下料、切断→接头端面清理、磨光→接头机具检查→安装卡具、接钢筋→施加预压力，碳化火焰加热接缝→缝隙闭合后用中性焰加热→压接镦粗→灭火冷却→拆除卡具→自检及外观检查→抽样做机械试验 (2)焊接分为两个阶段进行，首先对钢筋适当预压(10～20N/mm²)，用强碳化火焰对焊面加热，约30～40s，当焊口呈橘黄色(有油性亮光，温度 1000～1100℃)，立即再加压(30～40N/mm²)到使缝隙闭合，然后改用中性焰对焊口往复摆动进行宽幅(范围约 $2d$)加热，当表面出现黄白色珠光体(温度达到1050℃)时，再次顶锻加压(30～40N/mm²)镦粗，当粗头达到 $1.4d$ 停止加热，变形长度为 $1.3～1.5d$，待焊头冷至暗红色，拆除卡头，焊接即告完成，整个时间约 100～120s

续表

项次	项目	施工方法要点
4	操作要点及注意事项	(1)钢筋配料时相邻两个接头位置应错开 30～40d,下料长度应加 1d 的焊接后缩量,钢筋宜用无齿锯或砂轮切割机切断,切面应与钢筋的纵轴线垂直,其最大倾斜度不得大于 1.5mm,钢筋 10d 内不能有弯曲现象 (2)钢筋的接头端面应采用角向磨光机打磨平整、倒角,除去其上氧化膜、锈污、毛边、飞刺。清除长度不应小于 100mm,切割打磨的钢筋接头应保护好,并宜在当天用完,以防过夜弄脏和生锈 (3)连接卡具内径应比钢筋直径大 5mm;多嘴环管焊炬当加热 ϕ32mm 以上钢筋应选用 10～12 个焊嘴的;ϕ28mm 以下应用 6～8 个焊嘴的。在进行焊接时,氧气的工作压力宜为 0.5～0.7N/mm^2,乙炔气的工作压力宜为 0.05～0.07N/mm^2 (4)安卡具应将上下钢筋分别卡紧,以防滑移。接头应位于卡具中间,上下钢筋应保持同心,两端面应紧密接触,局部缝隙不得大于 3mm,如缝隙过大,应旋转对正或重新磨平
5	质量要求与检验	(1)外观检查:每一批钢筋焊接完毕应对焊接接头外观质量逐个检查,要求偏心量 e 不得大于钢筋直径(d)的 0.15 倍,且不得大于 4mm(图 8-8a);两钢筋轴线弯折角不得大于 3°;镦粗直径,不得小于 1.4d(图 8-8b);镦粗长度不得小于 1.0d,且凸起部分平缓圆滑(图 8-8c)。如不符合要求切除重焊或重新加热矫正 (2)强度检验:在一般结构施工中,以 300 个接头作为一批。从每批成品中采取随机取样方法,取 3 个试件进行抗拉强度试验,均不得小于该牌号钢筋规定的抗拉强度,并应断于压焊面之外,呈延性断裂 气压焊接头进行弯曲试验时,弯心直径应符合表 8-35 的规定。压焊面应处在弯曲中心点,弯至 90°,3 个试件均不得在压焊面发生破断

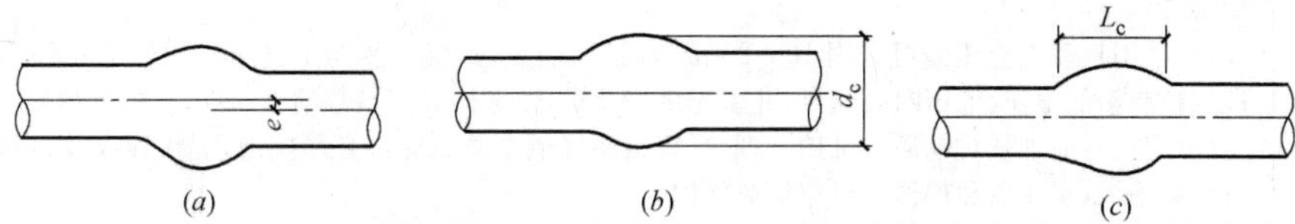

图 8-8 钢筋气压焊接头外观质量图解

(a) 轴线偏移;(b) 镦粗直径;(c) 镦粗长度

气压焊接头弯曲试验弯心直径 **表 8-35**

项次	钢筋等级	弯心直径(mm)	
		$d \leqslant 25$mm	$d > 25$mm
1	HPB 300	2d	3d
2	HRB 335	4d	5d
3	HRB 400	5d	6d

注:d 为钢筋直径(mm)。

8.6.3 钢筋电渣压力焊

钢筋电渣压力焊原理、机具设备、工艺及操作要点 **表 8-36**

项次	项目	施工方法要点
1	原理及应用	(1)钢筋电渣压力焊系将两钢筋安放成竖向或斜向对接形式,利用焊接电流通过两钢筋端面间隙,在焊剂层下形成电弧过程和电渣过程,产生电弧热和电阻热,将钢筋端部熔化,然后利用机具施加一定压力使钢筋焊合 (2)电渣压力焊接方法较电弧焊易于掌握,工效高,可节约钢材 80%,工作条件好,质量可靠,成本低 (3)适用于现浇钢筋混凝土结构竖向或斜向(倾斜度在 4∶1 以内)HPB 300、HRB 335、HRB 400、RRB 500 级、钢筋直径 16～40mm 范围内的钢筋接长

续表

项次	项目	施工方法要点
2	机具设备	自动电渣压力焊设备包括：焊接电源、控制箱、操作箱、焊接机头等。手工电渣压力焊设备包括：焊接电源、控制箱、焊接夹具、焊剂盒等。焊接电源可采用BXC-500、700、1000型；焊接变压器亦可用较小容量的同型号焊接变压器并联使用。焊接机头由电动机、减速箱、凸轮、夹具、提升杆、焊剂盒等组成。常用半自动焊接机型号有LDZ-32、LDZ32-2、LDZ-3-36等。焊剂一般采用431焊药
3	焊接工艺参数	(1)焊接工艺过程包括引弧、电渣和顶压等 (2)焊接参数包括：渣池、电压、焊接电流、焊接通电时间、顶压力、钢筋熔化量、钢筋压缩量等，可参见表8-37，渣池电压一般取25～40V；当钢筋由ϕ14～40mm时，焊接电流为200～800A，焊接通电时间为15～60s，顶压力为1.5～2.0kN
4	操作要点及注意事项	(1)施焊前，应将钢筋端部120mm范围内的铁锈、杂质刷净。焊药应在250℃烘烤2h (2)钢筋置于夹具钳口内应使轴线在同一直线上，并夹紧，不得晃动，以防上下钢筋错位和夹具变形 (3)采用手工电渣压力焊宜用直接引弧法，先使上、下钢筋接触，通电后将上钢筋提升2～3mm，然后继续提升数毫米，待电弧稳定后，随着钢筋的熔化再使上钢筋逐渐下降，此时电弧熄灭，转化为电渣过程，焊接电流通过渣池产生电阻热，使钢筋端部继续熔化，待熔化留量达到规定数值(约30～40mm)后，切断电源，用适当压力迅速顶压使之挤出，熔化金属形成坚实接头，冷却1～3min后，方可卸掉夹具并敲掉熔渣 (4)采用自动电渣压力可采用10～20mm高铁丝引弧，焊接工艺操作过程由凸轮自动控制，应预先调试好控制箱的电流、电压时间信号，并事先试焊几次，以考核焊接参数的可靠性，再批量焊接 (5)焊接时应加强对电源的维护管理，严禁钢筋接触电源。焊机必须接地，焊接导线及钳口接线处应有可靠绝缘，变压器和焊机不得超负荷使用
5	质量要求	(1)外观检查：每一批钢筋焊接完毕，应对焊接接头外观质量逐个检查，要求四周焊包凸出钢筋表面的高度不得小于4mm；钢筋与电极接触处，应无烧伤缺陷；接头处的弯折角不得大于3°；接头处的轴线偏移不得大于0.1d，且不得大于2mm。外观检查不合格的接头应切除重焊，或采取补强焊接措施 (2)强度检验：以300个同牌号钢筋接头作为一批，切取3个试件作抗拉强度试验，其抗拉强度均不得小于该牌号钢筋规定的抗拉强度，并不得断在焊口上

电渣压力焊焊接参数　　**表8-37**

钢筋直径(mm)	焊接电流(A)	焊接电压(V)		焊接通电时间(s)	
		电弧过程 $U_{2.1}$	电渣过程 $U_{2.2}$	电弧过程 t_1	电渣过程 t_2
14	200～220	35～45	18～22	12	3
16	200～250			14	4
18	250～300			15	5
20	300～350			17	5
22	350～400			18	6
25	400～450			21	6
28	500～550			24	6
32	600～650			27	7

8.6.4 钢筋埋弧压力焊

钢筋埋弧压力焊机具设备、焊接工艺及操作要点　表 8-38

项次	项目	施工方法要点
1	原理及应用	(1)钢筋埋弧压力焊是将钢筋与钢板安放成 T 型接头形式，利用焊接电流通过，在焊剂层下产生电弧，形成熔池，加压完成，冷凝后将钢筋与钢板结合在一起 (2)具有工艺简单、自动化和工效高(比电弧焊可提高 5～10 倍)、成本低、质量好(焊缝穿透率强、焊后钢板变形小、抗拉强度高)等优点 (3)适于焊接各种形式的钢筋与钢板 T 型焊接预埋铁件及钢结构对接、工型、箱形角焊缝构件
2	机具设备	(1)主要设备为焊接电源、焊接机构和控制系统。应根据钢筋直径大小，选用 500 型或 1000 型弧焊变压器作为焊接电源；焊接机构应操作方便，灵活；宜装有高频引弧装置利用其高频电压、电流来引弧；焊接地线宜采取对称接地法，以减少电弧偏移 (2)操作台上应装有电压表和电流表；控制系统应灵敏、准确；并应配备时间显示装置或时间继电器，以控制焊接通电时间
3	焊接工艺与焊接参数	(1)埋弧压力焊工艺过程为：钢板放平，并与铜板电极接触紧密；将锚固钢筋夹于夹钳内，并夹牢、放好挡圈，注满焊剂；通过高频引弧装置和焊接电源后，应立即将钢筋上提，引燃电弧，使稳定燃烧，再渐渐下送，并迅速顶压，但不得用力过猛；敲去渣壳，使四周焊焊色凸出钢筋表面的高度不得小于 4mm (2)埋弧压力焊的焊接参数效应包括：引弧提升高度、电弧电压、焊接电流和接电时间。当采用 500 型焊接变压器时，焊接参数参见表 8-39；当采用 1000 型焊接变压器，可用大电流、短时间的强参数焊接法，以提高劳动生产率
4	质量要求	(1)外观检查：在同一台班内完成的同一类型预埋件中抽查 5%，且不得少于 10 件。当进行力学性能检验时，应以 300 件同类型预埋件作为一批。一周内连续焊接时，可累计计算。当不足 300 件时，亦应按一批计算。应从每批预埋件中随机切取 3 个接头做拉伸试验，试件的钢筋长度应大于或等于 200mm，钢板的长度和宽度均应大于或等于 60mm。检查结果：T 形接头四周焊色凸出钢筋表面的高度不得小于 4mm，钢筋咬边深度不得超过 0.5mm；钢板应无焊穿，根部应无凹陷现象；钢筋相对钢板的直角偏差不得大于 3° (2)强度检验：拉伸试验结果，3 个试件的抗拉强度要求，HPB300 钢筋接头不得小于 400N/mm^2，HRB335、HRBF335 钢筋接头不得小于 435N/mm^2，HRB400、HRBF400 钢筋接头不得小于 520N/mm^2，HRB500、HRBF500 钢筋接头不得小于 610N/mm^2。当 3 个试件中有小于规定值时，应进行复验。复验时，应再取 6 个试件。复验结果，其抗拉强度均达到上述要求时，应评定该批接头为合格品

埋弧压力焊焊接参数　表 8-39

钢筋牌号	钢筋直径(mm)	引弧提升高度(mm)	电弧电压(V)	焊接电流(A)	焊接通电时间(s)
HPB300	6	2.5	30～35	400～450	2
HPB300	8	2.5	30～35	500～600	3
HRB335	10	2.5	30～35	500～650	5
HRB335E	12	3.0	30～35	500～650	8
HRBF335	14	3.5	30～35	500～650	15
HRBF335E	16	3.5	30～40	500～650	22
HRB400	18	3.5	30～40	500～650	30
HRB400E	20	3.5	30～40	500～650	33
HRBF400	22	4.0	30～40	500～650	36
HRBF400E	25	4.0	30～40	500～650	40

8.6.5 钢筋电弧焊

钢筋电弧焊原理机具设备、焊接工艺及操作要点　表 8-40

项次	项目	施工方法要点
1	原理及应用	(1)电弧焊是利用两个电极(焊条与焊件)的末端放电现象,产生电弧高温,集中热量熔化钢筋端面和焊条末端,使焊条金属熔化在接头焊缝内,冷凝后形成焊缝,将金属结合在一起 (2)电弧焊焊接设备简单,价格低廉,维护方便,操作技术要求不高,可用于各种形状、品种钢筋的焊接,是钢筋或预埋件焊接较广泛采用的一种手工焊接方法 (3)适于没有对焊设备,或因电源不足或者其他原因不能采用接触对焊时采用,但电弧焊接头不能用于承受动力荷载的构件(如吊车梁等);搭接帮条电弧焊接头不宜用于预应力钢筋接头
2	机具设备	(1)主要设备为弧焊机,分交流、直流两类。交流弧焊机结构简单,价格低廉,保养维修方便;直流弧焊机焊接电流稳定,焊接质量高;但价格高。常用两类电焊机的主要技术性能见表 8-41 和表 8-42,当有的焊件要求采用直流焊条焊接时,或网路电源容量很小,要求三相用电均衡时,应选用直流弧焊机。弧焊机容量的选择可按照需要的焊接电流选择(型号后的数字即表示其容量) (2)焊接所用焊条强度应与钢筋的强度相适应,可参见表 8-43 选用
3	焊接工艺	(1)焊接接头形式分为帮条焊、搭接焊和坡口焊,后者又分平焊和立焊,其接头形式及焊接要求参见表 8-44 (2)帮条焊:两主筋端面之间的间隙应为 2~5mm,帮条与主筋之间应先用四点定位焊固定,施焊打弧应在帮条内侧开始,将弧坑填满。多层施焊第一层焊接电流宜稍大,以增加熔化深度,每焊完一层应即清渣。焊接时应按焊件形状、接头形式、施焊方法、焊件尺寸等确定焊条直径与焊接电流的强弱,可参照表 8-45 采用 (3)搭接焊:应先将钢筋预弯,使两钢筋的轴线位于同一直线上,用两点定位焊固定。施焊要求同帮条焊 (4)坡口焊:焊前应将接头处清除干净,并进行定位焊,由坡口根部引弧,分层施焊作之字形运弧,逐层堆焊,直至略高出钢筋表面,焊缝根部、坡口端面及钢筋与钢垫板之间均应熔合良好,咬边应予补焊。为防止接头过热,采用几个接头轮流焊接 (5)坡口立焊:先在下部钢筋端面上引弧堆焊一层,然后快速短小的横向施焊,将上下钢筋端部焊接。当采用K形坡口焊时,应在坡口两面交替轮流施焊,坡口宜成45°角左右
4	操作要点及注意事项	(1)焊接前须清除焊件表面油污、铁锈、熔渣、毛刺、残渣及其他杂质 (2)帮条焊应用四条焊缝的双面焊,有困难时,才采用单面焊。帮条总截面面积不应小于被焊钢筋截面积的 1.2 倍(HPB 300 级钢筋)和 1.5 倍(HRB 335、HRB 400、RRB 400 级钢筋)。帮条宜采用与被焊钢筋同钢种、直径的钢筋,并使两帮条的轴线与被焊钢筋的中心处于同一平面内,如和被焊钢筋级别不同时,应按钢筋设计强度进行换算 (3)搭接焊亦应采用双面焊,在操作位置受阻时才采用单面焊 (4)钢筋坡口加工宜采用氧乙炔焰切割或锯割,不得采用电弧切割 (5)钢筋坡口焊应采取对称、等速施焊和分层轮流施焊等措施,以减少变形 (6)焊条使用前应检查药皮厚度,有无脱落,如受潮,应先在 100~350℃下烘 3~1h 或在阳光下晒干 (7)中碳钢焊缝厚度大于 5mm 时,应分层施焊,每层厚 4~5mm。低碳钢和 20 锰钢焊接层数无严格规定,可按焊缝具体情况确定 (8)要注意调节电流,焊接电流过大,容易咬肉、飞溅、焊条发红;电流过小,则电流不稳定,会出现夹渣或未焊透现象 (9)引弧时应在帮条或搭接钢筋的一端开始;收弧时应在帮条或搭接钢筋的端头上。第一层应有足够的熔深,主焊缝与定位缝结合应良好,焊缝表面应平顺,弧坑应填满 (10)负温条件下进行 HRB 335、HRB 400、RRB 400 级钢筋焊接时,应加大焊接电流(较夏季增大 10%~15%),减缓焊接速度,使焊件减小温度梯度并延缓冷却。同时从焊件中部起弧,逐步向端步运弧,或在中间先焊一段焊缝,以使焊件预热,减小温度梯度
5	质量要求	(1)外观检查:应在接头清渣后逐个进行目测或量测,要求焊缝表面平整,不得有凹陷或焊瘤;焊接接头区域不得有肉眼可见的裂纹;坡口焊焊缝余高不得大于 3mm;接头尺寸偏差及缺陷允许值,应符合表 8-46 的规定。外观不合格的接头,应进行修整或补强 (2)强度检验:以每 300 个同接头形式,同钢筋牌号的接头作为一批,切取 3 个接头进行拉伸试验,其抗拉强度均不得小于该牌号钢筋规定的抗拉强度;RRB 400 级钢筋接头的抗拉强度均不得小于 570MPa;试件均应断于焊缝之外,并应至少有 2 个试件呈延性断裂

常用交流电焊机主要性能 **表 8-41**

项目		BX$_3$-120-1	BX$_3$-300-2	BX$_3$-500-2	BX$_2$-1000 (BC-1000)
额定焊接电流(A)		120	300	500	1000
初级电压(V)		220/380	380	380	220/380
次级空载电压(V)		70～75	70～78	70～75	69～78
额定工作电压(V)		25	32	40	42
额定初级电流(A)		41/23.5	61.9	101.4	340/196
焊接电流调节范围(A)		20～160	40～400	60～600	400～1200
额定持续率(%)		60	60	60	60
额定输入功率(kVA)		9	23.4	38.6	76
各持续率时功率	100%(kVA)	7	18.5	30.5	—
	额定持续率(kVA)	9	23.4	38.6	76
各持续率时焊接电流	100%(kVA)	93	232	388	775
	额定持续率(A)	120	300	500	1000
功率因素 (cosφ)		—	—	—	0.62
效率(%)		80	82.5	87	90
外形尺寸(长×宽×高)(mm)		485×470×680	730×540×900	730×540×900	744×950×1220
重量(kg)		100	183	225	560

常用直流电焊机主要性能 **表 8-42**

项目			AX$_1$-165	AX$_4$-300-1	AX-320	AX$_5$-500	AX$_3$-500
弧焊发电机	额定焊接电流(A)		165	300	320	500	500
	焊接电流调节范围(A)		40～200	45～375	45～320	60～600	60～600
	空载电压(V)		40～60	55～80	50～80	65～92	55～75
	工作电压(V)		30	22～35	30	23～44	25～40
	额定持续率(%)		60	60	50	60	60
弧焊发电机	各持续率时功率	100%(kW)	3.9	6.7	7.5	13.6	15.4
		额定持续率(kW)	5.0	9.6	9.6	20	20
	各持续率时焊接电流	100%(A)	130	230	250	385	385
		额定持续率(A)	165	300	320	500	500
使用焊条直径 (mm)			ϕ5 以下	ϕ3～7	ϕ3～7	—	ϕ3～7
电动机	功率(kW)		6	10	14	20	26
	电压(V)		220/380	380	380	380	220/380
	电流(A)		21.3/12.3	20.8	27.6	50.9	89/51.5
	频率(Hz)		50	50	50	50	50
	转速(r/min)		2900	2900	1450	1450	2900
	功率因素(cosφ)		0.87	0.88	0.87	0.88	0.90
	机组效率(%)		52	52	53	54	54
外形尺寸(长×宽×高)(mm)			932×382×720	1140×500×825	1202×590×992	1128×590×1000	1078×600×805
机组重量(kg)			210	250	560	700	415

钢筋电弧焊焊条型号 **表 8-43**

钢筋牌号	电弧焊接头形式			
	帮条焊 搭接焊	坡口焊熔槽帮条焊预埋件穿孔塞焊	窄间隙焊	钢筋与钢板搭接焊 预埋件 T 形角焊
HPB 300	E4303	E4303	E4316 E4315	E4303
HRB 335	E4303	E5003	E5016 E5015	E4303
HRB 400	E5003	E5503	E6016 E6015	E5003
RRB 400	E5003	E5503	—	—

钢筋焊接方法的适用范围　　表 8-44

项次	焊接方法			接头形式	适用范围	
					钢筋牌号	钢筋直径(mm)
1	电阻点焊				HPB 300	8～16
					HRB 335	6～16
					HRB 400	6～16
					CRB 550	4～12
2	闪光对焊				HPB 300	8～20
					HRB 335	6～40
					HRB 400	6～40
					RRB 400	10～32
					HRB 500	10～40
					Q 235	6～14
3	电弧焊	帮条焊	双面焊		HPB 300	10～20
					HRB 335	10～40
					HRB 400	10～40
					RRB 400	10～25
			单面焊		HPB 300	10～20
					HRB 335	10～40
					HRB 400	10～40
					RRB 400	10～25
		搭接焊	双面焊		HPB 300	10～20
					HRB 335	10～40
					HRB 400	10～40
					RRB 400	10～25
			单面焊		HPB 300	10～20
					HRB 335	10～40
					HRB 400	10～40
					RRB 400	10～25
		熔槽帮条焊			HPB 300	20
					HRB 335	20～40
					HRB 400	20～40
					RRB 400	20～25
		坡口焊	平焊		HPB 300	18～20
					HRB 335	18～40
					HRB 400	18～40
					RRB 400	18～25
			立焊		HPB 300	18～20
					HRB 335	18～40
					HRB 400	18～40
					RRB 400	18～25
		钢筋与钢板搭接焊			HPB 300	8～20
					HRB 335	8～40
					HRB 400	8～25
		窄间隙焊			HPB 300	16～20
					HRB 335	16～40
					HRB 400	16～40

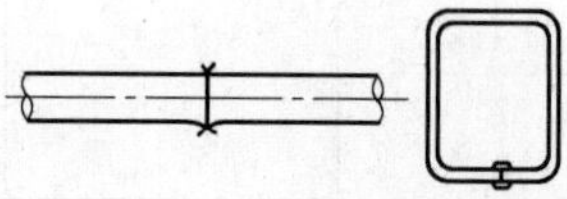

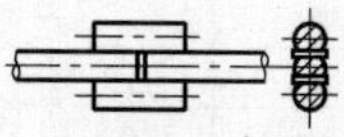

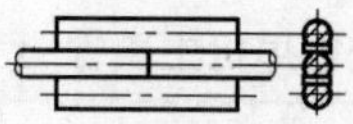

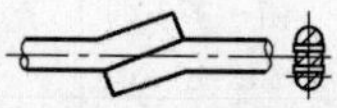

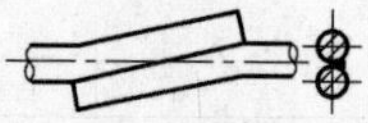

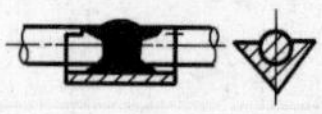

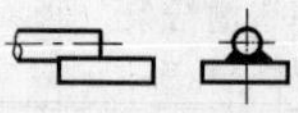

续表

项次	焊接方法			接头形式	适用范围	
					钢筋牌号	钢筋直径(mm)
3	电弧焊	预埋件电弧焊	角焊		HPB 300 HRB 335 HRB 400	8～20 6～25 6～25
			穿孔塞焊		HPB 300 HRB 335 HRB 400	20 20～25 20～25
4	电渣压力焊				HPB 300 HRB 335 HRB 400	14～20 14～32 14～32
5	气压焊				HPB 300 HRB 335 HRB 400	14～20 14～40 14～40
6	预埋件钢筋埋弧压力焊				HPB 300 HRB 335 HRB 400	8～20 6～25 6～25

注：1. 电阻点焊时，适用范围的钢筋直径系指 2 根不同直径钢筋交叉叠接中较小钢筋的直径。

2. 当设计图纸规定对冷拔低碳钢丝焊接网进行电阻点焊，或对原 RL 540 钢筋（Ⅳ级）进行闪光对焊时，可按《钢筋焊接及验收规程》JGJ 18—2003 相关条款的规定实施。

3. 钢筋闪光对焊含封闭环式箍筋闪光对焊。

焊条直径与焊接电流的选择　　表 8-45

帮条焊、搭接焊				坡口焊			
焊接位置	钢筋直径(mm)	焊条直径(mm)	焊接电流(A)	焊接位置	钢筋直径(mm)	焊条直径(mm)	焊接电流(A)
平焊	10～12 14～22 25～32 36～40	3.2 4.0 5.0 5.0	90～130 130～180 180～230 190～240	平焊	16～20 22～25 28～32 36～40	3.2 4.0 5.0 5.0	140～170 170～190 190～220 200～230
立焊	10～12 14～22 25～32 36～40	3.2 4.0 5.0 5.0	80～110 110～150 120～170 170～220	立焊	16～20 22～25 28～32 36～40	3.2 4.0 4.0 5.0	120～150 150～180 180～200 190～210

钢筋电弧焊接头尺寸偏差及缺陷允许值　　表 8-46

项次	项目	单位	接头形式		
			帮条焊	搭接焊	坡口焊窄间隙焊熔槽帮条焊
1	帮条沿接头中心线的纵向偏移	mm	$0.3d$	—	—
2	接头处弯折角	(°)	3	3	3
3	接头处钢筋轴线的偏移	mm	$0.1d$	$0.1d$	$0.1d$
4	焊缝厚度	mm	$^{+0.05d}_{0}$	$^{+0.05d}_{0}$	—

续表

项次	项目		单位	接头形式		
				帮条焊	搭接焊	坡口焊窄间隙焊熔槽帮条焊
5	焊缝宽度		mm	$^{+0.1d}_{0}$	$^{+0.1d}_{0}$	—
6	焊缝长度		mm	$-0.3d$	$-0.3d$	—
7	横向咬边深度		mm	0.5	0.5	0.5
8	在长 $2d$ 焊缝表面上的气孔及夹渣	数量	个	2	2	—
		面积	mm^2	6	6	—
9	在全部焊缝表面上的气孔及夹渣	数量	个	—	—	2
		面积	mm^2	—	—	6

注：d 为钢筋直径(mm)。

8.7　钢筋机械连接工艺方法

8.7.1　钢筋套筒挤压连接

钢筋套筒挤压连接成形、特点、构造、材料要求及施工工艺　　表 8-47

项次	项目	施工方法要点
1	成形特点及应用	(1)钢筋套筒挤压连接系在常温下将连接的两根钢筋端部套上钢套筒，然后用便携式液压挤压机沿径向挤压，使套筒产生塑性变形，将两根钢筋压接成一体形成接头 (2)套筒挤压连接接头具有接头强度、刚度好，韧性均匀(与母材相当)，连接快，性能可靠，质量稳定，技术易于掌握，无明火作业，不受气候条件影响，可做到全天候施工等特点 (3)适用于工业与民用建(构)筑物、高层建筑工程中直径 16～40mm 的热轧带肋钢筋和余热处理钢筋中应用
2	连接构造要求	(1)接头应根据抗拉强度、残余变形以及高应力和大变形条件下反复拉压性能的差异，分为下列三个性能等级； Ⅰ级　接头抗拉强度等于被连接钢筋的实际接断强度或不小于 1.10 倍钢筋抗拉强度标准值，残余变形小并具有高延性及反复拉压性能。 Ⅱ级　接头抗拉强度不小于被连接钢筋抗拉强度标准值，残余变形较小并具有高延性及反复拉压性能。 Ⅲ级　接头抗拉强度不小于被连接钢筋屈服强度标准的 1.25 倍，残余变形较小并具有一定的延性及反复拉压性能。 混凝土结构中要求充分发挥钢筋强度或对延性要求高的部位应优先选用Ⅱ级接头。当在同一连接区段内必须实施 100%钢筋接头的连接时，应采用Ⅰ级接头。混凝土结构中钢筋应力较高，但对延性要求不高的部位可采用Ⅲ级接头 (2)挤压接头的混凝土保护层最小厚度应满足表 8-36 受力钢筋保护层最小厚度的要求，且不得小于 15mm。连接套筒之间的横向净距不宜小于 25mm (3)设置在同一结构构件内的挤压接头宜相互错开。在任一接头中心至长度为钢筋 $35d$ 的区段内，直接头的受力钢筋截面积占受力钢筋总截面面积的百分率：受拉区的受力钢筋接头百分率不宜超过 50%；在受拉区的钢筋受力小的部位，A 级接头百分率可不受限制；接头宜避开有抗震设防要求的框架的梁端和柱端的箍筋加密区；当无法避开时，接头应采用 A 级，且接头百分率不应超过 50%；受压区和装配式构件中钢筋受力较小部位，A 级和 B 级接头百分率可不受限制 (4)不同直径的带肋钢筋可采用挤压接头连接。当套筒两端外径和壁厚相同时，被连接钢筋直径相差不应大于 5mm (5)接头端头距钢筋弯曲点不得小于钢筋的 $10d$

续表

项次	项目	施工方法要点
3	套筒材料要求	(1)套筒材料应选用适于压延加工的优质碳素钢，其力学性能应满足屈服强度 $\sigma_s=300\sim350N/mm^2$；抗拉强度 $\sigma_b=375\sim500N/mm^2$；延伸率 $\delta_s\geqslant20\%$；硬度(HRB)60～80或(HB)102～133；钢套表面不得有裂缝、折叠、结疤等缺陷 (2)套筒应有出厂合格证，在运输和储存中，应按不同规格分别堆放整齐，不得露天堆放，防止锈蚀和沾污 (3)钢套筒的规格和尺寸参见表8-48；套筒的尺寸偏差应符合表8-49的要求
4	机具设备	主要机具设备为GYJ径向挤压连接机，由超高压泵站、钢筋压接钳、超高压软管、压模、辅助机具等组成。辅助机具有悬挂平衡器(手动葫芦)、吊挂小车、划标志工具以及检查压痕卡板等。常用径向挤压连接机主要技术参数见表8-50
5	施工操作工艺	(1)挤压连接前应清除钢套筒和钢筋被挤压部位的铁锈和泥土杂质；同时将钢筋与钢套筒进行试套，如钢筋有马蹄弯折或鼓胀套不上时，用手动砂轮修磨矫正 (2)钢筋应按标记插入钢套筒内，并确保接头长度，同时连接钢筋与钢套筒的轴心应保持在同一轴线，以防止压空、偏心和弯折 (3)挤压时，挤压机的压接应垂直于被压钢筋的横肋，同时挤压应从钢套筒中央开始，依次向两端部挤压，如对Φ32mm钢筋每端压6道压痕(图8-9) (4)为加快压接速度，减少现场高空作业，可先在地面压接半个压接接头，在施工作业区把钢套筒另一段插入预留钢筋，按工艺要求挤压另一端 (5)钢筋半接头连接工艺是：先装好高压油管和钢筋配用限位器、套管压模，并在压模内涂润滑油，再按手控上开关，使套筒对正压模内孔，再按关闭开关，插入钢筋顶到限位器上扶正；再按手控上开关，进行挤压；当听到液压油发出溢流声，再按手控下开关，退回柱塞，取下压模，取出半套管接头，即完成半接头的挤压作业 (6)连接钢筋挤压工艺是：先将半套管插入结构待连接的钢筋上，使挤压机就位，再放置与钢筋配用的压模和垫块；然后按下手控上开关，进行挤压，同样当听到液压油发出溢流声，按下手控下开关；再退回柱塞及导向板，装上垫块；按下手控上开关，进行挤压；按下手控下开关，退回柱塞再加垫块，然后再按手控上开关，进行挤压，再按手控下开关退回柱塞；最后取下垫块、压模，卸下挤压机，钢筋连接即告完成
6	质量要求与检验	(1)工艺检验：取每种规格钢筋的接头试件不少于3根；接头试件的钢筋母材(试件不应少于3根)应进行抗拉强度试验；3根接头试件的抗拉强度均应符合接头抗拉强度指标(表8-51)中的强度要求；对于Ⅰ级接头，试件抗拉强度尚应大于或等于0.95倍钢筋母材的实际抗拉强度；对于Ⅱ级接头应大于0.9倍 (2)现场检验：包括外观质量检验和单向拉伸试验： 1)外观检查：以500个同等级、同形式、同规格接头为一个检收批，每批中随机抽取10%的挤压接头做外观质量检验。要求外形尺寸：挤压后套筒长度应为原套筒长度的1.10～1.15倍；或压痕处套筒的外径波动范围为原套筒外径的0.80～0.90倍。挤压接头的压痕道数应符合型式检验确定的道数。接头处弯折不得大于4°。挤压后的套筒不得有肉眼可见裂缝。当不合格数超过抽检数的10%时，应对该批挤压接头逐个进行复验，对外观不合格的挤压接头采取补救措施 2)单向拉伸试验：在每批中随机切取3个试件做单向拉伸试验，其强度及变形性能均应符合接头抗拉强度及变形性能检验指标(表8-51、表8-52)的要求

钢套筒的规格和尺寸 表8-48

钢套筒型号	钢套筒尺寸(mm)			压接标志道数
	外径	壁厚	长度	
G40	70	12	240	8×2
G36	63	11	216	7×2
G32	56	10	192	6×2
G28	50	8	168	5×2
G25	45	7.5	150	4×2
G22	40	6.5	132	3×2
G20	36	6	120	3×2

套筒尺寸允许偏差　表 8-49

套筒外径 D(mm)	外径允许偏差 D(mm)	壁厚(t)允许偏差	长度允许偏差 L(mm)
≤50	±0.5	$+0.12t$ $-0.10t$	±2
>50	±0.01	$+0.12t$ $-0.10t$	±2

钢筋挤压设备的主要技术参数　表 8-50

	设备型号	YJH—25	YJH—32	YJH—40	YJ650Ⅲ	YJ800Ⅲ
压接钳	额定压力(MPa)	80	80	80	53	52
	额定挤压力(kN)	760	760	900	650	800
	外形尺寸(mm)	ϕ150×433	ϕ150×480	ϕ170×530	ϕ155×370	ϕ170×450
	重量(kg)	28	33	41	32	48
	适用钢筋(mm)	20～25	25～32	32～40	20～28	32～40
超高压泵站	电机	380V,50Hz,1.5kW			380V,50Hz,1.5kW	
	高压泵	80MPa,0.8L/min			80MPa,0.8L/min	
	低压泵	2.0MPa,4.0～6.0L/min			—	
	外形尺寸(mm)	790×540×785(长×宽×高)			390×525(高)	
	重量(kg)	96	油箱容积(L)	20	40,油箱 12	
超高压胶管		100MPa,内径 6.0mm,长度 3.0m(5.0m)				

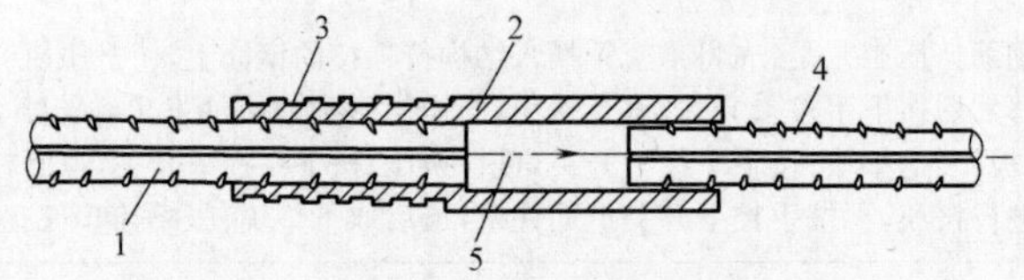

图 8-9　钢筋套筒挤压连接示意图

1—已挤压的钢筋；2—钢套筒；3—压痕道数；4—未挤压的钢筋；5—钢筋与套筒的轴线

接头的抗拉强度　表 8-51

接头等级	Ⅰ级	Ⅱ级	Ⅲ级
抗拉强度	$f^0_{mst} \geqslant f^0_{st} \geqslant 1.10 f_{uk}$	$f^0_{mst} \geqslant f_{uk}$	$f^0_{mst} \geqslant 1.35 f_{yk}$

注：f^0_{mst}——接头试件实际抗拉强度；f^0_{st}——接头试件中钢筋抗拉强度实测值；f_{uk}——钢筋抗拉强度标准值；f_{yk}——钢筋屈服强度标准值。

接头的变形性能　表 8-52

接头等级		Ⅰ级、Ⅱ级	Ⅲ级
单向拉伸	非弹性变形(mm)	$u \leqslant 0.10(d \leqslant 32)$ $u \leqslant 0.15(d > 32)$	$u \leqslant 0.10(d \leqslant 32)$ $u \leqslant 0.15(d > 32)$
	总伸长率(%)	$\delta_{sgt} \geqslant 4.0$	$\delta_{sgt} \geqslant 2.0$
高应力反复拉压	残余变形(mm)	$u_{20} \leqslant 0.3$	$u_{20} \leqslant 0.3$
大变形反复拉压	残余变形(mm)	$u_4 \leqslant 0.3$ $u_8 \leqslant 0.6$	$u_4 \leqslant 0.6$

注：u——接头的非弹性变形；u_{20}——接头经高应力反复拉压 20 次后的残余变形；u_4——接头经大变形反复拉压 4 次后的残余变形；u_8——接头经大变形反复拉压 8 次后的残余变形；δ_{sgt}——接头试件总伸长率。

8.7.2 钢筋直螺纹套筒连接

直螺纹套筒连接成形、特点、构造、材料要求及施工工艺 **表 8-53**

项次	项目	施工方法要点
1	成形、特点及应用	(1)钢筋直螺纹套筒连接是将两根待连接钢筋的两端用专用冷镦粗设备进行镦粗，再用钢筋套丝机在钢筋镦粗部位加工直螺纹，然后将其插入具有相应内直螺纹的专用连接套筒内，用扳手将连接套筒旋转，拧紧至规定程度，从而将两根钢筋连接 (2)其特点是：不削弱钢筋截面，接头质量稳定，能充分发挥材料强度，比锥螺纹易达到 A 级标准；操作简便，连接速度快；承载能力大，连接套筒可缩短(套筒厚 5mm 左右，长约 2d)，用料省，价格适中 (3)适用于 HRB 335 级、HRB 400 级钢筋的竖向和水平向连接和超长、密集排列层次多、量大、大面积的粗直径、多种形状构件的钢筋连接
2	连接构造及材料要求	(1)连接构造要求同“8.7.1 挤压套筒连接” (2)套筒材料：对 HRB 335 级钢筋用 45 号优质碳素钢；对 HRB 400 级钢筋采用 45 号经热处理，或用性能不低于 HRB 400 钢筋性能的其他钢种；要求连接套筒表面无裂纹，螺牙饱满，无其他缺陷
3	机具设备	(1)主要机械设备为钢筋液压冷镦机，型号有：HJC 200 型(Φ16～40mm)、HJC 250 型(Φ20～40mm)、GZD40、CDJ-50 型等；钢筋直螺纹套丝机，型号有：GZL－40、HZS－40、GTS－50 型等 (2)主要工具有：扭力扳手、量规(通规、止规)等
4	施工操作工艺	(1)直螺纹套筒连接钢筋施工工艺如图 8-10a 所示 (2)钢筋下料时，应采用砂轮切割机，切口的端面应与轴线垂直，不得有马蹄形或挠曲 (3)钢筋下料后，在液压冷锻压床上将钢筋镦粗。不同规格的钢筋冷镦后的尺寸，见表 8-54。根据钢筋直径、冷镦机性能及镦粗后的外形效果，通过试验确定适当的镦粗压力。操作中要保证镦粗头与钢筋轴线不得大于 4°的倾斜，不得出现与钢筋轴线相垂直的横向表面裂缝。发现外观质量不符合要求时，应及时切除，重新镦粗 (4)钢筋冷镦后，在钢筋套丝机上切削加工螺纹。钢筋端头螺纹规格应与连接套筒的型号匹配。钢筋螺纹加工质量：牙形饱满、无断牙、秃牙等缺陷 (5)钢筋螺纹加工后，随即用配置的量规逐根检测(图 8-10b)，合格后，再由专职质检员按一个工作班 10%的比例抽样校验。如发现有不合格螺纹，应全部逐个检查，并切除所有不合格螺纹，重新镦粗和加工螺纹 (6)对连接钢筋可自由转动的，先将套筒预先部分或全部拧入一个被连接钢筋的螺纹内，而后转动连接钢筋或反拧套筒到预定位置，最后用扳手转动连接钢筋，使其相互对顶锁定连接套筒 (7)对于钢筋完全不能转动，如弯折钢筋或还要调整钢筋内力的场合，如施工缝、后浇带，可将锁定螺母和连接套筒预先拧入加长的螺纹内，再反拧入另一根钢筋端头螺纹上，最后用锁定螺母锁定连接套筒；或配套应用带有正反螺纹的套筒，以便从一个方向上能松开或拧紧两根钢筋 (8)直螺纹钢筋连接时，应采用扭力扳手按表 8-55 规定的力矩值把钢筋接头拧紧
5	质量检验	(1)钢筋连接开始前及施工过程中，应对每批进场钢筋进行接头连接工艺检验。每种规格钢筋的接头试件不应少于 3 个，做单向拉伸试验。其抗拉强度应能发挥钢筋母材强度或大于 1.15 倍钢筋抗拉强度标准值 (2)接头的现场检验按验收批进行。同一施工条件下采用同一批材料的同等级别、同规格接头，以 500 个为 1 个验收批。对接头的每一个验收批，必须在工程结构中随机抽取 3 个试件做单向拉伸试验。当 3 个试件的抗拉强度都能发挥钢筋母材强度或大于 1.15 倍钢筋抗拉强度标准值时，该验收批达到 SA 级强度指标。如有 1 个试件的抗拉强度不符合要求，应加倍取样复验。如 3 个试件的抗拉强度仅达到该钢筋的抗拉强度标准值，则该验收批降为 A 级强度指标 (3)在现场连续检验 10 个验收批，全部单向拉伸试件一次抽样均合格时，验收批接头数量可扩大 1 倍

钢筋冷镦规格尺寸　　　　表 8-54

简　图	钢筋规格 ϕ(mm)	镦粗直径 d(mm)	长度 L(mm)
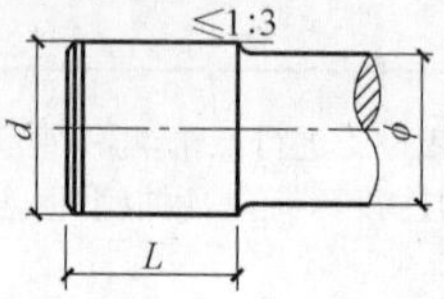	ϕ22	ϕ26	30
	ϕ25	ϕ29	33
	ϕ28	ϕ32	35
	ϕ32	ϕ36	40
	ϕ36	ϕ40	44
	ϕ40	ϕ44	50

直螺纹钢筋接头拧紧力矩值　　　　表 8-55

钢筋直径(mm)	16～18	20～22	25	28	32	36～40
拧紧力矩(N·m)	100	200	250	280	320	350

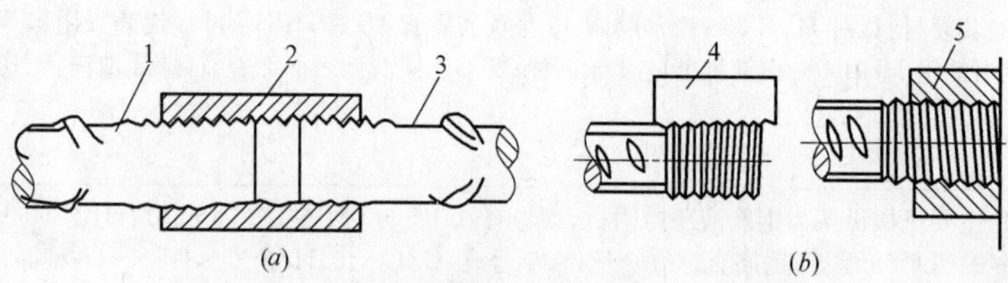

图 8-10　钢筋直螺纹套筒连接及接头量规

(*a*) 钢筋直螺纹套筒连接构造；(*b*) 直螺纹接头量规

1—已连接的钢筋；2—直螺纹套筒；3—正在拧入的钢筋；

4—牙形规；5—直螺纹环规

8.7.3　钢筋滚轧直螺纹连接

钢筋滚轧直螺纹连接成形、特点、构造、材料要求及施工工艺　　　　表 8-56

项次	项目	施工方法要点
1	成形、特点及应用	(1)钢筋滚轧直螺纹连接系利用金属材料塑性变形后冷作硬化增强金属强度的特性,使接头母材等强的连接方法。根据滚轧直螺纹成型方式,又可分为:直接滚轧螺纹连接、挤压肋滚轧螺纹连接、剥肋滚轧螺纹连接三种类型 (2)直接滚轧螺纹:螺纹加工简单,设备投入少,但螺纹精度差,由于钢筋粗细不均,导致螺纹直径出现差异,接头质量受一定的影响。挤肋滚轧螺纹:系采用专用挤压机先将钢筋端头的横肋和纵肋进行预压平处理,然后再滚轧螺纹。其目的是减轻钢筋肋对成型螺纹的影响。此法对螺纹精度有一定的提高,但仍不能从根决钢筋直径差异对螺纹精度的影响。剥肋滚轧螺纹:系采用剥肋滚丝机,先将钢筋端头的横肋和纵肋进行剥切处理,使钢筋滚丝前的直径达到同一尺寸,然后进行螺纹滚轧成型。此法螺纹精度高,接头质量稳定 (3)适用于 HRB335 级、HRB400 级钢筋的竖向和水平向连接和量大、大面积的粗直径、多种形状构件的钢筋连接
2	机具设备	(1)主要机械:钢筋滚丝机(型号:GZL-32、GYZL-40、GSJ-40、HGS40 等);钢筋端头专用挤压机;钢筋剥肋滚丝机等 (2)主要工具:卡尺、量规、通端环规、止端环规、管钳、力矩扳手等
3	套筒要求	滚轧直螺纹接头用连接套筒,采用优质碳素钢。连接套筒的类型有:标准型、正反丝型、变径型、可调节连接套筒等,与镦粗直螺纹套筒类型基本相同。滚轧直螺纹套筒的规格尺寸应符合表 8-57～表 8-59 的规定

续表

项次	项目	施工方法要点
4	施工操作工	(1)工艺流程:下料→(端头挤压或剥肋)→滚轧螺纹加工→试件试验→连接→质量检查 (2)操作要点: 1)钢筋下料:下料应采用砂轮切割机,切口的端面应与轴线垂直 2)钢筋端头加工(直接滚轧螺纹无此工序):钢筋端头挤压采用专用挤压机,挤压力根据钢筋直径和挤压机的性能确定,挤压部分的长度为套筒长度的 1/2+2P(P 为螺距)。 3)滚轧螺纹加工:将待加工的钢筋夹持在夹钳上,开动滚丝机或剥肋滚丝机,扳动给进装置,使动力头向前移动,开始滚丝或剥肋滚丝,待滚轧到调整位置后,设备自动停机并反转,将钢筋退出滚轧装置,扳动给进装置将动力头复位停机,螺纹即加工完成 4)剥肋滚丝头加工尺寸应符合表 8-60 的规定,丝头加工长度为标准型套筒长度的 1/2,其公差为+2P(P 为螺距);直接滚轧螺纹和挤压滚轧螺纹的加工尺寸按相应标准 (3)现场连接施工 1)连接钢筋时,钢筋规格和套筒规格必须一致,钢筋和套筒的丝扣应干净、完好无损 2)采用预埋接头时,连接套筒的位置、规格和数量应符合设计要求。带连接套筒的钢筋应固定牢,连接套筒的外露端应有保护盖 3)直螺纹接头的连接应使用管钳和力矩扳手进行;连接时,将待安装的钢筋端部的塑料保护帽拧下来露出丝口,并将丝口上的水泥浆等污物清理干净。将两个钢筋丝头在套筒中央位置相互顶紧,当采用加锁母型套筒时应用锁母锁紧,接头拧紧力矩符合表 8-61 规定,力矩扳手的精度为±5% 4)检查连接丝头定位标色并用管钳旋合顶紧。钢筋连接完毕后,标准型接头连接套筒外应有外螺纹,且连接套筒单边外露有效螺纹不得超过 2P 5)连接水平钢筋时,必须将钢筋托平。钢筋的弯折点与接头套筒端部距离不宜小于 200mm,且带长套丝接头应设置在弯起钢筋平直段上
5	质量检验	(1)工艺检验:取每种规格钢筋的接头试件不应少于 3 根;每根试件的抗拉强度和 3 根接头试件的残余变形的平均值均应符合表 8-51 和表 8-52 的规定 (2)现场检验:应按《钢筋机械连接技术规程》(JGJ 107)进行接头的抗拉试验、加工和安装质量检验;接头的现场检验应按验收批进行。同一施工条件下采用同一批材料的同等级、同型式、同规格接头,应以 500 个为一个验收批进行检验与验收,不足 500 个也应作为一个验收批。螺纹接头安装后每一验收批,应抽取其中 10%的接头进行拧紧扭矩校核,拧紧扭矩值不合格数超过被校核接头数的 5%时,应重新拧紧全部接头,直到合格为止 对接头的每一验收批,必须在工程结构中随机截取 3 个接头试件作抗拉强度试验,按设计要求的接头等级进行评定。当 3 个接头试件的抗拉强度均符合表 8-51 相应等级的强度要求时,该验收批应评为合格。如有 1 个试件的抗拉强度不符合要求,应再取 6 个试件进行复检。复检中如仍有 1 个试件的抗拉强度不符合要求,则该验收批应评为不合格。现场检验连续 10 个验收批抽样试件抗拉强度试验一次合格率为 100%时,验收批接头数量可扩大 1 倍

标准型套筒几何尺寸(mm) 表 8-57

规格	螺纹直径	套筒外径	套筒长度	规格	螺纹直径	套筒外径	套筒长度
16	M16.5×2	25	45	28	M29×3	44	80
18	M19×2.5	29	55	32	M33×3	49	90
20	M21×2.5	31	60	36	M37×3.5	54	98
22	M23×2.5	33	65	40	M41×3.5	59	105
25	M26×3	39	70				

常用变径型套筒几何尺寸(mm) 表 8-58

套筒规格	外径	小端螺纹	大端螺纹	套筒长度	套筒规格	外径	小端螺纹	大端螺纹	套筒长度
16～18	29	M16.5×2	M19×2.5	50	25～28	44	M26×3	M29×3	75
16～20	31	M16.5×2	M21×2.5	53	25～32	49	M26×3	M33×3	80
18～20	31	M19×2.5	M21×2.5	58	28～32	49	M29×3	M33×3	85
18～22	33	M19×2.5	M23×2.5	60	28～36	54	M29×3	M37×3.5	89
20～22	33	M21×2.5	M23×2.5	63	32～36	54	M33×3	M37×3.5	94
20～25	29	M21×2.5	M26×3	65	32～40	59	M33×3	M41×3.5	98
22～25	39	M23×2.5	M26×3	68	36～40	59	M37×3.5	M41×3.5	102
22～28	44	M23×2.5	M29×3	73					

可调型套筒几何尺寸（mm）　表 8-59

钢筋规格	螺纹直径	套筒总长	旋出后长度	增加长度	钢筋规格	螺纹直径	套筒总长	旋出后长度	增加长度
16	M16.5×2	118	141	96	28	M29×3	199	239	159
18	M19×2.5	141	169	114	32	M33×3	222	267	117
20	M21×2.5	153	183	123	36	M37×3.5	244	293	195
22	M23×2.5	166	199	134	40	M41×3.5	261	314	209
25	M26×3	179	214	144					

剥肋滚丝头加工尺寸（mm）　表 8-60

钢筋规格	剥肋直径	螺纹尺寸	丝头长度	完整丝扣圈数
16	15.1±0.2	M16.5×2	22.5	≥8
18	16.9±0.2	M19×2.5	27.5	≥7
20	18.8±0.2	M21×2.5	30	≥8
22	20.8±0.2	M23×2.5	32.5	≥9
25	23.7±0.2	M26×3	35	≥9
28	26.6±0.2	M29×3	40	≥10
32	30.5±0.2	M33×3	45	≥11
36	34.5±0.2	M37×3.5	49	≥9
40	38.1±0.2	M41×3.5	52.5	≥10

滚轧直螺纹钢筋接头拧紧力矩值　表 8-61

钢筋直径(mm)	≤16	18～20	22～25	28～22	36～40
拧紧力矩(N·m)	80	160	230	300	360

注：当不同直径的钢筋连接时，拧紧力矩值按较小直径钢筋的相应值取用。

8.8　钢筋绑扎与安装

8.8.1　钢筋现场绑扎与安装

钢筋绑扎与安装施工操作要点　表 8-62

项次	项目	施工方法要点
1	基础钢筋	(1)绑扎基础钢筋网，应先在基底划出短向钢筋位置线，依线摆放好短向钢筋，再按长向钢筋间距，在短向钢筋上面摆放好长向钢筋，长向钢筋与短向钢筋的交叉点必须全部扎牢，相邻绑扎点的绑扎方向应八字交错，以免网片歪斜变形钢筋网的弯钩应向上 (2)大型基础底板或设备基础设计采用双排钢筋网时，上下两排钢筋网之间，应用 ϕ16～25mm 钢筋或型钢焊成的支架来支持上层钢筋网，支架间距为 0.8～1.5m
2	墙钢筋	(1)绑扎墙钢筋网，宜先支设一侧模板，在模板上划出竖向钢筋位置线，依线立起竖向钢筋，再按横向钢筋间距，把横向钢筋绑牢于竖向钢筋上，可先绑两端的扎点，再依次绑中间扎点，靠近外围两行钢筋的交叉点应全部扎牢，中间部分交叉点可间隔扎牢，相邻绑扎点的绑扎方向应八字交错 (2)墙采用双排钢筋网时，墙壁钢筋网之间应绑扎 ϕ6～10mm 钢筋制成的撑钩，间距约为 1m，相互错开排列，以保持双排钢筋间距正确

续表

项次	项目	施工方法要点
3	柱钢筋	(1)绑扎柱钢筋骨架，应先立起竖向受力钢筋，与基础插筋绑牢，沿竖向钢筋按箍筋间距划线，把所用箍筋套入竖向钢筋中，从上到下逐个将箍筋划线与竖向钢筋扎牢 (2)柱箍筋应与竖向受力钢筋垂直设置；箍筋弯钩叠合处，应沿竖向受力钢筋方向错开设置。柱节点箍筋不得少放或漏放 (3)竖向钢筋搭接时，角部钢筋的弯钩与换板面的夹角，对矩形柱应为45°角；对圆形柱钢筋的弯钩应与模板的切线相垂直；中间钢筋的弯钩应与模板面成90° (4)当采用插入式振捣器浇筑小截面柱时，弯钩平面与模板面的夹角不得小于15°。外围的竖向受力钢筋上应按规定间距挂上水泥砂浆垫块或塑料环圈，以保证应有的混凝土保护层厚度
4	梁钢筋	(1)绑扎梁钢筋骨架，应先将架立钢筋搁在绑扎架上，沿架立钢筋按箍筋间距画线，将箍筋套入架立钢筋中，从中间向两旁逐个将箍筋依次与架立钢筋扎牢，再穿入受力钢筋(含弯起钢筋)，箍筋与受力钢筋扎牢，抽去绑扎架，使梁钢筋骨架落入模内 (2)当主梁钢筋骨架与次梁钢筋骨架相支时，次梁钢筋应在上，主梁钢筋应在下；当次梁钢筋骨架与板钢筋网相交时，板钢筋应在上，次梁钢筋应在下 (3)梁钢筋骨架中，如其下部或上部有两排或三排时，在两排或三排受力钢筋间应用短钢筋相隔，该短钢筋直径应等于受力钢筋的净距 (4)梁钢筋骨架下面应垫水泥或塑料垫块，间距为600～900mm，钢筋骨架两端必须设置。梁下部钢筋的弯钩应向上，梁上都钢筋的弯钩应向下 (5)柱、梁、箍筋应与主筋垂直，箍筋的接头应交错布置在四角纵向钢筋上，箍筋转角与纵向钢筋的交叉点均应扎牢。箍筋平直部分与纵向交叉点可间隔扎牢，以防骨架歪斜 (6)板、次梁与主梁交叉处，板的钢筋在上，次梁的钢筋居中，主梁的钢筋在下，当有圈梁或垫梁时，主梁的钢筋应放在圈梁上。主筋两端的搁置长度应保持均匀一致。框架梁、牛腿及柱帽等钢筋，应放在柱的纵向钢筋内侧，同时要注意梁顶面主筋间的净距要有30mm，以利灌筑混凝土
5	转换层大截面梁钢筋	(1)转换层大梁多为框支梁，截面大，配筋复杂，层数及数量多，重量大，钢筋安装应采取悬空绑扎方式 (2)绑扎转换梁应严格按照预先确定的绑扎顺序进行，不可乱摆乱放。一般先摆放主框支梁钢筋，再摆放次框支梁钢筋。在梁、柱节点处应尽量同时分层摆放 (3)安装梁钢筋时，先在梁底板上方搭设临时钢管支架，间距1.0m，支架下方设横杆高出底板300～350mm，上方设横杆比梁面高100～150mm。绑扎时先在支架下横杆上铺设最下排纵筋后，逐排安横杆(与立杆扣接)铺设上面各层纵筋，直至主梁下部主筋铺设完毕；同法铺完主梁上部纵筋。梁主筋铺完后套箍筋。由下而上逐排抽出架下横杆，逐排与箍筋固定；同样由下而上逐排将上部纵筋与箍筋固定。放置梁底保护层垫块，松动扣件，放下支架的上横杆，使骨架就位 (4)在梁柱节点处，当梁钢筋穿过柱时，须严格按主梁间距进行摆放，一次到位；当梁钢筋与柱钢筋发生碰撞，可适当调整柱主筋，而不应调整梁主筋 (5)梁主筋的连接，对Φ25mm及以下钢筋多采用闪光对焊；对Φ28mm及以上钢筋多采用直螺纹套筒连接或套筒挤压连接，在加工厂先进行一端的套筒连接，运至现场安装时再进行另一端套筒连接。再连接应按序、分层进行，即同根梁先连接中跨梁，再连接边跨梁，先连接下层，待连接完后，才摆放上层钢筋。在梁两层钢筋之间，每隔1m放1根ϕ25mm的垫筋，用铁丝一起绑牢，隔开次排钢筋。连接接头位置要错开。框支梁面筋接头设在跨中1/3范围内；底筋接头设在跨边1/3范围内
6	板钢筋	(1)绑扎单向板钢筋网，应先在模板上画出受力钢筋位置线，依线摆放好受力钢筋，再按分布钢筋间距，在受力钢筋上面摆放好分布钢筋，受力钢筋与分布钢筋交叉点，除靠近外围两行钢筋的交叉点全部扎牢外，中间部分交叉点可间隔扎牢，相邻绑扎点的绑扎方向应八字交错 (2)绑扎双向板钢筋网，应先在模板上画出短向钢筋位置线，依线摆放好短向钢筋，再按长向钢筋间距，在短向钢筋上面摆放好长向钢筋，长向钢筋与短向钢筋的交叉点必须全部扎牢，相邻绑扎点的绑扎方向应八字交错 (3)对板钢筋的弯钩，钢筋在板下部时弯钩向上；钢筋在板上部时弯钩向下
7	注意事项	(1)钢筋绑扎前，应熟悉施工图纸，核对钢筋配料表和料牌，核对成品钢筋的钢种、直径、形状、尺寸和数量，如有错漏，应纠正增补。准备绑扎用的铁丝、绑扎工具、绑扎架等 (2)绑扎形状复杂的结构部位时，应研究好钢筋穿插就位的顺序及与模板等其他专业的配合先后次序，以减少绑扎困难 (3)预制柱、梁、屋架等构件常采取底模上就地绑扎，应先排好箍筋，再穿入受力筋等，然后绑扎牛腿和节点部位钢筋，以减少绑扎困难和复杂性

续表

项次	项目	施工方法要点
7	注意事项	(4)各受力筋绑扎接头要求见表 8-14,混凝土保护层厚度的控制见表 8-10 (5)混凝土保护层的水泥砂浆垫块或塑料卡,每隔 600～900mm 设置 1 个,钢筋网的四角处必须设置 (6)钢筋连接应做到表面顺直、端面平整,其截面与钢筋轴线垂直,不得歪斜、滑丝。在同一构件的跨间或层高范围内的同 1 根钢筋上,不得超过两个
8	质量控制与检验	按《混凝土结构工程施工质量验收规范》(GB 50204—2002)5.5 钢筋安装一节中的有关规定进行质量控制与检验(8.8.2 节同)

8.8.2 钢筋绑扎与焊接骨架和网的安装

钢筋绑扎与焊接骨架和网安装施工要点 表 8-63

项次	项目	施 工 要 点
1	钢筋绑扎骨架和绑扎网安装	(1)预制钢筋绑扎网与钢筋绑扎骨架,一般宜分块或分段绑扎,应根据结构配筋特点及起重运输能力而定,网片分块面积以 6～20m^2 为宜,骨架分段长度以 8～12m 为宜,安装时再予以焊接或绑扎。为防止运输安装中歪斜变形,在斜向应用钢筋拉结临时加固,大型钢筋网或骨架应设钢筋桁架或型钢加固 (2)钢筋网与钢筋骨架的吊点应根据其尺寸、重量和刚度确定。宽度大于 1m 的水平钢筋网宜采用 4 点起吊,跨度小于 6m 的钢筋骨架宜采用两点起吊,跨度大、刚度差的钢筋骨架宜采用横吊梁 4 点起吊。为防止吊点处钢筋受力变形,可采取兜底或用短筋加强(图 8-11*a*、*b*、*c*) (3)绑扎钢筋骨架安装前,应仔细检查钢筋骨架的各绑扎点是否牢固,有无变形现象,如有松动应及时纠正 (4)钢筋骨架的安装,只需使钢筋骨架对准安装位置,轻轻缓慢地落入模板内即可,模板内预先摆放好混凝土保护层的垫块 (5)对较大型预制构件,为避免模内绑扎困难,常在模外或模上部位绑扎成整体骨架,再用吊车或设三木搭借捯链缓慢放入模内 (6)绑扎钢筋骨架和钢筋网片的交接处做法与钢筋的现场绑扎相同
2	钢筋焊接骨架和焊接网安装	(1)钢筋焊接网运输时,应捆绑整齐、牢固,每捆重量不应超过 2t,必要时,应加刚性支撑或支架 (2)单片钢筋焊接网垂直起吊时应有 4 个吊点,并在焊接网上加绑斜向八字加固钢筋,以防歪扭,此加固钢筋在钢筋网就位后拆去(图 8-11*d*) (3)焊接网与焊接骨架沿受力钢筋方向的搭接接头宜位于受力小的部位,如承受均布荷载的简支受弯构件,接头宜放在跨度两端各 1/4 跨长范围内,其搭接长度应符合表 8-64 规定 (4)在梁中焊接骨架的搭接长度内应配置箍筋或短的槽形焊接网。箍筋或网中的横向钢筋间距不得大于 5d。轴心受压或偏心受压构件中的搭接长度内,箍筋或横向钢筋的间距不得大于 10d_1 (5)在构件宽度内有若干焊接网或焊接骨架时,其接头位置应错开,在同一截面内搭接的受力钢筋的总截面面积不得大于构件截面中受力钢筋全部截面面积的 50%;在轴心受拉及小偏心受拉构件(板和墙除外)中,不得采用搭接接头 (6)焊接网在非受力方向的搭接长度宜为 100mm。当受力钢筋直径≥16mm 时,焊接网沿分布钢筋方向的接头宜辅以附加钢筋网,其海边的搭接长度为 15d (7)钢筋焊接网应按设计位置平放妥当,附加钢筋网宜在现场绑扎 (8)对两端需插入梁内锚固的焊接网,当网片纵向钢筋较细时,可利用网片的弯曲变形性能,先将焊接网中部向上弯曲,使两端能先后插入梁内,然后平铺网片;当钢筋较粗不能弯曲时,可将焊接网的一端少焊 1～2 根横向钢筋,先插入该端,然后退插另一端,必要时可采用绑扎方法补回减少的横向钢筋 (9)双层钢筋网之间应设钢筋马凳或支架,以控制两层钢筋网的间距。马凳或支架的间距一般为 500～1000mm。对需要绑扎搭接的焊接钢筋网,每个交叉点均要绑扎牢固 (10)钢筋焊接网安装时,下部网片应设置与保护层厚度相当的水泥砂浆或塑料垫块;板的上部网片应在短方向钢筋两端,沿长向钢筋方向每隔 0.6～1.0m,设一个钢筋支墩(点)。钢筋焊接网长度和宽度的允许偏差控制为±25mm

焊接网和受拉焊接骨架绑扎接头的搭接长度 表 8-64

项　次	钢筋类型		混凝土强度等级		
			C20	C25	≥C30
1	HPB 300 级		30d	25d	20d
2	月牙肋	HRB B335 级	40d	35d	30d
		HRB 400 级	45d	40d	35d
3	冷拔低碳钢丝		250mm		

注：1. d 为受力钢筋直径。当混凝土强度等级低于 C20 时，对 HPB 300 级钢筋最小搭接长度不得小于 40d；表中 HRB 335 级钢筋不得小于 50d；HRB 400 级钢筋不宜采用。

2. 搭接长度除应符合本表要求外，在受拉区不得小于 250mm，在受压区不得小于 200mm。

3. 当月牙肋钢筋直径 d>25mm 时，其搭接长度应按表中数值增加 5d 采用；当月牙肋钢筋直径 d≤25mm 时，其搭接长度应按表中数值减小 5d 采用。

4. 轻骨料混凝土的焊接骨架和焊接网绑扎接头的搭接长度，应按普通混凝土搭接长度增加 5d，对冷拔低碳钢丝，增加 50mm。

5. 当混凝土在凝固过程中受力钢筋易受扰动时，其搭接长度宜适当增加。

6. 当有抗震要求时，对一、二级抗震等级搭接长度应增加 5d。

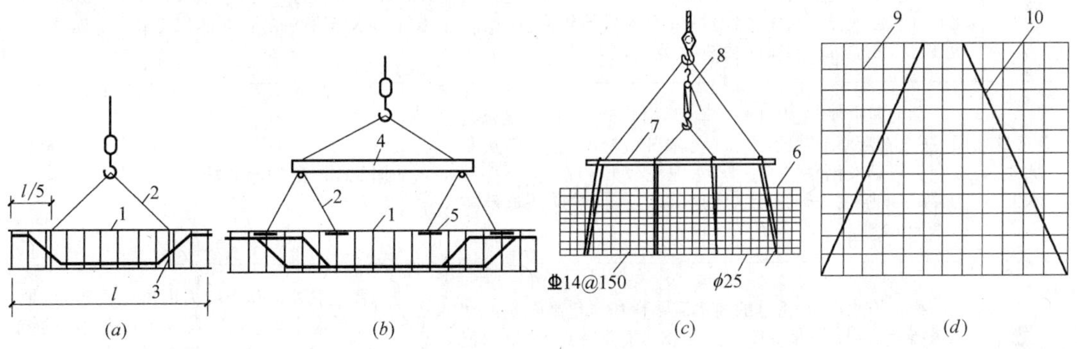

图 8-11 钢筋绑扎与焊接骨架和网的起吊、加固

（a）钢筋骨架两点起吊；（b）钢筋骨架用横吊梁 4 点起吊；

（c）大块钢筋网片用横吊梁 4 点起吊；（d）钢筋网加固

1—钢筋骨架；2—吊索；3—兜底索；4—横吊梁；5—短钢筋；6—钢筋网（尺寸 22.4m×7.4m）；7—ϕ100m 钢管横吊梁；8—1t 捯链；9—钢筋网；10—加固钢筋

9　混凝土与大体积混凝土

9.1　混凝土组成材料技术要求

9.1.1　水泥

常用水泥的品种、制成、特性及适用范围　　表 9-1

品种	制成及主要特性	适用范围
硅酸盐水泥	是由硅酸盐水泥熟料、0%～5%石灰石或粒化高炉矿渣和适量石膏磨细制成的。分为两类，不掺加混合材料的称Ⅰ类硅酸盐水泥，代号P·Ⅰ；掺加不超过水泥重量5%混合材料的称Ⅱ类硅酸盐水泥，代号P·Ⅱ。主要特性为：早期及后期强度均较高，低温环境下（10℃以下）强度增长比其他水泥块，抗冻、耐磨性较好；但水化热较高，耐硫酸盐、碱类、酸盐等化学腐蚀性差，耐水性较差	适于普通混凝土和预应力混凝土的地上、地下和水中结构，其中包括反复冰冻作用及早期强度要求较高的结构。 不适于受侵蚀水（海水、矿物水、工业废水等）及压力水作用的结构；大体积混凝土工程
普通硅酸盐水泥	简称普通水泥，是由硅酸盐水泥熟料、6%～15%混合材料、适量石膏磨细制成的。混合材料有粉煤灰、火山灰质混合材料和粒化高炉矿渣等，水泥代号P·O。主要特性为：除早期强度比硅酸盐水泥稍低外，其他性质接近硅酸盐水泥	适用范围同硅酸盐水泥
矿渣硅酸盐水泥	简称矿渣水泥，是由硅酸盐水泥熟料和粒化高炉矿渣和适量石膏磨细制成的，代号分P·S。主要特点为：早期强度较低，低温环境中强度增长较慢，但后期强度增长快，水化热较低，抗硫酸盐类腐蚀性强，耐热性、耐水性较好；但干缩变形较大，和易性较差，常有泌水现象，抗冻性、耐磨性较差	适于普通混凝土和预应力混凝土的地上、地下和水中及海水中结构以及抗硫酸盐侵蚀的结构、大体积混凝土工程；蒸养构件；配制耐热混凝土。 不适于对早期强度要求较高的工程；经常受冻融交替作用的工程；在低温环境中硬化的混凝土
火山灰质硅酸盐水泥	简称火山灰水泥，是由硅酸盐水泥熟料和火山灰质混合材料（20%～40%）、适量石膏磨细制成的。代号为P·P。主要特点为：早期强度较低，低温环境中强度增长较慢，蒸养强度增长较快，水化热低，潮湿环境中后期强度增长率较大，抗硫酸盐类腐蚀性强，耐热性较好；但抗冻性、耐磨性较差，干缩性比普通水泥大，吸水性稍大	适于普通混凝土的地上及水中结构；大体积混凝土工程；蒸养构件；高温条件下的混凝土地上结构。 不适于受反复冻融及干湿变化作用的结构；处于干燥环境中的结构；对早期强度要求较高的结构
粉煤灰硅酸盐水泥	简称粉煤灰水泥，是由硅酸盐水泥熟料和粉煤灰、适量石膏磨细制成的。代号为P·F。主要特点为：早期强度较低，水化热比火山灰水泥还低，和易性比火山灰水泥还好，干缩性也较小，抗腐蚀性能好；但抗冻、耐磨性能较差	适于普通混凝土的地上、地下和水中的结构；抗硫酸盐侵蚀的结构；大体积水工结构。 不适于对早期强度要求较高的结构
复合硅酸盐水泥	简称复合水泥，是由硅酸盐水泥熟料、两种或两种以上的混合材料（20%～50%）、适量石膏磨细制成的。代号为P·C。其主要特点同掺加相应混合材料的水泥	适用范围同掺加相应混合材料的水泥

水泥的品质检验标准 表 9-2

项次	项目	品质标准
1	细度	硅酸盐水泥和普通硅酸盐水泥的细度以比表面积表示，其比表面积不小于 $300m^2/kg$；矿渣硅酸盐水泥、火山灰质硅酸盐水泥、粉煤灰硅酸盐水泥和复合硅酸盐水泥的细度以筛余表示，其 80μm 方孔筛筛余不大于 10%或 45μm 方孔筛筛余不大于 30%
2	凝结时间	初凝不得早于 45min，终凝不得迟于 10h（硅酸盐水泥不得迟于 6.5h）
3	安定性	用沸蒸法检验试件，没有裂缝，用直尺检验没有弯曲为合格
4	强度	各龄期强度均不得低于表 9-3 的数值
5	氧化镁	水泥中氧化镁的含量不得超过 5%，如水泥经蒸压安定性试验合格，则允许放宽到 6%
6	三氧化硫	硅酸盐水泥、普通水泥、火山灰水泥、粉煤灰水泥的三氧化硫含量不得超过 3.5%；矿渣水泥中的含量不得超过 4%
7	氯离子	水泥中氯离子含量不大于 0.06%

通用水泥的强度等级和各龄期的强度要求① 表 9-3

项次	品种	强度等级	抗压强度（MPa）		抗折强度（MPa）	
			3d	28d	3d	28d
1	硅酸盐水泥	42.5	≥17.0	≥42.5	≥3.5	≥6.5
		42.5R	≥22.0		≥4.0	
		52.5	≥23.0	≥52.5	≥4.0	≥7.0
		52.5R	≥27.0		≥5.0	
		62.5	≥28.0	≥62.5	≥5.0	≥8.0
		62.5R	≥32.0		≥5.5	
2	普通硅酸盐水泥	42.5	≥17.0	≥42.5	≥3.5	≥6.5
		42.5R	≥22.0		≥4.0	
		52.5	≥23.0	≥52.5	≥4.0	≥7.0
		52.5R	≥27.0		≥5.0	
3	矿渣硅酸盐水泥火山灰质硅酸盐水泥粉煤灰硅酸盐水泥复合硅酸盐水泥②	32.5	≥10.0	≥32.5	≥2.5	≥5.5
		32.5R	≥15.0		≥3.5	
		42.5	≥15.0	≥42.5	≥3.5	≥6.5
		42.5R	≥19.0		≥4.0	
		52.5	≥21.0	≥52.5	≥4.0	≥7.0
		52.5R	≥23.0		≥4.5	

① 本表内容引自《通用硅酸盐水泥》GB 175—2007；

② 复合硅酸盐水泥强度等级为 32.5R、42.5、42.5R、52.5、52.5R 五个等级；系根据 GB 175—2007《通用硅酸盐水泥》第 2 号修改单，自 2015 年 12 月 1 日起执行。

水泥的保管及受潮后的处理和使用 表 9-4

项次	项目	保管使用要求及处理方法
1	堆放、保管与使用	（1）水泥进场必须附有出厂合格证或进场试验报告，并应对其品种、强度等级、包装或散装仓号、出厂日期等检查验收，分别堆放，防止混杂使用 （2）存放袋装水泥的仓库应保持干燥；屋顶、墙壁、门窗不得有漏雨、渗水等情况，地面应铺垫木板和油毡隔离，以防水泥受潮。临时露天堆放，应用防雨篷布遮盖

续表

项次	项目	保管使用要求及处理方法
1	堆放、保管与使用	(3)存放袋装水泥,应整齐堆放,堆放高度一般不宜超过10包,堆宽以5～10袋为限。应合理安排堆垛位置和通道,以保证先进先出,合理周转,以避免部分放在角落水泥长期积压,造成受潮变质 (4)散装水泥应储存在专门密封的中转防潮仓库、接受库或钢板罐内,并需有严格的防潮、防漏措施;临时性储存可用简易储库,库内地面应高出室外地面30cm以上,并铺砖或木板或油毡隔潮 (5)水泥贮存期间一般不应超过3个月(快硬水泥为1个月)。一般水泥在正常干燥环境中存放3个月,强度将降低20%;存放6个月,强度将降低15%～30%。水泥出厂超过3个月(快硬水泥超过1个月),或对水泥质量有怀疑时,使用前应复查试验,并按试验结果使用
2	受潮后的处理	水泥应防止受潮,如发现受潮结块,可按以下情况进行处理: (1)如水泥有松块,可以捏成粉末,当没有硬块时,可通过试验后,根据实际强度等级使用,松块压成粉末,使用时加强搅拌 (2)如水泥部分结成硬块,可通过试验后根据实际强度等级使用,使用时筛去硬块,压碎松块,加强搅拌,但只能用于不重要的或受力小的部位,或用于配制砌筑砂浆 (3)如水泥受潮结成硬块,一般不得直接使用,可压成粉末后,掺入新鲜水泥(至多不超过25%),经试验后使用

9.1.2 砂子

砂的分类、技术要求及使用 表9-5

项次	项目	技术要求及使用
1	作用、制成及品种分类	(1)砂又称细骨料,在混凝土中主要用来填充石子空隙,与石子共同起骨架作用;一般多用自然形成的天然砂 (2)按产源不同,砂分为河砂、海砂和山砂;按细度模量不同,分为粗砂(细度模数在3.7～3.1,平均粒径0.5mm以上)、中砂(细度模数在3.0～2.0,平均粒径0.5～0.35mm)、细砂(细度模数在2.2～1.6,平均粒径0.35～0.25mm)和特细砂(细度模数在1.5～0.7,平均粒径0.25mm以下)四级
2	质量要求及应用要点	(1)对细度模数为3.7～1.6的砂,按0.63mm筛孔的累计筛余量(以重量百分率计)分为三个级配区,砂的颗粒级配应处于其中的任何一个级配区。级配良好的砂其空隙率不应超过40%;砂的颗粒级配见表9-6 (2)配制混凝土一般采用粗砂或中砂,细砂亦可使用,但比同等条件下用粗砂配制的混凝土强度降低10%以上,但和易性较用粗、中砂好,一般在粗砂中掺入20%的细砂使用,以改善和易性 (3)特细砂亦可用于配制混凝土,但在使用时要采取一定技术措施,如采用低砂率、低稠度;掺塑化剂;模板拼缝严密,养护时间不少于14d等 (4)砂子应按品种、规格分别堆放,不得混杂,严禁混入杂质 (5)砂中常含有泥土和杂质,含量过大会降低混凝土强度和耐久性 (6)砂的质量要求应符合表9-7～表9-9的要求

注:细度模数为砂子通过0.15、0.3、0.6、1.2、2.5(mm)等筛孔的全部筛余量之和除以100。细度模数值大,表示砂子较粗,反之较细。

砂颗粒级配区 表 9-6

累计筛余(%) 级配区 / 公称粒径	Ⅰ区	Ⅱ区	Ⅲ区
5.00mm	10～0	10～0	10～0
2.50mm	35～5	25～0	15～0
1.25mm	65～35	50～10	25～0
630μm	85～71	70～41	40～16
315μm	95～80	92～70	85～55
160μm	100～90	100～90	100～90

天然砂中含泥量、泥块含量，人工砂或混合砂石粉含量 表 9-7

项次	混凝土强度等级		≥C60	C55～C30	≤C25
1	含泥量(按质量计,%)		≤2.0	≤3.0	≤5.0
2	泥块含量(按质量计,%)		≤0.5	≤1.0	≤2.0
3	石粉含量(%)	*MB*<1.4(合格)	≤5.0	≤7.0	≤10.0
		MB≥1.4(不合格)	≤2.0	≤3.0	≤5.0

注：1. 对于有抗冻、抗渗或其他特殊要求的小于或等于 C25 混凝土用砂，其含泥量不应大于 3.0%。
2. 对于有抗冻、抗渗或其他特殊要求的小于或等于 C25 混凝土用砂，其泥块含量不应大于 1.0%。

砂中的有害物质含量 表 9-8

项次	项　目	质　量　指　标
1	云母含量(按质量计,%)	≤2.0
2	轻物质含量(按质量计,%)	≤1.0
3	硫化物及硫酸盐含量(折算成 SO_3 按质量计,%)	≤1.0
4	有机物含量(用比色法试验)	颜色不应深于标准色。当颜色深于标准色时,应按水泥胶砂强度试验方法进行强度对比试验,抗压强度比不应低于 0.95

注：1. 对于有抗冻、抗渗要求的混凝土用砂，其云母含量不应大于 1.0%。
2. 当砂中含有颗粒状的硫酸盐或硫化物杂质时，应进行专门检验，确认能满足混凝土耐久性要求后，方可采用。

砂的坚固性指标 表 9-9

项次	混凝土所处的环境条件及其性能要求	5 次循环后的质量损失(%)
1	在严寒及寒冷地区室外使用并经常处于潮湿或干湿交替状态下的混凝土	≤8
2	对于有抗疲劳、耐磨、抗冲击要求的混凝土	
3	有腐蚀介质作用或经常处于水位变化区的地下结构混凝土	
4	其他条件下使用的混凝土	≤10

9.1.3 石子

石子分类、技术要求及使用　表 9-10

项次	项目	技术要求及使用
1	作用、制成及品种分类	(1)石子又称粗骨料,在混凝土中起主要骨架作用。拌制混凝土用的石子有碎石和卵石两种。碎石是由硬质岩石(如花岗岩、辉绿岩、石灰岩或砂岩等)经轧细、筛分而成;卵石为天然岩石风化而成 (2)按制成方式石子分碎石和卵石;卵石按其来源,分为河卵石,海卵石和山卵石 (3)碎石和卵石的颗粒尺寸,一般为 5～80mm 之间,按颗粒大小分为粗(40～80mm)、中(20～40mm)、细(5～20mm)和精细(5～10mm)四级 (4)按级配方式分连续级配石子和间断级配石子两种。前者是最大粒径开始由大到小各级相连,其中每一级石子都有一定数量,一般工程上多用之;后者的大颗粒和小颗粒间有相当大的空档(如最大粒径为 40mm,其分级可为 5～10mm,20～40mm),大颗粒间的空隙直接由比它小很多的小骨料填充,使空隙率降低,组合更密实,强度更高,多用于有特殊要求(如抗冻、抗渗、高强)的混凝土。碎石或卵石常用颗粒级配范围见表 9-11
2	质量要求及应用要点	(1)石子颗粒之间应具有适当级配,其空隙及总表面积尽量减少,以保持一定的和易性和减少水泥用量。级配组合比例应通过试验确定 (2)在石子级配适合条件下,可选用颗粒较大尺寸的,可使其空隙率及总表面积减少,节省水泥和充分利用石子强度,但石子粗颗粒的最大颗粒尺寸不得超过结构截面最小尺寸的1/4,且不得超过钢筋间最小净距的 3/4,对混凝土实心板,石子的最大粒径不宜超过板厚的 1/2,且不得超过 50mm (3)石子应按品种、规格分别堆放,不得混杂,骨料中严禁混入煅烧过的白云石或石灰石 (4)碎石或卵石中允许有害杂质含量应符合表 9-12、表 9-13 要求

碎石或卵石的颗粒级配范围　表 9-11

级配情况	公称粒级(mm)	累计筛余,按重量计(%)							
		筛孔尺寸(圆孔筛)(mm)							
		2.5	5	10	15(20)	25(30)	40	50(60)	80(100)
连续粒级	5～10	95～100	80～100	0～15	0	—	—	—	—
	5～15	95～100	90～100	30～60	0～10(0)	—	—	—	—
	5～20	95～100	90～100	40～70	(0～10)	0	—	—	—
	5～30	95～100	90～100	70～90	(15～45)	(0～5)	0	—	—
	5～40	—	95～100	75～90	(30～65)		(0～5)	0	—
单粒级	10～20	—	95～100	85～100	(0～15)	0	—	—	—
	15～30	—	95～100	—	85～100	(0～10)	0	—	—
	20～40	—	—	95～100	(80～100)	—	0～10	0	—
	30～60	—	—	—	95～100	(75～100)	45～75	(0～10)	0
	40～80	—	—	—	(95～100)	—	70～100	(30～60)	(0～10)(0)

注：1. 公称粒级的上限为该粒级的最大粒径。单粒级一般用于组合成具有要求级配的连续粒级。它也可与连续粒级的碎石或卵石混合使用，以改善它们的级配或配成较大粒度的连续粒级。

2. 根据混凝土工程和资源的具体情况，进行综合技术经济分析后，在特定的情况下允许直接采用单粒级，但必须避免混凝土发生离析。

碎石或卵石中针、片状颗粒含量、含泥量、泥块含量　表 9-12

项次	混凝土强度等级	≥C60	C55～C30	≤C25
1	针、片状颗粒含量(按质量计,%)	≤8	≤15	≤25
2	含泥量(按质量计,%)	≤0.5	≤1.0	≤2.0
3	泥块含量(按质量计,%)	≤0.2	≤0.5	≤0.7

注：1. 对于有抗冻、抗渗或其他特殊要求的混凝土，其所用碎石或卵石中含泥量不应大于 1.0%。当碎石或卵石的含泥是非黏土质的石粉时，其含泥量可由上表中的 0.5%、1.0%、2.0%，分别提高到 1.0%、1.5%、3.0%。

2. 对于有抗冻、抗渗或其他特殊要求的强度等级小于 C30 的混凝土，其所用碎石或卵石中泥块含量不应大于 0.5%。

碎石或卵石中的有害物质含量 表 9-13

项次	项 目	质 量 要 求
1	硫化物及硫酸盐含量（折算成 SO_3，按质量计，%）	≤1.0
2	卵石中有机物含量(用比色法试验)	颜色应不深于标准色。当颜色深于标准色时，应配制成混凝土进行强度对比试验，抗压强度比应不低于 0.95

注：当碎石或卵石中含有颗粒状硫酸盐或硫化物杂质时，应进行专门检验，确认能满足混凝土耐久性要求后，方可采用。

9.1.4 掺合料、外加剂

常用掺合料、外加剂种类及使用 表 9-14

项次	名 称	种类、掺量、技术效果及使用要点
1	矿物掺合材料	(1)在混凝土中掺加一些天然或人工的矿物掺合材料，可改善和易性，减少混凝土的析水和离析现象、降低初期水化热以及节约水泥等，常用的矿物掺合料有磨细矿渣粉、粉煤灰、硅粉、沸石粉及火山灰质材料，在混凝土中主要起填充和降低水泥强度等级和用量的作用；有助改善混凝土的耐久性 (2)掺量应根据水泥品种及对混凝土强度和耐久性要求通过试验确定。一般掺量为水泥用量的 5%～20% (3)选用时，应尽量就地取材，利用廉价地方材料或工业废料。 (4)掺加粉煤灰时，其品质指标要求见表 9-15
2	早强剂、速凝剂	(1)在混凝土中掺加早强剂、速凝剂，可以加快混凝土的硬化过程，提高早期强度，缩短养护时间，加快模板周转。常用早强剂，速凝剂的种类及掺量见表 9-16 (2)早强剂主要用于冬期施工提高早期强度，抗冻和节约冬期施工费用；速凝剂主要用于工程补漏和喷射混凝土施工防止脱落回弹
3	缓凝剂	(1)在混凝土中掺加缓凝剂，可推迟混凝土的凝结硬化时间(如运输距离过长，搅拌设备不足等)，防止和易性的降低，减缓大体积混凝土的浇灌速度和强度，有利于水化热的散发，降低混凝土温升值。常用缓凝剂的种类及掺量见表 9-17 (2)常用于夏季混凝土的施工，降低搅拌、运输、浇筑设备强度，控制温度收缩裂缝出现
4	减水剂	(1)减水剂是一种表面活化剂，加入混凝土中能对水泥颗粒起分散作用，能把水泥凝聚体中所包含的游离水释放出来，使水泥达到充分水化，因而能保持混凝土的工作性不变而显著减少拌和水量，降低水灰比，改善和易性，有利于混凝土强度的增长及物理性能的改善。减水剂的种类繁多，常用减水剂的种类、掺量及技术经济效果见表 9-18 (2)减水剂主要用于普通混凝土、大体积混凝土、高强混凝土中，增大坍落度，降低水灰比，节省水泥
5	加气剂	(1)在混凝土中掺入加气剂，能产生大量微小封闭气泡，能改善混凝土的和易性，增加流动性，提高抗渗性和抗冻性。常用加气剂的种类、配制方法和掺量见表 9-19 (2)适用于配制防水混凝土、抗冻混凝土、耐低温混凝土，提高抗渗性、防水性、抗冻性；铝粉加气剂还可用作膨胀剂
6	界面处理剂	(1)在水泥或砂浆中掺入界面处理剂涂刷或喷涂于硬化混凝土接缝表面，可有效的提高新老混凝土界面粘结强度，增强结构的整体性。常用界面处理剂种类性能及使用见表9-20 (2)适用于与水泥或砂浆拌合涂于界面作间歇缝、新旧混凝土表面处理，代替凿毛处理

粉煤灰技术要求　　**表 9-15**

项次	项目		技术要求		
			Ⅰ级	Ⅱ级	Ⅲ级
1	细度(45μm 方孔筛筛余)	F类粉煤灰	≤12.0%	≤25.0%	≤45.0%
		C类粉煤灰			
2	需水量比	F类粉煤灰	≤95%	≤105%	≤115%
		C类粉煤灰			
3	烧失量	F类粉煤灰	≤5.0%	≤8.0%	≤15.0%
		C类粉煤灰			
4	含水量	F类粉煤灰	≤1.0%		
		C类粉煤灰			
5	三氧化硫	F类粉煤灰	≤3.0%		
		C类粉煤灰			
6	游离氧化钙	F类粉煤灰	≤1.0%		
		C类粉煤灰	≤4.0%		
7	安定性(雷氏夹沸煮后增加距离)(mm)	C类粉煤灰	≤5mm		

注：1. F类粉煤灰——由无烟煤或烟煤煅烧收集的粉煤灰。
　　C类粉煤灰——由褐煤或次烟煤煅烧收集的粉煤灰，其氧化钙含量一般大于10%。
2. Ⅰ级粉煤灰允许用于后张预应力钢筋混凝土构件及跨度小于6m的先张预应力混凝土构件；Ⅱ级粉煤灰主要用于普通钢筋混凝土和轻骨料钢筋混凝土；Ⅲ级主要用于无筋混凝土和砂浆。
3. 代替细骨料或用于改善和易性的粉煤灰不受此规定的限制。

常用早强剂、速凝剂的种类及掺量　　**表 9-16**

种类	掺量(占水泥量的%)	适用范围	早强效果
氯化钙	1～3	低温或常温硬化	2d强度提高40%～65%(50%～100%) 3d强度提高30%～50%(40%～70%)
硫酸钾	0.5～2.0	低温硬化	与氯化钙相当
硫酸钠	1～2	低温硬化	2d强度提高84%～138% 7d强度提高28%～34%
NC早强剂	2～4	低温或常温硬化	可缩短养护期1/2～3/4
三乙醇胺	0.05	常温硬化	3～5d可达到设计强度的70%
硫酸钠 食盐 生石膏	2 1 2	低温或常温硬化	在正负温交替期1.5d可达设计强度的70%
硫酸钠 亚硝酸钠 生石膏	2 2 2	低温或常温硬化	在正负温交替期，矿渣水泥3.5d可达设计强度的70%
硫酸钠、石膏	2 1	蒸汽养护	蒸汽养护6h，强度约可提高30%～100%
FDN减水剂 SM高效减水剂 木镁减水剂	0.25 0.2～0.5 1.5～2.5	常温硬化 常温硬化 低温或常温硬化	3d强度可提高30%～80% 1d强度可提高30%～100%

续表

种类	掺量(占水泥量的%)	适用范围	早强效果
711速凝剂	2.5～3.5	低温或常温硬化	5min初凝，10min终凝，用于喷射混凝土工程
红星Ⅰ型速凝剂	2.5～4.0	低温或常温硬化	3.5min初凝，7min终凝；4h强度为1MPa，1d强度为5MPa

注：括号内数字为矿渣水泥拌制的混凝土强度增长情况。

常用缓凝剂品种及掺量 **表9-17**

类别	品种	掺量（%）	效果（初凝延长，h）
木质素磺酸盐	木质素磺酸钙	0.25～0.5	3～5
羟基羟酸	柠檬酸	0.03～0.1	2～4
	酒石酸	0.03～0.1	2～4
	葡萄糖酸	0.03～0.1	1～2
糖类及碳水化合物	糖蜜	0.1～0.3	2～4
	淀粉	0.1～0.3	1.5～3
无机盐	锌盐、硼酸盐、磷酸盐	0.1～0.2	1～1.5

注：缓凝效果与掺量、水泥品种有关，应以试验为准，本表仅供参考。

常用减水剂的种类掺量及技术效果 **表9-18**

种类	主要原料	掺量(水泥重量%)	减水率(%)	提高强度(%)	研制或生产单位
木质素磺酸钙(M型减水剂)	纸浆废液	0.2～0.3	10～15	10～20	吉林开山屯化纤浆厂、广州造纸厂
MF减水剂	聚次甲基萘磺酸钠	0.5～0.7	10～30	10～30	建材研究院、江苏江都染料厂等
N系减水剂	工业萘	0.5～0.8	10～17	10	南京水科所等
NNO减水剂	精萘	0.5～0.75	10～25	20～25	江苏江都染料厂、大连红卫化工厂
NF减水剂	精萘	1.5	20	—	武汉化学助剂厂
UNF减水剂	油萘	0.5～1.5	15～20	15～30	天津建研所
FON减水剂	工业萘	0.5～0.75	16～25	20～50	广州湛江外加剂厂
JN减水剂	萘残油	0.5	15～27	30～50	镇江焦化厂
SN—Ⅱ减水剂	萘	0.5～1.0	14～25	15～40	上海市建科所、五四助剂厂
磺化焦油减水剂	煤焦油	0.5～0.75	10	35～57	宁夏回族自治区
糖蜜减水剂	废蜜、糖渣	0.2～0.3	7～11	10～20	浙江瑞安糖厂
AU减水剂	蒽油	0.5～0.75	15～20	10～36	三墩化工厂
HM减水剂	纸浆废液	0.2	5～10	≥10	华丰造纸厂
SM减水剂	密胶树脂	0.2～0.5	10～27	30～50	山西万荣化工总厂
建Ⅰ减水剂	聚烷基芳烃磺酸盐	0.5～0.7	10～30	—	北京焦化厂、江都染料厂

注：掺减水剂的技术效果：在水泥用量、坍落度保持不变时，可减少水量和提高强度。

常用加气剂的种类和掺量 **表9-19**

种类	配制方法	掺量及效果(占水泥量%)
松香热聚物加气剂	(1)配合比为松香70g、石炭酸35g、硫酸2mL、氢氧化钠4g，以上配方可制成100g成品 (2)将松香、石炭酸和硫酸按比例投入大烧瓶中，边搅拌边徐徐加热，控制温度70～80℃，时间5～8h	0.005～0.015 抗渗强度等级可达0.8～3.0MPa。可配制防水混凝土

续表

种类	配 制 方 法	掺量及效果(占水泥量%)
松香热聚物加气剂	(3)暂停加热,将氢氧化钠溶液按比例加入,继续加热 2h,控制温度 100℃ (4)停止加热,静置片刻,趁热倒入贮器中即成。拌合混凝土时再将加气剂配成:氢氧化钠：加气剂：热水＝1：5：150,热水温度 70～80℃	0.005～0.015 抗渗强度等级可达 0.8～3.0MPa。可配制防水混凝土
松香酸钠加气剂	(1)将松香碾细过 3～5mm 筛,同时将氢氧化钠溶于水中,使其比重为 1.12～1.16(视松香皂化值而定,一般松香的皂化系数为 160～180,取 180 为宜),再放入双层锅内煮沸 (2)在沸腾的氢氧化钠溶液中边搅拌边加入松香粉(每升氢氧化钠溶液加入 1kg 松香粉) (3)松香粉溶解后再继续煮 0.5～1h,然后缓慢冷却至 80～90℃,再放入 60～70℃热水配成 5%浓度	0.01～0.05 抗渗强度等级可达 0.8～3.0MPa。可配制防水混凝土、抗冻混凝土以及耐低温混凝土
铝粉加气剂	将铝粉与少量洗衣粉和少量温水拌匀,进行脱脂处理后使用	0.01～0.05 用于预应力筋孔道灌浆

常用界面处理剂种类、性能及使用　表 9-20

种类	性能及使用	适 用 范 围
JD-601 型(JD-601B 型)混凝土界面胶粘剂	乳白色液体,密度 1.008～1.010,pH:7.5～9.0,剪切强度≥0.4MPa。按水泥：砂：界面胶粘剂＝1：1：1 喷涂或刷涂于结合表面	新老混凝土粘结及混凝土与抹灰砂浆的粘结;水泥砂浆粘贴面砖、陶瓷锦砖、大理石…等与基层的界面处理
YJ-302 型 YJ-303 型 混凝土界面胶粘剂	混凝土与水泥砂浆粘结强度为 1.3～1.5MPa(YJ-302)和 0.5～0.7MPa(YJ-303),YJ-302 由甲、乙组分配合而成,按甲组分：乙组分：石英粉(100 目)＝1：3：3～5 配合; YJ-303 为单组分,可直接涂刷于基层,或按界面处理剂：水泥：砂＝1：1：1 涂刷于基层	新老混凝土粘结;混凝土基层抹灰;水泥砂浆粘贴面砖、陶瓷锦砖、大理石等与基层的界面处理
EC-1 型表面处理剂	硬化混凝土上抹水泥砂浆粘结强度为 0.12～0.15MPa;按表面处理剂：水泥：细砂＝1：1：1.5 喷涂厚 2～3mm,或在表面直接涂刷表面处理剂	新老混凝土粘结;加气混凝土表面抹水泥砂浆粘贴面砖陶瓷锦砖等;泡沫板、沥青、钢板上抹水泥砂浆的表面处理

9.1.5　拌合用水

水的技术要求及使用　表 9-21

项次	项目	技术要求及使用
1	作用、来源	(1)在混凝土中与水泥起水化作用,湿润砂、石子,增加粘结,改善和易性 (2)可用一般饮用的水或洁净的天然水
2	注意事项	(1)水中不得含有影响水泥正常凝结与硬化的有害杂质或油类、糖类等 (2)对于工业废水、污水及 pH 值小于 4 的酸性水和含硫酸盐量按 SO_4^{2-} 计超过水重 1%的水,不允许使用 (3)混凝土拌合用水水质要求应符合表 9-22 的要求 (4)钢筋混凝土和预应力混凝土,均不得采用海水拌制

混凝土拌合用水水质要求 表 9-22

项　目	预应力混凝土	钢筋混凝土	素混凝土
pH 值	≥5.0	≥4.5	≥4.5
不溶物（mg/L）	≤2000	≤2000	≤5000
可溶物（mg/L）	≤2000	≤5000	≤10000
Cl^-（mg/L）	≤500	≤1000	≤3500
SO_4^{2-}（mg/L）	≤600	≤2000	≤2700
碱含量（mg/L）	≤1500	≤1500	≤1500

注：碱含量按 $Na_2O+0.658K_2O$ 计算值来表示。采用非碱活性骨料时，可不检验碱含量。

9.2 常用混凝土配合比设计

9.2.1 普通混凝土配合比设计

普通混凝土配合比设计步骤、方法与计算 表 9-23

项次	项　目	设计步骤、方法及公式
1	设计原则与步骤	(1)普通混凝土的配合比应根据工程特点、原材料性能及对混凝土的技术要求进行计算，并经试验室试配、试验，再进行调整后确定，使混凝土组成材料之间用量的比例关系符合设计要求的强度和耐久性，施工要求的和易性，同时还应符合经济合理使用材料、节约水泥等原则 (2)混凝土配合比设计应包括配合比的计算、试配和调整等步骤。应按下列步骤进行混凝土配合比设计
2	计算要求的试配强度	当混凝土的设计强度等级小于 C60 时，试配强度按下式计算： $f_{cu,0} \geqslant f_{cu,k}+1.645\sigma$ (9-1) 当设计强度等级不小于 C60 时，试配强度按下式计算： $f_{cu,0} \geqslant 1.15 f_{cu,k}$ (9-2) 式中 $f_{cu,0}$——混凝土配制强度(MPa)； $f_{cu,k}$——混凝土立方体抗压强度标准值，这里取混凝土的设计强度等级值(MPa)； σ——混凝土强度标准差(MPa)； 1.645——保证率系数。 σ 的取值，当具有近 1～3 个月的同一品种、同一强度等级混凝土的强度资料，且试件组数不小于 30 时，其混凝土强度标准差 σ 应按下式计算： $\sigma=\sqrt{\frac{\sum_{i=1}^{n} f_{cu,i}^{2}-n m_{fcu}^{2}}{n-1}}$ (9-3) 式中 $f_{cu,i}$——第 i 组试件的强度值(MPa)； m_{fcu}——n 组试件强度的平均值(MPa)； n——试件的总组数。 对于强度等级不大于 C30 的混凝土，当 σ 计算值不小于 3.0MPa，应按式(9-3)计算结果取值；当 σ 计算值小于 3.0MPa，应取 3.0MPa。对于强度等级大于 C30 且小于 C60 的混凝土，当 σ 计算值不小于 4.0MPa 时，应按式(9-3)计算结果取值；当 σ 计算值小于 4.0MPa 时，应取 4.0MPa。当没有近期同一品种、同一强度等级混凝土强度资料时，其强度标准差 σ 可按表 9-24 取值

续表

项次	项　目	设计步骤、方法及公式
3	计算要求的水胶比	当混凝土强度等级小于C60时，混凝土水胶比宜按下式计算： $$W/B=\frac{\alpha_a f_b}{f_{cu,0}+\alpha_a\alpha_b f_b} \quad (9\text{-}4)$$ 式中　W/B——混凝土水胶比； α_a，α_b——回归系数，根据工程使用的原材料，通过试验建立的水胶比与混凝土强度关系式来确定。当无试验统计资料时，其回归系数为：对碎石混凝土，α_a 可取 0.53，α_b 可取 0.20；对卵石混凝土，α_a 可取 0.49，α_b 可取 0.13； f_b——胶凝材料 28d 胶砂抗压强度（MPa），可实测；无实测时，可按下式计算： $$f_b=\gamma_f\gamma_s f_{ce} \quad (9\text{-}5)$$ 式中　γ_f、γ_s——粉煤灰影响系数和粒化高炉矿渣粉影响系数，按表 9-25 选用； f_{ce}——水泥 28d 胶砂抗压强度（MPa），可实测，可按下式计算： $$f_{ce}=\gamma_c f_{ce,g} \quad (9\text{-}6)$$ γ_c——水泥强度等级值的富余系数，可按实际统计资料确定；当无资料时，一般分别按水泥强度等级值：32.5、42.5 和 52.5 取富余系数为 1.12、1.16 和 1.10； $f_{ce,g}$——水泥强度等级值（MPa）
4	选取混凝土的单位用水量和外加剂用量	（1）每立方米干硬性和塑性混凝土用水量（m_{w0}），当混凝土水胶比在 0.40～0.80 时，可按表 9-26 和表 9-27 选用；当混凝土水胶比小于 0.40 时，可通过试验确定 （2）掺外加剂时，每立方米流动性或大流动性混凝土的用水量（m_{w0}）可按下式计算： $$m_{w0}=m'_{w0}(1-\beta) \quad (9\text{-}7a)$$ 式中　m_{w0}——计算配合比每立方米混凝土用水量（kg/m^3）； m'_{w0}——未掺外加剂时推定的满足实际坍落度要求的每立方米混凝土用水量（kg/m^3），以表 9-27 中 90mm 坍落度的用水量为基础，按每增大 20mm 坍落度相应增加 $5kg/m^3$ 用水量来计算，当坍落度增大到 180mm 以上时，随坍落度相应增加的用水量可减少； β——外加剂的减水率（%），应经混凝土试验确定 （3）每立方米混凝土中外加剂用量（m_{a0}）应按下式计算： $$m_{a0}=m_{b0}\beta_a \quad (9\text{-}7b)$$ 式中　m_{a0}——计算配合比每立方米混凝土中外加剂用量（kg/m^3）； m_{b0}——计算配合比每立方米混凝土中胶凝材料用量（kg/m^3） β_a——外加剂掺量（%），应经混凝土试验确定
5	计算胶凝材料、矿物掺合料和水泥用量	（1）每立方米混凝土的胶凝材料用量（m_{b0}）应按下式计算： $$m_{b0}=\frac{m_{w0}}{W/B} \quad (9\text{-}8)$$ 式中　m_{b0}——计算配合比每立方米混凝土中胶凝材料用量（kg/m^3）； m_{w0}——计算配合比每立方米混凝土用水量（kg/m^3）； W/B——混凝土水胶比 算出的胶凝材料用量应进行试拌调整，在拌合物性能满足的情况下，取经济合理的胶凝材料用量 （2）每立方米混凝土的矿物掺合料用量（m_{f0}）应按下式计算： $$m_{f0}=m_{b0}\beta_f \quad (9\text{-}9)$$ 式中　m_{f0}——计算配合比每立方米混凝土中矿物掺合料用量（kg/m^3）； β_f——矿物掺合料掺量（%），可按表 9-25 和表 9-28 取用 （3）每立方米混凝土的水泥用量（m_{c0}）应按下式计算： $$m_{c0}=m_{b0}-m_{f0} \quad (9\text{-}10)$$ 式中　m_{c0}——计算配合比每立方米混凝土中水泥用量（kg/m^3）
6	选取砂率	砂率为砂子的重量与砂石总重量的百分率。一般根据施工单位对所用材料的使用经验选用合理的数值。如无使用经验，可按骨料品种、规格及混凝土的水胶比在表 9-29 的范围内选用

续表

<table>
<tr><th>项次</th><th>项 目</th><th>设计步骤、方法及公式</th></tr>
<tr><td>7</td><td>计算粗、细骨料用量</td><td>在已知混凝土用水量、矿物掺合料用量、水泥用量和砂率的情况下，可用质量法和体积法求出粗、细骨料用量。
(1)质量法
质量法又称假定质量法。系先假定一个混凝土拌合物质量，从而根据各材料之间的质量关系，可求出单位体积混凝土的骨料总用量(质量)，进而可分别求出粗、细骨料的质量，方程式如下：
$$m_{f0}+m_{c0}+m_{g0}+m_{s0}+m_{w0}=m_{cp} \quad (9\text{-}11)$$
$$\beta_s=\frac{m_{s0}}{m_{s0}+m_{g0}}\times 100\% \quad (9\text{-}12)$$
粗细骨料用量可按下式计算
$$m_{g0}=(m_{g0}+m_{s0})-m_{s0} \quad (9\text{-}13)$$
$$m_{s0}=(m_{g0}+m_{s0})\times\beta_s \quad (9\text{-}14)$$
式中 m_{g0}——计算配合比每立方米混凝土的粗骨料用量(kg/m^3)；
m_{s0}——计算配合比每立方米混凝土的细骨料用量(kg/m^3)；
m_{cp}——每立方米混凝土拌合物的假定质量(kg)，可取2350kg/m^3～2450kg/m^3；
β_s——砂率(%)；
其他符号意义同前
(2)体积法
体积法又称绝对体积法，系假定混凝土组成材料绝对体积的总和等于混凝土的体积，从而得到下列方程式，解之，即可求得粗细骨料用量
$$\frac{m_{c0}}{\rho_c}+\frac{m_{f0}}{\rho_f}+\frac{m_{g0}}{\rho_g}+\frac{m_{s0}}{\rho_s}+\frac{m_{w0}}{\rho_w}+0.01\alpha=1 \quad (9\text{-}15)$$
$$\beta_s=\frac{m_{g0}}{m_{s0}+m_{g0}}\times 100\% \quad (9\text{-}16)$$
式中 ρ_c——水泥密度(kg/m^3)，一般可取2900kg/m^3～3100kg/m^3；
ρ_f——矿物掺合料密度(kg/m^3)；
ρ_g——粗骨料的表观密度(kg/m^3)；
ρ_s——细骨料的表观密度(kg/m^3)；
ρ_w——水的密度(kg/m^3)，可取1000kg/m^3；
α——混凝土的含气量百分数，在不使用引气剂或引气型外加剂时，α可取1；
其他符号意义同前</td></tr>
<tr><td>8</td><td>确定试配用混凝土配合比</td><td>求得混凝土各组成材料用量后，则试配用混凝土的重量比为：
$$m_{c0}:m_{g0}:m_{s0}:m_{w0} \quad (9\text{-}17)$$
$$1:\frac{m_{g0}}{m_{c0}}:\frac{m_{s0}}{m_{c0}}:\frac{m_{w0}}{m_{c0}} \quad (9\text{-}18)$$
$$\beta_s=\frac{m_{s0}}{m_{g0}+m_{s0}}\times 100\% \quad (9\text{-}19)$$
符号意义同前</td></tr>
<tr><td>9</td><td>混凝土配合比的试配、调整与确定</td><td>(1)配合比的试配
试配混凝土配合比确定后，首先用施工所用的原材料进行试配(拌)，以检查拌合物的性能。当试拌得出的拌合物坍落度或维勃稠度不能满足要求，或黏聚性和保水性能不好时，应在保证水胶比不变的条件下相应调整用水量或砂率，直到符合要求为止。并据此提出供混凝土强度试验用的试拌配合比。
制作混凝土强度试块时，至少应采用三个不同的配合比，其中一个是按上述方法得出的试拌配合比，另外两个配合比的水胶比，应较试拌配合比分别增加或减少0.05，其用水量与试拌配合比相同，砂率可分别增加或减少1%。当不同水胶比的混凝土拌合物坍落度与要求值相差超过允许偏差时，可以增、减用水量进行调整。制作混凝土强度试块时，尚应检验混凝土的坍落度或维勃稠度、黏聚性、保水性及拌合物表观密度，并以此结果作为代表这一配合比的混凝土拌合物的性能。每种配合比应至少制作一组(三块)试块，标准养护28d或设计规定的龄期进行试压
(2)配合比的调整与确定
经试配合，根据混凝土强度试验结果，宜绘制强度和胶水比的线性关系图或插值法确定略大于配制强度对应的胶水比。</td></tr>
</table>

续表

<table>
<tr><th>项次</th><th>项　目</th><th>设计步骤、方法及公式</th></tr>
<tr><td></td><td></td><td>在试拌配合比的基础上，用水量(m_w)和外加剂用量(m_a)应根据确定的水胶比作调整；胶凝材料用量(m_b)应以用水量乘以确定的胶水比计算得出；粗骨料和细骨料用量(m_g 和 m_s)应根据用水量和胶凝材料用量进行调整。
当配合比经调整后，配合比应按下列步骤校正：
1)根据上面调整定的材料用量，按下式计算混凝土拌合物的表观密度值：
$$\rho_{c,c}=m_c+m_f+m_g+m_s+m_w \quad (9\text{-}20)$$
式中　$\rho_{c,c}$——混凝土拌合物的表观密度计算值(kg/m^3)；
m_c、m_f、m_g、m_s、m_w——分别为每立方米混凝土的水泥用量、矿物掺合料用量、粗骨料用量、细骨料用量和用水量(kg/m^3)。
2)按下式计算混凝土配合比的校正系数：
$$\delta=\frac{\rho_{c,t}}{\rho_{c,c}} \quad (9\text{-}21)$$
式中　δ——混凝土配合比校正系数；
$\rho_{c,t}$——混凝土拌合物的表观密度实测值(kg/m^3)。
当混凝土拌合物表观密度实测值与计算值之差的绝对值不超过计算值的 2%时，则按以上调整的配合比维持不变；当二者之差超过 2%时，应将配合比中每项材料用量均乘以校正系数(δ)，即为最终确定的混凝土设计配合比。
3)施工时，再根据粗、细骨料含水率，按下式计算确定施工配合比：
水泥　$$m'_{c0}=m_{c0} \quad (9\text{-}22)$$
粗骨料　$$m'_{g0}=m_{g0}(1+W_a\%) \quad (9\text{-}23)$$
细骨料　$$m'_{s0}=m_{s0}(1+W_b\%) \quad (9\text{-}24)$$
水　$$m'_{w0}=m_{w0}-(m_{g0}\times W_a\%+m_{s0}\times W_b\%) \quad (9\text{-}25)$$
式中　m'_{c0}——每立方米混凝土的水泥实用量(kg/m^3)；
m'_{g0}——每立方米混凝土的粗骨料实用量(kg/m^3)；
m'_{s0}——每立方米混凝土的细骨料实用量(kg/m^3)；
W_a——粗骨料的含水率(%)；
W_b——细骨料的含水率(%)</td></tr>
</table>

σ 值 (MPa)　　**表 9-24**

混凝土强度标准值	≤C20	C25～C45	C50～C55
σ	4.0	5.0	6.0

粉煤灰影响系数 (γ_f) 和粒化高炉矿渣粉影响系数 (γ_s)　　**表 9-25**

种类 / 掺量(%)	粉煤灰影响系数 γ_f	粒化高炉矿渣粉影响系数 γ_s
0	1.00	1.00
10	0.85～0.95	1.00
20	0.75～0.85	0.95～1.00
30	0.65～0.75	0.90～1.00
40	0.55～0.65	0.80～0.90
50	—	0.70～0.85

注：1. 采用Ⅰ级、Ⅱ级粉煤灰宜取上限值。
2. 采用 S75 级粒化高炉矿渣粉宜取下限值，采用 S95 级粒化高炉矿渣粉宜取上限值，采用 S105 级粒化高炉矿渣粉可取上限值加 0.05。
3. 当超出表中的掺量时，粉煤灰和粒化高炉矿渣粉影响系数应经试验确定。

干硬性混凝土的用水量（kg/m³） 表 9-26

拌合物稠度		卵石最大粒径(mm)			碎石最大粒径(mm)		
项目	指标	10	20	40	16	20	40
维勃稠度(s)	16～20	175	160	145	180	170	155
	11～15	180	165	150	185	175	160
	5～10	185	170	155	190	180	165

塑性混凝土的用水量（kg/m³） 表 9-27

拌合物稠度		卵石最大粒径(mm)				碎石最大粒径(mm)			
项目	指标	10	20	31.5	40	16	20	31.5	40
坍落度(mm)	10～30	190	170	160	150	200	185	175	165
	35～50	200	180	170	160	210	195	185	175
	55～70	210	190	180	170	220	205	195	185
	75～90	215	195	185	175	230	215	205	195

注：1. 本表用水量系采用中砂时的平均取值。如用细砂时，每立方米混凝土用水量可增加 5～10kg；采用粗砂时，则可减少 5～10kg。
2. 掺用各种外加剂或掺合料时，用水量应相应调整。

钢筋混凝土中矿物掺合料最大掺量 表 9-28

矿物掺合料种类	水胶比	最大掺量(%)	
		采用硅酸盐水泥时	采用普通硅酸盐水泥时
粉煤灰	≤0.40	45	35
	>0.40	40	30
粒化高炉矿渣粉	≤0.40	65	55
	>0.40	55	45
复合掺合料	≤0.40	65	55
	>0.40	55	45

注：1. 采用其他通用硅酸盐水泥时，宜将水泥混合材掺量 20%以上的混合材量计入矿物掺合料。
2. 复合掺合料各组分的掺量不宜超过单掺时的最大掺量。
3. 在混合使用两种或两种以上矿物掺合料时，矿物掺合料总掺量应符合表中复合掺合料的规定。

混凝土砂率选用表（%） 表 9-29

水胶比(W/B)	卵石最大粒径(mm)			碎石最大粒径(mm)		
	10	20	40	16	20	40
0.40	26～32	25～31	24～30	30～35	29～34	27～32
0.50	30～35	29～34	28～33	33～38	32～37	30～35
0.60	33～38	32～37	31～36	36～41	35～40	33～38
0.70	36～41	35～40	34～39	39～44	38～43	36～41

注：1. 表中数值系中砂的选用砂率。对细砂或粗砂，可相应地减少或增加砂率。
2. 本表适用于坍落度为 1～6cm 的混凝土，坍落度如大于 6cm 或小于 1cm 时，应相应地增加或减少砂率。
3. 只用一个单粒级粗骨粒配制混凝土时，砂率值应适当增加。

【例 9-1】 钢筋混凝土柱设计混凝土强度等级为 C25，使用材料为 42.5 级普通硅酸盐水泥，碎石最大粒径 40mm（表观密度 2.65t/m³），中砂（表观密度 2.62t/m³），自来水。混凝土用机械搅拌，振动器振捣，混凝土坍落度要求 3～5cm，试用体积法计算确定混凝土配合比。

【解】 (1) 选定混凝土试配强度

查表 9-24，取 $\sigma=5\text{N/mm}^2$，由式（9-1）：

混凝土试配强度　　$f_{cu,t}=25+1.645\times5=33.2\text{N/mm}^2$

（2）计算水胶比

由式（9-6）先求水泥实际强度值

$$f_{ce}=1.16\times42.5=49\text{N/mm}^2$$

采用骨料为碎石，由式（9-4）混凝土所需水胶比为：

$$\frac{W}{B}=\frac{0.53\times49}{33.2+0.53\times0.20\times49}=0.68\text{，取 }0.65\text{。}$$

（3）选取单位用水量

已知选定混凝土的坍落度为 3～5cm，骨料采用碎石，最大粒径为 40mm。

查表 9-27 得每立方米混凝土用水量为：

$$m_{w0}=175\text{kg/m}^3$$

（4）按式（9-8）计算每立方米混凝土的水泥用量

$$m_{c0}=\frac{m_{w0}}{W/C}=\frac{175}{0.65}=269\text{kg/m}^3$$

（5）选取砂率

根据水灰比、骨料品种和最大粒径，由表 9-29 得合理砂率 $\beta_s=37\%$。

（6）计算粗、细骨料用量

采用体积法，根据已知条件按式（9-15）、式（9-16）列出方程式：

$$\frac{269}{3100}+\frac{m_{g0}}{2650}+\frac{m_{s0}}{2620}+\frac{175}{1000}+0.01\times1=1$$

$$\frac{m_{s0}}{m_{s0}+m_{g0}}\times100\%=37\%$$

解之得　砂的用量　　　$m_{s0}=711\text{kg}$

　　　　石子的用量　　$m_{g0}=1211\text{kg}$

（7）确定试拌配合比

混凝土的试拌配合比为：水泥：砂：碎石：水＝269：711：1211：175

　　　　　　或质量比为：水泥：砂：碎石：水＝1：2.64：4.50：0.65

（8）试配、调整、确定施工配合比

经试配调整后测得混凝土的实测密度为 2410kg/m^3，计算密度为 2366kg/m^3，可由式（9-21）得普通混凝土配合比较正系数为：

$$\delta=\frac{\rho_{c,t}}{\rho_{c,c}}=\frac{2410}{2366}\approx1.018$$

由此得每立方米普通混凝土设计配合比为：

$$m_c=274\text{kg};\qquad m_s=724\text{kg}$$

$$m_g=1233\text{kg};\qquad m_w=178\text{kg}$$

由上知，$\delta=1.018<1.02$，材料用量校正后增加甚微，实际上可不校正，用试拌配合比作设计配合比（下同）。

【例 9-2】 条件同例 9-1，试用质量法计算确定混凝土的配合比。

【解】 由例 9-1，已算得每立方米水泥用量 $m_{c0}=269\text{kg/m}^3$，水用量 $m_{w0}=175\text{kg/m}^3$，

砂率 $\beta_s=37\%$；设混凝土拌合物的假定密度 $\rho_h=2400kg/m^3$

由式（9-11）和式（9-12）得以下方程式：

$$269+m_{g0}+m_{s0}+175=2400$$

$$\frac{m_{s0}}{m_{g0}+m_{s0}}\times100\%=37\%$$

解之得：碎石的用量 $m_{g0}=1230kg$

砂的用量 $m_{s0}=726kg$

则混凝土的质量配合比为：

水泥：砂：碎石：水＝269：726：1230：175

或质量比为：

水泥：砂：碎石：水＝1：2.70：4.57：0.65

经试配、调整后测得混凝土的实测密度为 $2410kg/m^3$，计算密度为 $2400kg/m^3$，由式（9-21）得混凝土配合比校正系数为：

$$\delta=\frac{2410}{2400}=1.003$$

由此得每立方米普通混凝土设计配合比的材料用量为：

$$m_c=269.8kg \qquad m_s=728kg$$

$$m_g=1234kg \qquad m_w=176kg$$

【例 9-3】 钢筋混凝土柱，混凝土设计强度等级为 C30，其标准差 $\sigma=5N/mm^2$，混凝土拌合物坍落度为 30～50mm；水泥采用 42.5 级普通硅酸盐水泥，粗骨料为碎石，其最大粒径为 20mm，细骨料采用中砂，试设计掺粉煤灰混凝土配合比的材料用量。

【解】 1. 根据式（9-1）计算混凝土试配强度为：

$$f_{cu,0}=f_{cu,k}+1.645\sigma=30+1.645\times5=38.2N/mm^2$$

2. 计算基准混凝土的材料用量：

（1）用式（9-4）水胶比为：

$$\frac{W}{B}=\frac{0.53\gamma_c\gamma_f f_{ce}}{f_{cu,0}+0.105\gamma_c\gamma_f f_{ce}}=\frac{0.53\times1.16\times0.85\times42.5}{38.2\times0.105\times1.16\times0.85\times42.5}=0.52$$

（2）查表 9-27 得用水量 $m_{w0}=195kg$

由式（9-8）求得胶凝材料用量 $m_{b0}=\frac{195}{0.52}=375kg$

（3）查表 9-29 取砂率为 36％

（4）每立方米混凝土掺粉煤灰用量

取 $\beta_f=0.15$，则 $m_{f0}=375\times0.15=56.3kg$，取 56kg

（5）每立方米水泥用量：

$$m_{c0}=m_{b0}-m_{fc}=375-56=319kg$$

（6）计算粗、细骨料用量

设 $m_{cp}=2400kg/m^3$，由式（9-11）和式（9-12）得：

$$56+319+m_{g0}+m_{s0}+195=2400$$

$$36\%=\frac{m_{s0}}{m_{g0}+m_{s0}}\times100\%$$

解得：石子用量　　　　　　$m_{g0}=1171\text{kg}$

砂子用量　　　　　　$m_{s0}=659\text{kg}$

(7) 确定试拌配合比

水泥：粉煤灰：砂：砂石：水＝319：56：659：1171：195

(8) 试配、调整、确定施工配合比

经试配、调整后测得混凝土拌合物的表观密度值为 2415kg/m^3，计算密度值为 2400kg/m^3，由式（9-21）得混凝土配合比较正系数为：

$$\delta=\frac{\rho_{c,t}}{\rho_{c,c}}=\frac{2415}{2400}=1.006$$

由此得每立方米掺粉煤灰混凝土配合比的材料用量为：

$$m_{cc}=320\text{kg};\ m_{f0}=57\text{kg};\ m_{s0}=663\text{kg}$$

$$m_{g0}=1178\text{kg};\ m_{w0}=196\text{kg}$$

9.2.2　泵送混凝土配合比设计

泵送混凝土配合比设计步骤、方法与计算　　　　表 9-30

项次	项　目	设计步骤、方法及公式
1	特性与应用	(1)泵送混凝土为用混凝土泵沿管道输送和浇筑的一种大流动度混凝土 (2)这种混凝土具有一定的流动性和较好的黏塑性，泌水小，不易分离等特性 (3)广泛应用于高层建筑、大体积混凝土等结构工程上
2	设计的一般规定	(1)泵送混凝土的配合比除满足流动性、强度、耐久性、经济等要求外，还必须满足可泵性要求 (2)泵送混凝土拌合物的坍落度不应小于 80mm，泵送混凝土的坍落度可按表 9-31 选用 (3)水泥宜选用硅酸盐水泥、普通水泥、矿渣硅酸盐水泥和粉煤灰硅酸盐水泥，不宜采用火山灰质硅酸盐水泥。水泥用量不仅满足强度要求外，还必须充分包裹骨料表面，并能在管道内起到润滑作用，胶凝材料用量不宜小于 300kg/m^3 (4)粗骨料最大粒径与输送管径之比：当泵送高度在 50m 以下时，对碎石不宜大于 1：3，对卵石不宜大于 1：2.5；泵送高度在 50～100m 时，对碎石不宜大于 1：4，对卵石不宜大于 1：3；泵送高度在 100m 以上时，对碎石不宜大于 1：5，对卵石不宜大于 1：4；粗骨料宜采用连续级配，且针片状颗粒含量不宜大于 10%。用 ϕ125mm 和 150mm 两种配管时，选用 5～38mm 的碎石，输送效果较好 (5)细骨料宜用中砂，其通过 0.315mm 筛孔的颗粒含量不应小于 15%，通过 0.160mm 筛孔的含量不应小于 5%。砂率宜为 35%～45% (6)泵送混凝土应采用泵送剂或减水剂，并宜采用粉煤灰或其他活性矿物掺合料，以改善和易性，减小泌水性。当掺用粉煤灰时，应用Ⅰ、Ⅱ级粉煤灰。其掺量约为水泥量的 15%。掺用引气剂型外加剂时，其混凝土含气量不宜大于 4%
3	配合比计算步骤与方法	(1)计算要求的试配强度 混凝土配制强度可按下式计算： $f_{cu,0}=f_{cu,k}+1.645\sigma$　　(9-26) 符号意义和计算方法同 9.2.1 一节 (2)计算要求的水胶比 混凝土的水胶比可按下式计算： $W/B=\frac{\alpha_a f_{ce}}{f_{cu,0}+\alpha_a \cdot \alpha_a f_{ce}}$　　(9-27) 符合意义和计算方法同 9.2.1 一节。 计算所得混凝土的水胶比不宜大于 0.60，如大于该数值应按 0.60 采用

续表

项次	项目	设计步骤、方法及公式
		(3)选取单位用水量 根据施工要求按表 9-31 选取混凝入泵时的坍落度，再按下式计算试配时要求的坍落度值： $$T_t=T_p+\Delta T \quad (9\text{-}28)$$ 式中 T_t——配制时要求的坍落度值(mm)； T_p——入泵时要求的坍落度值(mm)； ΔT——试验测得在预计时间内的坍落度经时损失值(mm)。 求得 T_t 再根据使用骨料的品种、粒径选取单位体积混凝土的用水量 m_{w0}。用水量一般可根据施工单位所用材料凭经验取用。或参照表 9-27，以表中坍落度 90mm 的用水量为基础，按坍落度每增大 20mm 用水量增加 5kg，计算出来掺加外加剂时的混凝土用水量 (4)计算水泥用量 水泥用量可根据已定的用水量和水胶比按下式计算： $$m_{c0}=\frac{m_{w0}}{W/B} \quad (9\text{-}29)$$ 符号意义和计算方法同 9.2.1 一节。 计算所得的水泥用量应不小于 300kg/m³，如小于该值按 300kg/m³ 取用 (5)选取砂率 混凝土的砂率可根据施工单位对所用材料的使用经验选用。如无使用经验，可按骨料品种、规格及混凝土的水灰比，按普通混凝土在表 9-29 的范围内选用。因该表为坍落度小于或等于 60mm，且等于或大于 10mm 的混凝土砂率；坍落度等于或大于 100mm 的混凝土砂率可在该表的基础上，按坍落度每增大 20mm，砂率增大 1%的幅度予以调整 (6)选取外加剂掺量和调整用水量及水泥用量 泵送混凝土掺用泵送剂或减水剂品种、用量及粉煤灰用量可根据经验或通过试验确定。一般泵送剂或减水剂掺量取水泥用量的 0.25%～0.30%；粉煤灰取代水泥百分率 β_c 取 10%～20%。掺加泵送剂或减水剂的用水量及水泥用量应按下式调整： $$m_{wa}=m_{w0}(1-\beta_1) \quad (9\text{-}30)$$ $$m_{ca}=m_{c0}(1-\beta_2) \quad (9\text{-}31)$$ 掺加粉煤灰的水泥用量按下式调整： $$m_c=m_{c0}(1-\beta_c) \quad (9\text{-}32)$$ 符合意义及计算方法参见 9.2.1 一节。 (7)计算粗细骨料用量 一般采用体积法进行计算。 当不掺加(和掺加)粉煤灰时，粗细骨料用量用 9.2.1 节相同方法计算。 (8)试配和调整，并确定施工配合比 根据计算的泵送混凝土配合比用与 9.2.1 一节相同的方法，通过试配，在保证设计所要求的和易性、坍落度基础上，进行混凝土配合比的调整，再根据调整后的配合比，提出现场施工用的泵送混凝土配合比。常用泵送混凝土参考配合比见表 9-32

泵送混凝土坍落度选用表　　表 9-31

泵送高度(m)	<30	30～60	60～100	>100
坍落度(mm)	100～140	140～160	160～180	180～200

泵送混凝土参考配合比　　表 9-32

编号	混凝土强度等级	碎石粒径(mm)	配合比(kg/m³)					
			水泥	砂	碎石	木钙减水剂	粉煤灰	水
1	C20	5～40	310	816	1082	0.775	0	192
2	C25	5～40	350	780	1078	0.875	0	192
3	C20	5～40	326	745	1071	0.960	58	200
4	C25	5～40	361	710	1065	1.062	64	200

续表

编号	混凝土强度等级	碎石粒径(mm)	配合比(kg/m³)					
			水泥	砂	碎石	木钙减水剂	粉煤灰	水
5	C20	5～25	326	825	1047	0.815	0	202
6	C25	5～25	369	786	1043	0.922	0	202
7	C20	5～25	342	750	1037	1.007	61	210
8	C25	5～25	378	715	1029	1.118	67	210
9	C30	5～25	480	644	974	1.20	—	220
10	C30	5～25	251	655	1025	4.97	168	201
11	C35	5～25	298	647	1025	5.34	113	205
12	C40	5～25	417	652	1064	1.87	47	210
13	C50	5～30	344	679	1112	4.00	60	171
14	C50	5～30	470	650	1051	5.64	66	183
15	C60	5～30	385	606	1079	2.47	82	145
16	C60	5～25	470	550	1095	6.38	110	141

注：编号 1～9 采用 42.5 级普通硅酸盐水泥，木钙减水剂，坍落度 11～13cm；编号 10～16 采用 52.5 级普通硅酸盐水泥，采用萘系，FON、JM-3、FON-SP、SF 等高效减水剂，坍落度 12～18cm。

9.2.3　大体积混凝土配合比设计

大体积混凝土配合比设计步骤、方法与计算　　表 9-33

项次	项　目	设计步骤、方法及公式
1	计算要求与步骤、方法	(1)大体积混凝土除应满足普通混凝土施工所要求的力学性能及可施工性外，还应控制有害裂缝产生。即在配合比设计时，应降低水泥水化热温度，减少混凝土的收缩和温度应力等技术措施 (2)计算步骤与方法可应用"9.2.1 普通混凝土配合比计算"同样的步骤与方法，采用质量法或体积法进行。采用泵送时，还应符合泵送混凝土配合比计算有关规定
2	配合比所用原材料要求	(1)水泥宜采用中、低热硅酸盐水泥或低热矿渣硅酸盐水泥。当采用硅酸盐水泥或普通硅酸盐水泥时，应掺加矿物掺合料。胶凝材料的 3d 和 7d 水化热分别不宜大于 240kJ/kg 和270kJ/kg (2)粗骨料宜为连续级配，最大公称粒径不宜小于 31.5mm，含泥量不应大于 1.0%；细骨料宜为中砂，含泥量不应大于 3.0% (3)宜掺用矿物掺合料和缓凝型减水剂
3	配合比设计的一般规定	(1)设计强度等级宜为 C25～C40 (2)可采用 60d 或 90d 的强度作为混凝土配合比的设计。宜采用标准尺寸试件进行抗压强度试验 (3)水胶比不宜大于 0.50，用水量不宜大于 175kg/m³。混凝土坍落度不宜大于 160mm (4)在保证混凝土性能要求的前提下，宜提高每立方米混凝土中的粗骨料用量；砂率宜为 38%～42% (5)在保证混凝土性能要求的前提下，应减少胶凝材料中的水泥用量，提高矿物掺合料掺量。配合比中，粉煤灰掺量不宜超过胶凝材料用量的 40%；矿渣粉的掺量不宜超过胶凝材料用量的 50%；粉煤灰和矿渣粉掺合料的总量不宜大于混凝土中胶凝材料用量的 50% (6)在配合比试配和调整时，控制混凝土绝热温升不宜大于 50℃。大体积混凝土配合比还应满足施工对混凝土凝结时间的要求 (7)大体积混凝土在制备前，应进行常规配合比试验，并应进行水化热、泌水率、可泵性等对大体积混凝土控制裂缝所需的技术参数的试验；必要时其配合比设计应当通过试泵送 (8)在确定混凝土配合比时，应根据混凝土的绝热温升、温控施工方案的要求等，提出混凝土制备时粗细骨料和拌合用水及入模温度控制的技术措施

9.3 混凝土拌制

混凝土拌制机具选择，工艺布置及施工要点 **表 9-34**

项次	项目	施工内容
1	搅拌机的选择	(1)混凝土搅拌机类型较多,按其搅拌原理分为自落式和强制式两大类,其主要区别,前者搅拌叶片与拌筒之间没有相对运动。自落式搅拌机按其形式和卸料方式又分鼓筒式、锥形反转出料式、锥形倾翻出料式,其中鼓筒式为逐渐淘汰产品。强制式搅拌机分为立轴强制式和卧轴强制式两种,其中卧轴式又有单卧轴和双卧轴之分 自落式搅拌机构造简单,操作维修方便,易于清理,筒体和叶片磨损较小,移动方便,经久耐用,使用可靠;但动力消耗大,搅拌时间长,生产效率低;强制式搅拌机搅拌时间短,生产效率高,质量好,操作简便、安全;但搅拌筒的衬板及叶片磨损较快 (2)自落式搅拌机适于现场、预制厂搅拌塑性混凝土及低流动性混凝土;强制式搅拌机多用于工厂或现场集中搅拌站、预制厂生产低流动性和干硬性混凝土、轻骨料混凝土 (3)一般常用搅拌机型号及性能见表 9-35
2	现场搅拌站设置和工艺布置	(1)现场搅拌站的布置形式,应根据工程任务大小、场地情况和设备条件等而定,一般宜采用工具式、流动性组合方式,使用机械设备装置,采用装配式联结结构,使组装、拆卸、搬运方便,以利施工的转移 (2)搅拌装置的设计应尽可能做到自动或机动上料,自动计量,集中操作控制,使搅拌站后台上料做到机械化、自动化 (3)混凝土搅拌装置主要包括砂、石材料的贮存、装运、提升、计量、搅拌等部分。搅拌系统的布置是以混凝土搅拌机为中心,前后台分别配置上料及出料装置 (4)混凝土搅拌装置按竖向布置和物料提升次数不同,大体可分为单阶式、双阶式和落地式三种。单阶式多用于专门预制厂和供应商品混凝土的大型搅拌站,一般有专门设计工艺布置成套设备供应,其基本工艺布置如图 9-1*a* 所示;施工现场搅拌站通常采用双阶式和落地式两种布置方式 (5)双阶式搅拌装置,系将原材料分二阶提升,第一阶为上料、贮存、称量配料、卸料至集料斗;第二阶为从集料斗提升到搅拌机中搅拌后出料。第一阶因上料高度不大,上料方法可因地制宜,常用的有装载机、皮带运输机、拉铲或门式吊等;第二阶多利用搅拌机自备的进料装置,双阶搅拌站的基本工艺流程如图 9-1*b*,常用双阶式搅拌站的工艺布置方式如图 9-2*a*、图 9-3、图 9-4。本装置设备安装简单,上马快,投资少,设备易组装和迁移,也能实现自动化,但辅助设备较多,占地面积大,动力消耗较多,劳动条件较差,适于现场集中搅拌站使用 (6)落地式搅拌装置,系在地上称量材料,用手推车送到搅拌机料斗中,然后提升装料斗将材料装进搅拌机中,搅拌后倾入机动翻斗车或手推车装料斗运出,常用落地式搅拌装置如图 9-2*b* 本装置设备安装简单,准备工作少,上马快,投资省,但生产人员较多,劳动强度较大,粉尘污染严重;适于工程量不大的临时性搅拌站应用
3	施工使用要点	(1)搅拌机停放的场地应有良好的排水条件,机械近旁应有水源,机棚内应有良好的通风、采光及防雨、防冻条件,并不得积水 (2)固定式搅拌机应设在可靠的基础上。移动式搅拌机设在平坦坚硬的地坪上,并用方木或撑架支牢,保持水平 (3)混凝土配料应采用重量配合比,并称量准确;材料的配合比允许偏差为:水泥、外掺混合材料±1%;砂石±2%;水、外加剂溶液±1% (4)砂、石子应经常测定含水率,并在配合比中扣除,根据材料变动情况,随时调整配合比 (5)机械搅拌向料斗中装料顺序是:先加石子,后加水泥,最后加砂和水;用人工搅拌,应在拌板上先将砂子和水泥干搅三遍至颜色一致,然后倒入石子,一面加水,一面拌合,至少拌合三次至颜色一致为止。加水应用喷壶,并按规定的水量均匀喷洒 (6)混凝土搅拌时间从投料完毕后,组成材料在搅拌机中延续搅拌的最短时间应不少于表 9-36 要求。外加剂应事先溶化在水中,待拌合物加水搅拌到规定时间的二分之一后,再加入继续搅拌至规定时间即可 (7)采用强制式搅拌机搅拌轻骨料混凝土的加料顺序是:当轻骨料在搅拌前预湿时,先加粗、细骨料和水泥搅拌 30s,再加水继续搅拌;当轻骨料在搅拌前未预湿时,先加 1/2 的总用水量和粗、细骨料搅拌 60s,再加水泥和剩余用水量继续搅拌 (8)向搅拌筒内加料应在运转中进行,添加新料必须先将搅拌机内原有的混凝土全部卸出后才能进行。不得中途停机或在满载时启动搅拌机,反转出料者除外。每次加入的拌合料,不得超过搅拌机额定进料容量的 10% (9)工作完毕,应及时将机内、水箱内、管道内的存料、积水放尽,并清洁保养机械,清理工作场地,切断电源,锁好电闸箱

常用混凝土搅拌机的主要技术性能 **表 9-35**

项目 \ 型号		J1-250 自落式	JZC350 双锥自落式	J1-400 自落式	JD250 单卧轴强制式	JD500 单卧轴强制式	JS350 双卧轴强制式	S4S000 双卧轴强制式	JW500 涡浆强制式	JW1000 涡浆强制式
进料容量(L)		250	560	400	400	800	560	1600	800	1600
出料容量(L)		160	350	260	250	500	350	1000	500	1000
拌合时间(min)		2	2	2	1.5	2	2	3.0	1.5～2.0	1.5～3.0
平均搅拌能力(m^3/h)		3～5	12～14	6～12	12.5	25.30	17.5～21	60	20	—
拌筒尺寸(直径×长×宽)(mm)		1218×960	1560×1890	1447×1178	—	—	—	—	2042×646	3000×830
拌筒转速(r/min)		18	14.5	18	30	26	35	36	28	20
电动机	kW	5.5	5.5	7.5	11	5.5	15	—	30	55
	r/min	1440	1440	1450	1460	—	—	—	980	—
配水箱容量(L)		40	—	65	—	—	—	—	—	—
外形尺寸(mm)	长	2280	3100	3700	4340	4580	4340	3852	6150	3900
	宽	2200	2190	2800	2850	2700	2570	2385	2950	3120
	高	2400	3040	3000	4000	4570	4070	2465	4300	1800
整机重量(kg)		1500	2000	3500	3300	4200	3540	6500	5185	7000

注：估算搅拌机的产量，一般以出料系数表示，其数值为 0.55～0.72，通常取 0.66。

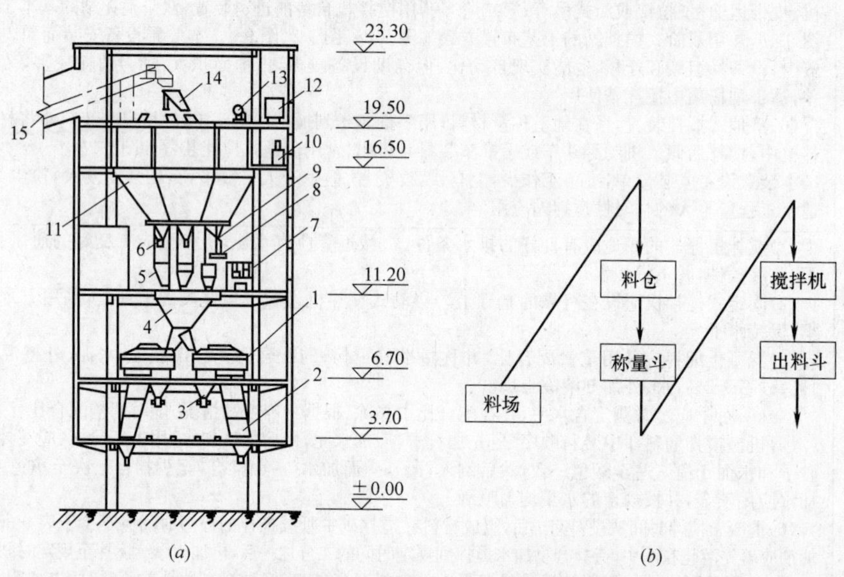

图 9-1 混凝土搅拌站（楼）工艺布置及流程

(*a*) 单阶式混凝土搅拌楼（站）工艺布置；(*b*) 双阶式搅拌站工艺流程

1—J_4-1500 强制式混凝土搅拌机；2—溜管；3—混合料贮斗；4—集料斗；5—砂石称量斗；6—电子秤；7—外加剂和水称量器；8—水泥称量斗；9—弹簧给料器；10—外加剂搅拌罐；11—贮料斗；12—水箱；13—水泥输送管两路阀门；14—漏斗；15—皮带输送机

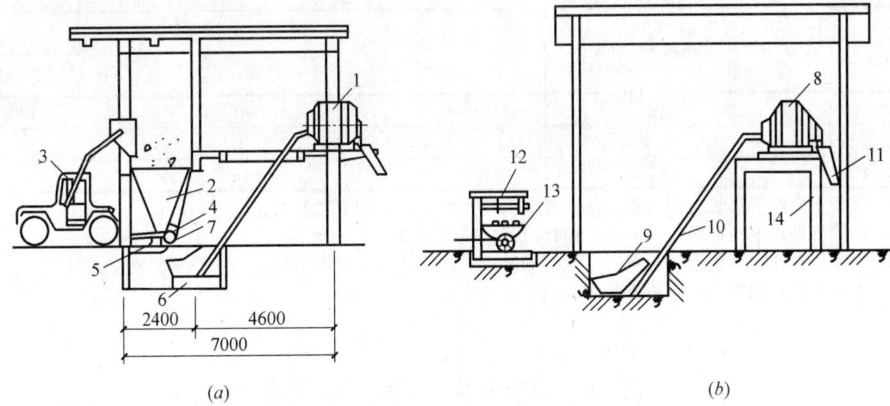

图 9-2 装载机上料双阶式搅拌站与落地式搅拌站布置

(a) 装载机上料双阶式搅拌站布置；(b) 落地式搅拌站布置

1—J_4-100 型混凝土搅拌机；2—砂石贮料斗；3—E_4-2 装载机；4—电磁振动输送机；5—DZ_2 电磁振动给料机；6—电子秤；7—手动螺旋闸门；8—混凝土搅拌机；9—装料车；10—轨道；11—溜槽；12—磅秤；13—手推车；14—支架

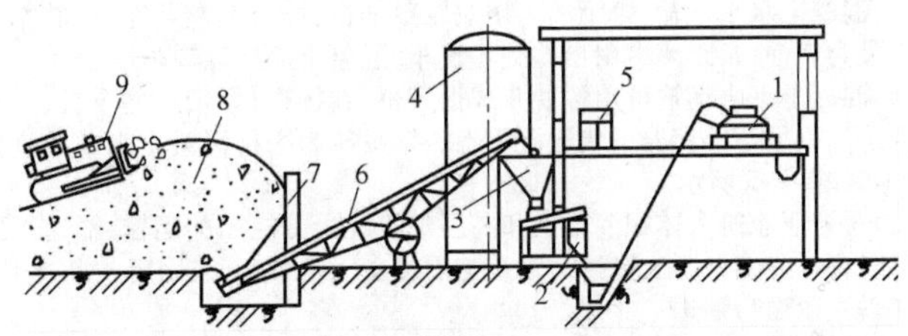

图 9-3 皮带机上料双阶式搅拌站布置

1—J_4-750 强制式混凝土搅拌机；2—砂石计量斗；3—砂石贮料仓；4—水泥罐；5—控制柜；6—皮带运输机；7—挡墙；8—砂、石料，用推土机上料；9—T_2-60 型推土机

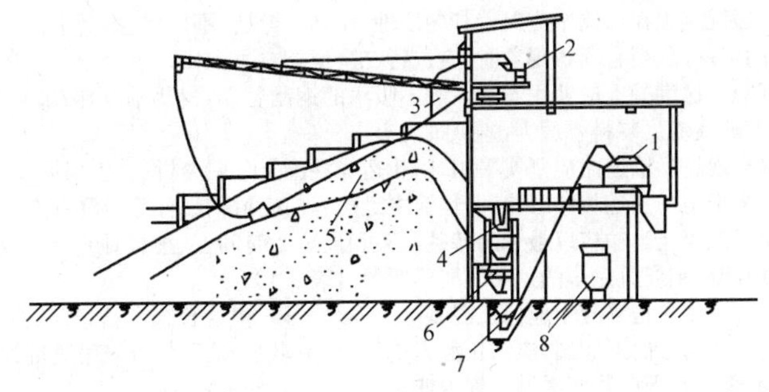

图 9-4 拉铲上料双阶式搅拌站布置

1—J_4-1500 强制式混凝土搅拌机；2—悬臂式拉铲；3—水泥罐；4—水泥下料三通；5—砂石料；6—砂石累计秤；7—上料斗；8—外加剂搅拌罐

混凝土搅拌的最短时间（s）　　表 9-36

混凝土坍落度(mm)	搅拌机机型	搅拌机出料量(L)		
		＜250	250～500	＞500
≤40	强制式	60	90	120
＞40 且＜100	强制式	60	60	90
≥100	强制式	60		

注：1. 混凝土搅拌的最短时间系指全部材料装入搅拌筒中起，到开始卸料止的时间；
2. 当掺有外加剂与矿物掺合料时，搅拌时间应适当延长；
3. 当采用其他形式的搅拌设备时，搅拌的最短时间应按设备说明书的规定或经试验确定；
4. 采用自落式搅拌机时，搅拌时间宜延长 30s。

9.4　混凝土运输与输送

混凝土运输与输送工具设备及施工方法　　表 9-37

项次	项目	运输与输送方法要点
1	运输与输送工具设备的选择与应用	(1)混凝土水平运输一般指混凝土自搅拌机中卸出来后，运至浇筑地点的地面运输。混凝土输送是指对运至现场的混凝土采用输送泵、溜槽、吊车配备钢吊斗、升降设备配备小车等方式送至浇筑地点的过程 (2)混凝土运输机具的选择，应根据结构特点、混凝土浇筑量、运距、现场道路情况以及工地运输设备条件等而定 (3)混凝土水平运输、短距离多用双轮手推车、1t 机动翻斗车、轻轨翻斗车，其中以机动翻斗车使用最为广泛；长距离多用自卸翻斗汽车、混凝土搅拌运输车 (4)混凝土垂直运输可用各种井式提升机、卷扬机、履带式起重机、塔式起重机以及桅杆等，并配合采用钢吊斗等容器来装运混凝土。钢吊斗为一种混凝土水平和垂直运输的转运工具，其常用形式如图 9-5 所示 (5)对工业建筑大体积混凝土和高层建筑混凝土浇灌的运输、输送，可采用 1 台或多台皮带运输机联合作业或混凝土搅拌运输车与混凝土输送泵车(或固定式混凝土输送泵)配合使用进行水平和垂直运输与输送 (6)混凝土泵车有挤压式和柱塞式两类，以后者使用较广泛；一般都带折叠式或伸缩式布料杆，可作 360°全回转，在其工作范围内，可将混凝土输送至任何地点，1 台泵车常配 2～3 台混凝土搅拌运输车输送混凝土，当距离较远，场地较狭窄，可用多台泵车或泵接力输送。高层建筑多用固定式混凝土泵，铺设管道水平和垂直运输混凝土 (7)常用机动翻斗车、混凝土搅拌运输车和混凝土泵车以及固定式混凝土输送泵的主要型号和技术性能见表 9-38～表 9-42
2	运输与输送施工操作方法要点	(1)混凝土在运输中应保持其匀质性，作到不分层、不离析、不漏浆；运到浇筑地点时，应具有要求的坍落度，当有离析现象时，应进行二次搅拌方可入模 (2)运送混凝土应使用不漏浆和不吸水的钢制容器，使用前须湿润，运送过程中要清除容器内黏着的残渣。装料要适当，避免过满溢出 (3)现场运输道路应坚实平坦，防止造成混凝土分层离析，并应根据浇筑结构情况，采用环形回路，主干道与支道相结合、来回运输主道与单向支道相结合等布置方式，以保持运输道路畅通 (4)混凝土运输应以最少的转载次数和最短的时间，从搅拌地点运至浇筑地点，混凝土从搅拌机中卸出到浇筑完毕的延续时间不宜超过表 9-43 (5)采用泵送混凝土应保证混凝土泵连续工作，输送管线宜直，转弯宜缓，接头应严密，少用锥形管；如管道向下倾斜，应防止混入空气，产生阻塞；泵送前应先用适量的与混凝土内成分相同的水泥浆或水泥砂浆润滑输送管内壁 (6)泵送混凝土从卸料、运输到泵送完毕时间不得超过 1.0h，夏季还应缩短。用混凝土搅拌运输车的运输时间应在 1h 以内，泵送应在 45min 以内。如泵送间歇延续时间超过 45min 或当混凝土出现离析现象时，应立即用压力水或其他方法冲洗管内残留的混凝土，保持正常运输；在泵送过程中受料斗内应具有足够的混凝土，以防止吸入空气产生阻塞

续表

项次	项目	运输与输送方法要点
2	运输与输送施工操作方法要点	(7)运输转送混凝土时,应注意避免混凝土产生离析,装料、卸料运输方法要正确。装料前应将筒内积水排尽。运输、输送时严禁向运输车内的混凝土任意加水。混凝土的运送频率,应能保证混凝土施工的连续性 (8)采用机动翻斗车运输混凝土仅限于运送坍落度小于 80mm 的混凝土拌合物,并应保证运送容器不漏浆,内壁光滑平整,具有覆盖设施 (9)转运混凝土时,应注意使混凝土拌合物直接对准倒入装料运输工具、车辆的中心部位,以避免骨料离析 (10)在大风雨或炎热天气运输混凝土时,容器上应加遮盖,以防进水或水分蒸发;冬期施工应加以保温

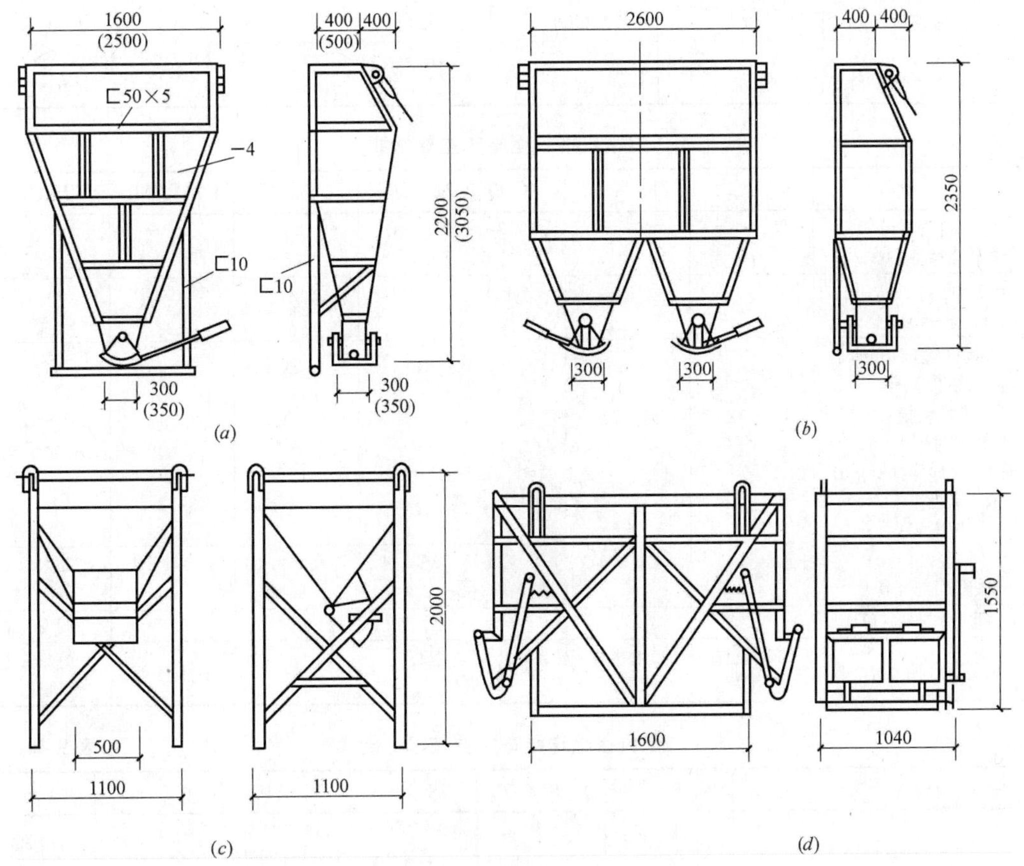

图 9-5 混凝土吊斗

(a) 单口布料吊斗;(b) 双口布料吊斗;(c) 高架方形吊斗;(d) 双向出料型吊斗

混凝土机动翻斗车主要技术性能 **表 9-38**

项目	建设牌 JS-1B	建设牌 F-15	建设牌 FJZ20	建设牌 FJ30	北斗牌 FC10
装载量(kg)	1000	1500	2000	3000	1000
空载量(kg)	890	1090	2300	—	1014
料斗容积(m^3)	—	0.75	1.0	1.4	0.467
最小转弯直径(m)	7.6	8.0	8.0	8	8
最大爬坡度(%)	24	25	36	36	12

续表

项目		建设牌 JS-1B	建设牌 F-15	建设牌 FJZ20	建设牌 FJ30	北斗牌 FC10
行驶速度 (km/h)	Ⅰ档	—	6	6.8～3.4	7.9～3.8	6.7
	Ⅱ档	—	13	14.7～7.2	16.8～8.3	11.7
	Ⅲ档	23	23	26.3～13	30～14.8	20.7
	倒档	—	5	5.5～2.7	6.4～3.1	5.5
轮距(mm)		1500	1320	1465	1465	—
轴距(mm)		1320	1630	1900	1900	—
最小离地间隙(mm)		220	205	225	255	—
柴油机	型号	—	S1100A_1	295K-Ⅱ	FD2100	S195
	功率(kW)	9.7	12	19.4	24.3	8.8
	转速(r/min)	—	2200	2000	2200	2000
外形尺寸(m) 长×宽×高		2.5×1.57 ×1.4	2.68×1.6 ×2.1	3.78×1.71 ×1.61	3.84×1.71 ×1.61	2.65×1.65 ×2.0

混凝土搅拌运输车主要性能　**表 9-39**

项　目	JBC-1.5C	JBC-3T	JC6Q(JC7Q、8Q)	TY-3000	FV112JML	MR45
拌筒容积(m^3)	—	—	19.3(10.4、11.8)	5.7	8.9	8.9
额定装料容量(m^3)	1.5	3～4.5	6(7、8)	4.5	5.0	
拌筒尺寸(直径×长)(mm)	—	—	—	2020×2813	2100×3600	—
拌筒转速(r/min) 运行搅拌	2～4	2～3	5(5、15)	2～4	8～12	2～4
进出料搅拌	6～12	8～12	—	6～12	1～14	8～12
卸料时间(min)	1.3～2	3～5	5～9	2～4	2～5	3～5
最大行驶速度(km/h)	70	—	—	—	91	86
最小转弯半径(m)	9	—	—	—	7.2	—
爬坡能力(%)	20	—	—	—	26	—
外形尺寸(m)(长×宽×高)	—	—	8.62×3.65 ×2.5	7.44×2.40 ×3.40	7.90×2.49 ×3.55	7.78×2.49 ×3.73
重量(空车)(t)	—	0.48	—	9.5	9.8	总量 24.64
产地	一冶机械修配厂	一冶机械修配厂	北京城建工程机械厂	—	日本三菱	上海华东建筑机械厂

混凝土输送泵车主要技术性能　**表 9-40**

项　目		WNP65/60	WNP50/75	IPF-185B	DC-S115B	IPF-75B	BRF36.09
形式		—	—	360°全回转三段液压折叠式	360°全回转全液压垂直三级伸缩	360°全回转全液压三级伸缩	360°回转三级乙型
最大输送量	(m^3/h)	65	50	10～25	70	10～75	90
最大输送距离(水平×垂直)	(m)	120 垂直	150 垂直	520×110	530×100	600×95	—
骨料粒径	(mm)	50	50	—	40	40(砾石 50)	40
泵送压力	(MPa)	6.0	7.5	4.71	—	3.87	7.5
布料杆工作半径	(m)	—	—	17.4	15.8～17.7	16.5～17.4	23.7
布料杆离地高度	(m)	—	—	20.7	19.3～21.2	19.8～20.7	27.4
外形尺寸(长×宽×高)(mm)		—	—	9000×2485 ×3280	8840×4900 ×3400	9470×2450 ×3230	10910×7200 ×3850
重量(t)		—	—	—	15.35	15.46	19.0
产地		北京城建工程机械厂	北京城建工程机械厂	湖北建筑机械厂	日本三菱	日本石川岛	德国普茨玛斯特

常用混凝土泵车基本参数 表 9-41

设备名称		37m 输送泵车	37m 输送泵车	42m 输送泵车	45m 输送泵车	48m 输送泵车	52m 输送泵车	56m 输送泵车	66m 输送泵车
型号		SY5295THB-37	SY5271THB-37Ⅲ	SY5363THB-42	SY5401THB-45	SY5416THB-48	SY5500THB-52	SY5500THB-56V	SY5600THB-66
自重		28800kg	27495kg	36300kg	40000kg	41120kg	48500kg	49500kg	63800kg
全长		11700mm	11800mm	13780mm	12590mm	13050mm	14366mm	14880mm	15800mm
总宽		2500mm	2500mm	2500mm	2500mm	2500mm	2500mm	2500mm	2500mm
总高		3920mm	3990mm	3990mm	3990mm	3990mm	3995mm	3995mm	3995mm
最小转弯直径		19.8m	18.4m	25.9m	25.9m	24.6m	25m	25m	
混凝土理论排量	低压	120m³/h	120m³/h	120m³/h	140m³/h	140m³/h	140m³/h	120m³/h	200m³/h
	高压	67m³/h	67m³/h	67m³/h	100m³/h	100m³/h	100m³/h	67m³/h	110m³/h
理论泵送压力	高压	11.8MPa	11.8MPa	11.8MPa	12MPa	12MPa	12MPa	12MPa	11.8MPa
	低压	6.3MPa	6.3MPa	6.3MPa	8.5MPa	8.5MPa	8.5MPa	6.3MPa	6.3MPa
理论泵送次数	高压	13 次/min	13 次/min	13 次/min	14 次/rain	14 次/min	14 次/min	13 次/min	16 次/min
	低压	24 次/min	24 次/min	24 次/min	20 次/min	20 次/rain	20 次/min	24 次/rain	28 次/min
臂架形式		四节卷折全液压	四节卷折全液压	四节卷折全液压	五节卷折全液压	五节卷折全液压	五节卷折全液压	五节卷折全液压	五节卷折全液压
最大垂直高度		36.6m	36.6m	41.7m	44.8m	47.8m	51.8m	55.6m	65.6m
生产厂商		三一重工	三一重工	三一重工	三一重工	三一重工	三一重工	三一重工	三一重工

注：本表泵车各种型号下列基本参数均相同：即最大速度为 80km/h；驱动方式为液压式；混凝土坍落度为 140～230mm；最大骨料尺寸为 40mm；高低压切换方式为自动切换；输送管径为 *DN*125；末端软管长度为 3m；液压系统压力为 32MPa。

固定式混凝土输送泵技术性能 表 9-42

项目 \ 型号	HJ-TSB9014	BSA2100HD	BSA140BD	PTF-650	ELBA-B5516E	DC-A800B
形式	—	卧式单动	卧式单动	卧式单动	卧式单动	卧式单动
最大液压泵压力(MPa)	—	28	32	21～10	20	13～18.5
输送能力(m³/h)	80	97/150	85	4～60	10～45	15～80
理论输送压力(MPa)	70/110	80～130	65～97	36	93	44

续表

项目＼型号	HJ-TSB9014	BSA2100HD	BSA140BD	PTF-650	ELBA-B5516E	DC-A800B
骨料最大粒径(mm)	—	40	40	40	40	40
输送距离水平/垂直(m)	—	—	—	350/80	100/130	440/125
混凝土坍落度(mm)	—	50～230	50～230	50～230	50～230	90～230
缸径、冲程长度(mm)	200、1400	200、2100	200、1400	180、1150	160、1500	205、1500
缸数	双缸活塞式	双塞活塞式	双缸活塞式	双缸活塞式	双缸活塞式	双缸活塞式
加料斗容量(m^3)	0.50	0.90	0.49	0.30	0.475	0.35
动力(功率 HP/转速 r/min)	—	130/2300	118/2300	55/2600	75/2960	170/2000
活塞冲程次数(次/min)	—	19.35	31.6	—	33	—
重量(t)	5.25	5.6	3.4	6.5	4.42	15.5
产地	上海华东建筑机械厂	德国普茨玛斯特	德国普茨玛斯特	日本石川岛	德国爱尔巴	日本三菱

运输到输送入模的延续时间 (min)　　**表 9-43**

项　次	条　件	气　温	
		≤25℃	＞25℃
1	不掺外加剂	90	60
2	掺外加剂	150	120

9.5　混凝土浇筑

9.5.1　混凝土浇筑的基本方法、要求与注意事项

混凝土浇筑方法及施工要点　　**表 9-44**

项次	项目	施工方法要点
1	混凝土浇筑的一般要求	(1)混凝土浇筑前，应对模板及其支架、钢筋和预埋件等进行细致的检查，并做好自检和工序交接记录；大型设备基础浇筑，尚应进行各专业综合检查和会签。基土上的污泥、杂物，钢筋上的泥土、油污，模板内的垃圾等应清理干净；木模板应洒水湿润，缝隙应堵严，基坑内的积水应排除干净；如有地下水，应有排水、降水和防水措施。混凝土浇筑时的坍落度，宜按表 9-45 采用 (2)混凝土浇筑自高处倾落时，其自由倾落高度不宜过高，如高度超过 2m，应设串筒、斜槽、溜管，在柱、墙模板上应留适当孔洞下料，以防止混凝土产生分层离析 (3)混凝土浇筑应分段、分层进行，浇筑层的厚度，应符合表 9-46 的规定 (4)混凝土应连续浇筑，以保证结构良好的整体性，如必须间歇，间歇时间不应超过表 9-47 的规定，当超过时，可按表 9-49 在适当位置留施工缝。施工缝宜留置在结构受剪力较小，且便于施工的部位，并应待混凝土的抗压强度达到 1.2N/mm² 以上，按规定对缝面进行处理后，才允许继续浇筑，以免已浇筑的混凝土结构因振动而受到破坏。混凝土强度达到 1.2N/mm² 所需时间可参考表 9-48 数值采用 (5)混凝土浇筑宜用机械振捣，常用振动设备、振捣方法及使用要点参见表 9-50～表 9-52。当混凝土量小、缺乏机具时，亦可用人工借助钢钎进行振捣，要求仔细捣实 (6)在降雨雪时，不宜露天浇筑混凝土，必须浇筑时，应采取有效地防雨雪措施，确保混凝土质量 (7)混凝土捣实方法的正误见图 9-6，大体积混凝土底板浇筑方式见图 9-9

续表

项次	项目	施工方法要点
2	台阶式、杯形、锥形、条形基础等的浇筑	(1)浇筑台阶式基础应按台阶分层一次浇筑完毕，每层先浇边角，后浇中间。为防止上下台阶交接处混凝土出现脱空、蜂窝(即吊脚、烂脖子)现象，第一台阶捣实后，继续浇筑第二台阶前，应先沿第二台阶模板底圈做成内外坡度，待第二台阶混凝土浇筑完后，再将第一台阶混凝土铲平、拍实、拍平。或在第一台阶浇筑完后，沉实 1.0～1.5h，再浇上一台阶 (2)杯形基础，应注意杯底标高和杯口模的位置，防止杯口模上浮和倾斜。浇筑时，先将杯口底混凝土振实并稍停片刻待沉实，再对称均衡浇筑杯口模四周的混凝土 (3)锥形基础应注意斜坡部位的混凝土要捣固密实，振捣完后，再用人工将斜坡表面修正拍平、拍实 (4)浇筑柱下部基础，应保证柱子插筋位置的准确，防止位移和倾斜。浇筑时，先满铺一层 5～10cm 厚的混凝土并捣实，使柱子插筋下端与钢筋网片的位置基本固定后，再继续对称浇筑，并避免碰撞钢筋 (5)条形基础应分段分层连续浇筑，各段各层间应互相衔接，每段长 2～3m，使逐段逐层呈阶梯形推进，并注意先使混凝土充满模板边角，然后浇筑中间部分
3	大体积混凝土设备基础浇筑	(1)设备基础一般应分层、分段分层或斜面分层连续浇筑完成，不留施工缝，每层厚度 20～30cm。顺序宜从低处开始，沿长边方向自一端向另一端推进，亦可采取中间向两边或两边向中间推进，保持混凝土沿基础全高均匀上升。亦可采取踏步式分层推进，推进长度一般为 1.0～1.5m。浇筑时，要在下一层混凝土初凝之前浇捣上一层混凝土，并将表面泌水及时排出 (2)大面积浇灌，混凝土倾落高度超过 2m，应按项次 1 规定(3)条处理，串筒布置应考虑浇灌速度、摊平能力，间距一般 2.5～3m，可采取行列或交叉布置，串筒下料后，应迅速摊平并捣实 (3)对地脚螺栓、预留螺栓孔、预埋管道等浇灌，四周混凝土应均匀上升，同时避免碰撞、发生位移或歪斜 (4)对大型设备基础一般要求一次连续浇筑完成，由于体积大，水泥水化热高，积聚内部热量不易散发，温度峰值常在 45～55℃，而表面散热较快，使内外产生较大温差，受混凝土自约束，易使基础产生表面温度裂缝；在混凝土降温阶段，混凝土逐渐冷却，加上混凝土本身的收缩，当受到外部(岩基或厚大混凝土垫层或周围结构)的约束，亦会产生裂缝，有的贯穿整个截面，因此对大体积设备基础，浇灌混凝土前，应采取有效的防裂技术措施和进行必要的混凝土裂缝控制的施工计算，以控制裂缝出现，常用技术措施和计算方法分别见表 9-54、表 9-55 和表 9-59
4	框架柱(墙)、梁、板、无梁楼盖等的浇筑	(1)多层框架混凝土灌筑应按结构层次和结构平面分层分段流水作业，通常水平方向以伸缩缝分段，垂直方向以楼层分层，每层先浇柱子，后浇梁、板 (2)柱子浇灌宜在梁板模安装完毕，钢筋未绑扎前进行，以利稳定柱模和上部操作。浇灌一排柱顺序宜从两端向中间推进，不宜从一端推向另一端，以免模板吸水膨胀产生横向推力，累积造成弯曲变形 (3)柱应沿高度一次灌筑完毕，柱高超过 3.5m，应采用串筒下料，或在柱侧面开门子洞作浇灌口，分段浇筑每段高不得超过 2m (4)灌筑每层柱(墙)时，在底部应先铺一层 5～10cm 厚减半石子混凝土或去石子水泥砂浆，以避免底部产生蜂窝，保证底部接缝质量 (5)肋形梁、板应同时浇灌。先将梁的混凝土分层浇灌成阶梯形向前推进，当达到板底标高时，再与板的混凝土一起浇捣，随着阶梯不断延长，板的灌筑也不断向前推进。当梁高度大于 1m 时，可先将梁单独浇灌至距板底以下 2～3cm 处留施工缝，然后再浇板 (6)柱(墙)与梁板或柱与基础的混凝土同时浇灌时，应在柱(墙)基础浇灌完毕 1～1.5h，使混凝土获得初步沉实后，再继续浇灌，以防止楼缝处出现裂缝、柱根部出现"烂脖子"现象 (7)浇灌无梁楼盖时，在离柱帽下 5cm 处暂停，然后分层浇筑柱帽，下料应对准柱帽中心，待混凝土接近楼板底面时，再连同楼板一起浇筑。大面积楼板可采取分条分段浇筑(图 9-7) (8)在灌筑柱、梁及主、次梁交接处，由于钢筋较密集，要加强振捣，以保证密实，必要时该处采用部分同强度等级细石混凝土灌筑，采用片式振动棒振捣或辅以人工捣固
5	转换层大梁的浇筑	(1)高层建筑转换层大梁，由于截面积大，配筋层数和根数多，间隙小，混凝土强度高(C40～C60)，水泥用量大，水化热高，结构构造复杂，受大刚度柱极强的约束，对确保混凝土浇筑密实和防止产生混度收缩裂缝带来极大困难 (2)对这类梁一般宜采取"分区、分层、逐点泵送浇筑"，或"分段定点，斜面分层，薄层浇筑，自然流淌，循序推进，连续浇筑一次到顶"的方法浇筑，每层浇筑厚度不超过 500mm，采取水平或斜面分层振捣密实

续表

项次	项目	施工方法要点
5	转换层大梁的浇筑	(3)框支梁混凝土循环薄层浇筑，应一次到顶，以保证上、下层混凝土浇筑间隔时间不超过初凝时间的一半。区域衔接处，混凝土浇筑时，按1∶6坡度自然流淌，斜面分层振捣。柱、梁相交处钢筋密集采用直径50mm或30mm插入式振捣器，或片式振捣棒振捣密实，使梁内混凝土高度均匀上升 (4)混凝土衔接浇筑时，采用二次振捣，以提高界面处粘结力和咬合力，清除泌水现象 (5)大梁底部表面用平板式振捣器互相垂直方向振捣压实，二次收水后，用木抹子顺纹搓平2～3遍，以闭合收水裂缝。混凝土浇筑完6～12h开始浇水养护；冬期施工应采取保温、保湿养护 (6)为避免水化热过高，应采取降低水泥水化热和浇筑入模温度措施，以避免出现过大降温温度收缩应力，导致大梁产生裂缝，作法参见"9.6.1大体积混凝土裂缝控制技术措施"一节中有关部分
6	地坑和池槽的浇筑	(1)面积小而浅的地坑和池槽，可将底板和立壁的混凝土一次浇筑完成，内模应做成整体式并设铁脚支承，铁脚高度等于底板厚度，并在中部设止水板 (2)面积大且深的地坑和池槽，一般底板和立壁分开浇筑，底板施工缝设在距底板面30～50cm处的立壁上，并作成凸缝企口缝，或埋2mm厚薄钢板止水带 (3)地坑池槽深2m以内，应先用锹下料，待底板混凝土达到一定厚度才可用手推车下料，以免将钢筋压弯变形；对深2m以上的底板，要用串筒或溜槽送料 (4)浇灌立壁要在内模适当高度上留置混凝土浇灌口或浇灌带，设串筒或溜槽浇灌。灌筑顺序是：底板一般沿长度方向从一端向另一端推进；当面积较大时，可多组并排灌筑；也可分组由两端向中间会合浇筑。立壁宜成环形回路分层灌筑，视立壁周长采用单组循环或双组循环(图9-8)
7	现场预制构件的浇筑	(1)一般将运来的混凝土先倒在拌板上，再用人工借铁锹投入模内，或在构件上部搭设临时脚手平台，用手推车通过串筒直接向模内下料 (2)柱、梁、板类构件通常采用赶浆法，由一端向另端进行，对长度较大的构件亦可由中间向两端同时浇筑；对厚度大于400mm的构件，应分层浇筑，上下两层浇筑距离约3～4m，用插入式振捣器仔细捣实，边角两端预埋件等部位注意慢浇、多插、轻捣，以做到浆料饱满密实，振动器达不到部位，辅以人工插捣 (3)每一根(榀)构件应一次浇筑完成，不得留设施工缝。采用重叠浇筑的构件，底层构件浇筑完毕表面抹光后，待构件混凝土强度达到设计强度的30%以上才可设隔离层、支模、绑钢筋，浇筑上层构件 (4)屋架浇筑一般由两个成型小组分别浇筑上弦和下弦，由一端向另一端进行；对腹杆浇筑则共同分担(图9-10*a*)，如腹杆为预制，亦采用由一端向另一端进行，或由两端开始向中间进行(图9-10*b*)，亦可由上弦顶点开始至下弦中央结束(图9-10*c*)，每榀屋架应一次浇筑完成

混凝土浇筑时的坍落度　　表9-45

项次	结构种类	坍落度(cm)
1	基础或地面等的垫层、无配筋的厚大结构(挡土墙、基础或厚大的块体等)或配筋稀疏的结构	1～3
2	板、梁和大型及中型截面的柱子等	3～5
3	配筋密列的结构(薄壁、斗仓、筒仓、细柱等)	5～7
4	配筋特密的结构	7～9

注：1. 本表系指采用机械振捣的坍落度，采用人工捣实时可适当增大。
2. 需要配制大坍落度混凝土时，应掺用外加剂。
3. 曲面或斜面结构的混凝土，其坍落度值应根据实际需要另行选定。

混凝土灌筑层的厚度　　表9-46

项次	捣实混凝土的方法	灌筑层的厚度(mm)
1	插入式振捣	振动器作用部分长度的1.25倍
2	表面振捣	200
3	人工捣固：(1)在基础无筋混凝土或配筋稀疏的结构中 (2)在梁、墙板、柱结构中 (3)在配筋密列的结构中	250 200 150
4	轻骨料混凝土：插入式振捣 表面振捣(振动时需加荷)	300 200

运输、输送入模及其间歇总的时间限值（min） 表 9-47

项次	条件	气温	
		≤25℃	>25℃
1	不掺外加剂	180	150
2	掺外加剂	240	210

普通混凝土达到 1.2MPa 强度所需龄期参考表 表 9-48

外界温度（℃）	水泥品种强度等级	混凝土的强度等级	期限（h）	外界温度（℃）	水泥品种强度等级	混凝土的强度等级	期限（h）
1～5	普通 42.5	C15	48	10～15	普通 42.5	C15	24
		C20	44			C20	20
1～5	矿渣 42.5	C15	60	10～15	矿渣 42.5	C15	32
		C20	50			C20	24
5～10	普通 42.5	C15	32	15 以上	普通 42.5	C15	20 以上
		C20	28			C20	20 以下
5～10	矿渣 42.5	C15	40	15 以上	矿渣 42.5	C15	20
		C20	32			C20	20

注：水灰比为普通水泥采用 0.65～0.8；为矿渣水泥采用 0.56～0.68。

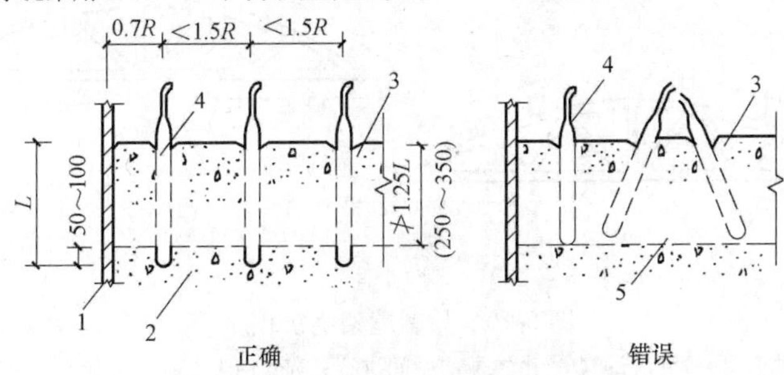

图 9-6 混凝土捣实方法

1—模板；2—下层已振捣未初凝的混凝土；3—新浇筑的混凝土；4—振动棒；5—分层接缝

R—有效作用半径；L—振动棒长

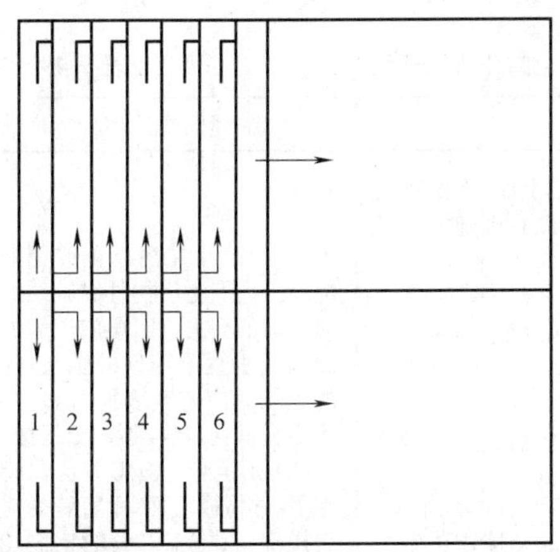

图 9-7 楼板平台分段浇筑方法

1、2、3……—分段分条浇筑次序

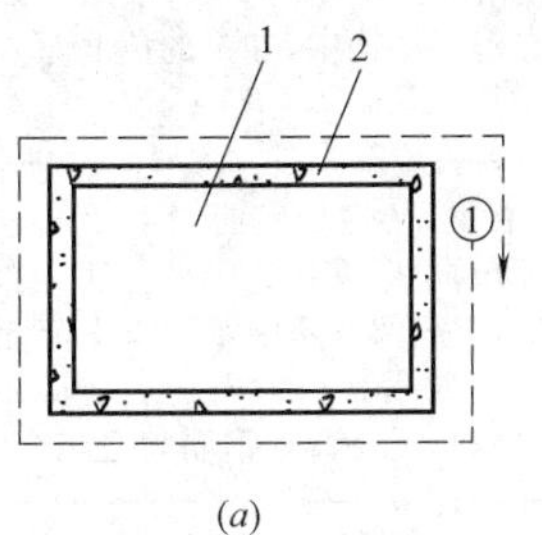

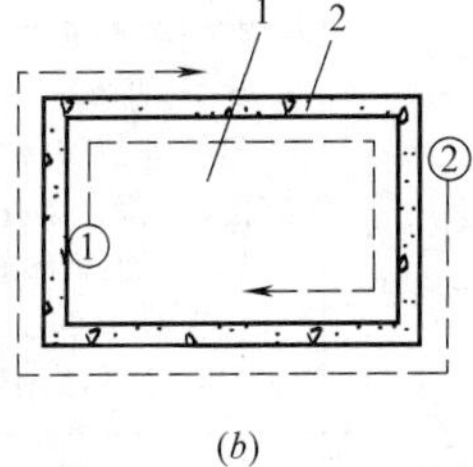

图 9-8 坑、池壁浇筑顺序

(a) 单组循环；(b) 双组循环

1—坑、池底板；2—坑、池立壁

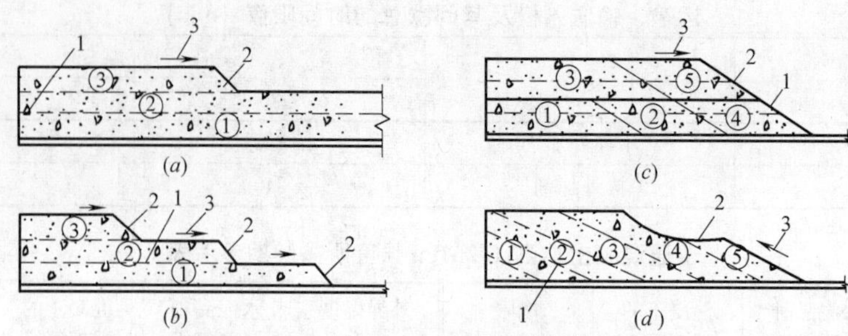

图 9-9　大体积混凝土底板浇筑方法

(*a*) 全面分层；(*b*)、(*c*) 分段分层；(*d*) 斜面分层

1—分层线；2—新浇筑的混凝土；3—浇筑方向

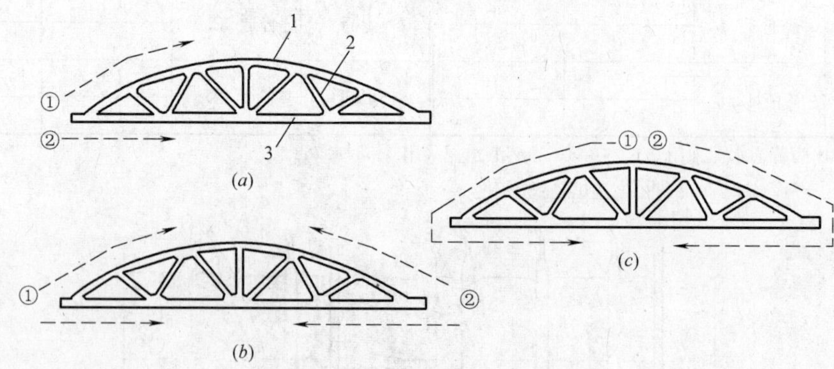

图 9-10　预制屋架浇筑顺序

(*a*) 由一端向另一端进行；(*b*) 由二端向中间进行；(*c*) 由上弦顶点开始至下弦中央结束

1—上弦；2—下弦；3—腹杆

9.5.2　施工缝留设位置和处理方法

混凝土结构施工缝留设位置、方法及处理　　表 9-49

名称	留设位置和方法	缝面的处理
柱	留在基础的顶面、梁或吊车梁牛腿的下面；或吊车梁的上面、无梁楼板柱帽的下面(图 9-11)；在框架结构中，如梁的负筋弯入柱内，则施工缝可留在这些钢筋的下端	(1)为防止在混凝土或钢筋混凝土内产生沿构件纵轴线方向错动的剪力，柱、梁施工缝的表面应垂直于构件的轴线；板的施工缝应与其表面垂直；梁板亦可留企口缝，不得留斜槎 (2)所有水平施工缝应保持水平，并做成毛面，垂直缝处应支模浇筑；施工缝处的钢筋均应留出，不得切断
梁板、肋形楼板	与板连成整体的大截面梁，留在板底面以下 20～30mm 处；当板下有梁托时，留在梁托下部。单向板可留置在平行于板的短边的任何位置(但为方便施工缝的处理，一般留在跨中 1/3 跨度范围内)。 有主次梁的肋形楼板，宜顺着次梁方向浇筑，施工缝应留置在次梁跨度中间 1/3 范围内(图 9-12)，无负弯矩钢筋与之相交的部位	
墙	留置在门洞口过梁跨中 1/3 范围内，也可留在纵横墙的交接处	
楼梯、圈梁	楼梯施工缝留设在楼梯段跨中 1/3 跨度范围内无负弯矩筋的部位。 圈梁施工缝留在非砖墙交接处、墙角、墙垛及门窗洞范围内	

续表

<table>
<tr><th>名称</th><th>留设位置和方法</th><th>缝面的处理</th></tr>
<tr><td>箱形基础</td><td>箱形基础一般由底板、顶板、外墙和内隔墙组成。底板和顶板应一次浇筑完成。底板、顶板与外墙的水平施工缝应设在底板顶面以上及顶板底面以下 300～500mm 为宜，接缝宜设钢板、橡胶止水带或凸形企口缝；底板与内墙的施工缝可设在底板与内墙交接处；而顶板与内墙的施工缝，位置应视剪力墙插筋的长短而定，一般 1000mm 以内即可；箱形基础外墙垂直施工缝可设在离转角 1000mm 处，采取相对称的两块墙体一次浇筑施工，间隔 5～7d，待收缩基本稳定后，再浇另一相对称墙体。内隔墙可在内墙与外墙交接处留施工缝，一次浇筑完成，内墙本身一般不再留垂直施工缝</td><td rowspan="5">(3)在施工缝处继续浇筑混凝土前，已浇筑的混凝土，其抗压强度不应小于 $1.2N/mm^2$；在已硬化的混凝土表面上，应清除水泥薄膜（约 1mm）和松动石子以及较弱混凝土层，并加以充分湿润和冲洗干净，且不得积水；在浇筑混凝土前，宜先在施工缝处铺（刮）一层水泥浆或与混凝土内成分相同的厚 15～25mm 水泥砂浆，或先铺一层减半石子的混凝土，再正式继续浇筑混凝土，并细致捣实，使新旧混凝土紧密结合
(4)承受动力作用的设备基础的施工缝，在水平施工缝上继续浇筑混凝土前，应对地脚螺栓进行一次观测校准；标高不同的两个水平施工缝，其高低结合处应留成台阶形，台阶的高宽比不得大于 1.0；垂直施工缝应加插钢筋，其直径为 12～16mm，长度为 500～600mm，间距为 500mm，在台阶式施工缝的垂直面上也应补插钢筋；施工缝的混凝土表面应凿毛，在继续浇筑混凝土前，应用水冲洗干净、湿润后，在表面上抹 10～15mm 厚与混凝土内成分相同的一层水泥砂浆；继续浇筑混凝土时，该处应仔细捣实
(5)后浇缝宜做成平直缝或阶梯缝，钢筋不切断。后浇缝应在其两侧混凝土龄期达30～40d 后，将接缝处混凝土凿毛、洗净、湿润，刷水泥浆一度，再用强度不低于两侧混凝土的补偿收缩混凝土浇筑密实，并养护 14d 以上</td></tr>
<tr><td>地坑、水池</td><td>底板与立壁施工缝，可留在立壁上距坑（池）底板混凝土面上部 200～500mm 的范围内，转角宜做成圆角或折线形；顶板与立壁施工缝留在板下部 20～30mm 处（图 9-13a）；大型水池可从底板、池壁到顶板在中部留设后浇缝（或称后浇带、间隔缝）使之形成环状（图9-13b）</td></tr>
<tr><td>地下室、地沟</td><td>地下室梁板与基础连接处，外墙底板以上和上部梁板下部 20～30mm 处可留水平施工缝（图 9-14a），大型地下室可在中部留环状后浇缝。
较深基础悬出的地沟，可在基础与地沟、楼梯间交接处留垂直施工缝（图 9-14b）；很深的薄壁槽坑，可每 4～5m 留设一道水平施工缝</td></tr>
<tr><td>漏斗</td><td>储仓漏斗施工缝，可留在漏斗根部及上部或漏斗斜板与漏斗立壁交接处（图 9-15），但此处伸入漏斗斜板钢筋应按设计数量、长度全部预留出，不得预留短插筋，以免影响降低该处强度</td></tr>
<tr><td>大型设备基础</td><td>受动力作用的设备基础互不相依的设备与机组之间、输送辊道与主基础之间可留垂直施工缝，但与地脚螺栓中心线间的距离不得小于 250mm，且不得小于螺栓直径的 5 倍（图 9-16a）。
水平施工缝可留在低于地脚螺栓底端，其与地脚螺栓底端的距离应大于 150mm；当地脚螺栓直径小于 30mm 时，水平施工缝可留置在不小于地脚螺栓埋入混凝土部分总长度的 3/4 处（图 9-16b）；水平施工缝亦可留置在基础底板与上部块体或沟槽交界处（图 9-16c、d）。
对受动力作用的重型设备基础不允许留施工缝时，可在主基础与辅助设备基础、沟道、辊道之间受力较小部位留设后浇缝（图 9-17）</td></tr>
</table>

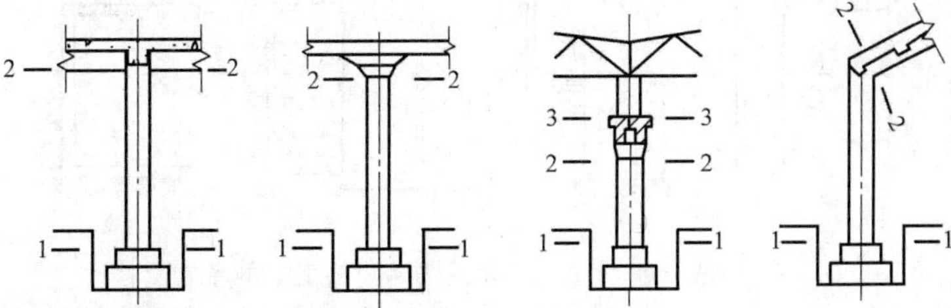

图 9-11 柱子施工缝留置

1—1、2—2、3—3 为施工缝位置

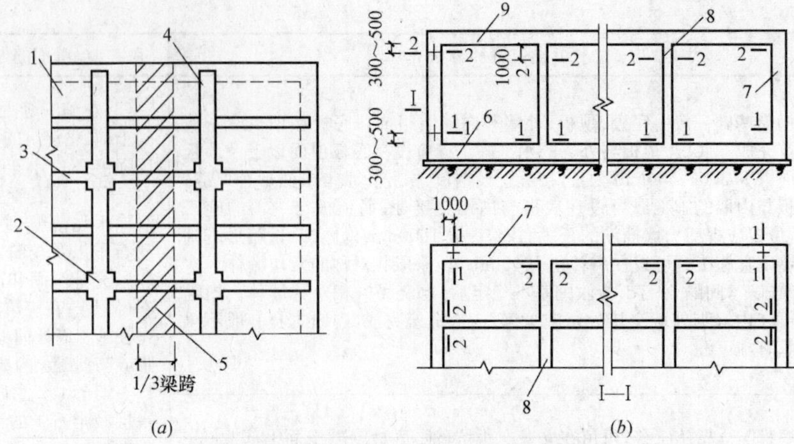

图 9-12　楼面与箱形基础施工缝的留置

（a）有主次梁楼板施工缝留置；（b）箱形基础施工缝的留置

1—楼板；2—柱；3—次梁；4—主梁；5—浇筑混凝土时，可留施工缝的范围；6—底板；7—外墙；8—内隔墙；9—顶板

1—1、2—2—施工缝位置

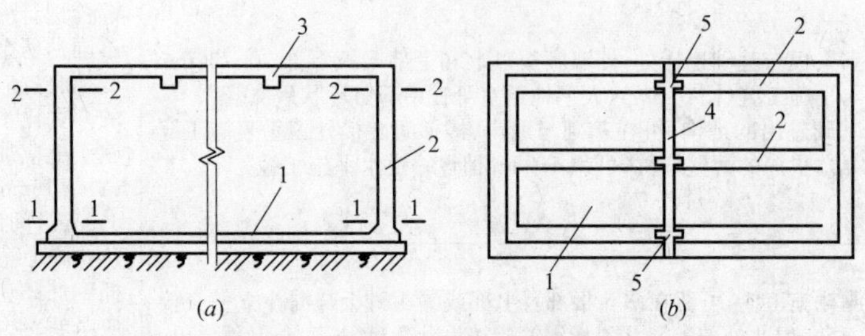

图 9-13　地坑、水池施工缝的留置

（a）水平施工缝留置；（b）后浇缝留置（平面）

1—底板；2—墙壁；3—顶板；4—底板后浇缝；5—墙壁后浇缝

1—1、2—2—施工缝位置

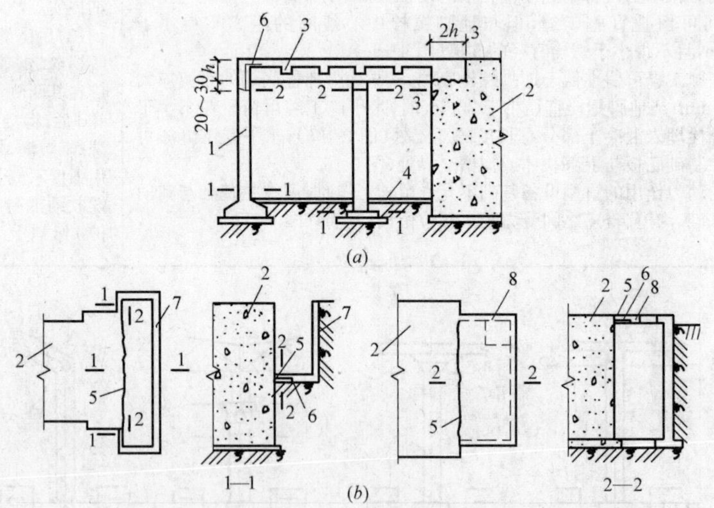

图 9-14　地下室、地沟、楼梯间施工缝的留置

（a）地下室；（b）地沟、楼梯间

1—地下室墙；2—设备基础；3—地下室梁板；4—底板或地坪；

5—施工缝；6—伸出钢筋；7—地沟；8—楼梯间

1—1、2—2—施工缝位置

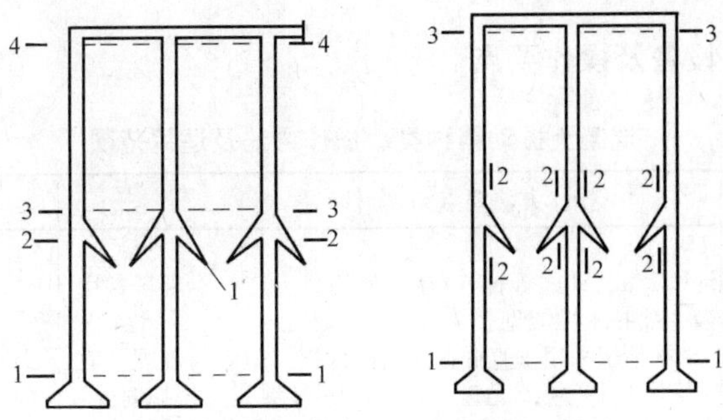

图 9-15 漏斗施工缝的留置
1—1、2—2、3—3、4—4 为施工缝位置
1—漏斗板

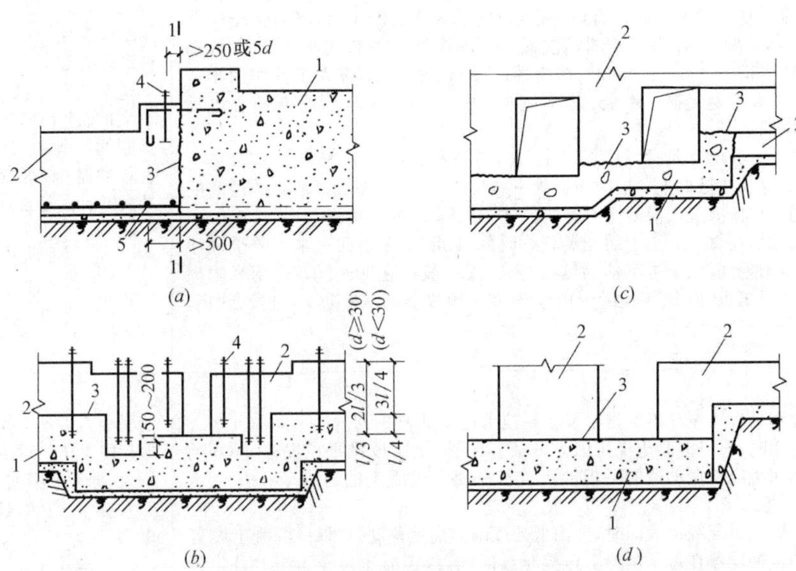

图 9-16 设备基础施工缝的留置
(*a*) 两台机组之间适当地方留置施工缝；(*b*) 基础分两次浇筑施工缝留置；
(*c*)、(*d*) 基础底板与上部块体、沟槽施工缝留置
1—第一次浇筑混凝土；2—第二次浇筑混凝土；3—施工缝；4—地脚螺栓；5—钢筋
d—地脚螺栓直径；*l*—地脚螺栓埋入混凝土长度

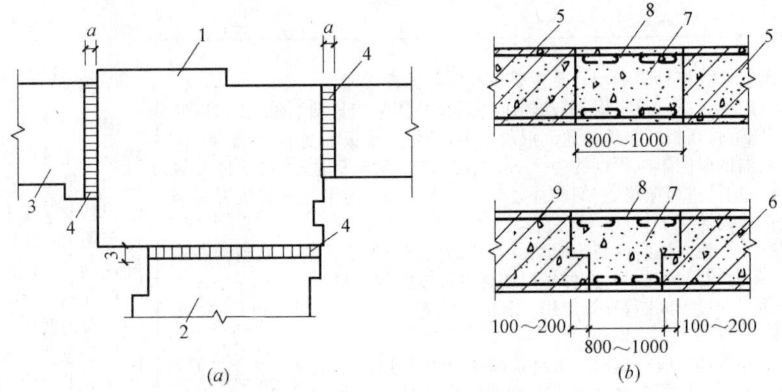

图 9-17 后浇缝留置及构造
(*a*) 后浇缝的留置；(*b*) 后浇缝构造
1—主体基础；2—辅助基础；3—辊道或沟道；4—后浇缝；5—先浇筑立壁；
6—先浇筑底板；7—后浇筑混凝土缝带；8—附加钢筋；9—主筋
a—后浇缝宽度，*a*=800～1000mm；用于设橡胶止水带断开，*a*=30～50mm

9.5.3　振捣机具设备及操作要点

混凝土振动器种类、操作方法及适用范围　　表 9-50

名称	操作方法要点	特点及适用范围
插入式振捣器(内部振捣器)	(1)振动棒部分有棒式、片式、针式等种,以棒式使用最为广泛。现场常用插入式振捣器的型号及主要技术性能见表 9-51 (2)插振方法可根据结构情况采用垂直插振或斜向插振。前者与混凝土表面垂直;后者与混凝土表面成 40°～45°角度。但二者不宜混用。振捣时,要快插慢拔,上下略为抽动,插点均匀排列,逐点移动,顺序进行,不得遗漏,达到均匀振实 (3)振动棒插点移动次序可采用行列式或交错式(图 9-18),二者不得混用,以免造成混乱而发生漏振。插点间距:当捣实普通混凝土时,不宜大于振捣器作用半径的 1.5 倍;捣实轻骨料混凝土时,不宜大于其作用半径(一般振动棒的作用半径为 300～400mm);振捣器与模板的距离不应大于其作用半径的 0.5 倍,并应避免碰撞钢筋、模板、芯管、吊环、预埋件等,或将振捣器电动机挂在钢筋上 (4)混凝土分层浇筑时,每层厚度应小于振动棒长度的 1.25 倍或振动棒上盖头接头处。在振捣上一层时应插入下一层不小于 50mm,以消除两层间的接缝,同时在振捣上层混凝土时,要在下层混凝土初凝之前进行 (5)振动器在每一插点上的振捣延续时间,以混凝土表面呈水平并呈现浮浆和不再出现气泡、不再沉落为度,振捣时间一般约在20～30s,使用高频振动器可酌予缩短,但最短不少于 10s。时间过短混凝土不易振实,过长会引起离析	插入式振捣器是通过棒体将振动能量直接传给混凝土。振动密实,效率高,结构简单,使用维修方便,只用一人操作,但劳动强度较大。 适于基础、柱、梁、墙或厚度较大的板、大体积混凝土以及预制构件等的捣实;对钢筋较密集的结构,可根据情况使用片式或针式棒头进行振捣
平板式振动器(表面振动器)	(1)常用平板式振动器的型号及主要技术性能见表 9-52 (2)使用时,应将混凝土浇筑区划分成若干排,依次成排平拉慢移,顺序前进,移动间距应使振动器的平板能覆盖已振捣完混凝土的边缘 30～50mm,以防止漏振 (3)振捣倾斜混凝土表面时,应由低处逐渐向高处移动,以保证混凝土振实 (4)平板振动器在每一位置上振捣延续时间,以混凝土停止下沉并往上泛浆,或表面平整并均匀出现浆液为度,一般约在 25～40s (5)平板振动器的有效作用深度,在无筋及单层配筋平板中约为 200mm;在双层配筋平板中约 120mm (6)大面积混凝土楼地面,可将 1～2 台振捣器安在两条木杠上,通过木杠的振动使混凝土密实	平板式振动器是通过平板将振动能量传给混凝土。护盖面积大,振动的密实效果较好,由二人操作,劳动强度低,生产效率高。 适于振捣平面面积大、表面平整、而厚度较小的结构件,如楼板、屋面板、地坪、路面、机场跑道以及预制梁板类构件上层表面振捣使用。不适于钢筋稠密、厚度较大的板类构件使用
附着式振动器(外部振动器)	(1)常用附着式振动器的型号及主要技术性能见表 9-52 (2)使用时模板应支撑牢固,振动器应与模板外侧紧密连接(图9-19),以使振动作用能通过模板间接地传递到混凝土中,并保证模板不变形、不漏浆 (3)振动器的侧向影响深度约为 25cm 左右,如构件较厚时,须在构件两侧同时安装振动器进行振捣,它们的振动频率必须一致,其相对应的位置必须错开,使振捣均匀 (4)混凝土浇筑入模高度高于振动器安装部位方可开始振捣。但当钢筋较密和构件截面较深、较狭时,亦可采取边浇筑边振捣的方法 (5)振动器的设置间距(有效作用半径)及振捣时间宜通过试验确定,振动器一般安装距离为 1.0～1.5m (6)附着式振动器应根据混凝土浇筑高度和浇筑速度,依次从下往上振捣 (7)模板上同时使用多台附着式振动器时应使各振动器的频率一致,并应交错设置在相对面的模板上 (8)当混凝土振捣时,成一水平面并不再冒气泡、无明显塌陷,即可停止振捣移至下一处使用	附着式振动器是通过模板来将振动能量传递给混凝土。其振动效果与模板的重量、刚度、面积以及混凝土结构构件的厚度有关,配置得当,振实效果好,振动器体积小,结构简单,操作方便,劳动强度低,但安装固定较为费事。 适于振捣钢筋较密、厚度在300mm 以下的柱、梁、板、墙以及不宜使用插入式振捣器的结构

常用插入式振动器主要技术性能 表 9-51

项目		HZ-50A 行星式	HZ_6X-30 行星式	HZ_6X-50 行星式	HZ_6X-60 插入式	HZ_6-50 插入式	Z×30(Z×50) 插入式
振动棒	直径(mm)	53	33	50	62	50	33(50)
	长度(mm)	529	413	500	470	500	—
	振动力(N)	4800～5800	2200	5700	9200	—	220(500)
	频率(次/min)	12500～14500	19000	14000	14000	6000	19000(12000)
	振幅(mm)	1.8～2.2	0.5	1.1	1.4	1.5～2.5	0.4(1.1)
软轴软管	软管直径(mm)	13	10	13	13	13	29(36)
	软管长度(m)	4	4	4	4	4	4(8)
	软轴直径(mm)	外径 36、内径 20		外径 40、内径 20	40	42	10(13)
电动机	功率(kW)	1.1	1.1	1.1	1.1	1.5	1.1(1.1)
	转速(r/min)	2850	2850	2850	—	2860	2850
总重(kg)		34	26.4	33	35.2	48	26(34)

常用附着式及平板式振动器主要技术性能 表 9-52

项目	附着式					平板式	
	HZ_2-4	HZ_2-5	HZ_2-7	HZ_2-10	HZ_2-20	PZ-50	N-7
振动力 (N)	3700	4300	5700	9000	18000	4700	3400
振动频率 (次/min)	2800	2850	2800	2800	2850	2800	2850
振幅 (mm)	—	—	1.5	2	3.5	2.8	—
振板尺寸 (mm)	500×400	600×400	700×500	面积<0.4m²	1000×700	600×400	900×400
电动机功率 (kW)	0.5	1.1	1.5	1.0	2.2	0.5	0.4
外形尺寸 (mm) (长×宽×高)	365×210 ×218	425×210 ×220	420×280 ×260	410×325 ×246	450×270 ×290	600×400 ×280	950×550 ×270
重量 (kg)	23	27	38	57	65	36	44

注：1. 附着式振动器可安置振板，装成平板式振动器。

2. PZ-50 平板振动器作用深度 250mm 以上。

3. 对厚度 100mm 以下混凝土面层振捣可采用 XD-B 型电动微型振动器，其技术性能为：振动频率 3000 次/min、振幅 1～2mm，振动力 400N，外形尺寸（长×宽×高）：250×118×110mm，重 3kg。

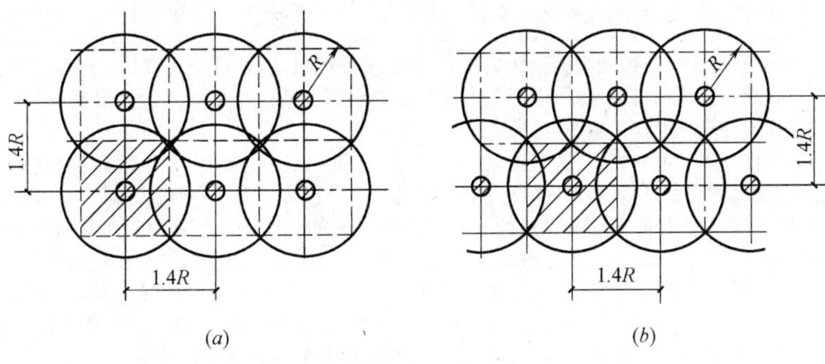

图 9-18 插入式振捣器插点排列方式

（a）行列式；（b）交错式

R—振动棒作用半径

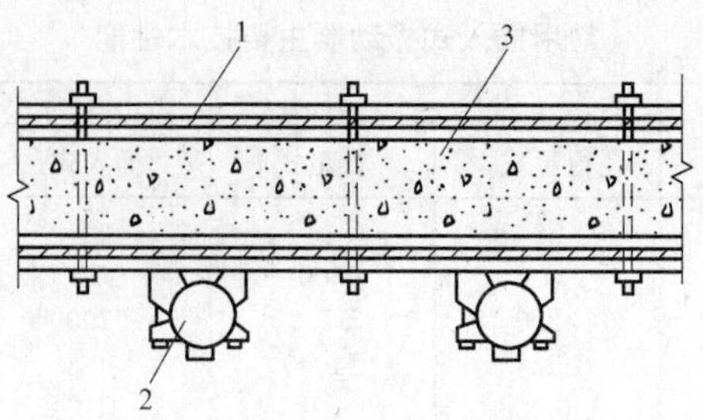

图 9-19 附着式振动器安装方法

1—模板；2—附着式振动器；3—钢筋混凝土墙体

9.5.4 泵送混凝土工艺方法及技术要求

泵送混凝土特点、材料要求、机具及施工要点 表 9-53

项次	项目	施工方法要点
1	特点及使用	(1)泵送混凝土指用混凝土泵车或固定式混凝土泵沿管道输送和浇筑混凝土拌合物 (2)泵送混凝土的基本技术是混凝土应具有可泵性，即有一定的流动性和较好的黏聚性、泌水小、不易分离，以免造成堵管，同时保证要求的强度和经济合理 (3)泵送混凝土具有可一次连续完成水平和垂直运输，可以直接进行混凝土浇筑，施工速度快、工效高，劳动强度低，占用场地小等特点；但对原材料要求严格，对配合比要求高，施工组织要求严密 (4)适于大体积混凝土筏形基础、大型设备基础、高层建筑结构以及隧洞、桥墩等工程使用
2	材料要求及配合比	(1)材料要求： 1)水泥：宜用强度等级 42.5 及 42.5 级以上硅酸盐水泥或普通硅酸盐水泥、矿渣水泥和粉煤灰水泥。 2)粗细骨料：当泵送高度为 50m 左右时，碎石的最大粒径与输送管径之比不宜大于 1∶3；卵石不宜大于 1∶2.5；粗骨料应采用连续级配，针片状颗料含量不宜大于 10%。细骨料宜采用中砂，通过 0.315mm 筛孔的砂，不应少于 15% 3)外加剂：常用木质素磺酸钙减水剂或泵送剂，并宜掺用矿物掺合料 4)当选用矿物掺合料为粉煤灰时，宜用工业Ⅱ级粉煤灰，细度 0.08mm 方孔筛筛余不大于 8% (2)配合比： 泵送混凝土最小胶凝材料用量不小于 300kg/m^3，水胶比宜为 0.4～0.6(不宜大于 0.6)；砂率宜控制在 35%～45%；坍落度宜为 10～18cm，泵送过程中坍落度损失约为 1.0～2.5cm，泵送混凝土施工参考配合比见表 9-32
3	施工机具	混凝土输送多用混凝土搅拌运输车及液压活塞式混凝土输送泵车或固定式混凝土输送泵，其技术性能见表 9-39～表 9-41 和表 9-42；输送钢管(或橡胶管、塑料管)常用直径 100～150mm，每段长约 3m，另配有 45°和 90°弯管、锥形管，垂直输送要在立管底部增设逆流阀，以保证连续进行输送。辅助设备尚有空气压缩机、插入式混凝土振捣器等。工具有 12″～15″活扳手、电工常规工具、机械常规工具等
4	施工工艺操作方法	(1)配制时，要严格控制配合比和坍落度；材料要准确称量；砂石含水量要在配合比中扣除 (2)混凝土必须用机械搅拌，混凝土供应要保证混凝土输送泵车或固定式混凝土泵连续作业，远距离运输，宜用混凝土搅拌运输车 (3)布置输送管道宜直、转弯宜缓，接头要严密，不漏气、不漏浆，使混凝土保持流动性。泵送管道的铺设应注意以下几点：1)管道的配置应最短，尽量少用弯管和软管；2)泵机出口应有一定长度的水平管，然后再接弯管；3)管路布置应使泵送的方向与混凝土浇筑方向相反，使在浇筑时只需拆除管段而不需增设管段；4)铺管向下斜输送混凝土时，若倾斜度为 4°～7°，应在下斜管的下端设置相当于 5*H*(*H*—落差)长度的水平配管(图 9-20*a*)，若倾斜度大于 7°还应在下斜管的上端设置排气活塞，以便放气(图 9-20*b*)；5)输送管道不得放在模板、钢筋上，以免受振动产生变形，应用支架、台垫或吊具等支承并固定牢固 (4)泵送混凝土前应先用水、水泥浆或 1∶2 水泥砂浆润滑泵和输送管道 (5)泵车、混凝土输送泵开始压送混凝土时，速度宜慢，待混凝土送出管子端部时，速度可逐渐加快，并转入用正常速度进行泵送。压送要连续进行，如混凝土供应不及时，需降低泵送速度。如有问题，应每隔 5～10min 反泵一次，以防堵管；如间歇超过 45min，或混凝土已出现离析，应立即用压力水或压缩空气冲洗输送管道内残留的混凝土

续表

<table>
<tr><th>项次</th><th>项目</th><th>施工方法要点</th></tr>
<tr><td>4</td><td>施工工艺操作方法</td><td>(6)采用输送管浇筑混凝土时，宜由远而近浇筑；同一区域的混凝土，应按先竖向结构后水平结构的顺序分层连续浇筑。浇筑水平结构混凝土，不应在同一处连接布料，应水平移动分散布料。采用多条输送管浇筑混凝土时，输送管间距不宜大于 10m；浇筑速度应保持一致。浇筑宜连接进行，当混凝土不能及时供应时，应采取间歇泵送方式
(7)超长结构混凝土浇筑可留设施工缝分仓浇筑，分仓间隔时间不应少于 7d；当留设后浇带时，后浇带封闭时间不得少于 14d
(8)在泵送过程中，受料斗内应具有足够的混凝土，以防止吸入空气产生阻塞
(9)泵送混凝土浇筑入模时，浇筑顺序有分层浇筑法和斜面分层法两种，要将端部软管均匀移动，使每层布料厚度控制在 30～50cm，不得成堆浇筑；当水平结构的混凝土浇筑层厚度超过 50cm 时，可按 1∶6～1∶10 坡度分层浇筑，且上层混凝土，应超前覆盖下层混凝土 50cm 以上
(10)用固定泵送浇筑大体积基础，应分段分层进行，用钢管退缩布料，每层高约 90cm，每次浇筑宽度 1.5m 左右，以一定的坡度循序推进(图 9-21a、b)，从 A 到 B 每层保持盖住下层混凝土不超过初凝；为防止混凝土自流，使表面不平，采用支设模板隔挡(图 9-21c)，每段浇筑完后，立即拆除支挡模板。这种分段分层踏步式推进的浇筑方法，适用于厚度在 1.5m 以内的基础浇筑
(11)当基础厚度在 1.5m 以上，泵送采用不分层浇筑大体积混凝土时，一般采用“分段定点、一个坡度、薄层浇筑、循序推进、一次到顶”的方法，如图 9-22 所示。这种自然流淌形成斜坡的浇筑方法，能较好地适应泵送工艺，避免泵送管道经常拆除、冲洗和接长，从而提高了泵送效率，简化了混凝土的泌水处理，保证了上下层混凝土不超过初凝时间
(12)混凝土分层铺设后，应随即用插入式振捣器振捣密实。当混凝土坍落度大于 15cm 时，振捣一遍即可；当坍落度小于 15cm 时，应与普通混凝土一样振捣，以机械振捣为主，人工捣固为辅；振动棒移动间距宜为 400mm 左右，振捣时间宜为 15～30s，且隔 20～30min 后，进行第二次复振。当采用斜面分层一个坡度浇筑时，应在每个浇筑带的前、后布置两道振捣棒；第一道布置在混凝土卸料点，用于解决上部混凝土的捣实；由于底部钢筋较密，第二道布置在混凝土坡脚处，确保下部混凝土振捣密实(图 9-22)
(13)泵送混凝土在浇筑、振捣过程中，上涌的泌水和浮浆应排除，以免影响基础表面强度，常用泌水(浮浆)处理方法如图 9-23 所示
(14)泵送混凝土时，输送管道内存在压力，并呈弱喷射状态，混凝土输送管口应距模板 500～1000mm，以免分离骨料堆在边角，造成蜂窝、麻面等疵病
(15)泵送结束时，应计算好混凝土需要量，以便决定拌制混凝土量，避免剩余混凝土过多
(16)混凝土泵送完毕，应进行混凝土泵、泵罐、布料杆及管路清洗。管道清理可采用空气压缩机推动清洗球清洗。方法是先安好专用清洗管，再启动空压机，渐渐加压，其压力不应超过 0.7MPa。清洗过程中，应随时敲击输送管，了解混凝土是否接近排空。管道拆卸后按不同规格分类整齐堆放备用</td></tr>
</table>

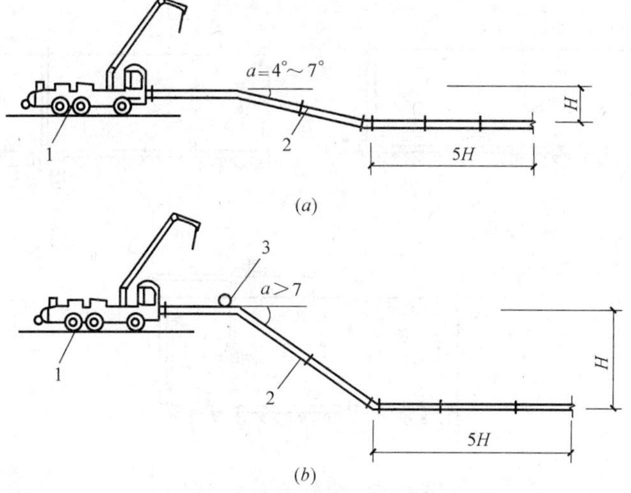

图 9-20 配管布置

(*a*) 下弯 4°～7°；(*b*) 下倾大于 7°

1—泵车或固定式混凝土泵；2—输送管道；3—放气阀

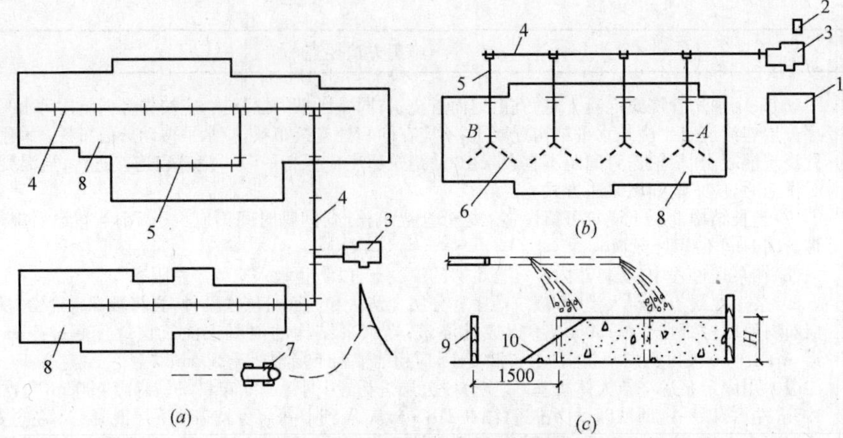

图 9-21　泵送混凝土分层浇筑布置

(a) 纵向布置；(b) 横向布置；(c) 支设临时隔挡模板

1—搅拌站或受料台；2—主控室；3—混凝土输送泵；4—输送；5—输送支管；6—软管；7—自卸翻斗车；8—大体积混凝土基础；9—临时隔挡模板；10—拆除临时隔挡模板后混凝土自流平坡度

H—分层浇筑厚度，900mm

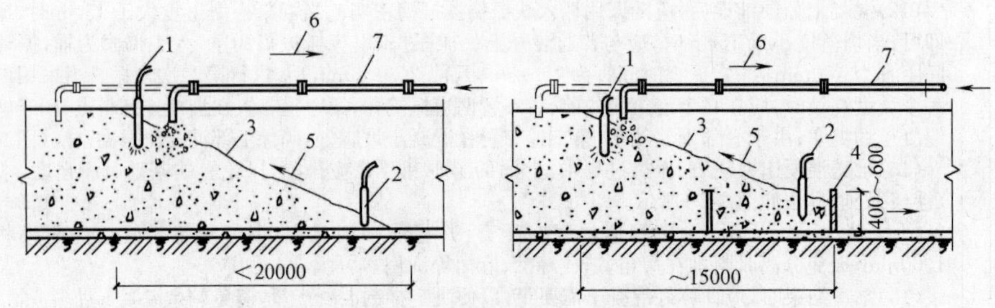

图 9-22　斜面分层混凝土浇筑和振捣

1—卸料点混凝土振捣；2—坡脚处混凝土振捣；3—混凝土振捣后形成的坡度；4—临时隔挡模板；5—振捣方向；6—浇筑方向；7—泵送混凝土管道

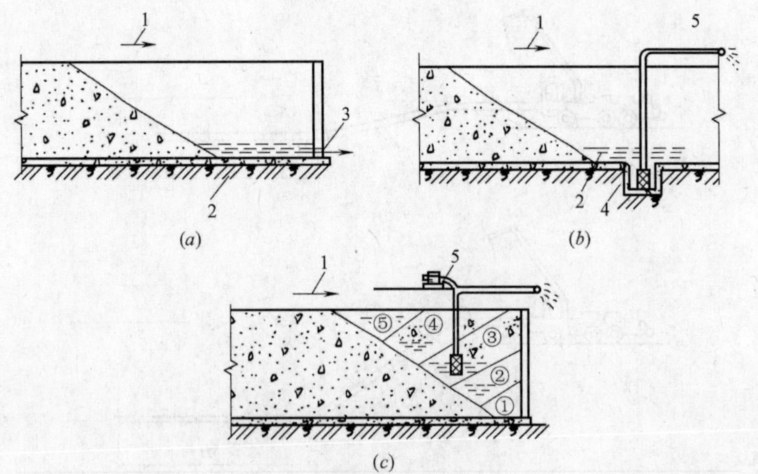

图 9-23　混凝土泌水处理

(a) 模板留孔排除泌水；(b) 设集水坑用泵排除泌水；(c) 用软轴水泵排除泌水

1—浇筑方向；2—泌水；3—模板留孔；4—集水坑；5—软轴水泵

①、②、③、④、⑤—浇筑次序

9.6 大体积混凝土裂缝控制

9.6.1 大体积混凝土裂缝控制技术措施

大体积混凝土浇筑裂缝控制技术措施 **表 9-54**

项次	项目	裂缝控制措施方法
1	降低水泥水化热量	(1)选用低热或中热硅酸盐水泥。当采用硅酸盐水泥或普通水泥时,应掺矿物掺合料以减少混凝土凝结时的发热量 (2)使用粗骨料;掺加粉煤灰等掺合料或掺加减水剂,改善和易性,降低水胶比,控制坍落度,减少水泥用量,降低水化热量 (3)利用混凝土后期(90d、180d)强度,降低水泥用量 (4)在基础内部预埋冷却水管,通入循环冷水,降低混凝土水化热温度 (5)在厚大无筋或稀筋的大体积混凝土中,掺加20%以下的块石吸热,并节省混凝土
2	降低浇筑入模温度	(1)选择较低温季节浇筑混凝土,避开热天浇筑混凝土;对浇灌量不大的块体,安排在下午3时以后或夜间浇灌 (2)夏季采用低温水或冰水拌制混凝土;对骨料喷冷水雾或冷气进行预冷;或对骨料进行护盖或设置遮阳装置;运输工具加盖防止暴晒,降低混凝土拌合物温度 (3)掺加缓凝型减水剂;采取薄层浇灌,每层厚20～30cm,减缓浇灌强度,利用浇灌面散热。 (4)在基础内设通风机和加强通风,加速热量散发
3	加强施工温度控制	(1)做好混凝土的保温保湿养护,缓慢降温,充分发挥徐变特性,减低温度应力;夏季避免暴晒,冬季采取保温覆盖,以免发生急剧的温度梯度 (2)采取长时间养护,规定合理的拆模时间,延缓降温时间和速度,充分发挥混凝土的"应力松弛效应" (3)加强测温和温度监测与管理,实行情报信息化施工,控制混凝土本身内外温差在25℃以内,表面温差和基层底面温差均在20℃以内,及时调整保温及养护措施,使混凝土温度梯度和湿度不至过大,控制有害裂缝出现 (4)合理安排施工程序,控制混凝土均匀上升,避免过大高差;及时回填土,避免结构侧面长期暴露 (5)混凝土入模温度不宜大于30℃;混凝土浇筑体最大温升控制不大于50℃ (6)混凝土浇筑体内部相邻两测温点的温度差值不应大于25℃。混凝土浇筑体表面与大气温差不大于20℃。混凝土降温速率不宜大于2.0℃/d
4	改善约束条件	(1)采取分层分块浇灌,合理设置水平或垂直施工缝,或在适当位置设置后浇缝,以放松约束程度,减少每次浇灌长度和蓄热量,增加散热面,防止水化热的过大积聚,减少温度应力 (2)在基础与岩石地基,或基础与厚大老混凝土垫层之间设置滑动层(平面浇沥青胶铺砂,或刷热沥青或铺卷材),在垂直面键槽部位设置缓冲层(铺30～50mm厚沥青木丝板或聚苯乙烯泡沫塑料),以消除嵌固作用,释放约束应力
5	提高混凝土拉伸强度	(1)选择良好级配的粗骨料,严格控制其含泥量,加强混凝土的振捣,提高混凝土密实度和抗拉强度,减小收缩,保证施工质量 (2)采取二次投料法;二次振捣法;浇灌后及时排除表面泌水,以提高混凝土强度 (3)在基础内设置必要的温度配筋,在基础截面突然变化、转折部位,底(顶)板与墙转折处,孔洞转角及周边,增加斜向构造配筋,以改善应力集中 (4)在基础与墙、地坑等接缝部位,适当增大配筋率,设暗梁,以减轻边缘效应,提高抗拉伸强度,控制裂缝开展 (5)加强混凝土的早期养护,提高早期相应龄期的抗拉强度和弹性模量 (6)在混凝土拌合物中掺入1kg/m^3聚丙烯纤维,增加混凝土韧性、抗裂性,有效控制混凝土微裂缝的形成和发展
6	其他防裂技术措施	(1)避免降温与干缩共同作用,导致应力累加。采取及时回填土,避免结构侧面长期暴露,同时尽快搞好防水设施,使地下水位上升,预防在降温最危险期内产生过大的脱水干缩和湿度变化 (2)在混凝土中掺加水泥用量10%的UEA混凝土微膨胀剂,配制微膨胀补偿收缩混凝土,以抵消或部分抵消混凝土后期由于干缩和降温、引起的混凝土收缩,避免或减轻混凝土开裂的可能性 (3)采取"双控计算"措施,控制结构温度收缩应力在允许安全范围内,即在施工前按施工条件和拟采取的防裂控制措施,计算可能产生的最大降温收缩拉应力,当超过该龄期的混凝土抗拉强度,调整所采

续表

项次	项目	裂缝控制措施方法
6	其他防裂技术措施	取的措施，使应力控制在允许范围内；混凝土浇筑后，根据实测温度和温度升降曲线，计算每阶段降温时，混凝土的累计拉应力，当大于该龄期的混凝土抗拉极限强度，采取保温养护措施，控制内外温差在25℃范围内，使其缓慢降温，提高弹性模量，充分发挥徐变特性，使各阶段降温时混凝土的累计拉应力小于该龄期混凝土允许的抗拉强度，以控制裂缝出现

9.6.2 大体积混凝土裂缝控制施工计算

一、混凝土浇筑前裂缝控制的施工计算

混凝土浇筑前裂缝控制的施工计算　　表 9-55

项　目	计算方法及公式	符 号 意 义
裂缝控制原理、方法和计算步骤	在大体积混凝土浇灌前，根据施工拟采取的防裂措施和已知施工条件，先计算混凝土的水泥水化热绝热温升值、各龄期收缩变形值、收缩当量温差和弹性模量，然后通过计算，估量可能产生的最大温度收缩应力，如不超过混凝土的抗拉强度，则表示所采取的防裂措施能有效控制、预防裂缝出现；如超过混凝土的抗拉强度，则可采取调整混凝土的浇灌温度、减低水化热温升值、降低内外温差、改善施工操作工艺和混凝土性能、提高抗拉强度或改善约束等技术措施重新计算，直至计算的应力控制在允许范围以内为止	$T_{(t)}$—浇完一段时间 t，混凝土的绝热温升值（℃）； C—每立方米混凝土水泥用量（kg）； Q—每千克水泥水化热量（J/kg），可由表 9-56 查得； c—混凝土的比热，一般由 0.92～1.00，取 0.96［J/(kg·K)］； ρ—混凝土的质量密度，取 2400kg/m^3； e—常数，为 2.718； m—与水泥品种、浇捣时温度有关的经验系数，一般为 0.2～0.4； t—混凝土浇筑后至计算时的天数（d）； ε_y^0—标准状态下的最终收缩值（即极限收缩值），取 3.24×10^{-4} M_1、M_2、M_3……M_n—考虑各种非标准条件的修正系数，按表 9-58 取用； T_y（t）—各龄期（d）混凝土收缩当量温差（℃），负号表示降温； ε_y（t）—各龄期（d）混凝土的收缩相对变形值； α—混凝土的线膨胀系数，取 1.0×10^{-5}； E（t）—混凝土从浇灌后至计算时的弹性模量（N/mm^2）；计算温度应力时，一般取平均值； E_0—混凝土的最终弹性模量（N/mm^2），可近似取 28d 的弹性模量，按表 9-57 取用； σ—混凝土的温度（包括收缩）应力（N/mm^2）； ΔT—混凝土的最大综合温差（℃），如为负值则为降温； T_0—混凝土的入模温度（℃）； T_h—混凝土浇筑后达到稳定时的温度，一般根据历年气象资料取当年平均气温（℃）；当大体积结构长期裸露在室外且未回填时，ΔT 值按混凝土水化热最高温升值（包括浇灌入模温度）与当地月平均最低温度之差进行计算； $S(t)$—考虑徐变影响的松弛系数，一般取 0.3～0.5； R—混凝土的外约束系数，当为岩石地基时，$R=1$；当为可滑动的垫层时，$R=0$；一般地基取 0.25～0.50； υ—混凝土的泊松比，可采用 0.15～0.20
混凝土的水化热绝热温升值	混凝土的水化热绝热温升值，一般按下式计算： $$T_{(t)}=\frac{CQ}{c\cdot\rho}(1-e^{-mt}) \quad (9\text{-}33)$$ 实际结构外表是散热的，计算值偏于安全	
各龄期混凝土收缩变形值	各龄期混凝土的收缩变形值 $\varepsilon_y(t)$ 随许多具体条件和因素的差异而变化，一般可按下列指数函数表达式计算： $$\varepsilon_y(t)=\varepsilon_y^0(1-e^{-0.01t})\times M_1\times M_2\times M_3\cdots\cdots\times M_n \quad (9\text{-}34)$$	
各龄期混凝土收缩当量温差	混凝土的收缩变形换成"当量温差①"按下式计算： $$T_y(t)=-\frac{\varepsilon_y(t)}{\alpha} \quad (9\text{-}35)$$	
各龄期混凝土弹性模量	各龄期混凝土弹性模量按下式计算： $$E(t)=E_0(1-e^{-0.09t}) \quad (9\text{-}36)$$	
混凝土的温度收缩应力	大体积结构（厚度大于 1m）贯穿性或深进的裂缝，主要是由平均降温差和收缩差引起过大温度收缩应力造成的。混凝土因外约束引起的温度（包括收缩）应力（二维时）可按以下简化公式计算： $$\sigma=\frac{-E(t)\cdot\alpha\cdot\Delta T}{1-\upsilon}\cdot S(t)\cdot R \quad (9\text{-}37)$$ 其中 $\Delta T=T_0+\frac{2}{3}T(t)+T_y(t)-T_h$	

① 当量温差是将混凝土收缩产生的变形，换成相当于引起同样变形所需要的温度，以便按温差计算温度应力。

水泥水化热量值 **表 9-56**

水泥品种	水泥标号	每 kg 水泥的水化热(J/kg)		
		3d	7d	28d
普通硅酸盐水泥	525 425	314 250	354 271	375(461) 334(377)
矿渣水泥	325(425)	146	208	271
火山灰水泥	325	125	169	250

注：1. 本表为以前按老水泥标准所做试验的数值，仅供对比参考。
2. 本表数值是按平均硬化温度 15℃时编制的，当平均温度为 7～10℃时，表中数值按 60%～70%采用。

混凝土的弹性模量 E_c **表 9-57**

项 次	混凝土强度等级 (N/mm²)	弹性模量 (N/mm²)	项 次	混凝土强度等级 (N/mm²)	弹性模量 (N/mm²)
1	C10	1.75×10^4	7	C40	3.25×10^4
2	C15	2.20×10^4	8	C45	3.35×10^4
3	C20	2.55×10^4	9	C50	3.45×10^4
4	C25	2.80×10^4	10	C55	3.55×10^4
5	C30	3.0×10^4	11	C60	3.60×10^4
6	C35	3.15×10^4	12	C80	3.80×10^4

混凝土收缩变形不同条件影响修正系数 **表 9-58**

水泥品种	矿渣水泥	低热水泥	普通水泥	火山灰水泥	抗硫酸盐水泥	—	—	—
M_1	1.25	1.10	1.0	1.0	0.78	—	—	—
水泥细度 (m²/kg)	300	400	500	600	—	—	—	—
M_2	1.0	1.13	1.35	1.68	—	—	—	—
水胶比	0.3	0.4	0.5	0.6	—	—	—	—
M_3	0.85	1.0	1.21	1.42	—	—	—	—
胶浆量(%)	20	25	30	35	40	45	50	—
M_4	1.0	1.2	1.45	1.75	2.1	2.55	3.03	
养护时间(d)	1	2	3	4	5	7	10	14～180
M_5	1.11	1.11	1.09	1.07	1.04	1	0.96	0.93
环境相对湿度(%)	25	30	40	50	60	70	80	90
M_6	1.25	1.18	1.1	1.0	0.88	0.77	0.7	0.54
$\bar{r}$	0	0.1	0.2	0.3	0.4	0.5	0.6	0.7
M_7	0.54	0.76	1	1.03	1.2	1.31	1.4	1.43
$\frac{E_sF_s}{E_cF_c}$	0.00	0.05	0.10	0.15	0.20	0.25	—	—
M_8	1.00	0.85	0;76	0.68	0.61	0.55	—	—
减水剂	无	有	—	—	—	—	—	—
M_9	1	1.3	—	—	—	—	—	—
粉煤灰掺量(%)	0	20	30	40	—	—	—	—
M_{10}	1	0.86	0.89	0.90	—	—	—	—

续表

水泥品种	矿渣水泥	低热水泥	普通水泥	火山灰水泥	抗硫酸盐水泥	—	—	—
矿粉掺量(%)	0	20	30	40	—	—	—	—
M_{11}	1	1.01	1.02	1.05	—	—	—	—

注：1. $\bar{r}$——水力半径的倒数，为构件截面周长（L）与截面积（F）之比，$\bar{r}=100L/F(\mathrm{m}^{-1})$；

E_sF_s/E_cF_c——配筋率，E_s、E_c——钢筋、混凝土的弹性模量（$\mathrm{N/mm^2}$），F_s、F_c——钢筋、混凝土的截面积（$\mathrm{mm^2}$）

2. 粉煤灰（矿渣粉）掺量——指粉煤灰（矿渣粉）掺合料重量占胶凝材料总重的百分数。

【例 9-4】 轧板厂大型设备基础混凝土采用 C20，用 32.5 级（425 号）矿渣水泥配制，水泥用量为 $275\mathrm{kg/m^3}$，水灰比为 0.6，$E_c=2.55\times10^4\mathrm{N/mm^2}$，$T_y=9℃$，$S(t)=0.3$，$R(t)=0.32$，混凝土浇灌入模温度为 14℃，当地平均温度为 15℃，由天气预报知养护期间月平均最低温度为 3℃，试计算可能产生的最大温度收缩应力和露天养护期间（15d）可能产生的温度收缩应力及抗裂安全度。

【解】 由表 9-56 知，$Q=335\mathrm{J/kg}$，$c=0.96\mathrm{J/kg\cdot K}$，$\rho=2400\mathrm{kg/m^3}$。

混凝土 15d 及最大的水化热绝热温度为

$$T_{(15)}=\frac{275\times335}{0.96\times2400}(1-2.718^{-0.3\times15})=39.54℃$$

$$T_{\max}=\frac{275\times335}{0.96\times2400}(1-2.718^{-\infty})=39.98℃$$

由表 9-58 知，$M_1=1.25$，M_2、M_3、M_5、M_8、M_9 均为 1，$M_4=1.42$，$M_6=0.93$，$M_7=0.7$，$M_{10}=0.95$

则混凝土的收缩变形值为：

$$\begin{aligned}\varepsilon_{(15)}&=3.24\times10^{-4}(1-2.718^{-0.15})\times1.25\times1.42\times0.93\times0.7\times0.95\\&=0.498\times10^{-4}\end{aligned}$$

混凝土 15d 收缩当量温差为：

$$T_{y(15)}=-\frac{0.498\times10^{-4}}{1.0\times10^{-5}}=-4.98\approx-5℃$$

混凝土 15d 的弹性模量为：

$$E_{(15)}=2.55\times10^4(1-2.718^{-0.09\times15})=1.89\times10^4\mathrm{N/mm^2}$$

混凝土的最大综合温差为：

$$\Delta T=-14-\frac{2}{3}\times39.98-9+15=-34.65℃$$

则基础混凝土最大降温收缩应力为：

$$\begin{aligned}\sigma&=-\frac{2.55\times10^4\times1\times10^{-5}\times(-34.65)}{1-0.15}\times0.3\times0.32=0.99\approx1.0<f_t\\&=1.1\mathrm{N/mm^2}\end{aligned}$$

$$K=\frac{1.1}{1.0}=1.1>1.05\qquad 可以$$

露天养护期间基础混凝土产生的降温收缩应力为：

$$\Delta T=-14-\frac{2}{3}\times39.54-5+3=-42.36℃$$

$$\sigma_{(15)}=-\frac{1.89\times10^{4}\times1\times10^{-5}\times(-42.36)}{1-0.15}\times0.30\times0.32$$

$$=0.90>75\%\times1.1=0.83\text{N/mm}^{2}$$

由计算知基础在露天养护期间混凝土有可能出现裂缝，在此期间混凝土表面应采取养护和保温措施，使养护温度加大（即 T_h 加大），综合温差 ΔT 减小，使计算的 $\sigma_{(15)}$ 小于 0.83/1.05=0.79，则可控制裂缝出现。

二、混凝土浇筑后裂缝控制的施工计算

混凝土浇筑后裂缝控制的施工计算　　表 9-59

<table>
<tr><th>项　目</th><th>计算方法公式</th><th>符 号 意 义</th></tr>
<tr><td>裂缝控制原理、方法和计算步骤</td><td>在大体积混凝土浇灌后，根据实测温度值和绘制的温度升降曲线，分别计算各降温阶段的混凝土温度收缩拉应力，如其累计总拉应力不超过同龄期的混凝土抗拉强度，则表示所采取的防裂措施能有效控制，预防裂缝出现，如超过该阶段时的混凝土抗拉强度，则应采取加强养护、保温（及时覆盖回填土）等措施，使其缓慢降温和收缩，提高该龄期的混凝土抗拉强度等进行处理，以控制裂缝出现</td><td rowspan="6">$T_{(t)}$、C、Q、c、ρ、e、m、t 符号意义同表 9-49
T_{max}—混凝土的最大水化热温升值（℃）；
T_d—各龄期混凝土实际水化热最高温升值（℃）；
T_n—各龄期实测温度值（℃）；
T_0—混凝土入模温度（℃）；
$T_{t(t)}$—混凝土水化热平均温度（℃）；
T_1—保温养护下混凝土表面温度（℃）；
T_2—实测混凝土结构中心最高温度（℃）；
T_4—实测混凝土结构中心最高温度与混凝土表面温度之差，即 $T_4=T_2-T_1$；
T_y—混凝土结构截面上任意深度处的温度（℃）；
d—结构物厚度；
y—基础截面上任意一点离开中心轴的距离；
$T_{(t)}$—各龄期混凝土的综合温差（℃）；
T—各龄期混凝土综合温差之和；
$S_{(t)}$—混凝土的松弛系数；
$\sigma_{(t)}$—各龄期混凝土基础所承受的温度应力；
α—混凝土线膨胀系数，取 1×10^{-5}；
υ—泊松比，当结构双向受力时，取 0.15；
$E_{i(t)}$—各龄期混凝土的弹性模量；
$\Delta T_{i(t)}$—各龄期综合温差；
$S_{i(t)}$—各龄期混凝土松弛系数；
cosh—双曲余弦函数，可由函数表查得；
β—约束状态影响系数，按下式计算：
$$\beta=\sqrt{\frac{C_x}{HE(t)}}$$
其中　H—基础底板厚底（mm）；
C_x—地基水平阻力系数（地基水平刚度）（N/mm³）；对软黏土为 0.01～0.03；对一般砂质黏土为 0.03～0.06；对坚硬黏土为 0.06～0.10；对风化岩、低强度混凝土垫层为 0.6～1.00；对 C10 以上老混凝土垫层为 1.0～1.5N/mm²；
L—结构底板长度（mm）；</td></tr>
<tr><td>混凝土绝热温升值计算</td><td>混凝土的水化热绝热温升值按下式计算：
$$T_{(t)}=\frac{CQ}{c\rho}(1-e^{-mt}) \quad (9\text{-}38)$$
$$T_{max}=\frac{C\cdot Q}{c\cdot\rho} \quad (9\text{-}39)$$</td></tr>
<tr><td>混凝土实际最高温升值</td><td>根据各龄期的实测温升降温值及升降温度曲线，按下式求各龄期实际水化热最高温升值：
$$T_d=T_n-T_0 \quad (9\text{-}40)$$</td></tr>
<tr><td>混凝土水化热平均温度</td><td>水化热平均温度按下式计算：

基础底板水泥水化热引起的温升简图
d—基础底板厚度
$$T_{t(t)}=T_1+\frac{2}{3}T_4=T_1+\frac{2}{3}(T_2-T_1) \quad (9\text{-}41)$$</td></tr>
<tr><td>混凝土结构截面上任意深度处的温度</td><td>结构截面上的温差，常假定呈对称抛物线分布，则结构截面上任意深度处的温度可按下式计算：
$$T_y=T_1+\left(1-\frac{4y^2}{d^2}\right)T_4 \quad (9\text{-}42)$$</td></tr>
<tr><td>各龄期混凝土收缩变形值、收缩当量温差及弹性模量</td><td>各龄期（d）混凝土收缩变形值 $\varepsilon_y(t)$、收缩当量温差 $T_y(t)$ 及弹性模量 $E(t)$ 的计算同表 9-49“混凝土灌筑前裂缝控制的施工计算”</td></tr>
</table>

续表

项　目	计算方法公式	符号意义
各龄期综合温差及总温差	各龄期混凝土的综合温差按下式计算： $T_{(t)}=T_{x(t)}+T_{y(t)}$　　(9-43) 总温差为混凝土各龄期综合温差之和，即： $T=T_{(1)}+T_{(2)}+T_{(3)}+\cdots\cdots T_{(n)}$　　(9-44) 以上各种降温差均为负值	K—抗裂安全度，取1.05； f_t—混凝土的抗拉强度设计值
各龄期混凝土松弛系数	混凝土松弛程度同加荷时混凝土的龄期有关，龄期越早，徐变引起的松弛亦越大，其次同应力作用时间长短有关，时间越长，则松弛亦越大，混凝土考虑龄期及荷载持续时间影响下的应力松弛系数 $S_{(t)}$ 见表9-60	
最大温度应力值	弹性地基上大体积混凝土各降温阶段的综合最大温度收缩拉应力按下式计算： $\sigma_{(t)}=-\frac{\alpha}{1-\upsilon}\left(1-\frac{1}{\cosh\cdot\beta\cdot\frac{L}{2}}\right)\sum_{n=1}^{n}E_{i(t)}\cdot\Delta T_{i(t)}\cdot S_{i(t)}$　　(9-45) 降温时混凝土的抗裂安全度应满足下式要求 $K=\frac{f_t}{\sigma_{(t)}}\geqslant 1.05$　　(9-46)	

混凝土考虑龄期及荷载持续时间的应力松弛系数（$S_{(t)}$）　　表9-60

时间 t(d)	3	6	9	12	15	18	21	24	27	30
$S_{(t)}$	0.186	0.208	0.214	0.215	0.233	0.252	0.301	0.367	0.473	1.00

【例9-5】　某大型设备基础底板长90.8m、宽31.3m、厚2.5m，混凝土为C20，采用60d后期强度配合比，用32.5级（425号）矿渣水泥，水泥用量 $C=280\text{kg/m}^3$，水泥发热量 $Q=335\text{kJ/kg}$，混凝土浇筑入模温度 $T_0=28℃$，结构物周围用钢模板，在模板和混凝土上表面外包两层草袋保温，混凝土比热 $c=1.0\text{kJ/(kg·K)}$，混凝土密度 $\rho=2400\text{kg/m}^3$。混凝土浇筑后，实测基础中心 C 点逐日温度如表9-55，升降温曲线如图9-24，试计算总降温产生的最大温度拉应力。

C 测温点逐日温度升降表　　表9-61

日　期	C_1 测点	日　期	C_1 测点	日　期	C_1 测点
1	38	11	43.5	21	35.7
2	50.5	12	42.5	22	35.4
3	52	13	41.5	23	35
4	51.7	14	40.5	24	34.8
5	50.5	15	39.5	25	34.5
6	49.5	16	38.5	26	34
7	48.5	17	38	27	33.5
8	47	18	37.5	28	32.5
9	46	19	36.5	29	32.3
10	45	20	36.2	30	32

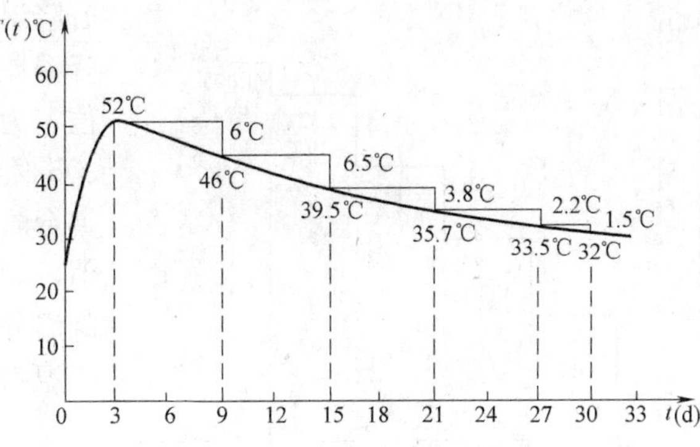

图 9-24 基础中心 C 点各龄期水化热升降温曲线

【解】 (1) 计算绝热温升值

$$T_{max}=\frac{CQ}{c\rho}=\frac{280\times335}{1.0\times2400}=39.1℃$$

(2) 计算实际最高温升值

为减少计算量，采取分段计算，由公式得

$$T_{d(3)}=T_n-T_0=52℃-28℃=24℃$$

同样由计算得：$T_{d(9)}=18℃$

$T_{d(15)}=11.5℃$　　$T_{d(21)}=7.7℃$

$T_{d(27)}=5.5℃$　　$T_{d(30)}=4℃$

(3) 计算水化热平均温度

经实测已知 3d$T_1=36℃$　$T_2=52℃$，故由公式得：

$$T_{x(3)}=T_1+\frac{2}{3}(T_2-T_1)=36+\frac{2}{3}(52-36)=46.7℃$$

又知混凝土浇灌 30d 后，$T_1=27℃$，$T_2=32℃$

故　$$T_{x(30)}=27+\frac{2}{3}(32-27)=30.3℃$$

水化热平均总降温差：

$$T_x=T_{x(3)}-T_{x(30)}=46.7-30.3=16.4℃$$

(4) 计算各龄期混凝土收缩值及收缩当量温差

取 $\varepsilon_y^0=3.24\times10^4$；$M_1=1.25$；$M_2=1.35$；$M_3=1.00$；

$M_4=1.64$；$M_5=1.00$；$M_6=0.93$；$M_7=0.54$；$M_8=1.20$；

$M_9=1.00$；$M_{10}=0.9$；$\alpha=1.0\times10^{-5}$，则 3d 收缩值为：

$$\begin{aligned}\varepsilon_{y(3)}&=\varepsilon_y^0\times M_1\times M_2\times\cdots\cdots M_{10}\ (1-e^{-0.01t})\\&=3.24\times10^{-4}\times1.25\times1.35\times1.00\times1.64\times1.00\times0.93\times0.54\times1.20\\&\quad\times1.00\times0.9\ (1-e^{-0.01\times3})\\&=0.144\times10^{-4}\end{aligned}$$

3d 收缩当量温差为：

$$T_{y(3)}=\frac{e_{y(3)}}{\alpha}=\frac{0.144\times10^{-4}}{1.0\times10^{-5}}=1.44℃$$

同样由计算得：

$$\varepsilon_{y(9)}=0.419\times10^{-4};\ T_{y(9)}=4.19℃$$
$$\varepsilon_{y(15)}=0.677\times10^{-4};\ T_{y(15)}=6.77℃$$
$$\varepsilon_{y(21)}=0.919\times10^{-4};\ T_{y(21)}=9.19℃$$
$$\varepsilon_{y(27)}=1.151\times10^{-4};\ T_{y(27)}=11.51℃$$
$$\varepsilon_{y(30)}=1.260\times10^{-4};\ T_{y(30)}=12.60℃$$

根据以上各龄期当量温差值，算出每龄期台阶间每隔 6(3)d 作为一个台阶的温差值，见图 9-25。

(5) 计算各龄期综合温差及总温差

各龄期水化热平均温差，系在算出的水化热平均总降温差为 16.4℃的前提下，根据

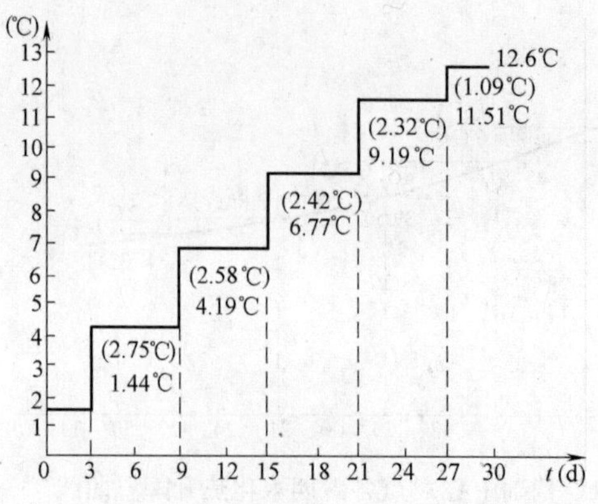

图 9-25　各龄期混凝土收缩当量温差

升降温曲线图（图 9-24）推算出各龄期的平均降温差值，并求出每龄期台阶间的水化热温差值。为偏于安全计，采用 3d 最高温度 52℃与 30d 时 32℃的温差值作为计算依据，算出各龄期台阶（同样以每隔 6d 作为一台阶）的温差值，如图 9-25 所示。为考虑徐变作用，把总降温分成若干台阶式降温，分别计算出各阶段降温引起的应力，最后叠加得总降温应力。

$$T_{(9)}=6.0+2.75=8.75℃;$$
$$T_{(15)}=6.5+2.58=9.08℃;$$
$$T_{(21)}=3.8+2.42=6.22℃;$$
$$T_{(27)}=2.2+2.32=4.52℃$$
$$T_{(30)}=1.5+1.09=2.59℃$$

总综合温差：

$$T=T_{(9)}+T_{(15)}+T_{(21)}+T_{(27)}+T_{(30)}$$
$$=8.75+9.08+6.22+4.42+2.59=31.16℃$$

（6）计算各龄期的混凝土弹性模量

$$E_{(3)}=E_0\ (1-e^{-0.09t})\ =2.55\times10^4\ (1-e^{-0.09\times3})$$
$$=0.603\times10^4\mathrm{N/mm^2}$$

同样由计算得：

$$E_{(9)}=1.415\times10^4\mathrm{N/mm^2};\ E_{(15)}=1.889\times10^4\mathrm{N/mm^2}$$
$$E_{(21)}=2.168\times10^4\mathrm{N/mm^2};\ E_{(27)}=2.325\times10^4\mathrm{N/mm^2}$$
$$E_{(30)}=2.378\times10^4\mathrm{N/mm^2}$$

（7）各龄期混凝土松弛系数

根据荷载持续时间 t，按下列数值取用

$$S_{(3)}=0.191;\ S_{(9)}=0.212$$
$$S_{(15)}=0.230;\ S_{(21)}=0.310$$
$$S_{(27)}=0.443;\ S_{(30)}=1.000$$

（8）最大拉应力计算

取　$\alpha=1.0\times10^{-5}$；$\upsilon=0.15$；$C_x=0.02\mathrm{N/mm^2}$；

$$H=2500\mathrm{mm};\ L=90800\mathrm{mm}$$

根据公式计算各台阶温差引起的应力；

1）9d（第一台阶）：即自第 3d 到第 9d 温差引起的应力：

$$\beta=\sqrt{\frac{C_x}{HE(t)}}=\sqrt{\frac{0.02}{2500\times1.415\times10^4}}=0.0000238$$

$$\beta\frac{L}{2}=0.000024\times\frac{90800}{2}=1.09$$

查表得 $\cosh\cdot\beta\cdot\frac{L}{2}=1.665$，代入公式得

$$\sigma_{(9)}=\frac{\alpha}{1-\upsilon}\left(1-\frac{1}{\cosh\cdot\beta\cdot\frac{L}{2}}\right)E_{(9)}\cdot T_{(9)}\cdot S_{(9)}$$

$$=\frac{1.0\times10^{-5}}{1-0.15}\left(1-\frac{1}{1.665}\right)\times1.415\times10^{4}\times8.75\times0.212$$

$$=0.123\text{N/mm}^2$$

同样由计算得：

2）15d（第二台阶）：即第 9d 至第 15d 温差引起的应力：

$$\therefore\quad \sigma_{(15)}=0.140\text{N/mm}^2$$

3）21d（第三台阶）：即第 15d 至 21d 温差引起的应力：

$$\sigma_{(21)}=0.139\text{N/mm}^2$$

4）27d（第四台阶）：即第 21d 至 27d 温差引起的应力：

$$\sigma_{(27)}=0.139\text{N/mm}^2$$

5）30d（第五台阶）：即第 27d 至 30d 温差引起的应力：

$$\sigma_{(30)}=0.188\text{N/mm}^2$$

6）总降温产生的最大温度拉应力

$$\sigma_{max}=\sigma_{(9)}+\sigma_{(15)}+\sigma_{(21)}+\sigma_{(27)}+\sigma_{(30)}$$

$$=0.123+0.140+0.139+0.139+0.188$$

$$=0.729\text{N/mm}^2$$

混凝土抗拉强度设计值取 1.1N/mm²，则抗裂安全度：

$$K=\frac{1.1}{0.729}=1.51>1.05\qquad\text{满足抗裂条件}$$

故知，不会出现裂缝。

9.7　混凝土养护

9.7.1　自然养护

自然养护方法　　**表 9-62**

项次	项目	养护方法要点
1	做法应用	(1)自然养护是在露天气温(+5℃以上)条件下,在混凝土表面进行覆盖,浇水养护或在结构平面上四周砌 1～2 皮砖蓄水或在池槽结构内灌水养护,使混凝土在潮湿条件下养护,强度正常发展 (2)本法具有养护简单,不消耗能源等优点,适用于各种混凝土结构构件的养护
2	养护工艺要求	(1)对于普通塑性混凝土,应在浇筑完毕后 6～12h 内(夏季可缩短至 2～3h);对于干硬性混凝土应在浇筑后 1～2h 内用麻袋、草垫、苇席、锯末或砂进行护盖,并及时洒水保持湿润养护。混凝土湿润养护对混凝土强度的影响见图 9-26 (2)浇水养护时间以达到标准条件下养护 28d 强度的 60％左右为度,一般不少于 7d;用火山灰、粉煤灰水泥,掺用缓凝型外加剂或有抗渗要求的混凝土,不得少于 14d (3)浇水次数应能保持混凝土处于湿润状态,一般当气温 15℃左右,每天浇水 2～4 次;炎热及气候干燥时,适当增加 (4)蓄水养护应经 24h 拆除内模板后进行,以防起皮 (5)自然养护温度的混凝土强度增长百分率见表 9-63

续表

项次	项目	养护方法要点
3	注意事项	(1)当平均气温低于5℃时，不得浇水养护，以防止突然降温使结构构件受冻 (2)混凝土养护过程中，如发现护盖不好，浇水不足，表面出现泛白细小干缩裂缝，应立即仔细遮盖，充分浇水，加强养护，并延长浇水时间，加以补救

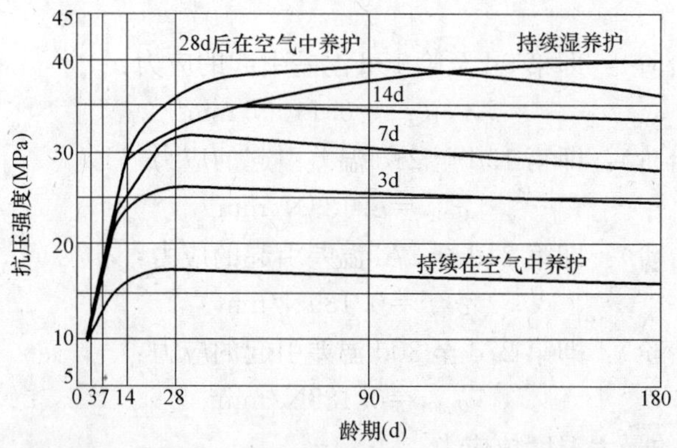

图 9-26　湿润养护对混凝土强度的影响（水胶比为0.5）

自然养护不同温度与龄期的混凝土强度增长百分率（%）　　表 9-63

水泥品种及强度等级	硬化龄期(d)	混凝土硬化时的平均温度(℃) 1	5	10	15	20	25	30	35
42.5级普通水泥	2	—	—	19	25	30	35	40	45
	3	14	20	25	32	37	43	48	52
	5	24	30	36	44	50	57	63	66
	7	32	40	46	54	62	68	73	76
	10	42	50	58	66	74	78	82	86
	15	52	63	71	80	88	—	—	—
	28	68	78	86	94	100	—	—	—
42.5级矿渣水泥火山灰质水泥	2	—	—	—	15	18	24	30	35
	3	—	—	11	17	22	26	32	38
	5	12	17	22	28	34	39	44	52
	7	18	24	32	38	45	50	55	63
	10	25	34	44	52	58	63	67	75
	15	32	46	57	67	74	80	86	92
	28	48	64	83	92	100	—	—	—

9.7.2　太阳能养护

太阳能养护方法　　表 9-64

项次	项目	养护方法要点
1	做法、应用	(1)太阳能养护是在结构或构件周围表面护盖塑料薄膜或透光材料搭设的棚罩，用以吸收太阳光的热能对结构、构件进行加热蓄热养护，使混凝土在强度增长过程中有足够的温度和湿度，促进水泥水化，获得早强 (2)本法具有工艺简单，劳动强度低，投资少，节省费用(为自然养护的45%～65%，蒸汽养护的30%)，缩短养护周期30%～50%，节省能源和养护用水等优点。但需消耗一定量塑料薄膜材料，而棚罩式不便保管，占场地较多。适用于中小型构件的养护，亦可用于现场楼板、路面等的养护

续表

项次	项目	养护方法要点
2	养护工艺要求	有覆盖式、棚罩式、窑式和箱式等几种方法，以前两种使用较广： (1)覆盖式养护　系在结构、构件成型表面抹平后，在构件上覆盖一层厚0.12～0.14mm黑色(或透明)塑料薄膜，在冬期再加盖一层气垫薄膜(使气泡朝下)或一层气被薄膜(图9-27)。塑料薄膜应采用耐老化的，接缝采用热粘合(采用搭接时，搭接长度应大于300mm)，四周应紧贴构件，用砂袋或土压紧盖严，防止被风吹开，降低湿度。当气温在20℃以上，一层塑料薄膜养护温度可达65℃，湿度可达65%以上，1.5～3.0d可达设计强度的70%，缩短养护期限40%以上 (2)棚罩式养护　系在构件上加养护棚罩或再在构件上加一层黑色塑料薄膜。棚罩材料有：玻璃、透明玻璃钢、聚酯薄膜、聚乙稀薄膜等，而以透明玻璃钢和塑料薄膜为佳。罩的形式有单坡、双坡、拱形等(图9-28)，每节长4m，搭接长300mm，罩内空腔比构件略大一些，一般夏季罩内温度可达60～75℃，春秋季可达35～45℃，冬季为15～20℃；罩内湿度一般为50%左右 (3)窑式养护　用太阳照射适当倾角，造成双层窑，顶部用太阳能养护，窑底是带其他热源的养护，有日照时利用太阳能辐射热养护；无日照时，在窑面护盖棉垫贮热养护 (4)箱式养护　由箱体和箱盖两部分组成(图9-29)，箱体是一平板型太阳能集热器箱盖，主要反射聚光以增加箱内的太阳辐射能量，定时变换角度，基本可达到全天反射聚光目的。当白天气温为15～18℃，夜间气温为1～16℃时，箱内养护温度白天可达80℃以上，夜间保持32℃以上。在阴雨天效果也较好，阴雨天白天气温21℃，箱内最高温度可达52℃，在夜间最低14℃，箱内仍可保持27℃以上
3	注意事项	(1)养护时要加强管理，根据气候情况，随时调整养护制度，当湿度不够，要适当洒水 (2)塑料薄膜较易损坏，要经常检查修补。修补方法是：将损坏部分擦洗干净，然后用刷子蘸点塑料胶涂刷在破损部位，再将事先剪好的塑料薄膜贴上去，用手压平即可 (3)采用太阳能集热箱养护混凝土应注意使玻璃板斜度与太阳光垂直或接近垂直射入效果最好；反射角度可以调节，以反射光能全部射入为佳；反射板在夜间宜闭合，盖在玻璃板上，以减少箱内热介质传导散热的损失；吸热材料要注意防潮 (4)当遇阴雨天气，收集的热量不足时，可在构件上加铺黑色薄膜，提高吸收效率

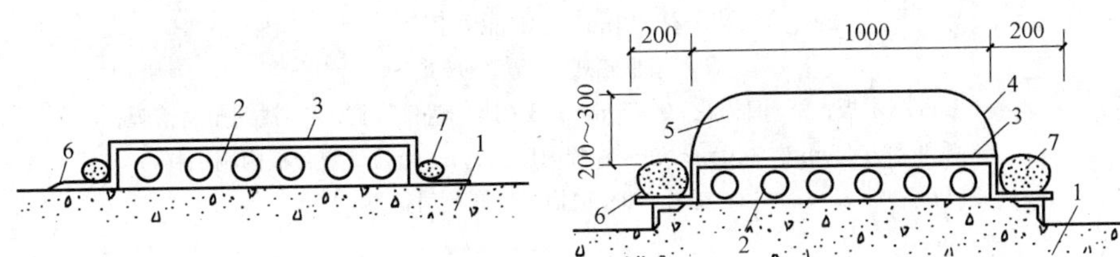

图9-27　覆盖式太阳能养护

1—台座；2—构件；3—覆盖黑色塑料薄膜；4—透明塑料薄膜；5—空气层；6—压封边；7—砂袋

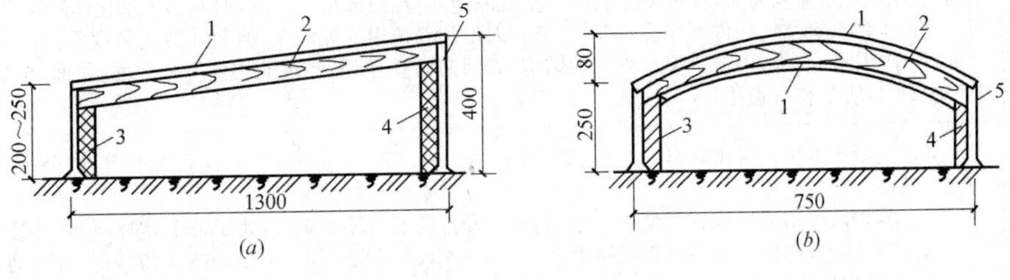

图9-28　太阳能养护棚罩式

(a) 单坡式；(b) 双坡拱式

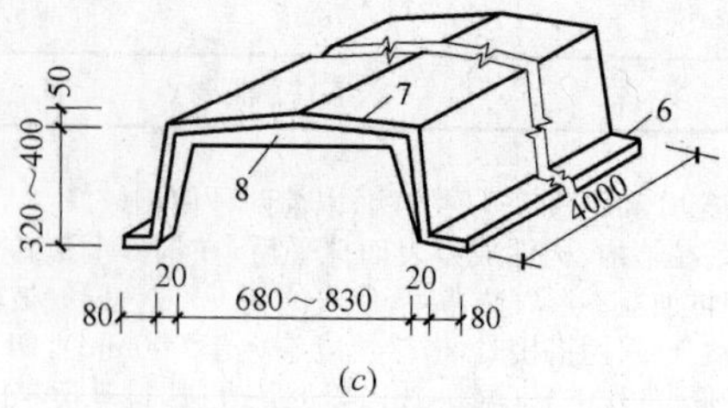

图 9-28　太阳能养护棚罩式（续）

(c) 双坡式

1—透明塑料薄膜一层；2—220mm×50mm 或 12mm×80mm 截面弧形板@750mm；3—黑色塑料薄膜一层；4—旧棉花 30～50mm 厚；5—20mm 厚木板（外刷黑漆）；6—橡皮包底；7—透明聚酯玻璃钢；8—玻璃钢肋

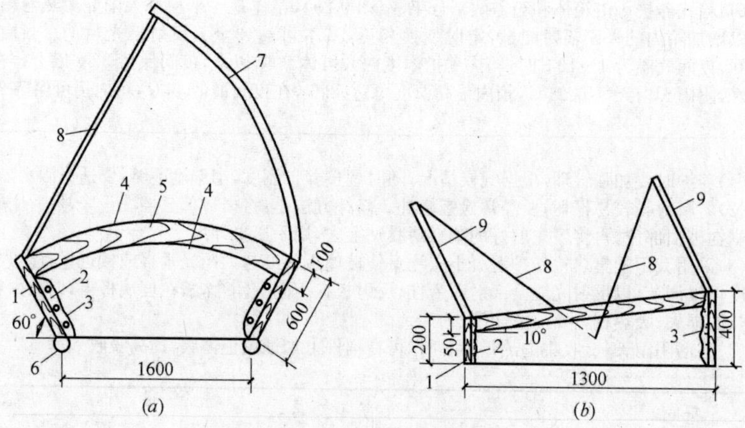

图 9-29　箱式太阳能养护罩

(a) 扇形箱式；(b) 斜坡式

1—10mm 厚木板；2—旧棉花 30～50mm；3—黑色塑料薄膜；4—透明塑料薄膜；5—弧形木方 25mm×100mm；6—橡胶内胎皮；7—箱盖（胶合板内刷铝粉）；8—撑杆；9—镀铝涤纶布反射盖

9.7.3　养护剂养护

养护剂养护方法　　**表 9-65**

项次	项目	养护方法要点
1	做法、应用	(1)养护剂养护又称喷膜养护，是在结构构件表面喷涂或刷涂养护剂，溶液中水分挥发后，在混凝土表面上结成一层塑料薄膜，使混凝土表面与空气隔绝，阻止内部水分蒸发，而使水泥水化作用完成 (2)本法具有结构构件不用浇水养护，节省人工和养护用水等优点，但 28d 龄期强度要偏低 8%左右。适用于表面面积大、不便于浇水养护的结构（如烟囱筒壁、间隔浇筑的构件等）、地面、路面、机场跑道或缺水地区养护构件使用
2	养护工艺要求	(1)混凝土养护剂常用的有：过氯乙烯、氯乙烯－偏氯乙烯、醇酸树脂、沥青乳胶等，以前两种使用较广，其施工配合比见表 9-66 (2)养护液采用喷枪或农药喷枪喷涂，其喷洒设备及工具见表 9-67，无设备工具时，亦可用刷子刷涂 (3)喷（刷）涂结构上表面可于混凝土浇筑后 2～4h，在不见浮水，用指轻按无指印时，即可进行喷洒；立壁于拆模后立即进行 (4)喷洒时空气压缩机工作压力以 0.4～0.5MPa，容器压力以 0.2～0.3MPa 为宜，溶液喷洒厚度以 $2.5m^2/kg$ 为宜，厚薄要求均匀

续表

项次	项目	养护方法要点
3	注意事项	(1)喷(刷)涂时应掌握合适时间,过早会影响薄膜与混凝土的结合;过晚则混凝土水分蒸发过多,影响水化作用 (2)溶液喷洒后,会很快形成薄膜,应加强保护,防止硬物在表面拖拉、碰撞损坏,或在其上行驶车辆,发现破裂、损坏,应及时补喷养护液 (3)养护液配制有毒,易燃,操作时要注意防护等问题 (4)工作完后,应将设备及工具清洗干净,避免腐蚀、堵塞

常用混凝土养护液施工配合比(重量计) **表 9-66**

材　料	过氯乙烯养生液		氯乙烯-偏氯乙烯养生液
	1	2	
过氯乙烯树脂	9.5	10.0	—
氯乙烯—偏氯乙烯(LP—37)乳液	—	—	—
苯二甲酸二丁酯	4.0	2.5	100
10%浓度磷酸三钠	—	—	—
粗苯	86.0	—	5
轻溶剂油	—	87.5	—
丙酮	0.5	—	—
水	—	—	100～300
磷酸三丁酯	—	—	适量

注：此外养护液尚有合成橡胶溶液(配合比为汽油 93.5%，丁二烯苯乙烯热弹性塑胶 3.5%，铝粉 3%)；水玻璃水溶液，浓度为 10%，其用量为 0.3kg/m^2，PJ 乳液(石蜡：熟亚麻仁油：三乙醇胺：硬脂酸：水=3.75：5.65：1.0：1.25：18.35)。

养护剂养护设备及工具表 **表 9-67**

机具名称	规格、技术性能	数　量
空气压缩机	0.18～0.6m^3,工作压力 0.4～0.5MPa,双闸门带电动机	1台
高压容罐	0.5～1.0m^3、6～8 气压,带压力表,气阀、安全阀均为 ϕ12.7mm,0.4～0.6MPa	1～2台
高压橡胶管	ϕ12.7mm(乙炔氧焊管)	视场地而定
喷　枪	ϕ12.7mm(喷涂料或农药)喷枪	1～2副

9.7.4 蒸汽养护

蒸汽养护方法 **表 9-68**

项次	项目	养护方法要点
1	做法应用	(1)蒸汽养护是在工厂养生窑(坑)内铺设蒸汽管道,内放构件或在现场结构构件周围采用临时性围护,上盖护罩或简易的帆布、油布、塑料薄膜,通以低压饱和蒸汽,使混凝土在较高温度和湿度条件下,迅速硬化达到要求的强度 (2)本法可缩短养护时间,加速模板或台座周转,提高生产效率,在寒冷地区,可做到常年均衡生产。适用于工厂生产预制构件或冬期施工现场养护预制构或现浇结构
2	养护工艺要求	(1)蒸汽养护制度一般分四个阶段进行:即静停、升温、恒温和降温(图 9-30): 1)静停　指构件浇筑完毕至升温前在室温下静置一段时间,以增强混凝土对升温阶段结构破坏作用的抵抗能力,一般为 2～6h,对于干硬性混凝土为 1h 2)升温　是混凝土的定型阶段,一般为 2～3h,升温速度为 10～25℃/h,对于干硬性混凝土为35～40℃/h

续表

项次	项目	养护方法要点
2	养护工艺要求	3)恒温　是混凝土强度主要增长阶段，一般为5～8h，温度随水泥品种不同而异，普通水泥的恒温温度不得超过80℃，矿渣水泥、火山灰水泥可高至90～95℃，并保持90%～100%的相对湿度 4)降温　一般为2～3h，降温速度不大于20～30℃/h。降温后构件出槽、窑(坑)温度与室外气温之差不得大于30℃，当室外为负温时，不得大于20℃，以防温度骤降使构件产生裂缝 (2)蒸汽养护的混凝土强度增长百分率参见表9-69
3	注意事项	(1)采用蒸汽养护应用低压饱和蒸汽，温度不超过100℃，气压小于0.07MPa，湿度90%～95% (2)混凝土经70～80℃蒸汽养护，第一天可达强度60%左右，第二天可增加20%，第三天只能增8%左右，混凝土最终强度与标准条件养护的强度比较：普通水泥的标准养护强度的85%～90%，矿渣水泥为115%，火山灰质水泥为100%～110%，因此选择水泥时应考虑最终强度的影响 (3)混凝土中掺普通减水剂或加气剂一般不宜采用蒸汽养护，如某种原因需要掺加时，应通过试验后确定 (4)采用简易篷布覆盖式或罩式养护，篷布之间搭接要求严密，与地面接触部位用土或砂压住使其密闭，同时棚罩内应有排除冷凝水沟道 (5)对先张法施工的预应力混凝土构件采用蒸汽养护，应考虑预应力筋张拉时的温度与蒸汽养护的温差所引起的钢筋应力值的损失，应对蒸汽养护的最高温度按计算进行控制 (6)经过蒸汽养护后的混凝土，宜放在潮湿环境中继续养护，一般洒水7d～21d，使混凝土处于相对湿度在80%～90%的潮湿环境中。为了防止水分蒸发过快，在混凝土制品上表面宜再遮盖草帘或其他覆盖物

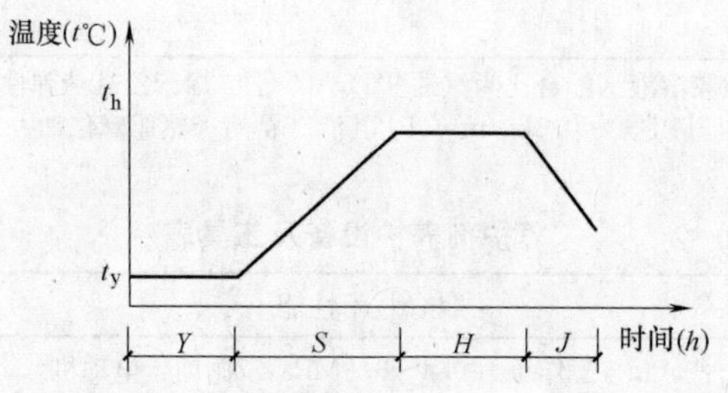

图9-30　混凝土蒸汽养护四个阶段

蒸汽养护的混凝土强度增长百分率（%）　　**表9-69**

养护时间(h)	混凝土硬化时的平均温度(℃)										
	普通水泥					矿渣水泥					
	40	50	60	70	80	40	50	60	70	80	90
8	—	—	24	28	35	—	—	—	32	35	40
12	20	27	32	39	44	—	26	32	43	50	63
16	25	32	40	45	50	20	30	40	53	62	75
20	29	40	47	51	58	27	39	48	60	70	83
24	34	45	50	56	62	30	46	54	66	77	90
28	39	50	55	61	68	36	50	60	71	83	94
32	42	52	60	66	71	40	55	65	75	87	97
36	46	58	64	70	75	43	60	68	80	90	100
40	50	60	68	73	80	48	63	70	83	93	—
44	54	65	70	75	82	51	66	75	86	96	—
48	57	66	72	80	85	53	70	80	90	100	—
52	60	68	74	82	87	57	71	82	91	—	—
56	63	70	77	83	88	59	75	84	93	—	—
60	66	73	80	84	89	61	77	87	97	—	—
64	68	76	81	85	90	63	80	89	99	—	—
68	69	77	82	86	90	66	81	90	100	—	—
72	70	79	83	87	90	67	82	91	—	—	—

9.8 特种混凝土

9.8.1 防水混凝土

防水混凝土组成、配制及施工要点　　表 9-70

分类组成、特性及使用	原材料要求及配合比	施工要点
防水混凝土分骨料级配防水混凝土、普通防水混凝土、外加剂防水混凝土、膨胀水泥防水混凝土等 骨料级配防水混凝土是用三种或三种以上不同级配砂、石按不同比例混合而成，并加入一些粉料，使其达到最小孔隙率和最大的密实度来提高混凝土的抗渗性，因配制繁琐，使用较少 普通防水混凝土是通过调整普通混凝土组分的方法来提高自身密度和抗渗性 外加剂防水混凝土是在混凝土混合物中掺入少量外加剂（如引气剂、密实剂、早强剂或减水剂）以提高混凝土的密实性、抗渗性 膨胀水泥防水混凝土是用膨胀水泥、无收缩水泥、塑化水泥或普通水泥中掺加膨胀剂使混凝土密实并提高抗渗性 防水混凝土用于工程可兼起结构物的承重、围护与防水三重作用，与一般卷材防水相比，防水混凝土结构防水具有使用耐久，能承受一定温度和冲击作用，施工工序少，操作简便，速度快，材料来源广，造价低等特点 适用于各种形状的刚度较大、表面温度不高（小于100℃）的整体钢筋混凝土结构和构筑物、地下室、地下通廊、地坑、泵房、隧道、沉井、水池、水塔、油罐、设备基础等；但不宜用于受冲击震动或高温作用的结构	（1）材料要求： 1）水泥：在不受浸蚀性介质和冻融作用时，宜用普通水泥、火山灰水泥、粉煤灰水泥、如采用矿渣水泥应掺加外加剂。在受冻融时，应选用普通水泥，水泥强度等级不宜低于 42.5，不得使用过期或受潮结块的水泥 2）石子：连续级配，粒径不宜大于 40mm，吸水率不大于 1.5%，含泥量不大于 1% 3）砂：宜采用中砂，含泥量小于 3% 4）外加剂：常用有引气剂、减水剂、密实剂、早强剂等，其性能和掺量见表 9-71 5）粉细料：防水混凝土可掺一定数量的磨细粉煤灰或磨细砂、石粉等，粉煤灰掺量应不大于 2%，磨细砂、石粉的掺量不宜大于 5%，粉细料应全部通过 0.15mm 筛孔 6）膨胀剂：种类及性能见表 9-92 （2）配合比： 防水混凝土的抗渗等级根据地下水的最大水头与防水结构设计壁厚的比值按表 9-72 选用 普通防水混凝土配制主要是以抗渗强度等级为控制指标，一般要求水胶比小于 0.6；水泥用量不小于 300kg/m³，砂率不小于 35%，灰砂比不小于 1∶2.5，坍落度为 3～5cm 常用普通防水混凝土、掺外加剂防水混凝土、掺膨胀剂配制的防水混凝土施工参考配合比见表 9-73、表 9-74 和表 9-75	（1）防水混凝土配料应按重量配合比准确称量 （2）防水混凝土拌合物应用机械搅拌，搅拌时间不应少于 2min，掺外加剂时，最后加入并应延长 1～1.5min （3）模板要求拼缝严密，支撑牢固，固定模板用的螺栓、套管及埋于结构中的管道等应加焊止水环（图 9-31、图 9-32），并须满焊 （4）防水混凝土运输后出现离析应二次搅拌，浇灌高度超过 1.5m 应设串筒、溜槽或开门子板下料。混凝土应分段、分层、均匀连续浇灌，用振动器振捣密实，振捣时间宜为10～30s，至开始泛浆和不冒气泡为准，并应避免漏振、欠振和超振 （5）混凝土浇灌宜少留或不留施工缝，必须留设时，水平缝可按图 9-33 所示的形式，垂直施工缝应避开地下水和裂隙水较多地段，并宜与变形缝相结合，继续浇灌时，施工缝处应凿毛，扫净，湿润，再铺上一层 20～25mm 厚的 1∶1 水泥砂浆 （6）防水混凝土终凝后，应立即进行养护，不少于 14d，并保持表面湿润 （7）大体积防水混凝土应采取降低水化热温度、浇灌温度，加快散热等措施，以防产生温度收缩裂缝

防水混凝土用外加剂性能及掺量参考表　　表 9-71

类别	名称	性　能	掺量（占水泥重）	掺入混凝土后的性能	备　注
引气剂	松香酸钠	深绿色液体，易溶于水	0.03%～0.05%	拌合时产生大量均匀微小的封闭气泡，破坏了毛细管作用，改善混凝土的和易性，泌水性、抗冻性。抗渗等级：松香酸钠防水混凝土可达 P10～P25，掺松香热聚物可达 P7～P15	使用时控制含气量在 3%～5%，使密度降低不超过 6%，强度降低不超过 25%
	松香热聚物	微透明胶体，易溶于水	0.005%～0.015%		

续表

类别	名称	性能	掺量(占水泥重)	掺入混凝土后的性能	备注
密实剂	氢氧化铁防水剂	黏性胶状物质，不溶于水；食盐含量小于12%	2%	能生成一种胶状悬浮颗粒，填充混凝土中微小孔隙和毛细管通路，因而有效地提高混凝土的密实性和不透水性。抗渗等级可达P15～P35	掺加后对凝结时间及钢筋锈蚀无显著变化
	氧化铁防水剂	深棕色液体，密度大于1.4，$FeCl_2$: $FeCl_3$=1 : 1～1.3，二者含量大于400g/L	2.5%～3.0%		
早强剂	三乙醇胺	无色或淡黄色透明油状液体，密度1.12～1.13，pH=8～9，纯度70%～80%，无毒、不易燃，易溶于水，呈碱性	0.02%～0.05%	能促使水泥胶体极端活泼性，加快水化作用，水化生成物增加，水泥石结晶变细，结构密实，因而提高混凝土的抗渗性和不透水性，抗渗等级可达P28～P40	冬期常与氯化钠、亚硝酸钠复合使用，其掺量为：氯化钠0.5%，亚硝酸钠1%
减水剂	M型减水剂(木质素磺酸钙)	黄褐色粉末状固体，易溶于水，密度0.54，pH=5	0.2%～0.3%	对水泥有分散作用，显著改善混凝土拌合物和易性，可降低水灰比，减少用水量，同时有加气作用，提高抗渗性。其抗渗等级可达P30以上	使用时注意掌握掺量，控制含气量3.5%左右
	MF型减水剂(次甲基α甲基萘磺酸钠)	褐色粉末或棕蓝色液体，pH=7～9，易溶于水，有一定吸湿性，无毒、不燃	0.3%～0.7%	对水泥有极好的扩散效应，因而改善混凝土拌合物的和易性，减少用水量，减少由于多余水分蒸发而留下的毛细孔体积，且孔径变细，结构致密，同时水化生成物分布均匀，因而提高混凝土的密实性和抗渗性，其抗渗等级可达P40以上	使用时可根据对混凝土的不同要求，与早强剂、加气剂、消泡剂复合使用，效果更好
	NNO减水剂(亚甲基二萘磺酸钠)	米棕色粉末或棕黑色液体，pH=7～9，无毒，不燃，易溶于水	0.5%～0.75%		

防水混凝土抗渗等级 **表9-72**

最大水头(H)与防水混凝土壁厚(h)的比值$\left(\frac{H}{h}\right)$	<10	10～15	15～25	25～35	>35
设计抗渗等级(MPa)	0.6 (P6)	0.8 (P8)	1.2 (P12)	1.6 (P16)	2.0 (P20)

注：1. 地下结构应以设计最高地下水位作为最大计算水头
2. 储水结构应以建筑物的蓄水高度或最高水位作为最大计算水头。

集料级配防水混凝土配合比 **表9-73**

混凝土等级	水泥品种、强度等级	石子规格(mm)	坍落度(cm)	砂率(%)	配合比(kg/m^3)				抗渗等级
					水	水泥	砂	石子	
C30	普通42.5	5～25	4～6	38	207	390	664	1082	P4
C20	普通42.5	5～40	3～5	36	185	360	659	1172	P6
C30	普通42.5	5～40	3～5	35	186	380	634	1177	P8
C20	普通42.5	5～40	3～5	41	189	310	794	1144	P10
C20	普通42.5	5～20 20～40		41	190	360	800	415 735	P12

掺外加剂的防水混凝土配合比 **表 9-74**

混凝土强度等级	水泥强度等级	坍落度(cm)	配合比(kg/m³)							抗渗等级
			水	水泥	砂	石子	松香酸钠(三乙醇胺)(%)	氯化钙(氯化铁)(%)	木质素磺酸钙(氯化钠)(%)	
C15	42.5	3～5	160	300	540	1238	0.05	0.075	—	P6
C20	42.5	3	170	340	640	1210	0.05	0.075	—	P8
C30	42.5	—	195	350	665	1182	—	(3)	—	>P12
C40	42.5	—	201	437	830	1162	—	(2)	—	>P30
C25	42.5	—	180	300	879	1062	(0.05)	—	—	>P20
C25	42.5	—	200	334	731	1169	(0.05)	—	—	>P35
C30	42.5	1～3	190	400	640	1170	(0.05)	—	(0.5)	>P12
C30	42.5	3～5	168	330	744	1214	—	—	0.25	P8

注：1. 石子规格均为 5～40mm

2. 外加剂掺量均为水泥重量百分比（%）计。

掺膨胀剂的防水混凝土配合比 **表 9-75**

水泥及强度等级	膨胀剂掺量(%)	水泥用量	配合比(重量计) 水泥+膨胀剂=砂：石子：水	R_{28}(MPa)	抗渗等级
42.5 普通	0 15	313 268	1：2.21：3.99：0.625 (0.85+0.15)：2.27：3.95：0.57	27.7/100 34.6/127	P10 P20
42.5 矿渣	0 15	380 323	1：1.8：3.08：0.49 (0.85+0.15)：1.8：3.08：0.49	27.14/100 27.7/122	P5 >P7
42.5 普通	0 15	312 265	1：2.287：3.969：0.61 (0.85+0.15)：2.287：3.969：0.59	— —	P10 P26
42.5 普通	0 15	356 303	1：2.1：3.3：0.6 (0.85+0.15)：2.1：3.3：0.6	39/100 38/97.4	— —

注：膨胀剂用明矾石膨胀剂，安徽建研所有产品供应。

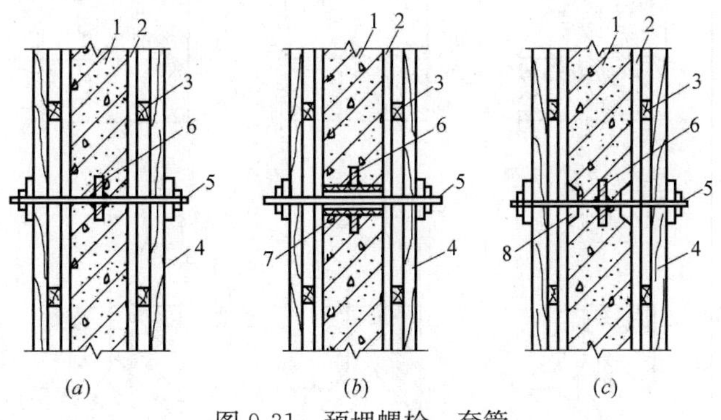

图 9-31 预埋螺栓、套管

(*a*) 螺栓加焊止水环；(*b*) 预埋套管；(*c*) 螺栓加堵头

1—防水结构；2—模板；3—横撑木；4—立楞木；5—螺栓；6—止水环；

7—套管（拆模后，螺栓拔出，内用膨胀水泥砂浆封堵）；

8—堵头（拆模后，将螺栓沿坑底割去，用膨胀水泥砂浆封堵）

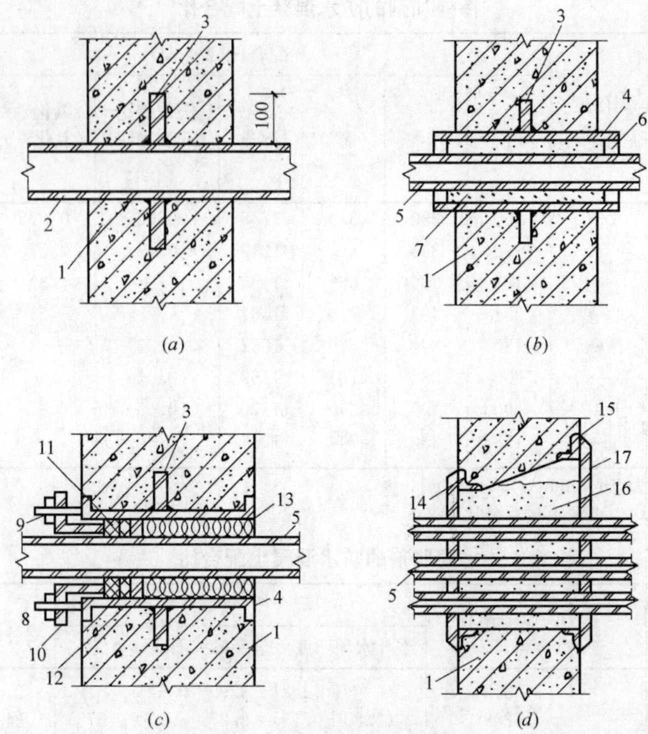

图 9-32　预埋管道、套管做法

(a) 固定式穿墙管；(b)、(c) 套管式穿墙管；(d) 群管做法

1—地下结构；2—预埋管道；3—止水环；4—预埋套管；5—安装管道；6—防水油膏；7—细石混凝土或砂浆；8—双头螺栓；9—螺帽；10—压紧法兰；11—橡胶圈；12—挡圈；13—嵌填材料；14—封口钢板；15—固定角钢；16—柔性材料；17—浇筑孔

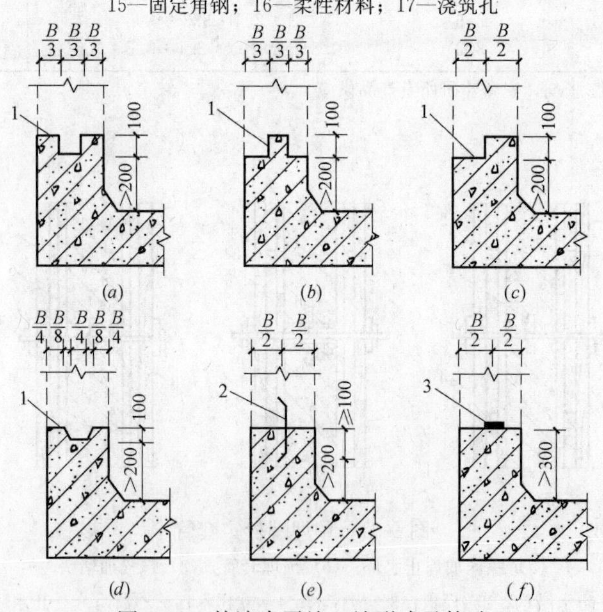

图 9-33　外墙水平施工缝形式及构造

(a) 凹缝；(b) 凸缝；(c) 阶梯缝；(d) 楔形缝；(e) 嵌钢板止水片（带）平缝；(f) 嵌 BW 止水条

1—施工缝；2—镀锌钢板止水片或塑料止水带；3—BW 止水条

9.8.2 耐热（耐火）混凝土

耐热（耐火）混凝土配制及施工要点　表 9-76

组成、用途	材料要求及配合比	施工要点
耐热(火)混凝土是用水泥与耐火粗、细集料、粉料和水按一定比例配制而成 具有能长期经受高温并保持所需的物理力学性能(如耐火度、热稳定性。荷重软化点以及较小的收缩等)的特性 适用于热工设备衬护和受高温作用的结构,如炉墙、炉坑、烟囱内衬以及基础等	(1)材料要求: 1)水泥:采用强度等级 42.5 以上普通水泥、矿渣水泥或矾土水泥。普通水泥中不得掺有石灰岩类混合材料,矿渣水泥中的水渣含量不得大于 50% 2)粗细骨料:可用普通黏土砖、耐火黏土砖、高铝砖等碎块、黏土熟料、矾土熟料、安山岩、玄武岩块等。粗骨料粒径一般为 5～25mm,细骨料粒径为 0.15～5mm 3)掺合料:用黏土砖粉、黏土熟料、矾土熟料、粉煤灰、高炉水渣等粉料,其细度要求通过 4900 孔/cm^2 筛不少于 70%,含水率不大于 1.5%,掺入量为水泥重量的 30%～100%。极限使用温度在 350℃及以下的耐热混凝土可不加掺合料 (2)配合比: 常用水泥耐热混凝土的材料组成、极限使用温度和适用范围见表 9-77,极限使用温度 700℃以下的耐热混凝土的施工参考配合比见表 9-78	(1)混凝土宜用机械拌制。先将水泥、粗、细骨料与掺合料搅拌 2min,再按配合比加入水搅拌 2～3min 至颜色均匀为止。混凝土坍落度:用机械振捣时应不大于 2cm,人工捣固时不大于 4cm (2)浇灌应分层进行,每层厚度为25～30cm (3)普通水泥耐热混凝土浇灌后宜在 15～25℃的潮湿环境中养护不少于 7d;矿渣水泥不少于 14d;矾土水泥不少于 3d。气温低于+7℃时,可采用蓄热、电热或蒸汽加热等方法养护。加热温度不得超过 60℃,矾土水泥不得超过 30℃。并不得掺用化学促凝剂 (4)当用于热工设备衬里时,必须在混凝土强度达到 70%后进行烘烤,并按规定制度执行。烘烤时升温速度:常温至 250℃为 15～25℃/h;300～700℃为 150～200℃/h

注：一般能承受 200～700℃高温的混凝土称耐热混凝土；能承受 900℃以上高温的混凝土称耐火混凝土。

耐热混凝土的材料组成、极限使用温度和适用范围　表 9-77

种类	极限使用温度(℃)	组成材料及用量(kg/m^3)			混凝土最低强度等级	适用范围
		胶结料	掺合料	粗细骨料		
普通水泥(矿渣水泥)耐热混凝土	700	普通水泥(矿渣水泥) 300～400 (350～450)	水渣、粉煤灰、黏土熟料 150～300 (0～200)	高炉矿渣、红砖、安山岩、玄武岩 1300～1800 (1400～1900)	C15	温度变化不剧烈,无酸碱侵蚀的工程
	900	普通水泥(矿渣水泥) 300～400 (300～400)	耐火度不低于 1610℃的黏土熟料、黏土砖 150～300 (100～200)	耐火度不低于 1610℃的黏土熟料、黏土砖 1400～1600 (1400～1600)	C15	无酸碱侵蚀的工程
	1200	普通水泥 300～400	耐火度不低于 1670℃的黏土熟料、黏土砖、矾土熟料 150～300	耐火度不低于 1670℃的黏土熟料、黏土砖、矾土熟料 1400～1600	C20	无酸碱侵蚀的工程
矾土水泥耐热混凝土	1300	矾土水泥 300～400	耐火度不低于 1730℃的黏土熟料、矾土熟料 150～300	耐火度不低于 1730℃的黏土砖、矾土熟料、高铝砖 1400～1700	C20	宜用于厚度小于 400mm 的结构,无酸碱侵蚀的工程

注：表中括号内数字为以矿渣水泥为胶结料的材料用量。极限使用温度为平面受热时的温度，对双面或全部受热结构，应经计算或试验后确定。耐热混凝土强度等级为以 100mm×100mm 试块的烘干抗压强度乘以系数 0.9 而得。

水泥耐热混凝土参考配合比　表 9-78

混凝土强度等级	配合比(kg/m³)					
	水	水泥		耐火砖砂(红砖砂)(0.15～5mm)	耐火砖块(红砖块)(5～25mm)	粉煤灰
		强度等级	用量			
C15	220	矿渣 42.5	345	586	999	—
C15	400	普通 42.5	350	(484)	(591)	150
C15	350	矿渣 42.5	370	630	(770)	80
C15	250	矿渣 42.5	406	585	877	—
C20	232	矿渣 42.5	340	850	918	—
C20	300	普通 42.5	350	810	990	—
C20	236	矿渣 42.5	393	707	983	—
C20	383	矿渣 42.5	450	740	(910)	—

注：表中配合比适用于极限使用温度 700℃以下。

9.8.3　抗渗抗冻混凝土

抗渗抗冻混凝土组成、配制及施工要点　表 9-79

组成、原理及使用	材料要求及配合比	施工要点
抗冻混凝土系在普通级配混凝土中掺入少量松香酸钠泡沫剂配制而成 由于泡沫剂在混凝土中产生大量细小而较为稳定的微泡，能填充混凝土的空隙，并堵塞毛细管通路，使外部水分不易渗入，当微泡周围混凝土毛细管中水分受冻膨胀时，微泡又能起一定缓冲作用，免除或减少水泥石因冻出现裂缝继续扩大，因而具有良好的抗冻、抗渗性能，抗渗强度等级可达到 F8～F12。 抗冻混凝土适用于制冷设备基础工程；抗冻砂浆适用于结构或基础表面抹面	(1)材料要求： 1)水泥：采用强度等级 42.5 硅酸盐水泥或普通水泥，新鲜无结块 2)砂：采用中砂，含泥量应小于 3% 3)碎石：粒径 5～40mm，经 15 次冻融循环试验合格(总重损失小于 5%)的坚实级配花岗岩或石英岩碎石，不应有风化颗粒，含泥量小于 1% 4)泡沫剂：用不加胶质的松香酸钠加气剂，原材料要求及配制方法见表 9-19 (2)配合比： 参见表 9-80	(1)材料应准确称量，粗细骨料的含水量使用前应测定，并在配合比中扣除 (2)混凝土应用机械拌制，搅拌顺序为先加 5%的水和泡沫剂搅拌 1min，再加水泥搅拌 1min，最后加砂、石和余下 50%的水，搅拌时间为 3～4min (3)浇筑方法及养护要求与松香酸钠防水混凝土相同

MP150 抗渗抗冻混凝土（砂浆）参考配合比　表 9-80

配合比(kg/m³)						技术性能		
水	水泥	砂	碎石		泡沫剂(占水泥重)(%)	抗压强度(MPa)	冻融 150 次强度损失(%)	抗渗等级(MPa)
			规格(mm)	用量				
184	368	578	20～40	1229	0.037	219	16.0	0.8
192	384	603	5～15 20～40	223 898	0.038	238	1.2	1.2
190	380	619	5～25 20～40	228 912	0.038	315	9.6	1.2
173	385	681	5～15 15～20 20～40	243 366 604	0.289	327	10.0	0.8～1.2
271	590	1180	—	—	0.118	320	1.2	—

注：1. 按试验方法规定：混凝土冻后强度降低值不大于 25%，试件重量损失不大于 5%即认为合格。抗渗试验按每 8h 递增一个水压进行。抗冻等级 F150 表示冻融循环，150 次其强度降低值和重量损失值合格。
2. 本表配合比也可复合掺入外加剂，如引气剂+减水剂，以提高抗渗抗冻和耐久性。

9.8.4 耐低温混凝土

耐低温混凝土配制及施工要点 表 9-81

组成、用途	材料要求及配合比	施工要点
耐低温（膨胀珍珠岩、珠光砂）混凝土系采用水泥、膨胀珍珠岩砂和泡沫剂加水配制而成 具有质轻、导热系数低、耐火、隔热、隔声、耐冻、断冷等优良性能 适用于深冷（0～－196℃）作隔热保温材料以及管道屋面、隧道等作隔热、吸声、减噪、保温层等工程上使用	（1）材料要求： 1）水泥：采用强度等级 42.5 或 52.5 硅酸盐或普通水泥，要求无结块，夏期宜用水化热较低的矿渣水泥 2）膨胀珍珠岩砂：白色或灰白色颗粒，平均粒径 0.33～0.44mm，一般用三级品，密度以 160～220kg/m³ 为宜 3）泡沫剂：自行配制，用浓度 2%～3%的碱液加温后，掺入松香粉末（为水重的 1/20～1/30），缓慢渗入溶解，待松香粉末全部溶解，适当搅动后即成 （2）配合比 施工参考配合比及物理力学性能见表 9-82 耐低温混凝土的导热系数与含水率有关（表 9-83），抗压强度随含水率的提高而降低，随水泥用量增大而提高，而水泥用量对导热系数的影响十分敏感，因此应尽可能的缩减水泥用量，采用高强度等级水泥，而对强度的满足可选择合适的珍珠岩砂密度等级来适应	（1）混凝土应采用机械拌制，一次搅拌量为搅拌机容量的 80%。投料顺序为先把水和泡沫剂同时倒入搅拌筒内拌 1min，使其发泡，再倒入水泥搅拌 1min，最后倒入膨胀珍珠岩砂，搅拌 2～3min，使其均匀、颜色一致，圆锥体稠度为 3～5cm 即可使用 （2）拌好的混凝土应立即浇灌，以保证充足的气泡存在。浇灌应分层进行，每层厚度不大于 30cm，用人工捣固。每浇完一层，在表面用方锹、刮尺或木抹轻轻拍实并划毛，最后一层用小抹子抹平，如有护面层，应做成粗糙面 （3）混凝土应连续浇灌，不宜留施工缝 （4）终凝后，用湿草袋覆盖养护，做护面层前应进行风干

耐低温混凝土参考配合比 表 9-82

水泥：膨胀珍珠岩砂（体积比）	水泥用量（kg/m³）	膨胀珍珠岩砂用量（kg/m³）	泡沫剂掺量（占水泥重）（%）	技术性能			
				湿密度（kg/m³）	导热系数［W/(m·K)］	抗压强度（MPa）	
						R28	－196℃
1∶2.0	647	205	0.05	1100	0.307	119	142
1∶2.5	520	206	0.02	990	0.251	84	98
1∶2.5	550	217	0.05	1100	0.269	110	84
1∶3.0	480	228	0.05	750	0.175	66	—
1∶3.0	440	209	0.05	936	0.211	78	74
1∶3.0	405	192	0.03	879（干）	0.267	107	102
1∶3.5	—	—	0.05	800	0.174	62	—
1∶4.0	360	228	0.05	—	—	—	—

注：水胶比以混合时加水，可用手握成球蛋时为宜，一般为 0.7～0.8。

耐低温混凝土不同含水率的导热系数 表 9-83

含水率（%）	0	10	20	28	38	50
导热系数/［W/(m·K)］	0.198	0.278	0.350	0.395	0.462	0.492

9.8.5 耐油混凝土

耐油混凝土配制及施工要点 表 9-84

组成、用途	材料要求及配合比	施工要点
耐油（抗油渗）混凝土是在普通混凝土中掺入外加剂氢氧化铁、三氯化铁或三乙醇胺复合剂经充分搅拌配制而成。	（1）材料要求： 1）水泥：强度等级 42.5 及其以上硅酸盐水泥或普通水泥，要求无结块 2）粗细骨料：采用粒径 5～40mm 的符合筛分曲线、质地坚硬的碎石，空隙率不大于 43%，吸水率小；砂用中砂，平均粒径 0.35～0.38mm，不含泥块杂质。砂石混合后的级配空隙率不大于 35%	（1）按配合比称量准确，材料中含水量应在配合比中扣除，外加剂应测定其固体含量和纯度

续表

组成、用途	材料要求及配合比	施工要点
具有良好的密实性、抗油渗性能。抗油渗等级可达到P_8～P_{12}(抗渗中间体为工业汽油或煤油) 适用于建造贮存轻油类、重油类的油槽、油罐及地坪面层等	3)水：一般洁净水 4)外加剂：氢氧化铁：用1kg纯三氯化铁溶解于水，再加入0.75kg纯氢氧化钠(或0.68kg生石灰)充分中和至pH=7～8为止，可制得0.66kg纯氢氧化铁，再用6倍清水分三次清洗沉淀、滤净达到氯化钠含量小于12%制得；三氯化铁混合剂：三氯化铁溶液掺加。含一定量木质素的木醣浆(固体含量为33%～37%)而成。三氯化铁溶液配制方法为：将三氯化铁溶于二倍水中，再加入其重10%的明矾(先溶于5倍水中)，徐徐倒入三氯化铁溶液搅匀即成。木醣浆与水按1∶2溶解。使用时三氯化铁与木醣浆分别加入；三乙醇胺复合剂，其性能见防水混凝土一节 (2)配合比(见表9-85)	(2)混凝土应用机械拌制，搅拌时间不少于2～3min，运输应有防离析、分层措施 (3)浇灌应分层均匀下料，振捣插点应均匀密实，表面应刮平、压光 (4)浇灌完12h后，表面应覆盖草袋浇水养护不少于14d，冬期要及时做好保温 (5)如混凝土结构处于地下，应预先处理好地下水，使混凝土在养护期间不受地下水浸泡

耐油混凝土（砂浆）参考配合比　　表9-85

名称	混凝土强度等级	配合比(kg/m³)							抗渗等级
		水	水泥	砂	石子(白石子)	三氯化铁(三乙醇胺)(%)	明矾(氢氧化铁)(%)	水醣浆(氯化钠)(%)	
混凝土	C30	195	355	613	1143	1.58	0.1	—	P8
混凝土	C30	189	350	608	1233	1.58	0.1	0.43	P8
混凝土	C30	203	370	644	1190	1.5	—	0.15	P12
混凝土	C30	153	390	626	1020	(0.05)	—	(0.5)	P24
混凝土	C30	200	370	640	1190	—	(2)	—	P12
水磨石子浆		326	814	—	(1521)	1.58	—	0.43	P20
砂浆		275	550	1100	—	1.5	—	0.15	
砂浆		275	550	1100	—	—	(2)	—	P6

注：1.外加剂的掺量均以水泥重量的百分比(%)计

2.水磨石子浆用于水磨石地坪；耐油砂浆用于油罐抹面层。

9.8.6　防辐射混凝土

防辐射混凝土组成、性能、材料要求、配合比及施工要点　　表9-86

项次	项目	施工方法要点
1	组成及特性	(1)防辐射混凝土系由水泥、重矿石碎石、矿石砂、外加剂、水等组成，属于重混凝土 (2)具有可防x、α、β、γ以及中子辐射线的穿透和吸收性能 (3)适用于医院放疗室和核电站核岛工程
2	材料要求及配合比	(1)水泥：用42.5级矿渣硅酸盐水泥或42.5级普通硅酸盐水泥，要求新鲜无结块 (2)粗、细骨料：用堆积密度为4100～4200kg/m³、级配良好的磁铁矿、赤铁矿、钒钛铁矿或重晶石制成的碎石、砂。常用承德产钒钛铁矿石碎石，密度为4300kg/m³，钒钛铁矿砂，密度为4100kg/m³ (3)砂：用天然中粗砂，含泥量小于5% (4)水：一般饮用水，pH值不小于4% (5)配合比：防辐射混凝土的防辐射能力随密度的增大而增强，其质量要求不小于4.3t/m³，水泥用量一般不大于350kg/m³。配合比由试验确定。常用防辐射混凝土的施工参考配合比见表9-87
3	施工要点	(1)防辐射混凝土宜用强制性混凝土搅拌机拌制。搅拌时间不少于120s。严格掌握配合比，控制质量允许偏差和坍落度，以免振捣时引起骨料不均匀下沉，影响防辐射性能 (2)混凝土应分层浇筑，每层厚400mm，骨料分布要均匀；振捣应快插慢拔，循环进行，插点间距400mm，每棒振捣20～30s，必须插入下层混凝土50mm深。每层混凝土在混凝土初凝前进行二次振捣，以提高密实性 (3)浇筑厚度大于0.8m的墙、板大体积混凝土，要控制混凝土表面与中心、表面与大气的温差不大于20℃，降温速度不大于1.5℃/d，以控制出现裂缝

续表

项次	项目	施工方法要点
3	施工要点	(4)混凝土应连续浇筑，一般不宜留设水平施工缝；墙必须留设时，应留凹凸形企口施工缝 (5)混凝土浇筑完成后，表面应覆塑料薄膜1层，草帘1～2层，并洒水湿润保温、保湿，养护时间不少于14d

防辐射混凝土施工参考配合比　　表 9-87

项次	名称	密度(t/m³)	配合比(质量计)
1	磁铁矿混凝土	3.4～3.8	水泥：磁铁矿砂：磁铁矿碎石：水＝1：1.36：2.64：0.56
2	赤铁矿混凝土	3.4～3.5	水泥：普通砂：赤铁矿砂：赤铁矿碎石：水＝1：1.43：2.14：6.67：0.67
3	钒钛铁矿混凝土	3.4～3.6	水泥：钒钛铁矿砂：钒钛铁矿碎石：水＝1：3.53：5.29：0.54
4	重晶石混凝土	3.4～3.8	水泥：重晶石砂：重晶碎石：水＝1：3.4：4.54：0.50

注：为改善混凝土的和易性，减少水泥用量和用水量，提高密实性和抗裂性，可适当掺加高效减水（缓凝）剂、UEA 微膨胀剂。

9.8.7 钢纤维混凝土

钢纤维混凝土配制及施工要点　　表 9-88

组成、用途	材料要求及配合比	施工要点
钢纤维混凝土是在普通混凝土中掺入一定量短钢纤维配制而成 具有改善和提高普通混凝土的抗拉、弯曲抗拉强度(1.3～2倍)、抗弯曲韧性(40～60倍)、抗冲击性能(4～9倍)、耐磨性能(1倍)、耐冻性(0.9倍)、抗疲劳强度以及抗裂缝开展、结构刚度、承载力等性能等优点 适用于薄壁悬臂结构、工业地坪、结构加固、高速公路、桥面、飞机跑道护面、隧道喷射支护、岩石护坡、桩帽桩尖、抗震基础等	(1)材料要求： 1)水泥：使用强度等级42.5以上普通水泥 2)砂石：使用中砂或中粗砂，含泥量小于3%；石子用5～15mm的碎石，最大不超过20mm 3)钢纤维：应用直径0.3～0.6mm，长20～40mm的普通碳素钢丝，长(l)径(d)比宜为60～80；l/d过大，拌制易结团，过小不利于控制裂缝开展，要求无锈、无油渍和杂物 4)水：一般饮用水 (2)配合比： 水泥用量应为380～430kg/m³，水灰比0.42～0.48，钢纤维使用量为混凝土体积的1%～2%(其重量为80～150kg/m³)，最大不超过2.5% 施工参考配合比见表9-89	(1)宜用机械拌和。配制时，先投入砂、石、水泥干拌，然后加水(或外加剂水溶液)湿拌的同时，徐徐将钢纤维均匀分散到拌合料中搅拌均匀为止。搅拌时间比普通混凝土延长1～2min (2)混凝土运输不宜超过30min，如发现分层离析或过干现象，应在浇灌前用人工进行二次拌合 (3)浇灌应连续进行，每层铺筑厚度20～30cm，如有间歇，时间不应超过30min。随浇随用表面振动器捣实，表面压光 (4)加强养护，终凝后浇水养护不少于14d

钢纤维混凝土参考配合比　　表 9-89

项次	配合比(kg/m³)							性能		备注
	水	水泥	砂	碎石 规格(mm)	碎石 用量	钢纤维	减水剂(%)	抗压强度(MPa)	抗折强度(MPa)	
1	184	400	750	5～12	1050	100	0.25	39.1	15.7	薄壳、折板屋面、刚性防水层
2	185	430	787	5～12	1045	150	0.25	44.4	18.6	薄壳、折板屋面、刚性防水层
3	198	396	687	5～12	1120	30	—	—	—	吊车轨道垫层
4	161	700	—	5～10	40%	100～150	1	90.0～100	17.5	薄壁结构、结构加固、
				10～20	60%					桥面、机场跑道、护面等

注：1. 减水剂用量为占水泥重量百分比，配合比1～2为木质素磺酸钙减水剂，配合比4为MF减水剂。
2. 钢纤维与混凝土的粘结强度为5.0～6.0MPa。
3. 配合比4的钢纤维混凝土与钢筋粘结强度为8.52MPa。

9.8.8　聚丙烯纤维混凝土

纤维混凝土组成、性能、材料要求、配合比及施工要点　表 9-90

项次	项目	施工方法要点
1	组成、性能及用途	(1)聚丙烯纤维混凝土是在普通混凝土中掺入聚丙烯纤维制成 (2)具有可增强基体的抗裂、抗渗性，改善脆性，提高抗弯、抗冻、抗冲击、耐磨性和耐久性，施工工艺简单，价格低廉等优点 (3)适用于作屋面刚性防水层和高速公路路面、停车场及工业厂房地面
2	材料要求及配合比	(1)水泥：使用强度等级 42.5 以上普通水泥，不得使用过期或受潮结块的水泥 (2)砂石：使用中砂或中粗砂，含砂量小于 3%；石子用连续级配碎石。含泥量小于 1% (3)聚丙烯纤维又称杜拉纤维；用 KDZ-Ⅱ聚丙烯纤维，长度为 15mm，密度为 0.9g/cm^3，弹性模量为 3700MPa，抗拉强度 263MPa，不吸水，拉伸率 15% (4)配合比：施工参考配合比为：水泥：砂：石子：水＝1：2.5：2.06：0.48(kg/m^3)，纤维掺入量为 0.9～1.2kg/m^3，用 1.0kg/m^3 为最佳；或加入 SJ-2 砂送剂、SJ-2 引气剂、粉煤灰以提高抗弯、抗冻性。配合比为：水泥：砂：石子：粉煤灰：纤维：水：泵送剂：引气剂＝340：900：950：950：1.0：160：12：12(kg/m^3)，坍落度 130mm
3	施工要点	(1)宜用强制式搅拌机拌合。配制时，聚丙烯纤维加入与料斗中的砂、石一同送入搅拌机加水搅拌即可。搅拌时间比普通混凝土延长 40～60s (2)混凝土运输不宜超过 30min，如发现分层离析或过干现象，应在浇筑前用人工进行二次拌合 (3)浇筑应连续进行，每次铺筑厚度为 20～30cm，如有间歇，时间不应超过 30min。随浇随用表面振捣器捣实，表面压光。用塑料薄膜等覆盖，加强养护，终凝后浇水养护不少于 14d

9.8.9　补偿收缩混凝土

补偿收缩混凝土配制及施工要点　表 9-91

组成及用途	材料要求及配合比	施工要点
补偿收缩混凝土(又称膨胀混凝土)是用膨胀水泥或普通水泥掺入膨胀剂，与粗细骨料和水配制而成 混凝土具有微膨胀特性，可用来抵消混凝土的全部或大部分收缩，因而可避免或大大减轻混凝土的开裂，同时还具有良好的抗渗性和较高的强度 适用于屋面防水、地下防水、液气贮藏、水池、梁柱接头、设备底座灌浆、地脚螺栓锚固及构件补强等	(1)材料要求： 1)膨胀水泥：应用最多的是硫铝酸钙类膨胀水泥，常用品种有明矾石膨胀水泥、硫酸盐水泥、硅酸盐自应力水泥、低热微膨胀石膏矿渣水泥等，而以明矾石膨胀水泥应用最多 2)水泥：采用强度等级 42.5 以上硅酸盐水泥、普通水泥，新鲜无结块 3)膨胀剂：常用膨胀剂及掺量见表 9-92，不得与氯盐类外加剂复合使用 4)粗细骨料：与普通混凝土相同，粗骨料宜用间断级配 (2)配合比： 补偿收缩混凝土的性能要求见表 9-93；限制膨胀率计算见表 9-94，配合比见表 9-95	(1)配制时，水泥用量必须准确，误差不得大于 1% (2)混凝土宜用强制式搅拌机搅拌。投料顺序是：砂、水泥、膨胀剂、石子，逐步加水搅拌，搅拌时间 2～3min，必须均匀搅拌，运输时间不应太长，如坍落降低，不得再添加拌合水 (3)浇灌前，与混凝土接触的物件应充分湿润，与老混凝土的接触面应先保湿 12～24h (4)混凝土应分层浇灌，用机械振捣，浇筑温度不宜超过 35℃，浇灌间歇不得超过 2h (5)混凝土不泌水，凝结时间较短，抹面和修整应在硬化前 1～2h 进行 (6)混凝土应加强早期养护，混凝土终凝后 2h，即应洒水养护，潮湿养护时间不少于 7d。最宜采取蓄水养护，或采取洒水和用塑料薄膜覆盖养护

常用膨胀剂种类、制成、机理及掺量　表 9-92

名称	制成及机理	掺量(%)
氧化钙类膨胀剂	用石灰石、黏土和石膏作原料制成。水化时，由氧化钙结晶转化为氢氧化钙产生体积膨胀，同时可提高抗压抗拉强度	8～9
氧化铁膨胀剂	用铁粉加氧化剂(过铬酸盐、高锰酸盐等)拌匀而成。它是由金属铁氧化而产生体积膨胀。耐热性好，膨胀稳定较早。适用于干燥环境中	6～8

续表

名称	制成及机理	掺量(%)
氧化镁膨胀剂	用白云石经800～900℃煅烧后粉磨而成。水化时，氧化镁生成氢氧化镁，体积增大造成混凝土膨胀	5～9
复合膨胀剂	由氧化钙、天然明矾和石膏共同磨细而成。水化时，生成氢氧化钙、钙矾石产生体积膨胀。强度、抗渗性、抗冻性均提高	7～10
矾土石膏膨胀剂	用矾土水泥与生石膏粉按1∶1配合而成。与水作用产生微膨胀	10～14
铝粉膨胀剂	金属铝磨细加分散剂而成。加入后产生氢气，发泡而引起体积膨胀	0.01左右
UEA膨胀剂	由硫酸、铝酸盐熟料或硫酸铝熟料与明矾石、石膏、外加剂共同磨粉而成。密度2.85t/m³，颜色呈灰白	10～14

注：掺量以水泥重量的%计。

补偿收缩混凝土的性能要求　　表9-93

限制膨胀率不小于	限制收缩率不大于	28d抗压强度(MPa)(不小于)
1.5×10^{-4}	4.5×10^{-4}	20.0

注：在配筋或其他限制下，混凝土产生的体积膨胀率称限制膨胀率；混凝土产生的体积收缩率称限制收缩率。

补偿收缩混凝土的限制膨胀率计算　　表9-94

计算公式	符号意义
补偿收缩混凝土的最终变形按下式计算： $D=e_{2m}-\Sigma S_m$　(9-47) 在不允许出现拉应力的结构构件中：$D\geqslant0$ 在不允许出现裂缝的结构构件中：$D\leqslant\lvert S_K\rvert$	D—补偿收缩后的最终变形(即剩余变形)； e_{2n}—限制膨胀率； $\sum S_m$—各种收缩率之和，在补偿干缩时，$\sum S_m=S_2$(干缩率)，在同时补偿干缩与冷缩时，$\sum S_m=S_2+S_T$(冷缩率)； S_K—混凝土的极限延伸值，即混凝土出现裂缝的最大应变值(负值)

补偿收缩混凝土参考配合比　　表9-95

编号	混凝土强度等级	配合比(kg/m³)				膨胀剂掺量(%)	减水剂掺量(%)	坍落度(cm)
		水泥	砂	石子	水			
1	C30	450	662	1188	198	0	0.5	12～14
2	C30	450	630	1220	198	0	0.5	10～12
3	C40	367	712	1211	180	10	0.5	8～10
4	C38	370	665	1142	159	12	0.5	8～10

注：1. 编号1、2水泥用625号明矾石膨胀水泥；编号3～4水泥为普通水泥；膨胀剂用复合膨胀剂；减水剂用MF减水剂。
2. 编号1为泵送；编号2～4为人工。

【例9-6】 某补偿收缩混凝土构筑物，根据设计的混凝土强度等级、湿度及长期埋在地下的特点，已知$S_2=5\times10^{-4}$，$S_K=-2\times10^{-4}$，不允许出现裂缝，试求限制膨胀率。

【解】 由式(9-47)不允许出现裂缝时，$D=S_K$

$$e_{2m}=S_K+\sum S_m=-2\times10^{-4}+5\times10^{-4}=3\times10^{-4}$$

故知，湿养护14d构筑物的限制膨胀率应为3×10^{-4}。

9.8.10 水下不分散混凝土

水下不分散混凝土组成、材料要求、配合比及施工要点 **表 9-96**

组成、特性及用途	材料要求及配合比	施工要点
水下不分散混凝土是在普通混凝土中加入 UWB 絮凝剂拌制而成 具有混凝土拌合物遇水不离析，水泥不流失；可增加混凝土的黏度；可进行水中自落浇筑，不排水施工；落到水底混凝土可自流平、自密实，也可进行水下振捣，保证混凝土一定强度（可达 15～40N/mm^2），抗冻性（300 次）和抗渗性（P4 以上）好，混凝土优质均匀，对施工水域无污染等特性 适用于沉井封底、人工筑岛、围堰水下结构浇筑、水下抛石灌浆结构、止水锚固工程以及水下注浆、堵漏、固结，水下大体积混凝土浇筑等工程	(1)材料要求： 1)水泥、砂、石子：同普通混凝土。砂多用中砂，石子粒径为 20～40mm 2)絮凝剂：由水溶性高分子聚合物和表面活性物质所组成，呈固体粉末，一般为浅棕色，常用掺量为水泥重量的 2%～2.5%，其制成混凝土质量指标必须符合表 9-97 的规定。絮凝剂与其他外加剂相容性好，可根据工程对水下混凝土的要求，掺加减水剂、引气剂、调凝剂、早强剂等，配制不同的品种，见表 9-98。产品需密封包装，储存期为 1 年 (2)配合比： 混凝土配合比设计原则基本同普通混凝土。水泥用量：一般条件下振捣混凝土不少于 400kg/m^3；自流平混凝土不少于 450kg/m^3；絮凝剂加入量为水泥用量的 0.5%～3%，混凝土配合比为：水泥：砂：石子：水＝1：1.45：2：0.52；砂率一般为 35%～45%	(1)材料配合比应准确称量，混凝土用自落式搅拌机搅拌，投料程序同普通混凝土；絮凝剂在拌制混凝土时加入搅拌机内搅拌均匀；用机动翻斗车、自卸汽车或搅拌运输车输送 (2)浇筑方法可采取水中自落施工法、水下振捣施工法及水下自流灌浆施工法等。对深度很大的水下浇筑，一般采用导管法、泵送法输送混凝土；对较浅的水域中可用开口吊罐、手推车、溜槽、自流灌浆等简易方法输送浇筑；能自流平、自密实、不用捣固。对重要工程亦可采用较干硬性的混凝土，在振动器所及的浅水中可采用振捣方法，可使不离析、表面平整 (3)UWB 絮凝剂已形成系列产品，可根据设计要求选择不同品种使用，以保证工程质量 (4)浇筑混凝土前，要清除水下部位的浮泥，冲刷基底 (5)浇筑时，动水速度应小于 3m/s；水中落差一般应控制在 0.5m 以内

掺 UWB 絮凝剂的水下不分散混凝土质量指标 **表 9-97**

项次	项目		指标	
1	坍落度(mm)		200±20	
2	坍扩度(mm)		400～500	
3	泌水率(%)		＜0.1	
4	凝结时间(h)	初凝	＞5	
		终凝	＜30	
5	水下落下实验	悬浮物(mg/L)	＜150	
		pH 值	＜12	
6	混凝土抗压强度	水中成型混凝土(MPa)	期龄 7d	16.0
			期龄 28d	24.0
		水中和空气中成型混凝土试件抗压强度比(%)	期龄 7d	＞60
			期龄 28d	＞70
7	混凝土抗折强度	水中和空气中成型混凝土试件抗折强度比(%)	期龄 7d	＞50
			期龄 28d	＞60

UWB 絮凝剂主要品种 **表 9-98**

品种名称	质量指标	应用范围
UWB 普通型	同表 9-97	适用一般无特殊要求的水下工程
UWB 早强型	初凝＜3h，终凝＜20h，其余同表 9-97	适用于高差地段，水流较大以及抢险等快硬早强的水下工程

续表

品种名称	质量指标	应用范围
UWB泵送型	坍落度≥24cm，其余同表9-97	适用于较大流动性，流动性损失小，长距离输送及灌注桩；狭壁、狭小异型结构混凝土
UWB低发热型	初凝>8h，终凝>36h，其余同表9-97	适用于大体积水下混凝土浇筑、水下构筑物的连续浇筑
UWB高性能型	坍落度～24cm 水中混凝土强度≥40MPa 抗冻融≥250d 抗渗≥P9 其余同表9-99	适用于水下落差大，强度要求高，具有良好的施工性和耐久性的水下混凝土

9.9 特种工艺混凝土

9.9.1 喷射混凝土

喷射混凝土机理、材料、机具及施工要点　　表9-99

机理、特性及使用	材料、配合比及机具	施工要点
将按一定的比例配合搅拌均匀的水泥、砂、石子、速凝剂干拌合料送入喷射机内，利用压缩空气将拌合料经管道压送至喷枪嘴，在喷嘴后部与通入的压力水混合，以高速喷于结构物或岩石表面，硬化后形成一层密实混凝土，从而得到加强或保护 施工机具包括干式双罐式混凝土喷射机、喷枪、混凝土搅拌机、上料装置（皮带机）、压缩空气机、气罐、贮水容器及各种输送胶管等 具有混凝土密实度高，强度大，粘结力强，耐久性、抗冻、抗渗性好，可节省混凝土，同时施工工艺简便，不用或少用模板，节省大量模板材料，省去支模工序，将水平垂直运输和浇灌振捣等工序合二为一，快速高效，降低成本（约30%）等优点，但作业条件差，表面平整度要差一些 适于地下水池、油罐大型管道的抗渗、各种工业炉衬的快速修补、混凝土构筑物的浇筑和薄层加固以及巷道、峒室、支护或喷锚支护等	（1）材料要求及配合比： 1）水泥：宜用强度等级42.5的硅酸盐或普通水泥，新鲜无结块 2）速凝剂：用红星Ⅰ型、73牌号、711型或KP-P型速凝剂，掺速凝剂的水泥净浆（水灰比0.4）应有良好的流动性，初凝时间不应大于5min，终凝时间不大于10min 3）砂：用天然中粗砂，含泥量不大于5% 4）粗骨料：宜用卵石，粒径应小于输送管径的1/3～2/5，一般为5～15mm，用连续级配，含片状颗粒不大于15%，含泥量小于1% 5）减水剂：用木质素磺酸钙或NNO 6）早强剂：有氯化钙、氯化钠、亚硝酸钠、硫酸钠等，宜复合使用 （2）配合比： 一般为水泥：砂：石子：速凝剂＝1：2：2～1.5：0.03～0.04；水灰比0.4～0.5，抗压强度C29.5，抗拉强度C2，粘结强度C1 （3）施工机具： 施工机具包括干式双罐式混凝土喷射机、喷枪、混凝土搅拌机、上料装置（皮带机）、压缩空气机、气罐、贮水容器及各种输送胶管等 （4）喷射混凝土工艺流程（见图9-34）	（1）混凝土材料应按配合比准确称量，砂子宜保持5%～7%的含水率，石子宜为2%，以减少粉尘和堵管。干拌合料应搅匀，随搅随用，掺速凝剂停放时，时间不得超过20min （2）喷射前应充分湿润被喷面，喷射顺序应自下而上，以宽1.5～2.0m，高1.0～1.5m为一个作业段 （3）喷射时，喷嘴应按螺旋形轨迹一圈压半圈方式沿横向移动，层层射捣，使混凝土均匀密实，表面平整。喷嘴与喷涂面层量保持垂直，以减少回弹 （4）喷嘴处工作风压有0.1MPa左右，水平输送距离20m以内时，工作风压＝0.1＋0.0013（输送管道长度）（MPa），喷嘴处，水压宜比风压大0.1MPa左右，一次喷射厚度一般宜小于粗骨料粒径的两倍，每隔3～4min给料一次，保持连续均匀上料，稳定连续喷射 （5）掌握好喷射机的开停顺序，开动时，先给风后给水，最后送电、给料；停止时，先停止给料，待罐中存料喷完再停电，然后关水、停风，同时要根据输送距离的变化随时调整风压。喷嘴的操作，喷射开始时，先给水再送料；结束时，先停风后停水。喷射时，视喷层表面、回弹和粉尘等情况及时调整水灰比。处理堵管的工作风压不得超过0.4MPa （6）当用喷射混凝土加固时，为使梁喷射后底部有清晰楞角和保证混凝土密实，应采取简单支模喷射。喷梁底前，先在两个侧面支模（图9-35），模板下面保持平直，伸出面与要求喷射混凝土面和厚度一致。喷完梁底，隔3～4h，拆除侧模，再喷射梁两侧混凝土 （7）在喷射混凝土终凝后，即应开始洒水养护，时间不少于7d

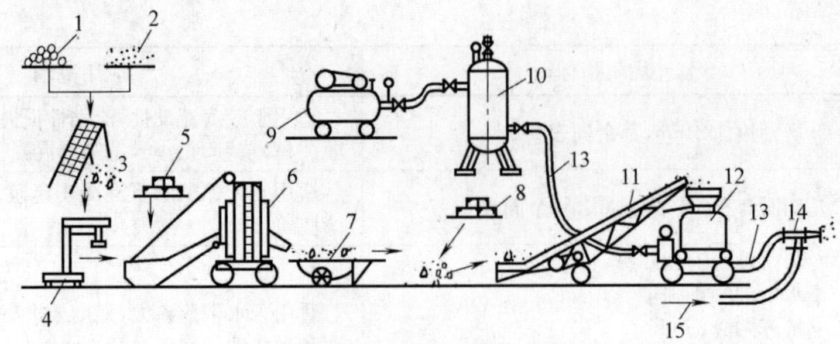

图 9-34 喷射混凝土工艺

1—石子；2—砂；3—筛子；4—磅秤；5—水泥；6—搅拌机；7—手推车；8—速凝剂；9—空气压缩机；10—压缩空气罐；11—皮带上料；12—混凝土喷射机；13—输送胶管；14—喷嘴；15—接水源

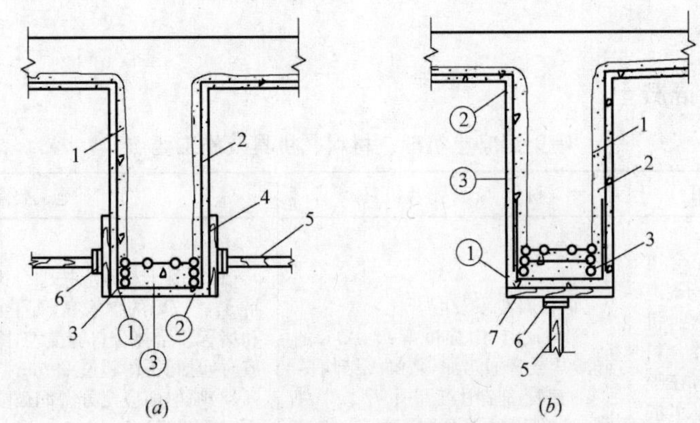

图 9-35 喷射混凝土加固梁简单支模

(*a*) 梁底喷射混凝土支模；(*b*) 梁侧喷射混凝土支模

1—原梁凿去表面；2—喷射混凝土；3—新增加固钢筋；4—20mm×350mm 侧模；5—100mm×50mm 木支撑；6—木楔；7—35mm 厚木底板；①、②、③为喷射次序

9.9.2 真空混凝土

真空混凝土机理、材料、机具及施工要点 **表 9-100**

组成、特性及使用	材料、配合比及机具	施工要点
用真空作业成型的混凝土称真空混凝土。在刮平的混凝土铺上真空腔，在真空机组的抽吸作用下形成负压，将刚成型混凝土中的游离水排出，从而使混凝土水灰比降低，密实度增加，早期强度提高，并使物理力学性能得到改善 混凝土经真空作业，可有效改善混凝土性能，比普通混凝土抗压强度 1～2d 可提高 40%～60%，5～7d 可提高 30%～40%，28d 可提高 2%，抗冻性提高 2～2.5 倍，耐磨性提高 30%～50%，收缩性可降低 15%，与钢筋或老混凝土之间的粘	(1)材料要求： 1)水泥：宜用硅酸盐水泥或普通水泥，新鲜无结块 2)粗细骨料：要求同普通混凝土 (2)配合比： 与普通混凝土配合比相同，水灰比宜为 0.45～0.53，砂用中砂，砂率可比普通混凝土提高 5%～10%，混凝土坍落度一般为 2～4cm (3)施工机具： 主要机具设备有：真空吸水机组、真空腔及吸水软管等。辅助机具有混凝土振动梁、抹光机、清洗槽等。真空吸水机组技术性能见表 9-101	(1)混凝土配料应准确称量，并严格控制配合比 (2)混凝土应连续浇筑完成，避免留施工缝；入模后，要用振动器振捣密实，提浆刮平并立即进行真空作业 (3)铺设真空吸垫应按层次顺序进行，做到平整紧贴，并有一定的扩盖并压住，使周边形成一密封带，吸管应位于密封垫中 (4)真空吸水时，真空度要求达到65～80kPa；吸水时间一般 15min 左右，待混凝土表面明显抽干，手指压上无指痕，即完成吸水，此时掀起吸垫边缘，继续进行短时间的真空吸水，以消除吸垫底层的残留水分，吸水后接着进行机械抹面，进一步对混凝土表面进行提浆、研磨、压实

续表

组成、特性及使用	材料、配合比及机具	施工要点
结力提高 30%～50%，并提高抗渗性和抗裂性。同时加快模板周转，缩短养护期限，另外水泥可节约10%，降低工程造价。 适于道路、机场跑道、楼地面、薄壳、水池、桥墩、水坝及高层建筑现浇楼面以及大面积平面预制构件等	真空腔有表面真空腔和内部真空腔两种。前者又有刚性吸盘和软性吸垫(图 9-36)两种，而以软性吸垫使用较方便，应用较广泛；后者多为插入式，仅用于梁、柱的真空作业	(5)真空作业时间与构件厚度、所采用的真空度环境温度、水泥品种以及混凝土中水泥用量，水灰比等因素有关。真空吸水深度最大可达 30～40cm，一般真空吸水的混凝土层以 15～20cm 厚较合适，厚层则宜分层进行 (6)真空吸水完毕，表面宜覆盖塑料薄膜养护

混凝土真空吸水机组技术性能　　表 9-101

项　目	HZJ-40	HZJ-60	改型泵Ⅰ号	改型泵Ⅱ号
最大真空度 T (kPa)	95.8(98%)	99.1	95.8～98.4	99.8
抽气速率 (L/s)	28		70	60
电机功率 (kW)	4	4	5.5	5.5
转速 (r/min)	1440	2850	670	600
抽吸能力 (m^2)	2×20	60	20	2×20
配套吸垫规格 (m)	3×5	3×5		
主机外形尺寸(mm)(长×宽×高)	1350×660×800	1400×650×838	1500×750×850	1700×750×1050
重量 (kg)	200	180	320	340

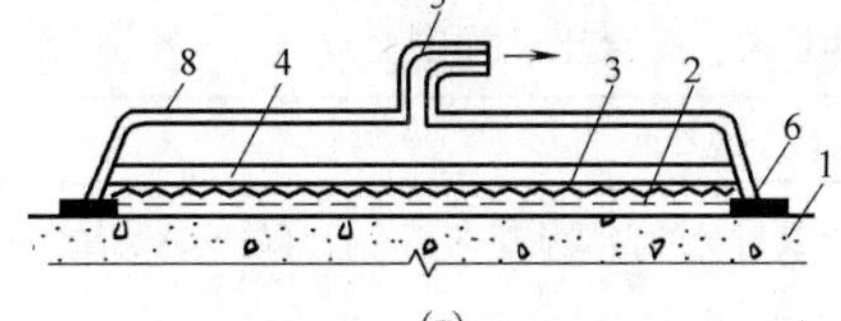

(a)

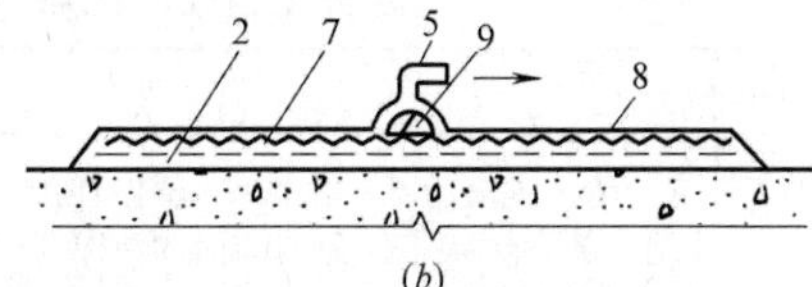

(b)

图 9-36　真空腔构造

(a) 刚性吸盘；(b) 柔性吸盘

1—混凝土拌合物；2—过滤管（滤布）；3—滤网；4—带孔钢板；5—吸水接口；6—橡胶垫；7—骨架层；8—密封层；9—通道

9.9.3　碾压混凝土

碾压混凝土特点、材料要求、配合比、机具及施工要点　　表 9-102

特点及适用范围	材料要求、配合比及机具	施 工 要 点
碾压混凝土是以水泥、级配骨料、水以及掺和料和外加剂等组成的干硬性松散体状混凝土拌合物，经过振动碾压施工工艺而制成的一种特殊的水泥混凝土 这种混凝土具有密实性、抗冲、耐磨性、耐火性能好，早期强度高，干缩率小(弹性模量为 $2.5\times10^4\sim3.3\times10^4$ N/mm^2，徐变较常态混凝土小 30%～60%)，	(1)材料要求： 1)水泥：宜用 42.5 级以上硅酸盐水泥或普通水泥，矿渣水泥亦可使用 2)石子：用 5～40mm 粒径石子，双层路面面层以用 5～20mm 为宜，有条件可用两级或三级级配石子。石子片状颗粒含量应控制在 10%以内，含泥量小于 1% 3)砂：用普通砂，细度模量为 2.3～2.85，细粉(d<0.16mm)含量应小于 15% 4)粉煤灰：用Ⅰ级或Ⅱ级粉煤灰，掺入量约为水泥用量的 25%～30%，可改善混凝土拌合物的和易性，提高混凝土的密实性和耐久性 5)外加剂：常用木质素磺酸钙。对有抗冻要求时，应采用复合引气剂	(1)材料应严格计量，认真控制用水量；拌合时间为普通混凝土的 1.5 倍左右，要求拌合均匀 (2)运输用机动翻斗车或自卸汽车，运距控制在 15km 以内为合适，时间约为 30min。运输过程中要采取遮盖措施，防止和减少水分散失；卸料应尽量减少落差；如有离析，应重新拌合后，方可摊铺 (3)每段摊铺长度以 20～25m、宽 3～4m 为宜，虚铺厚度为压实厚度的 1.25～1.35 倍，模板用槽钢制作，模板高度等于压实高度，再在模板上放可移动的槽钢，其高度等于虚铺增加的厚度，铺完后在槽钢上用角钢刮板刮平拌合料，随后用塑料薄膜覆盖，以待振碾，防止水分蒸发。大面积施工宜用摊铺机摊铺，摊铺速度以 1～3m/min 为宜，做到连续供料、均匀摊铺，松铺系数一般为 1.05～1.15。分层摊铺时，要求下层表面潮湿不干透，或在下层拉毛(槽深 1～3cm)后再摊铺上层拌合物或在下层刷水泥浆后再

续表

特点及适用范围	材料要求、配合比及机具	施工要点
可节约水泥(25%～30%),施工工效高,适用性强,用于大体积混凝土,可降低水化热,同时造价较低(10%以上)等优点。 适于大坝、道路、机场跑道、地坪、停车场、堤岸、明渠等工程使用,在国内应用日益广泛	(2)配合比: 配合比设计原则与普通混凝土基本相同,只是用水量约减少1/4,掺加粉煤灰、减水剂,水泥可减少30%～35%,砂率:当水灰比为0.35～0.50时,约为30.34%～36.40%(对粒径20mm碎石)和28.33%～34.38%(对粒径40mm碎石);拌合物稠度一般为10～15s (3)施工机具: 搅拌机械采用双锥型反转出料混凝土搅拌机或双轴式强制搅拌机。摊铺采用摊铺机或沥青摊铺机;压实采用6～8t静力压路机、10～12t振动压路机、10～20t轮胎压路机;此外尚有手持振动抹光机、圆盘混凝土抹平机、切缝机等	铺上层拌合物。上下层间断时间不得超过2h,以利于层间结合 (4)混凝土应在1.5h内铺设完毕,然后再用振动压路机碾压,一般先无振碾压2遍,再有振碾压6遍,最后再无振碾压1～2遍。当采用静力式压路机、振动压路机、轮胎压路机组合时,则先用静力压路机无振静压1～2遍(速度为1.5～2.0km/h),再用振动压路机振压2～6遍(速度为2～3km/h),最后再用轮胎式压路机终压4～6遍(速度为4～6km/h) (5)在振碾平整抹光后,立即用塑料薄膜覆盖保湿养生,6h后去掉薄膜,再用锯末、湿砂或草帘等覆盖,洒水湿润,养护时间不少于7d (6)路面在碾压完成后12～48h,则可用切割机切缝,缝距一般为10～20m

9.9.4　清水混凝土

清水混凝土组成、优点、材料要求、配合比及施工要点　表9-103

项次	项目	施工方法要点
1	组成、优点及使用	(1)清水混凝土系一次成形,不做任何装饰,以其自身的自然质感与精心设计的明缝、禅缝和对拉螺栓孔组合的自然状态作为装饰面的混凝土 (2)具有混凝土不做任何装饰,色泽均匀、光滑、美观;截面尺寸准确,棱角倒圆,线条顺畅;取消了抹灰层和面层,用于室内稍加修饰,即可直接刮腻子,涂刷面漆;节约劳力、资金,降低工程成本;同时,可以消除质量通病,加快施工进度等优点 (3)适用于工业建筑、民用高层、公共建筑以及桥梁、立交桥等工程
2	材料要求及配合比	(1)水泥:用低碱、低水化热,42.5级普通硅酸盐水泥,应使用同一厂家、同一品种、颜色一致的水泥 (2)砂:用细度模数大于2.4,同一产地的中砂,含泥量不大于2% (3)石子:用粒径为5～25mm级配好的同一产地的碎石,含泥量小于0.8%,针片状含量不大于10% (4)粉煤灰:选用同一产地Ⅰ级粉煤灰,烧失量小于5%,细度为8%～12% (5)减水剂:用引气成分低、缓凝适中、同一厂家生产的高效减水剂,减水率>20%,含气量≤3% (6)水:宜用饮用水,洁净无杂质 (7)配合比:水泥用量:C25～C50级混凝土宜控制在360～500kg/m^3,水用量为170～180kg,水胶比0.55;砂率应比普通混凝土提高1%～2%;混凝土坍落度宜为8～10cm;泵送混凝土为12～14cm,坍落度每小时损失值不大于30mm
3	施工工艺方法要点	(1)模板支设:对墙、柱、梁宜选用表面光洁、刚度较大、不易变形的钢模板,采用轻钢骨架;对水平构件模板、挑檐板宜用15mm厚优质木胶合板模板,用机械剪裁,并尽可能减少接缝;对梁底的线条采用PVC缝条(八角条,宽20mm)和相应的粘接胶固定在钢梁模板底部。模板几何尺寸应精确,拼缝应严密;模板面拼缝高差、宽度应≤1mm,模板间接缝高差及宽度≤2mm;拼缝用腻子填实后打磨平整,使严密平顺。模板支设必须牢固,有足够的刚度和稳定性。脱模剂用水质隔离剂或轻机油,不得用废机油。对表面光洁度要求高的钢模板内表面可采用内贴自粘PVC薄膜 (2)钢筋绑扎:钢筋要严格按下料尺寸加工,保证各种钢筋和箍筋平直、方正,弯钩及安装位置准确,预埋件固定牢固;钢筋保护层应用硬质塑料块(或砂浆块)控制;绑扎钢筋铁丝的多余部分应向构件内侧弯倒,钢筋端头加不锈钢帽,以防锈蚀 (3)混凝土拌制和运输:拌制应严格计量,执行同一配合比,搅拌时间应较普通混凝土延长20～30s;搅拌和运输在每次清洗后应排干筒内积水;控制运输时间偏差,避免坍落度损失过大 (4)混凝土浇筑:墙体、梁浇筑应以一端角部为起点,先在底层浇30～50mm厚与混凝土同配合比的砂

续表

项次	项目	施工方法要点
3	施工工艺方法要点	浆，再浇上部混凝土。浇筑至施工缝处1h后去除表面浮浆进行二次浇筑，浇至明缝条上100mm处。混凝土下料点应分散布置，下料高度大于2.0m，应用串筒进行，避免冲击钢筋和模板 (5)混凝土浇筑：应连续进行，严格按分层下料，分层振捣密实，每层厚为400～500mm，上层振捣要在下层混凝土初凝前进行，并插入下层混凝土50～100mm深；振捣应采取“快插慢拔”，并按梅花形均匀布点，间距400mm，使气泡充分上浮消散，以提高密实性。振捣时间控制在30～40s，使混凝土出现浮浆，不再塌陷为度 (6)减少或消除混凝土表面气泡：宜采用二次振捣工艺，第一次在混凝土浇筑完后进行，第二次在第二层混凝土浇筑前用直径30mm细振捣棒沿钢筋内层振捣，顶层一般在0.5h后进行振捣，为防止出现裂缝，浇筑完成后，混凝土表面温度与大气温度之差，和与构件中心温度之差均应控制在25℃以内 (7)混凝土养护：浇筑后12h内应覆盖塑料薄膜和阻燃草帘，并充分洒水养护。混凝土强度达到3MPa(冬期不小于4MPa)始可拆模，以保证不掉边角或脱皮。拆模后，先在混凝土表面洒水一遍，然后用塑料薄膜包裹，边角接槎应严密并压实，外侧挂二层草帘，洒水保持湿润，混凝土养护时间不少于14d (8)局部修补：对混凝土局部表面漏浆、小孔洞、气泡等明显缺陷，应用普通水泥：白水泥＝1：2，掺入水量10%的108胶，拌匀后修补，用砂纸轻轻打磨平整，并将污染部位擦拭干净，使面层平整，颜色自然，无明显色差，阴阳角的棱角整齐、顺直。同时应避免成品被污染和损坏，后续工序施工，不得碰撞和污染

9.10 混凝土工程安全技术

混凝土工程安全技术 **表9-104**

项次	项目	安全技术要点
1	混凝土搅拌	(1)混凝土搅拌开始前，应对搅拌机及配套装置进行无负荷试运转，检查安设紧固可靠、运转正常、运输道路畅通，方可开机作业 (2)搅拌机运转时，严禁将锹耙等工具伸入罐内扒料、出料，必须进罐扒混凝土时，要停机进行。工作完毕，应将拌筒清洗干净 (3)搅拌机上料斗提升后，斗下禁止人员穿行。如必须在斗下清渣时，须将升降料斗用保险链条挂牢或用木杠架住，并停机，以免落下伤人 (4)向搅拌筒内加料应在运转中进行；添加新料必须先将搅拌机内原有的混凝土全部卸出后才能进行，不得中途停机或在满载荷时启动搅拌机，反转出料者除外 (5)作业中，如发生故障不能继续运转时，应立即切断电源，将搅拌筒内的混凝土清除干净，然后进行检修 (6)搅拌机应有专用开关箱，并应装有漏电保护器，停机时应拉断电闸，下班时电闸箱应上锁
2	混凝土运输	(1)采用手推车运输混凝土时，不得争先抢道，装车不应过满，卸车时应有挡车措施，不得用力过猛或撒把，以防车把伤人 (2)使用井架提升混凝土时，应设制动安全装置，升降应有明确信号，操作人员未离开提升台前，不得发升降信号。提升台内停放手推车要平稳，车把不得伸出台外，车轮前后应挡牢 (3)使用溜槽及串筒下料时，溜槽与串筒必须牢固地固定，人员不得直接站在溜槽帮上操作 (4)用吊斗运输浇灌混凝土时，吊斗的斗门在装料吊运前，一定要关好卡牢，以防止吊运过程中被挤开抛卸 (5)用搅拌运输车运输混凝土需变换拌筒转向时，应使拌筒停止转动后再改变旋转方向，禁止突然换挡。搅拌运输车在凹凸不平的道路上行走，车速须保持在15km/h以内，搅拌运输车司机因操纵出料而离开驾驶室时，应拉动手刹拉杆，并牢固地锁在卡车制动位置上 (6)混凝土采用混凝土泵输送时，管道应连接和支撑牢固，试送合格后才能正式输送，检修时必须卸压
3	混凝土浇筑	(1)浇筑单梁、柱混凝土时，应搭设操作台，操作人员不得直接站在模板或支撑上操作，以免踩滑或踩断支撑而坠落 (2)混凝土浇筑前，应对振捣器进行试运转，振捣器不得挂在钢筋上，湿手不能接触电源开关，操作人员应穿胶鞋、戴绝缘手套

续表

项次	项目	安全技术要点
3	混凝土浇筑	(3)浇筑无楼板的框架结构梁或墙上圈梁时，应有可靠的脚手架，严禁站在模板上操作。浇筑挑檐、阳台、雨篷等混凝土时，外部应设安全网或安全栏杆 (4)楼面上的预留孔洞应设盖板或围栏。所有操作人员应戴安全帽；高空作业应系安全带，夜间作业应有足够的照明 (5)振捣混凝土发现模板鼓胀、变形时，应立即停止作业并进行处理，防止坍塌
4	泵送混凝土浇筑	(1)泵车浇筑混凝土，泵车支腿应全部伸出，底部应设木板或钢板支固，以保稳定；泵车离未支护基坑的安全距离应为基坑深度再加 1m；布料杆伸长时，其端头到高压电缆之间的最小安全距离应不小于 8m (2)泵车布料杆采取侧向伸出布料时，应进行稳定性验算，使倾覆力矩小于反倾覆力矩。严禁利用布料杆作起重或拖拉物件 (3)当布料杆处于全伸状态时，严禁移动车身，作业中需要移动时，应将上段布料杆折叠固定，移动速度不超过 10km/h。布料杆不得使用超过规定直径的配管，装接的软管应系防脱安全绳带 (4)泵送混凝土作业过程中，软管末端出口与浇筑面应保持一定距离，防止埋入混凝土内，造成管内瞬时压力增高，引起爆管伤人 (5)泵车应避免经常处于高压下工作，泵车停歇后再启动时，要注意表盘是否正常，预防堵管和爆管 (6)拆除管道接头时，应先进行多次反抽，卸除管道内混凝土压力，以防混凝土喷出伤人 (7)清管时，管端应设安全挡板，并严禁在出口端 10m 内站人，以防喷射，造成伤害 (8)清洗管道可用压力水冲洗或压缩空气冲洗，但二者不得同时使用。在水洗时，可中途改用气洗，但气洗中途严禁转换为水洗。在最后 10m 应将泵压或压缩机压力缓慢减压，防止出现大喷爆伤人。严禁用压缩空气冲洗布料杆配管

10 特种工程结构物

10.1 烟囱施工

烟囱施工机具及工艺方法 **表 10-1**

组成及工艺选择	施工机具与工艺方法	施工方法要点
钢筋混凝土烟囱为工业建筑常用特种结构物，由基础、筒身、内衬以及辅助设施等构成。筒身高一般60～250m，底部直径7～16m，筒壁坡度1.5%～2.0%，厚度随分节高度自下而上每10m左右为一段逐渐减薄，在顶部4～5m筒首部分适当加厚，以防烟气侵蚀；壁厚一般160～260mm；在每段从筒壁内侧挑出悬臂牛腿，以支承内衬；附属设施有金属检修爬梯、信号灯、检修平台、避雷设施等 烟囱施工工艺，根据结构特点、筒身尺寸及施工条件而定，常用的有：(1)无井架液压滑模法；(2)竖井架升降工作台移置式模板施工法；(3)外(或内)脚手架移置式模板施工法等。以无井架液压滑模法使用最为广泛，适用于筒身内径2m以上，高60～250m的烟囱；竖井架升降操作台移置式模板，适于内径1.8m以上高30～120m烟囱，过高需大量竖井架钢材，且需大量稳定井架用缆风绳，不宜应用。外(或内)脚手架移置式模板法适用于筒身高30m以内的烟囱，过高需大量钢材、缆风绳与人工，已很少应用	(1)无井架液压滑模法： 1)施工机具：应根据结构特征、筒身高度、施工设备条件等情况选用，主要施工机具参见表10-2，施工设备、工艺如图10-1 操作平台及随升井架有两种形式：一种由内外钢圈、辐射梁和随升井架组成(图10-2*a*)，结构较简单，装拆方便，适于高60～90m烟囱使用；另一种是在操作台下加设拉杆与下钢圈组成悬索式结构平台(图10-2*b*)，刚度大，稳定性好，适于90m以上烟囱使用。随升井架采用角钢或钢管制成工具式的，高7.5～10.5m，采用1～5孔，内设双吊笼，斜撑用ϕ80～100mm钢管制成，与平台组成空间构架。操作平台平面骨架由辐射梁和内外钢圈等组成，内外钢圈用槽钢分段制作，其直径由烟囱最大外径和最小内径决定，杆件间用夹板及螺栓联结。悬索结构平台，在每组辐射梁下部靠筒壁一端和下钢圈间用拉杆拉紧 模板形式构造参见表7-27，图7-17，由于筒身弧度随高度而变化，围圈应制作2～3套活动的和一套固定的，以备不同高度和弧度分段采用。平台辐射梁，为提升架的滑道，借装在其上的调径装置的丝杆推动内移，用来控制筒径的变化，其他均同表7-27 2)施工工艺：详见表7-27“液压滑动模板施工工艺方法” (2)竖井架升降式工作台移置式模板法： 系采用钢管(角钢或木制)竖井架、升降工作台、卷扬机等机具设备提升多节移置式木模板或钢模板(图10-3)的方法。竖井架根据筒仓内径可选用4～9孔，孔内装运料、上人提升罐笼；操作台由两个⊏10槽钢圈和辐射支撑组成骨架，上铺方木和铺板，内外挂吊梯，借12～24个捯链及钢丝绳悬挂在竖井架上，随筒壁升高而不断提升。移	1. 无井架液压滑模法： (1)滑模组装前，要对各部件的质量和规格尺寸进行严格检查，组装要按规定程序进行，以保持筒身要求的半径、坡度、壁厚和位置正确，保证滑升系统足够的刚度和稳定性 (2)安装模板时，先安装固定模板、调整装置，再安装围圈，最后装活动模板及收分模板，外模坡度应比筒身坡度大0.5%，内模坡度宜比筒身坡度小0.5%。收分模板沿圆周对称布置，每对方向应相反。千斤顶支承杆安装应与筒壁坡度一致，液压系统安装前，应进行单体试验，合格才用。油路宜采用分组并联油路，由分路到各千斤顶的油管长度应大体相等。液压系统安装完后应加压至10MPa，重复五次，经检查各部件正常才插入支承杆 (3)支承杆脱空长度应控制在1m左右，超过时，应采取加固措施，发现弯曲时应进行加固。支承杆应与环筋焊接，其焊点间距不得大于500mm，并将该层环筋与竖筋点焊 (4)模板收分应与滑升紧密配合，一般可先提后收分，“单滑双模”应随着模板提升进行收分，滑升时应及时抽出已重叠的活动模板 (5)每提升一个浇筑层，应进行对中和调平，使平台中心的偏差始终控制在允许范围以内，每班至少检查两次筒身半径，用水准仪校核一次支承杆上的标高，发现偏差应在滑升中及时调整。混凝土出模后应及时抹平修整并进行养护 (6)牛腿与筒壁应同时施工，不得留施工缝 (7)其他同表7-27施工要点 2. 竖井架移置式模板法： (1)竖井架支设，当筒身不高，可一次支到顶(比筒身高6～8m)，每隔15～20m在

续表

组成及工艺选择	施工机具与工艺方法	施工方法要点
	置式木模板用 1250mm×120mm×40mm 单面刨光木板，每三块用铁丝连成一组(图 10-4*a*)，两端装有连接铁件。钢模板用 2mm 厚钢板制成(图 10-4*b*)模板节数根据施工进度和要求脱模强度而定，一般为 3～5节。木模支设，内外模借 2～3 道 ϕ6mm 钢筋或槽钢圈借螺栓箍紧，用木方支顶在竖井架上固定，内外模间用撑头木临时顶固；钢模板支设同木模，或用曲面可调桁架固定。施工程序为：先立内模、绑钢筋，安外模，浇灌混凝土，待强度达到 0.6～0.8MPa 始可拆除，每浇一节，提升一节操作台，拆下节支上节，循环作业直至完成。筒壁找中心方法同滑模施工	四角拉缆风绳，安装时用经纬仪找直，如筒身高度很大，可一次支 30m，以后再分段加高。在筒壁施工中每增高 10～20m，设一组柔性联结，将竖井架固定于筒身上 (2)筒身找中心可采用吊重线锤对准基础中心的方法，但每隔 10m 还应用经纬仪双向校正一次，以保筒身垂直 (3)筒壁环筋在 ϕ12mm 以上时，应事先加工成弓形，先绑环筋，后绑竖筋，钢筋接头位置应均匀错开 (4)筒壁混凝土浇筑，应采取从一点开始分左右两路沿圆周浇灌，会合后，再反向浇筑，均匀分层进行，每层厚 25～30cm，用插入式振动器振实 (5)混凝土养护可用高压水泵通过 ϕ50 水管送到顶部，再通过胶皮管及操作台下部的带孔环管向筒壁定时喷水养护，夏季每天不少于 3 次 (6)每节模板应待混凝土强度达到 0.6～0.8MPa 始可拆除，如有缺陷，及时用同强度等级砂浆及细石混凝土修补

烟囱施工主要机具　　**表 10-2**

序号	名称	规格	备注	序号	名称	规格	备注
滑升机具	辐射梁系统	—	包括滑模系统及操作平台等	配套机具	卷扬机	5～20kN	主吊笼及拔杆用
	随升井架	—	—		单孔或双孔井架	—	下部筒壁混凝土施工辅助垂直运输
	桅杆	—	包括随升桅杆和辅助井架桅杆		高压水泵	扬程 150～200	供操作平台及混凝土养护
	吊笼	—	—		潜水泵	—	施工排水
	重线锤	20～50kg	特制吊中辅助措施用		混凝土搅拌机	250～500L	—
					砂浆搅拌机	—	—
					筛砂机	—	—
液压元件	液压控制台	—	备用一台		振捣器	插入式	—
	液压千斤顶	30～35kN	—		激光铅直仪	—	对中
	高压胶管	20MPaϕ8、20MPaϕ16	液压油管附接头		通讯机构	—	对话、指挥
					电焊机	—	—
	针阀	外螺纹 M33×1.5、M24×1.5	液压油路连接件		链条葫芦	5～30kN	—
					磅秤	1000kg	—
					限位开关	—	吊笼安全装置
	分配器	M24×1.5 四通、五通	油路分配用		安全网	尼龙制品	—
					低压变压强	36V、4kVA	夜间作业照明
					切砖机	—	内衬砌筑机械

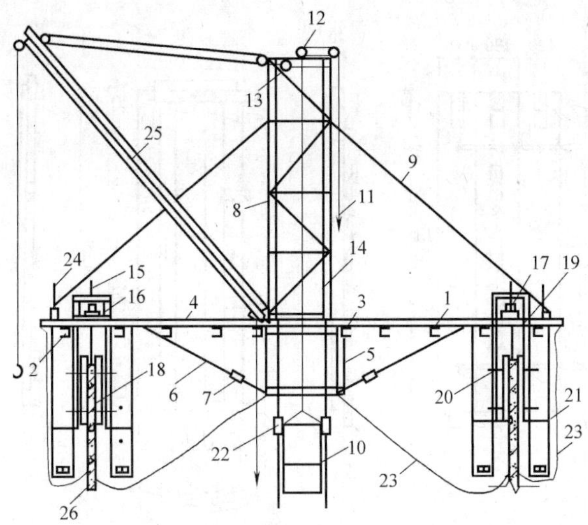

图 10-1　烟囱无井架液压滑模施工设备与工艺

1—内环梁；2—外环梁；3—中心环梁；4—辐射梁；5—花鼓筒；6—悬索拉杆；7—法兰螺栓；8—随升井架；9—钢管斜撑；10—吊笼；11—起重钢丝绳；12—天轮；13—限位开关；14—柔性滑道；15—支承杆；16—提升架；17—千斤顶；18—滑升模板；19—调径机构；20—收分机构；21—吊架；22—柔性安全卡；23—安全网；24—安全栏杆；25—桅杆；26—烟囱混凝土筒壁

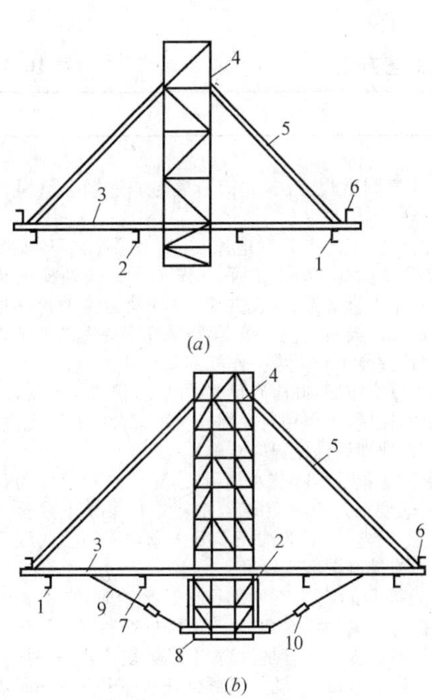

图 10-2　操作平台及随升井架形式与构造

(a) 构架式结构操作平台；(b) 悬索式结构操作平台

1—外钢圈；2—内钢圈；3—辐射梁；4—随升井架；5—斜撑；6—外栏圈；7—中钢圈；8—下内钢圈；9—悬索拉杆；10—法兰螺栓

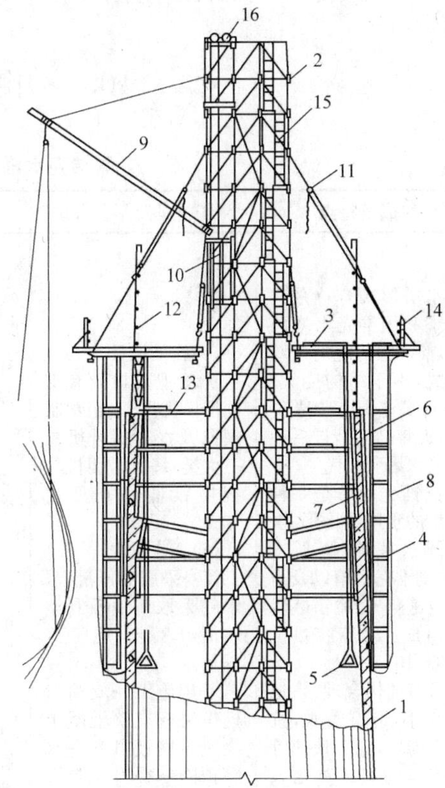

图 10-3　竖井架移置模板施工设备和工艺

1—筒壁；2—钢管竖井架；3—操作台；4—外吊梯；5—内吊梯；6—外模板；7—内模板；8—安全绳网；9—悬壁式桅杆；10—罐笼；11—1t 捯链；12—钢筋；13—支撑木；14—栏杆；15—上、下人爬梯；16—天轮

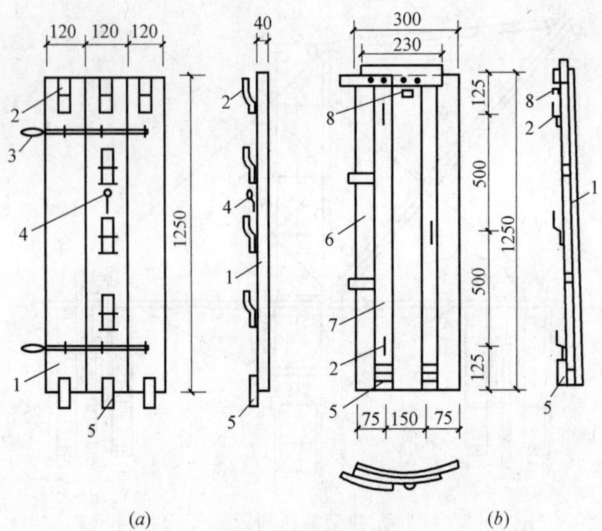

图 10-4 移动式模板

(a) 木模板；(b) 外部钢模板

1—木模板；2—弯铁片；3—连接铁丝；4—吊环；5—插铁片；6—2mm 厚钢板；7—扁钢带；8—挂钩

10.2 倒锥壳水塔施工

倒锥壳水塔施工机具及工艺方法 **表 10-3**

组成及特点	施工机具及工艺方法	施工方法要点
水塔形式有英兹式水塔和倒锥壳水塔两类，前者为传统的水塔形式，由于结构庞大，施工工艺复杂，造价高，近年已逐渐被后种形式水塔所取代 倒锥壳水塔是一种新型的水塔结构形式，由圆台基础、圆形支筒、倒锥壳水箱以及附属设施爬梯、避雷装置等组成。水箱容量由150～1000t 具有结构合理，占地面积小，造型美观，抗震性能好，施工快速等特点。与旧式英兹式水塔比较，还有施工工艺新颖；技术经济指标先进(可节省水泥 38%，钢材 45%，木材 60%，	(1)施工机具 施工主要机具有支筒滑模机具、水箱预制模具及水箱提升机具三大类，每类需用机具规格数量分别见表 10-4、表 10-5 (2)工艺流程 筒身采用液压滑模，水箱采取就地预制整体提升工艺，施工流程是： 基础施工→支筒滑模组装→支筒混凝土浇筑与模板滑升→水箱预制→提升机具安装→水箱提升→管道电气安装→工程收尾	(1)水塔基础施工同常规方法，支筒滑模与一般烟囱滑模相同(略) (2)水箱应围绕已完工的支筒就地预制，施工顺序如下：安装下环梁底模、内侧模及绑扎下环梁钢筋→安装下锥壳外模板和支撑→绑扎钢筋、安装内模骨架、搭设井架、桅杆及运输平台→边浇下锥壳混凝土、边支内模板、直至中环梁浇筑完毕→安装上锥壳模板、绑扎钢筋、浇筑混凝土→拆模并作外部装修 (3)水箱模板支撑应牢固，并应有足够的刚度，接缝应严密，水箱壁厚度应用撑头木控制，不得用对穿螺栓及短钢管的方法支模，吊杆穿孔预埋管及其他埋设件位置应准确 (4)水箱混凝土应采用 C30 防水混凝土，粗骨料粒径应为10～30mm，混凝土坍落度宜为 50～70mm，水箱中环梁以下混凝土应连续浇灌不得留施工缝，梁上部锥壳混凝土应自下而上的顺序对称进行浇灌，并严格控制混凝土厚度 (5)采用双环梁提升的起重架和机具提升水箱时，在正式提升前，应先将水箱提升至离地面 0.2～0.5m，经检查和超油压试验合格后，方可正式提升。提升步骤是：检查上环梁复位状态→拧紧上螺母使其紧靠上环梁→液压驱动使上环梁升高一个行程→同步等螺圈拧紧下螺母，使高差相等→打开液压控制台针阀减压回油，使全部重量传给下环梁→反向供油使千斤顶及上环梁复位。按此步骤循环，直至水箱就位，在每次作业完毕，要求全部吊杆处于均匀受力状态，上、下螺母必须锁紧，水箱与支筒之间应用木楔临时固定，确保水箱在暂停时的稳定性。提升间歇时间不宜超过 16h

续表

组成及特点	施工机具及工艺方法	施工方法要点
人工46%,工程成本36%,缩短工期20%以上);高空作业减少;有利于专业流水作业等优点。其施工特点是:支筒采用液压滑模施工,水箱使用液压千斤顶通过多节吊杆提升,工艺简单,安全度大,易于操作,施工速度快,广泛用于冶金、化工等工厂和铁路系统中作生产和备用水源;用于城镇民用生活区作贮水塔	水箱提升按使用提升起重架的不同,又分双环梁液压千斤顶提升和单环梁穿心式千斤顶提升两种工艺,其机具和工艺分别见图10-5、图10-6和表10-4	当水箱上口通过起重架时,应减速提升。使水箱保持水平。水箱提升至临时钢支承架顶面以上60～100mm时,应停止提升,及时安装临时钢支架及拉杆。临时钢支承顶面(即水箱就位平面)经水平仪找正、垫稳、焊牢、检查合格后,水箱方能落位,然后浇筑支承环板混凝土,此时仍要保持吊杆总数1/6以上处于受力状态 (6)采用单环梁提升起重架和机具提升水箱时,提升前,应将油压控制在2～3MPa以后,以0.5MPa为一级,逐级提高供油压力至水箱可以提动,再提高0.5～1.0MPa,将水箱提离地面200～500mm,暂停,静观4～6h,对提升系统及支筒水箱进行全面检查,并做好记录,至全部符合要求再正式提升。水箱提升中千斤顶同步差异累计值应控制在60mm内,一般采用关闭高点千斤顶的调平方法,但关闭千斤顶的数量应控制在千斤顶总数的1/4～1/8,避免过多的吊杆卸荷 卸去吊杆可在提升中进行,发现松杆应及时拉紧。当水箱达到安装就位标高,应待所有钢支承底部找平、垫紧、焊牢、并经检查合格后,才使千斤顶回油,水箱准确落位 (7)提升装置的拆除,应在水箱安装就位固定可靠后进行,利用水箱上施工用的起重桅杆或其他起重机具,将起重架解体,逐渐由水箱顶孔运至地面 (8)其他工序如填补水箱吊装预留孔、上下人井、施工平台、防水层、天窗顶盖、水电安装及门洞装饰等同常规方法

支筒滑动模板机具 **表10-4**

机具名称	规格	数量	备注
滑动模具	外径2.4m、3.2m、4.3m	1套	按系列选用
千斤顶	35kN楔块式或卡珠式	16、20、30台	按系列选用
液压控制台	—	1台	—
高压胶管及阀门	16MPa	按机具配套	—
限位器	—	16、20、30只	按千斤顶配
对中定向装置	—	1套	—
通信设备	—	1套	—
混凝土搅拌机	400L	1台	—
卷扬机	10～20kN	2～4台	—
电焊机	22kVA	1台	—
水泵	2.2kW扬程50m	1台	备用
气割装置	—	1套	—
振捣器	插入式	3～5台	—
磅秤	1000kg	1台	—

水箱预制模具及提升机具 **表10-5**

项目	机具名称	规格	数量	备注
预制模具	内外模板及支撑	—	1套	按系列配套
	上料井架	—	1～2座	—
	桅杆吊	10kN	2套	—
	手推车	—	2～3台	—
	串筒漏斗	—	按系列配套	—

续表

项目	机具名称	规　格	数　量	备　注
提升机具	起重架	—	1套	按系列自行设计、制作
	千斤顶	300～500kN 35～150kN穿心式	按系列配套	双环梁提升用 单环梁提升用
	液压控制台	40MPa 10MPa	1台	双环梁提升用 单环梁提升用
	提升丝杆	—	按系列配套	双环梁提升用
	吊杆连接器	—	按系列配套	双环梁提升用
	吊杆	—	按系列配套	—
	油路系统	—	1套	—

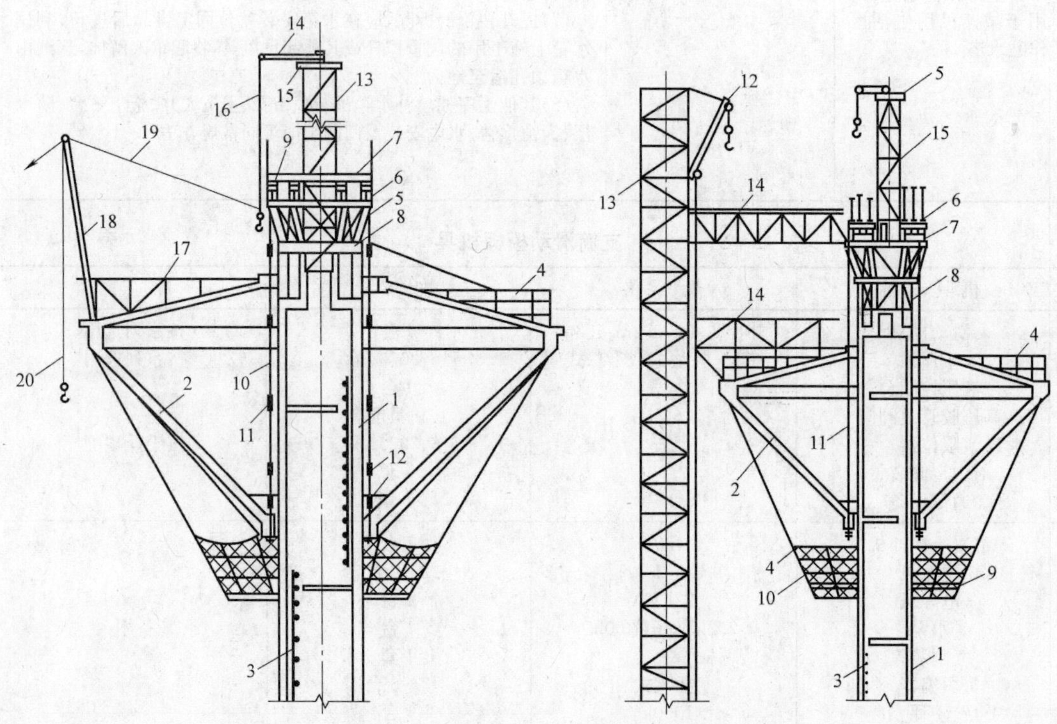

图10-5　双环梁提升装置和工艺

1—支筒；2—水箱；3—内爬架；4—安全栏杆；5—支承梁；6—中环梁；7—上环梁；8—下环梁；9—提升丝杆；10—吊杆；11—连接器；12—连接丝杆；13—筒顶支架；14—旋转桅杆；15—托轨；16—起重钢丝绳；17—工作台；18—桅杆；19—钢丝绳；20—起重吊绳

图10-6　单环梁提升装置和工艺

1—支筒；2—水箱；3—内爬梯；4—安全栏杆及安全网；5—中心起重设备；6—液压控制台；7—液压千斤顶；8—起重架；9—吊脚手架；10—手拔葫芦；11—吊杆组；12—摇头桅杆；13—外井架；14—挑梁；15—筒顶井架

10.3 双曲线冷却塔施工

双曲线冷却塔施工工艺方法 表 10-6

结构形式	施工工艺方法、装置及工作原理	施工方法要点
双曲线冷却塔为火力发电厂冷却供水的重要构筑物，由于其冷却效率高，运行和维护费用低，因而获得广泛的应用。它主要由贮水池、塔筒基础、支柱、环梁、筒壁及刚性环梁等组成 贮水池与塔筒基础的构造形式有两种，一种是塔筒基础兼作贮水池壁(合并式)，如倒T形基础；另一种是池壁与塔筒基础分别设置(分离式)，如常用环板式基础。塔筒支柱形状多作成相对的柱肢组成的矩形截面人字形，上下端分别锚固于环梁与环基，多采用预制装配式；环梁位于筒壁底部，其截面一般为现浇。筒壁是冷却塔最重要的组成部分，最小厚度(喉部处)一般为：当淋水面积小于 $2000m^2$ 时为 120mm；淋水面积 2500～$4500m^2$ 时为 140mm；淋水面积 5000～$7000m^2$ 时为 160～180mm。筒壁配筋纵向及环向均配置双层钢筋。一般采用现浇混凝土，强度等级为 C30，抗渗等级不低于 P6，抗冻等级不低于 F150。刚性环位于筒身顶部呈┓型为塔顶的加强部件	(1)施工程序： 施工程序一般有两种。一是先施工筒体，再安装塔芯构件；一是先安装塔芯构件再施工筒体。一般多采用前者，其施工程序为：基础挖土→贮水池及塔筒基础→人字柱→环梁→筒壁→刚性环→塔芯淋水构件安装(构件预先预制)→淋水填料安装(填料预先加工)→收尾、交工验收 双曲线冷却塔施工主要为筒壁(含环梁、刚性环)的施工，其余工序均按常规方法施工(略) (2)施工方法选用： 冷却塔现浇筒壁施工方法种类较多，常用的有两大类：1)有脚手架施工法：包括里脚手架外吊笼施工法、外脚手架内吊笼施工法、内外脚手架施工法等 2)无脚手架施工法：包括附着式三角架倒模施工法、液压外模施工法、爬升模架施工法等。其中应用最为普遍广泛的为附着式三角架倒模施工法，其优点是：施工机具设备较简单，操作平台整体稳定性好，施工安全可靠，施工技术易于掌握，不用脚手架，节省大量脚手材料，降低施工成本，加快工程进度，适应性强，大、中、小型冷却塔均可使用，尤其适用于 $5000m^2$ 以下的冷却塔施工，$6500m^2$ 大型冷却塔亦可应用 (3)施工装置及工作原理： 现浇筒壁施工装置一般由模板系统、操作平台及其支撑系统、垂直与水平运输系统、施工精度控制系统四部分组成 三角倒模法是利用附着于筒壁上的工具式三角架作为操作平台，完成钢筋绑扎、模板支撑及混凝土浇筑等作业；其垂直运输一般采用钢竖井架及随升吊桥，其施工装置如图 10-7	(1)环梁施工： 多采用钢管脚手架支撑模板(图 10-8*b*)，混凝土可沿环梁全圆、分段、分层浇筑，同一段应对称均匀一次浇筑完成；如为了减轻支承系统承受的荷载亦可分为两次浇筑，先浇筑下部 1/4～1/3 高混凝土，待达到 70% 强度后，再浇余下混凝土，使下部梁与支撑系统共同承担上部荷载 (2)筒壁施工： 1)施工程序：环梁上部首节筒壁绑扎→提升中心找正装置→首节三角架安装、模板支设及调整→首节混凝土浇筑→第二节钢筋绑扎→第三节三角架安装、模板支设及调整→第二节混凝土浇筑→第三节平台、模板及钢筋安装、浇筑混凝土→拆除首节三角架、模板，移置到第四节→如此循环作业直至最后一节筒壁浇筑完成→刚性环支模、绑扎钢筋、浇筑混凝土一拆除模板、三角架 2)钢筋绑扎：筒壁竖筋下料长度按三倍模板高度再加上搭接长度及弯钩部分长度配制；环筋下料长度以不超过 7m 为宜。钢筋绑扎宜由两个作业组从竖井架相对一点开始，沿圆周向相反方向同时绑扎，最后在吊桥入口处合拢。绑扎顺序先外层后内层，先竖向后环向。伸出模板面的纵向筋用钢筋叉予以临时固定。绑扎时，沿环筋每隔 4～6m 在纵筋上标出环筋位置，来控制间距；模板顶面向上约 1m 处应先绑好一道环筋。竖向筋在同一水平截面内的接头数量不得超过总根数的 1/3，搭接长度应不小于 30d。环筋与竖筋里外搭接位置要错开；环向筋在同一截面内的接头数量不得超过总数的 25%。环梁以上和刚性环以下一节的竖筋允许全部搭接，其搭接长度不应小于 45d 3)模板安装：尽量采用倒模使用的专用模板和附着式三角架，首节采用标准节，常用支模方法如图 10-9 所示。模板的安装程序为：安装内模→装对拉螺栓→贴内模油毡垫圈→装混凝土套管→贴外模油毡垫圈→内三角架立杆→装外模→紧对拉螺栓螺母→装三角架其余杆件。三角架外模板安装以内模板为基准，内外模板应相互对应。三角架一般为三层，在下层的混凝土达到 6MPa 时，即可拆除翻至上层，逐层周转使用。混凝土套管应按照模板节数编号，安装时对号入座。安装内模、斜撑时，采用找正悬盘上的钢卷尺测量模板上口半径，并利用斜撑法兰螺栓进行调整校正 4)中心找正：可采用自制的中心找正装置，由悬盘、线坠、钢卷尺、卷线器等组成(图 10-10)。施测时，当悬盘高度已到需支设模板的内模顶标高时，先用紧线器调整 4 根吊挂悬盘的钢丝绳，使线坠对准塔底中心，即可转动固定在悬盘上的钢尺测量筒壁各处的半径，以控制钢筋绑扎半径和支模半径。再在悬盘下面挂一把竖向钢尺，可用于测量悬盘的标高，以控制筒壁的标高 5)混凝土浇筑：宜由一点或对称两点开始沿圆周反方向同时进行分层连续浇筑，每层厚 250～300mm。

续表

结构形式	施工工艺方法、装置及工作原理	施工方法要点
双曲线冷却塔的结构和施工特点是：筒体为单叶双曲面形薄壁空间结构，筒体直径（由 25～59m）、高度（由 35～82m）和体型大，外形多变（随高度的变化而连续地变直径、变坡度、变截面）；施工为高空作业，需要特殊工艺和机具，技术复杂，质量要求严，施工难度大	工作原理是利用筒壁混凝土的初期强度，用对拉螺栓把三角架及模板附着于混凝土筒壁上，在三角架上铺设操作平台进行各道工序作业；三角架设置 3～4 层，循环交替向上移置，直至完成筒壁施工；用对拉螺栓的混凝土套管长度控制筒壁厚度(图 10-8*a*)	每节模板不宜少于三层，浇筑总高宜比顶面低 70～80mm。各节间施工缝在混凝土初凝后（常温约 2～4h）用高压水枪冲洗至粗骨料半露；或设凹形或 V 形槽，深度不小于 50mm。浇筑各节混凝土时，其一节的混凝土强度应不小于 2MPa。拆除各节模板时，其上一节的混凝土强度应不小于 10MPa，拆模后，应及时对混凝土表面的缺陷进行修理。同时还应及时堵塞对拉螺栓孔，及时养护，方法是设置环形水管喷水养护，或在筒壁混凝土外表面涂两遍氯偏乙烯养护剂，在内表面涂刷防水抗腐涂料 (3)刚性环施工： 模板仍采用施工筒壁时的专用模板及三角架，底模板用木模，侧模采用定型组合钢模板。模板支设顺序为：在三角架上铺设底楞→铺底模→找正坡度→支外模，用中心悬盘的钢尺校正上口半径并支斜撑固定→绑扎钢筋→支内模。检修孔芯模宜做成楔形，外表面涂刷隔离剂。钢筋绑扎同筒壁。避雷针埋设位置和与钢筋焊接应符合要求。混凝土浇筑用手推车沿三角平台上进行，从对应吊桥的另一端开始，分两组同时向反方向进行均匀分层浇筑，分层振捣密实，最后在吊桥下面合拢，其他均同筒壁

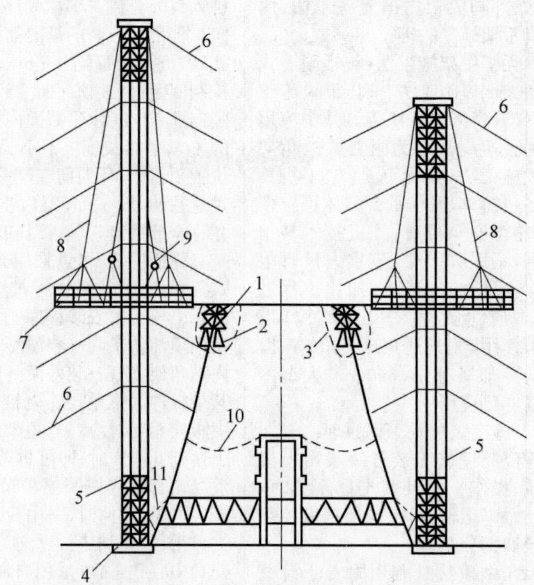

图 10-7　附着式三角架倒模装置及附图

1—三角架；2—吊篮；3—安全网；4—井架底座及基础；5—竖井架；
6—风缆绳；7—随升吊桥；8—悬挂吊桥钢丝绳；9—保险捯链；
10—塔芯安全网；11—塔外安全网

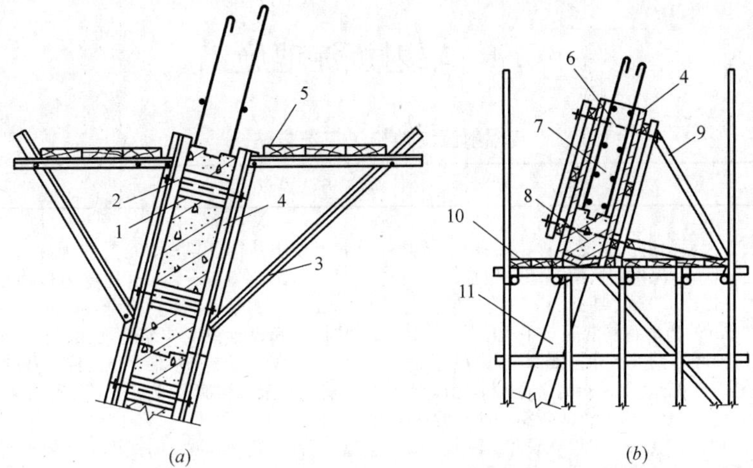

图 10-8 附着式三角架工作原理与环梁钢管脚手支模

(a) 附着式三角架工作原理；(b) 环梁钢管脚手支模

1—混凝土套管；2—对拉螺栓；3—三角架；4—模板；5—脚手板；6—对拉螺栓；7—环梁第二次浇筑层；8—环梁第一次浇筑层；9—支撑；10—操作平台；11—人字柱

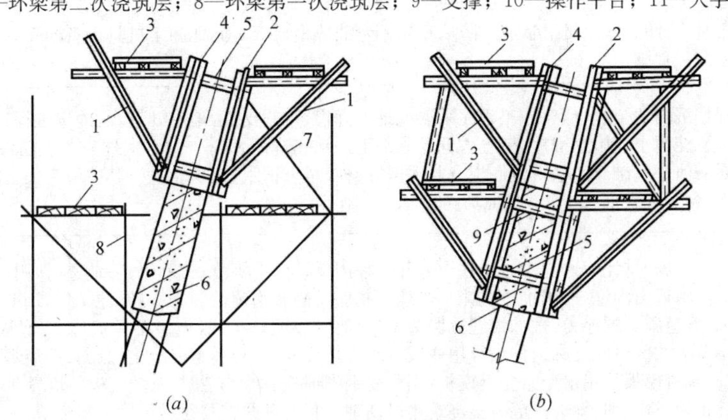

图 10-9 首节为标准节筒壁支模方法

(a) 钢管脚手支模；(b) 利用环梁固定支模

1—三角架；2—内模板；3—脚手板；4—外模板；5—对拉螺栓及套管；6—环梁；7—钢管撑杆；8—钢管脚手；9—预留孔

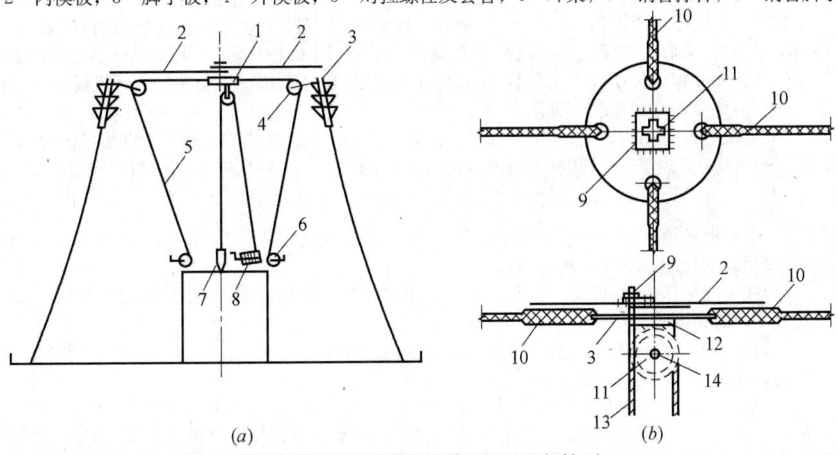

图 10-10 中心找正装置及悬盘构造

(a) 中心找正装置；(b) 悬盘构造

1—悬盘；2—钢卷尺；3—三角架立杆；4—滑轮；5—吊挂悬盘钢丝绳；6—悬盘卷线器；7—线坠（锤）；8—吊中转线器；9—钢卷尺转轴；10—ϕ6mm 钢丝绳；11—线坠滑轮；12—滑轮架；13—ϕ3mm 尼龙吊线坠绳；14—滑轮轴

10.4　辐射沉淀池施工

辐射沉淀池施工工艺方法　表 10-7

项次	项目	施工方法要点
1	组成、特点及使用	(1)大型辐射沉淀池工程，为一地下敞开式钢筋混凝土结构，由进水廊道、排泥廊道、中心支柱、池底板、池壁、刮泥机和桁架等部分组成。沉淀池直径 100m，深 3.5～7.0m，池壁为板块结构，由 16 块长 19.6m、高 3.93m、厚 0.5m 的挡土墙式悬壁板组成。内侧带有悬壁集水槽，池底为锅形，由 38 块厚 200mm 的扇形钢筋混凝土平板组成(图 10-11)，块体之间设置温度伸缩缝，底部为 100mm 厚混凝土垫层。池底下设进水和排泥廊道，为矩形截面箱形钢筋混凝土结构，中部中心支柱由基础、柱体和柱帽三部分组成，全高 11.36m，直径 9m，埋深－10.9m，造型复杂。池底及池壁外部分别用 600mm 及 400mm 厚 3∶7 灰土作为水池的防渗和地基的加固层 (2)工程特点是：工程规模和工程量大，结构和施工技术复杂，施工工序多，质量要求高，不允许出现地基不均匀沉陷及结构裂缝和渗透现象 (3)适用于大、中城市和工厂供水厂建造贮水和净水用的大型辐射沉淀池施工
2	施工机具	主要施工机具设备有：挖土机、推土机、装载机、自卸翻斗汽车、蛙式打夯机、砂浆搅拌机、电焊机、履带式起重机、轮胎式起重机、机动翻斗车、钢轮侧弯曲成型机等。其他施工机具设备同 10.1～10.3 节混凝土和钢筋工程施工
3	施工程序	根据沉淀池工程特点，施工程序采取先地下廊道、中心支柱，地基处理，后地上工程；先土建，后设备安装。沉淀池土建施工程序是：土方开挖→地下进水和排泥廊道→中心支柱→灰土防渗加固层→混凝土垫层→池壁基础→池壁→池底板→胶泥嵌缝→收尾→试水、交工验收。其中最为关键的程序、施工工艺方法，列于本表项次 4～9，其他均同常规方法施工
4	廊道与中心支柱施工	(1)进水和排泥廊道与中心支柱土方开挖采用反铲挖土机由一端向另一端进行，用翻斗自卸汽车将土方运至附近山沟堆放，用推土机摊平造地。基底及侧壁均预留 300mm 厚原土层，用人工清理和修坡 (2)廊道施工顺序为：按伸缩缝分段施工，由池中心往外扩展，先垫层后造型；先底板，后墙和顶板，混凝土分为二次浇成。廊道伸缩缝用橡胶止水带连接，垫层与造型混凝土用沥青浸渍木丝板隔开 (3)廊道模板采用定型组合钢模板，用可变钢支撑按常规方法支模。底板与墙壁施工缝处理设 3mm 钢锌钢板止水片防渗透。混凝土浇筑用机动翻斗车运送并直接通过溜槽下料浇筑 (4)中心支柱结构庞大，造型复杂，上大下小，即高又深，工序较多，采取分三次施工完成，先支模，浇筑基础，然后柱体，最后柱帽，在－7.15m 和－0.63m 标高处留设施工缝 (5)模板根据结构造型采用非定型钢模板，模板板面采用 3mm 厚钢板，边框用∟50mm×5mm 角钢，对具有双曲线的模板边框用 6mm 厚钢板制作。模板间用 M12～M14 螺栓连接，螺栓间隔 600mm。基础模板安装时，采取先将模板底标高抄平在模板支架上，用人工安装，先里圆后外圆模板，按编号对号入座。柱体和柱帽模板用起重机吊装，吊装顺序为：柱体弧形模板→柱肋模板→环梁模板→平台底模→螺栓固定架。模板结构及组装见图 10-12 (6)混凝土浇筑采用起重机吊吊斗通过串筒分层进行浇筑。在周围及柱帽上部搭设两台脚手操作平台。在浇筑过程中为控制进水管中心线不产生过大偏差，在柱中用经纬仪进行监测，发现问题，随时纠正
5	大面积灰土防渗加固层施工	(1)沉淀池换填土方采用正铲挖土机开挖，人工削坡，池底池壁均预留 300mm 厚原土层用人工分块挖去，以免地基长期暴露受雨水浸蚀扰动 (2)灰土通常作为地基加固使用，在本工程还兼作沉淀池抗渗漏的一道辅助防线，以减少对天然地基的浸湿。防止沉陷 (3)灰土施工前，原土先用蛙式打夯机夯实 6 遍进行加密处理，以消除表层土湿陷性，经检验地基土干密度提高 15%，渗透系数减小近 90% (4)灰土土料采用就近挖出的非湿陷性粉土配制，配合比为 3∶7(灰∶土，体积比)。采用新鲜石灰熟化，做到土料、石灰严格过筛，计量准确，拌合均匀，含水量控制接近最优含水量(19%～22%)，采用分层分块铺设，每层用蛙式打夯机夯实不少于 6 遍，为做到整体防水，处理好接缝错缝。池底和池壁灰土接缝见图 10-11 同时注意接槎，每层虚土均从留槎处往前延伸 50cm，接槎时将其挖除，重新铺好夯实，每层夯一块(约 50～100m^2)检验一块，控制干密度(1.5～1.55t/m^3)和夯打遍数，同时防止过早泡水

续表

项次	项目	施工方法要点
6	池壁底座和壁板浇筑	(1)池壁由16块壁板构成,施工可以每块壁板为一单元,施工次序为先底座后池壁,最后集水槽,这样既避免池壁出现施工缝,同时有利于模板的定型化和支设。池壁模板为节约木材,加快装拆和周转速度,采用带稳定支撑架的大块定型组合钢模板,每块池壁内外模均由5块(内模2块3.5m×3.4m、3块4.2m×3.4m,外模2块3.6m×3.4m、3块4.2m×3.4m)大模板组合拼装而成(图10-14),每块大模板的面板均采用定型组合钢模板拼成,模板的横肋和支撑用2∠8制成,除少量焊接外,均用模板标准连接件连接,底部设有调整器,以便站立和调直。这种模板制作简便,每块重在2t以内,用15t履带式吊车在池外进行安装 (2)钢筋采取工厂预制现场绑扎。池壁橡胶止水带除用模板夹紧外,同时用钢筋卡固定,以防浇筑混凝土时移位造成渗漏 (3)混凝土浇筑采用起重机吊吊斗或采用混凝土输送泵车沿池周进行分层浇筑,利用模板支架作操作平台,用插入式振捣器捣实(图10-15) (4)池壁采用跳跃间隔施工,绑钢筋、支模板浇筑混凝土进行流水作业。每块池壁一次连续浇筑完成,养护1~2d后拆模,覆盖草垫继续浇水养护应不少于14d。冬期施工用帆布棚护盖挡风,最后一块立壁作为浇筑底板、中心支座、安装池内排泥机架的运输通道,在底板完成后封闭 (5)池壁集水槽钢筋采取预留插筋办法,立壁浇筑完成拉直,接缝部位凿毛,然后支模、绑钢筋。模板亦采用大块定型组合钢模板带支撑架(图10-16),每块池壁6块,做到拆模吊运方便
7	池底板浇筑	(1)底板由38块扇形板拼成,每块面积为92.0~236.7m^2,接缝纵横交错,是渗漏水的薄弱部位。为提高适应温度变形及防渗漏能力,采取以下综合技术措施: 1)将垫层与底板的分块拼缝错开,使多一道抗渗防线 2)垫层与底板之间设一道玛𤥻脂隔离层,以减少垫层对底板的约束和防止产生较大的温度收缩应力,导致底板开裂;同时使底板多一道抗渗漏层 3)底板采取间隔浇筑,使有一定收缩时间;每块板一次浇筑完成,不留施工缝,板面在混凝土终凝前进行二次压光,以提高板面抗渗能力 4)在混凝土内掺加水泥用量18%的粉煤灰和0.2%木质磺酸钙减水剂,以改善和易性,减小水灰比,使易于捣实、找平、压光增加密实性,提高抗渗性 (2)底板混凝土用1t翻斗机动车运送,设小型受料台搭马道,分区均匀浇筑,用平板振捣器振实压光,同时加强混凝土早期养护,覆盖草垫,喷灌养护14d (3)部分底板在冬期施工,混凝土中掺三乙醇胺、亚硝酸钠、硫酸钠复合早强剂抗冻,混凝土压光后,护盖塑料薄膜1层,草袋2层保温防冻
8	池壁和底板嵌缝施工	(1)池壁和底板伸缩缝是水池渗透水的主要部位,本工程池壁接缝采用橡胶止水带,缝内嵌聚氯乙烯胶泥,池底板采用玛𤥻脂和8cm厚聚氯乙烯胶泥嵌缝。嵌缝做法如图10-11的4—4剖面及图10-17(*a*)所示 (2)嵌缝施工要求将缝面清理干净,基层干燥(含水率<6%)。含水率过大,用喷灯或电阻丝加热烘干,胶泥采用半自动胶泥熬制炉熬制,用文火加热,缓慢升温,并控制胶泥加热最高温度不超过140℃。当温度达到130~140℃时,应恒温10min,使充分塑化再用 (3)灌胶泥前应将基层用喷灯烘烤至35℃以上,并先在接缝面刷冷底子油一遍,采取边清扫、边烘烤、边涂刷方法。水平缝采取分层浇灌,胶泥温度不应低于110℃,浇灌第一层时,应将胶泥涂满伸缩缝混凝土表面,第二层再灌满接缝(图10-17*b*),有坡度的缝采取自下而上分段浇灌,分次成型,每段长1.5m左右 (4)间歇时接缝做成斜槎,纵横向缝交叉处要整体浇灌,每处灌过15cm以上,流淌出缝外的胶泥用刮板摊开,并在上面贴玻璃布一层。立缝应在外面先贴玻璃丝布,用木板在外面临时撑固,分段连续浇灌完成
9	施工注意事项	(1)水池如位于地下水位以下,应采用明沟集水井或井点将地下水位降至底板以下50cm直至施工完成 (2)底板施工前应认真检查地基土质情况,如局部有松软土应采取换土加固处理,地基如为湿陷性黄土,应采取强夯消除湿陷性或加作30~60cm厚三七灰土垫层,池底、池壁作成封闭式使其起整体防渗作用 (3)现浇水池的底板和池壁、板块式圆形水池的每块板块和壁板均应一次分层连续浇灌完成,并振捣密实,不留施工缝。圆形池壁应沿池壁分层交圈、均匀、对称进行,每层厚20~25cm,并设专人检查拉条和法兰螺栓,防止模板变形 (4)底板与池壁间施工缝以及后浇缝,在继续浇筑混凝土前应按表9-49施工缝处理方法进行处理,以保证不渗漏 (5)板块式水池池壁橡胶止水带必须用封端模板夹紧,并用钢筋卡固定,以保证位置正确 (6)混凝土应加强养护,表面护盖草垫,洒水养护不少于14d;冬季应在表面护盖塑料薄膜、草垫保温养护

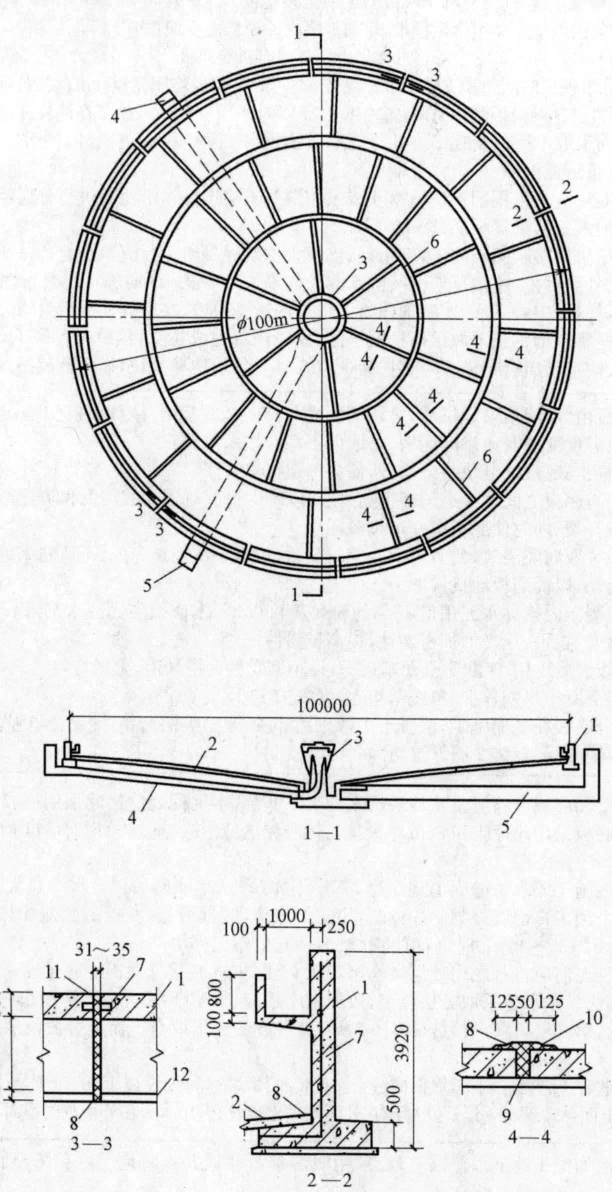

图 10-11　100m直径沉淀池平、剖面图

1—池壁；2—池底板；3—中心支柱；4—进水廊道；5—排泥廊道；6—池底排伸缩缝；7—橡胶止水带；8—聚氯乙烯胶泥；9—沥青胶；10—玻璃丝布；11—沥青木丝板；12—混凝土垫层

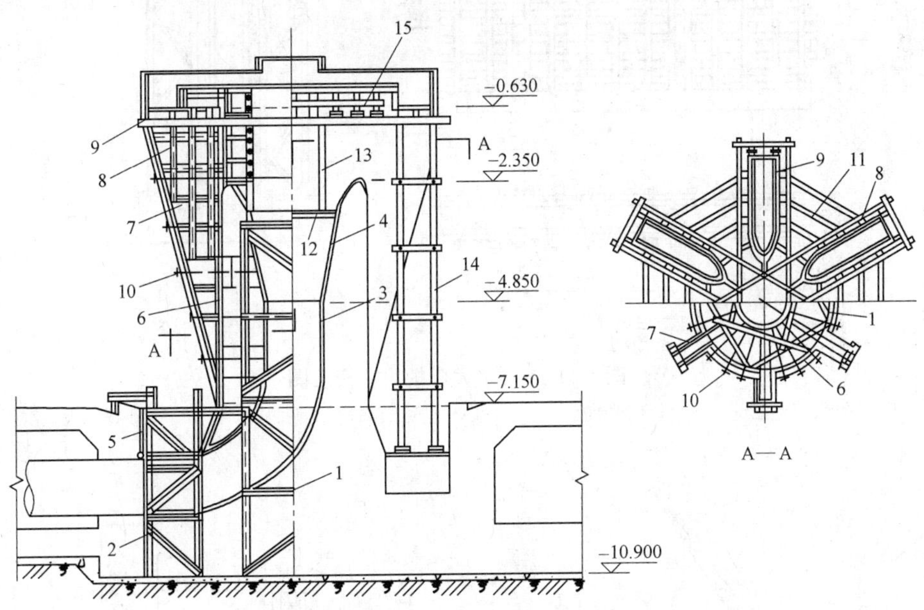

图 10-12 中心支柱模板结构及组装图

1—进水管固定架；2—集泥沟模板支承架；3—ϕ12mm 进水钢管；4—喇叭口钢模板；5—集泥沟弧形钢模板；6—柱体弧形钢模板；7—柱肋钢模板；8—柱肋模板加劲[8 号槽钢；9—柱肋模板拉接槽钢兼平台模板梁（[12 号）；10—ϕ14mm 模板加固螺栓；11—[8 号槽钢水平支撑；12—[10 号槽钢；13—[10 号槽钢支柱；14—100mm×100mm 环梁托木；15—100mm×100mm 平台木搁栅

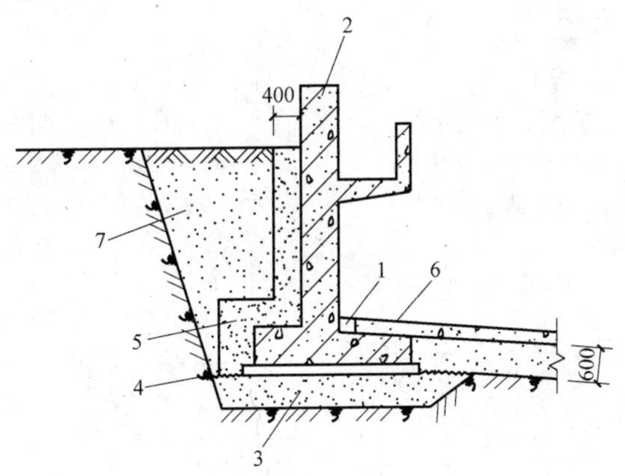

图 10-13 池壁、池底灰土防渗层构造及施工顺序

1—池壁底板；2—池壁；3—3∶7 灰土防渗层；4—接槎面；5—二次施工灰土；6—池底板；7—素土回填夯实

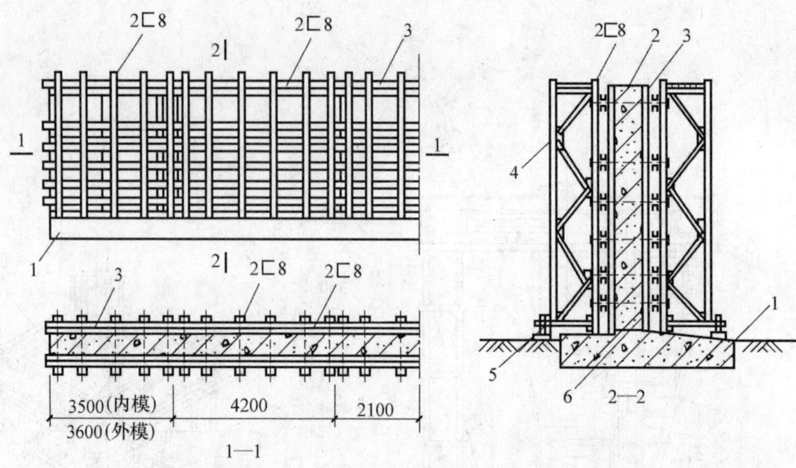

图 10-14　池壁大模板组合安装图

1—池壁底板；2—池壁；3—组合钢模板；4—钢制模板稳定支架；5—调整器；6—3mm 镀锌钢板止水板带

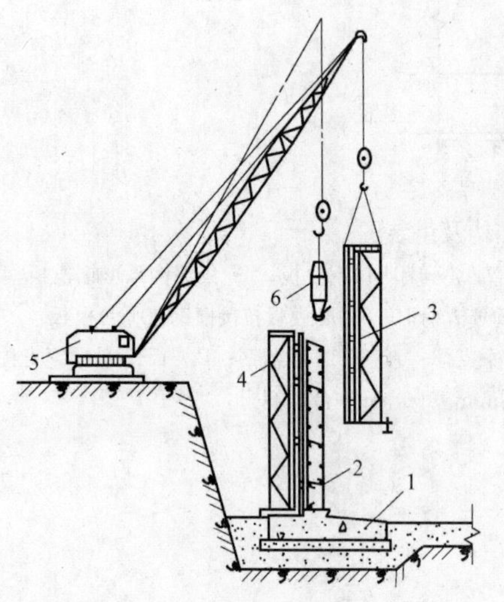

图 10-15　池壁大块钢模板安装、混凝土浇筑

1—池壁底座；2—池壁钢筋；3—组合式大模板；4—钢制模板稳定支架；5—履带式起重机；6—混凝土吊斗

图 10-16　集水槽整体模板

1—池壁底座；2—池壁；3—集水槽；4—组合式钢模板；5—整体式钢模架；6—混凝土垫块；1—1、2—2 为池壁施工缝

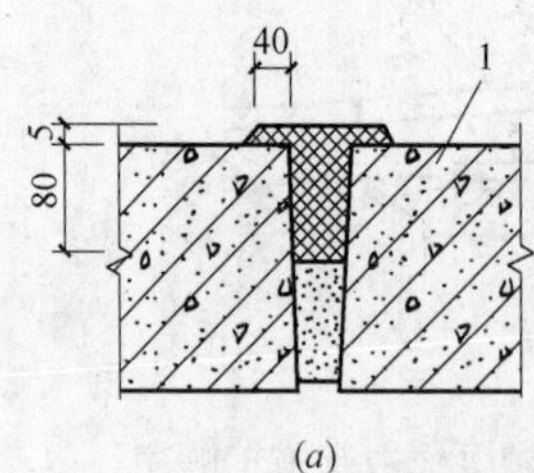

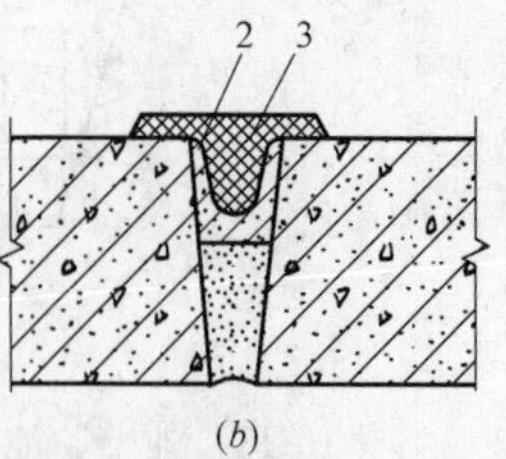

图 10-17　沉淀池底板嵌缝形式与浇灌顺序

(*a*) T 形接缝形式；(*b*) 胶泥浇灌顺序

1—水池底板；2—第一层浇灌胶泥；3—第二层浇灌胶泥

10.5　电视塔施工

电视塔施工工艺、方法　表 10-8

项次	项目	施工方法要点
1	类型组成、优点及施工特点	(1)电视塔是现代城市的标志性建筑，也属一种超高耸构筑物。按结构类型分为钢塔和钢筋混凝土塔两类，国内采用的均为后一种。由塔基、塔座、塔身(含梯井)、塔楼和桅杆五部分组成(图 10-18) (2)这种塔具有造型丰富多彩、美观，使用功能多(可用作广播电视、微波通信、旅游观光、消防、气象和环境监测等)，结构坚固耐用，防火性能好，造价相应较低等优点，但施工难度较大，质量要求高 (3)施工特点是：1)超高层施工，作业面小，受自然气候影响大，安全防护难；2)施工作业和工程质量受风、雨、日照、温差等多种动态作用的影响；3)对施工测量、支模技术、钢结构安装及施工垂直运输机具设备等均有特殊要求；4)质量要求高，要确保混凝土筒体结构的整体性，严格控制施工误差和塔身外观质量
2	施工机具	主要垂直运输设备有：内爬塔式起重机、塔桅起重机、落地式井架、附着式爬升井架、组合桅杆、施工电梯、卷扬机等。其他施工机具设备同“10.1 烟囱施工”
3	塔基、塔座施工	(1)塔基泛指零米以下的塔结构，特指与地面接触的结构，如圆板、环板、桩及承台等。由于塔基一般均为深基础，且为大体积混凝土结构，施工前应制定详细具体的施工方案 (2)当基础混凝土较厚时，应分层进行浇筑，每层混凝土应一次浇筑完毕，不得留施工缝。每层混凝土间接缝应按设计要求和施工规范规定进行处理 (3)基础底板浇筑应防止出现温度与收缩裂缝，因此要通过计算确定混凝土浇筑方案、入模温度、养护方法和养护时间，并控制混凝土内外温差、混凝土外表面与大气温差在 25℃以内 (4)塔基内的钢筋绑扎位置应准确，特别是底板上伸出的竖向钢筋，应采取可靠固定措施，防止钢筋位移 (5)塔座又称裙房，一般指地面部分及与塔身相联系的多层或单层建筑(包括地下室)，通常按常规方法施工
4	塔身筒体施工	(1)塔身是电视塔的主体，一般为圆筒形，其高度约占总高度的 2/3～3/4，混凝土用量占总量的 50%～70%，因此，塔身施工的进度和质量，在整个电视塔施工中占有重要位置 (2)塔身的施工方法常用的有滑模、倒模、爬模和移置式模板施工方法等，一般根据设计形式、高度、施工设备条件等进行选择确定 (3)液压滑动模板，一般采用无井架液压滑动模板施工，是由模板系统、操作平台系统、液压提升系统等组成。随着塔身混凝土浇筑，模板向上滑升，使已成形的混凝土不断脱模。如此连续循环，直至设计高度。一般情况下，在整个工程施工完毕之前，模板不必拆卸和重新组装。其具体做法同“10.1 烟囱施工”中有关部分 (4)倒模一般采用液压滑框倒模施工方法，其与滑模工艺的区别在于：由滑模时模板与混凝土之间滑动，变为滑道与模板滑动，而模板附着于新浇筑的混凝土面而无滑移。待平台提升到位后再安装模板，并拆除下层模板倒在上层使用(图 10-19)。本法兼有滑模和倒模的优点，易于保证工程质量，并可减少提升设备与平台用钢量，但速度略低于滑模 (5)爬升模板是由大模板、爬升支架与爬升设备组成，以混凝土筒壁为支承点，随着筒壁施工，逐层爬升。其爬升方法主要有两种：一种为“架子爬架子”，一种为“架子爬模板，模板爬架子”，以前一种使用较多。图 10-20 为某电视塔电动爬模装置与平面布置示意；图 10-21 为爬模工艺提升程序。提升设备可采用捯链、电动螺杆提升机等 该工艺是在混凝土达到竖向模板脱模强度后脱模，与大模板相似，能保证混凝土结构的尺寸、表面质量和密实性；可不依赖吊机实现模板的自行爬升。对于多边形、肢腿式塔身，为保证棱体的直线度及外表平整，宜采用爬升模板工艺 (6)移置式模板施工法，一般是用竖井架吊挂操作平台用多节移动式模板进行施工

续表

项次	项目	施工方法要点
4	塔身筒体施工	(7)筒身钢筋绑扎应保证位置正确和牢固。在每层混凝土浇筑面上，至少有一道绑扎好的水平环筋。竖向钢筋下料长度控制在4～6m，竖向钢筋的连接可优先采用冷挤压套管、锥螺纹管等机械连接接头；对连续变截面圆形筒壁，其竖向钢筋向圆心的倾斜角应有限位措施。为保持筒壁中内、外排钢筋的排距尺寸，应设置钢筋支架，间距不大于1m (8)筒身内预埋体的设置应符合有关规范的规定。锚固钢筋应避开结构的主筋及埋管 (9)为保持塔身混凝土颜色一致，塔身混凝土应采用同一生产厂的水泥和砂配制混凝土。混凝土的强度、抗渗性、耐久性应经试验试配确定，并应符合设计要求；混凝土早期强度的增长应满足施工速度的要求 (10)混凝土应沿塔身高度分层、对称、均匀、连续浇捣，每层混凝土浇筑厚度，滑模时宜为200～300mm，其他移置式模板以不大于500mm为宜 (11)为防止塔身扭转，浇筑混凝土时应匀称地变换混凝土浇筑的起点和方向。在同一模板高度内不宜留施工缝，特殊或重要部位的水平施工缝应按设计要求处理。对施工缝的静停时间，一般应控制在24h内
5	塔楼施工	(1)塔楼为高空支承于塔身上的楼层建筑，供布置发射机房、安置传输设备及开展旅游、综合利用等项目使用。大型塔楼高度一般都在30m以上。塔楼的支承结构形式有倒锥壳和钢桁架两种，以后者使用较多 (2)当支承结构为钢筋混凝土倒锥壳结构时，倒锥壳与筒壁混凝土应连续施工，壳体水平壳板可分段施工，施工缝的留置应与设计单位共同商定 (3)塔楼钢结构施工，可选用内爬塔、桅杆起重机，构件吊装可利用钢筋混凝土塔身作为竖向桅杆，在平台上架设组合桅杆，可沿水平向周围移动，用中速卷扬机起吊构件，快速卷扬机作桅杆变幅。每根桅杆可作为一作业组同时进行安装作业。安装时，钢三角桁架支承结构可采用平面安装，上部结构采用单元立体作业，以减少桅杆移位次数，节约时间和劳力
6	桅杆施工	(1)桅杆是安装发射天线的竖向结构，支承于塔身顶部，由多节混凝土筒体或钢结构筒体组成，大型电视塔的桅杆总高度可达100m (2)混凝土桅杆支承结构一般为厚大体积混凝土结构，截面变化大，钢筋密集。其支承结构的施工方法：外模可采用单侧滑模、爬模或移置式模板；内模板及支架宜采用预制拼装，但需通过计算确定，并考虑对下层结构的影响 (3)桅杆支承结构混凝土应分层浇筑，分层高度应根据截面尺寸、模板高度、内模板与支架的承载力、振捣方法和混凝土运输能力等综合确定。同一层的混凝土应连续浇筑，不得留施工缝，各层间的施工缝设置，应与设计人员共同商定 (4)混凝土桅杆的杆身，可采用滑模、爬模和移置式模板施工，方法同筒身 (5)桅杆采用钢结构的制作，一般在工厂进行，在现场进行安装。安装方法有：1)用竖井架、桅杆、多台卷扬机配合安装；2)分段起吊、高空组装，整体或分段 顶升与提升；3)分段组装，整体提升就位 (6)钢桅杆的垂直运输可采用液压顶升或其他提升设备。钢桅杆分段起吊、整体吊装，宜采用机械提升或液压提升设备，并根据单件重量配置相应的自升式起重机
7	施工注意事项	(1)在塔身上设置垂直运输设备时，必须进行结构验算，并征得设计单位同意 (2)钢结构件运输时应防止变形，运到安装现场后，应将构件分层分类编号，并按吊装顺序清点、堆放，以免混淆 (3)在钢结构构件和钢桅杆整体提升就位时，不论采用何种提升方案，都必须采取切实可靠的监控措施，防止发生倾斜、冒顶事故 (4)在塔身上必须设置可靠的避雷系统。施工操作的最高位置，应设有符合标准的防雷接地装置 (5)所有垂直运输设备及操作平台，均必须经过安全、技术部门检查合格后方可使用。施工完毕拆除时，应编制详细的拆除方案，并经有关部门批准后方可组织实施 (6)其他同“10.1烟囱施工”中施工要点有关部分

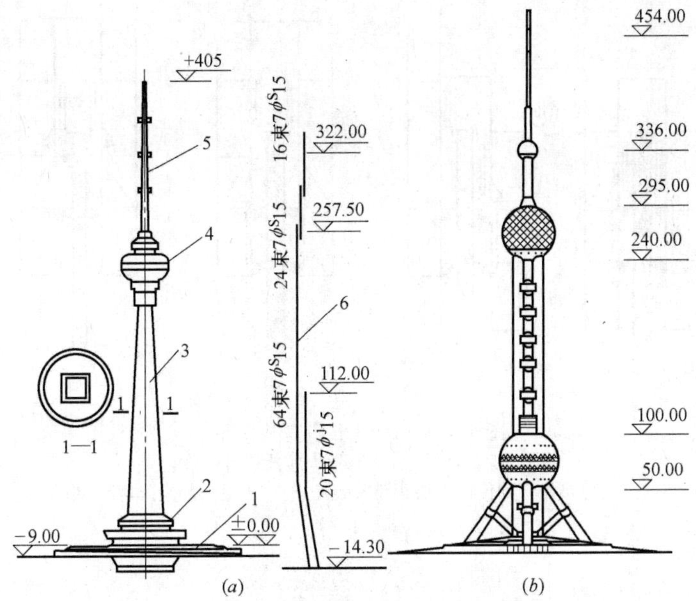

图 10-18 混凝土电视塔组成

(a) 中央电视塔；(b) 上海电视塔

1—塔基；2—塔座（裙房）；3—塔身（含梯井）；4—塔楼；5—桅杆；6—竖向预应力筋

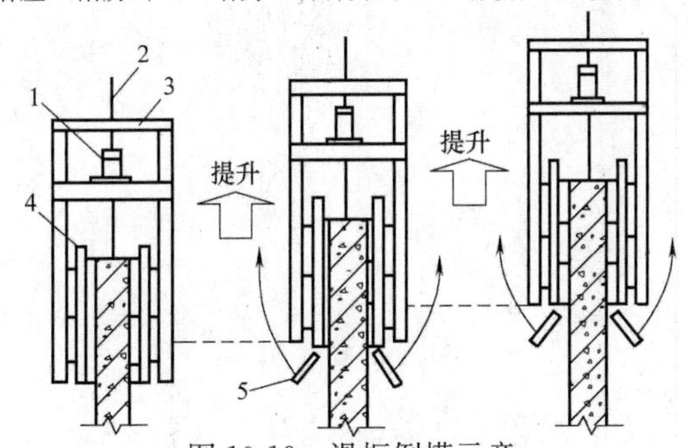

图 10-19 滑框倒模示意

1—液压千斤顶；2—支承杆；3—提升架；4—滑轨；5—模板

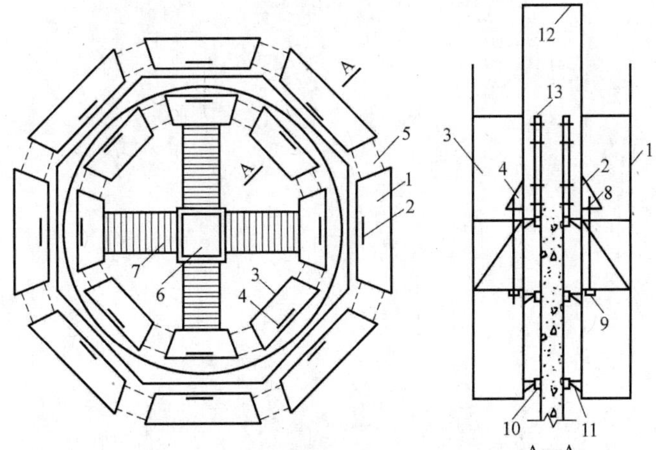

图 10-20 电视塔电动爬模装置与平面布置

1—外壁大爬架；2—外壁小爬架；3—内壁大爬架；4—内壁小爬架；5—活动走道板；6—内井架；7—运输天桥；8—减速机；9—提升螺杆；10—爬升靴；11—挂靴；12—拉结杆；13—模板

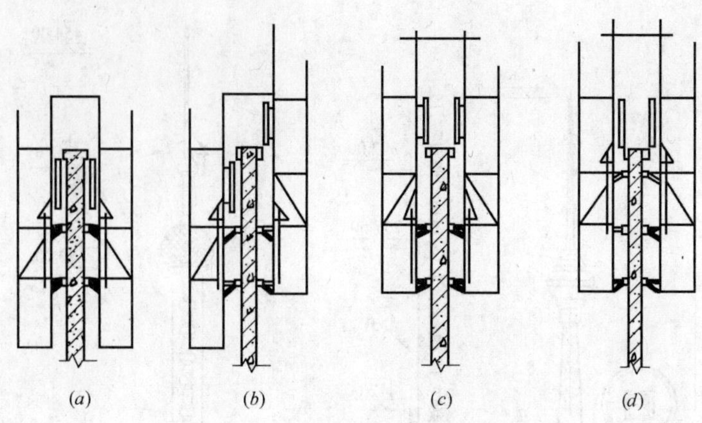

图 10-21　爬模工艺提升程序

（a）爬架待升；（b）外壁大爬架提升到位；
（c）内壁大爬架提升到位，上层爬靴安装完毕；（d）内外壁小爬架顶升到位

11 预应力混凝土

11.1 预应力钢材

在建筑结构中，预应力筋使用的主要是预应力高强钢筋。它是一种特殊的钢筋品种，使用的都是高强度钢材。主要有钢丝、钢绞线、预应力螺纹钢筋及钢拉杆等。

11.1.1 预应力钢丝

常用直径 $\phi5$、$\phi7$、$\phi9$，极限强度 1470MPa、1570MPa、1860MPa，一般用于后张预应力结构或先张预应力构件。其常用品种的力学性能见表 11-1～表 11-3。

冷拉钢丝的力学性能　　表 11-1

公称直径 d_n(mm)	抗压强度 σ_b(MPa) 不小于	规定非比例伸长应力 $\sigma_{p0.2}$(MPa) 不小于	最大力下总伸长率 (L_o=200mm) δ_{gt}(%)不小于	弯曲次数 (180°,次) 不小于	弯曲半径 R(mm)	断面收缩率 ψ(%) 不小于	每 210mm 扭曲的扭软次数 n 不小于	初始应力相当于70%公称抗拉强度时,1000h 后应力松弛率 r(%)不大于
3.00	1470 1570 1670 1770	1100 1180 1250 1330	1.5	4	7.5	—	—	8
4.00				4	10	35	8	
5.00				4	15		8	
6.00	1470 1570 1670 1770	1100 1180 1250 1330		5	15	30	7	
7.00				5	20		6	
8.00				5	20		5	

消除应力的刻痕钢丝的力学性能　　表 11-2

公称直径 d_n (mm)	抗拉强度 σ_b(MPa) 不小于	规定非比例伸长应力 $\sigma_{p0.2}$ (MPa)不小于		最大力下总伸长率 (L_o=200mm) δ_{gt}(%) 不小于	弯曲次数 (次,180°) 不小于	弯曲半径 R (mm)	应力松弛性能		
							初始应力相当于公称抗拉强度的百分数(%)	1000h 后应力松弛率 r(%)不大于	
		WLR	WNR					WLR	WNR
							对所有规格		
≤5.0	1470 1570 1670 1770 1860	1290 1380 1470 1560 1640	1250 1330 1410 1500 1580	3.5	3	15	60 70 80	1.5 2.5 4.5	4.5 8 12
>5.0	1470 1570 1670 1770	1290 1380 1470 1560	1250 1330 1410 1500			20			

消除应力光圆及螺旋肋钢丝的力学性能　　表 11-3

公称直径 d_n (mm)	抗拉强度 σ_b (MPa) 不小于	规定非比例伸长应力 $\sigma_{p0.2}$(MPa) 不小于		最大力下总伸长率 (L_o=200mm) δ_{gt}(%)不小于	弯曲次数 (次,180°) 不小于	弯曲半径 R(mm)	应力松弛性能		
		WLR	WNR				初始应力相当于公称抗拉强度的百分数(%)	1000h 后应力松弛率 r(%) 不小于	
								WLR	WNR
							对所有规格		
4.00	1470	1290	1250	3.5	3	10	60	1.0	4.5
	1570	1380	1330						
4.80	1670	1470	1410		4	15			
	1770	1560	1500						
5.00	1860	1640	1580		4	15			
6.00	1470	1290	1250		4	20			
	1570	1380	1330						
6.25					4	20			
	1670	1470	1410						
7.00	1770	1560	1500		4	20	70	2.0	8
8.00	1470	1290	1250		4	25			
9.00	1570	1380	1330		4	25			
10.00	1470	1290	1250		4	30	80	4.5	12
12.00					4				

注：WLR 为普通松弛钢丝，WNR 为低松弛钢丝。

11.1.2　预应力钢绞线

常用直径 ϕ12.7、ϕ15.2，极限强度 1860MPa，作为主导预应力筋品种用于各类预应力结构，使用非常广泛，其常用品种的力学性能见表 11-4～表 11-6。

1×3 结构钢绞线力学性能　　表 11-4

钢绞线结构	钢绞线公称直径 D_n(mm)	抗拉强度 R_m(MPa) 不小于	整根钢绞线的最大力 F_m (kN)不小于	规定非比例延伸力 $F_{p0.2}$(kN) 不小于	最大力总伸长率 (L_o≥400mm) A_{gt}(%)不小于	应力松弛性能	
						初始负荷相当于公称最大力的百分数(%)	1000h 后应力松弛率 r(%) 不大于
1×3	6.20	1570	31.1	28.0	对所有规格	对所有规格	对所有规格
		1720	34.1	30.7	3.5	60	1.0
		1860	36.8	33.1			
		1960	38.8	34.9			
	6.50	1570	33.3	30.0			
		1720	36.5	32.9			
		1860	39.4	35.5			
		1960	41.6	37.4			
	8.60	1470	55.4	49.9		70	2.5
		1570	59.2	53.3			
		1720	64.8	58.3			
		1860	70.1	63.1			
		1960	73.9	66.5			
	8.74	1570	60.6	54.5			
		1670	64.5	58.1			
		1860	71.8	64.6			

续表

钢绞线结构	钢绞线公称直径 D_n(mm)	抗拉强度 R_m(MPa)不小于	整根钢绞线的最大力 F_m(kN)不小于	规定非比例延伸力 $F_{p0.2}$(kN)不小于	最大力总伸长率(L_o≥400mm) A_{gt}(%)不小于	应力松弛性能	
						初始负荷相当于公称最大力的百分数(%)	1000h后应力松弛率 r(%)不大于
1×3	10.80	1470	86.6	77.9		80	45
		1570	92.5	83.3			
		1720	101	90.9			
		1860	110	99.0			
		1960	115	104			
	12.90	1470	125	113			
		1570	133	120			
		1720	146	131			
		1860	158	142			
		1960	166	149			

注：规定非比例延伸力 $F_{p0.2}$ 值不小于整根钢绞线公称最大力 F_m 的 90%。

1×7 结构钢绞线力学性能 **表 11-5**

钢绞线结构	钢绞线公称直径 D_n(mm)	抗拉强度 R_m(MPa)不小于	整根钢绞线最大力 F_m(kN)不小于	规定非比例延伸力 $F_{p0.2}$(kN)不小于	最大力总伸长率(L_o≥400mm) A_{gt}(%)不小于	应力松弛性能	
						初始负荷相当于公称最大力的百分数(%)	1000h后应力松弛率 r(%)不大于
1×7	9.50	1720	94.3	84.9	对所有规格	对所有规格	对所有规格
		1860	102	91.8			
		1960	107	96.3			
	11.10	1720	128	115		60	1.0
		1860	138	124			
		1960	145	131			
	12.70	1720	170	153	3.5	70	2.5
		1860	184	166			
		1960	193	174			
	15.20	1470	206	185			
		1570	220	198			
		1670	234	211		80	4.5
		1720	240	217			
		1860	160	234			
		1960	274	247			
	15.70	1770	266	239			
		1860	279	251			
	17.80	1720	327	294			
		1860	353	318			
(1×7)C	12.70	1860	208	187			
	15.20	1820	300	270			
	18.00	1720	384	346			

注：规定非比例延伸率 $F_{p0.2}$ 值不小于整根钢绞线公称最大力 F_m 的 90%。

11.1.3 预应力螺纹钢筋及钢拉杆

预应力螺纹钢筋抗拉强度为 980MPa、1080MPa、1230MPa，主要用于桥梁、大梁、边坡支护等。预应力钢拉杆直径一般在 ϕ20～ϕ210、抗拉强度为 375～850MPa，主要用于大跨度空间钢结构、坑道等工程。其常用品种的力学性能见表 11-7 和表 11-8。

无粘结预应力钢绞线规格及性能　　表 11-6

钢绞线 公称直径 (mm)	钢绞线 公称截面积 (mm^2)	钢绞线 公称强度 (MPa)	防腐润滑脂重量 W_3(g/m)不小于	护套厚度(mm) 不小于	μ	K
9.50	54.8	1720	32	0.8	0.04～0.10	0.003～0.004
		1860				
		1960				
12.70	98.7	1720	43	1.0	0.40～0.10	0.003～0.004
		1860				
		1960				
15.20	140.0	1570	50	1.0	0.40～0.10	0.003～0.004
		1670				
		1720				
15.20	140.0	1860	50	1.0	0.40～0.10	0.003～0.004
		1960				
15.70	150.0	1770	53	1.0	0.40～0.10	0.003～0.004
		1860				

注：经供需双方协商，也生产供应其他强度和直径的无粘结预应力钢绞线。

预应力螺纹钢筋力学性能　　表 11-7

级别	屈服强度 R_{eL}(MPa)	抗拉强度 R_m(MPa)	断后伸长率 A(%)	最大力下总伸长率 A_{gt}(%)	应力松弛性能 初始应力	应力松弛性能 1000h后应力松弛率 V_r(%)
	不小于					
PSB785	785	980	7	3.5	0.8R_{eL}	≤3
PSB830	830	1030	6			
PSB930	930	1080	6			
PSB1080	1080	1230	6			

注：钢筋直径有 18、25、32、40、50mm 等。

钢拉杆力学性能　　表 11-8

强度级别	杆件直径 d(mm)	屈服强度 R_{el}(N/mm^2)	抗拉强度 R_m(N/mm^2)	断后伸长率 A(%)	断面收缩率 Z(%)	冲击吸收功 A_{KV} 温度(℃)	冲击吸收功 A_{KV} J
		不小于					
GLG345	20～210	345	470	21	—	0	34
						−20	
						−40	27
GLG460	20～180	460	610	19	50	0	34
						−20	
						−40	27
GLG550	20～150	550	750	17		0	34
						−20	
						−40	27
GLG650	20～120	650	850	15	45	0	34
						−20	
						−40	27

11.2　张拉设备、配套机具与工具

预应力混凝土张拉需要主要设备工具参考表　　表 11-9

项目	机具名称	规格、技术性能	单位	数量
先张法	台座	槽式或墩式，单线 60～100m，双线 30～50m	座	1
	张拉架	钢制	套	1
	液压千斤顶或螺杆张拉机	规格性能见表 11-10 和表 11-11	台	2
	高压油泵	规格性能见表 11-2	台	2
	油压表	压力 40N/mm² 或 50N/mm²	块	2
	起重机	8.0～10.0t	台	1
	夹具	夹片式、锥锚式或帮条式	套	12～22
后张法	冷拉台座	卷扬机或千斤顶装置	座	1
	成孔钢管或胶管	直径 50～65mm	节	6～12
	液压千斤顶	规格性能见表 11-10	台	2
	高压油泵	规格性能见表 11-12	台	2
	油压表	压力 40N/mm² 或 50N/mm²	块	4
	灰浆泵	压力 1.5N/mm² 输送量 3m³/h，见表 11-13 和表 11-14	台	1
	灰浆搅拌机	容量 200L	台	1
无粘结预应力法	涂包成束机或挤压涂层机		台	1
	穿心式千斤顶	压力 50N/mm²，行程 50mm	台	2
	高压油泵	压力 63N/mm²，电动 380V、750W	台	2
	油压表	压力 70N/mm²	块	4
	锚具	BUPC-甲型或 BUPC-乙型	套	2/每根
有粘结预应力法	冷镦挤压机	LD200 型	台	1
	切割机	GWS14 型	台	1
	液压千斤顶	规格性能见表 11-10	台	2
	高压泵	规格性能见表 11-12	台	2
	油压表	压力 50N/mm²	台	4
	灰浆搅拌机	容量 200L	台	1
	灰浆泵	压力 1.5N/mm²（见表 11-13、表 11-14）	台	1
	锚具	镦头式或螺杆式、夹片式	套	2/根

常用液压千斤顶规格及技术性能　　表 11-10

千斤顶型号及名称	额定压力 (N/mm²)	张拉液压面积 (cm²)	顶压液压面积 (cm²)	最大张拉力 (kN)	最大顶压力 (kN)	张拉行程 (mm)	顶压行程 (mm)	穿心孔径 (mm)	外形尺寸 (mm)	净重 (kg)
YL60 型拉杆式（YDL650-150 型）	40 (60)	162.5	—	650	—	150	—	—	ϕ193×677	65 (69)
YC18 型穿心式	50	40.6	13.5	203	54	250	15	27	ϕ110×425	17
YC60 型穿心式	40	162.6	84.2	650	336	150	50	55	ϕ195×435	63
YC120 型穿心式	50	250	113	1200（公称）	—	300	40	70	ϕ250×910	196
YCD120 型穿心式	50	290	177	1450（公称）	—	180	—	128	ϕ315×500	200

续表

千斤顶型号及名称	额定压力 (N/mm²)	张拉液压面积 (cm²)	顶压液压面积 (cm²)	最大张拉力 (kN)	最大顶压力 (kN)	张拉行程 (mm)	顶压行程 (mm)	穿心孔径 (mm)	外形尺寸 (mm)	净重 (kg)
YCQ100 型穿心式	63	219	—	138	—	150	—	90	ϕ258×440	110
YCQ200 型穿心式	63	330	—	208	—	150	—	130	ϕ340×458	190
YCQ350 型穿心式	63	550	—	346	—	150	—	140	ϕ420×446	320
YDC100N-100 内卡式	55	181.2	91.9	997	—	100	—	—	ϕ250×289	78
YDC1500N-100 内卡式	54	276.5	115.5	1493	—	100	—	—	ϕ305×285	116
YZ85-300 型锥锚式	46	—	—	850	390	300	65	—	ϕ326×890	180
YZ85-500 型锥锚式	46	—	—	850	390	500	65	—	ϕ326×1100	205
YZ150-300 型锥锚式	50	—	—	1500	769	300	65	—	ϕ360×1005	198
YDT120 台座式	50	—	—	1200	—	300	—	—	ϕ250×595	150
YDT300 台座式	50	—	—	3000	—	500	—	—	400×400×1025	—

螺杆式张拉机规格及技术性能 **表 11-11**

千斤顶型号及名称	最大张拉力 (kN)	最大张拉行程 (mm)	张拉速度 (m/min)	张拉钢丝规格 (mm)	外形尺寸 (长×宽×高) (mm)	重量 (kg)
SL_1 型手动螺杆张拉机	10	400	—	ϕ^P3～5	870×153×153	13
DL_1 型电动螺杆张拉机	10	780	2	ϕ^P3～5	200×90×50	143

常用高压泵技术性能 **表 11-12**

型号	额定压力 (N/mm²)	柱塞			最大流量 (L/min)	油箱容量 (L)	电动机		外形尺寸 (长×宽×高) (mm×mm×mm)	净重 (kg)
		直径 (mm)	行程 (mm)	个数 (个)			功率 (kW)	转速 (r/min)		
SYB-1 型手动泵	70	12/28	20.5	—	0.002/0.012	0.77	—	—	620×165×170	9
ZB4/500 型电动泵	50	10	6.8	2×3	2×2	50	3	1430	745×494×997	120
$58M_4$ 型卧式双缸泵	40	16	30	—	2.18	28	1.7	940	1250×564×980	280
LYB-44 型立式高压泵	40	10	6.8	2×3	2×2	42	2.2	1430	680×490×800	120

BW 型柱塞式灰浆泵技术性能 **表 11-13**

型号	流量 (L/min)	额定压力 (N/mm²)	功率 (kW)	重量 (kg)	形式
BW-120	120	1.2	4	260	双缸单作用
BW-150/1.5	150	1.0	4	220	双缸单作用
BW-180/2	180	1.5	7.5	280	双缸单作用

续表

型号	流量 (L/min)	额定压力 (N/mm^2)	功率 (kW)	重量 (kg)	形式
BW-200/5	200	4.0	18.5	泵 300	双缸单作用
BW-150	150～32	1.8～7.0	7.5	516	三缸单作用
BW-200	200～102	5.0～8.0	22	泵 560	三缸单作用
BW-250	250～52	2.5～6.0	15	泵 500	三缸单作用
BW-320	320～118	4.0～8.0	30	1000	三缸单作用

UBJ 型挤压式灰浆泵技术性能 **表 11-14**

项目	UBJ2	UBJ1.8	UBJ3	UBJ0.8
出浆量(m^3/h)	2	0.4,0.6,1.2,1.8	1,1.5,3	0.8
额定压力(N/mm^2)	1.5	1.5	2	1
水平输送距离(m)	120	100	120	80
料斗容量(L)	100	200	200	50

11.3 锚具与夹具

常用锚具与夹具的组成、材质要求及配套选用 **表 11-15**

形式	类别	名称	组成及材质要求	适用范围
螺杆式	锚具	螺丝端杆锚具	由螺丝端杆、螺母及垫板组成(图11-1*a*)。端杆用热处理 45 号钢制作，热处理硬度 HB251～283，也可用冷拉 45 号钢或与预应力筋同级别的冷拉钢筋制作；螺母及垫板均用 Q235 钢制作，不作热处理	适用于先张法、后张法或电张法。用 YL60、YC60、YC20 型千斤顶或简易张拉机具，锚固直径 36mm 以下的冷拉 HPB235、HRB335 级钢筋
		锥形螺杆锚具	由锥形螺杆、套筒、螺母及垫板组成(图 11-1*b*)。锥形螺杆和套筒用 45 号钢制作，调质热处理硬度 HRC30～35，锥头 70mm 内硬度要求 HRC55～58，淬透深度 2～2.5mm。螺母及垫板用 Q235 钢制作，不作热处理	适用于后张法。用 YL60、YC60、YC20 型千斤顶或简易张拉机具，锚固 28 根以下的 $\phi5$ 碳素钢丝束
		精轧螺纹钢锚具	由螺母与垫板组成，螺母、垫板分为平面与锥面两种，螺母采用 45 号钢制作	适用于后张法。用 YL60、YC60、YC20 千斤顶，锚固精轧螺纹钢筋
	夹具	单根镦头钢筋螺杆夹具	如图 11-2 所示，制作要求与螺丝端杆同，端杆用热处理 45 号钢制作，热处理硬度 HB251～283	适用于后张法。用 YL60、YC60、YC20 型千斤顶或简易张拉机具，夹持单根冷拉 HPB235、HRB335、HRB400 级钢筋
镦头式	锚具	钢丝束镦头锚具	分 A、B 型两种。A 型由锚环和螺母组成(图 11-2*a*)，用于张拉端；B 型为锚板，用于固定端(图 11-2*b*)。锚环和锚板用 45 号钢制作，调质热处理硬度 HB251～283，螺母用 30 号钢制作，不作热处理。工具拉杆和工具螺母材质同螺丝端杆	适用于后张法。用 YL60、YC60、YC20 型千斤顶，锚固 $\phi5$ 碳素钢丝
	夹具	单根镦头夹具	由镦头夹具和张拉套筒或抓钩式连接头组成(图 11-2*c*)。镦头夹具用 45 号钢制作，热处理硬度 HRC30～35，张拉套筒与抓钩式连接头亦用 45 号钢制作，热处理硬度 HRC40～45	适用于大型屋面板等构件的模外张拉工艺或台座先张法。用 YL60、YC60 型千斤顶，夹持单根冷拉 HPB235、HRB335、HRB400 级钢筋

续表

型式	类别	名称	组成及材质要求	适用范围
夹片式	锚具	JM12 型锚具	由锚环和夹片组成(图 11-3*a*),分机加工和精铸两种工艺成型。 锚环分圆锚环及方锚环两种,均用 45 号钢制作。圆锚环用机加工成型,热处理硬度 HRC32～37;方锚环用模锻成型,不需热处理。夹片由 3～6 片或 5～6 片组成,均机加工成型,用 45 号钢制作,热处理硬度 HRC40～45	适用于后张法。用 YC60 与 120 型千斤顶,锚固 3～6 根直径 12mm HRB500 级光圆或螺纹钢筋束(精铸 JM12 锚固 Φ'12 级螺纹钢筋束)以及 5～6 根 ϕ^s12 ($7\phi4$)钢绞线束
		JM5 型锚具	有 JM5-6 及 JM5-7 两种规格,构造形式及技术性能均与 JM12 相仿	适用于后张法(也可作先张法夹具)用 YC60 型千斤顶分别锚固 6 根和 7 根 $\phi5$ 碳素钢丝
		JM 型锚具	由锚环与夹片组成(图 11-3*b*)。锚环采用 45 号钢,调质热处理硬度 HRC32～37。夹片形状为三片式,斜角 4°。夹片用 20 铬钢,热处理表面硬度 HRC55～58,齿形为短牙三角螺纹	适用于后张法。用 YCD60 与 120 型千斤顶,锚固 ϕ^s12 和 ϕ^s15 钢绞线,也可作先张法夹具
		XM 型锚具	由锚板与夹片组成(图 11-4)。其特点是每根钢绞线都是分开锚固的。锚板采用 45 号钢,调质热处理硬度 HB=285±15。夹片采用三片式,采用 60Si2MnA 合金钢,整体淬火并回火后硬度为 HRC53～58	适用于后张法。用 YCD100 与 200 型千斤顶,锚固 1～12ϕ^s15 钢绞线,也可用于锚固钢丝束
	夹具	圆锥形二片(三片)式夹具	由圆套筒及圆锥形夹片(二片或三片)组成(图 11-5*a*),均用 45 号钢制作,经热处理硬度要求套筒为 HRC35～40,夹片为 HRC40～45	适用于先张法。用 YC20 型千斤顶夹持直径 12～14mm 的单根冷拉 HRB335、HRB400、RRB400 级钢筋
锥锚式	锚具	钢质锥形锚具(弗氏锚具)	由锚环及锚塞组成(图 11-5*b*),用 45 号钢制作,锚塞热处理硬度 HRC55～58,锚环热处理硬度 HRC20～58,经磁力探伤,无内伤方可使用	适用于后张法。用 YZ38、60 和 85 型千斤顶,锚固 18$\phi5$ 碳素钢丝束或 $\phi4$ 碳素钢丝
	夹具	圆锥齿板式夹具	由套筒与齿板组成(图 11-6*a*),均用 45 号钢制成,当夹冷拔低碳钢丝时,齿板须热处理,硬度为 HRC40～45;当夹碳素(刻痕)钢丝,套筒热处理硬度 HRC 25～28,夹片采用倒齿形,热处理硬度 HRC55～58	适用于先张法,用手动或电动螺杆张拉机,夹持 ϕ^b3～5 冷拔低碳钢丝和 $\phi5$ 碳素(刻痕)钢丝
锥锚式	夹具	单根钢绞线夹具	由锚环、退楔片和夹片组成(图 11-6*b*)。退楔片为合缝对开三片式,夹片与单根钢绞线夹片相同,锚环采用 45 号钢热处理,硬度 HRC32～37,夹片采用 20 铬钢,热处理硬度 HRC55～58	适用于夹持 ϕ^s12 和 ϕ^s15 钢绞线,也可作为千斤顶的工具锚使用
帮条式	锚具	帮条锚具	由 1 块方形或圆形衬板与三根帮条焊接组成(图 11-7)。帮条应采用与预应力筋同级别的钢筋,衬板可用 Q235 钢,帮条的焊接可在预应力筋冷拉前或冷拉后进行	适用于先张法、后张法及电张法。锚固直径 12～40mm 的冷拉 HRB335、HRB400 级钢筋

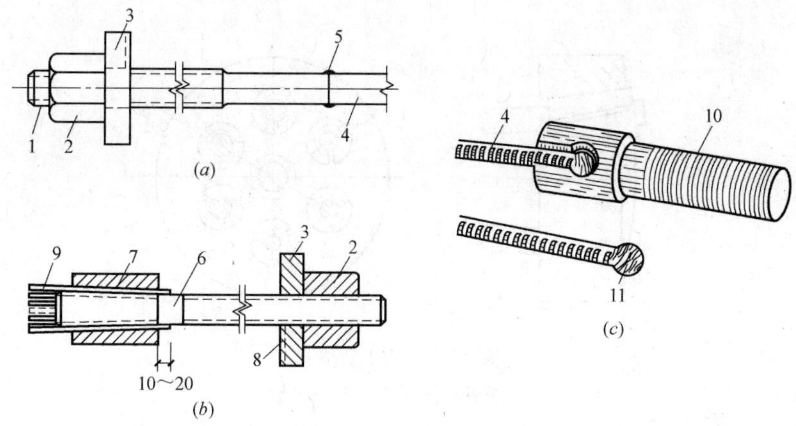

图 11-1 螺杆式锚具和夹具

（a）螺丝端杆锚具；（b）锥形螺杆锚具；（c）单根镦头钢筋螺杆夹具

1—螺丝端杆；2—螺母；3—垫板；4—预应力筋；5—对焊；6—锥形螺杆；7—套筒；8—排气槽；9—钢丝ϕ5；10—张拉螺杆；11—镦粗头

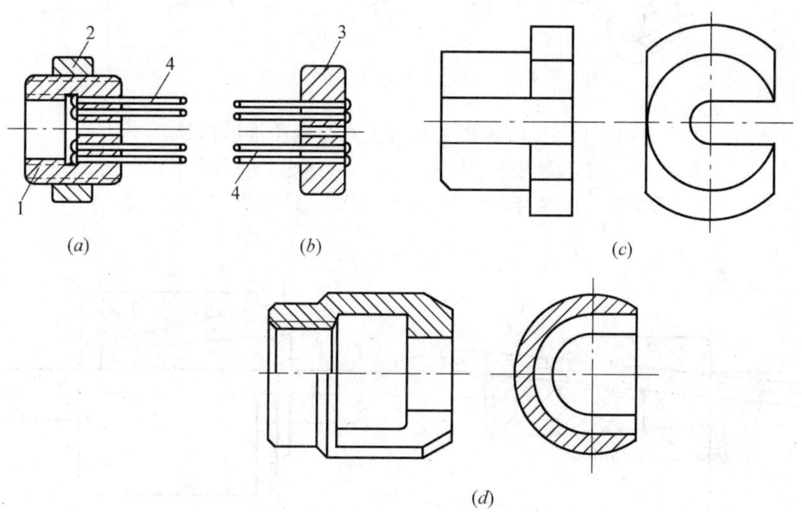

图 11-2 镦头式锚具、夹具

（a）钢丝束 A 型锚具；（b）钢丝束 B 型锚具；（c）单根镦头夹具；（d）抓钓式张拉连接头

1—A 型锚环；2—螺母；3—B 型锚板；4—钢丝束

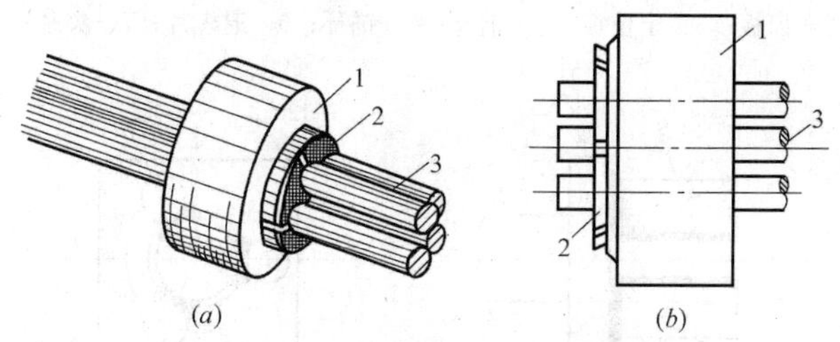

图 11-3 JM12 型及 JM 型锚具

（a）JM12 型锚具；（b）JM 型锚具

1—锚环；2—夹片；3—钢筋束或钢绞线束

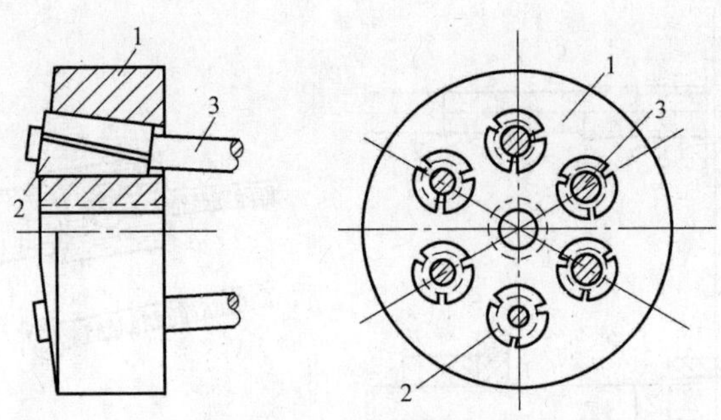

图 11-4　XM 型锚具

1—锚板；2—夹片；3—钢绞线

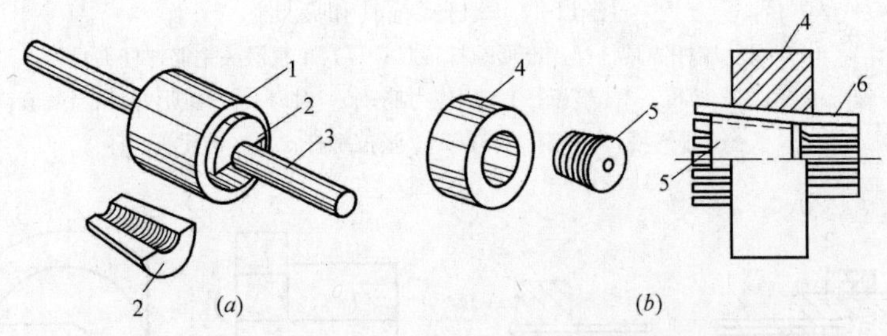

图 11-5　圆锥形二片式夹具与钢质锥形锚具

（*a*）圆锥形二片式夹具；（*b*）钢质锥形锚具

1—套筒；2—夹片；3—钢筋；4—锚环；5—锚塞；6—钢丝束

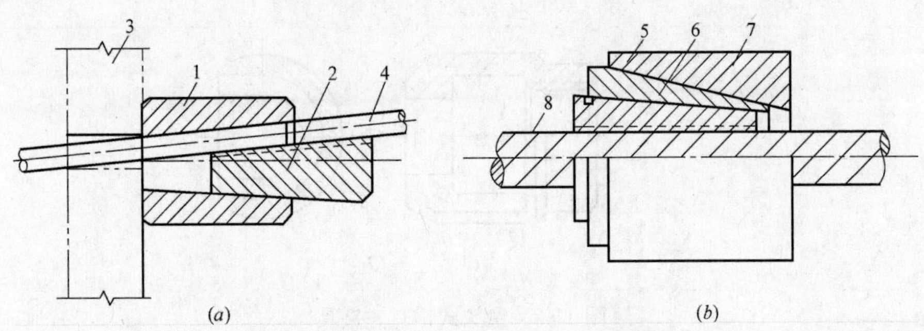

图 11-6　圆锥齿板式及单根钢绞线夹具

（*a*）圆锥齿板式夹具；（*b*）单根钢绞线夹具

1—套筒；2—齿板；3—定位板；4—钢丝；5—锚环；6—退楔片；7—夹片；8—钢绞线

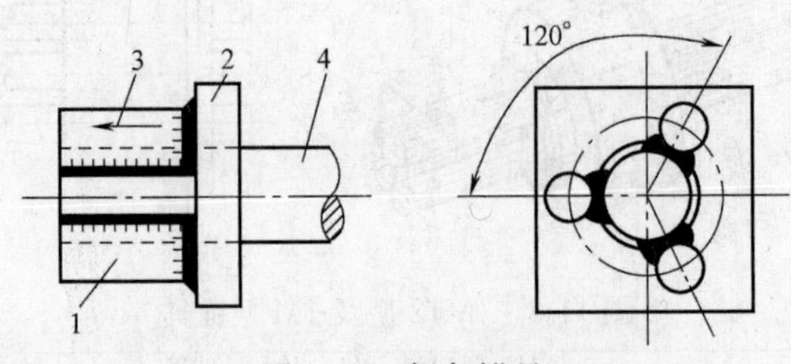

图 11-7　帮条锚具

1—帮条；2—衬板；3—施焊方向；4—主筋

无粘结预应力筋锚具选用 **表 11-16**

项次	项目	组成及要点
1	锚具选用	(1)无粘结预应力筋的锚具,应根据无粘结预应力筋的品种、张拉力大小,以及工程使用情况选定 (2)对常用的ϕ15mm、ϕ12mm单根钢绞线,以及7ϕ5mm平行钢丝束无粘结预应力筋,其锚具可按表11-17选用 (3)由多根钢绞线组成的无粘结预应力束,其锚具可采用QM型、XM型B&S型等群锚型锚具,锚具的结构与性能与有粘结预应力束的锚具相同
2	夹片锚具构造	(1)夹片锚具系统的张拉端构造如图11-8所示。锚具凸出混凝土表面时,由锚环、夹片、承压板与螺旋筋组成;锚具凹进混凝土表面时,由锚环、夹片、承压板、螺旋筋,塑料塞及钩螺栓等组成 (2)夹片锚具系统固定端构造如图11-9所示: 1)挤压锚具(图11-9*a*):由挤压锚具、承压垫板与螺旋筋组成。挤压锚具是采用专用的挤压机将锚具套筒及内衬套压接在预应力筋的端部 2)压花锚具(图11-9*b*):由压花锚头及螺旋筋构成。压花锚是利用专用压花机压制而成 3)焊板夹片锚具(图11-9*c*、*d*):由夹片、锚环、承压垫板、螺旋筋构成。预先用开口式双作用千斤顶将夹片锚具组装在预应力筋端部,其预紧力为预应力筋张拉力的75%
3	镦头式锚具构造	(1)镦头式锚具系统的张拉端构造如图11-10(*a*)所示。由锚杯、螺母、承压板、塑料保护套及螺旋筋组成 (2)镦头式锚具系统的固定端构造如图11-10(*b*)所示。由锚板与螺栓筋组成

常用单根无粘结预应力锚具选用 **表 11-17**

无粘结预应力筋品种	锚具	
	张拉端	固定端
钢绞线	夹片锚具	挤压锚具 压花锚具 焊板夹片锚具
7ϕ5钢丝束	镦头式锚具 夹片锚具	镦头锚具夹板

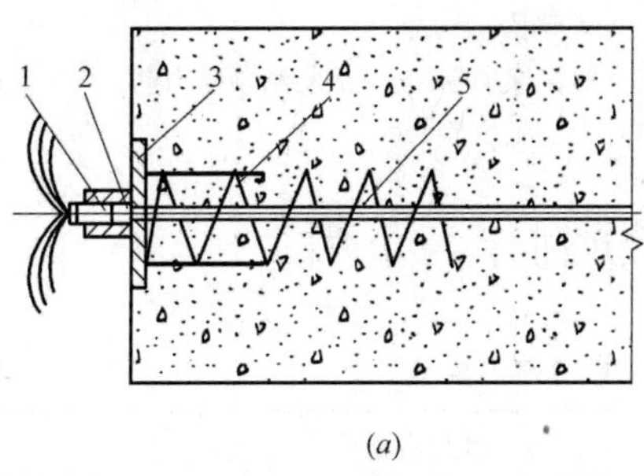

(*a*)

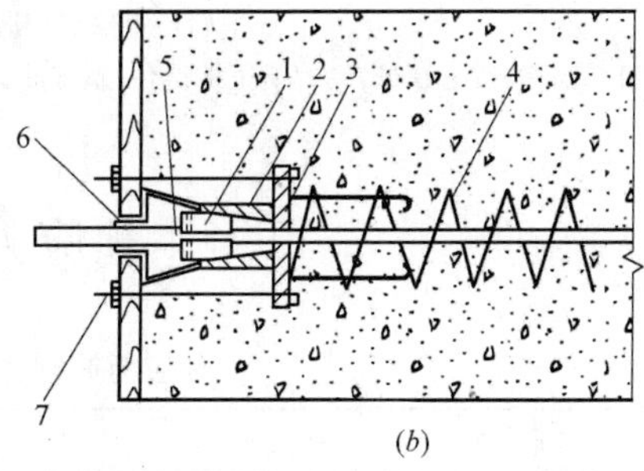

(*b*)

图 11-8 夹片锚具系统张拉端构造

(*a*) 夹片锚具凸出混凝土表面;(*b*) 夹片锚具凹进混凝土表面

1—夹片;2—锚环;3—承压板;4—螺旋筋;5—无粘结预应力筋;6—塑料塞;7—钩螺栓

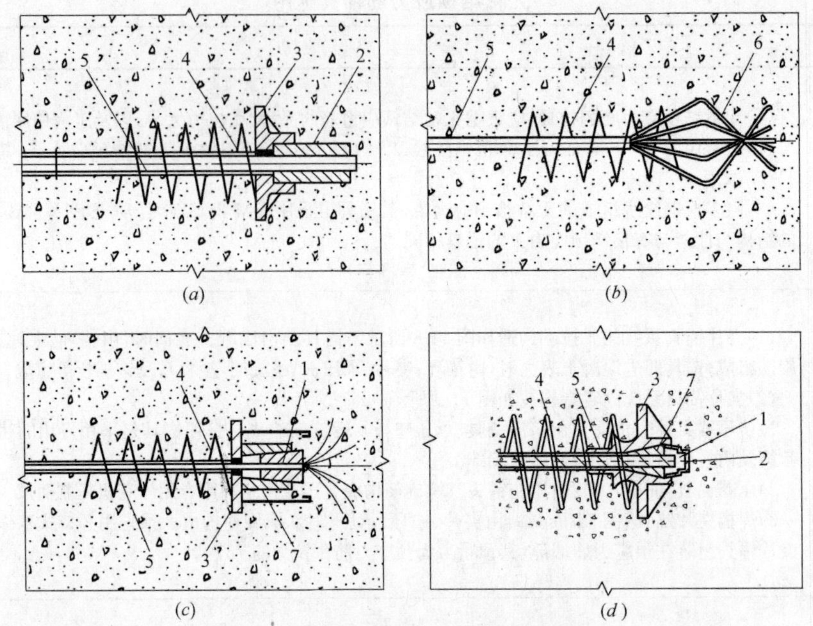

图 11-9　夹片锚具系统固定端构造

(a) 挤压锚；(b) 压花锚；(c)、(d) 焊板夹片锚具

1—夹片；2—挤压锚具；3—承压垫板；4—螺旋筋；5—无粘结预应力筋；6—压花锚；7—锚环

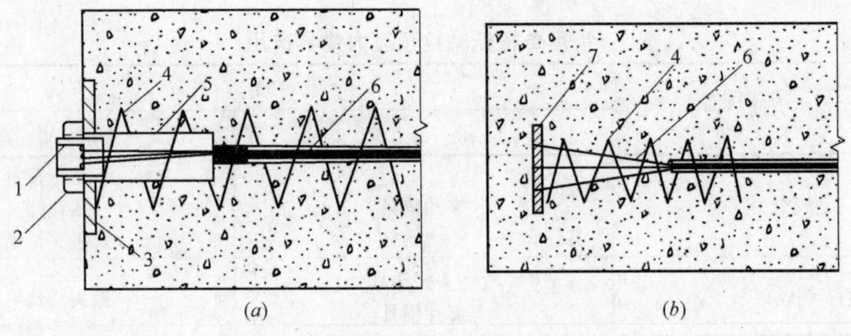

图 11-10　镦头式锚具系统端部构造

(a) 张拉端构造；(b) 锚固端构造

1—锚杯；2—螺母；3—承压板；4—螺旋筋；5—塑料保护套；6—无粘结预应力筋；7—锚板

11.4　预应力筋制作与下料

预应力筋制作与下料施工要点　　表 11-18

项目	项　次	制作要点
1	钢筋对焊	预应力粗钢筋一般采用 HRB335、HRB400、HRB500 级热轧钢筋。当用于屋架等大跨度构件；或用长线台座制作构件；或预应力筋采用端杆锚具时，如钢筋长度不够，应采取对焊，预应力筋的对焊方法参见 8.6 钢筋焊接工艺方法中 8.6.1 钢筋闪光对焊一节

续表

项目	项 次	制作要点
2	钢筋(钢丝)的镦头	(1)预应力筋(丝)采用镦头夹具时,端头应进行镦粗。分热镦和冷镦两种工艺。常用镦头机具方法及适用范围见表 11-19 (2)热镦时,应先经除锈(端头 15～20cm 范围内)、矫直、端面磨平等工序,再夹入模具,并留出一定镦头留量(1.5～2d),操作时使钢筋头与紫铜棒相接触,在一定压力下进行多次脉冲式通电加热,待端头发红变软时,即转入交替加热加压,直至预留硬镦头留量完全压缩为止,镦头外径为 1.5～1.8d,对 HRB500 级钢筋,需冷却后,再夹持镦头进行通电 15～25s 热处理。操作时需注意中心线对准,夹具要夹紧;加热应缓慢进行;通电时间要短,压力要小,防止成型不良或过热烧伤,同时避免骤冷 (3)冷镦时,机械式镦头要调整好,镦头模具与夹具间的距离,使钢筋有一定的镦头留量,ϕ3、ϕ4、ϕ5 钢丝的留量分别为 8～9、10～11、12～13(mm)。液压式镦头留量为 1.5～2.0d,要求下料长度一致
3	下料长度计算	预应力筋的下料长度根据钢材品种、锚夹具厚度、千斤顶长度、焊接接头和镦粗的预留量、冷拉拉伸率、弹性回缩率、张拉伸长值、台座长度、构件长度和构件间的间隔距离以及张拉设备、施工方法等各种因素通过计算确定。表 11-21 为几种常用预应力张拉方法的钢筋(丝)下料长度计算公式
4	下料要求	(1)钢筋束的钢筋直径一般为 12mm 左右,成盘供料,下料前应经开盘、冷拉、调直,镦粗(仅用镦粗锚具)、下料时每根钢筋长度一般误差不超过 5mm (2)钢丝下料前先调直,ϕ5mm 大盘径钢丝用调直机调直后即可下料;小盘径钢丝应采用应力下料方法。系利用冷拉设备,取下料应力为 300MPa,一次完成开盘、调直和在同一应力状态下量出需要下料长度,然后放松切断。当用镦粗头锚具时,同束钢丝下料相对误差应控制在 L/5000 以内,且不大于 5mm(中小型构件先张法不大于 2mm);当用锥形锚具时,只需调直,不必应力下料,夏季下料应考虑温度变化的影响 (3)钢绞线下料前应进行预拉,预拉应力值取钢绞线抗拉强度的 80%～85%,保持 5～10min 再放松,如出厂前经过低温回火处理,则无须预拉。下料时,在切口的两侧各 5cm 处用 20 号铁丝扎紧后切割,切口应即焊牢
5	预应力钢筋(钢丝)钢绞线编束	(1)钢筋编束系按规定根数逐根排列理顺,一端对齐,每隔 1m 左右用 18～22 号铁丝编织成片,然后同等间距放置一个与钢筋束内径相同的弹簧衬圈,将钢筋片围捆在衬圈上扎紧即成。对镦粗头钢筋,在编束时,先将镦粗头相互错开 5～10cm,穿入孔道后用锤敲齐 (2)钢丝束编束,应在平地上进行,按规定根数逐根排列理顺,一端在挡板上对齐,离端头 20cm 和每隔 1.5m 间距安放梳子板,理顺钢丝,然后用 20 号钢丝在梳子板处按次序编织成片,再每隔 1.5m 放一个弹簧衬圈,将钢丝片合拢捆扎成束 (3)钢绞线编束方法同钢筋束,但须将钢绞线理直,并尽量使各根钢绞线松紧一致
6	切断	钢丝、钢绞线、热处理钢筋及 HRB500 级钢筋等切断,应采用切断机或摩擦圆片锯,不得采用电弧切割

钢筋（丝）镦头机具、方法及适用范围　表 11-19

项目		常用镦头机具及方法	适用范围
电热镦头法		UN_1-75 型或 UN_1-100 型手动对焊机，附装一电极和顶头用的紫铜棒和一夹钢筋用的紫铜模具	适于 ϕ12～14mm 钢筋镦头
冷镦法	机械镦头	SD_5 型手动冷镦器，镦头次数 5～6 次/min，自重 31.5kg	供预制厂长线台座上冷冲镦粗 ϕ3～ϕ5 冷拔低碳钢丝
		YD_6 型移动式电动冷镦机，镦头次数 18 次/min，顶镦推杆行程 25mm，电机功率 1.1kW，自重 91kg，并附有切线装置	供预制厂长线台座上使用，也可用于其他生产，冷镦 ϕ4、ϕ5 冷拔低碳钢丝
		GD_5 型固定式电动冷镦机，镦头次数 60 次/min，夹紧力 3kN，顶锻力 20kN，电机功率 3kW，自重 750kg	适于机组流水线生产，冷镦 ϕ3～ϕ5 冷拔低碳钢丝
	液压镦头	型号有 SLD-10 型，SLD-40 型及 YLD-45 型等。主要技术性能见表 11-20 和图 11-11	适用于 ϕ5 高强钢丝和冷拔低碳钢丝及 ϕ8 调质钢筋、ϕ12 光圆或螺纹普通低合金钢筋

LD 型液压镦头器技术性能　表 11-20

型号	最大镦头力 (kN)	最大油压 (N/mm^2)	适用预应力筋		重量 (kg)	外形尺寸 (mm)
			直径 (mm)	标准强度 (N/mm^2)		
LD100	90	40	ϕ5	1470～1770	12	279×107×190
LD200	200	49	ϕ7	1470～1770	25	
LD45	450	40	ϕ12	HRB500 级钢筋	30	

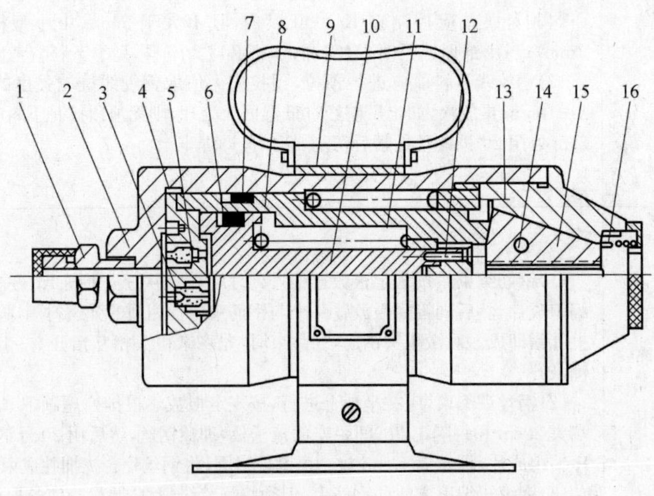

图 11-11　LD100 型液压镦头器构造简图

1—油嘴；2—缸体；3—顺序阀；4—O 形密封圈；5—回油阀；6、7—密封圈；8—镦头活塞回程弹簧；9—夹紧活塞回程弹簧；10—镦头活塞；11—夹紧活塞；12—镦头模；13—锚环；14—夹片张开弹簧；15—夹片；16—夹片回程弹簧

11.5　预应力混凝土施工计算

11.5.1　预应力筋下料长度计算

预应力筋下料长度计算　　**表 11-21**

<table>
<tr><th>张拉方法</th><th>预应力筋(丝)类别名称</th><th>计算公式</th><th>符号意义</th></tr>
<tr><td rowspan="3">先张法</td><td>长线台座整根粗钢筋下料长度（图 11-12a）</td><td>$L_0=l+l_3+l_4+l_5+(3\sim5)\text{cm}$
$L=\frac{L_0}{1+r-\delta}+n_1l_1$　(11-1)</td><td rowspan="7">L—钢筋下料总长度；
L_0—钢筋的计算长度；
r—钢筋冷拉拉长率（由试验确定）；
δ—钢筋冷拉后的弹性回缩值（由试验确定）；
m—钢筋分段数；
n_1—对焊接头的数量；
n_2—镦粗头的数量；
l—长线台座（包括横梁、定位板在内）或构件孔道的长度；
l_1—每个对焊接头的预留量（一般为钢筋直径）；
l_2—每个镦粗头的压缩长度；
l_3—镦头（包括锚板）或帮条锚具长度；
l_4—锥形夹具的长度（一般为5.5cm）；
l_5—穿心式千斤顶长度（千斤顶脚至顶上夹具末端之间的间距）；
l_6—钢丝伸出钢模端板至锚固板之间的距离；
l_7—螺丝端杆长度（一般为32cm）；
l_8—锚具长度（锥形锚具为4cm）；
a—模板厚度；
b—构件端部垫板厚度；
c—钢丝外露出卡环端部长度；
h—螺帽高度；
5cm—端杆外伸长度（供长度调整和接拉伸机用）；
E_g—预应力筋的弹性模量；
σ_{con}—预应力筋的张拉控制应力</td></tr>
<tr><td>长线台座分段粗钢筋下料长度（图 11-12b）</td><td>$L_0=l+2b+2h-2l_7-(m-1)l_0+(3\sim5)\text{cm}$
$L=\frac{L_0}{1+r-\delta}+n_1l_1-2ml_2$　(11-2)</td></tr>
<tr><td>模外张拉钢丝下料长度（图 11-12c）</td><td>$L_0=l+2a+2l_6$
$\Delta l=\frac{\sigma_{con}}{E_g}(1+2a)$
$L=L_0-\Delta l+n_2l_2$　(11-3)</td></tr>
<tr><td rowspan="2">后张法</td><td rowspan="2">预应力粗钢筋下料长度（图 11-12d、e）</td><td>两端用螺丝端杆锚具时：
$L_0=l+2b+2h-2l_7+(3\sim5)\text{cm}$
$L=\frac{L_0}{1+r-\delta}+n_1l_1$　(11-4)</td></tr>
<tr><td>一端用螺丝端杆锚具，另一端用帮条锚具（或镦粗头）时：
$L_0=l+b+h+l_3-l_7+5\text{cm}$
$L=\frac{L_0}{1+r-\delta}+n_1l_1+n_2l_2$　(11-5)
注：用帮条锚具时为一块垫板</td></tr>
<tr><td rowspan="2">后张法</td><td>预应力钢筋束或钢绞线束下料长度（图 11-12f、g）</td><td>两端张拉时：
$L=l+2l_5$　(11-6)
一端张拉时：
$L=l+l_5+l_3+3\text{cm}$　(11-7)</td></tr>
<tr><td>预应力钢筋束下料长度（图 11-12h）</td><td>两端张拉时：
$L=l+2l_5+2l_8+2b+2c$　(11-8)
一端张拉时：
$L=l+l_5+2l_8+2b+c+5\text{cm}$</td></tr>
</table>

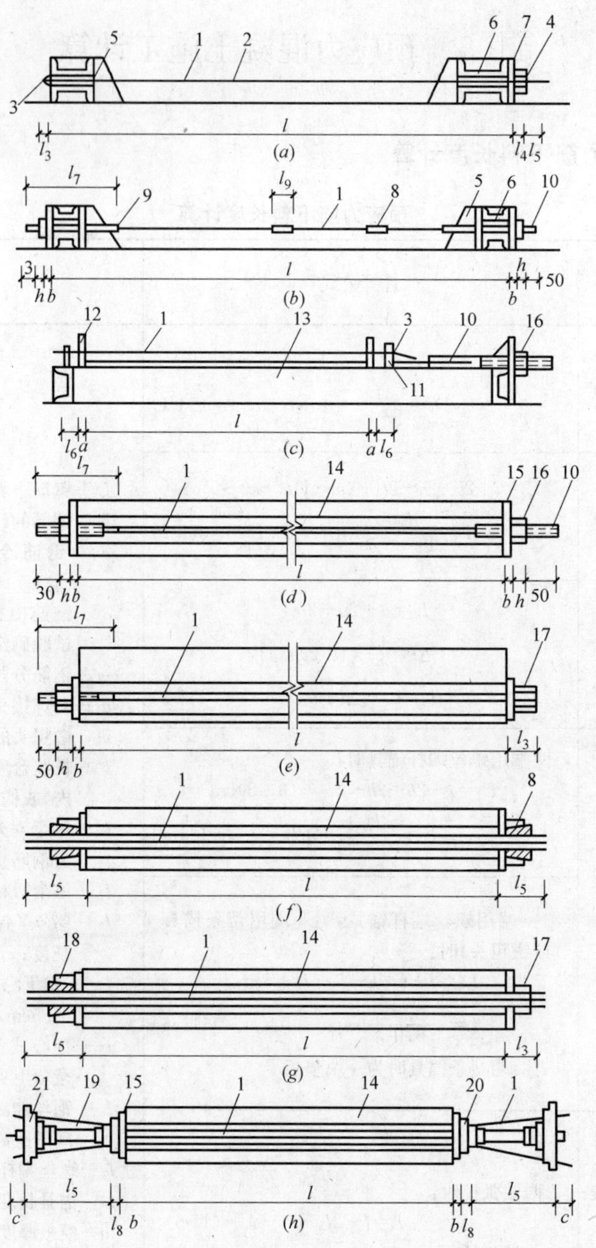

图 11-12　预应力筋下料长度计算简图

(*a*) 长线台座整根粗钢筋下料长度计算；(*b*) 长线台座分段粗钢筋下料长度计算；(*c*) 模外张拉预应力钢丝下料长度；(*d*) 后张粗钢筋两端用螺丝端杆锚具下料长度计算；(*e*) 后张粗钢筋一端用螺丝端杆、另一端用帮条锚具下料长度计算；(*f*) 后张钢筋束或钢绞线束两端张拉时下料长度计算；(*g*) 后张钢筋束或钢绞线束一端张拉时下料长度计算；(*h*) 后张钢丝束两端张拉时下料长度计算

1—预应力筋（丝）；2—对焊接头；3—镦粗头；4—圆锥形夹具；5—台座承力支架；6—横梁；7—定位板；8—钢筋连接器；9—螺丝端杆连接器；10—螺丝端杆；11—梳筋板；12—顶头模板；13—钢模底板；14—混凝土孔道；15—垫板；16—螺帽；17—帮条锚具；18—JM12 型锚具；19—双作用千斤顶；20—锥形锚具；21—千斤顶卡环

11.5.2 预应力筋张拉力及伸长值计算

预应力筋张拉力及伸长值计算 **表 11-22**

项 次	计算公式	符号意义
预应力筋的张拉力	先张法张拉前应计算预应力筋的张拉力，计算公式如下： 控制张拉力： $N_k=\sigma_{con}、A_p \cdot n$ (11-9) 超张拉力：$N=(103-105)\%\sigma_{con} \cdot A_p \cdot n$ (11-10)	σ_{con}——预应力筋的张拉控制应力(MPa)； A_p——预应力筋截面面积(cm^2)； n——同时张拉的预应力筋根数； E_s——预应力筋的弹性模量(MPa)； P_0——预应力筋的平均张拉力(kN)，直线筋取张拉端的拉力；两端张拉的曲线筋，取张拉端的拉力与跨中扣除孔道摩阻损失后拉力的平均值； L——预应力筋的长度(cm)； σ_2——预应力筋的实际张拉应力(MPa)； 对直线筋：取张拉端的张拉应力；对曲线筋：取全长度的平均张拉应力； σ_0——量测伸长值的初应力(MPa)
预应力筋的伸长值	预应力筋的伸长值按下式计算： $$\Delta l=\frac{P_0}{A_p E_s} \cdot L \quad (11\text{-}11)$$	
预应力筋的实际伸长值	预应力筋的实际伸长值应在初应力约为控制应力的10%时量测，此时计算伸长值 $\Delta l'$ 可按下式计算： $$\Delta l'=\frac{\sigma_2-\sigma_0}{E_s} \cdot L \quad (11\text{-}12)$$ 对后张法，$\Delta l'$ 尚应扣除混凝土构件在张拉过程中的弹性压缩值	

注：预应力钢筋的张拉控制应力限值 σ_{con} 计算见表 11-24。

11.5.3 预应力损失值计算

预应力损失值计算 **表 11-23**

项次	项 目	施工计算方法要点
1	张拉控制应力	张拉时，应严格按设计规定的张拉控制应力采用。张拉控制应力与钢筋品种及张拉方法有关，一般不得超过表 11-24 所列数值
2	预应力损失	预应力筋张拉时，应考虑预应力筋的应力损失，引起各种预应力损失的因素、预应力损失值估算及消除减少预应力损失措施见表 11-26，如估算的总损失值小于下列数值时，按下列数值取用： 先张法构件 $100N/mm^2$ 后张法构件 $80N/mm^2$ 预应力损失，一般设计都已考虑，只在施工条件发生变化时，才需重算预应力损失值，调整张拉力

张拉控制应力限值 σ_{con} **表 11-24**

项次	钢筋种类	张拉方法	
		先张法	后张法
1	消除应力钢丝、钢绞线	$\leqslant 0.75 f_{ptk}$	$\leqslant 0.75 f_{ptk}$
2	中强度预应力钢丝	$\leqslant 0.70 f_{ptk}$	$\leqslant 0.70 f_{ptk}$
3	预应力螺纹钢筋	$\leqslant 0.85 f_{pyk}$	$\leqslant 0.85 f_{pyk}$

注：1. f_{ptk}为预应力筋的极限强度标准值，见表 11-25。
2. 预应力钢筋的张拉控制应力不宜超过本表规定的限值，且消除应力钢丝、钢绞线、中强度预应力钢丝的张拉控制应力值不应小于 $0.4f_{ptk}$；预应力螺纹钢筋的张拉应力控制值不宜小于 $0.5f_{pyk}$。
3. 在下列情况下，表中 σ_{con} 允许提高 $0.05f_{ptk}$ 或 $0.05f_{pyk}$：
(1) 要求提高构件在施工阶段的抗裂性能而在使用阶段受压区内设置的预应力筋；
(2) 要求部分抵消由于应力松弛、摩擦、钢筋分批张拉以及预应力筋与张拉台座之间的温度等因素产生的预应力损失。

预应力筋强度标准值（N/mm²）　表 11-25

项次	种类		符号	公称直径 d (mm)	屈服强度标准值 f_{pyk}	极限强度标准值 f_{ptk}
1	中强度预应力钢丝	光面	Φ^{PM}	5、7、9	620	800
		螺旋肋	Φ^{HM}		780	970
					980	1270
2	预应力螺纹钢筋	螺纹	Φ^{T}	18、25、32、40、50	785	980
					930	1080
					1080	1230
3	消除应力钢丝	光面	Φ^{P}	5	—	1570
					—	1860
		螺旋肋	Φ^{H}	7	—	1570
				9	—	1470
					—	1570
4	钢绞线	1×3（三股）	Φ^{S}	8.6、10.8、12.9	—	1570
					—	1860
					—	1960
		1×3（七股）		9.5、12.7、15.2、17.8	—	1720
					—	1860
					—	1960
				21.6	—	1860

注：极限强度标准值为 1960N/mm² 的钢绞线作后张预应力配筋时，应有可靠的工程经验。

预应力损失原因、消除预应力损失措施及预应力损失值　表 11-26

项　目	引起预应力损失原因	预应力损失值（N/mm²）		消除、减少预应力损失措施
		先张法	后张法	
张拉端夹具与锚具的变形和钢筋内缩	夹具、锚具在荷载作用下产生非弹性变形和预应力筋内缩	$\frac{a}{l}E_s$(注 1)		认真操作，使夹具、锚具的变形值控制不大于允许的变形数值
预应力筋与孔道壁之间的摩擦	预应力筋孔道制作形成曲线形，或在曲线孔道中张拉钢筋		30～150	正确掌握抽管时间，及时抽管和清孔；采用重复张拉
温度变化（温差）的影响	先张法混凝土加热养护时，受张拉的钢筋与承受拉力的设备之间的温差（Δt）的变化（以℃计），每度温差可引起 2N/mm² 预应力损失	$20\Delta t$（注 2）		严格按照设计图中规定的允许值升高温度 混凝土达到 3～5N/mm² 强度后再加强养护
钢筋（丝）的应力松弛	钢筋（丝）在荷载不变的情况下，应力随时间的增加而降低	在软钢中可达张拉力的 5%；在硬钢中可达张拉力的 7%		张拉时进行适当的超张拉，超张拉值取（103%～105%）σ_{con}或重复张拉
混凝土的收缩	混凝土在空气中硬化，体积产生收缩，使钢筋随之收缩	60～135		适当选择混凝土骨料，准确控制水灰比，混凝土捣固密实，加强养护；混凝土达到规定强度时张拉，张拉后锚固牢靠
混凝土的徐变	混凝土在静载荷作用下，经一定时间要产生变形，使钢筋随之变形			

续表

项　目	引起预应力损失原因	预应力损失值（N/mm²）		消除、减少预应力损失措施
		先张法	后张法	
螺旋形预应力筋用于环形构件的预应力损失	用螺旋式预应力筋做配筋的环形构件，当直径≤3m时，由于混凝土的局部压陷而造成应力降低		30	合理选择混凝土配合比，严格遵守操作规程，提高密实性，达到规定强度后张拉

注：1. 式中　a——夹具、锚具的允许变形值（cm），见表11-27；

l——张拉端至锚固之间的距离（cm）；

E_s——钢筋的弹性模量（N/mm²）。

2. 蒸汽养护温差常在20～25℃左右。

3. 钢管抽芯成型的直线孔道，其摩擦损失近似于零，当采用电张时，一般不考虑摩擦损失。

张拉端预应力筋的内缩量限值　　表11-27

锚具类别		内缩量限值(mm)
支承式锚具(镦头锚具等)	螺帽缝隙	1
	每块后加垫板的缝隙	1
锥塞式锚具		5
夹片式锚具	有顶压	5
	无顶压	6～8

11.6 预应力混凝土先张法施工

11.6.1 工艺原理、流程及应用

先张法工艺及适用范围　　表11-28

原　理	工艺流程	适用范围、优缺点
先张法是将钢筋(丝)张拉到设计控制应力，用夹具临时固定在台座或钢模上，然后浇筑混凝土，待混凝土达到一定强度(一般不低于设计强度的70%)后，放松钢筋，钢筋回缩，通过混凝土和钢筋间的粘结力，使混凝土构件获得预压应力	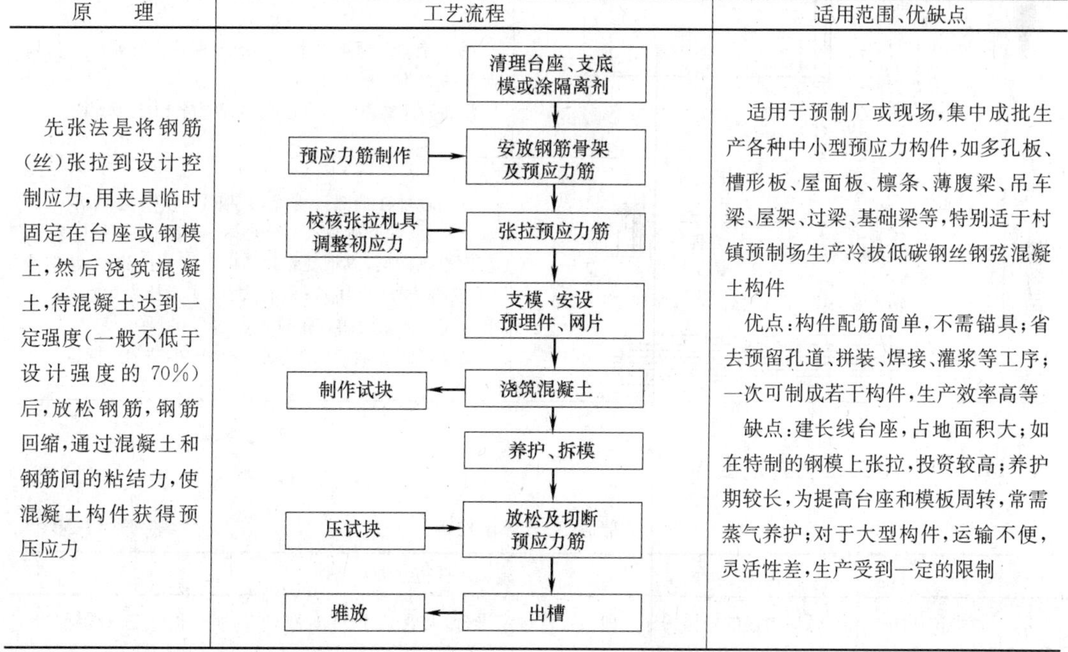	适用于预制厂或现场，集中成批生产各种中小型预应力构件，如多孔板、槽形板、屋面板、檩条、薄腹梁、吊车梁、屋架、过梁、基础梁等，特别适于村镇预制场生产冷拔低碳钢丝钢弦混凝土构件 优点：构件配筋简单，不需锚具；省去预留孔道、拼装、焊接、灌浆等工序；一次可制成若干构件，生产效率高等 缺点：建长线台座，占地面积大；如在特制的钢模上张拉，投资较高；养护期较长，为提高台座和模板周转，常需蒸气养护；对于大型构件，运输不便，灵活性差，生产受到一定的限制

11.6.2　台座形式和构造

先张法台座形式、构造及适用范围　　表 11-29

名称	形式简图	构造、适用范围
墩式台座	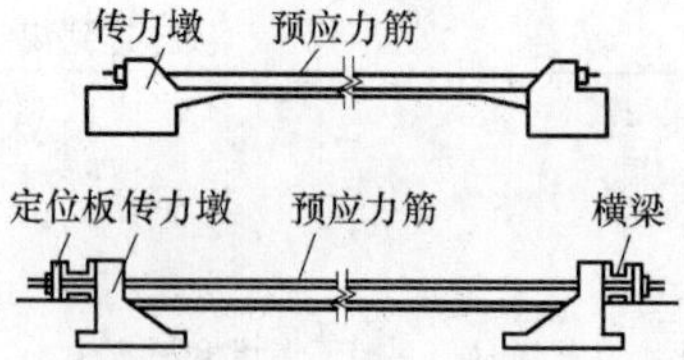 传力墩　预应力筋 定位板 传力墩　预应力筋　横梁	由台墩、台面、横梁、定位板等组成。常用的为台墩与台面共同受力的形式。台座长度和宽度由场地大小、构件类型和产量等因素确定，一般长不大于 150m，宽不大于 2m。在台座的端部应留出张拉操作用地和通道，两侧应有构件运输和堆放的场地。依靠自重平衡张拉力，张拉力可达1000～2500kN 适于生产多种形式构件，或叠层生产、成组立模生产中小型构件，这种形式国内应用最广
构架式台座	 构架　预应力筋	构架式台座一般采用装配式预应力混凝土结构，由多个 1m 宽重约 2.4t 的三角形块体组成，每一块体能承受的拉力约 130kN，可根据台座需要的张拉力，设置一定数量的块体组成 适于生产张拉力不大的中小型构件
槽式台座	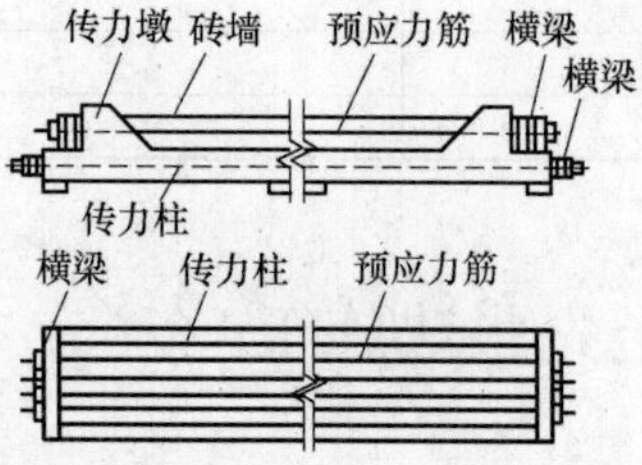 传力墩　砖墙　预应力筋　横梁 横梁 传力柱 横梁　传力柱　预应力筋	由端柱、传力柱、柱垫、横梁和台面等组成。一般多作成装配式的，长度一般不大于 76m，宽度随构件外形及制作方式而定，一般不小于 1m。它既可承受张拉力，又可作养生槽；但构造较为复杂 适于生产张拉拉力较高的大中型预应力混凝土构件，如吊车梁、屋架等
换埋式台座	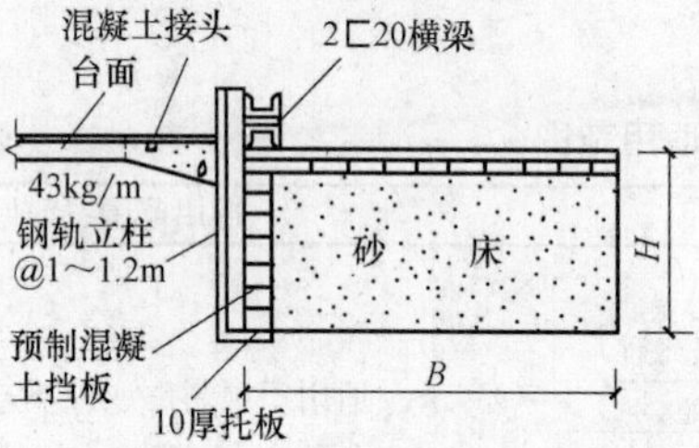 混凝土接头　2[20横梁 台面 43kg/m 钢轨立柱 @1～1.2m 砂　床　H 预制混凝土挡板 B 10厚托板	台墩由钢立柱、预制混凝土挡板和砂床组成。是用砂床埋住挡板、立柱，以此来代替现浇混凝土墩，抵抗张拉时的倾覆力矩。拆迁方便，可多次重复使用，经济适用 适于流动性预制厂生产预应力多孔板和预应力折板等张拉力不大的中小型构件 B 为砂床宽度，H 为台座埋置深度，由计算确定
简易台座	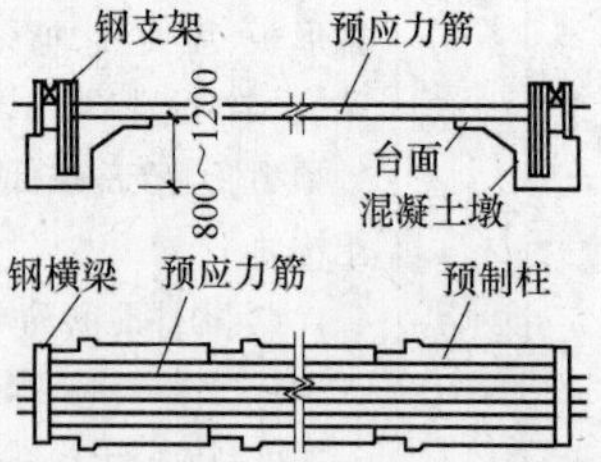 钢支架　预应力筋 800～1200 台面 混凝土墩 钢横梁　预应力筋　预制柱	利用地坪在端部设支镦（或卧梁）和钢支架，或采用预制构件（如基础梁、吊车梁、柱子等）做成传力支座，端部设钢横梁，以承受张拉力。台座构造简单，建造快速，拆除方便，费用省；承插式、柱式张拉力可达 600～1000kN，钢弦用镦式张拉力可达 250kN/m 适于施工工地或山区制作少量中小型构件使用

11.6.3　施工工艺方法要点

先张法工艺方法要点　　表 11-30

项次	项　目	施工工艺方法要点
1	张拉程序	预应力筋的张拉程序一般按设计规定进行，无规定时，可按表 11-31 所列程序之一进行

续表

项次	项目	施工工艺方法要点
2	预应力钢筋（钢丝）张拉	(1)张拉前应确定预应力筋的张拉力及其相应的伸长值,方法见表 11-22 (2)单根预应力钢筋张拉,可采用 YC18、YC20D、YC60 或 YL60 型千斤顶在双横梁式台座或钢模上单根张拉,螺杆式夹具或夹片式夹具锚固。热处理钢筋或钢绞线用优质夹片式夹具锚固 (3)在三横梁式或四横梁式台座上生产大型预应力构件时,可采用台座式千斤顶成组张拉预应力钢筋(图 11-13),张拉前应调整初应力(可取 5%～10%σ_{con}),使每根预应力筋的应力均匀一致,然后再进行张拉 (4)单根冷拔低碳钢丝张拉可采用 10kN 电动螺杆张拉机或电动卷扬张拉机,弹簧测力计测力,锥锚式夹具锚固(图 11-14*a*)。单根刻痕钢丝可采用 20～30kN 电动卷扬张拉机单根张拉,优质锥销式夹具或镦头螺杆夹具锚固(图 11-14*b*) (5)在预制厂以机组流水法生产预应力多孔板时,可在钢模上用镦头梳筋板夹具成批张拉。钢丝两端镦粗,一端卡在固定梳筋板上,另一端卡在张拉端的活动梳筋板上,通过张拉钩和拉杆式千斤顶进行成组张拉 (6)单根张拉钢筋(丝)时,应按对称位置进行,并考虑下批张拉所造成的预应力损失 (7)预应力筋(丝)张拉完毕后,对设计位置的偏差不得大于 5mm,也不得大于构件最短边长的 4%
3	混凝土浇筑与养护	(1)台座内每条生产线上的构件,混凝土应一次连续浇筑完成。振捣混凝土时,要避免碰撞预应力筋 (2)预应力叠合梁的叠合面及预应力芯棒与后浇混凝土部分接触面应划毛,必要时做成凹凸面,以提高叠合面的抗剪能力 (3)混凝土养护可采用自然养护、蒸汽养护或太阳能养护等方法。用蒸汽养护时,应采用二阶段升温法,第一阶段升温的温差控制在 20℃以内(一般以不超过 10～20℃/h 为宜),待混凝土强度达 10N/mm^2 以上时,再按常规升温制度养护
4	预应力钢筋（钢丝）的放松	(1)当构件混凝土强度标准值达到设计规定的要求时(一般为 75%以上),始可放松预应力筋(丝) (2)预应力筋放张顺序:1)轴心受预压构件(如拉杆、桩等),所有预应力筋应同时放张;2)偏心受预压构件(如梁等),应先同时放张预压力较小区域的预应力筋,再同时放张预压力较大区域的预应力筋;3)如不能满足 1)、2)两项要求时,应分阶段、对称、相互交错地进行放张,以防止放张过程中构件发生弯曲、裂纹和预应力筋断裂 (3)预应力筋放张方法,可采用千斤顶、楔块、螺杆张拉架或砂箱等工具(图 11-15) (4)放张前应拆除模板,使放张时,构件能自由压缩,避免损坏模板或使构件开裂
5	预应力钢筋（钢丝）的切断	(1)放张后预应力筋的切断顺序,宜由放张端开始逐次切向另一端;钢丝的放张与切断宜在台座中部开始,采取逐根氧割、锯断、剪断等方法,并宜对称、交错地进行。切断粗钢筋、钢绞线,一般用氧乙炔焰、电弧或锯割;切断钢丝,一般用钢丝钳、无齿锯、放张板子等 (2)用氧乙炔焰或电弧切割时,应采取隔热措施,防止烧伤构件端部混凝土。电弧切割时的地线不得搭在另一头,以防止过电后预应力筋伸长,造成应力损失

预应力筋的张拉程序 **表 11-31**

项次	张拉程序
1	0→105%σ_{con}(持荷 2min)→σ_{con}(锚固)
2	0→103%σ_{con}(锚固)

注：1. 预应力筋的超张拉值不得大于：
(1) 冷拉 HRB335、HRB400、HRB500 级钢筋屈服点的 95%。
(2) 钢丝、钢绞线及热处理钢筋抗拉强度的 75%。
2. 预应力筋伸长值的量测起点，应在初应力约为张拉控制应力的 10%时标出。
3. 表中 σ_{con}为张拉时的控制应力。

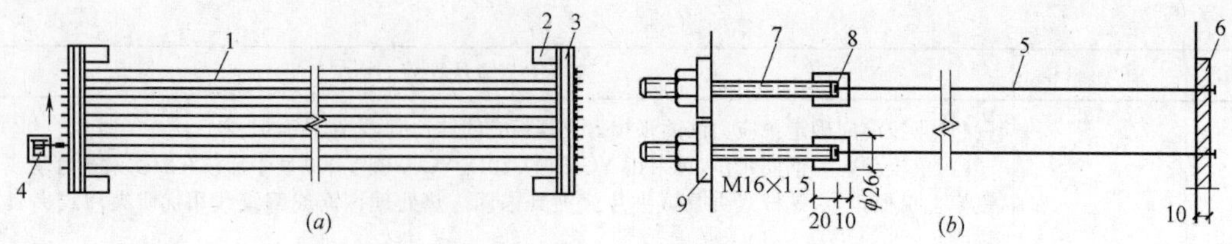

图 11-13　预应力筋张拉

（a）三横梁式成组预应力筋张拉；（b）四横梁式成组预应力筋（丝）张拉

1—活动横梁；2—千斤顶；3—固定横梁；4—槽式台座；5—预应力筋（丝）；6—放松装置；7—连接器；8—台座传力柱；9—大螺杆；10—螺母

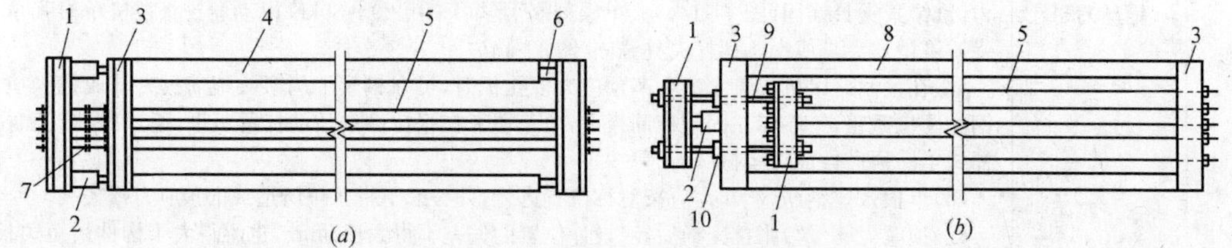

图 11-14　单根钢丝及刻痕钢丝张拉

（a）用电动卷扬机张拉单根钢丝；（b）用镦头—螺杆夹具固定单根刻痕钢丝

1—冷拔低碳钢丝；2—台墩；3—钢横梁；4—电动卷扬机张拉；5—刻痕钢丝；6—锚板；7—螺杆；8—锚杯；9—U形垫板；10—螺母

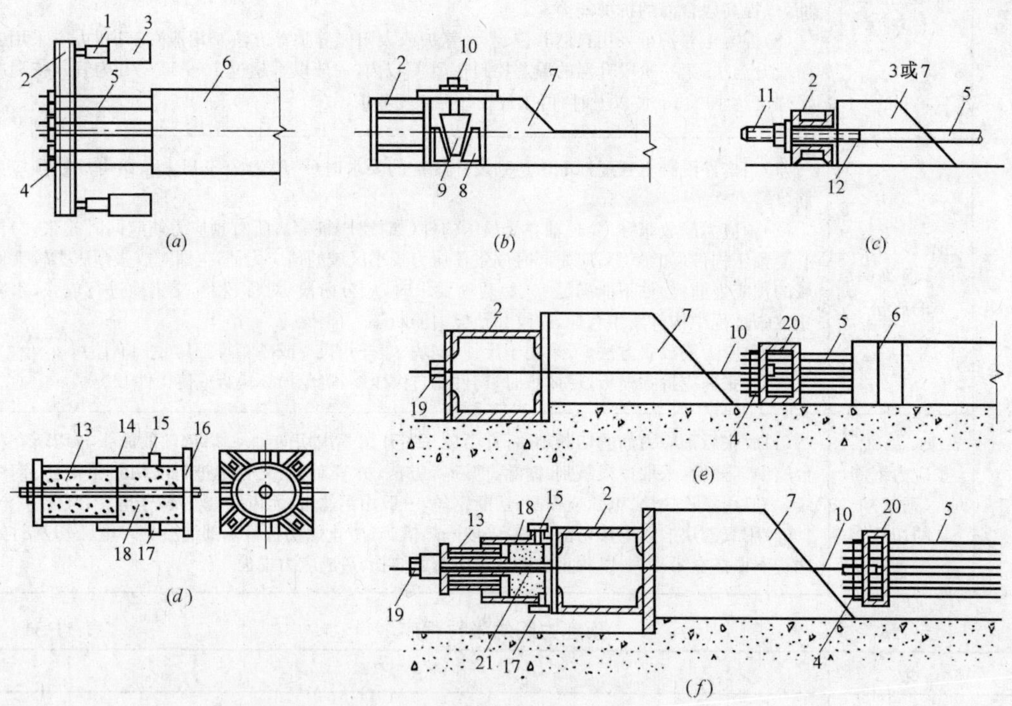

图 11-15　预应力筋（丝）的放张装置及方法

（a）千斤顶放张；（b）楔块放张；（c）、（e）螺杆放张；（d）、（f）砂箱放张

1—千斤顶；2—横梁；3—承力支架；4—夹具；5—预应力钢筋或钢丝；6—构件；7—台座；8—钢块；9—钢楔块；10—螺杆；11—螺丝端杆；12—对焊接长；13—活塞；14—钢箱套；15—进砂口；16—箱套底板；17—出砂口；18—砂箱；19—螺母；20—传力架；21—套筒

11.7 预应力混凝土后张法施工

11.7.1 工艺原理、流程及应用

后张法工艺及适用范围　　表 11-32

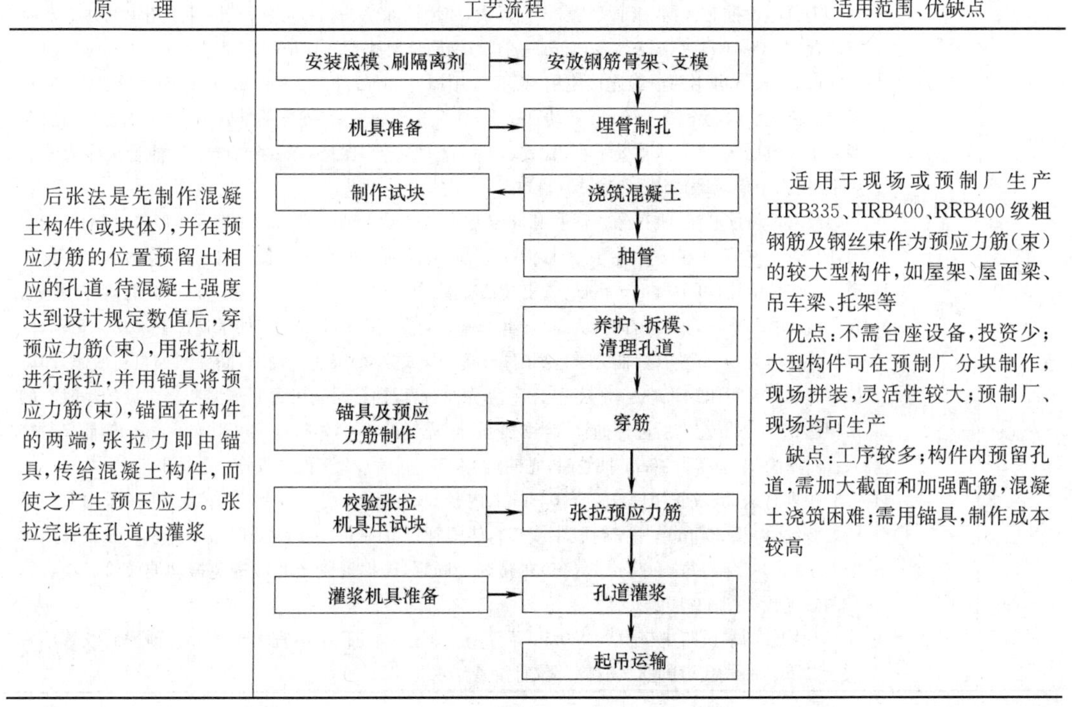

原　　理	工艺流程	适用范围、优缺点
后张法是先制作混凝土构件(或块体),并在预应力筋的位置预留出相应的孔道,待混凝土强度达到设计规定数值后,穿预应力筋(束),用张拉机进行张拉,并用锚具将预应力筋(束),锚固在构件的两端,张拉力即由锚具,传给混凝土构件,而使之产生预压应力。张拉完毕在孔道内灌浆	安装底模、刷隔离剂→安放钢筋骨架、支模→埋管制孔(机具准备→埋管制孔)→浇筑混凝土(浇筑混凝土→制作试块)→抽管→养护、拆模、清理孔道→穿筋(锚具及预应力筋制作→穿筋)→张拉预应力筋(校验张拉机具压试块→张拉预应力筋)→孔道灌浆(灌浆机具准备→孔道灌浆)→起吊运输	适用于现场或预制厂生产HRB335、HRB400、RRB400级粗钢筋及钢丝束作为预应力筋(束)的较大型构件,如屋架、屋面梁、吊车梁、托架等 优点:不需台座设备,投资少;大型构件可在预制厂分块制作,现场拼装,灵活性较大;预制厂、现场均可生产 缺点:工序较多;构件内预留孔道,需加大截面和加强配筋,混凝土浇筑困难;需用锚具,制作成本较高

11.7.2 构件(块体)制作

后张法构件(块体)制作　　表 11-33

项次	项目	施工工艺方法要点
1	构件(块体)的制作	(1)整榀预应力构件,如吊车梁、托架、12m以下薄腹梁,一般在预制厂生产,跨度15m薄腹梁多在现场采取立式或平卧生产;跨度18m以上屋架多采取现场平卧、重叠生产,重叠不宜超过4层,高度不超过1.2m;跨度24m以上屋架,经设计同意,采用拼装式构件时,可在预制场生产,制成两个半榀块体,运到现场拼装成整体 (2)现场制作构件的布置应考虑混凝土浇捣、抽芯管、穿筋、张拉、吊装等工序的操作方便,留出一定的操作场地 (3)构件的模板构造与支设参见"7.2.3现场预制构件支模方法"一节 (4)预应力构件(块体)混凝土应一次浇筑完成,不留施工缝,一般宜从构件一端向另一端进行。屋架浇筑亦可从两端向中间、上、下弦、腹杆同时浇筑,并在水泥初凝时间内完成
2	构件预留孔道的留设及抽芯方法	(1)构件预留孔道的直径、长度、形状由设计确定,如无规定时,孔道直径应比预应力筋直径的对焊接头处外径,或需穿过孔道的锚具或连接器的外径大10~15mm;对钢丝或钢绞线孔道的直径,应比预应力束外径或锚具外径大5~10mm,且孔道面积应大于预应力筋的两倍,孔道之间净距和孔道至构件边缘的净距均不应小于25mm

续表

项次	项目	施工工艺方法要点
2	构件预留孔道的留设及抽芯方法	(2)管芯材料可采用钢管、胶管(帆布橡胶管或钢丝胶管)、镀锌双波纹金属软管(简称波纹管)、黑铁皮管、薄钢管等。钢管管芯适于直线孔道;胶管适用于直线、曲线或折线形孔道;波纹管(黑铁皮管或薄钢管)埋入混凝土构件内,不用抽芯,为一种新工艺,适于跨度大、配筋密的构件孔道,常用预应力留孔用波纹管规格见表 11-34 和表 11-35 (3)预应力构件管芯埋设和抽管有以下几种方法: 1)钢管埋设抽芯法:要求管平直,表面光滑,使用前除锈、刷油。钢管在构件中用钢筋井字架固定位置(图 11-16*a*),每隔 1.0～1.5m 一个,与钢筋骨架扎牢。管长不宜超过 15m,两端应各伸出 500mm,较长管可用两根管连接使用,接头处用厚 0.5mm、长 30～40cm 套管连接(图 11-16*b*)。混凝土浇筑后,每隔 10～15min 转动管一次,在混凝土初凝后、终凝前抽管,常温下抽管时间约在混凝土浇筑后 3～5h,抽管要平直、稳妥、均速,边抽边转,保持在一条直线上。抽管次序为先上后下;用人工借绞磨或用小型卷扬机拉拔 2)胶管埋设抽芯法:帆布橡胶管采用 5～7 层帆布夹层,壁厚 6～7mm 的普通橡胶管,用前一端密封(图 11-16*c*),另一端接上阀门(图 11-16*d*)。短构件留孔,可用 1 根胶管,对弯后穿入两个平行孔道。长构件留孔,可用长 40～50cm 铁皮套管连接,内径比胶管外径大 2～3mm,固定胶管亦用钢筋井字架,间距 400～500mm,曲线为 300～400mm。向阀门内充水或充气加压到 0.5～0.8N/mm^2,使胶管外径增大 3mm 左右。抽管时将阀门松开放水(或放气)降压;待胶管断面回缩自行脱离,即可抽出。抽管时间比钢管略迟,顺序先上后下,先曲后直,抽管时间可参照气温和浇筑后的小时数的乘积达 200℃·h 左右后进行抽管。当缺乏充水、充气设备时,短构件也可用 ϕ4～6mm 钢筋(丝)穿入管内塞满,端头露出 40cm,抽管时,先抽出 1/3 钢筋(丝),余下的与胶管一起抽出 3)预埋管法:波纹管用厚 0.25～0.3mm、内径 50～95mm 管,每根长 4～6m,连接采用大一号同型波纹管,长 200mm,用密封胶带或塑料热塑管封口图 11-16*f* 做到严密不漏浆。波纹管用钢筋卡子(或井字架)每隔 60cm 焊(绑)在箍筋上固定,振捣混凝土时应避免振动波纹管。波纹管在两端连接如图 11-16*g* 所示 4)在构件两端及跨中应设置 ϕ20mm 灌浆孔、排气孔,其孔距不宜大于 12m。预埋波纹管不宜大于 24m。曲线孔道的曲线波峰部位宜设置泌水孔

预应力混凝土用金属波纹管规格选用表　　表 11-34

预应力筋根数		3	4	5	6	7	8	9	10	11	12	13	14	15	16	17	18	19
ϕ15.2	先穿束	45	50	55	60	65	70	75	75	80	80	85	85	90	90	96	96	102
	后穿束	50	55	60	65	70	75	80	80	85	85	90	90	96	96	102	102	108
ϕ12.7	先穿束	40	45	50	55	55	60	60	65	65	70	70	75	75	80	80	85	85
	后穿束	40	50	55	60	60	65	65	70	70	75	75	80	80	85	85	90	90

注：1. 表中数值为波纹管外径，选用接头管宜比表中数值大 5mm。
2. 上述管径与预应力束规格的对应关系尚可根据工程实际情况进行必要的调整。

SBG 塑料波纹管规格　　表 11-35

内径（mm）	外径（mm）	壁厚（mm）	适　用
ϕ50	ϕ61	2	3～5s
ϕ70	ϕ81	2	6～9s
ϕ85	ϕ99	2	10～14s
ϕ100	ϕ114	2	15～22s
ϕ130	ϕ145	2.5	23～37s
ϕ140	ϕ155	3	38～43s
ϕ160	ϕ175	3	44～55s

注：s—ϕ^S15.2 钢绞线。

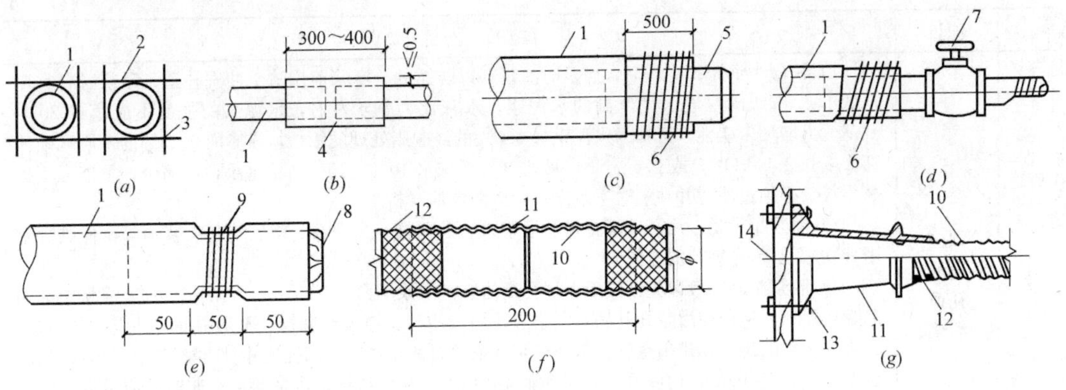

图 11-16　管芯的固定、连接与封端

(a) 固定钢管或胶管位置用井架；(b) 铁皮套管连接；(c) 胶管封端；(d) 胶管与阀门连接；(e) 胶管用木塞封堵；(f) 波纹管的连接；(g) 波纹管端部连接

1—钢管或胶管芯；2—钢筋井架；3—定位焊；4—铁皮管；5—钢管堵头；6—20 号钢丝密缠；7—阀门；8—硬木塞；9—12 号钢丝缠绑；10—波纹管；11—接头管；12—密封胶带；13—螺钉；14—木模板

11.7.3　施工工艺方法要点

后张法工艺方法要点　　表 11-36

项次	项目	施工工艺方法要点
1	预应力筋张拉操作	(1) 预应力筋张拉时，构件混凝土强度不应低于设计强度标准值的 75%张拉程序按表 11-31 进行；预应力损失消除措施方法见表 11-26 (2) 整体构件可平卧或直立张拉。分块制作的构件张拉前应进行拼装，先用拼装架将构件直立稳住，纵轴线对准，其直线偏差不得大于 3mm，立缝宽度偏差不得超过 10mm 或－5mm。在两端及拼接处用垫木支承，相邻块体孔道用一段 10～15cm 长铁皮管连接。张拉前先焊接预拉部分的连接板（如屋架的上弦，拼缝后灌），张拉后再焊接预压部分的连接板。接缝处砂浆（或细石混凝土）应密实，强度达到块体设计强度等级的 40%，且不低于 15N/mm^2 时，方可进行张拉 (3) 张拉前应计算预应力筋的张拉力及相应的伸长值，计算及测量方法同先张法。预应力筋的实际伸长值尚应扣除混凝土构件在张拉过程中的张拉压缩值和锚具与垫板之间的压缩值 (4) 穿筋时，成束的预应力筋将一头打齐，顺序编号并套上穿束器，穿入孔道使露出所需长度为止，穿入构件要防止扭结和错向 (5) 安装张拉设备时，对直线预应力筋应使张拉力的作用线与孔道中心线重合；对曲线预应力筋应使张拉力的作用线与孔道中心线、钢丝束端的切线重合 (6) 预应力张拉次序应采取分批、分阶段对称地进行，如图 11-18，避免构件受过大的偏心压力。采用分批张拉时，应计算分批张拉的预应力损失值，分别加到先张拉钢筋的张拉控制应力值内；或采用同一张拉值，再逐根复拉补足；或统一提高张拉力，即在张拉力中增加弹性压缩损失平均值 (7) 长度大于 20m 的预应力筋或曲线预应力筋，应在两端张拉。长度等于或小于 20m 的直线预应力筋，可一端张拉，但张拉端宜分别设置在构件的两端。对预埋波纹管孔道的曲线预应力筋和长度大于 30m 的直线预应力筋，宜在两端张拉 (8) 当同一截面中有多根一端张拉的预应力筋时，张拉端宜分别设置在结构的两端 (9) 当两端张拉同一束预应力筋时，为减少预应力损失，应先在一端锚固，再在另一端补足张拉力后锚固。预应力筋锚固后的外露长度不宜小于 30mm (10) 张拉平卧重叠生产的构件时，宜先上后下逐层进行。为减少上下层之间因摩阻引起的预应力损失，可逐层加大张拉力，但底层张拉力不宜比顶层张拉力大 5%（钢丝、钢绞线及热处理钢筋）或 9%（冷拉 HRB335、HRB400、RRB400 级钢筋），且不得超过表 11-31 注 1 的规定。如构件隔离效果好，亦可采用同一张拉值

续表

项次	项目	施工工艺方法要点
2	预应力筋孔道灌浆	(1) 预应力筋张拉完毕后，应及时灌浆，以防锈蚀。灌浆前用清水冲洗孔道；灌浆材料宜用不低于42.5级的普通水泥调制的水泥浆，水灰比为0.4左右，水泥浆的强度不应小于20N/mm²。为增加密实性，可掺入水泥重量0.5‰的经脱脂处理的铝粉，或掺加0.25%的木质素磺酸钙，或0.25%FON，或0.5%NNO减水剂，可减水10%～15%，泌水小，收缩微，早期强度提高。灰浆必须过滤，并在灌时不断搅拌，以防沉淀、析水 (2) 灌浆用设备多用灰浆搅拌机、灌浆泵、贮浆桶、过滤器、橡胶管和喷浆嘴等；橡胶管宜用带5～7层帆布夹层的厚胶管 (3) 灌浆次序一般以先下层后上层孔道为宜。灌浆压力为0.4～0.6N/mm²。灌浆宜从中部的灌浆孔灌入，从两端灌浆孔补满。灌浆应缓慢、均匀、连续地进行，不得中断，并应排气通顺，至构件两端的排气孔排出空气→水→稀浆→浓浆时为止，在灌满孔道并封闭排气孔后，宜再加压至0.5～0.6N/mm²，稍后再用木塞将灌浆孔堵塞。从曲线孔道内的侧面灌浆时，应由最低的灌浆孔压入灰浆，由最高的排气孔排出空气溢出浓浆。波纹管灌浆孔的做法如图11-17所示 (4) 灌浆如因故停歇，应立即将已灌入孔道的灰浆用水冲洗干净，以后重新灌入 (5) 灌入水泥浆强度不应低于M30，灌浆后应做6个灰浆试块，以便检查强度，当灰浆强度不小于75%时，方可移动构件

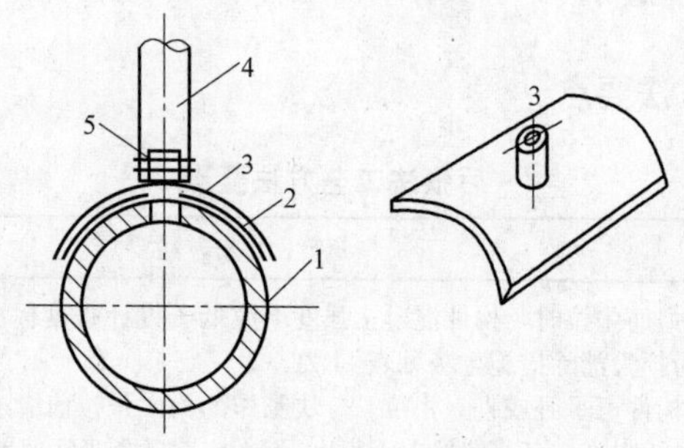

图11-17　波纹管上留灌浆孔

1—波纹管；2—海绵垫；3—塑料弧形压板；4—塑料管；5—铁丝扎紧

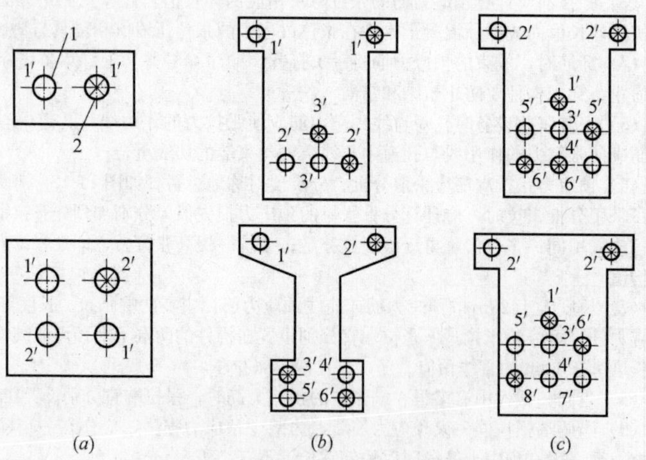

图11-18　预应力筋张拉顺序

(a) 屋架下弦张拉顺序；(b)、(c) 吊车梁张拉顺序

1—张拉端；2—固定端

1′、2′、3′……—为预应力筋分批张拉顺序

11.8 无粘结预应力法施工

11.8.1 工艺原理、流程及应用

无粘结预应力法工艺及适用范围 表 11-37

原理	工艺流程	适用范围及优缺点
无粘结预应力混凝土是一项后张法新工艺。其工艺原理是利用无粘结筋与周围混凝土不粘结的特性，把预先组装好的无粘结预应力筋（简称无粘结筋）在浇筑混凝土之前与非预应力筋一起按设计要求铺放在模板内，然后浇筑混凝土。待混凝土达到75%强度后，利用无粘结预应力筋在结构内可作纵向滑动的特性，进行张拉锚固，借助两端锚具，达到对结构产生预应力的效果	施工准备 → 梁、板模板支设 ↓ 非预应力筋制作 → 非预应力筋下钢筋铺放、绑扎 ↓ 预应力筋制作 → 无粘结预应力筋铺放 ↓ 端部节点安装 ↓ 非预应力筋制作 → 非预应力筋上钢筋、铺放、绑扎 ↓ 无粘结预应力筋起拱、绑扎隐检验收 ↓ 混凝土浇筑、养护 → 制作试块 ↓ 校核张拉机具、锚具准备、压试块 → 无粘结预应力筋张拉 ↓ 端部处理	适于一般板类结构，在双向连续平板和密肋板中更为经济合理，或用于大跨度现浇和预制梁式结构，在多跨连续梁中也可应用，或用于桥梁和机场跑道、大型基础、筒壁、池壁结构、房屋及挡土墙的加固等。 优点：为发展大跨度、大柱网、大开间楼盖体系创造了条件；可降低楼层高度提高结构整体性能和刚度；无粘结筋可曲线配置，其形状可与弯矩图相适应，可有效发挥预应力筋的强度；不需要预留孔洞、穿筋和灌浆等工序，施工简单方便，缩短工期；摩擦力小，易弯成多跨曲线形状；无粘结筋成型采用挤出成型工艺，产品质量稳定。 缺点：预应力筋强度不能充分发挥（一般要降低10%～20%），锚具质量要求较高

11.8.2 施工工艺方法要点

无粘结预应力筋施工工艺、方法要点 表 11-38

项次	项目	施工工艺、方法要点
1	工艺原理、特点及应用	(1) 无粘结预应力是近年发展的一项新技术。其做法是在预应力筋表面涂包一层润滑防腐蚀油脂，并包塑料布或高密度聚乙烯挤塑套管后，如同普通钢筋一样先铺设在支好的模板内，然后浇筑混凝土，待达到设计规定的强度后进行张拉、锚固与锚具封闭 (2) 无粘结预应力的特点是：无需留孔、穿束与灌浆等工序，施工简便，摩擦力小，预应力筋走向可随结构内力弯矩弯化而变化，弯成多跨曲线形状等；但预应力筋的强度不能充分发挥，对锚具要求较高 (3) 适用于一般现浇板类构件，在双向连续平板和密肋板中尤为经济合理，在多跨连续梁、特种工种构筑物中也可应用，也可用于预制构件

续表

项次	项目	施工工艺、方法要点
2	工艺程序	后张无粘结预应力施工工艺程序为：施工准备→无粘结预应力筋下料与组装→无粘结预应力筋铺放→混凝土浇筑及养护→无粘结筋张拉→锚具锚固、封闭
3	无粘结筋制作	(1) 无粘结筋涂料用沥青、油脂等，沥青涂料是在沥青中掺以一定比例聚丙烯无机物和柴油制成。油脂涂料，长沙石油厂有专用成品供应 (2) 无粘结筋的包裹物有塑料布、塑料管等，塑料布厚 0.17～0.2mm，宽度切成约 70mm，分两层交叉缠绕在预应力筋上，每层重叠一半，实为四层，总厚为 0.7～0.8mm，要求外观挺直规整。塑料管可用一般塑料管套在预应力筋上或管子挤压成型包裹在预应力筋上，壁厚 0.8～1.0mm，或用高密度聚乙烯（HDPE）挤塑套管包裹 (3) 无粘结筋的涂包成型可手工完成。吨位较大和大规模生产无粘结钢筋束或钢丝束，宜用涂包成束机或挤压涂层机进行，它可将油脂、塑料包裹层一次连续成型在预应力筋上
4	无粘结筋的铺设与张拉锚固	(1) 无粘结筋铺设顺序，在单向连续板中与非预应力筋基本相同。在双向连续平板中，应事先编出铺设顺序，先铺设搭接点标高较低部分的无粘结筋，后铺设标高较高部分的无粘结筋（图 11-19） (2) 无粘结筋应严格按设计要求的曲线形状就位并固定牢靠。在连续梁的支座处，用短钢筋将无粘结曲线筋架立起来，或用钢丝将曲线筋吊在上部的非预应力筋骨架上；跨中部位用混凝土垫块控制标高、位置正确，并用钢丝固定在非预应力钢筋骨架上，间距 0.7～1.0mm，并与箍筋扎牢。在双向连续平板中，无粘结筋曲线标高，可采用垫铁、马凳（冂形钢筋架，间距 1.25～2.0m）或将其吊绑在板内顶部钢筋上等方法控制，各控制点的高度偏差不超过±5mm (3) 要尽量避免敷设的各种管线将无粘结筋的矢高抬高或降低 (4) 当采取集束配置多根无粘结预应力筋时，各根应保持平行走向，防止相互扭绞；束之间水平净距不宜小于 50mm，束至构件边缘的净间距不宜小于 40mm (5) 当采用多根无粘结筋平行带状布束时，每束不宜超过 5 根无粘结筋，并应采取可靠的支撑固定措施，保持同束中各根无粘结筋且有相同的矢高；带状束在锚固端应平顺地张开，且无水平偏移情况 (6) 板、梁浇筑混凝土要连续作业，不留施工缝，浇筑混凝土从板或梁中间逐步往两边推进，用平板或插入式振动器捣实、抹平，并加强养护 (7) 浇筑混凝土时，应严禁踩踏或用振捣器冲击无粘结筋，以确保无粘结筋的束形和锚具的位置不产生移动 (8) 混凝土应振捣密实，并确保张拉端和固定端的混凝土浇捣质量，混凝土浇筑后要严格认真进行养护。脱模后如发现有裂缝或空鼓情况，必须在无粘结筋张拉之前进行修补 (9) 无粘结筋的张拉和锚固与后张法有粘结预应力筋相同，张拉次序一般采取依次张拉
5	无粘结筋端部处理	(1) 张拉端处理按所采用的无粘结筋与锚具不同而异。在双向连续平板中采用钢丝束镦头锚具时，其张拉端头处理见图 11-20*a*、*b*，其中塑料套筒供钢丝束张拉时锚杯从混凝土中拉出来用，塑料套筒内空隙用油枪通过锚杯的注油孔注满防腐油，最后用钢筋混凝土圈梁将板端外露锚具封闭。采用无粘结钢绞线夹片式锚具时，张拉后端头钢绞线预留长度应不小于 15cm，多余部分割掉，并将钢绞线散开打弯，埋在圈梁内，进行锚固（图 11-20*c*）；常用张拉端部构造见图 11-8 和图 11-10 (2) 无粘结筋的固定端可设在构件内，采用无粘结钢丝束时，固定端可采用扩大头的镦头锚板，并用螺栓加强（图 11-21*a*），如端部无结构配筋，需配置构造钢筋。采用无粘结钢绞线时，钢绞线在固定端处可用压花成型（图 11-21*b*、*c*），放置在设计部位，压花锚用压花机成型，浇筑固定端的混凝土强度等级应大于 C30，以形成可靠的粘结式锚头；常用固定端部构造见图11-9和图 11-10

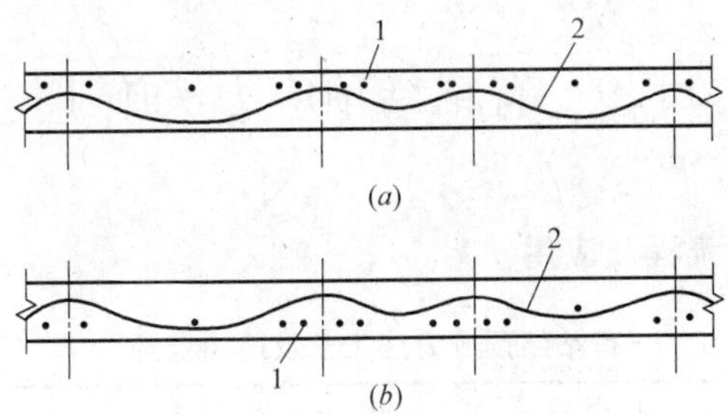

图 11-19 无粘结筋铺设顺序

(a) 横筋先铺设；(b) 纵筋先铺设

1—纵向筋；2—横向筋

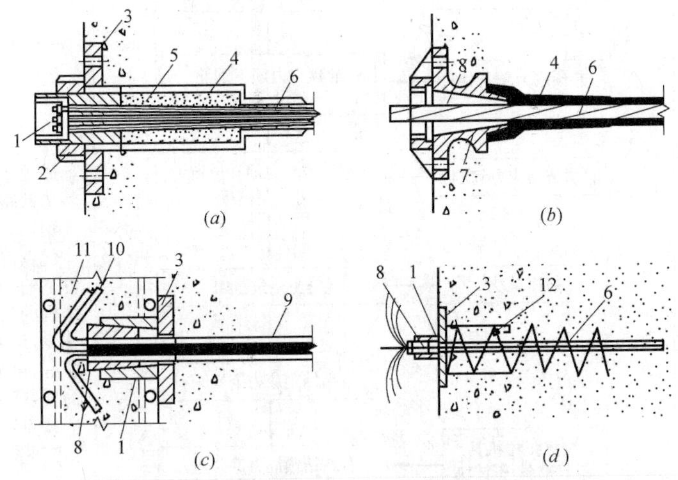

图 11-20 无粘结筋（丝）、钢绞线张拉端处理

(a)、(b) 无粘结钢丝束用镦头锚具时的张拉端；(c) 无粘结钢绞线张拉端头打弯与封闭处理；

(d) 无粘结钢丝束用夹片锚具凸出混凝土表面的张拉端处理

1—锚杯；2—螺母；3—承压板；4—塑料保护套筒；5—油脂；6—无粘结钢丝束；

7—锚体；8—夹片；9—钢绞线；10—散开打弯钢丝；11—圈梁；12—螺旋筋

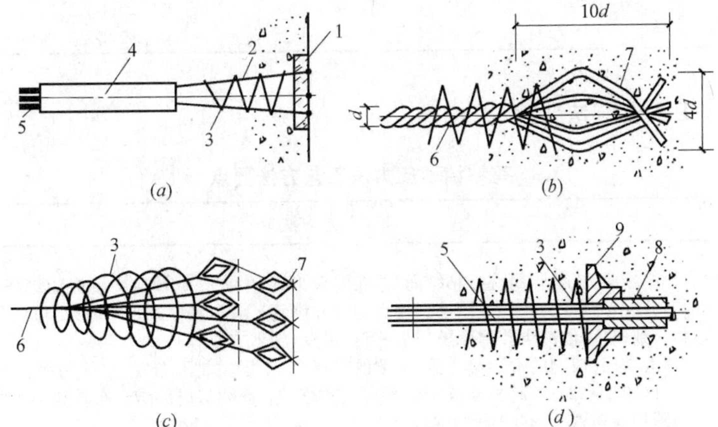

图 11-21 无粘结筋固定端处理

(a) 无粘结钢丝束固定端；(b) 钢绞线在固定端单股压花锚；(c) 钢绞线在固定端多股压花锚；(d) 挤压锚固定端

1—锚板；2—钢丝；3—螺旋筋；4—塑料软管；5—无粘结钢丝束（筋）；6—钢绞线；7—压花锚；

8—挤压锚具；9—承压垫板

11.9　有粘结预应力法施工

11.9.1　工艺原理、流程及应用

有粘结预应力法工艺及适用范围　　表 11-39

原理	工艺流程	适用范围、优缺点
有粘结预应力法是通过在现浇整体式结构中预留孔道，允许孔道内预应力筋在张拉时可自由滑动，张拉完成后，在孔道内灌浆，而使预应力筋与结构永久粘结，不产生滑移。它是后张法的新发展，11.7 节主要用于预制结构构件(块体)，而本法则扩大应用于现浇整体式结构	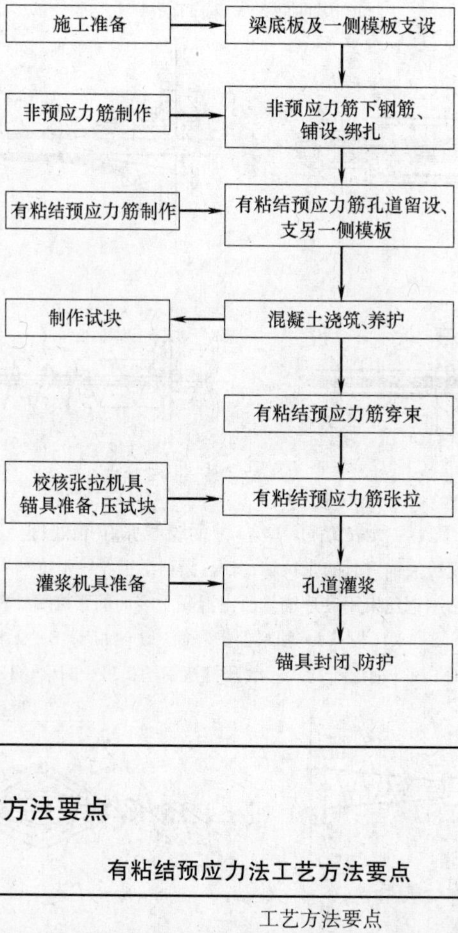 施工准备 → 梁底板及一侧模板支设 ↓ 非预应力筋制作 → 非预应力筋下钢筋、铺设、绑扎 ↓ 有粘结预应力筋制作 → 有粘结预应力筋孔道留设、支另一侧模板 ↓ 制作试块 ← 混凝土浇筑、养护 ↓ 有粘结预应力筋穿束 ↓ 校核张拉机具、锚具准备、压试块 → 有粘结预应力筋张拉 ↓ 灌浆机具准备 → 孔道灌浆 ↓ 锚具封闭、防护	适用于建筑框架结构、公路与铁路桥梁及特种结构等工程 优点：能有效控制使用条件下的裂缝和挠度；可改善结构的延性；使用跨度大，内柱少，工艺布置灵活，结构性能好，可节约大量钢材，施工简便，降低成本等 缺点：增加一道预应力施工工艺，工序配合较复杂

11.9.2　施工工艺方法要点

有粘结预应力法工艺方法要点　　表 11-40

项次	项目	工艺方法要点
1	有粘结筋布置及形式	(1)有粘结预应力钢筋(简称有粘结筋)的布置及形式，主要根据预应力混凝土结构(或构件，下同)的受力性能，并参考预应力张拉锚固体系特点与尺寸确定。其布置原则是：外形尽可能与结构外荷载引起的弯矩相一致；尽可能减少孔道摩擦损失；节约锚具，施工方便等 (2)以最为常用、典型的框架梁为例：单梁的布置有：正反抛物形布置、直线与抛物形相切布置和折线形布置三种(图 11-22)；多跨框架梁的布置有：连续布置、连续与局部结合布置和不等跨框架梁部分预应力筋在短跨切断布置等形式(图 11-23) (3)连续通长配置的有粘结筋，应控制其长度与跨数。两端张拉时，连续跨数宜控制在 3～5 跨，长度不宜超过 50m；采用一端张拉时，连续跨数不宜超过 20m。当超过以上跨数或长度时，有粘结筋可采用分段布置。方法是利用后浇带(或后浇段)将通长的有粘结筋分段布置，后浇带跨则配置有粘结筋短束 (4)框架梁有粘结筋张拉端构造如图 11-24 所示，位于梁面时的构造如图 11-25 所示

续表

项次	项目	工艺方法要点
2	有粘结筋下料与编束	(1)有粘结筋下料长度应通过施工计算确定,应考虑锚具形式、弹性压缩、张拉伸长值、构件孔道长度、张拉设备与施工方法等因素 (2)有粘结筋下料应在平坦、洁净的场地上进行。钢丝开盘后应矫直,表面如有机械损伤,应随时剔除。钢丝两端采用镦头锚具时,应同步下料,严格控制等长,其极差值不得大于 $L/5000$,且不得大于 5mm(L 为钢丝下料计算长度)。每束钢丝都应进行编束 (3)钢绞线下料时,应将钢绞线盘卷装在放线盘内,从盘卷中央逐步抽出,下料应用砂轮切割机切割,不得采用电弧切断。多根钢绞线编束时,应尽量使各根钢绞线松紧一致 (4)钢丝固定端采用镦头锚具时,冷镦头可采用蘑菇形和平面形。其质量要求为:头形尺寸应符合有关规定,头形圆整,不偏斜,颈部母材不受损伤,强度不低于母材强度标准值的 98%;钢绞线固定端多用挤压锚或压花锚。前者用挤压机制作挤压头;后者用压花机成型
3	有粘结筋孔道的留设	(1)有粘结筋孔道的布置由预应力筋布置而定。孔道的内径宜比预应力筋和穿过孔道的连接器外径大 10~15mm,孔道截面积宜取预应力筋净面积的 3.5~4.0 倍。在现浇框架梁中,预留孔道在竖向和横向净距不应小于孔道外径(d)和孔道外径的 $1.5d$。孔道保护层厚度:梁底、梁侧和板底分别不应小于 50、40 和 30mm。预应力孔道连接用承压钢垫板或铁喇叭管排列,如图 11-26(a)所示,相邻锚具的中心距应保持 $a\geqslant D+200$mm,锚板中心距至构件边缘的距离 $b\geqslant\frac{D}{2}+c$(D 为螺旋筋直径,c 为保护层厚度,最小为 20mm) (2)孔道成型常用预埋波纹管,它的连接如图 11-16(f)。波纹管与张拉端喇叭管的连接构造见图 11-16(g)。波纹管的安装应按布置图中预应力筋的曲线坐标在梁侧模或箍筋上定出曲线位置。波纹管的固定应采用钢筋支托,间距一般取 0.8~1.2m,焊在箍筋上,在箍筋下面垫好垫铁(图 11-26b)。灌浆孔与排气孔的设置同 11.7.3 一节图 11-17。波纹管安装要顺直,要避免反复弯曲,防止开裂
4	有粘结筋穿束	(1)有粘结筋穿束与浇筑混凝土之间的先后关系有先穿束和后穿束两种方法,前者系在浇筑混凝土前将预应力筋穿入波纹管内,一般多采用后者。按穿入数量又分为整束穿和单根穿两种。钢丝束和钢绞线多采用整束穿 (2)穿束工作可采用人工、卷扬机或穿束机等进行,用特制牵引头辅助
5	有粘结筋张拉	(1)框架梁的有粘结筋张拉顺序一般有"逐层浇筑,逐层张拉"、"数层浇筑,顺向张拉"和"数层浇筑,逆向张拉"等三种方式,其中第一种由于占用模板及支撑较少,周转快和施工便捷,使用最为广泛 (2)预应力筋张拉应先做好锚具进场验收,张拉设备的选用与标定,混凝土强度检验,预应力筋张拉和伸长值设算,张拉平台搭设,构件端头及钢绞线清理,电源布置,工具锚、限位板、顶压器等配套工具的准备以及技术和安全交底等 (3)梁混凝土达到设计要求的强度后,才允许张拉预应力筋。同时,张拉之前,应拆除梁侧模及现浇楼板之底模,以减少施加预应力时的约束影响 (4)梁的张拉有一端张拉和两端张拉两种形式,前者适用于一端是埋入式固定端,或分段施工采用固定式连接器的预应力筋,长度不大于 20m;后者适用于较长(大于 20m)的预应力筋束;预应力筋为直线形时,一端张拉的长度可延长至 35m (5)预应力筋张拉应采用应力控制方法张拉,应使结构受力均匀、同步,不产生扭转、侧弯;并应校核预应力筋伸长值,不得超过张拉控制应力限值,以免使混凝土产生超应力,或者使其他构件产生过大的附加内力及变形等
6	孔道灌浆	(1)孔道灌浆设备包括:浆体搅拌机、灌浆泵(柱塞式或挤压式)、计量设备、贮浆桶、过滤器、橡胶管连接头、灌浆嘴等。灌浆前应先用空气泵检查通气情况 (2)灌浆多用水泥浆体,用 42.5 级普通硅酸盐水泥,水灰比不应大于 0.42,可掺入木钙减水剂改善水泥性能;拌合后 3h 泌水率不宜大于 2%,水泥浆试块 28d 强度不应小于 30MPa (3)灌浆孔的设置间距一般不宜大于 24m。曲线孔道的高差大于 500mm 时,应在孔道每个峰顶处设置泌水管,同时也可兼作灌浆孔。灌浆时,将灌浆机出浆管与孔道连通,开通灌浆泵注入压力水泥浆,由近而远,逐个检查出浆口,待冒浓浆后,逐一封闭,最后一个孔封闭后,继续加压至 0.5~0.7MPa,稳压1~2min,封闭进浆阀门,待水泥浆凝固后再拆除连接接头,及时清理 (4)孔道灌浆后,水泥浆强度达到 1.5MPa,才可拆除梁底模及支撑
7	锚具封闭	(1)预应力筋锚固后,外露长度不得小于 30mm,过长部分宜用机械方法切割 (2)预应力筋张拉端可采取凸出或凹入作法。前者锚具位于梁端面或柱表面,张拉后用细石混凝土封裹。后者锚具位于梁(柱)凹槽内,张拉后用细石混凝土填平。外露预应力筋的混凝土保护层厚度:处于一类环境时,不应小于 20mm;处于二、三类易受腐蚀环境时,不应小于 50mm

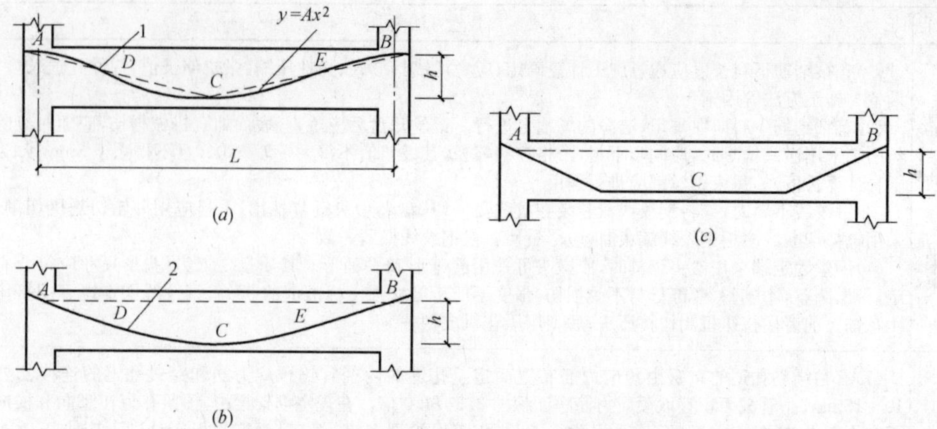

图 11-22　单跨框架梁预应力筋布置

(*a*) 正反抛物形布置；(*b*) 直线与抛物形相切布置；(*c*) 折线形布置

1—两抛物线切点；2—直线与抛物线的切点

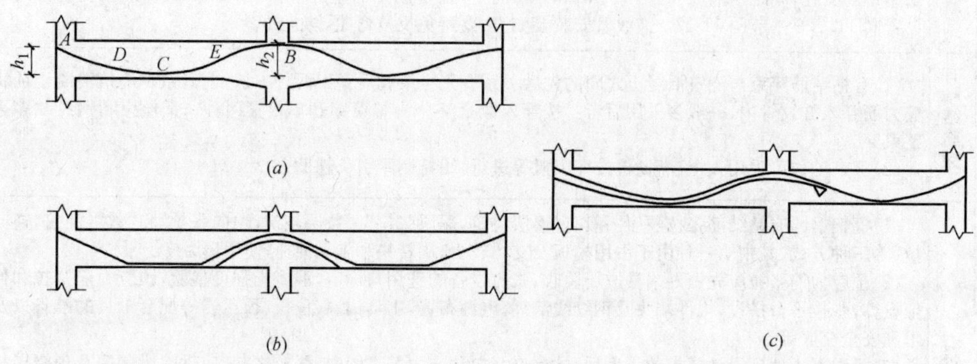

图 11-23　多跨框架梁的预应力筋布置

(*a*) 连续布置；(*b*) 连续与局部结合布置；(*c*) 不等跨框架梁部分预应力筋在短跨切断布置

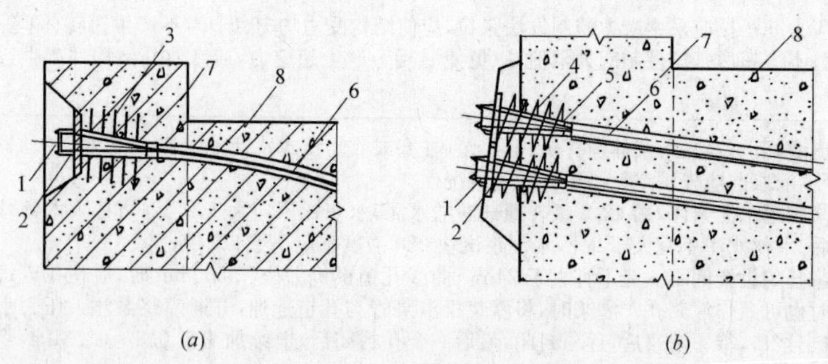

图 11-24　框架梁张拉端构造

(*a*) 锚具凹入式；(*b*) 锚具外露式

1—锚具；2—承压板；3—钢筋网片；4—螺旋筋；5—塑料套；

6—预应力筋；7—柱；8—框架梁

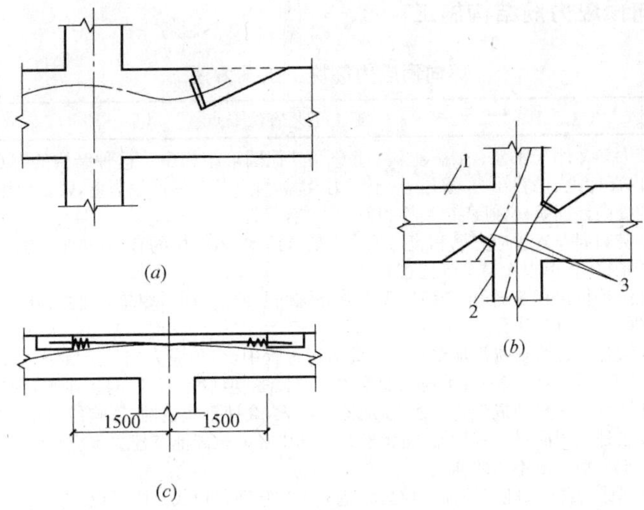

图 11-25 位于梁面和主次梁及搭接处张拉端构造

(a) 位于梁面张拉端构造；(b) 主次梁交点处次梁张拉端构造；(c) 预应力筋搭接处张拉端构造

1—主梁；2—次梁；3—预应力筋

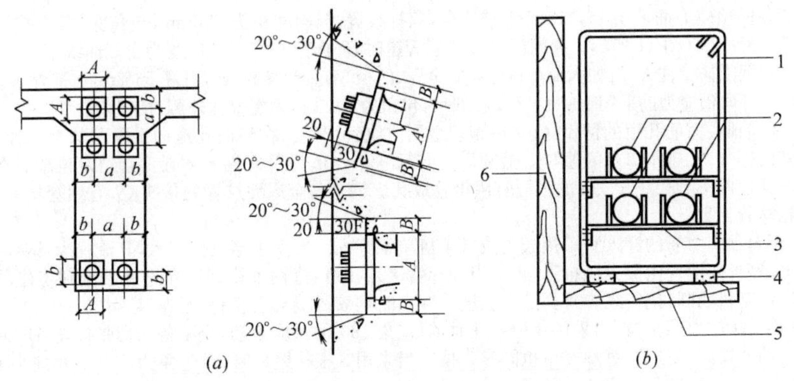

图 11-26 构件端部锚具的排列及波纹管固定方法

(a) 锚具排列及凹槽尺寸；(b) 波纹管固定方法

1—箍筋；2—波纹管；3—钢筋支架；4—垫块；5—梁底模；6—梁侧模

11.10 特种预应力混凝土结构施工

特种混凝土结构的种类较多，采用预应力设计和施工常用的主要有：贮液池、贮气罐、贮罐、水池、水塔、消化池、排砂洞、筒仓、烟囱、电视塔、核电站安全壳、灯塔等。

特种混凝土结构预应力技术，按其预应力筋的布置和施工工艺方法的不同，一般可分为环向预应力和竖向预应力两类，兹分述如下。

11.10.1　环向预应力筋结构施工

环向预应力筋施工工艺方法　　表 11-41

项次	项目	施工工艺方法要点
1	特点及张拉方法分类与应用	(1)环向预应力筋多用于水池、油罐、贮罐、筒仓及其他圆形结构中。这种结构的特点是体积庞大，池(罐、仓)壁较薄，在内部储液、储料压力、水压力、土压力及温差作用下，易产生裂缝，降低使用寿命。采用环向预应力配筋，可有效提高环向抗拉强度、抗裂性和使用性能，节省钢材 (2)这种沿结构圆周布置预应力筋和施加预应力的方法很多，常用的有：电热张拉法、绕丝张拉法、径向张拉法、大吨位群锚张拉法、单根无粘结张拉法等 (3)电热张拉法是将粗钢筋通电，分段锚固在壁外锚固肋的槽口内，冷却后建立预应力的方法。此法钢材强度低，耗电多，现很少应用 (4)绕丝张拉法是通过绕丝机沿池壁顶部圆周运行过程中，将预应力钢丝连续强行缠绕到圆形结构的筒壁上建立预应力的方法。本法在一般水池和油罐中采用较多，但设备复杂：对容量大，内压高或直径大的结构，预应力钢丝的间距过密，易造成喷浆不实，水或潮气渗入，会使钢丝锈蚀，影响使用安全 (5)径向张拉法是利用简单的张拉器，将钢丝束环筋由径向拉离池壁建立预应力的方法。本法简化了设备，但费人工，仅用于个别容量不大的圆池 (6)大吨位群锚张拉法、大吨位环锚张拉法和单根无粘结筋张拉法克服了以上方法的缺点，为近年发展的新方法，具有良好的技术经济效果，使用日益广泛
2	大吨位群锚张拉法	(1)大吨位群锚张拉法是利用大孔径穿心式千斤顶，将钢绞线束用群锚体系锚固在筒体的扶壁柱上的方法 (2)环向预应力筋布置，根据预应力筋在筒壁内环向分段情况，有以下三种布置方式： 1)设置 4 根扶壁柱方式：如珠江水泥厂的生(熟)料库，内径 25m，壁厚 400mm，高 64m，在筒壁外设 4 根扶壁柱。筒壁内的环向预应力筋采用 $9\phi^{s}15.2$ 钢绞线束，间距为 0.3～0.6m，包角为 180°，锚固在相对的 2 根扶壁柱上，上下束错开 90°(图 11-27*a*)，采用 QM 型锚固体系，锚固区构造如图 11-27(*b*)所示 2)设置 3 根扶壁柱方式：如秦山核电站安全壳，内径 36m，壁厚 1m，总高 73m，在壁外侧设 3 根扶壁柱。筒壁内的环向预应力筋采用 $11\phi^{S}15.7$ 钢绞线束，双排布置，竖向间距为 350mm，包角为 250°，锚固在壁柱侧面，相邻束错开 120°(图 11-27*c*)。遇闸门口或穿墙管道时，环向束需绕开孔口变为空间曲线束 3)设置两限扶壁柱方式：如大亚湾核电站安全壳，内径 37m，壁厚 0.9m，总高 56.6m，在壁外倾设 2 根扶壁柱。筒壁内的环向预应力筋采用 $19\phi^{S}15.7$ 钢绞线束，包角为 360°，锚固在壁柱外侧，相邻束错开 180°(图 11-27*d*) (3)环向预应力筋孔道的留设，宜采用预埋金属波纹管成型。在环向孔道向上隆起的高位处和下凹孔道的低点处设排气口、排水口及灌浆口。沿圆周方向每隔 2～4m 设置一榀 $\phi12$ 圆钢管道定位架。在扶壁柱区域、闸门及孔道曲率半径小于 7m 的区段宜用钢管成孔。钢管与金属波纹管的接头处，宜用套接并用密封胶带或塑料热塑管封裹 (4)环向预应力筋的穿入宜采用人力或穿束机单根穿入。当采用穿束机穿入，其流程为：钢绞线从放线盘架中引出，经导向滑轮由穿束机推送，再经组合导管进入孔道，待钢绞线到达孔道另端碰到定位器后停止推送，用砂轮切割机切断，钢绞线应外露适当长度。穿束时钢绞线端头应套有“子弹形”帽罩 (5)环向预应力筋张拉，当采用 4 根壁柱时，对包角 180°的预应力筋，应配备 4 套张拉设备同时进行，即每根钢绞线的两端同时张拉，每圈 2 束也同时张拉。当采用 3 根扶壁柱时，对包角为 250°的预应力筋，需要配备 6 套张拉设备同时进行，即每 3 束预应力筋同时两端张拉，组成 2 圈预应力筋。当采用 2 根扶壁柱时，对包角为 360°的预应力筋，需要配套 2 套或 4 套张拉设备同时进行，即可组成 1 圈或 2 圈预应力筋。环向预应力筋由下向上进行张拉，但遇到闸门口的预应力筋加密区时，自闸门口中心向上、下两侧交替进行 (6)环向孔道灌浆，一般由一端进浆，另端排气排浆。当环向孔道有下凹或上隆段，可在低处进浆，高处排气排浆。对较大的上隆段顶部，还可采用重力补浆，以保证灌浆密实。浆液亦可根据需要采用缓凝浆或膨胀浆
3	大吨位环锚张拉法	大吨位环锚张拉法是利用环锚(又称游动锚具)将环向预应力筋连接起来用穿心式千斤顶变角张拉的方法，它又有以下两种方法： (1)分段有粘结预应力法： 如济南污水处理厂蛋形消化池，容量为 10536m³，外形为一三维变曲面蛋形壳体(图 11-28*a*)。预应力体系为后张有粘结双向预应力钢绞线。竖向均布 64 道 $4\phi^{S}15.2$；环向为 112 道，V_1～V_{95} 为 $6\phi^{S}15.2$，V_{96}～V_{112} 为 $4\phi^{S}15.2$。曲线包角为 120°。每圈张拉口有 3 个，相邻张拉口错开 30°。张拉口做法是在池壁外侧设置凹陷槽口，通过弧形垫块变角将钢绞线引出张拉(图 11-28*b*、*c*)。张拉后用混凝土封闭张拉口，使池外表保持光滑曲线。该工程采用人工整束穿环向束，辅以塔吊配合。预应力筋张拉层与混凝土浇筑层保持不小于 5m 的距离。环向束张拉采用 3 台千斤顶同步进行。张拉时分层(每 10 圈为一层)进行，张拉次序为 $V_1 \rightarrow V_5 \rightarrow V_9$。然后旋转 30°，张拉 $V_2 \rightarrow V_6 \rightarrow V_{10}$。按此依次进行，完成该层后，再张拉上一层。为使张拉时初应力一致，采用单根张拉至 $20\%\sigma_{con}$，然后整束张拉 (2)双圈无粘结预应力法：

续表

项次	项目	施工工艺方法要点
3	大吨位环锚张拉法	如黄河小浪底水利枢纽工程的3条排砂洞，每条长约1100m，内径为6.5m，壁厚为0.65m，采用双圈环锚无粘结预应力体系（图11-29）。每束预应力筋由8ϕ^{S}15.7无粘结钢绞线分内外两层绕两圈布置，两层间距为130mm，钢绞线包角为2×360°。沿洞轴线每1m布置2束预应力筋。环锚凹槽交错布置在洞内下半圆中心线两侧各45°的位置。施工时，采用装配式钢板锚具盒外贴塑料泡沫板的方法形成锚具槽。采用2台相同规格且油路并联的HOZ950千斤顶，通过2套板凳式偏转器直接支撑于锚具上进行变角张拉锚固。张拉顺序为：单号束先张拉0→50%力→双号束张拉σ→100%力→单号束张拉50%→100%力。张拉锚固后，割除防腐套管的外露部分钢绞线，重新穿套高密度聚乙烯防腐套管并注入防腐油进行防腐处理，最后用无收缩混凝土回填锚具槽
4	单根无粘结筋张拉法	环向无粘结预应力筋在筒壁内成束布置，在张拉端改为分散布置，单根张拉。根据筒（池）壁张拉端的构造不同，可分为有扶壁柱形式和无扶壁柱形式两种方法： （1）有扶壁柱形式： 如南京污水处理厂圆形污泥消化池，直径为24.84m，高17.4m，壁厚400mm，壁外设有4根扶壁柱。环向预应力筋采用3～4ϕ^{S}12.7无粘结钢绞线束，间距为0.2～0.33m，每圈分为两束，包角180°。无粘结筋每隔一圈交错锚固在相邻的扶壁柱上（图11-30*a*）。 施工时，无粘结预应力筋应成束绑扎在钢筋骨架上，要顺着铺设，不得打叉，在端部分散成单根布置（图11-30*b*）。为使池壁对称受力，采用4台前卡式千斤顶同时张拉一圈2根无粘结筋。张拉顺序从上而下，在同一束中应先张拉内圈的无粘结束。无粘结筋锚固后，沿扶壁柱用细石混凝土将锚具封裹 （2）无扶壁柱形式： 如枣庄矿务局原煤筒仓，外径为30.6m，高度57.6m。在筒体内壁设有四条凹槽，每条有两个槽口（图11-31）。 施工时，在无粘结筋布置中，每2根7ϕ^{P}5钢丝束组成1束，每圈分为2束，包角180°。其两端锚固在筒壁内的凹槽内；相邻两束的锚固应错开90°布置。为减少凹槽尺寸，应采用变角张拉工艺（图11-29*c*）。无粘结预应力筋张拉后，应对锚具进行防腐处理，并用微膨胀混凝土填补槽口，以使整个结构的内外表面仍能保持光滑的圆筒形

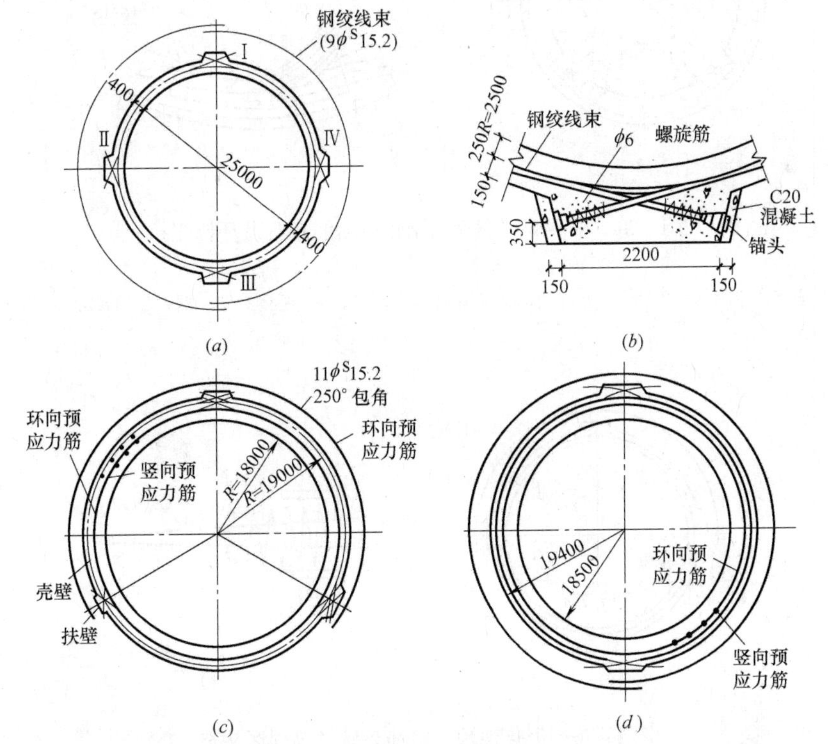

图11-27 设4根、3根、2根扶壁柱的环向预应力筋布置及锚固区构造

（*a*）环向预应力筋布置；（*b*）扶壁柱处锚固区构造；（*c*）秦山核电站安全壳布置；（*d*）大亚湾核电站安全壳布置

Ⅰ、Ⅱ、Ⅲ、Ⅳ—扶壁柱

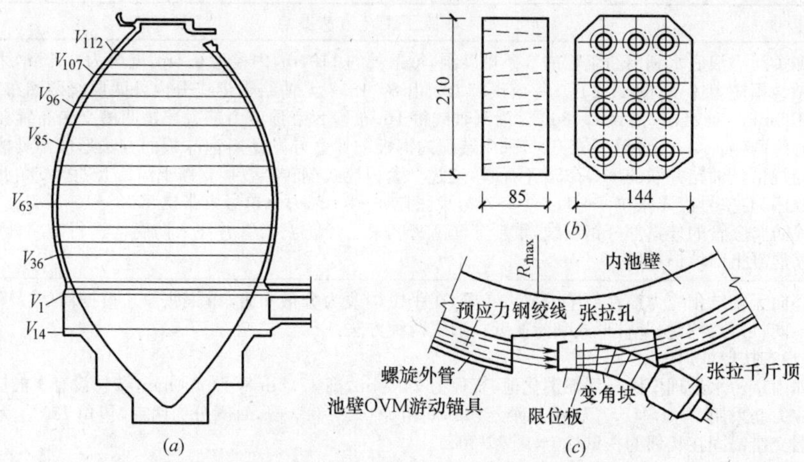

图 11-28　蛋形消化池环向预应力布置及锚具、变角张拉

(a) 壳体环向预应力筋布置；(b) 游动锚具；(c) 环向变角张拉

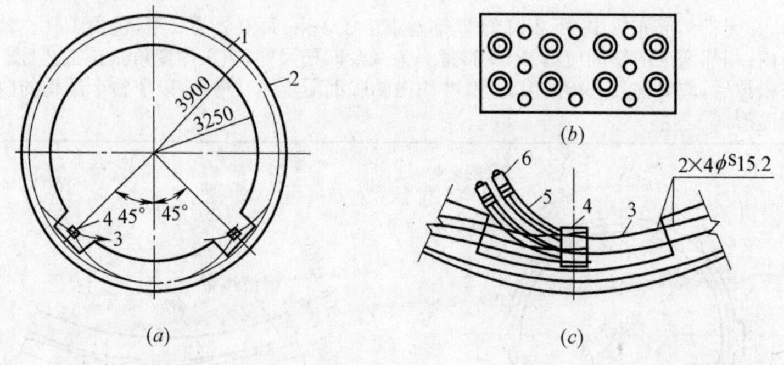

图 11-29　排砂洞双圈无粘结预应力筋布置及环锚张拉

(a) 预应力筋布置；(b) 环锚；(c) 环锚张拉

1—无粘结预应力筋；2—混凝土衬砌；3—凹槽；4—环锚；5—板凳式偏转器；6—HOZ950 千斤顶

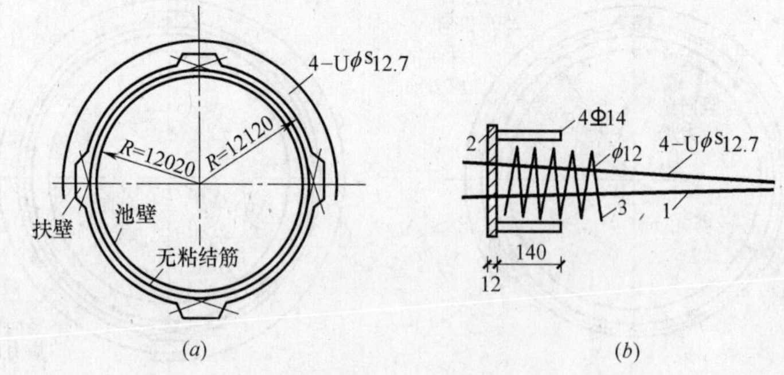

图 11-30　消化池预应力筋布置及锚固区构造

(a) 无粘结预应力筋布置；(b) 无粘结筋锚固区构造

1—无粘结预应力钢绞线；2—承压钢板；3—螺旋筋

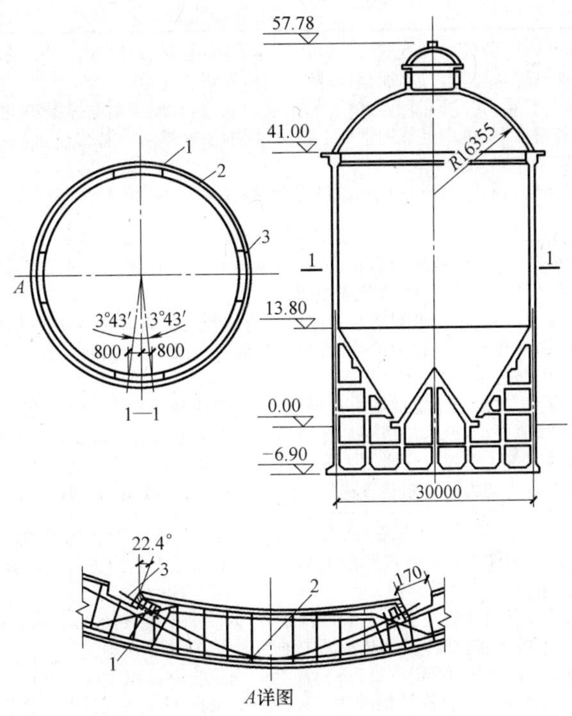

图 11-31 原煤筒仓预应力筋布置

1—筒壁；2—无粘结预应力筋；3—槽口

11.10.2 竖向预应力筋结构施工

竖向预应力筋施工工艺方法 表 11-42

项次	项目	工艺方法要点
1	特点及张拉方式	(1)竖向预应力筋多用于电视塔、烟囱、安全壳、灯塔及其他高耸结构中。这类结构的特点是高度大，筒身较薄，在外部风力，侧向、竖向荷载和温度差作用下，易使筒身产生裂缝，影响耐久性。采用竖向预应力配筋，可显著提高竖向抗弯强度、刚度、抗裂性、稳定性和使用寿命、节约钢材 (2)竖向预应力筋的长度一般为 60～200m，最长达 350m。对于这类竖向超长预应力筋的张拉，多采用大吨位钢绞线束夹片锚固体系，有粘结后张法施工
2	竖向预应力筋布置	(1)中央电视塔为变截面圆筒形高耸结构，塔高 405m，壁厚为 500～600mm。塔身的竖向预应力布置(图 10-18a)；第一组从−14m 至+112.0m，共 20 束；第二组从−14.3m 至+257.5m，共 64 束。桅杆亦配置竖向预应力筋。所有竖向预应力筋均采用 $7\phi^S15$ 钢绞线束($f_{prk}=1470N/m^2$)，用 B&S 体系 Z15-7 型锚具锚固 (2)南京电视塔为一座肢腿式高耸结构，塔高 302m。塔身为 3 个独立的空腹肢腿，在肢腿外侧布置竖向预应力筋(图 11-32)；第一组从−7m 至+60m，每肢 6 束；第二组从−7m 至 121.2m，每肢 12 束；第三组从−7m 至 193.5m，每肢 12 束。每束预应力筋均采用 $7\phi^S15$ 钢绞线束，用 QM15-7 锚具锚固 (3)上海电视塔为一座柱肢式带 3 个球形仓的高耸结构，塔高 450m。塔身为 3 根直立的空心圆柱，用弧形钢箱梁连接。塔身的竖向预应力筋布置：第一组从−9.9m(−4.4m)至 198m，102 束；第二组从−9.9m(−4.4m)至+287m，102 束。桅杆(单筒体)从 261.7m 至 350m 也配置竖向预应力筋。所有预应力筋均采用 $7\phi^S15.24$ 钢绞线束，用 OVM15-7 型锚具锚固，其端部构造如图 11-33 所示 (4)秦山核电站安全壳为一座钟罩形高耸结构，内径 3.6m，壁厚 1.0m，总高 73m。筒壁内竖向预应力筋采用 $11\phi^S15.7$ 钢绞线束，336 束，双排布置，锚固在反应堆厂房底板下的张拉廊道顶板上(图 11-34)

续表

项次	项目	工艺方法要点
3	竖向孔道留设	(1)超高竖向孔道的留设,为保证孔道的可靠,多采用预埋镀锌钢管。钢管长度为3～6m,连接方式采用螺纹套管连接加电焊,孔道上口均加盖,以防异物掉入堵塞孔道 (2)竖孔钢管的安装:先在地面上将钢管的一端拧上套管,周围用电焊焊实,然后吊至筒体上;接管时,先将前节顶端的盖帽拧下,再将上节钢管旋上拧紧,周围加电焊。每隔2.5m设一道竖管定位支架。竖管每段的垂直度应控制在5‰以内 (3)竖管上的灌浆孔间距为20～60m;灌浆孔上装有ϕ24mm短钢管。带有灌浆管的竖管应专门加工,单独安装
4	预应力筋穿入孔道	竖向预应力筋穿入孔道一般采用后穿法,有从下向上和从上向下两种方式;每种方式又有单根穿入和整束穿入两种工艺,可根据工程具体情况选用: (1)从下向上穿束方式:中央电视塔与天津电视塔的竖向预应力筋,采用卷扬机从下向上整束穿入工艺。为防止竖向预应力筋在穿束过程中滑落,应采用穿束网套或专用连接头,其安全系数应大于2.5。穿束的摩阻力约为预应力筋自重的2～3倍 (2)从上向下穿束方式:南京电视塔由于场地窄小,采用从上向下穿入工艺。第一组整束穿;第二、第三组由于上端操作场地更小,改为单根穿。在钢绞线端头装上弹头形套子,然后穿入。在孔道的入口处装有刹车,以防钢绞线脱落。上海电视塔则采取在地面上将钢绞线编束后盘入专用的放线盘,吊上高空施工钢平台,同时使放线盘与动力及控制装置连接,然后将整束慢慢放出,顺利送入孔道
5	竖向预应力筋张拉	(1)竖向预应力筋,一般采取一端张拉;其张拉端可设置在下端或上端,根据工程的具体条件确定 (2)中央电视塔与天津电视塔竖向预应力筋的张拉系在地下室内进行,分两组沿塔身截面对称张拉,必要时再在上端补张拉 (3)南京电视塔的竖向预应力筋在上端进行张拉,为使3个塔肢受力均匀,组成3个张拉组,同时在3个塔肢上张拉。每个塔肢张拉时,以塔肢截面中轴为中心,对称于两边进行 (4)上海电视塔直筒体+198m、+287m标高处的钢绞线束长达200～300m,二端都有一段曲线段,采用两端张拉。单筒体与350m标高处钢绞线束采用一端张拉(上端固定,下端张拉);张拉顺序原则上要求3个直筒体同时作业,单筒体则要求对称张拉 (5)在超长竖向预应力筋张拉过程中,由于张拉伸长值很大,需要多次倒换张拉行程,因此,锚具的夹片应能满足多次重复张拉的要求
6	竖向孔道灌浆	(1)灌浆用水泥采用42.5级普通水泥,水灰比为0.40,掺1%的减水剂和10%的U形膨胀剂。其流动度达23cm,3h泌水率为零,可灌性良好 (2)灌浆设备工艺可根据现场设备条件、工程情况和操作经验选用: 1)天津电视塔采用UBJ-2型挤压式灰浆泵,额定压力为1.5N/mm²。灌浆工艺采取逐层分段灌浆,每段高20m,设置2个灌浆孔(间距0.5m),任用一孔,每天灌浆一层 2)南京电视塔采用UB-3型活塞式灰浆泵,额定压力为1.5N/mm²。灌浆工艺采取一次接力灌浆。对第一组,从−7m至+60m一泵到顶。对第二组,用两台泵接力到顶,即从−7m至+60m为第一泵,当60m灌浆孔出浆后接上第二台,从60m灌至121m。对第三组,同上程序灌至193.5m。第一泵的工作压力为1.2～1.4N/mm²。由于孔道管高,管下压力大,首先用混凝土将下端管口及锚具封闭 3)上海电视塔采用德国P13型双活塞灰浆泵及国产UB-3型活塞式灰浆泵。灌浆工艺采取多级接力灌浆。对直筒体,第一台P13泵从−9m泵至+78m;第二台P13泵从+78m泵至+198m;然后用UB-3型泵分2～3次从+198m泵至+287m。对单体,由一台P13泵在+287m施工平台泵至+350m (3)竖向孔道灌浆,由于泌水集中在顶端会产生一定孔隙,可再采用手压泵在顶部灌浆孔局部二次压浆或采用重力补浆

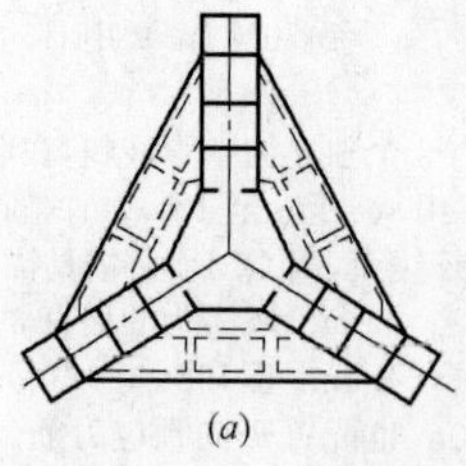

(*a*)

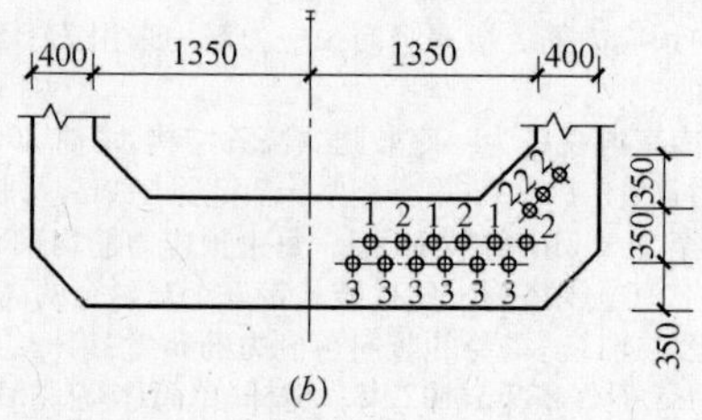

(*b*)

图11-32　南京电视塔竖向预应力筋布置

(*a*)横截面;(*b*)肢腿竖向预应力筋布置

图中1、2、3分别为第一、二、三组预应力筋

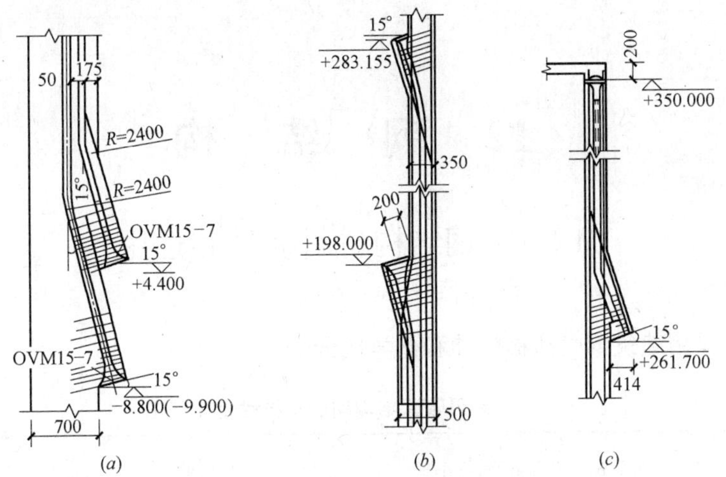

图 11-33 上海电视塔竖向预应力筋锚固端构造

(a) 直筒体下锚固端；(b) 直筒体上锚固端；(c) 单筒体锚固端

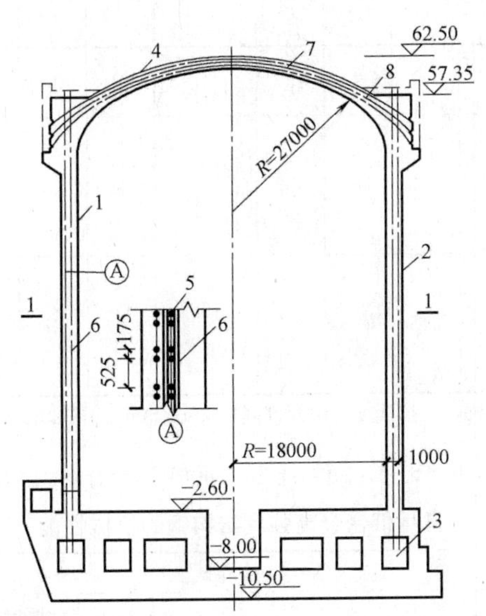

图 11-34 秦山核电站安全壳竖向预应力筋布置

1—筒壁；2—扶壁柱；3—廊道；4—穹顶；5—环向预应力筋；6—竖向预应力筋；7—穹顶预应力筋；8—二次浇筑混凝土

11.11 质量控制与检验

按《混凝土结构工程施工质量验收规范》(GB 50204—2002) 2011 年版“6 预应力分项工程”中的有关规定进行质量控制与检验。

12 钢 结 构

12.1 钢结构材料品种和选用

12.1.1 常用建筑钢材机械性能和化学成分

常用碳素结构钢的机械性能 **表 12-1**

牌号	质量等级	屈服强度 R_{eH}(N/mm²),不小于						抗拉强度① R_m (N/mm²)	断后伸长率 A(%),不小于					冲击试验(V型缺口)	
		厚度(或直径,mm)							厚度(或直径,mm)					温度(℃)	冲击吸收功(纵向,J),不小于
		≤16	>16~40	>40~60	>60~100	>100~150	>150~200		≤40	>40~60	>60~100	>100~150	>150~200		
Q215	A	215	205	195	185	175	165	335~450	31	30	29	27	26	—	—
	B													20	27
Q235	A	235	225	215	215	195	185	370~500	26	25	24	22	21	—	—
	B													20	27②
	C													0	
	D													−20	
Q275	A	275	265	255	245	225	215	410~540	22	21	20	18	17	—	—
	B													20	27
	C													0	
	D													−20	

注:1. 厚度大于 100mm 的钢材,抗拉强度下限允许降低 20N/mm²。宽带钢(包括剪切钢板)抗拉强度上限不作为交货条件。

2. 厚度小于 25mm 的 Q235B 级钢材,如供方能保证冲击吸收值合格,经需方同意,可不做检验。

常用低合金高强度结构钢的机械性能 **表 12-2**

牌号	质量等级	拉伸试验①②③																
		以下公称厚度(直径,边长)(mm)下屈服强度 R_{eL} (MPa)									以下公称厚度(直径,边长)(mm)下抗拉强度 R_m (MPa)			断后伸长率 A(%)				
														公称厚度(直径,边长)				
		≤16	>16~40	>40~63	>63~80	>80~100	>100~150	>150~200	>200~250	>250~400	≤150	150~250	250~400	≤40	>40~100	>100~150	>150~250	>250~400
Q345	A	≥345	≥335	≥325	≥315	≥305	≥285	≥275	≥265	—	450~630	450~600	—	≥20	≥19	≥18	≥17	—
	B																	
	C													≥21	≥20	≥19	≥18	
	D									≥265			450~600					≥17
	E																	

续表

牌号	质量等级	拉伸试验①②③																
		以下公称厚度(直径,边长)(mm)下屈服强度 R_{eL}(MPa)									以下公称厚度(直径,边长)(mm)下抗拉强度 R_m(MPa)			断后伸长率 A(%) 公称厚度(直径,边长)				
		≤16	>16~40	>40~63	>63~80	>80~100	>100~150	>150~200	>200~250	>250~400	≤150	150~250	250~400	≤40	>40~100	>100~150	>150~250	>250~400
Q390	A B C D E	≥390	≥370	≥350	≥330	≥330	≥310	—	—	—	470~650	—	—	≥20	≥19	≥18	—	—
Q420	A B C D E	≥420	≥400	≥380	≥360	≥360	≥340	—	—	—	500~680	—	—	≥19	≥18	≥18	—	—
Q460	C D E	≥460	≥440	≥420	≥400	≥400	≥380	—	—	—	530~720	—	—	≥17	≥16	≥16	—	—

注：1. 当屈服不明显时，可测量 $R_{p0.2}$ 代替下屈服强度。

2. 宽度不小于 600mm 的扁平材，拉伸试验取横向试样；宽度小于 600mm 的扁平材、型材及棒材取纵向试样，断后伸长率最小值相应提高。

3. 厚度>250~400mm 的数值适用于扁平材。

4. 冲击试验取纵向试样。

建筑结构用钢板的机械性能 **表 12-3**

牌号	质量等级	屈服强度 R_{eH}(N/mm²) 钢板厚度(mm)				抗拉强度 R_M(N/mm²)	伸长率 A(%)	冲击功(纵向)A_{kv}(J)		180°弯曲试验 d=弯心直径 a=试样厚度 钢板厚度(mm)		屈强比 R_{eH}/R_M
		6~16	>16~35	>35~50	>50~100		≥	温度(℃)	≥	≤16	>16	≤
Q235GJ	B C D E	≥235	235~355	225~345	215~335	400~510	23	20 0 −20 −40	34	$d=2a$	$d=3a$	0.80
Q345GJ	B C D E	≥345	345~460	335~455	325~445	490~610	22	20 0 −20 −40	34	$d=2a$	$d=3a$	0.83
Q390GJ	C D E	≥390	390~510	380~500	370~490	490~650	20	0 −20 −40	34	$d=2a$	$d=3a$	0.85
Q420GJ	C D E	≥420	420~550	410~540	400~530	520~680	19	0 −20 −40	34	$d=2a$	$d=3a$	0.85
Q460GJ	C D E	≥460	460~600	450~590	440~580	550~720	17	0 −20 −40	34	$d=2a$	$d=3a$	0.85

注：1. 拉伸试样采用系数为 5.65 的比例试样；

2. 伸长率按有关标准进行换算时，表中伸长率 A=17%，与 A_{gmm}=20%相当。

常用碳素结构钢的化学成分　　表 12-4

牌号	统一代号①	等级	化学成分(质量分数,%),不大于					脱氧方法
			C	Si	Mn	P	S	
Q215	U12152	A	0.15	0.35	1.20	0.045	0.050	F、Z
	U12155	B					0.045	
Q235	U12352	A	0.22	0.35	1.4	0.045	0.050	F、Z
	U12355	B	0.20②				0.045	
	U12358	C	0.17			0.040	0.040	Z
	U12359	D				0.035	0.035	TZ
Q275	U12752	A	0.24	0.35	1.50	0.045	0.050	F、Z
	U12755	B	(0.21～0.22)③				0.045	Z
	U12758	C	0.20			0.040	0.040	Z
	U12759	D				0.035	0.035	TZ

注：1. 表中为镇静钢、特殊镇静钢牌号的统一数字，沸腾钢牌号的统一数字代号如下：Q195F——U11950；Q215AF——U12150，Q215BF——U12153；Q235AF——U12350，Q235BF——U12353；Q275AF——U12750。

2. 经需方同意，Q235B 的碳含量可不大于 0.22%。

3. 当钢材的厚度（或直径）不大于 40mm 时，碳含量不大于 0.21%；当钢材的厚度（或直径）大于 40mm 时，碳含量不大于 0.22%。

常用低合金高强度结构钢的化学成分　　表 12-5

牌号	质量等级	化学成分①②(质量分数,%)														
		C	Si	Mn	P	S	Nb	V	Ti	Cr	Ni	Cu	N	Mo	B	Als
					不大于											不小于
Q345	A	≤0.20	≤0.50	≤1.70	0.035	0.035	0.07	0.15	0.20	0.30	0.50	0.30	0.012	0.10	—	—
	B				0.035	0.035										
	C				0.030	0.030										0.015
	D	≤0.18			0.030	0.025										
	E				0.025	0.020										
Q390	A	≤0.20	≤0.50	≤1.70	0.035	0.035	0.07	0.20	0.20	0.30	0.50	0.30	0.015	0.10	—	—
	B				0.035	0.035										
	C				0.030	0.030										0.015
	D				0.030	0.025										
	E				0.025	0.020										
Q420	A	≤0.20	≤0.50	≤1.70	0.035	0.035	0.07	0.20	0.20	0.30	0.80	0.30	0.015	0.20	—	—
	B				0.035	0.035										
	C				0.030	0.030										0.015
	D				0.030	0.025										
	E				0.025	0.020										
Q460	C	≤0.20	≤0.60	≤1.80	0.030	0.030	0.11	0.20	0.20	0.30	0.80	0.55	0.015	0.20	0.004	0.015
	D				0.030	0.025										
	E				0.025	0.020										

注：1. 型材及棒材 P、S 含量可提高 0.005%，其中 A 级钢上限可为 0.045%。

2. 当细化晶粒元素组合加入时，20（Nb+V+Ti）≤0.22%，20（Mo+Cr）≤0.30%。

建筑结构用钢板的化学成分　　表 12-6

牌号	质量等级	厚度(mm)	化学成分(质量分数,%)											
			C	Si	Mn	P	S	V	Nb	Ti	Als	Cr	Cu	Ni
Q235GJ	B	6～100	≤0.20	≤0.35	0.60～1.20	≤0.025	≤0.015	—	—	—	≥0.015	≤0.30	≤0.30	≤0.30
	C													
	D		≤0.18			≤0.020								
	E													

续表

牌号	质量等级	厚度(mm)	化学成分(质量分数,%)											
			C	Si	Mn	P	S	V	Nb	Ti	Als	Cr	Cu	Ni
Q345GJ	B	6~100	≤0.20	≤0.55	≤1.60	≤0.025	≤0.015	0.020~0.150	0.015~0.060	0.010~0.030	≥0.015	≤0.30	≤0.30	≤0.30
	C													
	D		≤0.18			≤0.020								
	E													
Q390GJ	C	6~100	≤0.20	≤0.55	≤1.60	≤0.025	≤0.015	0.020~0.200	0.015~0.060	0.010~0.030	≥0.015	≤0.30	≤0.30	≤0.70
	D		≤0.18			≤0.020								
	E													
Q420GJ	C	6~100	≤0.20	≤0.55	≤1.60	≤0.025	≤0.015	0.020~0.200	0.015~0.060	0.010~0.030	≥0.015	≤0.40	≤0.30	≤0.70
	D		≤0.18			≤0.020								
	E													
Q460GJ	C	6~100	≤0.20	≤0.55	≤1.60	≤0.025	≤0.015	0.020~0.200	0.015~0.060	0.010~0.030	≥0.015	≤0.40	≤0.30	≤0.70
	D		≤0.18			≤0.020								
	E													

12.1.2 钢结构材料的选用

钢结构钢材的选择　　表 12-7

项次	结构类型			计算温度	选用牌号
1	焊接结构	直接承受动力荷载的结构	重级工作制吊车梁或类似结构	—	Q235Z 或 Q345
2				≤−20℃	Q235Z 或 Q345
3			轻、中级工作制吊车梁或类似结构	>−20℃	Q235F
4					
5		承受静力荷载或间接承受动力荷载的结构		≤−30℃	Q235Z 或 Q345
				>−30℃	Q235F
6	非焊接结构	直接承受动力荷载的结构	重级工作制吊车梁或类似结构	≤−20℃	Q235Z 或 Q345
				>−20℃	Q235F
7			轻、中级工作制吊车梁或类似结构	—	Q235F
8					
9	非焊接结构	承受静力荷载或间接承受动力荷载的结构		—	Q235F

注：1. 表中的计算温度应按现行《采暖通风和空气调节设计规范》中的冬季空气调节室外计算温度确定。

2. 承重结构的钢材，应保证抗拉强度（σ_b）、伸长率（$\delta_5\delta_{10}$）、屈服点（σ_s）和硫、磷的极限含量。焊接结构应保证碳的极限含量。必要时还应有冷弯试验的合格证。

对重级工作制和吊车起重量≥50t 的中级工作制焊接吊车梁或类似结构的钢材，应有常温冲击韧性的保证。计算温度≤−20℃时，Q235 钢应具有−20℃下冲击韧性的保证。Q345 钢应具有−40℃下冲击韧性的保证。重级工作制的非焊接吊车梁，必要时其钢材也应具有冲击韧性的保证。

3. 高层建筑钢结构的钢材，宜采用牌号 Q235 中 B、C、D 等级和 Q345 中 B、C、D 等级的结构钢。

12.2 钢结构材料代用

12.2.1 结构钢材料代用方法及措施

结构钢材的代用方法及措施　　表 12-8

项次	遇到情况	代用变动方法、措施
1	钢号满足设计要求，而生产厂提供的材质保证书中缺少设计提出的部分性能要求	应做补充试验，合格后方能使用。补充试验的试件数量，每炉钢材、每种型号规格一般不宜少于 3 个

续表

项次	遇到情况	代用变动方法、措施
2	钢材性能满足设计要求，而钢号的质量优于设计提出的要求，如Q235镇静钢代Q235沸腾钢，平炉钢代顶吹转炉钢等	应注意节约，不应任意以优代劣，不应使质量差距过大
3	钢材品种不全，需用其他专业用钢材代替建筑结构钢材	应把代用钢材生产的技术条件与建筑钢材的技术条件相对照，以保证代用的安全性和经济合理性
4	钢材品种不全，需普通低合金钢相互代用，如用15MnV代16Mn等	要十分谨慎，除机械性能满足设计要求外，在化学成分方面应注意可焊性，重要的结构要有可靠的试验依据
5	钢材性能可满足设计要求，而钢号质量低于设计要求	一般不允许代用。如结构性质和使用条件允许，在材质差距不大的情况下，经设计同意方可代用
6	钢材的钢号和性能都与设计提出的要求不符	应检查是否合理和符合有关规定，然后按钢材设计强度重新计算，改变结构截面、焊缝尺寸和有关节点构造
7	钢材规格(尺寸)与设计要求不符，需以小代大或以大代小	要经计算符合要求后才能代用，不能随意以大代小
8	材料规格、品种供应不全，需用不同规格品种的钢材相互代换	可根据钢材选用原则灵活调整。一般是受拉构件高于受压构件；焊接结构高于螺栓连接结构；厚钢板结构高于薄钢板结构；低温结构高于常温结构；受动力荷载的结构高于静力荷载的结构
9	缺乏钢材品种，需采用进口钢材代用	应验证其化学成分和机械性能是否满足相应钢号的标准
10	成批钢材混合，不能确定钢材的钢号	如用于主要承重结构时，必须逐根进行化学成分和机械性能试验，如试验不符合要求时，可根据实际情况用于非承重结构构件
11	钢材的化学成分与标准有一定偏差	钢材的化学成分如在容许偏差范围以内(表12-8)可以使用，否则按甲类钢使用
12	钢材机械性能所需的保证项目中，有一项不合要求	抗拉强度比规定下限值低5%以内时容许使用，屈服点比规定数值低5%以内时，可按比例折减设计强度；当冷弯合格时，抗拉强度之上限值可以不限

12.2.2 化学成分对钢材性能的影响

化学成分对钢材性能的影响 **表12-9**

名称	在钢材中的作用	对钢材性能的影响
碳(C)	决定强度的主要因素。碳素钢含量应在0.04%～1.7%之间，合金钢含量大于0.5%～0.7%	含量增高，强度和硬度增高，塑性和冲击韧性下降，脆性增大，冷弯性能焊接性能变差
硅(Si)	加入少量能提高钢的强度和硬度、弹性，能使钢脱氧，有较好的耐热性、耐酸性。在碳素钢中含量不超过0.5%，超过限值则成为合金钢的合金元素	含量超过1%时，则使钢的塑性和冲击韧性下降，冷脆性增大，可焊性、抗腐蚀性变差
锰(Mn)	提高钢强度和硬度，可使钢脱氧去硫。含量在1%以下；合金钢含量大于1%时即成为合金元素	少量锰可降低脆性，改善塑性、韧性，热加工性和焊接性能，含量较高时，会使钢塑性和韧性下降，脆性增大，焊接性能变坏
磷(P)	是有害元素，降低钢的塑性和韧性，出现冷脆性，能使钢的强度显著提高，同时提高大气腐蚀稳定性，含量应限制在0.05%以下	含量提高，在低温下使钢变脆，在高温下使钢缺乏塑性和韧性，焊接及冷弯性能变坏，其危害与含碳量有关，在低碳钢中影响较少
硫(S)	是极有害元素，使钢热脆性大，含量限制在0.05%以下	含量高时，焊接性能、韧性和抗蚀性将变坏；在高温热加工时，容易产生断裂，形成热脆性
钒、铌(V、N_b)	使钢脱氧除气，显著提高强度。合金钢含量应小于0.5%	少量可提高低温韧性，改善可焊性；含量多时，会降低焊接性能
钛(Ti)	钢的强脱氧剂和除气剂，可显著提高强度，能和碳和氮作用生成碳化钛(TiC)和氮化钛(TiN)。低合金钢含量在0.06%～0.12%	少量可改善塑性、韧性和焊接性能，降低热敏感性

续表

名称	在钢材中的作用	对钢材性能的影响
铜(Cu)	含少量铜对钢不起显著变化可提高抗大气腐蚀性	含量增到0.25%～0.3%时，焊接性能变坏，增到0.4%时，发生热脆现象

钢材化学成分允许偏差　　表 12-10

元　素	规定化学成分范围(%)	允许偏差(%)	
		上偏差	下偏差
C		0.03[①] 0.02[①]	0.02
Mn	≤0.80 >0.80	0.05 0.10	0.03 0.08
Si	≤0.35 >0.35	0.03 0.05	0.03 0.05
S	≤0.050	0.005	
P	≤0.050 规定范围时：0.05～0.15	0.005 0.01	0.01
V	≤0.20	0.02	0.01
Ti	≤0.20	0.02	0.02
Nb	0.015～0.050	0.005	0.005
Cu	≤0.40	0.05	0.05
Pb	0.15～0.35	0.03	0.03

① 0.03适宜于普通碳素结构钢；0.02适用于低合金钢。

12.3 钢材的检验与堆放

钢材的检验与堆放　　表 12-11

项次	项目	操作要点
1	钢材检验	(1)钢材的数量和品种是否与订货单符合 (2)钢材的质量保证书是否与钢材上打印的记号相符合。每批钢材必须具备生产厂提供的材质证明书，写明钢材的炉号、钢号、化学成分和机械性能。对钢材的各项指标可根据国标(GB/T 700—2006)和《低合金高强度结构钢》(GB/T 1591—2008)和本章表12-1～表12-6进行核对 (3)对属于下列情况之一的钢材，应进行抽样复验，其复验结果应符合现行国家产品标准和设计要求 1)国外进口钢材； 2)钢材混批； 3)板厚等于或大于40mm，且设计有Z向性能要求的厚板； 4)建筑结构安全等级为一级，大跨度钢结构中主要受力构件所采用的钢材； 5)设计有复验要求的钢材； 6)对质量有疑义的钢材； 7)钢材复验内容应包括力学性能试验和化学成分分析，其取样、制样及试验方法可按现行国家标准执行 (4)核对钢材的规格尺寸。各类钢材尺寸的允许偏差，可参照有关国标或冶标中的规定进行核对 (5)钢材表面质量检验，当钢材的表面有锈蚀、麻点或划痕等缺陷时，其深度不得大于该钢材厚度负允许偏差值的1/2。钢材端边或断口处不应有分层、夹渣等缺陷 钢材表面的锈蚀等级应符合现行国家标准GB 8923规定的C级及C级以上
2	钢材堆放	(1)钢材堆放要减少钢材的变形和锈蚀，节约用地，也要使钢材提货方便 (2)露天堆放时，堆放场地要平整坚实，并高于周围地面，四周有排水沟，雪后易于清扫。堆放时尽量使钢材截面的背面向上或向外，以免积雪、积水 (3)仓库内堆放时，可直接堆放在地坪上(下垫楞木)，对小钢材亦可堆放在架子上 (4)堆放时每隔5～6层放置楞木或条石，其间距以不引起钢材明显的弯曲变形为宜。楞木上下要对齐，在同一垂直平面内，堆与堆之间应留出通道，以便运输

续表

项次	项目	操作要点
2	钢材堆放	(5)钢材堆放高度一般不应大于其宽度，当采用钢材互相勾连或其他措施保证其稳定性时，堆放高度可达其宽度的两倍。一堆内上、下相邻的钢材须前后错开，以便在其端部固定标牌和编号。标牌应表明钢材的规格、钢号、数量和材质验收证明书号，并在钢材端部根据其钢号涂以不同颜色的油漆，油漆的颜色可按表 11-12 选择。钢材的标牌应定期检查。选用钢材时，要顺序寻找，不准乱翻

钢材钢号和色漆对照　　表 12-12

钢号	Q195	Q215	Q235	Q255	Q275	Q345
油漆颜色	白+黑	黄色	红色	黑色	绿色	白色

12.4　钢结构零件和钢部件加工

12.4.1　放样和号料

钢结构零件放样和号料要求　　表 12-13

项次	项目	加工要点及要求
1	零件放样	(1)放样应根据施工详图和工艺文件进行。放样进程中发现问题应及时反馈给设计师以便及时改进并完善设计；放样后经技术或质检人员认可，并制作样板或样杆 (2)放样工作包括：核对构件各部尺寸及安装尺寸和孔距；以 1：1 的大样放出节点；制作样板和样杆作为切割、弯制、铣、刨、制孔等加工的依据 (3)放样应在专门的钢平台或平板上进行。平台应平整，尺寸应满足工程构件的尺度要求；放样划线应准确清晰 (4)放样常用量具：钢盘尺、钢卷尺、1m 钢板尺、弯尺。常用工具有：地规、划规、座弯尺、手锤、样冲、粉线、划针等 (5)放样时，要先划出构件的中心线，然后再划出零件尺寸，得出实杆；实样完成后，应复查一次主要尺寸，发现差错应及时改正。焊接构件放样重点控制连接焊缝长度和型钢重心。并根据工艺要求预留切割余量、加工余量或焊接收缩余量(表 12-14、表 12-15)。放样时，桁架上下弦应同时起拱，竖腹杆方向尺寸保持不变，吊车梁应按 $L/500$ 起拱(L-吊车梁跨度) (6)随着电子计算机技术的发展，把放样、号料、切割三道工序转变为计算机数据处理、数控号料、切割三道工序的数学放样与数控号料、切割，被逐渐用于空间弯曲、表面平滑的钢构件进行结构排列和结构展开，最后输出数据(到计算机)，进行数控切割；或输入肋骨冷弯机，进行肋骨的加工 (7)放样时，铣、刨的工件要考虑加工余量，所有加工边一般要留加工余量 5mm。一般焊接构件要按工艺要求放出焊接收缩量
2	样板样杆	(1)样板分号料样板和成型样板两类。前者用于划线、下料；后者多用于卡型和检查曲线成型偏差。样板多用 0.3～0.75mm 铁皮或塑料板制作，对一次性样板，可用油毡或黄纸板制作 (2)对又长又大的型钢号料、号孔，批量生产时多用样杆号料，可避免大量麻烦、出错。样杆多用 20mm×0.8mm 扁钢制作，长度较短时，可用木尺杆 (3)样板、样杆上要标明零件号、规格、数量、孔径等，其工作边缘要整齐，其上标记刻制应细小清晰，其几何尺寸允许偏差长度和宽度±0.5mm；矩形对角线之差不大于 1mn；相邻孔眼中心距偏差及孔心位移不大于 0.5mm
3	号料(下料)	(1)号料采用样板、样杆，根据图纸要求在板料或型钢上划出零件形状及切割、铣、刨、弯曲等加工线以及钻孔、打冲孔位置 (2)号料前要根据图纸用料要求和材料尺寸合理配料。尺寸大、数量多的零件，应统筹安排，长短搭配，先大后小，或套材号料，以节约原材料和提高利用率，大型构件的板材宜使用定尺料，使定尺的宽度或长度为零件宽度或长度的倍数 (3)配料时，对焊缝较多、加工量大的构件，应先号料；拼接口应避开安装孔和复杂部位；I 型部件的上下翼板和腹板的焊接口应错开 200mm 以上；同一构件需要拼接料时，必须同时号料，并要标明接料的号码、坡口形式和角度；气割零件和需加工(刨边端铣)零件需预留加工余量、气割余量值见表 12-14 (4)在焊接结构上号孔，应在焊接完毕经整形以后进行，孔眼应距焊缝边缘 50mm 以上 (5)号料公差：长、宽、±1.0mm，两端眼心距±1.0mm；对角线差±1.0mm；相邻眼心距±0.5mm；两排眼心距±0.5mm；冲点与眼心距位移±0.5mm

切割余量（mm） 表 12-14

加工余量	锯切	剪切	手工切割(气割)	半自动切割	精密切割
切割缝		1	4～5	3～4	2～3
刨边	2～3	2～3	3～4	1	1
铣平	3～4	2～3	4～5	2～3	2～3

焊接结构中各种焊缝的预放收缩量 表 12-15

项次	结构种类	特 点	焊缝收缩量(mm)
1	实腹结构	截面高度<1000mm 板厚<25mm	纵长焊缝：每条每米焊缝为 0.1～0.5 接口焊缝：每一个接口为 1.0 加劲板焊缝：每对加劲板为 1.0
		截面高度<1000mm 板厚>25mm 及各种厚度的板材其截面高度>1000mm	纵长焊缝：每条每米焊缝为 0.05～0.20 接口焊缝：每一个接口为 1.0 加劲板焊缝：每对加劲板为 1.0
2	格构式结构	轻型(屋架、架线塔等)	接口焊缝：每一个接口为 1.0 搭接接头：每一条为 0.5
		重型(如组合截面柱子等)	组合截面的托架、柱的加工余量，按本表第 1 项采用 搭接接头焊缝：每一个接头为 0.5
3	圆筒型结构	板厚<16mm	直焊缝：一条焊缝周长为 1.0 环焊缝：一条焊缝长度为 1.0
		板厚>16mm	直焊缝：一条焊缝周长为 2.0 环焊缝：一条焊缝长度为 2.5～3.0

12.4.2 切割和平直矫正

钢结构零件切割和平直矫正要求 表 12-16

项次	项目	加工要点及要求
1	切割（剪切）	(1)在钢材号料之后，一般应接着进行切割工作。有机械切割、氧气切割和等离子切割等方法。各种切割方法分类比较见表 12-17 (2)机械切割，剪切钢板多用龙门剪切机，剪切型钢一般用型钢剪切机，还有砂轮锯、无齿锯等切割方法。氧气切割多用于长方形钢板零件下料较方便，且易保证平整，一般较长的直线或大圆弧的切割，多用半自动或自动氧气切割机进行(图 12-1)，可提高工效和质量。气割主要应用于各种碳素结构钢和低合金结构钢材，对中碳钢采取气割时，应采取预热和缓冷措施，以防切口边缘产生裂纹或淬硬层，但对厚度小于 3mm 的钢板，因其受热后变形较大，不宜使用气割方法；等离子切割不受材质的限制，切割速度高，切口较窄，热影响区小，变形小，切割边质量好，可用于切割用氧乙炔焰和电弧所不能切割或难以切割的钢材 (3)≥8mm 厚板材可采用自动或半自动气割；>12mm 厚板材可采用剪板机剪切；>∠90×10 角钢或其他型材可采用锯床切割；<∠90×10 角钢可采用剪切；吊车梁或 H 型钢的翼缘板应采用精密切割方法切割 (4)碳素结构钢在环境温度低于－20℃时、低合金结构钢在环境温度低于－15℃时，不得剪切和冲孔 (5)气割用氧气纯度应在 99.5%以上，乙炔纯度应在 96.5%以上，丙烷纯度应在 98%以上 (6)切割前应将钢材表面距切割边缘约 50mm 范围内的铁锈、油污等清除干净。对高强度大厚度钢板的切割，在环境温度较低时应进行预热。切割后断口上不得有裂纹，并应清除边缘上的熔瘤和飞溅物等 (7)切割的质量要求：钢材切割面或剪切面应无裂纹、夹渣、分层和大于 1mm 的缺棱。气割和机械剪切的允许偏差应符合表 12-18 的规定
2	平直矫正	(1)钢材在运输、装卸、堆放和切割过程中，有时会产生不同程度的弯曲波浪变形，当变形值超过钢结构工程施工质量验收规范(GB 50205—2001)的允许值时，必须在划线下料之前及切割之后予以平直矫正 (2)常用平直矫正方法有人工矫正、机械矫正、火焰矫正、混合矫正等，其方法和要求参见第 12.7 节。 (3)钢结构平直矫正是指利用钢材的塑性、热胀冷缩特性，通过外力或加热作用，使钢材反变形，以使

续表

项次	项目	加工要点及要求
2	平直矫正	材料或构件达到平直及一定几何形状要求，并符合技术标准的工艺方法 (4)钢材平直矫正的形式有：1)矫直：清除材料或构件的弯曲；2)矫平：消除材料或构件的翘曲或凹凸不平；3)矫形：对构件的一定几何形状进行整形 (5)质量要求： 1)碳素结构钢在环境温度低于－16℃、低合金结构钢在环境温度低于－12℃时，不应进行冷矫正和冷弯曲。碳素结构钢和低合金结构钢在加热矫正时，加热温度不应超过900℃。低合金结构钢在加热矫正后应自然冷却 2)当零件采用热加工成型时，加热温度应控制在900～1000℃；碳素结构钢和低合金结构钢在温度分别下降到700℃和800℃之前，应结束加工；低合金结构钢应自然冷却 3)矫正后的钢材表面，不应有明显的凹面或损伤，划痕深度不得大于0.5mm，且不应大于该钢材厚度负允许偏差的1/2 4)冷矫正和冷弯曲的最小曲率半径和最大弯曲矢高应符合表12-19的规定。钢材矫正后的允许偏差，应符合表12-20的规定

各种切割方法分类比较 **表12-17**

类别	使用设备	特点及适用范围
机械剪切	剪切机 型钢剪切机 联合剪切机	具有剪切速度快、精度高、切口整齐、使用方便效率高等优点；适用于薄钢板、冷弯檩条的切割
	无齿锯	切割速度快，可切割不同形状、不同类别的各类型钢、钢管和钢板，切口不光洁，噪声大，适于锯切精度要求较低的构件或下料留有余量，最后尚需精加工的构件
	砂轮锯	切口光滑、生刺较薄，易清除，噪声大，粉尘多，适于切割薄壁型钢及小型钢管，切割材料的厚度不宜超过4mm
	锯床	切割精度高，适于切割各类型钢及梁、柱等型钢构件
气割	自动切割	切割精度高，速度快，在其数控精度时可省去放样、画线等工序而直接切割，适于钢板切割
	手工切割	设备简单，操作方便，费用低，切口精度较差，能够切割各种厚度的钢材
等离子切割	等离子切割机	切割温度高，冲刷力大，切割边质量好，变形小，可以切割任何高熔点金属，特别是不锈钢、铝、铜及其合金等，切割材料的厚度可至20～30mm

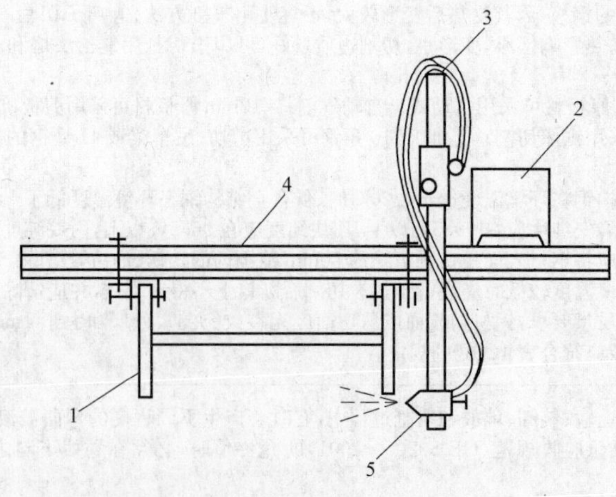

图12-1 H型钢切割机切割示意图

1—型钢；2—控制箱；3—升降标；4—水平导轨；5—水平导轨

机械剪切、气割及钢管切割允许偏差（mm） 表 12-18

项次	项目		允许偏差
1	气割	零件宽度、长度	±3.0
		切割面平面度	0.05t，且不应大于 2.0
		割纹深度	0.3
		局部缺口深度	1.0
2	机械剪切	零件宽度、长度	±3.0
		边缘缺棱	1.0
		型钢端部垂直度	2.0
3	钢管杆件加工	长度	±1.0
		端面对管轴的垂直度	0.005r
		管口曲线	1.0

注：t—切割面厚度；r—钢管半径。

冷矫正和冷弯曲的最小曲率半径和最大弯曲矢高（mm） 表 12-19

钢材名称	示意图	x-x y-y	矫正		弯曲	
			r	f	r	f
钢板扁钢	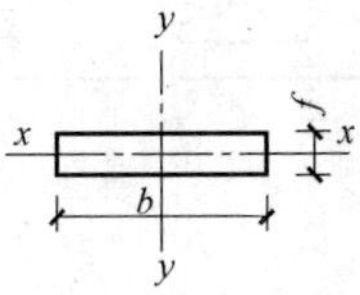	x-x	50t	$\frac{L^2}{400t}$	25t	$\frac{L^2}{200t}$
		y-y （仅对扁钢轴线）	100b	$\frac{L^2}{800b}$	50b	$\frac{L^2}{400b}$
角钢	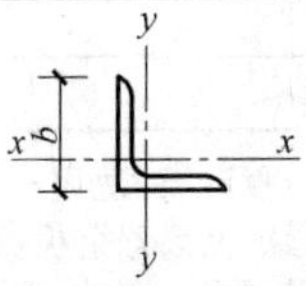	x-x	90b	$\frac{L^2}{720b}$	45b	$\frac{L^2}{360b}$
槽钢	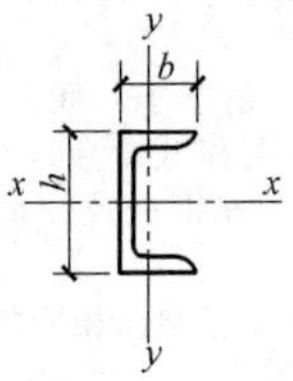	x-x	50h	$\frac{L^2}{400h}$	25h	$\frac{L^2}{200h}$
		y-y	90b	$\frac{L^2}{720b}$	45b	$\frac{L^2}{360b}$
工字钢	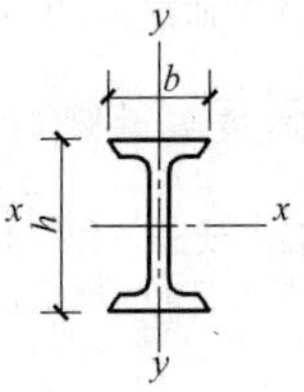	x-x	50h	$\frac{L^2}{400h}$	25h	$\frac{L^2}{200h}$
		y-y	50b	$\frac{L^2}{400b}$	25b	$\frac{L^2}{200b}$

注：r—曲率半径；f—弯曲矢高；L—弯曲弦长；t—钢板厚度。

钢材矫正后的允许偏差（mm） 表 12-20

项目		允许偏差	图例
钢板的局部平面度	$t \leqslant 14$	1.5	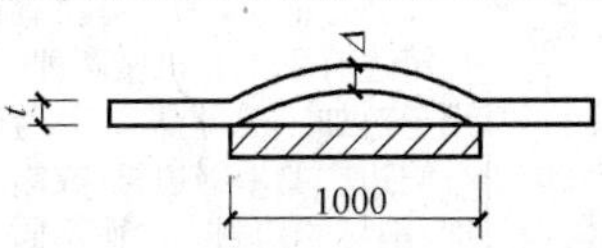
	$t > 14$	1.0	

续表

项　目	允许偏差	图　例
型钢弯曲矢高	l/1000 且不应大于 5.0	
角钢的垂直度	b/1000 双肢栓接角钢的角度不得大于 90°	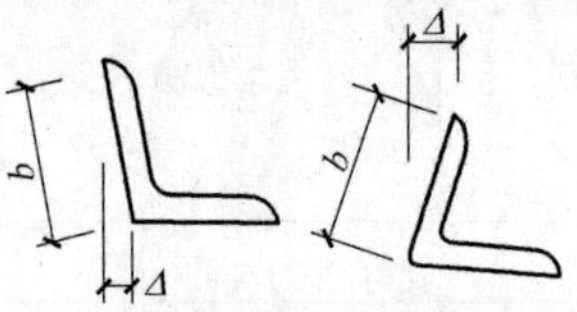
槽钢翼缘对腹板的垂直度	b/80	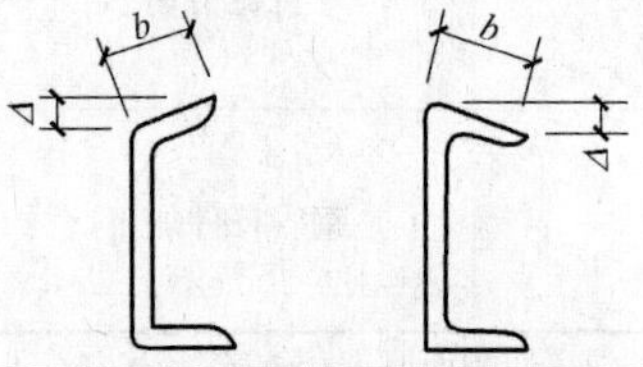
工字钢、H 型钢翼缘对腹板的垂直度	b/100 且不大于 2.0	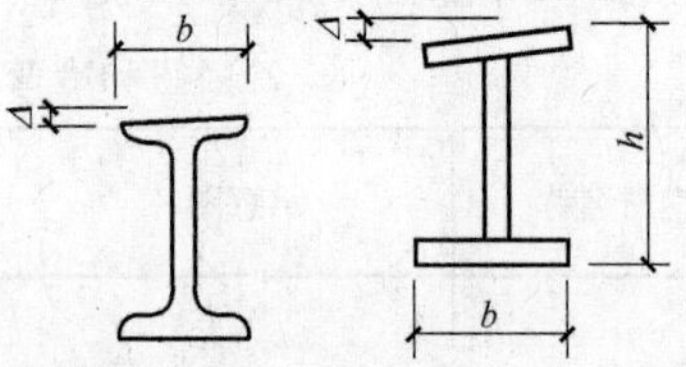

12.4.3　弯曲和边缘加工

钢结构零件弯曲和边缘加工要求　　表 12-21

项次	项目	加工要点及要求
1	弯曲	(1)弯曲按加工方法分为压弯、滚弯和拉弯。压弯是用压力机压弯钢板，适用于一般直角弯曲（V 形件），双直角弯曲（U 形件），以及其他适宜弯曲的构件；滚弯是用滚弯机上滚弯钢板，适用于滚制圆筒形构件及其他弧形构件；拉弯是用转臂拉弯机或转盘拉弯机拉弯钢板，主要用于将长条板材拉制成不同曲率的弧形构件 (2)弯曲按加热程度分为冷弯和热弯。冷弯是在常温下弯制加工，适用于一般薄板、型钢等加工；热弯是将钢材加热至 900～1000℃，在模具上进行弯制加工，碳素结构钢和低合金结构在温度分别下降到 700℃和 800℃之前，应结束加工，低合金结构钢应自然冷却，适用于厚钢板及较复杂形状构件、型钢等加工 (3)各种弯曲工艺方法均应按型材的截面形状、材质、规格及弯曲半径制作相应的胎模，经试弯符合要求方准正式加工 (4)大型设备用模具压弯可一次成型；小型设备压较大圆弧应多次冲压成型，边压边移位，边用样板检查，至符合要求为止 (5)在弯曲理论计算时，要考虑材料的弯曲变形回弹量，要采取相应措施，掌握回弹规律，减少或基本消除回弹或使回弹后恰能达到设计要求 (6)当碳素结构钢在环境温度低于－16℃、低合金钢结构在环境温度低于－12℃时，不应进行冷弯曲和冷矫正。冷矫正和冷弯曲的最小曲率半径和最大弯曲矢高应符合表 12-19 的规定，钢管弯曲成型的允许偏差见表 11-22
2	边缘加工	(1)钢吊车梁翼缘板的边缘、钢柱脚和肩梁承压支承面以及其他要求刨平顶紧的部位；焊接对接口、焊接坡口的边缘，尺寸要求严格的加劲板、隔板、腹板和有孔眼的节点板；以及由于切割下料产生硬化的边缘，或采用气割、等离子切割方法切割下料产生带有害组织的热影响区，一般均需边缘加工进行刨边、刨平或刨坡口 (2)常用边缘加工方法有铲边、刨边、铣边和碳弧气割边四种 铲边有手工和机械两种。手工铲边的工具有手锤和手铲等；机械铲边的工具有风动铲锤和铲头等。适用于对加工质量要求不高且工作量不大的边缘加工。 刨边主要用刨边机（或刨床）进行。刨边的构件加工有直边和斜边两种，刨边加工的余量随钢材的厚度、钢材的切割方法而不同，一般为 2～4mm；

续表

项次	项目	加工要点及要求
2	边缘加工	铣边一般在端面铣床或铣边机上进行。主要是为了保持构件的精度，如吊车梁、桥梁等接头部分、钢柱或塔架等金属支承部位； 碳弧气刨主要工具设备是碳弧气刨枪和直流电焊机(如 A×1－500)。用碳弧气刨挑焊根，比采用风凿生产率高，特别适用于仰位和立位的刨切，噪声比风凿小，并能减轻劳动强度；对翻修有焊接缺陷的焊缝时，容易发现焊缝中各种细小的缺陷 (3)焊接坡口加工形式和尺寸应根据图样和构件的焊接工艺进行。除机械加工方法外，对要求不高的坡口，亦可采用气割或等离子弧切割方法，用自动或半自动气割机切割。对于允许以碳弧气割方法加工焊接坡口或焊缝背面清根时，当能保证气刨槽平直深度均匀，可采用半自动碳弧气割 (4)当用气割方法切割碳素钢和低合金钢焊接坡口时，对屈服强度小于 400N/mm^2 的钢材，应将坡口熔渣氧化层等清除干净，并将影响焊接质量的凹凸不平处打磨平整；对屈服强度大于或等于 400N/mm^2 的钢材，应将坡口表面及热影响区用砂轮打磨，去除净硬层 (5)当用碳弧气割方法加工坡口或清焊根时，刨槽内的氧化层、淬硬层、顶碳或铜迹必须彻底打磨干净 (6)质量要求： 1)气割或机械剪切的零件，需要进行边缘加工时，其刨削量不应小于 2.0mm 2)边缘加工的允许偏差应符合表 12-23；零部件铣削后的允许偏差应符合表 12-24 的规定

钢管弯曲成型的允许偏差 **表 12-22**

项 目	允许偏差(mm)	项 目	允许偏差(mm)
直径(d)	$\pm d/200$，且≤±5.0	管中间圆度	$d/100$，且≤8.0
构件长度(l)	±3.0	弯曲矢高	$l/150$，且≤5.0
管口圆度	$d/200$，且≤5.0		

边缘加工的允许偏差 **表 12-23**

项 目	允许偏差	项 目	允许偏差
零件宽度、长度	±1.0mm	加工面垂直度	0.025t 且不应大于 0.5mm
加工边直线度	$l/3000$，且不应大于 2.0mm	加工面表面粗糙度	R_a≤0.05mm
相邻两边夹角	±6′		

注：l—零件长度；t—零件加工面厚度。

零部件铣削加工后的允许偏差 **表 11-24**

项次	项 目	允许偏差(mm)	项次	项 目	允许偏差(mm)
1	两端铣平时零件长度、宽度	±1.0	3	铣平面的垂直度	$l/1500$
2	铣平面的平面度	0.30			

注：l—零部件长度。

12.4.4 制孔

钢结构构件制孔方法 **表 12-25**

项次	项目	加工要点及要求
1	制孔种类	(1)通常有钻孔和冲孔两种。钻孔能用于几乎任何规格的钢板、型钢的孔加工，一般在钻床上进行，当受条件限制时，可用电钻、风钻和磁座钻(吸铁钻)加工。孔壁损伤小，孔的精度高，是钢结构制造中普遍采用的方法 (2)冲孔在冲孔机(冲床)上进行，一般只能在较薄的钢板和型钢上冲孔，且孔径一般不小于钢材的厚度，可用于不重要的节点板、垫板、加强板、角钢拉撑等小件孔加工，冲孔生产效率高，但由于孔壁周围产生冷作硬化，孔壁质量差，有孔口下塌，孔的下方增大的倾向，所以较少直接采用 (3)其他根据工艺要求，尚有铣孔、铰孔、镗孔和锪孔等方法，对直径较大或长形孔，也可采用气割制孔

续表

项次	项目	加工要点及要求
2	钻孔	(1)钻孔加工方法有划线钻孔、钻模板钻孔、钻模钻孔和多轴与自动数控钻床钻孔等： 1)划线钻孔：系光在构件上划出孔的中心和直径，在孔的圆周上(90°位置)划四只孔眼，作为钻孔后检查用。孔中心冲较大较深的眼，作钻头定心用。为提高工效，可将数块钢板重叠一齐钻孔，但一般重叠板厚不超过50mm，重叠板边必须用夹具夹紧或点焊固定 2)钻模板钻孔：当孔群中孔的数量较多，位置精度要求较高，批量小时采用。做钻模板的钢板多用硬度较高的低合金钢板，如16Mn钢板等 3)钻模钻孔：当批量大，孔距要求较高时采用。钻模有通用型、组合式和专用钻模 4)多轴与自动数控钻床钻孔法：其孔距精度直接由加工设备来保证，所以加工精度高，效率也高，但成本贵 (2)钻孔方法选择应综合考虑其图纸精度要求、结构特点以及加工费用等因素： 1)普通厂房结构和一般对孔距要求不高的构件，采用划线钻孔。该法成本最低，加工方便，但精度较差。是普遍采用的方法 2)对依靠群孔作为定位的构件与当孔距精度要求较高时，建议采用钻模板或钻模钻孔 3)框架结构、高层建筑构件，节点上两个以上方向有高强螺栓连接的构件或设计上有特殊要求的构件，应用钻模板或钻模钻孔。钻模板和钻模钻孔，精度高、速度快，但成本高 (3)构件钻孔前应进行试钻，经检查认可后方可正式钻孔 (4)钻孔前宜进行定位画线和打样冲孔控制点(数控钻床可由数控程序控制直接进行钻孔)，采用成叠钻孔时，应保持零件边缘对齐 (5)钻孔后若需扩孔、镗孔或铰孔、钻孔时宜按表11-26留出合理的切削余量
3	冲孔	(1)冲孔是用冲孔机将板料冲出孔来，效率高，但质量较钻孔差，仅用于非圆孔和薄板制孔 (2)冲孔的直径应大于板厚，否则易损坏冲头。冲孔下模上平面的孔应比上模的冲头直径大0.8～1.5mm (3)构件冲孔时，应装好冲模，检查冲模之间间隙是否均匀一致，并用与构件相同的材料试冲，经检查质量符合要求后，再正式冲孔 (4)大批量冲孔时，应按批抽查孔的尺寸及孔的中心距，以便及时发现问题，及时纠正 (5)当环境温度低于−20℃时，应禁止冲孔 (6)在工字钢和槽钢翼缘上冲孔时，应用斜面冲模，其斜表面应和翼缘的斜面相一致 (7)冲孔上、下模的间隙宜为板厚的10%～15%，冲模硬度一般为HRC40～50 (8)一般情况下在需要所冲的孔上再钻大时，则冲孔宜比指定的直径小3mm
4	扩孔	(1)扩孔系将已有孔眼扩大到需要的直径。主要用于构件的拼装和安装，如叠层连接板孔，常先把零件孔钻成比设计小3mm的孔，待整体组装后再行扩孔，以保证孔眼一致，孔壁光滑，或用于钻直径30mm以上的孔，先钻成小孔，后扩成大孔，以减小钻端阻力，提高工效 (2)扩孔工具用扩孔钻或麻花钻。用麻花钻扩孔时，需将后角修小，使切屑少而易于排除，可提高孔的表面光洁度
5	锪孔	(1)锪孔系将已钻好的孔上表面加工成一定形状的孔，常用的有锥形埋头孔、圆柱形埋头孔等 (2)锥形埋头孔应用专用锥形锪钻制孔，或用麻花钻改制，将顶角磨成所需要的大小角度；圆柱形埋头孔应用柱形锪钻，用其端面刀刃切削，锪钻前端设导柱导向，以保证位置正确
6	质量要求	(1)制成的螺栓孔、应垂直于所在位置的钢材表面，倾斜度应小于1/20，真孔周边应无毛刺、破裂、喇叭口或凹凸的痕迹，切屑应清除干净 (2)制成孔眼的边缘不应有裂纹、飞刺和大于1.0mm的缺棱，由于清除飞刺而产生的缺棱不得大于1.5mm

扩孔、镗孔、铰孔切割余量（mm）　　表12-26

项次	孔直径	扩孔或镗孔	粗铰孔	精铰孔
1	6～10	0.8～1.0	0.10～0.15	0.04
2	10～18	1.0～1.5	0.10～0.15	0.05
3	18～30	1.5～2.0	0.15～0.20	0.05
4	30～50	1.5～2.0	0.20～0.30	0.06

12.5 钢构件组装

钢结构构件的组（拼）装方法要求 **表 12-27**

项次	项目	组(拼)装方法要点
1	组(拼)装的一般规定	(1)组装是将制备完成的零件或半成品，按要求的运输单元通过焊接或螺栓连接等工序，装配成部件或构件 (2)钢结构构件宜在工作平台和组装胎架上组装，常用的方法有地样法、仿形复制装配法、立装、卧装、胎模装配法等，具体见表 12-28 (3)组装应按工艺方法的组装次序进行。当有隐蔽焊缝时，必须预先施焊，经检验合格后方可覆盖。当复杂部位不易施焊时，亦须按工序次序分别先后组装和施焊。严禁不按次序组装和强力组对 (4)为减少大件组装焊接的变形，一般应先采取小件组焊，经矫正后再整体大部件组装。胎具及装出的首件须经过严格检验，方可大批进行组装工作。拼装好的构件应立即用油漆在明显部位编号，写明图号、构件号和件数 (5)组装前，连接表面及焊缝每边 30～50mm 范围内的铁锈、毛刺和油污及潮气等必须清除干净，并露出金属光泽 (6)应根据金属结构的实际情况，选用或制作相应的装配胎具(如组装平台、铁凳、胎架等)和工(夹)具，如简易手动木工杆夹具、螺栓千斤顶、螺栓拉紧器、楔子矫正夹具和丝杆卡具等，应尽量避免在结构上焊接临时固定件、支撑件。工(夹)具及吊耳必须焊接固定在构件上时，材质与焊接材料应与该构件相同；用后需除掉时，不得用锤强力打击，应用气割或机械方法进行。对于残留痕迹，应进行打磨、修整
2	焊接结构组(拼)装	(1)钢板拼接系在装配平台上进行，将钢板零件摆列在平台板上，调整粉线，用撬杠等工具将钢板平面对接缝对齐，用定位焊固定。在对接焊缝的两端设引弧板，尺寸不小于 100mm×100mm。重要构件的钢板需用埋弧自动焊接。焊后进行变形矫正，并需进行无损伤施测 (2)桁架是在装配平台上放实样拼装，应预放焊接收缩量(一般经验，放至规范公差上限值可满足收缩需要，$L\leqslant24$m 时放 5mm，$L>24$m 时放 8mm)。设计有起拱要求的桁架应预放出起拱线，无起拱要求的，也应起拱 10mm 左右，防止下挠。桁架拼装多用仿形装配法，即先在平台上放实样，据此装配出第一单面桁架，并施行定位焊，之后再用它做胎模，在它上面进行复制，装配出第二个单面桁架，在定位焊完了之后，将第二个桁架翻面 180°下胎，再在第二桁架上，以下面角钢为准，装完对称的单面桁架，即完成一个桁架的拼装。同样以第一个单面桁架为底样(样板)，依此方法逐个装配其他桁架 (3)工字形钢板构件(又称 H 型钢)拼装有水平组装和竖向组装两种方法。水平组装胎模如图 12-2(*a*)、(*b*)所示，是利用翼缘板和腹板本身重力，使各零件分别放置在其工作位置上，然后用夹具 5 夹紧一块翼缘板作为定位基准面，从另一方向加一个水平推力，亦可用千斤顶或铁楔等工具横向施加水平推力至翼腹板三板紧密接触，最后用电焊定位点牢。该模具适于大批量 H 型钢组装，且装配质量好，速度快，但占用场地大 竖向组装胎模(图 12-2*c*)是先把下翼缘板放在工字钢横梁上，吊上腹板先进行腹板与下翼缘板组装定位点焊好，吊出胎模备用。在工字钢横梁上再铺好上翼缘板，然后吊上装配好的 T 形结构在胎模上夹紧，用千斤顶顶紧上翼缘与腹板间隙并用电焊定位。该法占场地少，胎模结构简单，组装效率较高，但需二次成型 (4)箱形构件是由上下盖板、隔板和两侧腹板组成。组装胎模如图 12-3 所示。是利用活动腹板定位靠模 2 产生的横推力，来使腹板紧贴接触其内部肋板，利用腹板重力使腹板紧贴下盖板，然后分别用焊接定位 组装顺序宜先组装上盖板与隔板(必要时尚应增加工艺隔板)，定位并焊接后再组装两侧腹板，最后组装下盖板 (5)钢柱组装时，柱底面到牛腿支承面间应预留焊接收缩量 (6)组装的零件、部件应经检查合格，连接面和沿焊缝边缘约 50mm 范围内的铁锈、毛刺、污垢等应清除干净。钢材的拼接应在组装前进行。构件的组装应在部件组装、焊接并矫正后进行
3	铆接结构组(拼)装	(1)铆接结构的各部件在拼装前应清除表面的杂质和毛刺 (2)铆接结构拼装胎应至少把构件下表面架离地面 800mm 以上，以便装卸零件和螺栓 (3)原则上应每隔一个孔眼把紧一个螺栓。螺孔密集时，把紧螺栓的总数不得少于孔眼总数的25%～35%，其间距不大于 300mm (4)构件用螺栓把紧后，应保证板叠之间的间隙小于 0.3mm，磨光顶紧面的间隙亦不得超过 0.3mm (5)当垫板厚度与翼缘厚度的偏差超过 0.5mm 时，应配用适当厚度的垫板，必要时垫板可用较厚的材料刨削加工

续表

项次	项目	组(拼)装方法要点
4	质量要求	(1)对于进行焊接连接的构件,其组装质量应符合表12-29、表12-30规定。低合金钢定位应用定位焊(不得用点焊)。采用定位焊所用的焊接材料的型号应与该构件的相同;定位焊高度,不宜超过设计焊缝高度的2/3且不大于8mm。长度不少于100mm,间距为300～400mm。吊车梁和吊车桁架不应下挠 (2)磨光顶紧接触的部位应有75%的面积紧贴,用0.3mm塞尺检查,其塞入面积之和不得大于总面积的25%,边缘最大间隙不得大于0.8mm (3)用模架或按大样组装的构件,其轴线交点的允许偏差不得大于3.0mm

钢结构构件组装的方法及适用范围　　表12-28

序号	方法名称	方法内容	适用范围
1	地样法	用1∶1的比例在装配平台上放出构件实样,然后根据零件在实样上的位置,分别组装起来成为构件	桁架、构架等小批量结构的组装
2	仿形复制装配法	先用地样法组装成单面(单片)的结构,然后定位点焊牢固,将其翻身,作为复制胎模,在其上面装配另一单面的结构,往返两次组装	横断面互为对称的桁架结构
3	立装	根据构件的特点及其零件的稳定位置,选择自上而下或自下而上地装配	放置平稳,高度不大的结构或者大直径的圆筒
4	卧装	将构件放置于卧的位置进行的装配	断面不大,但长度较大的细长的构件
5	胎模装配法	将构件的零件用胎模定位在其装配位置上的组装方法	制造构件批量大、精度高的产品

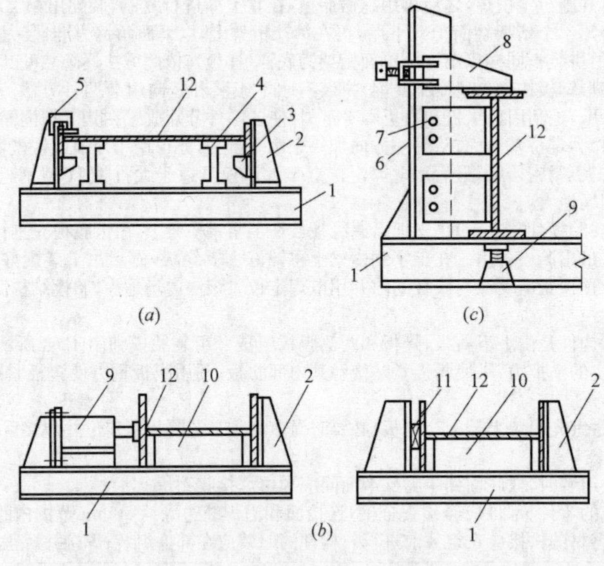

图12-2　H型钢组装胎模

(a)、(b) H型水平组装胎模;(c) H型竖向组装胎模

1—下部工字钢组成的横梁平台;2—侧向翼板定位靠板;3—翼缘板搁置牛腿;4—纵向腹板定位工字梁;5—翼缘板夹紧工具;6—胎模角钢立柱;7—腹板定位靠模;8—上翼缘板定位限位;9—顶紧用的千斤顶;10—支撑板;11—楔子;12—组装H型钢

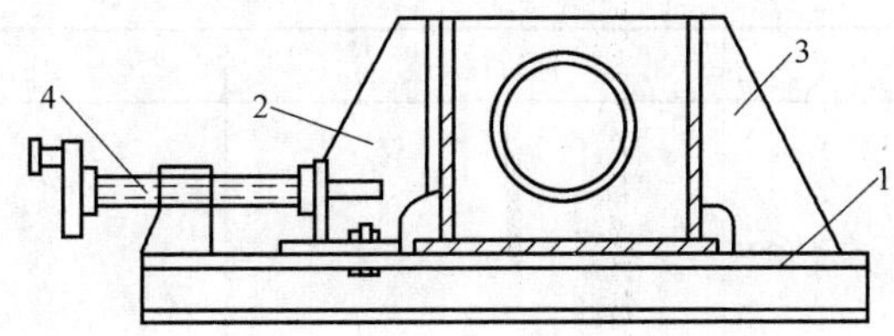

图 12-3 箱形构件组装胎模

1—工字钢平台横梁；2—腹板活动定位靠模；3—腹板固定靠模；4—千斤顶

焊接连接制作组装的允许偏差（mm） **表 12-29**

项次	项目		允许偏差	图例
1	对口错边 Δ		$t/10$ 且不应大于 3.0	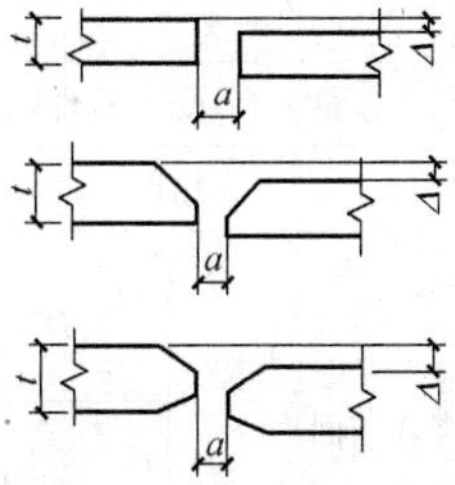
2	间隙 a		±1.0	
3	搭接长度 a		±5.0	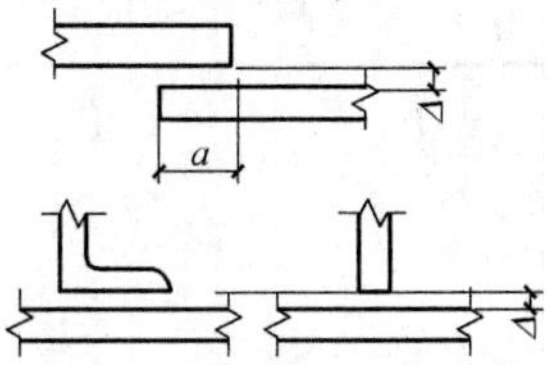
4	缝隙 Δ		1.5	
5	高度 h		±2.0	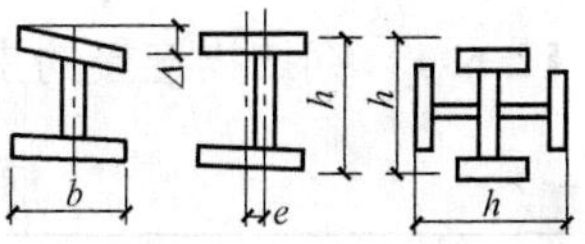
	垂直度 Δ		$b/100$ 且不应大于 3.0	
	中心偏移 e		±2.0	
6	型钢错位	连接处	1.0	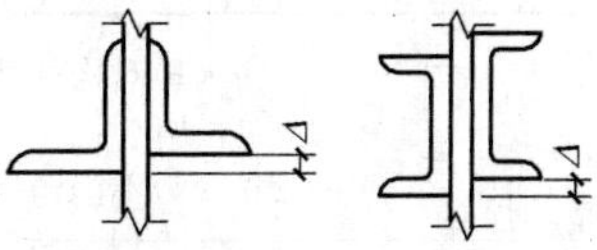
		其他处	2.0	
7	箱形截面高度 h		±2.0	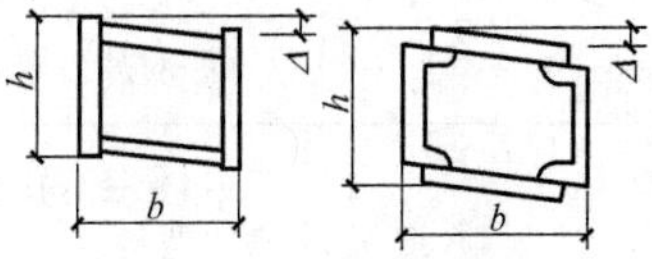
	宽度 b		±2.0	
	垂直度 Δ		$b/200$ 且不应大于 3.0	

焊接 H 型钢的允许偏差（mm） **表 12-30**

项次	项目		允许偏差	图例
1	截面高度 h	$h<500$	±2.0	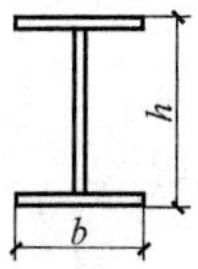
		$500\leqslant h\leqslant 1000$	±3.0	
		$h>1000$	±4.0	
2	截面宽度 b		±3.0	

续表

项次	项目		允许偏差	图例
3	腹板中心偏移		2.0	
4	翼缘板垂直度 Δ		$b/100$,且不应大于 3.0	
5	弯曲矢高(受压构件除外)		$l/1000$,且不应大于 10.0	
6	扭曲		$h/250$,且不应大于 5.0	
7	腹板局部平面度 f	$t<14$	3.0	
		$t\geqslant14$	2.0	

12.6 钢结构连接

12.6.1 钢结构连接的主要方式

钢结构主要连接方式的优缺点和适用范围 **表 12-31**

连接方式		优缺点	适用范围
焊接		(1)对构件几何形体适应性强,构造简单,易于自动化 (2)不消弱构件截面,节约钢材 (3)焊接程序严格,易产生焊接变形、残余应力、微裂纹等焊接缺陷,质检工作量大 (4)对疲劳敏感性强	除少数直接承受动力荷载的结构的连接(如重级工作制吊车梁)与有关构件的连接在目前不宜使用焊接外,其他可广泛用于工业与民用建筑钢结构中
普通紧固件连接	A、B级	(1)栓径与孔径间空隙小,制造与安装较复杂,费工费料 (2)能承受拉力及剪力	用于有较大剪力的安装连接
	C级	(1)栓径与孔径间有较大空隙,结构拆装方便 (2)只能承受拉力 (3)费料	1. 适用于安装连接和需要装拆的结构; 2. 用于承受拉力的连接,如有剪力作用,需另设支托
高强度螺栓连接		(1)连接紧密,受力好,耐疲劳 (2)安装简单迅速,施工方便,可拆换,便于养护与加固 (3)摩擦面处理略微复杂,造价略高	广泛用于工业与民用建筑钢结构中,也可用于直接承受动力荷载的钢结构

12.6.2 钢结构焊接连接

钢结构构件焊接连接施工要点 表 12-32

项次	项目	焊接连接施工要点
1	方法和材料参数选用	(1)应根据钢结构的种类、焊缝质量要求、焊缝形式,位置和厚度等选定焊接方法(表 12-33)和选用焊条、焊丝、焊剂型号(表 12-34、表 12-35、表 12-36)、焊条直径(表 12-37)以及焊接电焊机(表 12-38)和电流(表 12-39) (2)选择的焊条、焊丝型号应与主体金属相适应。当采用两种不同强度钢材的焊接连接时,宜采用与钢材强度相适应的焊接材料
2	焊接工艺操作要求	(1)焊接应在组装质量检查合格后进行。构件焊接应制定焊接工艺规程,并认真实施 (2)焊接设备应具有参数稳定、调节灵活、满足焊接工艺要求和安全。可靠的性能。焊工应经过考试并取得合格证后,方可从事钢结构焊接 (3)首次使用的钢材、焊接材料、焊接方法、焊后热处理等,应进行焊接工艺评定,并应根据评定报告确定焊接工艺。在高层和超高层钢结构工程中,还需对重要节点(柱—柱节点、梁—梁节点等)的焊接质量做工艺报告和评定 (4)焊接时应制定合理的焊接顺序,采取可靠的防止和减少焊接应力与变形措施(表 12-40、表 12-41) (5)焊接前需将焊口两侧的油污、锈蚀、泥土、潮湿水气等清除干净,使表面露出金属光泽 (6)焊前需将焊条、焊剂烘干,烘干要求见表 12-42;自动焊焊丝应清理油、锈,保持干燥 (7)当普通碳素钢厚度大于 34mm 和低合金结构钢厚度大于或等于 30mm,工作地点温度不低于 0℃时,应进行预热,其预热温度及层间温度宜控制在 100～150℃,预热区应在坡口两侧各 80～100mm 范围内。工作地点温度低于 0℃时,低合金结构钢厚度,$t=10\sim14$mm;在－10℃以下,$t=16\sim24$mm;在－5℃以下,$t=25\sim28$mm;在 0℃以下均需预热 100～150℃ (8)碱性焊条应使用直流焊机反接(焊条接正极)施焊 (9)多层焊接中各遍焊缝应连续完成,每层焊缝应为 4～6mm,其中每一层焊道焊完后应及时清理,发现有影响焊接质量的缺陷,必须清除后再焊 (10)对重要构件如 H 型钢吊车梁截面的 T 形焊缝及上下翼板、腹板的焊接焊缝宜采用埋弧自动焊;四条 T 形纵缝宜采用船位焊接,在可翻转的胎具上进行(图 12-8) (11)要求焊成凹面的贴角焊缝,如吊车梁加劲板与腹板的连接焊缝,必须采取措施使焊缝金属与母材呈凹型平缓过渡,不应有咬肉、弧坑 (12)焊接时严禁在焊缝区以外的母材上打火引弧,在坡口内起弧的局部面积应熔焊一次,不得留下弧坑。对接和 T 形接头的焊缝应在焊件的两端配置引入和引出板,其宽度不小于 80mm,长度不小于 100mm,其材质和坡口形式应与焊件相同。焊接完毕用气割切除,并修磨平整,不得用锤击落。对接和 T 形焊缝的反平面均应用碳弧刨清根后再焊。对接焊口焊完后要磨平,要求其余高小于 1mm;T 形焊缝要求焊透 (13)当采用手工焊接时,风速大于 10m/s;气体保护焊风速大于 3m/s 时;或相对湿度大于 90%时;雨雪天气;或焊接环境温度低于－10℃时,必须采取有效措施确保焊接质量,否则不得施焊
3	焊缝质量检验	(1)设计要求全焊透的一、二级焊缝应采用超声波探伤进行内部缺陷的检查,超声波探伤不能对缺陷做出判断时,应采用射线探伤,其内部缺陷分级及探伤方法应符合现行国家标准《钢焊缝手工超声波探伤方法和探伤结果分级》(GB 11345)或《钢熔化焊对接接头射线照相和质量分级》(GB 3433)的规定 一、二级焊缝的质量等级及缺陷分级应符合表 12-43 的规定 (2)T 形接头、十字接头、角接接头等要求熔透的对接和角对接组合焊缝,其焊脚尺寸不应小于 $t/4$(图 12-9*a*、*b*、*c*);设计有疲劳验算要求的吊车梁或类似构件的腹板与上翼缘连接焊缝的焊脚尺寸为 $t/2$(图 12-9*d*),且不应大于 10mm,焊脚尺寸的允许偏差为 0～4mm (3)焊缝表面不得有裂纹、焊瘤等缺陷。一级、二级焊缝不得有表面气孔、夹渣、弧坑、裂纹、电弧擦伤等缺陷。且一级焊缝不得有咬边、未焊满、根部收缩等缺陷。检查方法采用肉眼观察或使用放大镜、焊缝量规和钢尺检查,当存在疑义时,采用渗透或磁粉检查 (4)焊缝外观质量标准应符合表 12-44 的规定。三级对接焊缝应按二级焊缝标准进行外观质量检验。焊缝尺寸允许偏差应符合表 12-45、表 12-46 的规定 (5)焊成凹形的角焊缝,焊缝金属与母材间应平缓过渡;加工成凹形的角焊缝,不得在其表面留下切痕 (6)焊缝质量检验,碳素结构钢应在焊缝冷却到环境温度、低合金结构钢应在完成焊接 24h 以后,进行焊缝探伤检验

续表

项次	项目	焊接连接施工要点
4	焊缝质量问题处理	(1)经检查不合格的焊缝应进行返修。返修时,对于表面缺陷可进行修磨或补焊,修磨处母材的厚度不得小于设计厚度。对内部缺陷,返修部位的挖补长度不得小于50mm,两端必须均匀过渡,其坡度应在1/4以下,控制挖槽宜为U形;相邻两返修部位的挖补部位的挖补端部间距应大于100mm,否则应通长补挖。缺陷的挖除深度应在板厚的2/3以内,如果超过该深度,应在该状态下进行补焊,然后再在板的另一侧再将缺陷挖除,并进行焊补 (2)缺陷的消除,可采用砂轮磨削或碳弧气刨。低合金钢在同一处的返修不得超过两次

常用焊接方法、焊接原理、焊接设备、使用特点及选用　　表12-33

	类别	焊接原理、焊接设备、使用特点及适用范围
1	药皮焊条手工电弧焊	(1)在涂有药皮的金属电极(焊条)与焊件之间施加一定电压时,由于电极的强烈放电而使气体电离产生焊接电弧。电弧高温足以使焊条和工件局部熔化,形成气体、熔渣、熔池。熔渣在与熔池金属起冶金反应后凝固成为焊渣,熔池凝固后成为焊缝,固态焊渣则覆盖于焊缝金属表面 (2)按电源类型不同,设备有交流电焊机、直流电焊机及交直流两用电焊机。常见的交流电弧焊机又可分为动铁式(BX1系列)、动圈式(BX3系列)和抽头式(BX6系列) (3)设备简单,操作灵活、方便,可在室内、室外进行各种位置的焊接,不减弱构件截面,保证质量,为工地广泛使用焊接方法
2	埋弧焊	(1)埋弧焊与药皮焊条电弧焊一样,都是利用电弧热作为熔化金属的电源。当焊丝与焊件之间施加电压并互相接触引燃电弧后,电弧热将焊丝端部及电弧区周围的焊剂及母材熔化,形成金属熔滴、熔池及熔渣。金属熔池受到浮于表面的熔渣和焊剂蒸汽的保护面不与空气接触,避免了有害气体的侵入。熔池冷却凝固后形成焊缝,熔渣冷却后形成渣壳 (2)埋弧焊设备可分为半自动埋弧焊和自动埋弧焊两种。自动埋弧焊机按特定用途可分为角焊机和对角焊通用焊机;按使用功能可分为单丝和多丝,按机头行走方式可分为独立小车式、门架式或悬臂式 (3)是在焊剂下熔化金属的,焊接热量集中,熔深大,效率高,质量好,没有飞溅现象,热影响区小,焊缝成形均匀美观,操作技术要求低,劳动条件好。一般适用于钢结构加工制造厂中,对大型构件制作中应用最广为高效焊接方法,且特别适用于梁、柱、板等的大批量拼装、制作焊缝
3	CO_2气体保护焊	(1)用喷枪喷出CO_2作为电弧焊的保护介质,使熔化金属与空气隔绝,以保持焊接过程的稳定。由于焊接时没有焊药产生的熔渣,故便于观察焊缝的成型过程 (2)CO_2气体保护焊机设备由焊接电源、送丝机两大部分和气瓶、流量计、预热器、焊枪及电缆等附件组成。国产常用的型号有NBC-315、NBC-500、NBC-500R、NBC-600R、NB-500、NB-630、NZ-630自动焊机,YM-600RHI平自动焊机等 (3)是用CO_2气体代替焊药保护电弧的光面焊丝焊接,可全位置焊接,质量较好,熔速快,效率高,焊后不用清除焊渣,但焊时应避风。主要用于焊接低碳钢及低合金钢等黑色金属,也可用于焊缝性能要求不高不锈钢焊件,此外,还可用于耐磨零件的堆焊、铸钢件的焊补以及电铆焊等方面
4	电渣焊	(1)利用电流通过熔渣所产生的电阻热作为热源,将填充金属和母材熔化,凝固后形成金属原子间牢固连接 (2)国内目前一般采用通用型埋弧自动焊机稍加改装后使用 (3)是用于立焊位置的焊接方法,用于大厚度钢板、大直径圆钢和铸钢等的焊接,尤其是高层建筑箱形梁、柱隔构与腹板全焊透连接的焊接
5	栓钉焊	(1)是在栓钉与母材之间通以电流,局部加热熔化栓钉端头和局部母材,并同时施加压力挤出液态金属,使栓钉整个截面与母材形成牢固结合的焊接方法 (2)国产有RZN系列电弧焊机和JLR系列、RSR系列储能焊机等 (3)栓钉焊一般可分为电弧栓钉焊和储能栓钉焊,目前,主要用栓钉与钢构件的连接

低碳钢和普通低合金钢焊条类型、型号的选择　　表12-34

项次	使用要求	焊条类型、型号的选择
1	要求焊缝金属应与母材的机械强度和化学成分相接近	一般低碳钢和普通低合金钢应采用钛钙型焊条,如E4303、E5003、E5503

续表

项次	使用要求	焊条类型、型号的选择
2	要求塑性、韧性、抗裂性较高的重要结构	低碳钢和普通低合金钢采用低氢型焊条，如 E4315、E4316、E5015、E5016，并用直流电焊机施焊
3	焊缝表面要求光滑、美观和薄板结构	最好用钛型或钛钙型焊条，如 E4312、E4313
4	对施工时无法清除油污、铁锈等脏物，并要求熔深较大的结构	最好用氧化铁型焊条，如 E4320、E4322，也可用 E4303
5	遇有两种不同等级强度的钢材焊接，并为受力连接结构	一般选用适应两种钢材中强度较高的焊条
6	焊接较重要的低碳钢结构	宜用 E4301、E5001、E4303、E5003、E4323、E4327、E5027 焊条
7	焊接重要的低碳钢结构	宜用 E4320 焊条
8	焊接重要的低碳钢结构及焊接与焊条强度相当的低合金钢结构	宜用 E4314、E5017、E4316、E5016、E5018、E5048、E4328、E5028 焊条
9	焊接一般的低碳钢结构，如管道的焊接或打底焊接	宜用 E4310 焊条
10	焊接一般的低碳钢结构、薄板结构或盖面焊	宜用 E4312、E4313、E5014、E4324、E5024、E4322 焊条

常用结构钢材手工电弧焊焊条选配　　表 12-35

<table>
<tr><th colspan="7">钢　材</th><th colspan="5">手工电弧焊焊条</th></tr>
<tr><th rowspan="2">牌号</th><th rowspan="2">等级</th><th rowspan="2">抗拉强度 σ_b (MPa)</th><th colspan="2">屈服强度 σ_s (MPa)</th><th colspan="2">冲击功</th><th rowspan="2">型号</th><th colspan="4">熔敷金属性能</th></tr>
<tr><th>$\delta \leqslant 16$ (mm)</th><th>$\delta > 50 \sim 100$ (mm)</th><th>T (℃)</th><th>Akv (J)</th><th>抗拉强度 σ_b (MPa)</th><th>屈服强度 σ_s (MPa)</th><th>延伸率 δ_s (%)</th><th>冲击功≥275J 时试验温度 (℃)</th></tr>
<tr><td rowspan="5">Q235</td><td>A</td><td rowspan="5">375～460</td><td rowspan="5">235</td><td rowspan="5">205</td><td>—</td><td>—</td><td>E4303①</td><td rowspan="5">420</td><td rowspan="5">330</td><td rowspan="5">22</td><td>0</td></tr>
<tr><td>B</td><td>20</td><td>27</td><td rowspan="4">E4303①、E4328、E4315、E4316</td><td>0</td></tr>
<tr><td>C</td><td>0</td><td>27</td><td>−20</td></tr>
<tr><td rowspan="2">D</td><td rowspan="2">−20</td><td rowspan="2">27</td><td>−30</td></tr>
<tr><td>−20</td></tr>
<tr><td rowspan="3">Q295</td><td>A</td><td rowspan="3">390～570</td><td rowspan="3">295</td><td rowspan="3">235</td><td>—</td><td>—</td><td>E4303①</td><td rowspan="3">420</td><td rowspan="3">330</td><td rowspan="3">22</td><td>0</td></tr>
<tr><td rowspan="2">B</td><td rowspan="2">20</td><td rowspan="2">31</td><td rowspan="2">E4315、E4316、E4328</td><td>−30</td></tr>
<tr><td>−20</td></tr>
<tr><td rowspan="5">Q345</td><td>A</td><td rowspan="2">470～630</td><td rowspan="2">345</td><td rowspan="2">275</td><td rowspan="2">20</td><td rowspan="2">34</td><td>E5003①</td><td rowspan="5">490</td><td rowspan="5">390</td><td>20</td><td>0</td></tr>
<tr><td>B</td><td>E5003①、E5015、E5016、E5018</td><td rowspan="4">22</td><td rowspan="3">−30</td></tr>
<tr><td>C</td><td rowspan="3"></td><td rowspan="3"></td><td rowspan="3"></td><td>0</td><td>34</td><td rowspan="2">E5015、E5016、E5018</td></tr>
<tr><td>D</td><td>−20</td><td>34</td></tr>
<tr><td>E</td><td>−40</td><td>27</td><td>②</td><td>②</td></tr>
</table>

续表

钢材							手工电弧焊焊条				
			屈服强度 σ_s(MPa)		冲击功			熔敷金属性能			
牌号	等级	抗拉强度 σ_b (MPa)	$\delta\leqslant16$ (mm)	$\delta>50\sim100$ (mm)	T (℃)	Akv (J)	型号	抗拉强度 σ_b (MPa)	屈服强度 σ_s (MPa)	延伸率 δ_s(%)	冲击功≥27J时试验温度(℃)
Q390	A	490～650	390	330	—	—	E5015、E5016、E5515-D3、—G E5516-D3、—G	490	390	22	−30
	B				20	34		540	440	17	
	C				0	34					
	D				−20	34					
	E				−40	27	②				②
Q420	A	520～680	420	360	—	—	E5515-D3、—G、E5516-D3、—G	540	440	17	−30
	B				20	34					
	C				0	34					
	D				−20	34					
	E				−40	27	②				②
Q460	C	550～720	460	400	0	34	E6015-D1、—G、E5016-D1、—G	590	490	15	−30
	D				−20	34					
	E				−40	27	②				②

注：①用于一般结构；②由供需双方协议。

常用结构钢埋弧焊焊接焊剂、焊丝选配　　表 12-36

钢材		焊剂型号、焊丝牌号
牌号	等级	
Q235	A、B、C	F4A0-H08A
	D	F4A2-H08A
Q295	A	F5004-H08A①、F5004-H08MnA②
	B	F5014-H08A①、F5014-H08MnA②
Q345	A	F5004-H08A①、F5004-H08MnA②、F5004-H10Mn2②
	B	F5014-H08A①、F5014-H08MnA②、F5014-H10Mn2② F5011-H08A①、F5011-H08MnA②、F5011-H10Mn2②
	C	F5024-H08A①、F5024-H08MnA②、F5024-H10Mn2② F5021-H08A①、F5021-H08MnA②、F5021-H10Mn2②
	D	F5034-H08A①、F5034-H08MnA②、F5034-H10Mn2② F5031-H08A①、F5031-H08MnA②、F5031-H10Mn2②
	E	F5041-③
Q390	A、B	F5011-H08MnA①、F5011-H10Mn2②、F5011-H08MnMoA②
	C	F5021-H08MnA①、F5021-H10Mn2②、F5021-H08MnMoA②
	D	F5031-H08MnA①、F5031-H10Mn2②、F5031-H08MnMoA②
	E	F5041-③
Q420	A、B	F6011-H10Mn2②、F6011-H08MnMoA②
	C	F6021-H10Mn2②、F6021-H08MnMoA②
	D	F6031-H10Mn2②、F6031-H08MnMoA②
	E	F6041-③

续表

钢材		焊剂型号、焊丝牌号
牌号	等级	
Q460	C	F6021-H08MnMoA②
	D	F6031-H08Mn2MoVA②
	E	F6041-③

注：①薄板I形坡口对接；②中、厚板坡口对接；③供需双方协议。

按焊件厚度确定焊条直径 **表 12-37**

焊件厚度(mm)	2.0	3.0	4.0～5.0	6.0～12.0	≥13.0
焊条直径(mm)	2.0	3.2	3.2～4.0	4.0～5.0	4.0～6.0

注：在本表基础上，可根据以下情况适当调整：搭接焊缝和T字接头焊缝用较大直径的焊条；平焊的焊条直径可增大，但不得超过6.0mm；立焊时焊条直径不大于5.0mm；仰焊和横焊时最大直径为4.0mm，多层焊时，第一层焊缝的焊条直径为3.2～4.0mm。

焊剂、电焊机的选择 **表 12-38**

焊剂型号	使用电焊机	适 用 范 围
焊剂 130	交直流	用于低碳钢、普通低碳钢焊接
焊剂 140	直流	用于电渣焊焊接低碳和普通低碳钢结构，可改善焊缝机械性能
焊剂 230	交直流	焊接低碳钢(用焊丝 H08MnA)和普通低碳钢(用焊丝 H10Mn2)
焊剂 253	直流	焊接低合金钢薄板结构
焊剂 330	交直流	焊接重要的低碳钢和普通低碳钢，如锅炉、压力容器等
焊剂 360	交直流	用于电渣焊焊接大型低碳钢结构和低合金钢结构
焊剂 430	交直流	焊接重要的低碳钢结构和低合金钢结构
焊剂 431	交直流	焊接重要的低碳钢结构和低合金钢结构
焊剂 432	交直流	焊接重要的低碳钢和低合金钢薄板结构
焊剂 433	交直流	焊接低碳钢结构，适用于管道、容器的环缝、纵缝快速焊接

焊接电流的选择 **表 12-39**

项次	焊接类别	焊条、焊丝直径(mm)	焊接电流(A)	项次	焊接类别	焊条、焊丝直径(mm)	焊接电流(A)
1	手工焊接	2.5 3.2 4.0～6.0	$(20\sim30)d$ $(30\sim40)d$ $(40\sim55)d$	2	埋弧自动焊	3.0 4.0 5.0	350～600 500～800 700～1000

注：1. 本表为平焊，当为立焊、仰焊时，电流比平焊减少10%～15%。
2. d 为焊条直径（mm）。

影响焊接变形的因素 **表 12-40**

项次	项目	影响焊接变形的因素
1	材料	各种牌号钢材的线膨胀系数 a 不同，如一般碳钢、16锰钢和不锈钢的 a 分别为0.000011、0.000012和0.000015，a 越大焊接变形越大
2	结构刚度	(1)构件的纵向变形，如工字形截面和桁架的纵向变形，主要取决于横截面积和腹杆截面的尺寸 (2)构件的弯曲变形，如工字形、T字形或其他形状截面的弯曲变形，主要取决于截面的抗弯刚度
3	装配质量	(1)装配得不直，或强制装配易引起焊后变形 (2)对接焊缝高、缝大，收缩变形也大 (3)装配点焊少，易引起变形，薄板易引起波浪变形
4	位置和数量	(1)焊缝通过截面重心，主要产生纵向变形 (2)总焊缝量不等，或焊缝不通过重心，主要产生弯曲变形

续表

项次	项目	影响焊接变形的因素
5	焊接工艺和焊接次序	(1)焊接电流大、焊条直径粗、焊接速度慢，焊接变形也大 (2)自动焊的变形较小，但焊接厚钢板时比手工焊的焊接变形稍大 (3)气焊的焊接变形比电弧焊的大 (4)多层焊时，第一层焊缝收缩量最大，第二、三层焊缝的收缩量则分别为第一层的 20%和 5%～10%，层数越多，焊缝变形也越大 (5)断续焊缝比连续焊缝的收缩量小 (6)对接焊缝的横向收缩比纵向收缩大 2～4 倍 (7)焊缝次序不当，或未先焊好分部构件然后总拼焊接，都易产生较大的焊接变形

预防焊接变形措施方法　　表 12-41

项次	项目	削减温度应力预防焊接变形措施方法
1	设计和构造	(1)在保证结构安全的前提下，不使焊缝尺寸过大 (2)对接焊缝避免过高、过大 (3)对称设置焊缝，减少交叉焊缝和密集焊缝 (4)受力不大或不受力结构中，可考虑用间断焊缝 (5)尽量使焊缝通过截面重心，两侧焊缝量相等
2	下料和组装	(1)严格控制下料尺寸 (2)放足电焊后的收缩余量 (3)梁、桁架等受弯构件放样下料时，考虑起拱 (4)组装尺寸做到准确、正直、避免强制装配、采用简单装配胎具和夹具 (5)小型结构宜一次装配，用定位焊固定后，用合适的焊接顺序一次完成 (6)大型结构如大型桁架和吊车梁等，尽可能先用小件组焊之后，再行总组装配焊接
3	焊接顺序	(1)选择合理的焊接次序，以减小变形，如桁架先焊下弦、后焊上弦，先由跨中向两侧对称施焊，后焊两端 (2)钢柱中 H 型钢部件要求焊后成一直线，其焊接顺序应交错进行(图 12-4*a*)，实腹吊车梁的工型部件要求焊后向上起拱，则应先焊下翼缘立缝(图 12-4*b*) (3)几种焊缝施焊时，先焊收缩变形较大的横缝(图 12-4*c*)，而后焊纵向焊缝或者先后对接缝，而后再焊角焊缝(图 12-4*d*) (4)当多名焊工同时焊接圆形工件时，应采用对称位置同方向施焊法 (5)对接接头、T 形接头和十字接头，在工件放置条件允许或易于翻车的情况下，宜双面对称焊接；有对称截面的构件，宜对称于构件中和轴焊接；有对称接杆件的节点，宜对称于节点轴线同时对称焊接 (6)非对称双面坡口焊缝，宜先焊深坡口侧部分焊缝，然后焊满浅坡口侧，最后完成深坡口侧焊缝，特厚板宜增加轮流对称焊接的循环次数 (7)对长焊缝宜采用分段退焊法或多人对称焊接法(图 12-5) (8)宜采用跳焊法，避免工件局部热量集中 (9)构件装配焊接时，应先焊收缩量较大的接头，后焊收缩量较小的接头，接头应在小的拘束状态下焊接 (10)对于焊缝分布相对于构件的中性轴明显不对称的异形截面的构件，在满足设计要求的条件下，可采用调整填充焊缝面积的方法或补偿加热的方法，以降低构件的变形
4	焊接规范和操作方法	(1)选用恰当的焊接工艺系数，尽量采用焊接工艺系数小的方法施焊 (2)先焊焊接变形较大的焊缝，遇有交叉焊缝时，设法消除，起弧点缺陷 (3)手工焊接长焊缝时，宜用反向逆焊法(即对称分段退步焊接法)(图 12-5)或分层反向逆焊法，(分层分段退步焊接法)减少分层次数，采用断续施焊 (4)尽量采用对称施焊，对大型结构更宜多焊工同时对称施焊，自动焊可不分段焊成，并采取焊缝缓冷措施 (5)对主要受力节点，采取分层、分段轮流施焊，焊第一遍适当加大电流，减慢焊速，焊第二遍，不应过热，以减小变形 (6)构件经常翻动，使焊接弯曲变形相互抵消 (7)对焊缝不多的节点，采取一次施焊完毕 (8)防止随意加大焊肉，引起过大过量变形和焊接应力集中

续表

项次	项目	削减温度应力预防焊接变形措施方法
5	反弯和刚性固定措施	(1)对角变形可用反弯法,如杆件对接焊时,将焊缝处垫高 1°5′～2°5′以抵消角变形 (2)焊接时在台座上或在重叠的构件上设置夹具、固定卡具或辅助定位板,强制焊缝不使其变形。此法宜用于低碳钢焊接,不宜用于中碳钢和可焊性更差的钢材,以免焊接应力集中,使焊件产生裂纹 (3)钢板 V 形坡口对接,焊前将对接口适量垫高使焊后基本变平(图12-6)。H 型钢翼缘板在焊接角缝前,预压反变形,以减少焊接反变形值(图 12-7) (4)大型梁高度在 3.0m 以上时,焊接翻转易变形和扭转,使用特制的方圆形吊车梁船位焊接的翻转吊运胎具,较为方便,可防止变形(图 12-8)

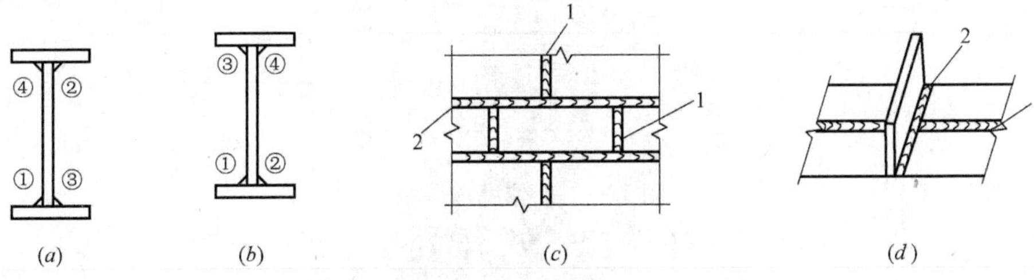

图 12-4 H 型钢、壁(底)板及 T 型构件焊接顺序

(*a*) H 型钢交叉焊接;(*b*) H 型钢起拱焊接;(*c*) 壁(底)板纵横缝焊接;(*d*) T 型构件焊缝焊接

1—先焊焊缝;2—后焊焊缝

①、②、③、④—焊接顺序

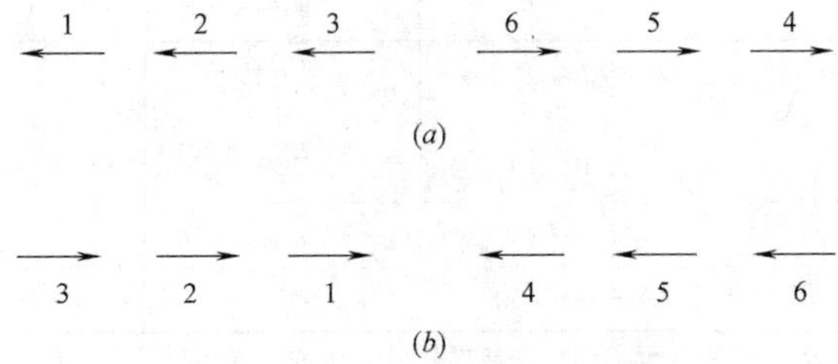

图 12-5 对称分段退步焊接法

(*a*) 由两头向中间退焊;(*b*) 由中间向两头退焊

1、2、3、4、5、6—焊接顺序

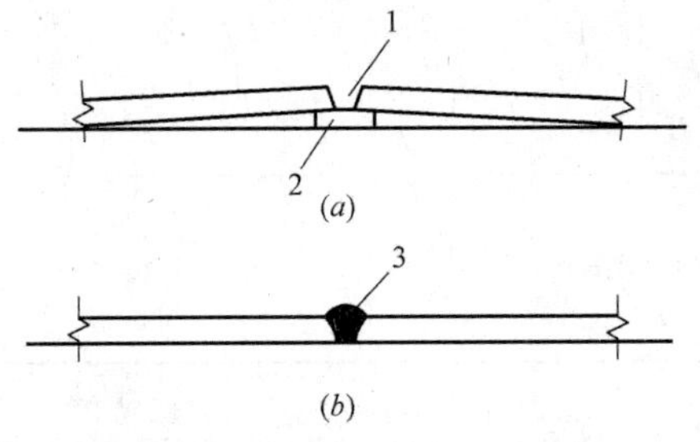

图 12-6 钢板 V 形坡口对接预变形

(*a*) 焊前预变形;(*b*) 焊后变平直

1—V 形坡口;2—垫板;3—V 形坡口焊缝

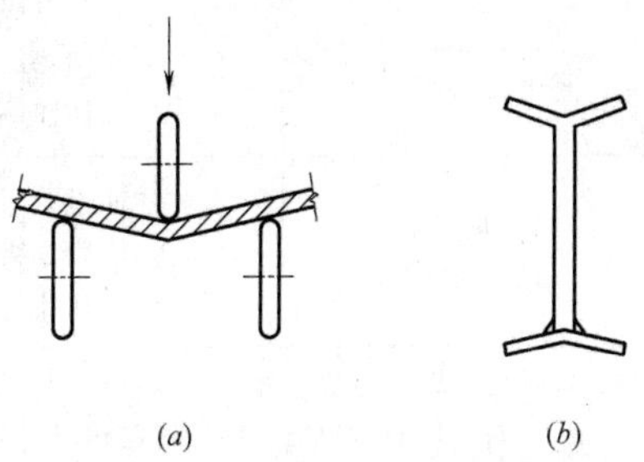

图 12-7 H 型钢翼缘板反变形

(*a*) 机械滚压反变形;(*b*) H 型钢焊接前形状

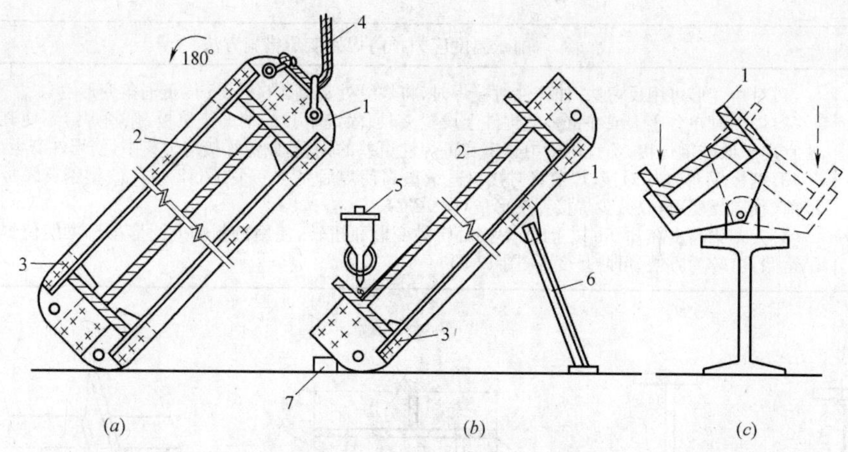

图 12-8　船位翻转焊胎

(a) 吊车梁、大梁的翻转；(b) 船位自动焊接；(c) 小型翻转焊胎

1—翻转胎；2—吊车梁或大梁；3—螺栓；4—吊索；

5—自动焊机；6—支撑；7—固定挡块

焊条、焊剂烘焙要求　　**表 12-42**

焊条、焊剂类型	烘焙			在烘箱或烤箱中贮存	
	母材强度等级 σ_s(MPa)	烘干温度(℃)	烘干时间(h)	保温温度(℃)	保温时间(d)
碱性焊条	＞600 410～540 ≤410	450～470 420～402 350～400	2 2 2	100～150	≤30
酸性焊条	≤410	150～250	1～2	50	≤30
熔焊焊剂		300～450	2	80～100	≤30

注：1. 在使用中焊条的具体烘焙条件可参照焊条制造厂的要求或技术条件执行。
2. 酸性焊条如包装好，未受潮，贮存时间短者，可不经烘焙；碱性焊条应贮存在低温烘箱中，随用随取，如露天操作过夜者，应按上述规定重新烘焙。

一、二级焊缝质量等级及缺陷分级　　**表 12-43**

焊缝质量等级		一　级	二　级
内部缺陷超声波探伤	评定等级 检验等级 探伤比例	Ⅱ B级 100%	Ⅲ B级 20%
内部缺陷射线探伤	评定等级 检验等级 探伤比例	Ⅱ AB级 100%	Ⅲ AB级 20%

注：探伤比例计数方法应按以下原则确定：
(1) 对工厂制作焊缝，应按每条焊缝计算百分比，且探伤长度应不小于 200mm，当焊缝长度不足 200mm 时，应对整条焊缝进行探伤。
(2) 对现场安装焊缝，应按同一类型、同一施焊条件的焊缝系数计算百分比，探伤长度应不小于 200mm，并应不少于 1 条焊缝。

焊缝外观质量要求 **表 12-44**

检验项目＼焊缝质量等级	一级	二级	三级
裂纹	不允许		
未焊满	不允许	≤0.2mm+0.02t且≤1mm，每100mm长度焊缝内未焊满累积长度≤25mm	≤0.2mm+0.04t且≤2mm，每100mm长度焊缝内未焊满累积长度≤25mm
根部收缩	不允许	≤0.2mm+0.02t且≤1mm，长度不限	≤0.2mm+0.4t且≤2mm，长度不限
咬边	不允许	深度≤0.05t且≤0.5mm，连续长度≤100mm，且焊缝两侧咬边总长≤10%焊缝全长	深度≤0.1t且≤1mm，长度不限
电弧擦伤	不允许		允许存在个别电弧擦伤
接头不良	不允许	缺口深度≤0.05t且≤0.5mm，每1000mm长度焊缝缝内不得超过1次	缺口深度≤0.1t且≤1mm，每1000mm长度焊缝内不得超过1处
表面气孔	不允许		每50mm长度焊缝内允许存在直径＜0.4t且≤3mm的气孔2个；孔距应≥6倍孔径
表面夹渣	不允许		深≤0.2t，长≤0.5t且≤20mm

注：1. t为母材厚度。

2. 电渣焊、气电立焊接头的焊缝外观成形应光滑，不得有未熔合、裂纹等缺陷，当板厚＜30mm时，压痕、咬边深度不得大于0.5mm；板厚≥30mm时，压痕、咬边深度不得大于1.0mm。

角焊缝焊脚尺寸允许偏差 **表 12-45**

项次	项目	示意图	允许偏差(mm)	
1	一般全焊透的角接与对接组合焊缝	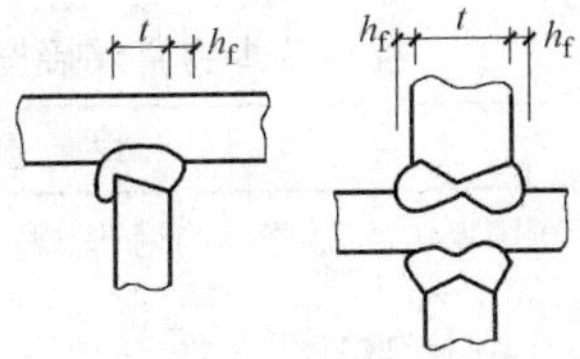	$h_f \geq \left(\frac{t}{4}\right)_{0}^{+4}$ 且≤10	
2	需经疲劳验算的全焊透角接与对接组合焊缝	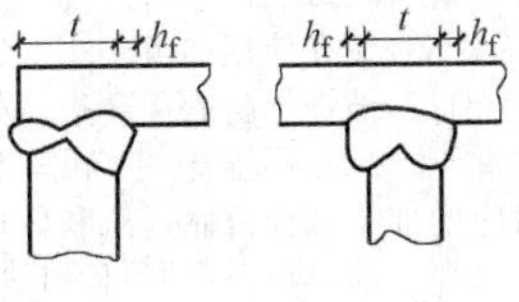	$h_f \geq \left(\frac{t}{2}\right)_{0}^{+4}$ 且≤10	
3	角焊缝及部分焊透的角接与对接组合焊缝	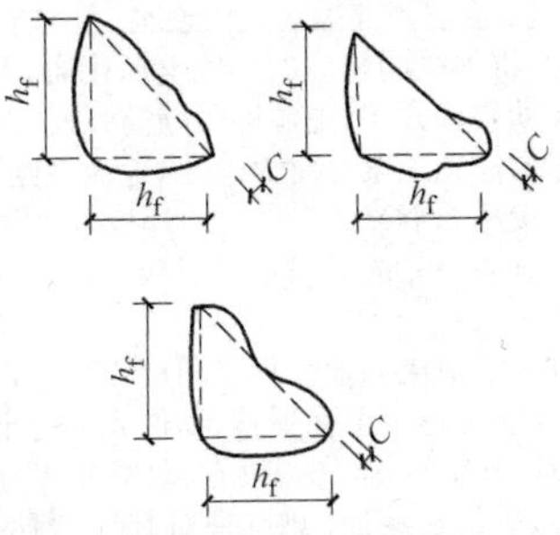	h_f≤6时 0～1.5	h_f＞6时 0～3.0

注：1. h_f＞8.0mm的角焊缝其局部焊脚尺寸允许低于设计要求值1.0mm，但总长度不得超过焊缝长度的10%；

2. 焊接H形梁腹板与翼缘板的焊缝两端在其两倍翼缘板宽度范围内，焊缝的焊脚尺寸不得低于设计要求值。

焊缝余高和错边允许偏差（mm） 表 12-46

序号	项目	示意图	允许偏差	
			一、二级	三级
1	对接焊缝余高(C)		B＜20 时，C 为 0～3；B≥20 时，C 为 0～4	B＜20 时，C 为 0～3.5；B≥20 时，C 为 0～5
2	对接焊缝错边(Δ)		Δ＜0.1t 且≤2.0	Δ＜0.15t 且≤3.0
3	角焊缝余高(C)		h_f≤6 时 C 为 0～1.5；h_f＞6 时 C 为 0～3.0	

注：t 为对接接头较薄件母材厚度。

12.6.3 栓钉（焊钉）焊接连接

栓钉（焊钉）焊接施工方法 表 12-47

项次	项目	焊接施工要点
1	一般要求	(1)栓钉应采用现行国家标准《碳素结构钢》中规定的 Q235 钢或《低合金结构钢》中规定的 Q345 钢制作。目前常用规格见表 12-48 (2)每个栓钉焊接时，在栓钉端头与焊件之间配用耐热陶瓷防弧座圈，耐热防弧座圈应保持干燥，不应有开裂现象。若表面受潮，应在使用前置于 120℃的烘箱中烘 2h 左右 (3)栓钉应无锈、无油污，被焊母材表面要进行处理，做到无锈、无油漆、无杂质，必要时需用砂轮打磨 (4)母材金属温度低于－18℃不能施工，下雨下雪不能在露天焊接。母材金属温度在 0℃以下焊接时，每焊 100 只栓钉应增加 1 只栓钉做目测和做弯曲 30°的试验 (5)每日或每班栓钉焊接前，应先焊两只栓钉进行目测和弯曲 30°试验。试验可在一块与构件厚度和性能相同的材料上进行，也可在构件上进行。若目测所焊的栓钉挤出焊脚未充满四周 360°或弯曲 30°时其中任何 1 个栓钉出现断裂时，应修改工艺另做试验，直至合格为止，以做出符合设计要求和国家现行有关标准规定的工艺评定
2	焊接操作方法	(1)栓钉焊接时，将焊机同相应的焊枪电源接通，把栓钉套在焊枪上，防弧座圈放在母材上，栓钉对准防弧座圈钉紧，掀动焊枪开关，电源即熔断防弧座圈开始产生闪光，定时器调整在适当时间，经一定时间闪光，栓钉以预定的速度顶紧母材而熔化，电流短路，关闭开关即焊接完成。然后清除座圈碎片 (2)同一电源上接出 2 个或 2 个以上的焊枪，使用时必须将导线连接起来，以保证同一时间内只能由 1 只焊枪使用，并使电源在完成每只栓钉焊接后，迅速恢复到准备状态，进行下次焊接。焊接的工艺参数参见表 12-48 (3)焊接工序有高空焊接和地面焊接两种。高空焊接就是将钢构件先安装成钢框架，然后在钢架上焊栓钉。其优点是安装过程中梁面平整，操作人员行走方便安全，不受预埋栓钉的影响；缺点是高空焊接工效不高，需搭设操作脚手等。地面焊接就是钢架在安装前先将栓钉焊接上，然后再安装。其优点是工效高，操作条件好，质量易保证；缺点是对其他工种操作人员带来不安全和不方便。可根据实际情况选择 (4)焊接时应保持正确的操作姿势，紧固前不能摇动，直至熔化的金属凝固为止

续表

项次	项目	焊接施工要点
3	质量检查	(1)外观检查:栓钉根部焊脚应均匀,焊脚立面的局部未熔合或不足360°的焊脚应进行修补。补焊可采用小直径低氢焊条,补焊的长度要求超过缺陷两边各9.5mm。检查数量按总焊钉数的1%且不少于10个。栓钉焊接接头外观质量应符合表12-49或表12-50的要求 (2)弯曲试验:采用锤击法将栓钉击弯30°,其焊缝和热影响区不应有肉眼可见的裂纹。检查数量不应小于栓钉总数的1%,且不应少于10件,被抽查构件中,每件检查栓钉数量的1%,但不应少于1个 (3)检验不合格的栓钉,在其旁侧应补焊1只栓钉,该不合格栓钉可不作处理

栓钉(焊钉)的焊接条件与有关参数 表 12-48

栓钉	适用栓钉直径(mm)		13(1/2″)	16(5/8″)	19(3/4″)	22(7/8″)
	栓钉头部直径(mm)		25	29	32	35
	栓钉头部厚(mm)		9	12	12	12
	栓钉标准长度(mm)		80,100,130		80,100,130,150	
	栓钉单位重量(g)		159(L=130)	245(L=130)	345(L=130)	450(L=130)
	栓钉(每增减10mm重量)(g)		10	16	22	30
	栓钉焊最低长度(mm)		50	50	50	50
	适用母材最低厚度(mm)		5	6	8	10
焊接药座	FS、一般标准型		YN-13FS	YN-16FS	YN-19FS	YN-22FS
	焊接药座尺寸	直径(mm)	23.0	28.5	34.0	38.0
		高(mm)	10.0	12.5	14.5	16.5
焊接条件	标准条件(向下焊接)	焊接电流(A)	900～1100	1030～1270	1350～1650	1470～1800
		弧光时间(s)	0.7	0.9	1.1	1.4
		熔化量(mm)	2.0	2.5	3.0	3.5
	焊接方向		全方向	全方向	下横向	下向
	最小用电容量(kVA)		90	90	100	120

栓钉焊接接头外观检验合格标准 表 12-49

项次	外观检验项目	合格标准	检验方法
1	焊缝外形尺寸	360°范围内焊缝饱满 拉弧式栓钉焊:焊缝高K_1≥1.0mm;焊缝宽K_2≥0.5mm 电弧焊:最小焊脚尺寸应符合表12-50的规定	目测、钢尺、焊缝量规
2	焊缝缺乏	无气孔、夹渣、裂纹等缺欠	目测、放大镜(5倍)
3	焊缝咬边	咬边深度≤0.5mm,且最大长度不得大于1倍的栓钉直径	钢尺、焊缝量规
4	栓钉焊后高度	高度偏差≤±2.0mm	钢尺
5	栓钉焊后倾斜角度	倾斜角度偏差θ≤5°	钢尺、量角器

采用电弧焊方法的栓钉焊接接头最小焊脚尺寸　表 12-50

项次	栓钉直径(mm)	角焊缝最小焊脚尺寸(mm)
1	10,13	6
2	16,19,22	8
3	25	10

12.6.4　紧固件连接

12.6.4.1　普通螺栓连接

普通螺栓连接施工要点　表 12-51

项次	项目	连接施工要点
1	螺栓连接构造一般要求	(1)安装永久性螺栓前应先检查构件各部分的位置是否正确,精度是否满足《钢结构工程施工质量验收规范》(GB 50205)有关要求,尺寸有误差时应予调整 (2)每一杆件在节点上或拼装连接的一侧,永久性的螺栓数目不宜少于 2 个(抗震设计结构不宜少于 3 个),对组合构件的缀条,其端部连接可采用 1 个螺栓 (3)普通 C 级螺栓孔孔径比螺栓公称直径大 1.0～1.5mm (4)螺栓直径应由设计按等强度原则通过计算确定。但对具体某一工程而言,其螺栓规格应尽可能少,便于施工管理,一般应与其被连接件总厚度相匹配,如表 12-52 所示 (5)螺栓长度 l 可通过计算 $l=\delta+H+nh+c$ 确定,式中　δ—被连接件的厚度(mm);H—螺母高度(mm),一般为 0.8D;D—螺栓直径(mm);n—垫圈个数;h—垫圈厚度(mm);c—螺纹外露长度(mm),一般为 5mm (6)普通螺栓常用并列和交错排列两种形式,螺栓行列之间以及螺栓与构件边缘的距离应符合表 12-53 的要求
2	普通螺栓施工	(1)普通螺栓作为永久性连接螺栓,当设计有要求或对其质量有疑义时,应进行螺栓实物最小拉力载荷复验,试验方法见《钢结构工程施工质量验收规范》(GB 50205) (2)普通螺栓作为永久性连接螺栓时,应符合下列要求: 1)对一般的螺栓连接,螺栓头、螺母下面应放置平垫圈,以增大承压面积 2)螺栓头下面放置的垫圈一般不应多于 2 个,螺母头下的垫圈一般不应多于 1 个,螺栓拧紧后外露丝扣不应少于 2 扣 3)对于设计有要求防松动的螺栓、锚固螺栓应采用有防松装置的螺母或弹簧垫圈,或用人工方法采用防松措施 4)对于承受动荷载或重要部位的螺栓连接,应按设计要求放置弹簧垫圈,弹簧垫圈必须放置在螺母一侧 5)对于工字钢、槽钢类型钢,应尽量使用斜垫圈,使螺母和螺栓头部的支承面垂直于螺杆 (3)精制螺栓的安装孔,在结构安装后应均匀地放入临时螺栓和冲钉,其放置数量应经计算后确定,但不少于安装孔总数的 1/3。第一个节点应至少放入 2 个临时螺栓,冲钉的数量不多于螺栓数量的 30% (4)螺栓紧固必须从中心开始,向两侧对称施拧。对大型接头应采用复拧。螺栓紧固可采用普通扳手,紧固程度应能使被连接件接触面、螺栓头和螺母与构件表面密贴
3	质量要求	(1)永久螺栓拧紧的质量检验,采用锤敲或力矩扳手检验,要求螺栓不颤头、松动和偏移。对接配件在平面上的高度差(不平度)用塞尺检查不应超过 0.5mm,如超过 0.5～3mm,应对较高的配件高出部分做成 1∶10 的斜坡,当超过 3mm 时,必须设置与连接配件相同加工方法和钢号的垫板 (2)普通螺栓作为永久性连接螺栓时,当设计有要求或对其质量有异时,应进行螺栓实物最小拉力载荷复验

不同连接厚度推荐螺栓直径 (mm)　表 12-52

连接件厚度	4～16	5～8	7～11	10～14	13～20
推荐螺栓直径	12	16	20	24	27

螺栓的最大、最小容许距离 表 12-53

名称	位置和方向			最大容许距离 （取两者的较小值）	最小容许距离
中心间距	外排（垂直内力方向或顺内力方向）			$8d_0$ 或 $12t$	$3d_0$
	中间排	垂直内力方向		$16d_0$ 或 $24t$	
		顺内力方向	构件受压力	$12d_0$ 或 $18t$	
			构件受拉力	$16d_0$ 或 $24t$	
	沿对角线方向			—	
中心至构件边缘距离	顺内力方向			$4d_0$ 或 $8t$	$2d_0$
	垂直内力方向	剪切边或手工气割边			$1.5d_0$
		轧制边、自动气割或锯割边	高强度螺栓		
			其他螺栓或铆钉		$1.2d_0$

注：1. d_0 为螺栓或铆钉的孔径，t 为外层较薄板件的厚度。
2. 钢板边缘与刚性构件（如角钢、槽钢等）相连的螺栓的最大间距，可按中间排的数值采用。

12.6.4.2 高强度螺栓连接

高强度螺栓连接施工要点 表 12-54

项次	项目	连接施工要点
1	材质性能	（1）高强度螺栓连接按其受力状况，可分为摩擦型连接、摩擦-承压型连接、承压型连接和张拉型连接等几种类型；高强度螺栓从外形上可分为大六角头和扭剪型两种；按性能等级可分为 8.8 级、10.9 级、12.9 级等，目前我国使用的大六角头高强度螺栓有 8.8 级和 10.9 级两种，扭剪型高强度螺栓只有 10.9 级一种 （2）大六角头高强度螺栓连接副由一个螺栓，一个螺母和两个垫圈组成；扭剪型高强度螺栓连接副由一个螺栓，一个螺母和一个垫圈组成。螺栓、螺母、垫圈在组成一个连接副时，其性能、等级要匹配，见表 12-55 （3）高强度螺栓连接副的性能、等级和材料必须符合表 12-56 和表 12-57 的规定
2	一般要求	（1）施工前高强度大六角头螺栓连接副应按出厂批号复验扭矩系数，其平均值和标准偏差应符合国家现行标准《钢结构高强度螺栓连接技术规程》（JGJ 82—2011）的规定；扭剪型高强度螺栓连接副，应按出厂批号复验预拉力，其平均值和变异系数应符合上述规程的规定 （2）对于制作厂已处理的钢构件摩擦面，安装前应按《钢结构工程施工质量验收规范》（GB 50205）的规定进行高强度螺栓连接摩擦面的抗滑移系数复验，现场处理的钢构件摩擦面应单独进行摩擦面抗滑移系数试验，其结果应符合相关设计文件要求 （3）高强度螺栓施工前宜按《钢结构工程施工质量验收规范》（GB 50205）的相关规定检查螺栓孔的精度、孔壁表面粗糙度、孔径及孔距的允许偏差等。高强度螺栓连接构件制孔允许偏差应符合表 12-58 的规定。承压型连接螺栓孔径不应大于螺栓公称直径 2mm，高强度螺栓孔距和边距的容许间距应按表 12-53 的规定采用。如孔距超出允许偏差时，应采用与母材相匹配的焊条补焊后重新制孔，每组孔中经补焊重新钻孔的数量不得超过该组螺栓数量的 20% （4）高强度螺栓连接的板叠接触面应平整，当接触面有间隙时，小于 1mm 的间隙可不处理，1～3mm 的间隙，应将厚板一侧磨成 1：10 的斜坡，使间隙小于 1mm，大于 3mm 的间隙应加垫板，垫板厚度不小于 3mm，最多不超过三层，垫板材质和摩擦面处理方法应与构件相同 （5）对每一个连接接头，应先用临时螺栓或冲钉定位，临时螺栓和冲钉的数量原则上应根据该接头可能承担的荷载计算确定.并应符合下列规定： 1）不得少于安装螺栓总数的 1/3； 2）不得少于两个临时螺栓； 3）冲钉穿入数量不宜多于临时螺栓的 30% （6）安装高强度螺栓时.螺栓应自由穿入孔内，不得强行敲打，穿入方向宜一致并便于操作（施工扳手可操作空间宜符合表 12-59），如不能自由穿入时，该孔应用铰刀进行修整，修整后孔的最大直径应小于 1.2 倍螺栓直径，严禁气割扩大 （7）高强度螺栓长度应以螺栓连接副终拧后外露 2～3 个丝扣为标准，其计算公式为 $l=l'+\Delta l$，式中 l' 为连接板层总厚度（mm），Δl 为附加长度（mm），参见表 12-60

续表

项次	项目	连接施工要点
3	摩擦面处理	(1)高强度螺栓连接处的摩擦面可根据设计抗滑移系数的要求选用喷砂(丸)、喷砂后生赤锈、喷砂后涂无机富锌漆、手工打磨等处理方法： 1)采用喷砂(丸)法时，一般要求砂(丸)粒径为1.2～1.4mm，喷射时间为1～2min，喷射风压为0.5MPa，使表面呈银灰色，表面粗糙度达到45～50μm； 2)采用喷砂后生赤锈法时，应将喷砂处理后的表面放置露天自然生锈，理想生锈时为60～90d，安装前除掉浮锈即可； 3)采用喷砂后涂无机富锌漆时，涂层厚度一般可取为0.6～0.8μm； 4)采用手工砂轮打磨时，打磨方向应与受力方向垂直，打磨范围不小于螺栓孔径的4倍，砂轮片一般使用40号为宜，打磨时应注意钢材表面不能有明显的打磨凹坑，经试验证明，砂轮打磨后，露天生锈60～90d摩擦面的粗糙度能达到50～55μm。对于不重要的结构或受力不大的连接处，亦可采用钢丝刷人工除锈，即用钢丝刷将摩擦面处的铁磷、浮锈、尘埃、油污等污物刷掉，使钢材表面露出金属光泽，保留原轧制表面 (2)经摩擦面处理后应按《钢结构工程施工质量验收规范》(GB 50205)的规定进行抗滑移系数试验，试验结果应满足设计文件要求 (3)经处理后的摩擦面应采取保护措施，不得在摩擦面上作标记
4	大六角头螺栓施工	(1)大六角头高强度螺栓安装时，螺栓头下垫圈有倒角的一面应朝向螺栓头，螺母带圆台面的一侧应朝向垫圈有倒角的一侧 (2)高强度大六角头螺栓连接副施拧可采用扭矩法或转角法 1)扭矩法施工是根据扭矩系数 K、螺栓预拉力 P(一般按设计预拉力的1.1倍取值)计算确定施工扭矩值，使用扭矩扳手(手动、电动、风动)按施工扭矩值进行终拧； 2)转角法施工的次序为初拧→初拧检查→画线→复拧→终拧→检查→作标记 (3)施工用的扭矩扳手使用前应进行校正，其扭矩相对误差不得大于±5%，校正用的扭矩扳手，其扭矩相对误差不得大于3% (4)施拧时应在螺母上施加扭矩 (5)施拧分为初拧和终拧，大型节点应在初拧和终拧之间增加复拧。初拧扭矩可取终拧扭矩的50%，复拧扭矩应等于初拧扭矩 (6)采用转角法施工时，初拧(复拧)后连接副的终拧角度应满足表12-61的要求 (7)初拧或复拧后应对螺母画颜色标记，终拧后对螺母涂画另一种颜色标记 (8)高强度大六角头螺栓终拧完成1h后，48h内进行终拧扭矩检查，按节点数抽查10%，且不少于10个，每个被抽查节点按螺栓数抽查10%，且不少于2个，扭矩检查方法有扭矩法和转角法两种： 1)应检查终拧颜色标记，并用0.3kg重小锤敲击高强度螺栓进行逐个检查 2)扭矩法检查时，在螺尾端头和螺母相对位置画线，将螺母退后60°左右，用扭矩扳手测定拧回原来位置处的扭矩值，该值与施工扭矩值的偏差在10%以内为合格 3)转角法检查时，在螺尾端头和螺母相对位置画线，然后全部卸松螺母，再按规定的初拧扭矩和终拧角度重新拧紧螺栓，观察与原画线是否重合，终拧转角偏差在10°范围内为合格 4)发现有不合格规定时，应再扩大1倍检查，仍有不合格者时，则整个节的高强度螺栓应重新施拧
5	扭剪型高强度螺栓施工	(1)扭转型高强度螺栓连接副宜采用专用电动扳手施拧。施拧应分为初拧和终拧，大型节点宜在初拧和终拧间增加复拧 (2)初拧扭矩值可按表12-62选用，复拧扭矩等于初拧扭矩 (3)终拧应以拧掉螺栓尾部梅花头为准，个别不能用专用扳手进行终拧的螺栓，可按参考大六角头高强度螺栓的施工方法进行终拧，扭矩系数 K 取0.13 (4)扭剪型高强度螺栓检查，应以因测尾部梅花头拧断为合格，不能用专用扳手拧紧的扭剪型高强度螺栓，应按大六角头高强度螺栓检查的规定进行质量检查
6	高强度螺栓连接副的储运、保管	(1)高强度螺栓连接副应由制造厂按批配套供货，每个包装箱内都必须配套装有螺栓、螺母及垫圈；包装箱应能满足储运要求，并具备防水、密封功能。包装箱内应带有产品合格证和质量保证书，包装箱外表面应注明批号、规格及数量 (2)在运输、保管及使用过程中应轻装轻卸，防止损坏螺纹，发现螺纹损坏严重或雨淋过的螺栓不能使用 (3)螺栓连接副应成箱在室内仓库保管，地面应有防潮措施，并按批号、规格分类堆放，不得混批 (4)使用前尽可能不要开箱，以免破坏包装箱的密封性。开箱取出部分螺栓后也应原封包装好，以免沾染灰尘和锈蚀

续表

项次	项目	连接施工要点
6	高强度螺栓连接副的储运、保管	(5)安装使用时，工地应按当天计划使用的规格和数量领取，当天有安装剩余的也应妥善保管，有条件时应送回仓库保管 (6)高强度螺栓连接副保管时间不应超过6个月，如超过6个月再次使用时，应进行扭矩系数试验或紧固轴力试验，合格后方可使用
7	质量要求	(1)高强度螺栓连接副标准件及螺母、垫圈等标准配件，其品种、规格、性能等应符合现行国家产品标准和设计要求。高强度大六角头螺栓连接副和扭矩型高强度螺栓连接副出厂时应分别随箱带有扭矩系数和紧固轴力(预拉力)的检验报告 (2)高强度大六角头螺栓连接副和扭剪型高强度螺栓连接副应按《钢结构工程施工质量验收规范》GB 50205附录B的规定，分别检验其扭矩系数和预拉力，其检验结果应符合规定 (3)高强度螺栓连接副，应按包装箱配套供应，包装箱上应标明批号、规格、数量及生产日期。螺栓、螺母、垫圈外观表面应涂油保护，不得出现生锈和沾染脏物，螺纹不应有损伤 (4)钢结构制作和安装单位应按《钢结构工程施工质量验收规范》GB 50205附录B的规定分别进行高强度螺栓连接摩擦面的抗滑移系数试验和复验，现场处理的构件摩擦面应单独进行摩擦面抗滑移系数试验其结果应符合设计要求 (5)高强度大六角头螺栓连接副终拧完成1h后、48h内应进行终拧扭矩检查，检查结果应符合《钢结构工程施工质量验收规范》GB 50205附录B的规定 (6)扭剪型高强度螺栓连接副终拧后，除因构造原因无法使用专用扳手终拧掉梅花头者外，未在终拧中拧掉梅花头的螺栓数不应大于该节点螺栓数的5%。对所有梅花头未拧掉的扭剪型高强度螺栓连接副应采用扭矩法或转角法进行终拧并作标记，且按上述第5条的规定进行终拧扭矩检查 (7)高强度螺栓连接副的施拧顺序和初拧、复拧扭矩应符合设计要求和国家现行行业标准《钢结构高强度螺栓连接技术规程》JGJ 82的规定 (8)高强度螺栓连接摩擦面应保持干燥、整洁，不应有飞边、毛刺、焊接飞溅物、焊疤、污垢等，除设计要求外摩擦面不应涂油 (9)高强度螺栓应自由穿入螺栓孔，高强度螺栓孔不应采用气割扩孔，扩孔数量应征得设计同意，扩孔后的孔径不应超过1.2d(d为螺栓直径)

高强度螺栓连接副匹配表 表 12-55

类别		螺栓	螺母	垫圈
形式尺寸		按GB/T 1228规定	按GB/T 1229规定	按GB/T 1230规定
性能等级		10.9S	10H	35HRC～45HRC
		8.8S	8H	35HRC～45HRC

大六角头高强度螺栓连接副的性能等级和材料 表 12-56

类别	性能等级	材料	标准编号	适用规格
螺栓	10.9S	20MnTiB ML20MnTiB	GB/T 3077 GB/T 6478	≤M24
		35VB		≤M30
	8.8S	45、35	GB/T 699	≤M20
		20MnTiB、40Cr ML20MnTiB	GB/T 3077 GB/T 6478	≤M24
		35CrMo	GB/T 3077	≤M30
		35VB		
螺母	10H	45、35 ML35	GB/T 699 GB/T 6478	
	8H			
垫圈	35HRC～45HRC	45、35	GB/T 699	

扭剪型高强度螺栓连接副的性能等级和材料　　表 12-57

项次	类别	性能等级	材料	标准编号
1	螺栓	10.9 级	20MnTiB	GB/T 3077
2	螺母	10H	45 号、35 号钢	GB/T 699
			15MnVB	GB/T 3177
3	垫圈	35HRC～45HRC	45 号、35 号钢	GB/T 699

高强度螺栓连接构件制孔允许偏差 (mm)　　表 12-58

公称直径				M12	M16	M20	M22	M24	M27	M30
孔型	标准圆孔	直径		13.5	17.5	22.0	24.0	26.0	30.0	33.0
		允许偏差		+0.43 0	+0.43 0	+0.52 0	+0.52 0	+0.52 0	+0.84 0	+0.84 0
		圆度		1.00			1.50			
	大圆孔	直径		16.0	20.0	24.0	28.0	30.0	35.0	38.0
		允许偏差		+0.43 0	+0.43 0	+0.52 0	+0.52 0	+0.52 0	+0.84 0	+0.84 0
		圆度		1.00			1.50			
	槽孔	长度	短向	13.5	17.5	22.0	24.0	26.0	30.0	33.0
			长向	22.0	30.0	37.0	40.0	45.0	50.0	55.0
		允许偏差	短向	+0.43 0	+0.43 0	+0.52 0	+0.52 0	+0.52 0	+0.84 0	+0.84 0
			长向	+0.84 0	+0.84 0	+1.00 0	+1.00 0	+1.00 0	+1.00 0	+1.00 0
中心线倾斜度				应为板厚的 3%，且单层板应为 2.0mm，多层板叠组合应为 3.0mm						

施工扳手可操作空间尺寸　　表 12-59

项次	扳手种类		参考尺寸(mm) a	参考尺寸(mm) b	示意图
1	手动定扭矩扳手		$1.5d_0$ 且不小于 45	$140+c$	
2	扭剪型电动扳手		65	$530+c$	
3	大六角电动扳手	M24 及以下	50	$450+c$	
		M24 以上	60	$500+c$	

高强度螺栓附加长度 ΔL (mm)　　表 12-60

螺栓公称直径	M12	M16	M20	M22	M24	M27	M30
高强度螺母公称厚度	12.0	16.0	20.0	22.0	24.0	27.0	30.0
高强度垫圈公称厚度	3.0	4.0	4.0	5.0	5.0	5.0	5.0
螺纹的螺距	1.75	2.00	2.50	2.50	3.00	3.00	3.50
大六角头高强度螺栓附加长度	23.0	30.0	35.0	39.5	43.0	46.0	50.5
扭剪型高强度螺栓附加长度	—	26.0	31.5	34.5	38.0	41.0	45.5

注：$\Delta L=m+n_{w}s+3p$，式中：m—高强度螺母公称厚度（mm）；n_{w}—垫圈个数，扭剪型高强度螺栓为 1，大六角头高强度螺栓为 2；s—高强度垫圈公称厚度（mm）；p—螺纹的螺距（mm）。

初拧（复拧）后大六角头高强度螺栓连接副的终拧转角 **表 12-61**

螺栓长度 L 范围	螺母转角	连接状态
$L \leqslant 4d$	1/3 圈（120°）	连接形式为一层芯板两层盖板
$4d < L \leqslant 8d$ 或 200mm 及以下	1/2 圈（180°）	
$8d < L \leqslant 12d$ 或 200mm 以上	2/3 圈（240°）	

注：1. d—螺栓公称直径；
2. 螺母转角为螺母与螺栓杆之间的相对转角；
3. 当螺栓长度 L 起过 $12d$ 时，螺母的终拧角度应由试验确定。

扭剪型高强度螺栓初拧（复拧）扭矩值 **表 12-62**

螺栓公称直径	M16	M20	M22	M24	M27	M30
初拧扭矩（N·m）	115	220	300	390	560	760

12.7 钢结构（构件）变形矫正

产生变形因素分析 **表 12-63**

项次	项目	产生变形因素分析
1	钢材原材料变形	(1)原材料残余应力引起的变形。由于钢材在轧制时，轧辊的弯曲、间隙调整不一致等原因，会导致钢材在宽度方向压缩不均匀而形成钢材内部产生残余应力而引起变形 (2)存放不当引起变形。由于钢材长期堆放，地基不平或垫块垫得不平等会使钢材在自重力下引起钢材弯曲、扭曲等变形 (3)运输、吊运不当引起变形。钢材在运输或吊运过程中，安放不当或吊点、起重工夹具选择不合理会引起变形
2	成型加工后变形	(1)剪切变形。当采用斜口剪剪切钢板，特别是狭长钢板时，会引起钢板弯曲、扭曲等变形；采用圆盘剪剪切会形成钢板扭曲等复杂变形 (2)气割变形。用氧—乙炔气割时，切口处形成高温，切口边朝外弯曲；气割后逐渐冷却，由于内应力作用切口边向里弯曲 (3)弯曲加工后变形。冷加工时外力作用过大或过小；热加工时，钢材内部产生热应力作用，而使钢材未能达到所需弧度或角度等几何形状所要求的范围时，即产生弯曲加工后的变形
3	焊接变形	焊接时钢材受热部分膨胀，而受周围不受热部分约束而产生压缩塑性变形，冷却后焊缝及其附近因收缩而产生应力变形。焊接变形因焊接接头形式、材料厚薄、焊缝长短、构件形状、焊缝位置、焊接时电流大小、焊接顺序等原因而会产生不同形状的变形，如压缩变形、弯曲变形和角变形等
4	其他变形	如吊运构件时碰撞；钢结构工装模具热处理后产生热应力和组织应力超过工装模具材料的屈服强度；钢结构长期承受荷载等，也会引起变形

钢结构构件变形矫正方法 **表 12-64**

项目	变形矫正方法	适用范围
人工矫正法	用锤击的方法进行，锤子用木锤，如用铁锤时，应设平垫，避免直接打击构件。对短小角钢可放在钢筒圈上，凸面向上，用大锤敲打凸出部分矫正；当型钢边缘局部弯曲时，亦可配合火焰加热，然后放在平垫上，在凸面部位垫上平锤，再用大锤趁热敲打矫正 采用本法应根据型钢截面尺寸和板料厚度合理选择锤的大小，并根据变形情况，确定锤击点和锤击着力轻重程度，打击下落要平，矫正后的钢材表面不应有明显的凹面和损伤，锤痕深度不应大于 0.5mm	用于薄板件或截面比较小的型钢构件弯曲、局部凸出的矫正。 普通碳素钢在气温低于－16℃时、低合金结构钢在气温低于－12℃时，不得使用本法，以避免产生裂纹
机械矫正法	板料变形用多辊平板机往复辊轧矫正，当单靠辊轧难以矫正或矫直时，可视情况在两侧或中部垫 0.5～2.0mm 左右，长度与板料等长的软钢板作为垫板矫平；对小板料，可在轧辊之间放置20～25mm厚的钢板，然后将被矫正的小板料排列在大钢板上进行矫平。对于个别小板料在辊轧过程中，应翻动几次，以便矫平。对型钢变形宜用型钢调直机进行	适用于一般板件和型钢构件的变形矫正。普通碳素钢温度低于－16℃时，低合金结构钢温度低于－12℃时，不得采用，以免产生裂纹

续表

项目	变形矫正方法	适用范围
火焰矫正法	用氧乙炔焰或其他气体的火焰对部件或构件变形部位进行局部加热，利用金属热胀冷缩的物理性能，钢材受热冷却时产生很大的冷缩应力来矫正变形 加热方式有点状加热、线状加热和三角形加热三种。点状加热（图 12-9）加热点呈小圆形，直径一般为 10～30mm，点距为50～100mm，呈梅花状布局，加热后"点"的周围向中心收缩，使变形得到矫正；线状加热（图 12-10*a*、*b*），即带状加热，加热带的宽度不大于工件厚度的 0.5～2.0 倍。由于加热后上下两面存在较大的温差，加热带长度方向产生的收缩量较小，横向收缩量较大，因而产生不同收缩使钢板变直，但加热红色区的厚度不应超过钢板厚度的一半，常用于 H 型钢构件翼板角变形的纠正（图 12-10*c*、*d*）；三角形加热（图 12-11*a*、*b*）加热面呈等腰三角形，加热面的高度与底边宽度一般控制在型材高度的 1/5～2/3 范围内，加热面应在工件变形凸出的一侧，三角顶在内侧，底在工件外侧边缘处，一般对工件凸起处加热数处，加热后收缩量从三角形顶点沿等腰边逐渐增大，冷却后凸起部分收缩使工件得到纠正，常用于 H 型钢构件的拱变形和旁弯的矫正（图 12-11*c*、*d*） 火焰加热温度一般为 700℃左右，不应超过 900℃，加热应均匀，不得有过热、过烧现象；火焰矫正厚度较大的钢材时，加热后不得用凉水冷却；对低合金钢必须缓慢冷却，因水冷使钢材表面与内部温差过大，易产生裂纹；矫正时应将工件垫平，分析变形原因，正确选择加热点、加热温度和加热面积等，同一加热点的加热次数不宜超过三次	点状加热适用于矫正板料局部弯曲或凹凸不平；线状加热多用于较厚板（10mm 以上）的角变形和局部圆弧、弯曲变形的矫正；三角形加热面积大，收缩量也大，适用于型钢、钢板及构件（如屋架、吊车梁等成品）纵向弯曲及局部弯曲变形的矫正。 火焰矫正变形一般只适用于低碳钢、16Mn 钢应用；对于中碳钢、高合金钢、铸铁和有色金属等脆性较大的材料，由于冷却收缩变形会产生裂纹，不得使用
混合矫正法	系将零部件或构件两端垫以支承件，用压力压（或顶）其凸出变形部位，使其矫正。常用方法有用矫正胎借撑直机（压力机、油压机或冲压机等）（图 12-12*a*）或用小型液压千斤顶（或螺旋千斤顶）或加横梁配合热烤，对构件成品进行顶压矫正（图 12-12*b*、*c*）；对小型钢材弯曲可用弯轨器，将两个弯钩钩住钢材，用转动丝杆顶压凸弯部位（图 12-12*d*）；较大的工件可采用螺栓千斤顶代替丝杆顶正。对成批型材可采取在现场制作支架，以千斤顶作动力进行矫正	适用于型材、钢构件、工字梁、吊车梁、构架或结构件进行局部或整体变形矫正 普通碳素钢温度低于－16℃时、低合金结构钢温度低于－12℃时，不宜采用本法矫正，以免产生裂纹

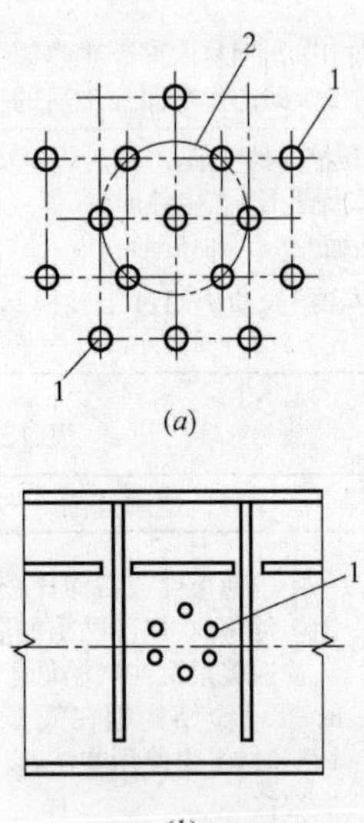

图 12-9　火焰加热的点状加热方式

（*a*）点状加热布局；

（*b*）用点状加热矫正吊车梁腹板变形

1—点状加热点；2—梅花形布局

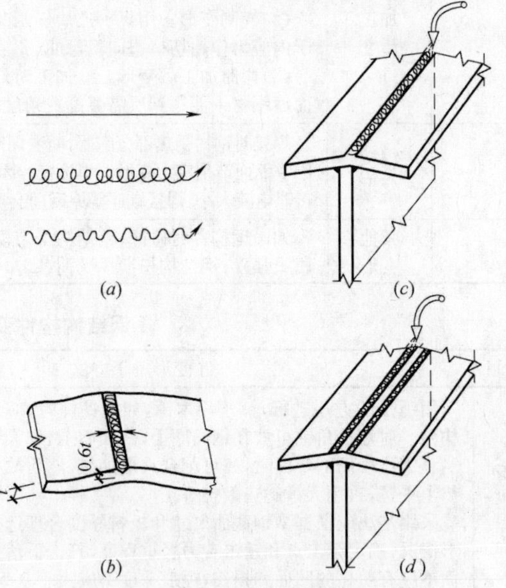

图 12-10　火焰加热的线状加热方式

（*a*）线状加热方式；（*b*）用线状加热矫正板变形；

（*c*）用单加热带矫正 H 型钢梁翼缘角变形；

（*d*）用双加热带矫正 H 型钢梁角变形；

t—板材的厚度

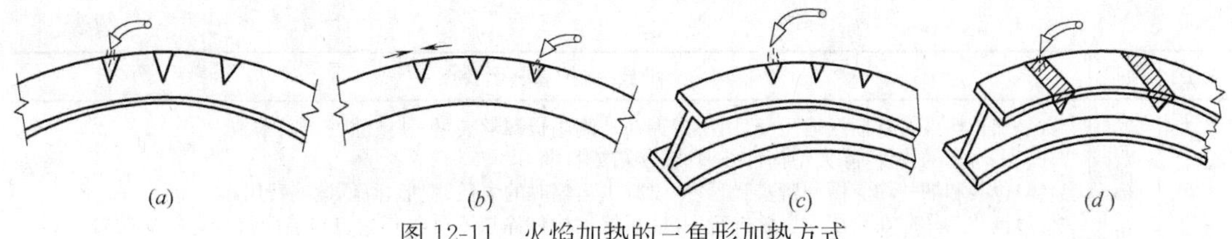

图 12-11 火焰加热的三角形加热方式

(a)、(b) 角钢、钢板的三角形加热方式；(c)、(d) 用三角形加热矫正 H 型钢梁旁弯曲变形和拱变形

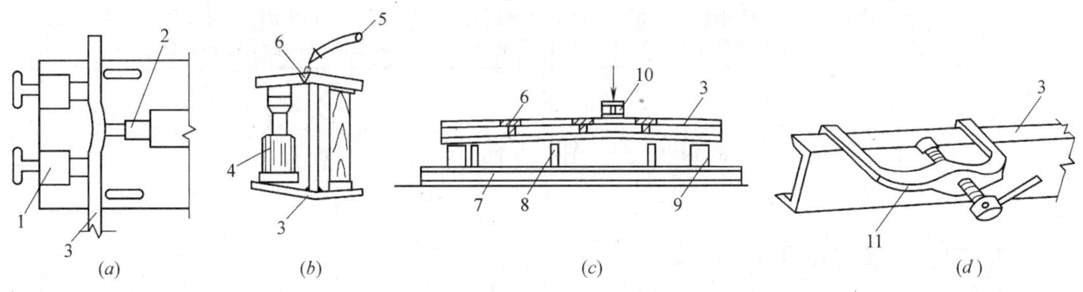

图 12-12 混合矫正法

(a) 单头撑直机矫正（平面）；(b) 用千斤顶配合热烤矫正；(c) 用横梁加荷配合热烤矫正；(d) 用弯轨器矫正

1—支撑块；2—压力机顶头；3—弯曲型钢；4—液压千斤顶；5—烤枪；6—加热带；7—平台；8—标准平板；9—支座；10—加荷横梁；11—弯轨器

12.8 成品堆放、保护和装运

钢结构堆放、保护和装运 **表 12-65**

项次	项目	堆放、保护和装运要点
1	成品堆放	(1)钢结构构件应按平面布置进行堆放。每堆构件与构件处应留有一定距离(一般为 2m),供构件预检及装卸操作用;每隔一定堆数,还应留出装卸机械翻堆用的空地 (2)钢结构构件堆放位置,应考虑现场安装顺序,先安装构件应堆放在装车前排,避免装车的翻动 (3)构件堆放场地应平整干燥,并有排水坡度,四周应有排水沟;场地应备有足够的垫木、垫块,使构件得以放平、放稳 (4)构件吊放和堆放,应选择好吊点和支点,桁架类构件的吊点和支点应选择在节点上,并采取防止扭曲变形及损坏措施 (5)构件堆放要放平放稳,支座处要垫平。多层水平,堆放构件,构件之间应用垫木隔开,各层垫木应使其在同一垂线上,以保证堆放时不发生变形 (6)每堆构件堆放高度应视构件情况,一般和次要构件(支撑、桁条、联系梁等),不宜超过 2m;重型和大型构件(柱、吊车梁等)一般为单层堆放;平面刚度差的构件(屋架、桁架等)一般宜垂直堆放,每堆一般为五榀组合,每榀间用角钢夹住,每堆桁架的外侧应用支架(或支撑)支撑稳定;螺栓、高强度螺栓和栓钉应装箱堆放在室内,并应架空防潮 (7)构件在吊运、堆放过程中,不得随意在构件上开孔或切断任何杆件,不得遭受冲击 (8)重心高的构件立放应设置临时支撑,或紧靠立柱绑扎牢固,以防倾倒损坏 (9)同一工程的构件应分类堆放在同一地区,以便发运 (10)大型构件的小零件,应放在构件的空档内,用螺栓或铁丝固定在构件上
2	成品保护、包装	(1)钢结构的加工面、轴孔和螺纹,均应涂以润滑油脂和贴上油纸,或用塑料薄膜包裹。螺孔应用木楔塞住 (2)钢结构有孔板形吊件,可穿长螺栓或用铁丝打捆;较小零件应涂底漆并装箱,用木方垫起,以防锈蚀、失散和变形 (3)构件摩擦面及构件涂刷的底漆未干前,在雨、雪天应采取必要的措施加以适当护盖保护,以防污染、锈蚀或损坏油漆

续表

项次	项目	堆放、保护和装运要点
2	成品保护、包装	(4)细长构件可打捆发运，一般用小槽钢在外侧用长螺丝夹紧，其空隙处填以木条 (5)需海运的构件，除大型构件外，均需装箱或打捆 (6)包装和捆扎均应做到密实和紧凑，以减少运输时的失散、变形，降低运输费用 (7)包装工作应在涂层干燥后进行，并注意保护构件涂层不受损伤。再包装应符合运输有关规定；填写包装清单，并核实数量
3	成品装运	(1)铁路运输应遵守国家火车装车限界，高度极限为5.15m，宽度为4.20m (2)公路运输，在一般情况下，框架钢结构产品多用活络拖斗车，实腹类或屋面板条板类构件，多用大平板车辆。装运的高度极限为4.5m，如需通过隧道时，则高度极限为4m，构件长出车身不得超过2m (3)海、河运输要考虑每件的重量和尺寸，以满足当地港口的起重能力和船体尺寸要求

12.9 钢结构安装

12.9.1 钢结构安装准备工作

钢结构安装准备工作 **表12-66**

项次	项目	准备工作施工要点
1	钢构件预检和配套	(1)钢构件出厂前，制造厂应根据制作规范、规定和设计图纸进行产品检验，填写质量报告和实际偏差值，提交交工资料。安装单位在此质量报告的基础上，根据构件种类分类，再进行复检和抽检 (2)构件预检宜由安装单位、制作单位和监理单位共同派人参加，以便预检出的质量偏差及时修复，同时现场安装也可根据预检数据预先采取相应措施 (3)构件制作过程中，监理单位和安装单位宜派驻厂代表随时掌握加工质量和采取的措施，将质量偏差消灭在制作过程中 (4)设置中转堆场，以便根据安装流水顺序进行配套供应。同时便于在中转堆场对构件进行预检和修复，保证合格的构件送到现场 (5)编制安装施工方案。拟订技术措施；确定施工顺序和流水段的划分；选择施工机械；确保工程质量和安全的措施等，努力提高机械化施工程度和装配程度，尽可能减少高空作业，采用流水施工组织，提高劳动生产率，降低工程成本
2	钢柱基础检查	(1)检查内容主要是柱基的定位轴线、柱基面标高和地脚螺栓预埋位置。其允许偏差应符合表12-67的要求。采用杯口基础时，杯口尺寸的元件偏差应符合表12-68的规定 (2)先由土建在柱基表面弹出纵横轴线后，再由监理、安装、土建三方联合检查确认。柱距偏差应严格控制在±3mm以内 (3)检查单独柱基中心线同定位轴线之间的误差，调整柱基中心线使其同定位轴线重合，然后以调整后的柱基中心线检查地脚螺栓位置，控制相邻两组地脚螺栓中心线之间的偏差在3mm以内；任何两只螺栓之间距离在1mm以内，如有偏差应采取措施纠正或补救 (4)检查地脚螺栓露出柱基表面长度，螺纹长度、螺栓垂直度，检查合格后，在螺纹部分涂油盖帽套加以保护 (5)检查基准标高点符合规范要求后，以基准标高点为依据，对钢柱柱基表面进行标高实测，将测得的标高偏差绘制平面图，作为临时支承标高块(标高块高度一般为50mm)调整的依据
3	钢构件的现场堆放	(1)按照安装流水(一般以一节钢柱框架为一个安装流水段)顺序由中转堆场配套运入现场的钢构件，利用现场的装卸机械尽量就位到塔式起重机的回转半径内 (2)现场堆场主要包括构件运输道路、装卸机械行走路线、辅助材料堆放、工作棚、部分构件堆放等，一般情况下，结构安装阶段用地面积宜为结构工程占地面积的1.0～1.5倍 (3)由运输造成的构件变形，在施工现场均要加以矫正 (4)有关钢结构件的运输、堆放和拼装参见第13.3节“构件的运输、堆放和拼装”一节
4	安装机械选择	(1)单层工业厂房钢结构安装多用履带式起重机、汽车式起重机。多层、高层钢结构安装皆用内爬式或附着式塔式起重机，要求塔式起重机的臂杆长度具有足够的覆盖面，要有足够的起重能力；钢丝绳容量要满足起吊高度；多机作业时臂杆要有足够的高差，各机之间应有足够的安全距离，确保臂杆不与塔身相碰

续表

项次	项目	准备工作施工要点
4	安装机械选择	(2)塔式起重机型号选择，取决于构件重量、结构平面尺寸和工期，以及机械设备供应情况等，一般高层钢结构安装常用内爬式塔式起重机为 2000～3000kN·m 起重性能参数；常用附着式塔式起重机为 3000～6000kN·m 起重性能参数
5	安装流水段划分	(1)安装流水段应以建筑物平面形状、结构形式、安装机械数量和位置等来划分 (2)平面流水段划分应考虑钢结构安装过程中的整体稳定性和对称性。安装流水一般由中间的一个节间开始，以一个节间的柱网为一个安装单元，先吊装柱，后吊装梁，然后往四周扩展(图 12-17)，以减少焊接误差 (3)立面流水段以一节钢柱高度内所有构件作为一个流水段。一般高层建筑一节柱的高度多为 2～4 个楼层，长度为 12m 左右，重量不大于 15t

支承面、地脚螺栓（锚栓）的允许偏差（mm） 表 12-67

项次	项目		允许偏差
1	支承面	标高	±3.0
		水平度	$l/1000$
2	地脚螺栓（锚栓）	螺栓中心偏移	5.0
		螺栓露出长度	+30.0，0.0
		螺纹长度	+30.0，0.0
3	预留孔中心偏移		10.0

杯口尺寸的允许偏差 表 12-68

项次	项目	允许偏差(mm)
1	底面标高	0.0；−5.0
2	杯口深度 H	±5.0
3	杯口垂直度	$H/100$，且不应大于 10
4	位置	10.0

12.9.2 钢结构单层工业厂房安装

钢结构单层工业厂房安装方法 表 12-69

项次	项目	安装方法要点
1	安装顺序和方法	(1)钢结构单层工业厂房由柱、柱间支撑、吊车梁、制动梁(桁架)、托架、屋架、天窗架、上下弦支撑、檩条及墙体骨架等构件组成，柱基则采用一般钢筋混凝土阶梯或独立基础 (2)安装顺序一般从跨端一侧向另一侧进行。多跨厂房先吊主跨，后吊辅助跨；先吊高跨，后吊低跨。当有多台起重机时，亦可采取多跨(区)齐头并进的方法安装 (3)跨间安装通常采用综合吊装法，即先吊装各列柱子及其柱间支撑，再吊吊车梁、制动梁(或桁架)及托梁(或托架)，随吊随调整，然后再一个节间一个节间地依次吊装屋架、天窗架及其间水平、垂直支撑和屋面板等构件，随吊随调整固定，如此逐段逐节间进行，直至全部厂房结构安装完成。墙架、梯子、走台、拉杆和其他零星构件，可以与屋架屋面板等构件的安装平行作业
2	钢柱安装、校正与最后固定	(1)钢柱安装设备通常采用履带式起重机、轮胎式起重机、塔式起重机或桅杆式起重机 (2)钢柱的绑扎与吊装与钢筋混凝土柱基本相同，采用单机旋转或滑行法起吊和就位。对重型钢柱可采用双机递送抬吊或三机抬吊、一机递送的方法吊装；对于很高和细长的钢柱，可采取分节吊装的方法，在下节柱及柱间支撑安装并校正后，再安装上节柱 (3)钢柱柱脚固定方法一般有两种形式：一种是基础上预埋螺栓固定，底部设钢垫板找平(图12-13*a*)；另一种是插入杯口灌浆固定方式(图 12-13*b*)。前者当钢柱吊至基础上部插锚固螺栓固定；后者采

续表

项次	项目	安装方法要点
2	钢柱安装、校正与最后固定	取灌浆，多用于一般厂房钢柱的固定 当钢柱插入杯口后，支承在钢垫板上找平，最后固定方法同钢筋混凝土柱，用于大中型厂房钢柱的固定 (4)钢柱起吊后，当柱脚距地脚螺栓或杯口约30～40cm时扶正，使柱脚的安装螺栓孔对准螺栓或柱脚对准杯口，缓慢落钩、就位，经过初校，待垂直偏差在20mm以内，拧紧螺栓或打紧木楔临时固定，即可脱钩 (5)钢柱的垂直度用经纬仪或吊线坠检验，当有偏差，采用液压千斤顶进行校正(图12-14)，底部空隙用铁片垫塞，或在柱脚和基础之间打入钢楔子抬高，以增减垫板；位移校正可用千斤顶顶正；标高校正用千斤顶将底座少许抬高，然后增减垫板厚度使其达到设计要求。柱脚校正后立即紧固地脚螺栓，并将承重钢垫板上下点焊固定，防止走动，当吊车梁、托架、屋架等结构安装完毕，并经总体校正检查无误后，在结构节点固定之前，再在钢柱脚底板下浇筑细石混凝土固定。对杯口式柱脚在柱校正后即二次灌浆固定，方法同钢筋混凝土柱杯口灌浆 (6)钢柱安装的允许偏差见表12-70
3	吊车梁的安装、校正与固定	(1)钢柱吊装经最后固定后，始可吊装吊车梁 (2)吊车梁安装一般采用与柱子吊装相同的起重机或桅杆，用单机吊装。对24m、36m跨重型吊车梁，可采用双机抬吊方法 (3)吊车梁一般采取分件安装方法，单机或双机吊装均采用双绳套两点对称绑扎(图12-15*a*、*b*)。当起重能力允许时，也可采取将吊车梁与制动梁(或桁架)及支撑等组成一个大部件进行整体安装(图12-15*c*) (4)吊车梁可分区段进行校正，或在全部吊车梁等安装完毕后进行总体一次校正。校正内容包括标高、垂直度、中心轴线和跨距 一般除标高外，应在屋盖安装完成并固定后进行，以免因屋架安装校正引起钢柱跨间移位，校正可用千斤顶、撬杠、钢楔、倒链、花蓝螺栓等工具进行，方法与钢筋混凝土吊车梁的校正基本相同。当支承面出现空隙，应用楔形铁片塞紧，保证支承贴紧面不少于70% (5)吊车梁校正完后，将螺栓旋紧，支座与牛腿上垫板焊接固定 (6)钢吊车梁安装的允许偏差见表12-71
4	屋架的安装、校正与固定	(1)钢屋架安装机械可用履带式起重机、塔式起重机或桅杆式起重机等进行，另配1台120～150kN履带式或轮胎式起重机进行构件的装卸、拼装和倒运 (2)钢屋架安装方法亦用高空旋转法吊装，用牵引溜绳控制就位，屋架的绑扎点要保证屋架吊装的稳定性，否则应在吊装前进行临时固定 (3)当吊装机械的起重高度、起重量和起重臂伸距允许时，可采取组合安装法，即在地面装配平台上将两榀屋架及其上的天窗架、檩条、支撑系统等按柱距拼装成整体，用横吊梁或多点吊索一次起吊安装，或两榀天窗架进行整体吊装，或一榀屋架与垂直支撑组合安装，以提高效率 (4)钢屋架的临时固定方法是：第一榀屋架安装后，应用钢丝绳拉牢；第二榀屋架安装后，需用上下弦支撑与第一榀屋架连接，以形成空间结构刚性系统，以后安装屋架则用绑水平脚手杆与已安装屋架联系保持稳定，屋架临时固定如需用临时螺栓，则每个节点穿入数量不少于安装孔数的1/3，且至少应穿入两个临时螺栓，冲钉穿入数量不宜多于临时螺栓的30% (5)当钢屋架与钢柱的翼缘连接时，应保证屋架连接板与柱翼缘接触紧密，否则应垫入垫板使其严密，如屋架的支承反力靠钢柱上的承托传递时，屋架端节点与承托板的接触要紧密，其接触面应不小于承压面积的70%，缝隙应用钢板垫塞密实 (6)钢屋架的校正，垂直度可用挂线锤球检验；屋架的弯曲度检验可用拉紧测绳进行检验 (7)钢屋架的最后固定用电焊(或高强螺栓)焊(栓)固 (8)钢屋架安装的允许偏差见表12-72
5	天窗架的安装	天窗架安装有三种方式： (1)将天窗架单榀组装，屋架安装上后，随即将天窗架吊上，校正并固定 (2)将单榀天窗架与单榀屋架在地面上组合(平拼或立拼)，并按需要进行加固后一次整体安装 (3)当天窗架的间距在6m以上时，将2～4榀天窗(包括支撑、檩条)组合在一起，并适当加固，以保持构件的安装稳定性，然后整体进行安装
6	檩条、墙架的安装校正与固定	(1)檩条与墙架等构件，其单件截面较小，重量较轻，为发挥起重机效率，多采用一钩多吊或成片安装方法吊装(图12-16)。对于不能进行平行拼装的拉杆和墙架、横梁等，可根据其架设位置，用长度不等的绳索进行一钩多吊，为防止变形，可用木杆加固 (2)檩条、拉杆、墙架的校正，主要是尺寸和自身平直度。间距检查可用样杆顺着檩条或墙架杆件之间来回移动检验，如有误差，可放松或扭紧檩条墙架杆件之间的螺栓进行校正。平直度用拉线和长靠尺或钢尺检查，校正后，用电焊或螺栓最后固定

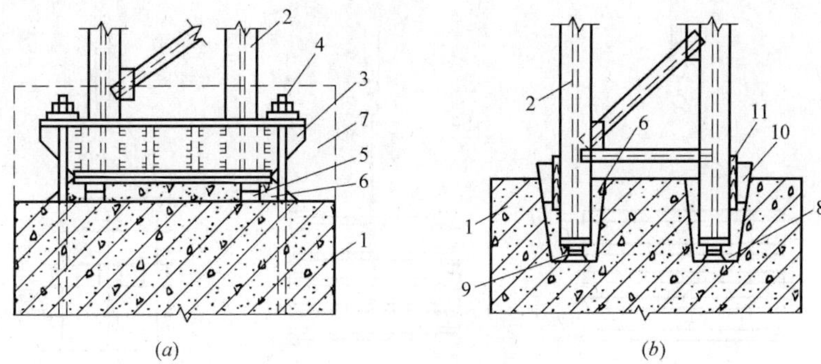

图 12-13 钢柱柱脚形式和安装固定方法

(a) 用预埋地脚螺栓固定；(b) 用杯口二次灌浆固定

1—柱基础；2—钢柱；3—钢柱脚；4—地脚螺栓；5—钢垫板；6—二次灌浆细石混凝土；7—柱脚外包混凝土；8—砂浆局部粗找平；9—焊于柱脚上的小钢套镦；10—钢楔；11—35mm 厚硬木垫板

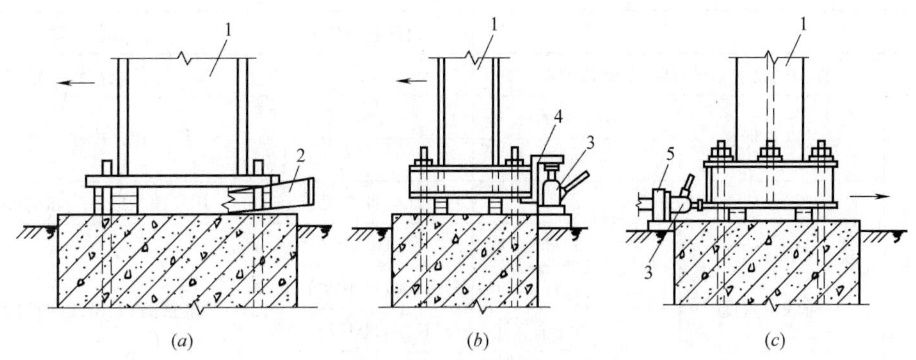

图 12-14 钢柱的校正

(a)、(b) 用钢楔、千斤顶校正垂直度；(c) 用千斤顶校正位移

1—钢柱；2—钢楔；3—小型液压千斤顶；4—工字钢顶架；5—千斤顶托座

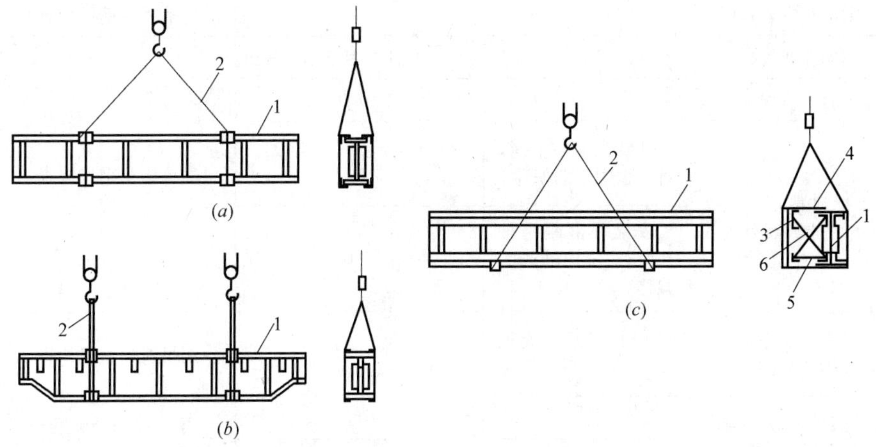

图 12-15 钢吊车梁的吊装绑扎

(a) 单机起吊绑扎；(b) 双机抬吊绑扎；(c) 单机起吊组合绑扎吊装

1—钢吊车梁；2—吊索；3—侧面桁架；4—上平面桁架及走台；5—底面桁架；6—斜撑

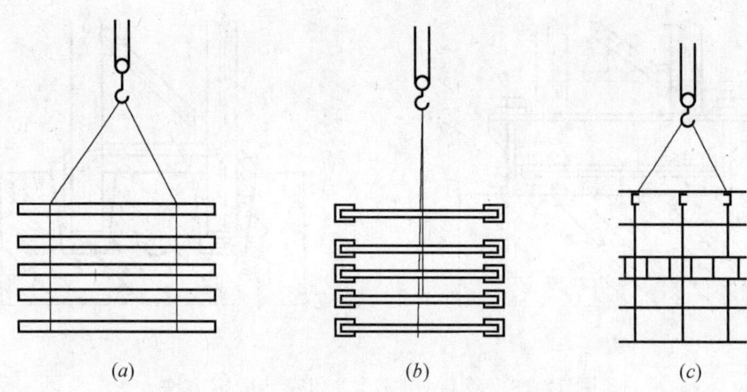

图 12-16　钢檩条、拉杆、墙架安装

(*a*) 檩条一钩多吊；(*b*) 拉杆一钩多吊；(*c*) 墙架成片吊装

单层钢结构中钢柱安装允许偏差　　表 12-70

项次	项目			允许偏差(mm)	检验方法
1	柱脚底座中心线对定位轴线的偏差			5.0	用吊线和钢尺检查
2	柱基准点标高	有吊车梁的柱		+3.0,−5.0	用水准仪检查
		无吊车梁的柱		+5.0,−8.0	
3	弯曲矢高			H/1200,且不大于 15.0	用经纬仪或柱线和钢尺检查
4	柱轴线垂直度	单层柱	$H\leqslant 10$m	H/1000	用经纬仪或吊线和钢尺检查
			$H>10$m	H/1000,且不大于 25.0	
		多节柱	单节柱	H/1000,且不大于 10.0	
			柱全高	35.0	

注：H—钢柱高度

钢吊车梁安装的允许偏差　　表 12-71

项次	项目		允许偏差(mm)	检验方法
1	梁的跨中垂直度		h/500	用吊线和钢尺检查
2	侧向弯曲矢高		l/1500,且不大于 10.0mm	用拉线和钢尺检查
3	垂直上拱矢高		10.0	
4	两端支座中心位移	安装在钢柱上时，对牛腿中心的偏移	5.0	
		安装在混凝土柱上时,对定位轴线的偏移	5.0	
5	吊车梁支座加劲板中心与柱子承压面加劲板中心的偏差		t/2	用吊线和钢尺检查
6	同跨间内同一侧截面吊车梁顶面高差	支座处	10.0	用经纬仪、水准仪和钢尺检查
		其他处	15.0	
7	同跨间内同一侧横截面下柱式吊车梁底面高差		10.0	同经纬仪、水准仪和钢尺检查

续表

项次	项目		允许偏差(mm)	检验方法
8	同列相邻两柱间吊车梁顶面高差		l/1500,且不大于 10.0	用水准仪和钢尺检查
9	相邻两吊车梁接头部位	中心错位	3.0	用钢尺检查
		上承式顶面高差	1.0	
		下承式底面高差	1.0	
10	同跨间任一截面的吊车梁中心跨距		±10.0	有经纬仪和光电距仪检查;跨度小时可用钢尺检查
11	轨道中心对吊车架腹板轴线的偏差		±2	用吊线和钢尺检查

注：h—钢吊车梁截面高度；l—吊车梁跨度；t—吊车梁腹板厚度。

钢屋（托）架、桁架、梁及受压杆件垂直度和侧向弯曲矢高的允许偏差　　表 12-72

项次	项目	允许偏差(mm)		图　例
1	跨中的垂直度	h/250,且不应大于 15.0		
2	侧向弯曲矢高 f	l≤30m	l/1000,且不应大于 10.0	
		30m<l≤60m	l/1000,且不应大于 30.0	
		l>60m	l/1000,且不应大于 50.0	

12.9.3 钢结构高层建筑安装

钢结构高层建筑安装方法　　表 12-73

项次	项目	安装方法要点
1	钢结构体系和安装顺序	(1)钢结构高层建筑(多层建筑,下同)体系有框架体系、框架剪力墙体系、框筒体系、组合筒体系、交错钢桁架体系等多种,应用较多的是前两种,主要由框架柱、主梁、次梁及剪力板(支撑)等组成。钢结构用于高层建筑具有强度高,结构轻,层高大,抗震性能好,布置灵活,节约空间,建造周期短,施工速度快等优点;但用钢量较大,防火要求高,工程造价较昂贵 (2)近年来在高层建筑中还发展了一种钢-混凝土的组合结构,常用的有组合框筒体系(外部为钢筋混凝土-框筒、内部为钢框架)、混凝土核心筒支撑体系(核心为钢筋混凝土筒、周围为钢框架)、组合钢框架体系(用混凝土包裹钢柱和钢梁,并采用钢筋混凝土楼板)、墙板支撑的钢框架体系(用与钢框架有效连接钢筋混凝土墙板等作为钢框架的支撑)等 (3)安装多采用综合吊装法,其吊装顺序一般是:平面内从中间的一个节间开始,以一个节间的柱网为一个吊装单元,先吊装柱,后吊装梁,然后往四周扩展垂直方向由下向上,组成稳定结构后,分层安装次要构件,一节间一节间钢框架,一层楼一层楼安装完成(图 12-17),这样有利于消除安装误差累积和焊接变形,使误差减低到最少限度

续表

项次	项目	安装方法要点
2	钢柱的安装校正与固定	(1)安装前，先做好柱基的准备，进行找平，弹纵横轴线，设置基础标高块(图 12-18*a*)，标高块的强度应不低于 30N/mm^2；顶面埋设 12mm 厚钢板，并检查预埋地脚螺栓位置和标高 (2)钢柱多用宽翼工字形或箱形截面，前者用于高 6m 以下柱子，多用焊接 H 型钢，型号为 300×200～1200×600(mm)，翼缘板厚为 10～14mm，腹板厚度为 6～25mm；后者多用于高度较大的高层建筑柱，截面尺寸为 500×500～700×700(mm)，钢板厚 12～30mm。为充分利用吊车能力和减少连接，一般制成 3～4 层一节，节与节之间用坡口焊连接，一个节间的柱网必须安装二层的高度后再安装相邻节间的柱 (3)钢柱的安装，根据柱子重量高度情况采用单机吊装或双机抬吊。单机吊装时，需在柱根部垫以垫木，用旋转法起吊，防止柱根拖地和碰撞地脚螺栓，损坏丝扣；双机抬吊多采用递送法，吊离地面后，在空中进行回直(图 12-19)。柱子吊点在吊耳处(制作时预先设置，吊装完割去)，钢柱吊装前，预先在地面挂上操作挂筐、爬梯等 (4)钢柱就位后，立即对垂直度、轴线、牛腿面标高进行初校，安设临时螺栓，然后卸去吊索。钢柱上、下接触面间的间歇一般不得大于 1.5mm，如间隙在 1.6～6.0mm 之间，可用低碳钢的垫片垫实间隙，柱间间距偏差可用液压千斤顶与钢楔，或倒链与钢丝绳或缆风绳进行校正(图 12-20) (5)在第一节框架安装、校正、螺栓紧固后，即应进行底层钢柱柱底灌浆(图 12-18*b*)。先在柱脚四周立模板，将基础上表面清洗干净，清除积水，然后用高强度聚合砂浆从一侧自由灌入至密实，灌浆后，用湿草袋或麻袋护盖养护 (6)由于日照、焊接等温度变化引起的热影响会对构件伸缩和弯曲引起变化，在结构安装校正时，应采取相应的措施
3	钢梁和剪力板的安装、校正与固定	(1)安装前对梁的型号、长度、截面尺寸和牛腿位置、标高进行检查。装上安全扶手和扶手绳(就位后拴在两端柱上)；在钢梁上翼缘处适当位置开孔作为吊点 (2)安装用塔式起重机进行，主梁一次吊 1 根，两点绑扎起吊。次梁和小梁可采用多头吊索一次吊装数根，以充分发挥吊车起重能力。有时也可将梁和柱在地面组装成排架进行整体吊装，以减少高空作业，保证了质量，加快了吊装进度 (3)安装框架主梁时，要根据焊缝收缩量预留焊缝变形量。安装主梁时，对柱子的垂直度进行监测，除监测主梁的两端柱子垂直度变化外，还要监测相邻与主梁连接的各根柱子的垂直度变化情况，以保证柱子除预留焊缝收缩值外，各项偏差均符合规范要求 (4)当一节钢框架吊装完毕，即需对已吊装的柱、梁进行误差检查和校正。对于控制柱网的基准柱用线锤或激光仪观测，其他柱根据基准柱用钢卷尺量测，校正方法同单层工业厂房钢柱 (5)梁校正完毕，用高强螺栓临时固定，再进行柱校正，紧固连接高强螺栓，焊接柱节点和梁节点，进行超声波检验 (6)当一节柱的各层梁安装完毕，宜立即安装本节范围内的各层楼梯，并铺设各层楼面的压型钢板 (7)进行钢结构安装时，楼面上堆放的施工荷载，不得超过钢梁和压型钢板的承载能力 (8)墙剪力板的吊装在梁柱校正固定后进行，板整体组装校正检验尺寸后从侧向吊入(图 12-21)，就位找正后用螺栓固定
4	构件之间的连接固定	(1)钢柱之间常用坡口电焊连接。主梁与钢柱的连接，一般上下翼缘用坡口电焊连接，而腹板用高强螺栓连接。次梁与主梁的连接基本是在腹板处用高强螺栓连接，少量再在上、下翼缘处用坡口电焊连接(图 12-22) (2)焊接顺序，在上节柱和梁经校正和固定后，进行接柱焊接。柱与梁的焊接顺序：先焊接顶部柱、梁节点，再焊接底部柱、梁节点，最后焊接中间部分的柱、梁节点

续表

项次	项目	安装方法要点
4	构件之间的连接固定	(3)坡口电焊连接应先做好准备(包括焊条烘焙、坡口检查、电弧引入、引出板和钢垫板并点焊固定)、焊接口预热。柱与柱的对接焊接,采用二人同时对称焊接(图 12-23),柱与梁的焊接,亦应在柱的两侧对称同时焊接,以减少焊接变形和残余应力 (4)对于厚板的坡口焊,底层多用 ϕ4mm 焊条焊接,中间层可用 ϕ5 或 ϕ6 焊条,盖面层多用 ϕ5 焊条,三层应连续施焊,每一层焊完后及时清理。盖面层焊缝搭坡口两边各 2mm,焊缝余高不超过对接焊件中较薄钢板厚的 1/10,但也不应大于 3.2mm。焊后如气温低于 0℃以下,要用石棉布保温,使焊缝缓慢冷却 (5)焊缝质量检验均按二级检验 (6)高强螺栓连接的一般要求见表 12-54。两个连接构件的紧固顺序是:先主要构件,后次要构件。工字形构件的紧固顺序是:上翼缘→下翼缘→腹板。同一节柱上各梁、柱节点的紧固顺序是:柱子上部的梁柱节点→柱子下部的梁、柱节点、柱子中部的梁柱节点。每一节点安设紧固高强螺栓顺序是:摩擦面处理→检查安装连接板(对孔、扩孔)→高强螺栓紧固→初拧→终拧。其具体方法要求见表 12-54 (7)为保证质量,对紧固高强螺栓的电动扳手要定期校验,对终拧用电动扳手紧固的高强螺栓,以螺栓尾部是否拧掉作为验收标准。对用测力扳手紧固的高强螺栓,仍用测力扳手检查其是否紧固到规定的终拧扭矩值。抽查率为每节点处高强螺栓量的 10%,但不少于 1 枚,如有问题,应及时返工处理 (8)高层钢结构安装的允许偏差,见表 12-74
5	楼面压型钢板安装	(1)高层钢结构建筑的楼面一般均为钢—混凝土组合结构,而且多数系用压型钢板与钢筋混凝土组成的组合楼层,其构造、形式为:压型板+栓钉+钢筋+混凝土。这样楼层结构由栓钉将钢筋混凝土压型钢板和钢梁组合成整体。压型钢板系用 0.7 和 0.9mm 两种厚度镀锌钢板压制而成,宽 640mm,板肋高 51mm。在施工期间同时起永久性模板作用,可避免漏浆并减少支拆模板工作,加快施工速度,压型板在钢梁上搁置情况如图 12-24 所示。栓钉是组合楼层结构的剪力连接件,用以传递水平荷载到梁柱框架上,它的规格、数量按楼面与钢梁连接处的剪力大小确定。栓钉直接有 13、16、19、22(mm)4 种。栓钉的规格焊接药座和焊接参数见表 12-48 (2)铺设时变截面梁处,一般从梁中向两端进行,至端部调整补缺;等截面梁处则可从一端开始,至另一端调整补缺。压型板铺设后,将两端点焊于钢梁翼缘上,并用专用 YS-2230 型焊枪进行剪力栓焊接。因结构梁是由钢梁通过剪力栓与混凝土楼面结合而成的组合梁,在浇捣混凝土并达到一定强度前抗剪强度和刚度较差,为解决钢梁和永久模板的抗剪强度不足,以支承施工期间楼面混凝土的自重,通常需设置简单钢管排架支撑或桁架支撑,如图 12-25 所示,采用连续四层楼面支撑的方法,使四个楼面的结构梁共同支撑楼面混凝土的自重 (3)楼面施工程序是由下而上,逐层支撑,顺序浇筑。施工时钢筋绑扎和模板支撑可同时交叉进行,混凝土采用泵送方法进行浇筑

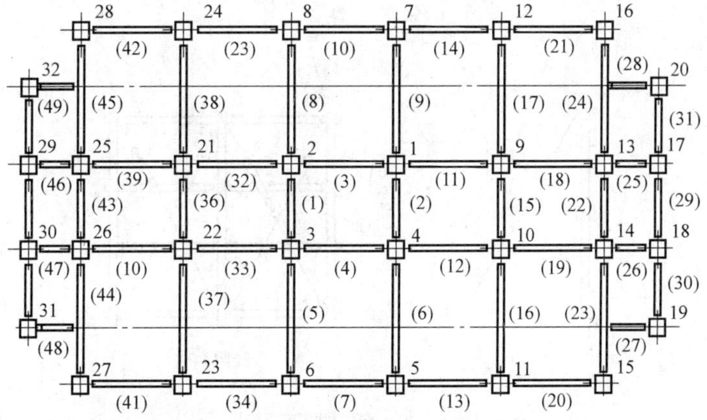

图 12-17 高层钢结构柱、主梁安装顺序

1、2、3……钢柱安装顺序;(1)、(2)、(3) ……钢梁安装顺序

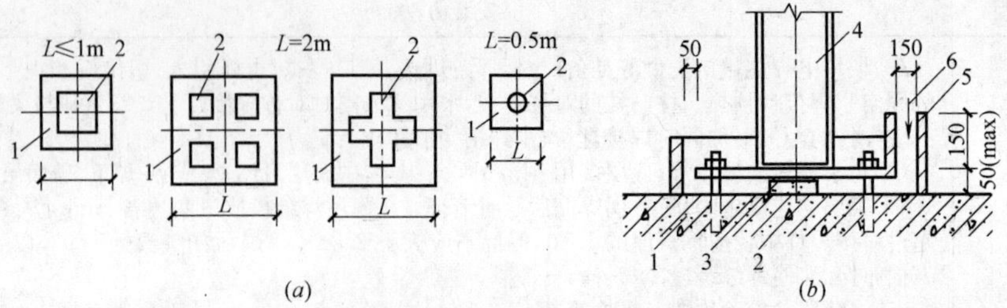

图 12-18　基础标高块设置及柱底二次灌浆

（a）基础标高块的设置；（b）柱底板二次灌浆

1—基础；2—标高块（无收缩水泥浆）；3—12mm 厚钢板；4—钢柱；5—模板；6—砂浆浇灌入口

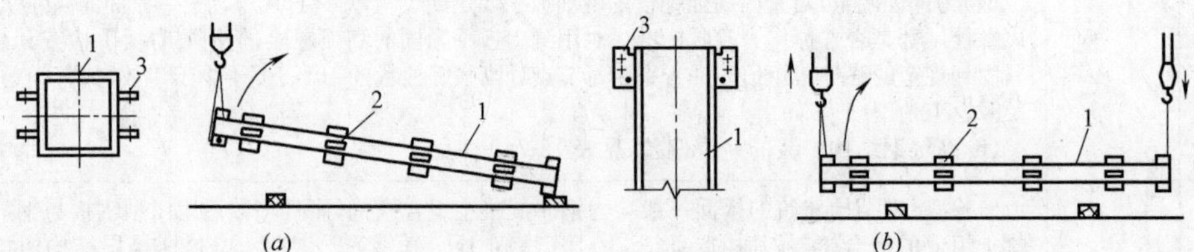

图 12-19　钢柱起吊方法

（a）单机起吊；（b）双机抬吊

1—钢柱；2—连接钢梁；3—吊耳

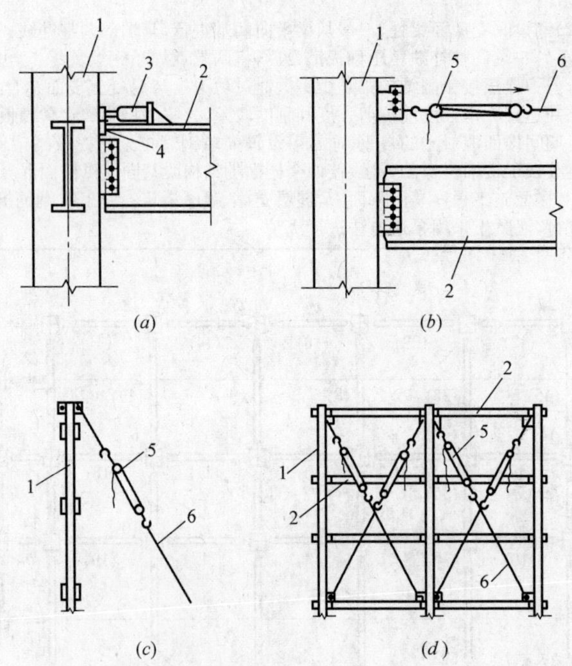

图 12-20　钢柱校正方法

（a）千斤顶与钢楔校正法；（b）捯链与钢绳校正法；（c）单柱用缆风绳校正法；（d）群柱用缆风绳校正法

1—钢柱；2—钢梁；3—100kN 液压千斤顶；4—钢楔；5—20kN 捯链；6—钢丝绳

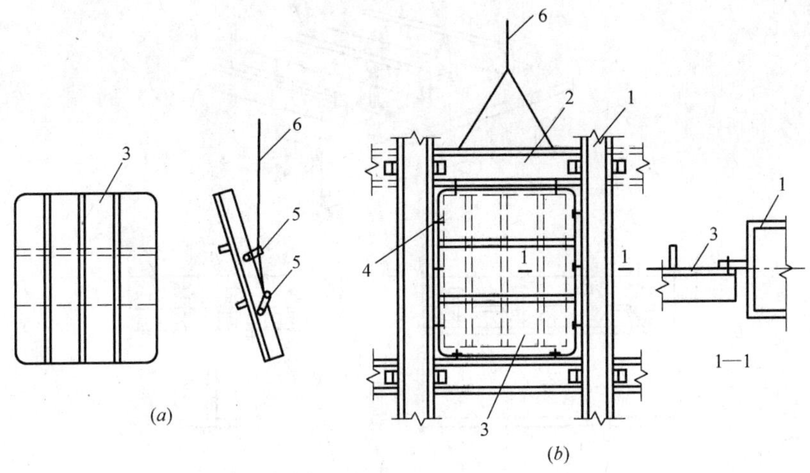

图 12-21 剪力板安装

（a）侧向安装；（b）与框架梁组合安装

1—钢柱；2—钢梁；3—剪力板；4—安装螺栓；5—卡环；6—吊索

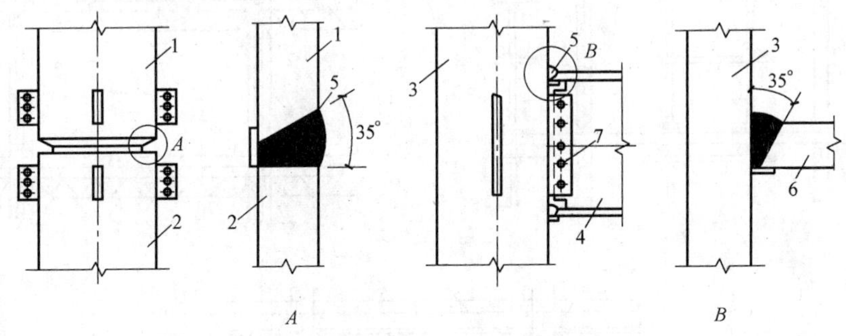

图 12-22 上柱与下柱、柱与梁连接构造

1—上节钢柱；2—下节钢柱；3—柱；4—主梁；5—焊缝；6—主梁翼板；7—高强度螺栓

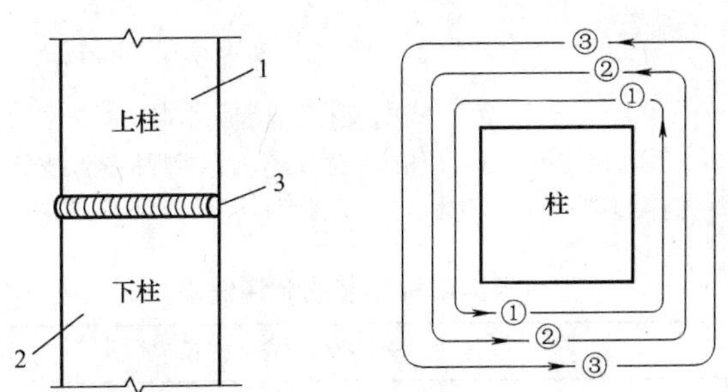

图 12-23 柱与柱一条焊缝的焊接顺序

1—上柱；2—下柱；3—焊缝；①、②、③—焊缝起点顺序

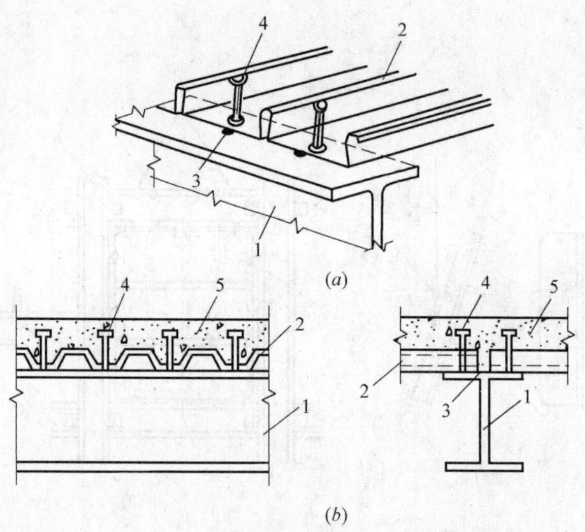

图 12-24　压型钢板搁置在钢梁上

1—钢梁；2—压型板；3—点焊；4—剪力栓；5—楼板混凝土

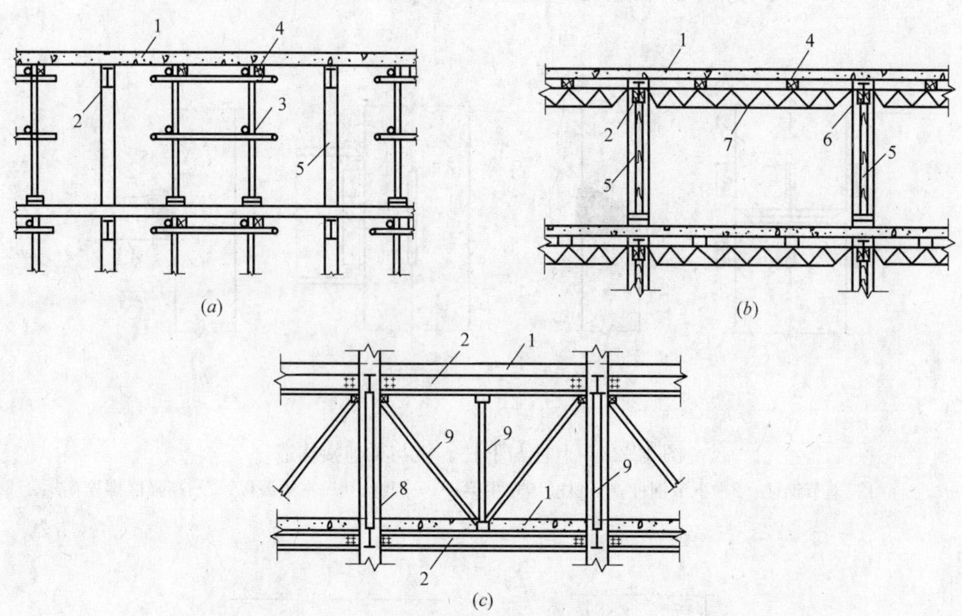

图 12-25　楼面支撑压型板形式

(a) 用排架支撑；(b) 用桁架支撑；(c) 钢梁焊接桁架支撑

1—楼板；2—钢梁；3—钢管排架；4—支点木；5—梁顶撑；6—托撑；7—钢桁架；8—钢柱；9—腹杆

高层钢结构安装的允许偏差　　**表 12-74**

项次	项目	允许偏差(mm)	检验方法
1	底层柱柱底轴线对定位轴线偏移	5.0	

续表

项次	项目	允许偏差(mm)	检验方法
2	柱子定位轴线	1.0	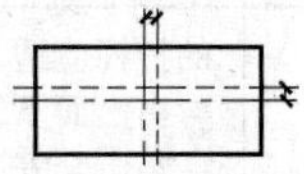
3	单节柱的垂直度	h/1000,且不大于10.0	
4	下柱连接处的错口	3.0	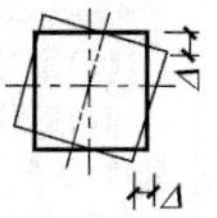
5	同一层柱的各柱顶高度差Δ	5.0	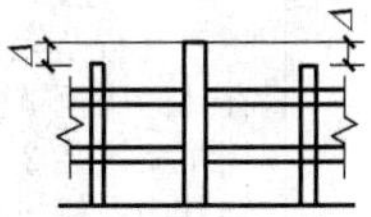
6	同一根梁两端顶面的高差Δ	l/1000,且不大于10.0	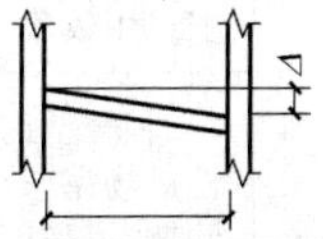
7	主梁与次梁表面的高差Δ	±2.0	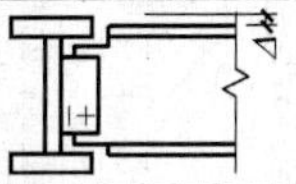

注：h—单节柱高度；l—梁的跨度。

12.10 轻型钢结构制作与安装

12.10.1 轻型钢结构房屋安装

钢结构轻型房屋安装方法 **表12-75**

项次	项目	安装方法要点
1	结构构造、特点	(1)钢结构轻型房屋(包括厂房、仓库,下同)主体结构柱子多采用工字形实腹柱或型钢组合柱,屋架采用三角形或棱形钢屋架或人字式钢梁组合屋架,屋面和围护墙采用槽钢或Z形钢檩条和墙梁,用钢筋拉结,外表挂镀锌压型板或铝合金压型板(图12-26a)。钢构件之间用普通螺栓连接;屋面板用钩头螺栓连接;墙板用铝铆钉铆接 (2)钢结构轻型房屋具有结构、构造简单,装拆容易,省钢材,制作运输方便,可使用轻型机具安装,施工期短,造价低等特点,在国内得到广泛应用
2	主体结构安装方法	(1)轻型钢结构房屋在安装前,要检查和校正构件相互之间的关系尺寸、标高和构件本身安装孔的关系尺寸;检查构件的局部变形,如发现问题,在地面预先矫正或妥善解决 (2)吊装时要采取适当措施,防止产生过大的弯扭变形,选择好吊点,并垫好吊索与构件的接触部位,以免损伤构件 (3)吊装过程中不宜利用已安装就位的轻钢构件起吊其他重物,以免引起局部变形,不得在主要受力部位加焊其他构件 (4)轻型钢结构单层房屋由于构件自重轻,安装高度不大,多采用自行式(履带式、汽车式)起重机安装;安装方法可采用综合安装法或组合安装法: 1)综合安装法: 系按一节间一节间从下到上,一件一件地进行安装。安装顺序是:柱→柱间墙梁→拉结条→屋架(或组合屋面梁)→屋架间水平支撑→檩条、拉结条→压型屋面板→压型墙板。 构件采用汽车式起重机垂直起吊就位安装、校正后,构件间用螺栓固定;墙梁、檩条间及上弦水平支撑

续表

项次	项目	安装方法要点
2	主体结构安装方法	的拉杆应适当预张紧，在屋架与檩条安装完后拉紧，以增加墙面和屋面刚度。屋盖系统构件安装完后，再由上而下铺设屋面、墙面压型板，压型板吊装用扁担式吊具成捆送到屋面檐口铺设，要求紧密不透风 2)组合安装法： 系每两根柱和每两榀屋架一组进行预组装，将墙梁，檩条、拉条、屋面板安上，采取一节间隔一节间整体安装就位 安装前，在跨内地面错开一个节间预组装屋盖，在跨外两侧地面组装柱和墙梁，平面布置如图 12-26*b*。对 1-2、3-4、5-6、7-8 节间屋盖，采取在跨内整体组装；对 2-3、4-5、6-7……节间屋盖在跨外半跨组装，1-2、3-4、5-6、7-8 每两柱间为一组，均将螺栓拧紧 (5)吊装多用 YQ20 液压汽车式起重机。先将 1-2 线、*A*、*B* 列柱墙分别立起就位，在柱头上挂专用钢吊篮，以作高空校正屋面梁(屋架)，安装紧固螺栓之用。柱立起后用测量仪器校正，垫平柱脚，并将基础螺栓拧紧固定 (6)屋盖采用四点绑扎起吊，屋盖一端设牵引绳，吊起就位后随即对正、拧紧螺栓，即可卸钩、落杆，起重机开行至第二节间，同法吊第三节间柱排和屋盖，如此顺序前进直至全部完成，每两组钢柱立起后应在其间用捯链立即安上 2～3 根墙梁，以保持排架纵向稳定。跨内吊完，起重机再转入跨外两侧，采用专用吊架吊装 2、4、6 节间的半榀屋盖(图 12-27)，当操作允许时，亦可在跨内与吊装整榀屋架的同时，先吊装其中一侧半跨屋面。本法可减少高空作业，发挥起重机效率，减轻劳动强度，加快进度，保证安全，一般采用较多
3	屋面及墙面压型钢板安装	(1)轻型钢结构单层房屋层面及墙面围护大多采用压型钢板，对小型工程，压型钢板及其配件需一次性进场完毕，对大型工程，材料须按施工组织计划协商分批供应。对使用大于 12m 的特长板，由于运输问题，可采用现场加工压型板 (2)板材安装前，应先设计出排板图，然后按排板图在屋面檩条上或墙梁上放线标定出起始点及板宽度线 (3)板材的吊装可用汽车吊塔吊、卷扬机或人工提升等方法，应视工程规模，工期长短、机械供应情况等确定 (4)将提升到屋面的板材按排板起始线放置，检查无误后，用紧固件(自攻螺栓和拉铆钉)紧固两端头，再安装第二块板，其安装顺序自左(右)至右(左)，后自下而上，依次全面展开。安装完后的屋面应及时检查有无遗漏紧固点，对保温屋面，应将屋脊处用保温材料填满。墙面安装一般在可行走的多层作业台上进行 (5)压型板安装过程中，对板面切割和钻孔中产生的铁屑及其他铁丝、铁钉等必须及时清除，不得过夜，以免污染板面

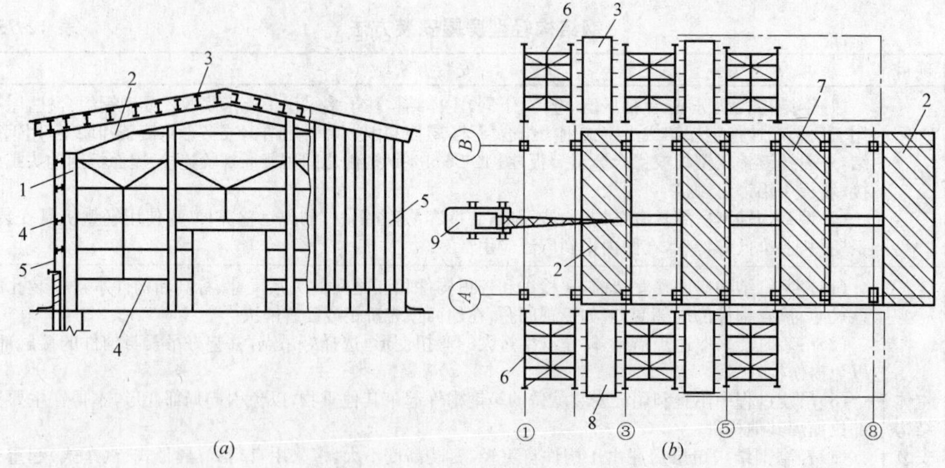

图 12-26 轻型钢结构房屋构造与整体安装柱子及屋盖布置

(*a*) 房屋构造；(*b*) 柱子及屋盖布置

1—H 型钢柱；2—H 型钢梁；3—Z 型薄壁型钢檩条；4—Z 形薄壁型钢横梁；
5—镀锌或铝合金压型板；6—已组装柱；7—整体组装的屋盖；8—已组装和半榀屋盖；9—汽车式起重机

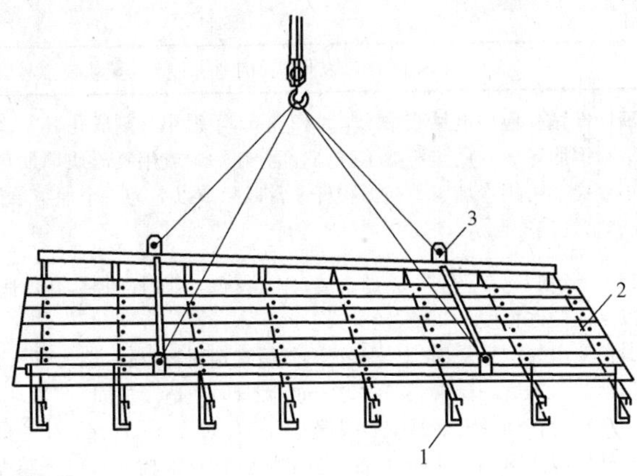

图 12-27 半榀屋架整体安装

1—轻钢檩条；2—压型板；3—专用吊架

12.10.2 小型轻型钢结构制作与安装

小型轻型钢结构组成、形式、构造和制作、安装要点 表 12-76

项次	项目	组成、形式、构造和制作、安装要点
1	构件组成、形式、构造、特点及应用	(1)小型轻型钢结构系采用小型截面角钢(小于∟ 45×4mm 的等肢角钢或小于∟ 56×36×4mm 的不等肢角钢)、钢管、钢筋和薄钢板等材料组成的简易钢结构，其构件包括轻型钢屋架、檩条、柱等 (2)用于作轻型厂房、仓库时，主体结构为人字式钢梁屋架、工字形实腹柱；屋面和四周墙体均布檩条和墙梁，外表面挂镀锌压型板(图 12-28) (3)构件形式：轻型钢屋架形式有芬克式、三铰拱式及梭形等(图 12-28*a*、*b*、*c*)，上弦采用小型双角钢；下弦、腹杆用圆钢筋或小型单角钢；钢梁屋架多用薄钢板组焊成 H 型钢(图 12-26)；轻型檩条、墙梁和托架截面为工字形、Z 型或梭形(图 12-28*d*)，跨度 4.0～4.8m，对压弯杆件多用小型角钢、薄壁型钢、小型槽钢；拉杆和压力很小的杆件用圆钢筋；立柱用型钢、钢管或 H 型钢，下焊底座，上焊柱头 (4)节点构造：常用节点构造如图 12-29，轻型结构的桁架在节点处应使杆件重心线交会于一点，圆钢与圆钢、圆钢与钢板(或型钢)之间的贴角焊缝厚度，不应小于 0.12 倍直径(当焊接的两圆钢直径不同时，取平均值或 3mm)，并不大于 1.2 倍钢板厚度，计算长度不应小于 20mm。构件的最小尺寸：钢板厚度不宜小于 4mm；圆钢筋直径：对屋架杆件为 12mm；檩条杆件和檩条间拉条为 8mm，支撑杆件为 16mm (5)轻型钢结构具有取材方便，结构轻巧美观，用钢量少($8～15kg/m^2$)；制作和安装可用较简单轻型设备，运输方便(可用人工搬运)、装拆容易、快速，造价较低等特点 (6)适用于作简易住宅、加工房跨度不大于 18m、起重量不大于 5t 的轻、中级工作制天车的轻型工业厂房及仓库以及工地用的支承工具托架等。芬克式和三铰拱式轻型钢屋架用于斜坡轻型屋面；梭形轻型钢屋架用于平屋面
2	结构零件加工	(1)轻型型钢和圆钢，在运输、堆放过程中常产生弯曲或翘曲变形，配料前应矫直、整平 (2)矫正一般用顶撑、杠杆压力机或顶床，并加模垫使其达到合格要求 (3)放样号料应在平整平台或平整水泥地面上进行。平台常用钢板搭设，要求稳固，高差不大于 3mm (4)以 1∶1 的尺寸放样，要求具有较高精度。桁架的杆件重心线，在节点处应交于一点，以避免偏心，影响承载力。上下弦应同时起拱，竖腹杆尺寸保持不变，并按放样尺寸用铁皮(或油毡纸)制作样板，或用铁皮(扁铁)制作样杆 (5)号料时要根据杆件长度留出 1～4mm 的切割余量。号料允许偏差：长度 1mm，孔距 0.5mm (6)切割宜用冲剪机、无齿锯或砂轮锯等进行。特殊形状可用氧乙炔气割，宜用小口径喷嘴，端头要求打磨，整修平整，并打坡口

续表

项次	项目	组成、形式、构造和制作、安装要点
2	结构零件加工	(7)杆件钻孔应用电钻或钻床借钻模制孔,不得用气割成孔 (8)圆钢筋弯曲宜用热弯加工,弯曲部分在炉中或用氧乙炔焰加热至900～1000℃后锻打成型;小直径亦可用冷加工。蛇形腹杆通常以两节以上为一个加工单件,以保证平整和减少节点焊缝和结构偏心
3	结构装配	(1)桁架组装应在坚实平整的拼装台上进行。宜放样组装,并焊适当定位钢板(型钢)或用胎模,以保证构件精度 (2)桁架组装顺序是:先上、下弦杆,然后连接腹杆,最后端支座。双角钢桁架,先按放样将一面组装焊好,然后翻身组装并焊另一面,翻身时应适当加固 (3)组装时在构件表面的中心线偏差不得超过3mm,连接孔中心的误差不得大于2mm (4)杆件截面由三根杆件组成的空间结构(如梭形桁架),可先装配成单片平面结构,然后用装配点焊进行组合 (5)组装接头的连接板必须平整,连接表面及沿焊缝位置每边30～50mm范围内的铁锈毛刺和污垢、油污必须清除干净 (6)工字柱组装,腹板应修边,装配时与翼板之间的缝隙要顶紧,用夹具夹紧,用定位点焊临时固定后再进行下道工序
4	结构焊接	(1)焊接一般宜用小直径焊条(2.5～3.5mm)和较小电流进行,防止发生咬肉和焊透等缺陷。当有多种焊缝时,相同电流强度焊接的焊缝宜同时焊完,然后调整电流强度焊另一种焊缝 (2)焊接次序宜由中央向两侧对称施焊,对焊缝不多的节点,应一次施焊完毕,并不得在焊缝以外的构件表面和焊缝的端部起弧和灭弧 (3)对于檩条等小构件,可使用一些辅助固定卡具或夹具、或辅助定位板,以保证结构的几何尺寸正确 (4)焊接斜梁的圆钢腹杆与弦杆连接焊缝时,应尽量采用围焊,以增加焊缝长度,避免或减少节点的偏心 (5)工字形柱的腹板对接头,要坡口等强焊接,焊透全截面,腹板与翼缘板接头应错开200mm,焊口必须平直,工字形柱的四条焊缝应按工艺顺序一次焊完,焊缝高度一次焊满成形 (6)焊接时应采取预防变形措施,参见表12-41
5	结构安装工艺方法	(1)屋盖系统的安装顺序一般是:屋架→屋架垂直支撑→檩条、檩条拉条→屋架间水平支撑→轻型屋面板。逐节间,逐件地进行安装 (2)屋盖构件可用独脚桅杆或轻型吊车垂直起吊和就位,构件起吊应根据情况采取辅助吊架、多点绑扎或加固措施,以保证不变形 (3)安装时檩条的拉杆应先预张紧,以增加屋面刚度,并传递屋面荷载,但应避免过紧,而使檩条侧向变形。屋架上弦水平支撑应在屋架与檩条安装完后拉紧,以增强屋盖刚度 (4)当吊车的起重高度起重量满足要求时,亦可用整体安装法,可每两榀屋架一组预组装,将支撑檩条、屋面板安上,采取一节间隔一节间整体吊装就位,以提高吊车和安装效率。两组整体屋盖间,组装半榀屋盖,在跨外两侧吊装 (5)屋盖系统构件安装完后,应将现场焊缝接头检查一遍,点焊和漏焊的安装焊缝应补焊或修正,然后由上而下铺设轻型屋面板,要求紧密不透缝 (6)现场安装成品的堆放、保护和结构防腐处理同普通钢结构(略)
6	质量要求	(1)钢材材质、型号和焊条的选用应符合设计要求 (2)焊缝表面要求光滑平整。焊接过程中造成的焊缝尺寸不够、咬肉、弧坑、漏焊、缺欠应予补焊;裂缝、夹渣、焊瘤、烧穿、针状气孔和熔合性飞溅等缺陷应予返修重焊,焊疤应铲磨平整。处理后表面缺陷的深度不得大于材料厚度的公差范围 (3)留孔应正确,位置偏差:组内为1.5mm,安装孔距为3mm;孔直径偏差:ϕ10～ϕ18mm时,0,+0.18mm;ϕ18～ϕ30mm时为+0.21,0mm (4)构件几何尺寸正确,尺寸允许偏差应符合"钢结构工程施工质量验收规范(GB 50205—2001)"的要求

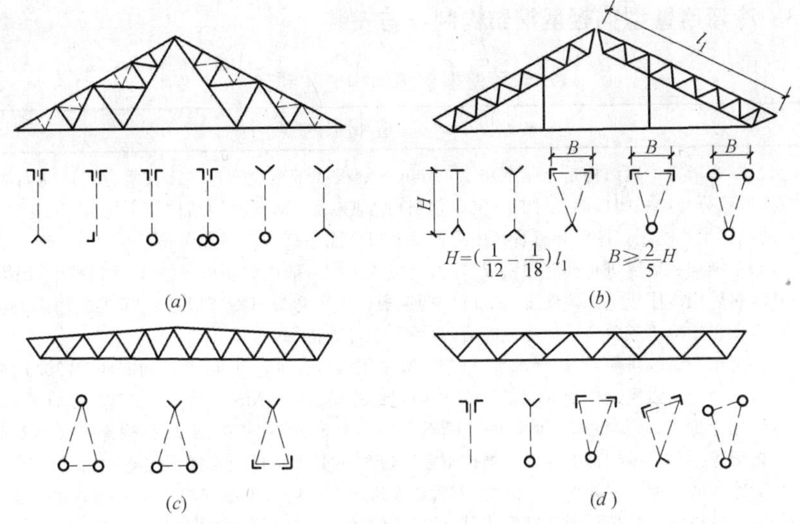

图 12-28 轻型钢屋架、檩条和托架

(*a*) 芬克式轻型钢屋架；(*b*) 三铰拱式轻型钢屋架；
(*c*) 棱形轻型钢屋架；(*d*) 轻型檩条和托架

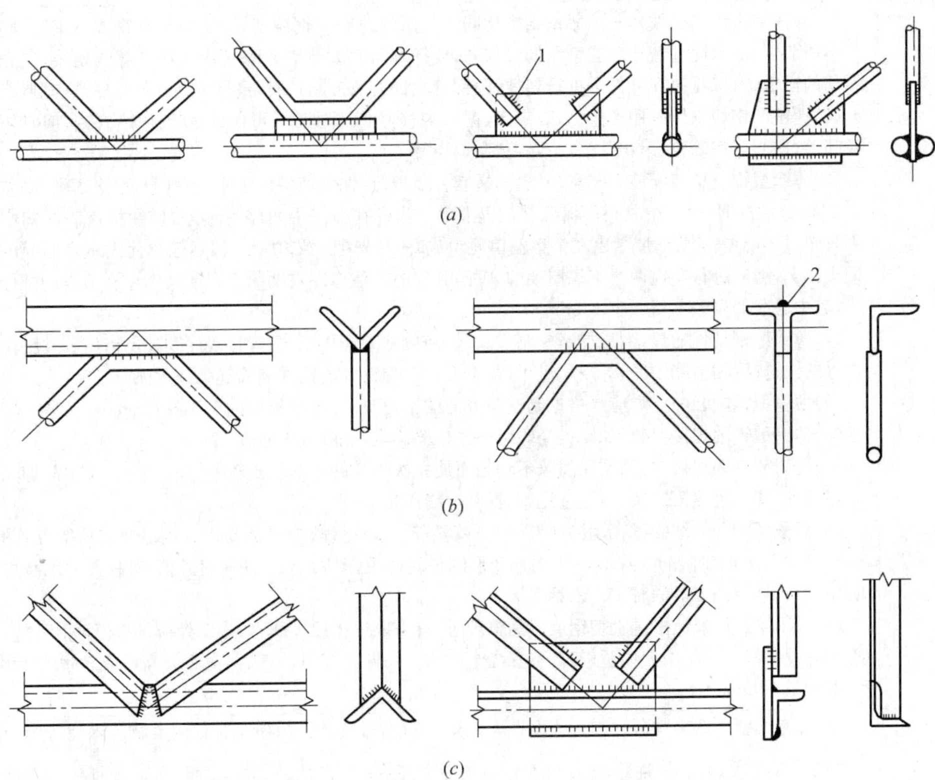

图 12-29 轻型钢屋架节点构造

(*a*) 圆钢与圆钢的连接构造；(*b*) 圆钢与角钢的连接构造；(*c*) 单肢角钢的连接构造
1—圆钢插入后焊接；2—二角钢相拼后焊接

12.10.3 冷弯薄壁型钢轻型钢结构制作与安装

冷弯薄壁型钢结构构造和制作 表 12-77

项次	项目	构造和制作要点
1	结构形式和构造要求	(1)冷弯薄壁型钢结构是指厚度在 2～6mm 的钢板或带钢经冷弯或冷拔等方式弯曲而成的型钢。其截面形状分开口和闭口两类(图 12-30),规格可参见《冷弯薄壁型钢结构技术规范》(GB 50018—2002)。目前钢厂生产的闭口圆管和方管是由冷弯的开口截面用高频焊焊接而成 (2)钢结构制造厂进行薄壁型钢成型时,钢板或带钢一般用剪切机下料,辊压机整平,用边缘刨床刨平边缘,然后用冷压成型。厚度 1～2mm 的薄钢板也可用弯板机冷弯成型。当要成型闭口矩形截面薄壁管时,大多用冷压或冷弯成槽形截面后,再用手工焊焊接拼合 (3)薄壁型钢的材质,当用于承重结构时,宜采用现行国家标准《碳素结构钢》(GB 700)中规定的 Q235 钢和《低合金高强度结构钢》(GB/T 1591)中规定的 Q345(16Mn) (4)用于檩条、墙梁的薄壁型钢的壁厚不宜小于 1.5mm;用于框架梁、柱构件的壁厚不宜小于 3mm。柱、桁架等主要受压构件的容许长细比不宜超过 150,其他构件及支撑不宜超过 200 (5)冷弯薄壁型钢屋架由薄壁圆管、方管或卷边角钢、槽钢、工形钢、T 形钢等组成的三角形屋架、梯形屋架、三铰拱屋架和棱形屋架等形式,按所采用的屋面材料和房屋使用要求而定。常用的薄壁圆管或方管组成的屋架,其节点多不用节点板,如图 12-31,在节点处,应使杆件重心线交汇于一点。檩条宜选用冷弯薄壁卷边 Z 型钢或冷弯薄壁卷边槽钢,当跨度大于 9m 时,宜采用桁架式檩条 (6)楼面常采用轻型热轧型钢梁、焊接和高频焊接钢梁或蜂窝梁通过连接件与压型钢板-混凝土组合楼板形成钢-混凝土组合梁板
2	构件制作要求	(1)薄壁型钢结构的放样与一般钢结构相同。常用的薄壁型钢屋架,不论用圆钢管或方钢管,其节点多不用节点板,因此构造比普通钢结构要求高,放样和号料要具有足够精度。管端部的划线,应先制成斜切的样板,直接覆盖在杆件上进行划线,圆钢管端部有弧形断口时,最好用展开的方法放样制成样板 (2)薄壁型钢切割最好用摩擦锯,效率高,锯口平整,如无摩擦锯,可用氧气-乙炔焰气割,但宜用小口径喷嘴,切割后用砂轮、风铲整修,清除毛刺、熔渣等 (3)薄壁型钢屋架装配应在坚实、平整的拼装台上进行,保证使构件重心线在同一水平面上,高差不大于 3mm。装配时一般先拼弦杆,保证其位置准确。腹杆在节点上可略有偏差,但在构件表面的中心线不宜超过 3mm。三角形屋架由三个运输单元组成时,可先把下弦中间一段运输单元固定在胎模的小型钢支架上,随后进行左右两个半榀屋架的装配,装配时应注意左右两个半榀屋架的屋脊节点的螺栓孔位置,其中心线的误差不得大于 1.5mm (4)薄壁型钢结构的焊接,应严格控制质量,焊前应熟悉焊接工艺、焊接程序和技术措施。并将焊接处附近的铁锈、污垢清除干净,焊条应烘干,并不得在非焊缝处的构件表面起弧或灭弧 (5)薄壁型钢的装配点焊应严格控制壁厚方向的错位,不得超过板厚的 1/4 或 0.5mm (6)薄壁型钢的焊接参数,如缺乏经验可通过试验确定,一般可参考表 12-78 (7)屋架节点的焊接,常因装配间隙不均匀而使一次焊成的焊缝质量较差,故宜采用二层焊,即先焊第一层,待冷却后再焊第二层,不使过热,以提高焊缝质量 (8)薄壁型钢和其结构件在运输和堆放时应轻吊轻放,尽量减少局部变形。规范规定薄壁方管的 $\delta/b \leqslant 0.01$,δ 为纵向量测的变形值,b 为局部变形的量测标距(图 12-32),如超过此值,对杆件的承载力会有明显影响,且局部变形的矫正也困难 (9)采用撑直机或锤击调直型钢或成品整理时,宜采取逐步顶撑调直,接触处应设垫模,如用锤击方法整理应设锤垫。成品用火焰矫正时,不宜浇水冷却。构件和杆件矫直后,挠曲矢高不应超过 1/1000,且不得大于 10mm
3	结构防腐蚀	(1)冷弯薄壁型钢构件必须进行表面处理,要求彻底清除铁锈、污垢及其他附着物。除锈等级应达到 Sa2 $\frac{1}{2}$～Ss3 或 St3。酸洗除锈,应除至钢材表面全部呈铁灰色为止,并应清除干净,保证钢材表面无残余酸液存在,酸洗后宜做磷化处理或涂磷化底漆 (2)防腐应根据具体情况选用金属保护层(表面合金化镀锌、镀铝锌等)、防腐涂料或复合保护(即金属保护层外再涂防腐涂料)等。防腐涂料底、面漆应相互配套。结构在使用期间应定期进行检查和维护。维护年限应根据结构使用条件、表面处理方法、涂料品种及漆膜厚度而定

冷弯薄壁型钢焊接参数 表 12-78

名称	钢板厚度(mm)	焊条直径(mm)	电流强度(A)	名称	钢板厚度(mm)	焊条直径(mm)	电流强度(A)
对接焊缝	1.5～2.0 2.5～3.5 4～5	2.5 3.2 4.0	60～100 110～140 160～200	贴角焊缝	1.5～2.0 2.5～3.5 4～5	2.5～3.2 3.2 4.0	80～140 120～170 160～220

注：1. 表中电流是按平焊考虑的，对于立焊、横焊和仰焊时的电流可比表中数字减少 10%左右。
2. 焊接 Q345 中 16Mn 时，电流要减少 10%～15%左右。
3. 不同厚度钢板焊接时，电流强度按薄的钢板选择。

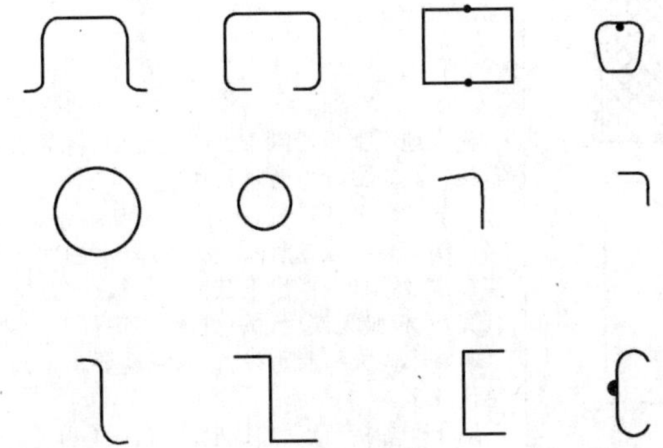

图 12-30 冷弯薄壁型钢截面形式

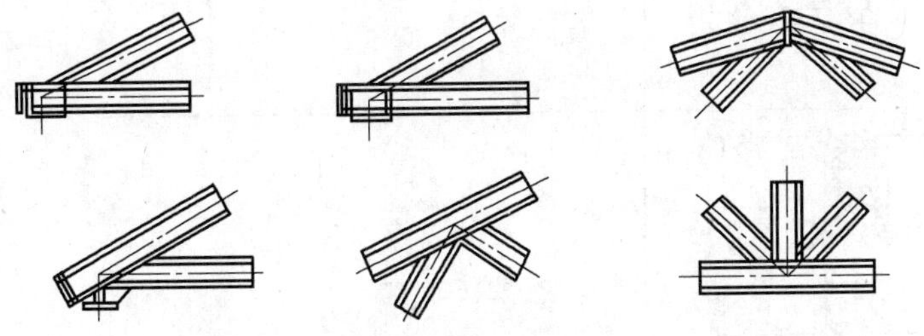

图 12-31 薄壁型钢圆管或方管屋架节点构造

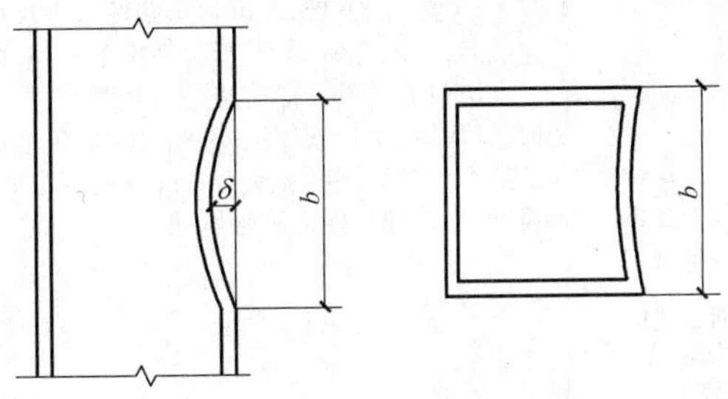

图 12-32 局部变形

12.11　大跨度钢结构安装

12.11.1　大跨度钢网架屋盖结构安装

12.11.1.1　钢网架分件安装法

大跨度钢网架屋盖结构分件安装方法　　**表 12-79**

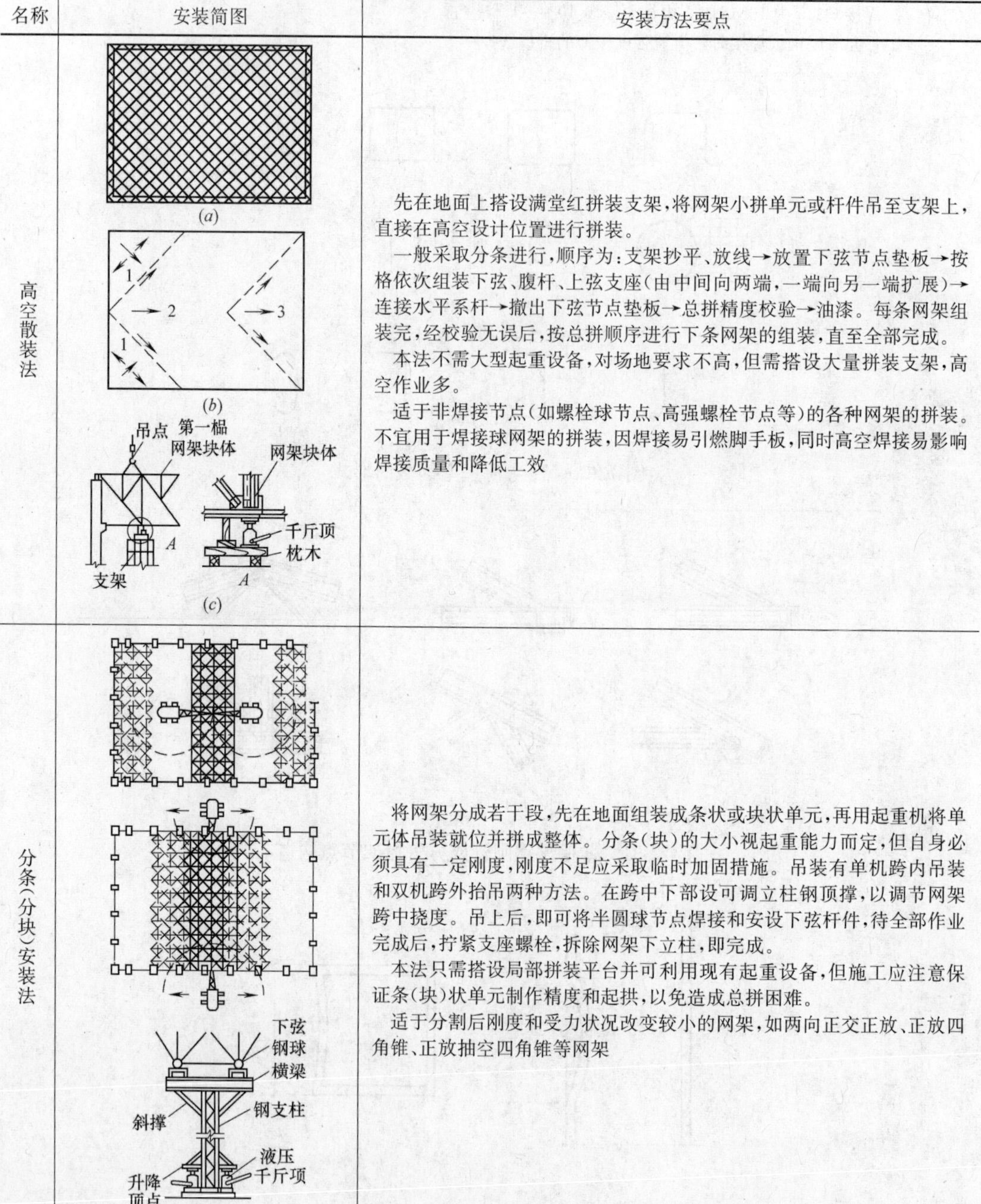

名称	安装简图	安装方法要点
高空散装法	(a) (b) (c)	先在地面上搭设满堂红拼装支架，将网架小拼单元或杆件吊至支架上，直接在高空设计位置进行拼装。 一般采取分条进行，顺序为：支架抄平、放线→放置下弦节点垫板→按格依次组装下弦、腹杆、上弦支座（由中间向两端，一端向另一端扩展）→连接水平系杆→撤出下弦节点垫板→总拼精度校验→油漆。每条网架组装完，经校验无误后，按总拼顺序进行下条网架的组装，直至全部完成。 本法不需大型起重设备，对场地要求不高，但需搭设大量拼装支架，高空作业多。 适于非焊接节点（如螺栓球节点、高强螺栓节点等）的各种网架的拼装。不宜用于焊接球网架的拼装，因焊接易引燃脚手板，同时高空焊接易影响焊接质量和降低工效
分条（分块）安装法		将网架分成若干段，先在地面组装成条状或块状单元，再用起重机将单元体吊装就位并拼成整体。分条（块）的大小视起重能力而定，但自身必须具有一定刚度，刚度不足应采取临时加固措施。吊装有单机跨内吊装和双机跨外抬吊两种方法。在跨中下部设可调立柱钢顶撑，以调节网架跨中挠度。吊上后，即可将半圆球节点焊接和安设下弦杆件，待全部作业完成后，拧紧支座螺栓，拆除网架下立柱，即完成。 本法只需搭设局部拼装平台并可利用现有起重设备，但施工应注意保证条（块）状单元制作精度和起拱，以免造成总拼困难。 适于分割后刚度和受力状况改变较小的网架，如两向正交正放、正放四角锥、正放抽空四角锥等网架

续表

名称	安装简图	安装方法要点
高空滑移法	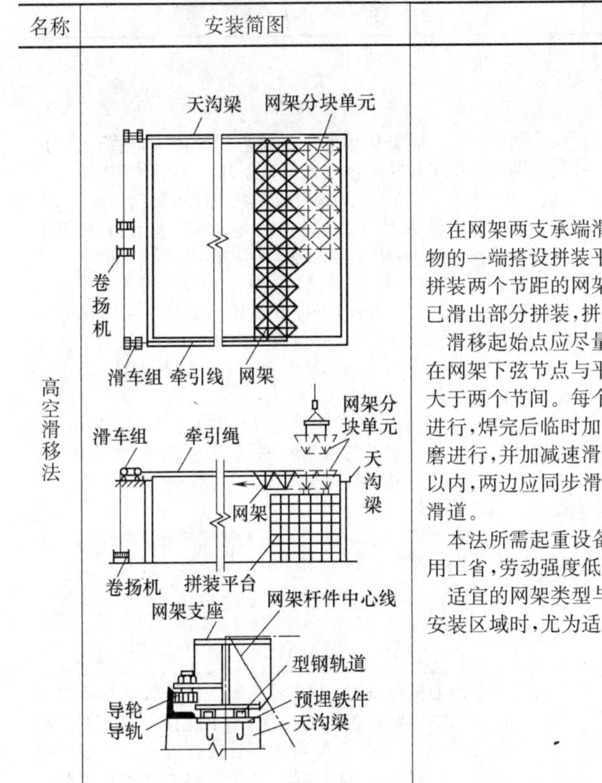	在网架两支承端滑移方向的支座下，设置临时型钢滑道和导轨，在建筑物的一端搭设拼装平台或支架，将小拼单元或杆件吊至平台上，先在其上拼装两个节距的网架单元，然后将它牵引出拼装平台，继续在其上接网架已滑出部分拼装，拼完一段，滑移一段，直至整个网架完成。 滑移起始点应尽量利用已建结构物，高度应比网架下弦低 40cm，以便在网架下弦节点与平台之间设置千斤顶，上铺设安装模架，平台宽度应略大于两个节间。每个节间单元网架部件点焊、拼接应由跨中向两端对称进行，焊完后临时加固，并在网架两端设导轮。滑移牵引可用卷扬机或绞磨进行，并加减速滑轮组，牵引点应分散设置，滑移速度应控制在 1m/min 以内，两边应同步滑移。当网架跨度大于 50m，应在跨中增设一条平移滑道。 本法所需起重设备较简单，可与其他工种平行作业，缩短总工期，同时用工省，劳动强度低，安全快速。但需搭设一定数量平台。 适宜的网架类型与分条(块)安装法相同，对于起重设备无法进入网架安装区域时，尤为适宜

12.11.1.2 钢网架整体安装法

大型钢网架屋盖结构整体安装方法 **表 12-80**

名称	安装简图	安装方法要点
多机台吊法	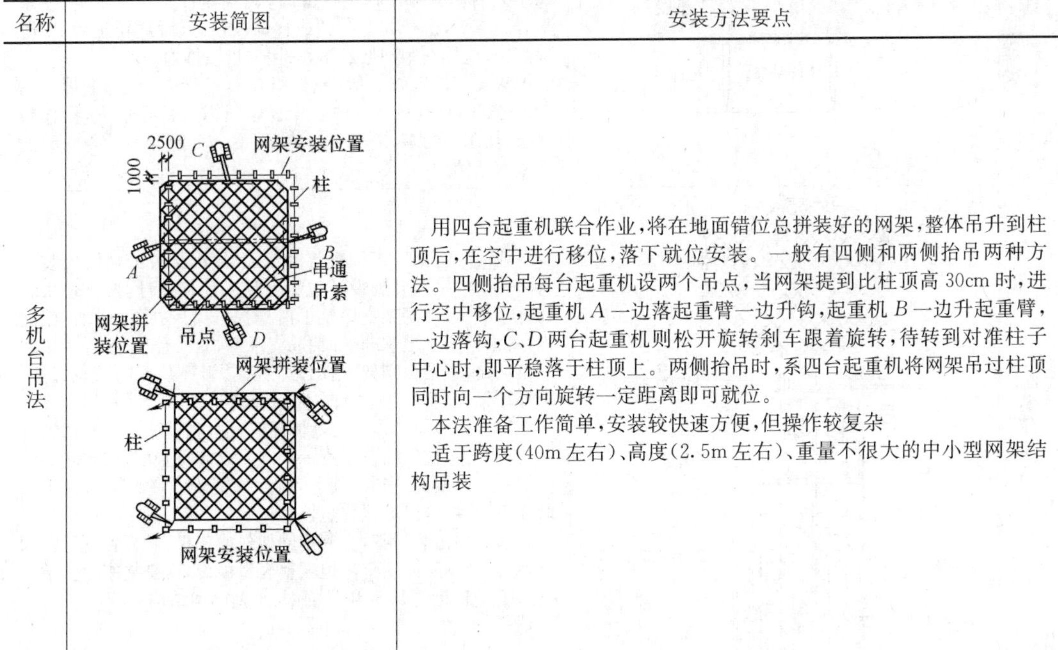	用四台起重机联合作业，将在地面错位总拼装好的网架，整体吊升到柱顶后，在空中进行移位，落下就位安装。一般有四侧和两侧抬吊两种方法。四侧抬吊每台起重机设两个吊点，当网架提到比柱顶高 30cm 时，进行空中移位，起重机 A 一边落起重臂一边升钩，起重机 B 一边升起重臂，一边落钩，C、D 两台起重机则松开旋转刹车跟着旋转，待转到对准柱子中心时，即平稳落于柱顶上。两侧抬吊时，系四台起重机将网架吊过柱顶同时向一个方向旋转一定距离即可就位。 本法准备工作简单，安装较快速方便，但操作较复杂 适于跨度(40m 左右)、高度(2.5m 左右)、重量不很大的中小型网架结构吊装

续表

名称	安装简图	安装方法要点
提升机提升法	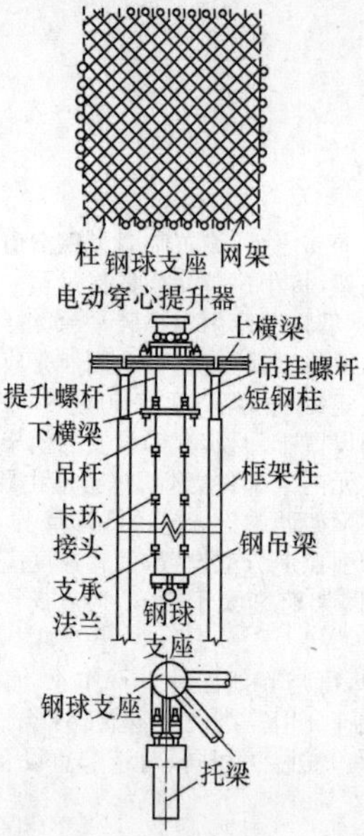 柱 钢球支座 网架 电动穿心提升器 上横梁 吊挂螺杆 提升螺杆 短钢柱 下横梁 吊杆 框架柱 卡环 接头 钢吊梁 支承 法兰 钢球 支座 钢球支座 托梁	在结构柱上安装升板用的电动穿心提升器，将地面正位拼装的网架直接吊到柱顶横梁就位。提升点设在网架四边的中部，每边7～8个。提升设备的组装系在柱顶加接短钢柱，上安工字钢上横梁，每一吊点安放一台电动穿心提升器，螺杆下连接多节长1.8m的吊杆，下面连接钢吊梁，吊梁中间用钢销与网架钢球上的吊环相连接，每提升一节吊杆后（升速为3cm/min），卸去上节吊杆，将提升螺杆下降与下一节吊杆接好，再继续上升，如此循环往复，直升至托梁以上，然后把预先放在柱顶牛腿侧沿的托梁移至中间就位，再将网架下降于托梁上，即告完成。 网架提升时应同步，相邻两个提升点高差不大于25mm。 本法不需大型吊装设备，设备和安装工艺简单，提升平稳，提升差异小，劳动强度低，施工安全。但需较多提升器和临时支承短钢柱、钢梁。 适用于跨度（50～70m）、高度（4m以上）、重量较大的大、中型周边支承网架结构安装
桅杆提升法	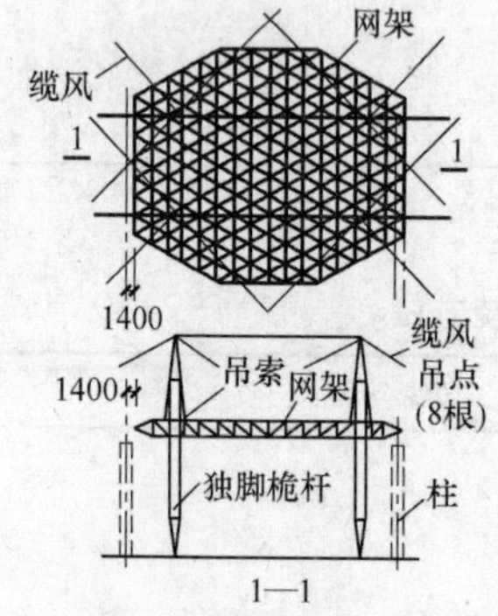 网架 缆风 1　1 1400 缆风 吊点 (8根) 1400 吊索 网架 独脚桅杆 柱 1—1	将网架在地面错位拼装，用多根独脚钢桅杆将其整体提升到柱顶以上空中旋转或移位到柱顶，落下就位安装。如安装长方八角形网架，在网架安装前于接近支座处安放4根独脚桅杆，每根桅杆的两侧各挂一副起重滑车组，每副滑车组配一台卷筒直径、转速相同的电动卷扬机，使网架提升同步，每根桅杆设6根缆风绳，柱子先吊装好，网架拼装时使支座偏离柱1.4m，提升时，4根桅杆、8副起重滑车组同时收紧提升网架，使其等速平稳上升，相邻两桅杆处的网架高差应不大于10cm，当提到柱顶以上50cm时，调整桅杆左右滑车组，使水平分力不等，进行高空旋转或移动就位，经轴线校正后，用电焊固定，桅杆利用网架悬吊，采用倒拆法拆除。 本法安装设备较一般，桅杆可自行设计制造，起重量可达100～200t，杆高可达50～60m。但所需设备数量大，操作较复杂，耗用劳力多，适用于安装高、重、大（跨度80～100m）的大型网架结构
滑模提升法	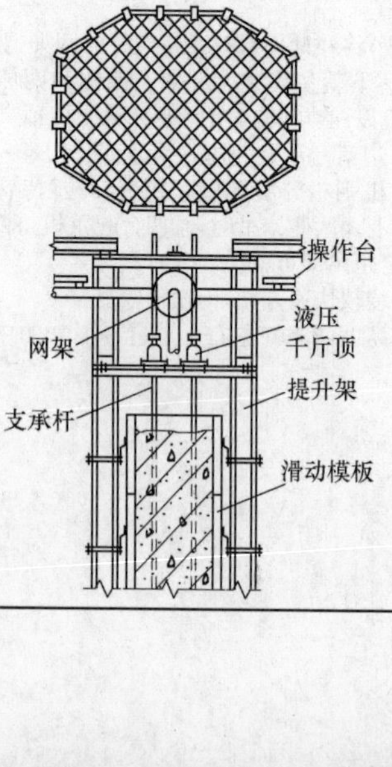 操作台 液压 千斤顶 网架 提升架 支承杆 滑动模板	在地面一边高度正位拼装网架，利用框架柱或墙滑模装置将网架随滑模顶升到设计位置。顶升前，先将网架正位拼装在枕木垫上，使网架支座位于滑模提升架所在柱（或墙）截面内，每根柱安4根ϕ28mm钢筋支承杆，安4台千斤顶，每根柱一条油路，直接由网架上操作台控制，滑模装置同常规方法，千斤顶架之间用[6连接，在柱浇灌混凝土、滑升的同时，将网架结构当作滑模操作平台随同滑升到柱顶就位。网架每提升一次，用水平仪经纬仪检查一次水平度和垂直度，控制同步正位上升。网架提升到柱顶后，将钢筋混凝土联系梁与柱头一起灌筑混凝土，以增强稳定性。 本法不用吊装设备，可利用网架作操作平台，节省设备和脚手费用，施工简便安全。但需整套滑模设备，安装速度较慢。 适于安装跨度30～40m的中、小型网架结构

续表

名称	安装简图	安装方法要点
顶升施工法	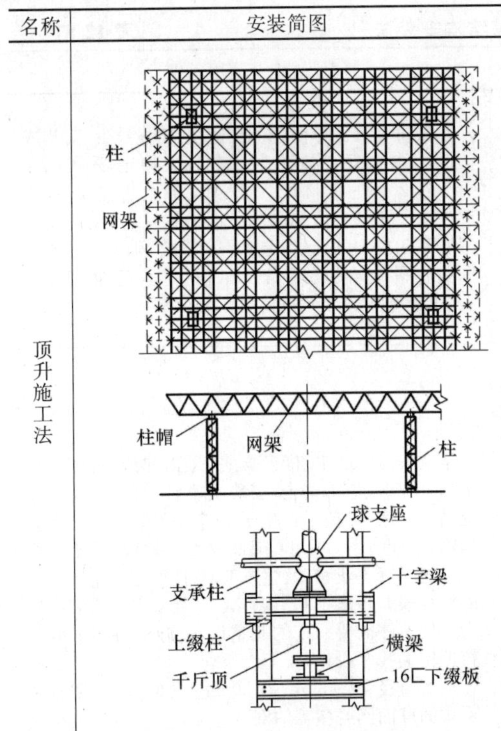	系利用支承结构和千斤顶将网架整体顶升到设计位置。 顶升用的支承结构一般多利用网架的永久性支承柱，或在原支点处或其附近设置临时顶升支架。顶升千斤顶可采用普通液压千斤顶或丝杠千斤顶，要求各千斤顶的行程和起重速度一致。网架多采用伞形柱帽的方式，在地面按原位整体拼装。由4根角钢组成的支承柱（临时支架）从腹杆间隙中穿过，在柱上设置缀板作为搁置横梁、千斤顶和球支座用。上下临时缀板的间距根据千斤顶的尺寸、冲程、横梁等尺寸确定，应恰为千斤顶使用行程的整数倍，其标高偏差不得大于5mm，如用320kN普通液压千斤顶，缀板的间距为420mm，即顶升一个循环的总高度为420mm，千斤顶分三次（150＋150＋120mm）顶升到该高度。顶升时，每一顶升循环工艺过程如图12-33所示。顶升应做到同步，各顶升点的差异不得大于相邻两个顶升用的支承结构间距的1/1000，且不大于30mm，在一个支承结构上设有两个或两个以上千斤顶时不大于10mm。当发现网架偏移过大，可采用在千斤顶垫斜垫或有意造成反向升差逐步纠正。同时顶升过程中网架支座中心对柱基轴线的水平偏移值不得大于柱截面短边尺寸的1/50及柱高的1/500，以免导致支承结构失稳。 本法设备简单，不用大型吊装设备，顶升支承结构可利用结构永久性支承柱，拼装网架不需搭设拼装支架，可节省大量机具和脚手、支墩费用，降低施工成本；操作简便、安全；但顶升速度较慢，另外对结构顶升的误差控制要求严格，以防失稳。 适于多支点支承的各种四角锥网架屋盖安装

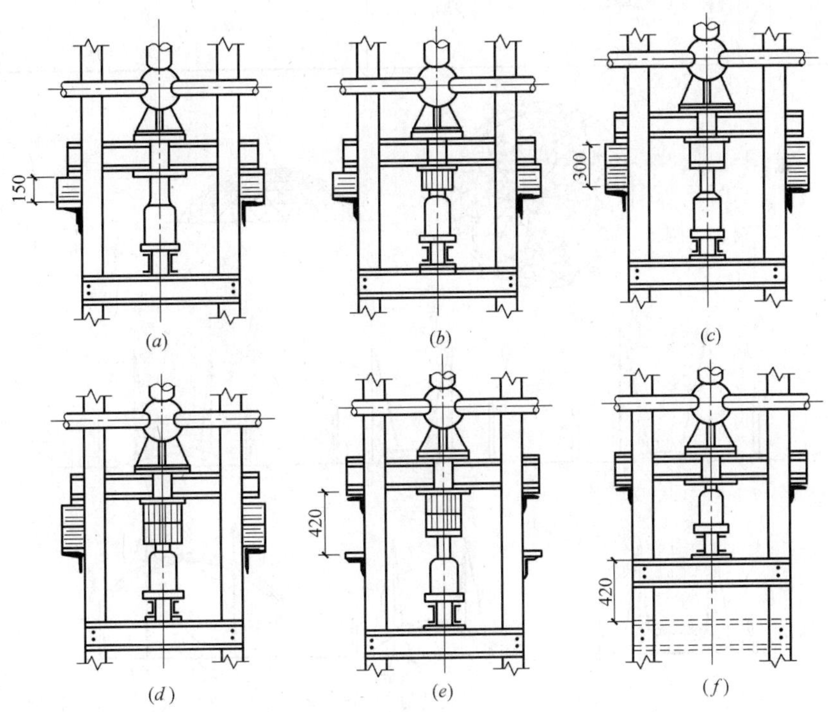

图 12-33 网架顶升过程图

(a) 顶升150mm，两侧垫上方形垫块；(b) 回油，垫圆垫块；(c) 重复a过程；(d) 重复b过程；(e) 顶升150mm，安装两侧上缀板；(f) 回油，下缀板升一级

12.11.1.3　钢网壳分圆安装法

大型钢球面网壳屋盖结构安装法　　表 12-81

项目	安装方法要点	优缺点及适用条件
悬挑法安装	悬挑法，又称顺作法、内扩法。它是在已施工完的框架结构上，从四周支座部位开始，在高处按照从下往上，由外向内的顺序，一圈一圈地进行网壳杆件的安装。后一圈杆件的拼装是在前一圈拼装好的封闭圈内进行，直至安装完壳顶最后几根杆件。安装时利用网壳本身刚度大，稳定性好，各节点能承受较大集中荷载的特点，搭局部简易安装平台或在各节点上悬吊架子操作，以节省满堂操作支架	本法拼装灵活方便，支架搭设的工程量少，安装成本低，工期较短；与同条件下的网架相比，采用网壳可节省 20%的钢材，投资较少。但本法在安装时，要严格控制各支座标高和平面位置，以避免诱发施工安装初应力的产生，造成质量事故，确保工程质量和安装顺利实施适于跨度 40m 以上、高度 30m 左右、重量较大的球面网壳屋盖的安装
外扩法安装	外扩法又称逆作法。与悬挑法安装相反，网壳结构系由上而下，由内向外，逐圈向外拼装完成，再用提升设备整体起吊提升就位。其安装方法步骤是：在网壳两条相互垂直的直径的 1/4 和 3/4 分点上各设一根桅杆，共设 4 根，用缆风绳固定在地锚上。每根桅杆设 4 个吊点，以使网壳受力均匀，减少网壳的吊装变形。先在地面制作壳帽，即中心球同第一圈的杆、球相连；然后提升壳帽到第一圈环向球节点 Z 轴坐标绝对值的高度；再连接第二圈纵向上弦杆、环向球和腹杆。第二圈环向球全部安装完后，再加装第二圈的环向杆如图 12-34(*a*)、(*b*)所示。以下各圈依次类推，即提升一个纵向相对高度，安装一圈的球和杆，直至倒数第二圈为止，如图 12-34(*c*)、(*d*)、(*e*)、(*f*)所示。最后利用提升设备将网壳提升至安装高度。此时施工人员站在支撑梁上将支座球和最后一圈的环向杆、纵向杆拼装焊接完毕，如图 12-34(*g*)所示，即告完成	本法安装 80%以上工作量在地面完成，可避免大量高处作业，施工安全，安装质量易于保证；并有效提高生产率；避免了在架子上进行大量构件的垂直运输，方便省力，可大大降低成本；同时网壳结构可与土建平行作业，有效缩短工期；还可避免土建支座的标高误差带来不利影响，减少、甚至消除安装次应力。但本法需要一定的起重设备；施工方案需要进行严格的技术设计 适于直径 40～60m，高 30m 左右的大、中型各种形式的球面网壳屋盖的安装

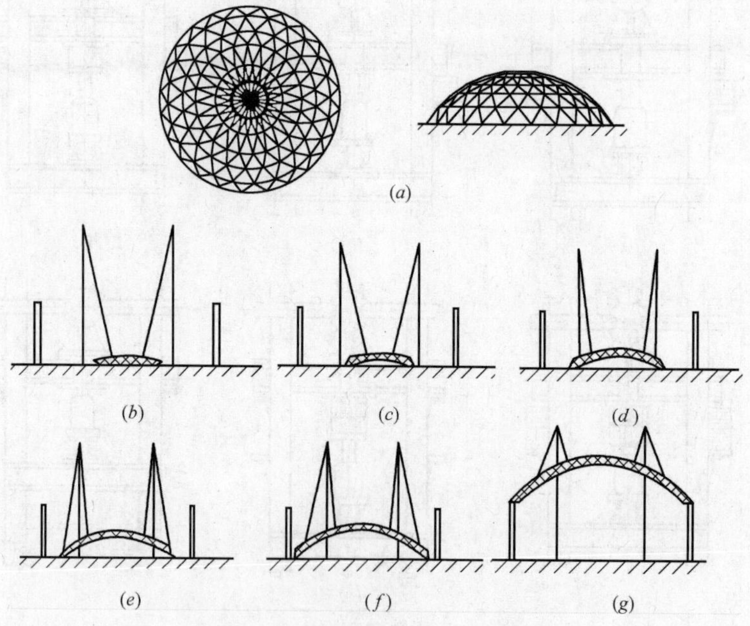

图 12-34　球面网壳外扩法安装

(*a*) 球面网壳平、立面图；(*b*) 安装第二圈；

(*c*)、(*d*)、(*e*)、(*f*) 安装第三至倒数第二圈；(*g*) 安装最后一圈

12.11.2 大跨度钢结构门式刚架安装

大跨度钢结构门式刚架安装方法 **表 12-82**

项次	项目	安装方法要点
1	分段组装、高空拼装合拢法	(1)系将门式刚架预先在地面拼装组成几段，然后分段吊装，高空穿铰合拢(图 12-35)。分段根据使用吊车能力而定，一般分为 6 段 (2)吊装一般由两台 TQ60/80 塔式起重机和一台 45t 轮胎式起重机配合进行。在地面铺设三条轨道，上设三台活动台车作临时支承、稳固各段钢桁架和高空操作平台之用，台车高度应比桁架底面低 30cm，以便安设千斤顶和垫木，做校正刚架标高之用。两边两条轨道同时作塔式起重机行走轨道。台车用卷扬机牵引，亦可在轨道上装 6 台液压穿心式千斤顶牵引 (3)刚架杆件在工厂制成小拼单元，运到现场，在现场组合成几大段平放就位。吊装前进行全面检查、校正 (4)吊装由下而上进行，刚架底节由 2 台起重机翻身，吊起后就位校正，下部用高强螺栓连接于底铰上，上部用钢管和扣件临时固定在操作平台上，第二、第三节间用 1 台塔式起重机分别吊装、穿铰合拢。节段均采用两点绑扎，上挂捯链，用以调节斜度，便于各段合拢连接 (5)当两半榀刚架吊装完后，再分别吊装两榀主刚架间的连接桁架、辅助桁架、剪刀撑及檩条。吊装亦由两侧向中间进行 (6)第一榀刚架每半榀两侧应拉两根缆风绳临时固定，第二榀以后在上弦装 6～8 根檩条固定。刚架的校正主要为纵横轴线，随吊随用经纬仪观测，有偏差随时纠正 (7)本法采取分段吊装，可使用起重量较小的起重设备；桁架大部分在地面组装，可减少高空作业；可进行流水作业，效率高，施工周期短，施工速度快(如 75m 大跨度刚架平均 3d 可安装一榀刚架)，同时分段吊装可克服整榀吊装刚架时，侧向刚度差，易失稳和不易在高空精确定位等问题，减少吊装时临时加固的复杂性；但需搭设一定数量的高架平台，仍有一定高空作业量，校正也较为复杂 (8)适于吊装跨度 50m 以上的大型各类刚架
2	半榀刚架就地平拼、整体吊装同时合拢法	(1)系将门式刚架在地面按半榀平拼(图 12-36)，在跨两侧设履带式起重机各 1 台，承担两半榀刚架及两侧屋盖构件的吊装，在跨中设塔式起重机 1 台，承担吊装临时工作台、高空对铰以及刚架中间部位的桁架、支撑等的吊装 (2)半榀刚架的就位位置根据履带式起重机的回转半径和场地情况而定，并考虑起重机的开行路线，使正好在半榀刚架的重心位置处 (3)刚架吊装采用四点扶直(上、下弦各 2 点)两点起吊，钩头滑动的绑扎方法(图 12-37)，以便于扶直时旋转 (4)吊装时，左右两半榀刚架同时起吊，待吊到设计位置后，先将柱脚固定，然后人站在用塔式起重机悬吊的工作台上，安装固定两个半榀刚架用的顶铰销子 (5)其他施工要求同"分段组装高空拼装合拢法" (6)本法构件全部在地面组装，可减少高空作业，减轻劳动强度，安装速度快；但需起重量较大的起重设备，刚架较大较重，校正较为困难 (7)适于吊装跨度在 50m 以内的中、小型刚架

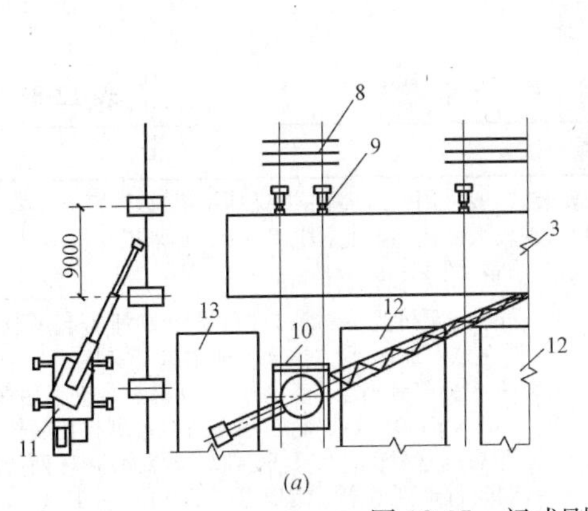

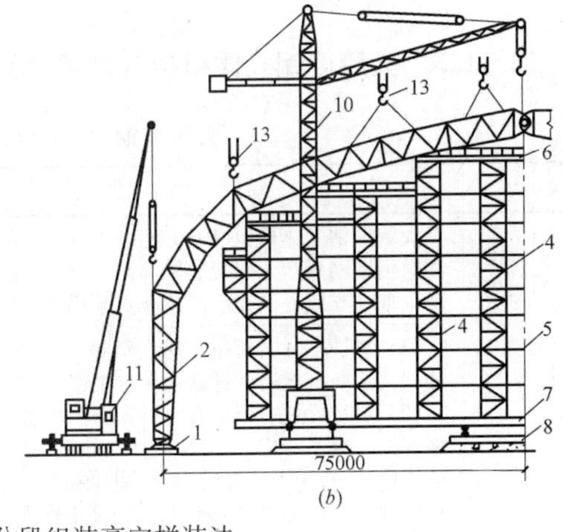

图 12-35 门式刚架分段组装高空拼装法

(a) 安装平面布置；(b) 刚架分段组装、高空拼装合拢

1—刚架基础；2—75m 跨三铰拱门式刚架；3—活动式拼装平台；4—1983mm×1983mm 钢管井架；5—ϕ4mm 连接钢管；6—台阶式操作平台；7—工字钢台车底座；8—塔式起重机及台车轨道；9—液压千斤顶；10—TQ60/80 塔式起重机；11—45t 轮胎式起重机；12—钢构件堆放场；13—分段桁架吊点

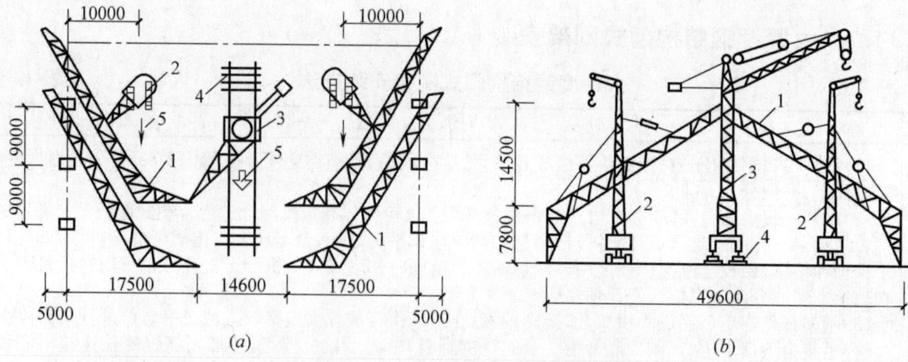

图 12-36　半榀门式刚架整体安装法

(*a*) 构件平面布置；(*b*) 半榀刚架单机整体吊装，同时合拢

1—半榀平拼刚架；2—W_1－100 型履带式起重机；3—QT_1－6 型塔式起重机；

4—塔式起重机轨道；5—起重机行走路线

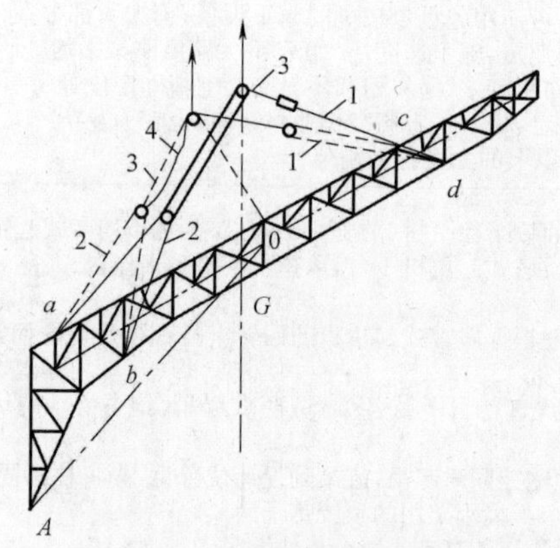

图 12-37　半榀门式刚架的绑扎

1、2—绑扎吊索；3—钩头吊索；4—附加安全索

a、*b*、*c*、*d*—绑扎点

12.11.3　大跨度钢立体桁架（网架片）安装

大跨度钢立体桁架（网架片）安装方法　表 12-83

项次	项目	安装方法要点
1	绑扎方法	大跨度钢立体桁架(钢网架片,下同)采用单机安装,一般采用 6 点绑扎,并设横吊梁,以降低起吊高度和对桁架网片产生较大的轴向压力,使桁架、网片出现较大的侧向弯曲(图 12-38*a*、*b*),采用双机抬吊时,可采取在支座处 2 点起吊或 4 点起吊,另加两副辅助吊索(图 12-38*c*、*d*)
2	安装方法	(1)单机安装法:桁架在跨内斜向布置,采用 150kN 履带起重机或 400kN 轮胎式起重机垂直起吊至比柱顶高 50cm,然后机身就地在空中旋转,落于柱头上就位(图 12-39*a*),方法同一般钢屋架安装 (2)双机抬吊法:桁架有跨外和跨内两种布置和吊装方式。前者桁架在房屋一端设拼装台进行组装,采取拼一榀吊一榀,在房屋两侧铺轨道安装两台 600/800kN·m 塔式起重机,吊点可直接绑扎在屋架上弦支座处,每端用两根吊索,吊装时由两台起重机抬吊,伸臂与水平保持大于 60°,起吊时统一指挥两台起重机同步上升,将屋架缓慢吊起至高于柱顶 500mm 后,同时行走到屋架安装地点落下就位(图 12-40),并立即找正固定,待第二榀吊上后,接着吊装支撑系统及檩条,及时校正形成几何稳定单元,此后吊一榀,装一节间檩条临时固定,整个屋盖吊完后,再将檩条统一找平加以固定,以保证屋面平整。后者桁架略斜向布置在房屋内,用两台履带式起重机或塔式起重机抬吊吊起旋转就位(图 12-39*b*),方法同一般屋架双机抬吊法吊装

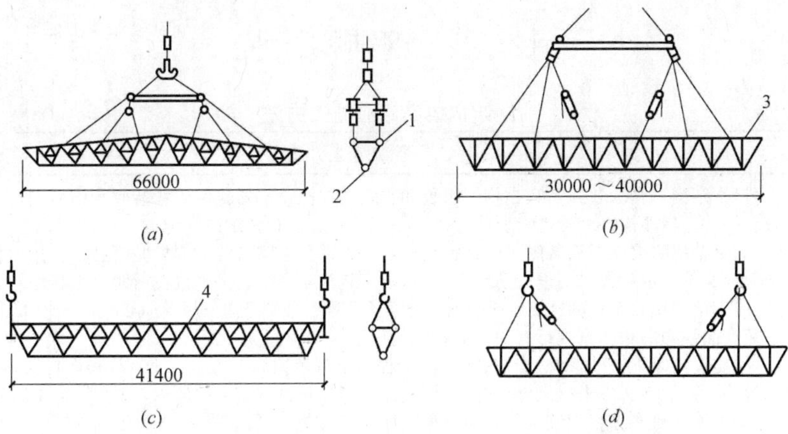

图 12-38　大跨度钢立体桁架、网架片的绑扎

(a)、(b) 单机吊装大跨度钢立体桁架、网架片的绑扎；(c)、(d) 双机抬吊大跨度钢立体桁架、网架片的绑扎

1—上弦；2—下弦；3—分段网架（30×9）；4—立体钢管桁架

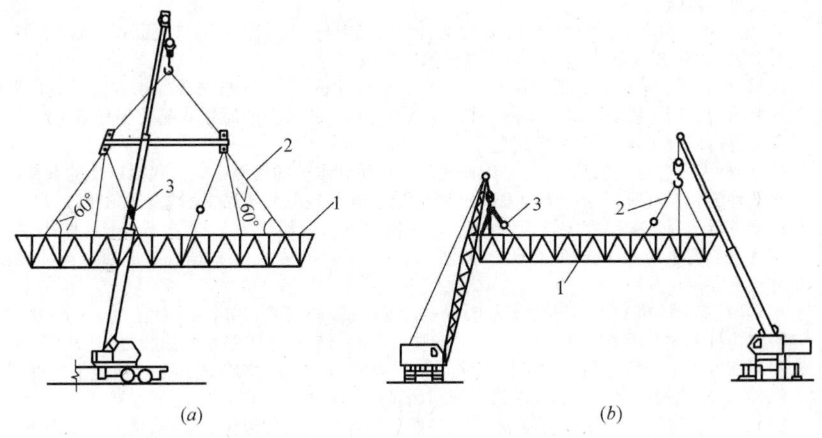

图 12-39　大跨度钢立体桁架、网架片的安装

(a) 单机安装法；(b) 双机抬吊安装法

1—大跨度钢立体桁架或网架片；2—吊索；3—3t 捯链

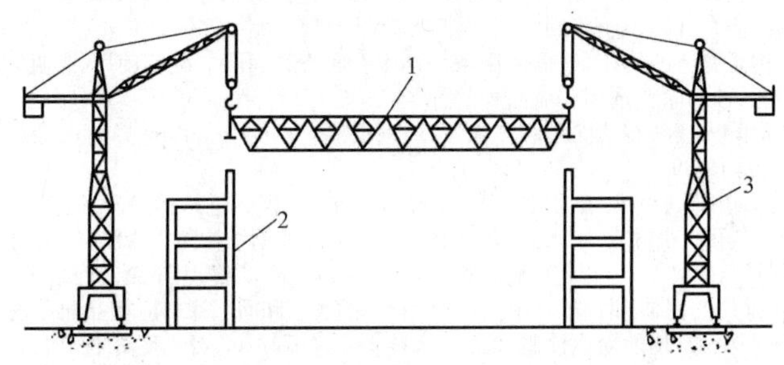

图 12-40　大跨度钢立体桁架、网架片的绑扎

(a)、(b) 单机吊装大跨度钢立体桁架、网架片的绑扎；(c)、(d) 双机抬吊大跨度钢立体桁架、网架片的绑扎

12.12 钢结构涂装

钢结构成品涂装施工方法 **表 12-84**

项次	项目	涂装施工方法要点
1	一般规定	(1)钢结构防腐涂装施工宜在构件组装和拼装工程检验批的施工质量验收合格后进行。涂装完毕后，宜在构件上标注构件编号，大型构件应标明重量、重心位置和定位标记 (2)钢结构防火涂料涂装施工应在钢结构安装工程和防腐涂装工程检验批施工质量验收合格后进行。当设计文件规定构件可不进行防腐涂装时，则安装验收合格后可直接进行防火涂料涂装施工 (3)钢结构涂装工程的施工工艺和技术应符合《钢结构工程施工规范》(GB 50755—2012)、设计文件、涂装产品说明书和国家现行有关产品标准的规定 (4)防腐涂装施工前，钢材应按《钢结构工程施工规范》(GB 50755—2012)和设计文件的要求进行表面处理。当设计文件未提出要求时，可根据涂料产品对钢材表面的要求，采用适当的处理方法 (5)油漆类防腐涂料涂装工程和防火涂料涂装工程施工后应按《钢结构工程施工质量验收规范》(GB 50205)的有关规定进行质量验收；金属热喷涂防腐和热浸镀锌防腐工程，应按《金属和其他无机覆盖层热喷涂锌、铝及其合金》(GB/T 9793)和《热喷涂金属件表面预处理通则》(GB/T 11373)等有关规定进行质量验收 (6)构件表面的涂装系统应相互兼容
2	基层表面处理	(1)钢结构在除锈处理前，应清除焊渣、毛刺和飞溅等附着物，对边角进行钝化处理，并应清除基体表面的油脂和其他污物。表面净化处理可按表 12-85 选用。当采用溶剂做清洗剂时，应采取通风、防火及卫生安全等措施 (2)钢结构在涂装前的除锈等级，除应符合现行国家标准《涂装前钢材表面锈蚀等级和除锈等级》GB 应符合表 12-86 规定的不同涂料表面最低除锈等级 (3)钢材除锈有喷射或抛射除锈、手工和动力工具除锈、火焰和酸洗等除锈方法。应根据钢结构防腐设计要求的除锈等级、粗糙度和涂层材料、结构特点、基体表面的原始状况及现有施工设备和条件、施工费用等进行综合比较，最后才能确定 (4)钢材表面进行喷射除锈时，必须使用除去油污和水分的压缩空气。喷射所用的磨料应清洁、干燥。磨料的种类和粒度应根据钢结构表面的锈蚀程度、设计或涂装规格书所要求的喷射工艺、清洁度和表面粗糙度进行选择。壁厚大于或等于 4mm 的钢构件可选用粒度为 0.5～1.5mm，壁厚小于 4mm 的钢构件应选用粒度小于 0.5mm 的磨料。对允许重复使用的磨料，必须根据规定的质量标准进行检验，合格后才可重复使用 (5)喷射式喷砂机的工作压力宜为 0.5～0.7MPa；喷砂机喷口处的压力宜为 0.35～0.50MPa。喷嘴与被喷构件表面的距离宜为 100～300mm；喷射方向与被喷钢构件表面法线之间的夹角宜为 15°～30°。喷射场所的工作环境应满足空气相当湿度低于 85%，施工时钢构件表面温度应高于露点 3℃以上 (6)涂层缺陷的局部修补和无法进行喷射清理时可采用手动和动力工具除锈 (7)表面清理后，应采用吸尘器或干燥、洁净的压缩空气清除浮尘和碎屑，清理的表面不得用手触摸 (8)清理后的钢构件表面应及时涂刷底漆，表面处理与涂装之间的间隔时间不宜超过 4h，车间作业或相对湿度较低的晴天不应超过 12h。否则应采用干净牛皮纸、塑料薄膜等进行保护。涂装前如发现表面被污染或返锈，应重新清理至原要求的表面清洁度等级
3	涂料的选用	(1)涂料、涂装遍数、涂层厚度应按设计要求施工。当设计对涂层厚度无要求时，宜涂装 4～5 遍，涂层干漆膜总厚度应达到以下要求：室外应大于 150μm，室内应大于 125μm。涂层中几层在工厂涂装，几层在工地涂装，应在合同中明确规定 (2)钢结构防腐漆的使用，根据使用条件选用。底漆和面漆应配套使用，参见表 12-87、表 12-88。腻子亦应按不同品种的涂料选用相应品种的腻子 (3)钢结构防火涂料有薄涂型和厚涂型，应根据要求的耐火等级选择耐火涂料的品种，部分防火涂料品种性能见表 12-89 (4)涂层与钢铁基层的附着力不宜低于 5MPa。当室内裸露钢结构、轻型屋盖钢结构及有装饰要求的钢结构，且规定其耐火极限在 1.5h 及以下时，宜选用薄涂型钢结构防火涂料；当室内隐蔽，钢结构、高层全钢结构及多层厂房钢结构，且规定其耐火极限在 1.5h 以上时，应选用厚涂型钢结构防火涂料；露天钢结构应选用适合室外用的钢结构防火涂料。防火涂料中的底层和面层涂料应相互配合，底涂料不得锈蚀钢材 (5)用于保护钢结构的防腐涂料和防火涂料应不含石棉，不用苯类溶剂，在施工干燥后应没有刺激性气味，不腐蚀钢材，在预定的使用期保持性能 (6)用于保护钢结构的防火涂料必须有国家检测机构的耐火极限检测报告和理化性能检测报告，必须有防火监督部门核发的生产许可证和生产厂方的产品合格证

续表

项次	项目	涂装施工方法要点
4	防腐涂装操作要求	(1)调配好的涂料应立即使用,不宜存放过久,稀释剂的使用应按说明书的规定使用,不得随意添加 (2)涂装的环境温度和相对湿度应符合产品说明书的要求。当产品说明书无要求时,室内环境温度宜在5~38℃之间,相对湿度不应大于85%。构件表面有结露时,不得涂装。雨、雪天不得室外作业。涂装后4h之内不得淋雨 (3)涂漆可按漆的配套使用要求采用刷涂或喷涂。喷涂用的压缩空气应除去油和水汽 (4)涂面漆时可将黏附在底漆上的油污、泥土清除干净后进行,如底漆起鼓、脱落,须返修后方能涂面漆 (5)涂漆每遍均应丰满,不得有漏涂和流坠现象,前一遍油漆实干后方可涂下遍油漆。各种常用涂料的表干和实干时间见表12-90 (6)施工图中注明不涂漆部位,如安装节点处30~50mm宽范围、高强螺栓的摩擦面及其附近50~80mm范围内不应涂刷 (7)所有焊接部位、焊好需补涂的涂层部位及构件表面被损坏的涂层,应及时补涂,不得遗漏 (8)涂装完毕后,应在构件上标注构件的原编号。大型构件应标明重量、重心位置和定位标记
5	防火涂装操作要求	(1)防火涂料涂装前,钢结构应安装就位,与其相连的吊杆、马道、管架及其他相关联的构件安装完毕,并经验收合格;钢结构表面的杂物应清除干净,其连接处的缝隙应用防火涂料或其他防火材料填补堵平;对不需要做防火保护的部位和其他物件应遮蔽保护 (2)防火涂料涂装前应按设计要求和国家现行标准,对钢材表面清除灰尘、油污、浮锈,并根据需要进行防锈处理,对已涂防锈底漆的构件,应用干漆膜测厚仪检查漆膜厚度 (3)按所用防火涂料产品说明书的规定比例,进行涂料搅拌混合均匀后使用 (4)薄涂型钢结构防火涂料有双组分和单组分两种。双组分装的涂料在涂刷前应按产品说明书规定的比例和方法在现场调配,单组分装的涂料也应在使用前充分搅拌,调配和搅拌好的涂料施工时不应发生流淌和下坠现象 (5)厚涂型钢结构防火涂料施工不论双组分或单组分防火涂料,均须在现场严格按产品说明书规定的配合比加料或加稀释剂调配,并使稠度适宜,边配边用,配料和喷涂要协调好 (6)根据构件面积大小,可采用喷涂或抹涂方法 (7)涂层厚度按耐火级别和涂料品种而定。涂料应分次进行,等涂层干燥后(24h)再涂下层,每次涂层厚度不超过0.5mm,分层涂刷至达到设计要求厚度后,再涂一层保护面料 (8)防火涂料一般采用湿法喷涂,使用机械为挤压式灰浆泵或砂浆泵(包括喷枪、搅拌机、过滤贮料斗、挤压胶皮管和耐压氧气管等),量小者亦可用抹子手工涂抹 (9)防火涂料用ST1-A蛭石水泥浆、矿物纤维水泥或玻璃纤维水泥等。ST1-A为预混料,需在现场随用随配,配合比为1∶1~1.2(干涂料∶水),每10m^{2}喷涂面积需消耗涂料量约为170~200kg。配制时,按材料配合比称好防火涂料和水,同时加到搅拌机中,搅拌5~8min后,即可使用 (10)喷涂时喷枪要与被喷钢构件垂直,距离6~10cm,喷涂气压应保持在0.4~0.6MPa之间,喷后要自检,厚度不够部位要补喷,喷不到的边角,用人工木抹子补抹找齐 (11)喷涂时气温应不低于+5℃,湿度不高于85%,喷涂层在固化前和固化后强度都较低,应妥善保护,不得碰撞,施工过程中空气应流通,当风速大于5m/s或雨天和构件表面有结露时,不宜作业
6	质量要求	(1)防腐涂料、涂装遍数、涂层厚度均应符合设计要求。当设计对厚度无明确要求时,应用干漆膜测厚仪检测涂层干漆膜总厚度应达到室外为150μm,室内为125μm,其允许偏差为-25μm。每遍涂层干漆膜厚度的允许偏差为-5μm (2)防腐涂层外观质量:钢材表面不应误涂、漏涂。涂层不应脱皮和返修等。涂层应均匀,无明显皱皮、流坠、针眼和气泡等 (3)用涂层厚度测量仪、测针等检测薄涂型防火涂料的涂层厚度应符合有关耐火极限的设计要求。厚涂型防火涂料涂层的厚度,80%及以上面积应符合有关耐火极限的设计要求,且最薄处厚度不应低于设计要求的85% (4)防火涂料涂层表面裂纹宽度,薄涂型涂料涂层不应大于0.5mm,厚涂型涂料涂层不应大于1mm (5)防火涂料不应有误涂、漏涂,涂层应闭合无脱层、空鼓、明显凹陷、粉化松散和浮浆等外观缺陷,乳突应剔除 (6)防火涂料涂层与钢基材之间和各涂层之间,应粘结牢固,无空鼓、脱层和松散等情况

表面脱脂净化方法　　表 12-85

项次	表面脱脂净化方法	适用范围	注意事项
1	采用汽油、过氯乙烯、丙酮等溶剂清洗	清除油脂、可溶污物、可溶涂层	若需保留旧涂层，应使用对该涂层无损的溶剂。溶剂及抹布应经常更换
2	采用如氢氧化钠、碳酸钠等碱性清洗剂清洗	除掉可皂化涂层、油脂和污物	清洗后应充分冲洗，并作钝化和干燥处理
3	采用OP乳化剂等乳化清洗	清除油脂及其他可溶污物	清洗后应用水冲洗干净，并作干燥处理

不同涂料表面最低除锈等级　　表 12-86

项次	项　目	最低除锈等级
1	富锌底涂料	$S_a2\frac{1}{2}$
2	乙烯磷化底涂料	$S_a2\frac{1}{2}$
3	环氧或乙烯基酯玻璃鳞片底涂料	S_a2
4	氯化橡胶、聚氨酯、环氧、聚氯乙烯、高氯化聚乙烯、氯磺化聚乙烯、醇酸、丙烯酸环氧、丙烯酸聚氨酯等底涂料	S_a2 或 S_t3
5	环氧沥青、聚氨酯沥青底涂料	S_t2
6	喷铝及其合金	S_a3
7	喷锌及其合金	$S_a2\frac{1}{2}$

注：1. 新建工程重要构件的除锈等级不应低于 $S_a2\frac{1}{2}$。

2. 喷射或抛射除锈后的表面粗糙度宜为 40～75μm，且不应大于涂层厚度的 1/3。

防腐涂料底、面漆配套及维护年限　　表 12-87

部位	侵蚀作用类别	表面处理	涂料类别	底、面漆配套涂料						维护年限(年)
				底漆	道数	膜厚(μm)	面漆	道数	膜厚(μm)	
室内	无侵蚀性弱侵蚀性	喷砂(丸)除锈、酸洗除锈、手工或动力工具除锈	第一类	Y53－31 红丹油性防锈漆	2	60	C04－2 各色醇酸磁漆	2	60	15～20
				Y53－32 铁红油性防锈漆	2	60				
				F53－31 红丹酚醛防锈漆	2	60	C04－45 灰铝锌醇酸磁漆	2	60	
				F53－33 铁红酚醛防锈漆	2	60				10～15
				C53－31 红丹醇酸防锈漆	2	60	C04－5 灰云铁醇酸磁漆	2	60	
室外	弱侵蚀性			C06－1 铁红醇酸底漆	2	60				
				F53－40 云铁醇酸防锈漆	2	60				8～10
室内	中等侵蚀性	酸洗磷化处理、喷砂(丸)除锈	第二类	H06－2 铁红环氧酯底漆	2	60	灰醇酸改性过氯乙烯磁漆	2	60	10～15
				铁红环氧酸性 M 树脂底漆	2	60	灰醇酸改性氯化橡胶磁漆	2	60	
室外				H53－30 云铁环氧酯底漆	2	60	醇酸改性氯醋磁漆	2	60	5～7
							聚氯酯改性氯醋磁漆			

注：表中所列第一类或第二类中任何一种底漆可和同一类别中的任一种面漆配套使用。

镀锌钢板底、面漆配套 **表 12-88**

侵蚀作用类别	表面处理	涂料类别	底、面漆配套涂料					
			底漆	道数	膜厚(μm)	面漆	道数	膜厚(μm)
无侵蚀性和弱侵蚀性	磷化底漆	第一类	F53－34 锌黄酚醛防锈漆	2	60	C04－2 各色醇酸磁漆 C04－42 各色醇酸磁漆 C43－31 醇酸船壳漆	2 2 2	60 60 60
			C53－33 锌黄醇酸防锈漆	2	60	C04－2 各色醇酸磁漆 C04－42 各色醇酸磁漆 C43－31 醇酸船壳漆	2 2 2	60 60 60
			G06－4 锌黄过氯乙烯底漆	2	60	G04－2 各色过氯乙烯磁漆 G04－9 各色过氯乙烯外用磁漆 G52－31 各色过氯乙烯防腐漆	2 2 2	60 60 60
			H06－2 锌黄环氧酯底漆	2	60	C04－2 各色醇酸磁漆 C04－42 各色醇酸磁漆 G04－2 各色过氯乙烯磁漆 G04－9 各色过氯乙烯外用磁漆 G52－31 各色过氯乙烯防腐漆	2 2 2 2 2	60 60 60 60 60
中等侵蚀性	直接涂装	第二类	铁红环氧改性M树脂底漆(EM)①	2	60	B113 丙烯酸磁漆 B04－6 丙烯酸磁漆 S－10－1 丙烯酸磁漆 醇酸改性氯化橡胶磁漆	2 2 2 2	60 60 60 60

① 该底漆可直接涂装合金铝板。

钢结构防火隔热涂料部分品种、性能 **表 12-89**

涂料名称	粘结材料	主要技术性能				
		质量密度 (kg/m³)	抗压强度 (N/mm²)	导热系数 [W/(m·K)]	耐候性	耐火性能
ST1－A型钢结构防火涂料	无机粘结材料	400	0.45	0.086	＋65℃、－15℃ 15循环	涂层厚 2.8mm 耐火极限 3h
TN－LG 钢结构防火涂料	改性无机高温胶粘剂	358	0.46	0.0907	＋20℃、－20℃ 15循环不裂、不粉	涂层厚 15mm 钢梁耐久极限 1.5h
TN－LB 钢结构膨胀防火涂料	有机与无机复合乳胶	—	—	—	—	涂层厚 4mm 耐火极限 1.5h
JG－276 钢结构防火涂料	无机粉结材料	270～370	0.26～0.30	0.100	＋65℃、－15℃，15循环，不裂、不粉、不脱落	涂层厚 20～25mm 耐火极限 2h
BFG8911 钢结构膨型防火涂料	苯丙乳液等	—	—	—	—	涂层厚 5mm 耐火极限 1.8h
TN－106 预应力混凝土楼板防火隔热涂料	无机、有机复合物	303	1.34	0.089	20℃、－20℃，15循环	涂层厚 5mm，耐火极限 1.8～2.4h

注：耐火极限系用长 6.8m、截面为 400mm×200mm、71kg/m 的钢梁，按 GN15—82 方法试验测得。

常用涂料的表干和实干时间 表 12-90

项次	涂料名称	表干(h)不大于	实干(h)不大于
1	红丹油性防锈漆	8	36
2	钼铬红环氧酯防锈漆	4	24
3	铝铁酚醛防锈漆	3	24
4	各色醇酸磁漆	12	18
5	灰铝锌醇酸磁漆	6	24

注：工作地点温度在25℃，湿度小于70%的条件下。

12.13 钢结构工程安全技术

钢结构工程安全技术 表 12-91

项次	项目	安全技术要点
1	钢结构制作	(1)钢结构制作前应编制施工方案或施工工艺卡,制定保证安全的技术措施,并向操作人员进行安全教育和安全技术交底 (2)操作各种加工机械及电动工具的人员,应经专门培训,考试合格后方准上岗,操作时应遵守各种机械及电动工具的操作规程 (3)构件翻身起吊绑扎必须牢固,起吊点应通过构件的重心位置,吊升时应平稳,避免振动或摆动。在构件就位并临时固定前,不得解开索具或拆除临时固定工具,以防脱落伤人 (4)钢结构制作场地用电应有专人负责安装、维护和管理用电设备和用电线路。架设的低压线路不得用裸导线,电线铺设要防砸、防碰撞、防挤压,以防触电。起重机在电线下进行作业时,应保持规定的安全距离。电焊机的电源线的长度不宜超过5m,并应架高。电焊线和电线要远离起重钢丝绳2m以上,电焊线在地面上与钢丝绳和钢构件相接触时,应有绝缘隔离措施 (5)各种用电加工机械设备,必须有良好的接地和接零,接地线应用截面不小于25mm²的多股软裸铜线和专用线夹;不得用缠绕的方法进行接地和接零。同一供电网不得有的接地,有的接零。对手动电动工具必须装设漏电保安器 (6)在雨期或潮湿地点加工钢结构,铆工、电焊工应戴绝缘手套和穿绝缘胶鞋,以防操作时漏电伤人 (7)现场电焊、气焊要有专人看火管理;焊接场地周围5m以内严禁堆放易燃品;用火场所要备有消防器材、器具和消火栓;现场用空压机罐、乙炔瓶、氧气瓶等,应在安全可靠地点存放,使用时要建立制度,按安全规程操作,并加强检查 (8)电焊机、氧气瓶、乙炔发生器等在夏季使用时,应采取措施,避免烈日曝晒,与火源应保持10m以上的距离,此外还应防止与机械油接触,以免发生爆炸
2	钢结构安装	(1)钢结构安装起重设备行走路线应坚实、平整,停放地点应平坦;严禁超负荷吊装,操作时避免斜吊,同时不得起吊重量不明的钢构件 (2)高处作业使用的撬杠和其他工具应防止坠落;高处用的梯子、吊篮、临时操作台应绑扎牢靠,跳板应铺平绑扎,严禁出现挑头板 (3)钢柱、梁、屋架等安装就位后应随即校正、固定,并将支撑系统安装好,使其形成稳定的空间体系。如不能很快固定,刮风天气应设风缆绳、斜撑拉(撑)固或用8号铁丝与已安装固定的构件联系,以防止失稳、变形、倾斜。对已就位的钢构件,必须完成临时或最后固定后,方可进行下道工序作业 (4)安装现场用电要有专人管理,各种电线接头应装入开关箱内,用后加锁。塔式起重机或长臂杆的起重设备,应有避雷设施 (5)钢结构构件已经固定后,不得随意用撬杠撬动或移动位置,如需重新校正时,必须回钩 (6)高处安装钢结构,应设操作平台,四周应设护栏,操作人员应戴安全帽、系安全带;携带工具、垫铁、焊条、螺栓等应放入随身佩带的工具袋内;在高处传递时,应有保险绳,不得随意上下抛掷,防止脱落伤人或发生意外伤害。钢檩条、水平支撑、压型板安装,下部应挂安全网,四周设安全栏杆

续表

项次	项目	安全技术要点
3	焊接连接	(1)焊工应经过培训、考试合格,进行安全教育和安全交底后方可上岗施焊 (2)焊接设备外壳必须接地或接零;焊接电缆、焊钳及连接部分,应有良好的接触和可靠的绝缘 (3)焊机前应设漏电保护开关。装拆焊接设备与电力网连接部分时,必须切断电源 (4)焊工操作时必须穿戴防护用品,如工作服、手套、胶鞋,并应保持干燥和完好。焊接时必须戴内镶有滤光玻璃的防护面罩 (5)焊接工作场所应有良好的通风、排气装置,并有良好的照明设施 (6)操作时严禁拖拉焊枪,电动工具均应设触电保安器 (7)高处焊接,焊工应系安全带,随身工具及焊条均应放在专门背袋中。在同一作业面上,下交叉作业处,应设安全隔离措施 (8)焊接操作场所周围5m以内不得有易燃、易爆物品,并在附近配备消防器材
4	高强度螺栓连接	(1)扭剪型高强度螺栓,扭下的梅花卡头应放在工具袋内,不要随意乱扔,防止从高空掉下伤人 (2)使用机具应经常检查,防止漏电和受潮 (3)高强度螺栓扳手,严禁在雨天或潮湿条件下使用 (4)钢构件组装安装螺栓时,应先用钎子或铳子对准孔位,严禁用手指插入连接面或螺栓孔对正。取放钢垫板时,手指应放在钢垫板的两侧 (5)使用活动扳手的扳口尺寸应与螺母尺寸相符,不应在手柄上加套管。高空操作应使用死扳手,如使用活扳手时,要用绳子拴牢,操作人员要系安全带

13 建筑结构吊装

13.1 吊装索具设备

13.1.1 绳索

绳索种类、性能与使用　表 13-1

类别	种类、构造及性能	优缺点、使用
麻绳	麻绳又称白棕绳，按拧成的股数的多少，分为三股、四股和九股三种；按浸油与否，分浸油绳和素绳两种。吊装中多用不浸油索绳，常用白棕绳的技术性能见表 13-2；麻绳常用的安全系数值见表 13-3	浸油绳具有防潮、防腐蚀能力强等优点；但不够柔软，不易弯曲，强度较低；素绳弹性和强度较好（比浸油绳高 10%～20%）；但受潮后容易腐烂，强度要降低 50%。 主要用于绑扎吊装轻型构件和受力不大的缆风绳、溜绳等
钢丝绳	钢丝绳系由几股钢丝绳和 1 根绳芯（一般为浸油麻芯或棉纱芯）捻成。结构吊装中常采用 6 股钢丝绳，每股由 19、37、61 根钢丝组成。通常表示方法是 6×19＋1、6×37＋1、6×61＋1 前两个数字表示钢丝绳的型号，如 6×19，表示 6 股的，每股 19 丝，1 表示 1 根绳芯。 吊装常用的钢丝绳规格及荷重性能见表 13-4；绳索容许拉力计算见表 13-5；吊装钢丝绳安全系数及需用滑车直径见表 13-6；钢丝绳卡接使用夹规格、数量和间距见表 13-7～表 13-8	具有强度高，韧性、耐磨性、耐久性好，磨损易于检查等优点；但质较硬，不易弯曲，重量较大，不经常涂油易锈蚀。 6×19＋1 钢丝绳较耐磨，不易弯曲，常用作缆风绳和吊索；6×37＋1 钢丝绳较柔软，多用作穿滑车组用绳和作吊索；6×61＋1 钢丝绳主要用于重型起重机械中，吊装中使用较少

白棕绳技术性能　表 13-2

直径(mm)	圆周(mm)	每卷重量(长 250m)(kg)	破断拉力(kN)	直径(mm)	圆周(mm)	每卷重量(长 250m)(kg)	破断拉力(kN)
6	19	6.5	2.00	22	69	70	18.50
8	25	10.5	3.25	25	79	90	24.00
11	35	17	5.75	29	91	120	26.00
13	41	23.5	8.00	33	103	165	29.00
14	44	32	9.50	38	119	200	35.00
16	50	41	11.50	41	129	250	37.50
19	60	52.5	13.00	44	138	290	45.00
20	63	60	16.00	51	160	330	60.00

麻绳安全系数　表 13-3

项次	麻绳的用途		安全系数值 K
1	一般吊装	新绳 旧绳	3 6
2	作缆风绳	新绳 旧绳	6 12
3	作捆绑吊索或重要的起重吊装		8～10

钢丝绳规格及荷重性能 **表 13-4**

直径(mm)		钢丝总断面积(mm²)	参考重量(kg/100m)	钢丝绳公称抗拉强度(N/mm²)				
				1400	1550	1700	1850	2000
钢丝绳	钢丝			钢丝破断拉力总和(kN)不小于				
一、钢丝 6×19,绳芯 1								
6.2	0.4	14.32	13.53	20.0	22.1	24.3	20.4	28.6
7.7	0.5	22.37	21.14	31.3	34.6	38.0	41.3	44.7
9.3	0.6	32.22	30.45	45.1	49.9	54.7	59.6	64.4
11.0	0.7	43.85	41.44	61.3	67.9	74.5	81.1	87.7
12.5	0.8	57.27	54.12	80.1	88.7	97.3	105.5	114.5
14.0	0.9	72.49	68.50	101.0	112.0	123.0	134.0	144.5
15.5	1.0	89.49	84.57	125.0	138.5	152.0	165.5	178.5
17.0	1.1	103.28	102.3	151.5	167.5	184.0	200.0	216.5
18.5	1.2	128.87	121.8	180.0	199.5	219.0	238.0	257.5
20.0	1.3	151.24	142.9	211.5	234.0	257.0	279.5	302.0
21.5	1.4	175.40	165.8	245.5	271.5	298.0	324.0	350.5
23.0	1.5	201.35	190.3	281.5	312.0	342.0	372.0	402.5
24.5	1.6	229.09	216.5	320.5	355.0	389.0	423.5	458.0
26.0	1.7	258.63	244.4	362.0	400.5	439.5	478.0	517.0
28.0	1.8	289.95	274.0	405.5	449.0	492.5	536.0	579.5
31.0	2.0	357.96	338.3	501.0	554.5	608.5	662.0	715.5
34.0	2.2	433.13	409.3	306.0	671.0	736.0	801.0	
37.0	2.4	515.46	487.1	721.5	798.5	876.0	953.5	
40.0	2.6	604.95	571.7	846.5	937.5	1025.0	1115.0	
43.0	2.8	701.60	663.0	982.0	1085.0	1190.0	1295.0	
46.0	3.0	805.41	761.1	1125.0	1245.0	1365.0	1490.0	
二、钢丝 6×37,绳芯 1								
8.7	0.4	27.88	26.21	39.0	43.2	47.3	51.5	55.7
11.0	0.5	43.57	40.96	60.9	67.5	74.0	80.6	87.1
13.0	0.6	62.74	58.98	87.8	97.2	106.5	116.0	125.0
15.0	0.7	85.39	80.57	119.5	132.0	145.0	157.5	170.5
17.5	0.8	111.53	104.8	156.0	172.5	189.5	200.0	223.0
19.5	0.9	141.16	132.7	197.5	213.5	239.5	261.0	282.0
21.5	1.0	174.27	163.3	243.5	270.0	296.0	322.0	348.5
24.0	1.1	210.87	198.2	295.0	326.5	358.0	390.0	421.5
26.0	1.2	250.95	235.9	351.0	388.5	426.5	464.0	501.5
28.0	1.3	294.52	276.8	412.0	456.5	500.5	544.5	589.0
30.0	1.4	341.57	321.1	478.0	529.0	580.5	631.5	683.0
32.5	1.5	392.11	368.6	548.5	607.5	666.5	725.0	784.0
34.5	1.6	446.13	419.4	624.5	691.5	758.0	825.0	892.0
36.5	1.7	503.64	473.4	705.0	780.5	856.0	931.5	1005.0
39.0	1.8	564.63	530.8	790.0	875.0	959.5	1040.0	1125.0
43.0	2.0	697.08	655.3	975.5	1080.0	1185.0	1285.0	1390.0
47.5	2.2	843.47	792.9	1180.0	1305.0	1430.0	1560.0	
52.0	2.4	1003.80	943.6	1405.0	1555.0	1705.0	1855.0	
56.0	2.6	1178.07	1107.4	1645.0	1825.0	2000.0	2175.0	
60.5	2.8	1366.28	1234.3	1910.0	2115.0	2320.0	2525.0	
65.0	3.0	1568.43	1474.3	2195.0	2430.0	2665.0	2900.0	

注：表中，粗线左侧可供应光面或镀锌钢丝绳，右侧只供应光面钢丝绳。

麻绳、钢丝绳容许拉力计算　　表 13-5

项目	计算公式	符号意义
麻绳容许拉力	白棕绳的容许拉力$[F_z]$(kN)，按下式计算：$$[F_z]=\frac{F_z}{K} \quad (13\text{-}1)$$	F_z—白棕绳的破断拉力（kN），旧绳取新绳的 40%～50%； K—白棕绳的安全系数，按表 13-3 取用； F_g—钢丝绳的钢丝破断拉力总和（kN），可从表13-5查得； α—考虑钢丝绳之间荷载不均匀系数，对 6×19、6×37、6×61 钢丝绳，α 分别取 0.85、0.82、0.80； K—钢丝绳使用时安全系数按表 13-7 取用
钢丝绳容许拉力	钢丝绳容许拉力$[F_g]$(kN)，按下式计算：$$[F_g]=\frac{\alpha F_g}{K} \quad (13\text{-}2)$$	

钢丝绳安全系数及需用滑车直径　　表 13-6

项次	钢丝绳的用途	安全系数 K	滑车直径
1	缆风绳及拖拉绳	3.5	≥12d
2	用于滑车时：手动的 机动的	4.5 5～6	≥16d ≥16d
3	作吊索：无绕曲时 有绕曲时	5～7 6～8	— ≥20d
4	作地锚绳	5～6	—
5	作捆绑吊索	8～10	—
6	用于载人升降机	14	≥30d

注：d—钢丝绳直径。

钢丝绳骑马式夹头主要规格　　表 13-7

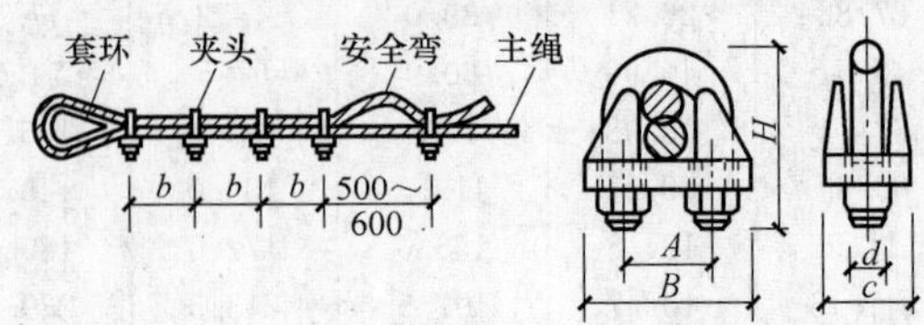

型号	常用钢丝绳直径(mm)	A	B	c	d	H	重量(kg)
Y3～10	11	22	43	33	10	55	0.092
Y4～12	13	28	53	40	12	69	0.156
Y5～15	15、17.5	33	61	48	14	83	0.31
Y6～20	20	39	71	55.5	16	96	0.50
Y7～22	21.5、23.5	44	80	63	18	108	0.68
Y8～25	26	49	87	70.5	20	122	0.92
Y9～28	28.5、31	55	97	78.5	22	137	1.37
Y10～32	32.5、34.5	60	105	85.5	24	149	1.68
Y11～40	37、39.5	67	112	94	24	164	2.52
Y12～45	43.5、47.5	78	128	107	27	188	3.65

钢丝绳卡接使用夹头数量和间距 表 13-8

钢丝绳直径（mm）	骑马式夹头个数	夹头间距（mm）	钢丝绳直径（mm）	骑马式夹头个数	夹头间距（mm）
13	3	120	28	4	200
15	3	120	32	5	250
18	3	150	35	5	250
21	4	150	39	5	300
24	4	200	42	6	300

绳索使用要点 表 13-9

项次	项目	使 用 要 点
1	麻绳	(1)麻绳在开卷时，应卷平放在地上，绳头一面放在底下，从卷内拉出绳头，然后按需要的长度切断。切断前应用细铁丝或麻绳将切断口两侧的绳扎紧 (2)麻绳穿绕滑车时，滑轮的直径应大于绳直径的 10 倍 (3)使用时，应避免在构件上或地上拖拉。与构件棱角相接触部位，应衬垫麻袋、木板等物 (4)使用中，如发生扭结，应抖直，以免受拉时易于折断 (5)绳应放在干燥和通风良好的地方，以免腐烂，不得和涂料、酸、碱等化学物品放在一起，以防腐蚀
2	钢丝绳	(1)钢丝绳均应按使用性质、荷载大小、钢丝绳新旧程度和工作条件等因素，根据经验或经计算选用规格型号 (2)钢丝绳开卷时，应放在卷盘上或用人力推滚卷筒，不得倒放在地面上，人力盘(甩)开，造成扭结，缩短寿命。钢丝绳切断时，应在切口两侧 1.5 倍绳径处用细铁丝扎结，或用铁箍箍紧，扎紧段长度不小于 30mm，以防钢丝绳松捻 (3)新绳使用前，应以 2 倍最大吊重作载重试验 15min (4)钢丝绳穿过滑轮时，润轮槽的直径应比绳的直径大 1.0～2.5mm，滑轮直径应比钢丝绳直径大 10～12 倍，轮缘破损的滑轮不得使用 (5)钢丝绳在使用前应抖直理顺，严禁扭结受力，使用中不得抛掷，与地面、金属、电焊导线或其他物体接触摩擦，应加护垫或托绳轮；不能使钢丝绳发生锐角曲折、挑圈或由于被夹、被砸而被压成扁平 (6)钢丝绳扣、8 字形千斤索和绳圈等的连接采用卡接法时，钢丝绳夹规格、数量和间距应符合表13-8 规定。上绳夹时，螺栓要拧紧，直至钢丝绳被压扁 1/3～1/4 直径时为止，并在绳受力后，再将绳夹螺栓拧紧一次。采用编接法时，插接的双绳和绳扣的接合长度应大于钢丝绳直径的 20 倍或绳头插足三圈且最短不得少于 300mm (7)钢丝绳与构件棱角相触时，应垫上木板或橡胶板。起重物时，启动和制动均必须缓慢，不得突然受力和承受冲击荷重。在起重时，如绳股大量油挤出，应进行检查或更换新绳 (8)钢丝绳每工作 4 个月左右应涂滑润油一次。涂油前，应将钢丝绳浸入汽油或柴油中洗去油污，并刷去铁锈。涂油应在干燥和无锈情况下进行 (9)钢丝绳使用一段时间后，如发现磨损、锈蚀、弯曲、变形、断丝等情况，将降低其承载力，应按表 13-10 规定方法进行鉴别，判断其可用程度，如钢丝绳在一个节距内断丝和磨损超过表13-11、表 13-12 中报废数值，应换新绳或截除，以保使用安全 (10)库存钢丝绳应成卷排列，避免重叠堆置，并应加垫和遮盖，防止受潮锈蚀

钢丝绳合用程度判断 表 13-10

类别	钢丝绳表面现象	合用程度	使用场所
Ⅰ	各股钢丝位置未动，磨损轻微，无绳股凸起现象	100%	重要场所
Ⅱ	(1)各股钢丝已有变位，压扁及凸出现象，但未露出绳芯 (2)个别部分有轻微锈痕 (3)有断头钢丝，每米钢丝绳长度内断头数目不多于钢丝总数的 3%	75%	重要场所
Ⅲ	(1)每米钢丝绳长度内断头数目超过钢丝总数的 3%，但少于 10% (2)有明显锈痕	50%	次要场所
Ⅳ	(1)绳股有明显的扭曲、凸出现象 (2)钢丝绳全部有锈痕，将锈痕刮去后钢丝上留有凹痕 (3)每米钢丝绳长度内断头数超过 10%，但少于 25%	40%	不重要场所或辅助工作

钢丝绳报废标准（一个节距内的断丝数）　表 13-11

采用的安全系数	钢丝绳种类					
	6×19		6×37		6×61	
	交互捻	同向捻	交互捻	同向捻	交互捻	同向捻
5 以下	12	6	22	11	36	18
6～7	14	7	26	13	38	19
7 以上	16	8	30	15	40	20

钢丝绳报废标准降低率　表 13-12

钢丝绳表面腐蚀或磨损程度（以每根钢丝的直径计）%	在一个节距内断丝数所列标准乘下列系数	钢丝绳表面腐蚀或磨损程度（以每根钢丝的直径计）%	在一个节距内断丝数所列标准乘下列系数
10	0.85	25	0.60
15	0.75	30	0.50
20	0.70	40	报废

13.1.2　吊钩、卡环与吊索

一、吊钩、卡环

吊钩、卡环的种类规格与使用　表 13-13

名称	种类、形式及规格	使用说明
吊钩	吊钩分单吊钩和双吊钩两种。系用整块 20 号优质碳素钢锻制后进行退火处理而成。钩表面应光滑、无剥裂、刻痕、锐角裂缝等缺陷。常用吊索用单吊钩主要规格和安全吊重量见表 13-14	单吊钩常与吊索连接在一起使用，有时与吊钩架组合在一起使用；双吊钩仅用在起重机上
卡环又称卸甲	卡环由一个弯环和 1 根横销组成。卡环按弯环形式，分 D 形和马蹄形；按止动销与弯环连接方法的不同，又分螺栓式和活络式两种，而以螺栓式卡环使用较多。但在柱子吊装中多用活络卡环；卸钩时吊车松钩将拉绳下拉，销子自动脱开，可避免高空作业；但接绳一端宜向上，以防销子脱落，常用普通（D 形）卡环的规格和安全荷重见表 13-15	用于吊索与吊索，或吊索与构件吊环之间的连接；或用在绑扎构件时扣紧吊索。为吊装作业中应用最广泛而灵便的栓连工具

带环吊钩规格（mm）　表 13-14

简图	起重量(t)	*A*	*B*	*C*	*D*	*E*	*F*	适用钢丝绳直径(mm)	每只自重(kg)
A, D, B, E, F, C	0.5	7	114	73	19	19	19	6	0.34
	0.75	9	133	86	22	25	25	6	0.45
	1	10	146	98	25	29	27	8	0.79
	1.5	12	171	109	32	32	35	10	1.25
	2	13	191	121	35	35	37	11	1.54
	2.5	15	216	140	38	38	41	13	2.04
	3	16	232	152	41	41	48	14	2.90
	3.75	18	257	171	44	48	51	16	3.86
	4.5	19	282	193	51	51	54	18	5.00
	6	22	330	206	57	54	64	19	7.40
	7.5	24	356	227	64	57	70	22	9.76
	10	27	394	255	70	64	79	25	12.30
	12	33	419	279	76	72	89	29	15.20
	14	34	456	308	83	83	95	32	19.10

D 形卡环规格（GB 559—65） 表 13-15

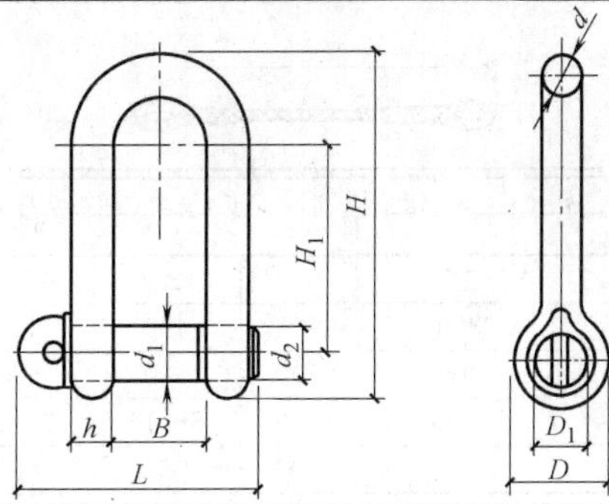

型号	使用负荷		D	H	H_1	L	d	d_1	d_2	B	重量
	(N)	(kg)	(mm)								(kg)
0.2	2450	250	16	49	35	34	6	8.5	M8	12	0.04
0.4	3920	400	20	63	45	44	8	10.5	M10	18	0.09
0.6	5880	600	24	72	50	53	10	12.5	M12	20	0.16
0.9	8820	900	30	87	60	64	12	16.5	M16	24	0.30
1.2	12250	1250	35	102	70	73	14	18.5	M18	28	0.46
1.7	17150	1750	40	116	80	83	16	21	M20	32	0.69
2.1	20580	2100	45	132	90	98	20	25	M22	36	1
2.7	26950	2750	50	147	100	109	22	29	M27	40	1.54
3.5	34300	3500	60	164	110	122	24	33	M30	45	2.20
4.5	44100	4500	68	182	120	137	28	37	M36	54	3.21
6.0	58800	6000	75	200	135	158	32	41	M39	60	4.57
7.5	73500	7500	80	226	150	175	36	46	M42	68	6.20
9.5	93100	9500	90	255	170	193	40	51	M48	75	8.63
11.0	107800	1100	100	285	190	216	45	56	M52	80	12.03
14.0	137200	1400	110	318	215	236	48	59	M56	80	15.58
17.5	171500	1750	120	345	235	254	50	66	M64	100	19.35
21.0	205800	2100	130	375	250	288	60	71	M68	110	27.83

二、吊索

常用吊索（千斤索）的形式、构造与使用 表 13-16

名称	简　图	构造与使用说明
万能吊索（环状吊索或闭式吊索）		是一个封闭的环形，用绳股 6×37 或 6×61、直径 19.5～30.0mm 钢丝绳镶成。吊索的末端用编接法连接，编接长度应不小于 20～24 倍钢丝绳直径 用于绑扎桁架、梁、管道等结构构件
轻便吊索（8 股头吊索）		是在两端做成环圈，或一端做成环圈，一端连接吊钩或卡环。用绳股 6×37 或 6×61、直径 19.5～30mm 钢丝绳镶成。环圈的末端用编接法连接，编接长度不小于 20～24 倍钢丝绳直径 用于钩挂梁、板、桁架或绑扎柱等构件，常用作吊车的配套吊具
双肢或多肢吊索		由吊索与两肢或四肢、多肢 8 股头吊索组成，下部设吊钩，上部环圈用吊环连起来，吊环可直接挂在起重机吊钩上 用于吊挂梁屋架、桁架、板等构件

吊索绳扣标准编接长度　　表 13-17

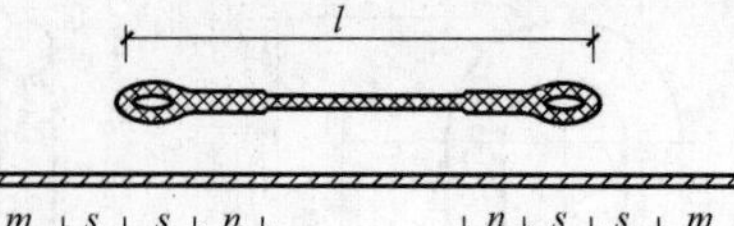

钢丝绳直径(mm)	9.5	12.7	16	19	22	25.4	32	38	50
编接长度 n(mm)	200	250	300	350	400	450	550	650	750
绳扣长度 s(mm)	300	350	400	450	500	550	650	750	850
吊索长度 l(m)	1～2	1～4	2～6	3～10	6～12	6～12	6～12	6～15	6～15
编接花数(个)	4	4	5	5	6	6	6	6	6

注：1. 编接长度与编接花数可互相参考。吊索长度应按需要决定。
2. 绳扣内如用套环时，其长度应以套环具体尺寸为准。
3. 钢丝绳的破头长度 m 一般为编接长度的 2～2.5 倍，按要求编接长度插完后，多余部分再割去。

吊索在不同水平夹角时的内力　　表 13-18

简　图	水平夹角 α	吊索拉力 F	水平压力 H	水平夹角 α	吊索拉力 F	水平压力 H
	25°	1.18Q	1.07Q	55°	0.61Q	0.35Q
	30°	1.00Q	0.87Q	60°	0.58Q	0.29Q
	35°	0.87Q	0.71Q	65°	0.56Q	0.24Q
	40°	0.78Q	0.60Q	70°	0.53Q	0.18Q
	45°	0.71Q	0.50Q	75°	0.52Q	0.13Q
	50°	0.65Q	0.42Q	90°	0.50Q	0

13.1.3　横吊梁

横吊梁（铁扁担）的形式、构造与使用　　表 13-19

名称	简　图	构造与使用说明
滑轮横吊梁	1—1	由吊环、滑轮和轮轴、吊索等组成。吊环用Ⅰ级钢锻制而成，环圈的大小要能保证直接挂上起重机吊钩。滑轮直径要大于起吊柱的厚度，吊环截面与轮轴直径应按起重量的大小由计算确定。它的优点是起吊和竖立柱时，可以使吊索受力平衡、均匀，使柱身容易保持垂直，便于安装就位 适用于吊 8t 重以下的各种形状的柱
钢板横吊梁	挂吊钩孔 挂吊索孔 2—2	由钢板及加强板制成。钢板厚度按起吊柱的重量由计算确定。下部挂卡环孔的距离应比柱厚度大 20cm，使吊索不与柱相碰。它的优点是制作简单，可现场加工 适于吊 10t 重以下柱子
钢板多孔横吊梁	挂吊钩 挂吊索孔 3—3	由钢板和钢管焊接制成。有多种模数孔距，可以根据不同柱厚，使用不同孔距。它的优点是可以吊装不同截面柱子而不需换横吊梁 适于吊装大、中型混凝土或钢柱

续表

名称	简图	构造与使用说明
型钢横吊梁	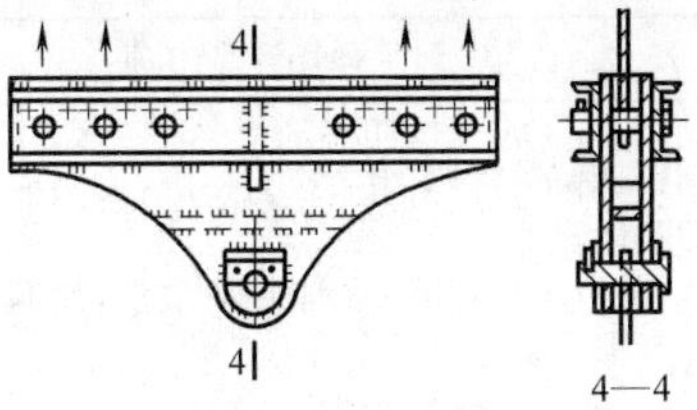 4—4	由槽钢和钢板焊接制成。上部有多种模数孔距，可以根据不同柱厚使用不同孔距，亦可倒过来使用，如钢板多孔横吊梁。优点是可双机抬吊不同截面柱而不需换横吊梁 适于双机抬吊重型混凝土或钢柱
万能横吊梁	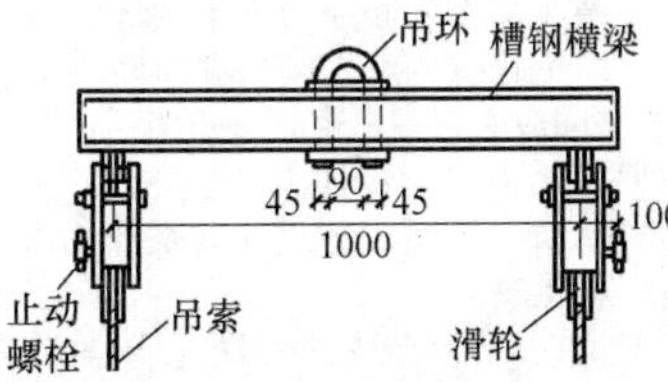 吊环 槽钢横梁 90 45 45 1000 100 止动螺栓 吊索 滑轮	由槽钢、吊环、滑轮等组成。吊索穿过滑轮，滑轮挂在槽钢上，滑轮可以回转，自动平衡吊索荷重，并能借助螺栓将它固定 适于柱、梁、板构件的水平起吊、斜吊以及由水平转到垂直位置的起吊（翻身起吊）
普通横吊梁	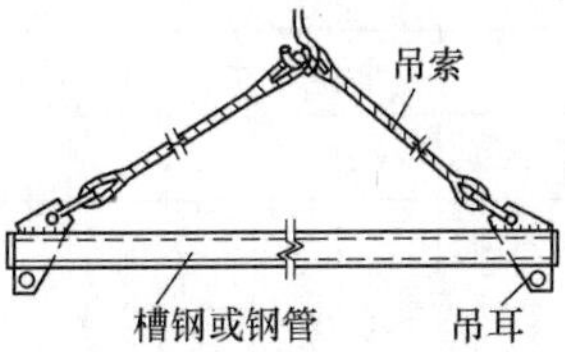 吊索 槽钢或钢管 吊耳	由槽钢（或钢管）、吊耳、加强板等焊接制成。上部两端挂吊索，下部两端挂卡环或滑轮，长 6～12m。制作时要根据吊重验算稳定性。它的优点是可以减低起吊高度，降低吊索内力和对构件的压力，缩短绑扎构件时间，便于安装就位 适于两点或四点起吊屋架或桁架等构件
桁架式带滑轮横吊梁	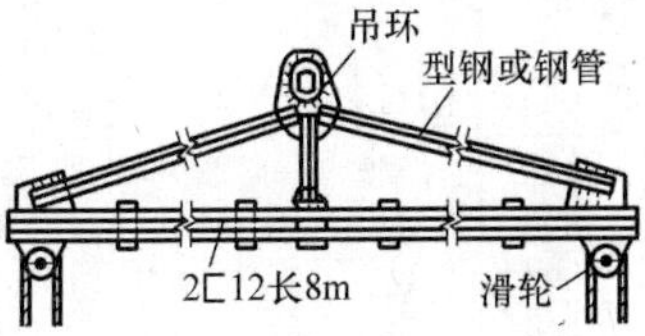 吊环 型钢或钢管 2[12长8m 滑轮	由槽钢、型钢（或钢管）、吊环、滑轮等组成。吊环可直接挂在起重机吊钩上，梁两端设有滑轮，吊索穿过滑轮四点绑扎构件，可起到平衡荷载作用 适于四点绑扎起吊大跨度屋架或桁架、梁类构件
桁架式横吊梁	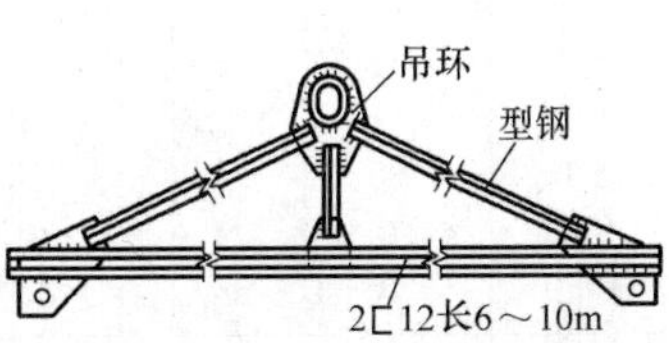 吊环 型钢 2[12长6～10m	由槽钢（或钢管）、吊耳板、加强板撑角板等焊接而成。横吊梁中部带有吊环可直接挂在起重机钩上，两端设有吊耳以备直接悬挂卡环或滑轮。它的优点是梁刚度较大，两点或四点起吊，可大大减少起吊高度和对构件的压力 适用于起吊大跨度屋架或其他桁架结构构件

13.1.4　滑车、滑车组

滑车、滑车组的种类规格及使用注意事项　表 13-20

<table>
<tr><th>名称</th><th>种类及规格</th><th>使用注意事项</th></tr>
<tr><td>滑车</td><td>滑车按制作材料来分，有木制和钢制两种；按滑轮多少，分为单门滑车（一个轮）、双门滑车（两个轮）到八门滑车（八个轮）等八种。单门滑车用于起重和改变绳索方向，多门滑车用于滑车组。另有一种“开门滑车”其夹板可以打开，便于穿入钢丝绳，一般用于桅杆脚部作导向用。按轴和轴接触情况不同，又分在轮轴间装滑动轴承和在轮轴间装滚动轴承两种；按使用方式不同，又可分为定滑车和动滑车。定滑车可改变力的方向，但不省力；动滑车在使用中随重物移动而移动，能省力，但不能改变力的方向。常用滑车规格及安全荷重见表 13-21</td><td rowspan="2">（1）滑车与滑车组上应有铭牌，说明滑车的尺寸、种类和性能等
（2）滑车的轮轴要经常保持清洁，涂润滑油脂，以减少磨损和防止锈蚀
（3）使用前应检查滑车、轮槽、轮轴、夹板、吊钩、吊环等各部分，有无裂缝、损伤、严重磨损、滑轮不转等缺陷和超载情况，如有问题及时调换，严禁用焊接方法修补滑轮的缺陷
（4）滑车吊钩中心应与起吊构件的重心在一条铅垂线上，以免起吊后发生倾斜和扭转现象。滑车组上下滑车之间应保持一定距离，一般应不小于五倍滑轮直径
（5）使用中应缓慢加力，绳索收紧后，如有卡绳、磨绳情况，应立即纠正。滑车等各部分使用情况良好，才能继续工作
（6）磨损标准：当轮轴磨损量达到轮轴公称直径的 3%～5%，则需要更换；滑轮槽壁磨损量达到原厚的 1%，在径向磨损量达到绳直径的 25%时，均要检修或更换</td></tr>
<tr><td>滑车组</td><td>滑车组是由一定数量的定滑车和动滑车及绕过它的绳索组成，既能省力，又能改变用力的方向，用于作简单的起重和吊装设备。
滑车组中动滑车上穿绕绳子的根数叫“走几”，如动滑车穿绕三根绳索叫“走三”，动滑车上穿绕四根绳索叫“走四”。常用滑车组的穿绕方式和提升时绕出绳（或称跑头）所需的拉力，参见表 13-22</td></tr>
</table>

常用起重滑车规格及荷重性能　表 13-21

简图	起重量（t）	轮数	滑轮直径（mm）	钢绳直径（mm）	滑车尺寸（mm）				重量（kg）
					h	*B*	*C*	*E*	
	1	1	150	12	450	170	295	80	8
	2	1	200	15	480	220	365	85	12
	3	1	225	17	680	245	425	100	23
	5	1	275	20	825	295	515	115	35
	8	1	325	24	965	345	610	135	61
	10	1	350	26	1060	370	665	150	77
	15	1	400	30	1195	420	755	198	112
	1	2	150	11	460	170	290	76	13
	2	2	200	13	580	220	355	88	22
	3	2	225	15	680	24	420	108	35
	5	2	275	19.5	830	295	510	118	56
	8	2	325	21.5	965	345	605	145	88
	10	2	350	24	1060	370	660	160	120
	15	2	400	26	1190	420	740	180	172
	1	3	150	11	463	170	290	106	17
	2	3	200	14	574	220	355	123	31
	3	3	225	16	682	245	416	149	46
	5	3	275	18	830	295	505	163	77
	8	3	325	22	967	345	600	201	114
	10	3	350	24	1050	370	650	220	162
	15	3	400	26	1190	420	735	247	232
	20	3	450	32	1285	480	795	266	330

常用滑车组的穿绕方式和提升时（跑头）的拉力 表 13-22

过动滑车上绳的根数(走数)		走 1	走 2	走 3	走 4	走 5	走 6	走 7	走 8	走 9	走 10
绳头自定滑车绕出简图		S Q	S Q	S Q	S Q	S Q	S Q	S Q	S Q	S Q	S Q
滑车数 K(门)	定滑车	1	1	2	2	3	3	4	4	5	5
	动滑车	0	1	1	2	2	3	3	4	4	5
钢丝绳总数		2	3	4	5	6	7	8	9	10	11
需要钢绳长度相当重物移动的倍数		4	6	8	10	12	14	16	18	20	22
(跑头)的拉力 S		1.04Q	0.53Q	0.36Q	0.28Q	0.23Q	0.19Q	0.17Q	0.15Q	0.13Q	0.12Q

13.1.5 捯链、手扳葫芦、千斤顶

捯链、手扳葫芦、千斤顶种类、规格及使用 表 13-23

名称	种类、特性及规格	使用注意事项
捯链(斤不落、链式起重机)	捯链按构造分正齿轮传动和行星摆线针轮传动两种。齿轮传动捯链制造简单，工作效率高，速度快，使用最为广泛。常用的 WA 型正齿轮传动捯链的技术规格见表 13-24、SBL 型捯链的技术规格见表13-25。 常与三木搭配合使用，用来起重高度不大的轻型构件，或进行短距离水平运输；或拉紧缆风绳以及在构件运输中拉紧捆绑构件的绳索等	(1)捯链使用前应仔细检查吊钩链条及轮轴是否有损伤，传动部分是否灵活 (2)捯链挂上重物后，先慢慢拉动链条，待起重链条受力后再检查一次，如定轮啮合和自锁装置等良好，方可继续工作；使用中不得超过规定起重量 (3)手扳葫芦使用前和挂上重物后检查同捯链。挂钩和吊钩应分别固定和捆绑牢固，防止脱钩；用于升降吊篮的多个手扳葫芦的升降速度和动作应保持同步一致，使受力均匀一致，高低差不大于 30mm (4)千斤顶使用前应拆洗干净并检查各部件是否灵活、有无损伤，油压千斤顶的阀门、活塞、皮碗是否良好，油液是否干净，发现问题及时处理 (5)千斤顶应放在坚实平坦的地面上，如土质松软，应铺设垫板，以扩大承压面积；构件被顶部位应平整坚实，并加垫木板，载荷应与千斤顶轴线一致 (6)应严格按照千斤顶的标定起重量顶重，每次顶升高度不得超过有效顶程 (7)千斤顶开始工作时，应先将构件稍微顶起一点后暂停，检查千斤顶、枕木垛、地面和物件等情况是否良好，如发现偏斜和枕木垛不稳等情况，进行处理后才能继续工作 (8)顶升过程中应设保险垫，并应随顶随垫，其脱空距离应不小于 50mm，以防千斤顶倾倒或突然回油而造成安全事故 (9)用两台或两台以上千斤顶同时顶升一个构件时，应统一指挥，动作一致。不同类型的千斤顶应避免放在同一端使用
手扳葫芦	手扳葫芦由吊钩、牵引钢丝绳、收紧机构、扳把等组成。具有构造简单、使用方便、安全可靠等优点。常用手扳葫芦的技术规格见表 13-26。 手扳葫芦常用作收紧缆风绳、校正屋架和作升降吊篮用于作安装墙面操作平台之用	
千斤顶	千斤顶按构造不同和作用原理分齿条式、螺旋式和液压式三种；吊装中经常使用的为后两种，具有操作方便，比较省力，紧固耐用等优点。常用千斤顶的技术规格见表 13-27、表 13-28。 千斤顶作为独立的简易工具；多用来校正构件的安装偏差和矫正钢结构构件的变形，或用于顶升或降落大跨度屋架	

WA 型捯链的技术规格 表 13-24

型号	起重量(t)	起升高度(m)	上下两钩间最小距离(mm)	手拉力(N)	起重链直径(mm)	起重链行数	重量(kg)
WA½	0.5	2.5	235	195	5	1	7
WA1	1.0	2.5	270	310	6	1	10
WA1½	1.5	2.5	335	350	8	1	5
WA2	2.0	2.5	380	320	6	2	14
WA2½	2.5	2.5	370	380	10	1	—
WA3	3.0	3.0	470	350	8	2	24
WA5	5.0	3.0	600	380	10	2	38
WA7.5	7.5	3.0	650	390	10	3	—
WA10	10.0	3.0	700	390	10	4	68
WA15	15.0	3.0	830	415	10	6	—
WA20	20.0	3.0	1000	390	10	8	150
WA30	30.0	3.0	1150	415	10	12	—

SBL 型捯链的技术规格 表 13-25

型号	SBL$\frac{1}{2}$	SBL1	SBL2	SBL3	SBL5	SBL10
起重量(t)	0.5	1	2	3	5	10
起升高度(m)	2.5	2.5	3	3	3	3
两钩间最小距离 H(mm)	195	500	500	500	590	700
手拉力(N)	180	220	260	260	330	430
起重链条行数	1	2	2	2	2	3
起重链条直径(mm)	5	8	8	8.5	10	12
重量(kg)	7.5	23.5	27	27.5	40	73

手扳葫芦技术规格 表 13-26

型号	起重量(t/kN)	钢丝绳长度(m)	外形尺寸 长×宽×高(mm)	自重(kg)	生产厂
SB－1.5	1.5/14.7	20	407×132×200	16.5	天津手扳葫芦厂
SB－1.5	1.5/14.7	10	620×150×350		鞍山手扳起重机厂
QY3	3/29	按需而定	495×165×260	21.5	南京起重机械厂
GY3	3/29	绳径 ϕ13.5		14	天津林业工具厂
SB3	3/29	绳径 ϕ13.5	620×350×150	20	天津手扳葫芦厂

QL 型螺旋千斤顶技术规格 (JB 2592—91) 表 13-27

型号	起重量(t)	高度(mm)		自重(kg)
		最低	起升	
QL2	2	170	180	5
QL5	5	250	130	7.5
QL10	10	280	150	11
QL16	16	320	180	17
QL20	20	325	180	18
QL32	32	395	200	27
QL50	50	452	250	56
QL100	100	455	200	86

注：型号 QL—普通螺旋千斤顶，G—高型，D—低型。

QY 型油压千斤顶技术规格（JB 2104—91） 表 13-28

型号	起重量 (t)	最低高度	起升高度	螺旋调整高度	起升进程	自重 (kg)
		(mm)				
QYL3.2	3.2	195	125	60	32	3.5
QYL5G	5	232	160	80	22	5.0
QYL5D	5	200	125	80	22	4.6
QYL8	8	236	160	80	16	6.9
QYL10	10	240	160	80	14	7.3
QYL16	16	250	160	80	9	11.0
QYL20	20	280	180	—	9.5	15.0
QYL32	32	285	180	—	6	23.0
QYL50	50	300	180	—	4	33.5
QYL71	71	320	180	—	3	66.0
QW100	100	360	200	—	4.5	120
QW200	200	400	200	—	2.5	250
QW320	320	450	200	—	1.6	435

注：1. 型号 QYL—立式油压千斤顶，QW—立卧两用千斤顶，G—高型，D—低型。
2. 起升进程为油泵工作 10 次的活塞上升量。

13.1.6 卷扬机与地锚

一、卷扬机

卷扬机种类、性能及使用 表 13-29

名称	种类构造及性能	使用注意事项
卷扬机	卷扬机分为手摇和电动两种。手摇卷扬机由机架、大小齿轮、卷筒、制动装置、手柄等部件组成(图 13-1*a*)。使用时摇动手柄，转动齿轮带动卷筒而绞紧卷筒上的钢丝绳，即可将物件吊起或移动。用于无电源地区作桅杆的垂直运输和起吊构件用。 电动卷扬机由卷筒、电动机、减速机和电磁枪闸等部件组成(图 13-1*b*)，有单筒和双筒两种。按卷扬速度有快速和慢速之分，结构吊装中常用慢速。电动卷扬机具有起重量大，速度快，操作轻便等优点。适于土法吊装构件和升降机等作牵引装置。 常用电动快、慢速卷扬机的技术性能见表 13-30～表 13-32	(1)卷扬机使用时，一端必须设地锚或压重固定，以防起重时产生滑动或倾覆。钢丝绳绕入卷筒的方向应与卷筒轴线垂直或成小于 1.5°的偏角，使绳圈能排列整齐，不致斜绕和互相错叠挤压 (2)卷扬机、钢丝绳绕入卷筒的方向应与卷筒轴线垂直。缠绕方式应根据钢丝绳的捻向和卷扬的转向而采用不同的方法，使钢丝绳互相紧靠在一起成为平整一层，而不会自行散开、互相错叠，增加磨损。一般用右捻(或左捻)钢丝绳上卷时，绳一端固定在卷筒左边(或右边)，由左(或右)向右(或向左)卷；如钢丝绳下卷时，则缠绕相反，为安全运行，里卷筒上的钢丝绳不应全部放出，至少要保留 3～4 圈

单筒快速卷扬机技术参数 表 13-30

项目		型号							
		JK0.5 (JJK—0.5)	JK1 (JJK—1)	JK2 (JJK—2)	JK3 (JJK—3)	JK5 (JJK—5)	JK8 (JJK—8)	JD0.4 (JD—0.4)	JD1 (JD—1)
额定静拉力(kN)		5	10	20	30	50	80	4	10
卷筒	直径(mm)	150	245	250	330	320	520	200	220
	宽度(mm)	465	465	630	560	800	800	299	310
	容绳量(m)	130	150	150	200	250	250	400	400
钢丝绳直径(mm)		7.7	9.3	13～14	17	20	28	7.7	12.5
绳速(m/min)		35	40	34	31	40	37	25	44

续表

项目		型号							
		JK0.5 (JJK－0.5)	JK1 (JJK－1)	JK2 (JJK－2)	JK3 (JJK－3)	JK5 (JJK－5)	JK8 (JJK－8)	JD0.4 (JD－0.4)	JD1 (JD－1)
电动机	型号	Y112M－4	$Y132M_1$－4	Y160L－4	Y225S－8	JZR2－62－10	JR92－8	JBJ－4.2	JBJ－11.4
	功率(kW)	4	7.5	15	18.5	45	55	4.2	11.4
	转速(r/min)	1440	1440	1440	750	580	720	1455	1460
外形尺寸	长(mm)	1000	910	1190	1250	1710	3190	—	1100
	宽(mm)	500	1000	1138	1350	1620	2105	—	765
	高(mm)	400	620	620	800	1000	1505	—	730
整机自重(t)		0.37	0.55	0.9	1.25	2.2	5.6	—	0.55

双筒快速卷扬机技术参数 **表 13-31**

项目		型号				
		2JK1 (JJ_2K－1.5)	2JK1.5 (JJ_2K－1.5)	2JK2 (JJ_2K－2)	2JK3 (JJ_2K－3)	2JK5 (JJ_2K－5)
额定静拉力(kN)		10	15	20	30	50
卷筒	直径(mm)	200	200	250	400	400
	长度(mm)	340	340	420	800	800
	容绳量(m)	150	150	150	200	200
钢丝绳直径(mm)		9.3	11	13～14	17	21.5
绳速(m/min)		35	37	34	33	29
电动机	型号	$Y132M_1$－4	Y160M－4	Y160L－4	$Y200L_2$－4	Y225M－6
	功率(kW)	7.5	11	15	22	30
	转速(r/min)	1440	1440	1440	950	950
外形尺寸	长(mm)	1445	1445	1870	1940	1940
	宽(mm)	750	750	1123	2270	2270
	高(mm)	650	650	735	1300	1300
整机自重(t)		0.64	0.67	1	2.5	2.6

单筒慢速卷扬机技术参数 **表 13-32**

项目		型号							
		JM0.5 (JJM－0.5)	JM1 (JJM－1)	JM1.5 (JJM－1.5)	JM2 (JJM－2)	JM3 (JJM－3)	JM5 (JJM－5)	JM8 (JJM－8)	JM10 (JJM－10)
额定静拉力(kN)		5	10	15	20	30	50	80	100
卷筒	直径(mm)	236	260	260	320	320	320	550	750
	长度(mm)	417	485	440	710	710	800	800	1312
	容绳量(m)	150	250	190	230	150	250	450	1000
钢丝绳直径(mm)		9.3	11	12.5	14	17	23.5	28	31
绳速(m/min)		15	22	22	22	20	18	10.5	6.5
电动机	型号	Y100L2－4	Y132S－4	Y132M－4	YZR2－31－6	YZR2－41－8	JZR2－42－8	YZR225M－8	JZR2－51－8
	功率(kW)	3	5.5	7.5	11	11	16	21	22
	转速(r/min)	1420	1440	1440	950	705	710	750	720
外形尺寸	长(mm)	880	1240	1240	1450	1450	1670	2120	1602
	宽(mm)	760	930	930	1360	1360	1620	2146	1770
	高(mm)	420	580	580	810	810	890	1185	960
整机自重(t)		0.25	0.6	0.65	1.2	1.2	2	3.2	—

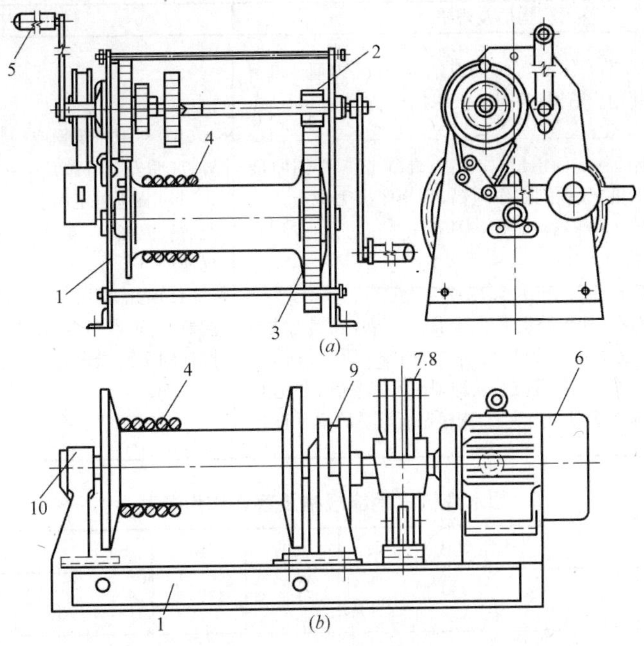

图 13-1 卷扬机构造

(a) 手摇卷扬机；(b) 电动卷扬机

1—机架；2—小齿轮；3—大齿轮；4—卷筒、钢丝绳；5—摇把；6—电动机；7—联轴器；8—电动止动器；9—行星摆线齿轮减速器；10—轴承架

二、地锚

地锚种类、规格及使用 表 13-33

名称	种类、构造及规格	使用注意事项
埋桩式地锚	系将圆木或方木成一排或两排斜放在挖好的锚坑内，并在桩的上方和后下方用挡木将桩围住，再回填土夯实，但每根桩的入土深度不得小于 1.5m。常用埋桩式地锚的规格及允许荷载见表 13-34	(1)地锚选用应根据地锚性能和所承受的荷载而定，一般桩或地锚适于固定荷载不大的情况；水平地锚和半埋式地锚适于固定荷载较大的情况；混凝土地锚适于较永久性、荷载不很大的情况；活地锚适于临时性，荷载较小的情况 (2)设置地锚基槽的前方(坑深 2.5 倍的范围内)不得有地沟、电缆、地下管线等 (3)锚桩应设在坚实土体内，根据土质情况按设计要求和尺寸开挖基槽，并作到规整 (4)地锚的拉绳应与桩卧木保持垂直，地锚与地面的水平夹角宜在 30°左右，避免地锚承受过大竖向力 (5)地锚埋设地点应较为平整，不积水、不浸泡，以免软化回填土体，降低摩擦力 (6)拉绳或拉杆与地锚木的连接处，要用薄铁板垫好，以防由于应力过于集中而损伤地锚木 (7)地锚基坑回填时，应每 30cm 厚夯实一次，并要高出基坑四周 40cm 以上 (8)重要地锚应经试验以后才可正式使用，使用时应有专人定期检查，如发现变形，应及时采取措施修整，以防发生拔出事故 (9)地锚前面及附近不允许取土，山区设置地锚的位置在前坡时，坑底前的挡土长度不得小于基坑深的 3 倍
打入桩式地锚	系将木桩斜向打入土中，桩长为 1.5～2.0m，入土深度不小于 1.2m，距地面 0.4m 处埋入 1 根挡木，根据荷载需要，亦可打入 2 根或 3 根桩在一起。常用打入桩或地锚规格及允许荷重见表 13-35	
卧式地锚(水平地锚)	分无挡板和有挡板两种。 无挡板地锚采用 1 根或几根圆木捆绑在一起，横卧着埋入挖好的锚坑内，用钢丝绳或钢筋环系在横木的一点或两点从坑前槽中引出，并用土石回填夯实，当拉力超过 75kN 时，锚板横梁上应增加压板。 有挡板地锚系在无挡板地锚的做法基础上另增加立柱和木挡板，以增强横向抵抗力。 常用有挡板和无挡板水平地锚的规格及容许作用荷载见表 13-36	
混凝土地锚	系挖基坑灌筑 C15 混凝土，在混凝土中埋入型钢横梁和拉杆(图 13-2a)，依靠混凝土自重来平衡外部拉力，一般不考虑被动土压力作用，有条件时亦可利用已施工混凝土基础、柱等作地锚	

续表

名称	种类、构造及规格	使用注意事项
岩石桩地锚	系在基岩上打(钻)孔，插入钢筋或地锚，在孔内灌入1∶2.5水泥砂浆，利用岩石锚桩作地锚(图13～2*b*)	(10)利用建筑物或构筑物作地锚时，应经核算，证明安全可靠时才可使用，以防损坏结构 (11)旧地锚使用前，必须掌握其确定埋设情况、荷重大小、受力方向、埋设日期、否则不得使用 (12)地锚可用来固定缆风绳、溜绳、绞磨、卷扬机、起重滑车组的固定轮或导向轮、起重机及桅杆的平衡绳索等
活地锚	系在钢座板上压一定的重量，如钢锭、混凝土块和石块(图13-2*c*)，或用推土机、起重机械作地锚，利用摩擦力或土体的黏聚力及被动土压力作锚锭之用。具有减少土方量，少用材料，转移方便等特点	
半埋式地锚	系用工具式混凝土块堆叠组合而成(图13-2*d*)，混凝土块内适当配筋，每块混凝土块的尺寸为0.9m×0.9m×4m，重7.5t，堆叠时将一块或几块混凝土块埋到地下使混凝土的表面与地平面齐平，地面下混凝土块数，则根据所承受的拉力而定	

圆木埋桩式地锚规格及容许作用荷载　　**表13-34**

简　图	作用荷载 N(kN)	10	15	20	30	40	50
	a_1(cm)	50	50	50	50	50	50
	b_1(cm)	160	160	160	160	160	160
	c_1(cm)	90	90	90	90	90	90
	d_1(cm)	18	20	22	18	20	22
	l_1(cm)	100	100	120	100	100	120
	a_2(cm)				50	50	50
	b_2(cm)				150	150	150
	c_2(cm)				90	90	90
	d_2(cm)				22	25	26
	l_2(cm)				100	100	100
	e(cm)				90	90	90

注：作用于土体的压力为0.25MPa；挡木直径与桩柱直径相同。

打入桩地锚规格及容许作用荷载　　**表13-35**

作用荷载(kN)		10	15	20	30	40	50	60	80	100
木桩根数(根)		1	1	1	2	2	2	3	3	3
木桩直径(cm)	第一根	18	20	22	22	25	26	28	30	33
	第二根	—	—	—	20	22	24	22	25	26
	第三根	—	—	—	—	—	—	20	22	24
土体最小允许压力(MPa)		1.5	2.0	2.8	1.5	2.0	2.8	1.5	2.0	2.8

水平地锚规格及容许作用荷载 表 13-36

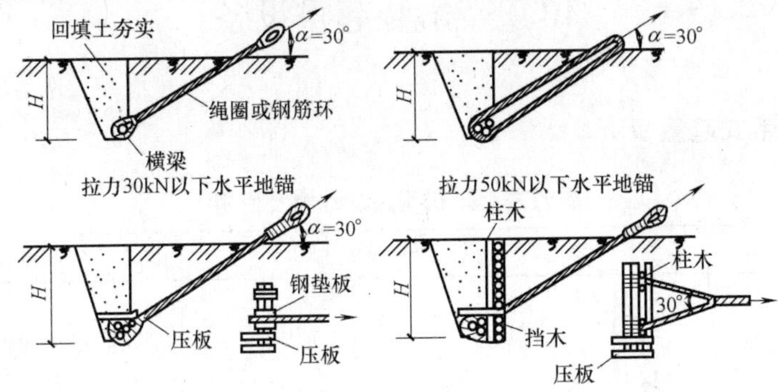

作用荷载 (kN)	缆绳的水平夹角 (°)	横梁 (根数×长度) (直径 24cm) (cm)	埋深 H (m)	横梁上系绳点数 (点)	档木 (根数×长度) (直径 20cm) (cm)	柱木 (根数×长度×直径) (cm)	压板 (长×宽) (cm) (密排 ϕ10 圆木)
28	30	1×250	1.7	1	—	—	—
50	30	3×250	1.7	1	—	—	—
75	30	3×320	1.8	1	—	—	80×320
100	30	3×320	2.2	1	—	—	80×320
150	30	3×270	2.5	2	4×270	2×120×ϕ20	140×270
200	30	3×350	2.75	2	4×350	2×130×ϕ20	140×350
300	30	3×400	2.75	2	5×400	3×150×ϕ22	150×400
400	30	3×400	3.5	2	5×400	3×150×ϕ22	150×400

注：本表计算依据：夯填土密度 1.6t/m^3；土的内摩擦角 45°；木料容许应力 11MPa。

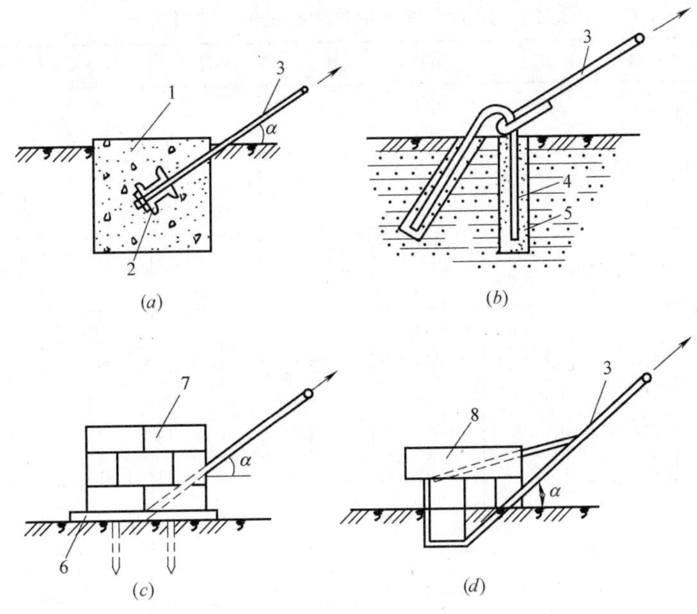

图 13-2 混凝土、岩石锚桩及半埋式地锚构造

1—C15 混凝土或块石砌体；2—型钢横梁；3—拉杆；4—锚固钢筋；5—1∶2.5 水泥砂浆灌浆；6—钢插板；7—压重（钢锭、混凝土块或块石）；8—混凝土块（0.9m×0.9mm×4m）

α—拉杆与地坪水平夹角，一般取 30°

13.2　吊装起重设备

13.2.1　履带式起重机

履带式起重机构造、性能及使用　　表 13-37

起重机简图	构造及起重性能	优缺点及使用
	履带式起重机构造主要由动力装置、传动装置、行走机构(履带、底盘)、工作机构(起重臂杆、起重滑车组、变幅滑车组、卷扬机)及平衡重等组成。常用型号有 W_1－100、W－200A、QU系列机械式履带起重机、QUY 系列液压履带起重机、KH180－3 型以及进口日产 KH1300、KH700、60P、85P、IPD80、IDP90 型、德产 CC－2000 型等,国产常用的几种履带起重机技术性能见表 13-38	具有起重能力大,自行走,全回转,工作稳定性好,操作灵活,使用方便,能把构件送到任何地方,在其工作范围内可载重行驶,对施工场地要求不严,可在不平整泥泞的场地或略加处理的松软场地(如垫道木、铺垫块石、厚钢板等)行驶和工作等优点;但行驶速度较慢,自重大,行走在较好的道路上,对路面破坏性较大,转移不够方便,起重臂杆为拼接式,长度改变较费工时,同时还需辅助起重机配合 适于各种场合吊装大、中型构件,为结构安装工程中广泛使用的起重机械

国内常用的几种履带起重机主要技术性能　　表 13-38

型　　号		W_1－100	QU20	QU25	QU32A	QU40	QUY50	W200A	KH180－3
最大起重量(t)	主钩	15	20	25	36	40	50	50	50
	副钩	—	2.3	3	3	3	—	5	50
最大起升高度(m)	主钩	19	11～27.6	28	29	31.5	9～50	12～36	9～50
	副钩	—	—	32.3	33	36.2	—	40	
臂长(m)	主钩	23	13～30	13～30	10～31	10～34	13～52	15;30;40	13～62
	副钩	—	5	—	4	6.2	—	6	6.1～15.3
起升速度(m/min)		—	23.4;46.8	50.8	7.95～23.8	6～23.9	35;70	2.94～30	35;70
行走速度(km/h)		1.5	1.5	1.1	1.26	1.26	1.1	0.36;1.5	1.5
最大爬坡度(%)		20	36	36	30	30	40	31	40
接地比压(MPa)		0.089	0.096	0.082	0.091	0.086	0.068	0.123	0.061
发动机	型号	6135	6135K－1	6135AK－1	6135AK－1	6135AK－1	6135K－15	12V1350	PD604
	功率(kW)	88	88.24	110	110	110	128	176	110
外形尺寸(mm)	长	5303	5348	6105	6073	6073	7000	7000	7000
	宽	3120	3488	2555	3875	4000	3300～4300	4000	3300～4300
	高	4170	4170	5327	3920	3554	3300	6300	3100
整机自重(t)		40.74	44.5	41.3	51.5	58	50	75;77;79	46.9
生产厂		抚顺挖掘机厂	抚顺挖掘机厂	长江挖掘机厂	江西采矿机械厂	江西采矿机械厂	抚顺挖掘机厂	杭州重型机械厂	抚顺、日立合作生产

13.2.2 汽车式起重机

汽车式起重机构造、性能及使用 表 13-39

起重机简图	构造及起重机性能	优缺点及使用
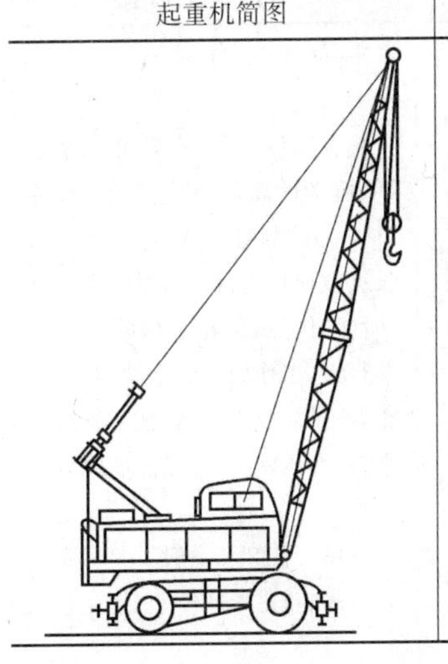	汽车式起重机是把起重机构装在汽车底盘上，起重臂杆采用高强度钢板作成箱形结构，吊臂可根据需要自动逐节伸缩，并设有各种限位和报警装置，起重机动力由汽车发动机供给，汽车式起重机常用型号有 Q_1、Q_2 系列、QY 系列以及日产多田野 TG—350、TG—400E、TG—500E 和 TG900E 型液压汽车式起重机。 常用国产的几种汽车式起重机技术性能见表 13-40	具有使用灵活，机动性高，转移迅速，对路面破坏性小，可高速和远距离行驶，自动控制灵敏、安全可靠等优点；但起重必须支腿，不能载重行驶，对工作场地要求平整、压实。 适于装、卸构件和安装结构高度不大的构件

几种常用汽车起重机的主要技术性能 表 13-40

项目		单位	型号						
			QY12	QY16C	QY20H	QY32	QY40	QY50 (TG—500E)	QT75
最大起重量		t	12	16	20	32	40	50	75
最大起重力矩		kN·m	417.5	484	602	990	1560	1530	2400
工作速度	起升速度(单绳)	m/min	85	130	70	80	128	92	55.4
	臂杆伸缩(伸/缩)	s	70/24	81/40	62/40	163/130	84/50	—	148/41
	支腿收放(收放)	s	20/18	24/29	22/31	20/25	11.9/27.2	—	—
行驶性能	最大行驶速度	km/h	68	70	60	64	65	71	30
	爬坡能力	%	26	36	28	30	—	24	(15°)
	最小转弯半径	m	8.5	10.5	9.5	10.5	12.5	—	—
底盘	型号			QY16C 专用	HY20QZ		CQ40D	KG53TXL	自制
	轴距	m	4.5	4.2	4.7	4.94	5.225	—	—
	前轮距	m	2.09	2.06	2.02	2.05	—	—	—
	后轮距	m	1.90		1.865	1.875	—	—	—
	支腿跨距(纵/横)	m	3.98/4.8	4.6/5	4.63/5.2	5.33/5.9	5.18/6.1	5.45/6.6	6.3/7
发动机	型号			6135Q—2	F8L413F	—	NTC—290	RE_8	上车 6135Q
	功率	kW		161	174		216.3	224	163
外形尺寸	长	m	10.2	10.69	12.35	12.45	13.7	13.26	15.5
	宽	m	2.5	2.5	2.5	2.5	2.5	2.82	3.2
	高	m	3.2	3.3	3.38	3.53	3.34	3.7	4.2
整机自重		t	15.7	21.7	26.3	32.5	40	38.35	67.85
生产厂			徐州重型机械厂	长江起重机厂	北京起重机厂	徐州重型机械厂	长江起重机厂	多田野—北京	长江起重机厂

13.2.3　轮胎式起重机

轮胎式起重机构造、性能及使用　　**表 13-41**

起重机简图	构造及起重机性能	优缺点及使用
	起重机构造与履带式起重机基本相同，不同的是行驶装置把起重机构装在加重型轮胎和轮轴组成的特制底盘上，重心低，起重平稳，底盘结构牢固，车轮间距大，两侧装有可伸缩的支腿。 常用型号有 QLY－8、QLY－16、QLY－25C、QLY－40、QLD16、QLD20、QLD25、QLD40 等以及日产多田野 TR－200F、TR－350E 和 TR－400E 型液压越野轮胎式起重机。 国内常用的轮胎式起重机技术性能见表 13-42	具有操作方便，有较好的稳定性，机动性高，行驶速度快，转移方便、灵活，起重臂多为伸缩式，长度改变自由、快速，对路面无破坏性等优点；但在工作状态下不能行走，工作面受到限制，对构件布置、排放要求严格，施工场地需平整、碾压坚实，在泥泞场地行走困难。 适用于装卸和一般工业厂房吊装较高、较重的构件

常用轮胎式起重机技术性能　　**表 13-42**

项　目		起重机型号										
		QL_1－16		QL_2－8	QL_3－16（QLY－16）			QL_3－25（QLY－25C）			QL_3－40（QLD－40）	
起重臂长度(m)		10	15	7	10 (8)	15 (13.5)	20 (19)	12 (13.9)	22 (19.4)	32 (24.9)	15	42
幅度	最大(m)	11	15.5	7	9.5 (6)	15.5 (16)	20 (14)	11.5 (12)	19 (16)	21 (22)	13	25
	最小(m)	4	4.7	3.2	4 (3)	4.7 (4)	5.5 (5.5)	4.5 (3)	7 (4.5)	10 (6)	5	11.5
起重量	最大幅度时(t)	2.8	1.5	2.2	3.5 (8.7)	1.5 (3.5)	0.8 (2)	2.6 (3.5)	1.4 (1.9)	0.6 (1.0)	9.2	1.5
	最小幅度时(t)	16	11	8	16 (10)	11 (12)	8 (6.8)	25 (16.3)	10.6 (10.3)	5 (6.1)	40	10
起重高度	最大幅度时(m)	5	4.6	1.5	5.3 (6.3)	4.6 (10.1)	6.85 (14.1)	—	—	—	8.8	33.75
	最小幅度时(m)	8.3	13.2	7.2	8.3 (9.2)	13.2 (14.8)	17.95 (20.1)	—	—	—	10.4	37.23
行驶速度(km/h)		18	30		30			9～18			15	
转弯半径(m)		7.5	6.2		7.5			—			13	
爬坡能力(°)		7	12		7			—			13	
发动机功率(kW)		58.8	66.2		58.8			58.8			117.6	
总重量(t)		23	12.5	22	—			28			53.7	

13.2.4 塔式起重机

塔式起重机构造、性能及使用 表 13-43

项目	形式、构造及性能	优缺点及使用
	是在金属塔架上装以起重臂和起重机构，沿钢轨运行或在地面固定。 塔式起重机按用途可分为普通（地面）行走式和自升固定式两种；按其回转形式可分为上回转和下回转两种；按其变幅方式可分为水平臂架小车变幅和动臂变幅两种；按其安装形式可分为自升式、整体快速拆装和拼装式三种。当前应用最广的为下回转、快速拆装、轨道式塔式起重机和能够一机四用（轨道式、固定式、附着式和内爬式）的自升式塔式起重机。 国内常用几种下回转快速拆装塔式起重机和上回转自式塔式起重机的主要技术性能分别见表 13-44 和表 13-45。 国外进口的塔式起重机型号有德国产 290HC、256HC、SK280 － 03S、SK560 型、法国产 CT451 － B3、F0/23B、H3/36BSP 型、意大利产 AS22PA8、E1801、SG1740 型等	下回转快速拆装塔式起重机属 600kN・m 以下中、小型塔机；具有结构简单，重心低，运转灵活，伸缩塔身可自行架设，速度快，效率高，采用整体拖运，转移方便，安装空间和半径大等优点；但起重机只能直线行走或移动，工作面受到一定限制。 上回转自升塔式起重机具有吊装高度大，塔体自重轻，用液压顶升，平稳、稳定性好，操作维护方便，使用可靠，不用轨道（通过更换辅助装置，可改成固定式、轨道行走式、附着式、内爬式）等优点，但不能水平移动。 下回转快速拆装塔式起重机适用于砖混砌块结构和大板建筑的工业厂房、民用住宅的垂直运输作业；上回转自升塔式起重机主要用于高层建筑吊装构件和运送材料

下回转式、塔式起重机主要技术性能 表 13-44

型号		红旗Ⅱ－16	QT25	QTG40	QT60	QTK60	QT70
起重特性	起重力矩（kN・m）	160	250	400	600	600	700
	最大幅度/起重载荷（m/kN）	16/10	20/12.5	20/20	20/30	25/22.7	20/35
	最小幅度/起重载荷（m/kN）	8/20	10/25	10/46.6	10/60	11.6/60	10/70
	最大幅度吊钩高度（m）	17.2	23	30.3	25.5	32	23
	最小幅度吊钩高度（m）	28.3	36	40.8	37	43	36.3
工作速度	起升（m/min）	14.1	25	14.5/29	30/3	35.8/5	16/24
	变幅（m/min）	4	—	14	13.3	30/15	2.46
	回转（r/min）	1	0.8	0.82	0.8	0.8	0.46
	行走（m/min）	19.4	20	20.14	25	25	21
电动机功率	起升	7.5	7.5×2	11	22	22	22
	变幅（kW）	5	7.5	10	5	2/3	7.5
	回转	3.5	3	3	4	4	5
	行走	3.5	2.2×2	3×2	5×2	4×2	5×2
重量	平衡重	5	3	14	17	23	12
	压重	—	12	—	—	—	—
	自重（t）	13	16.5	29.37	25	23	26
	总重	18	31.5	43.37	42	46	38
轴距×轴距（m）		3×2.8	3.8×3.2	4.5×4	4.5×4.5	4.6×4.5	4.4×4.4
转台尾部回转半径（m）		2.5			3.5	3.57	4
拖运尺寸（m）		22×3×4	19.35×3.8×3.42	解体拖运	24×3×4.3	13.8×3×4.2	解体拖运
生产厂		沈阳建筑机械厂	沈阳建筑机械厂	上海建工机械厂	沈阳建筑机械厂	哈尔滨工程机械厂	四川建筑机械厂

注：臂架结构除 QTK60 为小车变幅臂架外，其余型号均为俯仰变幅臂架；塔身结构均为伸缩式塔身，其中 QT25、QTG40、QT60 型为液压立塔。

上回转自升塔式起重机主要技术性能　　表 13-45

型号		TQ60/80(QT60/80)	QTZ50	QTZ60	QT80A	QTZ100	QTZ120
起重力矩(kN·m)		600/700/800	490	600	1000	1000	1200
最大幅度/起重载荷(m/kN)		30/20、25/32 20/40	45/10	45/11.2	50/15	60/12	50/20
最小幅度/起重载荷(m/kN)		10/60 10/70 10/80	12/50	12.25/60	12.5/80	15/80	16.45/80
起升高度	附着式	—	90	100	120	180	120
	轨道行走式(m)	65/55/45	36	—	45.5	—	50
	固定式	—	36	39.5	45.5	50	—
	内爬升式	—	—	160	140	—	140
工作速度	起升(2绳)	21.5	10～80	32.7～100	29.5～100	10～100	30～120
	(4绳)	(3绳)14.3	5～40	16.3～50	14.5～50	5～50	15～60
	变幅(m/min)	8.5	24～36	30～60	22.5	34～52	5.5～60
	行走	17.5	—	—	18	—	20
电动机功率	起升	22	24	22	30	30	30
	变幅(小车)	7.5	4	4.4	3.5	5.5	0.5～4.4
	回转(kW)	3.5	4	4.4	3.7×2	4×2	3.7×2
	行走	7.5×2	—	—	7.5×2	—	7.5×2
	顶升	—	4	5.5	7.5	7.5	7.5
重量	平衡重	5/5/5	2.9～5.04	12.9	10.4	7.4～11.1	14.2
	压重(t)	46/30/30	12	52	56	26	—
	自重	41/38/35	23.5～24.5	33	49.5	48～50	(行走)55.8
	总重	92/73/70	—	97.9	115.9	—	—
起重臂长		15～30	45	35/40/45	50	60	50
平衡臂长(m)		8	13.5	9.5	11.9	17.01	13.5
轴距×轨距		4.8×4.2	—	—	5×5	—	6×6
生产厂		北京、四川建筑机械厂	陕西建设机械厂	四川建筑机械厂	北京建工机械厂	陕西建设机械厂	哈尔滨工程机械厂

注：TQ60/80 型是轨道行走、上回转、可变塔高（非自升）塔式起重机。

13.3　构件运输、堆放与拼装

13.3.1　构件运输准备和方法

构件运输的准备工作要点　　表 13-46

项次	项目	准备工作要点
1	技术准备	(1)制定运输方案：根据厂房结构的基本形式，结合现场起重设备和运输车辆的具体条件，制定切实可行、经济实用的装运方案 (2)设计、制作运输架：根据构件的重量、外形尺寸设计制作各种类型构件的钢或木运输架（支承架）。要求构造简单，装运受力合理、稳定，重心低，重量轻，节约钢材，能适应多种类型构件通用，装拆方便 (3)验算构件的强度：对预应力混凝土屋架、柱等构件，根据装运方案确定的条件，验算构件在最不利截面处的抗裂度，避免装运时出现裂缝，如抗裂度不够，应进行适当加固处理
2	运输工具准备	(1)选定运输车辆及起重工具：根据构件的形状几何尺寸及重量、工地运输起重工具、道路条件以及经济效益，确定合适的运输车辆和吊车型号、台数和装运方式 (2)准备装运工具和材料：如钢丝绳扣、捯链、卡环、花篮螺栓、千斤顶、信号旗、垫木、木板等

续表

项次	项目	准备工作要点
3	运输条件准备	(1)修筑现场运输道路:按装运构件车辆载重量大小、车体长宽尺寸,确定修筑临时道路的标准等级、路面宽度及路基、路面结构要求,修筑通入现场的运输道路 (2)察看运输路线和道路:组织运输司机及有关人员沿途查勘运输线路和道路平整、坡度情况、转弯半径、有无电线等障碍物,过桥涵洞净空尺寸是否够高等 (3)试运行:将装运最大尺寸的构件的运输架安装在车辆上,模拟构件尺寸,沿运输道路试运行
4	构件准备	(1)清点构件:包括构件的型号和数量,按构件吊装顺序核对、确定构件装运的先后顺序 (2)检查构件:包括尺寸和几何形状、埋设件及吊环位置和牢固性;安装孔的位置和预留孔的贯通情况;混凝土构件的强度情况等 (3)检查钢结构连接焊缝情况:包括焊缝尺寸、外观及连接节点是否符合设计和规范要求,超出允许误差应采取相应有效的措施进行处理 (4)构件的外观检查和修饰:发现存在缺陷和损伤,如裂缝、麻面、破边、焊缝高度不够、长度小、焊缝有灰渣或大气孔等,应经修饰和补焊后,才可运输和使用

构件的运输方法和注意事项 **表 13-47**

项目	运输工具和方法	一般要求和注意事项
柱子	长8m以内的柱,多采用载重汽车装运(图13-3*a*);8m以上的柱则采用半拖挂车或全拖挂车或汽车后挂小炮车装运(图13-3*b*、*c*、*d*),每车装1～3根,一般设置钢支架,用钢丝绳、捯链拉牢使柱稳固,每柱下设两个支承点,长柱抗裂能力不足时,采用平衡架三点支承或设置一个辅助垫点(仅用木楔稍塞紧)。柱子搁置时,前端伸至驾驶室顶面距离不宜小于0.5m,后端离地面应大于1.0m。 大型钢柱采用载重汽车、炮车、半拖挂车或全拖挂车(图13-3*e*、*f*、*g*、*h*),或铁路平台车装运	(1)运输道路应平整坚实,保证有足够的路面宽度和转弯半径,对载重汽车的单行道宽度不得小于3.5m,拖挂车的单行道宽度不小于4m,并应有适当的会车点;双行道的宽度不小于6m。转弯半径:对载重汽车不得小于10m;对半拖挂车不小于15m;对全拖挂车不小于20m。运输道路要经常检查和养护 (2)构件运输时,一般构件的混凝土强度应不小于设计的混凝土强度标准值的75%;屋架和薄壁构件应达到100%强度 (3)构件运输应配套,应按吊装顺序、方式、流向组织装运,按平面布置卸车就位堆放,先吊的先运,避免混乱和二次倒运 (4)构件装运时的支承点和装卸车时的吊点应尽可能接近设计支承状态或设计要求的吊点,如支承吊点受力状态改变,应对构件进行抗裂度验算,裂缝宽度不能满足要求时,应进行适当加固 (5)根据构件的类型、尺寸、重量、工期要求、运距、费用和效率以及现场具体条件,选择合适的运输工具和装卸工具 (6)构件在装车时支承点应水平,放置在车辆弹簧上的荷载要均匀对称,构件应保持重心平衡,构件的中心须与车辆的装载中心重合,固定要牢靠。对刚度大的构件亦可平卧放置 (7)对高宽比大的构件或多层叠放装运构件,应根据构件外形尺寸、重量设置工具式支承框架、固定架支撑,或用捯链等予以固定,以防倾倒。严禁采取悬挂或堆放运输。对支承钢运输架应进行设计计算,保证有足够的强度和刚度,支承稳固牢靠和装卸方便
吊车梁	6m吊车梁采用载重汽车装运,每车装4～5根;9m、12m吊车梁采用8t以上载重汽车、半拖挂车或全拖挂车装运,平板上设钢支架,每车装3～4根,根据吊车梁侧向刚度情况,采取平放或立放(图13-4*a*、*b*、*c*、*d*)。 重型钢吊车梁用载重汽车、全拖挂车设钢支架装运(图13-4*e*、*f*、*g*、*h*),或用铁路平台车运输	
托架	12m预应力混凝土或钢托架采用半拖挂车或全拖挂车运输,采取正立装车,拖车板上垫以300～400mm×300～400mm截面大方木支承,每车装6～8榀,托架间用木板塞紧,用钢丝绳扣、捯链捆牢拉紧封车(图13-5)	
屋架	根据屋架的外形、几何尺寸、跨度和重量大小,采用汽车或拖挂车运输,因屋架侧向刚度差,对跨度15、18m整榀屋架及跨度24～35m半榀屋架,可采用12t或12t以上载重汽车,在车厢板上安装钢运输架运输;跨度21～33m整榀屋架,则采用半拖挂车或全拖挂车上装钢运输支架装运,视路面情况,用拖车头拖拉机或推土机牵引(图13-6*a*、*b*、*c*、*d*)。 钢屋架可采取在载重汽车上部或两侧设钢运输支架装运(图13-6*e*、*f*、*g*);整榀大跨度钢屋架可用铁路平台车装运,下部设枕木支垫,上部用8号铁丝或木支柱在平台车两侧拴固	
层面梁	6m屋面梁采用载重汽车运输;9～18m屋面梁用半拖挂车或全拖挂车装运(图13-6*h*、*i*)有时也采用载重汽车设钢运输支架装运	

续表

项目	运输工具和方法	一般要求和注意事项
屋面板、圆孔板、槽板	屋面板、圆孔板、槽形板等板类构件，可用马车、大板车、手推车、拖拉机挂大斗车装运；短距离可用双轮杠杆车运输。 大型屋面板等板类构件多用 8t 以上载重汽车装运，每次装 4～5 块对长度较大的圆孔板类构件，亦可采用载重汽车装运(图 13-7)	(8)大型构件采用半拖挂或炮车运输构件，在构件支承处应设有转向装置，使其能自由转动，同时应根据吊装方法及运输方向确定装车方向，以免现场调头困难 (9)在各构件之间应用隔板或垫木隔开，构件上下支承垫木应在同一直线上，并加垫楞木或草袋等物使其紧密接触，用钢丝绳和花篮螺栓连成一体，并挂牢于车厢上，以免构件在运输时滑动、变形或互碰损伤
大型墙板	大型墙板由于侧向刚度差，多在载重汽车厢板上装专用钢运输架支承固定墙板(图 13-8)，采取侧放运输；工业厂房围护用 6m 长墙板采用载重汽车运输，9m、12m 长墙板采用半拖挂车或在小炮车上设钢支架水平放置运输(图 13-9)	(10)装卸车起吊构件应轻起轻放，严禁甩掷。运输中严防碰撞或冲击 (11)根据路面情况好坏掌握构件运输的行驶速度，行车必须平稳 (12)公路运输构件装运的高度极限为 4m，如需通过隧道时，则高度极限为 3.8m

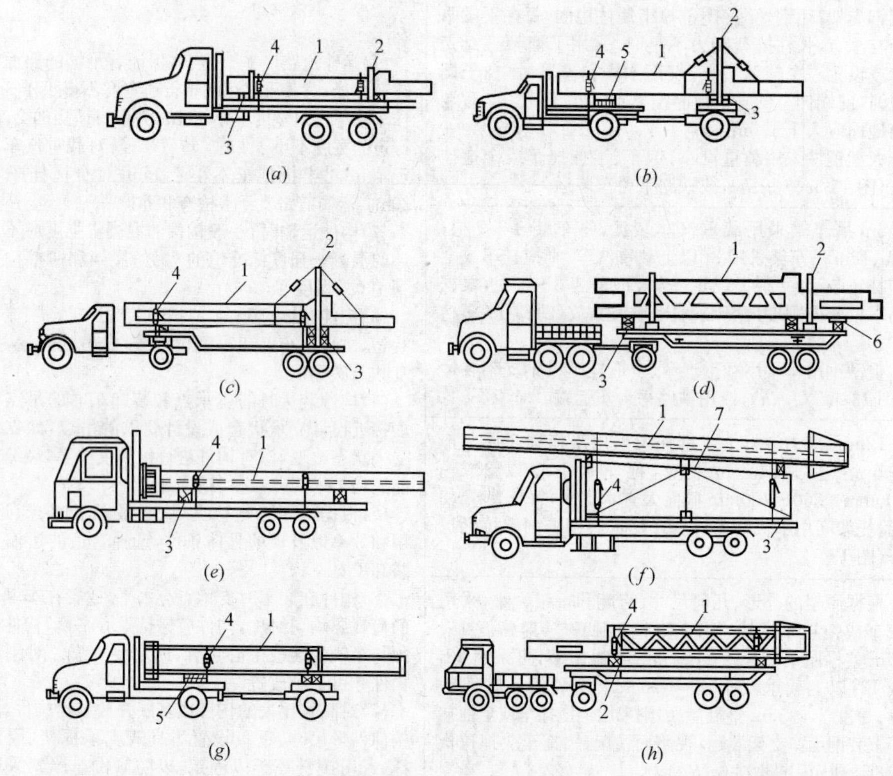

图 13-3　柱的运输

(*a*) 汽车运输短柱；(*b*) 炮车运输柱子；(*c*) 半拖挂运输柱子；(*d*) 全拖挂运输重柱；(*e*) 汽车运输 6m 长钢柱（每次 2 根）；(*f*) 汽车装钢运输支架运 12m 长钢柱（每次 1 根）；(*g*) 炮车运 10m 长钢柱；(*h*) 全拖挂车运输 10m 以上重型钢柱（每次 2 根）

1—钢筋混凝土预制柱或钢柱；2—钢支架；3—垫木；4—钢丝绳、捯链捆紧；5—转向装置；6—木楔弹性垫具；7—钢运输支架

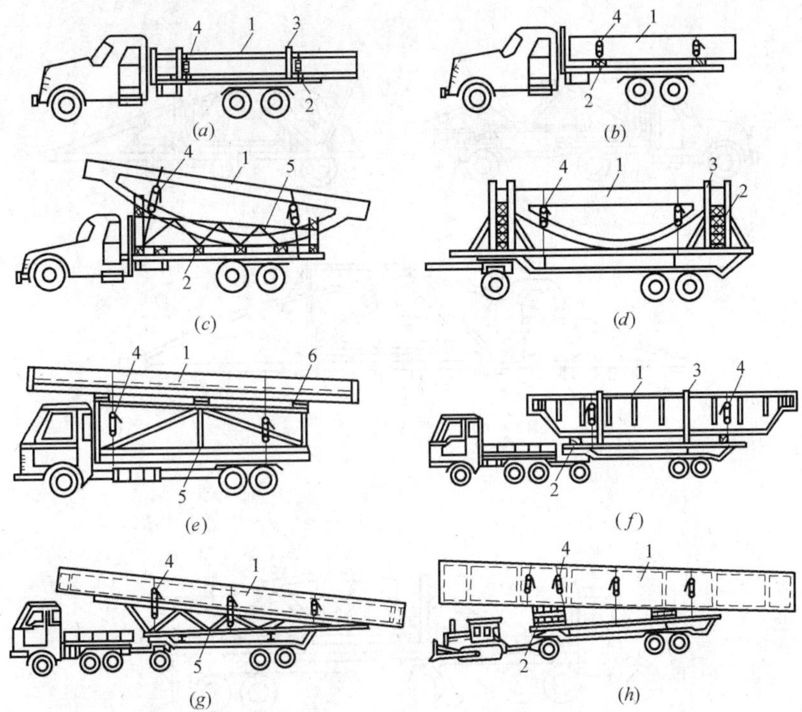

图 13-4 吊车梁的运输

(*a*) 汽车运输普通吊车梁；(*b*) 汽车运输重型吊车梁；(*c*) 12t 载重汽车运输 9m 长鱼腹式吊车梁（每次 3 根）；(*d*) 用全拖挂车运输 12m 长重型吊车梁；(*e*) 载重汽车运输 18m 长钢吊车梁；(*f*) 全拖挂车运输长 24m、重 12t 钢吊车梁或托梁（每次 3 根）；(*g*) 全拖挂上设钢运输支架运长 24m、重 55t 箱形钢吊车梁（或托梁）；(*h*) 半拖挂运输长 24m、重 22t 钢吊车梁或托梁

1—普通钢筋混凝土预制吊车梁或钢吊车梁（或托梁）；2—垫木；3—钢支架；4—钢丝绳、捯链拉紧；5—钢运输支架；6—废轮胎片

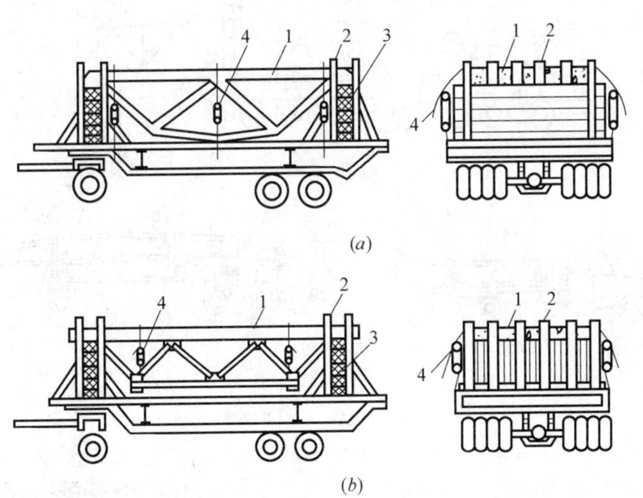

图 13-5 托架的运输

(*a*) 长 12m、重 8t 预应力混凝土托架的运输；(*b*) 长 12m 组合托架的运输

1—托架；2—钢支架；3—枕木或大方木；4—钢丝绳、捯链拉紧

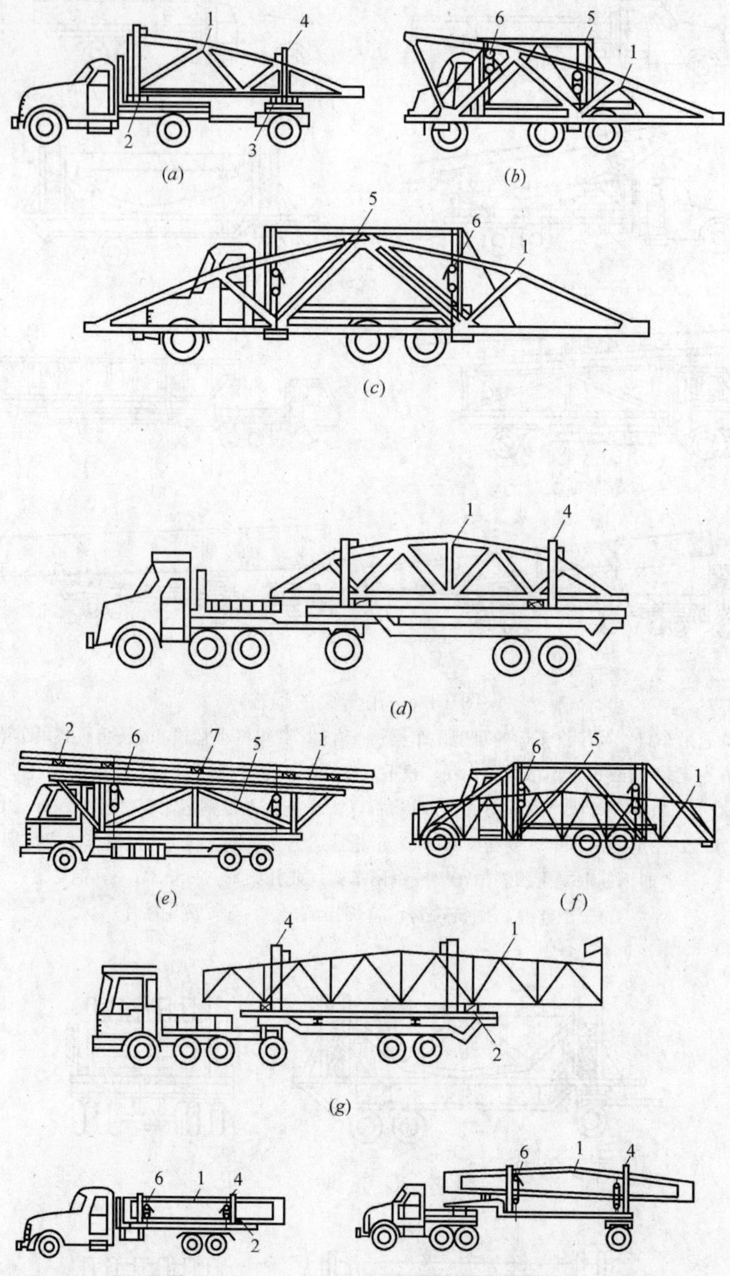

图 13-6　屋架、屋面梁的运输

(*a*)、(*b*) 汽车或炮车运输 18m、24m、33m 半榀屋架；(*c*) 汽车运输 15m、18m 整榀屋架；(*d*) 全拖挂车运输 21m、24m 整榀屋架；(*e*) 汽车设钢运输支架顶部运输 21m 钢屋架；(*f*) 汽车设钢运输架侧向运输 21m 钢屋架；(*g*) 全拖挂车运输 24m 钢屋架；(*h*) 汽车运输 6m 屋面梁；(*i*) 半拖挂车运输 9～15m 屋面梁

1—预应力钢筋混凝土屋架或钢屋架；2—垫木或枕木；3—转向装置；4—钢支撑杆（架）；5—钢运输支架；6—钢丝绳、捯链拉紧；7—废轮胎片

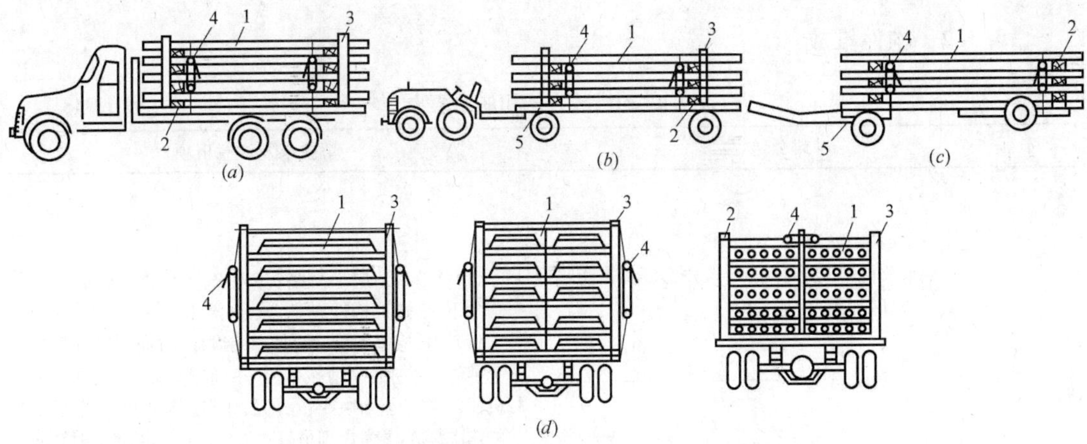

图 13-7 大型屋面板、圆孔板、槽形板的运输

(*a*) 汽车运输大型屋面板、圆孔板、槽形板；(*b*)、(*c*) 拖拉机及挂车、三匹马车运输大型屋面板、圆孔板、槽形板；(*d*) 汽车运输大型屋面板、圆孔板剖面

1—大型屋面板、圆孔板或槽形板；2—垫木；3—钢支撑架；4—钢丝绳、捯链捆紧；5—转向装置

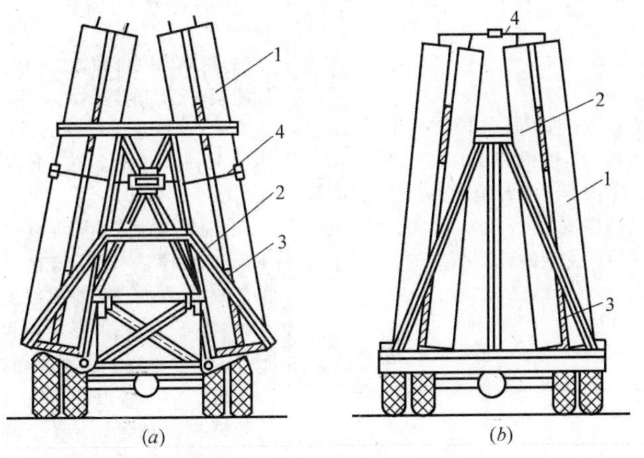

图 13-8 墙板的运输

(*a*) 汽车运输；(*b*) 平板拖车运输

1—墙板；2—钢支承架；3—垫木；4—铁丝法兰螺栓紧固

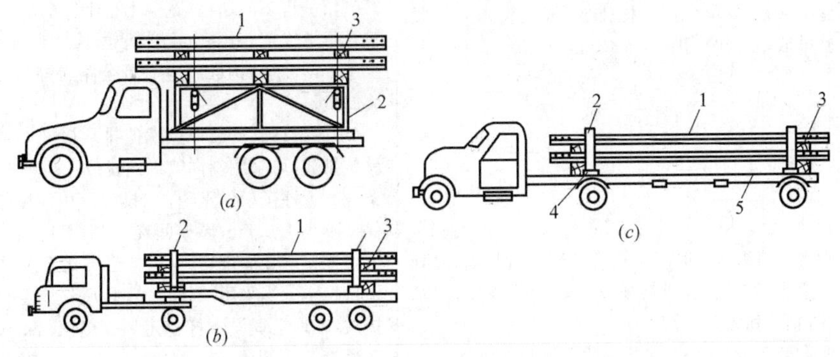

图 13-9 工业墙板的运输

(*a*) 汽车运输 9m 墙板；(*b*) 半拖挂运输 9m、12m 墙板；(*c*) 汽车改装的炮车运输 9m、12m 墙板

1—墙板；2—钢支架；3—垫木；4—转向装置；5—炮车

13.3.2　构件堆放

构件的堆放方法和注意事项　　表 13-48

<table>
<tr><th>项目</th><th>堆放方法</th><th>一般要求及注意事项</th></tr>
<tr><td>柱子</td><td>柱子可单层侧放，经抗裂度验算允许亦可多层平放。分层堆放柱间应用垫木隔开，并保证不产生不允许的变形或裂缝(图 13-10a、b)</td><td rowspan="5">(1)堆放场地应平整坚实、排水良好，以防因地面不均匀下沉，造成构件裂缝或倾倒损坏
(2)构件应按型号、编号、吊装顺序、方向依次分类配套堆放。堆放位置应按吊装平面布置规定，并应在起重机回转半径范围内。先吊的放在靠近起重机一侧，后吊的依次排放，并考虑到吊装和装车方向，避免吊装时转向和二次倒运，影响效率，也易于损坏构件
(3)构件堆放应平稳，底部应设置垫木，避免搁空而引起翘曲。垫点应接近设计支承位置。等截面构件垫点位置可设在离端部 0.207l(l—构件长度)处。柱子堆放应注意防止小柱断裂，支承点宜设在距牛腿 30～40cm 处
(4)对侧向刚度较差、重心较高、支承面较窄的构件，如屋架、托架、薄腹屋面梁等，宜直立放置，除两端设垫木支承外，并应在两侧加设撑木，或将数榀构件以方木、8 号铁丝绑扎连在一起，使其稳定，支撑及连接处不得少于 3 处
(5)成垛堆放或叠层堆放构件，应以 10cm×10cm 方木隔开，各层垫木支点应在同一水平面上，并紧靠吊环的外侧，且在同一条垂直线上。堆放高度应根据构件形状、特点、重量、外形尺寸和堆垛的稳定性决定。一般柱子不宜超高 2 层；梁不超过 3 层；大型屋面板、圆孔板不超过 8 层；楼板、楼梯板不超过 6 层。钢屋架平放不超过 3 层；钢檩条不超过 6 层；钢结构堆垛高度一般不超过 2m，堆垛间需留 2m 宽通道
(6)构件堆放应有一定挂钩、绑扎操作净距和净空。相邻构件的间距不得小于 0.2m；与建筑物相距 2.0～2.5m，构件堆垛每隔 2～3 垛应有一条纵向通道，每隔 25m 留一道横向通道，宽应不小于 0.7m。堆放场应修筑环行运输道路，其宽度单行道不少于 4m；双行道不少于 6m。钢结构堆放应靠近公路、铁路，并配必要的装卸机械
(7)屋架运到安装地点就位排放(堆放)或二次倒运就位排放，可采用斜向或纵向排放。当单机吊装时，屋架应靠近柱子，平行于柱列排放。相邻屋架间的净距保持不小于 0.5m；屋架间在上弦用 8 号铁丝、方木或木杆连接绑扎固定，并与柱适当绑扎连接固定，使屋架保持稳定。当采用双机抬吊时，屋架应与柱列成斜角排放，在地上埋设木杆稳定屋架，埋设深 80～100cm，数量为 3～4 根</td></tr>
<tr><td>梁类构件</td><td>梁类构件一般按受力支承面采取 2～3 层立放，支承点应保持水平，并在同一直线上(图 13-10c、d、e)</td></tr>
<tr><td>大型屋面板、圆孔板类构件</td><td>大型屋面板、圆孔板、槽形板等板类构件，可采取多层平放(图 13-11a、b)，或侧向立放(图 13-11c、d)；立放应设支架，板间用木楔隔开塞紧；圆孔板可靠墙立放，可稍有一点倾斜度，但不得斜向倒放，避免板面受弯曲应力，使板产生裂缝或折断</td></tr>
<tr><td>屋架、屋面梁等构件</td><td>屋架、托架、薄腹屋面梁及 T 形梁等构件，其侧向刚度较差，宜采取正立放置(图 13-12)，不得平放或斜放，以防止将弦杆折断，或发生倒排事故。
钢屋架、桁架可稍靠厂房柱排放，或埋设木立柱紧靠立柱排放，立柱的间距为 2～3m</td></tr>
<tr><td>大型墙板</td><td>民用大型墙板多采取侧立放置，但应设置钢筋混凝土靠放架或钢支承架，或钢插放架，构件间用木楔塞紧，以防晃动和倾倒(图 13-13)。
工业大型墙板，可采取多层平放或侧向立放</td></tr>
</table>

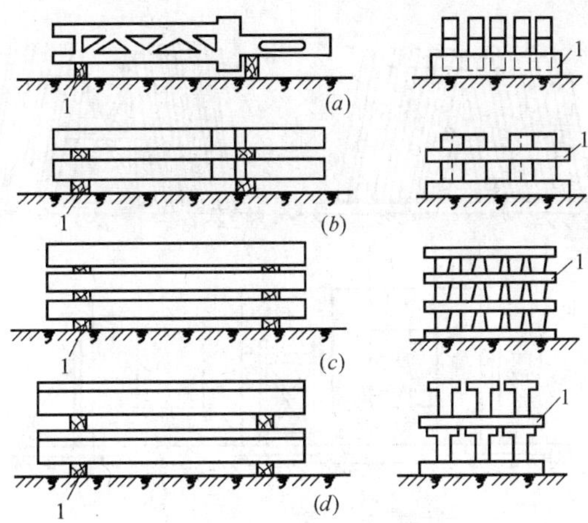

图 13-10 柱、梁类构件堆放

(*a*) 柱侧向堆放；(*b*) 柱子平放；(*c*) 梁叠放；(*d*) 吊车梁叠放

1—垫木

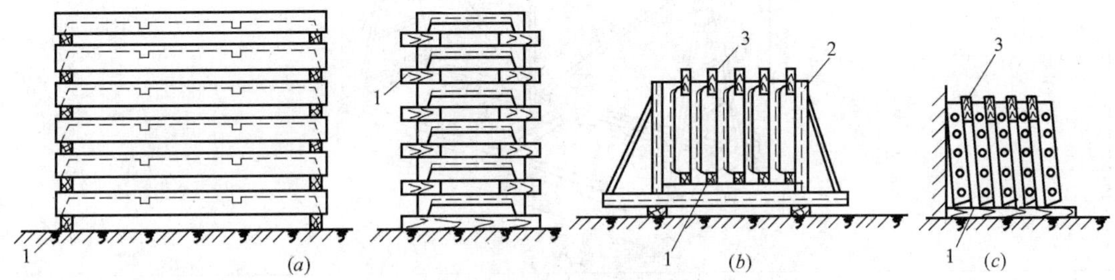

图 13-11 大型屋面板、圆孔板的堆放

(*a*) 板水平堆放；(*b*)、(*c*) 板侧向堆放

1—垫木（块）；2—钢支承架；3—木楔

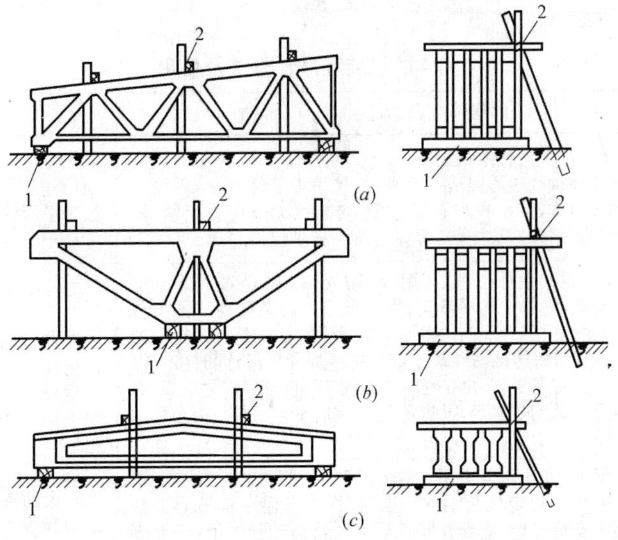

图 13-12 屋架、托架及屋面梁的堆放

(*a*) 屋架的堆放；(*b*) 托架的堆放；(*c*) 屋面梁的堆放

1—垫木；2—木支撑架、铁丝绑牢

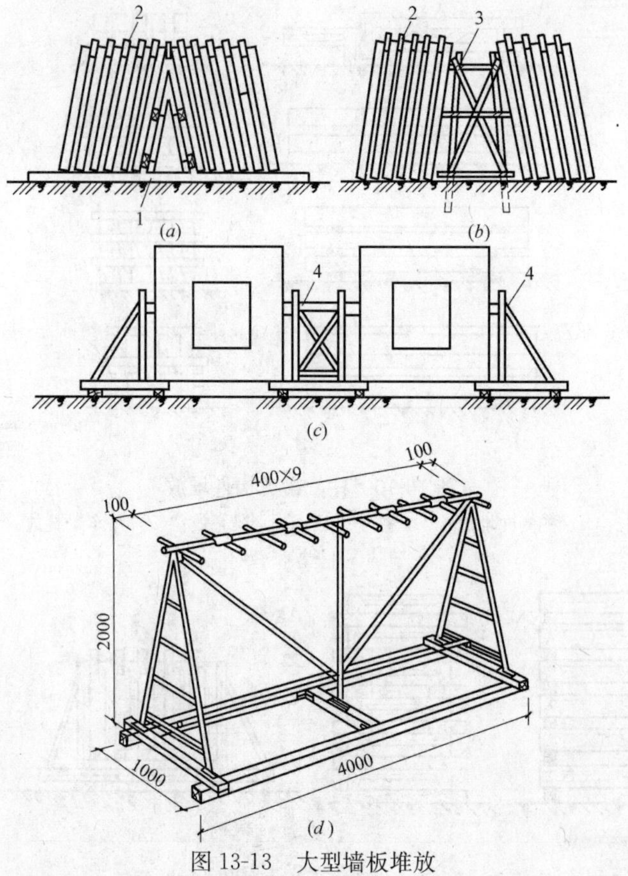

图 13-13　大型墙板堆放

(a) 钢筋混凝土靠放架堆放；(b) 杉木杆堆放架堆放；(c) 钢或木支架堆放；(d) 墙板插放架
1—钢筋混凝土或钢结构靠放架；2—木楔；3—杉木杆；4—木或钢支架

13.3.3　构件拼装

构件的拼装程序、方法及使用　　表 13-49

<table>
<tr><th colspan="2">名称</th><th>拼装程序和方法</th><th>优缺点及适用场合</th></tr>
<tr><td rowspan="3">平拼装法</td><td>钢柱</td><td>先在柱的适当位置用枕木搭设 3～4 支点(图 13-14)，各支承点高度应拉通线，使柱轴线中心线成一水平线，先吊下节柱找平，再吊上节柱，使两端头对准，然后找中心线，并把安装螺栓或夹具上紧，最后进行接头焊接，采取对称施焊，焊完一面再翻身焊另一面</td><td>优点：操作方便，不需稳定加固措施；不需搭设脚手架；焊接焊缝大多数为平焊缝，焊接操作简易，焊缝质量易于保证；校正及起拱方便、准确</td></tr>
<tr><td>钢筋混凝土天窗架</td><td>在地面上每个拼装块体位置，各用 3 根 10cm×10cm 截面方木垫平，用水准仪测平，用木楔垫平垫实，将两半榀天窗架吊到方木平台上(图 13-15)，在天窗架上下两端处校正跨距，在水平方向绑扎梢径 ϕ10cm 杉木杆一道，将连接铁件装上进行拼接焊缝焊接，同时将支撑连接件焊上，检查有无变形，如有变形，经矫正后，再翻身焊另一面，焊接时采取间隔、分段、分层施焊，以防变形，焊完后吊至吊装平面布置图规定的位置立放</td><td rowspan="2">缺点：需搭设平台，需支设 1 台专供构件翻身焊接用的起重机，多一道翻身工序，24～36m 跨预应力混凝土屋架，在翻身中容易变形或损坏
适于拼装跨度较小，构件相对刚度较大的钢结构、钢筋混凝土和预应力混凝土构件，如长 18m 以内钢柱、跨度 6m 以内天窗架及跨度 21m 以内的钢屋架的拼装</td></tr>
<tr><td>钢屋架、托架</td><td>搭设简易钢平台或枕木支墩平台(图 13-16)，进行找平放线，在屋架(托架，下同)四周设定位角钢或钢挡板，将两半榀屋架吊到平台上，拼缝处装上安装螺栓，检查并找正屋架的跨距和起拱值，安上拼接处连接角钢，用卡具将屋架和定位钢板卡紧，拧紧螺栓并对拼装连接焊缝，施焊要求对称进行，焊完一面，检查并纠正变形，用木杆二道加固，而后将屋架吊起翻身，再同法焊另一面焊缝，符合设计和规范要求，方可加固，扶直和起吊就位</td></tr>
</table>

续表

名称		拼装程序和方法	优缺点及适用场合
立拼拼装法	钢柱	在下节柱适当位置设2～3个支点，上节柱设1～2个支点(图13-14*b*)，各支点用水平仪测平垫平。拼装时先吊下节，使牛腿向下，并找平中心，再吊上节，使两节的节头端相对准，然后找正中心线，并将安装螺栓拧紧，最后进行接头焊接	优点：可一次拼装多拼；块体占地面积小；不用铺设或搭设专用拼装操作平台或枕木墩，节省材料和工时；省去翻身工序，质量易于保证，不用增设专供块体翻身、倒运、就位、堆放的起重设备，缩短工期；块体拼装连接件或节点的拼装焊缝可两边对称施焊，可防止预制构件连接件或钢构件因节点焊接变形而使整个块体产生侧弯 缺点：需搭设一定数量稳定支架；块体校正、起拱较难；钢构件的连接节点及预制构件的连接件的焊接立缝较多，增加焊接操作的难度 适于跨度较大、侧向刚度较差的钢结构、钢筋混凝土和预应力混凝土构件，如18m以上钢柱、跨度9m及12m天窗架、21～33m预应力混凝土屋架、24m以上钢屋架以及屋架上的天窗架
	预应力钢筋混凝土屋架	屋架立拼装有平行柱列并靠近柱列放置及与柱列线成10°～20°角度的斜向排放两种方式，在每个块体的两端设枕木或砖墩，高不小于30cm，找平垫实(图13-17*a*、*c*)，使标高一平，弹出屋架基准线，块体用吊车吊上就位，对准基线合缝后，在上弦部位稳住，每个块体不少于2个，并用8号铁丝将上弦与人字架绑牢。然后穿入预应力筋，检查屋架跨度、垂直度、几何尺寸、侧向弯曲、起拱上弦连接点及预应力筋孔洞是否对齐，如不符合要求，采用千斤顶顶起，打入木楔或用捯链慢拉等办法调整。校正好后，先焊上弦拼接板，同时进行下弦接点的砂浆灌缝工作，待砂浆达到强度，预应力筋张拉灌浆后，焊下弦拼接钢板，并进行上弦节点的灌缝工作	
	钢屋架、托架、天窗架	拼装与预应力钢筋混凝土屋架相同(图13-17*b*、*d*)，采用人字架稳住屋架进行合缝，校正调整好跨距、垂直度、侧向弯曲和拱度后，安装节点拼接角钢，并用卡具和钢楔使其与上下弦角钢卡紧，复查后，用电焊进行定位焊，并按先后顺序进行对称焊接，至达到要求为止。当屋架平行并紧靠柱列排放，可以3～4榀为一组进行立拼装，借方木将屋架与柱子连接稳定	

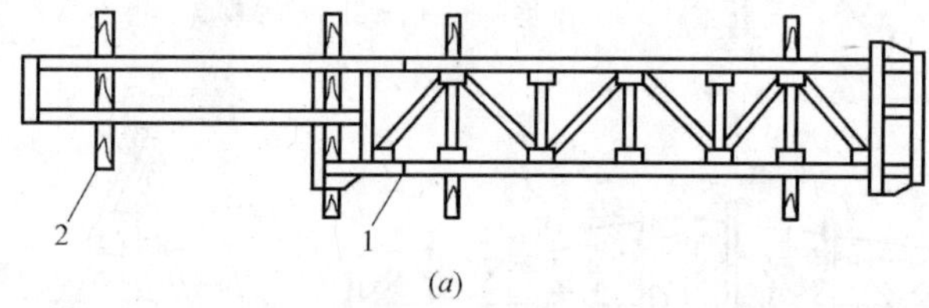

(*a*)

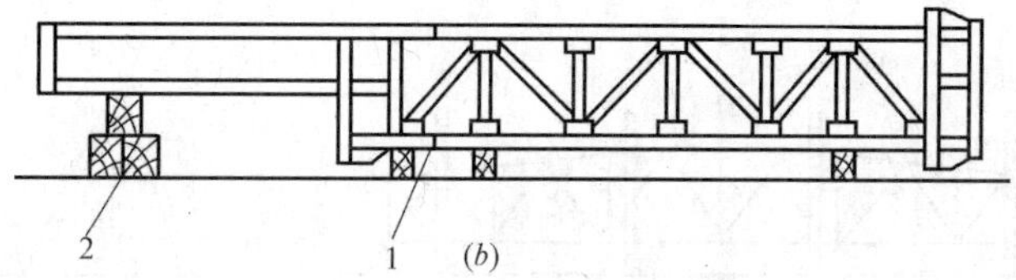

(*b*)

图 13-14 钢柱的拼装

(*a*) 平拼拼装法；(*b*) 立拼拼装法

1—拼接点；2—垫木

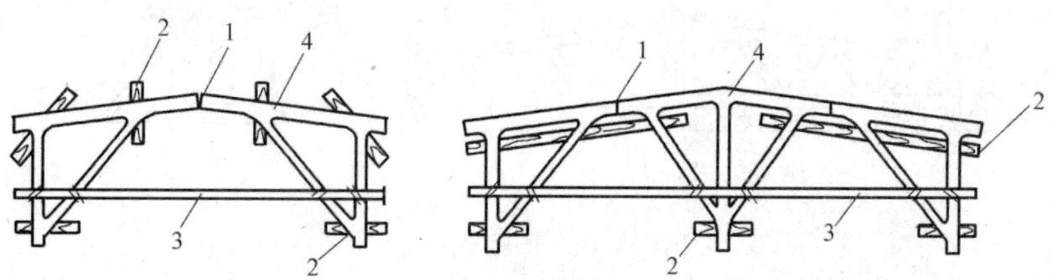

图 13-15 天窗架拼装

1—拼接点；2—垫木；3—加固木杆用铁丝绑牢；4—天窗架

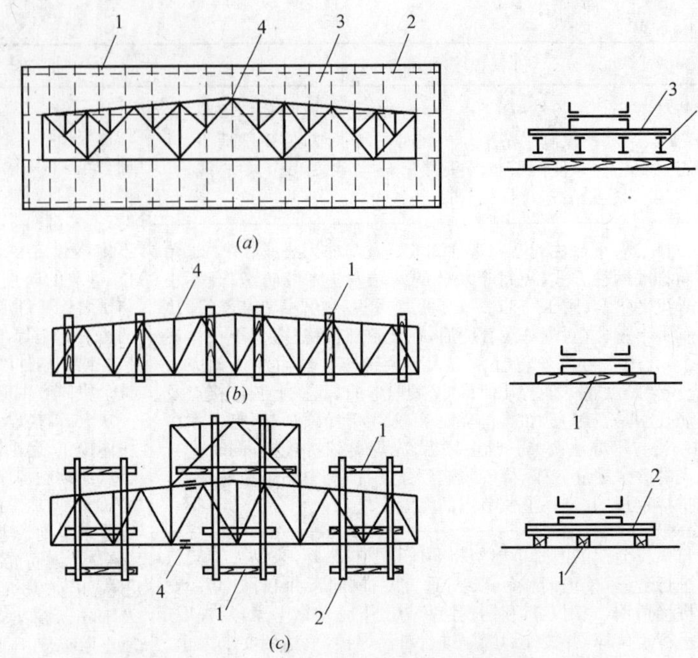

图 13-16　钢屋架、天窗架平拼装

（a）简易钢平台拼装；（b）枕木平台拼装；（c）钢木混合平台拼装

1—枕木；2—工字钢；3—钢板；4—拼装点

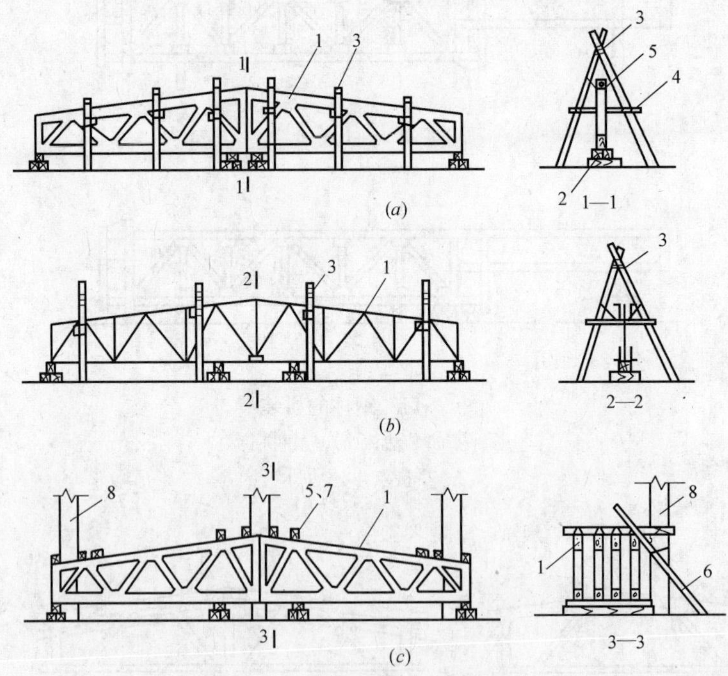

图 13-17　屋架立拼装

（a）33m 预应力混凝土屋架立拼装；（b）36m 钢屋架立拼装；（c）多榀预应力屋架立拼装

1—33m 预应力混凝土屋架块体、36m 钢屋架块体；2—枕木或砖墩；3—木人字架；

4—横档木铁丝绑牢；5—8 号铁丝固定上弦；6—斜撑木；7—木方；8—柱

13.4 单层工业厂房结构吊装

13.4.1 吊装准备

构件吊装准备工作 表 13-50

项次	项目	准备工作内容要点
1	吊装技术准备	(1)认真细致地学习并全面掌握施工图纸、设计变更等内容。组织图纸审查和会审;核对构件的空间就位尺寸和互相间的关系 (2)计算并掌握吊装构件的数量、单体重量和安装就位高度,以及连接板、螺栓等吊装铁件数量;熟悉构件间的连接方法 (3)组织编制吊装工程施工组织设计或作业设计(内容包括工程概况、选择吊装机械设备;确定吊装程序、方法、进度;构件制作、堆放平面布置;构件运输方法、劳动组织;构件和物资机具供应计划;保证质量安全技术措施等) (4)了解已选定的起重、运输及其他辅助机械设备的性能及使用要求 (5)进行细致的技术交底,包括任务,施工组织设计或作业设计技术要求,施工条件、措施,现场环境(如原有建筑物、构筑物、障碍物、高压线、电缆线路、水道、道路等)情况等
2	构件准备(构件检查、弹线、编号)	(1)清点构件的型号、数量,并按设计和规范要求对构件质量进行全面检查,包括构件强度与完整性(有无严重裂缝、扭曲、侧弯、损伤及其他严重缺陷);外形和几何尺寸、平整度;埋设件、预留孔位置尺寸和数量;接头钢筋吊环、埋设件的稳固程度和构件的轴线等是否准确,有无出厂合格证。如有超出设计或规范规定偏差,应在吊装前纠正 (2)在构件上根据就位、校正的需要,弹好轴线。柱应弹出三面中心线;牛腿面与柱顶面中心线;±0.00线(或标高准线),吊点位置;基础杯口应弹出纵横轴线;吊车梁、屋架等构件应在端头与顶面及支承处弹出中心线及标高线;在屋架(屋面梁)上弹出天窗架、屋面板或檩条的安装就位控制线,两端及顶面弹出安装中心线 (3)现场构件进行脱模、排放;场外构件进场及排放 (4)检查厂房柱基轴线和跨度,基础地脚螺栓位置和伸出是否符合设计要求,找好柱基标高 (5)按图纸对构件进行编号。不易辨别上下、左右、正反的构件,应在构件上用记号注明,以免吊装时搞错
3	吊装接头准备(组拼装、接头处理)	(1)准备和分类清理好各种金属支撑件及安装接头用连接板、螺栓、铁件和安装垫铁;施焊必要的连接件(如屋架、吊车梁、垫板、柱支撑连接件及其余与柱连接相关的连接件),以减少高空作业 (2)清除构件接头部位及埋设件上的垃圾、污物、铁锈 (3)对需组装拼装及临时加固的构件,按规定要求使其达到具备吊装条件 (4)在基础杯口底部,根据柱子制作的实际长度(从牛腿至柱脚尺寸)误差,调整杯底标高,用1∶2水泥砂浆找平,标高允许偏差为±5mm,以保持吊车梁的标高在同一水平面上;当预制柱采用垫板安装或重型钢柱采用杯口安装时,应在杯底设垫板处局部抹平,并加设小钢垫板 (5)柱脚或杯口侧壁未划毛的,要在柱脚表面及杯口内稍加凿毛处理 (6)钢柱基础,要根据钢柱实际长度、牛腿间距离、钢板底板平整度检查结果,在柱基础表面浇筑标高块(方块、十字式或四点式),标高块强度不小于30N/mm^2,表面埋设16～20mm厚钢板,基础上表面亦应凿毛
4	检查构件吊装稳定性	(1)根据起吊吊点位置,验算柱、屋架等构件吊装时的抗裂度和稳定性,防止出现裂缝和构件失稳 (2)对屋架、天窗架、组合式屋架、屋面梁等侧向刚度差的构件,在横向用1～2道杉木脚手杆或竹杆进行加固 (3)按吊装方法要求,将构件按吊装平面布置图就位,直立排放的构件,如屋架、天窗架等,应用支撑稳固 (4)高空就位构件应绑扎好牵引溜绳、缆风绳

续表

项次	项目	准备工作内容要点
5	吊装机具、材料、人员准备	(1)检查吊装用的起重设备、配套机具、工具等是否齐全、完好,运输是否灵活,如有问题应进行维修并试运转 (2)准备好并检查吊索、卡环、绳卡、横吊梁、捯链、千斤顶、滑车等吊具的强度和数量是否满足吊装需要 (3)准备吊装用工具,如高空用吊挂脚手架、操作台、爬梯、溜绳、缆风绳、撬杠、大锤、钢(木)楔、垫木、铁垫片、线坠、钢尺、水平尺、测量标记以及水准仪、经纬仪等。做好埋设地锚等 (4)准备施工用料,如加固脚手杆,电焊、气焊设备,材料等的供应准备 (5)按吊装顺序组织施工人员进厂,并进行有关技术交底、培训、安全教育
6	道路临时设施准备	(1)整平场地,修筑构件运输和起重吊装开行的临时道路,并做好现场排水设施 (2)清除工程吊装范围内的障碍物,如旧建筑物、高压线路、地下电缆管线等 (3)敷设吊装用供水、供电、供气及通信线路 (4)修建临时建筑物,如工地办公室,材料、机具仓库,工具房,电焊机房,工人休息室,开水房等

13.4.2 吊装方案选择

吊装方法的选择 **表 13-51**

项目		吊装顺序及方法	优缺点及使用
按结构构件吊装顺序分	节间吊装法	起重机在厂房内一次开行中,顺序一次吊完1个节间各类型构件,即先吊完4～6根柱,并立即校正、固定、灌浆,然后接着吊装地梁、柱间支撑、墙梁(连续梁)、吊车梁、走道板、柱头系杆、托架(托梁)、屋架、天窗架、屋面支撑系统、屋面板和墙板等构件。1个(或几个)节间的构件全部吊装完后,起重机再向前移至下一个(或几个)节间,再吊装下一个(或几个)节间全部构件,直至整个厂房的主体结构构件吊装完成(图13-18*a*)	优点:起重机开行路线短,停机一次至少吊完1个节间,厂房内可进行下道工序,可进行交叉平行流水作业,缩短工期;构件制作和吊装误差能及时发现并纠正;吊完一节间,校正固定一节间,结构整体稳定性好,有利于保证工程质量。 缺点:需用起重量大的起重机同时吊各类构件,不能充分发挥起重机效率,无法组织单一构件连续作业;各类构件必需交叉配合,场地构件堆放过密,吊具、索具更换频繁,准备工作复杂;校正工作零碎、困难;柱子固定需一定时间,难以组织连续作业,拖长吊装时间,吊装效率较低;操作面窄,较易发生安全事故。 适于采用回转式桅杆进行厂房吊装,或特殊要求的结构(如门式框架)或某种原因局部特殊需要(如急需施工地下设施)时采用
	分件吊装法	将构件按其结构特点、几何形状及其相互联系进行分类。同类或一、二类构件按顺序一次吊装完后,再进行另一类构件的安装,如起重机第一次开行中先吊装厂房内所有柱子,待校正、固定灌浆后,依次按顺序吊装地梁、柱间支撑、墙梁、吊车梁、托架(托梁)、屋架、天窗架、屋面支撑和墙板等构件,直至整个建筑物吊装完成。屋面板的吊装有时在屋面上单独用1～2台台灵桅杆或屋面小吊车来进行(图13-18*b*)	优点:起重机在一次开行中仅吊装一类构件,准备工作简单,校正方便,吊装效率高;施工较安全;与节间法相比,可选用起重量小一些的起重机吊装,可利用改变起重臂杆长度的方法,分别满足各类构件吊装起重量和起升高度的要求,发挥起重机的效率;构件可分类在现场顺序预制、排放,场外构件可按先后顺序组织供应;构件预制吊装、运输、排放条件好,易于布置 缺点:起重机开行频繁,增加机械台班费用;起重臂长度改换需一定时间,创造工作面,相对地吊装工期较长;屋面板吊装需有辅助机械设备。 适于一般中小型厂房的吊装

续表

项目		吊装顺序及方法	优缺点及使用
按结构构件吊装顺序分	综合吊装法	系将厂房全部或一个区段的柱头以下部分的构件用分件法吊装，即柱子吊装完毕并校正固定，待柱杯口二次灌浆混凝土达到70%强度后，再按顺序吊装地梁、柱间支撑、吊车梁走道板、墙梁、托架（托梁），接着一个节间一个节间综合吊装屋面结构构件，包括屋架、天窗架、屋面支撑系统和屋面板等构件（图 13-18*c*），整个吊装过程按三次流水进行，根据不同的结构特点有时采用两次流水，即先吊柱子，后分节间吊装其他构件，吊装通常采用2台起重机，1台起重量大的承担柱子、吊车梁、托架和屋面结构系统的吊装，1台吊装柱间支撑、走道板、地梁、墙梁等构件并承担构件卸车和就位排放	本法取长补短，保持节间吊装法和分吊装法的优点，而避免了其缺点，能最大限度地发挥起重机的能力和效率，缩短工期，为国内大、中型单层工业装配式厂房主体结构吊装中广泛采用的一种方法
按屋面结构吊装流程分	单向吊装法	系自厂房跨内一端开始顺序退着吊装至另一端（图 13-19*a*）	施工条件好，操作方便，机械使用灵活，工效高，宜优先采用
	反向吊装法	系自厂房内中间某一节间开始分别顺序向两端进行（图 13-19*b*），其选用原则是当跨内某一区段先施工大型设备基础，为加快进度，采取从设备基础中间向两端吊装	厂房采用敞开式施工方案，先施工厂房内大型设备基础，采取先吊两侧厂房时用
	对向吊装法	系在厂房跨内两端分别开始顺序向中间某一跨间收口（图 13-19*c*），起重机边吊边从某一柱列退出，收口一榀屋架和两节间吊车梁及其上部屋面构件吊装，如起重机臂杆回转困难，则采取将起重机退出跨外，在跨外两侧吊装该部分构件	本流程适用于在厂房两端有高坡、挡土墙或其他障碍物，且建筑物两端无条件进出起重机时选用，但退出起重机的一列柱间构件吊装较困难，同时要避免选在有柱间支撑、托架或有其他障碍物的柱间内
	一侧吊装法	系自厂房跨外一侧一端开始向另一端进行（图 13-19*d*），另一侧屋面采用台灵桅杆，在屋面上配合安装	本流程当起重机无法在跨内行驶，且跨度较小时选用，如跨内先施工设备基础或跨距小，辅助房屋多，且高起重机在跨内无法行走或起重臂杆回转半径受限制时使用
	两侧吊装法	系自建筑物跨外两侧吊装，一般有两种方式，一为单机由一端向另一端进行（图 13-19*e*、*f*）或双机由两端同时进行	本流程当起重机无法在跨内行驶，且跨度较大时使用，或为加快进度，同时解决单机吊装屋架，起重量不足困难，采用双机抬吊屋架时采用

注：多跨厂房通常先吊主跨，后吊辅助跨；先吊高跨，后吊低跨；有时为给下一工序创造施工条件，先吊装土建和安装工程量大，施工期长的跨间，后吊地下设施量和设备安装量小或无地下设施，施工期短的跨间；也有时先吊吊装技术难度大的跨间，后吊装较容易的跨间。

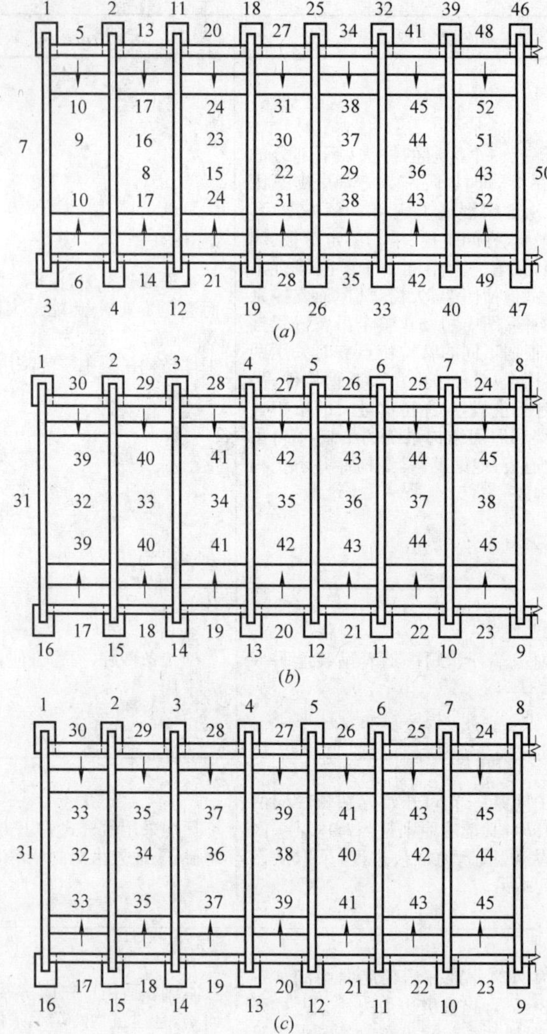

图 13-18　结构吊装顺序及方法

(*a*) 节间吊装法；(*b*) 分件吊装法；(*c*) 综合吊装法

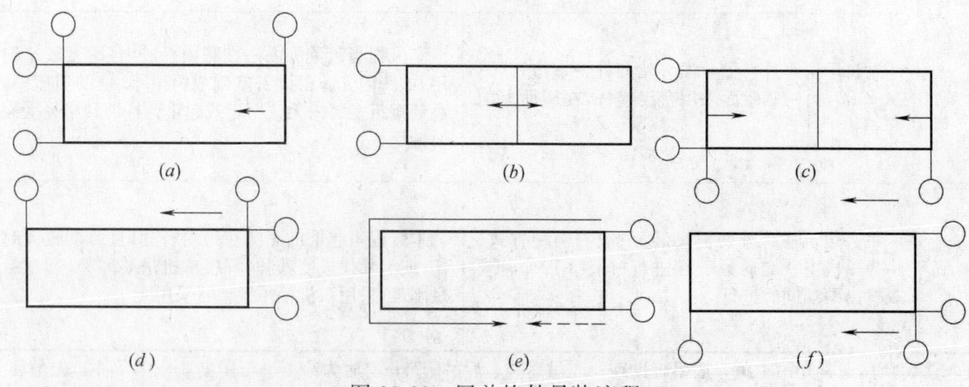

图 13-19　屋盖构件吊装流程

(*a*) 单向吊装法；(*b*) 反向吊装法；(*c*) 对向吊装法；(*d*) 一侧吊装法；
(*e*) 跨外单侧吊装法；(*f*) 跨外两侧吊装法

13.4.3 吊装起重设备选择

吊装起重机械的选择　表 13-52

项次	项目	选择方法要点
1	选择依据	(1)构件最大重量(单个)、数量、外形尺寸、结构特点、安装高度及吊装方法等 (2)各类型构件的吊装要求,施工现场条件(道路、地形、邻近建筑物、障碍物等) (3)选用吊装机械的技术性能(起重量、起重臂杆长、起重高度、回转半径、行走方式等) (4)吊装工程量的大小、工程进度要求等 (5)现有或能租赁到的起重设备 (6)施工力量和技术水平 (7)构件吊装的安全和质量要求及经济合理性
2	选择原则	(1)选用时,应考虑起重机的性能(工作能力),使用方便,吊装效率,吊装工程量和工期等要求 (2)能适应现场道路、吊装平面布置和设备、机具等条件,能充分发挥其技术性能 (3)能保证吊装工程质量、安全施工和有一定的经济效益 (4)避免使用大起重能力的起重机吊小构件,起重能力小的起重机超负荷吊装大的构件,或选用改装的未经过实际负荷试验的起重机进行吊装,或使用台班费高的设备
3	起重机形式的选择	(1)一般吊装多按履带式、轮胎式、汽车式、塔式的顺序选用,通常是:对高度不大的中、小型厂房,应先考虑使用起重量大、可全回转使用,移动方便的 100～150kN 履带式起重机和轮胎式起重机吊装主体结构合理;大型工业厂房主体结构的高度和跨度较大、构件较重,宜采用 500～700kN 履带式起重机和350～1000kN 轮胎式起重机吊装,大跨度又很高的重型工业厂房的主体结构吊装,宜选用塔式起重机吊装 (2)对厂房大型构件,可采用重型塔式起重机和塔桅或桩桅起重机吊装 (3)缺乏起重设备或吊装工作量不大、厂房不高,可考虑采用独脚桅杆、人字桅杆、悬臂桅杆及回转式桅杆(桅杆式起重机吊装)等吊装,其中回转式桅杆最适于单层钢结构厂房进行综合吊装;对重型厂房亦可采取土洋结合的塔桅或桩桅式起重机进行吊装 (4)若厂房位于狭窄地段,或厂房采取敞开式施工方案(厂房内设备基础先施工),宜采用双机抬吊吊装厂房屋面结构,或单机在设备基础上铺设枕木垫道吊装 (5)对起重臂杆的选用,一般柱、吊车梁吊装宜选用较短的起重臂杆;屋面构件吊装宜选用较长的起重臂杆,且应以屋架、天窗架的吊装为主选择 (6)在选择时,如起重机的起重量不能满足要求,可采取以下措施:1)增加支腿或增长支腿,以增大倾覆边缘距离,减少倾覆力矩来提高起重能力;2)后移或增加起重机的配重,以增加抗倾覆力矩,提高起重能力;3)对于不变幅、不旋转的臂杆,在其上端增设拖拉绳或增设一钢管或格构式龙门架或人字支撑桅杆,以增强稳定性和提高起重性能
4	吊装参数的确定	起重机的三个主要参数为:起重量(t)、起重高度(m)和起重半径(m)。起重量必须大于所吊最重构件加起重滑车组的重量;起重高度必须满足所需安装的最高的构件的吊装要求;起重半径应满足在起重量与起重高度一定时,能保持一定距离吊装该构件的要求。当伸过已安装好的构件上空吊装构件时,应考虑起重臂与已安装好的构件有 0.3m 的距离,按此要求确定起重杆的长度、起重杆仰角、停机位置等。起重机主要参数及臂杆长度的计算参见 13.2.4 一节,当算出参数后还应按此参数复核能否满足吊装最边缘一块屋面板或屋面支撑的要求,若不能满足要求时,可采取以下措施:1)改用较长的起重臂杆及起重仰角;2)使起重机由直线行走改为折线行走(图 13-20);3)采取在起重臂杆头部(顶部)加一鸭嘴(图 13-21),以增加外伸距离吊装屋面板(适当增加配重)

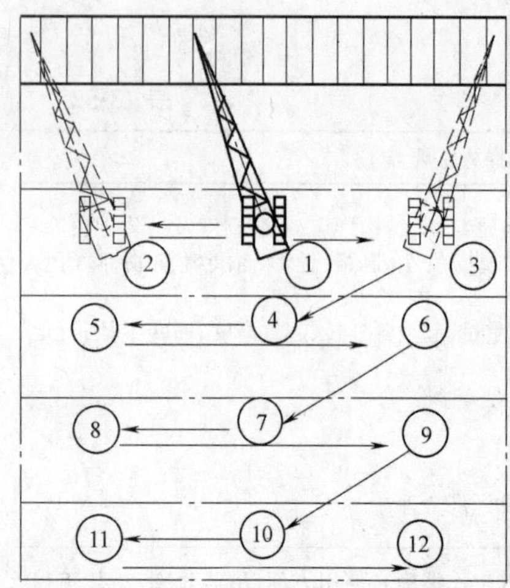

图 13-20　起重机折线行走示意图

①、②、③……—行走顺序

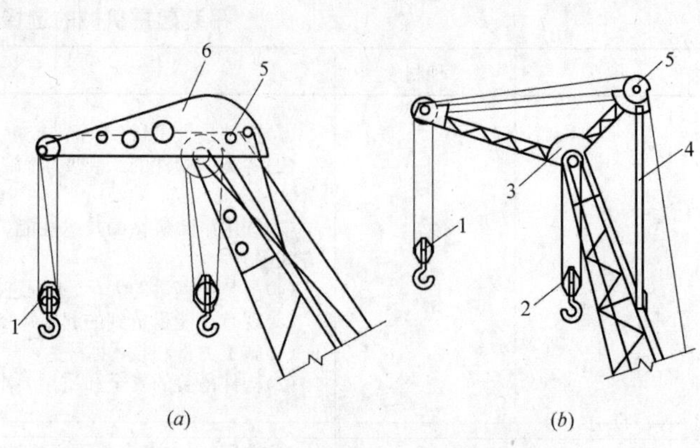

图 13-21　起重臂杆顶部加设鸭嘴形式

(*a*) 圆弧式；(*b*) 三角式

1—副吊钩；2—主吊钩；3—支承钢板；4—角钢拉杆；5—副吊钩导向滑车；6—钢板制鸭嘴

13.5　吊装施工计算

13.5.1　吊装起重机参数计算

吊装起重机参数计算　　表 13-53

项目	计 算 公 式	符 号 意 义
起重力	吊装用起重机型号的选择决定于起重力、起重高度和起重半径三个主要参数。 起重机的起重力 Q,可按下式确定： $Q \geqslant Q_1 + Q_2$　　(13-3)	Q—起重机的起重力(kN)； Q_1—构件的重力(kN)； Q_2—绑扎索具的重力(kN)
起重高度	起重机的起重高度 H,可由下式确定： $H \geqslant h_1 + h_2 + h_3 + h_4$　　(13-4)	H—起重机的起重高度(m)； h_1—安装支座表面高度(m)； h_2—安装间隙,视具体情况定,一般取 0.5m； h_3—绑扎点至构件吊起后底面的距离(m)； h_4—吊索高度(m),自绑扎点至吊钩面的距离,视实际绑扎情况定
起重半径	起重半径 R,可按下式计算： $R = b + L\cos\alpha$　　(13-5) 按计算出的 L 及 R 值,查起重机性能表或曲线表复核起重量 Q 及起重高度 H,如能满足构件吊装要求,即可根据 R 值确定起重机吊装屋面板时的停机位置	R—起重机的起重半径(m)； b—起重机臂杆支点中心至起重机回转中心的距离(m)； L、α—分别为所选择起重机的臂杆长度和起重臂杆的仰角,可按本表 5 项计算求得

续表

项目	计算公式	符号意义
起重机数量	起重机数量，根据工程量工期及起重机的台班产量定额而定，可用下式计算： $$N=\frac{1}{T\cdot C\cdot K}\Sigma\frac{Q_i}{P_i} \quad (13\text{-}6)$$ 此外还应考虑构件装卸、拼装和就位的需要。如 N 已定，亦可以此用来计算所需工期或每天应工作的台班数	N—起重机台数(台)； T—工期(d)； C—每天工作班数； K—时间利用系数；取 0.8～0.9； Q_i—每种构件的吊装工程量(件或 t)； P_i—起重机相应的台班产量定额(件/台班或 t/台班)
起重机起重臂杆长度(数解法)	设起重机以伸距 s，吊装高度为 h_1 的构件 1(屋面板)时，则所需臂杆的最小长度按下式计算： 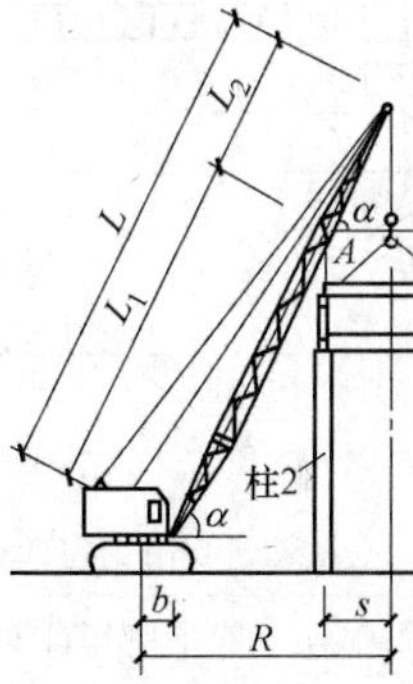 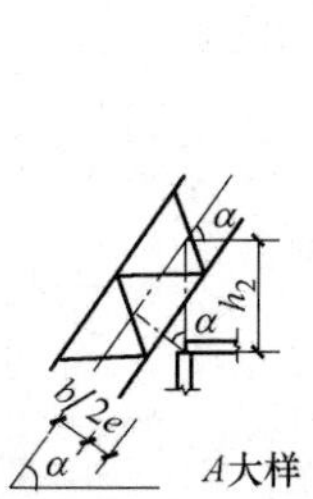 屋面板1　柱2　A大样 $$L=L_1+L_2=\frac{h}{\sin\alpha}+\frac{s}{\cos\alpha} \quad (13\text{-}7)$$ 令 $$\frac{dL}{d\alpha}=-\frac{h\cos\alpha}{\sin^2\alpha}+\frac{S\sin\alpha}{\cos^2\alpha}=0$$ 解之得 $$\mathrm{tg}\,\alpha=\sqrt[3]{\frac{h}{s}}\quad \alpha=\mathrm{arctg}\sqrt[3]{\frac{h}{s}} \quad (13\text{-}8)$$ 求得 α，代入式(13-7)即可求得 L	L—起重机起重臂杆的长度(m)； α—起重臂的仰角(°)； s—起重机吊钩伸距(m)； h—起重臂 L_1 部分在垂直轴上的投影，$h=h_1+h_2-h_3$； h_1—构件的吊装高度(m)； h_3—起重臂支点离地面高度(m)； h_2—起重臂杆中心线至安装构件顶面的垂直距离(m)； $$h_2=\frac{b/2+e}{\cos\alpha}$$ b—起重臂宽度(m)，一般取 0.6～1.0m； e—起重臂杆与安装构件的间隙，一般取 0.3～0.5m，求 h_2 时可近似取 $\alpha=\mathrm{arctg}\sqrt[3]{\frac{h_1}{s}}$， $$h_2\approx\frac{b/2+e}{\cos\left(\mathrm{arctg}\sqrt[3]{\frac{h_1}{s}}\right)}$$
起重机起重臂机长度(图解法)	(1)按比例绘出欲吊装厂房最高节间纵剖面图及中心线 $c—c$ (2)根据拟选用起重机臂杆支点高度 G 划水平线 $H—H$ (3)自屋架顶向起重机的水平方向量一水平距离 $g=1.0\text{m}$ $g\approx(0.5b+e)/\sin\alpha$，得点 A (4)通过 A 画若干条直线，被 $c—c$ 及 $H—H$ 两线所截得线段 S_1K_1、S_2K_2、S_3K_3……等，取其中最短的一根，即为吊装屋面板时的起重臂的最小长度，量出 α 角，即所求的起重臂仰角 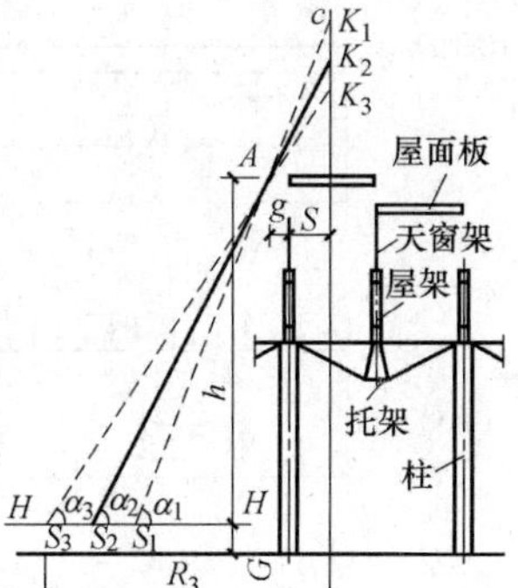 屋面板　天窗架　屋架　托架　柱	G—起重机臂杆支点高度(m)； S—起重机吊钩伸距(m)； g—屋架顶至臂杆水平方向的距离(m)； α—起重机臂杆的仰角(°)； b、e 符号意义同数解法

13.5.2 柱子绑扎吊点位置计算

一、等截面柱绑扎吊点位置计算

等截面柱绑扎吊点位置计算　　表 13-54

<table>
<tr><th>项次</th><th>项目</th><th>计算方法及公式</th></tr>
<tr><td>1</td><td>等截面柱一点起吊吊点位置</td><td>等截面柱一点起吊可视为一端带有悬臂的简支架计算，受均布荷载 q，合理吊点位置是使吊点处最大负弯矩与跨内最大正弯矩绝对值相等。
设 M_C 为跨内最大正弯矩，则 C 处剪力为 0，根据 $Q_c=0$ 条件则有
$$qx=\frac{q(l-a)}{2}-\frac{qa^2}{2}\left(\frac{1}{l-a}\right) \quad (13\text{-}9)$$
则 $x=\frac{l(l-2a)}{2(l-a)}$；根据 $M_D=M_C$ 条件，则有：
$$\frac{qa^2}{2}=\frac{q(l-a)x}{2}-\frac{qx^2}{2}-\left(\frac{qa^2}{2}\right)\frac{x}{l-a}$$
将 x 代入化简得：$a=\left(1-\frac{\sqrt{2}}{2}\right)l=0.2929l$
将 a 代入式(13-9)得　$x=\left(1-\frac{\sqrt{2}}{2}\right)l=0.2929l$
即　$$x=a=0.2929l\approx 0.3l \quad (13\text{-}10)$$
故吊点位置在离柱一端 $0.3l$ 处 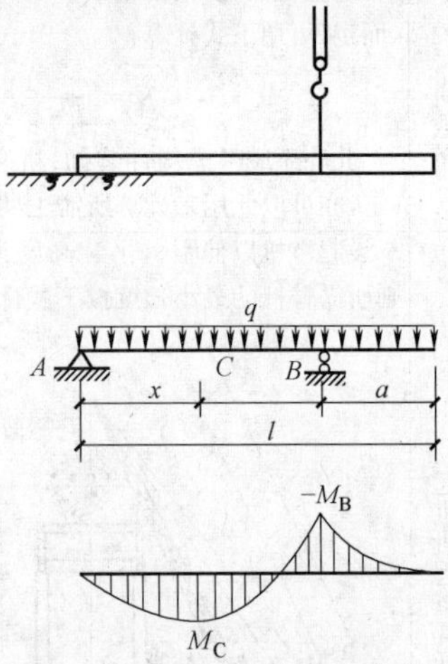
图 1　一点绑扎起吊受力计算简图</td></tr>
<tr><td>2</td><td>等截面柱两点起吊吊点位置</td><td>吊装配筋少且细长的等截面柱，往往采用两点绑扎吊装，其吊点位置的确定，一般是使其自重产生的跨间最大正弯矩和柱顶悬挑支座处负弯矩相等，这时产生的吊装弯矩最小。
设柱水平搁置，吊点(支点)为 A、B 两端为悬挑端。令 A 支点到跨间最大弯矩 1—1 截面的长度为 x
由静力平衡　$\sum M_B=0$ 得：
$$R_A=\frac{l(l-2l_1)q_0}{2(l-l_1-l_3)} \quad (13\text{-}11)$$
令最大正弯矩 1—1 截面处剪力为零，得：
$$R_A-(x+l_3)q_0=0 \quad (13\text{-}12)$$
将(13-11)式代入(13-12)式并解之得：
$$x=\frac{l(l-2l_1)}{2(l-l_1-l_3)}-l_3 \quad (13\text{-}13)$$
按：$M_{1-1}=R_Ax-\frac{(l_3+x)^2}{2}\cdot q_0$
并令　$$M_{1-1}=M_{con} \quad (13\text{-}14)$$
M_{con} 为同时满足吊装抗弯强度、裂缝宽度条件的柱截面控制弯矩值，可由下式计算：
$$M_{抗弯}=\frac{f_yA_s(h_0-a'_s)}{K_1\cdot K_2} \quad (13\text{-}15)$$
$$M_{抗裂}=\frac{0.87A_sh_0\sigma_s}{K} \quad (13\text{-}16)$$
式中　f_y—受拉钢筋强度设计值(N/mm²)；
A_s—受拉钢筋截面面积(mm²)；
h_0—截面计算有效高度(mm)；
a'_s—受压钢筋合力点至受压边缘距离(mm)；
K_1—安全系数，取 1.26；
K—动力系数，取 1.2～1.5；
σ_s—钢筋计算应力(N/mm²)，光面钢筋 $\sigma_s=160$N/mm²，螺纹钢筋取 $\sigma_s=200$N/mm²；
M—吊装截面弯矩(N·mm)
由式(13-15)、式(13-16)代入构件实际数值后，取二者的最小值作为构件截面的控制弯矩 M_{con} 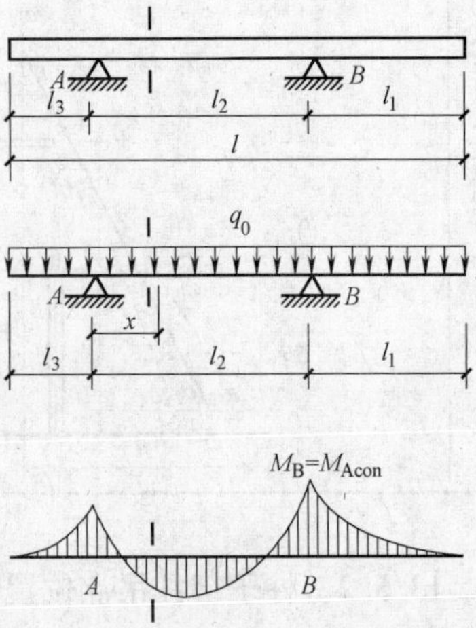
图 2　二点起吊受力计算简图</td></tr>
</table>

续表

项次	项目	计算方法及公式
2	等截面柱两点起吊吊点位置	将 $M_{con}=\frac{q_0 l_1^2}{2}$,式(13-11)、式(13-13)代入式(13-14)并简化: 令 $m=l(l-2l_1)$;$n=l-l_1$ 解之得 $l_3=\frac{n(m-2l_1^2)-\sqrt{2}ml_1}{2(m-l_1^2)}$ (13-17) l_3 即为计算最佳吊点 A 的位置 当按式(13-17)求出的 $l_3\leqslant 0$ 时,可用一点 B 起吊;当 $0\leqslant l_3\leqslant l_1$ 时,可用两点起吊;当 $l_3>l_1$ 时,说明 A 点处的负弯矩大于 M_{con},两点起吊不能满足要求,而应改用其他方法

【例 13-1】 厂房等截面长柱几何尺寸及受力简图如表 13-54 中图 2,$l=21000$mm,$l_1=5560$mm,$l_2=13690$mm,$l_3=1750$mm。已知 $f_y=340\text{N/mm}^2$,$A_s=1520.4\text{mm}^2$,$h_0=565$mm,$\alpha'_s=35$mm,$\sigma_s=200\text{N/mm}^2$,$q_0=6.43$kN/m,采取两点绑扎吊装,试求吊点位置。

【解】 由式(13-15)、式(13-16)得:

$$M_{抗弯}=\frac{340\times1520.4(565-35)}{1.5\times1.26}=14496090\text{N}\cdot\text{mm}=144.9\text{kN}\cdot\text{m}$$

$$M_{抗裂}=\frac{0.87\times1520.4\times565\times200}{1.5}=9964700\text{N}\cdot\text{mm}=99.6\text{kN}\cdot\text{m}$$

比较可知取小值者 $M_{抗裂}=99.6\text{kN}\cdot\text{m}$ 作为截面控制弯矩,即 $M_{抗裂}=M_{con}=99.6\text{kN}\cdot\text{m}$

由 $M_{con}=\frac{1}{2}q_0 l_1^2$ 得:

$$l_1=\sqrt{\frac{2M_{con}}{q_0}}=\sqrt{\frac{2\times99.6}{6.43}}=5.56\text{m}$$

又

$$m=l(l-2l_1)=21(21.0-2\times5.56)=207.48\text{m}^2$$

$$n=l-l_1=21.0-5.56=15.44\text{m}$$

将 m、n、l_1 值代入式(13-17)中,得:

$$l_3=\frac{15.44(207.48-2\times2.56^2)-1.44\times207.48\times5.56}{2(207.48-5.56^2)}=1.75\text{m}$$

故知,两点绑扎吊装吊点位置分别离柱端 5.56m 和 1.75m 处。

二、变截面柱绑扎吊点位置计算

变截面柱绑扎吊点位置计算 **表 13-55**

项次	项目	计算公式及公式
1	变截面柱采用一点起吊时的吊点位置	变截面柱采用一点起吊,当柱子不太长时,吊点的位置通常设在柱牛腿根部,一般不需计算,但需复核抗弯强度或抗裂度。计算内力可按一端带有悬臂的简支梁进行分析。验算时,荷载一般应将构件自重力乘以动力系数 1.5,根据受力实际情况,动力系数可适当增减。 柱子一般均为平卧预制,根据实践,中等长度的柱子均可采取一点不翻身平吊,吊点位置确定后,据此复核产生最大弯矩处的抗弯强度。当满足抗弯强度计算要求时,即认为满足不翻身平吊要求,对有特殊要求的柱还应进行抗裂强度验算,要求其满足抗裂度条件或裂缝宽度限制。可近似地用控制钢筋应力的方法按下式计算: $\sigma_s=\frac{KM_k}{0.87h_0A_s}$ (13-18) 式中 σ_s—钢筋计算应力(N/mm²); A_s—受拉钢筋截面面积(mm²); h_0—吊装时构件截面计算有效高度(mm);

续表

项次	项目	计算公式及公式
1	变截面柱采用一点起吊时的吊点位置	K—动力系数，视吊装受力情况取1.2～1.5； M_k—验算截面的吊装弯矩(N·mm)。 当计算所得钢筋应力$\sigma_s \leqslant 160N/mm^2$(光面钢筋)或$\sigma_s \leqslant 200N/mm^2$(螺纹钢筋)时，可以认为满足抗裂缝宽度(抗裂度要求)。 对很长的柱，如抗弯强度或抗裂度不能满足平吊要求时，应考虑将四角的钢筋加粗或局部增加配筋；或将柱子翻转90°，侧立起吊；或采用两点平吊等措施，并按采取措施后，再行验算
2	变截面柱采用两点起吊时的吊点位置	变截面柱采用两点起吊，吊点位置通常一点设在牛腿处，另一合理的吊点位置应使牛腿处吊点处负弯矩与跨中正弯矩绝对值相等。 由假定条件　$M_A = M_{AB(max)}$ 取$\sum M_B = 0$　$R_A = \dfrac{q_1 l_1^2 - q_2 l_2^2}{2(l_1 - x)}$，　$M_A = \dfrac{q_1 x^2}{2}$ 则　$M_c = R_A y - \dfrac{q_1 (x+y)^2}{2}$ $= \dfrac{q_1 l_1^2 - q_2 l_2^2}{2(l_1 - x)} y - \dfrac{q_1 (x+y)^2}{2}$ 令　$\dfrac{dM_C}{dy} = 0$　$\dfrac{q_1 l_1^2 - q_2 l_2^2}{2(l_1 - x)} - q_1 (x+y) = 0$ 则　$y = \dfrac{q_1 l_1^2 - q_2 l_2^2}{2\ (l_1 - x)\ q_1} - x$ 设　$\dfrac{q_1 l_1^2 - q_2 l_2^2}{2} = \alpha$；　$\dfrac{\alpha}{q_1} = \beta$； ∴　$M_{AB(max)} = \dfrac{\alpha}{l_1 - x}\left[\dfrac{\beta}{l_1 - x} - x\right] - \dfrac{q_1}{2}\left[\dfrac{\beta}{l_1 - x}\right]^2$ 使　$M_A = M_{AB(max)}$得： $\dfrac{q_1 x^2}{2} = \dfrac{\alpha}{l_1 - x}\left[\dfrac{\beta}{l_1 - x} - x\right] - \dfrac{q_1}{2}\left[\dfrac{\beta}{l_1 - x}\right]^2$ 整理后得　$q_1 x^4 - 2 l_1 q_1 x^3 + (q_1 l_1^2 - 2\alpha)\ x^2 + 2\alpha l_1 x + \beta\ (q_1 \beta - 2\alpha) = 0$　(13-19) 当吊点A的位置满足(13-19)式时，则其位置为合理的吊点。(13-19)式为x的一元四次方程式，可用近似根法求解： 设近似根　$x_0 = 0.26 l_1$　(13-20) 更近似根　$x = x_0 + h_1$　(13-21) 而　$h_1 = \dfrac{f(x_0)}{f'(x_0)}$　(13-22) 又　$f'(x) = 4 q_1 x^3 - 6 l_1 q_1 x^2 + 2\ (q_1 l_1^2 - 2\alpha)\ x + 2\alpha l_1$ q_1　q_2　A　C　B　y　x　$l_1 - x$　l_2　l_1 变截面柱二点起吊位置计算简图

【例 13-2】 厂房柱，几何尺寸、配筋如图13-22所示，采用一点平卧起吊，吊点设在距柱顶3.7m处，混凝土强度等级为C20，钢筋用HRB335，试验算吊装强度和抗裂度。

【解】 大柱截面面积为1375cm²，小柱截面面积为2000cm²，自重力的动力系数取1.3。

大柱均布荷载　$q_1 = \dfrac{1375}{10000} \times 25000 \times 1.3 = 4470N/m$

小柱均布荷载　$q_2 = \dfrac{2000}{10000} \times 25000 \times 1.3 = 6500N/m$

起吊时应对最危险的截面进行验算，各截面弯矩值为：

$$M_B = 6500 \times 2.6\left(3.7 - \frac{2.6}{2}\right) + 4470 \times \frac{(3.7 - 2.6)^2}{2} = 43264N \cdot m$$

$$M_C = \frac{1}{8} \times 4470 \times 10^2 - \frac{1}{2} \times 43264 = 34243N \cdot m < M_B$$

$$M_D = \frac{1}{2} \times 6500 \times 2.6^2 = 21970N \cdot m$$

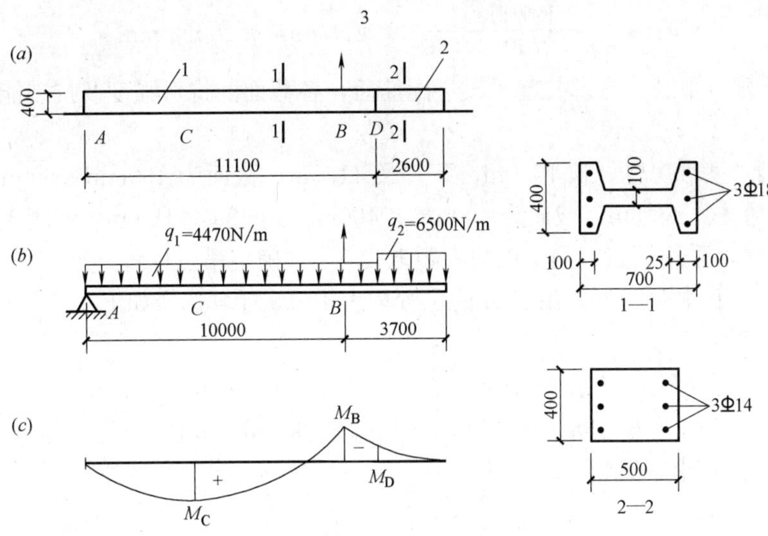

图 13-22 柱子平放一点起吊验算简图

(*a*) 柱几何尺寸；(*b*) 验算简图；(*c*) 弯矩图

1—大柱；2—小柱；3—吊点

(1) 抗弯强度验算

1) 截面 B 采用平卧起吊，$h=400\text{mm}$，仅考虑四角钢筋，$A_s=A'_s=5.09\times10^2\text{mm}^2$(2Φ18)。

$$h_0=400-35=365\text{mm}$$

吊装时的强度验算按受弯构件考虑。按双筋梁计算截面强度。该截面能承担的弯矩：

$$M'=A'_s f_y(h_0-a'_S)=5.09\times10^2\times300(365-35)=50.3\times10^6\text{N}\cdot\text{mm}$$

$$=50300\text{N}\cdot\text{mm}>M_B(=43264\text{N}\cdot\text{m})\quad\text{强度满足要求。}$$

$M_B>M_C$，B 和 C 的截面尺寸和配筋均相同，故截面 C 可不必验算。

2) 截面 D 采用平卧起吊，$h=400\text{mm}$ 与大柱相同，$A_S=A'_S=3.08\times10^2\text{mm}^2$(2Φ14)，则

$$M'=A'_s f_y(h_0-a'_S)=3.08\times10^2\times300(365-35)=30.5\times10^6\text{N}\cdot\text{mm}$$

$$=30500\text{N}\cdot\text{m}>M_D=21970\text{N}\cdot\text{m}$$

故知，强度能满足要求。

(2) 裂缝宽度（抗裂度）验算

截面 B $$\sigma_s=\frac{43264000}{0.87\times509\times365}=267\text{N/mm}^2$$

截面 C $$\sigma_s=\frac{34243000}{0.87\times509\times365}=212\text{N/mm}^2$$

截面 D $$\sigma_s=\frac{21970000}{0.87\times308\times365}=225\text{N/mm}^2$$

由上验算知各截面钢筋计算应力 σ_s 均大于 200N/mm^2，抗裂能力不能满足吊装要求。因此，需将大柱截面四角 4Φ18 钢筋改为 4Φ22 钢筋，$A_s=760.3\text{mm}^2$，再行验算如下：

截面 B $$\sigma_s=\frac{43264000}{0.87\times760.3\times365}=180\text{N/mm}^2<200\text{N/mm}^2$$

截面 D　　$\sigma_s=\dfrac{21970000}{0.87\times760.3\times365}=90\text{N/mm}^2<200\text{N/mm}^2$

经以上验算，平卧一点绑扎起吊改进配筋后，各截面的抗弯强度及抗裂能力均可满足吊装要求。

【例 13-3】 某厂房柱，长 15.0m，下柱长 11.5m，截面为 400mm×600mm，配筋为 4Φ25＋2Φ20；上柱长 3.5m，截面为 400mm×400mm，配筋 4Φ18mm，混凝土为 C20，吊装强度为 100％，采用两点起吊，动力系数取 1.5，试确定吊点位置。

【解】 吊点 B 取牛腿处，吊点 A 的位置按表 13-55 计算选定如下：

计算荷载：

$$q_1=0.4\times0.6\times1\times25=6.0\text{kN/m}$$

$$q_2=0.4\times0.4\times1\times25=4.0\text{kN/m}$$

按式（13-19）求解 x 值

设第一次近似根：

$$x_0=0.26l=0.26\times11.5=2.99\text{m}$$

∵

$$\alpha=\frac{q_1l_1^2-q_2l_2^2}{2}=\frac{6\times11.5^2-4\times3.5^2}{2}=372.3$$

$$\beta=\frac{\alpha}{q_1}=\frac{372.3}{6}=62.1$$

则

$$f(x)=6\times2.99^4-2\times11.5\times6\times2.99^3+(6\times11.5^2-2\times372.3)\times2.99^2+2\times372.3\times11.5\times2.99+62.1(6\times62.1-2\times372.3)=-270.27$$

$$f'(x_0)=4\times6\times2.99^3-6\times11.5\times6\times2.99^2+2(6\times11.5^2-2\times372.3)\times2.99+2\times372.3\times11.5=5795.66$$

∴

$$h_1=\frac{f(x_0)}{f'(x_0)}=-\frac{-270.27}{5795.66}=0.047\approx0.05\text{m}$$

∴

$$x=x_0+h_1=2.99+0.05=3.04$$

$$M_A=\frac{q_1x^2}{2}=\frac{6\times3.04^2}{2}=27.72\text{kN}\cdot\text{m}$$

$$R_A=\frac{\left(\frac{1}{2}\times6\times11.5^2-24.5\right)}{11.5-3.04}=44.0\text{kN}$$

$$y=\frac{\beta}{l_1-x}-x=\frac{62.1}{11.5-3.04}-3.04=4.30\text{m}$$

$$\therefore M_{AB(max)}=R\times y-\left[\frac{q_1}{2}(x+y)^2\right]=44\times4.3-\left(\frac{1}{2}\times6.0\times7.34^2\right)=27.6\text{kN}\cdot\text{m}$$

满足　$M_A\approx M_{AB(max)}$

故选用吊点 A 为距柱脚端 $x=3.04$m 处

(3)裂缝宽度(抗裂度)验算

由于下柱截面较大，配筋较密，可不进行裂缝宽度验算，主要对 B 点进行验算如下：

$$\sigma_s=\frac{1.5M_B}{0.87\times h_0\times A_s}=\frac{1.5\times 24.5\times 10^6}{0.87\times 365\times 508.65}=227>200\text{N/mm}^2\text{（吊装时可能出现裂缝）}$$

在 B 点外上、下各加 2Φ16（$l=1300$mm）

$$\sigma_s=\frac{1.5\times 24.5\times 10^6}{0.87\times 365\times 910.6}=127<200\text{N/mm}^2$$

故知，可满足裂缝宽度要求。

13.5.3 屋盖构件吊装计算与验算

一、梁、板绑扎起吊位置计算

等截面梁板两点绑扎起吊位置计算 表 13-56

项次	项目	计算方法及公式
1	不考虑吊索对构件的影响	等截面梁、板两点起吊，可化简为双悬臂筒支梁计算，受均布荷载 q_0，最合理吊点位置是使吊点处负弯矩与跨中正弯矩绝对值相等 亦即 $M_A=M_B=M_C$ 而 $M_A=M_B=\frac{qx^2}{2}$； $M_C=\frac{q(l-2x)^2}{8}-\frac{qx^2}{2}$ 代入化简得 $x=0.207l$ (13-23) 即吊点位置在离构件一端 $0.207l$ 处 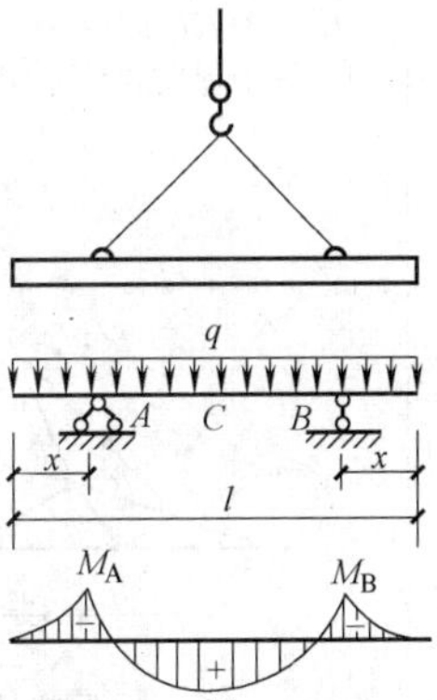 q A C B x x l M_A M_B M_C 2 点起吊受力计算简图
2	考虑吊索对构件的影响	(13-24)式计算是忽略吊索水平分力对构件的影响，实际吊装构件，除采用吊架起吊外，一般起吊吊索均与构件表面成一角度，在吊环或绑扎点处，存在水平力，造成两点间产生附加弯矩，两点起吊考虑吊索水平力的影响如右图 设叠加后跨中增加弯矩值为 M'_C，则考虑到偏心力产生的弯矩，减出轴向压力引起的相应弯矩，则有： $M'_C=N\cdot y_s-\frac{NW_0}{A_0}=P\cdot\text{ctg}\alpha\left(y_S-\frac{W_0}{A_0}\right)$ (13-24) 式中 W_0——换算截面受拉边缘（下缘）的弹性抵抗矩； A_0——换算截面面积 考虑水平力的影响，则应使 $M_C+M'_C=M_A=M_B$ 即 $\frac{q(l-2x)^2}{8}-\frac{qx^2}{2}+\frac{ql^2}{2}\text{ctg}\alpha\left(y_s-\frac{W_0}{A_0}\right)=\frac{qx^2}{2}$ 整理得 $x^2-lx-l\left[\text{ctg}\alpha\left(y_s-\frac{W_0}{A_0}\right)+\frac{l}{4}\right]=0$ (13-25) 据此可以求得 x 值 对于矩形截面：$y_s=\frac{h}{2}$； $\frac{W_0}{A_0}=\frac{h}{6}$（略去配筋影响）；若 $\alpha=60°$，$h/l=1/20$，则式(13-25)常数项应为 $-0.26l$ 解之得 $x=0.214l$ (13-26) 在实际应用时，可按(13-25)式求得的 x 值稍微加大，使 $x\approx 0.21l$ 或稍大一点的整数值，使吊索斜角加大，改善起吊条件 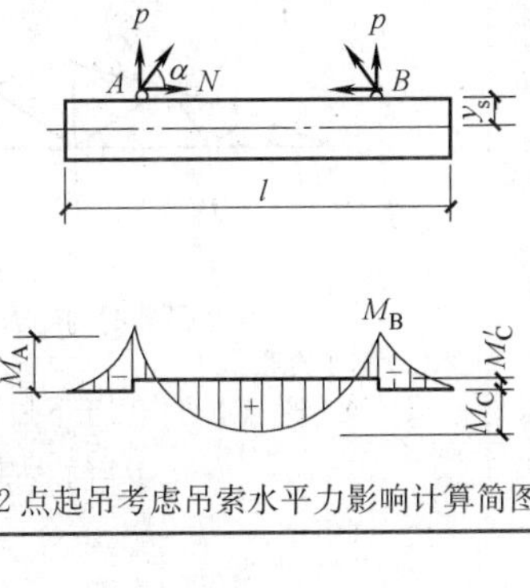 p p A α N B y_s l M_A M_B M'_C M_C 2 点起吊考虑吊索水平力影响计算简图

【例 13-4】 框架结构厂房等截面矩形梁，截面为 600mm×300mm（高×宽），长 9200mm，采用两点起吊，吊索与梁身成 45°角，忽略配筋影响，试计算确定吊点位置。

【解】（1）不考虑吊索对构件的影响时：

$$x=0.207l=0.207\times9.2=1.904\text{m}\approx1.9\text{m}$$

（2）考虑吊索水平力对构件的影响时，由式（13-25）得：

$$x^2-9.2x-9.2\left[\text{ctg}45^\circ\left(\frac{0.6}{2}-\frac{0.6}{6}\right)+\frac{9.2}{4}\right]=0$$

$$x^2-9.2x-23=0$$

解之得

$$x=2.05\text{m}$$

二、屋架吊装绑扎计算与验算

屋架吊装绑扎计算与验算　　表 13-57

<table>
<tr><th>项目</th><th>计算方法及公式</th><th>符号意义</th></tr>
<tr><td>屋架吊装吊索的内力</td><td>屋架垂直吊起后，按力的平衡条件，吊索中垂直分力之和应等于屋架的重力，则吊索的内力 P、S_1 可按下式计算：
屋架吊装内力计算简图
$$P=\frac{Q}{2(\sin\alpha+\sin\beta)} \quad (13\text{-}27)$$
$$S_1=2P \quad (13\text{-}28)$$
吊索规格按下式选择
$$\alpha F_g\geqslant KP \quad 或 \quad \alpha_g\geqslant KS_1 \quad (13\text{-}29)$$
各吊索的长度可通过计算或图解法求得</td><td>P—屋架下部吊索的内力；
S_1—屋架上部吊索的内力；
Q—屋架的重力；
α、β—吊索与上弦的夹角，按下式计算：
$$\alpha\approx\text{arctg}\frac{h-h_1}{l_1+l_2}$$
$$\beta\approx\text{arctg}\frac{h-(h_1+h_2)}{l_2}$$
α—考虑钢丝受力不均的钢丝绳破断拉力换算系数，采用 6×19 钢丝绳，$\alpha=0.85$；采用 6×37，$\alpha=0.82$；采用 6×61，$\alpha=0.80$；
F_g—钢丝绳的破断拉力总和（kN），可从表 13-4 查得；
K—钢丝绳使用时安全系数，按表 13-6 取用</td></tr>
<tr><td>预制屋架吊装绑扎验算</td><td>屋架在使用阶段，上弦为压杆，下弦为拉杆，而在吊装阶段受力状态则完全相反；设屋架的全部自重力作用在下弦节点上，则上弦受拉，下弦受压。因此在吊装阶段，对一些跨度大、起吊悬臂长的屋架，应按以下作强度和抗裂性验算
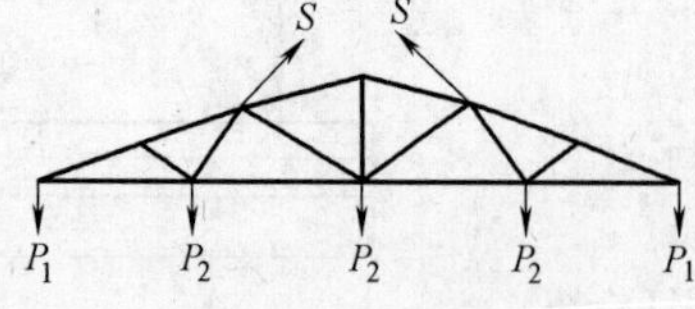

屋架吊装时的受力状态简图
（1）强度验算：
设屋架全部自重力作用于下弦节点上，则
$$P_2=1.5\frac{l_1Q}{L} \quad (13\text{-}30)$$</td><td>P_1—下弦杆端节点荷载；
P_2—下弦杆中间节点荷载；
l_1—下弦节点间距；
Q—屋架的总重力；
L—屋架的跨度（总长度）；
1.5—起吊时的动力系数；
S—每根吊索所承受的拉力；
N—验算轴向力；$N=1.2N_k$；
N_k—吊装时杆件承受的轴向力；
f_y—受拉钢筋的强度设计值；
A'_s—起吊时，上弦杆截面所需要的钢筋截面积；
A_S—上弦原设计配置的钢筋截面积；
w_{max}—最大裂缝宽度（mm）；
α_{cr}—构件受力特征系数，对轴心受拉构件，取 $\alpha_{cr}=2.7$；
ψ—裂缝间纵向受拉钢筋应变不均匀系数；</td></tr>
</table>

续表

项目	计算方法及公式	符号意义
预制屋架吊装绑扎验算	$$P_1=0.5P_2 \tag{13-31}$$ 根据设置的起吊点的位置、数量和作用在下弦节点上的荷载，求出每一根吊索所承担的拉力 S，再将节点荷载 P_1、P_2 和 S 同时作用于屋架上，用一般求解桁架内力的力学分析方法，如节点法、截面法或图解法，即可求出上下弦的内力，取其最大值进行强度验算。一般只对上弦进行验算，对大跨度屋架应考虑叠加下弦放张时引起的上弦拉力值 验算时按轴心受拉构件按下式计算： $$N\leqslant f_yA_S' \tag{13-32}$$ 如计算求得的 A_S' 小于上弦原设计配置的钢筋截面积，即 $A_S'\leqslant A_S$，则可满足吊装强度的需要，并且是安全的，否则应采取加固措施，才能吊装 (2)抗裂度验算： 上弦的裂缝宽度按下式计算： $$w_{max}=\alpha_{cr}\psi\frac{\sigma_s}{E_s}\left(1.9c+0.08\frac{d_{eq}}{\rho_{te}}\right)\leqslant 0.2\text{mm} \tag{13-33}$$	$$\psi=1.1-\frac{0.65f_{tk}}{\rho_{te}\sigma_s}$$ 当 $\psi<0.2$ 时；取 $\psi=0.2$；当 $\psi>1.0$ 时，取 $\psi=1.0$；对直接承受重复荷载的构件，$\psi=1.0$； f_{tk}—混凝土抗拉强度标准值； σ_s—纵向受拉钢筋等效应力， $$\sigma_s=\frac{N_k}{A_s};$$ ρ_{te}—纵向受拉钢筋配筋率；$\rho_{te}=\frac{A_s}{A_{te}}$； A_{te}—有效受拉混凝土截面面积； c—最外层纵向受拉钢筋外边缘至受拉区底边的距离(mm)；当 $c<20$ 时，取 $c=20$； d_{eq}—受拉区纵向钢筋的等效直径(mm)， $$d_{eq}=\frac{\sum n_id_i^2}{\sum n_i\nu_id_i};$$ n_i—受拉区第 i 种纵向钢筋的公称直径(mm)； ν_i—纵向受拉钢筋受力特征系数，对变形钢筋，取 $\nu_i=1.0$；对光面钢筋，取 $\nu_i=0.7$； d_i—受拉区第 i 种纵向钢筋的根数

【例 13-5】 已知屋架及吊索几何尺寸为：$l_1=l_2=3.0\text{m}$，$h_1=1.89\text{m}$，$h_2=1.14\text{m}$，$h=6.0\text{m}$，$\alpha=45°$，屋架重力 50kN，试计算吊索内力，并选择吊索。

【解】 由近似计算式得：

$$\beta\approx \text{arctg}\frac{6-(1.89+1.14)}{3}\approx 60°$$

由式(13-27)
$$P=\frac{50}{2(\sin 45°+\sin 60°)}=15.9\text{kN}$$

吊索取 6×37，换算系数取 $\alpha=0.82$，安全系数取 $K=6$

$$F_g=\frac{6\times 15.9}{0.82}=116.3\text{kN}$$

选用抗拉强度为 1550N/mm²，ϕ15mm 的钢丝绳，$F_g=132\text{kN}$，可以满足要求。短吊索中力为长吊索的两倍，故选用 6×37，ϕ21.5mm 的钢丝绳，$F_g=270\text{kN}>2\times 116.3=232.6\text{kN}$

【例 13-6】 18m 跨预制屋架采取两点绑扎起吊，其起吊点位置及各部尺寸如图 13-23 所示，屋架重力为 49.5kN，混凝土强度等级为 C30，上弦纵向钢筋为 4Φ12，$f_y=300\text{N/mm}^2$，试验算吊装阶段上弦裂缝宽度及抗裂度。

【解】 (1)强度验算

已知 $Q=49.5\text{kN}$，动力系数取 1.5

则
$$P_2=\frac{1.5l_1Q}{L}=\frac{1.5\times 4.5\times 49.5}{18}=18.6\text{kN}\quad P_1=\frac{P_2}{2}=\frac{18.6}{2}=9.3\text{kN}$$

两点起吊，每根吊索中的拉力 S 为：

$$S=\frac{1.5Q}{2}\cdot\frac{1}{\sin 45°}=\frac{1.5\times 49.5}{2\times 0.707}=52.5\text{kN}$$

将 P_1、P_2、S 作为节点荷载施加于屋架下弦和上弦节点上，计算屋架上弦 S_1、S_2 内力。

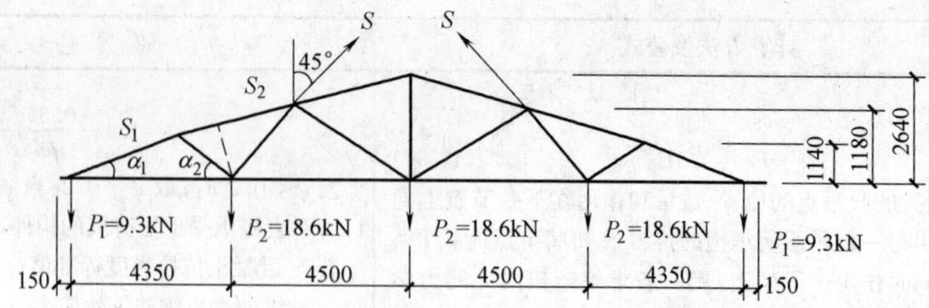

图 13-23　18m 折线形屋架尺寸及受力简图

∵
$$\sin\alpha_1=\frac{1.14}{3.07}=0.3713;\quad \sin\alpha_2=\frac{1.14}{1.884}=0.6050$$

$$S_1=\frac{9.3}{\sin\alpha_1}=\frac{9.3}{0.3713}=25.0\text{kN}$$

$$S_2=\frac{4.35\times9.3}{1.884\times\sin\alpha_2}=\frac{4.35\times9.3}{1.884\times0.6065}=35.5\text{kN}$$

取 S_1 和 S_2 的最大值 35.5kN 作为计算值，按轴心受拉构件验算：

$$A'_S=\frac{N}{f_y}=\frac{1.2\times35.5\times10^3}{300}=142\text{mm}^2$$

上弦内纵向钢筋为 4Φ12，$A_S=452>142\text{mm}^2$ 安全。

(2)抗裂度验算

$$\sigma_S=\frac{N_k}{A_S}=\frac{35.5\times10^3}{452}=78.5\text{N/mm}^2$$

$$\rho_{te}=\frac{A_S}{A_{te}}=\frac{452}{48400}=0.0093;\quad d_{eq}=\frac{\sum4\times12^2}{\sum4\times1\times12}=12\text{mm}$$

$$\psi=1.1-\frac{0.65f_{tk}}{\rho_{te}\sigma_{sk}}=1.1-\frac{0.65\times2}{0.0093\times78.5}=-0.68$$

取　$\psi=0.2$，由式(13-33)得：

$$w_{max}=2.7\times0.2\times\frac{78.5}{2\times10^5}\left(1.9\times35+0.08\times\frac{12}{0.0093}\right)$$
$$=0.036\text{mm}<0.2\text{mm}\quad 满足要求。$$

13.6　厂房结构构件吊装

13.6.1　柱子吊装

13.6.1.1　柱子预制现场布置

柱预制的现场布置方法　　表 13-58

序号	布置简图	布置方法
1		用旋转法起吊。柱斜向布置，使吊点、柱脚与柱基杯口中心三者位于起重机半径 R 的圆弧上。a 但不得超过起重机吊装该柱时的最大起重半径 R。跨内吊装，牛腿应朝向起重机，跨外吊装牛腿应背向起重机。适于场地较宽的情况

续表

序号	布置简图	布置方法
2		用旋转法起吊。柱斜向布置，使柱脚与杯口中心两点共弧，而将吊点放在起重机半径R之外，起吊时，先用较大的起重半径R'，吊起柱子并提升起重臂，当起重半径由R'变为R后，停止上升，再按旋转法吊装柱子。适于长柱和场地较狭窄的情况
3		用滑行法或旋转法起吊。柱斜向布置使吊点与杯口中心在起重机的同一旋转半径的圆弧上，且吊点靠近杯口，柱脚可斜向任意方向。适于场地很狭窄的情况
4		用旋转法起吊。柱纵向布置，若柱长小于12m，两柱可以叠浇排成一行；若柱长大于12m，两柱可排成两行。起重机位于两柱的中间，一次起吊两根柱。叠浇柱预制时，要在上层柱侧面加吊环，以便绑扎吊索。适于短柱、场地较狭窄的情况

13.6.1.2 柱子绑扎与起吊

一、柱子的绑扎

柱子绑扎方法 **表 13-59**

项目	绑扎方法	注意事项
翻身绑扎法	对现场重叠预制柱，上层一般设有二个吊环，可直接用带吊钩的吊索钩起翻身，下层柱在柱底留吊索孔，穿入吊索借卡环从柱侧面引出起吊翻身（图 13-24a、b）；对细长柱则应采用三点绑扎，在上部设有滑车，使3根绳索受力基本均匀（图 13-24c）；也可在二点绑扎的基础上另加1根辅助吊索，中部设一个捯链，以调整绳索的长度和受力情况，使其重心与吊钩位置的垂线相重合，脱模后柱身呈水平状态	（1）绑扎所用的吊索、卡环、绳扣……的规格应按计算确定。起吊前应分别进行检查和试验，必须具有足够的强度，以确保安全 （2）绑扎点与构件的重心应相对称，绑扎点（吊钩）中心应对正构件重心，并高于构件的重心，以免起吊后摇摆、晃动或倾翻 （3）柱绑扎应牢靠，多点绑扎应尽可能使各点受力均匀一致 （4）绑扎时，吊索与柱面柱棱角之间应垫以木板、短方木、麻袋片或汽车废轮胎，以防吊索被磨断或构件被卡伤损坏
垂直起吊绑扎法	有一点和二点绑扎两种。一般长度不大的中、小型柱，多采用一点绑扎，位置在牛腿下部或接近牛腿的部位（图 13-25），两个牛腿柱绑扎点多在两牛腿之间，对多面牛腿柱，吊索应从两对角线的两拐角处引出，重型柱或配筋较少的细长柱（如山墙柱），为防止柱在吊装中断裂，应采用二点或多点绑扎（图 13-26），吊索借卡环纵柱两侧引出，使柱子成垂直状态，便于就位和初步找正	

续表

项目	绑扎方法	注意事项
斜吊绑扎法	当起重高度不够，常采用一点斜吊绑扎法，有用吊索和钢销起吊两种方法(图13-27a、b)，位置应在柱重心以上，牛腿以下，绳索不绕过柱顶 对长细柱可采用两点(图13-27c)或四点绑扎，吊索从柱子的大面引出，可不用横吊梁，且可不必进行柱子翻身；当柱子长细比很大，宜采用单机四点吊的绑扎方法，或由四点过渡到两点绑扎	(5)工字形截面柱绑扎时，吊点应在实心处(牛腿下部)，否则应在绑扎处用方木加固翼缘，同样双肢柱绑扎点应选在水平腹杆处 (6)起吊点应按设计规定，如无规定时，应根据吊装中可能产生的最大正负弯矩进行抗裂度验算，其安全系数不得小于1.8；如抗裂度不够，应在构件中加配适当抗裂钢筋 (7)采用双机抬吊柱子绑扎，应根据各起重机的允许起重量进行合理的载荷分配，各起重机的载荷不宜超过其安全起重量的80%；操作时，两台起重机要动作互相配合，避免一台失去重心，而另一台超载失稳 (8)柱子绑扎宜采用自动或半自动卡环作脱钩装置，以减少高空作业。用斜吊法吊装柱子，应在柱一端绑扎溜绳，以控制起升时的摆动和便于构件的就位和找正
双机、三机抬吊绑扎法	可根据抬吊方法不同采用一点绑扎或两点绑扎(图13-28)。一点绑扎，当两台起重机起重量不等时应在起重量小的起重机一侧垫以较厚的垫木，其厚度由力的平衡条件确定；两点绑扎时，要求吊索的长度分别绕过柱顶和牛腿(图13-28a)，以保证柱身成直立状态，柱子有时采用三机抬吊，但多采用两点绑扎(图13-28c)，主吊索设在牛腿下面，递送吊索设在柱脚以上部位	

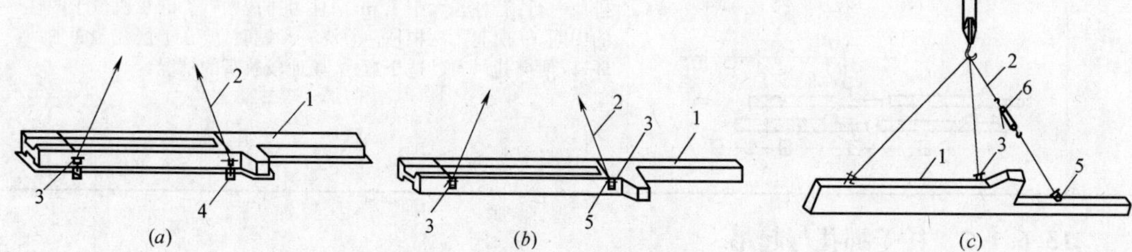

图13-24　柱子的翻身、脱模、绑扎

(a)底层柱的翻身绑扎；(b)、(c)上层柱用卡环法绑扎

1—柱；2—吊索；3—卡环；4—穿吊索孔洞；5—吊环；6—捯链

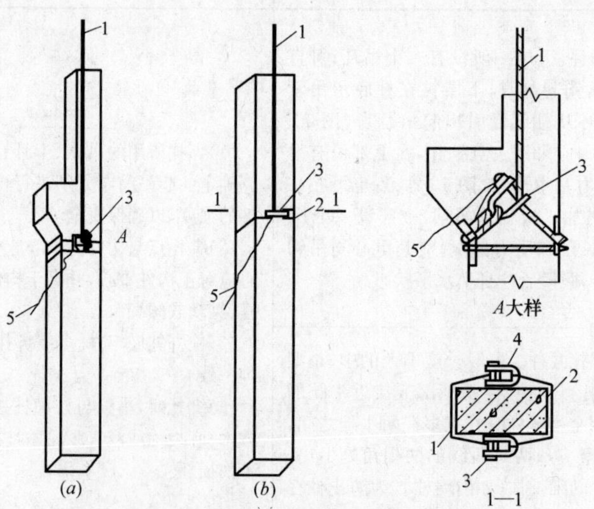

图13-25　柱子垂直起吊一点绑扎

(a)牛腿柱一点绑扎；(b)长短吊索一点绑扎

1—长吊索；2—短吊索；3—活络卡环；4—普通卡环；5—拉绳

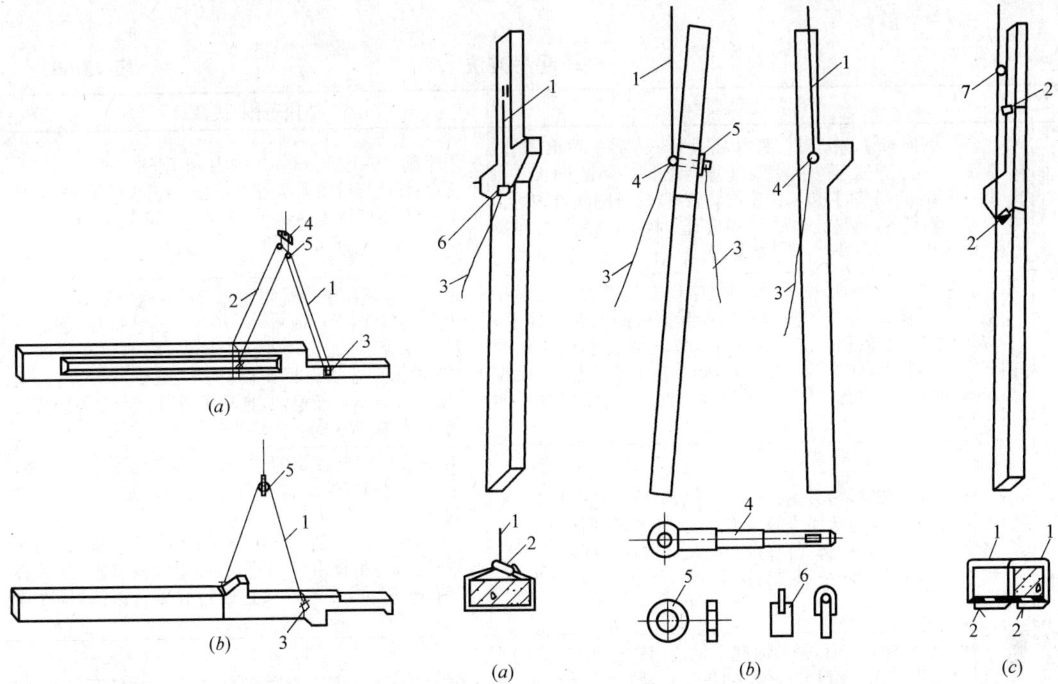

图 13-26 柱垂直起吊两点绑扎

(a) 单牛腿柱（山墙柱）两点绑扎；

(b) 双牛腿柱两点绑扎

1—第一支吊索；2—第二支吊索；

3—活络卡环；4—横吊梁；5—滑车

图 13-27 柱斜吊法绑扎

(a) 一点绑扎；(b) 用柱销一点绑扎；(c) 两点绑扎

1—吊索；2—活络卡环；3—拉绳；4—柱销；

5—垫圈；6—插销；7—滑车

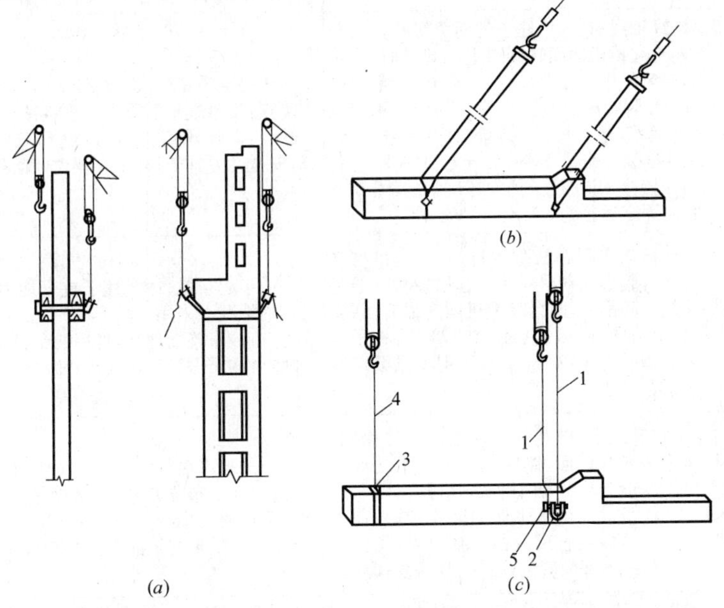

图 13-28 双机抬吊柱与三机抬吊柱的绑扎

(a) 双机抬吊柱一点绑扎；(b) 双机抬吊柱两点绑扎；(c) 三机抬吊柱的绑扎

1—主机吊索；2—活络卡环；3—普通卡环；4—递送起重机吊索；5—拉绳

二、柱子的起吊

柱子起吊方法 表 13-60

名称		起吊方法要点	适用范围、优缺点
单机垂直吊装法	旋转法	柱子斜向布置，牛腿朝向跨内，并使杯形基础中心 M 点、柱脚 K、绑扎点 S 三点位于起重机回转半径同一圆弧上（即三点共一圆弧）。吊装时，边起钩边回转臂杆，柱身随起重钩的上升及起重杆的回转绕柱脚旋转而成直立状态，然后将柱吊离地面 500mm 转向基础，将柱脚缓慢插入杯口就位（图 13-29）	用于起吊一般重 2～10t 的中、小型柱 优点：柱脚与地面无摩阻力，起重臂杆受力合理，操作简单易行，生产效率高，柱子受振小。缺点：对起重机的站点及柱子就位要求严格
	滑行法	柱子与厂房纵轴线平行排列或略作倾斜布置。柱绑扎点宜靠近杯口，并和柱基中心同在起重机的回转半径上，以便柱子吊起后稍回旋臂杆就可就位。吊装时，起重机的起重臂不转动，起重钩缓慢上升，随着柱子的升起，使柱脚沿地面向杯口滑行，并将柱子吊离地面，然后将柱缓慢插入杯口就位（图 13-30a、b）	用于就地预制条件受限制和起吊较重、较长的柱子 优点：起重机操作简单，只有一个提升过程，起重臂回转半径最小，施工较安全。缺点：场地须整平碾压坚实；对重型柱须设置托板、托木、滚杠，铺设滑行道等（图 13-30c），比较麻烦，再柱子滑行会产生不同程度振动，较易损坏柱脚
单机垂直吊装法	斜吊法	柱子斜向布置，吊索偏在柱子一侧，吊钩不超过柱顶，柱子吊起后，柱身与地面成倾斜状态，当柱子吊到杯口上，一般应用人力扶正柱脚缓慢落钩，插入杯口就位（图 13-31）。斜吊法亦采用旋转法和滑行法吊装	用于吊装较重较长的柱子，起重机起吊高度不够，无法直立起吊的情况，但绑扎点必须超过柱身三分之二的高度。 优点：柱子不需翻身即可起吊，不需较长臂杆，相对起重量大，可吊较重柱。缺点：柱呈倾斜状态，插入杯口就位较困难，需边插入边旋转起重臂落钩，操作麻烦，效率较低
	旋转行走法	柱子平行柱列布置，吊装时起重机边起钩边回转，使柱子绕柱脚旋转，而吊起离开地面 0.4～0.6m，然后向前行车，待柱子对准杯口基础中心线时，起重机停止前进，落钩将柱子插入杯口内（图 13-32）	适于吊装柱身较长、受狭窄场地约束无法布置的柱 优点：柱布置较灵活，占场地少
	行走法	柱子按需要布置在基础附近，起重机臂杆及柱子定位基本靠起重机行走和提钩，将柱员离地面缓慢插入杯口就位	适于布置困难、较长的边角柱吊装 优点：起重机基本不用旋转，柱子就位要求不严，柱脚与地面无摩擦阻力，但要求起重机行走的道路平整、坚实
	综合法	柱子按需要位置布置。吊装时，起重机根据吊装需要和可能随时提钩、回转、变幅或行走，最终达到柱子就位	适用于各种柱吊装，尤其适用于双机抬吊 优点：适用性能强，对起重机构件就位要求不严，它集中了旋转、滑行及行走方法的优点，操作灵活、适用
双机抬吊法	旋转抬吊法	柱子垂直基础纵轴线布置，使柱子的两个绑扎点与杯口中心点分别在两台起重机的回转圆弧上。起吊时，先将两台起重机同时以等速提升吊钩，使柱子离开地面 $h=a+0.2\text{m}$（a—吊点至柱脚距离）左右时，然后两台起重机的起重臂同时向杯口旋转，起重机乙只旋转而不提升吊钩，起重机甲既旋转同时缓慢提升吊钩，直至柱子成垂直状态，最后双机同时缓慢落钩，将柱子插入杯口就位（图 13—33a、b），用钢楔临时固定后脱钩	适于吊装重量较大（重 25t 以上）和不太长的柱子 优点：吊重柱不需重型起重机械，工地可自行解决 缺点：操作难度大，难以做到双机同步，易引起超载，安全性差，同时柱子布置占地面积较大
	滑行抬吊法	柱子斜向、纵向或横向布置在柱列附近，并使起吊绑扎点尽量靠近杯口，两台起重机各居一侧。起吊前将柱子翻身，并在柱根垫滚杠。起吊时，两台起重机同时提升吊钩，使柱子底部在滚杠上滑向杯口，然后回转吊臂，将柱子竖直并转 90°插入杯口就位（图 13-33c、d），用钢楔或缆风绳把柱临时固定后脱钩	适于起重量较大、柱子抗弯能力允许及起重臂不很长的情况下采用 优点：柱布置场地小，可用两台轻型起重机，费用省 缺点：亦难做到双机同步，易出现摇摆情况
	递送抬吊法	柱子呈斜向布置在轴线上，绑扎与旋转抬吊大体相同。起吊时，先将柱身平吊离开地面，然后起重机甲不动继续提升吊钩，起重机乙停止上升而向内侧旋转或适当跑车递送（图 13-34a、b），使柱子逐渐由水平转向竖直，其载荷也逐渐传至甲机吊钩上，当柱竖直后恰位于杯口上，乙机近于空载，接着将柱徐徐插入杯内就位，临时固定后脱钩	适于吊装不很重（25～35t）的柱子 优点：柱子布置方便，起吊操作较易，可解决起重机能力不足的困难 缺点：甲吊车起重能力仍需较大
三机抬吊法	滑行法	柱子平面布置、操作方法与双机滑行抬吊法基本相同。起吊时，先甲、乙双机抬吊，丙机递送，绑扎点设在柱根部，采用一点侧吊。当柱由水平转竖直位置后，丙机全部卸荷，柱重量全由甲、乙两机负担，抬吊到杯口就位（图 13-34c、d）	适于吊装重量、长度和截面特大的重型（40t 以上）柱 优点：起吊轻便迅速，可省却滑行装置，可避免滑行时柱折断或产生裂缝或损坏起重臂杆 缺点：需多台起重设备

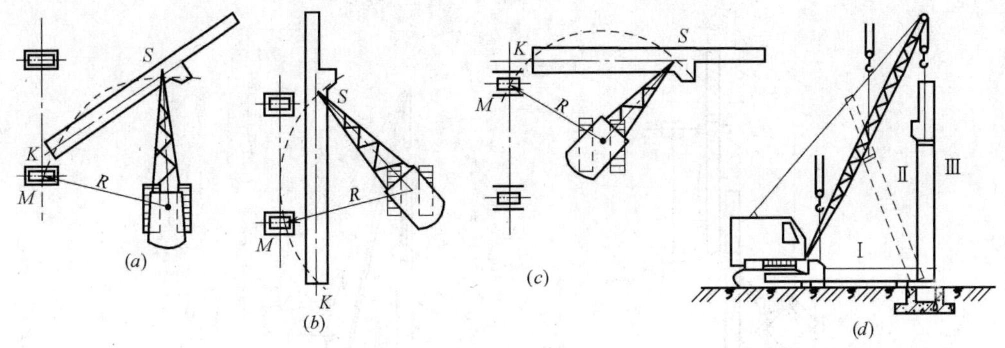

图 13-29 旋转法吊装柱子

(a)、(b)(c) 垂直旋转吊法平面布置；(d) 旋转吊装过程

Ⅰ、Ⅱ、Ⅲ—旋转顺序

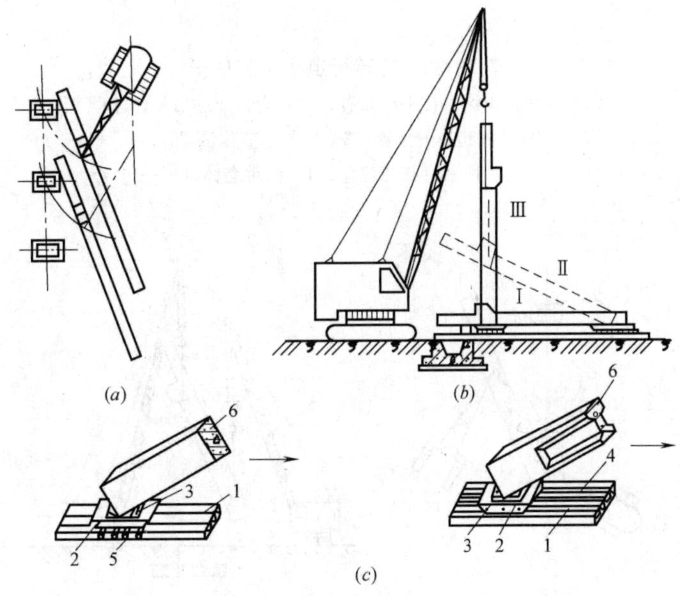

图 13-30 滑行法吊装柱子

(a) 垂直滑行吊法平面布置；(b) 滑行吊装过程；(c) 滑行道做法

1—枕木；2—托板；3—对拔楔及草垫；4—扁铁；5—滚杠；6—柱

Ⅰ、Ⅱ、Ⅲ—滑行顺序

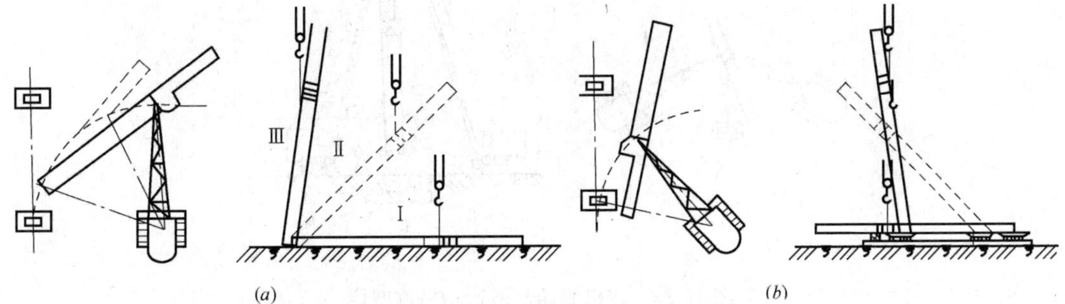

图 13-31 斜吊法吊装柱子

(a) 旋转法斜吊柱平面布置及吊装过程；(b) 滑行吊法斜吊柱平面布置及吊装过程

Ⅰ、Ⅱ、Ⅲ—旋转或滑行顺序

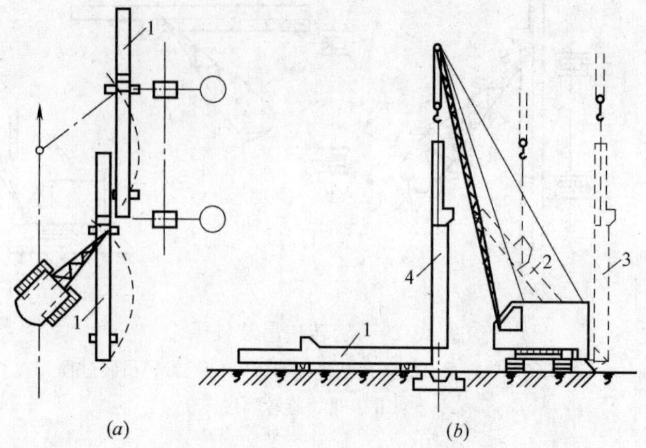

图 13-32 旋转行走法吊装柱子

(a) 旋转行走法吊柱平面布置；(b) 旋转前进吊装柱过程

1—柱起吊前位置；2—柱起吊变化位置；

3—柱垂直状态位置；4—柱对准杯口

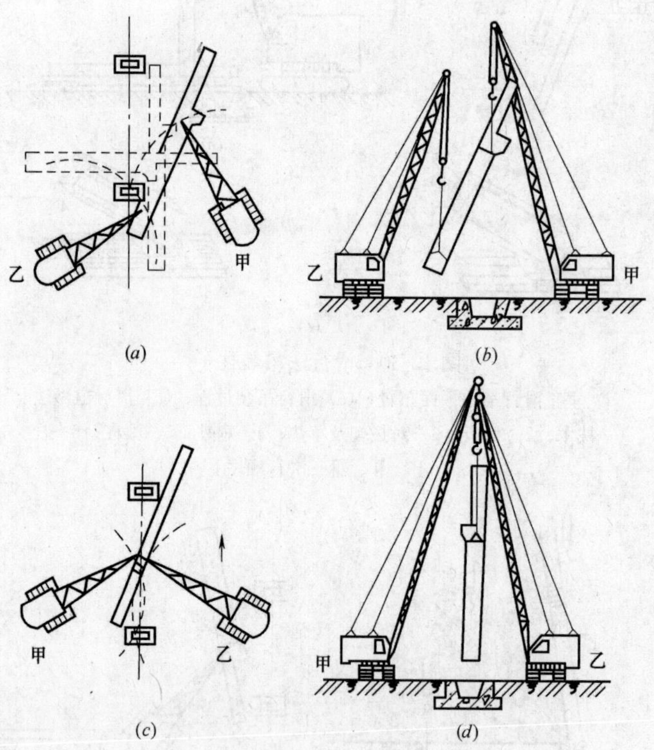

图 13-33 双机旋转与滑行抬吊重型柱

(a) 双机旋转抬吊柱平面布置；(b) 柱旋转起吊过程；

(c) 双机滑行抬吊柱平面布置；(d) 柱滑行就位过程

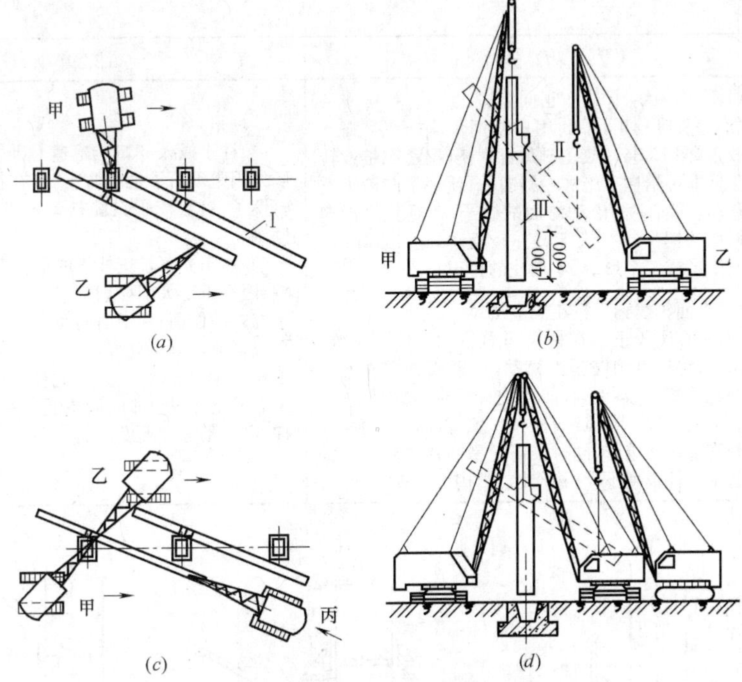

图 13-34 双机递送抬吊与三机抬吊重型柱

(a) 双机递送抬吊重型柱平面布置；(b) 柱递送抬吊就位过程；

(c) 三机抬吊柱平面布置；(d) 柱抬吊递送旋转过程

Ⅰ、Ⅱ、Ⅲ—双机递送抬吊过程

13.6.1.3 柱子校正与固定

一、柱子的校正

柱校正方法 **表 13-61**

项目	校正方法要点	注意事项
松紧楔子和用千斤顶校正法	(1)柱平面轴线校正:系在吊车脱钩前将轴线误差调整到规范允许偏差范围以内,就位后,如有微小偏差,在一侧将钢楔稍松动,另一侧打紧钢楔或敲打插入杯口内的钢钎,或用千斤顶侧向顶移纠正(图 13-35) (2)标高校正:是在柱安装前,根据柱实际尺寸(以牛腿面为准),用抹水泥砂浆或设钢垫板来校正标高,使柱牛腿标高偏差在允许范围内。如安装后还有超差,则在校正吊车梁时,调整砂浆层、垫板厚度予以纠正;如偏差过大,则将柱拔出重新安装 (3)垂直度校正:是在杯口用紧松钢楔、设小型丝杠千斤顶或小型液压千斤顶等工具,给柱身施加水平或斜向推力,使柱子绕柱脚转动来纠正偏差(图 13-35),在顶的同时,缓慢松动对面楔子,并用坚硬石子把柱脚卡牢,以防发生水平位移,校正后打紧两面的楔子。对大型柱横向垂直度的校正,可用内顶或外设卡具外顶的方法。柱子校正后灌浆前,应每边两点用小钢塞或小石子 2～3 块将柱脚卡住,以防受风力等影响转动或倾斜 (4)本法工具简单,工效高,施工文明,适用于大、中型各种形式柱的校正,被广泛采用	(1)柱校正应先校正偏差大的一面,后校正偏差小的一面,如两个面偏差数字相近,则应先校正小面,后校正大面 (2)柱在两个方向垂直度校好后,应再复查一次平面轴线和标高,如符合要求,则打紧柱四周八个楔子,使其松紧一致,以免在风力作用下向松的一面倾斜 (3)柱垂直度校正须用两台精密经纬仪观测。观测的上测点应设在柱顶;仪器架设位置应使其望远镜的旋转面与观测面尽量垂直(夹角应大于75°),以免产生测量差误

续表

<table>
<tr><th>项目</th><th>校正方法要点</th><th>注意事项</th></tr>
<tr><td>撑杆校正法</td><td>(1)平面轴线、标高校正同上法
(2)垂直度校正，系利用木或钢管撑杆在牛腿下面校正(图 13-36)，校正时敲打木楔，拉紧捯链或转动手柄即可给柱身施加一斜向力，使柱子向箭头方向移动，同时应稍松动对面的楔子，待垂直后再楔紧两面的楔子。本法工具亦较简单，适于 10m 以下的矩形或工字形中、小型柱的校正</td><td rowspan="2">(4)柱子插入杯口应迅速对准纵横轴线并在杯底处用坚硬石子把柱脚卡牢，在柱子倾斜一面敲打楔子，对面楔子只能松动不得拔出，以防柱子倾倒
(5)在阳光下校正柱子的垂直度，须考虑温差影响，因柱子受太阳照射后，阳面温度比阴面高，由于温差的作用，柱子向阴面弯曲，使柱顶部产生水平位移值，其位移数值一般为 3mm～10mm，有的细长柱达 40mm 以上，因此校正柱子垂直度宜在早晨或下午 16 时以后进行。一般长 10m 以内柱，可以不考虑温度影响</td></tr>
<tr><td>缆风绳校正法</td><td>(1)平面轴线标高校正同上法
(2)垂直度校正系在柱头四面各系 1 根缆风绳，校正时，将杯口钢楔稍微松动，拧紧或放松缆风绳上的花篮螺栓或捯链，即可使柱子向要求方向转动。本法需较多缆风绳，操作麻烦，占用场地大，常影响其他作业进行，同时校正后易回弹，影响精度，仅适用于柱长度不大，稳定性差的中、小型柱子</td></tr>
</table>

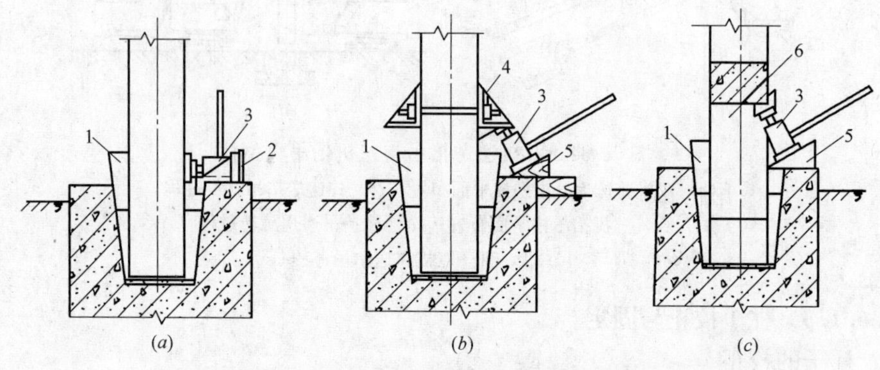

图 13-35　用千斤顶校正柱子

1—钢或木楔；2—钢顶座；3—小型液压千斤顶；4—钢卡具；5—垫木；6—柱水平肢

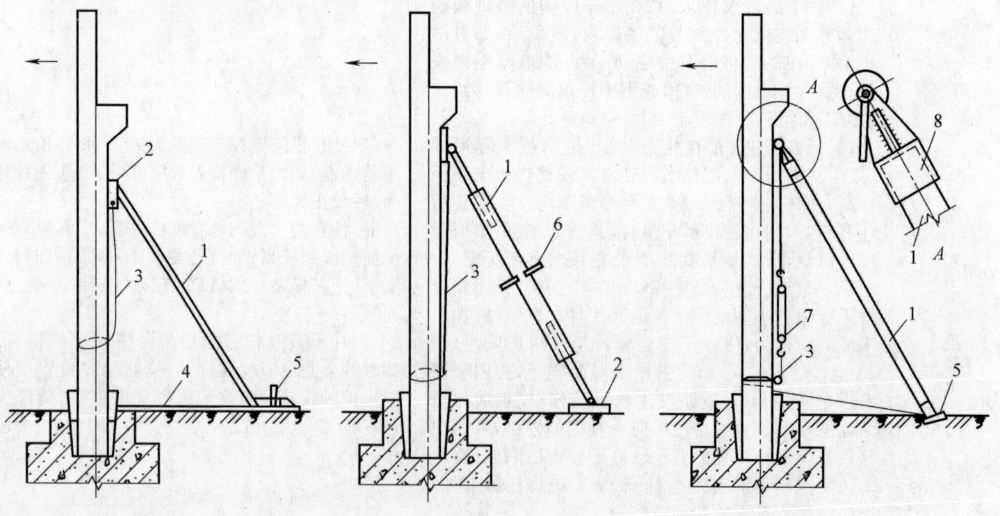

图 13-36　木或钢管撑杆校正柱子垂直度

1—木杆或钢管撑杆；2—摩擦板；3—钢丝绳；4—槽钢撑头；5—木楔或撬杠；6—转动手柄；7—捯链；8—钢套

二、柱子的固定

柱子的固定方法　　表 13-62

项目	固定简图	固定方法
临时固定方法	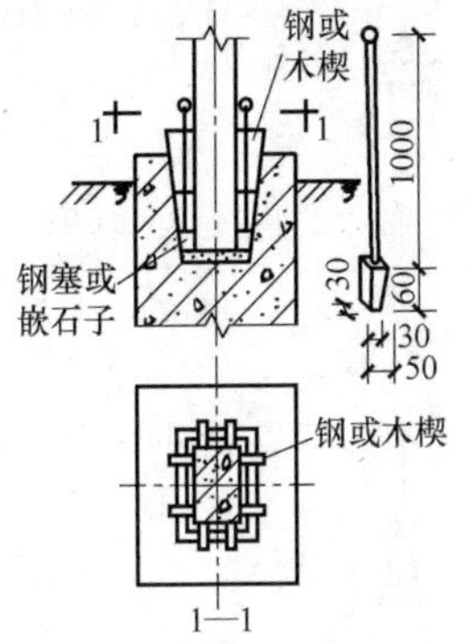	柱子就位初步校正后，即用钢（或硬木）楔临时固定。方法是当柱插入杯口，使柱身中心线对准杯口（或杯底）中心线后刹车，在柱与杯口壁之间的四周空隙，每边塞入两个钢（或硬木）楔，再将柱子落到杯底，并复查对线，接着将两侧的楔子同时打紧，在杯底两侧嵌石子或钢塞，起重机即可松绳脱钩，进行下一根柱吊装 适于重型或高 10m 以上钢长柱及杯口较浅的柱，有时还在大面两侧加缆风绳或支撑来临时固定
最后固定方法	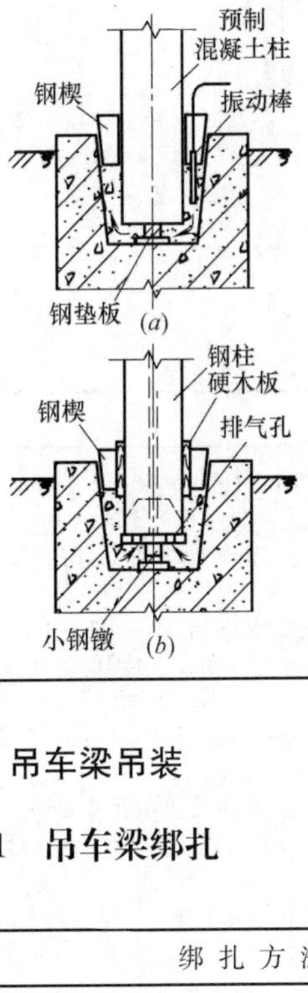	在柱子最后校正后进行，以防因刮风，钢（木）楔松动、变形和千斤顶回油等因素产生新的偏差 无垫板安装柱的固定方法，是在柱与杯口的间隙内浇灌比柱混凝土强度等级高一级的细碎石混凝土。浇灌前，清理并湿润杯口，浇灌分两次进行，第一次灌至楔子底面，待混凝土强度等级达到 25%后将楔拨出，二次灌筑到杯口平。利用缆风校正的柱子，待二次浇筑的混凝土强度达到 70%方可拆除缆风绳 有垫板安装柱（包括钢柱杯口插入式柱脚）的二次灌浆方法，通常采用赶浆法或压浆法 赶浆法是在杯口一侧灌强度等级高一级无收缩砂浆（掺水泥用量 0.03‰～0.05‰的铝粉），或细豆石混凝土，用细振动棒振捣，使砂浆从柱底另一侧挤出，待填满柱底周围约 10cm 高，接着在杯口四周均匀地灌细石混凝土至杯口一平（左图 *a*、*b*）。本法操作简单，采用较多

13.6.2 吊车梁吊装

13.6.2.1 吊车梁绑扎

吊车梁的绑扎方法　　表 13-63

项目	绑扎方法	注意事项
脱模绑扎法	平卧生产的普通吊车梁，在梁上一侧埋设吊环，挂卡环绳索脱模翻身，重型（500kN 以上）的 T 形、鱼腹式或折线形吊车梁，在顶面预埋吊环，采用 4 点或多点绑扎脱模	（1）绑扎时吊索应等长、左右绑扎点对称 （2）梁棱角边缘应衬以麻袋片、汽车废轮胎块、半边钢管或短方木护角 （3）在梁一端须拴好溜绳（拉绳），以防就位时左右摆动，碰撞柱子 （4）其他注意事项同柱绑扎方法
平吊绑扎法	一般绑扎两点。梁上设有预埋吊环的吊车梁，可用带钢钩的吊索直接钩住吊环起吊；梁自重较大的梁，应用卡环与吊环吊索相互连接在一起；梁上未设吊环的可在梁端靠近支点，用轻便吊索配合卡环绕吊车梁（或梁）下部左右对称绑扎，或用两根对折绳索，从梁两端下部兜上来绑扎（图 13-37）	

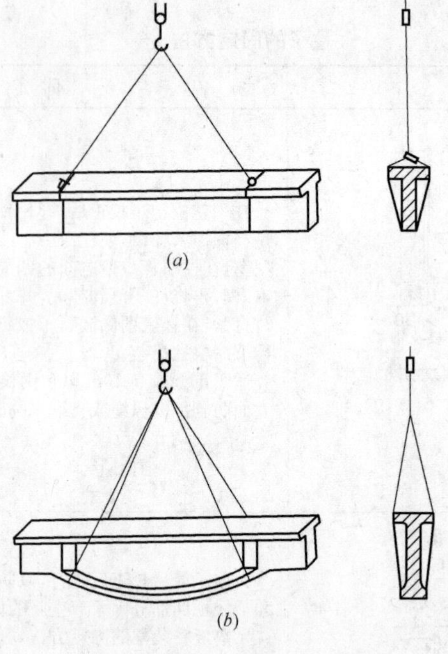

图 13-37　吊车梁的绑扎
(a) T形吊车梁的绑扎；(b) 鱼腹式吊车梁的绑扎

13.6.2.2　吊车梁吊装

吊车梁的吊装方法　表 13-64

项次	项目	吊装方法
1	起吊和就位	(1)吊车梁须在柱子最后固定、接头混凝土强度等级达到70%、柱间支撑安装后开始安装 (2)在屋盖吊装前安装吊车梁，可使用各种起重机进行。如屋盖已吊装完成，则应用短臂履带式起重机或独脚桅杆吊装，起重臂杆高度应比屋架下弦低 0.5m 以上，如无起重机，亦可在屋架端头或柱顶栓捯链安装 (3)吊车梁应布置在接近安装的位置。当梁吊至设计位置离支座面 20cm 时，用人力扶正，使梁中心线与支承面中心线(或已安相邻梁中心线)对准，并使两端搁置长度相等，然后缓慢落下，如有偏差，稍吊起用撬杠拨正，如支座不平，用斜铁片垫平 (4)当梁高度与宽度之比大于 4 时，脱钩前用 8 号铁丝将梁捆于柱上，以防倾倒
2	梁的定位校正	(1)校正应在梁全部安完、屋面构件校正并最后固定后进行。重量较大的吊车梁，亦可边安边校正，校正内容包括中心线(位移)、轴线间距(即吊车梁跨距)、标高、垂直度等。纵向位移，在就位时已校正，故校正主要为横向位移 (2)校正吊车梁中心线与吊车梁跨距时，先在吊车轨道两端的地面上，根据柱轴线放出吊车轨道轴线，用钢尺校正两轴线的距离，再用经纬仪放线、钢丝挂线锤，或在两端拉钢丝等方法校正(图 13-38)。如有偏差，用撬杠拨正。或在梁端设螺栓、液压千斤顶侧向顶正(图 13-39a)，或在柱头挂捯链将吊车梁吊起，或用杠杆将吊车梁抬起，再用撬杠配合移动拨正(图 13-40a、b) (3)吊车梁标高的校正，可将水平仪放置在厂房中部某一吊车梁上或地面上，在柱上测出一定高度的水准点，再用钢尺或样杆量出水准点至梁面铺轨需要的高度，每根梁观测两端及跨中三点，根据测定标高进行校正。校正时，用撬杠撬起或在柱头屋架上弦端头节点上挂捯链将吊车梁需垫垫板的一端吊起。重型柱可在梁一端下部用千斤顶顶起填塞铁片(图 13-39b)，在校正标高的同时，用靠尺或线锤在吊车梁的两端(鱼腹式吊车梁在跨中)测垂直度(图 13-40c)，当偏差超过规范允许偏差(一般为 5mm)时，用楔形钢板在一侧填塞纠正
3	最后固定	(1)吊车梁，校正完毕，应立即将吊车梁与柱牛腿上的埋设件焊接固定，在梁柱接头处支侧模，浇灌细石混凝土并养护 (2)预应力鱼腹式吊车梁，一般应在安装半年后进行最后固定，以防由于混凝土的徐变使梁端产生裂缝

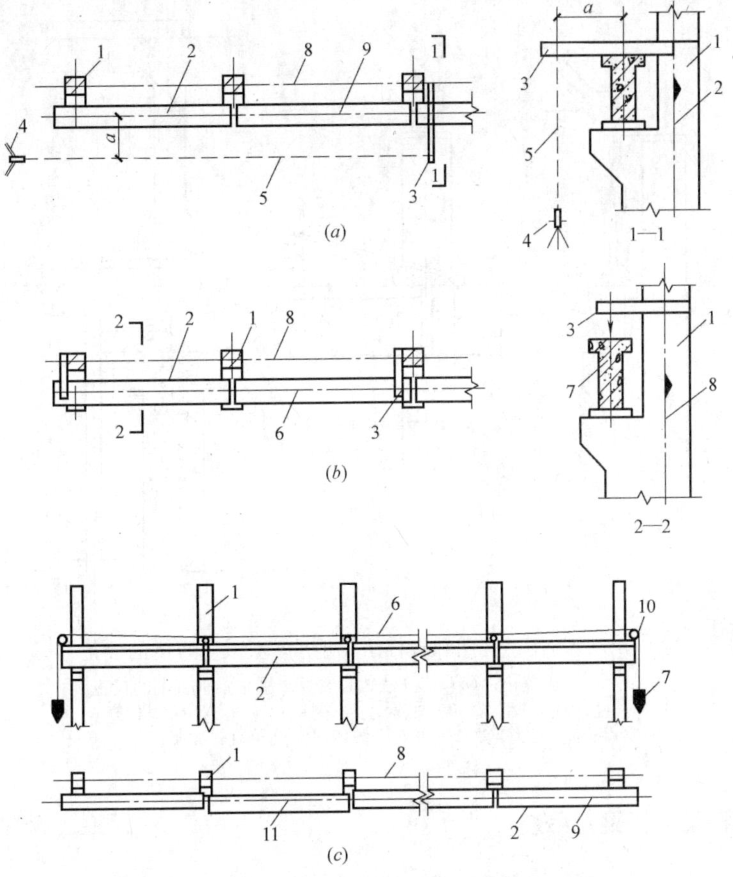

图 13-38 吊车梁轴线的校正

(*a*) 用仪器校正；(*b*) 挂线锤校正；(*c*) 挂通长铁丝校正

1—柱；2—吊车梁；3—短木尺；4—经纬仪；5—经纬仪与梁轴线平行视线；6—铁丝；7—线锤；8—柱轴线；9—吊车梁轴线；10—钢管或圆钢；11—偏离中心线的吊车梁

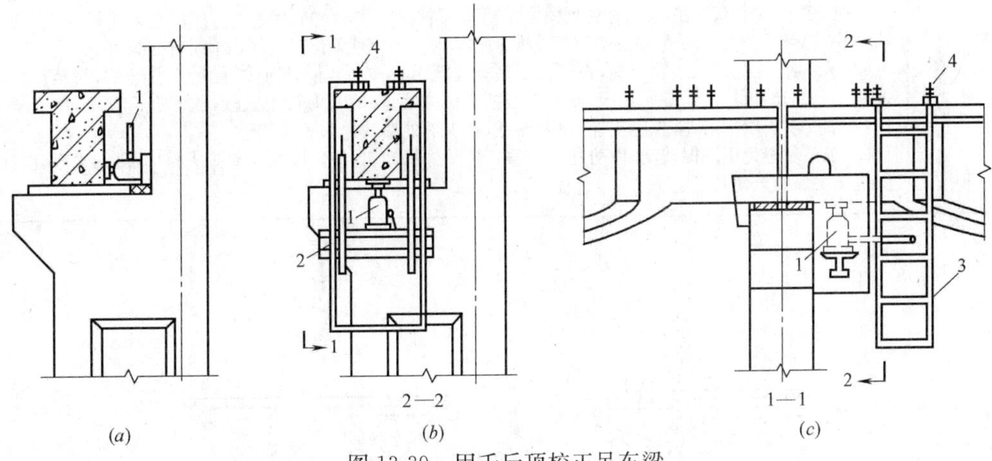

图 13-39 用千斤顶校正吊车梁

(*a*) 用千斤顶侧向校正；(*b*) 用液压千斤顶校正垂直度

1—小型液压或螺栓千斤顶；2—钢托架；3—钢爬梯；4—螺栓

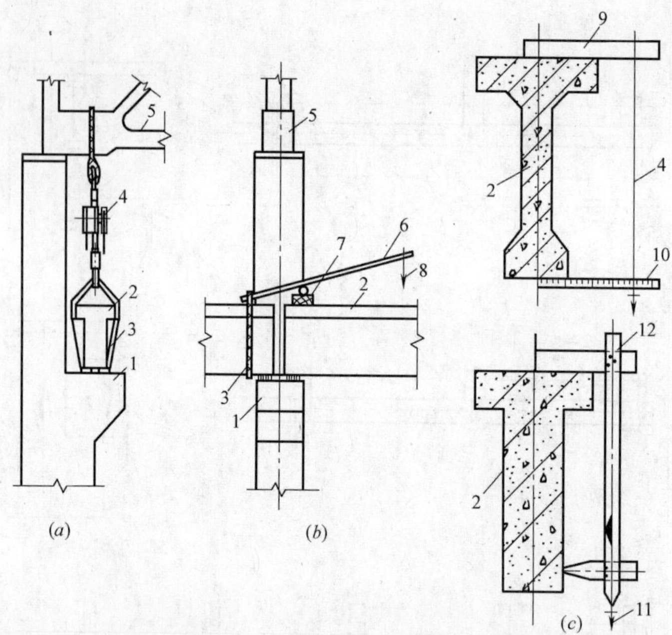

图 13-40 用悬挂法和杠杆法校正吊车梁及垂直度的校正

(a) 悬挂法校正；(b) 杠杆法校正；(c) 吊车染垂直度的校正

1—柱；2—吊车梁；3—吊索；4—捯链；5—屋架；6—杠杆；7—支点；8—着力点；9—水平尺；10—钢尺；11—线坠；12—靠尺

13.6.3 托架（托梁）吊装

托架（梁）的绑扎与吊装方法 表 13-65

项次	项目	方法要点
1	绑方扎法	12m,18m柱网或不对称柱网,一般在柱头上设托架支承屋架,其吊装多采取一点或两点绑扎(图 13-41),两端吊索长度应保持一致,另设牵引绳,防止摇摆,保持起吊平稳
2	吊装方法	(1)一般采取分件流水吊装法,在柱列固定(或吊车梁柱间支撑安装)后接着进行,用1台起重机按柱列由一端向另一端顺序进行。吊装前,柱头应搭设临时操作小平台,以便就位对正,焊接固定和卸除吊索 (2)吊装时,在托架两端拴溜绳,先将托架吊离地面50cm左右,使其对中,然后缓慢升钩,吊至柱顶以上0.3～0.5m,再拉溜绳旋转托架,使其对准柱头缓慢落钩,用人力扶正就位,随即进行校正,使支承平稳,两端支承长度相当,垂直度正确,如有偏差,在支承处垫铁片和砂浆调整 (3)校正时避免用铁棍撬动,以防柱头偏移。校正好后卸钩,最后按柱列支接头模板,清扫干净、湿润、浇筑接头混凝土使其固定

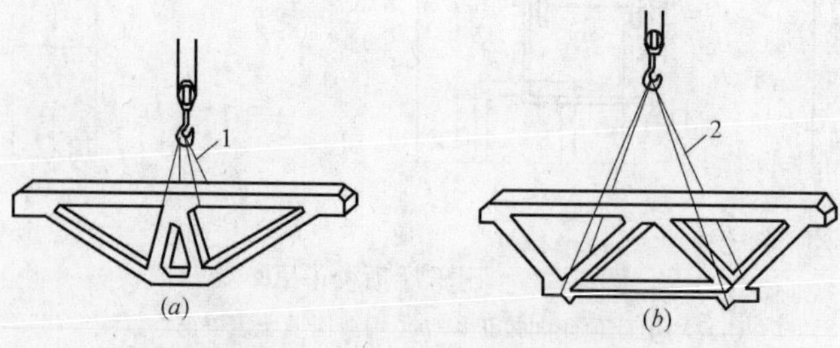

图 13-41 12m 预应力混凝土托架的绑扎

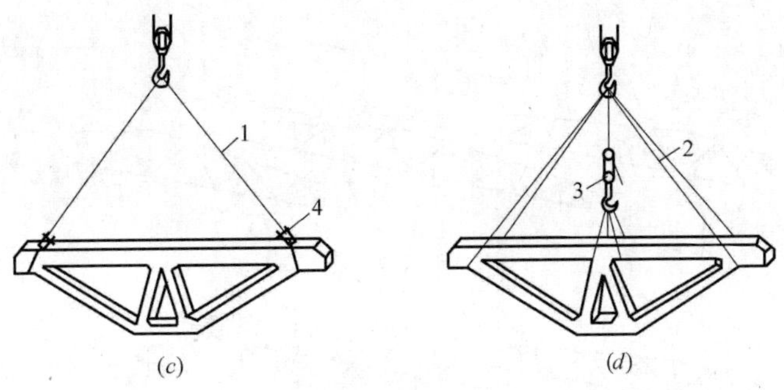

图 13-41 12m 预应力混凝土托架的绑扎（续）

(a) 一点绑扎；(b) 两点绑扎在托架下弦上；(c) 两点绑扎在托架端头上；(d) 两点绑扎，另在中间设辅助吊索

1—吊索；2—对折吊索；3—捯链；4—卡环

13.6.4 屋盖系统构件吊装

13.6.4.1 屋架预制布置与吊装排放

屋架预制吊装的现场布置排放方法 表 13-66

名称		布置排放方式	注意事项
屋架预制的布置	斜向布置法	屋架在厂房跨内平卧斜向布置（图 13-42a），采取叠浇，每叠 3～4 榀，由于屋架大多采用后张预应力施工工艺，布置时要考虑抽芯、穿预应力筋、张拉灌浆等操作所需场地。 本法便于屋架的扶直和排放，应用较多	(1)屋架采取在跨内平卧重叠预制时，平面布置除需考虑屋架制作、抽芯、张拉灌浆的操作场地外，还应考虑起重机的行走路线、屋架的翻身、排放及其吊装的先后顺序和场地 (2)重叠堆放的构件应编出上、下顺序，先扶正吊装的屋架，应放在上面，后吊装的放在下面，以避免造成不必要的倒钩 (3)注意屋架吊装就位时端头的朝向，使其与吊装朝向一致，以省去大跨度屋架调头的困难 (4)屋架排放场地平整，支座处地基坚实；雨季施工应有排水措施 (5)屋架稳定要求支撑必须支设牢固，以防一榀屋架失稳倾斜，而引起连锁倒排事故
	正反斜向布置法	屋架在跨内平卧正反向布置如图 13-42(b)，采取叠浇，每叠 3～4 榀，在屋架两端留出抽芯穿筋所必需的最小距离，一般为 $l/2+3$m（l—屋架跨度，下同）	
	正反纵向布置法	在跨内平卧正反纵向布置如图 13-42(c)，采取重叠预制，每叠 3～4 榀，在屋架两端预留出 $l/2+3$m，以便抽芯和穿筋	
	相对向布置法	在跨内平卧相对向布置如图 13-42(d)，采取重叠预制，每叠 2～3 榀，两叠相距 1m，以保证操作。本法预制较集中，但翻身扶直困难一些，需要较大场地	
屋架吊装的排放	斜向排放法	屋架排放与柱列呈一角度（一般为 130°左右），（图 13-43a、b）。优点在于屋架起吊后与安装中心同在一回转半径上，操作简单、易行，工效高，但屋架排放时，为满足其稳定性要求，每榀屋架都需两个支座及多道人字杆加扫地杆支撑，需大量枕木和支杆材料，同时对排放场地要求较严，加固操作麻烦，稳定性较差。 适于构件起吊后起重机不能行走，如轮胎式（或汽车式）起重机或履带式起重机在接近满负荷状态下的吊装	
	成组纵向（平行）排放法	屋架排放与柱列平行，一般靠柱边成组（4～5 榀为一组）纵向排放（图 13-43c、d）。优点是屋架成组排放并与已安装好的柱子相连，稳定性好，现场占地面积小，共用一个枕木支座，节省支撑材料和人工，操作简便；但各排屋架起吊点不能全部满足与吊装就位处于同一回转半径上，起重机要稍作负荷行走和变幅，对起重机的性能要求严格。 适于履带式起重机在正常负荷条件下，或汽车式（轮胎式）起重机在一定的回转半径内能完成 4 榀屋架在同一起吊点的吊装作业的情况下使用	
	横向排放法	屋架排放与柱列轴线垂直。 适于最后几榀屋架在受场地限制无法进行斜向或纵向排放时采用	

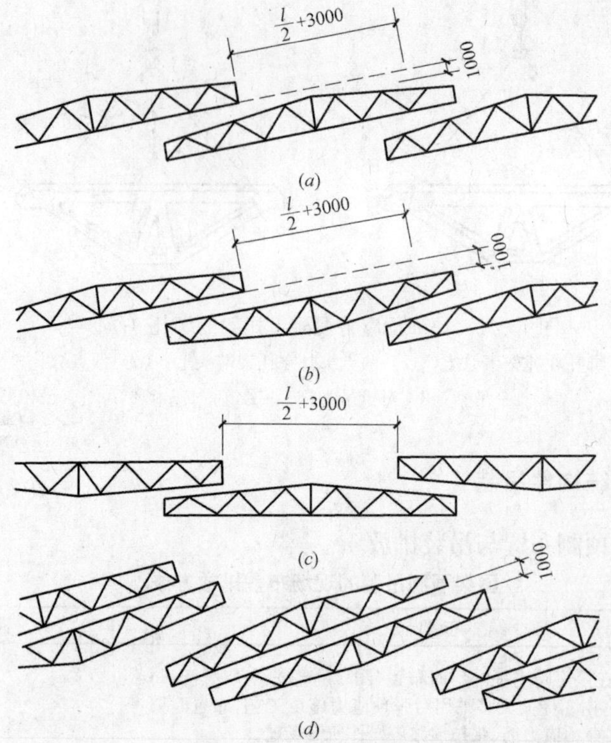

图 13-42　屋架预制的布置方式

(a) 斜向布置法；(b) 正向斜向布置法；(c) 正反纵向布置法；(d) 相对向布置法

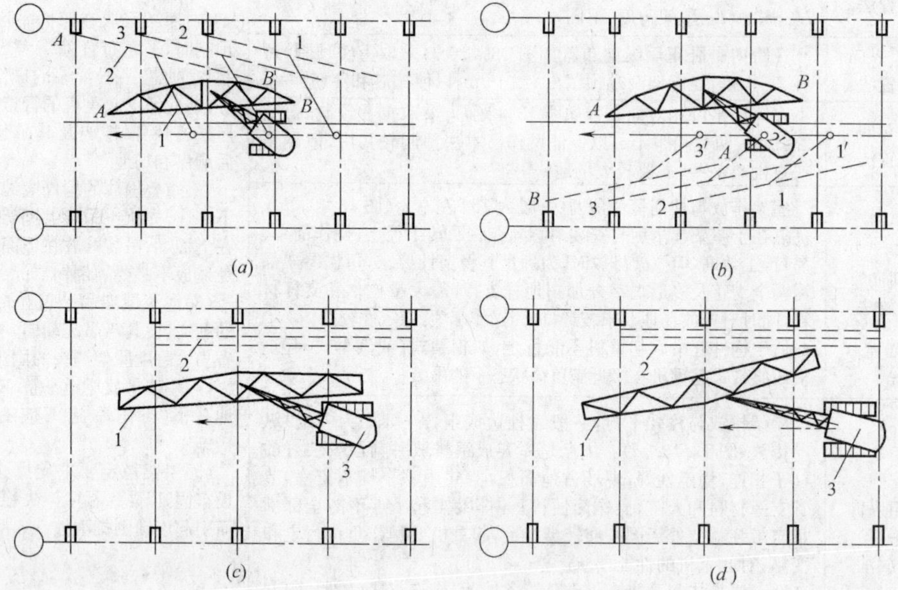

图 13-43　屋架吊装的排放

(a) 斜向同侧排放法；(b) 斜向异侧排放法；(c) 正向扶直纵向排放法；(d) 反向扶直纵向排放法

1—屋架叠层预制的位置；2—屋架就位排放的位置；3—起重机

1、2、3—屋架叠层预制顺序；1′、2′、3′—起重机停放的位置

13.6.4.2　屋盖构件绑扎

屋盖构件的绑扎方法　　**表 13-67**

<table>
<tr><th>项目</th><th>绑扎方法</th><th>注意事项</th></tr>
<tr><td>屋架及大跨度立体桁架网片</td><td>(1)屋架翻身扶直，可根据侧向刚度情况，采用3点、4点或多点绑扎使其受力均匀
(2)屋架起吊，可根据屋架的跨度、安装高度及起重机的起重臂长确定。一般跨度小于18m的屋架；采用2点绑扎，跨度为18～30m的屋架，采用4点绑扎或2点绑扎另加1根辅助吊索(图13-44a、b、c)，以避免倾斜摇摆，但起吊时，辅助吊索只需稍微收紧，以免损伤屋架；跨度30m以上的屋架，采用4点或多点绑扎(图13-45a、b)。吊点一般左右对称绑扎在上弦节点处或靠近接点处
(3)当起重臂杆长度不够，或对上弦不宜受压弯的组合屋架，尚应采用带横吊梁的吊索起吊(图13-45c、d)，以降低吊装高度和减少吊索时屋架上弦的轴向压力，避免屋架产生过大的侧向弯曲
(4)在特殊情况下，因起重机的起重臂长度所限，无法满足起吊要求时，可选用下弦节点做吊点(图13-44d)，但中间两个节点仍应设在上弦节点上，以防屋架起吊后倾覆
(5)跨度30、33、36(m)预应力混凝土屋架，采用双机抬吊时，可采取4点或6点绑扎(图13-46)</td><td rowspan="4">(1)构件的绑扎，要求在脱模、翻身、移动、起吊和就位过程中，不发生永久变形，不倾翻、不晃动，构件的表面不出现裂缝，绳索和卡环不脱落，牢固可靠，并且绳索受力合理，绑扎方便，便于安装，易拆、易脱钩，确保起吊安全
(2)绑扎方法和绑扎位置和点数，应根据构件形状、跨度、长度、截面尺寸、重量、配筋状况、起重机性能、采用的吊具、选用的脱模、吊装方法及现场具体情况等来定
(3)为防止起吊过程中轴向力过大而引起屋架、梁等的过大侧向弯曲，甚至折断，绳索高度一般宜为屋架屋面梁构件最大高度的1.5倍以上，如起重机起重臂升起的高度允许，其绳索高度越高越好
(4)当屋架利用吊环翻身，为防止吊环断裂，损坏构件，宜先利用吊环脱模，待屋架上弦抬起200mm后，穿入钢丝绳用大绑法将屋架吊点绑扎，然后再放下，进行翻身扶直
(5)绑扎时，吊钩与屋架中心应处在同一铅垂线上，吊索与水平线的夹角：翻身扶直屋架时，不宜小于60°；吊装时不宜小于45°；当2根吊索之间形成的水平夹角小于60°时，可选用2个绑扎点；若水平夹角在45°～60°之间时，可先用3个或4个绑扎点，使起吊后保持平稳、不晃动、不倾翻，不使其受扭和挠曲，亦不得出现急牵或冲击起吊情况
(6)翻身扶直之前，应在二端支座处搭设牢靠的道木垛，其高度应与翻身屋架底部一平或略低200mm
(7)屋架、屋面梁、天窗架等侧向刚度差的构件，应在横方向设置1～2道杉木杆进行临时加固(翻身扶直时主要加固上弦，必须通长绑扎至屋架的端头)，并在构件两端加绑溜绳，以控制屋架转动和使其准确就位</td></tr>
<tr><td>屋面梁</td><td>屋面梁多采用两点绑扎，对12m以上跨度的双坡屋面梁多采用2点或4点绑扎(图13-47)，或采用横吊梁2点或4点绑扎</td></tr>
<tr><td>天窗架</td><td>6m跨钢筋混凝土或钢天窗架，一般采用两点绑扎；9m跨天窗架多采用4点对称绑扎(图13-48)，为防起吊后扭曲，应绑扎两道横杆加固</td></tr>
<tr><td>屋面板及板类构件</td><td>(1)屋面板一般设有吊环，可用带吊钩的4肢吊索起吊(图13-49a)，但应注意使各根吊索长短一致，使其受力均匀
(2)当起重机的起重量大，起重臂杆长度足够时，可用型钢吊架或横吊梁，采取一钩多吊，一次吊2～6块(图13-49b、c)，以发挥起重机效率
(3)对于异形截面构件如雨罩板、天沟板、沿口板等，可采用对折吊索，从板底兜起两点起吊或在板肋上预埋吊环，采用两点另加辅助平衡吊索3点绑扎起吊，使吊钩通过构件重心线而平稳起吊(图13-50)，以保证构件起吊后平稳
(4)对不设吊环的大型空心板，用兜索起吊</td></tr>
</table>

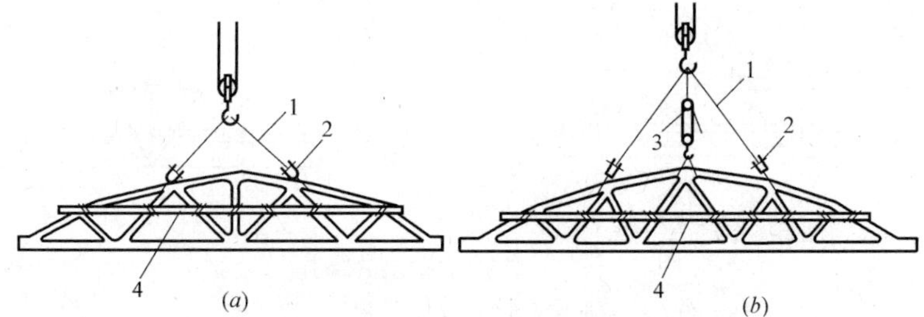

图13-44　屋架两点绑扎

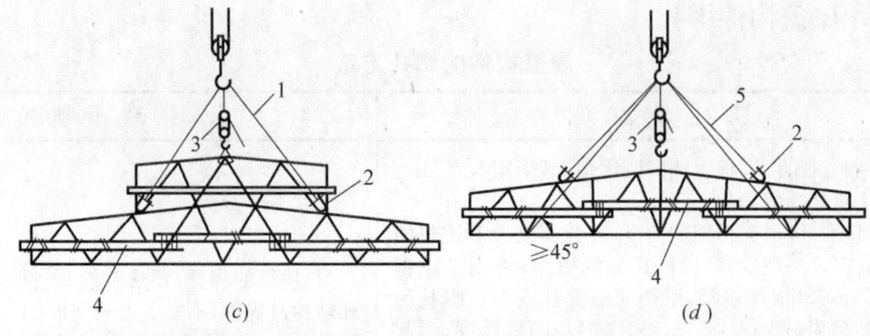

图 13-44　屋架两点绑扎（续）

(a) 18m 屋架绑扎；(b) 24mm、30mm 屋架绑扎；(c) 30mm、33mm、36mm 钢屋架绑扎；(d) 在屋架下弦设吊索绑扎

1—吊索；2—卡环；3—捯链；4—脚手杆加固，铁丝绑扎；5—长吊索对折

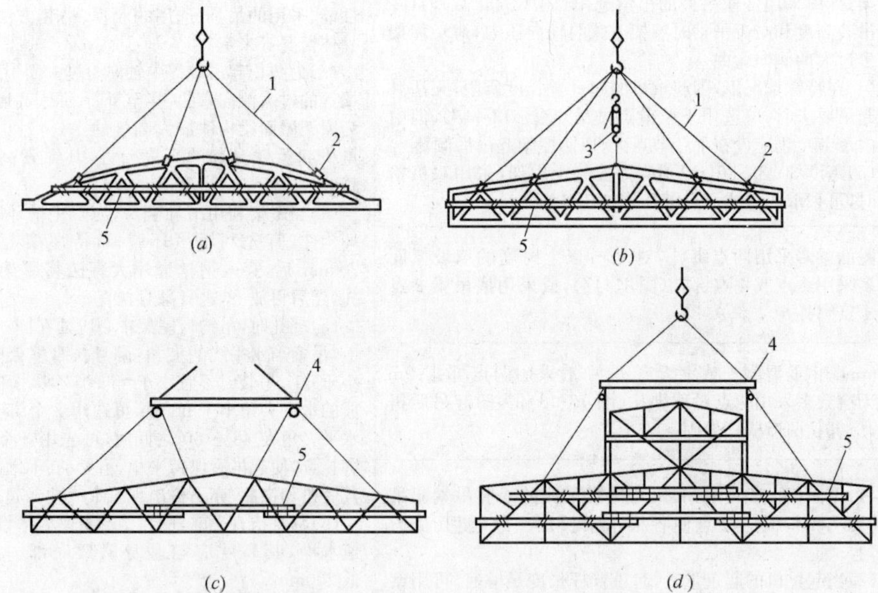

图 13-45　屋架四点绑扎

(a) 24m、30m 屋架绑扎；(b) 33m 屋架绑扎；(c) 30m、36m 屋架或钢屋架用横吊梁 4 点绑扎；(d) 带天窗架钢屋架用横吊梁 4 点绑扎

1—吊索；2—卡环；3—捯链；4—横吊梁；5—脚手杆铁丝绑扎

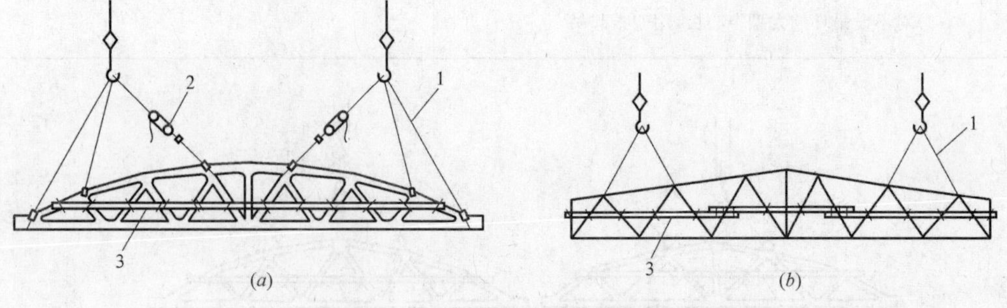

图 13-46　双机抬吊屋架的绑扎

(a) 30m 屋架两点绑扎；(b) 36m 屋架三点绑扎

1—吊索对折使用；2—捯链；3—脚手杆加固，用铁丝绑扎

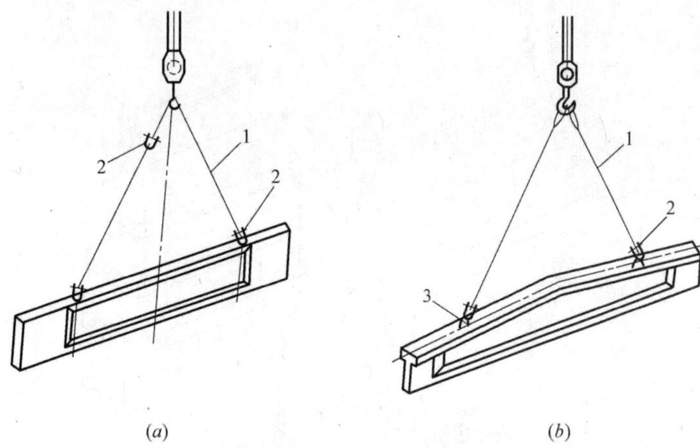

图 13-47　屋面梁的绑扎

(a) 6m、9m 屋面梁绑扎；(b) 12m、15m、18m 屋面梁绑扎

1—吊索；2—卡环；3—吊环

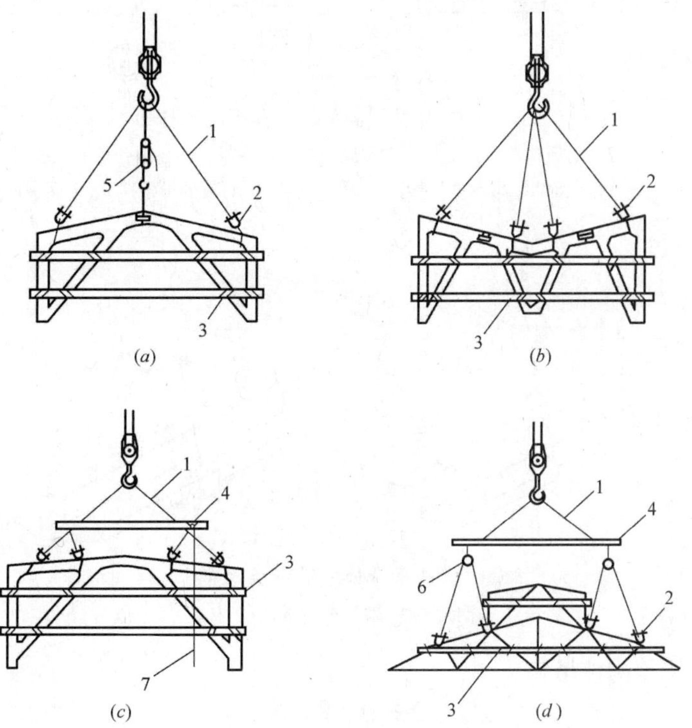

图 13-48　天窗架的绑扎

(a) 6m 天窗架两点绑扎；(b) 6m 天窗架用横吊梁 4 点绑扎；

(c) 9m 天窗架 4 点绑扎；(d) 天窗架拼装，在屋架上 4 点绑扎

1—吊索；2—卡环；3—脚手杆用铁丝绑扎；

4—横吊梁；5—捯链；6—滑车；7—单榀重心线

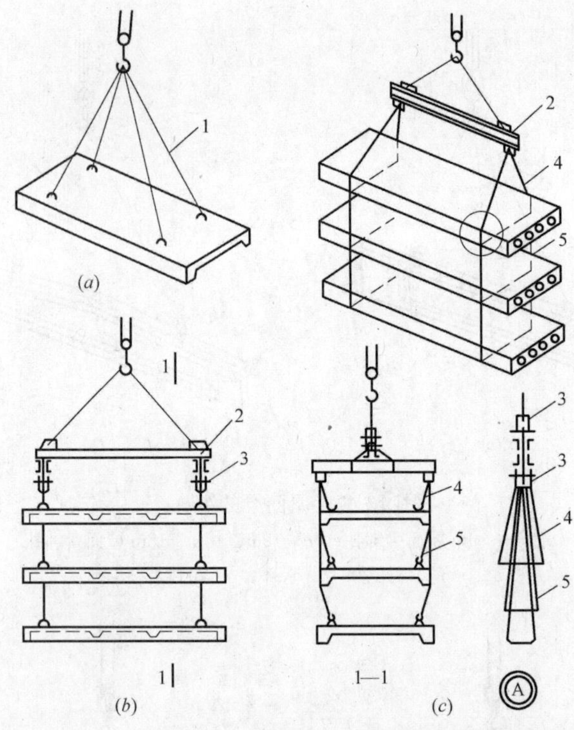

图 13-49　大型屋面板、圆孔板的钩挂

(a) 大型屋面板单块钩挂；(b) 大型屋面板一钩多吊；(c) 圆孔板一钩多吊

1—带钩吊索；2—型钢吊架或横吊梁；3—卡环；4—上面板的吊索；5—下面板的吊索

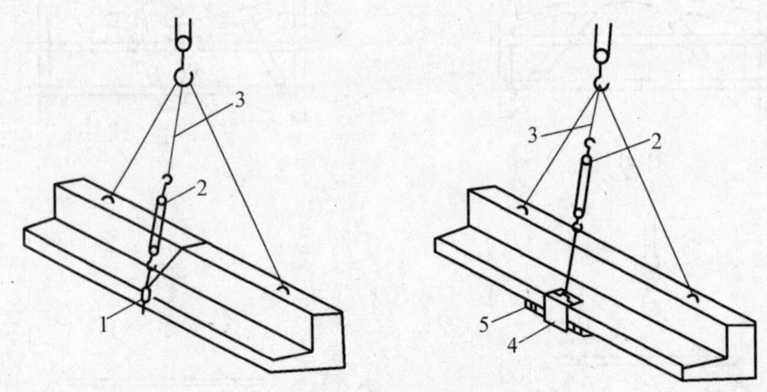

图 13-50　雨罩板或沿口板的绑扎

1—卡环；2—捯链；3—辅助平衡索；4—卡具；5—垫木

13.6.4.3　屋盖构件吊装

屋盖的吊装方法　**表 13-68**

项次	项目	吊装方法要点
1	吊装顺序与布置	(1)屋盖构件吊装，包括屋架(或屋面梁)、屋架上下弦水平和垂直支撑、天沟板和屋面板等。带有天窗的屋盖还有天窗架、天窗架间垂直和水平支撑、天窗上挡板和天窗侧板等 (2)屋盖吊装多采用综合吊装法，即一节间一节间的吊装。吊装前，柱头以下的构件如走道板、柱间支撑、柱头系杆应全部吊装完成。单层工业厂房屋盖一般吊装顺序如图 13-51 所示 (3)屋盖构件的类型较多，现场堆放应根据现场场地条件、起重机的性能、吊装方法和顺序等进行周密布置，屋架在吊装前按布置先扶直就位。亦可采取分阶段布置，边运边吊的方式。图 13-52、图 13-53 为几种跨度屋盖构件吊装布置方式

续表

项次	项目	吊装方法要点
2	屋架(屋面梁)的吊装	(1)屋架的吊装可用各种类型起重机或桅杆等来进行,在选择型号时,除满足屋架、天窗架的吊装外,还应满足天窗架上中间及屋面边缘的屋面板的要求 (2)屋架吊装方法多用旋转法,即将屋架从排放位置垂直平缓吊起,离柱顶20～30cm,再转向柱头安装位置(图13-54),用撬棍使屋架端头中心与柱头中心对准,然后徐徐落在柱头上,与此同时,用线坠、卡尺或经纬仪进行垂直度校正。如屋架偏斜,可前后移动起重机使其垂直,如支承端有空隙,应用楔形钢垫板填塞 (3)当厂房跨度大,屋架重,起重量不足时,可采用双机抬吊屋架,常用的为一机回转,一机抬吊,即屋架立放在跨中,两台起重机一前一后停在屋架的两侧共同将屋架吊起,待吊离地面1.5m时,后机将屋架端部从起重机一侧转向另一侧,然后双机同时升钩,将屋架吊至高空,最后前机旋转起重臂,后机则高空重载行驶,同时递送屋架至安装位置就位(图13-55*a*),如布置不便,亦可将屋架布置在跨内一侧,采用双机跑吊安装就位(图13-55*b*),此时双机均应长距离载重行驶,安全性较前法差 (4)第一榀屋架就位和校正后,应用缆风绳或脚手杆或固定在抗风柱上临时固定,以防倾覆,并进行定位焊接。第二榀及其以后的屋架,则可用杉杆绑扎固定,或用工具式校正器支撑(图13-56),与已安屋架连接固定,并以此来校正垂直度 (5)屋架临时固定后,即可脱钩,并随即安装支撑系统。支撑安装顺序一般先垂直支撑,后水平支撑,以保证屋架稳定。对大跨度屋架,经校正器临时固定后,随即进行最后焊接固定,焊接应在屋架两端对角线同时施焊,当焊完全部焊缝一半,即可脱钩
3	天窗架的吊装	(1)天窗架与屋架分别吊装时,天窗架应待该榀屋架上的屋面板安装完毕后进行。第一榀天窗架用缆风绳或撑木临时固定在已安屋面板上并校正;第二榀以后,可前后移动起重机来校正,并绑杉杆临时固定,同时上支撑系统,亦可在天窗架两侧立柱中部各安装一根工具式校正器,临时固定和校正,然后脱钩焊接固定 (2)当起重机臂杆和起重量满足要求时,可在地面将天窗架预先拼装在屋架上,并绑竖向木杆加固,与屋架一起吊装,这样,可减少高空作业,加快吊装速度
4	屋面板的吊装	(1)屋面板可用起重机、台灵桅杆等来进行吊装。安装次序一般由两侧檐头开始向屋脊对称进行 (2)安装时,屋面板按照安装线一次放好就位,使两端搭接长度和空隙均匀,支承处如有空隙,微微吊起,用铁片垫塞后,再放下卸钩,并立即电焊固定(每块板与屋架上弦至少焊三点,焊缝长度不少于60mm)以保屋盖的纵向稳定

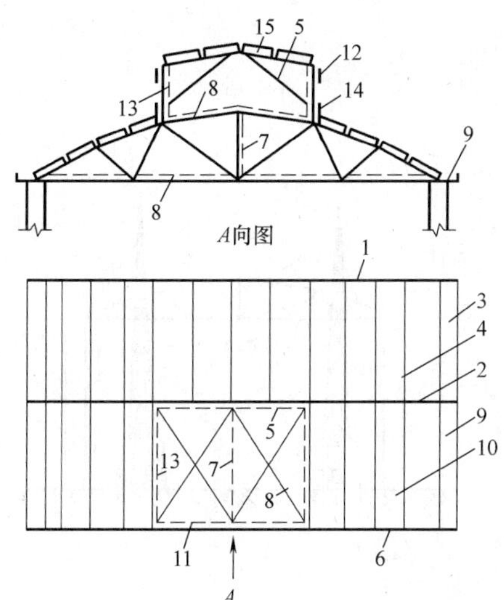

图13-51 屋盖构件吊装顺序

1—第一榀屋架;2—第二榀屋架;3—天沟板;4—第一间屋面板(全部);5—第一榀天窗架;6—第三榀屋架;7—屋面垂直支撑;8—屋架水平支撑;9—第二节间天窗板;10—第二节间屋面板(全部);11—第二榀天窗架;12—天窗上挡(或天沟板);13—天窗垂直支撑;14—天窗侧板;15—天窗架屋面板

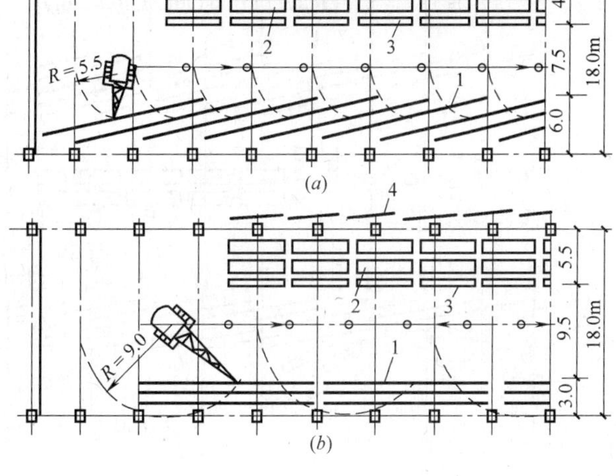

图13-52 18m跨屋盖构件布置

(*a*) 用 W_1—50型起重机吊装;(*b*) 用 W_1—100型起重机吊装
1—屋架;2—屋面板;3—天窗侧板;4—天窗架

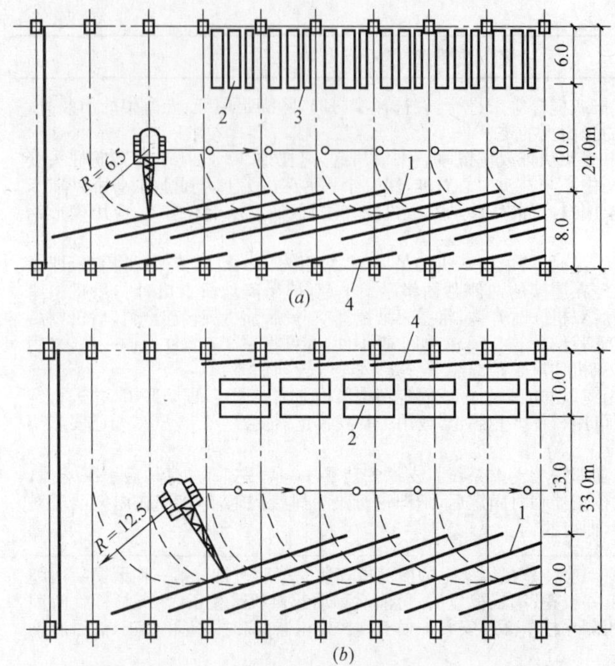

图 13-53　24m、33m 跨屋盖构件布置

（a）24m 跨屋盖构件布置；（b）33m 跨屋盖构件布置

1—屋架；2—屋面板；3—天窗侧板及支撑；4—天窗架

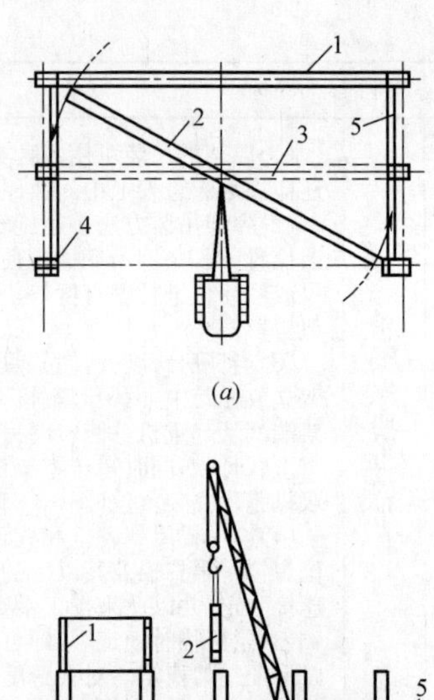

图 13-54　屋架的吊装就位

（a）升钩时屋架对准安装中心；

（b）安装就位情况

1—已吊装的屋架；2—正吊装的屋架；

3—正吊装屋架的安装位置；4—柱；5—吊车梁

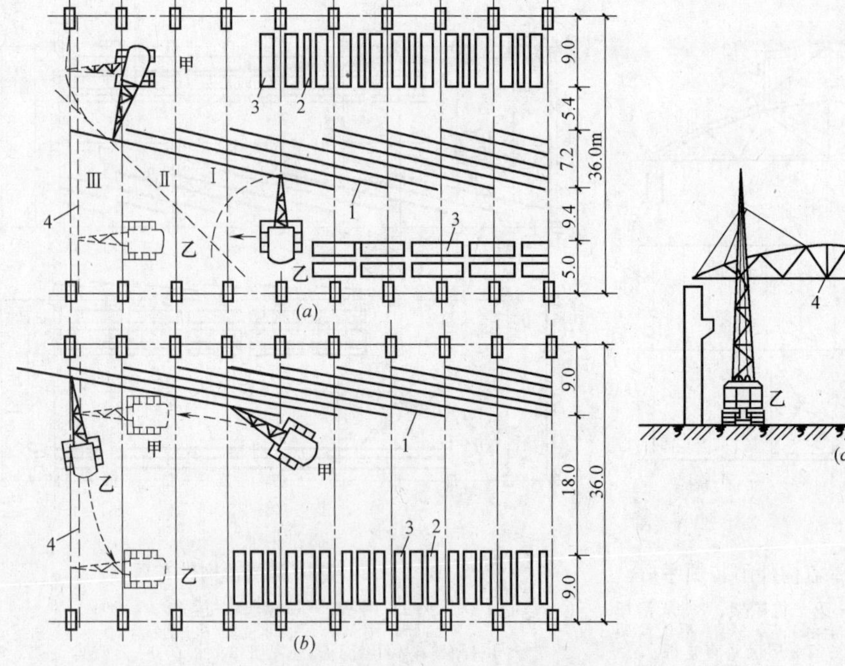

图 13-55　双机抬吊安装屋架

（a）一机回转、一机跑吊的构件平面布置；（b）双机跑吊构件平面布置；（c）双机吊装屋架

1—准备起吊的屋架；2—支撑构件；3—屋面板；4—准备就位的屋架

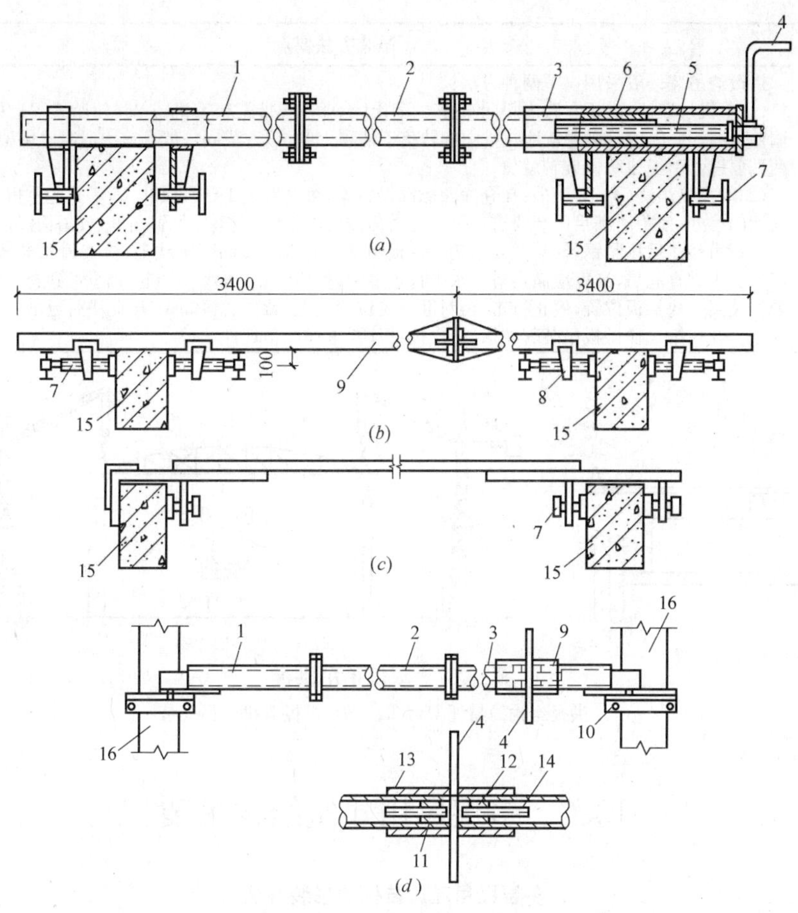

图 13-56 工具式校正器校正和临时固定屋架、天窗架

(a)、(b) 工具式校正器校正固定；(c)、(d) 简易校正器校正固定

1—首节；2—中节；3—尾节；4—摇把；5—尾节螺杆；6—套管卡子；
7—调节螺栓；8—撑脚；9—钢管；10—夹箍；11—左旋螺母；12—右旋螺母；
13—套管；14—倒顺螺杆；15—屋架上弦；16—天窗架立柱

13.6.4.4 拱板屋盖吊装

拱板屋盖吊装方法 表 13-69

项次	项目	吊装方法要点
1	组成与应用	(1)拱板屋盖是采用二次抛物线薄板非预应力拱板一种构件，沿建筑物纵向排列而成。拱板跨度一般为18～24m，高度 1.8～2.0m，每榀宽 1.19～1.98m，上下弦板采用 C40 混凝土，厚度为 50mm 和40mm，中间设隔板和钢筋斜拉杆 (2)拱板屋盖集屋架、屋面板与支撑系统于一体，具有构件规格、类型、数量少，吊装方便、快速，重量轻，隔热防寒性能好，造价较低等优点。适用于各类单层仓库屋盖
2	拱板运输	(1)拱板一般在预制场制作，其强度达到设计强度标准值的 100%始可运输和吊装 (2)为防止拱板在运输过程中变形、损坏，一般采用自制简易托架台车(图 13-75a)装车，用汽车或拖拉机牵引运输到施工现场排放或吊装

续表

项次	项目	吊装方法要点
3	吊装工艺方法	拱板的吊装一般采用以下两种方法： (1)单机吊装法：拱板在跨内斜向布置。采用1台15t履带式起重机或25t轮胎式起重机垂直起吊至墙壁顶高50cm，然后机身就地在空中旋转落于墙顶上就位，方法同一般预应力混凝土屋架吊装，在拱板两端要设牵引绳使缓慢旋转就位 (2)双机抬吊法(图13-57*b*)：在仓库两侧铺设轨道，每侧安装1台红旗Ⅱ-16塔式起重机。拱板运输到仓库山墙处，使距离满足吊装要求。吊装时塔吊按要求就位，调整好吊臂角度，放吊钩绳，用卡环连接两端拱板吊环然后拉紧钢丝绳，并使吊钩与拱板两吊环的重心在同一垂线上；检查绑扎牢靠后，方能开始起吊。先垂直起吊，高度应满足塔吊水平行走要求，然后停止，再水平行走，直至走到仓库的另一个山墙处安装第一块拱板位置，停止行走，再对准安装位置放绳，就位后再卸钩，按此法后退吊装直至全部吊完为止。并在第二块拱板吊装就位后，依次按设计要求焊好预埋件

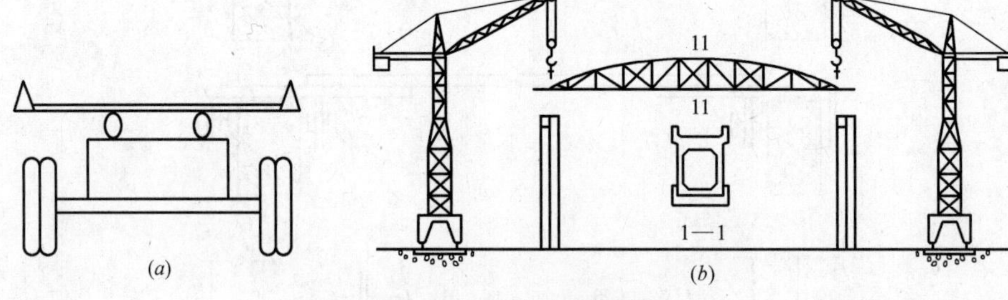

图13-57　双机抬吊拱板

(*a*) 拱板运输简易托架台车；(*b*) 拱板双机台吊安装

13.7　多层民用建筑结构吊装

多层民用建筑结构的吊装方法　　表13-70

项目	吊装方法要点	注意事项
吊装机具与顺序	(1)多层民用建筑结构的吊装主要为楼面和屋面，构件多用圆孔板或槽形板，或配以过梁、开间梁、阳台、楼梯等预制构件 (2)吊装机具一般多用2～6t轻型塔式起重机、龙门式提升机、井架式提升机(带悬臂吊杆)，或独脚桅杆(悬臂式桅杆或人字桅杆)配以杠杆小车安装 (3)楼板(屋面，下同)的安装顺序采用塔式起重机，一般从房屋一端向另一端一间一间地铺设，采用龙门式提升机、井架式提升机以及各种桅杆进行安装，多从中间开始向两端一间一间地铺设，以便利用已铺好的楼面作为运输操作平台	(1)吊运板时，要按规定设置吊点和支垫点，吊索应对称设置，使其均匀平稳，防止板因悬臂过大，受力不匀，而产生裂缝。对已有横向裂缝的板不得使用 (2)圆孔板安装前，应将板两端孔洞用MU10砖；或C10混凝土块，用M5砂浆堵砌好，其长度应为1/2墙厚 (3)梁板吊装前，应在墙面弹出基准线，位于楼面板下100mm处，用水平尺或水准仪校正。板支承面要用M5或M10砂浆进行找平，找平厚度在20mm以上时，宜用C20细石混凝土进行，硬化后再铺薄层稀浆安装楼板。梁的支座口下应有混凝土垫块。垫块和梁下均应坐浆找平 (4)要按设计规定保证板在梁或墙上的搁置长度，在梁上不得少于60mm；在墙上不得少于90mm。板间纵、横缝隙要均匀，板下面纵缝宽度不得小于20mm。相邻板面要平整，高低差不得大于5mm
几种构体安装方法、优缺点及使用	(1)轻型塔式起重机安装法： 起重机布置在拟建房屋一侧，使房屋平面和构件堆场均处在起重机伸臂回转半径范围内，吊运到现场的材料和构件，由起重机卸车、堆放，再按施工需要吊运安装就位(图13-58)。本法安装空间和半径大，可进行各道工序综合作业，吊装效率高，进度快，但起重机装拆较费工费时，需铺设轨道，费用高。适于6层以下住宅楼群的吊装 (2)龙门提升机安装法： 在楼房的一侧中部设置钢管或角钢龙门式提升架，构件在地面用双轮杠杆小车装车(图13-59)，用龙门提升架将杠杆小车连同构件一起用升降平台借卷扬机垂直运输到楼面上，再配以跳板直接用杠杆小车进行水平运输和安装	

续表

项目	吊装方法要点	注 意 事 项
几种构体安装方法、优缺点及使用	就位(图 13-60)。本法设备构造简单,可自行制造,装拆较易,操作方便、安全,费用低,但需设置一定数量缆风和锚碇。适于 6 层以下房屋的吊装,为国内较广泛的使用方法 (3)井架(带悬臂桅杆)或提升机安装法: 在房屋的一侧中部设置型钢制井架式提升机,在靠房屋一侧设起重悬臂桅杆,直接将装有圆孔板(或槽板)的杠杆小车吊至楼面,再用杠杆小车将构件安装到设计位置就位(图 13-61)或仅用垂直运输将板、梁构件运到楼面上,再装在杠杆小车上进行水平运输和安装。对 6 层以上楼房可采用 30～50m 高、截面1500mm×1500mm 井架,15～20m长悬臂桅杆进行构件的垂直运输和吊装(图13-62)。本法可利用工地常规设备机具,施工较简单、灵活,可进行运输、吊装综合作业,进度快,成本低。适于在狭窄场地、缺乏较大型起重工具情况下吊装 10 层以下房屋	(5)板应一次安好,防止就位后再用撬杠撬动而使砖墙失稳或倾倒 (6)板安装一段后,应立即进行灌浆,以保证整体性要求。灌浆前应将缝壁清理冲洗干净,板缝底应吊底模,并浇水湿润,缝槽先用 1∶2 水泥砂浆封底(约为板厚的 1/4～1/3),然后灌 C20 细石混凝土并用铁棒插捣密实,灌后湿润养护 2～3d (7)灌缝混凝土达到设计强度 70%以上,始可在板上操作或堆放砖、砂浆等材料,重量不应超过板的承载力,且底部应铺一层脚手板,同时应避免冲击和振动 (8)梁、板安装应在房屋的每一工作段按次序成套安装,以便在已安装好的工作段上进行下一工序 (9)板上如需凿孔,不得伤及板肋和主筋,如确难避免,伤肋数量应限制 1 根以内,且应采取适当加固补救措施

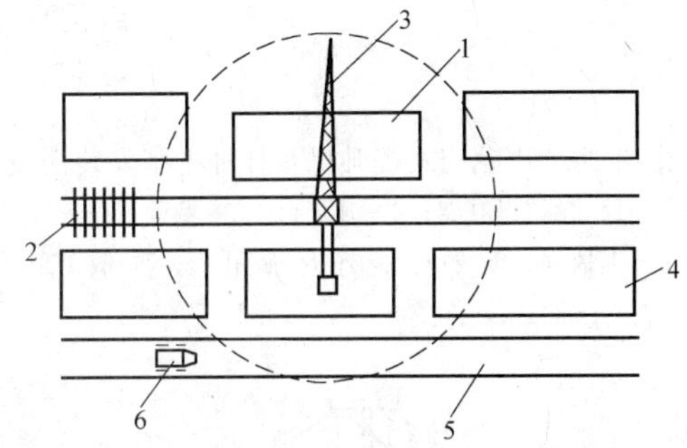

图 13-58 塔式起重机吊装平面图

1—拟建多层楼房；2—塔式起重机行走轨道；3—轻型塔式起重机；4—预制构件、材料堆放场；5—运输道路；6—运输汽车

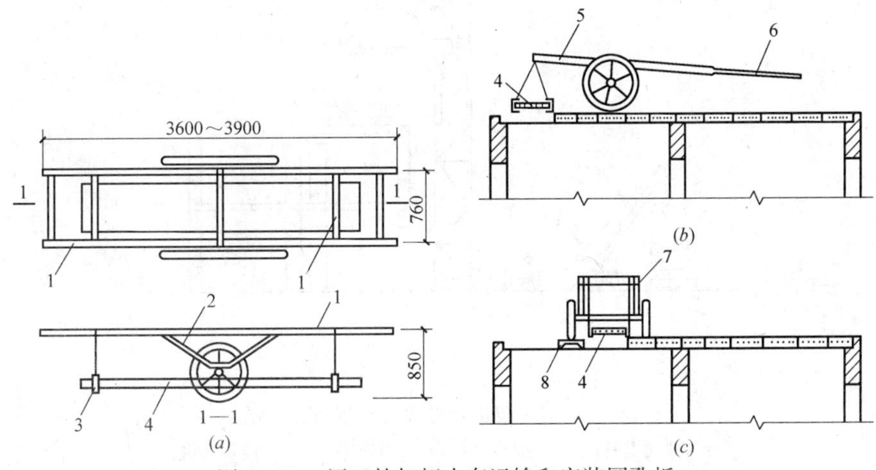

图 13-59 用双轮杠杆小车运输和安装圆孔板

(a) 双轮杠杆小车构造；(b) 横向安装圆孔板；(c) 纵向安装圆孔板

1—ϕ50mm 钢管；2—⌊ 450×4mm 角钢；3—ϕ16mm 活动吊钩；4—圆孔板；5—ϕ73mm 钢管；6—可伸缩钢管；7—双轮杠杆小车；8—钢木跳板

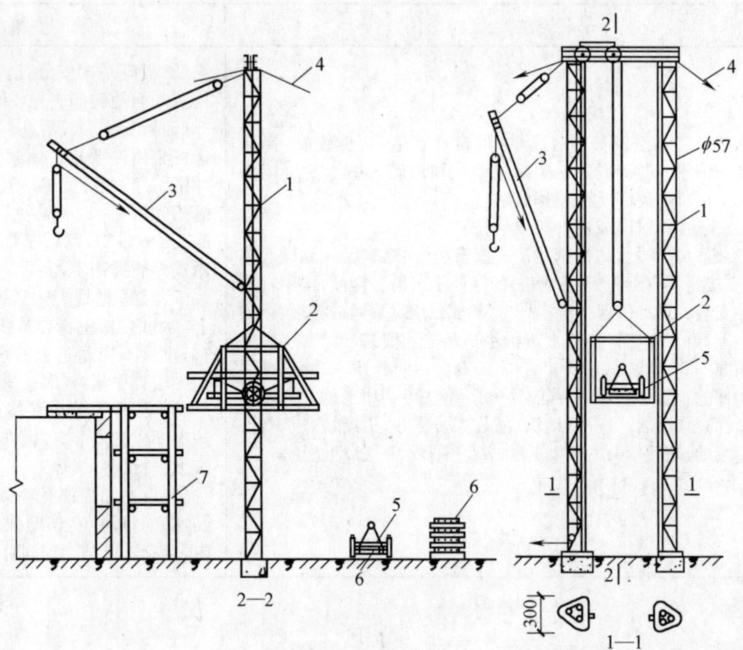

图 13-60 用龙门式提升机及杠杆小车安装楼板

1—龙门提升架；2—升降台；3—悬臂吊杆；
4—缆风绳；5—杠杆小车；6—圆孔板；7—脚手架

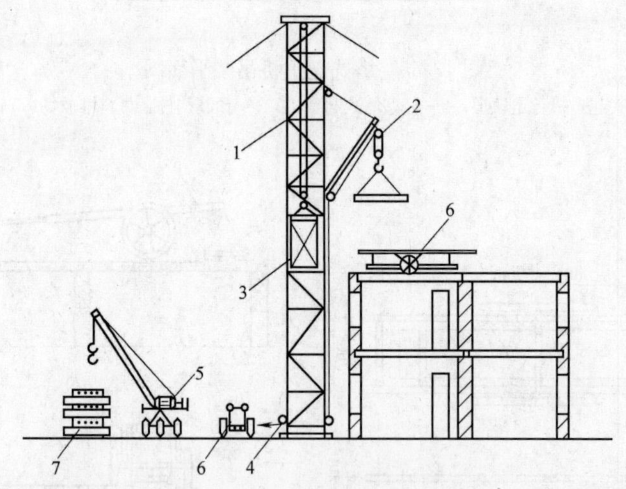

图 13-61 用井架带悬臂桅杆运输安装圆孔板

1—井架提升机；2—悬臂桅杆；3—升降平台；4—接卷扬机；
5—少先式起重机；6—杠杆小车；7—圆孔板

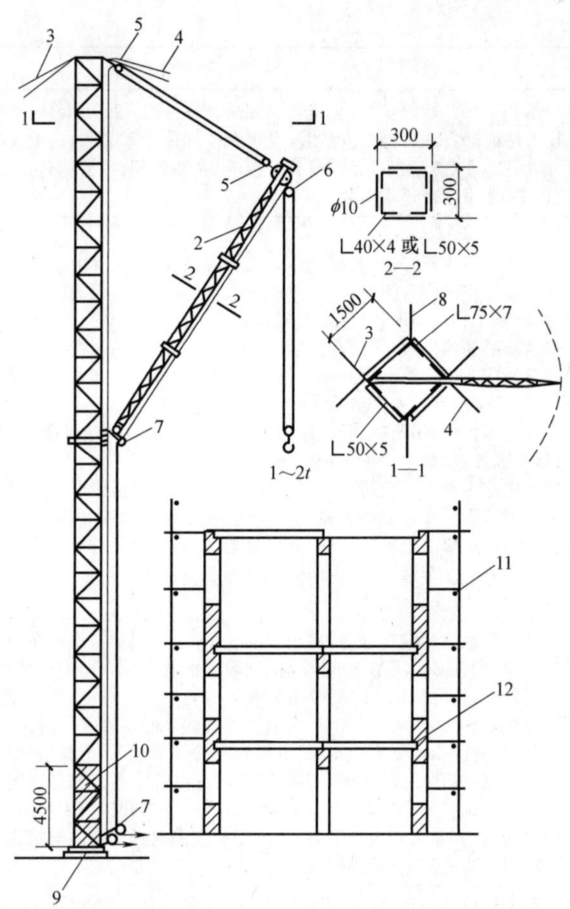

图 13-62 高井架长悬臂桅杆式提升机安装

1—30～50m 高井架；2—15～20m 长桅杆；3—后缆风；4—前缆风；5—变幅滑车组；6—起重滑车组；7—导向滑车组；8—侧缆风；9—枕木；10—压重；11—脚手架；12—建筑物

13.8 结构吊装工程质量控制与检验

按《混凝土结构工程质量验收规范》（GB 50204—2002）（2011 年版）“9.4 装配式结构施工”一节中的有关规定进行质量控制与检验。

13.9 结构吊装工程安全技术

吊装工程的安全技术　　表 13-71

项次	项目	安全技术要点
1	一般要求	(1)吊装前应编制结构吊装施工组织设计，或制定施工方案，明确起重吊装安全技术要点和保证安全技术措施 (2)参加吊装人员应经体格检查合格。在开始吊装前，应进行安全技术教育和安全技术交底

续表

项次	项目	安全技术要点
1	一般要求	(3)吊装工作开始前,应对起重运输和吊装设备以及所用索具、卡环、夹具、卡具、锚碇等的规格、技术性能进行细致检查或试验,发现有损坏或松动现象,应立即调换或修复。起重设备应进行试运转,发现转动不灵活,或有磨损,应立即修理;重要构件吊装前应进行试吊,经检查各部位正常,才可进行正式吊装
2	防止高处坠落	(1)吊装人员应戴安全帽,高处作业人员应佩安全带、穿防滑鞋、带工具袋 (2)吊装工作区应有明显标志,并设专人警戒,与吊装无关人员严禁入内。起重机工作时,起重臂杆旋转半径范围内,严禁站人或通过 (3)运输吊装构件时,严禁在被运输、吊装的构件上站人指挥和放置材料、工具 (4)高处作业施工人员应站在操作平台或轻便梯子上工作。吊装屋架应在上弦设临时安全防护栏杆或采取其他安全措施 (5)登高用梯子、吊篮、临时操作台应绑扎牢靠,梯子与地面夹角以60°～70°为宜;操作台跳板应铺平绑扎,严禁出现挑头板 (6)结构施工自2层起,凡人员进出的通道口,均应搭设安全防护棚 (7)对进行高处作业的高耸建(构)筑物,应事先设置避雷设施。遇六级以上强风、浓雾等恶劣天气,不得从事高处吊装作业,强风暴雨后,应对高处作业安全设施逐一检查,发现有松动、变形、损坏或脱落等情况,应立即修理完好
3	防物体落下伤人	(1)高处往地面运输物件时,应用绳捆好吊下。吊装时,不得在构件上堆放或悬挂零星物件。零星材料和物件必须用吊笼或钢丝绳保险绳捆扎牢固,才能吊运和传递,不得随意抛掷材料、物件、工具,防止滑脱伤人或意外事故 (2)构件绑扎必须牢固,起吊点应通过构件的重心位置,吊升时应平稳,避免振动或摆动 (3)起吊构件时,速度不应太快,不得在高处停留过久,严禁猛升猛降,以防构件脱落 (4)构件就位后临时固定前,不得松钩、解开吊装索具。构件固定后,应检查连接牢固和稳定情况,当连接确实安全可靠,始可拆除临时固定工具和进行下步吊装 (5)风雪天、霜雾天和雨期吊装,高处作业应采取必要的防滑措施,如在脚手架、走道、屋面铺麻袋或草垫,夜间作业应有充分照明
4	防止起重机倾翻等事故	(1)起重机行驶的道路,必须平整、坚实、可靠,停放地点必须平坦 (2)起重机不得停放在斜坡道上工作,不允许起重机两条履带停留部位一高一低,或土质一硬一软 (3)起吊构件时,吊索要保持垂直,不得超出起重机回转半径斜向拖拉,以免超负荷和钢丝绳滑脱或拉断绳索,使起重机失稳,起吊重型构件,应设牵拉绳 (4)起重机操作时,臂杆提升、下降、回转要平稳,不得在空中摇晃;同时要尽量避免紧急制动或冲击振动等现象发生。未采取可靠的技术措施,如在起重机尾部加平衡重、起重机后边拉缆风绳等和未经有关技术部门批准,起重机严禁进行超负荷吊装,以避免加速机械零件的磨损和造成起重机倾翻 (5)起重机应尽量避免满负荷行驶,在满负荷或接近满负荷时,严禁同时进行提升与回转(起升与水平移动或起升与行走)两种动作,以免因道路不平或惯性力等原因,引起起重机超负荷,而酿成翻车事故。如必须吊构件做短距离行驶时,应将构件转至起重机的正前方,构件吊离地面高度不超过50cm,拉好溜绳,防止摆动,而且要慢速行驶 (6)当两台吊装机械同时作业时,两机吊钩所悬吊构件之间应保持5m以上的安全距离,避免发生碰撞事故 (7)双机抬吊构件时,要根据起重机的起重能力进行合理的负荷分配(每1台起重机的负荷量不宜超过其安全负荷量的80%)。操作时,必须在统一指挥下,动作协调,同时升降和移动,并使两台起重机的吊钩、滑车组均应基本保持垂直状态;两台起重机的驾驶人员要相互密切配合,防止1台起重机失重,而使另1台起重机超载 (8)吊装时,应有专人负责统一指挥,指挥人员应位于操作人员视力能及的地点,并能清楚地看到吊装的全过程。起重机驾驶人员必须熟悉信号,按指挥人员的各种信号进行操作,不得擅自离开工作岗位;遵守现场秩序,服从命令听指挥。指挥信号应事先统一规定,发出的信号要鲜明、准确 (9)在风力等于或大于六级时,禁止起重机移动和吊装作业,起重机停止工作时,应刹住回转和行走机构,关闭和锁好司机室门。吊钩上不得悬挂构件,并升到高处,以免摆动伤人和造成吊车失稳

续表

项次	项目	安全技术要点
5	防吊装结构失稳	(1)构件吊装应按规定的吊装工艺和程序进行,未经计算和可靠的技术措施,不得随意改变或颠倒工艺程序来安装结构构件 (2)构件吊装就位,应经初校和临时固定或连接可靠后始可卸钩,最后固定后始可拆除临时固定工具。高宽比很大的单个构件,未经临时或最后固定组成一稳定单元体系前,应设溜绳或斜撑拉(撑)固 (3)构件固定后,不得随意撬动或移动位置,如需重校时,必须回钩 (4)多层结构吊装或分节柱吊装,应吊装完一层(或一节柱),将下层(下节)灌浆固定后,方可安装上层(或上一节柱)
6	防止触电	(1)吊装现场应有专人负责安装、维护和管理用电线路和设备 (2)起重机在电线下进行作业时,工作安全条件应事先取得机电安装或有关部门的同意。 (3)构件运输时,距高压线路净距不得小于 2m;距低压线路不得小于 1.0m;如超过规定,应采取停电或其他措施 (4)施工现场架设的低压线路不得用裸导线。所架设的高压线应距建筑物 10m 以外,距地面 7m 以上。跨越交通要道时,需加安全保护装置。施工现场夜间照明,电线及灯具高度不应低于 2.5m (5)起重机不得靠近架空输电线路作业。起重机的任何部位与架空输电线路的安全距离不得小于表 13-72 的规定 (6)现场操作人员严禁带电作业。各种电线接头,开关应装入开关箱内,用后加锁,停电必须拉下电闸 (7)在雨天或潮湿地点作业人员,应穿戴绝缘手套和绝缘鞋。大风雪后,应对电线路进行检查,防断线造成触电事故

起重机与架空输电导线的安全距离 **表 13-72**

电压(kV) 安全距离	<1	1～15	20～40	60～110	220
沿垂直方向(m)	1.5	3.0	4.0	5.0	6.0
沿水平方向(m)	1.0	1.5	2.0	4.0	6.0

14 防　水

14.1 屋面防水

14.1.1 屋面工程防水等级和设防要求

屋面防水等级和设防要求　　表 14-1

项次	项　目	屋面防水等级	
		Ⅰ级	Ⅱ级
1	建筑类型	重要建筑和高层建筑	一般建筑
2	设防要求	两道防水设防	一道防水设防
3	防水层选用材料	应选用合成高分子防水卷材、高聚物改性沥青防水卷材、金属板材、合成高分子防水涂料、瓦材等材料	宜选用高聚物改性沥青防水卷材、合成高分子防水卷材、金属板材、合成高分子防水涂料、高聚物改性沥青防水涂料、瓦材等材料
4	防水层做法	卷材防水层和卷材防水层、卷材防水层和涂膜防水层，复合防水层、压型金属板＋防水垫层、瓦＋防水层	卷材防水层、涂膜防水层、复合防水层、压型金属板、金属面绝热夹芯板、瓦＋防水垫层
5	防水层设计使用年限	20年	10年

不同建筑防水等级使用材料品种及最小厚度要求　　表 14-2

材 料 类 别			Ⅰ级(mm)	Ⅱ级(mm)
每道卷材防水层	合成高分子防水卷材		1.2	1.5
	高聚物改性沥青防水卷材	聚酯胎、玻纤胎、聚乙烯胎	3.0	4.0
		自粘聚酯胎	2.0	3.0
		自粘无胎	1.5	2.0
每道涂膜防水层	合成高分子防水涂膜		1.5	2.0
	聚合物水泥防水涂膜		1.5	2.0
	高聚物改性沥青防水涂膜		2.0	3.0
复合防水层	合成高分子防水卷材＋合成高分子防水涂料		1.2＋1.5	1.0＋1.0
	自粘聚合物改性沥青防水卷材(无胎)＋合成高分子防水涂膜		1.5＋1.5	1.2＋1.0
	高聚物改性沥青防水卷材＋高聚物改性沥青防水涂膜		3.0＋2.0	3.0＋1.2
	聚乙烯丙纶卷材＋聚合物水泥防水胶结材料		(0.7＋1.3)×2	0.7＋1.3
沥青瓦	矿物粒料或片料覆面沥青瓦		2.6	2.6
	金属箔面沥青瓦		2.0	2.0
防水垫层	自粘聚合物沥青防水垫层		1.0	1.0
	聚合物改性沥青防水垫层		2.0	2.0
金属板	压型铝合金板基板		0.9	
	压型钢板基板		0.6	0.5

14.1.2 屋面卷材防水

14.1.2.1 卷材和胶粘剂的主要性能指标

高聚物改性沥青防水卷材主要性能指标 表 14-3

项目		指标				
		聚酯毡胎体	玻纤毡胎体	聚乙烯胎体	自粘聚酯胎体	自粘无胎体
可溶物含量(g/m²)		3mm 厚≥2100 4mm 厚≥2000		—	2mm 厚≥1300 3mm 厚≥2100	—
拉力(N/50mm)		≥500	纵向≥350	≥200	2mm 厚≥350 3mm 厚≥450	≥150
延伸率(%)		最大拉力时 SBS≥30 APP≥25	—	断裂时 ≥120	最大拉力时 ≥30	最大拉力时 ≥200
耐热度(℃,2h)		SBS 卷材 90,APP 卷材 110 无滑动、流淌、滴落		PEE 卷材 90, 无流淌、起泡	70,无滑动、 流淌、滴落	70,滑动 不超过 2mm
低温柔性(℃)		SBS 卷材－20;APP 卷材－7; PEE 卷材－20			－20	
不透水性	压力(MPa)	≥0.3	≥0.2	≥0.4	≥0.3	≥0.2
	保持时间(min)	≥30				≥120

注：SBS 卷材为弹性体改性沥青防水卷材；APP 卷材为塑性体改性沥青防水卷材；PEE 卷材为改性沥青聚乙烯胎防水卷材。

合成高分子防水卷材主要性能指标 表 14-4

项目		指标			
		硫化橡胶类	非硫化橡胶类	树脂类	树脂类(复合片)
断裂拉伸强度(MPa)		≥6	≥3	≥10	≥60(N/10mm)
扯断伸长率(%)		≥400	≥200	≥200	≥400
低温柔性(℃)		－30	－20	－25	－20
不透水性	压力(MPa)	≥0.3	≥0.2	≥0.3	≥0.3
	保持时间(min)	≥30			
加热收缩率(%)		<1.2	<2.0	≤2.0	≤2.0
热老化保持率(80℃×168h %)	断裂拉伸强度	≥80		≥85	≥80
	扯断伸长率	≥70		≥80	≥70

自粘橡胶沥青防水卷材主要性能 表 14-5

项目	表面材料	
	聚乙烯膜	铝箔
拉力(N/5cm)	130	100
断裂延伸率(%)	450	200
耐热度(℃)	80,无气泡、滑动	
低温柔性(℃)	－20,无裂纹	
不透水性 120min(MPa)	－0.2	

防水卷材外观质量要求 表 14-6

种类	项目	质量要求
高聚物改性沥青防水卷材	孔洞、缺边、裂口	不允许
	边缘不整齐	不超过 10mm
	胎体露白、未浸透	不允许

续表

种　类	项　目	质量要求
高聚物改性沥青防水卷材	撒布材料粒度、颜色	均匀
	每卷卷材的接长	不超过1处，较短的一段不应小于1000mm，接头处应加长150mm
合成高分子防水卷材	折痕	每卷不超过2处，总长度不超过20mm
	杂质	大于0.5mm颗粒不允许，每1m² 不超过9mm²
	胶块	每卷不超过6处，每处面积不大于4mm²
	凹痕	每卷不超过6处，深度不超过本身厚度的30%，树脂类深度不超过5%
	每卷卷材的接头	橡胶类120mm不超过1处，较短的一段不应小于3000mm，接头处应加长150mm，树脂类20m长度内不允许有接头

基层处理剂、胶粘剂、胶粘带主要性能指标　　表 14-7

项　目	指　标			
	沥青基防水卷材用基层处理剂	改性沥青胶粘剂	合成高分子胶粘剂	双面胶粘带
剥离强度(N/10mm)	≥8	≥8	≥15	≥6
浸水168h剥离强度保持力(%)	≥8N/10mm	≥8N/10mm	70	70
固体含量(%)	水性≥40；溶剂性≥30	—	—	—
耐热性	80℃无流淌	80℃无流淌	—	—
低温柔性	0℃无裂纹	0℃无裂纹	—	—

聚合物水泥防水胶结材料主要性能指标　　表 14-8

项　目		指　标
与水泥基层的拉伸粘结强度(MPa)	常温>d	≥0.6
	耐水	≥0.4
	耐冻融	≥0.4
可操作时间(h)		≥2.0
抗渗性能(MPa,7d)	抗渗性	≥1.0
抗压强度(MPa)		≥9
柔韧性 28d	抗压强度/抗折强度	≤3
剪切状态下的粘合性(N/mm,常温)	卷材与卷材	≥2.0
	卷材与基层	≥1.8

卷材基层处理剂及胶粘剂的选用　　表 14-9

卷　材	基层处理剂	卷材胶粘剂
高聚物改性沥青卷材	石油沥青冷底子油或橡胶改性沥青冷胶粘剂稀释液	橡胶改性沥青冷胶粘剂或卷材生产厂指定产品
合成高分子卷材	卷材生产厂随卷材配套供应产品或指定的产品	

14.1.2.2 防水卷材和胶粘剂（带）的贮运、保管要求及进场应检验项目

防水卷材和胶粘剂（带）的贮运、保管要求及进场应检验项目 表 14-10

项次	防水材料	贮运、保管要求	进场应检验项目
1	防水卷材	(1)不同品种、规格的卷材应分别堆放 (2)卷材应贮存在阴凉通风处，应避免雨淋、日晒和受潮，严禁接近火源 (3)卷材应避免与化学介质及有机溶剂等有害物质接触	(1)高聚物改性沥青卷材的可溶物含量、拉力、最大拉力时延伸率、耐热度、低温柔性、不透水性 (2)合成高分子卷材的断裂延伸强度、扯断伸长率、低温弯折性、不透水性
2	胶粘剂和胶粘带	(1)不同品种、规格的胶粘剂和胶粘带，应分别用密封桶或纸箱包装 (2)胶粘剂和胶粘带应贮存在阴凉通风的室内，严禁接近火源和热源	(1)沥青基防水卷材用基层处理剂的固体含量、耐热性、低温柔性、剥离强度 (2)高分子胶粘剂的剥离强度，浸水168h后的剥离强度保持率 (3)改性沥青胶粘剂的剥离强度 (4)合成橡胶胶粘带的剥离强度、浸水168h后的剥离强度保持率

14.1.2.3 卷材防水屋面各构造层次

卷材防水屋面各构造层次 表 14-11

项次	构造层次	技术要求与做法
1	结构层	有条件时宜采用整体现浇钢筋混凝土结构；如采用预制屋面板时，板缝用大于C20微膨胀细石混凝土灌缝，当板缝大于40mm或上窄下宽时，缝中放置$\phi12$～$\phi14$构造钢筋；当板刚度较差时，板面应加做配筋细石混凝土整浇层
2	隔汽层	隔汽层应采用防水卷材空铺或防水涂料，并设置在结构屋与保温层之间，应沿周边墙面向上连续铺设，高出保温层上表面150mm以上
3	找坡层	平屋面结构找坡时，其坡度宜为3%；材料找坡时，其坡度宜为2%，并由轻质材料或保温层形成。天沟、檐沟的纵向坡度不小于1%，沟底水落差不得超过200mm
4	找平层	找平层直接铺抹在结构层上或保温层、找坡层上，并宜留设分格缝，缝宽宜为5～20mm，且留在板端缝处，纵横间距不大于6m(沥青砂浆找平层不宜大于4m)，缝内嵌填密封材料。根据找平层下基层种类，确定找平层的类别、厚度和技术要求，见表14-12。 找平层要求不得有酥松、起砂、起皮、裂缝等现象，并应有足够的强度和表面平整度；与突出屋面结构(女儿墙、变形缝、烟囱等)的连接处，以及基层的转角处(如水落口、天沟、檐沟、屋脊等)，均应做成圆弧，圆弧半径与基层种类有关，见表14-13
5	隔离层	一般为低等级砂浆、塑料薄膜或干铺沥青卷材土工布等，其选用范围和技术要求见表14-14，设在卷材涂膜防水层与刚性保护层之间，其目的是减少防水层与其他层次之间的粘结力和摩擦力
6	保温、隔热层	当采用封闭式保温层时，保温层的含水率应控制在相当于该材料在当地自然风干状态下的平衡含水率；当采用有机胶结材料时不得超过5%；当采用无机胶结材料时，不得超过20%。超过上述要求时，应采取排汽措施。 隔热层较多采用大阶砖、预制混凝土板等，架空隔热，架空高度一般为100～300mm 常用的保温层及其保温材料见表14-15
7	卷材防水层	(1)铺贴顺序应先高跨后低跨；先细部节点后大面；由檐向脊，由远及近 (2)铺设方向应根据屋面坡度、防水卷材种类而定，见表14-16 (3)搭接法铺贴卷材时，上下层及相邻两幅卷材的搭接缝应错开。各种卷材搭接宽度应符合表14-17的要求 (4)卷材厚度选用应符合表14-2的规定，附加层最小厚度应符合表14-18的规定 (5)卷材防水层施工环境气温应符合表14-19的规定
8	保护层	卷材防水层上必须设置保护层，以延长防水层的合理使用年限。各种保护层的做法和适用范围见表14-20

找平层厚度和技术要求 **表 14-12**

找平层分类	适用的基层	厚度(mm)	技术要求
水泥砂浆	整体现浇混凝土板	15～20	1∶2.5 水泥砂浆
	整体材料保温层	20～25	1∶2.5 水泥砂浆
细石混凝土	装配式混凝土板	30～35	C20 混凝土,宜加钢筋网片
	板状材料保温层		C20 混凝土
混凝土随浇随抹	整体现浇混凝土板	—	原浆表面抹平、压光

找平层转角处圆弧最小半径 **表 14-13**

项　次	卷材种类	圆弧半径(mm)
1	高聚物改性沥青卷材	50
2	合成高分子卷材	20
3	聚合物水泥防水涂料	20

隔离层材料的适用范围和技术要求 **表 14-14**

隔离层材料	适用范围	技术要求
塑料膜	块体材料、水泥砂浆保护层	0.4mm 厚聚氯乙烯膜或 3mm 厚发泡聚乙烯膜
土工布	块体材料、水泥砂浆保护层	200g/m² 聚酯无纺布
卷材	块体材料、水泥砂浆保护层	石油沥青卷材一层
低强度等级砂浆	细石混凝土保护层	10mm 原黏土砂浆：石灰膏∶砂∶黏土＝1∶2.4∶3.6
		10mm 厚石灰砂浆:石灰膏∶砂＝1∶4
		5mm 厚掺有纤维的石灰砂浆

保温层及其保温材料 **表 14-15**

项次	保温层	保温材料
1	板状材料保温层	聚苯乙烯泡沫塑料、硬质聚氨酯泡沫塑料、膨胀珍珠岩制品、泡沫玻璃制品加气混凝土砌块、泡沫混凝土砌块
2	纤维材料保温层	玻璃棉制品、岩棉、矿渣棉制品
3	整体材料保温层	喷涂硬泡聚氨酯、现浇泡沫混凝土

卷材铺设方向 **表 14-16**

卷材种类＼屋面坡度	小于 3%	3%～15%	大于 15%或屋面有振动时
高聚物改性沥青防水卷材、合成高分子防水卷材	平行于屋脊	既可平行于屋脊又可垂直于屋脊	可根据屋面坡度、屋面有否振动、防水层粘结方式、粘结强度、是否有机械固定等因素综合考虑采用平行或垂直屋脊
沥青防水卷材			垂直于屋脊

注：当屋面坡度大于 25%时，卷材应垂直于屋脊铺设，且搭接缝处有固定措施（如钉钉子或钉压条等），以防止下滑，并将固定点密封严密。

卷材搭接宽度（mm） **表 14-17**

卷材类别		搭接宽度
合成高分子防水卷材	胶粘剂	80
	胶粘带	50
	单焊缝	60,有效焊缝宽度不小于 25
	双焊缝	80,有效焊缝宽度 10×2＋空腔宽
高聚物改性沥青防水卷材	胶粘剂	100
	自粘	80

附加层最小厚度（mm） 表 14-18

项次	附加层材料	最小厚度
1	合成高分子防水卷材	1.2
2	高聚物改性沥青防水卷材(聚酯胎)	3.0
3	合成高分子防水涂料、聚合物水泥砂浆防水涂料	1.5
4	高聚物改性沥青防水涂料	2.0

卷材防水工程施工环境气温要求 表 14-19

项次	项　目	施工环境气温
1	高聚物改性沥青防水卷材	冷粘法和热粘法不宜低于5℃;自粘法不宜低于10℃;热熔法不宜低于-10℃
2	合成高分子防水卷材	冷粘法和热粘法不宜低于5℃;热风焊接法不宜低于-10℃

保护层类型、要求、特点和适用范围 表 14-20

名　称	具体要求	特　点	适用范围
块材保护层	在砂结合层上铺设时,砂结合层应平整,块体间预留10mm缝隙,缝内填砂,并用1∶2水泥砂浆勾缝;在水泥砂浆结合层上铺设时,应先在防水层上做隔离层,块材间留10mm缝隙,缝内用1∶2水泥砂浆勾缝 块体保护层分隔缝纵横间距不大于10m,缝宽度不宜小于20mm,缝内嵌填密封材料	效果优良,耐久性好,耐穿刺,但荷载大,造价高,施工麻烦	用于非大跨度的上人屋面
水泥砂浆保护层	先在防水层上做隔离后,然后铺设1∶2.5～3.0(体积比)水泥砂浆保护层,并拍实拍平,纵横分隔缝4～6m,缝宽10mm,缝内嵌填密封材料。砂浆抹平后用直径8～10mm钢筋压出表面分格缝间距不大于1m。终凝后压光	价廉,效果较好,但可能延长工期,表面易开裂	常用工业与民用建筑非大跨度的上人或非上人屋面
细石混凝土保护层	先在防水层上做隔离层,然后再在其上浇筑一层厚30～35mm的细石混凝土(宜掺微膨胀剂),分格缝纵横间距不大于6m,缝宽10～20mm,缝内嵌填密封材料。一个分格经混凝土应连续浇筑,不留施工缝	保护效果优良,耐外力冲击性强,但荷载大,造价高,维修不便	不能用于大跨度屋面
浅色涂料保护层	浅色涂料应与卷材、涂膜材性相容,且应粘结力强,耐风化。 浅色涂料应多遍涂刷,当防水层为涂膜时,应待涂膜固化后进行。涂层表面应平整,不得流淌和堆积。 目前常用的有丙烯酸浅色涂料、氧化铝粉反射涂料等	质轻、价廉、施工简便,但寿命短、耐久性差,抗外力冲击能力差。但随着硅酮树脂热反射涂料等水溶性新材料的不断涌现,热反射涂料逐步向功能化,超耐候性,环保型的方向发展	常用于非上人卷材防水屋面
金属膜保护层	在防水卷材上用胶粘剂铺贴一层镀铝膜,或最上一层防水卷材直接用带有铝箔覆面的防水卷材	质轻、反射热辐射、抗臭氧,但寿命较短(一般5～8年)	常用于非上人卷材防水层屋面和大跨度屋面
粒料保护层	使用前应先筛去粉料,砂应用天然水成砂,砂粒粒径不得大于涂层厚度的1/4。当涂刷最后一遍涂料时,应边涂刷边撒布细砂(或云母、蛭石),同时用软质胶棍反复滚压使其牢固粘结于涂层上,涂层干燥后,扫除未粘结的材料	有一定的反射作用,但强度低,易被雨水冲刷	主要用于非上人屋面的涂膜防水层的保护层

14.1.2.4　卷材防水屋面细部构造防水做法

卷材防水屋面细部构造防水做法　表 14-21

项次	细部构造	防水做法
1	檐口	(1)无组织排水檐口 800mm 范围内的卷材应满粘，卷材收头应固定密封，檐口下端做鹰嘴或滴水槽(图 14-1) (2)在距檐口边缘 50～100mm 处留凹槽，将铺到檐口端头的卷材裁齐后压入凹槽内，并用密封材料嵌填密实，如用金属压条(20mm 宽薄钢板等)或用带垫片钉子固定，钉子应敲入凹槽内，钉头和卷材端头应用密封材料封严
2	天沟和檐沟	(1)天沟和檐沟应按设计要求找坡，转角处应抹成规定的圆角。檐口过大，则应按设计规定留成分格缝或设后浇带 (2)天沟和檐沟卷材铺设前，应先对水落口进行密封处理 (3)天沟和檐沟的防水层下应增设附加层，附加层伸入屋面的宽度不应小于 250mm(图 14-2) (4)卷材防水层和附加层应由沟底翻上至外侧顶部，卷材收头应用金属压条钉压，并用密封材料封严 (5)檐沟外侧下端应做鹰嘴或滴水槽 (6)檐沟外侧高于屋面结构板时，应设置溢水口
3	女儿墙和山墙	(1)女儿墙压顶可采用混凝土或金属制品，压顶向内排水坡度不应小于 5%；压顶内侧下端应做滴水处理 (2)女儿墙泛水处的卷材防水层应增设附加层，附加层在平面和立面的宽度均不应小于 250mm (3)低女儿墙泛水处的卷材防水层可直接铺至压顶下，收头应用金属压条钉压固定，并应用密封材料封严，如图 14-3 所示 (4)高女儿墙泛水的卷材防水层高度不应小于 250mm，防水层收头应用金属压条钉压固定，并用密封材料封严，泛水上部的墙体应做防水处理，如图 14-4 所示
4	水落口	(1)水落口可采用塑料或金属制品，并应牢固地固定在承重结构上，其埋设标高应根据附加层的厚度及排水坡度加大的尺寸确定(图 14-5) (2)水落口周围直径 500mm 范围内坡度不应小于 5%，并应用防水涂料或密封材料涂封作为附加增强层，其厚度不应小于 2mm (3)防水层和附加层伸入水落口杯内不应小于 50mm，并应粘贴牢固。水落口与基层交接处，应留宽 10mm、深 10mm 凹槽，嵌填密封材料
5	变形缝	(1)变形缝泛水处的防水层下应增设附加层、附加层在平面和立面的宽度均不应小于 250mm，防水层应铺贴至泛水墙的顶部 (2)变形缝内应预填不燃保温材料，上部采用防水卷材封盖，并放置衬垫材料，再在其上干铺一层卷材 (3)等高变形缝顶部宜加扣混凝土或金属盖板，如图 14-6 所示；高低跨变形缝在墙泛水处，应采用有足够变形能力的材料和构造做密封处理，如图 14-7 所示
6	伸出屋面管道	(1)管道周围的找平层应抹出高度不小于 30mm 的排水坡 (2)管道泛水处的防水层泛水高度不应小于 250mm；泛水处的防水层下应增强附加层，其高度在平面和立面的宽度均不应小于 250mm，如图 14-8 所示 (3)卷材收头应用金属箍紧固和密封材料封严
7	屋面出入口	(1)屋面垂直出入口泛水处应增设附加层，附加层在平面和立面的宽度均不应小于 250mm，防水层收头应在混凝土压顶下，如图 14-9 所示 (2)屋面水平出入口泛水处应增设附加层和护墙，附加层在平面和立面上的宽度均不应小于 250mm；防水层收头应压在混凝土踏步下，如图 14-10 所示
8	反梁过水孔	(1)应根据屋面排水坡度留设反梁过水孔，图纸应注明孔底标高 (2)反梁过水孔宜采用预埋管道，其管径不得小于 75mm (3)过水孔可采用防水涂料、密封材料防水。预埋管道两端周围与混凝土接触处应留凹槽，并应用密封材料封严
9	设施基座	(1)设施基座与结构层相连时，防水层应包裹设施基座的上部，并应在地脚螺栓周围做密封处理 (2)在防水层上放置设施时，防水层下应增设卷材附加层，必要时再在其上浇筑细石混凝土，其厚度不应小于 50mm

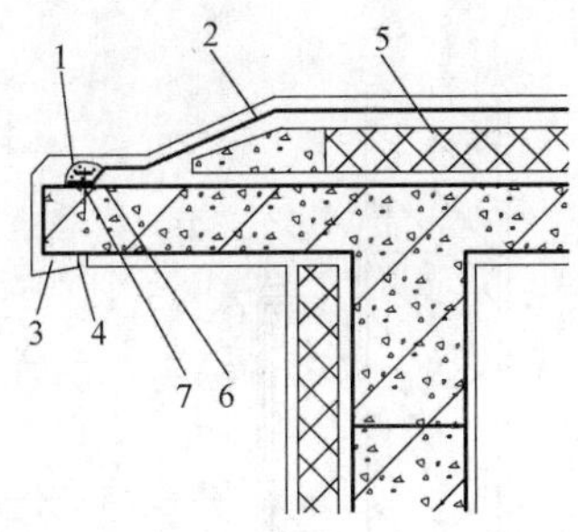

图 14-1 卷材防水屋面檐口

1—密封材料；2—卷材防水层；3—鹰嘴；4—滴水槽；5—保温层；6—金属压条；7—水泥钉

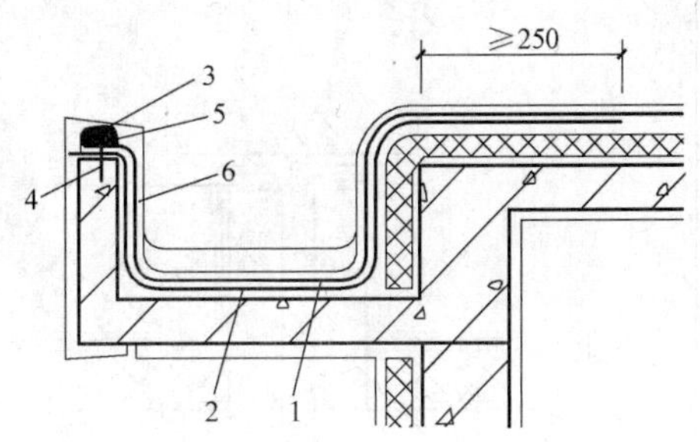

图 14-2 卷材、涂膜防水屋面檐沟

1—防水层；2—附加层；3—密封材料；4—水泥钉；5—金属压条；6—保护层

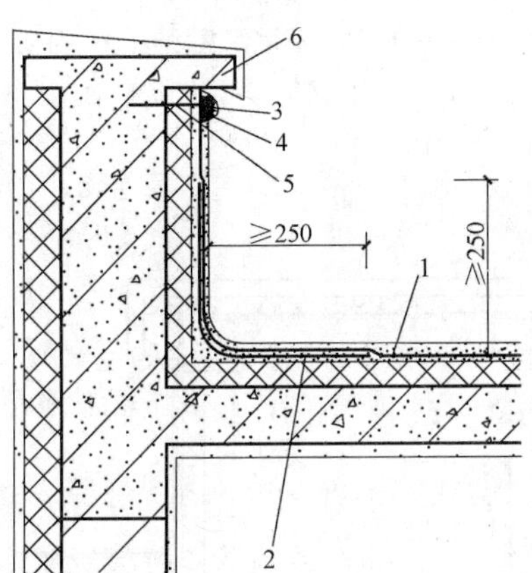

图 14-3 低女儿墙

1—防水层；2—附加层；3—密封材料；4—金属压条；5—水泥钉；6—压顶

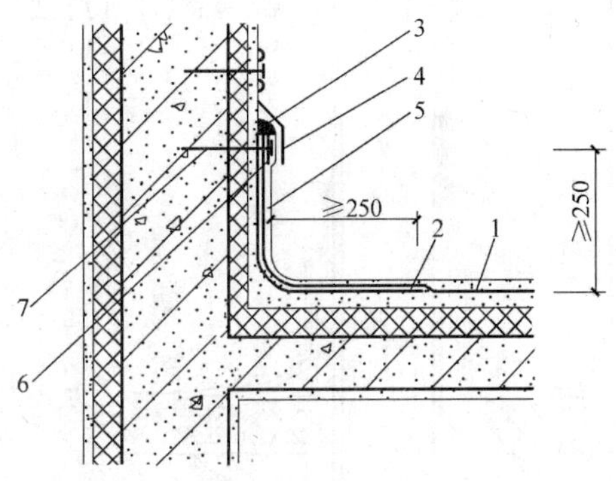

图 14-4 高女儿墙

1—防水层；2—附加层；3—密封材料；4—金属盖板；5—保护层；6—金属压条；7—水泥钉

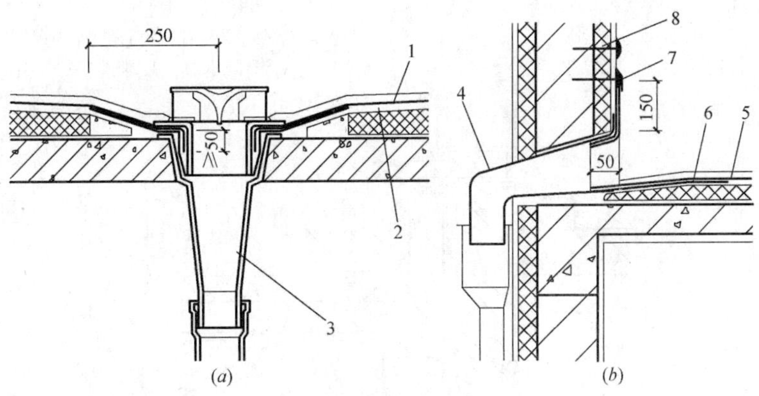

图 14-5 水落口

(*a*) 直式水落口；(*b*) 横式水落口

1—防水层；2—附加层；3—水落口；4—水落斗；5—防水层；6—附加层；7—密封材料；8—水泥钉

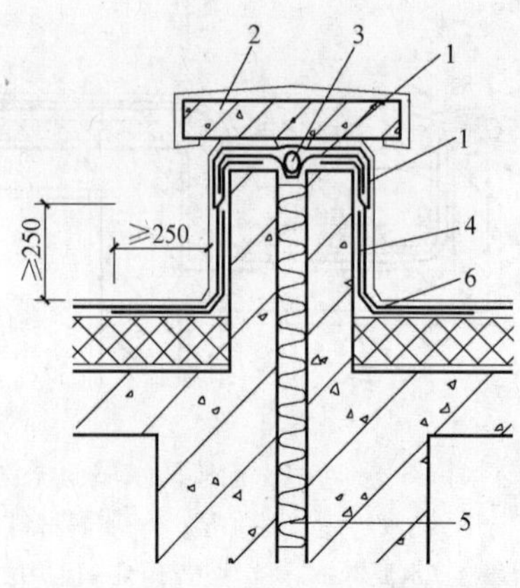

图 14-6　等高变形缝

1—卷材封盖；2—混凝土盖板；3—衬垫材料；4—附加层；5—不燃保温材料；6—防水层

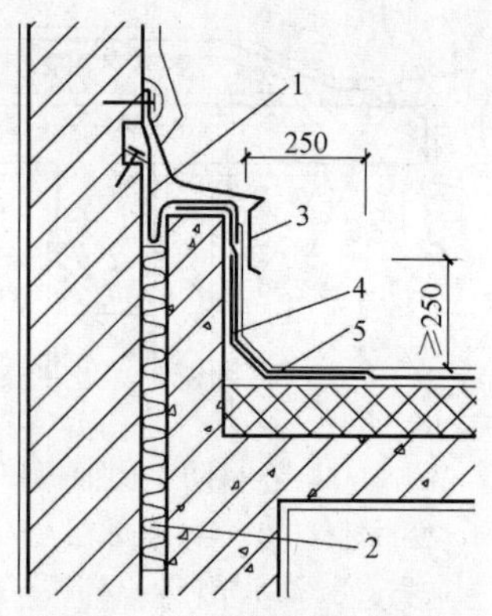

图 14-7　高低跨变形缝

1—卷材封盖；2—不燃保温材料；3—金属盖板；4—附加层；5—防水层

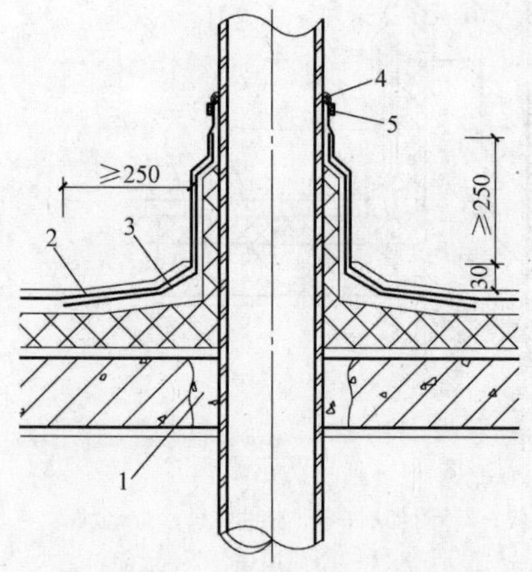

图 14-8　伸出屋面管道

1—细石混凝土；2—防水层；3—附加层；4—密封材料；5—金属箍

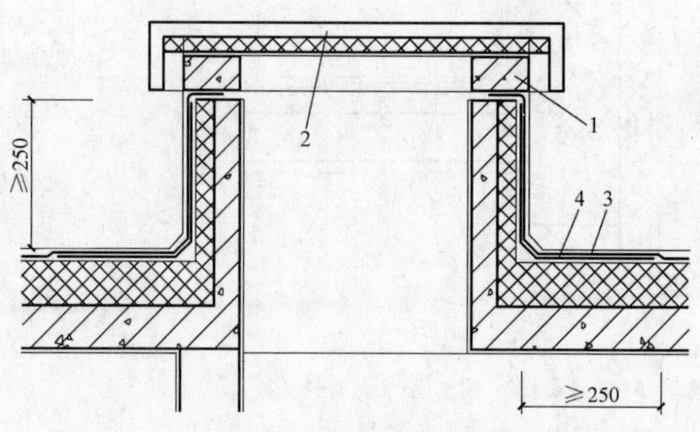

图 14-9　垂直出入口

1—混凝土压顶圈；2—上人孔盖；3—防水层；4—附加层

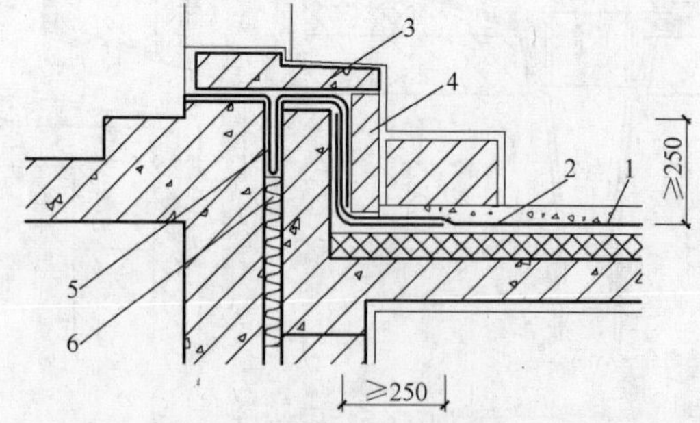

图 14-10　水平出入口

1—防水层；2—附加层；3—踏步；4—护墙；5—防水卷材封盖；6—不燃保温材料

14.1.2.5 屋面卷材施工一般要求

屋面卷材施工一般要求 表 14-22

项次	项目	一般要求
1	技术要求	(1)屋面防水工程应由具备相应资质的专业队伍进行施工,作业人员应持证上岗 (2)屋面工程施工前应通过图纸会审,并应掌握施工图中的细部构造及有关技术要求;施工单位应编制屋面工段的各项施工方案及技术措施,并应进行现场技术安全交底 (3)卷材防水层施工时,应先进行细部构造处理,然后由屋面最低标高处向上铺贴,檐沟、天沟施工时,宜顺檐沟、天沟方向铺贴,搭接缝应顺流水方向。铺贴多跨和有高低跨的屋面时,应按先远后近,先高后低的顺序进行。大面积屋面施工时,可根据屋面面积大小、屋面形状、施工工艺顺序、施工人员数量等因素划分施工流水段,以提高工效和加强管理,流水段的界线宜设在屋脊、天沟和变形缝处 (4)防水卷材宜平行屋脊铺贴,当屋面坡度大于25%时,卷材应垂直屋脊铺贴,并应采取防止卷材下滑的固定措施,固定点应密封 (5)铺贴卷材应采用搭接法,上、下层及相邻两幅卷材的搭接缝应错开,平行于屋脊的搭接缝应顺流水方向搭接,垂直于屋脊的搭接缝应顺应最大频率风向搭接。同一层相邻两幅卷材短边搭接缝错开不应小于500mm,上下层卷材长边搭接缝错开不应小于幅宽的1/3 (6)卷材粘贴方法有冷粘法、热粘法、热熔法、自粘法、焊接法和机械固定法等。高聚物改性沥青防水卷材可采用热熔法。冷粘法和自粘法,一般常采用热熔法;合成高分子防水卷材可采用冷粘法、自粘法、焊接法和机械固定法,一般常用冷粘法;按卷材与基层粘结的基本形式可分为满粘、点粘、条粘和空铺法;按卷材铺贴方法有滚铺、展铺和抬铺法,其操作方法和适用范围分别见表14-23~表14-25 (7)立面或大坡面铺贴卷材时,应采用满粘法,并宜减少短边搭接 (8)铺贴卷材前,应根据屋面形状和尺寸,画出卷材排板图,然后在基层上按排板图进行弹线、定位和标出基准线 (9)屋面工程施工的每道工序完成后,应经监理或建设单位检查验收,合格后方可再进行下道工序施工;当下道工序或相邻工程施工时,应对已完成的部位采取保护措施 (10)卷材铺贴完成后,应进行蓄水或淋水试验,蓄水时间不少于24h,雨后或淋水时间不少于2h,以屋面无渗漏和积水,排水系统通畅为合格
2	基层要求	(1)基层应用水泥砂浆、细石混凝土找平,做到平整、坚实、清洁、无凹凸形、尖锐颗粒,同时表面不得有酥松、起砂、起皮、裂缝等现象;用2m直尺检查,最大空隙不超过5mm;表面做成细麻面,其施工技术要求见表14-11 (2)基层与突出屋面结构(如女儿墙、管道、烟囱、天窗壁、变形缝等)的连接处及在基层的转角处(如檐口、天沟、水落管口等)应做成钝角或圆弧形,圆弧形半径为100~150mm (3)有防裂要求的找平层,宜留设20mm宽的分格缝,纵横间距不宜大于6m,并嵌填密封材料 (4)天沟、檐沟纵向坡度不应小于1%;沟底水落差不得超过200mm,水落口口杯周围半径0.5m范围内应做成坡度不小于5%的杯形洼坑;无组织排水的檐口,在200~500mm范围内,坡度不宜小于15% (5)基层的干燥程度、应根据所选防水卷材的特性确定
3	材料要求	(1)所选用的防水材料应有产品合格证书和性能检测报告,材料的品种、规格、性能等应符合设计和产品标准的要求,材料进场后,应按规定抽样检验,提出检验报告。工程中严禁使用不合格材料 (2)卷材基层处理剂与胶粘剂一般均由卷材生产厂配套供应,或厂家指定产品,对于单组分基层处理剂和胶粘剂,只需开桶搅拌均匀即可使用;双组分必须严格按厂家提供的配合比和配制方法进行计量、掺合、搅拌均匀后才能使用,同时有些卷材与卷材、卷材与基层所使用的胶粘剂各不相同,使用时不能混用,以免影响粘结效果 (3)基层处理剂应与卷材相容

续表

项次	项目	一般要求
4	防火安全要求	(1)可燃类防水、保温材料进场后，应远离火源；露天堆放时，应采用不燃材料完全覆盖 (2)防火隔离带施工应与保温材料施工同步进行 (3)不能直接在可燃类防水、保温材料上进行热熔或热粘法施工 (4)施工作业区应配备消防灭火器材 (5)火源、热源等火灾危险源应加强管理 (6)屋面上进行焊接、钻孔等作业时，周围环境应采取防火安全措施
5	施工安全要求	(1)严禁在雨天、雪天和五级风及其以上时施工 (2)屋面周边和预留孔洞部位，必须按临边、洞口防护规定设置安全护栏和安全网 (3)屋面坡度大于30%时，应采取防滑措施 (4)施工人员应穿防滑鞋，特殊情况下无可靠安全措施时，操作人员必须系好安全带并扣好保险钩

卷材防水的粘结方法及适用范围 表14-23

项次	粘结方式	操作方法	适用范围
1	冷粘法	采用与卷材配套的专用冷胶粘剂铺贴卷材，不需加热	主要用于铺贴合成高分子防水卷材
2	热粘法	采用专用导热油炉加热热熔性改性沥青胶结料，然后趁热浇刮在基层上或已铺好的卷材上，立即在其上铺贴卷材	主要用于铺贴高聚物改性沥青卷材
3	热熔法	采用专用的火焰加热器，将热熔型卷材底面的热熔胶熔化而使卷材与基层或卷材与卷材之间进行粘结	用于SBS、APP改性沥青卷材的铺贴
4	自粘法	采用自粘型防水卷材，不需涂刷胶粘剂，只需将卷材表面的隔离纸撕去，即可靠其自粘胶实现卷材与基层或卷材与卷材之间的粘贴	适用于各种自粘型卷材的施工
5	焊接法	采用半自动化温控热熔焊机，手持温控热熔焊枪。或专用焊条对所铺卷材的接缝进行焊接铺设的施工方法，一般卷材基底仍应采用冷粘或自粘等方法	一般用于合成高分子防水卷材，如PVC、TPD等防水卷材
6	机械固定法	采用专用螺钉、垫片、压条及其他配件，将卷材固定在基层上的方法，但其接缝仍应用焊接法或冷粘法施工	一般用于沿海大风地区及大坡面和立面的合成高分子卷材铺设

卷材防水层粘贴工艺及适用条件 表14-24

工艺类别	做法	优缺点	适用条件
满粘法	又称全粘法，卷材铺贴时，基层上满涂胶粘剂，使卷材与基层全部粘结。热熔法、冷粘法均可采用此法	卷材与基层粘结牢固，防水性能较好，施工方便，易于操作，但若找平层湿度较大或屋面变形较大时，防水层易起鼓、开裂	适用于屋面面积较小、找平层干燥、屋面坡度较大或常有大风吹袭的屋面
空铺法	卷材与基层仅在四周一定宽度内粘结，其余部分不粘结。但在檐口、屋脊和屋面转角处及凸出屋面的连接处，卷材与找平层应满粘，其粘结宽度不小于800mm，卷材与卷材搭接缝应满粘，叠层铺贴时，卷材与卷材之间应满粘	能减小基层变形对防水层的影响，有利于解决防水层起鼓、开裂。 但由于防水层与基层不粘结，一旦渗漏，水会在防水层下窜流而不易找到漏点	适于基层有较大变形、振动等屋面或湿度大。找平层水气难以由排汽道排入大气的屋面或用于压埋法施工的屋面。 沿海大风地区不宜采用

续表

工艺类别	做法	优缺点	适用条件
条粘法	卷材与基层采用条状粘结，每幅卷材与基层粘结面不少于两条，每条宽度不小于 150mm。卷材与卷材搭接缝应满粘，叠层铺贴也满粘	由于卷材与基层有一部分不粘结，故增大了防水层适应基层的变形能力，有利于防止卷材起鼓、开裂。 操作比较复杂，部分地方减少一油。影响防水功能	适用于排汽屋面或基层有较大变形的屋面
点粘法	卷材与基层采用点状粘结，要求粘结 5 点/m^2，每点面积为 100mm×100mm，卷材之间仍满粘	增大了防水层适应基层变形的能力。 操作比较复杂	适用于排汽屋面或基层有较大变形的屋面

卷材防水铺贴方法 **表 14-25**

项次	铺贴方法	操作方法	适用范围
1	滚铺法	将成卷的卷材放到预设的位置上，然后沿弹线边滚转卷材边涂刷胶粘剂或边烘烤卷材进行粘结的方法。用于大面积满粘时，先铺大面，后粘结搭接缝	是一种传统的施工方法，容易保证质量。用于卷材与基层搭接缝一次铺贴
2	展铺法	将卷材展开平铺在基层上预设的位置，然后沿卷材周边掀起进行粘铺	主要用于条粘法铺贴卷材
3	抬铺法	先将卷材根据屋面细部节点或复杂部位的形状、尺寸剪好，并进行试铺，当其形状、尺寸合适后，再依照卷材具体的粘结方法铺贴	主要用于复杂部位或节点处，也适用于小面积铺贴

14.1.2.6 高聚物改性沥青防水卷材铺设

高聚物改性沥青防水卷材铺设方法要点 **表 14-26**

项次	项目	铺设方法要点
1	冷粘法	(1)冷粘法铺贴卷材一般操作工艺流程为：清理基层→涂刷基层处理剂→节点附加增强处理→定位、弹基准线→涂刷基层胶粘剂→粘贴卷材→卷材接缝粘贴→卷材接缝密封→蓄水试验→保护层施工→检查验收 (2)铺贴时，先在构造节点部位及周边扩大 200mm 范围内，均匀涂刷一层厚度不小于 1mm 的弹性沥青胶粘剂，随即粘贴一层聚酯纤维无纺布，并在布上再涂一层 1mm 厚的胶粘剂，构造成无接缝的增强层 (3)基层胶粘剂的涂刷可用胶皮刮板进行，要求涂刷均匀，不漏底、不堆积，厚度约为 0.5mm。采用空铺法、条粘法、点粘法应按规定的位置和面积涂刷胶粘剂 (4)胶粘剂涂刷后，应根据其性能控制涂刷与铺贴的间隔时间。一般由 2 人操作，1 人推赶铺贴卷材，展平压实排除卷材下面的空气，1 人手持压辊，辊压粘贴牢固。铺立面时，应从下面均匀用力往上赶推，使之粘结牢固 (5)卷材铺贴应做到平整顺直，搭接尺寸准确，不得扭曲、皱折。搭接部位的接缝应满涂胶粘剂，辊压粘结牢实，溢出的胶粘剂随即刮平封口 (6)接缝口应用密封材料封严，宽度不应小于 10mm
2	热熔法	(1)热熔法铺贴卷材一般操作工艺流程为：清理基层→涂刷基层处理剂→节点附加增强处理→定位、弹线→热熔铺贴卷材→搭接缝粘结→蓄水试验→保护层施工→检查验收 (2)铺前先清理基层上的隆起异物和表面灰尘，涂刷基层处理剂（一般采用溶剂型改性沥青防水涂料或橡胶改性沥青胶结料），要求涂刷均匀，厚薄一致，待干燥后，按设计节点构造图做好节点附加增强处理，干燥后再按规范要求排布卷材定位、划线，弹出基准线

续表

项次	项目	铺设方法要点
2	热熔法	(3)热熔粘贴时，应将卷材沥青膜底面朝下，对正粉线，用火焰喷枪对准卷材与基层的结合面，同时加热卷材与基层。喷枪头距加热面约50～100mm，当烘烤到沥青熔化，卷材表面熔融至光亮黑色，应立即滚铺卷材，并用胶皮压辊压密实，使排除卷材下面的空气，粘结牢固。如此边烘烤、边推压，当端头只剩下300mm左右时，将卷材翻放于隔板上加热，同时加热基层表面，粘贴卷材并压实 (4)卷材搭接时，先熔烧下层卷材上表面搭接宽度内的防粘隔离层，待溢出热熔的改性沥青，即应随即刮封接口，其操作方法与卷材和基层的粘结相同。当接缝处的卷材上有矿物粒或片材时，应用火焰烘烤并清除干净后再进行热熔和接缝处理 (5)铺贴卷材时应平整顺直，搭接尺寸准确，不得扭曲 (6)采用条粘法时，每幅卷材的每边粘贴宽度不应小于150mm
3	热粘法	(1)操作工艺流和细部构造处理等与冷粘法基本相同 (2)熔化热熔型改性沥青胶结料时，宜采用专用导热油炉加热，加热温度不应高于200℃，使用温度不宜低于180℃ (3)胶粘剂热熔后立即用刮板刮开、刮匀，不堆积、不漏底、厚度宜为1.0～1.5mm (4)铺贴卷材时，应随刮随滚铺，并应展平压实，避免斜铺、扭曲，同时应将卷材边挤出的多余胶粘剂刮去，仔细压紧刮平，赶出气泡封严，如发现铺好的卷材出现气泡，空鼓或翘边等情况，应随时处理
4	自粘法	(1)自粘法铺贴卷材一般操作工艺为：清理基层→涂刷基层处理剂→节点附加增强处理→定位、弹基准线→铺贴大面卷材→卷材封边→嵌缝→蓄水试验→检查验收 (2)清理基层，涂刷基层处理剂(稀释的乳化沥青或其他沥青防水涂料)，节点附加增强处理、定位、弹基准线等工序均同冷粘法和热熔法铺贴卷材 (3)铺贴卷材一般3人操作，1人撕纸，1人滚铺卷材，1人随后将卷材压实。铺时，应按基准线的位置，缓缓剥开卷材背面的防粘隔离纸，将卷材直接粘贴于基层上，随撕隔离纸，随将卷材向前滚铺。卷材应保持自然松弛状态，不得拉得过紧或过松，不得折皱，每铺好一段卷材，应立即用胶皮压辊压实粘牢 (4)卷材搭接部位宜用热风枪加热，加热后随即粘贴牢固，溢出的自粘胶随即刮平封口 (5)大面卷材铺贴完毕，所有卷材接缝处应用密封膏封严，宽度不应小于10mm (6)铺贴立面、大坡面卷材时，应采取加热后粘贴牢固 (7)采用浅色涂料做保护层时，应待卷材铺贴完成，并经检验合格，清扫干净后涂刷。涂层应与卷材粘结牢固，厚薄均匀，避免漏涂
5	自粘卷材湿铺法	(1)用扫帚、铁铲等工具将基层表面的灰尘、杂物清理干净，干燥的基面需预先洒水湿润，但不能残留积水 (2)自粘型高聚物改性沥青卷材湿铺法施工分别用水泥素浆滚铺法和水泥砂浆抬铺法。 (3)抹水泥(砂)浆其厚度视基层平整度情况而定，铺抹时应注意压实抹平，在阴角处应抹成半径为50mm以上的圆角，铺抹水泥(砂)浆的宽度比卷材的长、短边宜各宽出100～300mm，并在铺抹过程中注意保证平整度。 (4)阴阳角、变形缝、管道根、出入口等节点部位，应先做附加增强层 (5)大面铺贴宽幅PET防水卷材时，先揭除卷材下表面隔离膜，将PET防水卷材铺贴已抹水泥(砂)浆的基层上。第一幅卷材铺贴完毕后，再抹水泥(砂)浆，铺设第二层卷材，以此类推 (6)铺设后即用木抹子或橡胶板拍打卷材表面，提浆，排出卷材下表面的空气，使卷材与水泥(砂)浆紧密结合 (7)长、短边搭接粘结根据现场情况，可选择铺贴卷材时进行搭接粘结，或在水泥(砂)浆硬化具有足够强度时再进行搭接粘结。搭接时，将位于下层的卷材搭接部位的透明隔离膜揭起，将上层卷材平铺粘结在下层卷材上，卷材搭接宽度不小于60mm (8)卷材铺贴完毕后，卷材收头、管道包裹等部位，可用密封膏密封

续表

项次	项　目	铺设方法要点
6	质量要求	(1)防水卷材及其配套材料的质量,应符合设计要求 (2)卷材防水层不得有渗漏和积水现象 (3)卷材防水层在檐口、檐沟、水落口、泛水、变形缝和伸出屋面管道等的细部防水构造,应符合设计要求 (4)卷材的搭接缝应粘结牢固,密封严密,不得有扭曲、皱折和翘边,防水层收头应与基层粘结并固定牢固、封口严密,不得翘边 (5)防水层铺贴方向应正确,卷材搭接宽度应符合设计要求,允许偏差为－10mm

14.1.2.7　合成高分子防水卷材铺设

合成高分子防水卷材铺贴施工　　表 14-27

项次	项目	铺设方法要点
1	冷粘法铺贴卷材	(1)基层处理剂及胶粘剂的调配:基层处理剂与胶粘剂一般均由卷材生产厂家配套供应,或指定产品。对于单组分基层处理剂和胶粘剂,只需开桶搅拌均匀即可使用;双组分则必须严格按厂家提供的配合比和配制方法进行计量、掺合,搅拌均匀后才能使用。同时有些卷材与基层、卷材与卷材所使用的胶粘剂各不相同,使用时不得混用,以免影响粘结效果 (2)清理基层、涂刷基层处理剂、节点附加增强处理以及定位、弹线等要求与高聚物改性沥青防水卷材冷粘法基本相同,参见本章 14.1.2.6 节 (3)涂刷胶粘剂:基层按弹线位置涂刷,要求涂刷均匀,切忌在一处反复涂刷,以免将底胶“咬起”,形成凝胶而影响质量。条粘法、点粘法按规定位置和面积涂刷胶粘剂;同时将卷材平铺于施工面旁的基层上,用湿布揩去浮灰,划出长边和短边各不涂刷胶粘剂的部位,然后其余均涂刷胶粘剂,涂刷按一个方向进行,厚薄均匀,不露底,不堆积 (4)铺贴卷材:胶粘剂大多需待溶剂挥发一部分后才能铺贴,因此须控制好胶粘剂涂刷与卷材铺贴的间隔时间,一般要求涂刷的胶粘剂达到表干程度,通常为 10～30min,施工时以指触不粘手即可。操作工人将刷好胶粘剂并达到要求间隔时间的卷材抬起,使刷涂面朝下,将始端粘贴在定位线部位,然后沿基准线向前粘贴,并随即用胶辊用力向前、向两侧滚压,排除空气,使两者粘贴牢固,注意粘贴过程中卷材不得拉伸 (5)搭接缝粘结:卷材接缝宽度范围内(满粘法不小于 80mm、其他不小于 100mm)清理干净后用油漆刷蘸满接缝专用胶粘剂涂刷在卷材接缝部位的两个粘结面上,待间隔一定时间(一般 20～30min 左右),以指触不粘时即进行粘贴。粘贴从一端顺卷材长边方向至短边方向进行,用手持压辊滚压,使卷材粘牢。若采用胶粘带粘结时,粘合面清理干净,必要时,可涂刷与卷材和基层材性相容的基层处理剂,撕开胶粘带隔离纸后应及时予以粘合,并用压辊压实,低温施工时,宜采用热风机加热
2	机械固定和热风焊接法铺贴卷材	(1)清理基层,节点附加增强处理以及定位弹线等工序与冷粘贴施工要求相同 (2)铺放卷材:操作方法有如下两种: 1)空铺加点式固定法: 将卷材垂直于屋脊由上至下铺放平整,搭接部位尺寸要正确,并应排除卷材下面的空气,不得有皱折现象,在大面积上每 1m^2 有 5 个点用胶粘剂与基层粘结固定(每点胶粘面积约 400cm^2),以及檐口、屋脊和屋面转角处及突出屋面的连接处宽度不小于 800mm 范围内,均应用胶粘剂将卷材与基层满粘结固定 如不采用胶粘剂点粘固定,则应采用机械点固定法。机械点固定需沿卷材之间的搭接进行,间距不大于 600mm 用冲击钻将卷材与基层钻眼,埋入 ϕ60 的塑料膨胀塞,加垫片用自攻螺钉固定,然后固定点上用 ϕ100～ϕ150 卷材覆盖焊接,将该点密封。也可将该点放在下层卷材的焊缝边,再在上层与下层卷材焊接时将固定点包焊在内 2)空铺加覆盖法:

续表

项次	项目	铺设方法要点
		首先根据屋面尺寸，计算并裁剪好卷材，然后边铺卷材，边在铺好的卷材上覆盖砂浆，但要留出搭接缝的位置。覆盖层用 1∶2.5、20mm 厚的半硬性水泥砂浆一次压光，然后用250mm×250mm 的分块器压槽，在槽内填干砂，并对覆盖层进行覆盖养护 (3)搭接缝焊接：整个屋面卷材大面铺贴完毕后，将卷材焊缝处擦洗干净，用砂轮打毛，然后用温控热焊机进行焊接，应先焊长边搭接缝，后焊短边搭接缝，注意在焊接过程中，应控制加热温度和时间，焊接缝不得漏焊、跳焊或焊接不牢，也不能粘污焊条 (4)收头处理、密封：用水泥钉或膨胀螺栓固定铝合金压条压牢卷材收头，并用厚度不小于5mm 的油膏层将其封严，然后用砂浆覆盖，如坡度较大时应加设钢丝网。如有留槽部位，则可将卷材弯入槽内，加点固定，再用密封膏封闭，砂浆覆盖

注：1. 合成高分子防水卷材采用自粘法铺贴时，可参照高聚物改性沥青防水卷材自粘法铺贴要点。
2. 质量要求同高聚物改性沥青防水卷材质量要求。

14.1.2.8　排汽屋面构造及做法

排汽屋面构造及做法　　表 14-28

种　　类	构造做法	适用范围
保温层排汽屋面(图 14-11)	在保温层内与山墙平行每隔 1.2～2.0m 预留 30～80mm 宽排汽槽，内填干保温材料碎块，或不填，其上单边点贴 20～30cm 宽干油毡条。在檐口处设排汽孔与大气连通。当屋面跨度在 6m 以上时，除檐口外；另在屋脊或中部设排汽干道和排汽孔、排气帽或排汽窗(图 14-12)，间距 6m。排气孔以每 36cm^2 设置一个为宜，排汽道必须纵横贯通，不得堵塞，其上仍按一般方法满铺油，铺设卷材	当保温层含水率较大，干燥有困难，而又急需铺设屋面卷材时采用，以防止卷材出现鼓泡
找平层排汽屋面(图 14-13)	在砂浆找平层内每隔 1.5～2.0m，留 3cm 宽的排汽槽与檐口排汽孔连通，跨度较大时，在屋脊部位增设排汽干道和排汽帽。无找平层的大型屋面板(仅局部找平)，则在板接缝处作排汽槽和排汽孔(图 14-13)，上层各层卷材铺贴采用满铺油法	当砂浆找平层含水率较大，或无砂浆找平层屋面，在阴雨季节施工板面干燥有困难，而急需铺设卷材时采用
卷材排汽屋面(图 14-14)	卷材采取垂直屋脊铺贴。底层卷材采用空铺、花铺、条铺或半铺的撒油法铺贴第一层卷材。空铺系在卷材一边宽 20～30cm 及檐口、屋面转角、屋脊突出屋面的连接处 70～80cm 范围内满浇(刷)沥青玛𤧛脂与基层粘牢，利用卷材与基层之间的空隙作排汽支道，在屋脊部位沿屋脊在找平层内预留通长凹槽，其上干铺(一面点贴)一层 30cm 宽油毡条，或不做凹槽，仅加一油毡条带，作为防水层内的排汽干道，其上每隔 6m 安排汽帽或排汽窗。当平行屋脊铺设时，则先在板端缝干铺一层 30cm 宽油毡条，然后再用撒油法铺贴底层卷材，以沟通卷材排汽支道与屋脊干道的渠道，其上第二、三层卷材均按一般满铺油方法铺贴，卷材排汽屋面基层仍宜刷冷底子油一遍，为加快铺贴亦可在水泥砂浆找平层凝固初期满喷一道冷底子油，干燥后立即铺贴卷材	用于潮湿基层上或变形较大的屋面上铺设卷材，以防卷材鼓泡和开裂
打孔油毡排汽屋面(图 14-15)	系在屋面基层上先干铺一层打孔卷材，再在其上满油实铺卷材一层，做一油一砂保护层即可。在满铺上层卷材时，沥青玛𤧛脂通过穿孔形成一个一个沥青玛𤧛脂铆钉与基层均匀平整地粘牢(粘结面积可达到 12%～15%，抗风吸力为 450～490kPa)，未粘结部分形成彼此连通的排气道与板缝或找平层上预设的排汽槽、排汽孔(帽)相连，与大气连通。而在屋面边沿尽端以及与天窗、天沟、女儿墙交接处，多孔卷材仍实铺 20～30cm 宽(此部分不穿孔)。基层仍宜刷冷底子油一遍。打孔卷材的孔径为 20～30mm，纵横向孔中心距为100mm(每平方米 80～100 个)，可切成小块使用，用同直径钢管加工成反刃刀口并淬火，沾上煤油打孔，每次打 8～12 层，下垫木板，或采用打孔机打孔	本法除防止油毡起鼓外，还增加了油毡适应屋面变形的能力。适于潮湿基层和震动及温度变形较大的屋面上铺贴卷材

续表

种 类	构造做法	适用范围
架空找平层、双层屋面和呼吸层排汽屋面(图 14-16)	在屋面构造上设置架空的砖或预制板或双层屋面，以形成空气间层，并在女儿墙、檐口等处设排汽孔或在中部设排汽窗与外界大气连通，架空层高度宜为 100～300mm，架空板与女儿墙距离不宜小于 250mm。 呼吸层排汽屋面系在保温层底部设置一层用铝、铂等金属材料制成的呼吸层(即压力平衡层)与外界大气连通，使保温层中水分能较快得到扩散	适于屋面上设有架空隔热层的屋面上铺贴卷材；呼吸层排汽屋面用于保温层含水率大，干燥困难的基层上铺贴卷材

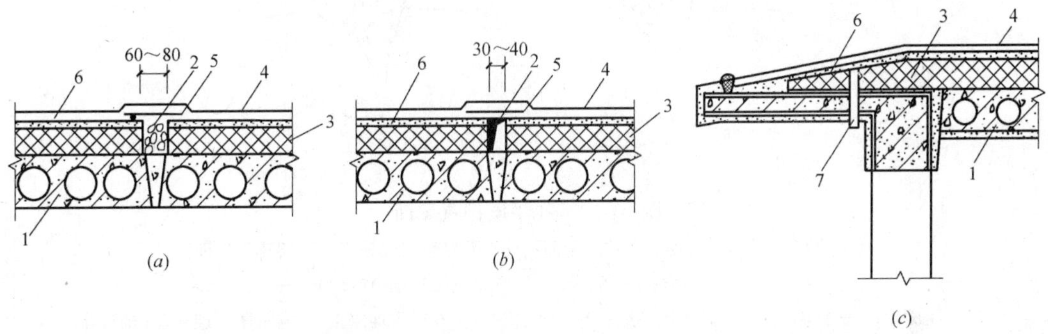

图 14-11 保温层排汽屋面

(*a*)、(*b*) 保温层排汽屋面；(*c*) 檐口排汽孔

1—屋面板；2—排汽槽；3—保温层；4—屋面卷材层；5—单边点贴油毡条 200～300mm 宽；6—砂浆找平层；7—排汽与大气连通

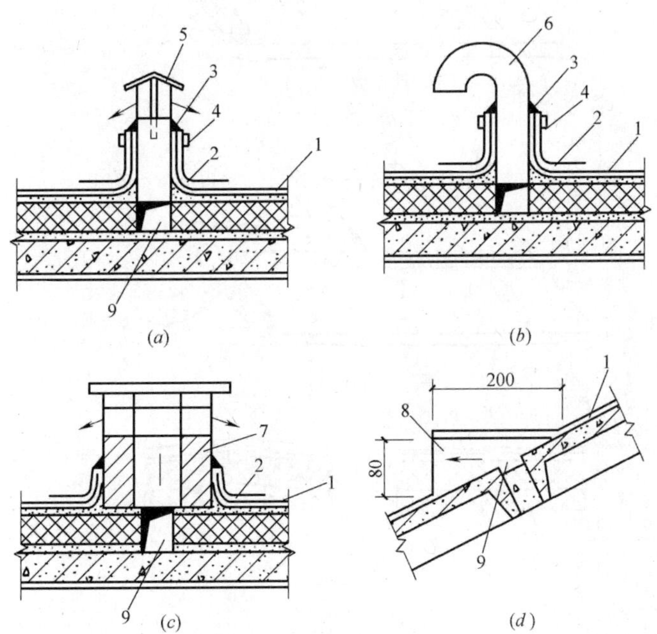

图 14-12 排汽帽、排汽窗构造

(*a*) 排汽帽；(*b*) 排汽管；(*c*) 砖砌排汽窗；(*d*) 薄钢板制排汽窗

1—防水层；2—附加层；3—密封材料；4—金属箍；5—排汽帽；6—排汽管；7—半砖砌排汽窗；8—薄钢板制半圆排汽窗上铺卷材；9—排汽槽

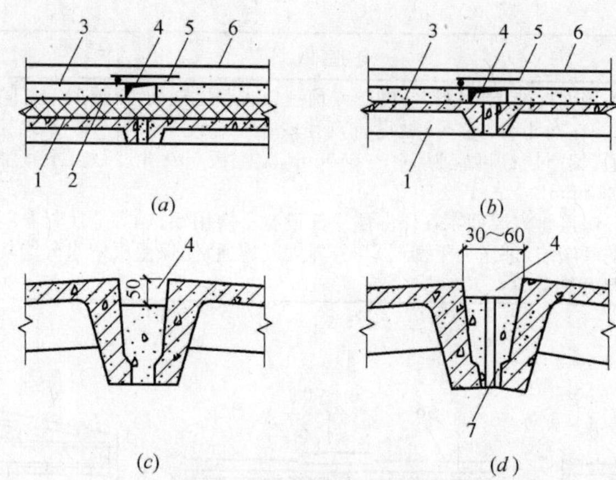

图 14-13　找平层排汽屋面

（a）有保温层的砂浆找平层排汽屋面；（b）无保温层的砂浆找平层排汽屋面；
（c）屋脊排汽槽；（d）屋脊排汽孔（洞口向内）
1—屋面板；2—保温层；3—砂浆找平层；4—排汽槽；5—卷材附加层；6—卷材防水层；7—排汽孔

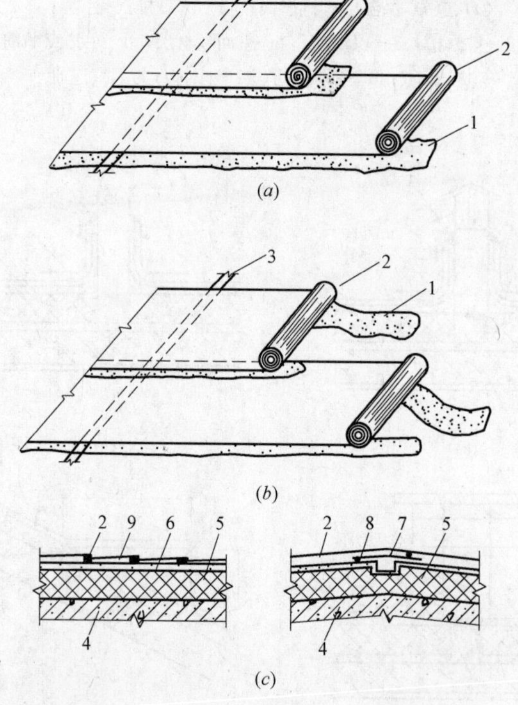

图 14-14　卷材排汽屋面

（a）空铺法；（b）花粘法；（c）卷材排汽构造
1—胶粘剂；2—第一层卷材；3—附加 200mm 宽卷材条；4—屋面板；5—保温层；
6—砂浆找平层；7—排汽干道；8—点贴卷材条；9—空铺

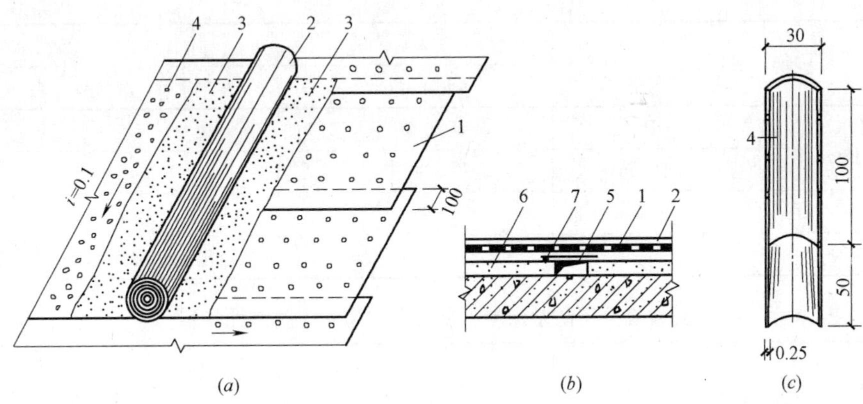

图 14-15 打孔油毡排汽屋面

(a) 打孔油毡排汽屋面；(b) 排汽槽；(c) 油毡打孔凿

1—底层干铺打孔油毡；2—屋面防水卷材；3—玛瑞脂；4—绿豆砂保护层；5—油毡排汽槽；6—砂浆找平层；7—附加油毡条

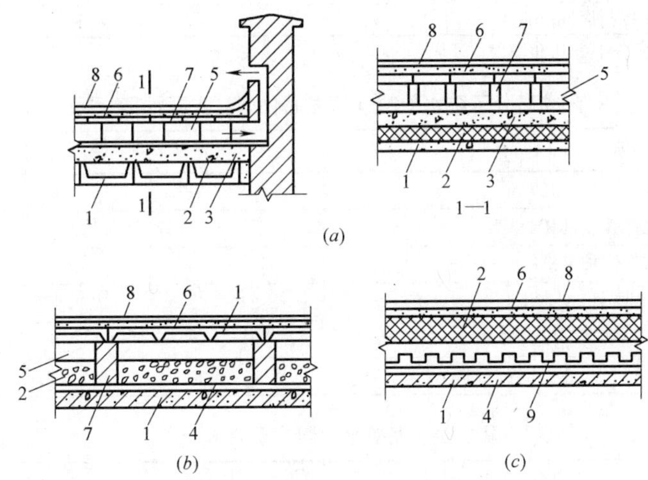

图 14-16 架空找平层、双层屋面和呼吸层排汽屋面

(a) 架空找平层排汽屋面；(b) 双层屋面排汽屋面；(c) 呼吸层排汽屋面

1—预制槽形板、空心板或平板；2—保温层；3—炉渣混凝土 500mm 厚；4—隔汽层；5—空气间层；6—砂浆找平层；7—砖或砖墩；8—卷材防水层；9—呼吸层

14.1.3 屋面涂膜防水

14.1.3.1 防水涂料和胎体增强材料主要性能指标

高聚物改性沥青防水涂料主要性能指标 表 14-29

项 目	指 标	
	水乳型	溶剂型
固体含量(%)	≥45	≥45
耐热性(80℃,5h)	无流淌、起泡、滑动	
低温柔性(℃,2h)	−15,无裂纹	−15,无裂纹

续表

项目		指标	
		水乳型	溶剂型
不透水性	压力(MPa)	≥0.1	≥0.2
	保持时间(min)	≥30	≥30
断裂伸长率(%)		≥600	—
抗裂性(mm)		—	基层裂缝0.3mm,涂膜无裂纹

合成高分子防水涂料（反应固化型）主要性能指标 表 14-30

项目		指标	
		Ⅰ类	Ⅱ类
固体含量(%)		单组分≥80;多组分≥92	
拉伸强度(MPa)		单组分,多组分≥1.9	单组分、多组分≥2.45
断裂伸长率(%)		单组分≥550;多组分≥450	单组分、多组分≥450
低温柔性(℃,2h)		单组分−40;多组分−35;无裂纹	
不透水性	压力(MPa)	≥0.3	
	保持时间(min)	≥30	

注：产品按拉伸性能分Ⅰ类和Ⅱ类。

合成高分子防水涂料（挥发固化型）主要性能指标 表 14-31

项目		指标
固体含量(%)		≥65
拉伸强度(MPa)		≥1.5
断裂伸长率(%)		≥300
低温柔性(℃,2h)		−20,无裂纹
不透水性	压力(MPa)	≥0.3
	保持时间(min)	≥30

聚合物水泥防水涂料主要性能指标 表 14-32

项目		指标
固体含量(%)		≥70
拉伸强度(MPa)		≥1.2
断裂伸长率(%)		≥200
低温柔性(℃,2h)		−10,无裂纹
不透水性	压力(MPa)	≥0.3
	保持时间(min)	≥30

胎体增强材料主要性能指标 表 14-33

项目		指标	
		聚酯无纺布	化纤无纺布
外观		均匀,无团状,平整无皱折	
拉力(N/50mm)	纵向	≥150	≥45
	横向	≥100	≥35

续表

项目		指标	
		聚酯无纺布	化纤无纺布
延伸率（%）	纵向	≥10	≥20
	横向	≥20	≥25

14.1.3.2 防水涂料和胎体增强材料的贮运、保管要求及进场应检验项目

防水涂料和胎体增强材料的贮运、保管要求及进场应检验项目　　表 14-34

项次	防水材料	贮运、保管要求	进场应检验项
1	防水涂料	(1)防水涂料包装容器应密封，容器表面应标明涂料名称、生产厂家、执行标准号、生产日期和产品有效期，并应分类存放 (2)反应型和水乳型涂料贮运和保管环境温度不宜低于5℃ (3)溶剂型涂料贮存和保管温度不宜低于0℃，并不得日晒、碰撞和渗漏；保管环境应干燥通风，并应远离火源、热源	(1)高聚物改性沥青防水涂料的固体含量、耐热性、低温柔性、不透水性、断裂伸长率或抗裂性 (2)合成高分子防水涂料和聚合物水泥防水涂料的固体含量、低温柔性、不透水性、拉伸强度、断裂伸长率
2	胎体增强材料	胎体增强材料贮运、保管环境应干燥、通风，并应远离火源、热源	胎体增强材料的拉力、延伸率

14.1.3.3 涂膜防水屋面细部构造做法

细部构造节点防水做法　　表 14-35

项次	项目	施工操作要点
1	天沟、檐沟	(1)檐沟和天沟的涂膜防水层下应增设附加层，附加层伸入屋面的宽度不应小于250mm(图14.2) (2)檐沟涂膜防水层和附加层应由沟底翻上至外侧顶部，涂膜收头应用防水涂料多遍涂刷 (3)檐沟外侧下端应做鹰嘴或滴水槽
2	檐口	(1)檐口的涂膜收头，应用防水涂料多遍涂刷，檐口下端应做鹰嘴和滴水槽(图14-17)。 (2)涂膜防水层有胎体增强材料时，胎体增强材料应在离檐口30～50mm处裁齐，并用密封材料封严，如有凹槽，应压入凹槽内，再用密封材料嵌严
3	女儿墙和山墙	(1)女儿墙和山墙泛水处的防水层下应增设附加层，附加层在平面和立面的宽度均不应小于250mm (2)低女儿墙的涂膜防水层可直接涂刷至压顶下，涂膜收头应用防水涂料多遍涂刷(图14-3) (3)高女儿墙泛水处的涂膜防水层泛水高度不应小于250mm，涂膜收头应用防水涂料多遍涂刷(图14-4)，泛水上部的墙体应做防水处理 (4)女儿墙泛水处的涂膜防水表面，宜采用涂刷浅色涂料或浇筑细石混凝土保护 (5)女儿墙和山墙压顶可采用混凝土或金属制品，压顶向内排水坡度不应小于5%，压顶内侧下端应做滴水处理
4	水落口	(1)水落口杯应牢固地固定在承重结构上，其埋设标高应根据附加层的厚度和排水坡度加大的尺寸确定(图14-5) (2)水落口周围直径500mm范围内坡度不应小于5%，防水层下应增设涂膜附加层 (3)防水层和附加层应伸入水落口杯内不应小于50mm，并应粘结牢固 (4)水落口可采用金属或塑料制品，水落口的金属配件应做防锈处理，水落口与基层接触处，应留10mm×10mm凹槽，并嵌填密封材料
5	变形缝	(1)变形缝泛水处的防水层下应增设附加层，附加层在平面和立面的宽度不应小于250mm，涂膜防水应涂刷至泛水墙的顶部 (2)变形缝内应预填不燃保温材料，上部应采用防水卷材封盖，并放置衬垫材料，再在其上干铺一层卷材 (3)等高变形缝顶部宜加扣混凝土或金属盖板(图14-6) (4)高低跨变形缝在立墙泛水处，应采用有足够变形能力的材料和构造做密封处理(图14-7)

续表

项次	项目	施工操作要点
6	伸出屋面管道	(1)管道周围的找平层应抹出高度不小于30mm的排水坡 (2)管道泛水处的涂膜防水层下应增设附加层，附加层在平面与立面的宽度均不应小于250mm(图14-8) (3)管道泛水处的涂膜防水层泛水高度不应小于250mm，涂膜泛水收头应用防水涂料多遍涂刷
7	屋面出入口	(1)屋面垂直出入口泛水处应增设附加层，附加层在平面和立面的宽度不应小于250mm，涂膜防水收头应在混凝土压顶圈下(图14-9) (2)屋面水平出入口泛水处应增设附加层和护墙，附加层在平面上的宽度不应小于250mm，涂膜防水层收头应压在混凝土踏步下(图14-10)
8	反梁过水孔	(1)应根据排水坡度留设反梁过水孔，图纸应注明孔底标高 (2)反梁过水孔宜采用预埋管道，其管径不得小于75mm (3)过水孔可采用防水涂料、密封材料防水。预埋管道两端周围与混凝土接触处应留凹槽，并应用密封材料嵌填密实
9	设施基座	(1)设施基座与结构层相连时，涂膜防水层应包裹设施基座的上部，并应在地脚螺栓周围做密封处理 (2)在防水层上放置设施基座时，设施基座下部应增设卷材附加层，必要时应在其上浇筑细石混凝土，其厚度不应小于50mm

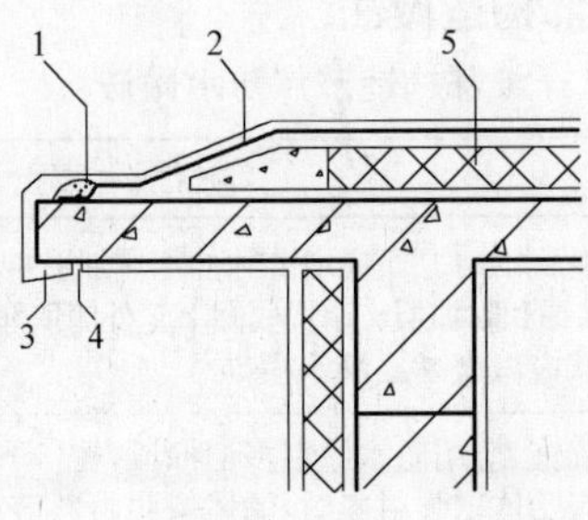

图14-17　涂膜防水屋面檐口

1—涂料多遍涂刷；2—涂膜防水层；3—鹰嘴；4—滴水槽；5—保温层

14.1.3.4　屋面涂膜防水层施工一般要求

屋面涂膜防水层施工一般要求　　表14-36

项次	项目	施　工　要　点
1	基层要求	(1)屋面板缝处理： 1)预制屋面板板缝清理干净，浇水湿润，灌注C20细石混凝土并插捣密实，板缝上部预留凹槽并嵌填密封材料，使粘结牢固，封闭严密(图14-18) 2)抹找平层时，分格缝应与板端缝对齐、顺直，并嵌填密封材料 3)涂膜施工时，板端缝部位空铺有胎体增强材料的附加层，宽度不小于100mm (2)屋面基层处理： 1)屋面基层要求平整、密实，不得有酥松、起砂、起皮和裂缝现象。如有裂缝，当裂缝宽<0.3mm时，可刮嵌密封材料，然后增强涂布防水涂料；当缝宽在0.3～0.5mm时，用密封材料刮缝，厚2mm，宽30mm，上铺塑料薄膜隔离条后，再增强涂布；当缝宽>0.5mm时，应将裂缝剔凿成V字形，缝中嵌填密封材料，再沿缝做100mm宽一布二涂增强层 2)屋面基层应洁净、干燥，干燥程度应视所选用的涂料特性而定，当采用溶剂型、热熔型和反应固化型防水涂料时，屋面基层应干燥、干净 3)对基层的要求应符合表14-22中防水卷材施工对基层的要求

续表

项次	项目	施 工 要 点
2	涂层厚度及干燥时间试验	(1)涂层厚度控制试验:涂层厚度(按设计要求或根据防水等级涂料品种按表14-2选用)是涂膜防水质量的关键之一,因此根据设计要求的每平方米涂料用量、涂料材性,事先试验确定每遍涂料的涂刷厚度、用量以及需要的涂刷遍数,作为正式施工时的依据 (2)涂刷间隔时间试验:每种涂料都有不同的干燥时间(表干和实干),因此,还应根据当时气候条件、环境温度等测定每遍涂料的间隔时间
3	一般规定	(1)涂膜防水主要运用于防水等级为Ⅱ级的屋面防水。也可用于Ⅰ级屋面多道防水中的一道防水层 (2)涂布时先立面后平面,涂布立面时宜采用刷涂法、涂布平面时宜采用刮涂法,大面积施工时应采用喷涂法,以提高工作效率,各种涂布方法及适用范围参见表14-37 (3)防水涂膜应分遍涂布,待先涂布的涂料干燥成膜后,方可涂布后一遍涂料,且前后两遍涂料的涂布方向应相互垂直 (4)需铺胎体增强材料时,当屋面坡度小于15%时,可平行屋脊铺设;当屋面坡度大于15%时,应垂直于屋脊铺设,并由屋面最低处向上进行。胎体增强材料长边搭接宽度不得小于50mm,短边搭接宽度不得小于70mm。采用二层胎体增强材料时,上下层不得垂直铺设,搭接缝应错开,其间距不应小于幅宽的1/3 (5)涂膜防水层的收头,应用防水涂料多遍涂刷,或用密封材料封严,封边宽度不宜小于10mm,如有胎体增强材料时,其收头应用金属压条钉压,用密封材料封固,收头也可压入凹槽内固定密封 (6)涂膜防水层在未做保护层前,不得在防水层上进行其他施工作业或直接堆放物品 (7)防水涂膜严禁在雨天、雪天施工;五级风及其以上时不得施工。溶剂型涂料施工环境气温宜为－5～35℃;水乳型、乳胶型和反应型涂料施工环境气温宜为5～35℃;热熔型涂料施工环境气温不宜低于－10℃;聚合物水泥防水涂料施工环境气温为5～35℃
4	涂料品种选择	(1)根据当地历年最高气温、最低气温、屋面坡度和使用条件等因素,应选择耐热性和低温柔性相适应的涂料 (2)根据地基变形程度、结构形式、当地年温差、日温差和振动等因素,应选择拉伸性能相适应的涂料 (3)根据屋面防水涂膜的暴露程度,应选择耐紫外线、热老化保持率相适应的涂料 (4)屋面排水坡度大于25%时,不宜采用干燥成膜时间过长的涂料
5	保护层施工	(1)当采用细砂、云母或蛭石等撒布材料做保护层时,应筛去粉料,在涂布最后一遍涂料时,应边涂布边撒布均匀,不得露底,然后进行滚压粘牢,待干燥后将多余的撒布材料清除 (2)当采用浅色涂料做保护层时,应待涂膜固化后进行涂布 (3)当采用水泥砂浆、块体材料或细石混凝土做保护层时,其做法应符合表14-20的要求
6	质量要求	(1)防水涂料和胎体增强材料的质量,应符合设计要求 (2)涂膜防水层不得有渗漏和积水现象 (3)涂膜防水层在檐口、檐沟、天沟、水落口、泛水、变形缝和伸出屋面管道的防水构造,应符合设计要求 (4)涂膜防水层的平均厚度应符合设计要求,且最小厚度不得小于设计厚度的80% (5)涂膜防水层与基层应粘结牢固,表面应平整,涂布应均匀,不得有流淌、皱折、起泡和露胎体等缺陷。涂膜防水层的收头应用防水涂料多遍涂刷。胎体增强材料应铺贴平整顺直,搭接尺寸准确,搭接宽度的允许偏差为－10mm

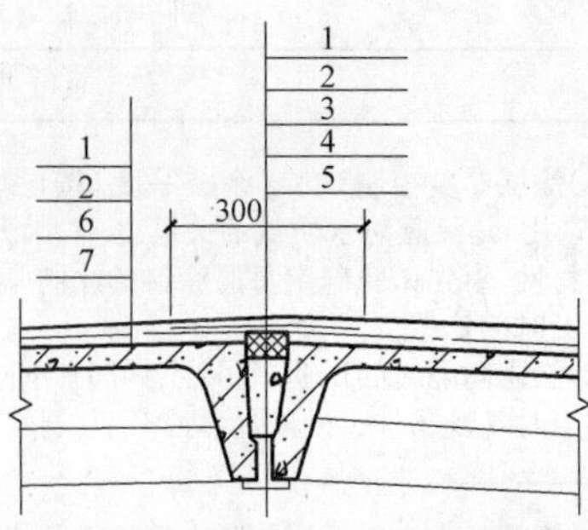

图 14-18　预制钢筋混凝土屋面板接缝处理

1—保护层；2—涂膜防水层；3—有胎体增强材料的附加层；4—嵌缝材料；5—C20 细石混凝土；6—砂浆找平层；7—预制钢筋混凝土屋面板

涂膜防水层涂布方法和适用范围　表 14-37

项次	涂布方法	操作要点	适用范围
1	刷涂法	(1) 一般用棕刷、长柄刷、圆滚刷蘸防水涂料进行涂刷。也可边倒涂料于基层上边用刷子刷开刷匀，但倒料时要控制涂料均匀倒洒。涂布立面时则采用蘸刷法 (2) 涂布应先立面、后平面，涂布采用分条或按顺序进行，分条时分条宽度应与胎体增强材料的宽度相一致。涂刷应在前一层涂层干燥后才可进行下一道涂层的涂刷，各道涂层之间的涂刷方向应相互垂直。涂层的接槎处，在每遍涂刷时应退槎 50～100mm，接槎时再超槎 50～100mm，以免接槎不严造成渗漏 (3) 在每遍涂刷前，应检查前一遍涂层是否有缺陷，如气泡，露底，漏刷，胎体增强材料皱折、翘边，杂物混入涂层等不良现象，如有则应先进行修补处理合格后，再进行下道涂层的涂刷 (4) 涂刷质量要求：涂膜厚薄一致，平整光滑，无明显接槎。同时不应出现流淌、皱折、漏底、刷花和气泡等弊病	用于涂刷立面和细部节点处理以及黏度较小的、高聚物改性沥青防水涂料和合成高分子防水涂料的小面积施工
2	刮涂法	(1) 利用橡皮刮刀、钢皮刮刀、油灰刀和牛角刀等工具将厚质防水涂料均匀地批刮于防水基层上 (2) 刮涂时，先将涂料倒在基层上，然后用力按刀，使刮刀与被刮面的倾角为 50°～60°，来回将涂料刮涂 1～2 次，不能往返多次，以免出现“皮干里不干”现象 (3) 涂层厚度控制采用预先在刮刀上固定钢丝或木条，或在基层上做好标志的方法，一般需刮涂 2～3 遍，每遍须待前一遍涂料完全干燥后方可进行，一般以脚踩不粘脚、不下陷（或下陷能回弹）为准，干燥时间不少于 12h，前后两遍刮涂方向应相互垂直 (4) 为加快进度，可采用分条间隔施工，分条宽度一般为0.8～1.0m，以便于刮涂操作，待先刮涂层干燥后，再刮涂空白处 (5) 刮涂质量要求：涂膜厚薄一致，不卷边，不漏刮，不露底，无气泡，表面平整无刮痕，无明显接槎	用于黏度较大的高聚物改性沥青防水涂料和合成高分子防水涂料聚合物水泥防水涂料在大面积上的施工

续表

项次	涂布方法	操作要点	适用范围
3	喷涂法	(1) 将涂料倒入贮料罐或供料桶中，利用压缩空气，通过喷枪将涂料均匀喷涂于基层上，其特点为涂膜质量好、工效高、劳动强度低，适于大面积作业。喷涂时，喷涂压力一般在 0.4～0.8MPa，喷枪移动速度一般为 400～600mm/min，且保持一致，喷枪头与被喷面的距离应控制在 400～600mm 左右。涂料出口应与被喷面垂直，喷枪移动时应与被喷面平行 (2) 喷涂行走路线可以是横向往返移动，也可以是竖向往返移动。喷枪移动范围一般直线 800～1000mm 后，拐弯 180°向后喷下一行 (3) 喷涂面搭接宽度一般应控制在喷涂宽度的 1/3～1/2，以使涂层厚度比较均匀一致。每层涂层一般要求两遍成活，且两遍互相垂直，每遍间隔时间由涂料的品种及喷涂厚度经试验而定 (4) 喷枪喷涂不到的地方，应用刷涂法刷涂，喷涂时涂料稠度要适中，太稠不便喷涂，太稀遮盖力差，影响涂层厚度，而且容易流淌 (5) 喷涂质量要求：涂膜应厚薄均匀，平整光滑，无明显接槎，不应出现露底、皱纹、起皮、针孔、气泡等弊病	用于黏度较小的高聚物改性沥青防水涂料和合成高分子防水涂料的大面积施工

14.1.3.5 高聚物改性沥青防水涂料施工

高聚物改性沥青防水涂料施工方法 **表 14-38**

项次	项目	施工要点
1	涂料冷涂刷施工	(1)高聚物改性沥青防水涂料可采用刷涂、刮涂和喷涂的施工方法，涂膜需多遍涂布，最上面一层的涂布厚度不应小于 1.0mm (2)涂料施工应先做好节点处理，再进行大面积涂布；屋面转角及立面的涂膜，应薄涂多遍，不得有流淌和堆积现象 (3)要求每遍涂刷必须待前遍涂膜实干后才能进行，否则涂料的底层水分或溶剂被封闭在上层涂膜下不能及时挥发，从而形不成有一定强度的防水膜，后一遍涂料涂刷时，容易将前一遍涂膜刷皱拉起而破坏，一旦遇雨，雨水渗入易冲刷或溶解涂膜层，破坏涂膜的整体性 (4)涂层厚度是影响涂膜防水层质量的关键，因此，应根据事先试验确定的每道涂料涂刷的厚度和材料用量以及每个涂层需要涂刷的遍数，如一布二涂，即先涂底层涂料，再加铺胎体增强材料，然后涂面层涂料，而且面层至少应涂刷 2 遍以上 (5)胎体增强材料是在涂刷第 2 遍或第 3 遍涂料时铺设。可采用湿铺法或干铺法铺贴。湿铺法就是在第 2 遍或第 3 遍涂料涂刷时，边倒料、边涂布、边铺贴胎体增强材料的操作方法，务必使胎体增强材料的网眼充满涂料，使上下两层涂料结合良好，在铺贴时，应将布幅的两边每隔 1.5～2.0m 间各剪一个 15mm 的小口，以利铺贴平整。湿铺法工序少，但技术要求高；干铺法就是在上道涂层干燥后，边干铺胎体增强材料、边在已展平的胎体增强材料表面上，用橡皮刮板均匀满刮一道涂料，也可在胎体增强材料展平后，先在边缘部位用涂料点粘固定后，然后在其上满刮涂料，使涂料浸入网眼渗透到下一层已固化的涂膜上而形成整体。因此，当渗透性较差的涂料与较密实的胎体增强材料配合使用时就不宜采用。干铺法适用于无大风情况的施工，能有效避免因胎体增强材料质地柔软，容易变形造成的铺贴不易展平，经常出现皱折、翘边或空鼓现象
2	涂料热熔刮涂施工	(1)涂料热熔刮涂方法适用于热熔型高聚物改性沥青防水涂料的施工。需要将涂料在熔化釜中加热至 190℃左右保温待用。该熔化釜采用带导热油的加热炉，涂料能均匀加热

续表

项次	项目	施工要点
		(2)将熔化的涂料倒在基面上后，要快速、准确地用带齿的刮板刮涂，刮板应略向刮涂前进方向倾斜，保持一定的倾斜角度平稳地向前刮涂并在涂料冷却前刮匀，否则涂料冷却后涂膜发黏，难以刮匀、刮平。 (3)涂料每遍涂刮的厚度控制在1～1.5mm。铺贴胎体增强材料时，应采用分条间隔施工，在涂料刮涂均匀后立即铺贴胎体增强材料，然后再刮涂第2遍涂料至设计厚度 (4)采用热熔型涂料与防水卷材复合使用时，可以边刮涂热熔涂料边铺贴防水卷材，在涂料的粘结下可以形成连续的涂膜—卷材复合防水层，既可以保证防水层的厚度，又可弥补卷材接缝易渗漏的问题，可在一定程度上消除结构层、找平层开裂产生的拉应力对防水层的破坏影响
3	涂料喷涂施工	涂料热喷涂施工法常用于高聚物改性沥青防水涂膜屋面，是将涂料加入加热容器中，加热至180～200℃，待全部熔化成流态后，启动沥青泵开始输送涂料并喷涂，具有施工速度快、涂层没有溶剂挥发等优点。但应注意安全，防止烫伤。喷涂设备由加热搅拌容器、沥青泵、输油管、喷枪等组成

14.1.3.6　合成高分子防水涂料施工

合成高分子防水涂料施工方法　　表14-39

项次	项目	施工要点
1	涂料刷涂法施工	(1)合成高分子防水涂料，可采用喷涂和刷涂的施工方法。大面积施工常采用喷涂法施工；面积较小及细部构造附加增强处理宜采用刷涂法 (2)配料和搅拌 1)单组分涂料：一般用铁桶或塑料桶包装，打开桶盖即可使用，但使用前应将桶内涂料反复滚动，以使桶内涂料混合均匀，达到浓度一致，或将桶内涂料倒入开口容器中用搅拌器搅拌均匀后使用 2)若为多组分涂料，则先各自搅拌均匀后，在容器中倒入主剂，然后倒入固化剂等，并立即搅拌3～5min，以颜色均匀一致为准，每次搅拌量不宜过多，以免时间过长发生凝聚或固化而无法使用 3)配料时，可加入适量的缓凝剂或促凝剂来调节固化时间，但不得混入已固化的涂料 (3)节点附加增强处理：天沟、檐沟、泛水等细部节点构造部位，应根据设计要求加做一布二涂附加增强层，水落口四周与檐沟交接处应先用密封材料密封，再加做二布三涂附加增强层，然后再大面积施工 (4)胎体增强材料可以选用单一品种，也可选用玻纤布与聚酯毡混合使用，混用时，应在上层采用玻纤布，下层采用聚酯毡。铺布时不宜拉伸过紧或过松，过紧涂膜会有较大收缩而产生裂纹，过松会出现皱折，极易使网眼中涂膜破碎 (5)涂膜涂刷可采用棕刷、长柄刷、圆滚刷、塑料或橡皮刮板等工具，涂布时先立面后平面，并应分条按顺序进行，分条宽度0.8～1.0m(与胎体增强材料宽度相一致)，以免操作人员踩坏刚涂好的涂层 (6)涂刷遍数、间隔时间、用量等，必须按事先试验确定的数据进行，总厚度应符合设计要求。在前一遍涂料干燥后，应将涂料上的灰尘、杂质消除干净，缺陷(如气泡、皱折、露底、翘边等)进行处理后，再进行下一遍涂料的涂刷。各遍涂料的涂刷方向应互相垂直，涂层之间的接槎，在每遍涂刷时应退槎50～100mm，接槎时也应超过50～100mm，避免在接槎处渗漏 (7)涂层间夹铺胎体增强材料时，宜在涂刷第二遍或第三遍时铺设，其涂层厚度不宜小于1mm，宜边涂刷边铺设胎体。胎体应铺贴平整，排除气泡，并与涂料粘结牢固，在胎体上涂布涂料时，应使涂料浸透胎体，覆盖完全，不得有胎体外露现象，最上面的涂层不应小于两遍，其厚度不应小于0.5mm
2	涂料冷喷涂施工	(1)涂料冷喷涂施工工艺是将黏度较小的防水涂料放置于密封容器中，通过齿轮泵或空压泵，将涂料从容器中泵出，经输送管互喷枪处，均匀喷涂于基面，形成一层均匀，质密的防水膜，其特点是速度快、工效高，适于各种屋面，大面积屋面广泛采用

续表

项次	项目	施工要点
		(2)施工前应对施工区域内不施工部位及现场周围所涉及的非喷涂区域，应用防护布进行遮挡处理。对工作区域所留的预埋件进行封套处理；对处于下风口部位，遮挡高度应不低于1.8m，以免喷涂施工时物料飞溅，污染墙体或其他成品 (3)喷涂施工区域环境温度为5～35℃，相对湿度在10%～90%之间为宜，混凝土表面温度不应低于2℃。不宜在强太阳、大风或恶劣环境条件下施工。喷涂作业区不得有其他2种交叉施工，特别是相邻区域不得有粉尘污染 (4)根据涂料品种选用相应的专用的底涂料对混凝土基面进行封闭处理，以封闭混凝土基面表面毛细孔中的空气和水分，避免涂料层施工后出现鼓泡和针孔现象；封闭涂料还可以起到胶粘剂的作用，提高涂层与混凝土基层的附着力，封闭涂料应选用黏度较低的涂料，以保证其充分的渗透性 (5)天沟、檐口、泛水等细部节点在喷涂或刷涂封闭涂料后，进行一布二涂或二布三涂的附加增强处理，然后再大面积喷涂。 (6)开泵后对设备进行调试并试喷，符合要求后再进行正式喷涂 (7)喷涂施工时预先划好区域，逐区域完成。喷涂时操作人员应左右移动喷枪，边操作边后退，每一喷涂幅宽应覆盖上一喷涂幅宽50%，下一遍喷涂方向应与上一遍喷涂方向相垂直，每层涂层一般要求至少两遍成活，每遍涂层间隔时间和厚度，由涂料的品种经事先试喷确定 (8)平面喷涂时，除注意每遍搭接宽度和喷涂方向外，还应注意操作人员的移动速度和喷枪与基层的距离，这是喷涂后涂层是否厚薄均匀的关键。喷涂进行中，应及时清理基层上二次污染的渣物等，在每一遍喷涂完成后，应立即进行检查，对凸出表面的杂质，用壁纸刀割除，对针孔和缝隙引起的凹陷，应用快速固化封堵材料填平 (9)垂直面喷涂时，在平面喷涂要求的基础上要注意每次喷涂不能太厚，以防止因材料不均匀产生“流挂”。为达到表面平整、均匀，应通过喷枪、混合室和喷嘴的不同组合控制，也可以通过控制喷枪的移动速度来控制

14.1.3.7 聚合物水泥防水涂料防水施工

聚合物水泥防水涂料防水施工 **表14-40**

项次	项目	施工要点
1	组成及适用范围	(1)聚合物水泥防水涂料(简称JS防水涂料)是以聚丙烯酸乳液、乙烯-醋酸乙烯酯共聚乳液和各种添加剂组成的有机液料，再与高铁高铝水泥、石英砂及各种添加剂组成的无机粉料制成的双组分的水性涂料 (2)聚合物水泥防水涂料适用于坡屋面防水层及非暴露型屋面防水施工
2	优缺点	(1)聚合物水泥防水涂料可在潮湿基层上施工，不受含水率限制，可缩短施工工期，具有较高的抗粒强度和延伸率，对基层有微小裂缝的适应性强，涂层坚韧、柔韧性好、粘结力强，涂膜与基层粘结牢固，不论在平面、斜面或立面及各种基层上，均有良好的粘结效果。 (2)涂料为乳白色，可在涂料中掺入各种中性，无机颜料配制成彩色涂料后，可做彩色屋面，具有施工工艺简单、易操作、能保证工程质量等优点
3	涂料涂布	(1)配料：聚合物水泥防水涂料施工应用Ⅰ型材，不得使用Ⅱ型材。Ⅰ型材各涂层的配合比见表14-41。配料时将液料、粉料和水依次加入塑料桶内；用电动搅拌器搅拌均匀，直至料中不含团粒 (2)附加层铺贴：先涂一道JS防水涂料，再铺一层聚酯无纺布或低碱玻纤网格布，无纺布宽度不应小于300mm，搭接宽度不应小于100mm，然后再在其上涂一道JS防水涂料 (3)涂刷防水涂料：聚合物防水涂料应分层涂刷，即底层、下层、中层及面层，每层涂料须待下层涂料干燥后方可涂刷上层涂料。底层涂料应用滚刷涂刷均匀、不漏底，下层、中层及面层涂料应用滚刷均匀涂刷，前后两层涂刷方向应相互垂直。需铺设胎体增强材料时，应由内向外、先立面后平面的顺序铺贴，边铺边用滚刷铺平，使其均匀地贴附于涂层上，不得用力拉扯，面层可多刷一遍或几遍，直至达到设计要求的涂膜厚度 (4)涂膜收头：应用该涂料多遍涂刷或用密封材料封严 (5)聚合物防水涂料与卷材复合使用时，涂料防水层宜设在卷材防水层下面。其他操作要求参见涂膜防水层施工

JS防水涂料（Ⅰ型）各涂层配合比　表14-41

涂层类别	重量配合比	涂层类别	重量配合比
底层涂料	液料：粉料：水＝10：(7～10)：14	中层涂料	液料：粉料：水＝10：(7～10)：(0～2)
下层涂料	液料：粉料：水＝10：(7～10)：(0～2)	面层涂料	液料：粉料：水＝10：(7～10)：(0～2)

14.1.4　复合防水屋面施工

复合防水屋面施工　表14-42

组　成	材料要求	施　工　要　点
复合防水屋面是指采用彼此相容的两种或两种以上的防水材料复合组成一道防水层的屋面形成，复合防水层一般采用防水卷材和防水涂膜复合使用，从而充分利用各种材料在性能上的优势互补，提高防水质量，在节点部位使用，其优越性更为明显 目前常用的复合形式有：两种不同性能涂膜的复合，涂膜与卷材的复合，两种不同性能卷材的复合等	无论采用何种形式，每一防水层的厚度都必须达到设计要求，才能保证其能够形成一个独立的防水层，卷材与涂膜复合使用时，涂膜防水层应设置在卷材防水层的下面，且卷材与涂料其材性必须相容 防水卷材与防水涂料的粘结剥离强度应符合下列规定： (1)高聚物改性沥青防水卷材与高聚物改性沥青防水涂料不应小于8N/10mm (2)合成高分子防水卷材与合成高分子防水涂料应不小于15N/10mm，浸水168h后保持率不应小于70% (3)自粘橡胶沥青防水卷材与合成高分子防水涂料不应小于8N/10mm	复合防水层施工时，卷材防水层施工应符合14.1.2节的有关规定。涂膜防水层施工应符合14.1.3节的有关规定。复合屋面施工时还应注意： (1)基层的处理及质量应满足底层防水层的施工要求 (2)不同胎体和性能的卷材复合使用时，或夹铺不同胎体增强材料的涂膜复合使用时，高性能的防水层应作为面层 (3)不同防水材料复合使用时，耐老化，耐穿刺的防水材料应设置在最上面 (4)防水涂料作为防水卷材粘结材料使用时，应按复合防水层整体验收，否则应分别按涂膜防水层和卷材防水层验收 (5)复合防水层的厚度应符合设计要求，且每层最小厚度不宜低于表14-2的规定 (6)挥发固化型防水涂料不得作为防水卷材粘结材料使用；水乳型或合成高分子类防水涂料不得与热熔型防水卷材复合使用；水乳型或水泥基类防水涂料应待涂膜实干后，方可铺贴卷材

14.1.5　屋面接缝密封防水

14.1.5.1　接缝密封材料主要性能指标

改性石油沥青密封材料物理性能　表14-43

项次	项　目		性能要求 Ⅰ	性能要求 Ⅱ
1	耐热度	温度（℃）	70	80
		下垂直（mm）	≤4.0	
2	低温柔性	温度（℃）	−20	−10
		粘结状态	无裂纹和剥离现象	
3	拉伸粘结性（%）		≥125	
4	浸水后拉伸粘结性（%）		≥125	
5	挥发性（%）		≤2.8	
6	施工度（mm）		≥22.0	≥20.0

注：改性石油沥青密封材料按耐热度和低温柔性分为Ⅰ类和Ⅱ类。

合成高分子密封材料物理性能 表 14-44

项次	项目		技术指标						
			25LM	25HM	20LM	20HM	12.5E	12.5P	7.5P
1	拉伸模量(MPa)	23℃−20℃	≤0.4 和 ≤0.6	>0.4 或 >0.6	≤0.4 和 ≤0.6	>0.4 或 >0.6	—	—	—
2	定伸粘结性		无破坏					—	
3	浸水后定伸粘结性		无破坏					—	
4	热压冷拉后粘结性		无破坏					—	
5	拉伸压缩后粘结性		—					无破坏	
6	断裂伸长率(%)		—					≥100	≥20
7	浸水后断裂伸长率(%)		—					≥100	≥20

注:合成高分子密封材料按位移能力分为 25、20、12.5、7.5 四个级别,25 级别和 20 级别密封材料按拉伸模量分为低模量(LM)和高模量(HM)两个次级别,12.5 级密封材料按弹性恢复率分为弹性(E)和塑性(P)两个次级别。

14.1.5.2 密封材料的贮运、保管要求及进场应检验项目

密封材料的贮运、保管要求及进场应检验项目 表 14-45

项次	项目	施工要点
1	贮运、保管要求	(1)运输时应防止日晒、雨淋、撞击、挤压 (2)贮运、保管环境应通风、干燥、防止日光直接照射,并远离火源、热源;乳胶型密封材料在冬季时应采取防冻措施 (3)密封材料应按类别、规格分别存放
2	进场检验项目	(1)改性石油沥青密封材料的耐热性、低温柔性、拉伸粘结性、施工性 (2)合成高分子密封材料的拉伸模量、断裂伸长率、定伸粘结性

14.1.5.3 屋面接缝密封材料嵌缝防水施工

屋面接缝密封材料嵌缝施工 表 14-46

材料要求	施工准备	施工要点
(1)密封材料:常用的有改性沥青密封材料和合成高分子密封材料,其物理性质指标见表 14-43、表 14-44。设计时可按表 14-47 选用 (2)背衬材料:常选用聚乙烯闭孔泡沫体和沥青麻丝。其作用是控制密封膏嵌入深度,确保两面粘结,从而使密封材料有较大的自由伸缩,提高变形能力。背衬材料应大于接缝宽度 20%,嵌入深度为密封材料的设计深度 (3)隔离条:一般有四氟乙烯条、硅酮条、聚酯条、氯乙烯条和聚乙烯泡沫条等,其作用与背衬材料基本相同,主要用于接缝深度较浅的地方,如檐口、泛水卷材收头、金属管道根部等节点处 (4)防污条:要求黏性恰当,其作用是保持粘结物不对界面两边造成污染 (5)基层处理剂:一般与密封材料配套供应	(1)根据密封材料的种类、施工方法选用施工机具 (2)按设计要求选择密封材料、背衬材料、隔离条和防污条等,并按规定抽样复试 (3)施工环境温度:改性沥青密封材料和溶剂型合成高分子密封材料宜为 0~35℃,乳胶型及反应型合成高分子密封材料宜为 5~35℃,遇有雨雪及五级风以上天气不得施工 (4)缝槽应清洁、干燥,表面应密实、牢固、平整,否则应予以清洗和修整 (5)用直尺检查接缝的宽度和深度,必须符合设计要求,一般接缝的宽度和深度的允许范围见表 14-48,如尺寸不符合要求应进行修整	(1)嵌填背衬材料:先将背衬材料加工成与接缝宽度和深度相符合的形状(或选购多种规格),然后将其压入到接缝里,如图 14-19 所示 (2)铺设防污条:粘贴要成直线,保持密封膏线条美观 (3)涂刷基层处理剂:单组分基层处理剂摇匀后即可使用,双组分的须按产品说明书配合比用机械搅拌均匀,一般搅拌 10mm。用刷子将接缝周边涂刷薄薄一层,要求刷匀,不得漏涂和出现气泡、斑点,表干后应立即嵌填密封材料,表干时间一般为 20~60min,如超过 24h 应重新涂刷 (4)嵌填密封材料:按施工方法分为热灌法和冷嵌法两种,其施工方法及适用条件见表 14-49。热灌时应从低处开始向上连续进行,先灌垂直屋脊板缝,遇纵横交叉时,应向平行屋脊的板缝两端各延伸 150mm,并留成斜槎。灌缝一般宜分二次进行,第一次先灌缝深的 1/3~1/2,用竹片或木片将油膏沿缝两边反复抹擦,使之不露白槎,第二次灌满并略高出板面和板缝两侧各 20mm。密封材料嵌填完毕但未干前,用刮刀用力将其压平与修整,并立即揭去遮挡条,养护 2~3d,养护期间不得碰损或污染密封材料 (5)保护层施工:密封材料表干后,按设计要求做表面保护层。如设计无规定时,可用密封材料稀释做一布二涂的涂膜保护层,宽度 200~300mm

屋面接缝密封防水材料选择　　表 14-47

接缝种类	密封部位	密封材料
位移接缝	混凝土面层分格缝	改性石油沥青密封材料、合成高分子密封材料
	块体面层分格缝	改性石油沥青密封材料、合成高分子密封材料
非位移接缝	高聚物改性沥青卷材收头	改性石油沥青密封材料
	合成高分子卷材收头及接缝封边	合成高分子密封材料
	混凝土基层固定件周边接缝	改性石油沥青密封材料、合成高分子密封材料
	混凝土构件间接缝	改性石油沥青密封材料、合成高分子密封材料

接缝尺寸的允许范围　　表 14-48

现有接缝间距（m）	最小缝宽（mm）	嵌缝深度（mm）	现有接缝间距（m）	最小缝宽（mm）	嵌缝深度（mm）
0～2.0	10	8±2	5.0～6.5	25	15±3
2.0～3.5	15	10±2	6.5～8.0	30	15±3
3.5～5.0	20	12±2			

接缝密封施工方法和适用条件　　表 14-49

项次	施工方法		做法	适用条件
1	热灌法		采用塑化炉加热，将锅内材料加温，使其熔化，加热温度为110～130℃，然后用灌缝车或鸭嘴壶将密封材料灌入缝中，浇灌时温度不宜低于110℃	适用于平面接缝的密封处理
2	冷嵌法	批刮法	密封材料不需加热，手工嵌填时可用腻子刀或刮刀将密封材料分次批刮到缝槽两侧的粘结面，然后将密封材料填满整个接缝	适用于平面或立面及节点接缝的密封处理
		挤出法	可采用专用的挤出枪，并根据接缝的宽度选用合适的枪嘴，将密封材料挤入接缝内。若采用管装密封材料时，可将包装筒塑料嘴斜向切开作为枪嘴，将密封材料挤入接缝内	适用于平面或立面及节点接缝的密封处理

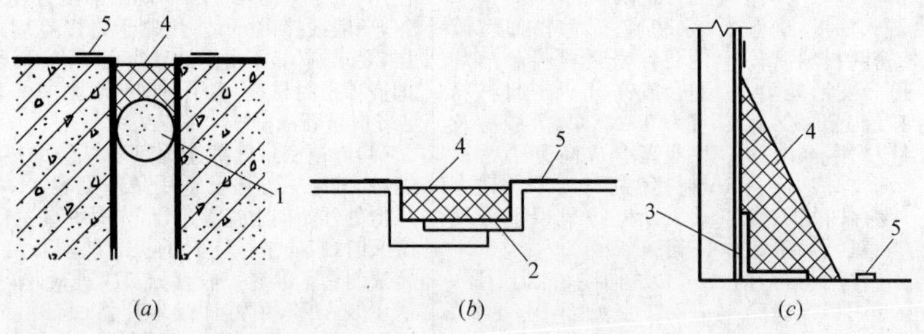

图 14-19　背衬材料的嵌填

（a）圆形背衬材料；（b）扁平隔离垫层；（c）三角形接缝“L”形隔离条

1—圆形背衬材料；2—扁平隔离条；3—“L”形隔离条；

4—密封材料；5—遮挡防污胶条

14.1.6 屋面瓦材防水

14.1.6.1 屋面平瓦防水

平瓦屋面防水施工方法 表 14-50

项次	项目	施 工 要 点
1	一般规定	(1)瓦屋面防水等级和防水做法应符合表 14-1 的规定 (2)平瓦屋面的排水坡度不应小于 30%。当屋面坡度大于 100%时以及大风和抗震设防烈度为 7 度以上的地区，应采取加强瓦材固定等防止瓦材下滑的措施；严寒及寒冷地区，檐口部位应采取防止冰雪融化下坠和冰坝形成等措施 (3)平瓦屋面与山墙及突出屋面结构的交接处，均应做不小于 250mm 高的泛水处理 (4)屋面板可为钢筋混凝土板、木板或增强纤维板 (5)采用木基层时．木望板、顺水条、挂瓦条等，均应做防腐、防火和防蛀处理；采用的金属顺水条、挂瓦条，均应做防锈蚀处理 (6)平瓦应采用干法挂瓦，瓦与屋面基层应固定牢靠 (7)平瓦屋面严禁在雨天、雪天施工，五级风及其以上时不得施工 (8)屋面坡度大于 30%时，屋面施工应采取防滑措施
2	材料要求	(1)平瓦主要有黏土平瓦(亦称烧结瓦，其规格及主要规格尺寸见表 14-51)、水泥平瓦(亦称混凝土瓦)和其他各地就地取材的炉渣平瓦、煤矸石平瓦等。平瓦屋面由平瓦和脊瓦组成，平瓦用于铺盖坡面，脊瓦用于铺盖屋脊。烧结瓦和混凝土瓦主要性能指标应符合表 14-52 和表 14-53的要求 (2)平瓦及其脊瓦应边缘整齐，表面光洁，不得有分层、裂纹和露砂等缺陷，平瓦的瓦爪和瓦槽尺寸应准确 (3)木质屋面板、顺水条和挂瓦条应采用等级为Ⅰ级或Ⅱ级的木材，含水率不应大于 18%。木望板的厚度：定向刨花板时为≥11.0mm，结构胶合板时为≥9.5mm，普通木板时为≥20.0mm；顺水条断面尺寸为 40mm×20mm；挂瓦条断面尺寸为 30mm×30mm (4)防水垫层宜采用自粘聚合物沥青防水垫层、聚合物改性沥青防水垫层，其最小厚度和搭接宽度应符合表 14-54 的规定 (5)瓦材为易碎材料，在包装、运输、存放时，应注意瓦材的完整性。每块瓦均应用草绳花缠出厂；搬运要轻拿轻放，不得碰撞、抛扔；堆放应整齐，平瓦侧放靠紧，堆放高度不超过 5 层，脊瓦呈人字形堆放 (6)平瓦进场后应抽样复验，检验项目为：抗冻性能、吸水率、抗渗性能
3	施工要求	(1)屋面无保温层时，木基层或钢筋混凝土基层可视为持钉层；钢筋混凝土基层不平整时，宜用 1：2.5 水泥砂浆进行找平 (2)屋面有保温层时，保温层上应按设计要求做细石混凝土持钉层，内配钢筋网应跨骑屋脊，并应绷直，与屋脊和檐口、檐沟部位的预埋锚筋连牢；预埋锚筋穿过防水层或防水垫层时，破损处应进行局部密封处理 (3)防水层或防水垫层可采用空铺或满粘铺设，必要时进行机械固定，要求铺设平整，铺设顺序正确，封装严密，搭接宽度不允许负偏差 (4)平瓦铺装的有关尺寸应符合下列规定： 1)瓦屋面檐口挑出墙面的长度不宜小于 300mm 2)脊瓦在两坡面瓦上的搭盖宽度，每边不应小于 40mm 3)脊瓦下端距坡面瓦的高度不宜大于 80mm 4)瓦头伸入檐沟、天沟内的长度宜为 50～70mm 5)金属檐沟、天沟伸入瓦内的宽度不应小于 150mm 6)瓦头挑出檐口的长度宜为 50～70mm 7)突出屋面结构的侧面瓦伸入泛水的宽度不应小于 50mm
4	细部构造节点做法	(1)平瓦屋面的瓦头挑出檐口的长度宜为 50～70mm(图 14-20、图 14-21) (2)檐沟和天沟防水层下应增设附加层，附加层伸入屋面的宽度不应小于 500mm；檐沟和天沟防水层伸入瓦内的宽度不应小于 150mm，并应与防水层或防水垫层顺流水方向搭接；檐沟防水层和附加层应由沟底翻上至外侧顶部，卷材收头应用金属压条钉压，并应用密封材料封严；涂膜收头应用防水涂料多边涂刷；平瓦伸入檐沟、无沟内的长度，宜为 50～70mm(图 14-22)

续表

项次	项目	施工要点
		(3)烟囱泛水处的防水层或防水垫层下应增设附加层，附加层在平面和立面的宽度不应小于250mm(图14-23)，屋面烟囱泛水应采用聚合物水泥砂浆抹成；烟囱与屋面的交接处，应在迎水面中部抹出分水线，并应高出两侧各30mm (4)平瓦屋面山墙泛水应采用聚合物水泥砂浆抹成侧面瓦伸入泛水的宽度不应小于50mm(图14-24) (5)平瓦屋面的屋脊处应增设宽度不小于250mm的卷材附加层；脊瓦下端距坡面瓦的高度不宜大于80mm，脊瓦在两坡面上的搭接宽度，每边不应小于40mm；脊瓦与坡面瓦之间的缝隙应采用聚合物水泥砂浆填实抹平(图14-25) (6)平瓦与屋顶窗交接处，应采用金属排水板、窗框固定铁脚、窗口附加防水卷材、支瓦条等连接(图14-26)
5	平瓦铺设	(1)防水垫层应顺流水方向搭接，搭接宽度应符合表14-54的规定；防水垫层应铺设平整，下道工序施工时，不得损坏已铺好的垫层 (2)钉顺水条：顺水条应顺流水方向固定，间距不宜大于500mm，顺水条应铺钉牢固、平整 (3)钉挂瓦条：钉挂瓦条时应拉通线，间距应根据瓦片尺寸和屋面坡长经计算确定，挂瓦条应铺钉牢固、平整，上棱应成一直线 (4)铺瓦：瓦片应均匀分散堆放在两坡屋面基层上，严禁集中堆放。铺瓦时，应由两坡从下向上同时对称铺设。屋面端头用半瓦错缝，靠近屋脊处的第一排瓦应用聚合物水泥砂浆窝牢。整坡瓦面要求铺成整齐的行列，彼此紧密搭接，并应瓦榫落槽、瓦脚挂牢、瓦头排齐，且无翘角和张口现象，檐口应成一直线 (5)脊瓦搭盖间距应均匀，脊瓦与坡面瓦之间的缝隙应用聚合物水泥砂浆填实抹平。平脊与斜脊的交接处要用聚合物水泥砂浆封严，如为彩色瓦时，外露的封口砂浆要用相近颜色的涂料抹涂，以保持色泽一致 (6)斜脊、斜沟铺设时应拉通长麻线，先将整瓦挂上，沟瓦要求搭盖泛水宽度不小于150mm，弹出墨线，编好号码，将多余的瓦面锯去，保证锯边平直，然后按号码次序重新挂上；斜脊处的平瓦也按上述方法挂上，保证脊瓦搭接平瓦每边不小于40mm。铺好的平脊和斜脊应平直，无起伏现象 (7)沿山墙一行瓦宜用聚合物水泥砂浆做出披水线 (8)钉檐口条或封檐板时，均应高出挂瓦条20～30mm (9)平瓦屋面完工后，应避免屋面受物体冲击，严禁任意上人或堆放物件
6	质量要求	(1)瓦材及防水垫层的质量，应符合设计要求 (2)烧结瓦、混凝土瓦屋面不得有渗漏现象 (3)瓦片必须铺置牢固，在大风及地震设防地区或屋面坡度大于100%时，应按设计要求采取固定加强措施 (4)挂瓦条应分档均匀，铺钉应平整、牢固；瓦面应平整，行列应整齐，搭接应紧密，檐口应平直。脊瓦应搭盖正确，间距应均匀，封固应严密；正脊和斜脊应顺直，应无起伏现象

烧结瓦的规格及主要规格尺寸（mm）　　**表14-51**

<table>
<tr><th rowspan="3">产品类别</th><th rowspan="3">规格</th><th colspan="8">基本尺寸</th></tr>
<tr><th rowspan="2">厚度</th><th>瓦槽</th><th>边筋</th><th colspan="2">搭接部分长度</th><th colspan="3">瓦爪</th></tr>
<tr><th>深度</th><th>高度</th><th>头尾</th><th>内外槽</th><th>压制瓦</th><th>挤出瓦</th><th>后爪有效高度</th></tr>
<tr><td>平瓦</td><td>400×240
～
360×230</td><td>10～20</td><td>≥10</td><td>≥3</td><td>50～70</td><td>25～40</td><td>具有四个瓦爪</td><td>保证四个后爪</td><td>≥5</td></tr>
<tr><td rowspan="2">脊瓦</td><td rowspan="2">L≥300
b≥180</td><td>h</td><td colspan="4">l_1</td><td colspan="2">d</td><td>h_1</td></tr>
<tr><td>10～20</td><td colspan="4">25～35</td><td colspan="2">≥$b/4$</td><td>≥5</td></tr>
</table>

烧结瓦主要性能指标　　**表14-52**

项次	项目	指标：有釉类	指标：无釉类
1	抗弯曲性能(N)	平瓦1200，波形瓦1600	
2	抗冻性能(15次冻融循环)	无剥落、掉角、掉棱及裂纹增加现象	
3	耐急冷急热性(10次急冷急热循环)	无炸裂、剥落及裂纹延长现象	
4	吸水率(浸水24h)(%)	≤10	≤18
5	抗渗性能	—	背面无水滴

混凝土瓦主要性能指标 表 14-53

项目	指标			
	波形瓦		平板瓦	
	覆盖宽度≥300mm	覆盖宽度≤200mm	覆盖宽度≥300mm	覆盖宽度≤200mm
承载力标准值(N)	1200	900	1000	800
抗冻性(25次冻融循环)	外观质量合格，承载力仍不小于标准值			
吸水率(浸水24h)(%)	≤10			
抗渗性能(24h)	背面无滴水			

防水垫层的最小厚度和搭接宽度（mm） 表 14-54

防水垫层品种	最小厚度	搭接宽度
自粘聚合物防水垫层	1.0	80
聚合物改性沥青防水垫层	2.0	100

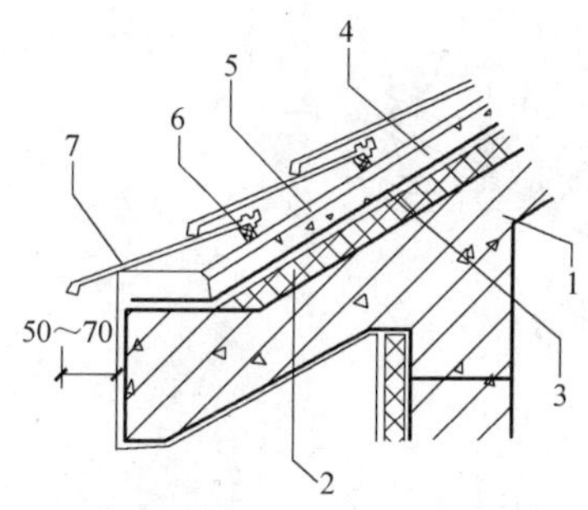

图 14-20 烧结瓦、混凝土瓦屋屋面檐口（1）
1—结构层；2—保温层；3—防水层或防水垫层；4—持钉层；5—顺水条；6—挂瓦条；7—烧结瓦或混凝土瓦

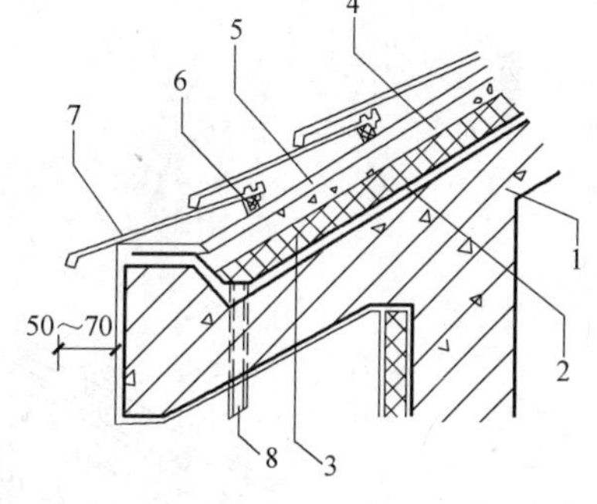

图 14-21 烧结瓦、混凝土瓦屋面檐口（2）
1—结构层；2—防水层或防水垫层；3—保温层；4—持钉层；5—顺水条；6—挂瓦条；7—烧结瓦或混凝土瓦；8—泄水管

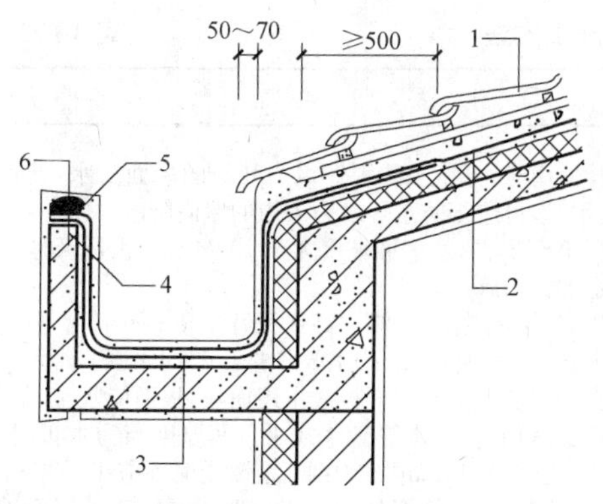

图 14-22 烧结瓦、混凝土瓦屋面檐沟
1—烧结瓦或混凝土瓦；2—防水层或防水垫层；3—附加层；4—水泥钉；5—金属压条；6—密封材料

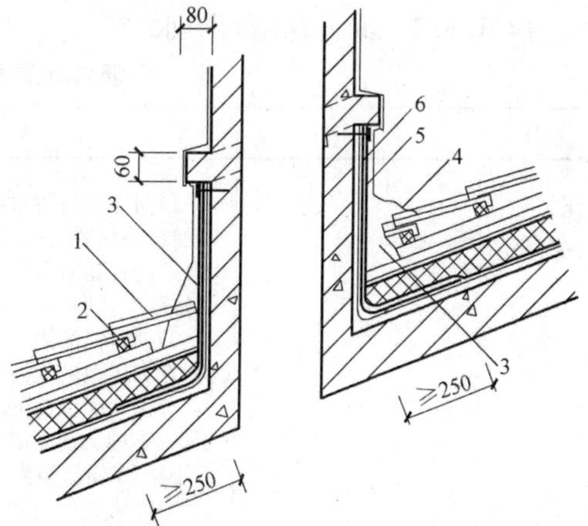

图 14-23 烧结瓦、混凝土瓦屋面烟囱
1—烧结瓦或混凝土瓦；2—挂瓦条；3—聚合物水泥砂浆；4—分水线；5—防水层或防水垫层；6—附加层

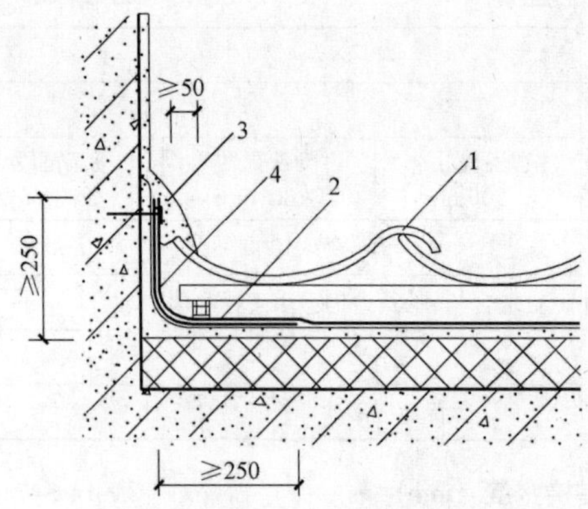

图 14-24 烧结瓦、混凝土瓦屋面山墙

1—烧结瓦或混凝土瓦；2—防水层或防水垫层；3—聚合物水泥砂浆；4—附加层

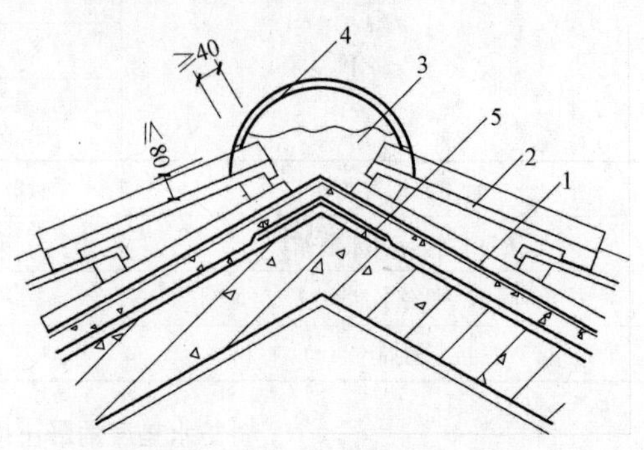

图 14-25 烧结瓦、混凝土瓦屋面屋脊

1—防水层或防水垫层；2—烧结瓦或混凝土瓦；3—聚合物水泥砂浆；4—脊瓦；5—附加层

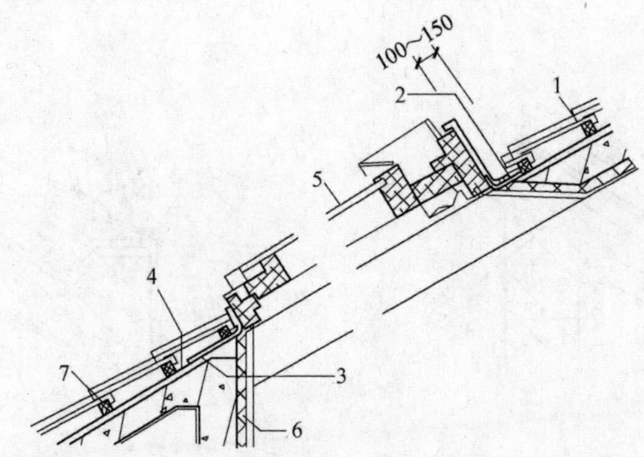

图 14-26 烧结瓦、混凝土瓦屋面顶窗

1—烧结瓦或混凝土瓦；2—金属排水板；3—窗口附加防水卷材；4—防水层或防水垫层；5—屋顶窗；6—保温层；7—支瓦条

14.1.6.2 沥青瓦屋面防水

沥青瓦屋面防水施工方法 **表 14-55**

项次	项 目	施 工 要 点
1	一般规定	(1)沥青瓦与防水垫层复合使用时，可用于防水等级为Ⅱ级的屋面防水；沥青瓦与卷材或涂膜防水层复合使用时，可用于防水等级为Ⅰ级的屋面防水 (2)沥青瓦屋面的坡度不应小于20%，当屋面坡度大于100%或在大风及地震设防地区时，沥青瓦应采取固定加强措施 (3)沥青瓦的固定方式应以钉为主，粘结为辅。每张瓦片上不得少于4个固定钉；在大风地区或屋面坡度大于100%时，每张瓦片不得少于6个固定钉 (4)沥青瓦屋面的屋面板宜为钢筋混凝土屋面板或木屋面板，板面应坚实、平整、干燥、牢固。钢筋混凝土屋面板宜用1∶3水泥砂浆找平。其厚度当为木板时，不应小于20mm，当为人造板时不应小于16mm，当为细石混凝土时不应小于35mm (5)沥青瓦屋面严禁在雨天、雪天施工，五级风及其以上时不得施工。屋面坡度大于20%时，屋面施工应采取防滑的安全措施 (6)沥青瓦的施工环境温度宜为5～35℃。环境温度低于5℃时，应采取加强粘结措施

续表

项次	项　目	施 工 要 点
2	材料要求	(1)沥青瓦是以玻璃纤维毡为胎基，经浸涂石油沥青后，一面覆盖彩砂矿物粒料，另一面撒以隔离材料，并经切割所制成的瓦片状屋面材料。矿物粒料或片料覆面沥青瓦的厚度不应小于2.6mm，重量不低于3.4kg/m^2；金属箔面沥青瓦厚度不应小于2.0mm，重量不低于2.2kg/m^2。其主要性能指标应符合表14-56的要求 沥青瓦的规格：长×宽×厚＝1000mm×333mm×3.5(4.5)mm，长度误差为±3mm，宽度误差为＋5mm、－3mm。形状如图14-27所示 (2)沥青瓦应边缘整齐，切槽清晰，厚薄均匀，表面无孔洞、楞伤、裂纹、折皱和气泡等缺陷。 (3)沥青瓦在贮存和运输时，不同类型、规格的产品应分别堆放；贮存温度不应高于45℃，并应平放贮存，高度不得超过15捆，并避免雨淋、日晒、受潮，注意通风和避免接近火源 (4)进场的沥青瓦应按规定抽样复验，检验项目为可溶物含量、拉力、耐热度、柔度、不透水性、叠层剥离强度等项目
3	细部构造节点做法	(1)沥青瓦屋面的瓦头挑出檐口的长度宜为10～20mm；金属滴水板应固定在基层上，伸入沥青瓦下宽度不应小于80mm，向下延伸长度不应小于60mm(图14-28) (2)沥青瓦屋面檐沟防水层下应增设附加层，附加层伸入屋面的宽度不应小于500mm；檐沟防水层伸入瓦内的宽度不应小于150mm，并应与屋面防水层或防水垫层顺流水方向搭接；沥青瓦伸入檐沟内的长度不应小于10～20mm (3)天沟采用搭接式或编织式铺设时，沥青瓦下应增设不小于1000m宽的附加层(图14-29)；当采用敞开式铺设时，在防水层或防水垫层上应铺设厚度不小于0.45mm的镀锌金属板，沥青瓦与金属板应顺流水方向搭接，搭接缝应用沥青基胶粘剂粘结，搭接宽度不应小于100mm (4)沥青瓦屋面山墙泛水应采用沥青基胶粘材料满粘一层沥青瓦片，防水层和沥青瓦收头应用金属压条钉压固定，并用密封材料封严(图14-30) (5)沥青瓦屋面的屋脊处应增设宽度不小于250mm的卷材附加层，脊瓦在两坡面上的搭盖宽度，每边不应小于150mm(图14-31) (6)沥青瓦屋面与屋顶窗交接处应采用金属排水板、窗框固定铁脚、窗口附加防水卷材等与结构层连接(图14-32)
4	沥青瓦铺设	(1)屋面基层应清除杂物、灰尘，并在其上弹出水平及垂直基准线，并应按线铺设 (2)檐口部位宜先铺设金属滴水板或双层檐口瓦，并将其固定在基层上，再铺设防水垫层和起始瓦片。金属滴水板伸入沥青瓦下的宽度不应小于80mm (3)沥青瓦应自檐口向上铺设，起始层瓦应由瓦片经切除垂片部分制得，且起始层瓦沿檐口平行铺设并伸出檐口10mm，再用沥青基胶粘材料和基层粘结；第一层瓦应与起始层瓦叠合，但瓦切口应向下指向檐口；第二层瓦应压在第一层瓦上且露出瓦切口，但不得超过切口长度。相邻两层沥青瓦的拼缝及切口应均匀错开 (4)檐口、屋脊等屋面边沿部位的沥青瓦之间，起始层沥青瓦与基层之间，应采用沥青基胶粘材料满粘牢固 (5)在沥青瓦上钉固定钉时，应将钉垂直钉入持钉层内；固定钉穿入细石混凝土基层的深度不应小于20mm，穿入木质基层的深度不应小于15mm，固定钉的钉帽不得外露在沥青瓦表面 (6)铺设脊瓦时，应将沥青瓦切槽剪开，分为四块作为脊瓦，并用两个固定钉固定；脊瓦应顺年最大频率风向搭接，并应搭盖住两坡面沥青瓦每边不小于150mm；脊瓦与脊瓦的压盖面不应小于脊瓦面积的1/2 (7)沥青瓦屋面与立墙或伸出屋面的烟囱、管道的交接处应做泛水，在其周边与立面250mm的范围内应铺设附加层，然后在其表面用沥青基粘结材料满粘一层沥青瓦
5	质量要求	(1)沥青瓦及防水垫层的质量应符合设计要求 (2)沥青瓦屋面不得有渗漏现象 (3)沥青瓦铺设应搭接正确，瓦片外露部分不得超过切口长度 (4)沥青瓦所用固定钉应垂直钉入持钉层，钉帽不得外露；沥青瓦应与基层粘钉牢固，瓦面应平整，檐口应平直

沥青瓦主要性能指标 **表 14-56**

项次	项目		指标
1	可溶物含量(g/m²)		平瓦≥1000,叠瓦≥1800
2	拉力(N/50mm)	纵向	≥500
		横向	≥400
3	耐热度(℃)		90,无流淌、滑动、滴落、气泡
4	柔度(℃)		10,无裂纹
5	撕裂强度(N)		≥9
6	不透水性(0.1MPa,30min)		不透水
7	人工气候老化(720h)	外观	无气泡、渗油、裂纹
		柔度	10℃无裂纹
8	自粘胶耐热度	50℃	发黏
		70℃	滑动≤2mm
9	叠层剥离强度(N)		≥20

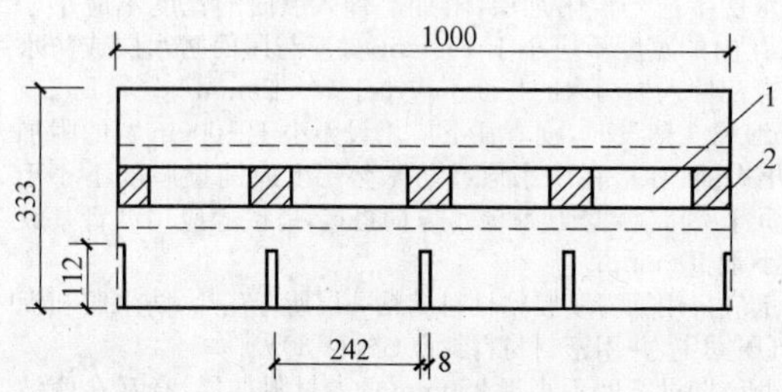

图 14-27 沥青瓦示意

1—防粘纸；2—自粘结点

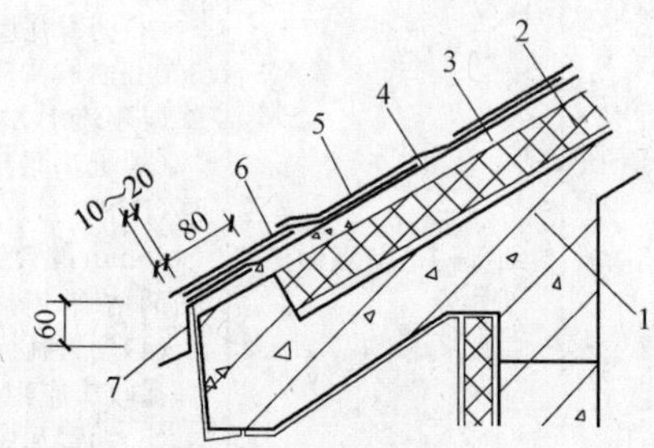

图 14-28 沥青瓦屋面檐口

1—结构层；2—保温层；3—持钉层；4—防水层或防水垫层；5—沥青瓦；6—起始层沥青瓦；7—金属滴水板

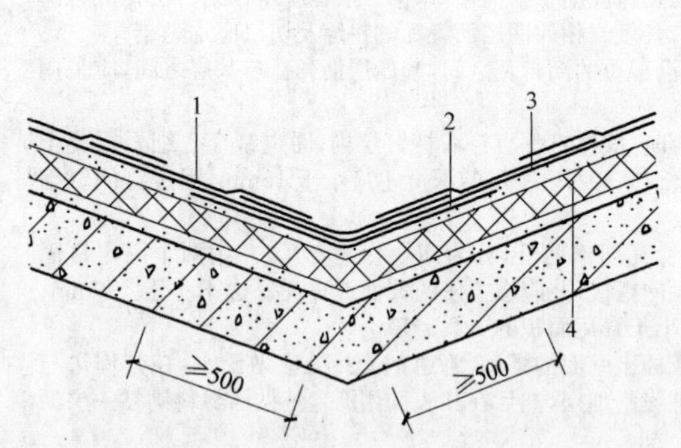

图 14-29 沥青瓦屋面屋脊

1—沥青瓦；2—附加层；3—防水层或防水垫层；4—保温层

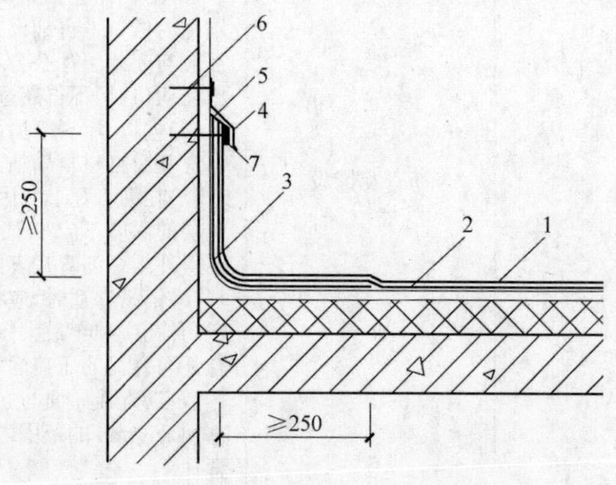

图 14-30 沥青瓦屋面山墙

1—沥青瓦；2—防水层或防水垫层；3—附加层；4—金属盖板；5—密封材料；6—水泥钉；7—金属压条

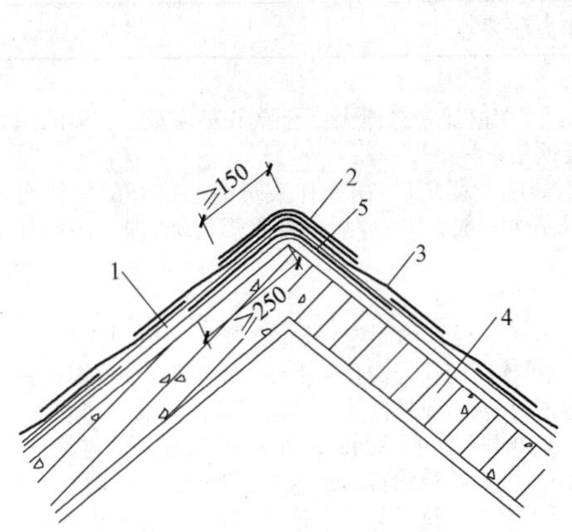

图 14-31 沥青瓦屋面屋脊
1—防水屋或防水垫层；2—脊瓦；3—沥青瓦；4—结构层；5—附加层

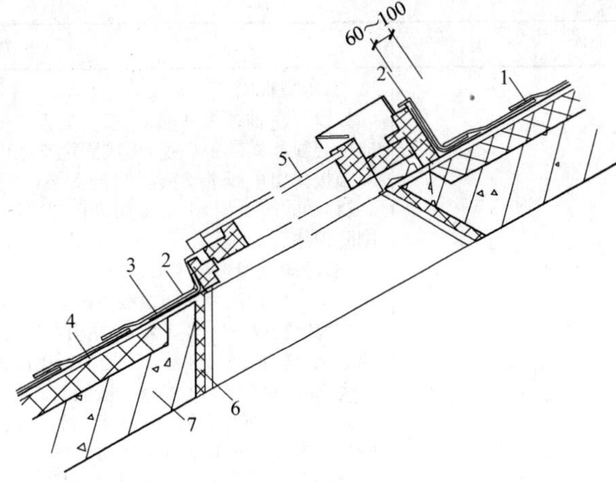

图 14-32 沥青瓦屋面屋顶窗
1—沥青瓦；2—金属排水板；3—窗口附加防水卷材；4—防水层或防水垫层；5—屋顶窗；6—保温层；7—结构层

14.1.7 金属板屋面防水

金属板屋面防水施工 表 14-57

项次	项目	施工方法要点
1	组成、特点及适用范围	(1)压型金属板屋面分为单层金属板屋面(由厚度不小于0.6mm的压型金属板和冷弯型钢檩条组成);单层金属板复合保温屋面(由厚度不小于0.6mm的压型金属板玻璃棉毡保温层、隔汽层、热镀锌或不锈钢丝网和冷弯型钢檩条组成);檩条露明型双层金属板复合保温屋面(由厚度不小于0.6mm的上层压型金属板、玻璃棉毡保温层、隔汽层、冷弯型钢附加檩条厚度不小于0.5mm的底层压型金属板和冷弯型钢主檩条组成);檩条隐藏型双层金属板复合保温屋面(由厚度不小于0.6mm的上层压型金属板、玻璃棉毡保温层、隔汽层、冷弯型钢附加檩条和厚度不小于0.5mm的底层压型金属板组成) (2)金属板屋面可按建筑设计要求,选用镀层钢板、涂层钢板、铝合金板、不锈钢板和钛锌板等金属板材。金属板材及其配套的紧固件、密封材料,其材料的品种、规格和性能等均应符合现行国家有关材料标准的规定。金属板材的材料性能和金属面绝热夹芯板主要性能分别见表14-58和表14-59 (3)板的制作形状可多种多样,有的为复合保温板,有的为单板;外形有平板、波形板、带助板;有的板在生产厂加工好后运到现场安装,板的长度受到运输条件限制,一般不大于12m,有的板可以根据屋面工程需要在现场加工,板长可不受限制,可大大减少搭接量;保温层有的在工厂复合好后成夹芯板,也有的在现场分层安装 (4)具有自重轻、抗压强度高、色彩鲜艳、施工快速方便等优点,适用于防水等级为Ⅰ级或Ⅱ级的保温或非保温的工业厂房、仓库、车棚、展览馆、体育馆及施工房、售货亭等组合式活动房屋的压型钢板屋面
2	檩条安装	(1)在已完成的施工作业面上,留出檩条位置,天沟、天窗位置,用红油漆标记好,并通过水平控制按图纸确定好屋面的坡度,用角钢或钢筋做出临时坡度控制点 (2)将屋面的檩条,天沟龙骨、天窗龙骨按顺序安装上并固定好,同时应检查檩条位置、屋面坡度是否符合设计要求,檩条与天沟龙骨、天窗龙骨之间的相对位置是否符合实际要求,以确保屋面板铺设质量
3	单层镀锌波形钢板屋面安装	(1)工艺流程:压型板固定支架弹线→固定支架安装→屋面檐沟及泛水安装→屋面压型板安装→天窗檐沟及泛水安装→天窗屋面压型板安装→天窗腰墙泛水及腰墙安装→屋面压型板檐口及屋脊处堵头板安装→屋面及天窗包角安装→檐沟挡水板、落水斗安装→屋面固定螺栓、连接螺栓、钩头螺栓切头后涂糊状密封材料,并盖铝保护帽

续表

项次	项目	施工方法要点
3	单层镀锌波形钢板屋面安装	(2)压型板固定支架安装： 1)以厂房轴线为基准线，按压型板规格尺寸，在檐檩和脊檩上分别弹出安装固定支架的纵向中心线和横向中心线，形成固定支架安装网络。 2)按弹出墨线准确放置固定支架，并用点焊临时固定后，由操作人员在已搭好的操作台(或移动式脚手架)上对支架进行焊接固定(图 14-33*a*)。3)焊后应敲除焊渣，清理干净后补刷防护漆 (3)檐沟及檐沟泛水安装： 1)以厂房轴线为基准拉线，按施工图的泛水线排列檐沟固定件，并将其焊在檐沟托架上。2)檐沟板安放在檐沟支架上，并用六角头自攻螺栓固定在檐沟托架上(图 14-33*b*)，自攻螺栓头部应充填糊状密封材料。3)檐沟板用镀锌薄钢板制作，应从低处开始向高处方向铺设，其纵向搭接长度不宜小于 150mm。安装时先在下檐沟板搭接处敷 30mm×3mm 带状密封材料，放下上檐沟板，对准位置后，用 ϕ4 铝铆钉连接固定。接头部位涂以硅酮橡胶或防水油膏保护。4)檐沟泛水安装前，应预先将泛水衬板固定在泛水端部。衬板与泛水连接时，在衬板上贴 30mm×3mm 的带状密封材料，下块泛水安放在此衬板上时，再贴一条 30mm×3mm 的带状密封材料，并用铝铆钉连接。5)檐沟板应伸入屋面压型钢板的下面，其长度应不小于 100mm (4)屋面压型板安装： 1)压型钢板应根据板型和设计的配板图铺设。在已安装好的固定支架上，先从檐口开始向上铺设，铺钉前在檐口挂线，有檐沟时，压型钢板应伸入檐沟不应小于 100mm；当没有檐沟时，挑出距墙面不小于 200mm，距檐口不小于 120mm。2)压型钢板应预先钻四角钉孔，并应按此孔位置在檩条上定位钻孔，其孔径应比螺栓直径大 0.5mm。3)波瓦的横向搭接应顺主导风向搭接，搭接宽度一般为一个半波至两个波；纵向搭接，应上排搭盖下排，长度根据板型和屋面坡度而定，一般不小于 200mm，并应搭接在檩条上。在板与板的搭接处均应贴上 ϕ5 绳状密封材料。4)波瓦下有面板时，应沿两边折叠缝及上下接头处，用带防水垫圈的螺钉(或螺栓)对准凸垅与檩条(支架)连接固定。波瓦下无面板时，应用螺栓或弯钩螺栓固定，螺栓或弯钩螺栓必须镀锌并带防水垫圈，螺栓的数量，在波瓦四周的每一搭接边上，均不宜少于 3 个，波的中央必须设 1 个。5)靠山墙处，当山墙高出屋面时，应用镀锌薄钢板做泛水或使波瓦卷起最少 180mm，弯成"Z"形伸入墙面预留的凹槽内做泛水(图 14-34)；当山墙不高出屋面时，波瓦至山墙部分剪齐，用砂浆封山抹檐。如有封檐板，则将波瓦直接钉在封檐板上，然后将伸出部分剪齐。6)屋脊、斜沟、天沟和屋面与突出屋面结构连接处的泛水板，均应用镀锌薄钢板制作，长度不宜大于 2m，与压型板的搭接宽度不应小于 200mm。泛水板的安装应平直，天沟板伸入压型钢板的下面，其长度不应小于 100mm (5)天窗檐沟及檐沟泛水安装：天窗檐沟及檐沟泛水安装同屋面檐沟及檐沟泛水安装 (6)天窗屋面压型板安装： 1)以厂房轴线为基准线，分别在檐檩和脊檩上做标志配置天窗压型板，并在檐口和屋脊处先用两个钩头螺栓固定。2)天窗屋面压型板在搭接处，将金属坐垫放入檩条与天窗板之间，穿钩头螺栓固定。如天窗屋面压型板采用"W"形板时，纵向搭接处应贴 ϕ5 绳状密封材料封严 (7)密封处理：屋面安装后，应将屋面压型板上的螺栓头剪短，并充填糊状密封材料，盖铝保护帽或塑料保护罩。所有外露的自攻螺栓头均需涂抹糊状密封材料
4	金属面绝热夹芯板屋面安装	金属面绝热夹芯板屋面安装与镀锌波形钢板屋面安装，其操作方法基本相同。但应注意以下几点： (1)应采用屋面板压盖和带防水密封胶垫的自攻螺钉，将屋面板固定在檩条上 (2)夹芯板的纵向搭接应位于檩条处，每块板的支座宽度不应小于 50mm，支承处宜采用双檩或檩条一侧加焊一根通长角钢；纵向搭接应顺流水方向，搭接长度不应小于 200mm，搭接部位应设置防水密封胶带，并应用拉铆钉连接 (3)夹芯板横向搭接方向宜与主导风向一致，搭接尺寸应按具体板型确定，连接部位均应设置防水密封胶带，并应用拉铆钉连接 (4)夹芯板屋面细部构造节点做法如图 14-35～图 14-37 所示
5	质量要求	(1)金属板安装应平整、顺滑，板面不应有施工残留物，檐口线、屋脊线应顺直，不得有起伏不平现象 (2)屋面施工完毕，应进行雨后观察、整体成局部淋水试验，檐沟、天沟应进行蓄水试验，并无渗漏现象 (3)金属板屋面完成后，应避免屋面受物体冲击并不宜对屋面板进行焊接，开孔等作业，严禁上人或堆放物件

金属板板材性能参数 表 14-58

板材名称	密度 ρ (t/m^3)	膨胀系数 α (10^{-6}/℃)	屈服强度 σ (MPa)	弹性模量 E (MPa)	伸长率 δ (%)
钢板	7.85	10～18	205～300	206	12～30
铝合金板	2.6～2.8	23	35～500	70～79	45
钛锌板	7.18	2.2	156	150	15～18
铜板	8.39	10.1～21.2	20～760	96～110	60
不锈钢板	7.93	17	205	190～210	40
钛合金板	4.5	8.1～11	760～1000	100～120	10

金属面绝热夹芯板主要性能指标 表 14-59

项目	指标				
	模塑聚苯乙烯夹芯板	挤塑聚苯乙烯夹芯板	硬质聚氨酯夹芯板	岩棉、矿渣棉夹芯板	玻璃棉夹芯板
传热系数[W/(m^2·K)]	≤0.68	≤0.63	≤0.45	≤0.85	≤0.90
粘结强度(MPa)	≥0.10	≥0.10	≥0.10	≥0.06	≥0.03
金属面材厚度	彩色涂层钢板基板≥0.5mm,压塑钢板≥0.6mm				
芯材密度(kg/m^3)	≥18	—	≥38	≥100	≥64
剥离性能	粘结在金属面材上的芯材应均匀分布,并且每个剥离面的粘结面积不应小于85%				
抗弯承载力	夹芯板挠度为支座间距的1/200,均布荷载不应小于0.5kN/m^2				
防火性能	芯材燃烧性能按《建筑材料及制品烧烧性能分级》(GB 8624—2012)的有关规定分级。 岩棉、矿渣棉夹芯板,当夹芯板厚度小于或等于80mm时,耐火极限应大于或等于30min;当夹芯板厚度大于80mm时,耐火极限应大于或等于60min				

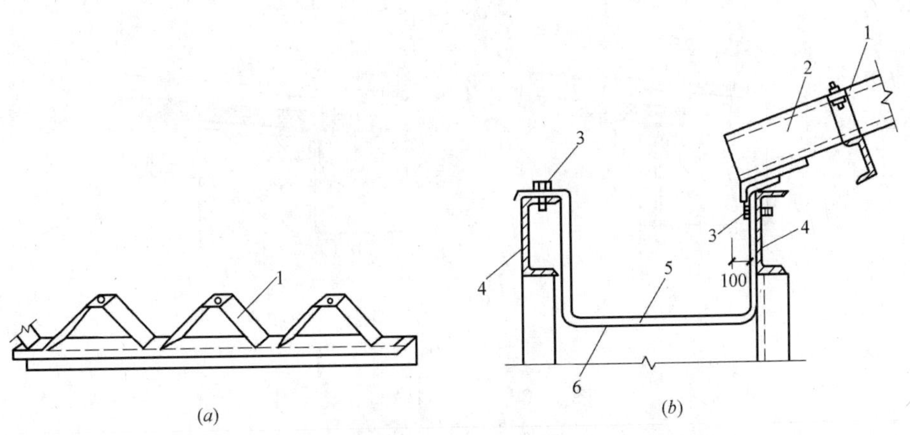

图 14-33 固定支架配置和檐沟压型板安装

(a) 固定支架配置；(b) 檐沟压型板安装

1—固定支架；2—压型板；3—自攻螺栓；4—托架；5—檐沟板；6—檐沟支架

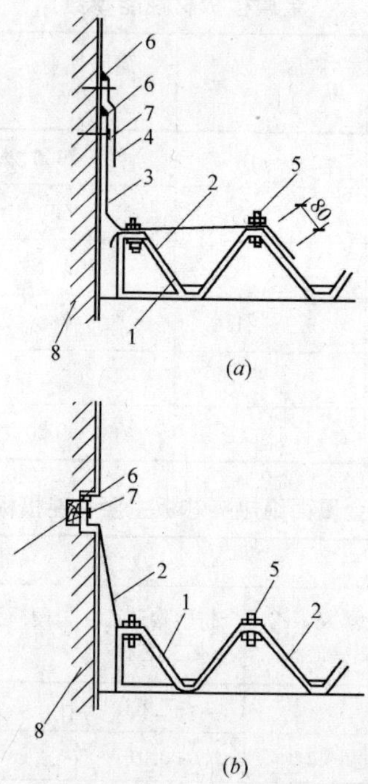

图 14-34　波形钢板屋面与山墙交接

(a) 用镀锌薄钢板封泛水；(b) 用波形板弯起

1—椽条或固定支架；2—波形薄钢板；3—镀锌薄钢板泛水；4—盖板；5—螺钉；6—密封材料；7—水泥钉；8—山墙

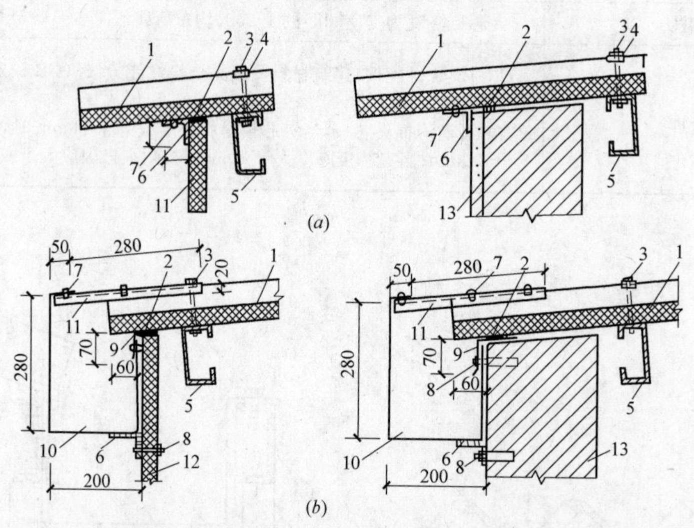

图 14-35　檐口与檐沟节点

(a) 檐口；(b) 檐沟

1—屋面板；2—10×20 通长密封条；3—M6.3 自攻螺钉，中距 40mm；4—1mm 厚不锈钢压盖；5—檩条；6—1mm 厚彩色钢板压条；7—拉铆钉；8—M8×80 膨胀螺栓，中距 500；9—0.7 厚泛水板；10—0.7 厚彩色钢板檐沟；11—1、2 厚槽形彩色钢板桂件；12—夹芯保温板墙；13—砖墙

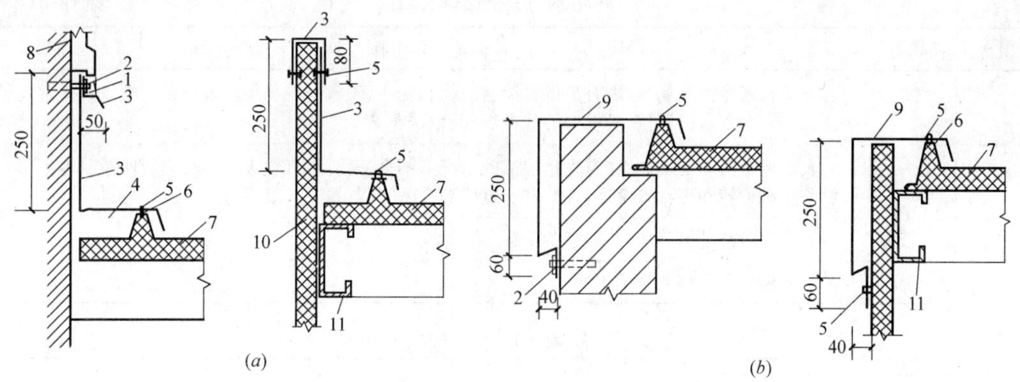

图 14-36 山墙泛水及山墙包角节点

(a) 山墙泛水; (b) 山墙包角

1—密封膏; 2—M8×80 膨胀螺栓, 中距 500mm; 3—0.7 厚泛水板;
4—现浇聚氨酯泡沫; 5—拉铆钉, 中距 40mm; 6—3×20 通长密封带; 7—屋面板;
8—女儿墙; 9—0.7 厚包角板; 10—夹芯保温板墙; 11—檩条

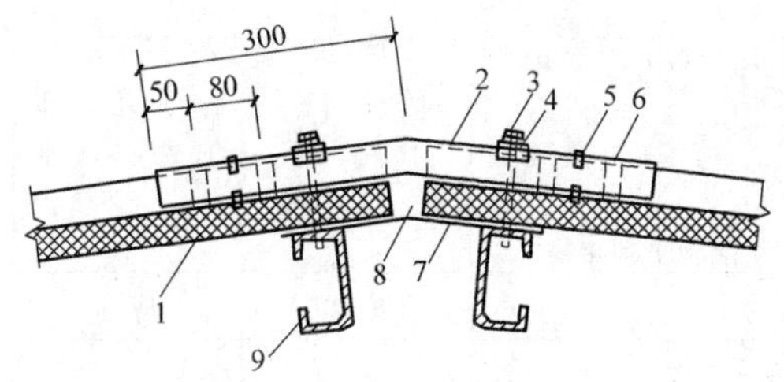

图 14-37 屋脊构造

1—屋面板; 2—0.7 厚屋脊板; 3—M6.3 自攻螺钉与檩条固定;
4—1 厚不锈钢压盖; 5—拉铆钉, 波峰、波谷各一个 6—3×20 通长密封带
7—0.6 厚脊托板; 8—现浇聚氨酯泡沫; 9—檩条

14.2 地下防水

14.2.1 地下工程防水等级和设防要求

地下工程防水等级标准 表 14-60

项次	防水等级	标准要求
1	一级	不允许渗水,结构表面无湿渍
2	二级	(1)不允许漏水,结构表面可有少量湿渍 (2)工业与民用建筑:总湿渍面积不应大于总防水面积(包括顶板、墙面、地面)的 1‰,单个湿渍的最大面积不大于 0.1m^2,任意 100m^2 防水面积上的湿渍不超过 2 处
3	三级	(1)有少量漏水点,不得有线流和漏泥砂 (2)单个湿渍的最大面积不大于 0.3m^2,单个漏水点的最大漏水量不大于 2.5L/d,任意 100m^2 防水面积上的漏水点不超过 7 处
4	四级	(1)有漏水点,不得有线流和漏泥砂 (2)整个工程平均漏水量不大于 2L/(m^2·d),任意 100m^2 防水面积的平均漏水量不大于4L/(m^2·d)

不同防水等级的适用范围　　表 14-61

项次	防水等级	适用范围
1	一级	人员长期停留的场所；因有少量湿渍会使物品变质、失效的贮物场所及严重影响设备正常运转及工程安全运营的部位；极重要的战备工程、地铁车站
2	二级	人员经常活动的场所；在有少量湿渍的情况下不会使物品变质、失效的贮物场所及基本不影响设备正常运转和工程安全运营的部位；重要的战备工程
3	三级	人员临时活动的场所；一般战备工程
4	四级	对渗漏水无严格要求的工程

建筑工程明挖法地下工程防水设防　　表 14-62

工程部位	防水措施	防水等级			
		一级	二级	三级	四级
主体	防水混凝土	应选	应选	应选	宜选
	防水砂浆 防水卷材 防水涂料 塑料防水板 膨润土防水材料 金属板	应选 1～2 种	应选 1 种	宜选 1 种	—
施工缝	遇水膨胀止水条(胶) 中埋式止水带 外贴式止水带 外抹防水砂浆 外涂防水涂料 水泥基渗透结晶型防水涂料	应选 2 种	应选 1～2 种	宜选 1～2 种	宜选 1 种
后浇缝	补偿收缩混凝土	应选	应选	应选	应选
	遇水膨胀止水条(胶) 外贴式止水带 预埋注浆管 防水密封材料	应选 2 种	应选 1～2 种	宜选 1～2 种	宜选 1 种
变形缝 诱导缝	中埋式止水带	应选	应选	应选	应选
	外贴式止水带 可卸式止水带 防水密封材料 外贴防水卷材 外涂防水涂料	应选 1～2 种	应选 1～2 种	宜选 1～2 种	宜选 1 种

14.2.2　地下工程混凝土结构主体防水

14.2.2.1　防水混凝土防水

参见第 9 章混凝土与大体积混凝土中的 9.8.1 防水混凝土一节。

14.2.2.2　水泥砂浆防水层

水泥砂浆防水层施工　　表 14-63

项次	项目	施工方法要点
1	名称及适用范围	(1)防水砂浆包括聚合物水泥防水砂浆和掺外加剂或掺合料的防水砂浆，宜采用多层抹面法施工 (2)聚合物水泥防水砂浆系在水泥砂浆中掺入高分子聚合物制成，具有韧性、耐冲击性好的特点，是近年来国内发展较快、具有较好防水效果的新型防水材料；掺外加剂或掺合料的防水砂浆系在普通水泥砂浆中掺入各种外加剂、掺合料，可提高砂浆的密实性、抗渗性，应用已较普遍 (3)适用于混凝土或砌体主体结构的迎水面或背水面采用多层抹压工艺的水泥砂浆防水层，但由于水泥砂浆系刚性防水材料，适应变形能力差，因此不适用于环境有侵蚀性，持续振动或温度大于 80℃的地下工程防水 (4)水泥砂浆防水层应在基础垫层、初期支护、围护结构及内衬结构验收合格后施工

续表

项次	项目	施工方法要点
2	材料要求及配合比	(1)水泥:应使用硅酸盐水泥、普通硅酸盐水泥或特种水泥,不得使用过期或受潮结块的水泥 (2)砂:宜采用中砂,含泥量不得大于3%,泥块含量不得大于1%,硫化物和硫酸盐含量不应大于1% (3)水:应符合国家现行标准《混凝土用水标准》(JGJ 63—2006)的有关规定 (4)聚合物乳液:地下工程中常用的有乙烯-醋酸乙烯共聚物、聚丙烯酸酯、有机硅、丁苯胶乳、氯丁胶乳等,其外观应为均匀液体,无杂质、无沉淀、不分层。其质量应符合国家现行标准《建筑防水涂料用聚合物乳液》(JC/T 1017—2006)的有关规定 (5)外加剂的技术性能应符合现行国家有关标准的质量要求 (6)配合比:根据地下工程防水要求,选用聚合物或掺合料进行试配,并经试件试验符合设计要求或符合表14-64的要求后方可使用。表14-65中的外加剂防水砂浆和表14-66中的聚合物水泥砂浆的配合比供参考
3	防水砂浆铺抹	(1)基层应严格按表14-67的要求处理,使其达到表面清洁、平整、湿润和坚实、粗糙,以保证砂浆防水层与基层之间粘结牢固,无空鼓现象,以便共同承受外力及压力水的作用 (2)抹面顺序为先顶面、再墙面,最后地面。当工程量较大时,需分段施工,由里向外,按上述顺序进行。抹面应连续施工,分层铺抹或喷涂密实,避免留施工缝,必须留设时,宜留在地面上或墙面上,但离开阴阳角处至少200mm以上。施工缝应分出层次,做成阶梯坡形槎(图14-38*a*),接槎要依层次顺序操作,层层搭接紧密(图14-38*b*)。阴阳角均应分层做成圆弧形,阴角 r=50mm,阳角 r=10mm,遇有穿墙管、螺栓等预埋件,应在其周围留出凹槽,嵌实密封材料后再做防水层,基础与墙面接搓如图14-39所示 (3)外加剂防水砂浆防水层施工时,在处理好的基层上先涂抹一层防水净浆,然后分层铺抹防水砂浆3～4层,每层厚度控制在5～7mm,总厚度18～20mm,每层应在前一层凝固后随即进行,最后一层在凝固前,应反复抹压密实,压光。 防水砂浆配制时,应先将水泥与砂干拌均匀,然后加入配制好的防水剂水溶液,反复搅拌均匀,配制好的防水砂浆应在30min内用完 (4)聚合物水泥砂浆防水层因所用聚合物材料不同,施工方法也有所不同。阳离子氯丁胶乳防水砂浆防水层施工时,应在处理好的基层上先涂刷一遍胶乳水泥净浆,仔细封堵孔洞和缝隙,待15min后分层铺抹胶乳水泥砂浆,应按一个方向铺抹,不得反复搓动,阴阳角抹成圆角,砂浆总厚度单层施工宜为6～8mm,双层施工宜为10～12mm,最后一遍砂浆4h后抹一遍普通水泥砂浆保护层;丙烯酸酯共聚乳液水泥砂浆防水层施工方法同普通水泥砂浆防水层,采用多层抹压工艺;有机硅水泥砂浆防水层施工时,在处理好的基层上先刷或喷1～2遍硅水,不等干燥即抹2～3mm厚结合层净浆,初凝后再分层抹压防水砂浆,最后再抹普通水泥砂浆保护层 (5)养护:外加剂水泥砂浆防水层凝固后应及时养护,墙面用喷雾器喷水养护,地面用湿草包、锯末覆盖浇水养护不少于14d;聚合物水泥砂浆防水层应采用干湿交替的养护方法,即早期(硬化后7d内)采用潮湿养护,后期采用自然养护;在潮湿环境中,可在自然条件下养护
4	质量控制	(1)施工前必须对原材料检查出厂合格证、质量检验报告和现场抽样试验报告,其质量必须符合设计要求 (2)配合比计量准确,按规定制作的试件,其试验报告符合设计要求或表14-64的规定,其配合比才可作为施工用配合比 (3)施工中随时检查防水层表面应密实、平整,不得有裂纹、起砂、麻面和空鼓等缺陷,阴阳角处应做成圆弧形;防水层施工缝留搓位置应正确,接槎应按层次顺序操作,层层搭接紧密。防水层的平均厚度应符合设计要求,最小厚度不得小于设计厚度的85%

防水砂浆主要性能要求 **表14-64**

防水砂浆种类	粘结强度(MPa)	抗渗性(MPa)	抗折强度(MPa)	干缩率(%)	吸水率(%)	冻融循环(次)	耐碱性	耐水性(%)
掺外加剂、掺合料的防水砂浆	>0.6	≥0.8	同普通砂浆	同普通砂浆	≤3	>50	10% NaOH 溶液浸泡14d无变化	—
聚合物水泥防水砂浆	>1.2	≥1.5	≥8.0	≤0.15	≤4	>50	—	≥80

注:耐水性指标是指砂浆浸水168h后材料的粘结强度及抗渗性的保持率。

外加剂防水砂浆防水层配合比　　表 14-65

防水砂浆名称	材料名称	配合比				备注
		水泥	砂	水	防水剂	
氯化物金属盐类防水砂浆（重量比）	防水净浆 防水砂浆 防水砂浆	1 1 1	— 2 2.5	0.6	0.3 0.3 0.3	 底层用 面层用
氯化物金属皂类防水砂浆（体积比）	防水净浆 防水砂浆	1 1	— 2～3	0.4 0.4～0.5	0.04 0.04～0.05	
无机铝盐防水砂浆（重量比）	防水净浆 防水砂浆 防水砂浆	1 1 1	— 2.5～3.5 2.5～3.0	2.0～2.5 0.4～0.5 0.4～0.5	0.03～0.05 0.05～0.08 0.05～0.10	 底层用 面层用
氯化铁防水砂浆（重量比）	防水净浆 防水砂浆 防水砂浆	1 1 1	— 0.52 2.5	0.35～0.39 0.45 0.50～0.55	0.03 0.03 0.03	 底层用 面层用
五矾促凝防水砂浆（重量比）	防水净浆 防水砂浆	1 1	— 2.0～2.5	0.03～0.05 0.4～0.5	0.01 0.01	

聚合物水泥砂浆防水层配合比（重量比）　　表 14-66

聚合物水泥砂浆名称	材料名称	配合比					备注
		水泥	砂	水	聚合物	复合助剂	
阳离子氯丁胶乳水泥砂浆	防水净浆 防水砂浆	1 1	— 2.0～2.5	 适量	0.3～0.4 0.13～0.14	适量 0.13～0.14	聚合物为阳离子氯丁胶乳
丙烯酸酯共聚乳液水泥砂浆	防水砂浆	1	2～3	适量	0.3～0.5	适量	聚合物为丙烯酸酯混合乳液
有机硅水泥砂浆	防水净浆 防水砂浆 防水砂浆	1 1 1	— 2.0 2.5		0.6 0.5 0.5		聚合物为硅水，其配合比为有机硅防水剂：水=1：7～9

注：复合助剂为稳定剂与消泡剂。

水泥砂浆防水层基层处理方法　　表 14-67

项次	基层名称	处理方法
1	混凝土基层	(1)混凝土表面用钢丝刷刷洗打毛，表面光滑时用剁斧斩毛，每 10mm 斩三道，有油污严重时应剥皮斩毛，然后充分浇水湿润 (2)表面有蜂窝、麻面、孔洞时，先用凿子将松散不牢的石子、砂粒剔除，若深度大于 10mm 时，先剔成斜坡，刷洗干净后，分层交替抹压水泥浆与水泥砂浆直至与基层表面平，并将砂浆表面横向扫毛 (3)当基层表面凹凸不平时，应将凸出的混凝土块凿平，凹坑处理与上述蜂窝、孔洞处理同 (4)混凝土结构的施工缝，要沿缝剔成八字形凹槽，用水冲洗干净后，分层交替抹压水泥浆与水泥砂浆至表面平，并将砂浆表面横向扫毛
2	砖砌体基层	(1)将砖墙面残留砂浆、污物清除干净，充分浇水湿润 (2)用石灰砂浆或混合砂浆砌筑的新砌体，要将砌筑灰缝剔进 10mm 深，缝内要呈直角；对水泥砂浆砌筑的砌体，灰缝可不剔除，但勾缝的砌体需将勾缝砂浆剔除 (3)对旧砌体需用钢丝刷或剁斧将松酥表面和残渣清除干净，直至露出坚硬砖面
3	料石或毛石砌体基层	与混凝土和砖砌体基层处理基本相同。对于用石灰砂浆和混合砂浆砌筑的石砌体，其灰缝应剔出 10mm，缝内呈直角；对于表面凹凸不平的石砌体，清理完毕后，分层交替抹压水泥浆和水泥砂浆，直至与基层表面齐平，并将砂浆表面横向扫毛

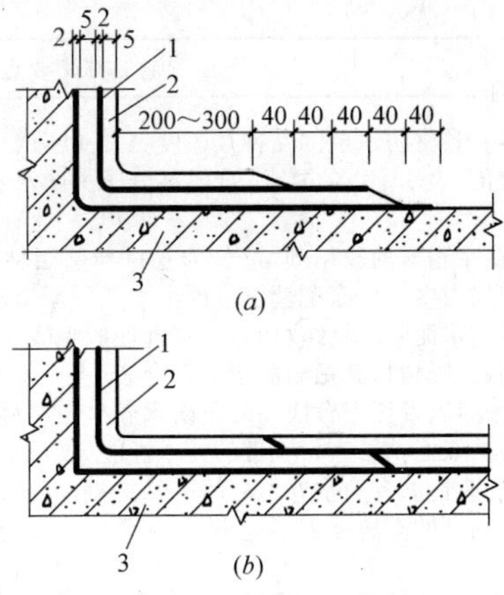

图 14-38　防水砂浆施工缝处理

(a) 留槎方法；(b) 接槎方法

1—水泥浆层；2—水泥砂浆层；3—混凝土结构

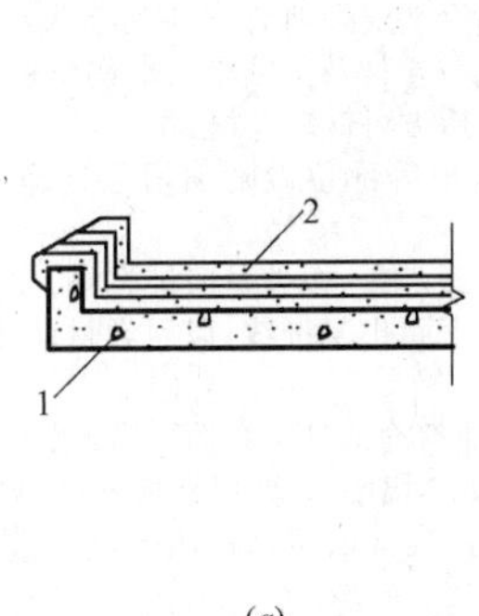

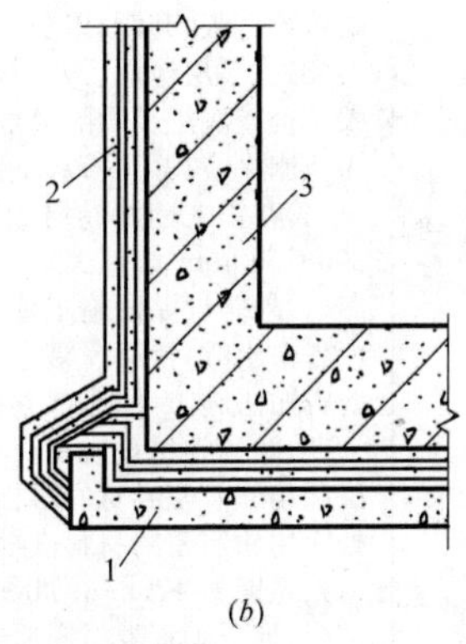

图 14-39　防水砂浆转角留槎方法

(a) 第一步抹面；(b) 第二步抹面

1—混凝土垫层；2—水泥砂浆防水层；3—混凝土结构

14.2.2.3　地下工程卷材防水层

地下工程卷材防水层施工方法　**表 14-68**

项次	项目	施工方法要点
1	一般规定	(1)地下工程卷材防水层适用于混凝土结构或砌体结构,并铺设在迎水面 (2)卷材防水层用于建筑物地下室时,应铺设在底板垫层至墙体防水设防高度的结构基面上;用于单建式的地下工程时,应从结构底板垫层铺设至顶板基面,并应在外周形成封闭的防水层 (3)卷材铺贴一般采用外防外贴和外防内贴两种施工方法,如图 14-40 所示,其施工工艺及优缺点比较见表 14-69。由于外防外贴法的防水效果优于外防内贴法,所以在施工场地和条件不受限制时,一般均采用外防外贴法 (4)卷材防水层具有良好的韧性,延伸性和耐腐蚀性,能适应结构的振动和微小变形,因此目前被广泛应用于经常处在地下水环境,且受侵蚀性介质作用或受振动作用的地下工程防水
2	材料要求	(1)地下结构防水应尽量选用强度高、延伸率大,具有良好的不透水性和韧性、耐腐蚀性的卷材,常用的有以聚酯胎、玻纤胎或聚乙烯膜为胎基的高聚物改性沥青防水卷材和以三元乙丙橡胶防水卷材、聚氯乙烯(PVC)、聚乙烯丙纶复合防水卷材、高分子自粘胶膜等合成高分

续表

项次	项目	施工方法要点
2	材料要求	子防水卷材。卷材防水层的品种及厚度见表14-70。高聚物改性沥青类防水卷材的主要物理性能,应符合表14-71的要求;合成高分子类防水卷材的主要物理性能应符合表14-72的要求 (2)用于粘贴卷材的胶粘剂,可分为卷材与基层粘贴的胶粘剂及卷材与卷材搭接的胶粘剂。胶粘剂均由生产厂家配套供应或由生产厂家指定的产品。聚乙烯丙纶复合防水卷材粘贴采用聚合物水泥防水粘结材料,其物理性能见表14-73;粘贴各类防水卷材应采用与卷材材性相容的胶结材料,其粘结质量应符合表14-74的要求 (3)粘结密封胶带用于合成高分子防水卷材与卷材间搭接粘结和封口粘结,分为双面胶带和单面胶带。双面粘结密封胶带的技术性能见表14-75 (4)高聚物改性沥青防水卷材之间的粘结剥离强度不应小于8N/10mm;合成高分子防水卷材配套胶粘剂的剥离强度不应小于15N/10mm,浸水168h后的粘结剥离强度保持率不应小于70% (5)所有卷材、胶粘剂等进场后,应按规定抽样复验,合格后方可使用
3	卷材铺设	(1)基层表面应平整、洁净、干燥,不得有空鼓、松动、起皮、起砂现象,阴阳角均应做成圆弧或折角 (2)所有穿过防水层的管道、预埋件等均已施工完毕,并做好防水处理。防水层铺贴后严禁再行打眼、开洞,以免引起渗漏水 (3)找平层干燥后,先在基面上涂刷或喷涂基层处理剂,当基面较潮湿时,应涂刷湿固化型胶粘剂或潮湿界面隔离剂。基层处理剂应与卷材及其粘结材料的材性相容;基层处理剂喷涂或刷涂应均匀一致,不应露底,表面干燥后方可铺贴卷材 (4)在正式铺贴卷材前,先对阴阳角、转角等部位做附加增强处理,附加层宽度一般为300～500mm。 (5)外防外贴法施工,应先铺平面后铺立面,第一幅卷材应铺在平、立面相交处,平面和立面各占半幅,待第一幅卷材铺贴完后,在其上弹出基准线,以后卷材就按此基准线铺贴。外防内贴法施工,应先铺立面后铺平面 (6)两幅卷材短边和长边的搭接缝宽度应符合表14-76的要求;采用多层卷材时,上下两层和相邻两幅卷材的搭接缝应错开1/3～1/2幅度,且两层卷材不得相互垂直铺贴。搭接缝处应用建筑密封材料嵌缝,封固宽度不小于10mm,然后再用封口条做进一步密封处理,封口条宽度为120mm,如图14-41所示 (7)地下工程卷材铺贴方法,主要采用冷粘法、自粘法、热熔法和焊接法(具体操作方法参见第14.1.2节屋面卷材防水),底板垫层混凝土平面部位的卷材铺贴宜采用空铺法、点粘法、条粘法,其他部位应采用满粘法 (8)卷材防水层完工并经验收合格后,应及时做保护层,防止后续工序将其损坏。保护层应符合下列要求: 1)顶板应做细石混凝土保护层,厚度应大于70mm,同时保护层与防水层之间宜设置隔离层(宜采用干铺沥青卷材) 2)底板的细石混凝土保护层,其厚度应大于50mm 3)侧墙宜采用5～6mm厚聚乙烯泡沫塑料片材或40mm厚聚苯乙烯泡沫塑料保护层,或砌砖(厚120mm)保护墙和铺抹20mm厚水泥砂浆。砌砖保护墙应在转角处和每隔5～6m处断开,空隙处填沥青麻丝 (9)防水层施工期间,应降低地下水位至底板垫层以下500mm。防水层铺贴高度应高出地下水位0.5～1.0m (10)铺贴卷材严禁在雨天、雪天、五级及以上大风中施工,冷粘法、自粘法施工的环境气温不宜低于5℃,热熔法、焊接法施工的环境气温不宜低于-10℃,施工过程中下雨或下雪时,应做好已铺卷材的保护工作
4	质量控制	(1)施工前应检查卷材防水层所用卷材及主要配套材料的出厂合格证、质量检验报告和现场抽样复验报告,其质量必须符合设计要求 (2)施工中应检查卷材防水层的基层是否牢固,基面应洁净、平整,不得有空鼓、松动、起砂和脱皮现象,阴阳角应做成圆弧形;卷材防水层及其转角处、变形缝、穿墙管等细部构造做法均需符合设计要求 (3)施工后应检查卷材防水层的搭接缝应粘(焊)结牢固,密封严密,不得有皱褶、翘边和鼓泡等缺陷

地下结构卷材防水层施工工艺 **表 14-69**

名称	施工工艺	优缺点
外防外贴法	(1)先浇筑底板混凝土垫层，并在其上沿结构外墙用M5水泥砂浆砌筑一定高度的(底板厚＋200～300mm)永久性保护墙，墙下干铺一层沥青卷材 (2)在永久性保护墙上用石灰砂浆接砌4皮临时性保护墙 (3)在混凝土垫层和永久性保护墙部位抹1∶3水泥砂浆找平层，在临时性保护墙上抹1∶3石灰砂浆找平层 (4)找平层干燥后，涂刷基层处理剂，阴阳角、转角等部位做附加增强处理 (5)大面积铺贴，先铺平面后铺立面，立面卷材甩槎在临时性保护墙上，并予以临时固定 (6)防水层施工完毕并经检查验收合格后，干铺一层沥青卷材(或点粘)作保护隔离层 (7)支模、绑钢筋、浇底板和墙体混凝土 (8)拆除临时性保护墙，清理出卷材接头，如有损坏应及时修补；卷材接槎的搭接长度，高聚物改性沥青卷材应为150mm，合成高分子卷材应为100mm，当使用两层卷材时，卷材应错槎接缝；卷材防水层甩槎、接槎构造如图14-42所示。同时在结构上墙面抹1∶3水泥砂浆找平层 (9)找平层干燥后，涂刷基层处理剂，铺贴立面卷材，上层卷材应盖过下层卷材 (10)外墙防水层经检查验收合格后，粘贴40mm厚聚苯乙烯泡沫塑料或铺抹20mm厚1∶2.5水泥砂浆保护层	由于卷材防水层直接粘贴在结构外墙面上，防水层能与混凝土结构同步，较少受结构沉降变形影响；因施工质量不良而产生的混凝土蜂窝、孔洞易于发现和补救，施工中不易损坏防水层 缺点是防水层分几次施工，工期较长，工序多，且需要较大的工作面；土方量大，模板量大；卷材接头不易保护，操作困难，易造成漏水弱点
外防内贴法	(1)浇筑底板混凝土垫层，并在其上沿结构外墙用M5水泥砂浆砌筑永久性保护墙，墙厚应根据浇筑混凝土时侧应力经计算确定 (2)在垫层和永久性保护墙上，抹20mm厚1∶3水泥砂浆找平层，转角抹成圆弧 (3)找平层干燥后，涂刷基层处理剂，转角铺设附加增强层后，铺贴大面卷材防水层 (4)卷材防水层铺贴完毕并经检查验收后合格后，在墙体防水层上粘贴5～6mm厚聚乙烯泡沫塑料片材作保护层；平面干铺一层沥青卷材后浇筑50mm厚细石混凝土保护层 (5)最后以砖墙保护墙作外墙模板，绑钢筋，浇筑底板和墙体混凝土	可一次完成防水层，施工工艺简单，工期短；可节省施工占地，土方量较少；可节省墙体外侧模板；卷材防水层转角处铺贴质量好，无接槎弱点 缺点是立墙防水层难以与混凝土结构同步，受结构沉降变形影响，防水层易受损；卷材防水层及结构混凝土的质量不易检查，如发现渗漏，修补甚难

不同品种卷材的厚度 **表 14-70**

卷材品种	高聚物改性沥青类防水卷材			合成高分子类防水卷材			
	弹性体改性沥青防水卷材、改性沥青聚乙烯胎防水卷材	自粘聚合物改性沥青防水卷材		三元乙丙橡胶防水卷材	聚氯乙烯防水卷材	聚乙烯丙纶复合防水卷材	高分子自粘胶膜防水卷材
		聚酯毡胎体	无胎体				
单层厚度(mm)	≥4	≥3	≥1.5	≥1.5	≥1.5	卷材：≥0.9 粘结料：≥1.3 芯材厚度≥0.6	≥1.2
双层总厚度(mm)	≥(4+3)	≥(3+3)	≥(1.5+1.5)	≥(1.2+1.2)	≥(1.2+1.2)	卷材：≥(0.7+0.7) 粘结料：≥(1.3+1.3) 芯材厚度≥0.5	—

高聚物改性沥青类防水卷材的主要物理性能　表 14-71

项目		性能要求				
		弹性体改性沥青防水卷材			自粘聚合物改性沥青防水卷材	
		聚酯毡胎体	玻纤毡胎体	聚乙烯膜胎体	聚酯毡胎体	无胎体
可溶物含量(g/m²)		3mm 厚≥2100 4mm 厚≥2900			3mm 厚 ≥2100	—
拉伸性能	拉力 (N/50mm)	≥800(纵横向)	≥500(纵横向)	≥140(纵向) ≥120(横向)	≥450(纵横向)	≥180(纵横向)
	延伸率(%)	最大拉力时 ≥40(纵横向)	—	断裂时 ≥250(纵横向)	最大拉力时 ≥30(纵横向)	断裂时≥200 (纵横向)
低温柔度(℃)		−25，无裂纹				
热老化后低温柔度(℃)		−20，无裂缝		−22，无裂纹		
不透水性		压力 0.3MPa，保持时间 120min，不透水				

合成高分子类防水卷材的主要物理性能　表 14-72

项目	性能要求			
	三元乙丙橡胶防水卷材	聚氯乙烯防水卷材	聚乙烯丙纶复合防水卷材	高分子自粘胶膜防水卷材
断裂拉伸强度	≥7.5MPa	≥12MPa	≥60N/10mm	≥100N/10mm
断裂伸长率	≥450%	≥250%	≥300%	≥400%
低温弯折性	−40℃，无裂纹	−20℃，无裂纹	−20℃，无裂纹	−20℃，无裂纹
不透水性	压力 0.3MPa，保持时间 120min 不透水			
撕裂强度	≥25N/m	≥40N/m	≥20N/10mm	≥120N/10mm
复合强度(表层与芯层)			≥1.2N/mm	

聚合物水泥防水粘结材料物理性能　表 14-73

项　目		性能要求
与水泥基面的粘结拉伸强度(MPa)	常温 7d	≥0.6
	耐水性	≥0.4
	耐冻性	≥0.4
可操作时间(h)		≥2
抗渗性(MPa，7d)		≥1.0
剪切状态下的粘合性(N/mm，常温)	卷材与卷材	≥2.0 或卷材断裂
	卷材与基面	≥1.8 或卷材断裂

防水卷材粘结质量要求　表 14-74

项目		自粘聚合物改性沥青防水卷材粘合面		三元乙丙橡胶和聚氯乙烯防水卷材胶粘剂	合成橡胶胶粘带	高分子自粘胶膜防水卷材粘合面
		聚酯毡胎体	无胎体			
剪切状态下的粘合性(卷材-卷材)	标准试验条件(N/10mm)≥	40 或卷材断裂	20 或卷材断裂	20 或卷材断裂	20 或卷材断裂	40 或卷材断裂
粘结剥离强度(卷材-卷材)	标准试验条件(N/10mm)≥	15 或卷材断裂		15 或卷材断裂	4 或卷材断裂	—
	浸水 168h 后保持率(%)≥	70		70	80	—
与混凝土粘结强度(卷材-混凝土)	标准试验条件(N/10mm)≥	15 或卷材断裂		15 或卷材断裂	6 或卷材断裂	20 或卷材断裂

双面粘结密封胶带技术性能 表 14-75

名称	粘结剥离强度≥(N/10mm)(7d时)		剪切状态下的粘合性(N/mm)≥	耐热度(℃)	低温柔性(℃)	粘结剥离强度保持率		
	20℃	−40℃				耐水性 70℃,7d	5%酸 7d	碱 7d
双面粘结密封胶带	6.0	38.5	4.4	80.2h	−40	80%	76%	90%

防水卷材搭接宽度 表 14-76

项次	卷材品种	搭接宽度(mm)
1	弹性体改性沥青防水卷材	100
2	改性沥青聚乙烯胎防水卷材	100
3	自粘聚合物改性沥青防水卷材	80
4	三元乙丙橡胶防水卷材	100/60(胶粘剂/胶粘带)
5	聚氯乙烯防水卷材	60/80(单焊缝/双焊缝)
		100(胶粘剂)
6	聚乙烯丙纶复合防水卷材	100(粘结料)
7	高分子自粘胶膜防水卷材	70/80(自粘胶/胶粘带)

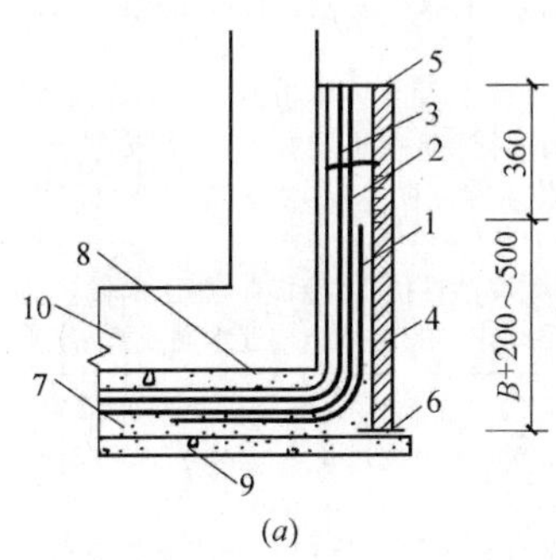

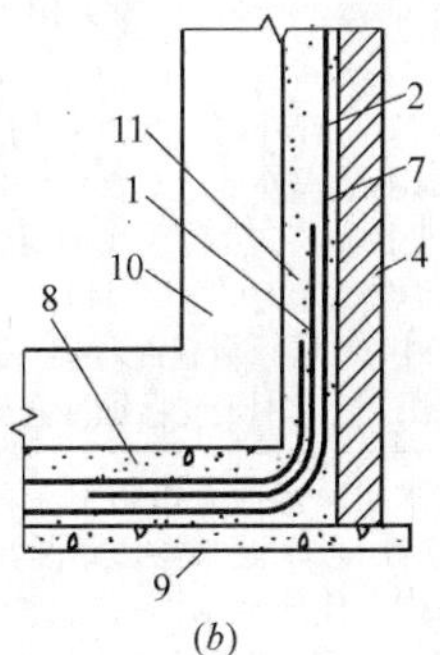

图 14-40 地下结构卷材铺贴

(*a*) 外防外贴防水层做法；(*b*) 外防内贴防水层做法

1—附加防水层；2—卷材防水层；3—沥青卷材保护层；4—永久性保护墙；5—临时性保护墙；6—干铺沥青卷材一层；7—1∶3 水泥砂浆找平层；8—C20 细石混凝土 50mm 厚；9—混凝土垫层；10—需防水结构；11—水泥砂浆或 5～6mm 厚聚乙烯泡沫塑料片材保护层；*B*—结构底板厚度

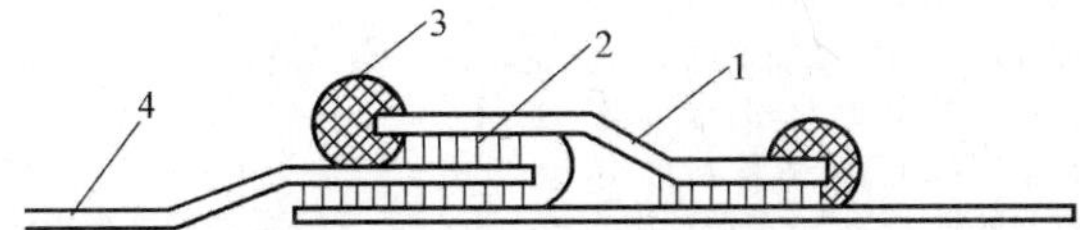

图 14-41 封口条密封处理

1—封口条；2—卷材胶粘剂；3—密封材料；4—卷材防水层

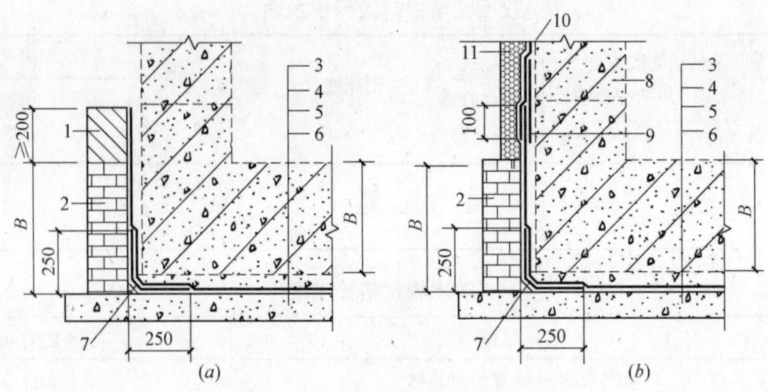

图 14-42　卷材防水层甩槎、接槎构造

(a) 甩槎；(b) 接槎

1—临时保护墙；2—永久保护墙；3—细石混凝土保护层；4—卷材防水层；5—水泥砂浆找平层；6—混凝土垫层；7—卷材加强层；8—结构墙体；9—卷材附加层；10—卷材防水层；11—卷材保护层

B—永久保护墙高度

14.2.2.4　地下工程涂料防水层

地下工程涂料防水层施工方法　　表 14-77

项次	项目	施工方法要点
1	构造做法	(1)地下工程涂料防水层分为外防水法(防水涂料施涂于结构外侧)和内防水法(防水层施工于结构内侧)以及内外双面防水法(结构内外两面均施涂防水涂料)三种形式。一般情况下，当室外有动水压力或水位较高且土质渗透性好时，应采用外防水法，只有某些防潮工程或工程已渗漏而采取补救措施时，才采用内防水法 外防水法施工又有外防外涂和外防内涂两种施工方法。外防外涂法是在防水结构外墙施工后，将防水涂料直接涂刷于结构外墙上(图 14-43)；外防内涂法是在垫层施工后，在垫层上先砌永久性保护砖墙并抹1∶3 水泥砂浆找平层，然后在找平层上涂刷防水涂料防水层，点粘沥青卷材隔离保护层或抹砂浆找平层后浇筑主体结构混凝土(图 14-44) (2)由于涂料防水层重量轻，耐候性、耐水性、耐腐蚀性优良，冷作业，施工简便，特别适于结构外形复杂的防水施工，因此被广泛应用于受侵蚀性介质或受振动作用的主体结构迎水面或背水面的涂料防水层
2	材料要求	(1)涂料防水层应包括无机防水涂料和有机防水涂料两大类。无机防水涂料可选用掺外加剂、掺合料的水泥基防水涂料、水泥基渗透结晶型防水涂料，其物理性能见表 14-78，具有良好的湿干粘结性和耐磨性，宜用于结构主体的背水面 (2)有机防水涂料可选用反应型、水乳型、聚合物水泥等涂料。反应型的有机防水涂料如单组分聚氨酯防水涂料，其主要成膜物为聚氨基甲酸酯预聚体，涂刷后通过与空气中的水分进行反应，固化成膜。其特点为涂膜致密，涂层可适当涂厚，有优良的防水抗渗性、弹性及低温柔性；水乳型如氯丁胶乳沥青防水涂料、硅橡胶防水涂料等，涂料通过水分挥发固化成膜，但涂膜长期浸水后强度有所下降，用于地下工程应进行耐水性试验；聚合物水泥如丙烯酸酯、醋酸乙烯-丙烯酸酯共聚物、乙烯-醋酸乙烯共聚物等聚合物水泥复合涂料，该涂料的力学性能因复合比例的异同而有所区别。有机防水涂料宜用于地下工程主体结构的迎水面，如用于背水面的有机防水涂料应具有较高的抗渗性，且与基层有较好的粘结性。有机防水涂料的性能指标见表 14-79 (3)胎体增强材料分为聚酯无纺布和化纤无纺布，其外观应均匀、无团状、平整、无折皱，其拉力(N/50mm)：聚酯无纺布纵向≥150、横向≥100，化纤无纺布纵向≥45、横向≥35；其延伸率(%)：聚酯无纺布纵向≥10、横向≥20，化纤无纺布纵向≥20，横向≥25 (4)防水涂料品种的选择应符合下列规定： 1)潮湿基层宜选用与潮湿基面粘结力大的无机防水涂料或有机防水涂料，也可采用先涂无机防水涂料而后再涂有机防水涂料构成复合防水涂层 2)冬期施工宜选用反应型防水涂料 3)埋置深度较深的重要工程、有振动或有较大变形的工程宜选用高弹性防水涂料 4)有腐蚀性的地下环境宜选用耐腐蚀性较好的有机防水涂料，并应做刚性保护层 5)聚合物水泥防水涂料应选用Ⅱ型产品 (5)防水涂料的贮运保管要求：

续表

项次	项目	施工方法要点
2	材料要求	1)防水涂料包装容器必须密封,容器表面应标明涂料名称、生产厂名、执行标准号、生产日期和产品有效期 2)水乳型涂料储运和保管环境温度不宜低于5℃;溶剂型涂料及胎体增强材料储运和保管环境温度不宜低于0℃,并不得日晒、碰撞和渗漏 3)不同规格、品种和等级的防水涂料,应分别存放,保管环境应干燥、通风,并远离火源,仓库内应有消防设施
3	涂布操作施工	(1)无机防水涂料基层表面应干净、平整、无浮浆和明显积水;有机防水涂料基层表面应基本干燥,不应有气孔、凹凸不平、蜂窝麻面等缺陷。基层阴阳角应做成圆弧形,阴角直径宜大于50mm,阳角直径宜大于10mm (2)单组分涂料一般用铁桶或塑料桶密封包装,打开桶盖即可使用,但使用前应进行搅拌,可反复滚动铁桶或塑料桶,使桶内涂料混合均匀,最好将桶内涂料倒入开口的大容器中,机械搅拌均匀;多组分涂料应按厂家说明书的比例依次加入到塑料桶内,用电动搅拌器充分搅拌均匀 (3)涂布前,应先试涂,以确定涂刷达到设计要求防水层厚度时,需要涂刷的遍数、用量和每遍涂刷达到的厚度、用量,以及涂料干燥时间(包括表干和实干)依此数据作为工程施工的依据 (4)防水涂料涂布前,应在基层上先涂刷或喷涂一层与防水涂料材性相容的基层处理剂,要求涂刷均匀,不堆积或露白见底 (5)对于阴阳角、穿墙管道、预埋件、变形缝等细部构造节点,应采用一布二涂或二布三涂附加增强层,其中胎体增强材料宜优先采用聚酯无纺布 (6)确保涂膜防水层的厚度,是地下涂膜防水层质量的关键,不论采用何种防水涂料(厚质涂料或薄质涂料),都应采取"多遍薄涂"的操作工艺,每遍涂刷应均匀,厚薄一致,不得有露底、漏涂和堆积现象,并在每遍涂层干燥成膜经认真检查修整后方可涂刷后一遍涂料,但两遍涂料施工间隔时间不宜过长,否则会形成分层。防水涂层厚度按设计要求掺外加剂、掺合料的水泥基防水涂料厚度不得小于3mm;水泥基渗透结晶型防水涂料的用量不应小于1.5kg/m^2;且厚度不应小于1.0mm;有机防水涂料的厚层不得小于1.2mm (7)每遍涂层涂刷时,应交替改变涂刷方向,同层涂层的先后搭接宽度宜为30~50mm,每遍涂层宜一次连续涂刷完成,当施工面积较大须留设施工缝时,对施工缝应妥加保护,接涂前应将甩槎表面处理干净,搭接缝宽度应大于100mm。当防水层中需铺设胎体增强材料时,一般应在第二遍涂层涂刷后,立即铺贴,长、短边搭接宽度均应大于100mm,如有二层或二层以上时,上下层接缝应错开1/3幅宽。具体操作方法参见本章第14.1.3节 (8)保护层施工,平面部位:当最后一遍涂膜固化后点粘一层沥青卷材做隔离层,其上浇筑大于50mm厚细石混凝土保护层。立面部位:当采用外防外涂法时,在最后一遍涂料刮涂后,立即粘贴聚乙烯泡沫塑料片材或边刷涂料边撒中粗砂后抹1:3水泥砂浆,再砌砖保护墙;当采用外防内涂法时,则在涂膜防水层上点粘一层沥青卷材或粘贴5~6mm厚聚乙烯泡沫塑料片材做隔离保护层,并作为侧墙的内模板;当采用内涂法时,应在涂刷最后一遍涂料时,边刷涂料边撒中粗砂或是随铺贴一层界面材料,如带孔黄麻织布、纤维网格布等做保护层 (9)涂料防水层严禁在雨天、雾天、五级及以上大风时施工,不得在施工环境温度低于5℃及高于35℃或烈日暴晒时施工。涂膜固化前如有降雨可能时,应及时做好已完涂层的保护工作
4	质量控制	(1)施工前,应对进场防水涂料及胎体增强材料检查出厂合格证、质量检验报告和进场抽样复验报告,其性能必须符合设计要求 (2)施工中随时检查涂料防水层及其转角处、变形缝、穿墙管等细部构造做法均需符合设计要求 (3)施工后应检查防水层与基层应粘结牢固,表面平整、涂刷均匀,不得有流淌、皱折、鼓泡、露胎体和翘边等缺陷 (4)针刺法或割取20mm×20mm实样用卡尺测量,涂料防水层的平均厚度应符合设计要求,最小厚度不得小于设计要求的80% (5)侧墙涂料保护层与防水层应粘结牢固,结合紧密,厚度均匀一致

无机防水涂料的性能指标 **表14-78**

涂料种类	抗折强度(MPa)	粘结强度(MPa)	一次抗渗性(MPa)	二次抗渗性(MPa)	冻融循环(次)
掺外加剂、掺合料水泥基防水涂料	>4	>1.0	>0.8	—	>50
水泥基渗透结晶型防水涂料	≥4	≥1.0	>1.0	>0.8	>50

有机防水涂料的性能指标　表 14-79

涂料种类	可操作时间(min)	潮湿基面粘结强度(MPa)	抗渗性(MPa)			浸水168h后拉伸强度(MPa)	浸水168h后断裂伸长率(%)	耐水性(%)	表干(h)	实干(h)
			涂膜(120min)	砂浆迎水面	砂浆背水面					
反应型	≥20	≥0.5	≥0.3	≥0.8	≥0.3	≥1.7	≥400	≥80	≤12	≤24
水乳型	≥50	≥0.2	≥0.3	≥0.8	≥0.3	≥0.5	≥350	≥80	≤4	≤12
聚合物水泥	≥30	≥1.0	≥0.3	≥0.8	≥0.6	≥1.5	≥80	≥80	≤4	≤12

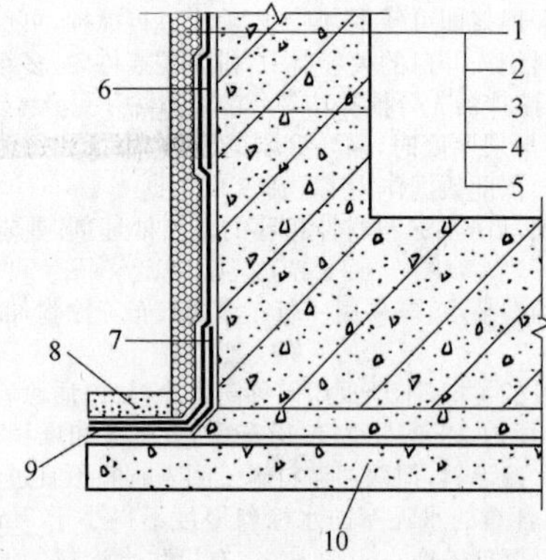

图 14-43　防水涂料外防外涂构造

1—保护墙；2—砂浆保护层；3—涂料防水层；4—砂浆找平层；5—结构墙体；6—涂料防水层加强层；7—涂料防水加强层；8—涂料防水层搭接部位保护层；9—涂料防水层搭接部位；10—混凝土垫层

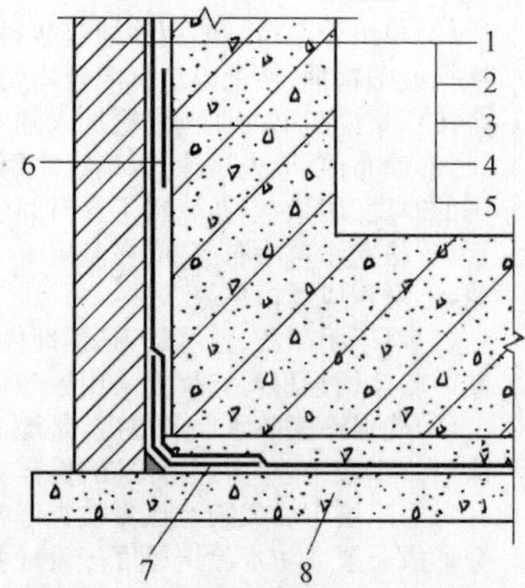

图 14-44　防水涂料外防内涂构造

1—保护墙；2—砂浆保护层；3—涂料防水层；4—找平层；5—结构墙体；6—涂料防水层加强层；7—涂料防水加强层；8—混凝土垫层

14.2.2.5　塑料防水板防水

塑料防水板防水施工　表 14-80

项次	项目	施工方法要点
1	一般规定	(1)塑料防水板防水层由塑料防水板与缓冲层组成，并由暗钉圈固定于基面上。塑料防水板防水层宜用于经常受水压、侵蚀性介质或受振动作用的地下工程防水 (2)塑料防水板防水层宜铺设在地铁、隧道、岩石洞库等复合式衬砌的初期支护和二次衬砌之间。塑料防水板防水层宜在初期支护结构趋于基本稳定后铺设 (3)塑料防水板防水层可根据工程地质、水文地质条件和工程防水要求，采用全封闭、半封闭或局部封闭铺设
2	材料要求	(1)塑料防水板可选用乙烯-醋酸乙烯共聚物、乙烯沥青共混聚合物、聚氯乙烯、高密度聚乙烯类或其他性能相近的材料。塑料防水板幅宽宜为 2～4m；厚度不得小于 1.2mm；应具有良好的耐穿刺性、耐久性、耐水性、耐腐蚀性、耐菌性。塑料防水板主要性能指标应符合表 14-81 的要求 (2)缓冲层宜采用无纺布或聚乙烯泡沫塑料片材，缓冲层材料指标应符合表 14-82 的规定 (3)暗钉圈应采用与塑料防水板相容的材料制作，直径不应小于 80mm
3	塑料防水板铺设	(1)塑料防水板防水层的基面应平整、无明显凹凸不平和尖锐突出物，基面平整度 D/L 不大于 1/6(D 为初期支护基面相邻两凸面间凹进去的深度，L 为初期支护基面相邻两凸面间的距离)。 (2)铺设塑料防水板前应先铺缓冲层。缓冲层应采用暗钉圈固定在基面上(图 14-45)。固定点的间距应根据基面平整情况确定，拱部宜为 0.5～0.8m、边墙宜为 1.0～1.5m、底部宜为 1.5～2.0m，局部凹凸较大时，应在凹处加密固定点

续表

项次	项目	施工方法要点
3	塑料防水板铺设	(3)铺设塑料防水板时，宜由拱顶向两侧展铺，并应边铺边用压焊机将塑料板与暗钉圈焊接牢靠，不得有漏焊、假焊和焊穿现象，两幅塑料防水板的搭接宽度不应小于100mm。搭接缝应为热熔双焊缝，每条焊缝的有效宽度不应小于10mm；环向铺设时，应先拱后墙，下部防水板应压住上部防水板 (4)塑料防水板铺设时，宜设置分区预埋注浆系统。分段设置塑料防水板时，两端应采取封闭措施 (5)接缝焊接时，塑料防水板的搭接层数不得超过三层。塑料防水板铺设时，应少留或不留接头，当留设接头时，应对接头进行保护。再次焊接时，应将接头处的塑料防水板擦拭干净 (6)铺设塑料防水板时，不应绷得太紧，如绷得太紧，易使塑料板与基面不密贴，难以保证二次衬砌厚度，同时在浇筑混凝土时，固定点容易拉脱，但也不能太松，太松了既浪费材料，又易使防水板打折。宜根据基面的平整度留有充分的余地 (7)防水板的铺设应超前混凝土施工，超前距离宜为5～20m，并应设临时挡板，防止机械损伤和电火花灼伤防水板。二次衬砌混凝土施工时，绑扎、焊接钢筋时应采取防穿刺、灼伤防水板的措施；混凝土出料口和振动棒不得直接触碰塑料防水板 (8)塑料防水板防水层铺设完毕后，应进行质量检查，验收合格后，方可进行下道工序施工
4	质量控制	(1)施工前应检查塑料防水板及配套材料的出厂合格证、质量检验报告以及现场抽样复验报告，其性能必须符合设计要求 (2)塑料防水板的搭接缝必须采用双缝热熔焊接，每条焊缝的有效宽度不应小于10mm (3)塑料防水板应采用无钉孔铺设，其固定点的间距应符合本节项次3第(2)条的要求；塑料防水板与暗钉圈应焊接牢固，不得漏焊、假焊和焊穿 (4)塑料板的铺设应平顺并与基层固定牢固，不得有下垂、绷紧和破损现象，塑料板搭接处不得有渗漏。搭接宽度的允许偏差为－10mm

塑料防水板主要性能指标　　表14-81

项目	性能指标			
	乙烯-醋酸乙烯共聚物	乙烯-沥青共混聚合物	聚氯乙烯	高密度聚乙烯
拉伸强度(MPa)	≥16	≥14	≥10	≥16
断裂延伸率(%)	≥550	≥500	≥200	≥550
不透水性，120min(MPa)	≥0.3	≥0.3	≥0.3	≥0.3
低温弯折性	－35℃无裂纹	－35℃无裂纹	－20℃无裂纹	－35℃无裂纹
热处理尺寸变化率(%)	≤2.0	≤2.5	≤2.0	≤2.0

缓冲层材料性能指标　　表14-82

性能指标 材料名称	抗拉强度(N/50mm)	伸长率(%)	质量(g/m^2)	顶破强度(kN)	厚度(mm)
聚乙烯泡沫塑料	>0.4	≥100	—	≥5	≥5
无纺布	纵横向≥700	纵横向≥50	>30	—	—

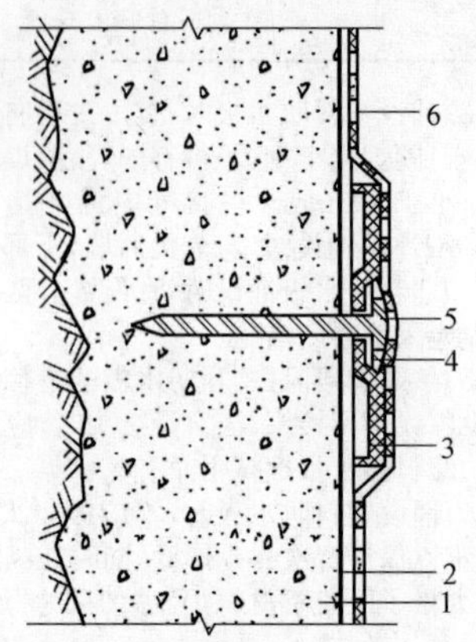

图 14-45　暗钉圈固定缓冲层

1—初期支护；2—缓冲层；3—热塑性暗钉圈；4—金属垫圈；5—射钉；6—塑料防水板

14.2.2.6　金属板防水

金属板防水层施工　　表 14-83

项次	项目	施工方法要点
1	适用范围	金属板防水层可用于长期浸水、水压较大的水工及过水隧道或对防水、防潮要求较高、或处于经常有强烈振动、冲击、磨损的地下结构主体防水，如冶炼厂的浇铸坑、电炉钢水坑等以及有贵重设备仪器的地下库房等 金属板包括钢板、铜板、铝板、合金钢板等。金属板和焊条应由设计部门根据工艺要求及具体情况选定，其材质应符合现行国家标准
2	金属板防水层铺设	(1)金属板防水层可设置在地下主体结构的内侧，也可设置在主体结构的外侧 (2)在主体结构内侧设置金属板防水层时，应根据金属板拼装尺寸及结构造型，在主体结构内壁和底板上预埋带锚爪的预埋件，并与钢筋或钢固定架焊牢，以确保位置正确(图 14-46)。待结构混凝土浇筑完毕并达到设计强度后，紧贴内壁在埋件上焊钢板防水层，要求焊缝饱满，无气孔、夹渣、咬肉。变形等疵病。焊缝检查合格后，金属板与结构间的空隙用水泥浆灌严。当结构面积不大，内部形状又较简单时，常采用先焊成整体箱套再吊装就位的施工方法，其操作要点如下： 1)先焊成整体箱套，厚 4mm 以下钢板接缝可用搭接焊；4mm 及 4mm 以上钢板用对接焊，垂直缝应互相错开，箱套内侧用临时支撑加固，以防吊装及浇筑混凝土时变形 2)在结构钢筋及四壁外模安装完毕后，将箱套整体吊入基坑内预设的混凝土墩或钢支架上准确就位，箱套作为结构的内模使用 3)钢板锚筋应与结构内钢筋焊牢，或在钢板套上焊以一定数量的锚固件，以使与混凝土连接牢固 4)箱套在安装前，应用超声波、气泡法、真空法或煤油渗漏法等检查焊缝的严密性，如发现渗漏，应予修整或补焊 5)为便于浇筑混凝土，在底板上可开适当孔洞，待混凝土达到 70%强度后，用比孔稍大钢板将孔洞补焊严密 (3)主体结构外侧设置金属防水层时，金属板应焊在混凝土结构的预埋件上(图 14-47)。金属板经焊缝检查合格后，应将其与结构间的空隙用水泥砂浆灌实 (4)金属板防水层必须全面涂刷防腐蚀涂料，进行防锈蚀处理
3	质量控制	(1)施工前应检查金属板材和焊条(剂)的出厂合格证或质量检验报告，以及现场抽样复验报告，其性能必须符合设计要求。检查焊工执业资格证书和考核日期，焊工必须经考试合格并取得相应的执业资格证书 (2)防水层表面不得有明显凹面和损伤，焊缝不得有裂纹、未熔合、夹渣、焊瘤、咬边、烧穿、弧坑、针状气孔等缺陷，焊缝的焊波应均匀，焊渣和飞溅物应清除干净；保护涂层不得有漏涂、脱皮和反锈现象

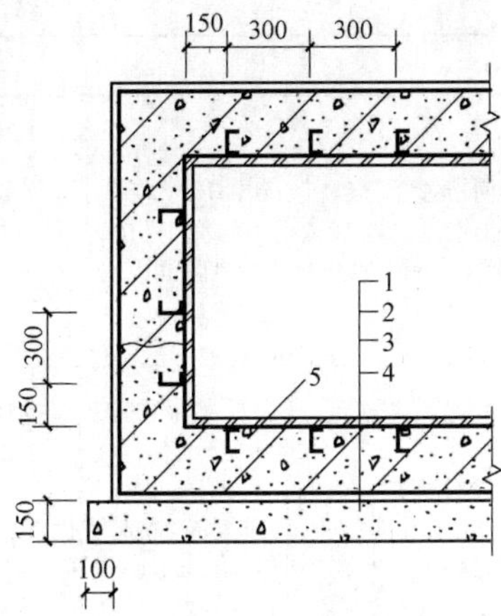

图 14-46 金属板内防水层

1—金属板防水层；2—主体结构；3—防水砂浆；4—垫层；5—锚固筋

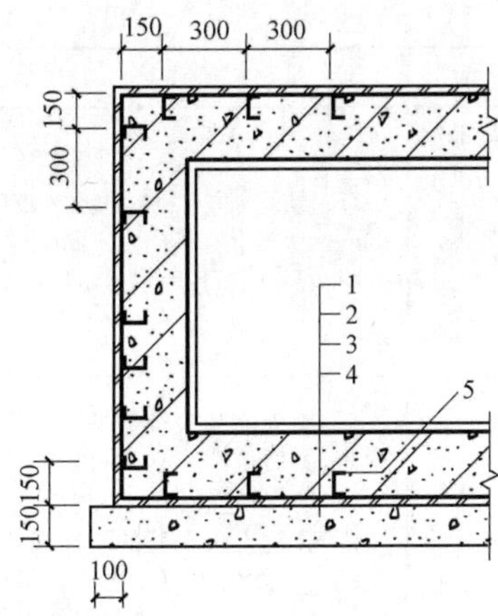

图 14-47 金属板外防水层

1—防水砂浆；2—主体结构；3—金属板防水层；4—垫层；5—锚固筋

14.2.2.7 膨润土防水材料防水

膨润土防水材料防水层施工 表 14-84

项次	项目	施工方法要点
1	一般规定	(1)膨润土防水材料包括膨润土防水毯和膨润土防水板及其配套材料，采用机械固定法铺设 (2)膨润土防水材料防水层应用于 pH 值为 4～10 的地下环境，含盐量较高的地下环境应采用经过改性处理的膨润土，并应经检测合格后使用 (3)膨润土防水材料防水层应用于地下工程主体结构的迎水面，防水层两侧应具有一定的夹持力
2	材料要求	膨润土防水材料中的膨润土颗粒应采用钠基膨润土，不应采用钙基膨润土；膨润土防水材料应具有良好的不透水性、耐久性、耐腐蚀性；膨润土防水毯的非织布外表面宜附加一层高密度聚乙烯膜；膨润土防水毯的织布层和非织布层之间应连接紧密、牢固、膨润土颗粒应分布均匀；基材应采用厚度为 0.6～1.0mm 的高密度聚乙烯片材。目前，国内的膨润土防水材料有三种产品，一是针刺法钠基膨润土防水毯，由两层土工布包裹钠基膨润土颗粒针刺而成的毯状材料，如图 14-48(*a*)所示，表示代号为 GCL-ZP；二是针刺覆膜法钠基膨润土防水毯，是在针刺法钠基膨润土防水毯的非织造土工布外表面复合一层高密度聚乙烯薄膜，如图 14-48(*b*)所示，表示代号为 GCL-OF；三是胶粘法钠基膨润土防水毯(也称防水板)，是用胶粘剂把膨润土颗粒粘结到高密度聚乙烯板上，压缩生产的一种钠基膨润土防水毯，如图 14-48(*c*)所示，表示代号为 GCL-AH，其性能指标应符合表 14-85 的要求
3	膨润土防水层铺设	(1)基层应坚实、清洁，不得有明水和积水。平整度要求同塑料防水板施工。铺设膨润土防水材料防水层的基层混凝土强度等级不得小于 C15，水泥砂浆强度等级不得低于 M7.5。阴、阳角部位应做成直径不小于 30mm 的圆弧或 30mm×30mm 的钝角 (2)变形缝、后浇带等接缝部位应设置宽度不小于 500mm 的加强层。加强层应设置在防水层与结构外表面之间；穿墙管件部位宜采用膨润土橡胶止水条、膨润土密封膏或膨润土粉进行加强处理 (3)膨润土防水材料宜采用单层机械固定法铺设，固定的垫片厚度不应小于 1.0mm，直径或边长不宜小于 30mm，固定点宜呈梅花形布置，立面和斜面上的固定点间距宜为 400～500mm，平面上应在搭接缝处固定。膨润土防水毯的织布面应向着结构外表面或底板混凝土 (4)立面和斜面铺设膨润土防水材料时，应上层压着下层，防水毯与基层、防水毯与防水毯之间应密贴，并应平整、无褶皱。膨润土防水材料分段铺设时，应采取临时防护措施 (5)膨润土防水材料甩槎与下幅防水材料连接时，应将收口压板、临时保护膜等去掉，并应将搭接部位清理干净，涂抹膨润土密封膏，然后采用搭接法连接，接缝处应采用钉子和垫圈钉压固定，搭接宽度应大于 100mm，搭接部位的固定间距宜为 200～300mm，固定位置距搭接边缘的距离宜为 25～30mm。平面搭接缝可干撒膨润土颗料，用量宜为 0.3～0.5kg/m。破损部位应采用与防水层相同的材料进行修补，补丁边缘与破损部位边缘的距离不应小于 100mm；膨润土防水板表面膨润土颗粒损失严重时，应涂抹膨润土密封膏

续表

项次	项目	施工方法要点
3	膨润土防水层铺设	(6)膨润土防水材料的永久收口部位应用金属收口压条和水泥钉固定，压条断面尺寸应不小于1.0mm×30mm，压条上钉子的固定间距应不大于300mm，并应用膨润土密封膏密封覆盖。膨润土防水材料与其他防水材料过渡时，过渡搭接宽度应大于400mm，搭接范围内应涂抹膨润土密封膏或铺撒膨润土粉
4	质量控制	(1)施工前应检查进场的膨润土防水材料及其配套材料的出厂合格证、质量检验报告和现场抽样复验报告，其质量性能必须符合设计要求 (2)防水层在转角处和变形缝、施工缝、后浇带、穿墙管等部位做法必须符合设计要求 (3)膨润土防水毯的织布面或防水板的膨润土面，应朝向工程主体结构的迎水面；立面或斜面铺设的膨润土防水材料应上层压住下面，防水层与基层、防水层与防水层之间应密贴，并应平整无折皱；膨润土防水材料的搭接和收口部位应符合《地下防水工程质量验收规范》(GB 50208—2011)第4.7.5条、第4.7.6条、第4.7.7条的规定。膨润土防水材料搭接宽度的允许偏差应为－10mm

膨润土防水材料性能指标　　表14-85

项目		性能指标		
		针刺法钠基膨润土防水毯	刺覆膜法钠基膨润土防水毯	胶粘法钠基膨润土防水毯
单位面积质量(g/m²、干重)		≥4000		
膨润土膨胀指数(mL/2g)		≥24		
拉伸强度(N/100mm)		≥600	≥700	≥600
最大负荷下伸长率(%)		≥10	≥10	≥8
剥离强度	非织造布-编织布(N/10cm)	≥40	≥40	—
	PE膜-非制造布(N/10cm)	—	≥30	—
渗透系数(cm/s)		$\leqslant 5\times10^{-11}$	$\leqslant 5\times10^{-12}$	$\leqslant 1\times10^{-13}$
滤失量(mL)		≤18		
膨润土耐久性(mL/2g)		≥20		

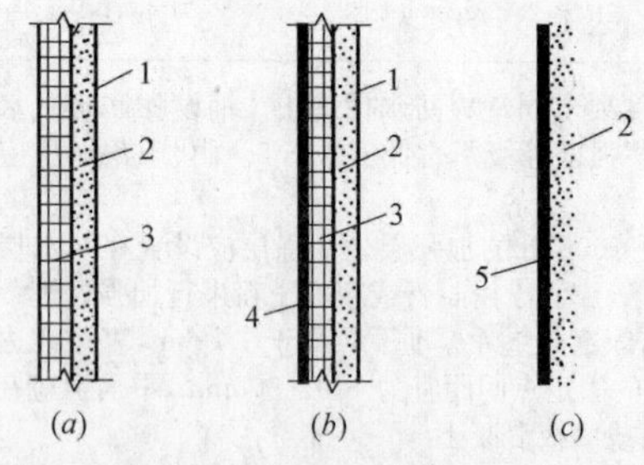

图14-48　膨润土防水毯

(*a*) 针刺法钠基膨润土防水毯；(*b*) 针刺覆膜法膨润土防水毯；(*c*) 胶粘法钠基膨润土防水毯

1—塑料编丝编织土工布；2—钠基膨润土；3—非织造土工布；4—高密度聚乙烯(HDPE)土工膜；5—高密度聚乙烯板

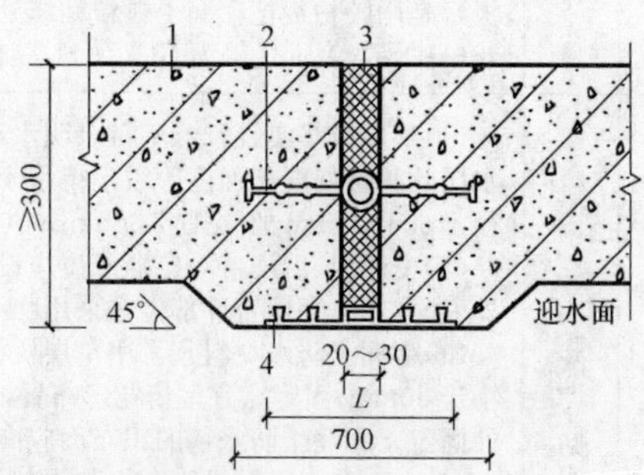

图14-49　中埋式止水带与外贴防水层复合使用

外贴式止水带 $L\geqslant300$

外贴防水卷材 $L\geqslant400$

外涂防水涂层 $L\geqslant400$

1—混凝土结构；2—中埋式止水带；3—填缝材料；4—外贴止水带

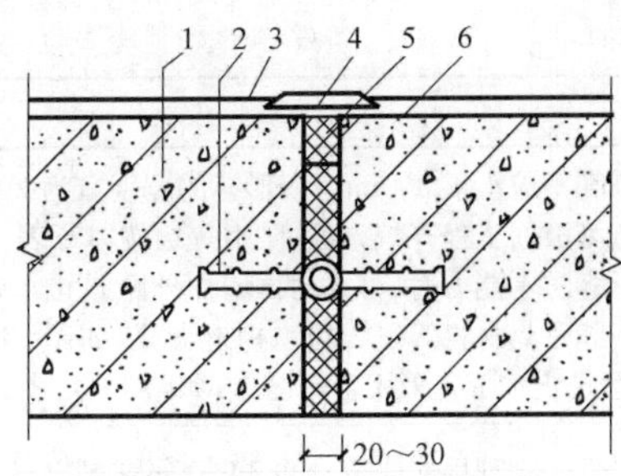

图 14-50 中埋式止水带与嵌缝材料复合使用

1—混凝土结构；2—中埋式止水带；3—防水层；4—隔离层；5—密封材料；6—嵌缝材料

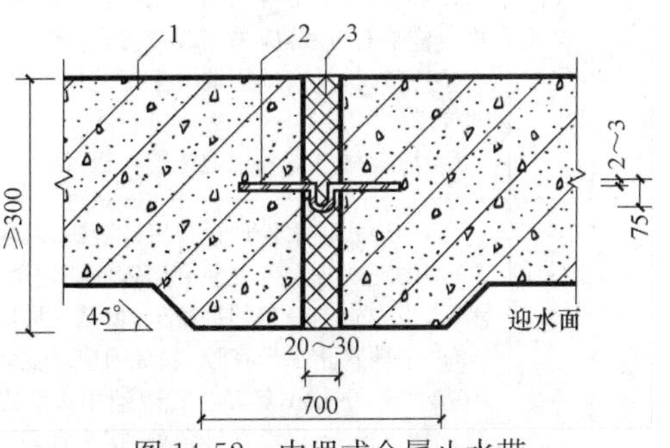

图 14-52 中埋式金属止水带

1—混凝土结构；2—金属止水带；3—填缝材料

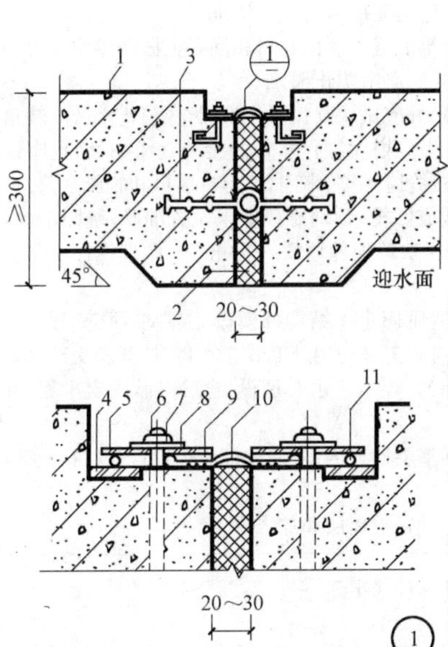

图 14-51 中埋式止水带与可卸式止水带复合使用

1—混凝土结构；2—填缝材料；3—中埋式止水带；
4—预埋钢板；5—紧固件压板；6—预埋螺栓；
7—螺母；8—垫圈；9—紧固件压板；
10—Ω 形止水带；11—紧固件圆钢

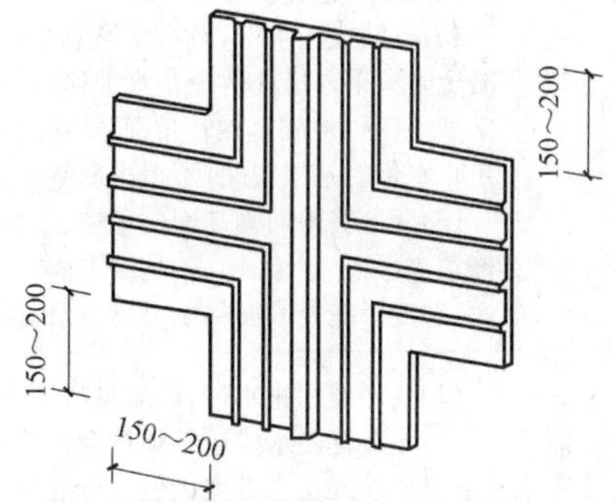

图 14-53 外贴式止水带在施工缝与变形缝相交处的十字配件

14.2.3 地下工程混凝土结构细部构造防水

14.2.3.1 变形缝

变形缝防水做法　　表 14-86

项次	项目	施工要点
1	一般要求	(1)变形缝应满足密封防水、适应变形、施工方便、检修容易等要求 (2)用于伸缩的变形缝宜少设，可根据不同的工程结构类别、工程地质情况采用后浇带、加强带、诱导缝等替代措施；用于沉降的变形缝最大允许沉降差值不应大于 30mm

续表

项次	项目	施工要点
1	一般要求	(3)变形缝处混凝土厚度不应小于300mm;变形缝的宽度宜为20～30mm (4)变形缝的防水措施可根据工程开挖方法、防水等级按本章表14-62选用。一般应优先选用中埋式止水带,当需要增强变形缝防水能力时,可采用再增加外贴式止水带、外贴防水卷材、外涂防水涂料、内贴可卸式止水带、增加嵌缝密封材料等复合防水构造形式,如图14-49～图14-52所示。当环境温度高于50℃处的变形缝,中埋式止水带应采用金属制作,如图14-52所示
2	材料要求	(1)变形缝用橡胶止水带的物理性能应符合表14-87的要求。为克服橡胶止水带与混凝土的粘附力较差,在止水带的两边加有钢板,做成钢边橡胶止水带,使用时可起到增加止水带的渗水长度和加强止水带与混凝土的锚固作用,多在重要的地下工程中使用 (2)金属止水带应采用不锈钢片或紫铜片制作,中间呈圆弧形,厚度为2～3mm,要求不锈钢片或紫铜片为整条的,接缝应采用焊接方式,焊缝应严密 (3)密封材料应采用混凝土接缝用密封膏,不同模量的建筑接缝用密封膏的物理性能应符合表14-88的要求 (4)填缝材料常采用泡沫塑料板、沥青麻丝等
3	变形缝防水施工	(1)中埋式止水带埋设位置应准确,其中间空心圆环应与变形缝的中心线重合 (2)中埋式止水带安装宜用钢筋固定架固定牢靠,浇筑混凝土的出料口和混凝土振动棒均不得冲击止水带,当先施工一侧的混凝土时,其端模应支撑牢固,并应严密防止漏浆 (3)中埋式止水带在顶、底板内应呈盆状安设,在转角处应做成圆弧形,(钢板)橡胶止水带的转角半径不应小于200mm,转角半径应随止水带的宽度增加而相应增大。止水带的接缝宜为一处,且应设在边墙较高位置,不得没在转角处,接头宜采用热压焊接,接缝应平整、牢固,不得有裂口和脱胶现象 (4)安设于结构内侧的可卸式止水带,变形缝处应做成凹槽,预埋螺栓要求位置准确,基面平整,转角处应做成45°坡角,并应增加螺栓数量。紧固斜压板、压块等配件均需一次配齐。预埋螺栓安装后需涂黄油并用布包裹保护,防止丝牙锈蚀、损坏 (5)外贴式止水带,设在变形缝处的结构垫层上,侧壁则固定于结构外模板上,要求固定牢固,浇筑混凝土时应采取措施避免止水带移位、损坏。当变形缝与施工缝均用外贴式止水带时,其相交部位宜用十字配件(图14-53),在转角部位宜用直角配件(图14-54)。要求止水带埋设位置准确,固定牢靠,并与固定止水带的基层密贴,不得出现空鼓、翘边等现象 (6)变形缝内两侧基面应平整、干燥、干净,并应涂刷基层处理剂;嵌缝底部应设置背衬材料;密封材料嵌填应严密、连续、饱满、粘结牢固 (7)变形缝处表面粘贴卷材或涂刷涂料前,应在缝上设置隔离层和加强层
4	质量要求	(1)变形缝用止水带、填缝材料和密封材料必须符合设计要求 (2)变形缝防水构造必须符合设计要求 (3)中埋式止水带埋设位置应准确,其中间空心圆环与变形缝的中心线应重合。止水带应固定牢靠平直,不得有扭曲现象

橡胶止水带物理性能 表14-87

项目		性能要求		
		B型	S型	J型
硬度(邵尔A,度)		60±5	60±5	60±5
拉伸强度(MPa)		≥15	≥12	≥10
扯断伸长率(%)		≥380	≥380	≥300
压缩永久变形	70℃×24h(%)	≤35	≤35	≤25
	23℃×168h(%)	≤20	≤20	≤20
撕裂强度(kN/m)		≥30	≥25	≥25
脆性温度(℃)		≤-45	≤-40	≤-40

续表

项目			性能要求		
			B型	S型	J型
热空气老化	70℃×168h	硬度变化(邵尔A,度)	+8	+8	—
		拉伸强度(MPa)	≥12	≥10	—
		扯断伸长率(%)	≥300	≥300	—
	100℃×168h	硬度变形(邵尔A,度)	—	—	+8
		拉伸强度(MPa)	—	—	≥9
		扯断伸长率(%)	—	—	≥250
橡胶与金属粘合			断面在弹性体内		

注：1. B型适用于变形缝用止水带，S型适用于施工缝用止水带，J型适用于有特殊耐老化要求的接缝用止水带。
2. 橡胶与金属粘合指标仅适用于具有钢边的止水带。

建筑接缝用密封胶物理性能 **表14-88**

项目			性能要求			
			25(低模量)	25(高模量)	20(低模量)	20(高模量)
流动性	下垂度(N型)	垂直(mm)	≤3			
		水平(mm)	≤3			
	流平性(S型)		光滑平整			
挤出量(mL/min)			≥80			
弹性恢复率(%)			≥80		≥60	
拉伸模量(MPa)		23℃ −20℃	≤0.4和 ≤0.6	>0.4或 >0.6	≤0.4和 ≤0.6	>0.4或 >0.6
定伸粘结性			无破坏			
浸水后定伸粘结性			无破坏			
热压冷拉后粘结性			无破坏			
体积收缩率			≤25			

注：体积收缩率仅适用于乳胶型和溶剂型产品。

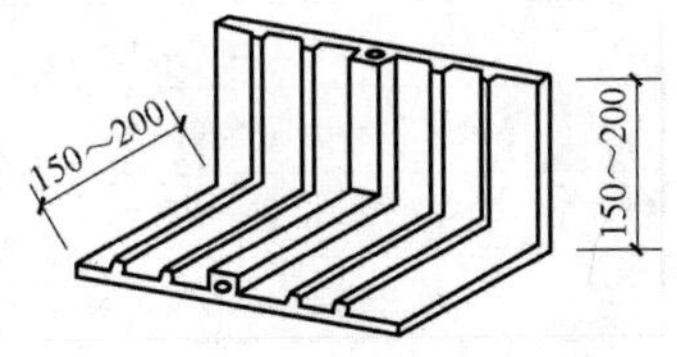

图14-54 外贴式止水带在转角处的直角配件

14.2.3.2 后浇带

后浇带防水做法 **表14-89**

项次	项目	施工要点
1	一般要求	(1)后浇带宜用于不允许留设变形缝的部位 (2)后浇带应设在结构受力和变形较小的部位,其间距与位置应按结构设计要求确定,宽度宜为700～1000mm。两侧的施工缝可做成平直缝或阶梯缝,其防水构造形式如图14-55所示

续表

项次	项目	施工要点
1	一般要求	(3)后浇带应在其两侧混凝土干缩变形基本稳定后施工，一般要求龄期达到42d后认为干缩变形基本趋于稳定。高层建筑的后浇带施工应通过地基变形计算和建筑物沉降观测，并在地基变形基本稳定的情况下才可进行，一般情况下，若沉降速度小于0.01～0.04m/d时，可认为已进入稳定阶段，具体取值宜根据各地区地基土的压缩性确定，如工程需要提前浇筑后浇带混凝土时，应采取有效措施，并取得设计单位同意 (4)后浇带应采用补偿收缩混凝土浇筑，其抗渗和抗压强度等级不应小于两侧混凝土 (5)采用膨胀剂的补偿收缩混凝土，水中养护14d后的限制膨胀率不应小于0.015%，膨胀剂的掺量应根据不同部位的限制膨胀率设定值经试验确定
2	材料要求	(1)用于补偿收缩混凝土的砂、石、水泥、拌合水及外加剂掺合料等应符合本手册第9章混凝土与大体积混凝土中9.8.9补偿收缩混凝土一节中有关要求 (2)膨胀剂种类较多，目前主要有硫铝酸钙类膨胀剂、氧化钙类膨胀剂和复合膨胀剂三类，其物理性能应符合表14-90的要求 (3)遇水膨胀止水条应具有缓胀性能，其7d的膨胀率不应大于最终膨胀率的60%，当不符合时，应采取表面涂缓胀剂的措施
3	后浇带防水施工	(1)后浇带和外贴式止水带部位，平面上应用厚木板覆盖，立面用木模板遮挡，防止落入杂物和损伤外贴式止水带 (2)后浇带混凝土浇筑前，应将其接缝处的混凝土凿毛，清除浮浆和松动石子，并浇水湿润 (3)补偿收缩混凝土的配合比除应符合防水混凝土配合比要求外，尚应符合膨胀剂掺量不宜大于12%，并以胶凝材料总量的百分比表示。膨胀剂的具体掺量应根据限制膨胀率的设定值经试验确定，一般掺量为6%～12% (4)遇水膨胀止水条安装前应在表面涂刷缓膨胀剂，防止由于降雨或施工用水等使止水条过早膨胀，同时应将止水条牢固地安装在缝表面的预留槽内 (5)后浇带需超前止水时，后浇带部位的混凝土应局部加厚，并应增设外贴式或中埋式止水带(图14-56)
4	质量要求	(1)后浇带用遇水膨胀止水条或止水胶、预埋注浆管、外贴式止水带必须符合设计要求 (2)补偿收缩混凝土的原材料及配合比必须符合设计要求 (3)后浇带防水构造必须符合设计要求 (4)采用掺膨胀剂的补偿收缩混凝土，其抗压强度、抗渗性能和限制膨胀率必须符合设计要求 (5)后浇带两侧的接缝表面应先清理干净，再涂刷混凝土界面处理剂或水泥基渗透结晶型防水涂料；后浇混凝土的浇筑时间应符合设计要求；后浇混凝土应一次浇筑，不得留设施工缝，混凝土浇筑后应及时养护，养护时间不得少于28d

混凝土膨胀剂物理性能　　表14-90

项目			性能指标
细度	比表面积(m^2/kg)		≥250
	0.08mm筛余(%)		≤12
	1.25mm筛余(%)		≤0.5
凝结时间	初凝(min)		≥45
	终凝(h)		≤10
限制膨胀(%)	水中	7d	≥0.025
		28d	≤0.10
	空气中	21d	≥−0.020
抗压强度(MPa)	7d		≥25.0
	28d		≥45.0
抗折强度(MPa)	7d		≥4.5
	28d		≥6.5

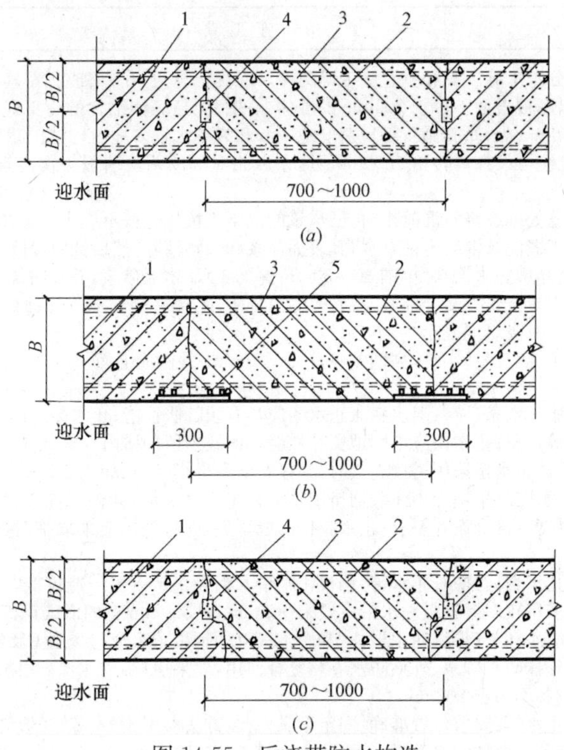

图 14-55 后浇带防水构造

(*a*) 平直缝加遇水膨胀止水条（胶）；(*b*) 平直缝加外贴式止水带；(*c*) 阶梯缝加遇水膨胀止水条

1—先浇混凝土；2—后浇补偿收缩混凝土；3—结构主筋；4—遇水膨胀止水条（胶）；5—外贴式止水带

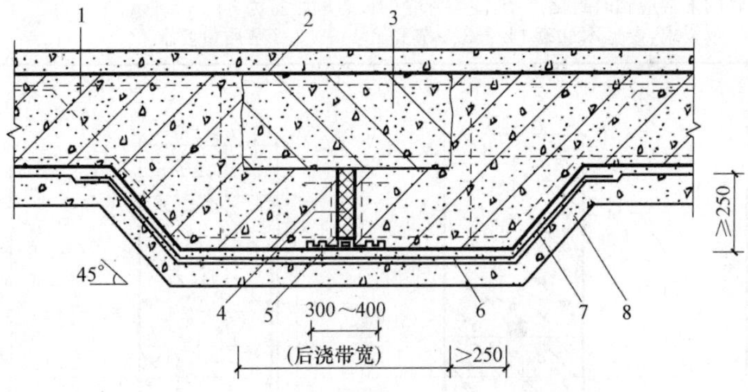

图 14-56 后浇带超前止水构造

1—混凝土结构；2—钢丝网片；3—后浇带；4—填缝材料；5—外贴式止水带；

6—细石混凝土保护层；7—卷材防水层；8—垫层混凝土

14.2.3.3 施工缝

施工缝防水做法 **表 14-91**

项次	项目	施 工 要 点
1	一般规定	(1)由于施工工序要求，混凝土非一次浇筑完成，前后两次浇筑混凝土之间形成的缝即为施工缝。由于施工缝两侧混凝土收缩不同，易形成渗水隐患，因此，有防水要求的结构部位，必须对施工缝进行防水处理

续表

项次	项目	施工要点
1	一般规定	(2)施工缝分水平施工缝和垂直施工缝两种。混凝土浇筑宜少留或不留施工缝。地下室墙体施工缝应留设在高出底板表面不小于300mm的墙体上；拱、板与墙体结合的施工缝，宜留在拱、板与墙交接处以下150～300mm处，垂直施工缝应避开地下水和裂缝水较多地段，并宜与变形缝相结合。箱形基础的外墙垂直施工缝可设在离转角1000mm处，采取相对称的两块墙板一次浇筑施工，但需征得设计人员同意 (3)在施工缝处继续浇筑混凝土时，已浇筑的混凝土抗压强度不应小于1.2MPa。 (4)水平施工缝浇筑混凝土前，应将其表面浮浆和杂物清除，然后铺设净浆，涂刷混凝土界面处理剂或水泥基渗透结晶型防水涂料，再铺30～50mm厚的1:1水泥砂浆，并及时浇筑混凝土 (5)垂直施工缝浇筑混凝土前，应将其表面清理干净，再涂刷混凝土界面处理剂或水泥基渗透结晶型防水涂料，并及时浇筑混凝土 (6)水平施工缝应保持水平，高低差不宜大于20mm，并做成毛面
2	施工缝防水做法	(1)遇水膨胀止水条(胶)：遇水膨胀止水条应具有缓膨胀性能；止水条与施工缝基面应密贴，中间不得有空鼓、脱离等现象；止水条应牢固地安装在缝表面或预留凹槽内。嵌塞在凹槽内，稳固性好，施工质量容易得到保证。止水条采用搭接连接时，搭接宽度不得小于30mm(图14-57(*b*)) 遇水膨胀止水胶应采用专用注胶器挤出粘结在施工缝表面，并做到连接、均匀、饱满，无气泡和孔洞，挤出宽度及厚度应符合设计要求；止水胶挤出成型后，固化期内应采取临时保护措施，固化后方可浇筑二次混凝土 (2)中埋式止水带：有橡胶止水带、钢板止水带。钢板止水带由于造价低，与混凝土结合较好，加工制作也较容易，采用较多。钢板止水带一般采用2mm厚、300mm宽的低碳钢板。中埋式止水带安装方法及要求参见表14-86"变形缝防水做法"和图14-57(*a*)钢板止水带与缓胀型膨胀止水条复合使用，或与外涂防水涂料、外抹防水砂浆、外贴防水卷材复合使用，效果更好，防水涂料、防水砂浆和防水卷材宽度应在施工缝两侧各不小于200mm (3)外贴式止水带：要求位置准确，固定牢靠，安装方法参见表14-57"变形缝防水构造"和图14-58(*a*)。外贴式止水带若与外贴防水卷材、外涂防水涂料或外抹防水砂浆复合使用，效果更好，但造价较高，且应考虑止水带的材性与柔性防水材料材性的相容性 (4)预埋注浆管：注浆管应设置在施工缝断面中部图14-58(*b*)，并与施工缝基面密贴，固定牢固，间距200～300mm；注浆导管与注浆管的连接应牢固、严密，导管埋入混凝土内的部分应与结构钢筋绑扎牢固，导管的末端应临时封堵严密，注浆导管的设置间距宜为3.0～5.0m (5)质量要求：参见本章第14.2.3.1节和第14.2.3.2节质量要求

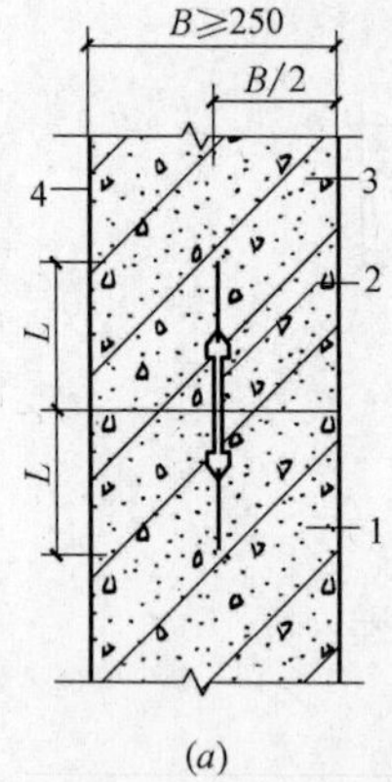

(*a*)

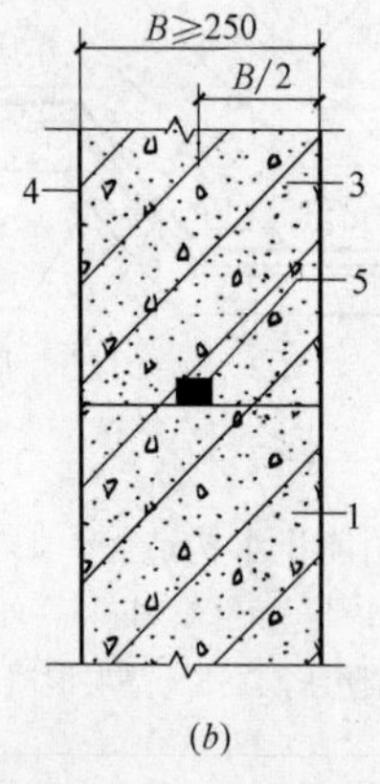

(*b*)

图14-57　施工缝防水构造（一）

(*a*) 中埋式止水带；(*b*) 遇水膨胀止水条（胶）

1—先浇混凝土；2—中埋式止水带（钢板止水带≥150，橡胶止水带$L\geqslant200$，钢边橡胶止水带$L\geqslant120$）；3—后浇混凝土；4—迎水面；5—遇水膨胀止水条（胶）

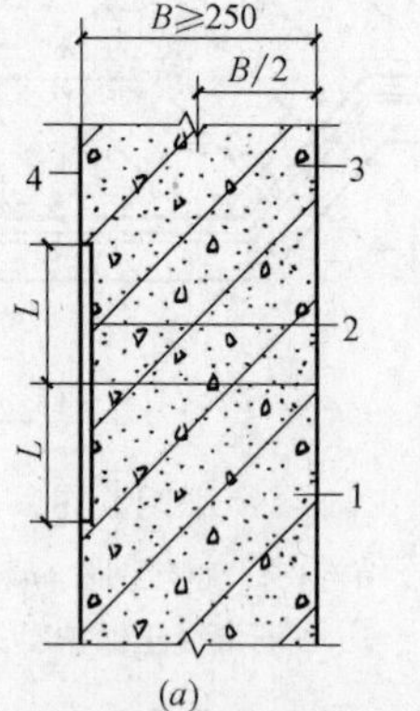

(*a*)

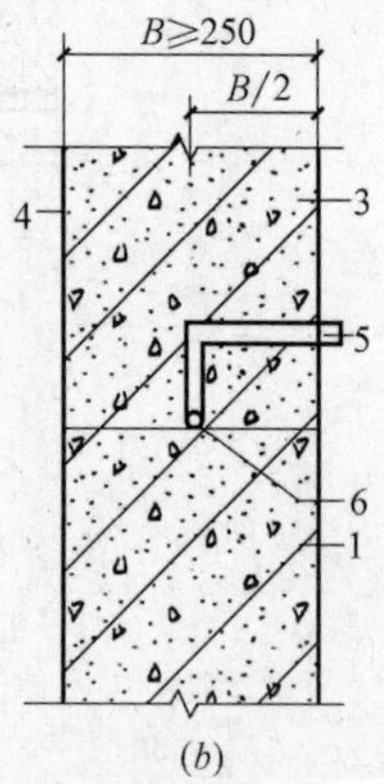

(*b*)

图14-58　施工缝防水构造（二）

(*a*) 外贴式止水带；(*b*) 预埋注浆管

1—先浇混凝土；2—外贴止水带（外贴止水带$L\geqslant150$，外涂防水涂料$L\geqslant200$；外抹防水砂浆$L\geqslant200$）；3—后浇混凝土；4—结构迎水面；5—注浆导管；6—预埋注浆管

14.2.3.4 穿墙管及埋设件

穿墙管及埋设件防水做法 表 14-92

项次	项目	施工要点
1	穿墙管防水施工	(1)穿墙管应在浇筑混凝土前预埋，且与内墙角凹凸部位的距离应大于 250mm (2)结构变形或管道伸缩量较小时，穿墙管可用主管直接埋入混凝土内的固定式防水法，主管应加焊金属止水环并满焊密实，如图 14-59(*a*)所示，并应在迎水面预留凹槽，槽内采用密封材料嵌填密实。当主管管径小于 50mm 时，也可采用遇水膨胀止水圈用胶粘剂满粘固定于主管上的防水方法，遇水膨胀止水圈应采用缓胀型或涂缓胀剂，如图 14-59(*b*)所示 (3)结构变形或管道伸缩量较大或有更换要求时，应采用套管式防水法，套管应加焊止水环，止水环及翼环与套管应满焊密实 (4)相邻穿墙管的间距应大于 300mm (5)穿墙管线较多时，宜相对集中，并应采用穿墙盒方法，穿墙盒的封口钢板应与墙上的预埋角钢焊严，并应从钢板上的预留浇筑孔注入改性沥青密封材料或细石混凝土(图 14-60)，封填后将孔口用钢板焊接封闭
2	埋设件防水施工	(1)结构上的埋设件应采用预埋或预留孔(槽)等。埋设件端部或预留孔(槽)底部的混凝土厚度不得小于 250mm，当厚度小于 250mm 时，应采取局部加厚或其他防水措施(图 14-61) (2)结构迎水面的埋设件周围应预留凹槽，凹槽内用密封材料填实 (3)预留孔(槽)内的防水层，宜与孔(槽)外的结构防水层保持连续
3	质量要求	(1)穿墙管和埋设件用遇水膨胀止水带和密封材料必须符合设计要求 (2)穿墙管和埋设件的防水构造做法必须符合设计要求 (3)穿墙管止水环与主管或翼环与套管应连续满焊，并做防腐处理；密封材料应嵌填密实、连续、饱满，粘结牢固

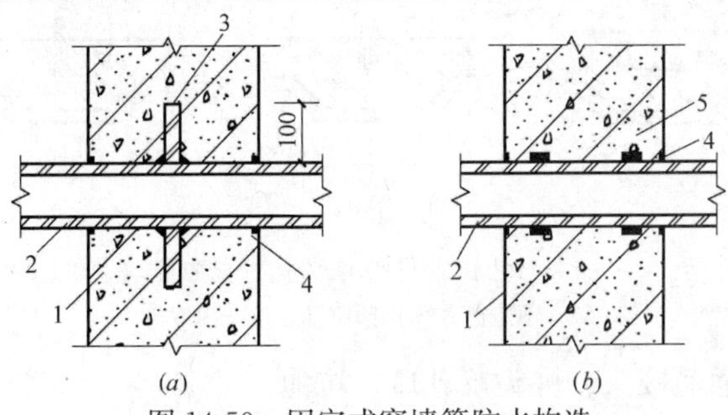

图 14-59 固定式穿墙管防水构造

(*a*) 金属止水环；(*b*) 遇水膨胀止水圈

1—混凝土结构；2—预埋管道；3—金属止水环；4—密封材料；5—遇水膨胀止水圈

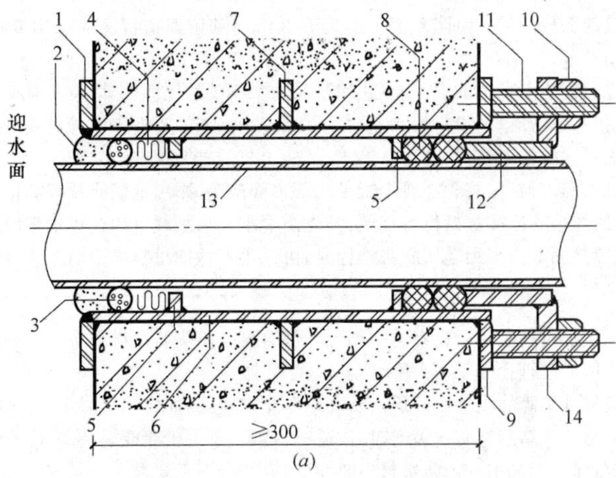

图 14-60 套管式穿墙管防水构造

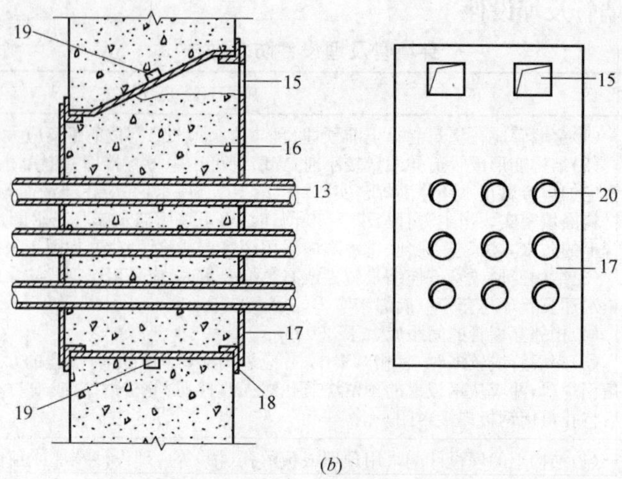

(*b*)

图 14-60 套管式穿墙管防水构造（续）

（*a*）穿墙单管；（*b*）穿墙群管

1—翼环；2—密封材料；3—背衬材料；4—充填材料；5—挡圈；6—套管；7—金属止水环；8—橡胶圈；9—翼盘；10—螺母；11—双头螺栓；12—短管；13—穿墙管；14—法兰盘；15—浇筑孔；16—柔性材料或细石混凝土；17—封口钢板；18—固定角钢；19—遇水膨胀止水条；20—预留孔

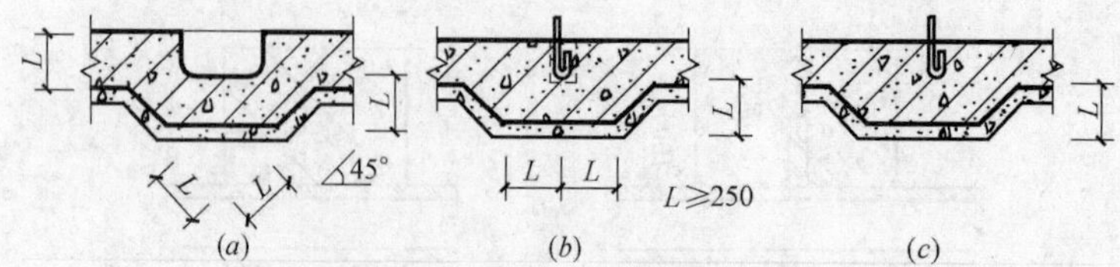

图 14-61 预埋件或预留孔（槽）处理

（*a*）预留槽；（*b*）预留孔；（*c*）预埋件

14.2.3.5 预留通道接头、桩头及孔口、坑池

预留通道接头、桩头及孔口、坑池等防水做法 **表 14-93**

项次	项目	施工要点
1	预留通道接头	(1)预留通道接头处的最大沉降差值不得大于 30mm；预留通道接头应采用变形缝防水构造形式，如图 14-62、图 14-63 所示 (2)预留通道对先施工部位的混凝土、止水带和防水相关的预埋件等，应及时保护，并应确保端部表面混凝土和中埋式止水带清洁，埋设件不得锈蚀。中埋式止水带、遇水膨胀橡胶条(胶)、预埋注浆管、密封材料、可卸式止水带等的施工，应符合本章第 14.2.3.1 节的有关规定 (3)接头混凝土施工前，应将先浇筑混凝土端部表面凿毛，露出钢筋或预埋的钢筋接驳器钢板，与待浇混凝土部位的钢筋焊接或连接好后再行浇筑，当先浇混凝土未预埋可卸式止水带固定用的螺栓时，可选用金属或尼龙膨胀螺栓固定。采用金属膨胀螺栓时，可选用不锈钢材料或金属涂膜、环氧涂料等进行防锈处理
2	桩头	(1)桩头所用防水材料应具有良好的粘结性、湿固化性；桩头防水材料应与垫层防水层连为一体 (2)桩头防水构造应符合图 14-64 和图 14-65 的规定 (3)破桩后应将其破碎的混凝土碎屑清除并剔凿至密实处，如发现渗漏水，应及时采取堵漏措施 (4)涂刷水泥基渗透结晶型防水涂料时，应连续、均匀，不得少涂或漏涂，并应及时进行养护，对遇水膨胀止水条(胶)进行保护。采用其他防水材料时，基面应符合施工要求

续表

项次	项目	施工要点
3	孔口、窗井	(1)地下工程通向地面的各种孔口应采取防地面水倒灌的措施。人员出入口高出地面的高度宜为500mm,汽车出入口设置明沟排水时,其高度宜为150mm,并应采取防雨措施 (2)窗井的底部在最高水位以上时,窗井的底板和墙应做防水处理,并宜与主体结构断开,如图14-66所示。通风口应与窗井同样处理,竖井窗下缘离室外地面高度不得小于500mm (3)窗井或窗井的一部分在最高地下水位以下时,窗井应与主体结构连成整体,其防水层也应连成整体,并应在窗井内设置集水井,如图14-67所示 (4)无论地下水位高低,窗台下部的墙体和底板应做防水层。窗井内的底板、应低于窗下缘300mm。窗井墙高出地面不得小于500mm,窗井外地面应做散水坡,散水与墙面间应采用密封材料嵌填
4	坑池	(1)坑、池、储水库宜采用防水混凝土整体浇筑,内部应设防水层。受振动作用时应设柔性防水层 (2)底板以下的坑池,其局部底板相应降低,并应使防水层保持连续(图14-68)

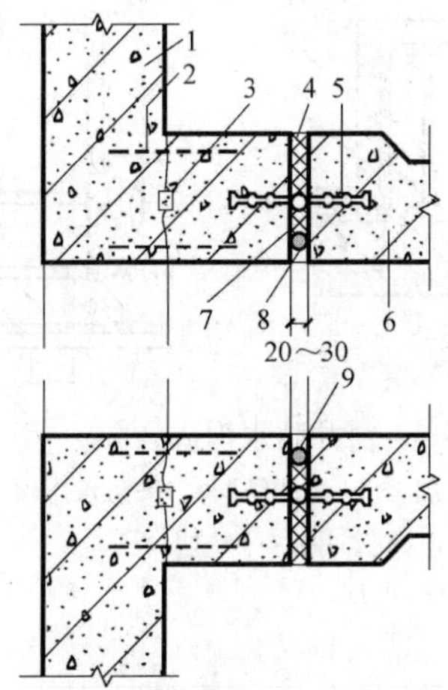

图14-62　预留通道接头防水构造（一）

1—先浇混凝土结构；2—连接钢筋；3—遇水膨胀止水条（胶）；4—填缝材料；5—中埋式止水带；6—后浇混凝土结构；7—遇水膨胀橡胶条（胶）；8—密封材料；9—填充材料

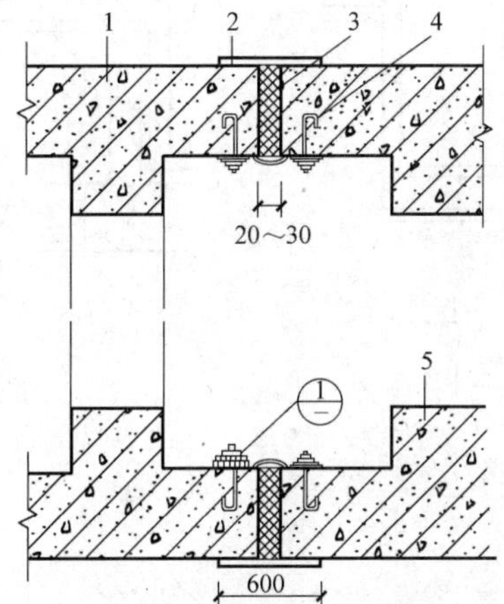

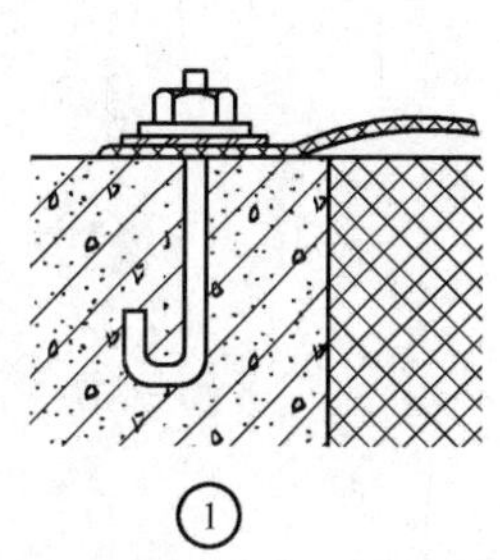

图14-63　预留通道接头防水构造（二）

1—先浇混凝土结构；2—防水涂料；3—填充材料；4—可卸式止水带；5—后浇混凝土结构

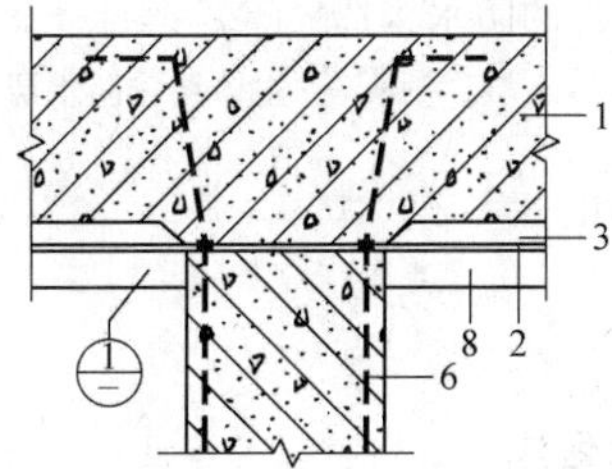

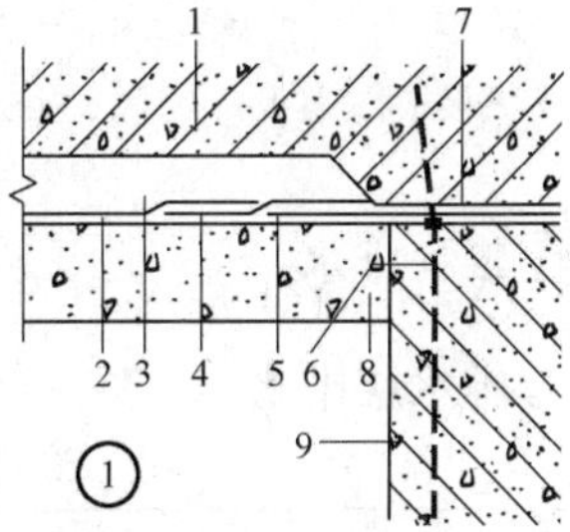

图14-64　桩头防水构造（一）

1—结构底板；2—底板防水层；3—细石混凝土保护层；4—防水层；5—水泥基渗透结晶型防水涂料；6—桩基受力筋；7—遇水膨胀止水条（胶）；8—混凝土垫层；9—桩基混凝土

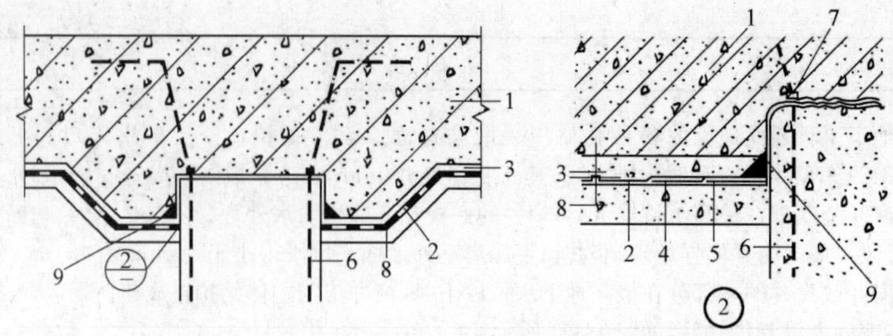

图 14-65 桩头防水构造（二）

1—结构底板；2—底板防水层；3—细石混凝土保护层；4—聚合物水泥防水砂浆；5—水泥基渗透结晶型防水涂料；6—桩基受力筋；7—遇水膨胀止水条（胶）；8—混凝土垫层；9—密封材料

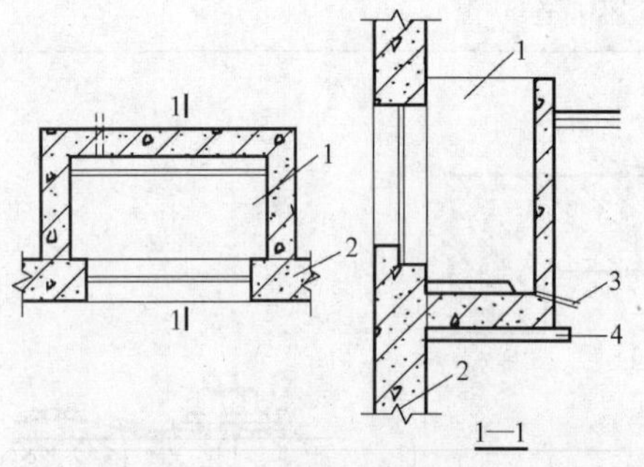

图 14-66 窗井防水构造（一）

1—窗井；2—主体结构；3—排水管；4—垫层

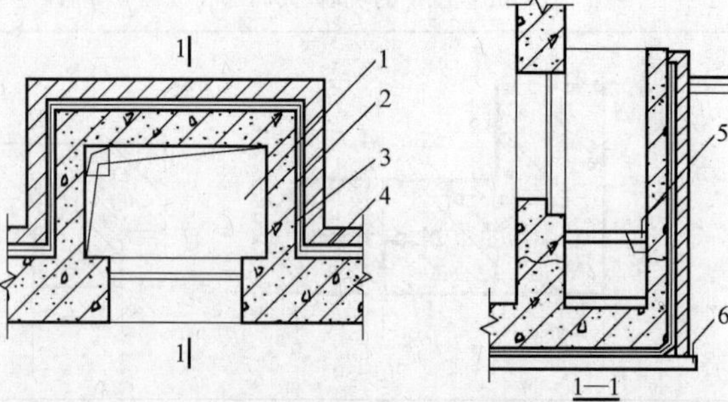

图 14-67 窗井防水构造（二）

1—窗井；2—防水层；3—主体结构；4—防水层保护层；5—集水井；6—垫层

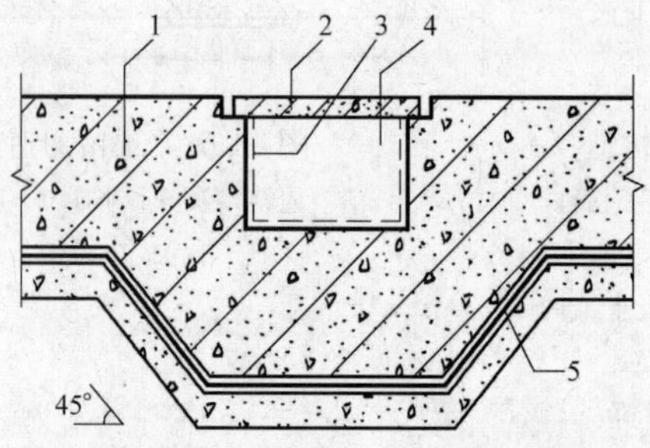

图 14-68 底板下坑、池的防水构造

1—底板；2—盖板；3—坑、池防水层；4—地下坑、池；5—主体结构防水层

14.2.4 地下工程排水

14.2.4.1 渗排水层排水

渗排水层排水做法 **表 14-94**

项次	项目	施工要点
1	适用条件	(1)渗排水层排水适用于无自流排水条件、防水要求较高且有抗浮要求的地下工程 (2)渗排水层应设置在工程结构底板以下，并应有粗砂过滤层与集水管组成，如图 14-69 所示，地下水通过粗砂过滤层进入集水管，再流入附近较深的集水井或构筑物内的集水坑用泵抽走

续表

项次	项目	施工要点
2	材料要求	(1)粗砂要求洁净、无杂质,含泥量不得大于2% (2)石子要求洁净、坚硬、不易风化,含泥量不得大于2%,粒径为5~10mm的卵石或碎石 (3)集水管宜采用无砂混凝土管,强度不小于3MPa,也可采用带孔铸铁管、软塑盲沟管等,根据工程排水量大小、造价等因素来选择管材和管径
3	渗排水层铺设	(1)渗排水层铺设前,应将地下水位降至滤水层以下500mm,不得在泥水中铺设滤水层 (2)渗排水层铺设前,应将基坑底按排水坡度铲平,然后铺放集水管管座,并测设管座标高,保证集水管坡度不应小于1%,并不得有倒坡现象 (3)集水管铺放于管座上,无砂混凝土管连接时采用套接或插接,要求连接牢固,不得扭曲变形和错位,集水管之间的距离宜为5~10rn,并与集水井相通 (4)过滤层与基坑土层接触处,应采用厚度100~150mm,粒径5~10mm的石子铺填 (5)粗砂过滤层总厚度宜为300mm,如较厚时应分层铺填。过滤层顶面与结构底板底之间宜干铺一层沥青卷材或抹30~50mm厚的1∶3水泥砂浆作隔浆层,以免浇捣底板混凝土时,浆水渗入过滤层而堵塞。建筑物周围的渗排水层顶面应做散水坡
4	质量要求	(1)集水管的埋置深度和坡度必须符合设计要求 (2)渗排水构造必须符合设计要求;渗排水层的铺设应分层、铺平、拍实;集水管采用平接式或承插式接口应连接牢固,不得扭曲变形和错位

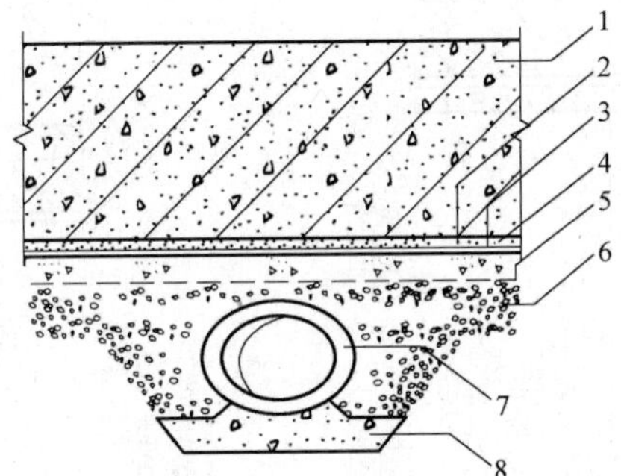

图14-69　渗排水层构造

1—结构底板;2—细石混凝土;3—底板防水层;4—混凝土垫层;5—隔浆层;6—粗砂过滤层;7—集水管;8—集水管座

14.2.4.2　盲沟排水

盲沟排水做法　表14-95

项次	项目	施工要点
1	适用条件	(1)盲沟排水宜用于地基为弱透水性土层,地下水量不大、排水面积较小或常年地下水位低于建筑底板,只有雨季丰水期的短期内稍高于地下建筑底板的地下工程 (2)盲沟排水,一般设在建筑物周围,使地下水流入盲沟内,根据地形使水自动排走。如受地形限制,没有自流排水条件,则可设集水井,再由水泵抽走 (3)盲沟与结构基础最小距离,应根据工程地质情况由设计选定,并应符合图14-70和图14-71的规定 (4)宜将基坑开挖时的排水明沟与永久盲沟结合
2	材料要求	(1)当建筑物地区地层为砂性土(塑性指数$I_P<3$)时,第一层(贴天然土)为中砂反滤层用粒径1~3mm砂子;第二层卵石反滤层用粒径3~10mm卵石 (2)当建筑物地区地层为黏性土(塑性指数$I_P>3$)时,第一层(贴天然土)中砂反滤层用粒径2~5mm砂子,第二层卵石反滤层用粒径5~10mm小卵石 (3)砂子应洁净、无杂质,含泥量不大于2%;小卵石要求洁净、坚硬、无风化,含泥量不大于2% (4)集水管宜采用无砂混凝土管,强度不小于3MPa,也可采用带孔铸铁管、PVC管、软塑盲沟管等,根据工程排水量大小、造价等因素由设计选定管材与管径

续表

项次	项目	施工要点
3	盲沟排水层铺设	(1)在基底按盲沟位置、尺寸放线并铲平，然后按设计要求铺设碎砖(石)混凝土垫层，以防止盲沟在使用过程中局部沉降，造成排水不畅 (2)分层回填卵石反滤层、中砂反滤层以及沟侧素土层 (3)在铺好卵石反滤层中央铺放集水管，管子接头用套接或插接，要求连接牢固，不得有扭曲变形和错位，然后测设管顶标高，符合设计要求坡度(一般不应小于3‰)后，再继续铺设卵石反滤层、中砂反滤层和沟侧素土层直至沟顶，要求各层厚度、密实度均匀一致，注意勿使污物、泥土等杂物混入滤水层中，铺设应按构造层次分明 (4)集水管应在转角处和直线段每隔一定距离设置检查井，井底距集水管底应留设200～300mm的沉淀部分，井盖应采取密封措施，为防止砂和卵石流失，在出水口应设滤水箅子
4	质量要求	(1)盲沟反滤层的层次和粒径组成必须符合设计要求 (2)盲沟排水构造应符合设计要求，集水管采用平接或承插的接口连接稳妥，不得扭曲变形和错位，排水坡度符合设计要求

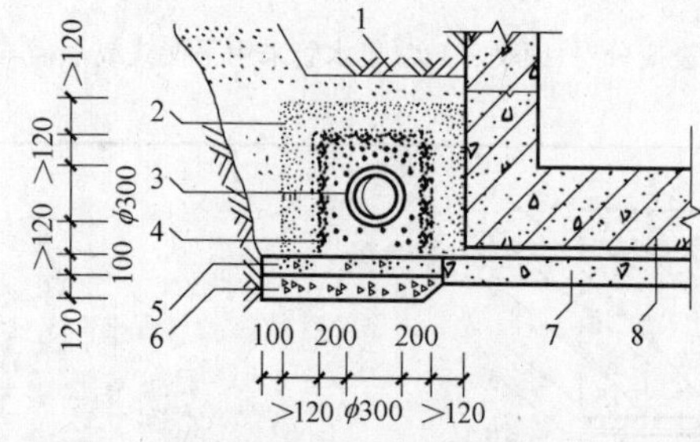

图14-70　贴墙盲沟设置

1—素土夯实；2—中砂反滤层；3—集水管；4—卵石反滤层；5—水泥/砂/碎石层；6—碎石夯实层；7—混凝土垫层；8—主体结构

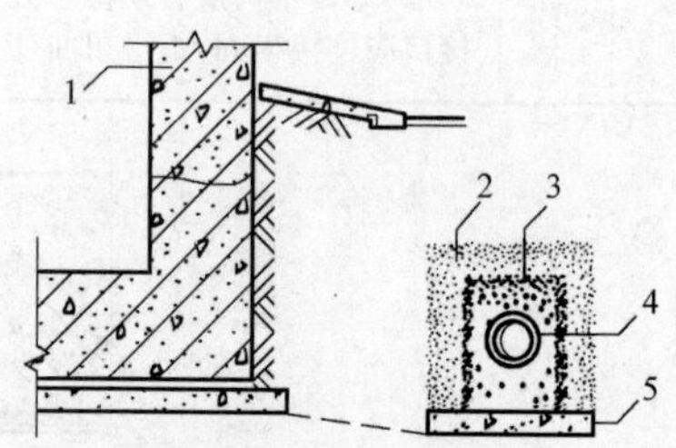

图14-71　离墙盲沟设置

1—主体结构；2—中砂反滤层；3—卵石反滤层；4—集水管；5—水泥/砂/碎石层

14.2.5　地下工程渗漏水治理

14.2.5.1　渗漏水形式及渗漏部位检查

渗漏水形式及渗漏部位检查　表14-96

项目	形式、方法	检查方法
渗漏水形式	慢渗	漏水现象不太明显，用毛刷或布将漏水处擦干，不能立即发现漏水，需经3～5min后，才发现有湿痕，再隔一段时间才集成一小片水
	快渗	漏水现象比慢渗明显，擦干漏水处能立即出现水痕，很快集成一片，并顺墙流下
	漏水	也称急流。漏水现象明显，可看到有水从缝隙、孔洞急流而下
	涌水	也称高压急流。漏水严重，水压较大，常常形成水柱从漏水处喷出
渗漏水部位检查	观察法	对于漏水量较大，出现急流和高压急流的现象，可以直接观察到渗漏部位；或将水抽干净后直接观察
	撒干水泥法	对于慢渗或不明显的渗漏，可将渗漏部位擦干，立即在漏水处薄薄地撒上一层干水泥，表面出现湿点或湿线，即是漏水的孔眼或缝隙，然后在渗漏部位做上标志
	综合法	如果出现湿一片现象，仅用撒干水泥法不易发现渗漏部位时，可用综合法进行检查。其方法是用水泥胶浆(水泥：水玻璃＝1：1)在漏水处均匀涂刷一薄层，并立即在其表面均匀撒上干水泥一层，当干水泥表面出现湿点或湿线时，该处即为渗漏部位

14.2.5.2 促凝灰浆补漏

促凝灰浆补漏方法要点 **表 14-97**

材料要求及配制	补漏方法	适用范围
常用促凝剂有硅酸钠类防水剂和快燥精促凝剂，均以水玻璃为主体材料，前者加入各种矾剂配制而成，后者掺入硫酸钠、荧光粉和水配制而成，表 14-98～表 14-100，均有成品供应。 促凝灰浆的拌制应根据每次用量，随用随拌，其凝固时间与气温、水泥强度等级、促凝剂浓度及用量有关，使用前应试配，常用的有： (1) 促凝水泥浆：系在水灰比 0.55～0.60 的水泥浆中，掺入水泥重量1%的促凝剂拌合均匀而成 (2) 快凝水泥胶浆：系用水泥和促凝剂直接拌合而成，配合比为1∶0.5～0.9，使用时间在2min以内。 (3) 快凝水泥砂浆：水泥与砂子按 1∶1 拌合后，用促凝剂∶水＝1∶1 的混合液调制而成，水灰比为 0.45～0.50	补漏原则是逐级把大漏变小漏，片漏变孔漏，线漏变点漏，最后堵塞小漏、孔漏、点漏。 (1) 孔洞漏水处理： 1) 当孔洞较小，水压不大，可将漏点剔成直径 10～30mm、深 20～50mm 的孔洞，并冲洗干净，然后用水泥胶浆（水泥∶促凝剂＝1∶0.6）捻成锥形小团，迅速用力堵塞于孔内，并向孔壁四周挤压严密，由于硅酸钠类防水剂主要起速凝作用，并会增加收缩性和降低水泥砂浆强度，因此在检查无渗漏后，表面再用素灰与砂浆抹面作保护层 2) 当孔洞与水压较大，可将漏水处松散部分凿去，底部铺碎石，上盖一层油毡，中间开洞，插入胶皮管，四周用水泥胶浆（或混凝土）封严，使漏水集中从胶皮管流出（图 14-72），待水泥胶浆凝固，拔出胶皮管，同 1）法堵塞孔洞，同上在四侧 100mm 宽做多层抹面防水层 3) 当漏水孔洞不大，水压很大，同 2）法埋铁管，待水泥胶浆凝固后，将浸过沥青的木楔打入管内，并填入干硬性胶浆，经 24h 后，表面抹素灰和防水砂浆各一道 4) 当孔洞很大很深时，可用特干硬性混凝土强力打入孔内，进行强力压堵 (2) 裂缝漏水处理： 1) 当水压较小时，先沿裂缝剔成八字形沟槽，深约 30mm，宽约 15mm（图 14-73*a*），洗刷干净后，将水泥胶浆搓成条形，迅速塞入沟槽中挤压密实。当裂缝较长时，可分段堵塞，检查无渗漏后，表面做砂浆防水层 2) 当水压较大时，同（1）剔好沟槽，在沟槽底部放置小绳（长 15～20cm）或半圆薄钢板，把胶浆塞于放绳或薄钢板的沟槽内压实，然后抽出小绳（铁片则不抽出）再压实一次，使漏水从绳孔及铁片留孔流出，最后同法 1）堵塞孔洞（图 14-73*b*、图 14-73*c*），孔洞亦可用下钉法使其缩小，裂缝较长时，采取分段堵塞	用于一般地下结构，如地下室、水池、基础坑、沟道等的孔洞修补，较宽裂缝漏水及大面积漏水的补漏 具有方法简单，不需较复杂机具，修补快速，补漏效果好，适应性强等特点

硅酸钠类防水促凝剂原材料组成和配合比（重量计） **表 14-98**

防水促凝剂	硅酸钠（水玻璃）	硫酸铝钾（明矾）	硫酸铜（蓝矾）	硫酸亚铁（绿矾）	重铬酸钾（红矾）	硫酸铬钾（紫矾）	水
五矾防水促凝剂	400	1	1	1	1	1	60
四矾防水促凝剂	400	1	1	1	1	—	60
四矾防水促凝剂	360	2.5	2.5	1	0.5	—	200
四矾防水促凝剂	400	1.25	1.25	1.25	—	1.25	60
四矾防水促凝剂	400	1	1	—	1	1	60
四矾防水促凝剂	400	—	1	1	1	1	60
三矾防水促凝剂	400	1.66	1.66	1.66	—	—	60
二矾防水促凝剂	400	1	—	—	1	—	60
二矾防水促凝剂	420	—	2.67	—	1	—	60
颜色	无色	白色	水蓝色	蓝绿色	橙红色	紫红色	无色

注：1. 硫酸铜、重铬酸钾均用三级化学试剂；水玻璃密度为 1.63g/cm^3。
2. 配制时，将水加热到 100℃，按配方称取各种矾类，倒入热水中边加热边搅拌，使全部溶解，待冷至 50℃，再加入水玻璃，搅拌均匀即成。

快燥精促凝剂配合比 **表 14-99**

材料名称	硅酸钠 Na_2SiO_3	硫酸钠 Na_2SO_4	荧光粉	水（经处理）
快燥精	200	2	0.001	14

注：1. 水处理方法：水 380kg，氨水 9kg，硫酸铝钾（明矾）10kg，混合搅拌至明矾完全溶解、澄清。
2. 上海油毡厂产。

快燥精拌制水泥胶浆、水泥砂浆凝固时间及配合比　　表 14-100

项　次	凝固时间	重量配合比（水泥：快燥精：水：砂）
1	1min	1：0.5：0：0
2	5min	1：0.3：0.2：0
3	30min	1：0.15：0.35：0
4	60min	1：0.14：0.56：2

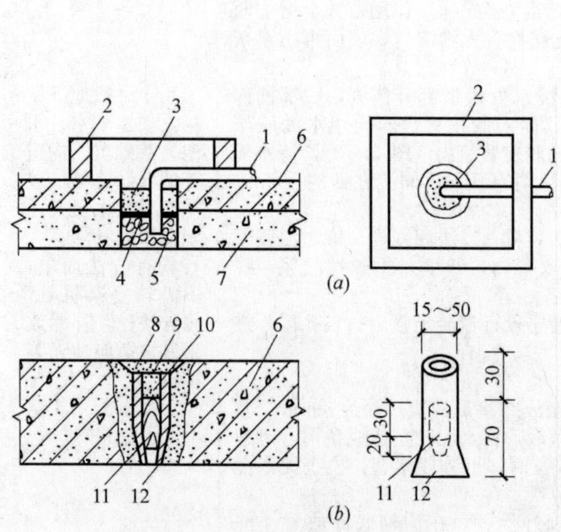

图 14-72　孔洞漏水堵漏方法

（a）下管堵漏；（b）木楔堵漏

1—胶皮管；2—堵水砖墙；3—填胶浆；4—油毡或薄钢板；5—石子；6—结构物；7—垫层；8—砂浆；9—素灰层；10—干硬砂浆；11—木楔；12—钢管

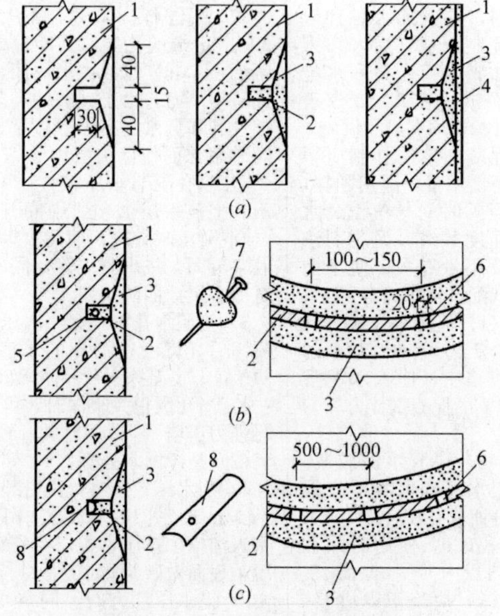

图 14-73　裂缝漏水堵漏方法

（a）直接堵漏；（b）下线堵漏与下钉堵漏；（c）下半圆薄钢板堵漏

1—结构物；2—胶浆；3—素灰；4—防水砂浆；5—小绳；6—预留溢水口；7—钢钉；8—半圆薄钢板

14.2.5.3　压力注浆止水

压力注浆止水方法　　表 14-101

项次	项目	施工要点
1	注浆工艺适用范围	注浆工艺分为钻孔注浆、埋管(嘴)注浆和贴嘴注浆三类。 (1)钻孔注浆：是在需要止水的部位钻孔，在孔内楔入注浆管进行注浆的方法。具有对结构破坏小并能使浆液注入结构内部、止水效果好的优点，适用于由于混凝土施工不良引起的混凝土结构内部的松散、孔洞、裂缝等形成的渗水通道，造成大面积渗漏水，钻孔注浆是近年来应用最为广泛的注浆工艺 (2)埋管(嘴)注浆：是在漏水部位开凿一定深度的凹槽，然后用速凝堵漏胶浆埋设注浆管(嘴)于凹槽内并封闭凹槽，然后进行注浆的方法。由于埋管需要开槽，易造成基层破坏且注浆压力偏低，一般仅用于孔洞和底板变形缝的渗漏处理 (3)贴嘴注浆：是在需要止水部位用配套胶粘剂将贴面注浆嘴粘贴于基面上，封缝后注浆的工艺。由于不能快速止水，一般用于无明水的潮湿裂缝
2	注浆材料选用	注浆材料一般分为水泥类浆液和化学浆液两类： (1)水泥类浆液具有止水和补强两种功能。对孔隙较大或裂缝宽度较大时，可用普通水泥砂浆或普通水泥浆，其配合比和水灰比可根据进浆快慢调整，当孔隙较大以及宽度大于 2mm 的裂缝，水泥浆水灰比可为 0.5～0.6，也可掺入适量外加剂进行止水，孔隙较小以及宽度小于 0.2mm 的裂缝，可采用超细水浆液(水泥细度见表 14-102)或自流平水泥浆液等进行注浆。普通硅酸盐水泥浆液的凝结时间较长，可掺入一定量的速凝剂。采用普通水泥与双快水泥按 1：(1～3)掺合，水灰比 0.6～0.8，可改善普通水泥易产生干缩裂缝。采用双快水泥、自流平水泥或 CGM 注浆料等水泥注浆料具有速凝、早强，20min 后强度可达 1～3MPa。可灌性好等特点，能渗透到混凝土内部细小裂缝的空隙中，有效地堵住渗水通道，目前在工程中广泛采用

续表

项次	项目	施工要点
2	注浆材料选用	(2)化学注浆液常采用低模数水玻璃掺超细水泥浆，聚醚或环氧乙烷聚合物的水溶性聚氨酯浆液(性能见表14-103)、丙烯酸浆液(配合比及性能分别见表14-104和表14-105)、改性环氧浆液(配合比及性能见表14-106和表14-107)等浆液。该类浆液具有黏度低、可灌性好等特点，尤其具有遇水膨胀的浆液，如水溶性聚氨酯浆液，丙烯酸浆液等，该类浆液具有良好的亲水性，水既是稀释剂，又是固化剂，浆液遇水后先分散乳化，进而凝胶固结，可在潮湿或涌水的情况下进行注浆
3	注浆机具	(1)注浆机具一般由注浆泵(手压泵、电动或气动泵)、输液管道、储液罐、压力表、阀门、注浆嘴等组成，双液注浆机还应有混合器。根据浆液品种又可分为单液注浆泵和双液注浆泵 (2)手压泵(图14-74、图14-75)体积小、重量轻、移动方便，水泥类浆液、化学浆液、单液、双液均可使用；气动、电动注浆泵适用于注浆量大、压力高的工程，分为单液注浆泵和双液注浆泵(图14-76～图14-78)。注浆施工应一次注入，注浆量大的部位，应选用可连续注浆的设备；注浆系统的工作能力，必须达到所需的注浆压力和流量；所选用的输浆管必须有足够的强度；浆液在管内要流动通畅；管件装配及拆卸方便 (3)注浆嘴有如图14-79的几种形式，根据注浆工艺要求选用 (4)注浆机具使用完毕后应彻底清洗，以便下次使用。丙凝和水泥浆液的注浆机具用水冲洗，聚氨酯注浆机具用丙酮或二甲苯清洗
4	注浆施工	(1)钻孔注浆： 1)根据工程混凝土的裂缝或孔洞的大小、渗漏水量及地下水压力的情况，选择注浆范围及浆液种类；根据渗漏水流速、孔隙水压力，确定注浆压力、浆液配合比、凝结时间及注浆的孔位位置、数量及埋深 2)注浆孔的孔距，应根据工程情况调查及浆液的扩散半径而定。渗水面广时，孔位布置应加密，一般按梅花形布置。注水泥浆液间距为0.8～1.0m，孔深不应穿透结构物，留100～200mm长度为安全距离；注化学浆液，孔距一般为0.3～0.5m，钻孔深度为结构厚度的1/3～1/2 3)钻孔注浆时，钻孔位置应选择在漏水量大的部位，注浆孔的底部与漏水缝隙相交，以便将裂隙水全部引出。水平裂缝可沿缝由下往上造斜孔，垂直裂缝可正对裂缝造直孔，孔径略大于注浆嘴。楔入式注浆嘴缠麻丝后，用锤将其打入孔内，与孔连接牢固；压环式注浆嘴插入钻孔后，用扳手转动螺母压紧活动套管及压环，弹簧橡胶圈在压力作用下向孔壁四周膨胀，使注浆嘴与孔壁连接牢固；埋入式注浆嘴，先将漏水点剔凿成深100～120mm、外径150～200mm的喇叭口孔洞，然后观察缝隙方向，用$\phi12$～$\phi20$的钻头对准缝隙口，向结构内钻100～150mm深，将孔洞内清理干净，用快凝胶浆将注浆嘴稳固于孔洞内，其埋深不宜小于50mm 4)除单孔漏水埋入一个注浆管外，一船埋设不少于两个，一个为注浆管，另一个为引水(气)管。注浆管埋设后，为避免出现漏浆、跑浆现象，在其注浆管周围漏水或可能漏水部位，均应采用封闭措施，使水只能由引水管内流出 5)注浆前应安装并检查注浆机具，确保在注浆施工过程中的安全使用 6)待埋设的注浆嘴具有一定的强度及四周漏水封闭后，用有色水代替浆液进行预注浆，可计算出注浆量、注浆时间，同时观察封堵情况及各孔连通情况，同时验证预计的浆液配合比和注浆压力，以确保注浆正常进行 7)注浆一般从漏水量较大或在较低处的注浆嘴开始，待其他多孔处漏浆时关闭各孔，停止压浆，稳定1～2h再次注浆，压到进浆困难不再进浆时即可停止压浆，关闭注浆嘴。先关闭注浆嘴的阀门，再停止压浆，以防浆液回流，堵塞注浆管道。注浆结束后，将注浆孔及检查孔封堵密实 8)注浆过程中，应注意观察压力和输浆量的变化，当管路堵塞或被注物内不畅时，泵压骤增、注浆量减少；当泵压不上升、进浆量较大时，应调整浆液黏度和凝固时间，或掺入惰性材料。当遇有跑浆、冒浆现象，属封闭不严所致，应停止注浆，重做封闭工作 (2)埋管(嘴)注浆： 应先清理基层并沿裂缝剔凿成不小于50mm的凹槽。注浆管宜使用金属或硬质塑料管，并配置阀门。注浆管(嘴)宜位于凹槽中部，并用速凝型无机防水堵漏材料进行稳固，同时封闭凹槽，注浆管(嘴)的间距可根据漏水压力、漏水量及注浆材料的凝结时间确定，一般常为0.5～1.0m。注浆材料宜选用聚氨酯浆液，注浆压力宜为静水压力的1.5～2.0倍 (3)贴嘴注浆： 注浆嘴底部宜带有锚固孔。注浆嘴宜布置在裂缝较宽的位置及其交叉部位，间距宜为0.2～0.3m。粘贴注浆前，先将裂缝两侧待封闭区域内的基层打磨平整并清理干净，然后用配套的胶粘剂骑缝粘压注浆嘴于基层表面。立面上裂缝注浆，应沿裂缝走向自下而上依次进行，当观察到临近注浆嘴出浆时，可停止该注浆嘴注浆，移至下一注浆嘴重新开始注浆。注浆全部结束且孔内注浆材料固化，并经检查无湿渍、无明水后拆除注浆嘴、封孔并清理基面

裂缝注浆水泥的细度 **表14-102**

项目	普通硅酸盐水泥	磨细水泥	湿磨细水泥
平均粒径(D_{50}、μm)	20～25	8	6
比表面(cm^2/g)	3250	6300	8200

TZS水溶性聚氨酯堵漏剂技术性能 表14-103

项次	项目	性能指标
1	外观	淡黄、琥珀式透明液体
2	相对密度	1.03～1.10
3	黏度(Pa·s)	25℃,0.1～0.4
4	诱导凝固时间	数十秒～数十分
5	膨胀率	2～3倍
6	粘结强度(MPa)	(与混凝土)>1.0
7	固结体抗压强度(MPa)	>1.5
8	固结体抗渗性(MPa)	>1.0
9	固结体抗拉强度(MPa)	(渗水量100%时)2 (渗水量250%时)1.5 (渗水量500%时)0.8

注：材料胶凝时间一般为2～5min。

丙凝浆液施工配合比 表14-104

项次	甲液				乙液		凝结时间(min)
	丙烯酰胺	二甲基双丙烯酰胺	β-二甲氨基丙腈	水	过硫酸铵	水	
1	47	2.5	2.0	220	2.0	220	3
2	47	2.5	2.0	220	1.5	220	5

注：1. 甲液与乙液混合比例为1∶1，配制时环境温度为23℃，丙凝凝固温度为45℃。
2. 丙凝胶抗压强度为0.01～0.06MPa；抗拉强度为0.02～00.04MPa，抗压极限变形为30%～50%；抗拉极限变形为20%～40%。

丙凝浆液组成材料性能及特征 表14-105

液别	名称	作用	相对密度	外观	性质	备注
甲液材料	丙烯酰胺	主剂	0.6	水溶性白色或浅黄色鳞状结晶	易吸湿、易聚合于30℃以下	干燥、阴凉地方可长期贮存
	二甲基双丙烯酰胺	交联剂	0.6	水溶性白色粉末	与单体交联	干燥、阴凉地方可长期贮存
	β-二甲氨基丙腈	还原剂	0.87	无色透明或淡黄色液体	稍有腐蚀	干燥、阴凉地方可长期贮存
乙液材料	过硫酸铵	氧化剂	1.98	水溶性白色粉末	易吸潮、易分解	干燥、阴凉地方贮存

环氧糠醛浆液施工配合比 表14-106

项次	主液(mL)	稀释剂丙酮(mL)	促凝剂(g)	固化剂半酮亚胺(mL)	黏度(Pa·s)
1	1000	58～68	0～30	288～308	0.2082
2	1000	125～138	0～30	260～286	33.4×10^{-3}
3	1000	178～192	0～30	266～294	18.1×10^{-3}
4	1000	260	0～30	316	

注：项次3配合比可用于0.2mm以上的干、湿裂缝补漏，无3号时用配合比4也可收到较好效果；项次1配合比浆液黏度大，宜用于0.5mm以上的裂缝补漏。

环氧糠醛浆液技术性能 表14-107

项次	项目	性能
1	外观	棕黄色透明液体
2	相对密度	1.06
3	黏度(Pa·s)	$(10\sim20)\times10^{-3}$
4	固化时间(h)	24～48

续表

项次	项目	性能
5	抗压强度(MPa)	50～80
6	抗拉强度(MPa)	8～16
7	与混凝土粘结强度(MPa)干粘	1.9～2.8
8	与混凝土粘结强度(MPa)湿粘	1.0～2.0

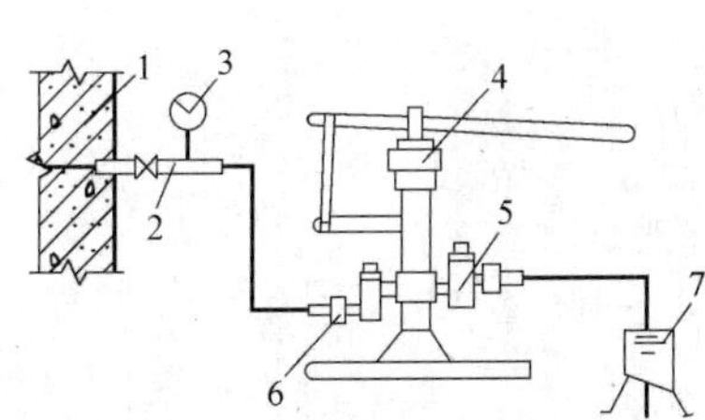

图 14-74　手压泵单液注浆工艺及设备

1—结构物；2—注浆嘴；3—压力表；4—手压泵；5—吸浆阀；6—出浆阀；7—贮浆罐

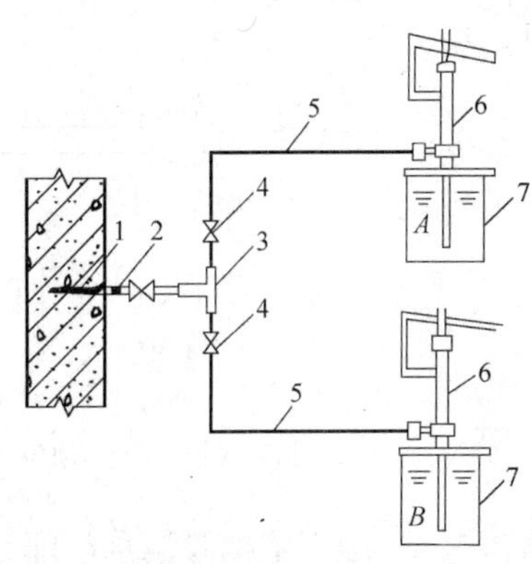

图 14-75　手压泵双液注浆工艺及设备

1—混凝土裂缝；2—注浆嘴；3—混合器；4—逆止阀；5—输浆管路；6—手压泵；7—贮浆罐

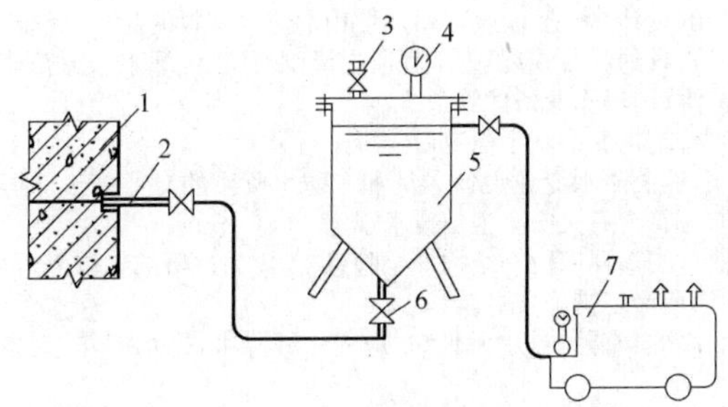

图 14-76　气动单液注浆工艺及设备

1—结构物；2—注浆嘴；3—进浆口；4—压力表；5—贮浆罐；6—阀门；7—空气压缩机

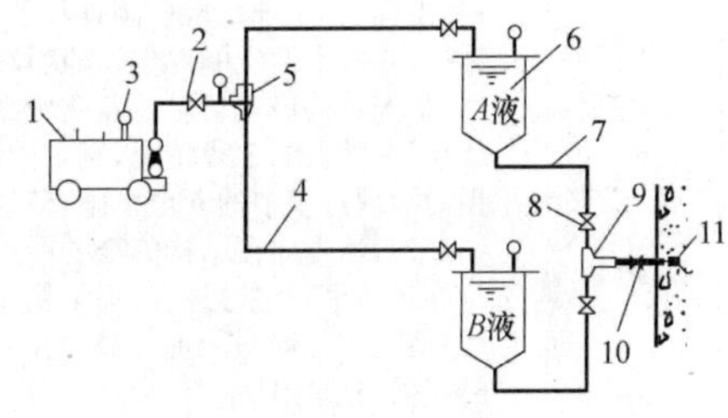

图 14-77　气动双液注浆工艺及设备

1—空气压缩机；2—阀门；3—压力表；4—高压风管；5—三通；6—贮浆罐；7—输浆管路；8—逆止阀；9—混合器；10—注浆嘴；11—混凝土裂缝

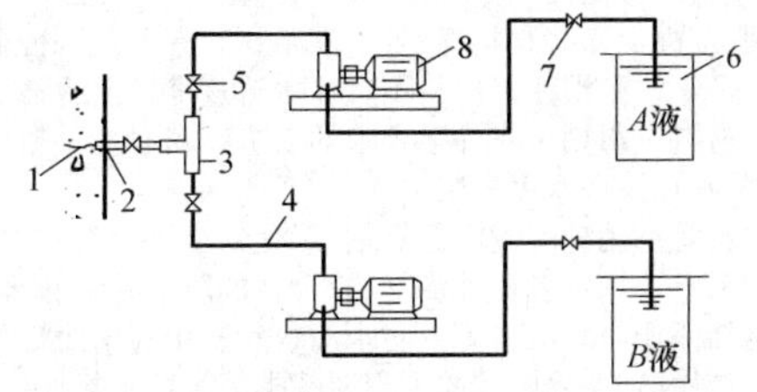

图 14-78　电动双液注浆工艺及设备

1—混凝土裂缝；2—注浆嘴；3—混合器；4—输浆管路；5—逆止阀；6—贮浆罐；7—阀门；8—电动泵

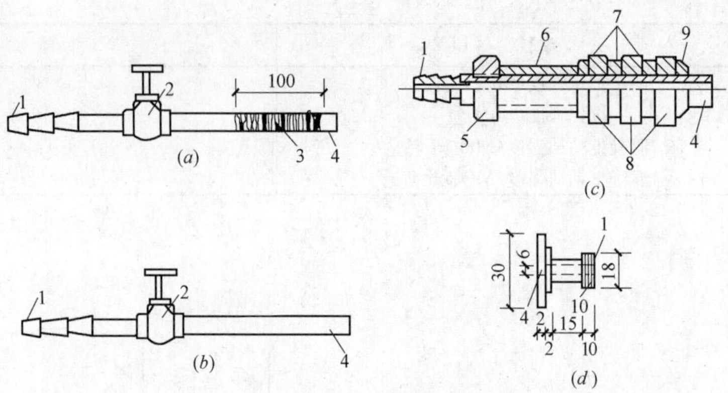

图 14-79　注浆嘴形式

(a) 楔入式；(b) 埋入式；(c) 压环式；(d) 贴面式

1—进浆口；2—阀门；3—麻丝；4—出浆口；5—螺母；

6—活动套管；7—活动压环；8—弹簧橡皮圈；9—固定垫圈；10—丝口

14.2.5.4　地下结构渗漏水治理方法

地下结构渗漏水治理方法　　表 14-108

项次	项目	施工要点
1	一般要求	(1)地下工程渗漏水治理应遵循"以堵为主,堵排结合,因地制宜,多道设防,综合治理"的原则 (2)治理前应掌握工程原防水、排水系统的设计、施工,验收资料及使用的防水材料的品种,性能 (3)治理前,应进行现场调查和工程技术资料的收集,应调查工程所在周围环境,渗漏水水源及变化规律,渗漏水发生的部位,现状及影响范围,现场作业条件等 (4)掌握结构稳定情况及监测资料,必须待结构变形基本稳定后才可进行补漏 (5)根据掌握的工程情况,制定治理方案,应由防水专业设计人员和有防水资质的专业施工队伍承担。治理过程中的安全措施,劳动保护,应符合有关安全施工技术规定 (6)渗漏治理应在结构安全的前提下进行,当渗漏部位有结构安全隐患时,应先进行结构修复,再进行渗漏治理,严禁采用有损结构安全的渗漏治理措施及材料 (7)地下工程渗漏治理一般均在背水面,因此,有降、排水条件时,应先做好降水,排水工作,无条件时应采取机械排水 (8)治理顺序按先顶(拱)后墙,然后底板的顺序进行,尽量少破坏原结构和原防水层。治理过程中应严格每道工序的操作,上道工序未经验收合格,不得进行下道工序施工
2	材料选用	(1)渗漏治理材料应能适应施工现场环境条件;应与原防水材料相容,并避免对环境造成污染;应满足工程的特定使用功能要求 (2)灌浆材料的选择:注浆止水材料有水泥—水玻璃、聚氨酯、丙烯酸盐或水泥基灌浆材料;裂缝止水注浆宜选用聚氨酯或丙烯酸化学浆液。有结构补强要求时,可选用环氧树脂、水泥基或油溶性聚氨酯等固结体强度高的灌浆材料;聚氨酯灌浆材料在存放和配制过程中,不得与水接触,包装开启后宜一次用完;环氧树脂灌注浆材料不宜在水流速度较大的条件下使用,且不宜用作注浆止水材料;丙烯酸盐灌浆材料不得用于有补强要求的工程。衬砌后注浆宜选用特种水泥浆,掺有膨润土,粉煤灰等掺合料的水泥浆或水泥砂浆 (3)堵漏促凝材料宜选用硅酸钠类促凝剂,氯化物金属盐类防水剂、快燥精促凝剂等 (4)防水抹面材料宜选用掺各种外加剂、掺合料的防水砂浆、聚合物水泥防水砂浆、环氧树脂防水涂料、水泥基渗透结晶型防水涂料等。防水涂料宜选用与基面粘结强度高和抗渗性能好的材料 (5)密封材料宜选用硅酮、聚硫橡胶和聚氨酯类等柔性密封材料 (6)导水、排水材料宜选用排水板、金属排水槽或渗水盲管等
3	治理方法	(1)大面积严重渗漏水具有明水时一般应采取综合治理方法,即对基层表面的空鼓、起皮、松动等不实部位凿除,刷洗干净,然后先采取钻孔注浆或快速封堵止水,再在基层表面设置刚性防水层

续表

项次	项目	施 工 要 点
3	治理方法	1)当采取钻孔止水时，宜在基层表面均匀布孔，钻孔间距不宜大于500mm，钻孔深度不宜小于结构厚度的1/2，直径不宜大于20mm，注浆材料宜采用聚氨酯或丙烯酸盐注浆材料。当工程周围土体疏松且地下水位较高时，可钻孔穿透结构至迎水面并注浆，钻孔间距及注浆压力应根据浆液及周围土体的性质确定，注浆材料宜采用水泥，水玻璃或丙烯酸盐等注浆材料，注浆时应采取有效措施防止浆液对周围建筑物及设施造成破坏 2)当采取快速封堵止水时，宜大面积抹压均匀速凝型无机防水堵漏材料，厚度不宜小于5mm。如抹压后再出现渗漏点时，宜在渗漏点处进行钻孔的注浆注水 3)检查无渗漏水后，设置刚性防水层加强。刚性防水层施工时，宜先涂布水泥基渗透结晶型防水涂料或渗透型环氧树脂防水涂料，再抹压聚合物水泥防水砂浆，必要时可在砂浆中铺设耐碱纤维网格布。 (2)大面积渗漏而无明水时，基面凿毛清洗干净后，先多遍涂刷渗透结晶型防水涂料或渗透型环氧树脂防水涂料，再抹压聚合物水泥防水砂浆 (3)裂缝渗漏水一般根据渗漏水量和水压力大小来采取止水措施 1)对于水压较小和渗水量不大的裂缝，可将裂缝剔成八字形沟槽，深约30mm，宽约15mm，洗刷干净后，用速凝胶浆槎成条后，迅速塞入沟槽中挤压密实，具体操作方法参见14.2.5.2“促凝灰浆补漏”中裂缝漏水处理 2)对于水压和渗水量均较大但无补强要求的裂缝，常采用压力注浆方法补漏。注浆孔可布置在裂缝一侧或交叉布置在裂缝两侧，钻孔应斜穿裂缝，垂直深度宜为混凝土结构厚度的1/3～1/2，钻孔与裂缝水平距离宜为100～250mm，孔间距宜为300～500mm，孔径不宜大于20mm，斜孔倾角宜为45°～60°。当需要预先封缝时，封缝的宽度不宜小于50mm，厚度不宜小于10mm(图14-80)。注浆材料有聚氨酯浆液、丙烯酸盐、水泥类浆液等，也可采用超细水泥浆液，注浆操作方法参见14.2.5.3“压力注浆止水” 3)对于水压和渗水量均较大且有补强要求的裂缝，宜先钻斜孔并注入聚氨酯注浆材料止水，钻孔垂直深度宜为结构厚度的1/4～1/3；再二次钻斜孔，注入可在潮湿环境下固化的环氧树脂注浆材料或水泥基注浆材料，钻孔垂直深度不宜小于结构厚度的1/2。注浆嘴深入钻孔的深度不宜大于钻孔长度的1/2(图14-81) (4)孔洞的渗漏治理，宜先采取注浆或快速封堵止水，再设置刚性防水层 1)当水压大或孔洞直径大于等于50mm时，宜采用埋管(嘴)注浆注水。注浆管(嘴)宜使用金属管或硬质塑料管，并宜配置阀门，管径应符合引水卸压及注浆设备的要求。注浆材料宜选用速凝型水泥-水玻璃或聚氨酯注浆材料，注浆压力应根据注浆材料及工艺进行选择 2)当水压小或孔洞直径小于50mm时，可采用埋管(嘴)注浆止水，也可采用快速封堵止水。当采用快速封堵止水时，宜先清除孔洞周围疏松的混凝土，并应将孔洞周围剔凿成V形凹坑，凹坑最宽处的直径宜大于孔洞直径50mm以上，深度不宜小于40mm，再在凹坑中嵌填速凝型无机防水堵漏材料止水，并宜用聚合物水泥防水砂浆找平。止水后宜在孔洞周围500mm范围内的基层表面涂布水泥基渗透结晶型防水涂料或渗透型环氧树脂防水涂料，并宜抹压聚合物水泥防水砂浆面层

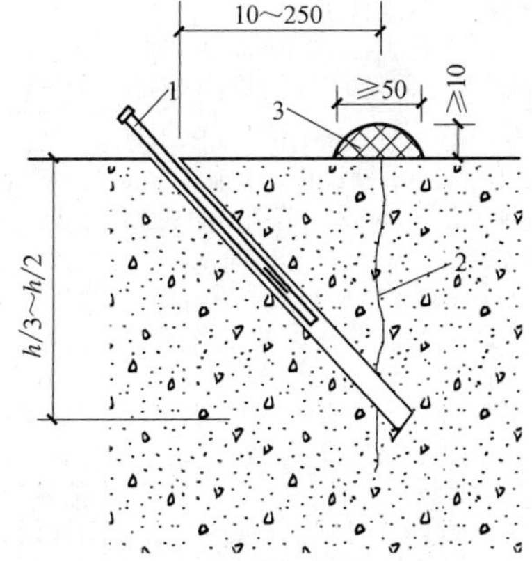

图14-80 裂缝钻孔注浆布孔

1—注浆嘴；2—裂缝；3—封缝材料

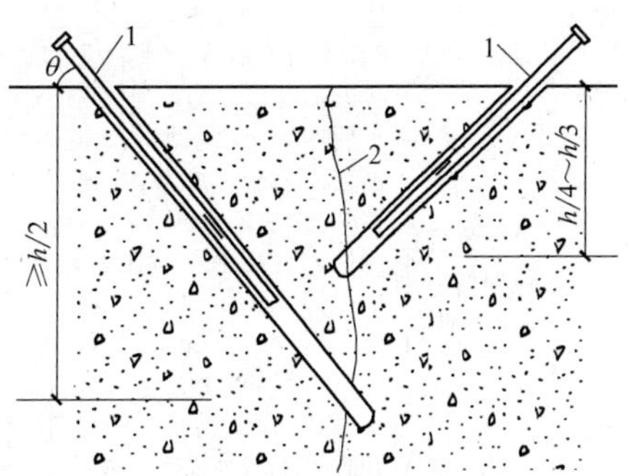

图14-81 裂缝钻孔注浆止水及补强的布孔

1—注浆嘴；2—裂缝

14.2.5.5 地下结构细部构造部位渗漏水治理

细部构造部位渗漏水治理方法 表 14-109

项次	项目	施工要点
1	变形缝渗漏治理	(1)由于变形缝的止水带固定不牢、位置不准确，石子过分集中于止水带附近或止水带两侧混凝土振捣不密实等原因，造成变形缝处渗漏水。有条件时应降低地下水位，将变形缝内的填缝材料清除，对缝壁不密实处剔除注浆和松动石子，然后用聚合物水泥砂浆、掺外加剂、掺合料的防水砂浆等修补缝槽，对止水带两侧不密实的混凝土进行埋管注入水泥浆或环氧树脂浆液补强，然后对变形缝重新涂刷基层处理剂，填缝材料、背衬材料，必要时再增加内贴可卸式止水带 (2)变形缝背水面安装止水带：对于有内装可卸式橡胶止水带的变形缝，在有降低地下水位的条件下，先降低地下水位，拆除可卸式止水条，清理并修补变形缝两侧各 100mm 范围内的基层，做到坚固、密实、平整、干燥、必要时可向下打磨基层，并修补形成深度不大于 100mm 的凹槽。然后重新安装可卸式止水带，可卸式止水带应采用热焊搭接，搭接长度不应小于 60mm，中部形成Ω形，Ω形弧长宜为变形缝宽度的 1.2～1.5 倍。当采用胶粘剂粘贴内置式密封止水带时，应先涂布底涂料，并用配套胶粘剂粘贴，止水带与变形缝两侧混凝土基面的粘贴宽度均不应小于 80mm，如图 14-82 所示；当采用螺栓固定内置式密封止水带时，首先在变形缝两侧埋设膨胀螺栓，或用化学植筋方法设置螺栓，螺栓间距不宜大于 200mm，转角附近的螺栓可适当加密。在混凝土基层及金属压板间，应用于基橡胶防水密封胶粘带压密封实，螺栓根部应做好密封处理，如图 14-83 所示 (3)因底板内中埋式止水带损坏而发生渗漏的变形缝，且无降低地下水位时，可采用埋管注浆止水。对能查清漏水部位的变形缝，应在漏水部位左右各不大于 3m 的变形缝中布置浆液阻断点；对于未查清渗漏位置的变形缝，浆液阻断点宜布置在底板与侧墙相交处的变形缝中。埋注浆管前，清除浆液阻断点之间变形缝内的填充物，深度不小于 50mm，注浆管宜用金属或硬质塑料管，并配置阀门。注浆管应垂直于止水带中心孔，间距 500～1000mm，用速凝型无机防水堵漏材料埋设并封闭凹槽，注浆管应埋设牢固，并做好引水处理。最后逐个注入聚氨酯注浆材料止水 (4)当渗漏水量较大且无条件降低地下水位的变形缝，可采用钻孔注浆止水。采用钻斜孔穿过结构至止水带迎水面，注入油溶性聚氨酯注浆材料止水。钻孔距变形缝边缘的距离 D，宜为结构厚度和中埋式止水带宽度的一半，钻孔间距 500～1000mm(图 14-84)。当钻斜孔有困难时，可在变形缝两侧混凝土中垂直钻孔，至中埋式橡胶钢板止水带翼部并注入聚氨酯注浆材料止水，并在止水后二次钻孔，再注入可在潮湿环境下固化的环氧树脂注浆材料，钻孔间距宜为 500mm(图 14-85)。停止注浆且待浆液固化，并经检查无湿渍，无明水后，再按要求处理注浆管，封孔并清理基面
2	施工缝渗漏治理	(1)当施工缝中预埋的注浆系统完好时，应先使用预埋注浆系统注入超细水泥或水溶性注浆材料止水，注浆时宜采用较低的注浆压力从一端向另一端，由低到高进行注浆，当浆液不再流入且压力损失很小时，保持该压力 2min 以上，然后终止注浆 (2)沿施工缝漏水部位剔成 V 形槽，清理干净，漏水较大部位埋设引水管或排水暗槽，把缝内水引出缝外，其余较小的渗漏水用速凝灰浆封堵，然后嵌填密封材料，表面再涂抹聚合物水泥防水砂浆，确认除引水管外，其余部位无渗水现象时，再进行注浆止水 (3)也可在施工缝渗漏水部位直接钻孔进行压力注浆止水，注浆材料宜使用聚氨酯或水泥基注浆材料，止水后，宜再二次钻孔并注入可在潮湿环境下固化的环氧树脂注浆材料以补强
3	穿墙管与预埋件渗漏治理	(1)当管道或预埋件根部渗漏水量小时，宜沿管道根部剔凿环形凹槽，其宽度不宜大于 40mm，深度不宜大于 50mm，然后嵌填速凝型无机防水堵漏材料并表面预留 10mm 凹槽，待止水后用聚合物水泥防水砂浆找平凹槽，最后在管道周围 200mm 宽范围内的基面涂布水泥基渗透结晶型防水涂料，并铺抹 20mm 厚水泥砂浆保护层 (2)当渗漏水较大时，宜采用钻孔注浆止水。钻孔宜斜穿基层到达管道表面，钻孔与管道外侧最近直线距离不宜小于 100mm，注浆嘴不宜少于 2 个，并对称布置，但在钻斜孔时，应采取措施避免损坏管道。也可采用埋嘴注浆止水，埋嘴前，在管道根部剔凿直径不小于 50mm，深度不大于 30mm 的凹槽，用速凝无机防水堵漏材料以 45°～60°的夹角埋设注浆嘴，并封闭管道与基层间的接缝，注浆压力不宜小于静水压力的 2 倍，注浆材料宜用聚氨酯注浆材料。注浆止水后，在管道或埋设件周围 200mm 范围内的基层表面涂布水泥基渗透结晶型防水涂料，涂层在管壁上的高度不宜小于 100mm，再抹 20mm 厚水泥砂浆保护层，必要时在涂层中铺设胎体增强材料
4	对拉螺栓渗漏治理	先剔凿螺栓根部的基层，形成深度不小于 40mm 的凹槽，再切割螺栓并嵌填速凝型无机防水堵漏材料止水，并用聚合物水泥防水砂浆找平

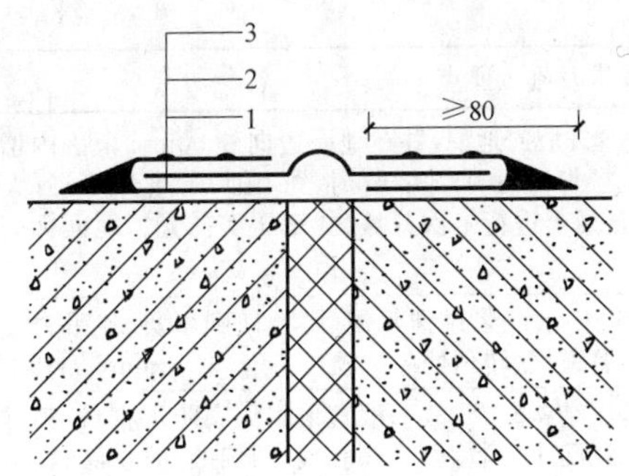

图 14-82　粘贴内置式密封止水带

1—胶粘剂层；2—内置式密封止水带；3—胶粘剂固化后的锚固点

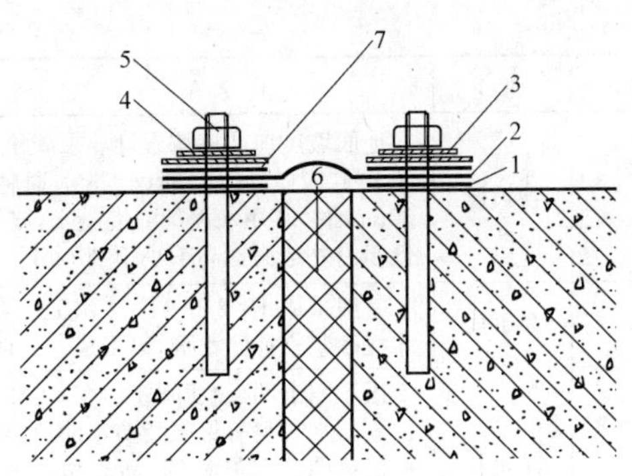

图 14-83　螺栓固定内置式密封止水带

1—丁基橡胶防水密封胶粘带；2—内置式密封止水带；3—金属压板；4—金属垫片；5—预埋螺栓；6—填缝材料；7—丁基橡胶防水密封胶粘带

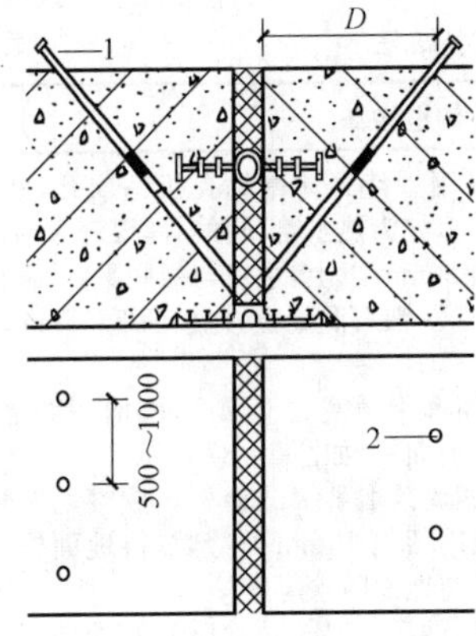

图 14-84　钻孔至止水带迎水面注浆注水

1—注浆嘴；2—钻孔

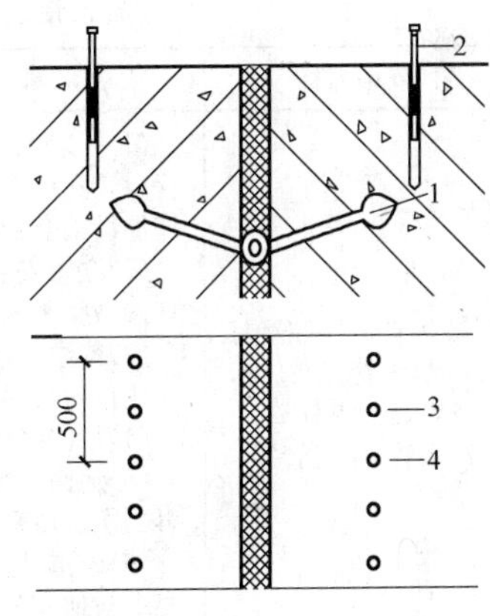

图 14-85　变形缝钻孔注浆止水

1—中埋式橡胶钢边止水带；2—注浆嘴；3—注浆止水钻孔；4—注浆补强钻孔

14.3　室内厕、浴、厨房间防水

14.3.1　厕、浴、厨房间地面构造层次及施工要点

地面构造层次及施工要点　　**表 14-110**

项次	项目	技术要求及施工要点
1	结构层	宜采用整体现浇钢筋混凝土或预制整开间钢筋混凝土板，并在四周墙身部位（除门口外）整浇 150mm 高混凝土导墙。如果用预制多孔板时，板缝应用微膨胀混凝土或防水砂浆嵌严离板面 20mm，然后再嵌填密封材料与板面平，或板缝嵌填直接与板面平后，上表面铺 100mm 宽一布二涂附加涂膜防水层，厚度不小于 2mm

续表

项次	项目	技术要求及施工要点
2	找坡层	地面坡度应严格按设计要求施工，一般为2%坡向地漏，并在地漏边向外50mm范围内增大至5%，应做到坡度准确，排水通畅。找坡层厚度小于30mm时，可用水泥混合砂浆；大于30mm时，宜用水泥炉渣混凝土，或用细石混凝土进行一次找坡、找平压实抹光。地面标高应低于门外地面标高不小于20mm
3	找平层	一般采用1∶2.5～1∶3水泥砂浆，采用边扫水泥浆过抹水泥砂浆，做到压实、找平、抹光。水泥砂浆宜掺防水剂，以形成一道防水层。管道根、转角处应抹成八字角，宽10mm，高15mm
4	防水层	由于厕浴间、厨房间管道多，工作面小，基层结构复杂，故一般宜采用涂膜防水材料，其常用涂膜防水材料有聚氨酯防水涂料、聚合物水泥防水涂料，聚合物乳液（丙烯酸）防水涂料、水泥基渗透结晶型防水涂料等。也可采用聚乙烯丙纶卷材或聚乙烯丙纶卷材一聚乙烯水泥复合防水。应根据工程性质、使用标准选用。地面防水层一般应做至墙面250mm以上高；墙面有防水要求时，防水层应做至墙顶
5	面层	地面装饰层按设计要求施工，一般常采用1∶2水泥砂浆、陶瓷锦砖、防滑地砖等。地面构造一般做法如图14-86所示

14.3.2　厕、浴、厨房间细部构造防水做法

厕、浴、厨房间细部构造防水做法　　表14-111

项次	节点名称	构造做法
1	穿楼板管道（一般包括冷、热水管、暖气管，污水管，煤气管，排水管，排气管等）	（1）一般均在楼板上预留管孔或采用手持式薄壁钻孔机钻成孔，然后再安装立管。管孔比立管外径宜大40mm以上，如为热水管、暖气管、煤气管时，则需在立管外加设钢套管，套管上口应高出地面20mm以上，下口与板底平，管缝留2～5mm （2）立管安装固定后，板底支模注C20细石混凝土，比板面低15mm，细石混凝土宜掺微膨胀剂，然后洒水养护 （3）待灌孔混凝土达一定强度，并清理干净使之干燥后，凹槽底部垫以牛皮纸或其他背衬材料，然后嵌填密封材料与板面平，如图14-87所示 （4）待嵌缝密封材料固化后，在管四周筑堰蓄水试验24h，观察无渗漏水为合格 （5）地面找坡、找平层时，在管根四周留出15mm宽缝隙，待地面施工防水层时，再二次嵌填密封材料，以使密封材料与地面防水层连接 （6）管道外壁200mm高，清除灰浆、油污、杂质后，涂刷基层处理剂，然后按设计要求与地面一起涂刷防水涂料 （7）地面面层施工时，在管根四周50mm范围内向外有5%的坡度
2	地漏	（1）地漏一般在楼板上预留孔，然后再安装地漏。地漏立管安装固定后，板底支模灌填C20细石混凝土，细石混凝土中宜掺微膨胀剂 （2）地面找坡层应有1%～2%坡度坡向地漏。地漏处排水坡度，从地漏边向外50mm范围，增大至3%～5%；地漏口标高应根据门口至地漏外的坡度确定 （3）地面找坡、找平时，在地漏上口四周留出20mm×20mm凹槽，待干燥后凹槽底垫以牛皮纸或其他背衬材料，凹槽四周涂刷基层处理剂，然后嵌填密封材料，如图14-88所示
3	大便器	（1）大便器立管安装后，与穿楼板管道一样的做法用C20细石混凝土灌孔、抹平 （2）立管接口处四周用密封材料交圈封严，尺寸20mm×20mm，上面防水层应做至管顶 （3）大便器尾部进水处与管接口用沥青麻丝及水泥砂浆封严，外抹涂膜防水保护层，如图14-89所示。大便器蹲坑根部防水做法如图14-90所示
4	小便槽	（1）地面防水在四周墙面至少卷起250mm高，小便槽防水层与地面防水层应交圈连通，立墙防水层做到花管处以上100mm，两端展开各500mm （2）小便槽地漏及地面地漏可采用图14-88所示的做法 （3）小便槽泛水坡度应为2%，地面泛水为1%～2% （4）防水层宜采用涂膜防水材料 （5）小便槽做法如图14-91所示
5	厨房间排水沟	排水沟防水层应与地面防水层连接，其构造做法如图14-92所示

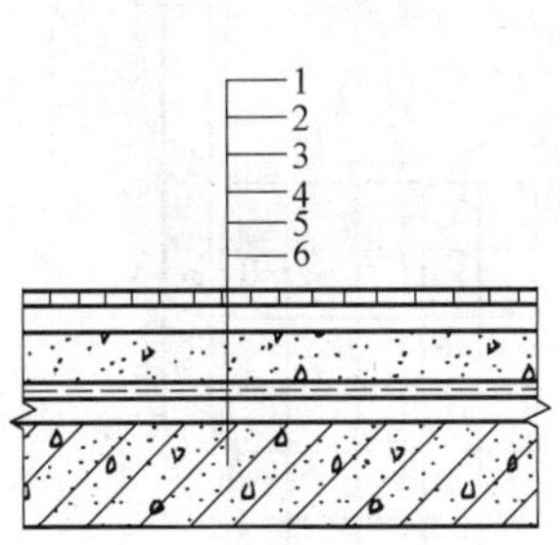

图 14-86 厕、浴、厨房间地面一般构造

1—地面面层；2—砂浆找平层；3—找坡层；4—防水层；5—找平层；6—结构层

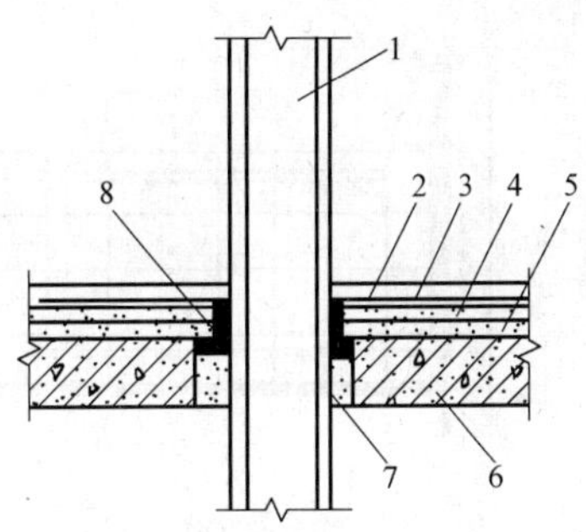

图 14-87 穿楼板管道防水构造

1—穿楼板管道；2—地面面层；3—地面防水层；4—地面找平层；5—地面找坡层；6—地面结构层；7—灌孔细石混凝土；8—20mm×20mm 凹槽内嵌填密封材料

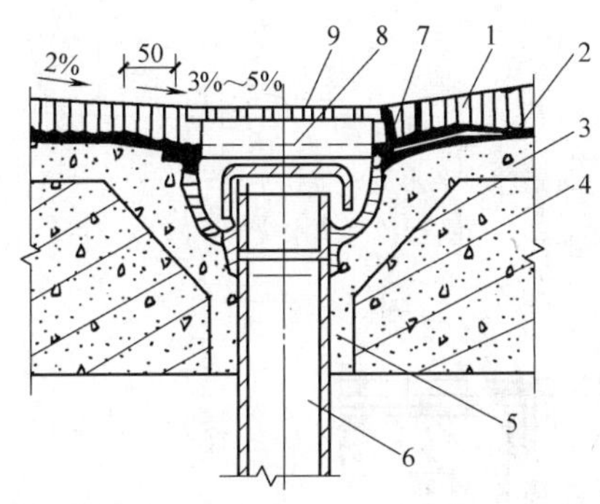

图 14-88 地漏防水构造

1—地面面层；2—地面防水层；3—找坡找平层；4—结构层；5—1：3 水泥砂浆或 C20 细石混凝土灌孔；6—地漏立管；7—20mm×20mm 密封材料嵌缝；8—地漏口；9—地漏箅子

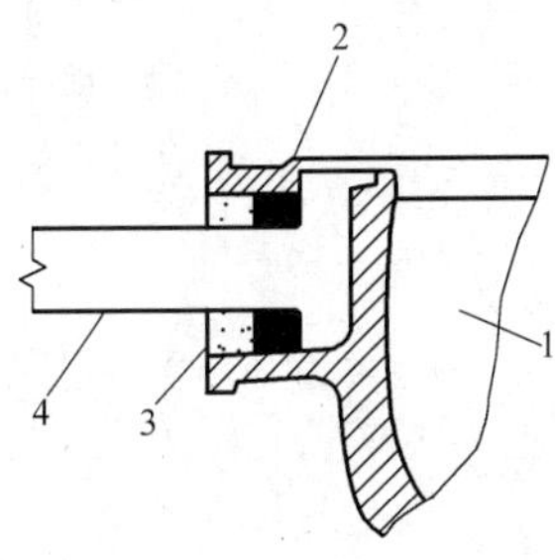

图 14-89 大便器进水管与管口连接

1—大便器；2—油麻丝密封材料；3—1：2 水泥砂浆；4—冲洗管

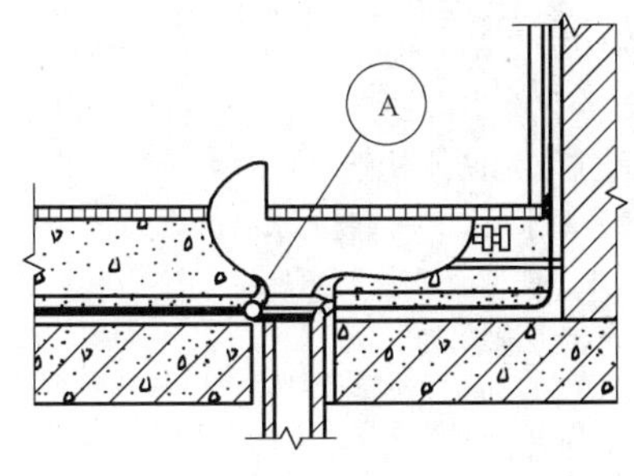

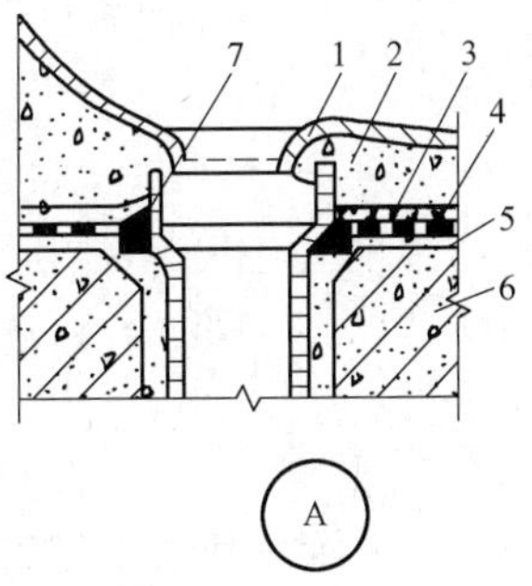

图 14-90 大便器蹲坑防水构造

1—大便器底；2—1：6 水泥炉渣或 C20 细石混凝土垫层；3—1：2.5 水泥砂浆保护层；4—涂膜防水层；5—20mm 厚 1：2.5 水泥砂浆找平层；6—结构层；7—20mm×20mm 密封材料交圈封严

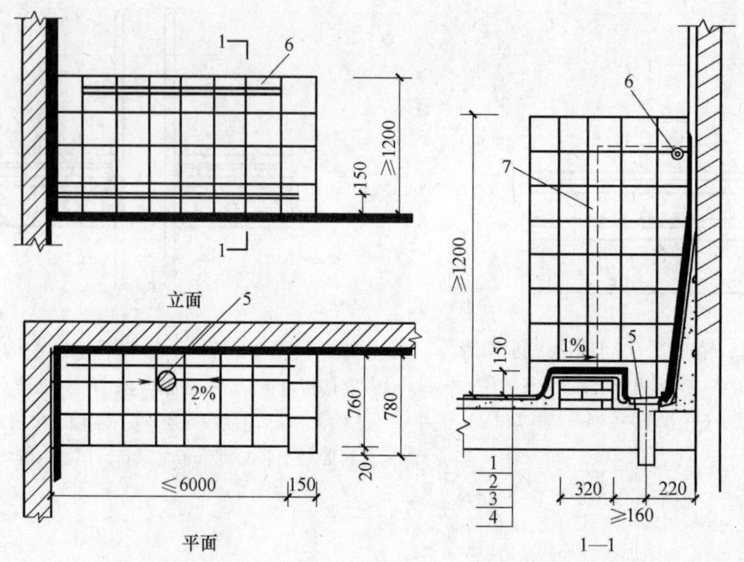

图 14-91 小便槽防水平、立、剖面图

1—地面面层；2—防水层；3—20mm 厚 1∶3 水泥砂浆找平层；4—找坡垫层及结构层；5—地漏；6—花管；7—防水线

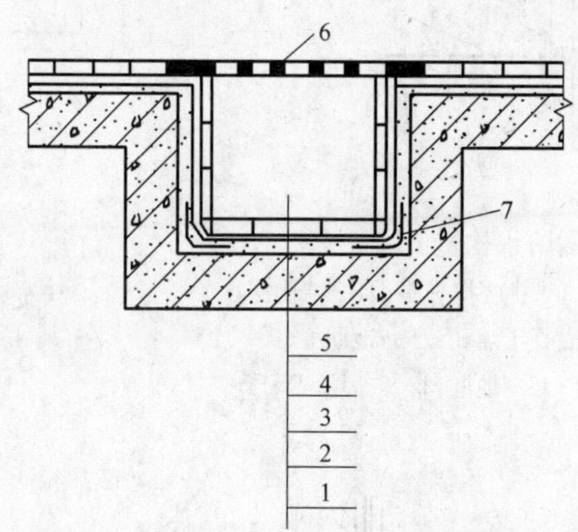

图 14-92 厨房间排水沟防水构造

1—结构层；2—防水砂浆刚性防水层；3—涂膜防水层；4—粘结层；5—面砖面层；6—铁箅子；7—转角处卷材附加层或二布六涂涂膜附加层

14.3.3 厕、浴、厨房间防水施工

厕、浴、厨房间防水层施工 表 14-112

项次	项目	施工方法要点
1	施工准备	(1)所有管件、卫生设备、地漏等必须安装牢固，接缝严密，并经蓄水试验无渗漏现象 (2)地面坡度符合设计要求，并经泼水试验，无倒泛水及积水现象

续表

项次	项目	施工方法要点
1	施工准备	(3)砂浆找平层平整、坚实,无麻面、起砂、起皮、裂缝等现象 (4)基层所有转角做成半径为10mm的平滑圆角或八字角 (5)基层已干燥、干净、含水率不大于9%(能在潮湿基层上固化的涂料除外) (6)自然光线较差时,应备照明设备;通风较差时,应备通风设备;现场严禁烟火,并备有灭火器材 (7)进场的防水涂料或防水卷材及其配套材料除应有生产厂家提供的产品合格证和材料质量保证文件外,还应抽样复验,合格后方可使用;有胎体增强材料时,还应检验防水涂料与胎体增强材料的相容性 (8)机具设备准备:一般应备有配料用的搅拌桶、搅拌器、磅秤等,涂刷涂料用的刷子、滚动刷、油漆刷、油漆小桶、嵌刀、刮板等,铺贴卷材用的刮板、压辊等
2	单组分聚酯防水涂料施工	(1)工艺流程:清理基层→涂刷基层处理剂→细部附加增强处理→第一遍涂料防水层→第二遍涂料防水层→第三遍涂料防水层→第一次蓄水试验→保护层、饰面层施工→第二次蓄水试验→工程质量验收 (2)清理基层:将基层表面的灰尘,杂物等消除干净,对管根、地漏和排水口等部位应认真清理,遇有油污时,可用钢刷或砂纸刷除干净,表面必须平整,如有凹陷处应用1∶3水泥砂浆找平 (3)细部附加增强处理:管根、地漏、阴阳角等处应用单组分聚氨酯涂刮1～2遍做附加层处理。地面四周与墙体连接处以及管根处,平面附加层宽度和平面拐角上返高度各≥250mm;地漏口周边平面附加层宽度和进入地漏口下返各≥40mm,各细部附加层也可做一布二涂单组分聚氨酯涂刷处理 (4)防水层施工:单组分聚氨酯防水涂料打开桶盖即可使用,但在使用前须将桶在地面上反复滚动,以使涂料均匀,或倒入开口大容器中搅拌均匀。用橡皮刮板分三遍涂刮均匀,每遍均应在上遍涂膜表干后进行,并涂刷方向相互垂直,三遍涂膜总厚度1.2mm。在第三遍涂膜未固化前,应在其表面稀撒一层干砂粒,以增加与面层砂浆之间粘结 (5)在上述涂膜全部固化完全后,即可进行蓄水试验,合格后做保护层或饰面层
3	聚合物乳液(丙烯酸)防水涂料施工	(1)工艺流程:清理基层→底面防水层→细部附加增强层→涂刷中间涂料防水层→铺贴胎体增强材料→涂刷上层涂料防水层→涂刷表面防水层→第一次蓄水试验→保护层或饰面层施工→第二次蓄水试验→工程质量验收 (2)清理基层:基层表面必须清理干净。管根、地漏等按细部构造防水做法已处理严密,并经蓄水试验合格 (3)涂刷底层:取聚合物乳液防水涂料倒入一个空桶中约2/3,少许加水烯释并充分搅拌均匀,用滚刷均匀地涂刷底层,用量约为0.4kg/m²,待手摸不粘手后进行下道工序 (4)细部附加增强处理:在地漏、管根、阴阳角和出入口等易发生渗漏水的薄弱部位,须增加一层胎体增强材料,宽度不少于300mm,搭接不小于100mm,施工时先涂刷一遍丙烯酸防水涂料,然后铺胎体增强材料,再涂刷两遍丙烯酸防水涂料 (5)涂刷中、上层材料:用滚刷将丙烯酸涂料均匀地涂在底层防水层上面,边涂刷边铺贴胎体增强材料,要求胎体增强材料平整,无褶皱,接着涂刷上层涂料,使胎体层充分浸透防水涂料,每遍涂料用量约0.5～0.8kg/m²,待手摸不粘手后再涂刷面层涂料,若厚度不够,加涂一层或数层,以达到设计规定的涂膜厚度为准
4	刚性防水材料与柔性防水材料复合施工	(1)无机抗渗堵漏材料与单组分聚氨酯防水涂料复合施工: 1)工艺流程:清理基层→细部附加增强处理→刚性防水层→柔性防水层→撒砂→第一次蓄水试验→保护层、面层施工→第二次蓄水试验→工程质量验收 2)清理基层:将基层上的浮灰,杂物清理干净 3)细部附加增强处理:在地漏、管根等部位,用无机抗渗堵漏材料嵌填、压实、刮平,阴阳角用抗渗堵漏材料刮涂两遍,立面和平面各为200mm 4)刚性防水层:以抗渗堵漏材料与水按产品使用说明比例配制,搅拌成均匀,无团状的浆料,用橡胶刮板均匀涂刮在基层上,要求往返顺序刮涂,不得留有气孔和砂眼,每遍的涂刮方向与上遍相垂直,共刮两遍,每遍刮涂完毕,用手轻压无印痕时,开始洒水养护,避免涂层粉化 5)柔性防水层;刚性防水层养护表干后,管根、地漏、阴阳角等细部节点处用单组分聚氨酯防水涂料涂刮一遍,以做增强处理 6)大面积涂刮单组分聚氨酯防水涂料,共涂刷2～3遍 7)最后一遍涂料施工完尚未固化前,可均匀撒干砂,以增加防水层与保护层或饰面层之间的粘结力 (2)抗渗堵漏防水材料与聚合物防水涂料复合施工:

续表

项次	项目	施工方法要点
4	刚性防水材料与柔性防水材料复合施工	1)工艺流程:清理基层→细部附加增强处理→刚性防水层→柔性防水层→撒砂→第一次蓄水试验→保护层、面层施工→第二次蓄水试验→工程质量验收 2)附加增强层施工:地漏、管根、阴阳角等部位清理干净,用水不漏材料嵌填,压实、刮平 3)刚性防水层;将缓凝型水不漏搅拌成均匀浆料,用抹子或刮板抹压两遍浆料,抹压后潮湿养护 4)柔性防水层:按规定比例配制聚合物水泥防水材料,在桶内用电动搅拌器充分搅拌均匀,直到料中不含团粒。待刚性防水层干涸后,即可涂覆底层涂膜,待底层涂膜干固后,涂覆中,面层涂膜,涂膜总厚不小于1.2mm。涂覆时涂料如有沉淀,应随时搅拌均匀;每层涂覆必须按规定取料,切不可过多或过少,涂覆要均匀,不应有局部堆积。涂料与基层之间应粘结牢固,不得留有气泡,各层之间的间隔时间,以前一层涂膜干固、不粘手为准

14.4 外墙防水

14.4.1 外墙细部构造防水

外墙细部构造防水施工 **表 14-113**

项次	项目	施工方法要点
1	屋盖处墙体防裂防水	(1)浇筑顶层梁、板、檐口板、天沟等处的混凝土时,应选用低水化热的水泥 (2)屋盖上宜设置保温层或隔热层 (3)对于非烧结硅酸盐砖和砌块房屋,应严格控制块体出厂到砌筑的存放时间,同时避免堆放时遭受雨淋 (4)顶层砌体承重墙应合理设置混凝土圈梁;顶层的空心板应改用柔性接头,在空心板支承处铺一层油毡隔开,缝内填可塑性材料
2	女儿墙防裂纺水	(1)现浇钢筋混凝土女儿墙应双向配筋,墙体厚度应≥150mm;应设分格缝,间距6m,缝宽20~30mm,缝内用密封材料嵌填密实,女儿墙混凝土应与屋面结构边跨同时浇筑,如必须留施工缝时,应在屋面结构层以上100mm处留设向外倾的斜槎施工缝,缝的外端应能填密封材料;砖混结构女儿墙不应设分格缝,避免出现渗水 (2)屋面保温层、找平层与女儿墙之间应留50~80mm伸缩缝,缝内嵌填密封油膏,以构成柔性防水节点 (3)女儿墙压顶宜采用现浇钢筋混凝土或金属压顶,压顶向内找坡,坡度不应小于2%。采用混凝土压顶时,外墙防水层应上翻至压顶,内侧的滴水部位用防水砂浆作防水层(图14-93*a*)。采用金属压顶时,防水层应做到压顶的顶部,金属压顶采用专用金属配件固定(图14-93*b*)
3	变形缝防水	(1)变形缝内应清理干净,寒冷地区缝内可填保温材料 (2)变形缝处应增设合成高分子防水卷材附加层,卷材两端应满粘于墙体,并用密封材料密封,满粘的宽度应不小于150mm(图14-94) (3)外墙变形缝金属盖板的设置应符合变形的缝构造要求,确保可沉降,伸缩变形自由。盖板搭接接头处必须平咬口且顺流水方向咬口严密
4	挑檐、雨篷、阳台、露台等节点防水	(1)突出墙面的腰线、檐板等部位,均做成不小于5%的向外排水坡,下部做滴水,与墙面交角处做成直径100mm的圆角。与外墙连接的根部缝隙应嵌填密封材料 (2)雨篷应设置坡度不小于1%的排水坡,外口下剖应做滴水处理,雨篷与外墙交接处的防水层应连续;雨篷防水层应沿外口下翻至滴水部位(图14-95) (3)阳台、露台等地面应做防水处理,标高应低于同楼层地面标高20mm;露台、阳台应向水落口设置坡度不小于1%的排水坡,水落口周边留槽嵌填密封材料,外口下沿做滴水处理(图14-96)。阳台栏杆与外墙体交接处,应用聚合物水泥砂浆做好嵌填处理

续表

项次	项目	施工方法要点
5	外墙门窗防水	(1)门窗框与墙体间的缝隙宜采用发泡聚氨酯填充。外墙防水层应延伸至门窗框,防水层与门窗框间应预留凹槽,嵌填密封材料;门窗上楣的外口应做滴水处理;外窗台应设置坡度不小于5%的排水坡,外窗台外口下沿应做滴水处理 (2)窗框不应与外墙饰面齐平,应凹进不小于50mm,窗框周边装饰时应留凹槽,外墙装饰面层收口后;窗框内,外侧的四周均嵌填耐候密封胶,胶体应连续,厚度、宽度符合设计要求 (3)塑钢窗扇百叶及平开窗的滑撑螺钉均采用橡胶垫片支垫,操作不便部位用耐候胶封闭螺钉顶面及四周,防止雨水进入塑钢窗空腔 (4)推拉窗的下框轨道应设置泄水槽或泄水孔
6	预埋件防水	外墙预埋件,如水落管卡具栽钩,旗杆孔、避雷带支柱、空调托架、接地引下线竖杆等,必须在外墙装饰前、安装预埋完毕,严禁在装饰后打洞埋设预埋件。预埋件根部应精心抹压严密。预埋件四周用密封材料封闭严密,密封材料与墙面防水层应连续
7	穿墙管防水	穿过外墙的管道宜采用套管预埋,墙管洞应内高外低,坡度不小于5%,套管周边应做防水密封处理(图14-97)

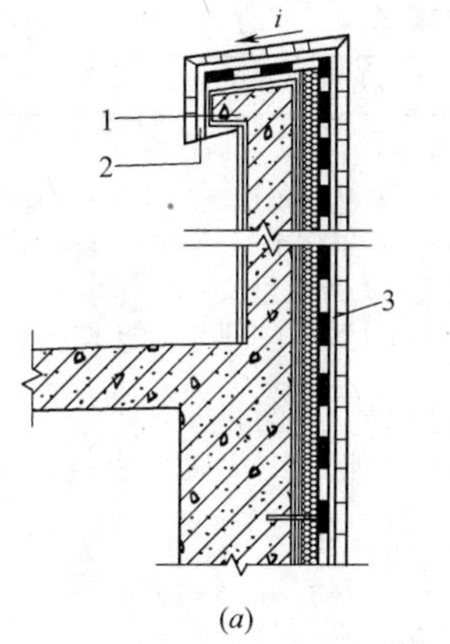

(a)

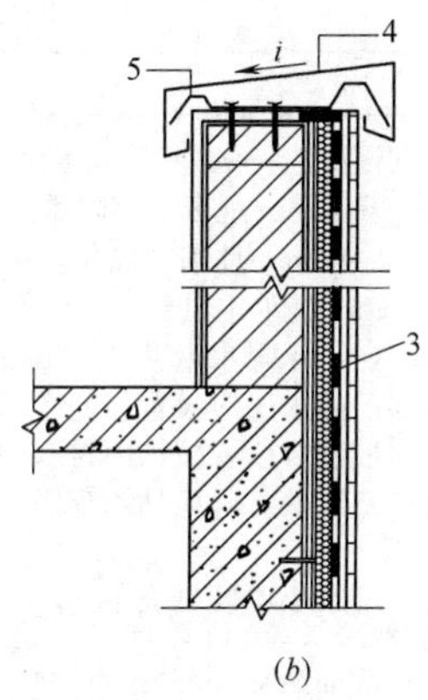

(b)

图14-93 女儿墙防裂防水构造

(a) 混凝土压顶;(b) 金属压顶

1—混凝土压顶;2—防水砂浆;3—外墙防水层;4—金属压顶;5—金属配件

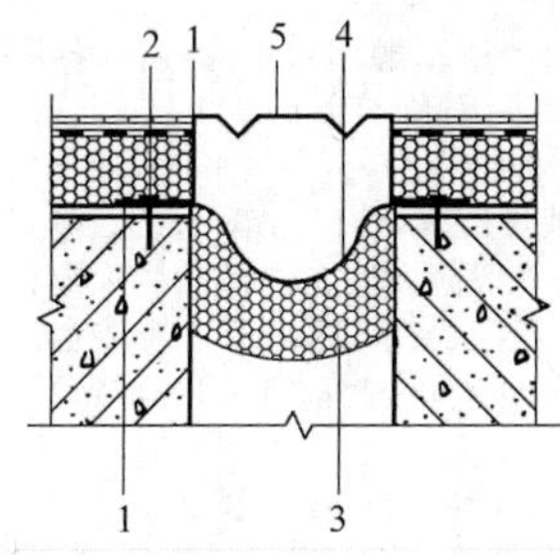

图14-94 变形缝防水防护构造

1—密封材料;2—锚栓;3—保温衬垫材料;4—合成高分子防水材料(两端粘结);5—不锈钢板或镀锌薄钢板

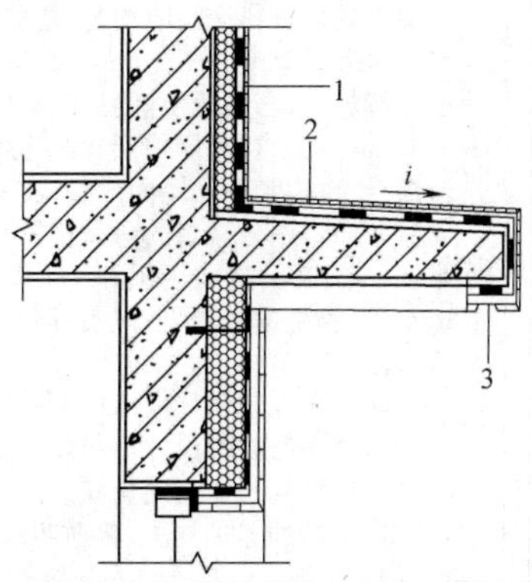

图14-95 雨篷防水防护构造

1—外墙防水层;2—雨篷防水层;3—滴水

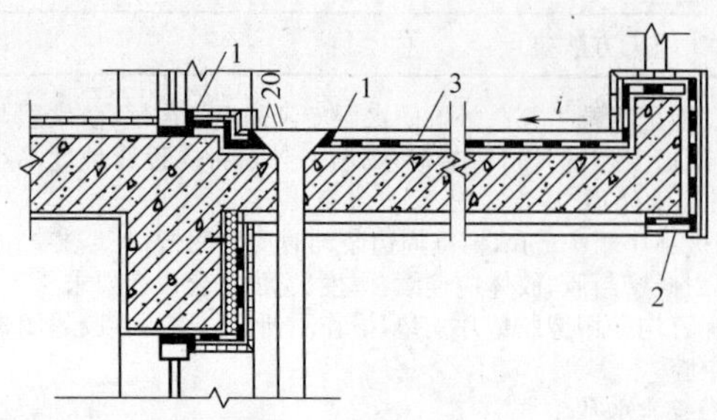

图 14-96　阳台、露台防水防护构造

1—密封材料；2—滴水；3—阳台、露台防水层

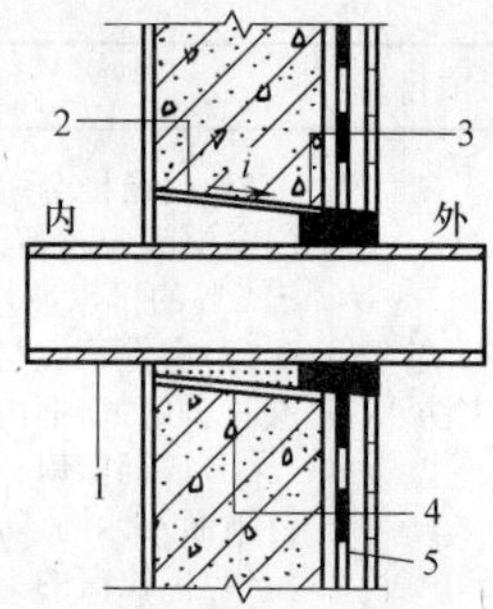

图 14-97　穿墙管道防水防护构造

1—穿墙管道；2—套管；3—密封材料；4—聚合物砂浆；5—外墙防水层

14.4.2　外墙防水施工

外墙防水施工　　表 14-114

项次	项目	施工方法要点
1	一般要求	(1)符合下列情况之一的外墙，应采用墙面整体防水设防： 1)年降水量≥800mm 地区及年降水量≥600mm 且基本风压≥0.5kN/m² 地区的外墙 2)年降水量≥400mm 且基本风压≥0.4kN/m²，或年降水量≥500mm 且基本风压≥0.35kN/m²，或年降水量≥600mm 且基本风压≥0.3kN/m² 的地区有外保温的外墙 3)以上条件之外，年降水量≥400mm 地区的外墙，应采用细部构造防水措施 (2)建筑外墙的防水层应设置在迎水面 (3)外墙防水层设置位置按饰面材料的品种而定，见表 14-115 (4)外墙各构造层次之间应粘结牢固，并宜进行界面处理。界面处理的材料种类和做法，应根据构造层次材料确定 (5)外墙防水层最小厚度见表 14-116
2	无保温层外墙防水	(1)外墙结构表面的油污、浮浆应清除干净，孔洞、缝隙应堵塞抹平，不同结构材料交接处的增强处理应固定牢靠。然后涂刷界面处理剂，涂层应均匀，不露底，待表面收水后，进行找平层施工。找平层砂浆的强度和厚度应符合设计要求。厚度在 10mm 以上时，应分层抹平压实，最后一遍表面应搓毛(当用防水砂浆做防水层时) (2)防水砂浆施工： 1)基层表面应为平整的毛面，并充分湿润，如为光滑表面应做界面处理 2)防水砂浆按规定比例搅拌均匀，配制好的防水砂浆应在 1h 内用完，施工中不得任意加水 3)界面处理材料涂刷应均匀，覆盖完全，收水后应及时进行防水砂浆施工 4)防水砂浆厚度大于 10mm 时，应分层施工，第二层应待前一层指触不粘手时进行，各层粘结牢固。每层连续施工，当需要留槎时，应采用阶梯坡形槎，留槎部位离阴阳角不小于 200mm，上下层接槎应错开 300mm 以上，接槎应依层次顺序操作，层层搭接紧密。涂抹时应压实、抹平，并在初凝前完成 5)窗台、窗楣和凸出墙面的腰线等部位上表面的流水坡应找坡准确，外口下沿的滴水线应连续顺直 6)砂浆防水层分格缝的留设位置和尺寸应符合设计要求。一般应设置在墙体结构不同材料交接处，水平缝与窗口上沿或下沿平齐；垂直缝间距不大于 6m，且与门、窗框两边垂直线重合，缝宽为 8～10mm。分格缝的密封处理应在防水砂浆达到设计强度 80%后进行，密封前将分格缝清理干净，密封材料应嵌填密实 7)防水砂浆在转角处应抹成圆弧形，圆弧半径不应大于 5mm，转角应抹压顺直 8)门窗框、管道、埋设件等与防水层相连处留 8～10mm 宽的凹槽，用密封材料做密封处理 9)砂浆防水层未达到硬化状态时，不得浇水养护或直接受雨水冲刷。聚合物水泥防水砂浆硬化后，应采用干湿交替的养护方法；普通防水砂浆防水层应在终凝后进行保湿养护，养护时间不少于 14d，养护期间不得受冻 (3)防水涂料施工： 1)涂料施工前应对细部构造进行增强和密封处理

续表

项次	项目	施工方法要点
2	无保温层外墙防水	2)单组分涂料常用铁桶或塑料桶包装，使用前将桶反复滚动使其均匀，或倒入开口大容器内搅拌均匀后使用。双组分涂料应按规定比例配制，用电动搅拌器搅拌均匀至色泽一致，无粉团、沉淀，并在规定时间内用完 3)涂料涂布前，应先涂刷基层处理剂，所选基层处理剂应与防水层涂料材性相容 4)涂膜应分多遍涂刷，后遍涂布应在前遍涂层干燥成膜后进行，每遍涂布应交替改变涂布方向，同一涂层涂布时，先后接槎宽度为 30～50mm，甩槎应避免污损，接槎前应将甩槎表面清理干净，接槎宽度不小于 100mm 5)胎体增强材料应铺贴平整、排除气泡，不得有褶皱和胎体外露，胎体层充分浸透防水涂料，胎体的搭接宽度不小于 50mm，底层和面层涂膜厚度不小于 0.5mm，总厚度应符合设计要求
3	有外保温外墙防水	(1)保温层应固定牢固，表面平整、干净 (2)外墙保温层的抗裂砂浆施工： 1)抗裂砂浆施工前应先涂刮界面处理材料，然后分层抹压抗裂砂浆 2)抗裂砂浆层的中间设置耐碱玻纤网格布或金属网片，金属网片应与墙体结构固定牢固。玻纤网格布铺贴应平整、无皱折，两幅间的搭接宽度不小于 50mm 3)抗裂砂浆应抹平压实，表面无接槎印痕，网格布或金属网片不得外露。防水层为防水砂浆时，抗裂砂浆表面毛槎 4)抗裂砂浆终凝后，及时洒水养护，时间不得少于 14d。 (3)防水层施工同无保温层外墙防水施工 (4)防水透气膜施工： 1)基层表面应平整、干净、干燥、牢固，无尖锐凸起物 2)铺设从外墙底部一侧开始，将防水透气膜沿外墙横向层铺于基面上。沿建筑立面自下而上横向铺设，按顺水方向上下搭接 3)防水透气膜横向搭接宽度不小于 100mm，上下搭接宽度不小于 150mm，搭接缝采用配套胶粘带粘结；相邻两幅膜的上下搭接缝相互错开不小于 500mm 4)防水透气膜随铺随固定，固定部位预先粘贴小块丁基胶带，用带塑料垫片的塑料锚栓将透气膜固定在基层墙体上，固定点每平方米不少于 3 处 5)铺设在门窗洞口或其他洞口处的防水透气膜，以 I 形裁开，用配套胶粘带固定在洞口内侧，与门窗框连接处应使用配套胶粘带满粘密封，四角用密封材料封严 6)幕墙体系中穿透防水透气膜的连接件周围用配套胶粘带封严
4	质量控制	(1)施工前应检查进场的防水防护材料及其配套材料的出厂合格证，质量检验报告和现场抽样复验报告，其质量必须符合设计要求，不合格的材料不得在工程上使用 (2)找平层应平整、牢固，不得有空鼓、酥松、起砂、起皮现象；穿墙管、埋设件、门窗框等细部构造做法符合设计要求 (3)防水砂浆层应坚固、平整，不得有开裂、空鼓、酥松、起砂、起皮现象，防水层平均厚度不小于设计要求，最薄处不小于设计厚度的 80% (4)涂膜防水层应无裂纹、皱褶、鼓泡和露胎体现象，平均厚度不小于设计要求，最薄处不小于设计厚度的 80% (5)防水透气膜应铺设平整、固定牢固，构造符合设计要求 (6)外墙经持续淋水 30min 后无渗漏现象

外墙防水防护层设置位置及选用材料　　表 4-115

外墙体系	饰面材料	防水层设置位置	防水材料选用
无外保温外墙	涂料	找平层和涂料面层之间(图 14-98)	防水砂浆或防水涂料
	面砖	找平层和面砖粘结层之间(图 14-99)	防水砂浆
	幕墙	找平层和幕墙饰面之间(图 14-100)	防水砂浆，聚合物水泥防水涂料、丙烯酸防水涂料或聚氨酯防水涂料
有外保温外墙	涂料	聚合物水泥防水砂浆设在保温层和涂料饰面之间(图 14-101)；涂料防水层设在抗裂砂浆层和涂料饰面之间(图 14-102)	聚合物水泥防水砂浆和防水涂料，聚合物水泥防水砂浆可兼作保温层的抗裂砂浆层
	面砖	保温层的迎水面上(图 14-103)	聚合物水泥防水砂浆，并可兼作保温层的抗裂砂浆层

续表

外墙体系	饰面材料	防水层设置位置	防水材料选用
有外保温外墙	幕墙	找平层和幕墙饰面之间(图 4-104)	聚合物水泥防水砂浆、聚合物水泥防水涂料、丙烯酸防水涂料、聚氨酯防水涂料、防水透气膜(当保温层选用矿渣棉材料时采用)

外墙防水防护层最小厚度要求 (mm) **表 14-116**

墙体结构	饰面层	防水砂浆			防水涂料	防水饰面涂料
		干粉聚合物	乳液聚合物	普通防水砂浆		
现浇混凝土	涂料	3	5	8	1.0	1.2
	面砖				—	—
	干挂幕墙				1.0	—
砌体	涂料	5	8	10	1.2	1.5
	面砖				—	—
	干挂幕墙				1.2	—

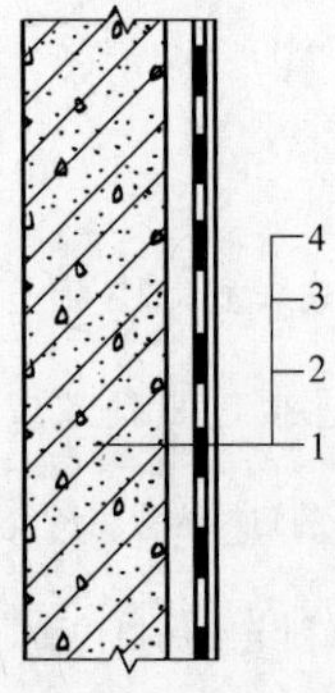

图 14-98 涂料饰面外墙防水防护构造
1—结构墙体；2—找平层；3—防水层；4—涂料面层

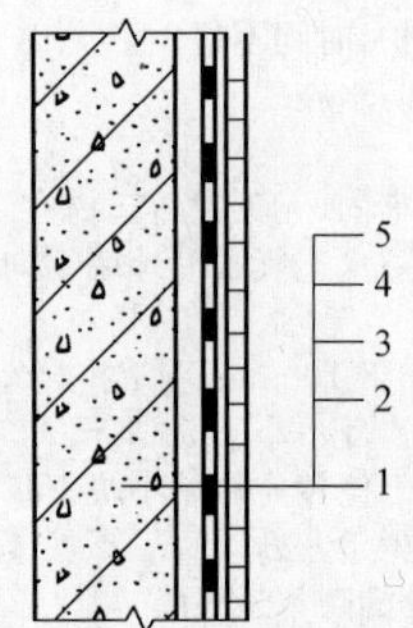

图 14-99 面砖饰面外墙防水防护构造
1—结构墙体；2—找平层；3—防水层；4—粘结层；5—面砖饰面层

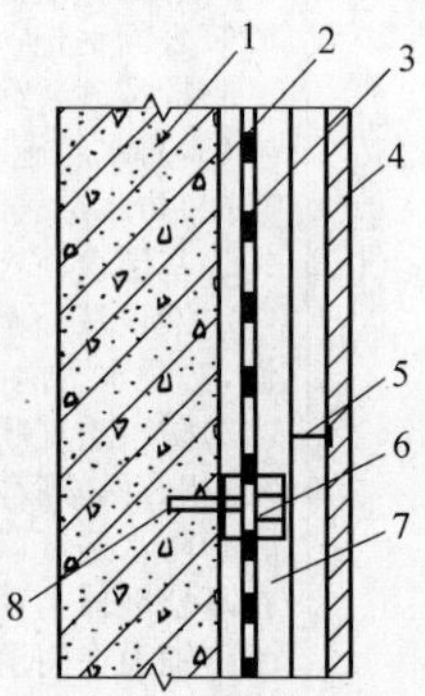

图 14-100 幕墙饰面外墙防水防护构造
1—结构墙体；2—找平层；3—防水层；4—面板；5—挂件；6—连接件；7—竖向龙骨；8—锚栓

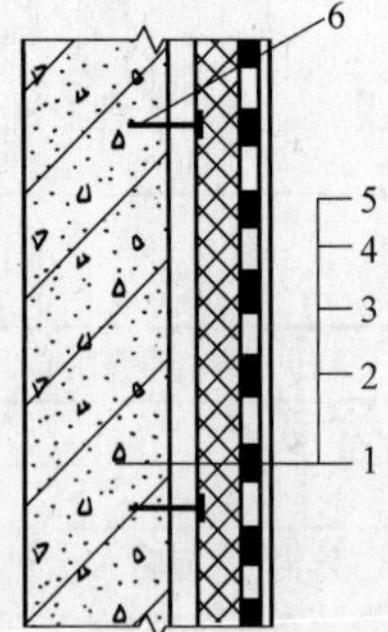

图 14-101 涂料饰面外保温外墙防水防护构造
1—结构墙体；2—找平层；3—保温层；4—防水层；5—涂料层；6—锚栓

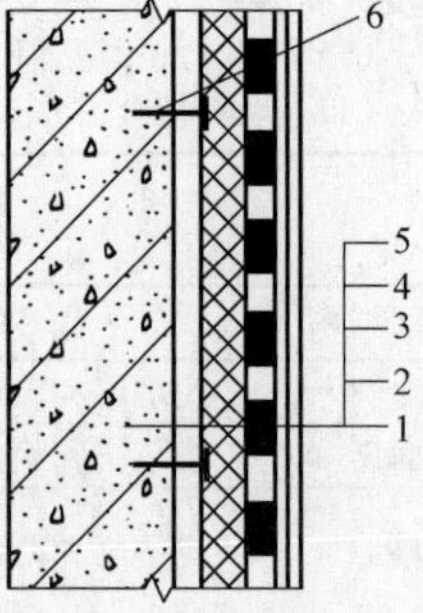

图 14-102 抗裂砂浆层兼作防水层的外墙防水防护构造
1—结构墙体；2—找平层；3—保温层；4—抗裂砂浆防水层；5—防水层；6—锚栓

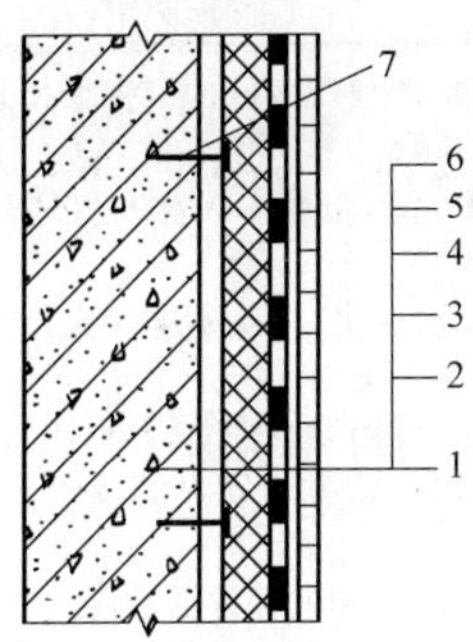

图 14-103 砖饰面外保温外墙防水防护构造

1—结构墙体；2—找平层；3—保温层；4—防水层；5—粘结层；6—饰面面砖层；7—锚栓

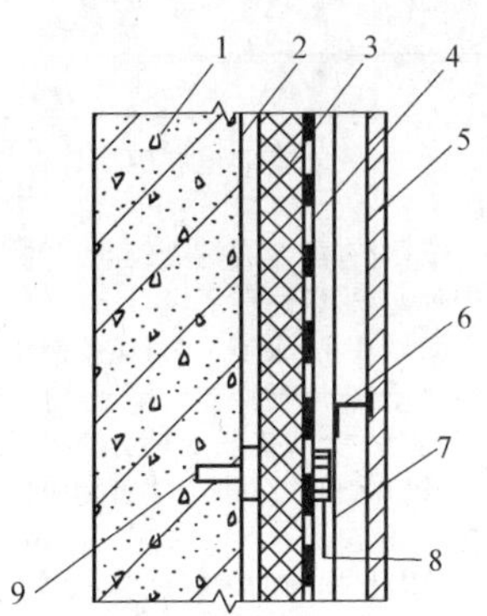

图 14-104 幕墙饰面外保温外防水防护构造

1—结构墙体；2—找平层；3—保温层；4—防水层；5—面板；6—挂件；7—竖向龙骨；8—连接件；9—锚栓

14.5 防水工程安全技术

防水工程安全技术 **表 14-117**

项次	项目	安全技术要点
1	卷材防水	(1)参加沥青操作人员应穿戴工作服、安全帽、口罩、手套、帆布脚盖等劳动保护用品 (2)患有皮肤病、结核病、支气管炎、眼疾及对沥青刺激过敏的人员，不得从事沥青的施工操作，经常从事沥青和防腐的人员应定期进行身体检查 (3)工作前手脸及外露皮肤应涂擦防护膏等，且晾干后再工作 (4)熬制沥青锅应离建筑物 10m 以上，距易燃仓库 25m 以上，锅灶上空不得有电线，地下 5m 以内不得有电缆线，并应设在下风向，沥青锅附近严禁堆放易燃易爆品，临时堆放沥青、燃料场地离锅不应小于 5m (5)熬油锅四周不得有漏缝，锅口应高出地面 30cm 以上，沥青锅烧火处应有 0.5～1.0m 高的隔火墙。每组沥青锅间距不得小于 3m(相邻两锅为一组)，上部宜设置可升降的吸烟罩 (6)装入锅内的沥青不应超过锅容量的 2/3，以防溢出锅外，发生火灾和伤人 (7)锅灶附近应备有锅盖、灭火器、干砂、石灰渣、铁锹、铁板等灭火器材 (8)加热桶装沥青应先将桶盖打开，横卧桶口朝下，缓慢加热，严禁不开盖加热，以免发生爆炸事故 (9)熬制沥青应缓慢升温，严格控制温度，防止着火 (10)调制冷底子油应严格控制沥青温度，当加入快挥发性溶剂，不得高于 110℃ (11)配制使用、贮存沥青冷底子及稀释剂等易燃物的现场，应严禁烟火并保持通风良好 (12)运送热沥青胶应用咬口制成加盖的桶或专用车，运输油量不得超过桶高的 2/3，桶壶提升应拉牵绳 (13)运输道路应有防滑措施，垂直运输上料平台要设防护栏杆 (14)在屋面上操作，沥青桶及壶要放平，不能放在斜坡或屋脊等处 (15)在屋面上涂刷冷底子油，铺设卷材，檐口及孔洞应设安全栏杆，在基坑内操作时，要设上下基坑扶梯。30m 内不得进行电、气焊作业，操作人员不得吸烟 (16)操作要注意风向，防止下风操作人员中毒，浇油与铺卷材应保持一定距离，避免热沥青飞溅伤人，遇大风、雨天应停止作业
2	涂料防水	(1)对施工操作人员进行安全教育，使对所使用的防水涂料的性能及安全措施有较全面的了解 (2)施工现场必须具有良好的通风条件，在通风不良的情况下，必须安置临时通风设备 (3)在除锈、铲除污染物以及附着物时，应戴防护眼镜。用磨砂纸时，宜戴上手套 (4)用喷砂除锈，喷嘴接头要牢固。喷嘴堵塞，应停机消除压力后，方可进行修理或更换 (5)使用喷灯，加油不得过满，打气不能过足，点火时火嘴不准对人 (6)热塑涂料加热时，应有专人看管，涂料塑化后入桶、运输和作业过程中，应小心，防止烫伤

续表

项次	项目	安全技术要点
2	涂料防水	(7)手或外露的皮肤应涂抹保护性糊剂,涂刷有害身体的涂料时,须戴防毒口罩、密封式防护眼镜和橡胶手套 (8)对有毒性或污染较严重的涂料尽量采用滚涂或刷涂,少用喷涂,以减少飞沫及气体吸入体内。操作时,应尽量站在上风口 (9)采用喷涂施工时,应严格按照操作程序施工,严格控制空压机压力,喷嘴不准对人。随时注意喷嘴畅通,防止爆管。如遇堵塞,应立即关掉气门,清洗喷嘴 (10)手上或皮肤上粘有涂料时,可用煤油、肥皂、洗衣粉等洗涤,再用温水洗净,不得用有害溶剂清洗 (11)涂料贮存房与建筑物应保持一定的安全距离,料房内严禁烟火,并有明显的标志,配备足够的消防器材 (12)料房内的稀释剂和易燃涂料必须堆放在安全处,不得放在门口和人经常活动的地方 (13)沾染料的棉丝、破布、油纸等废物应收集放入有盖的金属容器内,及时进行处理,不得乱扔 (14)在掺入稀释剂、快干剂时,应禁止烟火,以免引起燃烧 (15)喷涂场地的照明灯应用玻璃罩保护,以防漆雾污染灯泡而引起爆炸 (16)在熬制涂料的现场,应清除周围的易燃物和火源,并配备相应的消防设备。施工完毕,未用完的涂料和稀释剂应及时清理入库
3	密封防水	(1)用刷缝机刷缝时,刷缝机后不得站人,操作人员应小心操作,防止伤人 (2)熬制油膏时,不能让明火接触密封材料,以免着火 (3)施工有毒的密封膏时,要戴口罩 (4)手上或皮肤上粘有密封材料时,不得用有害溶剂洗涤。可用煤油、肥皂、洗衣粉等洗涤,再用温水洗净 (5)饭前必须洗手洗脸,操作有害密封材料时间较长时要淋浴冲洗 (6)施工人员在操作时感到头痛、心悸或恶心时,应立即离开工作地点,到通风处休息 (7)料房与建筑物必须保持一定的安全距离,料房内严禁烟火,配备足够的消防器材 (8)沾有密封材料或有机溶剂的棉丝、破布或防污带等废物应收集存放在有盖的金属器中及时处理,不得乱扔 (9)热施工的密封材料加热时,周围不得存放易燃物,对密封材料加热升温,不能太快 (10)熬制密封材料的火源应离施工现场有一定的距离,热料盛装时,小心被烫。热料不能落入火源,以免着火。密封材料运至施工现场后应存放安全处,施工完毕应做好密封材料回收利用和清理入库工作

15 建筑防腐蚀

15.1 基层要求及处理

基层要求及处理方法 **表 15-1**

基层名称	基层要求	基层处理方法要点
水泥砂浆、混凝土基层	(1)基层必须坚固、密实;强度必须进行检测并应符合设计要求。严禁有地下水渗漏、不均匀沉陷。不得有起砂、脱壳、裂缝、蜂窝麻面等现象 (2)基层必须干燥,在20mm深度内的含水率不应大于6%;当设计对湿度有特殊要求时,应按设计要求进行施工 (3)基层表面应平整,用2m直尺检查,其间隙不应大于4mm(当防腐蚀面层厚度>5mm时)和2mm(当防腐蚀面层厚度<5mm时)。当在基层表面进行块材铺砌施工时,基层的阴阳角应做成直角;进行其他种类防腐蚀施工时,基层的阴阳角应做成45°斜面或圆角(R=30～50mm) (4)基层坡度必须进行检测并应符合设计要求,其允许偏差为坡长的±0.2%。最大偏差值不得大于30mm (5)承重及结构件等重要混凝土浇筑宜采用清水模板一次制成。当采用钢模板时,选用的隔离剂不应污染基层。经过养护的基层表面,不得有白色析出物	(1)基层表面必须洁净。施工前,基层表面处理方法应达到:当采用手工或动力工具打磨时,表面应无水泥渣及疏松的附着物;当采用喷砂或抛丸时,应使基层表面形成均匀粗糙面;当采用研磨机械打磨时,表面应清洁、平整。基层处理后,必须用干净的软毛刷、压缩空气或工业吸尘器清理干净 (2)已被油脂、化学药品污染的基层表面或改建、扩建工程中已被侵蚀的疏松层,应进行表面预处理,预处理方法为: 1)当基层表面被介质侵蚀,呈疏松状,存在高度差时,应采用凿毛机械处理或喷砂处理 2)当基层表面被介质侵蚀又呈疏松状时,应采用喷砂处理 3)被腐蚀介质侵蚀的疏松基层,必须凿除干净,采用对混凝土无潜在危险的相应化学品予以中和,再用清水反复洗涤 4)被油脂、化学药品污染的表面,可使用洗涤剂、碱液或溶剂等洗涤,也可用火烤、蒸汽吹洗等方法处理,但不得损坏基层 5)不平整及缺陷部分,可采用细石混凝土或聚合物水泥砂浆修补,养护后按新的基层进行处理 (3)凡穿过防腐蚀层的管道、套管、预留孔、预埋件,均应预先埋置或留设 (4)整体防腐蚀构造基层表面不宜做找平处理,当必须进行找平处理时,其做法应为:当采用细石混凝土找平时,强度等级不应低于C20,厚度不应小于30mm;当采用水泥砂浆找平时,应先涂一层混凝土界面处理剂,然后再按设计厚度找平;当施工过程不宜进行上述操作时,可采用树脂砂浆或聚合物水泥砂浆找平。当采用水泥砂浆找平时,表面应压实、抹平,不得拍打,并应进行粗糙化处理
钢结构基层	(1)钢结构表面应平整,施工前应把焊渣、毛刺、铁锈、油污等清除干净 (2)已经处理的钢结构表面,不得再次污染,当受到二次污染时,应再次进行表面处理 (3)经处理的钢结构基层,应及时涂刷底层涂料,间隔时间不应超过5h	(1)钢结构表面的处理方法,可采用喷射或抛射除锈、手工和动力工具除锈、火焰除锈或化学除锈,除锈方法及适用范围见表15-2。各种除锈方法质量等级见表15-3。一般情况下几种除锈方法可相互配合、补充。建筑现场施工的新构配件应采用手工、动力工具或喷射除锈;工厂加工的构配件可采用喷射或抛射除锈、手工和动力工具除锈、化学除锈或火焰除锈;旧构配件可采用手工、动力工具或局部火焰除锈 (2)对污染严重的钢结构和改建、扩建工程中腐蚀严重的钢结构,应进行表面预处理。预处理方法为: 1)被油脂污染的钢结构表面,可采用有机溶剂,热碱液或乳化剂以及烘烤等方法去除油脂 2)被氧化物污染或附着有旧漆层的钢结构表面,可采用铲除、烘烤等方法清理
木质基层	(1)木质基层表面应平整、光滑、无油脂、无尘、无树脂,并将表面的浮灰清除干净 (2)木质基层应干燥,含水率不应大于15%	(1)基层表面被油脂污染时,可先用砂纸磨光,再用汽油等溶剂洗净 (2)凹陷及细小裂缝和毛刺、脂囊清除后,可用耐酸(或碱)腻子嵌实刮平,干燥后用砂纸磨光,并立即打底和做表面层 (3)节疤用底漆点两遍,用腻子抹平

钢结构基层除锈方法 **表 15-2**

名称	处理方法	适用范围
手工和动力工具处理	用砂纸、钢丝刷、刮刀、平头铁锤或废砂轮，或配合风动、电动砂轮、锤、铲等简单手工机具，用人工打、磨、铲的方法，将表面铁锈、残存铸砂或旧漆膜刮擦干净，再用汽油、松香水、丙酮或苯等溶剂揩擦干净	小面积和其他除锈方法达不到的部位处理
机械处理	用喷砂法处理，系用压缩空气带动石英砂(粒径2～5mm)或铁丸(粒径1～1.5mm)通过喷嘴高速喷射于基层面，将铁锈铸砂除净，再用有机溶剂清洗干净。使用压力为0.5～0.7MPa，喷射角为45°～60°，喷射距离为12～15cm，并设防尘装置	大型钢结构表面处理
化学处理	(1)将物件放入50%浓度的稀硫酸中浸泡10～12min，脱去表面氧化层、铁锈，取出用清水洗净、擦干、晾(或烘)干即可 (2)用温度50～70℃、浓度10%～20%的硫酸(或温度30～40℃，浓度10%～15%的盐酸，或浓度5%～10%的硫酸和10%～15%的盐酸混合液)进行酸洗，至表面呈灰白色，取出用水冲洗，然后用20%的石灰乳或5%的碳酸钠溶液中和，再用热水冲洗2～3遍，擦干使其干燥，并迅速涂覆 (3)用化学除锈膏(配方为：硫酸240mL，无水硫酸钠10g，乌洛托品2g，膨润土280g，水600mL)涂覆在金属基层表面，厚度为1～3mm，经20～40min，用水冲洗干净，使其干燥	表面要求不高的钢结构基层处理，适于构件面积和处理量不大的情况下使用

各种除锈方法和质量等级 **表 15-3**

除锈方法	除锈等级	质量要求
喷射或抛射除锈	Sa1 级	钢材表面应无可见的油脂和污垢，并且没有附着不牢的氧化皮、铁锈和油漆涂层等
	Sa2 级	钢材表面应无可见的油脂和污垢，并且氧化皮、铁锈和油漆涂层等附着物已基本清除，其残留物应是牢固可靠的
	Sa2 $\frac{1}{2}$ 级	钢材表面应无可见的油脂、污垢、氧化皮、铁锈和油脂涂层等附着物，任何残留的痕迹应仅是点状或条纹状的轻微色斑
手工和动力工具除锈	St2 级	钢材表面应无可见的油脂和污垢，并且没有附着不牢的氧化皮、铁锈和油漆涂层等
	St3 级	钢材表面应无可见的油脂和污垢，并且没有附着不牢的氧化皮、铁锈和油漆涂层等附着物。除锈等级应比St2更为彻底，底材显露部分的表面应具有金属光泽
化学除锈	Pi 级	钢材表面应无可见的油脂和污垢，酸洗不尽的氧化皮、铁锈和油漆涂层的个别残留点允许用手工或机械方法除去，最终该表面应显露金属原貌，无再度锈蚀

15.2 块材防腐蚀工程施工

块材防腐蚀工程施工方法 **表 15-4**

项次	项目	施工方法要点
1	组成、特点及使用	(1)板块材防腐蚀工程采用各种耐腐蚀胶泥或砂浆为胶结料，铺砌各种耐酸砖板块材 (2)具有一定的耐腐蚀性，能抗冲刷水洗，材料来源广，施工工艺较简单，修补方便，但整体性稍差，不抗冲击 (3)适用于工业与民用建筑做地面、池槽、基础的防腐蚀面层或衬里工程

续表

项次	项目	施工方法要点
2	原材料和制成品的质量要求	常用的耐腐蚀块材有耐酸砖、耐酸耐温砖、天然石材、铸石制品和浸渍石墨材料等 (1)耐酸砖:是从黏土为主体,适当加入矿物、助溶剂等,按一定配方混合成型后经高温烧结而成的无机材料。其主要化学成分为二氧化硅和氧化铝。制品表面呈白色或灰白色,质地致密,孔隙率小,吸水率低,强度高,耐酸腐蚀性能优良,可耐酸、碱、盐类介质的腐蚀,但不耐含氟酸和熔融碱的腐蚀。常用耐酸砖的规格和物理、化学性能分别见表15-5和表15-6 (2)耐酸耐温砖:耐温性能大大提高,其物理、化学性能见表15-7。规格与耐酸砖相同 (3)天然石材:由各种岩石直接加工而成的石材和制品。根据天然石材的化学成分及结构致密程度分为耐酸和耐碱两大类,其中二氧化硅含量高于55%者耐酸,含量越高越耐酸;氧化镁、氧化钙含量越高越耐碱。由于地质状况的差异,同一种石材的氧化硅、氧化铝及氧化铁的含量有较大差异,有些石材虽然二氧化硅含量很高,但由于它结构致密、表现密度大、孔隙率小的优点,也可作耐碱材料使用。要求组织均匀、结构致密,无风化。不得有裂纹或不耐酸的夹层,其物理、力学性能见表15-8,耐化学介质性能见表15-9。各种耐酸碱石材表面的外观质量要求见表15-10 (4)铸石制品:是以辉绿岩、玄武岩等火成天然岩石矿物为主要原料,并适当地混以工业废渣,加入一定的附加剂(如角闪岩、白云岩、萤石等)和结晶剂(如铬铁矿、钛铁矿等),经高温熔化、浇铸、结晶、退火等工序制成的一种非金属耐腐蚀材料(人造石材)。其具有耐磨、耐腐蚀、绝缘和较高的力学性能。铸石的耐酸性能优良,除了氢氟酸、含氟介质、热磷酸、熔融碱外,对各种酸、碱、盐类及各种有机介质都是稳定的,耐蚀性能突出,并可用于100℃以内的稀碱中。铸石制品有平面板、弧面板、管等,其物理、力学性能见表15-11,耐化学介质性能见表15-12 (5)浸渍石墨材料:有天然石墨和人造石墨两种,防腐蚀工程中一般使用人造石墨材料。由于人造石墨在制造过程中挥发物的逸出,使其本身具有多孔性,其孔隙率在30%左右,所以使用时均以各种浸渍剂进行浸渍,以增加其致密性,常用的浸渍剂有酚醛树脂、环氧乙烯基酯树脂、呋喃树脂、水玻璃、聚四氟乙烯乳液等。浸渍石墨材料具有优良的导热性、耐腐蚀性、耐磨性,并且热膨胀系数很小。其物理、力学性能见表15-13 (6)耐腐蚀胶泥和砂浆:根据腐蚀介质及设计要求而定,一般常用的有水玻璃胶泥和砂浆、树脂胶泥和砂浆、沥青胶泥和砂浆、聚合物水泥砂浆等,其技术要求及配合比、配制方法分别见本章有关小节
3	块材铺砌	(1)块材使用前应经挑选,并应洗净,干燥后备用 (2)块材加工可用机械切割、烧割、电割以及人工手锤分次敲击等方法 (3)块材铺砌前,首先试排、编号。铺砌时拉线控制标高、坡度、平整度。铺砌顺序应先里后外,由低往高,先地坑、地沟,后地面、踢脚板或墙裙 (4)平面铺砌块材应避免出现十字通缝和上下层通缝;立面铺砌块材时,可留置水平或垂直通缝。铺砌平面和立面交角时,阴角处立面块材压住平面块材;阳角处平面块材应盖住立面块材;两层或多层铺砌块材时,平面或立面交角处应交错铺砌,并避免出现重叠缝 (5)铺砌操作方法,随所用胶泥块材大小而异,其常用揉挤法,挤缝法,坐浆灌注法等工艺,操作方法及适用范围见表15-14。各种胶泥铺砌块材结合层厚度、灰缝宽度及勾缝尺寸应符合本章有关小节的规定 (6)采用树脂胶泥灌缝或勾缝的块材面层,铺砌时应随时刮除缝内多余的胶泥或砂浆;勾缝前,应将灰缝清理干净
4	质量要求	(1)耐酸砖、耐酸耐温砖及天然石材等的品种、规格和性能应满足设计要求或国家现行有关标准的要求 (2)铺砌块材的各种胶泥或砂浆的原材料及制成品的质量要求,配合比及铺砌块材的要求等,应符合《建筑防腐蚀工程施工质量验收规范》(GB 50224—2010)有关章节的规定 (3)块材面层应完整无缺,结合层及灰缝应饱满密实,粘结牢固,不得有疏松、裂纹和起鼓等现象。灰缝表面应平整,结合层和灰缝尺寸符合本章有关小节的规定 (4)块材表面平整度,用2m直尺检查:耐酸砖、耐酸耐温砖、铸石板面层不超过4mm;机械切割天然石材的面层(厚度≤30mm)不超过4mm;人工加工或机械刨光天然石材的面层(厚度>30mm)不超过6mm (5)块材面层相邻块材之间的高差:耐酸砖、耐酸耐温砖、铸石板面层不超过1mm;机械切割天然石材的面层(厚度≤30mm)不超过2mm;人工加工或机械刨光天然石材的面层(厚度>30mm)不超过3mm (6)块材地面坡度应符合设计要求,允许偏差为坡长的±0.2%,最大偏差值不得大于30mm;做泼水试验时,水能顺利排除

常用耐酸砖规格（mm）　表 15-5

耐酸砖类别	外形尺寸(长×宽×厚)	耐酸砖类别	外形尺寸(长×宽×厚)
标型砖	230×113×65；230×113×55	楔形砖	230×113×45/65
普型砖	230×113×75；210×100×60；200×100×50；200×50×30	耐酸薄砖	200×100×20；180×110×20；180×80×20；180×75×20；150×150×20；110×75×20；200×200×20；100×100×20
楔形砖	230×113×55/65；230×113×60/65；230×113×45/55；230×113×45/65；230×113×25/65；230×113×25/75		

耐酸砖的物理、化学性能　表 15-6

项　目	性　能		
	1类	2类	3类
吸水率 A(%)	$0.2\leqslant A<0.5$	$0.5\leqslant A<2.0$	$2.0\leqslant A<4.0$
弯曲强度(MPa)	≥39.2	≥29.8	≥19.6
耐酸度(%)	≥99.8	≥99.8	≥99.8
耐急冷急热性(℃)	温差100	温差130	温差150
	试验一次后，试样不得有裂纹、剥落等破损现象		

耐酸耐温砖的物理、化学性能　表 15-7

项　目	性　能		项　目	性　能	
	NSW 1类	NSW 2类		NSW 1类	NSW 2类
吸水率(%)	≤5	5～8	耐急冷急热性(℃)	温差200	温差250
耐酸度(%)	≥99.7	≥99.7		试验一次后，试样不得有新裂纹和破损剥落	
压缩强度(MPa)	≥80	≥60			

天然耐酸石材物理、力学性能　表 15-8

项次	项　目	性能		项次	项　目	性能	
		花岗石	安山岩			花岗石	安山岩
1	密度(g/cm^3)	2.5～2.7	2.7	4	吸水率(%)	<1	<1
2	抗压强度(MPa)	>88.3	196	5	耐酸度(%)	>96	>98
3	抗弯强度(MPa)	—	39.2	6	热稳定性	—	600℃合格

天然耐酸石材的耐化学介质性能　表 15-9

项次	项　目	评　定		项次	项　目	评　定	
		花岗石	安山岩			花岗石	安山岩
1	98%硫酸	耐	耐	4	氢氟酸	不耐	不耐
2	96%盐酸	耐	耐	5	碱类	不耐	不耐
3	磷酸	不耐(高温)	—	6	有机物	耐	耐

各种耐酸碱石材表面的外观质量要求　表 15-10

名称		质量要求	用途
豆光面	粗豆光	要求边、角、面基本上平整，以便坐浆灌缝，表面凿间距在12～15mm，凹凸高低相差不超过5mm	用于底层地面
	细豆光	要求凿点细密、均匀、整齐、平直，凿点间距在6mm左右，表面平坦度在300mm直尺下，低凹处不超过5mm，从正面直观不得有凹窟，其面、边、角平直方整；不能有掉棱缺角和扭曲	用于楼、地面的正面和侧面

续表

名称	质量要求	用途
剁斧面	细剁斧加工，表面粗糙，具有规则的条状斧纹，平整度允许公差 2.0mm	用于楼、地面的正面
机刨面	经机械加工，表面平整，有相互平行的机械刨纹，平整度允许公差 2.0mm	用于楼、地面的正面

注：耐酸碱石材采用手工加工时，正面和侧面的表面加工要求为细豆光，其允许偏差为不超过 5mm，背面为中豆光，其允许偏差为不超过 8mm。规格一般为 600mm×400mm×（80～100mm）和 400mm×300mm×（50～60mm）；采用机械切割和机械刨光时，其表面允许偏差为不超过 4mm，规格一般为 300mm×200mm×（20～30mm）。

铸石制品的物理、力学性能 **表 15-11**

项　　目	性能指标	项　　目	性能指标
耐急冷急热性能	水浴法 20～70℃ 反复一次(50/14)	磨损度(g/cm^2)	<0.09(通用型)
	水浴法 25～200℃ 反复一次(50/19)		<0.12(通用异型)
密度(g/cm^3)	2.9～3.0	抗弯强度(MPa)	49～73.5
抗压强度(MPa)	196～294	抗冲击强度(MPa)	8.14
抗拉强度(MPa)	39.2	耐磨系数(g/cm^2)	0.36

注：1.（50/14）表示抽取 50 块样品，不合格品不超过 14 块，则该指标合格。
2.（50/19）表示抽取 50 块样品，不合格品不超过 19 块，则该指标合格。

铸石制品的耐化学介质性能 **表 15-12**

化学介质	浓度(%)	耐酸度(%)	化学介质	浓度(%)	耐酸度(%)
硫酸	95～98	≥99	硝酸	97	>99
硫酸	20	≥98	磷酸	浓	>90
盐酸	30	>98	醋酸	浓	>99

各类浸渍石墨板的物理、力学性能 **表 15-13**

项　　目	酚醛浸渍	呋喃浸渍	水玻璃浸渍
密度(g/cm^3)	1.8～1.9	1.8	—
抗压强度(MPa)	58.8～68.6	49.0～58.8	40.67
抗拉强度(MPa)	7.35～9.81	7.85～9.81	4.90
抗弯强度(MPa)	23.5～27.5	23.5	—
抗冲击强度(MPa)	0.276～0.314	—	—
热导率[W/(m·R)]	116～128	116～128	—
线膨胀系数(10^{-6}/K)	55	—	—
水压试验(MPa)	0.588 不透	0.588 不透	0.294 不透
最高使用温度(℃)	180	200	450
长期使用温度(℃)	−30～+120	−30～+180	−30～+420

块材铺砌工艺及适用范围 **表 15-14**

项次	项目	操作方法	适用范围
1	揉挤法	铺砌时，砌筑的基体表面按 1/2 结合层厚度涂抹胶泥；然后在块材铺砌面涂抹胶泥，分两次进行，第一次用力薄薄打一层，要求打满，厚薄均匀，第二次再按结合层厚度略厚 2mm 的要求，满打一层，打灰应由一端向另一端用力打过去，不要来回刮，以免胶泥卷起裹入空气形成气泡。然后将块材按压在应铺砌位置，用力揉挤，使块材间及块材与基层间的缝隙充满胶泥。揉挤时只能用手挤压，不得用木槌敲打，挤出的胶泥应及时用刮刀刮去，并应保证结合层的厚度与砖缝宽度	用于耐酸砖、耐酸耐温砖等人工生产的块材及厚度小于 30mm 的天然石材的铺砌。特点是块材体积小、重量轻、表面平整，通常用胶泥作为铺砌材料

续表

项次	项目	操作方法	适用范围
2	挤缝法	在砌筑的基体表面上，随铺抹胶泥，随铺筑块材。胶泥的铺抹厚度，应按结合层厚度要求增厚2～3mm，铺砌时应斜向推挤块材，把胶泥挤入缝内，灰缝应挤严灌满，挤出的胶泥及时刮去	用于耐酸砖、耐酸耐温砖及厚度小于30mm的天然石材。特点是体积小、重量轻，表面平整。通常用胶泥作为铺砌材料
3	坐浆灌(勾)缝法	在砌筑的基体表面上铺设一层耐腐蚀砂浆，厚度大于设计要求结合层厚度的1/2，然后将块材轻轻放下，找正压平，并将缝清理干净，在铺砌块材时，用按灰缝宽度要求备好的木条或聚氯乙烯塑料条预留出缝隙，待铺砌的胶泥初凝后，将木条或聚氯乙烯塑料条取出，用抿灰刀修缝，保证缝底平整、缝内无灰尘油垢等，然后在缝内涂一遍打底料，待其干燥后，用胶泥进行灌(勾)缝，灌(勾)缝要分次进行，缝应密实，不得有空隙、气泡，灰缝表面平整光滑	适用于厚度大于30mm的天然石材等块材砌筑工艺。特点是块材面积较大，重量大，表面平整性一般，无法采用胶泥作为结合层。通常采用耐腐蚀砂浆作为结合层材料，胶泥作为灌缝或勾缝材料
4	灌注法	铺砌块材时，用按灰缝宽度要求备好的木条或聚氯乙烯条预留出缝隙，采用石英质碎石将块材铺平整，将木条或聚氯乙烯条取出，然后用人工灌注或机械注射胶泥或砂浆，充入块材结合层和灰缝，待胶泥或砂浆初凝后，用抿灰刀修缝，使灰缝饱满密实，无空隙、气泡，灰缝表面平整光滑	适用于厚度大于60mm、面积很大的人工开凿出的天然石材等块材，特点是面积和重量均很大，表面平整性一般，移动十分困难，无法采用胶泥或铺砌砂浆材料砌筑，因此采用灌注工艺

15.3 水玻璃类防腐蚀工程施工

15.3.1 原材料和制成品的质量要求及制成品的配制

原材料和制成品的质量要求及制成品的配制方法　　表15-15

项次	项目	要点
1	原材料和制成品的质量要求	(1)水玻璃： 钠水玻璃外观应为无色或略带色的透明或半透明黏稠液体；钾水玻璃外观为白色或灰白色黏稠液体。水玻璃的质量要求应符合表15-16的规定 (2)固化剂： 钠水玻璃用固化剂为氟硅酸钠，其外观为白、浅灰或浅黄色粉末，其质量应符合表15-17的要求。 钾水玻璃用固化剂为缩合磷酸铝，宜掺入钾水玻璃胶泥、砂浆、混凝土内 (3)钠水玻璃材料和钾水玻璃材料的粉料、粗细骨料的质量： 1)粉料：常用的为铸石粉、石英粉、安山岩粉等，其质量应符合表15-18的规定 2)粗细骨料：粗骨料常用的为石英石、花岗石等；细骨料常用石英砂。粗细骨料的质量应符合表15-19的规定 (4)钾水玻璃胶泥、砂浆、混凝土混合料的质量： 1)钾水璃璃胶泥混合料的含水率不应大于0.5%，细度要求为通过0.45mm筛孔筛余量不应大于5%，通过0.16mm筛孔筛余量宜为30%～50% 2)钾水玻璃砂浆混合料的含水率不应大于0.5%，细度宜符合表15-20的规定 3)钾水玻璃混凝土混合料的含水率不应大于0.5%，粗骨料的最大粒径不应大于结构截面最小尺寸的1/4；用做整体地面面层时，不应大于面层厚度的1/3 (5)水玻璃制成品的质量： 1)钠水玻璃制成品的质量应符合表15-21的规定 2)钾水玻璃制成品的质量应符合表15-22的规定

续表

项次	项目	要点
2	水玻璃制成品的施工配合比及配制方法	(1)钠水玻璃类材料的施工配合比及配制方法： 1)钠水玻璃类材料的施工配合比见表15-23 2)钠水玻璃胶泥稠度为30～36mm；水玻璃砂浆圆锥沉入度：当用于铺砌块材时，宜为30～40mm；当用于抹压平面时，宜为30～35mm；当用于抹压立面时，宜为40～60mm。钠水玻璃混凝土的坍落度：当机械捣实时，不应大于25mm；当人工捣实时，不应大于30mm 3)混合料的空隙率：钠水玻璃砂浆的混合料，不应大于25%；钠水玻璃混凝土的混合料，不应大于22% 4)钠水玻璃胶泥、砂浆的配制： ①机械搅拌：先将粉料、细骨料与固化剂加入搅拌机内干拌均匀，然后加入钠水玻璃湿拌，湿拌时间不少于2min；当配制钠水玻璃胶泥时，不加细骨料 ②人工搅拌：先将粉料与固化剂氟硅酸钠混合过筛两遍后，加入细骨料干拌均匀，然后逐渐加入钠水玻璃湿拌均匀；当配制钠水玻璃胶泥时，不加细骨料 ③当配制密实型钠水玻璃胶泥或砂浆时，可将钠水玻璃与外加剂糠醇单体一起加入，湿拌直至均匀 5)钠水玻璃混凝土的配制： ①机械搅拌：应采用强制式混凝土搅拌机，将细骨料、已混匀的粉料和固化剂、粗骨料加入搅拌机内干拌均匀，然后加入钠水玻璃湿拌均匀 ②人工搅拌：应先将粉料和固化剂混合，过筛后，加入细骨料、粗骨料干拌均匀，最后加入钠水玻璃，湿拌不宜少于3次，直至均匀 ③当配制密实型钠水玻璃混凝土时，可将钠水玻璃与外加剂糠醇单体一起加入，湿拌直至均匀 (2)钾水玻璃类材料的施工配合比及配制方法： 1)钾水玻璃类材料的施工配合比见表15-24 2)钾水玻璃胶泥的稠度宜为30～35mm；钾水玻璃砂浆的圆锥沉入度：当用于铺砌块材料时，宜为30～40mm；当用于抹压平面时，宜为30～35mm；当用于抹压立面时，宜为40～45mm；钾水玻璃混凝土的坍落度宜为25～30mm 3)配制钾水玻璃材料时，先将钾水玻璃混合料干拌均匀，然后加入钾水玻璃搅拌，直至均匀 (3)拌制好的水玻璃胶泥、水玻璃砂浆、水玻璃混凝土内严禁加入任何物料，并必须在初凝前用完。每次拌制量不宜过多，胶泥或砂浆一般每次以3kg为宜
3	质量控制	(1)水玻璃类防腐蚀工程所用的钠水玻璃、钾水玻璃、氟硅酸钠、缩合磷酸铝、粉料和粗细骨料等原材料应有产品出厂合格证、材料检测报告，以及进场后的抽样复验报告，其质量应符合设计要求或国家现行有关标准的规定 (2)水玻璃类材料的施工配合比应由试验室提供并经现场试配后确定；配制时应计量准确，投料顺序符合要求 (3)水玻璃胶泥、水玻璃砂浆及混凝土等制成品，现场应按规定制作试件，并与工程同条件养护和酸化处理，其试件的检测报告中的物理、力学性能及耐化学性能必须符合设计要求或国家现行有关标准的规定

水玻璃的质量 **表15-16**

项次	项目	质量指标	
		钠水玻璃	钾水玻璃
1	模数	2.60～3.00	2.60～2.90
2	密度(g/cm^3)	1.38～1.42	1.40～1.45
3	氧化钠(%)	≥10.20	—
4	二氧化硅(%)	≥25.70	25.00～29.00

注：1. 液体内不得混入油类或杂物，必要时使用前应过滤。
2. 施工用钠水玻璃的密度（20℃，g/cm^3）：当用于胶泥时为1.40～1.43；当用于砂浆时为1.40～1.42；当用于混凝土时为1.38～1.42。
3. 水玻璃模数或密度如不符合本表要求时，可按表15-25进行调整。
4. 采用密实型钾水玻璃材质时，其质量应采用中上限。

氟硅酸钠的质量　表 15-17

项　次	项　目		质量指标
1	纯度(%)	不小于	98
2	含水率(%)	不大于	1
3	细度(0.15mm 筛孔)		全部通过

注：受潮结块时，应在不高于 100℃的温度下烘干并研细过筛后使用。

粉料的质量　表 15-18

项　次	项　目			质量指标
1	耐酸度(%)		不小于	95
2	含水率(%)		不大于	0.5
3	细度	0.15mm 筛孔筛余量(%)	不大于	5
		0.09mm 筛孔筛余量(%)		10～30

注：石英粉因粒度过细，收缩率大，易产生裂纹，故不宜单独使用，可与等量的铸石粉混合使用。

粗细骨料的质量　表 15-19

项次	项　目		质量指标						
			细骨料				粗骨料		
1	颗粒级配	筛孔(mm)	5	1.25	0.315	0.16	最大粒径	1/2 最大粒径	5
		累计筛余量(%)	0～10	20～55	70～95	95～100	0～5	30～60	90～100
2	耐酸度(%)		≥95				≥95		
3	含水率(%)		≤0.5				≤0.5		
4	吸水率(%)						≤1.5		
5	含泥量(%)		1(用天然砂时)				不允许		
6	浸酸安定性						合格		

注：水玻璃砂浆用细骨料，粒径不应大于 1.25mm；粗骨料最大粒径，不应大于结构最小尺寸的 1/4。

钾水玻璃砂浆混合料的细度　表 15-20

项　次	最大粒径(mm)	筛余量(%)	
		最大粒径的筛	0.16mm 的筛
1	1.25	0～5	60～65
2	2.50	0～5	63～68
3	5.00	0～5	67～72

钠水玻璃制成品的质量　表 15-21

项　目	密实型		普通型		
	砂浆	混凝土	胶泥	砂浆	混凝土
初凝时间(min)	—	—	≥45	—	—
终凝时间(h)	—	—	≤12	—	—
抗压强度(MPa)	≥20	≥25	—	≥15	≥20
抗拉强度(MPa)	—	—	≥2.5	—	—
与耐酸砖粘结强度(MPa)	—	—	≥1.0	—	—
抗渗等级(MPa)	≥1.2	≥1.2	—	—	—
吸水率(%)	—	—	≤15	—	—
浸酸安定性	合格	合格	—	合格	合格

钾水玻璃制成品的质量 表 15-22

项次	项目		密实型			普通型		
			胶泥	砂浆	混凝土	胶泥	砂浆	混凝土
1	初凝时间(min)		≥45	—	—	≥45	—	—
2	终凝时间(h)		≤15	—	—	≤15	—	—
3	抗压强度(MPa)		—	≥25	≥25	—	≥20	≥20
4	抗拉强度(MPa)		≥3	≥3	—	≥2.5	≥2.5	—
5	与耐酸砖粘结强度(MPa)		≥1.2	≥1.2	—	≥1.2	≥1.2	—
6	抗渗等级(MPa)		≥1.2	≥1.2	≥1.2	—	—	—
7	吸水率(%)		—			≤10		
8	浸酸安定性		合格			合格		
9	耐热极限温度(%)	100～300	—			合格		
		300～900	—			合格		

注：1. 表中砂浆抗拉强度和粘结强度，仅用于最大粒径 1.25mm 的钾水玻璃砂浆。
　　2. 表中耐热极限温度，宜用于有耐热要求的防腐蚀工程。

钠水玻璃类材料的施工配合比（重量比） 表 15-23

材料名称			钠水玻璃	氟硅酸钠	粉料骨料				糠醇单体
					铸石粉	铸石粉：石英粉＝1：1	细骨料	粗骨料	
钠水玻璃胶泥	普通型	1	100	15～18	250～270	—	—	—	—
		2	100	15～18	—	220～240	—	—	—
	密实型		100	15～18	250～270	—	—	—	3～5
钠水玻璃砂浆	普通型	1	100	15～17	200～220	—	250～270	—	—
		2	100	15～17	—	200～220	250～260	—	—
	密实型		100	15～17	200～220	—	250～270	—	3～5
钠水玻璃混凝土	普通型	1	100	15～16	200～220	—	230	320	—
		2	100	15～16	—	180～200	240～250	320～330	—
	密实型		100	15～16	180	—	250	320	3～5

注：氟硅酸钠用量计算公式：$G=1.5\times N_1/N_2\times 100$。
式中 G——氟硅酸钢用量占钠水玻璃用量的百分数；
　　N_1——钠水玻璃中含氧化钠的百分率（%）；
　　N_2——氟硅酸钠的纯度（%）。

钾水玻璃材料的施工配合比 表 15-24

材料名称	混合料最大粒径(mm)	配合比(重量比)			
		钾水玻璃	钾水玻璃胶泥混合料	钾水玻璃砂浆混合料	钾水玻璃混凝土混合料
钾水玻璃胶泥	0.45	100	220～270	—	—
钾水玻璃砂浆	1.25	100	—	300～390	—
	2.50	100	—	330～420	—
	5.00	100	—	390～500	—
钾水玻璃混凝土	12.50	100	—	—	450～600
	25.00	100	—	—	560～750
	40.00	100	—	—	680～810

注：1. 混合料包含有钾水玻璃的固化剂和其他外加剂。
　　2. 普通型钾水玻璃材料应采用普通型的混合料；密实型钾水玻璃材料应采用密实型的混合料。

水玻璃模数和密度调整方法　表 15-25

项次	项目	计算公式	符号意义
1	模数计算	(1)钠水玻璃模数应按下式计算： $M=S/N\times1.032$ (2)钾水玻璃模数应按下式计算： $M=S/K\times1.570$	M——钠(钾)水玻璃模数； S——钠(钾)水玻璃中二氧化硅重量百分含量(%)； N——钠水玻璃中氧化钠重量百分含量(%)； K——钾水玻璃中氧化钾重量百分含量(%)
2	钠水玻璃模数调整计算	(1)钠水玻璃模数过低(小于2.6)时，可加入高模数的钠水玻璃进行模数调整。调整时，将两种模数的钠水玻璃在常温下混合，并不断搅拌直至均匀 加入高模数的钠水玻璃重量按下式计算： $G=\frac{(M_2-M_1)G_1}{M-M_2}\,\frac{N_1}{N}$ (2)钠水玻璃模数过高（大于2.9）时，可加入低模数的钠水玻璃进行调整。调整方法同上	G——加入高模数的钠水玻璃的重量（g）； G_1——低模数钠水玻璃的重量（g）； M——加入高模数的钠水玻璃的模数； M_1——低模数钠水玻璃的模数； M_2——要求的钠水玻璃模数； N_1——低模数钠水玻璃中氧化钠含量（%）； N——高模数钠水玻璃中氧化钠含量（%）
3	钾水玻璃模数调整计算	(1)加入硅胶粉将低模数调成高模数。调整时先将磨细硅胶粉以水调成糊状，加入钾水玻璃中，然后逐渐加热溶解。硅胶粉的加入量按下式计算： $G=\frac{M_x-M}{M\times P}\times A\times G_1\times100$	G——低模数钾水玻璃中应加入硅胶粉的重量（kg）； M_x——调整后钾水玻璃的模数； M——低模数钾水玻璃的模数； P——硅胶粉的纯度（%）； A——低模数钾水玻璃中的二氧化硅含量（%）； G_1——低模数钾水玻璃的重量（kg）
		(2)加入氧化钾，将高模数调整为低模数。调整时先将氧化钾配成氢氧化钾溶液，然后加入到高模数的钾水玻璃中，搅拌均匀即可。氧化钾的加入量可按下式计算： $G_k=\frac{M_1-M_x}{M_x\times P}\times B\times G_2\times1.19\times100$	G_k——高模数钾水玻璃中应加入氧化钾的重量（kg）； M_1——高模数钾水玻璃的模数； M_x——调整后钾水玻璃的模数； P——氧化钾的纯度（%）； B——高模数钾水玻璃中氧化钾的含量（%）； G_2——高模数钾水玻璃的重量（kg）； 1.19——氧化钾换算成氢氧化钾的换算系数
		(3)采用高低模数的钾水玻璃相互调整。调整时将两种不同模数的钾水玻璃混合，配制成所需的模数。调整时应按下式计算： $G_h=\frac{M_x-M}{M_1-M_x}\times\frac{N_L}{B}\times G_1$	G_h——应加入高模数钾水玻璃的重量（kg）； M_x——调整后钾水玻璃的模数； M——低模数钾水玻璃的模数； M_1——高模数钾水玻璃的模数； N_L——低模数钾水玻璃的氧化钾含量（%）； B——高模数钾水玻璃中氧化钾的含量（%）； G_1——低模数钾水玻璃的重量（kg）
4	密度调整方法	(1)钠水玻璃密度调整： 1)钠水玻璃密度过小时，可加热脱水，进行调整 2)钠水玻璃密度过大时，可在常温下加水，进行调整； (2)钾水玻璃密度调整： 1)钾水玻璃密度过小时，可采用加热蒸发的方法提高密度 2)钾水玻璃密度过大时，可采用加水稀释的方法降低密度，加水量可按下式计算： $G_W=\frac{D_O-D}{D-1}\times G_O$	G_W——加水量（kg）； D_O——稀释前钾水玻璃的密度（g/cm³）； D——稀释后钾水玻璃的密度（g/cm³）； G_O——稀释前钾水玻璃的重量（kg）

15.3.2　水玻璃类防腐蚀工程施工方法

水玻璃类防腐蚀工程施工方法　表 15-26

项次	项目	施工方法要点
1	种类、特点及使用	(1)水玻璃类防腐蚀工程包括钠水玻璃胶泥、砂浆和钾水玻璃胶泥、砂浆铺砌的块材面层；钾水玻璃砂浆抹压的整体面层；钠水玻璃混凝土和钾水玻璃混凝土浇筑的整体面层、设备基础和构筑物等 (2)水玻璃类防腐蚀材料具有强度高、粘结力强、耐酸性能好、毒性小、材料来源广、成本低等特点。但存在收缩性较大，不耐碱，抗渗、耐水性稍差等缺点 (3)适用工业与民用建筑结构表面铺砌块材面层、抹面、浇筑整体地坪、设备基础、构筑物及坑、池、槽、罐等防腐蚀工程
2	施工方法	(1)水玻璃胶泥、水玻璃砂浆铺砌块材的施工： 1)施工前应将块材和基层或隔离层表面清理干净 2)施工时，块材的结合层厚度和灰缝宽度，应符合表 15-27 的规定 3)铺砌耐酸砖、耐酸耐温砖和厚度不大于 30mm 的天然石材时，宜采用揉挤法；铺砌厚度大于 30mm 的天然石材和钾水玻璃混凝土预制块时，宜采用坐浆灌缝法 4)当在立面铺砌块材时，应防止变形。在水玻璃胶泥或水玻璃砂浆终凝前，一次铺砌的高度以不变形为限，待凝固后再继续施工。当平面铺砌块材时，应防止滑动 (2)密实型钾水玻璃砂浆整体面层的施工： 1)钾水玻璃砂浆整体面层宜分格或分段施工。受液态介质作用的部位应选用密实型钾水玻璃砂浆 2)平面的钾水玻璃砂浆整体面层，宜一次抹压完成；面层厚度不大于 30mm 时，宜选用混合料最大粒径为 2.5mm 的钾水玻璃砂浆；面层厚度大于 30mm 时，宜选用混合料最大粒径为 5mm 的钾水玻璃砂浆 3)立面的钾水玻璃砂浆整体面层，应分层抹压，每层厚度不宜大于 5mm，总厚度应符合设计要求，混合料的最大粒径应为 1.25mm 4)抹压钾水玻璃砂浆时，不宜往返进行，平面应按同一方向抹压平整；立面应由下往上抹压平整。每层抹压后，当表面不粘抹具时，可轻拍轻压，但不得出现褶皱和裂纹 (3)水玻璃混凝土的施工： 1)模板应支撑牢固，拼缝应严密，表面应平整，并应涂隔离剂 2)水玻璃混凝土内的铁件必须除锈，并应涂防腐蚀涂料 3)水玻璃混凝土的浇筑： ①水玻璃混凝土应在初凝前振捣至泛浆排除气泡为止 ②当采用插入式振动器时，每层浇筑厚度不宜大于 200mm，插点间距不应大于作用半径的 1.5 倍，振动器应缓慢拔出，不得留有孔洞。当采用平板振动器和人工捣实时，每层浇筑厚度不应大于 100mm。当浇筑厚度大于上述厚度时，应分层连续浇筑。分层浇筑时，上一层应在下一层初凝以前完成。耐酸贮槽的浇筑必须一次完成，严禁留设施工缝 ③最上层捣实后，表面应在初凝前压实抹平 ④浇筑地面时，应随时控制平整度和坡度 ⑤水玻璃混凝土整体地面应分格施工，分格缝间距不宜大于 3m，缝宽宜为 12～16mm。用于有隔离层地面时，分格缝可用同型号水玻璃砂浆填实；用于无隔离层地面时，分格缝应用弹性防腐蚀胶泥填实 (4)当需要留施工缝时，在继续浇筑前应将该处打毛清理干净，薄涂一层水玻璃胶泥，稍干后再继续浇筑。地面施工缝应留成斜槎 (5)水玻璃混凝土在不同环境温度下的立面拆模时间应符合表 15-28 的规定 (6)承重模板的拆除，应在混凝土的抗压强度达到设计强度的 70%时方可进行。拆模后不得有蜂窝麻面、裂纹等缺陷，当有上述大量缺陷时应返工；少量缺陷时应将该处的混凝土凿除，清理干净，待稍干后用同型号的水玻璃胶泥或水玻璃砂浆进行修补
3	养护及酸化处理	(1)水玻璃类材料的养护期，应符合表 15-29 的规定 (2)水玻璃类材料防腐蚀工程养护后，应采用浓度为 30%～40%硫酸做表面酸化处理，酸化处理至无白色结晶析出时为止。酸化处理次数不宜少于 4 次。每次间隔时间：钠水玻璃材料不应少于 8h；钾水玻璃材料不应少于 4h。每次处理前应清除表面的白色析出物

续表

项次	项目	施工方法要点
4	质量要求	(1)水玻璃材料的面层，应平整光洁，无裂纹和起皱现象。面层应与基层结合牢固，无脱层、起壳等缺陷。块材结合层和灰缝应饱满密实，粘结牢固，无疏松、裂缝和起鼓现象 (2)水玻璃材料整体面层的平整度应采用2m直尺检查，其允许空隙不应大于4mm，其坡度应符合设计要求，允许偏差为坡长的±0.2%，最大偏差值不得大于30mm；做泼水试验时，水应能顺利排除 (3)块材面层的平整度和坡度见15.2节的有关质量要求 (4)对于金属基层，应使用测厚仪测定水玻璃防腐蚀面层的厚度，对于不合格处必须进行修补
5	施工注意事项	(1)水玻璃类防腐蚀工程施工的环境温度，宜为15～30℃，相对湿度不大于80%；当施工的环境温度，钠水玻璃材料低于10℃，钾水玻璃材料低于15℃时，应采取加热保温措施；原材料使用时的温度，钠水玻璃不应低于15℃，钾水玻璃不应低于20℃ (2)水玻璃应防止受冻。受冻的水玻璃必须加热并充分搅拌均匀后方可使用 (3)水玻璃防腐蚀工程在施工及养护期间，严禁与水或水蒸气接触，并应防止早期过快脱水 (4)钾水玻璃材料可直接与细石混凝土、黏土砖砌体或钢铁基层接触，不宜用水泥砂浆找平

结合层厚度和灰缝宽度 **表15-27**

块材种类		结合层厚度(mm)		灰缝宽度(mm)	
		水玻璃胶泥	水玻璃砂浆	水玻璃胶泥	水玻璃砂浆
耐酸砖、耐酸耐温砖	厚度≤30mm	3～5	—	2～3	—
	厚度>30mm	—	5～7(最大粒径1.25mm)	—	4～6(最大粒径1.25mm)
天然石材	厚度≤30mm	5～7(最大粒径1.25mm)	—	3～5	—
	厚度>30mm	—	10～15(最大粒径2.5mm)	—	8～12(最大粒径2.5mm)
钾水玻璃混凝土预制块		—	8～12(最大粒径2.5mm)	—	8～12(最大粒径2.5mm)

水玻璃混凝土的立面拆模时间 **表15-28**

材料名称		拆模时间(d)不少于			
		10～15℃	16～20℃	21～30℃	31～35℃
钠水玻璃混凝土		5	3	2	1
钾水玻璃混凝土	普通型	—	5	4	3
	密实型	—	7	6	5

水玻璃类材料的养护期 **表15-29**

项次	材料名称		养护期(d)不少于			
			10～15℃	16～20℃	21～30℃	31～35℃
1	钠水玻璃材料		12	9	6	3
2	钾水玻璃材料	普通型	—	14	8	4
		密实型	—	28	15	8

15.4　树脂类防腐蚀工程施工

15.4.1　原材料和制成品的质量要求及制成品的配置

原材料和制成品的质量要求及制成品的配制方法　　**表 15-30**

项次	项目	要　点
1	原材料和制成品的质量要求	（1）树脂： 常用的有环氧树脂、环氧乙烯基酯树脂、不饱和聚酯树脂、呋喃树脂和酚醛树脂这五大类，其质量要求分别见表 15-31～表 15-35 （2）固化剂： 1）环氧树脂固化剂常用的为胺类、酸酐类、树脂类化合物等几个品种。其中胺类化合物最为常用，由于乙二胺、间苯二胺、苯二甲胺、聚酰胺、二乙烯三胺等化合物的毒性、气味较大，因此逐步被无毒、低毒的新型固化剂如 T31、C20 等替代。采用这类固化剂对潮湿基层也可固化，常用的固化剂质量要求见表 15-36 2）环氧乙烯基酯树脂和不饱和聚酯树脂常温固化使用的固化剂应包括引发剂和促进剂，质量指标应符合表 15-37 的规定。引发剂和促进剂两者配套使用，但不能直接混合，以免引起爆炸，使用时应先加促进剂，搅拌，再加引发剂，搅拌 3）呋喃树脂的固化剂应为酸性固化剂。糠醇糠醛型树脂采用的是已混入粉料内的氨基磺酸类固化剂。糠酮糠醛树脂使用苯磺酸型固化剂 4）酚醛树脂的固化剂应优先选用低毒的萘磺酸类固化剂，也可选用苯磺酰氯等固化剂 （3）稀释剂： 1）环氧树脂稀释剂宜用丙酮、无水乙醇、环己酮、正丁醇、二甲苯等非活性稀释剂，也可采用正丁基缩水甘油醚、苯基缩水甘油醚、环氧丙烷丁基醚、环氧丙烷苯基醚等活性稀释剂 2）环氧乙烯基酯树脂和不饱和聚酯树脂的稀释剂应为苯乙烯 3）酚醛树脂的稀释剂应为无水乙醇 （4）增韧剂： 1）单纯的环氧树脂固化后较脆，抗冲击强度、抗弯强度及耐热性能较差，常用增韧性、增塑剂来增加树脂的可塑性，提高抗弯、抗冲击强度。常用增韧性的质量要求见表 15-38 2）呋喃树脂的增韧剂常采用环氧树脂和酚醛树脂的增韧剂，即邻苯二甲酸二丁酯、芳烷基醚、桐油钙松香等 3）酚醛树脂的增韧剂常采用桐油钙松香 （5）增强纤维材料（树脂玻璃钢用）： 1）当采用无碱或中碱玻璃纤维增强材料时，其化学成分应符合现行国家标准《玻璃纤维工业用玻璃球》（JC 935—2004）中的规定，其物理机械性能见表 15-39 2）当采用非石蜡乳液型的无捻粗纱玻璃纤维方格平纹布时，厚度宜为 0.2～0.4mm，经纬密度应每平方厘米 4×4～8×8 纱根数 3）当采用玻璃纤维短切毡时，玻璃纤维短切毡的单位重量宜为 300～450g/m^2 4）当采用玻璃纤维表面毡时，玻璃纤维表面毡的单位重量宜为 30～50g/m^2 5）当用于含氢氟酸类介质的防腐蚀工程时，应采用涤纶晶格布或涤纶毡。涤纶晶格布的经纬密度，应为每平方厘米 8×8 纱根数；涤纶毡单位重量宜为 30g/m^2 （6）填充料： 粉料、细骨料、粗骨料、玻璃鳞片统称为填充料，加入适量的填充料可以降低制品成本，改善其性能 1）粉料：常用的为石英粉，此外还有石墨粉、辉绿岩粉、滑石粉、云母粉等，其质量要求见表 15-18。当用于耐氢氟酸类介质应选用硫酸钡粉或石墨粉；当用于碱类介质时不宜选用石英粉；以硫酸乙酯作固化剂的树脂类材料的粉料不宜选用铸石粉；不饱和聚酯树脂类材料的粉料不应选用石墨粉。当使用酸性固化剂时，耐酸度不应小于 98%，无铁质杂质 2）细骨料：树脂砂浆用的细骨料常用石英砂，其耐酸度不应小于 95%，当使用酸性固化剂时不应小于 98%；其含水率不应大于 0.5%；粒径不应大于 2mm。当用于耐氢氟酸类介质时应选用重晶石砂 3）玻璃鳞片：玻璃鳞片胶泥用树脂宜选用乙烯基酯树脂、环氧树脂和不饱和聚酯树脂。树脂的质量应符合表 15-31～表 15-35 的规定。玻璃鳞片宜选用中碱型，片经筛分合格率应大于 92%，其质量应符合表 15-40 的规定 （7）树脂类材料制成品： 树脂类材料制成品包括：树脂胶泥、树脂砂浆、玻璃钢和树脂玻璃鳞片胶泥，其质量应符合表15-41和表15-42的规定

续表

项次	项目	要点
2	树脂类材料的施工配合比及配制方法	(1)环氧树脂类材料的配合比和配制方法: 1)环氧树脂类材料的配合比见表 15-43 2)环氧树脂胶料、胶泥和砂浆的配制方法: ①环氧树脂胶料的配制:将稀释剂及预热到约 40℃左右的环氧树脂,按比例加入容器内,搅拌均匀并冷却至室温待用。使用时称取定量树脂液,加入固化剂搅拌均匀即制成环氧树脂胶料。配制玻璃钢封底料时,可在未加入固化剂前再加一些稀释剂 ②环氧树脂胶的配制:在配制成的树脂胶料中加入粉料,搅拌均匀即成 ③环氧树脂砂浆的配制:在配制成的树脂胶料中加入粉料和细骨料,搅拌均匀即成 ④当有颜色要求,应将色浆或用稀释剂调匀的矿物颜料浆加入到环氧树脂液中,混合均匀 (2)乙烯基酯树脂和不饱和聚酯树脂材料的配合比和配制方法: 1)乙烯基酯树脂和不饱和聚酯树脂材料的配合比见表 15-44 2)乙烯基酯树脂和不饱和聚酯树脂胶料、胶泥或砂浆的配制方法: ① 乙烯基酯树脂和不饱和聚酯树脂胶料的配制:将乙烯基酯树脂或不饱和聚酯树脂按比例称量并加入到容器内,按比例加入促进剂,搅拌均匀,再加入引发剂继续搅拌均匀即成树脂胶料。配制封底料时,可先在树脂中加入稀释剂,再按上述步骤操作 ② 树脂胶泥的配制:在配制成的树脂胶料中加入粉料,搅拌均匀即成。配制罩面层用料时,则应少加或不加粉料。需做彩色面层时,应将色浆或用稀释剂调匀的矿物颜料浆加入到树脂中,混合均匀 ③ 树脂砂浆的配制:在配制成的树脂胶料中,加入按比例已混合均匀的粉料和细骨料混合料,搅拌均匀即成 (3)呋喃树脂胶料、胶泥和砂浆的施工配合比和配制方法: 1)呋喃树脂胶料、胶泥和砂浆的施工配合比,见表 15-45 2)呋喃树脂胶料、胶泥和砂浆的配制: ① 将糠醇糠醛树脂按比例与糠醇糠醛树脂的玻璃钢粉混合,搅拌均匀,制成玻璃钢胶料 ② 将糠醇糠醛树脂按比例与糠醇糠醛树脂的胶泥粉混合,搅拌均匀,制成胶泥料 ③ 将糠醇糠醛树脂按比例与糠醇糠醛树脂的胶泥粉和细骨料混合,搅拌均匀,制成砂浆料 ④ 将糠酮糠醛树脂与苯磺酸盐固化剂混合,搅拌均匀,制成树脂胶料 ⑤ 在配制成的糠酮糠醛树脂胶料中加入粉料,搅拌均匀,制成胶泥料 ⑥ 在制成的糠酮糠醛树脂中加入粉料和细骨料,搅拌均匀,制成砂浆料 (4)酚醛树脂胶料、胶泥的施工配合比和配制方法: 1)酚醛树脂胶料和胶泥的施工配合比见表 15-46 2)酚醛树脂胶料和胶泥的配制方法: ① 称取定量的酚醛树脂,加入稀释剂搅拌均匀,再加入固化剂搅拌均匀,制成树脂胶料 ② 在制成的树脂胶料中,加入粉料搅拌均匀,制成胶泥料。配制胶泥时不宜加入稀释剂 (5)树脂玻璃鳞片胶泥的配制方法: 1)树脂玻璃鳞片胶泥的封底料和面层胶料,应采用与该树脂玻璃鳞片胶泥相同的树脂配制 2)称取定量环氧树脂玻璃鳞片胶泥料,按比例加入环氧树脂固化剂,宜放入真空搅拌机中,在真空度不低于 0.08MPa 的条件下搅拌均匀 3)称取定量乙烯基酯树脂或不饱和聚酯树脂玻璃鳞片胶泥料,按配合比先加入配套的促进剂搅拌均匀,再加入配套的引发剂,宜放入真空搅拌机中,在真空度不低于 0.08MPa 的条件下搅拌均匀 4)当采用已含有促进剂的乙烯基酯树脂或不饱和聚酯树脂玻璃鳞片胶泥料时,应加入配套的引发剂,宜放入真空搅拌机中,在真空度不低于 0.08MPa 的条件下搅拌均匀 (6)配制好的树脂胶料、胶泥料或砂浆料应在初凝期(一般 30~45min)内用完。大部分固化剂与树脂的作用是放热反应,配制量过大不易散热,因此胶液一次配制量不要过多,根据进度要求随配随用
3	质量控制	(1)树脂类防腐蚀工程所用的环氧树脂、环氧乙烯酯树脂、不饱和聚酯树脂、呋喃树脂和酚醛树脂、玻璃纤维增强材料、粉料和细骨料等原材料必须有产品出厂合格证、材料检测报告和进场后抽样复验报告,其质量应符合设计要求或国家现行有关标准的要求 (2)玻璃钢胶料、铺砌块材用的树脂胶泥或树脂砂浆、灌缝用的树脂胶泥、整体面层用的树脂胶泥、树脂砂浆和树脂玻璃磷片胶泥的配合比,应由试验室提供,并经现场试配后确定。配制时计量应准确,投料顺序符合要求 (3)树脂类胶料,胶泥及砂浆等制成品,现场应按规定制作试件,其试件的检测报告中的物理力学性能及耐化学性能必须符合设计要求或现行国家有关标准的规定

环氧树脂的质量 **表 15-31**

项次	项目	EPO1451-310 (E-44)	EPO1551-310 (E-42)	EPO1441-310 (E-51)
1	外观	淡黄色至棕黄色黏厚透明液体		
2	分子量	350～450	430～600	350～400
3	环氧当量(g/Eq)	210～240	230～270	184～200
4	有机氯(当量/100g)	≤0.02	≤0.001	≤0.02
5	无机氯(当量/100g)	≤0.01	≤0.001	≤0.001
6	挥发成分(%)	≤1	≤1	≤2
7	软化点(℃)	12～20	21～27	—

常用环氧乙烯基酯树脂品种的质量 **表 15-32**

项次	项目	丙烯酸双酚A环氧型乙烯基酯树脂	甲基丙烯酸双酚A环氧型乙烯基酯树脂	酚醛环氧型乙烯基酯树脂	阻燃型环氧型乙烯基酯树脂
1	外观	淡黄色透明液体	淡黄色透明液体	淡黄色液体	淡黄色透明液体
2	黏度(Pa·s)(25℃)	0.50±0.5	0.35	0.28±0.08	0.40±0.10
3	含固量(%)	58.0±4.0	苯乙烯 45	63.0±3.0	61.0±3.0
4	拉伸模量(G)	3.5	2.9	3.6	3.4
5	弯曲强度(MPa)	110	148	110	90
6	HDT(℃)	90	99～104	120	108

典型不饱和聚酯树脂品种的质量 **表 15-33**

项次	项目	双酚A型不饱和聚酯树脂	甲苯型不饱和聚酯树脂	双苯型不饱和聚酯树脂	间苯型不饱和聚酯树脂	邻苯型不饱和聚酯树脂
1	外观	淡黄色液体	淡黄色至浅棕色液体	黄色浑浊液体	黄棕色液体	淡黄色透明液体
2	黏度(Pa·s)(25℃)	0.45±0.10	0.32±0.09	0.40±0.10	0.45±0.15	0.40±0.10
3	含固量(%)	62.5±4.5	63.0±3.0	62.0±3.0	63.5±2.5	66.0±2.0
4	酸值(KOH mg/g)	15.0±5.0	15.0±4.0	20.0±4.0	23.0±7.0	25.0±3.0
5	凝胶时间(min)(25℃)	14.0±6.0	10.0±3.0	14.0±4.0	8.5±1.5	6.0±2.0
6	热稳定性(h)(80℃)	≥24	≥24	≥24	≥24	≥24

呋喃树脂的质量 **表 15-34**

项次	项目	指标	
		糠醇糠醛型	糠酮糠醛型
1	固体含量(%)	—	≥42
2	黏度(涂-4黏度计,25℃,s)	20～30	50～80
3	储存期	常温下1年	

酚醛树脂的质量 **表 15-35**

项次	项目	指标
1	游离酚含量(%)	<10
2	游离醛含量(%)	<2
3	含水率(%)	<12
4	黏度(落球黏度计,25℃,s)	45～65
5	储存期	常温下不超过1个月;当采用冷藏法或加入10%的苯甲醇时,不宜超过3个月

环氧树脂常用固化剂的质量　　表 15-36

项次	项　目	T31	C20	乙二胺
1	外观(液体)	透明棕色黏稠	透明浅棕色	无色透明
2	酸值(KOH mg/g)	460～480	＞450	纯度＞90%
3	黏度(Pa·s或s)	1.10～1.30Pa·s	120～400(涂－4)s	含水率＜1%
4	相对密度	1.08～1.09	1.10	—
5	LD50(mg/kg)	7852±1122	1150	620

引发剂和促进剂的质量　　表 15-37

项次	名　称		指　标
1	引发剂	过氧化甲乙酮二甲酯溶液	活性氧含量为8.9%～9.1%；常温下为无色透明液体；过氧化甲乙酮与邻苯二甲酸二丁酯之比为1∶1
		过氧化环己酮二丁酯糊	活性氧含量为5.5%；过氧化环己酮与邻苯二甲酸二丁酯之比为1∶1；常温下为白色糊状物
		过氧化二苯甲酰二丁酯糊	活性氧含量为3.2%～3.3%；过氧化二苯甲酰与邻苯二甲酸二丁酯之比为1∶1；常温下为白色糊状物
2	促进剂	钴盐的苯乙烯液	钴含量≥0.6%；常温下为紫色液体
		N·N-二甲基苯胺苯乙烯液	N·N-二甲基苯胺与苯乙烯之比为1∶9；常温下为棕色透明液体

主要增韧剂的质量　　表 15-38

项次	项　目	邻苯二甲酸二丁酯	芳烷基醚
1	外观	无色透明液体	淡黄至棕色黏性透明液
2	相对密度	1.05	1.06～1.10
3	沸点(℃)	355	(不挥发物≥93%)
4	熔点(℃)	－35	—
5	活性氧含量	—	10%～14%
6	分子量	278.35	400左右
7	黏度(Pa·s)	—	0.15～0.25
8	酸值(KOH mg/g)	—	≤0.15
9	用量(%)	10～20	10～15

无碱无捻和中碱无捻玻璃纤维布的规格及物理机械性能　　表 15-39

制品代号(牌号)	原纱号数×股数(支数×股数)		厚度(mm)	宽度(mm)	重量(g/m^2)	密度(根/cm)	
	经纱	纬纱				经纱	纬纱
EWR200(无碱无捻布－200)	24×7 (41.6/7)	24×5 (41.6/5)	0.23± 0.02	90.0±1.5 100.0±1.5	180±20	6.0±0.5	6.0±0.5
EWR220(无碱无捻布－200)	24×6 (41.6/6)	(24×4)×2 (41.6/4)×2	0.22± 0.02	90.0±1.5 100.0±1.5	200±20	6.0±0.5	5.0±0.5
EWR400(无碱无捻布－400)	24×20 (41.6/20)	(24×10)×2 (41.6/10)×2	0.40± 0.04	90.0±1.5 100.0±1.5	370±40	4.0±0.3	8.5±0.3
CWR240(中碱无捻布－240)	48×3 (20.8/3)	(48/3)×2 (20.8/3)×2	0.240± 1.025	90.0±1.5 100.0±1.5	190±20	6.0±0.5	3.8±0.3
CWR400(中碱无捻布－400)	24×20 (41.6/20)	(24/10)×2 (41.6/10)×2	0.400± 0.040	90.0±1.5 100.10±1.5	370±40	4.0±0.3	3.5±0.3
CWR400(中碱无捻布－400)	48×10 (20.8/100)	(48/6)×2 (20.8/6)×2	0.400± 0.040	90.0±1.5 100.0±1.5	400±40	4.0±0.3	3.5±0.3

中碱玻璃鳞片的质量　　表 15-40

项次	项　目	指　标	项次	项　目	指　标
1	外观	无色透明的薄片，没有结块和混有其他杂质	3	片径(mm)	0.63～2.00
			4	含水率(%)	＜0.05
2	厚度(μm)	＜40	5	耐酸度(%)	＞98

树脂类材料制成品的质量　　表 15-41

项目		环氧树脂	乙烯基酯树脂	不饱和聚酯树脂				呋喃树脂	酚醛树脂
				双酚 A 型	二甲苯型	间苯型	邻苯型		
抗压强度(MPa)	胶泥	≥80	≥80	≥70	≥80	≥80	≥80	≥70	≥70
	砂浆	≥70	≥70	≥70	≥70	≥70	≥70	≥60	—
抗拉强度(MPa)	胶泥	≥9	≥9	≥9	≥9	≥9	≥9	≥6	≥6
	砂浆	≥7	≥7	≥7	≥7	≥7	≥7	≥6	—
	玻璃钢	≥100	≥100	≥100	≥100	≥90	≥90	≥80	≥60
胶泥粘结强度(MPa)	与耐酸砖	≥3.0	≥2.5	≥2.5	≥3.0	≥1.5	≥1.5	≥1.5	≥1.0
	与花岗石	≥2.5	≥2.5	≥2.5	≥2.5	≥2.5	≥2.5	≥1.5	≥2.0
	与水泥基层	≥2.0	≥1.5	≥1.5	≥1.5	≥1.5	≥1.5	—	—
	与钢铁基层	≥1	≥2.0	≥2.0	≥2.0	≥2.0	≥2.0	—	—
收缩率(%)	胶泥	<0.2	<0.8	<0.9	<0.4	<0.9	<0.9	<0.4	<0.5
	砂浆	<0.2	<0.6	<0.7	<0.3	<0.7	<0.7	<0.3	—

树脂玻璃鳞片胶泥制成品的质量　　表 15-42

项　　目		乙烯基酯树脂	环氧树脂	不饱和聚酯树脂
粘结强度(MPa)	水泥基层	≥1.5	≥2.0	≥1.5
	钢材基层	≥2.0	≥1.0	≥2.0
抗渗性(MPa)		≥1.5	≥1.5	≥1.5

环氧类材料的施工配合比（重量比）　　表 15-43

材 料 名 称		环氧树脂	稀释剂	固化剂		矿物颜料	耐酸粉料	石英粉
				低毒固化剂	乙二胺			
封底料		100	40～60	15～20	(6～8)	—	—	—
修补料		100	10～20	15～20	(6～8)	—	150～200	—
树脂胶料	铺衬与面层胶料	100	10～20	15～20	(6～8)	0～2	—	—
	胶料	100	10～20	15～20	(6～8)	—	—	—
胶泥	砌筑或勾缝料	100	10～20	15～20	(6～8)	—	150～200	—
稀胶泥	灌缝或地面面层料	100	10～20	15～20	(6～8)	0～2	150～200	—
砂浆	面层或砌筑料	100	10～200	15～20	(6～8)	0～2	150～200	300～400
	石材灌浆料	100	10～20	15～20	(6～8)	—	150～200	150～200

注：1. 除低毒固化剂和乙二胺之外，还可用其他胺类固化剂，应优先选用低毒固化剂，用量应按供货商提供的比例或经试验确定。
2. 当采用乙二胺时，为降低毒性可将配合比所用乙二胺预先配制成乙二胺丙酮溶液（1∶1）。
3. 当使用活性稀释剂时，固化剂的用量应适当增加，其配合比应按供货商提供的比例或经试验确定。
4. 本表以环氧树脂 EPO1451-310 举例。

环氧乙烯基酯树脂和不饱和聚酯树脂材料的施工配合比（重量比）　　表 15-44

材料名称		树脂	引发剂	促进剂	苯乙烯	矿物颜料	苯乙烯石蜡液	粉料		细骨料	
								耐酸粉	硫酸钡粉	石英砂	重晶石砂
封底料		100	2～4	0.5～4.0	0～15	—	—	—	—	—	—
修补料					—	—	—	200～350	(400—500)	—	—
树脂胶料	铺衬与面层胶料	100	2～4	0.5～4.0	—	0～2	—	0～15	—	—	—
	封面料				—	0～2	3～5	—	—	—	—
	胶料				—	—	—	—	—	—	—
胶泥	砌筑或勾缝料	100	2～4	0.5～4.0	—	—	—	200～300	(250～350)	—	—
稀胶泥	灌缝或地面面层料	100	2～4	0.5～4.0	—	0～2	—	120～200	—	—	—

续表

材料名称		树脂	引发剂	促进剂	苯乙烯	矿物颜料	苯乙烯石蜡液	粉料		细骨料	
								耐酸粉	硫酸钡粉	石英砂	重晶石砂
砂浆	面层或砌筑料	100	2～4	0.5～4.0	—	0～2	—	150～200	(350～400)	300～450	(600～750)
	石材灌浆料	100	2～4	0.5～4.0	—	—	—	120～150	—	150～180	—

注：1. 表中括号内的数据用于含氟类介质工程。
2. 过氧化苯甲酰二丁酯糊引发剂与N，N－二甲基苯胺苯乙烯液促进剂配套；过氧化环已酮二丁酯糊、过氧化甲乙酮引发剂与钴盐（含钴0.6%）的苯乙烯液促进剂配套。
3. 苯乙烯石蜡液的配合比为苯乙烯：石蜡＝100：5；配制时，先将石蜡削成碎片，加入苯乙烯中，用水浴法加热至60℃，待石蜡完全溶解后冷却至常温。苯乙烯石蜡液应使用在最后一遍封面料中。
4. 环氧乙烯酯树脂材料，目前有些已采用预促进技术，促进剂在树脂出厂时加入，施工现场只需加入引发剂即可。

呋喃树脂类材料的施工配合比（重量比）　表15-45

材料名称		糠醇糠醛树脂	糠酮糠醛树脂	糠醇糠醛树脂玻璃钢粉	糠醇糠醛树脂胶泥粉	苯磺酸型固化剂	耐酸粉料	石英砂
封底料		同环氧树脂、乙烯基酯树脂或不饱和聚酯树脂封底料						
修补料		同环氧树脂、乙烯基酯树脂或不饱和聚酯树脂修补料						
树脂胶料	铺衬与面层胶料	100	—	40～50	—	—	—	—
		—	100	—	—	12～18	—	—
胶泥	灌缝料	100	—	—	250～300	—	—	—
		—	100	—	—	12～18	100～150	—
	砌筑或勾缝料	100	—	—	250～400	—	—	—
		—	100	—	—	12～18	200～400	—
砂浆料		100	—	—	250	—	—	250～300
		—	100	—	—	12～18	150～200	350～450

注：糠醇糠醛树脂玻璃钢粉和胶泥粉内已含有酸性固化剂。

酚醛类材料的施工配合比（重量比）　表15-46

材料名称		酚醛树脂	稀释剂	低毒酸性固化剂	苯磺酰氯	耐酸粉料
封底料		同环氧树脂、乙烯基酯树脂或不饱和聚酯树脂封底料				
修补料		同环氧树脂、乙烯基酯树脂或不饱和聚酯树脂修补料				
树脂胶料	铺衬与面层胶料	100	0～15	6～10	(8～10)	—
胶泥	砌筑与勾缝料	100	0～15	6～10	(8～10)	150～200
稀胶泥	灌缝料	100	0～15	6～10	(8～10)	100～150

15.4.2　树脂类防腐蚀工程施工方法

树脂类防腐蚀工程施工方法　表15-47

项次	项目	施工方法要点
1	种类、特性及使用	(1)树脂防腐蚀所用树脂包括环氧树脂、环氧乙烯基酯树旨、不饱和聚酯树脂、呋喃树脂和酚醛树脂。树脂类防腐蚀工程包括树脂胶料铺衬的玻璃钢整体面层和隔离层，树脂胶泥、砂浆铺砌的块材面层和树脂胶泥灌缝与勾缝的块材面层，采用树脂砂浆、稀胶泥、玻璃鳞片胶泥制作的整体面层等 (2)树脂类材料的特点是耐腐蚀性、抗水性、绝缘性好，强度高，附着力强；玻璃钢具有重量轻（相当钢铁的1/5～1/4），整体性、密实性好，耐温、粘结性优良，加工成型容易等特点，但存在抗冲击性较差，操作技术要求高，价格较昂贵等问题 (3)适用于工业与民用建筑结构表面铺衬玻璃钢整体面层、隔离层；铺砌块材面层，制作楼地面、墙裙、基础、沟道、贮槽等单一式复合的整体面层等防腐蚀工程

续表

项次	项目	施工方法要点
2	树脂玻璃钢的施工	玻璃钢施工有手糊法、模压法、喷射法等几种。防腐蚀工程现场施工主要采用手糊法。手糊法分间歇法和连续法两种，应根据施工条件和要求选用，如施工面积大，便于流水作业，防污染的条件较好，宜采用间歇法，否则，宜采用连续法。不饱和聚酯树脂和乙烯酯树脂，宜采用连续法；环氧树脂、酚醛玻璃钢应采用间歇法施工。 (1)手糊法施工工艺为： 1)封底：用毛刷、滚筒蘸封底料在基层上进行二次封底，应自然固化24h以上。封底厚度不应超过0.4mm，不得有漏涂、流挂、气泡等缺陷 2)修补：在基层的凹陷不平处，需用刮刀嵌刮胶泥，予以填平修补，自然固化不宜少于24h。酚醛玻璃钢或呋喃玻璃钢可用环氧树脂或乙烯基酯树脂、不饱和聚酯树脂的胶泥料修补刮平基层 3)粘贴玻璃布：粘贴玻璃布的顺序，一般应与泛水相反，先沟道、孔洞、设备基础等，后地面、墙裙、踢脚。其搭接应顺物流方向，搭接宽度一般不小于50mm，各层搭接缝应互相错开并避开拐角，阴阳角处应增加1～2层玻璃布加强 ①间歇法：用毛刷蘸上胶料纵横各刷一遍后，随即粘贴第一层玻璃布，并用刮板或毛刷将玻璃布贴紧压实，也可用滚子反复滚压使充分渗透胶料，其上再涂一层胶料，待自然固化24h后，再同法粘贴第二层。如此间歇反复铺贴至达到设计规定的层数或厚度。每铺衬一层，均应检查前一层的质量，当有毛刺、脱层和气泡等缺陷时，应进行修补 ②连续法：在基层涂刷衬底料后，随即粘贴第一层玻璃布，贴实后再刷一层衬布料，使胶料浸透玻璃布，随即再贴第二层玻璃布，如此连续铺贴到规定厚度和层数。玻璃布一般采用鱼鳞式搭接法，如图15-1所示，连续法铺贴层数不宜超过4层，立面施工不宜超过3层，如超过该规定层数时，可采用分次连续法施工，即待前一次连续铺衬层固化后，再进行下一次连续铺衬层的施工 4)涂刷面层胶料：一般应在贴完最后一层玻璃布并自然固化后(24h后)涂刷第一遍面层胶料，干燥后再涂第二遍面层胶料。 当树脂玻璃钢用做树脂稀胶泥，树脂砂浆、水玻璃混凝土的整体面层或块材面层的隔离层时，在铺完最后一层布后，应涂刷一层面层胶料，同时应均匀稀撒一层粒径为0.7～1.2mm的细骨料 (2)喷射法适用池、槽等衬里，也适用于隔离层。效率高、防腐蚀层均匀密实，防腐效果好，其主要施工工艺为： 1)加有促进剂的树脂和引发剂(固化剂)分别由喷枪上两个喷嘴喷出，与其协同动作的切割器将连续玻璃纤维切割成短纤维，由喷枪的第三个喷嘴同时均匀地喷射到基层表面，然后用小磙压实，经固化而成制品 2)喷射时三种成分的喷出物应积聚在枪口外300～500mm的成型面上。喷嘴应对准被喷射的表面，先开启两个组分的树脂开关，在基层表面喷一层树脂，然后开启切割器，开始喷射纤维和树脂混合物。喷射时，注意喷枪匀速移动，不要留有空缺，每次喷层(指松散的树脂纤维层)厚度控制在1.0mm左右 3)喷射工艺操作是在常温常压下进行，其适宜温度为25℃±5℃，如温度过高，树脂胶料固化太快，会引起喷射系统阻塞，温度过低，树脂胶料过黏，混合不均，难以喷出 4)喷射成型后的工序(固化、后处理涂面层等)同手糊法
3	树脂胶泥、砂浆铺砌块材和树脂胶泥灌缝与勾缝施工	(1)铺砌块材： 1)在水泥砂浆、混凝土和金属基层上必须先涂刷一层封底料。待固化后方可进行块材铺砌。 当基层上有玻璃钢隔离层时，宜涂刷一遍与衬砌用树脂相应的胶泥，然后进行块材铺砌 2)块材结合层厚度、灰缝宽度和灌缝或勾缝的尺寸，均应符合表15-48的规定 3)耐酸砖和厚度不大于30mm的石材的铺砌，宜采用树脂胶泥揉挤法施工。铺砌时，先将胶泥按1/2结合层厚度铺在基层上或已砌好的前一块砖上，随即将满刮胶泥的块材用力揉挤铺上，找正，并用刮刀刮去缝内挤出的胶泥，残留渍斑用丙酮擦净，揉挤时避免敲打 4)平面上铺砌厚度大于30mm的石材，宜采用树脂砂浆坐浆、树脂胶泥灌缝法施工。铺砌时，先在基层上铺一层树脂砂浆或胶泥，厚度大于设计的结合层厚度的1/2，然后将块材找正位置轻轻放下，找正压平，并将缝清理干净，待勾(灌)缝施工。厚度大于60mm的石材，宜采用树脂胶泥成树脂砂浆灌注法施工 5)立面上铺砌厚度大于30mm的石材，宜采用树脂胶泥或砂浆砌筑定位，其结合层应采用树脂胶泥灌缝施工。连续铺砌高度，应与树脂胶泥的固化时间相适应，以防砌体变形 (2)块材灌缝与勾缝： 1)树脂胶泥灌缝、勾缝，必须待铺砌胶泥、砂浆固化后进行 2)块材勾缝：在铺砌块材时，用木条预留缝隙，待铺砌的胶泥初凝后，将木条取出，用抿灰刀修缝，保证缝底平整，缝内无灰尘、油垢等，然后在缝内涂一遍环氧树脂或不饱和聚酯树脂封底料，待其干燥后再勾缝。勾缝胶泥要饱满密实，不得有空隙、气泡，表面要平整光滑 3)灌缝时，宜分次进行，缝应密实，表面应平整光滑

续表

项次	项目	施工方法要点
4	树脂稀胶泥、树脂砂浆、树脂玻璃鳞片胶泥整体面层的施工	(1)树脂稀胶泥整体面层的施工： 1)当基层上无玻璃钢隔离层时，在基层上应均匀涂刷封底料，固化后再用树脂胶泥修补基层的凹陷不平处；当基层上有玻璃钢隔离层时，在玻璃钢隔离层上应均匀涂刷一遍树脂胶料 2)将树脂稀胶泥摊铺在基层表面，并按设计要求厚度刮平 3)当采用乙烯基酯树脂或不饱和聚酯树脂稀胶泥面层时，应采用相同的树脂胶料封面 (2)树脂玻璃鳞片胶泥整体面层的施工： 1)在基层上应均匀涂刷封底料两遍，方向互相垂直，固化后用树脂胶泥修补基层的凹陷不平处 2)将树脂玻璃鳞片胶泥摊铺在基层上，并用抹刀单向均匀地涂抹，每层厚度不宜大于1.0mm，层间涂抹间隔时间宜为12～24h，以便自然固化。胶泥每次涂抹后，在初凝前应及时滚压至光滑均匀为止 3)同一层面涂抹的端部界面连接，不得采用对接方式，必须采用搭接方式，每一施工层应有不同颜色，以便发现漏涂 4)施工过程中，表面应保持洁净，若有流淌痕迹、滴料或凸起物，应打磨平整 5)当采用乙烯基酯树脂或不饱和聚酯树脂玻璃鳞片胶泥面层时，应采用相同树脂胶料封面 (3)树脂砂浆整体面层的施工： 1)当基层上无玻璃钢隔离层时，先在基层上均匀涂刷封底料，固化后用树脂胶泥修补基层的凹陷不平处，然后再涂刷一遍封底料，并均匀稀撒一层粒径0.7～1.2mm的细骨料，待固化后进行树脂砂浆施工；当基层上有玻璃钢隔离层时，可直接进行树脂砂浆施工 2)树脂砂浆摊铺前应在施工面上先涂刷一遍树脂胶料(其配合比同玻璃钢面层料)，涂刷要薄而均匀，随即在其上铺树脂砂浆，并随铺随揉压，使表面出浆，然后一次抹平压光。砂浆摊铺时应控制厚度，一般厚度为4～6mm，或按设计要求 3)树脂砂浆整体面层不宜留施工缝，必须留设时，应留斜槎。继续施工时，应将斜槎清理干净，涂一层胶料，然后摊铺砂浆 4)当树脂砂浆整体面层厚度要求较厚时，应分层摊铺抹压，第一层抹压固化后再进行第二层抹压施工 5)抹压好的砂浆面层经自然固化后，表面涂两层封面料，第一层固化后涂下一层
5	养护和质量要求	(1)常温下，树脂类防腐蚀工程的养护期，应符合表15-49的规定 (2)树脂类防腐蚀工程的各类面层，均应平整，色泽均匀，与基层结合牢固，无脱层、起壳和固化不完善等缺陷；其质量检查应符合下列规定： 1)玻璃钢、玻璃鳞片胶泥表面固化程度的检查，可采用丙酮擦玻璃钢或玻璃鳞片胶泥表面，如无发黏现象，即认为表面树脂已固化 2)胶泥、砂浆可检查其抗压强度，试样不少于3个，抗压强度值应符合表15-41的规定或应符合设计的规定值 3)块材结合层及灰缝应饱满密实、粘结牢固，不得有疏松、裂缝和起鼓等现象 (3)对金属基层，应使用磁性测厚仪测定树脂类防腐蚀面层的厚度。使用电火花检测器检查针孔，对不合格处必须修补；对混凝土和水泥砂浆基层，在其上进行树脂类防腐蚀面层施工时，应同时做出试板，测定厚度 (4)对整体面层的平整度应采用2m直尺检查，其允许的空隙：当面层厚度不小于5mm时，不应大于4mm；当面层厚度小于5mm时，不应大于2mm (5)块材面层的平整度和防腐蚀面层的坡度，应符合本章15.2节的有关规定
6	施工注意事项	(1)施工环境温度宜为15～30℃，相对湿度不宜大于80%，施工环境温度低于10℃时，应采用加热保温措施，但严禁用明火和蒸汽直接加热。原材料使用时的温度，不应低于允许的施工环境温度。酚醛树脂采用苯磺酰氯固化剂时，施工环境温度不应低于17℃ (2)当采用呋喃树脂或酚醛树脂进行防腐蚀工程施工时，在基层表面应采用环氧树脂胶料、乙烯基酯树脂胶料、不饱和聚酯树脂胶料或玻璃钢做隔离层 (3)防腐蚀工程施工前，应根据施工环境温度、湿度、原材料及工作特点，通过试验选定适宜的施工配合比和施工操作方法，方可进行大面积施工 (4)施工现场应防风尘，在施工及养护期间，应防水、防火、防暴晒 (5)进行防腐蚀工程施工时，不得与其他工种进行交叉施工 (6)树脂、固化剂、稀释剂等材料应密闭贮存在阴凉、干燥的通风处，并应防火。玻璃纤维布(毡)、粉料等材料应防潮贮存

结合层厚度、灰缝宽度和灌缝或勾缝的尺寸（mm） 表 15-48

材料种类		铺砌		灌缝		勾缝	
		结合层厚度	灰缝宽度	缝宽	缝深	缝宽	缝深
耐酸砖、耐酸耐温砖	厚度≤30mm	4～6	2～3	—	—	6～8	10～15
	厚度＞30mm	4～6	2～4	—	—	6～8	15～20
天然石材	厚度≤30mm	6～8	3～6	8～12	15～20	8～12	15～20
	厚度＞30mm	10～15	6～12	8～15	满灌	—	—

树脂类防腐蚀工程的养护天数 表 15-49

树脂类别	养护期(d)		
	胶泥或砂浆	玻璃钢	
		地面	贮槽
环氧树脂	≥10	≥7	≥15
乙烯基酯树脂	≥10	≥7	≥15
不饱和聚酯树脂	≥10	≥7	≥15
呋喃树脂	≥15	≥7	≥20
酚醛树脂	≥20	≥10	≥25
树脂玻璃鳞片胶泥	≥10	≥10	≥10

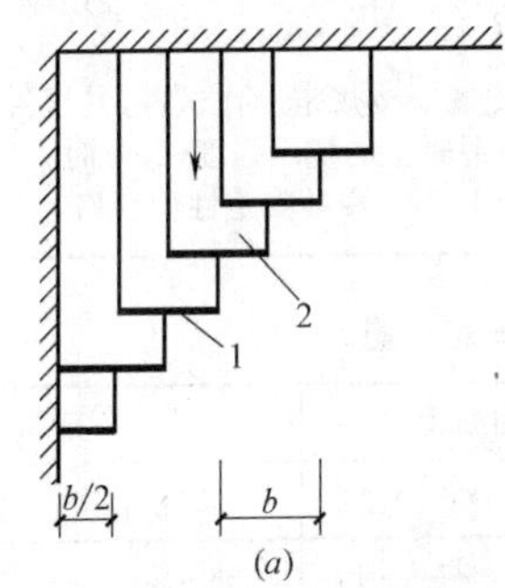

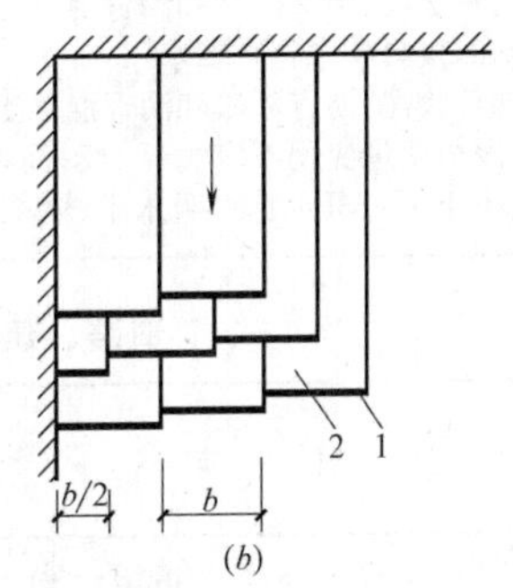

图 15-1 玻璃布连续法铺贴

(*a*) 两层玻璃布铺贴；(*b*) 三层玻璃布铺贴

1—树脂胶料；2—玻璃布；*b*—幅宽

15.5 沥青类防腐蚀工程施工

15.5.1 原材料和制成品的质量要求及制成品的配制

原材料和制成品的质量要求及制成品的配制方法 表 15-50

项次	项目	要点
1	原材料和制成品的质量要求	(1)常用沥青为道路石油沥青和建筑石油沥青，其质量应符合表 15-51 的规定 (2)纤维状填料宜采用 6 级角闪石棉或温石棉；温石棉应符合现行国家标准《温石棉》(GB/T 8071—2008)的规定 (3)耐酸粉料常用的为石英粉、铸石粉等。其质量应符合表 15-52 的规定 (4)耐酸细骨料常用石英砂。其质量应符合表 15-53 的规定 (5)耐酸粗骨料采用石英石、花岗石等破碎的碎石，其质量应符合表 15-54 的规定 (6)防水卷材常采用沥青玻璃布防水卷材、高聚物改性沥青防水卷材等。其质量应符合国家现行有关标准以及表 15-55 和表 15-56 的规定 (7)沥青类材料制成品的质量： 1)沥青胶泥的质量，应符合表 15-57 的规定 2)沥青砂浆和沥青混凝土的质量应符合表 15-58 的规定

续表

项次	项目	要点
2	材料配合比及配制方法	(1)沥青胶泥的施工配合比和配制方法： 1)沥青胶泥的施工配合比，应根据工程部位、使用温度和施工方法等因素确定。其配合比见表15-59 2)沥青胶泥的配制方法：将沥青碎块加热至160～180℃，搅拌脱水，直至不再起泡沫，并除去杂质。当用两种不同软化点的沥青时，应先熔低软化点的，待其熔融后，再加高软化点的；当沥青升至规定温度时(建筑石油沥青200～230℃)，按配合比将预热至120～140℃的干燥粉料(或同时加入纤维状填料)逐步加入，并不断搅拌，直至均匀。当施工环境温度低于5℃时，应取最高值。配好的沥青胶泥，应取样做软化点试验；配制好的沥青胶泥应一次用完，在未用完前，不得再加入沥青或填料。取用沥青胶泥时，应先搅匀，以防填料沉底 (2)沥青砂浆、沥青混凝土的施工配合比和配制方法： 1)沥青砂浆、沥青混凝土参考配合比，见表15-60，粉料和骨料之间的颗粒级配，应符合表15-61的规定 2)沥青砂浆、沥青混凝土的配制方法：沥青的加热与配制沥青胶泥时相同；按施工配合比将预热至140℃左右的干燥粉料和骨料混合均匀，随即将加热至200～230℃的沥青加入，不断翻拌至全部粉料和骨料被沥青覆盖为止。拌制温度宜为180～210℃
3	质量控制	(1)沥青类防腐蚀工程所用的沥青、防水卷材、高聚物改性沥青防水卷材、粉料和粗、细骨料等原材料进场时必须有产品出厂合格证、材料检测报告和进场后抽样复验报告，其质量应符合设计要求或国家现行有关标准的规定 (2)沥青胶泥、沥青砂浆和沥青混凝土的施工配合比应由试验室提供，并经现场试验确定。配制时计量应准确，投料顺序符合要求 (3)沥青胶泥、沥青砂浆和沥青混凝土等制成品，现场应按规定制作试件，其试件的检测报告中，沥青胶泥的浸酸质量变化不应大于1%；沥青砂浆和沥青混凝土的抗压强度，20℃时不应小于3.0MPa，50℃时不应小于1.0MPa，饱和吸水率(体积计)不应大于1.5%，浸酸安定性应合格

道路、建筑石油沥青的质量 表15-51

项次	项目	道路石油沥青		建筑石油沥青		
		60号甲	60号乙	40号	30号	10号
1	针入度(25℃,100g,5s,1/10mm)	51～80	41～80	36～50	26～35	10～25
2	延度(25℃,5cm/min,cm)	≥70	≥40	≥3.5	≥2.5	≥1.5
3	软化点(环球法,℃)	45～55	45～55	≥60	≥75	≥95

注：针入度中的“5s”和延度中的“5cm/min”是指建筑石油沥青。

耐酸粉料的质量 表15-52

项次	项目			指标
1	耐酸度(%)		不小于	95
2	细度	0.15mm筛孔筛余(%)	不小于	5
		0.088mm筛孔筛余(%)		10～30
3	亲水系数		不大于	1.1

耐酸细骨料的质量 表15-53

项次	项目		指标			
1	颗粒级配	筛孔(mm)	5	1.25	0.315	0.16
		累计筛余量(%)	0～10	35～65	80～95	90～100
2	耐酸度(%)	不小于	95			
3	含泥量(%)	不大于	1			

注：宜使用平均粒径为0.25～2.5mm的中粗砂。

耐酸粗骨料的质量 表 15-54

项次	项目		指标
1	耐酸度(%)	不小于	95
2	浸酸安定性		合格
3	空隙率(%)	不大于	45
4	含泥量(%)	不大于	1

注：沥青混凝土骨料粒径以不大于 25mm 为宜，碎石灌沥青的石料粒径为 30～60mm 和 10～30mm。

沥青玻璃布防水卷材的质量 表 15-55

项次	项目		指标		
			15 号	25 号	35 号
1	可溶物含量(g/m^2)		≥700	≥1200	≥2000
2	不透水性	压力(MPa)	0.10	0.15	0.20
		保持时间(min)	30		
3	耐热度(℃)		85±2 受热 2h,涂盖层应无滑动		
4	拉力(N)	纵向	≥200	≥250	≥270
		横向	≥130	≥180	≥200
5	柔度	温度(℃)	≤10	≤10	≤10
		弯曲半径	绕 r=15mm,弯板无裂纹		绕 r=25mm,弯板无裂纹

高聚物改性沥青防水卷材的质量 表 15-56

项次	项目		指标			
			Ⅰ类	Ⅱ类	Ⅲ类	Ⅳ类
1	拉伸性能	拉力(N)	≥400	≥400	≥50	≥200
		延伸率(%)	≥30	≥5	≥200	≥3
2	耐热度[(85±2)℃，2h]		不流淌，无集中性气泡			
3	柔性（－25～－5℃）		绕规定直径圆棒无裂纹			
4	不透水性	压力（MPa）	≥0.2			
		保持时间（min）	≥30			

沥青胶泥的质量 表 15-57

项次	项目	使用部位的最高温度(℃)			
		≤30	31～40	41～50	51～60
1	耐热稳定性(℃)	≥40	≥50	≥60	≥70
2	浸酸后质量变化率(%)	≤1			

沥青砂浆和沥青混凝土的质量 表 15-58

项次	项目			指标
1	抗压强度(MPa)	20℃时	不小于	3
		50℃时	不小于	1
2	饱和吸水率(%)以体积计		不大于	1.5
3	浸酸安定性			合格

沥青胶泥的施工配合比和耐热性能 表 15-59

沥青软化点(℃)	配合比(重量比)			胶泥耐热性能(℃)		用途
	沥青	石英粉	6级石棉	软化点	耐热稳定性	
≥75 ≥90 ≥100	100	30	5 5 5	≥75 ≥95 ≥100	40 50 60	隔离层用
≥75 ≥90 ≥100	100	80	5 5 5	≥95 ≥110 ≥115	40 50 60	灌缝用
≥75 ≥90 ≥100	100	100	5 10 5	≥95 ≥120 ≥120	40 60 70	铺砌平面块材用
≥65 ≥75 ≥90 ≥110	100	150	5 5 10 5	≥105 ≥110 ≥125 ≥135	40 50 60 70	铺砌立面块材用
≥65 ≥75 ≥90 ≥110	100	200	5 5 10 5	≥120 ≥145 ≥145 ≥145	40 50 60 70	灌缝法施工时，铺砌平面结合层用

沥青砂浆、沥青混凝土参考配合比 表 15-60

种 类	粉料、骨料混合物	沥青(重量计)(%)
沥青砂浆	100	11～14
细粒式沥青混凝土	100	8～10
中粒式沥青混凝土	100	7～9

注：1. 为提高沥青砂浆抗裂性可适当加入纤维状填料。
2. 沥青砂浆用于涂抹立面时，沥青用量可达25%。
3. 本表是采用平板振动器振实的沥青用量，采用碾压机或热滚筒压实时，沥青用量应适当减少。
4. 采用平板振动器或热滚筒压实宜采用30号沥青；采用碾压机压实时宜采用60号沥青。

粉料和骨料混合物的颗粒级配 表 15-61

种 类	混合物累计筛余量(%)								
	25	15	5	2.5	1.25	0.63	0.315	0.16	0.08
沥青砂浆			0	20～38	33～57	45～71	55～80	63～85	70～90
细粒式沥青混凝土		0	22～37	37～60	47～70	55～78	65～88	70～88	75～90
中粒式沥青混凝土	0	10～20	30～50	43～67	52～75	60～82	68～87	72～90	77～92

15.5.2 沥青类防腐蚀工程施工方法

沥青类防腐蚀工程施工方法 表 15-62

项次	项目	施工方法要点
1	分类、特点及使用	(1)沥青类防腐蚀工程包括：沥青稀胶泥铺贴沥青玻璃布卷材隔离层、涂覆隔离层；铺贴沥青防水卷材隔离层；沥青胶泥铺砌块材面层；沥青砂浆或沥青混凝土铺筑整体面层或垫层；碎石灌沥青垫层等 (2)沥青类防腐蚀工程具有整体无缝，有弹性，材料来源广，价格低廉；施工简便，不需养护，冷固后即可使用；能耐低浓度的无机酸、碱和盐类腐蚀等特点。但耐候性差，易老化变形，强度较低，易燃，需热作业等 (3)适用于工业与民用建筑铺贴隔离层、铺砌板块材、铺筑地坪整体面层、垫层等沥青防腐蚀工程

续表

项次	项目	施工方法要点
2	卷材隔离层施工	(1)沥青玻璃布卷材隔离层的施工: 1)卷材使用前表面撒布物应清除干净,并保持干燥 2)基层表面应涂冷底子油两遍,待其干燥后方可做隔离层。冷底子油的配合比为:第一遍,建筑石油沥青:汽油=30:70;第二遍,建筑石油沥青:汽油=50:50。若采用煤油、轻柴油做稀释剂时,建筑石油沥青:煤油(或轻柴油)=40:60 3)卷材铺贴顺序应由低往高,先平面后立面。地面隔离层应延续铺至墙面的高度为100～150mm;贮槽等构筑物的隔离层应延续铺至顶部。转角及穿过管道处,均应做成小圆角,并附加沥青玻璃布卷材一层 4)卷材隔离层施工应随浇随贴,必须满浇,每层沥青稀胶泥的厚度不应大于2mm。卷材必须展平压实,接缝处应粘牢;卷材的搭接宽度,短边和长边均不应小于100mm;上下两层卷材的搭接缝、同一层卷材的短边搭接缝均应错开 5)沥青稀胶泥的浇筑温度,不应低于190℃。当环境温度低于5℃时,应采取措施提高温度后方可施工 6)卷材隔离层上采用水玻璃类材料施工时,应在铺完的卷材上浇铺一层沥青胶泥,并随即均匀稀撒预热的粒径为2.5～5.0mm的耐酸粗砂粒,砂粒嵌入沥青胶泥的深度宜为1.5～2.5mm 7)涂覆式隔离层的层数,当设计无要求时,宜采用两层,其总厚度宜为2～3mm。当隔离层上采用水玻璃类材料施工时,应随即均匀稀撒干净预热的粒径为1.2～2.5mm的耐酸砂粒 (2)高聚物改性沥青卷材隔离层的施工: 1)铺贴卷材前,应先在基层上满涂一层底涂料。底涂料宜选用与卷材材性相容的高聚物改性沥青胶粘剂。底涂料干燥后,方可进行卷材铺贴 2)施工环境温度不宜低于0℃;热熔法施工环境温度不宜低于-10℃;最高施工环境温度不宜大于35℃。不应在雨、雪和大风天气进行室外施工 3)卷材铺贴顺序从低往高,先平面后立面。铺贴卷材采用搭接法。上下层及相邻两幅卷材的搭接缝应错开,不得相互垂直铺贴,搭接宽度宜为100mm。 4)冷粘法铺贴卷材:胶粘剂涂刷应均匀,不得漏涂。胶粘剂涂刷和铺贴的间隔时间,应按产品说明书;铺贴卷材时,应排除卷材下面的空气,并应辊压粘结牢固;铺贴卷材时,应平整顺直,搭接尺寸应准确,不得扭曲、皱褶。搭接接缝应满涂胶粘剂;接缝处应用密封材料封严,宽度不应小于10mm 5)自粘法铺贴卷材:铺贴卷材前,基层表面应均匀涂刷一层与卷材相配套的基层处理剂,干燥后应及时铺贴卷材;铺贴卷材时,应将自粘胶底面隔离纸完全撕净,并应排除卷材下面的空气,辊压粘结牢固;铺贴的卷材应平整顺直,搭接尺寸应准确,不得扭曲、皱褶。搭接部位宜采用热风焊枪加热,加热后随即粘贴牢固,溢出的自粘胶随即刮平封口;接缝处应用密封材料封严,宽度不应小于10mm 6)热熔法铺贴卷材:火焰加热器的喷嘴与卷材的加热距离,以卷材表面熔融至光亮黑色为宜,加热应均匀,不得烧穿卷材;卷材表面热熔后应立即滚铺卷材,并应排除卷材下面的空气,使之平展,不得出现皱褶,并应辊压粘结牢固;在搭接缝部位应有热熔的改性沥青溢出,并应随即刮封接口;铺贴卷材时应平整顺直,搭接尺寸应准确,不得扭曲
3	沥青胶泥铺砌块材的施工	(1)基层表面若未设置隔离层,应先涂刷冷底子油两遍 (2)块材铺砌前宜进行预热;当环境温度低于5℃时,必须预热,预热温度不应低于40℃ (3)沥青胶泥的浇铺温度不应低于180℃。当环境温度低于5℃时,应采取措施提高温度后方可施工 (4)块材结合层的厚度和灰缝的宽度,应符合表15-63的规定 (5)平面块材的铺砌可采用挤缝法或灌缝法: 1)挤缝法:先浇铺沥青胶泥,其浇铺厚度应按结合层要求增厚2～3mm,随后铺砌并斜向推挤块材,把胶泥挤入缝内。灰缝应挤严灌满,表面平整 2)灌缝法:摊铺胶泥后再铺放块材,然后灌缝。块材应粘结牢固,不得浮铺。灌缝前,灰缝处宜预热 (6)立面块材的铺砌,可采用刮浆铺砌法或分段浇灌法: 1)刮浆铺砌法:将胶泥刮到块材上,随即铺砌到基层上并挤牢压平,挤出的胶泥待冷却后铲除 2)分段浇灌法:在适当长度内的两端用刮浆法铺贴两块,然后在中间浮贴5～6块,再依次向前实贴1块,又浮贴5～6块,完成一层后分段浇灌沥青胶泥。灌缝时浮贴块材应用靠尺压紧,防止外鼓。分段浇灌法施工示意如图15-2所示

续表

项次	项目	施工方法要点
4	沥青砂浆和沥青混凝土的施工	(1)沥青砂浆和沥青混凝土，应采用平板振动器或碾压机和热滚筒压实。墙脚等处应采用热烙铁拍实 (2)沥青砂浆或沥青混凝土摊铺前，应在已涂有沥青冷底子油的水泥砂浆或混凝土基层上，先涂一层沥青稀胶泥(沥青：粉料=100：30，重量比) (3)沥青砂浆或沥青混凝土摊铺后，应随即刮平进行压实，每层的压实厚度：沥青砂浆和细粒式沥青混凝土不宜超过30mm；中粒式沥青混凝土不应超过60mm。虚铺的厚度应经试验确定，用平板振动器振实时，宜为压实厚度的1.3倍 (4)沥青砂浆和沥青混凝土用平板振动器振实时，开始压实温度应为150～160℃，压实完毕的温度不应低于110℃。当环境温度低于5℃时，开始压实温度应取最高值。为防止滚筒表面粘连，可涂刷防黏液(柴油：水=1：2，重量比) (5)垂直施工缝应留成斜槎，用热烙铁拍实。继续施工时，应将斜槎清理干净，然后覆盖热沥青或热沥青混凝土进行预热，预热后将覆盖层除去，涂一层热沥青或沥青稀胶泥后继续施工，接缝处用热烙铁仔细拍实，并拍平至不露痕迹 当分层施工时，上下层的垂直施工缝要错开；水平施工缝间也应涂一层热沥青或沥青稀胶泥 (6)立面涂抹沥青砂浆应分层进行，每层厚度应不大于7mm，最后一层用热烙铁烫平 (7)铺压完沥青砂浆或沥青混凝土，应与基层结合牢固，其面层应密实、平整，并不得用沥青做表面处理，不得有裂纹、起鼓和脱层等现象。如有上述缺陷，应先将缺陷处挖除，清理干净，预热后涂上一层热沥青，然后用沥青砂浆或沥青混凝土进行填铺压实
5	碎石灌沥青	(1)碎石灌沥青的垫层，不得在有明水或冻结的基土上进行施工 (2)沥青软化点应低于90℃；石料应干燥，材质应符合设计要求 (3)碎石灌沥青时，应先在基土上铺一层粒径为30～60mm的碎石，夯实后，再铺一层粒径为10～30mm的碎石，拍平、拍实，随后浇灌热沥青，如设计要求表面平整时，在浇灌热沥青后随即撒铺一层粒径为5～10mm细石子拍平，面上再浇一层热沥青
6	质量要求	(1)沥青玻璃布卷材隔离层冷底子油的涂刷应完整，卷材应展平压实，应无气泡、翘边、空鼓等缺陷。接缝处应粘牢；涂覆隔离层的层数及厚度应符合设计要求，涂覆层应结合牢固，表面应平整、光亮，无起鼓等缺陷；卷材隔离层施工搭接缝宽度允许最大负偏差为10～20mm (2)高聚物改性沥青卷材隔离层的施工层数应符合设计要求。隔离层铺设时，卷材应压实、平整，接缝应整齐，无皱褶，与底层应粘结牢固，无起鼓、脱层等缺陷；隔离层施工搭接缝宽度不应小于10mm (3)沥青胶泥铺砌块材结合层厚度和灰缝宽度应符合表15-63的规定；结合层和灰缝内的胶泥应饱满密实，表面应平整，无沥青胶泥痕迹，粘结应牢固，灰缝表面应均匀整洁；块材坡度、面层相邻块间高差和表面平整度的检验应符合《建筑防腐蚀工程施工质量验收规范》(GB 50224—2010)第5.0.7条和第5.0.8条的规定 (4)沥青砂浆和沥青混凝土整体面层铺设的冷底子油涂刷应均匀，其面层与基层结合应牢固，表面应密实、平整、光洁，应无裂缝、空鼓、脱层等缺陷，并应无接槎痕迹；地面坡度和表面平整度的检验应符合《建筑防腐蚀工程施工质量验收规范》(GB 50224—2010)第5.2.10条和第5.2.11条的规定 (5)碎石灌沥青垫层的碎石夯实、浇灌及灌入深度应符合设计要求，表面应平整，并无漏灌缺陷；垫层表面坡度应符合设计要求，其允许偏差为坡长的±0.2%，最大偏差应小于30mm

块材结合层厚度和灰缝宽度(mm) **表15-63**

块材种类	结合层厚度		灰缝宽度	
	挤缝法、灌缝法	刮浆铺砌法、分段浇灌法	挤缝法、刮浆铺砌法、分段浇灌法	灌缝法
耐酸砖、耐酸耐温砖	3～5	5～7	3～5	6～8
天然石材	—	—	—	8～15

注：当天然石材的结合层采用沥青砂浆时，其厚度应为10～15mm，沥青用量可达25%。

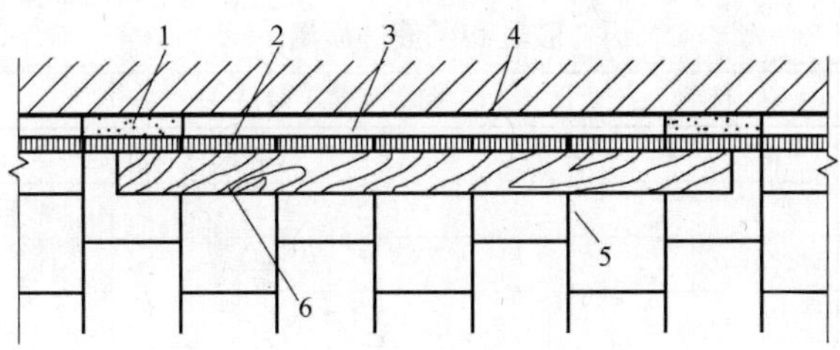

图 15-2 立面块材铺砌分段浇灌法

1—先用刮浆铺砌法粘贴块材 1～2 块；2—浮贴块材约 5～6 块；
3—留出结合层 5～7mm；然后浇灌沥青胶泥；4—立面基层；5—地面；6—靠尺

15.6 聚合物水泥砂浆防腐蚀工程施工

15.6.1 原材料和制成品的质量要求及制成品的配置

原材料和制成品的质量要求及制成品的配置方法 表 15-64

项次	项目	要点
1	原材料和制成品的质量要求	(1)阳离子氯丁胶乳、聚丙烯酸酯乳液和环氧树脂乳液： 1)胶乳和乳液的质量应符合表 15-65 的规定 2)阳离子氯丁胶乳与硅酸盐水泥拌制时，应加入稳定剂、消泡剂及 pH 值调节剂等助剂。稳定剂宜采用月桂醇与环氧乙烷缩合物、烷基酚与环氧乙烷缩合物或十六烷基三甲基氯化铵等乳化剂；消泡剂宜采用有机硅类等产品；pH 值调节剂宜采用氨水、氢氧化钠或氢氧化镁等 3)阳离子氯丁胶乳助剂的质量： ①拌制好的水泥砂浆应具有良好的和易性，并不应有大量气泡 ②助剂应使胶乳由酸性变为碱性，在拌制砂浆时不应出现胶乳破乳现象 4)用聚丙烯酸酯乳液配制的砂浆不需另加助剂 5)环氧树脂乳液所用的辅助材料，与其他聚合物基本相同 (2)水泥：应采用强度等级不低于 42.5 级的硅酸盐水泥或普通硅酸盐水泥。 (3)细骨料：拌制聚合物水泥砂浆的细骨料应采用石英砂或河砂。细骨料的质量应符合表 15-66 的规定 (4)聚合物水泥砂浆制成品的质量应符合表 15-67 的规定
2	材料配合比和配制方法	(1)聚合物水泥砂浆的配合比见表 15-68 (2)聚合物水泥砂浆配制方法： 1)聚合物水泥砂浆宜采用人工拌合，当采用机械拌合时，应采用立式复式搅拌机 2)氯丁胶乳水泥砂浆配制时应按配合比称取定量的氯丁胶乳，加入稳定剂、消泡剂及 pH 值调节剂，并加入适量的水，充分搅拌均匀后，倒入预先拌合均匀的水泥和砂子的混合物中，搅拌均匀。拌制时，不宜剧烈搅动；拌匀后，不宜再反复搅拌和加水。配制好的氯丁胶乳水泥砂浆应在 1h 内用完 3)聚丙烯酸酯乳液水泥砂浆配制时，应先将水泥与砂干拌均匀，再倒入聚丙烯酸酯乳液和试拌时确定的水量充分搅拌均匀。配制好的聚丙烯酸酯水泥砂浆应在 30～45min 内用完 4)拌制好的聚合物水泥砂浆应在初凝前用完，如发现有凝胶、结块现象，不得使用。拌制好的水泥砂浆应有良好的和易性，水灰比宜根据现场试验最后确定。每次拌合量应根据施工能力确定
3	质量控制	(1)聚合物水泥砂浆防腐蚀工程所用的阳离子氯丁胶乳、聚丙烯酸酯乳液、环氧树脂乳液、硅酸盐水泥和细骨料以及辅助材料等进场时应具有产品出厂合格证、材料检测报告，以及进场后的抽样复验报告，其质量应符合设计要求或国家现行有关标准的规定 (2)聚合物水泥砂浆的施工配合比应由试验室提供，并经现场试配后确定，配制时应计量准确，投料顺序符合要求，配制好的砂浆应在规定时间内用完 (3)聚合物水泥砂浆配制后在现场应按规定制作试件，并与工程同条件养护后，其试件的检测报告的物理力学及耐腐蚀性能必须符合设计要求或国家现行有关标准的规定

胶乳和乳液的质量　表 15-65

项　次	项　　目	阳离子氯丁胶乳	聚丙烯酸酯乳液
1	外观	乳白色无沉淀的均匀乳液	
2	黏度	10～55(25℃,Pa·s)	11.5～12.5(涂4杯,25℃,s)
3	总固物含量(%)	≥47	39～41
4	密度(g/cm^3)	≥1.080	≥1.056
5	贮存稳定性	5～40℃,3个月无明显沉淀	

细骨料的质量　表 15-66

项次	项　　目		指　　标					
1	颗粒级配	筛孔(mm)	5.0	2.5	1.25	0.63	0.315	0.16
		筛余量(%)	0	0～25	10～50	41～70	70～92	90～100
2	含泥量(%)		≤3					
3	云母含量(%)		≤1					
4	硫化物含量(%)		≤1					
5	有机物含量		浅于标准色(如深于标准色,应配成砂浆进行强度对比试验,抗压强度比不应低于0.95)					

聚合物水泥砂浆制成品的质量　表 15-67

项次	项目		氯丁胶乳水泥砂浆	聚丙烯酸酯水泥砂浆	环氧乳液水泥砂浆
1	抗压强度(MPa)		≥30	≥30	≥35
2	抗折强度(MPa)		≥3.0	≥4.5	≥4.5
3	粘结强度(MPa)	与水泥砂浆	≥1.2	≥1.2	≥2.0
		与钢铁基层	≥2.0	≥1.5	≥2.0
4	抗渗等级(MPa)		≥1.6	≥1.5	≥1.5
5	吸水率(%)		≤4.0	≤5.5	≤4.0
6	使用温度(℃)		≤60	≤60	≤70
7	初凝时间(min)		>45		
8	终凝时间(h)		<12		

聚合物水泥砂浆配合比（质量比）　表 15-68

项次	项　　目	氯丁胶乳水泥砂浆	氯丁胶乳水泥净浆	聚丙烯酸酯乳液水泥砂浆	聚丙烯酸酯乳液水泥净浆
1	水泥	100	100～200	100	100～200
2	砂子	100～200	—	100～200	—
3	氯丁胶乳	38～50	38～50	—	—
4	聚丙烯酸酯乳液	—	—	25～38	50～100
5	稳定剂	0.6～1.0	0.6～2.0	—	—
6	消泡剂	0.6～0.8	0.3～1.2	—	—
7	pH值调节剂	适量	适量	—	—
8	水	适量	适量	适量	—

注：1. 表中聚丙烯酸酯乳液的固体含量按40%计，在乳液中已含有消泡剂、稳定剂。凡不符合以上条件时，应经过试验论证后确定配合比。

2. 氯丁胶乳的固体含量按50%计，当采用其他含量的氯丁胶乳时，可按含量比例换算。

15.6.2 聚合物水泥砂浆防腐蚀工程施工方法

聚合物水泥砂浆防腐蚀工程施工方法　表 15-69

项次	项目	施工方法要点
1	分类、特点及使用	(1)聚合物水泥砂浆防腐蚀工程包括:混凝土、砖石、钢结构或木质表面铺抹的聚合物水泥砂浆整体面层;聚合物水泥砂浆铺砌的块材面层等 (2)这种面层具有防渗性、密实性好;抗渗性高;粘结性优良,弹性模量低,抗变形能力强,防腐蚀性良好等特性 (3)适用于建筑物抹面、地面、道路面层、钢结构的表面防腐蚀层以及铺砌块材等工程
2	整体面层施工	(1)施工前应用高压水冲洗基层并保持潮湿状态,但不得积水 (2)铺抹砂浆前,应先在基层上涂刷一层薄而均匀的聚合物水泥净浆,边涂刷边摊铺聚合物水泥砂浆 (3)聚合物水泥砂浆一次施工面积不宜过大,应分条或分块错开施工,每块面积不宜大于 $12m^2$,条宽不宜大于 1.5m,补缝或分段错开的施工间隔时间不应小于 24h。接缝用的木条或聚氯乙烯条应预先固定在基层上,待砂浆抹面后可抽出留缝条,并在 24h 后进行补缝。分层施工时,留缝位置应相互错开 (4)聚合物水泥砂浆摊铺完毕后应立即压抹,并宜一次抹平,不宜反复抹压。遇有气泡时应刺破压紧,表面应密实 (5)在立面或仰面上施工时,当面层厚度大于 10mm 时,应分层施工,分层抹面厚度为 5～10mm。待前一层干至不粘手时可进行下一层施工 (6)聚丙烯酸酯乳液水泥砂浆整体面层施工时,也可采用挤压式灰浆泵或混凝土喷射机进行喷涂施工 (7)聚合物水泥砂浆施工 12～24h 后,宜在面层上再涂刷一层水泥净浆 (8)聚合物水泥砂浆抹面后,表面干至不粘手时即进行喷雾或覆盖薄膜、麻袋进行养护,塑料薄膜四周应封严。潮湿养护 7d,再自然养护 21d 后方可使用
3	铺砌块材施工	(1)块材应预先用水浸泡 2h 后,取出擦干水迹即可铺砌 (2)块材结合层厚度和灰缝宽度应符合表 15-70 的规定 (3)铺砌耐酸砖时应采用揉挤法;铺砌厚度大于或等于 60mm 的天然石材时可采用坐浆法或灌注法 (4)铺砌块材时应在基层上边涂刷净浆料边铺砌,块材的结合层及灰缝应密实饱满,并应采取措施防止块材移动 (5)立面块材的连续铺砌高度应与胶泥、砂浆的硬化时间相适应,并应防止块材受压变形 (6)铺砌块材时,灰缝应填满压实,灰缝的表面应平整光滑,并应将块材上多余的砂浆清理干净
4	质量要求	(1)聚合物水泥砂浆整体面层应与基层粘结牢固,表面应平整,无裂缝、起壳等缺陷 (2)对金属基层,应使用测厚仪测定聚合物水泥砂浆面层的厚度;对水泥砂浆和混凝土基层,每 $50m^2$ 抽查一次,进行破坏性凿取检查测定厚度。对不合格处及在检查中破坏的部位,必须全部修补好后,重新进行检查直至合格 (3)整体面层的平整度,用 2m 直尺检查,其允许空隙不应大于 5mm;坡度允许偏差为坡长的±0.2%,最大偏差值不得大于 30mm,做泼水试验时,水应能顺利排除 (4)块材面层的平整度和坡度应符合 15.2 节的有关规定
5	施工注意事项	(1)聚合物水泥砂浆施工环境温度宜为 10～35℃,当施工环境温度低于 5℃时,应采取加热保温措施。不宜在大风、雨天或阳光直射的高温环境中施工 (2)聚合物水泥砂浆的乳液及助剂的存放应避免阳光直射,冬季应防止冻结 (3)聚合物水泥砂浆不应在养护期少于 3d 的水泥砂浆或混凝土基层上施工 (4)聚合物水泥砂浆在水泥砂浆或混凝土基层上进行施工时,基层表面应平整、粗糙、清洁,无油污、起砂、空鼓、裂缝等现象;在钢基层上施工时,钢基层表面应无油污、浮锈,除锈等级宜为 St3。焊缝和搭接部位,应用聚合物水泥砂浆或聚合物水泥浆找平后,再进行施工 (5)施工前,应根据施工环境温度、工作条件等因素,通过试验确定适宜的施工配合比和操作方法后,方可进行正式施工

结合层厚度和灰缝宽度（mm） 表 15-70

块材种类		结合层厚度	灰缝宽度
耐酸砖、耐酸耐温砖		4～6	4～6
天然石材	厚度≤30mm	6～8	6～8
	厚度＞30mm	10～15	8～15

15.7 涂料类防腐蚀工程施工

15.7.1 防腐蚀涂料品种的选用及质量控制

防腐蚀涂料品种的选用及质量控制 表 15-71

项次	项目	施工要点
1	组成特点及使用	(1)涂料是由成膜物质(油指、树脂)与填料、颜料、增韧剂、有机溶剂等按一定比例配制生产而成。适用于建(构)筑物遭受化工大气或粉尘腐蚀、酸雾与盐雾腐蚀、腐蚀性固体作用及液体滴溅等部位 (2)防腐蚀涂层包括面层耐蚀涂料，中间层耐蚀涂料和底层耐蚀涂料 (3)涂料类防腐蚀材料具有施工操作简单、方便、粘结力强、耐酸、碱性能好，维修方便等特点，但不耐冲击
2	耐蚀涂料品种选用	(1)面层耐蚀涂料的品种选择与综合性能： 常用的耐蚀涂料品种很多，在涂装设计与涂料施工前，必须对面层涂料的综合性能有所了解，表 15-72 列出了部分常用防腐蚀面层涂料的性能 (2)中间涂层的耐蚀涂料的品种选择与综合性能： 中间涂层耐蚀涂料品种，主要功能是增加保护层厚度、提供优良的力学性能、有效的层间过渡。用于中间修补，更具优越性。当设计方案或现场施工没有中间层涂料时，可采用耐腐蚀树脂配制胶泥修补，但不得自行将涂料掺加粉料，配制胶泥，也不得在现场用树脂等自配涂料 (3)底层耐蚀涂料的品种选择与综合性能： 防腐蚀涂料应用于钢结构时，应注意选择合适的配套底涂层。表 15-73 列出了部分常用防腐蚀底层涂料的品种与性能
3	涂装厚度与使用年限的选择	(1)在气态和固态粉尘介质作用下，钢筋混凝土结构和预应力混凝土结构的表面防护厚度按表 15-74 确定；钢结构的表面防腐蚀厚度按表 15-75 确定，室外工程的涂层厚度宜再增加 20～40μm。基础梁表面防护层，可根据腐蚀性介质的性质和作用程度、基础梁的重要性及基础与垫层的防护要求选用 (2)钢结构保护层厚度，包括涂料层的厚度或金属层与涂料复合层的厚度。采用喷锌、铝及其合金时，金属层厚度不宜小于 120μm；采用热镀浸锌时，锌的厚度不宜小于 85μm
4	质量控制	(1)耐腐蚀涂料进场应有产品出厂合格证、质量检测报告和使用指南(内容包括防腐蚀涂料的基层处理要求及处理工艺；防腐蚀涂层的施工工艺；防腐蚀涂层的检测手段)，进场后按规定进行抽样复验，其材料的品种、型号、规格和性能质量应符合设计要求或国家现行有关标准的规定 (2)涂料类防腐蚀工程的涂装施工条件、涂装配套系统、施工工艺和涂装间隔时间应符合设计规定或国家现行有关标准的规定 (3)涂层的附着力应符合设计规定。涂层与钢铁基层的附着力：划格法不应大于 1 级，拉开法不应小于 5MPa；涂层与混凝土基层附着力(拉开法)不应小于 1.5MPa (4)涂层的层数和厚度应符合设计规定。涂层厚度小于设计规定厚度的测点数不应大于 10%，且测点处实测厚度不应小于设计规定厚度的 90% (5)用 5～10 倍放大镜检查涂层表面应光滑平整、色泽一致，无气泡、透底、返锈、返粘、起皱、开裂、剥落、漏涂、误涂等缺陷

续表

项次	项目	施工要点
5	施工注意事项	(1)刷涂施工应在处理好的基层上按底层、中间层、面层的顺序进行，涂刷方法随涂料的品种而定，一般涂料可先斜后直、纵横涂刷，从垂直面开始自上而下再到水平面。喷涂施工应按自上而下，先喷垂直面后喷水平面的顺序进行。喷枪沿一个方向来回移动，使雾流与前一次喷涂面重合一半。喷枪应匀速移动，以保证涂层厚度一致。刷涂或喷涂完毕后，工具应及时清洗，以防止涂料固化，涂料要密闭保存 (2)施工环境温度为10～30℃，相对湿度不大于85%，施工现场应控制或改善环境温度、相对湿度和露点温度，钢材表面温度必须高于露点温度3℃方可做钢结构涂装施工 (3)在大风、雨、雾、雪天及强烈日光照射下，不宜进行室外施工；通风较差的施工环境，须采取强制通风，以改善作业环境 (4)防腐蚀涂料和稀释剂在运输、贮存、施工及养护过程中，不得与酸、碱等化学介质接触。严禁明火，并应防尘、防暴晒

常用防腐蚀面层涂料的性能　　表15-72

涂料种类	耐酸	耐碱	耐水	耐候	耐磨	耐油	与基层附着力		使用温度(℃)
							混凝土	钢	
氧化橡胶	√	√	☆	☆	√	√	√	√	≤50
环氧	√	☆	√	○	☆	○	☆	☆	≤60
聚氨酯(含氰凝)	√	√	√	○	☆	☆	√	√	≤130
	√	√	☆	×	☆	☆	√	○	≤120
高氯化聚乙烯	√	√	√	☆	○	√	√	√	≤90
聚氨酯聚乙烯互穿网络	☆	√	√	√	√	√	√	√	≤120
环氧沥青	√	☆	√	○	○	○	☆	☆	≤50
玻璃鳞片涂料	☆	○	☆	×	☆	√	√	√	60～80
	☆	○	☆	√	☆	☆	√	√	60～80
有机硅	○	○	☆	☆	√	—	☆	☆	≤450
醇酸	○	×	○	☆	√	√	√	√	≤70

注：1. 表中符号"☆"表示性能优良，优先使用"√"表示性能良好，推荐使用；"○"表示性能一般，可以使用，但使用年限降低；"×"表示性能差，不宜使用。
2. 厚膜型涂料的性能与同类涂料基本相同，但一次成膜较厚。
3. 涂料基层的附着力与钢材的除锈等级和混凝土含水率等因素有关，本表系在同等基层处理条件下的相对比较。
4. 表中使用温度除注明者外，均为湿态环境温度；用于气态介质时，使用温度可相应提高10～20℃。
5. 乙烯基酯树脂鳞片涂料的最高使用温度（湿态）与树脂型号有关，酚醛环氧型可达到80～120℃。

常用防腐蚀底层涂料的品种与性能　　表15-73

底层涂料名称	性能	适用基层		
		钢铁	锌、铝	水泥
无机富锌	对钢铁基层有阴极保护作用，耐水、耐油、防锈性能优，耐高温，不能在低温环境下施工，对除锈要求很严格，与有机、无机涂料均能配套，但不得与油性涂料配套；不宜涂刷过厚，并不得长期暴露。适用于高温或室外潮湿环境的钢铁基层	√	—	×
环氧富锌	对钢铁有阴极保护作用，耐水、耐油，附着力强，基层除锈要求严格。适用于室内外潮湿环境或对涂层耐久性要求较高的钢铁基层，后退涂层宜采用环氧云铁	√	—	×
环氧云铁	附着力与物理力学性能良好，具有较好的耐盐雾、耐湿热和耐水性能。适用于环氧富锌的后道涂料，也可直接作底层涂料，可与多种涂料配套	√	—	—
环氧铁红	涂膜坚韧，附着力良好，能与多种涂料配套。不适用于有色金属基层的底层涂料	√	—	√

续表

底层涂料名称	性　能	适用基层		
		钢铁	锌、铝	水泥
环氧锌黄	涂膜坚韧，附着力良好。适用于有色金属基层，也可用于钢铁基层，可与多种涂料配套	√	√	√
稳定型锈蚀涂料	根据不同品种和要求，可对钢铁基层进行简单除锈后使用，能与多种涂料配套，对锈蚀基面有一定要求，施工时不易掌握，确有经验时可使用	√	×	×
镀锌板专用底层涂料	附着力好，耐盐水、盐雾和湿热。适用于锌、铝等有色金属基层	—	√	×

注：表中符号"√"表示适用；"—"表示不推荐；"×"表示不适用。

钢筋混凝土结构和预应力混凝土结构的涂层厚度　　**表 15-74**

防护层设计使用年限(a)	强腐蚀	中腐蚀	弱腐蚀
10～15	≥200μm	≥160μm	≥120μm
5～10	≥160μm	≥120μm	1. ≥80μm； 2. 普通内外墙涂料两遍
2～5	≥120μm	1. ≥80μm； 2. 普通内外墙涂料两遍	不做表面防护

钢结构的表面防护层最小厚度　　**表 15-75**

防护层设计使用年限(a)	防腐蚀涂层最小厚度(μm)		
	强腐蚀	中腐蚀	弱腐蚀
10～15	320	280	240
5～10	280	240	200
2～5	240	200	160

15.7.2　防腐蚀涂料的配制及施工方法

防腐蚀涂料的配置及施工方法　　**表 15-76**

涂料名称及特点	涂料性能及配制	施工要点
氯化橡胶涂料： 具有耐候性好，抗渗能力强，施工方便，尤其耐紫外线特性显著，气干性好，低温可以施工。常用于室外钢结构及混凝土结构的保护	为单组分，分普通型和厚膜型，其技术指标见表 15-77。涂料贮存期在 25℃以下不应超过 12 个月	(1)该涂料不得与其他涂料混合使用，使用时一般不需加稀释剂 (2)钢铁基层除锈要求不低于 St3、St2 级 (3)每次涂装应在前一层涂膜实干后进行。涂层一般不少于 4 层，施工间隔时间应符合表 15-78 的规定 (4)涂料的施工环境温度应大于 0℃ (5)施工可采用刷涂、滚涂和喷涂，使用前必须搅匀
环氧树脂涂料： 具有涂膜坚韧耐久，有较好的附着力，耐水、耐溶剂、耐碱性和抗潮性。可常温固化。一次可涂较厚的涂层，但不宜阳光照射，用于地下管道、水下设施的涂覆，可涂覆混凝土表面或钢结构表面	包括单组分环氧酯底层涂料和双组分胺固化环氧涂料、胺固化环氧沥青涂料，双组分使用时应随用随配，按产品说明书的配合比准确称量，使用前加入固化剂并放置一段时间熟化（约 0.5h）方可使用，其技术指标见表15-79。贮存期在 25℃下不应超过 12 个月	(1)钢铁基层除锈要求不低于 St2 级。可直接用环氧酯底层涂料或环氧沥青底层涂料封底 (2)在水泥砂浆或混凝土及木质基层上，先用稀释的环氧树脂封底（环氧树脂：稀释剂＝5～7：1），然后再涂环氧酯底层涂料或环氧沥青底层涂料 (3)底层涂料实干后，再进行其他各层涂料施工。每层涂料应在前一层涂料表干后涂覆，施工间隔应符合表 18-80 的规定。 (4)施工采用刷涂、喷涂均可，施工黏度：刷涂时为 30～40s，喷涂时为18～25s

续表

涂料名称及特点	涂料性能及配制	施 工 要 点
聚氨酯树脂涂料： 具有耐磨，耐蚀等突出优点，其底层涂料防锈性能优良，适用于钢及铝合金结构底层或中间涂料；面层涂料可用于金属制品的涂装保护；聚氨酯地面涂料交联密度大，综合性能优良，对混凝土基层具有优良的粘结性、硬度高、抗划性、耐磨性，适用于需耐磨、耐油、耐划伤的生产车间地面	包括单组分涂料和双组分涂料。生产厂家已将各组分配好，施工时只需混合相应组分即可。配好的涂料不宜放置太久，一般在3～5h内用完。其技术性能见表15-81。 涂料的贮存期在25℃以下，不宜超过6个月	(1)水泥砂浆、混凝土及木质基层应除污清理，保持干燥，先用稀释的聚氨酯涂料打底 (2)金属基层除锈要求不得低于St2级，可直接用聚氨酯底层涂料打底 (3)底层涂料实干后，再进行其他各层涂料的施工。每层应在前一层涂膜实干后进行，施工间隔时间宜大于20h (4)涂料的施工环境温度不应低于5℃
高氯化聚乙烯涂料： 具有优异的耐老化性、耐盐雾性、防水性。对气态复杂的介质具有优良的防腐蚀性。层间附着力好，配套性强，施工方便，适用于室内外钢结构底层涂料，能耐工业大气腐蚀及酸、碱、盐等介质腐蚀	为单组分，分普通型和厚膜型。施工建议采用配套方案(主要指钢铁基层)：高氯化聚乙烯铁红或云铁底层涂料、高氯化聚乙烯中间层涂料，然后涂刷面层涂料。其技术性能见表15-82。 涂料贮存期在25℃以下不宜超过10个月	(1)不能与其他涂料混合使用。使用时不需加稀释剂 (2)钢铁基层除锈要求不得低于St3级或Sa2级；新混凝土、水泥砂浆必须经过一定时间的放置和养护，使水分挥发，含水率要求小于3% (3)施工可采用刷涂、滚涂、喷涂。涂装时按纵横交错顺序，保持一定速度进行。底涂层实干后再进行其他各层的施工，每层应在前一层涂膜表干后进行，施工间隔时间应符合表15-83的规定 (4)涂料施工环境温度应大于0℃
聚氨酯聚取代乙烯互穿网络涂料： 具有防腐性好、附着力高、使用范围宽、耐候及耐水性好、干燥迅速、施工简单、维修方便等特点。用于室内外混凝土(环境温度≤100℃)结构防腐；钢结构前处理可适当降低要求	为双组分涂料，按规定的重量比配制并搅拌均匀。施工建议采用的配套方案为：聚氨酯聚取代乙烯互穿网络涂料底层涂料，然后采用面层涂料。其技术性能见表15-84。 涂料贮存期在25℃以下不宜超过3个月	(1)不能与其他涂料混合使用，使用时一般不需加稀释剂 (2)钢铁基层除锈要求宜为St2级 (3)施工可采用刷涂、滚涂、喷涂。底层涂膜实干后再进行其他各层涂料施工，每层应在前一层涂膜实干后涂刷，间隔时间应大于8h，但不宜超过48h
丙烯酸树脂涂料： 具有优异的耐候性、耐酸耐碱、耐化学品腐蚀性；高光泽度、较强的抗洗涤性；气干性较佳，涂膜附着性好，硬度高。用于各种腐蚀环境下建筑物内外墙壁、钢结构表面的防腐	为单组分，其技术性能见表15-85。 涂料贮存期在25℃以下不宜超过10个月	(1)钢铁基层除锈要求不得低于St2级 (2)新混凝土、水泥砂浆表面必须经一定时间的放置和养护，使水分挥发，混凝土表面含水率<3% (3)每次涂装应在前一层涂膜实干后进行，施工间隔时间应大于3h，但不宜超过48h (4)施工环境温度应大于5℃
沥青类涂料： 特点为常温干燥，具有良好的耐酸性能和附着力，耐水性强，原料易得，价廉。但机械性能和耐候性较差，耐热度在60℃以下。用于腐蚀较轻的管道、钢结构、混凝土的表面防腐	包括单组分沥青耐酸涂料、沥青涂料，双组分环氧沥青和聚氨酯沥青涂料，其技术性能见表15-86。 双组分沥青涂料必须按配合比的重量比配制并搅拌均匀。 涂料贮存期在25℃以下不宜超过10个月	(1)钢铁基层除锈要求不得低于St2级 (2)在水泥砂浆、混凝土及木质基层上，先用稀释的环氧树脂封底；金属基层一般用铁红醇酸树脂底层涂料封底，也可直接涂刷沥青耐酸涂料 (3)底层涂料实干后，再涂刷沥青耐酸涂料或沥青涂料。每次涂装必须在前一层涂膜实干后进行，间隔时间应大于8h，涂层一般不少于3层 (4)施工黏度(涂－4黏度计)，涂刷时为18～50s，调整黏度用溶剂汽油

续表

涂料名称及特点	涂料性能及配制	施工要点
玻璃鳞片涂料： 具有防腐蚀范围广、抗渗透性突出、机械性能好、强度高、耐温度剧变、施工方便、修复容易等特点	包括环氧树脂型双组分涂料和乙烯基酯树脂型三组分涂料，从成膜物划分主要为耐蚀树脂型和耐蚀橡胶型两大类鳞片涂料，其技术性能见表 15-87 和表 15-88。 涂料贮存期在25℃以下，环氧树脂型不宜超过 6 个月，乙烯基酯树脂型不宜超过 3 个月	(1)耐蚀树脂型玻璃鳞片涂料不能与其他涂料混合使用，也不允许加稀释剂及其他溶剂。配制时需注意投料顺序且涂刷前需搅拌均匀 (2)乙烯基酯树脂玻璃鳞片涂料不宜采用环氧类底层涂料，宜选用相同树脂底、中、面配套方案，也可采用清树脂适当加一些粉料封底，当必须用环氧类底层涂料时，须对基层做适当处理，然后涂刷乙烯基酯树脂鳞片涂料 (3)钢铁基层除锈要求不得低于St2 级 (4)每次涂装应在前一层涂膜表干后进行，施工的间隔时间见表 15-89 (5)施工温度不应低于 5℃ (6)施工可采用刷涂、滚涂
有机硅涂料： 具有附着力强、耐腐蚀、耐油、抗冲击、防潮等特性；常温干燥或低温烘干(100～150℃)，能耐 400～600℃高温。用于高温炉、烘箱、排气管、暖气管道、电热元件管及其大型高温设备和零件表面	包括无机硅酸锌底层涂料和有机硅树脂耐高温涂料。其技术性能见表 15-90。 涂料贮存期在25℃以下，不宜超过 6 个月	(1)施工时一般不需加稀释剂。涂料应随配随用，边用边搅拌 (2)钢铁基层除锈要求不得低于Sa2 $\frac{1}{2}$级 (3)不得用乙烯鳞化底层涂料打底 (4)底层涂料干燥 24h 后进行面层涂料施工，间隔时间宜为 1h。涂膜总厚度应为 80～100μm (5)施工环境温度不宜低于 5℃，相对湿度应不大于 70%
锈面涂料： 俗称"带锈涂料"，可在未充分除锈清理干净的钢材基面涂刷	为双组分，应在非金属容器内按比例配制，搅拌均匀后使用，其技术性能见表 15-91。 涂料贮存期在25℃以下，不宜超过 6 个月	(1)钢结构表面应无油、无尘或无成块松动的锈层。固定锈层的厚度应符合涂料产品的技术要求 (2)施工应采用刷涂法，以一层为宜 (3)当锈面涂料实干后，应采用耐酸性的配套底层涂料涂装，施工间隔时间不得超过 4h (4)施工环境温度应大于 5℃

氯化橡胶系列涂料及其配套底涂料的技术指标　　表 15-77

涂料名称	技术指标					
	涂料颜色及外观	黏度(Pa·s)	密度(g/cm³)	含固量(%)	干燥时间(h)	
					表干	实干
氯化橡胶鳞片涂料	符合色泽	0.5±0.15	1.20±0.10	50±5	≤2	≤8
氯化橡胶厚膜涂料	符合色泽 各色半光		1.20±0.10	50±5	≤2	≤8
氯化橡胶涂料	符合色泽 各色半光		1.25±0.15		≤2	≤8

氯化橡胶涂料施工的间隔时间　　表 15-78

气温(%)	0～14	15～30	＞30
间隔时间(h)	＞18	＞10	＞6

环氧树脂涂料及其配套底层涂料的技术指标 表 15-79

涂料名称	技术指标				
	涂料颜色及外观	黏度（涂—4，s）	附着力（级）	干燥时间（h）	
				表干	实干
铁红环氧底层涂料	铁红、色调不规定涂膜平整	50～80	1	≤4	≤36
环氧厚膜涂料	透明，无机械杂质	60～90	1	≤4	24
环氧沥青涂料	黑色光亮	40～100	3		24

环氧树脂涂料施工的间隔时间 表 15-80

气温(℃)	10～20	21～30	>31
间隔时间(h)	≥24	≥8	≥4

聚氨酯涂料的技术性能 表 15-81

涂料名称	技术指标				
	涂层颜色及外观	黏度（涂—4，s）	含固量（%）	干燥时间（h）	
				表干	实干
地面涂料	各色有光	—	—	≤4	≤24
各色聚氨酯耐油、防腐蚀面层涂料	各色有光符合色标	15～40	—	≤6	≤22
聚氨酯防腐蚀涂料	平整光亮，符合色标	20～30	—	≤4	≤24
防水聚氨酯	符合色标	40～70	30	≤2	≤24

高氯化聚乙烯涂料及其配套底层涂料的技术性能 表 15-82

涂料名称	技术指标					
	涂层颜色及外观	黏度（涂—4，s）	细度（μm）	含固量（%）	干燥时间（h）	
					表干	实干
高氯化聚乙烯云铁防锈涂料	红褐色	100～130	≤100	≥40	≤2	≤24
高氯化聚乙烯铁红防锈涂料	铁红色	100～130	≤100	≥40	≤2	≤24
高氯化聚乙烯混凝土专用底层涂料	浅色	90～120	—	≥40	≤2	≤24
高氯化聚乙烯中间层涂料	棕褐色	120～160	≤100	≥50	≤2	≤24
高氯化聚乙烯厚膜型面层涂料	符合色标	160～200	≤60	≥55	≤2	≤24
高氯化聚乙烯鳞片面层涂料	符合色标	160～200	≤100	≥45	≤2	≤24

高氯化聚乙烯涂料施工的间隔时间 表 15-83

气温(℃)	0～14	15～30	>30
间隔时间(h)	≥24	≥10	≥6

聚氨酯聚取代乙烯互穿网络涂料的技术指标 表 15-84

涂料名称	技术指标				
	涂料颜色及外观	黏度（涂—4，s）	含固量（%）	干燥时间（h）	
				表干	实干
聚氨酯聚取代乙烯互穿网络涂料	符合色标	40～70	30	6	24

丙烯酸树脂涂料及其配套底层涂料的技术指标　　表 15-85

涂料名称	技术指标							
	外观	干燥时间	含固量（%）	黏度（Pa·s）	附着力（级）	柔韧性（mm）	光泽	掩盖力（g/m²）
丙烯酸树脂底层涂料	符合色标	表干 15min，实干 2h	55±2	0.5±0.05	1	2	82	80
丙烯酸树脂面层涂料	符合色标	表干 15min，实干 2h	53±2	0.5±0.05	1	2	84	82

沥青耐酸涂料的技术性能　　表 15-86

涂料名称	技术指标				
	涂层颜色及外观	黏度（涂－4，s）	附着力（级）	干燥时间（h）	
				表干	实干
沥青耐酸涂料	黑色，涂膜平整光滑	50～80	—	≤3	≤24

树脂类玻璃鳞片涂料及其配套底层涂料的技术性能　　表 15-87

涂料名称	技术指标					
	涂层颜色及外观	黏度（Pa·s）	密度（g/cm³）	含固量（%）	干燥时间（h）	
					表干	实干
二甲苯型树脂鳞片涂料	符合色标	0.5±0.15	1.2～1.3	60±5	≤4	≤24
环氧树脂鳞片涂料	符合色标	0.55±0.15	1.3±0.1	65±5	≤8	≤24
乙烯基酯树脂鳞片涂料	符合色标	0.55±0.15	1.2～1.3	65±5	≤4	≤24
双酚 A 型树脂鳞片涂料	符合色标	0.5±0.15	1.2～1.3	65±5	≤4	≤24

注：底层涂料应根据面层涂料具体牌号选用含有同类树脂的配套产品。

橡胶类鳞片涂料的技术性能　　表 15-88

涂料名称	技术指标						
	外观	含固量（%）	抗冲击（cm）	附着力（级）（划圈法）	抗弯曲（mm）	干燥时间（h）	
						表干	实干
高氯化聚乙烯鳞片涂料面层涂料	符合色标	≥45	50	2	2	≤2	≤24
氯化橡胶鳞片涂料	符合色标	≥50	50	2	2	≤2	≤24

玻璃鳞片涂料施工的间隔时间　　表 15-89

气温（℃）	5～10	11～15	16～25	26～30	＞30
间隔时间（h）	≥30	≥24	≥12	≥8	不宜施工

有机硅涂料及其配套底层涂料的技术性能　　表 15-90

涂料名称	技术指标					
	涂层颜色及外观	黏度（涂－4，s）	密度（g/cm³）	含固量（%）	干燥时间（h）	
					表干	实干
有机硅耐高温涂料底层涂料	灰色	15～25	—	—	≤0.1	≤1
有机硅耐高温面层涂料	符合色标	50～60	—	≥65	≤1	≤24
无机硅酸锌底层涂料	浅色	40～50	50	≥60	≤1	≤24

锈面涂料的技术性能 表 15-91

涂料名称	技术指标				
	涂层颜色及外观	黏度（涂－4，s）	含固量（%）	干燥时间（h）	
				表干	实干
环氧稳定型锈面涂料	铁红色、半光	—	70～75	≤14	≤24
稳定型锈面涂料	红棕色	70～120	35～45	≤2	≤24
稳定型锈面涂料	红棕色、半光	50～80	40～45	≤4	≤24
转化型锈面涂料	红棕色、半光	50～80	40～50	≤4	≤24

15.8 聚氯乙烯塑料板防腐蚀工程施工

聚氯乙烯塑料板防腐蚀工程施工方法 表 15-92

项次	项目	施工方法要点
1	组成、特点及使用	(1)聚氯乙烯塑料板防腐蚀工程包括： 1)硬聚氯乙烯塑料板制作的池槽衬里 2)软聚氯乙烯塑料板制作的池槽衬里或地面两层 (2)施工环境温度宜为15～30℃，相对湿度不应大于70% (3)施工时基层阴阳角应做成圆角，圆角半径宜为30～50mm，基层表面应平整，用2m直尺检查，允许空隙不应大于2mm，混凝土基层强度应大于C20 (4)聚氯乙烯塑料板具有良好的耐腐蚀性能，能耐一定浓度的硫酸、硝酸、醋酸、铬酸、磷酸、草酸、氢氟酸以及氢氧化钠等的作用，有一定的机械强度，易加工成型，铺贴方便，耐电和焊接性能好，原材料来源广，价格低，维护检修方便等优点，但不耐高温，抗老化和抗冲击性能较差 (5)适用于工业建筑作楼地面面层，槽、坑衬里，基础覆面及排气烟道、烟囱、管道等防腐蚀工程
2	原材料要求	(1)聚氯乙烯塑料板分硬板和软板两种，其质量应符合表15-93的规定。外观应板面平整、光洁、无裂纹、色泽均匀、厚薄一致；板内无气泡和杂质。硬板不得出现分层现象。塑料板边缘不得有深度大于3mm的缺口 (2)聚氯乙烯焊条应与焊件材质相同。焊条表面应平整光洁，无节瘤、折痕、气泡和杂质，颜色均匀一致。焊条直径根据焊件厚度按表15-94选用，但第一根焊条直径宜选用2～2.5mm的，使其易于挤入坡口根部 (3)胶粘剂用于粘贴法的氯丁胶粘剂、聚异氰酸酯的质量应符合表15-95、表15-96的规定。超过生产日期3个月或保质期的产品应取样检验，合格后方可使用。其配合比为氯丁胶粘剂：聚异氰酸酯＝100：7～10；过氯乙烯胶粘剂的配合比为过氯乙烯：二氯乙烷＝1：4。配制胶料时应充分搅拌均匀，并在2h内用完 (4)板材进场后应存放在干燥、通风、洁净的仓库内，并距热源1m以外，贮存温度不宜大于30℃。凡是在低于0℃环境中贮存的板材，使用前应在室温下存放24h，贮存期自生产日期起为2年；软板在使用前24h打开放平，解除包装应力，并放到施工地点
3	主要施工机具设备	(1)焊枪：电压220V，亦有用36V。功率为400～500W。枪嘴有直形和弯形两种，枪嘴直径与焊条直径相等为宜，如采用双焊条时可使用双管枪嘴，如图15-3所示 (2)调压变压器：每把焊枪需配1kV·A的调压变压器，焊枪多时可备较大容量的调压变压器 (3)空气压缩机：根据工程量大小选用。使用气压一般为0.05～0.1N/min。每把焊枪空气消耗量为4～6m³/h，如使用4～6把焊枪，可选用1台排气量为0.6m³/min的空气压缩机 (4)焊接设备及其配置如图15-4所示 (5)其他小工具有“V”切口刀、切条刀、刮板、焊条压辊等

续表

项次	项目	施工方法要点
4	施工方法	(1)放样下料：聚氯乙烯塑料板防腐蚀工程的画线、下料应准确，尽量减少焊缝和边角料；应焊前或粘贴前应预拼，形状复杂部位，应制作样板，按样板下料 (2)坡口处理：板材接缝处均应进行坡口处理。硬板焊接时应做成V形坡口，坡口角度与板材厚度、焊缝形式有关，见表15-97；软板粘贴坡口应做成同向顺坡，搭接宽度应为25～30mm (3)成型方式：硬板宜采用焊条焊接法；软板宜采用胶粘剂粘贴法、空铺法或压条螺钉固定法 (4)硬板的焊接：焊接施工时，枪口距焊条和焊件表面保持5～6mm，焊枪嘴与焊件的夹角宜为45°；焊条与焊件的夹角应为90°左右，角度过大过小都会造成焊缝高低不平或焊条被拉伸的现象，如图15-5所示。如使用焊条压辊时，随焊随推进压辊将焊缝压平 焊接温度宜为210～250℃；焊接速度宜为150～250mm/min；焊缝应高出母材表面2～3mm，使呈圆弧形，如表面要求平整时，焊后高出部分应用铲刀铲去。用2根以上焊条的焊缝，焊条接头须错开100mm左右。操作时焊枪上下、左右抖动要均匀，并防止停留时间过长，出现烧焦碳化现象 (5)软板的粘贴：软板粘贴前应用酒精或丙酮进行去污脱脂处理，粘贴面应用砂纸或喷砂打毛至无反光。铺时基层应干净干燥。粘合时可采用满涂胶粘剂法和局部涂胶粘剂法两种： 1)满涂胶粘剂法：粘贴时在软板和基面上各涂刷胶粘剂两遍，应纵横交错进行，涂刷应均匀，不应漏涂，第二遍的涂刷应在第一遍胶粘剂干燥至不粘手时进行，待第二遍胶粘剂干至微粘手时进行粘合，并用辊子滚压赶出气泡，接缝处必须压合紧密，不得出现剥离或翘角等缺陷。当胶粘剂不能满足耐腐蚀要求时，在接缝处应用焊条封焊 2)局部涂胶粘剂法：在接头的两侧和须铺贴场地周边涂刷胶粘剂，板中间采用条粘法，胶粘带的间距宜为500mm，宽度宜为100～200mm，其余要求同满粘法 3)软板搭缝处应用热熔法焊接。焊接时在上下两板搭接内缝处每200mm先点焊固定，再采用热风枪本体熔融加压焊接，不宜采用烙铁烫焊和焊条焊接。搭接外缝处应用焊条满焊封缝 4)粘贴完后应进行养护，养护时间应按所用胶粘剂的固化时间确定。为缩短养护时间，有条件时可采用室内加温或放置热砂袋等方法促凝。在固化前不应使用或扰动 (6)软板空铺法和压条螺栓固定法： 1)施工时接缝应采用搭接，搭接宽度宜为20～25mm。应先铺衬立面，后铺衬底部。支撑扁钢或压条下料应准确。棱角应打磨掉，焊接接头应磨平，支撑扁钢与池槽内壁应撑紧，压条应用螺钉拧紧，固定牢靠，支撑扁钢或压条外应覆盖软板并焊牢 2)用压条螺钉固定时，螺钉应成三角形布置，行距应为400～500mm 3)软板接缝应采用热风枪本体熔融加压焊接法，不宜采用烙铁烫焊法和焊条焊接法。焊接时采用分段预热，将其焊道预热到发软时，立即进行焊接，焊接工艺参数见表15-98，每条焊缝应连续一次焊完，接头处必须焊透。焊接时压碾锤头用力应均匀一致，并紧随焊枪向前压碾，不得中断或延后，软板与介质接触一面，焊后应削去边缘棱角
5	质量要求	(1)工程所用聚氯乙烯塑料板、聚氯乙烯焊条和胶粘剂等原材料，进场时应检查其产品出厂合格证，材料检测报告，进场后应按规定抽样复验，其质量应符合设计要求或国家现行有关标准规定 (2)从事焊接作业的焊工应持有上岗证件，焊工焊接的试件、试样的质量应进行过程测试，并应通过试件、试样检测及过程测试鉴定 (3)塑料板防腐蚀面层应平整、光滑、色泽一致，无皱纹、孔眼，不得有翘曲或鼓泡等缺陷。表面用2m直尺或楔形塞尺检查，允许空隙不应大于2mm，相邻板块的拼缝高差应不大于0.5mm (4)用锤击法检查满涂胶粘剂法的粘结情况，3mm厚板材脱胶处不得大20cm²；0.5～1.0mm厚板材脱胶处不得大于9cm²；各脱胶处间距不得小于50cm (5)用5倍放大镜检查，焊缝表面应饱满、平整、光滑、呈淡黄色，两侧挤出焊浆无焦化、无焊瘤、凹凸不得大于0.6mm，焊缝应牢固，焊缝的抗拉强度不得小于塑料板强度的60% (6)焊条排列紧密，无波纹形，每根焊条接头处应错开100mm (7)空铺法衬里和压条螺钉固定法衬里应进行24h注水试验，检漏孔内应无水渗出 (8)用电火花检测仪进行针孔检查，探头电火花长度应为25mm

聚氯乙烯塑料板的质量　　表15-93

项次	项　目	硬聚氯乙烯板		软聚氯乙烯板
		A类	B类	
1	相对密度（g/cm^3）	1.38～1.60		1.38～1.60
2	拉伸强度（纵、横向，MPa）	≥49.0	≥45.0	≥14.0
3	冲击强度（缺口、平面、侧面，kJ/m^2）	≥3.2	≥3.0	
4	断裂伸长率（纵、横向，%）			≥200

续表

项次	项目		硬聚氯乙烯板		软聚氯乙烯板
			A类	B类	
5	邵氏硬度				75～85
6	热变形温度(℃)		≥73.0	≥65.0	
7	加热尺寸变化率(纵、横向,%)		±3.0		
8	加热损失率(%)				≤10.0
9	整体性		无裂缝		
10	燃烧性能		1		
11	腐蚀度(60±2)℃，5h(g/m²)	40%氢氧化钠	±1.0		±1.0之间
		40%硝酸	±1.0		±6.0之间
		30%硫酸	±1.0		±1.0
		35%盐酸	±2.0		±6.0

焊条直径的选择 **表 15-94**

焊件厚度（mm）	2～5	5.5～15	>16
焊条直径（mm）	2.0～2.5	2.6～3.0	3.0～4.0

氯丁胶粘剂质量指标 **表 15-95**

项 次	项 目	指 标
1	外观	米黄色黏稠液体
2	固体含量（%）	≥25
3	黏度（25℃，Pa·s）	2～3
4	使用温度（℃）	≤110

聚异氰酸酯质量指标 **表 15-96**

项 次	项 目	指 标
1	外 观	紫红色或红色液体
2	NCO含量（%）	20±1
3	不溶物含量（%）	≤0.1

缝边坡口截面形状、尺寸 **表 15-97**

焊 缝 名 称	焊 缝 简 图	焊缝尺寸（mm）	适 用 范 围
单面焊接V形对接焊缝		s=2～8时 α=90°～85°; s=10～20时 α=80°～70°	适用于只能在一面焊接的焊缝
X形对接焊缝		s=4～8时 α=90°～80°; s=8～15时 α=80°～70°; s=15～20时 β=70°～65°	适用于s>4mm可双面焊接的焊缝
搭接焊缝		b≥3α	适用于非主要焊缝

续表

焊缝名称	焊缝简图	焊缝尺寸(mm)	适用范围
单V形填角焊缝	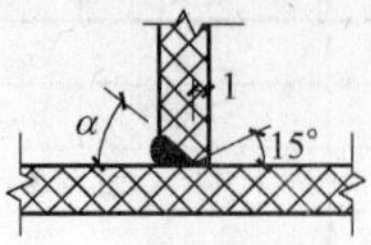	$\alpha=45°\sim55°$	适用于要求不高的贮槽,或有地脚螺栓的设备
V形角焊缝	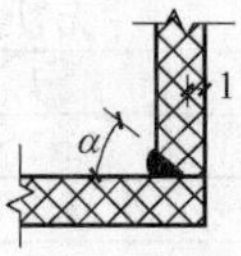	$\alpha=45°\sim55°$	适用于只能单面焊,要求不高的贮槽或有地脚螺栓的设备
V形角焊缝	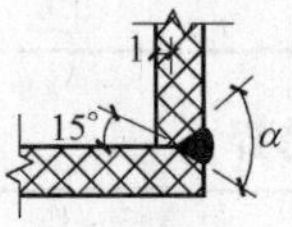	$\alpha=70°\sim80°$	适用于只能单面焊,要求不高的贮槽底部结构
X形对角焊缝	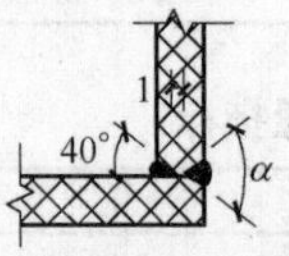	$\alpha=70°\sim80°$	适用于双面焊

软板本体熔融加压焊接工艺参数 **表15-98**

项次	项目	工艺参数
1	焊嘴静态出口温度(℃)	160～170
2	焊接速度 (m/min)	0.4～0.5
3	焊嘴与焊道间夹角(°)	30
4	平焊 (cm/min)	20～25
5	立焊 (cm/min)	20～30

15.9 防腐蚀工程安装技术

防腐蚀工程安装技术 **表15-99**

项次	项目	安全技术要点
1	一般要求	(1)参加防腐蚀工程的施工操作和管理人员,施工前必须进行安全技术教育,制定安全操作规程,并进行安全技术交底 (2)在易燃、易爆区域内动火时,必须采取防范措施,办理动火证后,方可动火 (3)进入油库、易燃、易爆区域和地沟阴井等密闭处时,严禁携带火种及其他易产生火花、静电的物品,不得穿带钉鞋和化纤工作服 (4)防腐操作人员应穿工作服、戴乳胶手套、防尘口罩、防护眼镜、防毒面具等防护用品;患有慢性皮肤病或对某些物质有刺激过敏反应者,不宜参加施工 (5)易燃易爆和有毒材料不得堆放在施工现场,应存放在专用库房内,并设有专人管理。施工现场和库房,必须设置消防器材 (6)临时用电线路、设备,必须经认真检查,符合安全使用要求后,方可使用。用电设备必须进行接地;在防爆区域内施工,必须采用防爆电器开关,其照明灯具必须采用防爆灯 (7)高处作业时,使用的脚手架、吊架、靠梯和安全带等,必须认真检查合格后,方可使用

续表

项次	项目	安全技术要点
2	防火防爆	(1)熬制沥青类材料，防火要求同防水工程。室内熬制沥青类材料应加强通风，锅灶上方应设置排气罩，并控制加热温度，发现黄烟应立即撤火降温、加盖湿麻布袋或撒石英粉隔绝空气灭火 (2)配制使用乙醇、苯、丙酮等易燃材料的施工现场，应严禁烟火和使用电炉等明火设备，并应备置消防器材 (3)配制硫酸溶液时，应将硫酸注入水中，严禁将水注入酸中；配制硫酸乙酯时，应将硫酸慢慢注入酒精中，并充分搅拌，温度不得超过60℃，以防酸雾飞出伤人 (4)防腐涂料的溶剂，常易挥发出易燃易爆的蒸气，当达到一定浓度后，遇火易引起燃烧或爆炸，施工时加强通风降低积聚浓度，涂料常用溶剂的闪点和爆炸极限见表15-100
3	防尘防毒	(1)研磨、筛分、配料、搅拌粉状填料，宜在密封箱内进行，并有防尘措施，粉料中二氧化硅在空气中的浓度不得超过2mg/m³ (2)酚醛树脂中的游离酚，聚氨基甲酸酯涂料含有的游离异氰酸基，漆酚树脂漆含有的酚，水玻璃材料中的粉状氟硅酸钠，树脂类材料使用的固化剂如乙二胺、间苯二胺、苯磺酰氯、酸类及溶剂，如溶剂汽油和丙酮均有毒性，现场除自然通风外，还应根据情况设置机械通风，保持空气流通，使有害气体含量小于允许含量极限，空气中有毒物料最大浓度不得超过表15-101的允许限值

常用溶剂的闪点和爆炸极限　　表15-100

名称	闪点(℃)	自燃点(℃)	爆炸极限(体积百分数)	
			下限	上限
丙酮	20	—	2.55	12.80
乙醇	14	421	2.30	9.50
汽油	10	268	—	—
苯	8	580	1.50	8.00
甲苯	3～7	553	1.20	6.50
醋酸乙酯	3	484	2.30	11.40
石油溶剂	28	—	—	—
松节油	30～32	—	0.05g/L	—

施工现场有害气体、粉尘的最高允许浓度　　表15-101

物质名称	最高允许浓度(mg/m³)	物质名称	最高允许浓度(mg/m³)
二甲苯	100	丙酮	400
甲苯	100	溶剂汽油	300
苯乙烯	40	含50%～80%的游离二氧化硅粉尘	1.5
乙醇	1500	含80%以上的游离二氧化硅粉尘	1
环己酮	50		

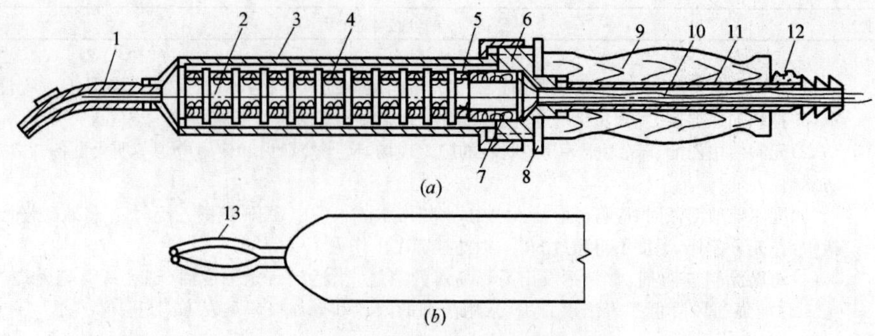

图 15-3　聚氯乙烯塑料焊枪构造

(a) 焊枪构造；(b) 双管焊枪

1—变形枪嘴；2—磁圈；3—外壳；4—电热丝；5—双线磁接头；6—固定圈；7—连接帽；8—隔热垫圈；9—手柄；10—电源线；11—空气导管；12—支头螺栓；13—ϕ4 钢管

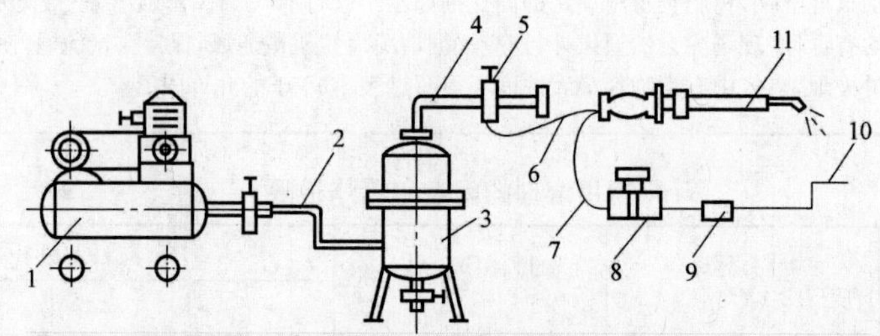

图 15-4　聚氯乙烯塑料焊接设备及其配置

1—空气压缩机；2—压缩空气管；3—过滤器；4—过滤后压缩空气管；5—气流控制阀；6—软管；7—调压后电源线；8—调压变压器；9—漏电自动切断器；10—接 220V 电源；11—焊枪

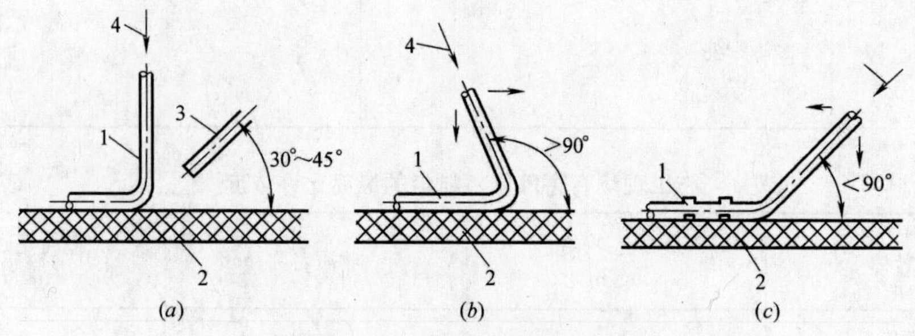

图 15-5　焊条与焊件的焊接角度

(a) 正常的焊接角度；(b) 焊条与焊件夹角过大；(c) 焊条与焊件夹角过小

1—焊条；2—焊件；3—焊枪嘴；4—施焊方向

16 建筑地面

16.1 整体面层

16.1.1 水泥混凝土面层

水泥混凝土面层做法及施工方法　　表16-1

项次	项目	施工方法要点
1	构造做法及适用范围	(1)水泥混凝土面层的厚度一般为30～40mm,面层兼垫层的厚度按设计要求,但不应小于60mm (2)水泥混凝土面层的强度等级应按设计要求,且不应小于C20,水泥混凝土垫层兼面层的强度等级不应小于C15 (3)水泥混凝土面层铺设不得留施工缝,当施工间歇超过允许时间规定时,应对接槎处进行处理 (4)面积较大的水泥混凝土地面应设置伸缩缝 (5)水泥混凝土面层具有强度高、抗裂、耐磨性好、施工简便、价格较低、耐久耐用等优点。适于做一般耐磨、抗裂性要求较高的厂房、车间或公用和民用住宅建筑地坪面层。在一些公共场所,水泥混凝土面层还可以做成各种色彩或做成透水性混凝土面层
2	材料要求及配合比	(1)水泥:采用不低于42.5级的硅酸盐水泥、普通硅酸盐水泥或矿渣硅酸盐水泥等,要求新鲜无结块 (2)砂:采用粗砂或中粗砂,含泥量不应大于3% (3)石子:采用坚硬、耐磨、级配良好的碎石或卵石,其最大粒径不应大于面层厚度的2/3;当为细石混凝土面层时不大于16mm。石子含泥量不应大于2% (4)水:采用符合饮用标准的水 (5)配合比:施工配合比应由试验室提供,并经现场试配确定。要求混凝土强度等级符合设计要求,且不低于C20,水泥用量不小于300kg/m^3,坍落度10～30mm
3	混凝土铺设	(1)水泥基层的抗压强度不得小于1.2MPa,表面应粗糙、洁净、湿润并不得有积水,必要时基层表面应凿毛或涂刷界面剂 (2)混凝土可采用商品混凝土,也可现场机械搅拌,但必须拌合均匀,搅拌时间不应少于90s。浇筑时的坍落度不宜大于30mm (3)铺设前,根据墙面已有+0.5m水平标高线,测量出地面面层的水平线,弹在四周墙面或柱面上,并与房间以外的楼道、楼梯平台、踏步的标高相互一致 (4)面层内有钢筋网片时应先进行钢筋网片的绑扎,网片按设计要求制作、绑扎 (5)铺设混凝土前应根据水平线尺寸,在四周及中间贴好灰饼,间距1.5m,并用木板隔成宽度不大于3m的条形区段,以控制厚度,地面有地漏时,要在地漏四周做出0.5的泛水坡度 (6)铺设混凝土时先均匀扫水泥浆(水灰比0.4～0.5)一遍,随扫随铺,按分段顺序铺混凝土,随铺随用长木杠刮平拍实,然后用长带形平板振动器振捣密实,或采用30kg重滚筒纵横交叉来回滚压3～5遍至表面出浆,再用木抹子搓平

续表

项次	项目	施工方法要点
		当采用泵送混凝土铺设时，在满足泵送要求的前提下，尽量采用较小的坍落度，布料口要来回摆动布料，禁止靠混凝土自然流淌布料，随布料随用大杠粗略找平后，用平板振动器振捣密实，再用木杠刮平，木抹搓平，多余的净浆要随即刮除，如因水量过大而出现表面泌水，宜采用撒一层拌合均匀的干水泥砂子（体积比为水泥：砂子＝1：1），待表面收水后即可抹平压光 (7)水泥混凝土初凝前，应完成面层抹压、揉搓均匀，待混凝土开始凝结时即分遍抹压面层，或用抹光机抹光，直至表面平整光滑，不得漏压，不得撒干水泥，避免起皮，压光时间应控制在终凝前完成 (8)面层混凝土第三遍抹压完 24h 后及时覆盖草袋或锯屑浇水养护，每天浇水养护 2 次，或在门口筑堤蓄水养护不少于 7d，养护期间应封闭。抗压强度达到 5MPa 后方可上人行走，抗压强度达到设计要求后，方可使用 (9)混凝土面层应连续浇筑不留施工缝，当施工间歇时间超过规定时间，应对已凝结的混凝土接槎处进行处理，剔除松散石子、砂浆，润湿并铺设与混凝土配合比相同的水泥砂浆后，再浇筑混凝土，并应重视接槎处的捣实压平、压光，不应显出接槎痕 (10)踢脚线施工：水泥混凝土面层一般用水泥砂浆做踢脚线，并在地面面层完成后施工。底层和面层砂浆宜分两次抹成。抹底层砂浆前先清理基层，洒水湿润，然后按标高线量出踢脚线标高，拉通线确定底灰厚度，贴灰饼，抹 1：3 水泥砂浆，刮板刮平、搓毛，洒水养护。抹面层砂浆顶在底层砂浆硬化后，拉线粘贴尺杆，抹1：2水泥砂浆，用刮板紧贴尺杆垂直地面刮平，用铁抹子压光，阴阳角、踢脚线上口，用角抹子溜直压光。踢脚线的出墙厚度宜为 5～8mm
4	质量要求	(1)水泥混凝土面层所用水泥、砂、石等原材料应有产品合格证和质量检验报告，进场后应按规定抽样复验，其质量应符合设计要求或国家现行有关标准的规定 (2)现场应按规定留置的试件，其检测的强度等级应符合设计要求，且不应低于 C20 (3)面层与下一层应结合牢固，且应无空鼓、开裂，当出现空鼓时，空鼓面积不应大于 400cm^2，且每自然间或标准间不应多于 2 处 (4)面层表面应洁净，不应有裂纹、脱皮、麻面、起砂等缺陷；表面坡度应符合设计要求，不应有倒泛水现象 (5)水泥混凝土面层的允许偏差和检验方法应符合表 16-2 的规定

整体面层的允许偏差和检验方法　　表 16-2

项次	项目	允许偏差(mm)									检验方法
		水泥混凝土面层	水泥砂浆面层	普通水磨石面层	高级水磨石面层	硬化耐磨面层	防油渗混凝土和不发火(防爆)面层	自流平面层	涂料面层	塑胶面层	
1	表面平整度	5	4	3	2	4	5	2	2	2	用 2m 靠尺和楔形塞尺检查
2	踢脚线上口平直	4	4	3	3	4	4	3	3	3	拉 5m 线和用钢尺检查
3	缝格顺直	3	3	3	2	3	3	2	2	2	

16.1.2 水泥砂浆面层

水泥砂浆面层做法及施工方法 表 16-3

项次	项目	施工方法要点
1	构造做法及适用范围	(1)水泥砂浆的强度等级不应低于 M15,体积配合比为 1∶2(水泥∶砂)砂应采用中粗砂,含泥量<3%;缺少砂的地区,可用石屑代替,石屑粒径应为 1~5mm,水泥石屑的体积比为 1∶2(水泥∶石屑)。水泥砂浆面层的厚度不应小于 20mm (2)当水泥砂浆面层的基层为预制板时,宜在面层内设置直径 $\phi 3 \sim \phi 5$@150~200mm 的防裂钢筋网。水泥砂浆面层下埋设管线等出现局部厚度减薄时,应按设计要求做防止面层开裂的措施:1)当结构层上局部埋设并排管线且宽度≥400mm 时,应在管线上方局部位置设置防裂钢筋网片,其宽度距管边不小于 150mm;2)当底层水泥砂浆地面内埋设管线时,可采用局部加厚混凝土垫层的做法;3)当预制板的板缝中埋设管线时,应加大板缝宽度并在其上方部位设置防裂钢筋网片 (3)面积较大的水泥砂浆面层应设置伸缩缝,在梁或墙、柱边部位应设置防裂钢筋网片 (4)水泥砂浆面层的坡度应符合设计要求,一般为 1%~3%,不得有倒泛水和积水现象 (5)水泥砂浆面层具有材料来源广、整体性能好、强度高、耐磨、耐久性能好,施工操作简便、快速、造价低等优点。适用于一般厂房车间及民用住宅的地坪面层
2	材料要求	(1)水泥:采用强度等级不低于 42.5 级的硅酸盐水泥、普通硅酸盐水泥,要求新鲜无结块 (2)砂:采用中粗砂,含泥量不应大于 3%;当采用石屑时,其粒径应为 1~5mm,且含泥量(含粉量)不大于 3%。防水水泥砂浆采用的砂或石屑,其含泥量不应大于 1% (3)水:采用符合饮用标准的水 (4)配合比:水泥砂浆的强度等级应符合设计要求,一般不应低于 M15,配合比为 1∶2(水泥∶砂,体积比),稠度不大于 35mm,水泥石屑浆为 1∶2(水泥∶石屑,体积比),水灰比为 0.3~0.4
3	砂浆铺设	(1)基层要求同水泥混凝土面层 (2)弹标高和面层水平线,同水泥混凝土面层做法 (3)根据水平线尺寸在房间四周及中间用 1∶2 干硬性水泥砂浆贴灰饼(50~80mm×50~80mm)和标筋(宽 80mm),间距 1.5~2.0m,有坡度的地面,应坡向地漏,如局部厚度小于 10mm,应调整其厚度或将局部高出的部分凿除。对面积较大的地面,应用水准仪测出基层的实际标高,并算出面层的平均厚度,确定面层标高,然后做灰饼 (4)水泥砂浆应用机械搅拌,拌合要均匀,颜色一致,搅拌时间不应小于 2min (5)铺抹时先均匀扫素水泥浆(水灰比 0.4~0.5)一遍,随扫随铺水泥砂浆(砂浆的虚铺厚度宜比灰饼高出 3~4mm),用刮杆按灰饼高度将砂浆刮平,同时把灰饼剔出,并用砂浆填平。然后用木抹子揉槎压实、槎平 (6)稍干,用铁抹子压光,三遍成活,头遍提浆拉平,将终凝时二遍压光,开始终凝时进行第三遍压光,将抹纹压平、压实、压光交活 (7)砂浆过稠,可略洒水,过稀可撒 1∶1 干拌均匀的水泥砂子面,静置 10~20min,收水后压光,用靠尺检查平整度,当采用地面抹光机压光时,水泥砂浆的干硬度应比手工压光时稍干一些 (8)面层上须设分格缝时,应在水泥砂浆初凝后进行。在面层上按分格缝弹线,用木抹子沿线槎一条一抹子宽的毛面,再用铁抹子压光,然后用分格器压缝。大面积水泥砂浆面层的分格缝位置应与水泥类垫层的缩缝对齐,分格缝要求平直、深浅一致 (9)面层压光 24h 后,用锯屑或草袋覆盖洒水养护,每天两次,或表面洒水后覆盖薄膜保持湿润,或筑堤蓄水养护不少于 7d (10)踢脚线操作同水泥混凝土面层

续表

项次	项目	施工方法要点
4	质量要求	(1)水泥砂浆面层所用水泥、砂等原材料应有产品合格证和质量检验报告，进场后应按规定抽样复验，其质量应符合设计要求 (2)现场应按规定留置的试件，其检测的强度等级应符合设计要求，且不应低于M15 (3)面层与下一层应结合牢固，且应无空鼓和开裂，当出现空鼓时，空鼓面积不应大于400cm^2，且每自然间或标准间不应多于2处 (4)面层表面应洁净，不应有裂纹、脱皮、麻面、起砂等现象。面层表面的坡度应符合设计要求，不应有倒泛水和积水现象 (5)水泥砂浆面层的允许偏差应符合表16-2的规定

16.1.3　水磨石面层

水磨石面层做法及施工方法　　表16-4

项次	项目	施工方法要点
1	构造做法及适用范围	(1)采用水泥与石粒的拌合料在15～20mm厚1∶3水泥砂浆基层上或35mm厚C20以上混凝土垫层上铺设而成，如图16-1所示 (2)面层厚度除有特殊要求外，一般宜为12～18mm，并按选用的石料粒径确定厚度，见表16-5 (3)水磨石面层有防静电要求时，其拌合料内应按设计要求掺入导电材料，面层厚度宜为12～18mm。同时采用导电金属分格条时，分格条须经绝缘处理，且十字交叉处不得碰接 (4)水磨石面层具有表面光滑、平整、观感好等特点，根据设计和使用要求，可以做成各种颜色和图案的地面。适用于有一定防潮(防水)要求及有较高清洁要求或不起尘、易清洁等要求以及不发生火花要求的建筑物楼地面，如工业建筑中的一般装配车间、恒温恒潮车间等，在民用与公共建筑中使用也较广泛，如库房、室内旱冰场、餐厅、酒吧、舞厅、卫生间、化验室等
2	材料要求	(1)水泥：采用强度等级不低于42.5级的硅酸盐水泥、普通硅酸盐水泥或矿渣硅酸盐水泥，要求新鲜无结块。白色或浅色水磨石面层应采用白水泥。同一颜色的面层应使用同一批水泥。不同品种、不同强度等级的水泥严禁混用 (2)石粒：采用大理石、白云石等坚硬可磨的岩石加工而成，石粒应洁净无杂物。常用大理石渣品种及常用石渣规格粒径见表16-6、表16-7。石渣在运输、装卸和堆放过程中，应防止混入杂质，并应按产地、种类和规格分别堆放，使用前应用水冲洗干净、晾干待用 (3)颜料：采用耐碱、耐光的矿物颜料，不得使用酸性颜料，同一彩色面层应使用同厂、同批的颜料，以避免造成颜色深浅不一 (4)分格条：铜条厚1.0～1.2mm，合金铝条厚1～2mm，玻璃条厚3mm，塑料条厚2～3mm，分格条长度以分块尺寸而定，一般为1000～1200mm，高为10～15mm。铜条、铝条需经调直后使用，在下部1/3处每米钻4个$\phi 2$的孔，以便穿钢丝用 (5)草酸：白色结晶，块状或粉状均可 (6)蜡：用川蜡或地板蜡成品，颜色符合磨面颜色 (7)钢丝 (8)配合比：按设计要求并经现场试配确定。一般面层用水泥石渣浆施工参考配合比见表16-8、表16-9。做带色水磨石需掺入颜料，配色用料比例见表16-10，颜料掺入量一般为水泥用量的3%～6%，或由试验决定 配制时先将颜料与水泥干拌过筛，再掺入石渣拌合均匀后，最后加水搅拌均匀即可，稠度约6mm

续表

项次	项目	施工方法要点
3	石渣浆铺设	(1)基层要求及处理同水泥混凝土面层 (2)铺底子砂浆前进行找规矩冲筋，间距1m左右，随扫素水泥浆随铺1∶3水泥砂浆打底10～15mm厚稠度30～35mm用木抹搓平并打毛，24h后洒水养护 (3)底子养护1～2d(抗压强度达1.2N/mm²)后，按设计图案纵横分格弹线，弹线时，先根据墙面位置及镶边尺寸弹出镶边线，然后复核内部分格与设计是否相符，如有余量或不足，则按实际进行调整，分格间距以1m为宜 (4)按线用稠水泥浆把分格条粘结固定，嵌分格条方法如图16-2所示，嵌条应先粘一侧，再粘另一侧，嵌条为铜、铝料时，应用长60mm的22号钢丝从嵌条孔中穿过并埋固在水泥浆中，水泥浆粘贴高度应比嵌条顶面低4～6mm，并做成45°坡。嵌条时用靠尺板比齐，分格条上平一致，接头紧密。嵌条稳好后12h，开始洒水养护不少于2d (5)铺石渣浆前应先清扫干净，并刷水灰比为0.4～0.5的水泥浆粘结层，随即铺石渣浆，用刮尺刮平，虚铺厚度比分格条顶面高5mm左右，再在其上面均匀撒一层石渣，拍平压实、提浆(特别注意分格条两侧及交角处的拍平、压实)，拍实压平后的石渣浆厚度以高出分格条1～2mm为宜，如发现石粒过稀处，可在表面再适当撒一层石粒，过密处可适当剔除一些石粒，使表面石子显露均匀，无缺石子现象。待七八成干时，用铁抹子抹压至与嵌条一平。大面积施工可采用滚筒(重50kg及30kg各一个)滚平压实，使表面出浆，滚压时用力应均匀，防止压倒或压坏分格条，并注意嵌条附近浆多石粒少时，随时补上，收水后再二次滚压，最后抹平压光，次日浇水养护，常温时5～7d (6)面层有几种因素时，几种颜色的石渣不可同时铺设，要先抹深色的，后抹浅色的，先做大面，后做镶边，待前一种凝固后，再铺后一种，以免串色，界限不清，影响质量
4	磨光打蜡	(1)磨光有用磨光机磨光和人工持磨石磨光两种，后者仅用于工程量小或不能使用磨光机的部位。磨光前应先试磨，以石粒不松动为准，开磨时间可参见表16-11。磨光一般2～3遍，要求高级的为4遍： 1)磨头遍用60～90号金刚石，随磨随洒水，要求石渣磨匀、磨平，嵌条全部露出。磨完后用清水冲洗干净，稍干后薄薄刮同色水泥浆养护约2d 2)第二遍用100～180号金刚石，洒水后开磨至表面平滑，用水冲洗干净后，再满涂同色水泥浆养护2d 3)第三遍用180～240号金刚石，洒水细磨至表面光亮 4)当为高级水磨石时，在第三遍磨光后，经满浆、养护后，用400号油石继续进行第四遍、第五遍磨光至呈镜面状态 (2)涂草酸：将磨面用清水冲洗干净、擦干，经3～4d干燥。每1kg草酸用3kg沸水化开，待溶化冷却后，用布蘸草酸溶液擦，再用280号油石在上面磨研酸洗，清除磨面上的所有污垢，至石子显露表面光滑为止，然后用水冲洗、擦干。也可在磨光后，在表面直接撒草酸粉洒水，进行擦洗，露出面层本色，再用清水冲洗干净、擦干 (3)打蜡： 1)打蜡应在其他工序全部完成后进行 2)蜡的配制：用1kg川蜡和5kg煤油，同时放在大桶里经130℃熬制，以冒白烟为宜，随即加0.35kg松香水、0.06kg鱼油调制而成 3)将蜡包在薄布内或用布沾稀糊状的蜡，在面层上均匀地涂上一层，待干后再用钉细帆布或麻布的木块代替油石，装在磨盘上进行研磨第一遍，再上蜡磨第二遍直至光滑洁亮为止 (4)上蜡后须铺锯末进行养护
5	踢脚线施工	(1)踢脚线应在水磨石磨后进行。铺抹石渣浆前应对基层清理并抹水泥砂浆找平层 (2)踢脚线石渣浆的配合比为1∶1～1∶1.5(水泥∶石渣)，出墙厚度宜为8mm，石粒宜为小八厘。铺抹时，先湿润底子灰，在阴阳角及上口，用靠尺按水平线找好规矩，贴好尺杆，刷素水泥浆一遍后，随即抹石渣浆，抹平、压实，待石渣浆初凝时，用毛刷蘸水刷去表面灰浆，次日喷水养护 (3)踢脚线的磨光、酸洗、打蜡等工序和要求同水磨石面层

续表

项次	项目	施工方法要点
		(1)水磨石面层所用水泥、石粒等原材料应有产品出厂合格证和检测报告，进场后按规定抽样复试，其质量应符合设计要求或国家现行标准的有关规定 (2)水磨石面层拌合料的体积的应符合设计要求，且水泥与石粒的比例应为1：1.5～1：2.5，计量应准确 (3)面层与下一层结合应牢固，且应无空鼓、裂纹，当出现空鼓时，空鼓面积不应大于400cm^2，且每自然间或标准间不应多于2处 (4)面层表面应光滑，且应无裂纹、砂眼和磨痕；石粒应密实、显露应均匀；颜色图案应一致，不混色；分格条应牢固、顺直和清晰 (5)水磨石面层的允许偏差应符合表16-2的规定

水磨石面层厚度和允许石渣最大粒径　　表16-5

水磨石面层厚度(mm)	10	15	20	25	30
石渣最大粒径(mm)	9	14	18	23	28

常用大理石渣品种　　表16-6

名称	颜色	产地	名称	颜色	产地
汉白玉	洁白	北京房山	湖北黄	地板黄	湖北铁山
雪云	灰白	广东云浮	黄花玉	淡黄	湖北黄石
桂林白	白色、有晶粒	广西桂林	晚霞	礦间土黄	北京顺义
户县白	白色	陕西户县	蟹青	灰黄	河北
曲阳白	玉白色	河北曲阳	松香黄	焦黄	湖北
墨玉	黑色	河北获鹿	粉荷	紫褐	湖北
大连黑	黑色	辽宁大连	青奶油	青紫	江苏丹徒
桂林黑	黑色	广西桂林	东北绿	淡绿	辽宁凤凰城
湖北黑	黑色	湖北铁山	丹东绿	深绿间微黄	辽宁丹东
芝麻黑	黑绿相间	陕西潼关	莱阳绿	深绿	山东莱阳
东北红	紫红	辽宁金县	潼关绿	浅绿	陕西潼关
桃红	桃红色	河北曲阳	银河	浅灰	湖北下陆
曲阳红	粉红	山东曲阳	铁灰	深灰	北京
南京红	灰红	江苏南京	齐灰	灰色	山东青岛
岭红	紫红间白	辽宁铁岭	锦灰	浅黑灰底	湖北大冶

常用石渣号数规格　　表16-7

石渣号数			1号	2号	3号	4号
习惯称呼	大二分	一分半	大八厘	中八厘	小八厘	米厘石
相当粒径(mm)	20	15	8	6	4	2～4

水磨石面层施工配合比　　表16-8

顺次	石子规格	配合比(体积比) (水泥+颜料)：石子	适用部位	铺抹厚度(mm)
1	1号	1：2.0	地平面层	12～15
2	1、3号混合	1：1.5	地平面层	12～15
3	3号或4号	1：1.25～1.50	地平面层	8～10
4	3号或4号	1：1.25	墙裙、踢脚板	8

续表

顺次	石子规格	配合比(体积比) (水泥+颜料)∶石子	适用部位	铺抹厚度(mm)
5	3号或4号	1∶0.83～0.90	复杂线脚	按实际而定
6	1号或2号	1∶1.30～1.35	预制板	20～30
7	3号或4号	1∶1.30	预制扶梯踏步板	20

注：现粉地坪及预制板表面可在粉刷抹平后，用同样颜色且粒径大的石子均匀地撒于表面，压实磨光，使制品面层美观。

水泥石子浆用料参考表（kg/m³） **表 16-9**

材料名称	1∶1	1∶1.25	1∶1.5	1∶2	1∶2.5	1∶3
水泥	956	862	767	640	550	481
石子	1167	1285	1404	1563	1677	1762
水	279	267	255	240	229	221

水磨石面层配色用料比例参考表 **表 16-10**

水磨石色别	重量配合比				使用有色石子	
	水泥		颜料			
	种类	用量	种类	用量	规格	颜色
黑色	青	100	黑粉	11.82	3号	黑
白色	白	100	—	—	3号	白云石
深红	青	100	红粉	10.30	3号	紫石
粉红	白	100	红粉	0.80	3号	花红
淡红	青	100	红粉	2.06	—	紫红
深绿	白	100	绿粉	9.14	3号	绿色
墨绿	青	100	绿粉	9.74	3号	黑色
翠绿	白	100	绿粉	6.50	3号	绿色
和绿	青、白	各50	绿粉	4.87	3号	玉色
深黄	青、白	各50	黄粉	7.66	3号或4号	奶油
淡黄	白	100	黄粉	0.48	3号	奶油
咖啡	青、白	各50	黑粉 红粉	2.90 10.30	3号	紫红
深灰	青、白	各50	—	—	—	花红
淡灰	白	100	黑粉	0.3	细3号	灰色

注：表中红粉系氧化铁红；黑粉系炭黑等；绿粉系铬绿等；黄粉系氧化铁黄、铬黄等。

水磨石面层开磨前需养护天数（d） **表 16-11**

方式 \ 气温	5～10℃	10～20℃	20～30℃
机械磨光	5～6	3～4	2～3
人工磨光	2～3	1.5～2.5	1～2

注：天数以水磨石压实抹光完成算起。

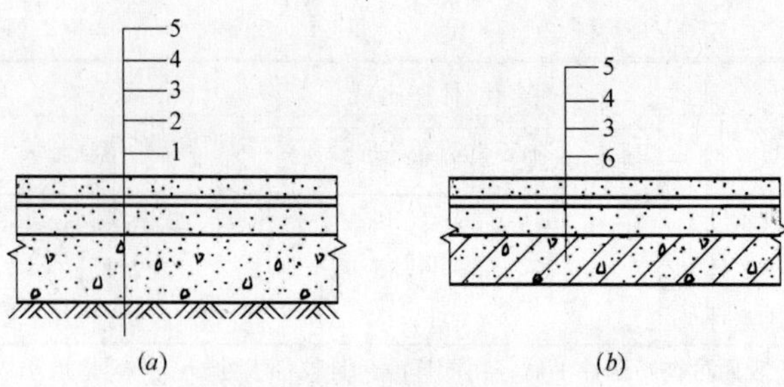

图 16-1 水磨石面层构造做法

(a) 地面工程；(b) 楼面工程

1—基土层；2—混凝土垫层；3—水泥砂浆找平层；4—素水泥浆；

5—水泥石子浆面层；6—楼板结构层

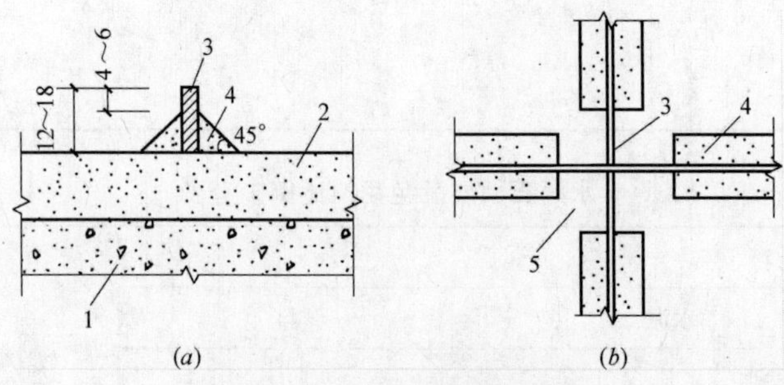

图 16-2 嵌分格条方法

(a) 嵌分格条；(b) 嵌分格条平面图

1—混凝土垫层（或楼板结构层）；2—水泥砂浆找平层；3—分格条；

4—素水泥浆；5—40～50mm 内不抹素水泥浆区

16.1.4 硬化耐磨面层

硬化耐磨面层做法及施工方法 **表 16-12**

项次	项目	施工方法要点
1	构造做法及适用范围	(1)硬化耐磨面层应采用金属渣、屑、纤维或石英砂、金刚砂等，并应与水泥类胶凝材料拌合铺设或在水泥类基层上撒布铺设，如图 16-3 所示 (2)硬化耐磨面层采用拌合料铺设时，拌合料的配合比应通过试验确定；采用撒布铺设时，耐磨材料的撒布量应符合设计要求，且应在水泥类基层初凝前完成撒布 (3)硬化耐磨面层采用拌合料铺设时，宜先铺设一层强度等级不小于 M15、厚度不小于 20mm 的水泥砂浆，或水灰比宜为 0.4 的素水泥浆结合层。拌合料铺设厚度和拌合料强度应符合设计要求。当设计无要求时，水泥钢(铁)屑面层铺设厚度不不应小于 30mm，抗压强度不应小于 40MPa；水泥石英砂浆面层铺设厚度不应小于 20mm，抗压强度不应小于 30MPa；钢纤维混凝土面层铺设厚度不应小于 40mm，抗压强度不应小于 40MPa (4)硬化耐磨面层采用撒布铺设时，耐磨材料应撒布均匀，厚度应符合设计要求；混凝土基层或砂浆基层的厚度及强度应符合设计要求。当设计无要求时，混凝土基层的厚度不应小于 50mm，强度等级不应小于 C25；砂浆基层的厚度不应小于 20mm，强度等级不应小于 M15 (5)硬化耐磨面层具有强度高、耐撞击、耐磨损、可利用废料、成本低、施工方便、快速等优点，适用于工业厂房或经常承受坚硬物体的撞击接触、磨损等有较强耐磨损要求的建筑地面

续表

项次	项目	施工方法要点
2	材料要求	(1)水泥:采用硅酸盐水泥或普通硅酸盐水泥,要求新鲜无结块,强度等级不低于42.5级 (2)钢(铁)屑:用金属切削的废屑,粒径为1～5mm;钢纤维的直径宜为1.0mm以内,长度不大于面层厚度的2/3,且不大于60mm;钢(铁)屑和钢纤维不应含有其他杂质,如有油污,用10%浓度的氢氧化钠溶液煮沸去油,再用热水清洗干净并干燥,如有锈蚀,用稀酸溶液除锈,再以清水冲洗后使用 (3)砂:采用中粗石英砂,含泥量不应大于2% (4)水:采用符合饮用标准的水
3	水泥钢屑拌合料铺设和撒布	(1)硬化耐磨面层的配合比应按设计要求或通过试验确定,以水泥浆能填满钢(铁)屑的空隙为准。施工参考配合比为水泥:钢屑:水=1:1.5～2.0:0.31～0.35(重量比),密度不应小于2t/m^3,其稠度不大于10mm。采用机械搅拌。投料程序为:钢屑→水泥→水,要严格控制用水量,要求搅拌均匀至颜色一致,搅拌时间不少于2min,配制好的拌合料应在2h内用完 (2)基层表面的积灰、浮浆、油污及杂物清扫掉,并洗干净,面层铺设前一天浇水湿润 (3)根据墙上+0.5m水平标高线,往下量测出垫层标高,有条件时可将其弹在四周墙上 (4)硬化面层的厚度一般为5mm(或按设计要求),铺设时先铺一层厚20mm的水泥砂浆结合层,面层的铺设应在结合层水泥砂浆初凝前完成。水泥砂浆结合层体积比宜为1:2,稠度为25～35mm,其强度等级不应低于M15 (5)待结合层砂浆初步抹平压实后,接着在其上铺抹5mm水泥钢屑拌合物,用木刮杠刮平,随铺随振(拍)实,待收水后,随即用铁抹子抹平、压实至起浆为止。待结合层砂浆初凝前进行第二次压光,用铁抹子边抹边压,将死坑、孔眼填实压平使表面平整,要求不漏压,表面出光。在结合层水泥砂浆终凝前进行第三遍压光,用铁抹子把前遍留下的抹纹、抹痕全部压平、压实,至表面光滑平整 (6)钢纤维拌合料搅拌质量应严格控制,确保搅拌质量,浇筑时应加强振捣,由于钢纤维阻碍混凝土的流动,振捣时间应适当延长,一般应为普通混凝土的1.5倍,且宜采用平板振动器,尽量避免使用插入式振动棒 (7)撒布铺设时,待基层混凝土或砂浆初凝时,进行第一次撒布,将全部用量的2/3耐磨材料均匀地撒布在基层混凝土或砂浆层的表面,用木抹子抹平,待耐磨材料吸收一部分水分后,采用镘光机碾磨,并用刮尺刮平;待混凝土或砂浆硬化到一定阶段进行第二次撒布,将剩余的1/3耐磨材料均匀地撒布在表面,但撒布方向应与第一次撒布方向垂直,并立即抹平、镘光。镘光机操作时应纵横交叉进行,边角处用木抹子抹平、抹光,当面层硬化至指压稍有下陷阶段时,用镘光机收光。镘光机作业时应纵横交叉镘光3次以上,局部的凌乱抹光,可用薄钢抹刀人工同向、有序压平抹光 (8)较大的楼地面施工时,应分仓施工,分仓伸缩缝间距和形式应按设计要求处理 (9)面层铺好后24h应洒水进行养护,或用草袋覆盖浇水养护,时间不少于7d。撒布法施工后5～6h开始喷洒养护剂养护,用量0.2L/m^2,或覆盖薄膜养护 (10)水泥钢屑面层养护并基本干燥后,用砂纸打磨表面,后清扫干净,用环氧树脂胶泥(配合比为环氧树脂:乙二胺:丙酮=100:80:30)满涂一遍,用橡皮刮板或油漆刮刀轻轻将多余的胶泥刮去,在室温不低于20℃的条件下养护48h即可。以提高面层的耐磨性和耐腐蚀性能
4	质量要求	(1)面层采用的材料应有产品出厂合格证和质量检验资料,进场后按规定抽样复验,其质量应符合设计要求和国家现行标准的规定 (2)用钢尺检查和检查配合比试验报告、强度等级检测报告、耐磨性能检测报告,其面层厚度、强度等级和耐磨性能应符合设计要求 (3)面层与基层(或下一层)结合应牢固,且应无空鼓、裂缝,当出现空鼓时,空鼓面积不应大于400cm^2,且每自然间或标准间不应多于2处 (4)面层表面坡度应符合设计要求,不应有倒泛水和积水现象 (5)面层表面应色泽一致,切缝应顺直,不应有裂纹、脱皮、麻面、起砂等缺陷。面层的允许偏差应符合表16-2的规定

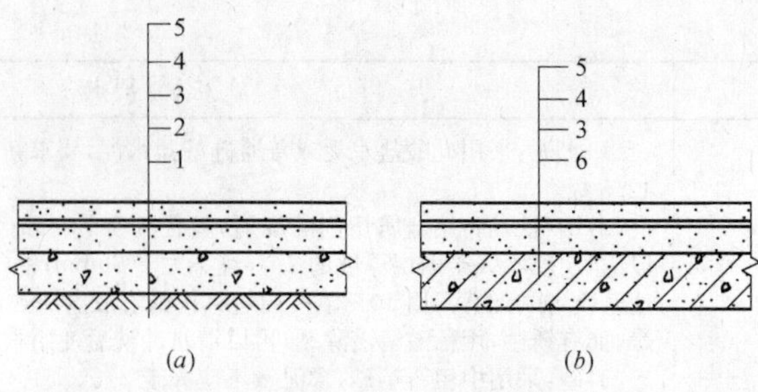

图 16-3　硬化耐磨面层构造做法
(a) 地面工程；(b) 楼面工程
1—基土层；2—混凝土垫层；3—水泥砂浆找平层；4—水泥砂浆结合层；5—硬化耐磨面层；6—楼板结构层

16.1.5　防油渗面层

防油渗面层做法及施工方法　　表 16-13

项次	项目	施工方法要点
1	构造做法及适用范围	(1)防油渗面层应采用防油渗混凝土铺设或采用防油渗涂料涂刷在水泥类基层上而成，如图 16-4 所示 (2)防油渗混凝土面层内不得敷设管线，凡露出面层的电线管、接线盒、预埋套管和地脚螺栓等处理，以及与墙、柱、变形缝、孔洞等连接处泛水均应采取防油渗措施，并应符合设计要求 (3)防油渗面层具有良好的密实性、抗油渗性能，同时具有施工操作工艺简单、节省钢材、降低成本等优点，适用于有阻止油类介质侵蚀和渗透入地面要求的楼地面，如厂房油罐、油库、油槽等地面
2	材料要求	(1)水泥：采用强度等级不低于 42.5 级的普通硅酸盐水泥，要求新鲜无结块 (2)砂：采用中砂，应洁净无杂质，含泥量不大于 1%，其细度模数控制在 2.3～2.6 (3)石子：采用花岗石或石英石碎石，粒径为 5～16mm，最大不应大于 20mm，含泥量不大于 1% (4)水：采用符合饮用标准的水 (5)外加剂：防油外加剂种类很多，常用的有三氯化铁混合剂、氢氧化铁胶凝剂、ST(糖密)、木钙及 NNO、SNS 等，掺入的外加剂和防油渗剂种类应符合设计要求，质量应符合有关标准的规定 (6)防油渗涂料：应按设计要求选用涂料品种，常用树脂乳液涂料，如聚醋酸乙烯乳液涂料、氯偏乳液涂料和苯丙环氧乳液涂料等，其产品的主要技术性能应符合有关标准的规定 (7)B 型防油渗剂：产品的主要技术性能应符合产品质量标准 (8)配合比及配制方法： 1)防油渗混凝土配合比：应按设计要求的强度等级和抗渗性能通过试验室试配确定，且强度等级不应低于 C30。施工参考配合比为：水泥：砂：石子：水：B 型防渗剂＝1：1.79：2.996：0.3：适量(按生产厂说明使用)(质量比)，配制时投料程序：碎石→水泥→砂→水和 B 型防油渗剂(稀释溶液) 2)防油渗水泥浆配制： 用 10%浓度的磷酸三钠水溶液中和氯乙烯-偏氯乙烯共聚乳液，使 pH＝7～8，再加入配合比要求的浓度为 40%的 OP 溶液，搅拌均匀后再加入少量消泡剂即成氯乙烯-偏氯乙烯混合乳液。再将该混合乳液和水按 1：1 配合比搅拌均匀后，边搅拌边加入定量水泥充分拌均匀即成 3)防油渗胶泥和胶泥底子油配制： 按比例取脱水煤焦油，再加聚氯乙烯树脂、磷苯二甲酸二丁酯和三盐硫酸铝，拌匀后在炉上加热，同时不停搅拌，当温度升至 130℃左右时，维持 10min 后停火，即成防油渗胶泥。当胶泥自然冷却至 85～90℃时，边搅拌边缓慢加入按配合比所需要的二甲苯和环己酮混合液(切勿近水)，搅拌至胶泥全部溶解即成底子油，如不立即使用，需置于有盖的容器中，以防止溶剂挥发

续表

项次	项目	施工方法要点
3	防油渗混凝土铺设	(1)基层表面上的泥土、灰渣及油污应清理干净，并湿润，表面刷水泥浆一遍，随即抹1∶3水泥砂浆找平层15～20mm厚，使其表面平整、粗糙 (2)防油渗混凝土拌合料配合比计量应准确，外加剂应稀释后掺加，拌合要均匀，搅拌时间宜为2min，浇筑时的坍落度不宜大于10mm (3)防油渗面层如设隔离层，一般采用一布二胶无碱网格防油渗胶泥玻璃纤维布，其厚度为4mm。铺设时先涂刷防油渗胶泥底子油一遍，然后再均匀涂抹加温的防油渗胶泥一遍，其厚度为1.5～2.0mm，随后将玻纤布粘贴覆盖，其搭接宽度不小于100mm，与墙连接处向上翻边高不小于30mm，表面再涂抹胶泥一遍，即可进行防油渗面层铺设 (4)面层铺设前应按设计尺寸弹线，找好标高，如面层面积很大，宜分区浇筑，按厂房柱网进行划分，每区段面积不宜大于50m²。分格缝应纵横设置，纵向间隔3～6m，横向间距6～9m，并与建筑轴线对齐，支设分格缝模板，其宽度为15～20mm (5)在整浇水泥基层上或做隔离层的表面上铺设防油渗面层时，其表面须平整、洁净、干燥，不得有起砂现象。铺设前应满涂刷防油渗水泥浆结合层一遍，然后边刷边铺设防油渗混凝土，用直尺刮平，并用振动器振捣密实，不得漏振，最后用铁抹子将表面抹平压光，吸水后，终凝前再压光2～3遍，至表面无印痕为止 (6)分格木板在混凝土终凝后取出并修整缝边，当面层的强度达到5MPa时，将分格缝内清理干净并干燥，涂刷一遍防油渗胶泥底子油后，应趁热灌注防油渗胶泥浆材料，亦可采用弹性多功能聚胺酯类涂膜材料嵌缝，缝的上部留20～25mm深度用膨胀水泥砂浆封缝，如图16-5所示 (7)防油渗混凝土浇筑完12h后，表面应覆盖草袋浇水养护不少于14d
4	防油渗涂料涂布	(1)水泥类面层的强度要在5.0MPa以上，表面应平整、坚实、洁净，无疏松、粉化、脱皮现象，并不空鼓，不起砂、不开裂、无油脂，含水率不应大于9%。用2m靠尺检查，其空隙不应大于2mm (2)涂刷防油渗涂料前，应先涂布防油渗水泥浆结合层，或用水泥胶粘剂腻子打底1～2遍，每遍厚0.5mm，最后一遍干燥后，用0号砂纸打磨平整光滑，清除粉尘 (3)防油渗涂料的品种应按设计要求选用。涂料的涂刷(或喷涂)不得少于三遍，在前一遍涂膜表干后方可涂刷下一遍，每遍的间隔时间，一般为2～4h，或通过试验确定。涂膜总厚度为5～7mm (4)待涂膜干后即可采用树脂乳液涂料涂刷1～2遍罩面。待罩面层干燥后打蜡上光，后养护不少于7d，养护应保持清洁，防止污染
5	质量要求	(1)防油渗面层所用的原材料应有产品出厂合格证和质量检验报告，进场后尚应按规定取样复验，其质量应符合设计要求或国家现行有关标准的规定 (2)现场应按规定留置的试件，其检测强度等级、抗渗性能应符合设计要求，且强度等级不应小于C30，防油渗涂料的粘结强度不应小于0.3MPa (3)防油渗混凝土面层与下一层应粘结牢固，无空鼓；防油渗涂料面层与基层应粘结牢固，不应有起皮、开裂、漏涂等缺陷 (4)防油渗面层表面坡度应符合设计要求，不得有倒泛水和积水现象 (5)防油渗混凝土面层应洁净，不应有裂纹、脱皮、麻面和起砂等现象 (6)防油渗面层的允许偏差应符合表16-2的规定

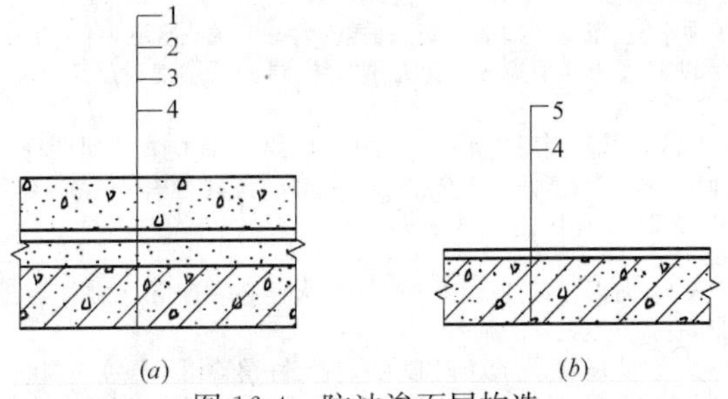

图16-4 防油渗面层构造

(a)防油渗混凝土面层；(b)防油渗涂料面层

1—防油渗混凝土；2—防油渗隔离层；3—水泥砂浆找平层；

4—钢筋混凝土楼板或结构整浇层；5—防油渗涂料面层

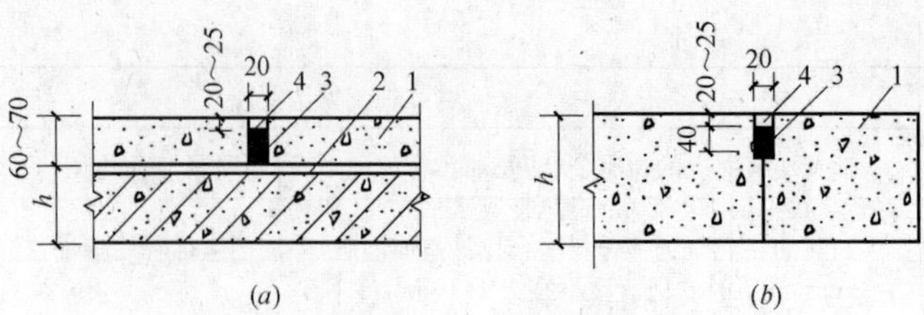

图 16-5　防油渗面层分格缝做法

(a) 楼层地面；(b) 底层地面

1—防油渗混凝土；2—一布二涂隔离层；3—防油渗胶泥；4—膨胀水泥砂浆

16.1.6　不发火（防爆）面层

不发火（防爆）面层做法及施工方法　　表 16-14

项次	项目	施工方法要点
1	构造做法及适用范围	(1)不发火(防爆)面层，是指地面受到外界物体的撞击、摩擦而不发生火花的地面。一般采用水泥与不发火花的粗、细骨料配制的拌合料(如水泥混凝土、水泥砂浆、水磨石)铺设在水泥类其层上，也可采用其他不发火材料铺设，如菱苦土、木砖、塑料板、橡胶板和铁钉不外露的竹木地板等 (2)不发火(防爆)面层，应按设计要求选用面层材料厚度和强度等级 (3)适用于有防火防爆要求的一些工厂车间和仓库，如精苯车间、钠加工车间、氯气车间、钾加工车间、胶片厂棉胶工段、人造丝厂的化学车间以及生产爆破器、爆破产品的车间和火药仓库、汽油库等建筑地面
2	材料要求	(1)水泥：应选用硅酸盐水泥、普通硅酸盐水泥，强度等级不低于 42.5 级，要求新鲜无结块 (2)砂：采用具有不发火花的砂子，其质地应坚硬、多棱角、表面粗糙并有颗粒级配，其粒径宜为 0.15～5mm，含泥量不大于 3%，有机物含量不应大于 0.5% (3)碎石(水磨石面层时采用石粒)：应选用大理石、白云石或其他不发火花的石料加工而成，并以金属或石料撞击时不发生火花为合格。粒径 5～20mm，不得混入金属或其他易发生火花的杂质，含泥量小于 1% (4)嵌条：用不发生火花的材料制成 (5)配合比：不发火(防爆)面层的配合比应符合设计要求。不发火混凝土面层强度等级应符合设计要求，且不应低于 C20，施工参考配合比为：水泥：砂：碎石：水＝1：1.74：2.83：0.58(重量比)
3	不发火拌合料铺设	(1)基层表面的泥土、浆皮、灰渣及杂物应清理干净，油污清洗掉，铺抹打底灰前一天，将基层湿润 (2)混凝土配制：材料应严格计量，用机械搅拌，投料程序为：碎石→水泥→砂→水。要求搅拌均匀至颜色一至，搅拌时间不少于 90s。原材料加工和配制时应随时检查，不得混入金属或其他易发生火花的杂质 (3)基层表面凹洼不平时，应在表面扫水泥浆一遍后，抹一层厚 15～20mm，1：3 水泥砂浆找平层，使表面平整、粗糙。如基层表面平整，则可不做找平层，直接在其上铺设面层 (4)铺设方法和养护应根据面层种类按同类面层铺设施工要点进行，参见本章第 16.1.1～16.1.3 节 (5)不发火(防爆)面层所用材料和硬化后的试件，应在金属砂轮上做摩擦试验，在试验中没有发现任何瞬时的火花，即认为合格。试验时应按现行国家标准《建筑地面工程施工质量验收规范》(GB 50209—2010)附录 A 的规定
4	质量要求	(1)不发火(防爆)面层所用碎石的不发火性必须合格，在加工和配制时应随时检查，不得混入金属或其他易发生火花的杂质 (2)不发火(防爆)面层施工时必须按规定除留置用于强度检测的试件外，还应留置用于不发火性能检测的试件，其检测的强度等级必须符合设计要求；不发火性能检测必须合格 (3)面层与下一层应结合牢固，且应无空鼓和开裂。当出现空鼓时，空鼓面积不应大于 400cm^2，且每自然间或标准间不多于 2 处 (4)面层表面应密实，无裂纹、蜂窝、麻面等缺陷；面层的允许偏差应符合表 16-2 的规定

16.1.7 自流平面层

自流平面层做法及施工方法　　表 16-15

项次	项目	施工方法要点
1	构造做法及适用范围	(1)自流平是一种多材料混合料同水混合而成的液态材料，倒在地面上后，根据地面的高低不平顺势流动，对地面进行自动找平，并很快干燥，固化后形成一种光滑、平整、无缝的地面面层。自流平面层可采用水泥基、石膏基、合成树脂基等混合料或涂料铺涂。根据材料的不同可分为水泥基自流平、环氧树脂自流平、环氧砂浆自流平等 (2)水泥基自流平砂浆可用于地面找平层，也可用于地面面层。当用于地面找平层时，其厚度不得小于 2mm，强度等级不得低于 C20；当用于地面面层时，其厚度不得小于 5mm。石膏基自流平砂浆不得直接作为地面面层使用，也不得作为环氧树脂或聚氨酯地面面层的找平层，但可用做水泥基自流平砂浆面层的找平层，且其厚度不得小于 2mm。环氧树脂和聚氨酯自流平地面面层厚度不得小于 0.8mm (3)基层有坡度时，水泥基或石膏基自流平砂浆可用于坡度≤1.5%的地面；当坡度>1.5%但不超过 5%的地面，基层应采用环氧底涂撒砂处理，并应调整自流平砂浆流动度；坡度>5%的基层不得使用自流平砂浆 (4)自流平地面构造如图 16-6 所示 (5)自流平地面洁净、美观、耐磨、防潮、抗菌，适用于无尘室、无菌性、食品厂、制药厂、化工厂、微电子制造厂、轻工厂房等对地面有特殊要求的精密行业中的地面工程或作为 PVC 地板，强化地板、实木地板的基层
2	材料要求	(1)水泥基自流平砂浆：市场有成品供应，分单组分和双组分。单组分是由工厂预制的包括水泥基胶凝材料、细骨料和填料以及其他粉状添加剂等原料拌合而成，使用时按生产厂提供的使用说明书加水搅拌均匀即成；双组分是由工厂预制的包括水泥基胶凝材料、细骨料、填料以及其他添加剂和聚合物乳液组成的双组分材料，使用时按生产厂提供的说明书将两个组分按比例混合搅拌均匀即成。地面用水泥基自流平砂浆按其强度等级分为 C16、C20、C25、C30、C35、C40，按其抗折强度分为 F_4、F_6、F_7、F_{10}。其物理力学性能应符合现行行业标准《地面用水泥基自流平砂浆》JC/T 985—2005 的规定 (2)石膏基自流平砂浆：以半水石膏为主要胶凝材料和填料(或细骨料)及外加剂所组成市场有成品供应其外观为干粉物，应均匀、无杂物、无结块。使用时按生产厂提供的使用说明书加水搅拌均匀即成。其物理力学性能应符合现行行业标准《石膏基自流平砂浆》JC/T 1023—2007 的规定 (3)环氧树脂自流平材料：由环氧树脂、固化剂、稀释剂及其他添加剂等组成，分底涂料、中涂料和面涂料，其性能应符合现行行业标准《环氧树脂地面涂层材料》JC/T 1015—2006 的规定 (4)聚氨酯自流平材料：由聚氨酯预聚体、固化剂、稀释剂及其他助剂组成，其性能应符合现行行业标准《地坪涂装材料》GB/T 22374—2008 的规定 (5)薄涂型环氧树脂地面涂层材料：由环氧树脂、稀释剂、固化剂及其他添加剂等组成，其性能应符合现行行业标准《环氧树脂地面涂层材料》JC/T 1015—2006 的规定 (6)水泥基和石膏基自流平砂浆材料进场应有放射性核素限量的检测报告，并应符合现行国家标准《建筑材料放射性核素限量》GB 6566—2010 的规定 (7)环氧树脂和聚氨酯自流平材料进场应有有害物质限量合格的检测报告，并应符合现行国家标准《地坪涂装材料》GB/T 22374—2008 的规定
3	基层要求及处理	(1)基层应为混凝土或水泥砂浆基层，并应坚固、密实。当为混凝土时，其抗压强度不应小于 20MPa；当为水泥砂浆时，其抗压强度不应小于 15MPa (2)基层表面不得有起砂、空鼓、起壳、疏松、麻面、油脂、灰尘、裂纹等缺陷。基层平整度应用 2m 靠尺检查；水泥基和石膏基自流平砂浆地面基层的平整度不应大于 4mm/2m；环氧树脂和聚氨酯自流平地面基层的平整层不应大于 3mm/2m (3)基层含水率不应大于 8% (4)楼地面与墙面交接部位、穿楼(地)面的套管等细部构造处，应进行防护处理后再对地面施工

续表

项次	项目	施工方法要点
3	基层要求及处理	(5)当基层有裂缝时，宜先采用机械切割的方式将裂缝切成 20mm 深、20mm 宽的 V 形槽，然后采用无溶剂环氧树脂或无溶剂聚氨酯材料加强、灌注、找平、密封。 (6)当混凝土基层的抗压强度小于 20MPa 或水泥砂浆的抗压强度小于 15MPa 时，应采取补强处理或凿除重新施工 (7)当基层的空鼓面积≤1m² 时，可采用灌浆法处理；当空鼓面积>1m² 时，应剔除并重新施工
4	自流平面层操作工艺	(1)水泥基或石膏基自流平砂浆地面施工： 1)面层施工时应关闭门窗，封闭现场，无其他工种施工干扰。环境温度应为 5～35℃，相对湿度不高于 80% 2)先在处理好的基层表面涂刷自流平界面处理剂两遍，第二遍应在第一遍完全干透后进行，且两遍相互垂直涂刷，不得漏涂或局部堆液 3)制备浆料可采用人工法或机械法。人工法是按生产厂提供的使用说明书的用水量倒入干净的搅拌桶内，并开动电动搅拌器，边搅拌边徐徐加入单组分自流平材料，持续搅拌 3～5min 至均匀无结块为止，静置 2～3min 后再搅拌 2～3min，使浆料成为均匀的糊状，即可使用。机械法制备是按说明书的用水量设置好，再加入自流平单组分材料，进行机械拌合，然后将拌合好的自流平砂浆泵送至施工作业面；双组分自流平材料宜采用机械法制备 4)摊铺浆料时应按规定施工方案，采用人工或机械方式将自流平砂浆倾倒于施工作业面上，使其自行流展找平，也可用专用锯齿刮板辅助浆料均匀展开 5)浆料摊平后，采用专用自流平消泡滚筒滚压放气。操作人员应穿钉鞋作业 6)施工完后的自流平面层应在施工环境条件下养护 7d 方可使用，如环境条件不具备时，可在施工结束 24h 后用塑料薄膜遮盖养护 7)如地面有伸缩缝时，可在自流平地面施工结束 24h 后，用切割机在基层混凝土结构的伸缩缝处切出 3mm 宽的伸缩缝，然后用弹性密封胶密封填充 (2)环氧树脂或聚氨酯自流平面层施工： 1)施工区域严禁烟火，不得进行切割或电气焊等作业，施工时应封闭现场，严禁交叉作用，并避免灰尘、飞虫、杂物等玷污。施工环境温度宜为 15～25℃，相对湿度不宜高于 80%，基层表面温度不宜低于 5℃ 2)底涂料、中涂料及面涂料配制时，按生产厂提供的使用说明书中的配合比与方法进行混合搅拌(宜用电动搅拌器)均匀后即可使用，并在说明书中规定的时间内用完 3)底涂料用毛刷涂刷均匀，无漏涂和堆涂，一般涂刷两遍，第二遍须在第一遍干燥后进行 4)底涂料固化(12h 以上)后，打磨平整后，用锯齿镘刀批刮中涂料，然后用带钉子的辊子滚压以释放出膜内空气。中涂层固化(24h 以上，冬期更长)后，用打磨机进行打磨平整，局部凹陷处用树脂砂浆进行找平修补 5)面层涂料用镘刀刮涂，必要时用消泡滚筒进行消泡处理。面层涂刷用量标准见表 16-16 6)自流平施工时间最好在 30min 内完成 7)自流平面层施工完且固化后，应对其表面采用蜡封或刷表面处理剂进行养护，养护期最少不得少于 7d (3)水泥基自流平砂浆-环氧树脂或聚氨酯薄涂地面施工： 1)水泥基自流平砂浆材料施工条件应符合上述(1)-1)条的要求；环氧树脂或聚氨酯薄涂料施工条件应符合上述(2)-1)条的要求 2)水泥基自流平砂浆施工工艺应符合上述第(1)条的要求 3)水泥基自流平砂浆施工完成后，应至少养护 24h，再对局部凹陷处进行修补、打磨平整、除去浮灰，方可进行下道工序 4)底涂涂料用毛刷涂刷均匀，要求无漏涂和堆涂 5)底涂层干燥后，进行面层涂料施工，可采用喷涂、滚涂或刷涂等方法，分 2～3 遍成活，每遍干膜厚度不大于 100μm 6)面层涂料施工完后应进行养护，待固化后方可使用，并应做好成品保护

续表

项次	项目	施工方法要点
5	质量要求	(1)自流平面层的铺涂材料进场时应具有型式检验报告、出厂检验报告和出厂合格证,其质量应符合设计要求和国家现行有关标准的规定 (2)自流平面层的涂料进入施工现场时,应检查其有害物质限量合格的检测报告 (3)自流平面层的各构造层之间应粘结牢固,层与层之间不应有分离、空鼓现象;面层表面不应有开裂、漏涂和倒泛水、积水等现象 (4)自流平面层表面应光洁,色泽应均匀一致,不应有起泡、泛砂等现象;面层的允许偏差应符合表 16-2 的规定

面层涂刷用量表 **表 16-16**

表面平整情况厚度(mm)	用量(kg/m²)	表面平整情况厚度(mm)	用量(kg/m²)
微差表面整平≥2	约 3.2	标准全空间整平≥6	约 9.6
一般表面整平≥3	约 4.8	严重不平整基体整平≤10	约 16.0

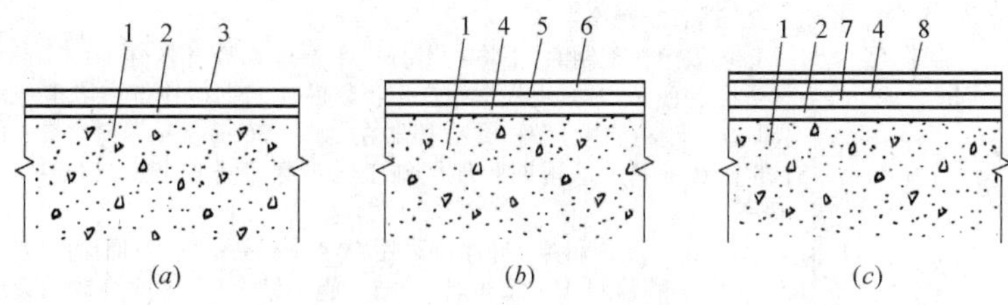

图 16-6 自流平地面构造

(*a*) 水泥基或石膏基自流平砂浆地面;(*b*) 环氧树脂或聚氨酯自流平地面;

(*c*) 水泥基自流平砂浆-环氧树脂薄涂层地面

1—基层;2—自流平界面剂;3—水泥基或石膏基自流平砂浆层;4—底涂层;

5—中涂层;6—环氧树脂或聚氨酯自流平面涂层;7—水泥基自流平砂浆层;

8—环氧树脂或聚氨酯薄涂层

16.1.8 涂料面层

涂料面层做法及施工方法 **表 16-17**

项次	项目	施工方法要点
1	构造做法及适用范围	(1)涂料面层应采用丙烯酸、环氧、聚氨酯等树脂型涂料直接涂布于水泥类基层上,在常温下固化成整体无接缝地面面层 (2)涂料面层的基层为混凝土时,其强度等级不应小于 C20,为水泥砂浆时,其抗压强度不应小于 15MPa (3)面层为丙烯酸。环氧等树脂型涂料时,基层面的含水率不高于 8%;面层为聚氨酯树脂涂料时,基层面的含水率不高于 12% (4)环氧树脂型涂料施工的环境温度不低于 10℃,相对空气湿度不大于 80% (5)涂料面层具有粘结力强、耐磨、耐水、耐油和耐腐蚀等性能。适用于无尘室、无菌室、制药厂、食品厂、化工厂、轻工厂等对地面有特殊要求的地面工程

续表

项次	项目	施工方法要点
2	材料要求	(1)水性环氧地坪涂料为甲、乙两组分组成： 1)甲组分为液态环氧树脂配以适当比例的活性稀释剂，其配方见表16-18 2)乙组分由水性固化剂、分散体、水、颜填料以及助剂等组成，其基本配方见表16-19 3)水性环氧地坪涂料的基本性能见表16-20 (2)聚氨酯涂料分为单组分聚氨酯涂料和双组分聚氨酯涂料： 1)单组分聚氨酯涂料主要有氨酯油涂料、潮气固化聚氨酯涂料和封闭型聚氨酯涂料等品种 2)双组分聚氨酯涂料一般是由异氰酸酯预聚物（也叫低分子氨基甲酸酯预聚物）和含羟基树脂两部分组成，通常称为固化剂组分和主剂组分 (3)进入现场的涂料材料应提供有害物质限量合格的检测报告，并应符合《地坪涂装材料》GB/T 22374—2008 5.1条的规定
3	涂料面层涂布操作工艺	(1)基层表面必须用溶剂擦拭干净，无松散层和油污层，无积水或无明显渗漏，基面应坚硬、平整，在任意2m内的平整度误差不得大于2mm，不起砂，如有空鼓、脱皮、起砂、裂痕等，必须按要求处理后方可施工。水磨石、地板砖等光滑地面，需先打磨成粗糙面 (2)环氧涂料涂布： 1)环氧涂料配制时，先将乙组分用手持电动搅拌器在400～800r/min速度下搅拌数分钟使其均匀，再根据生产厂提供的说明书按比例将甲组分与乙组分充分搅拌均匀，搅拌可用分散机或搅拌器在200～600r/min下搅拌5～15min，一次配制量应根据涂料的适用期和现场施工人员数量合理调配，以免一次调配过多造成浪费 2)涂层应分层涂刷。底涂层采用辊涂或刷涂法施工；面涂层应采用专用铲刀、镘刀等工具，将涂料均匀涂布，尽量减少施工结合层，施涂遍数和涂层厚度应按设计要求进行 3)涂布后的养护应保持清洁、防止污染，夏天一般4～8h可固化，冬天则需1～2d。交付使用前应养护1周。最后宜在涂布面上刷一层无溶剂环氧树脂清漆，再打一次蜡，可提高装饰效果和耐污染性 (3)聚氨酯涂料涂布： 1)聚氨酯涂料配制时，按生产厂提供的说明书将固化剂组分和主剂组分按配合比充分搅拌均匀，搅匀后静置20min，待气泡消失后方可使用。应随配随用，不宜一次配制过多 2)涂布应分遍进行，涂布时，将涂料倒于基面上，用胶皮刮板刮压刮平，再用抹子抹平，第一遍涂层未干透即进行第二遍涂刮并抹光，若两遍涂料间隔时间过长，必须用砂纸将第一遍涂层打毛后才可进行第二遍涂料涂刮。施涂遍数和涂层厚度应按设计要求进行 3)施工顺序为由里往外，最后退出门外，以减少接槎 4)涂布完成后应进行养护，亦可采用高温烘烤固化，以提高附着力、机械性能、耐化学药品性能。涂层常温养护7d内严禁上人 5)聚氨酯涂料有毒性，施工人员要戴手套、口罩等劳保用品，现场要有良好的通风换气 6)单组分涂料取用后必须密闭保存，防止涂料吸潮变质
4	质量要求	(1)涂料进场时应具有型式检验报告，出厂检验报告和出厂合格证，其质量应符合设计要求和国家现行有关标准的规定 (2)涂料进场时，应具有有害物质限量合格的检测报告，并应符合现行国家标准《地坪涂装材料》GB/T 22374—2008的规定 (3)面层表面不应有开裂、空鼓、漏涂和倒泛水、积水等现象。面层应光洁，色泽应均匀一致，不应有起泡、起皮、泛砂等现象。涂料面层的允许偏差应符合表16-2的规定

水性环氧地坪涂料甲组分配方 表16-18

组　　分	重量百分比(%)
低分子量液态环氧树脂	15
活性稀释剂	8.5

水性环氧地坪涂料乙组分配方 表16-19

组　　分	质量百分比(%)	组　　分	质量百分比(%)
水性固化剂	16.0～35.0	消泡剂	0.1～0.7
水	15.0～30.0	流平剂	0.1～0.5
颜填料	32.0～60.0	增稠剂	0.1～0.8
润湿分散剂	0.1～0.8	色浆	0～3.0

水性环氧地坪涂料面漆性能指标 表16-20

项　　目		指　　标	项　　目	指　　标
干燥时间(h)	表干	3	耐冲击性(cm/kg)	50通过
	实干	18	耐洗刷性(次)	≥10000
铅笔硬度(H)		2	耐10%NaOH	30d无变化
附着力(级)		0	耐10%HCl	10d无变化
耐磨性(250g/500r,失重)(g)		≤0.02	耐润滑油(机油)	30d无变化

16.1.9 塑胶面层

塑胶面层做法及施工方法 表16-21

项次	项目	施工方法要点
1	构造做法及适用范围	(1)塑胶面层应采用现浇型塑胶材料成塑胶卷材。可分为室内塑胶地面和室外塑胶地面两类。室内塑胶地面又分运动塑胶地面、商务塑胶地面等 (2)塑胶地面具有脚感舒适、不易沾灰、噪声小、防滑、耐磨、自熄、绝缘性好。吸水性小、耐化学腐蚀等特点。运动塑胶地面适用于羽毛球、乒乓球、排球、网球、篮球等各种比赛和训练场馆、大众健身场所和各类健身房、幼儿园、社会福利设施的各类地面;商务塑胶地面适用于夜总会、酒吧、展示厅、专卖店、健身房、办公室、美容院等场所;室外塑胶地面适用于运动场所的跑道、幼儿园户外运动场地等 (3)现浇塑胶面层的基层宜为沥青混凝土或水泥类基层;塑胶卷材(板块)面层的基层宜采用水泥砂浆或水泥基自流平基层,当为体育场馆时宜采用加空木地板基层
2	材料要求	(1)塑胶面层:现浇型塑胶面层材料一般是指以聚氨酯为主要材料的混合弹性体以及丙烯酸;卷材型塑胶面层材料一般是指聚氨酯面层(含组合层)、PVC面层(含组合层)、橡胶面层(含组合层)。其品种、规格、颜色等应符合设计要求和现行国家标准的规定 (2)胶粘剂:一般由塑胶生产厂配套提供或推荐品种,如没有,可根据基层和塑胶卷材以及施工条件选用乙烯类、氯丁橡胶类、聚氨酯、环氧树脂、建筑胶等,但所选胶粘剂必须在施工前通过实验确定其适用性和使用方法。如室内用水性或溶剂型胶粘剂,还必须有有害物质限量合格的检测报告,并应符合有关现行国家规范标准 (3)沥青混凝土:应采用不含蜡或低蜡沥青、沥青混凝土基层应符合现行国家标准《沥青路面施工及验收规范》(GB 50092—1996)的要求。一般情况下,塑胶运动地板(面)的基层宜采用半刚性的沥青混凝土

续表

项次	项目	施工方法要点
3	塑胶面层施工工艺	(1)卷材型塑胶面层工施工： 卷材型塑胶面层材料采用粘贴法施工，其施工要点参见本章16.2.6节的施工要点。 (2)现浇型塑胶面层施工： 1)基层施工及要求：水泥类基层时，混凝土抗压强度不应小于20MPa，水泥砂浆抗压强度不应小于15MPa。基面要求坚硬、平整、不起砂、无空鼓、无裂缝等缺陷；沥青混凝土基层施工：沥青混凝土拌合料加热温度应控制在130～150℃；混合料到达施工现场的温度应控制在120～130℃；摊铺温度应不低于110℃，开始碾压温度应在80～100℃为宜；沥青混凝土摊铺的虚铺系数由摊铺前试铺来确定，一般虚铺系数为1.15～1.35；沥青混凝土压实应分为初压、复压和终压三遍成活。初压温度一般在110～130℃，碾压后应检查平整度，不平整的部位应予以填补修整，复压时，用10～12t静作用压路机或10～12t振动压路机碾压4～6遍至稳定无明显轮跡为止，复压温度宜控制在90～110℃，终压采用6～8t振动压路机静压2～4遍，终压温度应控制在70～90℃。碾压过程中，在压路机滚筒上要洒水湿润，以免粘附沥青混合料 2)底层塑胶铺设：铺设前基层应清扫干净，去除表面浮灰、污垢，修补基层缺陷，基层完全干燥后(含水率≤8%)方可铺设底层胶；按照现场情况合理划分施工区段，并根据设计要求厚度做出标志；底层胶铺设应从场地一侧开始，并保持铺胶机行走速度均匀，按划分的区段宽度一次性刮胶，同时修边人员要及时对露底、凹陷处进行补胶，对凸起部位刮平。待底层胶完全胶凝固化后，对全场进行检查，对边缘不整齐或凹凸不平处进行消割、补胶，并用专业塑胶打底机做修边处理；待底层胶修整处理后进行试水找平，在积水位置，采用面层材料进行修补，需反复试水、修补，直至无积水现象 3)面层塑胶铺设：按照生产厂提供的配合比要求投料并充分搅拌均匀后待用；将配制好的塑胶混合料倒在底层塑胶面上，采用具有定位施工厚度功能的专用刮耙摊铺施工，也可采用专业喷涂机进行均匀喷涂，确保喷涂厚度，一般平均厚度为3mm；颗粒型塑胶场地，必须在面层塑胶开始胶联反应前，将颗粒用专业播撒工具均匀地撒播在面层塑胶面上，要求颗粒均匀完全覆盖
4	质量要求	(1)塑胶面层材料进场时应具有型式检验报告、出厂检验报告、出厂合格证，其质量应符合设计要求和国家现行有关标准的规定 (2)现浇型塑胶面层的配合比应符合设计要求，并计量准确，现场按规定制作的试件应检测合格 (3)现浇型塑胶面层与基层应粘结牢固，面层厚度应均匀一致，表面颗粒应均匀，不应有裂痕、分层、气泡、脱粒等现象；塑胶卷材面层的卷材与基层应粘结牢固，面层不应有断裂、起泡、起鼓、空鼓、脱胶、翘边、溢液等现象 (4)塑胶面层的各组合层厚度、坡度、表面平整度应符合设计要求；面层表面应洁净、图案清晰、色泽一致；拼缝处的图案花纹应吻合，无明显高低差及缝隙；与周边接缝应严密、阴阳角应方正、收边整齐；塑胶卷材面层的焊缝应平整、光洁、无焦化变色、斑点、焊瘤、起鳞等缺陷，焊缝凹凸允许偏差不应大于0.6mm；塑胶面层的允许偏差应符合表16-2的规定

16.1.10 地面辐射供暖的整体面层

地面辐射供暖的整体面层做法及施工方法 **表16-22**

项次	项目	施工方法要点
1	构造做法	(1)地面辐射供暖的整体面层构造由楼板或由土体相邻的地面垫层、绝热层、加热管、填充层、找平层和面层组成。当工程允许地面按双向散热进行设计时，各楼层间的楼板上部可不设绝热层

续表

项次	项目	施工方法要点
1	构造做法	(2)与土体相邻的地面，必须设置绝热层，且绝热层下部必须设置防潮层。直接与室外空气相邻的楼板，必须设置绝热层 (3)面层宜采用热阻小于 0.05m^2·K/W 的材料，一般宜采用水泥混凝土或水泥砂浆等应在填充层上铺设。 (4)当面层采用带龙骨的架空木地板时，加热管应敷设在木地板与龙骨之间的绝热层上，可不设填充层；绝热层与地板之间的净空不宜小于 30mm
2	材料要求	(1)地面辐射供暖系统中所用材料，应根据工作温度、工作压力、荷载、设计寿命、现场防水、防火等工程环境的要求，以及施工性能，经综合比较后确定 (2)绝热材料：应采用导热系数小、吸水率低、难燃或不燃，具有足够承载能力的材料，且不宜含有殖菌源，不得有散发异味及可能危害健康的挥发物。地面辐射供暖系统中的绝热层常采用聚苯乙烯泡沫塑料和发泡水泥，其主要技术指标分别见表 16-23 和表 16-24 的规定。聚苯乙烯泡沫塑料板的厚度不应小于表 16-25 规定值；采用其他绝热材料时，可根据热阻相当的原则确定厚度 发泡水泥绝热材料的水泥强度等级不宜低于 42.5 级，应具有出厂合格证和试验报告；发泡剂不应含有硬化物、腐蚀金属的化合物及挥发性有机化合物等，游离甲醛含量应符合现行国家标准 采用其他绝热材料时，应按表 16-23 的规定须达到同等绝热效果方可采用 (3)填充材料：地面辐射供暖系统中的填充料宜采用 C15 豆石混凝土，豆石粒径 5～12mm，水泥强度等级不低于 32.5 级
3	辐射供暖地面操作工艺	(1)施工条件： 1)土建专业已完成墙面粉刷(不含面层)，外门、外窗安装完毕，并已将地面清扫干净 2)相关电气预埋等工程已完成并验收合格 3)室内接触基土的首层地面已增设水泥混凝土垫层，其厚度和强度等级应符合设计要求 4)首层地面(或垫层)及楼层楼板的表面平整度应控制在 3mm 以内，达不到要求时应予以修补找平 5)直接与土体接触或有潮湿气体侵入的地面，应在铺设绝热层前先铺设一层防潮层，防潮层可采用沥青卷材、防水涂料或掺防水剂的水泥类材料(砂浆、混凝土) (2)绝热层铺设： 1)聚苯乙烯塑料板铺设：根据平面布置确定保温板的铺贴方向，并在基层上弹出网格线，同时在保温板粘贴面薄薄刷一层专用界面剂，界面剂晾干后方可可使用；聚苯板粘贴采用改性沥青胶粘剂或聚合物粘结砂浆。粘贴时板缝应挤紧，相邻板块厚度要一致，板间高差≤1.5mm，板间隙≤2mm；当板间隙>2mm 时，用聚苯板条嵌填，板间高差>1.5mm 的部位，用木锉粗砂纸或砂轮打磨平整。前后排必须错缝 1/2 板长，局部最小错缝≥200mm；聚苯板铺贴完成后在表面涂刷一层专用界面剂，晾干后抹一层 1～2mm 厚的聚合物水泥砂浆后方可进行下道工序施工 2)发泡水泥绝热层铺设：按设计要求，用水泥砂浆打好 2m×2m 的定点；根据要求严格控制水泥、发泡剂和水的配合比；发泡水泥采用高压泵送方法送到施工现场，自流平整后，用刮板根据定点及时、迅速刮平，然后用铁抹子予以压光，至少两遍，确保表面光滑、平整、密实； 施工完后，待发泡水泥表面见白后立即洒水养护，每天浇水次数以能保持发泡水泥处于保湿状态，养护时间不少于 3～7d (3)填充层施工： 1)施工条件：所有伸缩缝已安装完毕；加热管安装完毕且水压试验合格，加热处于有压状态下；低温热水系统通过隐蔽工程验收 2)根据设计要求，弹线控制厚度，一般低温热水系统的填充层厚度不小于 50mm，发热电缆系统填充层厚度不小于 35mm 3)豆石混凝土铺设，采用平头铁锹摊平拍实，严禁使用机械振捣。当设计无要求时，填充层内应设置间距不大于 200mm×200mm 的构造钢筋

续表

项次	项目	施工方法要点
3	辐射供暖地面操作工艺	4)填充层按设计要求设置伸缩缝，当设计无要求时，按下列原则设置伸缩缝：在与内外墙、柱等垂直构件交接处留不间断的伸缩缝；当地面面积超过 30m² 或边长超过 6m 时，按不大于 6m 的间距设置伸缩缝：伸缩缝必须贯通填充层，宽度不小于 10mm，缝内用发泡聚乙烯泡沫塑料或弹性膨胀膏嵌填密实 5)填充层施工完后 24h 必须覆盖浇水养护 (4)找平层施工： 1)找平层一般宜采用体积比不宜小于 1：3(水泥：砂)的水泥砂浆 2)对于有防水要求的地面工程，找平层施工前，必须对立管、套管及地漏与楼板节点之间进行密封处理，排水坡度应符合设计要求 3)铺设水泥砂浆时，应在基层上先均匀扫一层素水泥浆(水灰比 0.4～0.5)，边扫水泥浆边铺水泥砂浆，并用刮板按设计要求厚度刮平，木抹子揉搓压实拍平，在砂浆缝凝前再用铁抹子压实压光，用木抹子槎毛，12h 后覆盖洒水养护不少于 7d (5)面层施工： 整体面层施工参见 16.1 节相关面层的相关内容
4	施工注意事项	(1)施工过程中，应防止油漆、沥青或其他化学溶剂接触污染加热管的表面 (2)施工时不宜与其他工种交叉施工作业，所有地面留洞应在填充层施工前完成 (3)填充层施工过程中，供暖系统安装单位应密切配合。加热管内的水压不应低于 0.6MPa；填充层养护过程，系统水压不应低于 0.4MPa (4)填充层施工中，严禁使用机械振捣设备，施工人员应穿软底鞋，采用平头铁锹；在浇捣和养护过程中，严禁踩踏 (5)系统初始加热前，混凝土填充层的养护期不应少于 21d。施工中，应对地面采取保护措施，不得在地面上堆以重物、高温烘烤、直接放置高温物体和高温加热设备 (6)在填充层养护期满后，敷设加热管的地面应设置明显标志，加以完善保护，防止房屋装修或安装其他设备时损伤加热管 (7)地面辐射供暖工程施工过程中，严禁人员踩踢加热管
5	质量要求	(1)地面辐射供暖的整体面层采用的材料均应按国家现行有关标准检验合格，有关强制性性能要求应由国家认可的检测机构进行检测，并出具有效证明或检测报告。此外，所有材料还应具有耐热性、热稳定性、防水、防潮、防霉变等特点 (2)地面辐射供暖的整体面层的分格缝应符合设计要求，面层与柱、墙之间应留不小于 10mm 的空隙 (3)其余质量要求应符合本章第 16.1.1 节、第 16.1.2 节的有关要求

聚苯乙烯泡沫塑料主要技术指标　　表 16-23

项次	项目	单位	性能指标
1	表观密度	kg/m³	≥20
2	压缩强度(10%形变下的压缩应力)	kPa	≥100
3	导热系数	W/(m·K)	≤0.041
4	吸水率(体积分数)	%(v/v)	≤4
5	尺寸稳定性	%	≤3
6	水蒸气渗透系数	ng/(Pa·m·s)	≤4.5
7	粘结性(弯曲变形)	mm	≥20
8	氧指数	%	≥30
9	燃烧分级	达到 B_2 级	

发泡水泥绝热层的技术参数 表 16-24

干体积密度（kg/m³）	抗压强度(MPa)		导热系数 W/(m·K)
	7d	28d	
350	≥0.4	≥0.5	≤0.07
400	≥0.5	≥0.6	≤0.088
450	≥0.6	≥0.7	≤0.1

聚苯乙烯泡沫塑料板绝热层厚度 表 16-25

项次	项 目	绝热层厚度(mm)
1	楼层之间楼板上的绝热层	20
2	与土体或不采暖房间相邻的地板上的绝热层	30
3	与室外空气相邻的地板上的绝热层	40

16.2 板块面层

16.2.1 砖面层

砖面层做法及施工方法 表 16-26

项次	项目	施工方法要点
1	构造做法及适用范围	(1)砖面层可采用陶瓷锦砖、缸砖、陶瓷地砖和水泥花砖，在水泥砂浆或胶粘剂结合层上铺设 (2)铺砌形式有直缝式、对角式、人字式、席纹式、花式等，如图 16-7 所示 (3)砖面层具有色调均匀、砖面平整、耐磨、易清洗，且可排出各种图案等特点。陶瓷锦砖适用于卫、厨、浴、阳台等地面；缸砖、陶瓷地砖面层适于实验室类房间以及建筑的厨房、阳台、外廊、上人平屋顶等要求坚实耐磨、耐腐蚀地面；水泥砖分水泥铺地砖和水泥花砖两类，水泥铺地砖又有平面砖和格面砖两类。平面砖适用于铺砌庭院、车道、屋面、平台等的地面面层；格面砖适用于铺砌便道；水泥花格砖适用于各种公共建筑物的楼(地)面等要求色泽鲜明、光洁、耐磨、质地坚硬的地面面层
2	材料要求	(1)陶瓷锦砖：颜色有黑、白、淡黄、深绿、棕、紫、红等多种，形状有正方形、长方形、六角形等，可拼出各种图案，要求尺寸准确、颜色一致，一般按组反贴在牛皮纸上，每联规格 305mm×305mm (2)缸砖、陶瓷地砖：颜色有白、红、浅黄和深棕等色彩，要求致密、坚硬、尺寸准确、表面平整、颜色一致，无黑斑 (3)水泥花砖：分单色、二～三色、四～五色三种，常用规格有 200mm×200mm×18mm、200mm×200mm×25mm 等，要求表面平整、无裂纹、无缺棱掉角、尺寸准确、颜色一致 (4)砖材料胶粘剂：应符合《陶瓷墙地砖胶粘剂》(JC/T 547—2005)的相关要求，其选用应按其基层材料和面层材料使用的相容性要求，通过试验确定，并符合现行国家标准《民用建筑工程室内环境污染控制规范》(GB 50325—2010)的规定 (5)砖材填缝剂：选用时应根据缝宽大小、颜色、耐水要求或特殊砖材的填缝需要选择专业生产厂家的不同类型、颜色的填缝剂 (6)水泥、砂的质量要求同水磨石面层
3	砖面层铺设	(1)基层要求： 基层应扫净，用水湿润，并根据水平线尺寸在房间四角及中间贴灰饼，间距 1.5m，然后刷水泥浆，随刷随抹 1∶3 水泥砂浆找平层，并划毛，有排水要求时，应找好排水坡度 (2)陶瓷锦砖铺设：

续表

项次	项目	施工方法要点
3	砖面层铺设	1)按设计要求和砖规格在找平层上弹线分格 2)在湿润的找平层上先刷水泥浆一遍，接着抹3～4mm厚1：1～1.5水泥砂浆结合层，随即按弹线铺贴，每铺好一张，在其上垫木板用木锤拍打一遍，使砖联贴牢，并使砂浆挤入缝内，用靠尺靠平找正，板缝宽不大于2mm 3)一个房间铺贴完后，即洒水湿润面纸，0.5h后揭去护面纸，用开刀将缝拔直拔匀，然后用白水泥或砖材填缝剂擦缝、擦干净 4)贴完次日铺锯屑养护不少于7d (3)缸砖、陶瓷地砖、水泥花砖铺设： 1)铺前对砖的外形尺寸、外观质量、色泽等进行预选，需要时浸水2～3h后取出晾干备用。采用"人字形"铺设时，应将边缘一行砖加工成45°角，并与地面和地板边缘紧密连接 2)铺砖时应挂线，相邻两行的砖缝应错开砖长的1/3～1/2，铺设顺序由房间里往外，或由中心线开始向两边铺。如有镶边应先铺镶边部分 3)铺设时宜采用干硬性水泥砂浆，厚度为10～15mm，然后用水泥膏(2～3mm厚)满涂砖背面，对准挂线与缝子，将砖铺贴上，用木锤着力敲击至平整，挤出的水泥膏及时清干净、随铺砂浆随铺贴，并随用水平尺检查平整度。面砖的缝隙宽度，当为紧密铺贴时不宜大于1mm；当离缝铺贴切时宜为5～10mm；或按设计要求 4)面层铺设24h内，根据各类砖面层的要求，分别进行擦缝、勾缝或压缝工作，勾缝深度比砖面凹2～3mm为宜，擦缝和勾缝应采用同品种、同强度等级、同颜色的水泥 5)铺贴完后应清理砖面，铺草垫洒水养护3～4d，养护期间不准上人 (4)采用胶粘剂铺设砖面层： 1)水泥类基层应平整、坚硬、干燥、无油脂及砂粒，含水率不大于9%，如表面有麻面、起砂、裂缝等缺陷时，应采用乳液腻子等修补平整 2)铺设时将基层表面清扫干净，涂刷一层薄而匀的底胶，待其干燥后，再在其面上弹线分格定位 3)铺贴应由里往外进行，涂刷的胶粘剂必须均匀，并超出分格线10mm，涂刷厚度控制在1mm以内，砖背面亦应均匀涂刷胶粘剂，待胶层干燥不粘手(10～20min)即可铺贴，应一次就位准确，粘贴密实
4	质量要求	(1)砖面层所用板块产品进入施工现场时，应有型式检验报告、出厂检验报告、出厂合格证、放射性限量合格的检测报告，其质量或指标应符合设计要求和国家现行有关标准的规定 (2)面层与下一层的结合(粘结)应牢固、无空鼓(单块砖边角允许有局部空鼓，但每自然间或标准间的空鼓砖不应超过总数的5%) (3)砖面层的表面应洁净、图案清晰、色泽应一致，接缝应平整，深浅应一致，周边应顺直，板块应无裂纹、掉角和缺棱等缺陷。面层表面的坡度应符合设计要求，不倒泛水、无积水、与地漏、管道结合处应严密牢固、无渗漏等。砖面层的允许偏差应符合表16-27的规定

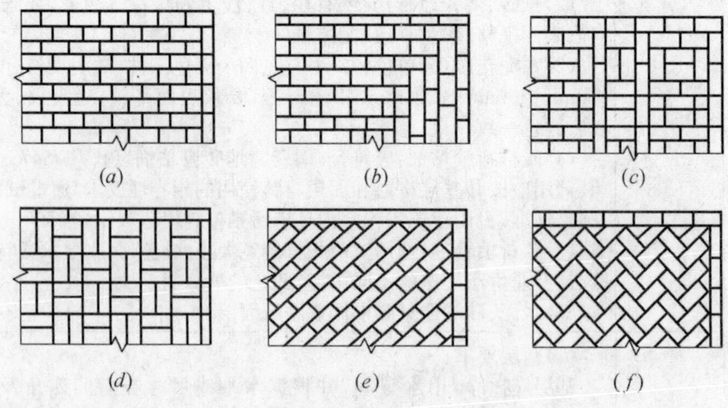

图16-7 砖地面铺砌形式

(a) 直线式；(b) 席纹式；(c)、(d) 花式；(e) 对角式；(f) 人字式

板、块面层的允许偏差和检验方法　　表 16-27

项次	项目	允许偏差(mm)											检验方法
		陶瓷锦砖面层、高级水磨石板、陶瓷地砖面层	缸砖面层	水泥花砖面层	水磨石板块面层	大理石面层、花岗石面层、人造石面层、金属板面层	塑料板面层	水泥混凝土板块面层	碎拼大理石、碎拼花岗石面层	活动地板面层	条石面层	块石面层	
1	表面平整度	2.0	4.0	3.0	3.0	1.0	2.0	4.0	3.0	2.0	10	10	用2m靠尺和楔形塞尺检查
2	缝格平直	3.0	3.0	3.0	3.0	2.0	3.0	3.0	—	2.5	8.0	8.0	拉5m线和用钢尺检查
3	接缝高低差	0.5	1.5	0.5	1.0	0.5	0.5	1.5	—	0.4	2.0	—	用钢尺和楔形塞尺检查
4	踢脚线上口平直	3.0	4.0	—	4.0	1.0	2.0	4.0	1.0	—	—	—	拉5m线和用钢尺检查
5	板块间隙宽度	2.0	2.0	2.0	2.0	1.0	—	6.0	—	0.3	5.0	—	用钢尺检查

16.2.2 大理石面层和花岗石面层

大理石和花岗石面层做法及施工方法　　表 16-28

项次	项目	施工方法要点
1	构造做法及适用范围	(1)大理石、花岗石面层系采用经加工的天然大理石、花岗石、块材，在混凝土基层上用水泥砂浆为结合层铺设而成 (2)大理石、花岗石面层具有装饰美观、耐磨、耐久、易清洗、施工工艺简单、快速等特点，适用于高等级的公共场所、民用建筑及耐化学反应的工业建筑中的生产车间等建筑地面工程
2	材料要求	(1)大理石、花岗石板：要求组织细密、坚实；耐风化，无腐蚀斑点、无隐伤、色泽鲜明，棱角齐全，底面整齐，并可磨光。石材的加工及选用，必须根据加工图进行排版，为保证石材花纹及色泽一致性，每一块出厂石材必须编号，对进场材料必须进行对号检查，对出现变形和色差较大板块进行筛选更换 (2)水泥：强度等级不低于32.5级的普通硅酸盐水泥及矿渣硅酸盐水泥，并备适量擦缝用白水泥，要求新鲜无结块 (3)砂：用中粗砂，粒径小于5mm，含泥量小于3% (4)草酸：蜡等质量要求同水磨石面层
3	大理石、花岗石面层铺设	(1)混凝土基层强度等级不应小于C15，表面应清理干净、湿润，凹洼处用1∶3水泥砂浆找平，凸出部位应凿平 (2)地面找好标高，弹控制中线，并引至墙面底部 (3)铺前板块应按图案、颜色、拼花纹理进行试拼，并按两个方向编号排列，然后按编号整齐码数。为检验板块之间的缝隙，一般还在地面纵横方向铺两条厚30mm干砂带进行一次拭拼，再编号码放，并清除砂带 (4)铺前拉好十字线，铺好标准块。铺找平层，一般用1∶3干硬性水泥砂浆，铺前湿润基层，扫水泥浆一遍，然后随即由里往门口处摊铺砂浆，刮大杠、拍实、找平，其厚度比设计要求高1～2mm (5)铺前将板块预先浸湿阴干后备用。铺时将板块平放在找平砂浆层上，先试铺合适后，翻开板块，在水泥砂浆上浇一层水灰比为0.5的素水泥浆，再将板块轻轻地对准原位放下，用橡皮或木锤敲击放在板块上的木垫板使其平实，根据水平线用

续表

项次	项目	施工方法要点
3	大理石、花岗石面层铺设	铁水平找平，使板四角平整、对缝、对花符合要求，接着向两侧和后退方向顺序摊铺，直至铺完为止。如发现空鼓，应将板掀起用砂浆补实后重新铺设。板之间接缝不大于1mm (6)在板铺完1～2h时，配与板色调相近的1∶1稀水泥浆灌缝，1～2h后再用棉纱团蘸浆擦缝至平实、光滑 (7)灌缝、擦缝完24h后，应用干净、湿润的锯屑覆盖喷水养护不少于7d (8)当结合层砂浆强度达到要求，各道工序完工不再上人时，方可打蜡，方法同水磨石面层
4	质量要求	(1)大理石、花岗石面层所用板块产品，进场时应具有质量合格证明文件和放射性限量合格检测报告，其质量和指标应符合设计要求和国家现行有关标准的规定 (2)大理石、花岗石面层铺设前，板块的背面和侧面应进行防碱处理 (3)其余质量要求同砖面层。面层的允许偏差参见表16-27

16.2.3　碎拼大理石和碎拼花岗石面层

碎拼大理石和碎拼花岗石面层做法及施工要点　　表16-29

构造做法及适用范围	材料要求	施工要点
采用不规则的并经挑选过的大理石或花岗石碎块铺贴在水泥砂浆结合层上，如图16-8所示 面层可按设计要求铺贴出各种图案。具有乱中有序、清晰、奇特、自然优美、价格便宜、施工操作简单等优点。适用于较高级的宾馆、展览大厅、通廊等地面面层	(1)碎拼大理石和花岗石板块：厂家或工地施工产生的不规则、不同颜色的边角余料，经挑选选用 (2)石渣：一般用白石渣或色石渣，或用边角碎料、破碎的石渣 (3)颜料：选用耐碱、耐光的矿物颜料，掺入量为水泥量的3%～6% (4)水泥、砂：要求同大理石和花岗石面层	(1)基层要求和处理同大理石和花岗石面层 (2)铺贴时，在找平层上刷水泥浆一遍，用1∶2水泥砂浆镶贴碎大理石或花岗石板块标筋(或贴灰饼)，间距1.5m，然后铺碎大理石或花岗石板块，用皮锤或木锤敲击板面，使其与结合层砂浆粘牢，并与标筋齐平，用靠尺随时检查石面平整度。板块间应留足缝隙，并将缝内挤出的砂浆剔除，缝底成方形，其缝隙当为冰状块料时，可大可小，互相搭拼，缝宽一般为20～30mm (3)嵌缝时，将缝中积水、浮灰清除干净后刷水泥浆一遍，用与面层同色水泥色浆嵌抹做成平缝；亦可嵌抹彩色水泥石渣浆，嵌抹应凸出2mm，次日养护至有一定强度后用细磨石将凸缝磨平、磨光 (4)面层磨光、上蜡抛光操作方法，同现磨水磨石面层 (5)质量要求：同大理石面层和花岗石面层

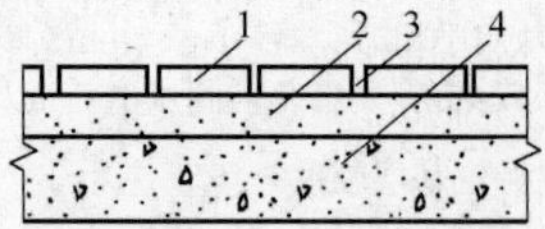

图16-8　碎拼大理石面层和花岗石面层

1—碎拼大理石或花岗石板块；2—20～30mm厚1∶2水泥砂浆结合层；3—20～30mm宽水泥石渣浆嵌缝；4—混凝土基层

16.2.4 预制板块面层

预制板块面层做法及施工方法 表 16-30

构造做法及适用范围	材料要求	施工要点
预制板块面层采用水泥混凝土板块、水磨石板块、人造石板块在混凝土基层上以水泥砂浆为结合层铺设而成。具有美观、耐磨、耐久、施工工艺简单、快速等优点，适用于较高级住宅、饭店、展览厅、通廊等地面	(1)水泥、砂、石渣、颜料等要求同现制水磨石面层 (2)预制水磨石板规格按设计要求进行预制或订购，地面一般常用规格为：305mm×305mm、400mm×400mm、500mm×500mm，厚35mm；踢脚板常用规格为 300mm×150mm×25mm、600mm×120mm×20mm。异型按设计要求加工 (3)预制混凝土板块边长通常为250～300mm，板厚≥60mm，混凝土强度等级不低于C20 (4)预制板块的品种、规格、尺寸、强度等级、质量应符合设计要求和有关质量标准规定。表面损坏、缺棱掉角、有裂纹的不得使用 (5)板块进入现场应有产品合格证，出厂检验报告和放射性限量合格的检测报告，并应符合国家现行有关标准规定	(1)基层处理同大理石和花岗石面层 (2)铺前板块应对色、拼花、编号，并浸水湿润，阴干后备用 (3)地面找好标高，拉十字线，铺好分块标准块。铺时先扫水泥浆一遍，铺 1：3 干硬性水泥砂浆，厚约 30mm，用铁抹拍实拍平，试铺后将灰浆翻松，稍洒水，撒一层水泥干面，正式铺贴，或用 1：2 水泥砂浆，厚 10～15mm 作结合层，直接铺在基层上进行镶铺 (4)铺贴时，板块要四角同时下落。对齐缝格铺平(水泥混凝土板块间缝宽不大于 6mm，水磨石板块和人造石板块间缝宽不大于 2mm)，并用木锤敲击平直，如发现空鼓、板凹凸不平或接缝不直，应将板块掀起加浆、减浆、理缝后重铺。铺好一排拉通线检查一次平直度 (5)铺完 2d 内，用水泥浆(或砂浆)灌缝 2/3 高，再用面层同色水泥浆(或砂浆)擦缝，并用干锯屑将板块揩干净，铺上湿锯屑养护，3d 内禁止上人 (6)预制水磨石和人造石面层使用前扫去锯屑，用磨石机压麻布袋擦去表面灰尘污物，再揩一遍蜡，擦亮到反光为止 (7)质量要求：同大理石面层和花岗石面层

16.2.5 料石面层

料石面层做法及施工 表 16-31

构造做法及适用范围	材料要求	施工要点
采用天然石料铺设而成分为条石和块石两类。条石面层多铺设在水泥砂浆结合层上结合层厚度应符合设计要求；块石面层多铺设在砂垫层上，其厚度不应小于 60mm；基土应为均匀密实的基土或夯实的基土 具有强度高，耐磨、抗冲击、铺设简单、快速、造价较低等特点。适用于工业与民用建筑车间、广场、通廊等地坪面层	(1)条石：采用质地均匀、强度等级不低于 MU60 的岩石加工而成，其形状为矩形六面体，厚度 80～120mm (2)块石：采用强度等级不小于 MU30 的岩石加工而成，其形状为直棱柱体或有规则的四边形或多边形，底面面积应不小于顶面积的 60%，厚度为 100～150mm (3)不导电料石应采用辉绿岩制成，填缝材料亦采用辉绿岩石加工的砂嵌实。耐高温的料石面层的石料，应按设计要求选用 (4)水泥、砂要求同水泥混凝土面层。 (5)料石进入施工现场时，应有放射性限量合格的检测报告	(1)基土层应为均匀密实的基土或经夯实的基土，要求平整、清洁 (2)条石铺砌前，应先洒水湿润，铺砌时，应按规格分类，并垂直于行走方向拉线铺砌成行，相邻两行的错缝应为条石长度的 1/3～1/2，铺砌方向和坡度应准确，并不宜出现十字缝。条石铺砌应用水泥砂浆为结合层，其配合比为 1：2(体积比)，稠度 25～35mm，厚度符合设计要求，一般为 10～15mm。铺砌时混凝土垫层必须清理干净，并均匀涂刷素水泥浆，随刷随铺水泥砂浆结合层。条石间缝隙宽度不应大于 5mm，缝隙应用同类水泥浆嵌填抹平。条石铺砌完后应用草袋覆盖洒水养护 (3)块石面层的结合层宜采用砂垫层，砂垫层应先压实，厚度不小于 60mm。块石大面朝上，缝隙互相错开，通缝不得超过两块石料，块石嵌入砂垫层深度不应小于块石厚度的 1/3。铺设后应先夯平，并用粒径 15～25mm 的碎石嵌缝，而后用碾压机碾压，再填以 5～15mm 粒径的碎石，继续碾压至石粒不松动为止 (4)质量要求： 1)石材应符合设计要求和国家现行有关标准的规定：石材进入现场时，应有放射性限量合格的检测报告 2)条石面层应组砌合理，无十字缝，铺砌方向和坡度应符合设计要求；块石面层石料缝隙应相互错开，通缝不应超过两块石料；面层的允许偏差应符合表 16-27 的规定

16.2.6 塑料板面层

塑料板面层做法及施工方法 **表 16-32**

构造做法及适用范围	材料要求	施工要点
塑料板面层采用塑料板块、塑料板焊接、塑料卷材以胶粘剂在水泥类基层上采用满粘或点粘法铺设 塑料板面层具有表面光洁、色彩多样、拼花美观新颖、脚感舒适、质轻、耐磨、耐燃、吸水性小、尺寸稳定、粘贴方便等特点。适用于住宅、宾馆、候车室、精密车间、耐腐蚀、防尘车间、化验室、手术室及其他公共建筑的楼(地)面面层。抗静电地板还可应用于需防止因静电积累而影响设备正常运转或有防尘要求的计算机房、控制室等	(1)塑料板:有块材、卷材两类,块材有半硬质和软质,卷材只有软质。块材有单色(棕、黄、黑、蓝、橙等色)和印花(仿水磨石、仿木纹或按图案加工)两类。卷材只有单色,有棕、黑、黄等几种。要求平整、光滑,无裂缝,色泽均匀,厚薄一致,边缘平直,尺寸准确;若有弯曲、挠角,应经热处理压平。软质聚氯乙烯板宜放入 75℃左右的热水浸泡 10～20min,至板面全部松软伸平后取出晾干待用;半硬质聚氯乙烯板一般用丙酮:汽油 1:8 混合液进行脱脂除蜡。 塑料板运输时,应避免日晒雨淋和撞击,应贮存于干燥洁净的仓库内,并防止变形,贮存温度不小于 32℃ 塑料板的品种、规格尺寸、质量应符合设计要求和有关质量标准规定,并应有产品合格证 (2)胶粘剂:有溶剂型和水乳型两种,组成及技术性能见表 16-33。进入施工现场应有有害物质限量合格的检测报告。	(1)基层处理:基层应平整、坚实,不起砂、起壳,无裂缝、污垢、油渍等;含水率要求<8%;如有凹陷小孔,用 108 胶水泥腻子分次批抹修补填平。每次批抹厚度不应大于 0.8mm,并待干燥后用 0 号铁砂布打磨,再次批抹打磨,直到平整度达到要求(不大于 2mm)为止。施工时室内相对湿度不小于 70%,温度宜在 10～32℃之间 (2)排块弹线:根据设计图案和拼花式样,在地面上弹十字中心线或对角斜线作铺贴的基准线,如图 6-9 所示。如有镶边,同时弹好镶边线,常用铺贴形式如图 16-10 所示。铺贴次序是由里向外,由中间向两侧,或从中心向四周进行 (3)胶粘剂配制:胶粘剂应按基层材料和面层材料的相容性要求,通过试验确定,一般常与地板生产厂配套供应,在使用时应充分搅拌。对双组分胶粘剂要先将各组分分别搅拌均匀,再按说明书规定的配合比准确称量,然后混合搅拌均匀后使用 (4)刮抹胶粘剂:用梳形刮板均匀涂在基层上,厚 0.2mm 左右,呈条楞状;当用橡胶型胶粘剂,在板面亦应涂胶粘剂静置 10～20min,待溶剂部分挥发不粘手时,即可铺贴;当采用聚醋酸乙烯胶粘剂时,塑料板背面不需涂胶粘剂,涂胶面不能太多,胶层稍加暴露即应铺贴 (5)铺贴塑料板:将塑料板一端对齐粘合,用橡胶滚筒使板平服地粘贴在基层上,使其正确就位,并赶走气泡,再用压滚压实或用橡皮锤敲实,滚压或敲打应从中心向四周或一边向另一边进行,用聚氨酯和环氧胶粘剂,宜用砂袋压住直至固化 (6)塑料板接缝处必须进行坡口处理,粘接坡口做成同向顺坡,搭接宽度不小于 30mm;焊接坡口,切成 V 形槽,坡口角 β:板厚 10～20mm 时,$\beta=75°\sim65°$;板厚 2～8mm 时,$\beta=85°\sim75°$,板越厚,坡口角越小。焊缝应高出母材表面 1.5～2.0mm,使其呈圆弧形,表面应平整 (7)焊接:软质塑料板离缝粘贴者常需焊缝,粘贴前先用刀将侧边切割成 45°楔边,这样焊缝成倒"八"字形,宽 2mm,粘贴 48h 后,用专用焊枪将 $\phi3$ 焊条焊入缝中,热空气压力控制在 0.08～0.1MPa,温度控制在 180～250℃,焊后用刀将凸起部分削平削光 (8)卷材铺设时,卷材宜顺房间长方向铺设。先将胶粘剂同时涂刷于基层面上和卷材背面后晾干(约 20min),然后按线先将一端紧铺在墙根处,再慢慢地将卷材顺线展开向前铺设,边铺边用手持压辊滚压铺平,赶出气泡,直至另一端铺到墙根处。卷材需接缝时采用平接 (9)打蜡:将拼缝中多余的胶水用棉纱蘸 200 号溶剂汽油擦去,如板尺寸误差过大.板间拼缝过大,可批刮用胶粘剂配制的胶泥填补。铺好后 2d 内禁止行走。2d 后打蜡、擦亮

续表

构造做法及适用范围	材料要求	施工要点
	(3)焊条:选用等边三角形或圆形截面,表面应平整光洁,无孔眼、节瘤、皱纹,颜色均匀一致,焊条成分和性能应与被焊的板相同	(10)质量要求: 1)面层所用材料应符合设计要求和国家现行有关标准的规定。 2)面层与下一层应粘结牢固,不翘边、不脱胶、无溢胶;面层表面应洁净,图案清晰,色泽一致,接缝严密、美观;板块焊接焊缝应平整、光洁,无焦化变色、斑点、焊疤和起鳞等缺陷,其凹凸允许偏差不应大于0.6mm,焊缝的抗拉强度应不小于塑料板强度的75%。面层的允许偏差应符合表16-27的规定

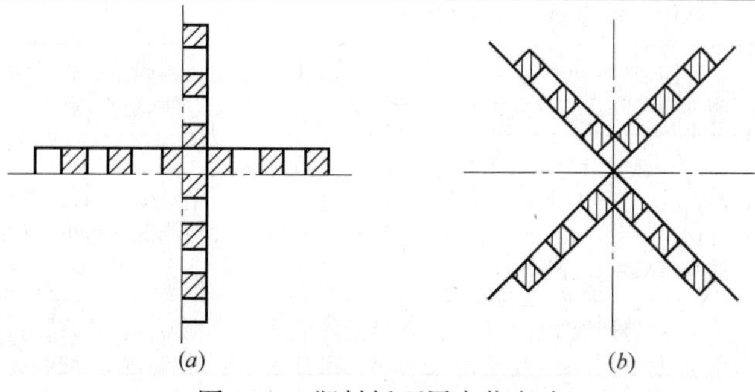

图 16-9　塑料板面层定位方法

(*a*) 直角定位法;(*b*) 对角定位法

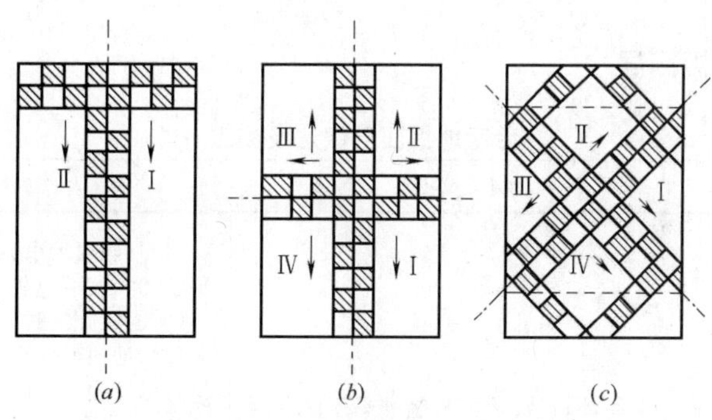

图 16-10　塑料板面层铺贴形式

(*a*) T字形铺贴;(*b*) 十字形铺贴;(*c*) 对角线铺贴

→铺贴方向;Ⅰ、Ⅱ、Ⅲ、Ⅳ—铺贴顺序

常用塑料板地面胶粘剂　　**表 16-33**

胶粘剂名称	组成与性能	主要优缺点
氯丁橡胶胶粘剂	由氯丁橡胶与各种配合剂溶解于醋酸乙酯和汽油混合溶剂中制成。溶剂为汽油和溶剂油。外观浅黄色。剪切强度:1d为0.25MPa;7d为0.35MPa	需双面涂胶,速干,初粘结力大,有刺激性挥发气味,易燃,价格较贵。耗胶量0.5～1.0kg/m^2
202双组分氯丁橡胶胶粘剂	由氯丁橡胶与三苯基甲三异氰酸酯双组分组成(甲组分:乙组分=1:5),溶剂为异氰酸酯,剪切强度:1d为0.58MPa;7d为0.94MPa	速干,初粘强度大,胶膜柔软,耐水、耐酸碱,有毒、易燃,施工要求高,使用时,双组分要混合均匀,价格较贵。耗胶量1.0kg/m^2

续表

胶粘剂名称	组成与性能	主要优缺点
水胶型氯丁乳胶粘剂	由氯丁乳胶配以增稠剂、填充料等组成，剪切强度：1d 为 1.0MPa 以上	不燃、无味、无毒，初粘结力大，耐水性好，对潮湿基层也能施工，价格较低
JY-7 型双组分橡胶胶粘剂	由再生乳胶和松香树脂双组分制成（甲组分：乙组分＝3：1）。溶剂为汽油、甲苯。外观浅灰色，剪切强度：1d 为 0.32MPa；3d 为 0.44MPa	需双面涂胶，速干，初粘结力大，低毒、气味小，耐水、耐热、耐老化，施工方便。价格相对较低。耗胶量 0.2～0.4kg/m^2
聚醋酸乙烯胶粘剂	由醋酸乙烯与丙烯酸丁酯在甲醇溶剂中共聚而成的五色透明黏稠液。加5%填充料后呈灰色。剪切强度：1d 为 0.5MPa；7d 为 1.3MPa。溶剂为汽油和甲苯	速干，粘结强度好，使用方便，价格较低。有刺激性，易燃，耐水性较差
7990 型水性高分子胶粘剂	剪切强度：1d 为 0.4MPa；3d 为 0.5MPa；7d 为 0.65MPa，溶剂用水	初粘强度、抗水性好，不燃、不霉、无毒、施工方便，能在潮湿基上粘结。价格便宜
6010 环氧树脂胶粘剂	以环氧树脂与乙二胺或多烯多胺类固化剂，在常温下固化的双组分胶粘剂，组分配合比是：环氧树脂：固化剂＝10：1。剪切强度：1d 为 1.3MPa	粘结强度高，耐热、耐酸碱、耐水，可用于经常受潮湿和地下水位高或人流量大的场合
405 聚氨酯胶粘剂	由有机异氰酸酯和末端含有羟基的聚酯所组成。组分配合比是：甲组分：乙组分＝1：2。剪切强度：1d 为 1.3MPa	在室温固化，粘结力强，胶膜柔软，耐溶剂、耐油、耐水、耐酸碱，但初粘力差，粘贴时要防止位移

注：胶粘剂配制应准确计量，充分搅拌；双组分胶粘剂必须随配随用，每次配置量以 2～3h 内用完为宜。

16.2.7 活动地板面层

活动地板面层做法及施工 **表 16-34**

构造做法及适用范围	材料要求	施工要点
活动地板面层由活动地板块配以可调支架、横梁和橡胶垫等组装成架空板，铺设在水泥类面层（或基层）上，如图 16-11（*a*）所示。面层下可敷设管道和导线	（1）活动地板块：是由特制的平压刨花板为基材，厚约 25mm 左右，表面粘贴厚 1.5mm 的柔光高压三聚氰胺装饰板，底面粘贴一层 1mm 厚镀锌钢板或铝合金板，四周侧边用塑料板或镀锌钢板、铝合金板封闭并以胶条封边，如图 16-11（*b*）所示。分有标准地板块和异型地板块。标准地板块常用规格有 450mm×450mm、500mm×500mm、600mm×600mm 等；异型地板块有旋流风口地板、可调风口地板、大通风量地板和走线口地板等。要求表面平整、坚实、光洁，面层承载力不得小于 7.5MPa，其系统电阻：A 级板为 $1.0\times10^5\sim1.0\times10^8\Omega$，B 级板为 $1.0\times10^5\sim1.0\times10^{10}\Omega$	（1）基层要求水泥混凝土为现浇的，表面应平整、光洁、不起灰，铺设前清扫干净 （2）面层施工时，应待室内各项工程完工和超过活动地板块承载力的设备进入房间预定位置以及相邻房间也全部完工后，方可进行安装，不得交叉施工 （3）面层铺设前，室内四周墙面按设计弹出标高控制线；在基层面上按活动地板块尺寸弹线形成方格网，标出板块安装位置和高度，同时标明设备预留位置 （4）按标明的板块安装位置，在方格网交点处安放支架和横梁。并应转动支架螺杆，用水平尺调整每个支承面的高度至全部等高 （5）在所有支架和横梁构成框架一体后，应用水准仪抄平。支架的支座与基层用环氧树脂粘结牢固或用膨胀螺栓、射钉连接固定 （6）在横梁上铺设缓冲胶条，并用乳胶粘合。然后逐块按序紧密铺放在横梁胶垫上即可。当铺设的地板块不符合模数时，其不足部分可根据实际尺寸将板块切割镶补，并配装相应的支架和横梁。切割边应采用清漆或环氧树脂加滑石粉调成腻子后封边，亦可用铝型材镶嵌

续表

构造做法及适用范围	材料要求	施工要点
具有质量轻、强度大、表面平整、面层质感好、防火、防腐蚀、防尘、防静电等优点。适用于防尘和防静电要求的专业用房，如计算机房、仪表控制室、变电所控制室、通信枢纽、电话自动交换机房、自动化办公室等	(2)支架部分：由钢支柱和横梁组成。钢支柱采用可调节的螺杆(图16-11*c*)；横梁采用角钢或轻型槽钢。支承结构高度200～1000mm	(7)活动地板在门口处或预留洞口处的四周侧边应用硬质耐磨板材封闭或用镀锌钢板包裹，胶条封边应符合耐磨要求；在与墙、柱、接缝处的处理应按设计要求，设计无要求时宜做未踢脚线 (8)质量要求： 1)活动地板应符合设计要求和国家现行有关标准的规定，且应具有耐磨、防潮、耐污染、耐老化和导静电等性能。 2)面层应安装牢固，无裂纹、掉角和缺棱等缺陷；面层应排列整齐、表面清洁、色泽一致、接缝均匀、周边顺直；面层的允许偏差应符合表16-27的规定

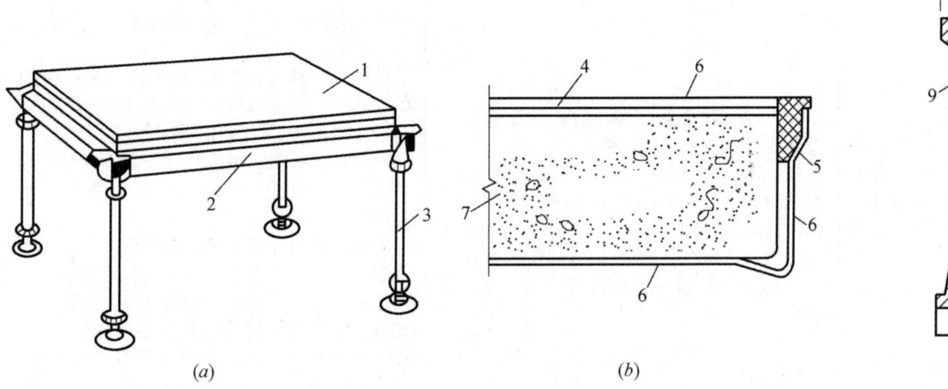

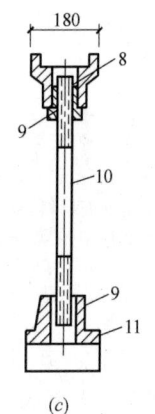

图16-11 活动地板构造与安装示意图

(*a*) 活动地板构造与安装；(*b*) 活动地板块；(*c*) 可调支架

1—活动地板块；2—横梁；3—可调支架；4—柔光高压三聚氰胺装饰板；

5—橡胶密封条；6—镀锌钢板或铝合金板、塑料板；7—刨花板基材；

8—铸铝上托；9—镀锌螺母；10—ϕ16镀锌螺杆；11—铸铝下座

16.2.8 地毯面层

地毯面层做法及施工方法 **表16-35**

构造做法及适用范围	材料要求	施工要点
地毯面层采用地毯块材或卷材，在水泥类或板块类面层(或基层)上以空铺法或实铺法铺设。实铺法铺设则有粘结法和拉结法铺设两种方式	(1)地毯：按地毯材质分为纯毛地毯、混纺地毯、化纤地毯、塑料地毯；按编织工艺分为手工地毯：机织地毯、簇绒编织地毯、针刺地毯；按地毯规格分为方块地毯，成卷地毯、圆形地毯，其品种、性能、质量、规格应符合设计要求和有关标准的规定，并有产品合格证明文件	(1)地面面层(或基层)应坚实、平整、洁净、干燥，含水率不大于9%，无凹坑、麻面、起砂、裂缝等缺陷，水泥类基层平整度要求不大于4mm，并不得有油污、钉头及其他凸出物 (2)空铺法铺设： 1)按房间尺寸、形状用切割机断下地毯料，每段地毯长度要比房间长约20mm，宽度要以裁去地毯的边缘线后的尺寸计算

续表

构造做法及适用范围	材料要求	施工要点
地毯为一种高级地面饰面材料，用做地面面层具有豪华、美观、柔软、富有弹性，脚感舒适、隔热、隔潮、防尘等	(2)衬垫：衬垫的品种、规格、性能应符合设计要求。应有出厂合格证明。 (3)卡条(倒刺板)：有木卡条、金属卡条，在1200mm×24mm×6mm的板条上钉有两排斜钉(间距为35～40mm)，另有五个高强钢钉均匀分布在全长上(钢钉间距400mm) (4)金属压条：宜采用厚度为2mm的铝合金	2)地毯拼接可用麻布窄条衬在两块待粘结的地毯之下，用胶粘剂刮在麻布带上，然后把地毯拼接粘牢，也可用针线缝合，拼接时，必须用张紧器把地毯张紧使其平整 3)将整片地毯四周依房间踢脚线修剪整齐 4)将地毯面层的周边用扁铲压入踢脚线下，最后用吸尘器全面吸除灰尘后，即可使用 5)小方块地毯铺设时，应按所铺房间的使用要求及其具体尺寸，弹好分格控制线，铺时宜中部开始，然后向两侧均铺。要保持地毯块四周边缘棱角完整，块与块间应挤紧服贴。常采用逆光与顺光交错方法 6)在两块不同材质地面交接处，应选择合适的收口条。 (3)实铺法铺设： 1)粘结法铺设地毯： ①用地毯切割机按分格尺寸切割地毯，亦可用手握截刀下料。化纤地毯切口应选在环形毛的间歇处 ②粘贴塑料踢脚板时，先在踢脚板部位刷胶，晾10～15min，将踢脚板贴上，并用棉纱和胶压辊压实、压牢，在阳角和阳角部位的粘贴可用热风机边加热边煨成和墙角相同的形状粘贴，踢脚板下缘与地面间应保留一个地毯厚度的空隙 ③地毯粘贴可从房间中心任意一侧将地毯在短方向叠起来，然后用带齿刮板将胶粘剂均匀地满刮在基层面上和地毯底面上，晾10～15min后，从中央部位开始粘贴，铺平、压实，接着再粘贴另一侧。铺时地毯不得折皱、隆起，相邻两块地毯间不要留有缝隙。铺地毯亦可将地毯切成500mm×500mm小块，按地面弹线涂刷胶粘剂铺设，一般由中间向四周进行。本法可随意组织花色图案，磨损后可更换 ④地毯铺设好后，经1d粘结力达到要求，用吸尘器全面吸除地毯上灰尘后，即可使用 2)拉结法铺设地毯： ①沿着房屋四周墙脚和中间柱脚四周约10mm处通长设置钉挂板(又称木卡条)，用螺栓与地面固定，间距150～200mm，钉挂板上钉有两排朝天小钉 ②凡有衬垫者，在钉好钉挂板后，即可按设计要求尺寸，一块一块裁剪衬垫，铺设于钉挂板之间的基层上，并用钉子予以固定，衬垫拼缝要平接、齐全，不得叠接 ③按房间实际尺寸和地毯规格下料裁剪，其拼合尺寸要略大于房间的实际尺寸10～20mm，并就地摊平放置1d，待其自然平整方可铺设
特点，常用于宾馆、饭店、招待所、住宅居室以及船舶、车辆、飞机等地面面层	(5)胶粘剂：用天然乳胶加增塑剂、防霉剂配制而成，要求无毒、快干，有足够的粘结强度，又便于撕下不留痕迹	④地毯如需拼接，可用麻布窄条衬在两块待拼接的地毯之下，将胶粘剂刮在麻布窄条上，将地毯拼接粘牢。地毯拼接亦可用针线缝合。拼接时必须将地毯用张紧器张紧使平整，缝隙应尽可能小

续表

构造做法及适用范围	材料要求	施工要点
特点，常用于宾馆、饭店、招待所、住宅居室以及船舶、车辆、飞机等地面面层	(5)胶粘剂：用天然乳胶加增塑剂、防霉剂配制而成，要求无毒、快干，有足够的粘结强度，又便于撕下不留痕迹	⑤固定地毯系将整片地毯按房间踢脚尺寸修剪整齐，用钉挂板(图 16-12*a*、图 16-12*b*)固定四边，并用压力将地毯边缘压进踢脚板的下面。门口处地毯敞边可用专门的铝合金压条(图 16-12*c*、图 16-12*d*)压边。铝压条一片与门框下的地面用螺栓固定，一片轻轻敲下压牢地毯，使地毯咬紧在压条之间 ⑥地毯铺设好后，用吸尘器全面吸除地毯上灰尘后，即可使用 (4)质量要求： 1)地毯面层采用的材料进场时应有型式检验报告、出厂检验报告、出厂合格证以及地毯、衬垫、胶粘剂中的挥发性有机化合物(VOC)和甲醛限量合格的检测报告，其质量和指标应符合设计要求和有关标准的规定 2)地毯表面应平服，拼缝处应粘结牢固、严密平整、图案吻合；表面不应起鼓、起皱、翘边、卷边、显拼缝、露线和毛边，绒面毛应顺光一致，毯面应洁净，无污染和损伤 3)地毯和其他面层连接处、收口处和墙边、柱子四周应顺直、压紧

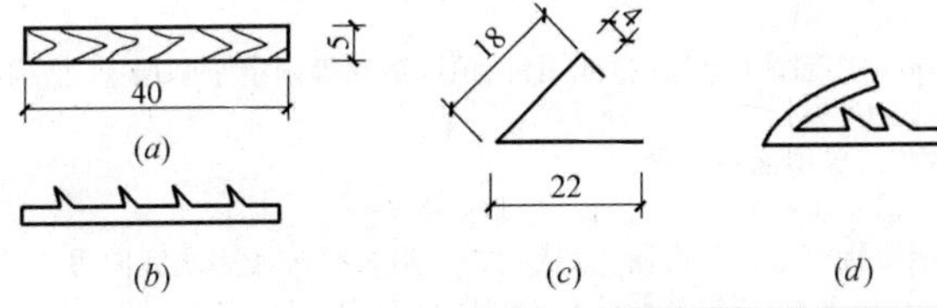

图 16-12 地毯卡条、压条示意
(*a*) 木卡条；(*b*) 金属卡条；(*c*) 铝合金或铜压条；(*d*) 梯条

16.3 木、竹面层

16.3.1 实木、实木集成长条木板面层

实木、实木集成长条木板面层做法及施工方法 **表 16-36**

项次	项目	施工方法要点
1	构造做法及适用范围	(1)采用实木、实木集成长条木板以空铺或实铺做法在基层上铺设，以钉接和胶粘两种结合方式，其面层可采用双层面层和单层面层，如图 16-13 所示 (2)空铺法系在基层的地垄墙或混凝土墩的垫木上，铺钉木格栅，再在其上铺钉一层毛地板和一层企口长条硬木板，或仅钉一层企口长条硬木板而成，如图 16-13(*a*)所示，常用于首层地面 (3)实铺法系在楼地面上嵌铺木格栅，再在其上铺钉单层或双层木板而成，如图 16-13(*b*)、图 16-13(*c*)所示，常用于楼层地面 (4)实木、实木集成长条地板具有重量轻、弹性好、干燥、舒适、美观大方等特点，适用于宾馆、旅馆、会议室、幼儿园、公寓、民用住宅等较高级的楼地面面层

续表

项次	项目	施工方法要点
2	材料要求	(1)实木、实木集成地板分为“免刨免漆类”和“原木无漆类”两种产品： 1)长条硬木板用水曲柳、炸木、核桃木、麻栎、榆木等，要求坚硬、耐磨、纹理清晰、美观，不易腐蚀、变形、开裂的同批树种、花纹、颜色力求一致 2)地板按设计要求加工成规格料，宽度不大于 120mm 正面刨光侧边分为平口和企口两种半成品，或正面已经油漆的成品企口形式、尺寸和木板厚度符合设计要求 3)木板含水率应根据地区自然条件，最小含水率为 7%，最大为该地区平衡含水率。地板应在施工前 10d 进场拆包平铺于房间内，使与房内干湿度相适应，减少铺贴后变形 4)实木、实木集成长条木板应具有商品检验合格证，质量应符合现行国家标准的规定 (2)毛地板、木格栅、垫木、剪刀撑等采用红、白松或杉木，规格尺寸应符合设计要求，并经干燥、防腐、防蛀处理，不得有扭曲、变形，含水率应不大于 12% (3)踢脚板材质同面层木地板，宽度和厚度按设计要求，含水率不大于 12%，背面开槽刷防腐剂，花纹和颜色力求和面层板一致 (4)隔热隔声材料可采用珍珠岩、矿渣棉、炉渣、挤塑板等，要求质轻、耐腐、无味、无毒 (5)胶粘剂要求采用耐老化、防水和防菌、无毒等性能的材料，或按设计要求选用
3	长条地板铺设	(1)免刨免漆类实木、实木集成长条地板铺设： 1)安装木格栅：有空铺和实铺两种做法： ①采用空铺法时，基层应经夯实、平整，地垄墙可采用砖砌、混凝土、木结构、钢结构等，其施工和质量验收应分别按国家相关规范和相关技术标准的规定执行。当设计有通风构造层时，应按设计施工通风构造层 将木格栅放在地垄墙或混凝土墩的垫木上(垫木用地垄墙的预埋钢丝捆绑牢固)，格栅与垫木用钉子钉牢，格栅间距不宜大于 300mm，与墙、柱间留出 20mm 空隙，上表面应平直，然后相互之间用剪刀撑钉牢稳固，间距通常为 800mm，或按设计要求，垫木厚度一般为 50mm，并应做防腐、防蛀处理。格栅需接长时，接口处的木夹板长度应大于 300mm，宽度不小于 1/2 格栅宽 ②采用实铺法时，水泥类基层应坚实、平整、洁净、不起砂，强度等级符合设计要求，含水率不应大于 8%。 将木格栅直接埋于混凝土基层内，或用钉、预埋钢丝等固定于基层上，格栅之间满铺炉渣或矿渣混凝土，或其他防潮隔声材料 2)实木、实木集成单层面板铺设： ①格栅须经隐蔽工程验收合格 ②将长条地板直接钉铺在木格栅上，从墙的一边开始按线逐块铺向另一边，靠墙一块板应离开墙面 8～12mm，以后逐块排紧，用钉从板凸角处斜向钉入(图 16-14)，钉头不应露出，钉长应为板厚的 2～2.5 倍。木板端头缝应在格栅上，并应间隔错开，板与板之间应紧密，仅允许个别地方有缝隙，其宽度不应大于 1mm，当采用硬木长条板时，不应大于 0.5mm 3)实木、实木集成双层面板铺设： ①双层地板下的毛地板可采用钝棱料，其宽度不大于 120mm。毛地板与格栅成 30°或 45°斜向铺钉，接头应锯成相应斜口，且要错开，要接在格栅上，并使髓心向上。当采用细木工板或多层胶合板时，应按设计要求规格铺钉，设计无要求时，可锯成 1280mm×610mm、813mm×610mm 的规格 ②每块毛地板与其下的每根格栅各用 2 根钉钉牢，钉长为板厚的 2.5 倍，钉帽砸扁冲入板内不小于 2mm；毛地板拼缝不大于 3mm，与墙、柱间留 8～12mm 空隙 ③毛地板铺完后应刨平，用 2mm 靠尺检查平整度不大于 2mm，板面清扫干净后，铺一层隔声和防潮材料 ④长条地板面层铺设方向应按设计要求，设计无要求时按“顺光、顺主要行走方向”的原则确定，一般应以靠门较近的一边开始铺钉。铺钉时板与格栅垂直方向钉牢，板端缝应间隔错开，板与板间拼缝应严密，个别缝宽度不大于 0.5mm，木板与墙、柱间留 10～15mm 缝隙，每铺设 600～800mm 宽时应拉线找直修整 4)踢脚板铺设： 预先在墙内砌入防腐木砖，间距 750mm，木砖外钉一块防腐木块，然后将踢脚板钉牢于木块上，板面要垂直，上口呈水平，踢脚板接缝处应做企口或错口相接，在 90°转角处应做 45°斜角相接，踢脚板与地板交角处钉三角木条以盖住缝隙，如图 16-15 所示 5)打蜡： 地板蜡有成品供应，也可自配，用布或干净丝棉蘸蜡薄薄均匀地涂布在板面上，待蜡干后，用木块包麻布或帆布进行磨光，直到表面光滑洁亮为止。 (2)无漆类实木、实木集成长条地板铺设： 1)面层地板刨平、磨光、油漆、打蜡前的工序施工要点同(1)“免刨免漆类实木、实木集成长条地板铺设”中的相关内容

续表

项次	项目	施工方法要点
3	长条地板铺设	2)地板面层刨平、磨光:地板铺完后,用地板刨光机先斜着木纹、后顺着木纹将表面刨平、刨光,再用地板磨光机磨光,所用砂布先粗、后中、细,磨光方向及角度与刨光相同。刨平、磨光达不到之处,铺以手工刨磨 3)油漆、打蜡:地板磨光后应立即上漆。必要时润油粉、满刮腻子两遍,用砂纸打磨平整、洁净再涂刷清漆。应按设计要求选用清漆品种及确定涂刷遍数,要求厚薄均匀,不漏刷,漆干后打蜡、擦亮
4	质量要求	(1)实木、实木集成长条地板面层所采用的地板、进场时应有型式检验报告、出厂检验报告、出厂合格证以及有害物质限量合格的检测报告,其质量和指标应符合设计要求和国家现行有关标准的规定 (2)地板铺设时的含水率应符合设计要求和国家现行有关标准的规定 (3)木格栅、垫木和毛地板等应做防腐、防蛀处理;木格栅安装应牢固、平直,面层铺设应牢固 (4)面层应刨平、磨光,无明显刨痕和毛刺等现象,颜色应均匀一致,面层缝隙应严密,接头位置应错开;表面应平整、洁净。面层的允许偏差应符合表 16-37 的要求

木、竹面层的允许偏差和检验方法 **表 16-37**

项次	项目	允许偏差(mm)				检验方法
		实木地板、实木集成地板、竹地板面层			浸渍纸层压木质地板、实木复合地板、软木类地板面层	
		松木地板	硬木地板、竹地板	拼花地板		
1	板面缝隙宽度	1.0	0.5	0.2	0.5	用钢尺检查
2	表面平整度	3.0	2.0	2.0	2.0	用 2m 靠尺和楔形塞尺检查
3	踢脚线上口平齐	3.0	3.0	3.0	3.0	拉 5m 通线和用钢尺检查
4	板面拼缝平直	3.0	3.0	3.0	3.0	
5	相邻板材高差	0.5	0.5	0.5	0.5	用钢尺和楔形塞尺检查
6	踢脚线与面层的接缝	1.0				楔形塞尺检查

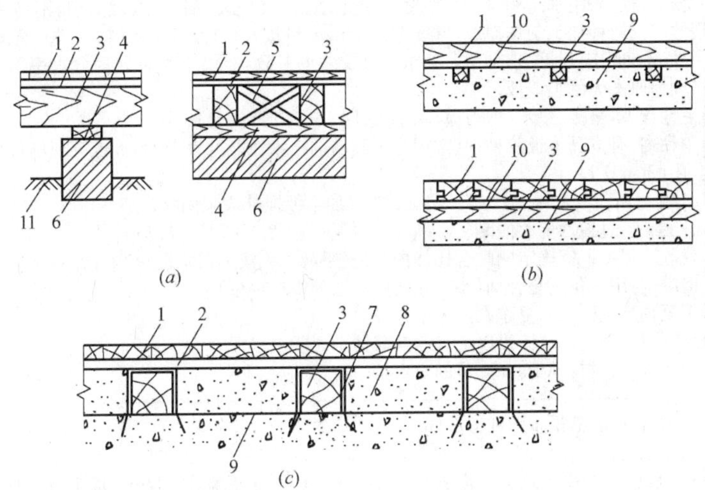

图 16-13 实木、实木集成长条木板面层

(a) 空铺双层长条木板面层;(b) 实铺双层长条木板面层;(c) 实铺单层长条木板面层

1—硬木企口板;2—毛地板;3—木格栅;4—垫木;5—剪刀撑;6—地垄墙;7—$\phi 4$ 或 $\phi 6$ 预埋钢丝;8—炉渣混凝土;9—混凝土基层;10—防潮层;11—夯实基土

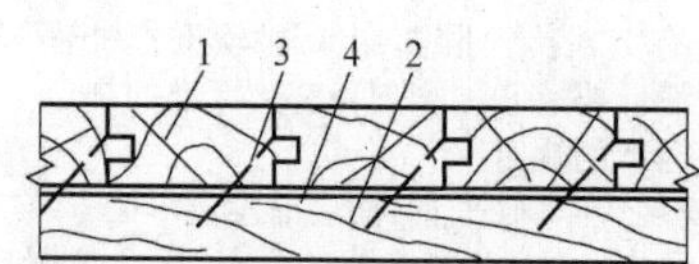

图 16-14　企口板钉设

1—企口板；2—毛地板；3—圆钉；4—干铺卷材

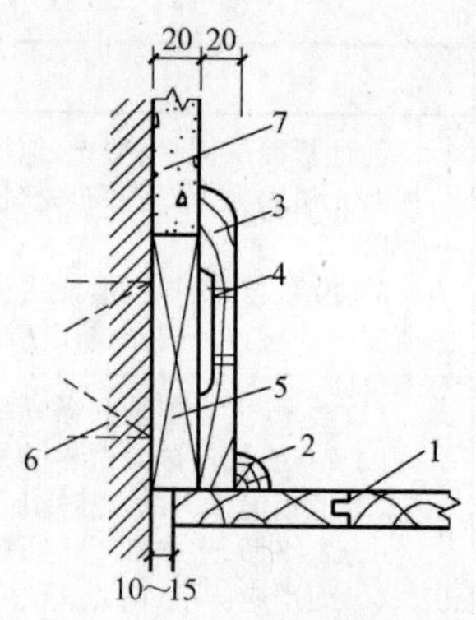

图 16-15　木踢脚板

1—木地板；2—15mm×15mm 压条；3—木踢脚板；4—ϕ6×1.0m 通风孔；5—木垫板；6—防腐木砖；7—内墙粉刷

16.3.2　实木、实木集成拼花木板面层

拼花木地板面层做法及施工方法　　表 16-38

项次	项目	施工方法要点
1	构造做法及适用范围	(1)拼花木板面层是用加工好的硬木板块钉牢于毛地板上，或用胶粘剂粘贴于水泥砂浆找平层上，如图 16-16 所示，并应用板块的纹理或色泽经排列组合可拼成多种图案(席纹、人字、长条、方块等)的硬木地板 (2)拼花木板面层有双层钉铺法和单层粘贴法两种施工方法。 (3)拼花木板面层具有款式多样，纹理清晰、美观大方、节约木材等特点，适用于办公室、会议室、幼儿园、试验室、民用住宅等地面面层
2	材料要求	(1)拼花木板：采用水曲柳、柞木、核桃木、麻栎、榆木等坚硬、耐磨、纹理清晰、不易腐朽、不易变形、不易开裂的同批树种加工制作而成，厚度 18～23mm(钉接式)、10～18mm(粘结式)，宽度 30～50mm，长度 150～400mm，或按设计要求加工。要求花纹及颜色一致，经烘干脱脂处理含水率不得大于 8%。拼花地板一般为原木无漆类地板 (2)毛地板、木格栅、垫木、剪刀撑、踢脚板，同 16.3.1 节的要求 (3)胶粘剂：有成品地板胶粘剂(常用地板胶粘剂技术性能见表 16-39)，也可现场自配。现场自配胶粘剂配合比(重量比)为： 白胶：10 号白胶：水泥＝7：3。或用 801 胶加水泥搅拌成浆糊状； 过氯乙烯胶：过氯乙烯：丙酮：丁酯：白水泥＝1：2.5：7.5：1.5； 聚氨酯胶：根据厂家确定的配合比加白水泥(甲液：乙液：白水泥＝7：1：2) (4)促凝剂：用氯化钙复合剂(冬季在白胶粘结剂中掺少量) (5)缓凝剂：用洒石酸(夏季在白胶中掺少量) (6)水泥：强度等级 42.5 级以上普通硅酸盐水泥或白水泥 (7)隔热隔声材料：同 16.3.1 节的要求
3	双层钉铺操作工艺	(1)垫木、格栅的铺设步骤和方法同 16.3.1 节的要求 (2)铺设毛地板： 1)铺钉毛地板可用钝棱料，上面刨平，厚薄应一致，每块板宽在 120mm 以下，铺钉时，板髓心面朝上，板间缝隙不大于 3mm，板与墙应留 10～20mm 缝隙，板接头应在格栅上，接缝应间隔错开 2)当面层为席纹板时，板与格栅成 30°或 45°角斜向铺钉(图 16-17)，接头锯成相应斜口，当面层为人字形拼花板时，板应与格栅垂直钉铺 3)毛地板铺完后应用 2m 靠尺检查平整度，清扫干净，随即铺一层沥青卷材，搭接宽度不得少于 100mm

续表

项次	项目	施工方法要点
3	双层钉铺操作工艺	(3)钉铺拼花硬木板： 1)在油毡纸上弹房间十字中心线及圈边线，按设计图案尺寸分格放线、弹色线，即可按线铺钉拼花硬板 2)拼花图案有图 16-18 等几种形式。方铺席纹板(图 16-18*a*)，一般从一角开始，使凹榫紧贴前板凸榫，逐块用暗钉钉牢；亦可从中央向四边铺钉；斜铺方席纹板(图 16-18*b*)，应以一边墙为准，呈 45°弹线，分角距离为斜纹对角线长。四边与镶边收口的三角形应大小相等。铺钉可从一角开始，依次按斜列展开，直至镶边处收口。斜铺人字席纹板(图 16-17*c*)，板长应正好多于一个拼花板条宽度，板条加工应留有余量，铺钉时应按人席纹图形边修边拼缝。人字纹板(图 16-17*d*)，应顺房间进深排列，以中间一列作标准，向两边展开。铺钉时应拉通线，控制板条角点在一直线上，使留出的错台长度应正好是下一列人字条镶入的宽度。以上拼花各块木板均应互相排紧。对于企口缝的板，钉长为板厚的 2.0～2.5 倍，当板长度小于 30cm 时，侧边应钉两个钉，长度大于 30cm 时应钉 3 个钉，板的两端应各钉一个钉固定。拼缝有企口和槽口两种方式，后者在池槽内设嵌榫(图 16-18*e*、图 16-18*f*) 3)铺钉镶边板宜从房心板铺贴完后进行。镶边板应与房心拼花板严密结合。镶边宽度与图形可采用顺墙长条或垂直墙短条 (4)踢脚板铺设： 踢脚板铺设方法同 16.3.1 节的要求 (5)面层刨光、磨光： 面层刨光应与木纹成 45°斜刨。工序与长条木板面层基本相同，第一道应用刨地板机粗刨，吃力应浅，行走速度应均匀；第二道应用木工细刨净面，将毛刺、刨痕刨平；第三道应用磨地板机磨光，所用砂布应先粗后细，研磨不到之处用人工磨光。如局部有戗茬或凹洼难以刨平，可用扁铲将该处剔掉，再用相同木条加胶镶补后刨平、刨光 (6)油漆和打蜡： 油漆和打蜡与 16.3.1 节要求的相同
4	单层粘贴操作工艺	(1)基层表面的灰砂、油渍、垃圾清除干净，凹陷部位用 108 胶腻子嵌平，用水洗刷地面，晾干。底层地面应做防潮层 (2)在基层弹十字中心线及四周边线。铺时在基层用稀白胶或 FS801 胶涂刷一遍，然后把配制好的胶泥倒在地面，用橡皮刮板均匀铺开，厚度约 5mm，紧接着粘贴硬木板条，沿水平方向用力推挤、压实 (3)铺板形式一般有正铺和斜铺两种(图 16-19)，正铺由房间中心依次向四周铺贴，最后边圈；斜铺先弹地面十字中心线和 45°斜线及边圈线，按 45°方向斜铺，每粘贴一个方块，用方尺套方一次 (4)贴完后，在常温下保养 5～7d，待胶固化后，用电动滚刨机刨削地板，使之平整，滚刨方向与板条方向成 45°角，然后再用滚磨机磨两遍，头遍用 3 号粗砂纸磨平，二遍用 0～1 号细砂纸磨光，边角处辅以人工刨削和磨光，钉三角木压条 (5)磨光后应立即上漆，满批腻子两遍，砂纸打磨平整洁净，再涂刷清漆 2～3 遍，干后打蜡、擦亮
5	质量要求	同实木、实木集成长条木板面层

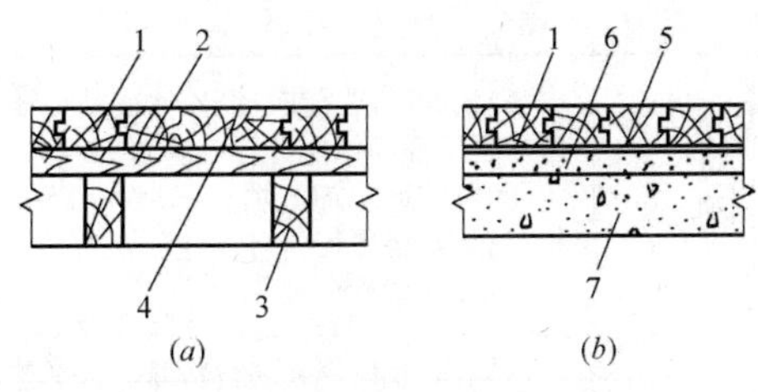

图 16-16 拼花木板面层构造

(*a*) 双层钉铺拼花木板面层；(*b*) 单层胶粘拼花木板面层

1—拌花木板；2—毛地板；3—木格栅；4—油毡纸；5—胶结料；

6—1∶3 水泥砂浆找平层；7—混凝土基层

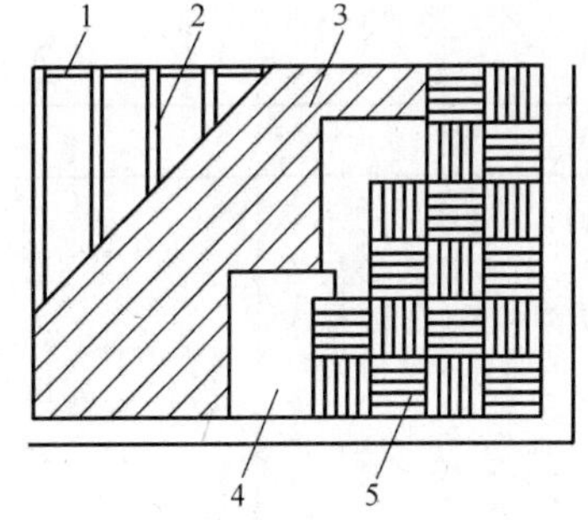

图 16-17 拼花木板钉铺

1—沿椽木；2—格栅；3—毛地板；

4—防潮沥青油毡纸；5—拼花硬木板

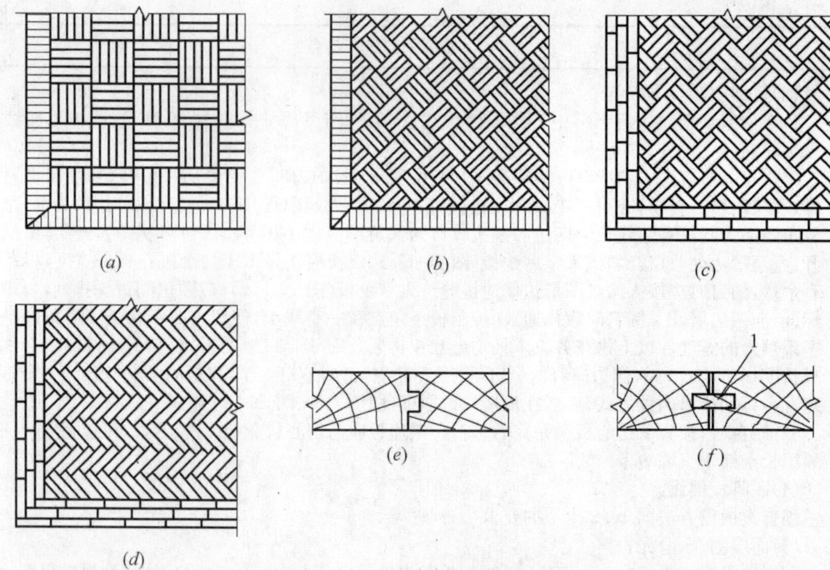

图 16-18　拼花木板面层图案及接缝

(a) 方铺席纹楼、地板；(b) 斜铺方席纹楼、地板；(c) 斜铺人席纹楼、地板；
(d) 人字纹楼、地板；(e) 企口式拼缝；(f) 槽口式拼降

1—嵌榫

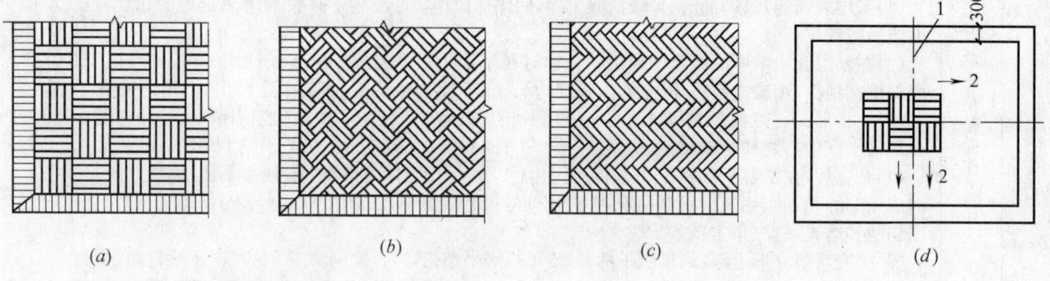

图 16-19　胶粘拼花木板面层图案及铺贴方法

(a) 正方格形；(b) 斜方格形；(c) 人字形；(d) 中心向外铺贴方法

1—弹线；2—铺贴方向

常用地板胶粘剂技术性能与注意事项　　表 16-39

名称	性能	注意事项
PAA 胶粘剂： 系以醋酸乙烯与烯类单体进行共聚，加入少量助剂及适量溶剂而成	具有粘结力强、干燥快且有耐热耐寒等特点 耐热性＞60℃，耐寒性＜－15℃，粘贴剪切强度＞0.6MPa	(1)清除基层浮灰、砂粒，并嵌补平整，待基层适当干燥后涂刷并注意防水 (2)胶粘剂中加入填料(1∶0.5)使成厚浆状，粘结效果更佳 (3)贮存期 6 个月
8123 胶粘剂：系以氯丁胶乳与聚乙烯醇缩甲醛为主要成分的乳液型胶粘剂	不燃、无毒、无味，粘结强，耐水性好，能适应干湿交替及冷热交替的使用环境。 常温下 72h 抗拉强度＞0.5MPa；常温下粘贴 72h 后，浸水 24h 抗拉强度＞0.4MPa	(1)清除基层浮灰、砂粒，并嵌补平整，待基层适当干燥后即可涂刷 (2)胶粘剂中加入水泥(1∶1)调匀，则施工质量更易保证 (3)贮存期 6 个月，注意防雨、防潮，密封保存，贮存温度＞0℃

续表

名称	性能	注意事项
7990 胶粘剂：系以丁腈胶乳为基料加入其他改性助剂而组成的水溶性胶粘剂	不燃、不霉、无毒、无刺激气味，具有水溶性，可单面涂胶，能在潮湿基底上粘结，初期强度好，胶干后抗水性能好，能适应冷热及干湿交替的恶劣环境抗剪强度＞0.65MPa	(1)清除基层浮灰、砂粒，并嵌补平整 (2)胶粘剂中加入水泥(1∶1)调匀，则施工质量更易保证 (3)贮存期 6 个月
乙丙木地板胶粘剂：系以乙丙高分子乳液加少量助剂组成的白色胶浆	粘结强度高，耐水性好。 黏度(25℃)：4～7Pa·s；固含量 60%；抗拉强度＞0.8MPa，水中浸泡 24h 后湿拉＞0.3MPa	(1)清除基层浮灰、砂粒，并嵌补平整 (2)贮存期 6 个月
WJN-05 木地板胶粘剂：系由聚乙烯醇加入特殊改性剂、防霉剂、表面活动剂而成的乳液型胶粘剂	外观为均质黏稠液，乳白色，有一定粘结强度及耐水性，适用于耐水、耐热等要求较低的场合使用 黏度(25℃)：1.4Pa·s；含固量 11%；抗拉强度≥0.3MPa，浸水后≥0.26MPa	(1)清除基层浮灰、砂粒，并嵌补平整 (2)胶粘剂加入水泥(1∶1)调匀后使用 (3)保存期 3 个月，贮存场所温度＞5℃
聚醋酸乙烯胶粘剂：系以聚醋酸乙烯为主要原料，结合其他助剂组成的乳液	乳白色稠厚液体，粘结力强，但耐水性较差固体含量 50%；pH 值 4～6；黏度≥2Pa·s；粘结强度≥1MPa	(1)清除基层浮灰、砂粒，并嵌补平整 (2)用 10℃以上水稀释，加水量以 20%～40%为宜，然后加入水泥(1∶1)调匀粘贴 (3)贮存期 6 个月，贮存温度 10～40℃
XJE-1 地板胶粘剂：系以合成树脂系乳液、各种添加剂等配制而成的双组分水基型胶粘剂	无毒、不燃、无污染，耐水性好，粘结强度高 抗拉粘结强度＞1MPa；浸水 7d 后抗拉粘结强度＞0.3MPa；耐水性，水中浸泡 30d 不脱胶；温水浸渍 50℃、24h 不脱胶	(1)清除基层浮灰、砂粒、油污，并嵌补平整 (2)双组分中甲组分为胶液；乙组分为填料，配合比为甲∶乙＝1∶2～2.5 (3)配制时，先将甲组分搅拌均匀，然后按比例将甲、乙两组分调配至合适稠度并搅拌均匀，随配随用，配好的胶粘剂应在 4h 内用完 (4)粘结温度＞5℃，初凝(20℃)约 4h，24h 后基本硬化 (5)贮存期 6 个月，注意防雨、防潮

16.3.3 竹地板面层

竹地板面层做法及施工方法 **表 16-40**

项次	项目	施工方法要点
1	构造做法及适用范围	(1)竹地板面层有单层和双层两种构造做法。单层竹地板面层是将竹地板铺设在木格栅上，木格栅间距一般为 250mm；双层竹地板面层，是在格栅上先铺衬板，然后在衬板上铺钉竹地板 (2)具有既保持竹材的天然属性，美观、高雅，又具有比木质地板耐磨、不会生虫、遇水不变形、富有弹性的性能，更健康、更环保，是一种具有高档装饰效果和满足使用功能的建筑地面工程材料，广泛适用于家庭居室，办公写字楼以及交易场所、候机厅、体育馆、娱乐场等建筑地面面层
2	材料要求	(1)竹地板：应选用不腐朽、不开裂的天然材料，通过严格选材、硫化、防腐、防虫蛀处理，通过刨光、拼板、作榫、固化、涂装等特定工艺热压而成，侧端面带有凸凹榫的竹板块材。品种有碳化竹地板，本色竹地板和保健竹地板等。常用规格有(mm)：909×90.9×15(18)、600×90.9×15、1820×90.9×15 等，亦可按设计要求定制的特殊规格。竹地板技术等级和质量应符合国家现行标准《竹地板》GB/T 20240—2006 的规定 (2)木格栅、衬板等要求同实木、实木集成长条地板要求

续表

项次	项目	施工方法要点
3	竹地板面层铺设操作工艺	(1)铺设前,应在室内墙面上弹出+500mm水平标高控制线,以保证面层的平整度 (2)竹地板面层单层或双层构造的木格栅、衬板(细木工板、胶合板等)应按实木复合地板施工要点进行 (3)在水泥类基层上直接铺钉木格栅时,水泥类基层应平整、坚实,木格栅间距一般为250mm,用30～40mm长钢钉将刨平的木格栅钉固在基层上并找平 (4)每块竹地板宜横跨5根木格栅。当采用双层竹地板面层时,即在木格栅上满铺衬板(细木工板、胶合板等),然后在衬板上铺钉竹地板 (5)铺设竹地板面层前,应在木格栅间隙中撒布生花椒粒等防虫配料,每平方米撒布量控制在0.5kg左右 (6)铺钉竹地板前,应在竹地板侧面用手电钻钻孔眼,铺设时,先在木格栅与地板铺设处涂少量地板胶,然后用螺旋钉将竹地板从孔眼中钉在木格栅或衬板位置上并进行拼装,拼装时竹地板之间不宜拼接太紧 (7)竹地板面层四周与墙面之间应留10～15mm的通气缝,然后安装踢脚板盖住 (8)竹地板纵向端接缝位置应协调,相邻两行的端接缝应错开不少于300mm (9)质量要求:同实木、实木集成长条地面层

16.3.4　实木复合地板面层

实木复合地板面层做法及施工方法　　表16-41

项次	项目	施工方法要点
1	构造做法及适用范围	(1)实木复合地板面层系采用实木复合条材、块材及拼花以实铺或空铺方式在基层上铺设而成。实铺是将实木复合地板直接铺设在水泥类基层上,用胶粘剂满粘或点粘粘贴;空铺有单层和双层两种做法,单层是将实木复合地板铺设在木格栅上;双层是在木格栅上铺毛地板(或细木工板、胶合板),然后在毛地板上铺钉实木复合地板 (2)实木复合地板面层具有与硬木地板一样的弹性好、舒适、导热系数小,干燥、易清洁等特点,适用范围同实木、实木集成地板面层
2	材料要求	(1)实木复合地板:以采用不易腐朽、不易变形、不易开裂的优质木材锯切刨切表面板、芯板和底板三片,然后根据不同品种材料的力学原理将三种单片依照纵向横向、纵向三维排列方法,用胶结材料粘结起来,并在高温下压制成板,这就使木材的异向变化得到控制。实木复合地板分为三层实木复合地板、多层实木复合地板、新型实木复合地板三种。实木复合地板的表层为耐磨层,应选择质地坚硬、纹理美观的品种,芯层和底层为平衡缓冲层,应选用质地软、弹性好的品种。但芯层和底层的品种必须一致,否则难以保证地板的结构相对稳定 实木长条复合地板各生产厂家的产品规格不尽相同,一般为免刨免漆类成品,采用企口拼缝;实木块材复合地板常用较短实木长条复合地板,长度多在200～500mm之间;实木拼花复合地板常用较短实木长条复合地板组合出多种拼板图案 实木复合地板应采用具有商品检验合格证的产品,其质量要求应符合现行国家标准《实木复合地板》(GB/T 18103—2013)的要求 (2)毛地板、木格栅、垫木、剪刀撑、踢脚板等材质和厚度应符合设计要求。隔热、隔声材料,胶粘剂等材料要求参见本章16.3.1节中的相关内容
3	实木复合地板面层铺设	(1)铺设前,应在室内墙面上弹出+0.5m标高控制线,以保证面层铺设的平整度 (2)实木长条复合地板铺设: 铺设方式、方法以及木格栅、垫木、毛地板铺设等均应按表16-36项次3中(1)"免刨免漆类实木、实木集成长条地板铺设"的施工方法要点,但若采用细木工板或胶合板做毛地板时,细木工板或胶合板宜和木格栅垂直铺设,其接点应在木格栅上 (3)水泥类基层上粘贴单层实木复合地板: 可采用局部涂刷胶粘剂粘贴。常用胶粘剂、适用范围施工要点等与16.3.2节中的施工方法要点基本相同。不同之处在于粘贴面层时: 1)在每条实木复合地板两端和中间涂刷胶粘剂(每点涂刷面积根据胶粘剂性能而定,一般为150mm×100mm),按顺序沿水平方向用力推挤压实,每铺贴一行均应及时拉线找直

续表

项次	项目	施工方法要点
3	实木复合地板面层铺设	2)板条之间缝隙应严密，不大于0.5mm，可用木锤通过垫木适当敲击挤实，溢出面板的胶粘剂及时清理干净，相邻板条的端接头应错开不应小于300mm 3)地板与墙、柱间加木楔或弹簧卡，以保证有10～12mm缝隙，待胶粘剂凝固后拔出木楔或弹簧卡 (4)水泥类基层上粘贴单层实木拼花复合地板： 施工要点参见表16-38项次4中"单层粘贴操作工艺"的施工方法要点 (5)双层实木拼花复合地板钉铺： 施工要点参见表16-38项次3中"双层钉铺操作工艺"的施工方法要点 (6)质量要求： 同实木、实木集成长条地板面层

16.3.5 浸渍纸层压木质地板面层

浸渍纸层压木质地板面层做法及施工方法 **表16-42**

项次	项目	施工方法要点
1	构造做法及适用范围	(1)浸渍纸层压木质地板面层采用条材，以空铺或粘贴方式在基层上铺设而成 (2)空铺一般按双层做法，即在木格栅上铺衬板(细木工板或胶合板)，再在衬板上铺设浸渍纸层压木质地板面层；若采用无檩条的空铺法时，则为单层做法，且面板与基层间须设衬垫层 (3)粘贴法是将浸渍纸层压木质地板直接铺设在水泥类基层上，板与基层应设衬垫层，板与板间企口用胶粘剂粘结 (4)浸渍纸层压木质地板与实木地板相比，具有更好的耐磨性，表面装饰花纹整齐、色泽均匀、抗压性强、价格便宜，便于清洁护理，且更有利于木材资源的可持续利用，但弹性与脚感不如实木地板。适用范围同实木地板
2	材料要求	(1)浸渍纸层压木质地板：是以一层或多层专用纸浸渍热固性氨基树脂，铺装在刨花板或中密度纤维板、高密度纤维板等人造板基材表面，背面加平衡层，正面加耐磨层，经热压而成的木质地板材。这种地板有表层、基材(芯材)和底层三层构成。其表层由耐磨层和装饰层组成，厚度一般为0.2mm，或由耐磨层、装饰层和底层组成，厚度一般为0.6～0.8mm；基材为密度板或刨花板，应采用收缩率小、吸水率低，抗拉强度高的树种；底层是由平衡纸或低成本的层压板组成，厚度一般为0.2～0.8mm。其技术等级和质量应符合国家现行标准《浸渍纸层压木质地板》(GB/T 18102—2007)的规定 (2)木格栅、衬板、踢脚板等用材和规格及防腐、防蛀处理应符合设计要求 (3)胶粘材料：应采用防水胶粘材料
3	浸渍纸层压木质地板面层铺设	(1)铺设前应在室内墙面上弹出+500mm水平标高控制线，以保证面层的平整度 (2)浸渍纸层压木质地板面层采用粘贴法或无格栅的空铺法时，水泥类基层表面应平整、坚实，其平整度用2m靠尺检查，其空隙不应大于2mm，如达不到要求时，应采用1∶3水泥砂浆二次找平。铺设时基层表面应洁净、干燥后，铺设聚乙烯膜衬垫，要求铺严，接缝处重叠不小于20mm，并用防水胶带纸封好。铺面板时，第一块板材的凹企口应朝墙面，板与墙间插入木楔或金属弹簧卡，间距宜为200～300mm，以使其与墙面之间留出不小于10mm的空隙，为保证工程质量，木楔应在整体地板拼装12h后拆除，同样最后一块板材也要插入木楔保持有10mm的空隙。然后将胶水均匀连续地涂在两边的凹企口内，以确保每块地板之间紧密粘结，用锤子或硬木块轻敲已拼装好的板材，使之粘紧密实，挤出的多余胶水应及时擦掉，保持地板面层洁净。板的纵向端接缝的位置应协调，相邻两行的端接缝应错开不少于300mm (3)浸渍纸层压木质地板面层采用空铺法时，其木格栅、衬板及面板的铺设要点同实木地板面层铺设 (4)浸渍纸层压木质地板铺设面积达70m²或房间长度达8m时，宜每间隔8m宽处放置铝合金条，以防止整体地板受热变形 (5)整体地板拼装后，用木踢脚板封盖地板面层，并应保持房间内通风，夏季养护24h、冬季48h后方可正式使用 (6)质量要求：同实木、实木集成长条地板面层

17 门　　窗

17.1 木门窗制作与安装

17.1.1 木门窗制作

木门窗制作施工要点　　表 17-1

项次	项目	施工要点
1	制作程序	(1)木门窗制作程序一般为:放样→配料→截料→刨料→划线、打眼→开榫、裁口→整理线角→拼装→堆放 (2)成批生产前应先制作一樘标准实样,经检查合格方可大批生产
2	配料截料	(1)木料采用马尾松等易腐朽、虫蛀的树种时,整个构件应做防腐处理。门窗框料顺弯不应超4mm,腐朽、斜裂或扭弯的木材,不应采用。木门窗用料,木材材质标准见表 17-2。木材应采用窑干法干燥,含水率不大于 12%,当受条件限制时,可采用气干木材,其含水率不应大于当地的平均含水率 (2)配料要注意套裁,木材的缺陷、节子应避开榫头、打眼及起线部位 (3)配料截料要预留宽度和厚度的加工余量,一面刨光者留 3mm,两面刨光者留 5mm。有走头的门窗框冒头,要考虑锚固长度,可加长 240mm,无走头者,为防止打眼拼装时加楔劈裂,亦应加长20mm,其他门窗冒头梃均应按规定适当加长 10～50mm。门框梃要加长 20～30mm(底层应加长60mm),以便下端固定在粉刷层内
3	制作拼装	(1)门窗框及厚度大于 50mm 的门窗扇应采用双夹榫连接。门窗框的宽度超过 120mm 时,背面应推凹槽,以防卷曲 (2)开出的榫要与眼的宽、窄、厚、薄一致,并在加楔处锯出楔子口。半榫的长度要比眼的深度短2mm。拉肩不得伤榫 (3)门心板应用竹钉和胶拼合,四边去棱 (4)框、扇拼装时,榫槽应严密嵌合,应用胶料粘合,每个榫应用两个与榫同宽的胶楔打紧 (5)窗扇拼装完毕,构件的裁口应在同一平面上。镶门心板的凹槽深度应于镶入后尚余2～3mm空隙 (6)拼装胶合板门(包括纤维板门)时,边框和横楞必须在同一平面上,面层与边框及横楞应加压胶结
4	成品堆放	(1)门窗框制作完,应在梃与冒头交角处加钉八字斜拉条两根,无下坎的门框,下端应加钉水平拉条,防止运输安装过程中变形。在靠墙面应刷防腐涂料 (2)门窗框扇要编号,按不同规格整齐堆放,堆垛下面要用垫木垫平,离地面 200～300mm,露天堆放要加护盖,以防日晒雨淋导致变形
5	质量要求	(1)木门窗的木材品种、材质等级、规格尺寸,框扇的线型及人造木板的甲醛含量应符合设计要求。设计未规定材质等级时,所用木材质量应符合表 17-2 的规定 (2)木门窗应采用烘干的木材,含水率应符合《建筑木门、木窗》JG/T 122 的规定 (3)木门窗的防火、防腐、防虫处理应符合设计要求 (4)木门窗的结合处和安装配件处不得有木节或已填补的木节。木门窗如有允许限值以内死节及直径较大的虫眼时,应用同一材质的木塞加胶填补。对于清漆制品,木塞的木纹和色泽应与制品一致

续表

项次	项目	施 工 要 点
5	质量要求	(5)门窗框和厚度大于 50mm 的门窗扇应用双榫连接。榫槽应采用胶料严密嵌合，并应用胶楔加紧 (6)胶合板门、纤维板门和模压门不得脱胶，胶合板不得刨透表层单板，不得有戗槎。制作胶合板门、纤维板门时，边框和横楞应在同一平面上，面层、边框及横楞应加压胶结。横楞和上、下冒头应各钻两个以上的透气孔，透气孔应通畅 (7)木门窗的割角、皎缝应严密平整。门窗框、扇裁口应顺直，刨面应平整；木门窗上的槽、孔边缘应整齐、无毛刺；木门窗制作的允许偏差应符合表 17-3 的规定

木门窗用木材的质量要求 表 17-2

木材缺陷		门窗的立梃、冒头、中冒头	窗棂、压条、门窗及气窗的线角、通风窗立梃	门心板	门窗框
活节	不计个数，直径(mm)	<15	<5	<15	<15
	计算个数，直径	≤材宽的 1/3	≤材宽的 1/3	≤30mm	≤材宽的 1/3
	每 1 延米个数	≤3	≤2	≤3	≤5
死节		允许，计入活节总数	不允许	允许，计入活节总数	
髓心		不露出表面的，允许	不允许	不露出表面的，允许	
裂缝		深度及长度≤厚度及材长的 1/5	不允许	允许可见裂缝	深度及长度≤厚度及材长的 1/4
斜纹的斜率(%)		≤7	≤5	不限	≤12
油眼		非正面，允许			
其他		浪形纹理、圆形纹理、偏心及化学变色，允许			

木门窗制作尺寸允许偏差和检验方法 表 17-3

项次	项目	构件名称		允许偏差	检验方法
1	高度、宽度	框、扇		±1.5mm	按《门扇尺寸、直角度和平面度检测方法》(GB/T 22636—2008)中 4.1/4.2 方法进行
2	厚度	扇		±1.0mm	
3	两对角线长度之差	框		≤2.5mm	用钢尺检查，框量裁口里角，扇量外角
		扇		≤2.0mm	
4	裁口、线条和结合处高低差	框、扇		≤0.5mm	用钢尺、塞尺检查
5	相邻棂子两端间距	扇		≤1.0mm	用钢尺检查
6	翘曲(顺弯、横弯、翘弯)	门框	顺弯	≤2.0mm/m	用长度不小于被测评尺寸的基准靠尺，紧靠框或扇最大凹面的长边或短边，用塞尺或钢板尺量取最大矢高。靠长边测量结果为顺弯、翘弯，靠短边测量结果为横弯[图示见《锯材缺陷》(GB/T 4823—2013)]
			横弯	≤0.5mm/m	
		门扇	顺弯	≤2.0mm/m	
			翘弯	≤1.0mm/m	
		窗框	顺弯	≤1.5mm/m	
			横弯	≤0.5mm/m	
		窗扇	顺弯	≤1.5mm/m	
			横弯	≤1.0mm/m	
7	局部表面平整度	扇		≤0.5mm/m	按《门扇尺寸、直角度和平面度检测方法》(GB/T 22636—2008)中 4.4.3 方法进行

17.1.2　木门窗安装

木门窗安装施工方法　表 17-4

项次	项目	施工要点
1	门窗框安装	(1)先立门窗框： 1)木门窗框安装前应先进行校正规方，钉好斜拉条和水平拉条，并钉好护角条。按设计标高和平面位置，在砌墙前先安装好，然后再砌墙 2)立框时，要拉水平通线，垂直方向要用线坠找直吊正，以保证同一标高的门窗在同一水平线上，上下各层门窗框要对齐。立框要以临时支撑固定，撑杆下端要固定在木桩上 (2)后塞门窗框： 1)当需先砌墙后安装门窗框时，宜在预留门窗洞口的同时留出门窗框走头的缺口，在门窗框安装调整就位后，再封砌缺口。当受条件限制不留走头时，应采取可靠措施，将门窗框固定在墙内预埋木砖上 2)在砖石墙上嵌门窗框时，框四角应垫稳，垂直边应钉钉子固定于预埋防腐木砖上，每边不少于两处，间距不大于 1.2m
2	门窗扇安装	(1)门窗扇一般在抹灰工程完成后进行。安装前检查门窗框、扇质量、型号、规格及尺寸，如框偏歪、变形，或扇翘曲，或规格尺寸不符，应校正后再行安装 (2)安装时应根据框裁口尺寸，并考虑风缝宽度，在门窗扇上划线，再进行锯正、修刨，高度方向可修刨上眉头，宽度方向，则应在梃两边同时修刨。宽度不够时，应在装铰链边镶贴板条 (3)门窗扇安装的留缝宽度应符合表 17-5 的规定
3	小五金安装	(1)安装门窗小五金应避开木节或已填补的木节处。小五金均应位置正确，用木螺钉固定，不得用钉子代替，应先将木螺钉打入 1/3 深度，最后拧紧拧平，严禁打入全部深度。当系硬木门窗框扇时，应先钻 2/3 深度的孔，孔径为螺钉直径的 0.9 倍，然后再将木螺钉由孔中拧入 (2)铰链距门窗上、下端宜取立梃高度的 1/10，并避开上下冒头。在框上按铰链大小划线，并剔出合页槽，槽深一定要与颌厚度相适应，槽底要平 (3)门窗拉手应位于门窗高度中点以下，窗拉手距地面以 1.5～1.6m 为宜，门拉手距地面以 0.9～1.05m 为宜，门拉手应里外一致 (4)门锁位置一般宜高出地面 0.9～0.95m，不宜安装在中冒头与立梃的结合处，以防伤榫 (5)门窗扇嵌 L 铁、T 铁时应加以隐蔽，做凹槽，安完后低于表面 1mm 左右，当门窗扇外开时，L 铁、T 铁安在里面，内开时安在外面 (6)上下插销要安在梃宽的中间，如采用暗插销，则应在外梃上剔槽
4	质量要求	(1)木门窗的品种、类型、规格、开启方向、安装位置及连接方式应符合设计要求 (2)木门窗框的安装必须牢固。预埋木砖的防腐处理，木门窗固定点的数量、位置及固定方法应符合设计要求 (3)木门窗扇必须安装牢固，并应开关灵活、关闭严密，无倒翘 (4)木门窗配件的型号、规格、数量应符合设计要求，安装应牢固，位置应正确，功能应满足使用要求 (5)木门窗表面应洁净，不得有刨痕、锤印；木门窗与墙体间缝隙的填嵌材料应符合设计要求，填嵌应饱满，寒冷地区外门窗框与墙体间的空隙应填充保温材料 (6)木门窗批水、盖口条、压缝条、密封条的安装应顺直，与门窗结合应牢固、严密 (7)平开整樘门窗装配配合缝隙、允许偏差应符合表 17-5 的规定

平开整樘门窗装配配合缝隙、允许偏差和检验方法　表 17-5

项次	项目		配合缝隙(mm)	允许偏差(mm)	检验方法
1	门窗框的正、侧面垂直度		—	2	用线坠或垂直检测尺检查
2	框与扇、扇与扇接缝高低差		—	1	用钢直尺和塞尺检查
3	门窗扇时口缝		1～3.5	—	用钢直尺和楔形塞尺检查
4	工业厂房、围墙双扇大门对口缝		2～7		
5	门窗扇与上框间留缝	外门、内门	1～3(3.5)	—	
		室内门	1～2.5		
6	门窗扇与合页侧框间留缝	外门、内门	1～3(3.5)	—	
		室内门	1～2.5		
7	门窗扇与锁侧框间留缝	外门、内门	1～3(3.5)	—	
		室内门	1～2.5		

续表

项次	项　目		配合缝隙(mm)	允许偏差(mm)	检验方法
8	门扇与下框间留缝		8～5	—	用钢直尺和楔形塞尺检查
9	窗扇与下框间留缝		1.5～3	—	
10	双扇门窗内外框间距		—	4	用钢直尺检查
11	无下框时扇与地面间留缝	外门、内门	4.7	—	用钢直尺和楔形塞尺检查
		室内门	4～8	—	
		卫生间门			
		厂房大门	10～20	—	
		围墙大门			
12	框与扇搭接量	门	—	±2	用钢板尺检查
		窗	—	±1	

17.2 金属门窗安装

17.2.1 钢木大门和钢门窗安装

钢木大门和钢门窗安装施工方法 **表 17-6**

项次	项目	施　工　要　点
1	安装准备	(1)钢门窗安装前,应核对型号、规格、数量、开启方向及所需的五金零件是否配套齐全,应符合设计规定 (2)安装前先对门窗质量进行检查,凡有翘曲、变形或窗扇、门窗角、梃有漏焊、焊接裂缝或榫头摆动,应进行调直校正,修复后方可安装 (3)钢门窗安装程序为:试装→校正→固定铁脚→嵌填框边空隙→安装五金→密封条安装
2	钢木大门安装	(1)先将门扇上的五金,按设计要求的规格、尺寸焊好,然后镶木板。将木板装入钢骨架,盖以扁钢压条后一次钻孔,随即拧紧螺栓,每块板上不得少于2个螺栓,最后再安装水龙带及压条 (2)门框上的预埋件按设计规格、位置埋于混凝土中 (3)将门扇立于混凝土门框中,先将门扇与门框四边缝隙调整好,然后设临时支撑固定 (4)将上、下门轴与混凝土门框上的埋设件焊牢,最后将制作好的小门扇安装在小门内
3	钢窗安装	(1)钢窗应安装在预砌的墙洞内,不可先装后砌。安装时,应在钢窗框四角或梃端能受力的部位填塞木楔将其塞住,再用水平尺和线坠来校验其水平度和垂直度,并调整装置高度与内外墙的距离,使其横平竖直,高低进出一致,然后再楔紧木楔。安装后开启扇密闭缝隙不应大于1mm,且开关灵活无阻滞和回弹现象 (2)窗框立好后,将铁脚插入预留孔内,随即用1:2水泥砂浆填实抹平,3d后方可将四周安设的临时木楔取出,并用1:2水泥砂浆把框四周缝隙填嵌密实 (3)钢窗的组合应按向左或向右顺序逐框进行,用适合的螺栓将钢窗与组合构件紧密拼合,拼合处应嵌满油灰,组合构件的上下两端必须伸入砌体50mm,在钢窗经垂直和水平校正后,与铁脚同时浇灌水泥砂浆固定。凡是两个组合构件的交接处,必须用电焊焊固 (4)安装好的钢窗窗格上不得穿、搁脚手架或悬吊构件,以防变形 (5)墙面粉刷完毕后,钢窗应再次校正,然后安装小五金,小五金应正确选用,并用螺钉拧紧于窗扇、框上
4	钢门安装	(1)将钢门框安装在门洞内,用木楔放在门框四角,用线坠和水平尺校正垂直度和水平度后楔紧,并打开门扇,用一根方木在门框中部撑紧,待埋入铁脚孔内填塞的砂浆达到一定强度后,才能拆除木撑 (2)其他有关施工要点与钢窗安装施工要点相同
5	质量要求	(1)门窗的品种、类型、规格、尺寸、性能、开启方向、安装位置、连接方式、型材壁厚应符合设计要求。钢门窗的防腐处理应符合设计要求 (2)门窗框安装必须牢固,预埋件的数量、位置、埋设方式,与框的连接方法必须符合设计要求 (3)门窗安装必须牢固,开关应灵活,关闭应严密

续表

项次	项目	施工要点
5	质量要求	(4)门窗配件的型号、规格、数量应符合设计要求，安装应牢固，位置应正确，功能应满足使用要求 (5)门窗表面应洁净、平整、光滑、色泽一致，无锈蚀，大面应无划痕、碰伤。漆膜和表护层应连续 (6)门窗框与墙体之间的缝隙应嵌填饱满、密实 (7)钢门窗安装的留缝限值、允许偏差应符合表 17-7 的规定

钢门窗安装的留缝限值、允许偏差和检验方法　　表 17-7

项次	项目		留缝限值(mm)	允许偏差(mm)	检验方法
1	门窗槽口宽度、高度	≤1500mm	—	2.5	用钢尺检查
		＞1500mm			
2	门窗槽口对角线长度差	≤2000mm	—	3.5	用钢尺检查
		＞2000mm			
3	门窗框的正、侧面垂直度		—	5	用 1m 垂直检测尺检测
4	门窗横框的水平度		—	3	用 1m 水平尺和塞尺检查
5	门窗横框标高		—	5	用钢尺检查
6	门窗竖向偏离中心		—	4	用钢尺检查
7	双层门窗内外框间距		—	5	用钢尺检查
8	门窗框、扇配合间隙		≤2	—	用塞尺检查
9	无下框时门扇与地面间留缝		4～8	—	用塞尺检查

17.2.2　铝合金门窗制作与安装

铝合金门窗现场制作与安装施工方法　　表 17-8

项次	项目	施工要点
1	施工准备	(1)铝合金门窗型材在专门工厂制作后，有的在加工厂制作成门窗成品后运到现场直接安装；有的将型材运到现场后加工制作成成品再安装，应根据现场条件和施工技术水平进行选择 (2)根据设计要求的门窗系列，选择相应的铝型材规格。目前常见的铝合金门窗系列有 50、55、70 系列平开门；70、90 系列推拉门；70、100 系列地弹簧门；40、50、70 系列平开窗；60、70、90 系列推拉窗等。门窗铝型材的壁厚按设计要求选择，一般以 1.2～1.5mm 为宜。所用配件应根据门窗类别合理选择 (3)对现场制作好的门窗或运入现场的成品，在安装前要检查其品种、规格、开启方向及配件等，并对外形、颜色及平整度进行检查校正，合格后覆贴薄膜胶纸保护，存放于室内，竖靠于木架上，竖直角不应小于 70°，以免产生变形 (4)在墙面上预先弹出门窗安装的水平基准线和垂直线，检查门窗洞口尺寸与框四周空隙：一般水泥砂浆粉刷为 25mm，贴面砖为 30mm，贴大理石、花岗石为 50mm。如空隙过大或过小，要先将洞口修整好，以确保安装位置准确 (5)铝合金门窗安装时间：其框安装时间应选择在主体结构基本结束后进行；其扇安装时间宜选择在室内外装修基本结束后进行，以免在土建施工时将其损坏
2	铝合金门窗制作	(1)制作程序：断料→钻孔→组装→保护 (2)断料：按照门窗各杆件长度划线，按线用切割机断料，并留出划线痕迹，以保证切割精度，断料尺寸误差控制在 2mm 以内。一般推拉门窗断料宜用直角切割；平开门窗断料宜用 45°角切割 (3)钻孔：钻孔前，先在工作台上或铝型材上划好线，量准孔眼位置，然后用小型台钻或手枪式电钻进行。拉锁、执手、圆锁等较大孔眼，可在工厂用钻孔专用机床加工，现场加工时，先钻孔，然后用手锯切割，最后再用锉刀修平 (4)组装：组装方式有 45°角对接、直角对接、垂直插接三种。平开窗在 45°角对接处，可在杆件内部加设铝角，然后用撞角的办法将横竖杆件连成整体；推拉窗框横竖杆件的连接，可在端头加铝角，然后钻孔用不锈钢螺钉固定连成整体 (5)保护：组装好后并经检查合格，用塑料胶纸或塑料薄膜对所有杆件的表面进行严密包裹保护

续表

项次	项目	施工要点
3	铝合金门窗框安装	(1)按照洞口上弹出窗、门框位置线和墙面灰饼，将窗、门框立于墙的中心线部位或内侧，使窗、门框表面与饰面层相适应 (2)湿法安装时当塞缝材料有腐蚀性时，对阳极氧化、着色表面处理的铝型材，必须涂刷环保的、与外框和墙体砂浆粘结效果好的防腐蚀保护层；对电泳涂装、粉末喷涂和氟碳漆喷涂表面处理的铝型材，可不刷防腐蚀涂料 (3)窗、门框在洞口就位，用木楔、垫块调整定位并临时固定，待检查立面垂直、左右间隙大小、上下位置一致，均符合要求后，再将镀锌锚板固定在门、窗洞口内 (4)连接件应采用 Q235 钢，其表面应进行热镀锌处理，镀锌层厚度≥45μm，连接件厚度不小于1.5mm，宽度不小于 20mm。在外框型材室内外两侧双向固定。固定点距边框四角的距离不大于150mm(图 17-1)，其余固定点的间距不大于 500mm，固定点中心位置至墙体边缘距离不小于 50mm(图 17-2) (5)固定片与门窗框连接宜采用卡槽连接(图 17-3*a*)，与无槽口铝门窗框连接可采用自攻螺钉或抽芯铆钉连接，钉头处应密封(图 17-3*b*)。固定片与洞口混凝土基体可采用特种钢钉(水泥钉)、射钉、塑料胀锚螺栓、金属胀锚螺栓等紧固件连接固定；与砌体墙基体，可固定于墙体内预埋的 C20 以上实心混凝土砌块，严禁用射钉直接在墙体上固定；与钢结构基体可用焊接连接 (6)框与墙体间的空隙宜选用发泡剂和防水水泥砂浆结合填塞法，即框上部及两侧(除两侧底部200mm)与墙体接触部位用聚氨酯 PU 发泡填缝料填充，框底部及两侧底部 200mm 处采用防水水泥砂浆填充，门窗框室外侧表面与洞口墙体间留出宽度和深度不小于 6～8mm 的密封槽，待粉刷完工后再嵌填防水密封胶，密封胶表面要求平整、密实、光滑 (7)铝合金门窗框干法安装时，预埋附框和后置铝框在洞口墙基体上的预埋、安装应连接牢固，防水密封措施可靠。后置铝框在洞口墙基体上的安装施工，应按以上铝框湿法安装规定进行。门窗框与预埋附框应连接牢固，并采取可靠的防水密封处理措施，门窗框与附框的安装缝隙防水密封胶的宽度不应小于 6mm (8)在全部竣工后，需剥去门窗上的保护膜，如有脏物、油污，可用醋酸乙酯擦洗
4	铝合金门窗扇安装	(1)安装程序：墙面内外粉刷→安装门窗扇及配件→检查校正→嵌防水密封膏→淋水试验 (2)推拉门窗安装：先将外窗扇插入上滑道的外槽内，自然下落于对应的下滑道的外槽内，然后再用同样方法安装内扇 (3)平开门窗扇的安装：先把合页固定于门窗框要求位置上，然后将门窗扇嵌入框内临时固定，调整合适后，再将门窗扇固定在合页上，必须保证上下两个转动部分在同一个轴线上 (4)地弹簧门扇安装：先将地弹簧主机埋设在地面上，并浇筑混凝土使其固定。主机轴应与中横档上的顶轴在同一轴线上，主机表面与地面面层齐平，待混凝土达设计强度后，调节门顶轴将门扇装上，最后调整门扇间隙及门扇开启速度 (5)玻璃安装：一般玻璃预先装在门窗扇上，然后与门窗扇一起装到框上。当单块玻璃尺寸较小时，用双手夹住就位安装；尺寸较大时要用玻璃吸盘就位安装。玻璃应放在凹槽中间，内外侧的间隙不应少于2mm，但也不宜大于 5mm，以便嵌入橡胶条挤紧，玻璃的下部不能直接坐落在金属面上，而应用 3～5mm 厚的氯丁橡胶垫块将玻璃垫起 (6)检查门窗扇启闭是否平稳、轻松、自如、扣合紧密等，符合质量要求后，外框四周的预留槽口嵌填防水密封膏，并做淋水试验
5	清理和成品保护	(1)铝合金门窗框安装完成后，其洞口不得作为物料运输及人员进出的通道，且铝合金门窗框严禁搭压、坠挂重物。对于易发生踩踏和刮碰的部位，应加设木板或围挡等有效保护措施 (2)铝合金门窗安装后，应清除铝型材表面和玻璃表面的黏附物，并避免排水孔被堵塞，应采取保护措施 (3)铝合金门窗工程竣工前，应去除所有成品保护，全面清洗外露铝型材和玻璃。不得使用有腐蚀性的清洗剂，不得使用尖锐工具刨刮铝材、玻璃表面
6	质量要求	(1)工厂制作的成品铝合金门窗，进入现场时应有门窗性能检测报告或建筑门窗节能性能标识证书，其物理性能必须符合设计要求；现场加工制作的铝合金门窗安装后应淋水试验 (2)铝合金门窗的品种、类型、规格、尺寸、性能、开启方向、安装位置、连接方式，应符合设计要求。铝合金门窗的防腐处理及填嵌、密封处理应符合设计要求 (3)铝合金门窗框及金属附框与洞口的连接安装应牢固可靠，预埋件及锚固件的数量、位置、埋式方式、与框的连接应符合设计要求 (4)铝合金门窗扇应安装牢固，开关灵活、关闭严密，推拉门窗扇应安装防脱落装置 (5)铝合金门窗五金件的型号、规格、数量应符合设计要求，安装应牢固，位置应正确，功能满足使用要求

续表

项次	项目	施 工 要 点
6	质量要求	(6)铝合金门窗外观表面应洁净，无明显色差、划痕、擦伤及碰伤。密封胶无间断，表面应平整光滑、厚度均匀 (7)门窗框与墙体之间的安装缝隙应填嵌饱满，填塞材料和方法应符合设计要求 (8)密封胶条和密封毛条装配应完好、平整，不得脱出槽口外，交角处平顺、可靠 (9)有排水孔的铝合金门窗，排水孔应畅通，其尺寸、位置和数量应符合设计要求 (10)铝合金门窗推拉门窗扇开关力应不大于50N (11)铝合金门窗安装的允许偏差和检验方法应符合表17-9的要求

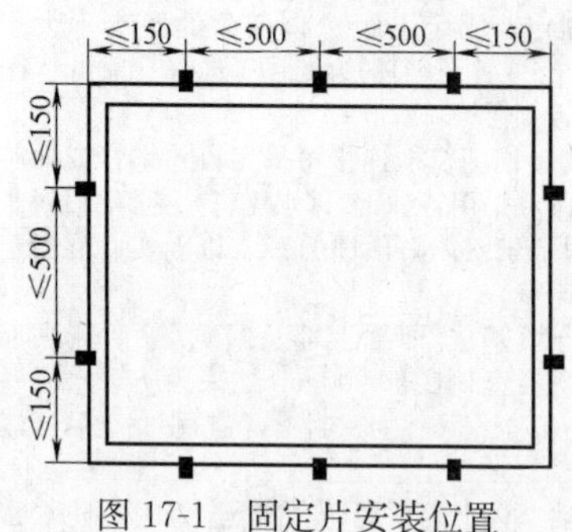

图 17-1　固定片安装位置

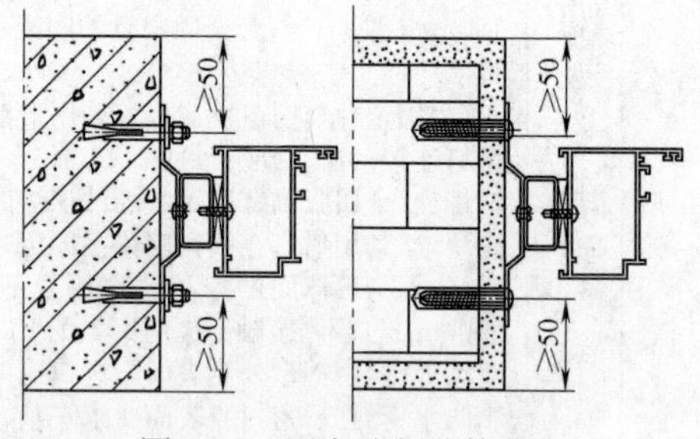

图 17-2　固定片与墙体位置

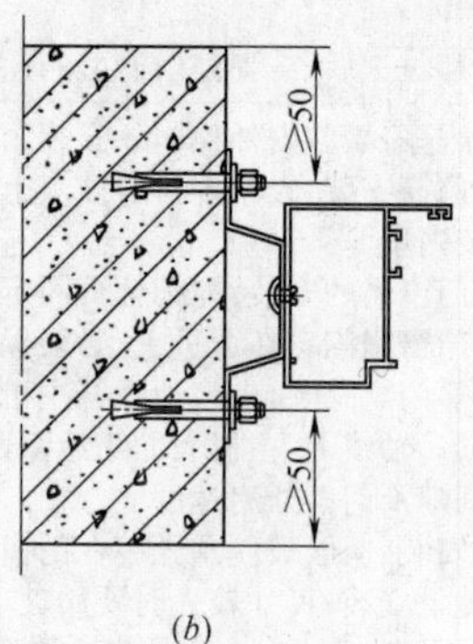

(*a*)　(*b*)

图 17-3　铝合金门窗框与连接件示意图

(*a*) 卡槽连接；(*b*) 自攻螺钉连接

铝合金门窗框安装允许偏差（mm）　　表 17-9

项　目		允许偏差	检查方法
门窗框进出方向位置		±5.0	经纬仪
门窗框标高		±3.0	水平仪
门窗框左右方向相对位置偏差（无对线要求时）	相邻两层处于同一垂直位置	+10 0.0	经纬仪
	全楼高度内处于同一垂直位置(30m以下)	+15 0.0	
	全楼高度内处于同一垂直位置(30m以上)	+20 0.0	
门窗框左右方向相对位置偏差（有对线要求时）	相邻两层处于同一垂直位置	+2 0.0	经纬仪
	全楼高度内处于同一垂直位置(30m以下)	+10 0.0	
	全楼高度内处于同一垂直位置(30m以上)	+15 0.0	

续表

项目		允许偏差	检查方法
门窗竖边框及中竖框自身进出方向和左右方向的垂直度		±1.5	铅垂仪或经纬仪
门窗上、下框及中横框水平		±1.0	水平仪
相邻两横向框的高度相对位置偏差		$^{+1.5}_{0.0}$	水平仪
门窗宽度、高度构造内侧对边尺寸差	$L<2000$	$^{+2.0}_{0.1}$	钢卷尺
	$2000 \leqslant L<3500$	$^{+3.0}_{0.0}$	钢卷尺
	$L \geqslant 3500$	$^{+4.0}_{0.0}$	钢卷尺

17.2.3 涂色镀锌钢板门窗安装

涂色镀锌钢板门窗安装施工方法　　表 17-10

项次	项目	施工要点
1	组成、种类及使用	(1)涂色镀锌钢板门窗是以0.7～1.0mm彩色镀锌钢板和3～5mm厚平板玻璃或中空钢化玻璃为主要材料，经机械加工而成的新型金属门窗，具有重量轻、强度高，良好的密封性能、保温性能、耐腐蚀性能，而且表面色泽美观，装饰效果优良 (2)门的种类有平开门、推拉门、双面弹簧门、组合门等；窗的种类有平开窗、推拉窗、固定窗、组合窗等 (3)带副框门窗适用于较高级的建筑，外墙面装饰大理石、花岗石、面砖等板材时采用；不带副框门窗适用于一般建筑，室外墙面常为砂浆抹面时采用
2	准备工作	(1)主体结构已完工，并经验收合格，工种之间已办好交接手续 (2)按图纸要求尺寸弹出门窗中线，并弹出室内+500mm标高水平线。检查门窗洞口尺寸及标高是否满足设计要求，通常洞口与附框之间的间隙：竖缝为0～12mm，横缝为13～15mm；洞口与门窗外框(不带附框者)之间的间隙：竖缝为3～5mm，横缝为6～8mm，如果不符合设计要求，则应及时处理 (3)检查洞口两侧的预埋铁件的位置、数量是否符合设计要求，如有问题及时处理 (4)拆开包装，检查门窗的外观质量、表面平稳度及规格、型号、尺寸、开启方向是否符合设计要求及国家现行标准的有关规定。检查门窗框、扇角挺有无变形，玻璃、零件是否损坏，如有破损应及时更换或修复 (5)准备好安装脚手架或梯子，做好安全防护
3	带附框门窗安装	(1)根据设计要求，在洞口上划出门窗附框的位置线 (2)用M5×12自攻螺钉将连接件固定到附眶上。在附框不靠墙的三个面上贴密封胶条。然后把附框装入洞口内所弹安装线位置，并用木楔临时固定，校正副框水平和正、侧面垂直后，将连接件与预埋件焊牢 (3)附框安装固定后，即可进行室内外墙面以及洞口侧面的装饰抹灰或粘贴板材。并应在附框的两侧留出槽口，待其完全干燥后注入密封膏进行密封 (4)将门窗装入附框内，并适当调整，用M5×20自攻螺钉把门窗外框与附框连接牢固，盖上螺钉盖。安装推拉门窗时，还应注意调整好滑块 (5)洞口与附框、附框与门窗外框之间的缝隙应在清除灰渣、尘土后，用密封膏密封，最后剥去门窗表面的密封保护胶条 带附框的涂色镀锌钢板门窗安装节点如图17-4(*a*)所示
4	无附框门窗安装	(1)按图纸要求在洞口内弹好门窗安装位置线，并确定门窗安装的标高尺寸 (2)根据门窗框上膨胀螺栓的位置，在洞口相应位置的结构墙体上钻膨胀螺栓孔 (3)将表面贴有密封胶条的门窗装入洞口内所弹门窗安装线位置，校正水平与正、侧面垂直及标高后，用木楔临时固定 (4)用膨胀螺栓将门窗框与墙体固定牢靠 (5)用设计要求的材料将门窗与墙体之间缝隙嵌填密实，表面用密封膏密封。最后剥去门窗表面的密封保护胶条 无附框的涂色镀锌钢板门窗安装节点如图17-4(*b*)所示

续表

项次	项目	施工要点
5	质量要求	(1)质量要求应符合“钢木大门和钢门窗安装”和“铝合金门窗安装”两节的质量要求规定 (2)涂色镀锌钢板门窗安装的允许偏差和检验方法应符合表 17-11 的规定

涂色镀锌钢板门窗安装的允许偏差和检验方法　　表 17-11

项次	项目		允许偏差(mm)	检验方法
1	门窗槽口宽度、高度	≤15000mm	2	用钢尺检查
		＞15000mm	3	
2	门窗槽口对角线长度差	≤200mm	4	用钢尺检查
		＞2000mm	5	
3	门窗框的正、侧面垂直度		3	用垂直检测尺检查
4	门窗横框的水平度		3	用 1m 水平尺和塞尺检查
5	门窗横框标高		5	用钢尺检查
6	门窗竖向偏离中心		5	用钢尺检查
7	双层门窗内外框间距		4	用钢尺检查
8	推拉门窗扇与框搭接量		2	用钢直尺检查

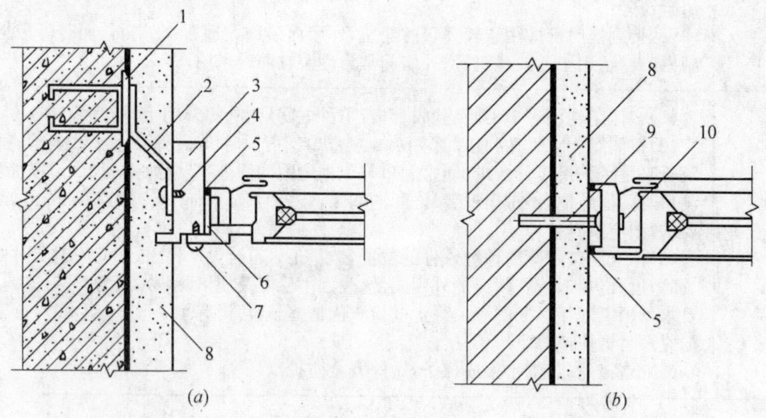

图 17-4　涂色镀锌钢板门窗安装节点示意图

(*a*) 带附框门窗安装点节；(*b*) 无附框门窗安装节点

1—预埋铁件；2—连接件；3—附框；4—M5×12 自攻螺钉；5—密封膏；6—塑料垫板；7—M5×20 自攻螺纹；8—水泥砂浆；9—M5×8 膨胀螺栓；10—塑料盖

17.3　塑料门窗安装

塑料门窗安装施工方法　　表 17-12

项次	项目	施工要点
1	施工准备	(1)塑料门窗应采用预留洞口安装法，不得采用边安装边砌口或先安装后砌口的施工方法。门窗及玻璃安装应在墙体湿作业完工且硬化后进行；当需要在湿作业前进行时，应采取保护措施。门的安装应在地面工程施工前进行 (2)应测出各窗洞口中心，并应逐一做出标记。对多层建筑可从最高层一次吊垂；对高层建筑，可用经纬仪找垂直线，并根据设计要求弹出水平线。对于同一类型的门窗洞口，上下、左右方向位置偏差应符合下列要求：

续表

项次	项目	施工要点
1	施工准备	1)处于同一垂直位置的相邻洞口，中线左右位置相对偏差不应大于 10mm；全楼高度内，所有处于同一垂直线位置的各楼层洞口，左右位置相对偏差不应大于 15mm(全楼高度<30m)或 20mm(全楼高度≥30m) 2)处于同一水平位置的相邻洞口，中线上下位置相对偏差不应大于 10mm；全楼长度内，所有处于同一水平位置的各单元洞口，上下位置相对偏差不应大于 15mm(全楼长度<30m)或 20mm(全楼长度≥30m) 3)门窗洞口宽度与高度尺寸的允许偏差应符合表 17-13 的规定。洞口与门、窗框伸缩缝间隙应根据墙体饰面材料而定，见表 17-14 (3)当洞口需要设置预埋件时，应检查预埋件的种类：数量、规格及位置；预埋件的数量应和固定点的数量一致，其标高和坐标位置应准确，预埋件位置及数量不符合要求时，应补装后置埋件 (4)对进场的塑料门窗，应按设计图纸要求检查门窗的品种、规格、开启方向，外形等；门窗五金件、密封条、紧固件等应齐全，不合格者应予以更换。门、窗框三面保护膜如有脱落的，应补贴保护膜 (5)应按规格、型号搬运到相应的洞口以不小于 70°的角度立放，下部位置垫木。搬运时应轻拿、轻放。不得撬、甩、摔 (6)按图纸要求的尺寸弹好门、窗口和门、窗框上下边中线，并弹好室内+0.5m 水平线 (7)塑料门窗贮存的环境温度应低于 50℃，与热源的距离不应小于 1m；安装时的环境温度不应低于 5℃
2	安装方法	(1)安装工序：根据各塑料门窗的类型采取相应的安装工序，见表 17-15 (2)洞口找中线：应测出各洞口中心线，并逐一做出标记，对洞口位置、尺寸偏差过大的应进行处理 (3)补贴保护膜：安装前，塑料门窗及分格杆件宜做封闭型保护。门、窗框应采用三面保护，保护膜脱落的，应补贴保护膜 (4)立门窗框：根据设计图纸确定门窗框安排位置及开启方向。当门窗框装入洞口时，其上下框中线应与洞口中心对齐；门窗的上下框四角及中横梃的对称位置用木楔或垫块塞紧做临时固定 (5)调整定位：调整时，应先固定上框的一个点，然后调整门、窗框的水平度、垂直度和直角度，并用木楔临时固定，木楔位置应塞在框角附近或能受力处。门窗框调整楔紧后，必须使框与扇配合严密，开关灵活 (6)门窗框固定： 1)当附框或门窗框与墙体间采用固定片固定时，应使用单向固定片，固定片应双向交叉安装。与外保温墙体固定的边框固定片，宜朝向室内。固定片与窗框连接应采用十字槽盘头自钻自攻螺钉直接钻入固定，不得直接锤击打入或仅靠卡紧方式固定 2)当门窗框与墙体间采用膨胀螺钉直接固定时，应按膨胀螺钉规格先在窗框上打好基孔，安装膨胀螺钉时应在伸缩缝中膨胀螺钉位置两边加支撑块。膨胀螺钉端头应加盖工艺帽(图 17-5)，并应用密封胶进行密封 3)固定片或膨胀螺钉的位置应距门窗端角、中竖梃、中横梃 150～200mm，固定片或膨胀螺钉之间的间距应符合设计要求，并不得大于 600mm(图 17-6)。不得将固定片直接装在中横梃、中竖梃的端头上。平开门安装铰链的相应位置安装固定片或采用直接固定法固定 4)附框或门窗与墙体固定时，应先固定上框，后固定边框。固定片形状应预先弯曲至贴近洞口固定面，不得直接锤打固定片使其弯曲。固定片固定方法应符合下列要求： ①混凝土墙洞口应采用射钉或膨胀螺钉固定 ②砖墙洞口或空心砖洞口应用膨胀螺钉固定，并不得固定在砖缝处 ③轻质砌块或加气混凝土洞口可在预埋混凝土块上用射钉或膨胀螺钉固定 ④设有预埋件的洞口应采用焊接的方法固定，也可先在预埋件位置上按紧固件规格打基孔，然后用紧固件固定 ⑤窗下框与墙体的固定可按图 17-7 进行 (7)装拼樘料：安装组合窗时，应以洞口的一端按顺序安装，拼樘料与洞口的连接应符合表 17-16 的要求 (8)打聚氨酯发泡胶：窗框与洞口之间的伸缩缝内应采用聚氨酯发泡胶填充，发泡胶填充应均匀密实。打胶前，框与墙体间伸缩缝外侧应用挡板盖住；打胶后，应及时拆下挡板，并在10～15min 内将溢出的泡沫向框内压齐。对有保温、隔声要求的工程，应先按设计要求采用相应的隔热，隔声材料填塞，然后再采用聚氨酯发泡胶封堵，填塞后，撤除临时固定用木楔或支撑垫块，其空隙也用聚氨酯发泡胶堵塞

续表

项次	项目	施工要点
2	安装方法	(9)洞口抹灰:当洞口外侧抹灰时,应做出披水坡度。采用片材将抹灰层与框体临时隔开,留槽宽度及深度宜为5～8mm,抹灰面应超过框体,但厚度不应影响窗扇的开启,并不得盖住排水孔 (10)打密封胶:抹灰后应及时将窗框表面清理干净,待抹灰砂浆硬化后,用密封胶密封处理,密封胶表面应平整、光滑 (11)装玻璃(或门、窗扇):玻璃应平整,安装牢固,不得有松动现象。安装好的玻璃不得直接接触型材,应在玻璃四边垫上不同作用的垫块,中空玻璃的垫块宽度应与中空玻璃的厚度相匹配,其垫块位置宜按图17-8放置。竖框(扇)上的垫块,应用聚氯乙烯胶加以固定。玻璃装入框、扇内后应用玻璃压条将其固定,玻璃压条必须与玻璃全部贴紧,压条与型材的接触应无明显缝隙 (12)安装配件:安装窗五金配件时,应将螺钉固定在内衬增强型钢或内衬局部加强钢板上,或使螺钉至少穿过塑料型材的两层壁厚。紧固件应采用自钻自攻螺钉一次钻入固定,不得采用预先打孔的固定方法。五金件应齐全,位置应正确,安装应牢固,使用应灵活,达到各自的使用功能 (13)表面清理及去掉保护膜,应在所有工程完工后及装修工程验收前去掉保护膜 (14)成品保护:同铝合金门窗成品保护要求
3	质量要求	(1)塑料门窗的品种、类型、规格、尺寸、开启方向、安装、位置、连接方式及填嵌密封处理应符合设计要求,内衬增强型钢的壁厚及设置应符合国家现行产品标准的质量要求 (2)塑料门窗框、附框和扇的安装必须牢固。固定片或膨胀螺栓的数量与位置应正确,连接方式应符合设计要求。固定点应距窗角、中横框、中竖框150～200mm,固定点间距应不大于600mm (3)塑料门窗拼樘料内衬增强型钢的规格、壁厚必须符合设计要求,型钢应与型材内腔紧密吻合,其两端必须与洞口固定牢固。窗框必须与拼樘料连接紧密,固定点间距应不大于600mm (4)塑料门窗扇应开关灵活、关闭严密,无倒翘。推拉门窗扇必须有防脱落措施 (5)塑料门窗配件的型号、规格、数量应符合设计要求,安装应牢固,位置应正确,功能应满足使用要求 (6)塑料门窗框与墙体间缝隙应采用闭孔弹性材料填嵌饱满,表面应采用密封胶密封。密封胶应粘结牢固,表面应光滑、顺直、无裂纹 (7)塑料门窗表面应清洁、平整、光滑,大面应无划痕、碰伤;门窗扇的密封条不得脱槽;旋转窗间隙应基本均匀;玻璃密封条与玻璃及玻璃槽口的接缝应平整,不得卷边、脱槽;排水孔应畅通,位置与数量应符合设计要求 (8)塑料门窗扇的开关力应符合下列要求: 1)平开门窗扇平铰链的开关力应不大于80N;滑撑铰链的开关力应不大于80N,并不小于30N 2)推拉门窗扇的开关力应大于100N (9)塑料门窗安装的允许偏差及检验方法应符合表17-17的规定

洞口宽度或高度尺寸的允许偏差(mm)　　表17-13

洞口类型 \ 洞口宽度或高度		<2400	2400～4800	>4800
不带附框洞口	未粉刷墙面	±10	±15	±20
	已粉刷墙面	±5	±10	±15
已安装附框的洞口		±5	±10	±15

洞口与门、窗框伸缩缝间隙(mm)　　表17-14

墙体饰面层材料	洞口与门、窗框的伸缩缝间隙
清水墙及附框	10
墙体外饰面抹水泥砂浆或贴陶瓷锦砖	15～20
墙体外饰面贴釉面瓷砖	20～25
墙体外饰面贴大理石或花岗石板	40～50
外保温墙体	保温层厚度+10

塑料门窗的安装工序 **表 17-15**

序号	工序名称 \ 门窗类型	单樘窗	组合门窗	普通门
1	洞口找中线	+	+	+
2	补贴保护膜	+	+	+
3	安装后置埋件	—	*	—
4	框上找中线	+	+	+
5	安装附框	*	*	*
6	抹灰找平	*	*	*
7	卸玻璃(或门、窗扇)	*	*	*
8	框进洞口	+	+	+
9	调整定位	+	+	+
10	门窗框固定	+	+	+
11	盖工艺孔帽及密封处理	+	+	+
12	装拼樘料	—	+	—
13	打聚氨酯发泡胶	+	+	+
14	装窗台板	*	*	—
15	洞口抹灰	+	+	+
16	清理砂浆	+	+	+
17	打密封胶	+	+	+
18	安装配件	+	+	+
19	装玻璃(或门、窗扇)	+	+	+
20	装纱窗(门)	+	+	+
21	表面清理	+	+	+
22	去掉保护膜	+	+	+

注：1. 序号 1～4 为安装准备工作。
2. 表中“+”表示应进行的工序；“*”表示可选择工序。

装拼樘料节点 **表 17-16**

分类		安装方法	图示
拼樘料与洞口的连接	拼樘料连接件与混凝土过梁或柱的连接	拼樘料可与连接件搭接	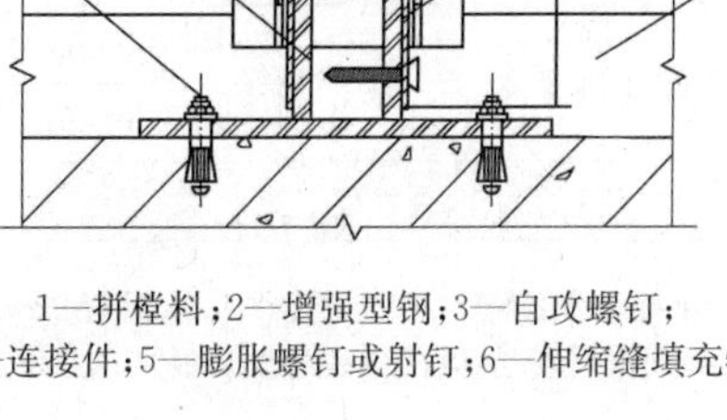 1—拼樘料；2—增强型钢；3—自攻螺钉；4—连接件；5—膨胀螺钉或射钉；6—伸缩缝填充物

续表

分类		安装方法	图　示
拼樘料与洞口的连接	拼樘料连接件与混凝土过梁或柱连接	与预埋件或连接件焊接	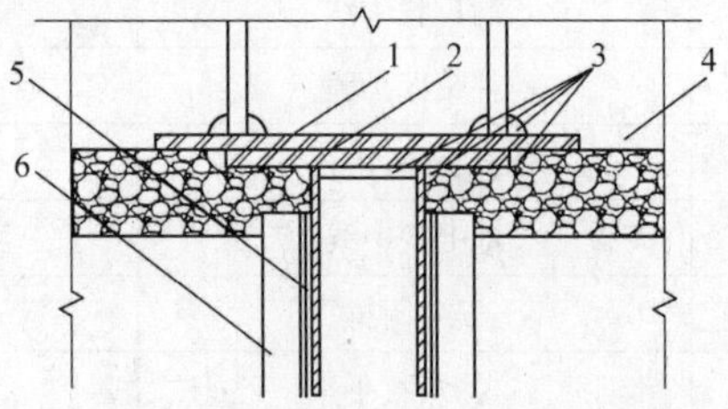 1—预埋件；2—调整垫块；3—焊接点；4—墙体；5—增强型钢；6—拼樘料
		预留洞口法安装	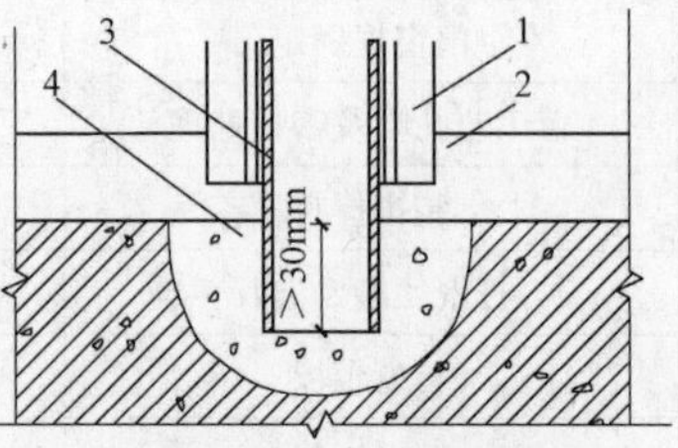 ＞30mm 1—拼樘料；2—伸缩缝填充物；3—增强型钢；4—水泥砂浆
门窗与拼樘料连接		先将两窗框与拼樘料卡接，然后用自钻自攻螺钉拧紧	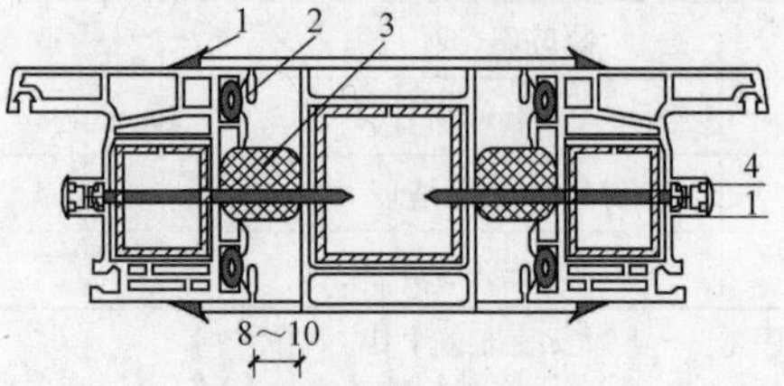 8～10 1—密封胶；2—密封条；2—泡沫棒；4—工艺孔帽

门窗的安装允许偏差　　表 17-17

项　目		允许偏差(mm)	检验方法
门、窗框外形(高、宽)尺寸长度差	≤1500mm	2	用精度 1mm 钢卷尺，测量外框两相对外端面，测量部位距端部 100mm
	＞1500mm	3	
门、窗框两对角线长度差	≤2000mm	3	用精度 1mm 钢卷尺，测量内角
	＞2000mm	5	
门、窗框(含拼樘料)正、侧面垂直度		3	用 1m 垂直检测尺检查
门、窗框(含拼樘料)水平度		3.0	用 1m 水平尺和精度 0.5mm 塞尺检查
门、窗下横框的标高		5	用精度 1mm 钢直尺检查，与基准线比较

续表

项目		允许偏差(mm)	检验方法
双层门、窗内外框间距		4.0	用精度 0.5mm 钢直尺检查
门、窗竖向偏离中心		5.0	用精度 0.5mm 钢直尺检查
平开门窗及上悬、下悬、中悬窗	门、窗扇与框搭接量	2.0	用深度尺或精度 0.5mm 钢直尺检查
	同樘门、窗相邻扇的水平高度差	2.0	用靠尺和精度 0.5mm 钢直尺检查
	门、窗框扇四周的配合间隙	1.0	用楔形塞尺检查
推拉门窗	门、窗扇与框搭接量	2.0	用深度尺或精度 0.5mm 钢直尺检查
	门、窗扇与框或相邻扇立边平行度	2.0	用精度 0.5mm 钢直尺检查
组合门窗	平面度	2.5	用 2m 靠尺和精度 0.5mm 钢直尺检查
	竖缝直线度	2.5	用 2m 靠尺和精度 0.5mm 钢直尺检查
	横缝直线度	2.5	用 2m 靠尺和精度 0.5mm 钢直尺检查

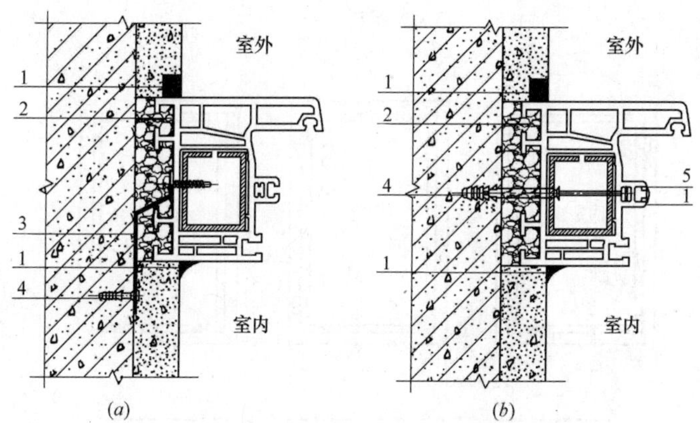

图 17-5 塑料门窗框的边框与墙体的连接

(*a*) 用固定片连接；(*b*) 用膨胀螺钉直接固定

1—密封胶；2—聚氨酯发泡胶；3—固定片；4—膨胀螺钉；5—工艺孔帽

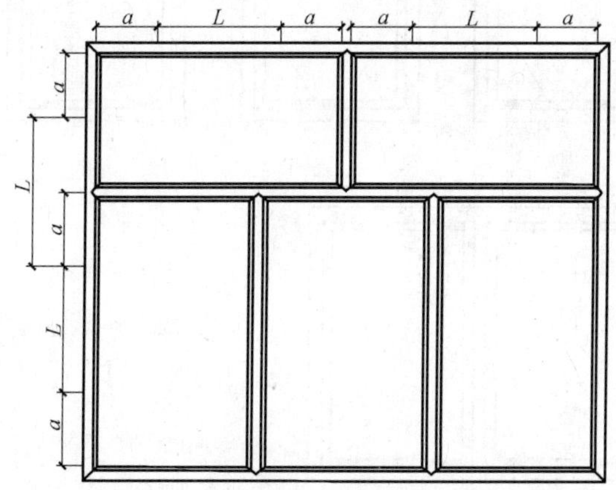

图 17-6 固定片或膨胀螺钉的安装位置

a—端头（或中框）至固定片（或膨胀螺钉）的距离；*L*—固定片（或膨胀螺钉）之间的间距

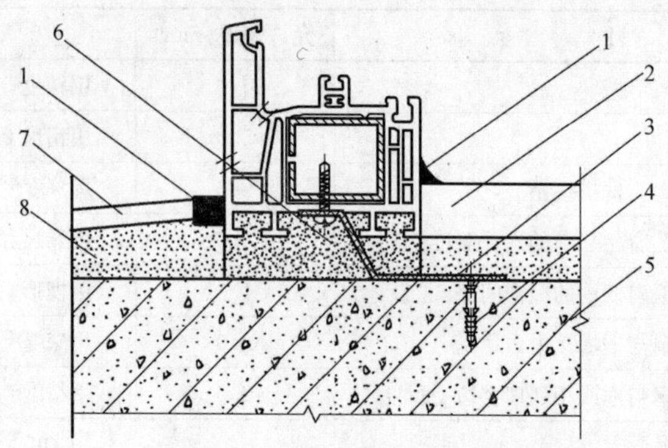

图 17-7　塑料门窗下框与墙体的连接

1—密封胶；2—内窗台板；3—固定片；4—膨胀螺钉；5—墙体；6—防水砂浆；7—装饰面；8—抹灰层

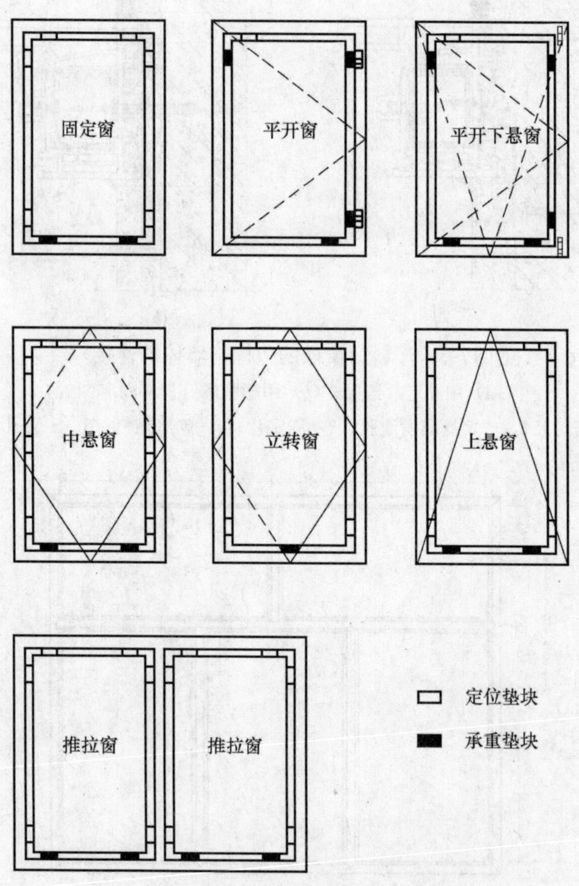

图 17-8　承重垫块和定位垫块位置示意图

17.4　特种门安装

17.4.1　金属卷帘门安装

卷帘门安装施工方法　表 17-18

项次	项目	施工要点
1	准备工作	(1)卷帘门材质有镀锌钢板、彩色钢板、不锈钢钢板和铝合金等，根据工程需要选定，其物理技术性能见表 17-19。镀锌钢板厚 0.5～1.2mm，彩色钢板颜色有苹果绿、红、蓝、浅蓝、灰、咖啡等，铝合金板厚 0.7～1.1mm，颜色有茶色、古铜色、金黄色、银白色等 (2)卷帘门启闭形式有手动和电动(包括遥控电动)两种，电动的必须带有手电联动，以便停电时可手动启闭。按性能有普通型、防火型和抗风型三种 (3)卷帘门安装位置，可装在门洞内、门洞外和门洞中间三种，根据现场情况和用户要求选定 (4)卷帘门由加工厂制作加工后装箱运至施工现场，进行安装
2	手动卷帘门的安装	(1)固定卷帘门轴支架：在墙上划好水平线，定好支架螺栓中心坐标位置，用冲击电钻钻孔，埋入膨胀螺栓，装上支架固定牢固 (2)支架校正：主要校正左右两只支架的水平位置 (3)安装卷帘门轴：将装有平衡弹簧的卷帘门轴装入支架，并固定。核对弹簧方向要与门的卷向一致 (4)装上卷帘门：将已组装好的卷帘门挂上弹簧盒，松开弹簧将窗门卷起 (5)固定滑槽：从卷帘门轴支架位置引出滑槽耳攀坐标位置，装好耳攀，经校正后焊上滑槽，拉下卷帘门，焊上卷帘门开启的限位 (6)开锁闩孔：按现场情况，确定锁闩位置，在左右二滑槽的下端各开一锁闩孔，并将卷帘门拉下校核 (7)调整平衡弹簧弹力：将卷帘门启闭试拉，若下拉力重时放松弹簧，上升太重时收紧弹簧，如此反复几次，直到合适为止，但弹簧紧松要一致，以避免卷帘门上升时倾斜 (8)在滑槽等各滑动部位加上润滑脂和润滑油 (9)安装防护罩：全部调试完毕安装防护罩
3	电动卷帘门安装	(1)固定卷帘门轴支架：同手动卷帘门 (2)校正支架的水平位置 (3)安装卷帘门轴：同手动卷帘门 (4)装上帘门：将已组装好的帘门装上帘门轴 (5)装减速器：要注意传动链条的垂直度，其允许偏差<1/400 (6)装电器控制箱：控制箱必须安装在干燥和能观察到卷帘门升降的地方，并需有良好的接地线 (7)固定滑槽：同手动卷帘门 (8)调整卷帘门上下限位：把减速器内的上下限位设施调整到所需位置，锁牢限位，封好限位器，试行数次，卷帘门应上升、下降平稳，无碰撞现象。在滑槽内加润滑脂 (9)防火卷帘门安装水幕喷淋系统，应与总控制系统连接，安装后进行调试，先手动运行，再用电动机启闭数次，调整至无卡位、阻滞及异常噪声等现象为止。全部调试完毕，安装防护罩。对于各种防火性能、要求安装好后进行测试
4	质量要求	(1)卷帘门安装尺寸极限偏差和形位公差，应符合表 17-20 的规定 (2)卷帘门应启闭顺畅，平稳，手动卷帘门对其启闭力有要求，见表 17-21 (3)防火卷帘门必须配置温感、烟感、光感报警系统和水幕喷淋系统。出厂产品必须是由公安部批准的生产厂家产品

各种式样的卷帘门物理技术性能　表 17-19

名称	装置系统	门壁厚(mm)	最大跨度(m)	倾斜度(°)	重量(kg/m^2)	抗风压强度(kPa)
镀锌钢板卷帘门	电手联动	0.6～1.2	13.8	≤5.6	>12	1.2
彩色钢板卷帘门	电手联动	0.6～1.0	13.8	≤5.61	>12	1.2

续表

名称	装置系统	门壁厚(mm)	最大跨度(m)	倾斜度(°)	重量(kg/m²)	抗风压强度(kPa)
不锈钢卷帘门	电手联动	0.6～1.2	13.8	≤5.6	>12.5	1.2
铝合金(全封闭)卷帘门	手动系统 电手联动	0.8～1.0	5.1	≤5.6	>4.7	0.7
铝合金(空幅)卷帘门	电手联动		8.6	≤5.6	>10.7	0.9

注：卷门机功率选择：小型门洞面积约 10m²，卷门机功率 0.2kW；
中小型门洞面积约 10～20m²，卷门机功率 0.37kW；
中型门洞面积约 20～30m²，卷门机功率 0.75kW。

卷帘门窗极限偏差和形位公差 **表 17-20**

项次	项目	允许偏差(mm)
1	卷帘门窗内高板限偏差	±10
2	卷帘门窗内宽板限偏差	±3
3	卷轴与水平面平行度	≤3
4	底板与水平面平行宽	≤10
5	导轨、中柱与水平面垂直度	≤15

手动卷帘门启闭力 **表 17-21**

项次	卷帘门窗内宽(mm)	指标(N)
1	$B \leqslant 1800$	98
2	$B > 1800$	≤118

17.4.2 防火门安装

防火门安装施工方法 **表 17-22**

项次	项目	施工要点
1	类型构造	(1)防火门按材质分为木质防火门和钢质防火门 (2)防火门按耐火极限分为甲级防火门,其耐火极限为 1.5h;乙级防火门,其耐火极限为 0.9h;丙级防火门,其耐火极限为 0.5h (3)普通实木防火门构造有:双层木板外包镀锌薄钢板防火门、双层木板单面石棉板外包镀锌薄钢板防火门、双层木板双面石棉板外包镀锌薄钢板防火门三种构造类型,可适用于一般工业企业生产、生活辅助用房,一般可达到丙级防火标准,性能较好的也可达到乙级防火标准 (4)钢质防火门构造类型有:钢质镶玻璃防火门、钢质不镶玻璃防火门、钢质带亮窗防火门、钢质不带亮窗防火门四种类型,可达甲、乙、丙三级防火标准 (5)防火门必须是由当地消防部门批准,并颁发给生产许可证的厂家生产的定型产品,并由生产厂家或专业施工单位进行安装
2	木质防火门	(1)木质防火门是用木材或木材制品做门框、门扇骨架、门扇面板,耐火极限达到《建筑设计防火规范》(GB 50016—2014)第 4.4.1 条规定的防火门 (2)木质防火门的木材材质应符合设计要求,并应符合《建筑木门、木窗》(JG/T 122—2000)第 5.1.1.1 条中对Ⅱ(中)级木材的有关材质要求 (3)防火门所用木材应为阻燃木材或采用防火板包裹的复合材,并经国家认可的授权检测机构按照《建筑材料难燃性试验方法》(GB/T 8625—2005)检验达到该标准第 7 章难燃性要求

续表

项次	项目	施工要点
2	木质防火门	(4)防火门所用人造板应符合《建筑木门、木窗》(JG/T 122—2000)第5.1.2.2条中对Ⅱ(中)级人造板的有关材质要求，并应经国家认可授权检测机构按照《建筑材料难燃性试验方法》(GB/T 8625—2005)检验达到该标准第7章难燃性要求 (5)防火门所用木材和人造板进行阻燃处理，再进行干燥处理后的含水率不应大于12%；在制成防火门后的含水率不应大于当地的平衡含水率 (6)防火门门扇内若填充材料，则应填充对人体无毒、无害的防火隔热材料，并应经国家认可授权检测机构检验达到《建筑材料及制品燃烧性能分级》(GB 8624—2012)规定燃烧性能 A_1 级要求和《材料产烟毒性危险分级》(GB/T 20285—2006)规定产烟毒性危险分级 ZA_2 级要求 (7)木质防火门所用的防水锁、防火铰链、防火插销等五金配件均应经国家消防检测机构检测合格的定型配套产品，其耐火性能应符合规范规定 (8)安装及质量要求： 1)木质防火门宜为平开，必须启闭灵活，其开关力应不大于80N，并有自行关闭功能 2)防火门安装及质量要求参见本章17.1.2节中的施工方法及质量要求
3	钢质防火门	(1)钢质防火门的门框、门扇面板应采用性能不低于冷轧薄钢板的钢质材料，冷轧薄钢板应符合现行《冷轧钢板和钢带的尺寸、外形、重量及允许偏差》(GB/T 708—2006)的规定；防火门所用加固件可采用性能不低于热轧钢材的钢质材料，热轧钢材应符合现行《热轧钢板和钢带的尺寸、外形、质量及允许偏差》(GB/T 709—2006)的规定 (2)防火门所用钢质材料厚度：门框宜采用1.2～1.5mm厚钢板；门扇板宜采用0.8～1.0mm厚钢板；加固件宜采用1.2～1.5mm厚钢板，如设有螺孔时应加厚至3.0mm以上，铰链板宜采用大于3.0mm厚钢板 (3)门框和门扇内的填充材料应用对人体无毒、无害的不燃性材料填充。五金配件的熔融温度应不低于950℃ (4)钢质防火门安装： 1)安装前先核对门洞口高、宽尺寸，门洞口两侧有否埋设件，如有埋设件，应核对其位置、数量，如无埋设件，则需在相应位置凿出钢筋或安装膨胀螺栓 2)按设计要求尺寸、开启方向，在门洞口内弹出门框位置线和水平线 3)在钢门框槽口内灌注C20细石混凝土，要求灌实、灌严 4)按门洞口上弹线位置，将门框按线放入门洞口内，并用木楔临时固定，然后调整门框前后、左右、上下位置，经核实无误后，将木楔楔紧，把门框固定 5)用电焊方法将门框上的连接件与洞口内凿出的钢筋或预埋件焊牢，然后进行封边、收口等抹灰处理 6)安装防火门扇时，先把铰链临时固定在门扇的铰链槽内，然后将门扇塞入门框内，将铰链的另一页嵌入门框上的铰链槽内，经调整无误后，将铰链上的全部螺钉拧紧 (5)质量要求：参见本章17.2.1节的质量要求

17.4.3 防盗门安装

防盗门安装施工方法 **表17-23**

项次	项目	施工要点
1	种类和安全级别	(1)防盗门指配有防盗锁，在一定时间内可以抵抗一定条件下非正常开启，具有一定安全防护性能并符合相应防盗安装级别的门 (2)防盗门按材质主要分为铁门、不锈钢门，铝合金门和铜门等，也可用其他复合材料；按开启方式，可分为推拉式栅栏防盗门、平开式栅栏防盗门、平开封闭式防盗门，平开多功能防盗门、平开折叠式防盗门，平开对讲子母门等，其构造特点见表17-24 (3)防盗门根据安全级别分为4类，见表17-25
2	技术要求	(1)防盗门所选板材材质应符合相关的国家标准或行业标准规定，主要构件和五金件应与防盗门使用功能协调一致，有效证明符合相关标准的规定 (2)防盗门应具备防破坏性能： 1)选择非钢质板材的门扇，应能阻止在门扇上打开一个不小于61.5cm^2穿透门窗的开口，防破坏时间须满足相应安全等级的要求

续表

项次	项目	施工要点
2	技术要求	2)锁具应在相应安全等级规定的防破坏时间内,承受各种破坏试验,门扇不应被打开 3)铰链在承受普通机械手工工具对其实施冲击、錾切破坏时,在相应安全等级规定的破坏时间内不得断裂;铰链表面、转轴被破坏后不应将门扇打开,铰链与门框、门扇采用焊接时,焊缝不应高于铰链表面 (3)防盗门应具备防闯入性能: 门框与门扇之间或其他部位应安装被闯入装置,装置本身及连接强度应用承受 30kg 砂袋 3 次冲击试验,不应断裂或脱落 (4)防盗门宜采用三方位多锁舌锁具,门框与门扇间的锁闭点数按防盗门安全级别甲、乙、丙、丁应不少于 12、10、8、6 个,主锁舌伸出有效长度不应小于 16mm,并应有锁舌止动装置
3	防盗门安装	(1)防盗门由专门的工厂加工制成成品,然后运到现场由生产厂家或专业安装单位进行安装 (2)防盗门的安装应根据所选用的防盗门种类,采取相应的安装方法 (3)将门框立于洞口内,进行找正、吊直,尺寸量测正确,用木楔临时固定,检查校正无误后,用膨胀螺栓与墙体固定,也可在砌筑墙体时在洞口上埋设预埋件,然后用连接件将框与预埋件焊接固定。框与墙体每侧不应少于 3 个锚固点 (4)要求推拉门安装后推拉灵活;平开门开启方便,关闭严密牢固 (5)有的防盗门的门框需在框内填充水泥,以提高防盗门的防撬效果,填充水泥前应先把门关好,并将门扇开启面、门框上门扇之间防漏孔塞上塑料盖后,方可填充水泥。填充水泥不能过量,否则会使门框变形,影响门的开启。填充水泥 4h 后,轻轻打开门扇,将框内锁孔部位的水泥抠净 (6)防盗门上的拉手、门锁、观察孔等五金配件必须齐全。多功能防盗门上的密码护锁、电子密码报警系统、门铃传呼等装饰必须有效、完善
4	质量要求	(1)防盗门的质量和各项性能应满足设计要求 (2)防盗门的品种、类型、规格、尺寸、开启方向、安装位置及防腐处理,应符合设计要求 (3)防盗门的安装必须牢固,防盗门的配件应齐全,位置应正确,安装应牢固,功能应满足使用要求和各项性能指标 (4)防盗门表面应洁净、平整、光滑、色泽一致,无锈蚀;防盗门与墙体之间的缝隙应填嵌密实、饱满,并用密封胶密封。密封胶表面应光滑、平顺,无裂纹 (5)防盗门扇的橡胶密封条或毛毡密封条应安装完好,不得脱槽 (6)防盗门安装的允许偏差应符合表 17-26 的规定

防盗门构造特点 **表 17-24**

项次	种类	构造特点
1	推拉式栅栏防盗门	是一种比较简易的防盗门。门框上下用槽钢做成导轨,两侧用槽钢做成边框。栅栏立柱用小型钢做成,上下有滑轮卡入导轨内,侧向推拉开启
2	平开式栅栏防盗门	是目前应用较为普遍的一种防盗门。门框和门扇的边框用钢材压制而成,在门扇中加焊固定的铁栅栏和金属花饰,门扇和门框用合页焊接。可做成单扇平开,也可做成固定一部分,平开一部分
3	塑钢浮雕防盗门	是一种新型的防盗门。门框用金属做成特制的防盗门框,门扇用高密度板和塑钢浮雕门皮压制而成。门扇表面光滑,色泽绚丽,美观大方,而且不需要油漆
4	多功能豪华防盗门	采用优质冷轧钢板整体冲压成型。门扇内腔填充耐火保温材料,饰面采用静电喷涂工艺处理。门体安装设计为隐蔽式 90°交叉固定。具有防撬、防砸、防寒等功能,且有全方位锁闭、门铃传呼、电子密码报警等装置
5	平开折叠式防盗门	分大小两扇,小扇一边用合页与门框焊接,另一边用螺栓和插销固定在门框上;大门扇一边用合页与小门扇焊接连接,另一边与门框锁闭、开启
6	平开对讲子母门	一般用于楼道或单元的大门,门扇和门框用优质冷轧钢板压制而成,表面采用多道高温磷化处理或静电喷涂工艺处理。门扇分大小两扇,小门扇上设置对讲系统,来客可与住户通话、开启

防盗门安全级别 **表 17-25**

项目	耐火性能代号			
	甲级	乙级	丙级	丁级
门窗钢板厚度(mm)	符合设计要求	外面板≥1.0−δ 内面板≥1.0−δ	外面板≥0.8−δ 内面板≥0.8−δ	外面板≥0.8−δ 内面板≥0.6−δ
防破坏时间(min)	≥30	≥15	≥10	≥6
机械防盗锁防盗级别	B	A		
电子防盗锁防盗级别	B	A		

注：1. 级别分类原则应同时符合同一级别的各项指标。
2. "δ" 为《冷轧钢板和钢带的尺寸、外形、重量及允许偏差》(GB/T 708—2006)、《热轧钢板和钢带的尺寸、外形、重量及允许偏差》(GB/T 709—2006) 中规定的允许偏差。

防盗门安装的允许偏差 **表 17-26**

项次	项目		允许偏差(mm)	项次	项目	允许偏差(mm)
1	门槽口宽度、高度	≤1500mm	1.5	4	门横框的水平度	2
		>1500mm	2	5	门横框标高	5
2	门槽口对角线长度差	≤200mm	3	6	门竖向偏中心	5
		>2000mm	4	7	双层门内外框间距	4
3	门框的正、侧面垂直度		2.5	8	推拉门扇与框搭接缝	1.5

17.4.4 厚玻璃门安装

厚玻璃装饰门安装施工方法 **表 17-27**

项次	项目	施工方法要点
1	施工准备	(1)厚玻璃门是指用 12mm 以上厚度的玻璃装饰门，如图 17-9(*a*)所示。一般由活动扇和固定玻璃两部分组成。其门框有不锈钢、铜和铝合金饰面。一般均由专业队伍加工制作与安装 (2)安装前检查地面标高、门框顶部结构标高是否符合设计要求，确定门框安装位置及玻璃安装方位 (3)加工准备好不锈钢或其他有色金属型材的门框、限位槽、板及地弹簧、木螺钉、自攻螺钉等配件 (4)按设计要求选裁好厚玻璃，准备好玻璃胶
2	厚玻璃门固定部分安装	(1)放线定位：根据设计要求，放出门框位置线，确定固定部分及活动部分的位置线 (2)安装门框顶部限位槽：如图 17-10(*a*)所示，其限位槽的宽度应大于玻璃厚度 2～4mm，槽深10～20mm (3)安装不锈钢饰面木底托：先将木方用木螺钉固定在地面上，然后用万能胶将不锈钢饰面板粘贴在木方上，如图 17-10(*b*)所示。铝合金方管，可用铝角固定在框柱上，或用木螺钉固定于埋入的木砖上 (4)裁划玻璃：应实测实量底部、中部和顶部的尺寸，选择最小尺寸为玻璃宽度的裁切尺寸。裁划的玻璃宽度应小于实测尺寸 2～3mm，高度小于 3～5mm。玻璃周边应进行倒角处理，倒角宽 2mm (5)安装玻璃：用玻璃吸盘将玻璃先插入门框顶部的限位槽内，然后放到底托上，并对好安装位置，使厚玻璃的边部正好封住侧框柱的不锈钢饰面对缝口 (6)玻璃固定：在底托木方上钉木板条，距玻璃板 4mm 左右，然后用万能胶粘贴不锈钢饰面板于木方和木板条上，最后在顶部限位槽处和底托固定处以及厚玻璃与框柱的对缝处注入玻璃胶，使玻璃胶在缝隙处形成一条表面均匀的直线，刮去多余的胶，用布擦去胶迹 (7)在厚玻璃对接时，对接缝应留 2～3mm 距离，厚玻璃边需倒角，待两块厚玻璃定位并固定后，用玻璃胶注入缝隙中并刮平

续表

项次	项目	施工方法要点
3	厚玻璃门活动门扇安装	活动门扇无门扇框，其开闭是靠与门扇的金属上下横档铰接的地弹簧来实现的，如图 17-9(*b*)所示。 (1)地弹簧安装：参见本章“铝合金门窗地弹簧门扇安装” (2)在门扇的上下横档内划线，并按线固定转动销的销孔板和地弹簧的转动轴连接板(安装时可参考地弹簧产品所附的安装说明) (3)厚玻璃应倒角处理，并钻好安装门把手的孔洞(通常在购买厚玻璃时，就要求加工好) 注意厚玻璃的高度尺寸应包括插入上下横档的安装部分。通常厚玻璃的裁划尺寸，应小于实测尺寸5mm 左右，以便可调节 (4)把上下横档分别装在厚玻璃门扇的上下边，并进行门扇高度的测量 如果门扇的上下边距门框和地面的缝隙超过规定值时，可向上下横档内的玻璃底下垫木夹板条；如果门扇高度超过安装尺寸，则需将厚玻璃裁去多余部分。 (5)在定好高度后，进行上下横档的固定：在厚玻璃与金属上下横档内的两侧空隙处，同时插入小木条，并轻轻敲入其中，然后在小木条、厚玻璃、横档之间的缝隙中注入玻璃胶(图 17-11*a*) (6)门扇定位安装：先将门框横梁上的定位销用本身的调节螺钉调出横梁平面 1～2mm。再将玻璃门扇竖起来，把门扇下横档内的转动销连接件的孔位对准地弹簧的转动销轴，并转动门扇将孔位套入销轴上。然后以销轴为轴心，将门扇转动 90°，使门扇与门横梁成直角，此时即可把门扇上横档中的转动连接件的孔，对正门框横梁上的定位销，并把定位销调出，插入门扇上横档转动销连接件的孔内 15mm 左右。玻璃门扇的安装定位方法如图 17-11(*b*)所示 (7)安装玻璃门拉手：安装前，在拉手插入玻璃的部分涂少许玻璃胶。拉手组装时，其根部与玻璃贴靠紧密后，再上紧固定螺钉，以保证拉手没有丝毫松动现象，如图 17-12 所示

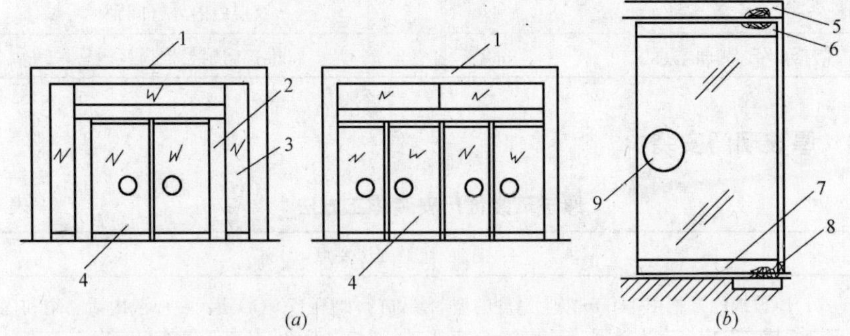

图 17-9　厚玻璃门形式及门扇构造

(*a*) 厚玻璃门形式；(*b*) 厚玻璃活动门扇

1—大门框；2—小门框；3—固定门扇；4—活动门扇；5—固定门框；6—门扇上横档；7—门扇下横档；8—地弹簧；9—门拉手

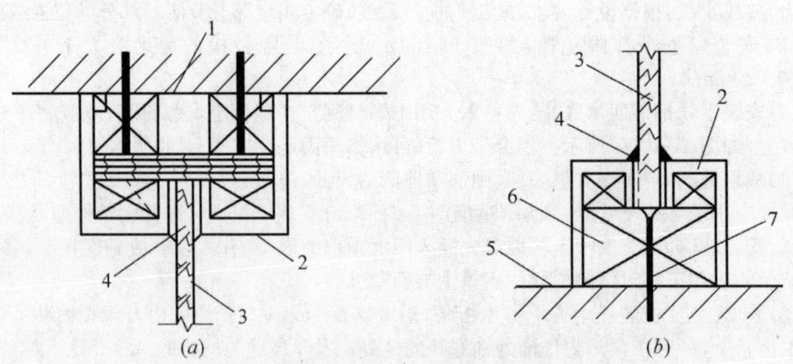

图 17-10　门框顶部限位槽和不锈钢饰面木底托做法

(*a*) 门框顶部限位槽做法；(*b*) 不锈钢饰面木底托做法

1—顶部；2—不锈钢饰面板；3—厚玻璃；4——玻璃胶；5—地面；6—方木；7—木螺钉

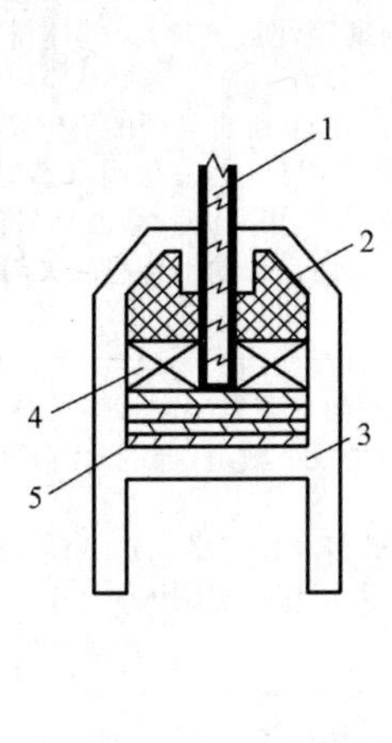

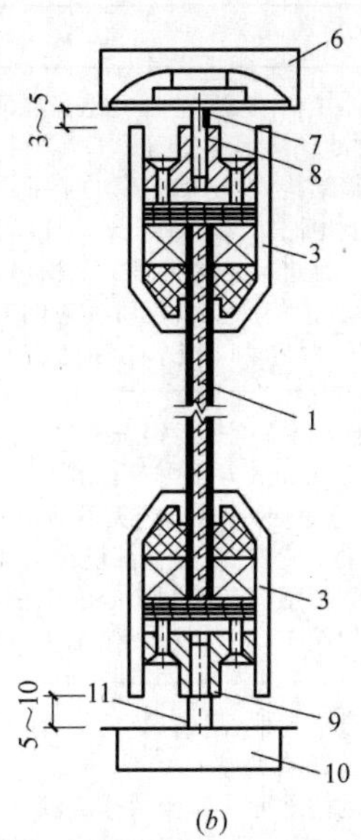

图 17-11 门扇上、下横档构造及门扇定位安装方法
(a) 上下横档构造；(b) 定位安装方法
1—厚玻璃门扇；2—玻璃（密封）胶；3—门扇下横档（或上横档）；4—小方木；5—垫木条；6—门窗横梁；7—顶轴；8—顶轴套板；9—回转轴杆；10—地弹簧底座；11—地轴

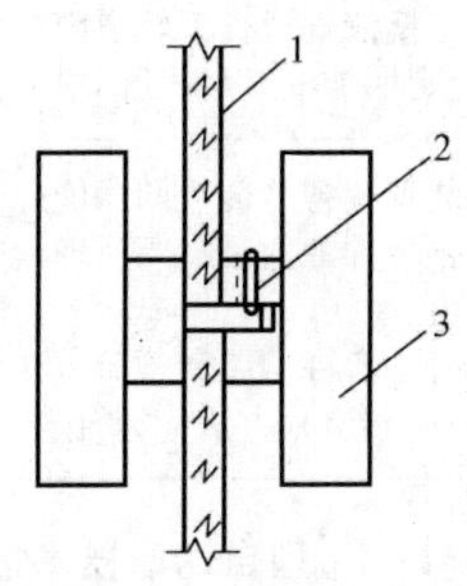

图 17-12 安装玻璃门拉手
1—门扇厚玻璃；2—固定螺钉；3—拉手

17.4.5 自动门安装

自动门安装施工方法 **表 17-28**

项次	项目	施工方法要点
1	组成、种类、特点及使用	(1)自动门是由自动装置或智能化装置控制门扇开闭的铝合金或全玻璃装饰门。门扇的开关方式有推拉式、平开式和旋转式三种，而以推拉式使用居多。常用的自动门有感应式和中分式微波自动门两种 (2)感应式自动门是用铝合金型材制成的。其传感系统采用电磁感应方式。具有结构精巧、运行噪声小，启动灵活、节能等特点。中分式微波自动门一般由厚玻璃制成。其传感系统采用国际流行的微波感应方式；当人或其他活动目标进入微波传感器的感应范围时，门扇自动开启；离开感应范围后，门扇自动关闭(如果在感应范围内静止不动 3s 以上，门扇也将关闭)。门扇运动时有快慢两种速度自动变换，使启动、运行、停止等动作达到最佳协调状态。具有门扇柔性合缝、人或异物卡阻自动停机、断电状态手动移门、轻巧灵活、安全可靠等特点 (3)自动门具有表面色泽美观、简洁明亮、清新豪华、隔声防尘、防虫蛀、装饰效果优良等特点 (4)适用于民用和公共建筑装饰效果要求高的门厅、会议室、展览厅大门应用

续表

项次	项目	施工方法要点
2	结构装置	(1)门体结构:标准立面主要有两扇型、四扇型和六扇型等(图 17-13)。门体材料有铝合金、无框全玻璃及异型薄壁镀锌钢管等 (2)机箱结构:在自动门扇的上部设有通长的机箱层,用以安装自动门的机电装置 (3)控制电路结构:ZM—E_2 型自动门控制电路由两部分组成,其一是用来感应开门目标信号的微波传感,其二是进行信号处理的二次电路控制。微波传感器采用 X 波段微波信号的"多普勒"效应原理,对感应范围内的活动目标所反应的信号进行放大检测,从而自动输出开门或关门控制信号 ZM—E_2 型自动门技术指标见表 17-29
3	安装方法	(1)地面导向轨安装:铝合金自动门和全玻璃自动门地面上装有导向性下轨道。土建做地坪时,预埋入 50mm×75mm 方木,待自动门安装时,取出方木即可埋设下轨道,长度为门开启宽度的 2 倍,如图 17-14 所示。异型钢管自动门无下轨道 (2)横梁安装:自动门上部机箱横梁一般采用[18 号槽钢,搁置有图 17-15 两种形式 (3)微波传感器及控制箱等的调试:应按最佳技术性能、工作状态调试 (4)其他同 17.2.2 节和 17.4.4 节相关内容
4	注意事项与使用维护	(1)铝合金门框、门扇、装饰板等,运到现场后要加遮盖并妥善保管,不得与酸、碱等化学品接触,以免损坏表面,影响美观 (2)自动门地面导轨预留槽应深浅、宽窄一致,内表面平顺。导轨安放前应洒水湿润槽表面,然后在槽内铺一层水泥砂浆,再安放导轨,调整好导轨位置后,两边用砂浆固定牢固。导轨上表面必须与室内地面在同一水平面上 (3)自动门上部机箱层横梁[18 槽钢与预埋铁件必须焊接牢固。安装自动控制装置时应严格按自动门说明书操作,以确保安装质量 (4)自动门的微波传感器及控制箱调试完毕后,严禁任何人随意转动各个旋钮的位置,防止失去最佳工作状态 (5)对使用频繁的自动门,要定期清理滑行下轨道内的垃圾杂物、水流,检查传动部分各紧固零件有否松动、缺损。对机械活动部位应定期加油,以保证门扇运行润滑、平稳
5	质量要求	(1)自动门的机械装置、自动装置或智能装置的功能应满足设计要求和相关标准的规定 (2)自动门的安装必须牢固,预埋件的数量、位置、埋设方式等必须符合设计要求 (3)自动门表面应洁净,无划痕、碰伤 (4)推拉自动门安装的留缝限值、允许偏差和检验方法应符合表 17-30 的规定 (5)推拉自动门的感应时间限值和检验方法应符合表 17-31 的规定

ZM—E_2 型自动门技术指标　　表 17-29

项　目	指　标	项　目	指　标
电源	AC220V/50Hz	感应灵敏度	现场调节至用户需要
功耗	－150W	报警延时时间	10～15s
门速调节范围	0～350mm/s(单扇门)	使用环境温度	－20～＋40℃
微波感应范围	门前 1.5～4m	断电时手推力	＜10N

推拉自动门安装的留缝限值、允许偏差和检验方法　　表 17-30

项次	项目		留缝限值(mm)	允许偏差(mm)	检验方法
1	门槽口宽度、高度	≤1500mm	—	1.5	用钢尺检查
		＞1500mm	—	2	
2	门槽口对角线长度差	≤2000mm	—	2	用钢尺检查
		＞2000mm	—	2.5	
3	门框的正、侧面垂直度		—	1	用 1m 垂直检测尺检查

续表

项次	项目	留缝限值(mm)	允许偏差(mm)	检验方法
4	门构件装配间隙	—	0.3	用塞尺检查
5	门梁导轨水平度	—	1	用1m水平尺和塞尺检查
6	下导轨与门梁导轨平行度	—	1.5	用钢尺检查
7	门扇与侧框间留缝	1.2～1.8	—	用塞尺检查
8	门扇对口缝	1.2～1.8	—	用塞尺检查

推拉自动门的感应时间限值和检验方法 **表 17-31**

项次	项目	感应时间限值(s)	检验方法
1	开门响应时间	≤0.5	用秒表检查
2	堵门保护延时	16～20	用秒表检查
3	门扇开启后保持时间	13～17	用秒表检查

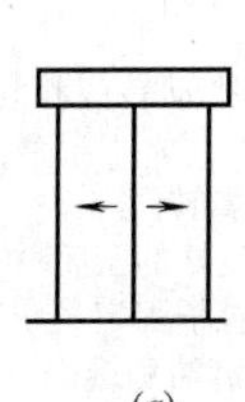
(*a*)

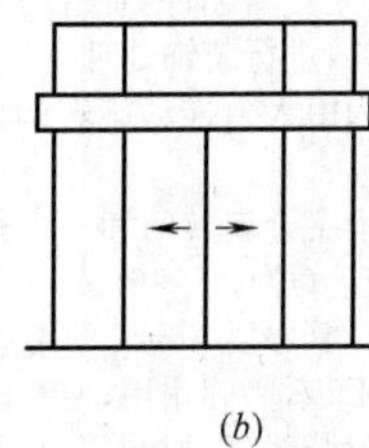
(*b*)

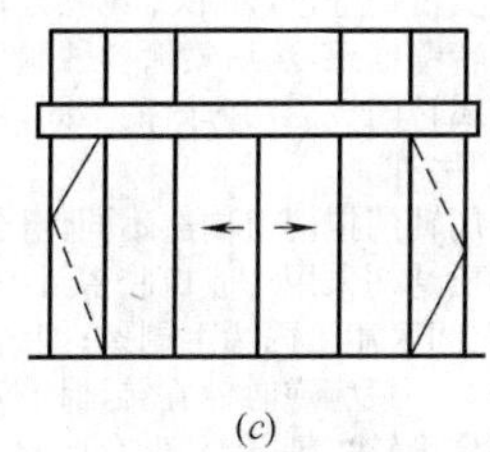
(*c*)

图 17-13 自动门标准立面示意图

(*a*) 二扇型；(*b*) 四扇型；(*c*) 六扇型

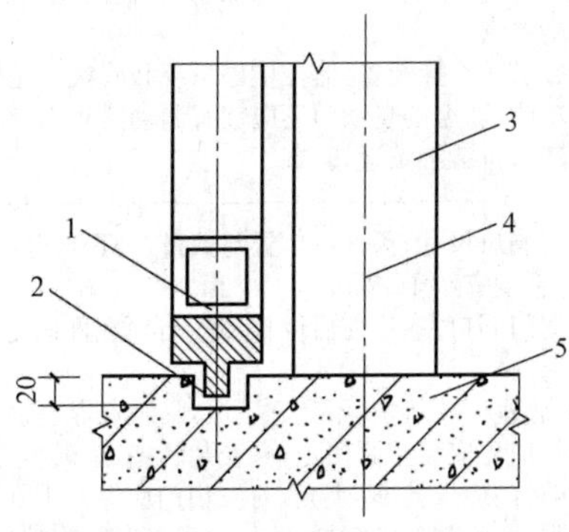

图 17-14 自动门下轨道埋设示意图

1—自动门扇下帽；2—下轨道；3—门柱；4—门柱中心线；5—地面

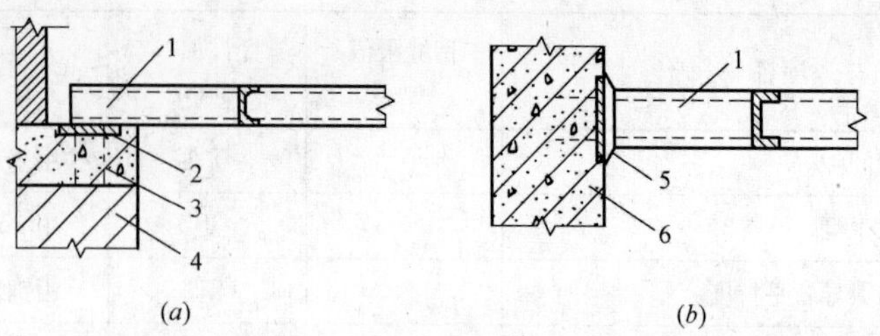

图 17-15 机箱横梁支承节点

(a) 搁置在砖墙上；(b) 搁置于混凝土墙或柱上

1—⊏18 槽钢横梁；2—-8mm×150mm×150mm 预埋钢板；3—混凝土垫梁；

4—砖墙；5—-8mm×150mm×150mm 预埋钢板；6—混凝土墙或柱

17.4.6 金属转门安装

金属转门安装施工方法 **表 17-32**

项次	项目	施工要点
1	组成、特点及使用	(1)金属转门按材质分为铝质和钢质两种型材结构。铝质结构是采用铝镁硅合金挤压型材，经阳极氧化成银色、古铜等色，外形美观大方，并耐大气腐蚀；钢质结构采用优质碳素钢无缝异型管冷拉成各种类型转门、转壁框架，然后喷涂各种颜色涂料，进行装饰处理 (2)金属转门按驱动方式的不同，可分为由人力推动旋转的人力推动转门和利用电机、自动化推动的自动转门两种 (3)金属转门按门窗构造不同，可分为十字金属转门和三扇式金属转门 (4)铝质结构采用合成橡胶密封固定玻璃(厚度 5～6mm)，具有良好的密闭、抗震和耐老化性能；转扇与转壁之间采用聚丙烯毛刷条；钢结构玻璃(厚度 6mm)采用油面腻子固定 (5)门扇一般应逆时针旋转，保证转动平稳，坚固耐用，便于擦洗清洁和维修 (6)门扇旋转主轴下部，设有可调节阻尼装置，以控制门扇因惯性产生偏快的转速，保持旋转体平稳状态，4 只调节螺栓逆时针旋转为阻尼增大 (7)转门壁为双层铝合金装饰板和单层弧形玻璃 (8)金属转门适用于宾馆、机场、使馆、商店等中、高级民用、公共建筑设施的启闭，可起到控制人的流量和保持室内温度的作用
2	技术要求	(1)门扇和护壁应用铝合金或不锈钢型材轧制，转柱用不锈钢管制成，顶架用型钢焊成 (2)转门四周边角均应装上橡胶密封条和特殊毛刷，将门边梃与转壁、门扇上帽头与吊顶及门扇下帽头与地面之间的空隙封堵严密 (3)转门应设置防夹系统、防冲撞装置、监控望停系统和残疾人轮椅标志的电扭开关，同时现代化的转门还具有火警安全疏散功能，新型的自动门还应装有制动器和不间断电源，可保证转门在紧急状态立即停转，并在电源发生故障时，也能继续运转 2h
3	安装方法	(1)安装前，先检查转门洞口尺寸、预埋件位置与数量，是否符合所选转门规格。安装转门部位的地面应坚实、平整、光滑，其不平度宜小于 2mm (2)安装支架时，应根据门洞口左右、前后位置尺寸与预埋件固定，并保证水平，当转门与其他门组合时，应先安装其他组合部分 (3)装转轴，固定底座，底座下要垫实，不允许下沉，临时点焊上轴承座，使转轴垂直于地面 (4)安装门顶与转壁时，应先安装上圆门顶，再安装转壁，但转壁不能预先固定，以便调整其与活门扇的间隙。装门扇时，对四扇门应保持 90°夹角，对三扇门应保持 120°夹角，上下要留出一定宽度的间隙 (5)调整转壁位置，以保证门扇与转壁的间隙。门扇高度与旋转松紧调节如图 17-16 所示 (6)焊接固定。先焊上轴承座，再用混凝土固定底座，埋插销下壳，然后固定转壁 (7)安装玻璃 (8)表面处理。安装好后，铝质转门撕去保护膜；钢质转门喷涂面漆，最后将门扇、转壁清理干净

续表

项次	项目	施工要点
4	质量要求	(1)金属转门进场应具有生产许可证、产品合格证和性能检测报告,其质量和各项性能应符合设计要求 (2)金属转门的类型、规格、尺寸、旋转方向、安装位置及防腐处理应符合设计要求 (3)金属转门的机械装置、自动装置或智能装置的功能应满足设计要求和有关标准的规定 (4)金属转门的安装必须牢固,预埋件的数量、位置、埋设方式与转门顶、转壁的连接方式,必须符合设计要求 (5)金属转门的配件应齐全,位置应正确,安装应牢固,功能满足使用要求和金属转门的各项性能要求 (6)金属转门表面应洁净,无划痕、碰伤。金属转门安装的允许偏差和检验方法应符合表 17-33 的规定

旋转门安装的允许偏差和检验方法 **表 17-33**

项次	项目	允许偏差(mm)		检验方法
		金属框架玻璃旋转门	木质旋转门	
1	门扇正、侧面垂直度	1.5	1.5	用 1m 垂直检测尺检查
2	门扇对角线长度差	1.5	1.5	用钢尺检查
3	相邻扇高度差	1	1	用钢尺检查
4	扇与圆弧边留缝	1.5	2	用塞尺检查
5	扇与上顶间留缝	2	2.5	用塞尺检查
6	扇与地面间留缝	2	2.5	用塞尺检查

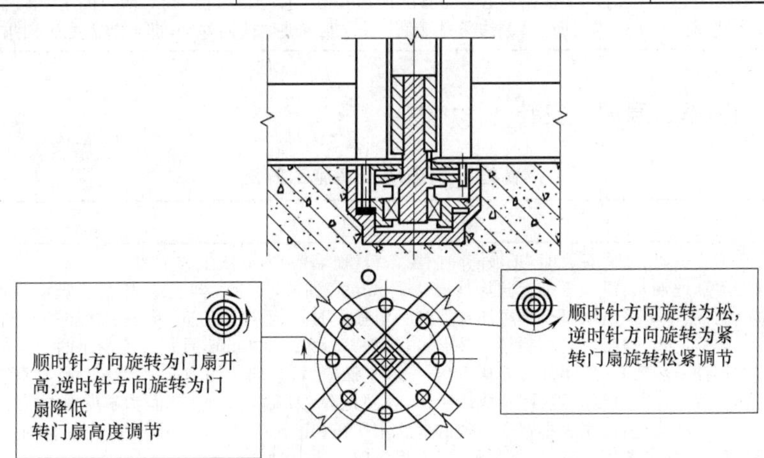
顺时针方向旋转为门扇升高,逆时针方向旋转为门扇降低
转门扇高度调节
顺时针方向旋转为松,
逆时针方向旋转为紧
转门扇旋转松紧调节

图 17-16 转门调节示意图

17.5 门窗玻璃安装

17.5.1 玻璃的裁割与加工

玻璃的裁割和加工方法 **表 17-34**

项次	项目	施工要点
1	一般要求	(1)玻璃应集中裁割。套裁时应按"先裁大、后裁小,先裁宽、后裁窄"的顺序进行 (2)先选择几樘不同尺寸的框、扇,量准尺寸进行试裁割和试安装。正确核实玻璃尺寸,当留量合适后方可正式裁割 (3)玻璃裁割留量,一般按实测框、扇的长、宽各缩小 2～3mm 为宜 (4)裁割玻璃时,严禁在已划过的刀路上重新划第二刀,必要时,只能将玻璃翻过面来重划

续表

项次	项目	施工要点
2	玻璃裁割	(1)裁割 2～3mm 厚平板薄玻璃，先量玻璃门窗框、扇实际尺寸，再考虑缩小 3mm 和 2mm 刀口，然后进行裁割 (2)裁割 4～6mm 厚玻璃，与裁割薄玻璃方法基本相同，但要在划口上预先刷上煤油，使划口渗油易于扳脱 (3)裁割 5～6mm 厚的大玻璃，因玻璃面积大，裁割前应用绒布垫在操作台上，使玻璃均匀受压，裁割后要双手握紧玻璃，同时向下扳脱，裁割时中途不宜停顿 (4)裁窄条玻璃时，用刀头将划好的玻璃缝振开，再用钳子垫布把窄条钳下，以免玻璃损坏 (5)裁夹丝玻璃，方法与裁 5～6mm 厚平板玻璃相同。但玻璃裁刀向下用力要大而均匀，向上回时要在裁开的玻璃缝处压一细长木条后再上回。裁割边缘上宜刷防锈漆 (6)裁割压花玻璃时，压花面应向下，裁割方法与夹丝玻璃相同 (7)裁割磨砂玻璃时，毛面应向下，裁割方法与平板玻璃相同
3	玻璃加工	(1)玻璃打眼：先定出圆心，用玻璃刀划出圆圈，并从背面将其敲出裂痕，再在圈内正反两面划上几条相互交错的直线和横线，同样敲出裂痕。然后用尖头铁器把圆圈中心处击穿，用小锤逐点轻敲圈内玻璃，最后用金刚石或磨石磨光圈边。此法适用于加工大于 ϕ20 的洞眼 (2)玻璃钻眼：定出圆心，点上墨水，再将内掺煤油的 280～320 圆金刚砂点在玻璃钻眼处，然后用钻头对准圆心墨点不断上下运动钻磨，边磨边点金刚砂。此法适用于加工小于 ϕ10 的洞眼。直径在 11～20mm 之间的洞眼，采用打眼和钻眼均可，但以钻眼为好 (3)玻璃打槽：先在玻璃上划出槽口长宽尺寸墨线，使砂轮对准槽口墨线，选用边缘厚度稍小于槽宽的细金刚砂轮，使砂轮来回转动，边磨边加水，注意控制槽口深度 (4)玻璃磨边：须先加 2 个槽形容器(可用 40mm×40mm 角钢，长 2m)，槽口向上，槽内盛清水和金刚砂，将玻璃立放于槽内，使玻璃毛边紧贴槽底，用力推拉玻璃来回移动，即可磨去毛边楞角

17.5.2 门窗框、扇玻璃安装

门窗框、扇玻璃安装施工方法　表 17-35

项次	项目	施工要点
1	木门窗玻璃安装	(1)清理裁口：玻璃安装前，必须清除门窗裁口(玻璃槽)内的灰尘和杂物 (2)涂抹底油灰：沿裁口的全长涂抹厚 1～3mm 底油灰，要求均匀连续，随后将玻璃推入裁口并压实，四周的打底灰要挤出槽口。待底油灰达到一定强度时，顺着槽口方向，将溢出槽口的底油灰刮平清除 (3)嵌钉固定：玻璃四周均须打上玻璃钉，钉距不得大于 300mm，且每边不少于两个，要求钉头紧靠玻璃，并用油灰填实，一般用油灰刀从一角开始，紧靠槽口边，均匀用力向一个方向刮成斜坡形，再向反方向理顺光滑，如此反复修整，四角成八字形，表面光滑，无流淌、裂缝、麻面和皱皮现象，粘结牢固 (4)木压条固定：选用大小宽窄一致的优质木压条，用小钉钉牢，钉帽应进入木压条表面 1～3mm，不得外露。木压条要紧贴玻璃，无缝隙，但不得将玻璃压得过紧
2	钢门窗玻璃安装	(1)清理槽口：槽口内如有焊渣、铁皮、灰尘等污垢应清除干净，并检查框、扇有无翘曲现象，如有应及时修理 (2)涂底油灰：在槽口内涂抹厚度 3～4mm 的底油灰，要求涂抹均匀、饱满，不间断、不堆积。5mm 以上的大片玻璃应用橡皮条或毡条嵌填，但嵌填要略小于槽口，安好后不致露边 (3)安装玻璃：用双手推平玻璃，使油灰挤出，然后将油灰与槽口、玻璃接触的部位刮齐刮平 (4)安钢丝卡：用钢丝卡固定玻璃，间距不得大于 300mm，且每边不少于两个，并用油灰填实抹光 当玻璃长边大于 1.5m 或短边大于 1.0m 时，应采用橡胶垫固定。应先将橡胶条或毡条嵌入槽口内，并用压条和螺钉固定，但嵌条要略小于槽口，安好后不致露边 采用铁压条固定时，应先取下压条，安入玻璃后，再原条原框用螺钉拧紧固定
3	铝合金、塑料门窗玻璃安装	(1)清理槽口：应将槽口内的灰浆、杂物等清除干净，排水孔畅通。使用密封膏前，接缝处的玻璃、金属和塑料的表面必须清洁、干燥 (2)安装玻璃：就位的玻璃要摆在凹槽的中间，并应保证有足够的嵌入量，玻璃内外两侧间隙不少于 2mm，也不能大于 5mm，玻璃下部与槽底之间垫以约 3mm 厚的氯丁橡胶垫块，以保证玻璃不致与框、扇及其连接件直接接触 (3)安装于竖框中的中空玻璃或面积大于 0.65m^2 的玻璃，应搁置于两块相同的定位垫块上，搁置点离玻璃垂直边缘的距离宜为玻璃宽度的 1/4，且不宜小于 150mm；安装于扇中的玻璃，应按开启方向确

续表

项次	项目	施工要点
3	铝合金、塑料门窗玻璃安装	定其定位垫块的位置，定位垫块的宽度应大于所支承的玻璃件的厚度，长度不宜小于25mm。定位垫块下面可设铝合金垫片。垫块和垫片均固定在框扇上 (4)玻璃固定：采用橡胶条固定时，先将橡胶条在玻璃两侧挤紧，再在其上注入硅酮系列密封胶，胶应连续均匀地填满在周边内，不得漏胶；采用橡胶块固定时，先用10mm左右长的橡胶块将玻璃挤住，再在其上注入硅酮系列密封胶；采用橡胶压条固定时，将橡胶压条嵌入玻璃两侧挤紧密封，上面不再注胶 (5)使用胶枪注胶时，胶要注得均匀光滑，注入深度不小于5mm平开门窗的玻璃外侧，要采用玻璃胶填封，使玻璃与框扇连接成整体，胶面向外倾斜30°～40° (6)安装迎风面的玻璃时，玻璃镶入框后，要及时用通长镶嵌条在玻璃两侧挤紧或用垫块固定，防止遇到较大阵风时使玻璃破损
4	斜天窗玻璃安装	(1)安装工艺与钢门窗玻璃安装基本相同 (2)应采用夹丝玻璃。如采用平板玻璃时，应在玻璃下面加设一层镀锌钢丝网 (3)安装玻璃应顺流水方向盖叠，其盖叠长度：斜天窗坡度为1/4或大于1/4，不小于30mm；坡度小于1/4，不小于50mm。盖叠处应用钢丝卡固定，并在盖叠缝隙中垫油绳，用密封胶嵌填密实
5	质量要求	(1)玻璃的品种、规格、尺寸、色彩、图案和涂膜朝向应符合设计要求。单块玻璃大于1.5m^{2}时应使用安全玻璃 (2)门窗玻璃裁割尺寸应正确，安装后的玻璃应牢固，不得有裂纹、损伤和松动 (3)玻璃的安装方法应符合设计要求，固定玻璃的钉子或钢丝卡的数量、规格应保证玻璃安装牢固 (4)镶钉木压条接触玻璃处，应与裁口边缘平齐，木压条应互相紧密连接，并与裁口边缘紧贴，割角应整齐 (5)密封条与玻璃、玻璃槽内的接触应紧密、平整。密封胶与玻璃、玻璃槽口的边缘应粘结牢固，接缝平齐 (6)带密封条的玻璃压条，其密封条必须与玻璃全部贴紧，压条与型材之间应无明显缝隙，压条接缝应不大于0.5mm (7)玻璃表面应洁净，不得有腻子、密封胶、涂料等污渍

18 隔　　墙

18.1　轻质条板隔墙

18.1.1　空心条板隔墙

空心条板隔墙施工方法　　表 18-1

项次	项目	施工要点
1	组成、特点及应用	(1)空心条板隔墙主要有玻璃纤维增强水泥轻质多孔(GRC)隔墙条板、轻集料混凝土空心条板(工业灰渣空心板)、植物纤维强化空心条板、泡沫水泥条板、硅镁条板、增强石膏空心条板等 (2)空心条板隔墙:采用空心条板单板组成的隔墙,或以双层空心条板中设空气隔层或铺填阻燃或不燃型岩棉、玻璃棉等软质材料组成的双层板材隔墙 (3)具有重量轻、强度高、隔热、隔声、防火等特性。 (4)一般单层板适用于做分室墙和隔墙;双层板可用做分户墙
2	材料要求	(1)玻璃纤维增强水泥轻质多孔条板系采用低碱硫铝酸盐水泥或快硬铝酸盐水泥、膨胀珍珠岩细骨料及耐碱玻纤涂塑网格布,低碳冷拔钢丝为主要原料制成的隔墙条板。条板按其板厚分 90 型、120 型,按板型分为普通板、门框板、窗框板、过梁板。孔形为圆形,条板两侧有凹(凸)企口或装有埋设件。标准板规格有(2500～3000)mm×600mm×90mm 和(2500～3500)mm×600mm×120mm,接缝槽深 2～3mm,接缝槽宽 20～30mm,孔间肋厚≥20mm。条板物理力学性能应符合表 18-2 的规定 (2)轻集料混凝土空心板(工业灰渣空心板)系采用普通硅酸盐水泥、低碳冷拔钢丝或双层钢筋网片、膨胀珍珠岩、蛭石、陶粒、炉渣等轻集料为主要原料制成的轻质条板,其技术指标见表 18-3 (3)植物纤维强化空心条板系以锯末、麦秸、稻草、玉米秸秆等植物秸秆中的一种,加入以轻烧镁粉、氯化镁、改性剂、稳定剂等为原料配制而成粘合剂,以中碱或无碱短玻纤为增强材料制成轻质条板,其规格及性能见表 18-4 (4)泡沫水泥条板系使用硫铝酸盐水泥或轻烧镁粉为胶结材料,掺加粉煤灰、活性外加剂,以中碱涂塑或无碱玻纤网格布为增强材料,采用发泡工艺,机制成型的微孔轻质空心或实心隔墙条板,其规格及性能见表 18-5 (5)硅镁条板采用硫铝酸盐水泥或轻烧镁粉,掺加粉煤灰、适量外加剂,以 PVA 维尼纶短切纤维为增强材料,采用发泡工艺,成组立模制成的空心隔墙条板,其规格及性能参见表 18-5 (6)增强石膏空心条板系用建筑石膏,掺加少量(少于 1%)普通硅酸盐水泥为胶结材料和膨胀珍珠岩为骨料,加水搅拌成料浆,用玻璃纤维网格布增强浇制成的空心条板。标准板的规格为(2400～3000)mm×595mm×60mm、(2400～3900)mm×595mm×90mm,技术性能见表 18-6 (7)胶粘剂:技术性能见表 18-7
3	条板安装方法	(1)弹线:在楼地面上弹出隔墙和门洞位置线,并引测到顶棚和墙或柱上;按照排板弹分档线,非标板统一加工 (2)条板运输宜侧立码放装车,板下距板两端 500～700mm 处加垫木;现场堆放宜选在地面平坦、坚实、干燥之处,侧立排放,板下用方木架起垫平,雨季应采取覆盖措施,场内运输采用专用小车 (3)清理条板与墙面、顶面、地面的结合部位,凡凸出墙面、地面的浮浆、混凝土块等必须清除并扫净,结合部应找平 (4)架立靠放墙板的临时方木,临时方木分上方木和下方木。上方木可直接压线顶在上部结构底面,下方木可离楼地面约 100mm 左右,上下方木之间每隔 1.5m 左右立支撑方木,并用木楔将下方木与支撑方木之间楔紧。临时方木支设后,即可安装隔墙板 (5)条板安装时,应按排板图从墙或柱的一端向另一端顺序安装,有门洞口时,宜从门口通天框旁向两侧安装,通天框应在墙板安装前先立好固定。单层门框板与门框连接如图 18-1 所示 (6)墙板与结构连接方式分为刚性连接与柔性连接。非震区采用刚性连接,震压采用柔性连接:

续表

项次	项目	施工要点
3	条板安装方法	1)刚性连接安装：条板安装常用下楔法，即在条板上端和一侧面刷涂 1 号胶粘剂，然后将板立于预定位置，用撬棍将板撬起，使板顶与上部结构底面粘紧(图 18-2*a*)；板的一侧与墙或柱或已安装好的另一块板粘紧，将挤出的胶粘剂刮平，用 2m 靠尺和塞尺检查墙面平整度，用 2m 托线板检查板的垂直度。板底留 30～60mm 缝隙，用 2 组木楔对楔背紧，撤出撬棍板即固定，然后在板下填塞 C20 混凝土(空隙 40mm 以内填 1∶3 水泥砂浆)，养护达到强度后撤出木楔，用细石混凝土填突横孔，如图 18-2(*a*)、图 18-3(*a*)、图18-3(*b*)所示 2)柔性连接安装：预先将连接件 U 形钢卡固定于结构梁板下，间距不应大于 600mm，位于板缝处将相邻两块板卡住，无吊顶房间宜选用 L 形钢板暗卡，安装前将板端部空洞封堵。板与墙或柱亦用钢板卡件连接，间距不应大于 1.0m，钢板卡件用膨胀螺栓或射钉固定，如图 18-2(*b*)、图 18-3(*c*)所示 (7)设备安装：设备定好位后，用专用工具钻孔，用 2 号胶粘剂预埋吊挂配件 电气安装：利用条板内孔敷管穿线，但应注意墙体两侧不得有对穿孔出现 (8)板缝处理：在板缝、阴阳角处、门窗框用白乳胶粘贴耐碱玻纤网格布加强，板面宜满铺玻纤网格布一层 (9)双层板隔墙安装：应先安装好隔墙一侧条板后，可根据设计要求安装固定好墙内管线，如中间为空气层时，则留缝 20mm，如有填气隔热、隔声材料时，则留缝 40～50mm，铺装验收合格后，再安装另一侧条板，两层条板的接缝要错开
4	质量要求	(1)隔墙条板进场应有产品合格证和性能检测报告，其品种、规格、性能应符合设计要求，有隔声、隔热、防火、防潮要求的工程，板材应有相应性能的检测报告 (2)安装隔墙板材所需预埋件、连接件的位置、数量及连接方法应符合设计要求 (3)隔墙板材安装必须牢固，隔墙与周边墙体的连接方法应符合设计要求 (4)隔墙板材所需接缝材料的品种、性能及接缝方法应符合设计要求 (5)隔墙板材安装应垂直、平整、位置正确，板材不应有裂缝或缺损；隔墙表面应平整、光滑、色泽一致、洁净，接缝应均匀、顺直；隔墙上的孔洞、槽、盒应位置正确、套割方正、边缘整齐 (6)板材隔墙安装的允许偏差和检验方法应符合表 18-8 的规定

玻璃纤维增强水泥轻质隔墙条板性能指标　　表 18-2

项目			一等品	合格品
含水率(%)	采暖地区	≤	10	
	非采暖地区	≤	15	
气干面密度(kg/m²)	90 型	≤	75	
	120 型	≤	95	
抗折破坏荷载(N)	90 型	≥	2200	2000
	120 型	≥	3000	2800
干燥收缩值(mm/m)		≤	0.6	
抗冲击性(30kg，0.5m 落差)			冲击 5 次，板面无裂纹	
吊挂力(N)		≥	1000	
空气声计权隔声量(dB)	90 型	≥	35	
	120 型	≥	40	
抗折破坏荷载保留率(耐久性)(%)		≥	80	70
放射性比活度	I_{Ra}	≤	1.0	
	I_c	≤	2	
耐火极限(h)		≥	1	
燃烧性能			不燃	

注：依据《玻璃纤维增强水泥轻质多孔隔声条板》(GB/T 19631—2005)。

灰渣混凝土板物理性能指标　　表 18-3

项目		性能指标		
		板厚 90mm	板厚 120mm	板厚 150mm
抗冲击性能		经 5 次抗冲击试验后，板面无裂纹		
面密度(kg/m²)	≤	120	140	160

续表

项目		性能指标		
		板厚 90mm	板厚 120mm	板厚 150mm
抗弯承载(板自重倍数)	≥	1		
抗压强度(MPa)	≥	5		
空气隔声量(dB)	≥	40	45	50
含水率(%)	≤	12		
干燥收缩值(mm/m)	≤	0.6		
吊挂力(N)		荷载 1000N,静置 24h,板面无宽度超过 0.5mm 缝隙		
耐火极限(h)	≥	1.0		
软化系数	≥	0.8		
抗冻性		不应出现可见裂纹或表面无变化		

注：依据《灰渣混凝土空心隔墙板》(GB/T 23449—2009)。

植物纤维强化空心条板规格、性能 **表 18-4**

厚度(mm)	长度(mm)	宽度(mm)	耐火极限(h)	重量(kg/m²)	隔声(dB)
100	2400～3000	600	≥1	≤60	≥35
200	2400～3000	600	≥1	≤60	≥45

注：依据《轻质条板内隔板》(图集号 03J113)。

泡沫水泥条板、硅镁条板规格、性能 **表 18-5**

厚度(mm)	长度(mm)	宽度(mm)	耐火极限(h)	重量(kg/m²)	隔声(dB)
60	2400～2700	600	≥1	≤60	≥35
90	2400～3000	600	≥1	≤60	≥40
200	2400～3000	600	≥1	≤60	≥45

增强石膏条板技术性能 **表 18-6**

项目	指标	项目	指标
抗压强度(MPa)	≥7	软化系数	≥0.5
干密度(kg/m³)	≤1150	收缩率(%)	≤0.08
板重(kg/m²)	60mm 厚≤55;90mm 厚≤65	隔声量(dB)	≥30
抗弯荷载	≥1.8*G*	含水率(%)	≤3.5
抗冲击(30kg 砂袋,落差 500mm)	3 次板背面不裂	吊挂力(N)	≥800

注：G——一块条板的自重。

轻质板胶粘剂质量要求 **表 18-7**

项目		质量要求		
		1 号胶粘剂	2 号胶粘剂	3 号胶粘剂
拉伸胶粘强度(MPa)	常温 14d	≥1.0	≥1.5	(常温 7d)≥0.7
	耐水 14d	≥0.7	≥1.0	(耐水 7d)≥0.5
压剪胶结强度(MPa)	常温 14d	≥1.5	≥2.0	(常温 7d)≥1.0
	耐水 14d	≥1.0	≥1.5	(耐水 7d)≥0.7
抗压强度(MPa)	14d	≥5.0	—	—
抗折强度(MPa)	14d	≥2.0	—	—
收缩度(%)		≤0.3	—	—
抗裂性		—	—	5mm 以下
可操作时间(h)		2	2	2
凝结时间(min)	初凝	>45	—	—
	终凝	>300	—	—

续表

项目	质量要求		
	1号胶粘剂	2号胶粘剂	3号胶粘剂
28d柔韧性(抗压/抗折)	—	—	≤3.0
用途	用于条板与条板拼缝，条板与主体结构梁(底板)、柱或墙的粘结	用于条板与吊挂件、构配件的粘结	用于条板墙面修补、找平

板材隔墙安装的允许偏差和检验方法 **表 18-8**

项次	项目	允许偏差(mm)				检验方法
		复合轻质墙板		石膏空心板	钢丝网水泥板	
		金属夹芯板	其他复合板			
1	立面垂直度	2	3	3	3	用2m垂直检测尺检查
2	表面平整度	2	3	3	3	用2m靠尺和塞尺检查
3	阴阳角方正	3	3	3	4	用直角检测尺检查
4	接缝高低差	1	2	2	3	用钢直尺和塞尺检查

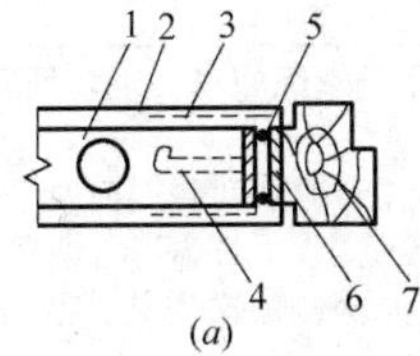

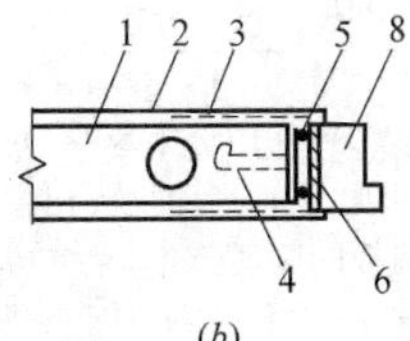

图 18-1 条板与门窗框连接

(a) 条板与木门窗框连接；(b) 条板与钢门窗框连接

1—门框板；2—石膏腻子批嵌；3—接缝 200mm 宽玻纤布加强；

4—1 号埋件；5—点焊；6—1 号连接件；7—木门框；8—钢门框

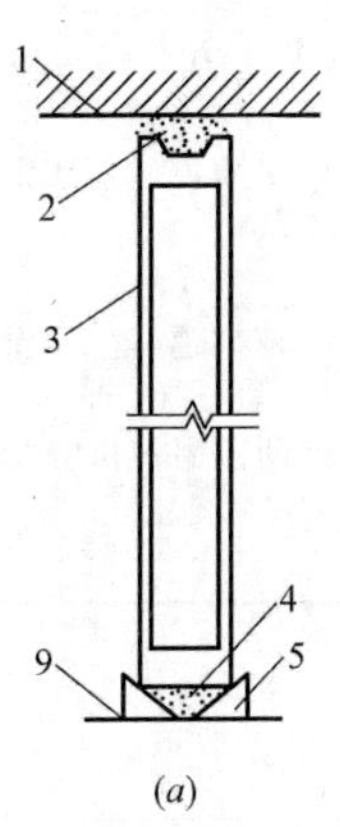

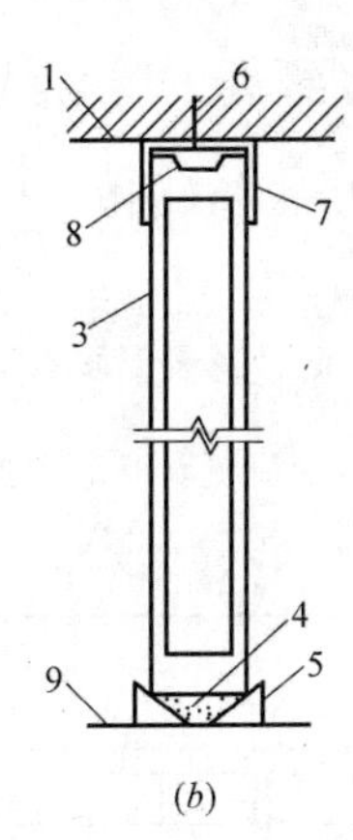

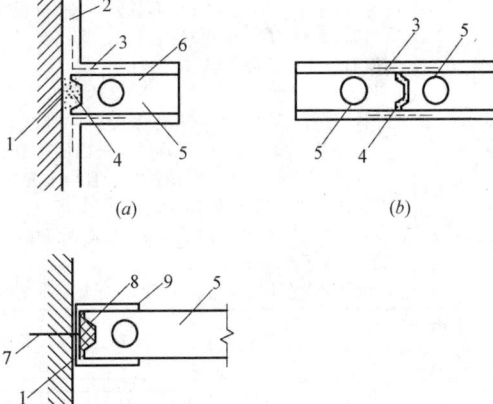

图 18-2 条板与顶及地的连接

(a) 条板与顶及地刚性连接；

(b) 条板与顶及地的柔性连接

1—板或梁底；2—1 号胶粘剂；3—空心条板；

4—1∶3 水泥砂浆或 C20 细石混凝土；5—木楔；

6—胀管螺钉或射钉@600mm，钉长＞30mm；

7—镀锌钢板 U 形卡@600mm；

8—聚苯板或 PE 棒柔性处理；9—楼地面

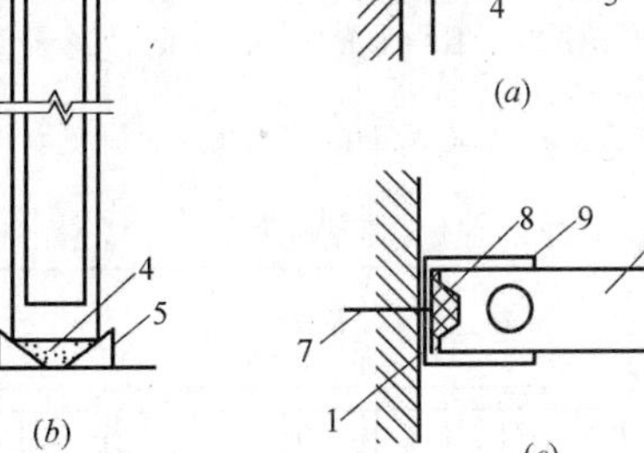

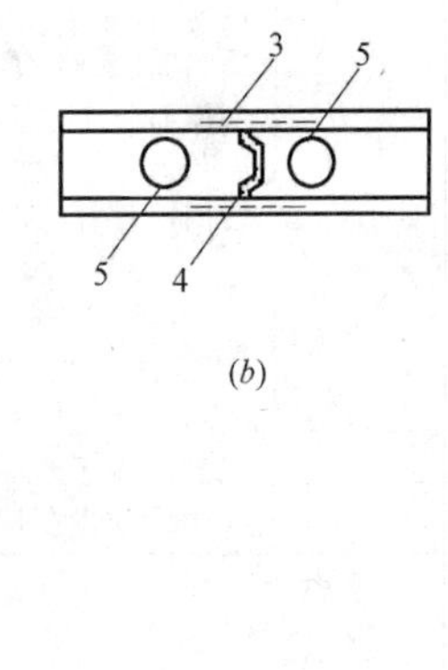

图 18-3 条板与墙（或柱）及条板与条板连接

(a) 条板与墙（或柱）刚性连接；(b) 条板与条板连接；

(c) 条板与墙（或柱）柔性连接

1—墙（或柱）；2—墙面粉刷；3—200mm 宽玻纤布接缝加强；

4—1 号胶粘剂；5—空心条板；6—板面石膏腻子批嵌；

7—胀管螺钉或射钉@1000mm；8—聚苯板或 PE 棒柔性处理；

9—镀锌钢板 U 形卡@1000mm

18.1.2 加气混凝土条板隔墙

加气混凝土板隔墙施工方法 **表 18-9**

项次	项目	施工要点
1	组成、特点及使用	(1)加气混凝土板隔墙系采用加气混凝土单板组成的隔墙或采用在双层加气混凝土板中设空气层或填矿渣棉组成的隔墙 (2)具有自重轻、强度高、隔热、隔声、吸声、防火等性能 (3)一般单层板用于分室墙和厨房、厕所等隔墙;双层板隔墙常用于做分户墙
2	材料要求	(1)加气混凝土墙板系以钙质和硅质材料为基本原料,以铝粉为发气剂,经蒸压、养护等工艺制成的一种多孔轻质板材。板材内一般配有单层钢筋网片。墙板按采用的原材料分为水泥、矿渣、砂加气混凝土、水泥、石灰、砂加气混凝土和水泥、石灰、粉煤灰加气混凝土三种。板材的技术参数和规格参见表 18-10、表 18-11。室内隔墙常用 150mm 厚以下的板。75mm 厚板用于不超过 2500mm 高的隔墙 (2)粘结砂浆和墙面修补材料的配合比参见表 18-12。 (3)钢卡:钢卡分 U 形和 L 形,90mm 厚及以下板采用 1.2mm 厚钢卡,90mm 厚以上板用 2mm 厚钢卡,钢卡须经防腐处理
3	加气混凝土条板安装方法	(1)板材一般成捆包装运输,严禁用铁丝捆扎和用钢丝绳兜吊。现场堆放应侧立,不得平放,堆放场地应坚实、平坦、干燥,板下用方木垫起、垫平 (2)根据设计图纸,在楼地面上弹出墙身位置线,并引测到两侧墙面及上部楼板底 (3)架立靠放墙板的临时方木、架立方法与要求参见 18.1 节施工方法要点 (4)墙板安装顺序,当有门洞口时,应从门洞口处向两侧依次安装;无门洞口时,应从墙的一端向另一端依次安装 (5)墙板安装时,先将条板粘结面用钢丝刷刷去油垢、渣末、尘土,然后在条板上端涂抹一层胶粘剂,厚约 3mm,将板立于预定位置,用撬棒将板撬起,使板顶与上部结构底面粘紧,板的一侧与主体结构或已装好的另一块条板粘紧,并在板下用木楔楔紧,撤出撬棒,板即固定 (6)板与板之间用粘结砂浆粘结,拼缝要挤紧,以挤出砂浆为宜,缝宽不得大于 5mm,挤出的砂浆应及时清理干净,并沿板缝上下各 1/3 处,按 30°角斜向钉入铁销或铁钉,如图 18-4 所示 丁字和转角交接处的墙板用粘结砂浆粘结,并沿板缝 700～800mm 距离斜向钉入长度不小于 150mm 的 $\phi8$ 铁销或铁钉(图 18-5*a*),铁销或铁钉应经防腐处理 (7)当设计有抗震要求时,应按设计要求,板与结构间连接应采用柔性连接,施工方法参见本章"18.1.1 空心条板隔墙"施工要点 (8)板固定后,在板下塞入 1:2 水泥砂浆或细石混凝土,凝固后撤出木楔,再用 1:2 水泥砂浆或细石混凝土堵孔,如木楔已采取防腐处理的则可不撤出 (9)每块板安装后,应用靠尺检查墙面垂直和平整情况 (10)对于有门窗洞口的墙体,一般均采取后塞的窗框,其余量最多不超过 10mm,越小越好。门窗框用胶粘剂固定,缝用贴脸盖缝,如图 18-5(*b*)所示 (11)双层墙板的分户墙,应先安装一侧墙板,再安装另一侧墙板和填缝材料,并使两侧墙板拼缝相互错开不少于 200mm (12)质量要求:参见表 18-1 中项次 4 质量要求

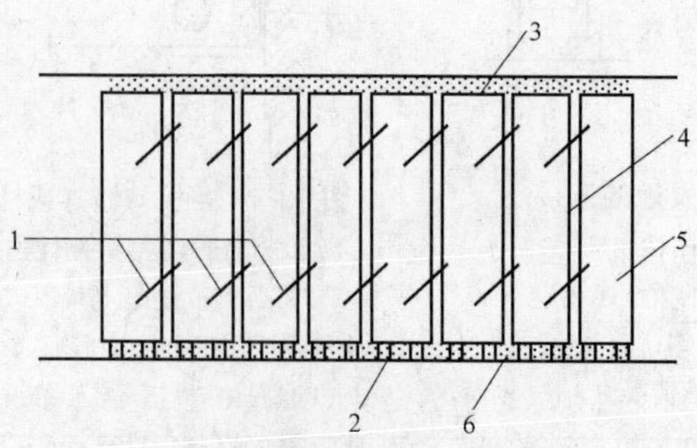

图 18-4 板与板之间连接

1—经防腐处理的铁钉;2—木楔;3—胶粘剂;4—粘结砂浆;5—加气混凝土条板;6—水泥砂浆或细石混凝土

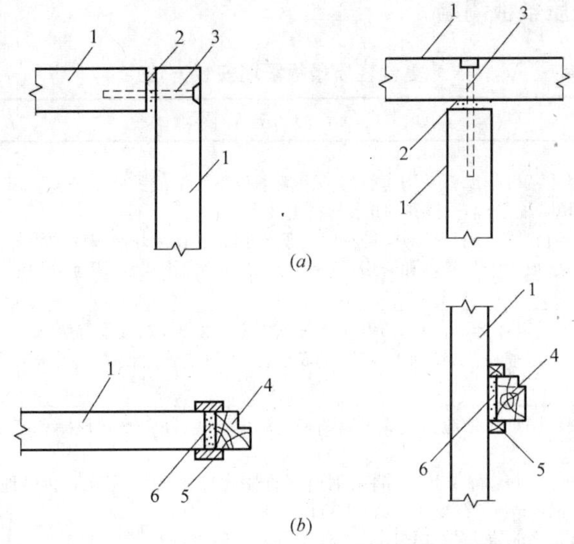

图 18-5 墙条板间和墙板与门窗框连接

（a）转角与丁字墙条板间连接；（b）墙板与门窗框连接

1—加气混凝土条板；2—粘结砂浆；3—经防腐处理的 ϕ8 钢筋并打尖，长度不小于 150mm；4—木门框；5—贴脸；6—胶粘剂

加气混凝土隔墙技术参数 **表 18-10**

强度级别		A2.5	A3.5	A5.0	A7.5
干密度级别		B04	B05	B06	B07
干密度(kg/m³)		≤425	≤525	≤625	≤725
抗压强度(MPa)	平均值	≥2.5	≥3.5	≥5.0	≥7.5
	单组最小值	≥2.0	≥2.8	≥4.0	≥6.0
干燥收缩值(mm/m)	标准法	≤0.5			
	快速法	≤0.8			
抗冻性	质量损失(%)	≤5.0			
	冻后强度(MPa)	≥2.0	≥2.8	≥4.0	≥6.0
导热系数(干态)[W/(m·K)]		≤0.12	≤0.14	≤0.16	≤0.18

注：依据《蒸压加气混凝土板》(GB 15762—2008)。

加气混凝土隔墙板规格 **表 18-11**

品种	标准宽度(mm)	厚度(mm)	最大公称长度 L(mm)	实际长度(mm)	常用可变荷载标准值(N/m²)
隔墙板	600	75～250 (每 25 一种规格)	1800～6000 (300 模数进位)	L—20	700

粘结砂浆及墙面修补材料配合比 **表 18-12**

项次	名称和用途	配合比
1	粘结砂浆	(1)水泥∶细砂∶界面剂胶∶水＝1∶1∶0.2∶0.3 (2)水泥∶砂＝1∶3,加适量界面剂胶水溶液
2	修补材料	(1)水泥∶石膏∶加气混凝土粉＝1∶1∶3,加适量界面剂胶水溶液 (2)水泥∶石灰膏∶砂＝1∶3∶9 或 1∶1∶6,适量加水 (3)水泥∶砂＝1∶3,加适量界面剂胶水溶液

18.1.3　复合轻质条板隔墙

复合轻质条板隔墙安装方法　　**表 18-13**

项次	项目	施工要点
1	组成、特点及使用	(1)复合轻质条板隔墙系采用复合轻质隔墙条板单板组成的隔墙或采用双层复合轻质隔墙条板中设空气层或铺填岩棉等隔热、隔声、防水材料组成的墙 (2)具有轻质、高强、隔声、隔热、防火、防潮等功能，可直接开槽埋设管线等特点 (3)一般单层板用于分室墙和厨房、厕所等隔墙；双层板隔墙常用于分户墙
2	材料要求	轻质复合板是以 3.2mm 厚木质纤维增强水泥板为面板，以强度等级 42.5 级的普通水泥、中砂、粉煤灰、聚苯乙烯发泡颗粒及添加剂等材料组成芯材，采用成组立模浇筑振捣成型的轻质板材，其性能和规格见表 18-14
3	复合轻质条板安装方法	(1)根据设计图纸在楼地面上弹出隔墙和门洞位置线，并引测到顶棚和墙或柱上；根据排板图弹出条板分档线 (2)安装固定连接：隔墙上、下端用钢连接件固定在结构梁或板下和楼地面，板与板间连接采用长 250mm 镀锌钢钎成 45°斜插连接，钉头与板面平 (3)板面安装及板面防裂处理同其他轻度板 (4)板面开孔、开槽：用瓷砖切割机或凿子开挖竖槽、孔洞。管线埋设好后应及时用聚合物水泥砂浆固定及抹平板面，并按板面防裂要求处理。墙板贯穿开孔洞直径不应大于 200mm (5)门框安装如图 18-6 所示 (6)质量要求：参见表 18-1 项次 4 质量要求

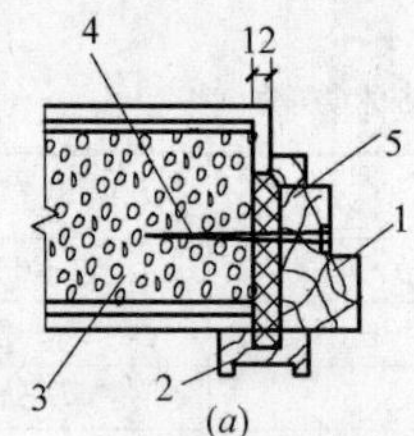

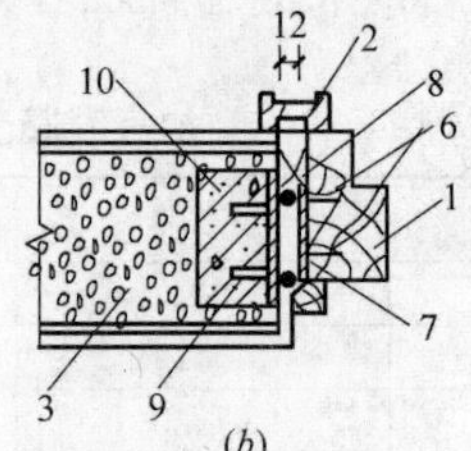

图 18-6　门框板与门窗框连接

(*a*) 门框板与木门框钉连接；(*b*) 门框板与木门框焊接连接

1—木门框；2—木门套；3—轻质复合板；4—胀管螺钉；5—发泡聚氯酯；6—2ϕ5×35 木螺钉固定连接钢板；7—连接钢板厚 4mm；8—ϕ8 钢筋头，长 100mm 与埋件 M1 和连接钢板焊接；9—预埋件 M1，钢板厚 4mm，锚爪 ϕ6 钢筋；10—DM10 干拌砂浆

复合轻质隔墙板规格和性能指标　　**表 18-14**

项目		指标		
		板厚 75mm	板厚 100mm	板厚 150mm
抗冲击性能		经≥10 次抗冲击试验后，板面无裂纹		
面密度(kg/m²)	≤	85	95	140
抗弯承载(板自重倍数)	≥	1.5		
抗压强度(MPa)	≥	3.5		
空气隔声量(dB)	≥	40	45	50
含水率(%)	≤	10		
干燥收缩值(mm/m)	≤	0.6		
吊挂力(N)	≥	1000		
耐火极限(h)	≥	1.0		
软化系数	≥	0.8		
传热系数[W/(m²·K)]	≤			2.0
板长度(mm)		1830	2440	2745
板宽度(mm)		610	610	610

18.1.4 泰柏板隔墙

泰柏板隔墙施工方法 **表 18-15**

项次	项目	施工方法要点
1	组成、特点、规格及使用	(1)泰柏板系在工厂制造,用板块状焊接钢丝网笼做骨架,内嵌阻燃性聚苯乙烯泡沫塑料芯材组成(图 18-7),在表面喷涂水泥砂浆形成完整的泰柏板墙体。板内亦可预先设置水电导管、开关盒、门窗框和预埋件等;也可根据设计要求在墙体外表面做面砖等各种饰面 (2)泰柏板墙具有自重轻、强度高、防水、保温、隔热、隔声以及防振、防水、防潮、抗冻融等特点,同时易于剪裁和拼接,便于运输和组装成墙 (3)常用规格见表 18-16 (4)适用于做高度小于 3.05m、门窗宽度小于 1.22mm 的非承重内隔墙,特别适用于高层建筑,是一种多功能轻质复合墙体
2	隔墙安装工艺方法	(1)泰柏板墙安装工艺流程为:清理→弹线、钻孔→墙板安装固定→墙板补强→管线敷设→墙面抹灰。泰柏板隔墙布板及连接构造如图 18-7 所示 (2)墙体弹线:按墙体厚度分别在地面和顶板弹出墙体厚度线,要求上下线在一个垂直平面内 (3)钻孔:用手电钻或电锤在地面、顶板及墙体已弹双边线上钻孔,孔深为 50mm,孔径为 ϕ6mm,单边孔距 300mm,双边线上孔眼应错开设置 (4)配件准备:安装之前计算出所需配件及数量。常用配件见表 18-17 (5)墙板固定:泰柏板与顶板或地面的连接用膨胀螺栓固定,如图 18-8 所示,要求紧密牢固 (6)墙板拼装:在拼缝处用箍码把之字条或平连接网同横向钢丝连接以补强,要求紧密牢固,如图 18-9 所示 (7)墙板转角及门窗洞口处理:阳角必须用不小于 306mm 宽的角网补强;阴角必须用蝴蝶网补强,如图 18-10 所示。门窗洞口用之字条补强,如图 18-11 所示 (8)管线敷设:暗敷管线(电线可横向或竖向布设),管径不宜超过 25mm。管线和电开关盒在确定位置后,用钢丝钳剪断板面钢丝网格埋入即可。管线处加盖钢丝网片,以利抹灰 (9)墙板抹灰:墙板抹灰应分两层进行,第一层厚约 10mm,用 1∶2.5 水泥砂浆打底;第二层厚约 8~12mm,用 1∶3 水泥砂浆罩面、压光;在墙体任一面先抹第一层,抹后用带齿抹板沿平行桁条方向拉出小槽,以利第二层粘结,湿养护 48h 后,抹另一面的第一层,湿养护 48h 后,再抹第二层,抹完后 3d 内严禁碰撞

泰柏板规格 **表 18-16**

项次	板厚(mm)	两表面喷抹层做法	芯板构造
1	100	两面各有 25mm 厚水泥砂浆做法	各类 GJ 板
2	110	两面各有 30mm 厚水泥砂浆做法	
3	130	两面各有 30mm 厚水泥砂浆加两面 10mm 石膏涂层或轻质砂浆	

常用泰柏板安装配件表 **表 18-17**

名称	简图	用途
之字条		用于泰柏板横向及竖向拼接缝处,还可连接成蝴蝶网或Ⅱ型桁条,做阴角加固或木门窗框安装之用
204mm 宽平连接网		14 号钢丝网,网格为 50.8mm×50.8mm,用于泰柏板横向及竖向拼接缝处,用方格网卷材现场剪制
102mm×204mm 角网		材料与平连接网相同,做成 L 形,边长分别为 102mm 和 204mm,用于泰柏板阳角补强,用方格网卷材现场剪制
U 码		与膨胀螺栓一起使用。用于泰柏板与地面、顶板、梁、金属门框以及其他结构等的连接
箍码		用于将平边接网、角网、U 码、之字条与泰柏板连接,以及泰柏板间拼接

续表

名称	简图	用途
压片 3mm×48mm×64mm 或 3mm×40mm×80mm		用于U码与楼地面等的连接
蝴蝶网		二条之字条组合而成，主要用于板墙结合之阴角补强
Ⅱ型桁条		三条之字条组合而成，主要用于木质门窗框的安装，以及洞口的四周补强

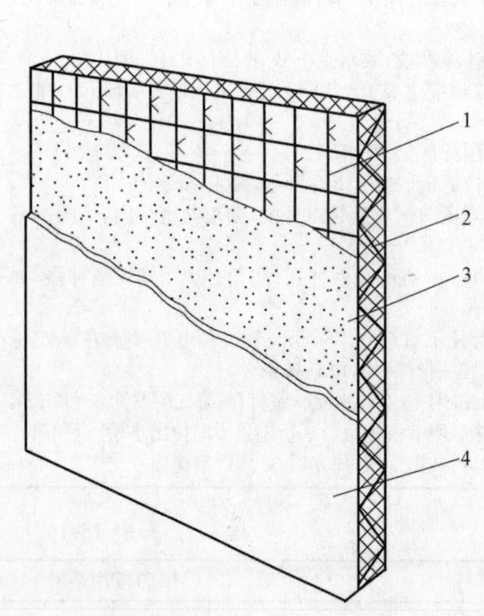

图 18-7 泰柏板的构造示意

1—14 号镀锌钢丝制成的桁条网笼骨架；2—中间厚 57mm 聚苯乙烯泡沫塑料板；3—外抹水泥砂浆层；4—外表面可喷涂或抹各种饰面

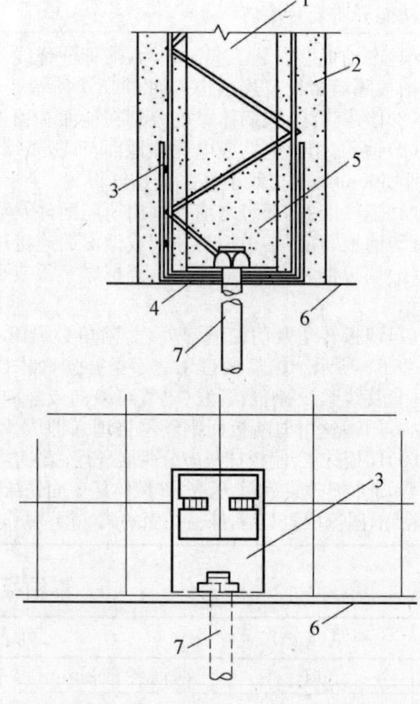

图 18-8 泰柏板与地面或顶板连接

1—泰柏板；2—泰柏板两侧抹 20mm 以上 1：3 水泥砂浆；3—标准的U形码用箍码同泰柏板连接；4—3mm×48mm×64mm 压片；5—外墙U形码处泡沫塑料除去，回填水泥砂浆（地面用）；6—混凝土地面或顶板；7—膨胀螺栓（外墙用 $\phi10\times50$，内墙用 $\phi8\times50$）

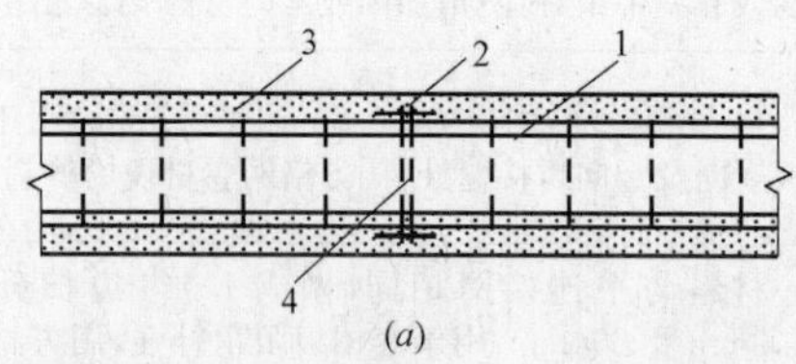

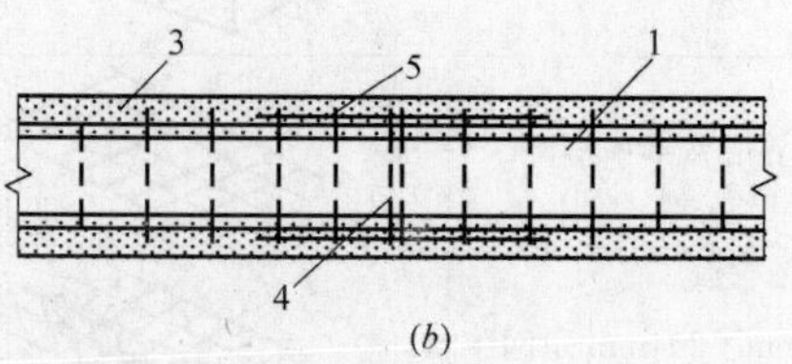

图 18-9 墙板缝拼接

(a) 内墙板缝拼接；(b) 外墙板缝拼接

1—泰柏板；2—在接缝面两侧，用箍码将之字形条同横向钢丝连接；3—抹灰层；4—拼接缝；5—204mm 宽平连接网

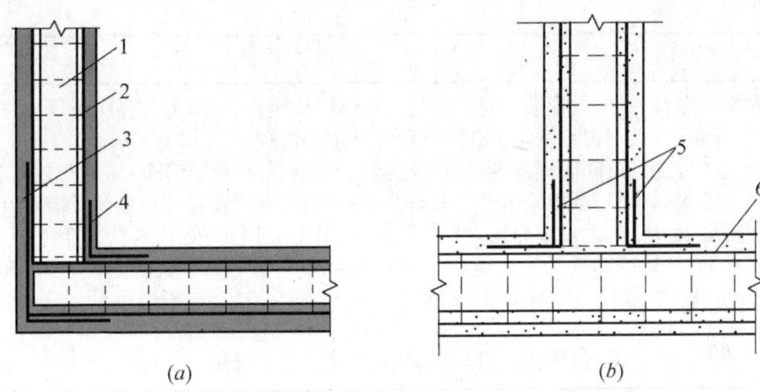

图 18-10 墙板 L 字和 T 字墙转角处理

（a）L 字墙处理；（b）T 字墙处理

1—泰柏板；2—抹灰层；3—50mm×50mm 方格用箍码连到泰柏板上；4—蝶形桁条用箍码连到泰柏板的钢丝上；5—泰柏板接缝的每侧用蝶形桁条与箍筋连接；6—泰柏板配筋

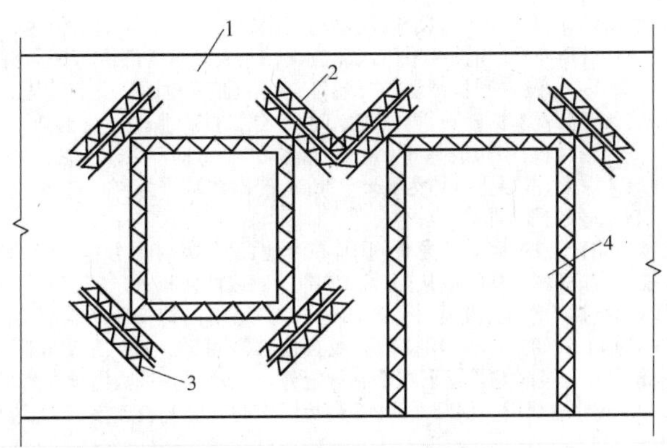

图 18-11 门窗洞口补强处理

1—泰柏板；2—用箍码或钢丝将之字条沿 45°方向补强；3—沿洞口四周用之字条补强；4—门窗洞口

18.2 轻钢龙骨石膏板隔墙

轻钢龙骨石膏板隔墙施工方法 **表 18-18**

项次	项目	施工要点
1	组成、特点及使用	(1)轻钢龙骨石膏板隔墙，是以轻钢龙骨为骨架，以纸面石膏板为墙面材料，在现场组装而成。可分为单排龙骨双面单层石膏板隔墙、单排龙骨双面双层石膏板隔墙和双排龙骨双面双层石膏板隔墙，根据隔声、保温要求选用。其构造如图 18-12 所示 (2)具有分隔房间灵活、自重轻(仅为半砖墙的 1/10)、刚度大、防火、隔声、保温性能好、装配化程度高、干作业、施工简单方便等特点 (3)适用于工业及民用建筑的分室和分户非承重墙，但除防水石膏板隔墙外，一般不宜用于厨房、厕所以及空气相对湿度大于 70%的潮湿环境中
2	材料要求	(1)隔墙轻钢龙骨：由薄壁镀锌钢带或薄壁冷轧退火卷带经冲压或冷弯而成的轻质隔墙板支承骨架，主要分有竖龙骨、横龙骨和贯通龙骨，其规格见表 18-19，其他还有如特殊要求的井道龙骨、隔声要求场所的龙骨等。轻钢龙骨的技术性能应符合《建筑用轻钢龙骨》(GB/T 11981—2008)的要求。龙骨进场应检查产品合格证书，其外观应表面平整、棱角挺直、过渡角及切边不允许有裂口和毛刺，表面不得严重污染、腐蚀和机械划伤，面积不大于 1cm^2 的黑斑每米长度内不多于 1 处，涂层应无气泡、划伤、漏涂等缺陷

续表

项次	项目	施工要点
2	材料要求	(2)轻钢龙骨配件：支撑卡、卡托、角柱、连接件、固定件、护墙龙骨和压条等应符合设计要求，配件应具有产品合格证，且不得有锈蚀、扭曲、几何尺寸不匀等现象 (3)紧固件：射钉、膨胀螺栓、镀锌自攻螺钉、木螺钉等应配置齐全，满足安装要求 (4)石膏板：纸面石膏板采用二水石膏为主要原料，掺入适量外加剂和纤维做成板芯，用特制的纸或玻璃纤维毡为面层，牢固粘贴而成。棱边的形式如图18-13所示，技术参数符合表18-20～表18-22的规定 (5)接缝材料：接缝腻子的性能应满足抗压强度＞3.0MPa、抗折强度＞1.5MPa、终凝时间＞0.5h；50mm中碱玻纤带和玻纤网格布，其网格8目/m，布重80g/m，断裂强度(25mm×100mm)布条，经纱≥300N，纬纱≥150N (6)填充隔声材料：常用玻璃棉、岩棉等应按设计要求选用 (7)密封材料：橡胶密封条、密封胶、防火封堵材料
3	工艺流程	弹线→安装天、地龙骨→竖向龙骨分档→安装竖龙骨→机电管线安装→安装横撑龙骨→安装门洞口→安装罩面板(一侧)→安装填充材料→安装罩面板(另一侧)→板缝、板面处理
4	轻钢龙骨安装	(1)弹线：在地面及楼板底分别弹出沿地、沿顶龙骨中心线和位置线；弹出隔墙两端边的竖向龙骨中心线和位置线以及门洞位置线 (2)断料：根据设计图纸和实际尺寸，用电动无齿砂轮切割机切割龙骨并分类堆放 (3)安装沿地、沿顶龙骨：当设计采用水泥、水磨石、大理石等踢脚板时，墙的下端应浇筑C20墙垫；当设计采用木或塑料等踢脚板时，则墙的下端可直接搁置于地面。安装时先在地面或墙垫及顶面上按位置线铺垫橡胶条或沥青泡沫塑料，再按规定间距用射钉、膨胀螺栓将沿地、沿顶和沿墙龙骨固定于主体结构上(图18-14)。射钉中距按0.6～1.0m布置，水平方向不大于0.8m，垂直方向不大于1.0m。射钉射入基体的最佳深度：混凝土基体为22～32mm，砖砌体基体为30～50mm。龙骨接头要对齐顺直，接头两端50～100mm处均要设固定点 (4)安装竖向龙骨：根据确定的龙骨间距，在沿地、沿顶龙骨上分档划线，竖向龙骨应由墙的一端开始排列，当隔墙上有门(窗)口时，应从门(窗)口向一侧或两侧排列。安装时将预先切好长度的竖向龙骨对准上下墨线，依次插入沿地、沿顶龙骨的凹槽内，翼缘朝向拟安装的板材方向。竖向龙骨接长，可用U形龙骨套在C形龙骨的接缝处，用拉铆钉或自攻螺钉固定。竖向龙骨间距按设计要求采用，一般宜在300～600mm左右。竖向龙骨上下端除有规定外，一般应与沿地、沿顶龙骨用铆钉或自攻螺钉固定。靠侧墙(柱)100mm处应增设一根竖龙骨，石膏板固定时与竖龙骨连接，不与边框龙骨固定，以避免结构伸缩产生裂缝 (5)安装门窗等洞口加强龙骨：先安装洞口两侧竖向加强龙骨，再安装洞口上下横向加强龙骨，最后再安装较大洞口两外侧上下加强龙骨及斜撑 (6)当隔墙高度超过石膏板的长度时，应设水平龙骨。水平龙骨可用沿地、沿顶龙骨与竖向龙骨连接；也可采用卡托和角托连接于竖向龙骨 (7)安装通贯横撑龙骨必须与竖向龙骨的冲孔保持在同一水平上，并卡紧牢固，不得松动。隔墙高度低于3m时，设一道通贯横撑龙骨，高3～5m时，设2～3道，通贯横撑龙骨需接长时，应使用配套的连接件连接 (8)当隔墙中设置各种附墙设备及挂件时，均应按设计要求在安装骨架时预先将连接件与骨架连接牢固
5	纸面石膏板安装	(1)石膏板应在无应力状态下安装，不得强压就位，板与周围墙、柱应松散地吻合，应留有＜3mm的槽口，先将6mm左右的嵌缝膏加注好，然后挤压嵌缝膏使其和邻近表层紧密接触，阴角处用腻子嵌满，贴上玻纤带，阳角处应做扩角 (2)石膏板对接缝应错开，隔墙两面的板横向接缝也应错开；墙两面的接缝不能落在同一根龙骨上。板与吊顶连接时，只与竖向龙骨固定，与墙、柱连接时，只与连接处的第2根竖向龙骨固定 (3)石膏板与龙骨应采用十字头自攻螺钉固定。单层12mm厚板用M4×25mm螺钉；双层12mm厚板用M4×35mm螺钉。钉距：四周为200mm，中间为300mm，周边钉离板边缘10～15mm，钉头端面略埋入板面，但不得损坏纸面，钉眼应用石膏腻子抹平。如石膏板与金属减振条连接时，螺钉应与减振条固定，切不可与竖向龙骨连接，钉距为200mm (4)双层石膏板时，面板与底板的连接，可采用自攻螺钉，也可采用SG791胶粘剂粘贴，粘结厚度以2～3mm为宜 (5)面板接缝处理主要有无缝(暗缝)、压缝和明缝三种做法。无缝处理：在接缝处用专用胶液调配的石膏腻子填嵌刮平，同时粘贴60mm宽玻纤带，然后再用石膏腻子刮平。应选用有倒角的石膏板，如图18-15(*a*)所示；压缝做法：采用木压条、金属压条或塑料压条压在板与板的缝隙处。应选用无倒角的石膏板，

续表

项次	项目	施工要点
5	纸面石膏板安装	如图 18-15(*b*)所示;明缝做法:用特殊工具(针锉和针锯)将板缝勾成明缝,然后压进金属压条或塑料压条。应选用无倒角的石膏板,如图 18-15(*c*)所示 (6)对于有填充要求的墙体,待一侧板及管线部分安装完毕,先用胶粘剂(792 胶或氯丁胶等)按 500mm 中距将岩棉钉固定在石膏板上,牢固后,再将岩棉等填充材料填入龙骨空腔内,用岩棉钉固定,并用压圈压紧,每块岩棉应不少于 4 个岩棉钉固定。填充岩棉与另一侧板的安装应同时进行
6	质量要求	(1)骨架隔墙所用龙骨、配件、墙面板、填充材料及嵌缝材料的品种、规格、性能应符合设计要求。有隔声、隔热、防潮等特殊要求的工程,材料应有相应性能等级的检测报告 (2)隔墙边框龙骨必须与基体结构连接牢固,并应平整、垂直、位置正确 (3)隔墙中龙骨间距和构造连接方法应符合设计要求。骨架内设备管线的安装、门窗洞口等部位加强龙骨应安装牢固,位置正确,填充材料的设置应符合设计要求 (4)墙面板应安装牢固,无脱层、翘曲、折裂及缺损。墙面板表面应平整光滑、色泽一致、洁净、无裂缝,接缝应均匀、顺直 (5)隔墙上的孔洞、槽、盒应位置正确,套割吻合、边缘整齐 (6)骨架隔墙安装的允许偏差和检验方法应符合表 18-23 的规定

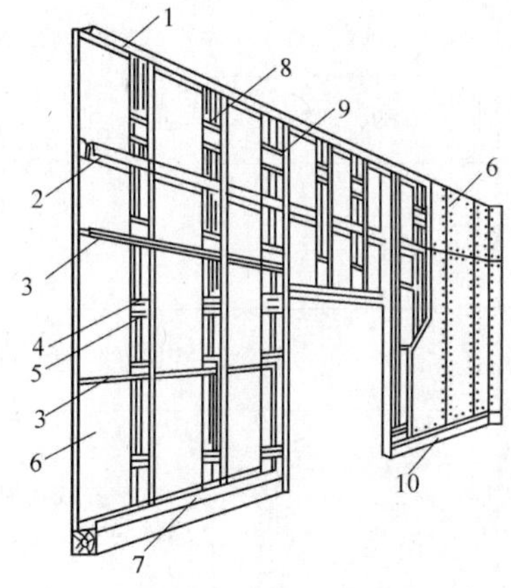

图 18-12 轻细龙骨石膏板隔墙构造示意

1—沿顶龙骨;2—横撑龙骨(支撑在卡托和角托上);3—通贯横撑龙骨;4—支撑卡;5—通贯孔;6—纸面石膏板;7—沿地龙骨;8—竖向龙骨;9—加强龙骨;10—踢脚板

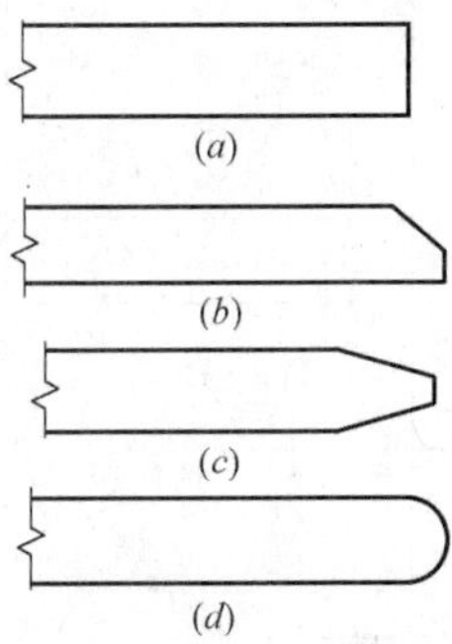

图 18-13 纸面石膏板棱边形式

(*a*)矩形棱边;(*b*)倒角形棱边;(*c*)楔形棱边;(*d*)圆形棱边

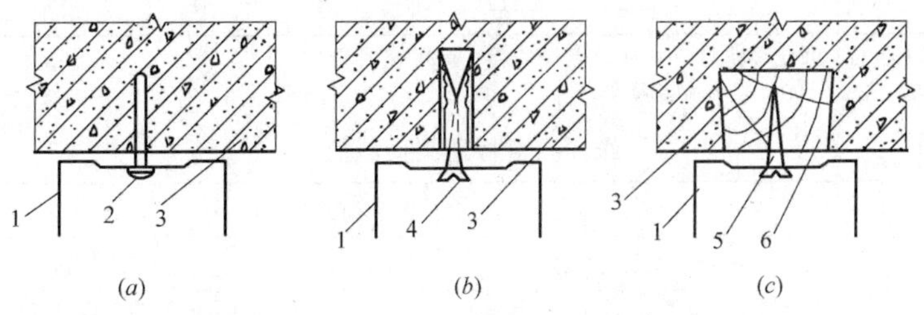

图 18-14 沿地、沿顶龙骨固定方法

(*a*)射钉固定法;b 膨胀螺栓固定法;(*c*)木螺钉固定法

1—沿地、沿顶龙骨;2—射钉;3—混凝土结构;4—膨胀螺栓;5—木螺钉;6—预埋木砖

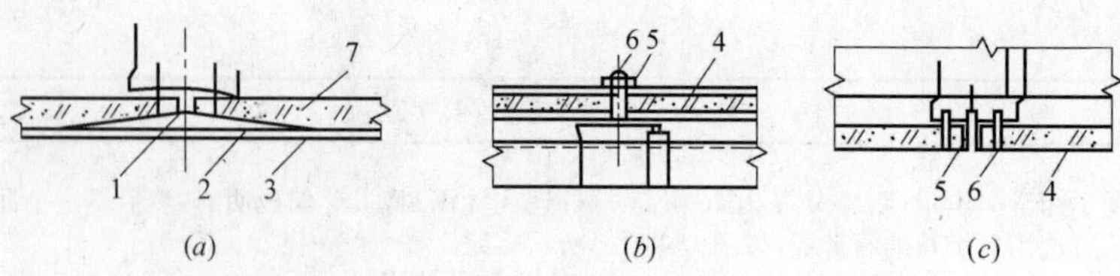

图 18-15　板缝处理

(a) 无缝处理；(b) 压缝处理；(c) 明缝处理

1—石膏腻子填缝；2—接缝玻纤带；3—石膏腻子；4—矩形棱边石膏板；

5—铝合金压条；6—平圆头自攻螺钉；7—45°倒角棱边石膏板

轻钢龙骨规格　**表 18-19**

名称	规格(mm)	截面	质量(kg/m)	备注
横龙骨	50×50×0.6		0.38	墙体与建筑结构的连接构件
	75×40×0.6(1.0)		0.7(1.1)	
	100×40×0.7(1.0)		0.95(1.36)	
	150×40×0.7(1.0)		1.23	
竖龙骨	50×50×0.6 50×45×0.6		0.77	墙体的主要受力构件
	75×50×0.6(1.0) 75×45×0.6(1.0)		0.89(1.48)	
	100×50×0.6(1.0) 100×45×0.6(1.0)		1.17(1.67)	
	150×50×0.7(1.0)		1.45	
通贯龙骨	38×12×1.0		0.43	竖龙骨的中间连接构件
CH 龙骨	厚 1.0	103 50 73.5	2.4	电梯井或其他特殊构造中墙体的主要受力构件
减振龙骨	厚 0.6	6.5	0.35	受振结构中竖龙骨与石膏板的连接构件
空气龙骨	厚 0.5	22 20 45 97		竖龙骨与外墙板之间的连接构件

注：1. 根据用户要求，可在竖龙骨上冲孔，以便通贯龙骨的横穿装配。
　　2. 适用于 50、75、100、150 隔墙系列。

纸面石膏板断裂荷载值　**表 18-20**

板材厚度(mm)	断裂荷载(N)			
	纵向		横向	
	平均值	最小值	平均值	最小值
9.5	400	360	160	141
12.0	520	460	200	180
15.0	650	580	250	220
18.0	770	700	300	270

续表

板材厚度(mm)	断裂荷载(N)			
	纵向		横向	
	平均值	最小值	平均值	最小值
21.0	900	810	350	320
25.0	1100	970	420	380

纸面石膏板面密度值 **表 18-21**

板材厚度(mm)	面密度(kg/m^2)	板材厚度(mm)	面密度(kg/m^2)
9.5	9.5	18.0	18.0
12.0	12.0	21.0	21.0
15.0	15.0	25.0	25.0

纸面石膏板的其他技术要求 **表 18-22**

项　目	要　求	参照标准
护面纸与芯板粘结	不裸露	GB/T 9775—2008
吸水率	≤10%(仅适于耐水纸面石膏板)	
表面吸水量	≤160g/m²(仅适于耐水纸面石膏板)	
遇火稳定性	板材遇火稳定时间应不少于20min(仅适于耐火纸面石膏板)	
燃烧性能	普通纸面石膏板、耐火纸面石膏板、耐水纸面石膏板为难燃性材料,但安装在轻钢龙骨上可视为A级不燃材料	GB 50222—1995

骨架隔墙安装的允许偏差和检验方法 **表 18-23**

项次	项目	允许偏差(mm)		检 验 方 法
		纸面石膏板	人造木板、水泥纤维板	
1	立面垂直度	2	3	用2m垂直检测尺检查
2	表面平整度	2	2	用2m靠尺和塞尺检查
3	阴阳角方正	2	2	用直角检测尺检查
4	接缝直线度	—	3	拉5m线,不足5m拉通线,用钢直尺检查
5	压条直线度	—	3	拉5m线,不足5m拉通线,用钢直尺检查
6	接缝高低差	1	1	用钢直尺和塞尺检查

18.3 石膏砌块隔墙

石膏砌块隔墙施工方法 **表 18-24**

项次	项目	施 工 要 点
1	组成、特点及使用	(1)石膏砌块隔墙、是由石膏空心砌块或石膏实心砌块用石膏基胶粘剂或水泥基胶粘剂组砌而成的非承重内隔墙 (2)厨房、卫生间砌体应采用防潮实心石膏砌块,砌体内侧应采取防水砂浆抹灰或防水涂料涂刷等有效的防水措施 (3)石膏砌块隔墙具有墙体薄、质量轻,不需抹灰,减少湿作业、劳动生产率高、价格便宜等特点 (4)适用于抗震设防烈度为8度及8度以下地区的工业与民用建筑室内做非承重内隔墙,为满足隔声要求,也可组砌成中间填隔声材料的双层砌块隔墙,但不适用于防潮层以下部位及长期处于浸水或化学侵蚀的环境

续表

<table>
<tr><th>项次</th><th>项目</th><th>施工要点</th></tr>
<tr><td>2</td><td>材料要求</td><td>(1)石膏砌块:以建筑石膏为主要原料,加入适量纤维增强材料、轻骨料、发泡剂等辅助材料,经加水搅拌,浇筑成型和干燥制成的轻质块状建筑石膏制品。一般包括石膏空心砌块和石膏实心砌块,其外形尺寸为:石膏空心砌块:长 192mm,宽 80mm 和 90mm,高 492mm;石膏实心砌块:长 666mm,宽 60mm、80mm,100mm,高 500mm,周边有企口,其技术性能应符合现行行业标准《石膏砌块》(JC/T 698—2010)的规定。砌块可用木工锯、刨等进行切割、开槽、刨削,但严禁浸水或雨淋,应贮存在干燥,通风的室内,并用垫木架空
(2)砌筑胶泥:有石膏基胶泥和水泥基胶泥。石膏基胶泥常用配合比为:石膏粉:SG701 胶=1∶0.6~0.7,胶泥调制量以一次不超过 20min 使用时间为限,其技术性能应符合现行行业标准《粘结石膏》(JC/T 1025—2007)的规定;水泥基胶泥的物理力学性能应符合表 18-25 的规定;也可使用 SG702 胶,胶为单组分,呈乳胶状,不需调制,可直接使用
(3)耐碱玻璃纤维网格布的技术性能应符合现行行业标准《耐碱玻璃纤维网布》(JC/T 841—2007)的规定</td></tr>
<tr><td>3</td><td>砌筑方法</td><td>(1)施工前宜按照设计施工图绘制石膏砌块立面排块图,当顶端或墙边不足整块时,可将砌块切锯成所需的规格,其最小规格尺寸不得小于整块的 1/3
(2)砌筑前应检查基层。基层表面应平整,不得有污染杂物,现浇混凝土墙垫的强度应达到 1.2MPa
(3)弹线:在地面上弹出墙面和门洞位置线,在砌体阴阳角处应设置皮数杆,皮数杆的间距不宜大于 15m
(4)设墙垫:石膏砌块底部应设置高度不小于 200mm 的 C20 现浇混凝土或预制混凝土、砖砌墙垫,墙垫厚度应为砌体厚度减 10mm,卫生间、厨房砌体应采用现浇混凝土墙垫,且要求平整
(5)砌筑砌块:
1)砌筑时应拉麻线,砌块应上下错缝搭砌,搭砌长度不应小于砌块长度的 1/3,榫槽应向下,砌体转角,T 字墙,十字墙连接部位应上下搭接咬砌
2)水平灰缝的厚度和竖向灰缝的宽度应控制在 7~10mm
3)在砌筑时,粘结浆应随铺随砌,水平灰缝宜采用铺浆法砌筑,当采用石膏基胶泥时,一次铺浆长度不得超过一块石膏砌块长度;当采用水泥基胶泥时,一次铺浆长度不得超过两块石膏砌块长度,铺浆应满铺。竖向灰缝应采用满铺端面法
4)石膏基胶泥应在初凝前使用完毕,硬化后不得继续使用;水泥基胶泥,拌合时间自投料完算起不得少于 3min,并应在初凝前使用完毕。当出现泌水现象时,应在砌筑时再次搅拌
5)施工停歇时,必须一皮收头并嵌缝完毕,不允许留设垂直施工缝。每天砌筑高度,当采用石膏基胶泥时不宜超过 3m,当采用水泥基胶泥时不宜超过 1.5m
6)砌块砌筑过程中,应随时间靠尺、水平尺和线坠检查,调整砌体的平整度和垂直度,不得在粘结胶泥初凝后敲打校正
7)砌块砌体的转角处和交接外宜同时砌筑,在需要留置的临时间断处,应砌成斜槎;接槎时,应先清理基面,并应填实粘结浆,保持灰缝平直、密实。需要留设临时性施工洞口时,洞口的侧边距端部不应小于 600mm,洞口宜留置成马牙槎,洞口上部应设过梁
8)砌块砌体中不得留设脚手眼
(6)石膏砌块砌体与主体结构的连接应符合下列规定:
1)石膏砌块砌体与主体结构梁或顶板之间采用柔性连接时,应采用粘结石膏将 10~15mm 厚泡沫交联聚乙烯带粘贴在主体结构梁或顶板底面,石膏砌块应砌筑至泡沫交联聚乙烯带(图 18-16a),泡沫交联聚乙烯宽度宜为砌体厚度减去 10mm
2)当石膏砌块砌体与主体结构梁或顶板之间采用刚性连接时(当主体结构刚度相对较大可忽略石膏砌块砌体的刚度作用时采用之),砌块砌筑至接近梁或板底面处宜留置 20~25mm 空隙,在空隙处应打入木楔挤紧,并应至少间隔 7d 后用粘结浆将空隙嵌填密实,木楔应经防腐处理,每块砌块至少不得少于 1 副(图 18-16b)
3)当石膏砌块与主体结构柱或墙采用刚性连接时,应先将经防腐处理的凸条(木条,截面为 16mm×30mm 或 12mm×18mm)用钢钉固定在主体结构柱或墙侧面,钢钉间距不得大于 600mm,然后应在砌块凹槽内满铺粘结胶泥通过石膏砌块凹槽卡住木凸条(图 18-16c)
(7)主体结构柱或墙应在砌体高度方向每皮水平灰缝中放置≥ϕ6 拉结筋,拉结筋伸入砌体内的长度:当抗震设防裂度为 6.7 度不应小于砌体长度的 1/5,且不应小于 700mm,末端应有 90°弯钩;当抗震设防烈度为 8 度时,应沿砌体全长贯通。拉结筋应与柱或墙连接可靠
(8)当石膏砌块砌体长度大于 5m 时,砌体顶与梁或顶板应有拉结;当砌体长度超过层高 2 倍时,应设置钢筋混凝土构造柱,构造柱做法与砖砌体构造柱做法基本相同,不同的是石膏砌块必须每皮石膏砌块均形成凹凸槎口,设置拉结筋,带门窗洞口的墙,其柱应设在门窗洞处;当石膏砌块砌体高度超过 4m 时,</td></tr>
</table>

续表

项次	项目	施工要点
3	砌筑方法	应在砌体高度1/2处设置与主体结构柱或墙连接的混凝土水平系梁，系梁高度不小于120mm，厚度同砌块厚度，纵向钢筋不应小于4ϕ8，箍筋ϕ6，间距不应大于200mm，带有门窗洞口的墙，水平系梁应放在门窗洞口上面；当隔墙不到顶时，则应加设钢筋混凝土压顶 (9)砌体砌筑完成后，应用石膏基粘结浆或石膏腻子将缺损或掉角处修补平整，砌体面应用原粘结浆做嵌缝处理 (10)墙面饰面：一般不需抹灰，只需先刷界面剂一度，随后满刮腻子二度共3～5mm厚，最后施工装饰面层。如在厨房、卫生间等粘贴瓷砖时，应先满贴耐碱玻纤布或满铺镀锌钢丝网，再刷界面剂一度，然后水泥砂浆打底后施工防水层，最后粘贴瓷砖
4	质量要求	(1)石膏砌块规格、型号和粘结浆的品种、强度等级应符合设计要求 (2)石膏砌块砌体钢筋混凝土构造柱及水平系梁、设置应符合设计要求。砌体与主体结构梁或顶板、柱或墙的连接构造措施应符合设计要求 (3)砌体门窗洞口加强技术措施应符合设计要求 (4)砌体水平灰缝和竖向灰缝应密实，其厚度和宽度应为7～10mm (5)砌体内的拉结筋设置位置、数量、埋置长度应符合设计要求 (6)石膏砌块砌体与其他材料的接缝处和阴阳角部位应采用粘结石膏粘贴耐碱玻纤布加强带进行处理，加强带与各基体的搭接宽度不应小于150mm，耐碱玻纤布间搭接宽度不得少于50mm (7)石膏砌块砌体尺寸的允许偏差应符合表18-26的规定

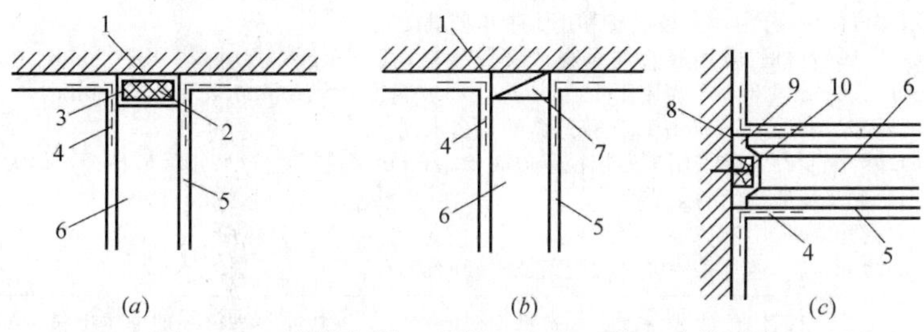

图18-16 砌体与梁（顶板）和柱（墙）连接示意

(*a*) 砌体与梁（顶板）柔性连接；(*b*) 砌体与梁（顶板）刚性连接；(*c*) 砌体与柱（墙）刚性连接

1—梁（顶板）；2—用粘结石膏在梁（顶板）下粘结10～15mm厚泡沫交联聚乙烯，宽度=墙厚−10mm；3—粘结石膏嵌缝抹平；4—阴阳角粘贴300mm宽耐碱玻纤网格布加强；5—装饰面层；6—石膏砌块砌体；7—顶层平缝间用木楔挤实，每一砌块不少于1副木楔，余缝用粘结浆料填实；8—柱（墙）；9—粘结浆填实补齐；10—防腐木条用钢钉固定，钢钉中距≤500mm

水泥基粘结浆的物理力学性能指标　　表18-25

项目	指标	项目	指标
稠度(mm)	70～90	抗压强度(MPa)	≥5.0
湿密度(kg/m^3)	≤2000	拉伸粘结强度(MPa)	≥0.20
分层度(mm)	≤20	收缩性能(%)	≤0.25
凝结时间(h)	贯入阻力达到0.5MPa时，2.5～4.0		

石膏砌块砌体尺寸、位置的允许偏差及检验方法　　表18-26

项次	项目	允许偏差(mm)	检验方法
1	轴线位移	5	用经纬仪和尺或其他测量仪器检查
2	墙面垂直度	4	用2m托线板检查
3	表面平整度	4	用2m靠尺和楔形塞尺检查
4	水平灰缝平直度	7	桩10m线和尺检查
5	阴阳角方正	4	用直角检测尺检查
6	门窗洞口高宽	±5	用尺量检查

18.4　玻璃隔墙

18.4.1　玻璃砖隔墙

玻璃砖隔墙施工方法　　表 18-27

项次	项目	施工要点
1	组成、特点及使用	(1)玻璃砖隔墙系由玻璃砖、砂浆、边框和拉结筋组砌而成 (2)其构造特点是:既可以起分隔作用,又可以提供自然采光,且具有隔热、隔声和装饰作用,其透光和散光现象所造成的视觉效果,更富有装饰性;同时施工方便,易于操作;存在的问题是抗硬物冲击能力差 (3)适用于建筑物的非承重内、外隔墙、沐浴隔墙、门厅通道等;特别适用于高级建筑、体育馆、陈列馆、展览馆等用做控制透光、眩光和太阳光等场合
2	材料要求	(1)玻璃砖:亦称半透花砖,有实心砖和空心砖两种。实心砖规格有:100mm×100mm×100mm 和 300mm×300mm×100mm;空心砖是两面厚度为 7～10mm,中空的玻璃砖块,由压床和箱式模具压制成型的两块盒状玻璃在高温下封接而成,内部含有减压 70%的干燥空气,具有优良的保温、隔声、抗压、耐磨、透光、折光、防火、避潮等性能,其常用规格与性能见表 18-28。 玻璃砖类型一般分为:方砖、半砖、收边砖(用于墙体一侧收边),房砖(用于墙体两侧收边)、角砖(墙体转角部位使用,分为六角玻璃砖和正方带角玻璃砖) (2)金属型材框:应用轻金属型材或镀锌型材,其截面最小尺寸,当用于 80mm 厚空心玻璃砖时为 90mm×50mm×30mm,当用于 100mm 厚空心玻璃砖时为 108mm×50mm×30mm (3)水泥:宜采用 42.5 级以上普通硅酸盐白水泥 (4)砂:配制砌筑砂浆用河砂粒径不得大于 3.0mm,配制勾缝砂浆用河砂粒径不得大于 1.0mm。河砂应不含泥及其他颜色的杂质 (5)钢筋:应采用 HPB300 级钢筋 (6)缓冲材料:通常采用弹性橡胶条、玻璃纤维等
3	玻璃砖组砌方法	(1)工艺流程:定位放线→固定周边框架(如设计有)→扎筋→排砖→玻璃砖砌筑→勾缝→边饰处理→清洁验收 (2)定位放线:在墙基面弹好撂底砖线,按标高立好皮数杆。砌筑前做好基础底脚,底脚通常为 40mm 或 70mm 厚的 C20 混凝土,要求表面平整标高正确。同时在玻璃砖墙四周根据设计图纸尺寸要求弹好墙身线 (3)固定周边框架:将框架固定好,用素混凝土或垫木找平并控制好标高,金属型材框架用镀锌钢膨胀螺栓与主体结构固定,膨胀螺栓直径不得小于 8mm,间距≤500mm;如设计无框架时,则将与玻璃砖隔墙相接的建筑墙面的侧边整修平整垂直 (4)扎筋:当隔断的高度超过表 18-29 规定时,应在垂直方向上每 2 层空心玻璃砖水平布 2 根 ϕ6 或 ϕ8 钢筋增强;当只有隔断的长度超过表 18-29 规定时,应在水平方向上每 3 个缝垂直布 2 根 ϕ6 或 ϕ8 钢筋增强。钢筋每端伸入型材框的尺寸不得小于 35mm,如无金属框,则应与主体结构的预埋件连接牢固。用钢筋增强的室内空心玻璃砖隔墙的高度不得超过 4m (5)排砖:按照排版图弹好的位置线和排列次序,核实砖墙长度尺寸是否符合排砖模数,否则予以调整砖缝宽度 (6)玻璃砖砌筑: 1)砌筑方式一般采用十字缝立砖砌法 2)砌筑第一层应双面挂线,每层玻璃砖砌筑时,均需挂线,并穿线看平,使水平灰缝均匀一致,平直通顺 3)按上下层对缝的方式,自下而上砌筑,两玻璃砖之间的砖缝不得小于 10mm,且不得大于 30mm 4)砌筑砂浆用白水泥:细砂＝1∶1 的水泥砂浆或白水泥∶界面剂＝100∶7 的水泥浆(重量比),白水泥浆要有一定的稠度,以不流淌为好 5)砌筑墙两端的第一块玻璃砖时,将玻纤毡或聚苯乙烯板放入边框内,随砌随放,一直到顶对接 6)为了保证玻璃砖平整性和砌筑方便,每层玻璃砖在砌筑前,要在玻璃砖上放置定位木(或塑料)垫块(图 18-17*a*),其宽度为 20mm 左右,长度有两种:玻璃砖厚度为 50mm 时,木垫块长 35mm,玻璃砖厚度为 80mm 时,木垫块长 60mm,每块玻璃砖放两块,如图 18-17(*b*)所示,卡在玻璃砖的凹槽内,然后铺设白水泥浆进行砌筑,并将上层玻璃砖压在下层玻璃砖上,同时使玻璃砖的中间槽卡在定位垫块上,两层玻璃砖的间距为 5～10mm,如图 18-17(*c*)所示

续表

项次	项目	施工要点
3	玻璃砖组砌方法	7)缝中承力钢筋间隔小于650mm,伸入竖缝和横缝,并与玻璃砖上、下两侧的框体或主体结构牢固连接 8)玻璃砖每砌完一层,要用湿布将玻璃砖面上的水泥浆擦净 9)玻璃砖墙宜以1.5m高为一个施工段,待下部施工段胶结料达到设计强度后再进行上部施工。当玻璃砖墙面积过大时应增加支撑 10)最上层的空心玻璃砖应深入金属框中不得小于10mm,且不得大于25mm。玻璃砖与顶部金属框的腹面之间应用木楔楔紧 (7)勾缝:砖墙砌完后应立即进行表面勾缝,勾缝要勾严,以保证砂浆饱满。先勾平缝,后勾竖缝,缝深一般8mm,要求深浅一致,如要求平缝,则可采用抹面法将缝抹平。待勾缝砂浆达到强度后,用硅树脂胶涂敷,也可采用砂胶注入玻璃砖间隙勾缝 (8)饰边处理:当玻璃砖墙没有外框时,需要进行饰边处理。饰边通常采用木饰边和不锈钢饰边,如图18-18所示
4	质量要求	(1)玻璃砖隔墙所用材料的品种、规格、性能、图案和颜色应符合设计要求,材料进场应有产品合格证和性能检测报告 (2)玻璃砖隔墙的砌筑方法应符合设计要求 (3)玻璃砖隔墙砌筑中埋设的拉结筋必须与基体结构连接牢固,并应位置正确 (4)玻璃砖隔墙表面应色泽一致、平整洁净、清晰美观;玻璃砖应无裂痕、缺损和划痕;墙面勾缝应密实平整、均匀顺直、深浅一致 (5)玻璃砖隔墙砌筑的允许偏差及检验方法应符合表18-30的规定

空心玻璃砖的规格与性能　　表 18-28

规格(mm)			抗压强度(MPa)	导热系数W/(m·K)	单块重量(kg)	隔声(dB)	透光率(%)
长	宽	高					
190	190	80	6.0	2.35	2.4	40	81
240	115	80	4.8	2.50	2.1	45	77
240	240	80	6.0	2.30	4.0	40	85
300	90	100	6.0	2.55	2.4	45	77
300	190	100	6.0	2.50	4.5	45	81
300	300	100	7.5	2.50	6.7	45	85

非增强的室内空心玻璃砖隔断尺寸表　　表 18-29

砖缝的布置	隔断尺寸(m)	
	高度	长度
贯通的	≤1.5	≤1.5
错缝的	≤1.5	≤6.0

玻璃隔墙安装的允许偏差和检验方法　　表 18-30

项次	项目	允许偏差(mm)		检验方法
		玻璃砖	玻璃板	
1	立面垂直度	3	—	用2m垂直检测尺检查
2	表面平整度	3	—	用2m靠尺和塞尺检查
3	阴阳角方正	—	2	用直角检测尺检查
4	接缝直线度	—	2	拉5m线,不足5m拉通线,用钢直尺检查
5	接缝高低差	3	2	用钢直尺和塞尺检查
6	接缝宽度	—	1	用钢直尺检查

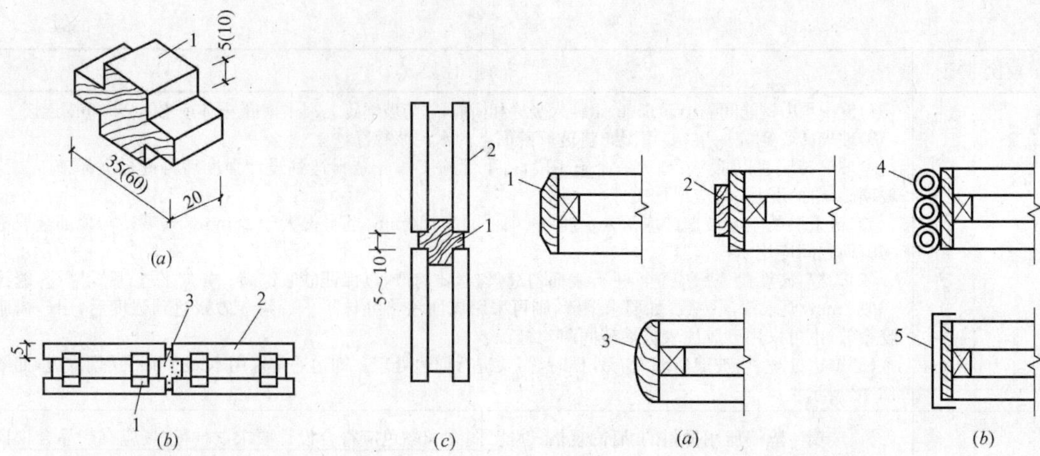

图 18-17　玻璃砖隔墙的砌筑方法

(a) 砌筑玻璃砖时的定位木垫块；(b) 玻璃砖水平砌筑方法；(c) 玻璃砖上下层的砌筑方法

1—十字形木垫块；2—玻璃砖；3—隔墙竖缝砂浆

图 18-18　玻璃砖隔墙饰边形式

(a) 木饰边；(b) 不锈钢饰边

1—原木板饰边；2—阶梯木饰边；3—半圆木饰边；4—不锈钢管饰边；5—不锈钢槽饰边

18.4.2　玻璃板隔墙

玻璃板隔墙施工方法　　表 18-31

项　次	项　　目	施 工 要 点
1	组成、特点及使用	玻璃板隔墙也称玻璃花格墙，采用木框架或金属框架，玻璃可采用彩色玻璃，磨砂玻璃、刻花玻璃、压花玻璃、玻璃砖等与木、金属框等拼成。外观光洁明亮，并具有一定的透光性和较高的装饰性，多用做室内隔墙、隔断或活动隔断等
2	材料要求	(1)玻璃：可选用平板玻璃进行磨砂、银光刻花、夹花或选用彩绘玻璃、压花玻璃、玻璃砖、有机玻璃等，玻璃厚度、边长应符合设计要求、玻璃要求表面无划痕、气泡、斑点等，并不得有裂缝、缺角、爆边等缺陷。玻璃的技术质量应符合现行国家有关标准的规定。有框架的普通退火玻璃和夹丝玻璃的最大许用尺寸见表 18-32 (2)框架：金属框架常用铝合金或不锈钢，木框架应选用坚实的实木、主要用做支承玻璃的骨架。框架应做防腐、防火处理
3	玻璃板安装方法	(1)放线：按图纸尺寸，在墙上弹出垂直线；在地面及顶棚弹出隔墙位置线 (2)选用框架：根据设计要求选用铜龙骨或木龙骨，并按设计和现场实际尺寸进行锯割、加工、拼装 (3)框架和玻璃安装： 1)木框架和玻璃安装：用木框架安装玻璃时，在木框架上裁口或挖槽。安装木框架时，用钉钉固于结构内预埋的木砖上，或用胀管螺钉固定校正好木框位置后，定出玻璃安装位置线，然后固定好玻璃靠位木线条把玻璃放入木框的凹槽内，使其两侧的缝隙相等，并在缝隙中注入玻璃胶，最后再钉入固定压条，固定压条宜用射钉枪钉固，如图 18-19(a)所示 对于较大尺寸的玻璃板，安装时宜用玻璃吸盘将玻璃吸起安装 2)金属框架和玻璃安装：安装金属框时，可用电焊焊固于结构的预埋件上，或用射钉钉固于结构上校正好金属框位置后，根据金属框尺寸裁割玻璃，玻璃与金属框的结合不宜太紧，应按小于金属框 2～3mm 的尺寸裁割玻璃安装玻璃时，先在框架下部的玻璃安装位置上，放置一层厚 2mm 的橡胶垫条，如图 18-19(b)所示，并固定好玻璃靠位线。玻璃距金属框两侧缝隙相等，并在缝中注入玻璃胶，然后安装封边压条 (4)玻璃安装后，应随时清理玻璃墙面，特别是冰雪片彩色玻璃，要防止污垢积淤，影响美观 (5)质量要求：参见表 16-27 项次 4“质量要求”

有框架的普通退火玻璃和夹丝玻璃的最大许用尺寸 表 18-32

玻璃种类	公称厚度(mm)	最大许用面积(m^2)
普通退火玻璃	6	0.9
	8	1.8
	10	2.7
	12	4.5
夹丝玻璃	6	0.9
	8	1.8
	10	2.4

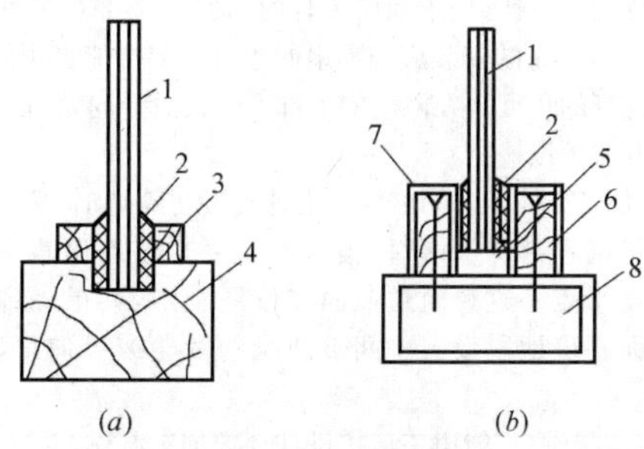

图 18-19 框架上玻璃安装

(*a*) 木框架上玻璃安装；(*b*) 金属框架上玻璃安装

1—玻璃；2—玻璃胶；3—木压条；4—木框架；5—柔性橡胶垫；6—内衬木条；7—金属饰条；8—金属框架

18.5 活动式隔墙（断）

18.5.1 推拉式隔墙（断）

推拉式隔墙（断）施工方法 表 18-33

项次	项目	施工要点
1	组成、特点及使用	(1)推拉式隔墙目前有悬吊导向式结构和底部支承移动式结构两种，目前采用悬吊导向式结构居多，它是通过固定于结构顶面上的钢架结构安装轨道并承担推拉隔墙整体重量。活动隔墙单元隔板通过吊轮与滑轨相连和滑移 (2)推拉式隔断使用灵活，在关闭时同隔墙一样能够满足限定空间、隔声和遮挡视线要求，且易安装，可重复利用，有可工业化生产、防火、环保等特点，已广泛适用于酒店、宾馆、多功能厅、会议室、宴会厅、写字楼、展览厅、金融机构、政府办公楼、医院等多种场合
2	材料要求	(1)隔墙板：目前均系工厂加工制作，现场装配，根据设计要求可选用相应的材料（木隔扇、金属隔扇、棉、麻织品或橡胶、塑料等制品），其品种、规格、质量应符合设计要求和规范要求，有防火、隔音要求的产品，应出具相应的检测报告 (2)轨道（或导向槽）、轨道支架等由型钢材或铝合金型材加工制成，须经防锈、防腐处理 (3)铰链、滑轮及其他五金配件，应配套齐全，并有产品出厂合格证 (4)防腐材料、密封材料、填缝材料等应符合设计要求和有关标准规定

续表

项次	项目	施工要点
3	推拉式隔扇安装方法	(1)安装工序:定位放线→隔墙板两侧藏板房施工→上下导轨安装→隔扇制作→隔扇安装→密封条安装→测试验收 (2)定位放线、按设计要求的隔墙位置,在楼地面上弹线,并将线引测到顶棚和侧墙 (3)隔墙两侧藏板房施工:按设计要求结构施工和外围护装饰 (4)上下轨道安装: 1)上轨道安装:当采用悬吊导向式活动隔墙时,需安装上轨道、上轨道形式有槽形或T形,由型钢或铝合金型材制成,它通过金属胀栓和钢架固定于顶部结构梁或楼板 滑轮设在隔扇顶面正中央,滑轮有滚珠轴承的滑轮(用于隔扇较重时)和带有金属轴套的尼龙滑轮或滑钮(用于隔扇较轻时),它与上部悬吊的轨道相连,构成整个上部支承点(图18-20),滑轮的安装应与隔扇的垂直轴保持能自由转动的关系,以便隔扇能够随时调整改变自身的角度。在隔扇的下部不需设置导向轨,仅需对隔扇与楼地面之间的缝隙,采用适当方法予以遮挡 2)下轨道安装:当采用支承导向式活动隔墙时,需安装下轨道(导向槽)。当上部滑轮设在隔扇顶部的一端时,楼地面上要相应地设轨道,隔扇底面要相应设滑轮,以构成下部支承点。这种轨道截面多数呈T形,如果隔扇较高,可在楼地面上设导向槽,在楼地面相应地段设置中间带凸缘的滑轮或导向杆,防止在启闭的过程中间侧摇摆(图18-21) (5)隔扇制作:一般由工厂按设计要求加工制作,并出具出厂合格证书 (6)隔扇安装:分别将隔扇两端嵌入上下槛导轨槽内,利用活动卡子连接固定,同时用铰链将单元隔扇拼装成隔墙。隔扇的顶面与平顶之间应保持有50mm左右空隙以便于安装与拆卸 (7)密封条安装:隔扇底面与楼地面之间有25mm左右缝隙,用配套的橡胶或毡制密封条的背筋塞入隔扇上下预留的槽口内进行遮盖。与楼地面上不设轨道时,则在隔扇的底面设一个富有弹性的密封垫,并相应地设专门装置,使隔墙在封闭状态时,密封垫稍稍下落紧紧地压住地面,从而起到密封作用
4	质量要求	(1)活动隔墙(断)所用隔扇及配套构件的品种、规格、性能应符合设计要求,并且进场时应有产品出厂合格证和相应的性能检测报告,进场后应进行抽样复验 (2)隔墙轨道必须与基体结构连接牢固,并应位置正确 (3)用于隔扇、推拉和制动的构配件必须安装牢固、位置正确、并应推拉平稳、灵活 (4)活动隔扇制作方法、组合方式应符合设计要求 (5)活动隔扇上的孔洞、槽、盒应位置正确、套割吻合、边缘整齐,隔扇推拉无噪声。活动隔墙安装的允许偏差和检验方法应符合表18-34的规定

活动隔墙（断）安装的允许偏差和检验方法　　表18-34

项　次	项　目	允许偏差(mm)	检验方法
1	立面垂直度	3	用2m垂直检测尺检查
2	表面平整度	2	用2m靠尺和塞尺检查
3	接缝直线度	3	拉5m线,不足5m拉通线,用钢直尺检查
4	接缝高低层	2	用钢直尺和塞尺检查
5	接缝宽度	2	用钢直尺检查

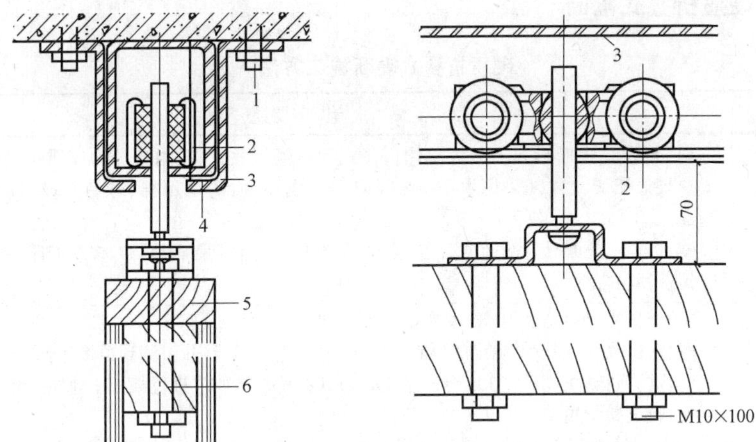

图 18-20 悬吊导向式滑轮系统细部剖面

1—ϕ6～ϕ8 金属膨胀螺栓；2—滑轮；3—滑轮轨道；4—扁铁卡@450；

5—15mm×90mm 木边框；6—M10×100 螺栓

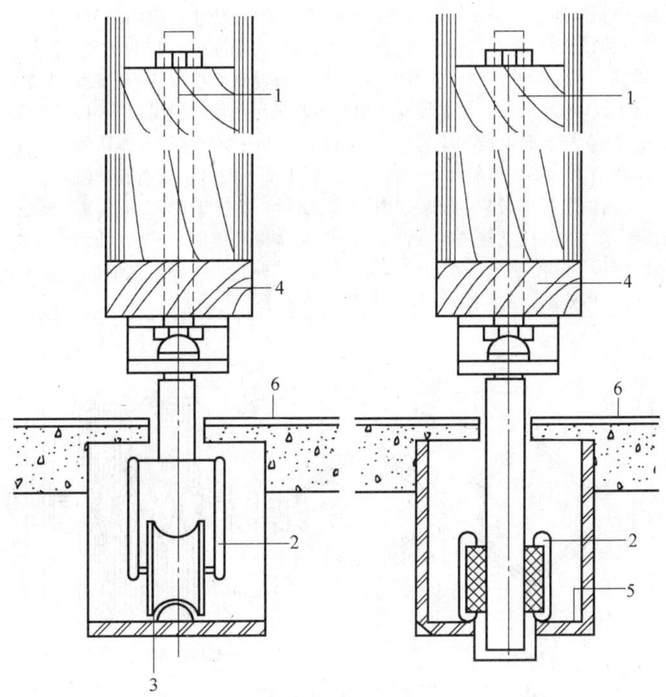

图 18-21 带凸缘的滑轮或导向杆示意

(*a*) 带凸缘的滑轮；(*b*) 带导向杆的滑槽

1—M10×100 螺栓；2—滑轮；3—滑轮导轨焊接在钢板上；

4—15mm×90mm 木边框；5—滑轮轨道；6—地面

18.5.2　硬质折叠式隔断

硬质折叠式隔断施工方法　表 18-35

项次	项目	施工要点
1	组成、特点及使用	(1)折叠式隔断形式上分为单侧折叠式和双侧折叠式；按材质分为硬质折叠式和软质折叠式。硬质折叠式隔断采用木质或金属隔扇组成；软质的采用棉、麻制品或橡胶、塑料制品等制成 (2)折叠式隔断具有使用灵活、安装方便、已广泛应用于酒店、宾馆、多功能厅、宴会厅、展厅、医院等多种场合
2	折叠式隔断安装方法	(1)材料要求参见表 18-33 项次 2“材料要求” (2)定位放线：按设计确定的隔断位置，在楼地面上弹线，并引测到顶板和侧墙 (3)隔墙两侧藏板房施工：当设计有藏板房时，按设计要求进行藏板土建施工和外围护装饰 (4)轨道和滑轮安装 1)单侧硬质折叠式隔断轨道和滑轮安装：隔扇上部滑轮可以设在顶面的一端，即隔扇的边框上，此时，由于隔扇重心与作用支承点的滑轮不在同一条直线上，因此必须在平顶与楼地面上同时设轨道，以免隔扇受水平推力的作用而倾斜。如果把滑轮设在隔扇顶面正中央，由于支承点与隔扇的重心位于同一条直线上，楼地面上则不需设轨道上部滑轮根据隔扇重量，可采用带有滚珠轴承的滑轮或带有金属轴套的尼龙滑轮或滑钮。上部轨道的截面可呈箱形或 T 形 当上部滑轮设在隔扇顶面的一端时，楼地面上要相应地设置轨道，隔扇底面要相应地设置滑轮，构成下部支承点。这种轨道的截面多数呈 Γ 形。如果隔扇较高，可在楼地面上设导向槽，在隔扇的底面相应地设置呈中间带凸缘的滑轮或导向杆，防止在启闭的过程中间侧摇摆 2)双面硬质折叠式隔断轨道和滑轮安装：这种隔断可以有框架和无框架两种形式：有框架双侧硬质折叠式隔断的控制导向装置有两种：一种是在结构楼地面上设作为支承点的轨道和滑轮，也可以不设，或是只设一个起导向作用而不起悬吊作用的轨道；另一种是在隔断下部设作为支承点的滑轮，在楼地面上设相应的轨道，平顶上另设一个只起导向作用的轨道无框架双面硬质折叠式隔断在平顶上安装箱形截面的轨道。隔断下部一般可不设滑轮和轨道。 (5)隔断扇制作安装、连接：如图 18-22 所示。有框架的双面硬质隔断是在双面隔断的中间设置若干个立柱，在立柱之间设置 1～3 排(依隔断高度而定)金属伸缩架。相邻的隔板用帆布带或橡胶带等织物沿整个高度方向连接在一起，同时将织物固定在框架的立柱上 (6)质量要求：参见表 18-33 项次 4“质量要求”

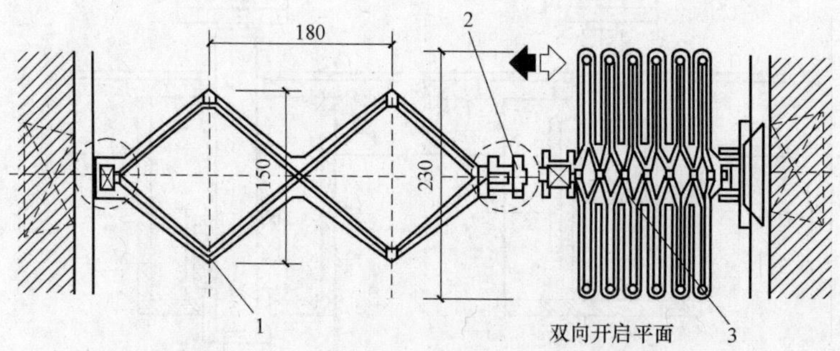

图 18-22　有框架的双面硬质折叠式隔断

1—人造革罩面；2—强力磁块；3—金属伸缩架

19 吊 顶

19.1 吊顶的组成及做法

吊顶的组成及做法 **表 19-1**

项次	项目	施工要点
1	组成与特点	(1)吊顶是由木质或金属龙骨通过吊索或吊杆悬挂于结构顶板(楼板)或屋架上,然后用各种装饰板搁置于龙骨上或用螺钉、射钉固定于龙骨上而形成顶棚,即吊顶 (2)吊顶是室内装饰工程的一个重要组成部分,具有保温、隔热、隔声的作用。在中、高级建筑顶棚装饰工程中,在顶棚与顶板(楼板)的空间中尚可安装各种管道和设备(照明、空调、监控、给水排水、灭火器、烟感器等),而且可利用空间高度的变化做成立体顶棚
2	吊索或吊杆	吊杆或吊索是连接龙骨与楼板(或屋面板)的承重构件,它的形式与选用的楼板的形式、龙骨的形式及材料有关,更与吊顶的重量有关。常用的安装施工方法有以下几种: (1)在预制板缝中安装吊杆: 1)在预制板缝中灌注细石混凝土时,沿板缝放置通长 $\phi8$～$\phi12$ 钢筋,将 $\phi12$ 钢筋吊杆一端打弯勾至板缝中的通长钢筋上,另一端从板缝中伸长,伸出长度视需要而定,若在此吊筋上再焊螺栓吊杆或钢筋吊杆,可用 $\phi12$ 钢筋伸出板底 100mm,若以此吊筋直接与龙骨连接,一般用 $\phi6$～$\phi8$ 钢筋,伸出长度则为板底到龙骨的距离并加上焊接搭接尺寸(图 19-1*a*) 2)在两个预制板板顶,横放长 400mm$\phi12$ 钢筋段,按吊杆间距每 1200mm 左右放一根,在此钢筋段上连接吊杆(图 19-1*b*) (2)在现浇混凝土板中安装吊杆: 1)在现浇混凝土楼板时,将钢筋吊杆按吊杆间距每 1200mm 左右放一根,一端弯钩,另一端伸出底板(图 19-2*a*) 2)在现浇混凝土楼板时,在板底预埋钢板或预埋膨胀螺栓。拆模后,吊杆直接与钢板焊接连接(图 19-2*b*)或用螺栓连接 (3)在已硬化混凝土楼板上安装吊杆: 1)用射钉枪将射钉打入板中。射钉有尾部带孔和不带孔两种规格,在带孔射钉上直接穿钢丝(或镀锌铁丝)绑扎龙骨(图 19-3*b*),如选用不带孔射钉,则应先将小角钢固定于楼板底,然后角钢另一肢焊吊杆(图 19-3*a*) 2)在吊点位置,用冲击钻打膨胀螺栓,然后将吊杆直接与胀管螺栓焊接 (4)在钢筋混凝土梁上安装吊杆: 若为现浇梁,可参照现浇板设吊杆的方法,若为预制梁或已硬化的现浇梁时,可在梁的侧面合适部位用冲击钻打膨胀螺栓或用冲击电钻打孔,设横向螺栓固定吊杆 (5)在木架上安装吊杆:若系钢筋吊杆,则可将吊杆直接绑在木梁上即可,若系木吊杆,则用铁钉将木吊杆钉于木梁上,每个木吊杆不少于两个钉子(图 19-4) (6)在钢结构上安装吊杆:可直接将吊杆焊于钢梁或挂于钢梁上,或用螺栓与钢屋面板连接,如图 19-5 所示

续表

项次	项目	施工要点
3	吊顶龙骨分类	(1)龙骨按材质分为木龙骨、轻钢龙骨、铝合金龙骨和型钢龙骨等： 1)木龙骨：吊顶骨架系采用木骨架的构造型式。木龙骨的优点是加工容易，施工也较方便，容易做出各种造型，但其缺点是防火性能差，故只能适用于局部空间内使用。木龙骨系统又分为主龙骨、次龙骨、小龙骨，其截面尺寸及间距应按设计要求确定。在施工前应经防火、防腐、防蛀处理 2)轻钢龙骨：吊顶骨架系采用轻钢龙骨的构造型式。轻钢龙骨有很好的防火性能，再加上轻钢龙骨都是标准规格且都有标准配件，所以施工速度快、装配化程度高、设置灵活、拆卸方便，是吊顶装饰最常用的骨架形式。轻钢龙骨按断面形状可分为U形、C形、T形、L形等几种类型；按荷载类型分为U60系列、U50系列、U38系列等几类。每种类型的轻钢龙骨都应配套使用。轻钢龙骨的缺点是不容易做成较复杂的造型 3)铝合金龙骨：吊顶骨架系采用铝合金骨架的构造型式，铝合金龙骨具有自身质量轻、刚度大、防火、防腐蚀、华丽明净、抗震性能好，加工方便、安装简单等优点，但其刚度较差，容易变形。铝合金龙骨常与活动面板配合使用形成明龙骨吊顶，其主龙骨多采用U60、U50、U38系列及厂家定制的专用龙骨，当顶棚内设置马道及大型设备时，其主龙骨应改用型钢龙骨，其规格应经计算确定。其次龙骨则采用T形及L形，次龙骨主要承担着吊顶板的承重功能，又是饰面板装饰面的封压条 4)型钢龙骨：型钢主龙骨的中距为1500～2000mm，一般选用槽钢，其型号应根据荷载大小经计算确定；次龙骨中距为500～700mm，根据面板尺寸确定，一般选用角钢、T形钢或型钢、其型号根据设计确定。型钢龙骨与吊杆采用螺栓连接，主、次龙骨之间采用铁卡子、弯钩螺栓或焊接连接 (2)龙骨根据使用功能划分为主龙骨、副龙骨、边龙骨及厂家定制的专用龙骨： 1)主龙骨：是吊顶构件中主要受力构件，它通过吊杆悬吊于屋面或楼板底的结构上，将吊顶荷载传递给主体结构 2)副龙骨：是吊顶构成中基层的受力骨架，向主龙骨传递荷载的承重构件 3)边龙骨：多用于活动式吊顶的边缘及洞口周边，用做吊顶收口 4)厂家定制专用龙骨：由厂家专业定制，多与厂家出产的吊顶饰面板配合使用 (3)根据吊顶的荷载情况，分为承重龙骨和不承重龙骨(即上人龙骨和不上人龙骨)。上人龙骨及有重型荷载的龙骨，一般分为"UC"型系列，常用的有UC60双层龙骨系列及型钢龙骨 (4)根据龙骨安装方法分为明龙骨安装和暗龙骨安装： 1)明龙骨安装是指将饰面板浮搁在铝合金龙骨或轻钢龙骨上，属于活动式吊顶，此类吊顶一般不上人，悬吊方式也比较简单，多用伸缩吊丝悬吊即可。表现形式为外露型或半露型，饰面板以矿棉板，金属板为主 2)暗龙骨安装是指龙骨隐藏于面层饰面板内，不外露于装饰空间。龙骨大多采用U形和T形的轻钢龙骨和铝合金龙骨，当设计为上人龙骨时，可使用型钢龙骨，饰面板与龙骨的连接方式为企口暗缝连接、卡件连接、螺栓连接
4	罩面板	(1)吊顶饰面层分为湿抹灰面层和罩面板面层两大类。湿抹灰面层常用于木质龙骨板条吊顶工程中，由于吊顶龙骨较高，抹灰施工不方便，而且施工速度慢、湿作业，防火性能差，所以工程中已较少采用。罩面板面层既便于施工，又便于管道设备安装和检修。常用的罩面板有各种石膏板(装饰石膏板、纸面石膏板、吸声穿孔石膏板及嵌装式装饰石膏板等)、金属板(金属微穿孔吸声板、铝合金装饰板、铝合金单体构件)及其他罩面板(矿棉板、纤维板、塑料板及玻璃棉等)。选用板材应考虑质量轻、防火、吸声、隔热、保温、调湿等要求，更主要的是牢固可靠、装饰效果好，便于施工和检修拆装 (2)罩面板材可分为两种类型，一种是基层板、安装后在板的表面再做其他饰面处理。另一种是板面已装饰完毕，将板安装固定后，已达到装饰效果 (3)罩面板与龙骨的连接方式有以下几种： 1)钉接：用铁钉或螺钉将罩面板固定于龙骨上，木龙骨一般用铁钉，型钢龙骨、轻钢龙骨用螺钉，钉距视面板材料而定，适用于钉接的板材有石膏板、石棉水泥板、钙塑板、纤维板、胶合板、矿棉吸声板、铝合金板等。 2)粘结：用各种胶粘剂将板材粘结于龙骨或其他基层板上，如矿棉吸声板、钙塑板等，若采用粘钉结合的方式，则连接更为牢靠 3)搁置：将罩面板直接搁于龙骨翼缘上，此种做法多为T形轻钢龙骨或铝合金龙骨，各种板材均可用此法 4)卡紧：用龙骨本身或另用卡具将罩面板卡在龙骨上，这种做法多用于轻钢、型钢龙骨，板多为金属板、石棉水泥板等

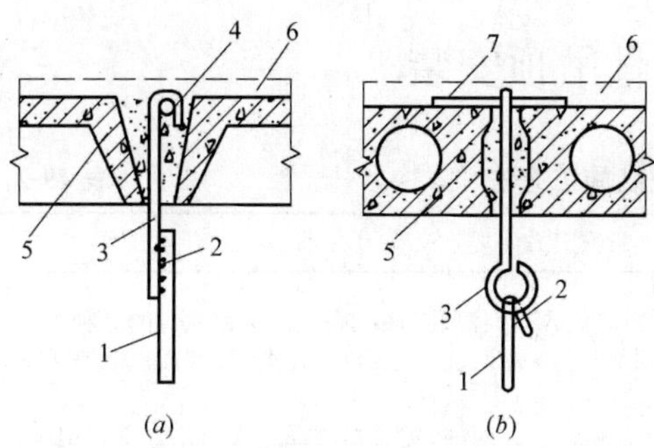

图 19-1　在预制板缝预埋吊杆

(a) 沿板缝设通长钢筋；(b) 横跨板缝设钢筋段

1—吊杆，$\phi6$～$\phi8$ 钢筋；2—电焊；3—预埋 $\phi12$ 吊杆；4—预埋 $\phi8$～$\phi12$ 纵向钢筋；5—预制板；6—现浇混凝土面层；7—预埋 $\phi12$，长 400mm 横向钢筋

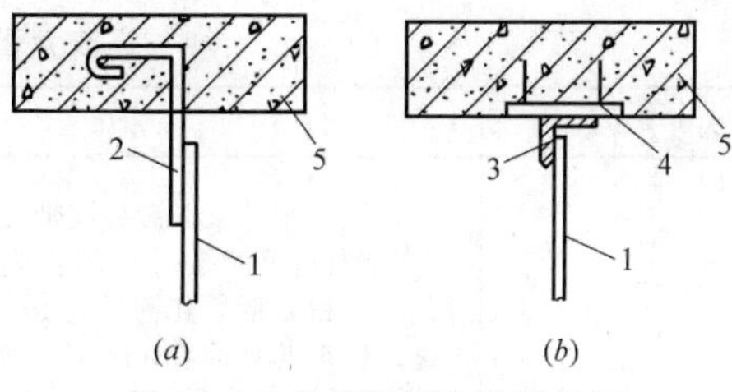

图 19-2　在现浇板中设置吊杆

(a) 预埋钢筋吊杆；(b) 预埋钢板埋设件

1—吊杆；2—预埋 $\phi12$ 钢筋；3—角钢∟40×4，l=60mm；4—预埋钢板−60mm×100mm×100mm；5—现浇混凝土板

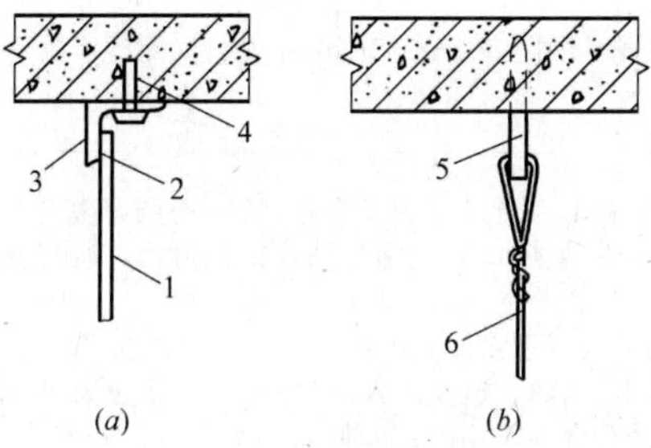

图 19-3　射钉固定

(a) 射钉固定角钢；(b) 带孔射钉固定

1—吊杆；2—电焊；3—角钢∟40×4，l=60mm；4—射钉；5—带孔射钉；6—10 号镀锌低碳钢丝

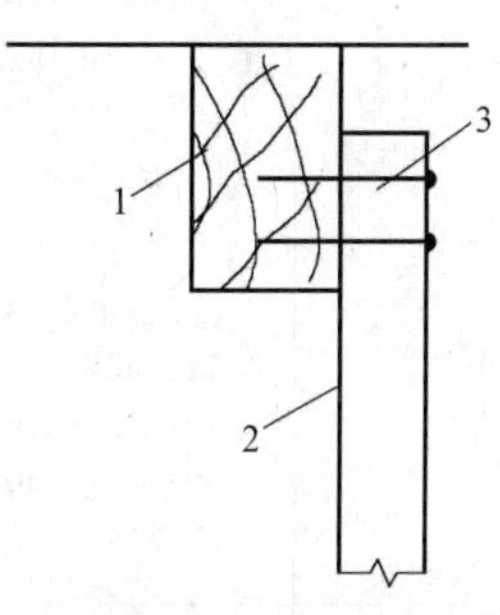

图 19-4　木梁上设吊杆

1—木架；2—木吊杆；3—铁钉，每杆两枚

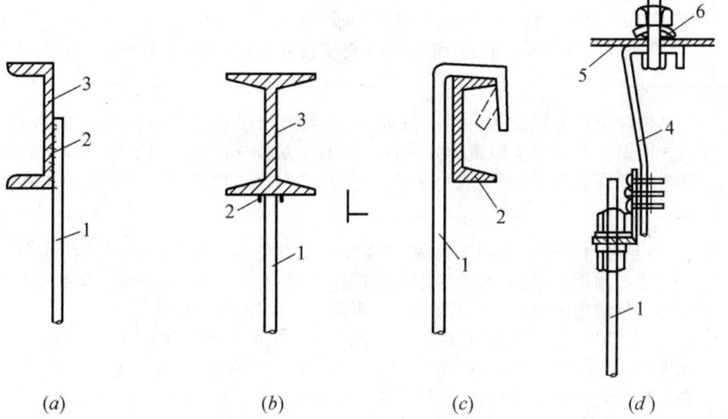

图 19-5　吊杆与钢结构固定

(a)、(b) 吊杆与钢梁焊接；(c) 吊杆挂接槽钢；(d) 吊杆与金属板连接

1—吊杆；2—电焊；3—槽钢或工字钢梁；4—连接件；5—金属屋面板；6—防水橡胶垫圈

19.2　轻钢龙骨吊顶安装

轻钢龙骨吊顶安装施工方法　表 19-2

项次	项目	施工方法要点
1	构造及材料要求	(1)轻钢龙骨系以镀锌钢带或薄钢板，经剪裁、冷弯、滚轧、冲压而成。轻钢龙骨的品种繁多，各厂家都有自己的系列，主要系列有U60系列、U50系列、U38系列号几类；其截面形状有U形、C形、T形和L形等几种见表19-3、表19-4 (2)U形龙骨构造如图19-6示意，分上人和不上人两种，按需要选择。这种龙骨主要用于隐蔽式装配吊顶中。不上人吊顶适用于上部空间低，又不需经常修理设备管道等的场合，龙骨承受450N荷载；上人吊顶适用于上部空间高，又要经常维修的场合，龙骨承受800～1000N的集中荷载；有些上部空间比较高，跨度又大(如比赛大厅、会堂、音乐厅或歌剧院等)的吊顶，除了检修荷载外，有时尚需考虑其他荷载(如需设置工作马道等)，对主龙骨和吊挂件等配件要经计算确定 (3)大龙骨(主龙骨)通过吊挂件和吊杆相连，承受吊顶全部荷载 (4)上人和不上人主龙骨中距一般小于1200mm，吊点间距为900～1200mm，具体间距要视龙骨和吊挂件规格而定 (5)吊杆一般采用圆钢，上人吊顶龙骨一般采用ϕ10或ϕ8吊杆；不上人吊顶龙骨采用ϕ8或ϕ6吊杆。与主体结构预埋件固定 (6)小龙骨安装于两个中龙骨之间，中龙骨间距800～900mm，小龙骨间距视实际情况而定 (7)连接件一般均应与龙骨配套
2	施工准备	(1)施工前要与照明、通风、消防等专业施工人员做好图纸会审，统一协调解决有关标高、预留孔洞等问题，以使灯具、消防自动喷淋、烟感器、风口等设施与吊顶衔接得当，其吊悬系统与吊顶分开，自成体系 (2)在现浇板或预制板缝中，按设计要求设置埋设件或吊筋 (3)将室内墙面抹灰吊顶内的通风、水电、消防管道及上人吊顶内的人行通道施工完毕 (4)检查吊顶材料品种、规格、颜色是否符合要求，并按品种、规格分类存放在室内平整、干燥、通风好的地面上 (5)根据房间的大小和罩面板材的种类，按照设计要求合理布局，排列出各种龙骨的距离，按施工组装平面图统计吊顶材料、配件数量，分别截取各种规格龙骨备用，大板材要按要求规格加工、刨直、刨光 (6)根据吊顶设计标高在墙上、柱面四周弹水平线，其水平允许偏差±5mm，同时在结构基层上，按龙骨的间距弹线，并确定吊点位置，将吊杆焊接在预埋件上 (7)检查与复核吊顶部位的结构空间尺寸、标高是否与吊顶设计图相符以及结构有否要处理的质量(有无混凝土蜂窝、麻面、裂缝等)问题等 (8)根据设计要求，选择轻钢吊顶龙骨主件和配件，并准备好固结材料与施工机具
3	施工程序	在板埋设件上焊或挂吊筋→沿墙、柱四周弹出吊顶水平控制线→按房间尺寸下好主龙骨材料→根据主龙骨吊点位置焊好吊杆→安装主龙骨→校正并固定主龙骨→下好次(中或小龙骨)龙骨材料→安装次龙骨(中或小龙骨)→龙骨最后校正和固定各种连接件及螺栓
4	龙骨安装	(1)龙骨与结构连接固定方法：可采用在吊点位置钉入带孔射钉，然后用镀锌钢丝连接固定；在吊点位置预埋膨胀螺栓，然后用吊杆连接固定；在吊点位置预留吊钩或埋设件，最后将吊杆直接与预留吊钩固定或与埋件焊接连接，再用吊杆连接固定龙骨 (2)主龙骨安装宜顺着房间长方向或灯具长方向设置。吊杆间距，应按设计要求。中间部分应起拱，起拱高度为房间短向跨度的1/200。主龙骨的接头，每排要互相错开，短接头应尽量减少。主龙骨安装后应及时校正其位置和标高，拧紧吊杆与吊挂件之间的螺栓 (3)吊杆距主龙骨端部距离不得大于300mm，吊杆与设备相遇时，应调整吊点构造或增设吊杆。吊杆应顺直，并有足够的承载能力，如需接长，应采用搭接焊牢，焊缝应均匀饱满 (4)中、小龙骨的间距，应满足安装罩面板的要求，在靠近墙端中龙骨间距不足的边上，应增加一排中龙骨，以便安装不规则的罩面板。中龙骨与主龙骨垂直，并紧贴主龙骨安装，用吊挂件连接紧密。边龙骨应按设计要求弹线，固定在四周墙上

续表

项次	项目	施工方法要点
		(5)对于检修孔、上人孔、通风箅子等部位，在安装龙骨的同时，应将尺寸和位置留出，将封口的横撑龙骨安装完毕；对于一般轻型灯具，可直接固定在中龙骨或附加的横撑龙骨上；重型灯具应与龙骨脱离。安排灯位时，应尽量避免使主龙骨截断，如果不可避免时，应将两段龙骨在上部再连接 (6)龙骨安装完毕，应全面校正一次主次龙骨的位置及水平度，连接件应错位安装，明龙骨应目测无明显弯曲，通长次龙骨连接处的对接错位偏差不得超过 2mm，校正后应将龙骨所有吊挂件、连接件拧夹紧，骨架应牢固可靠。并保证安装间距及连接方式符合设计要求
5	质量要求	(1)吊顶龙骨标高、尺寸、起拱和造型应符合设计要求 (2)吊杆、龙骨的材质、规格、安装间距及连接方式应符合设计要求。金属吊杆、龙骨应经过表面防腐处理 (3)龙骨进场应有产品出厂合格证和质量检验报告，其性能应符合现行国家标准《建筑用轻钢龙骨》(GB/T 11981—2008)的规定。 (4)吊杆、龙骨的安装必须牢固。 (5)金属吊杆、龙骨的接缝应均匀一致，角缝应吻合，表面应平整，无翘曲、锤印

UC型轻钢龙骨规格 **表 19-3**

龙骨类型	图示		
UC 型 上人龙骨	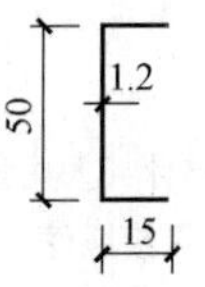 50；1.2；15	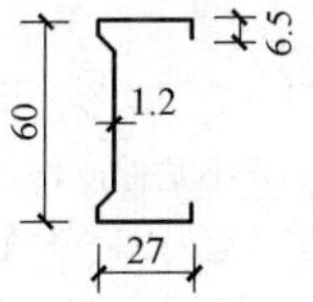 60；6.5；1.2；27	
UC 型不上人龙骨	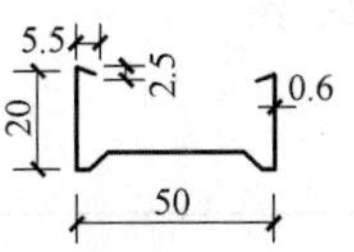 5.5；2.5；20；0.6；50	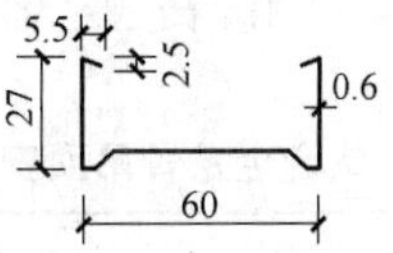 5.5；2.5；27；0.6；60	
	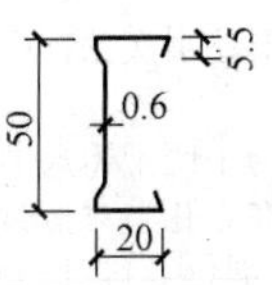 5.5；50；0.6；20	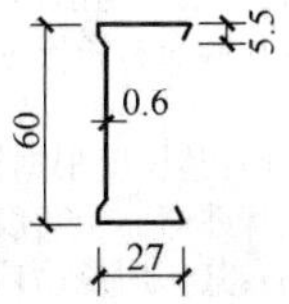 5.5；60；0.6；27	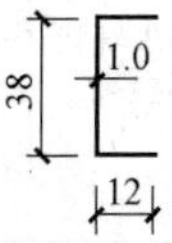 38；1.0；12

T45 型轻钢吊顶龙骨的规格　　　　**表 19-4**

系列	型号名称	图　示	系列	型号名称	图　示
T45 型（不上人）	BD 大龙骨	45; 1.2; 15	T45 型（不上人）	TZ 中龙骨	0.5 0.5; 0.5 0.5; 9; 35; 22
T45 型（不上人）	TX 小龙骨	0.5 0.5; 22; 22			

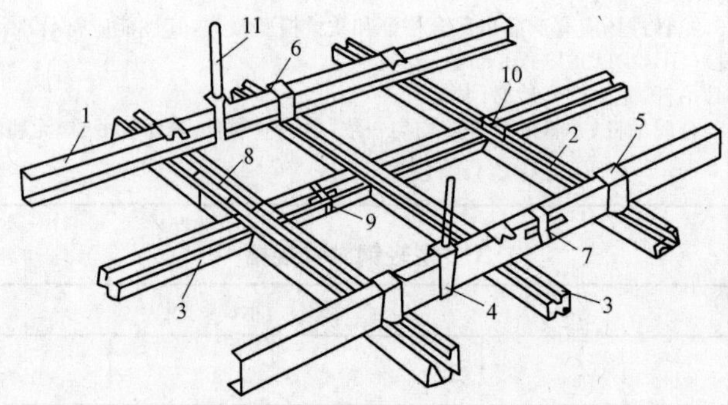

图 19-6　U 形轻钢龙骨吊顶安装

1—大龙骨；2—中龙骨；3—小龙骨；4—大龙骨吊件；5—中龙骨与大龙骨挂件；6—小龙骨与大龙骨挂件；7—大龙骨接插件；8—中龙骨接插件；9—小龙骨接插件；10—小龙骨支托；11—吊杆

19.3　铝合金龙骨吊顶安装

铝合金龙骨吊顶安装施工方法　　　　**表 19-5**

项次	项目	施工方法要点
1	构造及材料要求	(1)铝合金吊顶龙骨系以铝带、铝合金型材经冷弯或冲压而成，一般常用的为 T 形，其规格见表 19-6 (2)常用于活动式装配吊顶的有主龙骨、次龙骨和边龙骨，如图 19-7 所示。如用于其他明龙骨吊顶时，次龙骨(包括中龙骨和小龙骨)、边龙骨采用铝合金龙骨，承担负荷的主龙骨采用轻钢龙骨或型钢，可组成上人或不上人的吊顶，如图 19-8 所示 (3)主龙骨(大龙骨)：其侧面有长方形孔和圆形孔，长方形孔供次龙骨穿插连接，圆形孔供悬吊固定 (4)次龙骨(中、小龙骨)：其长度根据饰面板规格下料。为了便于插入主龙骨的方孔中，次龙骨两端要加工成“凸”头形状并弯一个角度，以保持两根龙骨在方孔中对接时中心线重合 (5)边龙骨(封口角铝)：其作用是吊顶饰面板毛边及检查部位等封口，使边角部位保持整齐、顺直。有等肢与不等肢两种 (6)吊杆：常用 8 号、10 号、12 号和 14 号铝合金丝，富有柔性，易弯曲和扎结，易调整吊顶标高和平整度，有时也采用镀锌钢丝，如为上人吊顶时，则应采用圆钢吊杆

续表

项次	项目	施工方法要点
2	施工准备	(1)施工前要与照明、通风、消防等专业施工人员做好图纸会审,统一协调解决有关标高、预留孔洞等问题,以使灯具、消防自动喷淋、烟感器、风口等设施与吊顶衔接得当,其吊悬系统与吊顶分开,自成体系 (2)吊顶龙骨安装前,吊顶内的通风、水电管道以及上人吊顶内的人行或安装通道应安装完毕,消防管道安装并试水完毕 (3)检查与复核吊顶部位的结构空间尺寸、标高是否与吊顶设计图相符以及结构有否要处理的质量(有无混凝土蜂窝、麻面、裂缝等)问题等 (4)根据设计要求,选择铝合金吊顶龙骨和配件,并准备好固结材料与施工机具
3	铝合金吊顶龙骨安装	(1)安装程序:弹线定位→吊杆固定→安装与调平龙骨→边龙骨固定→主龙骨接长 (2)弹线定位: 1)根据设计图纸结合具体情况,在楼板底面上弹出龙骨及吊点位置。如果吊顶设计要求具有一定造型或图案,应先弹出顶棚对称轴线,龙骨及吊点位置应对称布置。主龙骨端部或接长部位要增设吊点,以使吊杆距主龙骨端部距离不超过300mm,以免主龙骨下坠。主龙骨间距及吊杆间距一般都控制在0.9~1.2m,对于较大面积的吊顶,如音乐厅、比赛厅等,应进行单独计算和验算后确定 2)将设计标高线弹到四周墙面上或柱面上,如果吊顶有不同标高,则将变截面位置弹到楼板底面上。弹线应清楚,位置准确,其水平允许偏差为±5mm 3)龙骨的分格定位,应按饰面板尺寸确定,其中心线间距尺寸一般应大于饰面板尺寸2mm左右。尽量保证龙骨分格均匀,当出现非标准尺寸时,应将非标准尺寸放在房间四周或放到不被人注意的次要部位 (3)吊杆固定:铝合金龙骨吊顶的吊杆,常用射钉(或膨胀螺栓)将镀锌钢丝固定在结构上,也可采用预埋吊钩等形式。镀锌钢丝如用双股,可用18号钢丝,如用单股,则不宜小于14号 (4)安装与调平:根据已确定的主龙骨位置及标高线,先大致将其就位于稍高于标高线上,次龙骨紧贴主龙骨就位。然后再满拉纵横控制标高线(十字中心线),从一端开始向另一端,一边安装,一边调整,最后再精调一遍,直到龙骨调平和调直为止。如果面积较大,在中间还应考虑适当起拱 (5)边龙骨沿墙面或柱面标高线用水泥钉或射钉固定,钉距不大于500mm (6)主龙骨接长,一般选用连接件。连接件可用铝合金或镀锌钢板,在其表面冲成倒刺,与主龙骨方孔相连,连接件应错位安装 (7)遇有高低跨时,应先安装高跨,再安装低跨。对于检修孔、上人孔、通风箅子等部位,在安装龙骨时,应留出位置,并将封口龙骨安好 (8)质量要求:参见表19-2项次5"质量要求"有关内容

常用T形铝合金吊顶龙骨规格　　表19-6

名　称	型　号	图　示	规格 $H\times B\times t$(mm)	重量(kg/m)	附　注
主龙骨	T-1	H B	38.1×25.4×1.2	0.21	上海奉贤朝阳新型建材厂
次龙骨	T-2		31.75×25.4×1.2	0.16	上海奉贤朝阳新型建材厂
边龙骨	L		25.5×25.4×1.2	0.15	上海奉贤朝阳新型建材厂
主龙骨			32×25×1.0		北京新型建材总厂

续表

名　称	型　号	图　示	规格 $H\times B\times t$(mm)	重量(kg/m)	附　注
次龙骨			25×25×1.0		北京新型建材总厂
边龙骨			25×25×1.0		北京新型建材总厂
主龙骨	LT-23		32×23×1.2	0.2	江苏靖江市新型建材厂
次龙骨	LT-23		32×23×1.2	0.135	江苏靖江市新型建材厂
边龙骨	LT-边		32×18×1.2	0.15	江苏靖江市新型建材厂
异型龙骨	LT-异		32×(20+18)×1.2	0.25	江苏靖江市新型建材厂

注：H—高度；B—宽度；t—壁厚。

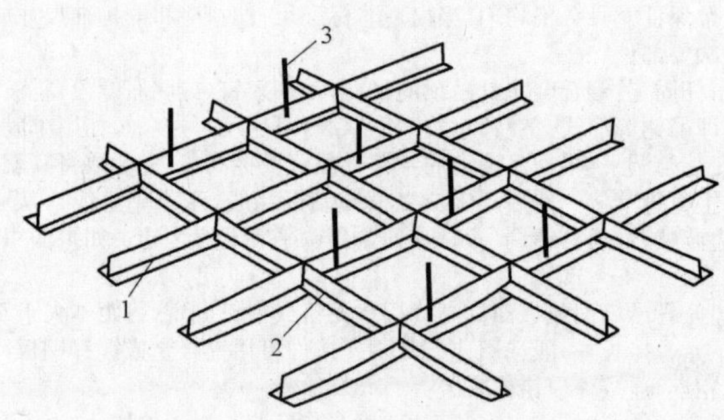

图 19-7　T 形铝合金吊顶龙骨安装

1—主龙骨；2—次龙骨；3—吊杆

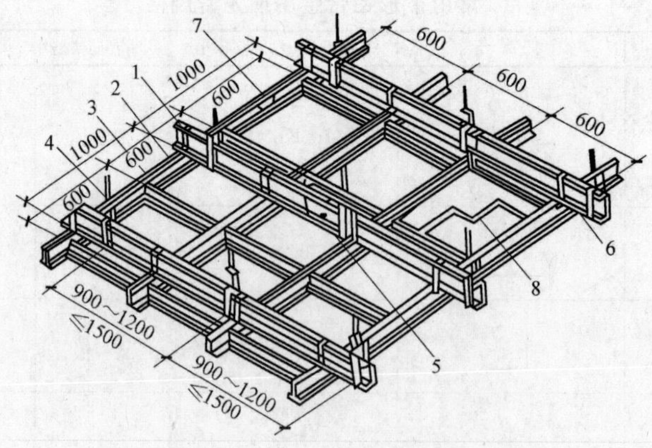

图 19-8　LT 型铝合金吊顶龙骨安装

1—主龙骨（轻钢龙骨或型钢龙骨）；2—LT23 龙骨；3—横撑龙骨；4—主龙骨吊杆；5—主龙骨连接件；6—次龙骨吊挂件；7—次龙骨连接件；8—吊顶板材

19.4 木质龙骨吊顶安装

木质龙骨吊顶安装施工方法 **表 19-7**

项次	项目	施工方法要点
1	构造及材料要求	(1)木质吊顶龙骨应采用质地坚固易“咬钉”、不腐朽、无超限节疤、斜纹少和含水率合格(≤15%)的木材，以确保有足够的强度和刚度，且变形量小。龙骨的截面应根据设计图纸规定选用，并应采取防腐、防火、防蛀处理，一般常用规格见表 19-8 (2)木质吊顶龙骨构造如图 19-9 所示。可悬挂于木屋架下或钢筋混凝土板下。木屋架下吊顶龙骨一般可直接悬挂于桁架下弦上，如顶棚上有保温层而荷载较大时，则应悬挂于桁架下弦节点上 (3)吊杆一般采用 ϕ10 或 ϕ12 圆钢(需涂防锈涂料)，间距根据设计要求选用，一般为 800～1000mm，轻质顶棚也可采用木吊杆，但应采用不易劈裂的干燥木材，截面应不小于 40mm×40mm 方木，或 ϕ70 对开半圆木，一端钉在檩条上，另一端钉在大龙骨上，每个接点钉两枚钉，钉劈的木吊杆应立即更换 (4)吊顶龙骨的间距应根据设计要求和饰面板规格而定，大、中龙骨中距一般为 900～1200mm，小龙骨中距一般宜取 400～500mm
2	施工准备	(1)根据设计图要求，按房间大小和饰面板规格来设计木龙骨布置和饰面板排块图 (2)木龙骨要有足够的强度和刚度，以使整个吊顶变形小，避免饰面板翘曲变形、拼缝开裂 (3)在现浇板或预制板缝中或屋架下弦，按设计要求设置埋设件、吊筋或膨胀螺栓或木吊杆 (4)在房间四周墙和中间柱的上部弹出木龙骨底面的标高控制线，吊顶中央起拱为房间短向跨度的 1/200，但一般不大于 50mm (5)将大、中、小龙骨的方木底面用木工压刨刨光
3	龙骨安装	(1)安装吊杆：根据设计图规定的吊杆固定件和吊杆间距，安装好吊杆 (2)安装大龙骨：从房间中央向两边进行安装。在大龙骨底面标高上拉房间通长麻线，在大龙骨吊杆孔位置划线钻孔，并凿一个 30mm×30mm、深 25mm 的方孔，把吊杆螺栓头穿入并垫上 3mm 厚垫片，拧上螺母，调整大龙骨位置和标高。大龙骨相接时，在接头两侧各钉 1 根长 500mm、截面为 50mm×100mm 的加强方木 大龙骨应与预制钢筋混凝土板缝垂直，有木屋架时，与木屋架垂直。 (3)安装中龙骨：在大龙骨底面，拉横向通长麻线，将中龙骨横撑在两根大龙骨之间，底面与大龙骨底面齐平，间距与大龙骨同。从大龙骨侧面或上面用两枚钉子将大龙骨与中龙骨钉牢 (4)安装小龙骨：先安装两根中龙骨之间的小龙骨，从中龙骨外侧面和上面用两枚钉子将该小龙骨与中龙骨钉牢，然后用同样方法再安装大龙骨与该小龙骨之间的小龙骨，做到各条小龙骨成一直线，底面与大、中龙骨底面齐平。沿墙小龙骨也可钉在墙内预埋的防腐木砖上。然后分别在每条大、中、小龙骨底面弹出通长中心墨线
4	质量要求	(1)木质吊杆、龙骨含水率应符合设计要求，并进行防火、防腐、防蛀处理；金属吊杆应进行防腐处理 (2)木吊杆、龙骨应顺直，无劈裂、变形 (3)其他质量参见表 19-2 项次 5“质量要求”有关内容

常用木质吊顶龙骨材料规格及性能表 **表 19-8**

名称		规格(mm)	材料品种	含水率(%)	附注
吊杆		ϕ10、ϕ12	圆钢		交错布置，直径与间距按设计规定。间距一般为 800～1000mm
		40×40	方木	≤15	
龙骨	大龙骨	50×150 75×150 50×100 等	红松、白松、美松、智利松等	≤15	龙骨截面、长度、间距根据设计要求和饰面板规格而定
	中龙骨	50×100 50 ×75 等			
	小龙骨	50×50			

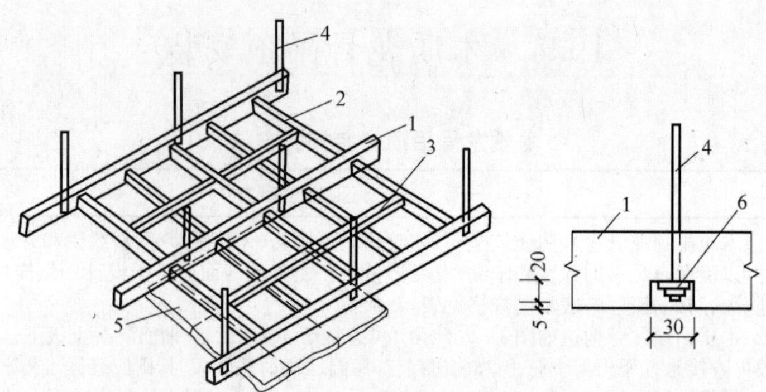

图 19-9 木质吊顶龙骨安装
1—大龙骨；2—中龙骨；3—小龙骨；4—圆钢吊杆；
5—饰面板；6—螺母

19.5 石膏板吊顶安装

石膏板吊顶安装施工方法 **表 19-9**

项次	项目	施工方法要点
1	石膏板材料要求	(1)石膏板按其表面的装饰方法、花型和功能分为装饰石膏板和纸面石膏板 (2)装饰石膏板品种很多,有各种平板、花纹浮雕板、穿孔和半穿孔吸声板等,其技术性能见表 19-10 装饰石膏板根据功能可分为:高效防水石膏吸声装饰板、普通石膏吸声装饰板和石膏吸声板;根据防潮性能分为普通板和防潮板;根据板材正面形状分为平板、孔板和浮雕板 装饰石膏板为正方形,常用板长有 300mm、400mm、500mm、600mm、800mm 等,厚度为 12～20mm 等,吊顶工程常用 500mm×500mm×9mm 和 600mm ×600mm×11mm 板材 (3)纸面石膏板品种很多,有普通纸面石膏板、耐火纸面石膏板和纸面石膏装饰吸声板等。普通纸面石膏板和耐火纸面石膏板一般用于吊顶的基层,必须再做饰面处理。板的长度有 1800mm、2100mm、2400mm、2700mm、3300mm 和 3600mm,宽度有 900mm、1200mm,厚度有 9mm、12mm、15mm、18mm(耐火板还有 21.25mm);板材的棱边截面形式有矩形、45°倒角形、楔形、半圆形和圆形五种。纸面石膏装饰吸声板主要用于吊顶的面层,它的主要形状为正方形,常用 500mm×500mm、600mm×600mm,厚度有 9mm 和 12mm,活动式装配吊顶主要以 9mm 为宜,其技术性能见表 19-11
2	施工准备	(1)根据设计要求和材料来源情况,选择石膏板和粘贴及嵌缝材料 (2)石膏板堆放场所要保持干燥、空气流通,垛垛之间要有一定距离。堆放必须平整,板垛底部要用垫板垫平 (3)准备好小型施工机具,常用的有冲击电钻、电动砂轮切割机、手电钻和自攻螺钉钻等
3	装饰石膏板安装	(1)装饰石膏板选择: 1)按功能选择:按用户的要求、建筑所处的环境、部位及使用效果进行设计,要求图案、色泽搭配得当;对处于相对湿度为 60%左右的场所,可选择防潮板;在大于 70%的潮湿环境下,应采用防水板;有吸声要求时应采用装饰石膏吸声板、吸声穿孔石膏板等 2)按规格选择:在一般情况下,层高 10m 左右的吊顶,宜选用规格为 500mm×500mm×9mm 和 600mm×600mm×11mm 的板材 3)按色彩、图案选择:装饰图案有带孔、印花、贴砂、浮雕等多种,可根据使用场所的环境条件要求,分别选用,可采用一地一种、一地多种进行组合。色泽应以舒适柔和为准 (2)装饰石膏板可与铝合金和轻钢龙骨配套组成活动式装配吊顶和隐蔽式装配吊顶 (3)安装方法:有搁置平放法、螺钉固定法和粘贴安装法:

续表

项次	项目	施工方法要点
		1)搁置平放法:当采用铝合金龙骨或T形轻钢龙骨时,可将装饰石膏板搁置在T形龙骨组成的格框内即可。石膏装饰板的板边可选用直角形,施工时板边如稍有棱角不齐或碰掉之处,只要不显露于格框之外,就不影响顶棚的美观 2)螺钉固定法:当采用U形轻钢龙骨时,石膏装饰板可用镀锌自攻螺钉与U形中、小龙骨固定,钉头嵌入石膏板约0.5~1.0mm,钉眼用腻子找平,并用与板面同样颜色的色浆涂刷。石膏板之间也可留8~10mm缝隙,缝内刷色浆一遍(色浆颜色根据设计要求选用)或用铝压缝条、塑料压缝条将缝压严。当采用木龙骨时,装饰石膏板可用镀锌圆钉或木螺钉与木龙骨钉牢。钉子与板边距离应不小于15mm,钉子间距以150~170mm为宜,均匀布置,并与板面垂直,钉头嵌入板深约0.5~1.0mm,并应涂刷防锈涂料,钉眼用腻子找平,再用与板面颜色相同的色浆涂刷 3)粘贴安装法:当采用UC型轻钢龙骨组成的隐蔽式装配吊顶时,可采用胶粘剂将装饰石膏板直接粘贴在龙骨上,胶粘剂应涂刷均匀,不得漏涂,粘贴牢固
4	纸面石膏板吊顶安装	(1)板材选择: 1)普通纸面石膏板和耐火纸面石膏板用于U形轻钢龙骨组成隐蔽式吊顶的基层板,板厚度宜用9mm和12mm 2)纸面石膏装饰吸声板与铝合金龙骨或轻钢龙骨配套,用于活动式吊顶或用于隐蔽式装配吊顶 (2)安装方法:根据龙骨的截面、饰面板边的处理及板材的类别,常分为三种安装方法: 1)螺钉固定法:纸面石膏板(包括基层板和饰面板)用螺钉固定在龙骨上。金属龙骨大多采用自攻螺钉,木龙骨采用木螺钉。 安装时,石膏板从吊顶的一端开始错缝安装,逐块排列,石膏板与墙面应留6mm间隙。石膏板的长边必须与次龙骨呈交叉状态,使端边落在次龙骨中央部位。自攻螺钉(ϕ3.5×25mm)与纸面石膏板边的距离:面纸包封的板边以10~15mm为宜;切割的板边以15~20mm为宜。钉距以150~170mm为宜。固定石膏板的次龙骨间距一般不应大于600mm,在南方潮湿地区(相对湿度长期>70%)应以300mm为宜。螺钉应与板面垂直,钉头宜埋入板面,并不使纸面损坏为度。钉眼应刷防锈涂料,并用石膏腻子抹平。 安装双层石膏板时,面层板与基层板的接缝应错开,不允许在同1根龙骨上接缝;石膏板的对接缝,应按产品要求进行板缝处理。纸面石膏板与龙骨的固定,应从一块板的中间向板的四边固定,不得多点同时操作。 采用纸面石膏板做饰面板时,其表面应饰以其他装饰材料。常用的有:裱糊壁纸,涂饰乳胶涂料,喷涂、镶贴各种类型的镜片,如金属抛光板、复合塑料镜片、玻璃镜片等 2)粘贴法:将石膏板(指饰面板)用胶粘剂粘到龙骨上 3)企口暗缝咬接安装法:将石膏板(指饰面板)加工成企口暗缝的形式,龙骨的两条肢插入暗缝内,不用钉、不用胶,靠两条肢将板托住
5	吸声穿孔石膏板安装	(1)吸声穿孔石膏板是吸声穿孔装饰石膏板和吸声穿孔纸面石膏板的统称。吊顶工程中以选择500mm×500mm×9mm和600mm×600mm×10mm为宜 (2)吸声穿孔石膏板可与铝合金和轻钢龙骨配套使用,可用于活动式装配吊顶和隐蔽式装配吊顶的饰面层 (3)采用活动式装配吊顶时,吸声穿孔石膏板与铝合金或T形轻钢龙骨配套使用。龙骨吊装找平后,将吸声穿孔石膏板搁置在龙骨的翼缘上即可。板材四边的缝隙以不大于3mm为宜,并用石膏腻子填实找平 (4)采用隐蔽式装配吊顶时,吸声穿孔石膏板与U形轻钢龙骨配合使用。龙骨吊装找平后,在板每4块的交角点及板中心,用专门塑料小花以自攻螺钉固定在金属龙骨上,或以木螺钉紧固在木龙骨上。也可用胶粘剂将吸声穿孔石膏板直接粘贴在龙骨上

续表

项次	项目	施工方法要点
6	嵌装式装饰石膏板安装	(1)嵌装式装饰石膏板背面四边加厚并有嵌装企口(图19-10),板材正面可为平面,带孔或带有一定深度的浮雕花纹图案。包括穿孔嵌装式装饰石膏板和嵌装式吸声石膏板。嵌装式装饰石膏板为正方形,规格为:600mm ×600mm,边厚大于28mm;500mm×500mm,边厚大于25mm。其他形状和规格的板材,由供需双方商定,但其质量必须符合标准规定 (2)嵌装式装饰石膏板与T形轻钢龙骨暗式系列配套使用,组成新型隐蔽式装配吊顶体系。安装时,通常采用企口暗缝咬接安装法。即将石膏板加工成企口暗缝的形式,龙骨的两条肢插入暗缝内,不用钉,也不用胶,靠两条肢将板托住 (3)安装宜由房间中间向两边对称排列安装,墙面与吊顶接缝应交圈一致。板与板之间应留出3mm左右的缝隙,然后用石膏腻子补平,并在拼缝处贴一层穿孔接缝纸 (4)安装前,应先调直、调平T形龙骨,保证T形龙骨的边框线(两肢)平直,安装过程中,接插企口用力要轻,避免硬插硬撬而造成企口处开裂
7	质量要求	(1)饰面材料的材质、品种、规格、颜色和图案及防潮、防火性能应符合设计要求 (2)暗龙骨吊顶工程中的饰面材料和龙骨安装必须牢固;明龙骨吊顶工程中的饰面材料安装应稳固严密、饰面材料与龙骨的搭接宽度应大于龙骨受力面的2/3 (3)石膏板的接缝应按其施工工艺标准进行板缝防裂处理。安装双层石膏板时,面层板与基层板的接缝应错开,并不得在同一根龙骨上接缝 (4)饰面材料表面应洁净、色泽一致,不得有翘曲、破损。压条应平直、宽窄一致 (5)饰面材料的灯具、烟感器、喷淋头、风口篦子等设备的位置应合理、美观,与饰面板的交接应吻合、严密 (6)吊顶内填充吸声材料的品种和铺设厚度应符合设计要求,并应有防散落措施 (7)饰面板吊顶工程安装的允许偏差及检验方法应分别符合表19-12和表19-13的规定

装饰石膏板的技术性能　　表19-10

项　次	项　目		性　能
1	堆集密度(kg/m³)		750～800
2	断裂荷载(N)		200
3	挠度(相对湿度95%,跨度580mm)(mm)		1.0
4	软化系数		＞0.72
5	导热系数[W/(m·K)]		＜0.174
6	防水性能(24h吸水率)(%)		＜2.5(高效防水板)
7	吸声系数 (注波管测试)	频率:250Hz 500Hz 1000Hz 2000Hz	0.08～0.14 0.65～0.80 0.30～0.50 0.34

纸面石膏装饰吸声板(尤牌)品种规格和性能　　表19-11

名　称	规格 (mm)	性　能		
		项　目		指　标
圆孔型纸面石膏装饰吸声板	600 ×600×(9.12); 孔径:6;孔距:13; 开孔率:3.7%; 表面可喷涂或油漆	重量(kg/m²)	板厚9mm 板厚12mm	≤9 ≤12
		挠度(mm) (支座间距= 40mm板厚)	板厚12mm	垂直纤维:≤0.8 平行纤维≤1.0

续表

名 称	规格(mm)	性 能		
		项 目		指 标
长孔型纸面石膏装饰吸声板	600×600×(9.12)； 孔长：70；孔宽：2； 孔距：13； 开孔率：5.5%	断裂强度(N) (支座间距＝40mm 板厚)	板厚 9mm	垂直纤维≥400 平行纤维≥150
			板厚 12mm	垂直纤维≥600 平行纤维≥180
一般纸面顶棚	900×450(600) ×(9.12)； 1200×450(600) ×(9.12)	耐火极限(min)	纸面石膏板	5～10
			防火纸面石膏板	＞20
防火纸面顶棚	900×450(600) ×(9.12)； 1200×450(600) ×(9.12)	燃烧性能 含水率(%) 导热系数[W/(m·K)] 隔声性能(dB) 钉入强度(N/mm^2)	 板厚 9mm 板厚 12mm 板厚 9mm 板厚 12mm	A_2 级不燃 ≤2 0.19～0.209 26 28 1.0 2.0

暗龙骨吊顶工程安装的允许偏差和检验方法 **表 19-12**

项次	项 目	允许偏差(mm)				
		纸面石膏板	金属板	矿棉板	木板塑料板	
1	表面平整度	3.0	2.0	2.0	2.0	用 2m 靠尺和塞尺检查
2	接缝直线度	3.0	3.0	1.5	3.0	拉 5m 线，不足 5m 拉通线，用钢直尺检查
3	接缝高低差	1.0	1.5	1.0	1.0	用钢直尺和塞尺检查

明龙骨吊顶工程安装的允许偏差与检验方法 **表 19-13**

项次	项 目	允许偏差(mm)				检 验 方 法
		石膏板	金属板	矿棉板	塑料板	
1	表面平整度	3	2	3	2	用 2m 靠尺和塞尺检查
2	接缝直线度	3	2	3	3	拉 5m 线，不足 5m 拉通线，用钢直尺检查
3	接缝高低差	1	1	2	1	用钢直尺和塞尺检查

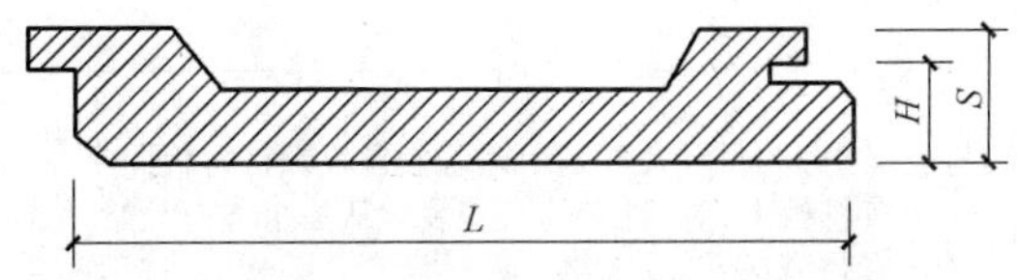

图 19-10 嵌装式装饰石膏板构造示意

L—边长；*S*—边厚；*H*—铺设高度

19.6 铝合金饰面板吊顶安装

铝合金饰面（罩面）板吊顶安装施工方法 **表 19-14**

项次	项目	施工方法要点
1	材料要求	(1)铝合金饰面(罩面,下同)板是由铝合金薄板经冲压成型并经表面处理而成。常用色彩有古铜色、金色、黑色、银白色等。其形状有长条形板、方形板及圆形板。从装饰效果分有铝合金花纹板、铝合金穿孔吸声板、铝合金波纹板等 (2)铝合金条板在吊顶工程中应用较多,其截面形式最常见的有 6 种,规格见表 19- 15。长度多在 6m 以内,厚度在 0.5～1.5mm 之内 (3)铝合金方板在吊顶工程中最常见型号及规格见表 19-16 (4)铝合金穿孔吸声板常用规格有(mm):500×500、750×500、100×100,板厚 0.8～1.0mm,孔径 ϕ6,孔距 10mm,工程使用降噪效果 4～8dB
2	施工准备	(1)对饰面部位按设计图进行核对,并实际丈量尺寸,如无大样图,施工单位应绘出节点详图 (2)确定标准产品和非标准产品的数量、尺寸、颜色、外形和零配件要求 (3)根据已确定的铝合金饰面部位,应与有关工种联系配合,在主体结构施工时,预留吊杆或埋件,与照明、通风工种协调好施工进度 (4)铝合金制品和零件,应分品种、规格分类堆放,并核对进场数量,防止制品乱堆乱碰撞而翘曲变形 (5)准备好施工机具,主要有型材切割机、手枪电钻、冲击钻、水平尺、角尺、划线铁笔等
3	铝合金条板吊顶安装	(1)常用两种固定方法: 1)龙骨兼卡具固定法:是利用薄板所具有的弹性将板条卡到龙骨上。龙骨兼具龙骨与卡具双重作用,同条板配套供应,适用于板厚为 0.8mm 以下、板宽 100mm 以下。安装前龙骨必须检查复核、调平。安装从一个方向依次进行,将条板托起后,先将条板的一端用力压入卡脚,再轻轻顺势将其余部分压入卡脚内即可,如图 19-11(*a*)、图 19-11(*b*)所示 2)螺钉固定法:将条板用螺钉或自攻螺钉固定在龙骨上,龙骨一般不需配套供应,可用型钢如角钢、槽钢等型材。对于板宽超过 100mm、板厚超过 1.0mm 的条板多采用之。安装时用一条压一条的方法将螺钉在安装后完全隐蔽在吊顶内,如图 19-11(*c*)所示 (2)接缝处理:常用的有两种形式: 1)离缝处理:板条与板条之间留有 7mm 宽缝(图 19-12)。可以增加吊顶的纵深感觉,安装时控制缝格顺直和板的尺寸允许偏差 2)密缝处理:即拼板间不留缝隙。安装时要控制拼板处的平整
4	铝合金方板吊顶安装	(1)铝合金方板吊顶目前普遍采用的有两种龙骨吊挂系统。一种是 U 形龙骨和 T 形龙骨相配合,与上人 LT 型龙骨吊挂系统类似;另一种是采用 U 形龙骨与 T 形插接龙骨配套使用 (2)根据铝合金方板的尺寸规格以及吊顶的面积尺寸来安排吊顶龙骨骨架的结构尺寸。对铝合金方板饰面的尺寸布置要求是板块组合的图案要完整;四周留边时,留边的尺寸要对称或均匀 (3)铝合金方板与轻钢龙骨的固定,主要采用吊钩悬挂式或自攻螺钉固定式,也可采用钢丝扎结式,如图 19-13 所示 (4)安装时,按弹线的方板安排布置线,从一个方向开始,依次安装。用吊钩悬挂时,将吊钩先与龙骨连接固定,再钩住方板侧边的小孔;用自攻螺钉固定时,先用手电钻在龙骨上打出孔位后再上螺钉 (5)当四周靠墙边缘部分不符合方板模数时,可改用条板或纸面石膏板等镶边处理
5	铝合金穿孔吸声板吊顶安装	(1)铝合金穿孔吸声板安装,大多采用螺钉或自攻螺钉将板固定在龙骨上的方法,对有些铝合金穿孔吸声板吊顶,也有将板卡到龙骨上的。安装时从一个方向开始,依次进行安装 (2)方板或条板安装完毕,铺放吸声材料。当穿孔条板时,一般将吸声材料放在板条内,使吸声材料紧贴板面。当穿孔方板时,则将吸声材料放在方板上面,像铺放毡片一样,一般将龙骨与龙骨之间的距离作为一个单元,满铺满放

铝合金条板的规格（mm） 表 19-15

型号	TB_1	TB_2	TB_3	TB_4	TB_5	TB_6
B B_1	100～300 84～184	50～200 38～184	100～200 84～184	100～200 84～184	100～200 84～184	100～150 84～134

注：B——中－中实际有效面宽；B_1——条板面宽。

铝合金方板的规格（mm） 表 19-16

型号	规格	型号	规格
FB_1 FB_2 FB_3	500×500 500×500 500×500	FB_4 FB_5 FB_6	500×500 500×500、600×600 500×500、600×600

注：方板厚度有 0.6mm、0.8mm、1.0mm。

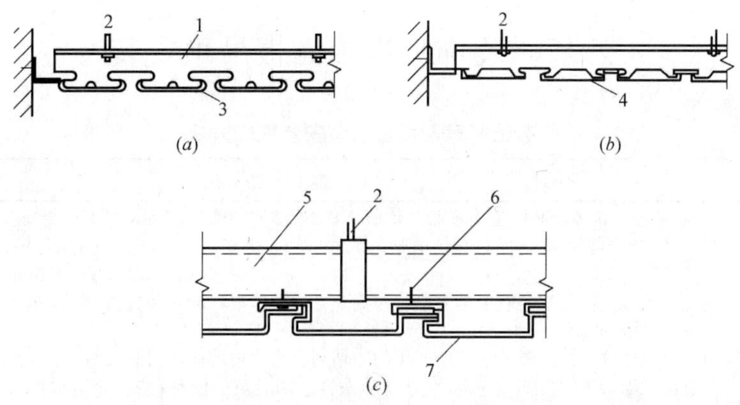

图 19-11 铝合金吊顶龙骨及条板固定方法

（a）开敞式铝合金条板吊顶；（b）封闭式铝合金条板吊顶；（c）铝合金条板吊顶螺钉固定法
1—专用轻钢龙骨；2—吊杆；3—开敞式铝合金条板；
4—封闭式铝合金条板；5—龙骨@1400；6—自攻螺钉；7—铝合金条板

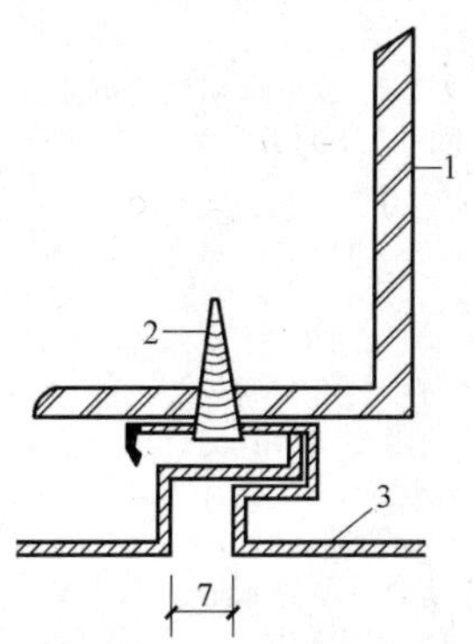

图 19-12 铝合金板条构造

1—角钢；2—自攻螺钉；3—铝合金板条

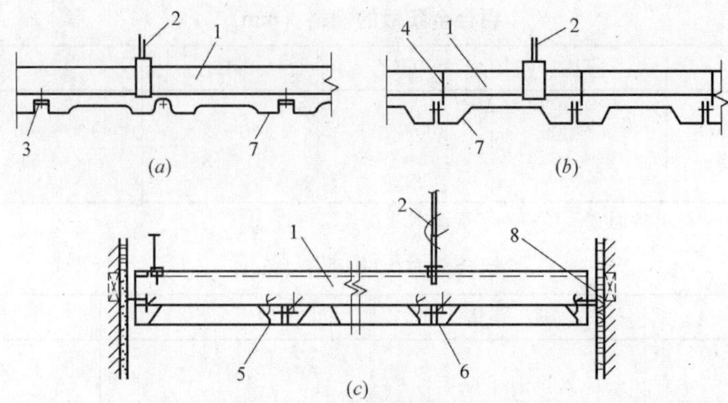

图 19-13　铝合金方板安装

(a) 自攻螺钉式；(b) 吊钩悬挂式；(c) 钢丝扎结式

1—龙骨；2—吊杆；3—自攻螺钉；4—吊钩；5—方板与龙骨用钢丝扎结；
6—方板之间用钢丝扎结；7—铝合金方板；8—靠墙板

19.7　装饰吸声罩面板吊顶安装

装饰吸声罩面板吊装安装施工方法　　表 19-17

项次	项目	施工方法要点
1	材料要求	装饰吸声罩面板主要有矿棉装饰吸声板、珍珠岩装饰吸声板和玻璃棉装饰吸声板等： (1)矿棉装饰吸声板的形状主要为正方形和长方形，常用尺寸有(mm)：500×500、600×600、610×610、625×625、600×1000、600×1200、625×1250，厚度有 13mm、16mm、20mm。表面具有多种纹理和图案、色彩更是繁多。根据龙骨的具体形状和安装方法，有斜角、直角、企口等多种形式。技术性能见表 19-18 (2)珍珠岩装饰吸声板按所使用的胶粘剂分为水玻璃珍珠岩装饰吸声板、水泥珍珠岩装饰吸声板、石棉珍珠岩装饰吸声板、聚合物珍珠岩装饰吸声板四种；按表面结构形式分为不穿孔、半穿孔、穿孔、凹凸吸声板和复合吸声板五种。规格为 300mm、400mm、500mm、600mm 的正方形，厚度有 10mm、12mm、15mm、18mm、23mm、25mm、35mm、40mm 等多种，其技术性能见表 19-18 (3)玻璃棉装饰吸声板、其板表面喷有一层合成高分子乳液，喷涂有大点和小点之分，喷点的遮盖率一般在 70%以上，色彩有多种。该板除作为吊顶饰面板外，尚可作为吸声材料。规格有 300mm×300mm×(10、18、20)mm、400mm×400mm×16mm、500mm×500mm×(30、50)mm 等几种，其技术性能见表 19-18 (4)纤维装饰吸声板分软质和硬质两种。软质装饰吸声板又分针孔装饰吸声板和植绒装饰吸声板，规格有：500mm×500mm×(11、12、13)mm、305mm×305mm×13mm、550mm×550mm×12.5mm、610mm×610mm×12.5mm、305mm×305mm×12.5mm 等；硬质纤维装饰吸声板、板面钻孔，可形成各种花纹图案，也可根据用户要求加工成各种形式，规格有：500mm×500mm×(3、4)mm、610mm×610mm×9mm、1000mm×1000mm×4mm、2100mm×1000mm×4mm 等。其技术性能参见表 19-18
2	矿棉装饰吸声板安装	(1)搁置法安装：与铝合金和轻钢 T 形龙骨配合使用，龙骨吊装调直找平后，将饰面板搁置在主、次龙骨的肢上即可 (2)钉固法安装：采用木龙骨时，应用木螺钉拧紧面板，螺钉头深入板面 1～2mm，并用同色混合腻子补平板面，封盖钉眼，采用 U 形轻钢龙骨时，应先在龙骨上钻孔，然后将板用螺钉与龙骨固定。矿棉装饰吸声板采用每四声的交角点和板中心用专门的塑料花托脚以螺钉紧固在龙骨上，轻钢 U 形龙骨用自攻螺钉，木龙骨用木螺钉，螺钉与板边距离应不小于 15mm，钉距以 150～170mm 为宜，螺钉应与板面垂直 (3)粘贴法安装：作为复合吊顶的饰面层，安装时，先将纸面石膏板与龙骨固定作为基层，并要求平整，然后将饰面板背面用胶布贴几个点，平贴在石膏板上，再用专用涂料钉固定或用打钉器将“∩”形钉钉固在吸声板开榫处，吸声板之间用插件连接，对齐图案 (4)企口暗缝法安装：将饰面板加工成企口暗缝的形式，铝合金及轻钢 T 形龙骨的两条肢插入暗缝内，不用钉，不用胶，靠两条肢将板托住

续表

项次	项目	施工方法要点
3	珍珠岩装饰吸声板安装	(1)钉固法安装:采用木龙骨时,应用木螺钉拧紧板面1～2mm后,用同色珍珠岩砂混合的粘结腻子补平板面,封盖钉眼;U形轻钢龙骨时,应先在龙骨上钻孔,然后将板用螺钉与龙骨固定 (2)企口暗缝法安装:将已开槽或企口的板插入铝合金或轻钢T形龙骨的两条肢即可 (3)塑料花角固定法:板与龙骨固定后,在板的四角再用塑料花角钉牢,当使用塑料装饰小花固定时,应使用木螺钉,并在小花之间沿板边等距离加钉固定
4	玻璃棉装饰吸声板安装	主要系用搁置法,与铝合金和轻钢T形龙骨配合使用,龙骨吊装调直找平后,可将饰面板搁置在主、次龙骨组成的框格内,板搭在龙骨的肢上即可。由于单块板材质量较轻,遇风会被刮起,故应用木条压或钢卡子夹住。玻璃棉装饰吸声板的饰面一般只做一面(喷饰涂料薄膜),另一面不做任何处理,安装时应将未处理的一面朝下搁置,以避免丧失吸声效果
5	纤维装饰吸声板安装	纤维装饰吸声板一般与木龙骨吊顶配合作用: (1)软质纤维装饰吸声板用钉子从板斜边处钉在木龙骨上,钉距为80～120mm,钉长为20～30mm,钉帽进入板面0.5mm,钉眼用油性腻子抹平 (2)如用木压条固定时,钉距不应大于200mm,钉帽应砸扁,并进入木压条0.5～1.0mm,钉眼用油性腻子抹平,压条应平直,接口严密,不得翘曲 (3)硬质纤维装饰吸声板用扁头元钉钉固在木龙骨上,木龙骨表面要求必须平整,并弹墨线或拉通线为基准,罩面板从中心线开始向两边对称排列铺设,做到边缝对直、平整。墙面与吊顶的接缝应交圈一致 (4)带纸面的穿孔纤维装饰吸声板,用钉子固定时,钉距不宜大于120mm,钉帽应与板面齐平,排列整齐,并用与板面相同颜色的涂料涂饰 (5)板与板之间的拼缝采用留6～10mm的留缝做法时,板在安装前必须进行修整,以保证缝格顺直,也可采用不留间隙的密缝做法,此时应将板用倒角处理来解决板厚度差问题,以保证接缝处平整

装饰吸声板主要技术性能　　表19-18

名称	抗弯强度(MPa)	堆密度(kg/m^3)	导热系数[W/(m·K)]	吸声系数(NRC)	吸湿率(%)
矿棉装饰吸声板	>1.5	<500	0.042	平均>0.25	<5
珍珠岩装饰吸声板	>1.0	352左右	0.079	平均0.32	≤5
玻璃棉装饰吸声板			0.047	$\frac{500\sim400Hz}{0.7}$	
硬质纤维装饰吸声板	20～50	800～1000	0.09～0.16		4～12
软质纤维装饰吸声板	1.6～1.8	<300	0.042～0.059	$\frac{125}{0.05}\sim\frac{4000}{0.42}$	

19.8　塑料装饰板吊顶安装

塑料装饰板吊顶安装施工方法　　表19-19

项次	项目	施工要求
1	材料要求	在吊顶工程中的塑料装饰板,根据合成树脂的种类不同,品种很多,其中用得较多的有聚氯乙烯塑料顶棚、聚乙烯泡沫塑料装饰吊顶板、钙塑泡沫装饰吸声板、聚苯乙烯泡沫塑料装饰吸声板等 (1)聚氯乙烯塑料板品种繁多,色彩鲜艳,一般为500mm边长的正方形,厚度有0.4mm、0.5mm、0.6mm,技术性能见表19-20 (2)聚乙烯泡沫塑料装饰板一般为乳白色,也可根据需要加工成其他颜色。规格一般为500mm×500mm×(0.5、0.6)mm的正方形和1200mm×600mm×(10、20、25)mm的长方形,技术性能见表19-20 (3)钙塑泡沫装饰吸声板分普通钙塑泡沫装饰吸声板及加入阻燃剂的难燃钙塑泡沫装饰吸声板两种。表面有凹凸图案和平板穿孔图案两种,穿孔板的吸声性能较好,不穿孔者隔声、隔热性能较好,常用规格有边长为300mm、305mm、333mm、350mm、400mm、500mm、600mm、610mm的正方形,厚度有4mm、5mm、5.5mm、6mm、7mm、8mm、10mm等,技术性能见表19-20 (4)聚苯乙烯泡沫塑料装饰吸声板有凹凸型花纹、十字花纹、四方花纹、圆角花纹、钻孔等各种图案,规格一般为边长300mm、500mm、600mm的正方形,厚度为15～20m,也有910mm×600mm×(20～50)mm和1000mm×500mm×(20～50)mm的长方形,其技术性能见表19-20

续表

项次	项目	施工要求
2	聚氯乙烯塑料板安装	(1)钉固法:用20～25mm宽的木条,制成500mm的正方形木格,用小圆钉将聚乙烯塑料顶棚钉上,然后再用20mm宽的塑料压条(或用铝压条)钉上,以固定板面或钉上特制的塑料小花来固定板面 (2)粘贴法:可用建筑胶粘剂直接将罩面板粘贴在吊顶的湿抹灰面层上或粘贴在吊顶龙骨上。常用胶粘剂有脲醛树脂、环氧树脂及聚醋酸乙酯等
3	聚乙烯泡沫塑料装饰板	(1)粘贴法:用胶粘剂将聚乙烯泡沫塑料装饰板直接粘贴在吊顶基层面上或轻钢龙骨上。如为水泥砂浆基层面时,基层面必须平整、洁净,含水率不得大于8%。表面如有麻面,宜用乳胶腻子批平,再用乳胶水溶液涂刷一遍,然后再行粘贴,以增加粘结力 (2)钉固法:将聚乙烯泡沫塑料板用圆钉钉在准备好的小木框上,再用塑料压条、铝压条或塑料小花来固定板面
4	钙塑泡沫装饰吸声板安装	(1)粘贴法:在已清理好的轻钢龙骨或木龙骨及钙塑板的结合面上,用胶粘剂涂刷均匀,干燥3～4min后进行粘合,胶粘剂品种很多,可根据选用的不同板材选择胶粘剂 1)XY401胶,颜色呈淡黄色的胶液,凝结速度快、黏性好,操作简单、抗剥离强度:24h>0.2MPa,48h>0.25MPa;抗扯离强度:24h>1.08MPa,48h>1.28MPa 2)氯丁胶粘剂:用氯丁胶浆和聚乙氰酸脂胶以10∶1的配合比配合使用,粘结强度高 (2)钉固法: 1)用塑料小花固定:在板四角用塑料小花固定,并在小花之间沿板边按等距离加钉固定,如采用木龙骨,应用木螺钉固定;采用轻钢龙骨,应用自攻螺钉固定 2)用塑料小花、木框及压条固定:与聚氯乙烯塑料板安装钉固法相同 3)用钉和压条固定:常用压条有木压条、金属压条和硬质塑料压条。用钉固定时,钉距不宜大于150mm,钉帽应与板面齐平,排列整齐,并用与板面颜色相同的涂料涂饰 (3)钙塑泡沫装饰吸声板安装后,若要再装饰,可喷涂白色或彩色无光乳胶漆 (4)对吸声要求较高的使用场所,除应采用穿孔板外,还可在板上加一层超细玻璃棉,以加强吸声效果
5	聚苯乙烯泡沫塑料装饰吸声板安装	(1)钉固法:较厚型的聚苯乙烯泡沫塑料装饰吸声板适用螺钉或压条固定。用木螺钉(采用木龙骨时)和垫圈或金属压条固定时,应先钻孔,木螺钉钉距一般为400～500mm,钉帽应排列整齐 (2)粘贴法:较薄型聚苯乙烯泡沫塑料装饰吸声板宜用胶粘剂粘贴固定。通常采用的胶粘剂有脲醛树脂、聚醋酸乙烯酯、环氧树脂等。粘贴前,基层表面应按分块尺寸弹线预排,涂胶应同时在基层表面和泡沫塑料装饰吸声板背面或在龙骨和塑料板接触部位涂刷,胶液不宜太稀或太稠,应涂刷均匀,待用手触试胶液,感到黏性较大时即进行铺贴,粘贴后应采取临时措施固定

塑料装饰吊顶罩面板主要技术性能　　表19-20

名称	比密度(g/m³)	抗拉强度(MPa)	延伸率(%)	吸水率(%)	阻燃性	导热系数[W/(m·K)]
聚氯乙烯塑料板	1.3～1.6	≥10	100	≤0.2	离火自熄	0.174
聚乙烯泡沫塑料板	0.91～0.93	≥0.7	≤80	0.2～0.4	氧指数28～40	0.042～0.074
钙塑泡沫装饰吸声板	≤250※	≥0.8	≥30	≤0.02	离火自熄25s	0.068～0.136
聚苯乙烯泡沫塑料装饰吸声板	1.35～1.60	0.4	100	<0.8	离火自熄2s	≤0.045

注：※为堆密度（kg/m³）。

19.9 纤维水泥加压板吊顶安装

纤维水泥加压板吊顶安装施工方法 表 19-21

项次	项目	施工要点
1	材料要求	纤维水泥加压板分为石棉水泥板(分平板和穿孔板)、纤维增强水泥平板、水泥刨花板和纤维增强硅醛钙板等 (1)石棉水泥平板要求四边整齐、表面平整,不得缺边和缺角,表面也不得有杂物和裂纹,形状一般为正方形,分穿孔和平板两种,穿孔板吸声效果好,平板防火性能好。穿孔吸声石棉水泥板的规格为985mm×985mm×(4、5、6)mm,孔距18.7mm,孔径10.0mm,开孔率19.2%。具有可锯、可钻、易加工,其主要技术性能参见表19-22 (2)纤维增强水泥平板,即TK板,按抗弯强度分有C10、C15和C20三种。规格有:1220mm×820mm×(5、6)mm、1200mm×820mm×(5、6)mm、2800mm×900mm×(5、6)mm。具有可锯、可钉、可涂刷等特点,其主要技术性能参见表19.22 (3)水泥刨花板规格有:1400mm×600mm×(8、9、10、11、12、15)mm、1400mm、700mm×(11～13.50～60)mm、1600mm×700mm×(4～6、11～13、50～60)mm。具有可锯、钻、钉及良好的加工性能,其主要技术性能参见表19-22 (4)纤维增强硅酸钙板亦称轻质硅酸钙吊顶板或微孔硅酸钙保温板。规格有:500mm×500mm×(10、12、15)mm、600mm×300mm×(50～100)mm、400mm×250mm(30～100)mm、1800mm×900mm×5mm等。具有可钻、可锯,但不能用钉子直接钉或用冲子打孔,其主要技术性能见表19-22
2	施工准备	(1)根据设计要求以及材料和材料来源情况,选择纤维水泥加压板的品种及安装方案 (2)对饰面部位按设计图进行核对,并实际丈量尺寸,选择纤维水泥加压板的规格,尺寸如有误差,应事先予以锯割加工,需钻孔时,应在板下垫一木块,孔应垂直于板面,孔距排列整齐 (3)堆放场地必须平坦竖实,码垛堆放,堆高不超过1.2m,严禁暴晒 (4)准备好小型施工机具,常用的有手锯、圆盘锯、木刨或砂轮、手电钻、自攻螺钉钻等
3	纤维水泥加压板吊顶安装	(1)石棉水泥平板应用螺钉固定法:龙骨间距、螺钉与板边距离及螺钉间距等,应符合设计要求和有关的产品要求。板与板之间的拼缝宜采用离缝做法,缝宽小于5mm,用密封膏或石膏腻子、108胶水泥腻子嵌涂板缝并刮平,硬化后用砂子磨光 (2)纤维增强水泥平板(即TK板)一般采用水泥胶浆与自攻螺钉结合的方法固定在龙骨上,在两张板缝与龙骨间放一条50mm×3mm的再生橡胶垫条,以保证板面平整。板与龙骨应先钻孔,钻头直径应比螺钉直径小0.5～1.0mm,固定时,钉帽必须压入板面1～2mm,钉帽做防锈处理,并用油性腻子嵌平 (3)水泥刨花板可用胶粘剂直接粘贴在轻钢龙骨或木龙骨上,再配以自攻螺钉固定 (4)纤维增强硅酸钙板一般采用水泥胶浆和自攻螺钉的粘、钉结合的方法固定在龙骨上

纤维水泥加压板主要技术性能 表 19-22

名称	堆密度 (kg/m³)	冲击强度 (J/cm²)	抗压强度 (MPa)	抗弯强度 (MPa)	抗折强度 (MPa)	吸水率 (%)	生产单位
石棉水泥板	1500～1700	—	—	—	(横向) >17	≤28	上海市石棉水泥制品厂
TK加压平板	1750	>25	—	C20>20 C15>15	—	<28	上海市石棉水泥制品厂
水泥刨花板	1100～1200	—	31～50	—	—	26	上海市木材加工厂
微孔硅酸钙保温板	<100	—	0.6	—	0.5	—	上海电力建设保温制品厂

20 幕 墙

20.1 明框玻璃幕墙

明框玻璃幕墙施工方法 **表 20-1**

项次	项目	施工方法要点
1	构造特点及使用	(1)明框玻璃幕墙是先在工厂将玻璃板用结构密封胶镶嵌在铝合金框内,制成四周有铝框的构件,再将其运到现场镶嵌到固定在结构上的型钢骨架上;或用特殊截面的铝合金型材作玻璃幕墙的骨架,玻璃镶嵌在骨架的凹槽内。形成立柱、横梁外露,铝框分格明显的玻璃幕墙(图 20-1) (2)它的构造和施工特点是:能产生良好的建筑艺术效果,自重轻,材料单一,施工方便,工期短,维护、保养简便。但抗风、抗震性能较差,能耗较大,对周围建筑物形成光污染,同时造价较高 (3)适用于一般中、高层建筑明框玻璃幕墙工程应用
2	材料要求	(1)铝合金型材:玻璃幕墙采用的铝合金型材的牌号所对应的化学成分应符合现行国家标准的规定。型材多经特殊挤压成型(图 20-2),其尺寸允许偏差应达到高精或超高精级。铝合金型材用于横架、立柱等主要受力部位的型材壁厚应计算确定,且不得小于 3mm。阳极氧化膜平均膜厚不应小于 15μm,电泳涂漆复合膜局部膜厚不应小于 16μm,粉末喷涂涂层局部膜厚不应小于 40μm,氟碳喷涂涂层平均厚不应小于 40μm,局部膜厚不应小于 34μm (2)型钢:玻璃幕墙用型钢的钢种、牌号和质量应符合国家标准和行业标准《碳素结构钢》(GB/T 700—2006)、《优质碳素结构钢》(GB/T 699—1999)的规定。型钢一般多采用角钢、槽钢、方钢管、型钢壁厚应经计算确定,且不应小于 3.5mm,其表面应进行防腐处理,当采用热浸镀锌处理时,其膜厚应大于 45μm;当采用氟碳喷漆喷涂或聚氨酯漆喷涂时,涂膜厚度不宜小于 35μm,在空气污染严重及海滨地区,涂膜厚度不宜小于 45μm,也有用成型铝合金板进行外包装饰 (3)玻璃:根据使用功能要求选用安全玻璃、中空玻璃、夹层玻璃、钢比玻璃、阳光控制镀膜玻璃、低辐射镀膜玻璃、着色玻璃等。当采用中空玻璃时,中空玻璃气体层厚度不应小于 9mm,且应采用聚硫类密封胶或硅硐密封胶进行两道密封;当采用钢化玻璃时,钢化玻璃宜经过二次热处理;当采用夹层玻璃时,应采用干法加工合成,其夹片宜采用聚乙烯醇缩丁醛(PVB)胶片;当采用单片低辐射镀膜玻璃时,应使用在线热喷涂低辐射镀膜玻璃,且宜加工成中空玻璃使用,且镀膜面应朝向中空气体层;有防火要求的幕墙玻璃,应根据防火等级要求,采用单片防火玻璃或其制品。玻璃进场应进行厚度、边长、外观质量、应力和边缘处理情况的检验 (4)硅酮结构密封胶:其性能应符合现行国家标准《建筑用硅酮结构密封胶》(GB 16776—2005)的规定。正式使用前,应经国家认可的检测单位进行与其相接触材料的相容性和剥离黏性试验,并应对邵氏硬度、拉伸粘结性能进行复验,检验不合格的产品不得使用。进口硅酮结构密封胶应有商检报告。硅酮结构密封胶的性能见表 20-2 (5)建筑密封材料:玻璃幕墙用的橡胶制品,宜采用三元乙丙橡胶、氯丁橡胶及硅橡胶,密封胶条应符合国家现行标准《工业用橡胶板》(GB/T 5574—2008)的规定;嵌缝密封胶的性能应符合表 20-2 的要求 (6)五金件及其他材料
3	安装工艺方法	(1)弹线:根据建筑物轴线弹出纵横轴线基准线和水平标高基准线 (2)立柱安装:先将幕墙立柱的连接件装上,然后以基准线为准,将立柱就位,并调好垂直度,将柱连接件与结构上预埋件临时点焊固定。如结构未留设预埋件,则用膨胀螺栓(或后置埋件)将立柱与结构连接起来,如图 20-3 所示 (3)横梁安装:如为型钢,可焊接,也可用螺栓连接。焊接时,要排定焊接顺序,防止骨架焊接热变形;用螺栓连接时,用一特殊穿插件,分别插到横梁的两端,将横梁担住并固定. 然后将穿插件与立柱用螺栓固定,如图 20-4 所示。如为铝合金型材骨架时,一般采用角钢或角铝作连接件,角钢或角铝的一条肢固定立柱,另一条肢固定横梁

续表

项次	项目	施工方法要点
3	安装工艺方法	(4)立柱的调整与紧固:全部立柱与横梁就位后,应再进行一次总体检查,对立柱出现的局部偏差作最后调整,使其符合设计要求。对临时点焊部位进行正式焊接。紧固连接螺栓,对设有防松措施的螺栓,亦应点焊固定。所有焊缝应清理干净,并做防锈处理。玻璃幕墙中不同金属配件的接触面应用橡胶垫片做隔离措施 (5)玻璃安装:安装前应将玻璃表面尘土和污物擦拭干净。热反射玻璃安装应将镀膜面朝向室内;玻璃与构件不得直接接触。玻璃四周与构件凹槽底应保持一定空隙,每块玻璃下应设不少于2块弹性定位垫块,垫块宽度与槽口宽度相同,长度不小于100mm;玻璃两边嵌入量及空隙应符合设计要求。玻璃四周橡胶条应按规定型号选用,镶嵌应平整,橡胶条长度应比边框内框口长1.5%～2.0%,其断口应留在四角,斜面断开后应拼成预定的设计角度,并应用胶粘剂粘结牢固后嵌入槽内。在橡胶条缝隙中均匀注入密封胶,并及时清理缝外多余粘胶 (6)缝隙处理:幕墙与主体结构之间的缝隙应采用防火的保温材料堵塞;内外表面应采用密封胶连接封闭,接缝应严密不漏水 (7)伸缩缝处理:幕墙的伸缩缝必须保证达到设计要求。如果伸缩缝用密封胶填充,填胶时要注意不要让密封胶接触主梃衬芯,以防幕墙伸缩活动时破坏胶缝 (8)开启窗安装:按设计要求在幕墙上规定位置安装开启窗,窗框与幕墙框格结构配合的四边间隙均匀,窗框周边内外要填密封胶 (9)抗渗漏试验:幕墙施工中应分层进行抗雨水渗漏性能试验,应无渗漏
4	质量要求	(1)幕墙工程所使用的各种材料、构件和组件的质量,应符合设计要求及国家现行产品标准和工业技术规范的规定 (2)铝合金明框的横梁、立柱的安装必须位置正确,连接牢固,无松动;横梁与立柱应横平竖直,无弯曲、变形、无铝屑、毛刺,表面平整、洁净。玻璃的品种、规格和色彩应与设计相符,玻璃安装必须牢固,无破裂、缺棱掉角等缺陷;玻璃板表面平整、洁净,颜色一致,无污染,四周的橡胶条和密封胶应镶嵌密实,填充平整;所有缝隙应封闭严密、连续、均匀、无气泡 (3)淋水试验时,幕墙不应渗水或漏水 (4)每平方米玻璃的表面质量应符合表20-3的规定;一个分格铝合金型材的表面质量应符合表20-4的规定;明框玻璃幕墙安装的允许偏差应符合表20-5的规定
5	注意事项	(1)对高层建筑的测量应在风力不大于4级的情况下进行。每天应定时对玻璃幕墙的垂直及立柱位置进行校核 (2)安装玻璃幕墙用的施工机具在使用前,应进行严格试验。手电钻、电动改锥、焊钉枪等电动工具应做绝缘电压试验;手持玻璃吸盘和玻璃吸盘安装机,应进行吸附重量和吸附持续时间试验 (3)现场焊接或高强螺栓紧固的构件固定后,应及时进行防锈处理 (4)幕墙中与铝合金接触的螺栓及金属配件应采用不锈钢或轻金属制品 (5)幕墙立柱与横梁之间的连接处,宜加设橡胶片,并应安装严密。幕墙框架完成后,在所有节点加注密封胶后才能安装玻璃,不同金属的接触面应采用垫片做隔离处理 (6)用注射枪注入防水密封胶时,胶缝要均匀、连续、严密 (7)玻璃幕墙的构件和密封等应制定保护措施,不得使其发生变形、变色、污染和排水管堵塞等现象

幕墙用密封胶的性能 **表20-2**

项次	项目	技术指标			
		硅酮结构密封胶		嵌缝密封胶	
		中性双组分	中性单组分	氯丁密封胶	硅酮耐候密封胶
1	表干时间(h)	≤3.0	≤3.0	≤0.4	1.0～1.5
2	初步固化时间(d)	7	7		3
3	完全固化时间(d)	14～21	14～21	≤0.5	7～14
4	操作时间(min)	≤30	≤30	—	—
5	施工温度(℃)	10～30	5～48	−5～50	5～48
6	邰氏硬度(度)	35～45	35～45		20～30
7	粘结拉伸强度(H型试件)(N/mm^2)	≥0.7	≥0.7	—	—
8	剥离强度(与玻璃、铝)(N/mm^2)	—	5.6～8.7	—	—

续表

项次	项目	技术指标			
		硅酮结构密封胶		嵌缝密封胶	
		中性双组分	中性单组分	氯丁密封胶	硅酮耐候密封胶
9	撕裂强度(B模)(N/mm^2)	4.7	4.7	—	3.8
10	剪切强度(N/mm^2)	—	—	0.1	—
11	延伸率(%)(哑铃形)	≥100	≥100	—	—
12	抗臭氧及紫外线拉伸强度	不变	不变	—	—
13	耐寒性	—	—	−40℃	—
14	耐热性	150℃	150℃	90℃	—
15	固化后的变位承受能力(%)	12.5≤δ≤50	12.5≤δ≤50	—	25≤δ≤50
16	有效期(月)	9	9~12	12	9~12

注：硅酮耐候胶极限拉伸强度为0.11~0.14N/mm^2。

每平方米玻璃的表面质量和检验方法　　表 20-3

项　次	项　目	质量要求	检验方法
1	明显划伤和长度>100mm 的轻微划伤	不允许	观察
2	长度≤100mm 的轻微划伤	≤8 条	用钢尺检查
3	擦伤总面积	≤500mm^2	用钢尺检查

一个分格铝合金型材的表面质量和检验方法　　表 20-4

项　次	项　目	质量要求	检验方法
1	明显划伤和长度>100mm 的轻微划伤	不允许	观察
2	长度≤100mm 的轻微划伤	≤2 条	用钢尺检查
3	擦伤总面积	≤500mm^2	用钢尺检查

明框玻璃幕墙安装的允许偏差和检验方法　　表 20-5

项次	项　目		允许偏差(mm)	检验方法
1	幕墙垂直度	幕墙高度≤30m	10	用经纬仪检查
		30m<幕墙高度<60m	15	
		60m<幕墙高度≤90m	20	
		90m<幕墙高度≤150m	25	
		幕墙高度>150m	30	
2	幕墙水平度	幕墙幅宽≤35m	5	用水平仪检查
		幕墙幅宽>35m	7	
3	构件直线度		2.5	用 2m 直尺和塞尺检查
4	构件水平度	构件长度≤2m	2	用水平仪检查
		构件长度>2m	3	
5	相邻构件错位		1	用钢直尺检查
6	分格框对角线长度差	对角线长度≤2m	3	用钢尺检查
		对角线长度>2m	4	

注：表中1~5项按抽样根数检查；第6项按抽样分格检查。

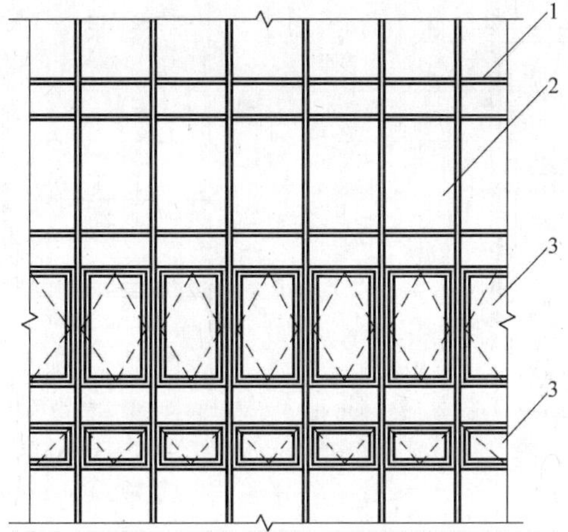

图 20-1 明框玻璃幕墙

1—外露的幕墙框架；2—固定玻璃板；3—幕墙活动窗

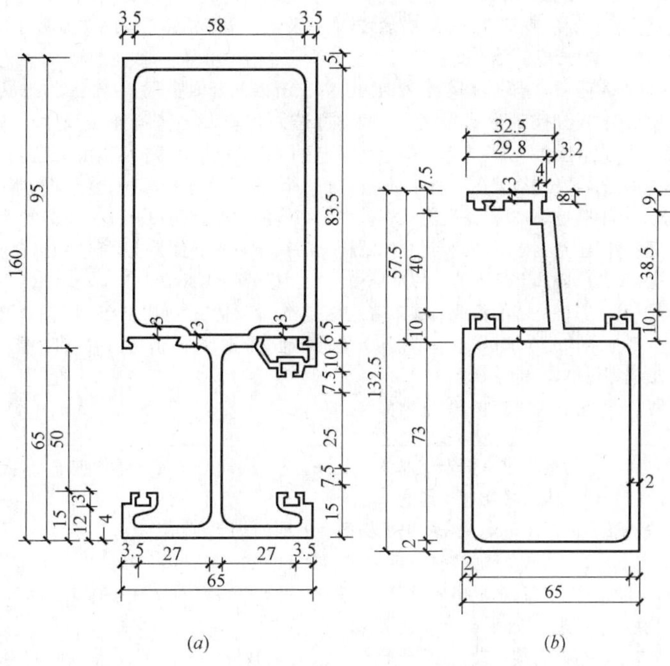

图 20-2 铝合金立柱与横梁形式

（*a*）立柱截面形式；（*b*）横梁截面形式

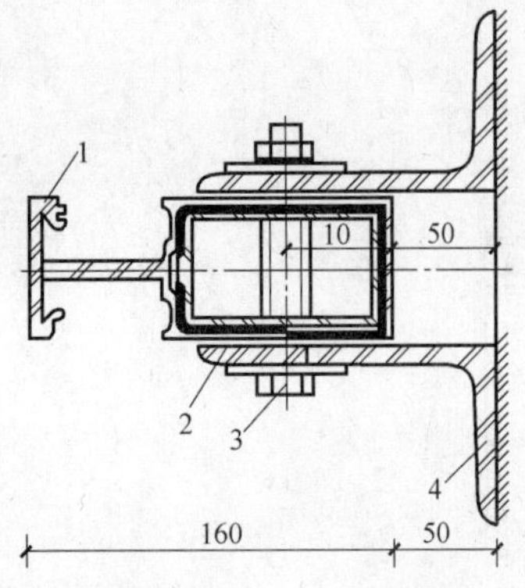

图 20-3 立柱固定节点

1—幕墙竖框；2—铝合金套管；3—M16×130 不锈钢螺栓；4—L127×89×9.5 角钢

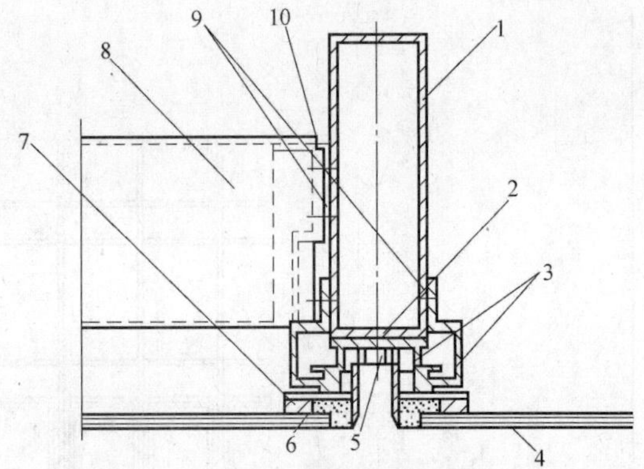

图 20-4 横梁与立柱穿插连接示意

1—立柱；2—聚乙烯泡沫压条；3—铝合金固定玻璃连接件；4—玻璃；5—密封胶；6—结构胶；7—聚乙烯泡沫；8—横梁；9—螺栓；10—横梁与立柱连接件

20.2 隐框及半隐框玻璃幕墙

隐框及半隐框玻璃幕墙施工方法　　**表 20-6**

项次	项目	施工方法要点
1	组成、特点及使用	(1)全隐框玻璃幕墙，是在主体结构上固定由铝合金构件(立柱与横梁)组成的框架体条，然后由工厂组装好的铝合金玻璃框的上框接在该框架作系的横梁上，其余三边用不同方法固定在立柱与横梁上(玻璃用结构胶预先在工厂粘贴在铝合金玻璃框上，组成结构玻璃装配组件)，玻璃框之间用结构密封胶密封。玻璃为各种颜色镀膜镜面反射玻璃，玻璃框及铝合金框格体系均隐在玻璃后面，从外侧看不到铝合金框及横竖骨架，形成一个大面积的有颜色的镜面反射屏幕幕墙，如图 20-5(a)示意 (2)竖隐横不隐玻璃幕墙，是在主体结构上固定由铝合金构件(立柱与横梁)组成的框架体系，但横梁带有玻璃镶嵌槽。由工厂将玻璃粘贴在两竖边有安装沟槽的铝合金框上，然后将玻璃框再固定到铝合金框格体系的立柱上，玻璃上、下两横边则固定在铝合金框格体系的横梁的镶嵌槽内，如图 20-5(b)。镶嵌槽外加盖铝合金压板，盖在玻璃外面，这样，只有立柱隐在玻璃后面，形成竖隐横不隐的玻璃幕墙 (3)横隐竖不隐玻璃幕墙，是由工厂将玻璃用结构胶粘贴在两边有安装沟槽的铝合金框上，组成结构玻璃装配组件，运到工地后，安装到主体结构上的铝合金框格体系上，竖边用铝合金压板固定在立柱的玻璃镶嵌槽内，形成从上到下的整片玻璃由立柱压板分隔成长条形立面，如图 20-5(c)示意 (4)隐框及半隐框幕墙的构造与施工特点是：装饰效果优良，视野开阔，墙体自重轻，材料单一，施工简便、快速，部分结构胶在工厂施工；清洁，质量有保证，维护容易，但抗风、抗震性能差，能耗较大，对周围建筑物形成光污染，造价较高 (5)适用于做公共建筑商场、厅堂的幕墙
2	安装工艺方法	(1)施工程序、测量放线→固定支座的安装→立柱、横梁的安装→结构玻璃组件组装→结构玻璃组件安装→收口处理→伸缩缝处理及其他 (2)测量放线：根据建筑物轴线放出纵横两个方向的基准线和标高控制线 (3)固定支座及横梁、立柱的安装：参见 20.1 节"明框玻璃幕墙"安装工艺方法的施工要点 (4)对主体结构上铝合金框格体系以及工厂内的结构玻璃组件经中间验收合格，且结构玻璃组件胶缝已经固化后，方可进行安装 (5)结构玻璃组件安装：安装有两种形式：一为内勾块固定式，一为外压板固定式，如图 20-6 所示。当结构玻璃组件放置到铝合金框格体系内后，在固定件固定前，要逐块调整好组件相互间的齐平和间隙一致。板间表面齐平可调整固定块的位置或加入垫块；间隙可采用类似木质的半硬质材料制成的标准尺寸的模块，插入两板间的间隙，以确保间隙一致，模块待组件固定后撤去

续表

项次	项目	施工方法要点
2	安装工艺方法	(6)结构玻璃组件安装完成一定单元后，即进行组件间的密封处理。先将密封部位表面用规定溶剂及工艺擦洗干净，塞入衬垫，在胶缝两侧的玻璃上贴宽各 50mm 保护胶带纸，用按设计要求的耐候密封胶填缝(图 20-6)，注胶后要压紧抹平，撕掉保护胶带纸，并将玻璃表面污渍擦洗干净，使密封胶与玻璃粘结牢固，胶缝平整光滑 (7)收口处理：按设计要求安装好幕墙的收口结构后，应及时处理其与主体结构的缝隙，幕墙与主体结构之间的缝隙应采用防火保温材料堵塞；内外表面采用密封胶连续封闭，接缝应连续不漏水，并应注意使收口结构饰面平整美观 (8)伸缩缝处理、抗渗漏试验及质量要求参见 20.1 节"明框玻璃幕墙"施工方法要点 (9)隐框、半隐框玻璃幕墙安装的允许偏差及检验方法应符合表 20-7 的规定
3	注意事项	(1)对高层建筑的测量应在风力不大于 4 级的情况下进行，每天应定时对幕墙的垂直及立柱的位置进行校核，以提高立柱和横梁的精度。同时还应在立柱和横梁基本安装完后，逐根进行校核与调整，最后再施以永久性固定，以确保隐框幕墙外表面平整连续 (2)玻璃与铝合金框之间硅酮结构密封胶的施工厚度应大于 3.5mm，施工宽度不应小于施工厚度的 2 倍，较深的密封槽口底部应采用聚乙烯发泡材料填塞，密封胶在缝内应形成两面粘结，并不得三面粘结 (3)玻璃幕墙四周与主体结构之间的缝隙，应采用防火的保温材料填塞，内外表面采用密封胶连续封闭接缝应严密不漏水 (4)结构玻璃组件在安装过程中，除了要注意本身位置和相邻间的相互位置外，在幕墙整幅沿高度或宽度方向尺寸较大时，还要注意安装过程中的积累误差，适时进行调整 (5)高层幕墙安装与上部结构交叉作业时，结构层施工下方应架设防护网，在离地面 3m 高处，应搭设挑出 6m 的水平安全网，以保施工安全 (6)其他注意事项参见 20.1 节"明框玻璃幕墙"注意事项的有关内容

隐框、半隐框玻璃幕墙安装的允许偏差、检验方法　　表 20-7

项次	项目		允许偏差(mm)	检验方法
1	幕墙垂直度	幕墙高度≤30mm	10	用激光仪或经纬仪检查
		30m＜幕墙高度≤60m	15	
		60m＜幕墙高度≤90m	20	
		90m＜幕墙高度＜150m	25	
		幕墙高度＞150m	30	
2	幕墙水平度	层高≤3m	3	用水平仪检查
		层高＞3m	5	
3	幕墙表面平整度		2.5	用 2m 靠尺和塞尺检查
4	板材立面垂直度		2.5	用垂直检测尺检查
5	板材上沿水平度		2	1m 水平尺和钢直尺检查
6	相邻板材板角错位		1	用钢直尺检查
7	阳角方正		2	用直角检测尺检查
8	接缝直线度		2.5	拉 5m 线，不足 5m 拉通线，用钢直尺检查
9	接缝高低差		1	用钢直尺和塞尺检查
10	接缝宽度		2	用钢直尺检查

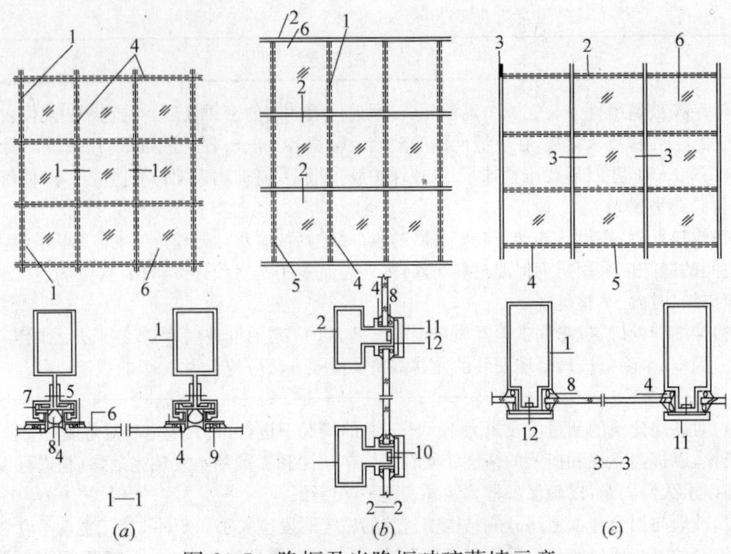

图 20-5　隐框及半隐框玻璃幕墙示意

(a) 全隐框玻璃幕墙；(b) 竖隐横不隐玻璃幕墙；

(c) 横隐竖不隐玻璃幕墙

1—玻璃后的立柱；2—横梁；3—明立柱；4—密封胶；5—结构胶；6—玻璃；7—固定件；8—垫杆；9—垫条；10—垫板；11—扣板；12—压板

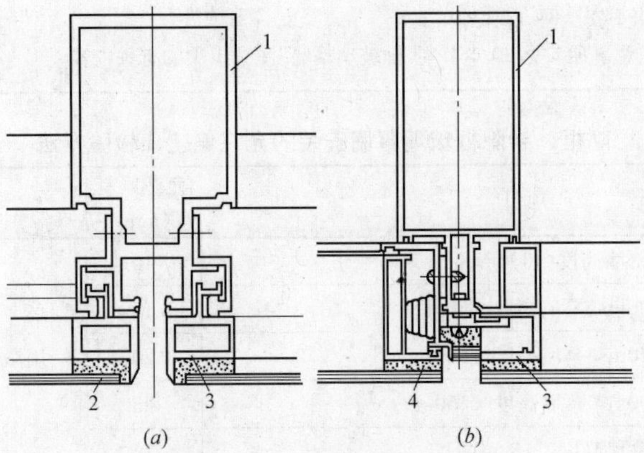

图 20-6　结构玻璃组装件安装形式

(a) 内勾块固定式；(b) 外压板固定式

1—立柱；2—玻璃；3—结构玻璃组装件；4—结构胶

20.3　全玻璃幕墙

全玻璃幕墙施工方法　　表 20-8

项次	项目	施工方法要点
1	构造、特点及应用	全玻璃幕墙是指整个幕墙面全部由玻璃组成，玻璃本身既是彩光饰面材料，又是承受自重与风压的结构件的幕墙(图 20-7)。它的构造和施工特点是：装饰效果优良，视野开阔，墙体自重轻、材料单一、施工简便、快速，维护容易，但抗风、抗震性能差，能耗较大，对周围建筑物形成光污染，造价较高。适用于做公共建筑、商场、餐厅的幕墙

续表

项次	项目	施工方法要点
2	安装工艺方法	(1)底、顶框安装:按设计要求将全玻璃幕墙的底槽、顶槽分别焊在楼地面及顶部结构的预埋件上。当楼地面及顶部结构未埋设预埋铁件时,可用膨胀螺栓将角钢连接件与楼地面及顶部结构连接,再把金属底、顶槽焊于连接角钢上。当为6m以上的全玻璃幕墙时,顶部应安装吊具,将全玻璃幕墙的大块玻璃吊起来,以减少底部压力,吊类具应按设计要求采用 (2)玻璃就位:玻璃运到现场后,用手持玻璃吸盘由人工将其搬运到安装地点。然后用玻璃吸盘安装机在玻璃一侧将玻璃吸牢,接着用起重机械将吸盘连同玻璃一起升到一定高度,再转动吸盘,将横卧的玻璃转至竖直,并先将玻璃插入顶框或吊具的上支承框内,再连续往上抬,使玻璃下口对准底框槽口,然后将玻璃放入底框内的垫块上,使其支承在设计标高位置。当为6m以上的全玻璃幕墙时,玻璃上端悬挂在吊具的上支承框内 (3)玻璃固定:往底框、顶框内玻璃两侧缝隙内填填充料(肋玻璃位置除外)至距缝口10mm位置,然后往缝内用注射枪注入密封胶,要求均匀、连续、严密、上表面与玻璃或框表面成45°角。多余的胶迹应清理干净。 (4)粘结肋玻璃:肋玻璃与幕墙玻璃相交部位的处理形式有图20-8的四种形式,按设计要求选择。安装时,将肋玻璃按设计位置用人工放入相应的底、顶框内,调整好位置后,在幕墙玻璃与肋玻璃接头处的缝隙中注入硅酮结构密封胶,胶液与玻璃面齐平,要求胶缝连续、均匀、饱满,使接缝处表面光滑、平整,多余的胶液应清理干净 (5)肋玻璃端头处理:肋玻璃底框、顶框端头位置的垫块、密封条要固定,其缝隙用密封胶封死 (6)清洁处理:幕墙玻璃安好后应进行清洁工作,拆排架前应做最后一次检查,以保证胶缝的质量及幕墙表面的清洁 (7)质量要求:玻璃的安装必须位置正确,安装牢固无破损、缺楞掉角等缺陷;表面应平整、洁净、颜色一致,无污染。橡胶条和密封胶应镶嵌密实、充填平整;玻璃肋与幕墙玻璃必须用结构胶粘结牢固,缝隙均匀、铅垂。幕墙玻璃板块之间的缝隙应垂直,缝宽应均匀
3	注意事项	(1)顶框、底框与预埋件焊接或螺栓固定后,应及时进行防锈处理 (2)玻璃安装前,其附近的湿作业等项目必须完成 (3)全玻璃幕墙与结构之间的缝隙,应采用密封胶连续封闭,接缝应严密不漏水 (4)填胶前要对涂胶面做预处理;清理掉表面的尘土、油污,然后用洁净棉纱沾清洁剂擦拭,晾干后方可填密封胶 (5)清洗全玻璃幕墙的中性清洁剂,应进行腐蚀性试验。中性清洁剂清洗后应及时用清水冲洗干净 (6)玻璃幕墙应进行抗雨水渗漏性检查 (7)其他安装注意事项均同20.1节"明框玻璃幕墙"中有关部分

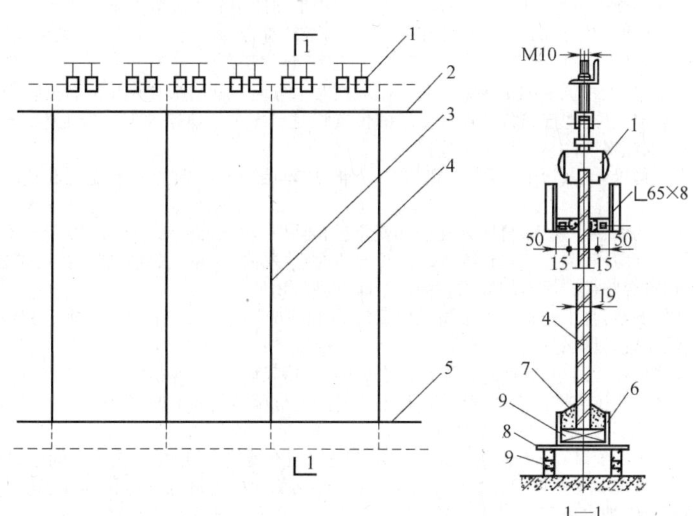

图20-7 全玻璃幕墙构造示意

1—吊夹具;2—封顶板;3—外墙结构胶粘结缝;4—玻璃板;5—地面;6—3mm厚不锈钢槽;7—密封胶;8—6mm厚钢板;9—橡胶垫块

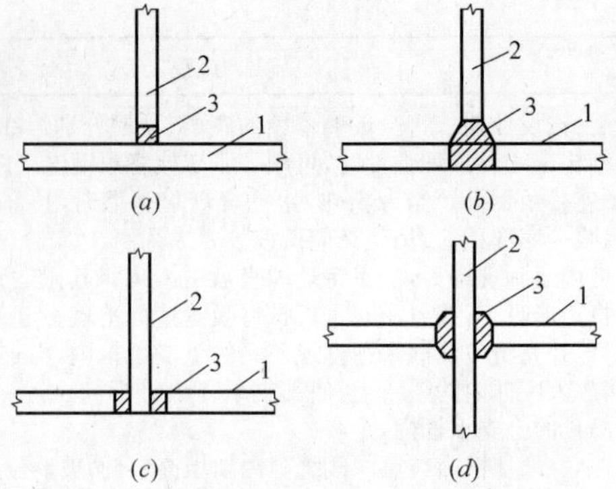

图 20-8　面玻璃与肋玻璃相交部位的处理形式
(*a*) 后置式；(*b*) 骑缝式；(*c*) 平齐式；(*d*) 凸出式
1—面玻璃；2—肋玻璃；3—结构密封胶

20.4　点支承玻璃幕墙

点支承玻璃幕墙施工方法　　**表 20-9**

项次	项目	施工方法要点
1	构造特点	点支承玻璃幕墙就是全部幕墙只有立柱而无横梁，所有玻璃板均用四爪挂件挂在背后的立柱上(图20-9)。点支承玻璃幕墙的构造和施工特点是：能形成大面积的全玻璃镜面，外墙装饰效果好；墙体自重轻；材料单一，施工简便，工期短；维护清理方便。存在问题：抗风、抗震性能差；能耗较大；对周围建筑物形成光污染。适用于做公共建筑、商场、会议室、餐厅等的幕墙
2	材料要求	(1)主柱、边框、玻璃板必须满足设计要求，并符合有关现行国家规范、标准的规定。产品应有出厂合格证 (2)结构密封胶必须按设计要求选用，并符合有关现行国家标准的规定 (3)挂件必须采用带万向头的活动不锈钢爪，钢爪间的中心距离应大于250mm (4)与主体结构连接的预埋件、连接件、紧固件必须符合设计要求和国家有关规范的规定
3	安装工艺方法	(1)弹线：根据建筑物的轴线测放并弹出纵横两个方向的幕墙基准线和标高控制线 (2)安装连接件：把连接件按设计要求的位置临时点焊在预埋铁件上。若主体结构上没有预埋铁件，可用膨胀螺栓将铁件与主体结构连接 (3)安装幕墙立柱、边框：以幕墙基准线为准、从幕墙中心向两边安装立柱和边框，与连接铁件临时固定 (4)立柱的调整与紧固：幕墙立柱全部就位后，再做一次全面检查，对局部不适的位置做最后调整，使立柱的垂直度及间距达到设计要求。然后对临时点焊的位置正式焊接，紧固连接螺栓，对没有防松措施的螺栓均点焊防松。所有焊缝均应清理干净并做防锈处理 (5)挂件安装：将不锈钢挂件按设计位置焊接在幕墙立柱上，并用与玻璃同尺寸同孔径的模具校正每个挂件的位置，以确保准确无误 (6)玻璃板安装：采用吊架自上而下地将四角钻孔的玻璃板安装在焊于立柱设计位置的四爪挂件上并固定牢固。然后用硅酮结构密封胶对玻璃板块之间的缝隙进行密封处理，并及时清理玻璃板缝处的多余胶迹 (7)立面墙趾安装：将不锈钢U形地槽用铆钉固定在地梁上，地槽内按一定间距设有经防腐处理的垫块，当幕墙玻璃就位并调整符合要求后，再在玻璃两侧地槽内嵌入泡沫棒并注满密封胶，最后在室外一侧安装不锈钢披水板。 (8)清理：安装幕墙构件的同时应进行清洁工作。安装完毕拆架前应对玻璃幕墙进行一次全面检查与清理，以保证玻璃安装和胶缝密封质量及幕墙表面的整洁 (9)细部及节点处理：按设计图纸要求施工

续表

项次	项目	施工方法要点
3	安装工艺方法	(10)质量要求:幕墙立柱边框不锈钢件安装必须位置准确,连接牢固,无松动;玻璃板的安装必须牢固,无破损。幕墙的立柱和边框应顺直,无弯曲、无变形、无毛刺、无污染。玻璃表面平整、洁净、颜色一致。点支承玻璃幕墙的玻璃板缝应横平竖直,缝宽均匀,并符合设计要求。幕墙应无渗漏。幕墙上下边及侧边封口、沉降缝、伸缩缝、防震缝的处理及防雷体系应满足设计要求;幕墙隐蔽节点的遮封装修应整齐美观
4	注意事项	(1)每天应定时校核玻璃幕墙的垂直度及立柱位置。测量放线工作应在风力不大于4级的情况下进行 (2)现场焊接或螺栓紧固的构件固定后,应及时进行防锈处理。玻璃幕墙中与铝合金接触的螺栓及金属配件应采用不锈钢或轻金属制品 (3)不同金属的接触面应采用垫片做隔离处理 (4)玻璃幕墙四周与主体结构之间的缝隙,应采用防火的保温材料填塞;内外表面采用密封胶连续封闭。接缝应严密不漏水 (5)幕墙框架完成后,需在所有节点填注密封胶后才能装玻璃板

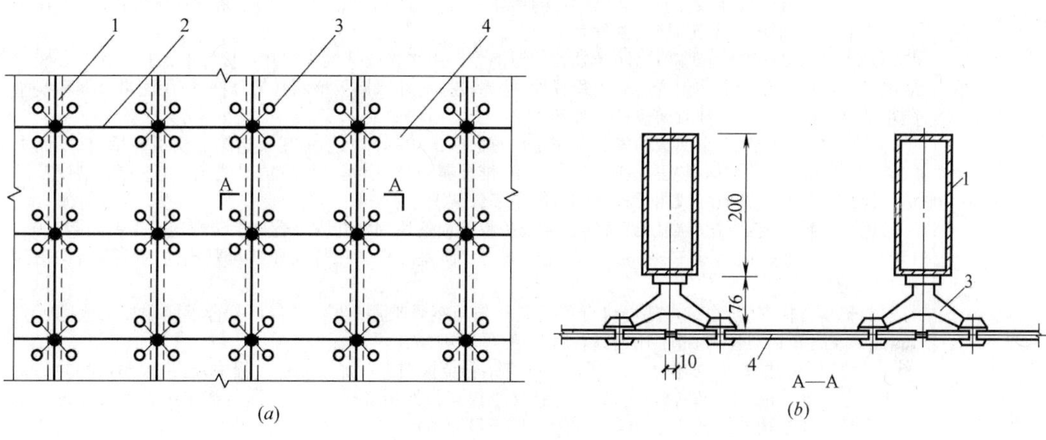

图 20-9 点支承玻璃幕墙

(a) 幕墙立面;(b) A—A 节点剖面

1—立柱;2—密封胶缝;3—金属挂件;4—玻璃

20.5 金属幕墙

金属幕墙施工方法 **表 20-10**

项次	项目	施工方法要点
1	构造、特点及应用	金属幕墙是指由金属构件悬挂在建筑物主体结构外表面的,由铝合金板、铝塑板和彩色压型钢板等作为墙面的非承重外围护墙体。金属幕墙的外墙板可以由现场以两层金属板间填充保温材料组成,也可用单层金属板加保温材料组成。金属幕墙的构造和施工特点是:外墙装饰效果好,墙体自重轻,材料单一,施工方便,工期短,维护清理方便,色彩和光泽保存长久。存在的问题是:造价较高,抗风性能差,能耗较大。适于做高层建筑写字间、会议室、餐厅等的幕墙

续表

项次	项目	施工方法要点
2	材料要求	(1)金属饰面板:一般有铝合金单板、铝塑复合板、铝合金蜂窝板、防火板、夹芯保温铝板、不锈钢板、彩涂钢板等,应根据幕墙面积,使用年限及性能要求进行选用,其性能应达到国家相关标准及设计要求,并有出厂合格证和性能检测报告。为了防腐、装饰和耐久性要求,金属板表面尚应进行二涂、三涂或四涂的氟碳树脂处理,涂膜厚度应大于25μm,对海边及严重酸雨地区,其涂膜厚度应大于40μm,要求涂层无气泡、裂纹、剥落等现象。幕墙用铝合金单板的厚度不应小于2.5mm;铝复合板的上下两层铝合金板的厚度应为0.5mm;铝合金蜂窝板的厚度有10mm、12mm、15mm、20mm和25mm等几种,当厚度为10mm的铝蜂窝板时,由1mm厚的正面铝合金板和0.5～0.8mm的背面铝合金板及铝蜂窝粘结而成,厚度在10mm以上的蜂窝铝板,其正、背面铝合金板厚度均为1mm (2)钢材:其技术性能和试验方法应符合国家标准的规定,对高度超过40m的幕墙,其受力骨架应采用高耐候性结构钢,并在其表面涂刷防腐涂料。对薄壁型钢构件钢材,除应符合现行国家标准《冷弯薄壁型钢结构技术规范》(GB 50018—2002)的有关规定外,其壁厚不得小于3.5mm (3)铝合金型材:其性能要求参见20.1节"明框玻璃幕墙"的材料要求 (4)预埋件、连接件等配件必须符合设计要求,并进行防腐处理。对后置埋件必须进行现场拉拢试验,合格后方可使用 (5)硅酮结构密封胶和密封材料必须按设计要求选用,并进行相容性试验,其性能应符合表20-2的要求
3	安装工艺方法	(1)放线:根据主体结构上的轴线和标高线,在主体结构上弹出支承骨架的安装位置线,作为骨架安装的依据 (2)安装连接件:将连接件与主体结构上的预埋件焊接固定。当主体结构上未埋设预埋件时,可在主体结构上打孔用膨胀螺栓与连接铁件固定 (3)安装骨架:按弹线位置将经防锈处理的型钢骨架用焊接或螺栓固定在连接件上(图20-10),安装中应随时检查标高和中心线位置。对面积较大、层高较高的外墙铝板幕墙骨架竖杆,应用测量仪器和线坠测量,校正其位置,以保证骨架竖杆垂直和平整 (4)幕墙金属板安装:金属板的安装顺序是从每面墙的边部竖向第一排下边第一块板开始,自下而上安装。安装完第一排再安装第二排。每安装10排金属板后,应用经纬仪或吊线坠检查一次,以便及时清除误差。幕墙金属板一般用螺栓或铆钉固定于骨架上 1)铝合金板安装:用螺栓或铆钉将铝合金板条或方板逐块固定在支承骨架上。螺栓或铆钉间距100～150mm。板与板之间留缝10～20mm,以便调整安装误差。板缝用橡胶压条压紧或注入硅酮结构密封胶封闭(图20-11) 2)铝塑复合板安装:在节点部位将直角铝型材与角钢骨架用螺栓连接,将复合板两端加工成圆弧直角,嵌卡在直角铝型材内,缝隙用密封材料嵌填(图20-12) 3)蜂窝铝合金板安装:如图20-10所示。蜂窝铝合金板在工厂加工制造过程中,已将板周边的封边框与板一起制作完成,板安装时,只要通过连接件将板与骨架用螺栓固定即可,骨架采用方钢管通过角钢连接件与主体结构连成整体。方钢管间距根据板尺寸确定 (5)伸缩缝、沉降缝处理:金属幕墙的伸缩缝、沉降缝处理必须按设计要求进行。其处理方法一般使用弹性较好的氯丁橡胶成型带压入缝边锚固件上,起连接、密封作用 (6)幕墙收口处理:幕墙收口处理必须符合设计要求。一般采用特制的铝合金成型板进行处理 1)水平部位压顶处理:窗台、女儿墙的上部处理,都属于水平部位的压顶处理。处理方法就是用铝合金板覆盖,以阻挡风雨侵蚀。水平盖板用螺栓固定在焊于结构基层的钢骨架上。盖板的接长部位宜留4～6mm的间隙,并用密封胶密封 2)幕墙边缘部位收口处理:用铝合金成型板将幕墙端部及立柱、横梁部位封闭 3)幕墙下端收口处理:用一条特制的披水板,将幕墙下端封闭,同时将幕墙与结构墙体间的缝隙盖住,以免雨水渗入室内 4)转角处理:用1.5mm或2mm的直角形铝合金板,与幕墙金属外墙板用螺栓连接固定 (7)板面清理:安装完毕后,清理金属幕墙表面,撕下金属板表面的保护膜,把板面清理干净
4	质量要求	(1)金属幕墙工程所使用的各种材料和配件,应符合设计要求及国家现行产品标准和工程技术规范的规定、幕墙的造型和立面分格应符合设计要求 (2)骨架安装位置应正确,连接牢固、无松动,骨架应横平竖直,无弯曲、变形;铝合金饰面板安装必须牢固,无脱层翘曲、折裂、缺棱掉角等缺陷;板面平整、洁净,颜色一致、无污染,板与板之间的连接应均匀严密,接缝横平竖直,并符合设计要求;幕墙上下边及侧边封口、变形缝及防雷体系应符合设计要求;板缝注胶应饱满、密实、连续、均匀无气泡,宽度和厚度应符合设计要求 (3)淋水检查应无渗漏 (4)每平方米金属板的表面质量应符合表20-11的规定;金属幕墙安装的允许偏差应符合表20-12的规定

续表

项次	项目	施工方法要点
5	注意事项	(1)金属幕墙材料应按品种、规格堆放在特种架子或垫木上。在室外堆放时,应采取保护措施。搬运或吊装时不得碰撞和损坏 (2)安装前需将金属板面擦拭干净。安装过程中勿使用螺丝刀、铁锤等硬物敲击 (3)铝塑复合板加工圆弧直角时,需保持铝质面材与聚乙烯芯材一样的厚度。圆弧加工可使用8mm圆鼻刀型电动刨沟机。铝塑复合板不可做多次反复弯曲 (4)施工中必须严格按设计图纸和规范、规程认真施工,安装好每一块金属板,尤其是收口构造的各部位必须处理好,打胶、嵌缝必须认真仔细,防止出现金属幕墙渗漏水现象 (5)高层建筑金属幕墙测量放线应在风力不大于4级的情况下进行。每天应定时对金属幕墙的垂直度进行校核 (6)连接件与膨胀螺栓或主体结构上的预埋件焊牢后应及时进行防锈处理 (7)不同金属的接触面应采用橡胶垫片做隔离处理 (8)金属幕墙四周与主体结构之间的缝隙,应采用防火的保温材料填塞;内外表面采用密封胶连续封闭,接缝应严密不漏水 (9)金属幕墙施工过程中应进行抗雨水渗漏性能试验 (10)铝板幕墙的骨架、铝板和密封等应有保护措施,不得使其发生碰撞变形、变色等现象;施工中铝板幕墙及其骨架表面的黏附物应及时清除;清洗铝板幕墙应使用中性清洁剂,并应进行腐蚀性检验。清洗后应及时用清水冲洗干净

每平方米金属板的表面质量和检验方法　　表 20-11

项次	项目	质量要求	检验方法
1	明显划伤和长度>100m的轻微划伤	不允许	观察
2	长度≤100mm的轻微划伤	≤8条	用钢尺检查
3	擦伤总面积	≤500mm^2	用钢尺检查

金属幕墙安装的允许偏差和检验方法　　表 20-12

项次	项目		允许偏差(mm)	检验方法
1	幕墙垂直度	幕墙高度≤30m	10	用经纬仪检查
		30m<幕墙高度≤60m	15	
		60m<幕墙高度≤90m	20	
		幕墙高度>90m	25	
2	幕墙水平度	层高≤3m	3	用水平仪检查
		层高>3m	5	
3	幕墙表面平整度		2	2m靠尺和塞尺检查
4	板材立面垂直度		3	用垂直检测尺检查
5	板材上弦水平度		2	用1m水平尺和钢直尺检查
6	相邻板材板角错位		1	用钢直尺检查
7	阳角方正		2	用直角检测尺检查
8	接缝直线度		3	拉5m线,不足5m拉通线,用钢直尺检查
9	接缝高低差		1	用钢直尺和塞尺检查
10	接缝宽度		1	用钢直尺检查

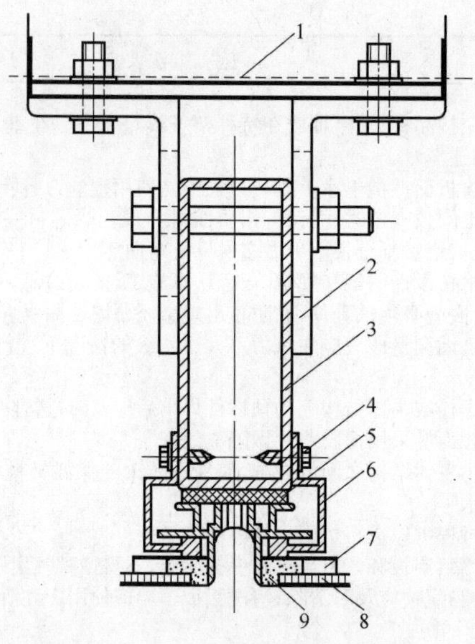

图 20-10　金属幕墙骨架安装节点

1—混凝土结构线；2—角钢连接件；3—钢管骨架；4—螺栓加垫圈；5—聚乙烯泡沫塑料填充物；6—固定钢板件
7—泡沫塑料填充，周边用胶密封；8—铝合金蜂窝板；9—密封胶

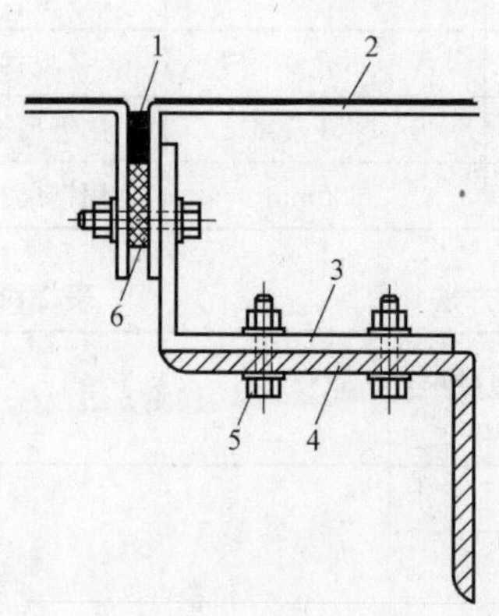

图 20-11　金属幕墙铝合金板安装节点

1—密封胶；2—3mm 厚成型铝合金板；
3—角钢连接件；4—角钢骨架；5—固定螺栓；
6—聚乙烯泡沫塑料填充物

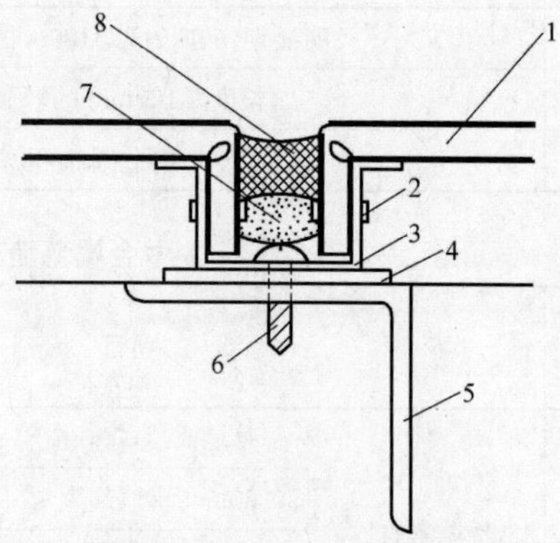

图 20-12　金属幕墙铝塑复合板安装节点

1—铝塑复合板；2—铆钉；3—直角铝型材；
4—橡胶垫片；5—角钢；6—螺丝钉；
7—衬垫材料；8—密封材料

20.6　石材幕墙

石材幕墙安装施工方法　　表 20-13

项次	项目	施工方法要点
1	组成、特点及使用	(1)石材幕墙是由花岗石或大理石片材通过金属挂件直接悬挂于主体结构的混凝土墙体上(图 20-13)或悬挂于固定在主体结构柱、梁上的型钢骨架上(图 20-14)而形成的非承重外围护墙体 (2)石材幕墙的构造与施工特点是:外墙装饰效果好,材料单一,施工操作简便,工效高,造价低,维护清理方便,色彩和光泽保存长久。存在的问题是:石材自重大、固定困难,力学性能离散性大、脆性材料,易断裂,抗风、抗震性能较差。适于做民用和公共建筑的石材幕墙工程应用

续表

项次	项目	施工方法要点
2	材料要求	(1)石材饰面板:宜选用火成岩,含水率应小于0.8%,厚度不应小于25mm,弯曲强度不应小于8MPa,外观质量应符合《天然花岗石建筑板材》(GB/T 18601—2009)优等品标准的要求,并应符合《建筑材料放射性核素限量》(GB 6566—2010)的规定。石材的质量、颜色、花纹及表面加工处理均应符合设计要求 (2)骨架钢材、连接件、预埋件等零配件必须符合设计要求及国家现行产品标准和工程技术规范的规定,并进行防腐处理。铝合金挂件厚度不应小于4.0mm,不锈钢挂件厚度不应小于3.0mm (3)硅酮结构密封胶必须按设计要求选用,并进行相容性试验 (4)防火、防潮、保温材料及罩面涂料、玻璃纤维网格布、合成树脂胶粘剂等配套材料应按设计要求选用,并有产品合格证
3	安装工艺方法	(1)进货验收:现场材料管理人员应对购进的每批材料进行认真验收。检查材料的品种、规格、型号与购料单是否相符。发现石材颜色明显不一致、破损较严重的,应单独堆放,以便退回厂家。验收合格的石材,应竖直码放在仓库内的垫木上 (2)石材的挑选:对石材颜色挑选分类,安装在同一面的石材颜色应基本一致,有花纹要求时应进行预排配色并编号 (3)石材的加工:根据设计尺寸和图纸要求,用专用模具将石材固定在台钻上进行钻孔或开槽加工。加工时应根据石材在工程中的组合形式进行:当为钢销式安装时,钢销的孔位距离板端不得小于石板厚度的3倍,也不大于180mm,钢销间距不宜大于600mm,销孔深度宜为22～23mm,直径为7mm或8mm,钢销直径为5mm或6mm,长度宜为20～30mm;当为通槽式安装时,石板的通槽宽度宜为6mm或7mm,支撑板厚度:不锈钢不宜小于3mm,铝合金不宜小于4mm;当为短槽式安装时,石板上下边各开两个短平槽,槽长不应小于100mm,槽宽宜为6mm或7mm,槽深不宜小于15mm,支撑板厚度:不锈钢不宜小于3mm,铝合金不宜小于4mm,两短槽边距离石板两端不宜小于石板厚度的3倍,也不应大于180mm。加工后应清理干净,并在石板背面刷一遍合成树脂胶粘剂,铺一层玻璃纤维网格布,再刷一遍合成树脂胶粘剂,固化后待用 (4)弹线:根据主体结构上的轴线和标高,分别弹出板材横竖分格控制线。当有型钢骨架时,应弹出型钢骨架的立柱和横梁的位置线 (5)安装连接件:将型钢骨架连接件与主体结构上的预埋件焊接牢固,当主体结构没有预埋件时,可在主体结构上钻孔安装膨胀螺栓与连接件固定,但须做后置埋件的拉拔试验,合格后方可使用 (6)安装型钢骨架:按弹线位置将型钢立柱焊接或用螺栓固定在连接件上,然后再将型钢横梁按设计要求固定在立柱的相应位置上。安装过程中应用经纬仪对立柱和横梁进行贯通,以确保安装精度,安装完毕后应全面检查立柱和横梁的中心线及标高等 (7)安装石材金属挂件:将石材金属挂件按设计间距用螺栓固定在主体结构混凝土墙上(图20-13)或型钢骨架上(图20-14) (8)安装石材板:将打好孔、背面粘贴好玻璃纤维网格布、并且钻孔注入胶粘剂的石材板块卡挂在金属挂件上。卡挂饰面板时应注意调整板缝宽度均匀一致。先试挂几块板,用靠尺找平后再正式挂板。插入挂件前,先将环氧树脂胶粘剂注入石材板块钻孔内,挂件插入石材板块销孔深度应大于20mm。石材幕墙饰面板的安装节点如图20-15所示 (9)贴防污胶条、嵌缝:沿石材板边缘贴防污胶条,边沿要贴齐、贴严。在石材板缝嵌弹性背衬条,嵌好后的背衬条离外表面5mm,然后用注射枪向石材板缝注入密封胶 (10)石材表面清理:刷罩面涂料撕去石材表面防污胶条,用棉纱将石材表面擦拭干净。若有胶迹或其他粘结牢固的杂物,可用小刮刀轻轻铲除,再用棉纱沾丙酮擦拭干净。然后在石材表面刷罩面涂料。罩面涂料涂刷要均匀、平整、有光泽 (11)沉降缝、伸缩缝和防震缝的处理:沉降缝、伸缩缝和防震缝必须按设计要求进行施工。施工时既要使两侧幕墙可以位移、不碰撞;又要绝对密封,不渗漏,不透气。特别是防震缝,缝宽可达20～30cm,因此更需多道柔性密封 (12)抗渗漏试验:幕墙施工过程中应分层进行抗雨水渗漏性能试验

续表

项次	项目	施工方法要点
4	质量要求	(1)石材幕墙工程所用石材的品种、规格、性能和等级，应符合设计要求及现行国家产品标准和工程技术规范的规定；幕墙的造型、立面分格、颜色、光泽、花纹和图案应符合设计要求 (2)石材孔、槽的数量、位置、深度、尺寸应符合设计要求 (3)石材幕墙的金属框架立柱与主体结构预埋件的连接、立柱与横梁的连接、连接件与金属框架的连接、连接件与石材面板的连接必须符合设计要求，安装必须牢固。防雷装置必须与主体结构防雷装置可靠连接。石材饰面板安装必须牢固，无翘曲、折裂、缺楞掉角等缺陷。幕墙的板缝注胶应饱满、密实、连续、均匀、无气泡，板缝宽度和厚度应符合设计要求和技术标准的规定。石材幕墙应无渗漏。表面应平整、洁净，无污染、缺损和裂痕。颜色和花纹应协调一致、无明显色差，无明显修痕。幕墙压条应平直、洁净、接口严密，安装牢固。石材接缝应横平竖直、宽窄均匀；阴阳角石板压向应正确，板边结合缝应顺直；凸凹线出墙厚度应一致，上下口应平直；石材板面上洞口、槽边应套割吻合，边缘应整齐。密封胶缝应横平竖直、深浅一致，宽窄均匀、光滑顺直。滴水线、流水坡向应正确、顺直 (4)每平方米石材的表面质量应符合表 20-14 的规定；石材幕墙安装质量应符合表 20-15 的规定
5	注意事项	(1)幕墙材料应按品种、规格码放在仓库内特种架子或垫木上。在室外堆放时，应采取保护措施。材料搬运或吊装时，不得碰撞和损坏 (2)石材幕墙施工前，应绘制施工大样图，做好石材的加工订货工作 (3)石材进场时，应安排专人做好进货检验工作。石材进货验收合格后，应对石材的颜色进行挑选分类，并根据设计尺寸进行钻孔；在石材背面刷胶粘剂，粘贴玻璃纤维网格布增强。固化前应防止受潮 (4)应将金属挂件与支承框架连接处的螺栓点焊防松或加双螺母固定，以免金属挂件因受力下滑 (5)高层建筑石材幕墙的测量放线工作应在风力不大于 4 级的情况下进行。每天应定时对石材幕墙的垂直度进行检查校核 (6)连接件与膨胀螺栓或主体结构上的预埋件焊牢后应及时进行防锈处理 (7)不同金属的接触面应采用橡胶垫片做隔离处理 (8)石材幕墙四周与主体结构之间的缝隙，应采用防火的保温材料填塞；内外表面采用密封胶连续封闭，接缝应严密不漏水

每平方米石材的表面质量和检验方法 **表 20-14**

项次	项目	质量要求	检验方法
1	裂痕、明显划伤和长度＞100mm 的轻微划伤	不允许	观察
2	长度≤100mm 的轻微划伤	≤8 条	用钢尺检查
3	擦伤总面积	≤500mm^2	用钢尺检查

石材幕墙安装的允许偏差和检验方法 **表 20-15**

项次	项目		允许偏差(mm)		检验方法
			光面	麻面	
1	幕墙垂直度	幕墙高度≤30m	10		用经纬仪检查
		30m＜幕墙高度≤60m	15		
		60m＜幕墙高度≤90m	20		
		幕墙高度＞90m	25		
2	幕墙水平度		3		用水平仪检查
3	板材立面垂直度		3		用垂直检测尺检查
4	板材上弦水平度		2		用 1m 水平尺和钢直尺检查
5	幕墙表面平整度		2	3	用垂直检测尺检查
6	相邻板材板角错位		1		用钢直尺检查
7	阳角方正		2	4	用直角检测尺检查
8	接缝直线度		3	4	拉 5m 线，不足 5m 拉通线，用钢直尺检查
9	接缝高低差		1	—	用钢直尺和塞尺检查
10	接缝宽度		1	2	用钢直尺检查

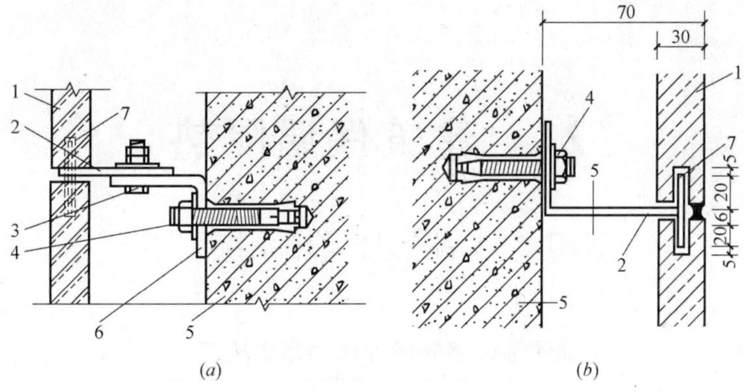

图 20-13 直接式干挂石材幕墙构造示意

(a) 二次直接法；(b) 直接做法

1—石材墙面板；2—不锈钢或铝合金挂件；3—不锈钢螺栓；4—敲击式重荷锚栓；5—主体结构混凝土墙面；6—型钢连接件；7—环氧树脂胶粘剂

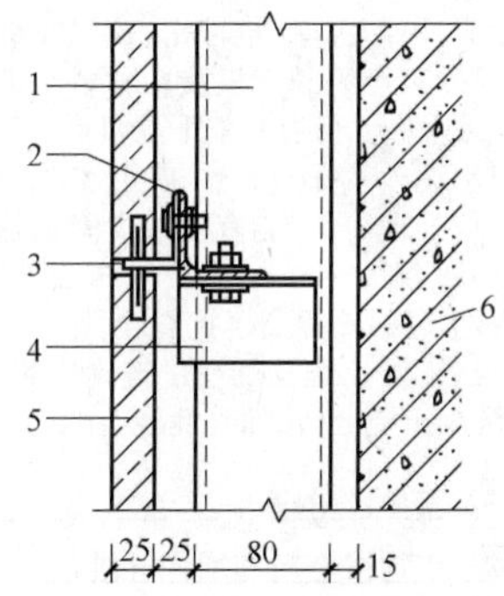

图 20-14 骨架式干挂石材幕墙构造示意

1—钢立柱[8；2—钢横梁∟50×50×5；

3—不锈钢销钉式挂件；4—钢角码；

5—石材墙面板；6—主体结构钢筋混凝土柱、架

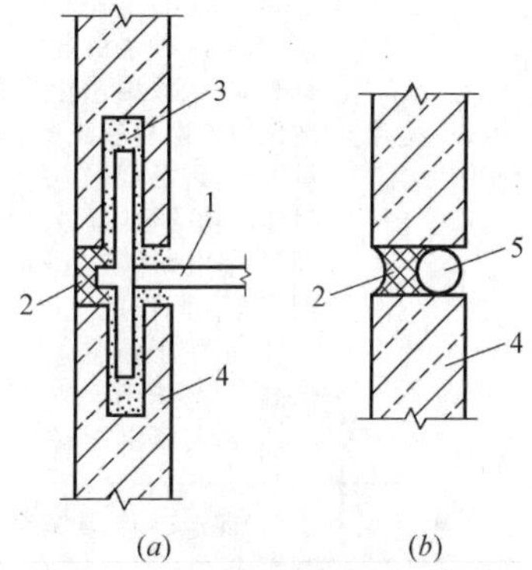

图 20-15 石材幕墙饰面板嵌缝

(a) 销钉孔部位嵌缝处理；(b) 其他部位嵌缝处理

1—不锈钢或铝合金挂件；2—耐候密封胶；

3—环氧树脂胶粘剂；4—石材饰面板；

5—衬垫材料

21 建筑保温隔热

21.1 外墙保温隔热系统施工

21.1.1 陶砂、玻化微珠保温砂浆外墙外保温系统施工

陶砂、玻化微珠保温砂浆外墙外保温系统施工方法　　表 21-1

项次	项目	施 工 要 点
1	组成、特点及使用	(1)系以陶砂、玻化微珠保温砂浆干混料，在现场加水搅拌均匀后，直接涂抹在经界面砂浆或专用界面剂涂刷过的结构外墙外表面上而形成的保温层，然后在其表面用耐碱玻纤网格布增强的抹面砂浆做护面层，最后批刮柔性腻子、涂刷(喷)装饰涂料或粘贴面砖饰面，其构造如图 21-1 所示 (2)保温砂浆由全无机材料组成，其耐老化性、耐候性、耐冻融、抗冲击、抗风压性能良好，具有无毒、保温、隔热、不燃、防火、隔声等优点；保温砂浆所用的无机胶粘材料与无机陶砂、玻化微珠染料形成良好的胶质骨架，具有较高的机械强度。保温砂浆干混料系工厂配制，质量可靠，现场加水搅拌均匀即可，施工简单，与普通水泥砂浆抹灰方法相同，工艺成熟，同时对建筑物的柱、梁以及特殊造型等易产生冷桥的部位处理简单，能有效减少附加热损失；护面层采用薄抹灰，由抹面砂浆与耐碱网格布组成，厚度仅 3～6mm，保证了抹面砂浆与耐碱网格布共同作用，不仅增加了面层的强度和抗冲击性，且显著提高了抗裂性。 (3)适用于新建、扩建、改建的居住建筑、公共建筑、工业建筑及既有建筑改造的墙体节能保温工程；适用于多层及高层建筑的钢筋混凝土、混凝土空心砖、加气混凝土砌块、黏土多孔砖、灰砂砖等围护墙外墙、分户墙的保温抹灰工程
2	材料要求及配制	(1)保温砂浆：由轻质陶砂、玻化微珠、硅酸盐水泥、矿物掺合料和增强纤维以一定比例配制而成的干混合料。现场按厂家提供的使用说明书，将保温砂浆干混料加入定量水，用强制式砂浆搅拌机充分搅拌均匀，搅拌时间 3～5min，形成均匀胶状物即可。保温砂浆应随配随用，在 2h 内用完，超过可操作时间的砂浆不得再加水搅拌后使用。保温砂浆的技术性能指标见表 21-2 (2)界面砂浆：市场有界面砂浆干混料成品供应，现场按厂家提供的说明书，将界面砂浆干混料加定量水，用手提搅拌器或强制式砂浆搅拌机充分搅拌均匀成浆状即可。界面砂浆的技术性指标见表 21-3 (3)专用界面剂：专用于加气混凝土砌块墙面，其性能指标见表 21-4 (4)抹面砂浆：宜采用预拌砂浆，现场按厂家提供的使用说明书，将抹面砂浆干混料加入适量水，用强制式砂浆搅拌机或手提搅拌器搅拌均匀即可使用，一次配制量以 2h 内用完为宜，夏季应适当缩短使用时间，配制好的浆料注意防晒、防风，超过可操作时间的料不得再加水搅拌使用。抹面砂浆性能指标见表 21-5 (5)耐碱玻纤网格布：性能指标见表 21-6 (6)锚固件：性能指标见表 21-7 (7)柔性腻子：性能指标见表 21-8
3	施工准备	(1)基层墙体以及门窗洞口的施工质量应验收合格，门窗框(或副框)应安装完毕，伸出墙面的消防梯、雨水管、各种进墙管线和空调机等的预埋、连接件应安装完毕，并预留出保温层厚度 (2)施工脚手架按外装修用脚手架标准安装完毕，并经安全人员检查验收合格，在施工中配架子工翻铺脚手板 (3)材料进场应认真进行检查验收，并按规定取样复验，合格后方可使用。材料应堆放于库、棚内，并分类堆放整齐，挂牌标明材料名称

续表

项次	项目	施工要点
3	施工准备	(4)在正式施工前,应在现场采用与正式工程相同材料、构造做法和工艺制作样板墙,并经有关各方认可后方可进行工程施工 (5)施工期间以及施工完成后24h内,基层及施工环境温度不应低于5℃,当必须在低于5℃以下施工时,应采取保证工程质量的有效措施。夏季应避免阳光暴晒。五级及以上大风和雨天不得施工,如施工中突遭阵雨,应及时采取有效措施,防止雨水冲刷墙面 (6)主要施工机具为强制式砂浆搅拌机、手提式搅拌器和搅拌桶、抹灰工具及抹灰质量检测工具、称量衡器、壁纸刀、钢丝刷、腻子刀等
4	施工工艺方法	(1)工艺流程:基层处理→涂刷界面砂浆或专用界面剂→吊垂直、套方、弹控制线→贴灰饼、抹冲筋→涂抹保温砂浆→做分格线条→抹护面砂浆、铺网格布→饰面施工 (2)基层处理:基层墙体表面应清除油污、浆渣、隔离剂等妨碍粘结的附着物;对空鼓、疏松部位应铲除,凸出部分(≥10mm)应凿除,平整度不符合要求(2m靠尺应在4mm以内)的部位应用1∶3水泥砂浆找平,确保墙面坚实、平整 (3)涂抹界面砂浆或专用界面剂:用滚刷或扫帚将界面砂浆均匀涂刷,也可采用喷枪喷涂,厚约3～4mm,需抹平压实,使之与基层墙面或柱、梁面结合牢固,清除空鼓并保留粗糙面,便于与保温层结合。对加气混凝土砌块墙面应涂刷专用界面剂 (4)吊垂直、套方、弹控制线:在顶部及底部墙面打膨胀螺栓或射钉,作为墙面挂钢丝的垂挂点,用经纬仪打点,用紧张器安装钢垂线,用水平仪找水平基准点,弹出水平和垂直控制线并套方 (5)贴灰饼、抹冲筋:根据垂直和水平控制线拉通线,按设计要求用与保温砂浆相同材料做标准厚度灰饼并冲筋,间距不大于2m (6)抹保温砂浆:应分次分遍进行涂抹,每次厚度不大于8mm,每遍厚度不大于20mm,抹灰方法与普通抹灰相同。后一遍抹灰应待前一遍砂浆基本硬化后进行(一般为24h),抹至设计厚度后用铝合金刮尺刮平,表面用抹子抹平,并槎成毛面,便于与护面层结合 (7)做分格线:结合建筑立面设计,在墙面上合理设置分格线,水平分格线间距不宜大于6m,垂直分格线间距不宜大于12m,如建筑物逐层设有腰线或建筑平面已有凹凸,也可不设水平与垂直分格线。对于在保温层上未预留分格缝时,须按设计要求在保温层上弹出分格缝位置线,用开槽机开出设定的凹槽,凹槽的宽度和深度应比分格条的宽度和厚度各放出2mm,然后清理槽口,并在槽口中再嵌满抹面砂浆,用100～120mm宽的网格布衬底,再嵌入分格条,使与抹灰砂浆粘结牢固,墙面上多余的网格布应搭接在整体墙面上的网格布上,然后再用抹面砂浆整体抹平,如图21-2所示 (8)抹护面砂浆、铺网格布: 1)抹面砂浆应在保温砂浆基本硬化(一般为48h)后进行,抹面砂浆应分两遍进行,第一遍厚度1.5～2.0mm,抹后立即将裁剪好的网格布平整地贴在砂浆层上,并用抹子压入砂浆层内,待第一遍抹面砂浆基本硬化或完成锚固件安装后,再进行第二遍抹灰,总厚度3～4mm 2)对底层或室外地面以上2.4m高度范围内,护面砂浆应分三遍抹成,并先后压入二层标准型网格布 3)网格布上下左右均应搭接,标准型网格布搭接宽度不小于100mm,加强型网格布搭接宽度不小于50mm,网布施工应抹平、找直,网格布不得直接贴在保温砂浆上,也不得外露,二层网布之间也不得平叠 (9)饰面施工: 1)涂料饰面时,护面层中的网格布应采用标准型网格布,涂料施工应按涂料施工工艺操作 2)面砖饰面时,护面层中的网格布应采用加强型网格布,并应有锚固件与基层墙体锚固,其锚固件的设置应符合下列规定: ①墙面高度30m及以下,每平方米锚固件的数量不应少于4个,墙面高度30m以上时,在20m内每平方米墙面增加1个 ②锚固件在墙面上的排列应基本均匀,网布的搭接部位也应设置锚固件;外墙的阴阳角部位,锚固件距墙角的水平距离不应大于150mm,且不应小于100mm,上下间距不应大于500mm ③锚固件用电锤或冲击电钻钻孔,钻孔深度应大于锚固深度10mm,一般锚固件锚入墙体的有效深度不应小于25mm,当基层为加气混凝土砌块时,其锚入的有效深度不应小于70mm 面砖铺贴应按面砖施工工艺操作,并宜采用面砖胶粘剂粘贴以及面砖勾缝胶泥勾缝,以保证粘贴质量

续表

项次	项目	施 工 要 点
5	细部构造处理	(1)门窗洞口周边应采用标准型网格布加强,并在角部按45°方向加贴300～400mm的小块标准型网外,如图21-3所示 (2)外墙转角处应在护面砂浆中的增强网布在角部实施交错搭接,搭接宽度不小于200mm,如图21-4所示,距地2.4m范围内的外墙阳角可采用水泥砂浆做暗护角 (3)女儿墙部位,应对女儿墙实施双侧保温 (4)墙体设有变形缝时,外保温应在变形缝处断开,缝中可粘设聚乙烯泡沫塑料,缝口设变形缝金属盖板 (5)外墙勒脚部位的外保温做法,应符合国家建筑标准设计图集《外墙外保温建筑构造(一)》(21121—1)中B型系统要求
6	施工注意事项	(1)施工前基层墙体浇水要依据当时气候条件和墙体类别掌握时间和次数,通常砖墙应提前一天浇水2遍以上,混凝土墙体,在抹灰前浇少量水,待表面无明水时可施工,多层抹灰时,如果底层灰过干,也应浇水湿润后抹下层 (2)抹保温砂浆应保证设计厚度,分遍操作,头遍要注意压实,最后一遍要抹平,配好的保温砂浆要在2h内用完,严禁使用过时灰 (3)严禁在保温系统完工后养护未完成前,在墙面凿孔、敲击、埋设铁件等振动墙体 (4)涂料或面砖饰面施工前,均应先在抹面砂浆层上抹刮柔性防水腻子,并用细砂纸磨平,再做饰面施工 (5)在大面积施工前,施工单位应在现场采用相同材料、构造做法和工艺制作样板墙,并经有关各方确认后方可进行工程施工
7	质量要求	(1)保温工程所用组成材料的品种、规格和性能应符合设计要求和有关标准的规定 (2)系统的构造做法应符合设计要求和相关规程对系统的构造要求 (3)保温浆料应分层施工,保温层与基层之间及各层之间的粘结必须牢固,不应脱层、开裂。保温层总厚度必须符合设计要求,不得有负偏差 (4)保温砂浆应在施工中制作同条件养护试件,检测其导热系数、干密度和抗压强度,其指标应符合设计要求 (5)系统各构造层之间应粘结牢固,无脱层、空鼓、开裂;面层应洁净、接槎平整,无粉化、起皮、爆灰;护面层的网格布应布设严实,不应有空鼓、褶皱、外露等现象,搭接长度符合规定要求,外墙上容易碰撞的阳角、门窗洞口等部位,应根据设计和相关规程要求采取加强措施 (6)陶砂、玻化微珠保温砂浆外墙外保温系统面层的允许偏差和检验方法应符合表21-9的规定

陶砂、玻化微珠保温砂浆性能指标　　表 21-2

项目		性能指标	
		Ⅰ型	Ⅱ型
干密度(kg/m^3)		≤350	≤450
导热系数(25℃)[W/(m·K)]		≤0.07	≤0.08
抗压强度(MPa)		≥0.30	≥0.40
拉伸粘结强度(MPa)	原强度	≥0.06	≥0.10
	耐水强度	≥0.04	≥0.08
软化系数		≥0.50	≥0.50
线性收缩率(%)		≤0.30	≤0.30
燃烧性能级别		A级	A级
放射性核素限量	内照射指数(I_{Ra})	≤1.0	≤1.0
	外照射指数(I_{y})	≤1.3	≤1.3

注：抗压强度和软化系数试件的养护期为28d。

界面砂浆性能指标　　表 21-3

项　目		性能指标
拉伸粘结强度(MPa)(与标准混凝土板)	原强度(标养28d)	≥0.60
	耐水强度(28d标养+7d浸水)	≥0.40

专用界面剂性能指标 表 21-4

项目		性能指标
拉伸粘结强度(MPa)(与水泥砂浆)	原强度(标养 14d)	≥0.50
	耐水强度	≥0.30
	耐温强度	≥0.30
	耐冻融强度	≥0.30

抹面砂浆性能指标 表 21-5

项目		性能指标	试验方法
拉伸粘结强度(与保温砂浆)	原强度	≥0.1	GB 50404—2007 附录 D
	耐水强度	≥0.1	
	耐冻融	≥0.1	
可操作时间(h)		1.5～4.0	JG 149—2003

耐碱玻纤网格布性能指标 表 21-6

项目	性能指标	
	标准型	加强型
单位面积质量(g/m^2)	≥130	≥300
耐碱断裂强力(经、纬向)(N/50mm)	≥750	≥1450
耐碱断裂强度保留率(经、纬向)(%)	≥50	≥60
断裂应变(经、纬向)(%)	≤5.0	≤5.0

锚固件性能指标 表 21-7

项目	性能指标
单个锚栓抗拉承载力标准值(kN)	≥0.30
单个锚栓对系统传热增加值[W/(m·K)]	≤0.004

注：尼龙锚栓直径 $\phi3$～$\phi5$，长 60～120mm，尼龙圆盘直径≥50mm。

柔性腻子性能指标 表 21-8

项目		性能指标
干燥时间(表干)(h)		≤5
耐水性(96h)		无异常
耐碱性(48h)		无异常
拉伸粘结强度(MPa)	标准状态	≥0.60
	冻融循环(5 次)	≥0.40
柔韧性		直径 50mm，无裂纹
低温贮存稳定性		−5℃冷冻 4h 无变形，刮涂无困难

外墙保温系统面层允许偏差 表 21-9

项次	项目	允许偏差(mm)	检验方法
1	表面平整度	4	用 2m 靠尺和塞尺检查
2	立面垂直度	4	用 2m 垂直检验尺检查
3	阴、阳角方正	4	用直角检验尺检查
4	分格缝(条)直条度	4	拉 5m 线，不足 5m 拉通线，用钢直尺检查

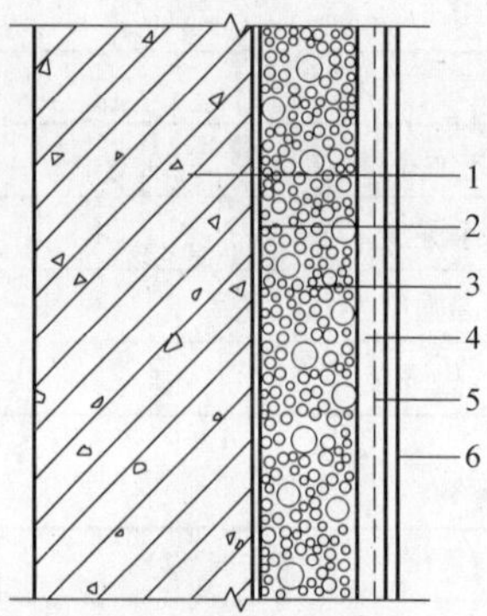

图 21-1　陶砂、玻化微珠保温砂浆外墙外保温系统构造

1—基层；2—界面砂浆或专用界面剂；3—陶砂、玻化微珠保温砂浆；4—抹面砂浆；5—玻纤网格布；6—饰面层

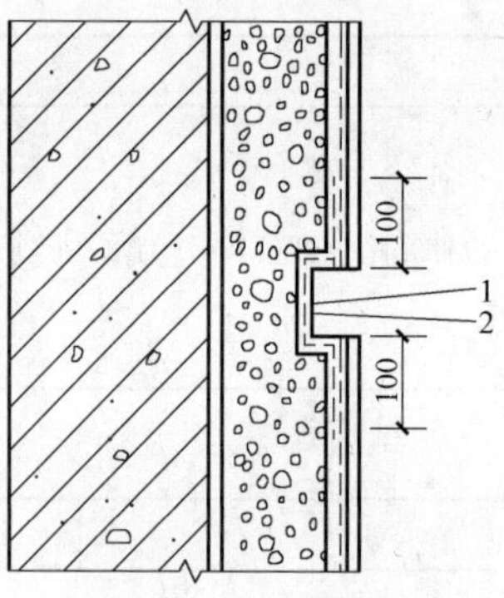

图 21-2　分格条做法

1—塑料分格条；2—衬底网格布

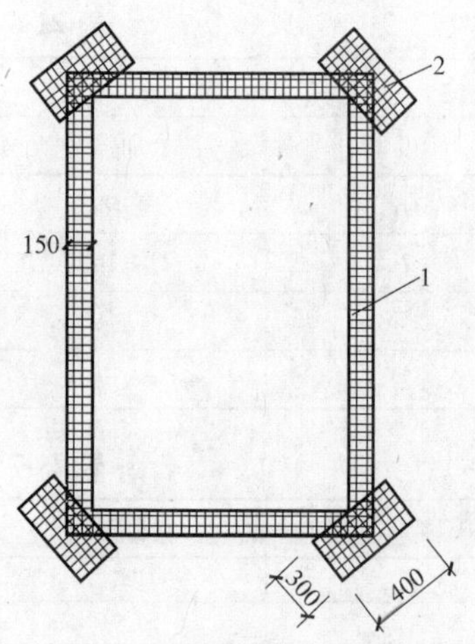

图 21-3　洞口网格布加强示意

1—洞口标准网格布包转；

2—窗角 45°方向标准网格布加强

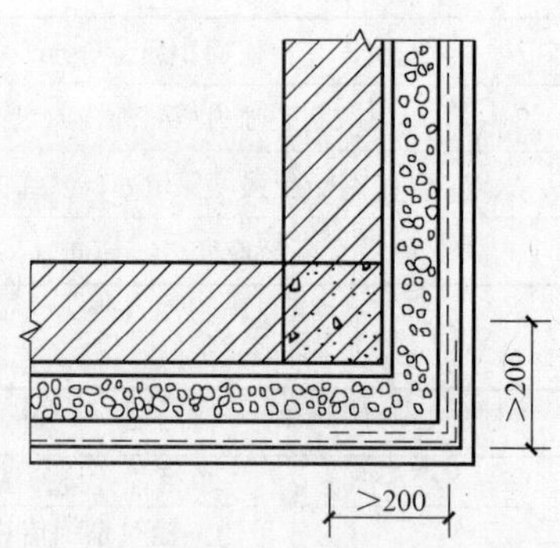

图 21-4　增强网格布在角部交错搭接

21.1.2　喷涂硬泡聚氨酯外墙外保温系统施工

喷涂硬泡聚氨酯外墙外保温系统施工方法　　表 21-10

项次	项目	施工要点
1	组成、特点及使用	(1)由界面层、硬泡聚氨酯保温层、抗裂砂浆玻纤网抹面层、柔性腻子防水层和饰面层组成，如图 21-5 所示。硬泡聚氨酯材料经现场搅拌后喷涂在基层上形成保温层；抗裂砂浆层中应满铺玻纤网布 (2)硬泡聚氨酯保温层是由现场喷涂成型，所以无接缝、无冷、热桥等负面影响，且与基层全粘结，粘结强度高，载荷、抗风压能力强；导热系数小，具有良好的保温性能，聚氨酯的闭孔率达到 98%以上，防水性能优异 (3)适用于任何形状的外墙外保温工程，不仅适用于新建建筑的外墙外保温，对既有建筑的围护结构节能改造也有独到之处，且施工简便、周期短、适用范围广，材料配套齐全，能满足我国不同气候条件下的建筑节能施工要求

续表

项次	项目	施工要点
2	材料要求	(1)硬泡聚氨酯:又称硬质聚氨酯或发泡聚氨酯,系由双组分聚氨酯通过高压无气喷涂聚氨酯泡沫塑料发泡机现场发泡成型硬化而成。由A料与B料混合反应而成,配合比为A∶B=1∶1,原料技术性能应符合表21-11的要求。硬泡聚氨酯的主要技术性能应符合表21-12的要求 (2)其他材料:如界面砂浆或专用界面剂、抹面砂浆、耐碱网格布、锚栓、柔性腻子等的材料要求同21.1.1节
3	施工工艺方法	(1)工艺流程:基层处理→涂刷界面砂浆或专用界面剂→吊垂线、套方、做控制标志→喷涂硬泡聚氨酯保温层→涂刷界面层→抹护面砂浆、铺网格布→刮柔性腻子→做饰面层 (2)基层处理:基层墙体应干燥、干净,坚实平整。平整度超差时可用抹面砂浆找平,找平后允许偏差应小于4mm,潮湿墙面和透水墙面应先进行防潮和防水处理,必要时外墙基层应涂刷界面砂浆或专用界面剂,门窗用胶带粘塑料薄膜保护,以免被污染。 (3)吊垂线、套方、设标志:采用经纬仪或大线锤吊垂直,检查墙的垂直度,用2m靠尺和楔形塞尺检查平整度,在建筑外墙大角(阳角、阴角)及其他必要部位挂垂直基准线,每个接层适当位置挂水平线,以控制聚氨酯保温层的垂直度和平整度。根据外墙墙面和大角的垂直度确定保温层厚度(应保证设计厚度),弹厚度控制线,拉垂直和水平通线,套方做口,并抹用保温层相同材料(或用密度20~30kg/m^3的聚苯板块贴在墙面上)做灰饼、抹冲筋,作为控制厚度和平整度的标准 (4)喷涂聚氨酯保温层: 1)将两个输料泵分别插入A、B料桶内,开动喷涂发泡机,并调试设备气压、温度,达到喷涂雾化要求后,即可开始喷涂施工 2)喷枪头与作业面的距离应保持300~500mm,不得超过1m,应采取自上而下,自左至右顺序喷涂,移动速度要均匀。一个施工作业面可分遍喷涂完成,每遍的成型后厚度不大于15mm,一般喷涂30mm厚,宜分3遍进行,头遍喷5~10mm厚,间隔1min后,再进行下两遍喷涂,上一遍喷涂的硬泡聚氨酯表面不粘手时,才可喷涂下一遍,最后一遍操作时应达到冲筋厚度,采用大杠刮平。当日的施工作业面必须当日连续喷涂完成。喷涂后的保温层表面平整度允许偏差应不大于4mm,且应充分熟化48~72h,并避免雨淋,平整度超过要求时用手提刨刀或钢锯进行修正,并用平板砂光机打磨平整 (5)涂刷界面剂、抹聚合物抗裂砂浆: 1)为增加保温层与抹面砂浆的粘结并找平保温层,应先均匀涂刷聚合物界面剂一层,厚约2mm,并使成毛面,稍干后抹聚合物抗裂砂浆底层。抗裂砂浆系由预拌砂浆干粉与水按4∶1(重量比)配制,用电动搅拌机搅拌3min,静置5min后搅拌均匀即可使用,并应在2h内用完。抹面厚约1~2mm,随即粘贴耐碱网格布,涂刷胶浆的面积略大于耐碱网格布的面积,网格布的凹面朝向墙面,自中央向四周展平,将网格布压入胶浆内,不得有皱褶、空鼓和翘边,然后再抹一层聚合物抗裂砂(胶)浆,厚约2~3mm,网线不得外露 2)玻纤网格布铺设周边搭接长度不得小于50mm,在切断部位应采用补网搭接。在外墙的阴阳角转折处应增设一道400mm长,各边不少于200mm的网格布,同时墙面网格严禁在该处断开或搭接;在窗洞四角要增设一道沿45°角方向300mm×200mm加强网格布,在洞口内阴角部位增设一道400mm,每边不少于200mm与门窗膀等宽的网格布。在阳台、女儿墙、凸出墙面的装饰线等细部构造的端部及转角处均应设置网格布加强 3)如果饰面层为涂料,则室外自然地面+2.0m范围内的墙面,应铺贴双层网格布,两层网格布之间抹面胶浆必须饱满,严禁干叠,门窗洞口等阳角处应做护角加强。饰面层为面砖时,室外自然地面+2.0m范围内的墙面阳角应以钢丝网替代网格布。钢丝网应与埋在墙上的膨胀螺栓可靠连接,并双向绕角互相搭接,搭接宽度不得小于200mm,24m以上高层贴面砖时,网格布应增设锚栓与墙面锚固,锚固栓排列如图21-6所示。 (6)刮柔性腻子、做饰面层:饰面层施工前,对护面层局部干缩裂缝,应刮柔性腻子修补平整。腻子应分两遍批刮,第一遍进行满刮并修补,找平局部坑洼部位,单遍不超过1.5mm,第二遍用刮板满刮墙面,直至平整,待腻子表干后用砂纸打磨,使形成一平整、光洁、细腻的墙面,即可按常规方法做涂料或面砖饰面

续表

项次	项目	施工要点
4	施工注意事项	(1)喷涂硬泡聚氨酯保温层宜在夏秋季施工，适宜温度为15～35℃，环境温度不宜低于5℃，最高不宜超过40℃，环境相对湿度不应大于80%，刮风天施工时，风力不应大于5级，风速不应大于5m/s，喷涂时应有防风措施，雨、雾、雪天不得作业 (2)保温层喷涂基层应保持干燥，如基层表面有水或基层含水率较高，喷涂物与基层发生放热反应，在形成泡沫体时，把基层内水分吸入，形成的泡沫体中会产生穿孔现象，泡沫与基层粘结不牢，产生起壳和空鼓现象，严重影响质量 (3)在抗裂抹面砂浆层中铺设网格布应防止出现：网格布直接干铺在砂浆层上、搭接不合格、埋贴位置不当、铺展质量差(越翘、起褶皱、露网格)等缺陷，严重影响保温层整体性和加强作用 (4)保温层施工时，应制作 $1m^2$ 的试件进行质量检验，其检验结果应符合表21-12的要求
5	质量要求	(1)硬泡聚氨酯外墙外保温系统及主要组成材料必须具有出厂合格证、材料检验报告、进场材料复验报告，其性能必须符合设计要求和国家标准《硬泡聚氨酯保温防水工程技术规范》(GB 50404—2007)的规定 (2)门窗洞口、阴阳角、勒脚、檐口、女儿墙、变形缝等保温构造，必须符合设计要求 (3)硬泡聚氨酯保温层厚度必须符合设计要求 (4)聚氨酯外墙外保温系统必须粘结牢固、无脱层、空鼓，网格布不得外露，无爆灰和裂缝等缺陷，外观表面洁净，接槎平整，墙面保温层的允许偏差及检验方法应符合表21-9的规定。 (5)喷涂硬泡聚氨酯外墙外保温系统的性能指标应符合表21-13的要求

聚氨酯原材料技术指标　　表21-11

组分 项目	A料(多次甲基多苯基异氰酸酯)	B料(聚醚多元醇)
黏度 s	MR：100～200(25℃) C-MD1：≤100(25℃)	100～300(20℃)
密度(g/cm^3)	MR：1.23～1.24(25℃/4℃) C-MD1：1.20～1.24(25℃/4℃)	1.196±0.03(20℃/4℃)
混合比(v/v)	1.00～1.05	1.00
成型温度(℃)	15～32	15～32

外墙用（L型）喷涂硬泡聚氨酯物理性能　　表21-12

项次	项　目	性能要求	试验方法
1	密度(kg/m^3)	≥35	GB/T 6343—2009
2	导热系数[W/(m·K)]	≤0.024	GB/T 3399—1982
3	压缩性能(形变10%)(kPa)	≥150	GB/T 8813—2008
4	尺寸稳定性(70℃,48h)(%)	≤1.5	GB/T 8811—2008
5	拉伸粘结强度(MPa)(与水泥砂浆)	≥1.0并且破坏 部位不得位于粘结界面	GB 50404—2007 附录B
6	吸水率(%)	≤3	GB/T 8810—2005
7	氧指数(%)	≥26	GB/T 2406

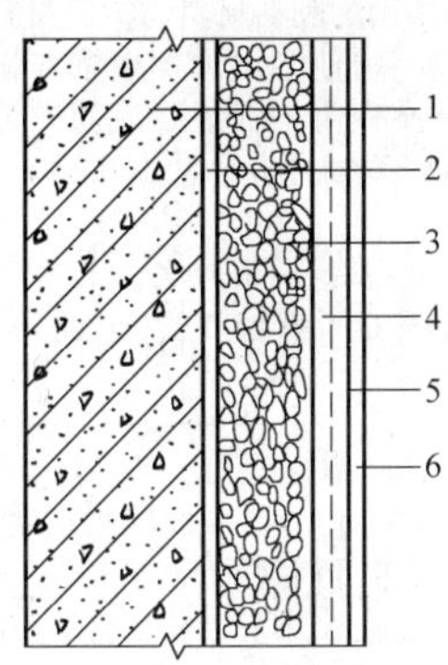

图 21-5　喷涂硬泡聚氨酯外墙外保温系统构造

1—基层；2—界面层；3—硬泡聚氨酯保温层；4—抗裂砂浆网格布抹面层；5—柔性腻子防水层；6—饰面层

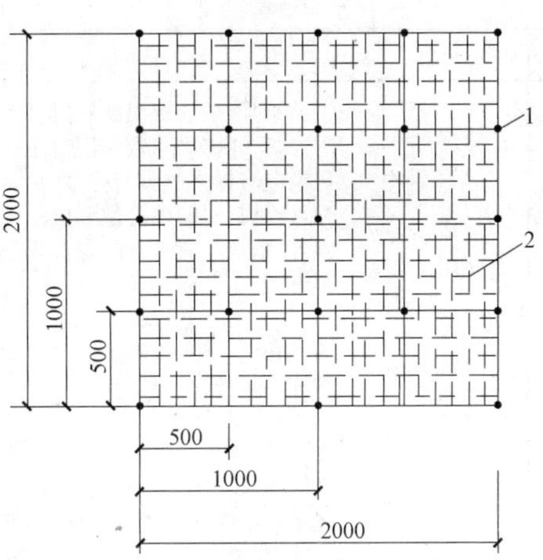

图 21-6　24m 以上高层贴面砖，锚固栓排列

1—锚栓；2—网格布

喷涂硬泡聚氨酯外墙外保温系统性能指标　表 21-13

项次	项　　目		性能指标
1	燃阻($m^2 \cdot K/W$)		符合设计要求
2	耐候性		不得出现开裂、空鼓或脱落，抹面层与保温层的拉伸粘结强度不应小于 0.1MPa，破坏界面应位于保温层
3	吸水量(g/m^2)浸水 1h		≤1000
4	抗冲击性	普通型（单网）	3J 级
		加强型（双网）	10J 级
5	抗风压值		不小于工程项目的风荷载设计值
6	耐冻融		严寒及寒冷地区 30 次冻融循环，夏热冬冷地区 10 次循环后，表面无裂缝、空鼓、起泡、剥落现象
7	水蒸气湿流密度[$g/(m^2 \cdot h)$]		≥0.85
8	不透水性		试样防护层内侧已为无水渗透
9	耐磨损，500L 砂		无开裂、龟裂或表面剥落、损伤
10	系统抗拉强度（涂料饰面）(MPa)		≥0.1，并且破坏部位不得位于各层界面
11	饰面砖粘结强度(MPa)（现场抽测）		≥0.4

21.1.3　泡沫玻璃外墙外保温系统施工

泡沫玻璃外墙外保温系统施工方法　表 21-14

项次	项目	施 工 要 点
1	组成、特点及使用	(1)系将泡沫玻璃预制板用专用胶粘剂直接粘贴于经处理的结构外墙外表面上（需要时可用锚栓、金属托架加以辅助锚固）形成外墙保温层，用抹面砂浆或用网格布增强的抹面砂浆覆盖泡沫玻璃形成防护层，然后用腻子批刮后进行涂料饰面，以形成泡沫玻璃外墙外保温系统，其构造如图 21-7 所示

续表

项次	项目	施工要点
1	组成、特点及使用	(2)泡沫玻璃保温材料具有不燃烧、无收缩、无毒、导热系数小、体积吸水率低，使用温度范围广，且线膨胀系数与混凝土或砖墙类材料相近等特点；采用的胶粘材料与抹面材料均由专门生产厂提供的具有弹性，抗开裂的改性水泥基聚合物材料，使各层弹性模量变化指标匹配，各材料之间能分散和削弱变形应力，并通过玻纤网格布作为加强层以改变应力传递方向，使系统具有良好的保温隔热、防火、抗裂等效果；泡沫玻璃板材有尺寸大小适宜，现场切割方便，工艺简单，容易掌握，适用范围广等优点 (3)适用于新建、扩建和改建的各类民用和工业建筑外墙，基层可以是各种砌体和混凝土墙，饰面层采用涂料。同时也适用于既有建筑外墙的节能改造及有特殊要求(如防火墙隔离带等)的建筑保温防火工程
2	材料要求	(1)泡沫玻璃保温板：是一种闭孔型的泡沫玻璃制品，性能指标应符合表 21-15 的要求。规格尺寸有 450mm×300mm、600mm×450mm、厚度 20～100mm，也可根据用户要求加工，少量非标准板或异型尺寸，现场可用砂盘锯、钢锯或美工刀进行切割加工 (2)专用胶粘剂：是一种由丙烯酸乳液、水泥和少量水按一定比例混合的聚合物水泥胶浆，性能指标应符合表 21-16 的要求 (3)专用抹面砂浆：为聚合树脂与水泥砂浆混合物，其性能指标应符合表 21-17 的要求 (4)耐碱玻纤网格布：其性能指标应符合表 21-6 标准型网格布的要求 (5)柔性耐水腻子：由腻子胶和柔性腻子粉组成，性能指标应符合表 21-8 的要求 (6)锚固件：性能指标应符合表 21-7 的要求 (7)金属托架：采用不锈钢或铝合金加工，板厚度 0.3～1.0mm，外形尺寸应符合图 21-8 的要求
3	施工准备	(1)施工前技术人员应编制好施工工艺，并对施工人员进行技术和安全交底 (2)根据设计要求和现场墙面门窗洞口实际尺寸进行排板图设计和异型板现场锯割 (3)根据工程实际使用材料进行现场样板墙粘贴，并进行拉拔试验，经有关各方认可后方可正式施工 (4)其他施工准备参见 21.1.1 节施工准备项目 (5)主要施工机具为电动搅拌器、强制式砂浆搅拌机、抹灰工具及抹灰检测工具，称量衡器、砂盘锯、钢锯、美工刀、滚刷及室外脚手架或吊篮等
4	施工工艺方法	(1)工艺流程：基层处理→弹控制线、挂基准线→配制专用胶粘剂→粘贴泡沫玻璃板→锚固件安装(必要时)→抹专用抹面砂浆→铺网格布(必要时)→批刮柔性防水腻子→涂料饰面 (2)基层处理：墙面应清理干净，无油渍、浮尘等，旧墙面松动、风化部位应剔凿清除干净，用 1∶3 水泥砂浆找平，平整度允许偏差应不大于 3mm 找平层应与墙体粘结牢固，不得有脱层、空鼓、裂缝等缺陷，并保持墙面干燥 (3)弹控制线、挂基准线：根据建筑立面设计和外墙外保温的技术要求，在墙面弹出外门窗水平、垂直控制线及伸缩缝线、装饰缝线，在建筑外墙大角挂垂直基准线，每个楼层适当位置挂水平线，以控制墙面的垂直度和平整度 (4)配制专用胶粘剂：按厂方提供的产品使用说明书，按胶粘剂干粉料∶水＝5∶2 的配合比(水灰比 0.4)，在容器中先加入胶粘剂干粉料，然后加水用电动搅拌器充分搅拌均匀，稠度可根据气候情况稍作调整，但用水量增减幅度不得大于 1%，制备好的胶粘剂应在 2h 内用完，已固化的专用胶粘剂不得使用 (5)粘贴安装泡沫玻璃板： 1)泡沫玻璃板安装前应根据板块排列图(图 21-9*a*)，在墙面上弹出板块排列位置线，保温板应错缝排列，错缝长度为 1/2 标准板长，并不小于 150mm，最小非标准板尺寸不应小于 150mm，且不应排列在边缘处，在门窗洞口及转角处，应采用整块板套制成 L 形图 21-9*b*，严禁产生垂直通缝，严禁将非标准板粘贴在门窗洞口及转角处 2)泡沫玻璃板可采用点粘法铺贴安装，在标准板(450mm×300mm)背面均匀布置 5 个直径 50mm 以上、厚 10mm 的胶粘剂布浆点(对非标准板可布置 4 个布浆点)，但布浆点面积不应小于板面积的 2/3。粘贴时应按线用力均匀挤压，与周边已贴好的板块平齐，使它粘结牢固并贴紧，粘结厚度宜为 3mm，挤出的多余胶粘剂应及时刮去 3)板块粘贴后，及时用靠尺压实靠平，保证保温板墙面平整度和粘结牢固。铺贴 24h 后用专用楼板打磨找平 (6)锚固件安装：对于建筑高度 18m(或 6 层)以上的基层墙体及门窗洞口、阴阳转角等部位，泡沫玻璃板应采用专用锚固件进行辅助固定。锚栓安装应在保温板安装粘贴牢固(一般

续表

项次	项目	施 工 要 点
4	施工工艺方法	不小于24h)后方可进行。安装时应根据设计要求的锚栓数量及安装位置,数量一般控制在4～7只/m^2,安装时在安装位置用冲击钻或电锤钻孔,钻孔深度应比锚栓锚固深度大10mm,一般实心墙体锚固深度≥25mm;空心墙体锚固深度≥50mm,加气混凝土砌块墙体锚固深度≥70mm,锚固件尾端的圆盘应压紧保温板。对于建筑物高度27m(或9层)以上的基层墙体及门窗洞口、阴阳转角等部位,除采用锚固件进行辅助固定外,还应采用专用金属托架进行加固。金属托架安装应与粘贴保温板同步进行,按设计要求的位置,用膨胀螺栓将金属托架固定在基层墙面上,托架上下压板压实泡沫玻璃 (7)抹专用抹面砂浆: 1)根据厂方提供的产品使用说明书,按抹面砂浆干混料:水＝4:1的配合比(水灰比为0.25),将干混料倒入容器中,然后边加水边用电动搅拌器充分搅拌均匀,达到合适稠度,使用前可重复搅拌 2)抹面砂浆涂抹应在保温板完成局部加固以及经过专用槎板打磨找平且粘结牢固后进行 3)铺抹时用抹刀将专用抹面砂浆均匀地涂抹在保温板上,厚度按设计要求,一般控制在2～3mm,且采用两次抹面施工法 4)对于需要铺网格布的部位,应在批刮头道专用抹面砂浆后立即铺贴,用抹子将网格布压入砂浆,搭接宽度不应小于50mm,严禁干搭,待砂浆稍干硬至可以碰触时,再批刮第二道专用抹面砂浆,以完全覆盖网格布、微见网格轮廓为宜 (8)批刮柔性腻子:批刮柔性耐水腻子时,应做好砂布打磨不露底、不留槎 (9)涂料饰面:按涂料施工工艺操作
5	施工注意事项	(1)泡沫玻璃板安装应严格控制板面平整度,尤其在板接缝处,以免影响涂料饰面的装饰效果 (2)门窗洞口四角的保温板,应用整块板切出洞口,不得在该处留水平缝和竖缝,也不得拼接(图21-9*b*),门窗洞口四角沿45°方向增设一道长400mm,宽300mm的网格布,如图21-3所示,以免产生薄弱环节;墙角处保温板应相错互锁,板与板之间应靠严,如图21-9*a*所示 (3)保温板的接缝应严密、齐平,不得在板侧面涂抹粘结砂浆,或挤入粘结砂浆,以免引起开裂 (4)抹面砂浆中铺设网格布时,应避免出现网格布直接干铺在保温板上、网格布搭接不合格、埋入位置不当、铺展质量差(起翘、起褶皱、露网格)等缺陷,将会严重影响抹面砂浆的增强效果
6	质量要求	(1)保温隔热工程所用材料,构件等,其品种、规格、质量应符合设计要求和相关标准的规定,板材外观应完整无缺损 (2)保温板材和粘结材料,进场时应对下列性能进行现场见证取样送检复验,其结果应符合设计要求: 1)保温板材的导热系数、密度、抗压强度、抗折强度 2)粘结材料的粘结强度 3)增强网格布的力学性能、抗腐蚀性能 (3)保温板材与基层及各构造层之间的粘结及辅助锚固的连接必须牢固,粘结强度和连接方式应符合设计要求。保温板材与基层的粘结强度应做现场拉拔试验,其结果应符合设计要求 (4)保温板铺贴顺序、排列、接缝、阴阳角处搭接方式、非标准块使用部位及门窗洞口板块切割布置应符合设计要求 (5)保温板粘贴后表面应打磨平整、洁净,无明显裂纹和缺损。铺贴的允许偏差应符合表21-18的规定。保温系统面层的允许偏差和检验方法应符合表21-19的规定 (6)泡沫玻璃外墙外保温系统的性能指标应符合表21-20的要求

泡沫玻璃保温板的性能指标　　表21-15

项　目	性能指标		
型号	YL-150	YL-160	YL-180
表观密度(kg/m^3)	≤150	≤160	≤180
导热系数[W/(m·K)](25℃)	≤0.056	≤0.06	≤0.062

续表

项目	性能指标		
抗压强度(MPa)	≥0.4	≥0.5	≥0.6
抗折强度(MPa)	≥0.4	≥0.5	≥0.6
体积吸水率(%)	≤0.5	≤0.5	≤0.5
燃烧性能	不烧A级	不燃A级	不燃A级

专用胶粘剂性能指标 **表 21-16**

项目		性能指标
剪切粘结强度(泡沫玻璃板与水泥砂浆)(MPa)		≥0.3
拉伸粘结强度(MPa)(与水泥砂浆)	原强度	≥0.6
	耐水(浸水7d)	≥0.4
拉伸粘结强度(MPa)(与泡沫玻璃板)	原强度	≥0.2,破坏界面在泡沫玻璃板上
	耐水(浸水7d)	≥0.18,破坏界面在泡沫玻璃板上
可操作时间(h)		1.5～4.0

专用抹面砂浆性能指标 **表 21-17**

项目		性能指标
拉伸粘结强度(MPa)(与泡沫玻璃板)	原强度	≥0.15(破坏界面在泡沫玻璃板上)
	浸水(浸水7d)	≥0.15(破坏界面在泡沫玻璃板上)
	耐冻融	≥0.15(破坏界面在泡沫玻璃板上)
可操作时间(h)		1.5～4.0

泡沫玻璃保温板铺贴的允许偏差和检验方法 **表 21-18**

项次	项目	允许偏差(mm)	检验方法
1	表面平整度	3	用2m靠尺和塞尺检查
2	立面垂直度	3	用2m垂直检测尺寸检查
3	阴阳角方正	3	拉5m线,不足5m者拉通线,用钢直尺检查
4	接缝高低差	1.5	用钢直尺和塞尺检查

泡沫玻璃外墙外保温系统面层允许偏差 **表 21-19**

项次	项目	允许偏差(mm)	检验方法
1	表面平整度	4	用2m靠尺和塞尺检查
2	表面垂直度	4	用2m垂直检测尺检查
3	阴阳角方正	4	用直角检测尺检查
4	分格条(缝)直线度	4	拉5m线,不足5m为拉通线,用钢直尺检查

泡沫玻璃外墙外保温系统的性能指标 **表 21-20**

项次	项目		性能指标
1	吸水量(浸水 24h)(g/m²)		≤500
2	抗冲击强度(J)	普通型(P 型)	≥3.0
		加强型(Q 型)	≥10.0
3	抗风压值(kPa)		不小于工程项目的风荷载设计值
4	耐冻融		表面无裂纹、空鼓、起泡、剥离现象
5	水蒸气湿流密度[g/(m·h)]		≥0.85
6	不透水性		试样防护层内侧无水渗透
7	耐候性		表面无裂纹、粉化、剥落现象

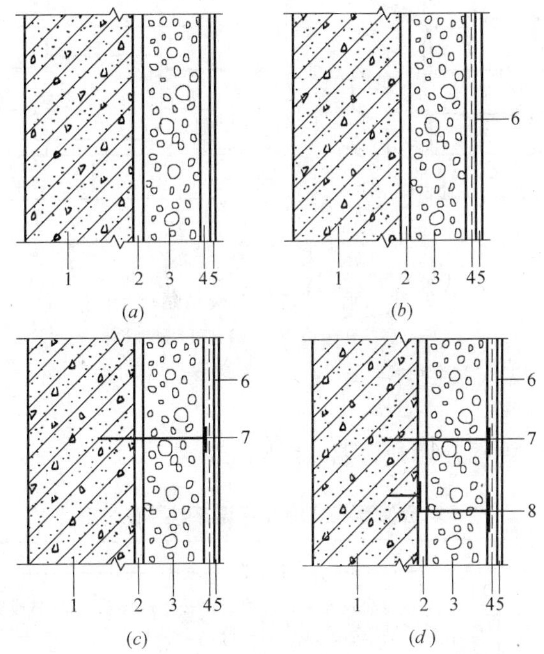

图 21-7 泡沫玻璃外墙外保温系统构造

(*a*) 普通型-Ⅰ适用于 2 层（或 6m）以上，6 层（或 18m）以下的基层墙体；(*b*) 加强型-Ⅰ适用于 2 层（或 6m）以下基层墙体及 2 层以上 6 层（或 18m）以下的门窗洞口、阴阳转角等部位；(*c*) 加强型-Ⅱ适用于 6 层（或 18m）以上 9 层（或 27m）以下的基层墙体及门窗洞口、阴阳转角等部位；(*d*) 加强型-Ⅲ适用于 9 层（或 27m）以上的基层墙体及门窗洞口、阴阳转角等部位

1—基层墙体；2—粘结层；3—泡沫玻璃保温层；4—护面层；5—饰面层；6—玻纤网格布增强；7—锚栓；8—金属托架

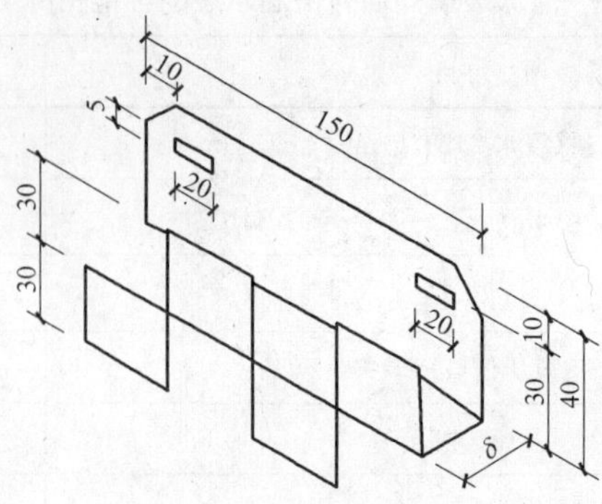

图 21-8　金属托架

δ—保温层厚度

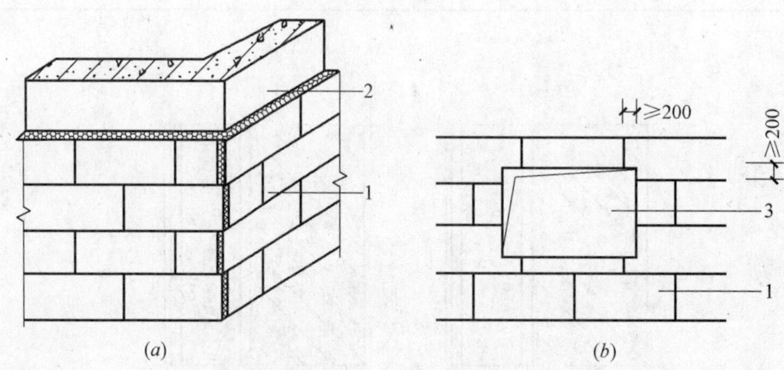

图 21-9　泡沫玻璃保温板粘贴排板图

(a) 墙面及转角排板；(b) 门窗洞口排板

1—泡沫玻璃保温板；2—基层墙体；3—门窗洞口

21.1.4　AD 复合保温板外墙外保温系统施工

AD 复合保温板外墙外保温系统施工方法　表 21-21

项次	项目	施工要点
1	组成、特点及使用	(1)AD 复合保温板由工厂生产，在现场进行粘锚或锚固安装施工，然后即在板面用腻子批嵌后刷(喷)涂料饰面，或刷界面剂后粘贴面砖饰面，而形成外墙外保温系统，其构造如图21-10所示 (2)AD 复合保温板安装，按施工工艺可分为粘锚结合工艺(适用于块状保温材料，如 EPS 板、XPS 板、PU 板、泡沫玻璃板等)和锚固工艺[适用于棉状保温材料，如岩(矿)棉板，玻璃棉板等]两类 (3)AD 复合保温板由无机防火面板制成，保温材料由工厂加工制成，粘贴牢固、质量可靠。无机防火面板抗折强度高，具有较强的抗冲击性，而且可替代薄抹灰系统中的抹面胶浆和网格布，既减少了工艺程序和开裂、起壳现象、又可承受一定的拉力；保温材料本身密度小、强度低，所以在本系统中不承受力或不主要承受力，使其仅起保温作用。饰面材料及其墙面所承受的风压则通过板、锚固件到达基层墙体，这样保温材料的寿命大大提高，相应地也提高了建筑物的使用寿命 (4)适用于新建、扩建或改建的居住建筑、公共建筑和工业建筑及既有建筑节能改造的外墙外(或内)保温工程；适用于多层及高层建筑的钢筋混凝土、混凝土空心砌块、加气混凝土砌块、黏土多孔砖、灰砂砖等各类墙体

续表

项次	项目	施 工 要 点
2	材料要求	(1)AD复合保温板：由无机防火面板（纤维水泥压力板）和保温材料组成，为工厂加工的成品，其性能指标应符合表21-22的要求 1)无机防火面板：用无石棉大幅面纤维水泥加压板（简称NAFC板），其性能指标应符合表21-23的要求 2)保温材料：可选用EPS板、XPS板、泡沫玻璃板等其性能指标应分别符合表21-24、表21-25和表21-15的规定；也可选用棉状材料，如岩(矿)棉板、玻璃棉板等，其性能能指标应分别符合表21-26和表21-27的规定 (2)粘结胶浆：根据保温层选用的材料，选用相应的粘结胶浆，一般由工厂配套供应，其性能指标应符合设计要求和相关标准的规定。 (3)锚固件：由螺钉、垫片和膨胀管组成。金属螺钉和垫片采用不锈钢或经表面处理和防腐处理的金属材料制成；膨胀管材料采用聚酰胺、聚乙烯或聚丙烯制成。性能指标应符合表21-28的要求
3	施工准备	(1)在正式工程施工前，应在现场采用与工程相同的材料、构造做法和工艺制作样板墙，并对锚固件进行拉拔试验，经有关各方认可后方可正式施工 (2)其余施工准备参表21-1项次3 (3)主要设备工具为：外接电源设备、电锤、电钻、手提式搅拌器、手提式切割机、美工刀、砂磨机、密封胶枪以及抹灰工具、质理检查工具等
4	施工工艺方法	(1)工艺流程：基层处理→弹控制线、挂基准线→粘贴保温板→锚固→接缝处理→饰面涂料或面砖 (2)基层处理：墙体上的油污、浮尘、污垢、浆渣等应彻底清除干净，表面空鼓、疏松部位应剔除，平整度（用2m靠尺检查应≤4mm）不符合要求处，应用1∶3水泥砂浆找平，使基层达到平整、干净、干燥、坚实的要求。门窗、水平设置的盖板（如窗台板、女儿墙盖顶板）以及墙体伸缩缝、变形缝的处理，安装在基层上的装饰线条必须在外保温体系施工前安装完毕并预留出外保温施工厚度 (3)弹控制线、挂基准线：施工方法同21.1.3节施工方法 (4)安装AD保温板： 1)粘锚工艺施工方法： ①配制胶粘剂：按生产厂提供的配套胶粘剂产品说明书，严格计量，充分搅拌均匀，并在规定时间内（一般宜2h，夏季宜1h）用完，过期的不准搅拌后再用，使用温度5～40℃，在搅拌及施工时不得使用铝质容器或工具 ②涂抹胶粘剂：涂抹可采用框点法和条粘法，如图21-11所示。框点法是用铁抹子将粘胶涂抹到保温板面上，每板涂8个点，点直径大于等于120mm，板四边涂粘胶宽度60mm，总涂胶面积应大于保温板面积的40%（图21-11*a*）；条粘法（特别适用于面砖饰面）是先用锯齿形铁抹子将粘胶均匀地涂到保温板表面，然后用铁抹子的齿边拖刮一次使其成浆宽20mm、间隔30mm，四周浆宽20mm，如图21-11(*b*)所示。涂抹胶粘剂应保证保温板四个侧面上没有胶浆，并注意齿形铁抹子拖刮的角度不得过平，以避免粘胶涂抹厚度过薄 框点法和条粘法施工前，如果AD保温板的保温材料为XPS板时，需在XPS板上先刷XPS板界面处理剂，以保证AD板与墙体基层的粘结可靠性 ③粘贴保温板：将涂抹好粘胶的保温板紧密地粘贴在墙面上，保温板周围挤出的粘胶必须立即刮掉，以保证粘贴下一块保温板时板缝中不会嵌入粘胶，下一块板粘贴时，应将该板从侧面推压向前一块板，并使之板与板之间接缝紧密，板缝应对齐，挤出的粘胶随时刮掉。在墙体转角处，贴于两面墙上的保温板之间应搭接，且必须保证搭接处板缝中不会嵌入胶浆。铺贴时应随时用靠尺检查板面平整度(3mm/2m)和板与板接缝高差≤1mm，如超过1mm，则应待粘胶硬化后用角向砂轮机打磨平整，但打磨量只允许在1mm之间。切割保温板时，必须保证边角整齐 ④锚固保温板：锚固应在粘贴保温板24h内进行，用电锤钻锚固件孔，孔分布一般离板边缘60～80mm，每块板当涂料饰面时，宜钻5个孔，面砖饰面时宜钻6个孔，其分布如图21-12所示。

续表

项次	项目	施工要点
4	施工工艺方法	孔深入基会墙体的深度，当涂料饰面时应为 30mm，面砖饰面时应为 40mm。在打好的孔中放入锚固件，锚固件前段可锤击，后段 5～10mm 须拧入，在锚固件顶部涂防锈漆，在锚固件外露面涂防水膜，做防水处理直径比锚固件垫片大 10～20mm 2)锚固工艺施工方法： 与粘锚工艺施工方法及要求基本相同，仅无粘胶粘贴工序 (5)接缝处理：涂料饰面时，无机面板之间的缝宽 10mm 左右，缝内用抹面胶浆嵌填并用 100mm 宽玻纤网络布增强；面砖饰面时，缝内及周边先涂弹性防水膜，然后填嵌柔性填缝剂，再铺网格布和无纺布增强，弹性防水膜厚度不小于 1.2mm，宽度不小于面砖的最大尺寸 (6)墙角处理：阳角应用两块板交错咬合，拼成直角，处理方法同接缝处理；阴角部位，保温板与垂直墙面留自然缝，面板与另一垂直墙面留缝 10mm，处理方法同接缝处理 (7)门窗部位处理：门窗四周按阴阳角处理，与窗框接触处，塞软质发泡聚乙烯棒，涂弹性防水膜，填弹性密封膏，缝处理同接缝处理 (8)细部处理：门窗部位处理，变形缝处理、檐口处理、外墙管道处理、女儿墙处理等细部构造处理参见《AD 复合保温板系统建筑构造》(2007 沪 J/T—133) (9)饰面施工：涂料饰面时，在 AD 板面用抹面胶浆批平，用腻子满批、磨光，涂(喷)外墙涂料；面砖饰面时，在 AD 板面涂刷专用界面剂后，即可用面砖胶粘剂粘贴，填缝剂填缝
5	质量要求	(1)系统所用材料进场时应检查产品出厂合格证和相关性能检测报告，并按规定取样复验，其材料性能应符合设计要求和《AD 复合保温板系统建筑构造》(2007 沪 J/T-133)图集的要求；系统所使用材料的燃烧性能等级和阻燃处理应符合设计要求和国家现行标准《建筑设计防火规范》(GB 50016—2014)的规定；并应符合国家现行有关材料有害物质限量标准的规定，不对室内外环境造成污染 (2)AD 复合板与基层的粘结和锚固必须牢固，粘结强度和粘结方式必须符合设计要求。粘结强度应做现场拉拔试验；锚固件的数量、位置、锚固深度和拉拔力应符合设计要求和《AD 复合保温板系统建筑构造》(2007 沪 J/T—133)图集的规定，锚固力应做现场拉拢试验 (3)AD 复合保温板的面板及保温材料的厚度应符合设计要求 (4)具体参见 21.1.3 节质量要求

AD 复合保温板主要技术性能指标 **表 21-22**

项目		性能指标
吸水量(g/m³)		≤500
抗冲击强度(kJ/m²)	涂料饰面	≥5.0
	面砖饰面	≥12.0
抗风压(Pa)		不小于工程项目的风荷设计值
面砖平均粘结强度(Pa)		≥0.4
燃烧性能		A 级
耐冻融(15 次循环)		表面无裂纹、空鼓起泡、龟裂、剥离现象
水蒸气湿流密度[g/(m²·h)]		≥0.85
不透水性(500Pa,2h)		试样防护层内侧无水渗透
耐候性		表面无裂纹、空鼓起泡、龟裂、剥离现象

NAFC 板主要技术性能指标 **表 21-23**

项目	性能指标	项目	性能指标
表面密度(kg/m³)	1700～2000	抗冲击强度(kJ/m²)	≥2.7
导热系统[W/(m·K)]	≤0.29	体积吸水率(%)	≤19

续表

项目	性能指标	项目	性能指标
抗折强度(MPa)	≥13	燃烧性能	A

注：1. 板规格为600mm×1200mm，厚度3mm、5mm、8mm。
2. 厚度8mm适用于外墙饰面为面砖；厚度5mm适用于外墙饰面为涂料及内墙饰面为面砖；厚度3mm适用于内墙饰面为涂料及非透明幕墙。

膨胀聚苯乙烯泡沫板（EPS）主要技术性能指标　　表21-24

项次	项目	性能指标
1	表观密度(kg/m^3)	18～22
2	导热系数[W/(m·K)]	≤0.041
3	垂直于板面的抗拉强度(MPa)	≥0.1
4	抗拉强度(MPa)	≥0.1
5	尺寸稳定性(%)	≤0.30
6	体积吸水率(%)	≤4
7	氧指数	≥30

挤塑型聚苯乙烯泡沫板（XPS）主要技术性能指标　　表21-25

项次	项目	性能指标
1	表观密度(kg/m^3)	25～35
2	导热系数[W/(m·K)]	≤0.30
3	垂直于板面的抗拉强度(MPa)	≥0.25
4	抗压强度(MPa)	≥0.25
5	尺寸稳定性(%)	≤1.2
6	体积吸水率(%)	≤1.5
7	氧指数	≥28

岩（矿）棉板主要技术性能指标　　表21-26

项目	性能指标	项目	性能指标
外观	表面平整、无伤痕、污迹、破损	燃烧性能	A级
厚度(mm)	25～200	有机物含量(%)	≤4.0
表观密度(kg/m^3)	40～200	纤维平均直径(μm)	≤7.0
导热系数[W/(m·K)]	0.037～0.044	热荷重收缩温度(℃)	≤600
渣球含量(%)	≤12	憎水率(%)	≥98.0

玻璃棉板主要技术性能指标　　表21-27

项目	性能指标	项目	性能指标
外观	表面平整、无伤痕、污迹、破损	导热系数[W/(m·K)]	0.037
厚度(mm)	25～200	吸水率(%)	≤2.0
表观密度(kg/m^3)	60～80	燃烧性能	A级

锚固件主要技术性能指标

表 21-28

项目	性能指标	
单个锚固件抗拉承载力标准值(kN)	混凝土墙	≥1.0
	砌体墙	≥0.1
单个锚固件对系统传热增加值[W/(m²·K)]	≤0.004	

注：1. 锚固件规格尺寸：螺钉 ϕ5×(80～120)mm；垫片 ϕ38；膨胀管 ϕ8×(78～120)mm。
2. 空心墙体时，应带刺、带回拧功能。

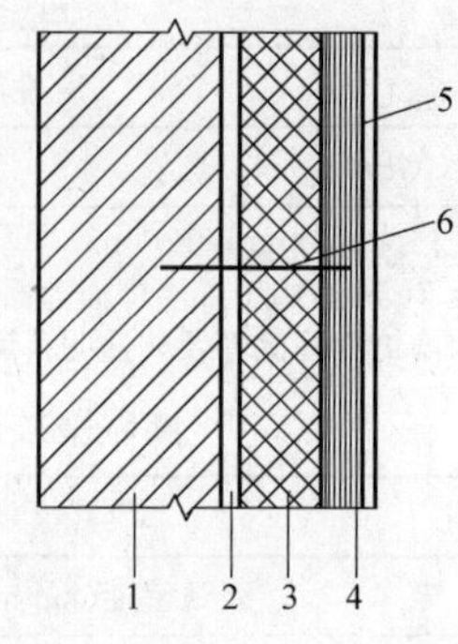

图 21-10 AD复合保温板外墙外保温系统构造

1—基层墙体；2—胶粘剂；3—AD复合保温板；4—饰面前处理层；5—饰面层；6—锚固件

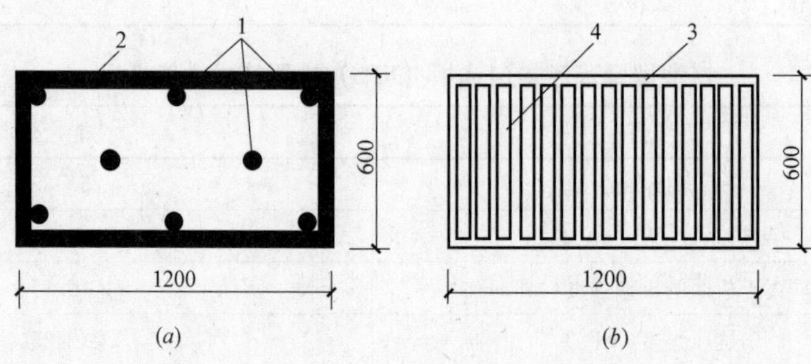

图 21-11 AD复合保温板布浆法

(*a*) 框点法；(*b*) 条粘法

1—涂浆点（直径≥120mm)；2—板边涂浆条（浆宽≥60mm)；3—板边涂浆条（浆宽 20mm)；4—板中涂浆条（浆宽 20mm，间隔 30mm)

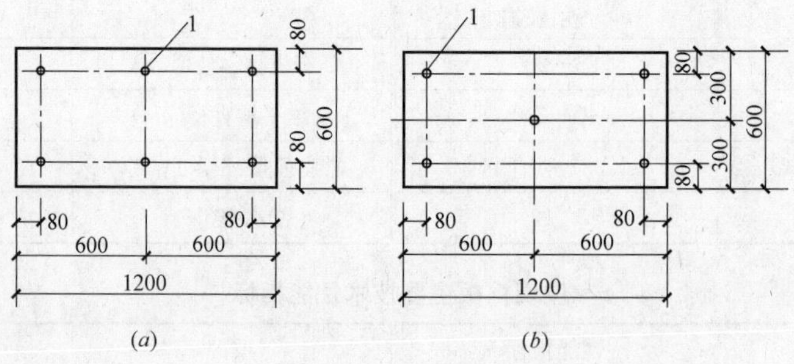

图 21-12 锚固件布置图

(*a*) 面砖饰面时锚固件布置；(*b*) 涂料饰面时锚固件布置

1—锚固件

21.1.5 非水泥基无机保温膏料外墙内保温系统施工

非水泥基无机保温膏料外墙内保温系统施工方法 表 21-29

项次	项目	施工要点
1	组成、特点及使用	(1)非水泥基无机保温膏料外墙内保温系统是由含硅无机化合物、玻化微珠和非水泥基的复合胶粘剂,水等经混合搅拌而成的气硬性保温膏料,直接涂抹在经界面剂或界面砂浆处理过的外墙内表面上而形成保温层,其表面再抹用耐碱网格布增强的抗裂砂浆护面层,然后进行面砖饰面,或在保温层上直接批刮腻子后做涂料饰面,其构造如图 21-13 所示 (2)非水泥基无机保温膏料保温层具有抗压和粘结强度高,弹性防开裂好,可消除热桥影响和表面裂纹等优点;系统热惰性好,阻燃、隔声性能好;所用材料为环保型,无放射性污染,适合室内使用;本系统与抹灰工程的工艺基本相同,因此施工工艺成熟,易于操作,抹灰层薄,粉刷与节能一次成型,界面无接缝,可提高建筑使用面积,且对室内二次筑修无影响,但缺点是湿作量大,并在某种程度上影响室内墙面重物吊挂 (3)适用于新建、扩建或改建的居住建筑、公共建筑和工业建筑外墙内保温工程,也可适用于其他墙体保温系统的热阻补充及既有建筑墙体的节能保温改造。同时适用于混凝土空心砌块、灰砂砖、黏土多孔砖、加气混凝土砌块以及现浇混凝土墙等多种墙体材料
2	材料要求	(1)无机保温膏料:是以含硅无机化合物和玻化微珠,配以非水泥基的复合胶凝剂等材料组成,市场上有成品供应。其硬化后的主要技术性能指标应符合表 21-30 的要求 (2)界面砂浆:由聚合物胶粉、助剂、硅酸盐水泥和中砂混合加水搅拌而成的干粉砂浆,在现场加水搅拌而成,其性能指标应符合表 21-3 的要求 (3)界面剂:用于保温膏料与加气混凝土砌块或墙板基层之间的界面材料,由自交联高分子聚合物乳液辅以适量助剂制成的界面剂与水泥和中砂按一定比例拌合而成,其性能应符合表 21-4 的要求 (4)抗裂砂浆:主要技术性能指标应符合表 21-31 的要求 (5)耐碱玻纤网格布和柔性耐水腻子其性能指标应分别符合表 21-6、表 21-8 的要求
3	施工准备	(1)进场材料应认真检查验收,并及时见证取样送检复验,合格后方可使用。材料应堆放于库(棚)内,注意通风防潮,库内温度应不低于 5℃ (2)墙体结构及门窗口的施工质量,必须经有关部门检查验收合格,门窗框或副框应安装完毕,伸出墙面的各种管线、预埋件、连接件应安装完毕,并预留了保温层的厚度,电气工程的暗管线、接线盒等必须安装完毕,并应完成暗管线的穿线工程。 (3)在正式施工前,应在现场采用相同材料、施工工艺及构造做法制作样板间,并经有关各方认可后,方可进行正式工程施工 (4)保温层施工期间及完工后 24h 内,环境温度及墙体表面温度不应低于 5℃,否则应采取加温措施 (5)主要施工机具设备为电动搅拌器,搅拌桶、称量衡器、抹灰工具和抹灰质量检测工具,还有壁纸刀、剪刀、铜丝刷、滚刷、手推车等
4	施工工艺方法	(1)工艺流程:基层处理→抹界面砂浆或界面剂→吊垂直、套方、弹线→抹灰饼、冲筋→分遍抹保温膏料→抹网格布增强抗裂砂浆或批抹柔性耐水腻子→面砖或涂料饰面 (2)基层处理:用铜丝刷清除墙面上的浮灰、浆渣、油渍等,确保墙面干净,对旧墙面松动、风化、空鼓部位应剔除干净,并用 1∶3 水泥砂浆找平。基层墙面的质量应符合《建筑装饰装修工程质量验收规范》(GB 50210—2001)"一般抹灰"的规定 (3)抹界面砂浆或界面剂:对基层为灰砂砖、硅酸盐砖等表面粘结性较差且未做水泥砂浆找平层墙体,应使用界面砂浆进行界面处理;对基层墙体为加气混凝土砌块或墙板的表面,应使用界面剂进行界面处理。界面砂浆或界面剂可用扫帚或滚刷均匀涂抹在基层墙体表面,涂刷时不得漏刷,也不得堆积,并做拉毛处理,但拉毛不得太厚 (4)吊垂直、套方、弹线:涂抹界面砂浆或界面剂约半小时后,进行吊垂直、套方,在侧墙、顶板处依据设计要求的保温层厚度弹出抹灰厚度控制线 (5)做灰饼、冲筋:按厚度控制线用保温层相同材料抹出灰饼和冲筋 (6)抹保温膏料: 1)保温膏料从包装袋中取出放入搅拌桶中搅拌均匀后即可上墙抹灰 2)抹保温膏料应分遍进行,每遍厚度不宜超过 15mm,抹灰时应抹平压实,不宜反复搓抹,避免起泡,最后一遍铺抹时应达到冲筋厚度,并用大杠搓平后,表面再用塑料抹子抹平,但保留粗糙面

续表

项次	项目	施工要点
4	施工工艺方法	3)分遍抹膏料的时间应随施工时的环境气温情况而定，气温在25℃以上时，不得少于4h；10～25℃之间时不得少于24h，10℃以下时不得少于36h (7)抹玻纤网格布增强抗裂砂浆： 1)当饰面层为面砖及涂料饰面的踢脚线部位，应在保温膏料层表面抹玻纤网格布增强砂浆护面层 2)抗裂砂浆应在保温层养护至干结状态(一般为2～3d)后方可进行铺抹 3)抗裂砂浆厚度在面砖饰面时应为4～6mm，涂料饰面的踢脚线部位应为3～5mm，应分两遍成活，第一遍抹厚1.5～2mm，随即铺贴玻纤网格布，用抹子将网格布由中间向四周压入砂浆中，网之间搭接宽度不应小于100mm，要求铺设平整、严密，无空鼓、褶皱、翘曲，外露等缺陷，待第一遍抗裂砂浆稍干后即可抹第二遍至要求厚度，要求抹平、抹实，不留抹痕，但保留粗糙面 (8)饰面施工： 1)当饰面为面砖时，在抗裂砂浆半干燥时即可进行面砖铺贴，面砖铺贴应按面砖铺贴施工工艺要求操作 2)当饰面为涂料时，在保温干燥后，直接在保温层上批抹柔性耐水腻子，批抹时用铁抹子用力压实、压光至表面平整，并用砂纸打磨光滑，再按涂料施工工艺操作
5	质量要求	(1)墙体保温工程所用材料的品种规格和性能应符合设计要求和相关规程的要求 (2)系统的构造做法应符合设计及相关规程对系统的构造要求 (3)现场检验保温层厚度应符合设计要求，不得有负偏差 (4)各构造层之间应粘结牢固，无脱层、空鼓和裂纹，面层无粉化，起皮和爆灰等现象 (5)保温系统应表面洁净，接槎平整；耐碱网格布应铺压严密，不应有空鼓、褶皱、翘曲、外露等现象，搭接长度应符合规定要求。保温系统面层的允许偏差及检验方法应符合表21-9的规定
6	施工注意事项	(1)保温膏料的保质期为1个月，抗裂砂浆的保质期为2个月，如储存时间超过保质期时，应取样复验，待复验合格后方可使用，严禁已结硬的材料加水搅拌后再用 (2)保温膏料和抗裂砂浆在运输和储存过程中，应注意防潮、防雨、并防止包装袋破损。包装袋宜直立放置，叠放高度不宜多于2袋 (3)保温膏料涂抹应保证达到设计要求厚度，不允许有负偏差。分遍涂抹，头遍要注意压实，最后一遍要槎平、槎实，以便于与抗裂砂浆或柔性耐水腻子粘结 (4)墙体及门窗洞口各阳角部位，应用1：2水泥砂浆抹出暗护角，每侧宽度不小于50mm，或在护面层中设置窄幅耐碱玻纤网格布增强，网格布包转宽度每侧不少于200mm，窄幅网格布接头宜采用对接，如图21-14所示 (5)在踢脚线高度范围内，保温膏料应有护面层。采用末踢脚板时，木垫块应用强力胶粘在基层墙上，或钉在预埋在基层墙体中的预埋木砖上，木垫块及预埋木砖应经防腐处理，如图21-15所示 (6)饰面所用面砖应采用轻质(不大于$20kg/m^2$)、小块(单块面积不大于$0.01m^2$)的陶瓷面砖，且背面宜有线槽，吸水率不应大于6%，所用胶粘剂和填缝剂的性能指标应符合相关标准要求

无机保温膏料性能指标　　表21-30

项目		性能指标	项目		性能指标
干表观密度(kg/m^3)		≤400	软化系数		≥0.50
导热系数(25℃)[W/(m·K)]		≤0.060	线性收割率(%)		≤0.30
抗压强度(MPa)		≥0.30	燃烧性能级别		A
拉伸粘结强度(MPa)	原强度	≥0.10	放射性核素限值	内照射指数	≤1.0
	耐水强度	≥0.08		外照射指数	≤1.0

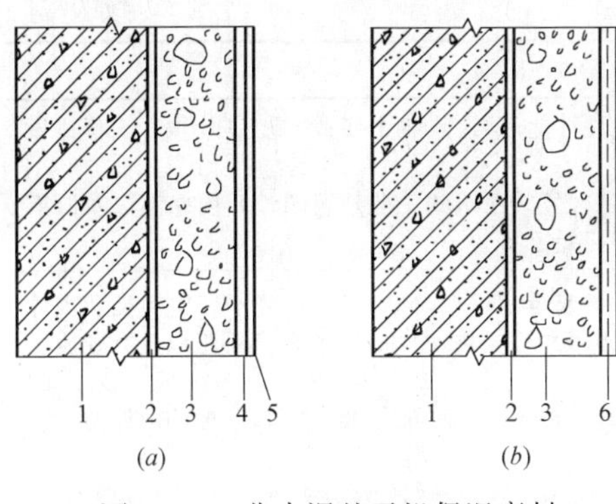

图 21-13 非水泥基无机保温膏料外墙内保温系统构造

(a) 涂料饰面时系统构造；(b) 面砖饰面时系统构造
1—基层墙体；2—界面砂浆或界面剂；3—无机保温膏料保温层；4—柔性耐水腻子；5—涂料饰面层；6—耐碱玻纤网格布增强抗裂砂浆护面层；7—面砖饰面层

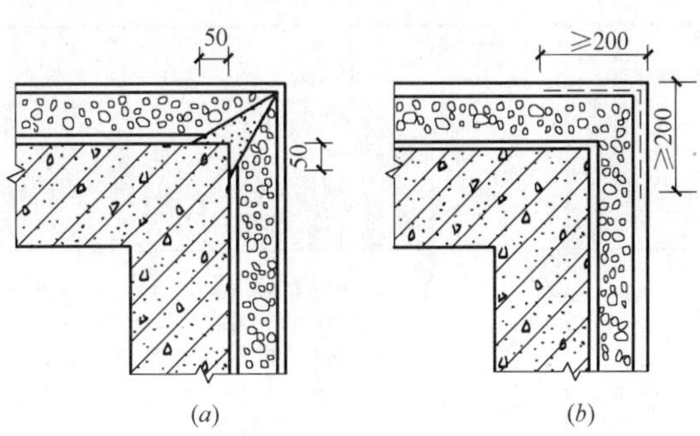

图 21-14 墙体及门窗洞口阳角加强做法

(a) 水泥砂浆暗护角加强；(b) 耐碱玻纤网格布包转加强

抗裂砂浆性能指标 **表 21-31**

项目		性能指标	项目	性能指标
拉伸粘结强度（MPa）	原强度	≥0.70	可操作时间，2h，拉伸粘结强度	≥0.70
	耐水强度	≥0.50	柔韧性(压折比)	≤3.0

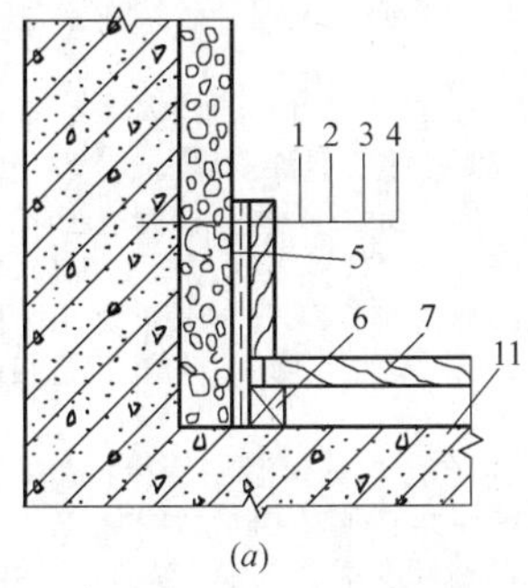

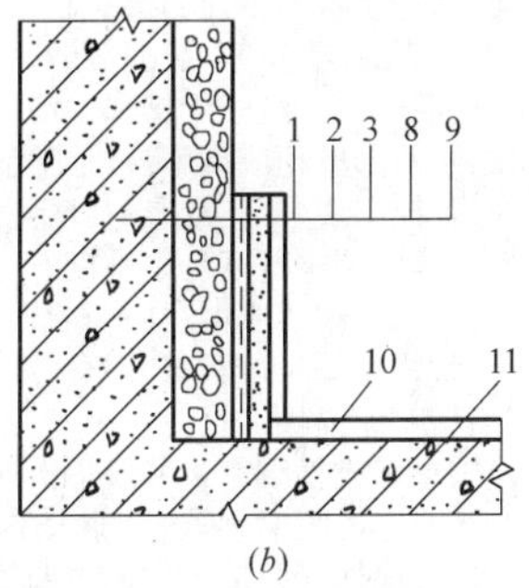

图 21-15 踢脚线做法

(a) 木踢脚线做法；(b) 水泥或地砖踢脚线做法
1—基层墙本；2—保温层；3—网格布增强抗裂砂浆；4—木踢脚板；5—防腐木垫块；6—木格栅；7—木地板；8—聚合物水泥砂浆打底；1∶2.5 水泥砂浆罩面；9—水泥或地砖踢脚板；10—水泥或地砖地面；11—楼地面

21.1.6 粘贴硬质保温板外墙内保温系统施工

粘贴硬质保温板外墙内保温系统施工方法 **表 21-32**

项次	项目	施工要点
1	组成、特点及使用	(1)粘贴硬质保温板外墙内保温系统是将工厂制作好的规格保温板，用专用胶粘剂粘贴于外墙的内侧基层墙面上而形成保温层，然后在保温层面上抹涂抹面砂浆(需要时用耐碱玻纤网格布增强)而形成护面层，最后做涂料，壁纸或面砖、装饰板等饰面，其构造如图 21-16 所示

续表

项次	项目	施工要点
1	组成、特点及使用	(2)本系统除具有21.1.5节内墙内保温优良性能外，还具有干作业、施工环境好，工程进度快，缩短施工工期等优点 (3)适用于新建，扩建和改建的各类居住建筑、公共建筑和工业建筑的外墙内保温以及既有建筑节能改造。基层墙体可以是各种砌体和混凝土墙
2	材料要求	(1)硬质保温板：应采用导热系数较小的不燃或难燃材料，且对室内环境不产生污染和人体健康无害的环保产品，如泡沫玻璃板、砂加气保温板，岩(矿)棉板、石膏玻璃棉板以及有硬质面板复合的AD复合板等 (2)粘结材料；：根据保温板材质宜采用相配套的专用胶粘剂或粘结砂浆，一般均由保温板生产厂配套供应 (3)玻纤网格布：用于抹砂浆增强及墙角、门窗洞口等特殊部位增强处理，一般常用耐碱玻纤网格布 (4)护面层材料：根据保温板材质宜采用相配套的专用抹面砂浆或柔性耐水腻子 (5)锚栓：根据设计要求，用于墙角及门窗洞口等特殊部位的辅助固定，一般常用尼龙锚栓
3	施工准备	(1)施工人员应进行技术培训，系统掌握施工步骤，技术要点，并经考核合格者方可上岗操作，技术人员应编分项工程作业指导书，对操作人员进行技术交底 (2)保温板在运输中避免振动，装卸应立抬轻放，进入现场应推放于库(棚)内，防止雨淋、受潮，堆放应码放整齐，并控制码放高度，以防板面变形 (3)在正式施工前，应在现场采用工程所用材料、施工工艺和构造做法制作样板间，并进行揭板试验，经有关各方认可后方可进行正式施工 (4)其余同表21-29中的“施工准备”
4	施工工艺方法	(1)工艺流程：基层处理→弹控制线、挂基准线→粘贴保温板→涂抹护面层或批刮腻子→饰面 (2)基层处理：用钢丝刷清除墙面上的浮灰、浆渣、油渍等确保墙面干净，对旧墙面松动、风化、裂缝部位应剔除干净，并用1：2.5水泥砂浆或聚合物水泥砂浆补平，基层墙面平整度不符合要求时，应根据不同墙体材料采用水泥砂浆或水泥混合砂浆找平，找平层应与墙面粘结牢固，不得有脱层，空鼓，裂缝等缺陷 基层墙面不宜过于干燥和光滑，如基层墙面过干或吸水性高，应按有关行业标准要求先做粘贴试验，并采取相应措施。过于光滑的混凝土表面宜涂刷界面剂。 (3)弹控制线、挂基准线：在墙面弹出室内门窗水平、垂直控制线，并在墙面上挂垂直基准线，以控制墙面的垂直度和平整度；根据开间或进深尺寸及保温板的规格，预排保温板，排板应从门窗口开始，破活应甩在阴角处。保温板应错缝排列，错缝长度为1/2标准板长，并不得小于100mm，最小非标准板尺寸不应小于150mm，据此在墙面上弹出保温板位置线 (4)粘贴保温板： 1)胶粘剂或粘结灰浆一般均由保温板生产厂根据保温的品种配套供应的专用干混料，现场按产品使用说明书，按比例加水用电动搅拌器或强制式砂浆搅拌机充分搅拌均匀至合适稠度，加水量可根据气温情况作适当调整，但调整幅度不宜大于1%，并应随配随用，一次配制量以满足在规定时间内用完为宜。在施工过程中，不得随意加水，超过规定使用时间的胶粘剂严禁加水搅拌后再用 2)保温板可采用满粘法粘贴，从门窗口开始向两侧或从墙角一侧开始向另一侧自下而上按排板弹线粘贴，并随时用靠尺检查其平整度，用橡皮锤敲实，粘结层应饱满，拼缝应严密，挤出的胶浆应及时刮净 3)粘贴门窗洞口及阳角处保温板时，应采用整块板套割成型，严禁产生垂直通缝，严禁将非标准板粘贴在门窗洞口或阳角部位。非标准板可在现场用砂盘锯、钢锯或美工刀切割加工 (5)涂抹护面层或批刮腻子： 1)护面层应按设计要求，护面层材料应与保温板配套，一般由保温板生产厂配套供应专用抹面砂浆或专用柔性腻子干混料，现场按产品使用说明书按比例加水搅拌均匀即可，并应随配随用，并在规定时间内用完 2)护面层做法，一般情况下，硬质岩(矿)棉板应采用耐碱网格布增强的聚合物砂浆；石膏玻璃棉板采用饰面石膏，分两层施工，底层为石膏砂浆(粉刷石膏加中砂)5mm厚，面层为粉刷石膏2～3mm厚；砂加气保温板和泡沫玻璃板采用专用腻子批嵌刮平，厚度2～3mm；AD复合保温板采用专用柔性腻子批嵌刮平，板缝处用耐碱玻纤网格布增强，宽度不小于100mm

续表

项次	项目	施工要点
4	施工工艺方法	3)门窗洞口及阴阳角、踢脚线等特殊部位，应用玻纤网格布增强的护面层，或按设计要求采用尼龙锚栓辅助固定保温板 (6)饰面层：墙面砂浆或腻子干燥用砂纸打磨平整光滑后，按涂料(或壁纸)工艺或面砖(或装饰板)(不必打磨光滑)工艺施工饰面 (7)质量要求，参见表 21-14 中项次 6"质量要求"
5	施工注意事项	(1)保温板及其配套的粘贴材料、护面材料的品种、规格、材质应根据设计要求，选择生产厂加工订货，产品进场应具有产品质量合格证、产品检验报告和有害物质限量检测报告，并应按规定要求进行相应的见证取样复试 (2)内保温贴板过程中，应与水、电施工密切配合，在各种管线施工完毕后，再贴保温板，管线不得固定在保温板上，电气接线盒与保温板间的间隙应用保温板条、抹面砂浆填充密实 (3)门窗四角的保温板，应用整块板切出洞口，不得在该处留水平缝和竖缝，也不得拼接，并在门窗洞四角沿 45°方向增铺一层长 300mm、宽 200mm 的玻纤网格布增强，以免产生薄弱环节

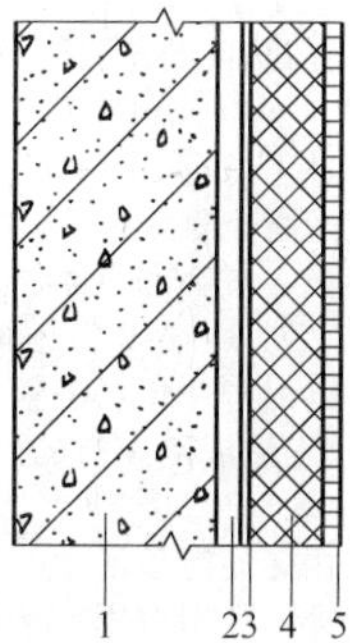

图 21-16 硬质保温板外墙内保温系统构造

1—基层墙体；2—砂浆找平层；3—粘结层；4—硬质保温板；5—护面层

21.1.7 轻质砌块外墙自保温系统施工

轻质砌块外墙自保温系统施工方法 **表 21-33**

项次	项目	施工要点
1	组成、特点及应用	(1)利用轻质砌块的优良保温性能，将其直接砌筑在框架结构外墙中，再辅以节点保温构造措施，形成自保温墙体，墙面外侧满刮专用界面剂后做涂料或面砖饰面，墙面内侧的粉刷、批嵌、饰面施工应按相应规定执行，以形成轻质砌块外墙自保温系统 (2)轻质砌块不仅可以代替普通绕结黏土砖，混凝土空心小型砌块等使用于砌筑外围护墙，而且具有重量轻，可以有效减轻建筑的自重；优良的保温性能，其导热系统为 0.11～0.16W/(m·K)，仅为混凝土的 1/10，是一种优良的自保温和内外保温材料；优良的防水、耐火性能；具有较高的加工精度，能充分保证薄层施工工艺的应用，采用专用胶粘剂砌筑，砌块粘结牢固，抗渗性好等优点 (3)适用于夏热冬冷地区和夏热冬暖地区的各类新建、扩建和改建的居住建筑和公共建筑的外墙自保温工程。但不适用于建筑物±0.00 以下，受化学侵蚀的环境，长期浸水或经常受干湿交替以及砌块表面经常处于 80℃以上高温环境等部位
2	材料要求	(1)轻质保温砌块：目前多采用蒸压砂加气混凝土砌块、陶粒增强加气砌块和硅藻土保温砌块等。砌块常用规格尺寸和主要技术指标见表 21-34 (2)砌筑胶粘剂：工厂提供配套干粉料，现场按产品使用说明书加水用电动搅拌器搅拌均匀即可使用，其主要技术性能指标见表 21-35 (3)界面剂：墙面外侧做粉刷时，应采用专用界面剂进行批刮，其主要性能指标应符合表 21-36的要求，并由生产厂配套供应 (4)底批土：墙面内侧做粉刷时，应采用专用底批土进行批刮，其主要性能应符合表 21-36 的要求，并由生产厂配套供应

续表

项次	项目	施工要点
3	施工准备	(1)砌块进场应推置于室内或不受雨、雪影响并能防潮、干燥的场所 (2)墙体厚度应根据技术经济比较和建筑构造以及按地区经热工计算确定，施工单位应根据设计要求的厚度进行订货 (3)为便于配料和减少施工中现场的锯量，在施工前应根据图纸进行排块设计。平面排块设计的基本块长为600mm，异型规格可与厂方协商后加工或现场切锯。砌块排列应上下错缝，搭接长度不宜小于被搭接砌块长度的1/3，且最小搭接长不得小于100mm (4)墙体砌筑前，应在转角处立好皮数杆，间距宜小于15m，皮数杆应标明砌块的皮数，灰缝的厚度以及门窗洞口、过梁、圈梁和楼板等部位的位置 (5)主要施工机具有刮勺、橡皮锤、水平尺、搅拌器、射打枪、磨砂板、台式切割机以及称量衡器和质量检测工具等
4	施工工艺方法	(1)工艺流程：弹线→墙基找平→砌块砌筑→安装连接件→砌筑混凝土预制块→安装门窗过梁→墙体与柱、梁或板接缝嵌填→检查墙体平整度和垂直度→修整墙面→不同材质连接防裂措施→墙面批嵌、粉刷、饰面施工 (2)弹线：弹好轴线、墙身线以及门窗洞口的位置线，经验线符合设计要求，并办理完预检手续 (3)墙基找平：墙基用水湿润后用10～45mm厚1：3水泥砂浆或细石混凝土找平 (4)砌块砌筑：第一坡砌块砌筑时，应先根据排块图进行干铺试排，符合要求后再正式砌筑。砌筑时将砌块底面水平灰缝和侧面垂直灰缝满涂砌筑胶粘剂，不得漏涂，然后垂直安放于经找平的墙基或楼板梁上，稍加揉压，第二皮砌块砌筑应待第一皮砌块灰缝胶粘剂初凝后方可砌筑。已砌筑的砌块表面应平整，否则需用磨砂板磨平并清理尘灰后方可继续往上砌筑。砌块之间灰缝应饱满(饱满度竖直灰缝应达到80%以上，水平灰缝应达到90%以上)，并相互挤紧，灰缝厚度与宽度为2～3mm，挤出的胶粘剂应及时清理干净，做到随砌随勒灰缝。砌上墙或刚砌筑的砌块不得受到撞击或随意移动，若需要校正，应重新铺灰后进行砌筑 (5)安装连接铁件：砌块与结构柱相接处应预留10～15mm宽的缝隙，并按每两皮砌块高度设置L形(L150×80×1.5)铁件，用M8膨胀螺栓或射钉固定于结构柱上，铁件上每侧各焊2根ϕ6、长700mm连接钢筋，砌块上创出两个30mm×50mm深凹槽，连接钢筋埋于凹槽内，并用砌筑胶粘剂填密实，当为8～9度地震区时，连接钢筋应通长设置。砌块砌筑至梁或板底时，应预留10～15mm缝隙，并设置L形铁件，L形铁件间距1.2m。缝隙内侧嵌塞PE棒再打发泡剂，外侧缝隙应在发泡剂外再用外墙弹性腻子封闭 (6)砌筑混凝土预制块：当外墙上安装塑料或铝合金门窗时，可在砌块墙体上预留门窗洞口，门窗洞口两侧各预埋C15混凝土预制块，用切块胶粘剂砌筑，数量每侧不少于3块 (7)安装门窗过梁：门窗洞宽1.0m以内，可用砌块切割组成过梁，洞宽大于1.0m时，用预制过梁安装，并平齐墙体内侧面，过梁外侧按设计要求采取保温措施 (8)检查墙体平整度和垂直度：砌块墙体砌完后，应检查墙面平整度，不平整处用磨砂板磨平并用2m靠尺检查，不得大于6mm，垂直度用托线板检查不大于5mm(墙高不大于3m时)和10mm(墙高大于3m时) (9)饰面施工：砌块墙体外粉刷施工前，墙面应满刷专用界面剂或专用防水界面剂，粉刷施工应分层进行，总厚度宜为20mm，然后按涂料或面砖施工工艺进行饰面，当采用面砖时，必须按满粘法粘贴牢固，饰面砖的厚度宜≤10mm；砌块墙体内侧的粉刷、批嵌。饰面砖粘贴及饰面板安装应按相应规定执行
5	施工注意事项	(1)设置于砌块墙体内的过梁、圈梁、连梁、窗台板、预制混凝土块等构件，应平齐墙体内侧在构件外侧面应按设计要求采取保温措施 (2)建筑物外围的混凝土结构柱和梁应根据设计要求采取保温措施，如补贴保温板或粉刷保温砂浆，其表面应与相邻接的填充墙齐平 (3)砌块墙体上的各种预留洞、管线槽、接线盒等应在安装后用专用修补材料修补，也可用砌块碎屑拌以水泥、石灰膏及适量建筑胶水搅拌均匀后修补，配合比为水泥：石灰膏：砌块碎屑：建筑胶水＝1：1：3：适量。 (4)砌块墙体与构造柱、剪力墙、框架柱、混凝土梁交界处批嵌时，应铺贴耐碱玻纤网格布；粉刷时，应设置镀锌钢丝网片，网片中钢丝直径为1.0mm，网孔尺寸为10mm×10mm，宽度为界面缝两侧各不小于100mm (5)含水率对保温材料热工性能影响很大，加点混凝土尤其突出，在施工过程中应采取措施减少砌块材料的含水率，同时减少砌筑灰浆对加气混凝土墙体的整体热工性能影响 (6)砌筑时，严禁在墙体预设脚手洞 (7)不准站在砌块墙体上划线、吊线、清扫墙面等工作 (8)砌块切割时，应有防灰尘措施

续表

项次	项目	施工要点
6	质量要求	(1)砌块的外观质量、外形尺寸、导热系数、密度等级、强度等级等应符合设计要求 (2)砌块砌筑的墙体，应采用具有保温功能的砂浆砌筑。砌筑砂浆的强度等级应符合设计要求。砌体的水平灰缝饱满度不应低于90%，竖直灰缝饱满度不应低于80% (3)与主体结构连接的L形铁件或拉结筋应置于灰缝内，不得外露，且垂直间距为2皮砌块高度 (4)砌块墙体砌筑时应错缝搭砌，其搭接长度不得小于被搭砌的砌块长度的1/3，且不得小于100mm，砌块墙体的灰缝厚度和宽度应为2～3mm (5)砌块墙体的顶面与钢筋混凝土梁或板底面应预留10～25mm空隙，空隙内填充物宜在墙体砌筑完成14d后进行 (6)砌块墙体的允许偏差和检验方法应符合表21-37的规定

砌块常用规格尺寸和主要技术性能 **表21-34**

项目		密度等级	
		B04	B05
规格尺寸	长度(mm)	600	600
	高度(mm)	250	250
	厚度(mm)	200,250,300	200,250,300
干密度(kg/m^3)		≤430	≥530
抗压强度(MPa)		≥2.0	≥2.5
干燥收缩值(mm/m)		≤0.5	≤0.5
导热系数[W/(m·K)]		≤0.11	≤0.13

注：非标准尺寸，可与厂方协商后订货生产，或现场切锯。

砌筑胶粘剂主要性能指标 **表21-35**

项目	指标	项目		指标
外观	均匀、无结块	28d抗折强度(MPa)		≥2.2
保水性(mg/cm^2)	≤8	压剪胶接强度(MPa)	原强度	≥1.0
流动度(mm)	150～180		耐冻融	≥0.4
28d抗压强度(MPa)	7.0～15.0			

专用外墙界面剂与内墙底批土主要性能指标 **表21-36**

项目	指标	
	界面剂	底批土
拉伸粘结强度(MPa) (与水泥砂浆粘结，空气中养护14d)	≥0.50	≥0.40
拉伸粘结耐水强度(MPa) (与水泥砂浆粘结，空气中养护14d，水中养护7d)	≥0.35	≥0.30
拉伸粘结强度(MPa) (与B04砌块粘结，空气中养护14d)	≥0.20	≥0.20
可操作时间(h)	1.5～4.0	1.5～4.0

砌块墙体的允许偏差和检验方法　表 21-37

项次	项目		允许偏差(mm)	检验方法
1	轴线位置		10	用尺检查
2	垂直度	≤3m	5	用 2m 托线板或吊线和尺检查
		＞3m	10	
3	表面平整度		6	用 2m 靠尺和塞尺检查
4	门窗洞口高、宽(后塞框)		±5	用尺检查
5	外墙上、下窗口偏差		20	用经纬线或吊线检查

21.2　屋面保温隔热施工

21.2.1　板状保温材料保温屋面施工

板状保温材料保温屋面施工方法　表 21-38

项次	项目	施 工 要 点
1	组成、特点及使用	(1)板材保温材料保温屋面指由工厂通过模具压制等方式预制成型的无机材料轻体保温板、有机泡沫保温板或无机与有机材料复合保温板等，运到施工现场在屋面拼装干铺或用粘贴方法进行施工的屋面，如图 21-17 所示 (2)具有质轻、多孔、热阻性高，阻止室内外两侧高低温的交换，减缓室内温度升高或降低的速度，有利于保持室内温度稳定；板状保温材料本身平整，外观整齐，规格一致，铺贴方便，速度快，厚度容易控制，有利找平层和防水屋施工等特点 (3)适用于民用住宅、工业建筑及高层建筑屋面保温防水工程
2	材料要求	(1)保温材料的选用，应考虑采用导热系数小，表观密度小，吸水率低且具有一定强度的有机、无机或无机与有机复合物保温材料。目前常用的板状保温材料有水泥、沥青或有机材料作胶结料的膨胀珍珠岩、蛭石保温板，微孔硅酸钙板、泡沫混凝土、加气混凝土和岩棉板，挤塑或模塑聚苯乙烯保温板，硬泡聚氨酯-泡沫玻璃，砂加气保温板等，其中泡沫混凝土，加气混凝土等表观密度大，保温性能较差；憎水泥膨胀珍珠岩(蛭石)和沥青膨胀珍珠岩(蛭石)具有较好的憎水能力，应用较为广泛；聚苯乙烯泡沫板，泡沫玻璃和发泡聚氨醋吸水率低，表观密度小、保温性能好，应用越来越广泛，但聚苯乙烯泡沫板、发泡聚氨酯均为可燃的高分子碳氢化合物，故使用中应选择阻燃处理的产品。各种保温材料的性能见表 21-39 (2)板状保温材料进场后抽查表观密度、压缩强度、抗压强度三项物理性能指标 (3)板状保温材料搬运时应轻放，防止损坏断裂、缺棱掉角，保证板的外观完整 (4)板状保温材料运输，贮存时应有防雨、防潮措施
3	施工方法	(1)铺设板状保温材料的基层应平整、干燥、干净 (2)干铺的板状保温材料，应紧靠在需保温的基层表面上，并应铺平垫稳，分层铺设时，板块上下层接缝应相互错开，板间缝隙应采用同类材料填嵌密实 (3)预制水泥蛭石板(珍珠岩板)用水泥砂浆铺贴时，基层清扫干净后，先刷 1∶1 水泥蛭石(或珍珠岩)浆一遍，以保证粘结牢固，然后用 1∶2(体积比)水泥砂浆粘贴，板间缝隙采用 1∶1∶10(水泥∶石灰膏∶同类保温材料碎屑)保温砂浆填实并勾缝，石灰膏必须经熟化 15h 以上，石灰膏中严禁含有未经熟化的颗粒 (4)预制沥青膨胀蛭石板(沥青膨胀珍珠岩板)用沥青胶结料铺贴时，板块与基层之间及板块之间均应满涂热沥青胶结材料，以便相互粘结牢固，热沥青的温度为 160～200℃，沥青胶结材料的软化点，北方地区不低于 30 号沥青，南方地区不低于 10 号沥青；若采用沥青玛𤧛脂粘贴时，沥青玛𤧛脂的加热温度不应高于 240℃，使用温度应不低于 190℃，粘贴的预制板应贴严，铺平，分层铺设时，板块上下接缝应相互错开 (5)泡沫玻璃，砂加气保温板等保温板铺设时，宜由里往外或由中心向四周展开铺设，以减少施工过程中踩踏，板块除在屋面周边及节点(小落口、排水沟等)处采用专用胶粘剂或有机类胶粘剂粘贴外，其他部位可采用干铺。板块应相互错开，如有缝隙，应采用同类板条嵌严实，或用保温砂浆灌实 (6)干铺的保温板可在负温度条件下施工，用有机胶粘剂粘贴时，在气温低于－10℃时不宜施工；用水泥砂浆粘贴时，在气温低于 5℃时不宜施工；雨天、雪天和五级风及以上时不得施工；当施工中途下雨、下雪时，应采取遮盖措施

续表

项次	项目	施工要点
4	注意事项	(1)板状保温材料应严格按照有关标准进行选择，并加强保管和处理，对不符合质量要求的材料不得使用 (2)施工应严格按照要求操作，严格验收管理，以避免板状保温材料铺贴不实，影响保温，防水效果，造成找平层开裂 (3)屋面保温层在檐口、天沟处，宜延伸到外坡外侧，或按设计要求施工；女儿墙根部与保温层间应设置温度缝，缝宽以 15～20mm 为宜，并应贯通到结构基层 (4)保温层施工过程中应随时检查表面平整度和接缝高低差，如有超过允许偏差随时纠正，施工完成后，应及时铺抹水泥砂浆找平层，以减少受潮和进水，尤其在雨期施工，应及时采取覆盖保护措施
5	质量要求	(1)板状保温材料的品种、规格及其性能应符合设计要求和相关标准的规定 (2)保温板的厚度应符合设计要求，进场时应进行抽检，其厚度偏差不应大于 5%，且不应大于 4mm (3)保温板铺设方法、厚度、缝隙填充质量及屋面热桥部位的保温隔热做法应符合设计要求和有关标准的规定 (4)保温板铺设应紧贴基层，应铺平垫稳，拼缝应严密，粘贴应牢固。表面平整度允许偏差不应大于 5mm；相邻板材接缝高低允许偏差不应大于 2mm

保温材料性能表 **表 21-39**

项次	材料名称	表观密度 (kg/m³)	导热系数 [W/(m·K)]	强度 (N/mm²)	吸水率 (%)	使用温度 (℃)
1	松散膨胀珍珠岩	40～250	0.05～0.07	—	250	－200～800
2	水泥珍珠岩制品 1∶8	500	0.08～0.12	0.3～0.8	120～220	650
3	水泥珍珠岩制品 1∶10	300	0.063	0.3～0.8	120～220	650
4	憎水珍珠岩制品	200～250	0.056～0.08	0.5～0.7	憎水	－20～650
5	沥青珍珠岩	500	0.1～0.2	0.6～0.8	—	—
6	松散膨胀蛭石	80～200	0.04～0.07	—	200	－200～1000
7	微孔硅酸钙	250	0.06～0.07	0.5	87	650
8	矿棉保温板	130	0.033～0.047	—	—	600
9	加气混凝土	400～600	0.14～0.18	3	35～40	200
10	水泥聚苯板	240～350	0.09～0.1	0.3	30	—
11	水泥泡沫混凝土	350～400	0.1～0.19	—	—	—
12	模塑聚苯乙烯泡沫板	≥30	≤0.039	10%压缩 ≥0.15	≤2.0	－80～75
13	挤塑聚苯乙烯泡沫板	≥20	≤0.30	10%压缩 ≥0.15	≤1.5	－80～75
14	硬泡聚氨酯	≥35	≤0.024	10%压缩 ≥0.15	≤3.0	－200～130
15	泡沫玻璃	≥150	≤0.062	≥0.4	≤0.5	－200～500

注：第 12～14 项强度指标为压缩强度，对于压缩时不会产生粉碎断裂的材料的压缩强度，须定义为当材料变形到任意量所需的压应力值。

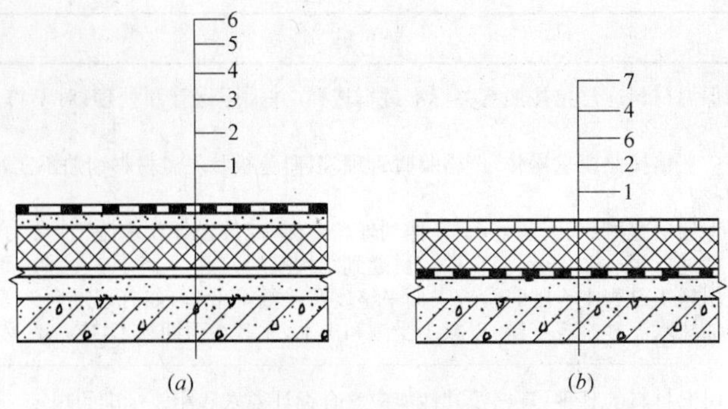

图 21-17　板状保温材料保温屋面构造

(a) 正置式屋面构造；(b) 倒置式屋面构造

1—结构层；2—找坡找平层；3—隔汽层；4—保温层；

5—找平层；6—防水层；7—保护层

21.2.2　整体现浇沥青膨胀蛭石（沥青膨胀珍珠岩）保温层面施工

整体现浇膨胀蛭石（膨胀珍珠岩）保温屋面施工方法　　表 21-40

项次	项目	施工要点
1	组成、特点及使用	(1)采用乳化沥青为胶粘料与膨胀蛭石或膨胀珍珠岩轻骨料，经搅拌后在现场摊铺并经压实成型后，当沥青中的水分蒸发后，沥青颗粒凝结成膜，将蛭石或珍珠岩颗粒包裹，形成有一定强度的憎水性的保温层 (2)比板状保温材料整体性好，无接缝，施工也较方便，且不但有保温作用，而且也有一定防水性能，当表面强度达到 0.2MPa 以上且较平整时，可免去找平层，直接进行防水层施工 (3)适用于平屋面和坡度不大于 35%的坡屋面保温
2	材料要求	(1)乳化沥青：要求密度在 1.03～1.06g/cm³ 之间 (2)膨胀蛭石：是以蛭石为原料，经烘干、破碎、熔烧而成的一种金黄色或灰白色颗粒状物料，其堆积密度约为 80～300kg/m³，导热系数应≤0.14W/(m·K)，粒径宜为 3～15mm (3)膨胀珍珠岩：是以珍珠岩矿石为原料，经破碎，熔烧而成的白色或灰白色砂状材料。膨胀珍珠岩呈蜂窝状泡沫，其堆积密度≤120kg/m³，导热系数≤0.07W/(m·K)，粒径宜大于 0.15mm，粒径小于 0.15mm 的含量不应大于 8%，含水率不大于 8%。 (4)膨胀蛭石或膨胀珍珠岩运输时一般采用编织袋或麻袋包装，运输过程中应防散漏，严禁踩踏，并应防雨、防潮、防火和防止混杂
3	施工方法	(1)沥青膨胀蛭石或沥青膨胀珍珠岩可采用人工搅拌或机械搅拌，人工搅拌时重量配合比为：乳化沥青：膨胀珍珠岩＝5：1～6：1；机械搅拌时重量配合比为：乳化沥青：膨胀珍珠岩＝4：1。如进场的乳化沥青密度较大时，可用软水进行适当稀释至要求密度 (2)无论采用机械搅拌或人工拌拌，都应充分拌匀，色泽一致，稠度以手握成团，自然落地开花为准 (3)现浇料施工时宜进行分仓，每仓宽度宜为 700～900mm，可用木板分格并控制厚度 (4)整体式保温层施工，为防止防水层中发生起鼓现象，必须留置分格缝，间距 4～6m，分格绝不得填死，可作排气槽，并与大气连通 (5)现浇料铺设前基层应坚实，平整、干净、干燥，铺设后宜采用平板振动器振实，也可采用滚筒反复滚压，最终达到人行无沉陷，且厚度达到设计要求，一般虚铺与实铺的参考压缩比为1.8：1～2：1，施工前应进行现场试验确定压缩比 (6)压实后的保温层可用收光机抹光，边缘和水落处可用铁抹或木抹拍实抹光 (7)沥青膨胀蛭石或沥青膨胀珍珠岩现浇在气温低于 5℃时不宜施工，雨天、雪天和五级风及其以上时，不得施工；当施工中途下雨、下雪时，应采取遮盖措施

续表

项次	项目	施工要点
4	注意事项	(1)结构基层应坚实、平整、洁净,基层表面不得有明显积水,并办理隐蔽验收手续 (2)平屋面找坡层的坡度应符合设计要求。穿过屋面的管道根部洞口应用细石混凝土填塞密实 (3)应注意保温层边角处的质量,如边角不直,边槎不齐等,将影响找坡,找平和排水 (4)屋面与山墙、女儿墙、天沟、檐沟及凸出屋面的连接件处,整体保温层的细部构造应符合设计要求,以免形成防水薄弱点
5	质量要求	(1)保温隔热材料的品种,规格和性能应符合设计要求和相关标准的规定 (2)保温层所用原材料的质量及配合比,应符合设计要求 (3)保温层的厚度应符合设计要求,其偏差应为5%,且不得大于5mm (4)沥青膨胀蛭石(沥青膨胀珍珠岩)保温材料应拌合均匀,分层铺设,压实适当,表面平整,找坡正确

21.2.3 复合铝箔隔热膜坡屋面施工

复合铝箔隔热膜坡屋面施工方法　　表 21-41

项次	项目	施工要点
1	组成、特点及使用	(1)复合铝箔隔热膜空铺于块瓦钉挂型坡屋面的顺水条与挂瓦条之间,使之与上方的块瓦和下方的找平层之间形成了两个单面铝箔空气间层,如图21-18所示,有效地提高了屋面隔热保温的热阻 (2)具有构造简单、合理,施工方便,隔热保温效果优良,能直接满足节能设计要求,或有效地减少保温材料的厚度,同时也可起到防渗、污水功能 (3)适用于各种块瓦钉挂型坡屋面的民用建筑和公共建筑,包括高层、小高层、多层和别墅
2	材料要求	(1)复合铝箔隔热膜:一种由多层有机、无机、高真空镀铝层和有机硅保护层复合而成的柔性薄膜,具有高反射低辐射的特性。产品有双面反射型隔热膜(正反两个表面均有高真空镀铝膜层、产品命名为M型)和单面反射型隔热膜(仅在一个表面有高真空镀铝膜,产品命名为S型)两种,分别适用于隔热膜两侧均有空气间层和仅在一侧有空气间层的部位。其主要技术性能指标见表21-42,规格尺寸见表21-43。隔热膜表面应均匀一致,边缘整齐,无分层、气泡和其他影响隔热性能和使用的表面缺陷,隔热膜产品出厂应有产品合格证,并应有包装 (2)专用胶粘带:一面涂有不干胶,另一面有铝膜镀层的胶粘带,专用于搭接和粘贴隔热膜用,一般工厂配套供应,其主要性能应符合隔热膜要求,带宽50mm,每卷长度不小于50m
3	施工方法	(1)顺水条固定:当顺水条为木质材料时,应事先采取防腐处理。顺水条可用水泥钢钉固定,间距≤600mm。当屋面构造有复合保温层(图21-18*b*)时,顺水条钉固与保温板的粘铺应依次同时进行。保温板则可采用点粘工艺,每钉一根顺水条后就粘铺上相邻一块保温板,粘铺上保温板后再钉相邻的顺水条,依次类推。应避免钉完顺水条后再嵌入保温板的做法,以避免保温板在两条顺水条间产生松紧不一的现象 (2)隔热膜铺设与挂瓦条固定: 1)隔热膜铺设应按先小后大、自下而上的顺序,先小后大是指先铺设屋面上较小面积(如老虎天窗等部位)的地方,后再大面积;自下而上是指同一斜面的屋面,铺设时从檐口部位向上逐幅铺设,以有利于隔热膜上下之间的顺水搭接 2)隔热膜铺设时拉得不应太紧或太松,以自然下垂不大于1/3顺水条高度(或10mm)为宜,并采用手动装钉机钉固于隔热膜上边缘的30mm处(便于上幅隔热膜搭接后覆盖),每根顺水条至少钉一个钉 3)隔热膜上下幅之间的搭接,应采用专用胶粘剂粘结,搭接宽度视屋面的坡度而定:屋面坡度(α)$\alpha \geqslant 30°$时,搭接宽度要求≥50mm,$30° > \alpha \geqslant 25°$时,搭接宽度要求≥60mm;$\alpha < 25°$时,搭接宽度要求≥80mm 4)每幅隔热膜固定后,就可以将本幅上方的挂瓦条钉上 5)挂瓦条是用铁钉(有时采用不锈钢钉)将其钉在顺水条上固定,这样铁钉必须穿过隔热膜,造成渗漏的薄弱环节,因此,必须对钉眼做处理,措施是事先将贴必灵剪切成30mm×30mm的方块,需在钉挂瓦条处弹上墨线,在每个挂瓦条墨线与顺水条交汇处贴上一块贴必灵,这样就保证了每个钉眼都有贴必灵粘住铁钉,从而达到防渗漏的效果 6)当挂瓦条为木质时,需事先做防腐处理。当本幅隔热膜上需钉挂瓦条全部钉上后,方可实施后一幅隔热膜铺设。每幅隔热膜铺设和挂瓦条固定完毕后,都要清除隔热膜上残留杂物,特别是废弃的铁钉等 7)施工中一旦发现隔热膜有破损处,应用比破损边缘大50mm的平面贴必灵贴补 (3)钉挂块瓦,钉挂方法参见第14.1.6节"屋面瓦材防水"。块瓦上屋面应堆放在垫板上,避免尖锐处刺破隔热膜。铺瓦过程中凡碎裂或切割余下的残瓦,不可直接放置于隔热膜上,应放置于已铺好的瓦片上,待后清除,当瓦片需用铁钉固定时,其铁钉的长度不得穿过挂瓦条,否则会戳破隔热膜,形成渗漏点

续表

项次	项目	施工要点
4	屋面细部构造	(1)屋脊处的隔热膜铺设，应待屋脊两边斜屋面已自下而上铺设完毕后进行。铺设时沿屋脊将隔热膜中心向两侧自然弯曲覆盖在屋脊上，同时满足两边的搭接要求，并用专用胶粘带粘实 (2)斜天沟、檐沟的处理：隔热膜预留伸出顺水条端的宽度为60～80mm，钉完挂瓦条，将预留部分向下弯折，并采用双面贴必灵点粘于斜天沟、檐沟的防水层上即可。点粘的双面贴必灵可剪成约40mm×40mm的尺寸，点粘间距为300～400mm (3)山墙、烟囱、天窗等节点的处理：先在垂直立面上刷贴必灵专用清洁剂一道，宽度不大于60mm，将双面贴必灵剪切成宽度为30～40mm条状带，待清洁剂干燥(刷后约5～15min)后，其中的一面撕掉隔离纸粘在垂直立面上，其下边缘与顺水条同高，每段贴必灵与另一段相接处应有不少于10mm的重叠搭接，外面的隔离纸暂时保留。当隔热膜铺设到节点处时，可在预留宽度不小于50mm的前提下将多余部分剪掉，然后沿基层自然弯折，使其与双面贴必灵自然紧贴，此时再撕掉贴必灵保留的隔离纸，使隔热膜与贴必灵紧密相贴，再用橡皮锤轻敲一遍，最后用预先剪切好宽约40mm的单面贴必灵骑缝封口粘贴，如图21-19所示
5	质量要求	(1)隔热膜的各项技术指标，必须符合设计要求和上海市企业标准《热迪牌阻隔膜》(Q/NBHL 1-2006)的要求 (2)贴必灵的各项技术指标，必须符合设计要求 (3)保温板的铺设应紧靠顺水条，紧贴基层，铺平垫稳，点状粘贴 (4)阻隔膜的铺设应粘紧适度、平整，搭接正确 (5)各节点处理应符合设计要求及本表项次4"屋面细部构造"的施工要求

隔热膜主要技术性能指标 表21-42

项目	指标	项目	指标
面密度(g/m^2)	≥150	不透水性(0.3MPa,30min)	不透水
氧指数	≥27	耐高温性(80℃,4h)	无变化
反射率(%)	≥58	耐低温性(-25℃,4h)	无变化
拉伸强度(MPa)	≥43	阻燃性(水平燃烧法)	HF-1级
剥离强度(N/cm)	≥1.0	抗霉性(28℃,28d,RH≥95%)	≥1级
断裂伸长率(%)	≥90		

隔热膜型号、规格 表21-43

型号	长度(m)		宽度(m)	厚度(mm)
SDH-1(阻燃型)	150	200	0.96	0.13
SDH-2	150	200	0.96	0.13

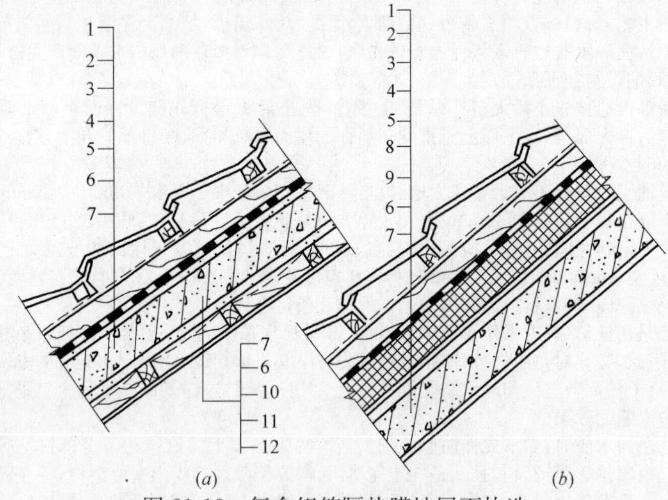

图21-18 复合铝箔隔热膜坡屋面构造

(a) 保温隔热膜坡屋面构造；(b) 复合保温隔热膜坡屋面构造

1—瓦材；2—挂瓦条；3—隔热膜（M型）；4—顺水条；5—防水屋；6—找平层；7—钢筋混凝土屋面板；8—保温层；9—粘结层；10—隔热膜（S型）；11—空气层；12—硬质面板顶棚

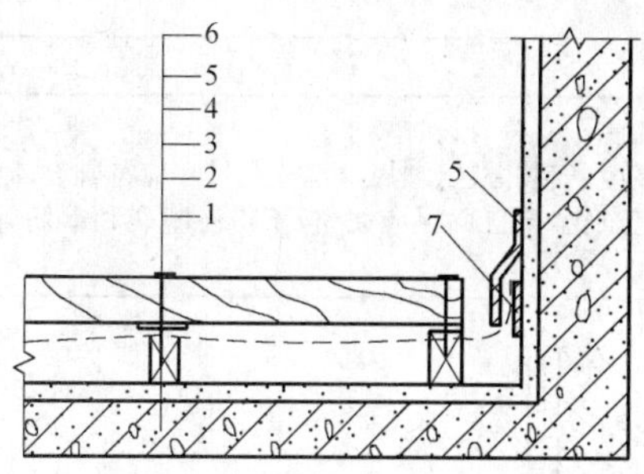

图 21-19 坡屋面与垂直立面的节点构造

1—混凝土屋面板；2—水泥砂浆找平层；3—顺水条；4—复合铝箔隔热膜；5—单面贴必灵；6—挂瓦条；7—双面贴必灵

21.2.4 架空屋面施工

架空屋面施工方法 表 21-44

项次	项目	施工要点
1	组成、特点及使用	(1)架空隔热屋面是在屋面防水层上采用薄型板材制品支撑有一定高度的空间,起到隔热作用,其构造如图 21-20 所示 (2)架空隔热屋面相当于给屋面搭凉棚,在烈日与屋面之间形成一个通风的隔热层,利用架空层内空气流通散热,防止太阳直射屋面,从而使屋面表温得到降低,具有隔热好、散热快的特点 (3)适用于夏热冬冷地区或夏热冬暖地区通风较好的屋面,不宜在寒冷地区使用
2	材料要求	(1)支座宜采用强度等级为 M5 的水泥砂浆砌筑,非上人屋面的支座烧结普通砖强度等级不宜低于 MU7.5;上人屋面支座烧结普通砖强度等级不应低于 MU10 (2)水泥应采用强度等级不低于 42.5 级的普通硅酸盐水泥或 32.5 级的矿渣硅酸盐水泥,应具有产品合格证和现场抽样复试报告 (3)砂应采用中砂 (4)隔热板应按设计要求的质量和规格尺寸订货加工,要求板面及底均应平整,不得有缺棱掉角和板面开裂现象
3	施工方法	(1)工艺流程:基层清理→弹线分格→支座处防水层加强处理→砖墩砌筑→铺设隔热板→表面勾缝 (2)基层清理:屋面防水基层上的余料、杂物等清扫干净,运输通道应采用木板铺设,避免损坏防水层 (3)弹线分格: 1)弹线分格应按设计要求进行。根据架空板的尺寸弹出支座中线,做好隔热板的平面布置 2)当座面宽度大于 10m 时,架空屋面应设置通风屋脊,架空隔热屋面的进风口宜设置在当地炎热季节最大频率风向的正压区,出风口宜设置在负压区 3)隔热屋面的架空高度,应按屋面的宽度或坡度大小变化确定,通常架空隔热屋面的高度在 180～300mm 间调整 4)架空屋面的坡度不宜大于 5% 5)架空板与女儿墙的间距不宜小于 250mm,如果距离过小,易出现堵塞和不便于清理杂物,但也不能过宽,防止降低隔热效果 (4)支座基层防水加强处理:砖墩底部的防水层承受支座的重压,极易遭受破坏,应在支墩下原有防水层上用相同防水材料附加一层防水层作为加强处理,其加强宽度不应小于支座底面边缘 150mm (5)砖墩砌筑:砌筑时灰缝应饱满,四角垂直,并随时清扫掉在屋面防水层上的落灰和杂物,以保证架空隔热层气流畅通 (6)铺设隔热板:用 1∶3 水泥砂浆坐灰铺板,用靠尺和挂线控制板缝顺直、坡度和平整,并按设计要求留分格缝,若设计无要求,可依照防水保护层的分格,以不大于 12m 为原则进行分格 (7)表面勾缝:板缝宜用水泥砂浆或水泥混合砂浆勾缝,并嵌实压光,压光后用草帘遮盖浇水养护直至达到规定强度 (8)施工注意事项:基层有卷材或涂膜外露防水层时极易遭受破坏,施工人员应穿软底鞋在防水层上操作,施工机具和材料应轻拿轻放,并应设置垫板,不得在防水层上拖动、撞击,严禁破坏防水层

续表

项次	项目	施工要点
4	质量要求	(1)架空隔热制品的质量应符合设计要求 (2)架空层的架空高度、安装方法、通风口位置及尺寸应符合设计要求及有关标准要求 (3)架空层内不得有杂物,架空面层应完整,不得有断裂和露筋等缺陷,面层铺设应平整、稳固、勾缝严密

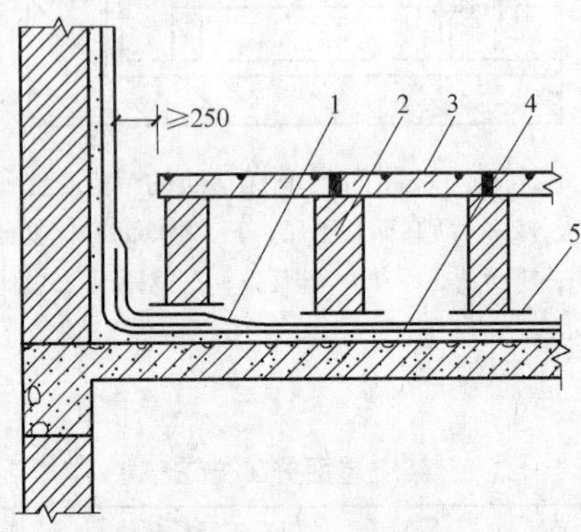

图 21-20　架空屋面构造

1—防水层；2—支座；3—架空板；4—砂浆找平层；5—附加防水层

21.2.5　蓄水屋面施工

蓄水屋面施工方法　　**表 21-45**

项次	项目	施工要点
1	组成、特点及使用	(1)蓄水屋面是在屋面刚性防水层的周围砌筑砖或浇筑混凝土围墙进行储水 (2)由于屋面蓄水、增大了整个屋面的热阻和温度的衰减倍数,可降低屋面内表面的最高温度,又因为水在蒸发时要吸收大量的汽化热、而这些热量大部分从屋面所吸收的太阳辐射中摄取,所以大大减少了经屋面传入室内的热量,相应地降低了屋面的内表面温度,从而达到利用蓄水来提高屋面的隔热能力,但其缺点是夜间的外表面温度始终高于无水屋面;屋面蓄水增加了屋面荷重;为防止渗水,需要加强屋面的防水措施,并对屋面的防水工程要求更加严格 (3)适用于南方气候炎热地区屋面防水等级为Ⅲ级的、地基情况良好的工业与民用建筑的屋面、不宜在寒冷地区、地震设防地区和振动较大的建筑物上使用
2	蓄水屋面构造	(1)蓄水屋面的池底一般采用现浇防水混凝土,池壁可采用现浇防水混凝土或砖砌或混凝土砌块砌筑,现浇混凝土池壁与池底宜同时浇筑,其抗渗性、整体性、抗冻性好,砖砌或混凝土砌块砌池壁造价低,但耐久性、抗渗性较差 (2)蓄水屋面按构造方式分为封闭式蓄水屋面和敞开式蓄水屋面两种,前者是在蓄水层上部用各种板材覆盖,蓄水层不直接受太阳的热能辐射;后者蓄水层是露天的,不加封闭,蓄水层直接受太阳热能的辐射。敞开式蓄水屋面管理方便,我国使用较多 (3)蓄水屋面应划分若干蓄水区,每区的边长不宜大于 10m,在变形缝的两侧应分成两个互不连通的蓄水区;长度超过 40m 的蓄水屋面应设分仓缝,分仓隔墙可采用现浇混凝土或砖砌体 (4)蓄水屋面应设排水管、溢水口、给水管。溢水口应距分仓墙顶面 100mm(图 21-21);过水孔应设在分仓墙底部;排水管应与水落管或其他排水出口连通(图 21-22);分仓缝内应嵌填泡沫塑料,上部用卷材封盖,然后加扣混凝土盖板(图 21-23),并可兼作人行通道 (5)蓄水屋面的坡度不宜大于 0.5%;蓄水深度宜为 150～200mm (6)蓄水屋面泛水的防水层高度,应高出溢水口 100mm
3	施工方法	(1)工艺流程:结构层施工→水口安装→防水层施工→蓄水结构施工→分仓墙施工→养护蓄水 (2)结构层施工:屋面结构宜采用现浇钢筋混凝土屋面板,如采用装配式结构时,宜选用预应力空心板,并用 M5 水泥砂浆坐灰安装,板缝用不低于 C20 细石混凝土灌缝,混凝土中宜掺入微膨胀剂,并插捣密实,充分养护,当板缝宽度大于 40mm 或上窄下宽时,应在板缝中放置构造钢筋后再灌混凝土,以提高结构整体刚度,同时在板端缝处用密封材料嵌填密实

续表

项次	项目	施工要点
3	施工方法	屋面结构层的节点，板缝必须用优质的密封材料嵌填饱满、严密，并应采取刚柔并举、多道设防的措施进行密封，密封后须经蓄水试验确认无渗漏后，方可做找平层和防水层 (3)水口安装：蓄水屋面的所有孔洞应预留，不得后凿。所设置的给水管、排水管、溢水管等，均应在防水层施工前安装完毕 (4)防水层施工：防水层宜采用刚性防水层，以便与蓄水结构结合。如采用卷材或涂料等柔性防水层时，宜采用耐腐蚀、耐穿刺性能好的材料，如高聚物改性沥青防水卷材、合成高分子防水卷材等和聚氨酯(聚脲)防水涂料等，不宜采用水溶性胶粘剂及低延伸率的材料。柔性防水层施工后宜抹强度等级 M10 的水泥砂浆加以保护，厚度宜为 20～30mm (5)蓄水结构施工：蓄水结构宜采用掺加外加剂的防水混凝土结构，每个蓄水区的池底与池壁应同时连续浇筑，不留施工缝 防水混凝土底板应设置分格缝，横墙承重时，每开间支座处设置；纵墙承重时，分格缝内的面积应控制在 $60m^2$ 以内，可采用木板分格，待浇筑的混凝土初凝后立即取出木板，待养护(养护时间不少于 14d)完毕，干燥后清扫干净，用密封材料将缝嵌填密实 防水混凝土施工前，屋面板基层或柔性防水层基层上应铺设一层卷材或薄膜或抹石灰砂浆等作隔离层 (6)分仓墙施工：蓄水区的分仓墙可采用水泥砂浆砌筑砖墙，其强度等级为 M10，墙的顶部可放置直径为 $\phi8$～$\phi10$ 钢筋砖带，也可采用混凝土压顶；当分仓墙采用混凝土时，宜采用防水混凝土，并与仓底混凝土一次浇筑，如留设施工缝时，应在施工缝中心设置金属止水层或遇水膨胀橡胶止水条 (7)养护蓄水：蓄水结构施工完成后，应及时采用蓄水养护，养护时间不得少于 14d，蓄水后不得断水 (8)施工注意事项：在柔性防水层上做隔离层、刚性保护层或其他工序时，必须严防施工机具或材料损坏防水层；蓄水屋面工程竣工后，应由使用单位派专人负责屋面管理，严禁在屋面防水层上凿孔打洞、堆放杂物及增设构筑物；查看蓄水情况，严防干涸，发现问题及时维修
4	质量要求	(1)蓄水层高度应符合设计要求 (2)防水混凝土所用材料的质量及配合比，应符合设计要求 (3)防水混凝土的抗压强度和抗渗性能，应符合设计要求 (4)蓄水池不得有渗漏现象 (5)蓄水池上所留设的溢水口、过水孔、排水管、溢水管等，其位置、标高和尺寸均应符合设计要求 (6)防水混凝土表面应密实平整，不得有蜂窝、底面、露筋等缺陷。蓄水池结构的允许偏差和检验方法应符合表 21-46 的规定

蓄水池结构的允许偏差和检验方法　　表 21-46

项次	项目	允许偏差(mm)	检验方法
1	长度、宽度	+12，−10	尺量检查
2	厚度	±5	尺量检查
3	表面平整度	5	2m 靠尺和塞尺检查
4	排水坡度	符合设计要求	坡度尺检查

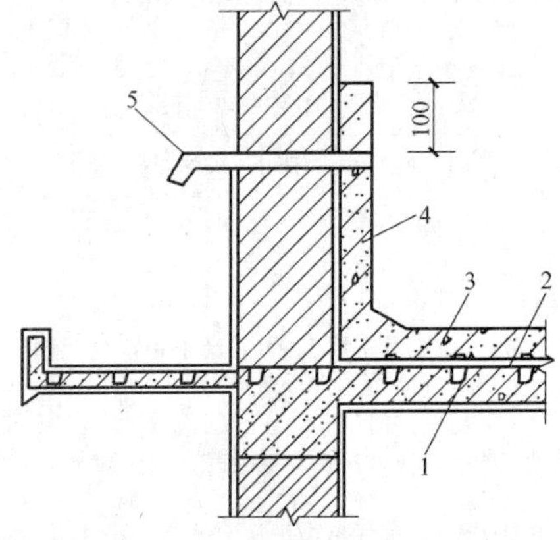

图 21-21　蓄水屋面溢水口

1—屋面基层；2—隔离层；3—蓄水池底板；4—分仓墙；5—溢水管

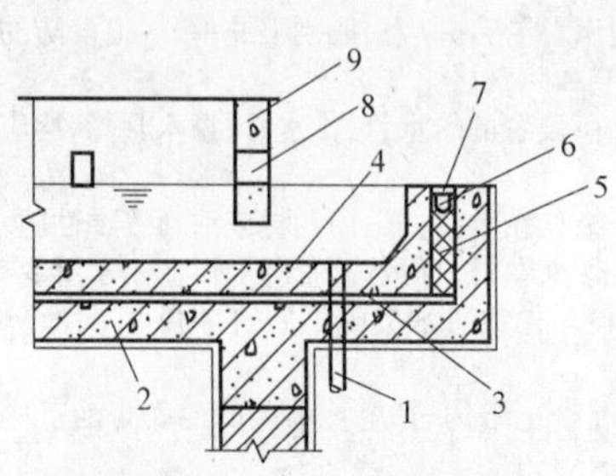

图 21-22　蓄水屋面排水管

1—排水管；2—屋面基层；3—隔离层；4—蓄水池底板；5—泡沫塑料；6—背衬材料；7—嵌缝密封材料；8—过水孔；9—分仓墙

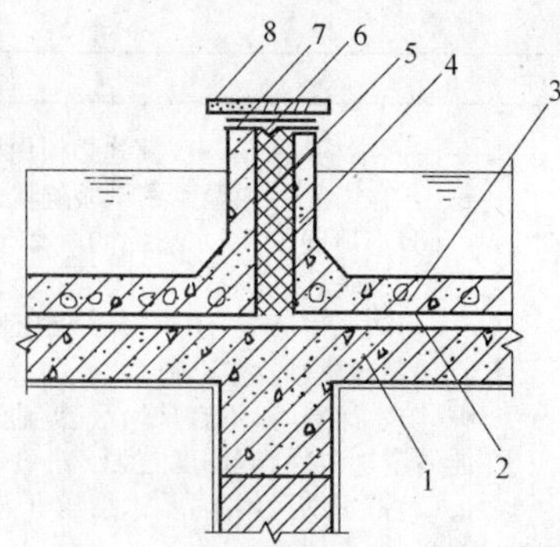

图 21-23　蓄水屋面分仓缝

1—屋面基层；2—隔离层；3—蓄水池底板；4—分仓墙；5—泡沫塑料；6—粘贴卷材层；7—干铺卷材层；8—混凝土盖板

21.2.6　种植屋面施工

种植屋面施工方法　　**表 21-47**

项次	项目	施工要点
1	组成、特点及使用	(1)种植屋面系在屋面防水层上铺设蓄水层、过滤层后堆置一定厚度的种植土，其上种植草皮、花卉、蔬菜、灌木或乔木等，用以改善居住条件、美化环境。 (2)种植屋面上的草坪、灌木等绿色植物后，形成多层遮阳伞，不仅遮挡阳光直射，而且植物不断从周围环境中吸收大量热能，其中大部分用于蒸发作用和光合作用，同时植物枝叶间蓄存的清新空气等，起到了降温隔热作用，又增加了绿地，不但美化了城市环境，而且提高了城市绿化覆盖率，改善了生活环境、减轻大气污染，减缓城市"热岛效应" 种植屋面采用比例较大的轻质种植土，具有很好的热惰性，不随大气气温骤然升高或下降而大幅波动，因此具有很好的保温隔热功能 (3)适用于工业及民用建筑的平屋面或坡度小于 50%的坡屋面及既有建筑屋面改造种植施工，可用于夏季炎热、冬季寒冷地区，目前已用做屋顶花园、日光浴场等
2	种植屋面构造	(1)种植屋面为平屋面时，其坡度宜为 1%～2%，单向坡长小于 9m 的屋面可用材料找坡；单向坡长大于 9m 时宜为结构找坡。天沟、檐沟坡度不应小于 1% (2)种植平屋面基本构造层次应符合图 21-24 的要求；种植坡屋面的基本构造层次应符合图 21-25 的要求。根据气候特点、屋面形式、植物种类，可增减屋面构造层次 (3)当采用满覆土且坡度大于 20%时，应设置防滑挡墙或挡板，如图 21-26 所示，或做成阶梯式和台阶式 (4)坡屋面外墙檐口应设挡墙，并埋设排水管，挡墙应铺设防水层，并与檐沟防水层连通，如图 21-27 所示 (5)种植屋面的女儿墙，周边泛水部位和屋面檐口部位，宜设置隔离带，其宽度不宜小于 500mm (6)防水层的泛水应至少高出种植土 150mm (7)园路宜结合排水沟(图 21-28)或变形缝(图 21-29)铺设
3	施工方法	(1)工艺流程：结构层施工→保温(隔热)层→找平(找坡)层→普通防水层→耐根穿刺防水层→排(蓄)水层→过滤层→种植土→植被层 (2)结构层施工：同蓄水屋面施工 (3)保温(隔热)层施工： 1)基层应平整、干燥和干净 2)干铺或粘贴的板状保温材料，应紧贴基层表面，并铺平填稳，板缝挤严，如有缝隙，应用胶粘剂拌同类材料碎屑嵌严；分层铺设时，上下层接缝应相互错开 3)坡屋面保温隔热层防滑条应与结构钉牢 4)整体现浇保温隔热材料的配合比应计量正确，搅拌均匀，摊铺压实平整，厚度均匀一致 (4)找坡(找平)层施工： 1)为了能够及时排除种植屋面积水，确保植物正常生长，平屋面宜采用结构找坡，坡度宜为 1%～2%，当采用材料找坡时，应选用陶粒混凝土，水泥蛭石等有一定强度的轻质材料，在寒冷地区还可采取局部加厚保温隔热层，起到找坡保温隔热的作用

续表

项次	项目	施工要点
3	施工方法	2)找平层宜用1∶3(体积比)水泥砂浆抹面,厚度为15～20mm,并应留设分格缝,纵、横缝的间距不应大于6m,缝宽为5mm,兼作排气道的,缝宽为20mm,找平层要求抹平压实,不得有酥松、起砂、空鼓和裂纹等现象 (5)普通防水层施工: 1)普通防水层一道防水材料可选用卷材防水或涂膜防水,其材料厚度应为改性沥青防水卷材为4mm;合成高分子防水卷材为1.5mm;自粘聚酯胎改性沥青防水卷材为3mm;自粘聚合物改性沥青聚酯胎防水卷材为2mm;高分子防水涂膜为2mm 2)卷材防水或涂膜防水施工方法及要求参见第14.1.2节和第14.1.3节有关施工要点 (6)耐根穿刺防水层施工: 1)耐根穿刺防水卷材的品种、性能及其卷材厚度应符合设计要求 2)选用铝锡锑合金防水卷材(性能见表21-48)作耐根穿刺防水层时,铺前应将普通防水层表面清扫干净,并弹线,铺时可空铺,卷材搭接缝采用焊条焊接法施工时,搭接宽度不应小于5mm,焊缝必须均匀,不得过焊或漏焊;当用于坡屋面时,宜与双面自粘防水卷材复合粘结,双面自粘防水卷材可作为一道防水层 3)选用改性沥青类耐根穿刺防水卷材(性能见表21-49)施工时,应采用热熔法铺贴,施工要点参见第14.1.2.6"高聚物改性沥青防水卷材铺设" 4)选用高密度聚乙烯土工膜(性能见表21-48)施工时宜用空铺法,卷材搭接宽度应为100mm,单焊缝的有效焊接宽度不宜小于25mm,双焊缝的有效焊接宽度应为空腔宽度加上20mm,焊接应严密,不得焊焦、焊穿 5)选用聚氯乙烯防水卷材(性能见表21-48)作耐根穿刺防水层时,宜采用冷粘法铺贴,施工要点参见第14.1.2.7"合成高分子防水卷材铺设" 6)选用铝胎聚乙烯复合防水卷材(性能见表21-48)时,宜与普通防水层满粘或空铺,卷材搭接缝采用双焊缝焊接时,搭接宽度不应小于100mm,双焊缝的有效焊接宽度应为空腔宽度再加上20mm 7)选用聚乙烯丙纶防水卷材—聚合物水泥胶结料(性能分别见表21-48和表21-50)复合防水层施工时,聚乙烯丙纶防水卷材应采用双层铺设,卷材长边和短边搭接宽度均不应小于100mm,聚合物水泥胶结材料应按生产供应商提供的产品使用说明书配制,厚度不应小于1.3mm,宜采用刮涂法施工,卷材保护层应采用1∶3水泥砂浆,厚度应为15～20mm,施工环境温度不应低于5℃ (7)耐根穿刺防水层的保护层施工: 1)采用水泥砂浆保护层时,水泥砂浆宜为1∶3(体积比),厚度应为15～20mm,应抹平压实,并设分格缝间距宜为6m,养护时间不少于7d 2)采用聚乙烯膜、聚酯无纺布或油毡作保护层时,宜空铺法施工,搭接宽度不应小于200mm 3)采用细石混凝土作保护层时,保护层下面应铺设隔离层。细石混凝土强度等级不宜小于C20,厚度为30～40mm,并按设计要求或不大于6m间距留置分格缝,并配钢筋网片,待养护不少于14d后,将缝口清理干净,干燥后嵌填密封材料 (8)排(蓄)水层和过滤层施工: 1)排水层必须与排水系统连通,保证排水畅通 2)选用凹凸型排(蓄)水板(性能见表21-51)施工时,宜采用搭接法施工,搭接宽度不应小于100mm 3)选用网状交织排(蓄)水板(性能见表21-52)施工时,宜采用对接法施工 4)采用轻质陶粒(粒径不小于25mm,堆积密度不宜大于500kg/m^3)作排水层时,铺设应平整,厚度应符合设计要求,一般为100～150mm 5)过滤层可采用聚酯纤维或聚丙烯纤维土工膜空铺于排(蓄)水层上,铺设应平整,无皱折,搭接应采用粘合或缝合,宽度不应小于150mm,并沿种植土周边向上铺设至与种植土表面齐平 (9)种植土:可选用田园土、改良土或无机复合种植土,其品种、厚度及坡度应按设计要求施工。施工时必须加设人员安全防护设施,施工过程中应避免对周围环境造成污染
4	注意事项	(1)种植屋面施工技术要求比较高,工序比较多,因此在各道工序施工时,均应避免损坏上道工序施工质量,特别注意防止损坏防水层和保护层 (2)防水层必须经蓄水或淋水试验,确认无渗漏并经监理验收合格后,才能施工下道工序 (3)铺设种植土时,其种植土的重量、厚度应严格控制在设计要求范围内,严防超载而影响屋面结构稳定性
5	质量要求	(1)种植隔热屋面所用材料的品种、规格及质量应符合设计要求 (2)种植土的厚度及自重应符合设计要求 (3)挡墙或挡板泄水孔的留设应符合设计要求,并不得堵塞 (4)陶粒(或卵石)排水层应铺设平整、均匀,厚度应符合设计要求 (5)过滤层土工布应铺设平整,接缝严密,其搭接宽度的允许偏差为－10mm;种植土应铺设平整、均匀,其厚度的允许偏差为±5%,且不得大于30mm

耐根穿刺防水卷材主要物理性能　表 21-48

卷材名称	拉伸强度(MPa)	拉力(N/cm)	断裂延伸率(%)	耐根穿刺试验	低温柔性(℃,ϕ20 圆棒)	抗冲击性	尺寸变化率(%)	厚度(mm)
铅锡锑合金防水卷材	≥20	—	≥30	合格	−30	无裂纹或穿孔		≥0.5
聚氯乙烯防水卷材(内增强型)	≥10	—	≥180	合格	−20	—	≤1.0	≥1.2
高密度聚乙烯土工膜	≥25	—	≥500	合格	−30	—	≤1.5	≥1.2
铝胎聚乙烯复合防水卷材	—	≥80	≥100	合格	−20	—	≤1.0	≥1.2
聚乙烯丙纶防水卷材	—	≥60	≥400	合格	−20	—	—	—

改性沥青类耐根穿刺防水卷材主要物理性能　表 21-49

卷材名称	可溶物含量(g/m^2)	拉力(N/50mm)	断裂延伸率(%)	耐根穿刺试验	耐热度(℃)	低温柔性(℃)
复合铜胎基 SBS 改性沥青防水卷材	≥2900	≥800	≥40	合格	105	−25
铜箔胎 SBS 改性沥青防水卷材	≥2900	≥800	—	合格	105	−25
SBS 改性沥青耐根穿刺防水卷材	≥2900	≥800	≥40	合格	105	−25
APP 改性沥青耐根穿刺防水卷材	≥2900	≥800	≥40	合格	130	−15
聚乙烯胎高聚物改性沥青防水卷材	≥2900	≥500	≥300	合格	105	−25

注：改性沥青耐根穿刺防水卷材厚度不应小于 4mm。

聚合物水泥胶结材料主要物理性能　表 21-50

项目	与水泥基层粘结强度(MPa)	剪切状态下的粘合性(N/mm)		抗渗性能(MPa,7d)	抗压强度(MPa,7d)
		卷材-基层	卷材-卷材		
性能要求	≥0.4	≥1.8	≥2.0	≥1.0	≥9.0

凹凸型排（蓄）水板主要物理性能　表 21-51

项目	单位面积质量(g/m^2)	凹凸高度(mm)	抗压强度(kN/m^2)	抗拉强度(N/50mm)	断裂延伸率(%)
性能要求	500～900	≥7.5	≥150	≥200	≥25

网状交织排（蓄）水板主要物理性能　表 21-52

项目	抗压强度(kN/m^2)	表面开孔率(%)	空隙率(%)	通水量(cm^3/s)	耐酸碱性
性能要求	≥50	≥95	85～90	≥380	稳定

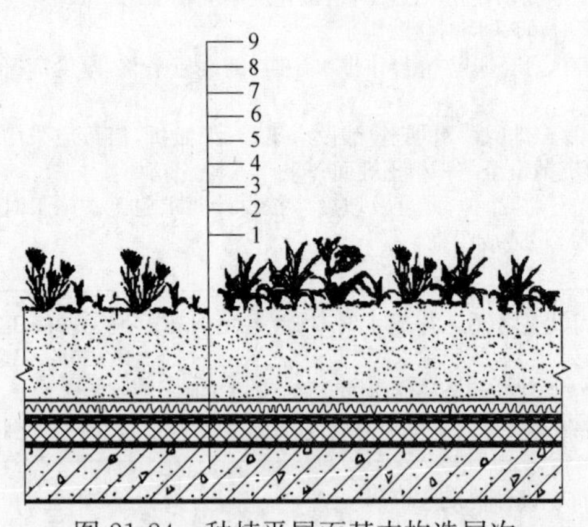

图 21-24　种植平屋面基本构造层次

1—结构层；2—保温（隔热）层；3—找坡层（找平层）；4—普通防水层；5—耐根穿刺防水层；6—防水保护层；7—排（蓄）水层；8—过滤层；9—种植层

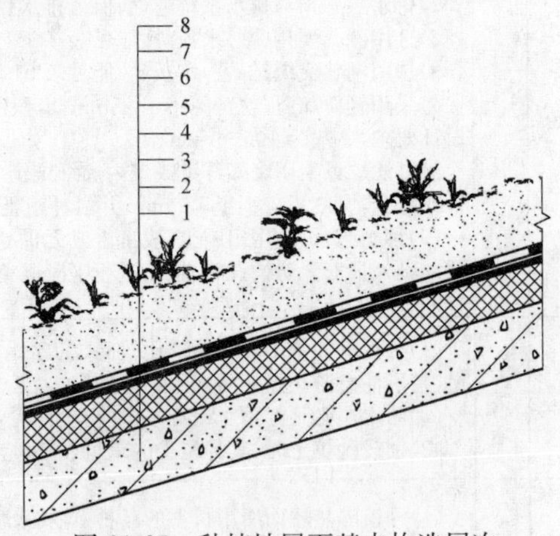

图 21-25　种植坡屋面基本构造层次

1—结构层；2—保温（隔热）层；3—普通防水层；4—耐根穿刺防水层；5—防水保护层；6—排（蓄）水层；7—过滤层；8—种植层

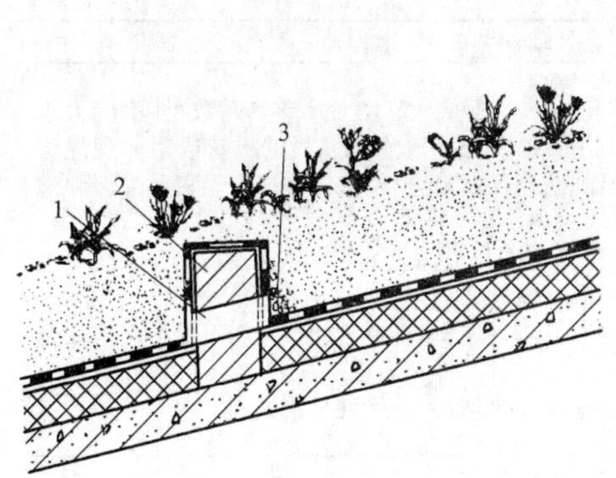

图 21-26 坡屋面防滑做法

1—挡墙或挡板；2—排水管；3—滤水砂卵石

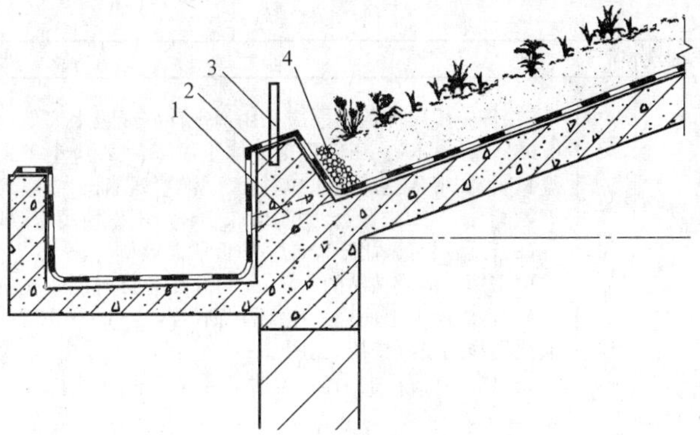

图 21-27 坡屋面种植檐口构造

1—排水管；2—挡墙；3—防护栏杆；4—滤水砂卵石

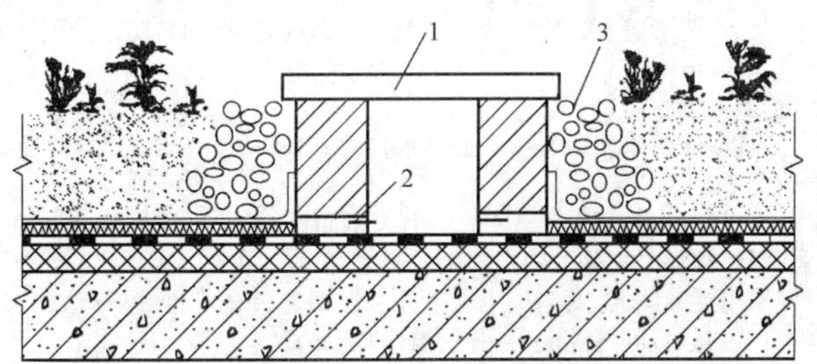

图 21-28 园路结合排水沟铺设

1—走道板；2—排水孔；3—过水砂卵石

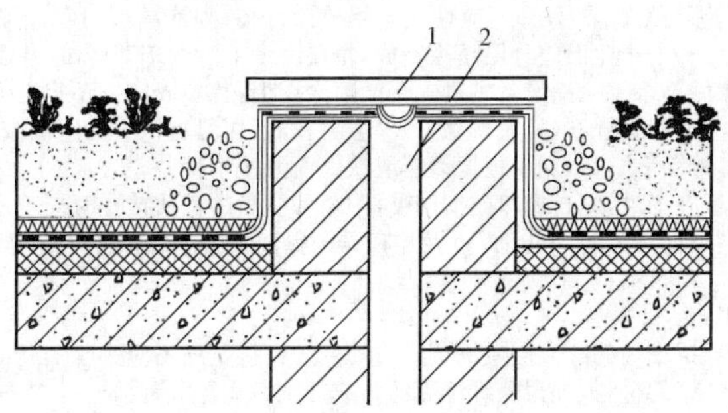

图 21-29 园路结合变形缝铺设

1—变形盖板兼走道板；2—变形缝

21.2.7 倒置式屋面施工

倒置式屋面施工方法 **表 21-53**

项次	项目	施工要点
1	组成、特点及使用	(1)倒置式屋面与传统的卷材涂膜等柔性防水屋面相反，保温层不是设在柔性防水层下面，而是设在柔性防水层的上面，故称倒置式屋面。其屋面基本组成有保护层、防水层、找平层和结构层等，如图 21-30 所示 (2)倒置式屋面防水层由于受保温层的覆盖，避免了太阳光紫外线的直接照射，降低了防水层的表面温度，防止了磨损和暴雨的冲刷，延缓了老化，少量浸入屋面内部的水和水蒸气可通过多孔保温材料蒸发掉，不至于在冬季产生冻结现象而失去保温功能 (3)适用于具有保温隔热要求的屋面工程，但不宜用于屋面坡度大于 3%的坡屋面，当屋面坡度大于 3%时，应在结构层采取防止防水层、保温层及保护层下滑的措施。坡度大于 10%时，应沿垂直于坡度的方向设置防滑条，防滑条应与结构层可靠连接

续表

项次	项目	施工要点
2	倒置式屋面构造	(1)倒置式屋面保温层应采用憎水性好或吸水率低(体积吸水率不应大于 3%)、导热系数小[不应大于 0.08W/(m·K)]、压缩强度或抗压强度大(不应小于 150kPa)以及长期浸水不腐烂的板状或整体现浇保温材料,如聚苯乙烯泡沫塑料板、硬泡聚氨酯板、硬泡聚氨酯防水保温复合板、泡沫玻璃保温板及喷涂硬泡聚氨酯、沥青膨胀蛭石(膨胀珍珠岩)等,不得使用松散保温材料 (2)保温层可采用干铺或粘贴板状保温材料,一般上人屋面保温层宜采用粘贴的方法;非上人屋面保温层可采用干铺或粘贴的方法;也可采用整体现浇或现喷保温材料 (3)保温层的上面应采用刚性保护层,也可采用卵石保护层,当采用卵石保护层时,则卵石保护层与保温层之间应铺设隔离层,如图 21-31 所示 (4)倒置式屋面的檐沟、水落口等部位,应采用现浇混凝土或砖砌堵头,并做好排水处理
3	施工方法	(1)防水层施工: 1)防水层所用材料品种、质量应符合设计要求,施工应符合现行国家标准《屋面工程技术规范》(GB 50345—2012)和《屋面工程质量验收规范》(GB 50207—2012)的规定 2)防水层在女儿墙、变形缝、管道、山墙等凸出屋面结构处施工时,防水层的泛水高度在保温层和保护层施工后应不小于 250mm (2)保温层施工: 1)保温层施工前,屋面防水层应经蓄水或淋水检验,且不应积水和渗漏,并经有关部门验收合格。施工时应对防水层铺设临时保护层 2)当采用保温板材时,坡度不大于 3%的不上人屋面可采用干铺法;上人屋面应采用粘结法;坡度大于 3%的屋面应采用粘结法,并应采取固定防滑措施 3)当保温板材采用干铺法时,其基层应平整、干燥,相邻板材应错缝拼接,板边厚度一致,分层铺设的板上下层接缝应相互错开,板间缝隙应采用同类材料填嵌密实 4)当保温板材采用粘贴法时,保温板材与基层在天沟、檐沟、边角处应满涂胶粘剂,其他部位可采用点粘或条粘,并应使其相互贴严、粘牢,缺角处应用碎屑加胶粘剂拌匀后填补严密,胶粘剂的厚度不应小于 5mm 5)采用喷涂硬泡聚氨酯保温层时,应使用专用喷涂设备,喷涂前应对喷涂设备进行调试及材料性能试验;根据设计厚度,一个作业面应分层喷涂完成,每层厚度不宜大于 20mm,当日的施工作业面应于当日连续喷涂完毕;喷涂后不得将喷涂设备工具置于已喷涂层上,且 30min 内不得上人 6)当采用现浇沥青膨胀蛭石(膨胀珍珠岩)保温材料时,保温材料应采用机械搅拌均匀,避免有大块沥青团影响保温效果,摊铺平整后,用平板振动器或铁滚筒滚压平整、密实 7)坡屋面保温板施工时,应自檐口向上铺贴,阳角和阴角的板块接槎时应割成角度,接槎应紧密,并用钢丝网连接,钢丝网宽度宜为 300mm;屋面及檐口处的保温板应采用预埋件固定牢固,固定点应采用密封材料密封 (3)保护层施工: 1)保护层与保温层之间的隔离层应满铺,不得漏底,搭接宽度不应小于 100mm,隔离材料应选用耐穿刺性、耐久性、耐腐性好的材料,如聚酯纤维无纺布或纤维织物等 2)保护层的分格缝宜与找平层的分格缝对齐 3)采用卵石保护层时,卵石质(重)量和直径应符合设计要求,卵石直径宜为 40～80mm,卵石应满铺,铺设均匀,卵石层不宜铺设带支点的凹凸型排水板,通过空腔层排水 4)采用板块材保护层时,结合层可采用砂或水泥砂浆。铺砌时应根据排水坡度挂线,要求铺砌的板材横平竖直,接缝应对齐,板块材保护层宜留设分格缝,其纵横间距不宜大于 6m,分格缝宽度不宜小于 20mm,当采用砂结合层时,应在砂结合层四周 500mm 范围内,采用水泥砂浆作结合层,以防砂流失 5)采用细石混凝土保护层时,混凝土的强度等级和厚度应符合设计要求。混凝土宜分仓(可按分格缝)浇筑,一个分格内的混凝土应一次连续浇筑完成,混凝土应用平板振动器(或铁滚筒)振捣(滚压)密实,表面平整,收水后应进行收浆压光 6)分格缝应设在屋面板的端头、凸出屋面交接处的根部和现浇屋面的转角处。分格缝纵横向应相互贯通;屋脊处应设置纵向分格缝;分格缝纵横向间距不应大于 6m;分格缝宜与板缝位置一致,并应位于开间处,分格缝应延伸至挑檐、天沟内 (4)施工注意事项: 1)施工中应设置安全保护措施,当坡度大于 15%的坡屋面施工时,应设有防滑梯、安全带和护身栏杆等安全设施 2)保温层施工前,防水层应验收合格,并对防水层进行保护 3)保护层施工时不得损坏保温层

续表

项次	项目	施工要点
4	质量要求	(1)屋面构造做法应符合设计要求 (2)倒置式屋面所用各种材料的品种、规格和性能应符合设计要求和国家标准的有关规定。材料进场时应具有产品合格证明和检验资料;进场后应按规定进行抽样复验,合格后方可使用 (3)防水层施工后进行蓄水或淋水试验,合格后方可进行保温层施工 (4)防水工程质量控制参见"14.1.2屋面卷材防水"相关内容 (5)保温层施工质量控制参见本章第21.2.1节和第21.2.2节相关内容

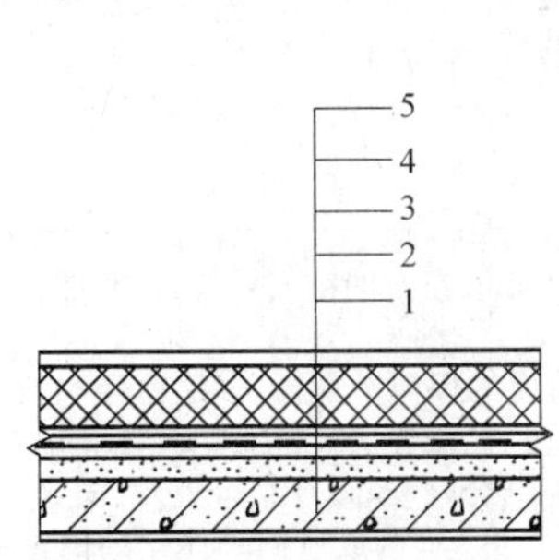

图 21-30 倒置式屋面基本构造

1—结构层; 2—找坡(找平)层; 3—防水层; 4—保温层; 5—保护层

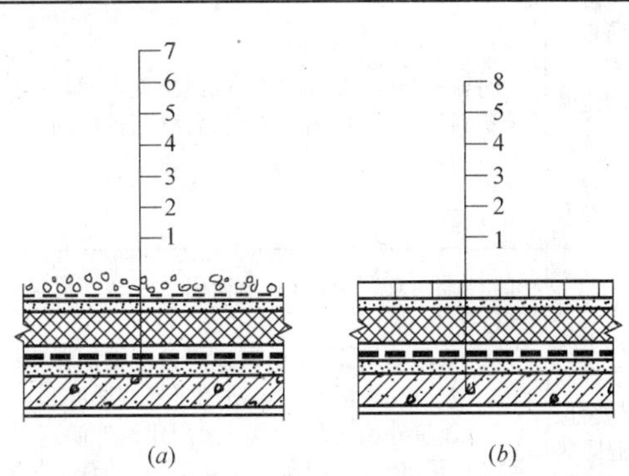

图 21-31 倒置式屋面保护层做法

(a) 卵石保护层;(b) 板材保护层

1—结构层; 2—找坡(找平层); 3—防水层; 4—保温层; 5—砂浆找平层; 6—聚酯纤维无纺布(或纤维织物)隔离层; 7—卵石保护层; 8—混凝土板或地砖保护层

21.3 提高门窗保温隔热性能的措施

提高门窗保温隔热性能的措施方法 **表 21-54**

项次	项目	措施方法要点
1	按节能设计标准选用合适的门窗	(1)门窗的传热系数和气密性是决定保温节能优劣的主要指标。门窗的传热系数,应按国家计量认证的质检机构提供的测定值采用,如无测定值,窗户的保温性能分级见表21-55,外窗的传热系数见表21-56 (2)门窗由门窗框和玻璃两部分组成: 1)门窗框由铁、铝合金、塑料、木材及玻璃铜等型材加工组成,其原材料的导热系数见表21-57。由表21-57可见铁、铝合金框材的导热系数比塑料、木材和玻璃钢等框材的导热系数大很多,因此,金属门窗框的保温性能较差,但铝合金框材采用填充聚氨酯泡沫塑料的断桥措施或门窗两面为铝材,中间用PA66尼龙做断热材料的断桥铝合金门窗[传热系数 K 值为 $3W/(m^2 \cdot K)$ 以下],也能大大提高门窗框的保温隔热性能;镀色镀锌钢板门窗由于其加工的密封性能好,传热系数 K 值也能达到 $3.5W/(m^2 \cdot K)$,空气渗透值可达 $0.5m^3/(m \cdot h)$,也具有很好的密封性能 2)提高建筑门窗的隔热性能,降低遮阳系数,可采用吸热玻璃、镀膜玻璃(包括热反射玻璃、Low-E镀膜等)。进一步降低遮阳系数,可采用吸热中空玻璃、镀膜(包括热反射、Low-E镀膜等)中空玻璃。中空玻璃是由两层或多层平板玻璃构成,四周用高强度气密性好的复合胶粘剂将两片或多片玻璃与铝合金框、橡皮条或玻璃条粘结、密封,玻璃之间留出空间(一般空气层有6mm、9mm、12mm),充入干燥空气或惰性气体,框内充以干燥剂,以保证玻璃片间空气的干燥度,以获取良好的隔热隔声效果。中空玻璃性能参数见表21-58 (3)节能门窗的种类很多,目前采用较多的为断桥铝合金门窗,镀色镀锌钢板门窗、铝塑门窗、塑料门窗和玻璃钢门窗等,其性能参见表21-59 (4)开启扇采用双道或多道密封,并采用弹性好,耐久的密封条;推拉窗开启扇四周采用带胶片毛条或橡胶密封条密封

续表

项次	项目	措施方法要点
2	做好门窗洞侧壁的保温隔热处理	如果是外保温墙体，则应在门窗框外侧的门窗洞侧壁部分做好保温隔热处理；如果内保温墙体，则应在门窗框内侧的门窗洞侧壁做好保温隔热处理。保温隔热材料可采用与墙体的保温板材粘贴或保温浆料粉抹，以减弱这一部位的"热桥"，有助于提高门窗的保温隔热性能
3	做好门窗框与洞口之间安装缝隙的密封处理	门窗安装时，在外门窗框（或副框）与洞口之间的缝隙应采用高效保温材料填充饱满，如发泡聚氨酯泡沫塑料等，并使用密封膏密封；外门窗框与副框之间的缝隙应使用密封膏密封
4	建筑设计上采取提高门窗保温隔热措施	(1)采用双玻璃，即一个窗扇上安装两层玻璃，两层玻璃之间有20mm左右的空气层的窗，双层玻璃有利于隔热、隔声 (2)采用多层窗，即由两道或以上窗框和两层或以上中空玻璃组成的保温节能窗，多层窗等双玻璃及中空玻璃窗的性能优越，适用于严寒地区和大型公共建筑、高档公寓、高级饭店及特殊要求的建筑物 (3)建筑外墙遮阳合理。采用建筑外墙遮阳和特殊的玻璃系统相结合，建筑设计结合外廊、阳台、挑檐等进行建筑遮阳，门窗采用花格、外挡板、外百叶、外卷帘、玻璃内百叶等，构成遮阳一体化的门窗遮阳系统

窗户保温性能分级 **表 21-55**

等级	传热系数 K [W/(m²·K)]	传热阻 R_0 (m²·K/W)	等级	传热系数 K [W/(m²·K)]	传热阻 R_0 (m²·K/W)
Ⅰ	≤2.00	≥0.500	Ⅳ	>4.00，≤5.00	<0.250，≥0.200
Ⅱ	>2.00，≤3.00	<0.500，≥0.333	Ⅴ	>5.00，≤6.40	<0.200，≥0.15
Ⅲ	>3.00，≤4.00	<0.333，≥0.250			

外窗传热系数参照值 **表 21-56**

窗户类型	窗框材料	窗玻璃	窗框窗洞面积比(%)	传热系数 [W/(m²·K)]
单层窗	钢、铝合金	普通单层玻璃	20～30	6.4
	铝合金	普通中空玻璃	20～30	3.6～4.2
		低辐射中空玻璃	20～30	2.7～3.4
	断热铝合金	普通中空玻璃	20～30	3.3～3.5
		低辐射中空玻璃	20～30	2.3～3.0
	PVC塑料或木材	普通单层玻璃	30～40	4.5～4.9
	PVC塑料或玻璃钢	普通中空玻璃	30～40	2.7～3.0
		低辐射中空玻璃	30～40	2.0～2.4
双层窗	钢、铝合金	普通单层玻璃	20～30	3.0
		普通中空玻璃	20～30	2.5
	木、塑料	普通单层玻璃	30～40	2.3
		普通中空玻璃	30～40	2.0

门窗框材料的导热系数 **表 21-57**

门窗框材料	不锈钢	铝合金	PVC	硬木	UP玻璃钢	建筑钢材	铁
密度(kg/m³)	7000	2800	1390	700	1900	7850	7800
λ[W/(m²·K)]	17	160	0.17	0.18	0.4	58.2	50

玻璃性能参数值 **表 21-58**

玻璃种类	玻璃及膜代号	反射颜色	中空 6+6A+6			中空 6+9A+6			中空 6+12A+6		
			透光折减系数 T_r(%)	传热系数 K[W/(m²·K)]	遮阳系数 SC	透光折减系数 T_r(%)	传热系数 K[W/(m²·K)]	遮阳系数 SC	透光折减系数 T_r(%)	传热系数 K[W/(m²·K)]	遮阳系数 SC
白玻		—	80	3.15	0.87	80	2.87	0.87	80	2.73	0.87
绿玻		—	6.7	3.15	0.54	87	2.87	0.54	87	2.73	0.53
热反射镀膜	CCS103	蓝灰色	9	2.78	0.20	9	2.40	0.19	9	2.23	0.18
	CSY120	灰色	17	2.96	0.29	17	2.63	0.28	17	2.47	0.28
	CMG165	银灰色	59	3.15	0.71	59	2.87	0.71	59	2.73	0.71
单银 Low-E	CBB12-48/TS	银灰色	39	2.43	0.37	39	1.96	0.36	39	1.75	0.36
	CBB14-50/TS	浅灰色	47	2.54	0.42	47	2.10	0.42	47	1.90	0.41
	CEB13-63/TS	蓝色	54	2.52	0.51	54	2.08	0.51	54	1.88	0.50
	CEF11-38/TS	银灰色	36	2.43	0.31	36	1.96	0.30	36	1.75	0.29
	CBF16-50/TS	蓝灰色	42	2.46	0.37	42	1.99	0.36	42	1.79	0.36
	CES11-70/TS	无色	69	2.50	0.59	69	2.04	0.58	69	1.84	0.58
住宅 Low-E	super SE-Ⅰ	无色	77	2.50	0.68	77	2.05	0.68	77	1.85	0.68
	super SE-Ⅲ	无色	57	2.42	0.47	57	1.95	0.47	57	1.83	0.46
双银 Low-E	CBD13-585/TS	蓝灰色	52	2.40	0.37	52	1.91	0.37	52	1.71	0.36
	CBD12-685/TS	无色	61	2.42	0.38	61	1.95	0.38	61	1.74	0.37

保温隔热门窗性能表 **表 21-59**

门窗名称	门窗型号	玻璃配置(白玻)	抗风压性能(kPa)	水密性能 ΔP(Pa)	气密性能		保温性能 K[W/(m²·K)]
					q_1[m³/(m·h)]	q_2[m³/(m·h)]	
断桥铝合金门窗	A型60系列平开窗	5+9A+5	≥3.5	≥500	≤1.5	≤4.5	2.9～3.1
		5+12A+5	≥3.5	≥500	≤1.5	≤4.5	2.7～2.8
		5+12A+5 Low-E	≥3.5	≥500	≤1.5	≤4.5	1.9～2.1
		5+12A+5+6A+5	≥3.5	≥500	≤1.5	≤4.5	2.2～2.4
	A型70系列平开窗	5+12A+5	≥3.5	≥500	≤1.5	≤4.5	2.6～2.8
		5+12A+5 Low-E	≥3.5	≥500	≤1.5	≤4.5	1.8～2.0
		5+12A+5+6A+5	≥3.5	≥500	≤1.5	≤4.5	2.1～2.4
	A型60系列平开门	5+12A+5	≥3.5	≥500	≤0.5	≤1.5	<2.5
铝塑门窗	H型60系列平开窗	5+9A+5	≥4.5	≥350	≤1.5	≤4.5	2.7～2.9
		5+12A+5 Low-E	≥4.5	≥350	≤1.5	≤4.5	2.3～2.6
		5+12A+5+12A+5	≥4.5	≥350	≤1.5	≤4.5	1.6～1.9
塑料门窗	C型60系列平开窗	4+12A+4	5.0	333	0.42	1.62	1.9
	C型68系列平开窗	5+9A+5	4.8	333	0.22	0.80	2.1
	C型70系列平开窗	5+9A+4+9A+5	3.5	133	0.46	1.76	1.7
	C型106系列平开门	4+12A+4	3.5	100	1.05	3.28	2.1

续表

门窗名称	门窗型号	玻璃配置（白玻）	抗风压性能（kPa）	水密性能 ΔP（Pa）	气密性能		保温性能 K [W/(m²·K)]
					q_1 [m³/(m·h)]	q_2 [m³/(m·h)]	
玻璃钢门窗	G型50系列平开窗	4+9A+5	3.5	250	0.10	0.30	2.2
	G型58系列平开窗	5+12A+5 Low-E	5.3	250	0.46	1.20	2.2
	G型58系列平开窗	5+9A+4+6A+5	5.3	250	0.46	1.20	1.8
	G型58系列平开窗	5Low-E+12A+4+9A+5	5.3	250	0.46	1.20	1.3
铝木复合门窗	I型60系列平开窗	5+12A+5	3.5	≥500	≤0.5	—	2.7

22 建筑装饰装修

22.1 抹 灰

22.1.1 抹灰的分类

抹灰按工程部位、使用材料和装饰效果分类　　表 22-1

分　类	名　称	使用材料
按工程部位分类	内墙及顶棚抹灰	石灰砂浆、水泥砂浆、水泥石灰砂浆、纸筋石灰、麻刀石灰、玻璃丝灰、石灰膏
	外墙抹灰	水泥砂浆、水刷石、干粘石、斩假石、拉毛灰、甩毛灰及各种装饰抹灰
	地面抹灰	水泥砂浆、彩色水泥砂浆、水磨石
	饰面安装	预制水磨石、大理石、瓷砖、面砖、陶瓷锦砖(马赛克)、玻璃锦砖(玻璃马赛克)
按使用材料和装饰效果分类	一般抹灰	石灰砂浆、水泥砂浆、水泥石灰砂浆、纸筋石灰、麻刀石灰、玻璃丝灰、石膏灰、888 灰
	装饰抹灰	水刷石、干粘石、斩假石、扒拉石、拉毛灰、洒毛灰、扫毛、喷毛、搓毛、拉条灰、搓毛喷涂、滚涂、弹涂、仿假石、假面砖、水刷砂、喷粘砂、胶粘砂、浮砂、嵌卵石、水磨石、彩色瓷粒、饰面安装以及各种新型涂料饰面等
	特种砂浆抹灰	保温砂浆、防水砂浆、铁屑砂浆、重晶石砂浆、耐酸砂浆

抹灰按建筑物标准分类　　表 22-2

分类	层　次	做法要求	适用范围	外观质量标准
普通抹灰	一底层、一面层,两遍成活,必要时加做中层	分层赶平、修整、表面压光	简易住宅、大型设施和非居住房屋,如汽车库、仓库、锅炉房、地下室等	表面光滑、洁净,接槎平整
高级抹灰	一底层、几遍中层、一面层,多遍成活	阴阳角找方,设置标筋,分层赶平、修整,表面压光	较大型公共建筑、纪念性建筑,如礼堂、剧院,较高级住宅、宾馆等	表面光滑、洁净,颜色均匀、无抹纹,灰线平直方正,清晰美观

22.1.2 抹灰的组成

抹灰的组成　　表 22-3

层次	作　用	使用砂浆种类	备　注
底层	起粘结作用兼起初步找平作用	砌体基层:石灰砂浆、水泥砂浆或混合砂浆。 混凝土基层:水泥砂浆或混合砂浆。 加气混凝土基层:宜先刷一遍胶水,然后粉刷混合砂浆、聚合物水泥砂浆或掺增稠粉的水泥砂浆。	有防水、防潮要求时,应采用水泥砂浆打底或加刷一度水泥浆,使用砂浆稠度 10～12cm。 层厚 8～10mm

续表

层次	作用	使用砂浆种类	备注
底层	起粘结作用兼起初步找平作用	硅酸盐砌块基层:混合砂浆或掺增稠粉的水泥砂浆。 板条、苇箔基层:麻刀(玻璃丝)石灰掺水泥或麻刀石灰水泥砂浆。 金属网基层:麻刀石灰砂浆	有防水、防潮要求时,应采用水泥砂浆打底或加刷一度水泥浆,使用砂浆稠度 10～12cm。 层厚 8～10mm
中层	起找平作用	基本上与底层相同	砂浆稠度 7～8cm,分层或一次抹成。层厚 10mm 以内
面层	起装饰作用兼起保护墙体效果	室内:麻刀石灰、玻璃丝灰、纸筋石灰,较高级墙面用石膏灰,装饰面层有水刷石、混合砂浆拉毛、拉条、瓷板、大理石、水磨石等。 室外:各种水泥砂浆、水泥混合砂浆、水泥拉毛灰,各种假石和面砖镶嵌	使用砂浆稠度 10cm。 面层镶嵌材料有大理石面砖、陶瓷饰面砖、预制水磨石板、瓷板等块材贴面

注:有的抹灰做法将中层和底层并为一次操作,仅有底层和面层。

抹灰层平均总厚度及分层抹灰厚度控制值 **表 22-4**

分类	基层类型或质量等级	抹灰平均总厚度(mm)	砂浆类型	分层抹灰厚度(mm)
顶棚	现浇混凝土 预制混凝土 金属网	≤10 ≤12 20	水泥砂浆 石灰砂浆 水泥石灰砂浆	5～7 7～9 7～9
内墙	普通抹灰 高级抹灰	15～20 ≤25	麻刀石灰面层 石膏灰面层	
外墙	墙面 勒脚及突出墙面部分	≤20 ≤25		
石墙	墙面	≤35		

22.1.3 常用抹灰材料技术要求

常用抹灰材料技术要求 **表 22-5**

名称	技术性能要求	备注
水泥	用强度等级 32.5 级以上硅酸盐水泥、普通水泥、矿渣水泥,无结块杂质	白水泥用于各种颜色的水刷石、水磨石、人造大理石等
彩色硅酸盐水泥	用强度等级 32.5 级以上,品种有深红、砖红、桃红、米黄、孔雀蓝、浅蓝、深绿、浅绿、深灰、银灰、灰白、咖啡等色,无结块杂质	用于配制色浆或彩色砂浆、水刷石、水磨石以及人造大理石等
石灰膏	至少提前 15d 将石灰块过 3mm×3mm 筛孔淋化。石灰膏应细腻洁白,不得含有未熟化颗粒和杂质	已冻结风化和干硬的不得使用
建筑石膏	使用时磨细成粉,其技术性能见表 22-6	具有凝结硬化块、硬化时体积微膨胀,使制品表面光滑,细腻,具有轻质保温、防火、防水、抗渗和调湿性能
粉煤灰	过 4900 孔/cm^2 筛,筛余不大于 8%,烧失量不大于 8%,吸水量比不大于 105%	作抹灰掺合料节约水泥,提高和易性

续表

名　　称	技术性能要求	备　　注
砂	用中砂或细砂与中砂混合，细砂亦可使用，要求砂粒坚硬洁净，含黏土、泥灰、粉末等不得超过3%，使用前过不大于5mm筛孔	用做抹灰的细骨料
色石渣	用坚硬、耐磨的大理石、花岗石、白云石、玄武岩等制成，常用规格见表16-7；石渣品种见表16-6，要求颜色一致，粗细均匀，用前淘洗干净，不含草屑、泥块、砂粒等杂质	用于水刷石、干粘石、水磨石、斩假石等的骨料
彩色瓷粒	用石英、长石和瓷土为主要原料烧制而成，粒径1.2～3mm，颜色多样	可代替色石渣用于外墙装饰抹灰
膨胀蛭石	密度80～200kg/m³，导热系料0.046～0.070W/(m·K)，粒度以3～5mm为宜	抹保温砂浆用
膨胀珍珠岩	密度80～150kg/m³，导热系数0.046W/(m·K)，宜采用中级粗细粒径混合级配	抹保温砂浆用
颜料	应为矿物颜料及无机颜料，须耐光、耐碱、耐石灰、水泥，不得含有盐类、酸类、腐殖土及碳质等物，常用的几种颜料见表22-7	用于内外墙装饰抹灰配制色浆、色砂浆、色石渣
聚合物	目前已开发的聚合物品种繁多，常用的有聚醋酸乙烯乳液，二元乳液等	提高面层强度，不致粉酥掉面；增加灰层的柔韧性，减少开裂倾向；加强涂层与基层粘结性能，不易爆皮剥落

建筑石膏的技术指标　　表22-6

指　　标	一　级	二　级	三　级
细度(孔径为0.2mm的900孔/cm²筛，筛余量)，不大于(%)	15	25	35
抗压强度(MPa) 1.5h，不小于 干燥至恒重，不小于	 4.0 10.0	 3.0 7.5	 2.5 7.0
抗拉强度(MPa) 1.5h，不小于 干燥至恒重，不小于	 0.9 1.7	 0.7 1.3	 0.6 1.1
初凝时间 终凝时间	不得早于4min 不得早于6min，不迟于30min		

抹灰常用颜料　　表22-7

颜色	颜料名称	技术性能	使用说明
黄色	氧化铁黄	遮盖力高，着色力，耐光性、耐大气影响、耐污浊气体及耐碱性能均较强	既好又是最经济的颜料，外粉刷中应尽量采用
	铬黄(铅铬黄)	着色力高，遮盖力强，较氧化铁黄鲜艳，但不耐强碱	价格较贵，可用于内外粉刷
	地板黄	色泽灰暗，着色力差，暴晒后容易褪色	外粉刷不宜采用
红色	氧化铁红	有天然和人造两种。遮盖力和着色力都很强，耐光、耐高温、耐大气影响、耐污浊气体及耐碱性能优良	较好、较经济的颜料，外粉刷中应尽量采用
	红　土	耐久性好，但着色力较差，色彩较灰暗	价廉，一般工程可采用
	甲苯胺红	为鲜艳红色粉末，遮盖力、着色力较高，耐光、耐热、耐碱、耐酸	用于高级粉刷工程

续表

颜色	颜料名称	技术性能	使用说明
蓝色	群青（洋蓝、深蓝）	为半透明鲜艳蓝色颜料，耐热、耐碱、耐光、耐风雨，但不耐酸	既好又经济的颜料，外粉刷中应尽量采用
	钴蓝	耐光、耐碱较强，带绿色	用于外粉刷
绿色	铬绿	遮盖力强，耐气候、耐光、耐热性均好，但不耐酸碱	用于以水泥及石灰为胶结料的内外粉刷
棕色	氧化铁棕	为氧化铁红和氧化铁黑的混合物，有的产品掺有少量氧化铁黄	用于外粉刷
紫色	氧化铁紫	紫红色粉末，不溶于水、醇及醚，市场无货时，可用氧化铁红和群青配用代替	用于外粉刷
黑色	氧化铁黑	遮盖力、着色力强，耐光、耐碱、耐大气作用稳定	是一种既好又经济的颜料，用于外粉刷
	炭黑	分槽黑（硬质）和炉黑（软质）两种。多用后者，性能与氧化铁黑基本相同，仅密度较小，不易操作	是一种既好又经济的颜料，用于外粉刷
	松烟	遮盖力及着色力均好	用于外粉刷
赭色	赭石	耐久性好，着色力强，色彩明亮，施工性能好	用于外墙粉刷
白色	钛白粉	遮盖力及着色力很强，化学性质稳定，折射率很高	用于内外粉刷

抹灰用纤维材料种类、质量要求及使用方法　　表 22-8

种类	质量要求	使用方法
麻刀（麻丝）	柔韧、干燥、均匀、不含杂质	用时将麻刀切成 20～30mm 长，并敲打松散，每 100kg 石灰膏内掺 1kg 麻刀，搅匀即成麻刀灰
纸筋（草纸）	柔韧、干净、不含杂质垃圾	有干纸筋和湿纸筋（俗称纸浆）两种。干纸筋是在淋石灰时，将干纸筋撕碎泡在桶内，接 100kg 石灰膏加 2.75kg 纸筋掺入灰池内，使用时，需过 3mm 孔径筛或用小钢磨搅磨成纸筋灰。湿纸筋使用时，先用清水浸透、捣烂，每 100kg 石灰膏掺 2.9kg 纸浆搅匀，过筛或搅拌方法同上
稻草或麦草	整齐、干净、不含泥土及其他杂质	用铡刀切成长 5mm 左右，放入石灰水中浸泡 15d 后使用。亦可用石灰水浸泡软化后，轧磨成纤维质当纸筋使用
玻璃纤维	干净、不掺杂物、不含泥土	将玻璃纤维切成 10mm 左右，每 100kg 石灰膏掺入 0.2～0.3kg 玻璃纤维，搅拌均匀即成玻璃丝灰。操作时应有劳保措施防止玻璃丝刺激皮肤

抹灰常用胶粘剂的技术性能　　表 22-9

名称	性能及配制方法	备注
邦家 108 胶	是一种新型胶粘剂，属于不含甲醛的乳液	用于增加涂层的柔韧性和加强涂层与基层间的粘结性能，提高面层强度
聚醋酸乙烯乳液	白色水溶性胶状体，性能和耐久性均好，但价格较贵	有效期为 3～6 个月
羧甲基纤维素	白色絮状，吸湿性强，易溶于水	用于作胶粘剂，或腻子中起到提高黏度的作用
二元乳液	白色水溶性胶结料，性能和耐久性好	用于高级装饰工程

续表

名　称	性能及配制方法	备　注
龙须菜(鸡脚菜、麒麟菜、鹿角菜、石花菜)	海生低级生物,黏性颇大。用冷水洗净加入菜重3倍水中,用火煎成液汁,经40目筛过滤,冷后即成龙须菜胶	龙须菜胶须在1～2d内用完,夏季易发臭变质,不宜使用
动物胶(骨胶、牛皮胶、广胶、水胶)	系以动物骨骼、皮制成。有片状、粒状、粉末状多种,溶于热水中,黏度一般为2.2～5.0°E	熬好的胶液应在2～3d内用完。夏季易发臭变质,不宜使用
建筑胶粘剂(金鹰牌)	无机、有机复合材料配制而成的单组分粉状胶粘剂。初始粘附性好,28d抗压强度为2.18MPa,粘结强度0.43MPa;剪切强度＞1.53MPa。使用时加水搅拌即可,并可用于潮湿基层	不得受潮,贮存期为一年。适用于混凝土墙面粘贴瓷板、面砖;顶棚上粘贴石棉板和石膏板
建筑胶粘剂(YJ-3型)	水乳型环氧高分子胶粘剂,粘结强度:与瓷砖3～5MPa;与混凝土＞2.7MPa;抗水渗透性1～4mm厚胶泥浸水三年不透。 由甲、乙组分胶料组成,按甲组分：乙组分：填料＝1：3：8～12(体积比)配合,填料为水泥：砂＝1：2～4	贮存期为一年。具有粘结强度高,耐水、耐湿热老化等优良性能。适于混凝土、水泥石棉板、纸质石膏板上粘贴瓷砖、陶瓷锦砖、大理石、泡沫塑料等
建筑胶粘剂(YJ-9型)	单组分乳液状胶粘剂,按胶粘剂：水泥：填料＝1：3：6(石英粉)或1：4：8(细砂)配合,粘结强度3.7～4.0MPa	贮存于＋5℃以上阴凉处,贮存期半年。具有粘结力高,早强、耐湿热,抗老化性能。用于各种基层上粘贴面砖、瓷板、地砖、陶瓷锦砖、大理石、石膏板等及抹面装修

常用外墙憎水防污涂料　　表22-10

名　称	技术性能要求	备　注
甲基硅醇钠(水溶性有机硅)	无色透明水溶液,固体含量30%,密度1.23,pH值13。使用时用水稀释,重量比为1：8～9,体积比为1：10～11,使其固体含量为3%	应在密闭器内贮存。用于喷刷外墙面,有防水、防污染、防风化、提高饰面耐久性等功效
聚乙烯醇缩丁醛	外观白色或微黄色粉末,密度1.07,使用时须溶解于酒精(95%酒精：聚乙烯醇缩丁醛＝17：1)中即可使用	有防水、防污染、防风化等效果
聚甲基三乙氧基硅氧烷(醇溶性有机硅)	无色或黄色透明液体,密度0.945～0.975。经5%盐酸水溶液预反应,然后用乙醇稀释(重量比为聚甲基乙氧基硅氧烷：乙醇：5%盐酸水溶液＝1：7：0.10～0.12),最后用氢氧化钠—乙醇水溶液(氢氧化钠：乙醇：水＝1：12：4)中和到pH为7～7.5,含固量10%即可使用	具有透气、防水、防污染、防风化等效果,性能比甲基硅醇钠好,但价格稍高
甲基硅树脂	用乙醇作稀释剂,常温下固化须加入0.3%乙醇胺作固化剂。成膜后经人工老化1000h无变化,可喷涂、刷涂	涂层透明、坚硬,耐磨、耐热、耐水、耐污染,为性能较优的疏水防污染涂层。发现变稠或结硬时,不能使用

注:甲基硅醇钠使用时,常掺入一定量硫酸铝中和,使其pH值达到7～8为准。

22.1.4　预拌砂浆和粉刷石膏在抹灰工程中的应用

预拌砂浆在抹灰工程中的应用　表 22-11

项次	项目	施工方法
1	预拌砂浆品种和特点	(1)预拌砂浆是指经干燥筛分处理的骨料(如石英砂)、无机胶粘材料(如水泥)和添加剂(如聚合物)等按一定比例进行物理混合而成的一种颗粒状或粉状的干混料,以袋装或散装的形式运至工地,加水拌合后即可直接使用的物料,又称做砂浆干粉料、干混砂浆、干拌粉 (2)目前主要的干混砂浆品种有: 1)饰面类:内外墙壁腻子、彩色装饰干粉、粉末涂料 2)粘结料:瓷板胶粘剂、填缝剂、保温板胶粘剂等 3)其他功能性干混砂浆,如自流平地坪材料、修复砂浆、地面硬化材料等 (3)预拌砂浆相对于现场配制的砂浆有如下特点: 1)工厂机械化、自动化生产,品质可靠、质量稳定,提高工程质量 2)品种齐全,可以满足不同的功能和性能要求 3)性能优良,有较强的适应性,有利于推广应用新材料、新工艺、新技术、新设备 4)施工性好,功效较高,有利于自动化施工机具的应用,改变传统抹灰施工的落后方式 5)符合节能减排、绿色环保施工要求
2	预拌砂浆的组成及作用	(1)粘结材料: 1)无机胶粘剂:普通硅酸盐水泥、高铝水泥、特殊水泥、石膏、无水石膏 2)有机胶粘剂:用聚合物对水泥砂浆进行改性,提高与各种基材的胶结强度、抗弯强度及耐磨损性等,并提高砂浆的可变形性、保水性、从而满足施工要求。聚合物粒子通过聚结,形成一层聚合物薄膜,起到胶粘剂作用 (2)骨料:主要采用天然砂和人工砂 (3)掺合料:多选用粉煤灰、重钙、滑石粉、硅粉等 (4)添加剂:添加剂是预拌砂浆中最重要的组分,决定着预拌砂浆的施工性能和硬化后的各种性能 1)纤维素醚:用做增稠剂和保水剂 2)疏水剂(防水剂):可防止水渗入到砂浆中,并提高了硬化砂浆与基材之间的粘结强度 3)超塑化剂:主要用在有较高要求的自流平干粉砂浆中 4)淀粉醚:增加砂浆稠度 5)保凝剂:用它来获得预期的凝结时间 6)引气剂:通过物理作用在砂浆中引入微气泡,降低砂浆密度,施工性更好 7)减水剂:改善和易性,降低用水量 8)纤维:分为长纤维和短纤维。长纤维主要用于增强和加固;短纤维用来影响改善砂浆的性能和需水量
3	预拌砂浆种类及性	(1)常用预拌砂浆的种类和表示方法: 1)普通干拌砂浆:DM——干拌砌筑砂浆;DPI——干拌内墙抹灰砂浆;DPE——干拌外墙抹灰砂浆;DS——干拌地面砂浆 2)特种干拌砂浆:DTA——干拌瓷砖粘结砂浆;DEA——干拌聚苯板粘结砂浆;DBI——干拌外保温抹面砂浆 (2)预拌砂浆性能:见表 22-12

预拌砂浆性能　表 22-12

项目	干混抹灰砂浆		湿拌抹灰砂浆
	高保水	低保水	
强度等级	M5、M10	M5、M10、M15、M20、M25、M30	M5、M10、M15、M20、M25、M30

续表

项目	干混抹灰砂浆		湿拌抹灰砂浆
	高保水	低保水	
14d 拉伸粘结强度（MPa）	≥0.50	≥0.20	≥0.20
28d 收缩（%）	≤0.25	≤0.20	≤0.20
保水率（%）	≥98	≥88	≥88

粉刷石膏在抹灰工程中的应用 **表 22-13**

项次	项目	施工要点
1	组成	粉刷石膏是由石膏作为胶粘材料，再配以建筑用砂或保温集料及多种添加剂制成的一种多功能建筑内墙及顶棚表面的抹面材料。由于使用了多种添加剂，改善了传统的粉刷石膏的性能
2	性能特点	(1)粘结力强、干缩收缩小，适于各类墙体，可有预防开裂、空鼓等质量通病的特点 (2)表面装饰性好。抹灰墙面致密、光滑、不起灰、外观典雅，具有呼吸功能，提高了居住舒适度 (3)凝结硬化块、养护周期短，工作面可当日完成，提高了工作效率，节省了工期 (4)防火性能好 (5)使用便捷，直接调水即可，保证了材料性能稳定性 (6)导热系数低，节能保温 (7)卫生环保。没有现场用砂环节，避免了沙尘污染
3	按用途分类	(1)底层粉刷石膏(代号 B)：用于基底找平的抹灰，通常含有集料 (2)面层粉刷石膏(代号 F)：用于底层粉刷或其他基底上的最后一层抹灰，通常不含集料，具有较高的强度 (3)保温层粉刷石膏(代号 T)：含有轻集料的石膏抹灰材料，具有较好的热绝缘性
4	技术性能	(1)细度：面层粉刷石膏 0.2mm 方孔筛筛余≤40%；1.0mm 方孔筛筛余 0% (2)凝结时间：初凝时间应不小于 60min；终凝时间应不大于 8h (3)可操作时间：应不小于 30min (4)强度：应不小于表 22-14 规定的数值

粉刷石膏的强度（MPa） **表 22-14**

产品类别	面层粉刷石膏	底层粉刷石膏	保温层粉刷石膏
抗折强度	3.0	2.0	—
抗压强度	6.0	4.0	0.6
剪切粘结强度	0.4	0.3	—

22.1.5　抹灰的一般要求

抹灰的一般要求要点　　表 22-15

项次	项目	施工方法要点
1	基层要求	(1)建筑装饰装修工程应在基体或基层的质量验收合格后施工。对既有建筑进行装饰装修前，应对基层进行处理并应达到规范的要求 (2)应将基层表面凹凸不平的部位剔平或用1∶3水泥砂浆补齐，表面太光的要凿毛，或用1∶1水泥浆掺10%108胶薄薄抹一层。表面的砂浆污垢、油漆等均应仔细清扫干净 (3)门窗口与立墙交接处、墙面脚手洞、水暖、通风管道等过墙洞，均应用1∶3水泥砂浆砌砖堵严
2	操作要求	(1)抹灰前基层要先浇水湿润，不同的墙体，不同的环境，需要不同的浇水量，浇水要分次进行，以墙体既湿润又不泌水为宜。抹灰顺序一般是遵循先室外后室内，先上面后下面，先地面后墙顶。外墙由屋檐开始自上而下进行 (2)抹灰用的石灰膏的熟化期不应少于15d；罩面用的磨细石灰粉的熟化期不应少于3d (3)抹灰工程应分层进行。当抹灰总厚度大于或等于35mm时，应采取加强措施。不同材料基体交接处表面的抹灰，应采取防止开裂的加强措施，当采用加强网时，加强网与各基体的搭接宽度不应小于100mm (4)为保持室内墙面的抹灰面垂直平整，内墙面应自四角起进行挂线、贴灰饼，每隔1.2～1.5m抹一条100mm左右的冲筋，定出抹灰层厚度，最薄处一般不小于7mm。室内墙裙、踢脚板应比墙面凸出8～10mm (5)采用水泥砂浆面层时，须将底子灰表面扫毛或划出纹道；采用纸筋或麻刀石灰面层时，宜在底子灰5～6成干时进行，底子灰过干应先洒水湿润。在板条或苇箔、金属网抹底子灰时，砂浆要挤入板条、苇箔、金属网缝隙、孔洞中，抹的要薄，待底子灰7～8成干时再抹第二遍 (6)顶棚抹灰前，应在四周墙上弹出水平线，以墙上水平线为依据，先抹顶棚四周，圈边找平。钢筋混凝土楼板顶棚抹灰前，先浇水湿润，并刷水泥浆一遍。板条顶棚抹底子灰时，抹子运行方向应与板条方向垂直 (7)凡有灰线的房间，顶棚抹灰宜在灰线抹完后进行 (8)外墙面装饰抹灰所用材料的产地、品种、批号应力求一致，同一墙面所用的水泥和颜料应一次干拌均匀，装袋储存，随用随拌石子，以求色泽一致。柱子、墙面、檐口、门窗口、勒脚等处，都要进行四角挂垂直线，大角找方，拉通线，贴灰饼、冲筋等找好规矩。墙面有分格要求时，底层应分格弹线，嵌米厘条 (9)室内墙面、柱面和门洞口的阳角做法应符合设计要求。无设计要求时，应采用1∶2水泥砂浆做暗护角，其高度不应低于2m，每侧宽度不应小于50mm (10)当要求抹灰层具有防水、防潮功能时，应采用防水砂浆 (11)各种砂浆抹灰层，在凝结前应防止快干、水冲、撞击、振动和受冻，在凝结后应采取措施防止玷污和损坏。水泥砂浆抹灰层应在湿润条件下养护 (12)抹灰层与基层之间及各抹灰层之间必须粘结牢固。抹灰层应无脱层、空鼓，面层应无爆灰和裂缝

22.1.6　常用内墙抹灰

22.1.6.1　内墙石灰砂浆抹灰

内墙石灰砂浆抹灰做法　　表 22-16

名　称	分层做法	厚度(mm)	施工要点
普通砖墙	(1)1∶2∶8石灰黏土砂浆打底 (2)1∶2～2.5石灰砂浆面层	13 6	(1)打底分两次抹成，先薄抹一遍，紧跟着抹第二遍 (2)七～八成干时，涂抹面层，两遍成活

续表

名　称	分层做法	厚度(mm)	施工要点
普通砖墙	(3)1∶2.5石灰砂浆打底 (4)1∶2.5石灰砂浆中层 (5)石灰膏或大白腻子(或1∶1石灰砂浆)面层	7～9 7～9 1 (6)	(3)打底分二次抹成 (4)中层用木抹子搓平稍干后,用铁抹子来回括石灰膏面层,使表面平整光滑,刮后2h,未干前再压实压光一次,或在中层稍干满刮大白腻子两遍,砂纸打磨(或用石灰砂浆随抹随搓平压光)
普通砖墙(有吸声要求房间)	(1)1∶3石灰砂浆打底 (2)1∶3石灰砂浆中层 (3)1∶1石灰木屑(或谷壳过5mm筛)面层	7 7 10	(1)分层抹灰方法同上 (2)石灰膏与木屑拌合均匀经24h,使木屑纤维软化后分二次抹成,表面搓平
加气混凝土墙	(1)1∶3石灰砂浆打底 (2)1∶3石灰砂浆中层 (3)石灰膏面层	7 7 1	(1)墙面浇水湿润,刷一道108胶∶水＝1∶3～4溶液,随即抹底层,稍干抹中层,搓平、压光 (2)中层稍干刮抹面层,2h后,未干前再压实压光一次

22.1.6.2 内墙水泥混合砂浆抹灰

内墙水泥石灰砂浆抹灰做法　　表22-17

名　称	分层做法	厚度(mm)	施工要点
普通砖墙(抹水泥石灰砂浆)	(1)1∶1∶6水泥石灰砂浆打底 (2)1∶1∶6水泥石灰砂浆中层 (3)石灰膏或大白腻子面层	7～9 7～9 1	(1)应待前一层抹灰七～八成干后,方涂抹后一层 (2)刮石灰膏或大白腻子,见石灰砂浆抹灰
普通砖墙(有吸声要求的房间)	1∶1∶5∶3水泥石灰木屑砂浆底层、面层	15～18	木屑处理同石灰砂浆抹灰,分两遍成活,木抹子搓平
普通砖墙(做油漆墙面)	(1)1∶0.3∶3水泥石灰砂浆打底 (2)1∶0.3∶3水泥石灰砂浆中层 (3)1∶0.3∶3水泥石灰砂浆面层	7 7 5	(1)应待前一层抹灰七～八成干后,方涂抹后一层 (2)面层用木抹搓平,铁抹压实、压光
混凝土墙(抹水泥石灰砂浆)	(1)1∶0.3∶3或1∶1∶6水泥石灰砂浆打底 (2)1∶0.3∶3水泥石灰砂浆罩面	13 5	(1)基层应先浇水湿润,刷一遍水泥浆随即抹底子灰,分两遍抹成 (2)其他操作同普通砖墙抹石灰砂浆

22.1.6.3 内墙水泥砂浆抹灰

内墙水泥砂浆抹灰做法　　表22-18

名　称	分层做法	厚度(mm)	施工要点
普通砖墙(墙裙、踢脚板)	(1)1∶3水泥砂浆打底 (2)1∶2.5或1∶2水泥砂浆罩面	10～15 5	(1)底子灰分两遍抹,第一遍要压实表面扫毛,待五～六成干时抹第二遍 (2)隔一天罩面,分两遍抹,先用木抹搓平,再用铁抹子揉实压光,24h后浇水养护

续表

名称	分层做法	厚度(mm)	施工要点
混凝土墙、石墙	(1)水泥浆粘结层 (2)1∶3水泥砂浆打底 (3)1∶2.5水泥砂浆罩面	1 13 5	(1)混凝土表面浇水湿润,刮水泥浆(水灰比0.37～0.40)一遍,随即抹底子灰 (2)其他操作同普通砖墙抹水泥砂浆
加气混凝土墙	(1)1∶4～5(108胶∶水)溶液一遍 (2)1∶3水泥砂浆打底 (3)1∶2.5水泥砂浆罩面	5～8 5～8 5	(1)抹灰前墙面浇水湿透 (2)用刷子均匀刷一遍108胶,随即抹底子灰 (3)薄薄刮一遍底子灰压实抹平,表面粗糙 (4)打底后隔2天罩面,揉实、压光

22.1.6.4 内墙纸筋石灰、麻刀(玻璃丝)石灰抹灰

内墙纸筋石灰、麻刀石灰(玻璃丝石灰)抹灰做法　　表22-19

名称	分层做法	厚度(mm)	施工要点
普通砖墙(石灰砂浆打底)	(1)1∶3石灰砂浆打底 (2)纸筋石灰、麻刀石灰(或玻璃丝灰)罩面(或用仿瓷888材料罩面,下同)	10～15 2 (2～3)	(1)第一遍底子灰薄薄抹一遍由上往下,接着抹第二遍由下往上刮平,用木抹子搓平 (2)底子灰五～六成干时抹罩面灰,用铁抹子先竖着薄薄刮一遍,再横抹找平,最后压光一遍(888材料用钢皮或橡皮板刮2～3遍,每遍间隔7～8h,下同)
普通砖墙(水泥石灰砂浆打底)	(1)1∶1∶6水泥石灰砂浆打底 (2)纸筋石灰、麻刀石灰(或玻璃丝灰)罩面	14～18 2	(1)底子灰分两遍抹成 (2)其他操作方法同普通砖墙石灰砂浆打底抹灰
混凝土墙、石墙	(1)水泥浆一遍 (2)1∶3∶9(或1∶0.3∶3、1∶1∶6)水泥石灰砂浆打底 (3)纸筋石灰、麻刀石灰(或玻璃丝灰)罩面	1 13 2或3	(1)混凝土表面浇水湿润,刮水泥浆一遍,随即抹底子灰,分两遍抹成 (2)其他操作同普通砖墙抹水泥砂浆
混凝土大板或大模板混凝土墙	(1)聚合水泥砂浆或水泥石灰砂浆喷毛打底 (2)纸筋石灰、麻刀石灰(或玻璃丝灰)罩面	1～3 2或3	(1)抹灰前混凝土基层洒水润湿,紧接着抹聚合水泥砂浆或水泥砂浆喷毛,要求平整密实 (2)打底五～六成干时罩面,两遍成活,最后压光一遍
加气混凝土砌块或条板墙	(1)1∶3∶9水泥石灰砂浆打底 (2)1∶3石灰砂浆打底 (3)纸筋石灰、麻刀石灰(或玻璃丝灰)罩面	3 13 2	抹灰前表面浮灰扫净,提前两天浇水湿透,操作方法同普通砖墙抹石灰砂浆

续表

名　称	分层做法	厚度(mm)	施工要点
加气混凝土砌块或条板墙	(1)1∶0.2∶3水泥石灰砂浆喷涂成小拉毛 (2)1∶0.5∶4水泥石灰砂浆找平 (3)纸筋石灰、麻刀石灰(或玻璃丝灰)罩面	3～5 7～9 2或3	(1)基层处理同加气混凝土墙抹水泥砂浆 (2)小拉毛完后应喷水养护2～3d。 (3)待中层六～七成干时,喷水湿润后进行罩面
金属网墙面	(1)1∶1.5～2石灰砂浆(略掺麻刀)打底 (2)1∶2.5石灰砂浆找平 (3)纸筋石灰、麻刀石灰(或玻璃丝灰)罩面	3 3 2	(1)用ϕ6钢筋@20cm,拉直钉在木龙骨上,然后用钢丝在金属网眼上挂麻丁,长25cm,间距30cm左右 (2)找平层两遍成活,每遍将悬挂的麻丁向四周散开1/2,抹入灰浆中。其余操作同板条墙面抹灰

注：1. 配合比除注明者外均为体积比。水泥为强度等级32.5级以上，石灰为含水率50%的石灰膏。

2. 纸筋石灰、麻刀石灰、玻璃丝石灰掺量见表22-8。

3. 水泥砂浆每遍厚度宜为5～7mm；石灰砂浆和水泥混合砂浆宜为7～9mm；面层麻刀石灰不得大于3mm；纸筋石灰和石膏灰不得大于2mm。

4. 基层光滑，可在水泥浆中掺少量108胶，以增加粘结。

5. 抹灰层的平均总厚度不应大于下列数值：内墙：普通抹灰18～20mm；高级抹灰25mm；外墙：20mm；勒脚及凸出墙面部分：25mm；石墙：35mm。

6. 表22-16～表22-18均同本表注。

22.1.6.5 内墙石膏灰抹灰

内墙石膏灰抹灰做法　　表22-20

名　称	分层做法	厚度(mm)	施工要点
普通砖墙	(1)1∶2～1∶3麻刀石灰砂浆抹底层 (2)同上配合比抹中层 (3)石膏石灰膏(石膏∶石灰膏∶水=13∶4∶6)罩面	6 7 2～3	(1)底子灰薄抹一遍,由上往下,接着抹第二遍,由下往上刮平,用木抹子搓平 (2)底子灰六～七成干时,抹罩面灰,分两遍成活,在第一遍收水时即进行第二遍抹灰,随即用铁抹子修补压光两遍,最后用铁抹子溜光至表面密实光滑为止
混凝土墙、加气混凝土砌块或条板墙	(1)1∶3水泥砂浆或1∶0.3∶3混合砂浆打底 (2)饰面石膏层两遍 (3)面漆两遍	13 1～4	(1)基层应先浇水湿润,刷一遍水泥浆,随即抹底子灰,分两遍成活 (2)底子灰七～八成干时,将拌好的饰面石膏用橡皮抹子或铁抹子抹到墙面上,每遍抹面厚度0.5～2mm;待第一遍膏体终凝后,再抹第二遍,直至表面平整 (3)饰面石膏层干燥后刷面漆两遍

22.1.6.6　内墙装饰抹灰

内墙装饰抹灰做法　表 22-21

名　称	分层做法	厚度(mm)	施工要点
拉　毛	(1)1∶2∶9 水泥石灰砂浆打底 (2)纸筋灰面层	15 2～3	(1)罩面前一天将底子灰湿润 (2)拉毛时一人抹纸筋灰,一人跟着用棕刷向墙面连续垂直拍拉,形成拉毛,要求拉毛间隔大小均匀一致
条筋拉毛	(1)1∶2∶9 水泥石灰砂浆打底 (2)1∶0.5∶0.5 水泥石灰砂浆面层 (3)1∶0.5∶1 水泥石灰砂浆刷条筋拉毛	15 2～3 1～2	(1)先在底灰每隔 40cm 弹一垂线,并将底灰浇水湿润 (2)在底灰上抹面层灰浆,用棕刷拉出小拉毛,再用条刷子蘸砂浆刷出比拉毛面凸出 2mm 左右,宽 2cm,间距 3cm 的条筋(图 22-1),不要求太一致,使自然形成毛边,最后喷刷色浆 (3)刷条筋用的刷子,应根据宽度、间距把棕毛剪成 3 条,使一次能拉出 3 道条筋(图 22-2)
扫　毛	(1)1∶3 水泥砂浆打底 (2)1∶1∶6 水泥石灰砂浆面层	15 4～6	(1)在底灰上弹线放样,分格嵌分格条,湿润基层 (2)抹面层待稍收水后,用竹丝扫帚扫出条纹,起出分格条 (3)砂浆硬化后扫掉浮砂,面层干后可另刷两遍色浆
拉条灰	(1)1∶3 水泥砂浆打底 (2)1∶2～2.5∶0.5 水泥石灰纸筋灰或 1∶2.5 纸筋石灰砂浆面层 (3)1∶0.5 水泥细纸筋灰膏,或细纸筋灰膏罩面	15 10 1	(1)在底灰上弹线,划分竖格,确定拉模宽度,将木导板垂直贴在底灰上,并湿润底灰 (2)抹面层,用模具从上到下拉出线条,每一格或数格须一次成活,做到线条垂直、平整、深浅一致,表面光滑,不显接槎 (3)最后用罩面灰罩面,甩浆,干燥后涂刷两遍色浆

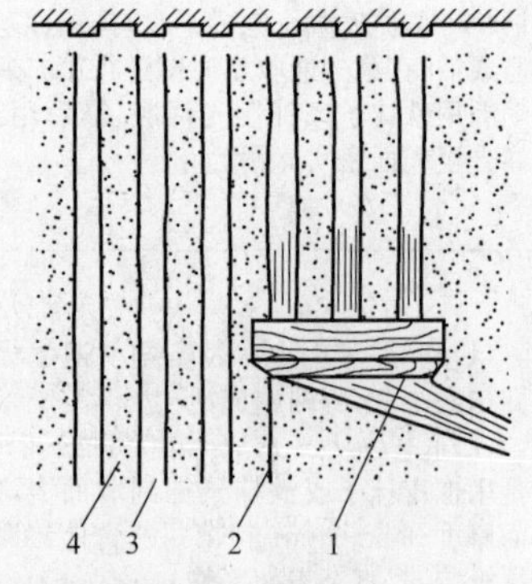

图 22-1　刷条筋工艺

1—条刷子；2—弹线；3—条筋；4—小拉毛

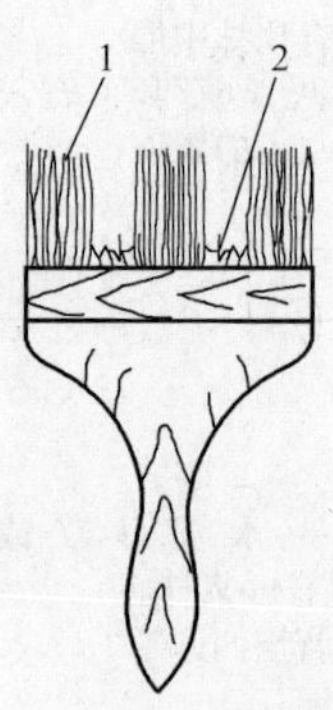

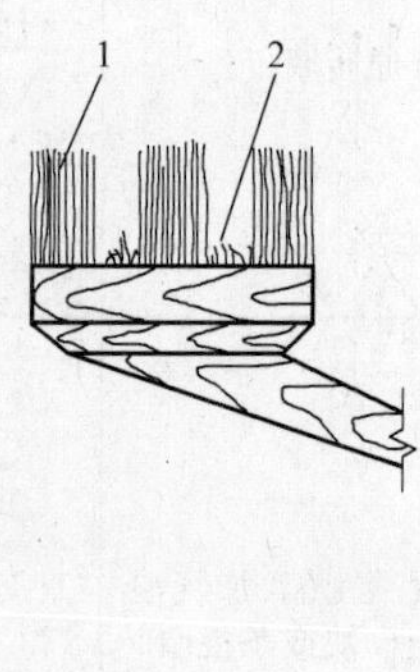

图 22-2　刷条筋用刷子

1—刷条筋刷毛；2—留小拉毛空条

22.1.7 常用室内顶棚抹灰

室内各种顶棚抹灰做法 表22-22

名称	分层做法	厚度(mm)	施工要点
现浇混凝土顶棚抹灰	(1)1:0.5:1(或1:1:4)水泥石灰砂浆打底 (2)1:3:9(或1:0.5:4)水泥石灰砂浆找平 (3)纸筋石灰、麻刀石灰或玻璃丝灰罩面(或刮仿瓷888材料,下同) (4)用聚合物水泥批抹	2 6 2 (2~3)	(1)垂直模板纹抹底子灰,用力压实,愈薄愈好 (2)第二遍紧跟着底子灰顺模板方向抹,用软刮尺顺平,木抹子搓平 (3)第二遍灰六~七成干时抹罩面灰,两遍成活。第一遍薄抹,紧跟着抹第二遍,待灰稍干,顺抹纹压实压光。 (4)分2~3遍批抹
预制混凝土顶棚抹灰	(1)1:0.5:1水泥石灰砂浆打底 (2)1:3:9或1:0.5:4水泥石灰砂浆找平层 (3)纸筋石灰、麻刀石灰(或玻璃丝灰)罩面	2~4 6(4) 2或3	(1)预制混凝土板上先用1:2水泥砂浆勾缝,再用1:1水泥砂浆(加水泥重量的2%的108胶液)打底,2~3mm厚,并随手带毛,养护2~3d后做找平层和罩面 (2)找平层和罩面方法同现浇混凝土顶棚抹灰
预制混凝土顶棚高级抹灰	(1)1:1水泥砂浆(掺水泥重2%聚醋酸乙烯乳液)打底 (2)1:3:9水泥石灰砂浆中层 (3)纸筋灰罩面	2 6 2	(1)底层抹灰同上,养护2~3d再做中层 (2)中层和罩面方法同现浇混凝土顶棚抹灰
混凝土顶棚抹膨胀珍珠岩砂浆	(1)1:3:6水泥石灰膏珍珠岩砂浆打底 (2)纸筋石灰、麻刀石灰或玻璃丝灰罩面	3~5 2	操作基本同一般石灰砂浆,抹灰前洒水湿润,底子灰稍干时用木抹搓平。底子灰过厚要分层抹实,每层不超过5mm,底子灰六~七成干时罩面
钢板网顶棚高级抹灰	(1)1:0.2:2石灰水泥砂浆(略掺麻刀)打底 (2)1:2石灰砂浆中层 (3)纸筋灰罩面	3 3 2	(1)用ϕ6钢筋@20cm拉直钉在木龙骨(做成40mm×40mm方格)上,然后用钢丝把钢板网撑紧绑扎在钢筋上。将小束麻丝每隔30cm左右挂在钢板网眼上,两端纤维下垂,长25cm (2)打底灰要挤入网眼中,中层分两遍成活,每遍将悬挂的麻丝向四周散开1/2,抹入灰浆中。其余操作同板条金属网抹灰

续表

名　称	分层做法	厚度(mm)	施工要点
高级装修顶棚抹石膏灰	(1)0.006：1：2～3 麻刀石灰砂浆打底 (2)13：6：4[石膏粉：水：石灰膏(重量比)]石膏粉浆罩面	10～15 2～3	(1)基层表面清理干净，浇水湿润 (2)打底分两遍成活，要求表面平整、垂直 (3)罩面分两次抹成，先上头遍灰，未收水即进行两遍，随用铁抹子修补压光两遍，最后用铁抹子溜光至表面密实光滑为止

注：同表 22-19 注 1、2、3、4。

22.1.8　常用外墙装饰抹灰

22.1.8.1　外墙石渣类装饰抹灰

外墙石渣类装饰抹灰做法　　表 22-23

名称	分层做法	厚度(mm)	施工要点
手工水刷石	(1)1：3 水泥砂浆打底 (2)水泥浆粘结层 (3)1：1.25 水泥 2 号石渣浆(或 1：1.5 水泥 3 号石渣浆)罩面	12 1 10(8)	(1)分层打底后按设计要求弹线分格，粘米厘条 (2)先薄刮水泥浆(水灰比 0.37～0.40)一层，随即抹水泥石渣浆(稠度 5～7cm)，拍实压平，使表面石渣均匀一致 (3)待手指按上去无痕，用刷子刷时石渣不掉下来时，用刷子蘸水刷去面层水泥浆，使石渣全部外露，紧接着用喷雾器由上往下喷水，把表面水泥浆冲掉，最后用小水壶从上往下冲洗干净
机喷水刷石	(1)1：2～2.5 水泥砂浆打底 (2)1：0.2 水泥石灰腻子筋 (3)1：0.1～0.15：2 水泥石灰石渣浆	12 2～3 10	(1)打底(要求同上)后刮水泥石灰腻子(稠度 8～10cm)一层，随即抹水泥石灰石渣浆(稠度 5～7cm)，用钢板抹平压实 (2)稍收水(当气温 25℃左右时约 30min)后便可开泵喷水，喷嘴离墙面 15cm 左右(墙面较湿时为 30cm)，冲刷墙面水泥石渣浆，紧接着再用钢板压紧拍实，用力方向为应自下向上倾斜，约 1h 收水后第二次开泵喷水冲刷，最后用喷壶自上而下冲洗干净
手工干粘石	(1)1：3 水泥砂浆打底 (2)1：2～2.5 水泥砂浆中层 (3)水泥砂浆(水泥：砂：108 胶＝1：1～1.5：0.05～0.15 或水泥：石灰膏：砂：108 胶＝1：0.5：2：0.05～0.15)粘结层 (4)3 号石渣略掺石屑罩面	12 6 4～6 4～6	(1)打底后次日浇水湿润，开始抹第二遍，第三遍粘结层、第四遍罩面要紧跟第二遍进行，如第二遍水泥砂浆比较干燥时，应先用水湿润后涂刷水泥浆(水灰比 0.4～0.5)一遍，以使第三遍与第二遍粘结牢固 (2)抹第三遍、第四遍时，三人同时操作，一人抹粘结层，一人紧跟在后面甩石渣，一人用铁抹子将石渣拍入粘结层，要求拍实拍平，但不能拍出灰浆，石渣嵌入深度不小于 1/2 粒径，待有一定强度后洒水养护 (3)甩石渣方法是：一人拿 30cm×40cm×5cm、底上钉窗纱的木框，内装石渣，一人拿乒乓球拍似的木拍，铲上石渣往粘结层上甩，做到甩严、甩匀，粘结深浅一致，同时用木框靠墙接掉下来的石渣
机喷干粘石	(1)1：3 水泥砂浆打底 (2)1：1：2 水泥石灰砂浆中层和粘结层 (3)3 号石渣略掺石屑罩面或纯石屑喷罩甲基硅醇钠一遍	12 3 3	安置分格条。粘结层抹好后，随即用喷枪(图 22-3)将石渣均匀喷射于粘结层表面，约停 10min，用胶滚自上而下轻轻滚压石渣，将石渣压进粘结层的深度不小于粒径的 1/2，达到表面平整，石渣饱满，起分格条，修整饰面。喷射时，喷头垂直对准墙面，保持距离墙面 20～30cm，气压以 0.6～0.8MPa 为宜，在终凝后喷洒罩面

续表

名称	分层做法	厚度(mm)	施工要点
斩假石(剁斧石、人造假石)	(1)1∶3水泥砂浆打底 (2)水泥浆粘结层 (3)1∶1.25水泥4号石渣(内掺30%石屑)浆罩面	12 1 11	(1)打底后表面划毛,24h后浇水养护,嵌分格条 (2)抹完水泥浆粘结层,随即抹罩面层,用毛刷带水顺剁纹方向轻刷一次,浇水养护2～3d (3)用剁斧将面层由上往下斩成平行齐直剁纹,剁的方向要一致,剁纹要均匀,一般两遍成活 (4)亦可不用人工剁纹,而在抹完罩面层,稍停片刻用圆钢带齿滚子,在罩面上按一致方向垂直滚一遍,以滚子不带粘浆,纹路清楚为合适。亦可用形状似灯芯绒的长方向钢木抹子,在墙面贴一根直尺,钢抹沿直尺自上而下拉动,依次进行,全部拉出纹路 (5)剁凿应先四周边缘,后中间墙面,剁好后拆除米厘条,清除残屑,为了美观,棱角及分格缝周边留出15～40mm边框不剁
扒拉石	(1)1∶3水泥砂浆或1∶0.5∶3.5水泥石灰砂浆打底。 (2)1∶0.5∶2水泥白云灰石渣浆(石渣粒径以3～5mm为宜)(或细砾石)罩面	9～12 10～12	待底子灰六～七成干时抹面层,一次抹足厚度,找平后用抹子压实拍平,面层半干时,即用刮毛板(10cm×5cm×1.5cm的小木板,上钉2.5cm长钉穿过板面,钉的纵横距离以7～8cm为宜)扒拉表面,挠去水泥浆皮使石渣显露,要求表面扒拉均匀,颜色一致,不出现死坑、漏划或扒掉石渣,棱角及分格缝周边留15～20cm不扒拉
水磨石	(1)1∶3水泥砂浆打底。 (2)水泥浆粘结层。 (3)1∶1～2.5水泥2号或3号石渣浆罩面(按设计要求掺颜色)	12 1 8～10	(1)用水泥浆按要求粘铜条或玻璃条 (2)罩面时,先刮水泥浆一遍,紧跟着抹水泥石渣浆,用铁抹子抹平压实,厚度与铜条平,压时使石渣大面外露 (3)罩面灰半凝固(1～2d)后,用金刚石(磨石机用磨石)浇水磨光至露出铜条,石渣均匀光滑、发亮为止。一般磨三遍成活 (4)每次磨光后,用同色水泥浆填补砂眼,并把掉落石渣补平,24h后浇水养护,第一遍完后隔3～5d,同法磨第二遍,再隔3～5d磨第三遍,墙面干后打蜡
彩色瓷粒	(1)1∶2.5～3水泥砂浆打底。 (2)1∶1.5～2白水泥砂浆(另加水泥重10%～15%108胶)粘结层。 (3)彩色瓷粒罩面	12 2～3 2～3	(1)打底后次日浇水养护粘分格条 (2)抹粘结层前宜先刷108胶∶水=1∶3的108胶水一遍,便于操作增强粘结,紧跟着抹粘结砂浆,稠度12cm,抹完后随用排笔蘸108胶∶水=1∶3的溶液由上往下带色一遍 (3)随抹粘结层、随甩瓷粒,做法用"干粘石",可手工或机喷,要求表面均匀密实,瓷粒饱满,随后木抹轻轻拍平压实。过1～2d后表面喷罩甲基硅醇钠憎水剂

注：1. 配合比除注明者外均为体积比，水泥强度等级32.5级；石灰为含水率50%的石灰膏。
2. 面层水泥砂浆都可着色，掺入矿物颜料重量应不超过水泥用量的10%。彩色干粘石墙面材料配合比可参见表22-24，彩色砂浆参考配合比见表22-25。
3. 为增加胶结，可在砂浆中掺水泥用量10%～20%的108胶。

彩色饰面材料配合比 **表22-24**

墙面颜色	粉料配合比(重量比)						石子级配合比(重量比)				
	白水泥	普通水泥	铁红	铁黄	铬绿	108胶	白石子	红石子	松香石	绿石子	黄石子
白色	100	—	—	—	—	10	100	—	—	—	—
红色	100	—	0.5	—	—	10	—	10	90	—	10
黄色	100	—	—	0.5	—	10	—	—	90	—	100

续表

墙面颜色	粉料配合比(重量比)						石子级配合比(重量比)				
	白水泥	普通水泥	铁红	铁黄	铬绿	108胶	白石子	红石子	松香石	绿石子	黄石子
黄色	—	100	—	1	—	10	—	—	—	—	—
绿色	100	—	—	—	1.5～2	10	—	—	—	100	—
绿色	100	—	—	—	0.7～1	10	—	—	—	100	—
绿色	—	100	—	—	—	10	—	—	—	100	—

彩色砂浆参考配合比　表 22-25

墙面颜色	普通水泥	白水泥	白灰膏	颜料(按水泥量)	细砂
土黄色	5	—	1	氧化铁红 0.2～0.3 氧化铁黄 0.1～0.2	9
淡黄色	—	5	—	铬黄 0.9	9
咖啡色	5	—	1	氧化铁红 0.5	9
浅桃色	—	5	—	铬黄、红珠	白色细砂 9
淡绿色	—	5	—	氧化铬绿	白色细砂 9
灰绿色	5	—	1	氧化铬绿	白色细砂 9
白色	—	5	—	—	白色细砂 9

注：表中配合比为体积比。

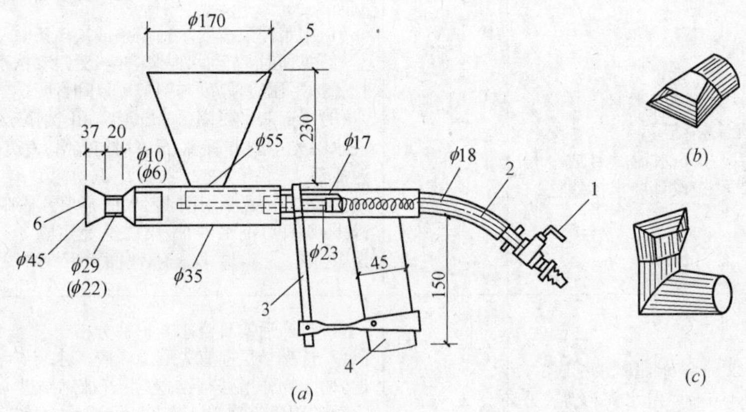

图 22-3　机喷干粘石用喷枪（斗）

(a) 喷枪；(b) 喷阳角枪嘴；(c) 喷仰面枪嘴

1—转芯阀（调气量）；2—输气管；3—拔手；4—手柄；5—漏斗；6—喷嘴

22.1.8.2　外墙砂浆类装饰抹灰

外墙砂浆类装饰抹灰做法　表 22-26

名称	分层做法	厚度(mm)	施工要点
拉毛	(1)1∶3水泥砂浆或1∶1∶6(或1∶0.5∶4)水泥石灰砂浆打底 (2)1∶0.05～0.3∶0.5∶1水泥石灰砂浆罩面	15 2～4	(1)先将底子灰浇水湿透,砂子过窗纱筛 (2)用刷子拉毛时,由两人操作,一人抹罩面砂浆,一人紧跟在后用硬毛棕刷蘸罩面砂浆由上往下,往墙上垂直拍拉 (3)用铁抹子拉毛时,只是用铁抹子代替刷子,不蘸砂浆,用抹子贴在墙面上,数秒钟抽回,拉出水泥砂浆成山峰形,做到毛头大小匀称,分布适宜,颜色一致,待拉的毛稍干,再轻轻压一下,把毛头压下去,待干后浇水养护

续表

名称	分层做法	厚度(mm)	施工要点
洒毛(撒云朵)	(1)1∶3水泥砂浆打底 (2)1∶1水泥砂浆或1∶1∶4(或1∶0.3∶3)水泥石灰砂浆罩面	15 2	(1)洒水湿润底层,砂子过窗纱筛 (2)用竹丝刷(或高粱穗小帚)蘸罩面灰由上往下往底子灰上甩,然后用铁抹子轻轻压平。撒出的云朵须错乱复杂,大小相称,空隙均匀。砂浆稠度以能粘在帚子上,又能撒在墙面上不流淌为宜 (3)底子灰须着色时,在未干底层上刷上颜色,再不均匀地甩上罩面灰(稠度要干些),并用抹子轻轻压平,部分地露出带色底子灰
扫毛	(1)1∶3水泥砂浆打底 (2)1∶1∶6水泥石灰砂浆面层	15 6～8	(1)在底子灰上按设计弹线放样、分格、嵌分格条,洒水湿润底子灰 (2)抹面层砂浆,待稍收水后用竹丝扫帚扫出条纹,起去分格条 (3)砂浆硬化后扫掉浮砂,面层基本干燥后,可另刷色浆
喷毛	(1)1∶1∶6水泥石灰砂浆打底 (2)1∶1∶6水泥石灰砂浆面层	15 2～3	(1)洒水湿润底子灰 (2)把面层砂浆通过砂浆输送泵管道、喷枪,借助空压机连续均匀喷涂于底子灰表面上,两遍成活,头遍砂浆稠度10～12cm,第二遍8～10cm,枪口距墙面6～10cm,先喷三条垂线和一条水平线,然后自上而下水平巡回喷涂,喷出毛面或细毛面
搓毛	(1)1∶1∶6水泥石灰砂浆打底 (2)1∶1∶6水泥石灰砂浆罩面	8～10 6～8	(1)打底分两遍抹,第一遍压实、扫毛、待五～六成干时抹第二遍 (2)隔天分两遍抹罩面灰,用木抹子搓平,搓时由上往下进行,抹纹要顺直、均匀一致。如墙面过干,应边洒水边搓,使颜色一致,24h后浇水养护
拉条灰	(1)1∶3水泥砂浆打底 (2)1∶0.5∶2水泥石灰砂浆 (3)1∶0.5水泥石灰浆罩面	15 10～12 10～12	(1)打底、压平、冲筋、弹线,用水泥浆贴10mm×20mm木条,打底砂浆达70%强度,浇水湿润 (2)面层灰浆用铁抹子上墙,压实抹平整,稍收水,然后借锯齿形木模(图22-4)或组合式滚压器(图22-5)紧靠木条,上下拉模或滚压成型,每一条抹灰一次完成 (3)拉好后,去掉木条子,再用小钢板或短模子加浆修补成型或于次日用罩面灰涂抹一遍,随用拉模普拉一遍使线条更加顺直光洁 (4)待完全干燥后,用各色涂料(油漆)上色

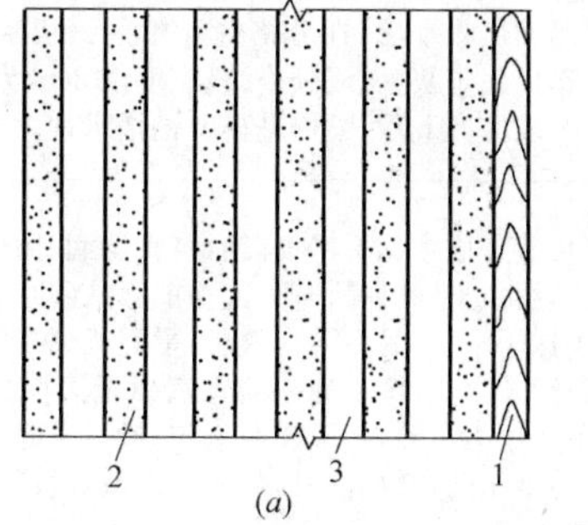

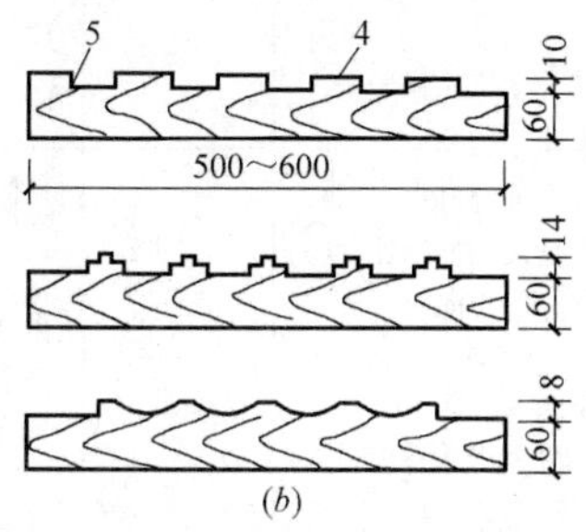

图22-4 拉条灰工艺及拉条模具

(a)拉条抹灰;(b)长条形、双曲线、圆弧形拉条模

1—导轨直尺;2—灰条;3—凹槽;4—拉条灰(包括铝或薄钢板,厚1～2mm);5—做成钝角

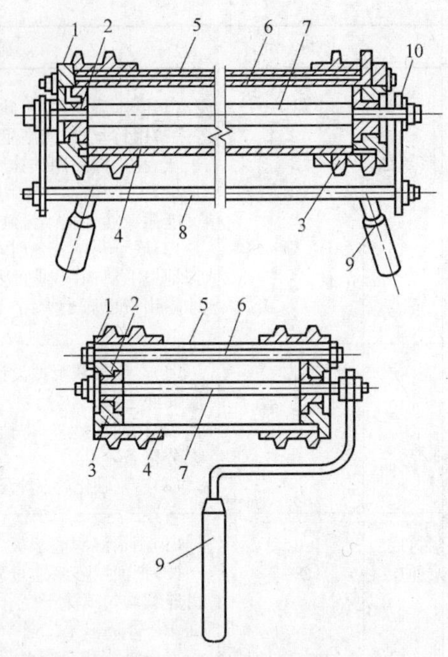

图 22-5　组合式滚压器

1—压盖；2—轴承；3、4—套圈；5—滚筒；
6—拉杆；7—轴；8—拉杆；9—手柄；10—连接片

22.1.8.3　外墙聚合物水泥砂浆（喷、滚、弹、涂）类装饰抹灰

外墙聚合物水泥砂浆类装饰抹灰做法　　表 22-27

名称	分层做法	厚度(mm)	施工要点
喷涂	(1)1∶3 水泥砂浆打底 (2)1∶1∶2～4 水泥石灰砂浆或 1∶2 水泥砂浆(另加水泥重量 10%～20%的 108 胶和 1%～5%颜料)罩面	8～10 3～4	(1)通过空气压缩机、喷枪(图 22-6、图 22-7)将砂浆均匀喷涂于墙面,连续喷三遍成活,头遍喷至底层变色即可,第二遍喷至出浆不流,第三遍喷至全部出浆。颜色均匀一致,如有流淌,用木抹子抹平,喷涂时,喷嘴垂直墙面,距离一般为 30～50cm,气压 0.4～0.6MPa,可根据砂浆稠度和气压喷成疏密大点或细密小点,使其成波浪起伏的"波面"、表面满布颗粒的"粒状"或不同色点的砂浆"花点"三种。喷枪移动要慢,使喷点均匀平整 (2)面层收水后,在分格缝处用薄钢板刮子沿靠尺板刮去面层,露出底子灰,做成分格缝,宽度以 2cm 为宜 (3)成活 24h 后,喷甲基硅醇钠憎水剂
滚涂	(1)1∶3 水泥砂浆打底 (2)饰面带色砂浆,配合比为: ① 白水泥∶灰水泥∶砂∶108 胶∶水＝1∶0.1∶1.1∶0.22∶0.33(灰色) ② 白水泥∶砂∶氧化铬绿∶108 胶∶水＝1∶1∶0.02∶0.2∶0.33(绿色) ③ 白水泥∶砂∶108 胶∶水＝1∶1∶0.2∶0.2～0.3(白色)	8～10 2～3	(1)底灰用木抹搓平、搓细,浇水湿润,用稀 108 胶粘贴分格条 (2)由二人同时操作,一人在前涂抹砂浆,用抹子紧压刮一遍,再用抹子顺平,另一人拿滚子(平面或刻有图案花纹的橡胶泡沫塑料滚子)(图 22-8)紧跟着在表面施滚涂拉,滚出所需图案,做到手势用力一致,上下左右滚匀,最后一遍滚子运行必须自上而下,使滚出的花纹有一自然向下的流水坡度,做到色彩花纹均匀一致 (3)滚涂可以干滚,也可以随滚随用滚筒粘水湿涂 (4)滚完 24h 后,喷甲基硅醇钠憎水剂

续表

名称	分层做法	厚度(mm)	施工要点
弹涂	(1)1∶2.5～3水泥砂浆打底 (2)底色浆： 水泥∶108胶∶水∶颜料＝1∶0.2∶0.8～0.9∶0.05 (3)弹色点浆： 水泥∶108胶∶水∶颜料＝1∶0.1～0.14∶0.45～0.55∶0.05	8～10 8～10 8～10	(1)底层用木抹子搓平，贴米厘条 (2)用长木把毛刷涂一遍底色浆或用喷浆器喷涂 (3)把色浆放在筒形弹力器内(图22-9、图22-10)，用手动或电动带动弹力棒将色浆甩出成直径1～3mm浆点弹涂于墙面，由2～3种颜色组成，第一遍色点覆盖面积70%，使其不流淌，第二遍覆盖20%～30% (4)弹点时，按色浆分色每人操作一种色浆，流水作业，几种色点要弹得均匀，相互衬托一致。 (5)弹点后24h喷罩聚乙烯醇缩丁醛或甲基硅醇钠憎水剂

外墙喷涂砂浆配合比　　表22-28

饰面做法	普通水泥	白水泥	颜料	细集料	甲基硅醇钠	木质素碳酸钙	108胶	石灰膏	砂浆稠度(cm)
波面		100	适量	200	4～6	0.3	10～15	—	13～14
波面	100		适量	200	4～6	0.3	20	100	13～14
粒状		100	适量	200	4～6	0.3	10	—	10～11
粒状	100		适量	400	4～6	0.3	20	100	10～11

注：表中配合比为重量比。

彩色弹涂饰面砂浆配合比　　表22-29

项　目	水　泥	颜　料	水	108胶
刷底色浆	普通硅酸盐水泥100	适量	90	20
刷底色浆	白水泥100	适量	80	13
弹花点	普通硅酸盐水泥100	适量	55	14
弹花点	白水泥100	适量	45	10

注：1. 弹点浆亦可加入适量粉料，配合比为水泥∶石英粉（或细砂）∶水∶108胶＝85∶15∶38∶10，另加水泥重量3%～5%的颜料。
2. 根据气温情况，加水量可适当调整。
3. 水泥的强度等级应不低于32.5级。
4. 表中配合比为重量比。

彩色弹涂水泥颜料配合比　　表22-30

墙面颜色	白水泥(普通水泥)	氧化铁黄	氧化铁红	氧化铁黑	铬绿
橘黄	1	0.015	0.015	—	—
淡黄	1	0.05	—	—	—
淡红	1	—	0.05	—	—
深红	(1)	—	0.1	—	—
紫红	(1)	—	0.1	0.05	—
果绿	1	0.03	—	—	0.06
深绿	(1)	—	—	—	0.12

注：表中配合比为重量比。

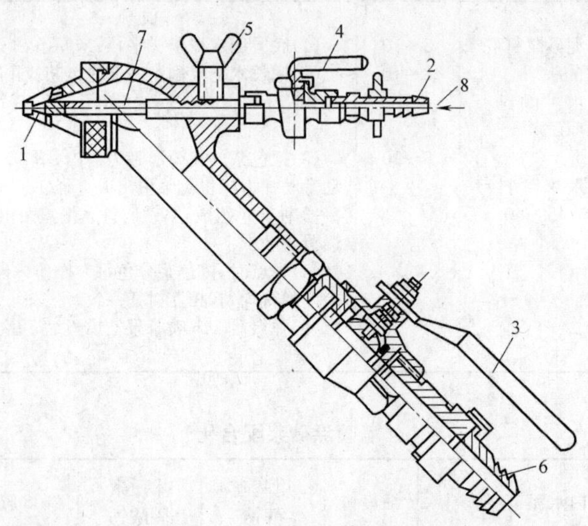

图 22-6　聚合物水泥砂浆喷枪

1—喷嘴；2—压缩空气接头；3—砂浆控制阀；4—压缩空气控制阀；5—顶丝；6—砂浆皮管接头；7—喷气管；8—进压缩空气

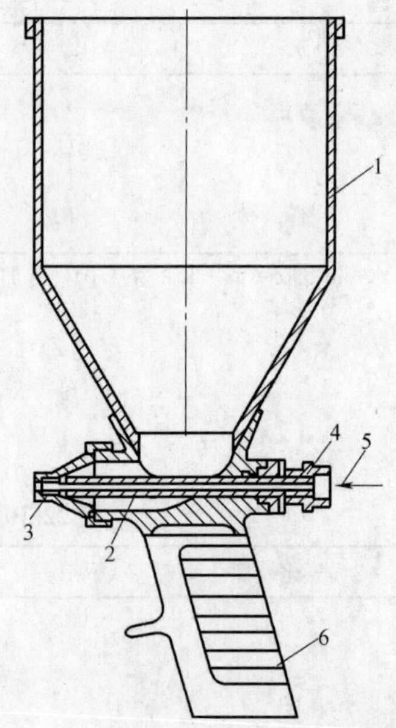

图 22-7　聚合物水泥砂浆喷枪斗

1—砂浆斗；2—喷管；3—喷嘴；4—压缩空气接头；5—进压缩空气；6—手柄

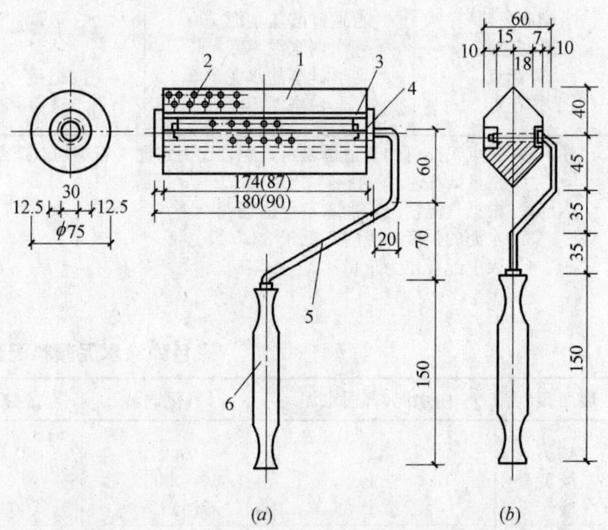

图 22-8　滚涂用滚子

（a）滚涂墙面用滚子；（b）滚涂阴角用滚子

1—硬质薄塑料管；2—多孔聚氨酯；3—垫铁；4—串钉；5—$\phi 8$ 钢管或钢筋；6—木把手

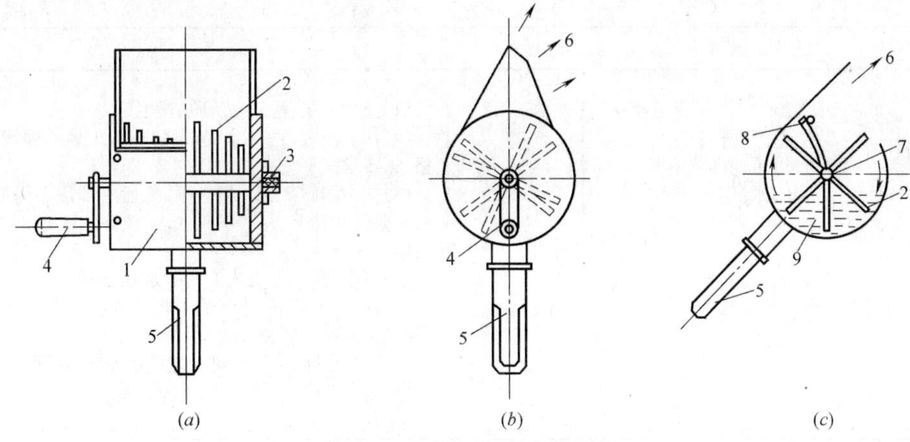

图 22-9 弹涂用手动弹涂器

1—筒子；2—弹棒；3—电动时接电动软轴；4—摇把；5—手柄；6—弹出方向；7—中轴；8—挡棍；9—色浆

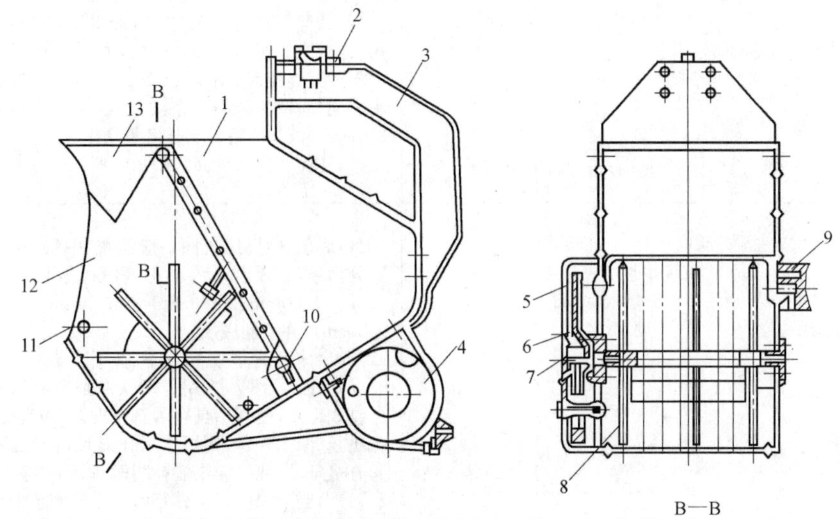

图 22-10 弹涂用电动弹涂器

1—料斗；2—电源开关；3—手柄；4—电机箱；5—皮带盘；6—密封圈；7—弹棒；8—弹棒；9—弹力调节；10—流量开关；11—回浆阀；12—操纵箱；13—挡浆板

22.2.8.4 外墙仿石（仿形、仿色）类装饰抹灰

外墙仿石（仿形、仿色）类装饰抹灰做法 表 22-31

名称	分层做法	厚度(mm)	施工要点
仿虎皮石	(1)1∶3水泥砂浆打底 (2)1∶3水泥砂浆(掺水泥重量的5%～7%矾红)抹边框 (3)1∶4水泥砂浆(掺5%～7%矾红)罩面	15 6 20	(1)清理湿润基层，抹1∶3水泥砂浆使其平整垂直，表面粗糙 (2)按设计分格弹线，嵌第一层6mm×10mm楔形分格条，以条子为中心抹10cm宽1∶3水泥砂浆(掺5%～7%矾红) (3)弹二次分格线，在第一层分格条上嵌第二层5mm×10mm分格条，随即用1∶4水泥砂浆(掺5%～7%矾红)用竹丝扫帚分层甩上形成云头状 (4)浇水养护结硬后，起出条子，将四边框用扁凿斩成假石

续表

名称	分层做法	厚度(mm)	施工要点
蘑菇石饰面	(1)水泥浆(掺10%～15%108胶) (2)1∶3水泥砂浆打底 (3)1∶2～2.5水泥砂浆中层 (4)1∶2～2.5水泥砂浆面层	15～20 15	(1)清理基层、湿润,光面加凿毛 (2)抹水泥浆,1∶3水泥砂浆打底,干燥后弹线、贴分格条,要求横平竖直 (3)抹中层砂浆与分格条平,完后立即用小弹刷将面层砂浆弹在其上,每次不宜太多,要弹出大小不等的砂浆堆 (4)待水分稍干,用软毛刷蘸水在已弹好的蘑菇石砂浆堆口轻轻按一下,使其成不规则的蘑菇石形状,半小时后起分格条,修补表面 (5)隔半小时,在表面刷一遍稠水泥浆,在面层上弹涂各种颜色
拉假石	(1)1∶3水泥砂浆打底 (2)括素水泥浆 (3)1∶2.5石英砂(或白云石屑)面层,掺适量颜料	15 1 8～10	(1)底层分两层涂抹,表面划毛,七成干时弹线粘分格条 (2)抹面层前湿润底层,括素水泥浆一遍,接着抹面层,分两次进行,收水后搓平、顺直,用抹子压实、压光,面层砂浆终凝后,用拉耙(图22-11)锯齿依着靠尺按同一方向拉,使呈岩石状条纹,拉纹深1～2mm,宽度3～3.5mm为宜,拉完后起分格条修整 (3)柱面、台阶、墙面阴阳角宜留50～60cm边框
扫毛仿石(仿假石)	(1)1∶3水泥砂浆打底 (2)1∶1∶6水泥石灰砂浆中层 (3)1∶1∶6或1∶0.3∶4水泥石灰砂浆面层	15～20 10 10	(1)底层、中层抹灰同一般抹灰,中层应搓平划痕,上贴分格条,分成若干大小不等的横平竖直的矩形格块(26mm×60mm、25mm×30mm、50mm×80mm、50mm×50cm),并湿润底层 (2)涂抹面灰,按分格刮平、搓平 (3)等面层稍收水,用竹丝从左到右或从上到下扫出条纹或斑点,使面层具有岩石纹理,方向宜交叉,一块横一块竖(图22-12),用短木尺作靠尺,使纹路顺直,然后起分格条,用纯水泥浆嵌补凹槽,随手清净飞边砂粒 (4)面层凝固后,扫去净砂,洒浮砂洒水养护5～7d
石屑(仿粘石)饰面	(1)1∶1∶6水泥石屑砂浆打底 (2)1∶6水泥石屑浆罩面	12 3	(1)基层扫净浇水湿润,抹底灰用刮尺刮平,待六～七成干时,进行分格弹线 (2)罩面前一天湿润底层,操作前再浇水一次,在分格条内抹水泥素灰,用刮尺靠平 (3)用水泥石屑浆罩面刮平,五～六成干后用木蟹打出浆,用铁抹子压抹一遍成活
假面瓷砖	(1)1∶3水泥砂浆打底 (2)1∶1水泥砂浆垫层 (3)饰面砂浆(水泥∶石灰膏∶氧化铁黄∶氧化铁红∶砂＝5∶1∶0.3～0.4∶0.06∶9.7)罩面	8～10 3 3～4	先在底子上抹垫层,接着抹饰面砂浆,抹好后做假面砖。先用铁梳子(图22-13*a*)或铁辊(图22-14)紧贴靠尺板由上往下划纹,然后根据面砖宽度用铁钩子或刨子(图22-13*b*、图22-13*c*)沿着靠尺板横向划沟,深度达到3～4mm,露出垫层灰,竖向划纹,扫清即成(图22-15)
假白水泥饰面	(1)1∶1∶6水泥混合砂浆打底 (2)石灰膏罩面 (3)石灰浆(掺适量盐及3%胶料)	10～12 1～1.5	(1)清扫、湿润基层,抹混合砂浆底子,用木抹子搓毛 (2)稍停片刻,抹净石灰膏罩面,用铁抹子反复压光、压平,一遍成活 (3)拆脚手前用石灰浆刷表面1～2遍

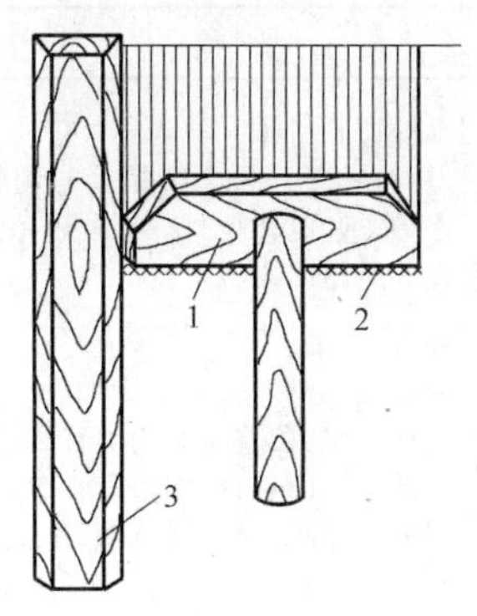

图 22-11 拉假石

1—抓把；2—废锯条；3—木靠尺板

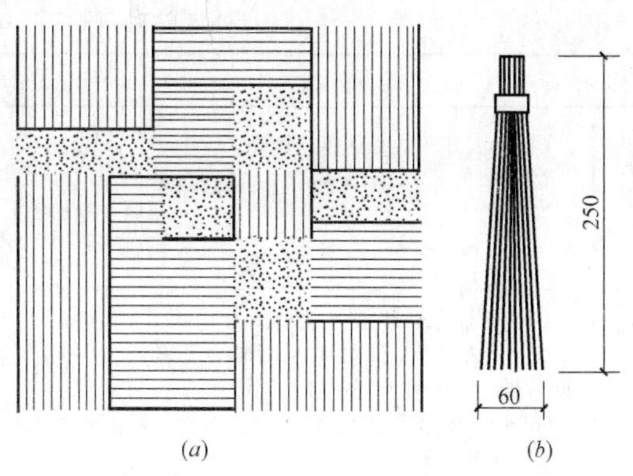

图 22-12 扫毛仿石

（a）扫毛仿石；（b）扇形竹丝帚

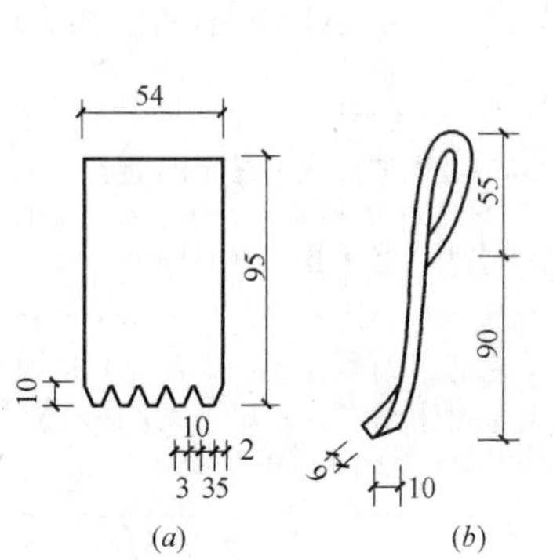

图 22-13 仿面砖用工具

（a）铁梳子；（b）铁钩子；（c）刨子

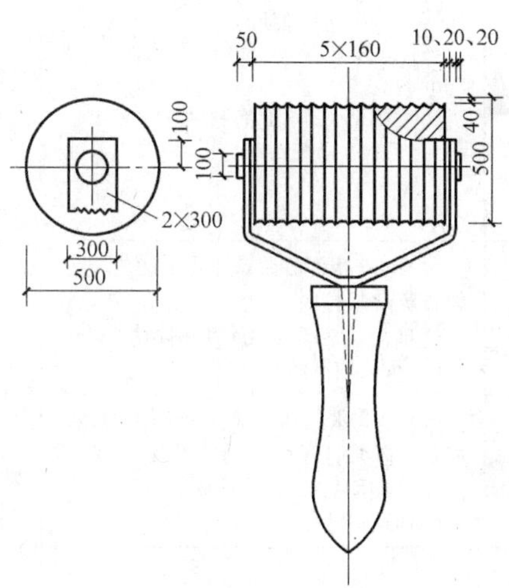

图 22-14 仿面砖用铁辊构造

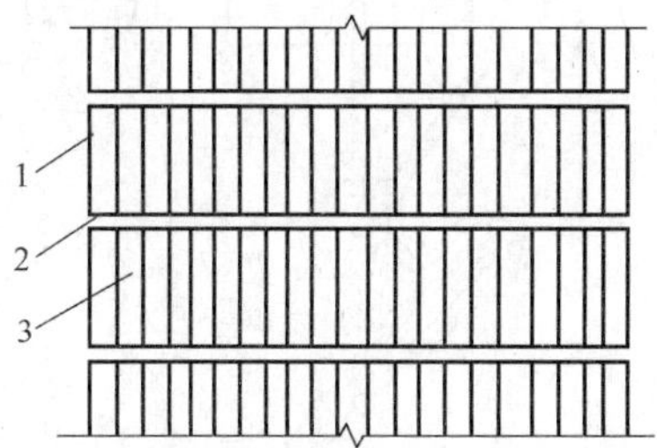

图 22-15 仿面砖饰面

1—竖向划纹；2—横向划沟；3—仿面砖

22.1.8.5　外墙粘砂（粘石）类装饰抹灰

外墙粘砂（粘石）类装饰抹灰做法　　表 22-32

名称	分层做法	厚度(mm)	施工要点
水刷砂	(1)1∶2.5～3水泥砂浆打底 (2)1∶0.4∶4水泥砂浆(加适量颜料)罩面	20 4～5	(1)打底后用木抹搓平待干 (2)抹罩面层，用铁抹子压平。待稍干时用软毛刷进行水刷，要上下刷，使刷纹竖直，分段由上往下进行，使面层砂粒充分显露出为止
喷粘砂(石屑)	(1)108胶水(108胶∶水=1∶2～3)。 (2)粘结砂浆，白水泥∶石粉∶108胶∶木钙∶甲基醇钠=1∶1∶0.15∶0.003∶0.06(重量比)。 (3)石屑罩面	2～3 2	(1)在底灰上弹线，嵌分格条，刷108胶水一遍 (2)抹(或喷)粘结砂浆，接着喷湿润的石屑，从左向右，由下往上。喷嘴与墙面垂直，相距30～50cm (3)喷完石屑，适时揭掉分格条，次日用颜色涂分格条
胶粘砂	(1)混凝土基层用1∶3水泥砂浆打底 (2)刷(喷)BC-01涂料两遍封闭基层 (3)喷BC-01粘结胶 (4)喷彩色砂或石渣(粒径1.2～30mm) (5)喷BC-02罩面涂料两遍	15～20 1～1.5	(1)基层应平整洁净、干燥。刷BC-01涂料两遍封闭基层 (2)底胶刷后0.5h，用喷胶斗(图22-16)喷粘结胶，胶斗移动速度以上墙不淌、不过薄为准，距墙面30cm左右 (3)喷胶后紧接着喷彩砂(或石渣)，距墙面20～30cm，喷完后，用橡胶滚将悬浮的未粘牢的砂粒部分地压入胶层中，使其粘牢，并使表面平整 (4)在滚压完毕后开始喷罩面涂料，要求喷洒密致、均匀、连续
浮砂	(1)1∶3水泥砂浆或1∶0.5∶3.5水泥石灰砂浆打底 (2)1∶1.5～3水泥砂浆粘结层 (3)石英砂罩面	8 10	抹粘结层后，其上随即撒洁净石英砂，逐行自下而上，再自上而下交互操作，然后用木抹子做圆弧形动作摩擦，使砂子嵌入又似浮出，形成浮砂面
嵌卵石	(1)1∶3水泥砂浆或1∶0.5∶3.5水泥石灰砂浆打底 (2)1∶1.5～3水泥砂浆罩面 (3)卵石粘贴	8 10	于罩面层未凝固前，将粒径5～10mm洁净的卵石湿水粘贴在上面，使其嵌入面层1/3～1/2深即成。 可根据需要以带色石子嵌成各种花纹

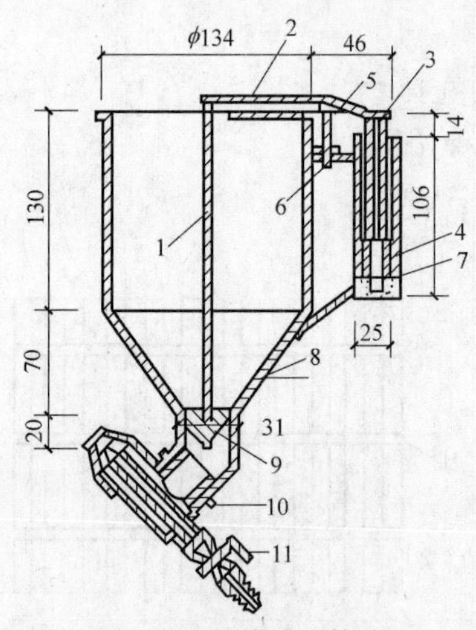

图 22-16　喷胶斗构造

1—吊棍；2—传动杆；3—顶棍；4—手柄；5—最大定量控制；6—螺母；7—弹簧；8—斗体；9—胶塞；10—固定套；11—开关

22.1.9 特种砂浆抹灰

特种砂浆抹灰做法 表 22-33

名称	分层做法	厚度(mm)	施工要点
抹珍珠岩保温砂浆	(1)1：4～5石灰珍珠岩砂浆 (2)1：4石灰珍珠岩或1：1水泥石灰珍珠岩砂浆中层 (3)纸筋灰罩面	15～20 5～8 2	(1)基层需适当湿润，但不宜过湿 (2)底层应分层操作，底层抹完隔24h方可抹中层，中层六～七成干时方可罩面层 (3)操作中不宜用力过大，否则导热系数会增高
抹蛭石保温砂浆	(1)喷刷石灰水或喷抹水泥细砂砂浆(水泥：细砂=1：1.5～3) (2)1：3～4水泥蛭石浆底层。 (3)1：2～3水泥蛭石浆面层	2～3 15～20 10	(1)清洗基层后喷刷石灰水或喷抹水泥细砂砂浆一遍 (2)底层抹完24h方可抹面层 (3)操作中用力要适当，用力过大易将水泥浆由蛭石缝中挤出，影响强度，过小粘结不牢，影响灰浆质量。灰浆边拌边用，保持均匀，拌好灰浆须在3h内用完
抹重晶石砂浆	(1)1：3水泥砂浆打底 (2)1：0.25：4～5重晶石砂浆(水泥：重晶石粉：重晶石砂)面层	12 厚度按设计要求	(1)基层清理干净，浇水湿润、凹凸不平处用打底灰填补刷平 (2)面层根据设计厚度分层施工，一层竖抹，一层横抹，每层厚4mm，每层应连续施工不得中断，抹完0.5h再压一遍并划毛，间隔24h再抹下一层，阴阳角应抹成圆弧形，抹完后第2天用喷雾器喷水养护14d以上，每昼夜喷水不少于5次
抹防水砂浆	(1)1：3水泥砂浆填补找平 (2)面层采用水泥砂浆和素灰胶浆相互交替抹压的“四层”做法或“五层”做法(或采用掺加防水剂的防水砂浆分层铺抹)	13～15 (20～30)	(1)基层应清理干净，先刷水泥浆一遍 (2)分层铺抹砂浆，分层厚度：素水泥浆为2mm，水泥砂浆为4～5mm，每层应在前一层凝固前铺抹；掺防水剂的防水砂浆每层厚5～7mm，每层在前一层凝固后铺抹。最后一层抹完后，凝固前反复抹压密实 (3)做好洒水养护工作
抹铁屑砂浆	(1)1：2水泥砂浆打底 (2)1：0.4：1(水泥：砂：粒径0.2～0.5mm铁屑)或1：0.3～0.5：1.5(水泥：砂：粒径1～5mm铁屑)铁屑砂浆面层	10～20 35～40	(1)面层宜在基层混凝土终凝后硬化前进行，先铺10～20mm厚水泥砂浆结合层，稠度2.5～3.5cm，然后摊铺35～40mm铁屑砂浆，用刮尺找平拍实，木抹子抹平，终凝前用铁抹子压光 (2)面层抹后用锯末护盖浇水养护不少于10d (3)如在已硬化的混凝土基层上直接铺抹时，基层应凿毛并清洗干净，铺抹前先刷一遍水泥浆
抹耐酸砂浆	(1)1：3水泥砂浆填补找平 (2)做油毡、沥青涂层或玻璃钢等隔离层 (3)耐酸胶泥结合层 (4)分层抹耐酸砂浆每层厚2～3mm	10～20 厚度按设计要求 同上 同上	(1)耐酸砂浆稠度以4～6cm为宜 (2)应分层涂抹，层间应涂以稀胶泥，并间隔12h以上，涂抹应按一个方向连续抹平压实。在棱角或转角处，应抹成斜面或圆角，每涂抹一层，待终凝后方抹下层 (3)涂抹应连续进行，如有间歇，接缝处应刷稀胶泥底子一遍，稍干后再涂抹

22.1.10　抹灰工程质量要求

抹灰工程质量要求　　**表 22-34**

项次	项目	施工方法要点
1	基本规定	(1)建筑装饰装修工程应在基体或基层的质量验收合格并在相关单位、专业之间进行交接验收并形成记录后进行施工 (2)抹灰前应对基层表面进行浇水湿润和毛化或刷界面剂处理;对既有建筑的基层应进行表面处理,并达到规范规定要求,但不得擅自改动建筑主体、承重结构或主要使用功能,也不得未经设计确认和有关部门批准擅自拆改水、电、暖、燃气、通信等配套设施 (3)所有材料进场时应对品种、规格、外观和数量进行验收,材料包装应完好,并有产品出厂证明书和相关检测报告。需要进行复验的材料应符合国家规范规定,并送国家认可的检测单位进行复验 (4)不同品种、不同等级的水泥不得混合使用,过期的水泥必须按复验后的强度等级使用,安定性不合格的水泥严禁使用 (5)需要现场配的砂浆、胶粘剂等,应根据试验室试配后提供的配合比进行计量配制或按产品说明书配制,必须计量准确,工艺符合要求 (6)室内墙面、柱面和门窗洞口的阳角的做法应符合设计要求,设计无要求,应采用1∶2水泥砂浆做暗护角,其高度不应低于2m,每侧宽度不应小于50mm (7)外墙抹灰前应先安装门窗框、护栏等,并应将墙上的施工孔洞堵塞密实 (8)各种砂浆抹灰层,在凝结前应防止快干、水冲、撞击、振动和受冻,在凝结后应采取措施防止玷污和损坏。水泥砂浆抹灰层应在湿润条件下养护
2	主控项目	(1)抹灰前基层表面的尘土、污垢、油渍等应清除干净,并应洒水湿润 (2)抹灰工程所用材料的品种,性能应符合设计要求及国家现行产品标准的规定,并应有产品合格证和质量检测资料。材料进场时应进行现场验收,并应按规范规定抽样复验,不合格的材料不得使用 (3)抹灰工程应分层进行。当抹灰总厚度大于或等于35mm时,应采取加强措施。不同材料基体交接处表面的抹灰,应采取防止开裂的加强措施。当采用加强网时,加强网与各基体的搭接宽度不应小于50mm (4)抹灰层与基层之间及各抹灰层之间必须粘接牢固,抹灰层应无脱层、空鼓,面层无爆灰和裂缝。抹灰层拉伸粘结强度实体检测值不应小于0.2MPa
3	一般项目	(1)一般抹灰工程: 1)普通抹灰表面应光滑、洁净、接槎平整、阴阳角顺直,分格缝应清晰 2)高级抹灰表面应光滑、洁净、颜色均匀、美观、无接槎痕、分格缝和灰线应清晰美观 3)护角、孔洞、槽、盒周围的抹灰表面应整齐、光滑;管道后面的抹灰表面应平整 4)抹灰层的总厚度应符合设计要求;水泥砂浆不得抹在石灰砂浆层上;罩面石膏灰不得抹在水泥砂浆层上 5)抹灰分格缝的设置应符合设计要求,宽度和深度应均匀,表面应光滑,棱角应整齐 6)有排水要求的部位应做滴水线(槽),滴水线(槽)应整齐顺直,滴水线应内高外低,滴水槽宽度和深度应不小于10mm (2)装饰抹灰工程: 1)水刷石表面应石粒清晰、分布均匀、紧密平整、色泽一致,应无掉粒和接槎痕迹 2)斩假石表面剁纹应均匀顺直、深浅一致,应无漏剁处,阳角处应横剁并留出宽窄一致的不剁边条,棱角应无损坏 3)干粘石表面应色泽一致、不露浆、不漏粘,石粒应粘结牢固、分布均匀,阳角处应无明显黑边 4)假面砖表面应平整、沟纹清晰、留缝整齐、色泽一致,应无掉角、脱皮、起砂等缺陷 5)装饰抹灰分格条(缝)的设置应符合设计要求,宽度和深度应均匀,表面应平整、光滑,棱角应整齐 6)有排水要求的部位应做滴水线(槽),滴水线(槽)应整齐顺直,滴水线应内高外低,滴水槽的宽度和深度均不应小于10mm (3)抹灰工程质量的允许偏差和检验方法应符合表22-35的规定

抹灰工程质量的允许偏差和检验方法　表 22-35

项次	项目	允许偏差(mm)						检验方法
		一般抹灰		装饰抹灰				
		普通	高级	水刷石	斩假石	干粘石	假面砖	
1	立面垂直度	4	3	5	4	5	5	用 2m 垂直检测尺检查
2	表面平整度	4	3	3	3	5	4	用 2m 靠尺和塞尺检查
3	阴阳角方正	4	3	3	3	4	4	用直角检测尺检查
4	分格条(缝)直线角	4	3	3	3	3	3	拉 5m 线，不足 5m 拉通线，用钢直尺检查
5	墙裙、勒脚上口直线度	4	3	3	3	—	—	

注：1. 普通抹灰，本表第 3 项阴角方正可不检查。
2. 顶棚抹灰，本表第 2 项表面平整度可不检查，但应平顺。

22.2　饰面安装

22.2.1　常用饰面材料的规格和质量要求

常用饰面材料的规格和质量要求　表 22-36

名称	规　格(mm)	质量要求	用途
釉面砖（瓷板、瓷砖、釉面陶土砖）	正方形：152×152×5(6)，108×108×5(6) 长方形：152×75×5(6) 配件有压顶条、阳角条、阴角条、压顶阳角、压顶阴角、阳三角、阴三角、阳角座、阴角座等。有白色、彩色、印花图案以及各种装饰釉面砖等品种	分一级、二级和三级。尺寸一致，色彩均匀，无缺釉、脱釉、夹心，无扭曲、裂纹，边角整齐无缺，吸水率不大于 22%，耐急冷、急热性能，105℃至19±1℃热交换一次不裂，白度不低于 78 度	室内墙柱饰面、厨房、浴室盥洗室地面、墙裙
外墙面砖（墙面砖、彩釉砖）	200×100×12、150×75×12、75×75×8、108×108×8 分有釉、无釉两种。无釉砖颜色有白、浅黄、深黄、红绿等色；有釉砖有粉红、蓝、绿、金砂釉、黄、白等色。此外还有变色釉面砖、琉璃釉面砖、黏土彩釉面砖等新产品	表面平整，边缘整齐，棱角不得损坏，质地坚固，吸水率不大于 8%，色调柔和，耐水、抗冻，经久耐用	室外墙、柱饰面
陶瓷锦砖（马赛克、纸皮砖）	正方形：39×39×5、23.6×23.6×5、18.5×18.5×5、15.2×15.2×5； 长方形：39×18.5×5 六角形：对角长边 25，厚 5 其他对角、斜长条、半八角、长条对角规格见产品说明。分有釉和无釉两种，按组合图案反贴在纸板上，每张大小约 30cm×30cm 称作一联，40 联为一箱	分一级、二级。尺寸颜色一致，无受潮、变形现象，纸板完整，颗粒齐全，间距均匀，吸水率不大于 2%，脱纸时间不大于 40min，在±20℃温度下无开裂现象	室内厕、浴、游泳池、试验室地面、墙面及高级建筑外墙饰面
玻璃锦砖（玻璃马赛克、玻璃纸皮砖）	18.5×18.5×5、20×20×4、25×25×4、30×30×4、40×40×4、39×39×5、104×104×8 有金属透明、乳白色、灰色、蓝色、紫色、肉色、橘黄色等多种花色。20×20×4 规格，每张纸板标准尺寸为 325×325，每箱 40 张	质地坚硬，尺寸颜色一致，表面光滑，色泽鲜明光亮不褪色，纸板完整，颗粒齐全，间距均匀，耐热、耐寒、耐大气、耐酸碱，不龟裂	适于外墙饰面，内墙亦可采用
大理石饰面板	300×300(150)×20、305×305(152)×20、400×400(200)×20、600×600(300)×20、610×610(305)×20、900×600×20、915×610×20、1070×750×20、1200×600(900)×20、1067×762×20、1220×915×20 有各种花色，常见品种及产地见表 22-37	分一级和两级。光洁度高，石质细密，无腐蚀斑点，棱角齐全，底面整齐，色调与花纹基本调和，无直径超过 1mm 的明显砂眼和明显划痕，磨光表面无贯穿裂缝。天然大理石板材物理性能见表 22-38	用于高级装饰，如内墙面、门头、柱面、地面、踏步、窗台等。不宜用于室外饰面

续表

名称	规 格(mm)	质 量 要 求	用途
花岗石饰面板	按用途和加工分粗磨板、磨光板、剁斧板、机刨板四种，前两种板材的规格有： 300×300×20、305×305×20、400×400×20、600×600(300)×20、610×610(305)×20、900×600×20、915×610×20、1070×762×20 剁斧板和机刨板材按图纸要求加工。板有红、白、青、黑麻、金黄、粉红等颜色，并有均匀的黑白点	分一级、二级。棱角完整，颜色一致，晶粒均匀，无色线、风化痕迹，不得有裂缝、砂眼、石核子等隐伤现象，花岗石的主要性能见表22-39	用于建筑物的室内外墙面、柱面、墙裙、楼(地)面、檐口、腰线、勒脚、基座、踏步等
青石饰面板	规格一般为长宽300～500mm不等的矩形薄片，边缘不要求平直，有暗红、灰、绿、蓝紫等不同颜色	棱角完整、无缺，颜色一致，无色线、风化痕迹，不得有裂缝，孔眼等隐伤现象	园林建筑外饰面
水磨石饰面板	305×305×25(19、20)、400×400×25、500×500×20、300～400×400～800×25～30、120×400～500×25～30mm 异型尺寸按设计要求进行加工。有各种花色	色泽鲜明光亮，表面石子均匀，颜色一致，棱角齐全，无旋纹、气孔	用于建筑物楼面墙面、柱面(地面)、踏步、踢脚板、窗台板、墙裙等
人造大理石、花岗石板	厚5、8、10，需要时，可将板边加厚成12、20、25、30，长宽尺寸可按设计要求进行加工	要求同大理石板和花岗石板	室内墙面、柱面等

常用饰面大理石品种　　表 22-37

名称	产地	特征	名称	产地	特征
汉白玉	北京房山	玉白色微有杂点	残雪	河北铁山	灰白色带黑色斑点
晶白	湖北	白色晶粒	螺青	北京房山	深灰色底
雪花	山东	白间淡灰色	晚霞	北京顺义	石黄间土黄
雪云	广东云浮	白和灰白相间	蟹青	河北	黄灰底遍布深灰
影晶白	江苏高资	乳白色有微红	虎纹	江苏宜兴	赭色底黄色经络
墨晶白	河北曲阳	玉白色、微晶	灰黄玉	湖北大冶	灰底带黄和浅灰
风雪	云南大理	灰白间有深灰	锦灰	湖北大冶	浅黑灰底带灰白
冰琅	河北曲阳	灰白色、粗晶	电花	浙江杭州	黑灰底满布红色
黄花玉	湖北黄石	淡黄色带稻黄	桃红	河北曲阳	桃红带黑色缕纹
凝脂	江苏宜兴	猪油色底	银河	湖北下陆	浅灰底粉红脉络
碧玉	辽宁连山关	嫩绿或深绿	秋枫	江苏南京	灰红底带血红脉
彩云	河北获鹿	浅翠绿色底	砾红	广东云浮	浅红底满布白色
斑绿	山东莱阳	灰白色底带草绿	桔络	浙江长兴	浅灰底带粉紫红
云灰	北京房山	白或浅灰底	岭红	辽宁铁岭	紫红杂以白斑
晶灰	河北曲阳	灰色微赭、细晶	紫螺纹	安徽灵璧	灰红底满布红灰
驼灰	江苏苏州	土灰色底	螺红	辽宁金县	绛红底夹有红灰
裂玉	湖北大冶	浅灰带微红	红花玉	湖北大冶	肝红底夹有浅红
海涛	湖北	浅灰底带青灰色	五花	江苏、河北	绛紫夹青灰紫色
象灰	浙江潭浅	象灰底带黄色	墨壁	河北涿鹿	黑色杂浅黑土黄
艾叶青	北京房山	青底、深灰间白	量夜	江苏苏州	黑色间少量白络

大理石物理力学性能指标　　表 22-38

物理力学性能	比密度 (g/cm^3)	抗压强度 (MPa)	抗折强度 (MPa)	抗剪强度 (MPa)	吸水率 (%)
指标	2.5～2.6	68.67～107.91	5.88～15.70	6.87～11.77	1.0

花岗石的主要性能 表 22-39

花岗石名称品种	岩石名称	颜色	物理性能				
			重量 (t/m^3)	抗压强度 (N/mm^2)	抗折强度 (N/mm^2)	肖氏强度	磨损量 (cm^3)
白虎涧	黑云母花岗石	粉红色	2.50	137.3	9.2	86.5	2.62
花岗石	花岗石	浅灰、条纹状	2.67	202.1	15.7	98.0	8.02
花岗石	花岗石	红灰色	2.61	212.4	18.4	84.7	2.36
花岗石	花岗石	灰白色	2.67	140.2	14.4	94.6	7.41
花岗石	花岗石	粉红色	2.58	119.2	8.9	89.5	6.38
笔山石	花岗石	浅灰色	2.73	180.4	21.6	97.3	12.18
日中石	花岗石	灰白色	2.62	171.3	17.1	97.8	4.80
峰白石	黑云母花岗石	灰色	2.62	195.6	23.3	103.0	7.83
厦门白石	花岗石	灰白色	2.61	169.8	17.1	91.2	0.31
盘石	黑云母花岗石	浅红色	2.61	214.2	21.5	94.1	2.93
石山红	黑云母花岗石	暗红色	2.68	167.0	19.2	101.6	6.57
大黑白点	闪长花岗石	灰白色	2.62	103.6	16.2	87.4	7.53

常用胶粘剂技术性能与使用方法 表 22-40

名　称	性能与用途	使 用 方 法
JCJA 陶瓷胶粘剂(粉状): 系以高分子聚合物、无机胶粘剂及多种特殊材料经反应配制而成。分两类:一类为 JCJA-Ⅰ型单组分,另一类为 JCJA-Ⅱ型双组分	(1)剪切强度:瓷砖与混凝土>1.2MPa;抗压强度>14.7MPa;浸水 7d 后剪切强度>0.8MPa,pH 值为7~10 (2)适用于墙面砖、地砖、大理石、锦砖、瓷砖等粘贴于水泥砂浆、混凝土面上,也可粘贴于纸筋石灰墙面	(1)JCJA-Ⅰ型粉料用水调成厚糊状即可。粉料:水=7:3(重量比),施工温度 20℃,调好的胶粘剂在 5~6h 内用完 (2)JCJA-Ⅱ型,用助膜剂将粉料调成厚糊状即可。粉料:助膜剂=7:3,调好的胶粘剂在 5~6h 内用完 (3)将调好的胶粘剂涂抹在瓷砖等饰面材背面后,用力按压至平直为止,施工温度>0℃,初硬化 5~6h(20℃),完全硬化 14d,耗用量一般 2~3kg/m^2
复合胶粉: 以水泥熟料为主,配以高分子材料共同研磨制成	(1)粘结强度(28d):107MPa,耐水粘结强度(7d):0.58MPa,急冷急热(30 循环)后粘结强度:0.53MPa,冻融(30 循环)后粘结强度:0.45MPa (2)适用于内外墙面、地面等粘贴陶瓷面砖、陶瓷锦砖等	(1)3.5~4 份胶粉加 1 份水(重量比),混合后静置 10min,再充分搅拌均匀即可,调好后 4h 内用完 (2)用抹刀在墙面基层上涂胶,在胶浆表面结皮前贴完面砖(一般 20min 左右),胶浆厚度应为 2~3mm(最厚不得超过 8mm)
YJ 系列建筑胶粘剂: 以环氧树脂、乙烯-醋酸乙烯乳液型树脂为主要组分,加入适量助剂而制成的双组分胶粘剂,主要有 YJ-Ⅱ型和 YJ-Ⅲ型	(1)粘结强度:瓷砖 3~4MPa,玻璃砖 2~3MPa 抗压强度:(YJ-Ⅱ型)30~40MPa,(YJ-Ⅲ型)15~25MPa 收缩率:(YJ-Ⅱ型)0.2%,(YJ-Ⅲ型)1.02% (2)适用于粘贴瓷砖、锦砖、玻璃陶瓷锦砖以及大理石板材等	(1)YJ-Ⅱ型:甲组分:乙组分:填料=1:1.3~1.6:6.5~8.0(重量比);YJ-Ⅲ型:甲组分:乙组分:填料=1:2.4~3.0:8~12(重量比)。配制时先将甲、乙组分混合均匀,再加入填料搅拌均匀即可 (2)墙面粘贴玻璃陶瓷锦砖和板时,将胶粘剂均匀涂于砖板或墙面上(1~2mm 厚)进行粘贴。石膏板基层粘贴瓷砖时,用抹刀将胶泥涂于石膏板上(1~2mm 厚),然后用梳形刀梳刮胶泥,再粘贴瓷砖

续表

名　称	性能与用途	使 用 方 法
AH-03 大理石胶粘剂： 系以环氧树脂及多种高分子合成材料为基材，添加乳化剂、增稠剂、防腐剂、交联剂及填料配制而成膏状物质	(1)外观为白色或浅色膏状黏稠体。 粘结强度＞2MPa，浸水后＞1.0MPa；耐久性 30 个循环无脱落 (2)适用于大理石、花岗石、瓷砖、锦砖等块材与水泥类基层粘结	(1)粘贴砖板时，用锯齿形刮板将胶粘剂均匀涂刮于墙面基层，厚度在 2mm，然后将砖板贴于基层上，来回挤压，排出空气，再用橡皮锤轻敲平实；或将胶粘剂涂于瓷砖、锦砖背面约厚 1mm，在基层上来回搓动，由下向上铺贴压实 (2)胶粘剂使用时先搅拌均匀，涂刮厚度不宜超过 3mm
JP 型建筑胶粘剂： 为单组分水乳型高分子胶粘剂	(1)外观为白色膏状： 固体含量为 72%，粘结强度＞1MPa，冷热冻融（30 循环）后粘结强度 0.4～0.5MPa (2)适用于瓷砖、面砖、陶瓷锦砖、大理石等块材粘结	用抹刀将胶粘剂涂于墙体基层后，用梳形刀梳刮，再粘贴饰面块材，涂胶厚 1～2mm
TAM 型通用瓷砖胶粘剂： 为聚合物改性粉末	(1)外观白色或灰白色粉末。 剪切强度＞1.02MPa，抗拉强度(14d)＞0.15MPa (2)适用于瓷砖、陶瓷锦砖、大理石等与水泥类基层粘结	(1)胶粉：水＝3.5：1(重量比)混合后静置 10min，再充分搅拌均匀即可使用 (2)用抹子将胶泥抹于基层，在 30min 内粘贴完毕，24h 后可勾缝

22.2.2　饰面砖粘贴

各种饰面砖施工方法　　表 22-41

项次	名称	施工方法要点
1	釉面砖和外墙面砖	(1)面砖使用前应经挑选、预排，使规格颜色一致，灰缝均匀，并放入水中浸泡 2～3h 后取出晾干备用。墙面扫净，浇水湿润，光滑表面应凿毛。用 1：3 水泥砂浆打底，厚 6～10mm，随手带毛，养护 3～4d 开始镶贴 (2)墙面找好规矩，弹水平和垂直控制线，定出水平标准和皮数，最上一块应为整砖，并用废面砖抹上混合砂浆贴灰饼，间距 1.5m 左右，阴角处要两面挂直。贴前先湿润底层，放好垫尺并找平，作为贴第一皮砖的依据，外墙面砖踏前做出样板，进行预排，定出排缝要求，矩形面砖有横排、竖排两种，按接缝宽窄有密缝(缝宽 1～3mm)和宽缝(缝宽大于 4mm) (3)贴时在砖背面均匀刮抹砂浆(配合比：釉面砖为 1：0.15：3 水泥石灰砂浆或 1：1.5～2 水泥砂浆；外墙面砖为 1：0.2：2 水泥石灰砂浆或另加水泥重量 3%的 108 胶，砂浆稠度 6～8cm)，厚 5～6mm，四周刮成斜面，放在垫尺上口贴于墙面上，用木铲把轻敲使灰浆饱满，用靠尺按灰饼靠平，理直灰缝。灰缝宽度不大于 1.5mm(边长大于 20cm，为 3mm)，灰缝厚度釉面砖为 7～10mm，外墙面砖为 12～15mm 外墙面砖采用胶粘剂粘贴时，应根据胶粘剂的品种按产品说明书进行调制和粘贴，或按表 22-40 使用方法进行使用 (4)镶贴顺序从阳角开始，使不成整块的面在阴角，如有水池、镜框者，应从水池、镜框中心往两面分贴，同时由下往上整皮进行 (5)贴好后应进行检查，用水洗净并用棉丝擦干净，灰缝用白水泥擦平或用 1：1 水泥砂浆勾缝。污垢用浓度 10%的盐酸刷洗，并用清水冲洗干净
2	陶瓷锦砖和玻璃锦砖	(1)按设计图纸要求，挑选好饰砖并统一编号。墙面用 1：3 水泥砂浆或 1：0.1：2.5 水泥石灰砂浆打底、找平、划毛，厚度约 10～12mm (2)镶铺前按每张锦砖大小弹线，水平线每张锦砖一道，垂线每 2～3 张锦砖一道并与角垛中心保持平行。阳角及墙垛测量放线，从上到下做出标志 (3)铺贴时，在弹好的水平线下口支垫尺，浇水湿润底层，由两人操作，一人先在墙上刷 1：5 的 108 胶水一遍及水泥浆一遍，再抹 2～3mm 1：0.3 水泥纸筋灰或 1：1 水泥砂浆(掺水泥用量 5%的 108 胶)粘结层 3～4mm，用靠尺刮平，抹子抹平；另一人将一张锦砖铺在木板上，底面朝上，缝灌细砂(或刮白水泥浆)，先用刷子稍湿润表面，再薄涂一层 1：0.3 水泥纸筋灰浆，然后由上一人按垫尺上口沿线由下往上粘贴，灰缝要对齐，宽度控制不大于 1.5mm，并用木板轻推一遍使其粘实

续表

项次	名称	施工方法要点
2	陶瓷锦砖和玻璃锦砖	(4)待灰浆初凝后,用软毛刷刷水将护面纸湿透,约0.5h后揭纸,检查缝口,不正者用开刀拨匀,垫木板轻轻敲平,脱落者及时补上,随后用刷子带水将缝里砂子刷出,用水冲洗,稍干用棉丝擦净 (5)隔2d,用刷子蘸水泥浆刷缝,刷严,起出米厘条,大缝用1∶1水泥砂浆勾缝,再用棉丝擦净。污染严重者用稀盐酸刷洗,清水冲洗。浅色玻璃锦砖应用白色水泥粘贴
3	质量要求	(1)饰面砖的品种、规格、图案、颜色和性能应符合设计要求 (2)饰面砖粘贴工程的找平、防水、粘结和勾缝材料及施工方法应符合设计要求、国家现行产品标准、工程技术标准等规定 (3)饰面砖粘贴必须牢固,并应无空鼓、裂缝 (4)饰面砖表面应平整、洁净、色泽一致,无裂痕和缺陷。饰面砖接缝应顺直、光滑,填嵌应连续、密实,宽度和深度应符合设计要求。墙面凸出物周围的饰面砖应整砖套割吻合,边缘整齐,墙裙、贴脸凸出墙的厚度应一致。阴阳角处搭接方式,非整砖使用部位应符合设计要求 (5)有排水要求的部位应做滴水线(槽),滴水线(槽)应顺直,流水坡向应正确,坡度应符合设计要求 (6)饰面砖粘贴的允许偏差和检验方法应符合表22-42的规定

饰面砖粘贴的允许偏差和检验方法 表22-42

项次	项目	允许偏差(mm)		检验方法
		外墙面砖	内墙面砖	
1	立面垂直度	3	2	有2m垂直检测尺检查
2	表面平整度	4	3	有2m靠尺和塞尺检查
3	阴阳角方正	3	3	用直角检测尺检查
4	接缝直线度	3	2	拉5m线,不足5m拉通线,用钢直尺检查
5	接缝高低差	1	0.5	用钢直尺和塞尺检查
6	接缝宽度	1	1	用钢直尺检查

22.2.3 常用饰面板安装

预制水磨石、大理石、花岗石及青石板安装方法 表22-43

项次	安装方法及适用范围	施工方法要点
1	施工准备	(1)基层处理:基层表面灰尘、污垢清除干净,浇水湿润,过于光滑的表面进行凿毛处理,垂直度、平整度偏差过大时要进行剔凿或修补处理 (2)抄平放线:柱子镶贴饰面板,应按设计轴线距离,弹好柱子中心线和墙面标高线 (3)选板和编号:根据设计图纸,事先挑选好板材,并进行试拼,套方磨边。进行边角垂直度、平整度、裂缝和棱角缺陷等检验,使尺寸大小符合要求,同时要求颜色变化自然,一片墙或一个立面色调要和谐,对花纹时,要上下左右大体通顺,纹理自然,同一个面花纹对称或均衡,以提高装饰效果。然后进行编号。 板材接缝宽度:光面、镜面的大理石、花岗石为1mm;粗磨面、麻面、条纹面的大理石、花岗石为5mm;预制水磨石为2mm;人造大理石、花岗石为1mm。凡位于阳角处相邻两块板材,宜磨边卡角(图22-17*a*) (4)天然石材进行防碱背涂处理:用灌浆固定的天然石材,由于水泥砂浆在水化时析出大量氢氧化钙,污染板材而产生返碱现象,因此在安装前必须对石材进行背涂处理,一般需涂刷两遍,第一遍干后(约20min)再涂第二遍

续表

项次	安装方法及适用范围	施工方法要点
2	逐块粘贴法： 适用于小规格(边长小于 400mm)板材及青石板	(1)在干净、湿润的基层上用 1∶2.5 水泥砂浆分层打底，找规矩，总厚度 10～20mm，底子灰表面划毛，并按高级抹灰标准检查验收垂直度和平整度 (2)待底子灰凝固后，按板材实际尺寸和接缝宽度在柱面、墙面上弹出分块线 (3)将湿润并阴干的板材背面抹上 5～6mm 厚胶粘剂或采用掺水泥用量 10%～15% 108 胶的 1∶2 水泥砂浆，依照水平线，先铺贴底层两端的两块板材，然后拉通线，按编号依次铺贴，并随时用靠尺找平、找直 (4)第一层贴完，进行第二层粘贴，依次类推。全部贴完，应将板表面清理干净，并按板材颜色调制水泥色浆勾缝，边勾边擦净，要求缝隙实，颜色一致，并做好产品保护
3	灌浆绑扎法(传统安装方法)： 适用于板材边长超过 400mm 或安装高度超过 1m 时的混凝土墙或砖墙。常用于多层或高层建筑的首层	(1)按照设计要求，在基层表面绑扎好 $\phi6$ 钢筋网片，与结构中预埋铁环绑扎牢固，或在基层上钻 $\phi6.5$～$\phi8.5$ 孔，深≥60mm，注入环氧树脂胶粘剂，插入 $\phi6$～$\phi8$ 短钢筋，外露 50mm 以上并弯钩，在同一标高处置水平钢筋，二者靠弯钩绑扎或焊接牢固 (2)将板材的上下侧面两端各钻 $\phi5$ 孔，使直孔与横孔连通(即象鼻子孔)，如图 22-17(*b*)所示。钻孔数量，如边宽＞500mm 时，中间再增加一孔。钻好孔后穿入铜丝或不锈钢丝，并灌入环氧树脂固结 (3)安装时，按找好的水平线和垂直线，先在最下一行两头找平、拉线，从阳角或中间一块开始，借铜丝或不锈钢钢丝固定在钢筋网上，离墙保持 20mm 空隙，用托线板靠尺靠平，要求板与板交接处四角平整，水平缝楔入木楔控制厚度，板的上下口用石膏临时固定，较大的板材要加临时支撑，两侧及底部缝隙用纸、麻丝或石膏堵严，如图 22-18(*a*)所示 (4)每铺完一行，用 1∶2.5 水泥砂浆(稠度 8～12cm)分层灌注，每层高 150～200mm (白色大理石用白水泥，以防变色)，直至距上口 50～100mm 处停止，并将上口临时固定的石膏剔除，清理干净缝隙，再安装第二层板，依次由下往上逐行安装、固定、灌浆 (5)板材铺完后，清理、勾缝、产品保护与逐块粘贴法相同
4	灌浆楔固法： 该法是灌浆绑扎法的改进工艺。适用范围相同	(1)先对基层墙面清理干净，用水湿润，抹 1∶1 水泥砂浆；板材背面亦用清水刷洗干净 (2)将板材直立固定于木架上，用手电钻在距板两端 1/4 处居板厚中心钻 $\phi6$、深 35～40mm 孔，板宽≤500mm 的钻直孔两个，板宽＞500mm、＜800mm 的钻直孔 3 个，＞800mm的钻 4 个。然后将板旋转 90°固定于木架上，在板两侧分别各钻 $\phi6$、深 35～40mm 孔 1 个，孔位距板下端 100mm 处，上下直孔都用合金錾子在板背面方向剔槽，槽深 7mm，以便安装"⊓"形钉 (3)板材钻孔后，按基层墙面放线分块位置临时就位，对应于板材上下直孔的基层位置上，用冲击电钻钻成与板材孔数相等的 45°角斜孔，孔径 6mm，孔深40～50mm (4)基层墙面钻孔后，将板材安装就位，用克丝钳子现制直径 5mm 的不锈钢"⊓"形钉(图 22-19*a*)，一端钩进板材直孔内，随即用硬木小楔楔紧，另一端钩进基层墙面的斜孔内，经检查复核板材平整度、垂直度符合要求后，再用硬木小楔楔紧斜孔内不锈钢"⊓"形钉。接着用大头木楔紧固于板材与基层之间，如图 22-18(*b*)所示 (5)板材位置校正准确，临时固定后，即可进行分层灌浆。灌浆和表面清理、勾缝及产品保护，与项次 2 同
5	金属夹安装法： 该法是灌浆绑扎法的改进工艺。适用于花岗石板材的安装	(1)用台钻在板材上下两个面各钻两个距板两端 1/4 处的直孔，孔径 5mm，深 18mm，孔位距板材背面以 8mm 为宜，如板宽较大，中间再增打一孔，钻孔后用合金钢凿子朝石板背面轻打剔槽，剔出深 4mm 的槽，以便固定连接件(图 22-20*a*)。石板背面钻 135°斜孔，先用合金钢凿子在打孔平面剔窝，再用台钻直对板材背面打孔，孔深 5～8mm，孔底距板材磨光面 9mm，孔径 8mm，如图 22-20(*b*)所示。 (2)把金属夹(图 22-19*b*)安装在 135°孔内，用胶粘剂固定，并与钢筋网连接牢固(图 22-18*c*) (3)基层上凿出预埋钢筋，使之外露于墙面，如无预埋钢筋，则可在基层上钻孔，孔径 $\phi25$，孔深 90mm，用 M16 胀杆螺栓固定预埋铁 (4)绑扎钢筋网，先绑竖筋，竖筋与结构内预埋筋或预埋铁连接。横向钢筋根据板材规格，比板材低 20～30mm 做固定连接筋，其他横筋根据设计间距布置

续表

项次	安装方法及适用范围	施工方法要点
5	金属夹安装法：该法是灌浆绑扎法的改进工艺。适用于花岗石板材的安装	(5)安装花岗石板材。按试拼要求就位，板材上口外仰，将两板间连接筋对齐，连接件挂牢在横筋上，用木楔垫稳板材，用靠尺检查调整平直。每层石板应拉通线找平找直，阴阳角用方尺套方，以保证每层石板上口平直，然后用熟石膏固定。 (6)浇灌细石混凝土。细石混凝土用铁簸箕徐徐倒入，要求下料均匀，宜分三次下料，每次捣固密实后(捣固时不得碰撞石板及石膏木楔)，间隔1h左右，待初凝后检查无松动、变形，方可再次浇灌，第三次浇灌至上口留50mm，作为上层板材浇混凝土的结合层 (7)板材表面清理、勾缝和产品保护与项次2相同
6	质量要求	(1)饰面板的品种、规格、颜色、图案和性能必须符合设计要求和有关标准规定，并有出厂合格证和检测报告，放射性指标应符合现行国家标准《民用建筑工程室内环境污染控制规范》(GB 50325—2010)的规定 (2)饰面板安装必须牢固，严禁空鼓，无歪斜、缺棱掉角和裂缝等缺陷 (3)饰面板孔、槽的数量、位置和尺寸应符合设计要求 (4)饰面板表面应平整、洁净、色泽一致，无裂痕和缺损，板材表面应无泛碱等污染；饰面板嵌缝应密实、平直，宽度和深度应符合设计要求，嵌填材料应色泽一致；饰面板上的孔洞应套割吻合，边缘应整齐；墙裙、贴脸等上口平顺，凸出墙面的厚度应一致 (5)饰面板安装的允许偏差和检验方法应符合表22-44的规定

饰面板安装的允许偏差和检验方法 **表22-44**

项次	项目	允许偏差(mm)							检验方法
		石材			瓷板	木材	塑料	金属	
		光面	剁斧石	蘑菇石					
1	立面垂直度	2	3	3	2	1.5	2	2	用2m垂直检测尺检查
2	表面平整度	2	3	—	1.5	1	3	3	用2m靠尺和塞尺检查
3	阴阳角方正	2	4	4	2	1.5	3	3	用直角检测尺检查
4	接缝直线度	2	4	4	2	1	1	1	拉5m线，不足5m拉通线，用钢直尺检查
5	墙裙、勒脚上口直线度	2	3	3	2	2	2	2	
6	接缝高低差	0.5	3	—	0.5	0.5	1	1	用钢直尺和塞尺检查
7	接缝宽度	1	2	2	1	1	1	1	用钢直尺检查

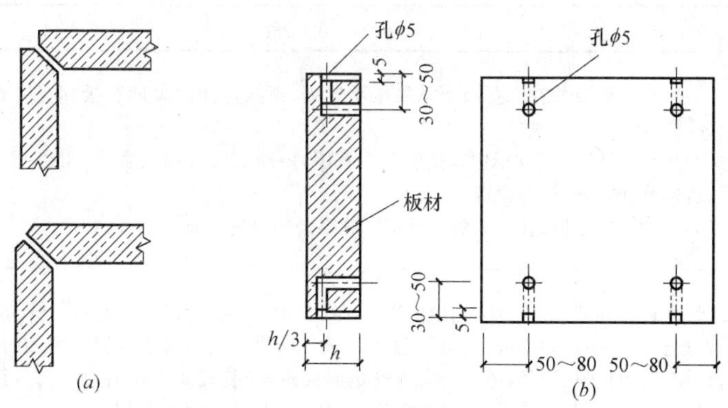

图22-17 板材磨边卡角、钻孔及凿槽

(a) 板材阳角磨边卡角；(b) 板材钻孔及凿槽（象鼻孔）

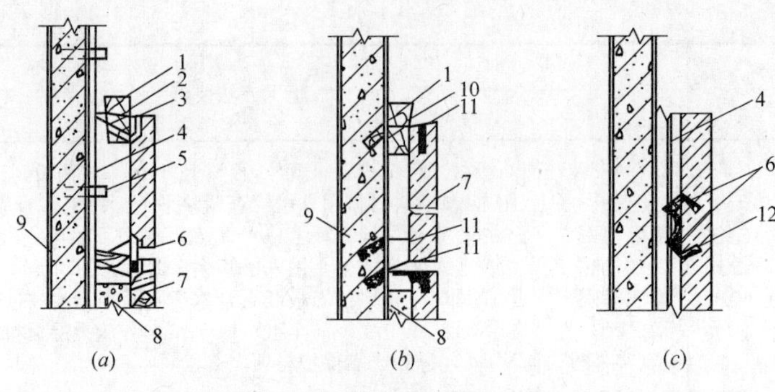

图 21-18 板材固定示意

(a) 灌浆绑扎法；(b) 灌浆楔固法；(c) 金属夹安装法

1—大头木楔；2—钢丝或不锈钢丝；3—象鼻孔；4—立筋；5—预埋铁环；6—横筋；7—板材；8—水泥砂浆灌缝；9—墙体；10—不锈钢"П"形钉；11—小硬木楔；12—碳钢弹簧卡

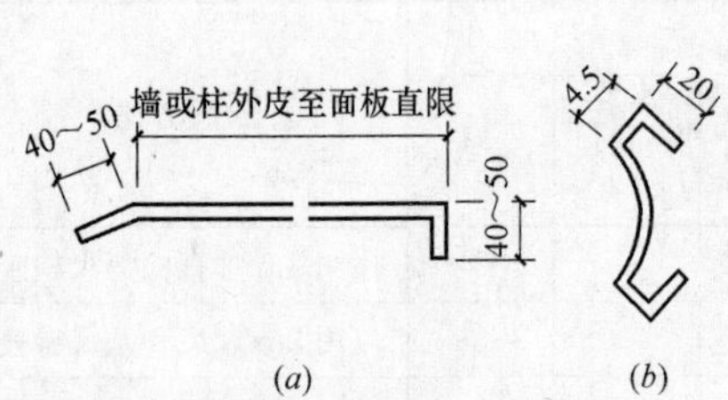

图 22-19 板材连接件

(a)"П"形连接件；(b) 碳钢弹簧卡

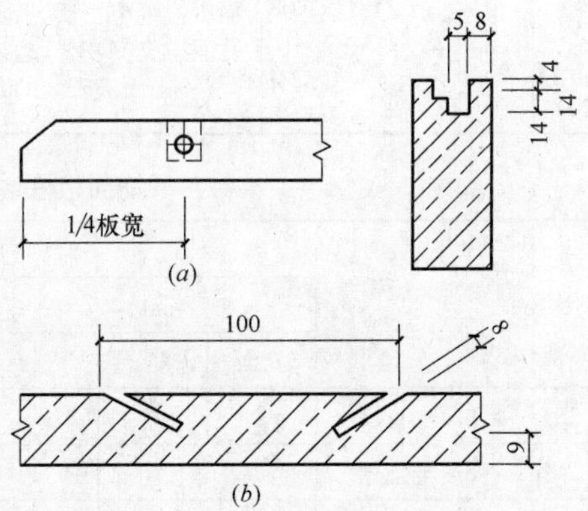

图 22-20 磨光花岗石钻孔打眼

(a) 石板打直孔；(b) 石板打斜孔

22.2.4 碎拼大理石、花岗石铺贴

碎拼大理石铺贴施工方法 表 22-45

项次	项目	施工方法要点
1	组成、特点及使用	(1)碎拼大理石和花岗石饰面系采用不规则、不同色泽的大理石板和花岗石板的边角废料组拼而成 (2)具有可铺贴出各种图案，花色乱中有序，俗而见雅，清新、奇特、明快、美观，且可利用边角废料、造价低、施工便捷等特点 (3)一般适用于做庭院、凉廊以及有天然格调的室内墙面
2	材料要求	(1)大理石和花岗石碎块：利用生产规格石材中经磨光后裁下的边角余料，颜色按设计要求选定，块材边长不宜超过300mm，厚度应基本一致。如要求铺贴的块材缝宽一致时，应对碎块用切割机进行加工。碎块按形状，可分为非规格矩形块料、冰裂状块料和毛边碎块。其放射性指标应符合《民用建筑工程室内环境污染控制规范》(GB 50325—2010)的规定 (2)石渣：用白石渣或色石渣，或用边角废料破碎的石渣

续表

项次	项目	施工方法要点
3	铺贴方法	(1)基层清理干净浇水湿润后,用1∶3水泥砂浆分遍打底找平,厚度10～12mm,并随手划毛 (2)铺贴前,应拉线找方找直,做灰饼,应在门窗口转角处注意留出镶贴块材的厚度 (3)设计有图案要求时,应先铺贴图案部位,然后再铺贴其他部位 (4)在大理石或花岗石碎块背面抹1∶2水泥砂浆10～15mm厚结合层,然后铺贴上墙,并用铲把轻敲使之粘结牢固,并随时用靠尺找平。每天铺贴高度不宜超过1.2m (5)铺贴时应注意面层光洁,随时进行清理。铺贴后,按设计要求采用不同颜色的水泥砂浆或水泥石渣浆勾缝

22.2.5 金属饰面板安装

金属饰面板安装方法 **表 22-46**

项次	项目	施工方法要点
1	组成、特点及应用	(1)金属饰面板一般采用铝合金板、塑铝板、彩色镀层钢板、彩色不锈钢板以及镜面不锈钢板等,用型钢或铝型材作骨架(包括横、竖骨架)进行安装。横、竖骨架与结构墙体的连接固定则多采取与结构上的预埋焊接,或在结构上打入膨胀螺栓连接(图22-21、图22-22) (2)具有典雅庄重、质感丰富以及坚固、质轻、耐久、易拆卸等特点,但节点构造较复杂,施工精度要求高。广泛应用于民用建筑和公共建筑中,尤其在墙面、柱面装饰更为特出
2	材料要求	(1)骨架:常用型钢(角钢或槽)或铝型材 (2)饰面板: 1)铝合金板有条形板和方形板;方形板包括正方形和长方形,目前生产应用的有铝合金花纹板,铝质浅花纹板、铝及铝合金压塑板、铝合金装饰板等 2)塑铝板:系以铝合金片与聚乙烯复合材复合加工而成。可分为镜面塑铝板、镜纹塑铝板和塑铝板(非镜面)三种。塑铝板一般规格为3mm×1220mm×2440mm,每张仅重11.5kg,材质坚韧,具有一定的耐冲击性能,防水、防火和耐候性,且易于弯曲、开口、切削、切断等加工性能,用于装修墙面、柱面、顶棚,均能达到光洁明亮、富丽堂皇、美观大方的特殊装饰效果. 3)彩色镀层钢板:多以热轧钢板和镀锌钢板为原板,表面层压贴聚氯乙烯或聚苯烯酸酯环氧树脂,醇酸树脂等薄膜,亦可涂覆有机、无机或复合涂料,具有耐腐蚀、耐腐等性能,其中塑料复合钢板,可用做墙板、屋面板等,其厚度有0.35mm、0.4～0.8mm、1.4mm、1.5mm、2.0mm;长度有1800mm、2000mm;宽度有450mm、500mm、1000mm 4)彩色不锈钢板:是在不锈钢板上进行技术和艺术加工,使其成为各种色彩绚丽、光泽明亮的不锈钢板,颜色有蓝、灰、紫、红、茶色、金黄等多种,其色调随光照角度变化而变换。其主要特点是能耐200℃的温度、耐盐雾腐蚀、耐磨、耐刻画性能优良,彩色层经久不褪色。适用于高级建筑中的墙面装饰。其厚度有0.2～0.8mm;长度有1000mm、2000mm;宽度有500～1000mm 5)镜面不锈钢饰面板:用不锈钢薄板经特殊抛光处理而成。该板光亮如镜,其反射率、变形率与高级镜面相似,并具有耐火、耐潮、耐腐蚀、不破碎等特点。可用于高级公共建筑的墙面、柱面以及门厅的装饰。其规格尺寸有400mm×400mm、500mm×500mm、600mm×600mm、640mm×1200mm,厚度有0.3～0.6mm (3)连接件、膨胀螺栓、铝铆钉等配件
3	骨架安装固定	(1)饰面基层必须平整、干燥、清洁,对粗糙的砖块或混凝土基面必须用水泥砂浆找平后做防潮层,以防止水泥从底部涂到板面上 (2)参照图纸设计要求,按照现场实际情况,对要安装饰面板的墙面进行排板放线,将板需要安装位置的标高线弹出,按照图纸的分割尺寸放出骨架的中心线 (3)按照排板弹线安装骨架。骨架采用镀锌角钢或钢角码。同时查核和清理结构表面连接骨架的预埋件。如无预埋件,则用冲击电钻打孔,埋设膨胀螺栓,但对后置埋件需在现场做拉拢试验,合格后方可使用 (4)骨架安装要用经纬仪、水平仪找好水平度和垂直度,然后与墙面预埋件焊接固定或用膨胀螺栓固定,骨架横竖框格间距一般≤500mm (5)骨架一般采用角钢或槽钢焊成竖横框架,也可用方木钉成。型钢骨架安装前做好防腐处理;方木骨架做好防火与防腐处理

续表

项次	项目	施工方法要点
4	金属饰面板固定	金属板安装工艺有挂装法和粘贴法两种工艺： (1)金属板挂装法： 1)金属饰面板安装时应挂线，使其做到表面平整、垂直，线条通顺清晰 2)铝合金方板根据安装位置线以自攻螺钉固定到骨架上(多用于外墙板)，或以铆钉固定(多用于内墙板)，铆钉间距以100～150mm为宜，如图22-22所示，板与板之间的间隙一般为10～20mm，并用橡胶条或密封胶等弹性材料封缝 3)铝合金条板(扣板)用自攻螺钉拧固在骨架上，条板与条板之间留5～6mm空隙以形成凹槽，由于此种条板采用后条扣压前条的构造方法，可使前条安装固定的螺钉被后块条板扣压遮盖，从而达到使螺钉全部安装的效果，如图22-21所示 4)铝合金饰面板安装完毕，在易于被污染的部位，要用塑料薄膜覆盖保护，易碰、划部位，应设安全防护 5)当外墙内侧骨架安装完后，应及时按设计要求高度、厚度浇筑下部混凝土导墙，若设计无要求时，可按踢脚做法处理 (2)金属板粘贴法： 骨架安装好后，先安装9mm厚防火胶合板，防火板与骨架用自攻螺钉固定，螺钉需埋入板内0.5～1.0mm，并用腻子找平后刷漆，然后用专用胶水粘贴面层金属板 质量要求：参见第22.2.3节"常用饰面板安装"项次6质量要求有关内容

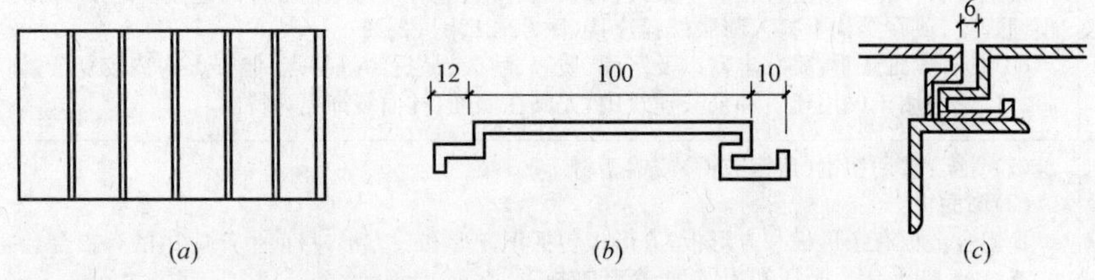

图22-21　铝合金条板安装示意

(a) 条板外墙立面；(b) 条板截面；(c) 条板固定示意

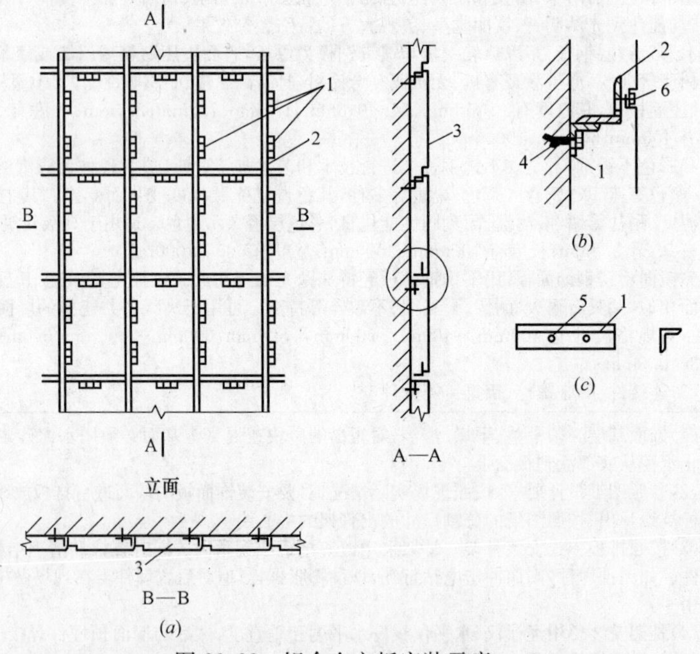

图22-22　铝合金方板安装示意

(a) 方板骨架立面构造；(b) 节点大样；(c) 角钢扣件大样

1—角钢扣件；2—角钢骨架；3—铝合金方板；4—膨胀螺栓；5—椭圆形安装孔；6—铝铆钉或螺钉

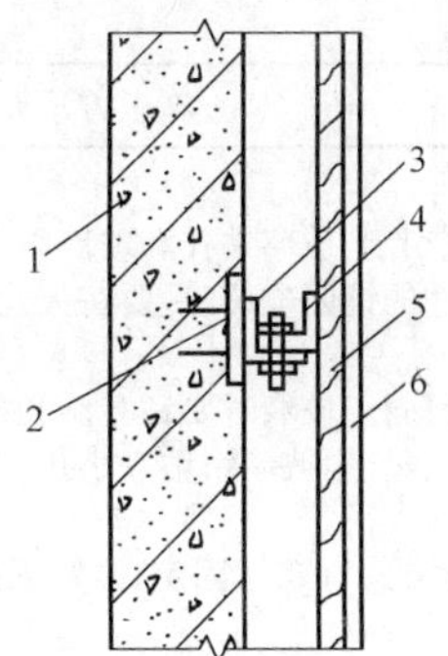

图 22-23 金属饰面板粘贴示意

1—建筑墙体或柱；2—预埋件；3—角钢骨架；4—钢角码；5—9mm 防水胶合板；6—粘贴金属板面层

22.2.6 玻璃饰面安装

玻璃饰面安装施工方法 表 22-47

项次	项目	施工方法要点
1	组成、特点及应用	(1)玻璃饰面一般采用玻璃镜或镜面玻璃等用钉,五金支托件或胶粘剂等固定于用方木做成的骨架的木衬板上,木骨架则用钉钉固于砖砌体内的预埋木砖上,或用钉钉固于混凝土墙(或柱)上钻孔打入的木榫上,如图 22-24 所示 (2)这种表面光洁的材料,可使墙面、柱面显得规整、清丽,同时各种颜色的镜面起到了扩大空间、反射景物,创造环境气氛的作用,适用于公共建筑室内的墙面、柱面及门厅、走廊、商场玻璃栏板等部位以及居室、卫生间等室内点缀装饰
2	材料要求	(1)玻璃饰面板:除常用的镜面玻璃(亦叫涂层玻璃或镀膜玻璃)外,还有: 1)普通平镜、深浅不同的茶色镜、带有凹凸线脚或花饰的单块特殊镜等。平镜和茶色镜可现场切割成需要的尺寸。小尺寸镜面厚度 3mm,大尺寸镜面厚度 5mm 以上。有时,为了减少玻璃镜的安装损耗,加工时将玻璃镜四周边缘磨圆,拼装后显示线条,更为美观。 2)用彩色玻璃、压花玻璃、磨砂玻璃、喷漆玻璃、釉面玻璃、光致变色玻璃等,按镜面玻璃做法装于墙、柱上,也可取得相近效果 (2)衬底材料:木板或胶合板沥青、油毡等,也可选用一些橡胶、塑料、纤维之类的衬底垫块。木骨架、木衬板等安装前必须做防火、防腐处理 (3)固定用材料:螺钉、铣钉、玻璃胶、环氧树脂胶、盖条(可用木材、铜条、铝合金型材等)、橡皮垫圈
3	玻璃饰面板安装	(1)玻璃饰面安装基本施工程序:基层处理→立骨架→铺钉衬板→饰面玻璃安装 (2)基层处理: 在砌筑墙体或柱子时,要在墙体或柱子中埋入木砖(木砖要经防腐处理),其横向与玻璃宽度相等,竖向与玻璃高度相等,大面积玻璃安装时,木砖间距在横竖向均应不大于 500mm。墙面要抹灰并养护,要求干燥、平整。若为混凝土墙面或拉面,则用电钻钻孔后打入木榫。按照使用部位的不同,要在抹灰面或混凝土面上烫热沥青或贴油毡(也可将油毡夹于木衬板与玻璃之间),以防止因潮气而使木衬板变形和玻璃镀层脱落,镜面失去光泽 (3)安装骨架: 骨架一般用 40mm×40mm 或 50mm×50mm 方木,以铁钉钉于木砖或木榫上,骨架横、竖的位置与木砖(榫)一致,要求木骨架固定牢靠,横平竖直,故骨架安装时要挂线,安装过程中随时用长靠尺检查平整度 (4)铺钉木衬板: 木衬板一般为 15mm 厚木板或 5mm 厚胶合板,要求干燥、含水率小于 8%,用小铁钉与木骨架钉接,钉头没入板内 0.5～1.0mm,用腻子嵌平。要求衬板表面无翘曲,起皮现象,且表面平整、清洁,板与板之间接头应在骨架上

续表

项次	项目	施工方法要点
3	玻璃饰面板安装	(5)玻璃板安装： 玻璃板安装施工包括玻璃切割、玻璃钻孔和玻璃固定三道工序 1)玻璃切割：安装一定尺寸的镜面玻璃时，要在大片玻璃上切下一部分，切割时要在台案上或平整地面上用玻璃刀切割 2)玻璃钻孔：如选择以螺钉固定玻璃时要钻孔。孔的位置一般在镜面的边角处。按钻孔位置量好尺寸，用塑料笔标好钻孔点，或用玻璃钻钻一小孔，然后在钻孔位置边浇水边用钻头钻孔，直至钻透，钻头钻孔直径应大于螺栓直径 3)玻璃固定：镜面玻璃固定方式有螺钉固定、嵌钉固定、粘结固定、托压固定和粘结支托固定五种方式： ①螺钉固定：开口螺栓固定方式适用于约 $1m^2$ 以下的小镜。安装时一般从下向上，由左至右进行，有衬板时，可在衬板与按每块镜面的位置弹线，按弹线安装。将钻好孔的镜面放到安装位置，在孔中插入 $\phi3\sim\phi5$ 平头或圆头螺钉，套上橡胶垫，用螺丝刀将螺钉拧入木骨架，但不要拧得太紧，这样依次安装完毕后，用靠尺靠平，将高出的部位再拧紧，以全部调平为准。镜面之间的缝隙用玻璃胶嵌填密实、饱满、均匀。最后用软布擦净玻璃 ②嵌钉固定：是把嵌钉钉在墙骨架上，把玻璃的四个角压紧的固定方法。安装时由下往上，安装第一排时，嵌钉应临时固定，装好第二排后再拧紧，并用靠尺检查平整度 ③粘结固定：是将镜面用环氧树脂，或玻璃胶粘结于木衬板上的固定方法。适用于 $1m^2$ 以下的镜面。刷胶前，将衬板上灰尘、污物清除干净，确保衬板干燥和平整、牢固，随后涂刷环氧树脂胶，涂刷要均匀，不宜过厚，面积也不宜过大，随刷随粘贴，并及时将板缝中挤出的胶浆擦净。如用玻璃胶粘贴，则用打胶枪打点胶，胶点要均匀。粘贴按弹线分格从下而上进行，待底下的镜面粘结达一定强度后，再进行上一层的粘结 采用以上三种方法固定的镜面，还可在周边加框，起到封口和装饰作用 ④托压固定：是靠压条压和边框托将镜面托压在墙上的固定方法。压条和边框有木材、塑料和铝合金型材，如图 22-25(*a*)所示，也可用支托五金件的方法，如图 22-25(*b*)所示，可以适用约 $2m^2$ 的镜面。镜面上不开孔，安装时玻璃板之间需留有 10mm 左右的缝隙，以便钉压条时从缝隙中穿过，压条为木材时，一般宽 30mm，长同镜面，表面可做出装饰线，钉子间距 200mm，钉头埋入压条中 0.5～1.0mm，用腻子找平后刷漆 ⑤粘贴支托固定：对于较大面积的单块镜面以托压做法为主，也可结合粘结方法固定
4	质量要求	(1)骨架木材、衬板和玻璃的材料、品种、规格、式样应符合设计要求和施工规范规定 (2)木骨架、边骨架必须安装牢固，无松动，位置正确 (3)衬板无脱层、翘曲、折裂、缺棱掉角等现象，安装必须牢固 (4)木骨架应顺直，无弯曲、变形和劈裂。玻璃板表面应洁净，不得有腻子、密封胶、涂料等污渍；中空玻璃内外表面均应洁净，玻璃中层内不得有灰尘和水汽 (5)玻璃罩面板安装的允许偏差和检验方法应符合表 22-48 的规定

玻璃罩面板安装允许偏差　　表 22-48

项次	项目		允许偏差		检验方法
			明框玻璃	隐框玻璃	
1	立面垂直度		1	1	用 2m 垂直检测尺检查
2	构件平整度		1	1	用 2m 靠尺和塞尺检查
3	表面平整度		1	1	用 2m 靠尺和塞尺检查
4	阳角方整		1	1	用直角检测尺检查
5	接缝直线度		2	2	用钢直尺和塞尺检查
6	接缝高低差		1	1	接 5m 线，不足 5m 拉通线，用钢直尺检查
7	接缝宽度		—	1	用钢直尺检查
8	相邻板角错位		—	1	用钢尺检查
9	分格框对角线长度差	对角线长度≤2m	2	—	用钢尺检查
		对角线长度＞2m	3	—	用钢尺检查

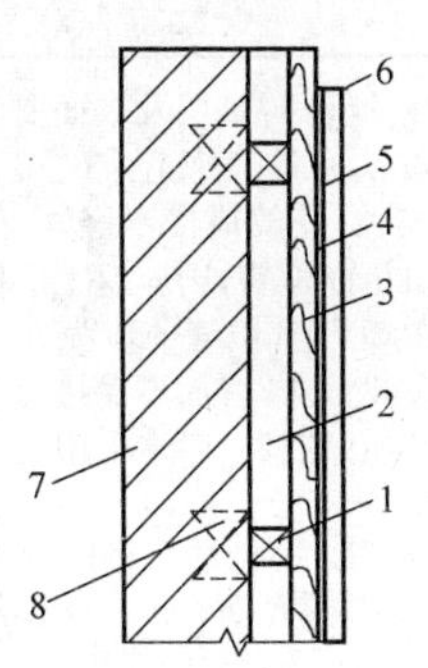

图 22-24 玻璃饰面安装示意
1—横向木骨架；2—竖向木骨架；3—木衬板；4—防潮层（油毡）；5—玻璃面板；6—收口条；7—墙（柱）体；8—木砖

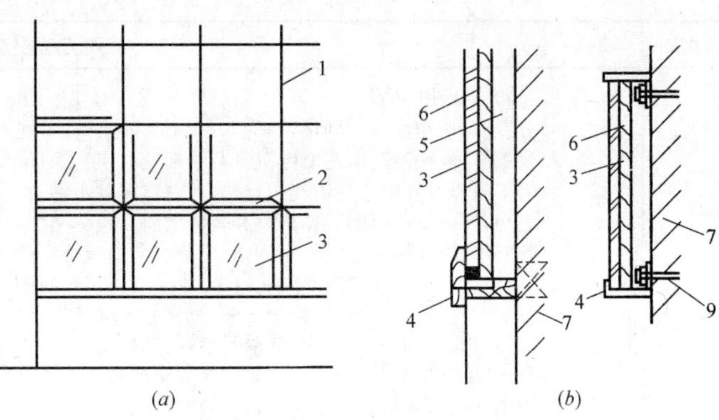

图 22-25 镜面玻璃托压固定示意
(a) 托压固定；(b) 支托固定
1—弹线；2—压条；3—镜面；4—边框；5—木骨架；6—木衬板；7—墙体；8—档托五金件；9—螺钉

22.3 特殊饰面施工

22.3.1 预制艺术装饰混凝土墙面大板施工

预制艺术装饰混凝土墙面大板施工方法　　表 22-49

项次	项目	施工方法要点
1	特点及成型工艺类别	(1)预制艺术装饰混凝土大板是一种表面具有图案、色彩的混凝土制品。这种制品饰面层与混凝土成型并且同时养护,因而具有饰面层与混凝土基层结合牢固,便于安装,施工工期短,饰面层耐久性好等优点 (2)混凝土板(墙板)饰面有正打和反打成型两种工艺。前者是板预制时,将板的里面向下接触平模的底模,板的外面朝上,在板的外表面上用印花或压花的方法将砂浆通过有图案的模板印出或压出所需的图案花饰;后者是在板的底模上铺设缓凝剂纸铺骨料,安放钢筋骨架,浇筑混凝土、压光、养护,脱模后竖放,用水冲刷表面水泥浆露出骨料形成装饰(仿蘑菇石或刷石)面
2	正打成型工艺	(1)正打成型工艺又有正打印花饰面和正打压花饰面两种 (2)正打印花饰面做法是将带有图案的模板,铺在欲做饰面的砂浆层上,用抹子拍打、抹压,使下面的砂浆由模板花饰的孔洞中挤出(挤密),抹光后揭模即得;亦可在板的基层铺上模板,随即倒上砂浆,摊开抹匀,砂浆则从花饰孔洞处漏下(填漏),抹光后揭模即成。正打印花工艺又有在浇捣板(墙板)混凝土时将印花饰面一次做成和在板预制完后,再在其上铺砂浆进行做饰面的二次做成两种方法。 (3)正打压花饰面做法是:用透孔的带有图案的网状模具向成型找平后的混凝土(或砂浆)表面"戳印",掀起模具后,混凝土表面印有阴阳纹样图案的即为压花饰面。正打压花工艺又有水平压花饰面和立压花饰面两种方法: 1)水平压花饰面是在预制板(墙板)混凝土浇筑成型铺浆后,用铁模压出(一次做法);亦可在已预制好的墙板上下进行,即将板平放,充分湿润,刷素水泥浆,然后铺水泥砂浆进行压花(二次做法)。压花是在抹平的饰面砂浆层上用铁模自上而下、自左而右或由中间向两侧逐步地施压在预制板的装饰部位上。施压时,用力要均匀一致,压出的图案应横平竖直,接槎图案要吻合无痕

续表

项次	项目	施工方法要点
2	正打成型工艺	2)立压花饰面是用铁模在直立(预制板)砂浆层上进行压花的饰面。操作时基层及表面要浇水充分湿润;压花水泥砂浆层,厚为5~10mm,过厚易出现砂浆流坠,或被铁模带起来造成破裂。铺砂浆层厚度应一致;压花要趁湿进行。压花时应自上而下,自左向右进行。花纹应横平竖直,空挡均匀。施压过程中应边压花边修整,压花纹深度不够时,应及时补压;如花饰歪斜,则应返工重压。压完毕,便可出建筑的装饰板缝和装饰线脚。板缝凸凹形成,视立面要求而定,做缝前应先在墙面上弹好墨线,以保证灰缝平直方正;已完的装饰板面层涂抹必须平整,边棱整齐,表面不显接槎 (4)由于正打工艺操作较为复杂,不及反打工艺简便,质量易于控制和保证,一般多采用反打工艺
3	反打成型工艺	(1)预制装饰混凝土板(墙板)反打工艺程序为:清理模板→铺缓凝剂纸,不铺部位刷隔离剂→铺石子(仿蘑菇石及水刷石时用)→安装钢筋骨架→浇筑混凝土→表面二次压光→养护→脱模竖放→用水冲刷表面水泥浆露出骨料→临时堆放 (2)操作时,将湿润后的缓凝剂纸粘贴在模板上,纸与纸之间应搭接,如有损坏,应及时补上 (3)安装钢筋骨架时应保证保护层厚度;垫块应垫在底模的凸线型处 (4)制作仿蘑菇石及反刷石品种时,浇筑混凝土应在面层石子水泥浆铺完并适当静停后进行 (5)振捣混凝土时应避免振动器触及底模 (6)预制板(墙板)出模后,应立即用压力水冲刷水泥浆露出骨料,已完成的墙板装饰,其质感应清晰,表面不得有酥皮、麻面和缺棱掉角等情况

22.3.2　现浇艺术装饰混凝土墙面施工

现浇艺术装饰混凝土墙面施工方法　　表 22-50

项次	项目	施工方法要点
1	组成与特点	现浇艺术装饰混凝土墙面是在大模板内侧衬垫具有不同凹凸深度的线条图案或花纹的内衬材料,待浇筑混凝土并脱模后,混凝土表面即留有质感丰富的图案花饰。它既是建筑物的装饰面层,又是建筑物构件,再在外表面刷涂或喷涂外墙涂料,即可达到装饰效果
2	材料要求与衬模成型	(1)钢大模:要求模板整体刚性好,规格尺寸正确,表面平整,装拆简单、灵活,接缝严密严整 (2)衬模材料:常用衬模材料为有机硅模型料、氯丁橡胶、聚氯乙烯和聚氨酯等。聚氨酯具有一定的强度和柔韧性,浇筑成型工艺简单,成型的花饰清晰,热膨胀系数小,能耐水泥碱性侵蚀,故使用较多 (3)衬模成型工艺: 1)图案实样选择:根据设计要求选择,注意尺寸要和建筑物模数相吻合 2)图案实样阴模制作:一般可用橡皮泥或石膏等材料制作,橡皮泥适于小型单体构件,石膏适于大面积的整体阴模 3)衬模胎模制作:将单件阴模用石膏翻制成单件阳模,并排列粘贴在石膏底板支承台上,形成一整块花饰,再经修整和制作边框,胎模即完成 4)衬模浇筑成型:将聚氨酯各组分精确称量并搅拌均匀后,浇筑在胎模内,清除表面气泡,铺衬上衬布,在65~70℃恒温下养护2h,待原聚氨酯固化并降温后脱模,再经10~15d静停养护,经自然二次硫化后即可使用,如图22-26所示
3	施工工艺方法	(1)衬模拼贴:衬模拼贴前,先将钢大模表面清除油污和锈迹,用碱水刷浇干净,然后按拼装图在钢模上放样弹线,将配好的胶粘剂满涂在衬模背面,按弹线位置逐块粘贴。窗套、穿墙洞和其他异型模板的部位,要逐块量好尺寸进行切割,或浇筑衬模后粘贴,或用平头螺钉固定,最后用砂袋压实,直到胶粘剂固化 (2)模板组装:方法与大模板相同,但要注意隔离剂宜用水溶性以减少墙面污染;钢筋绑扎过程中箍筋不能突出保护层,扎钢丝头应朝内;混凝土保护层垫块两端要平整,不得安放在花饰处,以保证外饰面效果 (3)混凝土浇筑:浇筑方法与大模混凝土相同。混凝土坍落度控制在80~100mm,宜连续施工,避免出现施工缝,振捣时,振动棒不得碰撞衬模 (4)外墙涂料施工:拆模后,对艺术混凝土的图案、洞口及阳台、楼层间接缝等进行修整,然后刷或喷涂料。涂料宜选用油性涂料,要求一底二面,每道刷或喷后,均需修整后再刷下一遍

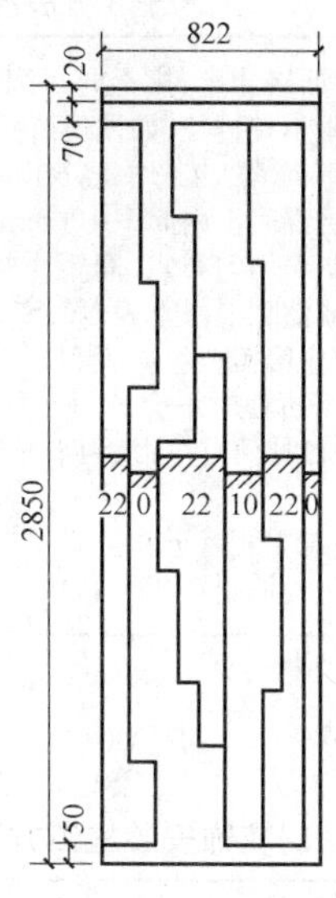

图 22-26 花饰样板

22.3.3 木纹清水装饰混凝土施工

木纹清水装饰混凝土施工方法 表 22-51

项次	项目	施工方法要点
1	组成、特点与应用	(1)木纹清水装饰混凝土是利用混凝土塑性成型特点，通过模板、混凝土、钢筋等工艺手段，使混凝土表面在保持自然本色的情况下，获得具有清晰木材纹理的外观效果 (2)适用于工业及民用建筑，市政桥梁、堤坝、隧道等工程中的预制和现浇混凝土饰面
2	材料要求	(1)模板：宜用东北松、美国松和黄花松等木材制作模板，要求选用收缩变形小、不易开裂，外观纹理清晰、花纹美观、质地较软而纤维坚韧的木材，木材须经干燥处理，含水率不大于15%，模板厚度根据模板受力情况经计算确定，一般为25～50mm (2)水泥：用低碱、低水化热，强度等级不低于42.5级的普通硅酸盐水泥，也可采用白水泥，要求使用同一厂家，同一品种、同一批次的颜色一致的水泥 (3)骨料：石子用粒径5～25mm级配良好的同一产地的碎石，含泥量小于1%；砂应采用同一产地的中砂或粗砂，含泥量不大于2% (4)粉煤灰：选用同一产地Ⅰ级粉煤灰，烧失量小于5%，细度为8%～12% (5)外加剂：不得使用有盐析现象的减水剂和早强剂 (6)水：宜用饮用水，洁净无杂质 (7)配合比：水泥用量：C25～C50混凝土宜控制在360～500kg/m^3；水用量170～180kg/m^3，水灰比0.55；砂率应比普通混凝土提高1%～2%；混凝土坍落度宜为80～100mm，泵送混凝土为120～140mm，坍落度损失值每小时不大于30mm (8)涂料：浇筑后的混凝土表面应选用透明或半透明有机涂料，涂膜性能应是成膜快、表面吸水性低、耐污染性能好
3	施工方法	(1)模板支设：模板制作几何尺寸应精确，拼装应严密；模板面拼缝高差、宽度应≤1mm；模板间接缝高差及宽度≤2mm，拼缝用腻子嵌实后打磨平整，使严密平顺。模板支设必须牢固，有足够的刚度和稳定性。隔离剂应用水溶性的隔离剂或轻机油 (2)钢筋绑扎：钢筋要严格按下料尺寸加工，保证各种钢筋和箍筋平直、方正，绑扎钢筋钢丝的多余部分应弯向构件内侧，钢筋端头宜加塑料帽或不锈钢帽，以防锈迹渗透至表面

续表

项次	项目	施工方法要点
3	施工方法	(3)混凝土拌制和运输：拌制应严格计量，执行同一配合比，搅拌时间应较普通混凝土延长 20～30s，搅拌及运输设备应保持干净，运距不宜过长，如发现离析泌水现象应进行二次搅拌 (4)混凝土浇筑：应连续进行，不得留施工缝。浇筑时严格分层下料，分层振捣密实，上层振捣要在下层混凝土初凝前进行，并插入下层混凝土内 50～100mm 涂振动器应选用振动频率高、振幅小的振动棒，振捣应采取"快插慢拔"，并按梅花形均匀布点，间距 400mm，使气泡充分上浮消散，以提高密实性。同时宜采用二次振捣工艺，以减少或消除混凝土表面气泡 (5)混凝土养护：浇筑后 12h 内应覆盖塑料薄膜和草袋，并充分浇水养护，混凝土强度达到 3MPa(冬期不小于 4MPa)始可拆模，以保证拆模时不会掉角和脱皮。拆模后先在表面洒水一遍，然后用塑料薄膜包裹，边角接槎应包严包实，外侧挂两层草帘、洒水养护时间不少于 14d，或拆模后喷养护剂再包塑料薄膜 (6)混凝土温度控制：混凝土浇筑完成后至养护期间应定时进行混凝土的温度测量，以使构件表面温度与大气温度、构件中心温度之差均控制在 25℃以内，从而防止出现温度裂缝

22.3.4　预制花饰安装

预制花饰安装施工方法　　**表 22-52**

项次	项目	施工要点
1	一般要求	(1)花饰须达到一定强度后，方可进行安装；在抹灰面上安装花饰，应待抹灰层硬化后进行 (2)凡是采用木螺丝或螺栓固定安装的花饰，要事先在基层预埋木砖、铁件或预留孔洞，孔洞的洞口要小，里口要大，位置要准确，木砖应经防腐处理 (3)粘贴花饰用的胶粘剂应按花饰的品种选用。水泥石碴类花饰应用水泥砂浆或聚合物水泥砂浆粘贴，并用木螺钉固定；石膏花饰宜用石膏灰或水泥浆粘贴，塑料花饰，纸质花饰可用胶粘剂粘贴。现场配制胶粘剂，其配合比应由试验确定 (4)安装花饰部位的基层表面应清洁平整、无灰尘杂物及凹凸不平现象 (5)花饰安装完毕后，应采取保护措施，防止损坏
2	花饰安装	(1)花饰安装前，应检查预埋件位置是否正确牢固。基体或基层表面应清扫干净，并按设计位置弹出花饰位置的中心线；基层应浇水润湿 (2)复杂、分块花饰的安装，必须按图案先预选试拼，分块编号，使安装时做到花饰图案精确吻合 (3)花饰的安装方法根据花饰重量和体型大小有粘贴法、木螺钉固定法和螺栓固定法等，见表 22-53。花饰安装应与预埋在结构中的锚固件连接牢固。薄浮雕和高凸浮雕安装宜与镶贴饰面板、饰面砖同时进行 (4)花饰安装后应平整美观，符合图案要求 (5)预制混凝土花格饰件，应用 1∶2 水泥砂浆砌筑，相互之间用钢筋销子系固。拼砌的花格饰件四周，应用锚固件与墙、柱或梁连接牢固

花饰安装方法　　**表 22-53**

类别	适用范围	安装方法及要点	
		水泥砂浆、水刷石、斩假石花饰	石膏花饰
粘贴法	重量轻的小型花饰	(1)基层刮水泥浆 2～3mm (2)花饰背面稍浸水润湿，涂上水泥砂浆或聚合物水泥砂浆与基层紧贴，粘贴后用木螺栓固定(不宜过紧) (3)用支撑临时固定，整修接缝和清除周边余浆 (4)待水泥浆达到一定强度后，拆除临时支撑	(1)花饰背面涂上石膏浆进行粘贴。 (2)其他同左例各条

续表

类别	适用范围	安装方法及要点	
		水泥砂浆、水刷石、斩假石花饰	石膏花饰
木螺栓固定法	重量较重，体型稍大的花饰	(1)与粘贴法相同，只是在安装时把花饰上的预留孔洞对准预埋木砖，然后拧紧铜或镀锌螺栓(不宜过紧)(图 21-27) (2)安装后用 1∶1 水泥砂浆或水泥浆将孔眼堵严，表面用同花饰一样的材料修补，不留痕迹 (3)花饰安装在钢丝网顶棚上，可将预先埋在花饰内的钢丝与顶棚连接牢固，其他同上	(1)花饰背面仍需涂石膏浆粘贴。 (2)用白水泥拌植物油堵严孔眼，表面用石膏修补，不留痕迹。 (3)其他同左例各条
螺栓固定法	重量大的大型花饰	(1)将花饰预留孔对准基层预埋螺栓 (2)按花饰与基层表面的缝隙尺寸用螺母及垫块固定，并临时支撑，当螺栓与预留孔位置对不上时，要采取另绑钢筋或焊接的补救办法 (3)花饰临时固定后，将花饰与墙面之间缝隙的两侧和底面用石膏堵住 (4)然后用花饰白颜色的 1∶2 水泥砂浆或水泥浆分层灌注，每次灌 10cm 左右，每层终凝后再灌上一层 (5)待水泥砂浆有足够强度后，拆除临时支撑 (6)清理周边堵缝的石膏，周边用 1∶1 水泥砂浆修补整齐	

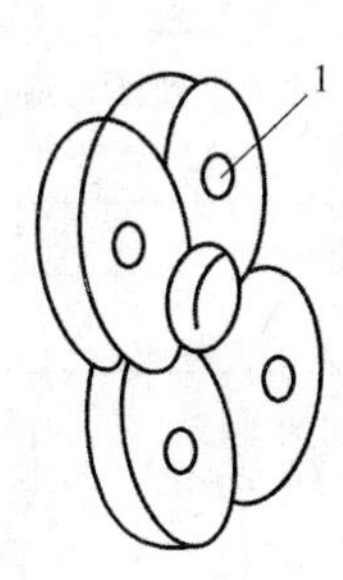

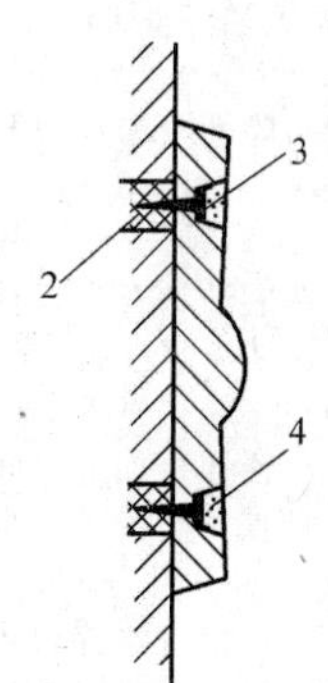

图 22-27　花饰固定示意

1—预留木螺栓孔；2—木砖；3—木螺栓；4—钉孔内嵌填和花饰表面相同颜色的材料

22.4 涂　　饰

22.4.1 建筑装饰涂料常用材料及其作用

建筑装饰涂料常用材料及其作用　　**表 22-54**

项次	分类	作　用
1	腻子	用于平整物体表面的一种装饰材料，直接施涂于物体基层或底涂层上，用以填平被涂物表面上毛细孔隙及高低不平的部分。腻子宜采用成品腻子粉，规格一般为 20kg 袋装，现场按说明书加水调配即可，腻子也可现场配制，其配合比及配制方法见表 22-55。要求腻子应坚实、牢固，不得粉化起皮和开裂，并应符合行业标准《建筑室内用腻子》(JG/T 298—2010)的要求

续表

项次	分类	作　用
2	底涂料	用于封闭水泥基层的毛细孔，起到预防返碱及防止霉菌孳生的作用。底涂还可增强基层强度，增加面层涂料对基层的附着力，提高涂膜的厚度，使物体达到一定的装饰效果，从而减少面层涂料的用量。底涂一般都有一定的填充性、打磨性，实色底涂还具有一定的遮盖力。底涂的选用应与面涂材性相容，一般均与面涂配套
3	面涂料	涂覆于建筑物基层表面，并能与基面表面材料很好地粘结，形成完整涂膜的材料，主要起到装饰和保护被涂物的作用，防止来自外界物质的侵蚀和损伤，提高被涂覆物的使用寿命，并可改变其颜色、花纹、光泽、质感等，提高被涂覆物的美观效果。涂料品种繁多，一般按涂料溶剂分有：水溶性涂料，溶剂型涂料、乳液型涂料和粉末型涂料：按成膜物质的性能分有：有机涂料、无机涂料和有机、无机复合涂料；按在不同使用部位分有：内墙涂料、外墙涂料、顶棚涂料、地面涂料和屋面涂料等。涂料应根据施工要求及被涂覆部位来选择涂料的性能。如施工性方面要求涂料具有重涂性、不流淌性、抗飞溅性和流平性；如内墙部位要求涂料具有易清洗性、耐擦洗性、抗磨性、保色性、抗开裂性、环保性；外墙部位要求涂料具有抗粉化性、耐水性、耐沾污性。抗开裂性、抗风化性、保色性和环保性；如在潮湿部位还须具有防霉性，对于钢、铁基面还须具有较好的防锈性等

常用涂料腻子配合比及调制方法　　表 22-55

种类	配合比(重量比)及调制方法	适用范围
聚醋酸乙烯腻子	用聚醋酸乙烯乳液(即白乳胶)加填充料(滑石粉或太白粉)羧甲基纤维素溶液拌匀而成。配合比为聚醋酸乙烯乳液：填充料：2%羧甲基纤维素溶液＝1：5：3.5	用于混凝土表面、抹灰表面
聚醋酸乙烯水泥腻子	用聚醋酸乙烯乳液加水泥和水拌成。配合比为聚醋酸乙烯乳液：水泥：水＝1：5：1	用于外墙厨房厕所浴室抹灰表面
石膏腻子	配制时将熟桐油和石膏粉拌合再加水调合即成。配合比为石膏粉：熟桐油：水＝20：7：50	木材表面和刷过清油后的墙面亦可用于金属面
水粉腻子	用骨胶太白粉拌合加适量颜料和水拌合均匀即成。配合比为太白粉：骨胶：土黄或其他颜料：水＝14：1：1：18	木材表面清漆的润水粉用
油粉腻子	先将熟桐油与松香水拌合再加入太白粉调合而成。配合比为太白粉：松香水：熟桐油＝24：16：2	木材表面清漆的润油粉用
金属面腻子	石膏粉：熟桐油：油性腻子或醇酸腻子：底漆：水＝20：5：10：7：4.5	用于金属面
喷漆腻子	配制方法同石膏腻子。配合比为石膏粉：白厚漆：熟桐油：松香水＝3：1.5：1：0.6，加适量水和催干剂(为白厚漆和熟桐油总重的1%～2.5%)	木材面金属面喷漆用

22.4.2　涂饰基层处理方法

各种涂料基层处理方法　　表 22-56

项次	基层种类	处理方法要点
1	木材面基　层	表面尘土、胶迹、臭油、污垢及灰浆，可用刷子、刮刀刮除干净；钉孔、榫头、裂纹、毛刺在清理后，用着色腻子嵌补平整，表面刮光，干后用砂浆打磨光滑，抹布擦净，松囊应将脂迹刮净，流松香的节疤挖掉；节疤、黑斑和松脂处用漆片点2～3遍，用油腻子(或不用)抹平，细砂纸轻磨、擦净；表面硬刺、木丝、木毛，可涂少许酒精点燃，使木刺变硬后，再进行打磨；有小活翘皮用小刀撕掉，在重皮的地方用小钉钉牢固。对浅色、本色的中、高级清漆装饰，还应采取漂白和着色处理

续表

项次	基层种类	处理方法要点
2	金属面基　层	表面铁锈、鳞皮、灰浆用钢丝刷、砂布、铲刀尖锤或废砂轮等打磨、敲铲刷除干净，再用铁砂布打磨一遍；亦可用空气压缩机喷砂方法将锈皮、氧化层、铸砂除净，再清洗擦干；砂眼、凹坑、缺棱、拼缝等处用石膏油腻子刮抹平整，用砂纸打磨、粉抹除净；毛刺用砂布磨光，油污用汽油、松香水或苯类清洗干净
3	抹灰面基　层	表面灰尘、污垢、溅沫和砂浆流痕等用刷子、铲刀、扫帚等清理干净；裂缝、凹陷处用油腻子嵌补均匀，干后磨光；抹灰层内小块石灰，要用小刀挖去嵌腻子，粗糙处用砂纸磨光
4	水泥砂浆基　层	墙面须用浓度15%～20%硫酸锌或氧化锌反复涂刷数次，将墙面有害漆膜的碱性和游离石灰洗去，干后除去析出的粉质和浮粒；凹陷处嵌腻子，干后磨光；有空鼓现象时，应铲除，用聚合物水泥砂浆修补，有孔眼时，应用水泥素浆修补或注入环氧树脂胶粘剂，干后磨平
5	塑料面基　层	表面上的尘土、塑膜、润滑剂和脂迹等杂质，用煤油、肥皂和水配成的乳液清洗剂清洗；对异常光滑的表面应用细砂纸加水细磨至微具线纹
6	石膏板基层	石膏板与结构主体连接处必须用合成树脂乳液腻子刮涂打底，固化后用砂纸打磨平整；石膏板连接处应做成V形缝，然后在缝中嵌填专用的合成树脂乳液石膏腻子，并贴玻纤接缝带抹压平整；整个石膏板面层用合成树脂乳液灰浆腻子刮涂打底，固化后用砂纸等打磨光滑
7	旧漆面基　层	如旧漆膜坚固完整，可用肥皂水或稀碱水擦洗干净，用清水冲洗揩干，再用矿物溶剂油揩洗刮腻子，干后打磨平滑即可。如油漆膜局部须清除时，除以上清洗干净外，还应经过刷清油、嵌批腻子、打磨、修补油漆等工序，使与旧漆膜平整一致，颜色相同。如旧漆膜已破裂脱落，则要全部清除。方法有以下几种：(1)碱水清洗法：用石灰和纯碱配成的稀溶液或5%～10%的氢氧化钠溶液，涂刷3～4遍，使旧漆膜脱落，再用铲刀刮去，用清水洗净，干后刮腻子、磨光上漆。(2)刀刮法：处理钢门窗可用圆形弯刀用力刮铲，将旧漆膜去掉。(3)火喷法：金属表面旧漆膜，可用喷灯火焰将漆膜烧化发焦，再用铲刀刮去。(4)刷隔离剂法：金属或木材面上，用脱漆剂刷在旧漆膜上，约0.5h后，待漆膜膨胀起皮，即可用铲刀钢丝刷将旧漆膜铲除，然后将污物清洗掉

22.4.3　油漆常用的涂刷方法

各种涂漆方法和适用范围　　表 22-57

名　称	施涂涂料方法	优缺点和适用范围
刷涂法	以人工用刷子蘸油漆刷在物件表面上，横刷竖顺，反复刷塌，使其达到匀净平滑一致为止。刷涂顺序一般为从里往外，从上往下，从左往右。外开门窗先外后里，内开门窗先内后外，同时遵守顺木纹及光线方向进行理平理直	优点：设备、工具简单，操作方便，用油省，施工条件不受限制，通用性、适用性较强 缺点：生产效率低，且漆膜质量、外观不易控制，不适于快干和扩散性不良的油漆施工。 适用于各种物件的涂漆
喷涂法	用喷枪等工具(图22-28)，借压缩空气的气流，将涂料从喷枪的喷嘴中喷成雾状液散布到物件表面上。喷射时每层往复进行，纵横交错，一次不能喷得过厚，需分几次喷涂以达到厚而不流，喷嘴应均匀移动，离物面的距离应控制在20～30cm，速度为10～18m/min，气压为0.3～0.4MPa，用大喷枪时为0.5～0.7MPa，也有的采用将涂料加温到70℃进行热喷涂，比一般喷涂法可节省溶剂2/3左右	优点：施工简单，工效高，漆膜分散均匀、平整、光滑、干燥快 缺点：涂料损耗量大(约20%)，需较多的稀释剂；需喷枪、压缩空气机等设备；施工应有通风、防水、防爆等安全设施。 适于大面积涂饰和形状复杂、涂刷费工的物面上

续表

名　称	施涂涂料方法	优缺点和适用范围
高压无气喷涂法	利用压缩空气（0.4～0.6MPa）驱动的高压泵，使涂料增压到15MPa左右，然后通过特殊喷嘴喷出，遇空气时剧烈膨胀、雾化成极细小漆粒散布到物件表面上，高压无空气喷涂设备如图22-29和图22-30所示	优点：生产效率高（3.5～5.5m^2/min）尤其对大面积施工更为显著；漆膜分散均匀、平整光滑、质量好；改善了劳动条件，漆雾少，可提高涂料喷涂黏度，扩大涂料品种 适用于大面积涂饰
擦涂法	用棉花（或白绒线）团包纱布（或白布）蘸漆在物面上顺木纹擦涂几遍，放置10～15min，待漆膜稍干后，再在面积较大处打圈揩涂，连续转圈或横着划“8”字形移动，如此揩擦多遍，做到均匀擦亮	优点：漆膜光亮、质量好。 缺点：较费工时 适用于擦涂漆片与小面积施工
滚涂法	系采用人造皮毛、橡皮或泡沫塑料制成的滚筒（ϕ40×170～250），通过滚花筒或在平盘上滚上油漆，在轻微压力下来回滚涂于物面上，速度不宜太快，待滚刷上油漆基本用完，再垂直方向滚动，使其赶平涂布均匀	优点：漆膜厚薄均匀，不流不坠，质感好；面积大可使用较稠油料，节省油料；操作简单，容易掌握，劳动强度低 缺点：边角不易滚到，需辅以刷涂方法。 适于室内墙面滚花等涂装

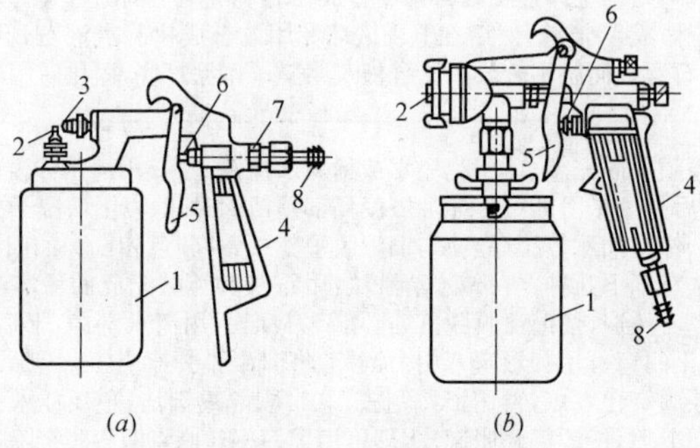

图22-28　喷枪构造

（a）PQ-1型（对嘴式）；（b）PQ-2型（吸出式）

1—漆罐；2—出漆嘴；3—出气嘴；4—手把；5—扳机；6—阀杆；7—空气螺栓；8—空气接头

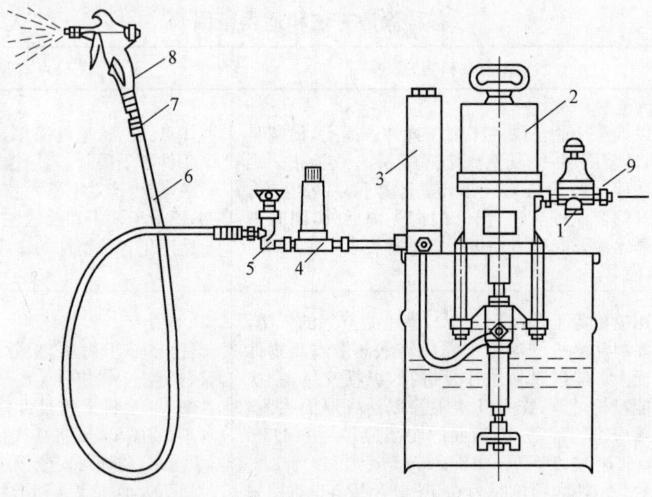

图22-29　高压无空气喷涂设备构造

1—调压阀；2—高压泵；3—蓄压器；4—过滤器；5—截止阀门；6—高压胶管；7—旋转接头；8—喷枪；9—压缩空气入口

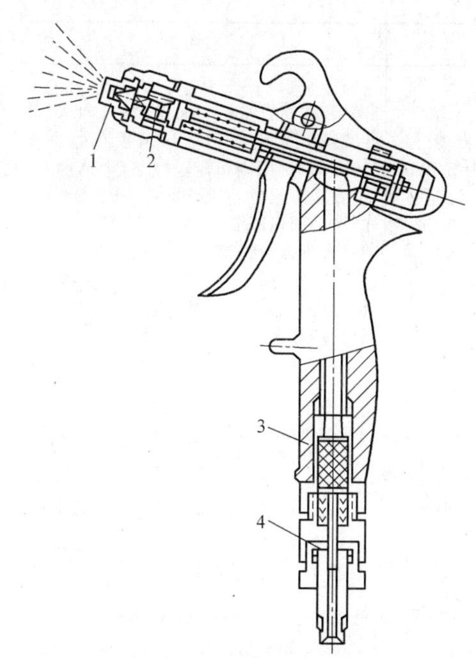

图 22-30 高压喷枪构造

1—喷嘴；2—针阀；3—过滤器；4—旋转接头

22.4.4 常用油漆的施涂方法

常用油漆施涂方法 表 22-58

项次	名称	施涂方法要点
1	刷混色油漆(厚漆、调合漆:厚漆一般用于室内外木质、金属物面的面层或打底;调合漆多用于室外木门窗或金属物面墙面做涂面层及用做厚漆打底的罩面漆)	(1)木材面干燥(含水率小于12%)后进行;施工气温不低于10℃,相对湿度不大于60%,室内应扫净 (2)门窗油漆宜先刷清油一遍,以防变形污染。在不平及缺陷处用腻子刮平收净,干后用砂纸磨光,抹布擦净 (3)厚漆使用时,须加25%～35%的清油或少量松香水稀释,搅匀过滤后使用。调合漆为成品漆,使用时要调匀,使浓淡适中 (4)刷漆一般为2～3遍,头遍漆宜稀,使其易渗入木纹,二三遍漆可较稠。刷下遍漆须等上一遍漆干透(常温下24h左右),漆膜不平处,用同色腻子修补填平,干后用砂纸打磨平滑,擦净再行涂刷,但不能磨穿油底,不可磨损棱角 (5)涂刷油漆时应做到横平竖直,纵横交错,均匀一致。刷最后一遍漆时,漆内不应加催干剂、稀释剂,同时要刷得薄而均匀。刷漆完毕,应保养7d
2	刷清漆(适用于一般中级和高级油漆涂装。润水粉油漆适用于室内物面或家具油漆;润油粉油漆适用于木门窗、板壁、地板油漆及金属表面罩光漆)	(1)清漆施工应保持环境和涂刷工具清洁,施工温度宜保持在10～25℃,一般用刷漆法刷2～3遍 (2)树脂清漆使用时应调均匀,过稠时,加稀清漆调配,或加200号溶剂汽油,漆片配制配合比为1∶0.4(酒精∶漆片) (3)刷清漆有显露木纹和在调合漆、漆片上罩面两种做法,后者无着色、润粉等工序 (4)涂漆前,应将基层打磨平滑扫净,刷一遍底子油,干燥24h后,用加色腻子将孔洞、裂缝、凹陷不平处填实、刮平,干后将残余腻子磨去

续表

项次	名　　称	施涂方法要点
2	刷清漆(适用于一般中级和高级油漆涂装。润水粉油漆适用室内物面或家具油漆;润油粉油漆适用于木门窗、板壁、地板油漆及金属表面罩光漆)	(5)润粉有水粉和油粉两种,润水(油)粉方法是用刷子或棉纱团蘸水(油)粉,纵横均匀涂抹揩擦在物面上,并擦满棕眼,待表面稍干(约10min),再用刷布轻轻擦去,干透前,再用刮刀、细砂纸将不易擦掉的粉子除净。水(油)粉干燥后,用细砂纸打磨平整,擦净粉末,达到表面平滑洁净后即可刷漆 (6)头遍清漆可调稀(加入20%～30%松香水),涂刷方法用分布、均匀、顺理三道工序。要做到均匀一致,理平理光,不可显露刷纹。每遍干燥3d以上,用细砂纸打磨,或用湿拭布擦,干后再刷次遍,直到要求的遍数。漆膜养护与厚漆相同
3	刷磁漆(适用于室内外金属、木质、混凝土、砂浆等表面及建筑上要求较高的涂装)	(1)磁漆为成品漆,调匀即可使用 (2)基层处理同混色油漆。处理好后表面刷底子油一遍,干后嵌批腻子,干后磨平 (3)表面清扫干净后上漆,一般构件均匀刷一遍即可,要求高的刷2～3遍。涂刷第一、二遍可加5%以内的松香水稀释,使之易渗入,最后一遍不加,涂刷方法与清漆相同
4	刷防锈漆(用于钢铁表面防锈用,不宜用于砖表面)	(1)金属面应干燥,表面尘土、油污、浮砂、鳞皮、锈斑、焊渣、毛刺应清除干净,不平处用腻子找平,干透后用砂纸磨光,缝隙应用防锈油腻子填抹密实 (2)金属表面除锈完毕,应在8h内刷底漆,底漆充分干燥后再涂刷次层油漆,间隔时间不少于48h,第一和第二遍涂刷间隔时间不应超过7d,第二遍干后,应尽快涂刷面漆 (3)刷防锈漆要均匀,不宜太厚,不得遗漏,有的面层可加刷各色调合漆或磁漆 (4)涂刷方法与涂刷调合漆相同
5	喷漆施工(适用于高级建筑中的大厅墙面,各种设备装置以及金属结构制品)	(1)喷漆用的设备有气泵、滤气罐、风管与喷枪等,喷枪有对嘴式、吸出式两种,以前者应用最多。喷涂时将手把掀压,压缩空气从嘴中喷出,带动漆液从漆罐中均匀喷涂于物面上 (2)基层处理同防锈漆,应在干燥后进行。喷涂底漆应选用配套底漆,有硝基底漆、铁红醇酸底漆、锌黄酚醛底漆、灰色脂胶底漆等 (3)嵌批头两遍腻子,用喷漆腻子将物面孔洞深凹处嵌平,干后用锌刀铲平,砂纸打磨平整,并清扫干净。喷第二、三遍底漆干后,均应用腻子找补,砂纸打磨,将物面擦净 (4)喷二、三遍喷漆,每遍横竖各扫一遍,喷时由稀逐渐加稠,每遍干后用砂纸打磨并清扫干净 (5)有打蜡出光要求时,砂蜡内应加入少量煤油,用纱布或棉纱蘸蜡在物面上均匀涂擦多次,反复用力揩擦到表面十分平整为止。最后再上光蜡,方法相同,要求薄而匀,赶光一致
6	刷(滚)涂乳胶漆(多用于外墙涂刷)	(1)混凝土和抹灰表面油漆前,应基本干燥(含水率不大于10%),不得有起皮、松散等缺陷。粗糙处应磨光,缝隙、孔洞和凸凹不平处用油腻子补平。外墙表面缝隙、孔洞和麻面应用水泥乳胶腻子填补,刷漆前应先刷一道封闭涂层(汁浆),然后再刷底子油、中间层和面层油漆,一般三遍成活 (2)乳胶漆稀释后应在规定时间内用完,并不得加催干剂 (3)涂漆采用刷涂或滚涂均可,施工气温不宜低于15℃,在正常气温下,每遍须间隔1h

22.4.5 建筑装饰涂料的施涂方法

建筑装饰涂料的施涂方法 表 22-59

名称	施涂方法	适用范围
刷涂法：以人工用刷子蘸涂料刷到基面	(1)涂刷时，其涂刷方法和行程长短均应一致 (2)如涂料干燥快，应勤蘸短刷，接缝宜在分格缝、水落管等处 (3)涂刷层次一般不少于两遍，前一遍涂层表干后才可进行后一遍漆刷，并两遍涂刷方向互相垂直，其间隙时间与涂料性能、施工环境温度、湿度有关，通常不少于 2～4h	宜用于细料状或云母片状的涂料
喷涂法：用喷枪等工具，借压缩空气的气流，将涂料从喷枪嘴中喷成雾状液散布到基面上	(1)喷涂饰面常用类型有波面喷涂、粒状喷涂和花点喷涂三种。波面喷涂其表面波纹起伏，粒状喷涂其表面布满细碎颗粒；花点喷涂则是在单一层的涂层上再喷不同色的涂料 (2)涂料稠度必须适中，空气压力 0.4～0.8MPa，喷射距离一般为 400～600mm，喷嘴中心线必须垂直墙面，喷枪运动要平行基面，运行速度要均匀一致 (3)喷涂施工宜连续作业，一气呵成，争取在分格缝再停歇 (4)室内喷涂一般是喷顶棚后喷墙面，两遍成活，间隔时间约 2h；外墙喷涂一般为两遍，较好的饰面或饰面厚度 3～4mm 时为三遍成活 (5)波面喷涂、喷头遍时基层变色即可，第二遍以喷至出浆但不流为度，第三遍喷至全部出涂料浆，表面均匀呈波状；粒状喷涂，采用喷斗进行，喷头遍满喷盖底，收水后开足气门喷布碎点，快速移动喷头，勿使出浆，第二、三遍应有适当间隔，以表面布满细碎颗粒、颜色均匀不出浆为原则 (6)门窗和不做喷涂的部位，应采取遮挡措施，防止污染 (7)饰面层收水后，在分格缝处用薄钢板刮子沿着靠尺板刮卡面层，露出基层，做成分格缝，缝内可涂刷涂料	宜用含粗颗粒填料或云母片状涂料
滚涂法： 将涂料抹于基层上，再用辊子滚出花纹，或直接用滚子沾涂料，在基面上滚出花纹	(1)根据涂料品种、要求的花饰来选择滚筒种类，滚筒按构造有平滚筒和花滚筒；按用途有刷滚(用于黏度很低近似于水的底涂层的涂刷)、布料滚(一般用于高黏度涂料厚涂层涂刷)和花样滚(可以直接滚出拉毛花样或滚压压出凹形式样两种)这三类 (2)滚涂时，滚刷上必须沾少量涂料，自上而下，滚压方向要一致，操作迅速 (3)滚涂压花时，涂料罩面后，滚涂必须紧跟进行，否则易出现浆少粒多、颜色变深现象，辊子运行要轻缓平稳，以保持花纹的均匀一致 (4)若进行滚花，应先在底色浆的小样板上滚花，做出样板满意后，才可大面积滚花。滚花时应从左向右，从上往下进行操作，每移动一次位置，应先较正好橡皮筒花纹的位置，以保持图案的一致	宜用于细料状或云母片状涂料
弹涂法： 借助电动或手动筒形弹涂器将各种颜色的涂料弹到墙面上，形成直径 2～8mm 大小近似，颜色不同、互相交错的圆粒色点或深浅色点相互衬托，形成一种彩采面层	(1)弹涂前应根据设计要求的花点大小和疏密，先试做样板。施工时必须经常对照样板，以保持整个墙面花点均匀一致 (2)在基层表面先刷 1～2 遍涂料，作为底色涂层，待其干燥后才能进行弹涂。门窗等不做弹涂部位应遮挡 (3)弹涂时，手托弹力器；先调整和控制浆门、浆量、弹棒和弹点粒径，然后开动电机，使机口垂直对正墙面，保持 300～500mm 距离按一定手势动作和速度，自上而下、自左至右循序渐进 (4)弹点时要注意弹点密度均匀适当，上下左右接头不明显 (5)弹点应分层次进行，一般要求主色点弹点较多，但不要一次弹成，以免色点重叠下流。如需几种色点时，将头遍色点半干后，再按顺序弹下一种色点 (6)对于压花型彩弹，弹涂后应有一人进行批刮压花，压花操作要用力均匀，运动速度要适当，方向竖直不偏斜，刮板和墙面角度在 15°～30°之间，要单向批刮，不往复操作 (7)弹点干后应喷刷罩面剂	宜用于云母片状或细料状涂料

22.4.6　外墙新型装饰涂料施涂方法

几种新型装饰涂料施涂做法　表 22-60

品　种	分层做法	施涂要点
复层涂料： 该涂料是以丙烯酸酯乳液或苯乙烯-丙烯酸酯共聚乳液和无机高分子材料为主要成膜物质的骨料型建筑装饰涂料，由底层涂料、主涂料（即骨架涂料）和面层涂料组成。可以组成质感丰富、立体感强、造型多样、色泽鲜艳的浮雕饰面。复层涂料的三个涂层可以采用同一材质的涂料，也可由不同材质的涂料组成 广泛用于建筑物的内、外墙面和顶棚的装饰	（1）1∶3 水泥砂浆打底找平 （2）喷（或滚）封闭底涂料一遍 （3）喷涂主涂层 1～2 遍。主层涂料可用合成树脂乳液复层涂料、硅溶胶复层涂料或聚合物水泥砂浆（配合比为水泥∶石英砂∶108 胶∶木质素∶水＝100∶10～30∶20∶0.1～0.2∶20） （4）面层涂料根据对光泽度要求选用水性涂料或溶剂型涂料。可采用喷（或滚）涂两遍	（1）基层表面清理干净、平整、干燥，含水率＜10%，pH 值 7～10 （2）底层封闭涂料可用喷涂、滚涂或刷涂工艺均可，而以喷涂和滚涂应用较多，要求涂刷均匀，不得遗漏，不易喷、滚部位应用毛刷补刷 （3）主涂层正式喷涂前，应根据设计要求，先喷涂样板，经有关单位鉴定同意后按样板确定施工工艺 （4）主涂层用喷斗喷涂，喷嘴距墙面 500mm 左右，喷头与墙面呈 60°～90°夹角，喷点规格有大、中、小三档之分，根据设计选用不同规格的喷嘴。一般“大点”选用 8～10mm 直径喷嘴，“中点”选用 6～7mm 直径喷嘴，“小点”选用 4～5mm 直径喷嘴。喷枪移动速度要均匀平稳。喷点过后需压花时，喷后 5～10min 便用胶辊蘸松香水轻轻滚压一遍 （5）主涂层如用合成乳液涂料时，喷后 24h 便可涂饰面层；如用聚合物水泥砂浆料时，则应先干燥养护 12h，再洒水养护 48h，干燥 24h 后方可涂饰面层 （6）面层涂料一般涂饰两遍，其时间间隔 2h。施工环境温度宜在 5℃以上 （7）基层原有分格条喷涂后即行揭去，分格缝可根据设计要求的颜色重新描涂
彩砂涂料： 该涂料是以合成树脂乳液（醋酸乙烯-丙烯酸酯共聚乳液、苯乙烯-丙烯酸酯共聚乳液）为胶粘剂，彩色石英砂为骨料，外加添加料等多种助剂配制而成。具有无毒、无溶剂污染，快干、不燃，耐候性、耐水性、耐碱性等优异性能，且利用骨料不同组配和颜色，使涂层形成不同层次，取得类似天然石材的丰富色彩和质感。有单色和复色两种。 用于各种板材及水泥砂浆抹面的外墙装饰	（1）1∶3 水泥砂浆或 1∶1∶6 混合砂浆打底、找平，厚 15～20mm （2）喷涂彩砂涂料面层	（1）基层表面必须平整、干净、干燥、含水率＜10%，pH 值＜9 （2）施工环境温度白天应在 5℃以上，夜间 0℃以上，施工后 12h 内避免淋雨，4 级以上风力不宜施工 （3）涂料浆可预先配制，也可在施工时临时配制。配料比要准确，静置 4h 以上，喷涂时要充分搅拌均匀。涂料浆的稠度以喷出后呈雾化状，喷在墙上不流动为原则 （4）涂料宜采用喷涂工艺施工。气压控制在 0.4～0.6MPa，喷嘴直径有 3mm、5mm、7mm 三种，视涂料粒度大小选取 （5）喷涂要保持同一方向，喷嘴距墙面 500mm 左右，且喷嘴垂直墙面。喷枪移动速度要均衡、平稳，使喷涂均匀，涂层厚度 1～3mm。接槎要与其他部位厚度一致，以保持颜色一致 （6）如需用硅溶胶等刷涂罩面，则需在涂层固化以后进行

续表

品　　种	分层做法	施涂要点
多彩花纹涂料： 该涂料是以水包油型单组分涂料，饰面由底、中、面层涂料复合而成。不仅光泽优雅、立体感强，还应具有优良的耐久性、耐油性、耐化学品性及耐洗刷性和一定的耐燃性。广泛用于高级住宅和公共建筑内墙面和顶棚的混凝土、砂浆、石膏板、木材等基层上装饰，是一种多种色彩的涂层，其质感类似于平整的塑料壁纸，但比壁纸厚实且整体性好	(1)1∶3水泥砂浆打底找平15～20mm厚 (2)喷(滚、刷)涂多彩涂料专用溶剂型封底涂料两遍 (3)喷(滚)水性涂料两遍 (4)喷涂多彩花纹涂料一遍	(1)基层表面必须平整、干净、干燥，含水率＜10%，pH值＜10。并用水与醋酸乙烯乳液(10∶1)的稀释乳液将SG821腻子调至合适稠度，对墙面的麻面、蜂窝、洞眼、残缺处进行嵌补，粗砂纸打磨 (2)满刮两遍腻子，方向互相垂直，每遍刮后用砂纸打磨平整、均匀、光滑 (3)底涂料可采用喷涂或滚涂工艺施工，要求涂层厚度一致，不得遗漏，一般两遍成活 (4)底涂层常温下4h后即可进行中涂层施工。中涂层可采用滚涂或喷涂工艺施工。滚涂分两遍进行。第一遍中涂层涂料需用电动搅拌枪充分搅拌均匀后，用辊子蘸料先横向滚涂后再竖向滚压，自上而下，从左到右，先边角、棱角、小面后大面，要求厚薄均匀。一个墙面要一气呵成，避免接槎。干燥4h后磨光，再滚涂第二遍。第二遍滚涂方法、要求与第一遍相同，但涂后不磨光。喷涂时按喷涂工艺进行，一遍成活 (5)中涂层干燥24h后进行面层涂料喷涂施工。面层涂料施工前应摇动容器，并用木棒搅拌均匀，但不得用电动搅拌机 (6)喷涂前先在局部墙面上试喷样板，以确定喷涂工艺参数和喷涂量 (7)喷涂时严格按喷涂工艺进行，料迹呈螺旋形前进，气压恒定在0.15～0.20MPa，一般喷涂一遍成活，如局部涂层不匀，应在4h内补喷

22.4.7 常用美术涂饰方法

外墙油漆涂饰做法　　表22-61

名称	分层做法	施　涂　要　点
假大理石	喷油漆两遍 表面刷一遍光油罩面	(1)基层干透，清扫干净，表面刮腻子、找平、打磨平，喷两遍油漆 (2)在墙面弹分格线，要求平直 (3)用喷枪将油漆均匀喷涂在丝棉网格(将丝绵一片片拉开形成透明网层，将四边固定在木框上，拉直拉平)上，即在墙面上形成大理石样的纹理图案 (4)喷嘴要垂直墙面，距离为15～20cm，空压机压力为0.6～0.8MPa (5)最后表面刷一遍光油罩面
彩色乳胶漆拉毛	清乳胶漆(聚醋酸乙烯乳胶液∶水＝1∶6) 乳胶腻子(聚醋酸乙烯乳胶液∶滑石粉∶石膏粉∶羧甲基纤维素＝1∶7.5∶1.5∶0.2并加适量水) 彩色乳胶漆(成品加适量色素)	(1)抹灰(或木材)基层缝隙用腻子补严密，刷底油一遍 (2)满刮头遍腻子，刮平括光，干透后打磨、修补、再打磨，然后薄刷一遍清乳胶漆 (3)满刮拉毛乳胶腻子，进行拉毛。三人一组，紧密配合，两人刮腻子，一人拉毛，系用滚子(如油印滚子，ϕ60×230，外包一层10mm厚软泡沫塑料)，由上而下，从左往右，往复滚动，先轻拉起毛峰后，顺毛峰再往下拉一道，做到大小适度，均匀一致，隔20min，由上往下压一次毛峰尖 (4)拉毛腻子干后(1d以上)，按设计遍数喷乳胶漆，自上而下，不留接槎痕迹

续表

名称	分层做法	施涂要点
套色花饰、仿壁纸图案	喷涂料2～3遍；表面一层光油罩面	(1)基层干燥，并清扫干净，表面刮腻子找平、打磨平 (2)用喷印方法进行，并按分色顺序喷印。前套漏板喷印完，待涂料(或料浆)稍干后，再进行下套漏板的喷印
滚花涂饰	喷(刷)涂料或料浆一遍、滚花涂饰一遍	(1)基层处理同套色花饰 (2)在墙面喷涂料或刷料浆，干后在表面弹出垂直粉线，要求垂直 (3)用滚筒沿粉线自下而上滚花涂饰，滚轴应垂直粉线，不得歪斜 (4)滚花完成后，在周边画色线或做花边、方格线
仿木纹、仿石纹	喷(刷)涂料一遍；表面涂施一遍清漆罩面	(1)基层处理同套色花饰 (2)在表面喷涂料一遍，在其上进行模仿纹理或油色拍丝操作 (3)待涂料干后在表面涂施一遍罩面清漆
涂饰鸡皮面层	刷涂厚质涂料一遍；表面或加刷一遍光油罩面	(1)基层处理同套色花饰 (2)刷涂厚质涂料一遍(在涂料中掺入20%～30%的太白粉，为重量比，并用松节油进行稀释)，刷涂厚度宜为2mm (3)在涂层表面拍打，使其起鸡皮皱面层，颗粒应均匀、大小一致

22.5　裱　糊

22.5.1　常用裱糊和粘结材料

常用裱糊壁纸、墙布的规格、性能、特性及适用范围　表22-62

名　称	规　格	性能、特性及适用范围
普通壁纸(纸基涂塑壁纸)： 常用的是以80g/m² 的木浆纸为基材，表面再涂以约100g/m² 左右高分子乳液，经印花、轧花而成的卷材	有印花涂塑壁纸、压花涂塑壁纸和复塑壁纸 规格有宽920mm、970mm、1000mm、1200mm，长50m/卷。 有单色印花、双色印花、单色轧花、沟底轧花、发泡轧花等品种 复塑壁纸宽有530mm、900mm、1000mm、1200mm，长有10m、15m、30m、50m等几种	(1)具有耐摩擦、可洗涤、坚韧耐折等性能，并且色彩柔和，具有仿丝织、线织及浮雕性花纹 (2)摩擦牢度：干磨25次，湿磨2次无明显掉色；光老化试验：20h以上无变色、褪色现象 (3)适用于一般饭店、民用住宅等建筑内墙、平顶等贴面装饰
发泡壁纸(浮雕壁纸)： 以100g/m² 的纸作基材，涂塑300～400g/m² 掺有发泡剂的聚氯乙烯(PVC)糊状料，印花后，再经加热发泡而成，表面呈凹凸花纹	规格有宽910mm、920mm、960mm、1000mm、1200mm，长50m/卷；宽530mm、1060mm，长10m/卷；宽1000mm，厚0.50mm(低发泡)、1.50mm(高发泡)。 有高发泡印花、低发泡印花、低发泡印花压花等品种	(1)具有耐摩擦、可洗涤、坚韧耐折等性能，并且色彩柔和，有仿纺织、线织及浮雕性花纹 (2)日晒牢度：20h；刷洗牢度，湿磨2次、干磨25次 高发泡壁纸是一种装饰、吸声多功能壁纸 (3)适用于影剧院、会议室、讲演厅、住宅平顶等装饰；低发泡印花压花壁纸适用于室内墙裙、客厅和内廊的装饰
麻草壁纸： 以纸为基层，以编织的麻草为面层，经复合加工而成	厚0.8～1.3mm，宽960mm，长30m、50m、70m；厚1.0mm，宽910mm，长商定 有天然麻草壁纸、草编壁纸、草麻类中国壁纸等品种	(1)具有阻燃、吸声、散潮气、不变形等特点，并具有自然、古朴、粗犷的大自然之美 (2)适用于会议室、接待室、影剧院、酒吧、舞厅以及饭店、宾馆的客房和商店的橱窗设计等

续表

名　　称	规　　格	性能、特性及适用范围
玻璃纤维墙布： 以中碱玻璃纤维织的坯布为基材，表面涂布耐磨树脂，印上彩色图案而成	厚度 0.17～0.28mm，宽度 840～900m，长度 50m/卷 重量 170～200g/m^2 有各种花色图案品种	(1)具有布纹质感，耐火、耐潮、不易老化等优点，但缺点是遮盖力稍差，涂层一旦被磨破会散落出少量玻璃纤维 (2)日晒牢度：4～6 级；刷洗牢度：3～5 级；摩擦牢度：3～5 级 (3)适用于一般民用建筑室内装饰
纯棉装饰墙布： 以纯棉平布经过处理和印花、涂层等工序制成	厚度 0.35mm；重量 115g/m^2；宽度 840mm	(1)具有无光、吸声、耐擦洗、静电小、强度大、蠕变性小等特点 (2)日晒强度 7 级；刷洗强度 3～4 级；湿摩擦 4 级；耐磨性 500 次 (3)适用于宾馆、饭店、公共建筑和较高级民用建筑中的装饰
化纤装饰墙布： 以化纤布为基材，经一定处理后印花而成	厚 0.15 ～ 0.18mm，宽 820 ～ 840mm，长 50m/卷	(1)具有无毒、无味、透气、防潮、耐磨、不分层等优点 (2)适用于宾馆、旅店、办公室、会议室和居民住宅等室内装饰
无纺墙布： 以用棉、麻等天然纤维或涤纶、腈纶等合成纤维，经无纺成型、上树脂，印刷彩色花纹而成	厚 0.12 ～ 0.18mm，宽 850 ～ 900mm；厚 0.8～1.0mm，宽 920mm，长 50m/卷；厚 1.0mm，重量 70g/m^2	(1)质挺、弹性好、表面光洁，花色鲜艳、图案多样，不褪色、不老化、不易折断，有良好的防潮、透气性能，可擦洗，对皮肤无刺激作用 (2)强度：涤纶无纺布 2MPa，麻无纺布 1.4MPa；粘结牢度：涤纶无纺布 5.1N/25mm，麻无纺布 2N/25mm (3)适用于多种建筑物的内墙面装饰，特别适用于高级宾馆、高级住宅等建筑
锦缎： 以丝编织而成	宽度 900mm，长度不限。有各种绚丽多彩、古雅精致的花色图案品种	(1)易粘贴，柔软易变形，室内音响清新、光线柔和、感觉舒适，但价格较贵 (2)适用于室内高级墙面装饰

常用裱糊胶粘剂 **表 22-63**

种类	胶粘剂名称	配合比及配制方法
普通壁纸	面粉胶	面粉：火碱＝10：1，面粉：明矾＝10：1 或面粉：甲醛(或硼酸)＝10：0.02，按比例加水煮成糊状使用
	108 胶	108 胶：羧甲基纤维素(1%～2%)：水＝100：20～30：60～80，或 108 胶：聚醋酸乙烯乳液：水＝100：20：50，按比例混合均匀使用
	聚醋酸乙烯乳液(白胶)	聚醋酸乙烯乳液：羧甲基纤维素：水＝100：20～30：适量，按比例混合均匀使用
	压敏胶	以橡胶为主要原料的胶粘剂。耐热、耐潮、耐冻、耐油、耐老化，剥离强度 0.25N/mm^2，抗拉强度 0.4N/mm^2
	BA-Z 型粉状壁纸胶粉	无毒无味，溶水速度快，初凝力强，不沾污壁纸，使用时，在 20 份水中加入 1 份胶粉。先将水搅成一个旋涡，然后将胶粉迅速倒入水中，再搅拌 5min 即可使用
发泡壁纸	108 胶	108 胶：水：羧甲基纤维素(1.5%～2%水溶液)＝100：60～80：20～30，按比例混合均匀使用

续表

种类	胶粘剂名称	配合比及配制方法
麻草壁纸	108胶	108胶：聚醋酸乙烯乳液：羧甲基纤维素＝70：10：20，用热水将羧甲基纤维素溶化后加入108胶和白胶
玻璃纤维墙布	聚醋酸乙烯乳液	聚醋酸乙烯乳液：羧甲基纤维素＝60：40，调配中根据墙面不同吸水性，加入适量水调稀至便于操作
纯棉装饰墙布	108胶	108胶：羧甲基纤维素（4%溶液）：聚醋酸乙烯乳液：水＝100：30：10：适量，按比例混合均匀使用
化纤装饰墙布	108胶	108胶：羧甲基纤维素（4%溶液）：水＝100：20～30：60～80，按比例混合均匀使用或根据各生产厂家配套供应的专用胶水
无纺墙布	聚醋酸乙烯乳液	聚醋酸乙烯乳液：羧甲基纤维素（2.5%溶液）：水＝100：80：20，按比例混合均匀使用
锦缎	108胶	108胶：羧甲基纤维素（2.5%溶液）：水＝100：30：50或108胶：水＝1：1，按比例混合均匀使用
	金虎牌胶粉	胶粉：水＝1：20，按比例将胶粉加入水中搅匀约6～8min，溶解成糊状使用

注：1. 常用腻子配合比（重量比）为乳胶腻子：滑石粉：聚醋酸乙烯乳液：羧甲基纤维素（2.5%溶液）＝5：1：3：5；乳胶石膏腻子：石膏：聚醋酸乙烯乳液：羧甲基纤维素（2%溶液）＝10：0.5～0.6：6；油性石膏腻子：石膏：聚醋酸乙烯乳液：熟桐油＝20：50：7。

2. 调配好的胶粘剂应用400孔/cm^2筛子过滤，并应当天用完。

22.5.2 基层处理方法

裱糊基层处理方法　　表22-64

项次	项目	基层处理方法要点
1	混凝土抹灰基层	基层表面的浮灰、砂粒，污垢、尘土及凸出部分应清除干净；泛碱部位，宜使用9%的稀醋酸中和、清洗。对麻点、凹陷、孔眼与裂缝用腻子批嵌、找平并磨平，然后满刮腻子一遍，并打磨砂纸、磨光扫净；凸出基层表面的设备或附件卸下，钉帽应进入基层表面，并涂防锈涂料，钉眼用油性腻子填平。墙体阴阳角要顺直。裱糊前，应以1：1的108胶水溶液等做底胶，在基面满刷一遍。基层含水率不得大于8%
2	石膏板木质基层	纸面石膏板上应先用油性石膏腻子局部找平；无纸面石膏板应先刮一遍乳胶石膏腻子；木基层要求接缝不显接槎，不外露钉头。接缝、钉眼应用腻子补平，并满括石膏腻子一遍，用砂纸磨平。木基层的含水率不得大于12%。裱糊壁纸前在基层上宜涂刷一层涂料，使其颜色与周围墙面颜色一致
3	旧墙基层	凹凸不同部位应修补平整，并清理旧有浮松油漆和砂浆粗粒。对修补过的接缝、裂缝、麻点、凹窝等，应用腻子分1～2次刮平，再根据墙面平整、光滑程度确定是否满刮腻子。附着牢固、表面平整的旧溶剂型涂料墙面，裱糊前应打毛处理，并涂刷界面剂
4	不同基层	石膏板和木基层或石膏板与抹灰面、抹灰面与木基层相接处，应用壁纸带或穿孔纸带粘糊封口，以防裱糊后壁纸被拉裂撕开；处理好的基层表面要喷或刷浆，抹灰基层用108胶：水＝1：1；木基层用酚醛清漆：汽油＝1：3，要求均匀一致。当一种基层表面颜色较深时，应满刮石膏腻子或在胶粘剂适当掺入白色涂料，如白色乳胶漆等；当相邻部位的基层颜色深浅不一时，应使其颜色一致，避免裱糊后色泽有差异

22.5.3 壁纸、墙布裱糊施工

裱糊施工方法 表 22-65

项次	项目	施工方法要点
1	一般要求	(1)裱糊的基层表面颜色宜一致，对于遮盖力低的壁纸、墙布、基层表面颜色应一致 (2)湿度较大的房间的经常潮湿的墙体表面，如需做裱糊时，应采用有防水性能的壁纸和胶粘剂等材料 (3)裱糊工程基体或基层的含水率：混凝土和抹灰面不得大于8%；木材面不得大于12% (4)裱糊基层涂抹的腻子，应坚实牢固，不得粉化、起皮和裂缝；裱糊所用壁纸、墙布均不得受日晒、雨淋，压延壁纸和墙布应平放，发泡壁纸和复合壁纸则应竖放 (5)裱糊过程中和干燥前，应防止穿堂风劲吹和温度的突然变化。冬期裱糊应在采暖条件下进行
2	普通壁纸裱糊	(1)裱糊前，墙面应弹垂直线，顶棚应弹一条直线，作为准线。裱糊一般顺序是：基层处理、涂刷底胶、墙面划准线、安排分幅和搭接关系、裁纸、闷水、刷胶、纸上墙、裱糊、整理纸缝(拼缝、搭接、对花)，清理修整、擦净纸面 (2)按房间大小及墙纸门幅进行选配，决定拼缝部位、尺寸及条数，并分幅拼花裁切。一般大墙面采取整幅对缝拼接，不足一幅的应放在较暗或不明显部位，阴角处接缝应搭缝。搭缝面应在墙面死角处，阳角不能留缝，应用壁纸连接包裹，并按顺序进行编号 (3)壁纸裁切后，边缘应平直整齐，无纸毛、飞刺，卷好平放。铺前背面要刷水润湿或闷水，使纸充分吸湿伸胀，并平放晾干，然后刷胶，要求刷得薄而均匀，不裹边。卷成纸筒(粘结面朝外)按顺序编号排列待用 (4)按壁纸门幅位置自上而下在墙面涂刷胶粘剂，待稍干将壁纸从上而下推进并抹平。壁纸应从窗口下面中心线开始粘贴。第一幅壁纸要在墙面弹垂线按线粘贴，第二幅壁纸紧挨第一幅壁纸进行平缝拼接，一侧对花拼缝到底，再粘上大面。先用压边小工具将拼缝压严，再用橡皮滚筒在大面来回滚压严实，将气泡赶出，使接缝平整光滑，如有胶挤出，要及时清理；对无须对接图等花纹的壁纸，其接缝也可采用搭接法，即将相邻两幅壁纸重叠30mm左右，然后用靠尺及壁纸刀在重叠处中心切开，分别撕去各自边条后，用刮板和压平辊滚压赶出气泡，挤出的多余胶液随即擦去，最后用接缝辊将接缝压平 (5)整个房间粘贴好后，再进行修整工作，把两头多余部分用刀割齐，电线插座、阴角等部位应仔细粘贴牢固，并检查对花拼缝是否完整，如有污脏、空鼓、气泡、死折、离缝、翘边、张嘴等现象，要及时纠正和清理干净，或填108胶后压实。要求距离1.5m看不出接缝，斜视无胶迹、起壳
3	发泡壁纸裱糊	(1)施工时，待基层底胶干燥后，弹垂直线，起线位置从墙的阴角开始，离阴角10～20mm为宜 (2)裁纸时，应注意花纹的上下方向，每条纸上端根据印花对应，在花纹循环的同一部位裁，并应裁成方角，长度根据墙高而定。当纸条间颜色有微小差别时，应予以分类，分别安排在不同墙面上 (3)发泡壁纸吸水后能胀出10mm左右，因此须把壁纸先放在水槽中浸泡3～5min，然后取出水槽后抖掉多余水分，静置20min，使壁纸充分伸胀 (4)刷胶时，在墙面和壁纸背面同时刷胶，要求刷得薄而均匀，纸背刷胶后，胶面与胶面应对叠，以避免胶干得太快，也便于上墙 (5)裱糊时，根据阴角搭接的里外关系，决定先做哪一片墙面。贴每一片墙的第一条壁纸前，要先在墙上弹一条垂直线作为准线。每片墙先从较宽的一角以整幅纸开始，将窄条留在较暗的一端或门两侧阴角处。裱糊应先从一侧由上而下开始，上端不留余量，对花接缝到底，要求缝严，用手或棉线将接缝每100mm压一下相对固定，然后由对缝一边开始，用干净胶刷(不用橡皮辊)从纸幅中间同时向上、下划动，迫使壁纸贴在墙上，赶出气泡，溢出的胶液随时擦净，发现有搭缝和离缝的地方，应适当加以调整 (6)阴角不对缝，采用搭缝做法。阳角不甩缝，包角要严实，没有空鼓、气泡，注意花纹和阴角的直线关系 (7)壁纸表面轧有花纹，压缝赶气泡时用力要适度，除胶刷和棉线外，不得使用其他硬质工具，以免压平纸面的凹凸、纹理质感

续表

项次	项目	施工方法要点
4	麻草壁纸裱糊	(1)根据墙面尺寸,裁剪好壁纸料,粘贴前,先在壁纸背面刷上少些水,但不能湿 (2)将配好的胶粘剂,取一部分加水 3～4 倍的量调均匀,刷在墙上作为底胶 (3)将配好的胶粘剂加 1/3 水后调匀,分别刷在壁纸背面和墙面上各一遍,然后将壁纸上墙粘贴 (4)贴好壁纸后用小胶辊将壁纸压一遍,达到吃胶、牢固去褶子的目的
5	墙布裱糊	(1)裱糊墙布,应先将墙布背面清理干净。裱糊顺序与普通壁纸大体相同,只是无闷水工序 (2)裱糊前应弹线找规矩,量好墙面需粘贴长度,并适当放长 10～15cm,有花色图案的墙布,裁剪时应注意花色图案的拼接,并根据其整倍数裁剪,便于花形拼接 (3)贴墙布胶粘剂应随用随配,以当天施工用量为限 (4)墙布无吸水膨胀特性,不需预先湿水,可直接往基层上(墙布不刷胶)刷胶裱糊。刷时要均匀,稀稠适度。 (5)裱糊第一幅墙布必须按所弹垂线粘贴,先在基层上刷胶,将裁好成卷墙布,自上而下严格按对花要求渐渐放下(注意上边留出 50cm 左右),用湿毛巾将墙布抹平贴实,割出上下多余布料。对阴阳角、线脚以及偏斜过多地方,可以开裁拼接,或进行叠接,其他裱糊操作方法及注意事项与裱糊普通纸相同
6	锦缎裱糊	(1)裱糊前,在墙面弹出第一幅锦缎裱糊位置垂直线,然后放出距地面 1.3m 的水平线,并在墙面四周贯通,以使锦缎粘贴时,其花形与线对齐,花形图案达到横平竖直的效果 (2)向墙面用滚涂或涂刷的方法涂刷胶粘剂,胶粘剂涂刷面积不宜过大,应刷一幅宽度,贴一幅。同时在锦缎背面刷一层薄薄的胶水(水∶108 胶＝8∶2),涂刷要均匀,不漏刷,刷胶水后锦缎应静止 5～10min 后上墙粘帖 (3)粘贴第一幅锦缎应从不明显阴角开始,从左到右,按垂线上下对齐,粘贴平整,贴第二幅时,花形对齐,上下多余部分裁去,按此粘贴完毕,贴最后一幅,也要贴阴角处。凡花形图案无法对齐时,可采用取两幅叠起裁划方法,然后将多余部分去掉,再在墙上和锦缎背面刷胶,使两边拼合贴密。也可先在锦缎背面裱糊一层宣纸,使锦缎挺直,易于操作 (4)锦缎裱糊完工后,要保持室内干燥,通风良好,避免墙面渗水返潮
7	质量要求	(1)壁纸、墙布的种类、规格、图案、颜色和燃烧性能等级必须符合设计要求及国家现行标准的有关规定 (2)裱糊工程基层处理应符合要求 (3)裱糊后各幅拼缝应横平竖直,拼接处花纹、图案应吻合,不搭接,不显拼缝 (4)壁纸、墙布应粘贴牢固,不得有漏贴、补贴、脱层、空鼓和翘边 (5)裱糊后的壁纸、墙布表面应平整,色泽应一致,不得有波纹起伏、气泡、裂缝、皱折及斑污,斜视时应无胶痕;复合压花壁纸的压痕及发泡壁纸的发泡层应无损伤;壁纸、墙布与各种装饰线、设备线盒应交接严密;壁纸、墙布边缘应平直整齐,不得有纸包、飞刺;壁纸、墙布阴角处搭接应顺光,阳角处应无接缝

22.5.4　软包墙面施工

软包墙面施工方法　　**表 22-66**

项次	项目	施工方法要点
1	组成特点及使用	(1)软包墙面系由木基层板、木龙骨、填充料、人造革、织物面层铺钉而成,按面层材料的不同,可分为:平绒织物软包、锦缎织物软包、毡类织物软包、皮革及人造革软包、毛面软包、麻面软包及该类挂毯软包等 (2)具有柔软、消声、温暖、防潮,并具有厚实、豪华、古朴、美观、优雅等特点 (3)适用于会议室、录音室、娱乐厅、健身房,幼儿园、电话间等一些有声学及防碰撞要求的建筑中,还可用于餐厅和会议室使环境高雅,用于客厅起居室等可使环境更加舒适

续表

项次	项目	施工方法要点
2	材料要求	(1)木基层材料:木龙骨、木基层板、木条等木材的树种、规格、等级、防潮、防蛀、腐蚀等处理,均应符合设计图纸要求和国家有关规范的技术标准。木龙骨料一般用红、白松烘干料,含水率不大于12%,不得有腐朽、节疤、劈裂、扭曲等疵病。其规格应按设计要求加工,并预先经过防腐、防火、防蛀处理 木基层板一般采用胶合板(三合板或九合板),颜色、花纹要尽量相似或对称,含水率不大于12%,厚度不大于20mm。要求纹理顺直、颜色均匀、花纹近似,不得有节疤、扭曲、裂缝、变色等疵病。胶合板进场后必须抽样复验,其游离甲醛释放量应≤1.5mg/L(干燥器法) (2)面层材料:人造革、锦缎、墙布等面料,其防火性能必须符合设计要求及建筑内装修设计防火的有关规定。海绵橡胶板、聚氯乙烯泡沫板等填充材料,其防火性能必须符合设计要求及建筑内装修设计防火的有关规定。饰面用的木压条、压角木线、木贴脸(或木线)等,采用工厂加工的成品,含水率不大于12%,厚度及质量应符合设计要求 (3)其他材料:胶粘剂、防火涂料、防腐剂、钉子、木螺栓钉及其他材料,根据设计要求采用。其中胶粘剂、防腐剂必须满足环保要求
3	操作工艺方法	(1)操作程序:基层或底板处理→吊直、套方、找规矩、弹线→计算用料、套裁填充料和面料→粘贴面料→安装贴脸或装饰边线→修整软包墙面 (2)基层处理:检查墙面、基层垂直度和平整度,其值不大于3mm。墙面基层含水率不得大于8%。墙面基层应涂刷清油或防潮涂料,严禁用沥青油毡做防潮层 (3)弹线、打木楔:墙面基层按设计要求弹出标高线、分格线、打木楔孔。当设计无规定时,木龙骨竖向间距400mm,横向间距300mm;门框竖向正面设双排龙骨孔,距墙边80~100mm,孔直径为12~14mm,深度不小于40mm,梅花式布置,间距250~300mm (4)钉木楔、装木龙骨:木楔应做防腐处理,不削尖,直径略大于孔径,以便于楔紧,木楔钉入后端部与墙面平齐。木龙骨,厚度一致,跟线钉在木楔上,钉头砸扁,与木楔钉牢。冲入2mm。墙面上安装家电的电气盒,在铺钉木基层时,应加钉电气盒框格,以便电气盒能安装。用靠尺检查龙骨面的垂直度和平整度,偏差不大于3mm (5)铺钉胶合板:三合板铺钉前应在板背面涂刷防火涂料,满涂,涂均匀。木龙骨与胶合板接触的一面应刨光,使铺钉的三合板平整。用气钉枪将三合板钉在木龙骨上。胶合板接缝应设在木龙骨上,钉头应埋入板内,使其牢固、平整 (6)制软包面层: 1)依据施工设计图,在木基上划出墙、柱面上软包的外框及造型尺寸,并按此尺寸锯割九合板,按线拼装到木基层上。九合板钉出来的框格,即为软包的位置。九合板的铺钉方法与钉胶合板相同。 2)按框格尺寸,裁出所需的泡沫塑料块,用建筑胶粘剂,将泡沫塑料块粘贴于框格内。从上往下用织锦缎包覆泡沫料块。 3)裁剪织锦缎和压角木线。木线长度尺寸,应按软包边框裁制,在90°角处接45°割角对缝,织锦缎应比泡沫塑料块周边宽50~80mm。 4)将裁好的织锦缎连同做保护层用的塑料薄膜覆盖在泡沫塑料块上,用压角木线压住织锦缎的上边缘,展平、展顺织锦缎以后,用气枪钉钉牢木线。然后,绷紧展平织锦缎,钉织锦缎下边缘木线。用同样的方法钉左右两边的木线。压角木线要压紧、钉牢,织锦缎面应展平绷紧不起皱。最后,用锋刀沿木线的外缘裁下多余的织锦缎与塑料薄膜。在木基层上直接做软包如图22-31所示。采用硬收边时,应钉收边边框 (7)软包安装完工后,应全面检查和修整。接缝处理要精细,做到横平竖直,框口端正 (8)如采用预制软包块拼装软包墙面,其操作工艺与上述方法基本相同 (9)施工注意事项:施工时室内相对湿度不能高于85%;阳角处不允许留拼接缝,应包角压实;阴角拼缝宜在暗面处
4	质量要求	(1)软包面料、内衬材料及边框的材质、颜色、图案、燃烧性能等级和木材的含水率应符合设计要求及国家现行标准的有关规定 (2)软包工程的安装位置及构造做法应符合设计要求 (3)软包工程的衬板、龙骨、边框应安装牢固,无翘曲,拼缝应平直 (4)单块软包面料不应有接缝,四周应绷压严密 (5)软包工程表面应平整、洁净,无凹凸不平及皱折,图案应清晰,无色差,整体应协调美观,边框应平整、顺直,接缝吻合 (6)软包工程安装的允许偏差和检验方法应符合表22-67的规定

软包工程安装的允许偏差和检验方法 表 22-67

项次	项 目	允许偏差(mm)	检验方法
1	垂直度	3	用1m垂直检测尺检查
2	边框宽度、高度	0,-2	用钢尺检查
3	对角线长度差	3	用钢尺检查
4	裁口、线条接缝高低差	1	用钢直尺和塞尺检查

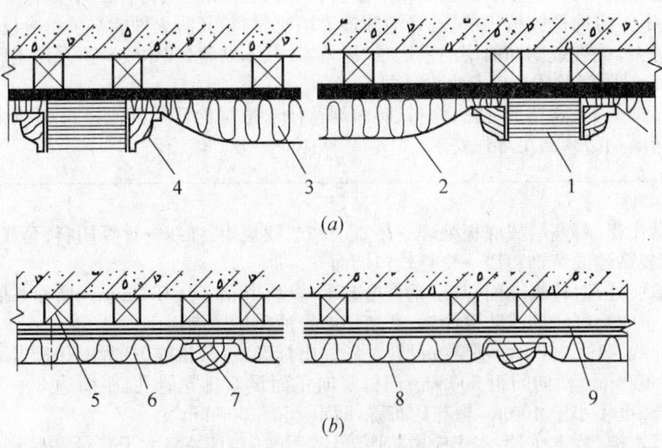

图 22-31 在木基层上直接做软包构造示意

(*a*) 饰面用锦缎；(*b*) 饰面用织物布

1—九合板；2—锦缎；3—泡沫塑料块；4—压角木线；5—木龙骨；6—海绵；7—木压条；8—饰面织物布；9—衬板

22.5.5 硬包墙面施工

硬包墙面施工方法 表 22-68

项次	项目	施工方法要点
1	组成、特点及使用	(1)由皮革、织物等面料铺钉在一定尺寸的木衬板块上组成硬包板块，然后按序逐一挂贴于墙面上的木基层板上而形成硬包墙面，如图22-32所示。根据面层材料不同可以分为平绒织物硬包、锦缎织物硬包、毡类织物硬包、皮革及人造革硬包以及麻面硬包等 (2)具有柔软、温暖、舒适、豪华、美观、优雅等特点，适用于娱乐厅、餐厅、会议室、客厅、起居室等
2	材料要求	(1)木龙骨：一般用红松、白松或杉木的烘干料，含水率不大于12%，不得有扭曲、劈裂、腐朽等疵病，规格按设计要求，一般为(20～50)mm×(40～50)mm，安装前应经防火、防腐、防蛀、防潮处理 (2)木基层、木底板：一般用胶合板或密度板，厚度按设计要求，一般为9mm、12mm或15mm等，含水率不大于12%，不得有扭曲、裂缝、变色、脱层等疵病。板材进场应有产品合格证、质量检测报告，其游离甲醛含量应小于1.5mg/L(干燥器法)。安装前应经防火、防腐、防潮处理 (3)面层材料：皮革、织物等面层材料的品种、材质、颜色、花形图案等应符合设计要求 (4)木压条、木贴脸等木线，宜采用加工厂加工的成品，含水率不大于12%，厚度及质量应符合设计要求 (5)其他材料：胶粘剂、防火涂料、防潮剂、防腐剂、钉子、木螺钉及其他材料，应根据设计要求选用，其中胶粘剂、防腐剂等必须满足环保要求

续表

项次	项目	施工方法要点
3	操作工艺方法	(1)施工程序：基层或底板处理→吊直、套方、找规矩、弹线→裁割衬板及试饰→计算面料、套割面料→粘贴面料→安装 (2)基层处理：检查墙面的垂直度和平整度，其值不大于3mm。墙面基层含水率不得大于8%。墙面基层应涂刷清油或防潮涂料，严禁用沥青油毡做防潮层 (3)弹线、打木楔：墙面基层按设计要求弹出标高线、分格线。打木楔孔，当设计无要求时，木龙骨竖向间距一般为400mm，横向间距一般为300mm，门框竖向正面设双排龙骨孔，距墙边80～100mm，孔直径为12～14mm，深度不小于40mm，梅花式布置，间距250～300mm (4)打木楔、装木龙骨：木楔应做防腐处理，不削尖，直径略大于木楔孔，以便于楔紧，木楔打入后端面与墙面平齐，木龙骨厚度应一致，跟线钉在木楔上，钉头砸启，与木楔钉牢，冲入面层2mm，用油腻子嵌平，用靠尺检查龙骨面的垂直度和平整度，偏差不大于3mm (5)铺钉木基层板：胶合板或密度板铺钉前应在板背面涂刷防火涂料，满涂均匀，木龙骨与胶合板接触面应刨光，使铺钉的胶合板平整，用气钉枪将胶合板钉牢于木龙骨上，胶合板接缝应设在木龙骨上，钉头应埋入板内0.5～1.0mm，用油性腻子嵌平。如在轻质隔墙上安装硬包饰面，则在隔墙龙骨上安装基层板即可 (6)裁割衬板并试铺：根据设计图纸要求，按硬包造型尺寸裁割衬底板材，衬板尺寸应为硬包造型尺寸减去外包饰面的厚度，一般为2～3mm，衬板厚度应符合设计要求。衬板裁割完毕后，即可将挂墙套件按设计要求固定于衬板背面，然后按图纸所示尺寸、位置试铺衬板，尺寸位置有误差的须调整好，再将衬板按序拆下并在背面编号，以待粘贴面料 (7)计算用料、套割面料：根据设计图纸要求，进行用料计算及面料套裁，面料裁切尺寸需大于衬板(含板厚)40～50mm，同一房间、同一图案的面料必须同一卷材料套裁 (8)粘贴面料：按设计要求将裁切好的面料按照定位标志找好横竖坐标上下摆正粘贴于衬板上，并将大于衬板的面料顺直衬板贴至衬板背面，然后用胶水及钉子固定(图22-32*a*) (9)硬包板块安装：将粘贴完面料的硬包板块，按编号挂贴于墙面基层板上，并调整平直 (10)注意事项：硬包装饰工程已完的房间应及时清理干净，并设专人管理(加锁、定期通风换气、排湿)，避免污染和损坏 (11)质量要求：参见软包墙面的质量要求

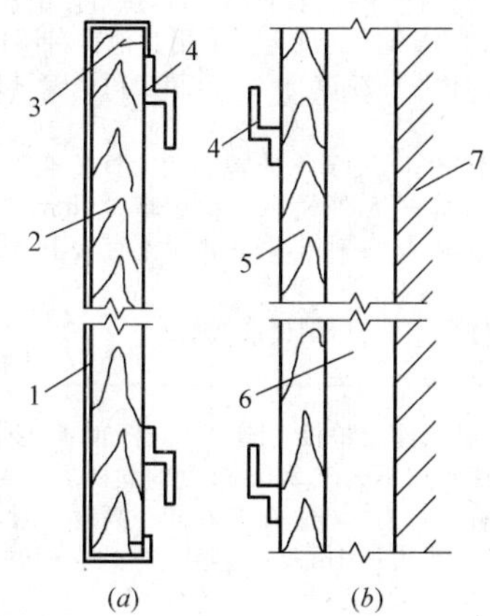

图22-32 硬包安装示意

(*a*) 硬包板块；(*b*) 木基层板面

1—面料；2—衬板；3—钉子；4—挂件；

5—木基层板；6—木龙骨；7—墙体

23 脚 手 架

23.1 外脚手架

23.1.1 扣件式钢管脚手架

扣件式钢管脚手架组成及搭设 **表 23-1**

项次	项目	搭设方法要点
1	基本组成	(1)扣件式钢管脚手架系以标准钢管(立杆、横杆和斜杆),以特殊的扣件作连接件组成的脚手骨架,与脚手板、防护构配件、连墙件等搭设而成的临时结构架(图 23-1)。具有工作可靠、装拆方便和适用性强等优点 (2)钢管宜采用 ϕ48.3×3.6 钢管,其材质应采用现行国家标准《直缝电焊钢管》(GB/T 13793—2008)或《低压流体输送用焊接钢管》(GB/T 3091—2008)中规定的 Q235 普通钢管,其质量应符合现行国家标准《碳素结构钢》(GB/T 700—2006)中 Q235 级钢的规定。脚手架钢管必须进行防锈处理,即对购进的钢管先行除锈,然后外壁涂防锈漆一道和面漆两道。脚手管使用过程应定期进行防锈处理。钢管有严重锈蚀、弯曲、压扁、损伤和裂纹者不得使用。立杆、纵向水平杆(大横杆)的钢管最大尺度不大于 6.5m,或每根最大重量不超过 25.8kg 为宜,横向水平杆(小横杆)一般长度为 1.9～2.3m 近年来强度较高、耐腐蚀性能较好的低合金钢管在扣件式钢管脚手架中已有试点应用,其与普碳钢管的技术经济指标列于表 23-2 中,其与扣件连接的性能(扣件抗滑力等)要符合要求。必须经稳定性验算合格才可使用 (3)连接用可锻铸铁扣件有三种,即直角扣件(十字扣),供两根垂直相交的钢管连接用;旋转扣件(回转扣),供两根任意相交钢管连接用;对接扣件,供对接钢管用。扣件材质应符合现行国家标准《钢管脚手架扣件》(GB 15831—2006)的规定。采用其他材料制作的扣件,应经试验证明其质量符合该标准的规定后方可使用。扣件应经过 60N·m 扭力矩试验,扣件各部位不应有裂纹,在螺栓拧紧扭力矩达 65N·m 时,不得发生破坏 (4)扣件式钢管脚手架的底座用于承受脚手架立杆传递下来的荷载,用可锻铸铁制造,亦可用厚 8mm、边长 150mm 的钢板作底板,外径 60mm、壁厚 3.5mm、长 150mm 的钢管作套筒焊接而成 (5)脚手板可采用钢、木、竹材料制作,每块重量不宜大于 30kg。脚手板材质、铺设和构造要求见表 23-3 (6)防护构配件、连墙件可用管材、型材或线材
2	立杆搭设	(1)每根立杆底部应设置底座或垫板。脚手架立杆底部必须设置纵、横向扫地杆。纵向扫地杆应采用直角扣件固定在距底座上皮不大于 200mm 处的立杆上。横向扫地杆亦应采用直角扣件固定在紧靠纵向扫地杆下方的立杆上。当立杆基础不在同一高度上时,必须将高处的纵向扫地杆向低处延长两跨与立杆固定,高低差不应大于 1m。靠边坡上方的立杆轴线到边坡的距离不应小于 500mm。脚手架底层步距不应大于 2m(图 23-2) (2)立杆必须用连墙件与建筑物可靠连接,连墙件布置间距可参见表 23-4 (3)立杆接长除顶层顶部可采用搭接外,其余各层各部接头必须采用对接扣件连接。立杆上的对接扣件应交错布置:两根相邻立杆的接头不应设置在同步内,同步内隔 1 根立杆的两个相隔接头在高度方向错开的距离不宜小于 500mm;各接头中心至主节点的距离不宜大于步距的 1/3 (4)立杆采用搭接时,搭接长度不应小于 1m,应采用不少于 2 个旋转扣件固定,端部扣件盖板的边缘至杆端距离不应小于 100mm (5)立杆顶端宜高出女儿墙上皮 1m,高出檐口上皮 1.5m (6)双排脚手架的搭设限高为 50m,当需要搭设 50m 以上的脚手架时,应采取调整立杆间距或分段卸载等措施,并应通过计算复核。脚手架从上往下 24m 允许单立杆,24m 以下为双立杆。双立杆必须都用扣件与同一根纵向水平杆扣紧,不得只扣 1 根,单双立杆的连接构造方式如图 23-3 所示

续表

项次	项目	搭设方法要点
3	纵向水平杆搭设	(1)纵向水平杆宜交错设置在立杆的内侧和外侧，以减少立杆偏心受力情况，其长度不宜小于3跨 (2)纵向水平杆接长宜采用对接扣件连接，也可采用搭接。采用对接时，扣件应交错布置，两根相邻纵向水平杆的接头不宜设置在同步或同跨内；不同步或不同跨两个相邻接头在水平方向错开的距离不应小于500mm；各接头中心至最近主节点的距离不宜大于纵距的1/3(图23-4)；当采用搭接时，搭接长度不应小于1m，应等间距设置3个旋转扣件固定，端部扣件盖板边缘至搭接纵向水平杆端的距离不应小于100mm (3)当使用冲压钢脚手板、木脚手板时，纵向水平杆应作为横向水平杆的支座，用直角扣件固定在立杆上
4	横向水平杆搭设	(1)脚手架立杆主节点处必须设置1根横向水平杆，用直角扣件扣接且严禁拆除。主节点处两个直角扣件的中心距不应大于150mm。在双排脚手架中，靠墙一端的外伸长度 a 不应大于 $0.4l$(l——计算跨度)，且不应大于500mm (2)作业层上非主节点处的横向水平杆，宜根据支承脚手板的需要等间距设置，最大间距不应大于纵距的1/2 (3)当使用冲压钢脚手板、木脚手板时，双排脚手架的横向水平杆两端均应采用直角扣件固定在纵向水平杆上
5	脚手板铺设	(1)作业层脚手板应满铺、铺稳，离开墙面120～150mm (2)钢(木)脚手板应设置在3根横向水平杆上。当脚手板长度小于2m时，可采用两根横向水平杆支承，但应将脚手板两端与其可靠固定，严防倾翻。两块脚手板均可采用对接平铺，或搭接铺设。采用对接平铺时，接头处必须设两根横向水平杆，脚手板外伸长应取130～150mm，两块脚手板外伸长度的和不应大于300mm；脚手板搭接铺设时，接头必须支在横向水平杆上，搭接长度应大于200mm，其伸出横向水平杆的长度不应小于100mm (3)作业层端部脚手板探头长度应取150mm，其板长两端均应与支承杆可靠地固定
6	连墙件设置	(1)连墙件布置的最大间距应符合表23-4的要求。其布置宜靠近主节点设置，偏离主节点的距离不应大于300mm，且应从第一步纵向水平杆处开始设置，当该处设置有困难时，可改用抛撑，抛撑应采用通长杆件，并用旋转扣件固定于脚手架上，与地面倾角为45°～60°，连接点中心至主节点距离不应大于300mm。对于一字形、开口形脚手架的两端必须设置连墙件，它的垂直距离不应大于建筑物的层高，也不应大于4m(2步) (2)对高度在24m以下的脚手架宜采用刚性连墙件与建筑物可靠连接(图23-5*a*、图23-5*b*、图23-5*c*)，亦可采用拉筋与顶撑配合使用的附墙柔性连接方式(图23-5*d*)。严禁使用仅有拉筋的柔性连墙件。对高度24m以上的双排脚手架，必须采用刚性连墙件与建筑物可靠连接。连墙件应与墙面垂直，不得向上倾斜，下倾角度不宜超过15℃。当连墙件与框架梁、柱中预埋连接件连接时，必须待梁、柱混凝土达到不低于15MPa的强度 (3)当连墙件的轴向荷载(水平力)的计算值大于6kW时，应增设扣件加强其抗滑动能力 (4)装设连墙件时，应保持立杆的垂直度要求，避免拉固时产生变形
7	支撑的设置	(1)脚手架纵向支撑应设在脚手架的外侧，沿高度由下而上连续设置。搭设高度24以下的脚手架，每15m设置一道，且在转角或两端必须设置；搭设高度24m以上的脚手架，沿长度连续设置 (2)纵向剪刀支撑的宽度不应小于4跨，且不应小于6m，斜杆与地面的夹角宜在45°～60°之间。纵向支撑应用旋转扣件与立杆和横向水平杆扣牢，连接点距脚手架节点不大于150mm；纵向支撑钢管接长宜采用搭接，搭接长度不小于400mm，并用两只旋转扣件扣牢 (3)当脚手架搭设高度在24m以上时，每隔6跨要设置横向支撑，横向支撑的斜杆应在同一节间，由底到顶层呈“之”字形连续布置，以提高脚手架的横向刚度。非封闭型脚手架两端必须设置横向支撑，中间宜每隔六个立杆纵距设置一道。为便于施工，操作层处的横向支撑可临时拆除，待施工转入另一操作层时再补上，高度在24m以下的封闭型脚手架可不设横向支撑
8	门洞设置	脚手架遇有需开施工通行的门洞时，可按以下要求处理： (1)门洞口抽取1根立杆时，应在脚手架内外两侧搭设人字斜杆 (2)门洞口抽取两根立杆时，应在架手架内、外两侧加设斜杆，必要时再将门洞口上的内、外排纵向水平杆用两根钢管加强 (3)门洞上两侧立杆应验算其稳定性。验算时应将抽取立杆所承担的荷载分别由门洞两侧立杆承受，如验算结果稳定性不够，应将门洞两侧立杆改用双钢管加强

续表

项次	项目	搭设方法要点
9	护栏和挡脚板	在铺脚手板的操作层上必须设挡脚板和2道护栏。上栏杆≥1.2m。挡脚板亦可用加设一道低栏杆(距脚手板面0.2～0.3m)代替
10	斜道设置和人梯	(1)高层脚手架斜道宜附着外脚手架设置。多作为人员上下之用，其宽度不宜小于1.0m，坡度宜采用1∶3。斜道为“之”字形，拐弯处应设置平台，其宽度应不小于斜道宽度。斜道两侧及平台外围均应设置栏杆及挡脚板。栏杆高度应为1.2m，挡脚板高度不应小于180mm (2)斜道两侧，端部及平台外围，必须设置纵向剪刀支撑，同时还相应设置连墙件 (3)斜道脚手板铺设，当采用横铺时，应在横向水平杆上增设纵向支托杆，纵向支托杆间距不应大于500mm；当脚手板顺铺时，接头宜采用搭接；下面的板头应压住上面的板头，板头的凸棱处宜采用三角木填顺。斜道脚手板上应每隔250～300mm设1根防滑木条，木条厚度宜为20～30mm (4)在一般中小建筑物上大多不用斜道而用人梯。人梯根据情况可采用高梯或短梯。高度不大于10m的架子可用高梯上下，梯阶高度不大于400mm，梯子坡度以60°为宜，上端用绳索绑在架子上，下端支设于地面。两梯连接使用时，连接处应绑扎牢固，必要时设支撑加固。短梯一般长2.5～2.8m，宽400mm，阶距0.3m，可用ϕ25×2.5钢管作梯架，ϕ14钢筋作梯步焊接而成，并在上端焊ϕ16挂钩。短梯置于架子内，上端挂于横向水平杆上，下端支设于脚手架上，梯子保持60°～80°倾斜
11	搭设质量要求	(1)立杆的垂直偏差应不大于架高的1/300，并同时控制其绝对偏差值；当架高≤20m时，为不大于50mm；20m<架高≤50m时，为不大于75mm；架高>50m时，为不大于100mm (2)纵向水平杆水平偏差不大于总长度的1/250，且不大于50mm同跨内外高度差不大于10mm (3)横向水平杆水平偏差不大于10mm，外伸尺寸误差不应大于50mm (4)脚手架的步距、立杆横距偏差不大于20mm，立杆纵距偏差不大于50mm (5)扣件紧固力矩宜在45～55N·m范围内，不得低于40N·m或高于65N·m (6)连墙点的数量、位置要正确，连接牢固，无松动现象
12	脚手架的拆除	(1)拆除前应全面检查脚手架的牢固情况，并根据检查结果补充完善施工组织设计中的拆除方案 (2)单位工程负责人应认真、仔细地向操作人员进行拆除安全技术交底 (3)清除脚手架上的杂物及地面障碍物。设警戒区，设置明显标志，安排专人警戒 (4)拆除作业必须由上而下逐层进行，严禁上下同步作业。连墙件必须随脚手架逐层拆除，严禁先将连墙件整层或数层拆除后再拆脚手架；分段拆除高差不应大于2步，如高差大于2步，应增设连墙件加固 (5)当脚手架拆至下部最后1根立杆的高度(约6.5m)时，应先在适当位置搭设临时抛撑加固后，再拆除连墙件 (6)拆下的扣件和配件应及时运至地面码堆存放，严禁高空抛掷

低合金钢管与普通碳钢管技术经济参数比较　　表23-2

项次	钢材类别		低合金钢管		普碳钢管	比值 (2)/(3)
1	钢号		STK-51	SM490A	Q235	
	代号		(1)	(2)	(3)	
2	外径(mm)×壁厚(mm)		ϕ48.6×2.4	ϕ48×2.5	ϕ48.3×3.6	
3	屈服点σ_s(N/mm^2)		353	345	235	1.47
4	抗拉强度σ_b(N/mm^2)		500	490	400	1.23
5	截面积A(mm^2)		348.3	357.2	506	0.71
6	截面特性	惯性矩I(cm^4)	0.32	9.278	12.71	0.73
7		回转半径c(m)	1.636	1.645	1.59	1.03
8	按强度计的受压承载力p_N(kN)			≤87.52	≤84.79	1.03
9	可承受的最大弯矩M(kN·m)			≤0.94	≤0.88	1.1
10	耐大气腐蚀性			1.20～1.38	1	1.2～1.38
11	每吨长度(m/t)			357	252	1.42

脚手板材质、铺设和构造要求 **表 23-3**

名称	材质要求及规格	铺设和构造要求
木脚手板	用杉木或松木板，腐朽、扭纹、破裂及透节的木板不能使用。材质应符合国家标准Ⅱ级材的规定。 脚手板长 3～6m，宽 200～350mm，厚 50mm	距板端 8cm 处，用 10 号钢丝箍绕 2～3 圈，并用钉子卡住，或用镀锌薄钢板箍钉牢
竹脚手板 (图 23-6)	用生长三年以上毛竹或南竹，青嫩、枯脆、裂纹、白麻、虫蛀的竹片不能使用 分竹笆板和竹片板两种 竹笆板，长 2.0～2.5m，宽 0.8～1.2m 竹片板，长 2.0m、2.5m、3.0m，宽 250mm，厚 50mm	竹笆用平放的竹片，纵横编织，横竹片一正一反，边缘处纵横竹片相交点用钢丝扎牢。用于作斜道板时，应将横竹片作纵筋，竹黄向上，以防滑 竹片板子将并列的竹片，用直径 8～10mm 的螺栓挤紧，螺栓间距 50～60cm，离板端20～25cm
钢脚手板 (图 23-7)	用无严重锈蚀、弯曲的 1.5～2.0mm 厚的薄钢板其材质应符合现行国家标准《碳素结构钢》(GB/T 700—2006)中 Q235-A 级钢的规定 脚手板长 1.5m、2.0m、2.5m、3.0m，宽 250mm，厚 50mm。新、旧脚手板均应涂防锈漆	用薄钢板冷加工冲压而成。板面上冲有梅花形布置的 $\phi 25$ 凸包或翻边圆孔防滑。钢跳板的连接方式有挂钩式、插孔式及 U 形卡式(图 23-8)，接头处安装两根小横杆，悬出部分大于 0.15m，小横杆间的最大间距为 1.5m，在斜道上连接采用挂钩式或 U 形卡连接件。每块钢跳板容许线荷载为 1.75kN/m 或集中荷载 2kN

连墙件布置最大间距 **表 23-4**

脚手架高度		竖向间距(h)	水平间距(l_a)	每根连墙件覆盖面积(m^2)
双排	≤50m	$3h$	$3l_a$	≤40
	>50m	$2h$	$3l_a$	≤27
单排	≤24m	$3h$	$3l_a$	≤40

注：h——步距；l_a——纵距。

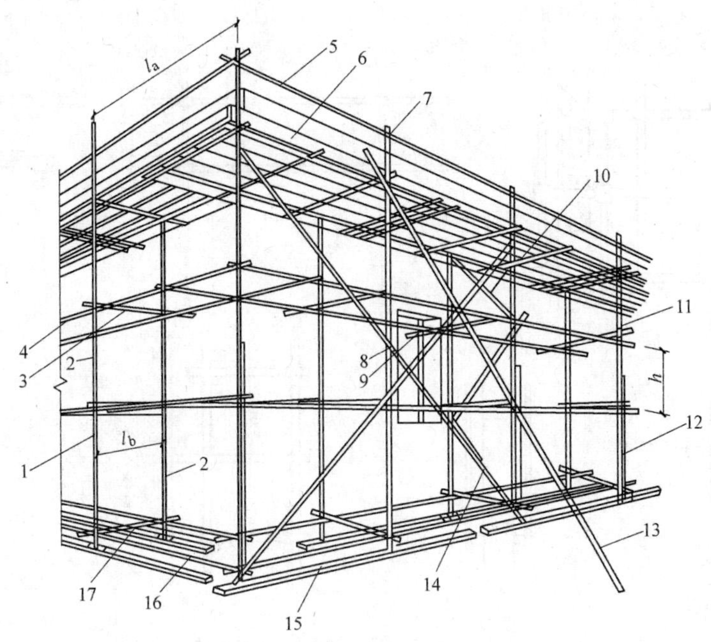

图 23-1 扣件式钢管脚手架的组成

1—外立杆；2—内立杆；3—横向水平杆；4—纵向水平杆；5—栏杆；6—挡脚板；7—直角扣件；8—旋转扣件；9—连墙件；10—横向斜撑；11—主立杆；12—副立杆；13—抛撑；14—剪刀撑；15—垫板；16—纵向扫地杆；17—横向扫地杆

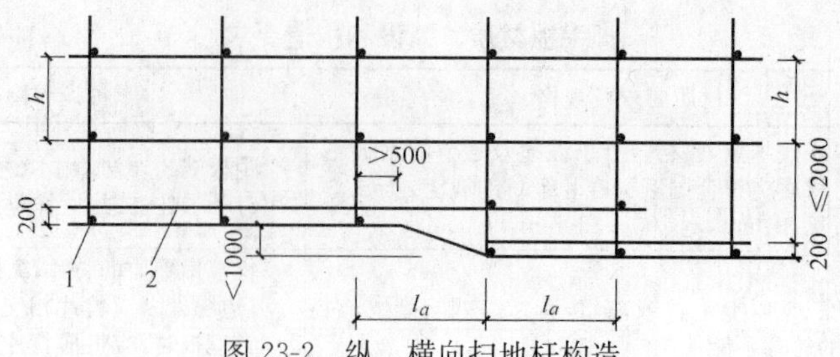

图 23-2　纵、横向扫地杆构造

1—横向扫地杆；2—纵向扫地杆

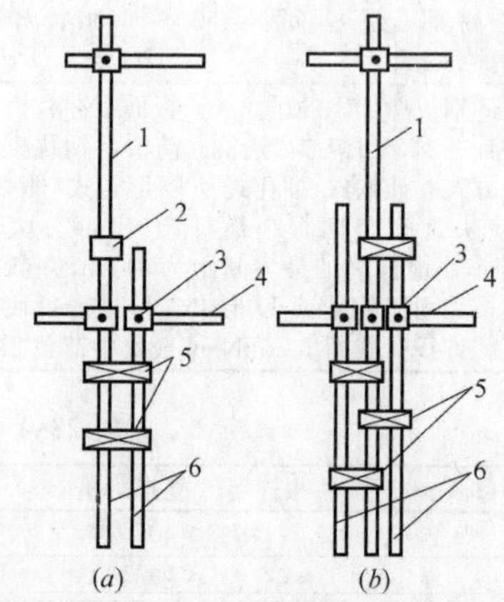

图 23-3　单立杆和双立杆的连接方式

(a) 单杆相接；(b) 双杆连接

1—上单立杆；2—接长口；3—直角扣件；4—纵向水平杆；5—旋转扣件；6—下双立杆

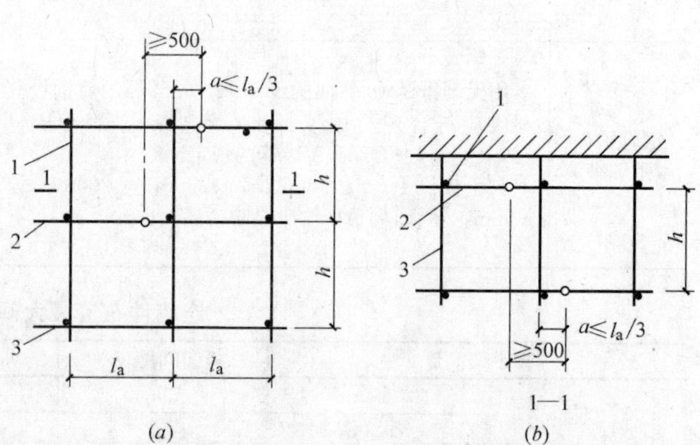

图 23-4　纵向水平杆对接接头布置

(a) 接头不在同步内（立面）；(b) 接头不在同跨内（平面）

1—立杆；2—纵向水平杆；3—横向水平杆

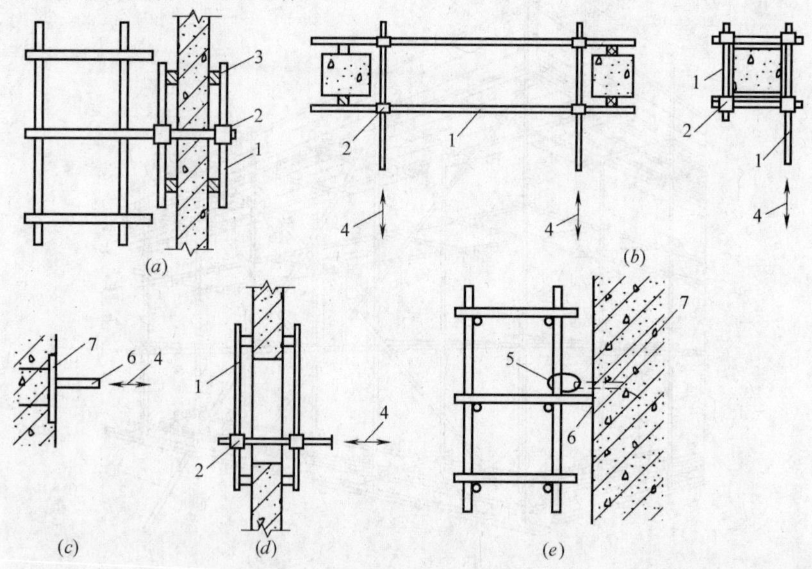

图 23-5　脚手架与主体结构连接

(a) 双排架与墙的刚性连接（平面）；(b) 与框架柱的刚性连接；(c) 与带短钢管预埋件刚性连接；(d) 与门窗洞口处墙的刚性连接；(e) 双排架与主体结构柔性连接（立面）

1—短钢管或附加钢管；2—直角扣件；3—抱木；4—连向立杆或横向水平杆；5—双股 8 号钢丝与预埋件拉紧；6—顶梁；7—预埋铁件；8—短钢管

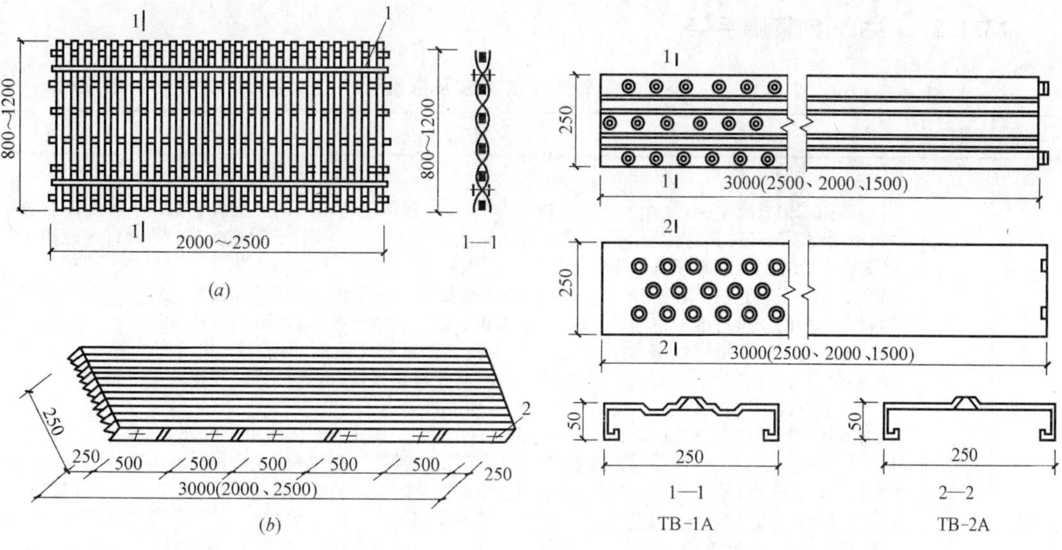

图 23-6 竹脚手板形式与构造

(a) 竹笆板；(b) 竹尾并列脚手板

1—用钢丝扎紧；2—ϕ8～ϕ10 螺栓

图 23-7 钢脚手板形式与构造

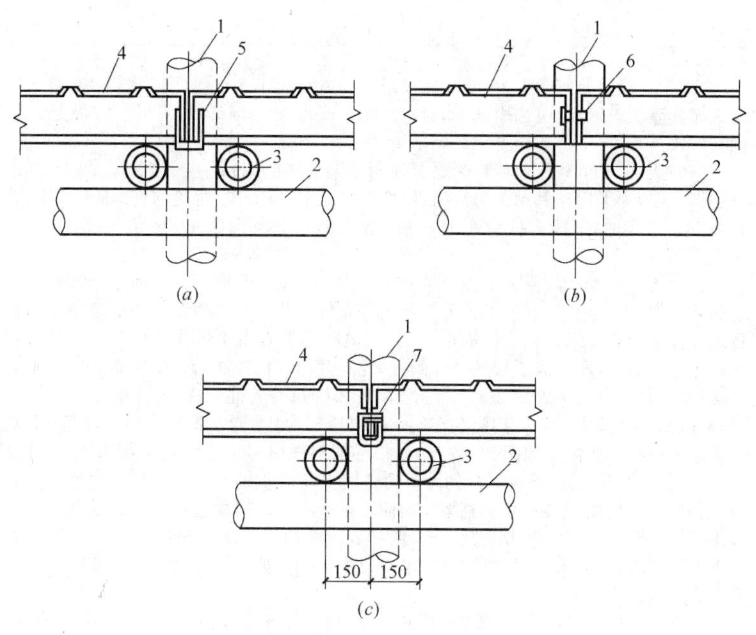

图 23-8 钢脚手板连接方式

(a) 挂钩式；(b) 插孔式；(c) U形卡式

1—立杆；2—纵向水平杆；3—横向水平杆；4—脚手板；

5—挂钩；6—插销；7—U形卡

23.1.2 碗扣式钢管脚手架

碗扣式钢管脚手架组成及搭设 表 23-5

项次	项目	搭设方法要点
1	基本组成及功能特点	(1)碗扣式钢管脚手架，又称多功能碗扣型脚手架，是我国参考国外同类型脚手架接头和配件构造自行研制而成的一种多功能脚手架。脚手架由钢管立管、横管、碗扣接头组成。其核心部件为碗扣接头，是由上、下碗扣、横杆接头和上碗扣限位销等组成(图 23-9)。在立杆上焊接下碗扣和上碗扣的限位销，上、下碗扣和限位销的间距为 600mm，将上碗扣套入立杆内。在横杆和斜杆上焊接插头。组装时，将上碗扣的缺口对准限位销后，即可将上碗扣拉起(沿立杆向上滑动)，把横杆接头插入下碗扣圆槽内，随后将上碗扣沿限位销滑下，并顺时针旋转以扣紧横杆接头(用锤敲击几下即可达到扣紧要求)，利用限位销固定上碗扣即成。碗扣接头可同时连接 4 根横杆，横杆可以互相垂直或偏转一定角度，可组成直线形、曲线形、直角交叉形等以及其他形式等。 (2)碗扣式钢管脚手架的原设计构配件，共计有 23 类 55 种规格，按其用途可分为主构件、辅助构件、专用构件三类。主构件系构成脚手架主体的杆部件，共有 6 类 25 种规格，有立杆、顶杆、横杆、单排横杆、斜杆及立杆底座 6 类；辅助构件系用于作业面及附壁拉结等的杆部件，共有 13 类 24 种规格，如向横杆、脚手板、斜道板、挡板、挑梁、架梯、立杆连接销、直角撑、连墙撑、高层卸荷拉结杆以及立托支撑、横拖带、安全网支架 13 类；专用构件主要有专用构件支撑柱，提升滑轮、悬挑板和爬升挑梁 4 类 6 种规格。立杆顶杆、横杆和单排横杆均为 $\phi48\times3.5$ Q235 钢管制成，斜杆为 $\phi18\times2.2$ Q235 钢管两端铆接斜杆接头制成。市场有成品供应，可购置自行组装 (3)碗扣接头具有很好的强度和刚度：下碗扣轴向抗剪极限强度为 166.7kN，上碗扣偏心的极限强度为 42kN；横杆接头的抗弯能力，在跨中集中荷载作用下为 6～9kN·m (4)碗扣式脚手架具有结构简单，构造合理，杆件全部轴向连接，力学性能和整体稳定性好，工作安全可靠，构件轻，装拆方便，操作容易，作业劳动强度低以及零部件少，损耗率低，同时可使用一般钢管脚手架进行改制等优点。适用于多层、高层建筑结构施工和装修作业两用外脚手架以及各种形式脚手架使用 (5)双排脚手架一般构造如图 23-10 所示，曲线形双排脚手架构造如图 23-11 所示
2	双排外脚手架组装构造	(1)碗扣式双排外脚手架，一般立柱横距 1.2m，步距 1.8m，纵距依建筑物结构，脚手架搭设高度及荷载等具体要求确定，可选用 0.9m、1.2m、1.5m、1.8m、2.4m 等多种尺寸，根据使用要求有以下几种构造形式： 1)重型架(用于重载作业或作为高层外脚手架的底层架)；立杆取较小纵距(0.9m 或 1.2m)。对于高层脚手架，为了提高其承载力和搭设高度，采取上、下分段，每段立杆纵距不等的组装方式，如图 23-10 所示。组架时，下段立杆纵距取 0.9m 或 1.2m，上段则用 1.8m 或 2.4m，即每隔一根立杆取消一根 2)普通架(作为砌墙、模板工程等结构施工用)：立杆纵距取 1.5m、横距 1.2m、步距 1.8m 3)轻型架(主要用于装修、维护等作业用)，立杆纵距 1.8m、横距 1.2m、步距 1.8m。另外，也可根据场地和作业荷载要求搭设立杆横距为 0.9m 的窄脚手架和立杆横距为 1.5m 的宽脚手架 (2)斜撑设置可增加脚手架的整体刚度，提高其稳定承载能力。斜杆同立杆的连接与横杆与立杆的连接相同，其节点构造如图 23-12 所示。对于不同尺寸的框架，应配各相应长度斜杆。斜杆可装成节点斜杆(即斜杆接头同横杆接头装在同一碗口接头内)或装成非节点斜杆(即斜杆接头同横杆接头不装在同一碗扣接头内)，如图 23-13 所示，但一般斜杆应尽量布置在框架节点上，根据荷载情况，高度在 20m 以下的脚手架，设置斜杆的面积为整架立面面积的 1/5～1/2；高度超过 20m 的高层脚手架，设置斜柱的框架面积要不小于整架立面面积的 1/2。在拐角边缘及端部必须设置斜杆，中间可均匀间隔布置。此外对于一字形及开口型脚手架，应在两端横向框架内沿全高连续设置节点斜杆。20m 以下的脚手架，中间可不设廊道斜杆；20m 以上的脚手架，中间应每隔 5～6 跨设置一道沿全高连续设置的廊道斜杆 竖向剪刀撑的设置应与碗扣式斜杆的设置相配合，一般高度在 20m 以下的脚手架，可每隔 4～6 跨设置一道沿全高连续搭设的剪刀撑，每道剪刀撑跨越 5～7 根立杆，设剪刀撑的跨内不再设碗扣式斜杆；高度在 20m 以上的高层脚手架，应沿脚手架外侧以及全高方向连续设置，两组剪刀撑之间用碗扣式斜杆。其设置构造如图 23-14 所示 纵向水平剪刀撑可增强水平框架的整体性和均匀传递连墙撑的作用。对于 20m 以上的高层脚手架，应每隔 3.5 步架设置一层连续、闭合的纵向水平剪刀撑

续表

项次	项目	搭设方法要点
		(3)连墙撑是脚手架与建筑物之间的连接件，除防止脚手架倾倒、承受偏心荷载和水平荷载作用外，还可加强约束，提高脚手架的稳定承载能力。一般情况下，对于高度在20m以下的脚手架，可四跨三步设置一个(约$40m^2$)；对高层及重载脚手架，则要适当加密，60m以下的脚手架至少应三跨三步布置一个(约$25m^2$)；60m以上的脚手架至少应三跨二步布置一个(约$20m^2$)连墙撑设置应尽量采用梅花形布置方式。连墙撑应尽量连接在横杆层碗扣接头内，同脚手架、墙体保持垂直。碗扣式连墙撑同脚手架连接与横杆同立杆连接相同。其构造如图23-15所示。连墙撑亦可用扣件、钢管与结构柱、墙连接固定 (4)脚手板可以使用碗扣式脚手架配套设计的钢制脚手板，也可使用普通钢脚手板，木脚手板、竹脚手板等。使用配套钢脚手板时，必须将其两端的挂钩牢固地挂在横杆上，不得浮放；其他类型脚手板应配合间横杆一块儿使用。脚手板一般允许铺设3层，1层铺在第2层楼面作为安全防护层，2层为操作层，随施工进度向上转移 (5)安全网防护设置。一般脚手架外侧要满挂封闭式安全网(立网)，并应与脚手架立杆、横杆绑扎牢固，绑扎间距应不大于0.3m。根据规定在脚手架底部和层间设置水平安全网。水平安全网可用安全网支架直接用碗扣接头固定在脚手架上
3	脚手架的搭设与拆除	(1)施工准备： 1)脚手架施工前必须制定施工设计或专项方案，并经审核批准后实施；由技术人员按施工设计或专项方案要求向施工操作人员进行技术交底 2)对进场的脚手架构配件，应按品种、规格分类堆放，清点数量，并对其质量进行复验，合格后方可使用 3)连墙件如采用预埋方式，应提前与设计协商，并保证预埋件使用时其混凝土强度已达到15MPa 4)脚手架地基基础必须按施工设计进行施工，按地基承载力进行验收，然后按施工设计或专项方案的要求进行放线定位 (2)脚手架搭设： 1)将底座(或可调底座)和垫板准确地安放到定位线上，垫板宜采用长度不少于2跨，厚度不小于50mm的木垫板，底座的轴心线应与地面垂直。当地势不平或高层及重载脚手架底部应用立杆可调座，相邻立杆地基高差小于0.6m时，可直接用立杆可调座调整立杆高度，使立杆接头碗扣处于同一水平面内，当相邻立杆地基高差大于0.6m时，则先调整立杆节间，使同一层碗扣接头高差小于0.6m，再用立杆可调座调整高度，使其处于同一水平面内，如图23-16所示 2)将立杆插在立杆底座或立杆可调底座内，采用3.0m和1.8m两种不同长度立杆相互交错，参差布置，上面各层均采用3.0m长立杆接长，顶部再用1.8m立杆找齐(或同一层用同一种规格立杆，最后找齐)，以避免立杆接头处于同一水平面上 在装立杆时应及时设置扫地横杆，将所装立杆连成一整体，以保证立杆的整体稳定 3)横杆同立杆的连接是靠碗口接头锁定，连接时，先将上碗扣滑至限位销以上并旋转，使其搁在限位销上，将横杆接头插入下碗扣，待应装横杆接头全部装好后，落下上碗扣预锁紧 4)立杆的接长是靠焊于立杆顶端的连接管承插而成。立杆插好后，使上部立杆底端连接孔同下部立杆顶端连接孔对齐后，插入立杆连接销并锁定 5)脚手架搭设应按立杆、横杆、斜杆、连墙件的顺序逐层搭设，每次上升高度不大于3m。脚手架的搭设应与施工高度同步上升，每次搭设高度必须高于即将施工楼层1.5m，但也不得高出二步架 6)脚手架的搭设应分阶段进行，第一阶段的撂底高度一般为6m，搭设后必须经过检查，要求立杆垂直度偏差$\leqslant H/200$，纵向水平杆直线度偏差$\leqslant L/200$，横杆间水平度偏差$\leqslant L/400$，符合要求后方可正式使用。脚手架全高的垂直度偏差应小于$H/500$，最大允许偏差应小于100mm 7)脚手架作业层应满铺脚手板，外侧应设挡脚板及护身栏杆。护身栏杆可用横杆在立杆0.6m和1.2m的碗扣接头处搭设两道。作业层的水平安全网应按《建筑施工扣件式钢管脚手架安全技术规范》(JGJ 130—2011)的规定设置 8)采用钢管扣件作加固件、连墙件、斜撑时，应符合《建筑施工扣件式钢管脚手架安全技术规范》(JGJ 130—2011)的有关规定 9)脚手架搭设到顶后，应组织技术、安全、施工人员对整个架体结构进行全面检查和验收，及时解决存在的结构缺陷 (3)脚手架拆除： 参见本章表23-1项次12有关内容

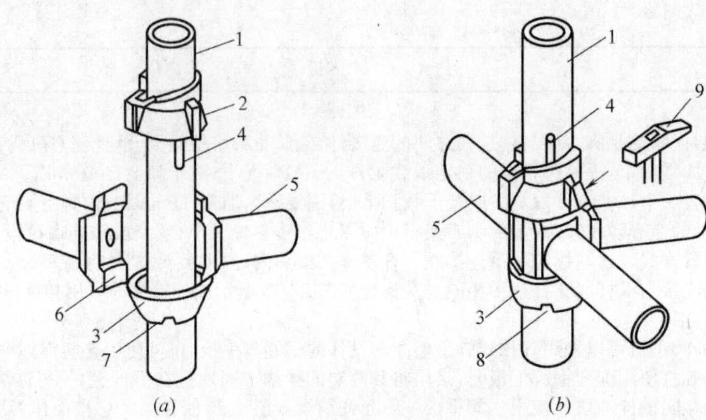

图 23-9 碗扣接头构造示意

(a) 连接前；(b) 连接后

1—立杆；2—上碗扣；3—下碗口；4—限位销；5—横杆接头；7—焊缝；8—流水槽；9—小锤

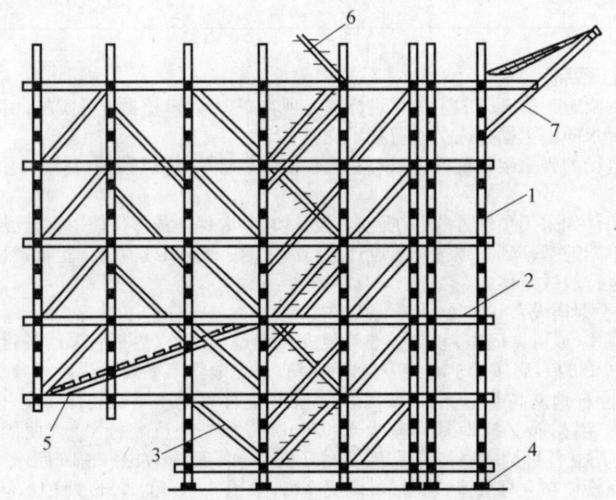

图 23-10 碗扣式双排脚手架一般构造

1—立杆；2—横杆；3—斜杆；4—垫座；5—斜脚手板；6—梯子；7—安全网支架

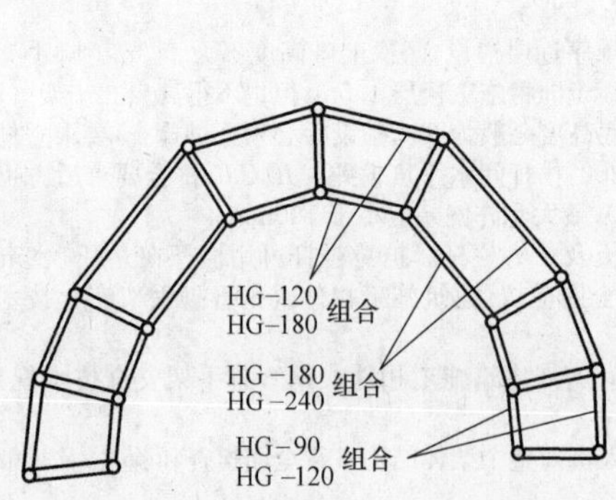

图 23-11 曲线形碗扣双排脚手架构造

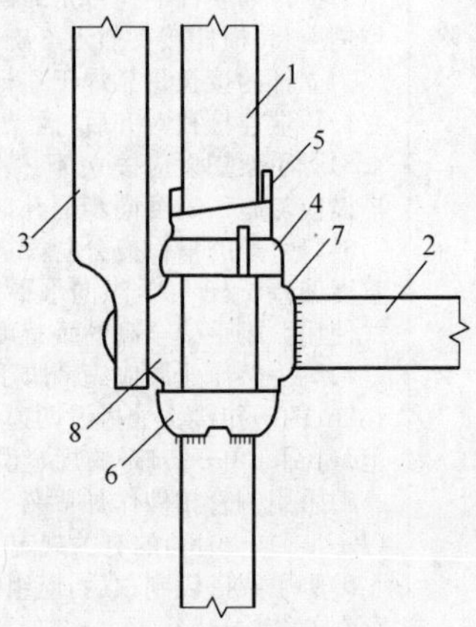

图 23-12 斜杆节点构造

1—立杆；2—横杆；3—斜杆；4—上碗扣；5—限位销；6—下碗扣；7—横杆接头；8—斜杆接头

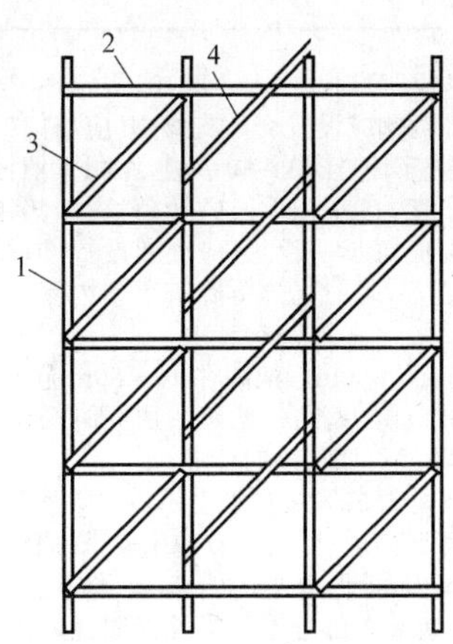

图 23-13 斜杆布置构造

1—立杆；2—横杆；3—节点斜杆；4—非节点斜杆

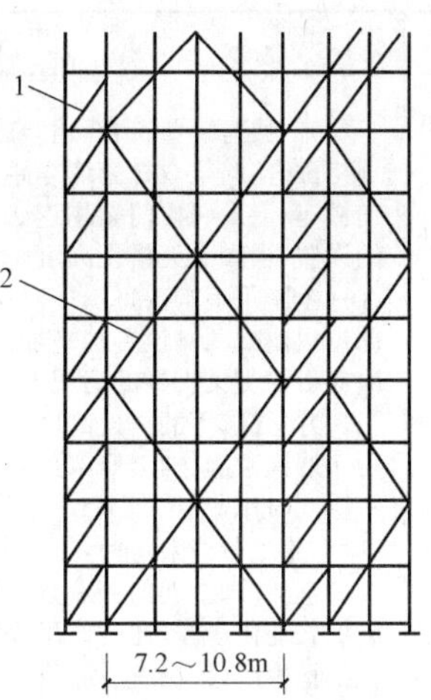

图 23-14 剪刀撑设置构造

1—碗扣斜杆；2—剪刀撑

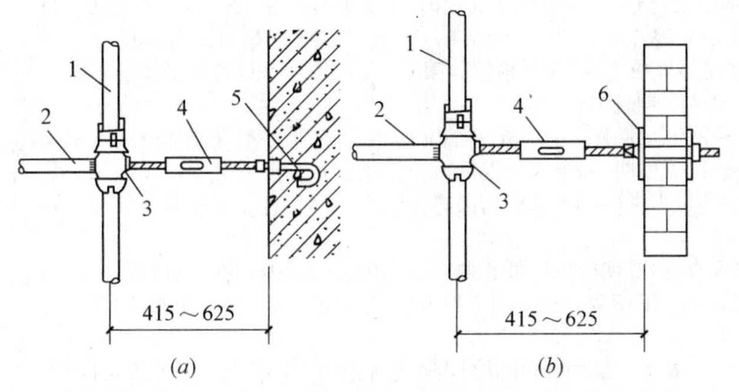

图 23-15 碗扣式连墙撑的设置构造

(*a*) 混凝土墙与固定连墙撑；(*b*) 砖墙上固定连墙撑

1—脚手架立杆；2—碗扣斜杆；3—碗扣；

4—连墙撑；5—预埋件；6—夹具

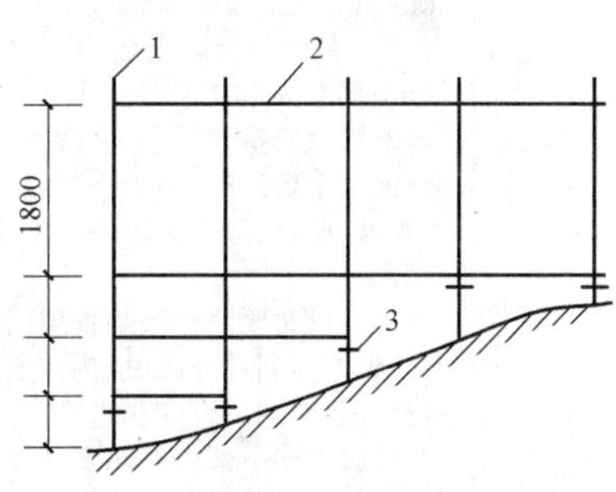

图 23-16 地基不平时立杆及其底座的设置

1—立杆；2—横杆；3—可调底座

23.1.3 门式钢管脚手架

门式钢管脚手架组成、构造、搭设方法及技术要求 **表 23-6**

项次	项目	搭设方法要点
1	基本组成与构造	(1)门式钢管脚手架，或称门形脚手架，是我国从日本引进并生产的一种新型工具式脚手架，它是用普通钢管材料制成工具式标准件，在施工现场组合而成，其基本单元是由一对门形架、两副剪刀撑、一副平架(踏脚板)和四个连接器组合而成(图 23-17)，若干基本单元通过连接棒在竖向叠加，扣上锁臂，组成一个多层框架，在水平方向，用加固杆和平梁架(或脚手板)使与相邻单元联成整体，加上剪刀撑、斜梯、栏杆柱和横杆组成上下步相通的外脚手架，并通过连墙件与建筑结构拉结牢固，形成整体稳定的脚手架结构(图 23-18) (2)底座有三种：即可调节底座，能调高 200～550mm；固定底座，无调高功能；带脚轮底座，多用于操作平台。脚手板一般用钢脚手板，两端搁置在门架横梁上，用挂扣扣紧，为加强脚手架水平刚度的主要构件，应每隔 3～5 层设置一层脚手板。各通道口用小桁架来构成。梯子为设有梯步的斜梯，分别挂在上下两层门架的横梁上

续表

项次	项目	搭设方法要点
		(3)门架跨距要符合《建筑施工门式钢管脚手架安全技术规范》(JGJ 128—2010)规定，并与交叉支撑规格配合；门架立杆离墙净距不应大于150mm，门架的内外两侧应设置交叉支撑，并应与门架立杆的锁销锁牢；上下两榀门架相连必须设置连接棒和锁臂；作业层应满铺挂扣式脚手板，并扣紧挡板。水平架的设置：当脚手架搭设高度 $H \leqslant 45$m 时，间距不应大于二步架，且在脚手架的转角处，端部和间断处应在一个跨距范围内每步一设；搭设高度 $H > 45$m 时，水平架应每步一设，且应交圈设置，但在有脚手板部位及门架两侧设置水平加固杆处，可以不设。当因施工需要，临时局部拆除脚手架内侧交叉支撑时，应在拆除交叉支撑的门架上方及下方设置水平架 (4)门式脚手的搭设高度一般限制在35m以内，采取措施可达60m。架高在40～60m范围内，结构架可一层同时操作，装修架可二层同时操作；架高在19～38m范围内，结构架可二层同时操作，装修架可三层同时作业；架高17m以下，结构架可三层同时作业，装修架可四层同时作业 (5)施工荷载限定为：均布荷载结构架为3.0kN/m^2；装修架2.0kN/m^2，架上不应走手推车 (6)门式脚手架的特点是：结构简单，组装方便、轻便，并可调高度；同时具有使用安全，周转次数高，组装形式变化多样(还可作里脚手架和支顶模板)，部件种类不多，操作方便，便于运输、堆放、装卸；可在工厂批量生产，市场有成品供应，造价低廉等优点。但组装件接头大部分不是螺栓紧固性的连接，而是插销或搭扣形式的连接，对高度或荷载较大的脚手架，需要采取一定附加钢管拉结紧固措施，否则稳定性较差。这种脚手架适用于作高层外脚手架和里脚手架与模板支架
2	搭设方法及技术要求	(1)脚手架的地基应具有足够的承载力，以防发生不均匀沉降或塌陷。当采用可调底座时，其地基处理和加设垫板的要求同扣件式钢管脚手架；当采用非可调式底座时，基底必须严格抄平。如基底处于较深的填土层上或架高超过40m时，应加做厚度不小于400mm的灰土垫层，或沿纵向设置厚度不小于200mm的钢筋混凝土垫梁，上面再加设垫板或垫木，并严格控制第一步门架的标高，其水平误差不大于5mm；同时采取在下部三步架内外加设$\phi 48$钢管横杆加强 (2)脚手架搭设顺序是：铺放垫木→拉线、放底座→自一端开始立门架，并随即装交叉支撑→装水平梁架(或脚手板)→装梯子→装通长大横杆(需要时装)→装设连墙杆→插上连接棒→安装上一步门架→装上锁臂→按以上步骤逐层向上安装→装加强整体刚度的长剪刀撑→装设顶部栏杆。梁按其所处部位相应装上 (3)搭设时要严格控制首层门架的垂直度，要使门架竖杆在两个方向的垂直偏差均在2mm以内，顶部水平偏差控制在5mm以内。安装门架时上下门架竖杆之间要对齐，对中偏差不应大于3mm，同时注意调整好门架的垂直度和水平度 (4)脚手架下部内外侧要加设通长的$\phi 48$水平加固杆(用扣件与门架立杆卡牢)应不少于三步，且内外侧均需设置，并形成水平闭合圈。然后往上每隔四步设置一道，最高层顶部和最低层底部应各加设一道，并宜在有连墙件的水平层设置，以加强整个脚手架的稳定 (5)在脚手板外侧应设置通长剪刀撑(用$\phi 48$钢管长6～8m与门架立柱卡牢)，高度和宽度分别为3～4个步距与架距，其与地面的夹角为45°～60°，并应沿高度和长度连续设置。相邻长剪刀撑之间应相隔3～5个架距 (6)为防止架子发生向外偏斜，要及时装设连墙件与建筑结构紧密连接。连墙件的最大间距应满足表23-7的要求，连墙件的一般做法如图23-19所示 (7)在脚手架的转角处，要用$\phi 48$钢管和旋转扣件把处于相交处的两门架连接成一体，并在转角处适当增加连墙件的密度(图23-20) (8)门架架设超过10层，应加设辅助支承，一般在高8～11层门架之间，宽在5个门架之间，加设一组，使部分荷载由墙体分担(图23-20c) (9)当门形脚手架不能落地架设或搭设高度超过规定(45m或轻载的60m)时，可分别采取从楼板伸出支挑构造的分段搭设方式或支挑卸载方式(图23-21)，或前述相适合的挑支方式，并经设计计算验算后始可加以实施 (10)脚手架开通道洞口高不宜大于2个门架，宽不宜大于1个门架跨距。当洞口宽为一个跨距时，应在脚手架上方的内外侧设置水平加固杆，在洞口两个上角加斜撑杆；当洞口宽为两个及两个以上跨距时，应在洞口上方设置经专门设计和制作的托架，并加强洞口两侧的门架立杆 (11)作业人员上下脚手架的斜梯应采用挂扣式钢梯，并宜采用“之”字形式，一个梯段宜跨越两步或三步 (12)脚手架搭设的垂直度要求：每步架垂直度允许偏差不大于$h/1000$(h——步距)及±2.0mm；脚手架整体垂直度允许偏差不大于$H/600$(H——脚手架高度)及±50mm。脚手架的水平度要求：一跨距内水平架两端高差允许偏差不大于$\pm l/600$(l——跨距)及±3.0mm；脚手架整体水平度不大于$\pm L/600$(L——脚手板长度)及±50mm

连墙件的间距 表 23-7

脚手架搭设高度(m)	基本风压 w_0(kN/m²)	连墙件的间距(m)	
		竖 向	水 平 向
≤45	≤0.35	≤6.0	≤8.0
	>0.35	≤4.0	≤6.0
>45		≤4.0	≤6.0

注：1. 在脚手架的转角处、独立脚手架的两端，其竖向间距不应大于 4.0m。
2. 在脚手架外侧因设置防护棚或安全网而承受偏心荷载的部位，其水平间距不应大于 4.0m。

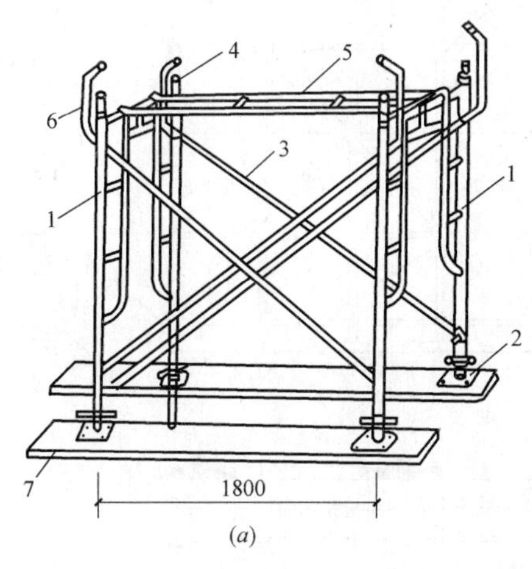

(a)

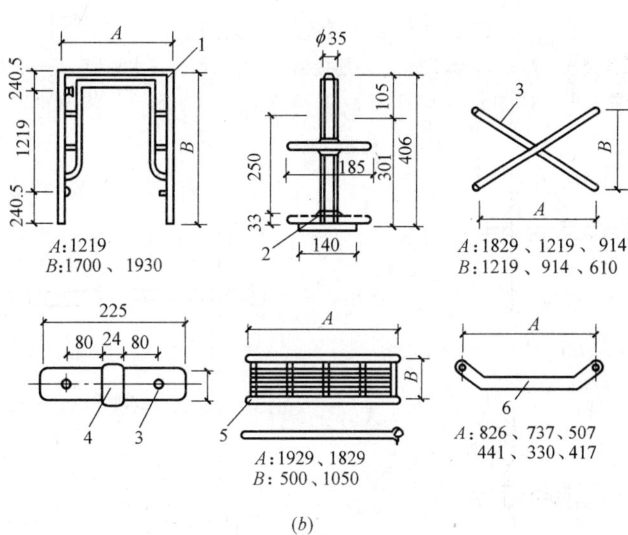

(b)

图 23-17 门式脚手架组合图

(a) 门形脚手架组合单片；(b) 基本单元部件

1—门形架；2—可调底座；3—交叉支撑；4—连接器；

5—平架（踏脚板）；6—臂扣；7—木垫板

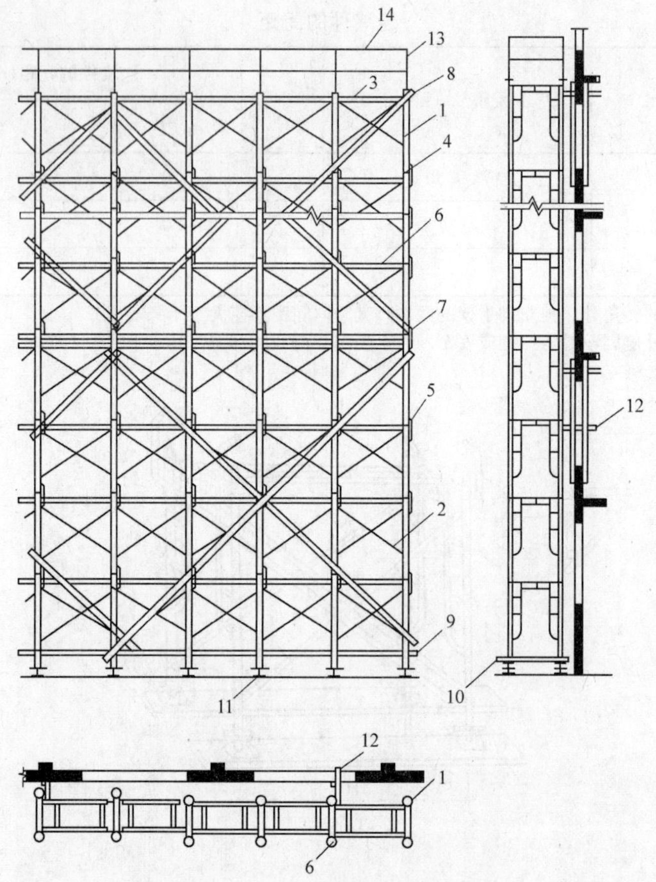

图 23-18　门式钢管脚手架的组成

1—门架；2—交叉支撑；3—脚手板；4—连接棒；5—锁臂；6—水平架；7—水平加固杆；8—剪刀撑；9—扫地杆；10—封口杆；11—底座；12—连墙；13—栏杆；14—扶手

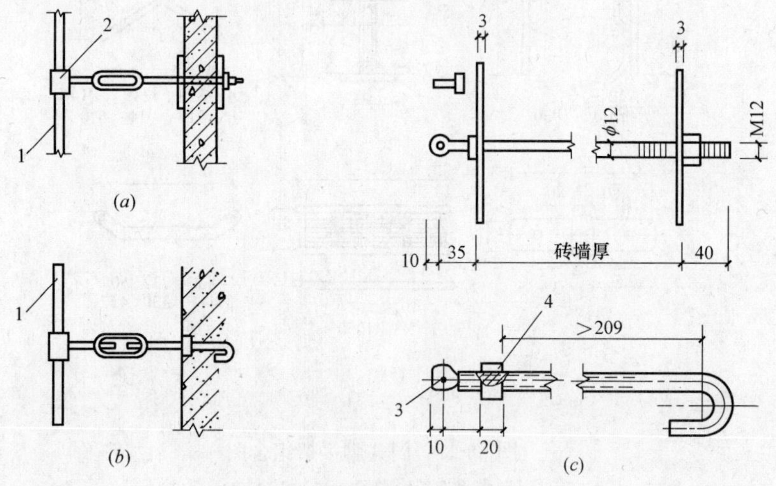

图 23-19　连墙体的一般做法

(a) 夹固式；(b) 锚固式；(c) 预埋连墙件

1—门架立杆；2—扣件；3—接头螺栓；4—连接螺母

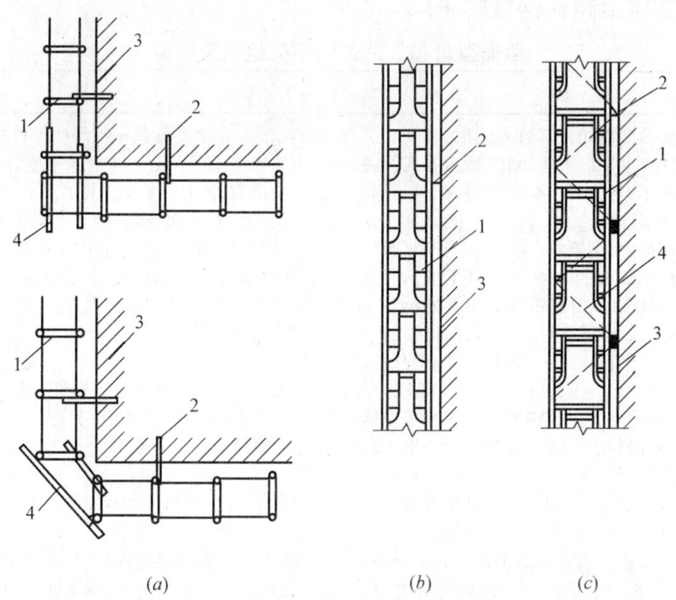

图 23-20 门型脚手架拐角连接和加固处理

（a）转角和钢管扣件扣紧；（b）脚手架用扣墙管与墙体锚固；

（c）高层门架用钢管撑紧在混凝土墙板或墙体上

1—门架；2—扣钢管；3—墙体；4—钢管

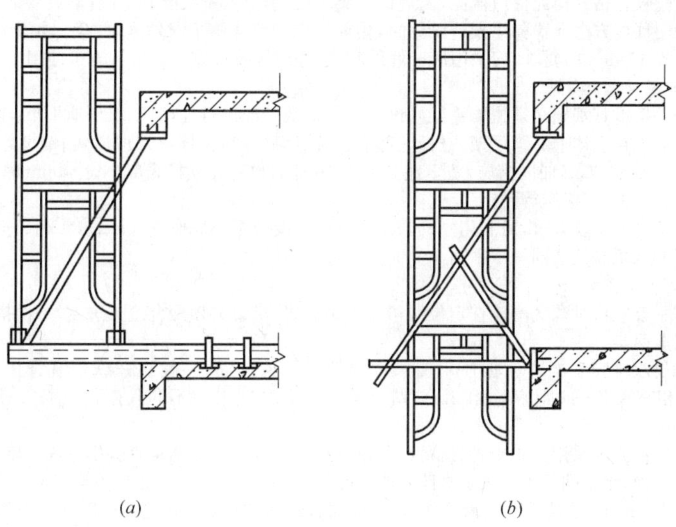

图 23-21 架设的非落地支承形式

（a）分段搭设构造；（b）分段卸载构造

23.1.4　承插型盘扣式钢管脚手架

承插型盘扣式钢管脚手架组成及搭设　　表 23-8

项次	项目	搭设方法要点
1	基本组成与构选	(1)承插型盘扣式钢管支架由立杆、水平杆、斜杆、可调底座及可调托座等构配件构成。立杆采用套管插销连接,水平杆采用盘扣、插销方式快速连接,并安装斜杆,形成结构几何不变体系的钢管支架,如图23-22所示,再由脚手板、防护构配件、连墙撑等搭设成双排外脚手架。具有工作可靠、装拆方便、操作容易、适用性强,能组成多种组架尺寸的单、双排脚手架、支撑架、物料提升架,尤其在户外大型临时舞台、体育场、大型观看台、大型广告架、会展施工中遇曲线布置时,更突显出模块式拼装灵活多变 (2)盘扣节点:由焊接于立杆上的八角盘、水平杆杆端扣接头和斜杆杆端扣接头组成,如图23-23所示。水平杆和斜杆的杆端扣接头的插销必须与八角盘具有防滑脱构造措施;立杆盘扣节点宜按0.5m模数设置;每节段立杆上端应设有接长用立杆连接套管及连接销孔 (3)承插型盘扣式铜管脚手架的构配件除有特殊要求外,其材质应符合《低合金高强度结构钢》(GB/T 1591—2008)、《碳素结构钢》(GB/T 700—2006)以及《一般工程用铸造碳钢件》(GB/T 11352—2009)的规定。各类支架主要构配件材质和规格应符合表23-9的规定。八角盘、扣接头、插销以及调节手柄采用碳素铸钢制造,其性能应符合《一般工程用铸造碳钢件》(GB/T 11352—2009)规定的要求,八角盘的厚度不得小于8mm (4)八角盘、连接套管与立杆焊接连接,横杆扣接头以及水平斜杆扣接头应与水平杆焊接连接,竖向斜杆扣接头应与立杆八角盘扣接连接 (5)立杆连接套管有铸钢套管和无缝钢套管两种材质。对铸铜套管;立杆连接套长度不小于90mm,外伸长度不小于75mm;对无缝钢套管:立杆连接套长度不小于160mm,外伸长度不小于110mm。套管内径与立杆钢管外径间隙不应大于2mm。立杆与立杆连接的连接套与应设置立杆防退出销孔,销孔直径为14mm,连接销直径为12mm (6)可调底座和可调托座的螺牙宜采用梯形牙。A型管宜配置ϕ48丝杆和调节手柄,B型管宜配置ϕ38丝杆和调节手柄,丝杆和螺母旋合长度不得小于4～5牙。可调底座和可调托座分别插入立杆内的长度应符合规定
2	脚手架搭设与拆除	(1)施工准备: 1)脚手架搭设前,应根据施工对象情况、地基承载力、搭设高度,必须编制专项施工方案,并经审核批准后实施,再由技术人员向脚手架操作及使用人员进行技术交底 2)应对进场的钢管支架及构配件进行外观检查,核验其出厂合格证和检验报告,必要时应进行抽样复验,严禁使用不合格的产品 3)经验收合格的构配件应按品种、规格分类堆放,清点数量及配套情况,堆放场地应排水畅通、无积水 4)采用预埋方法设置脚手架连墙件时,预埋件应在墙体施工时埋入,并确保预埋件使用时,混凝土强度已达到15MPa的要求,若采用后置埋件时,应经现场拉拔试验合格后方可使用 (2)地基与基础处理: 1)脚手架地基基础必须按脚手架搭设高度及荷载情况进行处理,要求场地平整、坚实,排水措施得当。若直接支承在土体上的脚手架,立杆底部应设置可调底座,土体应采取压实、铺设碎石或浇筑混凝土垫层C15、100mm厚等加固措施,防止地基不均匀沉陷,也可在立杆底部垫设50mm厚、长度不小于2跨的木垫板或槽钢、工字钢等型钢 2)地基高低差较大时,可利用立杆八角盘盘位差配合可调底座进行调整,使相邻立杆上安装的同一根水平杆的八角盘处于同一水平面 (3)脚手架搭设: 1)脚手架立杆可调底座应按定位线位置正确放置,搭设必须配合施工进度,一次搭设高度不应超过连墙件以上两步 2)搭设双排脚手架可根据使用要求选择架体几何尺寸,一般立杆纵距宜选用1.5m,横距宜选用0.9m,相邻水平杆步距宜选用2m。脚手架首层立杆应采用不同长度的立杆交错布置,错开应不小于500mm 3)连墙件必须采用可承受拉、压荷载的刚性杆件。连墙件必须垂直脚手立面及墙体,同一层连墙件应在同一平面,水平间距不应大于3跨,同时应设置在有水平杆的盘扣节点旁,连接点至盘扣节点距离不得大于300mm。连墙件采用钢管扣件时,应用直角扣件与立杆连接。连墙件必须随架子高度上升而同时在规定位置设置,不得任意拆除,当脚手架下部暂不能设置连墙件时,应用扣件钢管设置抛撑。抛撑杆应与脚手架通长杆件可靠连接,与地面的倾角在45°～60°之间。抛撑应在连墙件设置后方可拆除 4)作业层必须满铺脚手板,同时架体外侧设挡脚板和防护栏杆,防护栏可用水平杆在立杆的0.5m和1.0m的盘扣接头处搭设两道,并在外侧满挂密目安全网。作业层与主体结构间的空隙应设置马槽网。采用配套的钢脚手板时,钢脚手板的挂钩必须安全落在水平杆上,挂钩必须处于锁住状态,严禁浮放

续表

项次	项目	搭设方法要点
2	脚手架搭设与拆除	5)加固件、斜杆必须与脚手架同步搭设。采用扣件钢管作加固件、斜撑时，应符合《建筑施工扣件式钢管脚手架安全技术规范》(JGJ 130—2011)有关规定 6)脚手架搭设至顶层时，立杆高出搭设架体平台面或混凝土楼面的高度不应小于 1.0m，用做顶层的防护立杆 7)人行梯架宜设置在尺寸不小于 0.9m×1.5m 的脚手架框架内，梯子宽度为廊道宽度的 1/2。梯架可在一个框架高度内折线上升，梯架拐弯处应设置脚手板及扶手 8)脚手架下部设置人行通道时，应在通道上部架设支撑横梁，横梁截面大小应按跨度以及承受的荷载经计算确定，通道两侧脚手架应加设斜杆。洞口顶部应铺设封闭的防护板，两侧应设置安全网 9)脚手架可分段搭设、分段使用，应由工程项目技术负责人组织相关人员进行验收，符合专项施工方案后方可使用。双排脚手架一般搭设高度不宜大于<4m (4)脚手架拆除： 1)脚手架拆除必须由单位工程负责人签发拆除许可令后方可拆除 2)脚手架拆除前应清理架上的器具及多余材料和杂物，拆除时，必须划出安全区，设置警戒标志，专人看管 3)脚手架拆除必须按照“后装先拆，先装后拆”的原则进行，严禁上下同时作业。连墙件必须随脚手架逐层拆除，严禁先将连墙件整层或数层拆除后再拆脚手架，分段拆除高度差应不大于两步，如高度差大于两步，必须增设连墙件加固 4)拆除的脚手杆件应保证安全地传递至地面，严禁抛掷

承插型盘扣式钢管支架主要构配件规格和材质 **表 23-9**

构配件 \ 型号	A型		B型	
	规格	材质	规格	材质
立杆	ϕ60×3.2	Q345A	ϕ48×3.2	Q345A
水平杆	ϕ48×2.5	Q235B	ϕ42×2.5	Q235B
竖向斜杆	ϕ48×2.5	Q195	ϕ33×2.3	Q195
水平斜杆	ϕ48×2.5	Q235B	ϕ42×2.5	Q235B
八角盘、调节手柄、扣接头、插销、连接套管	ZG230-450 或 20 号无缝钢管			
可调底座	ϕ48×6.3	Q235B	ϕ38×5.0	Q235B
可调托座	ϕ48×6.3	Q235B	ϕ38×5.0	Q235B

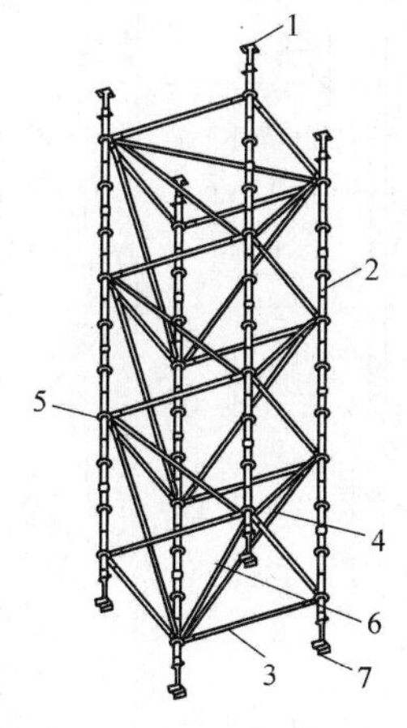

图 23-22 盘扣式钢管支架

1—可调托座；2—立杆；3—水平杆；4—竖向斜杆；5—八角盘；6—水平斜杆；7—可调底座

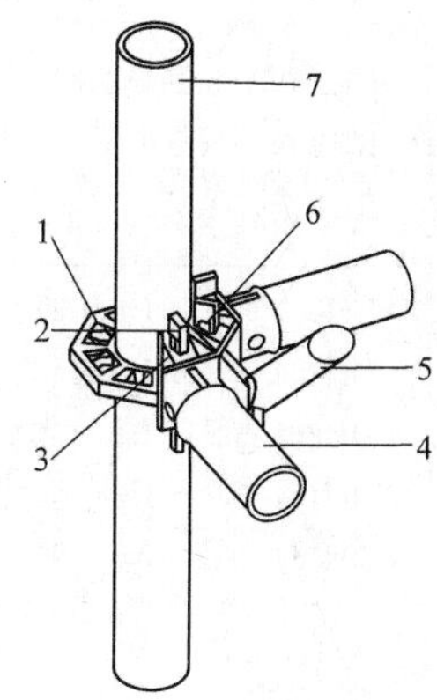

图 23-23 盘扣节点

1—八角盘；2—扣接头插销；3—水平杆杆端扣接头；4—水平杆；5—斜杆；6—斜杆杆端扣接头；7—立杆

23.1.5 塔式脚手架

塔式脚手架搭设要求及构造参数　表 23-10

项目	组成与构造	搭设要点、优缺点及适用范围
基本构造	塔式脚手架由三角支撑架、端头连接杆、水平对角拉杆、可调底座和可调顶托这 5 种基本构件组成，可以根据需要组成不同的截面形式（图 23-24），其尺寸和重量见表 23-11。塔架最低的搭设高度为 0.9m，最高为 18m	（1）搭设塔架地基表面要坚实，垫板放置牢靠，排水通畅 （2）组装顺序为：可调底座→水平拉杆→水平面斜拉杆→第一层三角支撑架→第二层三角支撑架，按此顺序搭至预定高度。整架垂直度偏差应小于 $L/500$，最大不超过 3cm；横杆的水平度小于 $L/500$，所有插口结合紧密 （3）塔架拆除自上而下逐层拆除；连墙撑在拆除该层时才允许拆除；拆除构件应用吊具或人工递下；并及时清理、分类堆放整齐 （4）塔式脚手架具有部件少，结构紧凑，易于加工，装拆方便，可整体搬运，可组成各种尺寸、形状，承载力大等特点，其垂直荷载见表 23-12（安全系数为 2），在使用时，每个单柱的荷载不允许超过表 23-12 的允许值。这种脚手架还可根据需要配备其他附件，以构成适宜特定项目的作业架子，但需要大量标准加工部件 （5）适用作外墙砌、装饰抹灰以及模板支设的架子
应用形式	（1）里脚手架：可用扣件和 $\phi48$ 钢管将塔架连接起来，在其上面铺设脚手板或者用三角架连接起来代替立杆（图 23-25*a*），或根据建筑物房间的大小组装成整体作业平台（图 23-25*b*），或连接成片作满堂红脚手架。 （2）外脚手架：搭设方法同一般里脚手架，但要设置栏杆，架面高度和栏杆随作业面一起上升。架高超过 10m 时，应适当加附墙拉结。 （3）活动作业平台：一般应加脚轮，便于在楼层内移动。另外还可作模板的支架，以及用于内外装修作业的单层靠墙脚手架	

基本构件的尺寸和重量　表 23-11

构件名称	构件代号	竖管		横管		重量（kg）
		管径	长度（mm）	管径	长度（mm）	
三角架	SP2005（SP1006）	$\phi48$（$\phi60$）	750（750）	$\phi34$	2000（1000）	14.0（11.7）
	SG2005（SG1006）		1000（1000）		2000（1000）	15.6（13.7）
	SP1505（SP606）		750（750）		1500（600）	12.0（10.1）
	SG1505（SG606）		1000（600）		1500（600）	13.3（12.5）
	SP1005		750		1000	9.5
	SG1005		1000		1000	11.3
端头连接杆	RE2005（RE1006）	$\phi48$（$\phi60$）	100	$\phi34$	2000（1000）	5.7（3.3）
	RE1505（RE606）		100		1500（600）	4.5（2.5）
	RE1005		100		1000	3.2
水平对角拉杆	DH20205（DH10106）	$\phi48$（$\phi60$）	—	$\phi34$	2.8（1.4）	7.4（3.9）
	DH20155（DH1066）				2.5（1.2）	6.6（3.3）
	DH20105（DH666）				2.2（0.8）	6.0（2.6）
	DH15155				2.1	5.7
	DH15105				1.8	5.0
可调底座	SR$\phi34$	$\phi34$	600	—	—	6.5
	SR$\phi42$	$\phi42$	600	—	—	9.4
可调顶托	FR2M$\phi34$	$\phi34$	600	—	—	9.0
	FR3M$\phi34$	$\phi34$				9.8
	FR3M$\phi42$	$\phi42$				14.0

塔架的垂直允许荷载 **表 23-12**

塔架型号			T20		T24		T36	
三角架竖管			$\phi48$		$\phi48$		$\phi60$	
尺寸(mm)			1000×2000 1500×2000 2000×2000		1000×1000 1000×1500 1500×1500		600×600 600×1000 1000×1000	
5m以上，每米高的负载降低值(kN)			每个塔架 2.94		每个塔架 2.94		每个塔架 3.92	
允许载荷(kN)	架高(m)	使用方式	单柱	四柱架	单柱	四柱架	单柱	四柱架
	5	单独	4.9	196.0	58.8	225.2	88.2	352.8
	8	单独	46.8	187.2	56.6	226.4	85.3	341.0
	12	连接	43.9	175.4	53.7	214.6	81.3	325.4
	16	连接	41.0	163.7	50.8	202.9	77.4	309.7
	18	连接	39.4	157.8	49.2	197.0	74.5	301.8

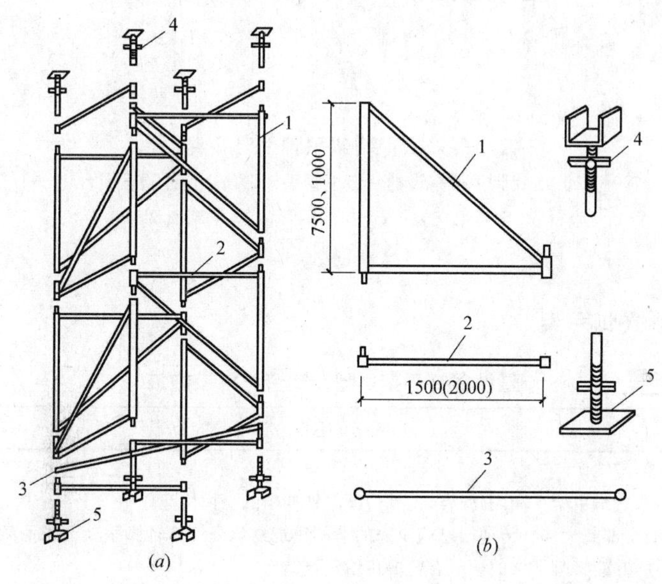

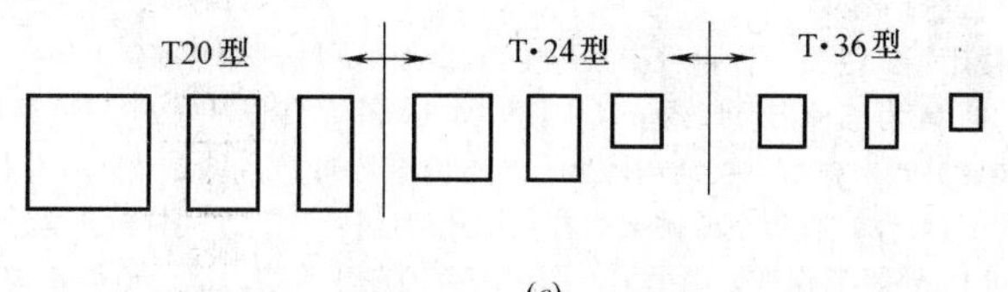

(c)

图 23-24 塔式脚手架构造及截面形式

(a) 构造示意图；(b) 基本构件；(c) 截面形式

1—三角支架；2—端头连接杆；3—水平对角拉杆；4—可调叉头；5—可调柱脚

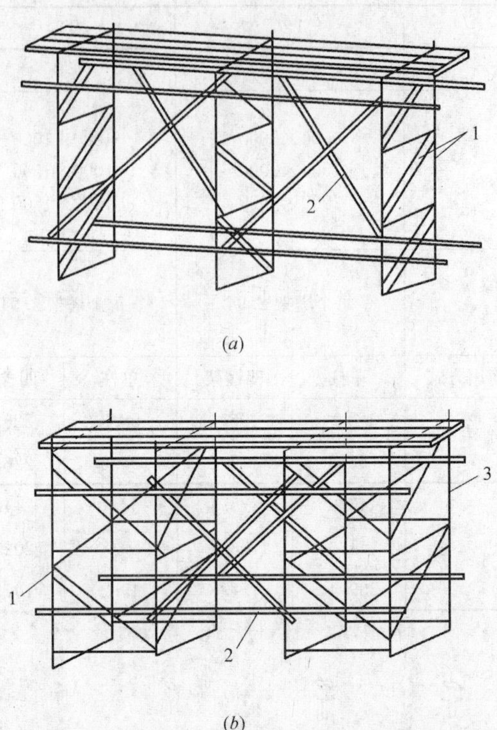

图 23-25　塔式里脚手架形式

（a）塔式脚手架搭设的一般里脚手架；（b）整体搬运平台

1—三角支架；2—扣件钢管；3—塔式支架

23.1.6　悬挑式脚手架

悬挑式脚手架类型、构造与搭设施工　　表 23-13

项次	项目	搭设方法要点
1	组成、类型及构造	(1)悬挑式脚手架系利用建筑结构外边缘向外伸出的悬挑构架作施工上部结构，或作外装修用。脚手架的荷载全部或大部分传递给已施工完的下部建筑物承受。这种脚手架要求必须有足够的强度、刚度和稳定性，并能将脚手架的荷载有效的传给建筑结构 (2)悬挑式脚手架的形式构造，大致分为三类： 1)钢管悬挑式脚手架： 系在每层楼用钢管搭设外伸钢管架来施工上部结构，包括支模、绑钢筋、浇筑混凝土、砌筑外墙、进行墙装修。图 23-26(a)系在已完成楼层上悬挑钢管，在下层设钢管斜撑，形成外伸悬挑架来施工上层结构，设 1～2 层量周转向上。图 23-26(b)系利用支模钢管架将横杆外挑出柱外，下部钢管加斜撑，组成挑架代替双排外架，进行边梁及边柱的支模和现浇混凝土施工，设 2～3 层量周转向上，外装饰施工另用吊架。图 23-26(c)在建筑物边部门窗洞口位置搭悬挑架，主要用做外装饰施工使用。这类脚手架的优点是：搭设简单便利，利用常备钢管材料，每次只搭设 2～3 层流水作业，节省大量脚手材料 2)下撑式悬挑脚手架：

续表

项次	项目	搭设方法要点
1	组成、类型及构造	系用型钢焊接三角桁架作为悬挑支承架，支承架的上部搭设双排外脚手架（图 23-27），搭设方法与一般扣件式钢管外脚手架相同，并按要求设置连墙点，脚手架的高度（或分段的高度）不得超过 25m。在每层楼应在柱梁上预埋与三角架和脚手架连接件连接的铁件，规格尺寸由计算确定。这种脚手架装设简便，节省脚手材料，安全可靠。存在问题是：三角架的斜撑为受压杆件，其承载能力由压杆稳定性控制，因此需用较大截面，钢材用量较多，且笨重。常用下撑式挑梁与结构的连接方法如图 23-28 所示 3）斜拉式悬挑脚手架： 系用型钢作梁挑出，端头加钢丝绳（或用钢筋法兰螺栓拉杆）斜拉，组成悬挑支承结构，在其上搭设双排扣件式钢管脚手架（图 23-29），方法与要求同下撑式悬挑脚手架。这种脚手架装设较下撑式悬挑脚手架简便、快速，由于其悬出端支承杆件是斜拉索（或拉杆），其承载能力由拉杆的强度控制，因此截面较小，能节省 35%钢材，自重轻，装、拆省工省时。但应注意采用钢丝绳作斜拉的形式，由于钢丝绳为柔性材料，受力不均匀，变形较大，难以保证上部架体的垂直度以及与型钢梁的协同工作效能 （3）悬挑脚手架的悬挑梁，其型号、规格、锚固端和悬挑端尺寸选用，应经设计计算确定。与建筑结构连接应采用水平支承于建筑结构上的形式，锚固端长度应不小于 2.5 倍的外伸长度。与主体混凝土结构连接必须可靠，其固定可采用预埋件焊接固定、预埋螺栓固定等方法（如由不少于 2 道的预埋 U 形螺栓与压板采用双螺母固定） （4）悬挑钢梁锚固位置在楼板上时，楼板的厚度不得小于 120mm；楼板内应预先配置用于承受悬挑梁锚固端作用引起负弯矩的受力钢筋，否则应采取支顶卸载措施，平面转角处悬挑梁末端锚固位置应相互错开 （5）悬挑钢梁宜按上部脚手架立杆位置对应设置，每一纵距设置一根，若悬挑钢梁纵向间距与立杆纵距不相等时，可在支承架上方设置纵向钢架（连梁），将支承架连成整体，以确保立杆上的荷载通过连架传递到支承架及主体结构 （6）悬挑型钢支承架间应设置保证水平向稳定的构造措施。可以采取型钢支承架间设置横杆和斜杆的方式，也可采用在型钢支承架上部扫地杆位置设置水平斜撑的办法
2	搭设要求	（1）悬挑脚手架依附的建筑结构应是钢筋混凝土结构或钢结构，不得依附在砖混结构或石结构上。脚手架搭设时，连墙件、型钢支承架对应的主体结构混凝土必须达到设计计算要求的强度，且不应低于 C15 （2）钢管悬挑式脚手架搭设须控制使用荷载，搭设要牢固。搭设时应先搭好里架子，使横杆伸出墙外，再将斜杆撑起与挑出横杆连接牢固，随后再搭设悬挑部分，铺脚手板，外围要设栏杆和挡脚板，下面支设安全网，以保安全 （3）多层支挑脚手架应一层一层地搭设，并与结构拉结好，斜撑杆上端应用旋转扣件与悬挑杆相连接，不得用铁丝绑扎 （4）支撑式、斜拉式、悬挑脚手架各杆件应根据使用荷载进行认真设计和验算，应保证杆件有足够的强度和刚度 （5）脚手架组装应编制施工组织设计，明确使用荷载，确定平面、立面布置和安装程序，并按设计要求进行搭设，使牢固可靠，并且有足够的稳定性 （6）悬挑梁和连接件与柱、墙体结构的连接，应按设计预先埋设铁件或留好孔洞，保证混凝土密实，锚固可靠，不得漏埋、漏留孔洞而打凿孔洞，破坏柱墙体结构 （7）脚手架立杆与挑梁（或横梁）的连接，应在挑梁或横梁上焊短钢管（长 150～200mm），其外径应比脚手架立杆内径小 1.0～1.5mm，用接长扣件与立管连接，同时在立杆下部绑 1～2 道扫地杆，以确保脚手架底部的稳定 （8）钢支架焊接应保证焊缝高度和质量符合要求。支架上部脚手架应用连接件与柱、墙牢固拉结，并应随脚手架的升高而设置 （9）脚手架搭设完后应经全面检查、验收，牢固性、垂直度、整体稳定性均合格后，方可投入使用

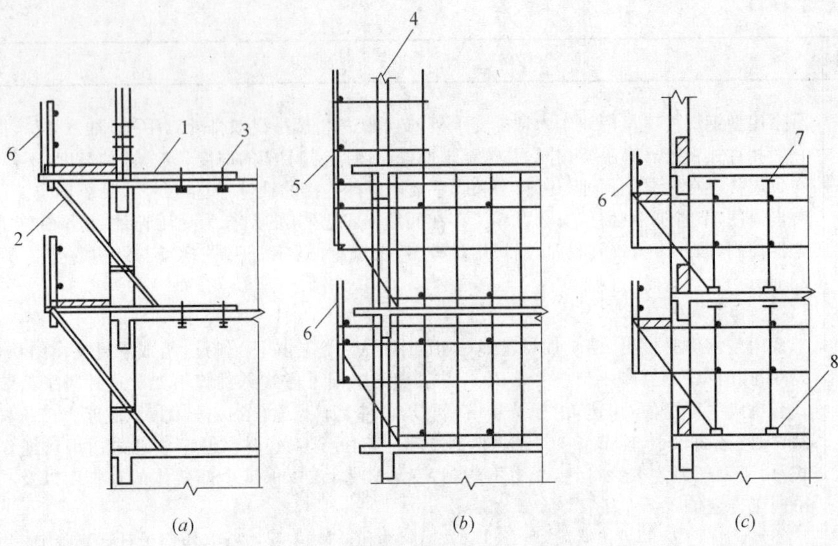

图 23-26　钢管悬挑式外脚手架

（a）在已完成楼层上悬挑钢管；（b）利用支模钢管架将横杆外挑；（c）在建筑物边部搭悬挑架
1—悬挑脚手钢管；2—钢管斜撑；3—锚固用 U 形螺栓；4—现浇钢筋混凝土；5—悬挑管架；
6—安全网；7—木垫板；8—木楔

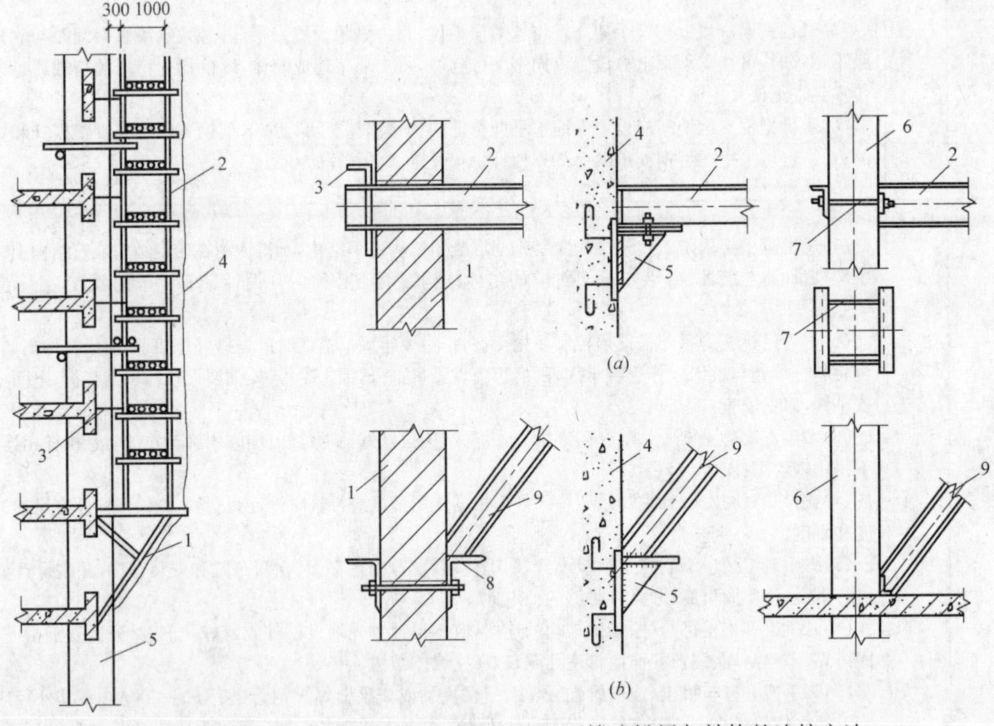

图 23-27　下撑式悬挑外脚手架

1—三角支架（双轴对称型钢），每 8 层楼设一层；2—双排扣件式钢管脚手架；3—连墙杆；4—安全网；5—混凝土柱

图 23-28　下撑式挑梁与结构的连接方法

（a）挑梁抗拉节点构造；（b）斜撑杆底部支点构造
1—砖墙；2—挑梁；3—销子；4—混凝土结构；
5—钢托件；6—柱子；7—螺栓；
8—角钢支托；9—钢斜撑

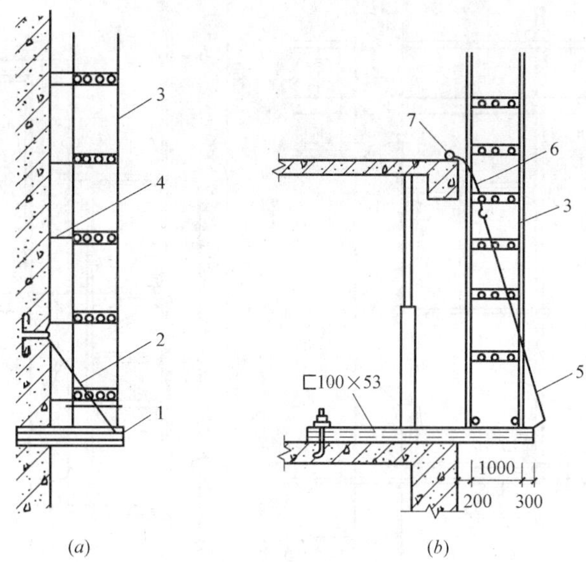

图 23-29 斜拉式悬挑外脚手架

(a) 埋入式斜拉悬挑梁；(b) 搁置式斜拉悬挑梁

1—轻型槽钢；2—钢丝绳斜拉索；3—双排钢管脚手架；4—连墙撑；5—ϕ10 拉筋；6—法兰螺栓；7—ϕ14 吊环

23.1.7 外挂式脚手架

外挂脚手架组成、构造及使用注意事项　　表 23-14

项次	项目	搭设方法要点
1	组成、形式及构造	(1)外挂脚手架是在结构构件内埋设挂钩环或预留孔洞，洞内穿上带挂钩的螺栓，将脚手架挂在钩上，随着结构施工上升，逐层往上提升，直至结构完成。这种脚手架优点是：结构简单，耗工用料较少，架子轻便，可用塔吊移置，施工快速，费用低，同时在外装修阶段可以改成吊架(篮)使用，较为经济实用 (2)外挂脚手架可根据结构形式的不同，而采用不同的挂架，常用的有以下两种形式： 1)无托架外挂脚手架： 有两种形式，一是在每层预制外墙板或现浇外墙上预留孔洞，用带挂钩的螺栓将挂钩固定在墙体上。当下一层结构施工完后，可用塔吊将架子挂在固定于墙体上的挂钩上(图 23-30*a*)，以便于进行上一层作业；另一种是在四周现浇柱子外侧每层预埋 1 个 ϕ20 钢筋环，角柱则预埋 2 个钢筋环，挂架子用塔吊提升后用钢丝绳及卡环与预埋钢筋环连接。每个挂架子设四层操作平台，上两层用于支模绑钢筋、浇筑混凝土，下两层用于拆模(图 23-30*b*) 2)有托架外挂脚手架： 系先在墙体外挂一个支承三角托架，由型钢焊接而成，其上设有挂钩，用以套在预先安装在结构柱子上的环箍内，环箍由两根⊏12 槽钢和两根 ϕ30 长杆螺栓组成；长度大于柱宽，紧固于柱上。架子用塔吊提升后放置在三角钢托架上就位固定，用钢丝绳将架子上端与结构梁上预埋环拉好，并加设顶杆，以保持架子的侧向稳定(图 23-31)
2	使用注意事项	(1)外挂脚手架的预埋钢筋环和固定螺栓要认真进行设计计算，确保必须的强度，并应采用 Q235A 钢制作 (2)采用外挂架施工给建筑结构附加了较大的外荷载，对建筑物应进行必要的验算和加固 (3)预留设螺栓孔及预埋钢筋环，必须事先按设计预留，不得在浇筑混凝土后打凿孔洞或预埋钢筋环 (4)挂架必须牢固，有一定的强度和刚度，确保吊装时不产生变形。挂架就位后，应立即用连墙件及拉绳与柱和梁固定，以保证整个架子的稳定 (5)外挂脚手架在投入使用前，应在接近地面处做荷载试验，加荷时间最少持续 4h，以检验悬挂点的强度，焊接及预埋件的质量，经检验合格，方可正式使用

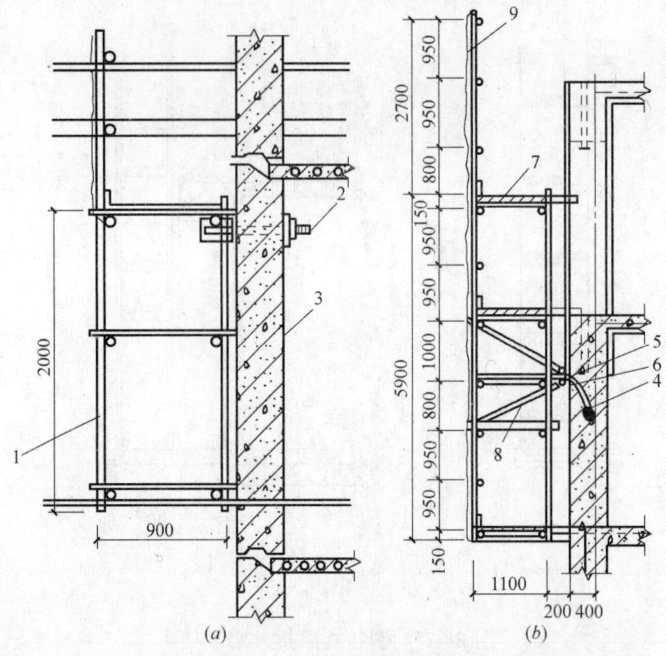

图 23-30 无托架外挂脚手架

(a) 用于预制外墙板安装；(b) 用于现浇混凝土墙体

1—外挂架；2—穿墙吊钩；3—预制墙板；4—预埋 ϕ20 钢筋挂环；5—挂钩；6—保险钢丝绳；7—轻钢脚手板；8—斜撑；9—安全网

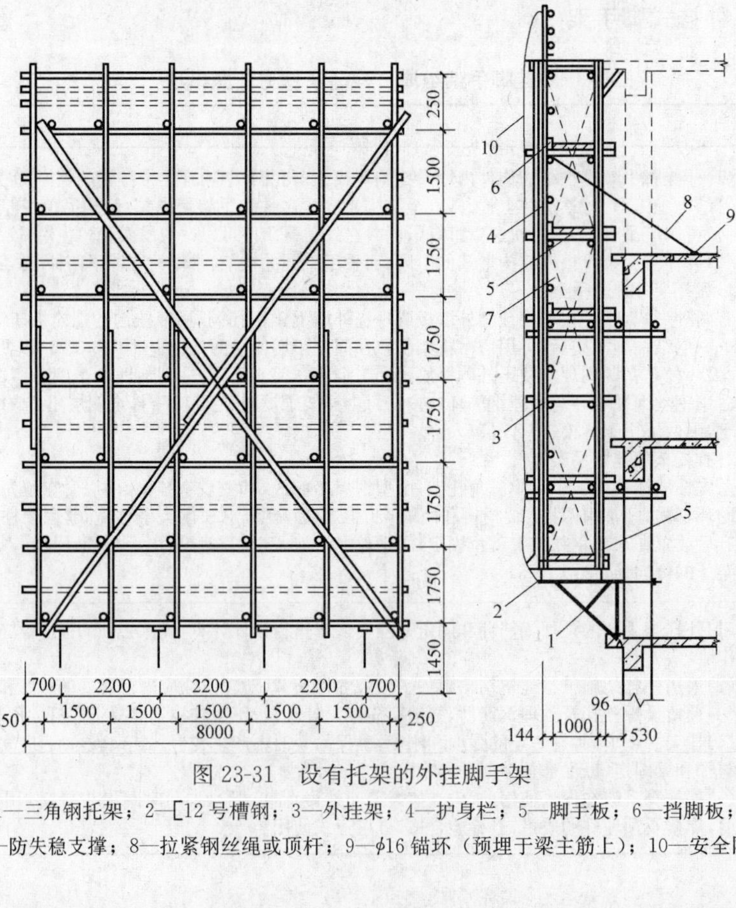

图 23-31 设有托架的外挂脚手架

1—三角钢托架；2—[12 号槽钢；3—外挂架；4—护身栏；5—脚手板；6—挡脚板；7—防失稳支撑；8—拉紧钢丝绳或顶杆；9—ϕ16 锚环（预埋于梁主筋上）；10—安全网

23.1.8 附着式升降脚手架

附着式升降脚手架组成、升降原理及搭设要点 表 23-15

名称	组成和升降原理	搭设要点、特点及适用范围
套管式爬升脚手架	套管式爬升脚手架是由脚手架系统和提升设备两部分组成,其基本结构如图 23-32(*a*)所示。脚手架系统由升降框和连接升降框的纵向水平杆剪刀撑、脚手板以及安全网等组成。升降框由固定框(大爬架)、滑动框(小爬架)、附墙支座、吊钩等组成。其中滑动框套在固定框上,并可沿固定框上、下滑动,滑动框和固定框均带有附墙支座和吊钩。 脚手架组装高度宜为 2.5～3.5 倍楼层高度;架子宽度不大于 1.2m;一般由 2～3 片升降框组成一个爬升单元。当由两个升降框组成一个爬升单元时,间距宜小于 4m;当由多个升降框组成一个爬升单元时,间距宜小于 4.5m;各升降单元体之间应留有 100mm 左右的间隙。在墙体拐角处,外伸量不宜大于 1200mm。每次爬升高度为 0.5～1.0 倍楼层高;施工荷载宜按 3 层考虑,每层为 $2kN/m^2$。 脚手架的升降原理如图 23-32(*b*)所示。系通过固定框和滑动框的交替爬升或下降来实现。固定框和滑动框可以相对滑动,并且分别与建筑物固定。在固定框固定的情况下,可以松开滑动框同建筑物之间的连接,利用固定框上的吊点,用捯链(葫芦)将滑动框提升一定高度,并与建筑物固定,然后,再松开固定框同建筑物之间的连接,利用滑动框上的吊点再将固定框提高一定高度并固定,从而完成一个提升过程;下降则反向操作	(1)架子安装应根据爬架的设计图进行,宜采用现场拼装的方法。组装顺序为:地面加工组装升降框→检查建筑物预留连接点位置→吊装升降框就位→校正升降框并与建筑物固定→组装横杆→铺脚手板→组装栏杆、挂安全网 (2)组装时上下两预留连接点的中心线应在一条直线上,垂直度偏差应在 5mm 以内。升降框吊装就位时,应先连接固定框,然后滑动框,连接好后应对升降框进行校正,其与地面及建筑物的垂度偏差均应控制在 5mm 以内,校正好后应立即固定,并随即组装横杆,其他组装要求同普通扣件式钢管脚手架 (3)爬架拆除时,应先清理架子上的垃圾杂物,然后自上而下顺序逐步拆除,最后拆除升降框。拆下的杆件应及时清理整修并分类集中堆放 (4)性能特点:结构构造简单,可自行加工,操作简便,易于掌握,不产生外倾;可分段升降,造价低廉,经济适用;但只能组装单片或大片爬升脚手架 (5)适用于剪力墙结构的高层建筑,对框架结构及带阳台的高层建筑也能应用
挑梁式爬升脚手架	挑梁式爬升脚手架由脚手架、爬升机构和提升系统 3 部分组成。脚手架多用普通扣件式钢管脚手架。架子最下一步为承力桁架,用以将脚手架及施工荷载传递给承力盘,搭设方法同钢管脚手架,但增加纵向横杆和纵横向斜杆,以增强架体的整体刚度,其他设置均同普通外脚手架。爬升机构由承力盘、提升挑梁、导向轮及防倾、防坠落安全装置等部件组成。承力盘由型钢制作,里端通过预埋螺栓或铁件与建筑物外墙边梁、柱或楼板固定,外端则用钢筋斜拉杆与上层相同部位固定;其上搭设脚手架。提升挑梁为安装提升设备的承力构件,由型钢制作,与建筑物的固定位置同承力托盘,并上下相对,与承力盘相隔两个楼层,并且利用同一列预留孔或预埋件。导向轮主要用于防止爬架在升降过程中与建筑物发生碰撞,一端固定在爬架上,轮子可沿建筑物外墙、柱滚动。导向杆用于防止爬架在升降过程中发生倾覆,系在架子上固定一钢管,在其上套一套环,再将套环固定在建筑物上。脚手提升设备一般使用环链式电动捯链和控制框,其额定荷载不小于 70kN,提升速度不宜超过 250mm/min。 脚手架可整体或分段组装,高度一般为 3.5～4.5 倍楼层高,宽度不超过 1.2m,立杆纵距和横杆步距不宜超过 1.8m;两相邻提升点之间的间距不宜超过 8m;在建筑物拐角处应相应增加提升点,每次升降高度为一个楼层。 脚手架的升降原理如图 23-33 所示,先将电动捯链挂在挑梁上,吊钩挂在承力盘上,使各电动捯链受力,松开承力盘与建筑物的固定连接,开动电动捯链,则爬架即沿建筑物上升(或下降),待爬架升高(或下降)一层,达到预定位置时,再将承力盘同建筑物固定,并将架子同建筑物连接好,则架子完成一次升(或降)过程。再将挑梁移至下一个位置,同法进行下一次升降	(1)本脚手架在安装阶段可作为结构物施工外脚手架,即自使用爬架楼层开始,先搭设爬架,再进行结构施工,待爬架搭设至设计高度后,再随结构施工进行逐层提升 (2)脚手架组装应按设计图进行,组装顺序是:确定爬架搭设位置→安装操作平台→安装承力盘→搭设承力桁架→随工程进度逐层搭设脚手架→安装挑梁→安装导杆及导向轮→安装电控框并布置电缆线→在挑梁上安装电动捯链并连接电缆线 (3)承力托盘应严格按设计位置,内外侧固定后,应调平。在承力托盘上搭设脚手架时,应先安装其上的立杆,然后搭设承力桁架,并应在两承力托盘中间适当起拱。其他杆件设置要求同钢管脚手架 (4)位于挑梁两侧的脚手架,内排立杆之间的横杆应采用短横杆,以便升降时随时拆除,升降后再连接好 (5)脚手架的拆除同普通钢管外脚手架,应按自上而下的顺序逐层拆除,最后拆除承力桁架和承力托盘 (6)性能特点:结构构造简单,架子整体稳定性、安全感好,升降快速,易于掌握,电动控制升降同步性好,造价较低 (7)适用于作整体提升的框架或剪力墙结构的高层、超高层建筑外脚手架

续表

名称	组成和升降原理	搭设要点、特点及适用范围
互爬式脚手架	互爬式爬升脚手架由单元脚手架、附墙支撑机构和提升装置等组成。单元脚手架多由扣件式钢管脚手架搭设而成，在架体上部设有固定提升设备的横梁；附墙支撑机构是将单元脚手架固定在建筑物上的装置，多用穿墙螺栓或预埋件；提升装置一般使用手拉捯链，其额定荷载不小于20kN。 脚手架组装高度宜为2.5～4.0倍楼层高，宽度不超过1.2m，架长不大于5.0m，两单元脚手架之间的间隙不宜超过500mm；每次升降高度1～2倍楼层高 脚手架的升降原理如图23-34所示。每一个单元脚手架单独提升，当提升某一单元时，先将捯链挂在与被提升单元相邻的两架体上，吊钩则钩住被提升单元底部，解除被提升单元的连接固定点，操作工人即可在两相邻的架体上进行升降操作。当该升降单元升降到位后，将其与建筑物固定好，再将捯链挂在该单元横梁上，进行与之相邻的脚手架单元的升降操作。相隔的单元脚手架可同时进行升降操作	(1)脚手架的组装可有两种方式，一是在地面组装好单元脚手架，再用塔吊吊装就位；二是在设计爬升位置搭设操作平台，在平台上逐层安装。组装顺序及要求同常规落地式脚手架，但组装固定后的允许偏差不宜超过以下数值：架子垂直度：沿架子纵向30mm；沿架子横向20mm；架子水平度：30mm (2)升降操作应统一指挥；架子同步升降到位后，及时将架子与建筑物固定；并同法进行相邻单元脚手架的升降操作，至预定位置后，将相邻两单元脚手架连接起来，铺脚手板，使其保持稳定 (3)爬架拆除应清除架上杂物。拆除有两种方式：一是同常规脚手架方法，自上而下按顺序逐步拆除；一是用起重设备吊至地面拆除 (4)性能特点：结构简单，易于操作控制，一次升降幅度不受限制；对同步性要求不高；操作人员不在被升降的架体上，较安全，架子搭设高度低，用料省；但只能组装单片升降脚手架 (5)适用于作框架或剪力墙结构的高层建筑外脚手架
导轨式爬升脚手架	导轨式爬升脚手架由脚手架、爬升机构和提升系统3部分组成。脚手架用碗扣式或扣件式钢管脚手架标准杆件搭设而成，搭设方法及要求同常规方法。最底一步架横杆步距为600mm，或用钢管扣件增设纵向水平横杆并设纵向水平剪刀撑，以增强承载能力。爬升机构由导轨、导轮组、提升滑轮组、提升挂座、连墙支杆、连墙支杆座、连墙挂板、限位锁、限位锁挡块及斜拉钢丝绳等定型构件组成。导轨是导向承力构件，通过连墙支杆座、支杆和挂板同建筑物固定拉结，每根导轨长度一定(有3.0m、2.8m、1.2m、0.9m等几种，或标准层层高)，可竖向接长。提升系统可用手拉或电动捯链提升。 脚手架组装高度宜为3.5～4.5倍楼层高度；宽度不大于1.25m；立杆间距不大于1.85m，横杆步距1.8m；爬升机构水平间距宜在7.4m以内，在拐角处适当加密；捯链额定提升荷载50kN；当提升挂座两侧各挂一个提升捯链(或一侧挂提升捯链另一侧挂钢丝绳)时，架子高度可取3.5倍(4.5倍)楼层高，导轨选用4倍(5倍)楼层高，上下导轨之间的净距应大于1倍(2倍)楼层加高2.5m(1.8m)；架子允许三层同时作业，每层作业荷载20kN/m^2；每次升降高度为一个楼层。 脚手架爬升原理如图23-35所示。导轨沿建筑物竖向布置，其长度比脚手架高一层，架子上部和下部装有导轮，提升挂座固定在导轨上，其一侧挂提升捯链，另一侧固定钢丝绳，钢丝绳绕过提升滑轮组同提升捯链的挂钩连接；启动提升捯链，架子沿导轨上升，提升到位后固定；将底部凸出的导轨及连墙挂板拆除接到顶部，将提升挂座移到上部，即可进行下一次提升过程。脚手架的下降原理与提升相同，操作相反	(1)脚手架对于组装的要求较高，必须严格按设计要求进行组装，组装顺序为：搭设操作平台→搭设底部架→搭设上部脚手架→安装导轨→在建筑物上安装连墙挂板、支杆和支杆座→安提升挂座→装提升捯链→装斜拉钢丝绳→装限位锁→装电控操作台(仅电动捯链用) (2)爬架升降前应进行检查，要求底部架横杆的水平度偏差小于$L/400$，立杆的垂直度偏差小于$H/500$，架子纵向的直线度小于$L/200$；导轨的垂直度应控制在$H/400$以内，连接均应牢靠，检查合格后方可进行升降作业 (3)在升降过程中应注意观察各提升点的同步性，当高差超过1个孔位(即100mm)时，应停机调整 (4)爬架的拆除，同普通钢管外脚手架，当架子降至底面时，逐层拆除脚手架和导轨等爬升机构件，拆下的材料、构件集中堆放，清理后入库 (5)性能特点：可单片、大片或集体升降；同步性易于控制；架子沿导轨滑动升降平稳，不会发生倾覆；使用安全可靠，费用较低 (6)适用于作框架或剪力墙结构的超高层、高层建筑，特别是一些结构复杂建筑的外脚手架

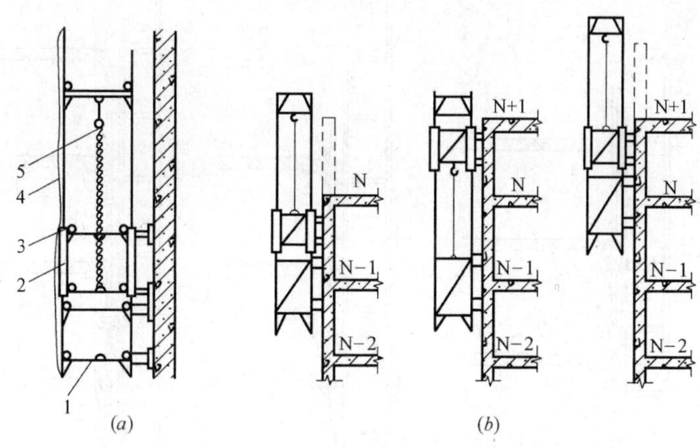

图 23-32 套管式爬架基本结构及升降原理

(a) 套管式爬架基本结构；(b) 爬架的升降原理

1—固定框（大爬架），$\phi48\times3.5$ 钢管焊接；2—滑动框（小爬架），$\phi63.5\times4$ 钢管焊接；

3—纵向水平杆，$\phi48\times3.5$ 焊接钢管；4—安全网；5—提升机具（捯链）

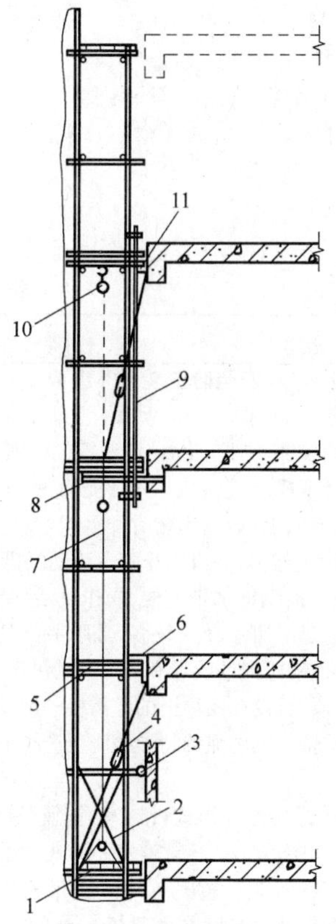

图 23-33 挑梁式爬升脚手架的基本构造

1—承力托盘；2—基础架（承力桁架）；3—导向轮；

4—可调拉杆；5—脚手板；6—连墙件；

7—提升设备；8—提升挑梁；9—导向杆（导轨）；

10—捯链；11—导杆滑套

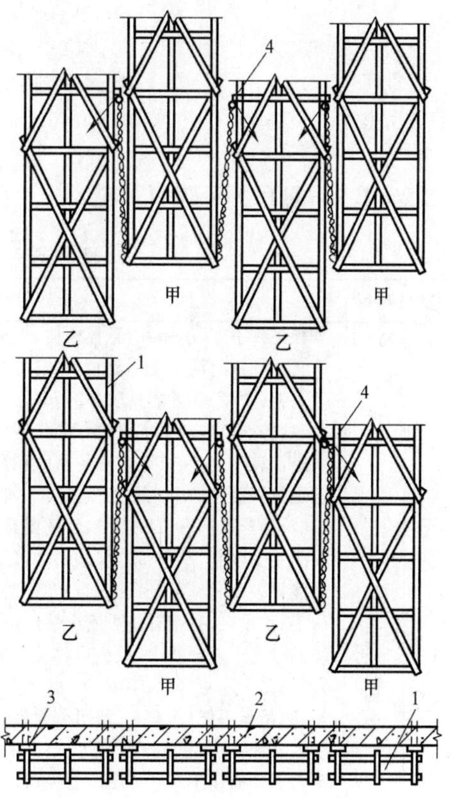

图 23-34 互爬式脚手架升降原理

1—提升单元；2—提升横梁；

3—连墙支座；4—手拉捯链

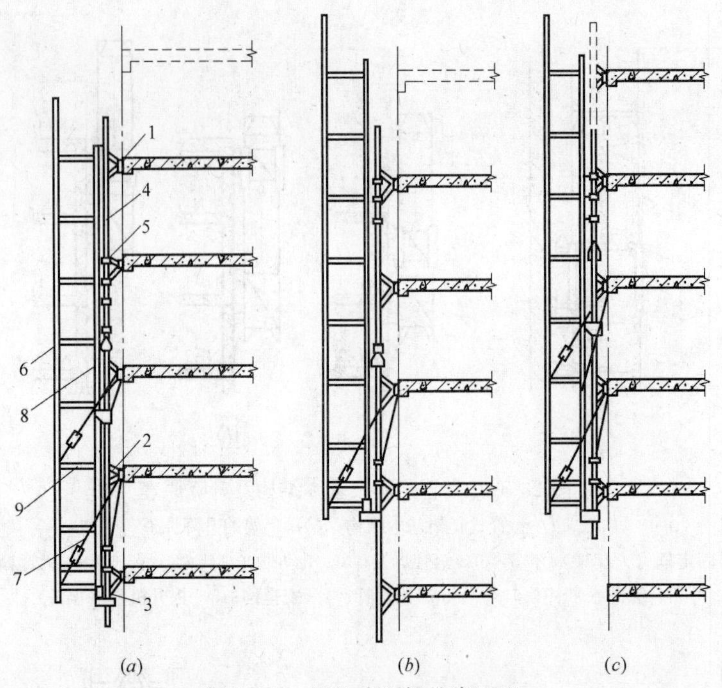

图 23-35　导轨式爬架升降原理

(a) 爬升前；(b) 爬升后；(c) 再次爬升前

1—连接挂板；2—连墙杆；3—连墙杆座；4—导轨；5—限位锁；6—脚手架；7—斜拉钢丝绳；8—立杆；9—横杆

23.1.9　悬吊脚手架（吊篮）

悬吊脚手架（吊篮）组成及搭设　　表 23-16

项次	项目	安装方法要点
1	基本组成与构造	悬吊脚手架(吊篮)由悬挂机构、提升机构、吊脚手架(吊篮)以及安全防护装置等组成。具有结构简单、受力明确、耗工及用料较少、安全可靠等优点,并有定型产品,如图 23-36 所示。目前常见的几种吊脚手架(吊篮)的性能见表 23-17。常用于高层建筑外墙装修、装饰、维护、检修、清洗等工程施工 (1)悬挂机构由悬挑梁、型钢立柱及钢拉杆(或钢丝绳)焊接或螺栓连接成三角形受力形式,杆件截面须经计算确定,应具有足够的刚度和强度。机构前支座立于屋面上,后支座装有配重架,其配重量必须满足抗倾覆系数≥3 的要求,配重件必须稳定可靠地安放在配重架上,并有防止随意移动的措施 (2)提升机构有手扳捯链、卷扬提升机、爬升提升机三种。手扳捯链携带方便、操作灵活、牵引方向和距离不受限制,水平、垂直、倾斜均可使用。在中、低高层上的悬吊脚手使用较多,常用手扳捯链的规格性能见表 23-18;卷扬提升机与常用的卷扬机属同一类型,通过钢丝绳的收卷和释放带动吊篮升降,其体积小、重量轻,并带有多重安全装置,它可设于吊篮两侧或屋顶上,设在屋顶上的卷扬机一般均装在可移动的小车上或导轨上,可组成移动式吊篮;爬升提升机是靠绳轮与钢丝绳的特形缠绕所产生的摩擦力提升吊篮 (3)吊脚手架(吊篮)一般可分为维修吊篮、装修吊篮以及非标吊篮等形式,维护吊篮篮长≤4m,载重量≤5kN,装修吊篮篮长可达 8m 左右,载重量≤10kN,并有单层、双层、三层等多种形式。吊篮的作业平台有效面积不小于 0.25m^2/人,且必须有防滑措施,吊篮内最小通道宽度≥0.4m,并装有固定型安全护栏,靠建筑一侧栏高≥0.8m,其他三侧栏高≥1.1m,吊篮四周装设高度不小于 150mm 的挡脚板;非标吊篮用于造型独特、构造复杂的建(构)筑物,如烟囱、双曲线冷却塔等的内外立面装饰或维修及清洗。吊篮应采用型钢焊接或螺栓连接制作 (4)安全保险装置,一般均配有制动器、行程限位和安全锁等。吊篮必须装有上下限位开关,并以吊篮平台自身去触动;每根安全钢丝绳上必须装有不能自动复位的安全锁,当吊篮平台下滑速度大于 25m/min 时,安全锁瞬即动作,在不超过 100mm 距离内锁住;吊篮上还装有防倾覆、防超载保护装置

续表

<table>
<tr><th>项次</th><th>项目</th><th>安装方法要点</th></tr>
<tr><td>2</td><td>安装方法</td><td>(1)施工准备：
1)采用悬吊脚手架(吊篮)进行外墙装修作业时，宜选用设备完善的定型吊篮产品。吊篮进场时必须具备符合要求的生产许可证或准用证、产品合格证、检测报告以及安装使用说明书、电气原理图等技术文件。若自行设计、制作吊篮时，必须达到现行国家标准《高处作业吊篮》(GB 19155—2003)以及行业标准《建筑施工工具式脚手架安全技术规范》(JGJ 202—2010)的要求，并严格审批制度。使用境外吊篮设备时，应有中文说明书，产品的安全标准应符合我国的行业标准。
2)吊篮安装前，根据工程实际情况和吊篮产品性能，编制专项施工方案，并根据施工方案、产品使用说明书，对安装及上篮操作人员进行安全技术培训
3)使用吊篮的工程应对屋面结构进行复核，确保工程结构安全
4)吊篮悬挂高度≤60m时，宜选用长边不大于7.5m的吊篮平台；悬挂高度≤100m时，宜选用长边不大于5.5m的吊篮平台；悬挂高度>100m时宜选长边不大于2.5m的吊篮平台
(2)安装工艺流程：吊篮组拼→悬挂机构及配重块安装→安装起重钢丝绳及安全钢丝绳→挂配重锤→连接电源→吊篮平台就位→检查提升装置、电气控制箱及安全装置→调试及荷载试验→安装跟踪绳→投入使用→拆除
(3)吊篮安装宜从外墙大角的一端开始，沿建筑物外墙满挂排列，两作业吊篮之间的距离不得小于300mm
(4)悬挂机安装时，调节前支座的高度使架的高度略高于女儿墙，且使悬挑梁的前端比后端高出50～100mm，对于伸缩式悬挑梁，尽可能调至最大伸出量。配重块在支架后座两侧均匀放置，并将配重块锁轴顶端用钢丝穿过拧死，以防止配重块被任意搬动
(5)吊篮组拼完毕后，将起重钢丝绳和安全钢丝绳挂在挑梁前端的悬挂点上，紧固钢丝绳的马牙卡不得少于4个
(6)连接二级配电箱与提升机电气控制箱之间的电缆，电源和电缆应单设，电器控制箱应有防水措施，电气系统应有可靠接零，并配备漏电保护装置。接通电源，检查提升机，按动电钮提升机空转，看转动是否正常，不得有杂声或卡阻现象
(7)将钢丝绳穿入提升机内，启动提升机，绳头应自动从出绳口内出现。再将安全钢丝绳穿入安全锁，并挂上配重锤
(8)钢丝绳穿入后应调整起重钢丝绳与安全锁的距离，通过移动安全锁达到吊篮倾斜300～400mm，安全锁能锁住安全绳为止。安全锁为常开式</td></tr>
<tr><td>3</td><td>使用注意事项</td><td>(1)吊篮升降时应设专人指挥，升降操作应同步，防止升(降)差异，在阳台、窗口等处，设专人推动吊篮防止碰撞
(2)吊篮内作业人员不应超过2人，吊篮正常工作时，人员应从地面进入吊篮内，不得从建筑物顶部、窗口等处或其他孔洞处出入。吊篮内作业人员应佩戴安全帽、系安全带，并应将安全带锁扣挂置在独立设置的安全绳上
(3)吊篮升降运行时，不得将两个或三个吊篮连在一起升降，并且工作平台高差不得超过150mm
(4)发现吊篮工作不正常时，应及时停止工作，检查和消除隐患后再继续工作
(5)当吊篮提升到使用高度后，应将保险安全绳拉紧卡牢，并将吊篮与建筑物锚拉牢固。吊篮下降时，应先拆除与建筑物的拉结装置，再将保险安全绳放长到要求下降的高度后卡牢，再用机具将吊篮降落到预定高度(此时保险钢丝绳刚好拉紧)，然后再将吊篮与建筑物拉结牢固，方可使用
(6)使用手扳捯链时切勿超载使用，必要时增设适当的滑轮组；前进手柄及倒退手柄绝对不可同时扳动；工作中严禁扳动松卸手柄，以免捯链下滑；选用钢丝绳长度应比建筑物高度长2～3m，并注意钢丝绳不得拖在地面上，应离开地面一小段距离，几台捯链同时扳动时应注意同步升降</td></tr>
</table>

几种常见吊篮的性能参数 **表23-17**

<table>
<tr><th colspan="2">型号</th><th>ZLP800</th><th>ZLP630</th><th>ZLP500</th><th>ZLP300</th><th>ZLS30</th></tr>
<tr><td colspan="2">固定荷载重量(kg)</td><td>800</td><td>630</td><td>500</td><td>300</td><td>300</td></tr>
<tr><td colspan="2">升降速度(m/min)</td><td>8～11</td><td>8～11</td><td>6～11</td><td>6～11</td><td>3</td></tr>
<tr><td colspan="2">作业平台尺寸(长度:m)</td><td>2.5～7.5</td><td>2.0～6.0</td><td>2～6</td><td>2～4</td><td>2</td></tr>
<tr><td colspan="2">钢丝绳直径(mm)</td><td>ϕ8.6</td><td>ϕ8.3</td><td>ϕ8.3</td><td>ϕ7</td><td>ϕ7</td></tr>
<tr><td colspan="2">电机功率(kW)</td><td>2.2</td><td>1.5</td><td>1.1</td><td>0.55</td><td>(手动)</td></tr>
<tr><td rowspan="2">安全绳</td><td>锁绳速度(离心式)(m/min)</td><td colspan="4">18～22</td><td rowspan="2">(手动断绳保护锁)</td></tr>
<tr><td>锁绳角度(摆臂式)(°)</td><td colspan="4">3～8</td></tr>
<tr><td colspan="2">整机自重(kg)</td><td>2010</td><td>1715</td><td>1525</td><td>1160</td><td>950</td></tr>
</table>

手拉葫链的规格性能 表 23-18

额定负荷	8	15	30
额定负荷的最大手扳力(kN)	≤0.35	0.45	0.45
手扳一次钢丝绳最大行程(mm)	50	50	25～30
手柄长度(mm)	800	1070	1200
机体重量(kg)	5.5	9.5	14.5
钢丝绳规格	φ7.7(6×19+1)	φ9(7×7)	φ13.5(7×19)
钢丝绳长度(m)	10	20	10

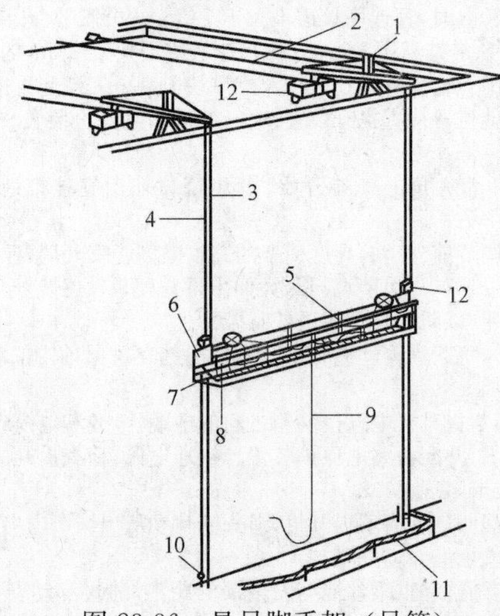

图 23-36 悬吊脚手架（吊篮）

1—悬挂机构；2—悬挂机构安全锁；3—起重钢丝绳；4—安全钢丝绳；5—安全带及安全绳；6—提升机；7—吊篮；8—电器控制柜；9—供电电缆；10—绳坠铁；11—安全锁；12—配重

23.1.10 受料平台

受料平台组成及搭设 表 23-19

项次	项目	搭设方法要点
1	类型和用途	(1)在多层和高层建筑施工中，常需设置受料台，将无法用井架或电梯提运的大件材料、器具和设备用塔式起重机先吊运至受料台上后，再转运至使用地点；下层周转使用的模板、支撑也可从室内运往受料台，用塔式起重机倒运至上层使用 (2)目前常用的受料台分为采用悬挑方法搭设的受料台和采用钢管落地搭设的受料台 (3)悬挑搭设的受料台一般采用钢平台，钢平台的材料全部为 Q235，平台骨架一般由型钢和钢板焊接而成，平面板宜采用花纹钢板，拉索、保险钢丝绳的直径不小于 φ20(图 23-37) (4)落地搭设的受料台，一般采用 φ48×3.5 钢管扣件连接方式搭设，也可采用其他规格的钢管和碗扣式(门式、盘扣式)连接的方式搭设。平面板宜采用钢板或大于 18mm 厚的木质夹板(图 23-38) (5)悬挑搭设的受料台一般用于高层建筑施工中，落地搭设的受料台常用于多层建筑施工中
2	悬挑式受料台安装	(1)受料台按其悬挑方式可分为：悬挂式和斜撑式两类，如图 23-37 所示，其设置方法与要求和悬挑脚手架基本相同。受料台的尺寸应根据施工的需要和经验确定，一般宽为 2～4m，悬挑长度为 3～6m。由于受料台悬挑长度和所受荷载比一般悬挑脚手架大得多，因此对其结构系统必须进行严格的设计和验算，确保有足够的强度、刚度和稳定性，并按设计要求进行加工，制作完成后，必须经过有关部门检查验收，合格后方可安装 (2)受料平台安装时，利用平台四角吊环用塔设起重机将平台吊至安装位置，再平行移动使之龙骨工字钢穿过外防护架就位，使定位角钢卡在结构边梁上(角钢下垫软物)，然后拉结受力钢丝绳和保险钢丝绳，两道钢丝绳受力平衡后，慢慢放下平台，确认钢丝绳受力后，松去搭式起重机吊绳

续表

项次	项目	搭设方法要点
2	悬挑式受料台安装	(3)受料平台安装完毕后,必须按照《建筑施工高处作业安全技术规范》(JGJ 80—1991)的有关内容进行检查、验收,合格后方可使用 (4)受料台应设在窗口部位,台面可与楼面齐平或搁置在楼板上 (5)受料台在建筑物的垂直方向应错开设置,以避免上面的受料台阻碍向下受料台吊运物品和材料。 (6)受料台三面应设防护栏杆,当需要吊运长度超过受料长的材料时,其端部护栏可做成格栅门,需要时打开 (7)使用期间应加强检查,操作人员上受料台,必须采取有效的安全防护措施 (8)受料台上悬挂限位标志牌,标明吨位和堆料数量,严禁超载或长期堆材料,随堆随吊,堆放材料高度不得超过受料台护栏高度 (9)受料台上翻操作时,先用塔式起重机将平台四角吊起,使平台拉结钢丝绳松弛、拆卸,然后慢慢向外平移,待平台工字钢完全伸出外保护架后,再向上吊装至要求位置就位,上吊时平台上严禁站人。每次上翻安装完毕后均需经检查验收合格后方可使用 (10)受料台拆除过程与安装过程相反。拆除前必须将平台上的物件清除干净,拆除地面应设围栏和警戒标志,并派专人看守
3	落地式钢管受料台搭设	(1)钢管式落地受料台搭设方法和要求与扣件式钢管脚手架或碗扣式钢管脚手架的搭设方法和要求基本相同,但由于受料台所受荷载比脚手架所受荷载大得多,因此受料台杆件之间的距离及立杆的稳定性须经计算核验后确定,一般情况下,受料台搭设高度不宜超过12m,高宽之比控制在2.5∶1以内,面积一般不超过6m×6m,单位面积的荷载控制在4kN/m²,集中荷载不大于10kN,原则上总荷载不能大于20kN。立杆的间距宜为600～900mm,步距宜在1.5～1.8m之间 (2)受料台搭设场地必须平整、坚实,应按现行国家标准《建筑地基基础工程施工质量验收规范》(GB 50202—2002)的有关规定进行地基处理与验收,并设置垫木或型钢 (3)受料台脚手架搭设应严格按照《建筑施工扣件式钢管脚手架安全技术规范》(JGJ 130—2011)中的相关规定和现场编制的专项施工方案进行搭设。 (4)受料台脚手架外侧四个立面由底至顶必须连续设置剪刀撑;水平剪刀撑间距不大于4m;拉结点应直接与建筑物结构连接,每层设置,连接应采用刚性连接,形式可选用预埋件、钢管直接抱箍等,拉结杆必须与平台立杆牢固扣接,且拉结点与平台主结点之间的距离不大于2.0m,拉结杆与柱抱箍用旋转扣件扣牢,拉结方式如图23-39所示 (5)落地式钢管受料台搭设完成后必须按照《建筑施工高处作业安全技术规范》(JGJ 80—1991)以及《建筑施工安全检查标准》(JGJ 59—2011)的有关内容进行检查,验收合格后方可使用。使用时受料台上必须挂设限载牌,严格按其要求限载堆放 (6)受料台拆除时,应划分作业区,周围设围栏或竖立警戒标志。拆除应遵循由上而下、先搭后拆、后搭先拆的原则,逐层拆除。拆下的杆件应用绳索拴住,利用滑轮徐徐下运,严禁抛掷

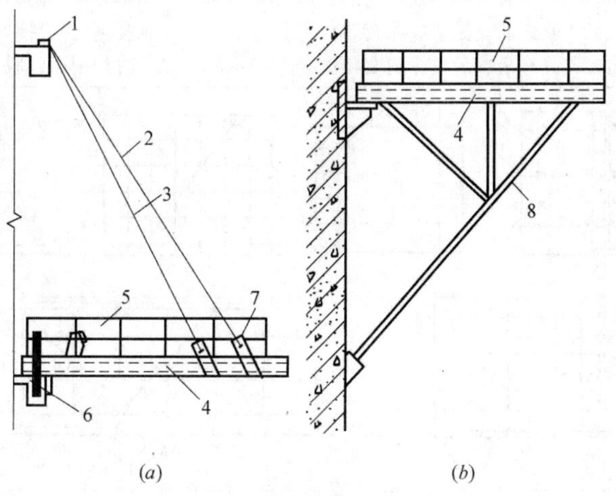

图 23-37 悬挑式受料台构造形式

(a) 悬挂式;(b) 斜撑式

1—拉结点;2—拉索钢丝绳;3—保险钢丝绳;4—钢平台;5—护栏;6—结构预埋件;7—吊耳;8—钢斜撑

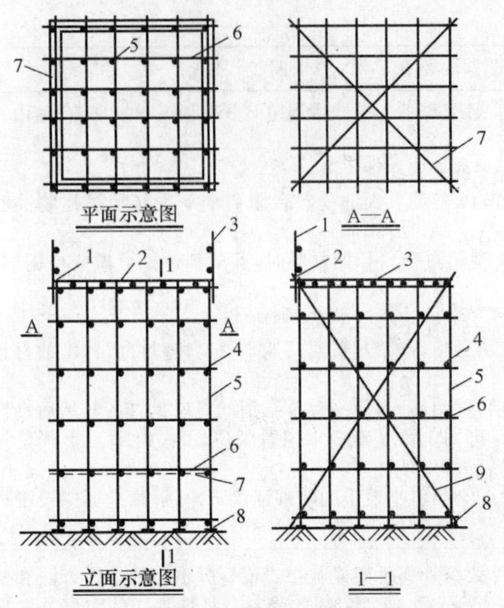

图 23-38　落地搭设受料台示意图

1—挡脚板；2—脚手板；3—防护栏杆；4—纵向水平杆；5—立杆；6—横向水平杆；7—水平剪刀撑；8—垫木（或型钢）；9—垂直剪刀撑

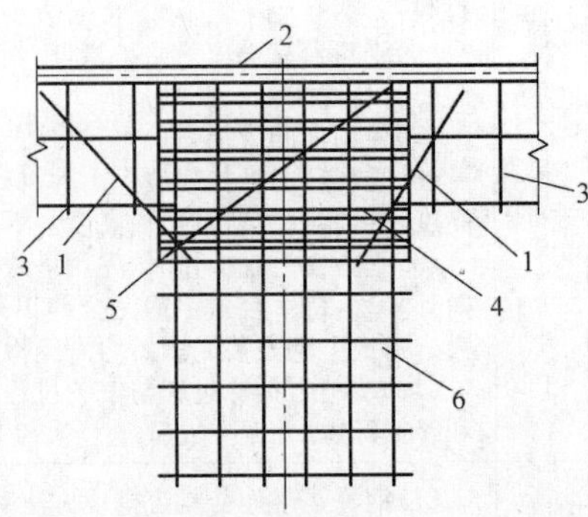

图 23-39　落地搭设受料台拉结点示意

1—拉结杆；2—建筑物；3—脚手架；4—木格栅；5—过桥板；6—受料台

23.1.11　支撑架

支撑架的类型和搭设方法　　表 23-20

项次	项目	搭设方法要点
1	类型和构造	(1)在建筑安装工程施工中，常用脚手材料搭设不同结构形式和构造的支撑架，以用做模板支撑架、物料存放架、转运桥桥架、结构物件的临时支撑架等 (2)支撑架应按其用途和受力情况选择适合的构架结构形式，常用的有图 23-40 所示几种
2	搭设要求	(1)支撑架可用塔式脚手架、门式架及其他框组式钢管脚手架、扣件式钢管脚手架搭设，其材质应符合有关标准要求，立杆根据荷载要求可设置为单立杆或双立杆 (2)每组支撑架必须成为独立的稳定单元，使在荷载作用下有足够的强度、刚度和稳定性 (3)用做工具式的支撑架应在底部装底座，上部装可调顶托，杆件交接处用扣件拧紧，并设置必要的斜撑，使其具有足够的整体刚度和稳定性，在移动或吊运过程中不致脱开或产生较大变形

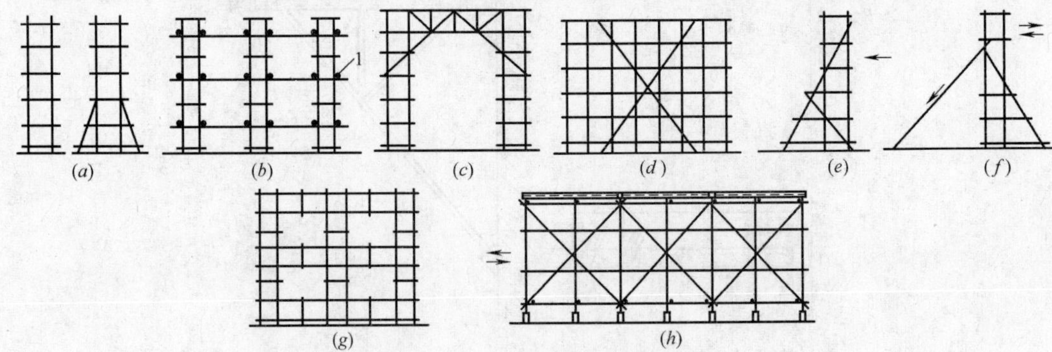

图 23-40　支撑架的构造形式

(a) 单柱式格构架；(b) 群柱式格构架；(c) 柱梁式支撑架；(d) 满堂格构架；(e) 斜撑式格构架；(f) 拉撑式格构架；(g) 箱形格构架；(h) 飞模格构架

1—水平连系杆

23.2 里脚手架

23.2.1 常用工具式里脚手架

常用工具式里脚手架搭投技术要求和构造参数 **表 23-21**

名称	材料规格	构造要求
钢套管支柱式里脚手（图 23-41）	高 1.5m、三角支脚	插管（ϕ42×2.5×870）插入主管（ϕ50×3×800）中，以销孔（ϕ10）间距调节高度，主管焊有三角铁脚（ϕ18×730）。插管顶端焊凵（60mm）形支托，以搁置方木或钢管横杆，上铺设脚手板 单排支柱离墙不大于 1.5m，横杆搁入墙内长度不小于 24cm；双排架横向间距不大于 1.5m，二者纵向间距小于 1.8m，架可升高到 2.17m
折叠式里脚手（图 23-42）	高 1.2～1.65m，宽 0.7～0.8m，长 0.8～1.0m	有钢管角钢和钢筋制三种，立柱钢管用 ϕ36×2.5，角钢用 ∟40×3，钢筋用 ϕ20，折叠处分别用套环、铁铰链和圆环，在架上铺脚手板，每个重分别为 18kg、25kg、21kg 架设间距：砌墙时不超过 1.8m，粉刷时不超过 2.2～2.5m，可搭设两步：第一步为 1.0m，第二步为 1.2～1.65m
伞脚折叠式里脚手（图 23-43）	高 2.0m，间距 2～2.5m	由立管（伞形支柱）、套管、横梁或桁架组成。立管下端设可撑开或收拢的伞骨支脚；立管上有销孔，套管可在立管上升降，以调节架设高度。可根据需要架设单排支柱或双排支柱 每个支柱重 16kg，横梁每件重 4.3kg，桁架每件重 10kg
门架式里脚手（图 23-44）	高度：套管式为 1.44m、1.7m、1.9m；承插式为 1.34m、2.43m；间距 2.2～2.5m	由 A 形支架与门架两种构件组成。按支架与门架的不同结合方式又分套管式与承插式两种 A 形支架：由立管和支脚组成，立管用 ϕ50×3 钢管，支脚可用钢管、钢筋或角钢焊成。套管式的支架立管较长，由立管与门架上的销孔调节架子高度；承插式支架的立管较短，为改变架设高度时支架可不再挪动，采用双承插管 门架：用钢管或角钢与钢管焊成。采用双肢角钢面的门架制作时，2 个靠背角应先用间断缝焊在一起，然后与钢管焊接 支架钢材用量：套管式的 A 形支架每件 9kg，门架每件 10kg；承插式的 A 形支架每件 9kg，门架每件 20kg

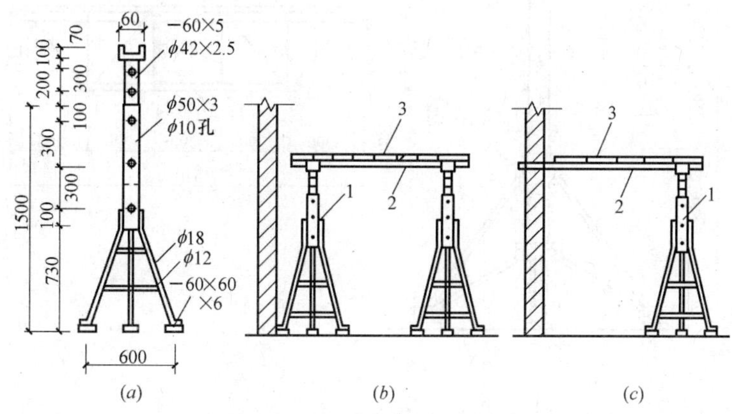

图 23-41 支柱式里脚手架

（a）支柱式里脚手架构造；（b）支柱式里脚手双排架；（c）支柱式里脚手单排架

1—支柱；2—横杆；3—脚手板

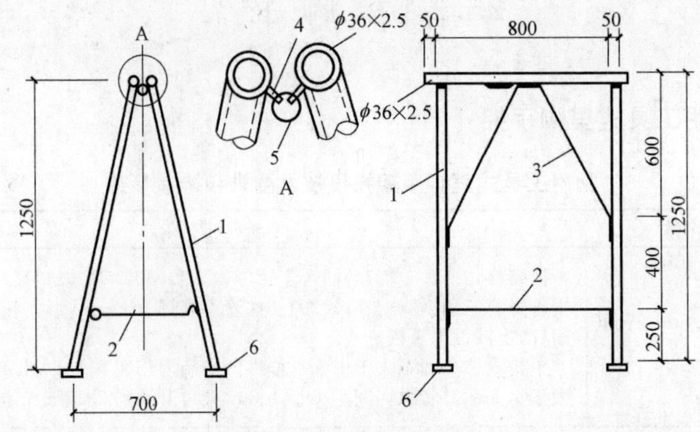

图 23-42 钢管折叠式里脚手架

1—钢管立柱 ϕ36×2.5；2—活动钩子 ϕ10；3—钢筋斜撑 ϕ10；
4—ϕ6 环焊于钢管上；5—ϕ6 套环；6—垫板－60×4

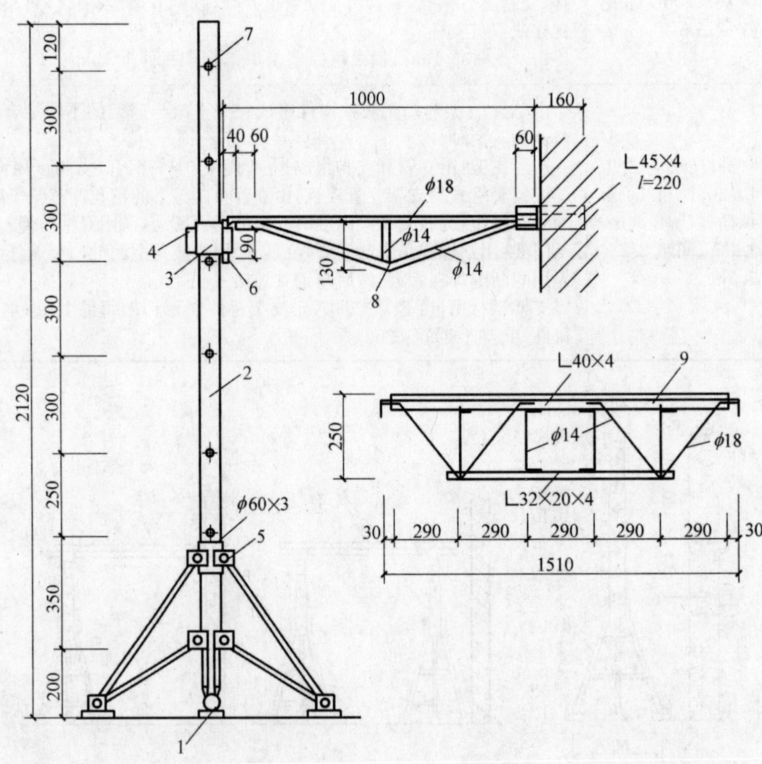

图 23-43 伞脚折叠式里脚手架

1—伞形支柱－6×80×90；2—立管 ϕ51×3.5；3—套管 ϕ60×3；
4—承插管 ϕ25×2.5；5—销钉铰接；6—ϕ18 挂钩；7—ϕ10 销孔；
8—钢筋横梁；9—角钢钢筋混合桁架

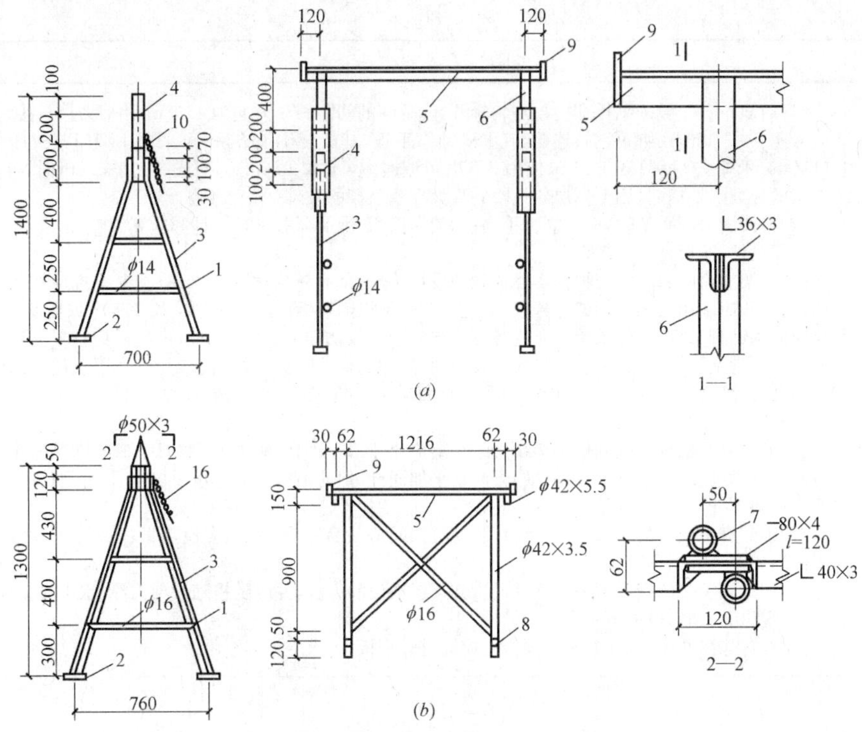

图 23-44 门架式里脚手架

（*a*）套管式支架与门架；（*b*）承插式支架与门架

1—A 形支架；2—垫板－40×5 或－60×6，*l*=40～60mm；3—支脚 *ϕ*20（或 *ϕ*25×5）或 ∟40×3；4—立管 *ϕ*50×3，*l*=500mm；5—门架 2mm×36mm×3mm 或 *ϕ*42×3.5；6—钢管 *ϕ*42×3；7—无缝钢管 *ϕ*50×3；8—销孔；9—防滑装置－40×3，*l*=60mm；10—销子

23.2.2 满堂里脚手架与平台架

满堂内脚手架、活动平台架　　表 23-22

项次	项目	搭设方法要点
1	应用	（1）多层和高层建筑门厅（大厅）、会议厅、多功能厅、游泳池等的平顶，多在 4m 以上，施工宜采用整体式满堂脚手架，以方便施工和保证操作安全 （2）高大厅堂的顶棚涂（喷）刷涂料、局部处理和装修工程施工，多设置活动操作平台，可在地坪上移动，以节省脚手架用料，方便施工操作
2	扣件式满堂脚手架	（1）脚手架的构造与扣件钢管外脚手架基本相同，其构造参数随工程用途而有所不同，参见表 23-23 （2）搭设时应先将地面整平夯实。立杆底座根据土质情况，铺设厚度不小于 50mm、有足够支承面积的垫板。搭设方法基本同扣件式钢管外脚手架，在四角应设包角斜撑，四侧设剪刀撑，中间每隔四排立杆沿纵长方向设一道剪刀撑，所有斜撑和剪刀撑均须由底到顶连续设置。另在垂直面设有斜撑及剪刀撑的部位，于顶层、底层及每隔两步应在水平方向设水平剪刀撑。对层高较低的房间作抹灰用的脚手架，可只在四角设一道包角斜撑，中间每隔四排立杆设一道剪刀撑；凡有斜撑、剪刀撑的部位于顶面设一水平剪刀撑
3	碗扣式满堂脚手架	（1）碗扣式满堂脚手架可以根据需要组成不同组架密度、不同组架高度，其一般组架结构形式如图 23-45 所示。它由立杆垫座（或立杆可调座）、立杆、横杆和斜杆（或斜撑、剪刀撑）等组成 （2）立杆应用长 1.8m 和 3.0m 杆件错开布置，不得将接头布置在同一位置上。立杆间距取决于所要求的形状尺寸和标准横杆（或现有横杆）的长度，一般采用 1.2～1.8m；横向水平杆按双向设置，竖向间距从扫地杆算起每步不大于 1.8m。斜杆的设置，随架高和宽而定，当高宽比较大，应每一层从底到顶设置斜撑，当高宽比较小，可仅两侧及中间从底到顶设置斜撑。一般群柱的高宽比不宜大于 5 （3）脚手架搭设，杆件的水平度不得大于 *H*/2000；立杆的垂直偏差不得大于 *H*/600（*H*——脚手架高度）

续表

项次	项目	搭设方法要点
4	门架式满堂脚手架	(1)门架布置一般按纵排和横排均匀排开,门架间的间距一个方向为1.83m,用剪刀撑连接;另一个方向为1.5～2.0m,用脚手钢管连接,其上满铺脚手板,其高度调节方法,可采用小型门架或用可调底座(DZ-40可调底座可调高0.25m,使用DZ-78可调底座可调高0.6m)。当层高大于5.2m时,可使用两层以上的标准门架搭起,用于高层建筑物的高大厅堂顶棚的装修(图23-46) (2)搭设满堂脚手架时,应根据脚手高度、使用面积、承受荷载进行设计和验算,并绘出设计图,编制施工组织设计,按设计进行搭设 (3)门架的跨距和间距应根据实际荷载经设计确定,间距不宜大于1.2m。交叉支撑应在每列门架两侧设置,并应采用锁销与门架立杆锁牢,施工期间不得随意拆除。水平架或脚手板应每步设置。顶部作业层应满铺脚手板,并应采用可靠连接方式与门架横梁固定,大于200mm的缝隙应挂安全网。水平加固杆应在满堂脚手架的周边顶层、底层及中间每5列、5排通长连续设置,并应采用扣件与门架立杆扣牢。剪刀撑应在满堂脚手架外侧周边和内部每隔15m间距设置,剪刀撑宽度不应大于4个跨距或间距,斜杆与地面倾角宜为45°～60° (4)满堂脚手架距墙或其他结构物边缘距离应小于0.5m,周围应设置栏杆。满堂脚手架中间设置通道时,通道处底层门架可不设纵(横)方向水平加固杆,但通道上部应每步设置水平加固杆。通道两侧门架应设斜撑杆 (5)满堂脚手架高度超过10m时,上下层门架间应设置锁臂,外侧应设置抛撑或缆风绳与地面拉结牢固 (6)满堂脚手架的搭设可采用逐列逐排和逐层搭设的方法,并应随搭随设剪刀撑、水平纵横加固杆、抛撑(或缆风绳)和通道板等安全防护构件 搭设、拆除满堂脚手架时,施工操作层应铺设脚手板,工人应系安全带
5	扣件钢管活动平台架	平台架搭设方法及构造参数同扣件式满堂脚手架。其搭设高度可达6～10m,平台面积15～40m²。在平台架底部装设胶轮或将平台架设在若干辆架子车底盘上,使整个平台借人力或卷扬机在地坪上移动
6	门式钢管活动平台	系用门式钢管架搭设活动操作平台,在底部设有带丝杠千斤顶的行走轮,以调节高度,并利用门式架的梯步上下人,可不用设上下人梯。图23-47为采用两榀门式钢管架组装的活动平台。当小平台操作面积不能满足要求时,也可以用n排n行梯形门式钢管架组成大的活动平台

吊顶、抹灰施工满堂架的构造参数　　表23-23

用途	立杆纵横间距(m)	横杆竖向步距(m)	纵向水平拉杆设备	操作层小横杆间距(m)	靠墙立杆离开墙面的距离(m)	脚手板铺设(m)	
						架高4m以内	架高大于4m
一般装饰用	≤2	≤1.7	两侧每步一道,中间每两步一道	≤1.0	0.5～0.6	板间空隙不大于0.2	满铺
承重较大时	≤1.5	≤1.4	两侧每步一道,中间每两步一道	≤0.75	根据需要定	满铺	满铺
抹灰用	≤2.0	≤1.6	两侧每步一道,中间每两步一道	≤1.0	0.5～0.6	板间空隙不大于0.2	满铺

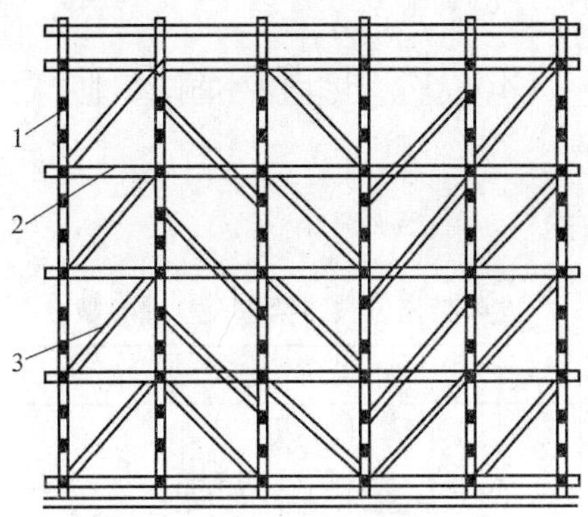

图 23-45　碗扣式满堂脚手架

1—立杆；2—横杆；3—斜杆

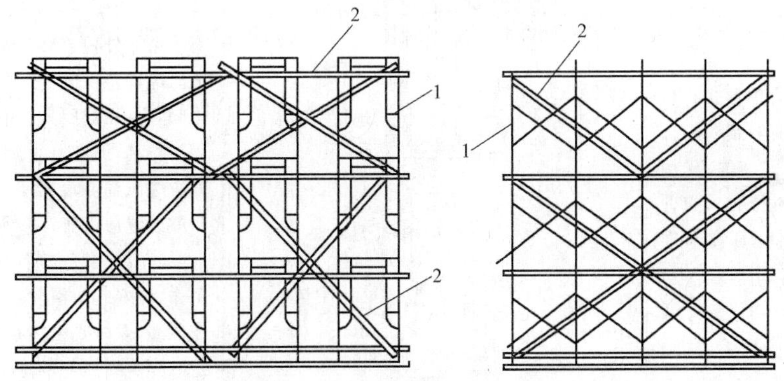

图 23-46　门式架组装满堂脚手架

1—门式架；2—加强杆

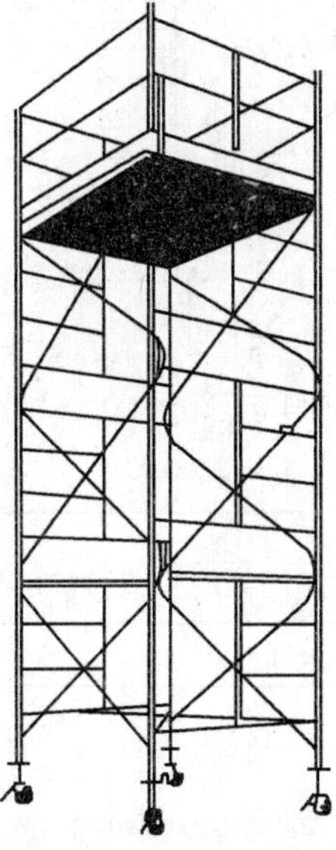

图 23-47　门式钢管架组装活动操作平台

23.3　垂直运输设施

23.3.1　龙门垂直运输架

龙门架搭设技术要求及构造参数　　表 23-24

组　　成	图　　示	搭设及构造要求
龙门架是由两根立柱及天轮梁(横梁)构成。在架上装设滑轮(天轮、地轮)、导轨、吊盘、安全装置以及起重绳、缆风绳等。 按立杆组成,常用形式有角钢组合立杆龙门架、钢管组合龙门架、钢管龙门架等,其构造和参数参见表 23-25。组合立杆龙门架,立杆具有强度高、刚度好、节省钢材等优点,组合截面有方形和三角形两种;钢管龙门架制作安装均较简便,但稳定性较组合式差。 龙门架构造简单,制作较易,用材少,装拆方便,由于立杆刚度和稳定性较差,适于一般六层以下工业与民用建筑工程用做材料垂直运输,如在每层加设水平支撑或在高层加设垂直剪刀撑将龙门架与建筑物连在一起,亦可不设缆风绳,在 18 层以下高层建筑中使用	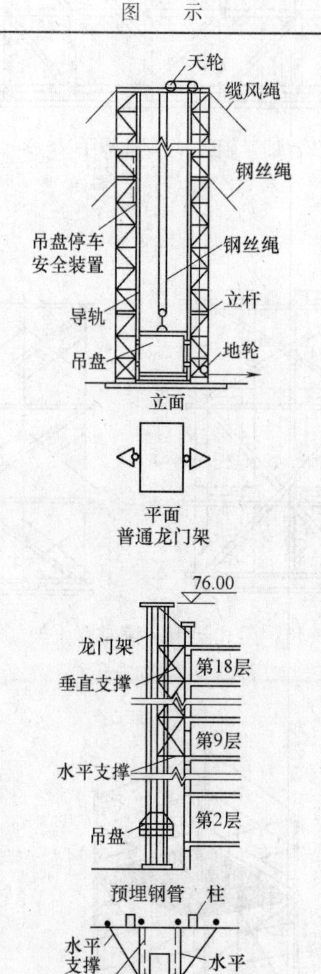	(1)龙门架一般单独设置,亦可在外脚手架的外侧或转角部位设置,拉设缆风绳保持稳定。当设在外脚手架的中间,应设拉杆将龙门架的立柱与脚手架拉结,但在垂直脚手架方向仍需设置缆风绳并设附墙拉结,脚手架本身亦设置适当剪刀撑予以加强。 (2)龙门架竖立前要做好组装就位工作,装好起重滑轮组,系好起重绳、缆风绳,立杆要用杉木杆进行加固,准备好固定缆风绳的地锚,并进行详细检查,确认安全可靠始可竖立。 (3)龙门架的安装,一般高度不大的龙门架,在地面组装好后可直接拉动缆风绳竖立,高度和重量较大的龙门架,可采取整体或分节用独脚桅杆或起重机进行安装。采用分节安装时,每安装一节立柱后,应拴好缆风绳或加设临时支撑固定

各种龙门架的构造和常用参数　　表 23-25

种　　类	平面图示	基本尺寸(mm)	主要材料	技术性能、参数
角钢组合龙门架	矩形截面	b=400 a=500 L=5000	∟75×5、∟50×5、∟25×4、ϕ16、−10	T=1.7 H=25 W=1.2 A=1.5×3.6

续表

种　类	平面图示	基本尺寸(mm)	主要材料	技术性能、参数
角钢组合龙门架	三角形截面	b=600(500、450) a=600(400、350) L=6000(4000、3500)	∟60×6、∟40×4、∟36×4、ϕ16、ϕ14、ϕ12、−10	T=2(1.0、0.6) H=30(20、15) W=1.2(0.8、0.6) A=1.6×3.6(1.6×3.6、1.6×2.4、1.25×2.4)
钢管组合立杆龙门架		b=500(300) a=500(300) L=4000(3000)	ϕ48×3.5、ϕ25×3.2、ϕ18、ϕ16	T=1.3(0.9) H=20(25) W=1.3(0.9) A=1.33×2.4、1.6×3.6(1.6×3.6)
钢管龙门架		D=152(133、89) L=5000(5000、5000)	ϕ168×5.5、ϕ152×4、ϕ146×5.5、ϕ140×4、ϕ133×4、ϕ121×5、ϕ102×5、ϕ89×4、ϕ76×3.5、ϕ14、−10	T=0.77 (0.54、0.28) H=20 (15、10) W=0.8 (0.6、0.4) A=1.33×3.6、1.6×3.6(1.33×3.6、1.6×3.6、1.33×3.6、1.6×3.6)

注：b——立杆宽度，(m)；a——立杆格构高度，(m)；L——立杆每节高度，(m)；T——龙门架自重(t)，H——龙门架架设高度(m)；W——龙门架起重量(t)；A——吊盘尺寸(宽×长)(m)；D——钢管直径(mm)；括号内数字为第二、三种规格。

23.3.2 井式垂直运输架

井式垂直运输架塔设技术要求及构造参数　　表 23-26

名称	组成与构造	搭设方法要点
扣件式钢管井架(图23-46)	30m以内井架有八柱、六柱和四柱三种，其主要杆件和用料要求与扣件式钢管脚手架基本相同。横杆间距1.2～1.4m，四面均设剪刀撑，每3～4步设一道，上下连续设置，天轮梁支承处设八字撑杆。八柱(六柱、四柱，下同)井孔尺寸：4.2m×2.4m(4m×2m、1.9m×1.9m)；吊盘尺寸：3.8m×1.7m(3.6m×1.3m、1.3m×1.2m)；起重量1000kg(1000kg、500kg)；附设桅杆起重量均≤300kg；搭设高度：常用20～30m(20～25m、20～30m)；缆风绳设置：高度15m以下设一道ϕ8钢丝(或钢筋)与地面成45°角，15m以上每增高10m增设一道。 30m以上井架应采用四角和天轮梁下双杆的12柱(50m以下)或16柱结构(50m以上)，平面尺寸宽2.0～2.4m，长3.6～4.0m，起重量1000kg。 适用于民用及工业建筑施工中预制构件及砌筑装修材料、屋面防水材料的垂直运输	(1)井架增设杆件要求做到方正平直 (2)斜撑和剪刀撑应用整根钢管，不宜用短管绑扎接长使用，底层的剪刀撑应落地 (3)导轨垂直度及间距、尺寸的偏差不得大于10mm (4)进料口和出料口的净空高度应不小于1.7m，出料口处的小横杆可拆下，移到使与出料口平台的横杆一致 (5)高层井架搭设宜分段搭设，第一段高度不应超过30m，按低层井架的要求设置缆风绳，随着主体结构的升高，每隔1～2层(不超过6m)应设一道附墙拉结。脚手架的悬空长度(位于拉结点以上)不得大于10m。高层井架上不宜设桅杆或其他附加装置；井架的侧面除进出料口外，均应自下而上连续设置剪刀撑，在支撑天轮架的横杆应采用双杆，并加设斜支杆

续表

名称	组成与构造	搭设方法要点
型钢井架（图23-49）	型钢井架由立柱、平撑、斜撑等杆件组成。一般采用单孔四柱角钢井架，连接板焊在立柱上，与平撑、斜撑用螺栓连接。井架立柱用∟75×8或∟63×6，平撑、斜撑用∟63×6或∟50×5，连接板用8mm或6mm，连接螺栓用M16或M14，节间尺寸1500mm，底节尺寸1800mm，导轨用[5或∟50×5，单根杆件用螺栓连接。井孔尺寸：1.8m×1.8m、1.7m×1.7m、1.6m×1.6m、1.5m×1.5m；吊盘尺寸1.46m×1.6m、1.36m×1.5m、1.26m×1.4m、1.16m×1.3m；起重量800～1500kg；附设桅杆长度7～10m或5～6m；起重量800～1000kg或500kg；搭设高度30～40m。缆风绳设置同扣件式钢管井架。 适用于高层民用建筑砌筑、装修和屋面防水材料的垂直运输	(1)井架制作要求杆件尺寸和螺栓连接孔位置准确，不得随意割孔 (2)地基应坚实平整，底部应设置枕木或混凝土基座，并固定 (3)立杆安装要垂直，其垂直度偏差不得超过1/400 (4)斜撑要随接高随设置，并用螺栓固定 (5)导轨应垂直，其垂直度偏差不得大于±10mm (6)缆风绳宜对称设置，对角的两根，安装时应同时收紧，使受力均衡，保持稳定 (7)设置桅杆的井架，使用前应做荷载试验，经检查没有变形等情况，始可使用

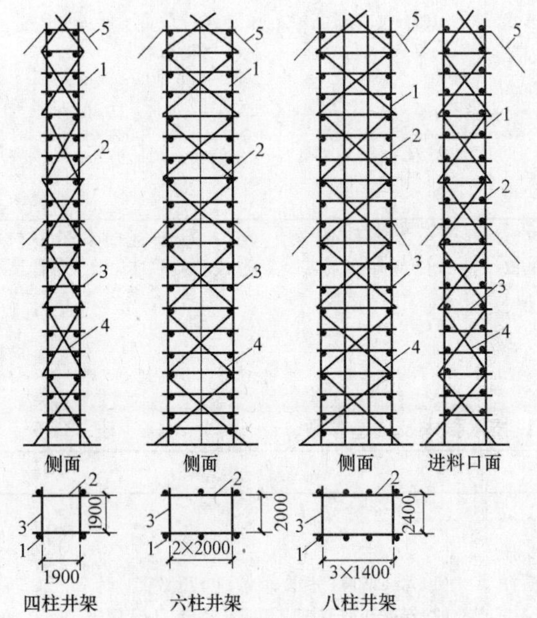

图23-48　扣件式钢管井架构造

1—立杆；2—大横杆；3—小横杆；4—剪刀撑；5—缆风

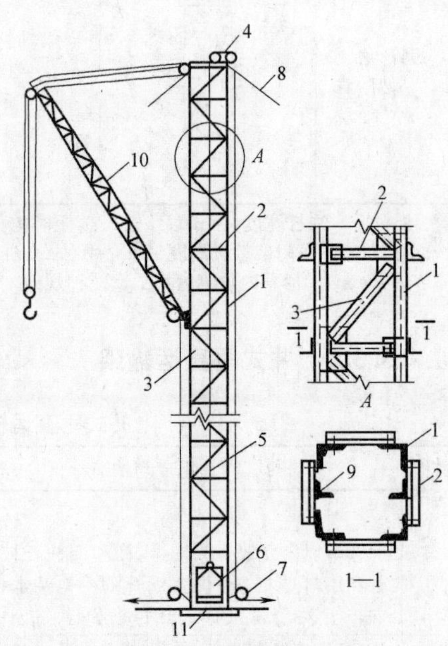

图23-49　型钢井架构造

1—立柱；2—水平撑；3—斜撑；4—天轮；5—钢丝绳；6—吊盘；7—地轮；8—缆风绳；9—导轨；10—桅杆；11—垫木

24 季节性施工

24.1 冬期施工

24.1.1 冬期施工准备

冬期施工准备 表 24-1

项次	项目	准备工作要点
1	气象资料	(1)《建筑工程冬期施工规程》(JGJ/T 104—2011)规定,根据当地多年气象资料统计,当室外日平均气温连续 5d 稳定低于 5℃时即进入冬期施工;当室外日平均气温连续 5d 高于 5℃时解除冬期施工 (2)日平均气温是以一天内 2、8、14、20 时这 4 次室外气温观测结果的平均值,该数值是在地面以上 1.5m 处并远离热源的地方测得 (3)全国部分城市室外日平均气温稳定低于或等于 5℃的起止日期见表 24-2
2	组织准备	(1)安排专人与当地气象站、台建立联系,及时收听气象预报,并做好记录,防止寒流突然袭击 (2)组织测温人员、掺外加剂人员、火炉管理人员、电气人员进行技术、业务培训,明确岗位职责 (3)加强安保人员的组织管理,对采取冬期施工措施的工程项目、部位加强巡视与检查,确保工程安全
3	技术、资料准备	(1)在进入冬期施工前,应根据工程特点及气候条件,确定冬期施工项目,编制冬期施工方案 (2)进行冬期施工的项目,必须复核施工图纸,并征求设计单位意见,确保其在技术上的可行性,质量上的可靠性,经济上的合理性,安全上的保证性 (3)冬期施工方案经审批后,要组织有关人员学习、交底,并组织有关机具、设备、外加剂、保温材料等的落实并分批进场 (4)做好冬期施工混凝土、砂浆配合比的技术复核及掺外加剂的试验试配工作,钢构件对温度变化的敏感性强,应提前做好焊接工艺评定 (5)大型机械设备要做好冬期施工所需油料的储备和工程机械润滑油的更换补充以及其他检修保养工作,以确保冬期施工期间运转正常 (6)根据冬期施工方案,计算热源用量,搭设加热用的锅炉房、敷设管道;安装变压器,接通临时用电线路。对锅炉进行试火试压
4	现场准备	(1)冬期施工前认真查看现场总平面布置图、临水平面布置图(临时排水沟、临水管线等)、临电平面布置图及相关资料,了解各类临时地下、地上管线、管沟平面位置及标高,找出要保温的地上管线及要保温的管沟等,并按施工方案保温 (2)对砂浆、混凝土等搅拌机棚要加设保温围护;现场的白灰膏等材料做好防冻保温;运输及贮料机具要采取保温措施 (3)为防止大雪封路,保证施工道路畅通,现场配备一定的道路清扫机械,随时进行道路的清扫工作

续表

项次	项目	准备工作要点
5	安全与防火	(1)脚手架、坡道要钉防滑条。露天平台、扶梯、道路等要采取防滑措施，每天上班前，要将脚手架、工作平台上的霜、雪清除干净 (2)检查脚手架、模板支撑等是否松动下沉现象，务必及时加固处理 (3)对气源、电源、热源地点要挂牌警示，并加强管理。用焦炭炉、煤炉等加设保温或取暖时，要注意通风换气，防止煤气中毒 (4)有毒的外加剂(如亚硝酸钠)要严加保管，防止误食中毒；氯化钙、漂白粉等防止腐蚀皮肤 (5)对保温棚、保温材料堆场、仓库等，要组织防火值班，杜绝火种。现场要配备足够的消防器材，并应及时检查更换

全国部分城市日平均温度低于或等于5℃的起止日期　　表 24-2

地名	年平均温度(℃)	日平均温度≤5℃的起止日期(月、日)	极端最低温度(℃)	极端最高温度(℃)	最大冻结深度(cm)
北京	11.4	11.9～3.17	−27.4	40.6	85
天津	12.2	11.16～3.17	−22.9	39.7	69
张家口	7.8	10.28～3.31	−25.7	40.9	136
石家庄	12.9	11.17～3.13	−26.5	42.7	54
大同	6.5	10.23～4.5	−29.1	37.7	186
太原	9.5	11.2～3.25	−25.5	39.4	77
海拉尔	−2.1	10.1～5.1	−48.5	36.7	242
锡林浩特	1.7	10.9～4.16	−42.4	38.3	289
呼和浩特	5.8	10.20～4.8	−32.8	37.3	143
沈阳	7.8	11.3～4.3	−30.6	38.3	148
丹东	8.5	11.6～4.5	−28.0	34.3	88
吉林	4.4	10.20～4.12	−40.2	36.6	190
长春	4.9	10.22～4.13	−36.5	38.0	169
延吉	5.0	10.22～4.13	−32.7	37.6	200
通化	4.9	10.22～4.12	−36.6	35.5	133
齐齐哈尔	3.2	10.14～4.17	−39.5	40.1	225
佳木斯	2.9	10.16～4.6	−41.1	35.4	220
哈尔滨	3.6	10.18～4.14	−38.1	36.4	205
牡丹江	3.5	10.16～4.13	−38.3	36.5	191
上海	15.7	11.24～3.11	−10.1	38.9	8
南京	15.3	12.8～2.23	−14.0	40.7	9
杭州	16.2	12.25～2.23	−9.6	39.9	—
南昌	17.5	12.30～2.2	−9.3	40.6	—
济南	14.2	11.22～3.7	−19.7	42.5	44
郑州	24.2	11.24～3.5	−17.9	43	27
武汉	16.3	12.16～2.20	−18.1	39.4	10
长沙	17.2	12.26～2.8	−11.3	40.6	5
贵阳	15.3	12.26～2.5	−7.8	27.5	—
昌都	7.5	10.31～3.25	−19.3	33.4	81
拉萨	7.5	10.29～3.26	−16.5	29.4	26
日喀则	6.3	10.21～3.29	−25.1	28.2	67
西安	13.3	11.21～3.1	−20.6	41.7	45
酒泉	7.3	10.25～3.27	−31.6	38.4	132
兰州	9.1	11.1～3.15	−21.7	39.1	103
西宁	5.7	10.20～4.2	−26.6	33.5	134
格尔木	4.2	10.9～4.15	−33.6	33.1	88
银川	8.5	10.30～3.27	−30.6	39.3	103
克拉玛依	8.0	10.28～3.25	−35.9	42.9	197
伊宁	8.4	10.31～3.22	−40.4	37.9	62
乌鲁木齐	5.7	10.24～3.29	−41.5	40.5	133

24.1.2 土方与地基基础工程冬期施工

土方与地基基础工程冬期施工方法 **表 24-3**

项次	项目	施工要点
1	一般规定	(1)地基基础工程冬期施工，勘察单位提供的工程地质勘察报告中应包括冻土的主要性能指标 (2)建筑场地宜在冻结前清除地上和地下障碍物、地表积水，并应平整场地和道路，及时清除积雪，春融期应做好排水
2	土方工程	(1)土的冻结温度：凡是含水的松散岩石和土体，当其温度处于0℃或负温时，其中的水分会转变成结晶状态且胶结了松散的固体颗粒，形成了冻土。各种土的起始冻结温度各异，一般湿砂或饱和砂均接近于0℃；塑性黏性土在－1.2～－0.1℃；粉质黏土在－1.2～－0.6℃；可塑的粉土在－0.5～－0.2℃；坚硬、半坚硬黏土为－5～－2℃。对同一种土，含水量越小，起始冻结温度越低，含水量少的砂、砾石、碎石等粗粒土，在负温下也呈松散状态。土的冻结温度值对确定土的冻结深度和融化深度具有重要的意义 (2)土的保温： 1)对于大面积的土方工程宜采用翻松耙平法施工，在拟施工部位应将表层土翻松耙平，其厚度为250～300mm，宽度为开挖时冻结深度的两倍加基槽(坑)底宽之和。 翻松耙平后的冻结深度 H 可按式(24-1)计算： $H=\alpha(4P-P^2)$ (24-1) 式中 H——翻松耙平或黏土覆盖后的冻结深度(cm)； α——土的防冻计算系数，按表24-4选用； P——冻结指数，$P=\sum tT/1000$； t——土体冻结时间(d)； T——土体冻结期间的室外平均气温(℃)，以正号代入 2)在初冬降雪量较大的土方工程施工地区，宜采用雪覆盖保温法。开挖前，在即将开挖的场地设置篱笆或用其他材料堆积成墙，高度宜为500～1000mm，间距宜为10～15m，并应与主导风向垂直。面积较小的基槽(坑)可在预定的位置上挖积雪沟(坑)，深度宜为300～500mm，宽度为预计冻结深度的两倍加基槽(坑)底宽之和 3)对于开挖面积较小的槽(坑)，宜采用保温材料覆盖法。保温材料可用炉渣、锯末、刨花、草帘、膨胀珍珠岩等再加盖一层塑料布。保温材料铺设宽度为预计冻结深度的两倍加基槽(坑)底宽之和。保温材料覆盖的厚度 h 可按式(24-2)计算： $h=H/\beta$ (24-2) 式中 h——保温材料覆盖厚度(cm)； H——不保温时的土体冻结深度(cm)； β——各种材料对土体冻结影响系数，按表24-5选用 (3)冻土挖掘：冻土的挖掘根据冻土层厚度可采用人工、机械、爆破和冻土融化等开挖方法 1)人工开挖冻土可采用锤击铁楔子劈冻土的方法，分层进行挖掘 2)机械挖掘：冻土可根据冻土层厚度选用铲运机、松土机、挖掘机开挖或重锤冲击破碎冻土等方法 3)对于冻土层较厚，开挖面积较大的土方工程，可采用爆破法。当冻土层厚度≤2m时宜采用炮孔法，炮孔直径宜为50～70mm，深度宜为冻土层厚度的0.6～0.85倍，与地面呈60°～90°夹角，炮孔的间距宜等于最小抵抗线长度的1.2倍，排距宜为最小抵抗线长度的1.5倍。炮孔可用电钻、风钻或人工打钎成孔。炸药可使用黑色炸药、硝铵炸药或TNT炸药，严禁使用甘油类炸药。装药量宜由计算确定或不超过孔深的2/3，上面1/3填砂土。雷管可使用电雷管或火雷管 4)冻土融化应视其工程量大小、冻结深度和现场施工条件等因素，可选用烟火烘烤、蒸汽融化、电热等方法。工程量小的工程可采用烟火烘烤法，其燃料可选用刨花、锯末、谷壳、树枝皮及其他可燃废料；当热源充足、工程量较小时，可采用蒸汽融化法，采用带有喷汽孔的钢管插入预钻好的冻土孔中，通蒸汽融化，钢管直径宜为20～25mm，间距不宜大于1m，深度应超过基底300mm；当电源比较充足、工程量又不大时，可用电热法融化冻土，电极宜采用 $\phi16$～$\phi25$ 的下端带尖钢筋，电极打入深度不宜小于冻土深度，并宜露出地面100～150mm，电极间距：当电压为380V，冻土深度≤1m时为600mm，冻土深度＞1m时为500mm；当电压为220V时，冻土深度≤1m时为500mm，冻土深度＞1m时为400mm。通电加热时可在地表铺锯末(厚度为100～250mm)并用1%～2%浓度的盐溶液浸湿。冻土融化后应及时挖掘并防止基底受冻，在基槽附近须先挖好排水井，并设泵抽水 5)冬期开挖冻土时，应采取防止引起相邻建筑物或其他设施受冻的保温防冻措施 6)开挖完的基槽(坑)应采用防止基槽(坑)底部受冻的措施，如不能及时进行下道工序施工时，应在基槽(坑)底标高以上预留土层，并覆盖保温材料保温

续表

项次	项目	准备工作要点
2	土方工程	(4)回填土： 1)冬期土方回填时，每层铺土厚度应比常温施工时减少20%～25%，预留沉陷量应比常温施工时增加 2)冬期填方施工前，应清除基底上的冰雪和保温材料，填方边坡的表层1m内，不得采用含有冻土块的土填筑，整个填方上层部位应采用未冻的或透水性好的土回填，其厚度应符合设计要求。冬期填方高度不宜超过表24-6的规定 3)对于大面积回填土和有路面的路基及其人行通道范围内的平整场地填方，可采用含有冻土块的土回填，但冻土块的粒径不得大于150mm，其含量(按体积计)不得超过30%；室外的基槽(坑)或管沟可采用含有冻土块的土回填，冻土块的粒径不得大于150mm，其含量不得超过15%，但管沟底以上500mm范围内不得用含有冻土块的土回填；室内的基槽(坑)或管沟不得采用含有冻土块的土回填。回填土施工应连续进行，并应分层夯实 4)对一些重大工程项目，为确保冬期回填的质量，必要时可采用砂土或碎石土进行回填
3	地基处理	(1)同一建筑物基槽(坑)开挖应同时进行，基底不得留冻土层。开挖后基槽(坑)应采取防冻措施 (2)基础施工应防止地基土被融化的雪水或冰水浸泡 (3)在寒冷地区工程地基处理中，为解决地基土防冻胀、消除地基土湿陷性等问题，可采用强夯法施工 1)强夯法冬期施工适用于各种条件的碎石土、砂土、粉土、黏性土、湿陷性土、人工填土等。当建筑物场地地下水位距地表在2m以下时，可直接施夯；当地下水位较高不利施工或表层为饱和黏土时，可在地表铺填0.5～2.0m厚的砂(粗)、片石，也可根据地区情况，回填含水量较低的黏性土、建筑垃圾、工业废料等而后再进行施夯；当黏性土或粉土地基强夯时，宜在被夯土层表面铺设粗颗粒材料，并应及时清除粘结于锤底的土料 2)强夯施工技术参数应根据加固要求与地质条件在场地内经试夯确定，并应按《建筑地基处理技术规范》(JGJ 79—2012)的规定进行 3)强夯施工时，应对周围建筑物及设施采取隔振措施 4)强夯施工时，回填时严格控制土或其他填料质量，凡夹杂的冰块必须清除，填方之前：地表表层有冻层时也应清除
4	桩基础	(1)冻土地基可采用非挤土桩(干作业钻孔桩、挖孔灌注桩等)或部分挤土桩(沉管灌注桩、预应力混凝土空心管桩等)施工。当冻土层厚度超过500mm，冻土层宜选用钻孔机引孔，引孔直径不宜大于桩径20mm，钻孔机的钻头宜选用锥形钻头并镶焊合金刀片。钻进冻土时应加大钻杆对土层的压力，并防止摆动与偏位，钻成的孔应及时覆盖保护 (2)振动沉管成孔应制定保证相邻桩身混凝土质量的施工顺序，拔管时应及时清除管壁上的水泥浆和泥土。当成孔施工有间隙时，宜将桩管埋入桩孔中进行保温 (3)灌注桩的混凝土施工应按混凝土工程冬期施工有关规定进行。混凝土浇筑温度应根据热工计算确定，且不得低于5℃。在冻胀性地基土上施工，应采取防止或减小桩身与冻土之间产生切向冻胀力的防护措施 (4)预应力混凝土空心管桩的沉桩施工应连续进行，施工完成后应采用袋装保温材料覆盖于桩孔上保温。多节桩连接可采用焊接或机械连接。焊接要求应按钢结构工程冬期施工有关规定进行 (5)冬期桩的现场试压工作，除遵照《建筑基桩检测技术规范》(JGJ 106—2014)中"单桩竖向抗压静载试验"和"草桩竖向抗拔静载试验"的规定进行外，还应考虑以下因素： 1)要消除试桩在冻结深度内冻结的基土对其承载力的影响，为此，在灌注桩试桩时要采取桩身与冻土的隔离措施或用袋装珍珠岩覆盖防冻 2)试压前，搭设保温暖棚，在试压期间，棚内温度要保持0℃以上，以保证试验用的仪表和设备油路运转正常
4	基坑支护	(1)基坑支护冬期施工宜选用排桩和土钉墙的方法 (2)采用液压高频锤法施工的型钢或钢管排桩基坑支护工程，应考虑对周边建筑物，构筑物和地下管道的影响。当在冻土上施工时，应预先用钻机引孔，引孔直径应大于型钢的最大边缘尺寸；型钢或钢管的焊接应按钢结构冬期施工有关规定进行 (3)钢筋混凝土灌注桩的排桩施工应按本表项次4的有关规定，并应符合下列要求： 1)基坑土方开挖应待桩身混凝土达到设计强度时方可进行，并不宜低于C25 2)基坑土方开挖时，排桩上部的自由端外侧基土应进行保温

续表

项次	项目	准备工作要点
4	基坑支护	3)排桩上部的冠梁钢筋混凝土施工应遵照钢筋工程冬期施工和混凝土工程冬期施工有关规定进行 4)桩身混凝土施工可选用氯盐型防冻剂 (4)锚桩注浆的水泥浆配制可掺入适量的氯盐型防冻剂;锚杆体钢筋端头与锚板的焊接应遵守钢结构工程冬期施工的相关规定;预应力锚杆张拉应待锚杆水泥浆体达到设计强度后方可进行,张拉力应为常温的90%,待气温转至5℃以上时,再张拉至100% (5)土钉墙混凝土面板下宜铺设60～100mm厚聚苯乙烯泡沫板;浇筑后的混凝土应按混凝土工程冬期施工相关规定立即进行保温养护

地面耕松耙平或由池处取来松土覆盖的土防冻计算系数 α　　表 24-4

地面保温方法	P 值									
	0.1	0.2	0.3	0.4	0.5	0.6	0.7	0.8	0.9	1～2
耕松25～30cm并耙平	15	16	17	18	20	22	24	26	28	30
覆盖松土不少于50cm	35	36	37	39	41	44	47	51	55	60

各种材料对土体冻结影响系数 β　　表 24-5

土体种类	保温材料												覆盖层	
	树叶	刨花	锯末	干炉渣	茅草	膨胀珍珠岩	炉渣	芦苇	草帘	泥炭土	松散土	密实土	钢筋混凝土	素混凝土
砂土	3.3	3.2	2.8	2.0	2.5	3.8	1.6	2.1	2.5	2.8	1.4	1.12	1.18	1.40
粉土	3.1	3.1	2.7	1.9	2.4	3.6	1.6	2.04	2.4	2.9	1.3	1.08	1.14	1.36
粉质黏土	2.7	2.6	2.3	1.6	2.0	3.5	1.3	1.7	2.0	2.31	1.2	1.06	0.96	1.14
黏土	2.1	2.1	1.9	1.3	1.6	3.5	1.1	1.4	1.6	1.9	1.2	1.00	0.80	0.95

注：1. 表中数值适用于地下水位低于1m以下。
2. 当地下水位较高时（饱和水的），其值可取1。

冬期填方不宜超过的高度　　表 24-6

项次	室外平均气温(℃)	填方高度(m)
1	－10～－5	4.5
2	－15～－11	3.5
3	－20～－16	2.5

24.1.3 砌体工程冬期施工

24.1.3.1 砌体工程冬期施工方法

砖体工程冬期施工常用方法　　表 24-7

名称	原理及施工方法	优缺点、适用范围
外加剂法	在砌筑砂浆中掺以一定数量的早强抗冻剂,使砂浆在负温下不冻结,且强度能继续缓慢增长,或在砌筑后慢慢受冻,而在冻结前达到20%以上强度,解冻后强度仍继续上升,强度不受损失或损失甚微。 常用抗冻剂有氯化钠、氯化钙、硫酸钠及亚硝酸钠等,其掺量和适用温度见表24-8;掺氯化钠、氯化钙及硫酸钠砂浆的强度增长情况分别见表24-9、表24-10和表24-11,掺盐砂浆的粘结强度见表24-12,抗压强度和抗剪强度见表24-13。 砌筑时,砂浆温度不应低于5℃。当设计无要求且最低气温≤－15℃时,砂浆强度等级应较常温施工提高一级	本法温度适应性广,施工工艺简便,使用可靠,增价较低,使用最为普遍。适用于一般民用与工业建筑工程。但氯盐掺量过大时,会增加砌体的析盐、吸湿,并腐蚀钢筋,不宜用于湿度大于80%、保温和装修质量要求高、高压配电工程及配筋砌体以及处于地下水位变化范围内的建筑物

续表

名称	原理及施工方法	优缺点、适用范围
快硬砂浆法	在砂浆中掺磨细生石灰粉、石膏粉或用混合水泥配制快硬砂浆，使砂浆在冻结前和冻结时具有相当的强度，解冻后一般地能达到或接近达到其设计强度。磨细生石灰粉或石膏粉的掺量为水泥重量的1%～3%；混合水泥系由75%普通水泥与25%快硬硅酸盐水泥配成，并掺加水泥重量5%的氯化钠。使用时，由于砂浆凝结块，应在10～15min内用完，材料加热温度不应超过40℃，砂浆温度不宜超过30℃	本法材料简单，施工方便，凝结较快，费用较低。适于气温在－10℃以上，荷载较大的结构（如多层房屋下层柱和窗间墙等）使用
暖棚法	在结构物周围用廉价保温材料搭设简易暖棚，在棚内装热风机或生火炉，使其在5℃以上的条件下砌筑和养护不少于3d。砌筑时，砖石和砂浆的温度均不得低于＋5℃；而距离所砌的结构面0.5m处的棚内温度也不应低于5℃；砌体在暖棚内的养护时间，根据暖棚内温度按表24-14确定	较费工费料，需一定加热设备和燃料，施工费用较高，热效低。适用于个别、局部修复工程，或地下室、挡土墙，或荷载需要局部强度和整体稳定性的工程
电流加热法	用直径6～8mm钢筋作电极，砌筑时均匀地设置在砖缝内，间距4～6皮砖，电压宜用110V以下，加热在砂浆未冻前进行，加热温度不高于40℃，加热时间根据要达到的砌体强度而定	施工效果好易于控制，但施工较复杂，费用较高，能耗大。仅在个别工程量较小荷载需要局部强度和稳定性以及抢修工程上使用

氯盐外加剂掺量（占用水量的%）　　表24-8

种类		日最低气温		
		等于或高于－10℃	－15～－11℃	－20～－16℃
氯化钠	砌砖、砌块	3	5	7
氯化钠＋氯化钙	砌石	4	7	10
亚硝酸钠	砌砖、砌块	—	—	5＋2
氯化钠＋氯化钙	砌砖、石	4	6	10
氯化钠＋亚硝酸钠	砌砖	—		5＋2
硫酸钠＋亚硝酸钠	砌砖、石	2＋3	3＋5	—
	砌砖、石	（2＋4）	（2＋6）	（2＋8）

注：1. 括号内掺量以占水泥重量的%计。
2. 掺盐量以无水氯化钠和氯化钙计。
3. 日最低气温低于－20℃时，砌砖可掺加7%氯化钠和3%氯化钙，但砌石工程不宜施工。
4. 对于有受力钢筋的配筋砌体，可用碳酸钾或硫酸钠复合早强剂，其掺量为：硫酸钠3%＋氯化钠2%＋亚硝酸钠2%。

掺氯化钠水泥砂浆强度增长百分率（%）　　表24-9

砂浆硬化温度(℃)	5%氯化钠		10%氯化钠	
	f_7	f_{28}	f_7	f_{28}
－5	32	75	45	95
－15	14	30	20	40

注：采用普通水泥配制。

掺氯化钙水泥砂浆强度增长百分率（%）　　表24-10

氯化钙掺量（以水泥重的%计）	砂浆的龄期(d)					溶液的冻结温度（℃）
	1	2	3	5	7	
1	180	160	140	130	120	－1
2	210	200	170	150	130	－3
3	240	230	190	160	140	－5

注：以标准温度（15～20℃）下不掺加氯化钙的强度为100%计。

掺硫酸钠水泥砂浆强度增长情况及相对强度　　表 24-11

硫酸钠掺量(%)	砂浆抗压强度(MPa)			相对强度(%)		
	2d	7d	28d	2d	7d	28d
0	3.7	12.2	24.7	100	100	100
0.5	5.5	14.9	27.2	149	122	110
1.0	6.8	15.6	24.0	184	128	97
1.5	8.1	16.4	23.6	219	134	96
2.0	8.8	16.3	22.6	238	134	91
2.5	8.6	14.7	22.5	232	120	91
3.0	8.6	15.3	22.5	232	125	91

注：强度等级为 42.5 级的普通硅酸盐水泥。

掺盐砂浆的粘结强度（N/mm^2）　　表 24-12

材料	常温养护 28d		−15℃恒温 28d、常温养护 28d 的粘结强度
	砂浆抗压强度	砂浆粘结强度	
砖-砖	7.1	0.095	0.057
砖-砖	11.3	0.118	0.097
石-石	5.7	0.153	0.135

注：常温养护的砌体，用普通砂浆砌筑；负温转常温养护的砌体，砂浆掺入 5%的食盐。

用掺盐砂浆砌筑的砌体强度　　表 24-13

砌筑季节	砖	龄期(d)	抗压强度(N/mm^2)	抗剪强度(N/mm^2)	砌筑时气温
冬期	干砖	90	2.6	0.36	日最低气温：−20～−14℃，且最高气温−19～−9℃
		180	3.1	0.45	
	湿砖	90	2.9	0.21	
		180	3.5	0.34	
常温期	湿砖	22	3.2	0.27	平均 21℃

注：砖 MU7.5，砂浆 M5，冬期所用砂浆掺入占水重 5%的食盐。

暖棚法砌体的养护时间　　表 24-14

暖棚内温度(℃)	5	10	15	20
养护时间(d)	≥6	≥5	≥4	≥3

24.1.3.2 砌筑砂浆组成材料加热计算

砌筑砂浆组成材料加热计算　　表 24-15

项目	计算方法及公式	符号意义
砂浆搅拌后的温度	砂浆在搅拌后的温度可按下式计算：$T_P=[0.9(m_{ce}T_{ce}+0.5m_lT_l+m_{sa}T_{sa})+4.2T_w(m_w-0.5m_l-w_{sa}m_{sa})]\div[4.2(m_w+0.5m_l)+0.9(m_{ce}+0.5m_l+m_{sa})]$　(24-3)	T_P——砂浆在搅拌后的温度(℃) m_w、m_{ce}、m_l、m_{sa}——水、水泥、石灰膏、砂的用量(kg)； T_w、T_{ce}、T_l、T_{sa}——水、水泥、石灰膏、砂的温度(℃)； w_{sa}——砂的含水率； 0.9——水泥、砂的比热容约值[kJ/(kg·K)]
砂浆在搅拌、运输和砌筑过程中的热损失	砂浆出机温度的确定，还应考虑搅拌、运输、砌筑过程中的温度损失，可按表 24-16 和表 24-17 所列的数据进行估算	

砂浆搅拌时的热量损失（℃）　　表 24-16

搅拌机搅拌时的温度	10	15	20	25	30	35	40
搅拌时的热损失(设周围温度+5℃)	2.0	2.5	3.0	3.5	4.0	4.5	5.0

注：1. 对于掺氯盐的砂浆，搅拌温度不宜超过 35℃。
2. 当周围环境高于或低于+5℃时，应将此数减或增于搅拌温度中再查表。如环境温度为 0℃，原定搅拌时温度为 20℃，损失应改为 3.5℃。

砂浆运输和砌筑时热量损失（℃） 表 24-17

温度差	10	15	20	25	30	35	40	45	50	55
一次运输之损失	—	—	0.60	0.75	0.90	1.00	1.25	1.50	1.75	2.00
砌筑时损失	1.5	2.0	2.5	3.0	3.5	4.0	4.5	5.0	5.5	6.0

注：1. 运输损失系按保温车体考虑；砌筑时损失系按“三一”砌筑法考虑。
2. 温度差系指当时大气温度与砂浆温度的差数。

24.1.3.3 冬期砌体工程砌筑施工

冬期砌筑工程砌筑施工要点 表 24-18

项次	项目	施工方法要点
1	一般要求	(1)砌体工程冬期施工应优先选用外加剂法。对保温、绝缘、装饰等方面有特殊要求的工程，可采用快硬砂浆法、暖棚法或其他施工方法。混凝土小型空心砌块不得采用冻结法施工；配筋砌体不得采用抗冻砂浆法施工 (2)砖、石砌筑前，应清除表面冰霜、积雪、尘土；砂中不得含有冰块和直径大于 1cm 的冻结块；石灰膏、电石膏应防止受冻，受冻且脱水风化者不得使用 (3)冬期砌筑应用水泥砂浆或混合砂浆，不得使用石灰砂浆、黏土砂浆和石灰黏土砂浆。砂浆强度等级：对砖、墙、柱、基础、毛石基础不得低于 M2.5；对砖挑檐、钢筋砖过梁、平拱、毛石柱等不得低于 M5 (4)基土为非冻胀性时，基础可在冻结的地基上砌筑；基土为冻胀性时，必须在未冻的地基上砌筑 (5)当气温低于－15℃时，砌筑承重墙体砂浆按常温施工提高一级 (6)砂浆使用温度不应低于＋5℃
2	砂浆的拌制、运输	(1)掺盐砂浆一般不进行加热，但在室外气温低于－10℃时，应进行加热。材料加热，应优先选用将水加热的方法。拌合砂浆时，水的温度不得超过 80℃，砂的温度不得超过 40℃ (2)在负温下砌筑，砖可不浇水，砂浆稠度宜比常温适当增大，对一般砖砌体为 8～13cm，毛石砌体为 4～6cm。砌筑砂浆的最低温度：当室外气温 10～0℃时为＋10℃；气温－20～－10℃时为＋15℃；气温低于－20℃时为＋20℃，以保证一定的砌筑温度和砂浆上墙后不致立即冻结。已冻结的砂浆不得再用热水拌合后使用。砌筑时，砂浆温度与室外气温差应在 30℃以内，最终温差不超过 20℃，以防止出现裂缝 (3)配制抗冻砂浆，应有专人负责，抗冻剂应先配制成标准浓度，然后再以一定比例掺入温水配成所需要的溶液浓度使用 (4)砂浆搅拌时间应比常温施工增加 0.5～1.0 倍。当气温低于－15℃时，运砂浆小车应护盖，以减少温度损失
3	施工操作	(1)砌筑时应采用一铲灰、一块砖（或石）、一揉挤（压）的“三一”砌砖法，平铺压槎，以保证良好粘结。不得大面积铺灰砌筑。砂浆要随拌随用，不要在灰槽中存灰过多，以防止冻结。砖缝应控制在 10mm 以内，禁止用灌浆法砌筑 (2)每天砌筑高度及临时间断处的高度差，均不得大于 1.2m。墙体留置的洞口，距交接墙处不应小于 50cm。间断处应做成阶梯形，如留直槎，宜设三皮砖高的水平接槎口，每个口加一根 ϕ8 外伸钢筋，伸入每边不少于 1m，以加强连接。在门窗框上部应预留 1～3cm 缝隙，以备砌体下沉，跨度大于 1.5m 的过梁，应用预制构件 (3)基础砌筑应随砌随用未冻土在其两侧回填一定高度，砌完后，应用未冻土及时回填，防止砌体和地基遭受冻结 (4)每天砌筑后，砖（石）面上不应铺灰（但竖缝仍要填满），并用草袋、草垫等保温材料覆盖，以防止砌体砂浆受冻；继续砌筑前，应先扫净砖面再施工

24.1.4 钢筋工程冬期施工

钢筋工程冬期施工方法 表 24-19

项次	项目	施工方法要点
1	一般规定	(1)在负温下承受静荷载作用的钢筋混凝土构件，其主要受力钢筋可选用 HPB300、HRB335、HRB400、RRB400、HRB500 级热轧钢筋，余热处理钢筋、热处理钢筋、高强度圆形钢丝、钢绞线及冷拔低碳钢丝 (2)在－40～－20℃条件下直接承受中、重级工作制吊车的构件，其主要受力钢筋不宜采用冷拔低碳钢丝，当采用 HRB500 级钢筋时，除应有可靠的试验外，宜选用细直径且碳及合金元素含量为中、下限的钢筋 (3)对在寒冷地区缺乏使用经验的特殊结构构造，或易使预应力钢筋产生刻痕或咬伤的锚夹具，一般应进行构造、构件和锚具的负温性能试验 (4)在负温条件下使用的钢筋，施工时应加强检验。钢筋在运输和加工过程中应防止撞击和刻痕

续表

项次	项目	施工方法要点
2	钢筋负温冷拉和冷弯	(1)钢筋冷拉温度不宜低于－20℃；预应力钢筋张拉温度不宜低于－15℃ (2)钢筋负温冷拉方法，可采用控制应力和控制冷拉率两种方法。用做预应力混凝土结构的预应力筋及不能分清炉批号的热轧钢筋宜采用控制应力的方法 (3)在负温条件下采用控制应力方法冷拉时，因伸长率随温度降低而减少，其冷拉控制应力应较常温提高 $30N/mm^2$，最大冷拉率与常温相同 (4)在负温下采用控制冷拉率方法冷拉钢筋时，因其屈服点与常温基本一样，其冷拉率的确定与常温相同 (5)钢筋冷拉设备、仪表和液压工作系统油液应根据环境温度选用，并应在使用温度条件下进行配套校验 (6)当温度低于－20℃时，不得对 HRB335、HRB400、RRB400 级钢筋进行冷弯操作，以避免在钢筋弯点处发生强化，造成钢筋脆断
3	钢筋负温焊接	(1)负温钢筋焊接宜在室内进行，如必须在室外焊接，其最低环境温度不应低于－20℃，且应有防雪、挡风措施。焊后的接头宜护盖炉渣或石棉粉，使其缓慢冷却，严禁立即碰到冰雪 (2)热轧钢筋负温闪光对焊，宜采用预热闪光焊或闪光—预热—闪光焊工艺。钢筋端面比较平整时，宜采用预热闪光焊；端面不平整时，宜采用闪光—预热—闪光焊。对焊时，调伸长度增加10%～20%，预热留量、预热次数、预热间歇时间和预热接触压力适当增加；变压器级数宜降低 1～2 级；并宜减慢烧化过程的中期速度；对 HRB500 级钢筋宜采用焊后通电热处理工艺 (3)钢筋负温电弧焊，宜采取分层控温施焊。热轧钢筋的层间温度宜控制在 150～350℃之间。并宜采用回火焊道施焊，即最后回火焊道的长度比前层焊道的两端各缩短 4～6mm，以消除或减少前层焊道及过热区的淬硬组织，从而改善接头性能。焊接时应采取防止产生过热、烧伤、咬肉和裂纹等措施 (4)钢筋负温帮条焊或搭接电弧焊时，宜采用多层控温施焊工艺，防止焊后冷却过快或接头过热。帮条焊的引弧应在帮条钢筋的一端开始，收弧应在帮条钢筋端头上，弧坑应填满。焊接时，第一层焊缝应具有足够的熔深，主焊缝或定位焊应熔合良好。平焊时，第一层焊缝应先从中间引弧，再向两端运弧；立焊时，应先从中间向上方运弧，再从下端向中间运弧。在以后各层焊缝焊接时，亦应采用分层温控施焊，层间温度控制同电弧焊，以起到缓慢冷却。用焊接电流应略微增大，焊接速度应略微减缓 (5)负温下进行坡口焊，宜采用几个接头轮流施焊，以防止接头过热；加强焊缝的焊接，应分两层控温施焊，焊缝的宽度和高度应超过 V 形坡口的边缘和上部 2～3mm，并应平缓过渡至钢筋表面。HRB335、HRB400 级钢筋坡口焊接头宜采用"回火焊道施焊法"，其回火焊道的长度应比前一层焊道在两端各缩短 4～6mm。钢筋接头冷却后施焊时，需用氧乙炔预热 (6)负温自动电渣压力焊的焊接步骤与常温相同，但焊接参数需作适当调整，其中焊接电流和通电时间应根据钢筋直径和环境温度适当提高和延长；接头的药盒拆除时间应延长 2min 左右，渣壳延长 5min 打渣
4	钢筋负温机械连接	(1)钢筋机械连接包括带肋钢筋套筒挤压连接和钢筋剥肋滚轧直螺纹连接 (2)在寒冷地区处于负温下工作的混凝土构件中，钢筋的接头应选用Ⅰ级接头，且环境温度不低于－20℃，当环境温度低于－20℃时，常需做专项低温性能试验 (3)带肋钢筋套筒挤压连接施工时，当环境温度低于－10℃时，应对挤压机的挤压力进行专项标定，画出温度—压力标定曲线，以便于在温度变动时查用。通常在常温下施工时，压力表读数一般在 55～80MPa 之间，负温时可参考标准进行 当环境温度低于－20℃时，应进行负温下工艺、参数专项试验，确认合格后才能大批量连接生产。挤压前，应提前将钢筋端头的锈皮、沾污的冰雪、污泥、油污等清理干净；检查套筒的外观尺寸 (4)剥肋滚轧直螺纹套筒连接： 1)加工钢筋螺纹时，应采用水溶性切削冷却液，当气温在 0℃以下时，应使用掺入 15%～20%的亚硝酸钠溶液 2)冬期施工过程中，钢筋丝头不得沾污冰雪、污泥冻团；应消除干净 3)钢筋连接用的力矩扳手应根据气温情况，进行负温标定修正
5	施工操作	(1)钢筋成品在运输、绑扎过程中，注意防止产生撞击刻痕等缺陷 (2)张拉预应力钢筋应选在白天气温较高时进行，当气温低于－15℃，应停止作业，以防钢筋产生冷脆或设备冷缩，影响应力值的正常建立 (3)冰雪天宜采取护盖措施，防止表面结冰瘤，在混凝土浇灌前，应清除钢筋上的积雪、冰屑，必要时用热空气加热，绑扎完后，应尽快进行下道工序

24.1.5　混凝土工程冬期施工

24.1.5.1　混凝土受冻类型和受冻机理

混凝土受冻类型与受冻机理　表 24-20

项次	类型	受冻形式	受冻机理
1	新灌混凝土早期受冻影响	新拌混凝土浇筑后，初凝前迅速冻结，水泥来不及水化，强度为0	此时水泥处于“休眠”状态，恢复正温养护后，水泥会继续进行正常的水化，强度可以重新发展，直到与未受冻基本相同，没有强度损失。但因为这种条件在施工中很难出现，同时水分迅速在原地冻结成微小的冰晶，有冻胀的危险，所以是不可取的
		新灌混凝土初凝后，在水泥水化胶凝期间受冻。混凝土受冻后对强度的影响如图 24-1 所示	此时混凝土水分在负温影响下重新分布，在混凝土内部生成较大的扁平冰聚体，由于冰晶体积膨胀而排挤凝胶体和水泥颗粒，破坏了水泥水化所形成的结晶骨架，同时由于粗骨料和钢筋的导热系数较大，总是首先冷却，因此大量的冰聚体聚集在骨料和钢筋的周围，一旦混凝土转入正常温度，冰聚体消融，就在原来位置上留下了空隙，给混凝土造成了严重的物理损害，后期强度损失可达 20%～40%
		新灌混凝土的水泥水化已进入凝聚—结晶阶段，已经达到能抵抗冻融破坏的强度	此时混凝土受冻后其后期强度一般没有损失或损失最多不超过 5%，耐久性基本上不降低。这一临界强度，根据大量试验证明，硅酸盐水泥或普通硅酸盐水泥配制的混凝土为设计的混凝土强度标准值的 30%，矿渣水泥配制的为 40%，但 C10 及 C10 以下的混凝土，不得低于 5MPa
2	已硬化混凝土受冻影响	混凝土已硬化到设计强度后，在饱和水状态下经多次冻融，而降低强度或重量	这种受冻是允许的，强度损失很小，而混凝土的抗冻性，一般在设计时已考虑，施工时可忽略不计

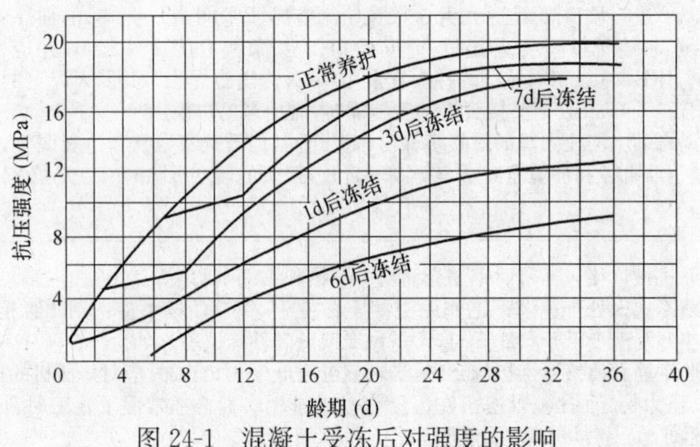

图 24-1　混凝土受冻后对强度的影响

24.1.5.2　混凝土工程冬期施工的一般规定

混凝土工程冬期施工的一般规定　表 24-21

项次	项目	施工要点
1	受冻临界强度规定	(1)采用蓄热法、暖棚法、加热法等施工的普通混凝土，采用硅酸盐水泥、普通硅酸盐水泥配制，其受冻临界强度不应小于设计混凝土强度等级值的 30%；采用矿渣硅酸盐水泥、粉煤灰硅酸盐水泥、火山灰质硅酸盐水泥、复合硅酸盐水泥时，不应小于设计混凝土强度等级值的 40% (2)当室外最低气温不低于−15℃时，采用综合蓄热法，负温养护法施工的混凝土受冻临界强度不应小于 4MPa；当室外最低气温不低于−30℃时，采用负温养护法施工的混凝土受冻临界强度不应低于 5MPa

续表

项次	项目	施工要点
1	受冻临界强度规定	(3)对于强度等级≥C50的混凝土,其受冻临界强度不宜小于设计强度等级值的30% (4)对有抗渗要求的混凝土,其受冻临界强度不宜小于设计混凝土强度等级值的50% (5)当有抗冻耐久性要求的混凝土,其受冻临界强度不宜小于设计混凝土强度等级值的70% (6)当采用暖棚法施工的混凝土中掺入早强剂时,可按综合蓄热法受冻临界强度取值 (7)当施工需要提高混凝土强度等级时,应按提高后的强度等级确定受冻临界强度
2	材料要求	(1)水泥:应优先选用硅酸盐水泥和普通硅酸盐水泥,水泥强度等级不低于42.5级,并应符合下列规定: 1)当采用蒸汽养护时,宜选用矿渣硅酸盐水泥 2)混凝土最小水泥用量不宜低于280kg/m^3,水胶比不宜大于0.55 3)大体积混凝土的最小水泥用量,可根据实际情况决定 4)强度等级不大于C15的混凝土,其水胶比和最小水泥用量可不受以上限制 (2)骨料:拌制混凝土所用骨料应清洁,不得含有冰雪、冻块及其他易冻裂物质,掺加含有钾、钠离子的防冻剂混凝土,不得采用活性骨料或在骨料中混有此类物质的材料 (3)水:拌合水中不得含有导致延缓水泥正常凝结硬化的杂质,以及能引起钢筋和混凝土腐蚀的离子 (4)外加剂:冬期施工混凝土选用外加剂应符合现行国家标准《混凝土外加剂应用技术规范》(GB 50119—2013)的相关规定 1)采用非加热养护法施工所选用的外加剂,宜优先选用含有引气组分或掺入引气剂的外加剂,含气量宜控制在3.0%~5.0%; 2)在日最低气温为−5~0℃时,混凝土采用塑料薄膜和保温材料覆盖保温养护时,可采用早强剂或早强减水剂 3)在日最低气温为−10~−5℃、−15~−10℃、−20℃~−15℃时,采用上款保温措施时,宜分别采用规定温度为−5℃、−10℃、−15℃的防冻剂 4)防冻剂的规定温度为按《混凝土防冻剂》(JC 475—2004)规定的试验条件成型的试件,在恒负温条件下养护的温度。施工使用的最低气温可比规定温度低5℃ 5)钢筋混凝土掺用氯盐类防冻剂时,氯盐掺量不得大于水泥重量的1.0%。掺用氯盐的混凝土应振捣密实,且不宜采用蒸汽养护 6)防冻剂进场(施工工地或搅拌站)后,首先应检查是否有沉淀、结晶或结块,然后进行抽检,检验项目包括密度(或细度)、抗压强度比、钢筋锈蚀试验,合格后方可入库、使用 7)在下列情况下,不得在钢筋混凝土结构中掺用氯盐: ①排出大量蒸汽的车间、浴池、游泳馆、洗衣房和经常处于空气相对湿度大于80%的房间以及有顶盖的钢筋混凝土蓄水池等在高湿度空气环境中使用的结构 ②处于水位升降部位的结构 ③露天结构或经常受雨、水淋的结构 ④有镀锌钢材或铝铁相接触部位的结构,和有外露钢筋、预埋件而无防护措施的结构 ⑤与含有酸、碱或硫酸盐等侵蚀介质相接触的结构 ⑥使用过程中经常处于环境温度为60℃以上的结构 ⑦使用冷拉钢筋或冷拔低碳钢丝的结构 ⑧薄壁结构,中级和重级工作制吊车梁、屋架、落锤或锻锤基础结构 ⑨电解车间和直接靠近直流电源的结构 ⑩直接靠近高压电源(发电站、变电所)的结构 ⑪预应力混凝土结构
3	混凝土养护	(1)混凝土工程冬期施工应按《建筑工程冬期施工规程》(JGJ/T 104—2011)进行混凝土热工计算 (2)模板外和混凝土表面覆盖的保温层,不应采用潮湿状态的材料,也不应将保温材料直接覆盖在潮湿的混凝土表面,新浇混凝土表面应铺一层塑料薄膜 (3)采用加热养护的整体结构,浇筑程序和施工缝位置,应采取能防止产生较大温度应力的措施,当加热温度超过45℃时,应进行温度应力验算 (4)型钢混凝土组合结构,浇筑混凝土前,应对型钢进行预热,预热温度宜大于混凝土入模温度,预热方法可采用电加热法

24.1.5.3 混凝土的拌制、运输和浇筑要求

混凝土的拌制、运输和浇筑要求 表 24-22

项次	项目	施工要点
1	混凝土的拌制	(1)混凝土原材料加热: 1)冬期施工混凝土原材料一般需要加热,加热时优先采用加热水的方法。加热温度根据热工计算确定,但不得超过表 24-23 的规定。如果将水加热到最高温度,还不能满足混凝土温度时,再考虑加热骨料,当水、骨料达到规定温度仍不能满足热工计算混凝土温度时,可提高水温到 100℃,但水泥不得与 80℃以上的水直接接触 混凝土的温度一般控制在 35℃以内,温度过高,会引起和易性变差,有时还会导致假凝或热收缩裂缝 2)加热方法: ①水泥不得直接加热,使用前宜运入暖棚内存放 ②水加热宜采用蒸汽加热、电加热或汽水加热等方法。加热水使用的水箱或水池应予以保温,其容积应能使水达到规定的使用温度要求 ③砂石加热,可将蒸汽管直接插入被加热的砂石堆中,通蒸汽或热空气加热,应使各处加热均匀。当采用保温加热料斗时,宜配置两个交替加热使用,每个料斗的容积可根据机械可装高度和斜壁斜度等要求进行设计,每一个料斗的容量不宜小于 3.5m^3。当小批量砂需加热时,可用热坑或在铁板下生火间接烤热,但不得用火焰直接加热 (2)投料程序: 1)先投入骨料和加热的水,待搅拌一定时间后,水温降到 40℃左右时,再投入水泥继续搅拌到规定时间,要避免水泥假凝 3)拌制掺用防冻剂的混凝土,当防冻剂为粉剂时,可按要求掺量直接撒在水泥上面和水泥同时投入;当防冻剂为液体时,应先配制成规定浓度的溶液,然后再根据使用要求,用规定浓度熔液再配制成施工用溶液,各溶液应分别置于明显标志的容器内不得混淆,每班使用的外加剂溶液应一次配成 (3)混凝土搅拌:为满足各组成材料间的热平衡,冬期拌制混凝土的时间相对于表 24-24 规定的拌制时间可适当延长。混凝土搅拌的最短时间见表 24-24
2	混凝土运输	(1)在运输过程中,要注意防止混凝土热量损失,表面冻结、混凝土离析、水泥浆流失、坍落度变化等现象。混凝土浇筑时入模温度除与拌合物的出机温度有关外,主要取决于运输过程中的蓄热程度。因此,应考虑将运输器具进行适当保温或具有加热装置,同时混凝土装卸次数尽量少,运输距离应尽量短,运输速度尽量快。 (2)混凝土入模温度与气温、保温材料及条件、结构表面系数和混凝土强度要求等因素有关,因此提高和控制入模温度可作为冬期施工一项主要措施。入模温度和覆盖保温材料,应经热工计算确定,且不应低于 5℃,一般入模温度为 15～25℃
3	混凝土浇筑	(1)冬期不得在强冻胀性地基土上浇筑混凝土,在弱冻胀性地基土上浇筑时,基土应进行保温,以免遭冻 (2)浇筑前,应清除模板和钢筋上的冰雪和污垢,必要时应对钢筋骨架和模板进行预热 (3)浇筑基础大体积混凝土时,施工前要对地基进行保温以防止冻胀。混凝土的入模温度以 7～12℃为宜,混凝土内部温度与表面温度之差不得超过 20℃,必要时应做保温措施 (4)分层浇筑厚大的整体式结构混凝土时,已浇筑层的混凝土温度在未被上一层混凝土覆盖前不得低于 2℃,采用加热养护时,养护前的温度不得低于 2℃ (5)浇筑承受内力接头的混凝土(或砂浆),宜先将结合处的表面加热到正温。浇筑后的接头混凝土(或砂浆)在温度不超过 45℃的条件下,应养护至设计要求强度,当设计无要求时,其强度不得低于设计强度的 70% (6)预应力混凝土构件在进行孔道和立缝的灌浆前,浇筑部位的混凝土须经预热,并宜采用热的水泥浆、砂浆或混凝土,浇灌后在正温下养护到强度不低于 15N/mm^2

拌合水及骨料的最高允许温度 表 24-23

项次	水泥强度等级	拌合水	骨料
1	小于 42.5	80℃	60℃
2	42.5、42.5R 及以上	60℃	40℃

注:当骨料不加热时,拌合水可加热到 100℃,但水泥不得与 80℃以上的水直接接触。

混凝土搅拌的最短时间　　表 24-24

混凝土坍落度(mm)	搅拌机容积(L)	混凝土搅拌最短时间(s)	混凝土坍落度(mm)	搅拌机容积(L)	混凝土搅拌最短时间(s)
≤80	<250	90	>80	<250	90
	250～500	135		250～500	90
	>500	180		>500	135

注：采用自落式搅拌机时，应较上表搅拌时间延长 30～60s；采用预拌混凝土时，应较常温下预拌混凝土搅拌时间延长 15～30s。

24.1.5.4　混凝土搅拌、运输和浇筑温度计算

混凝土搅拌、运输、浇筑温度计算　　表 24-25

<table>
<tr><th>项目</th><th>计 算 公 式</th><th>符 号 意 义</th></tr>
<tr><td>混凝土拌合物温度</td><td>混凝土拌合物的理论温度，根据组成材料的温度按热平衡原理可按下式计算：
$T_0=[0.92(m_{ce}T_{ce}+m_{sa}T_{sa}+m_gT_g)+4.2T_w(m_w-w_{sa}m_{sa}-w_gm_g)+C_1(w_{sa}m_{sa}T_{sa}+w_gm_gT_g)-C_2(w_{sa}m_{sa}+w_gm_g)]\div[4.2m_w+0.9(m_{ce}+m_{sa}+m_g)]$　(24-4)
上式计算方法虽比较准确，但计算较烦琐，当砂子、石子的温度相同时，亦可使用图 24-2 做近似计算，可满足工程要求</td><td>T_0——混凝土拌合物温度(℃)；
m_w、m_{ce}、m_{sa}、m_g——水、水泥、砂子、石子的用量(kg)；
T_w、T_{ce}、T_{sa}、T_g——水、水泥、砂子、石子的温度(℃)；
w_{sa}、w_g——砂子、石子的含水率(%)；
C_1——水的比热容[kJ/(kg·K)]；
C_2——冰的溶解热(kJ/kg)
当骨料温度大于 0℃时，$C_1=4.2$，$C_2=0$；
当骨料温度小于或等于 0℃时，$C_1=2.1$，$C_2=335$；</td></tr>
<tr><td>混凝土拌合物出机温度</td><td>混凝土拌合物出机温度可按下式计算：
$T_i=T_0-0.16(T_0-T_i)$　(24-5)</td><td rowspan="4">T_1——混凝土拌合物出机温度(℃)；
T_0——混凝土拌合物温度(℃)；
T_i——搅拌机棚内温度(℃)；
T_2——混凝土拌合物运输到浇筑时温度(℃)；
t_1——混凝土拌合物自运输到浇筑时的时间(h)；
n——混凝土拌合物运转次数；
T_a——混凝土拌合物运输时环境温度(℃)；
α——温度损失系数(h^{-1})；
当用混凝土搅拌车运输时　$\alpha=0.25$；
当用开敞式大型自卸汽车时　$\alpha=0.2$；
当用开敞式小型自卸汽车时　$\alpha=0.3$；
当用封闭式自卸汽车时　$\alpha=0.10$；
当用手推车时　$\alpha=0.5$；
T_3——考虑模板和钢筋吸热影响，混凝土成型完成时的温度(℃)；
C_c、C_f、C_s——混凝土、模板、钢筋的比热容[kJ/(kg·K)]；
m_c、m_f、m_s——每立方米混凝土和每立方米混凝土相接触的模板、钢筋的重量(kg)；
T_f、T_s——模板、钢筋的温度，未预热时采用当时环境的温度(℃)</td></tr>
<tr><td>混凝土拌合物运输到浇筑时的温度</td><td>混凝土拌合物经运输到浇筑时温度可按下式计算：
$T_2=T_1-(\alpha t_1+0.032n)(T_1-T_a)$　(24-6)</td></tr>
<tr><td>混凝土浇筑成型完成时的温度</td><td>考虑模板和钢筋的吸热影响，混凝土浇筑成型完成时的温度可按下式计算：
$T_3=\frac{C_cm_cT_2+C_fm_fT_f+C_sm_sT_s}{C_cm_c+C_fm_f+C_sm_s}$　(24-7)</td></tr>
<tr><td>温度损失查表</td><td>混凝土拌合物在搅拌、运输及浇灌中的温度损失亦可参考表 24-26 和表 24-27 估算</td></tr>
</table>

混凝土搅拌、运转及灌注时的热量损失（℃） 表 24-26

搅拌温度与环境温度差	15	20	25	30	35	40	45	50	55	60	65	70	75
搅拌时的热损失	3.0	3.5	4.0	4.5	5.0	6.0	7.0	8.0	9.0	10.0	—	—	—
一次运转的热损失	0.55	0.65	0.75	0.90	1.00	1.25	1.50	1.75	2.00	2.25	2.5	2.75	3.0
灌注时的热损失	2.0	2.5	3.0	3.5	4.0	4.5	5.0	5.5	6.0	6.5	7.0	7.5	8.0

注：1. 温度差不等于表列数值时，可用插入法求得相应的热损失温度。

2. 运转一次指混凝土由搅拌机倒入汽车（或灰斗），或由汽车倒入溜槽，或由溜槽倒入小车。

混凝土拌合物运输时的热损失（混凝土温度与室外温度差为1℃时） 表 24-27

运输方法	运输工具	所运混凝土拌合物容积(m^3)	热损失(℃/min)
水平运输	自卸汽车	1.40	0.0037
	双轮手推车	0.15	0.007
	独轮手推车	0.10	0.014
	轻便翻斗车	0.75	0.01
垂直运输	井式提升架(起重翻斗)	—	0.0011(每升高 1m)

注：运输热损失＝表列数值×拌合物温度与室外温度差×运输时间（或提升高度）。

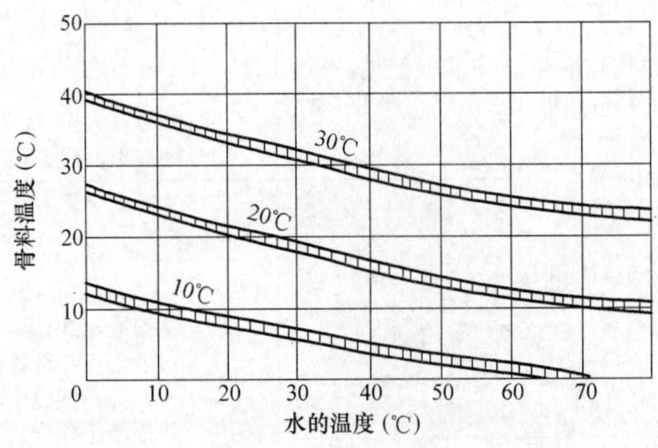

图 24-2 混凝土拌合物温度的简易计算

【例 24-1】 已知混凝土配合比中，每立方米混凝土材料用量为：水泥 285kg，砂 636kg，石子 1280kg，水 175kg。材料温度为：水泥 5℃，砂 40℃，石子－3℃，水 65℃。砂含水率 3%，石子含水率 2%。搅拌棚内温度为 5℃。混凝土拌合物用人力手推车运输，倒运共 2 次，运输和成型时间为 0.5h，当气温为－4℃，与每立方米混凝土相接触的钢模板和钢筋共重 420kg，未进行预热，试计算混凝土浇筑完毕后的温度。

【解】 混凝土拌合物的理论温度：

$$T_0 = [0.92\times(285\times5+636\times40-1280\times3)+4.20\times65\times(175-0.03\times636-0.02\times1280) + 4.2\times0.03\times636\times40-2.1\times0.02\times1280\times3-335\times0.02\times1280]/[4.2\times175 + 0.9\times(285+636+1280)] = 18.9℃$$

混凝土从搅拌机中倾出时的温度：

$$T_1 = 18.9-0.16\times(18.9-5) = 16.7℃$$

混凝土经过运输成型后的温度：

$$T_2 = 16.7-(0.5\times0.5+0.032\times2)\times(16.7+4) = 10.2℃$$

混凝土经钢模板和钢筋吸热后的温度：

$T_3=(2400\times1\times10.20+420\times0.48\times4)/(2400\times1+420\times0.48)=9.7℃$

故混凝土浇筑完毕的温度为 9.7℃。

【例 24-2】 需要拌制温度为 20℃的混凝土拌合物，已知水的温度为 45℃，试求骨料的温度。

【解】 查图 24-2 得骨料温度为 15℃。

24.1.5.5 蓄热法和综合蓄热法养护

蓄热法和综合蓄热养护施工方法 表 24-28

项次	项目	施工要点
1	基本原理	(1)蓄热法系将混凝土的组成材料(水和骨料)进行适当加热、搅拌,使浇筑后具有一定的温度,混凝土的外围用保温材料严密覆盖,利用混凝土预加的热量及水泥的水化热量和保温,使混凝土缓慢冷却,并在冷却过程中逐渐硬化,当混凝土冷却到 0℃时,使达到抗冻临界强度或预期的强度 (2)综合蓄热法是在混凝土拌合物中掺有少量的防冻剂,原材料预先加热,使拌合物浇筑后的温度一般须达到 10℃以上,当构件截面尺寸小于 300mm 时须达到 13℃以上。通过高效能的保温围护或短期人工加热,使混凝土经过 1～1.5d 才冷却至 0℃,此时已经终凝。然后逐渐与环境气温相平衡,由于防冻剂的作用,混凝土在负温中继续硬化
2	适用范围	(1)当室外最低温度不低于－15℃时,地面以下的工程,或表面系数 M 不大于 $5m^{-1}$ 的结构,可采用蓄热养护,对结构局部易受冻的部位,应采取加强保温措施 (2)当室外最低温度不低于－15℃时,对于表面系数为 $5\sim15m^{-1}$ 为结构,宜采用综合蓄热法养护,围护层散热系数宜控制在 50～200kJ/(m^3·h·K)之间
3	蓄热法措施	(1)混凝土的拌制、运输和浇筑应按本章第 24.1.5.3 节的要求进行施工 (2)蓄热法保温应选用导热系数小、就地取材、价廉耐用的材料,如稻草板、草垫、草袋、稻壳、麦秸、稻草、锯屑、炉渣、岩棉毡、聚苯乙烯板等,并要保持干燥。可成层或散装覆盖,或做成工具式保温模板,在保温时再在表面盖(包)一层塑料薄膜、油毡或水泥袋纸等不透风材料,可有效提高保温效果,或保持一定空气间层,形成一密闭的空气隔层,起保温作用 (3)及时做好保温覆盖,各层互相搭盖严密。敷设后,要注意防潮和防止透风,对于结构构件的边棱、端部和凸角,要特别加强保温、挡风。新浇混凝土与已硬化混凝土的连接处,为避免热量的传导损失,必要时应采取局部加热措施;混凝土在养护期间应防风、防失水 (4)用组合钢模板时,宜采用整装整拆方案,并确保模板保温效果和减少材料消耗。为了便于脱模,可在混凝土强度达到 $1N/mm^2$ 后,使侧模板轻轻脱离混凝土再合上继续养护到达到要求强度后拆模
4	综合蓄热法措施	除蓄热法采取的保温措施外,尚应增加下列有关措施: (1)掺入早强剂或早强型复合防冻剂或早强型减水剂,使水泥水化放热较早、较快,并应有减水,引气作用,加速混凝土硬化和降低冻结温度 (2)采用高强度等级水泥、早强水泥配置混凝土或增加水泥用量,增大水泥的早期水化热或掺入减水剂,降低水灰比 (3)利用保温材料储备热量,如采用生石灰、锯末和水(0.7∶1∶1,重量比)拌合均匀,覆盖在混凝土表面和周围,利用生石灰水化放出的热量,对混凝土进行短期加热和保温 (4)将蓄热法与混凝土外部加热法或早期短时加热法合并应用,如蒸汽蓄热法、电热蓄热法以及用简易棚罩加热围护等,提高混凝土早期养护温度,并减缓降温速度 (5)地面以下的结构,利用未冻土的热量,用保温材料严密覆盖基坑(槽),提高环境温度,减缓降温速度 (6)用简易棚罩,加强围护或设挡风墙,防止降温过快
5	测温要求	(1)混凝土浇筑后应有一套严格的测温制度,如发现温度下降过快或遇寒流袭击,应立即采取补加保温层或人工加热等措施,以防混凝土早期受冻。混凝土从入模开始至混凝土达到受冻临界强度或混凝土温度降到 0℃或设计温度以前,应至少每隔 6h 测温一次 (2)全部测温孔应编号并绘制平面图,测温孔应设在有代表性的结构部位和温度变化大易冷却的部位,孔深宜为 100～150mm,也可为板厚或墙厚的 1/2。测温时,测温仪表应采取与外界气温隔离措施,并留置在测温孔内不少于 3min (3)及时对测温资料整理,并经计算得出混凝土达到的强度,如强度达不到抗冻临界强度或预期强度值时,则需调整施工条件或改变保温措施 (4)水泥、砂、石、水及外加剂溶液温度应按热工计算温度严格控制,每一工作班至少测温一次 (5)混凝土出罐、运输和入模温度应认真做好测温记录,每一工作班测温不少于 4 次

续表

项次	项目	施工要点
6	冷却时间计算	蓄热法混凝土冷却到0℃的延续时间和此期间的平均温度，可按表24-29计算求得，或用成熟度方法(表24-33)估算出混凝土可能获得的强度。如强度达不到抗冻临界强度值或预期的强度，则需调整施工条件或改进保温措施，再进行计算，直至符合要求为止

混凝土蓄热养护过程中的温度计算　　表24-29

项目	计算公式	符号意义
混凝土蓄热养护开始到任一时刻的温度	混凝土蓄热养护开始到任一时刻t的温度T(℃)可按下式计算： $$T=\eta e^{-\theta\cdot V_{ce}\cdot t}-\varphi e^{-V_{ce}\cdot t}+T_{m,a}\quad(24\text{-}8)$$ 其中 $$\eta=T_3-T_{m,a}+\varphi$$ $$\varphi=\frac{V_{ce}\cdot Q_{ce}\cdot m_{ce}}{V_{ce}\cdot C_c\cdot\rho_c-\omega\cdot K\cdot M}$$ $$\theta=\frac{\omega\cdot K\cdot M}{V_{ce}\cdot C_c\cdot\rho_c}$$ 其中 $$K=\frac{3.6}{0.04+\sum_{i=1}^{n}\frac{d_i}{\lambda_i}}\quad(24\text{-}9)$$ $$M=\frac{A}{V}$$ 混凝土蓄热养护开始到任一时刻t的平均温度T_m(℃)可按下式计算： $$T_m=\frac{1}{V_{ce}t}\left(\varphi e^{-V_{ce}\cdot t}-\frac{\eta}{\theta}\cdot e^{-\theta\cdot V_{ce}\cdot t}+\frac{\eta}{\theta}-\varphi\right)+T_{m,a}\quad(24\text{-}10)$$	η、φ、θ——综合参数； e——自然对数底，可取$e=2.72$； V_{ce}——水泥水化速度系数(h^{-1})，由表24-30查用； t——混凝土蓄热养护开始到任一时刻的时间(h)； $T_{m,a}$——混凝土蓄热养护开始到任一时刻t的平均气温(℃)，取法可采用蓄热养护开始到t时气象预报的平均气温，亦可按每时或每日平均气温计算； T_3——混凝土入模温度(℃)； Q_{ce}——水泥水化累积最终放热量(kJ/kg)，由表24-30查用； m_{ce}——每立方米混凝土水泥用量(kg/m³)； C_c——混凝土的比热容[kJ/(kg·K)]； ρ_c——混凝土的质量密度(kg/m³)； ω——透风系数，由表24-31查用； K——结构围护层的总传热系数[kJ/(m²·h·K)]可按式(24-9)计算，也可从表24-32中选取； d_i——第i层围护层厚度(m)； λ_i——第i层围护层的导热系数[W/(m·K)]； M——结构表面系数(m^{-1})； A——混凝土结构表面积(m²)； V——混凝土结构的体积(m³)
混凝土蓄热养护冷却至0℃的时间	当需要计算混凝土蓄热养护冷却至0℃的时间t_0(h)，可根据式(24-8)采用逐次逼近的方法进行计算。当蓄热养护条件满足$\frac{\varphi}{T_{m,a}}\geqslant1.5$，且$KM\geqslant50$时，可按下式直接计算： $$t_0=\frac{1}{V_{ce}}\ln\frac{\varphi}{T_{m,a}}\quad(24\text{-}11)$$ 混凝土冷却至0℃的时间内，其平均温度可根据式(24-10)取$t=t_0$进行计算	

注：本表计算为国家行业标准《建筑工程冬期施工规程》(JGJ/T 104—2011)推荐的方法，计算公式系由我国吴震东教授所提出，并经修正而成。系根据非稳定传热理论推导而得。适用于非大体积混凝土的计算方法，比较适合于表面系数$M>5$的结构，当$2<M\leqslant5$时，亦可按本表公式计算。

水泥水化累积最终放热量Q_{ce}和水泥水化速度系数V_{ce}　　表24-30

水泥品种及强度级	Q_{ce}(kJ/kg)	V_{ce}(h^{-1})
强度等级52.5级硅酸盐水泥、普通硅酸盐水泥	400	0.018
强度等级42.5级硅酸盐水泥、普通硅酸盐水泥	350	0.015
强度等级42.5级矿渣、火山灰、粉煤灰、复合硅酸盐水泥	310	0.013
强度等级32.5级矿渣、火山灰、粉煤灰、复合硅酸盐水泥	260	0.011

透风系数 ω 表 24-31

围护层种类	透风系数 ω		
	小风	中风	大风
围护层由易透风材料组成	2.0	2.5	3.0
易透风保温材料外包不易透风材料	1.5	1.8	2.0
围护层由不易透风材料组成	1.3	1.45	1.6

注：小风风速：$v_w<3$m/s；中风风速：$3\leqslant v_w\leqslant 5$m/s；大风风速：$v_w>5$m/s。

围护层的传热系数 表 24-32

项次	围护层构造	传热系数 K[W/(m^2·K)]
1	塑料薄膜一层	12.0
2	塑料薄膜二层	7.0
3	钢模板	12.0
4	木模板 25mm 厚外包岩棉毡 30mm 厚	1.1
5	钢模板外包毛毡三层 20mm 厚	3.6
6	钢模板外包岩棉被 30mm 厚	3.6
7	钢模板区格间填以聚苯乙烯板 50mm 厚	3.0
8	钢模板区格间填以聚苯乙烯板 50mm 厚，外包岩棉被 30mm 厚	0.9
9	混凝土与天然地基的接触面	5.5
10	表面不覆盖	30.0

用成熟度法估算混凝土强度 表 24-33

项目	计算步骤与公式	符号意义
用计算法估算混凝土强度	(1)用标准养护试件各龄期强度数据，经回归分析拟合成下列形式曲线方程： $f=ae^{-\frac{b}{D}}$ (24-12) (2)根据现场的实测混凝土养护温度资料，用下式计算已达到的等效龄期(相当于20℃标准养护的时间)： $D_e=\sum(\alpha_T\Delta t)$ (24-13) (3)以等效龄期 D_e 代替 D 代入式(24-12)可算出强度	f——混凝土立方体抗压强度(N/mm^2)； D——混凝土养护龄期(d)； a、b——系数； D_e——等效龄期(d)； α_T——等效系数，按表 24-34 采用； Δt——某温度下的持续时间(h)
用图解法估算混凝土强度	(1)根据标准养护试件各龄期强度数据，在坐标纸上画出龄期—强度曲线 (2)根据现场实测的混凝土养护温度资料，计算混凝土达到的等效龄期 (3)根据等效龄期数值，在龄期—强度曲线上查出相应强度值，即为所求值	

注：1. 本法适用于不掺外加剂在 50℃以下正温养护和掺外加剂在 30℃以下正温养护的混凝土，亦可用于掺防冻剂的负温混凝土，也适用于估算混凝土强度标准值 60%以内的强度值。

2. 使用本法估算混凝土强度，需要用实际工程使用的混凝土原材料和配合比，制作不少于 5 组混凝土立方体标准试件，在标准条件下养护，得出 1d、2d、3d、7d 和 28d 的强度值。

3. 使用本法同时需取得现场养护混凝土的温度实测资料（温度、时间）。

温度 T 与等效系数 α_T 表　　表 24-34

温度 T(℃)	等效系数 (α_T)	温度 T(℃)	等效系数 (α_T)	温度 T(℃)	等效系数 (α_T)
50	3.16	28	1.45	6	0.43
49	3.07	27	1.39	5	0.40
48	2.97	26	1.33	4	0.37
47	2.88	25	1.27	3	0.35
46	2.80	24	1.22	2	0.32
45	2.71	23	1.16	1	0.30
44	2.62	22	1.11	0	0.27
43	2.54	21	1.05	−1	0.25
42	2.46	20	1.00	−2	0.23
41	2.38	19	0.95	−3	0.21
40	2.30	18	0.91	−4	0.20
39	2.22	17	0.86	−5	0.18
38	2.14	16	0.81	−6	0.16
37	2.07	15	0.77	−7	0.15
36	1.99	14	0.73	−8	0.14
35	1.92	13	0.68	−9	0.13
34	1.85	12	0.64	−10	0.12
33	1.78	11	0.61	−11	0.11
32	1.71	10	0.57	−12	0.11
31	1.65	9	0.53	−13	0.10
30	1.58	8	0.50	−14	0.10
29	1.52	7	0.46	−15	0.09

24.1.5.6　暖棚法养护

暖棚法养护施工工艺方法　　表 24-35

项次	项目	施工工艺方法要点
1	基本原理	暖棚法是在混凝土结构或构件周围，用脚手杆、保温材料搭设暖棚，或在室内用草袋、草垫、塑料薄膜将门窗堵严，或在框架结构脚手架外围设围幕，或在独立结构支设充气暖棚(空气支承结构)等，在棚内设热风机或蒸汽(热水)排管、火炉进行采暖，使棚内保持正温环境，混凝土浇筑、养护均在棚内进行，并保持混凝土表面湿润，使混凝土在正温下养护达到要求抗冻强度或预定强度
2	暖棚构造	(1)暖棚通常以脚手材料(钢管或木杆)为骨架，用草袋、草垫、塑料薄膜或帆布等围护。由于塑料薄膜不仅重量轻，而且透光，白天可不需人工照明，吸收太阳能后还能提高棚内温度。薄膜可使用厚度大于0.1mm的聚乙烯薄膜，也可使用聚丙烯编织布和聚丙烯薄膜复合而成的复合布 (2)人工热源采用棚内生火炉或设热风机加热，或安暖气排管通蒸汽或热水进行采暖
3	注意事项	(1)搭设暖棚时应注意在混凝土结构与暖棚之间要留足够的空间，使暖气流通，为降低搭设成本和节能，应尽量减少暖棚体积，同时应围护严密，不透风 (2)棚内各测点温度不得低于5℃，每昼夜测温不应少于4次，同时为防止混凝土失水，要注意棚内湿度，若湿度较低，可在火炉上放置水盆，使水分蒸发或经常向混凝土喷洒温水 (3)应设专人检测混凝土及棚内温度，棚内测点应选择有代表性的位置布置，在离地500mm高度处必须设点 (4)暖棚的出入口应设专人管理，并应采取防止棚内温度下降或引起风口处混凝土受冻的措施 (5)为防止混凝土早期碳化，要注意将烟或燃烧气排至棚外 (6)严格遵守防火规定，注意安全

续表

项次	项目	施工工艺方法要点
4	优缺点和适用范围	(1)本法施工操作与常温无异，劳动条件好，工作效率较高，同时混凝土质量有可靠的保证，不易发生冻害。但搭设暖棚需大量木材、钢材、保温材料和人工，供热需大量的设备和能源，费用较大。由于棚内温度一般较低(通常不超过10℃)，所以混凝土强度增长较慢 (2)暖棚法适用于天气比较严寒，建筑物面积、体积不大，混凝土结构又很集中的工程，尤其适用于混凝土量较多的地下室、人防等地下工程

24.1.5.7 掺外加剂法

掺外加剂法养护施工方法 表24-36

项次	项目	施工要点
1	原理及适用范围	(1)在混凝土中掺入一定量的早强抗冻外边剂(或用负温硬化水溶液)，浇筑于普通模板中，并采用原材料适当加热和不同形式的保温措施，使混凝土早期强度迅速增长，保持在一定负温条件下继续硬化，并达到要求的强度 (2)掺外加剂混凝土冬期施工主要包括低温早强混凝土、掺防冻剂的负温混凝土等，主要用于冬期不易保温的框架结构、高层建筑结构，一般梁、板、柱结构以及地下结构或大面积的板式基础结构。当最低温度不低于－5℃时，可采用早强剂或早强型减水剂，当最低温度不低于－20℃时，应采用防冻剂进行混凝土搅拌，若最低气温低于－20℃时，宜采用加热养护方法进行混凝土冬期施工
2	外加剂种类及掺量	(1)负温硬化剂通常由防冻组分、早强组分和减水、引气等组分复合而成 1)常用防冻剂有氯化钙、氯化钠、亚硝酸钠、硝酸钠、乙酸钠、碳酸钾、尿素等，其作用是保证混凝土中液相水的存在 2)常用早强剂有硫酸钠、三乙醇胺、硫化硫酸钠等，其作用是促进水泥和混凝土的硬化 3)减水、引气剂有木钙、干DN、松香热聚物等，其作用是可减少拌合水量，从而降低混凝土中的含水量，提高混凝土的密实度和抗冻害能力 (2)目前配制负温混凝土采用的负温硬化剂有定型产品和现场配制两种： 1)市售定型产品必须符合行业标准《混凝土防冻剂》(JC 475—2004)的要求。防冻剂按规定温度分为－5℃、－10℃和－15℃三种。在选用时现场应根据浇筑后预计5d内日最低气温来选择防冻剂，当预计日最低气温为－10～－5℃、－15～－10℃和－20～－15℃时，宜分别选用－5℃、－10℃和－15℃的防冻剂 2)现场配置负温硬化剂的参考配方见表24-37。在选择负温硬化剂配方时，可以取混凝土自浇筑时起5昼夜内预计平均气温作为硬化温度(防冻剂的规定温度)来选择负温硬化剂配方 (3)防冻剂和早强剂也可单掺或复合使用。其中单掺效果较好的有氯化钙、氯化钠、硫酸钠；复合使用以硫酸钠与亚硝酸钠、三乙醇胺与氯化钠(或氯化钙)使用较普遍，效果比单掺好，其掺量见表24-38、表24-39 (4)掺氯盐、硫酸钠早强抗冻剂混凝土的相对强度见表24-40。掺防冻剂混凝土在负温度下各龄期混凝土强度增长情况见表24-41
3	施工方法	(1)水泥宜优先选用42.5级以上的硅酸盐水泥、普通硅酸盐水泥或硫铝酸盐水泥；砂、石不得含有冰雪、冻块和杂质 (2)拌合水应适当加热，必要时砂石亦应加热，以求提高混凝土出机温度和入模温度。混凝土浇筑后，裸露面要及时覆盖塑料薄膜，避免风袭失水，也可以覆盖保温材料提高养护效果 (3)混凝土允许受冻临界强度时，低温早强混凝土控制为0℃；掺防冻剂的负温混凝土的控制温度为防冻剂规定的温度 (4)低温早强混凝土施工： 1)当早强混凝土使用硫酸钠(光明粉)时，可以配制成溶液，亦可直接使用，使用时可以与水泥同时使用，适当延长搅拌时间，保证搅拌均匀 2)若使用亚硝酸钠或有水硫酸钠，应先将硫酸钠配制成溶液，不允许有结晶沉淀析出，若有沉淀，应立即用热水将结晶化开后方可使用 3)配制硫酸钠溶液时，应注意其共溶性，如硫酸钠与氯化钙复合时，应先加入氯化钙溶液，出机前再加入硫酸钠，并延长搅拌时间 4)如采用蒸汽养护时，注意早强剂的水泥适应性，并须有适当的预养时间，一般当温度为30℃时，预养时间不宜少于3～4h，初期强度不宜低于0.6MPa (5)负温混凝土施工： 1)搅拌混凝土时应设专人调配外加剂，并应严格按要求剂量投入，使用液体外加剂，应随时测定溶液的温度和浓度，当发现浓度有变化时，应加强搅拌或加热，直到达到要求浓度且均匀为止

续表

项次	项目	施工要点
3	施工方法	2)搅拌混凝土前,搅拌筒内部应用热水或蒸汽进行冲洗。混凝土搅拌时间应比常温搅拌时间延长50%。混凝土的出机温度,应根据当时的施工气温状况,拌合物运输、转运、浇筑入模温度要求等产生的热损失,通过热工计算确定 3)当防冻剂和其他外加剂复合使用时,除预先测定其相容性外,投入的次序应按实验室试验的要求进行。如外加剂中含有引气组分时,在搅拌出罐时,应测定含气量,最大含气量不得超过7% 4)负温混凝土浇筑入模温度,在严寒地区应控制不低于10℃,在寒冷地区应控制不低于5℃ 5)混凝土在浇筑前,应清除模板和钢筋上的冰雪和污垢,但不得用蒸汽直接融化冰雪,防止再结冰 6)混凝土运到浇筑地点应立即浇筑,尽量减少热损失。混凝土浇筑后,要采用机械振捣,注意相互之间衔接,间歇时间不宜超过15min,按随浇筑、随振捣、随覆盖保温的原则进行操作 7)负温混凝土浇筑后,可采用蓄热法养护,为防止混凝土失水,浇筑后要立即用一层塑料薄膜覆盖,然后再覆盖一层草袋保温。对于框架结构,如梁、柱等不易覆盖草袋保温时,宜用布条包裹覆盖保温 8)混凝土浇筑后,在养护期间应加强测温,特别注意前7d的测温。在达到允许受冻临界强度以前,混凝土的温度不得低于防冻剂的规定温度,如果达不到,应采取适当加热或保温措施 (6)其他施工要求,同常温混凝土施工

新型负温硬化剂的参考配方　表 24-37

项次	混凝土硬化温度(℃)	配方(占水泥重)
1	0	食盐2%+硫酸钠2%+木钙0.25% 尿素3%+硫酸钠2%+木钙0.25% 硝酸钠3%+硫酸钠2%+木钙0.25% 亚硝酸钠2%+硫酸钠2%+木钙0.25% 碳酸钾3%+硫酸钠2%+木钙0.25%
2	−5	食盐5%+硫酸钠2%+木钙0.25% 亚硝酸钠4%+硫酸钠2%+木钙0.25% 亚硝酸钠2%+硝酸钠3%+硫酸钠2%+木钙0.25% 碳酸钾6%+硫酸钠2%+木钙0.25% 尿素2%+硝酸钠4%+硫酸钠2%+木钙0.25%
3	−10	亚硝酸钠7%+硫酸钠2%+木钙0.25% 乙酸钠2%+硝酸钠6%+硫酸钠2%+木钙0.25% 亚硝酸钠3%+硝酸钠5%+硫酸钠2%+木钙0.25% 尿素3%+硝酸钠5%+硫酸钠2%+木钙0.25% 三乙醇铵0.03%+硫酸钠2%+木钙0.25% 三乙醇铵0.03%+硫代硫酸钠2%+木钙0.2% 三乙醇铵0.03%+尿素2%+木钙0.2%

注:1. 外加剂掺量均指无水物净重。
2. 掺食盐配方仅用于无筋混凝土。
3. 混凝土硬化温度，系指混凝土本身温度。当无保温覆盖时，可按日最低气温掌握；当有保温覆盖时，可按日平均气温掌握。
4. 负温混凝土有时还加入松香热聚物加气剂，掺量为水泥重量的0.005%，可缓解水结冰时产生的张应力，减轻冻害。
5. 单掺硫代硫酸钠2%，强度比不掺者1d提高47%，3d提高28%。

硫酸钠、亚硝酸钠复合早强剂掺量选用　表 24-38

浇灌后3～5d内预报最低温度	复合剂掺量(占水泥用量的%)	
	硫酸钠	亚硝酸钠
−3℃	3	2
−5℃	3	4
−8℃	3	6
−10℃	3	8

注：适用于水灰比不大于0.6的混凝土。

三乙醇胺复合早强剂掺量及适用条件　　表 24-39

室外气温(℃)	掺量(水泥重的%)				要求条件	达到强度 f_{28} 的百分率(%)
	三乙醇胺	氯化钠	氯化钙	亚硝酸钠		
−10～−5	0.05 0.05	0.5 0.5～1.0	— —	0.5～1.0 0.5～1.0	将拌合水加热,使混凝土浇灌温度达15℃以上,用稻草板蓄热保温,使混凝土处在0℃以上温度达72h	50～60
−15～−10	0.05 0.05	0.5 0.5～1.0	— —	0.5～1.0 0.5～1.0	将拌合水和砂石加热,使混凝土浇灌温度达25℃以上,采取保温措施,使混凝土处在0℃以上温度达72h	40～50
−20～−15	0.05	1.0	1.0	1.0	将拌合水加热,使混凝土浇灌温度达15℃以上,严加保温	50～60
−20以下	0.05	1.0	1.0～1.5	1.5	将拌合水和砂石加热,使混凝土浇灌温度达25℃以上,严加保温	50～60

注：1. 掺加"三乙醇胺 0.05%＋氯化钠 0.5%"2d 强度比不掺者提高 60%左右；达到混凝土强度 70%的时间比不掺者缩短一半；28d 强度比不掺者提高 10%。一般用于无筋混凝土。

2. 掺加"三乙醇胺 0.05%＋氯化钠 0.5%＋亚硝酸钠 0.5%～1%"，早强效果与注 1 相同，一般适用于钢筋混凝土。

3. 三乙醇胺掺量降为 0.02%，对早强效果无重大影响。三乙醇胺单掺 0.04%，强度比不掺者 1d 提高 47%，3d 提高 36%，7d 提高 25%。

掺氯盐硫酸钠早强抗冻剂混凝土的相对强度（不掺的混凝土强度为 100%）　表 24-40

混凝土龄期(d)	普通水泥									火山灰或矿渣水泥		
	氯化钠用量			氯化钙用量			硫酸钠用量			氯化钙用量		
	1%	2%	3%	1%	2%	3%	0.5%	1.0%	1.5%	1%	2%	3%
2				140	165	200	149	184	219	150	200	250
3	160	171	173	130	150	165				140	175	185
5				120	130	140				130	140	150
7				115	120	125	122	128	134	125	125	135
14				105	115	115				115	120	125
28				100	110	110	110	97	96	110	115	120

注：1. 氯化钙掺量的百分比按无水氯化钙与水泥重量之比计算。

2. 本表按硬化时的平均温度为 15～20℃编制的，当硬化时的平均温度为 0～5℃时，则表内数值增加 25%，5～10℃时增加 15%。

掺防冻剂混凝土在负温下各龄期混凝土强度增长规律　　表 24-41

防冻剂及组成	混凝土硬化平均温度(℃)	各龄期混凝土强度 $f_{cu,k}$(%)			
		7	14	28	90
亚硝酸钠($NaNO_2$)(100%)	−5 −10 −15	30 20 10	50 35 25	70 55 35	90 70 50
氯化钠(100%) $NaCl+CaCl_2$ $\left(\frac{70\%+30\%}{40\%+60\%}\right)$	−5 −10 −15	35 25 15	65 35 25	80 45 35	100 70 50
亚硝酸钠＋氯化钙 $NaNO_2+CaCl_2$ (50%＋50%)	−5 −10 −15 −20	40 25 20 15	60 40 35 30	80 50 45 40	100 80 70 60
碳酸钾(K_2CO_3)(100%)	−5 −10 −15 −20 −25	50 30 25 25 20	65 50 40 40 30	75 70 65 55 50	100 90 80 70 60

24.1.5.8 蒸汽加热法养护

常用蒸汽加热养护工艺方法 表 24-42

名称	加热养护方法要点	优缺点、适用范围
蒸汽室法(简易蒸汽室法)	用砖(或利用地坑、槽)做围护墙,在木框或搭设的脚手杆上,铺设席子、油毡纸或塑料薄膜做活动盖,构成蒸汽室(图 24-3),或在构件周围用保温材料(木材、砖、篷布等)加以围护,然后四周用草垫或砂压严封闭接缝,内设蒸汽管喷汽加热混凝土。施工要设排除冷凝水的沟槽,防止浸入地基冻结,并注意使蒸汽喷出口离混凝土外露面不小于300mm	施工方便简单,养护时间短,但耗汽量较大 适于现场预制数量较多,尺寸较大的大、中型构件或现浇地面以下墙、柱、基础、沟道、构筑物等
蒸汽套法	在结构的模板外围再做一层紧密不透气的模板或其他围护材料,做成蒸汽保温外套,并做成工具式便于周转,在其间通入蒸汽来加热混凝土(图 24-4)。模板与套板间空隙一般不超过15cm。为了加热均匀,应分段送汽,一般水平构件(地梁、吊车梁等)沿构件每 1.5~2.0m 分段通汽;垂直构件每 3~4m 分段通汽,蒸汽分别从每段的下部通入汽套中,同时要设置排除冷凝水的装置,套内温度可达 30~40℃	分段送汽,温度容易控制,加热均匀,养护时间短,耗汽量一般为800~1200kg/m³,但设备复杂,费用较大 适于捣制柱、梁及肋形楼板等整体结构、预制构件接头等的加热
内部通汽法	在混凝土构件内部预留 ϕ25~ϕ50 孔洞(用钢管或胶管充水成孔),插入短管或排管通入蒸汽加热,下部设冷凝水排出口。梁内留孔应设 0.5%的坡度(图 24-5),当混凝土达到抗冻强度后,用砂浆或压水泥浆将孔洞封闭。构件加热一般可不保温,但低于-10℃时,为避免温差过大,减少热损失,表面应采取简单围护保温措施;混凝土加热温度一般控制在 30~45℃	施工简单,热量可有效利用,省蒸汽(200~300kg/m³)、燃料、设备;但加热温度不够均匀 适于加热预制多孔板及捣制柱、梁等构件
热模热拌法	采用特制的空腔式模板(图 24-6),或在构件胎模内预埋 3~4 根 ϕ30 蒸汽排管,用纤维板或硬质泡沫塑料板封闭,造成蒸汽热模(台模),或在大模板一侧焊蒸汽排管,外面用矿棉保温(图 24-7),通汽加热混凝土,或仅在模底通入蒸汽,自下而上加热构件,使其均匀受热,再加上热拌集料蓄热,使混凝土强度快速增长	可在严寒(-30℃)条件下使用,加热温度较均匀,能节省能源,缩短生产周期 适于有条件的现场预制构件和中、小型低碳冷拔钢丝预应力构件场地使用
塑料暖棚法	在地面或地槽内设檩条搭设简易塑料薄膜暖棚,在棚内铺简易蒸汽排管,并利用太阳能加热混凝土,或再适当通汽保温	施工简单,省投资和燃料,并可利用太阳能 适于加热地下独立基础或现场预制构件
蒸汽养护注意事项	(1)基土为不得受水浸润的土,不宜采用蒸汽养护 (2)凡是掺有引气剂的外加剂或氯盐的混凝土,在蒸汽作用下,会增加含气量,推迟凝结时间,降低强度,因此不宜用于蒸汽养护 (3)蒸汽养护应用低压湿饱和蒸汽,要求相对湿度 100%,温度 95℃,压力 0.05~0.07MPa。当使用高压蒸汽时,应通过减压阀或过水装置方可使用 (4)采用硅酸盐水泥和普通水泥时,混凝土养护加热温度不宜超过 80℃;采用矿渣水泥和火山灰水泥时,可提高到85~95℃,但采用内部通汽法时,最高温度不应超过 60℃,禁止采用矾土水泥 (5)混凝土经 70~80℃蒸汽养护,第一天可达 60%左右强度。第二天能增加 20%,第三天只能增加8%左右强度。混凝土最终强度与标准条件下养护时的强度比较:普通水泥为标准强度的 85%~90%,矿渣水泥为 115%,火山灰水泥为 100%~110%,因此选择水泥品种时,应考虑对最终强度的影响 (6)加热整体浇筑的结构时,其温度升降速度不得超过表 24-43 的规定,恒温时间一般为 5~8h (7)混凝土通汽前,本身温度应不低于+5℃,加热完毕,冷却至+5℃方可拆模。如混凝土与外界气温差大于 20℃时,拆模后混凝土外露表面应用保温材料做临时性覆盖,避免出现裂缝 (8)蒸汽养护应包括升温、恒温、降温三个阶段,各阶段加热延续时间可根据养护终了要求的强度确定 (9)蒸汽加热养护混凝土时,应排除冷凝水并防止渗入地基土中;当有蒸汽喷出口时,喷嘴与混凝土外露面的距离不得小于 30mm	

人工加热混凝土的最高允许升降温速度 表 24-43

表面系数	升温速度(℃/h)	降温速度(℃/h)
≥6	15	10
<6	10	5

注：厚大体积混凝土应根据实际情况确定。

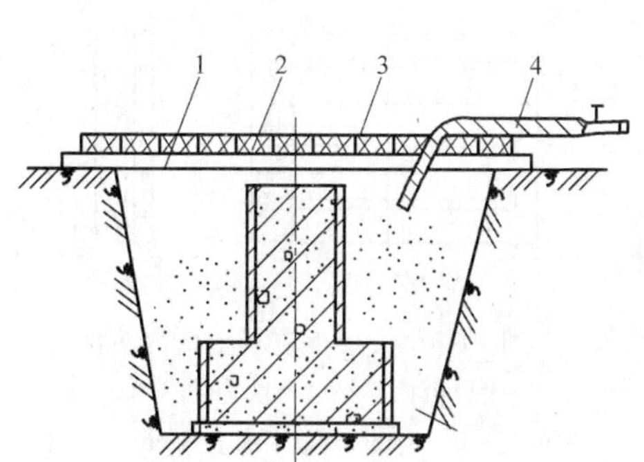

图 24-3 蒸汽室法养护基础

1—脚手杆；2—木板或脚手板；3—草垫、塑料薄膜或篷布；4—进汽管

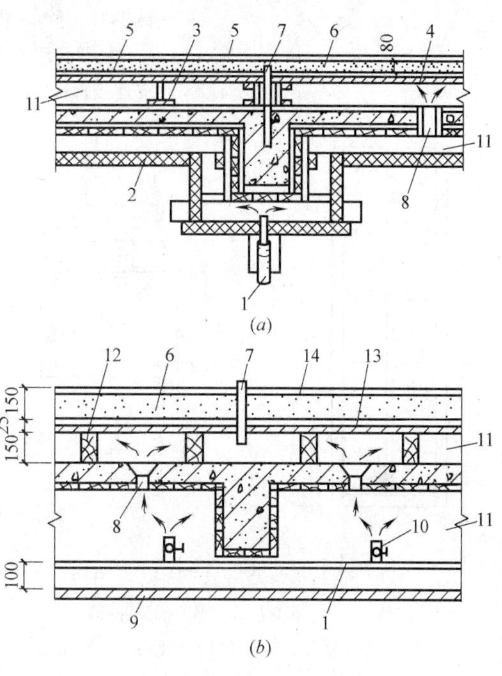

图 24-4 蒸汽套加热肋形楼板

（a）蒸汽套配置图（1）；（b）蒸汽套配置图（2）

1—蒸汽管；2—保温层；3—垫块；4—木顶板；5—油毡纸；6—锯屑；7—测温孔；8—送汽孔；9—隔汽层（木板上铺水泥袋纸）；10—喷汽阀；11—空气层；12—木楞；13—板一层，上铺油毡纸（或苇席）一层；14—防风层（草袋）

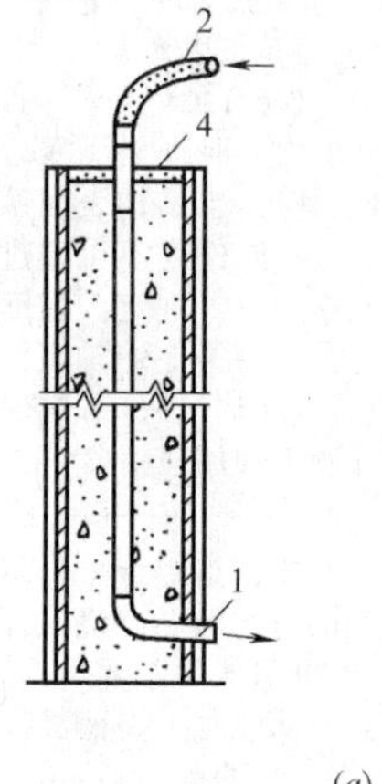

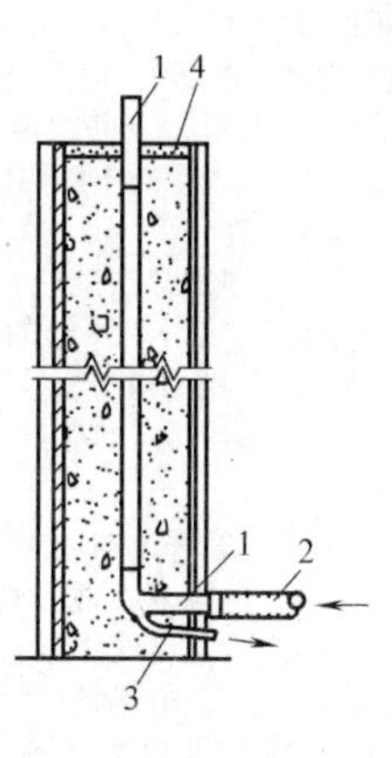

(a)

图 24-5 柱、梁留孔形式

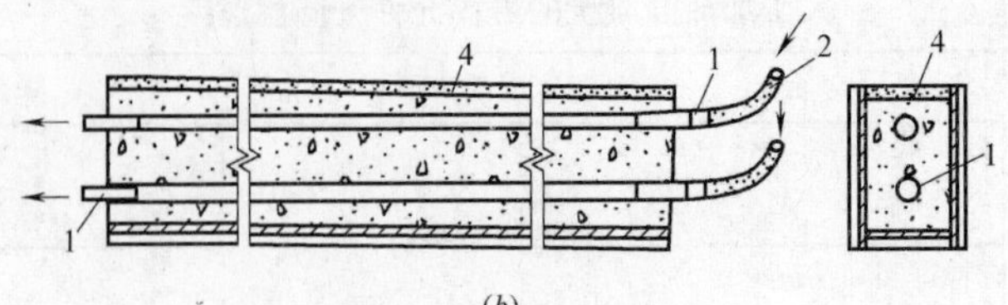

(b)

图 24-5　柱、梁留孔形式（续）

(a) 柱留孔形式；(b) 梁留孔形式

1—蒸汽短管；2—胶皮连接管；3—ϕ18 冷凝水排出小管；4—湿锯屑或稻壳

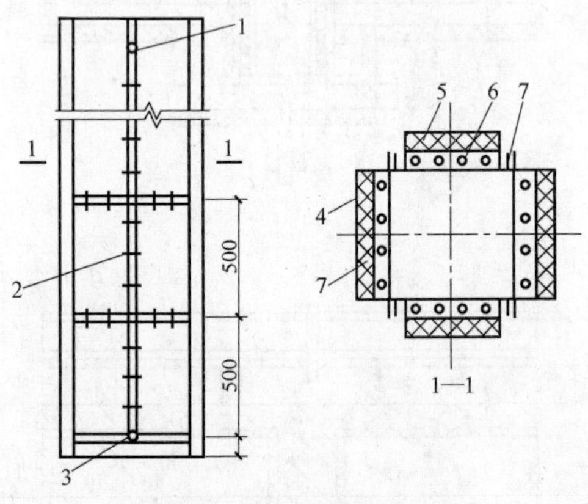

图 24-6　空腔式热模

1—进汽口；2—ϕ20 汽孔；3—ϕ25 回水管；4—0.75mm 厚铁皮；5—聚苯乙烯板；6—空腔；7—3mm 厚薄钢板

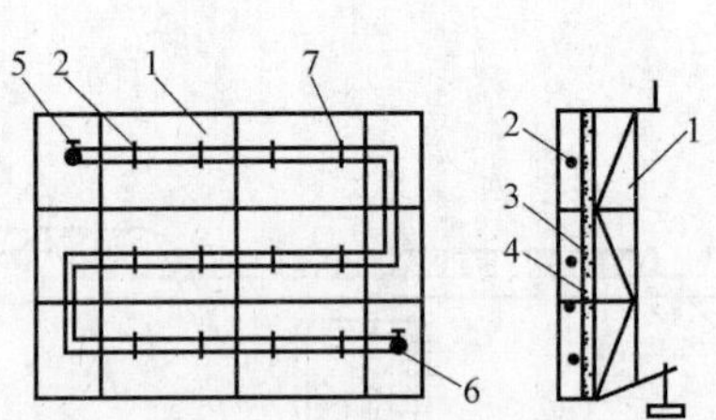

图 24-7　大模板混凝土蒸汽热模

1—大模板；2—ϕ89 蒸汽管；3—0.5mm 厚铁皮；4—30mm 厚矿棉外包 1mm 厚铁皮；5—进汽口；6—出汽口；7—导热板

24.1.5.9　电加热法养护

常用电热养护方法　表 24-44

名称、原理	加热养护方法要点	优缺点、适用范围
电极加热法： 系在混凝土结构的内部或外表设置电极，通以低压电流，由于混凝土具有一定的电阻值，使电能转换为热能，对混凝土进行加热养护	常用电极的种类及其适用范围见表 24-45。电极可单根或成组布置，单根电极多用于配筋较密的结构。单根电极间距通常为 20～30cm；成组电极的间距可参考表 24-46。电极与钢筋必须保持的最小距离 a，可按表 24-47 采用，如不能满足时，应加以绝缘 电流加热应采用交流电，电压应在 50～110V 范围内；120～220V 的电压仅用于少筋混凝土结构。混凝土浇灌后的温度不得低于+3℃，混凝土加热升温速度，当结构表面系数≥6(<6)，不得超过 15℃/h(10℃/h)，降温速度不得超过 10℃/h(5℃/h)。等温加热温度应符合表 24-48 规定。温度控制可采用调节电压或周期停电的办法。混凝土外露表面应用湿锯屑(或洒 5%的食盐水)等护盖。加热过程中，应保持混凝土的润湿状态，经常切断电流并洒水和加强测温	可在任何气温条件下使用，收效快，但电能耗用量大，费用较高 适于表面系数大于 6 的结构及用其他办法不能保证混凝土达到预期强度时采用
电热毯加热法： 系在钢模背面铺设特制的电热毯，外面用岩棉板保温，使其中形成一个热夹层，通电对混凝土进行加热养护	电热毯系由四层玻璃纤维布中夹以 ϕ0.6 铁铬铝合金电阻丝制成(图 24-11)。电阻丝在适当直径的石棉绳上缠绕成螺旋状，按蛇形线路铺设在玻璃纤维布上，电阻丝间距要均匀，避免死弯，经缝合固定。电热毯尺寸应根据混凝土表面或模板外侧与龙骨组成的区格大小确定，一般约为 300mm×400mm 卡入钢模板的区格内，再覆盖岩棉板作为保温材料，	加热方法较简便，加热温度较均匀，混凝土质量好，且易于控制，但需制作专用模板

续表

名称、原理	加热养护方法要点	优缺点、适用范围
电热毯加热法： 系在钢模背面铺设特制的电热毯，外面用岩棉板保温，使其中形成一个热夹层，通电对混凝土进行加热养护	外侧再用108胶粘贴水泥袋纸两层挡风。对大模板现浇墙体加热时，在顶部、底部及墙转角连接处散热快的部位，电热毯应双面密布，中间部位可以较疏，或两面交错铺设。采用电压为60～80V，功率每块75～100W，通电后表面温度可达110℃，升降温速度及加热温度控制同电极法一般连续通电不超过2h，间断时间1h，拆模前2h断电，养护时间12～16h。施工中可分段供电，根据气温情况，随时调整供电时间	适用于钢模板浇筑的墙板、柱、接头等构件
工频感应模板加热法（又称工频加热法）： 在钢模板的外侧布设钢管，钢管与板面紧贴焊牢，管内穿以导线；当频率为50Hz（工频）的交流电流通过时，在管壁上产生热效应，通过钢模板将热量传给混凝土，对混凝土进行加热养护	涡流管采用钢管，其直径宜为12.5mm，壁厚宜为3mm，钢管内穿以铝芯绝缘导线，其截面为25～35mm，技术参数宜符合表24-49的规定 各种构件涡流模板的配置应通过热工计算确定，也可按下列规定配置： (1)柱：四面配置 (2)梁：当高跨比大于2.5时，侧模宜采用涡流模板，底模宜采用普通模板；当高跨比小于等于2.5时，侧模和底模皆宜采用涡流模板 (3)墙板：距墙板底部600mm范围内应在两侧对称布置涡流模板；600mm以上部位，应在两侧采用涡流与普遍钢模交错布置，并应使涡流模板对应面为普通模板。大模板涡流管布置为在底部及顶部中心距150～200mm，中部为400mm，在两侧模板上的涡流管可互相错开（图24-12） (4)梁、柱节点：可将涡流管插入节点内，钢管总长度应根据混凝土量按6.0W/m^{3}功率计算，节点外围应保温养护。 各阶段送电功率应使预养与恒温阶段功率相同，升温阶段功率应大于预养阶段功率的2.2倍。预养、恒温阶段的变压器一次接线为Y形，升温阶段接线为△形	加热方法简单，维护安全、方便，加热温度较均匀，电热转换利用效率高（耗能为电极法的1/2，耗电量约为130kW·h/m^3），养护周期短（在12～28h内可达强度的50%～70%），质量好 适于用钢模板浇筑，气温在-20℃条件下的墙板、梁、柱和梁、柱接头，并能对钢筋及模板进行预热
线圈感应加热法： 系用绝缘电缆缠绕在梁、柱构件的外面以形成线圈，通以交流电流使钢模板、钢筋或构件内所含型钢因感应而发热升温，并加热养护混凝土，使其达到要求的强度	线圈感应加热做法如图24-13所示，作线圈用的电缆宜用截面为35mm^{2}的铝芯或铜芯绝缘线，加热主电缆宜用截面为150mm^2，电流不宜超过400A，变压器宜选用50～100kVA的低压变压器输出电压可在36～110V内调整。当混凝土量较少时，也可采用交流电焊机。变压器的容量宜比计算结果增加20%～30%。线圈布置为使混凝土温度均匀，在缠绕电缆时，构件两端线圈导线的间距应比中间加密一倍，加密范围宜由端部开始向内至一个线圈直径的长度为止，端头应密缠5圈 最高电压值宜为80V，新电缆电压值可采用100V，但应确保绝缘，养护期间电流不得中断，并应防止混凝土受冻。 通电后应采用钳形电流表和万能表随时检查测定电流，并应根据具体情况随时调整参数	加热方法较简单，温度易控制，内部温差可控制在5℃以内，温度较均匀，浇筑前可对模板及钢筋进行预热；几乎不消耗材料，加热费用较低 适用于钢模板浇筑的或中间含有型钢作为劲性骨架的梁、柱构件加热养护；但不适用于墙、板构件的加热养护
电热模加热法： 系在大模板背面空档中设电热丝通电，使电能转变成热能，在大模板背面形成一个热夹层，提高模板中混凝土的温度，从而使混凝土早期硬化	在电热模热夹层的外部用薄钢板包矿渣棉或聚乙烯泡沫板，预制块封严，以减少热夹层中热量损失。供电采用电焊变压器，一次电压380V，二次电压45V。混凝土浇筑后，供电养护6～8h，停电降温4～6h。混凝土拆模强度为3.2～5.0N/mm^2。模板1d周转1次	加热装置构造及设备简单，温度易于控制，不用拆卸，可周转使用，施工速度快，费用较低 适用于民用高层建筑墙、板构件的加热养护

电加热法电极种类、设置方法及适用范围　表 24-45

分类		常用电极规格和设置方法	适用范围
内部电极	棒形电极	电极用 ϕ6～ϕ12 的钢筋短棒。混凝土浇筑后，将电极穿过模板或在混凝土表面插入混凝土体内，不得与钢筋相碰(图24-8)	梁、柱厚度大于 15cm 的板、墙及设备基础
内部电极	弦形电极	电极用 ϕ6～ϕ10 的钢筋，长 2.0～2.5m。在浇筑混凝土前将电极装入其位置与结构纵向平行的地方，并固定在箍筋上，电极两端弯成直角，由模板孔引出与钢筋相碰处，用塑料管或橡皮绝缘(图 24-9)	含筋较少的墙、柱、梁、大型柱基础以及厚度大于 20cm 单侧配筋的板
表面电极		电极用 ϕ6 钢筋或厚 1～2mm、宽 30～60mm 的扁钢。电极固定在模板内侧(图 24-10)，或装在混凝土的外表面。电极间距：钢筋 200～300mm，扁钢 100～150mm	条形基础、墙及保护层大于 5cm 的大体积结构和地面等

直径 6mm 的棒形电极组间的 b 及 h 值（三相）　表 24-46

电压(V)	距离(cm)	最大电力(kW/m³)							
		3	4	5	6	7	8	9	10
65	b	48	42	37	34	32	30	28	24
	h	13	11	10	9	8	8	7	7
87	b	65	57	51	47	43	41	38	36
	h	13	11	10	9	8	8	7	7
106	b	81	71	63	58	55	51	48	46
	h	12	11	9	9	8	7.	7	7
220	b	175	152	146	124	115	108	102	96
	h	12	10	9	8	8	7	7	7

注：1. 表中 h 为同极间距，b 为异极间距。
2. 使用单相电时，b 值不变，h 值减小 10%～15%。
3. 电压为开始电热加热时使用的电压，如电压表内未予规定时，可用插入法求之。

电极与钢筋间允许最小距离　表 24-47

电极加热时的工作电压(V)	65	87	106
单根电极与钢筋间的最小距离(cm)	5～7	8～10	12～15
组电极与钢筋间的最小距离(cm)	4～6	6～8	6～8

电热养护混凝土的温度（℃）　表 24-48

水泥强度等级	结构表面系数(m⁻¹)		
	<10	10～15	>15
32.5	70	50	45
42.5	40	40	35

工频涡流管技术参数　表 24-49

项目	取值	项目	取值
饱和电压降值(V/m)	1.05	钢管极限功率(W/m)	195
饱和电流值(A)	200	涡流管间距(mm)	150～250

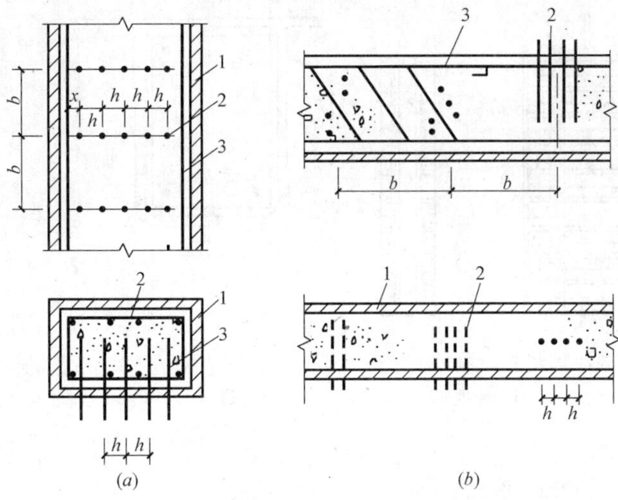

图 24-8 棒形电极布置

（*a*）在柱中；（*b*）在梁中

1—模板；2—棒形电极；3—钢筋

h—同一相的电极间距；*b*—电极组的间距；*x*—电极与钢筋间距

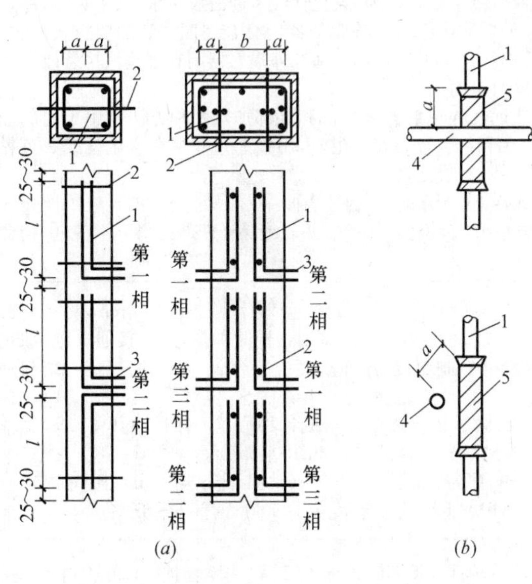

图 24-9 弦形电极布置

（*a*）柱中弦形电极布置；（*b*）电极与钢筋的绝缘

1—直径 6mm 的成对弦形电极；2—临时锚固电极的短钢筋；3—与供电网连接的电极弯头；4—钢筋；5—绝缘塑料管或橡皮 *l*—弦形电极长度，应不大于 3m

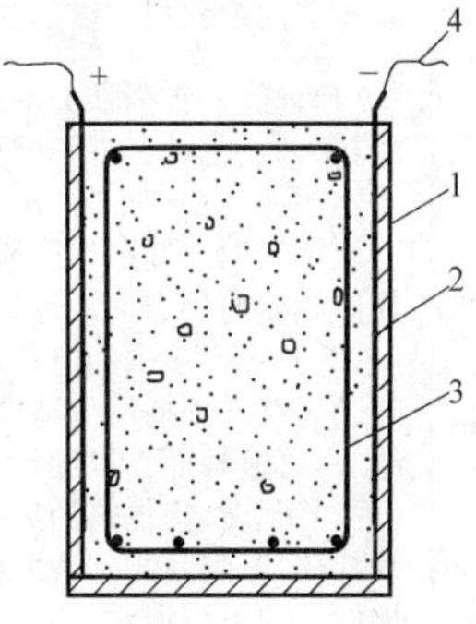

图 24-10 梁或墙外部（薄片）电极布置

1—模板；2—薄片电极；3—钢筋；4—连接供电线路

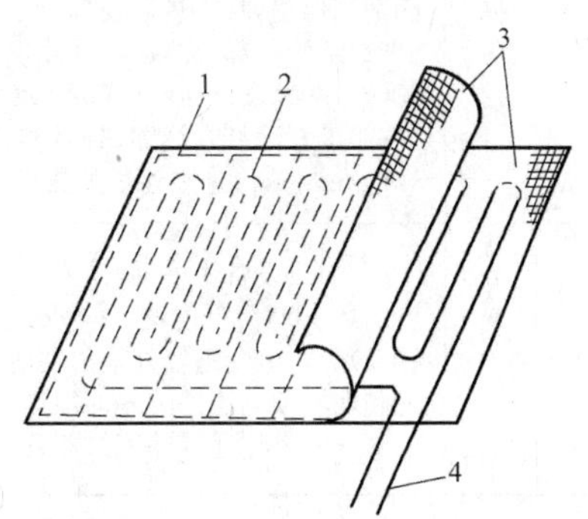

图 24-11 电热毯构造

1—缝合线；2—电阻丝；3—玻璃纤维布；4—接电源

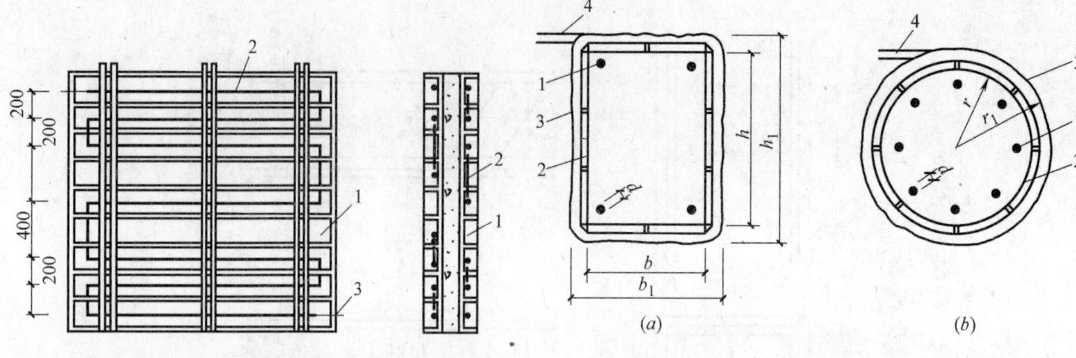

图 24-12　工频涡流加热养护墙体

1—大模板；2—涡流管；3—导线

图 24-13　线圈感应加热法

(a) 方形；(b) 圆形

1—钢筋；2—钢模板；3—线圈；4—接电源

24.1.5.10　远红外线加热法养护

远红外线养护施工方法　表 24-50

项次	项目	施工方法要点
1	基本原理	利用远红外辐射器向新浇筑的混凝土辐射远红外线，新拌混凝土作为远红外线的吸收介质，在远红外线的共振作用下，介质分子做强烈运动，将辐射能充分转换成热能，对混凝土进行密封辐射加热，使其在较短时间内获得要求的强度
2	辐射器构造	(1)远红外辐射器分电热、蒸汽和煤气三类。电热和蒸汽远红外辐射器一般在发热元件上涂以远红外涂料（如氧化铁红，用硅溶胶或水玻璃作胶粘剂，重量配合比为：氧化铁红∶硅溶胶∶水＝2∶1∶1，涂层厚不超过 0.2mm，在 70～80℃烘烤 2h 即可）而成。煤气远红外辐射器则有金属网式和陶瓷板式两类，而以金属网式辐射器坚固耐用、轻巧灵活，适用于建筑工程。蒸汽远红外辐射器则利用蒸汽排管或钢串片散热器的外表面涂以远红外涂料，再辅以反射罩而成 (2)工程上多采用电热远红外线养护。电热远红外辐射器分内部和外部加热两种方法。用于内部加热的远红外辐射器构造如图 24-14(a)所示。在 ϕ15 钢管内装电阻丝，用瓷套管并填充氧化镁或石英粉绝缘，管壁外面涂以远红外涂料，常用型号的主要参数见表 24-51 (3)用于外部加热的远红外辐射器多为管式，外壳 ϕ15 钢管，管外表面涂远红外涂料，内置电阻丝作为发热体，电阻丝与钢管之间填充氧化镁绝缘，在两端分别引出电线，并设绝缘子使外露部分不带电，构造如图 24-14(b)所示
3	加热方法	(1)结构内部电热远红外线加热时，结构内部留孔方法如蒸汽加热内部通汽法，孔径 58mm，将辐射器插入孔内，其作用半径约为 300mm，当构件截面很大时，可设多根辐射器同时加热，然后接通电源，加热混凝土，在构件内部设测温点测温，采取间隙送电控制温度，加热温度应符合表 24-48 的规定。结构外面适当保温，减少热量损失 (2)结构外部电热远红外线加热时，可根据结构形状将辐射器弯成各种形状。使用电压 220V，功率 800～1200W。混凝土墙、预制构件及大板竖向接缝加热养护方法如图 24-15 所示 (3)煤气远红外线加热时，养护温度以 70～90℃为宜，养护 8～10h（常温天气养护 6h），耗气量 13～16kg/m³；蒸汽远红外线加热时，蒸汽压力 0.3MPa 以上，养护温度 80～90℃，时间 6～8h
4	优缺点及适用范围	(1)加热设备简单，操作方便，升温迅速，养护时间短（新灌混凝土一般辐射 4h，养护 1h，可达到 28d 强度的 70%），降低能耗（－10℃时混凝土达到 40%强度的耗电量约为 100kW·h/m²） (2)管式电热远红外辐射器适用于现场柱、梁的内部加热及大模板浇筑的剪力墙、大板建筑竖向接缝处和现场预制构件的外部加热 蒸汽和煤气远红外辐射器，适用于预制厂内加热预制构件

常用内部加热远红外辐射器的技术参数　表 24-51

长度(mm)	外直径(mm)	表面辐射面积(m²)	功率(W)	电压(V)	电阻(Ω)
2300	21.0	0.1445	1500	220	32～33

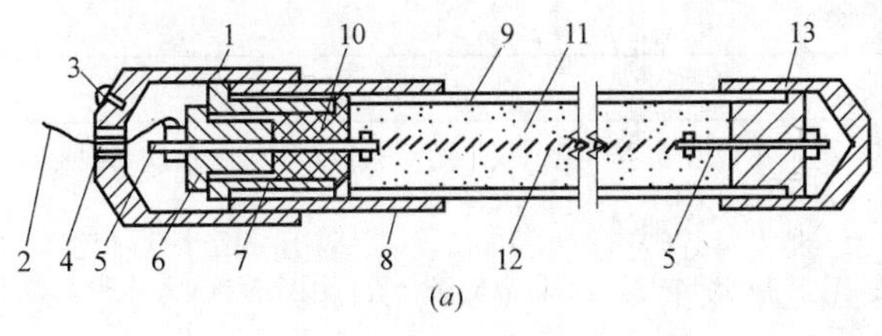

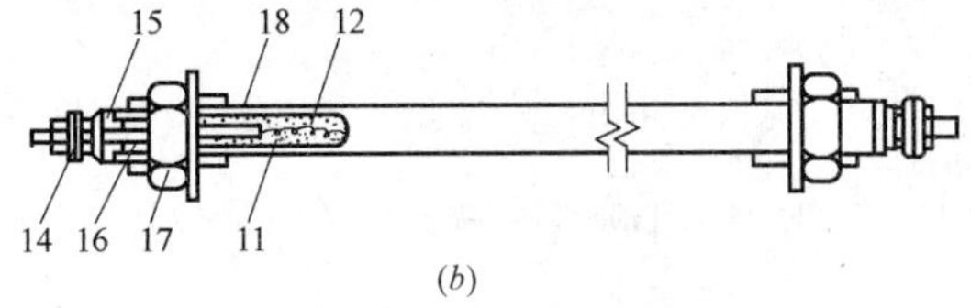

图 24-14 远红外辐射器

(a) 内部加热用；(b) 外部加热用

1—电极护罩；2—相极；3—零极；4—瓷套管；5—M4 螺钉；6—钢填芯；7—瓷护套；8—内外丝连接头；9—钢管；10—石棉纤维；11—氧化镁；12—电阻丝；13—堵头；14—接线装置；15—绝缘子；16—封口材料；17—紧固装置；18—金属管

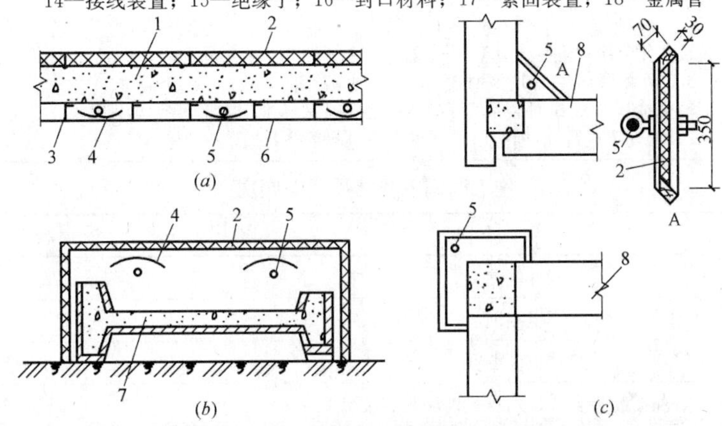

图 24-15 电热远红外外部加热养护

(a) 剪力墙混凝土养护；(b) 预制构件养护；(c) 大板竖向接缝养护

1—剪力墙；2—50mm 厚聚苯乙烯板或其他保温材料；3—大模板钢肋；4—铝合金反射罩；5—远红外辐射器；6—5mm 厚石棉板；7—预制薄腹梁；8—大板

24.1.5.11 冬期施工混凝土质量控制及检查

冬期施工混凝土质量控制及检查 **表 24-52**

项次	项目	施工要点
1	施工质量控制及检查	混凝土冬期施工质量检查除应符合现行国家标准《混凝土结构工程施工质量验性规范》(GB 50204—2015)以及现行有关标准外，尚应符合下列规定： (1)应检查外加剂质量及掺量;外加剂进入施工现场后应进行抽样检查,合格后方可使用 (2)应根据施工方案确定的参数检查水、骨料、外加剂溶液和混凝土出机、运输、浇筑和起始养护时的温度 (3)应检查混凝土从入模到拆除保温层或保温模板期间的温度 (4)采用预拌混凝土时,原材料、搅拌、运输过程中的温度检查及混凝土质量检查应由预件混凝土生产企业进行,并应将记录资料提供给施工单位
2	温度测量规定	(1)混凝土施工期间的测量项目与频次应符合表 24-53 的规定 (2)混凝土养护期间的温度测量应符合下列规定： 1)采用蓄热法或综合蓄热法养护时,在混凝土达到受冻临界强度之前,应每隔 4～6h 测量 1～2 次

续表

项次	项目	施工要点
2	温度测量规定	2)掺防冻剂混凝土在强度未达到规范规定的受冻临界强度之前应每隔2h测量1次,达到受冻临界强度后,每隔6h测量1次 3)采用加热法养护混凝土时,升温和降温阶段应每隔1h测量1次,恒温阶段每隔2h测量1次 4)大体积混凝土养护期间的温度测量尚应符合现行国家标准《大体积混凝土施工规范》(GB 50496—2009)的相关规定 (3)养护温度的测量方法应符合下列规定: 1)测温孔应编号、并绘制测温平面布置图,现场应设置明显标识 2)测温时,测温仪表应采取措施与外界气温隔离;测温仪表测量位置应处于结构表面下20mm处,留置在测温孔内的时间不应少于3min 3)采用非加热法养护时,测温孔应设置在易于散热的部位;采用加热法养护时,应分别设置在离热源不同的位置
3	混凝土质量控制及检查	(1)混凝土质量检查应符合下列规定: 1)应检查混凝土表面是否受冻、粘连,有无收缩裂缝,边角是否脱落,施工缝处有无受冻痕迹 2)应检查同条件养护试件的养护条件是否与结构实体相一致 3)按《建筑工程冬期施工规范》(JGJ/T 104—2011)附录B成熟度法推定混凝土强度时,应检查测温记录与计算公式要求是否相符 4)采用电加热法养护时,应检查供电变压器二次电压和二次电流强度,每一工作班不应少于2次 (2)模板和保温层在混凝土达到要求强度并冷却到5℃后方可拆除。拆模时混凝土表面与环境温度差大于20℃时,混凝土表面应及时覆盖,使其缓慢冷却 (3)混凝土抗压强度试件的留置除应按现行国家标准《混凝土结构工程施工质量验收规范》(GB 50204—2015)规定进行外,尚应增设不少于2组同条件养护试件

施工时间的测温项目与频次 **表 24-53**

项次	测温项目	频次
1	室外气温	测量最高、最低气温
2	环境温度	每昼夜不少于4次
3	搅拌机棚温度	每一工作班不少于4次
4	水、水泥、矿物掺合料、砂、石及外加剂溶液温度	每一工作班不少于4次
5	混凝土出机、浇筑、入模温度	每一工作班不少于4次

24.1.6 钢结构工程冬期施工

钢结构工程冬期施工方法 **表 24-54**

项次	项目	施工方法要点
1	一般要求	(1)钢结构工程冬期施工,应按照负温度施工的要求,编制钢结构制作工艺规程和安装施工组织设计 (2)钢结构在正温度下(夏季、工厂)制作,在负温度下(冬季、露天)安装时,施工中应采取有调整偏差的技术措施 (3)在负温度下施工用的钢材,宜采用Q345钢、Q390钢、Q420钢,其质量应分别符合国家现行标准的规定。钢材应保证冲击韧性。Q235钢和Q345钢应具有−20℃,其他应具有−40℃合格的保证 (4)在负温度下钢结构的焊接梁、柱接头板厚大于40mm时,且在板厚方向承受拉力时,还要求钢材板厚伸长率的保证,以防出现层状撕裂 (5)选用负温度下钢结构焊接用的焊条、焊丝,在满足设计强度要求的前提下,应选用屈服强度较低、冲击韧性较好的低氢型焊条,重要结构可采用高韧性超低氢型焊条,但选用时必须满足设计强度要求 (6)负温度下焊接时,碱性焊条外露超过2h的应重新烘焙,焊条的烘焙次数不宜超过3次;焊剂重复使用的间隔时间不得超过2h,否则重新烘焙 (7)气体保护焊用的二氧化碳为瓶装气体时,瓶内压力低于1N/mm^{2}时应停止使用。在负温下使用时,要检查瓶嘴有无冰冻堵塞现象 (8)高强螺栓应在负温下进行扭矩系数、轴力的复验工作,符合要求后方能使用 (9)钢结构使用的涂料应符合负温下涂刷的性能要求,禁止使用水基涂料

项次	项目	施工方法要点
2	钢结构制作	(1)钢结构在负温下放样时,切割、铣刨的尺寸,应考虑钢材在负温下收缩的影响 (2)普通碳素结构钢工作地点温度低于−20℃,低合金钢工作地点温度低于−15℃时,不得剪切、冲孔;普通碳素结构钢工作地点温度低于−16℃,低合金钢工作地点温度低于−12℃时,不得进行冷矫正和冷弯曲。当工作地点温度低于−30℃时,不宜进行现场火焰切割作业 (3)负温度下需要对边缘加工的零件,应采用精密切割加工,焊缝坡口宜采用自动切割。采用坡口机、刨条机进行坡口加工时,不得出现鳞状表面。重要结构的焊缝坡口,应用机加工或自动切割加工,不宜用手工气割加工 (4)负温度下焊接中厚钢板、厚钢板、厚钢管的预热温度可由试验确定,当无试验资料时可按表 24-55 取用;焊接普通碳素钢结构最低施焊温度可按表 24-56 采用 (5)在负温度下构件组装定型后进行焊接时,应严格按焊接工艺规定进行,单条焊缝的两端必须设置引弧板和熄弧板。引弧板和熄弧板的材料应和母材一致。严禁在母材上引弧 (6)负温度下厚度大于 9mm 的钢板应分多层焊接,焊缝应由下往上逐层堆焊。为了防止温度降得太低,原则上一条焊缝一次焊完,不得中断,当发生焊接中断,在再次施焊时,应先进行处理,清除焊接缺陷,合格后方可按焊接工艺规定再进行预热、继续施焊,且再次预热温度应高于初期预热温度 (7)在负温度下露天焊接钢结构时,宜搭设临时防护棚。雨水、雪花严禁飘落在炽热的焊缝上 (8)在负温度下厚钢板焊接完成后,应立即进行焊后热处理,加热温度宜为 150～300℃。并宜保持 1～2h,焊缝焊完或焊后热处理完后,应采取保温措施,并使焊缝缓慢冷却,冷却速度不应大于 10℃/min (9)当构件在负温度下进行热矫正时,钢材加热温度应控制在 750～900℃(暗樱红色)之间,200～400℃时结束,矫正后应保温覆盖使其缓慢冷却 (10)在负温度下制作的钢构件在进行外形尺寸检查验收时,应考虑当时温度的影响。负温度下超声波探伤仪用的探头与钢材接触面间应使用不冻结的油基耦合剂 (11)在温度低于 0℃的钢构件上涂刷防腐或防火涂层前,应进行涂刷工艺试验。涂刷时必须将构件表面的铁锈、油污、边沿孔洞的飞边毛刺清除干净,并保持构件表面干燥。可用热风或红外线照射干燥,干燥温度与时间应由试验确定。雨雪天气或构件上有薄冰时不得进行涂刷施工
3	钢结构安装	(1)冬期运输堆存钢结构时,必须采取防滑措施。构件堆放场地必须平整坚实,无水坑、地面无结冰。同一型号构件叠放时,必须保证构件的水平度,垫块必须在同一垂线上,防止构件溜滑 (2)钢结构安装前除按常规检查外,尚须根据负温度条件对构件质量进行详细复验 (3)绑扎、起吊钢构件的钢索与构件直接接触时,要加防滑隔垫。凡是与构件同时起吊的节点板,安装人员使用的挂梯、校正用的卡具、绳索,必须绑扎牢固。直接使用吊环、吊耳起吊构件时,要检查吊环、吊耳连接焊缝有无损伤 (4)在负温度下安装构件,应根据气温条件编制钢构件安装顺序图表,施工中严格按照规定顺序安装。平面上应从建筑物的中心逐步向四周扩展安装,立面上宜从下部逐件往上安装 (5)构件上有积雪、结冰、结露时,安装前应清扫干净,但不得损伤涂层 (6)在负温度下安装钢结构的专用机具应按负温度要求进行检验 (7)在负温度下安装钢结构时,柱子、主梁、支撑等大构件安装后应立即进行校正。校正后立即进行永久固定。当天安装的构件要形成空间稳定体系,保证钢结构的安装质量和结构的安全 (8)高强螺栓接头安装时,构件的摩擦面必须干净,不得有积雪、结冰,不得雨淋,不得接触泥土、油污等脏物 (9)多层钢结构安装时,楼面上堆放的荷载必须限制,施工活荷载,积雪、结冰的重量不得超过钢梁和楼板的承载能力 (10)栓钉焊接前,应根据负温度值的大小,对焊接电流、焊接时间等参数进行测定,保证栓钉在负温度下的焊接质量

负温度下焊接钢板、钢管预热温度 表 24-55

项次	项目	钢材厚度(mm)	环境温度(℃)	预热温度(℃)
1	低碳钢构件	30 以下 30～50 50～70 70 以上	−30 以下 −30～−10 −10～0 任何温度	36 36 36 100
2	低碳钢管构件	16 以下 16～30 30～40 40～50 50 以上	−30 以下 −30～−20 −20～−10 −10～0 任何温度	36 36 36 36 100

续表

项次	项目	钢材厚度(mm)	环境温度(℃)	预热温度(℃)
3	低合金钢构件	10 以下 10～16 16～24 24～40 40 以上	−26 以下 −26～−10 −10～−5 −5～0 任何温度	36 36 36 36 100～150

焊接普通碳素钢结构最低施焊温度　　表 24-56

项次	焊条品种	母材厚度(mm)	允许施焊的最低温度(℃)
1	碱性	≤16 17～25 26～40	−20 −15 −10
2	酸性	20	−10

注：1. 母材厚度＞20mm 时，不宜用酸性焊条。
2. 当施焊温度低于本表时，宜采取焊前预热的方法（温度控制在 100～150℃）。

24.1.7　混凝土构件安装工程冬期施工

混凝土构件安装工程冬期施工方法　　表 23-57

项次	项目	施工方法要点
1	构件堆放及运输	(1)混凝土构件运输及堆放前应将运输车辆、构件、垫木及堆放场地的积雪、结冰清除干净，堆放场地应平整、坚实 (2)在冻胀性土体及冻结前回填土地面上堆放构件，在满足构件刚度和承载力条件下，宜尽量减少支承点数量；对板类构件，两端的支点应选用长度大于板宽的垫木垫起，地面与构件之间的间隙应大于 150mm (3)在回填冻土并经一般压实的场地上堆放构件时，应减少重叠层数，底层支垫木与地面接触面积应适当加大。在冻土融化之前，应采取防止冻土融化下沉使构件产生变形和破坏的措施 (4)构件运输时的混凝土强度不应小于混凝土设计强度标准值的 75%；对于重叠运输的构件，应有与运输车固定并有防止滑动的措施
2	构件吊装	(1)构件安装吊车行走或桅杆移动的场地应平整，并应采取防滑措施。起吊的支撑点地基必须坚实 (2)地锚应具有稳定性，回填冻土的质量应符合设计要求，活动地锚应有防滑措施 (3)构件在正式起吊前，应先松动，后起吊 (4)用滑行法吊装构件时，应采取控制定向滑行的措施，并防止偏离滑行方向 (5)多层框架结构的吊装，在接头混凝土未达到设计要求前，应加设缆风绳，防止整体倾斜 (6)其他吊装要求均同常温施工
3	构件的连接与校正	(1)装配式构件接头部位的积雪、冰霜等应清除干净，始可浇筑接头混凝土 (2)承受内力接头的混凝土，在受冻前当设计无要求时，其强度不应低于设计强度标准值的 70% (3)为使接头混凝土加快达到要求的抗冻强度，保证混凝土接头质量，可采用蓄热法、外加剂法、电加热法以及远红外线加热等方法对接头混凝土进行养护 (4)接头处钢筋的焊接应符合本章第 24.1.4 节有关要求 (5)混凝土构件预埋连接板的焊接，除应符合本章第 24.1.6 节要求外，还应分段连接，防止累积变形过大影响安装质量 (6)混凝土柱、屋架及框架冬期安装，在阳光照射下校正时，应计入温差的影响，各固定支撑校正后，应立即固定 (7)其他连接与校正要求同常温施工

24.1.8 装饰装修工程冬期施工

装饰工程冬期施工方法　　表 24-58

项次	项目	施工方法要点
1	抹灰工程	(1)用冻结法砌筑的墙，室外抹灰应待其充分解冻后施工；室内抹灰应待抹灰的一面解冻深度不小于墙厚的一半时方可施工。不得采用热水冲刷冻结的墙面或用热水清除墙面冰霜 (2)室内抹灰施工可采用建筑物正式热源、临时管道或生火炉、暖风机、红外线加热器等。房间门窗及洞口应用草垫等或预先安装好门窗玻璃，使其封闭严密。保持室内环境温度不低于 5℃(以地面上 500mm 处为准) 室外抹灰前，宜随外脚手架在西、北面搭设挡风措施 (3)砂浆应在搅拌棚内集中搅拌，一般用热水搅拌，如严寒可再加热砂，使砂浆温度保持在 15～20℃；砂浆上墙温度不低于 10℃，采用喷涂抹灰时不低于 8℃。砂浆在贮存、运输中应保温，要随用随拌，防止砂浆冻结 (4)室内用临时热源时，应经常检查抹灰层湿度，如干燥太快或出现裂缝、酥松等现象，应适当洒水湿润，使其有一定的湿度。同时室内应适当开启窗户或设置通风口，以定期排除湿气。若室内生火炉取暖时，应设置烟囱防止煤气中毒，并防止烟气污染 (5)室内抹灰工程结束后，在 7d 内应保持室内温度不低于 5℃ (6)室外抹灰采用冷做法施工时，应采用水泥砂浆或水泥混合砂浆，砂浆中应掺入氯化钠、氯化钙、碳酸钾、亚硝酸钠、硫酸钠或漂白粉等防冻剂，并应在暖棚内制作，砂浆使用时温度应不低于 5℃ (7)防冻剂宜优先选用单掺氯化钠，其次是掺氯化钠与氯化钙的复盐或碳酸钾、亚硝酸钠。在预计最低气温下的氯化钠掺量见表 24-59；亚硝酸钠的掺量见表 24-60 (8)当气温在－25～－10℃时，对急需的工程，可采用氯化砂浆施工，调制方法为：将漂白粉加入 35℃热水中搅匀，澄清 1～2h 后取上部溶液使用。漂白粉掺量与气温关系见表 24-61。拌制时先将水泥与砂搅拌均匀，然后加入漂白粉水溶液拌合，氯化砂浆使用应按表 24-62 规定的温度施工 (9)含氯盐的防冻剂不得用于高压电源部位和有油漆墙面的水泥砂浆内，同时也不得掺入高铝水泥砂浆内 (10)抹灰墙面应清洁干净，不得有冰、霜、雪，如有应采用与抹灰砂浆同浓度的防冻剂溶液冲刷，并应清除表面尘土 (11)当施工要求分层抹灰时，底层灰不得受冻，抹灰砂浆在硬化初期应采取防止受冻的保温措施
2	饰面工程	(1)外墙面的饰面板、饰面砖以及陶瓷锦砖等，不宜在严寒季节施工。当需要安排施工时，宜采用暖棚法施工，棚内温度不应低于 5℃ (2)室内饰面工程施工，可采用热空气或带烟囱的火炉等取暖，并设通风、排湿装置 (3)饰面板就位固定后，用 1∶2.5 水泥砂浆灌浆，保温养护不少于 7d，砂浆温度不得低于 5℃ (4)釉面砖及外墙面砖冬期施工时，宜在 2%盐水中浸泡 2h 并晾干后使用 (5)外墙饰面石材应根据气温条件及吸水率要求选材，安装宜采用螺栓锚固的干作业法
3	油漆、裱糊、玻璃工程	(1)油漆、刷浆、裱糊、玻璃工程应在采暖环境下进行施工。当需要在室外施工时，其最低环境温度不应低于 5℃，遇有大风、雨、雪天气时应停止施工 (2)冬期刷调合漆时，应在其内加入调合漆重量 2.5%的催干剂和 5%的松香水。施工时室温应保持均衡，并排除烟气和潮气，防止失光和发黏不干 (3)油漆在低温下易于稠化，应适当加热，加热应放在热水容器中间接加热，防止着火。腻子在配制时，可用热水调配，并在加入的水中掺 1/4 酒精 (4)室外喷涂刷油漆、高级涂料时，应保持施工均衡。粉浆类料浆宜采用热水调配，随用随配并使料浆保温，料浆使用温度宜保持在 15℃左右。基层湿度不大于 8%，不得有冰霜，基层最低温度不应低于 5℃；料浆内可加入少量氯化钠以增加防冻性 (5)裱糊工程施工时，基层含水率不大于 8%。当室内温度高于 20℃且相对湿度大于 80%时，应开窗换气，防止壁纸皱折起泡 (6)玻璃工程施工时，应将玻璃、镶嵌用合成橡胶等材料运到有采暖设施的室内，操作地点的环境温度不应低于 5℃ (7)外墙铝合金、塑料框、大扇玻璃等不宜在冬期安装，如必须安装，应使用易低温施工的硅酮密封胶，其施工环境温度不宜低于－5℃，并宜在中午气温较高时进行，并根据产品使用说明书要求操作

不同室外气温下氯化钠的掺量（%）　表 24-59

项次	项　目	室外大气温度(℃)			
		−3～0	−6～−4	−8～−7	−10～−9
1	墙面抹水泥砂浆	2	4	6	8
2	挑檐、阳台雨罩抹水泥砂浆	3	6	8	10
3	抹水刷石	3	6	8	10
4	抹干粘石	3	6	8	10
5	贴面砖、陶瓷锦砖	2	4	6	8

注：掺量为用水量的百分比。

砂浆内亚硝酸钠掺量（%）　表 24-60

室外气温(℃)	−3～0	−9～−4	−15～−10	−20～−16
掺量(占水泥重量%)	1	3	5	8

漂白粉掺量与室外气温关系　表 24-61

室外气温(℃)	−12～−10	−15～−13	−18～−16	−21～−19	−25～−22
漂白粉加入量(占拌合水重%)	5	12	15	18	21
氯化水溶液密度(g/cm^3)	1.05	1.06	1.07	1.08	1.09

氯化砂浆使用的温度　表 24-62

室外气温(℃)		−10～0	−20～−11	−25～−21	−26 以下
搅拌后的砂浆温度(℃)	无风天气	10	15～20	20～25	不得施工
	有风天气	15	25	30	不得施工

24.1.9　屋面防水工程冬期施工

屋面防水工程冬期施工方法　表 24-63

项次	项目	施工方法要点
1	一般要求	(1)冬期进行屋面防水工程施工应选择无风、晴朗天气进行。在迎风面宜设置活动的挡风装置 (2)屋面找平层应牢固坚实，表面无凹凸、起砂、起鼓现象，如有积雪、残留冰霜、杂物等应清扫干净 (3)找平层与女儿墙、立墙等凸出屋面结构的连接处以及找平层的转角处均应做成圆弧，当采用沥青防水卷材时圆弧半径宜为 100～150mm；采用高聚物改性沥青防水卷材宜为 50mm；采用合成高分子防水卷材时，宜为 20mm (4)凡可能爬水的部位应做滴水；排水沟、排水坡流水应畅通 (5)屋面工程冬期施工应依据材料性能确定施工气温界限，最低施工环境气温应符合表 24-64 的规定 (6)保温与防水材料进场后，应存放于通风、干燥的暖棚内，并严禁接近火源和热源，棚内温度不宜低于 0℃ (7)负温下做热沥青卷材防水，应采取有效的保温措施，保证施工操作必须的温度，以防止热沥青胶超厚，油毡变脆。采用冷涂料时，应采用油溶性涂料，并应在暖库保存或在施工前解冻，以保证一定的可涂性 (8)屋面防水施工时，应先做好屋面排水比较集中的部位。凡节点部位均应加铺一层附加层 (9)在施工中有交叉作业时，应做到合理安排隔汽层、保温层、找平层、防水的各项工序，并宜做到连续操作。对已完成部位应及时覆盖，以免受潮、受冻
2	保温层施工	(1)冬期施工采用的屋面保温材料应符合设计要求，并不得含有冰雪、冻块和杂质 (2)采用沥青胶结的整体保温层和板状保温层施工气温应不低于−10℃；采用水泥、石灰或乳化沥青胶结的整体保温层和板状保温层施工气温应不低于 5℃，否则应采取保温防冻措施 (3)采用水泥砂浆粘贴板状保温材料以及处理板间缝隙，可采用掺有防冻剂的保温砂浆 (4)干铺的板状保温材料在负温施工时，板材应在基层表面铺平垫稳，分层铺设。板块上下层缝应相互错开，缝间隙应采用同类材料的碎屑填嵌密实 (5)雪天或五级风及其以上的天气不得施工 (6)倒置式屋面冬期施工应选用憎水性保温材料，施工之前应检查防水层平整度及有无结冰、霜冻或积水现象，合格后方可施工

续表

项次	项目	施工方法要点
3	找平层施工	(1)制作水泥砂浆时应依据气温和养护温度要求掺入防冻剂 (2)当采用氯化钠防冻剂时，宜选用普通硅酸盐水泥或矿渣硅酸盐水泥，砂浆强度不应低于5.0N/mm²，施工温度不应低于－7℃。当采用氯化钠或与氯化钙复合防冻剂时，其掺量见表24-65 (3)当大气温度在－25～－10℃时，急需施工工程，可用漂白粉配制氯化砂浆施工，其掺量及使用温度见表24-61和表24-62 (4)当日最高气温在10℃以下，最低气温0℃左右时，抹完的水泥砂浆表面应覆盖二层草袋保温。或白天用黑色塑料布覆盖，夜间用二层草袋覆盖保温 (5)当采用沥青砂浆找平层时，基层应干燥、平整，不得有冰层或积雪。基层应先满涂冷底子油1～2道，待冷底子油干燥后，方可作找平层 (6)沥青砂浆施工温度应符合表24-66规定，铺设施工应采取分段流水作业和保温等措施，铺设厚度不应小于15mm(天沟、屋面凸出物的根部50mm内不小于25mm)，虚铺砂浆的厚度应为实际厚度的1.3～1.4倍 (7)找平层宜留设分格缝，缝宽宜为20mm，并嵌密封材料。当分格缝兼作排汽屋面的排汽道时，可适当加宽并应与保温层连通。分格缝应留设在板端处，其纵横最大间距采用水泥砂浆时不大于6m；采用沥青砂浆时，不应大于4m (8)找平层表面宜平整，平整度不应超过5mm，且不得有酥松、起砂、起皮现象
4	卷材防水层施工	(1)防水层铺贴可采用热熔法和冷粘法施工。热熔法施工温度不应低于－10℃；冷粘法施工温度不宜低于－5℃。热熔法施工宜使用高聚物改性沥青防水卷材；冷粘法施工宜使用合成高分子防水卷材 (2)沥青胶的配合比应准确，要求严格控制沥青熬制温度，并保证现场使用温度；沥青胶运输和施工用装油桶应保温加盖，或在现场用加热保温车进行二次加温 (3)卷材使用前应移入温度高于15℃的温室内保暖，时间不少于48h，以保证开卷温度在10℃以上。在室内按所需长度下料，并反卷成卷，保温运到现场，随用随取，以防低温脆硬折裂 (4)涂刷基层处理剂宜使用快挥发的溶剂配制，涂刷后应干燥10h以上，干燥后应及时铺贴 (5)铺贴防水层应采用满贴法。操作应紧凑衔接，随浇油(或涂刷胶粘剂)，随铺卷材，及时压实(或滚压)、刮边、瞬间完成，防止沥青胶或胶粘剂热量散发，导致粘结层过厚或粘结不实。环境温度过低时应采用喷灯(或热喷枪)均匀加热基层和卷材，喷灯(或热喷枪)距卷材的距离宜为0.5m，不得过分加热或烧穿，应待卷材表面熔化后，缓慢地滚铺铺贴 (6)卷材搭接宽度横向宜为120mm，纵向宜为100mm，搭接时应采用喷灯(或热喷枪)加热搭接部位，趁卷材熔化尚未冷却时，用铁抹子把接缝边抹好，再用喷灯(或热喷枪)均匀细致地密封 (7)冷粘法铺贴卷材应平整顺直粘结牢固，不得有皱折。搭接尺寸应准确，并应辊压排除卷材下面的空气。接缝口应采用密封材料封严，其宽度不应小于10mm (8)因冬期卷材脆硬，施工中出现裂纹或折断处，应用热沥青胶或胶粘剂刮涂，并加铺一道卷材补强 (9)其他构造和操作要求均同常温施工
5	涂膜防水施工	(1)涂膜屋面防水施工应选用合成高分子防水涂料(溶剂型)，其涂料及胎体增强材料的物理性能应符合有关标准规定 (2)涂料贮运环境温度不宜低于0℃，并应避免碰撞。涂膜防水施工的环境气温不宜低于－5℃，在雨、雪天、五级风及其以上时不得施工 (3)基层处理剂可选用有机溶剂稀释而成。使用时应充分搅拌，涂刷均匀，覆盖完全，干燥后方可进行涂膜施工 (4)在－10℃以内施工冷防水涂料，应在温室内缓冻达到10℃以上温度；在－20℃以内施工，应在现场采用水浴或蒸汽加温到30～40℃，使其有一定的流态后施工。冬期使用的涂料，常温(25℃)黏度不应低于55s (5)施工前，应检查涂料质量，如发现涂料有离析、搅拌有胶丝或结团现象，应禁止使用。涂料黏度过高，不得用溶剂油稀释，桶装成品应滚动或搅拌均匀后使用 (6)涂膜防水应由二层以上涂层组成，总厚度应达到设计要求，其成膜厚度不应小于2mm (7)施工时可采用涂刮或喷涂。当采用涂刮施工时，每遍涂刮的推进方向宜与前一遍互相垂直，并在前一遍涂料干燥后，方可进行后一遍涂料的施工 (8)在涂层中夹铺胎体增强材料时，位于胎体下面的涂层厚度不应小于1mm，最上层的涂料层不应少于两遍。胎体长边搭接宽度不得小于50mm，短边搭接宽度不得小于70mm。采用二层胎体增强材料时，上下层不得互相垂直铺设，搭接缝应错开，间距不应小于一个幅面宽度的1/3 (9)天沟、檐沟、檐口、泛水等部位，均应加铺有胎体增强材料的附加层。水落口周围与屋面交接处，应做密封处理，并加铺两层有胎体增强材料的附加层，涂膜伸入水落口的深度不得小于50mm，涂膜防水层的收头应用密封材料封严 (10)其他施工操作要求均同常规施工

续表

项次	项目	施工方法要点
6	隔汽层施工	(1)隔汽层可采用气密性好的单层防水卷材或防水涂料 (2)冬期施工隔汽层采用卷材时，可采用花铺法施工，卷材搭接宽度不应小于 80mm；采用防水涂料时，宜选用溶剂型涂料。隔汽层施工的温度不应低于－5℃
7	接缝密封防水	(1)冬期施工嵌缝材料宜选用质量稳定、性能可靠的热灌性油膏(如聚氯乙烯胶泥等) (2)检查混凝土及其界面的质量，凡被冰冻、疏松了的界面和不合格的界面，必须经过处理后方可施工 (3)聚氯乙烯胶泥灌缝，胶泥塑化温度应控制在 140℃以内，使用温度应不低于 100℃，板缝应清扫干净并干燥，用热风机或喷灯将板缝壁加温到 80℃以上，再以稀释热胶泥涂刷槽缝一遍，随即将胶泥灌入缝内，分二次灌满，第一次灌至缝深的 1/3～1/2，随即用木板搅动与缝壁揉擦，使胶泥与缝壁粘牢，然后第二次灌满。竖缝用胶泥带嵌填 (4)由于冬期施工温度低，密封材料固化时间短，因此每次嵌填不应太多，而且嵌填完后应马上用腻子刀将其压平、压紧，使密封材料与界面粘结牢固，然后做好保护层 (5)其他细部处理施工要求均同常温施工

屋面工程施工环境气温要求　　表 24-64

防水与保温材料	施工环境温度
粘结保温板	有机胶粘剂不低于－10℃，无机胶粘剂不低于 5℃
高聚物改性沥青防水卷材	热熔化不低于－10℃
合成高分子防水卷材	冷粘不低于 5℃，焊接法不低于－10℃
高聚物改性沥青防水涂料	溶剂型不低于 5℃，焊接法不低于－10℃
合成高分子防水涂料	溶剂型不低于－5℃
防水砂浆、防水混凝土	符合砂浆、混凝土相关规定
改性石油沥青密封材料	不低于 0℃
合成高分子密封材料	溶剂型不低于 0℃

不同室外气温下氯盐的掺量（占水量%）　　表 24-65

砂浆类别	施工时室外气温(最低气温℃)									
	－3～0		－5～－4		－8～－6		－11～－9		－14～－12	
	NaCl	$CaCl_2$	NaCl	$CaCl_2$	NaCl	$CaCl_2$	NaCl	$CaCl_2$	NaCl	$CaCl_2$
单盐水泥砂浆	2		4		6		8			
复盐水泥砂浆	1	1	2	2	3	3	5	3	6	4

沥青砂浆施工温度（℃）　　表 24-66

施工时室外气温	搅拌温度	铺设温度	滚压完毕温度
5 以上	140～170	90～120	60
－10～5	160～180	110～130	40

24.1.10　冬期现场防触电、防火安全技术

现场防触电、防火安全技术　　表 24-67

项次	项目	安全技术要点
1	现场电气安全	(1)在高压带电区域内部分停电工作时，人与带电部分应保持安全距离，见表 24-68。并有人监护 (2)接地线应用截面不小于 25mm² 的多股软裸铜线和专用线夹，严禁用缠绕的方法进行接地和短路。同一供电网不允许有的接地，有的接零

续表

项次	项目	安全技术要点
		(3)施工现场架设的低压线路不得用裸导线,所架设的高压线应距建筑物水平距离10m以外,垂直距离离地面7m以上,跨越交通要道时,需要安全保护装置。现场夜间照明电线及灯具,高度不应低于2.5m。凡工程工期超过3个月者,电气设备及线路,均应按正式工程的要求设置 (4)行灯电压不得超过36V,在潮湿场所或金属容器内工作时,行灯电压不得超过12V (5)使用高温灯具,如碘钨灯、高压水银灯,200W以上的白炽灯等,要远离易燃物品,最低不得小于100cm;距离易爆物在3m以上。一般电灯泡距易燃物不少于30cm,室外照明应装防雨罩 (6)现场机械设备及电动工具应设置漏电保护器,每机应单独设置,不得共用,以保证用电安全 (7)烟囱、水塔等高耸建筑物在雨期施工前,应安装防雷装置,其接地电阻不应大于4Ω,每年雨季前应进行一次地极电阻摇测试验 (8)现场变电室应配有灭火器及高压安全用具,如接地线棒、接地卡子、高压低电笔、绝缘拉杆、胶靴、手套等,并每年试验一次
2	现场防火	(1)各种临时房屋最小防火间距见表24-69 (2)临时宿舍防火要求见表24-70 (3)消防设施要求见表24-71

高压电停电时人与带电部分的安全距离　　表24-68

电压(kV)	6以下	10～35	44	60～110
距离(m)	0.35	0.60	0.90	1.50

各种临时房屋最小防火间距(m)　　表24-69

项目	临时宿舍及生活用房			临时生产设施		正式建筑物			铁路(中心线)		公路(路边)		
	单栋砖木	单栋钢木	成组内的单栋	砖木	钢木	一、二级	三级	四级	厂外	厂内	厂外	厂内主要	厂内次要
临时宿舍及生活用房:													
单栋砖木	8	10	10	14	16	12	14	16	—	—	—	—	—
全钢木	10	12	12	16	18	14	16	18	—	—	—	—	—
成组内的单栋	10	12	3.5	—	—	—	—	—	—	—	—	—	—
临时生产设施:													
砖木	14	16	16	14	16	12	14	16	—	—	—	—	—
全钢木	16	18	18	16	18	14	16	18	—	—	—	—	—
易燃品:													
仓库	30	30	—	20	25	15	20	25	40	30	20	10	5
贮罐	20	25	—	20	25	15	20	25	35	25	10	15	10
材料堆场	25	25	—	20	25	15	20	25	30	20	15	10	5

注:1. 易燃品储存量均按200m^3以内考虑,木材堆场为1000m^3以内。
2. 贮罐间的防火距离,地上为D,半地下为$0.75D$,地下为$0.5D$(D为贮罐直径)。锅炉房、变电室、铁工房、厨房、家属区的防火距离为10～15m。
3. 当地形限制达不到防火距离时,可设防火墙直到屋顶。
4. 易燃仓库距电力线的防火距离为电杆高度的1.5倍。

临时宿舍防火要求　　表24-70

项　目	要　求	项　目	要　求
顶棚高度 一个房间的面积 每栋房屋住人	>2.5m <60m^2 <100人	出入口 砖木结构门窗宽度 木结构门窗宽度	1个/25人 >0.8m >1.0m

消防设施要求　　表24-71

项次	消防设施项目	要　求
1	消防水管线直径 消火栓间距	>100mm <120m

续表

项次	消防设施项目		要　求
2	消火栓个数	地上式 地下式	1个ϕ100或2个ϕ65 1个ϕ100或1个ϕ65
3	消火栓距道边 消火栓距房屋建筑		<5m >5m(地上式有困难时可减为1.5m)
4	消防车道宽度	一般现场仓库等、木材堆放地	>3.5m <6m
5	车道端头回车场		12m×12m

24.2　暑期施工

24.2.1　暑期施工管理措施

暑期施工管理措施　　表24-72

项次	项目	管理措施要点
1	暑期施工概念	(1)高温天气，是指市气象台发布高温天气预告最高气温达35℃以上(含35℃)的天气 (2)最高气温达35℃或超过35℃时，现场施工必须采取防暑降温措施，人员也要进行必要的防暑降温措施 (3)暑期施工包括对施工现场的技术措施和对施工人员身体健康的关注 (4)全国主要城市历年最高和最低气温见表24-73
2	暑期施工管理措施	(1)成立暑期施工领导小组，由项目经理任组长，对施工现场管理和职工生活管理做到责任到人，切实改善职工食堂、宿舍、办公室、厕所等的环境卫生，定期喷洒杀虫剂，防止蚊、蝇滋生，杜绝常见病流行。对高温作业人员进行就业和入暑前的体格检查，凡是不合格者不得在高温条件下作业 (2)夏季是用电高峰期，应做好用电管理，定期对电气设备逐台进行全面检查保养，禁止乱拉电线，特别是对职工宿舍的电线及时检查，加强用电知识教育。改善职工宿舍的居住条件，如安装电风扇或空调等 (3)加强对易爆、易燃等危险品的贮存、运输和使用的管理。在露天堆放的危险品应采取遮阳降温措施，严禁在烈日下暴晒，避免发生泄漏，杜绝一切自燃、火灾、爆炸事故
3	暑期施工防暑降温措施	(1)暑期施工应根据高温天气情况，合理安排工人作息时间，确保工人劳逸结合，有足够的休息时间，但因人身财产安全和公众利益需要，必须紧急处理或抢险的情况除外： 1)日最高温达到35℃时，应采取换班轮休等方法，缩短工人连续作业时间，并不得安排加班；12～15时应停止露天作业(在没有降温措施的塔式起重、挖掘机等的驾驶室内作业视同露天作业)，因特殊情况不能停止作业的，12～15时露天连续作业时间不得超过2h 2)日最高气温达37℃以上时，当日工作时间不得超过4h 3)日最高气温达到39℃以上时，当日应停止工作 (2)施工现场应视高温情况，向作业人员免费供应符合卫生标准的含盐清凉饮料，如盐汽水、凉茶和各种汤类等 (3)施工现场应设置休息场所，场所应能降低热辐射影响，内设有座椅、风扇、凉开水等设施，确保作业人员的充分休息，减少因高温天气造成的疲劳 (4)高温时段发现有身体感觉不适的作业职工，应及时按防暑降温知识、急救方法办理或请医生诊治

全国主要城市历年最高及最低气温(℃)　　表24-73

城市	最高气温	最低气温	城市	最高气温	最低气温
北京	41.5	−9.1	上海	40.2	−12.1
西安	42.9	−8.9	深圳	38.7	0.2
昆明	31.5	−5.4	天津	39.9	−18.3
海口	40.5	2.8	温州	41.3	−4.5
重庆	44	−3.8	武汉	44.5	−18
大连	35.3	−20.1	福州	42.3	−1.2

续表

城市	最高气温	最低气温	城市	最高气温	最低气温
广州	38.7	0	唐山	32.9	－14.8
南京	43	－14	杭州	40.8	－12.7
宁波	39.4	－10	成都	43.7	－21.1
青岛	35.4	－16	哈尔滨	36.4	－38.1

24.2.2 暑期混凝土工程施工措施

暑期混凝土工程施工措施方法　　表 24-74

项次	项目	措施要点
1	高温天气下对混凝土浇筑的影响	(1)暑期高温天气不仅仅是指夏季环境温度较高而对混凝土施工产生伤害，而是下述情况的任意组合均会造成因温度变化而导致混凝土收缩产生早期裂缝更为严重： 1)高的外界环境温度 2)高的混凝土温度 3)低的相对湿度 4)较大风速 5)强的阳光照射 (2)对混凝土搅拌的影响： 1)高温天气，水分蒸发快，因而拌合水量须增加 2)混凝土流动性下降快，因而要求现场施工水量增加 3)混凝土凝固速率增加，从而增加了摊铺、压实及成型的困难 4)控制气泡状空气存在于混凝土中的难度增加 (3)对混凝土固化过程的影响： 1)较高的含水量、较高的混凝土温度，将导致混凝土 28d 和后续强度的降低，或混凝土凝固过程中及初凝过程中混凝土强度降低 2)整体结构的冷却或不同截面温度的差异，可能容易产生固化收缩裂缝以及温度裂缝 3)水合速率或水中黏性材料比率的不同，会导致混凝土表面摩擦度的变化，如颜色差异等 4)高含水量、不充分的养护、碳酸化、轻骨料或不适当的骨料混合比例，可导致混凝土渗透性增加
2	高温天气下混凝土浇筑施工措施	(1)商品混凝土拌合和运输的措施： 1)冷却混凝土拌合水，降低混凝土温度 。通过降低拌合水的温度可以使混凝土冷却至要求的温度，该法可使混凝土温度的最大降幅达到 6℃ 2)用冰替代部分拌合水。用冰替代部分拌合水可以降低混凝土温度，其降低温度的最大幅度可达 11℃，为了保证正确的配合比，应对冰块的质量进行称重，并用粉碎机将冰块粉碎，然后加入混凝土中 3)冷却粗骨料。用冷水，有条件时可用地下水或井水喷洒骨料堆，或用大量水冲淡。由于粗骨料在混凝土搅拌过程中占有较大的比例，每降低粗骨料大约 1±0.5℃的温度，混凝土的温度可以降低 0.5℃，如在筒仓内或箱柜内冷却粗骨料时，要控制冷却水量的均匀性，以免不同批次之间形成温度差异；冷却骨料还可以通过向潮湿的骨料内吹空气，加速骨料内空气流动，可以加大其蒸发量，从而使粗骨料降温在 1℃温度范围内，如果用冷却后的空气代替环境温度下的空气，则效果更为显著，可以使粗骨降低 7℃；或在骨料堆上设遮阳装置避免阳光暴晒 4)降低水泥水化热量。选用低热或中热水泥，如矿渣硅酸盐水泥、火山灰硅酸盐水泥和粉煤灰硅酸盐水泥等配制混凝土，以减少混凝土凝结时的发热量，或掺加粉煤灰等掺合料，或掺加减水剂，改善和易性，降低水灰比，控制坍落度，减少水泥用量，降低水化热量 5)改善混凝土运输条件，控制混凝土拌合物升温。如混凝土运输距离较长时，可以用缓凝剂控制混凝土的凝结时间(但注意掌握合理掺重)，或可以采用搅拌车的延迟搅拌技术，使混凝土到达工地时仍处于搅拌状态；如需要较高坍落度的混凝土拌合物，可使用高效减水剂，有些高效减水剂产生的拌合物其坍落度可维持 2h，高效减水剂还能减少拌合过程中骨料颗粒之间摩擦，减缓拌合物中的热积聚；在混凝土浇筑过程中，用麻袋或草袋覆盖泵管，严禁泵管在烈日下暴晒，并同时在覆盖物上浇水，降低混凝土入模温度 (2)施工现场的施工方法与措施： 暑期气温高，干燥快，混凝土浇筑过程中可能出现混凝土拌合物流动性变差、浇筑、振捣困难；混凝土凝结速度加快、强度降低等现象。因此施工现场必须精心组织，制定积极可行的技术措施，并配备足够的人力、设备、机具，以便及时应对突发的不利情况 1)检测运到工地上的混凝土的温度和坍落度，如不符合要求时，应向搅拌站提出要求予以调整 2)暑期混凝土施工时，振捣设备较易发热损坏，故应准备好足够的备用振动器

续表

项次	项目	措施要点
		3)与混凝土接触的各种工具、设备和材料等，如浇筑溜槽、输送机、泵管、混凝土浇筑导管、钢筋和手推车等，不要直接受到阳光暴晒，必要时应洒水冷却，有条件时采取遮阳措施 4)夏季浇筑混凝土应精心计划，选择避开日最高气温时浇筑混凝土，对混凝土量不大的构件，安排在下午3时以后或夜间浇筑，因为此时的相对湿度较高，导致早期干燥和开裂的可能最小 5)夏季浇筑混凝土应精心组织，混凝土应连续地快速浇筑，并排除表面泌水，以缩短每层混凝土暴露时间，减少温差 6)浇筑地面混凝土时，应先湿润基层和地面边栏；浇筑厚大无筋或少筋的大体积混凝土时，可掺加20%以下的石块(须经冷水冲洗过的)吸热，并节省混凝土
3	夏季混凝土养护措施	(1)混凝土浇筑初凝后应及时用麻袋或草袋等覆盖保湿养护，或喷洒养护剂，缩短混凝土表面暴露时间，以控制混凝土表面的水分蒸发，并定时向表面喷水，必要时采取挡风措施，以降低表面水分蒸发速度 (2)派专人进行定时浇水养护，特别是混凝土浇筑后的1～7d，应保证混凝土充分处于湿润状态 (3)采取较长时间养护，规定合理的拆模时间，拆模后的表面仍应覆盖保湿养护 (4)加强测温和温度监测与管理，实行情报信息化施工，控制混凝土本身内外温差在25℃以内，表面温差和基层底面温差均在20℃以内，及时调整保湿和养护措施，使混凝土温度和湿度不至过大，控制有害裂缝出现

24.3　雨期施工

24.3.1　雨期施工准备

雨期施工准备　　表24-75

项次	项目	准备工作要点
1	雨期施工概念	(1)当日降雨量≥10mm时，即为一个雨日。 (2)各地历年降雨情况，可根据当地多年降雨资料，按照下列原则确定雨期的起始和终止时间： 1)雨期开始日的确定：从开端日(作为第1天)算起往后2天、3天……10天的雨日天数，占相应时段内天数的比例均≥50% 2)雨期结束日的确定：从结束日(作为第1天)算起往前2天、3天……10天的非雨日天数，占相应时段内天数的比例均≥50% 3)一个雨期中(开端日至结束日)任何10天的雨日比例均≥40%，且没有连续5天(含5天)以上的非雨日 (3)全国部分城市各月平均降水量见表24-76 (4)我国南方广大地区，每年都有较长的雨期，而且在雨期还往往伴随有暴雨、大暴雨和雷电、台风等自然灾害，因此，在这些地区，必须要采取雨期施工措施，以保证工程施工进度质量和人身财产安全
2	雨期施工准备	(1)成立雨期施工领导小组(兼防台风领导小组)，由项目经理任组长，组织职工成立救涝抢险突击队，并与地区防汛指挥部联网，派专人昼夜值班，接听天气预报 (2)雨期到来之前应编制雨期施工方案，主要解决雨水的排除以及防止雷电的直击、台风的侵袭 (3)雨期到来之前，应组织所有施工人员进行一次雨期施工质量和安全交底，并组织一次有关人员的全面的施工质量和安全大检查，主要检查雨期施工措施落实情况、物资储备情况，以及应急措施落实情况，以消除一切隐患，对不符合雨期施工要求的要限期整改；对现场所有动力及照明线路、供配电电气设施进行全面检查，对线路老化、安装不良、瓷瓶裂纹、绝缘性降低以及漏跑电现象，必须及时修理更换 (4)做好项目的施工进度安排，室外管线工程、大型设备的室外焊接工程，屋面及地下的卷材与涂料防水工程应尽量避开雨期。土方开挖及回填、混凝土浇筑、室外装饰装修等应避开雨日施工 (5)露天堆放材料及设备要垫离地面一定的高度，防潮的材料及设备要有毡布覆盖，防止日晒雨淋。施工道路要用级配砂石铺设或结合永久道路先做正式道路的路基及路面垫层混凝土，修好路边排水沟，做到有组织排水，保证水流畅通，防止雨期道路泥泞，交通受阻 (6)施工机具要统一规划设置，要搭设必要的防雨棚、罩，并垫起一定高度，防止受潮和雨水浸泡。雨期前对现场的配电箱、闸箱、电缆临时支架等仔细检查，需加固的及时加固，缺盖、罩、门的及时补齐，确保用电安全 (7)砂、石进场后须用塑料覆盖，水泥需进入库、棚存放、防止雨淋 (8)雨期来临前，检查职工宿舍、食堂、仓库及各种库、棚等牢固情况，屋面、墙面有无渗漏情况，发现情况要及时加固和维修。现场施工人员一律穿雨衣、防滑雨靴，严禁撑雨伞、穿凉鞋、拖鞋及赤足工作

全国部分城市各月平均降水量（mm） 表 24-76

城市＼月份	1	2	3	4	5	6	7	8	9	10	11	12
北京	3.0	7.4	8.6	19.4	33.1	77.8	192.5	212.3	57.0	24.0	6.6	2.6
天津	3.1	6.0	6.4	21.0	30.6	69.3	189.8	162.4	43.4	24.9	9.3	3.6
石家庄	3.2	7.8	11.4	25.7	33.1	49.3	139.0	168.5	58.9	31.7	17.0	4.5
太原	3.0	6.0	10.3	23.8	30.1	52.6	118.3	103.6	64.3	30.8	13.2	3.4
呼和浩特	3.0	6.4	10.3	18.0	26.0	45.7	102.1	126.4	45.9	24.4	7.1	1.3
沈阳	7.2	8.0	12.7	39.9	56.3	88.6	196.0	168.5	82.1	44.8	19.8	10.6
长春	3.5	4.6	9.1	21.9	42.3	90.7	183.5	127.5	61.4	33.5	11.5	4.4
哈尔滨	3.7	4.9	11.3	23.8	37.5	77.9	160.7	97.1	66.2	27.6	6.8	5.8
上海	44.0	62.6	78.1	106.7	122.9	158.9	134.2	126.0	150.5	50.1	48.8	40.9
南京	30.9	50.1	72.7	93.7	100.2	167.4	183.6	111.3	95.9	46.1	48.0	29.4
杭州	62.2	88.7	114.1	130.4	179.9	196.2	126.5	136.5	177.6	77.9	64.7	54.0
合肥	31.8	49.8	75.6	102.6	101.8	117.8	174.1	119.9	86.5	51.6	48.0	29.7
福州	49.8	76.3	120.0	149.7	207.5	230.2	112.0	160.5	131.4	41.5	33.1	31.0
南昌	58.3	95.1	163.9	225.5	301.9	291.1	125.9	103.2	75.8	55.4	53.0	47.2
济南	6.3	10.3	15.6	33.6	37.7	78.6	217.2	152.4	63.1	38.0	23.8	8.6
郑州	8.6	12.5	26.8	53.7	42.9	68.0	154.4	119.3	71.0	43.8	30.5	9.5
武汉	34.9	59.1	103.3	140.0	161.9	209.5	156.2	119.4	76.2	62.9	50.6	30.7
长沙	59.1	87.8	139.8	201.6	230.8	188.9	112.3	116.9	62.7	81.4	63.0	51.5
广州	36.9	54.5	80.7	175.0	293.8	287.8	212.7	232.5	189.3	69.2	37.0	24.7
南宁	38.0	36.4	54.4	89.9	186.8	232.0	195.1	215.5	118.4	69.0	37.8	26.9
海口	23.6	30.4	52.0	92.8	187.6	241.2	206.7	230.5	302.8	174.4	97.6	38.0
成都	5.9	10.8	21.4	50.7	88.6	111.3	235.5	234.1	118.0	46.4	18.4	5.8
重庆	20.7	20.4	34.9	105.7	160.0	160.7	176.7	137.7	148.5	96.1	50.6	26.6
贵阳	19.2	20.4	33.5	109.9	194.3	224.0	167.9	137.8	93.8	96.6	53.5	23.8
昆明	11.6	11.2	15.2	21.1	93.0	183.7	212.3	202.2	119.5	85.0	38.6	13.0

24.3.2 雨期工程施工措施

雨期工程施工措施 表 24-77

项次	项目	措施方法要点
1	土方与基坑支护	(1)土方工程： 1)土方开挖施工中，坑内临时运输道路铺渣土或级配砂石，保证雨后通行不陷。基坑内沿四周挖排水沟，设集水井(随挖土随加深排水沟)，用离心泵或潜水泵抽至市政排水系统(应经过滤系统，避免泥浆进入排水系统)，排水沟边缘应离开坡脚＞0.3m。坡顶应做散水及挡水墙，四周做混凝土路面，以保证施工现场水流畅通，不积水，周边地区不倒灌 2)雨期土方工程须避免浸水泡槽，一旦发生泡槽现象，必须进行处理。雨期对基坑应加强监测，密切注意边坡土方或基坑支护的稳定，确保基坑安全 3)土方回填应避免在雨天进行施工，并严格控制土方含水率，含水率不符合要求的严禁回填，暂时存放在现场的回填土，宜用塑料布覆盖防雨，雨后揭盖晾晒，待测试含水率符合要求后方可用于回填 4)土方回填过程中如遇雨，应立即用塑料布覆盖已回填并夯实部分，防止被雨水淋湿；雨后继续回填前，应认真做好填土含水率测试工作，如含水率较大时，应将土铺开晾晒，待含水率合格后再进行回填 (2)基坑支护工程： 1)土钉墙施工时，应防止被雨水稀释已拌制好的水泥浆；在土钉墙强度未达到设计强度要求时，应采取防止被雨水冲刷的措施；自然坡面应用塑料布覆盖防止被雨水直接冲刷

续表

项次	项目	措施方法要点
		2)护坡桩施工过程中,应注意到坑内降雨积水可能会对成桩机底座下的土层形成浸泡,从而影响到成桩机的稳定性及桩身的垂直度,此时成桩机底座下应垫以厚钢板或路基箱予以扩大底座面积或采取其他有效措施。护坡桩开挖过程中,为防止雨水冲刷桩间土,需及时维护好桩间土 3)锚杆施工过程中需防止雨水稀释拌制好的水泥浆;同时注意锚杆周围被雨期渗水冲刷对锚杆锚固力的影响,并及时采取有效的补救措施
2	钢筋模板及混凝土	(1)钢筋工程: 1)钢筋进场运输应尽量避免在雨天进行,必需时要用雨布遮盖 2)雨期现场堆放钢筋及加工的半成品,应堆放在地势较高的坚硬的水泥地面上,并用垫木垫起,如遇连续较长的阴雨天时,须用雨布或塑料布覆盖,如雨后发现钢筋锈蚀,应进行除锈处理 3)大雨时不得进行钢筋焊接作业;小雨时可在焊接部位用雨布或塑料布搭设临时防雨棚,避免雨水淋在焊点上,影响焊接质量,同时也避免触电事故的发生 4)雨期要经常检查基础底板后浇带,随时清除后浇带内的积水、杂物,避免钢筋锈蚀 (2)模板工程: 1)雨天使用的木模板拆下后应及时清理干净并放平整,以免翘曲变形,钢模板拆下后应及时清理并刷隔离剂,遇雨时应用塑料布遮盖 2)制作模板用的七夹板或九夹板和木方在现场要堆放整齐,宜堆放于库、棚内,如在室外堆放,应用塑料布覆盖、防止被雨水淋湿而翘曲变形,影响模板制作质量和平整度 3)模板安装后应尽快浇筑混凝土,防止模板遇雨变形、支撑松动,否则应在雨后浇筑混凝土前,重新检查,加固模板和支撑 (3)混凝土工程: 1)雨期搅拌混凝土要严格控制用水量,应随时测定砂、石的含水率,及时调整混凝土施工配合比,严格控制水灰比和坍落度。雨天浇筑混凝土可适当减小坍落度,必要时可将混凝土强度等级提高半级或一级 2)尽量避免雨天浇筑混凝土,大雨和暴雨天不得浇筑混凝土,小雨可以浇筑混凝土,但浇筑后应及时进行覆盖,防止混凝土表面水泥浆被雨水稀释,造成表面起砂、起皮和麻面,降低混凝土表面强度。大体积底板混凝土不得在雨天进行浇筑,如浇筑过程中突然遇大雨或暴雨,不能继续浇筑时,应将施工缝留置在合适位置,并采取适当措施,对已浇筑的混凝土,及时用塑料布覆盖 3)模板支设及钢筋绑扎后,遇雨未能浇筑混凝土时,应待雨后将模板和钢筋上的淤泥清除掉,并检查板、墙模板内有无积水,若有积水应清理后再浇筑混凝土 4)雨期如遇高温、阴雨而造成温差变化较大时,要特别加强对混凝土的振幅和拆模时间的控制,根据高温天气混凝土凝固快、阴雨天气混凝土强度增长慢的特点,适当调整拆模时间,以及拆模后及时覆盖保湿,以提高混凝土施工质量的稳定性
3	砌筑和脚手架	(1)砌筑工程: 1)雨期应对现场砖堆用塑料布覆盖,防止被雨淋,淋雨过湿的砖不得使用,以防砌体发生溜砖现象 2)雨后应对砂堆进行含水率测定,砂浆配合比应根据实测含水率进行调整 3)每天砌筑高度不宜超过 1.2m,收工时应覆盖砌体表面,防止砌体被雨水冲刷,以免砂浆被冲走,影响砌体质量。雨后继续施工时,应先复核砌体垂直度。遇大雨或暴雨时,一般应停止施工,并应做好接槎缝的处理工作 (2)脚手架工程: 1)脚手架基座的基土必须坚实,并宜浇筑 60mm 厚 C10 混凝土,立杆下应设垫木或垫块,并有可靠的排水设施,防止积水浸泡地基 2)遇风力六级以上(含六级)强风和高温、大雨、大雾等恶劣天气,应停止脚手架搭设与拆除作业。风、雨、雾过后应检查所有的脚手架、井架等的安全情况,发现倾斜、下沉、悬空、松扣、崩扣等现象时要及时修复,再经有关人员验收合格后方可使用 3)钢脚手、钢井架均应可靠接地,防雷接地电阻不大于 10Ω,高于四周建筑物的脚手架、井架应设避雷装置

续表

项次	项目	措施方法要点
4	钢结构	(1)高强度螺栓、焊丝、焊条应存放于仓库内并应架空，离地、离墙不少于 300mm，库内要通风干燥，库外四周要挖排水沟，以保证焊接材料和高强度螺栓在干燥环境下保存。电焊条使用前应烘烤，但每批焊条烘烤次数不超过两次 (2)露天存放的钢构及钢材下面应用木方垫起，并在四周挖排水沟，以防雨期积水浸泡；氧气瓶、乙炔瓶在室外应放入专用钢筋笼并加盖；电焊机应架空设置并放入专用的钢筋笼中，上部应有防雨棚，施焊部位亦须有防雨棚，以保证焊接质量 (3)因降雨等原因使母材表面潮湿(相对湿度达 80%)或大风天气，不得进行露天焊接，但如采取适当措施，如对母材表面去潮、预热或设挡风措施时，方可进行焊接；构件淋雨后，吊装时应先将摩擦面上的水擦拭干，高强度螺栓雨天不得进行连接作业 (4)大雨天气严禁进行构件的吊运以及人工搬运材料和设备等工作 (5)雨天校正构件时，应对测量设备进行防雨保护，测过的数据要在雨后进行复测 (6)涂装材料应存放于专门的仓库内，并防止受潮结块、变质。露天涂装构件时，要时刻观察天气变化，防止刚涂装完毕就下雨，造成油漆固化缓慢，影响涂装质量；如在潮湿天气进行涂装时，须先用气泵吹干构件表面，然后再进行涂装；当环境相对湿度大于 80%及下雨期间不得进行涂装作业
5	屋面及防水	(1)保温材料和防水材料宜存放于库棚内，并应分类堆放，防止混杂，如在室外存放时应有防潮、防雨、防晒措施；金属板材应堆放在平坦、坚实且便于排除地面水的地方 (2)保温层施工完成后，应及时铺抹找平层，以减少受潮和雨淋，否则应采取遮盖措施；雨天不得进行保温施工 (3)夏季屋面露水潮湿时，应待其干燥后方可铺贴卷材或涂刷涂料。雨天不得施工卷材和涂料防水层
6	装饰装修	(1)外墙涂饰工程： 1)中雨、大雨或五级以上大风天气不得进行室外装饰装修工程施工。雨期室外施工过程中应做好半成品的保护 2)外墙抹灰在雨期时应控制基层及材料含水率，如抹灰遇雨被冲刷，雨后继续施工时应将冲刷后的灰浆铲除，重新抹灰 3)外墙粘贴面砖时，基层应清洁，含水率小于 9%。在粘贴过程中，如被雨水冲刷，雨后应全面检查面砖的粘结程度，如被冲刷严重，应铲除后重新粘贴，或重新勾缝，确保面砖粘结质量 4)外墙涂料涂刷前，应检查基层含水率(<8%)，相对湿度不宜大于 60%。水溶性涂料应避免在烈日或高温环境下施工。施涂过程中应注意气候变化，当遇有大风、雨、雾情况时不可施工。当涂刷后漆膜未干前遇雨时，应在雨后重新涂刷。腻子应采用耐水性腻子并适当延长腻子干透时间 (2)内墙涂刷工程： 1)大风、雨天应及时封闭外窗及外墙洞口，防止室内装饰装修面受潮、受淋产生污染和损坏 2)内墙混凝土或抹灰基层涂刷溶剂型或乳液型涂料时，其含水率不得大于 8% 3)阴雨天刮批腻子时，应用干布将墙面水气擦拭干净，并根据天气情况，合理延长腻子干透时间，一般情况以 2～3d 为宜。并宜采用防水腻子，使涂料与基层粘结更牢固，同时避免因潮湿导致墙面泛黄 4)雨期墙面涂刷乳胶漆时，应适当延长第一遍涂料的干燥时间 (3)木饰面涂饰青色油漆： 1)木饰面涂饰清色油漆，不宜在雨天进行 2)阴雨天刮批腻子时，应用干布将施涂面水气擦拭干净，保证表面干燥，并根据天气情况，合理延长腻子干透时间，一般情况以 2～3d 为宜 3)必须等头遍油漆干透后方可进行第二遍油漆涂刷。油漆涂刷后应保持通风良好，使施涂表面同时干燥

24.3.3 雨期排水、防雷、防台风措施

雨期排水、防雷、防台风措施 表 24-78

项次	项目	措施方法要点
1	防水措施	(1)雨期施工主要解决雨水的排除、其原则是上游截水、下游散水；坑底抽水，地面排水。在施工总平面规划时，应根据各地历年最大降雨量和降雨时期，结合各地地形和施工要求通盘考虑 (2)高于地面的施工现场，在施工道路的两侧修筑排水明沟，场内水流入排水明沟后，再排入市政排水系统，使场内不积水 (3)低于地面的基坑，在坑四周开挖排水明沟，四角设集水井，再根据流量选用相匹配的水泵抽水 (4)所选水泵的型号和性能应符合装置流量、扬程、压力、温度、汽蚀流量、吸程等工艺参数的要求。正常情况下，选泵时以最大流量为依据，兼顾正常流量，在没有最大流量时，通常取正常流量的 1.1 倍作为最大流量。现场一般选用离心泵、潜水泵或泥浆泵 (5)遇有暴雨或大暴雨时，在场内排水明沟间隔一定距离设集水井，增设水泵抽水，以增大排水流量，避免场内积水。基坑内的水泵应换用较大功率的水泵或再增加水泵，以加大抽水能力，防止基坑被淹
2	防雷措施	(1)安装避雷针： 1)安装避雷针是防止直击雷的主要措施。当施工现场位于山区或多雷地区，变电所、配电所应装设独立避雷针。正在施工的建筑物，当高度在 20m 以上时应装设避雷针。施工现场内的塔式起重机、井字架及脚手架等，若在相邻建筑物，构筑物的防雷设置的保护范围以外，则应安装避雷针。若最高机械设备上安装了避雷针，且其最后退出现场，则其他设备可不设避雷针 2)避雷针的接闪器一般选用 ϕ16 圆钢，长度为 1～2m，其顶端应切削成锥尖。接闪器应镀锌 3)机械设备上的避雷针的防雷引下线可利用该设备的金属结构件，但应保证电气联结 (2)装设避雷器： 1)装设避雷器是防止雷电侵入波的主要措施。高压架空线路及电力变压器高压侧应装设避雷器。避雷器宜安装在高压熔断器与变压器之间，以保护电力变压器线路免于遭受雷击。避雷器可选用 FS-10 型阀式避雷器。杆上避雷器应排列整齐，高低一致。避雷器的防雷接地引下线采用"三位一体"的接线方式，即：避雷器接地引下线、电力变压器的金属外壳接地引下线和变压器低压侧中性点引下线三者连接在一起，然后共同与接地装置相连接 2)在多雷地区变压器低压出线处，应安装一组低压避雷器，以用来防止由于低压侧落雷或由于正、反变换电压波的影响而造成低压侧绝缘击穿事故。低压避雷器可选用 FS 系列低压阀式避雷器或 FYS 型低压金属氧化物避雷器 3)配电所的低压架空进线或出线处，宜将绝缘子铁脚与配电所接地装置用 ϕ8 圆钢相连接，可防止雷电侵入 (3)按《电气装置安装工程接地装置施工及验收规范》(GB 50169—2006)的要求，建筑物在施工过程中，其避雷针(网、带)及其接地装置，应采取自下而上的施工程序，即首先安装集中接地装置，后安装引下线，最后安装接闪器。建筑物内的金属设备、金属管道、结构钢筋均应做到有良好的接地，以防止感应雷击的发生 高度在 20m 以上施工用的大钢模板，就位后应及时与建筑物的接地装置连接 (4)接地装置：独立避雷针的接地装置应单独安装，与其他被保护的接地装置的安装分开，且保持有 3m 以上的安全距离。除独立避雷针外，在接地电阻满足要求的前提下，防雷接地装置可以和其他接地装置共用。接地极宜选用角钢(规格 40mm×40mm×4mm 及以上)或钢管(ϕ50 及以上，壁厚不小于 3.5mm)，垂直接地极的长度应为 2.5m，接地极间距为 5m，并用 40mm×4mm 的扁钢焊接连接，接地板顶端埋入地下 0.8m 以下 接地极及接地线宜选用镀锌钢材，在埋于地下的焊接处应涂沥青防腐 (5)工频接地电阻：施工现场内所有施工用的设备、装置的防雷装置的工频接地电阻值不得大于 30Ω。而建筑物的防雷装置的工频接地电阻值应按设计要求采用

续表

项次	项目	措施方法要点
3	防台风措施	(1)防台风领导小组在接到气象台发布的台风预警后，现场应立即停止施工，救涝抢险突击队立即昼夜值班，随时做好准备，由地区防汛指挥部统一指挥调度 (2)现场要根据据各自的具体情况，备足抢险物资和救援器材 (3)台风到来之前，对现场排水系统进行全面检查，确保排水系统畅通、有效，并准备好备用水泵 (4)对现场所有机械设备进行检查，塔式起重机必须保证可以自由旋转，塔身附着装置无松动、无开焊、无变形。塔设起重机的避雷装置必须确保完好有效。塔式起重机电源线必须切断。塔身存有易坠物、设有标牌和横幅等应全部清除 (5)脚手架上的杂物必须清除，并检查脚手架的拉结点是否有效，是否有遗漏，应及时整改，检查脚手架底部基础是否坚实，排水是否通畅 (6)施工临时用电必须符合标准规范要求，尤其要做好各配电箱的防雨措施 (7)对现场的临时设施进行全面检查，根据检查情况进行维护和加固，对不能保证人身安全的，要坚决予以拆除，防止坍塌 (8)所有施工现场在台风期间(除水泵抽水外)要全部停止供电 (9)台风过后，施工单位应首先对现场大型机械、临时水电、脚手架等进行全面检查，维护和加固完成后再复工

25 既有建筑的鉴定与评估、托换、加固、纠偏技术

25.1 既有建筑的鉴定与评估

25.1.1 鉴定分类、适用条件及鉴定程序

鉴定分类、适用条件及鉴定程序 表 25-1

项次	项目	鉴定方法要点
1	鉴定分类	(1)按照鉴定对象的不同可分民用建筑可靠性鉴定、工业建筑可靠性鉴定和建筑抗震鉴定三类。目前这三类鉴定都有相应的国家规范，分别是《民用建筑可靠性鉴定标准》(GB 50292—1999)、《工业建筑可靠性鉴定标准》(GB 50144—2008)和《建筑抗震鉴定标准》(GB 50023—2009)。本节仅介绍民用建筑可靠性鉴定 (2)按照鉴定的性质，一般可分为日常鉴定和应急鉴定。日常鉴定是日常管理、定期维修和房屋改造、扩建、加固之用；应急鉴定是当日常鉴定或突发事故发现重大问题时，要求进行简便、直观、快速的分析与判断，提出建筑物可靠性鉴定意见
2	鉴定适用条件	(1)民用建筑可靠性鉴定，可分为安全性鉴定和正常使用性鉴定 (2)下列情况下可进行安全性鉴定： 1)危房鉴定及各种应急鉴定 2)房屋改造前的安全检查 3)临时性房屋延长使用期的检查 4)使用性鉴定中发现的安全问题 (3)下列情况下，可仅进行正常使用性鉴定： 1)建筑物日常维护的检查 2)建筑物使用功能的鉴定 3)建筑物有特殊使用要求的专门鉴定
3	鉴定程序、内容	(1)与鉴定委托方协商确定鉴定目的、范围和内容 (2)受托方经收集资料、了解建筑物历史、勘察现场后写出初步调查意见以及制定详细调查计划和检测、试验工作大纲 (3)根据初步调查结果和鉴定对象的特点以及鉴定的目的和要求制定鉴定方案 (4)检查内容包括： 1)结构基本情况的勘查 2)结构使用条件调查核实 3)地基基础(包括桩基)检查 4)材料性能检测分析 5)承重结构检查 6)围护系统使用功能检查 7)易受结构位移影响的管道系统检查 (5)根据详细调查与检测结果，对建(构)筑物的整体和各个组成部分的可靠度水平进行分析与验算。最后按《民用建筑可靠性鉴定标准》(GB 50292—1999)进行评级。鉴定评级可划分为构件安全性评级、子单元正常使用性鉴定评级和鉴定单元安全性与使用性评级三个层次

25.1.2 民用建筑鉴定评级

25.1.2.1 构件的安全性评级

构件的安全性评级方法 表 25-2

项次	项目	鉴定评级方法要点
1	混凝土结构构件	(1)混凝土结构构件的安全性鉴定，应按承载能力、构造以及不适于继续承载的位移(或变形)和裂缝这四个检查项目，分别评定每一受检构件的等级，并取其中最低一级作为该构件安全性等级 (2)当混凝土结构构件的安全性按承载能力评定时，应按规定分别评定每一验算项目的等级，然后取其中最低一级作为该构件承载能力的安全性等级 (3)当混凝土结构构件的安全性按构造评定时，应按《民用建筑可靠性鉴定标准》(GB 50292—1999)表 4.2.3 的规定，分别评定各个检验项目的等级，然后取其中最低一级作为该构件构造的安全性等级 (4)当混凝土结构的安全性按不适于继续承载的位移或变形评定时，应遵守下列规定： 1)对桁架(屋架、托架)的挠度，当其实测值大于其计算跨度的 1/400 时，应按《民用建筑可靠性鉴定标准》(GB 50292—1999)第 4.2.2 条验算其承载能力，验算时，应考虑由位移产生的附加应力的影响，并按下列原则评级：若验算结果不低于 b 级，仍可定为 b 级，但宜附加观察使用一段时间的限制若验算结果低于 b 级，可根据其实际严重程度定为 c 级或 d 级 2)对其他受弯构件的挠度或施工偏差造成的侧向弯曲，应按《民用建筑可靠性鉴定标准》(GB 50292—1999)表 4.2.4 中的规定评级 3)对柱顶的水平位移(或倾斜)，当其实测值大于《民用建筑可靠性鉴定标准》(GB 50292—1999)表 6.3.5 所列的限值时，应按下列规定评级：若该位移与整个结构有关，在根据《民用建筑可靠性鉴定标准》(GB 50292—1999)第 6.3.5 条的评定结果，取与上部承重结构相同的级别作为该构件的水平位移等级若该位移只是孤立事件，则应在其承重能力验算中考虑此附加位移的影响，并根据验算结果按本条第一款的原则评级若该位移尚在发展，应直接评定为 d 级 (5)当混凝土结构构件出现《民用建筑可靠性鉴定标准》(GB 50292—1999)表 4.2.5 中所列受力裂缝时，应视为不适于继续承载裂缝，并根据其实际严重程度评定为 Cu 级或 du 级 (6)当混凝土结构构件出现下列情况的非受力裂缝时，也应视为不适于继续承载的裂缝，并应根据其实际严重程度定为 Cu 级或 du 级； 1)因主筋锈蚀产生的沿主筋方向的裂缝，其裂缝宽度大于 1mm 2)因温度收缩等作用产生的裂缝，其宽度也比规定的弯曲裂缝宽度值超出 50%，且分析表明已显著影响结构的受力 (7)当混凝土结构构件出现下列情况之一时，不论其裂缝宽度大小，应直接定为 du 级： 1)受压区混凝土有压坏迹象 2)因主筋锈蚀导致构件掉角以及混凝土保护层严重脱落
2	砌体结构构件	(1)砌体结构构件的安全性鉴定，应按承载能力、构造以及不适于继续承载的位移和裂缝这四个检查项目，分别评定每一检验项目的等级，然后取其中最低一级作为该构件的安全性等级 (2)当砌体结构构件的安全性按承载能力评定时，应按《民用建筑可靠性鉴定标准》(GB 50292—1999)表 4.4.2 的规定，分别评定每一验算项目的等级，然后取其中最低一级作为该构件承载能力的安全性等级 (3)当砌体结构构件的安全性按构造评定时，应按《民用建筑可靠性鉴定标准》(GB 50292—1999)表 4.4.3 的规定，分别评定两个检查项目的等级，然后取其中最低一级作为该构件的构造安全性等级 (4)当砌体结构构件安全性按不适于继续承载的位移或变形评定时，应遵守下列规定： 1)对墙、柱的水平位移(或倾斜)，当其实测值大于《民用建筑可靠性鉴定标准》(GB 50292—1999)表 6.3.5 所列的限值时，应按下列规定评级：若该位移与整个结构有关，应根据《民用建筑可靠性鉴定标准》(GB 50292—1999)第 6.3.5 条的评定结果，取与上部承重结构相同的级别作为该墙、柱的水平位移等级若该位移系孤立事件，则应在其承载能力验算中考虑此附加位移的影响，若验算结果不低于 b 级，仍可定为 b 级；若验算结果低于 b 级，可根据其实际严重程度定为 c 级或 d 级

续表

项次	项目	鉴定评级方法要点
		若该位移尚在发展，应直接定为 d 级 2)对偏差或其他使用原因造成的柱(不包括带壁柱)的弯曲，当其矢高实测值大于柱的自由长度的 1/500 时，应在其承载能力验算中计入附加弯矩的影响，并根据验算结果按本条第 1 款第 2 项的原则评级 (5)当砌体结构的承重构件出现下列受力裂缝时，应视为不适于继续承载的裂缝，并应根据其严重程度评为 c 级或 d 级： 1)桁架、主梁支座下的墙、柱的端部或中部，出现沿块材断裂(贯通)的竖向裂缝 2)空旷房屋承重外墙的变截面处，出现水平裂缝或斜向裂缝 3)砌体过梁的跨中或支座出现裂缝；或虽未出现肉眼可见的裂缝，但发现其跨度范围内有集中荷载 4)其他明显的受压、受弯或受剪裂缝 (6)当砌体结构、构件出现下列非受力裂缝时，也应视为不适于继续承载的裂缝，并应根据其实际严重程度评为 c 级或 d 级： 1)纵横墙连接处出现通长的竖向裂缝 2)墙身裂缝严重，且最长裂缝宽度已大于 5mm 3)柱已出现宽度大于 1.5mm 的裂缝，或有断裂、错位迹象 4)其他显著影响结构整体性的裂缝

25.1.2.2　子单元正常使用性鉴定评级

子单元正常使用性鉴定评级方法　　**表 25-3**

项次	项目	鉴定评级方法要点
1	一般规定	子单元正常使用性鉴定评级，应按地基基础(含桩基和桩)、上部承重结构和围护系统的承重部分划分为三个子单元，并应分别按规定的鉴定方法和评级标准进行评定
2	地基基础(含桩基和桩)	(1)地基基础(子单元)的安全性鉴定，包括地基、桩基和斜坡三个检查项目，以及基础和桩两种主要构件。 (2)当鉴定地基、桩基的安全性时，应遵守下列规定： 1)一般情况下，宜根据地基、桩基沉降观测资料或其不均匀沉降在上部结构中的反应的检查结果进行鉴定评级 2)当现场条件适宜于按地基、桩基承载力进行鉴定评级时，可根据岩土工程勘察档案和有关检测资料的完整程度，适当补充近位勘察点，进一步查明土层分布情况，并采用原位测试和取原状土做室内物理力学性能试验方法进行地基检验，根据以上资料并结合当地工程经验对地基、桩基的承载力进行综合评价 若现场条件许可，尚可通过在基础(或承台)下进行载荷试验以确定地基(或桩基)的承载力 3)当发现地基受力层范围内有软弱下卧层时，应对软弱下卧层地基承载力进行验算 4)对建造在斜坡层上或毗邻深基坑的建筑物，应验算地基稳定性
3	上部承重结构	(1)上部承重结构(子单元)的正常使用性鉴定，应根据其所含各种构件的使用性等级和结构的侧向位移等级进行评定 (2)当评定一种结构的使用性等级时，应根据其每一受检构件的评定结果，按下列规定进行评级： 1)对主要构件，应按《民用建筑可靠性鉴定标准》(GB 50292—1999)表 7.3.2-1 的规定评级 2)对一般构件，应按《民用建筑可靠性鉴定标准》(GB 50292—1999)表 7.3.2-2 的规定评级 (3)当上部承重结构的正常使用性需考虑侧向(水平)位移的影响时，可采用检测或计算分析的方法进行鉴定 (4)上部承重结构的使用性等级，按下列原则确定： 1)一般情况下，应按各种主要构件及结构侧移所评等级，取其中最低一级作为上部承重结构的使用性等级 2)若上部承重结构按上款评为 As 级或 Bs 级，而一般构件所评等级为 Cs 级时，尚应按下列规定进行调正：

续表

项次	项目	鉴定评级方法要点
		当仅发现一种一般构件为Cs级，且其影响仅限于自身时，可不作调整，若其影响波及非结构构件、高级装修或围护系统的使用功能时，则可根据影响范围的大小，将上部承重结构所评等级调整为Bs级或Cs级当发现多于一种一般构件为Cs级时，可将上部承重结构所评等级调整为Cs级 (5)当遇到下列情况之一时，可直接将上部承重结构定为Cs级： 1)在楼层中，其楼面振动(或颤动)已使室内精密仪器不能正常工作，或已明显引起人体不适感 2)振动引起的非结构构件开裂或其他损坏，已可通过目测判定 3)在高层建筑的顶部几层，其风振效应已使用户感到不安

25.1.2.3 鉴定单元安全性及使用性评级

鉴定单元安全性及使用性评级方法　　表25-4

项次	项目	鉴定评级方法要点
1	安全性评级	(1)民用建筑鉴定单元的安全性鉴定评级，应根据其地基基础(含桩基)、上部承重结构和围护系统承重部分等的安全性等级，以及与整幢建筑有关的其他安全问题进行评定。 (2)鉴定单元的安全性等级，按下列原则确定： 1)一般情况下，应根据地基基础(含桩基)和上部承重结构的评定结果按其中较低等级确定 2)当鉴定单元的安全性等级按上款评为Asu级或Bsu级，围护系统承重部分的等级为Cu级或Du级时，可根据实际情况将鉴定单元所评等级降低一级或二级，但最后所定的等级不得低于Csu (3)对下列任一情况，可直接评为Dsu级建筑： 1)建筑物处于有危房的建筑群中，且直接受到其威胁 2)建筑物朝一方向倾斜，其速度开始变快 (4)当新测定的建筑物动力特性，与原先记录或理论分析的计算值相比，有下列变化时，可判其承重结构均可能有异常，须经进一步检查、鉴定后，再评定该建筑物的安全性等级： 1)建筑物基本周期明显变长(或基本频率显著下降) 2)建筑物振型有明显改变(或振幅分布无规律)
2	使用性评级	(1)民用建筑鉴定单元的正常使用性鉴定评级，应根据地基基础(含桩基)、上部承重结构和围护系统的使用性等级，以及与整幢建筑有关的其他使用功能问题进行评定 (2)鉴定单元的使用性等级，按三个子单元中最低的等级确定 (3)当鉴定单元的使用性等级按本节第(2)条评为Ass级或Bss级，但若遇到下列情况之一时，宜将所评等级降为Css级： 1)房屋内外装修也大部分老化或残损 2)房屋管道、设备已需全部更新

25.1.2.4 民用建筑可靠性评级和适修性评估

可靠性评级和适修性评估方法　　表25-5

项次	项目	鉴定评级方法要点
1	可靠性评级	(1)民用建筑的可靠性鉴定，应按《民用建筑可靠性鉴定标准》(GB 50292—1999)第3.2.5条划分的层次，以其安全性和正常使用性的鉴定结果为依据逐层进行 (2)当不要求给出可靠性等级时，民用建筑各层次的可靠性，可采取直接列出其安全性等级和使用性等级的形式予以表示 (3)当需要列出民用建筑各层次的可靠性等级时，可根据其安全性和正常使用性的评定结果，按下列原则确定： 1)当该层次安全性等级低于bu级、Bu级或Bsu级时，应按安全性等级确定 2)除上款情况外，可按安全性等级和正常使用性等级中较低一个等级确定 3)当考虑鉴定对象的重要性或特殊性时，允许对本条第(2)款的评定结果作不大于一级的调整

续表

项次	项目	鉴定评级方法要点
2	适修性评估	(1)在民用建筑可靠性鉴定中，若委托方要求对 C_{SH}级和 D_{SU}级鉴定单元，或 Cu 级和 Du 级子单元(或其中某种构件)的处理提出建议时，宜对其适修性进行评估 (2)适修性评估按《民用建筑可靠性鉴定标准》(GB 50292—1999)第 3.3.4 条进行，并可按下列处理原则提出具体建议： 1)对评为 Ar、Br 或 Ar、Br 的鉴定单元和子单元(或其中某种构件)，应予以修复使用 2)对评为 Cr 的鉴定单元和 Cr 子单元(或其中某种构件)，应分别做出修复与拆换的方案，经技术、经验评估后再作选评 3)对评为 C_{SU}-Dr、D_{SU}-Dr 和 Cu-Dr、Du-Dr 的鉴定单元和子单元(或其中某种构件)，宜考虑拆换或重建 (3)对有纪念意义或有文物、历史、艺术价值的建筑物，不进行适修性评估，而应予以修复和保存

25.2　建筑物基础托换技术

25.2.1　建筑物基础托换特点、分类、判别和技术准备

建筑物基础托换特点、分类、判别和技术准备　表 25-6

项次	项目	托换施工方法要点
1	含义及施工特点	(1)基础托换就是根据工程的某种需要，对已有建筑物基础进行加强或重新设置新的基础工程的总称 (2)基础托换施工的特点是：作业空间受限制，技术难度较大，费用较贵，工期较长，安全性要求高，责任性要求强，同时需要较完善的支撑系统，而且还可能危及建筑物和人身安全
2	托换工程分类	(1)基础托换使用性质、目的可分为：补救性托换、预防性托换、维持性托换和侧向托换 (2)补救性托换是指原有建筑物地基的承载力和变形不符合要求，需扩大基础底面积或增大基础的埋深，或更换受损坏的基础，或需对地基进行处理的托换工程 (3)预防性托换是指由于受邻近建筑物深基础开挖或在原有建筑物基础下修筑深地下建筑物，如地下铁道穿越已有建筑物，或解决由于邻近需要建造新建工程，危及到原有建筑物的安全使用，所采取的预防性措施[如将原有建(构)筑物的基础加深和扩大等] (4)维持性托换系指在新建的建(构)筑物基础上预先设置好可装设顶升的措施(预留安放千斤顶位置)，或预留净空，以适应地基变形的需要 (5)侧向托换系指在基础的近旁修筑平行于已有建(构)筑物较深的墩、墙(如地下连续墙、连续灌注桩、板桩墙或树根桩)以阻止基础边缘塑性区开展，切断连续滑动面，防止地基发生整体剪切破坏的一种有效托换形式。一般临时性深基坑支护工程，亦属于侧向托换的范畴 (6)按托换的时间可分为：临时性托换和永久性托换 (7)按使用的方法可分为：基础扩大托换、坑式托换、桩式托换[静压桩、锚杆静压桩、预试桩、打入桩、灌注桩、灰土桩(井墩、树根桩)]、灌浆托换(水泥灌浆、高压喷射灌浆)、支撑式托换以及特殊托换等
3	损坏程度判别	建(构)筑物裂缝情况、裂缝特征、裂缝宽度大小及其损坏部位，是判别建(构)筑物损坏程度和是否需要托换加固的重要判断根据，表 25-7 和表 25-8 可供判别建(构)筑物损坏程度参考
4	托换技术准备	(1)做好调查研究：包括现场的工程地质和永久地质条件、被托换建(构)筑物的结构、构造和受力特性、托换施工期内对周围环境的影响；地下及地上障碍物、输变电缆、管线分布情况，以及使用期间和周围环境的实际情况等，为制定托换方案提供技术条件和依据 (2)进行工程病因分析：一般可从地质勘察、结构设计、施工质量、使用维护管理等方面进行 (3)验算地基和结构安全度：验算项目包括地基土持力层强度、软弱下卧层强度、地基变形特征值Δ、桩基中各桩的荷载、承载力和沉降、校验实际结构强度、配筋量、刚度、耐久性、判断浅基础地基的破坏形态等 (4)制定基础托换设计和施工方案：应考虑的因素有托换的目的、效果、地质条件、上部结构及基础类型、刚度和强度贮备、支撑系统、施工方法和设备条件等 (5)搞好技术监测工作：内容包括设置基准点、观测标志；对裂缝进行编号、记录大小及发展情况，准备观测仪器，对建筑物沉降、倾斜、裂缝、地下水变化等进行定期观测等

按裂缝情况及特征判别建筑物损坏程度 表 25-7

项次	损坏程度	裂缝情况、损坏特征	裂缝宽度(mm)
1	非常轻微	宽度小于 0.1mm 的发丝裂缝可不予考虑	<0.1
		(1)一般装修时容易解决的细小裂缝;(2)建筑物上产生个别细小裂缝;(3)外砖墙在近距离才能见到的细小裂缝	<1.0
2	轻微	(1)建筑物裂缝容易填充或需要再装修;(2)在建筑物内部有一些细小裂缝;(3)在建筑物外部有裂缝或需要勾缝,以保证不透风雨;或门窗可能关闭不灵	<5.0
3	中等	(1)需要将裂缝凿开,用砖块修补;(2)经常发生裂缝,可采用墙面涂料嵌补;(3)外砖墙需要勾缝和少量砖块需要更换;(4)门窗卡住,水管煤气管断裂,墙面透风雨	5～15 或有很多裂缝宽度大于 3
4	严重	(1)需拆除和更换部分墙段,尤其是门窗的上部;(2)门窗外框扭曲,楼板明显倾斜,墙体倾斜和明显鼓胀,梁端承压面有些减小,水管煤气管断裂	15～25,但亦取决于裂缝多少
5	非常严重	(1)需要部分和全部大量修筑工作;(2)梁端承压面积减小;(3)墙体严重倾斜需要支撑,窗因扭曲而断裂;(4)建筑物面临失稳危险	大于 25 但亦取决于裂缝部位

按裂缝宽度判别建筑物损坏程度 表 25-8

裂缝宽度(mm)	损坏程度			对结构和建筑物使用影响
	住 宅	商业及公共设施	工业建筑	
<0.1	不考虑	不考虑	不考虑	没有多大影响
0.1～0.3	非常轻微	非常轻微	不考虑	
0.3～1.0	轻微	轻微	非常轻微	影响美观,加速墙面风化
1.0～2.0	轻微～中等	轻微～中等	非常轻微	
2.0～5.0	中等	中等	轻微	结构危险性增加
5.0～15.0	中等～严重	中等～严重	中等	
15.0～25.0	严重～非常严重	中等～严重	中等～严重	
>25.0	非常严重～危险	严重～危险	严重～危险	

25.2.2 建筑物基础托换方法

建筑物基础托换方法 表 25-9

项次	项目	托换施工方法要点
1	基础扩大托换	通常采用以下几种方式: (1)当条形基础所需底面积距要求值相差较小时,可采用在基础两侧加混凝土或钢筋混凝土围套(图 25-1) (2)若差值较大时,可采用梁式扩大基础,如图 25-2(*a*)所示,即在地坪以下加挑梁来传递部分荷载到基础加宽部分上 (3)当差值很大,又需加强基础的整体刚度时,可将原条形基础改建为钢筋混凝土交叉梁基础或片筏式基础(图 25-2*b*),仅需在基础顶处墙体上开洞,浇筑纵、横梁,而后浇筑底板 (4)当条形基础受偏心荷载,或受相邻建筑基础条件限制,或为沉降缝处的基础,可在一侧加宽原基础(图 25-2*c*) (5)对柔性基础可两侧加混凝土或钢筋混凝土围套改为刚性基础(图 25-2*d*) (6)对独立基础,则在四侧设混凝土或钢筋混凝土围套(图 25-3*a*、图 25-3*b*) (7)如加套后地基强度不够,可在混凝土套底部加设灰土桩或混凝土灌注桩,以提高地基承载力,或在原承台外对称设桩,并在其上面新增一承台即可满足单桩受力条件(图 25-3*c*、图 25-3*d*) 本法施工简便,不需特殊设备,土方开挖较浅,费用较低。适于土质较好、基底面积不足、地基承载力和变形不能满足要求时采用

续表

项次	项目	托换施工方法要点
2	坑式托换	(1)坑式托换又称墩式托换，是直接在被托换建筑物的基础下挖坑后浇筑混凝土的托换加固方法，是托换方法最为普通的一种。其施工步骤是：1)在贴近被托换的侧面开挖一长 1.2～1.5m×0.9～1.0m 的竖向导坑，深度比原基础底面深 1.5～2.0m，在两侧设支护。2)再将导坑横向扩展到基础下面，并继续在基础下面垂直开挖到要求的持力层深度。3)然后在基础底面下支模，浇筑混凝土或浆砌砌块，直到基础底面下 8cm，养护 1d 后，用于硬性 1∶1 水泥砂浆从侧面用小铁铲强力捣实，以保证完全密合，使被托换的基础上荷载直接传到新的混凝土墩上。4)同样再分块、分段地挖坑和修筑墩子，直至全部基础被托换完成为止(图 25-4) (2)混凝土支墩可根据被托换加固结构物的荷载和墩下地基的承载力采用间断式或连续式。对于独立柱托换而不加临时支撑的情况，一次不宜超过基础支承面积的 20% (3)本法具有施工较简单方便，费用较低，施工期间仍可使用建筑物等优点，但工期较长，会产生一定的附加沉降，施工要特别注意安全。适用于土质较好，开挖深度范围内无地下水或降低地下水位较方便的条形基础或独立基础托换
3	静压桩托换	(1)系在墙基或柱基下开挖竖坑和横坑，方法同坑式托换，在基础底部放开口钢管短桩，其上安放钢垫板，在其上设置行程较大的 15～30t 油压千斤顶，千斤顶上接测力计及数字显示器的传感器，上垫钢板顶住基础底板作为反力支点，分节将开口短钢管压入(图 25-5)。钢管一般截成 1.0m 长的短段，直径 300～450mm(亦可采用截面为 200mm×200mm 的预制混凝土桩)，壁厚 10mm，接头用钢套箍或焊接。当钢管顶入土中时，每隔一定时间可根据土质情况，用取土工具将管内土取出。如遇个别孤石，可用锤击破碎。如为松软土地基，亦可用封闭的钢管桩尖，端部做成 60°圆锥角。桩经交替顶进，清孔和接高后，直至桩尖达到设计要求的持力层深度为止。当清孔后即可在桩管中灌注混凝土；如管中有水，可在管中填入一个砂浆塞加以封闭，待硬化后将管中积水抽干，再向管内灌注混凝土并捣固密实。最后将桩与基础底板或梁浇筑成整体，以承受建(构)筑物荷载 (2)本法施工设备简单，操作方便，质量可靠，费用较低。适于松软土地基、上部基础能提供反力支点条件情况下应用
4	锚杆静压桩托换	(1)系先在被托换的基础上按要求位置凿桩位孔和锚杆孔，桩孔应凿成下大上小，以利基础承受冲剪。在压桩部位埋设锚杆，用环氧浆锚固 10 倍锚杆直径，安设型钢制锚杆静压桩机。桩截面一般为 200mm×200mm，桩长 1.5～2.0m，用手动或电动千斤顶将桩逐段压入土中，桩接头采用硫磺砂浆锚接，千斤顶与桩顶间设置硬木垫块，压桩施工采取对称进行，当达到要求深度，在不卸载情况下，灌注微膨胀混凝土将桩与基础锚固，当强度达到 C15 后方可卸载(图 25-6) (2)本法具有施工时无振动、无噪声，设备简单，操作方便，移动灵活，可在场地和空间狭窄条件下施工等优点，但需一定的机具设备。适于新旧建筑物的地基加固和基础托换，并可在不停产和不搬迁的条件下进行基础托换
5	灌注桩托换	(1)灌注桩托换是靠搁置在桩上的钢筋混凝土横梁(托梁)或承台系统来支承被托换的柱基和墙基(图 25-7*a*)，或将原基础加宽与桩顶浇成整体。对单独基础，可在基础四角设桩，然后将基础加宽扩大到桩上，使其连成整体，使荷载通过加宽部分基础传到桩上(图 25-7*b*)，其成孔方式可用螺旋钻、潜水钻或沉管、冲孔、人工挖孔等，机械成孔灌注桩直径为 350～800mm，人工挖孔桩直径为 800～1200mm，下钢筋笼，灌注混凝土成桩。如荷载较大，下部可做成扩大头，以增大承载力。在地下水位以下人工挖孔困难且不安全时，可采用小型沉井托换 (2)灌注桩托换的特点是：桩承载力高，可进行加层托换；施工机具常规，方法简单；施工无冲击荷载及振动；对被托换和邻近建(构)筑物无较大影响，能在密集建筑群而又不搬迁的条件下进行施工；占地面积较小，操作灵活，可根据实际需要变动桩径和桩长，施工安全、可靠，因此，采用较普遍
6	灰土桩托换	(1)灰土桩或灰土井墩托换加固方法与灌注桩托换类似，在湿陷性黄土地基上可用洛阳铲成孔，桩径为 250～400mm，深入到密实的非湿陷性土层，分层填夯 2∶8 灰土，然后在桩(墩)顶浇筑钢筋混凝土板，再在需加固的基础下掏洞浇筑钢筋混凝土托梁，穿过原基础底部以支承上部荷载(图 25-8)，横梁一般应设在纵横交叉处，当墙身较长时，也可在中间再增设 1～2 道横梁 (2)本法优点为节省原材料，费用低，其他同灌注桩托换。适于土质松软、无地下水、荷载较轻的基础托换
7	树根桩托换	(1)树根桩托换系在基础的两侧穿透基础设多束树根桩来承托加强原有基础。施工时，先在钢导管的导向下，用小型钻机旋转法钻进(钻孔直径一般为 7.5～25cm)，穿过原有建筑物基础进入到下面坚实土层中；当钻到设计深度后进行清孔；放入钢筋，钢筋数量视桩孔直径而定，当为小直径桩孔(75～125mm)时，可放入单根钢筋；大直径桩孔(180～250mm)则放置数根钢筋组成的钢筋笼，然后用压浆泵灌注水泥砂浆或细石混凝土，采取边灌、边振、边拔管，最后成桩。桩可竖向或斜向设置，也可在各个方向倾斜任意角度，如同一束树根。图 25-9 为条形基础采用树根桩托换的典型形式。当原建筑物为框架或内框架结构需要加层时，可采用外套框架体系，即与建筑物脱开，外做框架，其基础可采用树根桩托换加固形式(图 25-10)

续表

项次	项目	托换施工方法要点
		(2)本法具有桩形式灵活，桩截面小，能将桩身、墙身和基础联合成一体，压力灌浆能使桩体与地基紧密结合，除支承垂直荷载、抗拔、抗侧向荷载和抗倾覆力矩外，还能加固地基；因桩孔很小，对墙基和地基几乎都不产生任何应力，同时施工可在地面上进行，施工场地较小(平面尺寸 0.6～1.8m)，净空低(2.1～2.7m)，机具振动和噪声甚微，对被托换建(构)筑物比较安全，费用较省，可用于各种土层和建筑结构，是适用广、有价值的一种托换方法
8	灌浆托换	(1)灌浆托换是用压力灌浆方法将胶结剂或化学溶液注入地基中与土粒胶结，在地基中形成一个强度较高的均匀加固体，从而在深基坑开挖时或在地基承载力不足、变形太大的部位保持建(构)筑物稳定 (2)钻孔或注浆管的布置以及加压注浆方式要先进行设计，使得所形成的加固土体具有一定的形状和支挡(覆盖)厚度。注浆孔呈三角形或梅花形布置，注浆孔距根据土质情况和浆液材料而定，一般约为0.6～1.0m(图 25-11*a*)。在深基坑开挖时，对加固土体有两种形式，一是按重力式挡土墙设计，用以抵抗水平土压力(图 25～11*b*)；一是按支承墙设计，只承担建(构)筑物基础上传下来的垂直荷载，并传递到基坑底面以下的地基土上，而水平方向的土压力由锚杆承受(图 21-11*c*) (3)本法在地面作业，施工快速、安全、效率高，对周围影响很小，费用较低，但需一定灌浆设备。适于做深基坑开挖边坡支护的托换加固
9	支承式托换	(1)支承式托换系利用支承方法将被托换的墙基础或柱基础上部结构托起，拆除原强度和承载力不足的墙基或柱基，根据建筑物加层或厂房吊车增加吨位的需要，重新砌筑或浇筑支承上部结构的基础 (2)对于砖混结构的条形基础托换，可用钢筋混凝土(或钢)托梁、主、次梁将原基础托起支承于基础两侧设置的灰土桩、灌注桩或墩台上(图 25-12*a*)，然后将原基础部分或整体拆除，再根据需要在墙下部将基础局部加固或重新砌筑或浇筑新的基础支承上部墙体结构。如托换处理的范围较大，应采取间隔、分段施工方法 (3)对于钢结构工业厂房或高层钢结构独立柱基础，系在被托换柱的两侧设钢牛腿，下设两榀钢板(或桁架)托梁，托梁两端支在新设基础、枕木垛或原柱两相邻基础上，牛腿与钢托梁之间设型钢小梁、千斤顶和垫木(图 25-12*b*)。托柱时，将 4 台千斤顶做平稳等速上升 30～50mm，使型钢小梁与牛腿、垫木与托梁紧密接触，然后在千斤顶下垫垫板，防止千斤顶下沉，此时柱子及上部荷载已全部通过钢托梁传至两侧支承基础或枕木垛上，经 24h 观测，板梁变形在 $L/500$(L——梁跨度)范围内，即可将基础拆除，并根据增加荷载需要，浇筑新的基础 (4)本法具有施工较安全可靠，拆除、浇筑方便，省去加固复杂性，对周围影响较小等优点；但需要一定支承托换工具设备。适用于原有墙基、柱基需加深、扩大或与拟新建地下设施冲突、局部加固困难，需局部或全部拆除原基础，浇筑新基础的情况使用
10	特殊托换	特殊托换系从地基加固方面出发，采用高压喷射注浆法、深层搅拌法、电硅化法、碱液加固法等使地基形成复合地基，使建(构)筑物下沉迅速停止，地基很快稳定(图 25-13)。如采用振冲碎石桩、石灰桩、砂桩加固地基，由于挤密了桩周围土体，并形成桩、土复合地基，在托换工程中亦得到应用

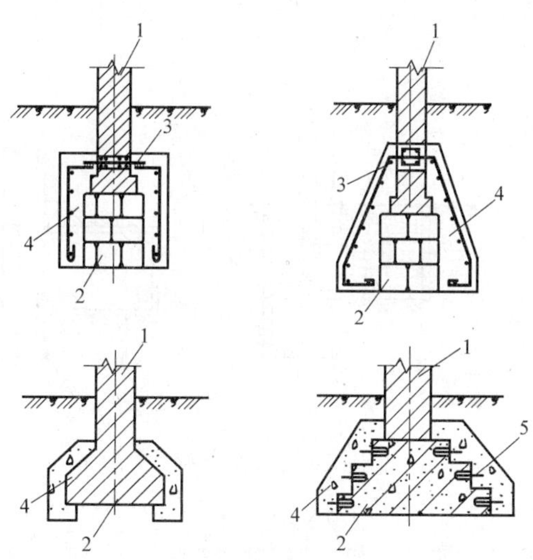

图 25-1 条形基础扩大托换

1—原有墙身；2—原有基础；3—墙脚钻孔穿筋并与加固筋焊牢；4—基础加宽部分；5—钢筋锚杆

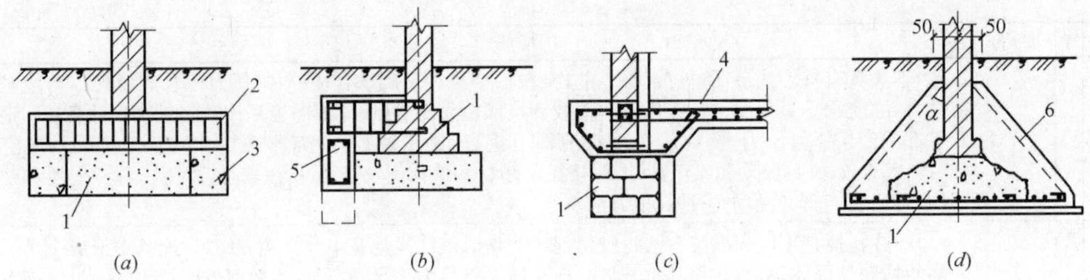

图 25-2　条形基础加宽托换

(a) 挑梁成扩大基础；(b) 条形基础扩大成片筏或基础；(c) 条基单侧加宽；(d) 柔性基础扩大改成刚性基础

1—原有灰土、块石、砖或混凝土条形基础；2—基础加宽部；3—挑梁；4—片筏底板；

5—悬臂梁或灌注短桩；6—基础扩大部分

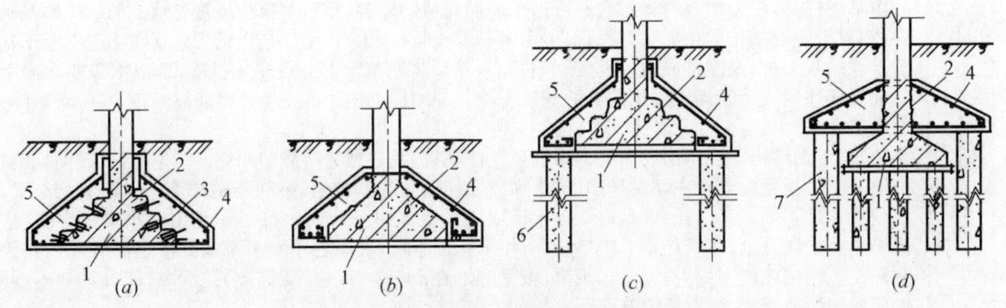

图 25-3　独立基础扩大托换

(a)、(b) 柱基加宽；(c)、(d) 柱基加宽并加桩

1—原有基础；2—混凝土表面凿毛，刷洗干净；3—锚杆；4—钢筋网片；5—柱基加宽部分；

6—灰土桩；7—钢筋混凝土灌注桩

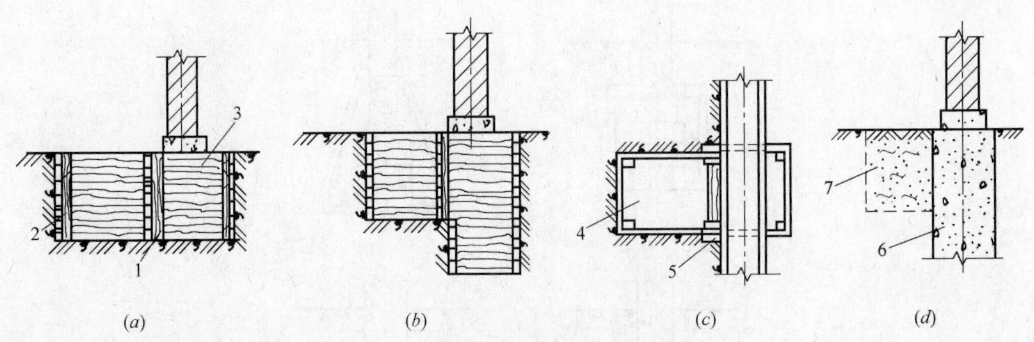

图 25-4　坑式托换

(a) 开导孔，直接在基础下挖坑，设支撑；(b) 继续开挖和设支撑；

(c) 基坑支设；(d) 浇筑完间断或连续的混凝土支墩

1—嵌条；2—横向挡板；3—直接在基础下挖坑；4—竖向导坑；5—挡板搭接；

6—间断的或连续的混凝土墩式基础；7—回填土夯实

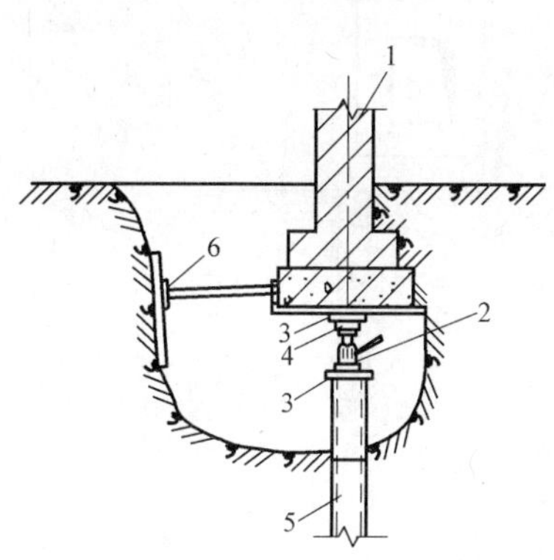

图 25-5 静压桩托换
1—被托换基础；2—油压千斤顶；
3—钢垫板；4—传感器；
5—短钢管；6—支撑和挡板

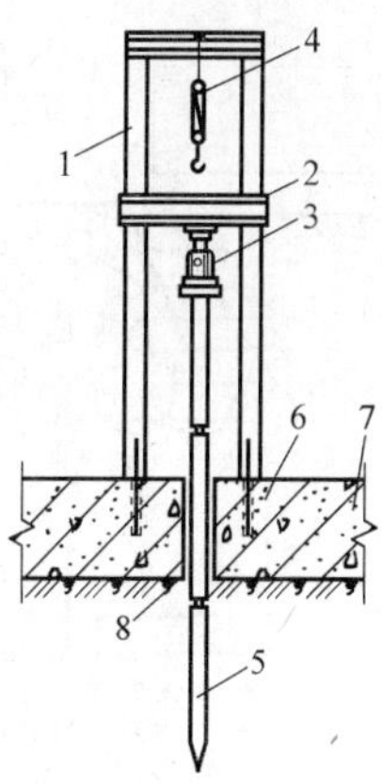

图 25-6 锚杆静压桩托换
1—反力架；2—活动反力横梁；3—油压千斤顶；
4—电动捯链；5—分节混凝土预制桩；
6—锚杆；7—基础承台；8—压桩机

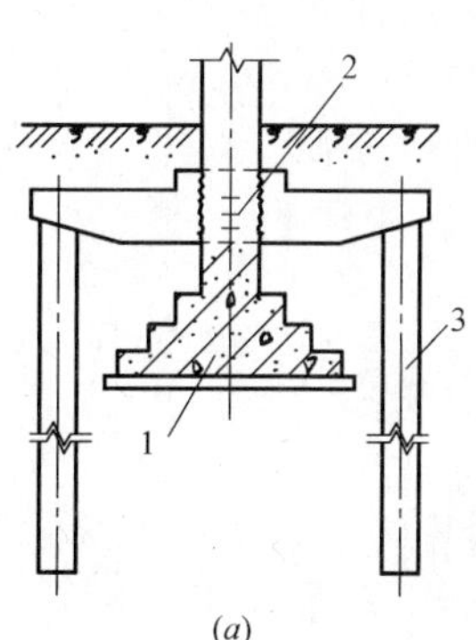

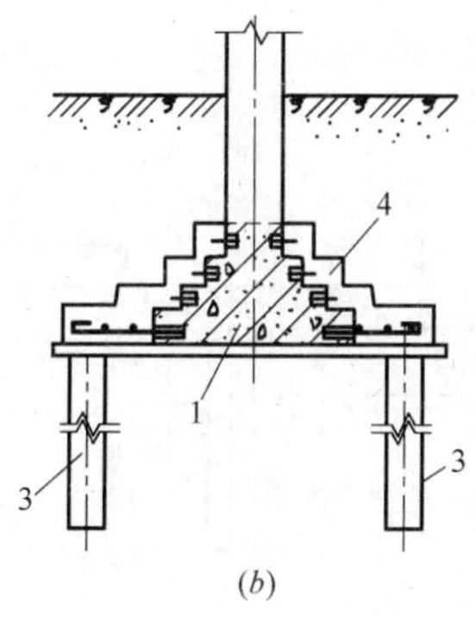

图 25-7 灌注桩托换
(*a*) 增设承台；(*b*) 扩大基础
1—原柱基；2—承台与原柱连接；3—灌注桩支托；4—扩大基础部分

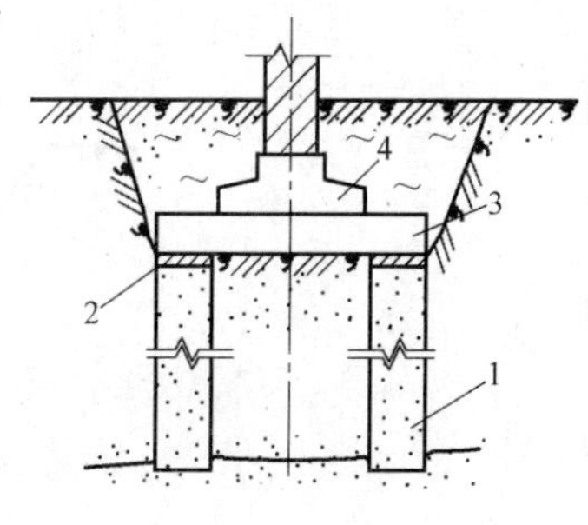

图 25-8 灰土桩（或井墩）托换
1—灰土桩（或井墩）；2—钢筋混凝土顶板；
3—钢筋混凝土托架；4—基础

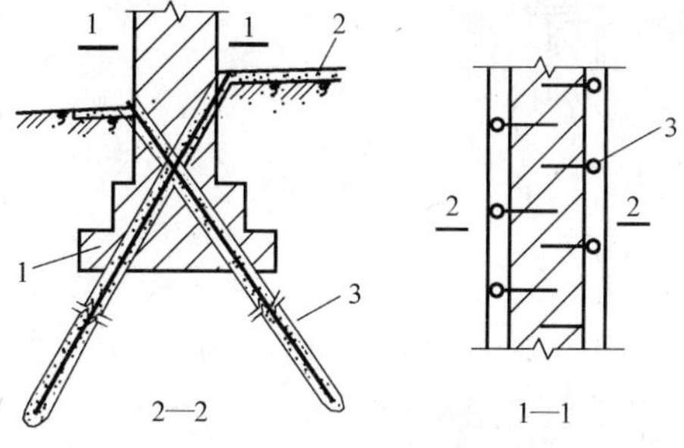

图 25-9 典型树根桩托换
1—条形基础；2—室内地面；3—树根桩

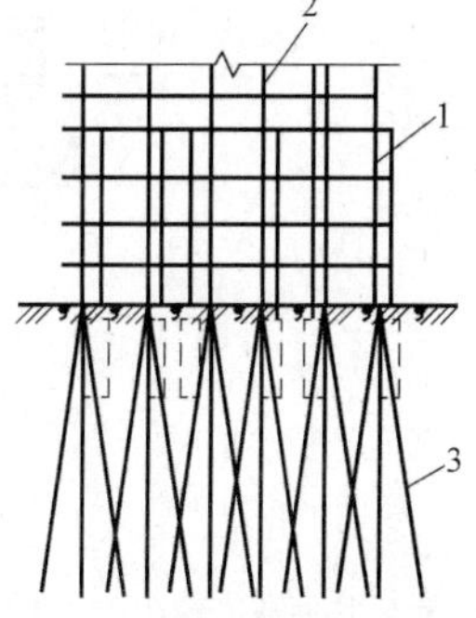

图 25-10 框架结构加固托换
1—原框架；2—加层外套框架；3—树根桩

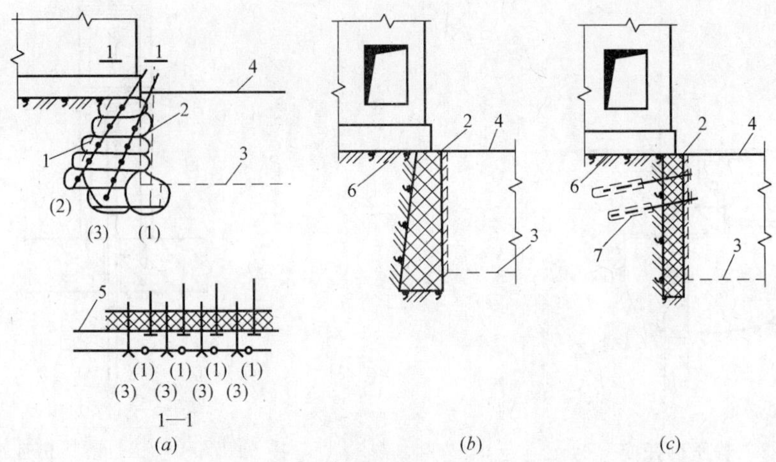

图 25-11　灌浆托换注浆孔布置及深基坑开挖托换

（a）注浆孔布置；（b）用做重力式挡土墙；（c）用做支承墙

1—设计灌注体范围；2—超灌部分；3—预定开挖坑底面；4—预定地表面；5—基础外界面；6—原土层；7—土层锚杆

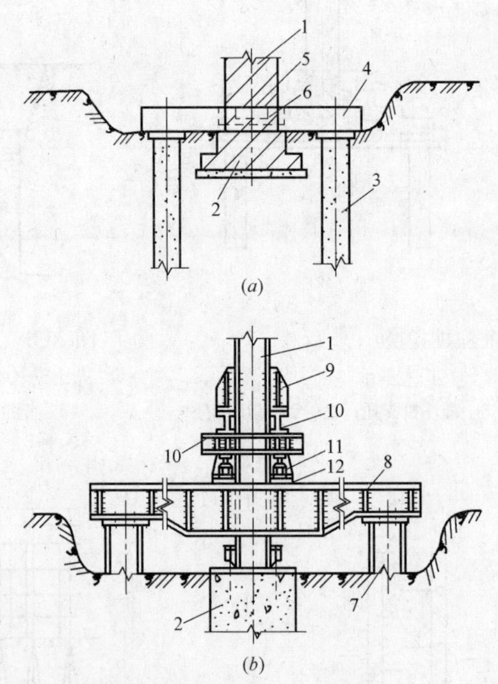

图 25-12　支承式托换

（a）托墙换基；（b）托柱换基

1—被托换砖墙或钢柱；2—需拆墙基或柱基；3—灰土桩、灌注桩或墩台；4—主梁；5—次梁；6—托架梁；7—支承短柱；8—钢板或桁架托架；9—钢牛腿；10—型钢小梁；11—油压千斤顶；12—钢板

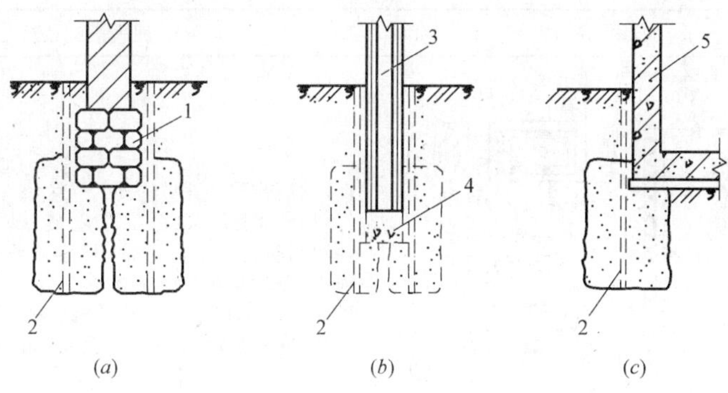

图 25-13 高压喷射注浆托换

(a) 高压喷射注浆加固基础；(b) 加固灌注桩持力层；

(c) 加固通廊或池坑结构

1—条形基础；2—高压喷射注浆；3—灌注桩；4—虚土或泥浆沉渣；5—通廊或池坑结构

25.3 建筑物结构加固技术

25.3.1 砖石结构加固

25.3.1.1 砖墙、柱、壁柱加固

砖墙、柱、壁柱加固方法 表 25-10

项次	名称	加固简图	加固措施、方法
1	扩大砌体截面法	原砌体；5～8皮砖；1 1；新加砌体；混凝土基础；原砌体；120；250；1—1；原砌体；2 2；5～8皮砖；φ6钢箍；新加砖套；原砌体；砖套；120；φ6钢箍；120；2—2	在原有砖柱或砖墙的一侧或两侧增砌新砌体，新旧砌体连接，有咬砖、钢筋连接两种方式。咬砖系在原砌体上每 5～8 皮砖剔一半砖深凹槽，使其成锯齿形，与新砌体相互咬合；钢筋连接是在新砌体上每隔 6～8 皮砖缝配置 φ6 箍筋；通过旧砌体处凿一皮砖高的洞，放上钢筋后再用砖填实。如为单侧加固，则仅在不增砌体的一面剔开砖缝，将钢筋埋入，再用 M5 砂浆锚固。扩大新砌体的砖，强度等级应与原砌体相同，砂浆强度应提高一级，且不低于 M2.5。 适于砖墙、独立砖柱、砖壁柱窗间墙承载能力不足，出现轻微裂缝需要增加的截面不太大的情况

续表

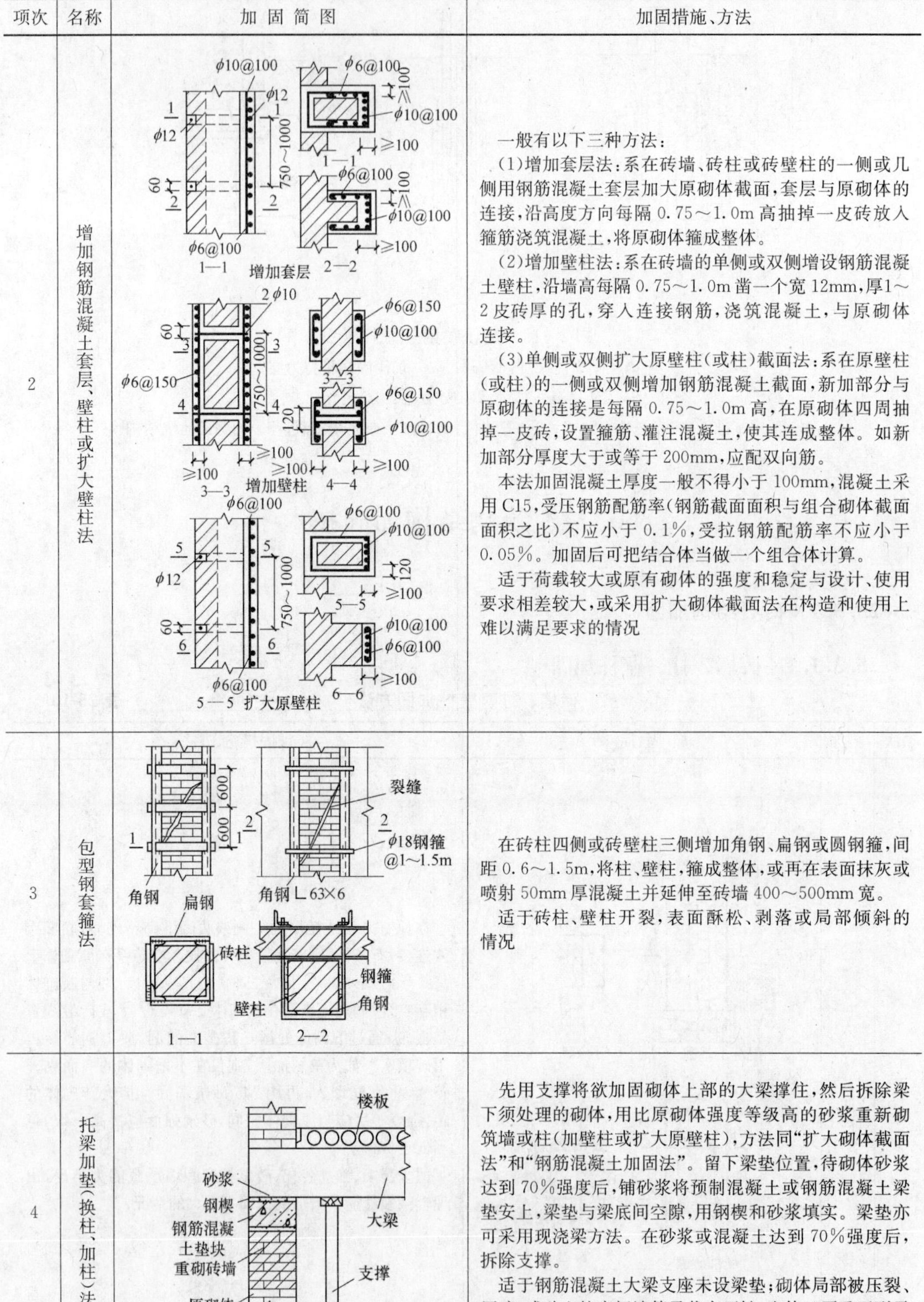

项次	名称	加固简图	加固措施、方法
2	增加钢筋混凝土套层、壁柱或扩大壁柱法		一般有以下三种方法： (1)增加套层法：系在砖墙、砖柱或砖壁柱的一侧或几侧用钢筋混凝土套层加大原砌体截面，套层与原砌体的连接，沿高度方向每隔0.75～1.0m高抽掉一皮砖放入箍筋浇筑混凝土，将原砌体箍成整体。 (2)增加壁柱法：系在砖墙的单侧或双侧增设钢筋混凝土壁柱，沿墙高每隔0.75～1.0m凿一个宽12mm，厚1～2皮砖厚的孔，穿入连接钢筋，浇筑混凝土，与原砌体连接。 (3)单侧或双侧扩大原壁柱（或柱）截面法：系在原壁柱（或柱）的一侧或双侧增加钢筋混凝土截面，新加部分与原砌体的连接是每隔0.75～1.0m高，在原砌体四周抽掉一皮砖，设置箍筋、灌注混凝土，使其连成整体。如新加部分厚度大于或等于200mm，应配双向筋。 本法加固混凝土厚度一般不得小于100mm，混凝土采用C15，受压钢筋配筋率（钢筋截面面积与组合砌体截面面积之比）不应小于0.1%，受拉钢筋配筋率不应小于0.05%。加固后可把结合体当做一个组合体计算。 适于荷载较大或原有砌体的强度和稳定与设计、使用要求相差较大，或采用扩大砌体截面法在构造和使用上难以满足要求的情况
3	包型钢套箍法		在砖柱四侧或砖壁柱三侧增加角钢、扁钢或圆钢箍，间距0.6～1.5m，将柱、壁柱，箍成整体，或再在表面抹灰或喷射50mm厚混凝土并延伸至砖墙400～500mm宽。 适于砖柱、壁柱开裂，表面酥松、剥落或局部倾斜的情况
4	托梁加垫（换柱、加柱）法		先用支撑将欲加固砌体上部的大梁撑住，然后拆除梁下须处理的砌体，用比原砌体强度等级高的砂浆重新砌筑墙或柱（加壁柱或扩大原壁柱），方法同“扩大砌体截面法”和“钢筋混凝土加固法”。留下梁垫位置，待砌体砂浆达到70%强度后，铺砂浆将预制混凝土或钢筋混凝土梁垫安上，梁垫与梁底间空隙，用钢楔和砂浆填实。梁垫亦可采用现浇梁方法。在砂浆或混凝土达到70%强度后，拆除支撑。 适于钢筋混凝土大梁支座未设梁垫；砌体局部被压裂、压碎；或独立柱窗间墙等承载力不够，砌体已严重开裂需换柱或加壁柱、扩大厚壁柱截面的情况

续表

项次	名称	加固简图	加固措施、方法
5	钢拉杆加固法	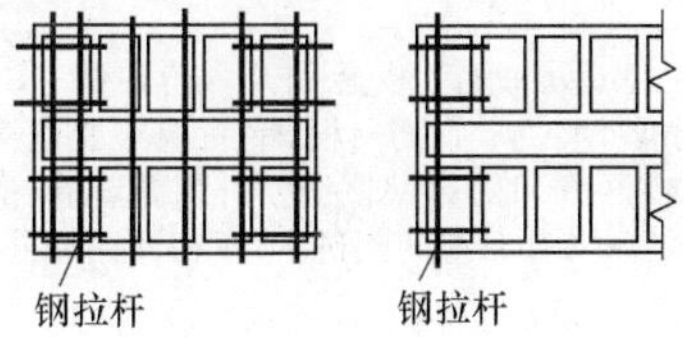 钢拉杆 钢拉杆	在纵横墙交接处每隔1m高设置一道钢拉杆，端部用角钢和螺母锚固，当要求不露出时，可在拉杆及角钢部位剔6cm×6cm槽，加固完后用M10砂浆将槽补好，外墙剔槽修补处做成假砖。 适于纵横墙交接处咬槎不好、影响砌体稳定性的情况
6	剔槽加梁(筋)锚固法	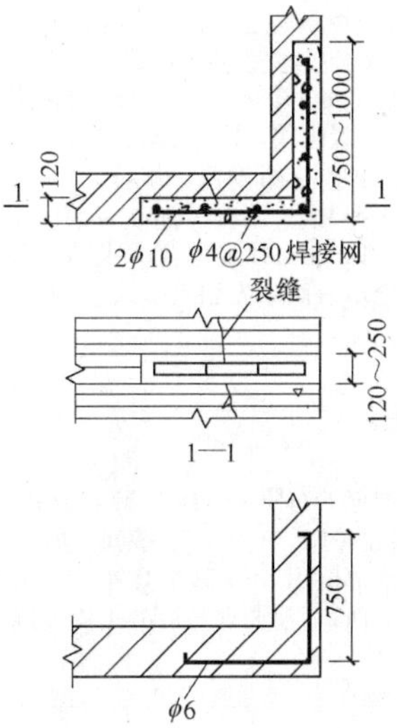 1 120 750～1000 1 2ϕ10 ϕ4@250焊接网 裂缝 120～250 1—1 750 ϕ6	在墙转角处外侧沿墙高每隔1m剔12cm×12cm凹槽，每边长0.75～1.0m，内配钢筋灌注混凝土或在墙转角增设外包角钢筋混凝土板；亦可沿墙高每隔4皮砖剔开一道灰缝，深5cm埋入ϕ6钢筋，每边长75cm，端部加直钩，然后用M10砂浆嵌实。 适于外墙转角处咬槎不好，影响砌体稳定性的加固；加角梁或板用于较严重情况；加配筋用于较轻的情况
7	增设分荷结构法	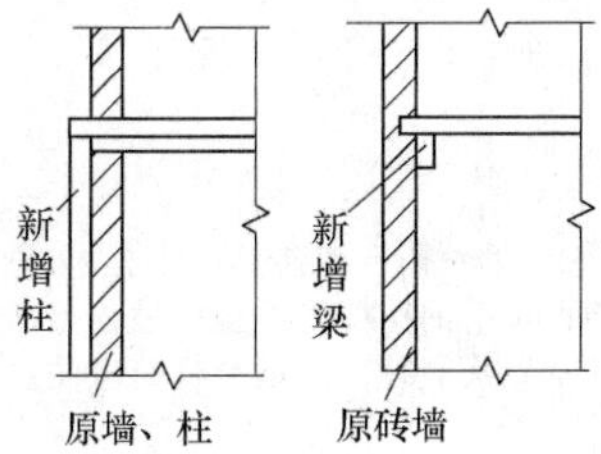 新增柱 原墙、柱 新增梁 原砖墙	当砖墙、壁柱或砖柱的强度、稳定性不够时，除以上补强方法外，亦可用增加新的结构，如设置分荷的梁、墙或者其他构件，来分担原来砌体的部分荷载和加强连接来进行加固。 适于建筑物加层或由于设计或施工原因，整个建筑物的砖砌体普遍存在承载能力不足的情况

25.3.1.2 砖墙裂缝加固

砖墙裂缝加固方法　　表25-11

项次	名称	加固简图	加固措施、方法
1	压浆法	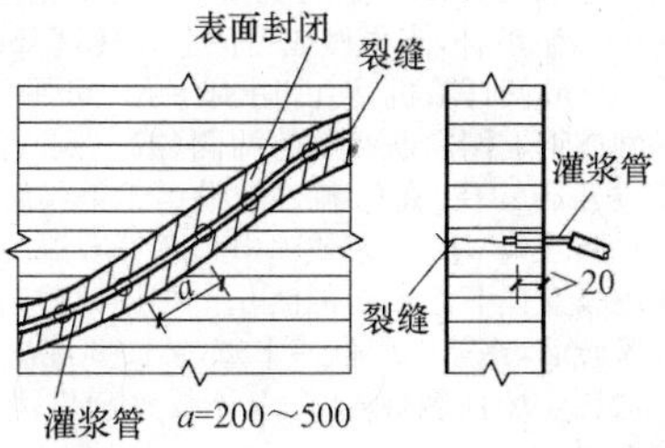 表面封闭 裂缝 灌浆管 a 灌浆管 a=200～500 裂缝 >20	用灰浆泵将水玻璃胶泥(水泥∶水玻璃∶水=1∶0.01～0.02∶0.7～0.9)或掺有其他胶合材料的水泥浆或水泥砂浆(水泥∶108胶∶砂∶水=1∶0.2∶0.6∶0.9或1∶0.2∶1∶0.6～0.7)压入裂缝内，使砌体粘合成整体。 灌浆口间距视裂缝宽度有20～50cm，封缝用麻刀石灰石膏灰或水泥浆。 灌浆压力控制在0.2～0.3MPa

续表

项次	名称	加固简图	加固措施、方法
2	剔缝埋入钢筋法	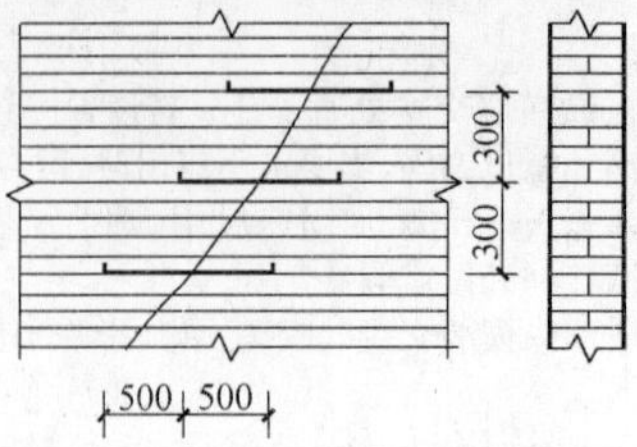 300 300 500 500	在裂缝处每隔五皮砖剔开一道砖缝，每边长 50cm，深 5cm，各埋入 ϕ6 钢筋一根，钢筋端部加直钩，伸入砖墙竖缝内，再用 M10 砂浆嵌缝。补前要清缝、浇水润湿，补后浇水养护，补时应间隔进行，不得两面剔同一条缝
3	抽砖加混凝土块连接法	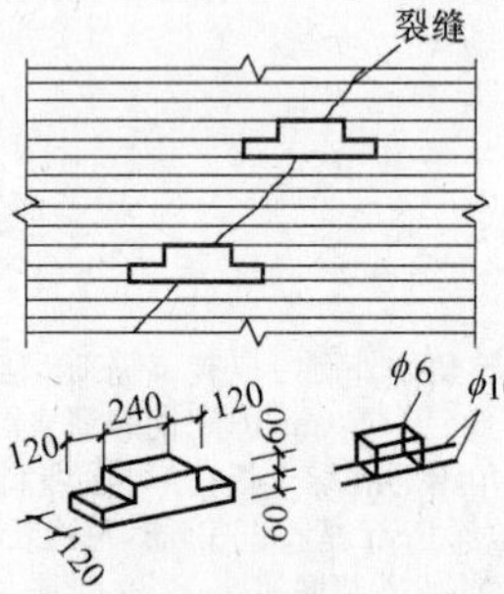 裂缝 ϕ6 ϕ10 120 240 120 60 60 120	在裂缝处，每隔 8～10 皮砖，抽砖嵌入 C10 预制钢筋混凝土、混凝土块，视砖墙砌法或裂缝走向，采取凸部朝上、朝下或正反交错设置，裂缝其他部位用 M10 水泥砂浆填补。嵌补时，将原有砖和砂浆清除干净、浇水湿润，上下左右括抹 M10 砂浆，然后将混凝土块嵌入，当为清水墙，混凝土块表面事先划出砖缝、刷色，使其与原墙面一致
4	钢筋混凝土板连接法		在裂缝处每隔 8～10 皮砖，抽掉 0.5～0.75m 长、6 或 12cm 宽砖墙，内嵌入 2ϕ6 钢筋，填灌 C15 细石混凝土，裂缝其他部位用 M10 砂浆修补。嵌补时，应先补好一面再补另一面，其他要求与混凝土块连接法同
5	加设拉杆法	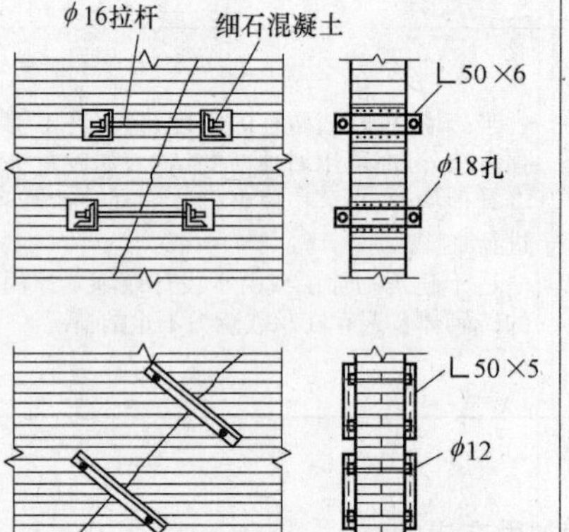 ϕ16拉杆 细石混凝土 L50×6 ϕ18孔 L50×5 ϕ12	在裂缝处每隔 5 皮砖钻一个孔，分别埋入角钢、螺栓或 S 形钢筋，用钢拉杆将裂缝砖墙连接成整体，砖洞与裂缝用 M10 砂浆嵌补。埋设拉杆时应注意拉紧
6	加设钢筋(钢丝)网砂浆(混凝土)面层法	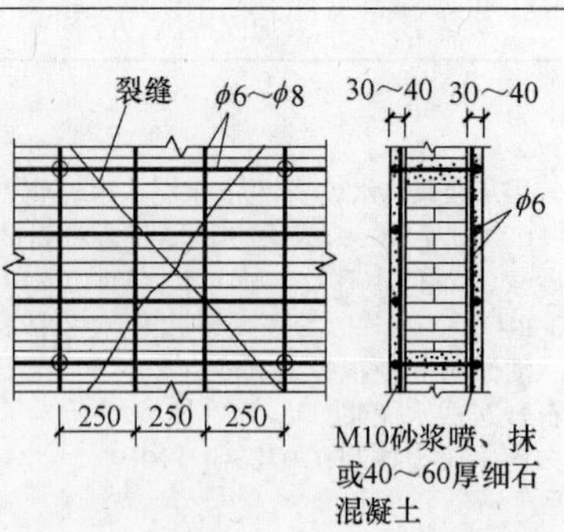 裂缝 ϕ6～ϕ8 30～40 30～40 ϕ6 250 250 250 M10砂浆喷、抹或40～60厚细石混凝土	在离墙最外边裂缝 50cm 范围内清理干净、剁毛，灰缝剔进 1～1.5cm，用水冲净、湿润。裂缝处剔成八字槽，用 M10 砂浆填补，表面做成毛面。在砖墙灰缝处按纵横间距 40cm，使打眼机钻孔，用 ϕ6～ϕ8、间距 250mm 点焊钢筋网或钢丝网紧贴在墙的两侧（或一侧），并用 S 形钢筋穿过孔洞钩住，在门洞处加设斜钢筋，然后在墙两侧抹 3～4cm 厚、M10 砂浆或喷射 C10 细石混凝土厚 4～6cm，或逐段支模灌注细石混凝土。加固时，应注意打眼不损坏原砖墙，钢筋网应保持平直，墙面要湿润，抹灰要压实。 适用于墙面裂缝较多、又不规则和十字交叉裂缝砖墙的加固

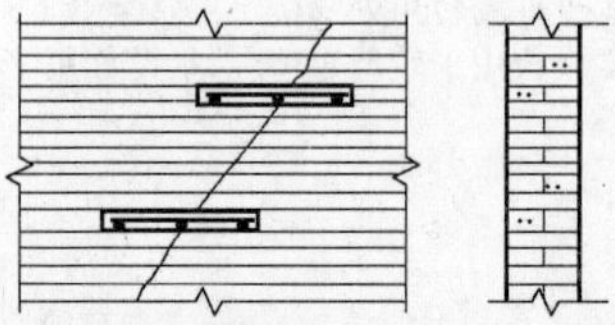

续表

项次	名称	加固简图	加固措施、方法
7	喷射混凝土加固法	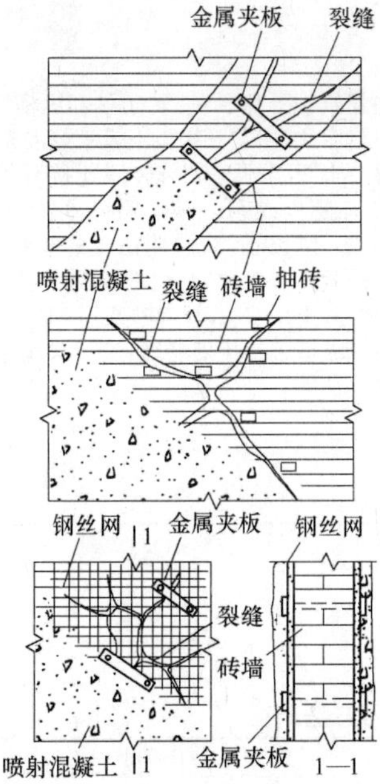 金属夹板 裂缝 喷射混凝土 裂缝 砖墙 抽砖 钢丝网 金属夹板 钢丝网 裂缝 砖墙 喷射混凝土 金属夹板 1—1	对单一裂缝，当墙体较完整、无错位时，采取在裂缝部位喷射厚50mm、宽400～500mm的条带状混凝土；当有较大错位时，则还应沿裂缝垂直方向两面加夹板再喷射混凝土；对墙体出现交叉裂缝或形状不规整的稠密裂缝、但未错位时，用单面满喷50mm厚的混凝土加固，在裂缝部位每隔350mm左右抽出半砖，以增强嵌固。如错位在30mm以内，则双面满喷；如错位大于30mm，应紧靠墙面配置直径4～6mm、间距100mm的钢丝网，并用夹板固定，再喷射50mm厚的混凝土。加固时，应将墙体表面酥松部分抹灰层清除干净，裂缝处沿全长凿成宽50～100mm的V形缝槽，以增强咬合和镶嵌效应。 适于墙体表面受震害、或烧伤酥松、削落或结构变形、裂缝、错位的加固
8	钢拉杆加固法	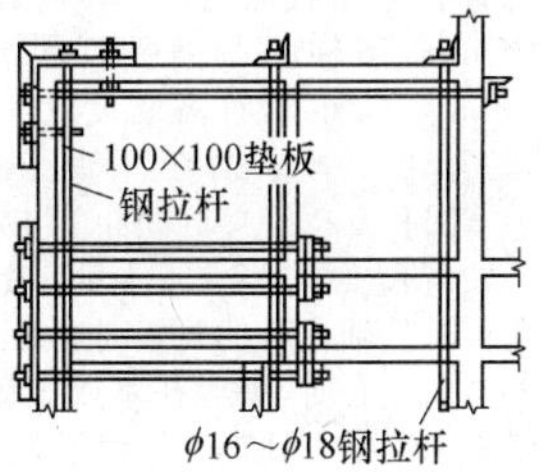 100×100垫板 钢拉杆 ϕ16～ϕ18钢拉杆	在每层楼板或屋盖下面纵横墙交接处设钢拉杆，将建筑物拉成整体，拉杆的设置视建筑物内部房间布置、裂缝严重程度及使用要求等情况，采取贯穿整个建筑物的横截面，或在内纵墙的一侧断开；每道横墙设一道或隔一间设一道，拉杆一般采用直径16～20mm^{3}号圆钢制作，两头攻丝，中间设法兰螺栓固定、裂缝部位用砂浆补实。加固应注意：打孔用打眼机，拉杆必须拉紧，并设∟60×6～∟100×10通长垫板，单根拉杆垫板长不应小于40cm；当无横墙时，宜在楼板下设一根钢筋混凝土过梁，将过道两侧砖墙撑住。 适于纵横墙交接处有裂缝的建筑物整体加固
9	钢腰箍及拉杆加固法	∟63×6 或[10 ≥1500 140 水泥砂浆灌严 140×150×B ∟80×8 或[10 腰箍 ϕ12～ϕ14钢拉杆	系在"钢拉杆加固法"的基础上，在外墙增加[10槽钢或∟80×8～∟10×10角钢腰箍，钢拉杆构造及设置方法同"钢拉杆加固法"。 适于纵横墙交接处有裂缝及有抗震要求的建筑物整体加固

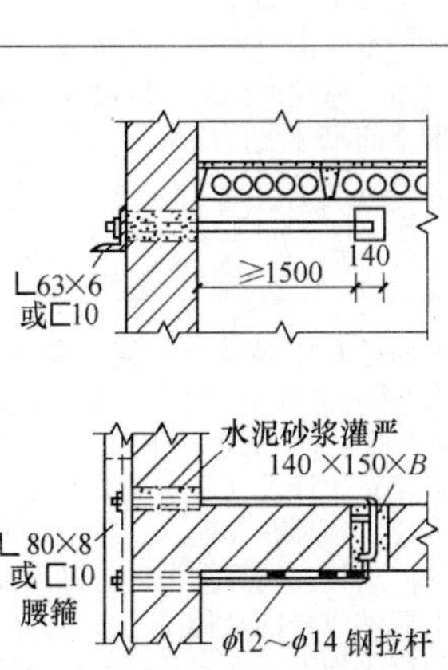

续表

项次	名称	加固简图	加固措施、方法
10	钢筋混凝土圈梁及钢拉杆加固法	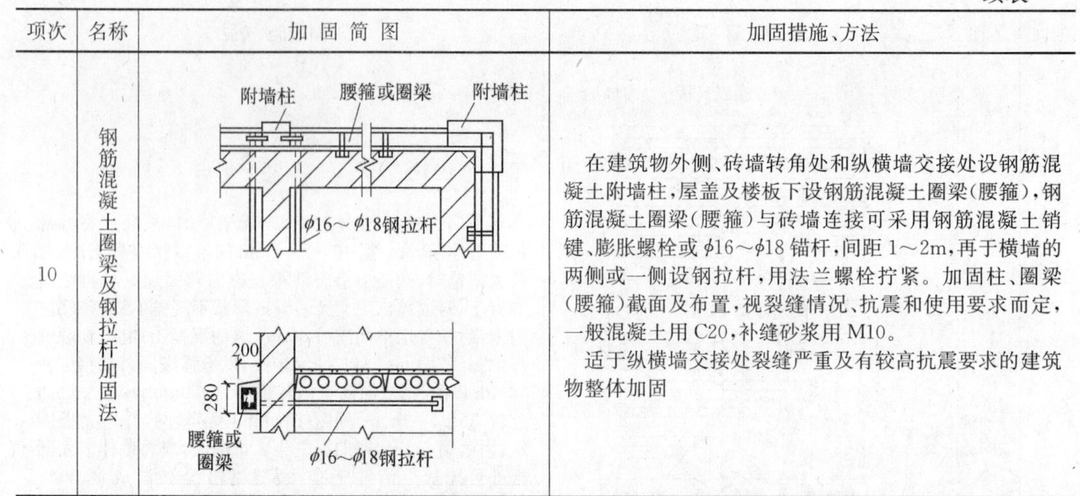	在建筑物外侧、砖墙转角处和纵横墙交接处设钢筋混凝土附墙柱，屋盖及楼板下设钢筋混凝土圈梁(腰箍)，钢筋混凝土圈梁(腰箍)与砖墙连接可采用钢筋混凝土销键、膨胀螺栓或 φ16～φ18 锚杆，间距 1～2m，再于横墙的两侧或一侧设钢拉杆，用法兰螺栓拧紧。加固柱、圈梁(腰箍)截面及布置，视裂缝情况、抗震和使用要求而定，一般混凝土用 C20，补缝砂浆用 M10。 适于纵横墙交接处裂缝严重及有较高抗震要求的建筑物整体加固

25.3.2　钢筋混凝土结构加固

25.3.2.1　柱加固

钢筋混凝土柱加固方法　　　　表 25-12

项次	名称	加固简图	加固措施、方法
1	四周增加钢筋混凝土围套法	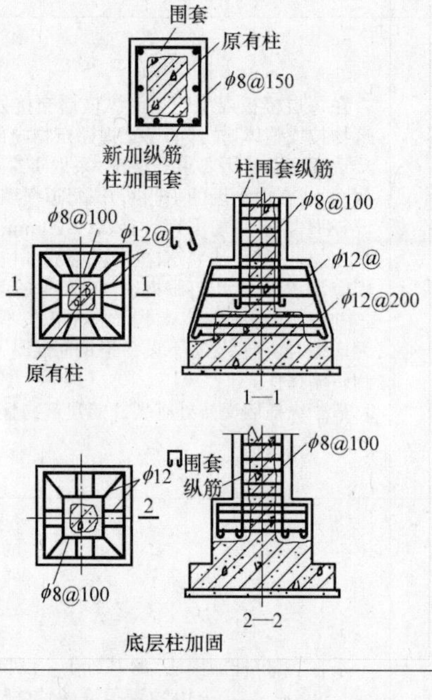 围套 原有柱 φ8@150 新加纵筋 柱加围套 柱围套纵筋 φ8@100 φ12@ φ8@100 φ12@ φ12@200 1　1 原有柱 1—1 φ12 围套纵筋 φ8@100 2 φ8@100 2—2 底层柱加固	将原有柱子凿毛，在四周包以新钢筋混凝土围套，增加钢筋和截面，提高承载力。围套厚度一般为 100mm，当柱子截面受到限制时，最低不得小于 60mm，主筋按设计需要设置，可考虑与原有主筋共同工作。一般采用 φ8，间距 150mm 的箍筋，在上、下楼层和基础交接处间距为 100mm。 如系底层柱，当柱子为轴心受压或小偏心受压时，则须沿基础台阶的宽度加做钢筋混凝土套子；当柱子为大偏心时，则应在基础上阶柱的周围加做钢筋混凝土套子。新加套子高度均按纵向钢筋的锚固长度(一般为 25d)确定；当柱基也需加固时，则应结合基础加固一起考虑。 增设围套的柱子在穿过楼层时，新加的纵向钢筋和混凝土围套均应穿过楼板。 适于原柱的强度或刚度与设计要求相差较大而周围空间尺寸允许的情况
2	置换混凝土加固法	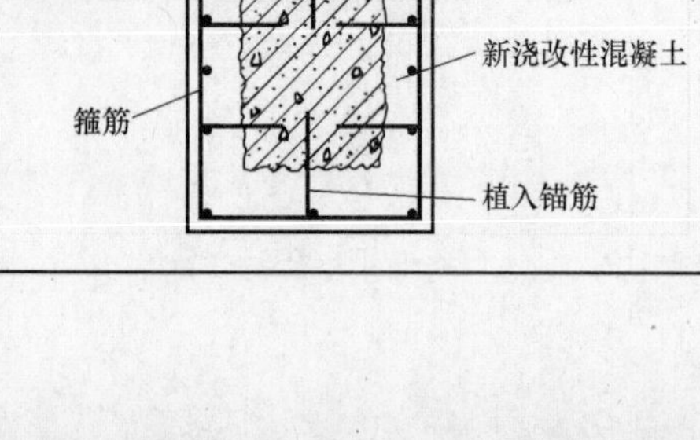 纵向钢筋 混凝土保留部分 新浇改性混凝土 箍筋 植入锚筋	将原有柱混凝土强度不合格或严重缺陷部位凿去，凿除深度不应小于 50mm。要求种植锚固筋 φ10@300×300，成梅花形布置，并与主筋焊接，然后支模浇筑比原设计高一级的混凝土。配筋及混凝土加固厚度须经验算确定；置换长度应按混凝土强度和缺陷的检测验算结果确定；但对非全长置换的情况，其两端应分别延伸不小于 100mm 的长度。适于柱混凝土强度偏低或有严重缺陷的局部加固

续表

项次	名称	加固简图	加固措施、方法
3	单侧或双侧加大截面法	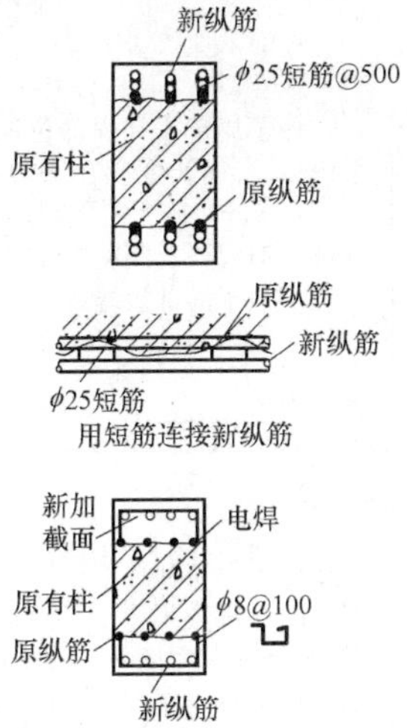 新纵筋 φ25短筋@500 原有柱 原纵筋 原纵筋 新纵筋 φ25短筋 用短筋连接新纵筋 新加截面 电焊 原有柱 φ8@100 原纵筋 新纵筋	有两种方法：一种是在柱子单侧或双侧受力方向凿去钢筋保护层，新加纵向钢筋，借 φ25 长 50mm 间距 500mm 的短钢筋作媒介与原柱内纵向钢筋焊接，然后抹 1：1 水泥砂浆或浇筑混凝土；另一种是在原柱的单侧或双侧增设 100mm 以上截面，新加纵向钢筋是以焊接钢箍作媒介与原柱内纵向钢筋连接，钢箍的间距与原柱内箍筋间距相同，但需交错布置。前法电焊工作量、焊接时钢筋变形较大，且易损伤原钢筋；后法施工较为方便，能显著增加柱子的承载力，使用较多。 适于柱子强度与设计相差不大，在受力方向偏心较大，或由于空间尺寸限制不便于制作钢筋混凝土围套（如伸缩缝柱、部分伸入墙内的外排柱等）的柱子加固
4	一侧或两侧加设预应力撑杆结构法	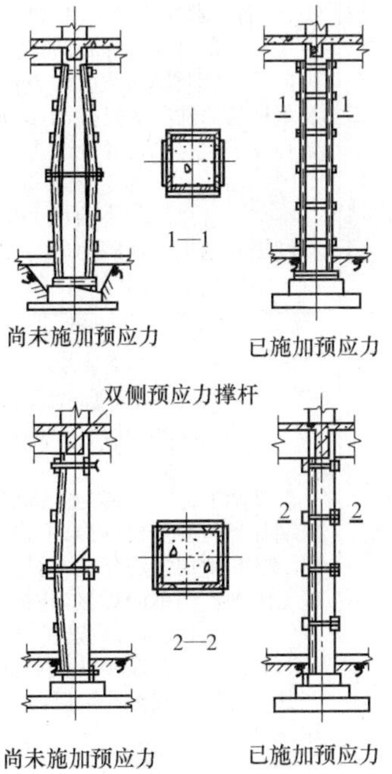 1—1 1 1 尚未施加预应力 已施加预应力 双侧预应力撑杆 2—2 2 2 尚未施加预应力 已施加预应力 单侧预应力撑杆	有两种方法： （1）双侧预应力撑杆加固法：系用 4 根角钢（或两根槽钢）借连接板连成两组撑杆，装在被加固柱的两侧。将柱上、下两端混凝土凿去，铺上水泥砂浆，安装上传力角钢，并使其翼板内表面与加固柱的外表面齐平。当需增大传力角钢的传力翼缘的刚性时，可在翼缘下设置 10～15mm 厚支承板。为使撑杆与传力角钢紧密接触，在撑杆端部焊 15mm 厚传力板，其截面面积应与撑杆截面相等。撑杆角钢翼缘中点有切口，可以使撑杆在中间弯曲。安装撑杆时，其弯曲方向朝外。为补偿撑杆翼缘上切口所减弱截面，应焊补强盖板，同时利用它安装普通拉紧螺栓。施加预应力时，用拉紧螺栓将稍弯曲的两根撑杆相互拉紧、拉直，撑杆即产生很大内应力，然后再将连接板焊在撑杆的翼缘上，将两根撑杆连在一起，取去拉紧螺栓，即告完成。 （2）单侧预应力撑杆加固法：系在偏心受压柱的受压一侧装撑杆结构，其构造和安装方法与双侧撑杆相同。撑杆安装后，中部应有弯曲，坡度斜向两端。在柱的另一侧设置固定螺栓的支承板，将撑杆上的拉紧螺栓固定到柱另一侧的支承板上，并将撑杆拉直，紧贴在柱表面，即在单侧撑杆内产生预应力，再将固定板按一定间距焊在撑杆的侧面翼缘上，另一端焊在短角钢上，每双短角钢再互相连接，与侧面固定板形成固定撑杆的箍，撑杆即固定在柱子上。 柱双侧或单侧预应力撑杆加固完后，一般还缠绕直径 1.5～2mm 的软钢丝，环距为 30～50mm，或包以钢丝网，再抹 25～30mm 厚水泥砂浆保护层，以提高结构的耐久性。 本法优点是可预先制造，现场安装，安装时只需凿去安装撑杆的支座处表层混凝土即可；另加固空间小，利用结构本身施加预应力方法简便，并能使撑杆参加受力，分担柱部分荷载。 双侧撑杆加固适用于提高轴心受压及有正负弯矩的偏心受压柱的承载能力；单侧撑杆加固适用于加固有大偏心及小偏心的偏心受压柱

续表

项次	名称	加固简图	加固措施、方法
5	钢筋混凝土套筒法	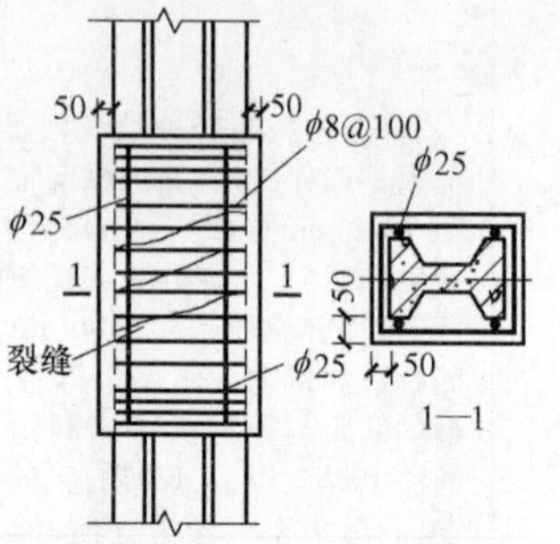 50 50 φ8@100 φ25 φ25 1 1 50 裂缝 φ25 50 1—1	在柱子局部需补强部位加做钢筋混凝土套筒，如系撞裂，套筒长度应在每边不少于500mm，厚度不少于50mm。施工时须将加固部位混凝土凿毛。以保证新旧混凝土间粘结良好。 适于柱子局部裂缝或损坏的加固
6	包角钢（或钢箍）框法	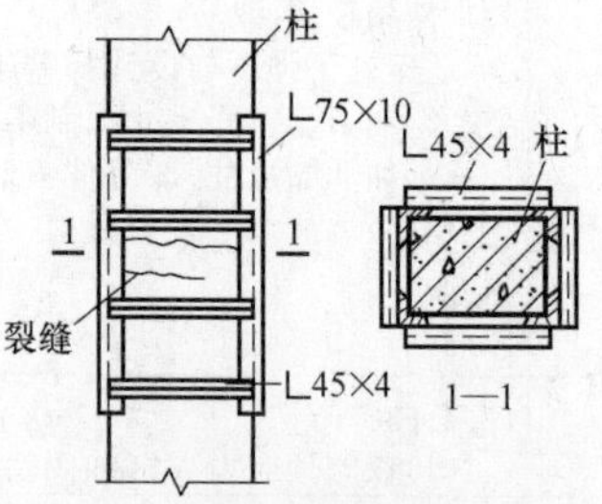 柱 ∟75×10 ∟45×4 柱 1 1 裂缝 ∟45×4 1—1	在柱局部需补强部位四角用角钢或钢箍加固，加固长度在每边不少于500mm。施工时在柱的四角或周围垫以水泥砂浆一层，安装角钢或钢箍后，将角钢与连接板焊牢，使其与柱紧密接触。 适于柱局部裂缝或损伤的加固
7	外包劲性混凝土加固法	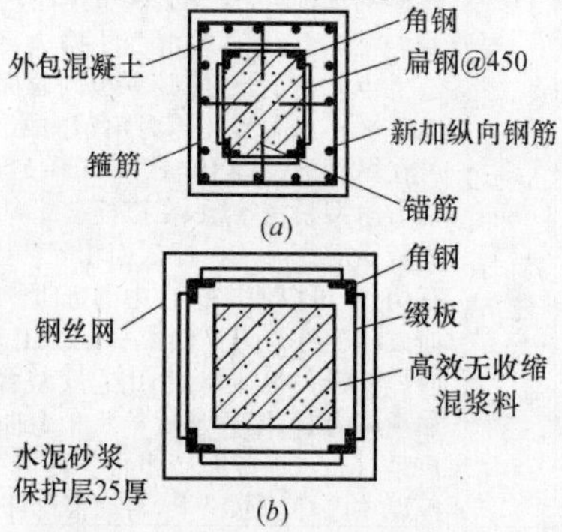 外包混凝土 角钢 扁钢@450 新加纵向钢筋 箍筋 锚筋 (*a*) 钢丝网 角钢 缀板 高效无收缩混浆料 水泥砂浆保护层25厚 (*b*)	外包劲性混凝土加固法分为干式外包钢-外包混凝土组合加固法与干式外包钢-高效无收缩灌浆料组合加固法，前者是外包钢加固法和增大截面加固法、锚筋技术的综合应用，如图(*a*)所示；后者是在柱四角外包角钢，沿柱高方向设置缀板，与四个角钢肢焊接，形成钢骨架，然后将30mm厚灌浆料灌入角钢及缀板与原柱间的空隙内，以加大柱断面而使钢骨架和灌浆料与原柱混凝土共同工作，满足设计要求，如图(*b*)的所示 本法具有只需较小的增大构件截面尺寸，就能大幅度提高结构的承载力的特点，较多应用于现浇混凝土结构柱的加固
8	加设钢柱间支撑法	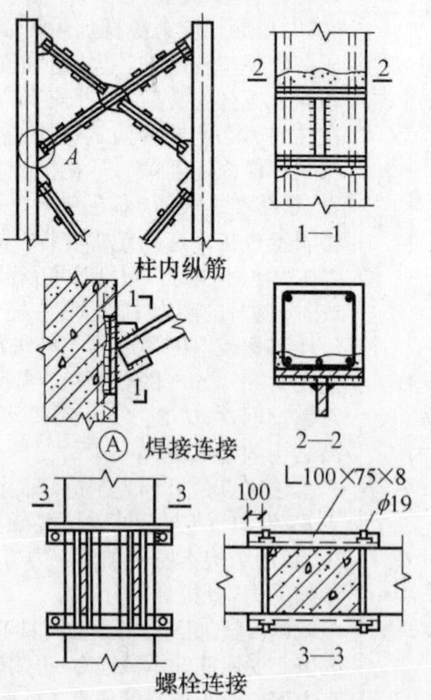 A 2 2 1—1 柱内纵筋 1 1 Ⓐ 焊接连接 2—2 3 3 100 ∟100×75×8 φ19 3—3 螺栓连接	在柱间下部或下部与上部同时加设角钢支撑，支撑端部与柱的连接，可采取将连接部位柱纵向筋凿出，洗净，附加短筋与柱内纵筋两面焊接，再将连接板与附加短筋单面焊接，并将支撑的连接板及加劲板焊在连接板上，最后安装钢支撑，并用水泥砂浆抹面。亦可采取在连接处设角钢螺栓箍或包钢板箍，在其上焊柱间支撑连接板，安装钢支撑，支撑材料采用HPB300级钢，焊条T42型，焊缝厚应不小于6mm。 适于柱子偏斜，纵向强度、刚度和稳定性不够的加固

续表

项次	名称	加固简图	加固措施、方法
9	牛腿包混凝土套法	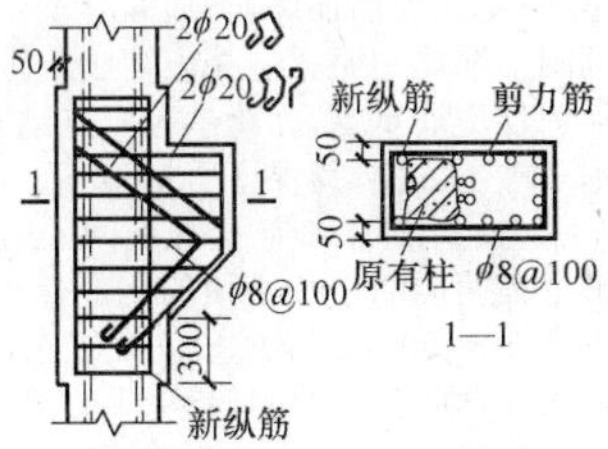 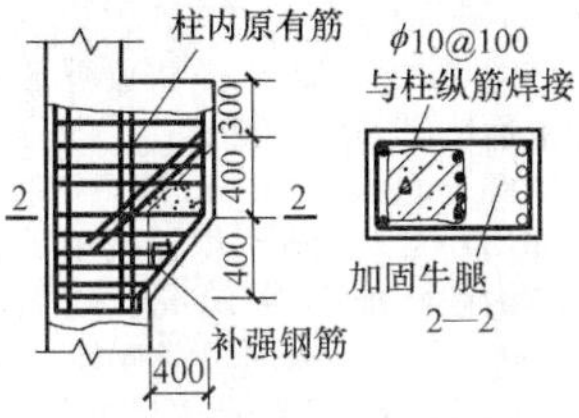 50；2ϕ20；2ϕ20；新纵筋；剪力筋；50；50；原有柱；ϕ8@100；ϕ8@100；1—1；300；新纵筋；柱内原有筋；ϕ10@100 与柱纵筋焊接；300；400；400；加固牛腿 2—2；补强钢筋；400	如原柱牛腿强度不够时，可将牛腿上、下柱的一段钢筋保护层凿去，另加钢筋混凝土套，牛腿的高度应满足要求，可按《混凝土结构设计规范》(GB 50010—2010)有关规定进行计算，牛腿两侧应配置绕过柱背的钢箍，钢箍直径间距为ϕ8@100。 如原牛腿高度不够或受弯钢筋数量不够时，可适当加大牛腿的尺寸，并增加适量的立筋和箍筋(ϕ10、间距100mm)，使其与原牛腿混凝土连成整体。牛腿需扩大的尺寸及增设钢筋数量按计算确定。施工时，应将钢筋保护层凿去，将箍筋焊于柱主筋上，然后灌注比原柱高一强度等级的混凝土。 适于柱牛腿强度不够或高度不够、弯起钢筋数量不够的加固
10	牛腿包角钢框法	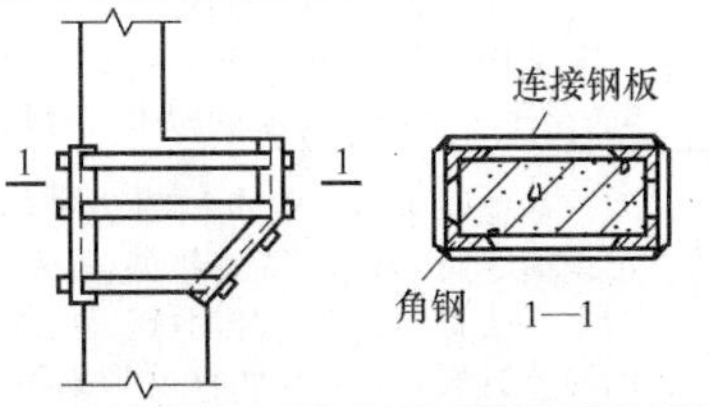 连接钢板；角钢；1—1	在牛腿或裂缝部位四角用角钢框包住，使其与混凝土紧密接触。在包裹前裂缝先用环氧胶泥灌注或封闭。 适于牛腿裂缝不太严重的加固

25.3.2.2 梁加固

钢筋混凝土梁加固方法 **表 25-13**

项次	名称	加固简图	加固措施、方法
1	三侧或四侧加做围套法	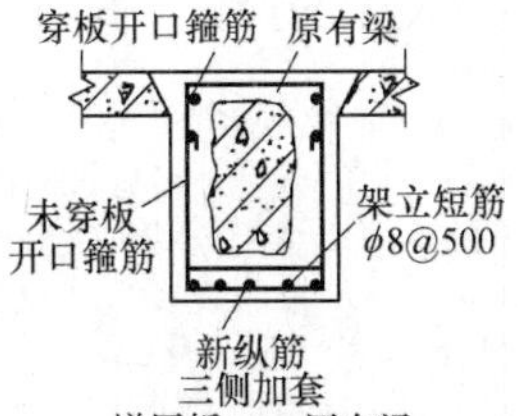 穿板开口箍筋；原有梁；未穿板开口箍筋；架立短筋 ϕ8@500；新纵筋；三侧加套；增厚板；原有梁；新箍筋；原有纵筋；连接短筋；新纵筋；四侧加套	采用三侧加围套，其两侧混凝土厚度不应小于100mm，增加纵向钢筋应由计算确定。加固时，将梁底钢筋保护层凿去，使其露出纵筋$d/2$(d——钢筋直径)，梁侧表面凿毛，新加纵筋用ϕ25@0.5～1.0m的短筋与原纵筋焊连，并用ϕ8间距500mm的短筋架立联系。另外在梁侧的板面上每隔0.5m凿一80mm×100mm孔，以便通过箍筋和浇筑混凝土。在梁两侧新加的纵向钢筋上宜焊有剪力弯筋，上部与架立筋焊接。箍筋直径由计算确定，一般用ϕ8，穿板的采用封闭式，不穿板的采用开口式箍筋。混凝土由两侧浇筑，模板随捣随立，浇到顶时，由板上开洞灌入。 采用四面加围套时，新加混凝土围套侧壁厚一般为50mm，当宽度受到限制时，亦不应小于40mm；围套上、下侧混凝土厚度应按实际需要而定，一般不小于100mm。围套内增设纵向钢筋及箍筋应由计算确定，纵筋可沿梁的上下两侧或其中一侧设置，箍筋一般采用ϕ8@150，围套内的部分纵向钢筋也可屈折成斜筋以承担横向力。 本法加固质量好，焊接工作量少，施工方便，但支模工作量大。 适于梁的刚度、强度或剪力不足、且相差较大的情况

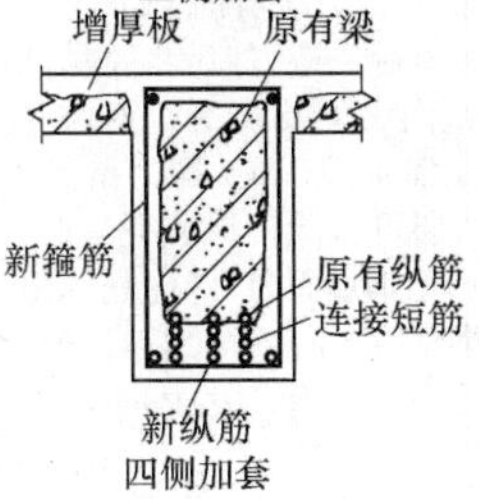

续表

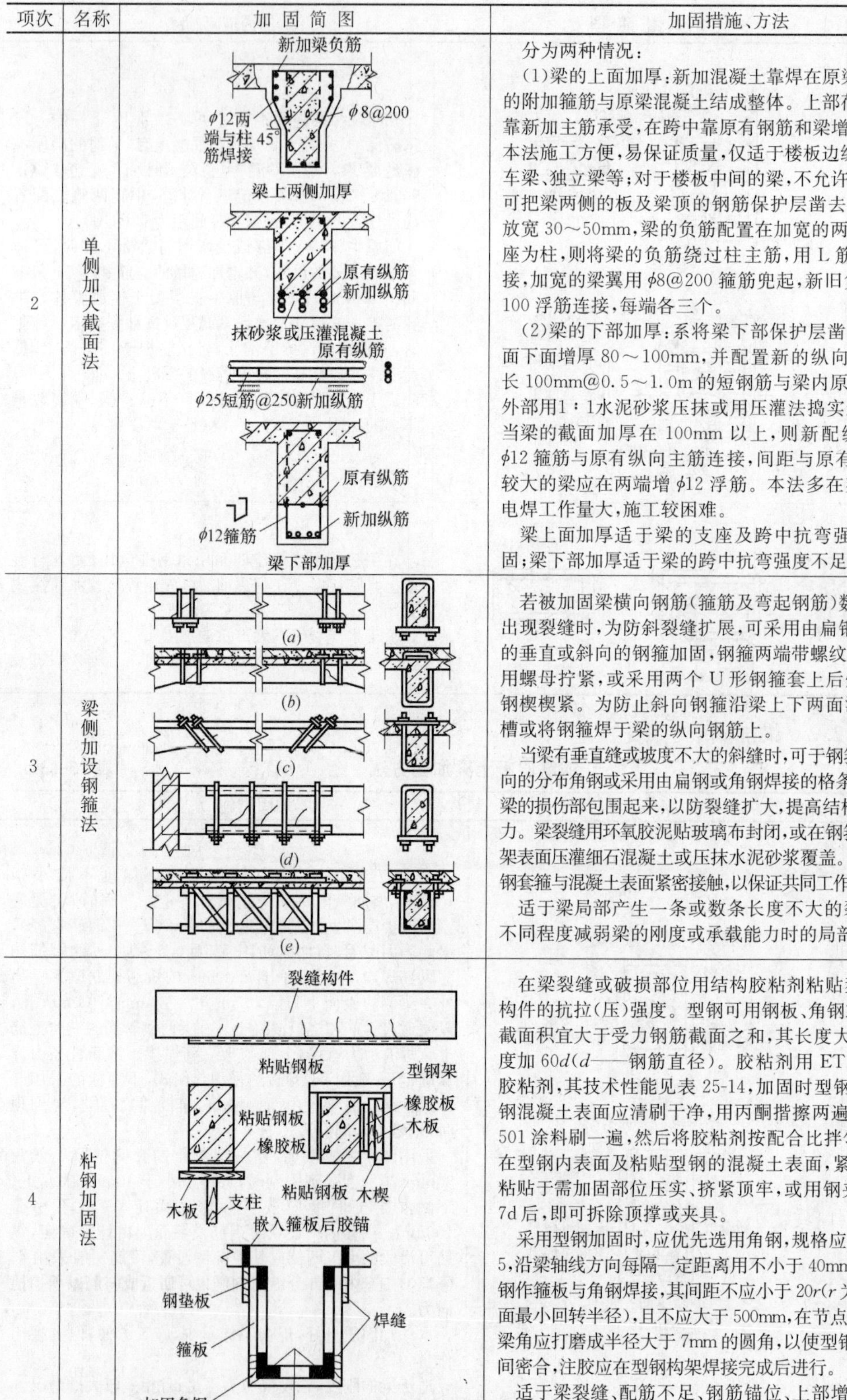

项次	名称	加固简图	加固措施、方法
2	单侧加大截面法	梁上两侧加厚；梁下部加厚	分为两种情况： (1)梁的上面加厚：新加混凝土靠焊在原梁上部钢箍上的附加箍筋与原梁混凝土结成整体。上部荷载在支座处靠新加主筋承受，在跨中靠原有钢筋和梁增高部分承受。本法施工方便，易保证质量，仅适于楼板边缘梁、墙梁、吊车梁、独立梁等；对于楼板中间的梁，不允许突出楼面时，可把梁两侧的板及梁顶的钢筋保护层凿去，把梁顶每边放宽30～50mm，梁的负筋配置在加宽的两边上，当梁支座为柱，则将梁的负筋绕过柱主筋，用L筋与柱钢筋连接，加宽的梁翼用ϕ8@200箍筋兜起，新旧负筋用ϕ12@100浮筋连接，每端各三个。 (2)梁的下部加厚：系将梁下部保护层凿去，把梁的截面下面增厚80～100mm，并配置新的纵向钢筋，借ϕ25长100mm@0.5～1.0m的短钢筋与梁内原有主筋焊连，外部用1∶1水泥砂浆压抹或用压灌法捣实新的保护层。当梁的截面加厚在100mm以上，则新配纵向钢筋，用ϕ12箍筋与原有纵向主筋连接，间距与原有箍筋同。对较大的梁应在两端增ϕ12浮筋。本法多在梁下面操作，电焊工作量大，施工较困难。 梁上面加厚适于梁的支座及跨中抗弯强度不足的加固；梁下部加厚适于梁的跨中抗弯强度不足的加固
3	梁侧加设钢箍法	(a)～(e)	若被加固梁横向钢筋(箍筋及弯起钢筋)数量不足或已出现裂缝时，为防斜裂缝扩展，可采用由扁钢或圆钢制成的垂直或斜向的钢箍加固，钢箍两端带螺纹，套入钢板后用螺母拧紧，或采用两个U形钢箍套上后焊牢，再打入钢楔楔紧。为防止斜向钢箍沿梁上下两面滑动，需凿沟槽或将钢箍焊于梁的纵向钢筋上。 当梁有垂直缝或坡度不大的斜缝时，可于钢箍内侧配置纵向的分布角钢或采用由扁钢或角钢焊接的格条小桁架梁，将梁的损伤部包围起来，以防裂缝扩大，提高结构刚度和承载力。梁裂缝用环氧胶泥贴玻璃布封闭，或在钢箍及格条小桁架表面压灌细石混凝土或压抹水泥砂浆覆盖。加固时，应使钢套箍与混凝土表面紧密接触，以保证共同工作。 适于梁局部产生一条或数条长度不大的裂缝，并因此不同程度减弱梁的刚度或承载能力时的局部或全部加固
4	粘钢加固法		在梁裂缝或破损部位用结构胶粘剂粘贴型钢，以提高构件的抗拉(压)强度。型钢可用钢板、角钢或槽钢，型钢截面积宜大于受力钢筋截面之和，其长度大于破损区长度加60d(d——钢筋直径)。胶粘剂用ET型建筑结构胶粘剂，其技术性能见表25-14，加固时型钢内表面及粘钢混凝土表面应清刷干净，用丙酮揩擦两遍，再用EA－501涂料刷一遍，然后将胶粘剂按配合比拌匀，分别涂刮在型钢内表面及粘贴型钢的混凝土表面，紧接着将型钢粘贴于需加固部位压实、挤紧顶牢，或用钢夹具夹紧，经7d后，即可拆除顶撑或夹具。 采用型钢加固时，应优先选用角钢，规格应不小于∟50×5，沿梁轴线方向每隔一定距离用不小于40mm×4mm的扁钢作箍板与角钢焊接，其间距不应小于20r(r为单根扁钢截面最小回转半径)，且不应大于500mm，在节点区适当加密。梁角应打磨成半径大于7mm的圆角，以使型钢与混凝土之间密合，注胶应在型钢构架焊接完成后进行。 适于梁裂缝、配筋不足、钢筋锚位、上部增荷或需提高构件的承载能力的情况

续表

项次	名称	加固简图	加固措施、方法
5	梁侧设置预应力拉杆法	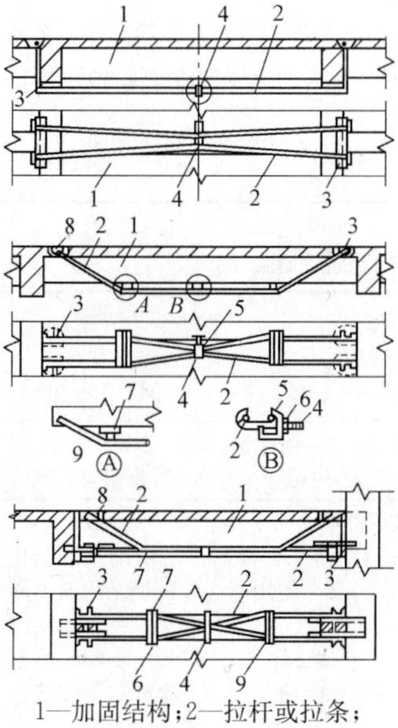 1—加固结构；2—拉杆或拉条； 3—角钢或槽钢锚固装置； 4—拉紧螺栓；5—垫板； 6—螺母；7—支承垫板； 8—楼板打孔；9—焊缝	该法为一种新型的加固装置，是通过在被加固结构上设置刚性的和弹性的附加支座及调节装置，或装设各种调节卸荷的张拉和支撑结构，以改变结构受力图形使其达到减小或闭合结构物上裂缝，提高结构承载能力和整体刚度，一般有以下三种方法： （1）预应力水平拉杆加固法：系在被补强构件上设置水平拉杆，使原来受弯构件变为偏心受压构件，使支座处产生附加弯矩，同时减少跨中弯矩，增加承载力。拉杆由圆钢或型钢拉杆（或拉条）、支座锚固装置和拉紧装置组成。拉杆的两端设有锚固装置，通过端部镶入原构件上将拉杆可靠地固定在支座上，同时把拉杆中产生的内力传给所加固的构件。当采用二肢拉杆时，将两肢拉杆用拉紧螺栓在中部钩（拉）住拉紧，互相靠近，即对构件产生预压应力；当采用一根拉杆时，则在中部垫上支顶螺栓张拉槽钢拉杆。拉杆装置应刷油漆防锈或外表包以金属网，再抹水泥砂浆保护层。本法施工简单，一般可通过加设两根拉杆将梁的抗弯能力提高 1/3～1/2。 （2）预应力下撑式拉杆加固法：系在被补强构件上设置下撑或拉杆参加受力，使原受弯构件变为偏心受压构件，在下撑式拉杆承托构件的位置产生卸荷力、提高原构件的承载力。下撑式拉杆由两套圆钢或角钢拉杆、支座锚固件、支撑垫板和一个拉紧螺栓组成。拉杆两端焊在锚固装置上，通过端部焊在原构件钢筋上，并用快硬砂浆或混凝土填实；将压力传给被补强构件。下撑式拉杆两肢的弯曲处安放宽 40mm、厚 10～25mm 钢垫板，并与拉杆焊连。张拉方法是用不小于 ϕ16 的拉紧螺栓将两根拉杆相互拉紧而成。 （3）预应力组合式拉杆加固法：系由水平拉杆和下撑式拉杆组合而成。它能大大地减少剪力值，随着拉杆的参加受力，被补强构件由原来的受弯构件变成偏心受压构件，能提高整个结构的刚度，有效地利用全部拉杆材料 拉杆可做成两条或四条两种。两条拉杆装置由弯曲拉条、水平拉条、支点处的锚固装置、支承垫板及拉紧装置组成。拉杆分为中段和两个端段，中段为主拉条，弯成下撑式拉杆的形状，两端伸到被补强构件支座的顶部。两个端段是水平拉条，从两侧焊到中段拉条的弯曲处，并伸到被补强结构的底部，每一根拉条在端部分为二肢分别伸向被补强构件支座处的上面和下面，焊接在锚固装置上，通过锚固装置固定在被补强构件的支座上，并将压力传给被补强的构件。弯曲拉条末端焊到埋设在楼板中的槽钢上，锚固件与被补强构件的侧表面齐平。水平拉杆焊在下部锚固角钢垂直翼缘上，而角钢则预先焊在被补强构件两侧的钢筋上，并与构件的侧面齐平。双肢拉杆的其他装置及张拉力方法均与前述两种方法相同。张拉后将螺栓焊在螺栓上，并将螺栓长出部分切去。 四肢拉杆由弯曲拉条、水平拉条、拉条在支点处锚固装置、支承垫板、拉条之间的垫铁以及拉紧装置组成。拉杆由一对弯曲拉条和一对水平拉条构成。前者为下撑式拉条，紧挨着被补强构件的侧面伸至构件支点的上部；后者直接安装在弯曲拉条下面。每对拉条均单独设置，末端焊在支座处的锚固装置上，四肢拉杆的锚固装置、支承垫板在拉条弯曲处设置方法、拉紧装置以及张拉方法均与前述两种拉杆相同。 预应力水平拉杆适于梁抗弯能力不够的加固；预应力下撑式拉杆加固适于梁抗弯能力相差较大的加固；预应力组合式拉杆适于梁抗弯和抗剪强度相差很大时的加固

续表

项次	名称	加固简图	加固措施、方法
6	采用分荷结构法	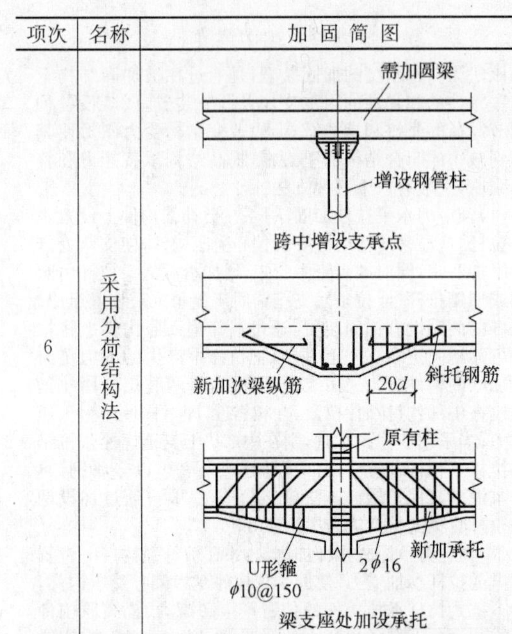	在梁跨中增加新的支承点或在梁的支座处加设承托，用以减小原结构的跨度，提高承载力。 在梁跨中增加支点系在梁中设钢管支柱，支柱上部借U形钢套与梁底紧密接触，下部设底座和基座使传力可靠、不变形。 在梁支座处加设承托，可以调整梁的正负弯矩，当支座为柱时，可在柱的两侧加设承托，当支座为主梁时，则沿主梁高度在主梁两侧加设承托。施工时凿去原梁混凝土保护层，焊接U形钢箍，间距与原梁相同，如需加密，则部分与原梁主筋焊接；承托底部的新加纵向钢筋在支座处与柱子或梁主筋焊接，然后即可支模、灌注混凝土。 适于梁跨中支座抗弯强度和抗剪强度不足的加固

ET型建筑结构胶粘剂技术性能　　表25-14

抗压强度（MPa）	抗弯强度（MPa）	与干混凝土粘结强度（MPa）	与湿混凝土粘结强度（MPa）	粘结钢与混凝土抗剪强度（MPa）	粘结钢与混凝土抗拉强度（MPa）
78.8～82.2	29.6～30.3	≥7.3 试件断在混凝土上	≥5.5 试件断在混凝土上	≥6 混凝土破坏	≥6 混凝土破坏

注：1. ET型建筑结构胶粘剂系由苏州混凝土水泥制品研究院生产。

2. ET型胶粘剂由甲、乙两组分组成。甲组分含环氧树脂、活性稀释剂、增韧剂、抗老化剂和填料等，乙组分为固化剂和填料。配合比为：甲组分：乙组分＝3.5：1，使用时，ET型胶粘剂：砂＝1：0.5，胶粘剂安全性良好，无毒。

3. 胶粘剂品种尚有鞍钢修建部研制的GJ－84型胶粘剂、法国SIKA－DUR－31型胶粘剂、大连东方胶粘剂厂产JC－1型动荷建筑结构胶粘剂、北京冶金建筑研究总院研制的YJ建筑结构胶等。

25.3.2.3　楼盖（屋盖）板加固

钢筋混凝土现浇楼盖（屋盖）板加固方法　　表25-15

项次	名称	加固简图	加固措施、方法
1	板上部加厚截面法	30 50 钢筋网片 40～60	在板上部新加一层钢筋混凝土，以提高其承载力。当新旧混凝土能牢固粘结时，新加混凝土最小层厚可采用30mm，补强后的整体板作用相同，据此确定所需的全高及补加支座钢筋；当新旧混凝土不能牢固粘结时，新板最小厚度应为50mm，此时新板为一种分荷结构，应根据增荷情况、跨间及支座的弯矩大小配置正负钢筋，两板间有效荷重按其刚度比例分配。 对预制楼板，如新混凝土与原预制板能牢固粘结，受补强之板对于有效荷重亦按整体结构计算，如新混凝土与原预制板不能牢固粘结，则新板应当做分荷结构处理，厚度要求及补强方法与整体式板相同。 适于楼板承载力不够的加固

续表

项次	名称	加固简图	加固措施、方法
2	板下部加大截面法	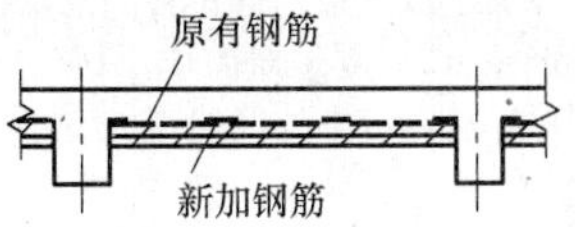 原有钢筋 新加钢筋	在肋形楼(屋)盖板的下部新加一层混凝土,以提高承载力。补强系采取在板及梁的原有钢筋上焊接附加钢筋,或在原板钢筋的中间增加钢筋与分布筋,每隔一根点焊,混凝土厚度不少于30mm。施工时,将板保护层凿去至露出分布筋的$d/2$,按补强需要增加受力筋并与分布筋点焊,分布筋长度伸至梁边为止。混凝土采取分段支模用压灌法浇筑,亦可采取不支模,用喷射混凝土成型,但需将原板加厚15～60mm,裂缝处应凿成宽50～100mmV形缝槽,以增加咬合和镶嵌效应。 适于楼板、屋盖上部加固困难(要拆除设备损坏地坪及屋面防水)的情况
3	加托梁法	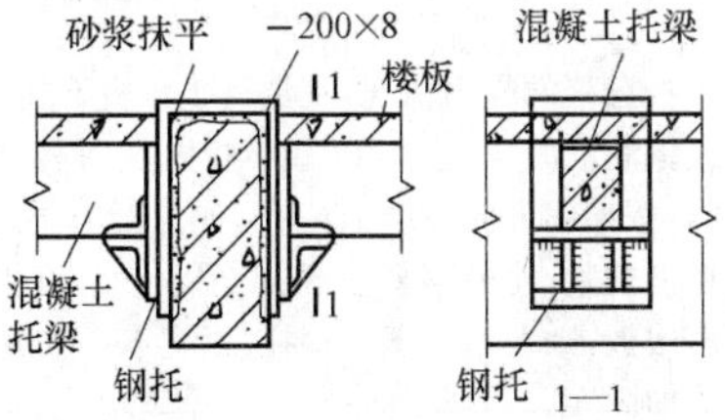 砂浆抹平 −200×8 混凝土托梁 1 楼板 混凝土托梁 1 钢托 钢托 1—1	根据板的受力情况,在混凝土楼板下加设槽钢、工字钢或钢筋混凝土托梁,以减小板跨度,提高承载力。施工时,按加固方向在墙上凿孔,加混凝土垫,放上槽钢后加钢楔楔紧,使槽钢紧贴混凝土板,然后灌混凝土;如为肋形楼板,则在主梁上设钢托,以支承托梁适于板强度不够的加固

钢筋混凝土预制屋面板加固方法　　表25-16

项次	名称	加固简图	加固措施、方法
1	槽钢托肋加固法	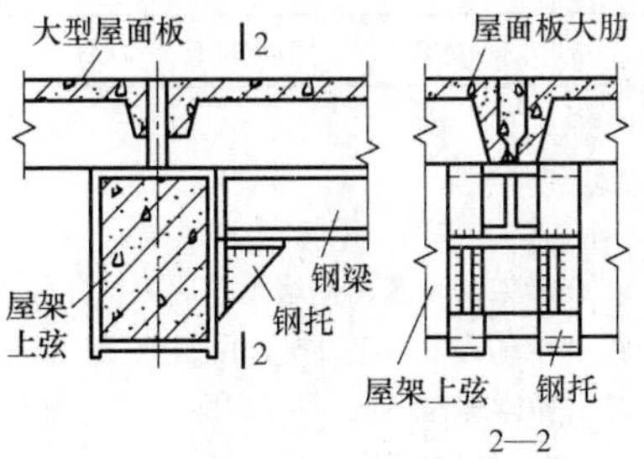 大型屋面板 2 屋面板大肋 钢梁 屋架上弦 钢托 2 屋架上弦 钢托 2—2	系在屋面板两个主肋下各加设[14a槽钢一根,槽钢两端支承在屋架上弦特制的钢托上,以加强主肋的强度和刚度。加固时,先安装钢托并与屋架上弦卡紧,再安装槽钢梁,使其顶紧上主肋,并与钢承托焊固。 适于加固大型屋面板板肋裂缝严重、肋端斜裂缝较宽影响板的支承和强度的情况
2	水平拉杆加固法	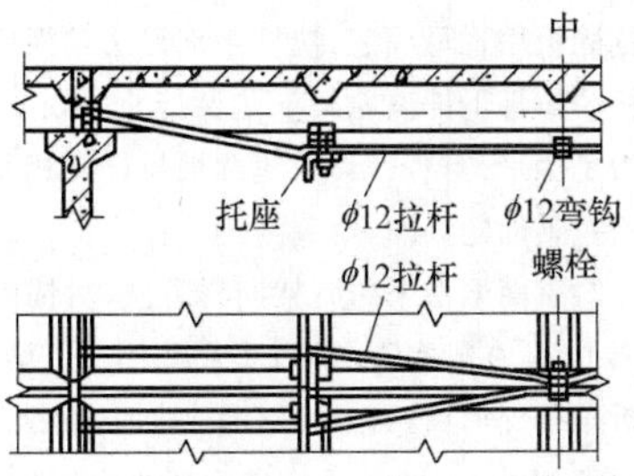 中 托座 ϕ12拉杆 ϕ12弯钩螺栓 ϕ12拉杆	在屋面板支承处设型钢锚固装置,紧搁在屋架上弦上,或与主肋端钢筋焊固,在主肋底部设16～20mm钢拉杆,在中部设顶紧装置,使拉杆产生预应力对板肋进行加固。 适于大型屋面板主肋出现宽度较大裂缝的加固
3	板缝加固法	板缝细石混凝土 ϕ16	在屋面板安装后在相邻肋间支底模,在屋面板缝中加设ϕ12～ϕ16钢筋骨架与板缝同时灌注细石混凝土,使板肋得到加强。 适于屋面板主肋出现严重裂缝时的加固

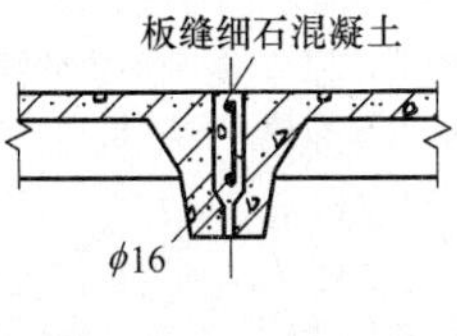

续表

项次	名称	加固简图	加固措施、方法
4	钢板外套法	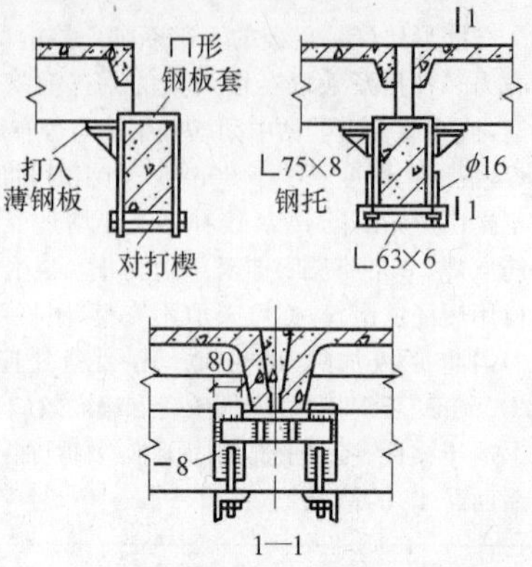 ⊓形钢板套；打入薄钢板；对打楔；∟75×8钢托；ϕ16；∟63×6；80；-8；1—1	在屋架上弦上板肋部位设⊓形钢板套，再在钢板套上焊加劲角钢，以支承屋面板，⊓形套用10mm厚钢板与∟75×8角钢焊成。安装时要求角钢与屋面板主肋之间顶紧。 适于处理大型屋面板支承长度不够的情况
5	加托梁法	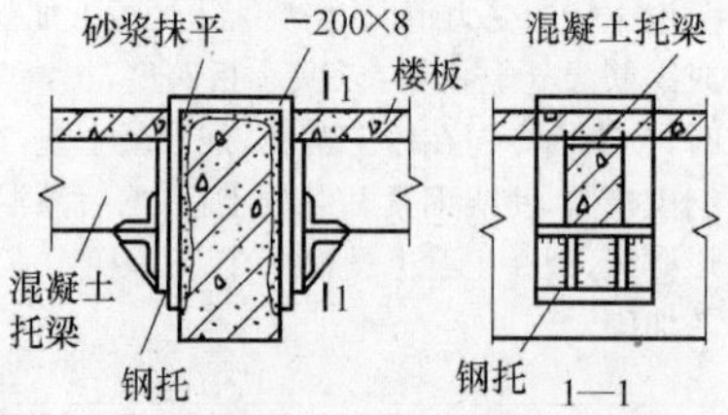 砂浆抹平；-200×8；楼板；混凝土托梁；钢托；混凝土托梁；钢托；1—1	根据板的受力情况，在混凝土楼板下加设槽钢、工字钢或钢筋混凝土托梁，以减小板跨度，提高承载力。施工时，按加固方向在墙上凿孔，加混凝土垫，放上槽钢后加钢楔楔紧，使槽钢紧贴混凝土板，然后灌混凝土；如为肋形楼板，则在主梁上设钢托，以支承托梁适于板强度不够的加固

25.3.2.4　屋架（屋面梁）加固

钢筋混凝土屋架（屋面梁）加固方法　　表 25-17

项次	名称	加固简图	加固措施、方法
1	预应力拉杆加固法	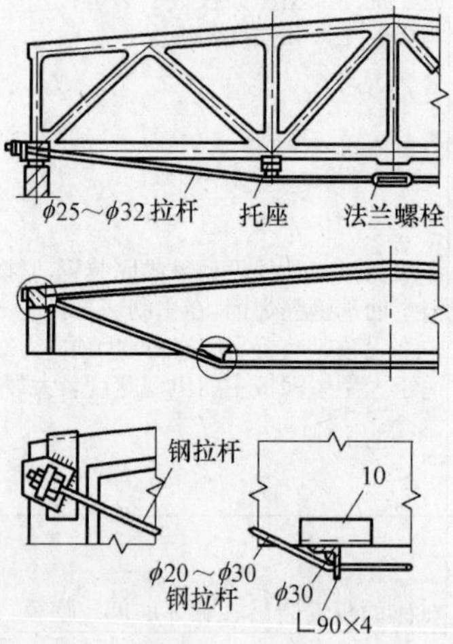 ϕ25～ϕ32拉杆；托座；法兰螺栓；钢拉杆；10；ϕ20～ϕ30钢拉杆；ϕ30；∟90×4	在屋架的下弦两侧增设预应力拉杆，以提高屋架的刚度和承载力。预应力拉杆由圆钢拉杆、端部锚固铁件及中部拉紧螺栓组成。拉杆用A_3、20～30mm圆钢制成，一端与屋架端部锚固板焊接，一端带丝扣与屋架另一端锚固板用螺母固定，拉杆中部设法兰螺栓或带钩拉紧螺栓。拉杆下部离屋架下弦保持5～10mm距离。预加应力是用带钩拉紧螺栓，使两根拉杆互相靠近或用法兰螺栓拉紧而建立的。 对屋面梁系采用屋架同样方法，只锚固铁件设在梁两端上部，在梁底距尽端$l/6$～$l/5$（l——梁跨度）处设置弯折拉杆支承点，通过拧紧螺栓，使加固钢筋在支承点产生向上的外力，变受弯构件为偏心受压构件，以增加承载力，防止裂缝继续开展和挠度加大。 适于屋架预应力值不够，下弦端部裂缝、下挠及屋面薄腹梁上下翼缘裂缝、下挠，抗弯强度不足的加固

续表

项次	名称	加固简图	加固措施、方法
2	钢筋混凝土围套（或角钢框）加固法	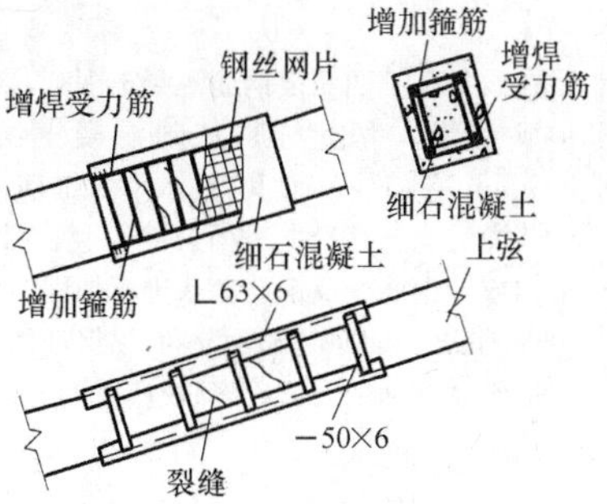 增加箍筋 增焊受力筋 钢丝网片 增焊受力筋 细石混凝土 细石混凝土 上弦 增加箍筋 ∟63×6 －50×6 裂缝	在屋架上弦或下弦裂缝处左右各300～500mm部位，加设钢筋混凝土围套包住。方法是将加固范围钢筋保护层凿掉，外包钢丝网一层；如钢筋扭曲伸长已达到流限，则加短受力钢筋和箍筋（或钢丝网）并与主筋焊接，再灌注一层厚35mm细石混凝土。 对于不大严重的裂缝，采取在裂缝处左右400～500mm范围内用∟63×6角钢框包住，角钢框与上下弦混凝土之间用砂浆填塞密实，混凝土裂缝用环氧胶泥贴玻璃丝布封闭。 包钢筋混凝土围套适于屋架局部碰伤、扭伤出现较严重裂缝，但尚未破碎、裂缝的加固；包角钢框适于屋架上下弦轻微裂缝的加固
3	增设支撑法	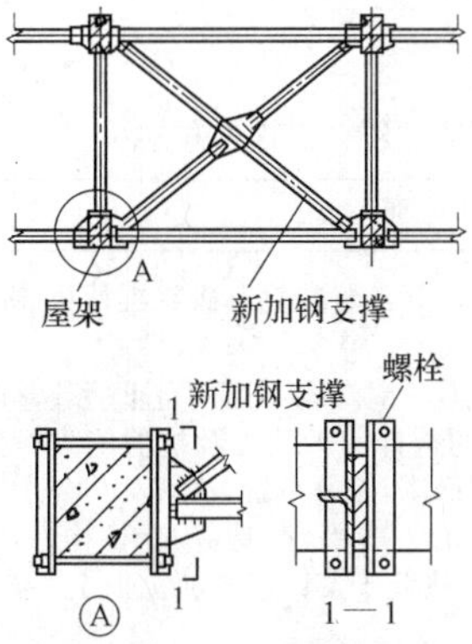 A 屋架 新加钢支撑 新加钢支撑 螺栓 1 1 Ⓐ 1—1	当屋架安装或其他原因造成屋架垂直度偏差过大，但小于$l/1000$（＜12.5mm）。在屋架两立杆之间增设纵向钢支撑，或再在上弦、下弦加水平支撑，使屋架间形成一个稳定单元，以增大屋盖的空间刚度和整体稳定性。 适于屋架垂直度偏差过大，稳定性不够的加固
4	加大截面法	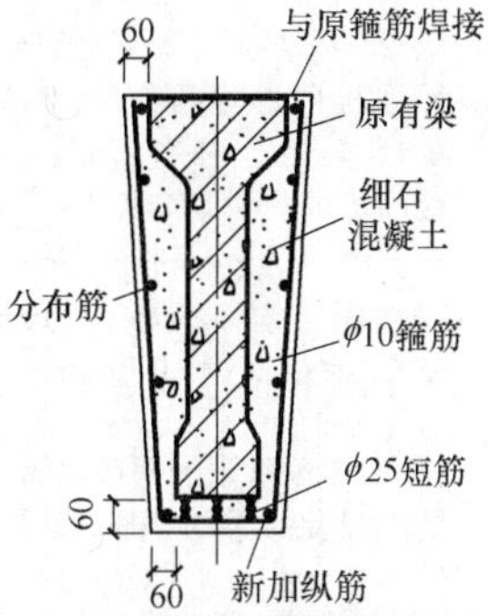 60 与原箍筋焊接 原有梁 细石混凝土 分布筋 ϕ10箍筋 ϕ25短筋 60 60 新加纵筋	在原屋面梁底部，每隔0.5m凿宽100mm槽至原梁主筋露出，然后用ϕ25短筋焊在原主筋上，再在短筋上焊新增补强纵向主筋，在梁上下翼缘两侧按新增箍筋间距凿去保护层，在薄腹部位适当凿毛，两侧面上钢筋上加焊ϕ10间距200mm箍筋，在两端适当加密，绑分布筋。补加配筋按实际所受荷载进行弯矩和剪力计算确定。支模浇筑C30细石混凝土。 适于跨度15m以内、裂缝较严重、刚度强度不足的屋面薄腹梁加固

25.3.2.5 大、中型设备基础加固

大、中型混凝土、钢筋混凝土设备基础加固方法　　表25-18

项次	名称	加固简图	加固措施、方法
1	加设钢套箍法	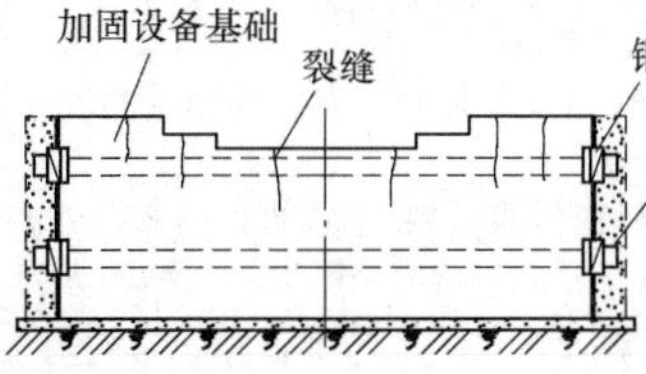 加固设备基础 裂缝 钢楔 钢板带箍	在设备基础四侧设多道钢板箍带，并每隔0.5～1.0m凿竖向凹槽，用钢板楔楔紧，使其与基础紧密接触，以增加环向抗拉强度。钢板箍带表面抹砂浆，或包薄层混凝土。基础裂缝视情况采用环氧注浆或表面封闭。 适于设备基础一般裂缝的整体加固

续表

项次	名称	加固简图	加固措施、方法
2	加设钢筋混凝土围套法	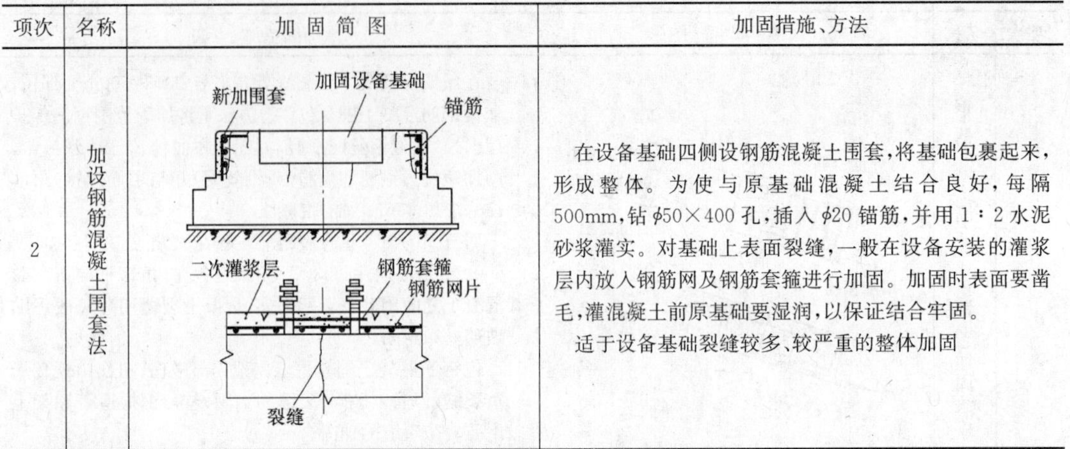	在设备基础四侧设钢筋混凝土围套，将基础包裹起来，形成整体。为使与原基础混凝土结合良好，每隔500mm，钻ϕ50×400孔，插入ϕ20锚筋，并用1∶2水泥砂浆灌实。对基础上表面裂缝，一般在设备安装的灌浆层内放入钢筋网及钢筋套箍进行加固。加固时表面要凿毛，灌混凝土前原基础要湿润，以保证结合牢固。 适于设备基础裂缝较多、较严重的整体加固

25.3.2.6　碳纤维片材加固混凝土结构

碳纤维片材加固混凝土结构方法及施工工艺方法　　表 25-19

项次	项目	施工方法要点
1	组成、特点及使用	(1)粘碳纤维加固法系在混凝土构件表面用树脂类粘结材料粘贴碳纤维片材(碳纤维布和碳纤维板的总称)，以提高结构承载力的一种新方法 (2)具有碳纤维轻质高强(高于普通钢材的10倍)，且对结构不增加自重荷载；抗腐蚀性强，耐久性好；加固层薄，对结构净空及美观不产生影响；对加固的构件的承载力及抗剪能力可提高20%～40%等特点。同时施工设备机具较少，工艺简单、便捷，适用面广，综合造价较低 (3)适用于承受静力作用、环境温度不高于69℃的一般受弯、受剪、受拉构件加固，不宜用于刚度不足、变形过大，或实际混凝土强度等级低于C15(对柱低于C10)的构件加固。可广泛用于各种结构类型、各种外形构体的加固修复
2	材料要求	(1)加固采用的碳纤维片材的主要力学指标应满足表25-20要求。单层碳纤维布的单位面积碳纤维重量不宜低于150g/m^2，且不宜高于450g/m^2。碳纤维板的厚度不宜大于2.0mm，宽度不宜大于200mm，纤维体积含量不宜小于60% (2)粘贴碳纤维片材的树脂类粘结材料的主要性能应满足表25-21要求
3	加固构造要求	(1)碳纤维布挠转角粘贴加固时，构件转角处外表面的曲率半径不应小于20mm (2)碳纤维布宽宜为200mm，沿纤维受力方向的搭接长度不应小于100mm。当采用多条或多层碳纤维布的搭接位置宜相互错开 (3)为保证碳纤维片材可靠地与混凝土共同工作，必要时应采取附加锚固措施。碳纤维片材应延伸至不需要碳纤维片材截面之外不小于200mm处。当不能满足此要求，应采取设置U形箍锚固措施，如图25-14所示 (4)对于梁(图25-14a)，U形箍宜在延伸长度范围内均匀布置，且在延伸长度端部必须设置一道。U形箍的粘贴高度宜伸至板底面。每道U形箍的宽度不宜小于受弯加固碳纤维布宽度的1/2，U形箍的厚度不宜小于受弯加固碳纤维布厚度的1/2。对于板，在碳纤维片材延伸长度范围内通长设置垂直于受力碳纤维方向的压条(图25-14b)。压条宜在延伸锚固长度范围内均匀布置，且在延伸长度端部必须设置一道。每道压条的宽度不宜小于受弯加固碳纤维布条带宽度的1/2，压条的厚度不宜小于受弯加固碳纤维布厚度的1/2 (5)对梁、板负弯矩区进行受弯加固时，碳纤维片材的截断部位距支座边缘的延伸长度应根据负弯矩分布确定，一般对板不小于1/4跨度，对梁不小于1/3跨度。 当采用碳纤维片材对框架梁负弯矩区进行受弯加固时，应采取可靠锚固措施与支座连接。当碳纤维片材需绕过柱时，宜在梁侧$4h_f'$范围内粘贴(图25-15) (6)受剪加固时碳纤维片材的纤维方向宜与构件轴向垂直，粘贴形式可如图25-16(a)～图25-16(e)所示，其净间距S_d不应大于构体的最大箍筋间距的0.7倍，在U形粘贴上端宜粘贴纵向碳纤维片材或钢板压条(用锚栓锚固)(图25-16f)、图25-16(g)

续表

项次	项目	施工方法要点
4	加固工艺方法	(1)施工准备:按设计要求准备符合标准、规定的加固材料;备齐施工设备、机具;搭设牢靠的操作脚手架;检验加固构件的含水率,不应大于40% (2)基底处理:清除加固构件表面的剥落、酥松、腐蚀层,用修复材料修复平整,如有裂缝应灌缝或封闭处理,表面打磨平整,除去表层浮浆、油污等杂质,转角打磨成圆弧形,用压缩空气吹净浮渣,用丙酮或甲苯擦洗表面,待完全干燥后备用 (3)基底粘结面处理:将底层树脂置于容器内均匀搅拌,用滚筒刷(毛刷或塑料刮板)将底层树脂均匀涂刷(抹)于混凝土底层表面,厚度不超过0.4mm,避免漏刷或出现流淌、气泡。底层树脂每次配置量宜在3kg以内,应按要求严格控制使用时间 (4)找平处理:对混凝土基面上不平整及凹陷部位,用底层找平材料填补平整修复,转角部位应修补圆滑,在找平材料表面指触干燥后进行下道工序 (5)涂刷浸渍树脂,粘贴碳纤维片材:按设计要求的尺寸,裁剪碳纤维片材。在铺贴基准面放线,并按产品供应厂提供的规定配制浸渍树脂,均匀涂刷于所要粘贴部位,在转角适当多涂树脂,以保证粘贴紧密,然后将碳纤维片材均匀铺贴在设计部位对齐拉紧,用滚筒、刮板顺纤维方向多次滚压,挤出气泡,使浸渍树脂浸透碳纤维片材。滚压时,可以一个方向,也可从中间向两个方向滚压,但不得来回反复滚动,以免损伤碳纤维,影响粘结质量。多层粘贴则重复以上步骤;宜在纤维表面浸渍树脂指触干燥后进行下一层的粘贴。碳纤维片材可以搭接,搭接长度不少于150mm,上下压口按1/4周长错开 (6)表面防护处理:粘贴完最后一层碳纤维片材后,再涂刷一道防护树脂,要求封口牢固,2d后按设计要求做表面防护,一般按常规方法抹20mm厚M5水泥砂浆或耐火喷涂 (7)质量检验:碳纤维片材与混凝土间的粘结质量可用小锤轻敲或用手压表面的方法,总有效粘结面积不应小于95%,对面积小于1000mm^{2}的空鼓,可用针管注射进行补胶,并用手或滚筒挤压至消除空鼓;当空鼓面积大于1000mm^{2}时,应将空鼓处切除,重新搭接贴上等厚度的碳纤维片材,搭接长度不小于100mm
5	加固注意事项	(1)粘贴碳纤维片材加固时,宜适当卸荷,构件承受的活荷载(如施工人员、施工设备机具)宜暂时移去,并尽量减少施工临时荷载 (2)施工现场严禁使用明火;胶粘剂宜在室内配制,配制环境及施工现场应保持良好通风,环境温度不应高于60℃ (3)各种胶粘剂应在规定的环境温度下密封储存,远离火源,避免日光直射。施工人员应戴防护面具、手套,并穿工作服 (4)施工过程中应避免碳纤维片材弯折 (5)碳纤维片材为导电材料,施工时应远离电气设备及电源或采取可靠保护措施

碳纤维片材的主要力学性能指标　　表25-20

项次	性能项目	强度等级(结构类型)		碳纤维布	碳纤维板
1	抗拉强度标准值(MPa)	高强度Ⅰ级		3400	2400
		高强度Ⅱ级		3000	2000
2	抗拉强度设计值(MPa)	高强度Ⅰ级	(重要构件)	1600	1150
			(一般构件)	2300	1600
		高强度Ⅱ级	(重要构件)	1400	1000
			(一般构件)	2000	1400
3	弹性模量(MPa)	高强度Ⅰ级		2.3×10^5	1.6×10^5
		高强度Ⅱ级		2.0×10^5	1.4×10^5
4	伸长率(%)	—		2.15	≥1.5
5	拉应变设计值	(重要构件)		0.007	0.007
		(一般构件)		0.01	0.01

浸渍树脂和粘结树脂的性能指标　　表25-21

项　次	性能项目	性能指标	试验方法
1	拉伸剪切强度	≥10MPa	GB/T 7124—2008
2	拉伸强度	≥30MPa	GB/T 2567—2008
3	压缩强度	≥70MPa	GB/T 2567—2008
4	弯曲强度	≥40MPa	GB/T 2567—2008

续表

项　次	性能项目	性能指标	试验方法
5	正拉粘结强度	≥2.5MPa，且不小于被加固混凝土的抗拉强度标准值 f_{tk}	CECS 146—2003 附录 A
6	弹性模量	≥1500MPa	GB/T 2567—2008
7	伸长率	≥1.5%	GB/T 2567—2008

注：底层树脂和找平层材料的性能指标同项次 5。

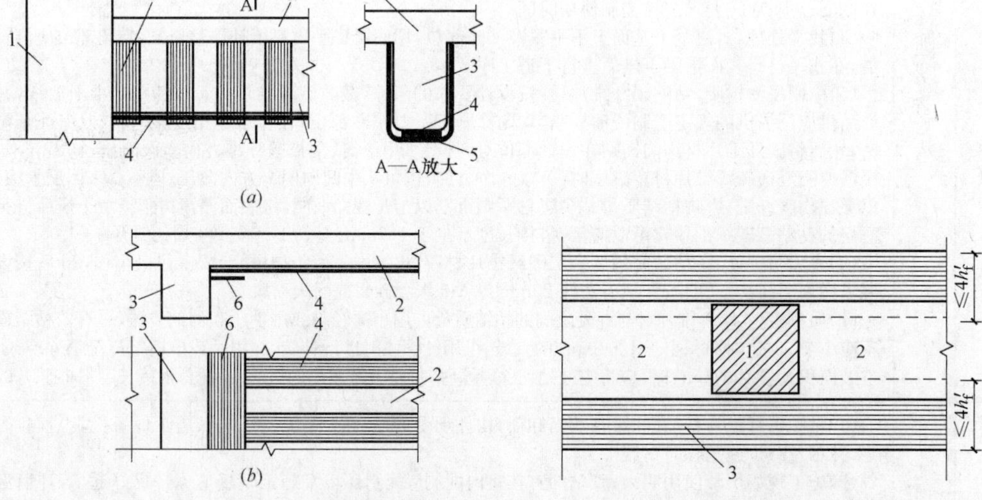

图 25-14　受弯加固时碳纤维片材端部附加锚固措施

（a）设置 U 形箍；（b）设置碳纤维片压条

1—柱；2—板；3—梁；4—碳纤维片材；5—U 形箍；6—压条

图 25-15　负弯矩区加固时梁侧有效粘贴范围平面图

1—柱；2—梁；3—板顶面碳纤维片材

h'_f—板厚

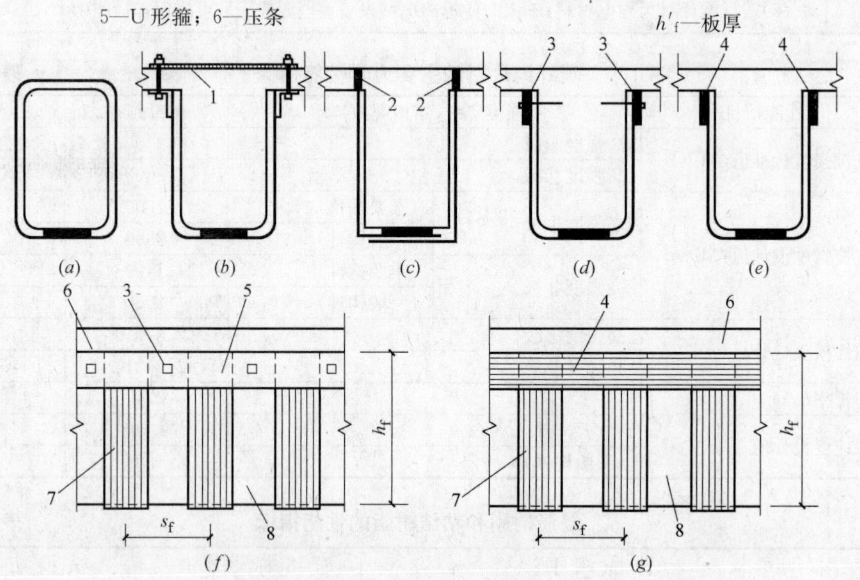

图 25-16　碳纤维片材的抗剪加固方式

（a）环形箍；（b）加锚封闭箍；（c）胶锚 U 形箍；（d）钢板锚 U 形箍；（e）碳纤维锚 U 形箍；（f）U 形箍加纵向钢板压条；（g）U 形箍加纵向碳纤维织物压条

1—扁钢；2—胶锚；3—粘贴钢板压条附加锚栓锚固；4—纤维织物压条；5—钢板底面空鼓处应加钢垫板；6—板；7—U 形箍；8—梁

25.3.2.7 钢丝绳网片—聚合物砂浆面层加固法

钢丝绳网片—聚合物砂浆面层加固施工方法 表 25-22

项次	项目	施工方法要点
1	组成、特点及使用	(1)钢丝绳网片—聚合物砂浆面层加固法系指在被加固混凝土构件表面固定高强度钢丝绳网片并预张紧，然后同聚合物砂浆粘合，形成具有整体性复合截面的直接加固法。它通过提高原构件的配筋量、外加层与原构件共同受力、协调变形，从而达到结构补强效果 (2)具有施工便捷，外加层对结构外观和形状影响不大，有技术优势等特点 (3)适用于钢筋混凝土梁、柱、板、墙构件的加固。对钢筋混凝土梁、柱应采用三面或四面围套的面层构造，如图 25-17(*a*)和图 25-17(*b*)所示；对板和墙宜采用单面或对称的双面外加层构造，如图 25-17(*c*)和图 25-17(*d*)所示
2	材料要求	(1)钢丝绳网片：由高强度钢丝绳和卡口经工厂专门制作而成。高强度钢丝绳分为高强度不锈钢丝绳和高强度镀锌钢丝绳两种，其强度标准值和设计值应符合表 25-23 的要求。钢丝绳的直径宜为 2.5～4.5mm，当采用航空用高强度钢丝绳时，可使用规格为 2.4mm 的高强度钢丝绳，绳的结构形式应为 6×7＋1WS 金属股芯右交互捻钢丝绳或 1×19 单股左捻钢丝绳。钢丝绳网片外观质量：表面不得有油污，钢丝绳应无裂纹、无死折、无锈蚀、无机械破损、无散开束，卡口由钢丝绳同品种钢材制作，应无开口、脱落，网片的主筋与横向筋间距均匀 (2)聚合物砂浆是指掺有改性环氧乳液或其改性共聚物乳液的高强度水泥砂浆，主要品种有改性环氧类聚合物砂浆、改性丙烯酸酯共聚物乳液配制的聚合物砂浆和乙烯-醋酸乙烯共聚物配制的聚合物砂浆等。聚合物砂浆按照强度分为Ⅰ级和Ⅱ级，其物理性能应符合表 25-24 的要求 (3)界面处理剂：一般为聚合物砂浆配套的乳液。 (4)配套材料：包括端部拉环、固定钢丝绳网片的专用金属胀栓、U 形卡具以及界面保护砂浆等
3	加固工艺方法	(1)工艺流程：定位放线→网片下料→混凝土基层打磨修补处理→钢丝绳网片安装固定→基层浮灰清理→涂刷界面剂→聚合物砂浆分层抹灰→湿润养护 (2)定位放线：对加固构件全面检查，确定加固范围，并核对设计图纸，无误后，按图纸要求放线定位，并根据钢丝绳绷紧时长度变化造成的施工余量、设计要求的网片搭接和端头网片错开锚固的构造要求以及每个网片易于加工等综合因素确定每个网片的尺寸，编制出网片的加工配料单，对各种形状和规格的网片应加以编号 (3)基层处理：清除加固构件的装饰层，露出混凝土结构基层，对有锈蚀的钢筋进行除锈，对混凝有缺陷处进行修补，对光滑的混凝土表面进行凿毛，将表面的油污、灰尘洗刷干净 (4)钢丝绳网片安装固定： 1)对进场的钢丝绳网片应进行检查验收，核对尺寸、形状，并分别堆放 2)钻孔：按照设计要求在适当位置钻孔，端部锚栓钻孔深度应不小于 60mm，其他锚栓应不小于 40mm 3)钢丝绳网片固定：根据绷网的部位进行绷网方向的确认，一般平行于主受力方向的网片在加固面外侧，垂直于主受力方向的网片在加固面内侧。固定网片前，先在网片的主筋端部安装拉环，相邻两根钢丝绳可共用一个拉环，作为一个固定点，拉环要扎紧钢丝绳头，每个拉环的夹裹力一致。先安装网片一端，将专用金属锚栓穿过端部拉环锤击至已钻好的孔中，U 形卡具卡在锚栓顶部和拉环之间，避免网片滑落。固定好后，用紧线器拉紧钢丝绳另一端，绷网的松紧程度用手握紧相邻两根钢丝绳有弹性为宜，张紧后用专用金属锚栓将其固定在结构另一端，在网片的纵横交叉空格处用专用金属胀栓和 U 形卡具固定，固定点呈梅花形布置，间距应符合设计要求，安装完的网片应平直、不低垂，网线间距均匀，纵横向垂直。网片与构件表面的空隙宜在 4～5mm，必要时可加预制垫片 (5)基层浮灰清理：钢丝绳网片安装固定后，用压缩空气和水交替冲洗混凝土表面，使被加固表面保持湿润干净 (6)涂刷界面剂：基层喷水养护 24h 后且无明水时即可进行界面剂施工。界面剂应按产品说明书要求配置，搅拌均匀，随用随配，涂刷应在基层和网片上涂刷均匀，不得遗漏。 (7)聚合物砂浆抹灰： 1)聚合物砂浆配制：按产品说明书中配合比要求称量配置聚合物砂浆 2)在界面剂涂刷 1h 内即可抹第一层聚合物砂浆，施工时应用铁抹子用力赶压密实，使砂浆透过网片与构件基层紧密粘合，其厚度以基本覆盖网片为宜，抹完后表面拉毛 3)后续抹灰应在前次抹灰初期硬化后进行，后续抹灰应分层进行，分层厚度不超过 6mm 为宜，抹灰要求挤压密实，使前后层灰层紧密结合，最后一层应用铁抹子压实、压平、压光，灰层总厚度应不小于 25mm，但也不宜大于 35mm，当采用高强度镀锌钢丝绳网片时，其网片保护层厚度尚不应小于 15mm (8)养护：常温下，聚合物砂浆施工完毕 6h 后，采用塑料布严密包裹养护，养护时间为 7～14h，养护期间加固部位严禁扰动

续表

项次	项目	施工方法要点
4	加固注意事项	(1)采用钢丝绳网片—聚合物砂浆面层加固时，原构件现场实测混凝土强度等级不应低于C15，且混凝土表面的正粘结强度不应低于1.5MPa (2)采用钢丝绳网片—聚合物砂浆面层加固混凝土构件时，应将网片设计成仅承受拉应力作用，并能与混凝土变形协调，共同受力 (3)采用钢丝绳网片—聚合物砂浆面层加固混凝土结构，其长期使用的环境温度不应高于60℃，处于特殊环境下(如介质腐蚀、高温、高湿、放射等)的混凝土结构，其加固除应采用耐环境因素作用的聚合物配制砂浆外，尚应符合现行国家标准《工业建筑防腐蚀设计规范》(GB 50046—2008)的规定，并采取相应的防护措施；当构件表面有防水要求时，应按现行国家标准《建筑设计防火规范》(GB 50016—2014)规定的耐火等级及耐火极限要求，对钢丝绳网片—聚合物砂浆外加层进行防护 (4)采用钢丝绳网片—聚合物砂浆面层加固时，应采取措施卸除或大部分卸除作用在结构上的活荷载

高强度不锈钢丝绳和高强度镀锌钢丝绳的物理性能　　**表 25-23**

种类	符号	高强度不锈钢丝绳			高强度镀锌钢丝绳		
		钢丝绳公称直径(mm)	抗拉强度标准值(MPa)	抗拉强度设计值(MPa)	钢丝绳公称直径(mm)	抗拉强度标准值(MPa)	抗拉强度设计值(MPa)
6×7+1WS	ϕ_r	2.4～4.0	1800	1100	2.5～4.5	1650	1050
			1700	1050		1560	1000
1×19	ϕ_s	2.5	1560	1050	2.5	1560	1100

聚合物砂浆的物理性能　　**表 25-24**

检验项目 砂浆等级	劈裂抗拉强度(MPa)	正拉粘结强度(MPa)	抗拉强度(MPa)	抗压强度(MPa)	钢套筒粘结抗剪强度标准(MPa)
Ⅰ级	≥7.0	≥2.5；且为混凝土内聚破坏	≥12	≥55	≥12
Ⅱ级	≥5.5		≥10	≥45	≥9

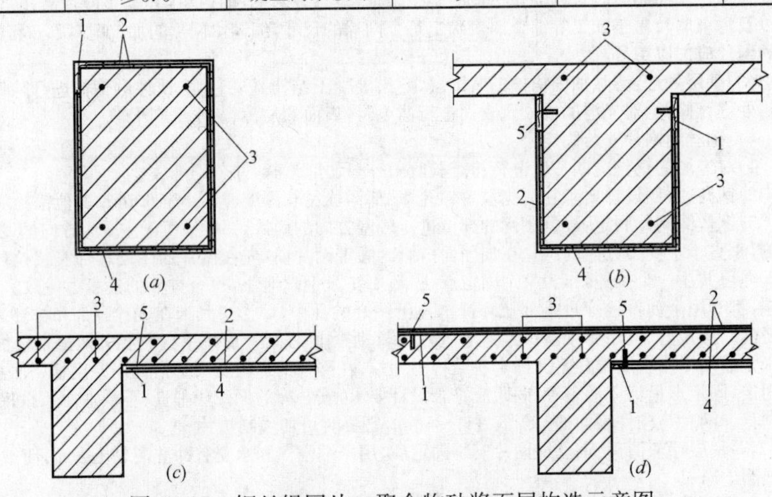

图 25-17　钢丝绳网片—聚合物砂浆面层构造示意图

(*a*) 柱四面围套面层；(*b*) 梁三面围套面层；(*c*) 板单面层；(*d*) 双面层

1—固定板；2—钢丝绳网片；3—原钢筋；4—聚合物砂浆面层；5—胶粘型锚栓

25.3.2.8　绕丝加固法

绕丝加固法施工方法　　**表 25-25**

项次	项目	施工方法要点
1	组成及作用	(1)绕丝加固法是在梁、柱构件外表面按设4根直径为25mm的钢筋，然后按一定间距连续、均匀缠绕经退火后的钢丝，最后在构件经绕丝的表面喷射或浇筑混凝土的加固方法(图25-18) (2)具有提高被加固构件的承载力，约束构件斜裂缝的作用

续表

项次	项目	施工方法要点
2	材料要求	主要材料有退火 $\phi4$ 钢丝、$\phi25$ 钢筋、焊接材料、植筋用胶粘剂和细石混凝土等
3	加固工艺方法	(1)工艺流程:基层处理→界面处理→绕丝施工→喷射或浇筑混凝土面层→养护 (2)基层处理: 1)清除被加固构件的装饰层,露出混凝土结构基层。对有锈蚀的钢筋进行除锈,对有缺陷的混凝土应进行补强,对光滑的混凝土应进行凿毛,并凿去尖锐、凸出部位,保持基层表面平整、粗糙 2)按设计要求,凿除绕丝、焊接部位的局部混凝土保护层,其范围和深度大小以能进行焊接作业为度,对矩形截面构件,尚应凿除其四周棱角进行圆化处理,圆化半径 r 不应小于 30mm 3)在构件四面中间各焊接一根 $\phi25$ 构造钢筋,与原构件纵筋焊牢,或用短钢筋接驳焊接 4)用压缩空气和水交替冲洗洁净混凝土表面 (3)界面处理:按设计要求涂刷结构界面胶(剂),应涂刷均匀,不得遗漏 (4)绕丝施工:绕丝应连续、距离应均匀,对重要构件,间距不应大于 15mm,对一般构件,不应大于 30mm,在施力绷紧的同时,每隔一定距离用点焊与原构件主筋加以固定,绕丝的首末两端均应与原构件主筋焊牢。绕丝局部绷不紧时,应加钢楔绷紧 (5)喷射或浇筑混凝土:喷射宜采用 M15 水泥砂浆;浇筑混凝土宜采用强度等级不小 C30 的细石混凝土。钢丝的保护层厚度不应小于 30mm (6)养护:加固构件宜采用缓拆模板法,外包塑料薄膜等养护,也可涂刷养护剂,保湿养护时间不应小于 14d。 (7)采用绕丝法加固构件时,原构件按现场检测结果推定的混凝土强度等级不应低于 C10,但也不应高于 C50 级

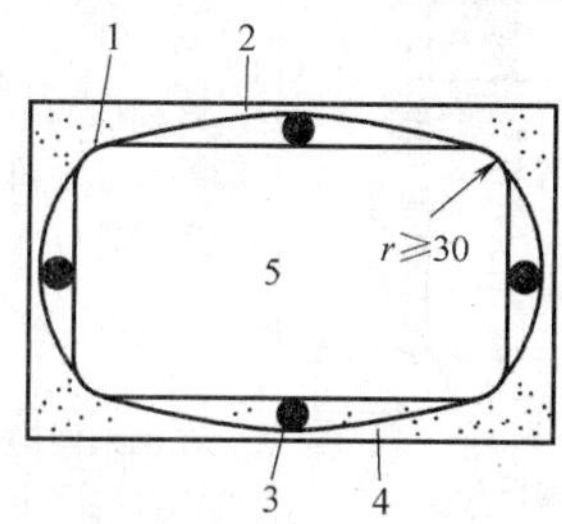

图 25-18 绕丝构造示意图

1—圆角,$r \geqslant 30$mm,2—直径为 4mm,间距为 5~30mm 的钢丝;3—直径为 25mm 的钢筋;4—细石混凝土或高强度等级水泥砂浆;5—原柱

r—圆角半径

25.3.3 钢结构加固

钢结构加固方法 表 25-26

项次	名称	加固简图	加固措施、方法
1	增加构件截面法		在补强构件上增加新的杆件,焊在一起共同工作。新增截面采用钢板、扁钢、角钢或槽钢,其截面通过计算确定。对屋架杆件新增截面应与原杆件钢材截面重心基本重合,不产生偏心受拉或受压;对双肢截面,补强亦应考虑按双肢和对称,防止偏心;在连接板范围应采用连续焊缝,其他部位采取间断焊缝与原杆件焊接;补强截面与连接件相碰可切去部分,损失截面可另在底部加焊一角钢加强。对受弯构件的补强,新增截面应采用连续焊缝。 适于构件截面不足、强度不够的局部加固

续表

项次	名称	加固简图	加固措施、方法
2	增设附加桁架加固法	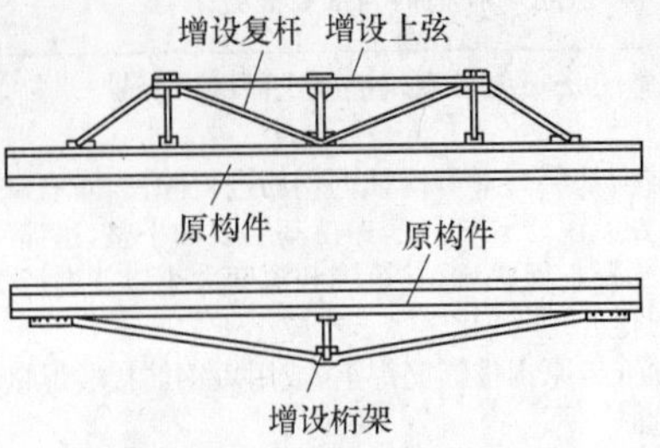	在原构件的底部（或上面、侧面）增设附着式桁架，形成原结构与桁架联合体。加固时，将原构件视作桁架的上（下）弦，而增设下（上）弦及腹杆。受力时，原构件和桁架杆体共同工作，可有效加大原构件刚度和承载力，节省钢材，但需有一定的加固空间。 适于跨度较大的受弯构件承载力和刚度不够的加固
3	增设支撑法	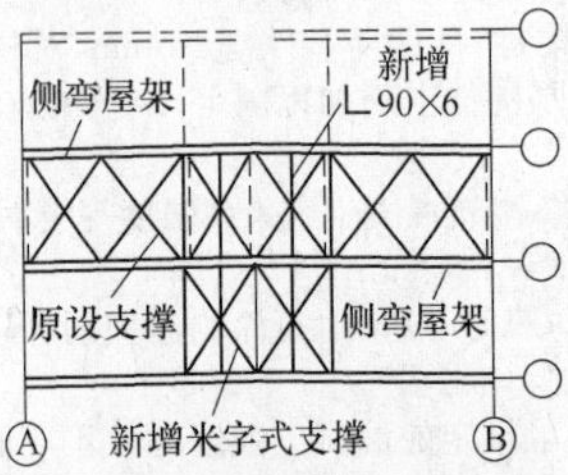	对屋架、柱等构件，由于安装偏差过大，为增加稳定性，可在屋架（或柱）间增加纵向钢支撑，或再增加上下弦水平支撑，或将原剪刀支撑改为"米"字支撑，将可有效地减少受压杆件无支撑长度，提高平面外稳定性和安全度。 适于屋架、柱安装纵向垂直度偏差过大，侧向刚度差，压杆强度不够，构件稳定性承载力不足的加固
4	增设分荷结构法	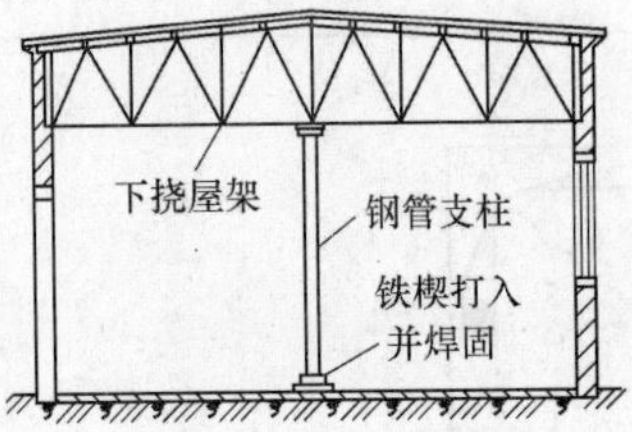	在构件的中部或其他适当位置，增加支柱（支座）或梁，以减少跨度，分担部分荷载。 适于跨度大的梁类构件强度不够、挠度过大时的加固
5	改变结构形式法	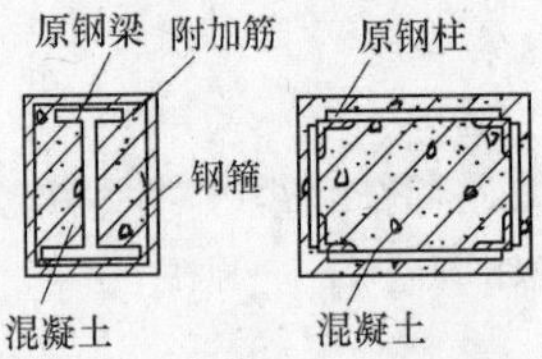	在钢结构构件（或杆件）的四周，增加适当构造配筋，四周设混凝土围套，使钢梁、钢柱变为劲性配筋的钢筋混凝土结构，除增大承载力和稳定性外，还可保护钢结构免受锈蚀腐蚀和高温影响。其截面尺寸和配筋按结构实际荷载通过计算确定。 适于结构强度不够、并受外界腐蚀性介质作用或高温作用的加固

25.4　建（构）筑物纠偏技术

25.4.1　建（构）筑物偏斜原因及减少不均匀沉降措施

建（构）筑物偏斜原因及减少不均匀沉降措施　　表 25-27

项次	项目	偏斜原因分析及减少沉降措施
1	建筑物（基础）偏斜原因	建筑物纠偏（又称纠倾）是指已有建筑物由于某种原因造成偏离垂直位置，而发生倾斜，严重影响正常使用，甚至危害住户生命财产和工业生产安全时，所采取的纠倾扶正加固措施，以期恢复其正常使用功能 导致建筑物（基础）偏斜的原因很多，一般有以下一些方面： （1）建（构）筑物建造在软弱地基上，土质不均匀，厚薄和松软不一，局部受力层范围内存在厚薄不匀的软弱土层或暗塘，在建筑荷载（特别是偏心荷载）作用下，固结速度不一，局部产生过大的沉降

续表

项次	项目	偏斜原因分析及减少沉降措施
1	建筑物（基础）偏斜原因	（2）地基基础设计和基础的造型不当，建筑物的平面布置、体型、荷载重心位置及沉降缝的设置欠合理，荷重不对称或两建筑物相距过近，相互影响，甚至一建筑物的基础压在相邻另一基础的大放脚下，使地基中的附加应力叠加，造成应力集中，使地基沉降量加大，而导致建筑物倾斜 （3）施工工艺不当或施工质量低劣，如主楼和裙房同时建造，邻近建筑物开挖深基础或降水或支护结构破坏，建筑物一侧堆放大量材料以及沉桩未达到设计持力层，灌注桩存在软弱夹层、松散层、空洞等，而导致局部下沉，建筑物偏斜 （4）建（构）筑物部分靠近施工或生产管道，由于断裂漏水，或地面积水、室外污水井倒灌，使房屋地基部分浸水湿陷，建筑物发生倾斜 （5）建筑物内大量堆载，使厂房柱及墙地基局部承受较大的附加压力，引起局部沉降，使厂房发生倾斜 （6）建筑物地基下存在未发现的地下洞穴，如石灰岩溶洞、土洞、废人防通道、古墓，其地面可能发生沉降，使建筑物发生倾斜，甚至开裂 （7）淤泥或饱和软黏土地区，由于拆除邻近建筑物时，局部卸载，使得已经平衡的地基，在周围建筑物地基的侧向挤压下发生隆起，从而引起相邻建筑物倾斜 （8）修建在河道、湖泊、水塘岸边的建筑物，当地基为淤泥或饱和软土时，受压后发生较大侧向挤出变形，造成地基下陷，建筑物倾斜、破坏 （9）由于山体滑坡、砂土地震液化等自然灾害，而引起建筑物倾斜 （10）在软土地基上建造房屋，施工加荷速度过快引起地基挤出破坏，而导致建筑物倾斜；建筑物采用桩基础，桩端持力层软硬不匀时，或振动、挤压影响，造成桩基础的差异沉降，而引起建筑物的倾斜
2	减少建筑物（基础）不均匀沉降措施	建筑物偏斜原因主要是地基的不均匀沉降造成的，减少或防止建筑物的不均匀沉降可采取下列措施： （1）建筑措施： 1）建筑体型（平面及剖面）力求简单，尽量避免弯曲多变；高度差异（或荷载差异）不宜过大，避免立面高低起伏、参差不齐 2）设置沉降缝，将建筑物分隔成几个刚度较好的独立单元，使建筑平面变得简单，长高比减小，可有效地减轻地基不均匀沉降；或将高低悬殊较大的两部分基础（或较大建筑物基础）隔开一定距离，再在其间设置能自沉降的独立连接体（如通廊等），或简支、悬臂结构，使每个单元有调整不均匀变形的能力 3）对于有高差的建筑物，采取合理布置建筑物重、高部分的位置，以利于减少建筑物的不均匀沉降 4）建筑物各组成部分的标高应根据预估沉降量将沉降较大者予以提高；当建筑物有管道穿过时，应留足够尺寸的空洞或采用柔性接头等措施 （2）结构措施： 1）减小基础底面附加应力。通常采取选用轻质墙体材料和轻型结构，减少墙体自重；采用架空地板代替室内厚填土；设置地下室或半地下室，减轻室内覆土的重量，减轻对地基的荷载 2）当基础不均匀沉降超过容许值时，适当调整各部分的荷载分布、基础宽度或埋置深度，使各区段的软持力层厚度接近，以达到均匀沉降 3）在软土地基，对不均匀沉降要求严格或重要的建（构）筑物，选用较小的基底应力，以增强地基的可靠度，保证建（构）筑物的安全和正常使用 4）对建筑体型复杂、荷载差异较大的框架结构，采取加强基础整体刚度的办法，如采用箱形基础、桩基础、厚度较大的筏形基础等，以减少不均匀沉降 5）对于砌体承重结构，控制建筑物的长高比及合理布置纵横墙增强其整体刚度和强度，如控制三层和三层以上房屋的长高比（L/H_i）不大于 2.5；当 $2.5<\frac{L}{H_i}\leqslant 3.0$ 时，尽量做到纵墙不转折或少转折，其内墙间隔距离不要过大，必要时适当增强基础刚度和强度

续表

项次	项目	偏斜原因分析及减少沉降措施
		6）在基础和墙体内设置钢筋混凝土圈梁或钢筋砖圈梁等，以提高砌体抗剪和抗拉强度，加强基础的刚度和强度，增强建筑物的整体性，防止或减少裂缝、倾斜的出现 7）对开洞过大致使墙体削弱时，宜在削弱部位适当配筋或采用构造柱及圈梁加强的措施 （3）地基处理措施： 1）对软弱土层为淤泥或淤泥质土时，应充分利用其上覆盖较好土层作为持力层 2）当地基承载力和变形不能满足设计要求时，应对地基进行人工处理。 一般处理软弱地基的浅层可采用换土垫层的方法；处理杂填土地基，可采用机械压（夯）实方法；当处理含少量黏性土的杂填土地基时，可用振动压实的方法，有效压实深度可达 1.2～1.5m；处理厚度较大的软弱土和杂填土地基，可采用强夯法，其处理有效深度一般可达 3～6m；处理较厚的淤泥和淤泥质土地基时，可用堆载预压、砂井堆载预压或砂井真空预压；处理一般厚度（3～5m）软弱土地基，可用砂桩、碎石桩、灰土桩和高压喷射注浆；对承载力变形和稳定性要求高的地基，可采用桩基，以上地基处理方法参见本书 4 章、5 章地基加固与处理和桩基与基础有关部分。对湿陷性黄土、膨胀土等特殊地基的处理方法，参见 4.4 特殊土地基处理方法部分 （4）施工措施： 1）施工时合理安排施工顺序，在软弱地基上，先施工建筑高层及结构较重的主体建筑部分，待有一定沉降后，再施工较低、较轻的附属建筑；同一建筑，先施工较深部分，后施工较浅部分，以减少一部分沉降差 2）施工时，注意保护基槽底面土的原状结构，避免扰动；基坑采用机械开挖时，应预留 150～300mm 厚土层用人工挖除 3）如基槽、坑开挖，原土已被扰动或超挖，应进行处理，一般先铺一层中、粗砂，然后再铺碎砖、片石、块石等，或直接用 3∶7 灰土夯实处理，有时还应视被破坏程度，适当降低地基原来的承载力 4）对活荷载占较大比重的构筑物或构筑物群，竣工交付使用期间应控制加载速率，掌握加载数量和间隔时间，或调整活荷载的分布，要求分批、对称、缓慢、均匀地加载，以控制产生过大的不均匀沉降，避免产生倾斜 5）在已建成的建（构）筑物周围不应堆放大量的重物，增加地面荷载，以免引起附加沉降 6）建筑物周围打桩时，合理安排沉桩流水作业，采取间隔沉桩，控制沉桩速度，或采取预钻孔取土成孔打入桩施工法，或将预制桩改为钻孔灌注混凝土桩，或在一侧挖隔振沟，以减少对已有建（构）筑物的振动、挤压影响

25.4.2 建（构）筑物纠偏方案的选择与制定

建（构）筑物纠偏方案的选择与制定　　表 25-28

项次	项目	纠偏方法要点
1	纠偏方案的选择	（1）对因地基渗水或管道漏水而引起建筑物的倾斜，宜采用浸水法或掏土法（或再辅以堆载加压）纠偏 （2）对饱和软黏土或含水量较高的砂性土，地基上由于基坑开挖、降水引起的倾斜，宜在建筑物倾斜的另一侧降水（井点管、沉井、深井），使建筑物回倾 （3）在软土地基上倾斜的建筑物，可用钻孔掏土法纠倾（如应力解除法） （4）对于砂土或砂性填土地基上的倾斜建（构）筑物，可采用局部振捣液化方法使地基发生瞬时液化，使基础下沉而达到纠偏 （5）对于粉土、粉质黏土、黏土等地基土产生倾斜的建（构）筑物，可采用沉井射水掏土纠偏，常可取得满意结果 （6）由于建筑物荷载不均引起倾斜时，可采用加载或增层反压纠偏法

续表

项次	项目	纠偏方法要点
		（7）如地基下沉量过大，软土层较厚，建筑物本身具有较好的整体刚度时，可采用顶升法或横向加载法纠偏 （8）在桩基上建造的建筑物倾斜时，可采用桩身或桩顶卸荷法纠偏 （9）当地基下沉和倾斜值过大，采用迫降法（如堆载加压掏土、浸水、降水、锚桩加压、锚杆静压桩加压纠偏等），造成室内净空减少或室内外管线错位而带来的一系列问题时，应选用顶升法纠偏 （10）当一种纠偏方法效果不显著，可采用两种或多种方法进行组合（如压桩、掏土、浸水加压纠偏等），有时还可辅以地基加固，用以调整沉降尚未稳定的建（构）筑物
2	允许偏差值及斜偏控制值	当建（构）筑物因某种原因已超过允许倾斜值时，如该建（构）筑物具有纠偏的技术条件和经济价值，应考虑并采取措施对建（构）筑物进行纠偏扶正，建（构）筑物的允许倾斜值是纠偏控制的重要依据，可按有关规范的规定或参考表25-29进行。 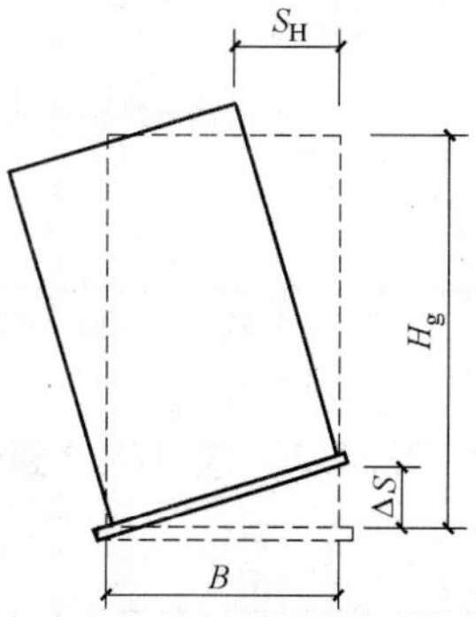 建（构）筑物垂直纠偏量可按下式计算： $S_H = \Delta S' \cdot \frac{H_g}{B}$ 式中 S_H——建（构）筑物垂直纠偏量（即水平变位设计控制值）（mm）； H_g——建（构）筑物自地面算起的高度（mm）； B——纠偏方向的建（构）筑物宽度（mm）； $\Delta S'$——建筑物纠偏时需调整的沉降差值，$\Delta S'=\Delta S\pm\alpha$； ΔS——建（构）筑物的实际沉降量（mm）； α——考虑施工因素预留滞留后的回倾量，常取 $\alpha=\left(\frac{1}{12}\sim\frac{1}{10}\right)\Delta S$ 纠偏量计算简图
3	纠偏技术方案的制定	（1）制定纠偏方案前，应对拟纠偏工程的上部结构、地基基础状况以及沉降、倾斜、裂缝、地下管网和周围环境等情况，进行周密的调查研究和分析。 （2）选择纠偏方法要进行基础刚度分析和准确的沉降计算，做到心中有数。方法要安全可靠，施工简便，并尽可能降低施工、工程费用和缩短工期。 （3）对整体性和刚度差或开裂严重的建（构）筑物，纠偏前要酌情对建（构）筑物底层进行加固，如设置拉杆和砌筑横墙，防止纠偏过程中建筑物严重破损或倒塌。 （4）因地制宜，选择合理经济和切实可行的纠偏方案，通过计算和分析判断，提出建（构）筑物的合理回倾速率[一般建（构）筑物可定为5～10mm/d，重要建（构）筑物应控制在3～6mm/d]，并在纠偏全过程中切实贯彻均匀、缓慢、平稳的原则。 （5）考虑建（构）筑物地基在纠偏过程中可能产生的附加沉降，同时要考虑纠偏后再复倾的可能性，纠偏后应做好防复倾的加固处理，恢复地坪工程，分流基底压力等。 （6）纠偏前要进行现场试验性施工，以便确定施工参数，检验纠偏方案的可行性，进行必要的调整与补充，使之更完善。 （7）纠偏应遵循由浅到深，由小到大，由稀到密的原则，须经沉降→稳定→再沉降→再稳定的反复操作过程，纠偏工作切忌急于求成或矫枉过正。 （8）纠偏方案中应有现场监测方式、监测点的设置、监测内容和手段，以便通过监测控制回倾速率，掌握纠偏复位结束的时间，预留出滞后回倾量。同时，纠偏中应做好沉降观测工作，及时分析，用以指导纠偏和进行信息化施工。纠偏方案中还应有安全防护和紧急措施，以确保纠偏顺利进行。 （9）建（构）筑物回倾后，对房心土的回填、地坪的恢复以及墙体裂缝的处理作出规定，回倾后，应有90d的稳定观察期，确认稳定后再进行裂缝加固和修缮装饰工程。 （10）方案中应明确竣工必须的技术文件，包括纠偏方案、施工记录、试验性施工情况、现场监测及裂缝变化记录、鉴定和验收结论等，作为纠倾建（构）筑物的技术档案予以保存

建筑物的允许倾斜值　表 25-29

项次	结构类型	建筑高度（m）	允许倾斜值
1	砌体承重结构	$H_g \leqslant 21$	$S_H \leqslant 0.004H_g$
2	钢筋混凝土承重结构	$H_g \leqslant 18$ $18 < H_g \leqslant 24$	$S_H \leqslant 0.005H_g$ $S_H \leqslant 0.004H_g$
3	高层建筑物的允许倾斜值	$24 < H_g \leqslant 60$ $60 < H_g \leqslant 100$ $H_g > 100$	$S_H \leqslant 0.003H_g$ $S_H \leqslant 0.002H_g$ $S_H \leqslant 0.0015H_g$
4	高耸结构物的允许倾斜值	$H_g \leqslant 20$ $20 < H_g \leqslant 50$ $50 < H_g \leqslant 100$ $100 < H_g \leqslant 150$ $150 < H_g \leqslant 200$ $200 < H_g \leqslant 250$	$S_H \leqslant 0.008H_g$ $S_H \leqslant 0.006H_g$ $S_H \leqslant 0.005H_g$ $S_H \leqslant 0.004H_g$ $S_H \leqslant 0.003H_g$ $S_H \leqslant 0.002H_g$

注：H_g 为建筑物地面以上的高度；S_H 为建筑物的允许倾斜值。

25.4.3　建（构）筑物纠偏方法

建（构）筑物（基础）纠偏方法　表 25-30

项次	项目	纠偏原理、方法要点
1	浸水纠偏法	（1）浸水纠偏法是利用湿陷性黄土遇水湿陷的特性，采用"浸水"或"浸水与加压相结合"的方法进行纠偏 （2）浸水纠偏一般采用设注水孔（或注水坑、槽）进行。用洛阳铲成孔，孔径为100～300mm，孔深通常应达基底以下1～3m，然后用碎石或粗砂填至基底标高处，再插入$\phi30$～$\phi100$塑料或钢管注水管，管周用黏土填实，管内设一控制水位用的浮标，注水时用水表计量。注水管可根据基底尺寸布置成1～3排。各注水孔底部可视情况设在同一标高上或设在不同标高处 （3）纠偏设计时应根据主要受力层范围内土的湿陷系数和饱和度预估总的注水量和纠偏值，分批注入。注水开始宜少，根据纠偏速率逐渐增多，一般倾斜相反方向一侧基础的沉降值应控制在5～10mm/d。如实际回倾轨迹偏离设计纠偏轨迹，则可通过增减各注水孔注水量或停止部分注水来调节，使基础底面均匀地回复到水平位置
2	掏土纠偏法	（1）掏（排）土纠偏法是在倾斜建筑物沉降量较小一边的基础下掏出部分土，造成基底下土体部分临空，使该部分基础与土的接触面积减小，接触应力增加，导致侧向挤土变形，迫使基底下的土在建（构）筑物自重作用下产生一定的压密下沉或侧向挤出变形，借以调整整个基础的差异沉降，从而起到矫正建（构）筑物倾斜的目的 （2）纠偏掏土常用的有以下几种方法： 1）穿孔掏土法：系在建（构）筑物倾斜的相反一侧基底进行穿孔掏土。为避免掏土过程中产生应力集中，一般采用水平钻孔或凿孔方法从基底下掏土，或每隔一定距离以宽度5～50cm的窄条进行挖土（图25-19） 2）整片掏土法：掏土前先沿基础周围开挖基槽，槽深比基底深30～40cm，然后用长柄铲从倾斜向反侧基底下侧向掏土，掏土厚度为20～30cm，从基础边缘逐渐沿基底向里掏土，可先掏土1/4面积，使倾斜建筑物失去平衡，便会沿主倾斜相反方向缓慢均匀下沉，使倾斜恢复（图25-20） 3）冲孔拉土法：采用高压水枪在沉降小的一侧基底下打水平孔，孔距500mm，每两孔穿一$\phi13$钢丝绳使其形成一个拉土环，用绞磨拉土，重复进行，使倾斜逐步纠正

续表

项次	项目	纠偏原理、方法要点
3	压桩（顶桩）掏土纠偏法	（1）压桩（顶桩、下同）掏土纠偏法，系先在建（构）筑物沉降大的一侧用锚杆静压桩法（参见5.1.2一节）先压桩，并立即将桩与基础锚固在一起，制止建（构）筑物继续下沉，然后在沉降量小的基础一侧进行掏土，减少基础底面下地基土的承压面积，增大掏土一侧地基中的应力，使地基土达到塑性变形，造成建（构）筑物缓慢而又均匀的下沉、回倾。必要时可在掏土一侧再设置少量的保护桩，以提高回倾后建（构）筑物的永久稳定性，最后达到纠偏矫正的目的 （2）压桩掏土纠偏基底的受力状态如图25-21所示。 （3）压桩掏土纠偏形式有多种，应根据上部结构状况、土质状况、住房使用情况、周围施工条件进行认真选择，常用的有： 1）压桩水平掏土纠偏：方法如掏土纠偏法，一般当基底下土质较好时采用。当掏土量大于沉降所需掏土量的2～3倍时，基础即开始下沉。当建筑物开始回倾时，应进行观测，以便控制掏土量。采用本法，上部结构应有较好的刚度，施工需用较大的作业面 2）压桩钻孔掏土纠偏：方法同掏土纠偏法，系利用软土侧向变形的特点，当基础下有厚层软黏土时采用 3）压桩冲水纠偏：系用软土受力后产生塑性变形的特性，在建（构）筑物倾斜相反一侧基底下用高压水切割土体，将土冲成泥浆，然后把泥浆抽去，形成孔穴，从而使建（构）筑物缓慢沉降和回倾。适于基底下为软土层时采用 4）压桩顶升纠偏：系利用建筑物自重，按设计将加固和顶升用的桩全部压入基础的桩孔内，经静养14d后，利用桩作反力支点，安装顶升装置将基础上抬到设计标高，使在允许倾斜率范围内，然后再快速将桩与基础锚固连接牢固 5）压桩加压纠偏：系在沉降大的一侧先压桩，然后在沉降小的一侧也设保护桩，于保护桩的桩顶施加拉拔力，增大基底反力，相应地增大了地基土附加压力，当附加压力超过地基的允许承载力时，地基则达到塑性状态而被挤出，沉降量增大，从而有效减小两侧不均匀下沉，使倾斜得到纠正。当加压纠偏完成后，该桩又可作为顶桩使用，使建筑物快速稳定 （4）本法的特点是：施工机具体积小，重量轻，移动方便，并可在室内和场地狭窄条件下施工；施工无振动、无噪声、无污染；纠偏后，建（构）筑物的沉降和倾斜度能很快趋于稳定；纠偏时，居民不需搬迁，用桩阻止建（构）筑物继续下沉，施工安全、可靠。适用于基础刚度好、强度高、整体性好的建（构）筑物，地基土层较软弱，持力层埋藏较浅的情况
4	钻孔掏土（排泥）纠偏法	（1）钻孔掏土纠偏又称钻孔排泥纠偏或应力解除纠偏。其原理是软黏土或淤泥质土在建筑物附加荷载的作用下，会产生较大的侧压力，如在建（构）筑物倾斜相反的一侧基础边缘钻孔，造成地基侧向应力解除，软黏土即会侧移进入孔内，将挤入孔内的泥浆部分储存，部分掏（排）出，从而可调整建筑物的沉降差异，校正倾斜 （2）一般钻孔布置应沿倾斜中心两侧对称进行，由沉降小的一端按密→疏→零进行钻孔排土（泥），使建筑物反向沉降，以调整建筑物原沉降差异。钻孔直径随排土量的多少为10～50cm，深度宜达到良好土层，钻孔间距按每孔储土（泥）和排土（泥）量相等和孔深孔径相等的原则由计算确定，一般为1～5m，至建筑物沉降量小于30mm处停止，靠建（构）筑物自身调整 （3）小孔可采用外径70mm的手摇螺旋钻；较大孔可用潜水钻成孔。为防止孔口变形，便于掏土（排泥），在基底以上宜设套管或护筒。纠偏时，根据建筑物回倾速率，有控制地钻（掏）取套管下挤入孔中的软土（淤泥）。钻孔掏土（排泥）后，由于孔壁附近产生了应力集中，因而造成了部分土体的侧向挤出，与此同时，在整个基础范围下的土体中，因边界条件的改变，产生了应力重分布，使钻土侧基础产生附加下沉，而外侧下沉大于内侧下沉，从而使建（构）筑物逐步缓慢回倾。亦可在钻孔取土的同时，辅以高压冲刷措施 （4）本法施工简便易行，适应性强，见效快，不影响建（构）筑物的正常使用；纠偏比较彻底，无振动，处理较为彻底，不回弹，技术可靠，安全度高，对建（构）筑物无不利影响。适于软土、淤泥质土地基、多层砖混结构和独立构筑物（如烟囱、水塔、宝塔等）的纠偏

续表

项次	项目	纠偏原理、方法要点
5	沉井射水掏土纠偏法	(1) 系在基础沉降小的一侧的室外或室内设置若干个小型沉井（亦称辐射井），对基底土层进行人工射水、排土、使建（构）筑物回倾。适用于黏性土、粉土、砂性土或填土等地基上的独立或条形基础的建筑物的纠倾工程 (2) 沉井的布置及工作原理如图 25-22 所示。设置数量、下沉深度和中心距应根据建（构）筑物的倾斜情况、基础类型、埋深、场地环境以及基底下土层性质等因素确定。沉井一般采用圆形混凝土或砖砌，井内径不小于 0.8～1.0m，在井壁上设置4～6个扇形射水孔与回水孔，射水孔尺寸为 120mm×120mm，回水孔 60mm×60mm，其位置应设在距基底 50～80cm 左右，回水孔宜在射水孔下交错布置，井底标高宜低于射水孔标高 1.0～1.2m (3) 沉井用人工在井内挖土下沉，到达设计标高后，进行封底，通过井壁预留射水孔，用高压射水枪伸入基础下进行深层射水，泥浆水流通过沉井回水孔流入井内排出。经射水排土，在基础下地基中形成若干水平孔洞，使部分地基应力被解除，引起地基土不断坍落变形，迫使建筑物沉降小的一侧地基产生沉降，使倾斜得到纠正。由于成孔大小、深度、间距的可调性，从而有效地控制建筑物的回倾速率和变形量，一般回倾率应控制在 5～15mm/d，完工后应继续对建筑物进行沉降观测，其时间一般应不小于 30～60d。纠偏完毕，沉井内应回填 3∶7 灰土分层夯实，地面以下 1m 范围内的沉井应拆除 (4) 本法施工较简单，占场地较少，排土范围大，对周围建筑影响小，不受天气变化影响，方法可靠，施工安全，费用较低，是经过工程实践证明有广泛适用性的有效纠偏方法。适用于黏性土、粉土、砂性土或填土等地基上的独立、条形基础的建筑物纠偏工程
6	掏砂纠偏法	基础底板下如有较厚的砂层，建筑物整体刚度又较好，可采用掏砂纠偏法。它是在发生沉降量较小的部位，按平面每隔 1m 左右交叉布置一个掏砂孔，抽砂孔可由预埋斜放的 $\phi200$ 瓦管做成（图 25-23）。纠偏时，在沉降较小的部位用铁管在抽砂孔中分阶段掏砂，当抽砂孔四周的砂体不能在自重作用下挤入孔洞时，可在砂孔中冲水，促使孔周围的砂体下陷，从而使建筑物强迫下沉，以达到沉降均匀的效果
7	降水纠偏法	(1) 降水纠偏法系在室外倾斜相反的一侧地面上，设置多个沉井或井点管、大口径降水井管等，设泵抽水，或在外侧挖沟、排水，强制降低地下水位，迫使土壤孔隙水减少，土壤压密下沉，从而使倾斜得到恢复 (2) 沉井采用圆形砖砌沉井或预制混凝土井筒，内径不小于 1.0m，沉井采用人工井内挖土下沉，如遇地下水，则边抽水下沉，井点管设置及降水方法参见 3.4.5 深井井点降水一节 (3) 本法可利用工地常规抽水设备，施工简便、安全、可靠，费用较低；但纠偏时间较长，为加快速率有时与堆载加压法结合使用。适于基础强度较低或上部结构整体性差，地基为黏性土的建（构）筑物纠偏
8	降水掏土纠偏法	(1) 降水掏土纠偏是在建（构）筑物倾斜相反一侧，按一定角度打斜孔，先掏土而后进行降水，促使地基土在上部自重荷载的作用下，在孔壁附近产生应力集中，因而造成孔周土体从侧向挤出；与此同时，因边界条件的改变，引起应力重分布，迫使整个基础范围内的土体产生沉降，沉降速率外侧大于内侧，沉降速率大小取决于抽水的强度，抽水时曲线很快下降，停止抽水后曲线出现平缓段，沉降逐渐趋于平稳，纠偏即告完成 (2) 本法适用于深厚软土区、桩基房屋倾斜的纠偏，也适于其他类型基础房屋倾斜的纠偏
9	堆载加压纠偏法	(1) 堆载加压纠偏就是在建筑物沉降小的一侧施加临时荷载，适当增加该侧边的沉降，用以减少不均匀沉降差和倾斜 (2) 加载可用钢碇、烧结普通砖等材料，应控制加荷速度，分期、分批、对称、均匀地进行，严格控制加载间隔时间，并在堆载前后加强沉降观测，以便出现问题及时采取相应措施

续表

项次	项目	纠偏原理、方法要点
		(3) 本法纠偏在地面上进行，简单直接，一般都能收到预期效果；但有时加载重量不足时，也属无效，如设计加载量过大，施工实施往往很困难，此时也可因地制宜考虑与其他纠偏方法联合使用（如浸水堆载、降水堆载纠偏等），则效果更为显著
10	锚桩加压纠偏法	(1) 锚桩加压纠偏法又称预应力纠偏法，系在倾斜基础沉降小的一侧修筑一个与原基础连接的悬臂钢筋混凝土梁，在梁端设置锚桩，采用拉伸机通过基础对地基施加预应力，根据工程需要进行一次或多次加荷，直至达到预期纠偏目的 (2) 施工时先用灌注法浇灌锚桩和钢筋混凝土悬臂梁，待达到所需强度后，再用油压千斤顶进行纠偏处理，其纠偏装置及工艺流程（图 25-24）是：首先开动油压泵，由压力表控制油压大小，然后通过加荷机具按计算要求施加第一级荷载，并以百分表测定各部位的变形值，待变形稳定后，再施加下一级荷载，当调整不均匀沉降和倾斜率已达到要求时，纠偏即告完成 (3) 本法是一种处理与防止建（构）筑物倾斜的治本之法，与其他地基处理和托换方法比较，可减少原有土体结构的破坏，同时又达到改善基土性能的效果
11	静力压桩纠偏法	(1) 静力压桩纠偏法系以基础底面为反力支托，在地基下地基中逐节压入桩段的办法进行建筑物纠偏，压入桩可采用截面 150mm×150mm 钢筋混凝土方桩或圆桩，桩长根据开挖坑底标高的净空确定，分段接长采用硫磺胶泥接桩。压入桩设计应包括桩径、桩长、桩尖持力层选择、桩的布置、单桩承载力确定、压桩力大小等，一般压桩力取单桩承载力的 1.5 倍，其基本方法参见 5.1.2 节 (2) 本法适用于建在局部土坑、暗沟和土井等松软填土、淤泥土、含有透晶体地质条件地基上的条形与单独基础建筑物的纠偏工程
12	压力灌浆纠偏法	(1) 压力灌浆纠偏法系对建（构）筑物倾斜一侧的地基进行压力灌浆，充填土壤的空隙，固结土壤的颗粒，改善土的压缩性，从而增加地基的承载力，减少土的沉降变形，同时由于对地基的顶压，往往会使地基略微回升以及改变了两侧的沉降速度，随着时间的推移，会产生一定的纠偏效果 (2) 灌浆系在倾斜一侧用人工或地质钻钻孔，孔径一般为 110～140mm，孔距根据建筑物平面布置、土质类别、土壤密实情况等而定，一般为 80mm、100mm、150mm、200mm，灌浆深度在 1.5～5.0m 之间 (3) 灌注溶液主要为水泥，一般情况下再加入水玻璃为辅助剂。水玻璃用量一般为水泥重量的 3%～5%，水泥用强度等级为 42.5 级的普通硅酸盐水泥，水泥浆的水灰比为 0.8∶1≈1∶1；水泥浆与水玻璃（模数 2.4～2.8，浓度 30～45 波美度）的体积比为1∶0.6≈1∶0.8 (4) 灌浆时，在钻孔中插入带管尖的有孔注浆管、连接钢管和浆液软管，通过压浆机经软管、连接花管压注入土中，灌注速度根据注入溶液的性能决定，每个孔可分两次或三次灌注，也可一次灌注完成，视浆液合成成分及灌注深度而定 (5) 本法可收到加固地基和纠偏双重效果。适用于杂填土、松散砂土、湿陷性黄土地基土建（构）筑物纠偏工程
13	顶升纠偏法	(1) 顶升纠偏法系在基础倾斜一侧的基础底部掏土，设置千斤顶，将基础顶升复位，使中心线吻合后稳定 1h，再加压使柱向倾斜相反方向倾 10～15mm，以平衡基础底部土壤的压缩，用经纬仪校正后，即将基础下面空隙用混凝土填灌捣实或砌毛石（图 25-25）或压力灌浆方法填实 (2) 本法比较合理，但要在基础底部挖土，需一定场地，施工费用较高。适用于建造在深、厚软土地基上基础整体性和刚度较好的建（构）筑物纠偏
14	基础位移纠偏法	(1) 基础位移纠偏法系利用土壤抗剪强度较低的特点，用千斤顶使基础沿水平方向移动，滑动面将发生在基础垫层与土壤之间，千斤顶的型号和数量可根据基础大小和重量选用，其起重量与基础重量之比应为 2.0；小型基础可用 1 台千斤顶，宽 2m 以上基础应用 2 台同型号千斤顶 (2) 复位前，应将基础外露混凝土垫层凿去，将槽壁支承千斤顶部位修平，将基础四周进行清理，测出基础四角标高，标出基础轴线及偏移位置线

续表

项次	项目	纠偏原理、方法要点
		(3) 采用1台千斤顶时应设在基础的中心或形心部位，采用2台千斤顶应对称设置，平卧在基础与槽壁之间，用槽壁作为反力支点，在千斤顶与土壁之间设枕木以增大承压力，千斤顶的作用点设在基础下部，垫层的上面，2台千斤顶同时作用使基础沿着垫层与地基之间慢慢移动到设计轴线位置上（图25-26）。为防止基底下产生空隙，造成基础不均匀下沉，可采用水泥压力灌浆方法进行压浆处理

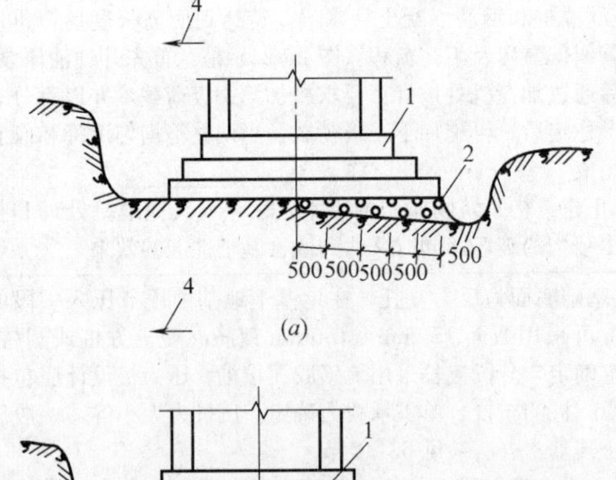

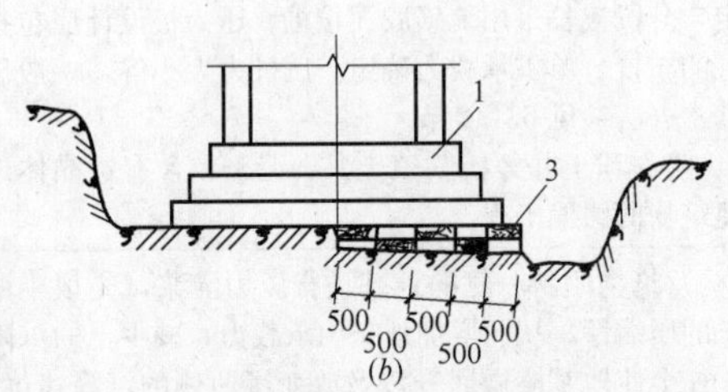

图 25-19　穿孔掏土纠偏

(*a*) 钻孔掏土；(*b*) 凿窄条掏土

1—纠偏构筑物基础；2—钻孔；3—凿窄条；

4—倾斜方向

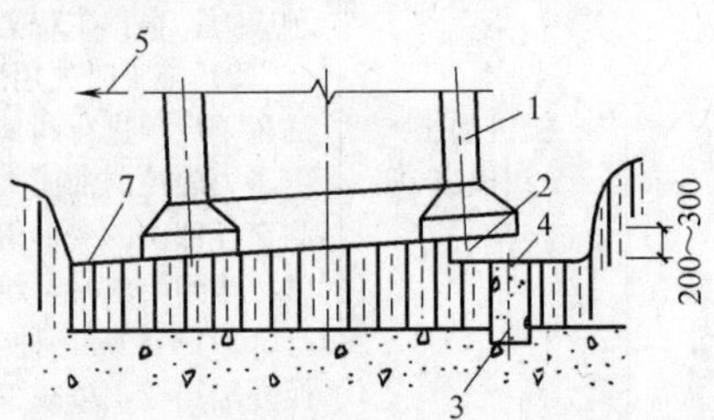

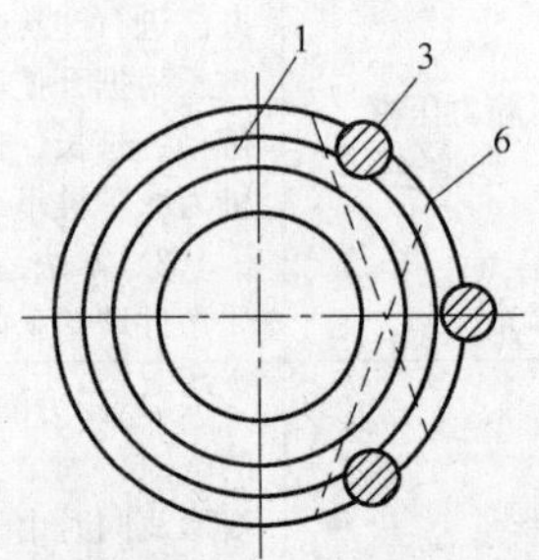

图 25-20　整片掏土纠偏

1—纠偏构筑物基础；2—基础掏土；3—混凝土灌注桩或墩；4—钢板；5—倾斜方向；6—分段掏土线；7—黄土地基

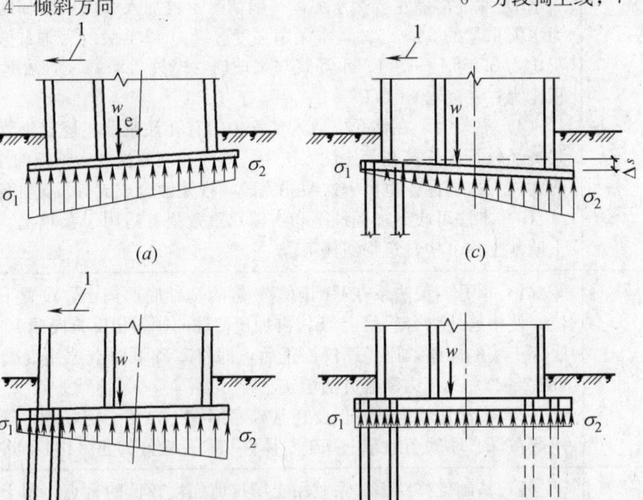

图 25-21　压桩掏土纠偏基底受力状态

(*a*) 纠偏前基底受力状态 ($\sigma_1>\sigma_2$)；(*b*) 压桩加固后基底受力状态 ($\sigma_1<\sigma_2$)；

(*c*) 掏土纠偏时基底受力状态 ($\sigma_1<\sigma_2$)；(*d*) 纠偏加固结束后基底受力状态 ($\sigma_1\approx\sigma_2$)

1—倾斜方向

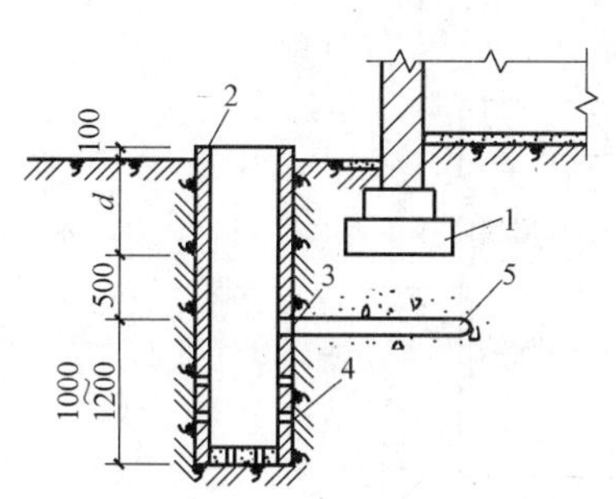

图 25-22 沉井射水掏土纠偏法

1—纠偏基础；2—混凝土或砖砌小沉井；3—射水孔；4—回水孔；5—射水成水平孔

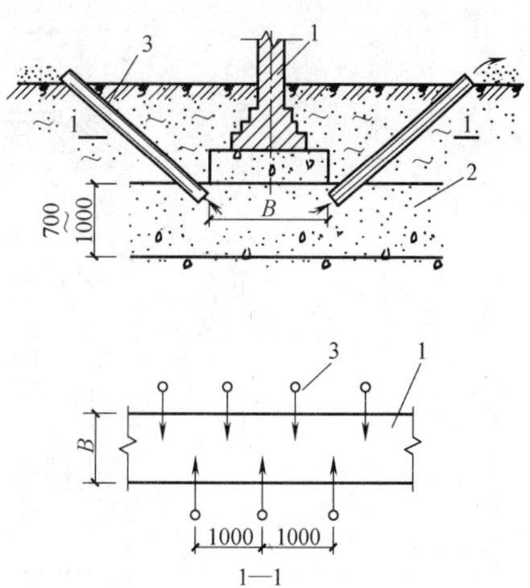

图 25-23 掏砂纠偏法

1—纠偏基础；2—砂垫层；3—预埋 ϕ200 抽砂管

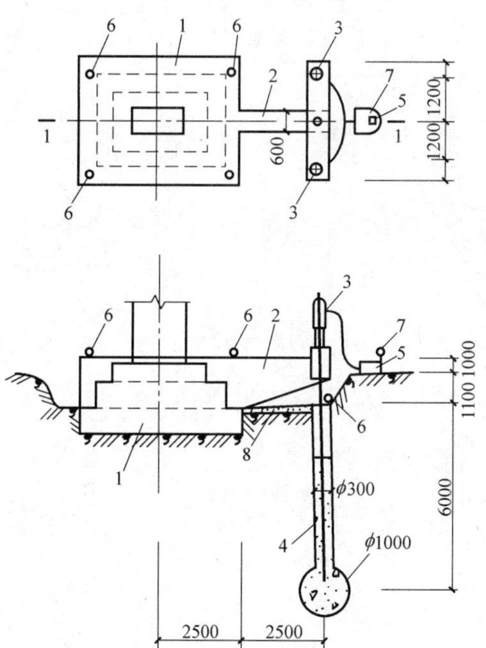

图 25-24 锚桩加压纠偏装置及工艺

1—纠偏基础；2—施工构件（钢筋混凝土悬臂梁）；3—加荷机具（拉伸机）；4—锚固系统（灌注桩或扩大头桩）；5—油压泵；6—百分表；7—压力表；8—填锯屑

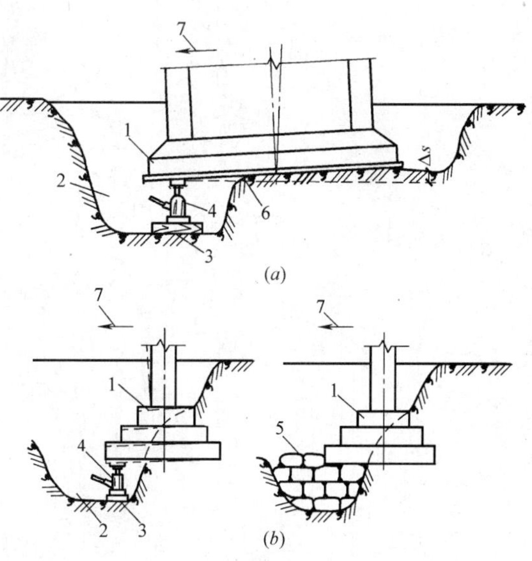

图 25-25 基础下部顶升纠偏法

（*a*）构筑物基础下部顶升；（*b*）独立基础下部顶升

1—纠偏构筑物或独立柱基础；2—开挖基坑；3—垫板；4—油压千斤顶；5—砌块石或灌注混凝土；6—压力灌浆；7—倾斜方向

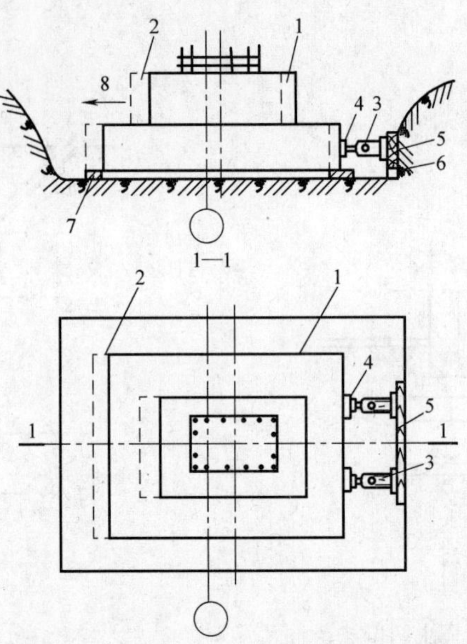

图 25-26　基础位移纠偏

1—水平位移基础；2—基础复位后位置；3—液压千斤顶；4—垫板；5—枕木；6—槽壁；7—垫层凿掉；8—纠偏复位方向

26　施工项目管理

26.1　施工项目管理概述

施工项目管理概述　　表 26-1

项次	项目	基本内容
1	项目	项目是指为达到符合规定的目标，按限定时间、限定资源和限定质量标准等约束条件完成的，由一系列相互协调的受控活动组成的特定过程 项目的基本特征是：一次性、目标的明确性、具有独特的生命期、整体性和不可逆性
2	建设项目	建设项目是指需要一定量的投资，按照一定的程序，在一定时间内完成，符合质量要求的，以形成固定资产为明确目标的特定过程。建设项目有基本建设项目和技术改造项目两类 建设项目的基本特征是：目标的明确性、整体性、建设过程的程序性、约束性、一次性和风险性
3	施工项目	施工项目是指建筑企业自施工承包投标开始到保修期满为止的全过程完成的项目 施工项目除具有一般项目特征外，还具有以下特征： (1)施工项目是建设项目或其中的单项工程、单位工程的施工活动过程 (2)建筑企业是施工项目的管理主体 (3)施工项目的任务范围是由施工合同界定的 (4)建筑产品具有多样性、固定性、体积庞大的特点
4	项目管理	项目管理是指项目管理者为达到项目的目标，运用系统理论和方法对项目进行的计划，组织、指挥、协调和控制等活动过程的总称 项目管理的对象是项目。项目管理者是项目中各项活动的主体
5	建设项目管理	建设项目管理是指为实现建设项目的目标，运用系统的理论和方法对建设项目进行的计划，组织、指挥、协调和控制等管理活动 建设项目管理的对象是建设项目。建设项目管理的职能是决策、计划、组织、控制、协调。建设项目管理的主要目标是进行投资(成本)、质量、进度等目标的控制
6	施工项目管理	施工项目管理是指建筑企业运用系统的理论和方法对施工项目进行的计划、组织、指挥、协调和控制等全过程的全面管理
7	施工项目管理程序	中标签订工程承包合同→组建项目管理机构、编制《施工项目管理实施规划》编写开工申请报告→进行施工，完成合同规定的全部施工任务，达到验收交工条件→工程收尾，接受正式验收并进行总结，评价，对外结清债权债务，结束交易关系→保证用户正确使用，使建筑产品发挥应有功能，反馈信息，总结经验改进工作
8	施工项目管理内容	(1)建立施工项目管理组织机构，选聘施工项目经理，制定施工项目经理部管理制度 (2)在工程投标前，由企业管理层编制施工项目管理大纲；在工程开工前，由项目经理组织编写施工项目管理实施规划 (3)在施工项目实施过程中，对项目的质量、进度、成本和安全目标进行控制，以实现项目的各项约束性目标 (4)对施工项目的各生产要素(劳动力、材料、设备、技术和资金)进行优化配置和动态管理 (5)加强工程承包合同的策划、签订、履行和管理 (6)进行施工项目目标控制和动态管理，必须在施工全过程中实施信息化管理 (7)应对施工现场进行科学有效的管理，以达到文明施工 (8)在施工项目实施过程中，应进行组织协调，沟通和处理好内、外的各种关系，以保证计划目标的实现

续表

项次	项目	基本内容
9	施工项目管理规划大纲	(1)编制依据:1)指标文件及发包人对指标文件的解释;2)企业对指标文件的分析;3)相关市场信息和环境信息;4)企业对本工程的投标总体战略,中标后的经营方针和策略 (2)基本内容:1)施工项目概况;2)项目安装条件分析;3)项目范围管理规划;4)项目管理目标规划;5)项目管理组织规划;6)项目成本管理规划;7)项目进度管理规划;8)项目质量管理规划;9)项目职业健康安全与环境管理规划;10)项目采购与资源管理规划;11)项目信息管理规划;12)项目沟通管理规划;13)项目风险管理规划;14)项目收尾管理规划
10	施工项目管理实施规划	(1)编制依据:1)施工项目管理规划大纲;2)施工项目条件和环境分析资料;3)工程施工合同及相关文件;4)同类施工项目的相关资料;5)《施工项目管理目标责任书》 (2)基本内容:1)施工项目概况;2)总体工作计划;3)组织方案;4)施工技术方案;5)进度计划;6)质量计划;7)职业健康安全和环境管理计划;8)成本计划;9)资源需求计划;10)风险管理计划;11)信息管理计划;12)项目沟通管理计划;13)项目收尾管理计划;14)项目现场平面布置图;15)项目目标控制措施;16)技术经济指标

26.2 施工项目管理组织

26.2.1 施工项目经理部

施工项目经理部 **表 26-2**

项次	项目	基本内容
1	设置依据	(1)根据所选择的项目组织形式组建 (2)根据项目的规模、复杂程度和专业特点设置 (3)根据施工工程任务需要调整 (4)适应现场施工的需要设置
2	建立项目经理部应遵循的步骤	(1)根据施工项目管理规划大纲确定项目经理部的管理任务和组织结构 (2)根据施工项目管理目标责任书进行目标分解与责任划分 (3)确定项目经理部的组织设置 (4)确定人员的职责、分工和权限 (5)制定工作制度、考核制度与奖惩制度
3	主要管理制度	(1)施工项目管理岗位责任制度 (2)施工项目技术与质量管理制度 (3)图纸和技术档案管理制度 (4)计划、统计与进度报告制度 (5)施工项目成本核算制度 (6)材料、机械设备管理制度 (7)施工项目安全管理制度 (8)文明施工和场容管理制度 (9)施工项目信息管理制度 (10)例会和组织协调制度 (11)分包和劳务管理制度 (12)内外部沟通与协调管理制度
4	施工项目团队建设	(1)施工项目组织应树立项目团队意识,并满足下列要求: 1)围绕施工项目目标形成和谐一致、高效运行的施工项目团队 2)建立协同工作的管理机制和工作模式 3)建立畅通的信息沟通渠道和各方共享的信息工作平台

续表

项次	项目	基本内容
		(2)施工项目团队应有明确的目标、合理的运行程序和完善的工作制度 (3)施工项目经理应对施工项目团队建设负责,培育团队精神,定期评估团队运作绩效,有效发挥和调动各人员的工作积极性和责任性 (4)施工项目经理应通过表彰奖励、学习交流等多种方式和谐团队氛围,统一团队思想,营造集体观念,处理管理冲突,提高项目运作效率 (5)施工项目团队建设应注重管理绩效,有效发挥个体人员的积极性,并充分利用成员集体的协作成果
5	施工项目经理部解体	当施工项目临近结尾时,即可由施工项目经理部向企业主管部门提出解体申请,其工作程序和内容如下: (1)成立善后工作小组,由项目经理任组长 (2)在施工项目全部竣工验收合格后,项目经理部提交解体申请报告,经企业主管门批准后执行 (3)陆续解聘工作业务人员 (4)根据工程质量、结构特点、使用性质等因素,预留保修费用 (5)根据企业管理制度,进行剩余物资处理 (6)留守小组负责债权债务处理 (7)由审计部门牵头进行经济效益(成本)审计,并提出审计评价报告 (8)对项目经理和经理部人员做出业绩审计奖惩处理 (9)根据签订的合同和有关签证,进行有关纠纷裁决

26.2.2 施工项目经理

施工项目经理 表 26-3

项次	项目	基本内容
1	经理应具备的素质	(1)符合施工项目管理要求的能力,善于进行组织协调与沟通 (2)具有相应施工项目管理经验和业绩 (3)具有施工项目管理需要的专业技术,管理、经济、法律和法规知识 (4)有良好的职业道德和团结协作精神,遵纪守法、爱岗敬业、诚信尽责 (5)身体健康
2	经理的责、权、利	(1)施工项目经理的职责: 1)施工项目管理目标责任书规定的职责 2)主持编制施工项目管理实施规划,并对施工项目目标进行系统管理 3)对资源进行动态管理 4)主持组建施工项目经理部和制定项目的各种管理制度 5)进行授权范围内的利益分配 6)收集工程资料、准备结算资料,参与工程竣工验收 7)接受审计,处理施工项目经理部解体的善后工作 8)协助组织进行项目的检查、鉴定和评奖申报工作 (2)施工项目经理应具有的权限: 1)参与施工项目投标和签订施工合同等工作 2)参与组建施工项目经理部 3)主持施工项目经理部工作 4)决定授权范围内的项目资金的投入和使用 5)制定内部计酬办法 6)参与选择并使用具有相应资质的分包人 7)参与选择物资供应单位 8)在授权范围内协调与项目有关的内、外部关系 9)法定代表人授予的其他权力 (3)施工项目经理的利益与奖罚: 1)获得工资和奖励 2)施工项目完成后,按照施工项目管理目标责任书规定,经审计后给予奖励或处罚 3)获得评优表彰、记功等奖励

续表

项次	项目	基本内容
3	施工项目管理目标责任书	(1)项目管理目标责任书是企业管理层与施工项目经理部签订的明确施工项目经理部应达到的成本、质量、进度、安全和环境等管理目标及其承担的责任，并作为项目完成后审核评价依据的文件 (2)项目管理目标责任书编制的依据： 1)施工项目合同文件 2)企业的项目管理制度 3)施工项目管理规划大纲 4)企业的经营方针和目标 (3)施工项目管理目标责任书的内容： 1)施工项目管理实施目标 2)企业与项目经理部之间的责任、权限和利益分配 3)施工项目需用资源的提供方式和核算办法 4)施工项目采购、施工、试运行等管理的内容和要求 5)法定代表人向施工项目经理委托的特殊事项 6)施工项目经理部应承担的风险 7)施工项目管理目标评价的原则、内容和方法 8)对施工项目经理部进行奖惩的依据、标准和办法 9)施工项目经理解职和项目经理部解体的条件及办法 (4)施工项目管理目标责任书的实施： 1)施工项目管理目标责任书一经签订，就在施工项目管理中起强制性作用，施工项目经理应组织施工项目经理部人员认真学习，明确分工，制定措施，及时监督 2)在日常施工项目管理工作中，各管理人员应经常检查目标责任的兑现情况，及时发现问题，并找出解决办法 3)施工项目完成后，企业应对施工项目管理目标责任书完成情况进行考核并提出考核意见

26.3 施工项目合同管理

施工项目合同管理 **表 26-4**

项次	项目	基本内容
1	一般规定	(1)施工项目合同管理是项目经理部对工程项目施工过程中所发生的或所涉及的一切经济、技术合同的签订、履行、变更、索赔、解除、解决争议、终止与评价的全过程进行的管理工作 (2)施工项目经理部应建立合同管理制度，应设立专门机构或人员负责合同管理工作 (3)承包人的合同管理应遵循下列程序： 1)合同评审 2)合同订立 3)合同实施计划 4)合同实施控制 5)合同综合评价 6)有关知识产权的合法使用
2	施工项目合同的内容	住房城乡建设部和国家工商行政管理总局于2013年4月发布的《建设工程施工合同(示范文本)》(以下简称《施工合同文本》)，是各类房屋建筑、土木工程、线路管道和设备安装工程、装修工程等建设工程的施工承发包活动合同的样本。由《合同协议书》、《通用合同条款》、《专用合同条款》三部分组成，并附有11个附件。 (1)《合同协议书》，是《施工合同文本》中总纲性的文件，其内容包括工程概况、合同工期、质量标准、签约合同价和合同价格形式、项目经理、合同文件构成等十三个部分内容 (2)《通用合同条款》，是将建设工程施工合同当事人的权利义务作出的原则性约定，共计20条，具体包括：一般约定，发包人，承包人，监理人，工程质量，安全文明施工与环境保护，工期和进度，材料与设备，试验与检验，变更，价格调整，合同价格、计量与支付，验收和工程试车，竣工结算，缺陷责任与保修，违约，不可抗力，保险，索赔，争议解决

续表

项次	项目	基本内容
2	施工项目合同的内容	(3)《专用合同条款》是对通用合同条款原则性约定的细化、完善、补充、修改或另行约定的条款。条款内容基本和通用条款相对应 (4)11个协议书附件： 1)承包人承揽工程项目一览表 2)发包人供应材料设备一览表 3)工程质量保修书 4)主要建设工程文件目录 5)承包人用于本工程施工的机械设备表 6)承包人主要施工管理人员表 7)分包人主要施工管理人员表 8)履约担保格式 9)预付款担保格式 10)支付担保格式 11)暂估价一览表
3	施工项目合同评审	(1)施工项目合同评审应在合同签订之前进行，主要是对招标文件和合同条件进行的审查、认定和评价 (2)合同评价应包括下列内容： 1)招标内容和合同的合法性审查 2)招标文件和合同条款的合法性和完备性审查 3)合同双方责任、权益和项目范围认定 4)与产品或过程有关要求的评审 5)合同风险评估 (3)承包人应研究合同文件和发包人所提供的信息，确保合同要求得以实现；发现问题应与发包人及时澄清，并以书面方式确定；承包人应有能力完成合同要求
4	施工项目合同实施控制	(1)合同实施控制包括合同交底、合同跟踪与诊断、合同变更管理和索赔管理等工作 (2)在合同实施前，合同谈判人员应进行合同交底 (3)企业管理层应监督项目经理部的项目合同执行行为，并协调各分包人的合同实施工作 (4)全面收集并分析合同实施的信息，将合同实施情况与合同实施计划进行对比分析，找出其中的偏差。定期诊断合同履行情况，诊断内容包括：合同执行差异的原因分析、责任分析以及实施趋向预测，并及时通报实施情况及存在问题，提出有关意见和建议，并采取相应措施 (5)合同变更管理应包括变更协商、变更处理程序、制定并落实变更措施、修改与变更相关的资料以及结果检查等工作 (6)承包人对发包人、分包人、供应单位之间的索赔管理工作应包括预测、寻找和发现索赔机会；收集索赔的证据和理由，调查和分析干扰事件的影响，计算索赔值；提出索赔意向和报告 (7)承包人对发包人、分包人、供应单位之间的反索赔管理工作应包括：对收到的索赔报告进行审查分析，收集反索赔理由和证据，复核索赔值，起草并提出反索赔报告；通过合同管理，防止反索赔事件的发生
5	施工项目合同终止和评价	(1)合同履行结束即合同终止，企业应及时进行合同评价，总结合同签订和执行过程中的经验教训，提出总结报告 (2)合同总结报告应包括下列内容： 1)合同签订情况评价 2)合同执行情况评价 3)合同管理工作评价 4)对本项目有重大影响的合同条款的评价 5)其他经验教训

26.4　施工项目采购管理

施工项目采购管理　　表 26-5

项次	项目	基本内容
1	一般规定	(1)企业应设置采购部门,制定采购管理制度、工作程序和采购计划 (2)项目采购工作应符合有关合同、设计文件所规定的数量、技术要求和质量标准,符合进度、安全、环境和成本管理等要求 (3)产品供应和服务单位应通过合同译定。采购过程中应按规定对产品或服务进行检验,对不符合或不合格品应按规定处置 (4)采购资料应真实、有效、完整,具有可追溯性 (5)项目采购程序: 1)明确采购产品或服务的基本要求、采购分工及有关责任 2)进行采购策划,编制采购计划 3)进行市场调查,选择合格的产品供应或服务单位,建立合格供应商名录 4)采用招标、询价比较、协商等方式实施评审工作,确定供应或服务单位 5)签订采购合同 6)采购产品的运输、验证、移交 7)处置不合格产品或不符合要求的服务 8)采购资料归档
2	项目采购计划管理	(1)由项目物资采购部门根据项目生产部门编制并经审核批准的物资需用计划,通过库存情况进行物资需求分析,并确定采购方式和采购数量后进行采购计划编制。采购计划中应确定采购方式、采购人员、候选供应商名单和采购时间等 (2)采购计划应包括下列内容: 1)采购工作范围、内容及管理要求 2)采购信息,包括产品或服务的数量,技术标准和质量要求 3)检验方式和标准 4)供应方资质审查要求 5)采购控制目标及措施
3	项目采购控制	(1)物资采购应采用公开指标采购、邀请招标采购、独家议标采购、询价采购和零星采购等方式 (2)企业应对采购报价进行有关技术和商务的综合评审,并应制定选择、评审和重新评审的准则,评审记录应保存 (3)企业应对特殊产品(特种设备、材料、制造周期长的大型设备、有毒有害产品)的供应单位进行实地考察,并采取有效措施进行重点监控 (4)承压产品:有毒有害产品、重要机械设备等特殊产品的采购,应要求供应单位提供有效的安全资质、生产许可证及其他相关要求的资格证书 (5)项目采用的设备、材料应经检验合格,并符合设计及相关现行标准要求。检验产品使用的计量器具、产品的取样、抽检应符合规范要求 (6)进口产品应按国家政策和相关法规办理相关和商检等手续 (7)采购产品在检验、运输、移交和保管等过程中,应按照职业健康安全和环境管理要求,避免对职业健康安全、环境造成影响

26.5 施工项目进度管理

26.5.1 施工项目进度管理概述

施工项目进度管理概述　　表 26-6

项次	项目	基本内容
1	施工项目进度管理程序	明确项目目标和内容→进行工作结构分解→确定工作关系和时间→编制施工进度计划→进度计划交底,落实相应保证措施→进度计划实施→收集管理分析进度信息→进行计划与实际进度的比较分析,对存在的问题分析原因→进度计划调整与再实施→编制进度报告,报送企业管理部门
2	影响施工项目进度的因素	(1)内部因素: 1)施工组织不合理,生产要素调配不当,处理问题不及时 2)施工技术措施不当或发生事故 3)质量不合格引起返工 4)与相关单位协调不善 5)项目经理部管理不善,管理水平低 (2)外部因素: 1)设计图纸供应不及时或图纸有误 2)业主要求设计变更 3)实际工程量增减变化较大 4)材料供应、运输等不及时或质量、数量、规格不符合要求 5)分包单位没有认真履行合同,劳动力配备不足或违约 6)资金没有按时拨付等 (3)不可预见因素: 1)施工现场水文地质状况比设计合同文件预计的要复杂得多 2)严重自然灾害 3)社会骚乱、恐怖活动等政治因素

26.5.2 施工项目进度计划编制

施工项目进度计划编制　　表 26-7

项次	项目	基本内容
1	进度计划分级	(1)企业应提出项目控制性进度计划,控制性计划可包括下列种类: 1)整个项目的总进度计划 2)分阶段进度计划 3)子项目进度计划和单体进度计划 4)年(季)度计划 (2)项目经理部应编制项目作业性进度计划,作业性进度计划应包括下列内容: 1)分部分项工程进度计划 2)月(旬)作业计划 (3)各类进度计划应包括下列内容: 1)编制说明 2)进度计划表 3)资源需要量及供应平衡表

续表

项次	项目	基本内容
2	进度计划编制依据	(1)项目施工合同中对总工期、开工日期、竣工日期的要求 (2)业主对阶段节点工期的要求 (3)项目技术经济特点 (4)项目的外部环境及施工条件 (5)项目的资源供应状况 (6)施工企业的施工定额及实际施工能力
3	进度计划的编制原则	(1)应运用现代科学的管理理论和方法以及先进的管理工具来进行进度计划的编制 (2)充分了解项目的实际情况，评估造成对施工进度重大影响的各种风险因素 (3)进度计划应保证项目总工期目标 (4)应研究企业自身情况，根据工艺关系、组织关系、搭接关系等，对工程实行分期、分批提出相应的阶段性进度计划，以保证各阶段性节点目标与总工期目标相适应 (5)进度计划的安排必须考虑项目资源供应计划 (6)进度计划应与质量、安全、经济等目标相协调
4	编制进度计划步骤	(1)确定进度计划的目标、性质和任务 (2)进行工作分解 (3)收集编制依据 (4)确定工作的起止时间及里程碑 (5)处理各工种之间的逻辑关系 (6)编制进度表 (7)编制进度说明书 (8)编制资源需要量及供应平衡表 (9)报有关部门批准
5	进度计划的编制方法	(1)横道计划： 是一种最简单、运用最广泛的传统的进度计划的表示方法。传统横道图的表头为工序及其简要说明，右侧的时间表格上则表示相应工作的进展情况，如图 26-1(*a*)所示。根据具体工程情况和计划的编制精度，时间刻度单位可以为年、季、月、旬、周、天或小时等。工序的分类及排列计划编制者可自定，通常以工序发生的时间先后顺序排列，也可按工序间工艺关系顺序排列： 传统横道图中将工序进度与时间坐标相对应，这种表达方式简单直观，便于理解，而且编制容易、方便操作。但它存在着工序之间的逻辑关系、工艺关系表达不清楚；没有通过严谨的进度计划时间参数计算，不能直观地确定关键线路、关键工序，也无法直接体现出某工序的时间；计划调整工作量大，难以适应大的、复杂项目的进度计划。因此，传统横道图适用于手工编制，主要应用于小型项目或大型项目的子项目，或用于计算资源需要量和概要预示进度。 在传统横道图的基础上作一些改进，将重要工序间的逻辑关系标注在计划图上的附带逻辑关系的横道图(图 26-1*b*)以及可表达时差的附带时差的横道图(图 26-1*c*) (2)网络计划： 网络计划基本原理是：将一项任务的各个环节，按照时间先后顺序组成网络图，通过网络图对该项任务进行统筹规划，安排进度，对整个任务进行控制和调整，通过计算时间参数，找出关键工序、关键路线和求得控制工期，从而得到优化方案，以最小的消耗完成工程任务，取得最优的技术经济效果。《工程网络计划技术规程》(JGJ/T 121—2015)推荐的常用的工程网络计划类型有双代号网络计划、双代号时标网络计划、单代号网络计划和单代号搭接网络计划等 1)双代号网络计划： 双代号网络图是由工序(又称工作)、节点(又称事项)和线路三部分组成。网络图上每一根箭杆表示一道工序，工序名称写在箭杆上面，所需作业时间写在箭杆下面。箭杆的首尾用两个圆圈连接起来并编号，称为节点，表示工序之间的开始和衔接关系，也表示紧前工序的完成和紧后工序的开始，如图 26-2所示。线路长短表示由线路所包含的工序作业所需时间的总和，其中虚箭杆表示虚拟的工序，仅表示各工序的逻辑连接和工序之间的相互关系，没有工序名称，不占用工作时间。在同一个网络图中，有很多条线路，但总有一条线路(也可能同时几条线路)的线路时间最长，其他线路的线路时间均小于该线路时间，则该线路(或这几条线路)为关键线路，在关键线路上的工序全是关键工序 2)双代号时标网络计划： 双代号时标网络图是网络图与横道图的综合应用，兼具网络图和横道图的优点，它不仅能够表明各工作的进程，而且可以清楚地看出各工作的逻辑关系，同时能直接显示关键线路和关键工序、各工序的起止时间和自由时差情况，如图 26-3 所示，实工序用实箭杆表示，工作如有自由时差用波形线表示，虚工序

续表

项次	项目	基本内容
		必须用垂直方向的虚箭杆表示。没有波形线的线路即为关键线路 3)单代号网络计划: 单代号网络图由节点和线路两部分组成,通常将节点画成一个圆圈或方框形式,其内标注工序编号、名称和持续时间;箭线表示工序开始前和结束后的环境关系,如图 26-4 所示 线路概念、种类和性质与双代号网络图基本类似,但其特点是工作之间的逻辑关系更加直观,易画易读,且便于检查、修改与调整 4)单代号搭接网络计划: 在双代号和单代号网络计划中,各项工序均是依次按顺序进行,但在实际计划管理中,为了缩短工期,许多工序可采用平行搭接的方式进行。工序之间的搭接主要分为以下四种: ①结束到开始的搭接($FTS_{i,j}$) ②开始到开始的搭接($STS_{i,j}$) ③结束到结束的搭接($FTF_{i,j}$) ④开始到结束的搭接($STF_{i,j}$) 单代号搭接网络图如图 26-5 所示

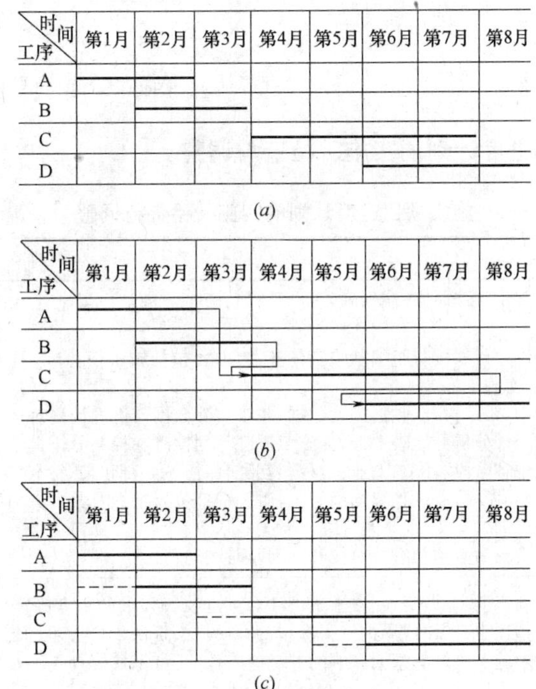

图 26-1 横道图

(a) 传统横道图;(b) 附带逻辑关系的横道图;(c) 附带时差的横道图

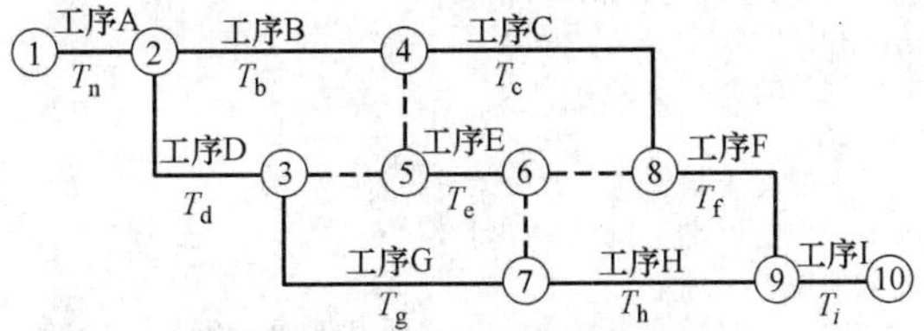

图 26-2 双代号网络图

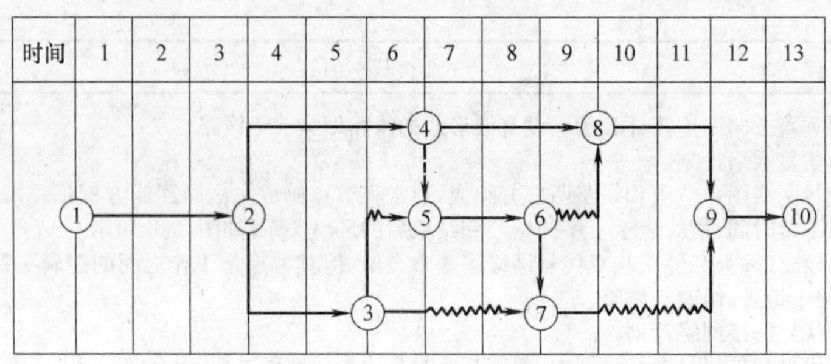

图 26-3 双代号时标网络图

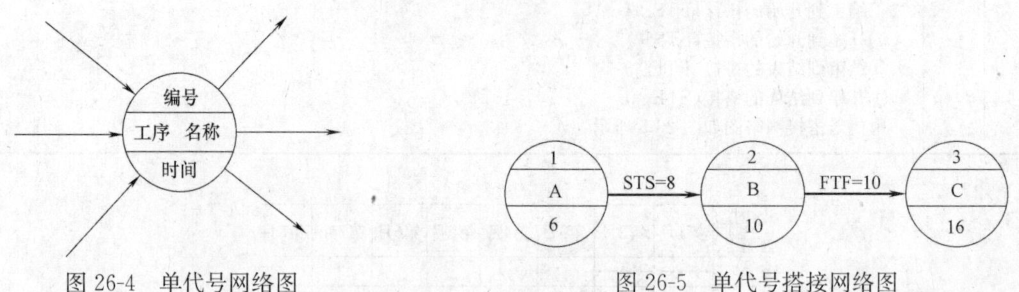

图 26-4 单代号网络图

图 26-5 单代号搭接网络图

26.5.3 施工项目进度计划的实施、检查与调整

施工项目进度计划的实施、检查与调整 **表 26-8**

项次	项目	基本内容
1	进度计划的实施	(1)企业应编制年、季度的控制性施工进度计划;项目经理部应编制月、旬施工进度计划,重点解决工序之间的关系 (2)工长根据作业计划按班组编制施工任务书、内容包括施工任务单、限额领料单、考勤表等,签发后向班组下达并落实施工任务 (3)实施过程中,跟踪检查,收集进度数据,并将实际数据与进度计划对比 (4)及时进行统计分析并填表上报,为施工进度计划检查和控制分析提供反馈信息 (5)组织施工中各阶段、环节、专业、工种相互配合,协调外部供应、分包等各方面的关系,采取各种措施排除各种干扰和矛盾,保证连续均衡施工,对关键部位要组织有关人员加强监督检查,发现问题,及时解决,及时调整计划 (6)进度计划变更后必须与有关单位和部门及时沟通
2	进度计划的检查	(1)根据施工项目的类型、规模、施工条件和对进度执行要求的程度确定检查时间和间隔时间。定期检查可确定为每月、半月、旬或周进行一次;若遇有天气、资源供应等不利因素严重影响时,可进行不定期的随时检查;对施工进度有重大影响的关键施工作业,可每日检查或派人驻现场跟踪检查 (2)检查内容: 1)实际完成和累计完成的工程量 2)实际参加施工的人力、机械数量和生产效率 3)工作时间的执行情况 4)窝工人数、窝工机械数量及其原因分析 5)进度偏差情况和进度管理情况 6)上次检查提出问题的整改情况 (3)检查方法: 1)建立内部施工进度报表制度 2)定期召开进度工作会议,汇报实际进度情况 3)检查人员经常到现场实际察看 (4)进度计划检查后,应整理数据,比较分析。一般采用实物工程量、施工产值、劳动消耗量、累计百分比和形象进度统计;比较分析通常采用横道图法、列表比较法、S形曲线比较法、香蕉形曲线比较法、前锋线比较法等 (5)得出实际进度与计划进度是否存在偏差的结论,并对未来计划进度进行预测

续表

项次	项目	基本内容
3	进度计划的调整	(1)改变工序的起止时间： 起止时间的改变应在相应的工序时差范围内进行：如延长或缩短工序的持续时间，或将工序在最早开始时间和最迟完成时间范围内移动。每次调整必须重新计算时间参数，观察该项调整对整个施工计划的影响 (2)改变某些工序的逻辑关系： 若检查的实际施工进度产生的偏差影响了总工期，并且有关工序之间逻辑关系允许改变，则可以改变关键线路和超过计划工期的非关键线路上的有关工序之间的逻辑关系，达到缩短工期的目的，例如把依次进行的有关工序改变为平行的或相互搭接的以及分成几个施工段进行流水施工的工序等 (3)资源供应的调整： 因资源供应异常而引起进度计划执行问题，则应采取资源优化方法对计划进行调整，或采取应急措施，使其对工期影响最小 (4)工程量调整： 因实际工程量增减变化较大而引起进度计划执行问题，应及时调整工程量，调整人力、机械设备等资源的配备，以满足工程施工需要，确保施工总工期的目标。必要时，与有关部门协商后进行必要的目标调整

26.6 施工项目质量管理

26.6.1 施工项目质量计划

施工项目质量计划 表 26-9

项次	项目	基本内容
1	质量计划编制依据	(1)施工合同中有关项目(或过程)的质量要求 (2)施工企业的质量管理体系、《质量手册》及相应的程序文件 (3)《建筑工程施工质量验收统一标准》(GB 50300—2013)，施工操作规程及作业指导书 (4)《建筑法》、《建设工程施工质量管理条例》、《环境保护条例》及有关法规 (5)安全施工管理条例等
2	质量计划的主要内容	(1)施工项目应达到的质量目标和要求，质量目标的分解 (2)施工项目经理部的职责、权限和资源的具体分配 (3)施工项目经理部实际运作的各过程步骤 (4)施工中应采用的程序、方法和指导书 (5)有关施工阶段相适用的试验，检查、验证和评审的要求和标准 (6)达到质量目标的测量方法 (7)随施工项目的进展而更改和完善质量计划程序 (8)为达到质量而采用其他措施
3	质量计划的编制要求	(1)明确质量目标和要求：施工项目竣工交付使用时，质量要求到合同范围内的全部工程的所有使用功能符合设计(或更改)图纸要求；检验批、分部、分项、单位工程质量达到施工质量验收统一标准，合格率100% (2)明确规定项目经理部管理人员和操作人员的岗位职责 (3)规定项目经理部管理人员及操作人员的岗位任职标准及培训、考核认定方法；规定施工项目所需的临时设施、支持性服务手段、施工设备、通信设施及保证施工环境所需的其他资源提供等 (4)明确施工项目实现过程的策划：规定施工组织设计或专项项目质量计划的编制要点及接口关系；规定新技术、新材料、新结构、新设备的策划要求；规定重要过程的验收准则或技艺评定方法 (5)规定业主提供的材料、机械设备等产品的过程控制 (6)明确材料、机械设备等采购过程的控制 (7)对隐蔽工程、分部分项工程的验收等必须做可追溯性记录，并对其可追溯性的范围、程序、标识、所需记录及如何控制等内容作出规定；坐标控制点、标高控制点、沉降观测点、安全标志、标牌等要对这些

续表

项次	项目	基本内容
		标识的准确性控制措施、记录等内容作出详细规定；对钢材、构件等重要材料及重要施工设备的运作必须具有可追溯性 (8)必须要对工程从合同签订到交付全过程的控制方法作出相应规定 (9)对搬运、存储、包装、成品保护和交付过程的控制作出规定 (10)对工程水、电、暖、电信、通风、机械设备等的安装、检测、调试、验收交付，不合格的处置等过程的控制作出规定 (11)要对检验、试验、测量和计量过程及设备的控制，管理制度等作出相应规定 (12)对不合格品的控制作出规定

26.6.2 施工工序质量控制

施工工序质量控制 表 26-10

项次	项目	基本内容
1	工序质量控制的概念和内容	工序质量是指施工中人、材料、机械、工艺方法和环境等对产品综合起作用的过程的质量，又称过程质量，它体现为产品质量 工序质量控制是对工序活动条件(即工序活动投入的质量)和工序活动效果的质量(即分项工程质量)的控制。工序质量控制的内容有以下方面： (1)确定工序质量控制工作计划 (2)主动控制工序活动条件的质量，主要指影响质量的五大因素，即人、材料、机械设备、方法和环境等 (3)及时检验工作活动效果的质量。主要是实行班组自检、互检、上下通道工序交接检 (4)设置工序质量控制点，实行重点控制
2	工序质量控制点的设置和管理	(1)工序质量控制点的设置原则： 1)重要的和关键性的施工环节和部位 2)施工技术难度大、施工条件困难的部位或环节 3)质量不稳定、施工质量没有把握的施工工序和环节 4)质量标准或质量精度要求高的施工内容和项目 5)对后续施工或后续工序质量或安全有重要影响的施工工序或部位 6)采用新技术、新工艺、新材料施工的部位和项目 (2)工序质量控制点的管理： 1)质量控制的设计； ①列出质量控制点明细表 ②设计控制点施工流程图 ③进行工序分析，找出主导因素 ④制定工序质量控制表，对各影响质量特性的主导因素规定明确的控制范围和控制要求 ⑤编制保证质量的作业指导书 ⑥编制计量网络图，明确标出各控制因素采用什么计量仪器、编号、精度等，以便进行精确计量 ⑦质量控制点审核。可由设计者的上一级领导进行审核 2)质量控制点的实施： ①交底。将控制点的控制措施设计向操作班组进行认真交底，必须使工人真正了解操作要求 ②质量控制人员在现场进行重点指导、检查、验收 ③工人按作业指导书认真进行操作，保证每个环节的操作质量 ④按规定做好检查并认真做好记录 ⑤运用数据统计方法，不断进行分析与改进，直至质量控制点验收合格 ⑥质量控制点实施中应明确工人、质量控制人员的职责

26.6.3　质量控制方法

26.6.3.1　PDCA 循环工作方法

PDCA 循环工作方法　　表 26-11

项次	项目	方法要点
1	P 阶段(即 Plan、计划、预测、制订阶段)	(1)分析现状,找出问题,制定目标和方针 (2)分析影响质量的各种因素,对 4M(Men 人、Machine 设备、Material 材料、Method 工艺)、IE(Enrionment 环境)进行调查、研究 (3)找出主要影响因素,布置活动计划 (4)针对主要因素,制定措施。措施应包括行动计划、预期效果,在计划中应包括:5W、1H 的内容。5W 为:为什么制定这样的措施(Why);达到什么目标(What);由哪个部门执行(Where);由谁负责(Who);何时完成(When)。1H 为:用什么方法执行(How)
2	D 阶段(Do,即实施阶段)	按 P 阶段所制定的措施和方法实施
3	C 阶段(Check,即核实、检查阶段)	将执行情况与计划目标对比,检查工作效果
4	A 阶段(Action,即行动处理阶段)	(1)对成功经验加以总结,进行标准化处理,加以巩固,形成制度;失败的找出原因,吸取教训避免再次发生 (2)将尚未解决的或新发现的质量问题,转入下一个循环的计划之中 每个 PDCA 循环,包括企业的项目经理部、施工队、工人班组直到操作工人,使大循环中还有各级小循环,使管理不断前进;通过 PDCA 循环,周而复始地转动,如上楼梯一样,同时也使管理不断提高,如图 26-6 所示

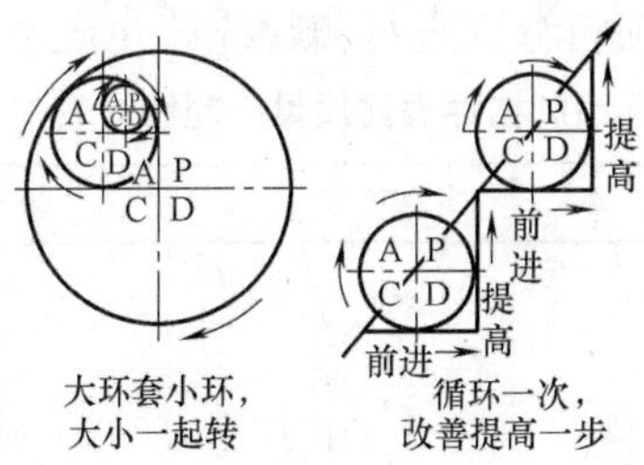

图 26-6　PDCA 循环图

26.6.3.2　质量控制统计分析方法

1. 排列图法

排列图法的原理、作图步骤与方法　　表 26-12

项次	项目	排列图法方法、要点
1	基本原理	排列图法又称巴雷特(Pareto)图,它是对数据进行分析,按照出现质量问题的频数,依次序排列,找出影响质量的主要因素的一种方法。它由两个纵坐标、一个横坐标、几个直方图形和一条折线组成。左边的纵坐标表示频数,亦即各种影响质量因素发生或出现的次数(如分部工程、房间数、件数、时间、金额等);右边的纵坐标表示频率,亦即各种影响质量因素在整个诸因素中的百分比(%);横坐标表示影响质量的各个因素或项目,按频数大小,由左向右排列;直方形高度表示项目频数的大小;折线由表示各项目频数累计百分比的点连接而成,此折线称为巴雷特曲线,其基本形式如右图。 本法系 ABC 管理法在质量管理中的应用,系统、简明、易懂、形象、具体,对建筑工程质量管理十分有效

续表

<table>
<tr><th>项次</th><th>项目</th><th>排列图法方法、要点</th></tr>
<tr><td>2</td><td>作图步骤与方法</td><td>(1)针对所要解决的问题，收集一定期间的数据，并按项目分类，一般可根据分析排列的项目分类。
(2)统计各项目的频数，计算其百分比及累计百分比，列于表中。
(3)根据各项目的频数、累计频率作排列图。
(4)在图面标注必要事项，如标题、期间、数字的合计、工序、名称、检查、制表人员等</td></tr>
<tr><td>3</td><td>分析方法</td><td>一般把项目(影响因素)按累计频率百分比分为三类：
0%～80%，A类，为主要因素。
80%～90%，B类，为次要因素。
90%～100%，C类，为一般因素。
A类应作为解决的重点，针对原因采取措施，加以改进，以达到提高质量的目的</td></tr>
<tr><td>4</td><td>注意事项</td><td>(1)收集数据以1～3个月为好。
(2)主要因素最好1～2个，至多3个，否则失去意义。
(3)项目不宜过多，可把不重要项目并入其他栏，排在最后。
(4)一个问题可以分层处理，即把数据按性质、来源、影响等因素分别处理，画不同的排列图，便于分析比较。
(5)对同一个问题，可以从不同方面分项，画出几张排列图，加以比较，这样容易发现问题。
(6)针对主要因素，采取措施后，应按原项目重画排列图，以验证其效果</td></tr>
</table>

【例 26-1】 混凝土预制厂按随机抽样方法对 115 件混凝土预制构件进行外观检查，共检查 1380 点，其中不合格点为 135 个，合格率为 90.2%，试采用排列图对不合格点的主要因素进行分析。

【解】 (1) 按照 7 个检查项目分别进行频数统计并且进行频率计算，见表 26-13。

预制构件表面质量问题统计表 **表 26-13**

序号	影响因素	频数	频率(%)	累计频率(%)
1	表面平整度差	39	28.89	28.89
2	宽度超差	27	20.00	48.89
3	高度超差	22	16.30	65.19
4	对角线超差	21	15.56	80.75
5	长度超差	17	12.59	93.34
6	保护层厚度超差	7	5.18	98.52
7	侧向弯曲超差	2	1.48	100.00
	合计	135	100	

(2) 根据表 26-13 中所列数据作排列图，如图 26-7 所示。

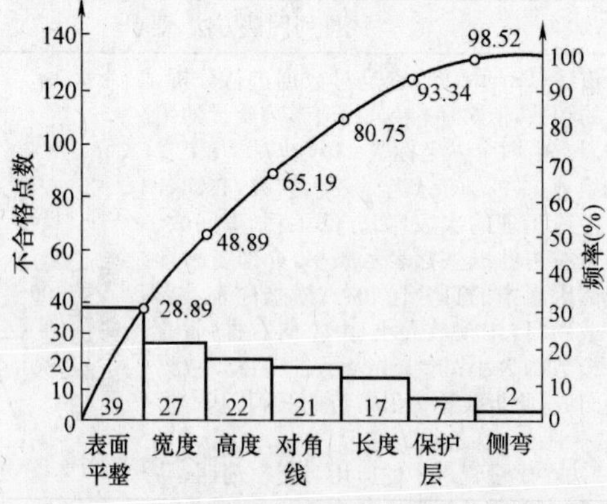

图 26-7 混凝土预制构件质量排列图

（3）从图26-7中可以看出，预制构件出现135个不合格点的主要因素是：表面平整度、宽度超差、高度超差、对角超差四项，如果采取措施解决了这四个因素，不合格率就可以减少80.75%。

2. 因果分析图法

因果分析图法的原理、作图步骤与注意事项　　表 26-14

项次	项目	要　点
1	基本原理	因果分析图又称特性要因图，按形状又称鱼刺图、树枝图。它是整理和分析质量问题因果关系、寻找产生质量问题原因的一种统计工具和方法。 因果图有一条主干线指向结果，或称特性（即要研究的质量问题）。影响质量的原因分大、中、小和更小的原因，它们之间的关系用箭头表示，基本形式如右图 工艺 材料 操作 小原因 更小原因 大原因 中原因 主干 结果（特性） 环境 设备 因果分析图的基本形式
2	作图步骤与方法	（1）明确分析研究对象（质量特性）和要解决的问题，画出主干线指向右方。 （2）调查研究、分析，首先确定影响质量特性因素的大枝，一般有人（操作者）、材料（包括原材料、成品及半成品）、设备（运输、吊装、工具、机械）、工艺（施工顺序、工艺、操作方法）、及环境（季节、地区、室内外）等因素。 （3）然后整理，进一步把所有原因从大到小顺次用箭头按其关系逐个标在图上、反复检查避免遗漏。 （4）逐步分析，寻找出关键性的原因，并把它用方框框起来或做记号。 （5）注明有关事项、标题、单位、参加人员、制图者、年、月、日等。 （6）针对影响质量因素，制定对策，编制对策计划表（项目包括序号、质量存在因素、采取对策及措施执行人、限期等），并限期改正
3	注意事项	（1）编制时要作调查研究分析，听取各方面不同的意见，特别应听取在生产第一线有实践经验人员的意见。 （2）原因分析应细列，采取措施要落实、分析要深入细致，表达要具体、简练、明确。 （3）一个特性要作一张图，要按一定方法分析主要原因。 （4）作图要力求美观、形象、易懂。 （5）找出主要原因后，应到现场实地调查确定改进措施。原因与对策不可混同起来。 （6）措施实现后，可用排列图检查效果

【例 26-2】 某工程现场混凝土强度不够，试用因果分析图法分析产生的大、中、小原因。

【解】 按操作、材料、机械设备、工艺和环境五个方面的影响因素进行因果分析，如图26-8所示。

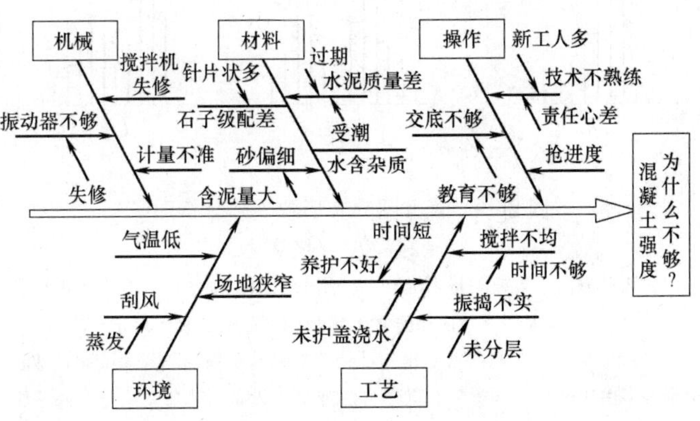

图26-8　现场混凝土强度不够的因果分析图

3. 直方图法

直方图法原理、作图步骤与方法　　表 26-15

项次	项目	直方图法方法、要点
1	基本原理	直方图法又称频数(或频率)分布直方图，它是把搜集到的数据进行整理和分层，然后再进行频数统计，并画成若干直方形组成的质量散差分布图，而从频数分布中计算质量特征值，用以检验和判断工程质量状况，它也是整理数据、判断和预测生产过程中质量状况、进行质量管理的一种常用工具。其基本形式如右图。 直方图计算和画图较方便，既可明确表示质量分布，又可较确切的得出平均值 X 和标准偏差值 S，但不能反映时间变化、数据的群内和群间的变动情况，并且收集的数据也较多 （右图：纵轴 Y 频数 0～10；横轴 X 特征值(组中值)）
2	作图步骤与方法	(1)收集数据 50 个以上，一般 100 个左右，并找出最大值 X_{max} 与最小值 X_{min}。 (2)确定组距(h)，$h=\dfrac{X_{max}-X_{min}}{K}$($K$——组数)，将数据分组，一般 50～70 个以内数据分成 5～7 组；50～100 个数据分成 6～10 组；100～250 个数据分成 7～12 组；250 个数据以上分成 10～20 组；一般用 10 组。 (3)计算各组的上下界限值，第一组上、下界限值$=X_{min}\pm\dfrac{h}{2}$，其余各组：前一组上限＝后一组下限；同一组中：下限$+h=$上限。 (4)算出频数，即数出每个数据落在每个组的数目，称为频数。将分组区间上、下界值数填入频数分布统计表中，得频数分布表。 (5)画频数分布直方图，以纵坐标 Y 轴表示各分组的频数，以横坐标 X 轴表示各组组中值，并以各组区间的组距为底宽，用直方形分别画入坐标内，该图即为所求的频数分布直方图
3	观察分析方法	采用直方图法可从中发现产品或工程在生产过程中的质量状况，从而采取措施，预防不合格品或质量事故的产生。直方图的观察分析有两种方法： (1)按分布形状进行观察分析(图 26-9)。 (2)按数据的实际分布范围 B 与设计或规范规定的范围 T 进行比较分析(图 26-10)

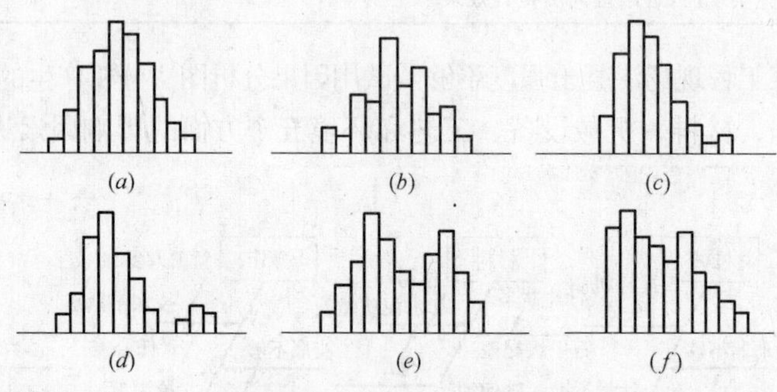

图 26-9　直方图分布形状观察分析图

(a) 正常型—工序稳定；
(b) 锯齿型—常由测量方法不当或测量不准确、分组的组距太细造成，有必要进行分层画直方图；
(c) 偏向型—常由操作者的主观因素或由习惯等造成；
(d) 孤岛型—常由原材料变化、不熟练工人替班操作的显著变化造成；
(e) 双峰型—多由于两种不同材料、操作方法或机械设备所造成，应分开画两张直方图；
(f) 陡壁型—由于剔除了不合格产品的数据造成

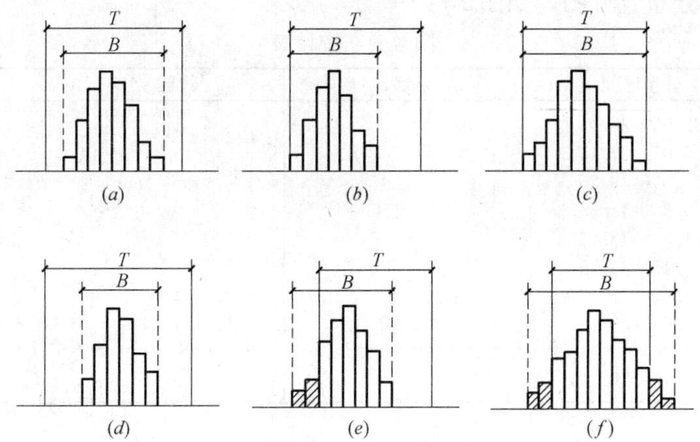

图 26-10 分布范围 B 与规定范围 T 的比较分析图

(a) 正常型—B 在 T 之中，$\bar{X}$ 在中心，属良好的质量控制；(b) 稍有偏移；(c) 分布范围大，这两种情况有出现不合格品的可能，操作不可放松，应严加注意；(d) 分布范围太小，这种情况加工不经济，能力过大，存在"粗活细作"现象，可考虑适当修改标准，缩小 T 或者扩大 B；(e) 偏移太大；(f) 分布范围太大，这两种情况有不合格品出现，存在"细活粗作"现象，应采取措施改变操作方法，缩小 B

【例 26-3】 某混凝土预制厂制作一批预应力屋架，混凝土采用 C40，共收集了 35 个混凝土抗压强度数据，见表 26-16，试作直方图并判断其质量状况。

混凝土试块抗压强度表 **表 26-16**

序号	混凝土抗压强度(N/mm²)数据					最大值	最小值
1	41.2	41.5**	35.5*	37.5	37.2	41.5	35.5
2	40.0	40.9	39.6*	40.6	41.7**	41.7	39.6
3	40.7	47.1**	42.8	42.1	38.7*	47.1	38.7
4	41.4*	47.3	49.0**	43.5	41.7	49.0**	41.4
5	39.5	47.5**	43.8	44.1	36.1*	47.5	36.1
6	40.7	38.0	34.0*	43.9	44.5**	44.5	34.0*
7	35.2	45.9**	41.0	38.9	41.5	45.9	35.2

注：表中"**"为最大值；"*"为最小值。

【解】 (1) 将 35 个数据顺序排列成 7 行，并找出每行的最大值标以"**"，最小值标以"*"，记在右上角，同时找出 35 个数据中的最大值和最小值列在表 26-16 右边两栏中，本例最大值为 49，最小值为 34，则极差值为 $R=X_{max}-X_{min}=49-34=15N/mm^2$。

(2) 确定组距 (h)，进行分组，取组数 $K=7$，则组距 $h=R/K=15/7=2.1N/mm^2$。

(3) 计算各组的上、下界限值：

第一组上、下界限值为 $X_{min}\pm\frac{h}{2}$，则：

第一组的下界限值为 $34-2.1/2=32.95N/mm^2$。

第一组的上界限值为 $34+2.1/2=35.05N/mm^2$。

同样方法计算第二组至第七组上、下界限值。

(4) 数出频数，将分组区上下界限值和频数填入表 26-17 频数分布统计表中。

（5）画频数分布直方图，如图 26-11 所示。

频数分布统计表　　表 26-17

序号	分组区间	频数统计	频数	相对频率
1	32.95～35.05	一	1	0.029
2	35.05～37.15	下	3	0.086
3	37.15～39.25	正	5	0.143
4	39.25～41.35	正正	9	0.256
5	41.35～43.45	正丅	7	0.200
6	43.45～45.55	正	5	0.143
7	45.55～47.65	正	4	0.114
8	47.65～49.75	一	1	0.029
	合　计		35	1

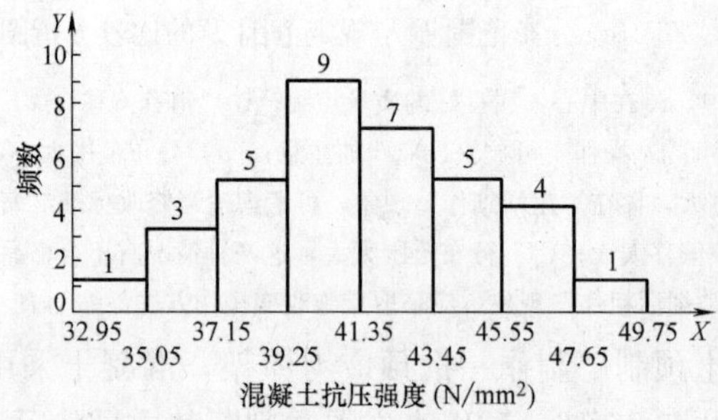

图 26-11　混凝土强度频数直方图

（6）观察分析直方图，与图 26-9 对比可知本直方图属正常型，表明混凝土强度处于正常状态。

4. 控制图法

控制图法原理、作图步骤与方法　　表 26-18

项次	项目	控制图法方法、要点
1	基本原理	控制图法又称管理图法，是用统计图表展示生产过程的质量波动状态，从而对生产过程中的各个工序进行质量控制和管理的一种有效方法。 控制图的基本形式如下图。 Y　质量特性数据　$\bar{X}+3S$　$\bar{X}+1.96S$　$\bar{X}$　$\bar{X}-1.96S$　$\bar{X}-3S$　控制上限 (UCL)　行动上限 (UCL′)　中心线 (CL)　行动下限 (LCL′)　控制下限 (LCL)　1 2 3 4 5 6 7 8 9 10 X　样组号(或取样时间) 其做法一般是在生产正常情况下，先取样品，经计算求得上、下界限后，画出控制图。此后在生产过程中定期取子样，得出数据描在控制图上，并根据点的分布情况，对生产过程的状态作出判断。如点落在控制界限内，表明生产过程正常，不会发生不合格品，即使偶尔发生，其数量也在允许范围之内，如点越出控制界限，则表明工艺条件发生了某些异常变化，可能会发生或已经发生了少量不合格品，应及时采取适当措施，使生产恢复正常，故此控制图法可起到监控、报警和预防出现大量废品或质量事故的作用

续表

项次	项目	控制图法方法、要点
2	常用控制图作图步骤与方法	建筑工程常用控制图有以下几种： (1)单值控制图(又称 X 图)： 1)从正常工序中抽取一批样品(一般取 25 个)，并按表 26-19 公式求出平均值 $\overline{X}$ 和样组标准偏差 S (取用经验数据 $\overline{X}$ 及 σ 值)。 2)画控制图，取纵坐标 Y 为质量数据，并画出中心线 $\overline{X}$ 及上下控制界限($\overline{X}\pm 3S$)平行于 X 轴。取横坐标 X 为样组号，将相应数据画入坐标内。 3)当个别点越出上、下控制线时，则将该点删去，计算 $\overline{X}$ 及 S 值，再画控制图，直到各点均落在上、下控制线之内，此图即为 $\overline{X}$ 控制图。 (2)单值移动极差控制图(又称 X-R_s 图)： 系采用前后两个数据之间的移动极差 R_s(即邻近两个数据的差，取绝对值)，求上、下控制界限，再以 $2.66\overline{R}_s$ 代替 $3S$，至于求平均值和画控制图的方法，与 $\overline{X}$ 图相同。适于每班或一个阶段只能取一个单值，无法计算平均值 $\overline{X}$ 和选择中位数 U 的项目。 (3)平均值($\overline{X}$)和极差(R)控制图(又称 $\overline{X}$-R 图)： 1)计算 $\overline{X}$、R、$\overline{\overline{X}}$、$\overline{R}$ 值，方法见表 26-19。 2)画控制图，将样组各点描绘在图上，复核每个 $\overline{X}$ 和 R 值是否都在 $\overline{X}$ 和 R 控制图的上、下限之间，如有越出，即应删去该点，重新计算 $\overline{X}$ 和 R 值，再画控制图，直到 $\overline{X}$ 和 R 的点全部落在控制上、下界限以内时为止，即得 $\overline{X}$-R 控制图。适于产品批量大，生产过程比较稳定的工序。代表样组集中程度的 X 图适于分析产品尺寸等平均值的变化；代表样组离散程度的 R 图，适于分析工序加工极差值的变化
3	判断准则	判断正常准则： (1)点在控制界限之内呈随机排列，连续 25 个点在控制界限内 (2)点在控制界限内排列无缺陷，虽有个别点越出控制界限，但连续 25 个点中仅出现一个判断异常准则(图 26-12) 遇有异常情况，应采用排列图法、因果分析图法分析原因，迅速采取措施处理，改善生产状态，使之恢复正常

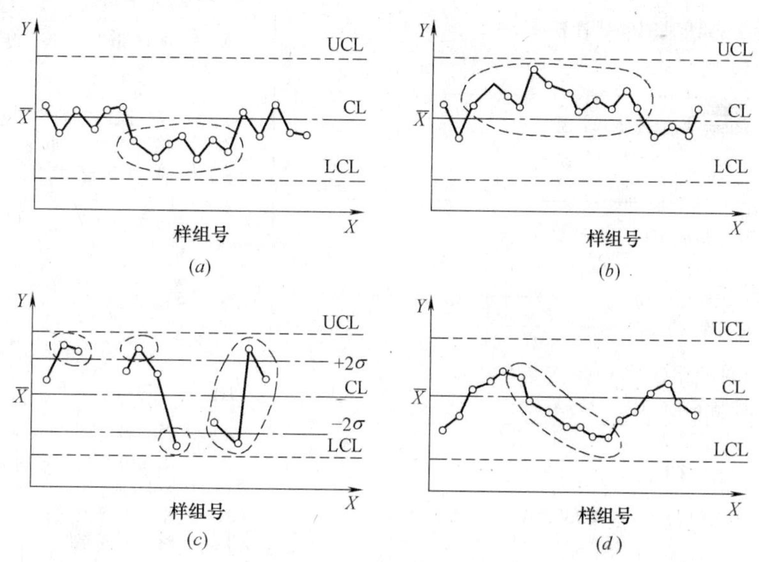

图 26-12 异常控制图分析判断图

(*a*) 中心线一侧连续出现 7 个点；(*b*) 中线同一侧多次出现点偏离；(*c*) 在控制界限附近出现点；(*d*) 连续 7 个点出现倾向性上升或下降

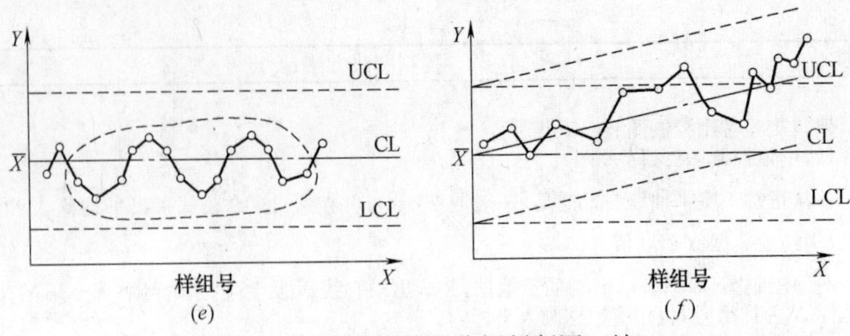

图 26-12　异常控制图分析判断图（续）

（e）点排列呈现周期性；（f）点出现“倾向性”变化，而标准偏差不变

控制图法有关控制值的计算　　　　**表 26-19**

项目	控制图法计算公式	符号意义
总体标准偏差及样组标准偏差	总体标准差按下式计算： $\sigma=\sqrt{\frac{1}{N}\sum_{i=1}^{N}(x_i-\overline{X})^2}=\sqrt{\frac{1}{N}\sum_{i=1}^{N}x_i^2-\overline{X}^2}$　(26-1) 样组标准偏差按下式计算： $S=\sqrt{\frac{1}{n-1}\sum_{i=1}^{n}(X_i-\overline{X})^2}$ $=\sqrt{\frac{1}{n-1}\sum_{i=1}^{n}x_i^2-\frac{1}{n}\left(\sum_{i=1}^{n}x_i\right)^2}$　(26-2)	σ——总体标准偏差； N——总的数据个数； x_i——样组数据(观察值)； $\overline{X}$——样组的平均值； S——样本标准偏差； n——样本含量(即一个样本中的数据个数)； $\overline{\overline{X}}$——样组总平均值； M——样组数； R——各样组极差； X_{max}——数据中最大值； X_{min}——数据中最小值； $\overline{R}$——极差平均值； σ_X——各样组平均值 $\overline{X}$ 的均方差，$\sigma_X=\frac{\sigma}{\sqrt{n}}$； σ_R——各样组极差的均方差； R_s——移动极差值，取绝对值； d_2、d_3、A_2、D_3、D_4——样组含量(n)有关系数，其中： $d_2=\frac{\overline{R}}{S}$； $d_3=\frac{\sigma_R}{S}$； $D_3=1-\frac{3d_3}{d_2}$； $D_4=1+\frac{3d_3}{d_2}$； n 可由表 26-20 取用； $\overline{R}$——移动极差值的平均值； CL——控制中心线； UCL——控制上界限线； LCL——控制下界限线
样组的平均值	样组的平均值 $\overline{X}$ 按下式计算： $\overline{X}=\frac{1}{n}\sum_{i=1}^{n}x_i$　(26-3)	
样组总平均值	样组总平均值按下式计算： $\overline{\overline{X}}=\frac{\sum\overline{X}}{M}$　(26-4)	
各样组极差	各样组极差按下式计算： $R=X_{max}-X_{min}$　(26-5)	
极差平均值	极差平均值按下式计算： $\overline{R}=\frac{\sum R}{M}$　(26-6)	
移动极差值	移动极差值按下式计算： $R_s=\vert x_i+x_{i+1}\vert$　(26-7)	
$\overline{X}$ 图的控制上、下限值	中心线 CL_X：$\overline{X}=\frac{x_1+x_2\cdots\cdots x_n}{n}$　(26-8) 控制上限(UCL_X)值：$\overline{X}+3S$ 控制下限(LCL_X)值：$\overline{X}-3S$	
$X-R_s$ 图的控制上、下限值	中心线 CL_X：$\overline{X}=\frac{x_1+x_2\cdots\cdots x_n}{n}$　(26-9) 中心线 CL_{R_s}：$\overline{R}_s=\frac{R_{s1}+R_{s2}\cdots\cdots R_{sn}}{n}$　(26-10) X 图的控制上限(UCL_X)值：$\overline{X}+2.66\overline{R}_s$ X 图的控制下限(LCL_X)值：$\overline{X}-2.66\overline{R}_s$ R_s 图的控制上限(LCL_{Rs})值：$3.27\overline{R}_s$	

续表

项目	控制图法计算公式	符号意义
$\bar{X}-R$图的控制上、下限值	中心线$CL_{\bar{X}}$；$\bar{\bar{X}}=\dfrac{\bar{X}_1+\bar{X}_2\cdots\cdots\bar{X}_n}{n}$ (26-11) $\bar{X}$图的控制上限($UCL_{\bar{X}}$)值： $\bar{\bar{X}}+3\sigma_X=\bar{\bar{X}}+3\dfrac{\bar{R}}{d_2\sqrt{n}}=\bar{\bar{X}}+A_2\bar{R}$ (26-12) $\bar{X}$图的控制下限($LCL_{\bar{X}}$)值： $\bar{\bar{X}}-3\sigma_X=\bar{\bar{X}}-3\dfrac{\bar{R}}{d_2\sqrt{n}}=\bar{\bar{X}}-A_2\bar{R}$ (26-13) R图的控制上限(UCL_R)值： $\bar{R}+3\sigma_v=\bar{R}+3\dfrac{d_3}{d_2}\bar{R}=D_4\bar{R}$ (26-14) R图的控制下限(LCL_R)值： $\bar{R}-3\sigma_R=\bar{R}-3\dfrac{d_3}{d_2}\bar{R}=D_3\bar{R}$ (26-15)	

控制图控制上、下限相关系数表　　表 26-20

n	2	3	4	5	6	7	8	9	10
d_2	1.128	1.693	2.059	2.326	2.534	2.704	2.847	2.970	3.078
d_3	0.853	0.888	0.880	0.864	0.848	0.833	0.820	0.808	0.797
A_2	1.885	1.023	0.729	0.577	0.483	0.419	0.373	0.337	0.308
D_3	—	—	—	—	—	0.076	0.136	0.184	0.223
D_4	3.267	2.575	2.282	2.115	2.004	1.924	1.864	1.816	1.777

【例 26-4】 某工程现场混凝土搅拌站生产正常情况下，每班测试混凝土坍落度 6 次，4 个班共测得 24 个数据，见表 26-21，试画控制图。

混凝土坍落度实测数据统计表　　表 26-21

试样号	坍落度(x_i)	x_i^2	R_s	试样号	坍落度(x_i)	x_i^2	R_s
1	6.8	46.2	—	14	6.9	47.6	0.1
2	6.9	47.6	0.1	15	7.5	56.3	0.6
3	7.5	56.3	0.6	16	7.8	60.8	0.3
4	7.8	61.8	0.3	17	7.3	53.3	0.5
5	9.6	92.2	1.8	18	7.7	59.3	0.4
6	8.0	64.0	1.6	19	6.8	46.2	0.9
7	7.4	54.8	0.6	20	6.0	36.0	0.8
8	7.1	50.4	0.3	21	4.0	16.0	2.0
9	6.9	47.6	0.2	22	6.8	46.2	2.8
10	6.5	42.3	0.4	23	7.6	57.8	0.8
11	6.0	36.0	0.5	24	8.0	64.0	0.4
12	6.4	41.0	0.4				
13	6.8	46.2	0.4	合计	$\sum x_i=170.1$	$\sum x_i^2=1228.9$	$\sum R_s=16.8$

【解】（1）计算平均值 $\bar{X}$ 和标准偏差 S 值：

$$\bar{X}=\frac{1}{n}\sum_{i=1}^{n}x_i=\frac{1}{24}\times170.1=7.09$$

$$S=\sqrt{\frac{1}{n-1}\left[\sum_{i=1}^{n}x_i^2-\frac{(\sum x_i)^2}{n}\right]}=\sqrt{\frac{1}{24-1}\left[1228.9-\frac{(170.1)^2}{24}\right]}$$

$$=\sqrt{\frac{1}{23}(1228.9-1205.6)}=1.01$$

（2）画控制图：

中心线：$\bar{X}$=7.09cm

控制上界限（UCL）值：$\bar{X}+3S=7.09+3\times1.01=10.12$cm

控制下界限（LCL）值：$\bar{X}-3S=7.09-3\times1.01=4.06$cm

行动上限值：$\bar{X}+1.96S=7.09+1.96\times1.01=9.07$cm

行动下限值：$\bar{X}-1.96S=7.09-1.96\times1.01=5.11$cm

将各点画在控制图上，如图 26-13 所示。

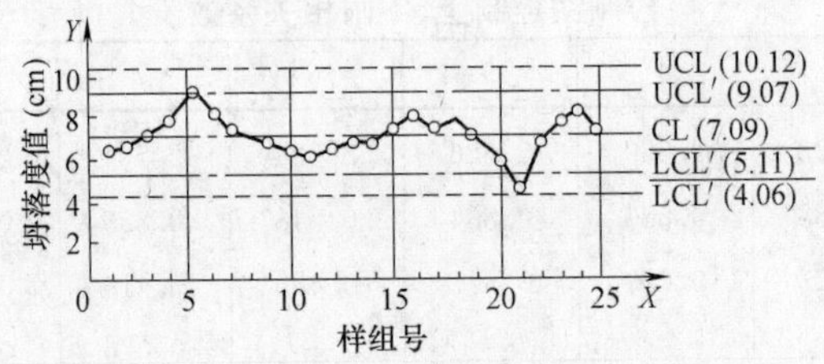

图 26-13　X 控制图

（3）修正控制上、下界限：

从图 26-13 可看出第 21 号点已超出控制下限，第 5 号点亦接近上限，现将该两点删去，重新计算平均值和标准偏差：

$$\bar{X}'=\frac{1}{24-2}(170.1-9.6-4.0)=\frac{156.5}{22}=7.11\text{cm}$$

$$S'=\sqrt{\frac{1}{22-1}\left(1228.9-92.2-16.0-\frac{156.5^2}{22}\right)}=0.594$$

修正后的界限值为：

中心线 $\bar{X}$=7.11cm

控制上界限值 $\bar{X}'+3S'=7.11+3\times0.594=8.89$cm

控制下界限值 $\bar{X}'+3S'=7.11-3\times0.594=5.33$cm

修正后的控制图，可作为今后生产过程中控制质量的标准。

【例 26-5】 同上例 26-4 数据，见表 26-21，试画 $X-R_s$ 图。

【解】 由表 26-21 得：

$$\bar{R}_s=-\frac{\sum R_s}{n-1}=\frac{16.8}{24-1}=0.73$$

则控制上界限值：

$$\overline{X}+2.66\overline{R}_s=7.09+2.66\times0.73=9.03\text{cm}$$

控制下界限值：

$$\overline{X}-2.66\overline{R}_s=7.09-2.66\times0.73=5.15\text{cm}$$

修正后的 $\overline{R}'_s=\dfrac{16.8-1.8-2.0}{23-2}=0.619$

则控制上界限值为：7.11＋2.66×0.619＝8.76cm

控制下界限值为：7.11－2.66×0.619＝5.46cm

与前述 X 图基本相近。

【例 26-6】 基础工程浇筑混凝土，共取 125 个混凝土抗压强度的数据（每个数据为三个混凝土试块的抗压强度平均值），见表 26-22，试画其平均值 $\overline{X}$ 和极差 R 控制图。

混凝土抗压强度数据、平均值、极差表 **表 26-22**

样组号	抗压强度 X 值(N/mm²)					平均值 $\overline{X}$	极差 R
	X_1	X_2	X_3	X_4	X_5		
1	22.0	27.0	26.6	23.4	26.6	25.12	5.0
2	22.4	26.4	24.9	21.3	25.4	24.08	5.1
3	22.8	20.9	27.2	26.9	17.9	23.14	9.3
4	21.7	19.1	17.9	15.5	17.6	18.36	6.2
5	20.9	21.9	21.6	15.0	26.7	21.22	11.7
6	25.5	29.4	28.6	20.5	20.3	24.86	9.1
7	22.6	20.0	19.6	18.5	21.7	20.48	4.1
8	17.5	18.7	24.7	26.7	27.1	22.94	9.6
9	26.3	28.7	23.7	29.9	29.6	27.64	6.2
10	26.3	18.4	21.5	21.1	22.3	21.92	7.9
11	27.6	15.3	19.9	21.7	31.5	23.20	16.2
12	19.5	21.2	21.3	22.1	33.0	23.42	13.5
13	26.4	31.7	23.7	21.5	27.2	26.10	10.2
14	25.3	32.1	27.6	25.4	28.8	27.84	6.8
15	30.6	25.4	27.8	31.3	30.5	29.12	5.9
16	25.8	28.2	26.6	23.3	30.8	26.94	7.5
17	24.7	26.3	22.9	20.8	26.8	24.30	6.0
18	25.5	25.6	31.0	15.4	19.5	23.40	15.6
19	15.0	24.8	23.9	22.5	22.4	21.72	9.8
20	31.1	18.9	20.9	27.8	26.6	25.06	12.2
21	22.4	22.9	23.0	27.7	28.2	24.84	5.8
22	24.8	26.9	27.4	25.3	22.4	25.36	5.0
23	29.1	25.7	27.4	25.3	19.4	25.38	9.7
24	21.1	20.3	22.4	19.3	19.4	20.50	3.1
25	18.4	25.6	23.0	20.6	20.9	21.70	7.2
						$\sum\overline{X}=597.84$	$\sum R=208.7$

【解】 (1) 将 125 个数据分成 25 个样组，每个样组为 5 个数据，即 $n=5$，计算每个样组的 $\overline{X}$ 值和 R 值，见表 26-22。

则
$$\overline{\overline{X}}=\frac{\sum\overline{X}}{n}=\frac{597.84}{25}=23.91$$
$$\overline{R}=\frac{\sum R}{n}=\frac{208.7}{25}=8.35$$

（2）计算控制上、下界限：

查表 26-20，当 $n=5$ 时，$A_2=0.577$

$\overline{X}$ 图的控制上限值：$\overline{\overline{X}}+A_2\overline{R}=23.91+0.577\times8.35=28.72$

$\overline{X}$ 图的控制下限值：$\overline{\overline{X}}-A_2\overline{R}=23.91-0.577\times8.35=19.08$

查表 26-20，当 $n=5$ 时，$D_3=0$，$D_4=2.115$

R 图的控制上限值：$D_4\overline{R}=2.115\times8.35=17.65$

R 图的控制下限值：$D_3R=0\times8.35=0$

（3）画 $\overline{X}$ 及 R 控制图（图 26-14）：

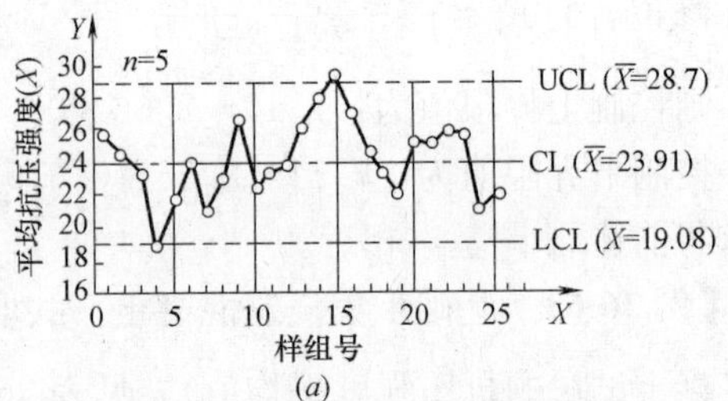

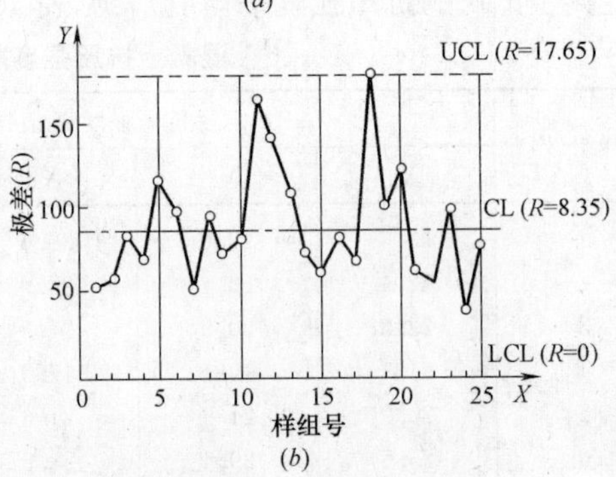

图 26-14　$\overline{X}$ 及 R 控制图

（a）$\overline{X}$ 控制图；（b）R 控制图

由图 26-14（a）可看出，$\overline{X}$ 图第 4 号和第 15 号样组已越出控制界限，如作为今后的质量控制图，则应删去这两个样点，然后重新计算出 $\overline{X}'$ 和 R' 的修正值，并画修正后的控制图（方法同前述各节）。如作为检查这一阶段混凝土试块的抗压强度，则应对取这两个样组时所在阶段的混凝土配合比、制作过程进行分析，采用因果分析图法或相关分析法，寻找其影响质量的原因。

5. 相关分析图法

相关分析图法原理、作图步骤与方法　　**表 26-23**

项次	项目	相关分析图法方法、要点
1	基本原理	相关分析图法又称散布图法、分布图法。它是将两种有关的数据列出，并用点填在坐标纸上，用它直观地观察、分析有对应关系的两个变量（X 和 Y）之间关系的一种方法。一般用于分析特性与要因，一种质量特性与另一种质量特性以及同一特性中的两个要因之间的关系，或用于分析掌握某一质量问题与哪些因素有关、以及关系的大小，以便通过控制这一因素的变化来达到解决质量问题的目的
2	步骤与方法	(1)对调查分析其是否有关的两类数据，以对应形式进行收集，数据一般不少于 30 组 (2)求出数据 X 和 Y 各自的最大值和最小值 (3)在坐标纸上画出横坐标（X 轴）和纵坐标（Y 轴）。以横坐标表示要因，纵坐标表示特性，以最大值与最小值的差（范围）在 X、Y 轴上以大体相等的长度划分刻度，表示 X 和 Y 的数据，以便观察和分析 (4)将集中整理后的各个数据，依次相应地用坐标打点的方法填入坐标图即成

续表

项次	项目	相关分析图法方法、要点
3	观察与分析方法	(1)相关分析图的观察：根据相关分析图上的分布状态观察相关性，见表 26-24 (2)相关图的相关检定：常用相关系数验定法。两个变量 X 与 Y 间的相差程度，叫相关系数(r)，其计算公式为： $$r=\frac{S(XY)}{\sqrt{S(XX)\cdot S(YY)}} \quad (26\text{-}16)$$ 式中 $$S(XX)=\sum X^2-\frac{(\sum X)^2}{n} \quad (26\text{-}17)$$ $$S(YY)=\sum Y^2-\frac{(\sum Y)^2}{n} \quad (26\text{-}18)$$ $$S(XY)=\sum XY-\frac{(\sum X\sum Y)}{n} \quad (26\text{-}19)$$ 当 r 在 0～1 时，X 增加，Y 也增加，属正相关；当 r 在 -1～0 时，X 增加，Y 减少，属负相关；当 $r=0$ 时，表明 X 与 Y 值数值之间无相关。表 26-25 为相关系数 r 的检定表，当通过计算求得的相关系数 $r\geq r(n)$ 时，说明有相关；当 $r<r(n)$ 时，说明无相关。用相关系数检定表作出的结论，可靠性大约为 95%

相关分析图观察表　　表 26-24

序号	图　形	相关系数 r	相关性判定	X 与 Y 的关系
1	Y X	$r=1$	正相关	X 增大，Y 随之增大，控制好 X，Y 随之也得到控制
2	Y X	$1>r>0$	近于正相关	X 增大，Y 基本也随之增大。此时，除了因素 X 外，可能还有其他因素影响
3	Y X	$r=0$	不相关	X、Y 之间没有什么相互关系，必须寻找 X 以外影响 Y 的因素
4	Y X	$0>r>-1$	近于负相关	X 增大，Y 基本随之减小。此时，除了因素 X 外可能还有其他因素影响 Y
5	Y X	$r\approx-1$	负相关	X 增大，Y 随之减小。控制好 X，Y 随之也得到控制
6	Y X	$r=0$	非线型相关	X 增大，Y 也随之增大，但当 X 超过一定范围时，Y 则有下降趋势

相关系数检定表　　表 26-25

$n-2$	a		$n-2$	a		$n-2$	a		$n-2$	a	
	0.01	0.05		0.01	0.05		0.01	0.05		0.01	0.05
1	1.000	0.997	11	0.684	0.553	21	0.526	0.413	35	0.418	0.325
2	0.990	0.950	12	0.661	0.532	22	0.515	0.404	40	0.393	0.304
3	0.950	0.878	13	0.641	0.514	23	0.505	0.396	50	0.354	0.273
4	0.917	0.811	14	0.623	0.497	24	0.496	0.388	60	0.325	0.250
5	0.874	0.754	15	0.606	0.482	25	0.487	0.381	70	0.302	0.232
6	0.834	0.707	16	0.590	0.468	26	0.478	0.374	80	0.283	0.217
7	0.798	0.666	17	0.575	0.456	27	0.470	0.367	90	0.267	0.205
8	0.765	0.632	18	0.561	0.444	28	0.463	0.361	100	0.254	0.195
9	0.735	0.602	19	0.549	0.433	29	0.456	0.355	200	0.181	0.138
10	0.708	0.576	20	0.537	0.423	30	0.449	0.349			

注：表中 n 为点的总数；a 为危险率。危险率为 0.01（0.05）系指在 100 次判断中有发生 1 次（5 次）判断错误的危险。

【例 26-7】 某地下室防水混凝土工程，搜集了 25 个混凝土质量密度与抗渗强度等级相对应的数值，见表 26-26，试画相关分析图，计算相关系数，并分析其相关性。

防水混凝土质量密度与抗渗强度等级对应数据表　　表 26-26

样组号(n)	质量密度 X(t/m³)	抗渗强度等级 Y(N/mm³)	X^2	Y^2	XY
1	2.29	0.78	5.24	0.61	1.79
2	1.96	0.55	3.84	0.30	1.08
3	2.40	0.81	5.76	0.66	1.94
4	2.35	0.80	5.52	0.64	1.88
5	2.08	0.65	4.33	0.42	1.35
6	2.15	0.70	4.62	0.49	1.51
7	1.80	0.45	3.24	0.20	0.81
8	2.42	0.82	5.86	0.67	1.98
9	1.90	0.52	3.61	0.27	0.99
10	2.25	0.75	5.06	0.56	1.69
11	2.35	0.78	5.52	0.61	1.83
12	2.04	0.58	4.16	0.34	1.18
13	2.06	0.64	4.24	0.41	1.32
14	1.85	0.48	3.42	0.23	0.89
15	2.20	0.73	4.84	0.53	1.61
16	2.24	0.75	5.02	0.56	1.68
17	2.35	0.78	5.52	0.61	1.83
18	2.30	0.74	5.29	0.55	1.70
19	1.94	0.55	3.76	0.30	1.07
20	2.14	0.68	4.58	0.46	1.46
21	2.11	0.62	4.45	0.38	1.31
22	2.44	0.81	5.95	0.66	1.98
23	2.20	0.70	4.84	0.49	1.54
24	2.17	0.69	4.71	0.48	1.50
25	2.55	0.85	6.50	0.72	2.17
Σ25	$\Sigma X=54.54$	$\Sigma Y=17.21$	$\Sigma X^2=119.88$	$\Sigma Y^2=12.15$	$\Sigma XY=38.09$

【解】 (1) 画相关分析图：设混凝土质量密度为 X 值，抗渗强度等级为 Y 值，从表找出 X 的最大值为 2.55，最小值为 1.8；Y 的最大值为 0.85，最小值为 0.45，故 X 的数据范围为 2.55－1.80＝0.75；Y 的数据范围为 0.85－0.45＝0.4，画 X、Y 轴，并以大体相等的长度画出刻度，然后将表 26-26 中集中整理的各个数据，依次相应地用坐标打点的方法填入坐标图，即得相关分析图，如图 26-15 所示。

（2）相关分析图的观察：根据相关分析图上点的分布状态与表 26-24 中图形相对照得知，属于正相关。

（3）相关图的相关验定：计算 X^2、Y^2、XY 及 25 组值之和，列入表 26-26 中第 3～5 项中，由表 26-23 相关系数计算公式，则：

$$S(XX)=\sum X^2-\frac{(\sum X)^2}{n}=119.88-\frac{(54.54)^2}{25}=0.90$$

$$S(YY)=\sum Y^2-\frac{(\sum Y)^2}{n}=12.15-\frac{(17.21)^2}{25}=0.31$$

$$S(XY)=\sum XY-\frac{(\sum X\sum Y)}{n}=38.09-\frac{54.54\times 17.21}{25}=0.54$$

$$r=\frac{S(XY)}{\sqrt{S(XX)\cdot S(YY)}}=\frac{0.54}{\sqrt{0.90\times 0.31}}=0.97$$

已知 $n=25$，故 $n-2=23$，$a=0.05$，相应的 $r(n)$ 查表 26-25 为 0.396，而计算所得相关系数 $r=0.97>0.396$，故知 X 与 Y 是正相关。

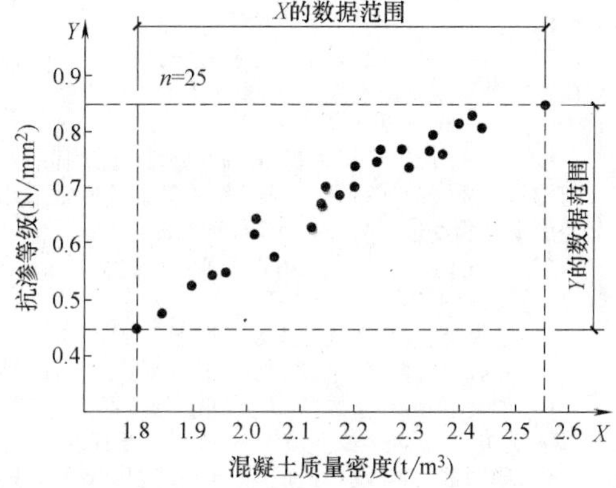

图 26-15 防水混凝土质量密度与抗渗等级关系相关分析图

26.6.4 施工项目质量控制与处置及改进

施工项目质量控制与处置及改进 **表 26-27**

项次	项目	方法要点
1	质量控制与处置	（1）项目经理部应依据质量计划的要求，运用动态控制原理进行质量控制 （2）质量控制主要控制过程的输入、过程中的控制点以及输出，同时也应包括各个过程之间接口的质量 （3）项目经理部应在质量控制的过程中，跟踪收集实际数据并进行整理，分析偏差，并采取措施予以纠正和处置，必要时对处置效果和影响进行复查 （4）质量计划需修改时，应按原批准程序报批 （5）采购的质量控制应包括确定采购程序，确定采购要求，选择合格供应单位以及采购合同的控制和进货检验 （6）对施工过程的质量控制应包括： 1）施工目标实现策划 2）施工过程管理 3）施工改进 4）产品（或过程）的验证和防护 （7）检验和监测装置的控制应包括：确定装置的型号、数量，明确工作过程和制定质量保证措施等内容 （8）企业应建立有关纠正和预防措施的程序，对质量不合格的情况进行控制

续表

项次	项目	方法要点
2	质量改进	(1)项目经理部应定期对施工项目质量进行检查、分析,向企业提出质量报告,提出目前质量状况、发包人及其他相关方满意程度、产品要求的符合性以及项目经理部的质量改进措施 (2)企业应对项目经理部进行检查、考核,定期进行内部审核,并将审核结果作为管理评审的输入,促进项目经理部的质量改进 (3)企业应了解发包人及其他相关方对质量的意见,对质量管理体系进行审核,确定改进目标,提出相应措施并检查落实

26.6.5　工程质量问题的分析和处理

工程质量问题的分析和处理　　表 26-28

项次	项目	方法要点
1	工程质量问题的分类	工程质量问题一般分为工程质量缺陷、工程质量通病和工程质量事故三类: (1)工程质量缺陷:是指工程质量达不到技术标准允许的技术指标的现象 (2)工程质量通病:是指各类影响工程结构、使用功能和外形观感的常见性质量损伤 (3)工程质量事故:是指在工程建设过程中或交付使用后,对工程结构安全、使用功能和外形观感影响较大、损失较大的质量损伤
2	工程质量事故分类	根据《关于做好房屋建筑和市政基础设施工程质量事故报告和调查处理工作的通知》(建质[2010]111号)对工程质量事故通常采用按造成的人员伤亡或者直接经济损失程度进行分类,其基本分类如下: (1)一般事故:1)造成3人以下死亡,或者10人以下重伤的;2)直接经济损失100万元及其以上1000万元以下的 (2)较大事故:1)造成3人及其以上10人以下死亡,或者10人及其以上50人以下重伤的;2)直接经济损失1000万元及其以上5000万元以下的 (3)重大事故:1)造成10人及其以上30人以下死亡,或者50人及其以上100人以下重伤的;2)直接经济损失5000万元及其以上1亿元以下的 (4)特别重大事故:1)造成30人及其以上死亡,或者100人及其以上重伤的;2)直接经济损失1亿元及其以上的
3	工程质量问题原因分析	(1)违背建设程序,表现为有些工程不按建设程序办事,未搞清或未勘测工程地质情况就仓促开工;边设计边施工,任意修改设计,不按图施工;未经竣工验收就交付使用等 (2)违反有关法规和工程合同的规定,表现为无证设计、无证施工、越级设计、越级施工;非法分包、转包、挂靠;工程招、投标中超常的低价中标;擅自修改设计等 (3)工程地质勘察失误,表现为未认真进行地质勘察或地质勘察报告不详细、不准确,未全面反映实际的地基情况等,导致采用了不恰当或错误的基础方案 (4)地基处理失误,表现为对软土、湿陷性黄土、膨胀土、盐渍土、熔岩、土洞等特殊性地基未进行处理或处理不当 (5)设计问题,表现为盲目套用图纸,采用不正确的结构方案,荷载取值过小,内力分析有误;变形缝设置不当;计算错误等 (6)建筑材料、制品及设备不合格 (7)施工与管理失控,表现为图纸未经会审就仓促开工,随意修改设计或不按图施工;不按操作规程和有关施工质量验收规范施工;施工管理紊乱,施工方案考虑不周,施工顺序错误,技术交底不清,违章作业;疏于检查验收等 (8)温度、湿度、暴雨、大风、日晒等自然条件影响 (9)建筑物或设施的使用不当,表现为未经校核验算就任意对建筑物加层或加载,任意拆除承重结构部件;任意在承重结构部件上开槽、打洞等削弱承重结构截面等
4	质量事故处理	(1)事故处理依据: 1)与事故有关的施工图纸和技术说明 2)与工程施工有关的资料、记录

续表

项次	项目	方法要点
4	质量事故处理	3)事故调查分析报告，一般应包括事故概况、事故性质、事故原因、事故评估，设计、施工及使用单位对事故的意见和要求，事故涉及人员及主要责任者的情况等 4)相关建设法规 (2)事故处理方案： 1)修补处理： 当工程的某些部分的质量虽未达到规定的规范、标准或设计要求，存在一定的缺陷，但经修补处理后还可达到要求的标准，又不影响使用功能或外观要求，在此情况下，可以采取修补处理方案，例如采用表面处理、封闭保护、结构补强、复位纠偏等措施 2)返工处理： 当工程质量未达到规定的标准或要求，有明显的严重质量问题，对结构的使用和安全有重大影响，而又无法通过修补的方法来纠正所出现的质量缺陷，在此情况下，只能采取返工处理的方案 3)不做处理： 当某些工程质量虽不符合规定的标准或要求，但如情况不严重，对工程或结构的使用及安全影响不大或不影响；或经后续工序施工可以弥补；或经法定鉴定，单位在实体检测时已达到规范或设计要求；或经设计单位核算，可以满足设计所要求的结构安全和使用要求的，在此情况下，可以采取不做处理的方案 (3)事故处理的鉴定验收： 1)检查验收： 工程质量事故处理完成后，应组织有关方通过实际量测、检查各种资料数据，严格按施工质量验收规范及有关标准的规定进行检查验收 2)必要的鉴定： 为保证工程质量事故处理效果，凡涉及结构承载力等使用安全和其他重要性能的处理工作，常需做必要的试验和检验鉴定工作 3)验收结论： 对所有工程质量事故无论经技术处理，通过检查鉴定验收还是不需专门处理的，均需有明确的书面结论

26.7　施工项目职业健康安全管理

26.7.1　施工项目职业健康安全管理概述

施工项目职业健康安全管理概述　　表 26-29

项次	项目	方法要点
1	一般规定	(1)企业应遵循《建筑工程安全生产管理条例》和《职业健康安全管理体系　要求》(GB/T 28001—2011)标准，坚持安全第一、预防为主和防治结合的方针，建立并持续改进职业健康安全管理体系。项目经理应负责项目职业健康安全的全面管理工作。项目负责人、专职安全生产管理人员应持证上岗 (2)企业应根据风险预防要求和项目的特点，制定职业健康安全生产技术措施计划，确定职业健康及安全生产事故应急救援预案，完善应急准备措施，建立相关组织。发生事故，应按照国家有关规定，向有关部门报告。在处理事故时，应防止二次伤害 (3)企业应按有关规定必须为从事危险作业的人员在现场工作期间办理意外伤害保险 (4)现场应将生产区与生活、办公区分离，配备紧急处理医疗设施，使现场的生活设施符合卫生防疫要求，采取防暑、降温、保暖、消毒、防毒等措施
2	安全管理的对象及措施	(1)劳动者：其措施是依法制定有关安全的政策、法规、条例，给予劳动者的人身安全、健康及法律保障。其目的为约束控制劳动者的不安全行为，消除或减少主观上的安全隐患 (2)劳动手段、劳动对象：其措施是改善施工工艺、改进设备性能，以消除和控制施工过程中可能出现的危险因素，避免损失扩大的安全技术保证措施。其目的为规范物的状态，以消除和减轻其对劳动者的威胁和造成财产损失 (3)劳动条件和劳动环境：其措施是防止和控制施工中高温、严寒、粉尘、噪声、振动、毒气、毒物等对劳动者安全与健康产生影响的医疗、保健、防护措施及对环境的保护措施。其目的是改善和创造良好的劳动条件，防止职业伤害，保护劳动者身体健康和生命安全

续表

项次	项目	方法要点
3	安全管理目标	(1)制定施工项目职业健康安全目标时应考虑的因素： 1)上级机构的整体方针和目标 2)危险源和环境因素识别、评价和控制策划的结果 3)适用法律法规、标准规范和其他要求 4)可以选择的技术方案 5)财务、运行和经营上的要求 6)相关方的意见 (2)安全目标的内容： 安全目标通常包括： 1)杜绝重大伤亡、设备、管线、火灾和环境污染事故 2)一般事故控制(目标) 3)安全标准化工地创建目标 4)文明工地创建目标 5)遵循安全生产、文明施工方面有关法律法规和标准规范，以及对员工和社会要求的承诺 6)其他需满足的总体目标 (3)施工项目职业健康安全管理的程序： 1)识别并评价危险源及风险 2)确定职业健康安全目标 3)编制并实施项目职业健康安全技术措施计划 4)职业健康安全技术措施计划实施结果验证 5)持续改进相关措施和绩效

26.7.2 施工项目职业健康安全技术措施计划与实施

施工项目职业健康安全技术措施计划与实施　　表 26-30

项次	项目	方法要点
1	安全技术措施计划	(1)施工项目职业健康安全技术措施计划应在施工项目管理实施规划中编制，并应由项目经理主持编制，经有关部门批准后，由专职安全管理人员进行现场监督实施 (2)编制施工项目职业健康安全技术措施计划应遵循下列步骤： 1)工作分类 2)识别危险源 3)确定风险 4)评价风险 5)制定风险对策 6)评价风险对策的充分性 (3)施工项目职业健康安全技术措施计划应包括工程概况、控制目标、控制程序、组织结构、职责权限、规章制度、资源配置、安全措施、检查评价和奖惩制度以及对分包的安全管理等内容。策划过程应充分考虑有关措施与项目人员能力相适宜的要求 (4)施工平面图设计是施工项目安全技术措施的一部分，设计时应充分考虑安全、防火、防爆、防污染等因素，满足施工安全生产的要求 (5)对结构复杂、实施难度大、专业性强的项目，除应制定项目总体安全技术措施外，还须制定单位工程或分部、分项工程的安全技术措施 (6)对高空作业、井下作业、水上作业、深基坑开挖、爆破作业、脚手架上作业、有害有毒作业、特种机械作业等专业性强的施工作业，以及从事电气、压力容器、起重机、金属焊接、井下瓦斯检验、机动车和船舶驾驶等特殊工种的作业，应制定单项职业健康安全技术措施和预防措施，并对管理人员、操作人员的安全作业资格和身体状况进行合格审查 (7)临街脚手架、临近高压电缆以及起重机臂杆的回转半径达到项目现场范围以外的，均应按要求设置安全隔离措施 (8)安全技术措施是为防止工伤事故和职业病的危害，从技术上采取的措施，应包括：防火、防毒、防爆、防洪、防尘、防雷击、防触电、防坍塌、防物体打击、防机械损伤、防高空坠落、防交通事故、防寒、防暑、防疫、防环境污染等方面的措施 (9)实行总分包的项目，分包项目安全技术措施应纳入总包项目安全技术措施，分包人应服从总包人的管理

续表

项次	项目	方法要点
2	安全技术措施计划的实施	(1)企业应建立分级职业健康安全生产教育制度，实施公司、项目经理部和作业队三级教育，未经教育的人员不得上岗作业 (2)项目经理部应建立职业健康安全生产责任制，并把责任制分解落实到人。 (3)职业健康安全技术交底应符合下列规定： 1)工程开工前，项目经理部的技术负责人应向有关人员进行安全技术交底 2)结构复杂的分部分项工程实施前，项目经理部的技术负责人应进行安全技术交底 3)项目经理部应保存安全技术交底记录 (4)企业应定期对施工项目进行职业健康安全管理检查，分析影响职业健康或不安全行为与隐患存在的部位和危险程度 (5)职业健康的安全检查应采取随机抽样、现场观察、实地检测相结合的方法，记录检测结果，及时纠正发现的违章指挥和作业行为。检查人员应在每次检查结束后及时提交安全检查报告 (6)企业应及时识别和评价其他承包人或供应单位的危险源，与其进行交流和协商，并制定控制措施，以降低相关的风险

26.7.3 伤亡事故的调查与处理

伤亡事故的调查与处理 表 26-31

项次	项目	方法要点
1	伤亡事故分类	根据国务院1991年3月1日起实施的《企业职工伤亡事故报告和处理规定》、《企业职工伤亡事故分类》(GB 6441—1986)和《生产安全事故报告和调查处理条例》(国务院令第493号)的规定，职工在劳动过程中发生的人身伤害、急性中毒伤亡事故具体分类如下： (1)轻伤：损失工作日1～105个工作日的失能伤害 (2)重伤：损失工作日等于或超过105个工作日的失能伤害 (3)死亡：损失工作日6000工日 (4)安全事故： 1)一般事故：指造成3人以下死亡，或10人以下重伤(包括急性工业中毒，下同)；或者1000万元以下直接经济损失的事故 2)较大事故：指造成3人及其以上10人以下死亡，或者10人及其以上50人以下重伤；或者1000万元及其以上5000万元以下直接经济损失的事故 3)重大事故：指造成10人及其以上30人以下死亡，或者50人及其以上100人以下重伤；或者5000万元及其以上1亿元以下直接经济损失的事故 4)特别重大事故：指造成30人及其以上死亡，或100人及其以上重伤；或者1亿元及其以上直接经济损失的事故
2	事故原因及原因分析方法	(1)事故原因： 事故原因一般有直接原因、间接原因和基础原因三个方面。直接原因是指由人的原因(如身体缺陷、错误行为和违纪违章等)和环境及物的原因(如设备、装置、物品的缺陷、作业场所的缺陷和有危险源等)构成；间接原因即管理缺陷是由目标与规划方面、责任制方面、管理机构方面和安全教育及培训方面等缺陷或不当所造成；基础原因包括经济、文化、社会历史、法律、民族习惯等社会因素 管理缺陷与不安全状态的结合就构成了事故的隐患，当事故隐患形成并偶然被人的不安全行为所触发就发生了事故 (2)事故原因分析方法： 事故原因分析方法很多，一般常用的有事件树分析法、故障树分析法、因果图析图法、排列图法等。这些方法既可用于事前预防，又可用于事后分析
3	安全隐患和事故处理	(1)职业健康安全隐患处理应符合下列规定： 1)区别不同的职业健康安全隐患类型，制定相应整改措施，并在实施前进行风险评价 2)对检查出的隐患及时发出职业健康安全隐患整改通知单，限期纠正违章指挥和作业行为 3)跟踪检查纠正预防措施的实施过程和实施效果，保存验收记录 (2)事故处理： 项目经理部进行职业健康安全事故处理应坚持事故原因不清楚不放过；事故责任者和人员没有得到教育不放过；事故责任者没有处理不放过；没有制定纠正和预防措施不放过的原则。 (3)处理职业健康安全事故应遵循下列程序： 1)报告安全事故 2)组织调查组，勘察现场 3)分析事故原因，确定事故性质 4)事故责任分析和处理 5)制定预防措施 6)提交调查报告 7)事故审理和结案

26.8 施工项目环境管理

26.8.1 施工项目环境保护管理

施工项目环境保护管理 表 26-32

项次	项目	方法要点
1	一般规定	(1)企业应遵照《环境管理体系 要求及使用指南》(GB/T 24001—2004)的要求，建立并持续改进环境管理体系 (2)企业应根据批准的建设项目环境影响报告，通过对环境因素的识别和评估，确定管理目标及主要指标，并在各个阶段贯彻实施 (3)项目经理负责现场环境管理工作的总体策划和部署，建立项目环境管理组织机构，制定相应制度和措施，组织培训，使各级人员明确环境保护的意义和责任 (4)项目经理部应按照分区划块原则，搞好项目的环境管理，进行定期检查，加强协调，及时解决发现的问题，实施纠正和预防措施，保持现场良好的作业环境，卫生条件和工作秩序，做到污染预防 (5)项目经理部应对环境因素进行控制，制定应急准备和响应措施，并保证信息通畅，预防可能出现非预期的损害，在出现环境事故时，应清除污染，并应制定相应措施，防止环境二次污染 (6)项目经理部应保存有关环境管理的工作记录 (7)项目经理部应进行现场节能管理，有条件时应规定能源使用指标
2	项目节能减排管理	(1)项目节能减排的主要管理内容： 1)能源消耗：实际消耗的各种能源 2)耗能工质：间接消耗能源的工作物质 3)材料：钢材、水泥、木材、预拌混凝土等 4)减排管理内容：废水、废气、噪声、建筑垃圾的排放管理 (2)节能减排组织及要求： 1)企业应编制开展节能减排活动的管理制度；制定年度节能减排目标和指标，并分解到各工程项目部 2)项目部应编制节能减排专项方案并组织实施 3)成立以施工项目经理为主的工地节能减排活动领导小组，制定工地节能降耗责任制；确定节能降耗目标 (3)节能减排现场管理措施： 1)严格执行国家、行业、地方关于禁止与限制落后和淘汰技术、工艺、产品的现行有关规定；积极采用新技术，新工艺，新材料和新产品 2)安全生产、工程质量、文明施工符合国家、行业、地方标准规范的规定；按图施工，落实建筑节能要求 3)建立分区域能源、资源消耗原始记录和月度台账，完成从开工到竣工全过程节能降耗数据分析报告 (4)节能减排现场技术措施： 1)通过优化施工方案，合理布置施工平面，优先选用先进的机械设备、模板体系，脚手架体系和优化材料管理等；积极应用新技术、新材料、新工艺和自创的技术革新以及有效节能减排方法的推广应用，淘汰或逐步减少耗能型施工机械设备和施工工艺、产品 2)土地节约措施 3)节水措施 4)节能措施 5)节材措施 6)减排措施

续表

项次	项目	方法要点
3	项目环境保护管理	(1)项目环境因素识别： 施工项目经理部根据建筑施工行业特点，结合企业有关规定与要求，将在办公、采购、施工和服务等活动中常见的环境因素汇集，编制重大环境因素清单，见表26-33。在识别环境因素时，应考虑业主、周边单位、居民等对环保和文明施工的要求；还应考虑本单位在过程、活动中，自身可以管理、控制、处理以及可施加影响的方面和范围 施工过程中应根据法律法规要求以及企业的实际情况，适时更新重大环境因素清单 (2)环境因素评价： 1)环境因素评价是在识别环境因素的基础上，为改进环境绩效面确定项目重要环境因素的工作 2)环境因素评价工作的流程是：分析环境因素产生的环境影响→评价影响的程度→确定重要环境因素 3)环境因素评价方法： ①直接判断法：用于对能源、资源消耗评价，分为违法或超标两种判断结论 ②综合打分法：根据某环境因素所造成的环境因素与相关法律法规要求的符合程度，其环境影响的范围和程度、发生的频次、资源的耗用及可恢复的能力、相关方的关心程度等分别打分来确定重要环境因素 4)项目经理部根据评价结果编制本单位重要环境因素清单，并整理、保存评价记录。 (3)项目环境管理计划： 1)项目环境管理应遵循程序：确定项目环境管理目标→进行项目环境管理策划→实施项目环境管理策划→验证并持续改进 2)项目环境管理计划的主要内容： ①环境因素识别与重要环境因素的确定 ②环境目标和指标 ③组织机构及重要环境管理岗位的设置 ④重要环境管理岗位职责描述 ⑤针对重要环境因素的控制措施 ⑥应急准备与响应方案 ⑦监视与测量 ⑧培训安排 (4)项目环境管理控制目标： 项目环境管理目标必须根据国家和地方环境管理要求，并结合企业环境管理目标以及项目所在区域周围的环境要求确定，参见表26-34 (5)项目环境管理进行控制： 施工过程中应严格遵循国家和地方的有关法律法规，减少对场地地形、地貌、水系、水体的破坏和对周围环境的不利影响，严格控制噪声污染、水污染、光污染、大气污染、有毒有害及其他固体废弃物污染，最大限度地节能、节电、节水、节材、节地、预防和减少对环境污染的原则性规定和基本要求，实施环境管理体系，建设绿色建筑 1)施工现场大气的环境保护 2)现场施工材料、垃圾的运输控制 3)施工现场废气排放的控制 4)施工场界噪声影响的控制 5)施工现场光污染的控制 6)施工现场废水污染的控制 7)施工现场废弃物处置的控制 8)有害有毒气体排放的控制 9)油品、化学品污染的控制 (6)项目环境监测管理： 监视与测量工作主要内容： 1)环境管理计划实施情况及效果：与重要环境因素有关的控制活动是否有效实施 2)环境管理控制各项内容在项目生产过程中要定期监测，并符合国家有关标准规定 3)环境保护法律法规的执行情况 4)主要环境目标、指标的实现程度 5)对于监视和测量的结果，检查人员做好并保存记录，以反映环境管理体系运行情况和实施效果

重大环境因素清单　　　　　　　　　　　　　　　　　**表 26-33**

项次	环境因素	活动点/工序/部位	环境影响
1	噪声排放	(1)施工机械：推土机、挖掘机、装载机、钻孔桩机、打夯机、混凝土输送泵 (2)运输设备：翻斗车 (3)电动工具：电锯、压刨、空压机、切割机、混凝土振动棒、冲击钻	影响人体健康、社区居民休息
		脚手架装卸、安装与拆除	
		模板支拆、清理与修复	
2	粉尘排放	施工场地平整作业、砂堆、石灰、现场路面、进出车辆车轮带泥砂、水泥搬运、混凝土搅拌、木工房锯木、拆除作业	污染大气、影响居民身体健康
3	运输遗洒	运输渣土、预拌混凝土、生活垃圾	污染路面，影响居民生活
4	有毒有害废弃物排放	施工现场的废化工材料及其包装物、容器等，废玻璃丝布、废铝箔纸、工业棉布、油手套、含油棉纱棉布、漆刷、油刷、废旧测温计等	污染土地、水体
		现场清洗工具废渣、机械维修保养废渣	
		办公区废复写纸、复印机废墨盒和废粉、打印机废硒鼓、废色带、废电池、废磁盘、废计算器、废日光灯、废涂改液瓶	
5	油漆、涂料、胶及含胶材料中甲苯、甲醛气体排放	建筑产品	影响使用者健康
6	火灾、爆炸的发生	油漆、易燃材料库房及作业面、木工房、电气焊作业点、氧气瓶(库)、乙炔气瓶(库)、液化气瓶、油库、建筑垃圾、冬期混凝土养护作业、施工现场配电室、中心试验室使用的乙醇、松节油、燃煤取暖、锅炉爆炸	污染大气
7	污水排放	食堂、现场搅拌站、厕所、现场混凝土泵冲洗	污染水体
8	生产水、电消耗	施工现场	资源浪费
9	办公用纸消耗	办公室	资源浪费

施工现场环境因素管理目标及控制指标　　　　　　　　　　**表 26-34**

<table>
<tr><th>项次</th><th>环境因素</th><th>目标</th><th colspan="3">指标</th></tr>
<tr><td rowspan="7">1</td><td rowspan="7">场界噪声</td><td rowspan="6">确保施工现场场界噪声达标</td><td colspan="3">场界噪声限值(dB)</td></tr>
<tr><td>施工内容</td><td>昼间</td><td>夜间</td></tr>
<tr><td>土石方</td><td>≤75</td><td>≤55</td></tr>
<tr><td>打桩</td><td>≤85</td><td>禁止施工</td></tr>
<tr><td>结构施工</td><td>≤70</td><td>≤55</td></tr>
<tr><td>装修施工</td><td>≤65</td><td>≤55</td></tr>
<tr><td colspan="4">项目办公室前院内禁止汽车长鸣笛，办公室内禁止人员大声喧哗</td></tr>
<tr><td rowspan="3">2</td><td rowspan="3">施工现场扬尘</td><td rowspan="3">减少和控制施工现场粉尘排放</td><td colspan="3">施工现场道路硬化率(%)</td></tr>
<tr><td colspan="3">现场如允许设搅拌站，其封闭率(%)</td></tr>
<tr><td colspan="3">水泥等高飞扬材料入库率(%)</td></tr>
<tr><td rowspan="3">3</td><td rowspan="3">污水排放</td><td rowspan="3">要求施工现场设沉淀池、隔油池、化粪池，保证污水排放达标</td><td colspan="3">施工现场设沉淀池达标率(%)</td></tr>
<tr><td colspan="3">现场食堂设隔油池达标率(%)</td></tr>
<tr><td colspan="3">厕所设化粪池率(%)(另设干厕协议亦可)</td></tr>
</table>

续表

项次	环境因素	目标	指标
4	废弃物	建筑垃圾废弃物的实行分类管理	分类管理率(%)
		可回收废物及时回收	废物回收率(%)
5	运输遗洒	杜绝物料、灰土遗洒	生活区、施工现场不发生任何运输物料的道路遗洒
6	节能降耗(水电油料消耗)	要求项目经理部制定“用水用电管理办法”,提出节能降耗指标的要求	节约水电使用;万元施工产值节电____(%),节水____(%),节约水电按实施计划比实际消耗降低____(%),材料节约____(%)
7	重大环境投诉	制定预案或管理办法	重大环境投诉为零,火灾爆炸事故为零

26.8.2 施工项目现场管理及文明施工

施工项目现场管理及文明施工　　表 26-35

项次	项目	方法要点
1	施工项目现场管理	(1)项目经理部应在施工前了解经过施工现场的地下管线,标出位置,加以保护。施工时发现文物、古迹、爆炸物、电缆等,应当停止施工,保护现场,及时向有关部门报告,并按照规定处理 (2)施工中需要停水、停电、封路而影响环境时,应经有关部门批准,事先告示。在行人、车辆通过的地方施工,应当设置沟、井、坎、洞覆盖物和标志 (3)项目经理部应对施工现场的环境因素进行分析,对于可能产生的污水、废气、噪声、固体废弃物等污染源采取措施,进行控制 (4)建筑垃圾和渣土应堆放在指定地点,定期进行清理。装载建筑材料、垃圾或渣土的运输机械,应采取防止尘土飞扬,洒落或流溢的有效措施。施工现场应根据需要设置机动车辆冲洗设施,冲洗的污水应进行处理 (5)除有符合规定的装置外,不得在施工现场熔化沥青和焚烧油毡、油漆,亦不得焚烧其他可产生有毒有害烟尘和恶臭气味的废弃物。项目经理部应按规定有效地处理有毒有害物质。禁止将有毒有害废弃物现场回填 (6)施工现场的场容管理应符合施工平面图设计的合理安排和物料器具定位管理标准化的要求 (7)施工项目经理部应依据施工条件,按照施工总平面图、施工方案和施工进度计划的要求,认真进行所负责区域的施工平面图的规划、设计、布置、使用和管理 (8)现场的主要机械设备、脚手架、密封式安全网与围挡、模具、施工临时道路、各种管线、施工材料制品堆场及仓库、土方及建筑垃圾堆放区、变配电间、消火栓、警卫室、现场的办公、生产和生活临时设施等的布置,均应符合施工平面图的要求 (9)现场入口处的醒目位置,应公示下列内容: 1)工程概况 2)安全纪律 3)防火须知 4)安全生产与文明施工规定 5)施工平面图 6)项目经理部组织机构及主要管理人员名单 (10)施工现场周边应按当地有关要求设置围挡和相关的安全预防设施。危险品仓库附近应有明显标志及围挡设施 (11)施工现场应设置畅通的排水沟渠系统,保持场地道路的干燥坚实,施工现场的泥浆和污水未经处理不得直接排放。地面宜做硬化处理。有条件时,可对施工现场进行绿化布置
2	施工项目文明施工	(1)文明施工应包括下列工作: 1)进行现场文化建设 2)规范场容,保持作业环境整洁卫生 3)创造有序生产的条件

续表

项次	项目	方法要点
2	施工项目文明施工	4)减少对居民和环境的不利影响 (2)项目经理部应对现场人员进行培训教育,提高其文明意识和素质,树立良好的形象 (3)项目经理部应按照文明施工标准,定期进行评定、考核和总结

26.9 施工项目成本管理

施工项目成本管理 **表 26-36**

项次	项目	方法要点
1	一般规定	(1)企业应建立、健全项目全面成本管理责任体系,明确业务分工和职责关系,把管理目标分解到各项技术工作和管理工作中,项目全面成本管理责任体系应包括两个层次: 1)企业管理层。负责项目全面成本管理的决策,确定项目的合同价格和成本计划,确定项目管理层的成本目标 2)项目经理部。负责项目成本的管理,实施成本控制,实现项目管理目标责任书中的成本目标 (2)项目经理部的成本管理应包括成本计划、成本控制、成本核算、成本分析和成本考核 (3)项目成本管理应遵循下列程序: 1)掌握生产要素的市场价格和变动状态 2)确定项目合同价 3)编制成本计划,确定成本实施目标 4)进行成本动态控制,实现成本实施目标 5)进行项目成本核算和工程价款结算,及时收回工程款 6)进行项目成本分析 7)进行项目成本考核,编制成本报告 8)积累项目成本资料 (4)降低项目成本的途径和措施: 1)认真会审图纸,积极提出修改意见 2)加强合同管理,增创工程预算收入 3)制定先进的、经济合理的施工方案 4)落实技术组织措施 5)组织均衡施工,加快施工进度 6)加强质量检查,保证一次合格率 7)降低材料成本 8)提高机械的利用率 9)用好用活激励机制,调动职工增产节约的积极性
2	项目成本计划	(1)施工项目成本计划的内容: 1)编制说明 2)项目成本计划的指标 3)按工程量清单列出的单位工程计划成本汇总表 4)按成本性质划分的单位工程成本汇总表 (2)施工项目成本计划编制的依据: 1)合同文件 2)项目管理实施规划 3)可研报告和相关设计文件 4)市场价格信息 5)相关定额 6)类似项目的成本资料 (3)施工项目成本计划编制的程序: 1)收集和整理资料 2)估算计划成本,确定目标成本 3)编制成本计划草案 4)综合平衡,编制正式的成本计划

续表

项次	项目	方法要点
2	项目成本计划	(4)施工项目成本计划编制的方法： 1)施工预算法 2)中标价调整法 (5)编制成本计划应满足下列要求： 1)由项目经理部负责编制，报企业管理层批准 2)自下而上分级编制并逐层汇总 3)反映各成本项目指标和降低成本指标
3	项目成本控制	(1)施工项目成本控制的依据： 1)合同文件 2)施工项目成本计划 3)施工进度报告 4)工程变更与索赔资料 (2)施工项目成本控制应遵循下列程序： 1)收集实际成本数据 2)实际成本数据与成本计划目标进行比较 3)分析成本偏差及原因 4)采取措施纠正偏差 5)必要时修改成本计划 6)按照规定的时间间隔编制成本报告 (3)施工项目成本控制方法： 1)建立成本控制责任体系和成本考核体系 2)以施工图预算控制成本支出 3)以施工预算控制人力资源和物质资源的消耗 4)用价值工程原理控制工程成本 5)应用成本与进度同步跟踪的方法控制分部分项工程成本 6)用净值法控制成本 7)建立项目成本审核签证制度，控制成本费用支出 8)定期开展"三同步"检查，防止项目成本盈亏异常 9)应用成本分析表法来控制项目成本
4	项目成本核算	(1)项目经理部应根据财务制度和会计制度的有关规定，建立项目成本核算制，明确项目成本核算的原则、范围、程序、方法、内容、责任及要求，并设置核算台账，记录原始数据 (2)项目经理部应按照规定的时间间隔进行项目成本核算 (3)项目成本核算应坚持形象进度，产值统计、成本归集三同步的原则 (4)项目经理部应编制定期成本报告 (5)施工项目成本核算的办法： 1)直接费成本核算： 包括人工费核算、材料费核算、周转材料费核算、结构件费核算、机械使用费核算、措施费核算 2)间接费成本核算： 包括规费和企业管理费的核算
5	项目成本分析与考核	(1)企业应建应和健全项目成本考核制度，对考核的目的、时间、范围、对象、方式、依据、指标、组织领导、评价与奖惩原则等作出规定 (2)成本分析应依据会计核算，统计核算和业务核算的资料进行 (3)成本分析应采用比较法、因素分析法、差额分析法和比率法等基本方法；也可采用分部分项成本分析，年、季、月(或旬、周)度成本分析、竣工成本分析等综合成本分析方法 (4)企业应以项目成本降低额和项目成本降低率作为成本考核主要指标。项目经理部应设置成本降低额和成本降低率等考核指标。发现偏差目标时，应及时采取改进措施 (5)企业应对项目经理部的成本和效益进行全面审核、审计、评价、考核与奖惩

26.10 施工项目资源管理

施工项目资源管理 表 26-37

项次	项目	方法要点
1	一般规定	(1)企业应建立并持续改进施工项目资源管理体系，完善管理制度，明确管理责任，规范管理程序 (2)资源管理包括人力资源管理、材料管理、机械设备管理、技术管理和资金管理 (3)施工项目资源管理的全过程应包括项目资源的计划、配置、控制和处置 (4)资源管理应遵循下列程序： 1)按合同要求，编制资源配置计划，确定投入资源的数量与时间 2)根据资源配置计划，做好各种资源的供应工作 3)根据各资源的特性，采取科学的措施，进行有效组合，合理投入，动态调控 4)对资源投入和使用情况定期分析，找出问题，总结经验并持续改进
2	项目资源管理计划	(1)资源管理计划应包括建立资源管理制度，编制资源使用计划、供应计划和处置计划，规定控制程序和责任体系 (2)资源管理计划应依据资源供应条件、现场条件和项目管理实施规划编制 (3)人力资源管理计划应包括人力资源需求计划、人力资源配置计划和人力资源培训计划 (4)材料管理计划应包括材料需求计划、材料使用计划、加工订货计划、材料采购计划和分阶段材料计划 (5)机械管理计划应包括机械需求计划、机械使用计划和机械维修和保养计划 (6)技术管理计划应包括技术开发计划、设计技术计划和工艺技术计划 (7)资金管理计划应包括项目资金流动计划和财务用款计划，具体可编制年、季、月度资金管理计划
3	项目资源管理控制	(1)资源管理控制应包括按资源管理计划进行资源的选择、资源的组织和进场后的管理等内容 (2)人力资源管理控制应包括人力资源的选择、订立劳务分包合同、教育培训和考核等 (3)材料管理控制应包括供应单位的选择、订立采购供应合同、出厂或进场验收、储存管理、使用管理及不合格品处置等 (4)机械设备管理控制应包括机械设备购置和租赁管理、使用管理、操作人员管理、报废和出场管理等 (5)技术管理控制应包括技术开发管理，新产品、新材料、新工艺的应用管理，项目管理实施规划和技术方案的管理、技术档案管理、测试仪器管理等 (6)资金管理控制应包括资金收入与支出管理、资金使用成本管理、资金风险管理等
4	项目资源管理考核	(1)资源管理考核应通过对资源投入、使用、调整以及计划与实际的对比分析，找出管理中存在的问题，并对其进行评价的管理活动。通过考核能及时反馈信息，提高资源使用价值，持续改进 (2)人力资源管理考核应以有关管理目标或约定为依据，对人力资源管理方法、组织规划、制度建设、团队建设、使用效率和成本管理等进行分析与评价 (3)材料管理考核工作应对材料计划、使用、回收以及相关制度进行效果评价。材料管理考核应坚持计划管理、跟踪检查、总量控制、节奖超罚的原则 (4)机械设备管理考核应对项目机械设备的配置、使用、维护和保养以及技术安全措施、设备使用效率和使用成本等进行分析和评价 (5)项目技术管理考核应包括对技术管理工作计划的执行、技术方案的实施、技术措施的实施、技术问题的处置、技术资料收集、整理和归档以及技术开发、新技术和新工艺应用等情况进行分析和评价 (6)资金管理考核应通过对资金分析工作、计划收支与实际收支对比，找出差异，分析原因，改进资金管理。在项目竣工后，应结合成本核算与分析工作进行资金收支情况和经济效益分析，并上报企业财务主管部门备案。企业应根据资金管理效果对有关部门或项目经理部进行奖惩

26.11 施工项目信息管理

施工项目信息管理 表 26-38

项次	项目	方法要点
1	一般规定	(1)项目经理部应建立信息管理体系，及时、准确地获得和快捷、安全、可靠地使用所需的信息 (2)施工项目信息管理应具有时效性和针对性，要有必要的精度，还要综合考虑信息成本及信息收益，实现信息效益最大化 (3)项目信息管理的对象应包括各类工程资料和工程实际进展信息。工程资料的档案管理应符合有关规定，宜采用计算机辅助管理 (4)施工项目信息管理应遵循下列程序： 1)确定项目信息管理目标 2)进行项目信息管理策划 3)项目信息收集 4)项目信息处理 5)项目信息运用 6)项目信息管理评价 (5)施工项目经理部应根据实际需要，配备熟悉工程管理业务、经过培训的人员担任信息管理工作，也可以单设信息管理部门 (6)项目经理部应负责收集、整理、管理本项目范围围内的信息，实行总分包的项目，项目分包人应负责分包范围内的信息收集、管理，承包人负责汇总，整理发包人的全部信息
2	项目信息管理计划与实施	(1)信息管理计划的制定应以项目管理实施规划中的有关内容为依据。在项目执行过程中，应定期检查其实施效果，并根据需要进行计划调整 (2)信息管理计划应包括信息需求分析、信息编码系统、信息流程、信息管理制度以及信息的来源、内容、标准、时间要求、传递途径、反馈的范围、人员以及职责和工作程序等内容 (3)信息需求分析应明确项目有关人员成功实施项目所必要的信息。其内容不仅应包括信息的类型、格式、内容、详细程度、传递要求、传递复杂性等，还应进行信息价值分析 (4)信息编码系统。主要包括项目编码、管理部门人员编码、进度管理编码、质量管理编码、成本管理编码等，应有助于提高信息的结构化程度，方便使用 (5)信息流程应反映工程项目内部信息流和有关的外部信息流及各有关单位、部门和人员之间的关系，并有利于保持信息畅通 (6)信息过程管理应包括信息的收集、加工、传输、存储、检索、输出和反馈等内容，宜使用计算机进行信息过程处理 (7)在信息计划实施中，应定期检查信息的有效性和信息成本，不断改进信息管理工作
3	项目信息安全	(1)施工项目信息管理工作应严格遵循国家的有关法律、法规和地方主管部门的有关管理规定 (2)施工项目信息管理工作应采取必要的安全保密制度，包括：信息的分级、分类管理方式。确保项目信息的安全、合理、有效使用 (3)企业应建立完善的信息管理制度和安全责任制度，坚持全过程管理原则，并做到信息传递、利用和控制的不断改进 (4)项目信息保护。通过数据备份、磁盘镜像、磁盘阵列等冗余备份技术，来保证数据信息的静态存储安全。网络数据库必须配置防火墙等防止黑客入侵的设备，软件应及时升级。网络系统中的关键服务器必须采用双机热备份，保证系统能提供可靠持续的服务

26.12　施工项目风险管理

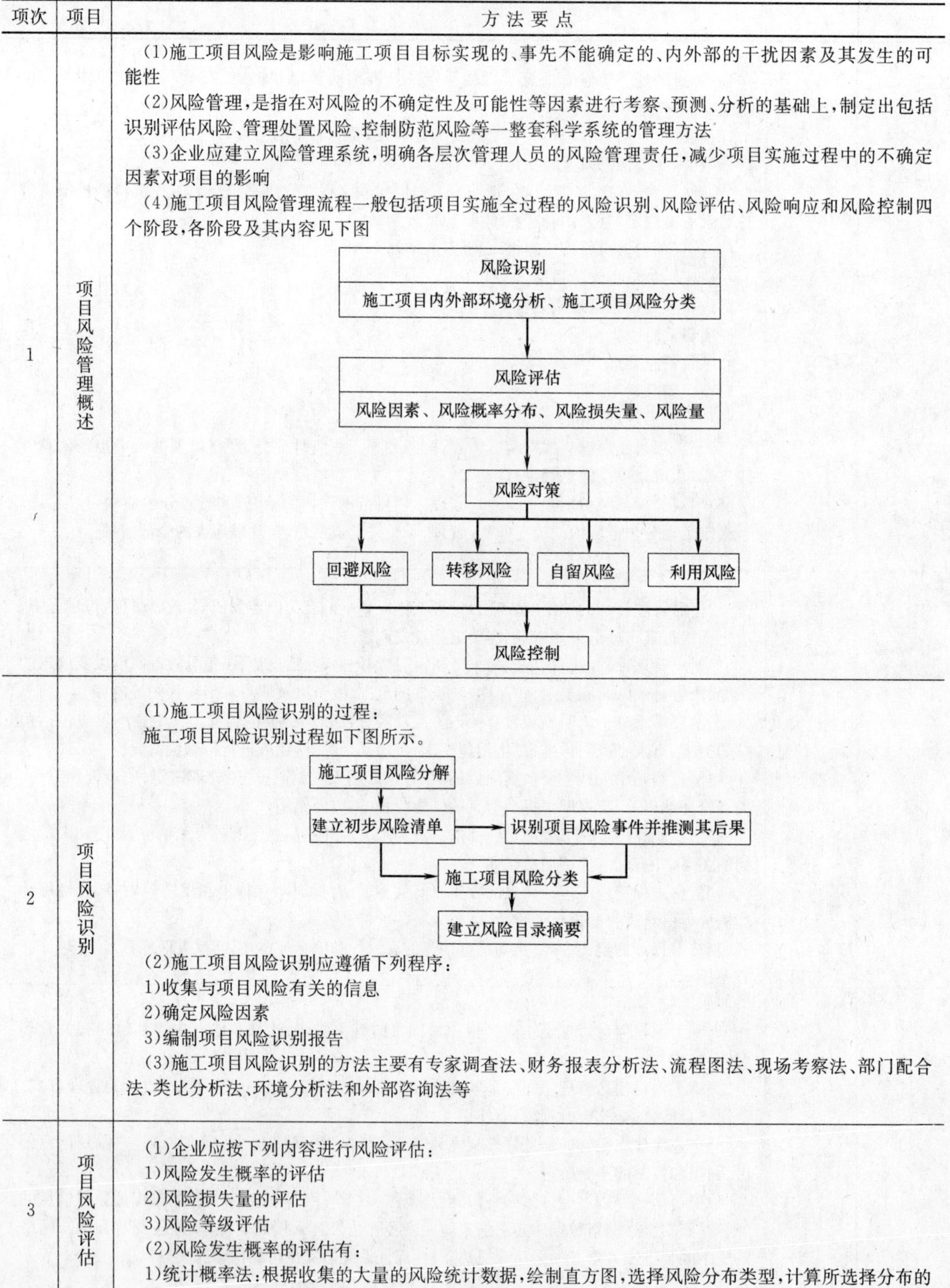

施工项目风险管理　　**表 26-39**

项次	项目	方法要点
1	项目风险管理概述	(1)施工项目风险是影响施工项目目标实现的、事先不能确定的、内外部的干扰因素及其发生的可能性 (2)风险管理，是指在对风险的不确定性及可能性等因素进行考察、预测、分析的基础上，制定出包括识别评估风险、管理处置风险、控制防范风险等一整套科学系统的管理方法 (3)企业应建立风险管理系统，明确各层次管理人员的风险管理责任，减少项目实施过程中的不确定因素对项目的影响 (4)施工项目风险管理流程一般包括项目实施全过程的风险识别、风险评估、风险响应和风险控制四个阶段，各阶段及其内容见下图 风险识别 施工项目内外部环境分析、施工项目风险分类 风险评估 风险因素、风险概率分布、风险损失量、风险量 风险对策 回避风险　转移风险　自留风险　利用风险 风险控制
2	项目风险识别	(1)施工项目风险识别的过程： 施工项目风险识别过程如下图所示。 施工项目风险分解 建立初步风险清单 识别项目风险事件并推测其后果 施工项目风险分类 建立风险目录摘要 (2)施工项目风险识别应遵循下列程序： 1)收集与项目风险有关的信息 2)确定风险因素 3)编制项目风险识别报告 (3)施工项目风险识别的方法主要有专家调查法、财务报表分析法、流程图法、现场考察法、部门配合法、类比分析法、环境分析法和外部咨询法等
3	项目风险评估	(1)企业应按下列内容进行风险评估： 1)风险发生概率的评估 2)风险损失量的评估 3)风险等级评估 (2)风险发生概率的评估有： 1)统计概率法：根据收集的大量的风险统计数据，绘制直方图，选择风险分布类型，计算所选择分布的

续表

项次	项目	方法要点
		统计特征参数，当损失值基本符合或者近似吻合一定的理论概率分布时，就可以利用该分布的特征参数来确定损失值的概率分布(该方法可参见质量管理中直方图的绘制及特征值计算) 2)相对比较法：由专家根据以往经验作出判断、打分的方法 (3)风险损失量的估计应包括下列内容： 1)工期损失的估计 2)费用损失的估计 3)对工程质量、功能、使用效果等方面的影响 (4)风险评估方法： 1)风险量等级法：根据等量风险曲线原理，将风险概率分为很小(L)、中等(M)和大(H)三个档次，将风险损失分为轻度(L)、中度(M)和重大(H)损失三个档次，即风险坐标划分成9个区域，于是就有了描述风险量的五个等级(很小、小、中等、大、很大) 2)风险量计算法： 风险量R是衡量风险大小的指标，它是风险事件可能发生的概率P和该事件发生对项目的影响程度q(损失量)的综合结果，可用下式表达： $$R=\sum P_i q_i$$ 式中 R——项目风险量； P_i——风险事件i可能发生的概率； q_i——风险事件i发生带给项目的损失量； i——取1、2、3、……、n，表示项目的第i种风险。 根据上式可计算出风险的期望损失值及多项风险的累计期望损失总值
4	项目风险响应	(1)企业应确定针对项目风险的对策进行风险响应 (2)常用的风险对策应包括风险规避、减轻、自留、转移及其组合等策略 (3)规避风险是指承包商设法远离、躲避可能发生风险的行为和环境，从而达到避免风险发生或遏制其发展的可能性的一种策略，但不应采用单纯回避风险的消极防范手段，而应采用积极规避风险的策略，即承担小风险规避大风险，损失一定小利益避免更大的损失，避重就轻、趋利避害，控制损失 (4)转移风险是承包商通过财务手段，寻求用外来资金补偿确实会发生或已发生的风险，从而将自身面临的风险转给其他主体承担，以保护自己的一种防范风险的对策。具体做法有合同转移和保险转移 (5)自留风险是承包商以自身的风险准备金来承担风险的一种策略。一般有被动自留、被迫自留和主动自留等几种情况 (6)利用风险是指对于风险与利润并存的投机风险，承包商可以在确认可行性和效益性的前提下，所采取的一种承担风险并排除(减小)风险损失而获取利润的对策。采取利用风险对策的条件： 1)所面临的是投机风险，并具有利润的可行性 2)承包商有承担风险损失的经济实力，有远见卓识，善抓机遇的风险管理人才 3)慎重决策，权衡冒风险所付出的代价，确认利用风险的利大于弊 4)分析形势，事先制定利用风险的策略和实施步骤，并随时监测风险态势及其因素的变化，做好应变的紧急措施 (7)项目风险对策应形成风险管理计划，其内容有： 1)风险管理目标 2)风险管理范围 3)可使用的风险管理方法、工具以及数据来源 4)风险分类和风险排序要求 5)风险管理的职责与权限 6)风险跟踪的要求 7)相应的资源预算
5	项目风险控制	(1)在整个项目进程中，企业应收集和分析与项目风险相关的各种信息，获取风险信号，预测未来的风险并提出预警，纳入项目进展报告 (2)企业应对可能出现的风险因素进行监控，根据需要制定应急计划

26.13　施工项目沟通管理

施工项目沟通管理　　**表 26-40**

项次	项目	方法要点
1	一般规定	(1)施工项目沟通是指以一定的组织形式、手段和方法，对施工中产生的关系不畅进行疏通，对产生的干扰和障碍予以排除的活动，是施工项目管理的一项重要措施 (2)企业应建立施工项目沟通管理体系，健全管理制度，采用适当的方法和手段与相关各方进行有效的沟通与协调 (3)施工项目沟通与协调的范围可分为内部关系沟通与协调和外部关系沟通与协调。外部关系沟通与协调又分为近外层关系沟通与协调和远外层关系沟通与协调 (4)施工项目沟通与协调的对象应是项目所涉及的内部和外部有关组织及个人，包括建设单位和勘察设计、施工、监理、咨询服务等单位以及政府、环保、环卫、交通、绿化、文物、消防、公安等相关单位和组织
2	项目沟通程序和内容	(1)企业应根据项目的实际需要，预见可能出现的矛盾和问题，制定沟通与协调计划，明确原则、内容、对象、方式、途径、手段和所要达到的目的 (2)企业应针对不同阶段出现的矛盾和问题，调整沟通计划 (3)企业应运用计算机信息处理技术，进行项目信息收集、汇总、处理、传输与应用，以及信息沟通与协调，形成档案资料 (4)沟通与协调的内容应涉及与项目实施有关的信息，包括项目各相关方共享的核心信息，项目内部和项目相关组织产生的有关信息
3	项目沟通计划	(1)项目沟通计划应由项目经理组织编制 (2)编制项目沟通计划应依据下列资料： 1)合同文件 2)项目各相关组织的信息需求 3)项目的实施情况 4)项目的组织结构 5)沟通方案的约束条件、假设，以及适用的沟通技术 (3)项目沟通计划与项目管理的其他各类计划相协调 (4)项目沟通计划应包括信息沟通方式和途径、信息收集归档格式、信息的发布与使用权限、沟通管理计划的调整以及约束条件和假设等内容 (5)企业应定期对项目沟通计划进行检查、评价和调整
4	项目沟通依据与方式	(1)施工项目内部沟通应包括项目经理部与企业管理层、项目经理部内部的各部门和相关人员、项目经理部与作业层以及作业层之间的沟通与协调，内部沟通应依据项目沟通计划、规章制度、项目管理目标责任书、控制目标等进行 (2)内部沟通可采用授权、会议、文件、培训、检查、项目进展报告、思想教育、考核与激励及电子媒体等方式 (3)施工项目外部沟通应由企业与项目相关方进行沟通。外部沟通应依据项目沟通计划、有关合同和合同变更资料、相关法律、法规、伦理道德、社会责任和项目具体情况等进行 (4)外部沟通可采用电话、传真、召开会议、联合检查、宣传媒体和项目进展报告等方式 (5)各种内外部沟通形式和内容的变更，应按照项目沟通计划的要求进行管理，并协调相关事宜 (6)项目经理部应编写项目进展报告。项目进展报告应包括项目的进展情况、项目实施过程中存在的主要问题、重要风险以及解决情况、计划采取的措施、项目的变更以及项目进展预期目标等内容
5	项目沟通障碍与冲突管理	(1)项目沟通应减少干扰，消除障碍、解决冲突、保持沟通与协调途径畅通，信息真实 (2)消除沟通障碍可采用下列方法： 1)选择适宜的沟通与协调途径 2)充分利用反馈 3)组织沟通检查 4)灵活运用各种沟通与协调方式 (3)企业应做好冲突的预测工作，了解冲突的性质，寻找解决冲突的途径并保存相关记录 (4)解决冲突可采用下列方法： 1)协商、让步、缓和、强制和退出 2)使项目的相关方了解项目计划，明确项目目标 3)搞好变更管理

26.14 施工项目收尾管理

施工项目收尾管理 **表 26-41**

项次	项目	方法要点
1	一般规定	(1)施工项目收尾阶段应是项目管理全过程的最后阶段，包括竣工收尾、验收、结算、决算、回访保修、管理考核评价等方面的管理 (2)项目经理部应全面负责项目竣工收尾工作，组织编制施工项目竣工计划，报上级主管部门批准后按期完成 (3)竣工计划应包括下列内容： 1)竣工项目名称 2)竣工项目收尾具体内容 3)竣工项目质量要求 4)竣工项目进展计划安排 5)竣工项目文件档案资料整理要求 (4)项目经理部应及时组织项目竣工收尾工作，并与项目相关方联系，按有关规定协助验收
2	项目竣工验收	(1)施工项目竣工验收条件： 根据《建设工程质量管理条例》第16条规定，建设工程竣工验收应具备下列条件： 1)完成建设工程设计和合同规定的各项内容 2)有完整的技术档案和施工管理资料 3)有工程使用的主要建筑材料、建筑构配件和设备的进场试验报告 4)有勘察、设计、施工、监理等单位分别签署的质量合格文件 5)有施工单位签署的工程保修书 (2)施工项目竣工验收管理程序： 竣工验收准备→编制竣工验收计划→组织现场验收→进行竣工结算→移交竣工资料→办理竣工手续 (3)施工项目竣工验收的步骤： 1)由项目经理组织生产、技术、质量、合同、预算以及有关的施工员或工程负责人进行自检。自检内容主要是：工程是否符合国家(或地方政府主管部门)规定的竣工标准和竣工规定；工程完成情况是否符合施工图纸和设计的使用要求；工程质量是否符合国家和地方政府规定的标准和要求；工程是否达到合同规定的要求和标准等。在检查中要做好记录，对不符合要求的部位和项目，确定修补措施和标准，并指定专人负责，定期完成 2)自检并修补完成后，由项目经理提请上级进行复验(国家或省市级的重点工程，应提请总公司级的上级单位复验)。通过复验，要解决全部遗留问题 3)复验确认工程全部符合竣工验收标准后，由施工单位向建设单位发送《工程竣工报告》 4)建设单位接到竣工报告后，邀请设计单位、监理单位及有关方面参加，与施工单位一起进行检查验收。列为国家重点工程的大型项目，往往由国家有关部委邀请有关方面参加，组成工程验收委员会，进行验收 5)在建设单位验收完毕确认工程竣工标准和合同条款规定要求后，建设单位即应向施工单位签发《工程竣工验收报告》 6)施工单位办理工程档案移交 7)办理工程移交手续，并签认交接验收证书 (4)规模较小且比较简单的项目，可进行一次性项目竣工验收，规模较大且比较复杂的项目，可以分阶段验收
3	项目竣工结算	(1)项目竣工结算应由承包人编制、发包人审查，双方最终确定 (2)编制施工项目结算可依据下列资料： 1)合同文件 2)竣工图纸和工程变更文件 3)有关技术核准资料和材料代用核准资料 4)工程计价文件、工程量清单、取费标准及有关调价规定 5)双方确认的有关签证和工程索赔资料 (3)项目竣工验收后，承包人应在约定的期限内向发包人递交项目竣工结算报告及完整的结算资料，经双方确认并按规定进行竣工结算 (4)承包人应按照项目竣工验收程序办理项目竣工结算并在合同约定的期限内进行项目移交

续表

项次	项目	方法要点
4	项目竣工决算	(1)企业进行施工项目竣工决算编制的主要依据： 1)项目计划任务书和有关文件 2)项目总概算和单项工程综合概算书 3)项目设计图纸及说明书 4)设计交底、图纸会审资料 5)合同文件 6)项目竣工结算书 7)各种设计变更、经济签证 8)设备、材料调价文件及记录 9)竣工档案资料 10)相关的项目资料、财务决算及批复文件 (2)项目竣工决算应包括下列内容： 1)项目竣工财务决算说明书 2)项目竣工财务决算报表 3)项目造价分析资料表等 (3)编制项目决算应遵循下列程序： 1)收集、整理有关项目竣工决算依据 2)清理项目账务、债务和结算物资 3)填写项目竣工决算报告 4)编写项目竣工决算说明书 5)报上级审批
5	项目回访保修	(1)承包人应制定竣工后的回访和保修制度并纳入质量管理体系 (2)承包人应根据合同和有关规定编制回访保修工作计划，回访保修工作计划应包括下列内容： 1)主管回访保修的部门 2)执行回访保修工作的单位 3)回访时间及主要内容和方式 (3)保修期限： 在正常使用条件下，房屋建筑工程的保修期限应从工程竣工验收合格之日起计算，其最低保护期限为： 1)地基基础工程和主体结构工程，为设计文件规定的该工程的合理使用年限 2)屋面防水工程、有防水要求的卫生间、房间和外墙面的防渗漏，为5年 3)供热与供冷系统，为2个采暖期、供冷期 4)电气管线、给水排水管道、设备安装，为2年 5)装修工程，为2年 (4)保修范围： 主要有地基基础工程、主体结构工程、屋面防水工程、有防水要求的卫生间、房间和外墙面的防渗漏、供热与供冷系统、电气管线、给水排水管道、设备安装和装修工程以及双方约定的其他项目，由于施工单位施工责任造成的建筑物使用功能不良或无法使用的问题都应实行保修。但凡是由于用户使用不当或第三方造成建筑物功能不良或损坏者；或是工业产品项目发生问题，或不可抗力造成的质量缺陷，则不属保修范围，由建设单位自行组织修理 (5)工程回访的主要类型： 1)例行性回访。一般以电话询问、开座谈会等形式进行，每半年或一年一次，了解日常使用情况和用户意见 2)季节性回访。雨季回访屋面及排水工程、制冷工程、通风工程；冬季回访锅炉房及采暖工程，及时解决发生的质量问题 3)技术性回访。主要了解施工过程中采用的新材料、新设备、新工艺、新技术的工程，回访其使用效果和技术性能、状态，以便及时解决存在问题，同时还要总结经验，提出改进，完善和推广的依据和措施 4)保修期满时回访。主要是对该项目进行保修总结，向用户交代维护和使用事项
6	项目管理考核评价	(1)企业应在施工项目结束后对项目的总体和各专业进行考核评价 (2)施工项目考核评价的定量指标可包括工期、质量、成本、职业健康安全、环境保护等 (3)施工项目考核评价的定性指标可包括经营管理理念，项目管理策划，管理制度及方法，新工艺、新技术推广，社会效益及其社会评价等 (4)施工项目考核评价应按下列程序进行： 1)制定考核评价办法

续表

项次	项目	方法要点
		2)建立考核评价组织 3)确定考核评价方案 4)实施考核评价工作 5)提出考核评价报告 (5)施工项目管理结束后,企业应按下列内容编制项目管理总结: 1)项目概况 2)组织机构、管理体系、管理控制程序 3)各项经济技术指标完成情况及考核评价 4)主要经验及问题处理 5)其他需要提供的资料 6)施工项目管理总结和相关资料应及时归档和保存

参考文献

[1] 建筑施工手册（第五版）编委会. 建筑施工手册（第五版）1～4册. 北京：中国建筑工业出版社，2015.

[2] 江正荣，朱国梁. 简明施工手册（第五版）. 北京：中国建筑工业出版社，2015.

[3] 江正荣. 建筑施工计算手册. 北京：中国建筑工业出版社，2013.

[4] 江正荣. 实用高层建筑施工手册. 北京：中国建筑工业出版社，2003.

[5] 江正荣. 建筑地基与基础施工手册（第二版）. 北京：中国建筑工业出版社，2005.

[6] 龚晓南. 复合地基设计和施工指南. 北京：人民交通出版社，2003.

[7] 彭圣浩. 建筑工程质量通病防治手册（第四版）. 北京：中国建筑工业出版社，2014.

[8] 江正荣. 山区滑坡原因分析及防治措施. 建筑技术，1989，(11).

[9] 江正荣. 复杂恶劣条件下深基坑的挡水与支护. 建筑技术，1989，(11).

[10] 江正荣. 喷粉桩施工工艺、应用与问题探讨. 建筑技术，1996，(3).

[11] 江正荣. 新型多分支承力盘灌注桩施工工艺及应用. 建筑技术，1994，(3).

[12] 江正荣. 大型地下连续墙设备研制与施工新工艺. 建筑技术，1992，(5).

[13] 江正荣. 我国地基与基础施工技术的新进展. 建筑技术，1997，(5).

[14] 江正荣. 混凝土裂缝控制的施工计算. 建筑技术，1985，(1).

[15] 江正荣. 大型设备基础施工技术. 北京：中国建筑工业出版社，1997.

[16] 江正荣. 建筑分项施工工艺标准手册（第三版）. 北京：中国建筑工业出版社，2009.

[17] 江正荣. 建筑结构预制与吊装手册. 北京：中国建筑工业出版社，1994.

[18] 江正荣，杨宗放. 特种工程结构施工手册. 北京：中国建筑工业出版社，1998.

[19] 杨宗放，郭正兴. 现代模板工程. 北京：中国建筑工业出版社，1995.

[20] 杨宗放，方光和. 现代预应力混凝土施工. 北京：中国建筑工业出版社，1994.

[21] 傅钟鹏. 钢筋混凝土构件实用施工计算手册. 北京：中国建筑工业出版社，1994.

[22] 朱国梁，顾雪龙. 简明混凝土工程施工手册. 北京：中国环境科学出版社，2003

[23] 朱国梁，潘金龙. 简明防水工程施工手册. 北京：中国环境科学出版社，2003.

[24] 梁建智. 简明结构吊装工程施工手册. 北京：中国环境科学出版社，2003.

[25] 王定一，王宇红等. 简明预应力混凝土工程施工手册. 北京：中国环境科学出版社，2003.

[26] 王寿华. 建筑门窗手册. 北京：中国建筑工业出版社，2002.

[27] 李文苑. 现代建筑门窗与施工. 北京：中国建材工业出版社，2005.

[28] 陈建东. 金属与石材幕墙工程技术规范应用手册. 北京：中国建筑工业出版社，2001.

[29] 韩喜林. 节能建筑设计与施工. 北京：中国建筑工业出版社，2008.

[30] 柳亚东，刘军. 民用建筑围护结构节能工程施工工法（一）. 上海：同济大学出版社，2007.

[31] 柳亚东，沈定亮. 民用建筑围护结构节能工程施工工法（二）. 上海：同济大学出版社，2008.

[32] 周海涛. 装饰工速查手册. 北京：中国电力出版社，2010.

[33] 陈世霜. 当代装饰装修构造施工手册. 北京：中国建筑工业出版社，1999.

[34] GB 50007—2011 建筑地基基础设计规范.

[35] GB 50003—2011 砌体结构设计规范.

[36] JGJ 180—2009 建筑施工土石方工程安全技术规范.
[37] JGJ 165—2010 地下建筑工程逆作法技术规程.
[38] JGJ/T 199—2010 型钢水泥土搅拌墙技术规程.
[39] JGJ 162—2008 建筑施工模板安全技术规范.
[40] JGJ 96—2011 钢框胶合板模板技术规程.
[41] JGJ 195—2010 液压爬升模板工程技术规程.
[42] JGJ 107—2010 钢筋机械连接技术规程.
[43] GB 50666—2011 混凝土结构工程施工规范.
[44] GB 50204—2015 混凝土结构工程施工质量验收规范.
[45] GB 50496—2009 大体积混凝土施工规范.
[46] JGJ 55—2011 普通混凝土配合比设计规程.
[47] JGJ 92—2004 无粘结预应力混凝土结构技术规程.
[48] JGJ 82—2011 钢结构高强度螺栓连接技术规程.
[49] GB 50345—2012 屋面工程技术规范.
[50] GB 50207—2012 屋面工程质量验收规范.
[51] GB 50108—2008 地下工程防水技术规范.
[52] GB 50208—2011 地下防水工程质量验收规范.
[53] GB 50224—2010 建筑防腐蚀工程施工质量验收规范.
[54] GB 50209—2010 建筑地面工程施工质量验收规范.
[55] JGJ/T 175—2009 自流平地面工程技术规程.
[56] JGJ 103—2008 塑料门窗工程技术规程.
[57] JGJ/T 157—2014 建筑轻质条板隔墙技术规程.
[58] JGJ/T 201—2010 石膏砌块砌体技术规程.
[59] JGJ 133—2001 金属与石材幕墙工程技术规范.
[60] JGJ 144—2004 外墙外保温工程技术规程.
[61] JGJ 230—2010 倒置式屋面工程技术规程.
[62] JGJ 155—2013 种植屋面工程技术规程.
[63] GB 50404—2007 硬泡聚氨酯保温防水工程技术规范.
[64] GB 50210—2001 建筑装饰装修工程质量验收规范.
[65] JGJ 126—2015 外墙饰面砖工程施工及验收规程.
[66] JGJ 130—2011 建筑施工和件式钢管脚手架安全技术规范.
[67] JGJ 128—2010 建筑施工门式钢管脚手架安全技术规范.
[68] GB 19155—2003 高处作业吊篮.
[69] JGJ 202—2010 建筑施工工具式脚手架安全技术规范.
[70] JGJ/T 104—2011 建筑工程冬期施工规程.
[71] GB 50325—2010 民用建筑工程室内环境污染控制规范.
[72] GB 50702—2011 砌体结构加固设计规范.
[73] GB 50367—2013 混凝土结构加固设计规范.
[74] CECS 146—2003 碳纤维片材加固混凝土结构技术规程（2007 年版）.
[75] CECS 77—1996 钢结构加固技术规范.
[76] GB/T 50326—2006 建设工程项目管理规范.